일반물리학

3rd Edition

일반물리학 교재집필위원회 지음

General Physics

3판 머리말

물리학은 만물에 적용되는 보편적인 법칙을 탐구하는 학문으로 자연과학과 공학의 기초라고 할 수 있다. 물리학의 연구 대상은 물질과 그것의 시공간에서의 운동, 그리고 에너지와 힘 등이다. 물리학에서 얻어진 보편적 법칙들은 과학기술 발전의 토대가 되고, 이렇게 얻어진 과학기술은 산업을 발전시키는 데 크게 기여하고 있다. 최근에는 기초과학과 응용기술의 융합이 중요해지면서 물리학의 중요성이 더욱 강조되고 있다.

우리나라에서 물리학에 대한 위상은 그리 좋지 않다. 많은 대학에서 물리학과가 통폐합되고 공과대학에서도 기초 교과로 일반물리학을 이수하지 않는 경우도 많이 있다. 그뿐만 아니라 고등학교에서 물리학을 선택하는 학생들은 극소수에 이르고 있다. 이러한 현실을 대하면서 저자 일동은 학생들에게 좀 더 가까이 다가갈 수 있는 교재를 만들어보자는 의지를 모아 본 교재를 집필하게 되었다.

본 교재는 일반물리학의 필수 내용들을 엄선하여 총 30장으로 구성하였다. 집필 방향은 물리학의 기본 개념을 충실하게 이해하는 데 목표를 두었으며, 내용 진술은 복잡한 설명보다는 개념별로 구조화하여 이해력을 높이도록 하였다. 그리고 적절한 수준의 예제문제(단원별 10문항 정도)와 연습문제(단원별 30문항 정도)를 제공하였다. 또한 국내·외 여러 전시회 등에서 촬영한 사진 자료를 수록하여 생동감과 현장감을 갖게 하였다. 아울러 생활 주변에서 접할 수 있는 여러 소재들을 물리 원리와 접목해 이해력을 높이도록 하였다.

2016년 초판 발행 이후 많은 독자들의 격려가 있었으며, 2021년도에는 새로운 내용들을 보완하여 2판을 발행한 바 있다. 2025년에는 새롭게 변경된 통계 자료와 새로운 사진 등을 보완하여 3판을 선보이게 되었다. 3판이 발행되도록 지원해 주신 ㈜북스힐 조승식 사장님께 감사드린다.

2025년 2월

저자 일동

이 책의 특징

물리학의 기본개념의 이해에 충실하도록 집필하였다

시대가 변하더라도 물리학의 기본원리와 내용은 쉽게 변하지 않는다. 이 책에서는 일반물리학에서 다루는 기본개념을 잘 이해할 수 있도록 집필하였다. 각 장의 소절을 기술할 때 개념별로 나누어 가르치기 쉽고 이해가 용이하도록 구조화 하였다. 특히 본문 옆쪽에 TIP 란을 제공하여 관련 개념의 이해에 도움을 주었다. 우리나라 대학의 이공계 학과 1년 교재용으로 적합하게 수준과 분량을 고려하여 집필하였다.

다양한 예제 및 연습문제를 수록하였다

문제풀이는 물리학의 개념이나 원리를 이해하는 데 강력한 수단이 된다. 각 단원마다 약 10개 내외의 예제를 두어 그 단원에서 학습한 기본개념을 이해하고 다음 개념을 접하도록 하였으며, 각 장의 뒷부분에는 난이도를 고려하여 30여 문항의 연습문제를 제시하였다. 연습문제 해답은 책의 뒷부분에 수록하였다.

적절한 수준의 미적분을 사용하였다

물리학 개념의 정확한 이해와 대학원 진학을 위해서는 미적분학을 통하여 개념을 이해하는 것이 도움이 된다. 이 책에서는 역학, 전자기학 등 여러 부분에서 미적분학을 적절히 도입하여 기본개념의 정립과 정확한 이해를 도왔다.

주요 개념은 영문 및 한자를 병행하여 표기하였다

이 책에 게재된 주요 개념에 대한 한글 용어는 고딕체로 표시하였으며 영어와 한자를 병행하여 표기하였다. 영어의 표기는 개념의 정확한 이해에 도움이 되며, 한자의 병용은 한자를 사용하는 국가들과 학문적, 경제적 교류가 빈번한 시대에 관련 분야의 연구와 취업에 많은 도움이 될 것으로 기대한다. 영문과 한자의 병행 표기의 예는 다음과 같다.

(예) 선운동량(linear momentum 線運動量)
도체(conductor 導體)
초점거리(focal length 焦點距離)
흑체복사(blackbody radiation 黑體輻射)

기본개념을 응용한 첨단기기 및 생활과학을 소개하였다

초음파진단장치 등 의료기구나 놀이동산의 여러 기구 등 우리 생활 속에서 접하는 여러 주제들을 소개하여 물리학의 응용분야가 얼마나 다양한지를 알게 하였다.

한국물리학회 용어집을 참고하여 표기하였다

이 책에 수록된 물리학의 여러 용어는 한국물리학회에서 제공한 용어집을 참고하였으며, 용어집에 나오지 않는 개념들은 교육부 편수자료를 참고하였다. 특히 단위의 표기 및 띄어쓰기는 한국표준과학연구원에서 발간한 〈국제단위계〉의 지침을 따랐다.

직접 촬영한 다양한 사진을 게재하였다

이 책에 게재된 사진의 약 96 %는 직접 촬영하였으며, 나머지 4 %는 국내 연구기관에서 제공받았다. 직접 촬영한 사진은 학생들의 이해력 증진과 풍부한 간접 경험 그리고 우리 것에 대한 자부심을 높이는 좋은 계기가 될 것으로 기대한다. 직접 촬영한 사진 내용은 다음과 같다.

• 국내 각종대회 및 전시회

2015 서울국제의료기기전시회	2014 한국여자프로농구경기
2015 대한민국과학창의축전	2014 서울모터쇼
2015 청주국제공예비엔날레	2013 서울국제항공우주 및 방위산업전시회
2024 계룡군문화축제	2012 국제LED전시회
2015 국제의료기기전	2012 여수엑스포
2015 광주하계유니버시아드대회	제17회 인천아시아경기대회
2015 보령머드축제	제105회 전국체육대회(2024)
2014 군산새만금전국윈드서핑대회	국립중앙과학관 '영국왕립협회 영국국립과학관 소장물품' 특별전시회(2015.10.~2016.2.)
2014 부산국제모터쇼	한국물리학회 2024년 가을 학술논문발표회
2014 서울건축자재전시회	

• 국내 · 외 각종시설 및 경치

곡성 기차마을	용인 에버랜드	미국 샌프란시스코 금문교
국립중앙박물관	이순신대교	오스트리아 증기기관차
제주어음 풍력발전소	공주대학교 실험실	중국 백두산 장백폭포
대청댐	제주국제공항	체코 프라하 천문시계
무주 스키장	제주항 국제여객터미널	튀르키예 카파도키아 열기구
피사의 사탑	KTX청룡	필리핀 팍상한 폭포
적상산 휴대폰기지국 안테나	미국 후버댐	수소전기버스

전문 사진은 국내 각 연구기관에서 제공받아 게재하였다

전문 분야에 필요한 사진들은 국내 관련 연구기관에서 제공받아 게재하였다. 이 공간을 빌어 사진을 제공해준 국내 여러 기관에 감사를 드린다. 제공받은 사진들은 이 책의 해당 부분에 게재되었으며 다른 목적으로 사용되지 않았음을 밝힌다. 사진을 제공해준 국내기관은 다음과 같다.

국가핵융합연구원	제주어음풍력발전소
소백산천문대	한국기초과학연구원
아산위성지구국	한국서부발전
에디슨박물관	한국수력원자력 한빛원자력본부
제주자동차박물관	한국표준과학연구원
제주항공우주박물관	한국항공우주연구원

차례

제주 어음풍력발전소 제주 어음풍력발전소는 제주 상업용 풍력단지 가운데 설비용량이 가장 큰 4.2 MW 풍력터빈 5기를 설치해 16,000여 가구가 1년 내내 탄소배출 없는 청정 에너지를 사용할 수 있는 58,000 MWh 규모의 전력을 생산하고 있다. 이 발전소는 2023년 11월부터 본격적인 가동을 시작하였다. 과학 기술의 발달은 풍력발전을 비롯한 여러 청정 에너지 개발에 크게 공헌하고 있다.

서론

제 1 장

물리학은 모든 자연과학 중에서 가장 기초가 되는 학문으로 자연 현상의 규칙성을 찾아내고 물질의 성질과 구조를 밝히는 학문이다. 물리학의 연구 분야는 운동, 유체, 진동과 파동, 열, 소리, 빛, 전기와 자기 등을 비롯하여 현대물리학 분야인 상대성이론, 양자물리학, 핵물리학, 기본입자와 천체물리학에 이르기까지 매우 광범위하다.

물리학은 측정에 바탕을 두고 있으며, 모든 물리량은 표준과 비교하여 각각 고유한 단위로 측정한다. 이와 같이 자연 현상들을 정확하게 측정한 양들을 근거하여 다른 상황에서 자연 현상이 어떻게 일어날 것인가를 예측하기도 한다.

제1장에서는 물리학은 어떤 학문이며, 다른 학문과의 관계는 어떠한가를 알아보고, 여러 물리량을 다루는 국제단위계와 이에 대한 올바른 사용법을 공부한다. 그리고 측정된 양의 유효한 숫자를 취급하는 방법과 주어진 문제를 해결하기 위해 사용하는 좌표계의 개념에 대해 공부한다.

1-1 물리학은 어떤 학문인가?

물리학의 태동

오늘날 **물리학**(Physics 物理學)은 자연과학을 대표하는 학문으로 든든하게 자리 잡고 있으며, 이러한 사실에 대해 이의를 제기하는 사람은 없다. 그러기에 자연과학을 논의하는 분야에서 물리학을 빼놓고서는 이야기를 할 수 없으며, 물리학에서 다루는 내용 자체도 어떤 물리학 교재에서든지 거의 비슷할 정도로 학문적인 체계가 굳건하게 구성되어 있다.

그러면 언제부터 물리학이 학문으로 발전하여 자연과학을 대표하는 학문이 되었을까? 고대 철학자 아리스토텔레스도 '물리학'이라는 용어를 사용한 적도 있었다. 그러나 이 시기에는 자연철학을 설명하는 과정에서 변화와 운동을 이해하려는 시도에서 물리라는 용어가 사용되었을 뿐이다. 진정한 의미의 물리학이 탄생된 것은 그리 오래 전의 일이 아니다. 17세기에 접어들면서 자연 현상의 관찰이나 측정에 바탕을 둔 과학적인 방법이 도입되었으며, 자연학(자연과학)은 힘, 운동, 생물학, 화학, 천문학, 소리, 전기, 자기 등을 연구하는 독립적인 학문으로 각각 발전되어 나갔다.

이러한 분위기 속에서 물리학의 태동에 영향을 미친 중요한 계기가 18세기 유럽과학을 대표하는 파리 과학아카데미 조직에서 시작되었다. 파리 과학아카데미는 크게 3부로 나누어져 운영되었다. 제1부는 천문학, 역학 등을 수학적으로 해석하고 이해하는 수학부, 제2부는 각각 부분적으로 이해되어왔던 열, 빛, 전기, 자기, 화학, 기체 등의 실험적 현상을 다루는 실험과학부, 그리고 제3부는 자연의 역사를 연구하는 자연사부로 구성되었다. 이와 같이 각기 다른 부서에서 연구하는 사람들이 연구의 진행 과정 및 연구 결과를 비교하고 논의하면서 수학적인 분야와 실험적인 분야는 결코 독립적인 분야가 아니라, 서로 보완적이어야 한다는 사실을 인식하기 시작하면서 통합된 학문인 **물리학**의 분야로 자리 잡게 되었다. 이렇게 보면 물리학은 각기 다른 분야처럼 연구되어왔던 지식들이 체계화되고 수학화된 19세기 중엽에 태동했다.

물리학의 본질

물리학의 본질을 간단히 정의하기란 쉽지 않다. 많은 물리학자들에게 물리학을 어떻게 정의할 것인가 라고 묻는다면, 물리학이란 '물리적 우주에서의 기본 구조와 상호작용을 다루는 학문'이라고 답할 것이다. 즉 물리학은 자연계의 모든 사물과 현상에 대해 이들이 갖는 규칙성을 관측이나 실험을 통해 조사하고, 그들 결과를 만족하는 법칙을 세우고 이론을 형성하는 것이다. 이를 더 구체적으로 표현한다면 다음과 같다.

> **물리학**은 자연과학의 여러 학문 중에서 가장 기본이 되는 학문으로 시간, 공간, 물질 및 에너지의 상호작용과 자연 현상의 본질을 탐구해나가는 학문이다.

물리학의 연구대상은 자연계의 모든 사물과 현상이 될 수 있지만 연구대상의 내용은 시대에 따라 변하게 되고, 연구의 영역 역시 지속적으로 확대되고 있다. 그렇지만 물리학이 항상 모든 자연과학의 기반이 되는 새로운 개념과 지식을 제공한다는 일관된 사실은 변함이 없다. 그러기에 물리학이 추구하는 자연 현상의 탐색 기법은 오늘날에 와서 날로 새로워지는 현대 과학기술을 발전시키는 원동력이 되고 있다. 물리학은 기초학문으로 출발하지만, 그 원리를 응용하고 실용화하는 과정에서 과학기술의 발전에 크게 기여하고 있다.

첨단 과학이나 고도로 발달한 과학기술은 물론, 우리 생활 주변에 있는 모든 사물이나 사건 중에서 물리학과 관련되지 않은 것이 없다. 그러기에 물리학은 우리가 장차 어떤 분야에서 활동하든지 필수적으로 갖추어야 할 기본적인 소양이다. 그리고 현재와 같은 고도의 정보 · 기술 · 산업 사회에 살고 있는 우리는 자연 현상을 바르게 이해하고 사물을 합리적으로 관찰하며 과학적으로 처리할 수 있는 능력을 갖추어 우리의 생활을 보다 효율적으로 영위할 수 있어야 한다.

물리학을 공부하는 중요한 목표는 물리학의 기본 개념과 탐구 과정을 이해하고 자연 현상에서 규칙성을 발견하며 이를 종합하여 정리하는 탐구 능력과 태도를 함양하여 현대인으로서의 과학적 소양을 갖추는데 있다. 뿐만 아니라 장래의 과학자나 공학자 또는 기술자에게 필요한 소양을 기르는데 목적이 있다.

TIP 물리학의 학문 영역

한국물리학회에서 구분하고 있는 물리학의 분과

1. 입자 및 장물리
2. 핵물리
3. 응집물질물리
4. 응용물리
5. 통계물리
6. 물리교육
7. 플라즈마물리
8. 광학 및 양자전자
9. 원자 및 분자물리
10. 반도체물리
11. 천체물리
12. 생물물리

고전물리학과 현대물리학

물리학을 흔히 고전물리학과 현대물리학으로 구분하는데 그 기준은 무엇인가? 앞서 설명한대로 19세기 후반에 들어서면서 물리학은 역학, 탄성론, 유체역학, 파동론, 열역학, 전자기학, 광학 등으로 세분되고 이들 간의 상호 관계를 해명하게 되었으며, 19세기 말에는 우리가 볼 수 있는 거시적인 현상에 대한 거의 모든 현상을 완전히 설명할 수 있는 이른바 **고전물리학**(Classical Physics 古典物理學)이 완성되었다.

20세기 초에 들어오면서 고전물리학으로는 도저히 설명이 불가능한 현상들, 즉 흑체복사 에너지의 파장 분포, 광전효과 실험 결과의 설명, 수소스펙트럼의 분리 현상 등이 나타났다. 이 같은 현상을 잘 설명할 수 있는 혁명적인 여러 발견들에 의해 **현대물리학**(Modern Physics 現代物理學)이 탄생하게 되었다. 당시 물리학자들인 막스 플

TIP 고전물리학과 현대물리학

고전물리학 특수상대성이론을 포함한 양자론이 탄생한 20세기 이전의 물리학

현대물리학 19세기 말엽부터 이루어진 물리활동으로, 양자역학과 상대성이론의 두 갈래로 큰 발전을 이루었다.

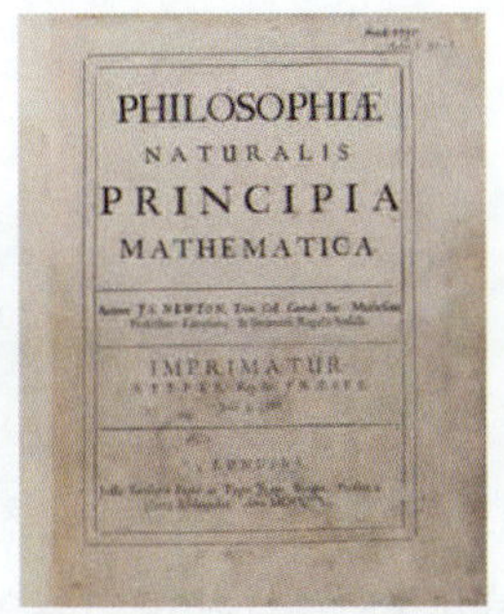

그림 1-1 고전물리학을 대표하는 과학자인 뉴턴이 집필한 책 〈프린키피아〉 표지

(a)

(b)

그림 1-2 현대물리학을 발전시킨 과학자
(a) 닐스 보어 (b) 막스 플랑크

랑크(Max Planck), 닐스 보어(Niels Bohr), 하이젠베르크(Karl Heisenberg) 등에 의해 양자론이, 그리고 아인슈타인(Albert Einstein)에 의해 상대성이론이 전개되어 현대물리학의 태동을 보게 되었다. 고전물리학과 현대물리학은 단순한 시대적 구분만이 아니고, 각기 나름대로의 특징을 지니고 있다.

물리학의 연구 방법

인터넷을 통해 다양한 게임을 할 때에는 전략을 어떻게 세우느냐에 따라 게임의 결과가 결정된다. 어떤 문제를 접할 때에도 어떤 과정을 거쳐 문제를 풀어 가느냐에 따라 올바른 결론을 얻을 수도 있고, 그렇지 못할 때도 있다. 과학자들이 사용하는 **과학적 탐구방법**은 어떠한 방법인가? 먼저 문제를 인식하는데서 출발한다. 문제를 인식한 후에는 가설을 세우거나 모델(모형)을 세우며, 가설을 확인하기 위한 탐구 설계 및 실험을 통해 얻은 자료를 해석하여 결론을 얻는 전통적인 탐구의 단계를 따르고 있다. 대개 결론이 매우 보편적인 경우 **법칙**(law 法則)이 되고, 적용범위가 한정적이면 보통 **원리**(principle 原理)로 부르기도 한다. 그러나 모든 탐구활동이 반드시 이러한 단계를 따르지는 않는다. 대부분의 탐구활동은 이들 단계의 순서가 달라지거나 중복되어 진행되기도 한다. 이러한 과학적 방법을 처음으로 도입한 사람은 갈릴레이(Galileo Galilei)로, 그는 여러 번의 실험을 통해 빗면을 낙하하는 물체는 등가속운동을 한다는 사실을 발견하고 그의 가설이 옳았음을 밝혀냈다.

그림 1-3 자신이 설계한 망원경을 이용하여 천체를 관찰하는 갈릴레이

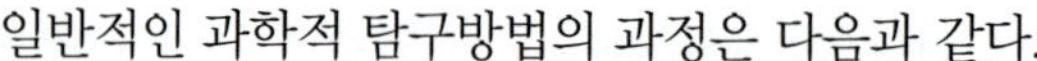

일반적인 과학적 탐구방법의 과정은 다음과 같다.

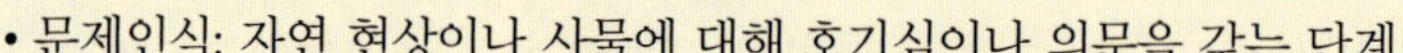

- 문제인식: 자연 현상이나 사물에 대해 호기심이나 의문을 갖는 단계
- 가설설정: 실험으로 검증 가능한 잠정적인 해답
- 탐구설계: 가설의 타당성을 검증하는 단계(독립변인과 종속변인, 대조군과 실험군 등)
- 탐구수행: 실험 설계에 따라 변인을 조절하면서 관찰, 측정, 실험, 자료 수집 등의 활동을 수행하는 단계
- 자료해석: 탐구수행 과정에서 얻어진 자료를 분석하여 변인 간의 상관관계를 찾아내고 해석하는 단계
- 결론도출: 자료해석을 통해 얻은 결과를 객관적이고 타당한 결론으로 이끌어내는 과정

1-2 물리학과 다른 분야의 관계

과학은 자연을 이해하는 방법으로, 기술은 인간 생활에 편리한 각종 도구를 만들어내는 수단으로 서로 독립적인 기능을 가지고 있다. 그러나 오늘날 과학과 기술은 이러한 구별이 어려울 정도로 긴밀히 발전하고 있다. 과학은 새로운 지식을 창출하여 첨단 기술 분야의 발전을 촉진하고, 새로운 기술 개발을 가능하게 한다. 그리고 기술은 자연을 보는 새로운 관점과 문제를 제기해 과학의 발달을 가속화하고 있다. 과학의 발전은

그림 1-4 〈NATURE〉 창간호 표지. 1869년 영국에서 창간되었으며, 미국에서 발행되는 〈사이언스(Science)〉와 함께 세계 과학저널의 두 축을 이루고 있다.

그림 1-5 한국물리학회에서 발간하는 학술지 〈JKPS〉와 〈새물리〉 표지

새로운 기술이나 기계의 개발을 이끌어내며, 기술의 발전은 새로운 과학 원리나 법칙을 찾아내는데 기여한다.

기술의 발달은 보다 정밀한 관측이나 실험을 가능하게 하고 인간의 사고 범위를 끝없이 넓게 하여 또 다른 과학 분야의 발전을 도모하게 한다. 즉 과학과 기술은 사회의 변화를 초래하며, 사회의 변화와 요구에 맞는 방향으로 발전해 나간다. 최근에는 과학 분야의 연구 결과 발표지수가 국가의 경쟁력을 지배하는 시대에 있어서 과학 분야의 우수한 연구 업적 발표는 모든 과학자들의 꿈이기도 하다. 지구촌에 있는 모든 과학자들이 평생 한 번이라도 논문을 싣고 싶어하는 학술지가 있는데 그게 바로 〈네이처(Nature)〉이다. 이 학술지의 편집 철학은 1869년 창간호가 출간된 이래 **'과학적 자극** (scientific stimulation 科學的刺戟)'이라는 과학 본연의 철학을 변함없이 지켜오고 있으며, 더 창의적이 되어야 한다(Be more creative)는 편집 원칙을 고수하고 있다.

창간 이래 네이처 학술지에 소개된 대표적인 과학 성과로는 입자의 파동성(1937년), 핵분열(1944년), DNA의 구조(1962년), 복제양 돌리(1997년), 오존층 구멍 분석(1985년), 미생물로 만든 가솔린(2013년) 등 헤아릴 수 없을 정도로 많다.

오늘날과 같은 기술 문명의 세계에서는 많은 중요한 기기들이 물리학적 지식을 통해서만 정확히 이해될 수 있다. 의료분야에서는 레이저 수술, 자기공명영상, 엑스레이영상, 방사능 추적기, 심장박동 조절장치, 초음파영상진단, 광섬유를 이용한 정밀 수술, 치과용 초음파 천공기, 방사선 치료 등 여러 예를 볼 수 있다. 뿐만 아니라 물리학은 건축, 토목, 전기, 전자통신 등 공학의 어떤 분야와도 밀접한 관계를 맺고 있으며, 최근에는 스포츠, 방송, 통신, 예술 등의 여러 분야에 많은 영향을 미치고 있다. 이와 같이 물리학은 과학의 여러 학문 분야와 기술 분야와 아주 밀접한 관계를 맺고 있다.

그림 1-6에서는 물리학의 기본 이론을 바탕으로 생활과 밀접한 첨단 기술을 발전시켜 소개하는 여러 전시회를 보여주고 있다.

물리학은 기술(technology) 및 사회(society)와 밀접한 관계를 맺고 있다. 특히 과학(science)은 기술에 응용되어 생활에 필요한 제품을 생산함으로써 우리 생활을 더욱 편리하게 해준다. 뿐만 아니라 과학은 기술 및 사회 전 분야에 빠르게 파급되어 경제, 스포츠, 방송, 통신, 예술 등의 여러 분야에 많은 영향을 미치고 있다.

TIP SCI와 IF

SCI(Science Citation Index) 과학인용색인을 말하며 미국 과학정보연구소 데이터베이스에 수록된 국제적으로 인정받는 논문을 의미한다.

IF(Impact Factor) 학술지의 영향력 지수를 말하며, 저널의 논문이 인용된 횟수인 인용지수를 말한다. 일반적으로 3.0 이상이면 상위 25 % 내에 있는 저널이다. 참고로 〈NATURE〉의 IF는 50.5(2023년 기준)이며, 한국물리학회에서 발간하는 〈JKPS〉는 0.8(2023년)이고, 〈CAP〉은 2.4(2023년)이다.

(a)

(b)

(c)

그림 1-6 물리학은 IT, 의료기기, 무기개발 등 다양한 분야와 밀접한 관계를 맺고 있다. (a) 국제LED전시회 (b) 2024 계룡군문화축제 (c) 스텔스전투기 F35A(서울항공우주 전시회)

1-3 차원 분석

물리학에서는 어떤 양의 물리적인 유형을 나타내기 위해 **차원**(dimension 次元)이라는 용어를 사용한다. 예를 들어 어느 두 지점 사이의 거리는 미터, 피트, 마일 등 어느 단위로도 나타낼 수 있지만, 이들은 모두 길이라는 물리량을 나타내는 다른 표현일 뿐이다.

차원이라는 말의 수학적 의미는 기하학적 도형이나 물체 및 공간 안의 점을 인정하는 데 필요한 독립 좌표를 나타내는 수로 직선은 1차원, 평면은 2차원, 보통의 공간은 3차원으로 나타낸다. 그러나 물리학에서의 차원은 다음과 같은 의미로 사용된다.

> 물리학에서의 **차원**은 물리량의 성질을 나타내는 유형으로 사용되고 있다.

물리학에서는 길이, 질량, 시간이라는 차원이 자주 사용되는데, 이를 기호로 표현하기 위해 길이의 차원으로 L을, 질량의 차원으로 M을, 시간의 차원으로 T를 사용한다. 그리고 어떤 물리량을 차원으로 나타낼 때에는 그 물리량을 [ ]에 넣어 나타낸다. 예를 들어 넓이 A의 차원은 $[A] = \mathrm{L}^2$이고, 부피 V의 차원은 $[V] = \mathrm{L}^3$이다. 그리고 속력 v의 차원은 $[v] = \dfrac{\mathrm{L}}{\mathrm{T}}$로 나타낸다.

그러면 이 같은 차원이 왜 필요하고 어떻게 이용되는가? 물리학에서는 여러 복잡한 계산 과정을 통해 식을 유도하거나, 특정한 상황을 검증해야 할 경우가 많다. 이런 경우 차원을 분석하면 어떤 식이 올바른 형태인지 쉽게 알 수 있는 장점이 있다. 식의 양변이 모두 같은 차원을 가질 때만 관계식이 성립하기 때문이다. 예를 들어 지상 어느 높이에서 낙하하는 물체가 시간 t초 후에 떨어지는 거리 y는 $y = \dfrac{1}{2}gt^2$과 같이 나타낸다(이 식은 제2장에서 공부한다). 이 식이 성립하려면 좌변이나 우변은 모두 길이의 차원을 가져야 한다. 좌변 $[y]$는 길이를 나타내는 물리량으로 차원은 L이다. 우변에서 g는 중력가속도를 나타내며 단위는 $\mathrm{m/s^2}$이다. 따라서 우변 $\left[\dfrac{1}{2}gt^2\right]$의 차원은 $\dfrac{\mathrm{L}}{\mathrm{T}^2}\mathrm{T}^2 = \mathrm{L}$로 나타낼 수 있다. 즉 이 값은 L만 남게 되어 좌변과 우변이 같은 차원임을 알 수 있다. 식에 있는 숫자 $\dfrac{1}{2}$은 단위가 없으므로 차원 분석 과정에서는 의미가 없다. 몇 가지 물리량의 차원은 표 1-1과 같다.

표 1-1 몇 가지 물리량의 차원

물리량	단위	차원
넓이(A)	m^2	L^2
속력(v)	m/s	$\frac{L}{T} = LT^{-1}$
가속도(a)	m/s^2	$\frac{L}{T^2} = LT^{-2}$
힘(F)	$kg\,m/s^2$	$M\frac{L}{T^2} = MLT^{-2}$
밀도(ρ)	kg/m^3	$\frac{M}{L^3} = ML^{-3}$

예제 1-1 차원 비교하기

문제 넓이가 A이고 높이 h인 원기둥이 있다. 이 원기둥의 부피를 $V = Ah$로 나타낼 때 이 식이 올바른 식임을 차원으로 증명하라.

생각하기 길이의 차원으로 L을, 질량의 차원으로 M을, 시간의 차원으로 T를 사용하고, 어떤 물리량을 차원으로 표현할 때에는 그 물리량을 [ ]에 넣어 나타낸다.

풀이 부피의 차원은 $[V] = L^3$이다. 그리고 넓이의 차원은 $[A] = L^2$이고, 높이 h의 차원은 $[h] = L$이다. 그러므로 $L^3 = L^2L$이고 $[V] = [A][h]$가 된다.

1-4 유효 숫자와 오차

측정의 중요성

물리학은 측정에 근거를 두고 있다. 그러기에 물리학을 측정의 과학이라고도 한다. 수많은 시간 동안 수많은 과학자들의 연구로 얻어진 과학적 사실들과 이 사실들을 정리해주는 물리학의 원리나 법칙들은 모두 측정에 의해 입증된 것이다.

측정은 물리세계의 새로운 이해를 위한 수단이며, 어떤 이론이나 설계를 최종 시험하는 과정이 된다. 측정은 모든 연구, 설계 및 개발을 위한 토대가 되며 그 역할은 응용과학 분야에 대단한 영향을 주고 있다. 일반적으로 측정은 3단계를 거쳐 이루어진다. 제1단계는 직접 측정을 하는 과정으로 **센서-변환단계**(sensor transducer)로 부르며, 제2단계는 측정된 신호를 원하는 신호의 형태로 **조정하는 단계**(signal conditioning)이며, 마지막 제3단계는 조정된 신호를 누구나 알 수 있도록 **기록하는 단계**(readout, recording)이다.

측정의 최대 한계는 어디까지일까? 과학자들은 길이 측정에서 한계는 **플랑크 길이**로 그 값은 1.6×10^{-35} m로 보고 있다. 물론 아직까지 이 길이를 측정할 수 있는 도구는 없다. 시간 측정의 한계도 있는데, 이를 **플랑크 시간**이라고 한다. 플랑크 시간은 빛이 플랑크 길이를 통과하는 데 걸리는 시간으로 그 값은 5.392×10^{-44} s이다. 그리고 온도 측정의 한계는 **플랑크 온도**로 그 값은 $1.416\,79 \times 10^{32}$ K으로 보고 있다.

유효 숫자

측정된 양이 얼마나 정밀한지는 그 결과를 나타내는 숫자의 자릿수로 알 수 있다. 그러면 측정되어 기록된 모든 숫자는 믿을 수 있을까? 그렇지 않기에 과학에서는 믿을 만하다고 생각되는 자릿수까지 쓰고 그 숫자를 **유효 숫자**(significant figure 有效數字)라고 부른다. 간단한 예를 생각해보자. 어떤 길이를 측정한 양이 각각 11.58 m, 0.074 m라고 하자. 여기서 11.58에는 4개의 유효 숫자가 있고, 0.074에는 2개의 유효 숫자가 있다. 0.074 m에서 0은 자리매김에 불과하지 유효 숫자는 아니다. 그러나 다른 숫자 뒤에 위치한 0은 종종 잘못 이해될 가능성이 있다. 어느 두 지점 사이의 거리가 2 300 m라고 할 때, 두 개의 0이 소수점을 나타내기 위한 것인지 아니면 유효 숫자인지 확실하지 않다.

이와 같은 불확실성을 제거하기 위해 유효 숫자의 수를 확실하게 나타내는 **과학적 표기법**을 사용한다. 예를 들어 23 400은 유효 숫자가 셋인지, 넷인지 또는 다섯인지 분명하지 않다. 만일 이 수의 유효 숫자가 확실하게 셋이면 2.34×10^4으로 쓰고, 넷이면 2.340×10^4으로 표기하면 된다. 이와 같이 과학적 표기법의 이점은 유효 숫자의 수를 명확히 나타낼 수 있다는 것이다.

문제를 풀거나 복잡한 계산을 할 때에는 덧셈, 뺄셈, 곱셈, 나눗셈 등을 하게 된다. 각 경우 최종 답의 유효 숫자 처리는 어떻게 해야 하는가? **덧셈이나 뺄셈의 경우 결과값의 표기는 주어진 값 중에서 소수점 아래 자릿수가 가장 작은 것과 같게 일치시켜야 한다**. 예를 들어 35.2와 7.231 두 수를 더한다고 하자.

$$\begin{array}{r} 35.2 \\ +\ 7.231 \\ \hline 42.431 \end{array}$$

두 수의 덧셈 결과값을 42.431로 표기할 것인가? 아니다. 이 경우는 35.2가 소수점 아래 자릿수가 하나로 가장 작기 때문에 답은 소수점 아래 한 자리만 나타내야 한다. 그러므로 두 수의 합은 42.4로 표기해야 한다.

곱셈과 나눗셈의 경우를 생각해보자. 가로와 세로가 각각 15.48 m, 2.82 m인 어느 전시장의 넓이를 계산하면 43.653 6 m^2가 된다.

$$15.48 \text{ m} \times 2.82 \text{ m} = 43.653\,6 \text{ m}^2$$

그림 1-7 계산기 사용 시 유효 숫자: 계산기를 사용하면 최대 자릿수로 표시된다. 따라서 결과 표시는 유효 숫자에 맞게 반올림한 값으로 나타내야 한다.

이 값을 계산 값으로 표기할 것인가? 아니다. 곱하기 전 두 수의 유효 숫자는 15.48이 4개, 2.82의 유효 숫자가 3개로 **곱하는 양 중 가장 작은 유효 숫자의 개수와 같게 표기해야 한다**. 그러므로 계산값은 3개의 유효 숫자를 고려하여 43.7 m^2로 써야 한다(43.6이지만 반올림하여 43.7로 표기함). 계산 결과 유효 숫자를 줄여야 하는 경우에는 일반적으로 반올림하여 표기한다. 즉 버리는 마지막 자릿수의 값이 5와 같거나 크면 1을 더하고, 5보다 작으면 그대로 둔다. 유효 숫자를 결정하는 몇 가지 요령은 다음과 같다.

- 둘 이상의 수의 덧셈(뺄셈): 결과값의 소수점 아래 자릿수는 더하는(빼는) 수 중에서 소수점 아래 자릿수가 가장 작은 것과 같게 표기한다.
- 둘 이상의 수를 곱셈(나눗셈): 결과값의 유효 숫자는 곱하는(나누는) 수 중에서 유효 숫자의 자릿수가 가장 작은 것과 같게 표기한다.
- 최종적인 유효 숫자는 반올림한다.

예제 1-2 유효 숫자 처리

문제 다음 덧셈을 유효 숫자를 고려하여 계산하고자 한다. 그 유효 숫자는 몇 자리일까?

23.450 2 m + 2 105.3 m + 0.039 m = ?

생각하기 덧셈에서의 소수점 아래 자릿수는 더하는 수 중에서 소수점 아래 자릿수가 가장 작은 것과 같게 표기한다.

풀이 세 값의 유효 숫자를 살펴보자. 먼저 23.450 2 m의 유효 숫자는 6개이고, 2 105.3 m의 유효 숫자는 5개이다. 그리고 0.039 m의 유효 숫자는 2개이다. 그렇지만 소수점 아래 자릿수가 가장 작은 수는 2 105.3 m로서 첫째 자릿수이다. 그러므로 답은 소수점 아래 첫째 자릿수로 표기해야 한다.
즉 더한 결과는 2 128.789 2 m가 되나, 소수점 아래 첫째 자릿수까지 표기해야 하므로 반올림하여 2 128.8 m가 된다.

오차

측정에는 오차가 따르기 마련이다. 어떤 측정도 완벽하고 정밀할 수는 없다. 오차에는 여러 종류가 있으며, 각각의 오차에는 그 원인이 존재한다. 일반적으로 **오차**(error 誤差)는 측정하는 대상의 절대 참값과 측정값 사이에 존재하는 차이를 말한다. 따라서 오차란 절대 참값이 있다는 전제하에서 정의가 가능하다. 그러나 절대 참값이 과연 존재하는 것인가? 예를 들어보자. 우리가 측정하는 자가 있다. 아무리 정밀한 자라고 해도 눈금 아래로는 측정이 불가능하다. 그리고 측정하는 사람마다 눈금을 조금씩 다르게 읽을 수 있기에 완벽한 측정은 불가능하며 절대 참값을 구할 수 없다. 이 때문에 2007년부터 측정학 용어에서 오차를 다음과 같이 정의하고 있다.

오차는 측정값과 기준값의 차이이다.

오차의 종류에는 크게 계통 오차, 우연 오차로 구분할 수 있다. **계통 오차**(systematic error 系統誤差)는 어떤 원인에 의해 특정한 경향이 매번 측정할 때마다 지속적으로 나타나는 경우를 말한다. 여기에는 측정 기기의 고유한 오차, 측정자의 고유한 습관으로 나타나는 개인 오차, 측정실의 환경 변화로 인해 나타나는 오차들을 말하며 교정이 가능하다. **우연 오차**(accident error 偶然誤差)는 측정 과정에서 어떻게 해도 피할 수 없으며, 교정이 어려운 오차를 말한다. 기온의 미소변동, 공기의 흔들림, 미세한 진동, 측정자 자신의 주의력 변화 등 도저히 측정할 수 없는 미묘한 우연의 원인에 의해 나타나는 오차로 교정이 거의 불가능하다.

1-5 단위계

단위의 출현

> **TIP 도량형(度量衡)**
> 길이를 재는 자와 부피를 재는 되, 그리고 무게를 재는 저울을 총칭하는 말이다. 통일된 도량형이 없었다면 물건의 교환, 즉 상거래 역시 원활하지 않았을 것이다. 단위의 시작은 도량형의 기준을 만든 것에서부터 비롯되었다.

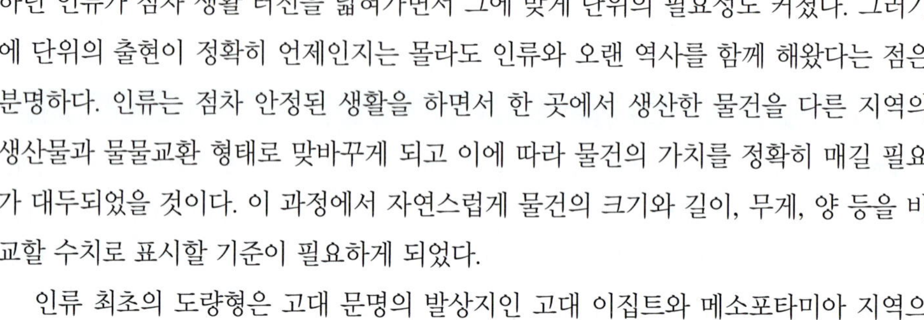

단위의 출현은 사회가 발전하는 과정에서 필수적이었다. 한정된 지역에서 집단생활을 하던 인류가 점차 생활 터전을 넓혀가면서 그에 맞게 단위의 필요성도 커졌다. 그러기에 단위의 출현이 정확히 언제인지는 몰라도 인류와 오랜 역사를 함께 해왔다는 점은 분명하다. 인류는 점차 안정된 생활을 하면서 한 곳에서 생산한 물건을 다른 지역의 생산물과 물물교환 형태로 맞바꾸게 되고 이에 따라 물건의 가치를 정확히 매길 필요가 대두되었을 것이다. 이 과정에서 자연스럽게 물건의 크기와 길이, 무게, 양 등을 비교할 수치로 표시할 기준이 필요하게 되었다.

인류 최초의 도량형은 고대 문명의 발상지인 고대 이집트와 메소포타미아 지역으로 언급되고 있다. 현재 기록으로 남아 있는 가장 오래된 단위는 '**큐빗**(cubit)'이라는 길이 단위이다. 팔을 구부렸을 때 팔꿈치에서부터 가운데 손가락 끝까지의 길이로, 고대 이집트 시기에만 사용된 게 아니라 근대까지도 쓰였을 만큼 서양에서는 꽤 오랜 기간 동안 사용되었던 단위다. 1큐빗은 약 45.8 cm의 길이로 알려져 있다.

이 외에도 피라미드를 지을 때에는 '**로열 이집트 큐빗**'이라는 자를 기준으로 삼았다고 한다. 이 기준은 당시 통치하던 파라오의 팔꿈치에서 가운뎃손가락 끝까지의 길이에 손바닥 폭의 길이를 더한 길이이다. 이렇게 정의된 로열 이집트 큐빗의 길이는 화강암에 새겨졌는데 이를 '로열 큐빗 마스터'라고 하였다. 로열 큐빗 마스터는 피라미드 건축에 매우 중요한 역할을 하였다. 이런 엄격한 측정표준 덕분에 이집트의 피라미드는 0.1%의 정밀도를 가지고 건축될 수 있었다. 실제로 피라미드의 정사각형 모양의 밑면에서 각 변의 길이를 살펴보면, 남쪽 230.40 m, 동쪽 230.45 m, 서쪽 230.38 m, 북쪽 230.25 m이다. 이들 간의 길이 차가 고작 20 cm밖에 나지 않는 것이다.

큐빗

그림 1-8 고대 1큐빗은 팔꿈치에서부터 가운뎃손가락까지의 길이이다.

국제단위계(SI 단위)

도량형을 개혁하던 프랑스 과학아카데미 학자들은 새 도량형에 적합한 새로운 이름이 필요하다고 결론 내렸다. 1790년 길이의 기본단위를 '미터'로 부르자는 한 시민의 제안이 받아들여져 새 이름으로 결정됐다. 그런데 미터는 단순히 새로운 길이 단위의 명칭으로 끝나지 않았다. 새로운 도량형의 명칭이 바로 '미터법'이었으니 말이다. 왜 하필 길이 단위를 그대로 전체 도량형의 이름으로 사용한 것일까? 이유는 길이의 단위인 미터가 모든 단위의 기초 역할을 하도록 정해졌기 때문이다. 길이, 넓이, 부피, 질량 등 다양한 단위가 체계적으로 상호 연결되어야 한다는 게 당시 도량형 체계를 논의하던 학자들의 생각이었다.

1875년 5월 국제적인 필요성에 의해 미터협약이 체결되면서 국제 공통으로 사용하는 단위제도인 **미터법**(metric system)이 완성되었다. 미터법은 서양과 과학에서 오랫동안 사용하여 왔으며, 10의 지수에 기본을 두고 있다. 그 후 미터법은 1960년부터 국제단위계로 발전하였다. **국제단위계**는 국제적인 약칭으로 'SI'라고 하는데 이는 프랑스 어의 Système International d'Unités(영어로는 The International System of Units이다)를 줄인 것이다. 국제단위계, 즉 SI는 국제도량형총회에서 승인되고 권장되는 단위계이다. 국제단위계는 7개의 기본 단위와 여러 종류의 유도 단위로 구성되어 있다. 유도 단위는 부록 A에 수록되었다.

SI 기본 단위의 정의

SI 기본 단위는 표 1-2와 같이 시간, 질량, 길이, 전류, 열역학적 온도, 물질량, 광도의 7개로 구성되어 있으며 그 정의방법은 다음과 같다.

표 1-2 7개로 구성된 SI 기본 단위

기본 물리량	명칭	단위의 기호
시간	초	s
길이	미터	m
질량	킬로그램	kg
전류	암페어	A
열역학 온도	켈빈	K
물질량	몰	mol
광도	칸델라	cd

※ 일반적으로 단위는 직립체로 쓰고, 기호는 이탤릭체로 쓴다.

측정 단위의 최고의결기관인 국제도량형총회(CGPM, The General Conference on Weights and Measures)에서는 그 동안 사용해 온 국제단위계(SI)의 정의 방법에 문제점이 있음을 발견하고 총회에서 정의 방법을 새로 변경하였다(2018년 11월 16일 의결). 이어 2019년 5월 20일 세계측정의 날을 시작으로 전세계적으로 적용하기로 결정하였다. 새로 재정의된 SI 기본 단위는 다음과 같다.

시간의 단위: 초(s)

초(기호: s)는 시간의 SI 단위이다. 초는 세슘-133 원자의 섭동이 없는 바닥상태의 초미세 전이 주파수 $\Delta\nu_{Cs}$를 Hz 단위로 나타낼 때 그 수치를 9 192 631 770으로 고정함으로써 정의된다. 여기서 Hz는 s^{-1}과 같다.

길이의 단위: 미터(기호: m)

미터(기호: m)는 길이의 SI 단위이다. 미터는 진공에서의 빛의 속력 c를 ms^{-1} 단위로 나타낼 때 그 수치를 299 792 458로 고정함으로써 정의된다. 여기서 초(기호:s)는 세슘 전이 주파수 $\Delta\nu_{Cs}$를 통하여 정의된다.

질량의 단위: 킬로그램(기호: kg)

킬로그램(기호: kg)은 질량의 SI 단위이다. 킬로그램은 플랑크 상수 h를 J s단위로 나타낼 때 그 수치를 $6.626\,070\,15 \times 10^{-34}$으로 고정함으로써 정의된다. 여기서 J s는

kg m^2 s^{-1}과 같고, 미터(기호: m)와 초(기호: s)는 c와 $\Delta\nu_{Cs}$를 통하여 정의된다.

전류의 단위: 암페어(기호: A)

암페어(기호: A)는 전류의 SI 단위이다. 암페어는 기본전하 e를 C 단위로 나타낼 때 그 수치를 1.602 176 634 × 10^{-19}으로 고정함으로써 정의된다. 여기서 C은 A s와 같고, 초(기호: s)는 $\Delta\nu_{Cs}$를 통하여 정의된다.

열역학 온도의 단위 : 켈빈(기호 : K)

켈빈(기호: K)은 열역학 온도의 SI 단위이다. 켈빈은 볼츠만 상수 k를 J K^{-1} 단위로 나타낼 때 그 수치를 1.380 649 × 10^{-23}으로 고정함으로써 정의된다. 여기서 J K^{-1}은 kg m^2 s^{-2} K^{-1}과 같고, 킬로그램(기호: kg), 미터(기호: m)와 초(기호: s)는 h, e와 $\Delta\nu_{Cs}$를 통하여 정의된다.

물질량의 단위: 몰(기호: mol)

몰(기호: mol)은 물질량의 SI 단위이다. 1 몰은 정확히 6.022 140 76 × 10^{23}개의 구성요소를 포함한다. 이 숫자는 mol^{-1} 단위로 표현된 아보가드로 상수 N_A의 고정된 수치로서 아보가드로 수라고 부른다. 어떤 계의 물질량(기호: n)은 명시된 구성요소의 수를 나타내는 척도이다. 구성요소란 원자, 분자, 이온, 전자, 그 외의 입자 또는 명시된 입자들의 집합체가 될 수 있다.

광도의 단위: 칸델라(기호: cd)

칸델라(기호: cd)는 어떤 주어진 방향에서 광도의 SI 단위이다. 칸델라는 주파수가 540 × 10^{12} Hz인 단색광의 시감효능 K_{cd}를 lm W^{-1} 단위로 나타낼 때 그 수치를 683으로 고정함으로써 정의된다. 여기서 lm W^{-1}은 cd srW^{-1} 또는 cd sr kg^{-1} m^{-2} s^{3}과 같고, 킬로그램(기호: kg), 미터(기호: m)와 초(기호: s)는 h, c와 $\Delta\nu_{Cs}$를 통하여 정의된다.

1-6 SI 접두어

1790년대 미터법을 만드는 과정에서 자릿수가 너무 많은 숫자를 써서 표현해야 하는 단위들을 위해 접두어 사용이 논의되기 시작하여 1793년에 킬로는 1 000을, 밀리는 0.001을 뜻하는 접두어가 등장하였다. 물리학에서 다루는 범위는 우주에서부터 원자 세계까지 매우 광범위하다. 따라서 아주 큰 값을 취급할 때도 있고, 극히 작은 값을 다룰 때도 있다. SI 단위에서는 큰 값이나 작은 값을 나타내는데 10의 거듭 제곱을 사용한다. 예를 들어 적도에서 지구의 반지름은 6 380 000 m인데, 이것을 6.38 × 10^6 m = 6.38 Mm로 나타낼 수 있으며, 수소 원자의 반지름은 0.000 000 000 053 m인데 이것을 5.3 × 10^{-11} m = 0.53 pm로 나타낼 수 있다.

표 1-3은 여러 가지 10의 거듭 제곱을 나타내기 위해 국제단위계에서 사용되는 접두어의 명칭과 기호를 나타낸 것이다. 접두어 기호는 단위 기호와 마찬가지로 주변 문장의 글자체와 관계없이 로마 직립체로 나타내며, 접두어 기호와 단위 기호 사이에 빈칸이 없도록 단위 기호를 붙여서 사용해야 한다.

표 1-3 SI 접두어의 명칭과 기호

10의 거듭 제곱	명칭	기호	10의 거듭 제곱	명칭	기호
10^{1}	데카 deka	da	10^{-1}	데시 deci	d
10^{2}	헥토 hecto	h	10^{-2}	센티 centi	c
10^{3}	킬로 kilo	k	10^{-3}	밀리 milli	m
10^{6}	메가 mega	M	10^{-6}	마이크로 micro	μ
10^{9}	기가 giga	G	10^{-9}	나노 nano	n
10^{12}	테라 tera	T	10^{-12}	피코 pico	p
10^{15}	페타 peta	P	10^{-15}	펨토 femto	f
10^{18}	엑사 exa	E	10^{-18}	아토 atto	a
10^{21}	제타 zetta	Z	10^{-21}	젭토 zepto	z
10^{24}	요타 yotta	Y	10^{-24}	욕토 yocto	y

예제 1-3 접두어 표기법

문제 다음은 몇 가지 물리량을 10의 거듭 제곱으로 나타낸 것이다. 각각의 물리량을 접두어 사용하여 표시하라.

물리량	측정값	접두어를 사용한 표기값
(a) 아주 강력한 레이저의 출력	1×10^{12} W	(　　)
(b) 강한 방사능	1×10^{6} Ci	(　　)
(c) 현미경으로 관찰되는 크기	1×10^{-6} m	(　　)
(d) 양성자의 크기	1×10^{-15} m	(　　)

생각하기 10의 거듭 제곱에 대한 각각의 접두어가 무엇인지 생각하고, 대문자와 소문자가 혼동되지 않도록 주의한다.

풀이 (a) 10^{12}의 접두어는 T(tera)이므로 1×10^{12} W = 1 TW이다.
(b) 10^{6}의 접두어는 M(mega)이므로 1×10^{6} Ci = 1 MCi이다.
(c) 10^{-6}의 접두어는 μ(micro)이므로 1×10^{-6} m = 1 μm이다.
(d) 10^{-15}의 접두어는 f(femto)이므로 1×10^{-15} m = 1 fm이다.

1-7 단위의 환산

바꿈인수

단위의 사용에서 한 단위를 다른 단위로 환산해야 할 때가 많이 있다. SI 단위계를 사용하도록 권장하고 있으나, 일부 국가에서 또는 특수한 분야의 상거래 등에서는 아직까지 전통적인 단위가 사용되는 곳도 많이 있다. 예를 들면 길이의 단위로 인치(inch), 피트, 야드, 마일(mile), 해리 등을 사용하거나, 넓이의 단위로 아르(a), 헥타르(ha) 등을 사용하기도 한다. 우리나라에서는 1961년 국제단위계를 〈계량에 관한 법률〉에 의해 채택하고 비법정계량단위 사용을 금지하였다. 그러나 아직까지도 '자, 마, 리, 인치, 피트, 마일, 야드, 평, 마지기, 홉, 되, 말, 갤런, 관, 근, 냥, 돈, 온스' 등의 비법정계량단위가 사용되고 있는 실정이다.

단위의 환산은 문제를 풀거나, 물리량을 비교할 때 반드시 거쳐야 하는 과정으로 여러 가지 **바꿈인수**(conversion factor, **환산인자**)를 상용하여 이루어진다. 바꿈인수는 분자와 분모가 다른 단위로 된 크기가 1인 분수로, 이를 사용하면 최종 결과에서 원하

TIP 길이 환산

1자 ≒ 30.303 cm
1피트 = 0.304 8 m
1인치 = 2.54 cm
1마일 = 1.609 344 km
1야드 = 0.914 4 m

TIP 1999년 화성 탐사선 폭발

1999년 9월 화성 궤도를 돌다가 화성에 착륙할 예정이었던, 미국의 우주선 Mars Climate Orbitar는 최저 고도를 잘못 설정해서 추락하였다. NASA의 발표에 의하면 개발팀 일부에서는 미터법을, 일부에서는 feet-mile 단위를 사용하였기 때문에 일어난 사고였다.

는 단위를 얻게 된다. 예를 들어 5.0 ft를 cm로 바꾸어보자. 1 ft = 30.48 cm이므로 바꿈인수를 곱하면 구해진다.

$$5.0\ \text{ft} = (5.0\ \text{ft}) \times \left(\frac{30.48\ \text{cm}}{1\ \text{ft}}\right) = 152.4\ \text{cm}$$

단위의 환산에서는 다음과 같은 기본적인 규칙이 적용된다.

- 한 방정식 내에서 단위들은 대수적 양들과 같은 방식으로 취급되며, 서로 곱하거나 나눌 수 있다.
- 어떤 단위에 1을 곱하거나 나누어도 불변이다.

예제 1-4 거리 단위 환산

문제 점 A에서 점 B까지 거리가 10.0 km이다. 이 거리를 승용차로 20.0분 걸렸다고 할 때 평균속력은 얼마인가? (a) km/h와 (b) m/s 단위로 계산하라.

생각하기 평균속력은 이동한 거리를 경과한 시간으로 나눈 값이다. 단위 환산에서 바꿈인수를 잘 생각해야 한다.

풀이 (a) 즉 평균속력 $= \dfrac{\text{이동한 거리}}{\text{경과 시간}}$이다. 주어진 값을 거리와 시간에 대입하면 다음을 얻는다.

$$\text{평균속력} = \frac{10.0\ \text{km}}{20.0\ \text{min}} = 0.500\ \frac{\text{km}}{\text{min}}$$

$\dfrac{\text{km}}{\text{min}}$를 $\dfrac{\text{km}}{\text{h}}$로 환산하기 위해 분(min)을 없애고 시간(h)을 남길 바꿈인수를 곱한다. 바꿈인수는 60 min/h이므로 평균속력 $= 0.500\ \dfrac{\text{km}}{\text{min}} \times \dfrac{60\ \text{min}}{1\ \text{h}} = 30.0\ \dfrac{\text{km}}{\text{h}}$이다.

(b) (a)의 답에서 시간(h)을 초(s)로, km를 m로 바꾸는 2개의 바꿈인수를 곱하면 된다.

$$\text{평균속력} = 30.0\ \frac{\text{km}}{\text{h}} \times \frac{1\ \text{h}}{3600\ \text{s}} \times \frac{1000\ \text{m}}{1\ \text{km}} = 8.33\ \frac{\text{m}}{\text{s}}$$

예제 1-5 부피 단위 환산

문제 용량이 250 mL인 비커에 물이 가득 담겨 있다. 이 비커에 담긴 물의 용량을 (a) cm^3와 (b) m^3의 단위로 나타내라.

생각하기 부피의 단위를 알고 환산하는 방법을 익히는 문제이다.

풀이 (a) 접두어 밀리(m)는 10^{-3}을 의미하므로 1 mL = 10^{-3} L이다. 그리고 1 L = 1 000 cm^3이다. 그러므로

$$250\ \text{mL} \times \frac{10^{-3}\ \text{L}}{1\ \text{mL}} \times \frac{1000\ \text{cm}^3}{1\ \text{L}} = 250\ \text{cm}^3$$

이다.

(b) cm^3를 m^3로 바꾸기 위해서는 1 m = 100 cm이므로 이것을 세제곱해야 한다.

$$250\ \text{cm}^3 \times \left(\frac{1\ \text{m}}{100\ \text{cm}}\right)^3 = 250\ \text{cm}^3 \times \frac{(1\ \text{m})^3}{(100\ \text{cm})^3}$$

$$= 250\ \text{cm}^3 \times \frac{1\ \text{m}^3}{100^3\ \text{cm}^3}$$

$$= 2.50 \times 10^{-4}\ \text{m}^3$$

길이, 질량, 시간의 근삿값

표 1-4, 1-5, 1-6은 물리학에서 연구 대상으로 하는 여러 분야의 물리량의 근삿값을 나타낸 것이다. 이 근삿값을 보고 물리학의 연구 분야가 얼마나 거대한 영역에서부터 미세한 영역까지를 포함하는지 주의 깊게 살펴보자.

표 1-4 길이 측정의 근삿값

측정 물리량	길이(m)
지구에서 알려진 우주 끝까지의 거리	10^{26}
지구에서 가장 가까운 은하까지의 거리	10^{22}
우리 은하의 지름	10^{21}
빛이 1년 동안 진행한 거리(1광년)	10^{16}
지구에서 태양까지의 거리	1.496×10^{11}
태양의 지름	1.39×10^{9}
지구에서 달까지의 거리	3.84×10^{8}
100 m 트랙의 길이	10^{2}
모래의 평균 크기	10^{-3}
생명체의 세포 크기	$\sim 10^{-5}$
수소원자의 지름	$\sim 10^{-10}$
양성자의 지름	$\sim 10^{-15}$

그림 1-9 1987년에 발견된 초신성 타란툴라(Tarantula). 사진에서 밝게 보이는 부분으로 지구로부터 거리는 약 9.46 $\times 10^{21}$ km이다.

표 1-5 질량 측정의 근삿값

측정 물리량	질량(kg)
알려진 우주의 질량	$\sim 10^{53}$
우리 은하	$\sim 10^{42}$
태양	1.99×10^{30}
지구	5.98×10^{24}
달	7.36×10^{22}
아주 큰 빙산	$\sim 10^{12}$
자동차	10^{3}
사람	$\sim 10^{2}$
모기	$\sim 10^{-5}$
박테리아	10^{-15}
수소 원자	1.67×10^{-27}
전자	9.11×10^{-31}

표 1-6 시간 측정의 근삿값

측정 물리량	시간(s)
우주의 나이	$\sim 10^{18}$
지구의 나이	$\sim 10^{17}$
1년	3.16×10^{7}
1일	8.64×10^{4}
사람의 심장박동 주기	8×10^{-1}
고체 내의 원자의 진동 주기	$\sim 10^{-13}$
아주 불안정한 핵의 평균 수명	10^{-22}
빛이 양성자를 통과하는 시간	10^{-23}

예제 1-6 달의 지름 구하기

문제 개기일식(total solar eclipse)은 지구가 달의 그림자 속으로 들어가 태양이 완전히 가려지는 현상으로 좀처럼 보기가 쉽지 않다. 이 사실과 표 1-4에 있는 길이 측정의 근삿값을 참고하여 달의 지름의 근삿값을 구하라.

생각하기 개기일식이 일어날 경우 태양, 달, 지구의 위치를 생각해보자.

풀이 표 1-4에서 얻을 수 있는 개기일식과 관련된 정보는 다음과 같다.

그림 1-10 개기일식

지구에서 달까지의 거리는 3.84×10^8 m이고, 지구에서 태양까지의 거리는 1.496×10^{11} m이며, 태양의 지름은 1.39×10^9 m이다. 그리고 개기일식이 일어날 때 태양, 달, 지구의 위치를 그림으로 그려보면 그림 1-18과 같다. 이 그림의 점 G에 있는 지구인들은 개기일식을 경험하게 된다.
이 그림에서 $\triangle GDF$와 $\triangle GAC$는 닮은 삼각형이므로 다음과 같은 관계가 있다.

$$\frac{AC}{DF} = \frac{BG}{EG} \text{ 그러므로 } \frac{1.39 \times 10^9}{DF} = \frac{1.496 \times 10^{11}}{3.84 \times 10^8} \text{ 이다.}$$

여기서 DF를 구하면 $DF = 3.57 \times 10^6$ m이다.

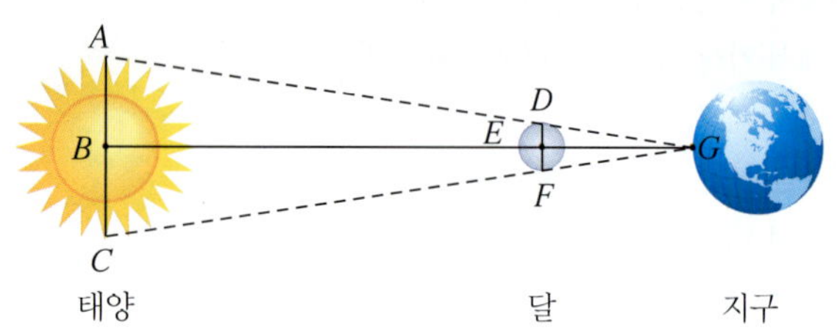

그림 1-11 개기일식이 일어날 때 태양과 달 그리고 지구의 위치

1-8 삼각 함수

물리학의 여러 분야에서 수학적인 계산 과정이 필요하다. 특히 3차원으로 표현하는 공간에서 벡터의 성분을 적용하려면 sine, cosine, tangent(약자로는 sin, cos, tan)의 함수가 필요하다. 그림 1-12(a)에서와 같이 어떤 각 θ가 주어졌다고 하면 그 끝에서 수직으로 직선을 그어서 직각 삼각형을 만들 수 있다. 직각의 반대편에 있는 변을 b, 그리고 인접한 면(밑변)을 a라 하자. h, b, a가 각각 이들 변의 길이를 나타낸다고 하자. 이제 직각 삼각형에 대해 사인, 코사인, 탄젠트 함수를 정의하자.

$$\sin\theta = \frac{\text{높이}}{\text{빗변}} = \frac{b}{h},\ \cos\theta = \frac{\text{밑변}}{\text{빗변}} = \frac{a}{h},\ \sin\theta = \frac{\text{높이}}{\text{밑변}} = \frac{b}{a}, \qquad \textbf{1-1}$$

만약 각을 같게 하고 삼각형을 크게 만들더라도 한 변과 다른 변의 길이의 비나, 빗변에 대한 다른 변의 길이의 비는 일정하다. 즉 그림 1-12(c)에서 $a/h = a'/h'$, $b/h = b'/h'$, 그리고 $b/a = b'/a'$이다. 따라서 sin, cos, tan의 값은 삼각형의 크기와는 관계가 없다는 것을 알 수 있다. 이들 값은 오직 각의 크기에 따라 다르다.

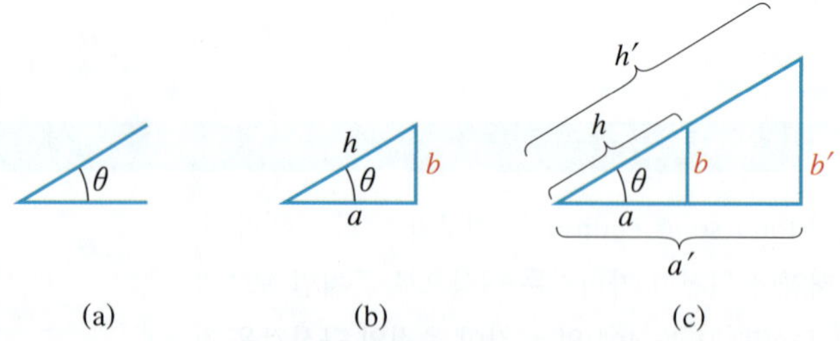

그림 1-12 (a) 사잇각이 θ인 두 성분으로부터 (b), (c)와 같이 크기가 다른 직각 삼각형을 만들 수 있다. 이 때 각 변의 길이의 비는 직각 삼각형의 크기와는 무관하다.

직각 삼각형에서 두 변의 값이 주어지고 각도 θ가 미지수인 경우도 있다. 이럴 때는 **역삼각 함수**(inverse trigonometric functions)가 중요한 역할을 한다. 식 1-2는 사인의 역함수, 코사인의 역함수, 탄젠트의 역함수이다. 사인의 역삼각 함수의 의미는 'θ는 사인값이 b/h 인 각이다' 라는 뜻이다.

$$\theta = \sin^{-1}\left(\frac{b}{h}\right), \theta = \cos^{-1}\left(\frac{a}{h}\right), \theta = \tan^{-1} = \left(\frac{b}{a}\right), \qquad \textbf{1-2}$$

여기서 '−1'은 함수값의 역수를 취하라는 뜻이 아니다. 예를 들면 $\theta = \sin^{-1}\left(\frac{b}{h}\right)$는 $\frac{1}{\sin(b/h)}$와 같지 않다. 역삼각 함수를 표기하는 다른 방법은 $\sin^{-1}$, $\cos^{-1}$, $\tan^{-1}$ 대신에 arc sin, arc cos, arc tan로 표기하는 것이다. 직각 삼각형을 이루는 세 변 사이에 나타나는 또 다른 중요한 관계는 **피타고라스 정리**(Pythagorean theorem) 이며, 그림 1−12에서 구하면 다음과 같다.

$$a^2 + b^2 = h^2 \qquad \textbf{1-3}$$

피타고라스 정리와 마찬가지로 삼각 함수와 역삼각 함수는 어떤 직각 삼각형에도 적용된다.

1−9 좌표계

물리학의 여러 분야에서 직선이나 평면 그리고 공간상의 위치에 관한 문제를 다루게 되며, 이 경우 좌표계를 통해 정확한 위치를 결정할 수 있다. 직선 위에 있는 한 점은 한 개의 좌표로 위치를 나타낼 수 있으며, 평면 위에 있는 한 점은 두 개의 좌표로, 공간에 있는 한 점은 세 개의 좌표로 그 위치를 나타낼 수 있다.

공간에서 위치를 정하기 위해 사용하는 좌표계는 다음과 같이 구성된다.

- 고정된 원점 O
- 적당한 눈금과 이름이 있는 좌표축
- 좌표에서 한 점을 나타내는 방법

직선 위에 있는 한 점을 나타낼 때 편리하게 사용하는 좌표계는 **직각 좌표계**(cartesian coordinate system 또는 rectangular coordinate system 直角座標系)이다. 2차원에서의 직각 좌표계는 그림 1−13과 같이 임의의 한 점을 좌표 (x, y)로 나타낸다. 2차원 직각 좌표계에서는 오른쪽을 $+x$로, 위쪽을 $+y$로 선택하는 것이 일반적이다.

평면 위의 한 점을 나타내는 또 다른 방법은 그림 1−14와 같은 **평면 극좌표**(plane polar coordinate 平面極座標)이다. 평면 극좌표에서는 평면 상 임의의 한 점을 (r, θ)로 나타낸다. 평면 극좌표 위에 있는 한 점은 원점으로부터 그 점까지의 거리 r과 기준선과 원점에서 그 점까지의 그은 직선 사이의 각도 θ로 나타낸다. 각도 θ는 기준선에서 반시계 방향으로 측정할 경우 양(+)으로, 시계 방향으로 측정할 때 음(−)으로 간주한다. 예를 들어 평면 극좌표에서 5 m와 30°로 나타낸 점은 원점으로부터 5 m, 기준선으로부터 반시계 방향(기준선 위쪽)으로 30° 되는 지점에 위치한다. 반대로 5 m와 −30°로 나타낸 점은 원점으로부터 5 m, 기준선으로부터 시계 방향(기준선 아래쪽)으로 30° 되는 지점에 위치한다.

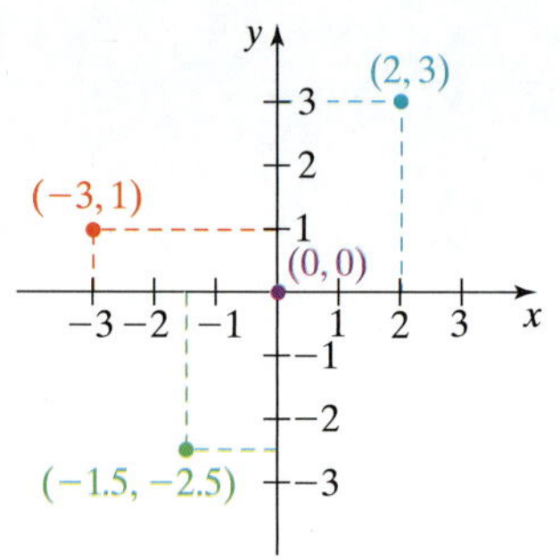

그림 1-13 2차원 직각 좌표계에 나타낸 점들의 위치. 모든 점들은 (x, y)로 나타낸다.

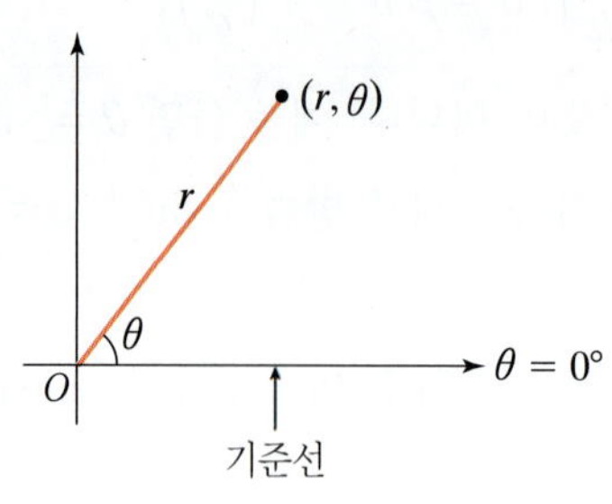

그림 1-14 평면 극좌표계. 공간상의 한 점의 좌표는 거리 r와 각도 θ로 나타낸다. θ는 $+x$축으로부터 반시계 방향으로 측정한다.

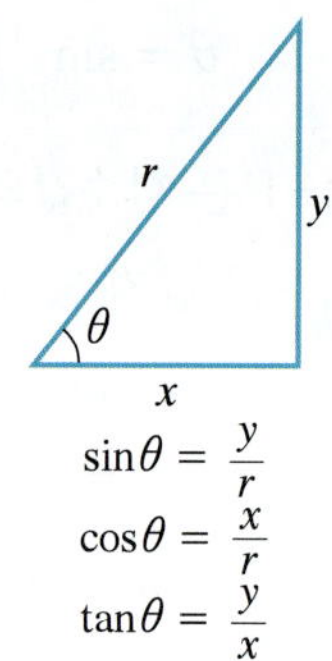

$$\sin\theta = \frac{y}{r}$$
$$\cos\theta = \frac{x}{r}$$
$$\tan\theta = \frac{y}{x}$$

그림 1-15 (x, y)와 (r, θ)의 관계를 보여주는 직각 삼각형

그림 1-15는 직각 좌표계 (x, y)와 평면 극좌표계 (r, θ) 사이의 관계를 나타낸다. 이 그림에서 평면 극좌표에서 직각 좌표를 얻을 수 있으며, $r = \sqrt{x^2 + y^2}$, $\theta = \tan^{-1}\frac{y}{x}$의 관계가 있다.

단원과 관련된 주제 제19회 대한민국 과학창의축전

'제19회 대한민국 과학창의축전'이 미래창조과학부 주체로 2015년 7월 28일부터 8월 2일까지 일산 킨텍스(KINTEX)에서 개최되었다. 이 축전은 대한민국 과학기술 70년의 역사와 미래기술을 한 눈에 살펴볼 수 있는 자리였으며, 특히 광복 70주년(1945~2015)을 맞아 국민들이 선정한 〈과학기술 대표성과 70선〉을 전시하여 눈길을 끌었다. 국민들이 선정한 70개 과제는 우리나라 경제발전을 이끌고 수출 증대에 많은 공헌을 한 대표적인 과학기술로, 우리나라 과학자들의 땀과 꿈으로 이루어낸 빛나는 성과물이다.

표 1-7 광복 70주년을 맞아 국민들이 선정한 〈과학기술 대표성과 70선〉

연도별	과학기술	연도별	과학기술
1950년대	참치잡이 기술	1980년대	연구용 원자로(HANARO)
	기계식 한글 타자기(공병우)		한글 워드프로세서
	리-아이링 이론(화학, 이태규)		남극세종과학기지 건설
	산림녹화 임목육종(현신규)		한탄 바이러스 백신(이호왕)
	리군이론(수학, 이임학)	1990년대	CDMA 상용화
	화학제조 기술		한국표준형 원전 설계기술
1960년대	시멘트 소성기술		공업용 다이아몬드
	나일론 생산기술		군용 항공기용 기본훈련기
	국내 최초 라디오(A-501)		국산 제1호 신약(선플라)
	수동식 선반 제작기술		라이신/핵산 발효 기술
	국내 최초 원자로		리튬 이온 전지
	배추 품종 개발(우장춘)		우리별 인공위성
	화학비료 생산기술		포항 방사광가속기
1970년대	지대지 유도탄(백곰)		폴리부텐 생산기술
	고속도로 건설기술(경부고속도로)	2000년대	LCD용 편광필름
	초대형 유조선		초음속고등훈련기(T-50)
	국산1호 컴퓨터(세종1호)		글로벌신약(팩티브)
	통일벼		고해상도 TV 기술
	폴리에스터 필름		낸드플래시 메모리
	한국 고유모델 국산차(포니)		산업용 로봇
	흑백/컬러 TV		자동차용 타우엔진
	게이지이론의 재규격화(이휘소)		신형경수로 APR1400
1980년대	DRAM 메모리 반도체		심해 원유 시추선
	B형 간염백신		와이브로(WiBro)
	TDX-1 상용화		초전도핵융합연구장치(KSTAR)
	고강도 아라미드 섬유		초고압 전력설비 국산화(765 kV)
	고밀도 폴리에틸렌 생산기술		이지스함 1호 세종대왕함
	광통신용 광섬유 기술		한국형 고속열차
	휴대전화 상용화 기술		FINEX 제철공정
	넙치 양식기술		고정밀 지구관측 다목적 실용위성
	해수담수화 기술		Linear Compressor
	도핑콘트롤 기술		대한민국 표준시(KRISS-1)
	디지털 초음파 진단기술		인간형 휴머노이드(휴보)
	비닐하우스 온실 기술	2010년대	우주발사체(나로호)
	불소화합물 제조공정		SMART 원자로

연습문제

1-1 물리학은 어떤 학문인가?

1. 갈릴레이가 과학의 연구에서 중요하게 생각한 것은 무엇인가?

2. 물리학을 연구하는 과학자들은 각 분야에서 어떤 직업을 가지고 있는지 조사해보자.

3. 전통적인 탐구과정의 각 과정이다. 이를 순서대로 정리해보자.
   (a) 탐구설계 및 수행 (b) 문제인식
   (c) 자료해석 (d) 가설설정
   (e) 자연관찰 (f) 결론도출 및 일반화

4. 18세기 말부터 19세기 초에는 이제까지 열, 빛, 소리, 전기, 자기 등 각각 독립적으로 연구되어오던 연구 형태가 합쳐지면서 '물리학' 이라는 새로운 학문의 분야가 나타나게 되었다. 이 시기에 물리학 분야의 성립에 기여한 과학자들의 업적을 역학, 전기와 자기, 열, 빛 분야 등으로 나누어 조사해보자.

5. 현대물리학의 학문 영역에는 어떤 것들이 있는지 조사해보자.

1-3 차원 분석

6. 단진자 운동의 주기 T와 단진자의 길이 l 사이에는 다음과 같은 관계가 있다.

$$T = 2\pi\sqrt{\frac{l}{g}}$$

여기서 g는 중력가속도로서 그 차원은 $\frac{\mathrm{L}}{\mathrm{T}^2}$ 이다. 이 식에서 양변의 차원이 같다는 것을 보이라.

7. 뉴턴의 만유인력의 법칙은 다음과 같다. 우주에 있는 모든 물체들은 그들의 질량에 비례하고, 그들 사이의 거리 제곱에 반비례하는 힘으로 다른 모든 물체를 당긴다. 이 관계를 식으로 표현하면 다음과 같다.

$$F = G\frac{Mm}{r^2}$$

여기서 F는 만유인력으로 힘의 단위를 사용한다(kg m/s^2). 그리고 M과 m은 두 물체의 질량이고, r은 두 물체 사이의 거리이다. 만유인력상수 G의 SI 단위는 어떻게 표현되는지 구하라.

1-4 유효 숫자와 오차

8. 다음에서 유효 숫자의 자릿수는 각각 얼마인가?
   (a) 41.8 + 0.5 (b) 5.293×10^5
   (c) 4.78×10^{-7} (d) 0.006 4

9. 다음 덧셈을 유효 숫자를 고려하여 계산하라.
   41.2 s + 13 s + 16.25 s + 3.007 s = (   )

10. 어느 사무실의 크기가 가로가 8.42 m, 세로가 4.8 m라고 한다. 유효 숫자를 고려하여 이 사무실의 넓이를 구하면 얼마인가?

11. 세 변의 길이가 각각 10.52 cm, 15.5 cm, 15 cm인 나무상자가 있다. 유효 숫자를 고려하여 이 상자의 부피를 계산하라.

1-5 단위계

1-6 SI 접두어

12. 다음 빈칸을 SI 접두어로 채워라.

인자	명칭	기호	인자	명칭	기호
10^1	데카	da	10^{-1}	데시	d
10^2	헥토	h	10^{-2}	센티	c
10^3	(1)	(2)	10^{-3}	(11)	(12)
10^6	(3)	(4)	10^{-6}	(13)	(14)
10^9	(5)	(6)	10^{-9}	(15)	(16)
10^{12}	테라	T	10^{-12}	피코	p
10^{15}	(7)	(8)	10^{-15}	(17)	(18)
10^{18}	(9)	(10)	10^{-18}	(19)	(20)
10^{21}	제타	Z	10^{-21}	젭토	z
10^{24}	요타	Y	10^{-24}	욕토	y

1-7 단위의 환산

13. 2014년 브라질월드컵 공인구 부라주카(brazuca)의 지름은 4.34인치라고 한다.
   (a) 이 축구공의 반지름은 몇 cm인가?
   (b) 이 축구공의 겉넓이는 몇 cm^{2}인가?
   (c) 이 축구공의 부피는 몇 cm^{3}인가?

그림 P1-13 브라질월드컵 공인구

14. 알려진 빛의 속력은 약 3.00×10^8 m/s이다. 이 값을 mi/h 단위로 환산하면 얼마인가?

15. 그림 P1-15는 자동차 속력계이다. 어떤 승용차가 42.0 m/s의 속력으로 달리고 있다. 이 고속도로의 제한 속력이 110 km/h라면 이 승용차는 과속한 것인가?

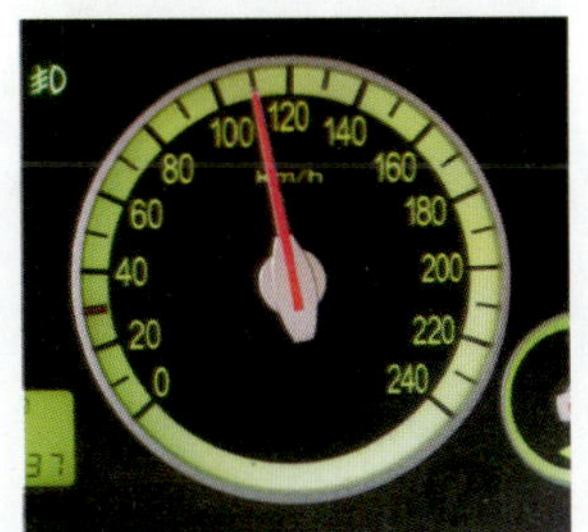

그림 P1-15 자동차 속력계

그림 P1-19 장백폭포

16. 다음은 우리가 많이 사용하고 있는 몇몇 단위를 잘못 표기한 예이다. 이를 올바른 사용법에 따라 수정하라.

(a) *kg*, *mm*, *cm*, *km*, *m/s*, *kV*

(b) Kg, KM, Km, CM

(c) 35mm, 70kg, 27°C

(d) 1 mμm, 1 μμV

17. 다음 물음에 대한 답을 단위를 환산하여 (　　)에 넣으라.

(a) 각 변이 1 cm인 상자의 부피는 (　　) m^3이다.

(b) 반지름이 3.0 cm이고, 길이가 12.0 cm인 원기둥의 전체 겉넓이는 (　　) mm^2이다.

(c) 납의 밀도는 11.3 $\frac{g}{cm^3}$ 이다. 이 값을 환산하면 (　　) $\frac{kg}{m^3}$ 이다.

18. 다음은 5종류의 물체의 질량을 측정한 값이다. 큰 것부터 순서대로 나타내라.

(a) 0.038 kg　　(b) 19 g

(c) 2.4×10^{-5} Mg　　(d) 4.3×10^{-8} Gg

19. 그림 P1-19는 백두산에 있는 장백폭포이다. 겨울철 건기에 이 폭포의 높이는 220피트라고 한다. 이 값을 m로 환산하라.

1-9 좌표계

20. 그림 P1-20과 같이 직각삼각형에서 두 변의 값이 주어지고, 각도 θ가 미지수인 경우도 종종 있다. 이럴 때 역삼각함수(inverse trigonometric functions)가 중요한 역할을 한다.

(a) 그림을 보고 사인, 코사인, 탄젠트의 역함수를 구하라.

(b) 그리고 그 의미를 설명하라.

(c) 역삼각함수를 표기하는 또 다른 방법을 설명하라.

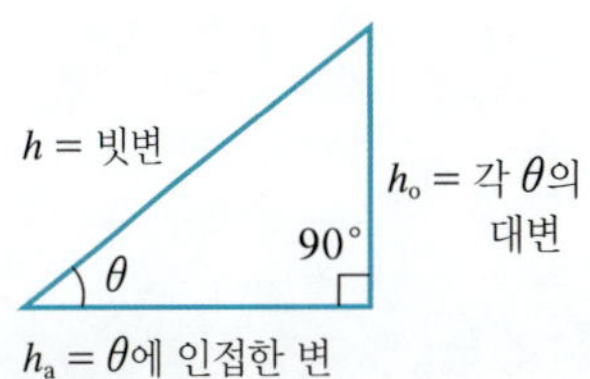

그림 P1-20

21. 극좌표계에서 $(r, \theta) = (3.00\text{ m}, 45.0°)$와 $(6.00\text{ m}, -60.0°)$이다. 두 점 사이의 거리를 구하라.

자유형 수영 경기 출발 모습(제95회 전국체전) 수영은 기록경기이다. 동시에 출발해서 누가 도착점에 빨리 도달하는가가 우승과 직결된다. 일반적으로 빠르기는 속력으로 나타내지만, 수영 경기는 속력을 측정하는 것이 아니라 일정한 거리(100 m, 400 m, 1 600 m 등)를 기준으로 걸린 시간으로 우승자를 가린다. 수영 경기에서 운동의 변수는 거리와 시간이고, 이 값으로부터 속력이 얻어진다.

1차원에서의 운동

제2장

세상의 모든 것들은 움직인다. 겉으로 보기에는 정지한 것 같은 물체들도 지구의 자전과 공전, 은하계 중심에 대한 태양의 공전 등으로 실제는 움직이고 있다. 뿐만 아니라 우리 눈에 보이는 운동도 수없이 많다. 고속도로를 달리는 자동차들, 놀이동산의 다양한 탈것들을 비롯하여 심지어는 우리 몸의 심장도 몇십 년을 뛰면서 혈액을 공급한다. 이 외에도 원자핵 주위를 도는 전자들, 팽창하는 우주에서 멀어지는 성운들과 같이 우리의 삶 자체가 운동이라고 할 정도로 운동은 우리와 너무나 가까이에 있다.

물리학은 물체의 운동에 대한 연구에 관심이 많다. 물리학자들은 다양한 형태의 운동과 거시세계에서 미시세계의 구석구석까지의 운동에 관심을 갖고, 운동의 특성을 밝혀내며 오늘도 희열을 느끼고 있다.

제2장에서는 물체가 직선 상을 움직이는 물체의 위치와 변위, 평균속도와 순간속도, 가속도 등을 정의하고, 1차원에서 등속도, 등가속 운동 그리고 자유낙하 운동의 특성을 공부한다.

2-1 변위

TIP '역학'에서는 '운동학'과 '동역학'을 모두 다룬다

운동학 운동에 미치는 힘을 고려하지 않고 운동을 기술하는 분야
동역학 운동에 미치는 힘을 고려하여 운동을 기술하는 분야

운동은 두 가지 측면에서 생각할 수 있다. 하나는 순수하게 서술적인 개념으로, 운동 그 자체에 대한 것이다(예를 들면 운동이 빠른가, 느린가 하는 것이다). 또 하나는 운동을 일으키는, 즉 그 운동 상태를 변하게 하는 요인으로서 힘들을 고려한 기술이다. 작용하는 힘과 관계없이 운동을 기술하는 데 필요한 개념들을 기술하는 분야를 **운동학**(kinematics 運動學)이라 한다. 이에 비해 힘이 운동에 미치는 영향을 고려하여 운동을 기술하는 분야를 **동역학**(dynamics 動力學)이라 한다. 운동학과 동역학은 물리학의 한 분야인 **역학**(mechanics 力學)에 속한다.

변위

일상에서 흔히 표현하는 운동이란 신체의 기능을 향상시키고 건강을 증진시키기 위해 신체를 단련하는 일을 말한다. 그러나 물리학에서 논의하는 운동의 개념은 다르다. **운동이란 물체가 다른 물체나 어떤 기준좌표계에 대해 상대적으로 위치가 변동되는 것을 말한다.** 운동하고 있는 물체는 시간에 따라서 그 위치가 계속 변하기 때문에 물체의 운동을 기술하려면 물체의 위치를 정확하게 표시할 수 있어야 한다. 물체의 위치를 정확하게 표시하는 방법을 알아보자.

물체의 위치는 어떤 기준점에 대한 상대적인 위치로 나타낸다. 1차원에서 물체의 위치를 나타내는 일반적인 방법은 좌표축을 이용하는 것이다. 예를 들어 x축에서는 원점(영점)을 기준점으로, 축의 양의 방향은 오른쪽 방향이고, 반대방향은 음의 방향이다.

그림 2-1과 같이 어느 사람이 자전거를 타고 A 지점에서 B 지점까지 이동한다고 하자. 이때 A 지점에서 B 지점까지 가는 경로는 여러 갈래의 길이 있을 수 있다. 각 경로마다 이동한 거리는 다를 것이다. 각 경로마다 실제로 움직인 총 거리를 **이동거리**라고 한다. 그러나 이때 이 자전거의 운동을 어떤 시간 동안 일어난 물체의 위치 변화만을 생각하면 A에서 B로 향하는 직선거리로 나타낼 수 있다. 이와 같이 물체의 위치 변화를 나타낼 때, 물체의 이동 경로는 생각하지 않고 출발점과 도착점을 최단거리로 연결하는 선분의 길이와 방향을 함께 나타낸 것을 **변위**(displacement 變位)라고 한다.

변위는 물체의 위치 변화로 정의한다.

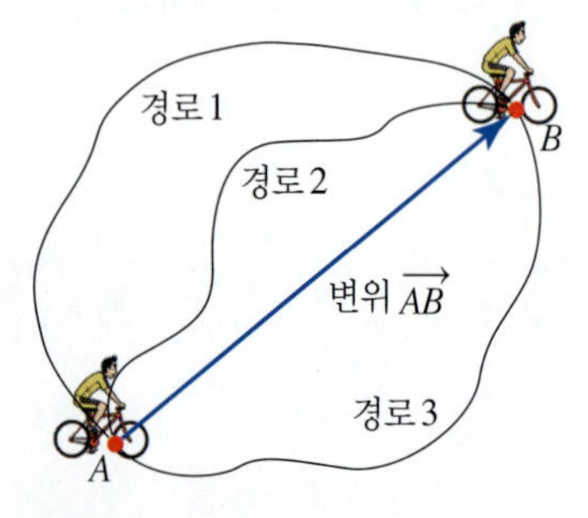

그림 2-1 이동거리와 변위

그림 2-1과 같이 자전거를 탄 사람이 A에서 B까지 이동하였을 때의 변위를 그림으로 나타낼 경우에는 두 점 A, B를 연결하고 그 끝에 화살표를 표시한다. 이때 화살표의 길이는 변위의 크기를, 화살표의 방향은 변위의 방향을 나타낸다. 변위는 크기와 방향을 모두 갖고 있기에 **벡터**량이다. 벡터에 대해서는 3장에서 자세히 다룬다. 변위의 크기는 거리가 되며, 거리는 단위가 있으나 방향은 없다. 변위의 SI 단위는 m(미터)인데, 필요에 따라 km, mile, feet와 같은 단위도 사용된다.

처음 위치 $x_1(x_i)$에서 나중 위치 $x_2(x_f)$까지의 거리를 변위 Δx라 하면 다음과 같이 표기한다.

$$\Delta x = x_2 - x_1 \text{ (또는 } x_f - x_i\text{)}$$

TIP 변위 나타내기, $\Delta x = x_2 - x_1$(또는 $x_f - x_i$)

$x_1(x_i)$ 물체의 처음위치
$x_2(x_f)$ 물체의 나중위치
i, f는 영어 initial(초기의)과 final(최종의)의 첫 자를 나타낸다.

이 책에 나오는 그리스 문자 Δ(델타)는 양의 변화를 의미하는데, 나중값에서 처음값을 뺀 변화량을 말한다.

예를 들어 이동거리와 변위 사이의 차이를 알아보자. 그림 2-2(a)와 같이 어떤 사람이 동쪽으로 50 m(또는 +50 m로 표기할 수 있다)를 걸어간 후에, 뒤로 돌아서 서쪽으로 20 m(또는 −20 m로 표기할 수 있다)를 걸어가 정지하였다고 하자. 이때 이 사람이 이동한 총 거리는 70 m다. 그러나 변위는 동쪽으로 30 m(또는 +30 m)이다. 그 이유는 이 사람의 처음위치와 나중위치의 직선거리가 30 m이기 때문이다.

그림 2-2(b)에서와 같이 집을 출발하여 우체국을 거쳐 병원을 가는 경우의 예를 살펴보자. 이 경우 총 이동거리는 300 m + 400 m = 700 m이다. 그러나 변위는 다르다. 병원은 집에서 직선거리로 500 m 떨어져 있기에 변위는 집에서 서쪽 방향으로 500 m이다. 앞서 설명한 바와 같이 변위는 크기와 방향이 있는 물리량이므로 크기만 있는 이동거리와 구별된다. 그림 2-3은 여자프로농구 경기 장면이다. 한 경기 동안 선수들은 평균 5 km를 뛰지만 변위는 거의 0이라고 할 수 있다. 왜냐하면 선수들은 처음위치를 중심으로 갔다 왔다를 반복하기 때문이다.

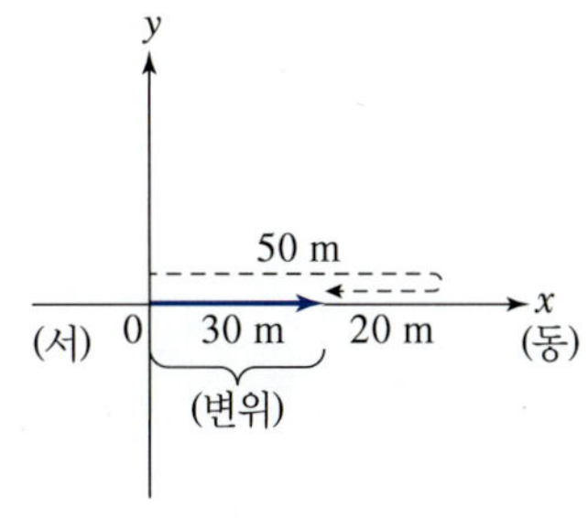

(a)

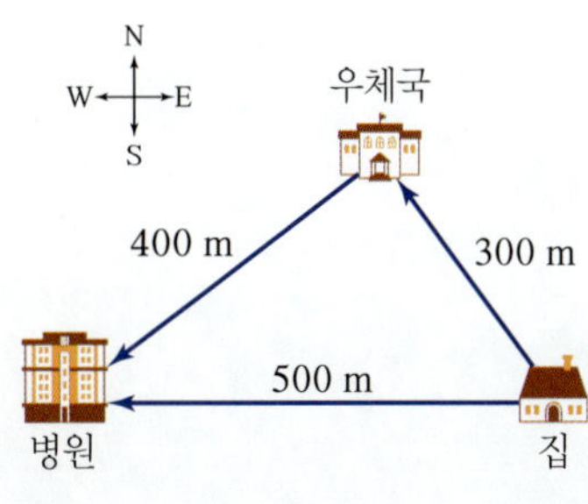

(b)

그림 2-2 이동거리와 변위의 차이. (a) 동쪽으로 50 m를 이동한 후 서쪽으로 20 m를 이동할 때 총 이동거리는 70 m이나, 변위는 동쪽으로 30 m이다. (b) 집에서 우체국을 거쳐 병원까지의 이동거리는 700 m이다. 그러나 변위는 서쪽으로 500 m이다.

그림 2-3 여자프로농구 경기(삼성생명과 KB스타즈의 경기). 선수들은 경기 내내 움직인다. 한 경기 동안 선수 1인당 뛴 거리(이동거리)는 평균 5 km 정도이다(물론 포지션에 따라 조금씩 다르다). 그러나 선수들의 변위는 거의 0에 가깝다.

예제 2-1 이동거리와 변위

문제 일직선 도로에서 자전거를 타는 사람이 있다. 이 도로를 따라 150 m를 가다가 뒤로 돌아 오던 길을 향해 100 m를 가고, 다시 돌아 처음의 방향으로 47 m를 갔다. (a) 이동거리는 얼마인가? (b) 처음위치로부터의 변위는 얼마인가?

생각하기 처음의 운동방향을 양(+)의 방향으로 하고, 전체 이동과정을 3개의 경로로 구분하여 생각할 수 있다.

풀이 (a) 이동거리는 자전거가 이동한 전체 거리를 말한다. 따라서 297 m이다. (b) 첫째 경로의 변위는 +150 m이고, 둘째 경로의 변위는 −100 m 그리고 마지막 경로는 +47 m이다. 전체 변위는 각 변위의 합이므로 다음과 같다.

$$\Delta x = \Delta x_1 + \Delta x_2 + \Delta x_3 = 150 \text{ m} - 100 \text{ m} + 47 \text{ m} = 97 \text{ m}$$

2-2 속력

운동의 빠르기를 효과적으로 비교하려면 일정한 시간에 물체가 이동한 거리를 비교하면 된다. 물체가 단위시간 간격 동안에 이동한 거리를 **속력**(speed 速力)이라고 한다. 속력의 단위는 m/s, km/h, mi/h 등을 사용한다. 일상에서 일반적으로 속력은 속도와 같은 의미로 사용하지만, 물리학에서는 서로 구별되는 개념이다. 즉 속력에는 크기만 있고 방향은 없다. 따라서 속력은 스칼라이다. **속력은 어느 순간의 빠르기를 나타내므로 일반적으로 평균속력과는 다르다.** 자동차로 여행을 계획할 때, 운전자는 먼저 목적지에 도착하는 데 걸리는 시간이 얼마인지 어림잡아 계산해 볼 수 있다. 목적지까지 가는 동안 교통 상황, 도로 사정, 운전자의 피로감 등에 따라 자동차의 속력은 수시로 바뀌게 되기에 속력을 일정하게 유지할 수는 없다. 이 때문에 운전자는 대체로 평균속력으로 여행시간을 계산하게 된다.

물체의 이동거리 x를 그 거리를 이동하는 데 걸린 시간 t로 나눈 값을 **평균속력**(average speed 平均速力)이라고 한다.

$$v_{평균} = \frac{x}{t} \qquad \textbf{2-1}$$

속력은 속도의 크기이다. 속력은 방향을 고려하지 않은 속도를 의미하므로 벡터가 아니다. 이동한 총 거리는 변위보다 클 수 있으므로, 평균속력은 변위를 시간으로 나눈 평균속도보다 클 수 있다. 평균속력은 보다 쉽게 계산할 수 있다. 예를 들어 어떤 자동차가 2시간 동안에 100 km를 이동하였다면 이 자동차의 평균속력은 다음과 같다.

$$v_{평균} = \frac{100\ \text{km}}{2\ \text{h}} = 50\ \text{km/h}$$

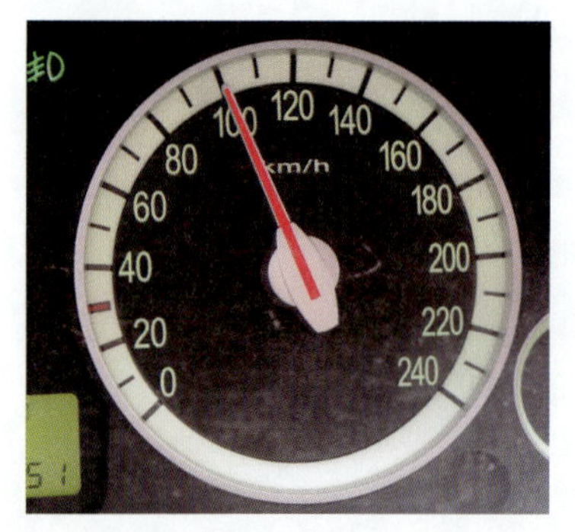

그림 2-4 자동차의 속력계로 속력은 측정할 수 있으나, 속도는 측정할 수 없다. 속력은 그 순간의 빠르기를 나타낸다.

평균속력은 이동한 거리를 걸린 시간으로 나눈 것이기 때문에 자동차가 달리는 동안 일어날 수 있는 속력의 변화를 나타내지는 않는다. 실제로 우리는 자동차를 타고 가면서 다양한 속력을 경험하게 된다. 자동차가 출발하면서 서서히 속력을 높여 빨리 달리다가 장애물이나 신호등을 만나면 멈추거나 속력을 늦추기도 하면서 목적지에 도착하여 정지할 때까지 자동차의 속력은 계속 변한다. 평균속력은 자동차의 속력이 변했던 상황은 무시하고 전체 이동거리를 걸린 시간으로 나눈 것이므로 결국 자동차가 정지할 때까지 일정한 빠르기로 이동한 셈이 되는 것이다.

예제 2-2 사이클 선수의 이동거리

문제 어느 사이클 선수의 평균속력은 $22\ \frac{\text{km}}{\text{h}}$이다. 이 선수가 3.5 h 동안 이동한 거리는 얼마인가?

생각하기 이동거리는 식 2-1을 문제에서 요구하는 이동거리를 구하는 식으로 변경한다.

풀이 식 2-1을 이동거리를 구하는 식으로 바꾸면 이동거리 = 평균속력 × 걸린 시간이다. 따라서 이동거리 s는 다음과 같다.

$$s = 22\ \frac{\text{km}}{\text{h}} \times (3.5\ \text{h}) = 77\ \text{km}$$

2-3 속도

속력은 물체가 얼마나 빨리 운동하고 있는가를 나타내주는 것이기 때문에 매우 유용한 개념이다. 그러나 속력은 물체가 어느 방향으로 운동하고 있는지에 대해서는 아무것도 알려주지 못한다. 그림 2-5(a)와 같이 일직선 위를 두 자동차가 같은 속력으로 달려도 운동방향이 정반대이면, 시간이 지나면서 두 자동차의 위치는 서로 다르다. 그리고 그림 2-5(b)와 같이 굽은 도로 위를 달리는 자동차는 속력은 같으나 이동하는 방향은 계속 변하게 된다. 이와 같이 물체의 운동을 정확하게 기술하려면 속력만으로는 충분하지 않고 방향도 함께 생각해야 한다. 물체의 속력과 방향을 함께 나타내는 양을 **속도**(velocity 速度)라고 한다. 속도는 벡터량으로 기호 $\vec{\mathbf{v}}$, $\vec{v}$, $\mathbf{v}$ 등으로 표현하며 속도의 크기는 v로 나타낸다. 이 책에서는 벡터를 $\vec{v}$ 형태로 표기하기로 한다.

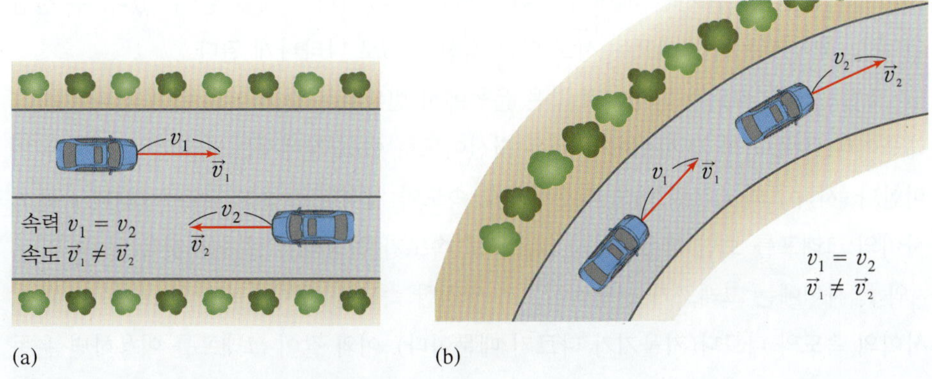

그림 2-5 속력만으로는 물체의 운동을 정확하게 표현할 수 없다. (a) 속력은 같고 방향이 반대인 경우 (b) 속력은 같으나 방향이 계속 변하는 경우

물체가 일직선 위에서 운동할 때 속도의 크기가 속력이 된다. 그러므로 두 물체가 같은 방향으로 운동할 때에는 속력과 속도를 구별하지 않아도 되지만, 서로 다른 방향으로 운동할 때에는 구별해야 한다. 직선운동에서 한쪽 방향의 속도를 (+)로 정하면, 반대방향의 속도는 (−)로 나타낼 수 있다. 시간 t 동안에 일어난 물체의 변위를 Δx라고 하면 속도 $\vec{v}$ 의 크기는 다음과 같이 나타낸다.

$$v = \frac{\Delta x}{t} \tag{2-2}$$

속도의 단위는 속력의 단위와 마찬가지로 m/s, km/h, mi/h 등을 사용한다.

이제까지 속도를 대수적인 정의를 기초로 하여 생각해보았다. 물리학에서는 때때로 그래프를 이용하면 보다 더 이해의 폭이 넓어지는 경우가 많이 있다. 속도에 관한 몇 가지 상황을 그래프를 이용하여 이해의 폭을 넓혀보자. 그림 2-6은 한 직선 상에서 일정한 속도 v_A로 뛰는 사람과, 일정한 속도 v_B로 걷는 사람에 대해 시간에 따른 속도를 나타내고 있다. 이 그래프에서 가로축은 경과한 시간을 나타내고, 세로축은 속도를 나타낸 것이다. 그래프를 그릴 때에 일반적으로 **독립변수**는 가로축으로, **종속변수**는 세로축으로 나타낸다.

> **TIP 독립변수와 종속변수**
>
> **독립변수**(independent variable 獨立變數) 함수 관계에서 다른 변수의 변화와는 관계없이 독립적으로 변화하고 이에 따라 다른 변수의 값을 결정하는 변수
>
> **종속변수**(dependent variable 從屬變數) 두 변수 중 한 변수의 값이 결정되는 데에 따라 그 값이 결정되는 다른 변수

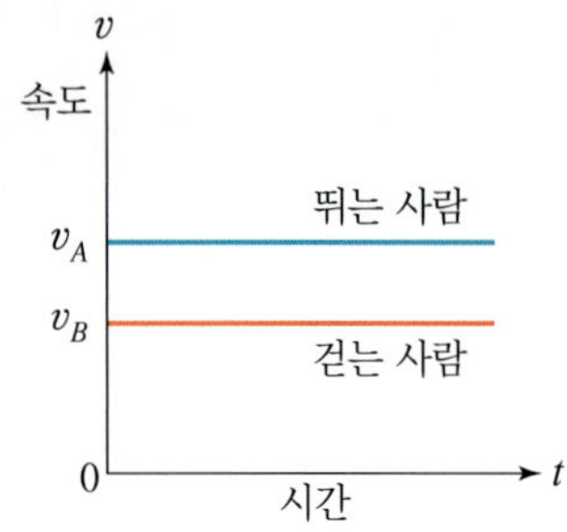

그림 2-6 속도가 일정할 때 속도-시간 그래프

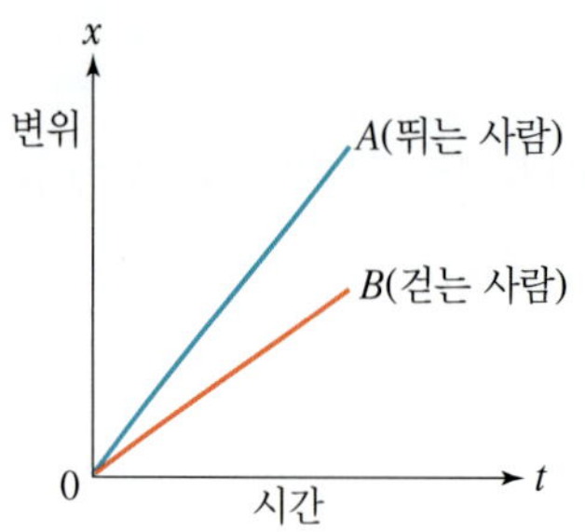

그림 2-7 속도가 일정할 때 변위-시간 그래프

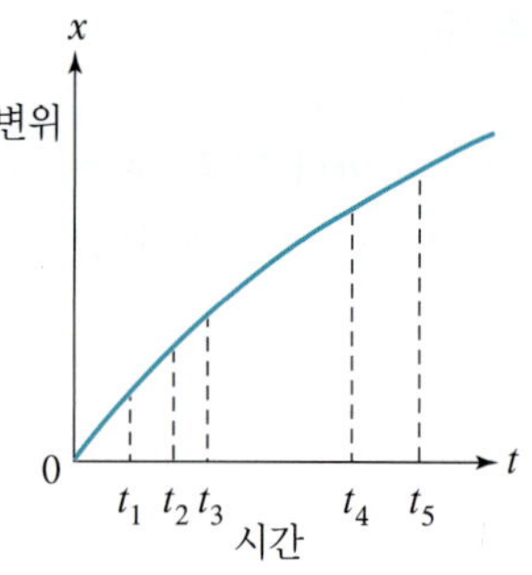

그림 2-8 속도가 일정하지 않을 때 변위-시간 그래프

그래프에서의 한 점은 어떤 시각에서의 속도를 나타낸다. 그림 2-7은 그림 2-6의 두 사람의 위치, 즉 원점으로부터의 변위가 시간이 경과함에 따라 어떠한지를 그래프로 나타낸 것이다. 속도가 일정하면 변위는 경과한 시간에 비례한다. 그러므로 같은 시각이 경과한 후 두 사람의 변위는 뛰는 사람이 더 크다는 것을 알 수 있다. 두 사람의 속도 차이 때문에 그래프는 서로 다른 직선 A, B로 나타나게 된다.

그림 2-8은 속도가 일정하지 않은 운동에서 변위와 시간 사이의 관계를 나타낸 그래프이다. 시각 t_1과 t_2 사이에서 선은 직선이므로 이 구간에서는 속도가 일정함을 의미한다. 시각 t_2와 t_3 사이에도 직선이므로 속도가 일정하고 값도 같다. 그러나 t_3과 t_4 사이의 그래프를 보면 선형적이지 않으므로 속도가 일정하지 않다는 것을 알 수 있다. t_4와 t_5 사이에는 그래프가 선형적이므로 일정한 속도를 가지나 속도의 크기는 t_1과 t_2 사이의 속도와 다르다(기울기가 다르기 때문이다). 이와 같이 그래프를 이용하면 운동의 다양한 경우에 대한 이해의 폭이 한층 넓어진다.

예제 2-3 변위-시간 그래프 해석

문제 그림 2-9는 어떤 물체의 운동과정에 대한 변위-시간 그래프이다. 이 그래프를 보고 이 물체는 각 구간별, 즉 $0\sim A$, $A\sim B$, $B\sim C$, $C\sim D$, $D\sim E$에 어떤 운동을 했는지 설명하라.

생각하기 출발위치를 원점으로 생각하고 각 구간별로 나누어 그 구간이 의미하는 바를 정리한다. 마지막 점 E의 변위가 0이므로 얼마만큼 시간이 지난 후에는 처음위치로 돌아왔다는 것을 짐작할 수 있다.

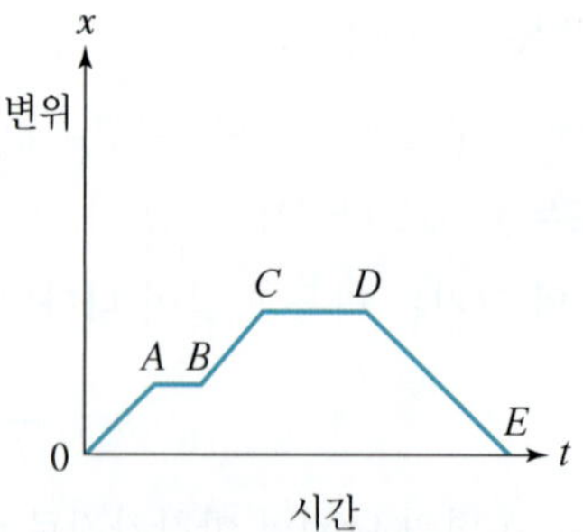

그림 2-9 변위-시간 그래프

풀이 각 구간별로 그래프를 분석하고 이 결과를 운동의 상태로 설명하면 다음과 같다.

구간별	그래프 분석	운동 상태
$0\sim A$	시간 증가에 따라 변위 증가	일정한 속도로 움직임
$A\sim B$	시간 증가에 따라 변위 일정	일시 정지한 상태에 있음
$B\sim C$	시간 증가에 따라 변위 증가	다시 일정한 속도로 움직임
$C\sim D$	시간 증가에 따라 변위 일정	다시 정지한 상태에 있음
$D\sim E$	시간 증가에 따라 변위 감소	일정한 속도로 처음위치로 되돌아오고 있음

평균속도

그림 2–10과 같이 자동차가 시간 Δt 동안 점 P에서 점 Q까지 이동하였을 때의 자동차의 변위는 Δx이므로 평균속도 $\vec{v}_{평균}$의 크기는 다음과 같다.

$$v_{평균} = \frac{x_2 - x_1}{t_2 - t_1} = \frac{\Delta x}{\Delta t} \qquad \textbf{2–3}$$

이와 같이 이동하는 데 걸린 시간으로 변위를 나눈 값을 **평균속도**(average velocity 平均速度)라고 한다. 이때 평균속도의 방향은 변위 Δx의 방향이다. 만약 x_2가 x_1보다 작으면 물체가 왼쪽으로 운동하고 있는 경우이며, 이때는 $\Delta x = x_2 - x_1$이 0보다 작다. 변위와 속도의 부호는 방향을 나타낸다. 즉 평균속도는 물체가 x축을 따라 오른쪽으로 운동할 때에는 양(+)이고, 왼쪽으로 운동할 때에는 음(−)이다. 또 속도는 시간에 대한 위치의 변화율이라고 정의해도 된다.

평균속도의 크기는 평균속력과 다르다. 시계추와 같이 원점을 중심으로 해서 앞뒤로 진동하는 물체의 경우에, 앞으로 갈 때와 뒤로 갈 때 크기는 같으나, 부호가 다른 속도를 가지므로 평균속도는 0이다. 그러나 평균속력은 0이 아니다.

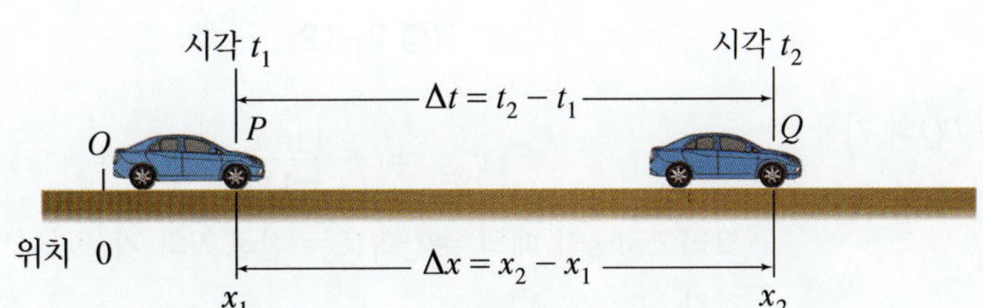

그림 2–10 평균속도 $v_{평균}$는 이동하는 데 걸린 시간으로 변위를 나눈 값이다. 즉 $v_{평균} = \frac{\Delta x}{\Delta t}$ 이다.

순간속도

물체의 운동에서 평균속도는 운동 중에 잠시 멈추었는지 또는 뒤로 이동했는지 등 출발점과 도착점 사이에서 그 물체에게 구체적으로 어떤 일이 일어났는지를 말해주지는 않는다. 평균속도는 운동의 상세한 내용보다도 운동의 결과만을 알려준다. 예를 들어 자동차로 두 시간 동안 160 km를 달렸다면 평균속도가 80 km/h인 것은 분명하지만, 이 값은 자동차가 매 순간마다 80 km/h를 달렸다는 것은 아니다. 더 빨리 달린 구간도 있을 것이고, 그보다 더 느리게 달린 구간도 있을 것이다.

따라서 보다 상세한 정보를 알기 위해서는 순간속도라는 개념을 사용하게 된다. 짧은 시간간격 동안 이동한 작은 구간들의 운동 상태를 분석할 필요가 있다. 이때 운동을 분석할 시간 간격이 짧으면 짧을수록 보다 자세한 정보를 얻을 수 있다. 시간간격이 아주 짧을 때 **순간속도**(instantaneous velocity 瞬間速度)라는 개념을 사용하는 데, 이는 어떤 순간에 측정한 속도를 의미한다. 좀 더 자세히 말하면 시간간격 $t_2 - t_1 = \Delta t$가 매우 짧을 때의 속도를 시각 t_1에서의 순간속도 $v_{순간}$이라고 하며, 수학적으로는 Δt를 0으로 접근시켜서 무한히 작아지는 극한에서의 값으로 정의한다.

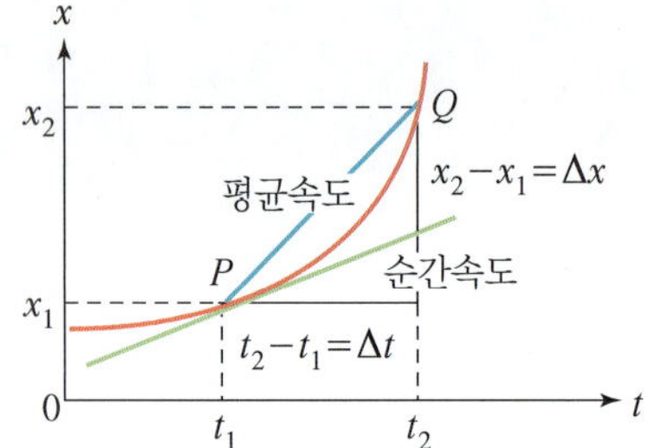

그림 2-11 순간속도는 변위-시간 그래프에서 어느 시각 t_1에서의 접선의 기울기 값이다.

$$v_{순간} = \lim_{\Delta t \to 0} \frac{\Delta x}{\Delta t} = \frac{dx}{dt} \qquad \textbf{2-4}$$

기호 $\lim_{\Delta t \to 0}$는 Δt가 0으로 접근하는 극한에서의 비 $\Delta x/\Delta t$의 값을 나타낸다. 그러나 이 정의에서 간단히 $\Delta t = 0$으로 두지 않는 것에 유의해야 한다. 왜냐하면 그렇게 하면 Δx도 0이 되므로 결국 부정수(不定數)를 가지게 되기 때문이다. 그러나 $\Delta x/\Delta t$의 값이 전체적으로 보면 어떤 일정한 값에 접근하게 되며, 이것이 어떤 순간에서의 순간속도가 된다. 그림 2-11은 물체의 변위 x와 시간 t 사이의 관계를 나타낸 그래프이다. 순간속도는 이 그래프에서 시각 t_1에 대응하는 점 P에서의 접선의 기울기가 된다.

예제 2-4 평균속도와 순간속도 비교

문제 그림 2-12는 어떤 물체의 시간에 따른 변위를 나타낸 그래프이다. (a) 이 물체가 출발한 지 2 s와 4 s 사이의 평균속도는 얼마인가? (b) 또 2 s와 4 s에서의 순간속도는 각각 얼마인가? 단, 직선 M과 N은 각각 점 P 및 점 Q에서의 접선이다.

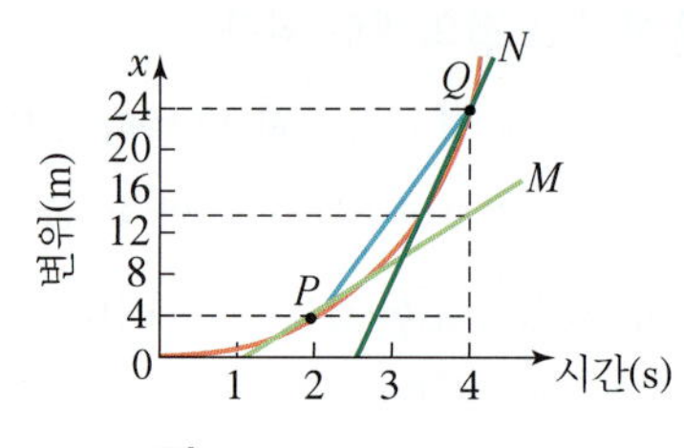

그림 2-12

생각하기 평균속도는 일정한 시간 동안의 변위이고, 순간속도는 특정한 시각에서의 속도를 말한다.

풀이 (a) 평균속도는 변위-시간 그래프에서 선분 PQ의 기울기와 같다.

$$v_{평균} = \frac{\Delta x}{\Delta t} = \frac{(24-4)\ \text{m}}{(4-2)\ \text{s}} = 10\ \text{m/s}$$

(b) 순간속도는 점 P와 점 Q에서의 접선의 기울기와 같다. 2 s 때의 순간속도는 접선 M의 기울기이므로 다음과 같다.

$$v_{순간} = \frac{4\ \text{m}}{(2-1)\ \text{s}} = 4\ \text{m/s}$$

그리고 4 s일 때의 순간속도는 접선 N의 기울기이므로 다음과 같다.

$$v_{순간} = \frac{24\ \text{m}}{(4-2.5)\ \text{s}} = 16\ \text{m/s}$$

2-4 등속직선운동

TIP 다중섬광사진(Multiflash photography)

어두운 곳에서 일정한 시간 간격으로 플래시를 터뜨려 찍는 사진. 빠르게 운동하는 물체의 연속적인 모습을 한 장의 화면에 담을 때 사용한다.

그림 2-13은 마찰이 없는 수평면 위에 공을 굴려놓고 굴러가는 공을 일정한 시간 간격으로 찍은 다중섬광사진이다.

이 사진을 보면 공과 공 사이의 간격이 같다는 것을 알 수 있고, 이것은 당구공의 속도가 일정하다는 것을 의미한다. 마찰이나 공기저항 등이 운동하는 물체에 작용하지 않으면 그 물체는 등속으로 운동하게 된다. 이와 같이 어느 물체가 일정한 속력으로 직선운동을 하고 있을 때 이 운동을 **등속직선운동**(uniformly speed motion 等速直線運動) 또는 **등속도운동**이라고 한다. 이 운동은 직선운동에서만 볼 수 있으며, 이동거리는 이동하는 데 걸린 시간에 비례하여 증가한다. 따라서 등속직선운동을 하는 물체의 속도를 v, 시간을 t, 그리고 변위를 x라고 하면 다음 식이 성립한다.

$$x = vt, \quad v = \frac{x}{t} = 일정 \qquad \textbf{2-5}$$

등속직선운동에서 물체의 변위의 크기 x는 시간 t에 비례하므로, 변위와 시간 사이의 관계를 그래프로 그리면 그림 2-14(a)와 같이 원점을 지나는 직선이 된다. 이때 직선의 기울기(거리/시간)는 속력 v의 크기가 된다. 이 직선의 기울기의 각을 θ라고 하면 물체의 속도 v는 $v = \frac{x}{t} = \tan\theta$이다. 그리고 등속직선운동에서는 속도 v가 일정하므로 속도와 시간 사이의 관계 그래프를 그리면 그림 2-14(b)와 같이 시간 축에 나란한 직선이 된다. 이 직선과 시간 축 사이의 넓이는 물체의 이동거리, 즉 변위의 크기 $x = vt$가 된다.

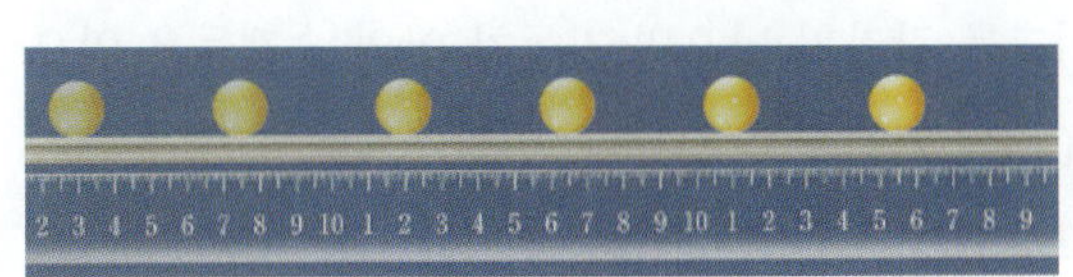

그림 2-13 수평면에서 굴러가는 공을 일정한 시간간격으로 찍은 다중섬광사진. 이 공은 등속직선운동(단위 cm, 시간 간격 2.0 s)을 하고 있다.

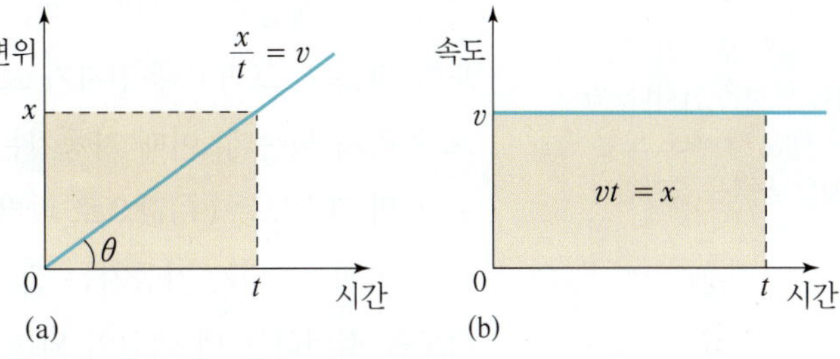

그림 2-14 등속직선운동의 그래프. (a) 변위-시간 그래프 (b) 속도-시간 그래프

예제 2-5 변위-시간 그래프 해석

문제 그림 2-15는 변위와 시간 사이의 관계 그래프이다. (a), (b), (c), (d) 각 그래프로부터 속도를 구하고 그 크기를 비교하라.

생각하기 각 그래프에서 직선의 기울기가 곧 속도의 크기가 된다.

풀이 (a) $v = \frac{\Delta x}{\Delta t} = \frac{(8-0)\text{ m}}{(4-0)\text{ s}} = 2\text{ m/s}$

(b) $v = \frac{\Delta x}{\Delta t} = \frac{(4-0)\text{ m}}{(6-0)\text{ s}} = \frac{2}{3}\text{ m/s}$

(c) $v = \frac{\Delta x}{\Delta t} = \frac{(8-2)\text{ m}}{(4-0)\text{ s}} = 1.5\text{ m/s}$

(d) $v = \frac{\Delta x}{\Delta t} = \frac{\{6-(-2)\}\text{ m}}{(4-0)\text{ s}} = 2\text{ m/s}$

즉 (a) = (d) > (c) > (b)이다.

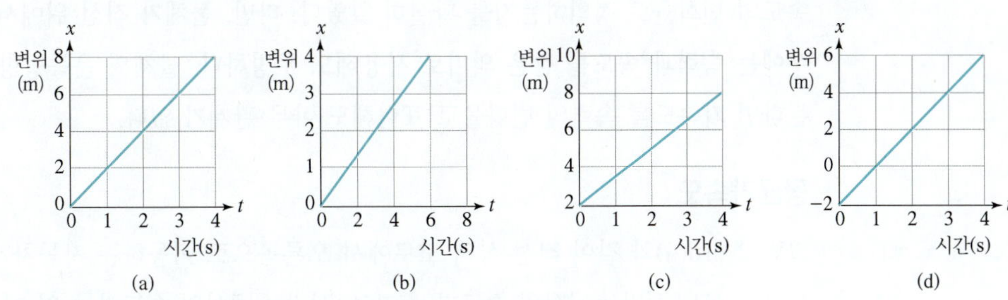

그림 2-15 서로 다른 속도로 등속운동을 하는 물체의 변위-시간 그래프

2-5 가속도

자동차가 출발할 때에는 그 속력이 점점 빨라지며, 정지할 때에는 속력이 점점 느려진다. 굽은 도로를 돌 때에는 순간순간 운동방향이 바뀌기도 한다. 이와 같이 시간에 따라 속도가 변하는 물체의 운동은 어떻게 설명할 수 있을까? 일반적으로 물체의 속

도 $\vec{v}$가 시간 t에 따라 변하는 경우, 그 물체는 **가속도**(acceleration 加速度) $\vec{a}$가 있다고 하며, 가속도는 단위시간(1초) 동안 속도의 변화량으로 나타낸다.

$$\vec{a} = \frac{\Delta \vec{v}}{\Delta t}, \qquad \text{가속도} = \frac{\text{속도의 변화량}}{\text{걸린 시간}} \tag{2-6}$$

가속도의 단위는 m/s^2을 사용한다. 가속도는 방향이 있는 물리량(벡터)이며 그 방향은 속도의 변화와 같은 방향이다.

TIP 음(−)의 가속도

음(−)의 가속도가 반드시 물체의 감속을 의미하는 것은 아니다. 만일 가속도가 음(−)일 때 속도 또한 음(−)이면 물체의 속력은 증가한다.

우리는 자동차를 탈 때 가속도를 자주 경험하게 된다. 운전자가 자동차를 출발시키면서 가속 페달을 밟으면 승객들은 뒤로 밀리게 되는데, 이때 자동차는 **양(+)의 가속도**를 갖는다. 그리고 운전자가 브레이크를 갑자기 밟으면 자동차 안의 승객들은 앞으로 쏠리게 되는데, 이때 자동차는 **음(−)의 가속도**를 갖는다. 일반적으로 속도가 증가할 때의 가속도는 (+)값으로 나타내고, 속도가 감소할 때에는 (−)값으로 나타낸다.

가속이 잘 되는 자동차는 짧은 시간 동안에 속도를 더 많이 변화시킬 수 있다. 가속도를 정의하는 데 핵심이 되는 것은 바로 속도의 변화이므로 가속도는 속도가 얼마나 빠른가를 나타내는 물리량이 아니고, 속도의 변화가 얼마나 빠르게 일어나는가를 나타내는 물리량이다.

가속도는 속력의 변화뿐만 아니라 운동방향의 변화가 있을 때에도 적용된다. 자동차가 일정한 속력으로 곡선 도로를 달릴 때 바깥쪽을 향하는 가속의 효과를 느껴본 경험이 있을 것이다. 자동차가 곡선 도로에서 일정한 속력으로 달려도 방향이 계속 바뀌기 때문에 속도는 일정하지 않다. 즉 곡선 도로를 달리고 있는 동안 운동방향이 변하므로 이 자동차는 가속도를 갖게 된다. **물체의 속력이나 운동방향이 변하거나, 또는 속력과 운동방향이 둘 다 변한다면 속도가 변하는 것이므로 가속도가 있게 된다.**

속력과 속도를 구별하는 것이 왜 중요한가를, 또 가속도를 속력의 변화율이 아닌 속도의 변화율로 정의하는지를 확실히 알았다. 다만, **물체가 직선 위에서 운동하는 경우에는 속력과 속도를 같은 의미로 사용해도 무방하다.** 물체의 운동방향이 변하지 않는다면 가속도를 속력의 변화율로 표현해도 아무 관계가 없다.

평균가속도

그림 2-16(a)와 같이 직선 상의 도로에서 오른쪽으로 이동하는 자동차가 있다. 이 자동차는 어느 시각 t_1에서의 속도가 v_1이고, 시각 t_2에서의 속도가 v_2일 때, 속도의 시간에 대한 변화율, 또는 속도의 변화를 그 변화를 일으키는 데 걸린 시간으로 나눈 값을 **평균가속도**(average acceleration 平均加速度) $a_{평균}$이라고 한다.

$$a_{평균} = \frac{v_2 - v_1}{t_2 - t_1} = \frac{\Delta v}{\Delta t} \tag{2-7}$$

이 값은 그림 2-16(b)의 속도-시간 그래프에서 직선 PQ의 기울기에 해당한다.

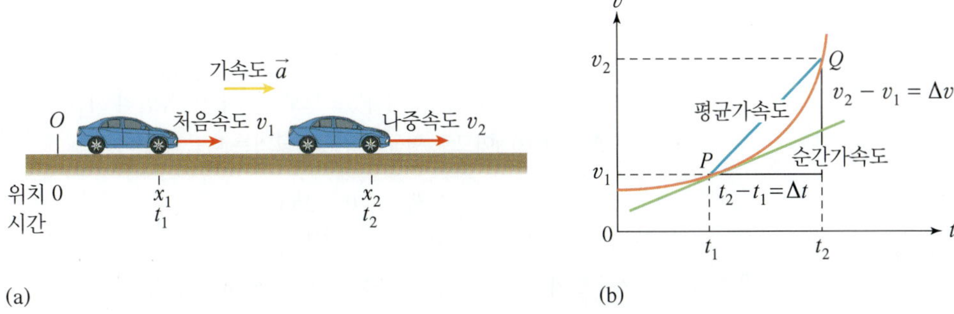

그림 2-16 (a) 시각 t_1에서의 속도가 v_1이고, 시각 t_2에서의 속도가 v_2일 때, 속도의 시간에 대한 변화율이 가속도이다. (b) 속도-시간 그래프에서 직선 PQ의 기울기가 곧 평균가속도가 된다.

순간가속도

순간가속도는 순간속도와 비슷하게 정의한다. 시간간격 $\Delta t = t_2 - t_1$을 극히 짧게 하였을 때의 가속도를 시각 t_1에서의 **순간가속도**(instantaneous acceleration 瞬間加速度)라고 한다. 즉 순간가속도 $a_{순간}$은 다음과 같다.

$$a_{순간} = \lim_{\Delta t \to 0} \frac{\Delta v}{\Delta t} = \frac{dv}{dt} \qquad \text{2-8}$$

임의의 순간에서 입자의 가속도는 그 순간에서 속도의 변화율이다. 시각 t_1에서의 순간가속도의 크기는 그림 2-16(b) 속도-시간 그래프에서 점 P에서의 접선의 기울기가 된다. 가속도를 미분형으로 표현하면 $v = \dfrac{dx}{dt}$이므로 가속도의 크기는 다음과 같이 변위의 2차 도함수로 나타낼 수 있다.

$$a = \frac{dv}{dt} = \frac{d}{dt}\left(\frac{dx}{dt}\right) = \frac{d^2x}{dt^2} \qquad \text{2-9}$$

한편 속도는 시간의 함수이자 변위의 함수이므로 연쇄규칙(chain rule)을 사용하면 다음과 같이 나타낼 수 있다.

$$a = \frac{dv}{dt}\frac{dx}{dx} = \frac{dx}{dt}\frac{dv}{dx} = v\frac{dv}{dx} \qquad \text{2-10}$$

예제 2-6 고속도로에서 가속하는 자동차

문제 어떤 자동차가 고속도로 위를 달리고 있다. (a) 이 자동차는 속도가 30 km/h에서 가속되어 6.0 s만에 90 km/h가 되었다. 이 구간에서 자동차의 평균가속도는 몇 m/s^{2}인가? (b) 또 이 자동차가 90 km/h의 속도로 달리다가 장애물을 발견하고 브레이크를 밟아서 10.0 s만에 정지하였다면 브레이크를 밟아 정지할 때까지의 평균가속도는 얼마인가?

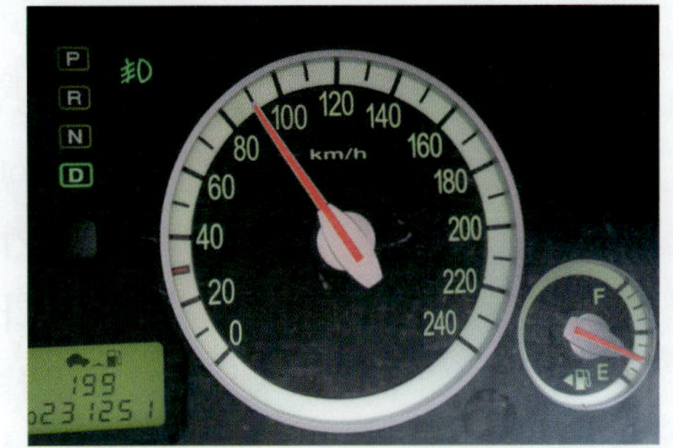

그림 2-17

생각하기 먼저 속도의 단위를 통일시켜야 한다.

풀이 (a) 자동차의 속도의 크기를 초속으로 환산하면 다음과 같다.

$$v_1 = \frac{30}{3600}\text{ km/s} = \frac{25}{3}\text{ m/s}$$

$$v_2 = \frac{90}{3600}\text{ km/s} = 25\text{ m/s}$$

따라서 평균가속도의 크기는 다음과 같다.

$$a_{평균} = \frac{v_2 - v_1}{\Delta t} = \frac{25\text{ m/s} - (25/3)\text{ m/s}}{6.0\text{ s}} = \frac{25}{9}\text{ m/s}^2 = 2.8\text{ m/s}^2$$

(b) 브레이크를 밟았을 때의 속도의 크기는 $\frac{90}{3600}$ km/s = 25 m/s이고, 나중속도는 정지하였으므로 0이다. 이 동안의 시간간격은 Δt = 10.0 s이므로 평균가속도의 크기는 다음과 같다.

$$a_{평균} = \frac{v_2 - v_1}{\Delta t} = \frac{0 - 25\text{ m/s}}{10.0\text{ s}} = -2.5\text{ m/s}^2$$

가속도가 (−)인 것은 속도가 초당 2.5 m/s씩 감소함을 나타낸다.

예제 2-7 속도-시간 그래프 해석

문제 그림 2-18은 세 물체 (a), (b), (c)의 운동의 속도-시간 그래프이다. 각 그래프의 기울기를 조사하여 세 물체의 운동 상태를 설명하라.

생각하기 그래프를 통해 기울기의 값을 바로 구할 수 있다. 기울기 $\frac{\Delta v}{\Delta t}$의 값이 뜻하는 의미는 가속도이다.

풀이 (a) $\frac{\Delta v}{\Delta t} = 0$, 즉 가속도가 0이므로 등속운동을 하고 있다.

(b) $\frac{\Delta v}{\Delta t}$ = (+)상수 , 즉 가속도가 일정한 등가속도 운동을 하고 있으며, 시간에 따라 속도가 계속 증가하고 있다.

(c) $\frac{\Delta v}{\Delta t}$ = (+)값을 가지나 가속도가 일정하지 않고, 시간에 따라 변하고 있다.

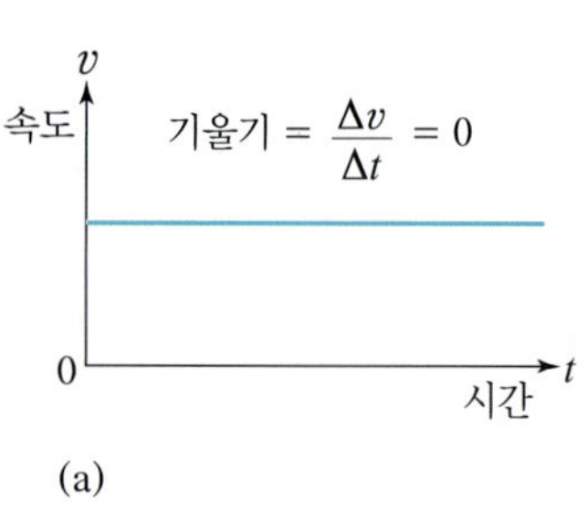

(a)

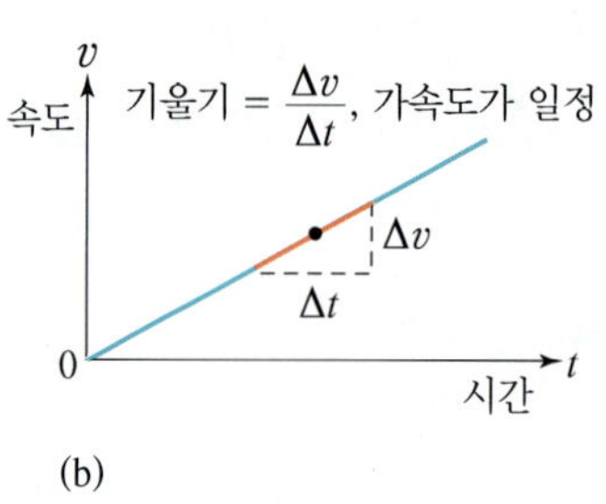

(b)

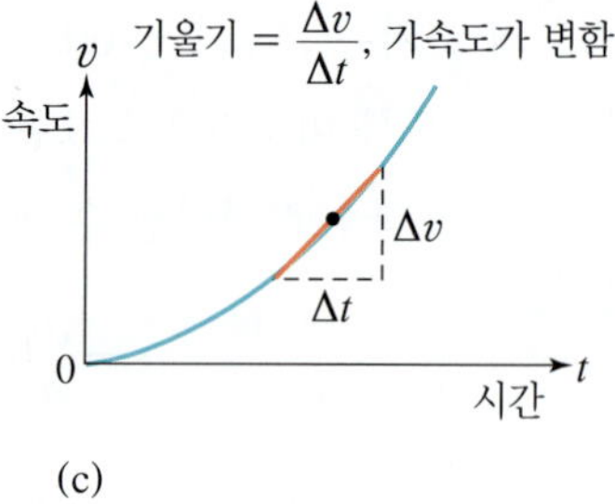

(c)

그림 2-18 각기 다른 세 물체의 속도-시간 그래프

2-6 등가속도운동

대부분의 운동에서 가속도는 일정하거나 거의 일정하다. 예를 들면 교차로에서 정지했다가 출발할 때에는 거의 일정한 비율로 차를 가속시킨다. 또 운전자가 목적지에 도착하여 차를 정지시킬 때도 일정하게 감속하게 된다.

물체가 일정한 가속도로 직선 위를 운동할 때, 이 운동을 **등가속도운동**(uniformly accelerated motion 等加速度運動) 또는 **등가속도 직선운동**이라고 한다. 등가속도운동에서는 가속도가 일정하므로 물체의 속도는 일정한 비율로 증가하거나 감소하여 평균가속도와 순간가속도는 같다.

물체가 등가속도운동을 할 때 나타나는 운동 변수에는 물체의 위치(x) 또는 이동거리, 처음속도(v_i), 나중속도(v_f), 가속도(a), 시간(t) 등이다. 이러한 변수 사이의 관계를 정리하는 것은 등가속도운동의 특성을 이해하는데 아주 적절한 방법이 된다. 그러면 이들 운동 변수 사이의 관계에 대해 알아보자.

물체가 등가속도운동을 할 때 시간에 따른 자동차의 위치, 속도 그리고 가속도를 그래프로 나타내면 그림 2-19와 같다.

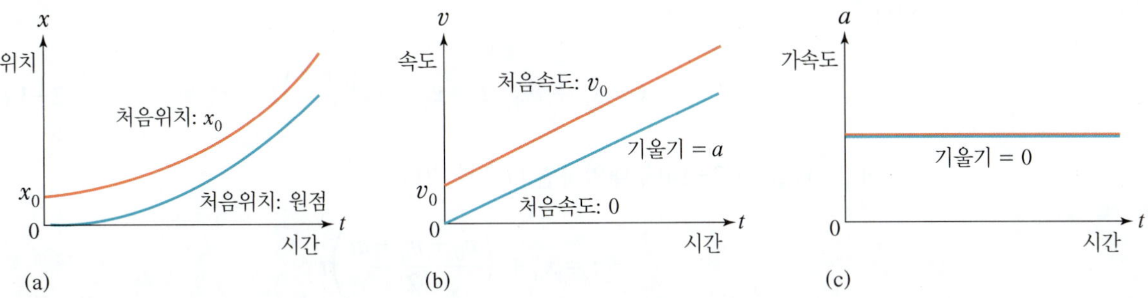

그림 2-19 (a) 등가속도로 움직이는 물체의 위치-시간 그래프, (b) 속도-시간 그래프, (c) 가속도-시간 그래프. 파란색은 원점에서 정지상태에서 출발한 경우이고, 빨간색은 x_0 위치에서 초속도 v_0로 출발한 경우이다.

먼저 등가속도운동을 하는 물체가 t초 후에는 속도가 어떻게 변하는지 알아보자. 그림 2-20과 같이 직선 위를 일정한 가속도로 운동하고 있는 물체의 시각 0에서의 위치를 x_0, 속도를 v_0이라 하고, 시각 t에서의 위치를 x, 속도를 v라고 하면, 이때 가속도 a는 $a = \dfrac{v - v_0}{t - 0} = \dfrac{v - v_0}{t}$ 이다. 따라서 t초 후의 속도 v는 다음과 같이 표시된다.

$$v = v_0 + at \qquad \textbf{2-11}$$

여기서 v_0은 $t = 0$에서의 속도이므로 **처음속도**(initial velocity) 또는 **초속도**라 하고, v는 **나중속도**(final velocity) 또는 **종속도**라고 한다. 식 2-11로 속도-시간 그래프를 그려보면 그림 2-19(b)와 같은 직선이 되며, 가속도는 이 직선의 기울기가 된다는 것을 알 수 있다.

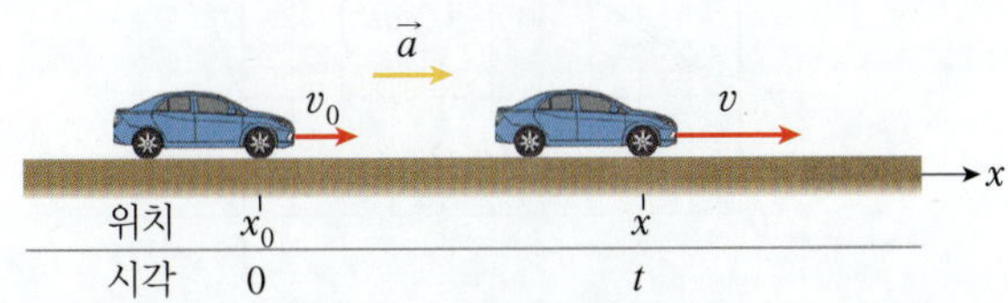

그림 2-20 등가속도운동을 하는 물체의 운동 변수(변위, 시간, 처음속도, 나중속도, 가속도, 이동거리)

다음으로 등가속도운동을 하는 물체가 t초 후에는 어느 위치에 있는지 알아보자. 식 2-3에서 평균속도를 나타내는 식인 $v_{평균} = \dfrac{x - x_0}{t}$ 을 이용하자. 이 식을 x에 대해 정리하면 다음과 같다.

$$x = x_0 + v_{평균}t \qquad \textbf{2-12}$$

이 물체의 운동에서 속도가 일정한 비율로 증가하기 때문에 평균속도는 처음속도와 나중속도의 중간값을 취할 수 있으므로 다음과 같다.

$$v_{평균} = \frac{v + v_0}{2} \qquad \textbf{2-13}$$

이 식은 가속도가 일정할 때만 적용되며, 가속도가 일정하지 않는 경우에는 맞지 않는다는 점에 유의해야 한다. 따라서 t초 후 물체의 위치 x는 다음과 같이 정리할 수 있다.

$$x = x_0 + v_{평균}\, t = x_0 + \left(\frac{v_0 + v}{2}\right)t \qquad \textbf{2-14}$$

식 2-11을 식 2-14에 대입하면 다음과 같다.

$$x = x_0 + \left(\frac{v_0 + v_0 + at}{2}\right)t$$

이 식을 정리하면 다음 식을 얻는다.

$$x = x_0 + v_0 t + \frac{1}{2}at^2 \qquad \textbf{2-15}$$

식 2-15는 다음과 같은 방법으로도 구할 수 있다. 이 식은 처음위치 $x_0 = 0$이면 $x = v_0 t + \frac{1}{2}at^2$이 된다.

그림 2-21과 같이 시간 t를 짧은 시간간격으로 나누면 각 시간간격 동안에 이동한 거리는 각각의 직사각형의 넓이인 $v_0 t + \frac{1}{2}at^2$에 해당되며, 이 값이 곧 시간 t초 후의 물체의 위치를 나타낸다.

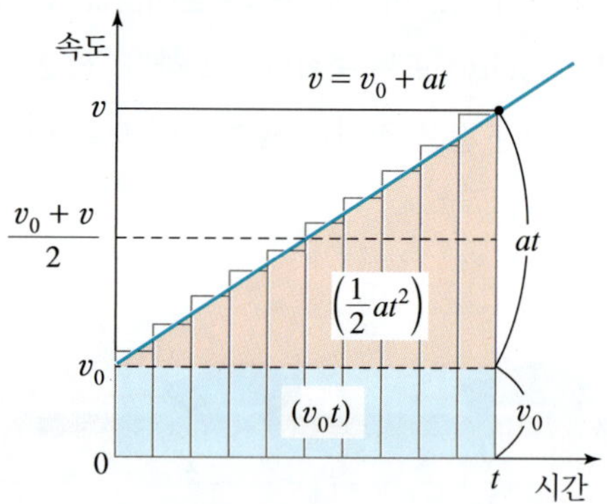

그림 2-21 등가속도운동의 속도-시간 그래프 아래의 넓이는 물체의 변위와 같다.

마지막으로 식 2-11을 t에 대해 정리한 후 식 2-14에 대입하면

$$x = x_0 + v_{평균}t = x_0 + \left(\frac{v + v_0}{2}\right)\left(\frac{v - v_0}{a}\right)$$

$$x = x_0 + \left(\frac{v^2 - v_0^2}{2a}\right)$$

이 된다. 이 식을 정리하면 시간을 포함하지 않는 관계식을 얻는다.

$$v^2 = v_0^2 + 2a(x - x_0) \qquad \textbf{2–16}$$

이 식은 시간 t를 모르고 있지만, a, v, v_0을 알고 있을 때 변위를 구하는 식으로 유용하게 사용할 수 있다. 이 식은 처음위치 $x_0 = 0$이면 $v^2 = v_0^2 + ax$이다.

이제까지 등가속도운동에서 중요한 여러 가지 양을 관련짓는 4개의 식을 구하였다. 물체가 원점에서 출발하였다면 $x_0 = 0$이므로 이들 4개의 식을 정리하여 한 곳에 모으면 참고하는데 매우 편리하다. 이 방정식들을 **등가속도운동의 운동방정식**이라고 하며, 각각의 식들이 포함하고 있는 4개의 변수들을 표 2-1에서 기호(✓)로 표시하였다.

표 2-1 등가속도 운동방정식 요약

식번호	운동방정식	변수					식에 표시된 정보
		x	a	v	v_0	t	
2-11	$v = v_0 + at$	–	✓	✓	✓	✓	시간의 함수로 나타낸 속도
2-14	$x = \frac{1}{2}(v_0 + v)t$	✓	–	✓	✓	✓	속도와 시간의 함수로 나타낸 위치
2-15	$x = v_0t + \frac{1}{2}at^2$	✓	✓	–	✓	✓	시간의 함수로 나타낸 위치
2-16	$v^2 = v_0^2 + 2a(x - x_0)$	✓	✓	✓	✓	–	위치의 함수로 나타낸 속도

이들 식을 이용하는 데에 발생할 수 있는 오류를 줄이기 위해 다음과 같이 몇 가지 방법을 제시할 수 있다.

첫째, 선택한 좌표계의 원점에 대해 어떤 방향이 양(+)이고, 음(−)인지를 결정한다. 이 결정은 자신이 하면 된다.

둘째, 운동 변수 중에서 변위, 속도, 가속도 들이 벡터이기에 항상 그 방향을 염두에 두어야 한다. 일단 방향이 결정되면 계산 과정 중에 변경을 해서는 안 된다. 책에 따라서는 해당 변수에 벡터 표시가 없더라도 문장을 보고 벡터임을 기억해야 한다.

셋째, 문제가 주어질 때 문제의 의미를 잘 파악하여 '감가속'이나 '감가속도'라는 용어를 정확하게 이해해야 한다.

넷째, 문제 풀이 결과 답이 두 개가 나올 수 있는데, 이들 각각의 답은 서로 다른 상황에 해당하는 답이다.

예제 2-8 정지상태에 출발한 등가속도 운동

문제 정지하고 있던 물체가 2 m/s^{2}의 가속도로 운동을 시작하였다. (a) 5 s 후의 속도는 얼마인가? (b) 5 s 동안 이동한 거리는 얼마인가?

생각하기 정지상태에서 운동을 시작하였기에 초속도는 0이다. 등가속도운동 공식을 적용한다.

풀이 처음속도가 $v_0 = 0$이고, 식 2-11과 식 2-15를 사용하여 구하면 다음과 같다.

(a) $v = v_0 + at = 0 + (2\text{ m/s}^2 \times 5\text{ s}) = 10\text{ m/s}$

(b) $x = v_0t + \frac{1}{2}at^2 = (0 \times 5\text{ s}) + \frac{1}{2} \times 2\text{ m/s}^2 \times (5\text{ s})^2$
$= 25\text{ m}$

예제 2-9 비행기의 가속

문제 그림 2-22는 제주공항 활주로를 막 이륙한 대한항공의 보잉737 여객기의 모습이다. 이 비행기는 정지상태에서 출발하여 30 s 동안 2.5 m/s²의 일정한 가속도로 가속하여 이륙한다. 정지상태에서 이륙하기까지 활주로를 이동한 거리는 얼마인가?

그림 2-22 제주공항을 이륙하는 비행기

생각하기 일정한 가속도를 갖기 때문에 등가속도운동을 하고 있음을 알 수 있다.

풀이 여객기가 활주로를 달린 거리는 식 2-15인 $x = v_0 t + \frac{1}{2}at^2$으로 주어진다. 출발한 점을 원점으로 잡고, 출발시각을 $t = 0$이라 하며, 가속되는 방향을 x축의 양(+)의 방향이라고 하자. 그러면 $x_0 = 0$, $v_0 = 0$, $a = 2.5\ \text{m/s}^2$, $t = 30\ \text{s}$이다. 이 값을 식에 대입하면 다음과 같다.

$$x = \frac{1}{2} \times 2.5\ \text{m/s}^2 \times (30\ \text{s})^2 = 1\,125\ \text{m}$$

가속도와 시간의 유효숫자가 2개이므로 반올림하면 $x = 1.1\ \text{km}$이다.

적분을 이용하여 등가속도 운동식 구하기

x축을 따라 움직이는 입자의 x좌표가 시간의 함수로 주어진 경우 속도는 $v = dx/dt$의 정의에 의하여 미분을 함으로써 구할 수 있으며, 가속도는 $a = dv/dt = d^2x/dt^2$이므로 2차 미분으로 구할 수 있다. 그러면 그 반대의 과정을 생각해보자. 즉 가속도가 일정할 때 속도와 위치를 구하는 일이다. 이것은 적분으로 구할 수 있다.

먼저 가속도가 일정할 때 속도를 구해보자. 지금 가속도 $a(t)$가 시간의 함수로 주어졌다고 하면 $\frac{dv}{dt} = a(t)$이므로 $dv = a(t)\ dt$이다. 그러므로 양변을 모두 부정적분하면 다음과 같다.

$$\int dv = \int a(t)\ dt$$

가속도 a가 일정하므로 적분기호 밖으로 꺼내면

$$\int dv = a \int dt$$

이다. 따라서 다음과 같은 값을 얻을 수 있다.

$$v = at + C_1 \qquad \textbf{2-17}$$

여기서 C_1은 적분상수로서 어떤 시각에서의 속도를 알면 그 값이 정해진다. C_1을 $t = 0$일 때의 속도 v_0으로 표시하는 것이 보통이다. 따라서 식 2-17은 다음과 같다.

$$v = v_0 + at$$

이 식은 바로 식 2-11과 같은 식임을 알 수 있다.

다음으로 가속도가 일정할 때 물체의 위치를 구해보자. 속도를 시간의 함수로 나타내면 $\frac{dx}{dt} = v(t)$이므로 $dx = v(t)\ dt$이다. 양변을 모두 부정적분하면 다음과 같다.

$$\int dx = \int v(t)\,dt$$

일반적으로 v가 일정하지 않으므로 적분기호 밖으로 꺼낼 수 없다. 따라서 식 2-11인 $v = v_0 + at$를 대입하면 다음 식이 얻어진다.

$$\int dx = \int (v_0 + at)\,dt$$

여기서 v_0은 상수이고, 가속도 a는 일정하므로 이 식은 다음과 같이 나타낼 수 있다.

$$\int dx = v_0 \int dt + a \int t\,dt$$

이 적분을 계산하면 다음 결과가 얻어진다.

$$x = v_0 t + \frac{1}{2}at^2 + C_2 \qquad \textbf{2-18}$$

여기서 C_2는 적분상수로 어떤 시각에서의 좌표를 알면 그 값이 정해진다. C_2는 $t = 0$일 때의 위치 x_0으로 표시할 수 있으므로 $C_2 = x_0$이다. 따라서 식 2-18은

$$x = x_0 + v_0 t + \frac{1}{2}at^2$$

이다. 이 식은 바로 식 2-15와 같음을 알 수 있다.

그리고 가속도가 변위의 함수로 주어졌을 때에는 $a(x) = v\dfrac{dv}{dx}$이므로 $v\,dv = a(x)\,dx$이다. 양변을 모두 부정적분하면 다음과 같다.

$$\int v\,dv = \int a(x)\,dx$$

이 적분 결과는 다음과 같다.

$$\frac{v^2}{2} = \int a(x)\,dx + C_3 \qquad \textbf{2-19}$$

a가 일정하면 $\dfrac{v^2}{2} = ax + C_3$이다. $x = 0$에서 $v = v_0$이면 $C_3 = v_0^2/2$이므로

$$v^2 = v_0^2 + 2ax$$

이다. 이 식이 바로 식 2-16이다.

2-7 자유낙하운동

물체에 작용하는 공기저항을 무시할 때, 특정 높이에서 물체를 가만히 놓거나 v_0의 속력으로 아래로 던지면 물체가 일정한 비율로 아래 방향으로 가속되는 것을 알 수 있다. 손에 들고 있는 물체를 가만히 놓아 떨어뜨릴 때와 같이 초속도 0으로 지구 중심을 향해 떨어지는 물체의 운동을 **자유낙하**(free fall 自由落下)라고 한다. 자유낙하하는 물체의 속도는 일정하게 증가하는데, 이것은 물체가 낙하하고 있는 동안에도 일정한 힘, 즉 중력이 계속 작용하기 때문이다. **자유낙하운동**은 등가속도운동의 대표적

그림 2-23 진공 중에서 사과와 깃털은 동시에 낙하한다.

(a)

(b)

(c)

그림 2-24 무거운 물체와 가벼운 물체의 낙하에 대한 생각. (a) 아리스토텔레스는 무거운 물체가 먼저 떨어진다는 생각을 하였고, (b) 갈릴레이는 동시에 떨어진다고 생각하였다. (c) 피사의 사탑(이탈리아)

인 예이며, 아래 방향으로 가속되는 비율을 **자유낙하 가속도**라고 부르며 크기는 g로 나타낸다. 자유낙하 가속도는 물체의 질량, 밀도, 모양 등의 특성과는 상관없고 모든 물체에 대해 동일하다.

만일 공기 중에서 깃털과 사과를 동시에 떨어뜨리면 분명히 사과가 먼저 떨어진다. 이것은 깃털과 사과 모두 중력에 의해 떨어지지만, 공기저항이 깃털에서 더 크기 때문에 깃털이 늦게 떨어지게 되는 것이다. 그러나 그림 2-23과 같이 진공 중에서 깃털과 사과를 동시에 떨어뜨린다면 공기저항을 받지 않고 중력만 받기 때문에 둘 다 똑같이 떨어진다. 낙하운동에 대해 고대 그리스 철학자 아리스토텔레스는 무거운 물체가 가벼운 물체보다 더 빠르게 떨어진다고 생각하였다. 이러한 잘못된 생각은 갈릴레이 시대까지 이어져 내려왔다.

갈릴레이는 피사의 사탑에서 무거운 물체와 가벼운 물체를 같은 높이에서 동시에 떨어뜨리는 머릿속 실험(사고실험)을 통해 공기저항이 없을 경우에는 무거운 물체와 가벼운 물체가 동시에 떨어진다는 것을 추론함으로써 자유낙하운동을 바르게 이해하는 첫걸음을 내딛게 되었다.

자유낙하운동은 등가속도 직선운동이므로 앞서 공부한 등가속도운동의 식 2-11, 2-15, 2-16을 적용할 수 있다. 즉 자유낙하운동은 초속도 v_0가 0이고 가속도가 g인 등가속도 직선운동이다.

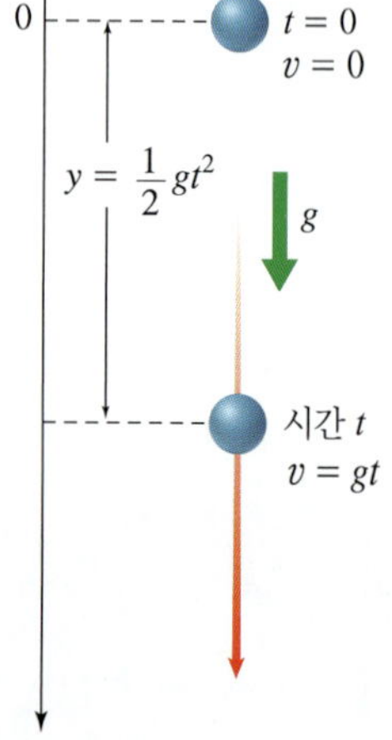

그림 2-25 자유낙하운동

그림 2-25와 같이 물체가 자유낙하 하는 처음위치를 원점으로 하여 그 위치에서 연직 아래 방향을 (+)방향으로 하면 $v_0 = 0$, $a = g$인 등가속도 직선운동이 된다. t초 후의 나중속도를 v라 하고 낙하거리를 y라고 하면 식 2-11, 2-15, 2-16으로부터 다음과 같은 관계식이 얻어진다.

$$v = gt \qquad \text{2–20}$$

$$y = \frac{1}{2}gt^2 \qquad \text{2–21}$$

$$v^2 = 2gy \qquad 2\text{-}22$$

낙하하는 물체의 가속도인 자유낙하 가속도는 지구 중력에 의해 생기므로 **중력가속도**(acceleration of gravity 重力加速度)이며 일반적으로 계산의 편의를 위해 $g = 9.80\ \text{m/s}^2$으로 쓴다.

중력가속도의 방향은 그림 2-25와 같이 연직 아래 방향, 즉 지구의 중심을 향한다. 중력가속도의 값은 지구 상의 위치에 따라 약간씩 차이가 있다. 고위도의 지방일수록 중력가속도의 값이 크다.

TIP 중력가속도

기호 g
표준값 $g = 9.806\,65\ \text{m/s}^2$
영국단위 $g = 32.2\ \text{ft/s}^2$

예제 2-10 일정한 높이에서 공 놓기

문제 지면으로부터 19.6 m 높이에서 작은 금속 공을 자유낙하시켰다. (a) 낙하시킨 1 s 후의 공의 속력은 얼마인가? (b) 공이 지면에 도달할 때까지 걸리는 시간은 얼마인가? (c) 공이 지면에 도달할 때의 속력은 얼마인가?

생각하기 자유낙하 운동공식을 적용하는 기본 문제이다.

풀이 (a) 이 공은 $v_0 = 0$이고 $g = 9.8\ \text{m/s}^2$인 등가속도운동을 하므로 1 s 후의 속력은 식 2-20에서 구할 수 있다.

$$v = gt = 9.8\ \text{m/s}^2 \times 1\ \text{s} = 9.8\ \text{m/s}$$

(b) 공이 지면에 도달할 때까지 걸리는 시간은 식 2-21에서 구할 수 있다.

$$19.6\ \text{m} = \frac{1}{2} \times 9.8\ \text{m/s}^2 \times t^2$$

따라서 $t = 2$ s이다.

(c) 공이 지면에 도달할 때의 속력은 식 2-22에서 구할 수 있다.

$$v = \sqrt{2 \times 9.8\ \text{m/s}^2 \times 19.6\ \text{m}} = 19.6\ \text{m/s}$$

2-8 연직 아래로 던진 물체의 운동

연직방향으로 떨어뜨린 물체의 운동을 이해하거나, 던져 올린 물체의 운동을 이해할 때나 중력가속도의 방향은 항상 지구 중심 방향을 향한다는 사실을 염두에 두어야 한다.

먼저 연직 아래로 던진 물체의 운동에 대해 알아보자. 어떤 물체를 처음속도 v_0으로 연직 하방으로 던졌다고 하자. 이때 물체가 손을 떠날 때까지는 손에서 힘을 받아 가속되지만, 속도가 v_0으로 되어 손을 떠난 후에는 손에서 힘을 받지 않고 중력에 의해 가속된다.

그림 2-26과 같이 물체의 처음위치를 원점으로 하고 연직 하방을 y축의 양(+)의 방향으로 하면, 이 물체는 처음속도가 v_0이고 가속도가 g인 등가속도 직선운동을 하게 된다. t초 후의 물체의 나중속도 v와 낙하거리 y는 등가속도운동의 식에 x 대신 y를, a 대신 g를 대입하면 다음과 같은 관계식을 얻는다.

$$v = v_0 + gt \qquad 2\text{-}23$$

$$y = v_0 t + \frac{1}{2} g t^2 \qquad 2\text{-}24$$

$$v^2 = v_0^2 + 2gy \qquad 2\text{-}25$$

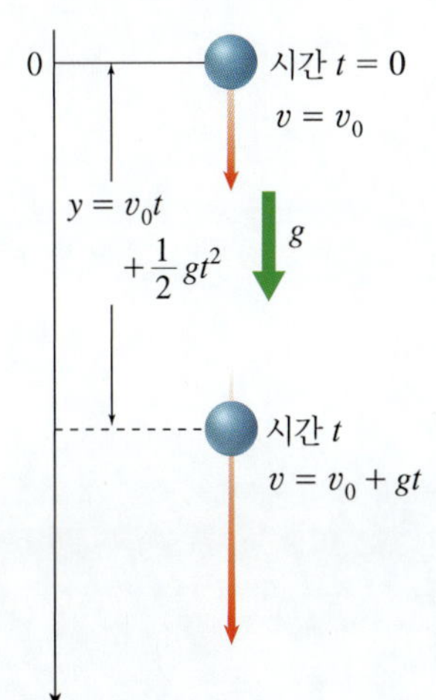

그림 2-26 연직 아래로 던진 물체의 운동

예제 2-11 연직 아래로 던진 공과 자유낙하 시킨 공

문제 높이가 44.1 m인 건물 옥상에서 같은 시각에 공 하나를 자유낙하 시키고, 2.0 s 후에 또 다른 공을 연직 아래로 던졌더니 두 공이 동시에 지면에 떨어졌다고 한다. 나중에 연직 아래 방향으로 던진 공의 초속도는 얼마인가?

생각하기 자유낙하운동과 연직 아래로 던진 공의 운동을 연결시키는 문제이다.

풀이 44.1 m에서 공을 자유낙하 시킬 때 공이 지면에 도달하는 데 걸리는 시간은 $y = \frac{1}{2}gt^2$에서 구할 수 있다. 즉

$$44.1 \text{ m} = \frac{1}{2} \times 9.8 \text{ m/s}^2 \times t^2$$

이다. 여기서 t를 구하면 다음과 같다.

$$t = 3 \text{ s}$$

자유낙하 2.0 s 후에 물체를 초속도 v_0으로 던져서 같은 시각에 지면에 떨어졌으므로

$y = v_0\,(t-2) + \frac{1}{2}g(t-2)^2$에서 $y = 44.1$ m이고 $t = 3$ s이므로

$$\begin{aligned} 44.1 &= v_0(3-2) + \frac{1}{2} \times 9.8\,(3-2)^2 \\ &= v_0 + 4.9 \end{aligned}$$

따라서 v_0은 다음과 같다.

$$v_0 = 39.2 \text{ m/s}$$

2-9 연직 위로 던진 물체의 운동

어떤 물체를 처음속도 v_0으로 연직 상방으로 던져 올리는 경우를 생각해보자. 이때 물체에 작용하는 힘은 중력뿐이며, 중력의 방향은 물체의 운동방향과 반대방향이므로 가속도의 방향도 물체의 운동방향과 반대이다. 따라서 물체의 속도는 점차 감소하고 어느 높이에서 속도가 0이 되어 순간적으로 정지하였다가 그곳에서부터 자유낙하 하여 원래의 위치로 되돌아오게 된다.

그림 2-27과 같이 물체를 던져 올리는 위치를 원점으로 하고 연직 상방을 y축의 양(+)의 방향으로 잡으면, 가속도는 $a = -g$가 된다. 따라서 t초 후의 나중속도 v와 운동거리 y는 등가속도 운동식에 의해서 다음과 같은 관계식이 얻어진다.

$$v = v_0 + (-g)t \qquad \text{2-26}$$

$$y = v_0 t + \frac{1}{2}(-g)t^2 \qquad \text{2-27}$$

$$v^2 = v_0^2 + 2(-g)y \qquad \text{2-28}$$

연직 위로 던진 물체는 얼마 후 최고점에 도달하게 되며, 최고점에서의 속도는 순간적으로 0이 된다. 최고점에 도달하는 시간을 t_1이라 하고, 식 2-26에서 최고점에서의 속도가 $v = 0$이므로 $0 = v_0 - gt_1$이 되어

$$t_1 = \frac{v_0}{g} \quad \text{(최고점에 도달하는 시간)} \qquad \text{2-29}$$

이 된다. 또 물체가 처음위치로 되돌아올 때까지 걸리는 시간을 t_2라 하면, 처음위치에서는 $y = 0$이므로 식 2-27에서 $0 = v_0 t_2 - \frac{1}{2}gt_2^2$이 되어

$$t_2 = \frac{2v_0}{g} = 2t_1 \quad \text{(처음위치로 되돌아오는 데 걸린 시간)} \tag{2-30}$$

이 된다. 즉 물체를 던졌을 때부터 최고점에 도달할 때까지의 시간과 최고점에서 처음위치까지 돌아올 때까지의 시간이 같다는 것을 알 수 있다. 또 식 2-26에 t 대신 t_2를 대입하면 $v = v_0 - g(2v_0/g) = -v_0$이 되므로 물체가 처음위치에 되돌아 왔을 때의 속력은 던졌을 때의 속력과 같고 방향이 반대임을 알 수 있다.

또 식 2-28을 나중속도 v에 대해서 풀면 다음과 같다.

$$v = \pm\sqrt{v_0^2 - 2gy} \tag{2-31}$$

이 식은 물체가 위로 올라갈 때와 아래로 내려올 때 같은 높이에서는 속력이 같다는 것을 나타낸다. 여기서 (+)는 위로 올라갈 때의 속력이며, (−)는 아래로 내려올 때의 속력이다.

그리고 최고점에서 물체의 속력은 $v = 0$이므로 식 2-28에 최고점의 높이 $y = H$와 $v = 0$을 대입하면 $-2gH = 0 - v_0^2$이 되어 다음 식이 얻어진다.

$$H = \frac{v_0^2}{2g} \quad \text{(최고점의 높이)} \tag{2-32}$$

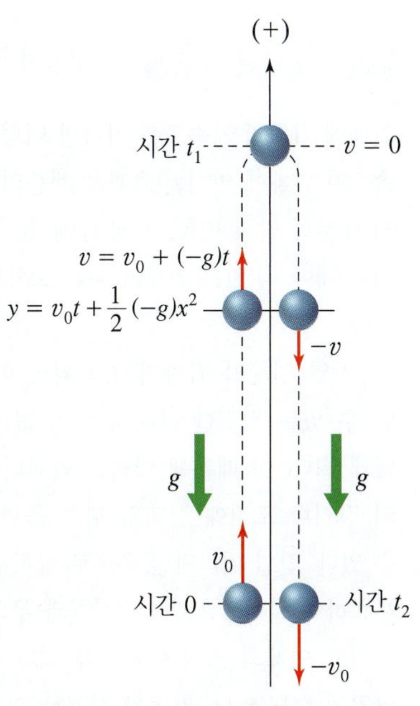

그림 2-27 연직 위로 던진 물체의 운동

예제 2-12 지면 위로 물체 쏘아 올리기

문제 지면에서 연직 위로 39.2 m/s의 속력으로 물체를 쏘아 올렸다. (a) 물체가 최고점에 도달하는 시간은 출발한 지 몇 초 후인가? (b) 최고점의 높이는 얼마인가? (c) 3 s 후 물체의 속력과 높이는 각각 얼마인가? (d) 물체가 처음위치로 돌아오는 데 걸리는 시간과 그때의 속력은 각각 얼마인가?

생각하기 지면에서 던져 올린 물체의 운동에 작용하는 중력의 방향은 물체의 운동방향과 반대이다. 물체의 속도는 점차 감소하고 어느 높이에서 속도가 0이 되어 순간적으로 정지하였다가 그곳에서부터 자유낙하 하여 원래의 위치로 되돌아오게 된다.

풀이 (a) 최고점에서의 속력은 $v = 0$이므로 식 2-26에서 구할 수 있다.

$$0 = 39.2\ \text{m/s} - (9.8\ \text{m/s}^2 \times t)$$

$$\therefore t = 4.0\ \text{s}$$

(b) 최고점의 높이 H는 식 2-32에서 구할 수 있다.

$$H = \frac{v_0^2}{2g} = \frac{(39.2\ \text{m/s})^2}{2 \times 9.8\ \text{m/s}^2} = 78.4\ \text{m}$$

(c) $t = 3.0$ s 후의 속력은 식 2-26에서 구할 수 있다.

$$v = v_0 - gt = 39.2\ \text{m/s} - (9.8\ \text{m/s}^2 \times 3.0\ \text{s}) = 9.8\ \text{m/s}$$

또 $t = 3.0$ s 후의 높이는 식 2-27에서 구할 수 있다.

$$y = v_0 t - \frac{1}{2}gt^2$$
$$= 39.2\ \text{m/s} \times 3.0\ \text{s} - \frac{1}{2} \times 9.8\ \text{m/s}^2 \times (3.0\ \text{s})^2$$
$$= 73.5\ \text{m}$$

(d) 물체가 처음위치로 되돌아오는 데 걸리는 시간은 $y = 0$이 되는 시간이므로 식 2-27에서 얻어진다.

$$0 = 39.2\ \text{m/s} \times t - \frac{1}{2} \times 9.8\ \text{m/s}^2 \times t^2$$

$$\therefore t = 0\ \text{s 또는 } 8.0\ \text{s}$$

여기서 $t = 0$ s는 처음 출발시간을 나타낸다.

또 물체가 처음위치로 돌아올 때의 속력은 식 2-26에서 $t = 8.0$ s 이므로

$$v = v_0 - gt = 39.2\ \text{m/s} - (9.8\ \text{m/s}^2 \times 8.0\ \text{s}) = -39.2\ \text{m/s}$$

여기서 (−)부호는 속도의 방향이 처음속도의 방향과 반대임을 나타낸다.

단원과 관련된 주제 인체에서 가속도 효과

인체에 갑자기 가속도를 가하면 어떻게 될까? 연구에 의하면 가속도가 인체에 미치는 효과는 체중의 현저한 증가 또는 감소, 인체 내부의 압력 변화, 인체 내에 탄력있는 조직들의 뒤틀림이나 액체 내에 떠 있는 밀도가 다른 고체들이 분리되는 현상이 나타난다.

만일 인체가 갑자기 가속되면 이 가속도에 대항하여 일을 할 수 있는 적절한 근육의 힘이 없기 때문에 인체는 조절력을 잃게 된다. 이 때문에 혈액은 인체의 여러 부위에서 울혈(몸 안의 장기나 조직에 정맥의 피가 몰려 있는 증상)현상이 발생될 수 있다. 만일 머리가 앞쪽으로 급히 가속되면 뇌로 가는 혈액이 부족하여 일시적으로 시각상실과 무의식상태에 빠질 수도 있다. 그리고 인체의 조직은 가속에 의해 비틀리거나 조직이 찢겨져 파열될 수도 있다. 자동차 사고로 외상이 없다고 안심하고 집으로 돌아간 사람이 복막에 있는 동맥이 찢어져 과다 출혈로 갑자기 사망하거나 심각 후유증을 보이기도 한다.

태권도, 쿵푸, 권투 등의 경기에서 갑자기 손이나 발로 아주 빠른 속도로 공격을 하게 되면 그 속도가 0에서 45~55 km/h까지 가속된다. 이 때문에 공격을 당한 인체에는 엄청난 충격이 가해져 심장마비나 내출혈을 일으키기도 한다.

자동차가 가속될 때 몸이 의자 등받이로 밀리는 느낌을 받는데, 이것은 가속도 때문에 나타나는 밀림현상이다. 지표면에서의 중력가속도를 9*G*라고 한다면, 중력가속도와 동일한 가속도로 속도가 증가하는 물체에 타고 있는 사람은 9*G*에 해당하는 밀리는 느낌을 받게 된다. 우주선이 발사될 때 로켓은 약 9*G*에 해당하는 가속도를 갖기 때문에 그 안에 있는 우주인은 엄청난 힘을 견뎌야 한다. 우리 공군에서 운용하는 전투기의 하나인 F15K의 조종사는 최대 9*G*에 해당하는 가속도를 받을 수 있다.

전투기가 고속 선회하거나 급격한 공중기동을 하게 되면 조종사의 뇌에 있는 혈액이 엉덩이와 발로 쏠려 의식을 잃기도 한다. 이 때문에 가끔 추락 사고도 발생한다. 이러한 현상을 **중력으로 인한 의식 상실**(G-LOC; G-induced loss of consciousness)이라고 한다. 이 현상을 방지하기 위해 조종사들이 착용하는 장구가 바로 **내중력복**(G-suit)이다.

중력에 의한 기억 상실을 대비하기 위해 그러한 힘이 가해졌을 때 그 힘이 어느 한 부분으로 집중되어 뼈가 부러지거나 내장이 파열되지 않도록 힘이 분산되도록 좌석을 설계한다. 우주인들은 지상에서 장기간에 걸쳐 가속도가 몸에 크게 작용할 때에 몸 전체에 힘이 적절히 배분되도록 많은 훈련을 한다.

한국 최초 우주인 이소연 씨는 2008년 4월 8일 오후 8시 16분 27초에 카자흐스탄 우주기지에서 러시아 소유스(Soyuz) 우주선에 몸을 싣고 우주로 향했다. 이어 국제우주정거장(ISS; International Space Station)과 무사히 도킹한 후 ISS의 157번째 탑승자가 됐다. 여러 실험을 마친 이소연 씨는 귀환 캡슐을 타고 2008년 4월 19일 오후 5시 30분에 착륙 예정지역인 카자흐스탄 코스타나(Kostanay) 초원지대에서 서쪽으로 478 km 떨어진 북부 우르스쿠 지역에 무사히 착륙했다. 귀환 시 이소연 씨는 약 4*G*에 해당하는 중력가속도를 받았는데, 하반신 쪽으로 혈액이 몰려 의식을 잃을 가능성도 있었다. 이를 대비해 출발 2~3시간 전 전해질 음료를 마시는 등 준비과정을 거쳤다고 한다.

그림 2-30 국제우주정거장 ISS 모형(제주항공우주박물관)

그림 2-31 전투기 조종사의 안전을 위해 특별히 제작된 내중력복(Anti-G suit). 한국 공군 블랙 이글에서 사용하고 있다(서울국제항공우주 및 방위산업전시회). 내중력복은 불에 타지 않는 아라미드(Aramid) 섬유로 제작한다.

연습문제

2-1 변위

1. 대형기동헬기가 기지를 출발하여 북쪽으로 130.0 km를 날아간 후, 짐을 내려놓고 남쪽으로 76.7 km를 날아가 다른 물건을 싣고, 다시 북쪽으로 80.5 km를 날아 착륙하였다. 처음 기지로부터 마지막 도착 지점까지의 헬기의 변위는 얼마인가? 또 이날 헬기가 움직인 총 거리는 얼마인가?

그림 P2-1 대형기동헬기(계룡군문화축제)

2-2 속력

2. 1992년에 스페인 바르셀로나에서 개최된 제24회 올림픽 마라톤 경기에서 우리나라 황영조 선수는 42.195 km를 2시간 12분 23초에 뛰어 우승하였다. 황영조 선수는 100.0 m를 평균 몇 초에 달린 셈인가?

3. 서울에서 부산까지의 KTX 노선의 거리는 약 408 km이다. 오전 10시에 서울역을 출발한 KTX가 12시 37분 부산역에 도착하였다. 이 열차의 평균속력은 몇 m/s인가?

그림 P2-3 부산역에 도착한 KTX

4. 수평면 위에 정지하고 있던 물체가 한쪽 방향으로 직선운동을 할 때, 물체의 이동거리와 시간의 관계가 그림 P2-4와 같다.

(a) 출발하여 6 s 동안 물체의 평균속력은 몇 m/s인가?

(b) 출발 후 5 s 때의 순간속력은 몇 m/s인가?

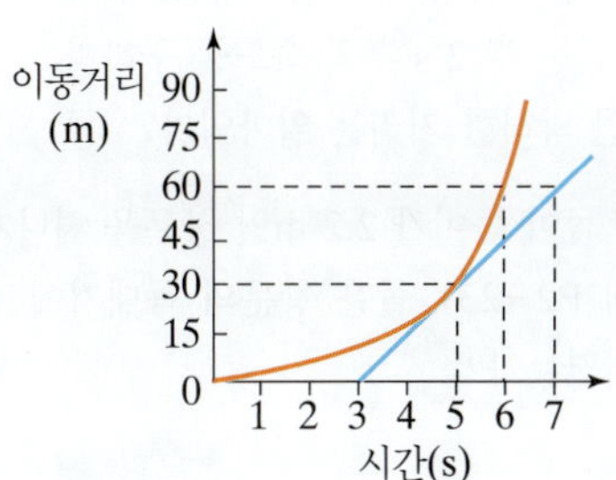

그림 P2-4

2-3 속도

5. 어떤 사람이 고속도로를 처음 200 km는 90 km/h의 속력으로 달리고, 1시간 동안 점심식사를 한 후에 다시 200 km를 50 km/h의 속도로 달려서 되돌아왔다. 이 사람의 여행과정에서 (a) 평균속력과 (b) 평균속도를 구하라.

6. 달리기 선수가 200 m 트랙 한 바퀴를 25 s에 돈다. 선수의 (a) 평균속력과 (b) 평균속도를 구하라.

2-4 등속직선운동

7. 그림 P2-7은 x축을 따라 1차원운동을 하는 물체의 변위와 시간 관계 그래프이다. 이 그래프를 보고 이 물체의 운동 상태를 시간대별로 설명하라.

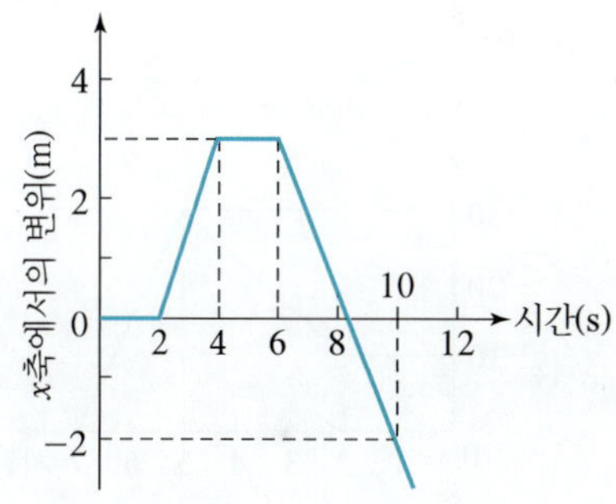

그림 P2-7

2-5 가속도

8. 가속도의 값이 +1이라는 의미는?

(a) 속도의 변화가 없다. (b) 속도가 점점 커진다.

(c) 속도가 점점 작아진다. (d) 속도가 일정하다.

9. 그림 P2-9(a)는 독일 자동차 전용고속도로(아우토반, Autobahn)의 모습이다. 독일에서 생산된 쿠페 승용차의 제로백이 7.10 s라고 한다(제로백은 멈춘 상태에서 출발하여 속도가 100 km/h에 도달하는 데 걸리는 시간을 말한다).

(a) 이 자동차의 가속도는 몇 m/s^{2}인가?

(b) 어느 전기자동차의 제로백이 11.2 s라면 이때 가속도는 몇 m/s^{2}인가?

(a)

(b)

그림 P2-9 (a) 아우토반(독일 자동차 전용고속도로) (b) 전기자동차

10. 고속도로에서 어떤 자동차가 약 1.7 m/s^2의 가속도를 낼 수 있다. 이 비율로 90 km/h에서 110 km/h로 가속하는 데 걸리는 시간은 얼마나 될까?

11. 자동차 판매원이 어떤 스포츠카의 장점을 설명하였다. 이 스포츠카는 90 km/h의 속도로 달리다가 브레이크를 밟은 후 50 m 이내에서 정지할 수 있는 성능을 갖고 있다고 한다. 이 경우 자동차의 가속도는 몇 m/s^2인가?

12. 어떤 자동차가 6 s 동안에 10 m/s에서 25 m/s로 가속된다. 이 자동차의 가속도는 얼마인가? 이 자동차가 그동안 달린 거리는 얼마인가? 단, 가속도는 일정하다.

13. 다음 그림 P2-13은 자동차가 직선 도로를 달릴 때의 $v-t$ 그래프이다.

(a) 이 자동차의 $a-t$ 그래프를 그리라.

(b) 자동차가 처음 7 s 동안 이동한 거리는 얼마인가?

(c) 이 자동차의 처음 5 s 동안의 평균속도 및 평균가속도는 각각 얼마인가?

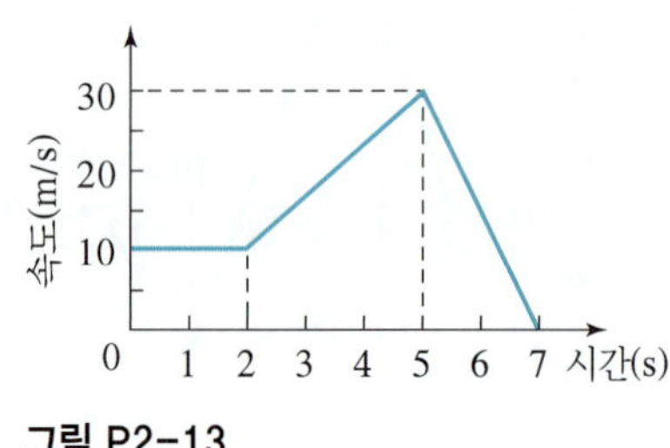

그림 P2-13

2-6 등가속도운동

14. 경비행기가 이륙하기 위해서는 속력이 30 m/s에 도달해야 한다. 3.0 m/s^2으로 일정하게 가속한다면 이륙속도에 도달하기 위해서 얼마의 활주거리가 필요한가?

15. 소형비행기가 이륙하기 위해 필요한 속력은 120 km/h이다.

(a) 이 비행기가 활주로를 240 m 달린 후 이륙하기 위해 필요한 최소의 가속도는 얼마인가?

(b) 이륙하는 데 걸리는 시간은 얼마인가?

16. 어떤 육상 선수가 10 000 m를 30.0 min 이내에 주파하려고 한다. 정확히 27 min 지난 후에 달려야 할 거리가 1 100 m 남았다. 그런데 이 육상 선수가 원하는 시간 내에 주파하기 위해서는 0.20 m/s^2의 가속도로 몇 초 동안 가속해야 하는가?

17. 처음에 동쪽으로 6.0 m/s의 속도로 운동하던 물체가 일정한 비율로 속도가 변하여 10 s 후 서쪽으로 4.0 m/s로 운동하였다.

(a) 10 s 동안 속도의 변화량은 얼마인가?

(b) 가속도의 크기는 얼마이며, 그 방향은 어느 방향인가?

(c) 출발한 지 몇 초 후에 속도가 0이 되는가?

(d) 속도가 0이 될 때까지 이동한 거리는 얼마인가?

(e) 출발한 지 10 s 후의 변위와 이동한 거리는 각각 얼마인가?

18. 40 km/h의 속력으로 달리는 자동차가 연료가 떨어져서 일정한 가속도 0.50 m/s^2으로 감속되었다.

(a) 자동차가 정지할 때까지 주행한 거리는 얼마인가?

(b) 자동차가 정지할 때까지 걸린 시간은 얼마인가?

(c) 자동차가 처음 1 s 동안 이동한 거리와 다섯 번째 1 s 동안에 이동한 거리는 각각 얼마인가?

19. 120 km/h의 속력으로 달리는 과속 운전자가 정지해 있는 경찰관을 지나쳤다. 이 경찰관은 즉시 일정한 가속도 10 km/h/s로(혼합된 단위를 유의하라) 쫓아가기 시작하였다. 과속 운전자가 일정한 속력을 유지한다고 가정하면 경찰관이 과속 운전자를 붙잡는 데 걸린 시간은 얼마인가? 이때 경찰관은 얼마나 빨리 달렸겠는가?

20. 24 m/s로 달리던 자동차 A와 20 m/s로 달리던 자동차 B가 동시에 브레이크를 밟아 일정하게 감속시켜서 자동차 A는 4초만에, 자동차 B는 5 s 만에 정지하였다.

(a) 자동차 A와 B의 가속도의 크기는 각각 얼마인가?

(b) 두 자동차의 속도가 같아지는 때는 브레이크를 밟은 후 몇 초 후인가?

(c) 브레이크를 밟은 후 정지할 때까지 어떤 자동차가 얼마나 더 멀리 갔는가?

(d) 자동차 B가 A와 같은 비율로 감속시킨다면 정지할 때까지 걸리는 시간은 몇 초인가?

2-7 자유낙하운동

21. 만약 높이가 380 m인 빌딩 옥상에서 지면을 향해 수직으로 물체를 낙하시켰다고 하자.

(a) 이 물체가 지면에 떨어지는 데까지 걸리는 시간을 구하라.

(b) 지면에 도달하기 직전의 속도를 구하라.

2-8 연직 아래로 던진 물체의 운동

22. 어떤 높이에서 10 m/s의 속도로 연직 아래로 공을 던졌다.

(a) 공을 던진 후 2 s 후의 속도를 구하라.

(b) 그동안 낙하한 거리는 얼마인가?

23. 낙하하는 돌이 높이가 2.2 m인 창문을 지나가는 데 0.30 s 걸린다(그림 P2-23). 돌은 창문의 꼭대기에서 얼마나 높은 곳에서 떨어졌는가?

2.2 m

이 높이를 떨어지는 데
0.30 s 걸린다

그림 P2-23

24. 높이가 39.2 m인 10층 옥상에서 공을 수평방향으로 초속도 5 m/s로 던졌다.
(a) 공이 지면에 떨어지는 데 걸리는 시간은 얼마인가?
(b) 공은 건물에서 수평으로 얼마의 거리에 떨어지는가?

2-9 연직 위로 던진 물체의 운동

25. 헬리콥터가 5.50 m/s의 속력으로 수직하게 올라가고 있다. 지면으로부터 100 m 높이에서 창문을 통해 상자를 떨어뜨렸다. 그 상자가 지면에 도달하는 데 걸리는 시간은 얼마인가?

26. 돌을 22.0 m/s의 속력으로 수직하게 던져 올렸다.
(a) 돌은 15.0 m에서 얼마나 빨리 운동하겠는가?
(b) 이 높이에 도달하는 데 걸린 시간은 얼마인가?
(c) (b)에서 답이 두 개인 이유는 무엇인가?

27. 그림 P2-27과 같이 높이가 75.0 m의 절벽 끝에서 12.0 m/s의 속력으로 돌을 수직 상방으로 던져 올렸다.
(a) 얼마 후에 돌이 절벽 아래 지면에 도달하겠는가?
(b) 돌이 절벽 아래 지면에 부딪히기 직전의 속력은 얼마인가?
(c) 돌이 움직인 총 거리는 얼마인가?

그림 P2-27

28. 초속도 49 m/s로 연직 위로 던진 물체가 있다.
(a) 이 물체가 올라갈 수 있는 최고 높이 H는 얼마인가?
(b) 이 물체가 다시 지면에 떨어지는 데 걸리는 시간은 얼마인가?

29. 그림 P2-29는 연직 위로 던진 물체의 운동을 설명한 것이다. 이 운동에 대해 잘못 설명한 것은?

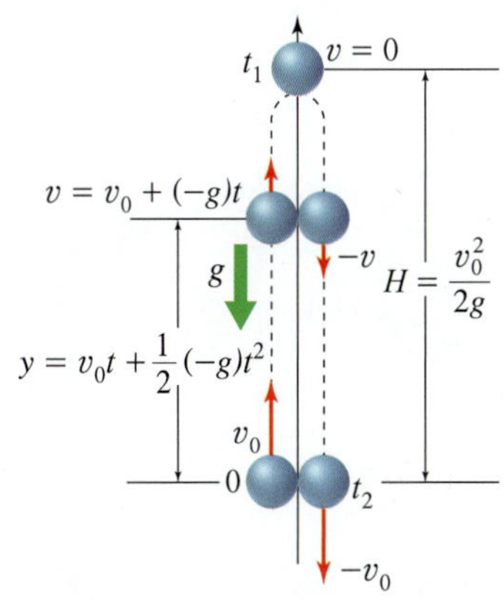

그림 P2-29

① 물체의 속도는 점점 느려지다가 최고 높이에 이르면 0이 된다.
② 같은 높이에서의 물체의 속도는 크기가 같고 방향이 반대이다.
③ 물체가 다시 원점에 되돌아왔을 때의 속도는 초속도와 크기는 같고 방향은 반대가 된다.
④ 연직 위로 던진 물체가 최고 높이까지 올라갔다가 원점까지 내려오는 데 걸리는 시간은, 최고 높이까지 올라가는 데 걸리는 시간의 4배이다.

제주국제공항 활주로에 착륙하는 비행기 고속도로에서의 자동차 운전(1차원 운동)은 쉽지만, 활주로에 비행기를 착륙(3차원운동)시키는 것은 아주 어렵다. 이 같은 일은 공항관제사와 조종사 간의 소통과 안전한 착륙시스템에 의해서만 가능하다. 비행기의 운동과 같이 2차원이나 3차원을 이동하는 물체의 운동 분석은 벡터를 이용하여 해석할 수 있다.

2차원 및 3차원에서의 운동

제3장

제2장에서 일직선 상을 움직이는 물체의 운동에 대해 다루었다. 물체의 운동을 기술할 때, 크기와 방향 둘 다 필요한 물리량을 기술하려면 새로운 수학 언어인 벡터가 필요하다. 벡터는 과학기술 분야는 물론 일상생활에서도 많이 사용된다. 예를 들어 "연구소는 이 길을 따라 150 m 간 다음 우회전하시오"라는 안내판은 이미 벡터를 사용한 것이다. 모든 항공기의 항법 장치나 회전현상 그리고 자기력 같은 물리현상을 설명하는 데도 벡터 사용은 필수적이다.

제2장에서 1차원에서의 운동을 논할 때, 변위를 정의할 때 벡터의 개념을 제한적으로 사용하였다. 그러나 좀 더 복잡한 운동의 양상을 기술하려면 벡터를 다루는 능력이 요구된다. 제3장에서는 2차원(또는 3차원)에서의 운동하는 물체의 특성을 이해하고, 여러 변수들을 벡터적으로 다루는 방법을 공부한다.

3-1 벡터의 성질

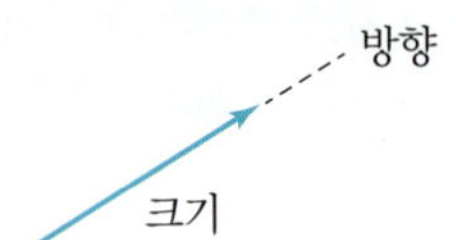

그림 3-1 벡터의 표시

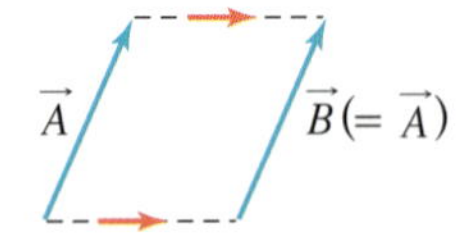

그림 3-2 벡터의 이동

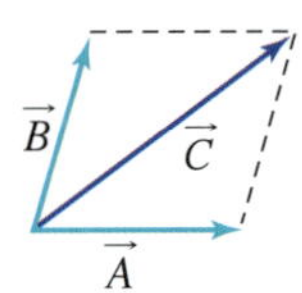

그림 3-3 평행사변형법을 이용한 두 벡터의 덧셈. 한 점에 두 벡터 $\vec{A}$와 $\vec{B}$가 작용할 때 $\vec{A}$, $\vec{B}$를 인접한 두 변으로 하는 평행사변형을 그리면 그 대각선이 합벡터 $\vec{C}$가 된다.

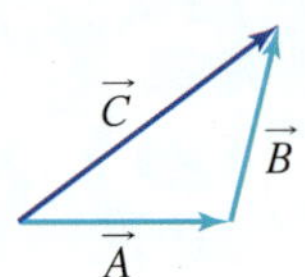

그림 3-4 삼각형법을 이용한 두 벡터의 덧셈. 벡터 $\vec{B}$를 평행 이동하여 $\vec{B}$의 꼬리가 $\vec{A}$의 머리에 오도록 한 다음 $\vec{A}$의 꼬리와 $\vec{B}$의 머리를 이으면 합벡터 $\vec{C}$ $(=\vec{A}+\vec{B})$가 된다.

벡터는 크기와 방향을 모두 가지는 양으로 변위, 속도, 가속도, 힘 등이 있다. 반면에 스칼라는 크기만 가지는 양이다. 스칼라는 수치(와 단위)만 주어지면 완전히 결정되는 양으로 온도와 시간 등이 있다.

크기와 방향이 같은 두 개의 벡터 $\vec{A}$와 $\vec{B}$는 서로 같다고 하고 $\vec{A}=\vec{B}$로 표시한다. 따라서 벡터 $\vec{A}$를 평행 이동시켜 얻은 벡터 $\vec{B}$는 원래의 벡터 $\vec{A}$와 같다. 또한 벡터 $\vec{A}$와 크기가 같고 방향이 반대인 벡터를 $\vec{A}$의 음(−)벡터라 하고 $-\vec{A}$로 표시한다.

벡터 더하기와 빼기

두 벡터 $\vec{A}$와 $\vec{B}$를 더하여 그와 같은 효과를 갖는 한 개의 벡터 $\vec{C}$를 구하는 방법을 **벡터의 합성**(composition of vector)이라고 하며, $\vec{A}+\vec{B}=\vec{C}$로 표시한다. 이때 $\vec{C}$를 $\vec{A}$와 $\vec{B}$의 합벡터라고 한다.

그림 3-3과 같이 한 점에 두 벡터 $\vec{A}$와 $\vec{B}$가 작용할 때 $\vec{A}$, $\vec{B}$를 인접한 두 변으로 하는 평행사변형을 그리면 대각선이 합벡터 $\vec{C}$가 된다. 이때 합벡터의 크기는 평행사변형의 대각선의 길이이고, 방향은 대각선의 방향과 같다. 이와 같은 벡터의 합성 방법을 **평행사변형법**(parallelogram method)이라고 한다.

또 하나의 방법은 **삼각형법**(tail-to-tip method)이 있다. 삼각형법은 평행사변형법을 변형한 것으로 생각하면 이해된다. 그림 3-4와 같이 두 벡터 $\vec{A}$와 $\vec{B}$를 이웃 변으로 하는 평행사변형에서 $\vec{B}$를 평행 이동하여 $\vec{B}$의 꼬리가 $\vec{A}$의 머리에 오도록 한 다음 $\vec{A}$의 꼬리와 $\vec{B}$의 머리를 이으면 합벡터 $\vec{C}$ $(=\vec{A}+\vec{B})$가 된다. 이와 같은 벡터의 합성법을 삼각형법이라고 한다. 삼각형법은 "**꼬리에서 머리까지**(tail to tip)"로 기억하면 이해가 쉽다. 두 벡터를 더할 때 그 합은 더하는 순서에는 무관하여 $\vec{A}+\vec{B}=\vec{B}+\vec{A}$의 관계가 있다. 이 관계를 **덧셈의 교환법칙**(commutative law of addition)이라 부른다.

예제 3-1 공간상에서 벡터의 값

문제 그림 3-5와 같이 세 벡터 $\vec{A}$, $\vec{B}$, $\vec{C}$가 있다. 세 벡터의 합 $\vec{A}+\vec{B}+\vec{C}$의 값을 그림으로 나타내라.

생각하기 벡터를 더하는 순서는 중요하지 않다. 머리-꼬리 잇는 방법(또는 삼각형법)은 세 개 또는 그 이상의 벡터에까지 확장해 적용할 수 있다. 이때에는 벡터의 머리와 꼬리를 연속적으로 이어가면 된다.

풀이 세 벡터의 합은 그림 3-6과 같이 나타낼 수 있다. 즉 $\vec{A}+\vec{B}+\vec{C}=\vec{D}_{합}$이다. 이때 세 벡터는 어떤 순서로 더하든지 그 결과는 마찬가지다.

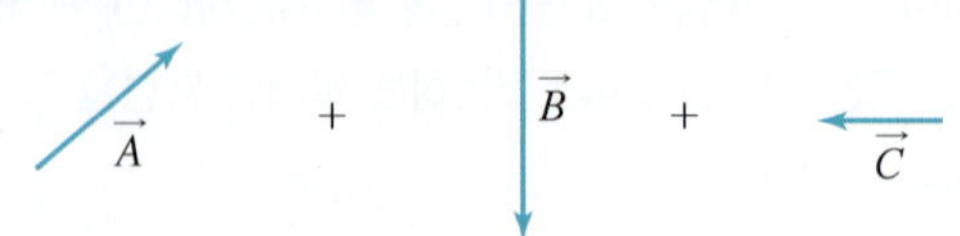

그림 3-5 공간상에 놓인 세 벡터

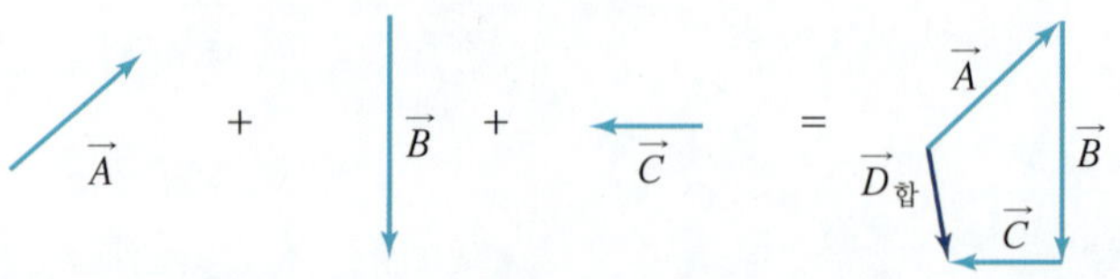

그림 3-6 세 벡터의 덧셈은 차례대로 더해주면 된다.

벡터를 계산하는 과정에서 어느 경우에는 한 벡터에서 다른 벡터를 뺄 필요가 있다. 예를 들어 벡터 $\vec{A}$에서 벡터 $\vec{B}$를 뺄 때에는 그림 3-7과 같이 벡터 $\vec{B}$와 길이가 같고 방향이 정반대인 음(−)벡터 $-\vec{B}$를 그린 다음 $\vec{A}$와 $-\vec{B}$를 삼각형법으로 합성하면 된다.

벡터 $\vec{A}$와 벡터 $\vec{B}$의 차 $\vec{A} - \vec{B} = \vec{C}$는 $\vec{A}$와 $(-\vec{B})$의 합인 $\vec{A} + (-\vec{B})$와 같으므로 다음과 같이 나타낼 수 있다.

$$\vec{C} = \vec{A} - \vec{B} = \vec{A} + (-\vec{B}) \qquad \textbf{3-1}$$

이때 $\vec{C}$는 벡터 $\vec{B}$의 머리에서 벡터 $\vec{A}$의 머리로 그은 직선이 된다.

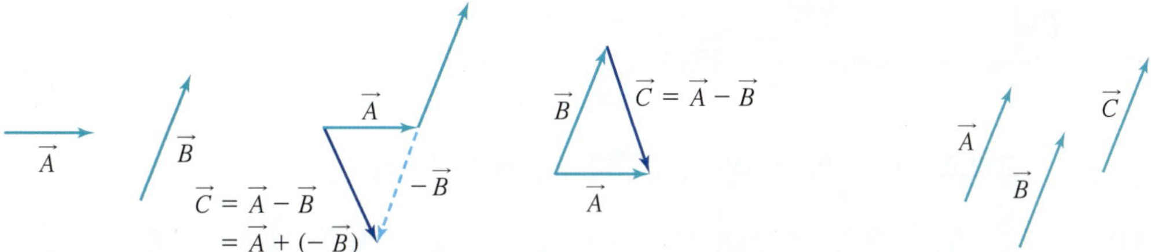

그림 3-7 벡터를 빼는 방법

그림 3-8 세 벡터는 같다. 모두 크기가 같고 방향이 같기 때문이다.

벡터의 동등성

벡터를 수학적인 양으로 생각할 때에는 그 방향과 크기가 변하지 않는 한 그들 자신에 대해 평행으로 (종이 위에나 마음속에서) 얼마든지 이동시킬 수 있다. 이 성질은 벡터를 더할 때나 뺄 때 모두 적용된다. 그림 3-8에서와 같이 한 평면 내에 놓인 세 개의 벡터 $\vec{A}$, $\vec{B}$, $\vec{C}$는 모두 같다. 즉 $\vec{A} = \vec{B} = \vec{C}$이다. 실제로 어떠한 경우에도 벡터는 그 성질에 변함없이 평행 이동시킬 수 있다(물리적으로는 벡터의 위치가 중요할 수 있다. 예를 들어 어떤 물체의 운동을 정확히 이해하기 위해서는 그 물체에 작용하는 힘을 나타내는 벡터를 그 힘이 작용하는 점에 놓아야 한다).

벡터에 스칼라 곱하기

벡터 $\vec{A}$에 스칼라 c를 곱할 수 있다. 이때 벡터와 스칼라의 곱 $c\vec{A}$는 $\vec{A}$와 같은 방향을 가지며, 크기가 $c\vec{A}$인 벡터가 된다. 즉 벡터에 양(+)의 스칼라 c를 곱하면 벡터의 크기를 c만큼 변화시키고 그 방향은 변하지 않는다. 예를 들어 벡터 $3\vec{A}$는 $\vec{A}$보다 3배 크고, $\vec{A}$와 같은 방향이다. 그러나 c가 음(−)의 스칼라이면 곱 $c\vec{A}$의 크기는 여전히 $c\vec{A}$이지만(−부호만 제외하고) 방향은 $\vec{A}$와 반대이다. 예를 들어 $-\frac{1}{3}\vec{A}$는 $\vec{A}$의 크기의 $\frac{1}{3}$배이고, $\vec{A}$와 방향이 반대이다.

3-2 벡터의 성분과 단위 벡터

여러 개의 벡터를 한 벡터로 합성할 수 있는 것과 같이 한 개의 벡터 $\vec{A}$가 주어졌을 때

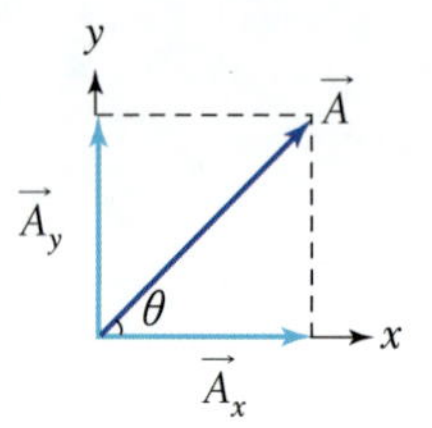

그림 3-9 한 벡터 $\vec{A}$는 두 개의 성분 벡터 $\vec{A}_x$, $\vec{A}_y$로 분해할 수 있다.

같은 효과를 갖는 둘 또는 그 이상의 벡터로 나눌 수 있는데, 이를 **벡터의 분해**라고 한다. 벡터를 분해하는 방향은 임의로 정할 수 있으나 일반적으로 그림 3-9와 같이 서로 직교하는 방향(x방향, y방향)의 두 벡터로 분해한다. 이때 벡터 $\vec{A}$는 x축에 평행한 성분 벡터 $\vec{A}_x$와 y축에 평행한 성분 벡터 $\vec{A}_y$의 두 벡터의 합으로 나타낼 수 있다.

벡터의 성분

분해하여 얻은 두 벡터 $\vec{A}_x$와 $\vec{A}_y$는 처음 벡터 $\vec{A}$의 **성분 벡터**(component vector)라고 한다. x축에 대한 $\vec{A}$의 사영 A_x를 $\vec{A}_x$의 x성분이라 하고, y축에 대한 $\vec{A}$의 사영 A_y를 $\vec{A}$의 y성분이라고 한다. 이 성분들은 단위를 가진 양 또는 음의 수이다. 벡터 $\vec{A}$가 x축과 이루는 각을 θ라고 하면, 벡터 $\vec{A}$의 스칼라 성분인 x성분과 y성분은 각각 다음과 같다.

$$A_x = A\cos\theta, \quad A_y = A\sin\theta \qquad \textbf{3-2}$$

그리고 벡터 $\vec{A}$의 크기와 방향은 다음 관계를 만족한다.

$$A = \sqrt{A_x^2 + A_y^2}, \quad \tan\theta = \frac{A_y}{A_x} \qquad \textbf{3-3}$$

θ값은 $\theta = \tan^{-1}\left(\frac{A_y}{A_x}\right)$에서 구할 수 있다. 이 의미는 θ는 탄젠트의 값이 비 $\frac{A_y}{A_x}$인 각도와 같다는 것이다.

단위 벡터

TIP 사영(projection 射影)

평면도형 또는 입체에 평행광선을 보내어 그 그림자가 평면 위에 생기게 하는 것을 말한다. 벡터 $\vec{A}$의 x축에 대한 사영은 $\vec{A}_x$로 나타내고, y축에 대한 사영은 $\vec{A}_y$로 나타낸다.

벡터는 종종 단위 벡터를 이용해서 표시한다. **단위 벡터**(unit vector) 또는 **기본 벡터**라고 하는데, 단위 벡터는 차원이 없고 크기가 1인 벡터를 말한다. 단위 벡터는 특별한 의미는 없으나, 주어진 방향을 표시하기 위해 사용한다.

직각 좌표의 단위 벡터인 $\hat{\mathrm{i}}$, $\hat{\mathrm{j}}$, $\hat{\mathrm{k}}$는 각각 양(+)의 x, y, z축 방향을 나타내는 데 사용한다. 글자 위에 '모자'가 있는 기호는 단위 벡터를 나타내는 일반적인 표현 방법이다. 예를 들어 $\hat{\mathrm{i}}$는 '아이 햇(i-hat)'이라고 읽는다. 그림 3-10(a)와 같이 단위 벡터 $\hat{\mathrm{i}}$, $\hat{\mathrm{j}}$, $\hat{\mathrm{k}}$는 서로 수직인 한 세트를 구성하며 단위 벡터의 크기는 $|\hat{\mathrm{i}}| = |\hat{\mathrm{j}}| = |\hat{\mathrm{k}}| = 1$이다.

벡터 $\vec{A}$가 그림 3-10(b)와 같이 xy 평면에 놓여 있을 때, 성분 A_x와 단위 벡터 $\hat{\mathrm{i}}$의 곱은 벡터 $\vec{A}_x = A_x\hat{\mathrm{i}}$이고, x축에 평행하며 크기는 A_x이다. 마찬가지로 $\vec{A}_y = A_y\hat{\mathrm{j}}$는 크기가 A_y이고, y축에 평행한 벡터이다. 그러므로 단위 벡터를 이용해서 벡터 $\vec{A}$를 표시하면 다음과 같다.

$$\vec{A} = A_x\hat{\mathrm{i}} + A_y\hat{\mathrm{j}} \qquad \textbf{3-4}$$

벡터 $\vec{A}$에 벡터 $\vec{B}$를 단위 벡터를 사용하여 더해보자. 두 벡터의 합을 구하려면 x, y 각각의 성분을 따로 더하면 된다. 그러므로 합벡터 $\vec{R}$은 그림 3-11에서 알 수 있듯이 다음과 같이 나타낼 수 있다.

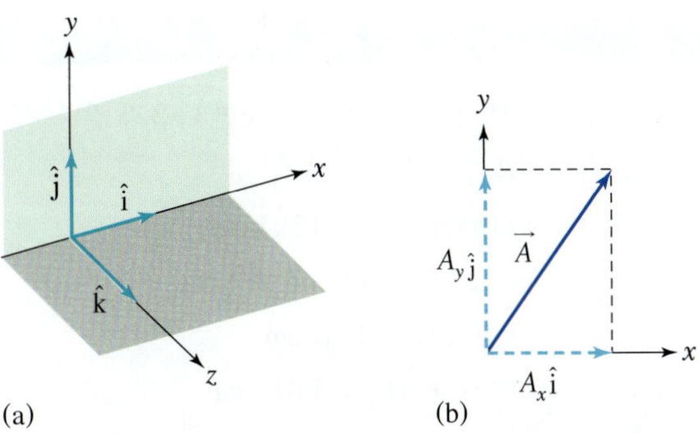

그림 3-10 (a) 단위 벡터 $\hat{i}$, $\hat{j}$, $\hat{k}$는 각각 x, y, z축의 방향을 나타내는 데 사용한다. (b) 벡터 $\vec{A} = A_x\hat{i} + A_y\hat{j}$는 xy 평면에 있고 각 성분은 A_x와 A_y이다.

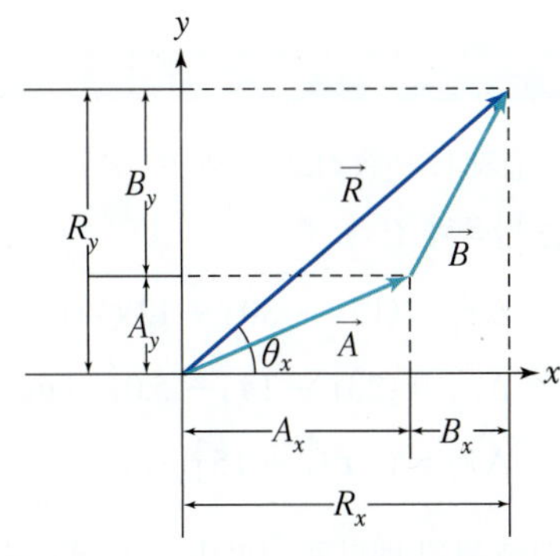

그림 3-11 기하학적 방법으로 두 벡터를 더할 때는 각각의 벡터를 성분으로 나누고, 성분끼리 더하면 된다.

$$\begin{aligned}\vec{R} &= \vec{A} + \vec{B} \\ &= (\vec{A}_x + \vec{A}_y) + (\vec{B}_x + \vec{B}_y) \\ &= (A_x\hat{i} + A_y\hat{j}) + (B_x\hat{i} + B_y\hat{j}) \\ &= (A_x + B_x)\hat{i} + (A_y + B_y)\hat{j} = R_x\hat{i} + R_y\hat{j}\end{aligned} \tag{3-5}$$

또 벡터 $\vec{R}$의 크기와 x축이 만드는 각을 θ라고 하면 그 값은 다음과 같이 표현된다.

$$R = \sqrt{R_x^2 + R_y^2} = \sqrt{(A_x + B_x)^2 + (A_y + B_y)^2} \tag{3-6}$$

$$\tan\theta = \frac{R_y}{R_x} = \frac{A_y + B_y}{A_x + B_x} \tag{3-7}$$

이런 방법으로 3차원 벡터로 확장해서 표현이 가능하다. 두 벡터 $\vec{A}$, $\vec{B}$가 x, y, z 성분을 갖고 있다면 다음과 같이 표현할 수 있다.

$$\begin{aligned}\vec{R} &= \vec{A} + \vec{B} = (\vec{A}_x + \vec{A}_y + \vec{A}_z) + (\vec{B}_x + \vec{B}_y + \vec{B}_z) \\ &= (A_x + B_x)\hat{i} + (A_y + B_y)\hat{j} + (A_z + B_z)\hat{k}\end{aligned} \tag{3-8}$$

벡터 $\vec{R}$이 x, y, z성분을 가지면, 이 벡터의 크기는 다음과 같다.

$$R = \sqrt{R_x^2 + R_y^2 + R_z^2} \tag{3-9}$$

$\vec{R}$이 x축과 이루는 각도 θ_x는 다음과 같이 주어지고, y축과 z축에 대한 각도 같은 방법으로 표현된다.

$$\cos\theta_x = \frac{R_x}{R} \tag{3-10}$$

예제 3-2 연속적으로 이동하는 입자의 변위

문제 어느 입자가 연속적으로 세 번 변위 과정을 갖는다. 세 변위 벡터는 다음과 같다. 즉

$$\Delta\vec{r}_1 = (15\hat{i} + 30\hat{j} + 12\hat{k})\ \text{cm},$$
$$\Delta\vec{r}_2 = (23\hat{i} - 14\hat{j} - 5.0\hat{k})\ \text{cm},$$
$$\Delta\vec{r}_3 = (-13\hat{i} + 15\hat{j})\ \text{cm}$$

이다. 합벡터를 단위 벡터로 나타내고 그 크기를 구하라.

생각하기 합벡터는 세 변위 벡터의 x, y, z성분끼리 더하면 된다.

풀이 세 변위 벡터의 성분끼리 더하면 다음과 같다.

$$\begin{aligned}\Delta\vec{r} &= \Delta\vec{r}_1 + \Delta\vec{r}_2 + \Delta\vec{r}_3\\ &= (15\hat{i} + 30\hat{j} + 12\hat{k})\ \text{cm}\\ &\quad + (23\hat{i} - 14\hat{j} - 5.0\hat{k})\ \text{cm}\\ &\quad + (-13\hat{i} + 15\hat{j})\ \text{cm}\\ &= (25\hat{i} + 31\hat{j} + 7.0\hat{k})\ \text{cm}\end{aligned}$$

그리고 합 변위 벡터의 크기는 다음과 같이 나타낼 수 있다.

$$|\Delta\vec{r}| = \sqrt{(25\ \text{cm})^2 + (31\ \text{cm})^2 + (7.0\ \text{cm})^2} = 40\ \text{cm}$$

예제 3-3 독도법 훈련

문제 군에서 독도법 훈련을 자주 한다. 이 훈련의 핵심은 지도를 보고 목표물을 찾아가는 과정이다. 한 병사가 목표물을 찾기 위해 출발점을 원점으로 북쪽을 향해 22.0 km 이동한 다음, 동쪽에서 남쪽으로 60° 방향으로 47.0 km를 이동했다. 이 병사는 출발한 장소로부터 얼마나 떨어진 지점에 있는가?

생각하기 처음위치로부터의 합벡터를 구하는 문제로 먼저 두 벡터를 직각좌표계에 위치를 설정하자(그림 3-12).

풀이 좌표계의 x축을 동쪽으로, y축을 북쪽으로 설정하자. 그리고 두 벡터를 각각의 성분으로 분석해보자. 북쪽으로 22.0 km에 해당하는 크기와 방향을 벡터 $\vec{A}$라 놓고, 남쪽으로 60°인 방향으로 47.0 km에 해당하는 크기와 방향을 벡터 $\vec{B}$라고 하자. 먼저 벡터 $\vec{A}$를 성분별로 분해하면 x성분은 없고, y성분만 갖는다. 즉

$$\vec{A}_x = 0,\ \vec{A}_y = 22.0\ \text{km}\ \hat{j}$$

이다. 벡터 $\vec{B}$는 x성분과 y성분으로 분해할 수 있다. 즉 다음과 같다.

$$\begin{aligned}\vec{B}_x &= +(47.0\ \text{km}) \times (\cos 60°)\\ &= +(47.0\ \text{km}) \times (0.5) = +23.5\ \text{km}\ \hat{i}\\ \vec{B}_y &= -(47.0\ \text{km}) \times (\sin 60°)\\ &= -(47.0\ \text{km}) \times (0.866) = -40.7\ \text{km}\hat{j}\end{aligned}$$

합벡터를 $\vec{C}$라고 놓고 $\vec{C}_x$와 $\vec{C}_y$의 값을 구하자.

$$\left|\vec{C}_x\right| = \left|\vec{A}_x\right| + \left|\vec{B}_x\right| = 0 + 23.5\ \text{km} = +23.5\ \text{km}$$
$$\left|\vec{C}_y\right| = \left|\vec{A}_y\right| + \left|\vec{B}_y\right| = 22.0\ \text{km} - 40.7\ \text{km} = -18.7\ \text{km}$$

이 두 성분으로부터 합벡터 $\vec{C}$의 크기와 방향을 구할 수 있다.

$$|\vec{C}| = \sqrt{\vec{C}_x^2 + \vec{C}_y^2} = \sqrt{(23.5\ \text{km})^2 + (-18.7\ \text{km})^2} = 30.0\ \text{km}$$

$$\tan\theta = \frac{\left|\vec{C}_y\right|}{\left|\vec{C}_x\right|} = -0.796$$

즉 이 병사는 출발점에서 동쪽에서 남쪽으로 $\theta = 38.5°$인 방향으로 30.0 km 떨어진 지점에 있다.

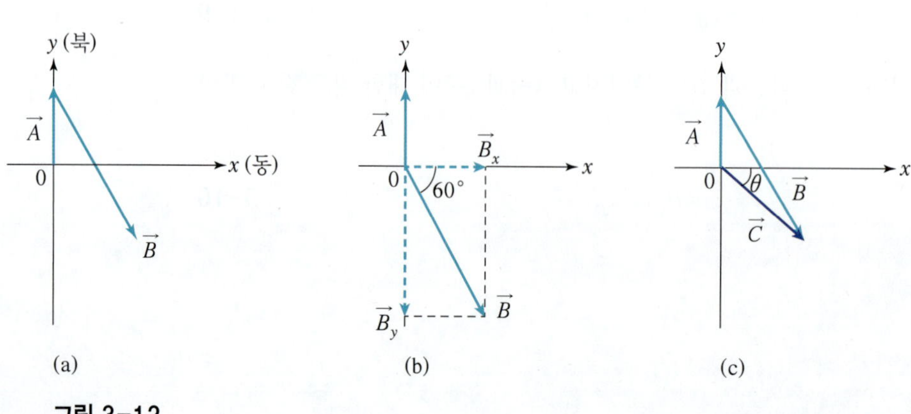

그림 3-12

3-3 벡터의 곱셈

벡터에 벡터를 곱하는 방법에는 두 가지가 있다. 하나는 **스칼라곱**(scalar product, 도트곱)이고, 다른 하나는 **벡터곱**(vector product, 크로스곱)이다.

두 벡터 $\vec{A}$와 $\vec{B}$ 스칼라곱에 대해 알아보자. 두 벡터 사이의 각도를 θ라 하면 스칼라곱은 다음과 같이 정의한다.

$$\vec{A} \cdot \vec{B} = AB\cos\theta \tag{3-11}$$

스칼라곱의 결과는 스칼라량이 된다. 만일 두 벡터 사이의 각 θ가 0°이면 다른 벡터에 대한 한 벡터의 스칼라 성분은 최대값이 되며 스칼라곱 역시 최대값이 된다. 그러나 θ가 90°이면다른 벡터에 대한 한 벡터의 스칼라 성분은 0이고 스칼라곱 역시 0이 된다. 스칼라곱에서는 교환법칙이 성립한다. 두 벡터를 단위벡터로 표기하면 스칼라곱은 다음과 같다.

$$\vec{A} \cdot \vec{B} = (A_x\hat{\imath} + A_y\hat{\jmath} + A_z\hat{k}) \cdot (B_x\hat{\imath} + B_y\hat{\jmath} + B_z\hat{k}) \tag{3-12}$$

이 식을 분배법칙으로 정리하면 다음과 같다.

$$\vec{A} \cdot \vec{B} = A_xB_x + A_yB_y + A_zB_z \tag{3-13}$$

두 벡터 $\vec{A}$와 $\vec{B}$의 **벡터곱**(vector product, 크로스곱)은 $\vec{A} \times \vec{B}$로 표기하며, 그 결과는 제3의 벡터 $\vec{C}$가 된다. 이때 벡터 $\vec{C}$의 크기는 다음과 같다.

$$C = AB\sin\theta \tag{3-14}$$

여기서 θ는 두 벡터가 만드는 각 중 작은 값이다. 벡터 사이의 두 각도 중에서 작은 값을 택하는 이유는 대수적으로 $\sin\theta$와 $\sin(360° - \theta)$는 부호가 다르기 때문이다. 두 벡터가 같은 방향이거나 반대 방향이면 $\vec{A} \times \vec{B}$는 0이다. $\vec{A} \times \vec{B}$의 크기는 $|\vec{A} \times \vec{B}|$로 표기하며, 두 벡터가 서로 수직일 때 크기가 최대이다. 또한 단위 벡터들 간의 벡터곱은 다음과 같다.

$$\hat{\imath} \times \hat{\imath} = \hat{\jmath} \times \hat{\jmath} = \hat{k} \times \hat{k} = 0 \tag{3-15a}$$

$$\hat{\imath} \times \hat{\jmath} = -\hat{\jmath} \times \hat{\imath} = \hat{k} \tag{3-15b}$$

$$\hat{\imath} \times \hat{k} = -\hat{k} \times \hat{\jmath} = \hat{\imath} \tag{3-15c}$$

$$\hat{\imath} \times \hat{\jmath} = -\hat{\jmath} \times \hat{\imath} = \hat{k} \tag{3-15d}$$

식 3-15b에서 두 단위 벡터 $\hat{\imath}$와 $\hat{\jmath}$의 크기는 각각 1이고 사인각은 90°이므로, $\hat{\imath} \times \hat{\jmath}$의 크기는 1이고, $\hat{\imath} \times \hat{\jmath}$의 방향은 $+z$축의 방향 즉, 단위 벡터 $\hat{k}$의 방향과 같다. 벡터곱에서는 교환법칙이 성립하지 않는다.

두 벡터 $\vec{A}$와 $\vec{B}$의 벡터곱의 결과인 벡터 $\vec{C}$의 방향은 그림 3-13과 같이 두 벡터가 이루는 평면에 수직이다. 즉 방향을 결정할 때에는 **오른손 규칙**을 따른다. 오른손 규칙은 네 손가락을 $\hat{\imath}$쪽($+x$축의 방향)에서 $\hat{\jmath}$쪽($+y$축의 방향)으로 감아 쥘 때 엄지가

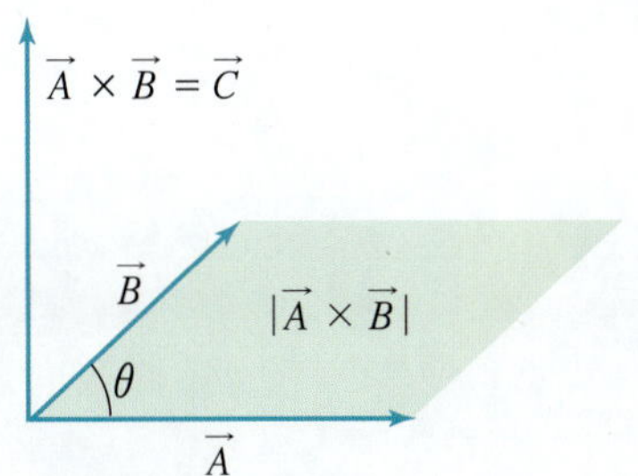

그림 3-13 두 벡터 사이의 벡터곱의 방향

가리키는 방향이 +z축의 방향이 된다.

임의의 두 벡터 $\vec{A}$와 $\vec{B}$의 벡터곱은 다음과 같은 행렬식 형태로 표현할 수 있다.

$$\vec{A}\times\vec{B} = (A_x\hat{\mathrm{i}} + A_y\hat{\mathrm{j}} + A_z\hat{\mathrm{k}})\times(B_x\hat{\mathrm{i}} + B_y\hat{\mathrm{j}} + B_z\hat{\mathrm{k}}) \tag{3-16}$$

$$= \begin{vmatrix} \hat{\mathrm{i}} & \hat{\mathrm{j}} & \hat{\mathrm{k}} \\ A_x & A_y & A_z \\ B_x & B_y & B_z \end{vmatrix}$$

$$= (A_yB_z - A_zB_y)\hat{\mathrm{i}} - (A_zB_x - B_zA_x)\hat{\mathrm{j}} - (A_xB_y - B_xA_y)\hat{\mathrm{k}}$$

두 벡터의 벡터곱은 8-4 토크와 19-2 자기력의 방향을 결정할 때 사용된다.

3-4 변위, 속도 및 가속도

그림 3-14 스키장에서 지그재그로 내려오는 스키 선수의 운동은 3차원운동이다.

앞서 1차원에서 이동하는 물체의 운동을 기술하기 위해 변위, 속도, 가속도 등의 개념을 공부했다. 그러면 2차원, 즉 평면 상에서 곡선의 경로를 따라 운동하는 물체의 운동이나 3차원운동은 어떻게 기술할까? 이러한 2(3)차원운동도 1차원과 같은 개념을 사용하여 기술한다. 2차원운동의 예는 곡선 도로를 달리는 자동차나 자전거의 운동에서, 3차원운동은 지그재그로 내려오는 스키 선수의 운동 등에서 볼 수 있다.

변위

그림 3-14(a)는 곡선 도로를 달리는 자동차의 코스상 다른 두 위치를 나타내는 그림이다. 두 자동차의 위치는 직각좌표계의 원점으로부터 그려진 벡터 $\vec{r}_0$과 $\vec{r}$로 표시된다. 이때 자동차의 변위 $\Delta\vec{r}$은 시각 t_0일 때의 처음위치 $\vec{r}_0$으로부터, 시각 t일 때의 나중위치 $\vec{r}$로 그려진 벡터이며, 그 크기는 두 점 사이의 최단거리이다. 그림에서 벡터 $\vec{r}_0$의 머리에 $\Delta\vec{r}$이 있으므로 $\vec{r} = \vec{r}_0 + \Delta\vec{r}$이다. 따라서 **변위 벡터**는 다음과 같다.

$$\Delta\vec{r} = \vec{r} - \vec{r}_0 \tag{3-17}$$

여기서 변위는 제2장에서와 같이 정의된다. 그러나 변위 벡터는 두 점을 잇는 직선 위뿐만 아니라 평면 위의 어느 곳에도 있을 수 있다.

속도

두 위치 사이의 자동차의 평균속도 $\vec{v}_{\text{평균}}$은 식 2-2와 같은 방법으로 변위 $\Delta\vec{r} = \vec{r} - \vec{r}_0$을 경과시간인 $\Delta t = t - t_0$로 나눔으로써 구해진다.

$$\vec{v}_{\text{평균}} = \frac{\vec{r} - \vec{r}_0}{t - t_0} = \frac{\Delta\vec{r}}{\Delta t} \tag{3-18}$$

식 3-18의 양변은 방향이 같아야 하므로 평균속도벡터는 변위 벡터와 같은 방향을 갖는다. 어느 한 순간에서의 자동차의 속도를 **순간속도**(instantaneous velocity 瞬間速度) $\vec{v}_{\text{순간}}$이라 한다.

순간속도는 어떤 시간에 시간간격 Δt를 0으로 접근시킬 때 평균속도가 접근하는

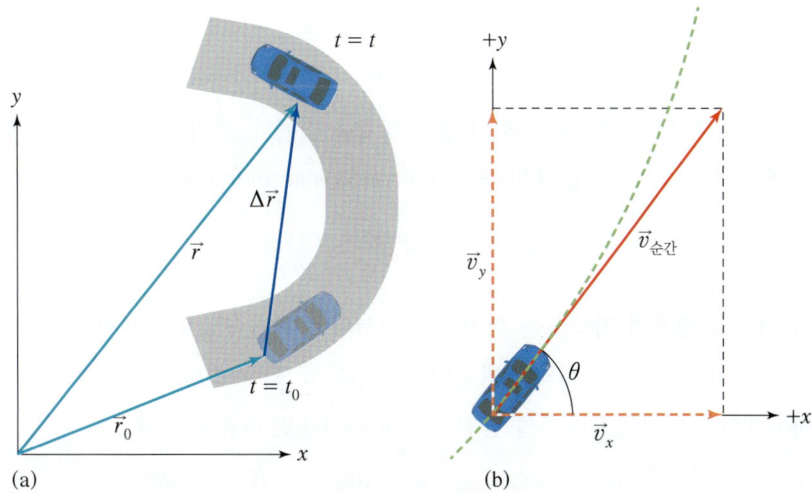

그림 3-15 (a) 변위 $\Delta\vec{r}$은 $\vec{r} - \vec{r}_0$이며, 시각 t_0인 처음위치에서, 시각 t일 때의 나중위치로 향하는 벡터이다. (b) 순간속도 $\vec{v}_{순간}$는 x방향의 벡터 $\vec{v}_x$와 y방향의 벡터 $\vec{v}_y$로 나눌 수 있다.

극한값이다. 미적분학 용어를 사용하면 순간속도 $\vec{v}_{순간}$을 다음과 같이 미분함수로 표기할 수 있다.

$$\vec{v}_{순간} = \lim_{\Delta t \to 0} \frac{\Delta\vec{r}}{\Delta t} = \frac{d\vec{r}}{dt} \quad \textbf{3-19}$$

일반적으로 입자의 속도는 어떤 순간에서의 순간속도를 의미한다. 그림 3-15(b)는 순간속도 $\vec{v}_{순간}$이 자동차의 경로에 대해 접선임을 나타내고 있다. 또 속도의 벡터 성분 $\vec{v}_x$와 $\vec{v}_y$가 x축과 y축에 각각 평행함을 나타내고 있다.

3차원에서도 마찬가지로 $\vec{v}$는 항상 입자의 경로에 접선방향이다. 변위 $\vec{r}$을 단위 벡터로 나타내면 속도는 다음과 같다.

$$\vec{v} = \frac{d}{dt}(x\hat{\imath} + y\hat{\jmath} + z\hat{k}) = \frac{dx}{dt}\hat{\imath} + \frac{dy}{dt}\hat{\jmath} + \frac{dz}{dt}\hat{k} \quad \textbf{3-20}$$

이 식은 다음과 같이 쓸 수 있다.

$$\vec{v} = \vec{v}_x\hat{\imath} + \vec{v}_y\hat{\jmath} + \vec{v}_z\hat{k} \quad \textbf{3-21}$$

따라서 $\vec{v}$의 스칼라 성분들은 다음과 같다.

$$v_x = \frac{dx}{dt}, \quad v_y = \frac{dy}{dt}, \quad v_z = \frac{dz}{dt} \quad \textbf{3-22}$$

이 식에서 dx/dt는 $\vec{v}$의 x축 스칼라 성분이다. 따라서 $\vec{r}$의 스칼라 성분을 미분하면 $\vec{v}$의 스칼라 성분을 구할 수 있다.

가속도

2차원운동에서 가속도를 정의해보자. **평균가속도**(average acceleration) $\vec{a}_{평균}$은 1차원운동에서와 똑같이 속도의 변화 $\Delta\vec{v} = \vec{v} - \vec{v}_0$을 경과한 시간 Δt로 나눔으로써 구해진다.

$$\vec{a}_{평균} = \frac{\vec{v} - \vec{v}_0}{t - t_0} = \frac{\Delta\vec{v}}{\Delta t} \qquad \text{3-23}$$

평균가속도 벡터는 속도의 변화와 같은 방향을 갖는다. 경과시간이 무한히 작게 되는 극한에서 평균가속도는 **순간가속도**(instantaneous acceleration) $\vec{a}_{순간}$과 같게 된다.

$$\vec{a}_{순간} = \lim_{\Delta t \to 0} \frac{\Delta\vec{v}}{\Delta t} = \frac{d\vec{v}}{dt} \qquad \text{3-24}$$

일반적으로 입자의 가속도는 어떤 순간에서의 순간가속도를 의미한다. 이러한 가속도는 x방향의 벡터성분 $\vec{a}_x$와, y방향의 벡터성분 $\vec{a}_y$를 가진다.

3차원에서도 마찬가지로 $\vec{v}$를 단위 벡터로 나타내면 다음과 같다.

$$\vec{a} = \frac{d}{dt}(v_x\hat{\text{i}} + v_y\hat{\text{j}} + v_z\hat{\text{k}}) = \frac{dv_x}{dt}\hat{\text{i}} + \frac{dv_y}{dt}\hat{\text{j}} + \frac{dv_z}{dt}\hat{\text{k}} \qquad \text{3-25}$$

이 식은 다음과 같이 다시 쓸 수 있다.

$$\vec{a} = \vec{a}_x\hat{\text{i}} + \vec{a}_y\hat{\text{j}} + \vec{a}_z\hat{\text{k}} \qquad \text{3-26}$$

따라서 $\vec{a}$의 스칼라 성분들은 다음과 같다.

$$a_x = \frac{dv_x}{dt}, \quad a_y = \frac{dv_y}{dt}, \quad a_z = \frac{dv_z}{dt} \qquad \text{3-27}$$

결국 $\vec{v}$의 스칼라 성분을 미분하면 $\vec{a}$의 스칼라 성분을 구할 수 있다.

3-5 2차원에서의 운동방정식

변위, 속도 그리고 가속도가 2차원운동에서 어떻게 적용되는지를 이해하기 위해, 수직이착륙 무인항공기를 생각해보자.

그림 3-16은 일산 킨텍스에서 개최된 '서울국제항공우주 및 방위산업전시회'에 전시된 수직이착륙형 고속 무인항공기이다. 이 항공기는 수직으로 이동, 수평으로 이동, 비스듬한 방향으로 이동, 공중 정지 등이 자유로운 새로운 개념의 항공기로 현재 소형기 제작만 가능하지만 대형 제작 기술이 개발되면 시장성이 충분한 것으로 알려져 있다.

무인기가 공기 중의 어느 한 위치에 있다가 이 위치에서 그림 3-17에서와 같이 x

그림 3-16 수직이착륙형 고속 무인항공기(킨텍스 야외 전시장에서 촬영)

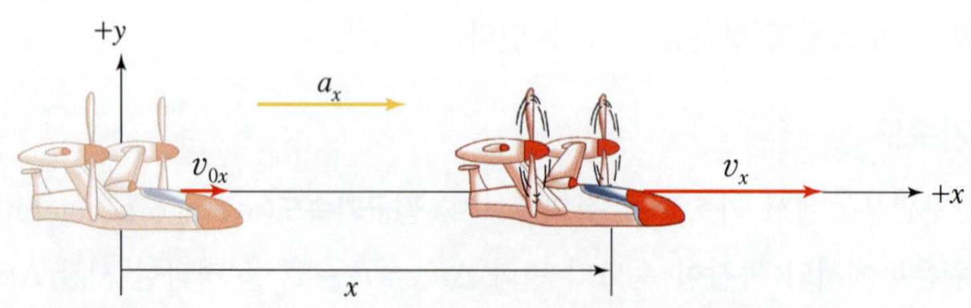

그림 3-17 무인항공기가 x축을 따라 일정한 가속도 a_x로 이동한다. y방향으로의 운동 성분은 0이다.

방향으로 가속된다고 하자. 이때 y방향으로의 운동 성분은 없으므로 y방향의 속도는 0이다. x방향을 따라 운동하는 무인기는 5개의 운동 변수 x, a_x, v_x, v_{0x}와 t로 기술할 수 있다. 변수 x, a_x, v_x 및 v_{0x}는 스칼라 성분이다. 이 성분들은 해당 벡터성분들이 $+x$축 또는 $-x$축을 가리키는 것에 따라 단위를 가진 양 또는 음의 값이 된다. 무인기가 x축을 따라 일정하게 가속되는 운동을 한다면 이 운동은 1차원운동과 같으며, 1차원에서의 운동방정식이 그대로 적용된다. 이 방정식들을 정리하면 표 3-1의 왼쪽 칸과 같다.

이번에는 이 무인기가 그림 3-18과 같이 y방향으로 가속된다고 하자. 이 운동을 기술하기 위해 필요한 변수는 y, a_y, v_y, v_{0y} 및 t로 생각할 수 있다. 만약 가속도가 y방향으로 일정하면, 이 변수들은 표 3-1의 오른쪽 칸에 표시된 것과 같은 운동방정식들로 기술된다. x방향의 대응되는 변수와 같이 y, a_y, v_y 및 v_{0y}도 단위를 포함한 양(+) 또는 음(−)의 값을 가진다.

만약 무인기가 프로펠러를 비스듬히 하면서 그림 3-19와 같이 x축을 따르는 부분과 y축을 따르는 부분의 합성 운동을 하는 경우를 생각해보자. 이 경우 운동의 x성분

> **TIP 틸트로터(Tilt-Rotor), 수직이착륙 무인항공기**
>
> 이 · 착륙 시에는 프로펠러가 헬기처럼 수평으로 회전하고, 비행 중에는 수직으로 전환돼 일반 항공기처럼 비행한다. 틸트로터는 활주로가 필요 없는 헬기의 이점과, 고속 비행하는 일반 항공기의 특성을 동시에 가져 군사용뿐 아니라 민간 분야에도 시장성을 충분히 갖추고 있다.

표 3-1 2차원에서 운동에 대한 운동방정식

x성분		변수	y성분	
x		변위	y	
a_x		가속도	a_y	
v_x		나중속도	v_y	
v_{0x}		처음속도	v_{0y}	
t		경과시간	t	
$v_x = v_{0x} + a_x t$	**3-28a**		$v_y = v_{0y} + a_y t$	**3-28b**
$x = \frac{1}{2}(v_{0x} + v_x)t$	**3-29a**		$y = \frac{1}{2}(v_{0y} + v_y)t$	**3-29b**
$x = v_{0x}t + \frac{1}{2}a_x t^2$	**3-30a**		$y = v_{0y}t + \frac{1}{2}a_y t^2$	**3-30b**
$v_x^2 = v_{0x}^2 + 2a_x x$	**3-31a**		$v_y^2 = v_{0y}^2 + 2a_y y$	**3-31b**

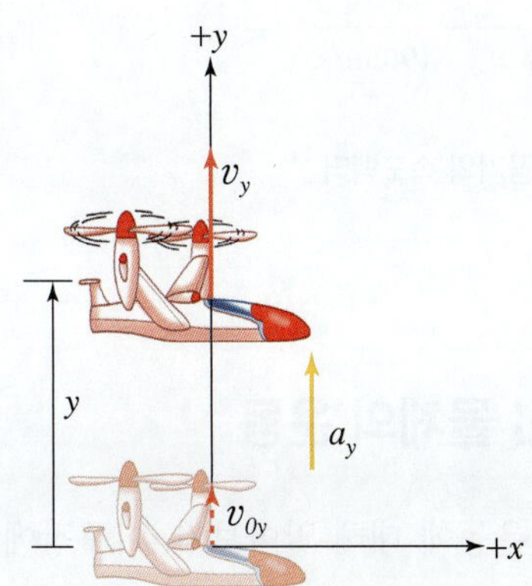

그림 3-18 무인항공기가 y축을 따라 일정한 가속도 a_y로 이동한다. x방향으로의 운동 성분은 0이다.

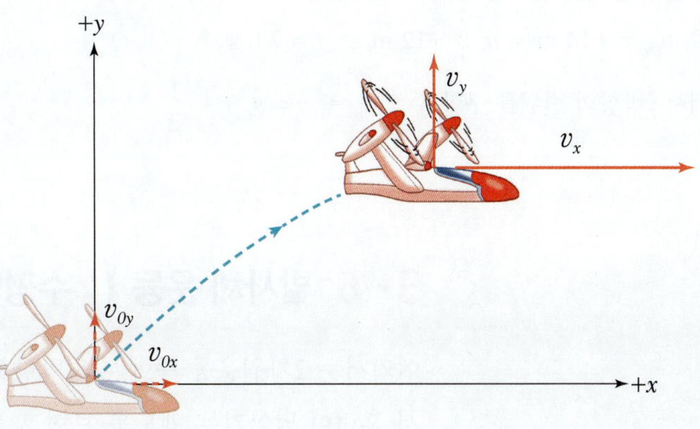

그림 3-19 무인항공기의 2차원운동은 x방향으로의 운동과, y방향으로의 운동의 합이다. 이때 x방향의 운동과 y방향의 운동은 서로 독립적이다.

은 정확히 y성분이 없는 것처럼 나타나고, 마찬가지로 운동의 y성분은 x성분의 운동이 존재하지 않는 것처럼 나타난다. 즉 x방향으로의 운동과 y방향으로의 운동은 각각 독립적이다.

예제 3-4 수직이착륙 무인항공기의 운동

문제 그림 3-19와 같은 무인항공기가 어느 순간의 x방향으로의 처음속도 성분이 $v_{0x} = +22$ m/s이고, 가속도 성분은 $a_x = +24$ m/s^{2}이라고 하자. 그리고 이 순간 y방향으로의 처음속도 성분은 $v_{0y} = +14$ m/s이고, 가속도 성분은 $a_y = +12$ m/s^{2}이다. (a) 무인항공기의 원점에서부터의 변위 x와 그 순간의 v_x는 얼마인가? (b) 무인항공기의 원점에서부터의 변위 y와 그 순간의 v_y는 얼마인가? (c) 시각 $t = 7.0$ s에서 무인항공기의 나중속도는 얼마인가?

생각하기 x방향으로의 운동과 y방향으로의 운동은 각각 독립적이다.

풀이 (a) x방향의 운동에 대한 변수를 살펴보면 다음과 같다.

$$x = ?,\ v_{0x} = +22 \text{ m/s},\ a_x = +24 \text{ m/s}^2,\ t = 7.0 \text{ s}$$

식 3-30a를 이용하여 x방향의 변위를 구할 수 있다. 즉

$$\begin{aligned} x &= v_{0x}t + \frac{1}{2}a_x t^2 \\ &= (22 \text{ m/s}) \times (7.0 \text{ s}) + \frac{1}{2} \times (24 \text{ m/s}^2) \times (7.0 \text{ s})^2 \\ &= +740 \text{ m} \end{aligned}$$

이다. 또 식 3-28a를 사용하면 x방향으로의 속도 v_x를 구할 수 있다.

$$\begin{aligned} v_x = v_{0x} + a_x t &= (22 \text{ m/s}) + (24 \text{ m/s}^2) \times (7.0 \text{ s}) \\ &= +190 \text{ m/s} \end{aligned}$$

(b) y방향의 운동에 대한 변수를 살펴보면 다음과 같다.

$$y = ?,\ v_{0y} = +14 \text{ m/s},\ a_y = +12 \text{ m/s}^2,\ t = 7.0 \text{ s}$$

식 3-30b에서 y방향의 변위를 구할 수 있다. 즉 $y = v_{0y}t + \frac{1}{2}a_y t^2$에 주어진 값을 넣어 계산하면 다음과 같다.

$$y = +390 \text{ m}$$

또 식 3-28b에서 y방향으로의 속도 v_y를 구할 수 있다. 즉 $v_y = v_{0y} + a_y t$에 주어진 값을 넣어 계산하면 다음과 같다.

$$v_y = +98 \text{ m/s}$$

(c) (a)와 (b)에서 구한 무인항공기의 속도성분 v_x와 v_y로 속도벡터 그림을 그려보면 그림 3-20과 같다. 속도의 크기는 피타고라스의 정리를 사용하여 구할 수 있다.

$$v = \sqrt{v_x^2 + v_y^2} = \sqrt{(190 \text{ m/s})^2 + (98 \text{ m/s})^2} = 210 \text{ m/s}$$

또 속도벡터의 방향은 각 θ로 구할 수 있다. 즉

$$\tan\theta = \frac{v_y}{v_x},\ \text{즉}\ \theta = \tan^{-1}\left(\frac{v_y}{v_x}\right) = \tan^{-1}\left(\frac{98 \text{ m/s}}{190 \text{ m/s}}\right) = 27°$$

이다. 즉 $t = 7.0$ s 후 이 무인항공기는 $+x$축에 대해 각 27° 방향으로 210 m/s의 속도를 갖는다. 그리고 처음위치로부터 $+x$방향으로 740 m, $+y$방향으로 390 m 위치에 있다.

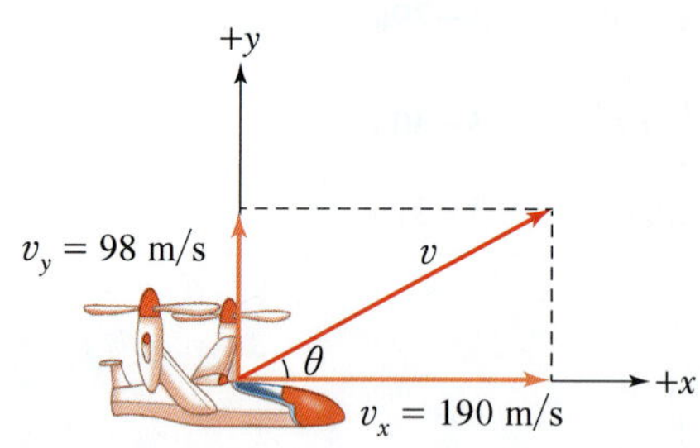

그림 3-20 무인항공기의 속도벡터

3-6 발사체 운동 I: 수평방향으로 던진 물체의 운동

여기서는 2차원운동 중에 수평방향으로 던진 물체의 운동에 대해 알아보자. 야구장에서 홈런이 날아가는 궤도를 보면 포물선을 그리며 날아가는 것을 볼 수 있다. 공을 지표면에 대해 어떤 각도로 던지면 곡선 경로를 따라 운동하는데, 이와 같이 공중을 향해 어떤 각으로 던진 물체의 운동을 **발사체 운동**(motion of projectile 發射體運動) 또

는 **포물체 운동**이라고 한다.

이러한 발사체 운동은 던져 올린 공이나, 고속으로 날아가는 총알 그리고 고공점프를 하는 운동선수의 궤적에서 찾아볼 수 있다. 그러나 날아가더라도 비행기 운항이나 새떼들의 이동은 발사체가 아니다.

포물체 운동을 처음으로 정확하게 기술한 사람은 Galilei로, 그는 포물체 운동의 수평성분과 수직성분을 따로따로 분석하면 그 운동을 쉽게 이해할 수 있음을 보였다. Galilei는 그의 저서 ≪신과학의 발견(Discourses on Two New Sciences)≫의 마지막 부분에서, 발사체 운동에 관련하여 특히 유용한 개념을 발표했다. 갈릴레이는 발사체 운동이 일정한 속력의 수평성분과 아래쪽으로 일정한 가속도를 받는 연직성분으로 구성된 것임을 알았다. 수평성분의 운동과 연직성분의 운동은 서로 독립적이지만, 두 성분의 결합은 발사체 운동의 전부를 기술할 수 있다. 이것은 매우 혁신적인 분석이었으며 갈릴레이 이전에는 어느 누구도 이와 같은 방법으로 분석하지 못했다.

발사체 운동의 조건

포물체 운동은 세 가정의 전제 조건에서 물체의 운동을 기술할 수 있다. (1) 자유낙하 가속도 $g = 9.80\ \mathrm{m/s^2}$은 운동하는 동안에 언제나 일정하고 방향은 지구 중심 방향을 향한다. 즉 지구 표면 근처에서의 물체의 운동에 국한하며, 물체가 지구 표면 위로 이동한 거리의 최고 높이를 지구의 반지름(6 400 km)에 비해 작은 경우로 제한하면 g는 일정하다고 생각할 수 있다. (2) 공기저항에 대한 효과는 무시한다. 이런 가정을 하면 궤적이라고 부르는 포물체의 경로는 항상 **포물선**(parabola 抛物線)이 된다. (3) 지구 자전 효과를 무시한다. 그렇지 않으면 콜리올리 힘이라 부르는 겉보기 힘의 효과가 나타난다.

발사체 운동의 특성

그림 3-21(a)에서 공 A는 자유낙하 시키고 동시에 공 B는 수평방향으로 던진 것을 일정한 시간 간격으로 찍은 다중 섬광 사진이다. 이 그림을 보면 두 가지 특징을 갖는 것을 알 수 있다. 하나는 떨어지는 모양새이다. 공 A와 같이 자유낙하 시킨 경우나, 공 B와 같이 수평으로 던진 경우나 **같은 시간 동안 아래로 떨어진 거리가 같다**는 것이다. 또 다른 하나는 공 B가 **같은 시간 동안 수평방향으로 이동한 거리가 일정하다**는 것이다. 즉 수평방향으로 던진 공의 운동은 수평방향으로는 등속도운동을 하고, 연직 아래 방향으로는 등가속도운동을 한다는 것을 알 수 있다. 공이 떨어지는 동안의 수평운동은 공의 수직운동에 아무런 영향을 미치지 못한다. 두 공의 수평운동과 수직운동은 서로 독립적이다.

그림 3-21(c)에서와 같이 한 개의 작은 공이 수평방향(x)으로 처음속도 $\vec{v}_0$으로 책상 끝을 떠나는 운동을 생각해보자. 각 순간의 속도벡터 $\vec{v}$는 그 순간의 운동의 방향을 가리키며 항상 운동궤도의 접선이다. 갈릴레이의 생각에 의하면 속도의 수평성분 v_x와 수직성분 v_y를 각각 따로 취급할 수 있으며, 이것들을 각각 운동방정식(식 2-11,

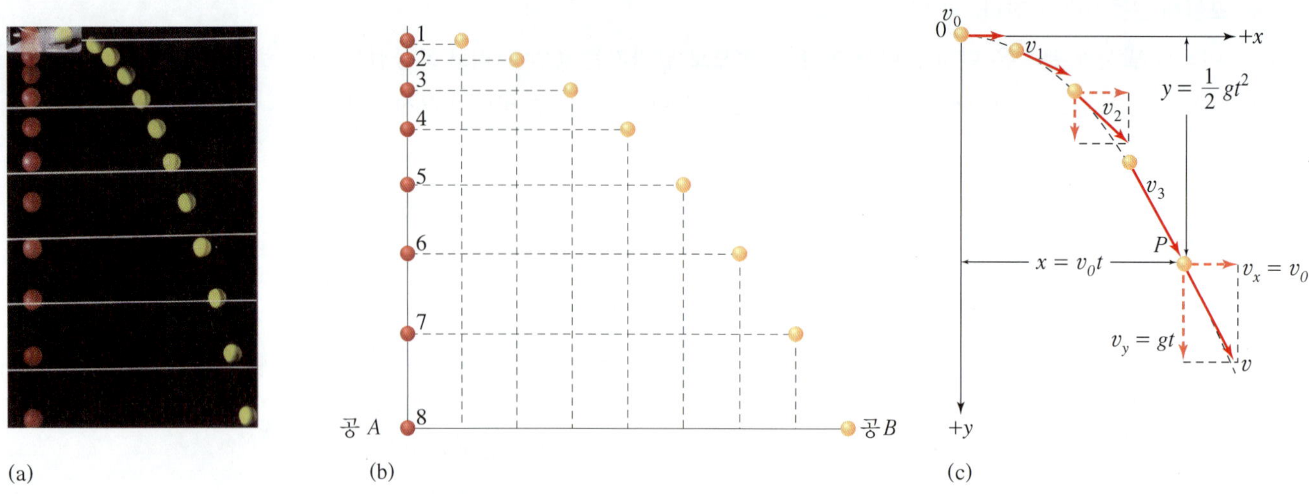

그림 3-21 (a) 같은 시간 간격으로 두 공의 위치를 나타낸 다중 섬광 사진. (b) 한 개의 공은 정지상태로부터 떨어졌고, 동시에 다른 공은 수평방향으로 발사되었다. 각 공의 수직 위치는 같다는 것을 알 수 있다. (c) 수평운동의 성분은 일정하나, 수직성분은 시간에 따라 증가한다.

2-15, 2-16)에 적용할 수 있다.

수평방향의 운동식

수평방향으로는 가속도가 없으므로 속도의 수평성분 v_x는 일정하게 유지되며 처음의 속도 $\vec{v}_0$과 같다. 따라서 속도의 수평성분은 경로 상의 각 점에서 같은 크기를 갖는다.

수평방향으로 던진 물체가 그림 3-21(c)의 점 P에 도달할 때까지의 시간을 t, 점 P에서의 속도 $\vec{v}$의 x성분 v_x는 다음과 같다.

$$v_x = v_0 \quad \textbf{3-32}$$

또 시간 t 동안 물체의 이동거리 x는 수평방향으로 가속되지 않고 처음속도만 가진다.

$$x = v_0 t \quad \textbf{3-33}$$

수직방향의 운동식

공이 일단 책상을 떠나면($t = 0$일 때) 공은 중력가속도 g와 같은 연직 하방의 가속도를 나타내게 된다. 따라서 v_y는 아래 방향으로 계속 증가한다(공이 지면에 닿을 때까지).

수평방향으로 던진 물체가 그림 3-21(b)의 점 P에 도달할 때까지의 시간을 t라고 할 때 이 점에서의 속도 $\vec{v}$의 y성분 v_y는 수직방향의 처음속도가 0이므로 다음과 같다.

$$v_y = gt \quad \textbf{3-34}$$

그리고 연직방향으로 낙하한 거리 y는 처음속도가 0이고 가속도는 중력에 의해 생긴다. 따라서 이동거리는 다음과 같다.

$$y = \frac{1}{2}gt^2 \quad \textbf{3-35}$$

두 개의 벡터성분 v_x와 v_y는 그림 3-21(c)에서 보는 바와 같이 경로 상의 각 점에 대한 벡터 $\vec{v}$를 얻도록 벡터적으로 합성할 수 있다. 따라서 시간 t초 후의 속도 $\vec{v}$의 크기는 다음과 같이 구할 수 있다.

$$v = \sqrt{v_x^2 + v_y^2} = \sqrt{v_0^2 + (gt)^2} \qquad \textbf{3-36}$$

경로함수(궤도함수)

식 3-33을 t에 대해 풀고, 이 값을 식 3-35에 대입하여 y에 대한 경로함수를 구하면 다음과 같은 식을 얻는다.

$$y = \frac{g}{2v_0^2}x^2 \qquad \textbf{3-37}$$

이 식에서 y는 x의 2차함수이다. 즉 수평방향으로 던진 물체의 운동경로는 포물선임을 알 수 있다. 이 식을 때때로 음(−)의 부호를 사용하여 $y = -\frac{g}{2v_0^2}x^2$로 나타내기도 하는데, 위로 향한 방향을 양(+)으로 선택하면, 중력가속도의 방향이 아래를 향하기 때문이다. 실제 상황에서는 포물선의 궤도를 벗어나게 하는 원인이 되는 공기저항을 고려해야 한다. 공기저항의 효과를 포함한 수학적인 모형은 이 계산보다 훨씬 더 복잡하므로 여기서는 생략하기로 한다.

예제 3-5 건물 옥상에서 수평으로 던진 공의 운동

문제 건물 옥상에서 공을 수평으로 던졌더니 이 공이 2 s 후에 건물로부터 수평거리 20 m인 지점에 떨어졌다. (a) 공의 처음속도의 크기는 얼마인가? (b) 지면에서 옥상까지의 높이는 얼마인가? (c) 돌이 지면에 떨어지는 순간의 속도의 크기와 방향을 구하라.

생각하기 주어진 상황을 그림으로 그려보면 이해의 폭이 넓어지게 된다. 이 경우 어떤 공식을 적용할 것인가를 구상한다.

풀이 주어진 값을 가지고 그림으로 그리면 그림 3-35와 같다.

(a) 처음속도 $\vec{v}_0$은 속도의 수평성분 v_x와 같다. v_x의 크기는 수평거리를 R이라 하면 다음과 같이 구해진다.

$$v_x = \frac{R}{t} = \frac{20\text{ m}}{2\text{ s}} = 10\text{ m/s}$$

(b) 지면에서 옥상까지의 높이 h는 식 3-35에서 구할 수 있다.

$$h = \frac{1}{2}gt^2 = \frac{1}{2} \times 9.8\text{ m/s}^2 \times (2\text{ s})^2 = 19.6\text{ m}$$

(c) 공이 지면에 떨어지는 순간의 연직방향의 속도 v_y의 크기는

$$v_y = gt = 9.8\text{ m/s}^2 \times 2\text{ s} = 19.6\text{ m/s}$$

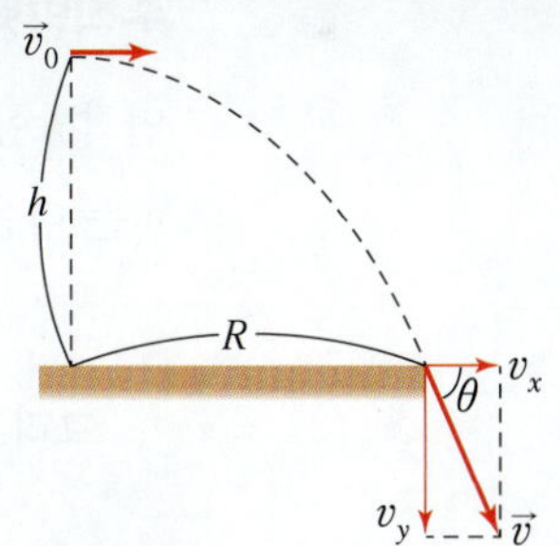

그림 3-22

이다. 그러므로 공이 떨어지는 순간의 속도 $\vec{v}$의 크기는 다음과 같다.

$$\vec{v} = \sqrt{v_x^2 + v_y^2} = \sqrt{(10\text{ m/s})^2 + (19.6\text{ m/s})^2} = 22\text{ m/s}$$

이때 속도의 방향은 $\tan\theta$ 값에서 구할 수 있다.

$$\tan\theta = \frac{v_y}{v_x} = \frac{19.6\text{ m/s}}{10\text{ m/s}} = 1.96$$

이므로 $\theta = 63°$이다.

3-7 발사체 운동 II: 비스듬히 위로 던진 물체의 운동

그림 3-23 농구 선수가 골대를 향해 던진 공의 운동은 포물선을 그리며 날아간다(2015 광주하계유니버시아드대회, 스웨덴과 몬테네그로의 경기 모습).

골프 선수가 공중으로 쳐낸 공, 농구 선수가 골대를 향해 던진 공, 축구 선수가 멀리 차 올린 공 등은 모두 포물선을 그리면서 날아가는 것을 볼 수 있다. 이 경우에는 수평방향으로 던진 물체의 운동과 어떻게 다른지 분석해보자.

그림 3-24(b)와 같이 수평면과 θ의 각을 이루면서 초속도 $\vec{v}_0$으로 물체를 비스듬히 던졌을 때 이 물체에 대한 운동방정식을 정리해보자.

수평방향의 운동식

원점에서 초속도 $\vec{v}_0$의 x성분과 y성분을 각각 v_{0x}, v_{0y}라고 하면 각각은 다음과 같다.

$$v_{0x} = v_0 \cos\theta, \quad v_{0y} = v_0 \sin\theta \tag{3-38}$$

이 물체는 수평방향으로는 가속도가 없으므로 등속운동을 한다. 따라서 점 P에서 속도의 수평성분 v_x은 초속도 $\vec{v}_0$의 x성분인 v_{0x}와 같다.

$$v_x = v_{0x} = v_0 \cos\theta \tag{3-39}$$

그리고 t초 후의 물체의 수평방향으로 이동거리 x는, 속도의 수평성분 $v_x(= v_{0x})$와 이동시간의 곱이므로 다음과 같다.

$$x = v_{0x}\, t = v_0 \cos\theta\, t \quad \text{(수평이동거리)} \tag{3-40}$$

수직방향의 운동식

연직방향으로는 가속도가 $-g$인 등가속도운동을 하므로 시간 t초 후의 속도 v의 y성분 v_y는 다음과 같다.

$$v_y = v_{0y} - gt = v_0 \sin\theta - gt \tag{3-41}$$

그리고 t초 후의 물체의 연직방향의 높이 y는 다음과 같다.

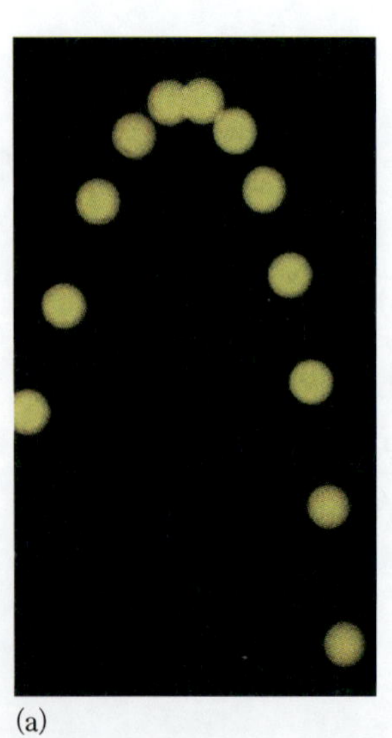

(a)

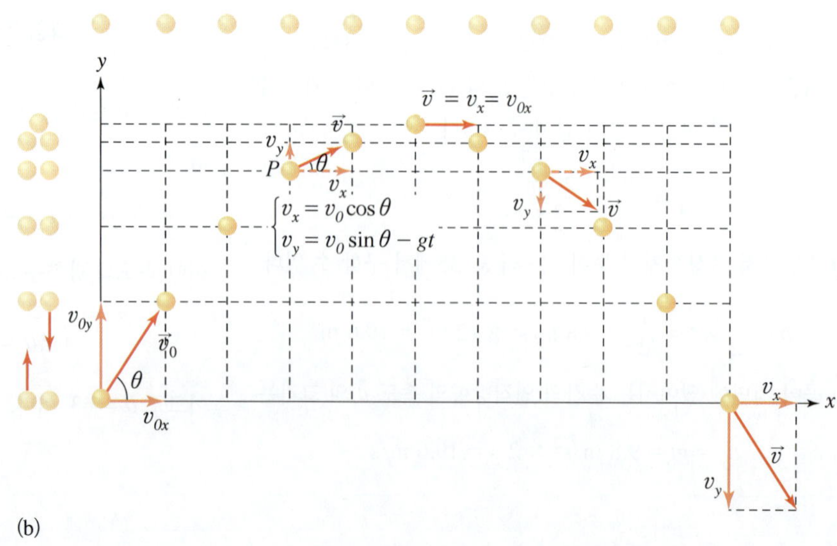

(b)

그림 3-24 (a) 비스듬히 위로 던진 공의 다중섬광사진 (b) 수평면과 θ의 각을 이루면서 초속도 $\vec{v}_0$로 던진 물체의 운동 궤적

$$y = v_{0y}t - \frac{1}{2}gt^2 = v_0 \sin\theta\, t - \frac{1}{2}gt^2 \quad \text{(연직방향의 높이)} \qquad \text{3-42}$$

식 3-41과 3-42에서 알 수 있듯이 속도의 수직성분은 수직 위로 던진 공처럼 운동한다. 즉 처음에는 위쪽으로 향하던 속도가 최대 높이에 도달할 때까지 점차 감소하여 0이 된다. 그 다음에는 속도의 수직성분의 방향이 바뀌어 아래로 향하면서 그 크기가 시간에 따라 점점 커지게 된다.

식 3-39와 3-41로부터 시간 t초 후의 물체의 속도 $\vec{v}$를 구할 수 있다. 즉 속도의 크기는 다음과 같다.

$$v = \sqrt{v_x^2 + v_y^2}, \quad \tan\theta = \frac{v_y}{v_x} \qquad \text{3-43}$$

경로방정식

식 3-40을 t에 대해 정리하여 식 3-42에 대입하면 발사체의 경로(궤적)에 대한 방정식을 구할 수 있다.

$$y = \tan\theta\, x - \frac{g}{2v_0^2 \cos^2\theta} x^2 \qquad \text{3-44}$$

이 식은 수학적으로 $y = ax + bx^2$의 형태(a와 b는 상수)를 가진다. 이 결과는 포물선의 형태이므로 발사체의 경로는 **포물선**이다. 따라서 비스듬히 던져 올린 물체는 포물선을 그리면서 운동한다는 것을 알 수 있다.

최고점의 높이와 수평도달거리

포물체 운동에서 물체가 최고점에 도달하는 순간에 물체의 수평방향의 속도성분은 $v_0 \cos\theta (= v_x)$이고, 연직방향의 속도성분은 0이 된다. 따라서 최고점의 높이와 최고점에 도달하는 데 걸리는 시간 t_1은 식 3-41에서 $v_y = 0$으로 하여 구하면 된다. 즉 $v_y = v_0 \sin\theta - gt_1 = 0$이므로 이 식을 t_1에 대해 정리하면 다음과 같다.

$$t_1 = \frac{v_0 \sin\theta}{g} \quad \text{(최고점 도달시간)} \qquad \text{3-45}$$

따라서 최고점의 높이 H는 식 3-42에 t_1을 대입하면 얻어진다. 즉

$$H = v_0 \sin\theta\, t_1 - \frac{1}{2}gt_1^2$$
$$= v_0 \sin\theta \times \frac{v_0 \sin\theta}{g} - \frac{1}{2} \times g \times \left(\frac{v_0 \sin\theta}{g}\right)^2$$
$$H = \frac{v_0^2 \sin^2\theta}{2g} \quad \text{(최고점의 높이)} \qquad \text{3-46}$$

물체가 출발점을 떠나서 다시 출발점과 동일 수평면상에 도달하는 데 걸리는 시간 t_2는 식 3-42에서 $y = 0$으로 놓고 구하면 된다.

$$0 = v_0 \sin\theta\, t_2 - \frac{1}{2}gt_2^2 \qquad \therefore t_2 = \frac{2v_0 \sin\theta}{g} \quad \text{(운동에 걸린 시간)}$$

최고점에 도달하는 데 걸린 시간 t_1의 2배임을 알 수 있다. 따라서 물체의 수평도달거리 R은 다음과 같다.

$$R = v_{0x}t_2 = v_0 \cos\theta \times \frac{2v_0 \sin\theta}{g} = \frac{v_0^2 \times 2\sin\theta\cos\theta}{g}$$

$$R = \frac{v_0^2 \sin 2\theta}{g} \quad \text{(수평도달거리)} \qquad \textbf{3-47}$$

최대 수평도달거리 R_{max}는 $\sin 2\theta$가 최대일 때이므로 다음과 같다.

$$\sin 2\theta = 1, \quad 2\theta = 90°$$

따라서 θ는 다음과 같다.

$$\theta = 45°$$

$$R_{max} = \frac{v_0^2}{g} \quad \text{(최대 수평도달거리)} \qquad \textbf{3-48}$$

즉, 공기저항이 없고, 처음위치가 (0, 0)일 때 수평도달거리 R은 발사각도가 45° 일 때 최대가 된다.

공기저항의 영향

지금까지 논의한 발사체 운동에서 공기의 영향을 완전히 무시하였다. 그러나 발사체의 실제 운동에서는 공기저항 때문에 위의 계산 결과가 실제와 다를 수 있다. 공기저항 때문에 식 3-40으로 구한 값보다 수평도달거리는 짧아지게 된다. 공기저항이 없는 경우 그림 3-25와 같이 수평면과 45° 각으로 발사될 때 가장 멀리 날아간다.

실제로 공기 중에서 발사되는 물체는 속도에 따라 저항력이 증가하게 된다. 야구공의 경우 초속도의 크기가 $v_0 = 35$ m/s일 때의 최대 수평도달거리는 진공 중에서의 약 70 % 정도이다. 그러나 초속도가 $v_0 = 50$ m/s가 되면 수평도달거리는 진공 중에서의 약 55 %로 줄어든다. 따라서 발사체가 공기 중에서 운동할 때 수평성분은 계속 줄어들게 된다. 그림 3-26(b)와 (c)에서와 같이 이동 궤도의 좌우측이 비대칭이 된다.

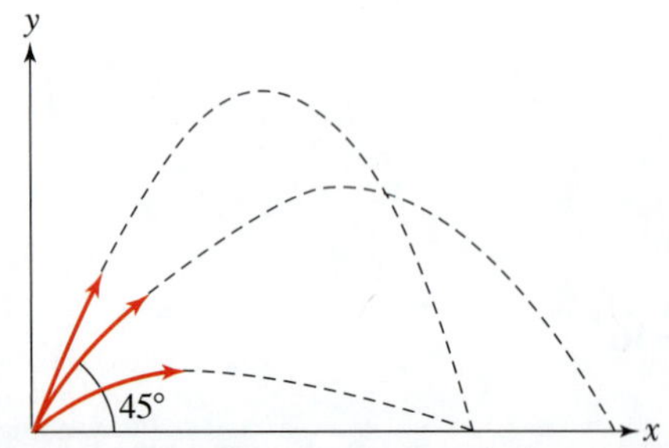

그림 3-25 발사체는 공기저항이 없는 경우 수평면과 45° 각으로 발사될 때 가장 멀리 날아간다.

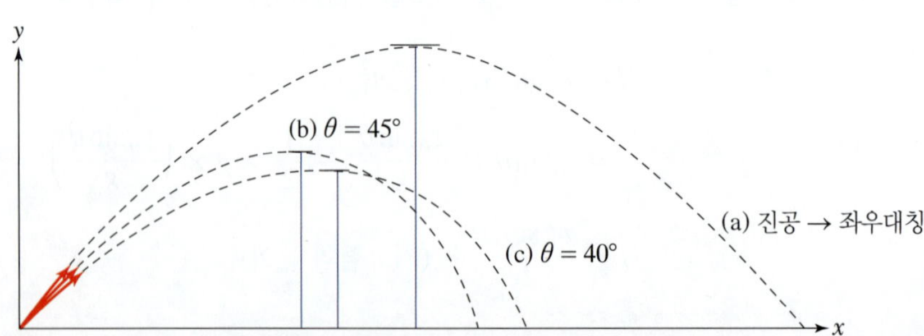

그림 3-26 공기 중에서 발사체는 속도에 따라 저항력이 증가하므로 수평성분은 계속 감소한다. 이 때문에 이동 궤도의 좌우측이 비대칭이 된다.

예제 3-6 홈런 치는 야구 선수

문제 야구 경기에서 타자가 홈런을 쳤다. 공이 4.0 s 후에 수평거리 120 m인 지점에 떨어졌다. 단, 중력가속도는 $g = 10\ \text{m/s}^2$이고, 출발점과 도착점은 같은 높이이다. (a) 공을 때린 순간의 처음속도의 수평성분과 연직성분은 각각 얼마인가? 그리고 이때 속도의 크기와 방향을 구하라. (b) 최고점에서의 속력은 얼마인가? (c) 최고점의 높이는 얼마인가?

생각하기 타자가 친 야구공의 운동은 초속도 v_0으로 발사된 포물체 운동을 한다.

풀이 (a) 포물체 운동에서 수평방향은 등속직선운동이므로 초속도의 크기 v_0의 수평성분 v_{0x}는 다음과 같다.

$$v_{0x} = \frac{x}{t} = \frac{120\ \text{m}}{4.0\ \text{s}} = 30\ \text{m/s}$$

그리고 연직방향은 등가속도운동이고, $t = 4.0$ s에서는 $y = 0$인 지면에 도달하였으므로 $y = v_{0y}t - \frac{1}{2}gt^2$에서 처음속도의 연직성분을 구할 수 있다.

$$0 = v_{0y} \times 4.0\ \text{s} - \frac{1}{2} \times 10\ \text{m/s}^2 \times (4.0\ \text{s})^2$$

$$\therefore v_{0y} = 20\ \text{m/s}$$

따라서 초속도의 크기 v_0은

$$v_0 = \sqrt{v_{0x}^2 + v_{0y}^2} = \sqrt{(30\ \text{m/s})^2 + (20\ \text{m/s})^2} \fallingdotseq 36\ \text{m/s}$$

이고, 이때 지면과 날아가는 방향과의 각도는 다음과 같다.

$$\tan\theta = \frac{v_{0y}}{v_{0x}} = \frac{20}{30} = \frac{2}{3} \qquad \therefore \theta \fallingdotseq 33.7°$$

(b) 최고점에서의 속력은 수평방향 성분뿐이므로 다음과 같다.

$$v_x = v_{0x} = 30\ \text{m/s}$$

(c) 공이 최고점에 도달하는 높이는 식 3-46에서 구할 수 있다.

$$H = \frac{v_0^2 \sin^2\theta}{2g} = \frac{(36\ \text{m/s})^2 (\sin 33.7)^2}{2 \times (10\ \text{m/s}^2)} = 19.9\ \text{m}$$

예제 3-7 적 진지를 향한 박격포

문제 그림 3-27은 최대 유효사거리가 12 km인 육군에서 운영중인 12 mm 자주박격포이다. 이 박격포로부터 615 m 떨어진 지점에 적의 진지가 있다고 한다. 박격포가 발사할 때의 초속도의 크기는 $v_0 = 70$ km/h이다. 목표물에 명중시키기 위한 발사각 θ는 얼마인가?

생각하기 수평도달거리를 구하는 식을 θ에 대해 풀어 해를 구하는 문제이다.

풀이 식 3-47에 수평도달거리는 $R = \dfrac{v_0^2 \sin 2\theta}{g}$이다. 이 식을 θ에 대해 정리하면 다음과 같다.

$$\theta = \frac{1}{2}\sin^{-1}\left(\frac{gR}{v_0^2}\right)$$

$$= \frac{1}{2}\sin^{-1}\left(\frac{(9.8\ \text{m/s}^2)(615\ \text{m})}{(70\ \text{km/h})}\right)$$

$$= \frac{1}{2}\sin^{-1}(0.834)$$

여기서 θ를 구하면 $\theta_1 = 28.3°$, $\theta_2 = 61.7°$가 얻어진다. 즉 두 각 모두 적의 진지를 명중시킬 수 있다.

그림 3-27 계룡군문화축제에 전시된 육군 120 mm 자주박격포 (2024 계룡문화축제)

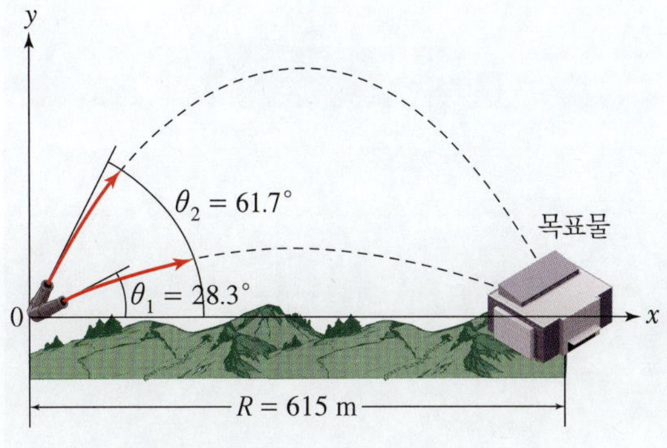

그림 3-28 목표물에 박격포 쏘기

3-8 상대속도

달리는 자동차에서 창밖을 보면 가로수나 건물들이 뒤로 움직이는 것처럼 보이고, 자동차가 정지하면 뒤로 이동하던 가로수나 건물들도 정지한 것처럼 보인다. 그림 3-29와 같이 고속도로 1차선에서 100 km/h의 속력으로 달리는 자동차에서 2차선에서 80 km/h로 달리는 트럭을 보면 트럭이 점점 뒤로 멀어지는 것처럼 보인다.

그림 3-30(a)에서와 같이 80 km/s의 속력으로 달리는 자동차를 타고 있는 사람이 옆 차선에서 그림 (b)와 같이 같은 속력으로 같은 방향을 향해 달리는 자동차를 보면 정지해 있는 것처럼 보인다. 그러나 그림 (c)와 같이 반대 방향에서 같은 속력으로 달려오는 트럭을 보면 어떻게 보일까? 즉, 도로에 서있는 사람이 보면 두 자동차는 방향만 다를 뿐 같은 속력으로 달리는 것으로 보이고, (b) 자동차 안에 있는 사람이 볼 때는 마치 트럭이 자신을 향해 160 km/s 속력으로 달려오는 것처럼 보일 것이다.

이와 같이 측정에서 생기는 차이는 두 기준틀 사이의 상대속도가 원인이다. 즉, 한 입자의 속도는 속도를 관찰하거나 측정하는 **기준틀**(reference frame)에 따라 다르다. 여기서 기준틀이란 좌표계를 부여한 물리적인 대상이다. 일상생활에서 이 물체는 지면이다. 예를 들어 속도위반 과태료 부과 통지를 받았다면 이때 위반속도는 지면에 대해 상대적으로 측정한 것이다. 만약 단속하는 경찰이 이동하면서 속도를 측정하였다면 경찰에 대한 상대적인 속도는 다를 것이다.

이 같은 현상을 이해하기 위해 그림 3-31에서와 같이 공항에서 움직이고 있는 무빙 워크(moving walk)에 있는 두 사람(B, C)을 생각해보자. 뒤쪽에 있는 사람(B)은 서있고, 앞 쪽에 있는 사람(C)은 움직이는 무빙 워크에서 걸어가고 있다. 이때 B는 C가 보통 걷는 속력으로 걷고 있다고 생각할 것이다. 그러나 무빙 워크 밖에 서있는 사람(A)이 볼 때는 C가 B보다 더 빨리 가고 있다고 생각할 것이다. 즉 관측자 A와 관측자 B가 보는 C의 속력은 다를 것이다.

이 같은 현상을 일반적인 경우로 확장해서 살펴보자. 그림 3-32와 같이 점 P에 있는 입자를 생각하자. 이 입자의 운동을 두 명의 관측자가 각각의 기준틀의 원점 O, O'

그림 3-29 두 차가 같은 방향으로 달리는 경우, 운전자끼리는 (a) 속력 차이가 없으면 정지한 것으로 보이고 (b) 속력 차이가 있으면 그 만큼 속력을 느낀다.

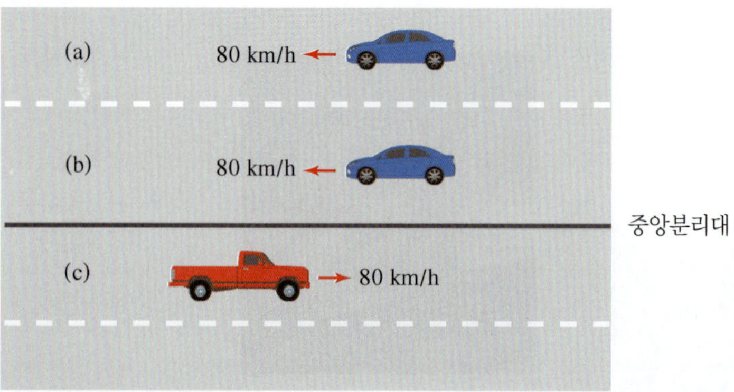

그림 3-30 (a), (b)는 같은 방향으로 속력 차가 없을 경우, (c)는 반대방향에서 같은 속력으로 진행하는 경우

에 위치하여 측정하고 있다. 관측자 A는 지구에 대해 상대적으로 고정되어 있는 〈기준틀 A〉에 있고, 관측자 B는 〈기준틀 A〉에 대해 상대적으로 오른쪽으로 일정한 속도 $\vec{v}_{BA}$로 움직이는 〈기준틀 B〉에 있다. $\vec{v}_{BA}$는 관측자 A가 측정하는 관측자 B의 속도로, 첫 번째 아래 첨자(B)는 관측대상을 나타내고, 두 번째 아래 첨자(A)는 관측자를 나타낸다. 따라서 관측자 B는 뒷쪽에 있는 A가 속도 $\vec{v}_{AB} = -\vec{v}_{BA}$로 왼쪽으로 움직인다고 관측한다.

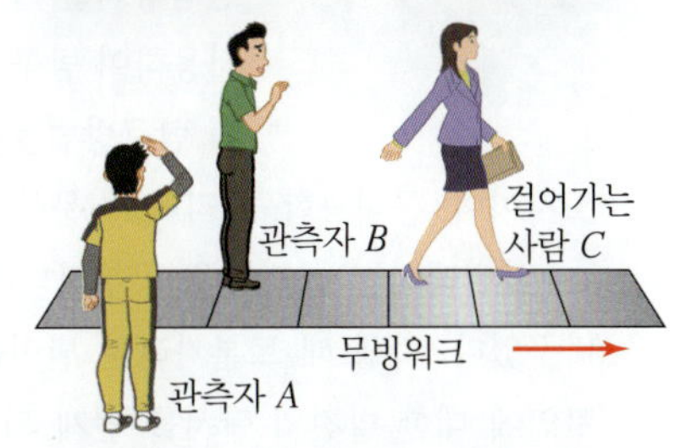

그림 3-31 (a) 인천공항에 있는 무빙워크 (b) 두 관측자 A, B가 걸어가는 사람 C의 속력을 측정하면 다르다.

두 기준틀의 원점이 일치하는 순간($t = 0$)에서 시간 t 후에는 두 기준틀의 원점 사이의 거리는 $v_{BA}t$만큼 차이가 생길 것이다. 시간 t일 때 관측자 A에서 P까지의 위치 벡터는 $\vec{r}_{PA}$이고, 관측자 B에서 P까지의 위치 벡터를 $\vec{r}_{PB}$라 하자. 이 두 위치 벡터 사이에는 다음 관계가 있다.

$$\vec{r}_{PA} = \vec{r}_{PB} + \vec{v}_{BA}t \quad \text{3-49}$$

이 식을 시간에 대해 미분하고 $\vec{v}_{BA}$가 상수임을 고려하면 다음 식을 얻는다.

$$\frac{d\vec{r}_{PA}}{dt} = \frac{d\vec{r}_{PB}}{dt} + \vec{v}_{BA} \quad \text{3-50}$$

즉, 이 식은 두 관측자들에 대한 입자 P의 상대속도인 $\vec{v}_{PA}$와 $\vec{v}_{PB}$의 관계를 나타낸다.

$$\vec{v}_{PA} = \vec{v}_{PB} + \vec{v}_{BA} \quad \text{3-51}$$

식 3-49와 식 3-51은 **갈릴레이 변환식**(Galilean transformation)으로 알려져 있다. 이 식은 상대적으로 운동 중인 관측자가 측정하는 입자의 위치와 속도를 연결시켜 준다. 식 3-51를 시간에 대해 다시 미분하면 두 관측자에 대한 입자 P의 상대가속도인 $\vec{a}_{PA}$와 $\vec{a}_{PB}$의 관계를 구할 수 있다. $\vec{v}_{BA}$는 일정한 상수이므로 시간 미분하면 0이다. 따라서 다음 관계가 얻어진다.

$$\vec{a}_{PA} = \vec{a}_{PB} \quad \text{3-52}$$

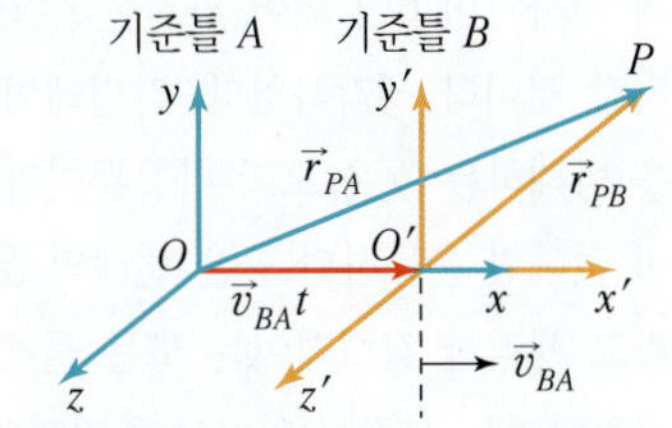

그림 3-32 점 P에 위치한 입자를 두 명의 관측자가 다른 기준틀에서 관측할 때의 설명도

이 식으로부터 1차원에서 상대운동과 마찬가지로 2차원에서의 상대운동에서도, 상대적으로 등속도 운동하는 다른 기준틀의 관측자들이 측정한 운동하는 입자의 가속도는 같다.

단원과 관련된 주제 근대과학의 아버지 갈릴레이

갈릴레이 Galilei Galileo, 1564~1642
이탈리아의 철학자, 물리학자, 천문학자

복잡한 자연현상을 구체적으로 알기 위해 실험장치를 고안하고, 관찰이라는 도구를 사용하여 탐구 정신과 도전 정신으로 실증적 탐구방법을 개척하였다. 과학혁명의 주도자이며, 근대과학, 물리학, 천문학의 아버지라 불린다.

갈릴레이는 심리학을 공부하다가 수학과 과학으로 전공을 바꾸었다. 학생 때 토론가라는 별명을 들었으며 토론을 통해서 자연에 대한 발견의 단서를 얻게 되었다고 한다. 아리스토텔레스의 이론을 반박했고 교황청을 비롯한 종교계와 대립했다.

지구가 움직인다는 코페르니쿠스의 이론을 공식적으로 지지한 사람은 16세기의 가장 위대한 과학자인 갈릴레이였다. 갈릴레이가 물리학에 기여한 가장 위대한 업적 중 하나는 "물체의 운동 상태를 유지시키려면 힘이 필요하다"는 생각을 완전히 뒤집어 놓은 것이다. 그는 마찰이 있을 때에만 물체의 운동 상태를 유지시키는 데 힘이 필요하다고 주장하였다.

그는 그림 3-33(a)와 같이 한쪽 빗면에서 굴러 내려온 공은 처음과 거의 같은 높이까지 반대편 빗면 위를 올라가는 것을 관찰하였으며, 그림 3-33(b)와 같이 빗면의 기울기를 낮출수록 공은 같은 높이까지 올라가기 위해서 더 멀리 굴러가야 한다는 것에 주목하였다. 그리고 그림 3-33(c)와 같이 반대편 빗면의 경사각이 0이 되어 완전한 수평면이 된다면 공은 무한히 굴러갈 것이라 생각하였다. 갈릴레이는 공이 무한히 굴러가는 것을 방해하는 것은 오직 마찰뿐이라는 것을 알았다. 따라서 마찰이 없다면 운동하던 공은 원래의 운동 상태를 계속 유지할 것이라고 생각한 갈릴레이는 모든 물체는 운동 상태가 변하는 것에 저항하려는 성질이 있다고 주장하였다. 이러한 성질을 **관성**이라고 한다.

갈릴레이가 과학자로서 성공하게 된 것은 아리스토텔레스와는 다르게 복잡한 자연현상을 단순화시켜서 관찰한 것뿐만 아니라, 새로운 과학을 개척하겠다는 강한 집념과 왕성한 탐구 정신, 그리고 새로운 것을 발견하려는 끊임없는 도전 정신을 가지고 있었기 때문이었다. 갈릴레이의 관심은 물체들이 왜 운동하게 되는가가 아니라 어떻게 운동하게 되는가에 있었다. 그는 논리가 아닌 실험이 가장 좋은 검증법이라는 것을 보여주었다. 그리고 운동에 관한 갈릴레이의 발견과 관성에 대한 그의 개념은 뉴턴이 우주에 대해 새로운 통찰을 할 수 있는 길을 열어주었다. 그가 이룩한 천문학의 업적은 금성의 위상과, 갈릴레이 위성이라 불리는 목성의 가장 큰 네 개 위성의 발견, 태양 흑점의 관측, 나침반 디자인의 개량 등이다.

그는 자연현상에서 문제를 인식하고 가설을 세워서 그 가설로 예측할 수 있는 현상들을 찾고 그것을 실험으로 증명하였다. 그리고 연구를 통해 얻은 결과를 수학을 이용하여 나타내고 복잡한 현상을 쉽게 설명하였다. 이러한 과학적 연구방법으로 자연의 탐구기법이 개발되었으며, 비로소 근대과학의 길이 열리게 되었다.

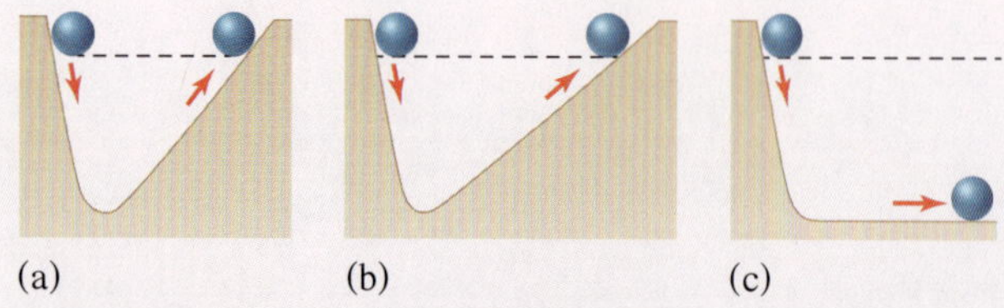

그림 3-33 갈릴레이는 마찰이 없는 빗면에서 공은 원래의 운동 상태를 계속 유지할 것이라고 생각하였다.

그림 3-34 갈릴레이가 제작한 망원경

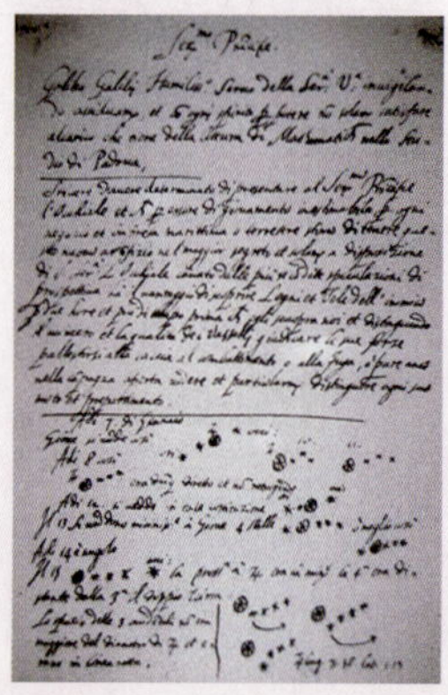

그림 3-35 갈릴레이가 목성을 관찰하면서 기록한 메모

연습문제

3-1 벡터의 성질

1. 다음 물리량을 벡터와 스칼라로 구별하라.

(a) 길이 ( ) (b) 변위 ( ) (c) 속도 ( )
(d) 속력 ( ) (e) 시간 ( ) (f) 질량 ( )
(g) 힘 ( )

2. 다음은 일상생활에서 볼 수 있는 몇 가지 상황을 표현한 것이다. 이 중에서 벡터가 포함되지 않은 경우는?

상황	표현
(a) 일기예보	내일 하루 종일 북서풍이 6.5 m/s로 불겠습니다.
(b) 마라톤 중계	마라톤 코스의 총 길이는 42.195 km입니다.
(c) 역도경기 중계	우리나라 역도선수가 용상에서 150 kg의 역기를 머리 위로 번쩍 들어 올렸습니다.
(d) 열차 안내방송	부산역의 위치는 서울역에서 남동쪽으로 약 450 km 지점에 있습니다.
(e) 경찰무전	범인이 탄 차량은 경부고속도로를 따라 북쪽으로 130 km/h의 속력으로 도주 중에 있습니다.

3. 한 변위의 크기가 30 m이고, 방향이 210°라고 한다. 이 변위의 x성분과 y성분을 구하라.

4. 한 공간상에 그림 P3-4와 같이 세 벡터 $\vec{A}$, $\vec{B}$, $\vec{C}$가 있다. 벡터의 덧셈과 뺄셈을 도형을 이용하여 구하라.

(a) $\vec{A} + \vec{B}$
(b) $\vec{A} - \vec{B}$
(c) $\vec{A} + \vec{B} + \vec{C}$
(d) $\vec{A} + \vec{B} - \vec{C}$

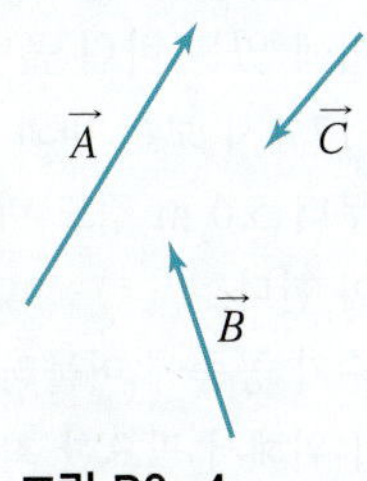

그림 P3-4

5. 그림 P3-5와 같이 두 벡터 $\vec{A}$와 $\vec{B}$가 있다. 벡터 $\vec{A}$는 x축과 60° 방향으로 길이가 14 cm이다. 그리고 벡터 $\vec{B}$는 x축과 20°방향으로 길이 20 cm라고 한다. 두 벡터의 합벡터의 길이와 x축과 이루는 각을 구하라.

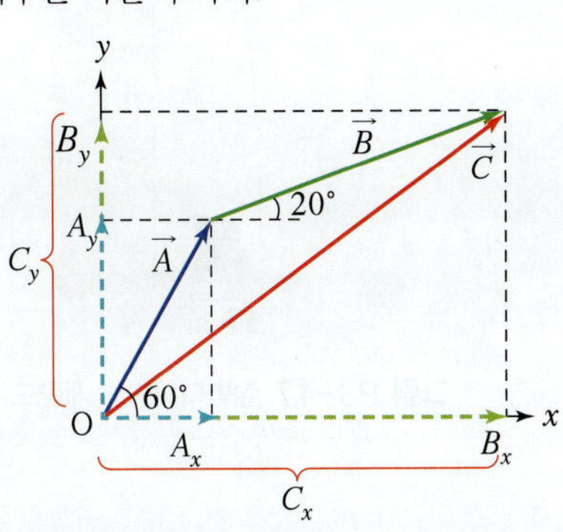

그림 P3-5

3-2 벡터의 성분과 단위 벡터

6. 그림 P3-6과 같이 벡터 $\vec{A}$의 크기는 35.0이고 방향은 $+x$축으로부터 반시계방향으로 325°이다. 이 벡터의 x성분과 y성분을 구하라.

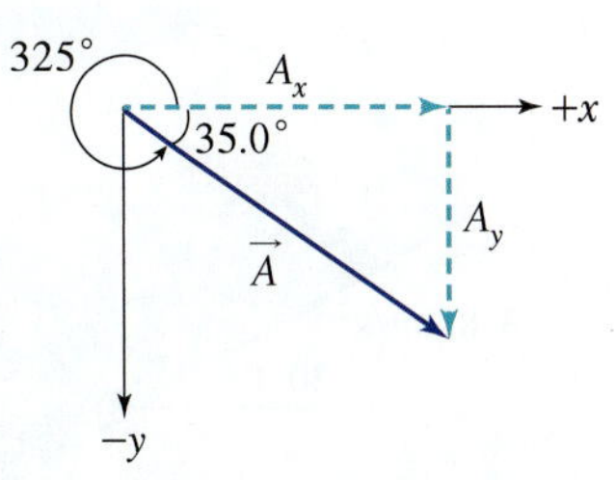

그림 P3-6

7. 그림 P3-7과 같이 어느 벡터의 x성분은 −25.0단위이고 y성분은 40.0단위이다. 이 벡터의 크기와 방향을 구하라.

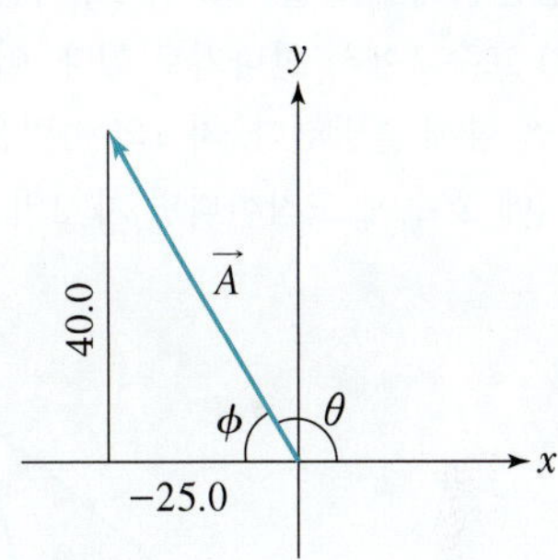

그림 P3-7

3-3 벡터의 곱셈

8. xy평면에 놓인 두 벡터 $\vec{A} = 3\hat{i} + 2\hat{j}$와 $\vec{B} = -2\hat{i} + \hat{j}$가 있다.

(a) $\vec{A} \times \vec{B}$를 계산하라.

(b) $\vec{A} \times \vec{B} = -\vec{B} \times \vec{A}$임을 증명하라.

3-4 변위, 속도 및 가속도

9. 제주도에 태풍이 지나가고 있다. 속도가 41.0 km/h인 태풍의 눈이 서북쪽 60.0° 방향으로 통과해 지나간다. 3시간 후 이 태풍의 방향이 북쪽으로 25.0 km/h의 느린 속도로 바뀌었다. 제주도를 지난 태풍은 4.50 h 후에는 제주도에서 얼마나 멀리 갔을까?

3-5 2차원에서의 운동방정식

10. 동물의 왕국에서 가장 빠른 동물은 표범인데 45°의 각도로 뛰어오르면 3.7 m의 높이를 올라간다. 이 높이를 뛰어오를 수 있는 처음속도는 얼마인가?

11. 그림 P3−11과 같이 스키 선수가 3.80 m/s^2의 가속도로 30.0°의 경사를 따라 가속되고 있다. 단, 스키 선수는 정지상태에서 출발하고 가속도는 일정하다.

(a) 가속도의 수직성분은 얼마인가?

(b) 고도 변화가 250 m라면, 이 선수가 언덕 아래에 도달하는 데 걸리는 시간은 얼마인가?

그림 P3−11

12. 그림 P3−12에 있는 도시 A와 B는 거리 80.0 km만큼 떨어져 있다. 한 사람은 A에서 출발하고(차 1), 다른 사람은 B에서 출발하여(차 2) 호수 L에서 만나기로 했다. 이들은 동시에 2.50 시간 동안 L을 향해 출발했다. 차 1의 속력은 90.0 km/h이다. 두 차가 동시에 호수에 도착한다면 차 2의 속력은 얼마나 되는가?

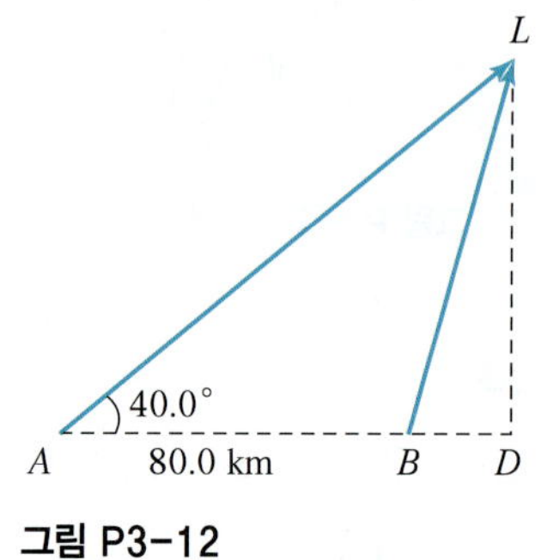

그림 P3−12

3−6 발사체 운동 1

13. 그림 P3−13과 같이 높이가 h인 곳에서 돌을 수평방향으로 5 m/s의 속력으로 던졌더니 수평거리 20 m인 곳에 떨어졌다.

(a) 이 돌이 지면에 떨어질 때까지 걸린 시간은 몇 초인가?

(b) 처음 돌을 던진 순간의 높이 h는 몇 m인가?

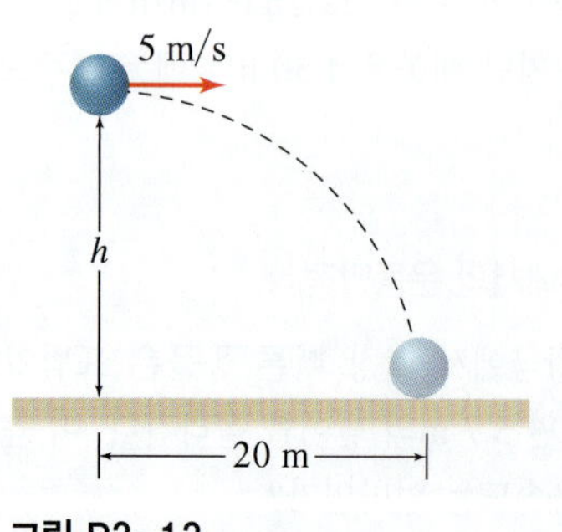

그림 P3−13

14. 지면으로부터 50 m 높이에서 두 공 A, B가 서로 20 m만큼 떨어져 있다. 공 A를 10 m/s의 속력으로 수평방향으로 던짐과 동시에, 공 B를 자유낙하 시킨다면 두 공이 만나는 곳의 높이는 지면으로부터 얼마인가?

15. 높이 490 m인 곳에서 수평방향으로 던진 물체가 던진 곳에서 수평방향으로 100 m인 곳에 떨어졌다.

(a) 이 물체가 땅에 떨어질 때까지 걸린 시간은 얼마인가?

(b) 물체의 초속도는 얼마인가?

16. 그림 P3−16과 같이 초속도 4.9 m/s로 수평으로 던진 공이 지면과 45°를 이루고 떨어졌다.

(a) 지면에 충돌할 때까지 걸린 시간은 얼마인가?

(b) 던진 점의 높이는 얼마인가?

(c) 던진 점에서 지면에 떨어진 점까지의 수평거리는 얼마인가?

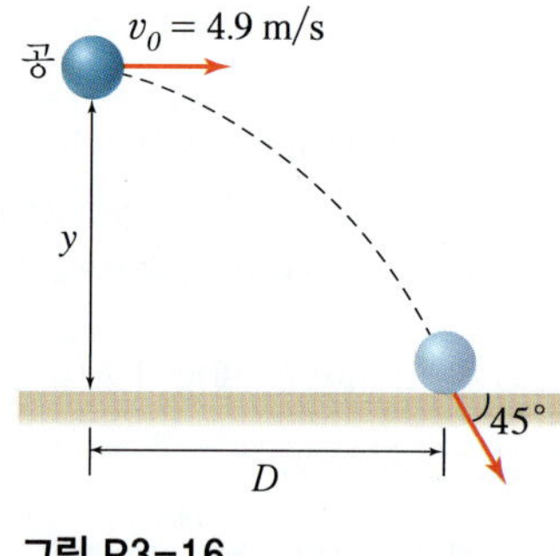

그림 P3−16

17. 다이빙을 할 수 있는 절벽이 있다. 다이빙 선수가 수면에서 35 m 높이에 있는 바위 플랫폼에서 수평으로 뛰어내리지만, 그림 P3−17에서 보는 바와 같이 뛰어내린 지점 바로 아래에 절벽으로부터 5.0 m 정도 바다를 향해 뻗어나와 있는 바위를 뛰어넘어야 한다.

(a) 이 선수가 공중에 머물러 있는 시간은 얼마인가?

(b) 그러기 위해서 필요한 최소한의 출발속력은 얼마인가?

(c) 그리고 다이빙 선수가 수평방향으로 뛰어내려야 하는 이유는 무엇인가?

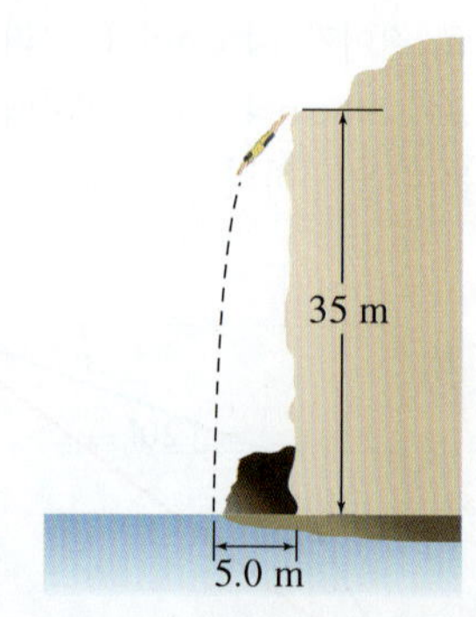

그림 P3−17 절벽다이빙의 개략도

3-7 발사체 운동 2

18. 초속도 60 m/s로 수평면에 대해 30°의 각으로 공을 던졌다. 이 물체가 올라갈 수 있는 (a) 최고 높이와 (b) 수평도달거리를 구하라.

19. 공을 위쪽 방향으로 비스듬히 던졌더니 4.0 s 후에 80 m 전방에 떨어졌다.

(a) 공이 올라간 최고 높이는 얼마인가?

(b) 최고점에서의 공의 속도는 얼마인가?

20. 수평면에서 비스듬히 던진 돌이 그림 P3-20과 같이 1.0 s 후 10 m 떨어진 곳에 있는 깃대의 끝을 가볍게 스친 다음 3.0 s 후에 지면에 도달했다고 한다.

(a) 돌이 진행한 수평거리는 몇 m인가?

(b) 깃대의 높이는 몇 m인가?

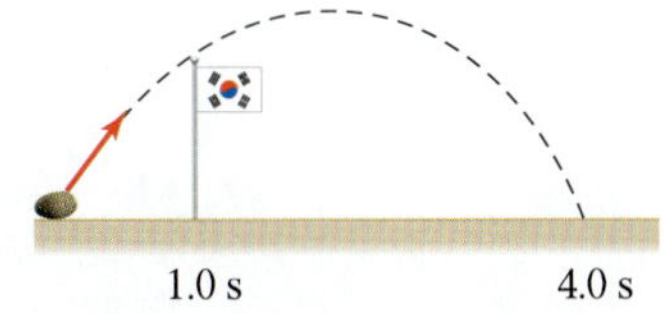

그림 P3-20

21. 그림 P3-21은 투포환 선수가 포환을 던지기 위해 포환을 가속시키는 모습이다. 만약 질량인 7.3 kg인 포환을 수평면에 대해 40°의 각을 이루면서 초속도 14 m/s로 던졌다고 하자. 지면에서 2.2 m 높이에서 포환이 선수의 손을 떠났을 때, 포환이 날아간 수평거리는 얼마인가?

그림 P3-21

22. 육상 선수가 지면과 30°의 각으로 뛰어서 7.80 m만큼 멀리 뛰기를 하려고 한다.

(a) 출발속력은 얼마로 해야 하는가?

(b) 이 속력이 정확히 5.0 % 증가한다면 이 선수는 얼마나 더 멀리 뛸 수 있을까?

23. 그림 P3-23에서 보는 바와 같이 지면에서의 높이가 140 m인 절벽 끝에서 수평면과 37°의 각을 이루면서 100 m/s의 초속도로 포사체가 발사되었다.

(a) 포사체가 지면에 있는 점 P에 충돌할 때까지 걸린 시간을 구하라.

(b) 절벽 아래로부터 수평거리 X를 구하라.

(c) 포사체가 점 P에 부딪치기 직전의 속도의 수평성분과 수직성분을 구하라.

(d) 속도의 크기를 구하라.

(e) 속도벡터가 수평면과 이루는 각을 구하라.

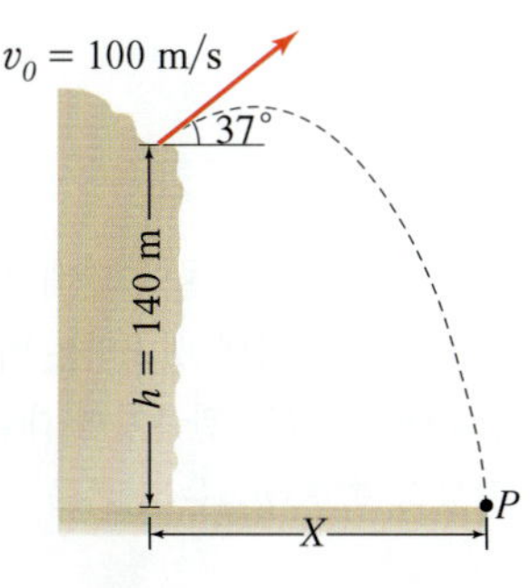

그림 P3-23

24. 그림 P3-24와 같이 사냥꾼이 약간 멀리 떨어진 높은 나무에 매달려 있는 늑대를 겨냥하여 화살을 당겼다. 늑대가 화살을 피하기 위해 화살을 쏘는 순간 나뭇가지에서 떨어졌다고 가정하자. 늑대가 떨어지지 말았어야 할 이유를 설명하라. 단, 공기저항은 무시한다.

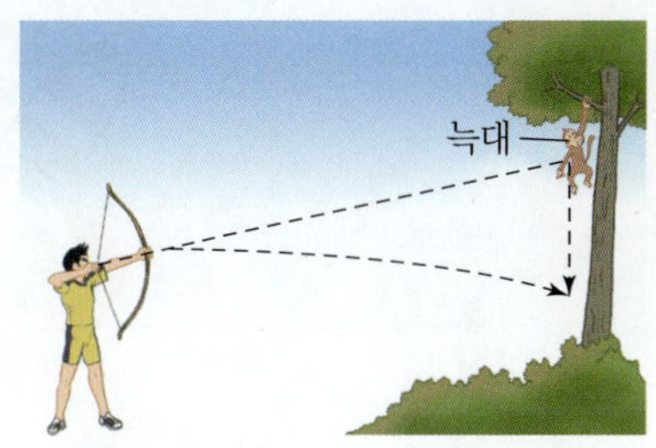

그림 P3-24

25. 그림 P3-25와 같이 야구 선수가 지면으로부터 1.60 m의 높이에서 수평 위 45° 방향으로 초속도 28.0 m/s로 야구공을 던졌다. 이 선수의 발아래에서 공이 떨어지는 지면까지의 거리는 얼마인가?

그림 P3-25

26. 건물 꼭대기에서 처음속력 15 m/s로 수평과 25° 위 방향으로 벽돌을 던졌다. 벽돌의 체공 시간이 3.0 s라면, 이 건물의 높이는 얼마인가?

27. (a) 어떤 사람이 지구에서 지면에 대해 45°로 뛰어 최대 수평 거리 3.0 m를 뛸 수 있다면, 달에서는 얼마나 멀리 뛸 수 있을까? 지구에서의 중력가속도가 $g = 9.80\ \mathrm{m/s^2}$일 때, 달에서는 자유낙하 가속도는 $\frac{g}{6}$이다.

(b) 화성에 대해서도 구하라. 화성에서 중력에 의한 가속도는 0.38g이다.

3-8 상대속도

28. 그림 P3-28과 같이 배가 강물에 대해서 속도 10.0 km/h로 북쪽 방향으로 강을 건너자면 뱃머리는 어느 방향으로 돌려야 하는가? 또 강둑에 서 있는 관측자에 대한 배의 속도는 얼마인가? 이때 강물의 속도 $\vec{v}_{RE}$는 동쪽을 향하여 5.00 km/h로 흐르고 있다.

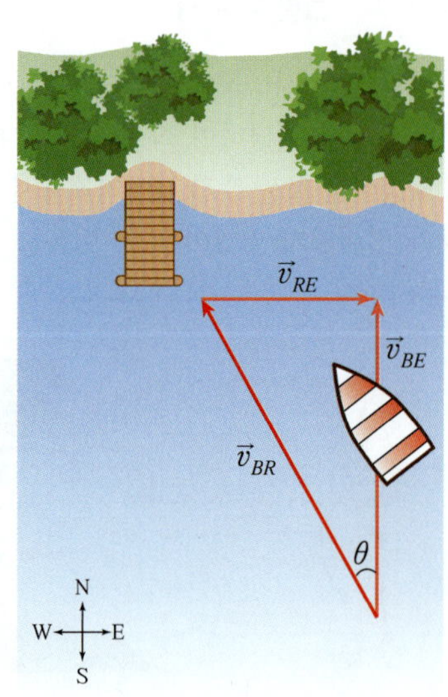

그림 P3-28

29. 겨울날 눈이 내리고 있다. 눈은 그림 P3-29와 같이 연직방향으로 8.0 m/s의 등속력으로 낙하하고 있다. 이 눈은 평탄한 직선도로에서 50 km/h의 속력으로 주행하는 운전자에게 수직선에서 얼마의 각도로 떨어지는 것으로 보이는가?

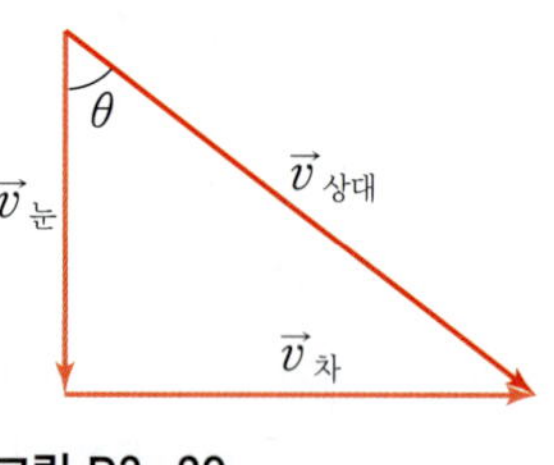

그림 P3-29

KTX-청룡 우리나라 고속열차는 2004년 4월 1일 프랑스에서 도입한 열차로 서울-부산 구간에서 첫 개통되었다. 그 후 2013년 우리 기술로 제작된 'KTX-산천'이 운행을 시작했고, 2024년 5월 1일부터는 'KTX-청룡'이 경부선과 호남선에서 운행되고 있다. 'KTX-청룡'의 설계속도는 352 km/h이며, 운행속도는 320 km/h이다. 이 열차는 100% 국내 기술로 설계 및 제작된 차세대 동력분산식 고속열차로 국내에서 가장 빠르다.

힘과 운동

제4장

제2장과 3장에서는 물체의 위치와 속도 그리고 가속도의 정의를 통해 1차원~3차원에서의 운동 특성을 다루었다. 이때 중력에 의해 자유 낙하하는 물체의 경우를 제외하고 물체의 운동에 영향을 주는 원인에 대해서는 언급하지 않았다. 물체의 운동을 완전하게 기술하려면, 무엇이 운동의 변화를 주는가? 왜 어떤 물체는 다른 물체보다 속도의 변화가 큰가? 등과 같은 운동의 원인에 관련된 문제들을 알아야 한다. 이러한 문제들의 해법은 위대한 과학자 Newton이 정립한 Newton 역학을 통해 이해할 수 있다.

제4장에서는 힘과 질량의 개념으로 물체의 운동 변화를 유발하는 것이 무엇인지 알아보고, Newton이 그 당시로부터 300여 년 전 실험결과들을 중심으로 완성한 기본적인 운동의 3가지 법칙에 대해 공부한다.

4-1 힘

지금까지 물체의 운동이 속도와 가속도에 의해 어떻게 표현되는지 알아보았다. 그러면 물체가 그와 같은 운동을 하는 이유는 무엇일까? 정지하고 있는 물체를 움직이고, 운동하고 있는 물체를 가속시키거나 감속시키는 원인은 무엇일까?

정지하고 있는 물체에 힘을 주면 물체는 힘의 방향으로 운동하고, 운동하고 있는 물체에 힘을 주면 속도가 변한다. 또 고무풍선에 힘을 가하면 그 모양이 변한다. 이와 같이 물체의 운동 상태를 변화시키거나 물체의 모양을 변형시키는 원인을 **힘**(force)이라 한다. 사과나무에서 사과가 떨어지거나 전자석이 쇠붙이를 잡아당기는 경우와 같이, 힘이 물체에 직접 작용하지 않아도 물체의 운동 상태가 변하는 것을 볼 수 있다. 이와 같이 힘은 물체에 직접 또는 간접으로 작용하여 그 물체의 운동 상태를 변화시키거나 물체를 변형시키는 효과가 있다.

힘의 형태

힘은 형태별로 접촉력과 비접촉력으로 구분할 수 있다. 짐차를 끄는 힘, 테니스 선수가 라켓으로 공을 쳐서 상대방 코트로 보내는 힘, 배트가 야구공에 작용하는 힘, 도르래에 걸린 줄이 물체를 당기는 힘, 두 물체 사이에 작용하는 마찰력 등과 같은 힘들은 **접촉력**(contact force 接觸力)이라고 한다. 접촉력이라고 부르는 이유는 한 물체가 다른 물체와의 직접 접촉하여 힘을 작용하기 때문이다(그림 4-1 참조). 이에 비해 중력, 전기력, 자기력과 같은 힘들은 **원격 작용력**(action-at a distance force 遠隔作用力) 또는 **먼거리 작용력**이라 부르는데, 그 이유는 지구와 달 사이의 중력과 같이 외견상 떨어져 있는 물체들 사이에 작용하기 때문이다. 이러한 원격 작용력을 **비접촉력**(noncontact force 非接觸力)이라고 한다(그림 4-2 참조). 그러나 실제로 이들 두 형태의 힘 사이의 구별은 뚜렷하지 않다. 거시적 수준에서 접촉력이라고 말하는 것은 미시적 물체를 구성하는 입자들 사이의 원격 작용력인 전기력과 관련이 깊기 때문이다.

(a)

(b)

그림 4-1 접촉력의 예. (a) 테니스 선수는 라켓으로 공에 접촉력을 작용하여 공을 가속시켜 상대방 코트로 넘긴다. (b) 골프채에 의해 골프공에 힘이 작용한다.

그림 4-2 비접촉력의 예. 스카이다이버에게는 지구에 의해 중력(인력)이 작용한다.

기본적인 힘

자연계에는 여러 힘이 있으나 과학자들은 다음과 같이 몇 가지 기본적인 힘으로 구성되어 있다고 주장한다.

기본적인 힘을 큰 것부터 나열하면 (1) 원자 내에서 작용하는 **강력**(강한 상호작용력), (2) 전하 사이에 작용하는 **전자기력**, (3) 방사선 붕괴를 유발하는 **약력**(약한 상호작용력), (4) 물체 사이에 작용하는 **중력**이 있다. 그 밖에 여러 종류의 힘은 이들 기본적인 힘에 의해 나타나는 것이라는 것이 밝혀졌다. 이들 힘의 특성에 대해서는 이들 힘들과 관련이 있는 단원에서 다루게 된다. 제30장에서는 이들 힘을 매개하는 매개입자에 대해 자세하게 공부한다. 표 4-1은 자연계에 존재하는 기본적인 힘을 비교한 것이다.

표 4-1 자연계의 기본적인 4가지 힘

힘의 종류	작용 관계	상대적 세기	작용 범위	인력(+), 척력(−)
중력	질량을 가진 물체 사이에 작용	10^{-43}	∞	오직 +
약력	방사선 붕괴를 유발하는 힘	10^{-6}	$< 10^{-18}$ m	+/−
전자기력	전하 사이에 작용	10^{-2}	∞	+/−
강력	원자 내에서 작용	1 (기준)	$< 10^{-15}$ m	+/−

힘의 3요소

운동의 원인이 힘이란 것을 알았지만, 힘이 있다고 물체를 효과적으로 움직일 수 있는 것은 아니다. 힘을 잘 이용할 줄 아는 씨름 선수가 상대를 쉽게 이길 수 있다. 가벼운 가방 정도는 작은 힘으로도 쉽게 들어 올릴 수 있지만 TV나 냉장고를 이동시키려면 큰 힘이 필요한 것처럼 물체를 운동시키기 위해서는 그 물체를 이동시키는 데 필요한 크기의 힘을 작용시켜야 한다. 뿐만 아니라 물체를 운동시키려고 하는 방향으로 힘을 작용시켜야 한다. **물체의 운동을 결정하는 것은 바로 알짜힘이다. 알짜힘은 한 물체에 작용하는 모든 힘들의 벡터 합으로 주어진다.**

그림 4-3 힘의 작용점

그림 4-3에서와 같이 힘 $\vec{F}$를 물체의 윗부분(점 A)에 작용하면 물체는 이동하지 않고 그 자리에서 옆으로 쓰러진다. 그러나 힘을 물체의 중간 부분(점 B)에 작용하면 물체는 앞으로 밀리면서 이동하게 된다. 이와 같이 한 물체에 같은 힘을 작용하더라도 어느 지점(작용점)에 작용하느냐에 따라 그 결과가 달라진다. 힘을 효과적으로 이용하기 위해서는 **힘의 크기**(magnitude of force), **힘의 방향**(direction of force), **힘의 작용점**(application point of force)의 3가지 요소를 모두 갖추어야 한다. 이 세 가지를 **힘의 3요소**라고 한다. 어떤 힘이 주어질 때 그 힘을 나타내기 위해서는 힘의 3요소를 함께 표시해야 한다. 예를 들어 그림 4-4의 파란색으로 나타낸 것과 같이 화살표를 이용하면 힘의 3요소를 한꺼번에 나타낼 수 있다. 힘을 작용하는 곳에 점(힘의 작용점)을 찍고 그곳을 시작점으로 하여 힘을 작용하는 방향으로 화살표를 그은 다음에 힘의

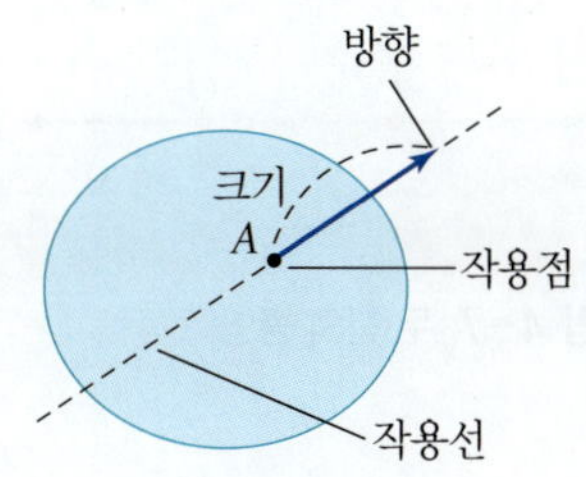

그림 4-4 힘을 표시하는 방법

크기에 따라 화살표의 길이(힘의 크기)를 결정하면 된다. 이때 작용점을 지나서 힘의 방향으로 그은 직선을 **힘의 작용선**이라고 한다. 변형되지 않는 물체에서는 같은 작용선 상에서 힘의 작용점을 이동시켜도 힘의 효과는 같다. 힘은 크기뿐만 아니라 방향도 있기 때문에 벡터이다.

힘의 합성

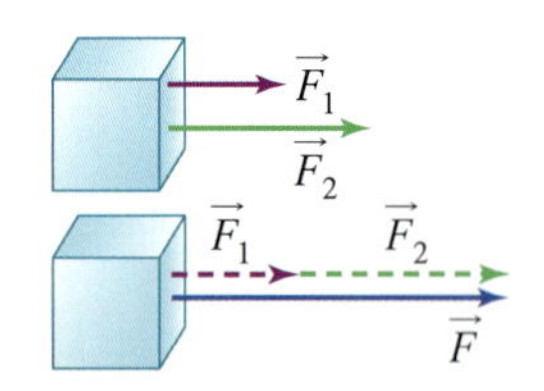

그림 4-5 방향이 같은 두 힘의 합성

한 물체에 여러 힘이 작용할 때, 이들 여러 힘의 효과와 같은 하나의 힘으로 나타내는 것을 **힘의 합성**(composition of forces)이라 하며, 합성된 한 힘을 **합력**이라고 한다. 힘은 크기뿐만 아니라 방향도 가지고 있는 물리량이므로 힘의 방향을 고려하여 합성해야 한다. 그림 4-5와 같이 한 물체에 방향이 같은 두 힘 $\vec{F_1}$과 $\vec{F_2}$가 작용할 때 합력 $\vec{F}$의 크기는 두 힘 $\vec{F_1}$, $\vec{F_2}$의 크기를 더한 것과 같다. 즉

$$\vec{F} = \vec{F_1} + \vec{F_2}$$

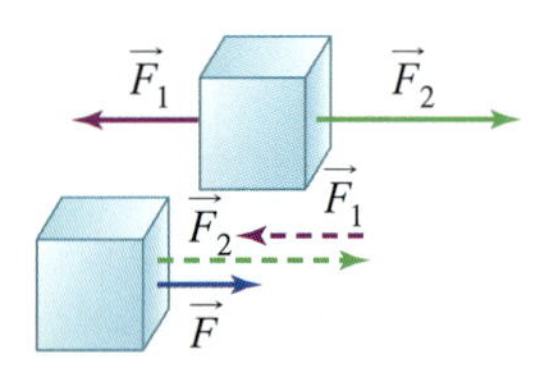

그림 4-6 방향이 반대인 두 힘의 합성

이며, 합력의 방향은 두 힘의 방향과 같다. 그림 4-6과 같이 한 물체에 방향이 반대인 두 힘 $\vec{F_1}$과 $\vec{F_2}$가 작용할 때에는 한쪽 방향을 (+)로 하고, 다른 쪽 방향을 (−)로 생각할 수 있다. 그러면 이 경우의 합력 $\vec{F}$의 크기는 두 힘의 차의 절댓값과 같다.

$$\vec{F} = \vec{F_1} + \left(-\vec{F_2}\right)$$

그리고 합력의 방향은 큰 힘의 방향과 같다.

팔씨름을 할 때 양쪽에서 서로 힘껏 밀어도 한동안 팽팽히 맞서서 어느 쪽으로도 기울어지지 않는 것을 볼 수 있다. 이런 경우는 양쪽에서 서로 같은 힘으로 밀기 때문에 양쪽의 힘이 서로 상쇄되어 힘의 효과가 나타나지 않는 것이다. 이와 같이 한 물체에 크기가 같고 방향이 반대인 두 힘이 동시에 같은 작용선 상에서 작용하면 힘의 효과가 나타나지 않는다. 이러한 경우에 두 힘은 **평형**(balance 平衡)을 이룬다고 한다.

어떤 힘이 평형을 이룬다는 것은 합력이 0이라는($\sum\vec{F_i} = 0$) 뜻이며, 물체가 평형 상태에 있을 때 그 물체는 정지 또는 등속도운동을 한다(물체의 평형은 토크와도 관련이 있으며 이에 대해서는 제9장에서 다룬다).

물체의 한 점에 크기가 같고 방향이 반대인 두 힘 $\vec{F_1}$과 $\vec{F_2}$가 작용할 때 두 힘의 합력이 0이면 그 물체에 대한 힘의 효과는 물체에 힘이 작용하지 않는 것과 같다. 물체에 작용하는 두 힘이 평형을 이루기 위해서 두 힘의 작용점이 일치할 필요는 없다. 그림 4-7과 같이 물체의 두 점 P, Q에 힘 $\vec{F_1}$과 $\vec{F_2}$가 작용할 때 두 힘의 작용선이 같고, $\vec{F_1}$, $\vec{F_2}$의 크기가 같고 방향이 반대이면 물체는 평형이 되어 움직이지 않고 또 회전도 하지 않는다. 즉

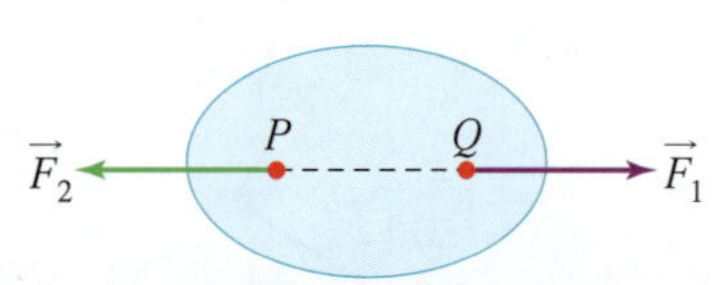

그림 4-7 두 힘의 평형

$$\vec{F_1} + \vec{F_2} = 0, \quad \text{또는} \quad \vec{F_1} = -\vec{F_2}$$

이다. 이때 두 힘 $\vec{F_1}$과 $\vec{F_2}$의 작용점 P, Q를 같은 작용선 상에서 어떤 점으로 이동시켜도 힘의 효과는 변하지 않는다.

4-2 운동의 제1법칙과 관성

관성

물체는 외부로부터 힘이 작용하지 않으면 원래의 운동 상태를 계속 유지하려는 성질이 있는데 이러한 성질을 **관성**(inertia 慣性)이라고 한다. **관성은 운동의 변화에 저항하는 물체의 성질을 말한다.** 관성은 우주 내의 모든 물체가 지니고 있는 기본적인 특성이다.

관성에 관한 현상은 우리 생활 주변에서 쉽게 찾아볼 수 있다. 그림 4-8(a)와 같이 정지해 있던 자동차가 갑자기 출발할 때에는 몸이 뒤로 젖혀진다. 또한 그림 4-8(b)와 같이 달리고 있는 자동차가 갑자기 멈출 때에는 몸이 앞으로 쏠린다. 이런 현상은 정지해 있는 물체는 계속 정지해 있으려는 관성이 있기 때문에 나타나는 현상이다.

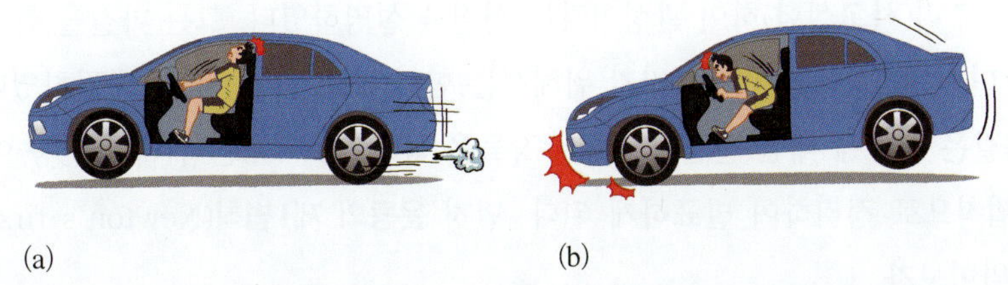

그림 4-8 (a) 갑자기 출발하면 몸이 뒤로 젖혀진다. (b) 갑자기 정지하면 몸이 앞으로 쏠린다.

관성의 다른 예를 살펴보자. 자동차 안전벨트는 부드럽게 당기면 쉽게 풀려 나와 채울 수 있다. 그러나 사고가 나면 탑승자를 그 자리에 안전하게 붙들어 맨다. 안전벨트의 구조는 크게 작은 톱니바퀴, 잠금용 막대와 흔들이로 구성되어 있다. 안전벨트의 원리는 평상시에는 풀려 있지만, 사고가 발생하면 잠금용 막대(emergency locking retractor)에 달린 추가 관성에 의해 한쪽으로 쏠리면서 안전벨트 풀림이 잠겨진다. 자동차가 정지해 있거나 일정한 속도로 움직이는 동안에는 그림 4-9(a)의 분홍색 부분과 같이 흔들이는 아래를 향해 있고 잠금용 막대는 수평을 유지하고 있다. 그러나 갑자기 감속하게 되면 흔들이의 아랫부분이 관성 때문에 앞쪽으로 이동한다. 그러면 잠금용 막대가 톱니바퀴의 회전을 방해하므로 벨트가 풀리지 않게 된다.

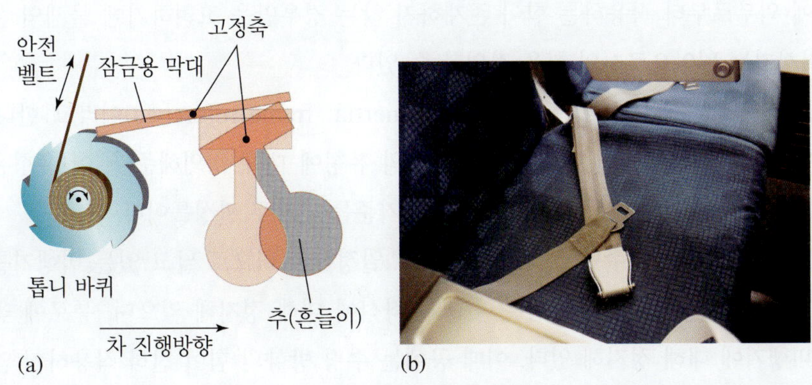

그림 4-9 (a) 차량 안전벨트의 작동원리. 갑자기 감속하면 추가 관성에 의해 앞쪽으로 이동하면서 잠금용 막대가 톱니바퀴에 걸리게 되어 벨트가 잠기게 된다. (b) 비행기 의자에 설치된 안전벨트

운동의 제1법칙

힘과 운동의 정확한 관계는 무엇일까? 고대 **아리스토텔레스**(Aristotle, B. C. 383~322)는 수평면에서 물체의 운동을 지속시키기 위해서는 힘이 필요하다고 믿었다. 그는 물체의 자연 상태는 정지상태이며, 물체를 계속 운동시키려면 힘이 필요하고, 이 힘이 클수록 물체의 속력은 더 커진다고 주장했다.

그 후 2000년이 지난 시점에 근대 자연과학의 아버지로 알려진 이탈리아의 갈릴레이는 아리스토텔레스의 생각(물론 아리스토텔레스의 생각이 틀린 것은 아니다)과는 다른 각도에서 물체의 운동을 분석하여 물체가 등속으로 수평 운동하는 것은 정지상태만큼이나 자연스럽다고 주장했다. 그리고 빗면 실험을 통해 물체가 빗면을 내려갈 때는 속력이 빨라지고, 반대로 빗면을 올라갈 때는 속력이 느려진다는 것을 주의 깊게 관찰하고, 어느 쪽으로도 기울어지지 않은 수평면에서는 속력이 변하지 않고 일정해야 한다고 추리(사고실험)하여 관성이라는 성질을 설명하였다. 그는 마찰을 힘으로 해석하였으며, 운동 상태를 변화시키기 위해서는 힘이 필요하다는 것을 주장하였다.

이와 같은 운동에 대한 갈릴레이의 주장들을 묶어 Newton은 위대한 운동 이론 세 가지를 법칙으로 정리하여 발표하게 된다. 먼저 **운동의 제1법칙**(Newton's first law)에 대해 알아보자.

앞서 3-8절에서 다룬(상대속도) 것처럼 움직이는 물체는 서로 다른 여러 기준틀에서 관측될 수 있다. 운동의 제1법칙은 관성틀이라는 특별한 기준틀을 정의하므로 **관성의 법칙**이라고 한다. 관성의 법칙은 다음과 같이 표현할 수 있다.

- 한 물체가 다른 어떤 물체와도 상호 작용하지 않으면, 이 물체의 가속도가 0이 되는 기준틀이 존재한다는 것이다.
- 모든 물체는 힘에 작용에 의해 운동 상태를 변화시키도록 강요당하지 않는 한 정지 상태에 있거나 등속 직선운동 상태를 유지한다.
- 관성 기준틀에서 볼 때, 외력이 없다면 정지해 있는 물체는 정지 상태를 유지하고, 등속 직선 운동하는 물체는 계속해서 등속운동 상태를 유지한다.

운동의 제1법칙은 물체에 작용하는 외력의 합이 0인 경우를 설명하는 것이 아니라, 물체에 외부로부터 작용하는 힘이 존재하지 않는 경우만을 고려하기에 물체의 운동을 변화시키는 원인으로서의 힘을 정의할 수 있다.

이러한 기준틀을 **관성틀** 또는 **관성 기준틀**(inertial frame reference)이라고 한다. 운동의 제1법칙은 제1법칙이 성립하는 기준틀의 유형에 대해 정의해준다. 이 유형은 관성틀이고, 관성틀에 대해 등속으로 움직이는 기준틀도 모두 관성틀이다.

그림 4-10(a)와 같이 수평한 직선 방향으로 일정한 속력으로 날고 있는 비행기를 생각해보자. 비행기 내에 있는 사람은 비행기 좌석에 대해 정지해 있으며, 통로에 놓인 공도 비행기에 대해 정지해 있다. 이때 공에는 수평 방향의 힘이 전혀 작용하지 않으므로 이 기준틀에서는 공의 수평 방향의 가속도는 0으로 측정된다. 이것은 알짜 힘

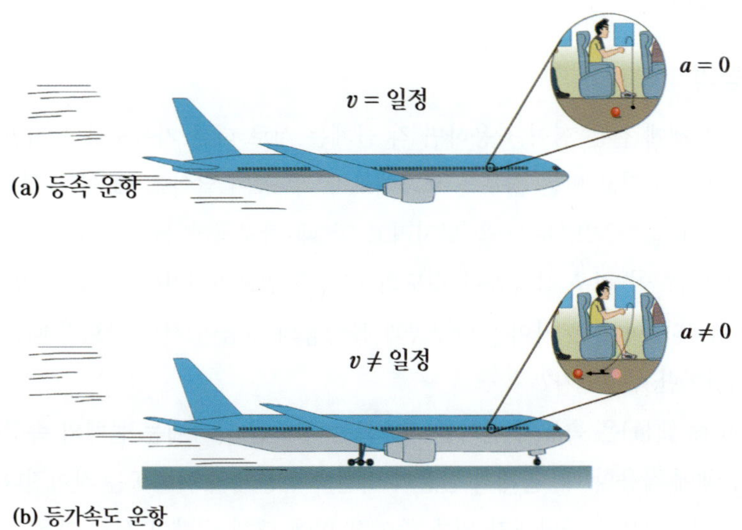

그림 4-10 관성의 법칙은 관성 기준틀에서 성립한다. (a) 등속도로 수평으로 날고 있는 비행기 내는 관성 기준틀이다. (b) 이 · 착륙을 위해 활주로를 가속(또는 감속)해서 달려가는 비행기 내는 관성 기준틀이 아니다.

이 존재하지 않는 상태에서는 등속 운동을 하고 있음을 의미한다. 비행기를 기준틀로 잡으면 비행기 내에 있는 모든 것은 운동의 제1법칙을 따르게 된다. 만약 이 운동을 지상에 있는 관측자가 관측하더라도 여전히 관성 기준틀에서 관측하는 것이다. 운동의 제1법칙은 운동의 상태나 운동 방향을 변화시키기 위해 필요한 것은 힘뿐이라는 것을 표현한다.

이에 비해 그림 4-10(b)에서와 같이 이륙을 위해 활주로를 가속하는 비행기를 생각해 보자. 승객은 좌석과 비행기의 다른 부분들에 대해 정지해 있지만, 비행기의 가속으로 인해 좌석의 등받이 부분이 승객을 향해 가속되는 힘을 느끼게 하며, 통로에 정지 상태의 놓여 있던 공은 비행기의 뒷부분으로 굴러가게 될 것이다. 이러한 운동은 관성의 법칙에 어긋난다. 이러한 경우에는 비행기 내부가 관성 기준틀이 되지 못한다. 즉 관성틀인 지상에 대해 상대적으로 가속하고 있는 비행기 안의 관측자는 **비관성 기준틀**(noninertial reference frame)에서 공의 운동을 관측하는 것이 된다. 비관성 기준틀은 **비관성틀**로 부르기도 한다.

먼 거리에 있는 별들에 대해 등속도 운동하는 기준틀은 근사적으로 거의 관성틀이며 지구도 관성 기준틀로 취급할 수 있다. 그러나 실제로 지구는 공전과 자전으로 인해 두 회전 운동의 구심가속도를 가지므로 엄밀하게 말하면 관성 기준틀이 아니나, 이 구심가속도는 중력가속도에 비해 아주 작아 무시할 수 있다. 따라서 지구와 지구상에 고정된 좌표계를 관성 기준틀로 취급하자.

4-3 질량

질량의 정의

서로 다른 물체에 같은 힘이 작용하면 각 물체는 서로 다른 가속도로 움직인다. 탁구공과 볼링공을 던지고 받는 경우를 생각해보자. 두 공이 날아올 때 어느 것을 정지시키는 것이 어려운가? 또 두 공을 던지려고 할 때 탁구공과 볼링공 중 어느 쪽이 던지기 어려운가? 이 경우 볼링공이 속도의 변화를 일으키기가(가속 또는 감속시키기에) 훨씬 어렵다. 이 같은 차이는 탁구공과 볼링공의 질량이 서로 다르기 때문이다. 그렇다면 질량이란 무엇인가?

질량(mass 質量)**은 속도의 변화를 거스르는 정도를 나타내는 물체의 속성이다.** 같은 힘이 물체에 작용할 때, 물체의 질량이 커질수록 물체의 가속도는 작아진다.

질량을 정량적으로 나타내기 위해 주어진 힘에 대해 질량이 서로 다른 두 물체가 얻는 가속도를 비교하는 실험을 해보자. 질량이 m_1인 물체에 작용하는 힘이 가속도 a_1로 운동을 변화시키고, 질량이 m_2인 물체에 작용하는 힘이 가속도 a_2로 운동을 가속시킨다고 하자. 이때 두 물체에 같은 힘이 작용하는 경우에, 질량의 비율은 두 물체의 가속도 비율의 역수와 같다. 그러면 다음과 같은 관계식이 성립한다.

$$\frac{m_1}{m_2} = \frac{a_2}{a_1} \qquad \textbf{4-1}$$

예를 들어 어떤 힘이 3 kg인 물체에 작용해서 물체가 4 m/s^{2}으로 가속된다면, 같은 힘을 6 kg인 물체가 받으면 2 m/s^{2}으로 가속된다. 물체에 가하는 힘의 크기를 바꾸더라도 위 관계는 계속해서 성립한다. 따라서 이 식은 물체의 질량을 정할 수 있는 일관성 있고 믿을 만한 방법을 제공한다. 즉 한 물체의 질량을 알고 있다면 다른 물체의 질량은 이들의 가속도를 측정해서 알아낼 수 있다. 이러한 측정 실험을 통해서 질량은 물체의 근원적인 특성, 즉 물체의 존재에 내재된 하나의 특성임을 알 수 있다.

질량은 물체가 가지고 있는 고유 속성으로 주위 환경과 그것을 측정하는 방법과는 무관하다.

관성질량과 중력질량

관성을 뜻하는 영어 단어는 '잘 움직이지 않는 것'을 뜻하는 라틴어에서 유래하였다. 볼링공을 굴릴 때 관성을 느낄 수 있다. 움직이는 공을 정지시킬 때도 관성을 느낄 수 있다. 관성의 법칙으로 물체의 운동 상태를 변화시키는 원인이 힘이라는 것과, 정지상태에 있는 물체와 등속도운동하는 물체는 모두 가속도가 0인 운동 상태라는 것을 밝힐 수 있게 된 것이다.

그러면 관성의 크기를 나타내는 물리량은 무엇일까? 정지하고 있는 질량이 큰 물체를 움직일 때가 질량이 작은 물체를 움직일 때보다 큰 힘이 필요하며, 같은 속도로

그림 4-11 여러 물체의 관성 비교. 질량이 클수록 관성도 커진다. (a) 100원짜리 동전(질량: 5.50×10^{-3} kg) (b) 커피컵(질량: 2.81×10^{-1} kg) (c) 천연 수정 덩어리(질량 5.25×10^{1} kg) (d) 제네시스 승용차(질량: 1.99×10^{3} kg) (e) B737 항공기(질량: 7.35×10^{4} kg) (f) 부산 항만사령부에 정박한 독도함(질량: 1.33×10^{7} kg)

운동하고 물체 중에서 질량이 큰 물체를 정지시키기가 더 어렵다는 것을 경험으로 잘 알고 있을 것이다. 따라서 질량으로 그 물체의 관성의 크기를 나타낸다. 그림 4-11에서와 같이 질량이 크면 관성도 커진다.

다음 절에서 공부할 운동의 제2법칙에서 물체에 작용하는 힘이 $F = 0$이면 물체의 가속도는 0이다. 이것은 관성의 법칙을 의미하므로 관성의 법칙은 운동의 제2법칙의 특수한 경우라고 말할 수 있다. 운동의 제2법칙에서 질량은 물체의 관성의 크기를 나타내는 양이며 물체에 작용한 힘과 가속도의 비로 정의된다. 이처럼 물체에 일정한 힘을 가할 때 물체가 얻은 가속도를 비교하여 측정한 질량을 **관성질량**(inertial mass 慣性質量)이라고 한다. 한편, 물체의 중력 $w = mg$에서 물체에 작용하는 중력과 표준 물체에 작용하는 중력의 크기를 비교하여 측정한 질량을 **중력질량**(gravitational mass 重力質量)이라고 한다. 같은 물체인 경우, 관성질량과 중력질량은 일치하므로 구분하지 않고 질량이라고 한다.

4-4 운동의 제2법칙

운동의 제1법칙은 물체에 작용하는 힘이 없을 때 일어나는 현상을 설명하고 있다. 이 경우 물체는 정지상태를 유지하거나 등속직선 운동을 한다. 그러면 운동하는 물체에 힘이 작용하면 물체는 어떤 운동을 하게 될까? 아마도 물체의 속력이 변하거나 운동 방향이 바뀌게 될 것이다. 즉 가속도가 생긴다.

운동의 제2법칙은 물체에 작용하는 힘이 존재할 때 운동에 어떤 변화가 일어나는

가에 관한 것이다. 운동의 제2법칙이 무엇에 관한 것인지를 개념적으로 이해하기 위해 마찰이 없는 수평의 길을 따라 수레를 잡아당긴다고 가정해보자. 일정한 힘으로 당기는 수레는 가속될 것이고 당길수록 점점 빨라질 것이다. 다른 사람과 같이 끌면 힘은 더 커질 것이고 속력이 빨라지는 정도도 더 커질 것이다. 큰 힘은 가속도를 만든다.

축구공을 손으로 던질 때보다 발로 걷어찰 때 공은 더 빨리, 더 멀리 날아간다. 발로 찰 때 축구공에 더 큰 힘이 전달되기 때문이다. 우리는 물체에 작용하는 힘이 클수록 운동 상태의 변화가 크게 일어난다는 것을 잘 알고 있다. 운동 상태가 변한다는 것은 곧 가속도가 생긴다는 것이며, 이것은 힘과 가속도 사이에 어떤 관계가 있다는 것을 의미한다. 과연 어떤 관계가 있을까?

힘과 가속도의 관계

물체의 질량이 일정할 때 물체에 작용시키는 힘의 크기를 $\vec{F}$에서 $2\vec{F}$, $3\vec{F}$, …로 증가시키면 물체의 가속도가 $\vec{a}$에서 $2\vec{a}$, $3\vec{a}$, …로 증가한다. 이 관계를 그래프로 그려보면 그림 4-12와 같다. 즉 물체의 질량이 일정할 때 물체에 작용하는 힘 $\vec{F}$와 가속도 $\vec{a}$는 서로 비례한다. 이들 사이의 관계를 다음과 같이 나타낼 수 있다.

$$\text{가속도} \propto \text{힘}, \quad \vec{a} \propto \vec{F} \qquad \textbf{4-2}$$

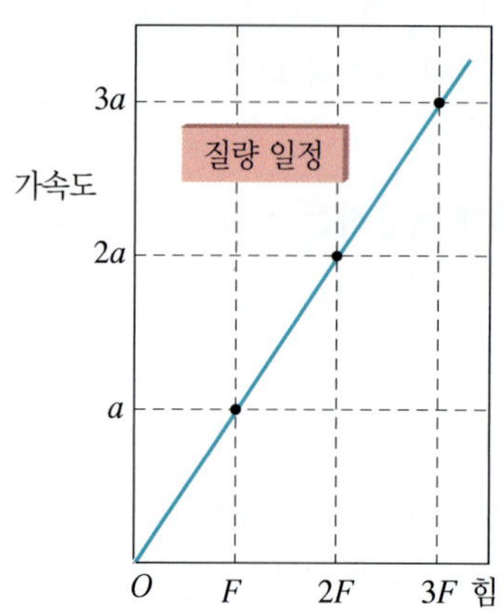

그림 4-12 가속도와 힘의 관계그래프

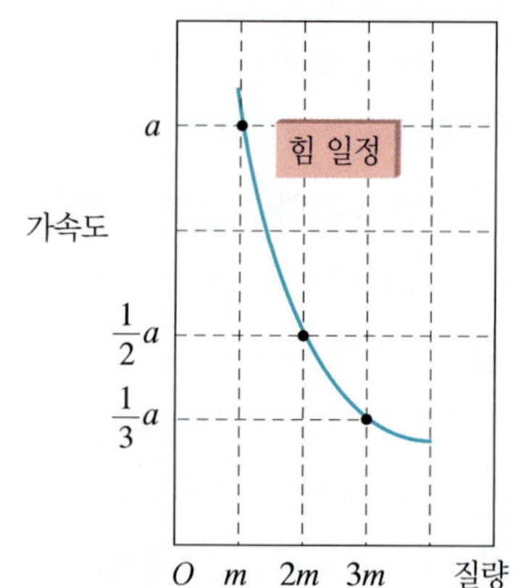

그림 4-13 가속도와 질량의 관계그래프

질량과 가속도의 관계

같은 힘으로 야구공과 투포환을 던지면 어떤 것이 더 빨리, 그리고 더 멀리 날아갈까? 이번에는 물체에 작용하는 힘의 크기를 일정하게 하고 물체의 질량을 m에서 $2m$, $3m$, …으로 증가시키면 물체의 가속도는 $\vec{a}$에서 $\frac{1}{2}\vec{a}$, $\frac{1}{3}\vec{a}$, …로 줄어든다. 이 관계를 그래프로 나타내면 그림 4-13과 같다. 즉 물체에 작용하는 힘이 일정할 때 물체의 질량과 가속도는 반비례하는 것을 알 수 있다. 따라서 물체의 질량과 가속도 사이의 관계는 다음과 같다.

$$\text{가속도} \propto \frac{1}{\text{질량}}, \quad a \propto \frac{1}{m} \qquad \textbf{4-3}$$

앞에서 물체의 질량이 일정할 때 가속도는 물체에 작용한 힘의 크기에 비례하고, 물체에 작용하는 힘이 일정할 때 가속도는 물체의 질량에 반비례한다는 것을 알았다. 그러면 이 두 관계를 하나로 나타낼 수는 없을까?

Newton은 물체를 운동시킬 때 가속도는 물체를 밀거나 끄는 힘뿐만 아니라 물체의 질량에도 관계가 있다는 사실을 알아낸 최초의 과학자이다. 뉴턴이 정리한 내용을 요약하면 다음과 같다.

물체의 가속도는 물체에 작용하는 알짜힘에 비례하고 질량에 반비례한다.

이때 가속도의 방향은 물체에 작용하는 힘의 방향과 같다. 이것을 **운동의 제2법칙**(Newton's second law), 또는 **가속도의 법칙**이라고 한다. 식 4-2와 식 4-3을 종합하고, 비례상수를 1이라 하고 수학적으로 표현하면 다음과 같이 나타낼 수 있다.

$$\vec{a} = \frac{\sum \vec{F}}{m} \qquad \textbf{4-4}$$

여기서 $\vec{a}$는 물체의 가속도이고, m은 질량, $\sum \vec{F}$는 그 질량에 작용하는 모든 힘의 벡터 합이다. 식 4-4를 정리하면 다음과 같다.

$$\sum \vec{F} = m\vec{a} \qquad \textbf{4-5}$$

다른 벡터 방정식과 마찬가지로 식 4-5 역시 xyz 좌표계의 세 성분으로 나타낼 수 있다.

$$\sum F_x = ma_x, \quad \sum F_y = ma_y, \quad \sum F_z = ma_z \qquad \textbf{4-6}$$

식 4-6은 각각 주어진 축 방향에 따라 알짜 힘의 성분과 가속도 성분 사이의 관계를 나타낸다. 따라서 주어진 축 방향의 가속도 성분은 같은 축 방향의 힘 성분의 합으로 결정되고, 다른 축 방향의 힘 성분에 의해서 결정되는 것은 아니다.

힘의 단위

힘의 SI 단위는 N이며 **뉴턴**으로 읽는다. **1 N은 질량 1 kg의 물체에 1 m/s²의 가속도를 생기게 하는 데 필요한 힘의 크기이다.** 운동의 제2법칙으로부터 힘의 단위인 N을 질량, 길이, 시간의 기본 단위로 나타내면 다음과 같다.

$$1\ \text{N} = 1\ \text{kg}\,\text{m/s}^2 \qquad \textbf{4-7}$$

미국에서는 힘의 단위로 **파운드**(pound, lb)도 겸하여 사용하고 있다. SI 단위계와 미국 상용단위계를 비교하면 표 4-2와 같다.

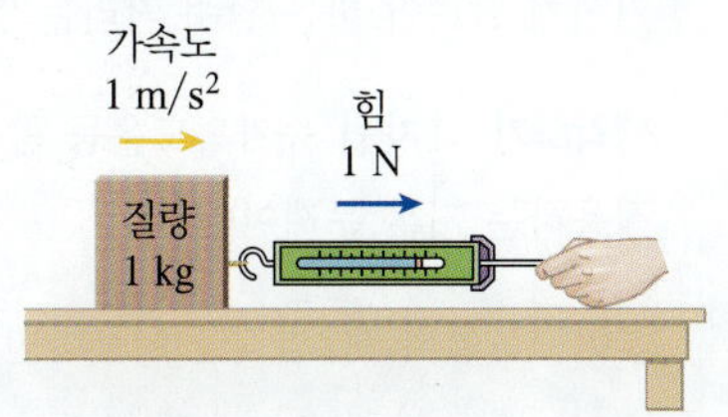

그림 4-14 1 N의 힘

표 4-2 힘, 질량, 가속도의 단위

구분	힘	질량	가속도
SI 단위계	뉴턴(N), N = kg m/s^2	킬로그램(kg)	m/s^2
CGS 단위계	다인(dyn), dyn = g cm/s^2	그램(g)	cm/s^2
미국 상용단위계	파운드(lb), lb = slug ft/s^2	슬러그(slug)	ft/s^2

※ 1 m = 3.28 ft, 1 slug = 14.593 90 kg, 1 N = 0.225 lb, 1 dyn = 10^{-5} N

예제 4-1 덩치가 크면 제동력도 커진다

문제 움직이는 차량에 브레이크 페달을 밟으면 바퀴 내에 있는 라이닝이 회전하는 드럼에 마찰력을 작용하여 정지하게 된다(그림 4-15 참조). 만약 승객을 태우는 택시는 주어진 속력에서 정해진 거리 안에 정지할 수 있어야 한다는 규정이 있다고 하자. 질량비가 3 대 2인 두 택시가 있다면, 같은 거리 안에서 멈추기 위한 제동력의 비는 어떻게 되는지 설명하라.

그림 4-15 승용차 제동장치인 라이닝과 드럼

생각하기 두 차가 주어진 속력에서 정해진 거리 내에 정지하려면 가속도가 같아야 한다.

풀이 가속도를 제동력 F_1과 F_2, 질량 m_1과 m_2로 표현하면 다음과 같다.

$$a_1 = \frac{F_1}{m_1}, \quad a_2 = \frac{F_2}{m_2}$$

가속도가 같으므로

$$\frac{F_1}{m_1} = \frac{F_2}{m_2}$$

가 되고, 따라서

$$\frac{F_1}{F_2} = \frac{m_1}{m_2} = \frac{3}{2}$$

이다. 즉 제동거리가 같다고 할 때 무거운 차를 세우기 위해서는 가벼운 차보다 더 큰 힘이 필요함을 알 수 있다. 이 힘은 제동장치의 성능 및 도로의 여건 등에 의해 결정된다.

예제 4-2 이륙하는 비행기

문제 그림 4-16과 같이 질량이 8.51×10^4 kg인 보잉사의 B737-900 항공기가 활주로에서 최대로 가속되고 있다. 이때 엔진이 항공기를 수평방향으로 325 kN의 힘으로 밀고 있다고 한다. 정지상태에서 출발하여 34.3 s 안에 이륙 속도에 도달하기까지 달려야 하는 활주 거리는 얼마인가?

그림 4-16 이륙하기 위해 활주로를 달리는 비행기

생각하기 1차원 등가속도운동 공식과 운동의 제2법칙을 함께 적용하는 기본 문제이다.

풀이 운동의 제2법칙을 이용하면 가속도는 다음과 같다.

$$a = \frac{F}{m} = \frac{3.25 \times 10^5 \text{ N}}{8.51 \times 10^4 \text{ kg}} = 3.82 \text{ m/s}^2$$

그리고 등가속도운동 공식인 $x = v_0 t + \frac{1}{2}at^2$을 이용하여 이동한 거리를 구한다. 비행기는 정지상태에서 출발하므로 $v_0 =$ 0이고, a와 t의 값을 대입하면 x를 얻을 수 있다.

$$x = \frac{1}{2}(3.82 \text{ m/s}^2)(34.3 \text{ s})^2 = 2\,247.1 \text{ m}$$

이 기종의 비행기는 최대 이륙질량일 때 이륙에 필요한 거리는 약 2 247 m이다.

예제 4-3 애트우드 기계

문제 애트우드(George Atwood, 1746~1807)는 Newton의 저서 ≪프린키피아≫가 세상에 나온 지 약 100년 후에 Newton의 제2법칙을 이용한 장치를 개발하였다. 애트우드 장치는 등가속도 운동에서 운동의 제2법칙을 증명하기 위해 고안한 실험장치이다. 애트우드 장치는 두 개의 질량 m_1과 m_2를 줄로 연결하여 마찰 없이 돌아가는 도르래에 걸어 놓은 것이다. 도르래와 줄의 질량이 m_1과 m_2에 비해 작다고 하면 운동식에서 생략할 수 있다. 그림 4-17(a)와 같이 질량이 각각 m_1과 $m_2(m_2 > m_1)$인 두 물체가 마찰이 없는 도르래에 줄로 매달려 있다. 도르래와 줄의 질량은 무시한다. (a) 가속도의 크기는 얼마인가? (b) 줄의 장력의 크기는 얼마인가?

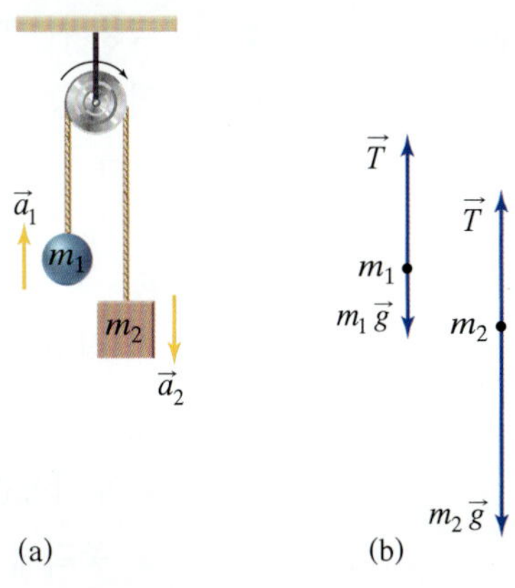

그림 4-17 (a) 두 개의 질량 m_1과 m_2를 줄로 연결하여 마찰 없이 돌아가는 도르래에 걸어 놓은 애트우드 기계 (b) 두 물체에 대한 자유물체 도표

생각하기 운동의 제2법칙을 이용하여 이체(two-body) 문제를 간단히 푼다. 줄은 늘어나지 않으므로 두 물체의 가속도의 크기는 같지만 방향은 반대이다. 더 무거운 질량 m_2는 가속하여 아래$(-y)$ 방향으로 내려간다.

풀이 두 물체에 대한 자유물체도표를 그리면 그림 4-17(b)와 같다.

(a) 질량 m_1과 m_2에 운동의 제2법칙을 적용하면 다음과 같다.

$$m_1 a_1 = T - m_1 g \qquad (1)$$

$$m_2 a_2 = T - m_2 g \qquad (2)$$

식 (2)에 $a_2 = -a_1$을 대입하고 양변에 -1을 곱하면

$$m_2 a_1 = -T + m_2 g \qquad (3)$$

이다. 식 (1)과 (3)을 더하고 a_1에 대해 풀면 다음과 같다.

$$(m_1 + m_2)a_1 = m_2 g - m_1 g$$

$$a_1 = \left(\frac{m_2 - m_1}{m_1 + m_2}\right) g$$

(b) 이 결과를 식 (1)에 대입하여 장력의 크기 T를 구한다.

$$\therefore T = \left(\frac{2m_1 m_2}{m_1 + m_2}\right) g$$

(a)와 (b)의 결과 장력 T는 언제나 매달려 있는 물체의 중력보다 작으며, 가속도는 언제나 g보다 작다는 것을 알 수 있다.

4-5 운동과 관련이 있는 몇 가지 힘

중력

야구공을 높이 던져 올려도 이내 다시 떨어지며, 비나 눈도 반드시 지구 중심 방향으로 떨어진다. 번지점프(bungee jump)를 해본 경험이 있는가? 번지점프를 하면 줄의 탄성력에 의해 잠시 위로 솟구치지만 곧 중력 때문에 아래로 떨어진다. 중력장 내에서 운동하는 스카이다이버는 처음에 자유 낙하 운동을 하다가 이어 속도가 증가하고 곧 등속도운동을 한다. 스카이다이버는 중력을 거슬러 더 오랫동안 공중에 머물고 싶어 한다. 이 때문에 스카이다이버를 중력을 거부한 사람이라고 부른다. **중력**(gravitation force 重力)이란 지상에 있는 모든 물체를 지구로 잡아당기는 힘을 말한다.

물체에 작용하는 중력 $\vec{F}_g$는 제2의 다른 물체로 끌리는 힘으로, 일반적으로 제2의 물체는 지구를 상정한다. 따라서 물체에 작용하는 중력 $\vec{F}_g$는 지구중심으로 끌리는 힘

이다.

질량이 m인 물체가 일정한 크기의 가속도 g로 자유 낙하하고 있다면, 이 물체에 작용하는 힘은 단지 중력 $\vec{F}_g$ 뿐이다(공기의 저항력 무시). 물체가 움직이는 경로를 연직 방향인 y축으로 설정하면 운동의 제2법칙은 $\vec{F}_y = m\vec{a}_y$이고, 구체적으로는 다음과 같다.

$$F_g = mg \qquad \textbf{4-8}$$

식 4-8은 중력은 질량과 중력가속도의 곱과 같다는 의미이다. 만약 그 물체가 자유낙하하지 않고 수평 테이블 위에 멈춰있거나 그 위를 움직일 때에도 같은 크기의 중력이 작용한다.

중력에 대한 운동의 제2법칙을 벡터식으로 나타내면 다음과 같다.

$$\vec{F}_g = mg\hat{\mathrm{j}} = m\vec{g} \qquad \textbf{4-9}$$

중력은 달이나 인공위성을 궤도에 묶어 두고 있으며, 지구 표면을 벗어나려는 위성에 엄청난 이탈속도를 요구한다. 두 물체 사이에는 항상 서로에게 중력을 작용한다. 그러나 두 물체 중 적어도 하나가 대단히 큰 질량을 갖지 않으면 그 힘은 매우 작다. 중력은 아주 멀리까지 작용하는 힘이며 항상 잡아당기고 있다. 중력은 두 물체 사이의 거리가 증가함에 따라 약해지지만, 아무리 멀어진다 해도 결코 0이 되지는 않는다. 중력을 조금이라도 인식하게 되는 유일한 이유는 중력이 항상 잡아당기기 때문이다. 중력은 아주 방대한 천문학적 계에 있어서는 달, 행성, 항성 및 은하의 운동을 결정하는 주된 힘이다. 또한 중력은 자연의 시간과 공간의 본성에도 영향을 준다. 일반 상대성 이론에 의하면 공간은 태양처럼 질량이 큰 물체 부근에서 휘게 되고, 시간은 질량이 큰 물체 근처에서 실제로 느려진다.

무게

무게는 지구 표면 근처에서 질량 m인 물체에 작용하는 중력의 크기를 말한다. 다시 말하면 물체가 자유낙하를 하지 못하도록 물체에 작용하는 알짜힘으로 지상에서 측정한 값이다. 기호는 W, w 등을 사용한다. 지면을 관성 기준틀로 할 때 무게는 다음과 같다.

$$W = F_g \qquad \textbf{4-10}$$

즉, 물체의 무게 W는 물체에 작용하는 중력의 크기 F_g와 같다. 무게는 주어진 위치에서의 g값에 따라 달라질 수 있으므로 물체에 주어진 고유한 값이 아니다. 특별한 언급이 없는 한 이 책에서는 g값을 지표에서의 값인 9.80 $\mathrm{m/s^2}$으로 한다. 태양에서의 중력가속도는 $g_{태양} = 2.74\ \mathrm{m/s^2}$이고, 달에서의 중력가속도는 $g_{달} = 1.62\ \mathrm{m/s^2}$이다.

질량과 무게를 혼동하는 경우가 많다. 물체의 무게는 그것에 작용하는 중력의 크기와 같고, 따라서 그 크기는 물체의 위치에 따라 달라진다. 그러나 질량은 그 물체가 어디에 있든지 같다. 즉 질량이 2 kg인 물체는 그것이 지구에 있거나 달에 있거나 동일한 2 kg의 질량을 갖는다.

체중이 65 kg이라면, 지구 표면에서의 무게는 (65 kg)(9.8 m/s^2) = 637 N 이다. 그러나 중력가속도가 $g_{달}$ = 1.62 m/s^{2}인 달에서의 무게는 105 N이 된다. 중력을 작용하는 물체로부터 멀리 떨어져 있는 은하계 간의 공간에서는 무게는 실제로 0이 될 것이다.

예제 4-4 화성탐사선 '큐리오시티'

문제 그림 4-18은 인류 대신 화성을 밟은 큐리오시티(Curiosity-Treading on Mars)의 모형이다. 2012년 8월 6일 화성에 착륙하여 핵에너지를 동력으로 화성의 구성 물질, 방사선 측정 등의 활동을 하고 있다. 특히 수성암이 형성된 흔적을 발견하여 과거 화성에 물이 흘렀음을 확인한 바 있다. 이 탐사로봇의 지구에서의 질량은 약 900 kg이다. 화성에서의 중력가속도는 3.74 m/s^{2}이다. (a) 지구에서의 무게는 얼마인가? (b) 화성에서 이 탐사로봇의 질량과 무게는 얼마인가?

그림 4-18 화성탐사로봇 '큐리오시티' 모형(제주항공우주박물관에서 촬영)

생각하기 화성에서의 질량은 지구에서와 같으므로 변함이 없다. 그러나 무게는 화성에서의 중력가속도가 지구에서와 다르므로 많은 차이가 있다.

풀이 (a) 지구에서의 무게는 $W = mg$에서 구할 수 있다. 즉 다음과 같다.

$$W = mg = 900 \text{ kg} \times 9.8 \text{ m/s}^2 = 8.82 \times 10^3 \text{ N}$$

(b) 화성에서의 질량은 변함없다. 화성에서의 무게는 다음과 같다.

$$W = mg = 900 \text{ kg} \times 3.74 \text{ m/s}^2 = 3.37 \times 10^3 \text{ N}$$

수직력(수직항력)

어느 학생이 운동 매트 위에 서 있다. 지구가 학생을 잡아당기지만 학생은 움직이지 않는다. 그 이유는 매트가 학생 때문에 아래 방향으로 약간 오므라들며 학생을 위로 되밀기 때문이다. 이번에는 마루로 된 사무실에 서 있다고 하자. 마루는 약간 변형되고(압축되거나 휘어진다) 학생을 위로 밀어 올릴 것이다. 이때 매트나 마루가 학생을 밀어 올리는 힘을 **수직력**(normal force 垂直力) 또는 **수직항력, 법선력**이라 한다. 이 힘이 접촉면에 수직으로 작용하기 때문이다. 영어 단어인 normal은 '목수의 직각자에 의하면'이라는 라틴어로부터 유래되었다. 마루가 학생에게 작용하는 힘은 마루와 직각을 이루므로 수직력이라 한다. 그림 4-19(a)와 같이 나무토막이 책상 위에 놓여 있다. 이때 수직력 $\vec{F}_N$은 책상의 지지면이 나무토막에 가하는 힘이다. 나무토막에 작용하는 중력 $\vec{F}_g$는 지구가 아래 방향으로 당기는 힘이다. 그림 4-19(b)는 나무토막을 입자로 생각할 때 이 입자에 작용하는 힘에 대한 자유물체도표를 그린 것이다. 두 힘이 균형을 이루는 것을 알 수 있다. 그림 4-20과 같이 물체를 받치는 비탈면에 수직인 힘도 수직력이다. 수직력은 궁극적으로 접촉면 내의 원자끼리의 전기적 인력과 관련된다.

> **TIP** 수직력(normal force)
>
> 접촉하는 두 물체 사이에서, 접촉면에서 서로에게 수직으로 작용하는 힘을 말한다. 책에 따라 수직항력, 법선력, 맞선힘 등으로 표현하고 있다. 이 책에서는 수직력 또는 수직항력으로 표현하기로 한다. 기호로는 $\vec{F}_N$, $\vec{F}_{수직}$, $\vec{n}$ 등으로 나타낸다.

책상 위에 놓여 있는 질량 m인 물체는 중력 $\vec{F}_g$를 받기 때문에 책상의 위쪽 면은

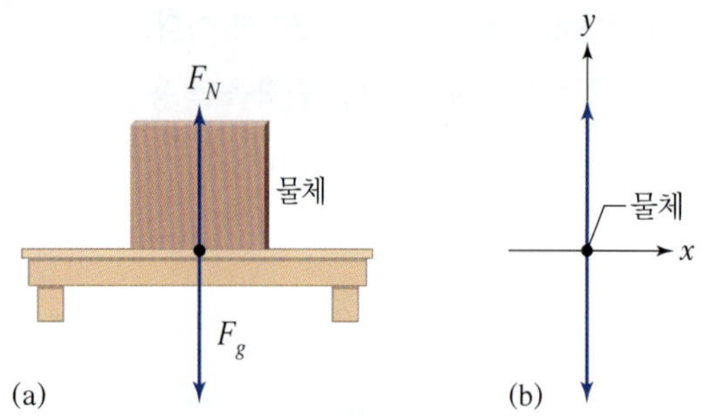

그림 4-19 (a) 책상 위에 놓인 물체는 책상 표면에 직각인 수직력 F_N을 받는다. (b) 물체(●)에 작용하는 두 힘에 대한 자유물체도표

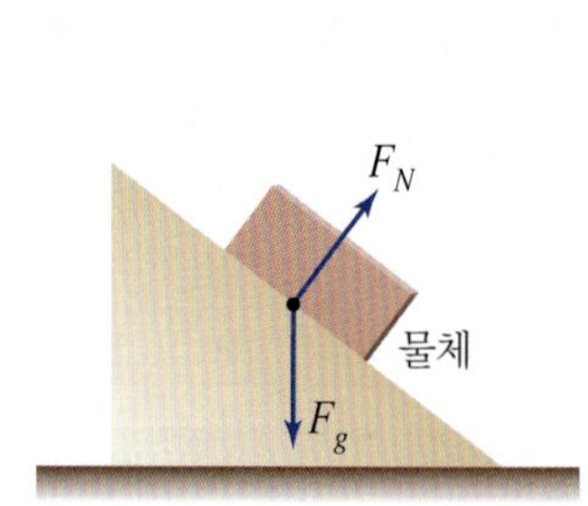

그림 4-20 비탈이 물체에 작용하는 법선력

동일한 크기의 힘을 받는다. 이때 책상은 물체를 수직력 F_N으로 위쪽을 향해 민다. 여기서 위로 향하는 y방향에 대해 운동의 제2법칙을 적용하면 다음과 같다.

$$F_N - F_g = ma_y$$

이 식의 F_g 대신 mg를 대입하면 다음과 같다.

$$F_N - mg = ma_y$$

수직방향을 따라 책상과 물체의 가속도 a_y가 어떠한 값을 가지더라도(예, 가속되는 승강기 내부) 수직력은 다음과 같이 주어진다.

$$F_N = mg + ma_y = m(g + a_y) \qquad \textbf{4-11}$$

만약 책상과 물체가 지면에 대해 가속되지 않는다면 $a_y = 0$이 되어 식 4-11은 다음과 같다.

$$F_N = mg = F_g$$

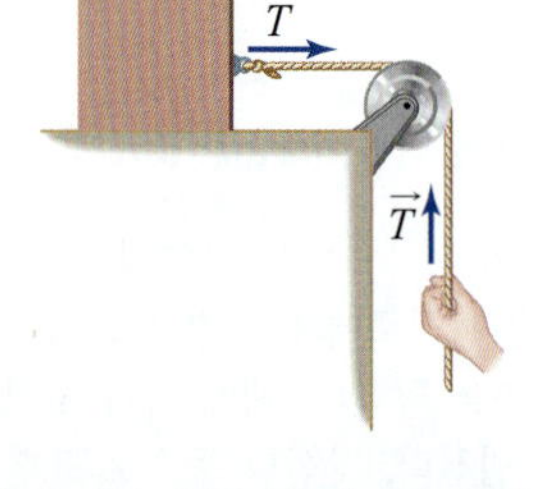

그림 4-21 줄을 당기는 양 끝의 장력은 똑같다.

그림 4-22 현수교는 두 교탑 사이에 일정한 간격으로 늘인 케이블로 교판을 매달아 놓은 다리이다. 각 케이블에는 장력이 작용한다(이순신대교).

장력

물체에 연결된 줄을 팽팽히 잡아당기면 줄은 물체에서 멀어지려는 방향으로 줄을 따라 힘 $\vec{T}$로 물체를 잡아당긴다. 이때 줄은 팽팽히 당겨진 긴장 상태에 있으며, 이러한 상태에 있는 힘을 **장력**(tension 張力)이라고 한다. 줄에 걸린 장력은 물체에 작용하는 힘의 크기와 같다. 그림 4-21과 같이 물체에 줄을 매어 도르래로 당기면(질량과 마찰이 없는 도르래라고 가정) 줄은 물체와 손을 장력 $\vec{T}$로 당긴다. 이때 장력은 줄을 당기는 힘이며 물체가 정지되어 있든지 움직이고 있든지 간에 장력의 크기는 똑같다. 고무 밴드, 용수철, 밧줄, 케이블과 같이 물체의 길이가 늘어날 때의 장력도 똑같이 나타난다. 가속되지 않는 물체를 지탱시키는 밧줄이나 케이블은 꼭 알맞게 늘어나서 아래로 향하는 중력의 크기와 같은 위쪽으로의 장력을 가진다(그림 4-22 참조).

마찰력

물체가 표면 위에서 또는 공기나 물 같은 점성 매질 속에서 움직일 때, 물체 주변과 상호작용을 하기 때문에 저항을 받는다. 이러한 저항을 **마찰**이라고 한다. 건조한 도로에

그림 4-23 눈이 오면 도로와 타이어 사이에 작용하는 마찰력이 현저히 감소한다.

서는 걷기가 수월하지만 빙판길은 미끄럽기 때문에 걷기가 힘들다. 이것은 빙판길과 신발 사이의 마찰이 작기 때문이다.

그림 4-23과 같이 눈이 오는 날 고속도로는 빙판길이 되고 이에 따라 도로와 타이어 사이의 마찰력이 감소하여 차량들이 미끄러지게 된다.

또한 물체를 밀거나 당길 때, 물체에 작용하는 힘의 크기가 어느 정도 되기까지는 물체는 움직이지 않는다. 이것은 물체와 접촉면 사이에서 운동을 방해하는 힘이 작용하기 때문인데 이 힘을 **마찰력**(frictional force 摩擦力)이라 한다. 마찰력은 물체의 움직임을 방해하는 저항과 같은 것이며 물체의 운동방향과 반대방향으로 작용한다.

그림 4-24(a)에서와 같이 힘 F로 물체를 잡아당길 때, F가 작으면 물체는 움직이지 않는다. F를 방해하여 책을 움직일 수 없게 하는 힘이 F의 반대방향으로 작용

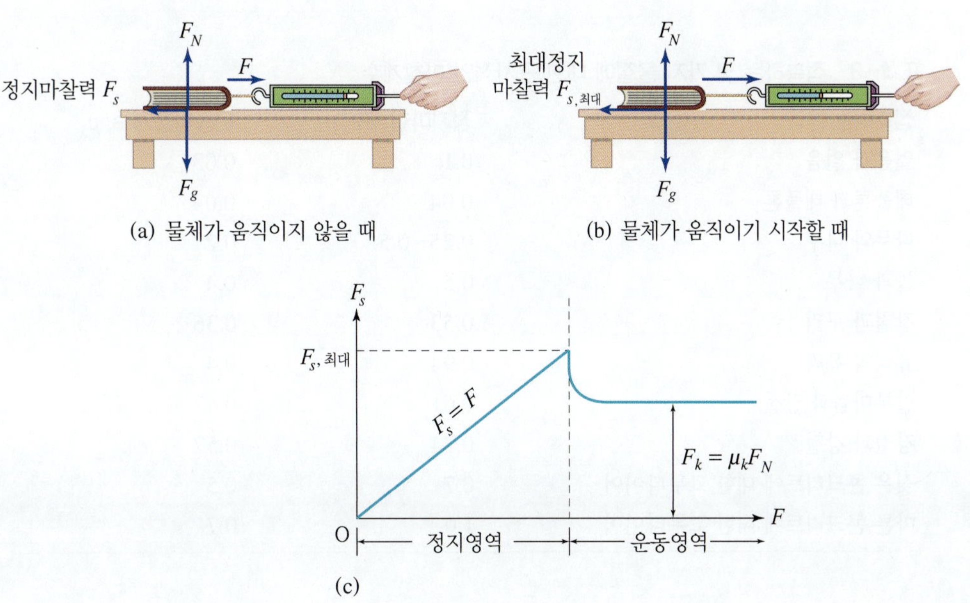

그림 4-24 (a) F를 방해하여 책을 움직일 수 없게 하는 정지마찰력 F_s가 F의 반대방향으로 작용한다. 책이 움직이지 않는 한 $F_s = -F$이다. (b) F_s가 정지마찰력 $F_{s,최대}$ 보다 커지면 책은 오른쪽으로 가속을 받는다. (c) (a)와 (b) 상태를 그림으로 나타낸 그래프

하게 되는데, 이를 **정지마찰력**(force of static friction 靜止摩擦力) F_s라고 한다. 책이 움직이지 않는 한 $F_s = -F$이다. F가 증가하면 F_s도 커지며, F가 작아지면 F_s도 작아진다. 그림 4-25(b)와 같이 F의 크기를 증가시키면 어느 순간 움직이기 시작한다. 움직이기 시작하는 순간 F_s는 최대가 된다. 물체가 정지해 있다가 움직이기 시작하는 순간의 마찰력의 크기는 정지마찰력 중에서 가장 크기 때문에 **최대정지마찰력**(maximum static frictional force)이라고 한다. F가 정지마찰력 $F_{s,최대}$보다 커지면 책은 오른쪽으로 가속을 받는다. 책이 움직일 때의 마찰력은 $F_{s,최대}$보다 작다. 움직이는 물체에 대한 마찰력을 **운동마찰력**(force of kinetic friction 運動摩擦力) F_k라고 한다. x방향으로의 알짜힘 $F-F_k$는 운동의 제2법칙에 따라 오른쪽으로 가속을 일으키게 하는 힘이 된다. $F = F_k$라면 가속도는 0이 되고, 책은 일정한 속력을 갖고 오른쪽으로 움직인다. 가하던 힘을 없애면 왼쪽으로 작용하는 마찰력이 책을 $-x$방향으로 가속시키고, 다시 운동의 제2법칙에 따라 책을 멈추게 한다.

여러 번의 실험을 통해 얻어진 결과를 정리하면 다음과 같으며, 몇 가지 물질의 마찰계수는 표 4-3과 같다.

- 접촉하고 있는 두 표면 사이의 정지마찰력의 크기는 $F_s \leq \mu_s F_N$이다. 여기서 μ_s는 **정지마찰계수**(coefficient of static friction)이며, F_N은 수직항력의 크기이다.
- 두 접촉면 사이의 운동마찰력의 크기는 $F_k = \mu_k F_N$이다. 여기서 μ_k는 **운동마찰계수**(coefficient of kinetic friction)이다. 운동마찰계수는 물체의 속력에 따라 변하지만, 그 차이는 거의 무시한다.
- μ_s와 μ_k값은 표면의 특성에 따라 다르며 일반적으로 μ_k는 μ_s보다 작다.
- 마찰계수는 접촉면의 종류나 상태에 따라 다르며, 접촉면의 넓이와는 거의 무관하다.
- 표면이 물체에 작용한 마찰력의 방향은 물체의 실제 운동의 반대방향이다.

표 4-3 접촉하는 몇 가지 물질에 대한 근사적인 마찰계수

접촉하는 물질	정지마찰계수, μ_s	운동마찰계수, μ_k
얼음과 얼음	0.1	0.03
테플론과 테플론	0.04	0.04
나무와 나무	0.25~0.5	0.2
돌과 나무	0.5	0.4
강철과 구리	0.53	0.36
유리와 유리	0.94	0.4
알루미늄과 강철	0.61	0.47
강철과 강철	0.74	0.57
젖은 콘크리트에 대한 고무타이어	0.7	0.5
마른 콘크리트에 대한 고무타이어	1.0	0.7

예제 4-5 경사면에 놓인 벽돌

문제 질량이 2.80 kg인 벽돌이 수평방향에 대한 경사각이 θ인 경사면에 놓여 있다. 이때 벽돌과 경사면 사이의 정지마찰계수가 0.380이다. 이 조건에서 벽돌이 아래쪽으로 미끄러지지 않으려면 경사각 θ의 최대각은 몇 도인가?

생각하기 평형상태에 있는 물체에 대한 운동의 제2법칙을 적용한다. 경사면 좌표계를 설정하고 주어진 상황을 그림으로 나타낸다. 벽돌이 막 미끄러지기 시작할 때 정지마찰력의 최댓값은 $F_s = \mu_s F_N$이다.

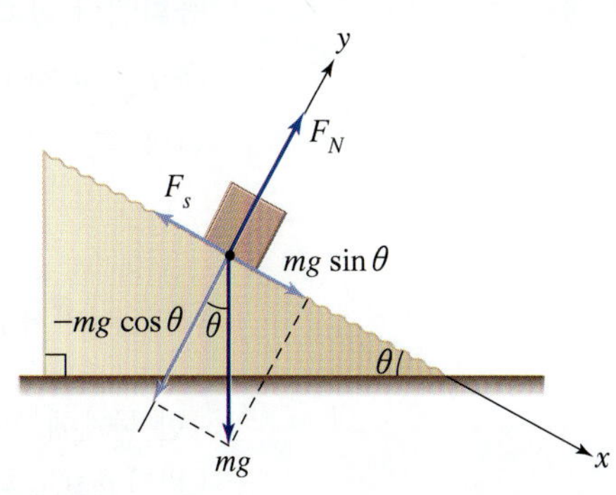

그림 4-25 물체가 경사면에 정지해 있을 때, 경사각은 오직 정지마찰계수에만 의존한다.

풀이 주어진 상황을 그림으로 나타내면 그림 4-25와 같다. 정지 좌표계를 사용하여 이 벽돌에 작용하는 모든 힘들을 성분별로 나타내보자.

$$\sum F_x = mg\sin\theta - \mu_s F_N = 0 \quad (1)$$

$$\sum F_y = F_N - mg\cos\theta = 0 \quad (2)$$

식 (2)를 수직항력의 크기 F_N에 대해 정리하면 다음과 같다.

$$F_N = mg\cos\theta$$

F_N을 식 (1)에 대입하고 $\tan\theta$에 대해 정리하면 다음과 같다.

$$\sum F_x = mg\sin\theta - \mu_s mg\cos\theta = 0 \rightarrow \tan\theta = \mu_s$$

역탄젠트 함수를 적용하여 θ를 구하면 다음과 같다.

$$\tan\theta = 0.380 \rightarrow \theta = \tan^{-1}(0.380) = 20.8°$$

이 결과로 경사각은 오직 정지마찰계수에만 의존한다는 사실을 알 수 있다.

4-6 운동의 제3법칙

손바닥을 벽에 대고 벽을 가볍게 밀어보면 벽이 손바닥을 미는 듯한 느낌을 받는다. 즉, 두 물체가 서로 밀거나 당길 때, 다시 말하면 다른 물체가 한 물체에 힘을 작용할 때 두 물체가 상호작용을 한다고 한다. 따라서 힘은 물체의 상호작용에 의해 나타나는 것이며, 단독으로 존재하는 것이 아니라 반드시 쌍으로 존재한다는 것을 알 수 있다.

그림 4-26과 같이 똑같은 용수철저울 A와 B를 마주 걸어서 용수철저울 B를 당겨보면, 두 용수철저울의 눈금이 똑같이 나타나는 것을 볼 수 있다. 예를 들어 만일 용수철저울 B로 용수철저울 A를 50 N의 힘으로 당기면 용수철저울 A도 용수철저울 B를 50 N의 힘으로 끌어당긴다.

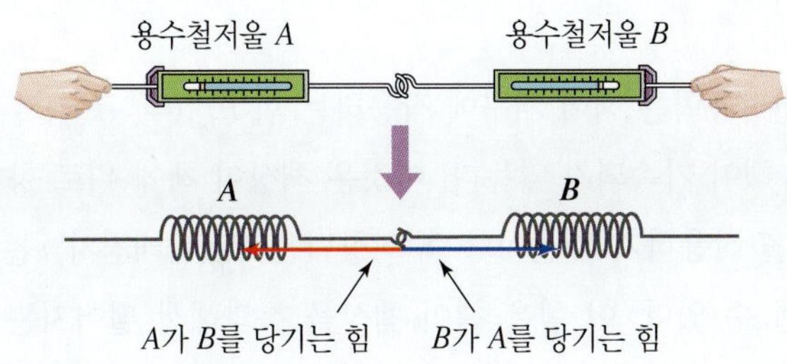

그림 4-26 작용과 반작용

이와 같이 힘은 반드시 두 물체 사이에 서로 작용하며, 물체 A가 물체 B에 힘을 작용하면 동시에 물체 B도 물체 A에 같은 크기의 힘을 작용한다. 이때 한쪽의 힘을 **작용력**이라 하고, 다른 쪽의 힘을 **반작용력**이라고 한다. 물체 A가 물체 B에 작용하는 힘을 F_{AB}라 하고, 물체 B가 물체 A에 작용하는 힘을 F_{BA}라고 하면 다음의 관계가 성립한다. 즉

$$F_{AB} = -F_{BA} \tag{4-12}$$

이다. 여기서 F_{AB}를 작용력이라고 하면 F_{BA}는 반작용력이 된다.

> 한 물체에 어떤 힘이 작용하면 반드시 상대편 물체에 크기가 같고 방향이 반대인 힘이 반작용으로 나타난다.

이 관계를 **운동의 제3법칙**(Newton's third law) 또는 **작용과 반작용의 법칙**이라 한다. 운동의 제3법칙은 **힘은 언제나 쌍으로 존재하며 고립된 단일 힘은 존재할 수 없음을 말하고 있다.** 여기서 두 힘 중 어느 한 힘을 작용력 또는 반작용력으로 임의로 정할 수 있다. 작용력은 반작용력과 크기가 같고 방향은 반대이다. 모든 경우에 작용력과 반작용력은 서로 다른 물체에 작용하고 같은 종류의 힘이어야 한다. 발바닥이 지면을 밀면 동시에 지면도 발바닥을 밀게 된다. 운동의 제1법칙과 운동의 제2법칙은 힘의 효과에 대해 설명하는 내용이며, 운동의 제3법칙은 힘의 본질적인 특성을 설명하는 내용이다.

그림 4-27 발이 지면을 뒤로 밀면, 지면은 발을 앞쪽으로 밀기 때문에 걷게 된다.

우리가 땅을 밟고 걷는 경우를 생각해보자. 그림 4-27에서와 같이 어떤 사람이 발로 땅을 밀어서 걷기 시작한다고 하자. 즉 사람은 지면에 힘을 작용하게 된다. 이때 땅은 크기가 같고 방향이 반대인 힘을 사람에게 작용하는데, 이 힘이 사람을 앞으로 움직이게 하는 것이다. 하늘을 나는 새는 공기에 힘을 작용하면서 앞으로 나아간다. 그러나 새를 앞으로 날아가게 하는 것은 새의 날개를 미는 공기의 힘이다. 자동차도 땅이 차에 작용하는 힘, 즉 타이어가 땅에 작용하는 힘에 대한 반작용력 때문에 움직이게 된다.

또 다른 예를 살펴보자. 지구는 모든 물체에 중력 F_g를 작용한다. 그림 4-28(a)와 같이 책상 위에 책이 놓여 있다고 하자. 이때 지구가 책에 작용하는 힘은 중력 F_g이고, 이를 달리 표현하면 F_{eb}(여기서 아래첨자 e는 지구를, b는 책을 뜻하는 것으로 지구가 책에 작용하는 힘을 나타낸다). 즉 $F_g = F_{eb}$이다. 이 작용력에 대한 반작용력은 어떻게 나타내는가?

중력에 대한 반작용력은 책이 지구에 작용하는 힘 F_{be} $(= -F_{eb})$가 된다. 이 힘은 책상이 받치고 있어 책이 가속되지 않는다. 이것은 책상이 책에 위로 향하는 힘인 **수직항력**(normal force)을 작용하기 때문이다. 수직항력은 F_{tb}(아래첨자 t는 책상을, b는 책을 뜻함)로 나타낼 수 있다. 이 힘은 책이 책상을 통과해서 떨어지는 것을 막고 있다. 이 힘은 책상이 부서지지 않는 한 어떤 값이라도 가질 수 있다. 책의 가속도는 0이므로 운동의 제2법칙으로부터 $\sum \vec{F} = F_N + F_g = 0$ 또는 $F_N = mg$라는 사실을 알 수

(a)

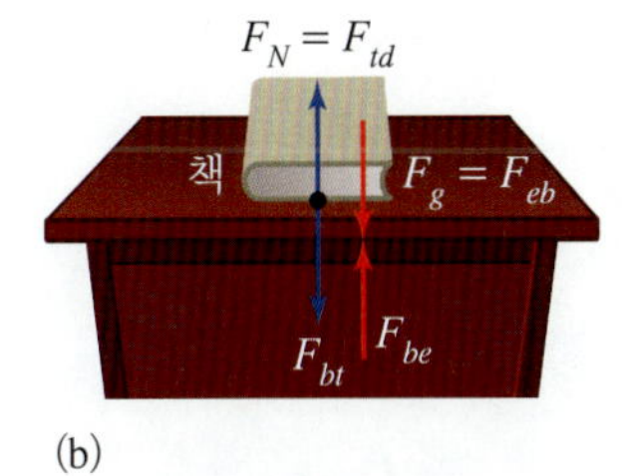

(b)

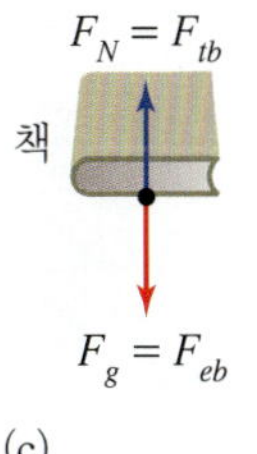

(c)

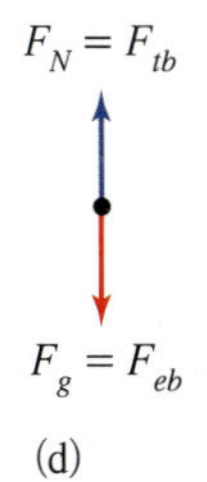

(d)

그림 4-28 (a) 책상 위에 놓여 있는 책 (b) 책상 위에 정지해 있는 책에 작용하는 힘은 F_N와 중력 F_g이다. (c) 책에 작용하는 힘만을 나타낸 그림 (d) 책에 대한 자유물체도표(물체인 책은 검정색 점, 즉 입자로 나타냈다).

있다. 수직항력은 책에 작용하는 중력을 상쇄시키므로 책에 작용하는 알짜힘은 0이다. F_N에 대한 반작용력은 책이 책상을 아래 방향으로 누르는 힘, $F_{bt} = -F_{tb}$이다. 그림 4-29(b)에 나타낸 것처럼 책에 작용하는 힘(작용력)은 F_g와 F_N이고, 반작용력 F_{be}와 F_{bt}는 책이 지구와 책상에 각각 작용하는 힘이다. 작용-반작용 쌍에 존재하는 두 힘은 항상 서로 다른 두 물체에 작용한다는 사실을 기억하자.

그림 4-28(b)~(d)는 힘이 관련된 문제를 그림으로 나타내는 방법 사이에 조금씩 다른 의미를 보여주고 있다. 그림 4-28(b)는 상황과 관련 책, 책상, 지구 등에 작용하는 힘을 보여준다. 그리고 그림 4-28(c)는 책이라는 한 물체에 작용하는 힘들만을 보여주는데, 이를 **힘도표**(force diagram) 또는 물체에 작용하는 힘들을 보여주는 도표라고 하며 그림 4-28(d)와 같이 물체에 작용하는 힘들을 단순화시켜 그린 그림을 **자유물체도표**(free body diagram 自由物體圖表)라 한다. 자유물체도표에서는 물체를 점 또는 입자로 표현하며, 물체에 작용하는 힘을 점에 작용하는 것으로 표현하고 이해한다. 특히 알짜힘을 받는 입자의 운동을 분석할 때에는 입자로 모형화할 물체에 작용하는 알짜힘에 관심을 집중해야 한다. 그러므로 자유물체도표를 그려보면 그 물체에 작용하는 힘들만을 표현하게 되어 물체의 운동을 간단하게 분석하고 이해할 수 있다.

> **TIP 자유물체도표(free body diagram)**
>
> 물체에 작용하는 힘만을 정확하게 그린 그림을 말한다. 운동의 제2법칙을 이용할 문제를 접할 때는 주어진 상황에 적절하고, 단순화시켜 그림을 그려야 한다.

> **TIP 작용력과 반작용력에 의한 가속 효과**
>
> 작용력과 반작용력은 크기가 같더라도, 각각의 힘이 질량이 다른 물체에 작용할 수 있으므로 필연적으로 같은 크기의 가속도를 발생시키는 것은 아니다.

4-7 운동의 법칙의 응용

일정한 외력에 의해 움직이는 물체에 대해 운동의 법칙을 적용하는 몇 가지 예를 살펴보자.

물체가 입자처럼 움직인다고 가정하고 물체의 회전은 고려하지 않는다. 또한 마찰의 영향이나 물체에 부착된 끈이나 줄의 질량도 무시한다. 이러한 조건에서 줄을 따라 작용하는 장력의 크기는 줄의 모든 지점에서 동일하다.

그림 4-29에서와 같이 줄을 양쪽에서 잡고 있는 경우를 생각해보자. 이때 줄에 작용하는 힘은 $\vec{T}$와 $\vec{T}'$이다. 줄의 질량이 m이라면, 운동의 제2법칙을 적용하면 $T - T' = ma$이다. 만약 $m = 0$이라면 $T = T'$이 된다.

그림 4-29 운동의 제2법칙을 줄에 적용하면 $T - T' = ma$이다. 만약 $m = 0$이라면 $T = T'$이 된다. 그러므로 질량이 없는 줄의 장력은 줄의 모든 곳에서 같다.

그림 4-30(a)와 같이 어떤 사람이 마찰이 없는 수평한 면 위에서 끈으로 상자를 오른쪽으로 끈다고 하자. 이때 끈이 상자에 작용하는 힘은 $\vec{T}$이며, $\vec{T}$의 크기는 끈의

그림 4-30 (a) 마찰이 없는 면에서 짐을 끄는 모습 (b) 짐 상자에 작용하는 힘을 나타내는 자유물체도표

장력과 같다. '끈의 장력'은 끈을 잘라서 그 사이에 저울을 연결할 경우 저울 눈금이 나타내는 힘을 의미한다. 여기서 짐 상자의 운동을 설명하기 위해서는 짐 상자에 작용하는 모든 외력을 알아야 한다. 이들 외력을 자유물체도표로 나타내면 그림 4-30(b)와 같다. 힘 $\vec{T}$ 이외에도 물체의 무게 $\vec{F}_g$와 바닥이 짐 상자에 작용하는 수직항력 F_N도 존재함을 알 수 있다. 자유물체도표를 그리는 것은 운동의 법칙을 적용하는 데 있어 매우 중요한 과정이다.

이 자유물체도표에는 짐 상자를 끌 때 끈이 손에 주는 힘, 짐 상자가 지구에 주는 힘, 짐 상자가 마루에 주는 힘과 같은 반작용력은 표시되어 있지 않다. 이들 반작용력은 짐 상자가 아닌 다른 물체에 작용하기 때문이다. 이러한 힘들은 짐 상자의 운동과 무관하다. 상자에 작용하는 힘만 포함시켜 그려야 한다.

운동의 제2법칙을 적용하는 문제는 복잡할 수도 있으나, 다음과 같은 절차를 따라 풀어나가면 쉽게 해결할 수 있다.

- 주의 깊게 읽으면서 문제의 질문을 정확하게 파악한다.
- 문제의 내용을 그림으로 그리고, 그림 속에 각 힘을 표시하고 기호로 이름을 붙인다.
- 대상 물체의 자유물체도표를 그리고 각 물체에 좌표계를 선택한다.
- 운동의 제2법칙을 적용한다.
- 주어진 미지수에 대해 풀고 수치를 대입한다.

운동의 제2법칙은 물체의 가속도는 물체에 작용하는 알짜힘에 비례한다는 것이다. **알짜힘**은 그 물체에 작용하는 모든 힘의 벡터 합이다. 힘이 벡터처럼 더해진다는 사실은 광범위한 실험으로부터 얻어진 결과이다. 예를 들어 그림 4-31에는 크기가 같은 두 힘이 서로 직각방향에서 물체에 작용하고 있다. 직관적으로 우리는 이 물체는 45° 방향으로 운동하며, 알짜힘도 45°의 방향으로 작용함을 알 수 있다. 이 합력의 크기는 피타고라스의 정리에 의해 $F_{합} = \sqrt{(50\ \text{N})^2 + (50\ \text{N})^2} = 70.7\ \text{N}$이다. 이것이 바로 벡터 덧셈법이 주는 결과이다. 운동의 제2법칙의 문제 풀이에서 힘을 구할 때는 벡터의 성질을 이용하면 아주 효과적이다.

또 다른 예는 물체가 평형상태에 있는 경우이다. 평형상태에서는 가속도가 0이기 때문에 문제를 더 단순화시킬 수 있다. 일반적으로 물체가 정지해 있거나 등속운동하

> **TIP 동적평형과 정적평형**
>
> **동적평형** 물체의 속도가 일정할 때를 말하며, 이 경우도 알짜힘이 0이다.
>
> **정적평형** 물체의 속도가 0일 때 (정지)를 말하며, 이 경우도 알짜힘이 0이다.

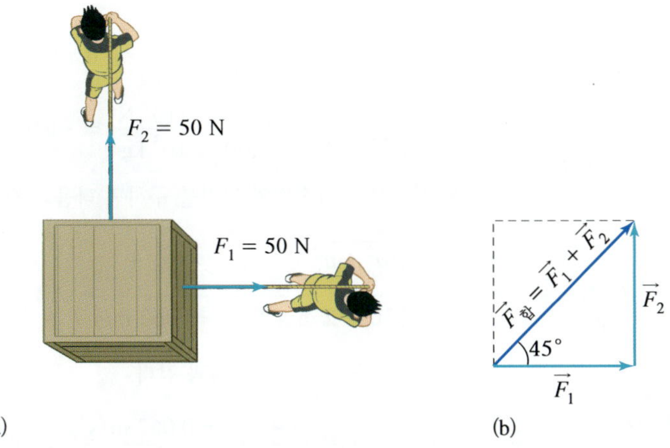

그림 4-31 (a) 물체에 작용하는 두 힘 $\vec{F}_1$과 $\vec{F}_2$ (b) $\vec{F}_1$과 $\vec{F}_2$의 합력은 $\vec{F}_{합}$이다.

는 경우 평형상태에 있다고 말한다. 물체가 평형상태에 있을 때 $a = 0$이므로 운동의 제2법칙을 적용하면 $F = 0$이다. 이것은 평형상태에 있는 물체에 작용하는 알짜힘(모든 힘의 벡터 합)이 0임을 뜻한다.

예제 4-6 배를 접안시키는 두 척의 예인선

문제 그림 4-32는 예인선 두 척이 질량 2.00×10^3 kg인 배를 끌고 항구에 접안시키고 있을 때, 배에 작용하는 힘을 그림으로 나타낸 것이다. 첫 번째 예인선의 줄은 $\theta_1 = 30.0°$의 각도로 연결되어 있고, 두 번째 예인선은 $\theta_2 = 45.0°$로 연결되어 있다. 두 예인선 모두 배에 일정한 힘 6.00×10^2 N을 계속하여 작용시키고 있다. 단, 배의 마찰은 무시한다. (a) 배에 작용하는 두 힘의 합은 얼마인가? (b) 정지상태에서 출발한 배가 갖는 가속도는 얼마인가?

생각하기 2차원 문제에 운동의 제2법칙을 적용시키는 문제이다. 먼저 배에 작용한 힘을 성분별로 나누어 그림을 그려 이해의 폭을 넓힌다.

풀이 배에 작용한 힘을 성분별로 나누어 표시하면 그림 4-33과 같다.

(a) 두 예인선이 배에 작용한 힘의 x성분을 구한다.

$$F_{1x} = F_1 \cos\theta_1 = (6.00 \times 10^2\ \text{N})\cos 30.0° = 5.20 \times 10^2\ \text{N}$$

$$F_{2x} = F_2 \cos\theta_2 = (6.00 \times 10^2\ \text{N})\cos(-45.0°) = 4.24 \times 10^2\ \text{N}$$

x성분들을 더하여 x방향의 전체 힘을 구하면 다음과 같다.

$$F_x = F_{1x} + F_{2x} = 5.20 \times 10^2\ \text{N} + 4.24 \times 10^2\ \text{N} = 9.44 \times 10^2\ \text{N}$$

이어 배에 작용하는 힘의 y성분을 구해보자.

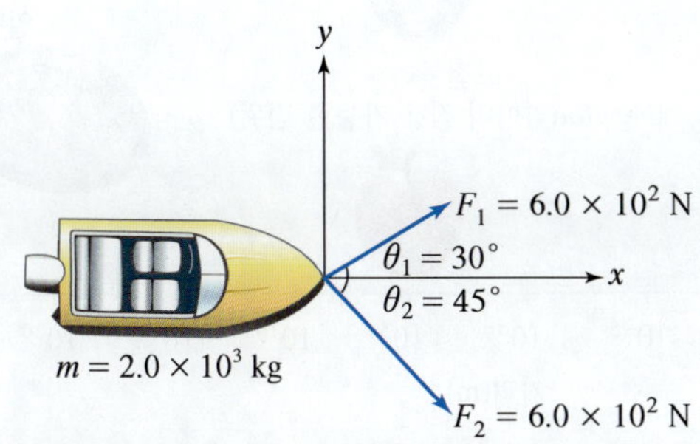

그림 4-32 배를 끄는 예인선의 힘을 나타낸 그림

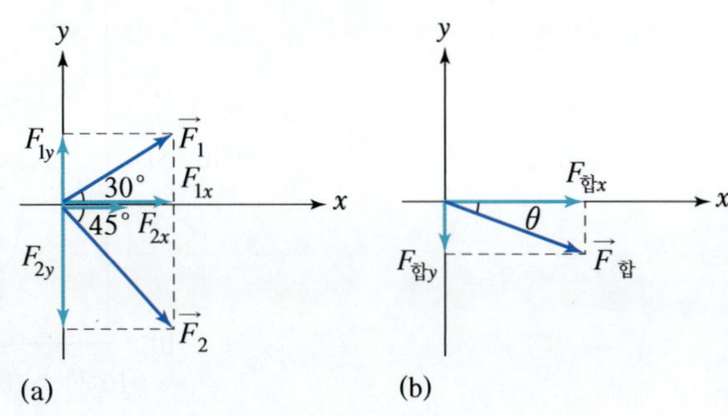

그림 4-33 배에 작용하는 힘 벡터들 (a) 두 힘을 성분별로 나누어 표시한 그림 (b) 두 힘의 합과 방향을 나타낸 그림

$$F_{1y} = F_1 \sin\theta_1$$
$$= (6.00 \times 10^2 \text{ N}) \sin 30.0° = 3.00 \times 10^2 \text{ N}$$
$$F_{2y} = F_2 \sin\theta_2$$
$$= (6.00 \times 10^2 \text{ N}) \sin(-45.0°) = -4.24 \times 10^2 \text{ N}$$

y성분들을 더해 y방향의 전체 힘을 구하면 다음과 같다.

$$F_y = F_{1y} + F_{2y}$$
$$= 3.00 \times 10^2 \text{ N} - 4.24 \times 10^2 \text{ N} = -1.24 \times 10^2 \text{ N}$$

피타고라스 정리를 사용하여 합력의 크기를 구한다.

$$|F_{합}| = \sqrt{(9.44 \times 10^2 \text{ N})^2 + (-1.24 \times 10^2 \text{ N})^2}$$
$$= 9.52 \times 10^2 \text{ N}$$

(b) 힘의 x, y성분을 질량으로 나누어 가속도의 성분 a_x와 a_y를 구하면 다음과 같다.

$$a_x = \frac{F_x}{m} = \frac{9.44 \times 10^2 \text{ N}}{2.00 \times 10^3 \text{ kg}} = 0.472 \text{ m/s}^2$$
$$a_y = \frac{F_y}{m} = \frac{-1.24 \times 10^2 \text{ N}}{2.00 \times 10^3 \text{ kg}} = -0.062 \text{ m/s}^2$$

이 두 성분으로 가속도의 크기를 구하면 다음과 같다.

$$a = \sqrt{a_x^2 + a_y^2}$$
$$= \sqrt{(0.472 \text{ m/s}^2)^2 + (-0.062 \text{ m/s}^2)^2} = 0.476 \text{ m/s}^2$$

가속도의 방향을 구하면 다음과 같다.

$$\tan\theta = \frac{a_y}{a_x} = \frac{-0.062 \text{ m/s}^2}{0.472 \text{ m/s}^2} = -0.131$$
$$\theta = \tan^{-1}(-0.131) = -7.46°$$

지금까지 공부한 바와 같이 운동의 법칙은 자연을 탐색하는 데 사용하기 아주 좋은 도구임에 틀림이 없다. 주어진 힘이 물체에 작용할 때 가속도를 계산할 수 있을 뿐만 아니라, 운동의 법칙을 이용하여 자연에 있는 힘에 관하여 탐색할 수 있다. 그리고 가속도를 관찰하면서 힘이 거리와 같은 양들에 의해 어떻게 정해지는지 알 수 있다.

그러나 우리가 관찰하고 살아가면서 만나는 현상은 '보통의 속도를 지닌 보통의 크기의 물체'에 한정된다는 것이다. 만약 우리가 훨씬 다양한 크기와 속도의 범위에서 관찰되는 현상을 설명하려 한다면 Newton 역학이 아닌 다른 역학이나, 변형된 운동의 법칙이 필요하게 된다. 특히 관찰되는 속도가 빛의 속도만큼 빠른 물체들의 속도까지 포함한다면 Newton역학 대신에 Einstein의 상대론적 가정들을 이용해야 한다. 원자처럼 작은 크기의 세계를 설명하려면 양자역학의 법칙들이 적용된다. 그림 4-34는 Newton역학이 적용 가능한 범위를 나타내는 그림이다.

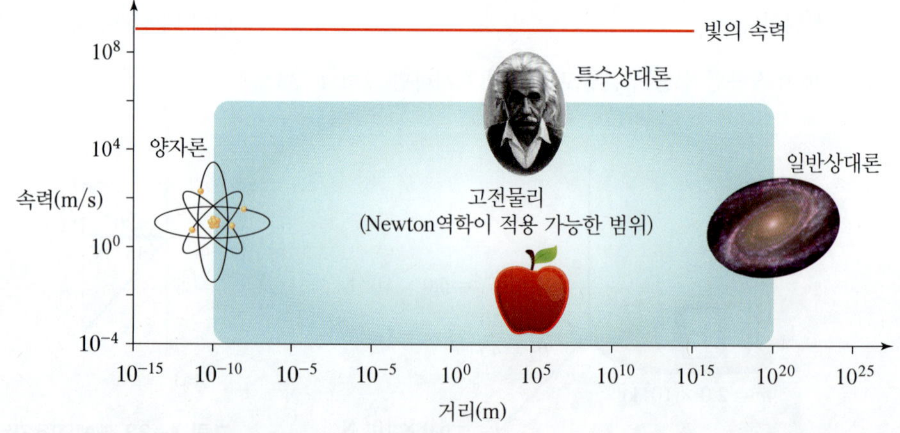

그림 4-34 Newton역학을 적용할 수 있는 물체의 속력과 크기. 고전물리학의 법칙이 적용 가능한 영역은 우리 생활에서 관찰할 수 있는 영역이다(가운데 색칠된 부분).

단원과 관련된 주제 근대과학의 선구자 아이작 뉴턴

뉴턴(Sir Isaac Newton, 1643~1727)은 영국의 중동부 도시인 링컨셔(Lincolnshire)의 울즈소프라는 작은 마을에서 태어났으며, 그곳에서 어린 시절을 보내고 유명한 케임브리지(Cambridge)에 있는 트리니티 대학(Trinity College)에 입학하여 수학과 물리학을 공부하였다.

1665년, 유럽을 휩쓴 흑사병으로 거의 모든 대학들이 폐쇄되어 Newton은 2년 동안 고향으로 내려가게 되었다. 그의 위대한 업적의 대부분은 이 시기(1665~1666년)에 얻은 영감에 기초하였으며, 유명한 사과의 일화도 이 무렵의 일로 이곳에서 운동과 중력의 법칙을 발견하였다. 2년 간의 고향 생활은 과학과 철학에 대한 사색에 많은 시간을 할애할 수 있는 기회를 주었으며, 특히 수학, 광학, 천문학, 물리학의 중요한 발견들을 해냈다. 그래서 Newton 스스로도 2년 간의 휴학 기간에 대해 '발견에 있어서 전성기를 이루었다'고 평가하였다.

사과가 나무에서 떨어지는 것을 보고 Newton이 만유인력을 발견하였다는 이야기를 많이 한다. 전설에 가까운 이런 이야기를 과연 사실로 받아들일 수 있을까? Newton과 만년에 교제가 많았던 사람의 회고록을 보면, 점심 식사를 마친 후 날씨가 따뜻하여 정원에 나가 사과나무 그늘에서 차를 대접받으면서 환담을 하는 중에 Newton이 "옛날 중력에 대한 생각이 떠오를 때와 같이 명상에 잠겨서 조용히 앉아 있을 때 마침 사과가 떨어져서 갑자기 생각이 떠올랐단 말이야!"라고 말했다는 것이다.

사색에 집중하고 있으면 대수롭지 않은 어떤 기회에 새로운 착상이 갑자기 떠오르기도 한다. 여기서 '… 명상에 잠겨 있을 때'라고 말하였지 '… 떨어지는 것을 보고' 라고는 말하지 않았다는 것을 음미해 보면 흥미 있을 것이다.

1667년 학교가 다시 문을 열자 Newton은 다시 케임브리지로 돌아와 석사 학위를 받았고, 이듬해에 반사 망원경을 만들었다. 이 공로로 Newton은 1672년 런던 왕립학회(The Royal Society of London) 회원으로 뽑혔다. 그리고 얼마 후에는 수학 논문을 발표하고 케임브리지 대학의 교수가 되었다. 케임브리지의 수학교수로서의 20년 동안 Newton은 역학보다 빛에 관한 연구에 더 많이 집중하였으며, 자신이 손수 프리즘이나 렌즈를 만들어 사용하였을 뿐만 아니라 품질 좋은 유리도 만들었다. 또 프리즘에 광선을 통과하면 7가지 단색광으로 나누어지는 것을 확인하였으며, 반사 망원경을 제작하여 천체를 관측하였다. 그 무렵 Newton은 천체들의 운동을 연구하여 행성 운동에 관한 케플러의 법칙을 토대로 만유인력을 발견하였으며 천문학에도 큰 영향을 끼쳤다. 또한 물체의 운동에 대하여 그 당시까지 알려져 있던 여러 가지 법칙들을 통일적으로 설명하기 위해 물리학의 기초가 되는 운동의 법칙을 세워 역학체계를 집대성하였다.

그림 4-35 국립중앙과학관 입구에 세워진 Newton 상

그의 저서 ≪프린키피아≫ (자연철학의 수학적 원리, Philosophiae Naturalis Principlia Mathematika)는 이러한 관점에서 지금까지 과학에 관한 최대의 고전으로 자리하고 있다.

Newton은 1705년에 앤 여왕(Queen Anne)으로부터 작위를 받았으며, 1727년에 임종하여 웨스트민스터(Westminster) 대사원에 가장 높은 영예를 갖추어 안장되었다. Newton은 단순히 과학자나 수학자만은 아니었다. 그는 남는 시간의 대부분을 성서 해석으로 보냈다. 그는 종교적인 사람이었고, 물리학에서의 그의 위대한 발견은 신의 손에 대한 증거로 생각하였다.

그림 4-36은 한국표준과학연구원 내에 심어진 Newton이 영감을 얻는데 결정적인 역할을 한 사과나무의 4대손의 모습이다. Newton의 사과나무가 한국표준과학연구원에 오게 된 것은 미연방표준국이 한미과학 기술 협력의 상징으로 한국표준과학연구원에 기증하였기 때문이다.

그림 4-36 한국표준과학연구원 정원에 심어진 Newton의 사과나무

연습문제

4-1 힘

1. (a) 접촉에 의한 힘의 효과와 (b) 접촉하지 않은 힘의 효과를 나타내는 현상을 들어보라.

2. 1 N의 단위는 다음 중 어느 것인가?
① 1 kg m/s ② 1 g cm/s ③ 1 kg m/s^2
④ 1 g cm/s^2 ⑤ 1 g m/s^2

4-2 운동의 제1법칙과 관성

3. 다음 중 관성의 효과가 아닌 것은 어느 것인가?
① 배가 항해하고 있다.
② 옷을 털 때 옷에 묻은 먼지가 떨어진다.
③ 버스가 로터리를 돌 때 그 안의 사람은 바깥쪽으로 힘을 받는다.
④ 승강기가 상승하기 시작할 때 그 안에 있는 사람은 몸이 무겁게 느껴진다.
⑤ 달리던 차가 갑자기 멈추면 몸이 앞으로 쏠린다.

4. 같은 크기의 유리공과 쇠공 중에서 어느 쪽이 관성이 큰가?

5. 관성에 의한 현상을 우리 생활 주변에서 찾아보자.

6. 물체의 관성은 어느 성질을 가지고 있는가?
① 물체의 속력을 증가시키려는 성질
② 물체의 속력을 감소시키려는 성질
③ 물체의 가속도를 유지하려는 성질
④ 물체에 작용하는 힘에 의해서 가속되려는 성질
⑤ 물체의 운동 상태의 변화에 저항하는 성질

4-3 질량

4-4 운동의 제2법칙

7. 5 N의 힘을 물체 M_1에 작용시키면 8 m/s^{2}의 가속도가 생기고, 물체 M_2에 작용시키면 24 m/s^{2}의 가속도가 생긴다. 이 두 물체를 하나로 묶었을 때 이 힘에 의한 가속도는 얼마인가?

8. 질량 8 kg인 물체가 정지상태에서 일정한 힘 2 N을 받아서 직선 위를 움직인 결과 6.0 s 동안 이동한 거리가 3 m이었다.
(a) 이 물체의 가속도는 얼마인가?
(b) 물체에 작용한 힘과 질량의 비는 얼마인가?
(c) (b)의 답이 (a)의 답과 같지 않은 이유는 무엇인가? 수량적으로 말해보라.

9. 질량이 60 kg인 물체가 있다. (a) 지구에서의 무게는 얼마인가? (b) 달(g = 1.6 m/s^2)에서의 무게는 얼마인가? (c) 화성(g = 3.7 m/s^2)에서의 무게는 얼마인가? (d) 일정한 속도로 움직이는 자유 공간에서의 무게는 얼마인가?

10. 그림 P4-10과 같이 질량이 20 kg인 수레를 정지상태로부터 2.0 s 동안에 0.5 m/s의 속력으로 가속시켰다.
(a) 수레의 가속도는 얼마인가?
(b) 가속시키는 데 필요한 힘은 얼마인가?

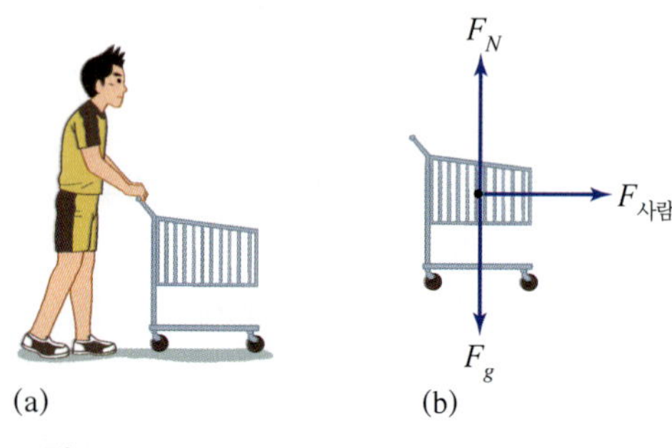

그림 P4-10

11. 낚시꾼이 장력 100 N인 아주 가벼운 낚싯줄을 사용하여 4.5 m/s^{2}의 가속도로 물고기를 수면 밖으로 잡아당긴다. 그런데 불행히도 줄이 끊어져서 낚시꾼은 물고기를 놓쳐버렸다. 이 상황에 대한 자유물체도표는 그림 P4-11과 같다. 이때 물고기의 질량은 얼마인가?

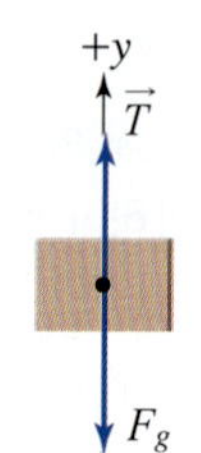

그림 P4-11

12. 그림 P4-12는 어떤 사람이 상자를 실은 작은 수레를 끈으로 끌고 있는 모습이다. 상자와 수레(바퀴 포함)의 무게는 2.50 × 10^2 N이고, 끄는 힘은 $+x$방향으로 30.0 N이다. 수레는 정지 상태로부터 움직이고, 마찰력은 없다고 가정한다.
(a) 상자와 수레의 가속도는 얼마인가?
(b) 2.00 s 동안 움직인 거리는 얼마인가?

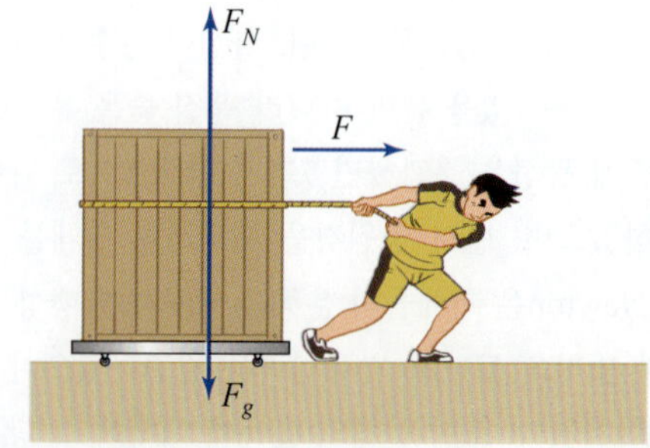

그림 P4-12

4-5 운동과 관련이 있는 몇 가지 힘

13. 우리의 일상생활에서 (a) 마찰력을 크게 하는 경우와 (b) 작게 하는 경우의 예를 들고 (c) 마찰을 줄일 수 있는 방법을 설명하라.

14. 수평한 마루 위에 놓인 무게가 1 000 N인 상자에 그림 P4-14와 같이 수평방향으로 300 N의 힘을 가했다. 마루와 상자 사이의 정지마찰계수가 0.5일 때, 이 상자에 작용하는 마찰력은 얼마인가?

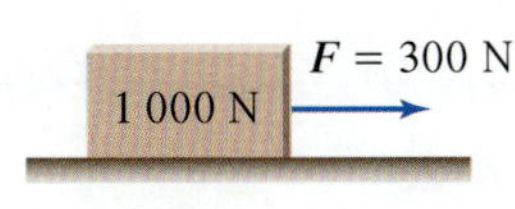

그림 P4-14

15. 질량이 20 kg인 물체가 수평면 위에 놓여 있다. 물체와 면 사이의 정지마찰계수가 0.1이고, 운동마찰계수는 0.06이다. (a) 최대 정지마찰력은 얼마인가? (b) 운동마찰력은 얼마인가? (c) 물체를 22 N의 힘으로 수평방향으로 끌 때 물체의 가속도는 얼마인가?

16. (a) 20 kg의 나무 상자와 마룻바닥 사이의 운동마찰계수가 0.30이라면, 나무 상자를 일정한 속력으로 움직이는 데 필요한 수평력은 얼마인가? (b) 만일 μ_k가 0이라면 수평력은 얼마인가?

17. 자동차 타이어 고무와 포장 도로 사이의 마찰계수는 약 0.8이다. 그림 그림 P4-17과 같이 자동차를 비탈길에 주차할 수 있는 경사각 θ의 최대각은 얼마인가?

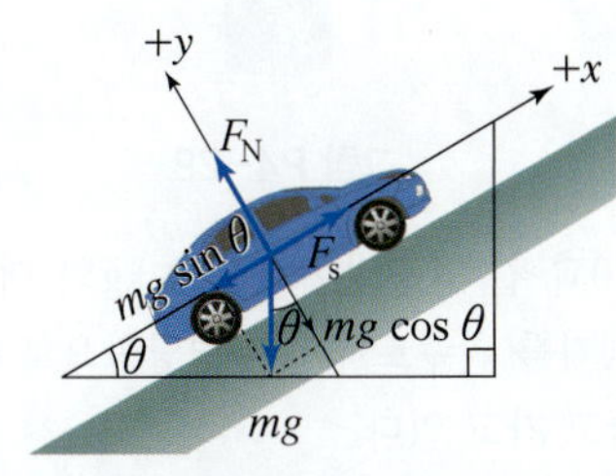

그림 P4-17

18. (a) 속력 v로 달리는 자동차의 최소 정지거리를 구하라. 여기서 μ_s는 타이어와 도로 사이의 정지마찰계수이고, g는 중력가속도이다.

(b) μ_s = 0.85라면 90 km/h로 운행하는 1 200 kg의 자동차의 최소 정지거리는 얼마인가?

(c) 만일 자동차가 달에 있고 다른 조건은 모두 같다면 자동차의 최소 정지거리는 얼마인가?

4-6 운동의 제3법칙

19. 일상생활에서 경험하는 작용과 반작용의 예를 들어보라.

20. 그림 P4-20은 한 사람이 수레를 끌 때 이 계에 작용하는 여러 힘들을 $\vec{F}_1$, $\vec{F}_2$, $\vec{F}_3$로 나타낸 것이다. 각 힘들은 어떤 힘인지 설명하고, 이 힘에 대한 반작용력은 어떤 힘인지 설명하라.

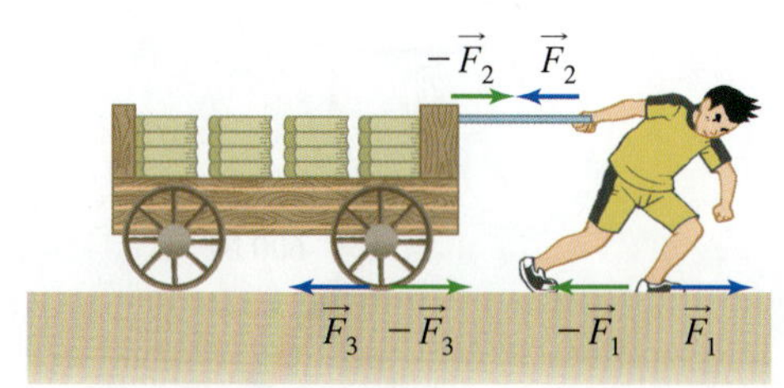

그림 P4-20

21. 두 힘의 평형과 작용과 반작용의 차이점은 무엇인가?

22. 그림 P4-22는 개가 눈길에서 에스키모 눈썰매를 끄는 모습이다. 개에 의해 수평방향으로 계속적인 힘을 작용하면 눈썰매는 가속된다. 운동의 제3법칙에 의하면 개는 눈썰매에 힘을 작용하고, 눈썰매는 개에 대해 크기는 같고 방향이 반대인 힘을 작용한다.

(a) 두 힘이 서로 상쇄되지 않는 이유는 무엇인가?

(b) 이러한 상황에서 눈썰매가 가속되는 이유는 무엇인가?

(c) 어떤 조건일 때 개는 가속하게 되는가?

(a)

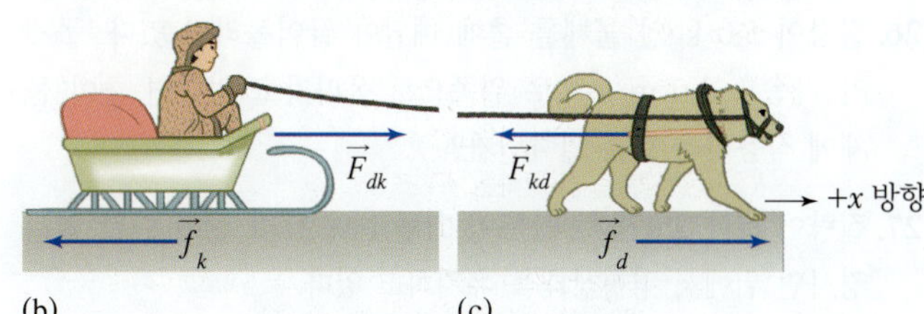

(b) (c)

그림 P4-22 (a) 눈 위에서 썰매를 끄는 개 (b) 눈썰매에 작용하는 힘은 개가 끄는 힘 $\vec{F}_{dk}$와 눈썰매와 바닥 사이에서 뒤로 향하는 마찰력 $\vec{f}_k$이다. (c) 개에만 작용하는 힘(수평력)은 바닥으로 인해 앞쪽을 향하는 마찰력 $\vec{f}_d$와 눈썰매가 가하는 뒤로 향하는 힘 $\vec{F}_{kd}$이다.

4-7 운동의 법칙의 응용

23. 그림 P4-23은 어떤 사람이 줄을 잡고 웅덩이를 건너고 있는 모습이다.

(a) 이 사람의 무게가 600 N이라면 이때 줄에 걸리는 장력은 얼마인가?

(b) 수평인 줄을 약간 더 위로 옮겨달면 다른 줄에 걸리는 장력은 증가할까, 감소할까, 아니면 그대로일까? 그 이유는 무엇인가?

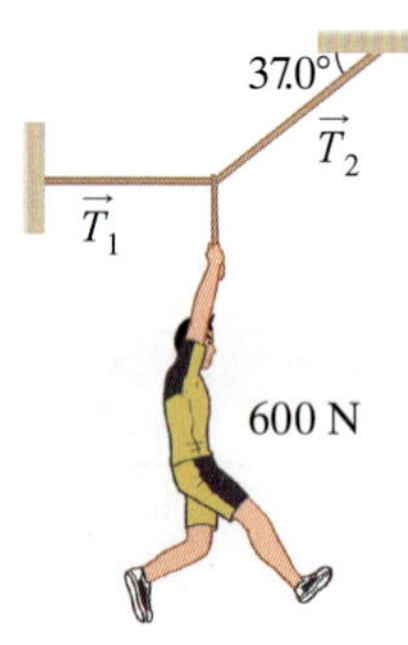

그림 P4-23

24. 그림 P4-24는 세 줄에 매달려 있는 새 집이다. 새 집의 무게가 150 N이라면 각 줄에 작용하는 장력 $\vec{T}_1$, $\vec{T}_2$, $\vec{T}_3$을 구하라.

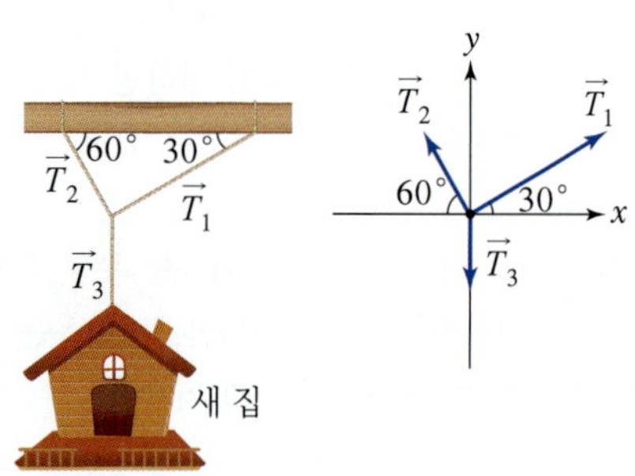

그림 P4-24

25. 두 전봇대 간의 거리가 50.0 m이다. 질량이 1.00 kg인 새가 전화선의 중간에 앉으면 선이 0.200 m 아래로 처진다.

(a) 새의 자유물체도표를 그리라.

(b) 새가 전화선에 작용한 장력 T는 얼마인가?

26. 질량이 5.0 kg인 물체를 줄에 매달아 끌어올리고 있다. 물체가 가속도 3.0 m/s^{2}으로 위쪽으로 올라가고 있다면 줄이 물체에 작용하는 힘은 얼마인가?

27. 질량이 m과 $2m$인 두 블록이 그림 P4-27과 같이 마찰 없는 경사면 위에서 평형상태를 유지하고 있다.

(a) 윗줄의 장력 T_1의 크기를 구하라.

(b) 두 물체를 연결한 아랫줄의 장력 T_2를 m과 θ의 항으로 구하라.

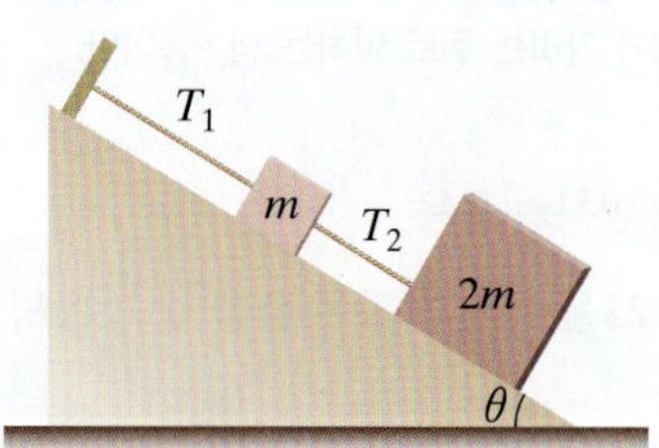

그림 P4-27

28. 그림 P4-28과 같이 세 벽돌이 마찰이 없는 표면 위에 있고, 42 N의 힘이 질량 3.0 kg인 벽돌에 작용한다.

(a) 이 계의 가속도는 얼마인가?

(b) 질량 3.0 kg과 1.0 kg 벽돌을 연결하는 줄에 작용하는 장력은 얼마인가?

(c) 질량 1.0 kg인 벽돌이 질량 2.0 kg인 벽돌에 작용하는 힘은 얼마인가?

그림 P4-28

29. 그림 P4-29에서 보는 바와 같이 유리창을 닦는 사람이 물통이 달린 도르래를 이용하여 자신을 위로 끌어올린다. 단, 유리창 닦는 사람의 질량은 75 kg이다.

(a) 일정한 속력으로 자신을 서서히 끌어올리려면 얼마나 세게 줄을 아래로 끌어당겨야 하는가?

(b) 이 사람이 끌어당기는 힘을 10 % 증가시킨다면 가속도는 얼마가 될까?

그림 P4-29

30. 그림 P4-30과 같이 질량이 1 950 kg의 대형 비행기가 276 kg인 경비행기를 활주로에서 수평방향으로 $a = 2.20$ m/s^{2}의 가속도로 끌고 가고 있다.

(a) 대형 비행기의 프로펠러가 추진하는 추진력은 얼마인가?

(b) 대형 비행기와 경비행기를 연결하는 줄의 장력은 얼마인가? 단, 줄의 질량은 없고 마찰도 없다고 가정한다.

그림 P4-30

한국형 위성발사체 누리호 3차 발사 우리나라는 2023년 5월 25일 누리호(KSLV-Ⅱ) 3차 발사에 성공했다. 실용급 위성을 탑재한 '첫 실전 발사'로 국산 인공위성을 발사하는 우주 강국의 꿈이 실현됐다. 누리호는 순수 국내기술로 개발된 3단 액체로켓으로 구성되었고, 이륙하여 1단 분리, 페어링 분리, 2단 분리, 차세대소형위성 2호 분리, 큐브위성 분리를 성공적으로 수행하였다.(한국항공우주연구원 보도자료)

제5장 원운동과 만유인력의 법칙

직선운동이 물체가 직선을 따라 움직이는 운동이라면, 원운동은 물체가 원궤도를 따라 움직이는 운동이다. 원운동은 병진운동의 하나로 제8장에서 공부할 회전운동과는 구별된다. 병진운동은 물체에 속한 모든 부분이 동일한 변위에 의해서 기술되지만, 회전운동은 물체가 움직일 때 물체에 속한 한 점, 또는 연속된 점들은 움직이지 않고 고정된 운동을 말한다.

우리 주변에서는 직선 상에서의 운동뿐만 아니라 곡선 상을 운동하는 다양한 예를 볼 수 있다. 보통 이들 경로는 원 또는 원에 가깝다. K1자동차 경주대회에서는 경주용 자동차가 커브 길을 아주 빠른 속력으로 돌고, 원형가속기 내에서는 전하를 띤 입자들이 회전하고 있다. 지구 주위에는 수많은 인공위성이 돌고 있으며, 행성들은 태양 주위를 타원 궤도로 움직이고 있다. 행성의 여러 경우에서 타원 궤도는 거의 원에 가깝다. 따라서 원운동에 관한 동역학을 이해하면 궤도에 있는 행성들과 위성들의 운동에 관한 이해의 폭을 넓힐 수 있다.

제5장에서는 원운동의 운동방정식과, Newton이 달과 행성들의 운동에 어떻게 원운동의 개념을 적용시켰는지 알아보자

5-1 속력이 변하지 않는 원운동(등속 원운동)

곡선 경로를 운동하는 여러 경우의 예에서 속력이 일정하고 원궤도를 운동하는 물체는 **등속 원운동**(uniform circular motion 等速圓運動)을 하고 있다고 말한다. 등속 원운동에서 속력(속도벡터의 크기)은 언제나 일정하다. 그러나 속도의 방향은 그림 5-1(a)에서처럼 물체가 원 주위를 돌 때 계속해서 변한다. 즉 속도벡터의 방향은 일정하지 않다. 제2장에서 공부한 것처럼 가속도는 속도의 변화율로 정의하기 때문에, 속도의 방향 변화도 속도의 크기 변화와 마찬가지로 가속도를 갖는다. 따라서 등속 원운동하고 있는 물체는 계속 가속되고 있다.

> **등속 원운동**은 원형 경로에서 속력이 일정한(변함없는) 물체의 운동이며, 이때 속도벡터의 방향은 일정하지 않고 계속적으로 변한다.

주기와 각속도

반지름이 r(m)인 원의 둘레를 속력 v(m/s)로 등속 원운동하는 물체를 생각하자(이때 물체는 하나의 입자로 간주한다). 속력 v로 원운동 하는 물체가 원둘레를 1회전하는데 걸리는 시간을 **주기**라고 하며 주기 T는 $T = \dfrac{2\pi r}{v}$ (s) 이다. 그리고 **각속도**(angular velocity 角速度)는 물체가 원운동이나 회전운동을 할 때, 단위 시간당 변하는 각도의 비율로 정의한다(이때 각도는 rad 단위이다. 182쪽 참조).

등속 원운동하는 물체는 한 주기 동안에 2π(rad) 만큼 회전하므로 각속도 ω는 $\omega = \dfrac{2\pi}{T}$ (rad/s)이다. 따라서 속력 v와 각속도 ω사이에는 다음 식이 성립한다.

$$v = r\omega \qquad \textbf{5-1}$$

즉, 등속 원운동을 하는 물체의 속도 $\vec{v}$의 크기는 $r\omega$이고, 방향은 항상 원의 접선방향이다. 이 관계는 8장 식 8-10에서 다시 다룬다. 물체가 원둘레를 단위시간(1초) 동안에 회전하는 회전수를 **진동수**라고하며 진동수 f와 주기 T사이에는 $f = \dfrac{1}{T}$ (Hz)의 관계가 있다.

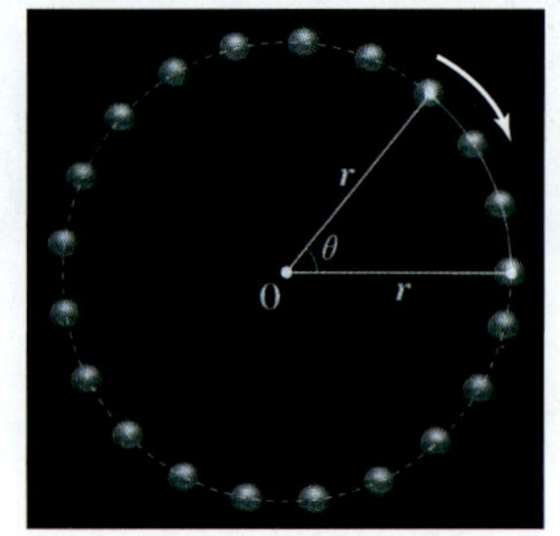

(a)

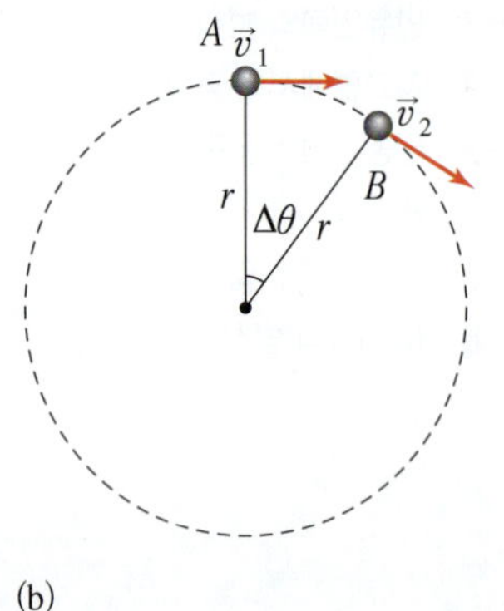

(b)

그림 5-1 (a) 등속 원운동하는 물체를 다중섬광사진으로 찍은 모습. 일정한 시간 동안 움직인 거리는 같다. (b) 등속 원운동하는 물체의 속도의 크기는 일정하나, 방향은 계속 변한다.

구심 가속도

그림 5-1(b)는 끈에 매달려 등속 원운동을 하는 물체가 점 A에서 B까지 이동한 모습을 그림으로 나타낸 것이다. 이 물체는 등속 원운동을 하기 때문에 점 A와 B에서의 속력은 모두 같다. 물체는 Δt 동안에 Δv 만큼의 속도 변화가 생김을 알 수 있다. 따라서 가속도는 다음과 같이 나타낼 수 있다.

$$\vec{a} = \frac{\vec{v}_2 - \vec{v}_1}{t_2 - t_1} = \frac{\Delta\vec{v}}{\Delta t} \qquad \textbf{5-2}$$

여기서 $\Delta\vec{v}$는 짧은 시간간격 Δt 동안의 속도 변화를 의미한다. Δt가 0에 가까워질 때 **순간 가속도**(instantaneous acceleration 瞬間加速度)를 얻을 수 있다.

등속 원운동하는 물체가 가지는 구심 가속도는 어떻게 나타낼까? 그림 5-2(a)는 점 A와 B에서의 속도벡터를 한 평면에 나타낸 그림이다. 시간 Δt 동안 이 물체는 작은 각 $\Delta\theta$에 대응하는 호 Δl을 따라 점 A에서 점 B까지 움직인다는 것을 알 수 있다. 이 시간 동안 속도벡터의 변화는 $\vec{v}_2 - \vec{v}_1 = \Delta\vec{v}$이다. 이 식에서 $\vec{v}_1$을 우변으로 이항하면 $\vec{v}_2 = \vec{v}_1 + \Delta\vec{v}$가 된다. $\vec{v}_1$에 $\Delta\vec{v}$를 더한 것이 $\vec{v}_2$와 같으므로 $\Delta\vec{v}$는 그림 5-2(b)에서 그려 놓은 벡터와 같다. 이 그림에서 Δt가 매우 작을 때(0에 가깝게)는 Δl과 $\Delta\theta$ 역시 매우 작고, $\vec{v}_2$는 $\vec{v}_1$에 거의 평행하게 되며, $\Delta\vec{v}$는 $\vec{v}_1$와 $\vec{v}_2$에 거의 수직으로 될 것이다. 그러므로 $\Delta\vec{v}$는 원의 중심방향을 가리키게 되고, 가속도 $\vec{a}$는 식 5-1의 정의에 의해 $\Delta\vec{v}$와 같은 방향에 있게 되며, 원의 중심방향을 가리킨다. 이 가속도를 **구심 가속도** (centripetal acceleration 求心加速度)라고 한다. 구심 가속도를 나타내는 기호는 $\vec{a}_c$ 사용한다.

그러면 구심 가속도의 크기는 어떻게 나타낼까? 그림 5-2(a)에서 반지름 CA는 $\vec{v}_1$에 수직이고, 반지름 CB는 $\vec{v}_2$에 수직이다. 그리고 그림 5-2(b)에서 벡터 $\vec{v}_1$, $\vec{v}_2$, $\Delta\vec{v}$가 만든 삼각형은 그림 5-2(a)에 있는 삼각형 ABC와 기하학적으로 닮은 삼각형이다. $\vec{v}_1$과 $\vec{v}_2$ 사이의 각은 CA와 CB 사이의 각과 같고, 그 값은 $\Delta\theta$이다. 따라서 $\frac{\Delta v}{v} \approx \frac{\Delta l}{r}$의 관계가 있다.

속도의 크기는 변하지 않으므로 $v = v_1 = v_2$로 놓을 수 있다. 이 관계식은 Δt가 0에 가까워질 때에는 호 Δl이 현 AB와 같아지기 때문에 정확한 등식이 된다. Δt가 0에 가까워질 때의 순간가속도를 알기 위해 식 5-2를 Δv에 대해 풀면 다음과 같다.

$$\Delta v = \frac{v}{r}\Delta l \quad \textbf{5-3}$$

식 5-3에서 Δv를 Δt로 나누면 **구심 가속도의 크기** a_c가 얻어진다.

$$a_c = \frac{\Delta v}{\Delta t} = \frac{v}{r}\frac{\Delta l}{\Delta t} = \frac{v^2}{r} \quad \textbf{5-4}$$

여기서 $\Delta l/\Delta t$은 물체의 선속력 v이다. 그러므로 반지름이 r인 원형 경로를 일정한 속력 v로 운동하는 물체의 구심 가속도의 크기는 다음과 같다.

$$a_c = \frac{v^2}{r} \quad \textbf{5-5}$$

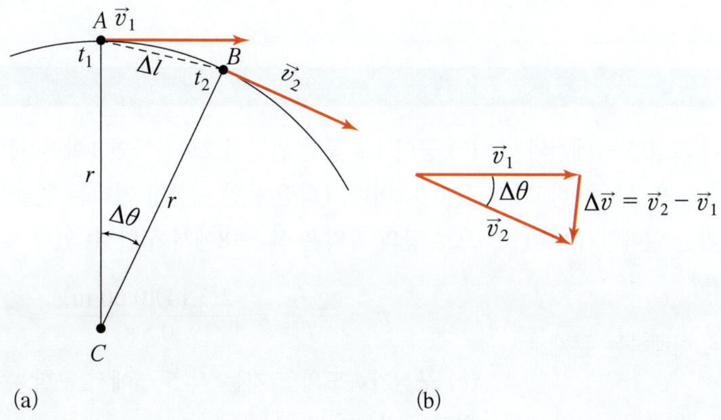

그림 5-2 (a) 등속 원운동하는 물체(●)의 속도는 원주 상 다른 위치에서 각기 다른 방향을 갖는다. (b) 물체는 Δt 동안 $\Delta\vec{v}$만큼의 변화로 인해 가속도가 생기며, 방향은 원의 중심이다. 그러므로 모든 점에서 속도벡터와 가속도벡터는 서로 수직이다.

구심 가속도벡터는 항상 원의 중심을 향하며, 물체의 운동에 따라 연속적으로 변한다. 구심 가속도가 v와 r에 의존하는 것은 그리 놀라운 사실이 아니다. 왜냐하면 속력이 클수록 방향도 빨리 변하고, 반지름이 길수록 속도의 방향은 천천히 변하기 때문이다. 가속도벡터는 위에서 논의한 바와 같이 원의 중심을 가리킨다. 그러나 속도벡터는 항상 운동방향, 즉 원의 접선방향을 가리킨다. 따라서 등속 원운동의 모든 점에서 속도벡터와 가속도벡터는 서로 수직인 관계에 있다. 연직으로 낙하하는 물체의 경우 $\vec{a}$와 $\vec{v}$는 평행이나, 원운동에서 $\vec{a}$와 $\vec{v}$는 평행하지 않다. 또한 포물체 운동에서도 가속도 $a = g$는 항상 아래 방향이지만, 속도벡터는 여러 방향일 수 있는 것을 이미 알고 있다. 그러기에 가속도 $\vec{a}$와 속도 $\vec{v}$의 방향 사이에 고정된 일반적인 관계는 없다.

등속 원운동의 변수

등속 원운동을 하는 물체가 원둘레를 한 번 회전하는 데 걸리는 시간을 **주기**(period 週期)라고 하며, 단위시간(1초) 동안 회전하는 회전수를 **진동수**(frequency 振動數)라고 한다. 진동수의 단위는 **헤르츠**(Hz)를 사용한다. 1 Hz는 1초 동안에 1회전하는 회전수이며 보통 f로 나타낸다. 물체가 원둘레를 1회전하는 주기 T와 진동수 f 사이에는

$$T = \frac{1}{f} \tag{5-6}$$

의 관계가 있다. 또 주기 T는 원둘레의 길이 $2\pi r$을 그 물체의 속도의 크기 v로 나눈 값이므로 다음과 같다.

$$T = \frac{2\pi r}{v} \tag{5-7}$$

따라서 속력 v와 주기 T 사이에는 다음 관계가 있다.

$$v = \frac{2\pi r}{T} \tag{5-8}$$

식 5-6와 식 5-7에서 다음 관계가 얻어진다.

$$f = \frac{1}{T} = \frac{v}{2\pi r} \tag{5-9}$$

예제 5-1 끈에 매달려 등속 원운동하는 물체

문제 질량이 0.15 kg인 공이 줄 끝에 매달려 그림 5-1에서와 같이 반지름이 0.60 m인 수평원을 그리며 등속 원운동을 하고 있다. 이 공은 1 s에 2.0회전을 한다. (a) 주기는 얼마인가? (b) 속력은 얼마인가? (c) 구심가속도는 얼마인가?

생각하기 등속 원운동의 개념을 종합적으로 이해하는 문제로 주어진 공식을 유용하게 사용한다.

풀이 (a) 물체가 원둘레를 1회전하는 주기 T와 진동수 f 사이의 관계는 $T = \frac{1}{f}$이다. 그러므로 주기는 $T = \frac{1}{f} = \frac{1}{2}$ s이다.

(b) 공이 1 s 동안 완전히 2회전하면 1회전하는 데 걸리는 시간은 0.5 s이다. 1회전 동안 이동한 거리는 원둘레 $2\pi r$이다. 그러므로 공의 속력은 식 5-8에서 구할 수 있다.

$$v = \frac{2\pi r}{T} = \frac{2(3.14)(0.60\ \text{m})}{0.5\ \text{s}} = 7.54\ \text{m/s}$$

(c) 구심가속도의 크기는 식 5-5에서 구할 수 있으며, 방향은 원의 중심이다.

$$a_c = \frac{v^2}{r} = \frac{(7.54\ \text{m/s})^2}{0.60\ \text{m}} = 94.8\ \text{m/s}^2$$

원운동에 필요한 힘—구심력

운동의 제2법칙($F = ma$)에 의하면 어느 물체에 알짜힘이 작용하면 이 물체는 가속하게 된다. 그러면 줄의 끝에 매달려 있는 공과 같이 원궤도를 움직이는 물체가 원운동을 계속하기 위해 그 물체에 작용하는 힘이 필요하다. 다시 말하면 공에 구심 가속도를 갖게 하는 힘이 필요하다. 이때 필요한 힘의 크기($\sum F = ma$)는 운동의 제2법칙을 이용하여 구할 수 있다. 질량이 m인 공이 갖는 구심 가속도의 크기가 $a_c = \frac{v^2}{r}$ 이므로 이 공에 작용하는 알짜힘을 구할 수 있다. 즉 전체 힘(또는 알짜힘)의 크기 $\sum F$는 다음과 같다.

$$\sum F = ma_c = m\frac{v^2}{r} \qquad \textbf{5-10}$$

등속 원운동에서 구심 가속도가 언제나 원의 중심을 향하므로 힘의 방향도 원의 중심이다. 만약 물체에 힘이 작용하지 않는다면 운동의 제1법칙이 말해주듯이 원궤도가 아니라 직선 경로를 따라 운동하게 되므로 반드시 힘이 필요하다. 본래의 일직선 경로에서 물체를 끌어내기 위해서는 옆으로 작용시키는 힘이 반드시 필요하다. 등속 원운동을 하기 위해서는 공의 측면에서 작용하는 힘이 원의 중심부를 향해 작용해야 한다. 따라서 그림 5-4와 같이 힘의 방향은 원의 중심부를 향하도록 계속 변하게 된다. 이 힘을 **구심력**(centripetal force 求心力)이라 한다.

구심력은 질량 m인 물체가 반지름 r의 원형 경로를 속력 v로 운동하는 데 필요한 알짜힘을 말하며 그 크기는 다음과 같다.

$$F_c = m\frac{v^2}{r} \qquad \textbf{5-11}$$

구심력은 물체의 속력을 바꾸지 않고 속도의 방향만을 바꾸어 물체를 가속시킨다. 사람이 줄의 끝에 공을 매달아 원운동을 시킬 때에는 그 사람이 줄을 통해 공에 힘을 작용시키게 된다. 달에 작용하는 힘, 즉 달이 지구 주위를 회전할 수 있도록 달에게 구심 가속도를 제공하는 힘은 중력이다. 그림 5-3과 같이 놀이동산에 있는 나선형 롤러코스터는 좁은 원궤도를 따라 이동해야 한다. 이때 궤도로부터의 수직항력이 구심 가속도를 제공하게 된다.

TIP 구심력

구심력은 구심가속도를 일으키는 힘을 말한다. 구심력이라고 하면 새로운 종류의 **힘**으로 생각하기 쉬우나, 실제로는 역할을 강조하기 위해 표현하는 용어이다. 마찰력, 중력, 장력 등 모든 힘이 구심력이 될 수 있다. 태양 주위의 지구의 운동에서 구심력은 **중력**이다. 줄 끝에 매달려 돌고 있는 물체의 경우 구심력은 **줄의 장력**이 된다.

원심력

대부분의 사람들은 원운동하고 있는 물체는 그 물체에 대해 바깥쪽으로 작용하는 힘인 원심력이 작용한다는 잘못된 생각을 하고 있다.

예를 들어 그림 5-4와 같이 줄의 끝에 공을 매달고 머리 주위로 돌릴 때를 생각해보자. 직접 해보면 손에 외부로 잡아당기는 힘을 느낄 것이다. 그러나 이것은 결코 우연한 일이 아니다. 공이 원운동을 계속하기 위해서는 사람이 공을 안쪽으로 잡아당겨야 한다. 이때 공은 운동의 제3법칙에 의해 크기는 같고 방향이 반대인 힘을 손에 작용한다. 이것이 손에서 느껴지는 힘이다.

공에 작용하는 힘은 사람이 공에 대해 안쪽으로 작용하는 힘이다. **원심력**(centrifugal

그림 5-3 나선형 롤러코스터는 좁은 원궤도를 따라 이동해야 한다. 이때 궤도로부터의 수직항력이 구심 가속도를 제공한다.

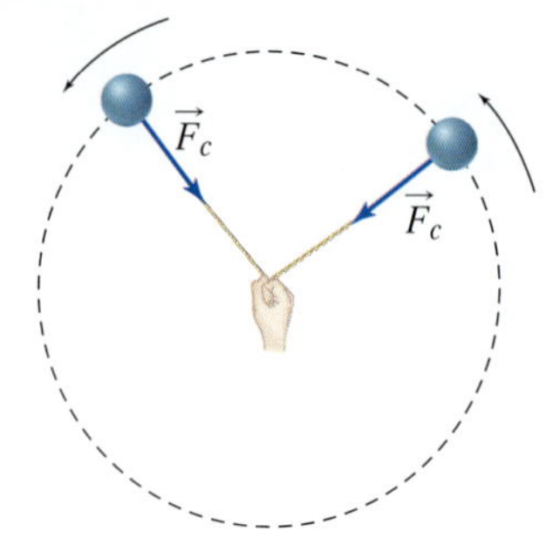

그림 5-4 물체를 등속 원운동 시키기 위한 구심력($\vec{F}_c$)은 원의 중심을 향한다. 이때 힘의 방향은 원의 중심을 향하도록 계속 바뀐다. 이 과정에서 손은 공을 끌어당기고, 공은 손을 잡아당긴다. (운동의 제3법칙)

force 遠心力)이 공에 작용하지 않는다는 것을 증명하기 위해 실을 놓았을 때 공이 어떻게 되는지 생각해보자. 만약 원심력이 작용했다면 공은 그림 5-5(a)에서처럼 밖으로 날아갈 것이다. 그러나 실제는 그렇지 않고, 그림 5-5(b)처럼 실을 놓는 순간에 공이 가지는 속도의 방향인 접선방향으로 날아간다.

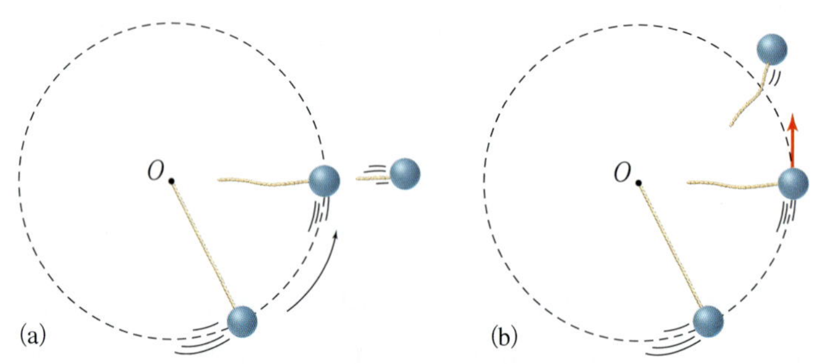

그림 5-5 만약 원심력이 존재한다면 실을 놓았을 때 (a)와 같이 날아갈 것이다. 그러나 실제로 (b)와 같이 접선방향으로 날아간다.

구심 가속도의 또 다른 예는 빨리 달리는 자동차가 커브를 돌 때 나타난다. 이 상황에서 자동차 안에 있는 사람은 밖으로 떠밀리는 느낌, 즉 중심에서 이탈하는 힘을 받는 느낌을 경험할 것이다. 이 경우 차 안에 있는 사람을 밖으로 미는 신비의 원심력이 존재하는 것이 아니다. 다만 차가 커브 길을 돌기 위해 차의 의자와 문이 승객에 힘을 미칠 뿐이다. 자동차가 커브 길을 돌기 위해서는 자동차에 대해 중심방향으로 작용하는 힘이 있어야 한다.

이 힘은 타이어와 도로 사이의 마찰력이 공급한다(이 마찰은 타이어가 미끄러지지 않을 때까지는 정지마찰이다). 만약 마찰력이 충분히 크지 않을 때에는 얼음 위에서처럼 충분한 힘이 작용하지 않아서 원궤도를 벗어나 직선에 가까운 경로로 미끄러진다.

TIP 원운동에서 줄이 끊어질 때 운동방향

줄이 끊어지면 공이 원의 중심으로부터 지름방향으로 멀어지는 운동을 한다는 생각은 오개념이다. 운동의 제1법칙에 의해 공은 줄로부터 힘이 사라질 때 움직이는 방향인 접선방향으로 계속 움직이려고 한다.

원심력은 **겉보기힘**(fictitious force)에 불과하다.

예제 5-2 편평한 커브길에서 회전하는 자동차

문제 어느 자동차가 반지름이 50.0 m인 경사 없는 커브 길을 주행하고 있다. (a) 건조한 날씨에서(정지마찰계수 $\mu_s = 0.900$) 안전하게 주행할 수 있는 최대 속력은 얼마인가? (b) 도로에 얼음이 어는 날씨에서(정지마찰계수 $\mu_s = 0.100$) 안전하게 주행할 수 있는 최대 속력은 얼마인가?

생각하기 구심력은 정지마찰력에 의존하며, 최대 속력에서 최대 구심력이 타이어에 작용하게 된다.

풀이 정지마찰력의 크기는 4-5절에서 $f_s \le \mu_s F_N$으로 나타냈다. 여기서 μ_s는 정지마찰계수이며, F_N은 수직항력의 크기이다. 자동차는 수직방향으로 가속하지 않으므로 자동차의 무게 mg는 수직항력과 균형을 이룬다. 즉 $F_N = mg$이다. 이때 정지마찰력이 구심력을 제공하게 된다. 즉

$F_c = \mu_s F_N = \mu_s mg = m\dfrac{v^2}{r}$이고, $\mu_s g = \dfrac{v^2}{r}$이다. 따라서 $v = \sqrt{\mu_s gr}$이다.

이 식에서 자동차의 질량 m이 나타나지 않으므로 모든 자동차의 질량과 상관없이 커브 길에서 안전운전을 위한 최대 속력은

같다.

(a) 정지마찰계수 $\mu_s = 0.900$인 건조한 도로에서의 속력은 다음과 같다.

$$v = \sqrt{\mu_s gr} = \sqrt{0.900 \times 9.8\ \mathrm{m/s^2} \times 50.0\ \mathrm{m}} = 21.0\ \mathrm{m/s}$$

(b) 정지마찰계수 $\mu_s = 0.100$인 얼어 있는 도로에서의 속력은 다음과 같다.

$$v = \sqrt{\mu_s gr} = \sqrt{0.100 \times 9.8\ \mathrm{m/s^2} \times 50.0\ \mathrm{m}} = 7.00\ \mathrm{m/s}$$

경험에서와 같이 건조한 도로에서 더 큰 속력을 낼 수 있다.

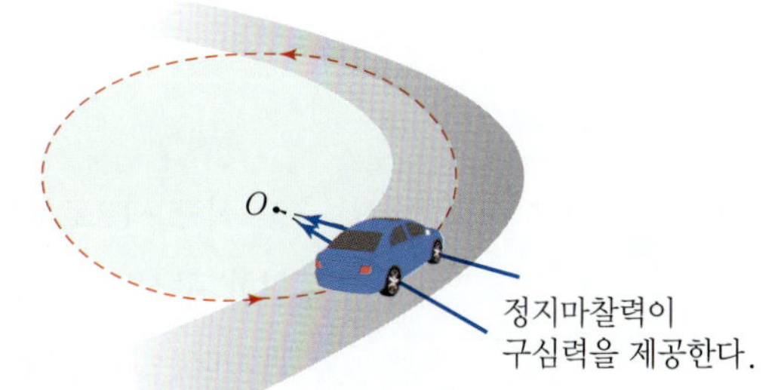

그림 5-6 자동차가 커브 길을 운행할 때, 도로와 타이어 사이의 정지마찰력은 자동차가 도로 위에 있게 하는 구심력을 제공한다.

경사진 커브 길을 도는 자동차

자동차가 경사지지 않은 커브 길을 주행할 때에는 타이어와 도로 사이의 정지마찰력이 구심력을 제공한다. 그러나 커브 길 바깥쪽이 안쪽에 비해 경사진 경우에는 주어진 속력에서 마찰의 기여는 거의 없어진다.

그림 5-7(a)은 마찰이 없는 경사진 커브 길을 따라 회전하는 자동차의 경로를 나타낸 것이다. 커브 반지름 r은 경사면이 아니라 수평면에 평행하도록 측정한 값이다. 그림 5-7(b)에는 도로가 자동차에 작용하는 수직항력 F_N과 무게 mg가 그려져 있으며, 수직항력은 도로면에 수직인 방향으로 작용한다. 도로면이 수평면에 대해 θ의 각을 이루므로 수직항력은 두 성분($F_N \sin\theta$, $F_N \cos\theta$)으로 나눌 수 있고, 그중 중심을 향하는 수평성분인 $F_N \sin\theta$가 구심력을 제공하게 된다. 즉

$$F_c = F_N \sin\theta = m\frac{v^2}{r}$$

이다.

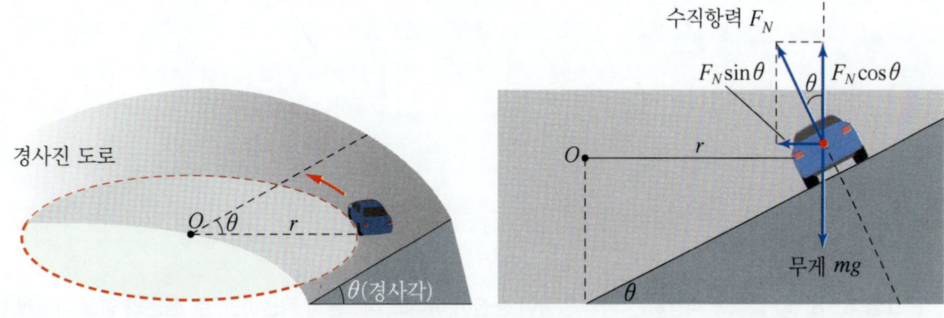

그림 5-7 자동차가 경사각이 θ이고, 회전반지름이 r인 커브 길을 도는 모습. 자동차에 작용하는 힘은 무게 mg와 수직항력 F_N이다. 수직항력의 수평성분인 $F_N \sin\theta$가 구심력을 제공한다.

자동차는 수직방향으로는 가속되지 않으므로 수직항력의 $F_N \cos\theta$성분은 자동차의 무게 mg와 균형을 이룬다. 그러므로 $F_N \cos\theta = mg$이다. 두 식을 정리하면 다음과 같다.

$$\frac{F_N \sin\theta}{F_N \cos\theta} = \frac{mv^2/r}{mg}$$

$$\tan\theta = \frac{v^2}{rg} \quad \textbf{5-12}$$

식 5-12로부터 주어진 속력 v와, 회전반지름 r인 경사진 커브를 안전하게 돌기 위한 구심력은 경사각 θ에 의해 주어지는 수직항력으로부터 얻고, 차의 질량과는 무관하다는 것을 알 수 있다. 따라서 도로의 경사각 θ가 커지면, 자동차의 속력이 커지거나, 회전반지름이 더 작아져야 한다. 주어진 경사각 θ에 대해 속력이 아주 작게 되면 경사진 커브 길에서 아래로 미끄러지며, 아주 큰 속력이 되면 위쪽으로 탈선하여 튕겨 나가게 된다.

5-2 속력이 변하는 원운동(비등속 원운동)

> **TIP 가속도의 두 성분**
>
> 물체가 곡선 경로에서 속도의 크기와 방향이 모두 변할 때 지름성분(중심방향) a_r과 접선성분 a_t의 두 가속도 성분을 갖는다.
> 여기서 하첨자 r은 radial(방사상의)의 첫자에서, 하첨자 t는 tangential(접선의)의 첫자에서 가져왔다.

물체가 원궤도가 아니고 곡선 경로를 따라 움직이는 경우를 살펴보자. 속도의 크기와 방향이 모든 변하는 경우, 속도 벡터는 항상 경로의 접선 방향이지만 가속도 a는 경로와 어떤 각도를 갖고 있다. 힘의 방향이 중심방향이 아니고, 그림 5-8(a)와 같이 비스듬한 방향으로 작용한다면 힘은 두 성분을 가지게 된다. 원의 지름방향 성분 $\vec{F}_r$는 **지름 가속도** $\vec{a}_r$를 만들고 물체가 원운동을 하도록 한다. 그리고 원의 접선성분인 $\vec{F}_t$는 속력을 증가시키거나 감소시키며 원의 **접선 가속도** $\vec{a}_t$를 가지게 한다.

줄에 공을 매달아 머리 주위에서 돌리기 시작할 때 사람은 공에게 접선가속도를 주어야만 한다. 이것은 원의 중심에서 옮겨진 손으로 줄을 잡아당김으로써 가능해진다. 또한 운동경기에서 해머던지기 선수는 손에서 해머를 놓기 전 속력을 높이기 위해 접선방향으로 가속시킨다.

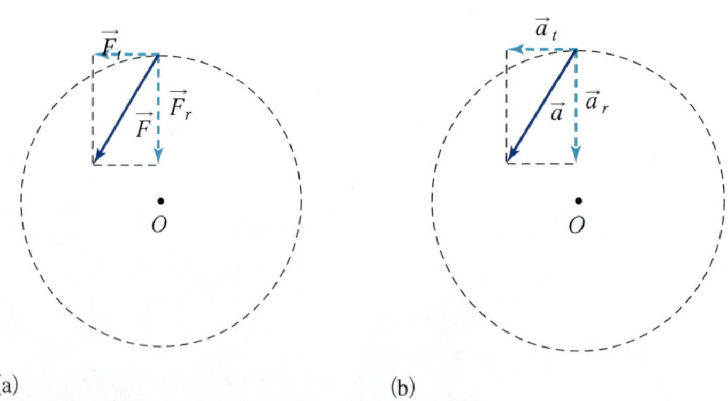

그림 5-8 (a) 물체에 작용하는 힘의 방향이 중심이 아니고 비스듬히 작용하면, 두 성분의 힘을 가지게 된다. (b) 이에 따라 지름가속도 $\vec{a}_c$와 접선성분의 가속도 $\vec{a}_t$를 가지게 된다.

지름 방향의 가속도는 속도 벡터의 방향 변화 결과로 나타나며 다음과 같이 주어진다.

$$a_r = -a_c = -\frac{v^2}{r} \quad \textbf{5-13}$$

식 5-13에서 (−)는 지름 가속도의 방향이 중심 방향을 나타낸다.

접선 가속도 성분은 물체의 속력 변화로 생기며 다음과 같이 주어진다.

$$a_t = \frac{dv}{dt} \qquad \textbf{5-14}$$

접선가속도는 항상 원의 접선방향을 가리키며, 그림 5-8(b)에 나타낸 것처럼 속력이 증가하면 v에 평행인 운동방향을 가리킨다. 만약 속력이 감소하면 $\vec{a}_t$와 $\vec{a}_r$는 서로 수직이고, 그들의 방향은 입자가 원궤도를 움직임에 따라 계속 변한다. 전체 가속도 $\vec{a}$는 원과 지름 방향인 지름 성분 a_r과 지름에 수직인 접선 성분 a_t의 합이다.

$$\vec{a} = \vec{a}_r + \vec{a}_t \qquad \textbf{5-15}$$

이 식에서 $\vec{a}_r$과 $\vec{a}_t$는 항상 서로 수직이므로 어떤 순간의 가속도 $\vec{a}$의 크기는 다음과 같다.

$$a = \sqrt{a_r^2 + a_t^2} \qquad \textbf{5-16}$$

예제 5-3 자동차 그랑프리 대회

문제 자동차 그랑프리 대회에 참가한 경주차가 정지상태에서 출발하여 반지름이 500 m인 원형 트랙을 돌면서 10.5 s 동안에 속력이 32 m/s까지 일정하게 가속되고 있으며, 접선 가속도는 일정하다고 한다. (a) 접선 가속도는 얼마인가? (b) 속력이 35 m/s일 때 지름 방향의 가속도는 얼마인가?

생각하기 접선 가속도와 지름 가속도를 구분하여 계산하는 문제로 적용할 공식을 미리 생각해보자.

그림 5-9 자동차 그랑프리 대회에서 커브 길을 도는 경주차

풀이 (a) 접선가속도 $\vec{a}_t$는 일정하고, 크기는 다음과 같다.

$$a_t = \frac{dv}{dt} = \frac{(32\text{ m/s} - 0\text{ m/s})}{10.5\text{ s}} = 3.05\text{ m/s}^2$$

(b) 지름 가속도 $\vec{a}_r$의 크기는 다음과 같다.

$$a_r = \frac{v^2}{r} = \frac{(35\text{ m/s})^2}{500\text{ m}} = 2.45\text{ m/s}^2$$

5-3 만유인력의 법칙

만유인력의 법칙

독일의 천문학자인 **케플러**(J. Kepler)는 **티코 브라헤**가 평생 동안 천체를 관측하면서 축적한 자료들을 분석하여 케플러의 행성운동법칙(5장-8절에서 학습)을 발표하였다. 그 후 50여년이 지난 후에 Newton은 자신이 제안한 운동 법칙과 케플러 법칙 등을 기반으로 만유인력의 법칙을 유도해냈다. 즉, 케플러가 기술한 태양계의 행성의 운동은 뉴턴의 법칙에 따르는 두 개의 질점간의 상호작용에 해당한다는 것을 밝혀낸 것이다. 티코 브라헤의 관측과 케플러의 연구 결과는 예리한 통찰력의 소유자 Newton이 만유인력의 법칙을 발견하게 되는 기초 자료가 되었다.

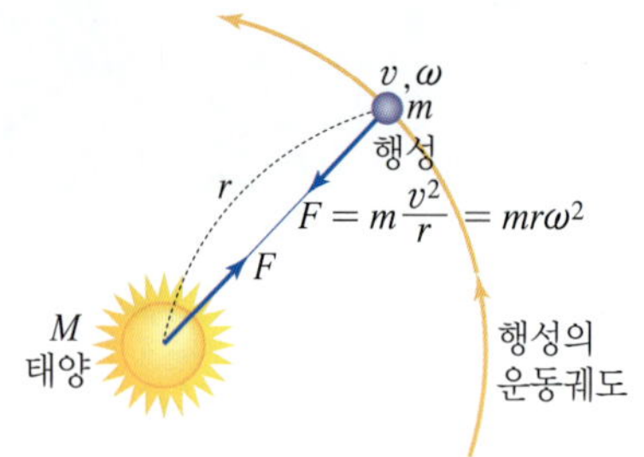

그림 5-10 행성에 작용하는 구심력.

케플러의 제1법칙에서 모든 행성의 공전 궤도는 타원이라고 밝혀졌으나 거의 원에 가깝다. 따라서 태양과 행성을 연결한 선분의 길이가 일정하다고 생각하면, 행성들은 그림 5-10과 같이 태양을 중심으로 등속 원운동을 하고 있다고 생각할 수 있다. 따라서 각 행성들은 태양을 향하여 $F = m\frac{v^2}{r} = mr\omega^2$의 구심력을 받고 있다.

행성의 질량을 m, 원운동의 궤도 반지름을 r, 각속도를 ω, 주기를 T라고 하면 행성에 작용하는 구심력 F의 크기는 다음과 같다.

$$F = mr\omega^2 = mr\left(\frac{2\pi}{T}\right)^2 \quad \textbf{5-17}$$

케플러의 제3법칙인 식 (5-36)의 $T^2 = kr^3$을 위식에 대입하여 구심력의 크기를 구하면 다음과 같이 나타낼 수 있다.

$$F = \frac{4\pi^2}{k}\frac{m}{r^2} \quad \textbf{5-18}$$

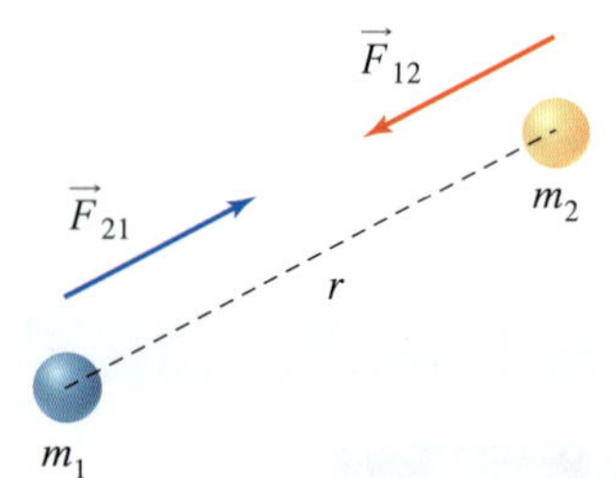

그림 5-11 만유인력의 법칙. 첫 번째 물체가 두 번째 물체에 작용하는 힘은 첫 번째 물체 쪽을 향하며($\vec{F}_{12}$), 두 번째 물체가 첫 번째 물체에 작용하는 힘($\vec{F}_{21}$)과 크기가 같고 방향은 반대이다. Newton의 제3법칙에 따라 $\vec{F}_{12} = -\vec{F}_{21}$이다.

즉, **행성에 작용하는 힘의 크기 F는 행성의 질량 m에 비례하고 태양으로부터의 거리 r의 제곱에 반비례하며, 그 방향은 태양을 향하여 작용한다.**

이때 힘 F는 태양과 행성 사이에 작용하는 힘이므로 작용 반작용의 법칙에서, 행성의 질량 m에 비례할 뿐만 아니라, 태양의 질량 M에도 비례한다. 따라서 새로운 비례상수 G를 사용하여 $\frac{4\pi^2}{k} = GM$으로 놓으면 행성에 작용하는 힘의 크기 F는 다음과 같다.

$$F = G\frac{mM}{r^2} \quad \textbf{5-19}$$

Newton은 행성과 태양뿐만 아니라 임의의 두 물체 사이에는 그들의 질량과 거리에 의해 정해지는 인력이 작용한다고 생각하고, 이 힘을 **만유인력**(universal gravitation)이라고 하였다.

일반적으로 그림 5-11과 같이, 두 물체 사이에는 각각의 질량 m_1(kg)과 m_2(kg)인 두 물체가 거리 r(m)만큼 떨어져 있을 때 두 물체 사이에는 인력이 작용하며 그 크기 F(N)은 다음 식으로 표시된다.

$$F = G\frac{m_1 m_2}{r^2} \quad \textbf{5-20}$$

이 관계를 **만유인력의 법칙**(law of universal gravitation)이라고 한다.

만유인력은 두 물체를 연결하는 선을 따라 작용하며, 이 법칙은 힘이 거리의 제곱에 반비례하는 **역제곱의 법칙**(inverse-square law)의 한 예이다.

식 5-20에서 G는 모든 물체에 대해 같은 값을 갖는 **만유인력상수**(constant of universal gravitation)로서 실험으로 결정되는 값이다. G값은 아주 작아 축구공과 같은 보통 크기의 물체 사이에서는 인력을 느낄 수 없다.

만유인력상수 측정

Newton이 만유인력의 법칙을 발표하고 100년 이상 지난 1798년에 영국의 과학자 캐번디시(Henry Cavendish)에 의해 보통의 물체 사이의 인력을 측정하였다. 그는 그림 5-12와 같은 실험장치를 개발하여 아주 작은 힘을 찾아내었다. 이 실험장치는 질량이 m_1, m_2인 작은 금속구를 붙인 막대를 실에 매달아 수평으로 장치하고 질량이 M_1, M_2인 큰 금속구를 가까이 가져가면, 큰 금속구와 작은 금속구 사이에 작용하는 인력에 의해 작은 금속구가 끌려와 실이 비틀리게 된다. 이때 작은 금속구가 정지하는 순간 금속구 사이의 인력은 실의 비틀림이 다시 원래의 상태로 되돌아가려는 복원력과 크기가 같아진다. 실이 비틀린 정도는 실에 매달아 놓은 거울에 빛을 쏘아 검출할 수 있게 되었다. 먼저 실이 비틀리기 전에 빛이 반사되어 온 위치와 비틀린 후 빛이 반사되어 온 위치를 비교하면 비틀린 정도를 측정할 수 있다. 캐번디시는 이런 방법으로 만유인력의 존재를 입증했을 뿐만 아니라 만유인력상수도 측정하였다. 최근에는 과학기술이 발달하여 빛 대신 레이저를 이용하여 실의 비틀림 정도를 더욱 정밀하게 측정하여 만유인력상수를 구하고 있다. 현재 공인된 만유인력상수 G의 값은 다음과 같다.

$$G = 6.67\,259 \times 10^{-11}\ \mathrm{N\,m^2/kg^2} \qquad \textbf{5-21}$$

만유인력의 법칙과 운동의 제2법칙 $F = ma$를 혼동하지 말아야 한다. 만유인력의 법칙은 특별한 힘인 중력을 기술하며, 그 크기가 거리와 질량에 따라 어떻게 달라지는지를 나타낸다. 반면에 Newton의 제2법칙은 물체에 작용하는 알짜힘(즉 그 물체에 작용하는 모든 힘들의 벡터 합)과 그 물체의 질량과 가속도 사이의 관계를 나타낸다.

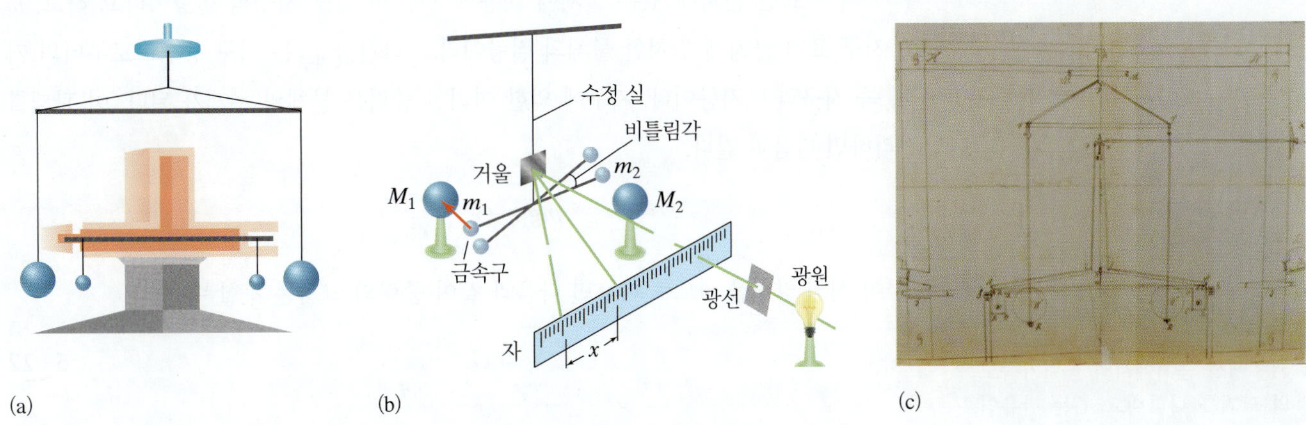

그림 5-12 (a) 만유인력 측정장치 (b) 캐번디시는 비틀림각 측정장치를 이용하여 만유인력을 정확하게 측정하여 만유인력상수의 값을 얻었다. (c) 캐번디시의 만유인력 측정장치 설계도(국립중앙과학관 '영국국립과학관 소장물품' 특별전시회)

예제 5-4 태양, 지구, 달 사이의 만유인력

문제 그림 5-13과 같이 지구와 태양 그리고 달이 위치하고 있다. 지구와 태양 모두의 만유인력에 의해서 달에 작용하는 알짜힘의 크기와 방향은 어떠한가? 단, 지구의 질량은 $m_{지구} = 5.98 \times 10^{24}$ kg이고, 태양의 질량은 $m_{태양} = 1.99 \times 10^{30}$ kg, 달의 질량은 $m_{달} = 7.35 \times 10^{22}$ kg이다. 그리고 지구와 달 사이의 거리는 3.84×10^5 km이고, 태양과 달 사이의 거리는

1.50×10^8 km이다.

생각하기 두 힘이 직각으로 작용하는 경우에 전체 힘을 구하는 문제이다.

풀이 식 5-20에 의해 구해보자. 지구가 달에 작용하는 힘의 크기는 다음과 같다.

$$F_{달지} = \frac{(6.67 \times 10^{-11}\ \text{N}\cdot\text{m}^2/\text{kg}^2)(7.35 \times 10^{22}\ \text{kg})(5.98 \times 10^{24}\ \text{kg})}{(3.84 \times 10^8\ \text{m})^2} = 1.99 \times 10^{20}\ \text{N}$$

또 태양과 달에 작용하는 힘의 크기를 구하면

$$F_{달태} = \frac{(6.67 \times 10^{-11}\ \text{N}\cdot\text{m}^2/\text{kg}^2)(7.35 \times 10^{22}\ \text{kg})(1.99 \times 10^{30}\ \text{kg})}{(1.50 \times 10^{11}\ \text{m})^2} = 4.34 \times 10^{20}\ \text{N}$$

이다. 이 두 힘이 서로 수직으로 작용하므로 전체 힘의 크기는 다음과 같다.

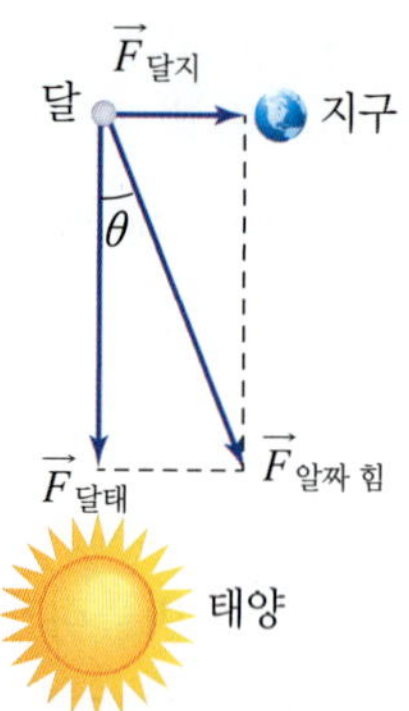

그림 5-13 태양, 지구, 달의 위치를 나타낸 그림으로, 정확한 축척은 아니다.

$$F = \sqrt{(1.99)^2 + (4.34)^2} \times 10^{20}\ \text{N} = 4.77 \times 10^{20}\ \text{N}$$

이때 이 힘의 방향은 다음과 같다.

$$\theta = \tan^{-1}\left(\frac{1.99}{4.34}\right) = 24.6°$$

5-4 지표면에서의 중력

중력의 크기

우주 내의 모든 물체 사이에는 만유인력이 작용한다는 것을 알았다. 이 만유인력을 지구와 지구 표면 근처에 있는 물체에 적용해보자. $m_{지구}$를 지구의 질량이라고 하고, m은 지구 표면 근처에 위치한 물체의 질량이라고 하자. $r_{지구}$는 지구 중심으로부터의 거리, 즉 지구의 반지름이다. 지구에 의한 이러한 중력은 물체의 무게가 된다. 이 관계를 정리하면 다음과 같다.

$$mg = G\frac{m_{지구}m}{r_{지구}^2}$$

이 식의 양변을 m으로 나누면 다음과 같이 중력의 크기는 구할 수 있다.

$$g = G\frac{m_{지구}}{r_{지구}^2} \qquad \text{5-22}$$

이와 같이 지구 표면에서의 중력가속도 g는 지구의 질량과 지구의 반지름에 의해 결정된다. 여기서 만유인력상수 G와 g를 혼동하지 말자.

TIP g와 G를 혼동하지 말자

g는 행성 근처에서의 중력가속도의 크기를 나타내고, G는 만유인력상수로 우주 어느 곳에서도 동일한 값을 갖는다.

예제 5-5 달 표면에서의 중력가속도

문제 달의 질량은 지구의 $\frac{1}{81}$이고, 반지름은 지구의 $\frac{3}{11}$이다. 달 표면에서의 중력가속도는 지구 표면에서의 중력가속도의 약 몇 배인가?

생각하기 실제 질량과 거리가 주어진 문제가 아니고, 비율을 가지고 문제를 해결해야 한다.

풀이 지구의 질량과 반지름을 각각 $m_{지구}$, $r_{지구}$라 하면, 달의 질량과 반지름은 각각 $m_{달} = \frac{1}{81} m_{지구}$, $r_{달} = \frac{3}{11} r_{지구}$이므로, 질량 m인 물체가 지구와 달에 의해 받는 만유인력, 즉 중력은 각각 다음과 같다.

지구: $mg = G\frac{m m_{지구}}{r_{지구}^2}$

달: $mg_{달} = G\frac{m m_{달}}{r_{달}^2}$

$$= G\frac{m\left(\frac{1}{81}m_{지구}\right)}{\left(\frac{3}{11}r_{지구}\right)^2} = G\frac{m\,m_{지구}}{r_{지구}^2} \times \frac{121}{729}$$

$$\therefore \frac{g_{달}}{g} = \frac{121}{729} \fallingdotseq \frac{1}{6}$$

달에서의 중력가속도는 지구에서의 중력가속도의 약 $\frac{1}{6}$임을 알 수 있다.

중력장

Newton이 중력 이론을 처음 발표했을 때, 그 시대 사람들은 두 물체 사이 공간에 어떤 일도 일어나지 않으면서 한 물체가 다른 물체에 힘을 작용할 수 있다는 개념을 이해하기 힘들었다. 즉 질량을 가진 두 물체가 서로 접촉하지 않고서도 상호작용할 수 있는가에 대한 의문을 제기했다. Newton은 그 의문에 대해 답할 수는 없었지만, 그의 이론은 행성의 운동을 만족스럽게 설명할 수 있다는 점에서 성공적으로 간주되었다.

중력에 대한 다른 표현으로서 중력 상호작용이 장(field)을 통한 두 단계 과정을 통해 일어난다고 생각하는 것이다. 첫 번째 단계로서 한 물체(원천 질량)가 **중력장**(gravitation field 重力場) g를 그 주위에 만들고, 그 다음 단계로 질량 m을 가진 두 번째 물체(시험 질량)가 그 중력장 내에 있게 되면 힘 $F = mg$를 받게 된다. 다시 말하면 첫 번째 질량이 두 번째 질량에 직접 힘을 작용하기보다는 중력장이 힘을 작용한다고 보는 것이다. 따라서 중력장은 다음과 같이 정의된다.

$$g = \frac{F_g}{m} \qquad 5\text{-}23$$

즉 공간의 한 지점에서 중력장은 시험 질량 m이 받는 중력을 질량으로 나눈 값과 같다. 결과적으로 공간의 한 지점에서 g값을 알고 있다면, 질량 m인 물체는 $F = mg$만큼의 중력을 받게 된다. 중력장과 비슷한 모형으로 전기장이나 자기장을 생각할 수 있는데, 이 모형은 중력장보다 더 큰 역할을 한다. 중력장 벡터의 방향은 그림 5-14와 같이 지구 중심을 향한다.

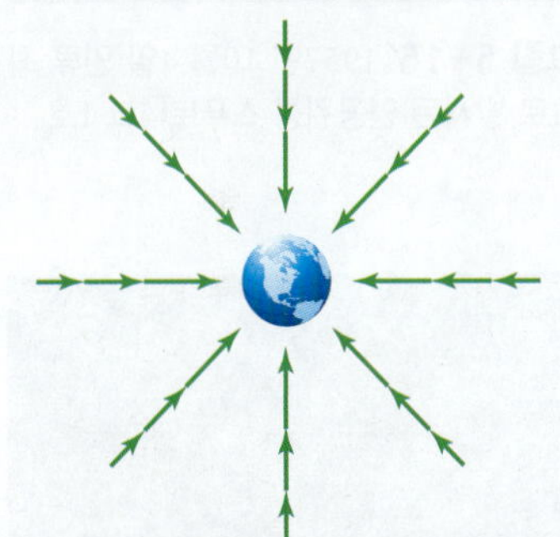

그림 5-14 지구와 같이 균일한 구형 물체 주변에서 중력장 벡터는 방향과 크기가 변한다. 중력장 벡터의 방향은 어떤 물체가 그 장 내에 있을 때 받게 되는 가속도의 방향이다.

중력을 이용하여 지구 질량 구하기

식 5-22를 이용하면 지구의 질량을 구할 수 있다. 지구의 반지름은 6.38×10^6 m이고, 만유인력상수는 $G = 6.672\,59 \times 10^{-11}$ N m^2/kg^{2}이고, 중력가속도의 크기는 $g = 9.8$ m/s^{2}이므로 지구의 질량 $m_{지구}$는 다음과 같다.

$$m_{지구} = \frac{gr^2}{G} = \frac{(9.8\ \text{m/s}^2)(6.38 \times 10^6\ \text{m})^2}{6.67 \times 10^{-11}\ \text{N m}^2/\text{kg}^2} = 5.98 \times 10^{24}\ \text{kg}$$

식 5-22는 지구가 완전한 구가 아니므로 장소에 따라 지구의 반지름이 조금씩 달라 정확한 g값이 되지 못하고 있다. 왜냐하면 지구는 산과 계곡을 가졌을 뿐만 아니라,

TIP 중력가속도를 이용한 원유의 발견

g값은 지형과 밀도가 다른 암석 등으로 인해 지표 곳곳에서 다르다. 지구물리학자들은 이를 이용하여 지각 구조와 광물, 석유탐사 등을 하고 있다. 암염층에서의 g값은 작게 나타나 이 지역에서 원유가 종종 발견된다.

표 5-1 고도에 따른 중력가속도 값

지구 표면에서 부터의 높이(km)	$g(\text{m/s}^2)$
1 000	7.33
2 000	5.68
4 000	3.703
6 000	2.60
8 000	1.93
10 000	1.49
15 000	0.13

질량도 정확히 균일하게 분포되어 있지 않기 때문이다. 그리고 지구의 자전도 g의 측정에 영향을 미치기 때문이다. 표 5-1은 지구에서 고도에 따라 달라지는 중력가속도의 값을 나타낸 것이다.

5-5 인공위성의 운동

인공위성의 속력과 주기

인류 최초의 인공위성은 1957년 10월 4일 (구)소련에서 발사한 스푸트니크(Sputnik) 1호이다. 이는 우주 탐사를 위한 대장정의 첫걸음이었다. 그 후 과학기술의 발달로 현재는 우주 관람 시대로 접어들었다.

지구 주위에는 수많은 인공위성들이 돌고 있다. 인공위성은 강력한 로켓엔진을 사용하여 접선방향의 속력이 충분히 커질 때까지 가속시켜 궤도에 진입하게 된다. 만약 속력이 너무 작으면 다시 지구로 떨어지게 되고, 속력이 너무 크면 지구의 중력을 벗어나 다시는 돌아오지 않고 우주 미아가 된다. 인공위성의 궤도는 원형이거나 원형에 가깝다. 무엇이 인공위성의 궤도를 유지시키는 것인가? 그 답은 아주 빠른 속력이다. 만약 인공위성의 속력이 점점 줄어들게 되면 지구로 떨어진다.

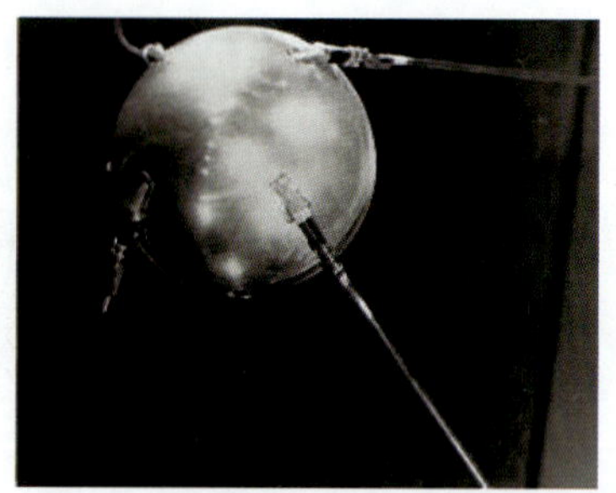

그림 5-15 1957년 10월 4일 인류 최초로 발사된 인공위성 스푸트니크 1호

등속도로 원궤도를 돌고 있는 인공위성의 가속도는 v^2/r이며, 인공위성에 가속도를 갖게 하는 것은 중력으로, 이는 구심력이 된다. 운동의 제2법칙 $F = ma$를 응용하면 다음 식을 얻을 수 있다.

$$F_c = G\frac{m\,m_{\text{지구}}}{r^2} = m\frac{v^2}{r} \qquad \textbf{5-24}$$

여기서 m은 인공위성의 질량이다. 식 5-24는 지구 중심으로부터 인공위성까지의 거리 r과 인공위성의 속력 v 사이의 관계를 나타낸다. 여기서 인공위성에 작용하는 힘은 오로지 중력뿐이다. 거리 r은 그림 5-17에서 나타낸 것처럼 지구반지름 $r_{\text{지구}}$와 지구 표면으로부터 인공위성까지의 거리 h의 합이다. 즉 $r = r_{\text{지구}} + h$이다. 식 5-24를 인공위성의 속력 v에 대해 풀면 다음 식이 얻어진다.

그림 5-16 다목적실용위성 3호(KOMPSAT-3)가 찍은 프랑스 파리 시가지 모습. 공공안전, 재해재난, 국토 · 자원관리, 환경감시 등에 활용될 고해상도 지구 관측영상을 촬영하여 국내로 전송하고 있다(한국항공우주연구원 제공).

$$v = \sqrt{\frac{G\,m_{\text{지구}}}{r}} \quad \text{(인공위성의 속력)} \qquad \textbf{5-25}$$

인공위성이 반지름 r의 궤도에 있으려면 반드시 이 값의 속력을 가져야 한다. 만약 지구에 더 가까운 인공위성, 즉 r의 값이 작을 때 더 큰 궤도 속력이 필요하다. 이 식에서 인공위성의 질량 m은 소거되어 나타나지 않는다. 그러므로 주어진 궤도에서 질량이 크거나 작거나 모두 똑같은 궤도 속력을 갖는다. 그러나 질량이 큰 위성을 궤도에 진입시키는 데 더 큰 힘이 필요하다.

인공위성의 주기 T는 궤도를 한 바퀴 도는 데 걸리는 시간이다. 모든 등속 원운동에서 주기와 속력의 관계는 $v = 2\pi r/T$임을 알고 있다. 식 5-25의 v를 여기에 대입하면

$$\sqrt{\frac{G m_{지구}}{r}} = \frac{2\pi r}{T}$$

가 얻어지고 이것을 T에 대해 풀면, 인공위성의 주기 T를 구할 수 있다.

$$T = \frac{2\pi r^{3/2}}{\sqrt{G m_{지구}}} \qquad 5\text{-}26$$

이 식은 비록 지구 궤도에 의해 유도되었지만, 지구의 질량 대신에 태양의 질량을 사용하면 태양 주위의 유사 원궤도에 있는 행성들의 주기를 계산하는 데 이용될 수 있다. 이때 r은 행성의 중심과 태양의 중심 사이의 거리이다. 식 5-26에서 주기는 궤도반지름의 3/2승에 비례한다는 사실은 Kepler의 제3법칙으로 알려져 있다.

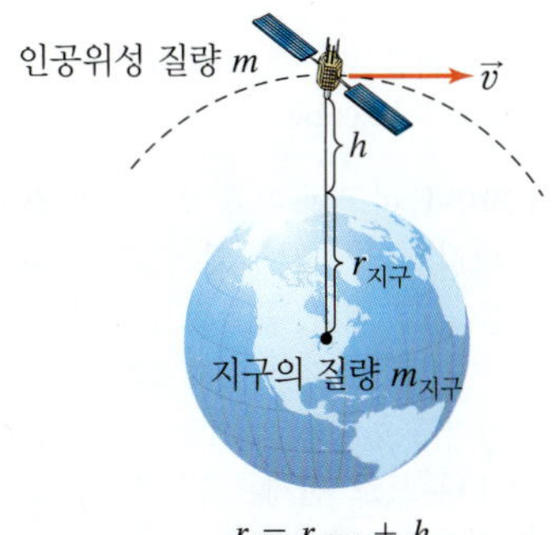

그림 5-17 인공위성까지의 거리 r은 지구반지름 $r_{지구}$와 지구 표면으로부터 인공위성까지의 거리 h의 합이다.

지구에서 로켓으로 물체를 높이 쏘아 올려서 지구 주위를 돌게 하면 거기에는 공기가 희박하므로 공기에 의한 저항이 거의 없게 된다. 따라서 한번 궤도에 들어선 인공위성은 특별한 추진력을 주지 않아도 지구의 주위를 오랫동안 돌게 된다. **태양동기궤도**(sun-synchronous orbit 太陽同期軌道)는 인공위성의 궤도가 태양회전궤도의 주기와 동일한 주기를 가지고 궤도 평면을 따라 움직이는 궤도를 말한다. **정지궤도**(geostationary orbit 靜止軌道)는 위도 0도인 적도 36 000 km 상공의 원형 궤도로, 지구동기궤도(geo-synchronous orbit)의 특별한 경우이다. 주로 통신, 방송, 기상용으로 이용된다. 우리나라에서는 여러 개의 위성을 발사하여 운영하고 있다.

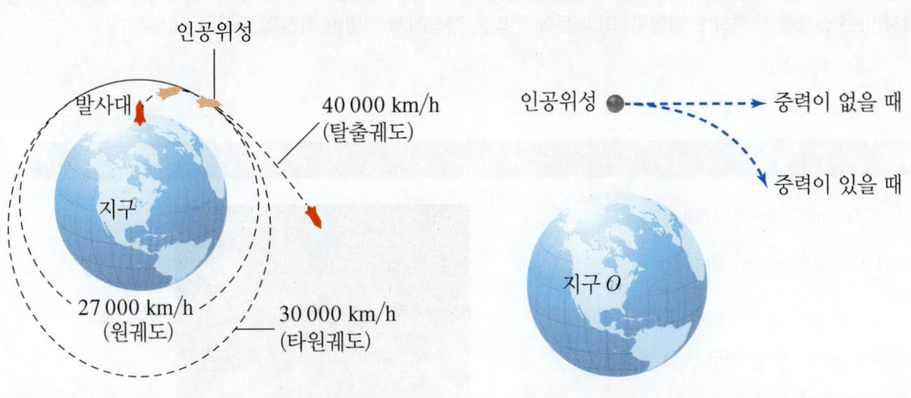

그림 5-18 발사 속력에 의해 인공위성의 궤도가 결정된다.

그림 5-19 운동하는 인공위성은 중력 때문에 직선 경로가 아닌 지구쪽을 향한다.

정지위성

인공위성을 적도의 상공에서 쏘아 올려 적도를 따라 서쪽에서 동쪽으로 원운동을 시켜 그 주기를 1일로 하면 인공위성은 지구에서 볼 때 언제나 정지해 있게 된다. 이와 같은 위성이 **정지위성**(stationary satellite 停止衛星)이다. 통신용 정지위성의 고도는 약 36 000 km이며, 주기는 24시간으로 지구의 자전 주기와 같다.

정지위성은 지구 상 넓은 지역에 걸쳐 장애물의 영향 없이 전파를 송·수신할 수 있어서 통신, 방송, 기상용 등으로 이용된다. 그림 5-20은 정지위성의 용도를 설명해

> **TIP 허블 우주망원경(Hubble Space Telescope)**
>
> 1990년 미국의 우주왕복선 디스커버리호에서 분리되어 지구 주위를 돌고 있다. 육안의 100억 배의 시력으로 지상 반딧불까지 탐지한다고 한다. 길이 13.3 m, 질량 11.11톤으로 천체관측과 탐사 등의 용도로 사용되고 있다.

주고 있다. 이러한 정지위성은 적도 평면 상에 있는 궤도로 발사되므로 항상 적도 상의 같은 장소에 있게 된다. 이와 같이 한 곳에 정지해 있기 때문에 지상 기지국으로부터 보내진 통신 신호를 중계하는 역할이 가능해 지상 기지국에서 보내온 신호를 다시 지상의 여러 곳으로 분산 중계할 수가 있다. 지상의 여러 가정에 설치된 접시 안테나는 위성에 의해 지상으로 중계되는 디지털 TV신호를 수신하여 가정에서 선명한 화질의 영상을 시청하게 한다.

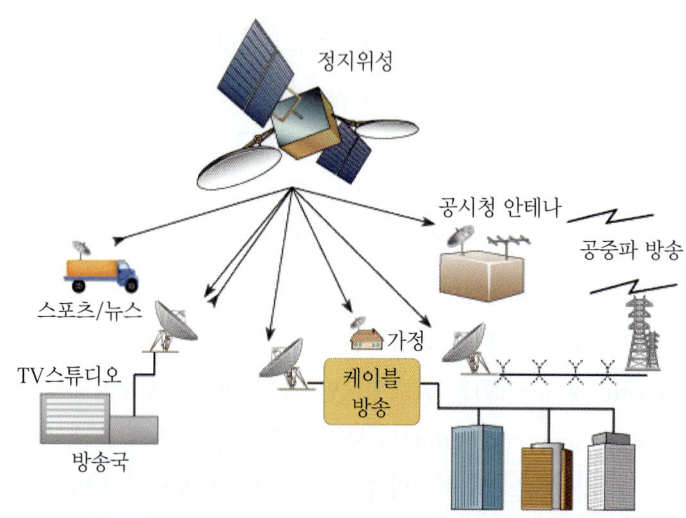

그림 5-20 정지위성은 적도 평면에 있는 원형 경로의 지구 궤도를 하루 한 번 회전한다. 주 용도는 지상에서 받은 신호를 중계하는 역할로, 이 때문에 우리는 가정에서 선명한 화질의 영상을 보게 된다.

예제 5-6 허블 우주망원경의 궤도 속력

문제 허블 우주망원경은 지구 표면에서 610 km 되는 위치에 있다. 단, 지구의 질량은 $m_{지구} = 5.98 \times 10^{24}$ kg이다. 이 허블 우주망원경의 속력은 얼마인가?

생각하기 허블 우주망원경의 궤도반지름은 지구 중심으로부터 인공위성까지의 거리라는 사실을 적용해야 한다.

풀이 이 망원경의 궤도반지름은 $r = (6.38 \times 10^6 \text{ m}) + (0.61 \times 10^6 \text{ m}) = 6.99 \times 10^6$ m이다.

식 5-25를 이용하면 우주망원경의 속력은 다음과 같다.

$$v = \sqrt{\frac{G m_{지구}}{r}}$$

$$= \sqrt{\frac{(6.67 \times 10^{-11} \text{ N m}^2/\text{kg}^2)(5.98 \times 10^{24} \text{ kg})}{(6.99 \times 10^6 \text{ m})}}$$

$$= 7.55 \times 10^3 \text{ m/s } (= 27\,200 \text{ km/h})$$

그림 5-21 허블 우주망원경 모형(제주항공우주박물관에서 촬영)

5-6 관성력

물체의 위치와 운동을 명확히 기술하기 위해 사용하는 좌표계는 관측자에게 편리하도록 임의로 잡을 수 있다. 따라서 같은 상황을 기술하는 데 관측자마다 자기에게 편리한 좌표계를 생각할 수 있다. 실질적으로 같은 물리적 상황을 겉보기에는 다르게 기술할 수 있지만, 실제 물리법칙은 동일하게 작용해야 한다. 관성좌표계란 관측자나, 관측자가 속한 계가 정지해 있거나 등속도운동을 하는 경우로 Newton의 운동법칙이 성립한다. 지구 자전과 공전의 효과를 무시하면 지표면에 정지해 있는 관측자는 관성좌표계로 볼 수 있다. 비관성좌표계(가속좌표계)란 관측자나 관측자가 속한 계가 가속도운동을 하는 경우로 단순히 Newton의 운동법칙을 적용할 수 없다. 이러한 경우 **가짜힘**, **겉보기힘**(apparent force)을 도입해야 한다. 이러한 힘을 **관성력**(force of inertia 慣性力)이라고 부른다. 겉보기힘은 실제 힘이 아니며, 겉보기힘의 경우에는 힘이면 반드시 찾을 수 있어야 하는 반작용도 찾을 수가 없다. 실제로 존재하는 힘이 아니기 때문이다.

수평방향으로 나타나는 관성력

일정한 가속도 a로 달리는 열차 내의 천장에 매달린 손잡이는 기차의 운동방향과 반대방향으로 기우는 것을 볼 수 있다. 이 현상을 지면에 정지해 있는 관측자와 열차에 타고 있는 관측자가 각각 어떻게 설명해야 하는가?

지면에 서 있는 관측자가 보는 경우

그림 5-22(a)와 같이 열차 밖에 있는 관측자가 이 손잡이를 보면 열차와 같은 가속도 a로 운동하고 있는 것으로 보인다. 중력 mg와 실의 장력 T가 작용하여 이 두 힘의 합력의 방향으로 열차와 같은 가속도 a로 운동하는 것처럼 보인다. 따라서 손잡이의 운동방정식은 다음과 같다.

$$ma = mg + T \quad \text{5-27}$$

그림 5-22 (a) 열차 밖에 있는 관측자가 이 손잡이를 보면 열차와 같은 가속도 a로 운동하고 있는 것으로 보인다. (b) 열차 내에 있는 관측자가 보면 손잡이가 관측자에 대해 정지해 있으므로 관측자에 대한 물체의 가속도는 0이다.

이 식에서 가속도 a가 0이 아니면 T와 mg는 동일 직선 상에 있지 않기 때문에 물체는 어떤 각 θ를 이룬 상태에서 정지해 있는 것으로 보인다.

열차에 타고 있는 관측자가 보는 경우

그림 5-22(b)와 같이 열차와 같은 가속도로 운동하는 관측자가 손잡이를 보면 연직선과 θ만큼 기울어진 상태로 정지해 보인다. 열차 안에 있는 사람(관측자)이 보면 손잡이가 관측자에 대해 정지해 있으므로 관측자에 대한 물체의 가속도는 0이다. 이것은 중력 mg와 장력 T가 서로 반대방향이 아닌데도 평형을 이루는 것으로 보아야 한다. 따라서 이 관측자에게는 운동의 법칙이 성립하지 않는 것으로 보인다. 이와 같은 모순을 해결하려면 중력 mg와 장력 T 이외에 가속도 a와 반대방향으로 어떤 가상적인 힘 F'가 별도로 작용한다고 가정해야 된다. 따라서 손잡이에 작용하는 힘은 다음과 같다.

$$mg + T + F' = 0 \quad \textbf{5-28}$$

식 5-27과 식 5-28을 비교해보면 가상적인 힘 F'는 다음과 같다.

$$F' = -ma \quad \textbf{5-29}$$

이와 같이 가속도운동을 하는 물체를 정지해 있는 물체와 같이 취급하기 위해서 도입된 가상적인 힘이 **관성력**이다. 즉 **관성력 F'는 가속도 a로 운동하는 관측자가 느끼는 가상적인 겉보기힘이며 가속도와 반대방향이다**. 또 이 힘은 가상적인 힘일 뿐이며, 물체에 작용하는 실제의 힘이 아니므로 실제의 힘에서 볼 수 있는 반작용은 없다.

일반적으로 가속도운동을 하는 좌표계에서 물체에 실제로 작용하는 힘 이외에 관성력이 작용한다고 생각할 때 Newton의 운동법칙이 성립된다. 관성력은 수평방향의 가속도 운동뿐만 아니라 승강기와 같은 연직방향의 가속도운동에서도 나타난다.

연직방향으로 나타나는 관성력

관성력에 대한 또 다른 예로 연직방향으로 일정한 가속도 a로 운동을 하는 승강기 천장에 질량 m인 물체(추)를 매단 용수철저울을 걸어놓은 경우를 생각해보자.

승강기 밖에 있는 관측자가 보는 경우

승강기가 상승하는 경우에는 추에 위쪽으로 탄성력 F와 아래쪽으로 중력 mg가 작용하며 승강기가 가속도 a로 운동한다. 이때의 운동방정식은 $F - mg = ma$이며 $F = mg + ma$의 관계가 있다. 승강기가 하강할 때는 아래쪽으로 가속도 a로 운동하므로 운동방정식은 $F - mg = -ma$이다. 따라서 다음과 같은 관계가 있다.

$$F = mg - ma \quad \textbf{5-30}$$

승강기 내에 있는 관측자가 승강기 천장에 걸려있는 용수철 저울을 보는 경우

그림 5-23(a)에서와 같이 승강기가 상승하는 경우에는 추에 탄성력 F와 중력 mg 이외에 아래쪽으로 관성력 $F'(ma)$가 작용하여 평형을 이루는 것처럼 보인다. 가속도 a의 방향을 (+)로 하면 운동방정식은 다음과 같다.

$$F - mg - F' = F - mg - ma = 0 \quad \textbf{5-31}$$

이처럼 승강기가 일정한 가속도 a로 상승할 때에는 다음과 같다.

$$F = mg + ma \tag{5-32}$$

즉, 일정한 가속도로 상승할 때에는 정지해 있을 때의 눈금 mg보다 ma만큼 증가한다.

한편 승강기가 하강하는 경우에는 그림 5-23(b)와 같이 추에 탄성력 F와 중력 mg 이외에 위쪽으로 관성력 $F'(ma)$가 작용하여 평형을 이룬다. 이 경우 운동방정식은 다음과 같다.

$$F - mg + F' = F - mg + ma = 0 \tag{5-33}$$

즉, 승강기가 일정한 가속도 a로 하강할 때에는 다음과 같다.

$$F = mg - ma \tag{5-34}$$

승강기가 일정한 가속도로 하강할 때에는 정지해 있을 때의 눈금 mg보다 ma만큼 감소한다.

승강기가 상승하기 시작할 때 체중이 무거워지는 것을 느낄 수 있다. 이것은 승강기의 가속도에 의한 관성력이 우리 몸에 아래쪽으로 작용하기 때문이다. 그리고 승강기가 하강하기 시작할 때에는 체중이 가벼워지는 것을 느끼는데 이는 관성력이 우리 몸에 위쪽으로 작용하기 때문이다.

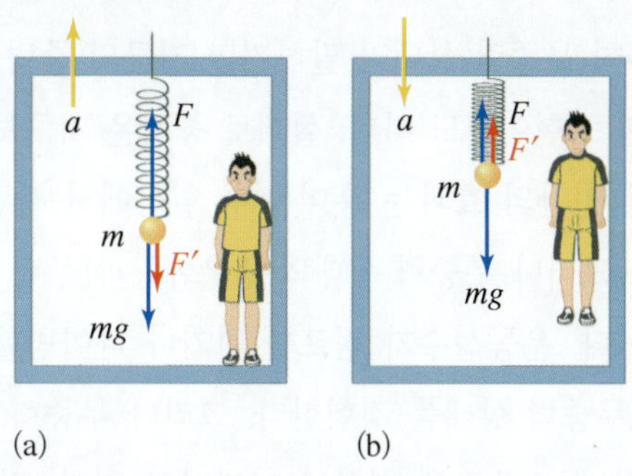

그림 5-23 승강기 내에 있는 관측자가 보는 경우 (a) 일정한 가속도 a로 상승할 때에는 $F = mg + ma$가 되어 정지해 있을 때의 눈금 mg보다 ma만큼 증가한다. (b) 일정한 가속도 a로 하강할 때에는 $F = mg - ma$가 되어 정지해 있을 때의 눈금 mg보다 ma만큼 감소한다.

예제 5-7 상승하는 승강기 내에 있는 저울의 눈금

문제 가속도가 0.5 $\mathrm{m/s^2}$로 일정하게 상승하는 승강기가 있다. 이 승강기의 천장에 질량 20 kg인 물체를 용수철저울에 달아서 매달아 놓았다. (a) 승강기 밖 지면에 서 있는 사람이 보는 용수철저울의 눈금은 얼마인가? (b) 승강기를 타고 안에 있는 사람이 보는 용수철저울의 눈금은 얼마인가?

생각하기 승강기는 일정한 가속도로 상승하고 있으며, (a)는 관측자가 승강기 밖에 있는 경우이고, (b)는 관측자가 승강기 내에 있는 경우의 문제이다.

풀이 (a) 물체에는 위쪽으로 탄성력 F와 아래쪽으로 중력 mg가 작용하고 가속도 a로 운동하므로 지면에 정지한 사람이 볼 때 운동방정식은 다음과 같다.

$$F - mg = ma \tag{1}$$

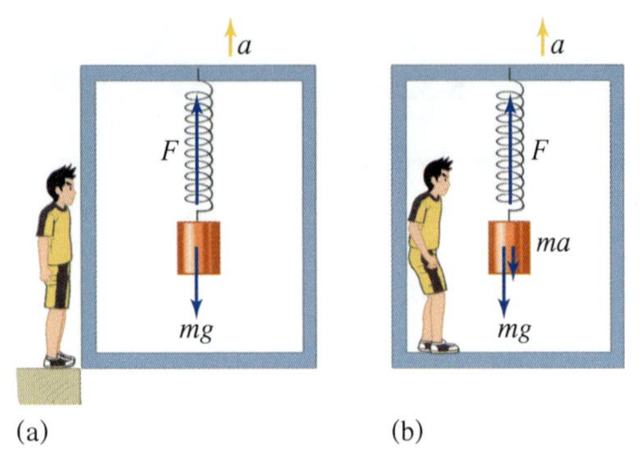

그림 5-24 (a) 승강기가 상승할 때 지면에 서 있는 관측자 (b) 승강기가 상승할 때 승강기 내에 있는 관측자

(b) 승강기 안에 있는 관측자가 느끼는 운동의 상태는 탄성력 F, 중력 mg 외에 아래쪽으로 관성력 ma가 작용하여 평형을 이루는 것으로 보인다. 그러므로 운동방정식은 다음과 같다.

$$F - mg - ma = 0 \qquad (2)$$

따라서 (1)과 (2)의 경우는 모두 똑같이 다음과 같은 눈금을 가리킨다.

즉 $F - mg = ma$에서 탄성력 F를 구하면 이 값이 곧 용수철저울의 눈금이 된다.

$$F = mg + ma = 20\text{ kg} \times (9.8\text{ m/s}^2 + 0.5\text{ m/s}^2) = 206\text{ N}$$

5-7 겉보기 무중력

그림 5-25 나로호 3차 발사 과정에서 페어링이 분리되는 그래픽(한국항공우주연구원 제공)

그림 5-26 한국 최초 탑승우주인 이소연 씨가 무중력 상태인 국제우주정거장에서 대기관측을 위해 MEMS 망원경을 설치하고 있다(한국항공우주연구원 제공).

승강기가 중력가속도 g와 같은 가속도로 낙하한다면 어떻게 될까? 이 경우에는 승강기에 탄 사람은 중력 mg와 같은 크기의 관성력을 위쪽으로 받으므로 식 5-34에서 $F = m(g - g) = 0$이 되어 체중을 느끼지 못하는 상태가 된다. 이와 같은 상태를 **겉보기 무중력** 또는 **무중력 상태**(gravity-free 無重力狀態)라고 한다.

우주인과 그 안에 있는 물체는 무중력 상태를 경험한다. 지구 주위를 도는 인공위성 궤도에서 우주인이 경험하는 무중력 상태는 자유낙하 하는 승강기 내에서 느끼는 무중력 상태와 같다. 흔히 무중력 상태라 말하지만 지구의 중력이 사라진 것이 아니기 때문에 실제로 부적절한 표현이기도 하다. 실제로 중력은 지구보다 조금 작을 뿐이다.

무중력 상태에 대한 인간의 효과는 흥미롭다. 일상에서 사람이 수평으로 손을 들고 있으면 꽤 피곤하다. 그러나 무중력 상태의 경우에는 아무런 노력도 필요하지 않다. 팔은 단지 떠 있을 뿐이다. 운동선수가 점프를 하거나 다이빙할 때에도 아주 짧은 시간 동안이기는 하지만 무중력 상태를 경험한다. 그러나 무중력 상태인 우주 공간에서 일하고 있는 우주인들에게는 해로운 현상도 나타나고 있다. 적혈구의 수가 줄어들고 혈액이 흉부로 모여들며 뼈의 칼슘이 줄어들어 부서지기 쉬우며 근육이 약해지기도 한다. 이러한 문제를 해결하기 위한 연구는 지금도 계속되고 있다.

5-8 Kepler의 법칙

Newton이 3가지 운동법칙과 만유인력의 법칙을 제안하기 반세기 전에 독일의 천문학자 **케플러**(Johannes Kepler, 1571~1630)는 그의 스승인 덴마크의 천문학자 **브라헤**(Tycho Brahe)로부터 천체 관측 자료를 넘겨받아 행성의 운동에 관한 수학적 모형을 추론하려고 시도하였다. 많은 실험적 계산을 통해 태양 주위를 도는 화성의 운동에 관한 브라헤의 관측 자료가 그 해답을 제공한다는 사실을 알아냈다. Kepler의 첫 번째 해석은 태양에 대한 원궤도의 개념은 버려야 한다는 것이다. 그는 궁극적으로 화성의 궤도는 한 초점에 태양이 위치한 타원임을 발견하였다. 이를 이용하여 모든 행성의 운동을 설명할 수 있는 이론을 정립하였다. 이 이론을 **Kepler의 행성 운동법칙**(Kepler's law of planetary motion)이라고 부르며 다음과 같이 요약한다.

1. 모든 행성들은 태양을 한 초점으로 한 타원궤도를 따라 이동한다.
2. 태양과 행성을 잇는 직선은 같은 시간 동안 같은 넓이를 쓸고 지나간다.
3. 행성의 궤도주기의 제곱은 행성과 태양 사이의 평균거리의 세제곱에 비례한다.

위의 세 가지 운동법칙을 좀 더 구체적으로 살펴보면 다음과 같다.

Kepler의 제1법칙

제1법칙은 티코 브라헤의 방대하고 정밀한 해성 관측 자료에 의하여 제안되었다. 그림 5-27에서와 같이 **타원**은 곡선 상의 임의의 한 점과 두 초점을 잇는 거리의 합이 항상 같은 점들이 만드는 곡선이다. **제1법칙은 타원 궤도의 한 초점에 태양이 있고, 다른 초점은 비어 있으며, 행성은 타원 궤도를 운행한다는 것이다.** 궤도가 타원이기에 태양에서 행성 사이의 거리는 연속적으로 변하게 되며 행성들이 원에 가까운 타원 궤도로 태양 주위를 운동한다.

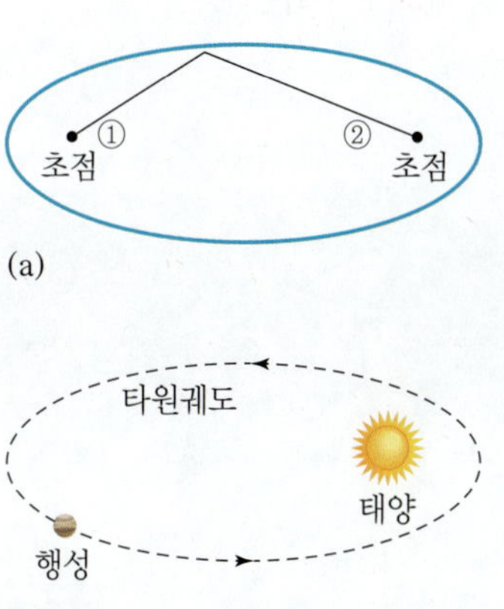

그림 5-27 (a) 타원궤도상의 모든 점에서 ①+②는 모두 같다. (b) 태양은 타원궤도의 한 초점에 위치하고, 행성은 이 궤도를 따라 운행한다. 태양과 행성 사이의 거리는 연속적으로 변한다.

Kepler의 제2법칙

행성의 공전 궤도를 알아낸 Kepler는 행성의 공전 속도는 어떠한지 관심을 갖고 화성의 공전 속도를 계산하였다. 그는 공전 궤도가 타원이므로 궤도의 위치에 따라 속도가 다르다는 것을 발견하였다. 이를 토대로 Kepler의 제2법칙을 제안하였다.

Kepler의 제2법칙은 그림 5-28에서와 같이 행성이 태양으로부터 먼 곳을 지날 때에는 느리게 움직이고 가까운 곳을 지날 때는 빠르게 움직인다는 것이다. 즉 **태양에서 임의의 행성을 잇는 직선이 같은 시간 간격 동안 지나는 넓이는 같다는 것이다.** 그림 5-28에서 같은 시간 동안 휩쓸고 지나는 넓이 S_1과 S_2는 서로 같다는 것이다.

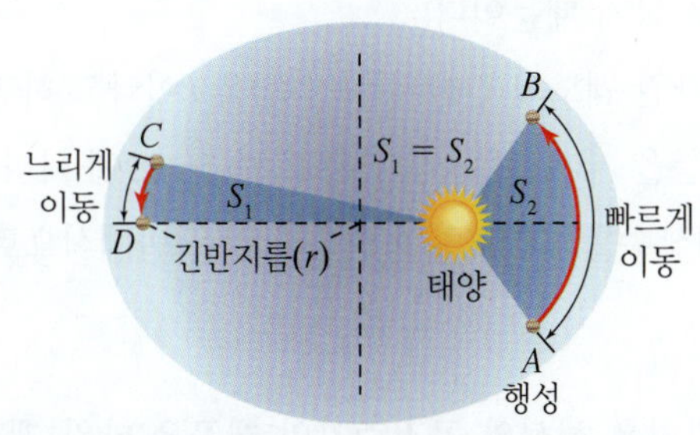

그림 5-28 태양 주위를 도는 타원궤도에서 점 A와 B 사이의 시간 간격과, 점 C와 D 사이의 시간 간격이 같다면 행성이 휩쓸고 간 두 넓이는 같다.

TIP 행성의 운동에서 태양의 위치는 어디인가?

태양은 그 행성이 그리는 타원궤도의 중심이 아니라, 그 한 초점에 위치한다.

© Book's-Hill

요하네스 케플러 Johannes Kepler, 1571~1630, 독일의 수학자, 천문학자, 점성술사

Kepler는 ≪세계의 조화≫, ≪코페르니쿠스 천문학 개요≫ 등의 저서를 통해 17세기 천문학 혁명의 핵심 인물로 알려진 사람이다. 그의 업적은 후에 Newton이 만유인력의 법칙을 확립하는 데 기초가 되었다.

Kepler의 제3법칙

Kepler의 제3법칙은 행성 궤도의 반지름과 태양 주위를 한 바퀴 회전하는 데 걸리는 시간 사이의 관계를 설명한다. 이 법칙을 유도해보자. 여기서는 원궤도의 특별한 경우에 대해 생각해보자(원은 타원의 특수한 경우이고 대부분 행성의 궤도는 원에 가깝다. 원은 타원의 특수한 경우이다).

질량 M_s인 태양 주위로 질량 m_1인 행성이 원궤도에 있다고 하자. 궤도가 원이기 때문에 행성은 일정한 속력 v로 움직인다. 운동의 제2법칙, 중력의 법칙, 구심 가속도를 이용하여 다음 식과 같이 나타낼 수 있다.

$$F = m_1 a = \frac{m_1 v^2}{r} = G\frac{m_1 M_s}{r^2}$$

궤도 상 행성의 속력 v는 행성의 궤도 원둘레를 행성이 1회전하는 데 걸리는 시간, 즉 행성의 주기 T로 나눈 것과 같다. 즉 $v = 2\pi r/T$이므로, 위 식은 다음과 같이 나타낼 수 있다.

$$G\frac{M_s}{r^2} = \frac{(2\pi r/T)^2}{r}$$

이 식을 다시 정리하면 다음과 같다.

$$T^2 = \left(\frac{4\pi^2}{GM_s}\right) r^3 = K_s r^3, \quad \frac{T^2}{r^3} = \frac{4\pi^2}{GM_s} \qquad \textbf{5-35}$$

이 식에서 상수 K_s는 다음과 같다.

$$K_s = \frac{4\pi^2}{GM_s} = 2.97 \times 10^{-19}\ \mathrm{s^2/m^3}$$

식 5-35는 원궤도에 대한 Kepler의 제3법칙을 나타낸다. 대부분의 행성은 원궤도에 가깝지만 혜성과 소행성은 보통 타원 궤도를 갖는다. 이러한 궤도에 대해서는 반지름 r는 장축(타원 궤도를 가로지르는 가장 긴 거리의 반)으로 대치하면 된다. 식 5-35는 태양계 내의 어떤 행성에 대해서도 타당하다. 왜냐하면 행성의 질량은 태양의 질량에 비해 무시할 정도로 작기 때문이다.

행성의 주기를 T, 타원 궤도의 긴반지름(장축)을 r이라고 하면, 각 행성의 주기를 제곱한 것(T^2)과 긴반지름을 세제곱한 것(r^3)은 그림 5-29에 나타낸 것과 같이 비례식이 성립한다. 따라서 비례상수를 k라고 하면 다음과 같은 관계식으로 나타낼 수 있다.

$$T^2 = kr^3 \qquad \textbf{5-36}$$

즉 Kepler의 제3법칙은 **행성의 공전주기의 제곱은 타원 궤도의 긴반지름(장축)의 세제곱에 비례한다**는 것이다. 이 식이 의미하는 것은 행성의 궤도반지름이 커지면 공전주기 또한 증가한다는 것이다. 표 5-2는 여러 행성의 T^2/r^3값을 나타낸 것으로, 어느 행성에서도 T^2/r^3값이 일정함을 알 수 있다. Kepler의 제3법칙은 후에 Newton이 만유인력의 법칙을 발견하는 데 큰 도움을 주었다.

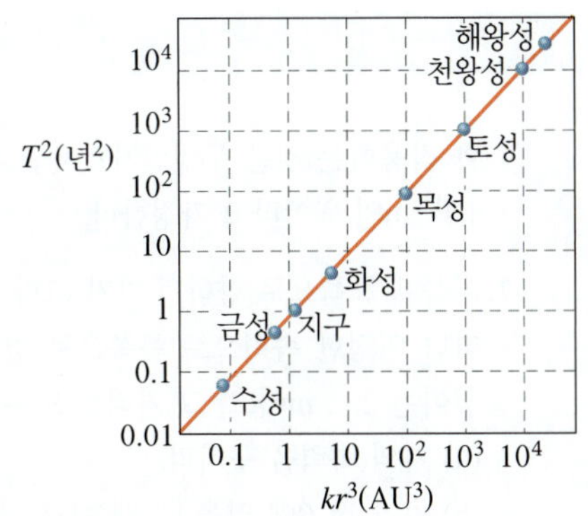

그림 5-29 행성들의 주기의 제곱(T^2)과 장축의 세제곱(kr^3) 사이의 관계 그래프(k는 비례상수이고, AU는 천문단위로 1 AU는 지구에서 태양까지의 거리를 말한다.)

표 5-2 여러 행성의 T^2/r^3값

행성	평균반지름($\times 10^6$ m)	주기($\times 10^7$ s)	T^2/r^3($\times 10^{-19}$ s^2/m^3)
수성	2.43	0.76	2.97
금성	6.06	19.4	2.99
지구	6.38	3.16	2.97
화성	3.37	5.94	2.98
목성	69.9	37.4	2.97
토성	58.5	93.5	2.99
천왕성	23.3	264.0	2.95
해왕성	22.1	522.0	2.99

예제 5-8 정지위성의 속력

문제 정지위성은 지구 상의 한 지점에 대해 항상 같은 위치에 있는 것이 유리하다. 즉 자전주기가 지구와 똑같이 24시간이면 된다. (a) 정지위성은 지구 중심에서부터 몇 m 떨어져 있는가? (b) 이때 정지위성의 궤도 속력은 몇 m/s 인가?

생각하기 Kepler의 제3법칙에서 태양의 질량을 지구의 질량으로 대체하고 주기를 초 단위로 변환시켜 대입하여 r에 대해 푼다.

풀이 (a) 먼저 지구 중심에서부터 정지위성까지의 거리를 구하자. 주기 T는 86 400 s, 만유인력상수는 $G = 6.67\,259 \times 10^{-11}$ Nm^2/kg^2, 지구의 질량은 $M_E = 5.98 \times 10^{24}$ kg을 대입한 후 r에 대해 풀자. Kepler의 제3법칙 식 5-35에서

$$T^2 = \left(\frac{4\pi^2}{GM_E}\right)r^3 \text{ 이므로 } r^3 = \left(\frac{T^2 GM_E}{4\pi^2}\right)\text{이다.}$$

여기서 r을 구하면 $r = 4.23 \times 10^7$ m이다.

(b) 궤도 속력은 한 번 도는 동안 이동한 거리를 주기로 나누면 된다.

$$v = \frac{d}{T} = \frac{2\pi r}{T} = \frac{2\pi(4.23 \times 10^7 \text{ m})}{8.64 \times 10^4 \text{ s}} = 3.08 \times 10^3 \text{ m/s}$$

연습문제

5-1 속력이 변하지 않는 원운동(등속 원운동)

1. 등속 원운동이 등가속도운동이 아닌 이유를 설명하라.

2. 지구 주위를 회전하는 달의 원궤도는 반지름이 약 384 000 km이고 주기 T는 27.3일이다. 지구에 대한 달의 구심 가속도는 얼마인가?

3. 어느 물체가 반지름이 1 m인 원의 둘레를 5초 동안에 10회전하고 있다.
(a) 이 물체의 주기를 구하라.
(b) 진동수는 얼마인가?
(c) 속력은 얼마인가?

4. 그림 P5-4와 같이 질량 2.0×10^{-2} kg인 고무마개를 가느다란 유리관을 통해 질량 4.0×10^{-1} kg인 추에 가벼운 실로 매달아 연결하여 등속 원운동을 시켰다. 원운동의 반지름이 0.5 m로 일정하게 유지될 때, 고무마개의 속력은 몇 m/s인가?

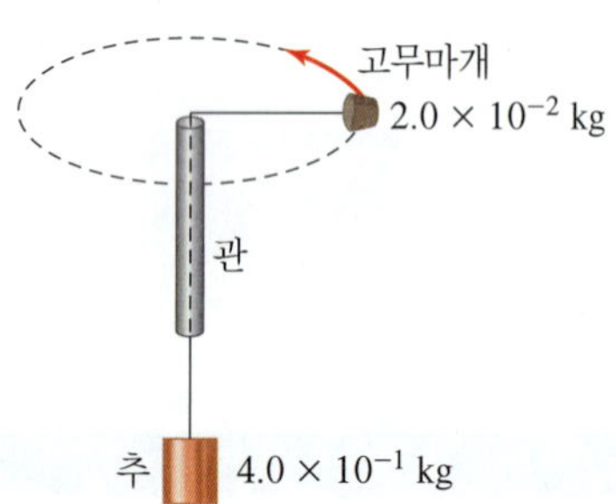

그림 P5-4

5. 지구 둘레를 돌고 있는 달의 구심 가속도를 구하고, 이 가속도와 지구로 낙하하는 다른 물체들의 가속도의 비를 구하라. 달의 공전주기는 27.3일이다.

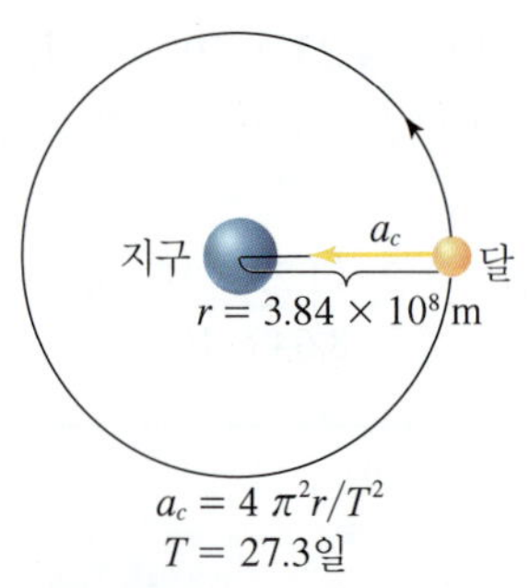

그림 P5-5

5-2 속력이 변하는 원운동(비등속 원운동)

6. 태양 주위의 궤도를 돌고 있는 지구의 (a) 구심 가속도와 (b) 지구에 작용하는 알짜힘을 계산하라. 그리고 (c) 이 힘을 지구에 작용하는 것은 무엇인가? 지구의 궤도는 반지름이 1.50×10^{11} m인 원이라고 가정하라.

7. 처음에 동쪽으로 향하던 차가 그림 P5-7과 같은 원형 경로를 따라 일정한 속력으로 북쪽으로 방향을 바꾸었다. 호 ABC의 길이는 235 m이고, 그 거리를 도는 데 36.0 s가 걸렸다.
(a) 차의 속력을 구하라.
(b) 차가 점 B에 있을 때 가속도의 크기와 방향을 구하라.

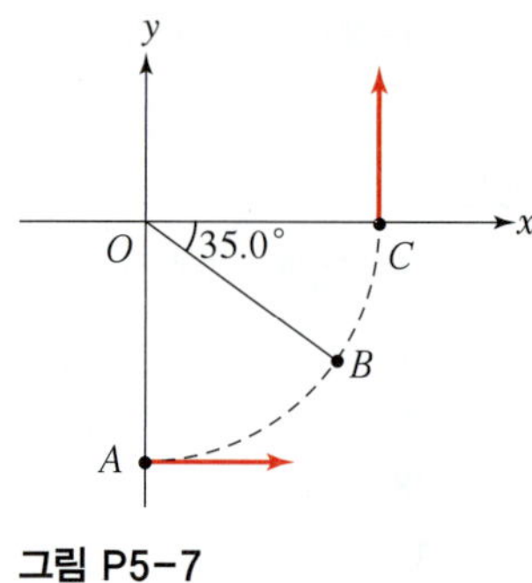

그림 P5-7

8. 어느 자동차가 반지름이 150 m인 경사각이 없는 커브 길에서 최대 속력 32.0 m/s로 달릴 수 있다고 한다. 이 자동차가 반지름이 75.0 m인 커브에서 달릴 수 있는 최대 속력은 얼마인가?

9. 낚시꾼이 낚시 줄 끝에 0.06 kg인 납으로 된 찌를 달고 수평 원둘레로 회전시키고 있다. 원의 반지름은 0.3 m이고 물체가 2.0 m/s의 속력으로 운동한다.
(a) 낚시의 찌를 원의 중심 쪽으로 향하게 하는 힘의 수평성분은 얼마인가?
(b) 줄의 장력은 얼마인가?

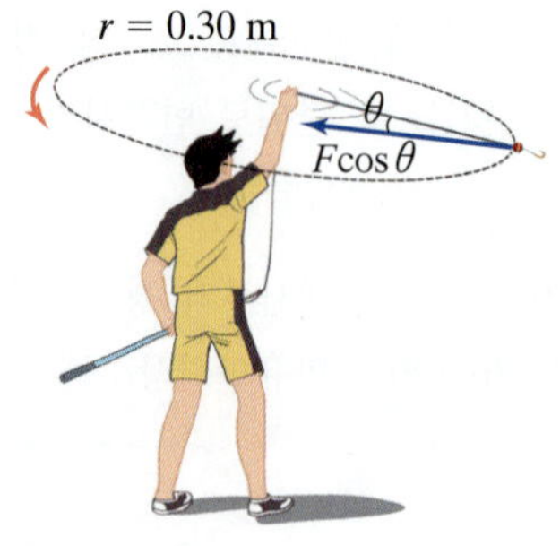

그림 P5-9

5-3 만유인력의 법칙

10. 질량 m인 행성이 질량 M인 태양 주위를 반지름 r로 등속 원운동을 하고 있다. 이 행성의 공전주기를 T라고 할 때, 다음 물음에 답하라.

(a) 행성에 작용하는 구심력 F_c는 얼마인가?
(b) 태양과 행성 사이에 작용하는 만유인력 F는 얼마인가?
(c) (a)와 (b)를 이용하여 T^2을 구하라.
(d) (c)에서 얻은 식은 무엇을 뜻하는가?

11. 5.0 m 떨어져 있는 60 kg의 여자와 80 kg의 남자 사이에 작용하는 (a) 만유인력은 얼마인가? (b) 만일 두 사람이 실제로 접촉하였다면(이때 두 사람 중심 사이의 거리 $\approx$ 0.3 m) 만유인력은 얼마인가?

12. 지구와 달 사이의 거리는 지구반지름 $r_{지구}$의 약 60배이며 달의 공전주기는 약 27.3일이다. 달이 지구 둘레를 등속 원운동한다고 가정하고 지구의 평균밀도를 구하라. 단, 만유인력상수는 6.67×10^{-11} Nm^2/kg^{2}이다.

13. 지구와 달 사이의 평균 거리는 384 000 km이다. 지구와 달 사이 중간 지점에 위치한 질량 3.00×10^4 kg인 우주선이 지구와 달에 의해 받는 알짜 중력은 얼마인가? 지구의 질량은 5.98×10^{24} kg이고, 달의 질량은 7.36×10^{22} kg이다.

5-4 지표면에서의 중력

14. 지구에 비해 2배의 지름과 6배의 질량을 가진 행성이 있다면 그 표면에서의 중력가속도는 지구 표면에서의 중력가속도의 몇 배인가?

15. 질량이 2 000 kg인 우주선이 지구의 중심으로부터 지구반지름(6 380 km)의 두 배가 되는 궤도를 돌고 있을 때의 중력을 구하라. 단, 지구의 질량은 $m_{지구} = 5.98 \times 10^{24}$ kg이다.

5-5 인공위성의 운동

16. 대기권 밖에서 운동하고 있는 인공위성 속에서 돌을 자유낙하시켰다고 하자. 이 돌은 어떤 운동을 하는가?

17. 높이가 3 600 km에서 지구 주위의 안정한 원궤도로 운행하고 있는 인공위성의 속도는 얼마인가?

18. 지구 표면에서 높이가 지구반지름의 2배인 곳에서 지구 둘레를 원운동하는 인공위성이 있다.
(a) 인공위성이 있는 곳에서의 중력가속도는 지구 표면에서의 중력가속도의 몇 배인가?
① $\frac{1}{27}$배 ② $\frac{1}{9}$배 ③ $\frac{1}{8}$배 ④ $\frac{1}{4}$배 ⑤ $\frac{1}{2}$배
(b) 지구 표면의 중력가속도를 g, 지구의 반지름을 R이라 할 때, 이 인공위성의 속도를 R과 g로 나타내라.
① $\sqrt{\frac{Rg}{3}}$ ② $\frac{\sqrt{Rg}}{3}$ ③ $\sqrt{Rg}$ ④ $\sqrt{2Rg}$ ⑤ $\sqrt{3Rg}$

19. 우리나라 최초로 국내 제작한 인공위성 우리별 2호(발사일 1993년 9월 26일)는 지상으로부터 800 km 높이에서 지구 주위를 돌고 있다. 지구의 반지름은 $r_{지구} = 6.4 \times 10^6$ m이다.
(a) 이 인공위성이 위치한 곳에서의 중력가속도는 얼마인가?
(b) 우리별 2호의 속도와 공전주기는 얼마인가?

5-6 관성력

20. 몸무게가 58 kg중인 사람을 태운 승강기가 3 m/s^{2}의 가속도로 일정하게 상승하고 있을 때, 승강기 바닥이 받는 힘은 얼마인가?

21. 어떤 여성이 승강기 내에서 용수철저울을 이용하여 자신의 무게를 측정하려고 한다. 여성의 몸무게는 58 kg중이라고 한다. 다음 각 경우 용수철저울이 가리키는 눈금은 얼마인가?
(a) 승강기가 6.0 m/s의 일정한 속력으로 위로 올라갈 때
(b) 승강기가 6.0 m/s의 일정한 속력으로 아래로 내려갈 때
(c) 승강기가 0.33g의 가속도로 위로 올라갈 때
(d) 승강기가 0.33g의 가속도로 아래로 내려갈 때
(e) 승강기가 자유낙하 할 때

22. 다음 각 경우에 달 중심으로부터 3 800 km 떨어져 있는 우주선 내에 있는 70 kg의 우주 비행사의 겉보기무게는 얼마인가? 단, 달의 질량은 7.4×10^{22} kg이다.
(a) 우주선이 일정한 속도로 운동하는 경우
(b) 우주선이 달을 향해 2.9 m/s^{2}로 가속되는 경우

23. 1 m/s^{2}의 일정한 가속도로 상승하는 승강기 천장에 질량이 5 kg인 물체를 용수철저울로 매달아 놓았다.
(a) 지면에 있는 사람이 본 용수철저울의 눈금은 몇 N인가?
(b) 승강기에 타고 있는 사람이 본 용수철저울의 눈금은 몇 N인가?

24. 반지름 r인 원호 모양의 다리 위를 자동차가 속력 v로 달리고 있다.
(a) 자동차가 원호의 맨 위에 있을 때 자동차에 작용하는 수직항력은 얼마인가?
(b) r = 30.0 m라면, 수직항력이 0이 되는 최소 속력은 얼마인가?

5-7 겉보기 무중력

5-8 Kepler의 법칙

25. 우주 체계에 대한 (a) 프톨레마이오스의 주장과 (b) 코페르니쿠스의 주장을 비교하여 설명하라.

26. Kepler의 제3법칙에서 행성들의 T^2/r^3의 평균은 3.98×10^{-20} d^2/km^{3}으로 일정하다는 것이 밝혀졌다. 만일 궤도반지름이 1.2×10^8 km인 행성이 존재한다면, 이 행성의 공전주기는 얼마인가?

27. 지구의 공전주기가 1년, 목성의 공전주기가 약 12년이라면, 목성의 공전 궤도반지름은 지구의 공전 궤도반지름의 몇 배가 되는가?

28. 두 개의 위성이 지구 둘레를 원궤도로 돌고 있다고 하자. 위성 A의 고도는 지구의 반지름과 같고, B의 고도는 지구반지름의 2배이다. 그들의 공전주기의 비 T_B/T_A는 얼마인가?

29. 화성의 위성 포보스(Phoebus)의 궤도반지름은 9.4×10^6 m이고 공전주기는 2.8×10^4 s이다. 원궤도라고 가정하고 화성의 질량을 구하라.

30. 화성의 공전주기는 Kepler에 의해 약 684일이라고 알려졌는데, 이를 지구의 공전주기로 환산하면 (684일/365일) = 1.87년이다. 지구를 기준으로 사용하여 태양으로부터 화성까지의 거리를 구하라. 단, 지구와 태양 사이의 거리는 $r = 1.50 \times 10^{11}$ m이다.

대형 기중기(crane 起重機)가 하는 일
기중기는 무거운 물건을 들어올리거나 이동시키는 일을 한다. 사진은 기중기가 교량 보에 사용되는 약 110톤의 PSC 박스거더(Prestressed concrete box girder)를 들어올리는 모습이다. 두 기중기의 줄에 걸리는 장력을 이용하여 일정한 높이까지 들어올려 일을 하게 되고, 단위시간에 한 일의 양은 일률로 나타낼 수 있다.

제6장 일과 에너지

이제까지 Newton의 세 가지 운동법칙들을 이용하여 한 물체(입자)의 운동을 해석하는 방법에 대해 다루었다. 이러한 해석에 있어서 운동을 결정하는 중심적인 역할을 하는 물리량은 힘이었다. 제6장과 7장에서는 입자의 운동에 관한 다른 해석 방법으로 에너지와 운동량을 사용하는 방법에 대해 공부한다. 에너지와 운동량이 중요한 이유는 이들이 보존되는 물리량이기 때문이다. 즉 여러 다양한 상황 속에서 에너지와 운동량은 그 값이 변하지 않고 일정하며, 이러한 특성 때문에 자연에 대해 보다 깊은 통찰이 가능하게 되었고, 실제 문제들을 접할 때 접근이 용이하게 되었다. 뿐만 아니라 에너지 개념을 사용한 접근방법은 앞으로 학습할 열적 현상과 전기적 현상을 이해하는 데 도움을 준다.

제6장에서는 두 가지 중요한 개념을 공부한다. 첫째는 에너지의 개념이고, 둘째는 에너지와 밀접하게 관련되어 있는 일의 개념이다. 이 두 물리량은 방향을 가지지 않는 스칼라이기 때문에 힘이나 가속도 등과 같은 벡터에 비해 해석하기 쉬운 경우가 많다. 또한 에너지는 두 가지 측면에서 중요성을 갖는다. 첫째는 보존되는 양이기 때문이고, 둘째는 운동에 관한 연구에서 뿐만 아니라 물리학 여러 분야 및 이공계 학문에서도 유용한 개념이기 때문이다.

6-1 일정한 힘이 한 일

사전에서 일은 '무엇을 만들거나 이루기 위해서 생각하고 몸을 움직여 하는 인간의 활동'이라고 설명하고 있다. 사람은 누구나 일생 정신적인 일뿐만 아니라 육체적인 일을 하면서 살아간다. 이처럼 '일'이란 우리 생활 속에서 많이 쓰이는 단어지만, 물리학에서는 일상생활에서 사용하는 일과 전혀 다른 의미를 갖는다. 물리적으로 보면 프로그래머가 컴퓨터 앞에 앉아서 타이핑하는 작업은 한 일이 거의 없다.

물리학에서는 물체에 힘이 작용하여 그 물체의 위치가 변하면(변위가 생김) 일을 한 것이다. 이때 작용한 힘이 클수록, 또 변위가 클수록 한 일은 많다. 아무리 큰 힘이 작용하더라도 물체가 이동하지 않으면 힘은 그 물체에 일을 하지 않은 것이다.

물체에 작용한 힘과 물체가 힘의 방향으로 이동한 거리의 곱을 힘이 한 일이라고 한다. 그림 6-1과 같이 물체에 일정한 힘 F를 작용하여 물체가 힘의 방향으로 거리 d만큼 이동하였을 때 한 일 W는 다음과 같다.

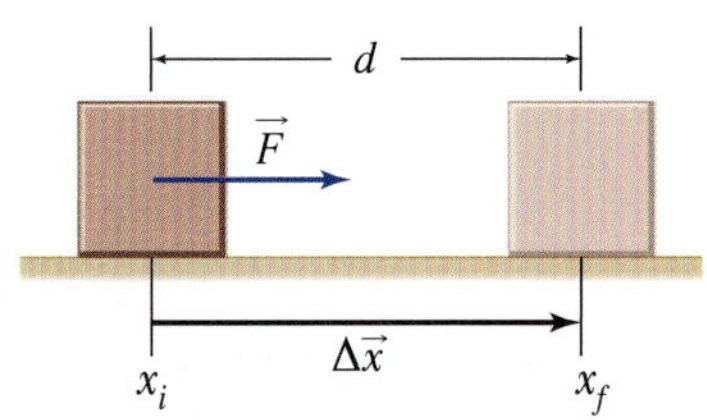

그림 6-1 일정한 힘 $\vec{F}$가 한 일은 $F_x\Delta x$이다.

$$W = Fd \qquad \textbf{6-1}$$

여기서 F는 물체에 작용한 힘의 크기이고, d는 물체의 변위인 Δx의 크기이다. 그러나 이러한 정의는 작용한 힘의 크기가 일정하고 변위가 힘과 같은 방향일 때 일의 크기만을 알려주는 식에 지나지 않는다. 그래서 보다 구체적인 정의가 필요하다. 그림 6-1을 다시 살펴보자. 이 그림은 어느 물체에 일정한 힘 F가 작용하고, 그 힘과 평행한 방향으로 Δx만큼 변위가 생긴 모습이다. 이 그림을 중심으로 물체에 작용하는 힘과 변위가 같은 방향일 때 한 일을 정의하면 다음과 같다. 일정한 힘 F가 x축을 따라 Δx만큼의 변위가 생겼다면, 이때 물체에 한 일 W는 다음과 같다.

$$W = F_x \Delta x \qquad \textbf{6-2}$$

여기서 F_x는 힘 $\vec{F}$의 x성분이고, Δx는 물체의 변위인 $\Delta\vec{x}$의 크기이다.

힘 F_x와 변위 Δx가 같은 방향이면 일은 양(+)이 되고, 반대방향이면 일은 음(−)이 된다. 일이 음이라는 것은 물체가 역학적 에너지를 잃은 경우이다. 힘 $F_x = 0$이거나 $\Delta x = 0$이면 물리학적으로는 아무 일도 하지 않은 것이 된다. 그림 6-2는 그리스 신화에 나오는 아틀라스(Atlas)신이 어깨로 지구를 떠받치고 있는 모습이다. 아틀라스신과의 전쟁에서 승리한 제우스신은 벌로 아틀라스에게 어깨로 하늘을 떠받치라고 명령하였다고 한다. 아틀라스는 오랫동안 하늘을 짊어지고 있지만, 물리학적으로 보면 일은 하지 않았다.

그림 6-2 그리스 신화에 나오는 아틀라스신이 어깨로 지구를 떠받치는 모습. 이 경우 물리적으로 한 일은 0이다.

일은 벡터가 아니고 단순한 숫자이므로 스칼라이다. 일의 SI 단위는 **뉴턴 미터**(N m)이다. 뉴턴 미터의 다른 이름은 **줄**(J)이다. **1 J은 1 N의 힘으로 물체를 힘의 방향으로 1 m 이동시켰을 때 한 일의 양이다.** 미국에서는 일의 단위로 **푸트 파운드**(foot-pound)를 사용하는데, 이 단위에서 길이는 피트(feet)를, 힘은 파운드(pound)를 사용한다.

그림 6-3 힘 F가 물체의 이동방향과 θ의 각을 이루며 작용할 때, 힘이 한 일은 $W = (F\cos\theta)d$ 이다. d는 변위벡터 $\Delta\vec{x}$의 크기이다.

식 6-2는 일정한 힘 F가 x축에 평행하지 않아도 성립한다. 일은 물체의 운동방향에 평행한 성분의 힘으로만 계산되기 때문이다. 물체에 작용하는 힘과 변위가 각을 이루고 있는 경우 일을 정의해보자.

그림 6-3과 같이 힘 F가 물체의 이동방향과 θ의 각을 이루며 작용할 때, 힘이 한 일을 구해보자. 물체에 작용하는 힘 F는 물체의 이동방향과 나란한 성분 $F_x = F\cos\theta$와 수직한 성분 $F_y = F\sin\theta$로 분해할 수 있다. 이때 F의 수평방향 성분 F_x만 물체에 일을 한다. 이때 수직방향(y방향)으로는 물체가 이동하지 않았으므로 힘 F의 수직방향 성분 F_y가 한 일은 0이다.

따라서 물체에 작용하는 힘과 변위가 θ의 각을 이루고 있을 때 한 일 W는 다음과 같이 정의할 수 있다.

$$W = (F\cos\theta)\,\Delta x \qquad 6\text{-}3$$

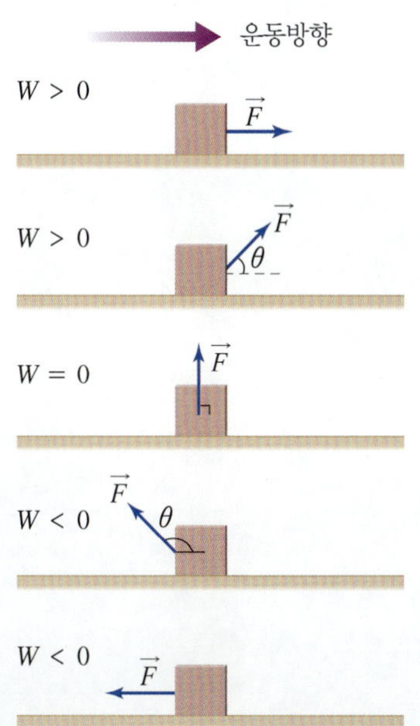

그림 6-4 일정한 힘 F의 작용방향에 따라 한 일의 값이 달라진다.

예제 6-1 마찰력이 작용할 때 상자 끌기

문제 어떤 사람이 질량이 50 kg인 물체를 수평방향과 37°의 방향으로 일정한 힘 F = 100 N을 가하여 처음 위치에서 40 m를 끌고 갔다. 이때 바닥이 거칠어서 운동마찰력이 F_k = 50 N 작용하였다. (a) 힘 F가 한 일은 얼마인가? (b) 마찰력이 한 일은 얼마인가? (c) 물체에 가해진 일의 총량은 얼마인가?

생각하기 먼저 이 물체에 작용하는 힘들에 대해 자유물체도표를 그리자. 자유물체도표를 그리면 그림 6-5와 같다.

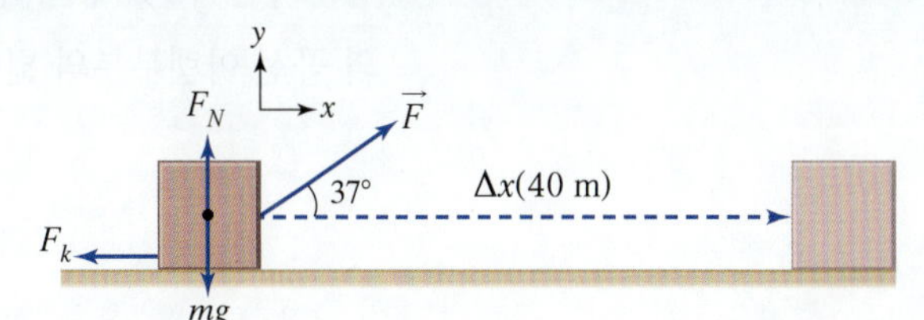

그림 6-5 물체의 자유물체도표. 이 물체에는 4가지 힘이 작용하고 있다.

풀이 이 물체에는 4가지 힘이 작용하고 있다. 즉 사람이 가한 힘 F, 운동마찰력 F_k, 물체의 무게 mg, 바닥이 물체에 작용하는 수직항력 F_N이다. 여기서 물체의 무게와 수직항력은 변위 Δx와 수직이므로 이들이 한 일은 모두 0이다.

(a) 힘이 작용한 일은

$W = (F\cos\theta)d = (100\text{ N})(\cos 37°)(40\text{ m}) = 3\,200\text{ J}$이다.

(b) 운동마찰력이 한 일은 다음과 같다.

$W = (F_k\cos 180°)d = (50\text{ N})(-1)(40\text{ m}) = -2\,000\text{ J}$

(c) 물체에 작용한 알짜힘은 사람이 가한 힘과 마찰력의 합이다.

따라서 $W = 3\,200\text{ J} + (-2\,000\text{ J}) = 1\,200\text{ J}$이다.

여기서 Δx는 변위의 크기이고, θ는 힘 $\vec{F}$와 변위벡터 $\Delta\vec{x}$ 사이의 각이다.

일은 양(+)과 음(−)의 값을 모두 가질 수 있다. 예를 들어 질량 m인 물체에 힘 F를 작용하여 높이 h만큼 들어올릴 때, 힘 F가 한 일은 $W = mgh$이다. 그런데 이때 중력의 방향이 물체의 이동방향과 반대($\theta = 180°$)이므로 중력이 물체에 한 일은 $W = -mgh$이다.

θ가 $0 < \theta < 90°$이면 $W > 0$이므로 힘 F는 물체에 양(+)의 일을 한다. 또 θ가 $90°$일 때는 $W = 0$이므로 힘 F가 한 일은 0이고, θ가 $90° < \theta < 180°$이면 $W < 0$이므로 힘 F는 물체에 음(−)의 일을 한다. 예를 들면 마찰력은 물체의 이동방향과 반대방향으로 작용하므로 마찰력이 물체에 한 일은 음(−)이다.

6-2 변하는 힘이 한 일

물체에 작용하는 힘이 일정하면 식 6-2를 사용하여 그 힘이 하는 일을 계산할 수 있다. 그러나 대부분의 힘은 작용하는 전 과정에서 힘의 크기나 방향이 변한다. 로켓이 지구로부터 멀어지는 동안 중력을 이기기 위해 일을 해주어야 하는데, 이 중력은 지구로부터 거리에 따라 점점 감소하게 되므로, 중력이 한 일은 줄어들게 된다.

물체에 작용하는 힘이 일정하지 않을 때 힘이 하는 일은 그래프를 사용해 알아낼 수 있는데 그 방법은 속도가 시간의 함수로 주어진 경우에 변위를 계산하는 방법과 동일하다. 변하는 힘이 하는 일을 결정하기 위해서는 그림 6-6(a)와 같이 힘 F의 변위방향 성분 F_x 대 x의 그래프를 그린다. 그리고 거리를 작은 구간 Δx로 나누면 그 사이에서는 힘이 일정하다고 볼 수 있으므로 작은 직사각형의 넓이는 F_x와 Δx의 곱이 되어 물체가 Δx를 이동하는 동안 힘이 한 일이 된다. 이 일의 값을 차례로 더하면 물체가 거리 x_i에서 x_f로 변하는 동안 F_x가 한 일을 나타낸다. 작은 구간의 크기 Δx를 0에 접근시킬 수 있다면, 항의 개수는 무한히 늘어나지만 합의 값은 그림 6-6(b) 그래프의 곡선 아랫부분의 넓이와 같은 값이 된다. 이 과정을 요약하면 다음과 같다.

$$\lim_{\Delta x \to 0} \sum_{x_i}^{x_f} F_x \Delta x = \int_{x_i}^{x_f} F_x \, dx$$

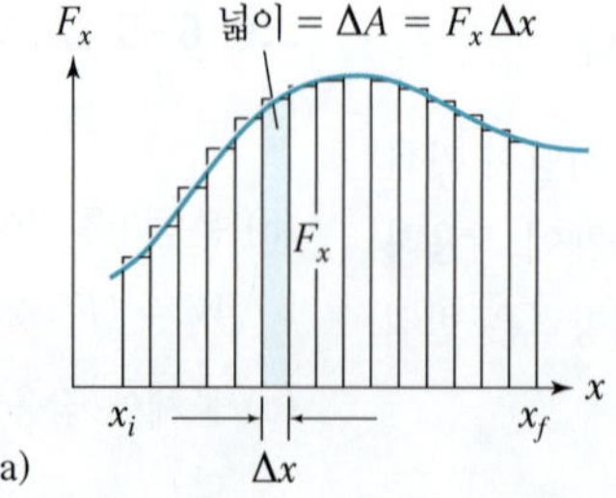

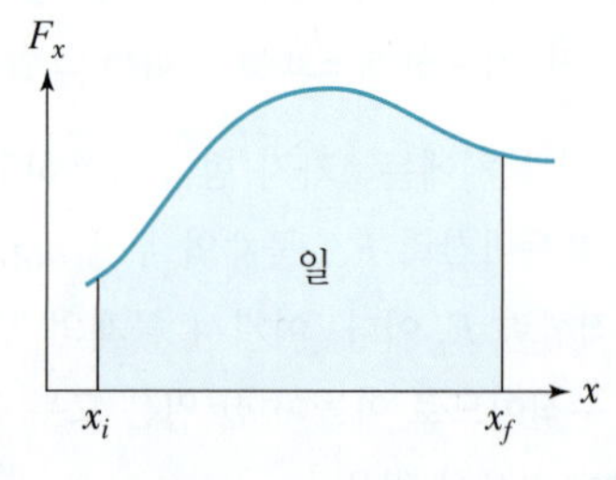

그림 6-6 힘 F의 변위방향 성분 F_x가 한 일은 (a) 작은 직사각형의 넓이를 합치거나, (b) $F_x - x$ 곡선의 아랫부분의 넓이로써 구할 수 있다.

그러므로 물체가 x_i에서 x_f로 움직일 때 F_x가 한 일은 다음과 같이 표현된다.

$$W = \int_{x_i}^{x_f} F_x\,dx \quad \text{(변하는 힘이 한 일)} \qquad \textbf{6-4}$$

이 식은 힘의 성분 $F_x = F\cos\theta$가 일정하다면 식 6-3이 된다. 만약 어떤 계에 하나 이상의 힘이 작용하고 그 계를 입자로 모형화할 수 있다면, 그 계에 대한 전체 일은 알짜힘이 한 일과 같게 된다.

6-3 운동에너지와 일

대부분의 사람들은 어떤 일을 하면 그 결과로 어떤 것을 얻을 것이라고 추측한다. 물리학에서는 물체에 알짜힘이 작용하면 어떤 결과가 얻어진다. 이 결과는 그 물체의 운동에너지의 변화로 나타난다.

운동하는 물체는 그것과 부딪히는 다른 물체에 일을 할 수 있다. 움직이는 망치는 못에 일을 하게 되고, 날아오는 작은 돌에 자동차 유리를 깨지는 경우도 가끔 볼 수 있다. 어느 경우에나 움직이는 물체가 다른 물체에 힘을 작용하고 어떤 거리 만큼 움직이게 한다. 운동하는 물체는 일을 할 수 있는 능력, 즉 에너지를 가지고 있다고 말할 수 있다. 에너지(energy)는 그리스어의 '내부(en)'와 '일(ergon)'의 합성어이다. 즉 '물체 내부에 간직된 일'이란 뜻이다. 이 어원에서 볼 수 있는 것처럼 에너지는 일상생활에서 하는 활동, 즉 일과 관련이 있다. 이와 같이 운동과 관련된 에너지를 **운동에너지**(kinetic energy)라고 한다. 운동에너지는 KE, E_k, $E_{\text{운동}}$ 등으로 표현한다.

> **TIP 에너지를 나타내는 기호**
>
> **운동에너지** KE, E_k, $E_{\text{운동}}$ 등
> **중력 퍼텐셜에너지** PE_g, E_g, $E_{\text{중력}}$, E_p 등
> **탄성 퍼텐셜에너지** PE_s, E_s, $E_{\text{탄성}}$ 등

운동에너지 정의

운동에너지를 정량적으로 정의하기 위해 그림 6-7과 같이 직선 경로에서 처음속도 v_0로 운동하는 질량이 m인 물체에 일정한 알짜힘 $F_{\text{알짜}}$가 오른쪽으로 작용하는 상황을 생각해보자.

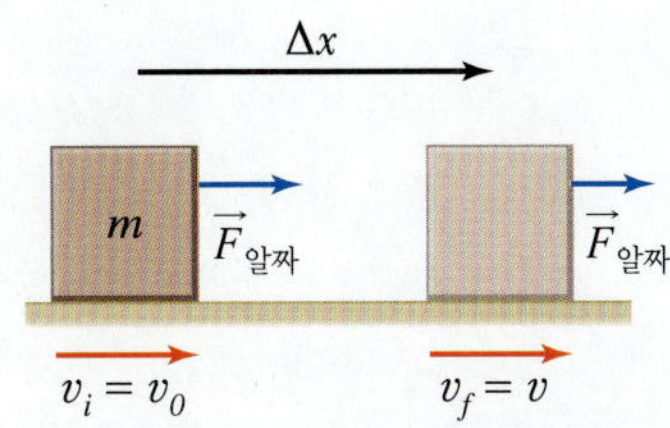

그림 6-7 물체에 알짜힘이 일정하게 작용하면 변위 변화와 함께 속도가 변하게 된다.

작용하는 힘이 일정하므로 운동의 제2법칙에 의해 물체의 가속도 a는 일정하게 된다. 만일 물체가 Δx만큼 변위가 일어났다면 $F_{\text{알짜}}$가 물체에 한 일은 다음과 같다.

$$W_{\text{알짜}} = F_{\text{알짜}}\Delta x = (ma)\Delta x = m(a\Delta x) \qquad \textbf{6-5}$$

여기서 제2장에서 공부한 등가속도운동을 하는 물체에 대한 공식(식 2-16)을 기억해보자. 즉 $v^2 = v_0^2 + 2a\Delta x$이므로

$$a\Delta x = \frac{v^2 - v_0^2}{2}$$

이다. 이 식을 식 6-5에 대입하면 다음과 같다.

$$W_{\text{알짜}} = \frac{1}{2}mv^2 - \frac{1}{2}mv_0^2 \qquad \textbf{6-6}$$

즉 물체에 알짜힘이 작용하면 그 물체의 운동에너지의 변화가 나타난다. 일과 이로 인한 운동에너지의 변화 관계를 **일-에너지 정리**(work-energy theorem) 또는 **일-에너지 원리**(work-energy principle)라고 한다.

이 식에는 물체의 속력이 포함되어 있어 물체의 운동과 연관되는 에너지로 생각할 수 있으며, $\frac{1}{2}mv^2$을 물체의 **운동에너지** 또는 **병진 운동에너지**(translational kinetic energy)라고 부른다. 이때 병진 운동에너지라고 부르는 이유는 회전 운동에너지와 구분하기 위한 것이며, 회전 운동에너지에 대해서는 제8장에서 공부한다.

질량이 m이고 속력이 v인 물체의 **운동에너지** KE는 다음과 같다.

$$KE = E_{운동} = \frac{1}{2}mv^2 \tag{6-7}$$

> **TIP 에너지 단위 사이의 관계**
>
> 1 ft-lb =1.356 J
> 1 Btu =1.055 × 10^3 J
> 1 kWh = 3.60 × 10^6 J
> 1 cal = 4.187 J

에너지의 SI 단위는 일과 같이 **줄**(J)을 사용하며, 1 J = 1 joule = 1 kgm^2/s^2이다. 운동에너지는 일과 같이 벡터가 아니고 스칼라이다. 큰 오리가 날 때의 운동에너지는 약 6.0 J쯤 된다. 운동에너지의 단위는 줄 이외에도 피트-파운드(ft-lb), 열에너지의 단위인 칼로리(cal), 열의 영국 단위인 Btu 등이 에너지의 단위로 사용되고 있다.

미적분을 이용하여 일-에너지 정리 구하기

일-에너지 정리인 식 6-6은 미적분을 이용하여 유도할 수 있다. 운동의 제2법칙을 이용하여 식 6-4를 다시 정리해보자. 즉

$$W = \int_{x_i}^{x_f} F_x\,dx = \int_{x_i}^{x_f} ma\,dx \tag{6-8}$$

이다. 여기서 $ma\,dx$는 다음과 같이 표현할 수 있다.

$$ma\,dx = m\frac{dv}{dt}dx \tag{6-9}$$

또한 미분의 연쇄법칙으로부터

$$\frac{dv}{dt} = \frac{dv}{dx}\frac{dx}{dt} = \frac{dv}{dx}v \tag{6-10}$$

이므로 식 6-9는 다음과 같이 나타낼 수 있다.

$$ma\,dx = m\left(\frac{dv}{dx}v\right)dx = mv\,dv \tag{6-11}$$

식 6-11을 식 6-8에 대입하여 적분을 하면 다음과 같다.

$$\begin{aligned} W &= \int_{x_i}^{x_f} F_x\,dx \\ &= \int_{v_i}^{v_f} mv\,dv = m\int_{v_i}^{v_f} v\,dv \\ &= \frac{1}{2}mv_f^2 - \frac{1}{2}mv_i^2 \end{aligned} \tag{6-12}$$

여기서 x 대신에 v로 변수를 바꿀 때, 새로운 변수의 적분 한계값을 표시해야 한다. 질량 m은 일정하므로 적분 기호 바깥으로 나갈 수 있다. 여기서 v_i는 $x = x_i$일 때 물체의 속력이며, v_f는 $x = x_f$일 때의 속력이다. 식 6-12의 오른쪽 항은 운동에너지의 변화량이므로 다음과 같다.

$$W = KE_f - KE_i = \Delta KE$$

따라서 앞서 정리한 일-에너지 정리(식 6-12)는 다음과 같이 다른 형태로 나타낼 수 있다.

$$W_{알짜} = \Delta KE = KE_f - KE_i \qquad 6\text{-}13$$

한 물체에 해준 알짜일은 물체의 운동에너지의 변화와 같다. 이때 힘의 방향과 물체의 운동방향이 같으면 힘이 양(+)의 일을 하므로 물체의 운동에너지는 증가한다. 반면에 힘의 방향과 운동방향이 반대인 경우에는 힘이 음(−)의 일을 하므로 물체의 운동에너지가 감소한다. 따라서 일과 에너지는 같은 물리량이라고 말할 수 있다. 식 6-13은 물체를 변형시키거나 가열하는 데 드는 일 등에서 에너지의 일부가 열이나 소리로 달아나기 때문에 완전히 만족하지 않게 된다. 그러므로 근사적으로 맞는다는 단서가 필요하다.

예제 6-2 일과 운동에너지

문제 그림 6-8과 같이 마찰이 없는 수평 위에 정지해 있는 질량 4 kg의 물체에 1.2 N의 힘을 수평방향으로 10 s 동안 작용하였다. (a) 이 물체에 해준 일의 양을 구하라. (b) 이 물체의 운동에너지를 물체의 속력으로부터 구하라.

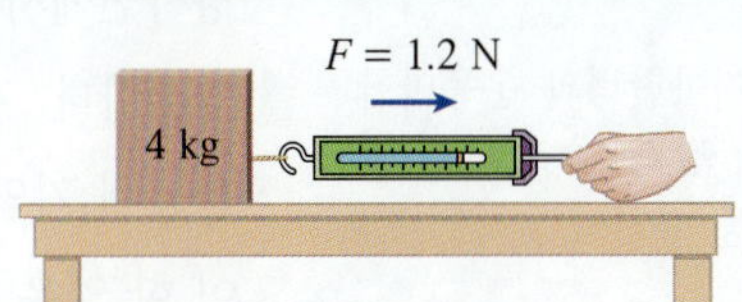

그림 6-8 마찰이 없는 수평 위에 정지해 있는 물체에 수평방향으로 일정한 알짜일을 해주면, 변위가 변하고 속력이 달라진다.

생각하기 운동의 법칙을 사용하여 먼저 물체가 이동한 거리를 구해야 한다.

풀이 (a) 물체의 가속도의 크기는 운동의 제2법칙 $F = ma$로부터 구한다.

$$a = \frac{F}{m} = \frac{1.2\ \text{N}}{4\ \text{kg}} = 0.3\ \text{m/s}^2$$

물체가 이동한 거리 Δx는 $\Delta x = v_0 t + \frac{1}{2}at^2$에서 $v_0 = 0$이므로

$$\Delta x = \frac{1}{2}at^2 = \frac{1}{2} \times 0.3\ \text{m/s}^2 \times (10\ \text{s})^2 = 15\ \text{m}$$

이다. 따라서 물체에 해준 일의 양 W는 다음과 같다.

$$W = F_x \Delta x = 1.2\ \text{N} \times 15\ \text{m} = 18\ \text{J}$$

(b) 이 물체의 나중속도 v는 $v^2 - v_0^2 = 2a\Delta x$에서 $v_0 = 0$이므로 $v^2 = 2a\Delta x$이다.

따라서 물체의 속력은 다음과 같다.

$$v = \sqrt{2a\Delta x} = \sqrt{2 \times 0.3\ \text{m/s}^2 \times 15\ \text{m}} = 3\ \text{m/s}$$

그러므로 나중상태에서 이 물체가 갖는 운동에너지는 다음과 같다.

$$KE = \frac{1}{2}mv^2 = \frac{1}{2} \times 4\ \text{kg} \times (3\ \text{m/s})^2 = 18\ \text{J}$$

예제 6-3 일-에너지 정리

문제 어느 자동차의 운전자가 50 km/h의 속력으로 달리는 자동차의 브레이크를 밟으니 16 m를 진행하여 자동차가 정지하였다. 만약 자동차의 속력이 두 배, 즉 100 km/h이었다면 정지거리는 몇 m나 되는가? 단, 브레이크가 가할 수 있는 힘은 속력에 관계없이 일정하다고 가정한다.

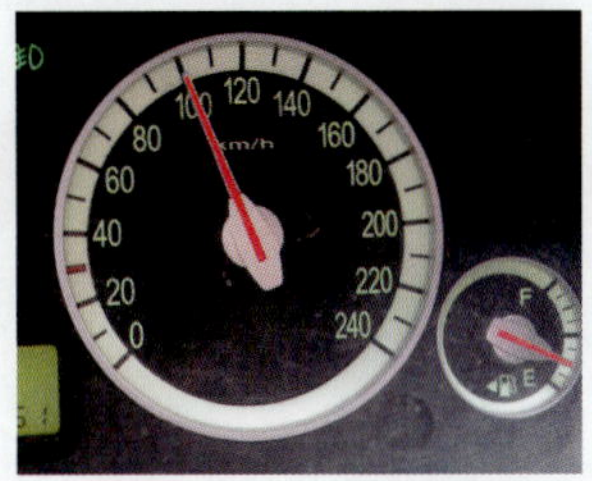

그림 6-9 속력이 100 km/h임을 알리는 속력계

생각하기 작용한 힘 $F_{알짜}$가 근사적으로 일정하므로 가해진 일 $F_x \Delta x$는 이동거리에 비례한다.

풀이 $F_{알짜}$와 이동거리 Δx가 반대방향이고, 나중속력이 0이라는 사실을 알고 일-에너지 정리를 적용하면 다음과 같다.

$$W_{알짜} = \Delta KE = KE_f - KE_i = 0 - \frac{1}{2}mv_i^2$$

에너지는 스칼라이므로 운동에너지의 변화량이 음(-)이라는 것은 단지 변화량이 감소한다는 것을 의미할 뿐이다. 그러므로 정지거리는 속력의 제곱에 비례하여 증가한다.

$$\Delta x \propto v^2$$

브레이크를 밟았을 때 속력이 2배라면 정지거리는 4배가 되므로 64 m가 된다. 일반적으로 **정지거리**(stopping distance 停止距離)란 운전자가 위험을 발견하고 브레이크를 밟아 브레이크가 작동을 시작하기까지 진행한 **공주거리**(空走距離)와 브레이크가 작동을 시작하여 자동차가 정지할 때까지 미끄러진 **제동거리**(braking distance 制動距離)를 합한 거리를 말한다. 정지거리는 운전자의 순발력, 도로의 마찰 정도, 브레이크 작동 상태 등에 따라 결정된다.

보존력과 비보존력

TIP 보존력과 비보존력

보존력 중력, 용수철 탄성력, 전기력 등

비보존력 정지마찰력과 운동마찰력, 공기저항, 장력, 수직항력, 로켓의 추진력 등

지표면 근처에서 아래로 움직이는 물체를 생각해보자. 이때 중력이 물체에 한 일은 물체의 높이 변화에 의존한다. 만약 물체가 마찰이 있는 경사면을 미끄러져 내려온다면 경사면에서의 마찰에 의한 내부 에너지의 에너지 변환은 물체가 미끄러지는 거리에 의존한다. 경사가 길면 길수록, 더 많은 운동 에너지가 열에너지(원자와 분자들의 막 운동에 기인한다)로 변환된다. 즉 중력이 한 일은 경로에 따른 차이가 없으나, 마찰력이 한 일은 계의 구성 요소에 작용하여 에너지가 변환되기는 하지만 경로에 의존된다.

그림 6-10(a)에는 지면에 있는 물체들을 점 A에서 점 B까지 이동하는 서로 다른 경로들을 나타낸 것이다. 경로 2에 비해 경로 4는 경로가 더 길더라도 각각의 경우에 한 일의 양은 모두 같다. 물체에 한 일은 단지 힘의 방향과 변위의 성분에 따라서만 결정된다. 이 경우 중력의 방향은 연직 방향이고, 연직 방향의 성분은 모든 경로에 대해서 같다. 따라서 중력 퍼텐셜에너지는 점 A와 점 B 사이의 높이 차이에만 의존한다. 중력과 같은 보존력이 한 일은 **퍼텐셜 에너지**(potential energy)로 나타낼 수 있으며, 위치 에너지는 경로의 시작점과 끝점의 위치에만 의존하고 경로와는 무관하다. 보존력(conservative force 保存力)은 다음과 같은 성질이 있다.

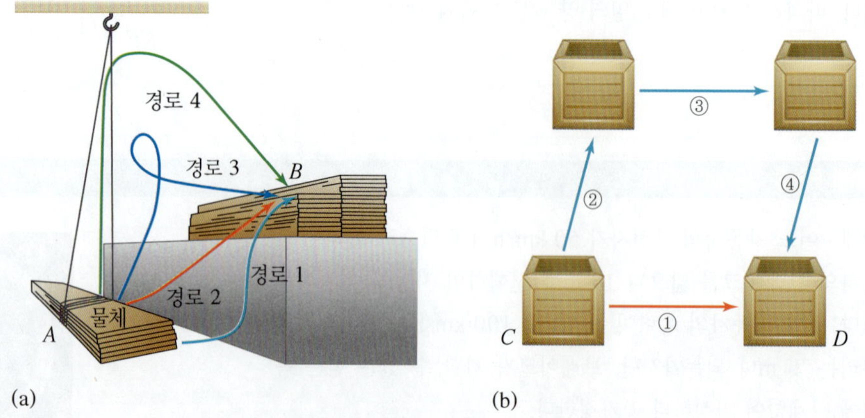

그림 6-10 (a) 중력과 같이 물체에 해주는 일이 경로에 무관하고 시작점(A)과 끝점(B)의 위치에 의해서만 정해지게 되는 힘을 보존력이라고 한다. (b) 마찰력은 경로에 따라 하는 일이 달라지므로 비보존력이라고 한다.

- 두 점 사이 즉, 처음 위치와 나중 위치 사이를 이동하는 입자에 보존력이 한 일은 이동 경로와 무관하다.
- 처음 위치와 나중 위치가 같은 닫힌 경로를 따라 이동하는 입자에 보존력이 한 일은 0이다.

만일 힘이 보존력이라고 하면 떠나는 경로를 따라 한 일은 되돌아오는 경로를 따라 한 일의 음수와 같다. 따라서 전 과정에서 한 알짜 일은 0이 된다.

모든 힘이 보존력인 것은 아니다. 두 점 사이를 운동할 때 어떤 힘이 하는 일이 경로의 선택에 따라 달라지면 이 힘은 보존력이 아니다. 운동 마찰과 공기 저항 등이 좋은 예이다. 물체가 표면을 따라 미끄러질 때 마찰력은 운동 방향과 정반대로 작용하고 따라서 음의 일을 한다. 두 지점 사이의 경로가 길수록 더 많은 일을 하게 되므로 운동 마찰력이 하는 일은 경로의 선택에 좌우된다. 따라서 운동 마찰력은 비보존력이다. 이와 같이 보존되지 않는 힘을 **비보존력**(nonconservative force 非保存力)이라 한다. 비보존력에 대항하여 한 일은 쉽게 회복될 수 없으며, 비보존력에 의해서는 위치 에너지가 정의되지 않는다.

그림 6-10(b)와 같이 점 C에서 점 D로 책을 밀고 갈 때 택하는 경로가 직선인가, 곡선인가, 지그재그인가에 따라 하는 일이 달라진다. 만약 점 C에서 출발하여 경로 ② → ③ → ④를 이용한다면 점 C에서 ①의 경로로 갈 때보다 세 배의 일을 해야 한다.

일반적으로 중력과 같은 보존력과 함께 마찰력, 공기 저항과 같은 비보존력 등이 물체에 동시에 작용한다. 이때 외력에 의한 일 W는 일반적으로 $W = W_c + W_{nc}$로 나타낼 수 있다. 즉, 알짜 일은 보존력이 한 일 W_c와 비보존력이 한 일 W_{nc}의 합이다. 여기서 식 6-13에서 표현한 외력이 한 일은 물체의 운동에너지 변화와 같다는 일-에너지 원리를 적용하면 다음과 같이 고쳐 쓸 수 있다.

$$W_{nc} + W_c = \Delta KE \qquad \textbf{6-14}$$

6-4 중력 퍼텐셜에너지

운동하는 물체는 운동하고 있기 때문에 에너지를 갖는다고 말할 수 있다. 하지만 물체는 물체(또는 물체들)와 주위 환경의 위치나 배치된 상태와 관련된 에너지도 가질 수 있는데, 이것을 **퍼텐셜에너지**(potential energy)라고 한다. 퍼텐셜에너지는 PE, E_p, U_p, $E_{위치}$ 등의 기호를 사용하여 표현한다.

퍼텐셜에너지에는 여러 형태가 있으며, 이들은 각각 특정한 힘과 관련되어 있다. 퍼텐셜에너지의 가장 흔한 예는 **중력 퍼텐셜에너지**이다. 공중으로 들어 올린 벽돌은 지구에 대한 위치 때문에 퍼텐셜에너지를 갖는다. 이 벽돌을 놓으면 벽돌은 중력 때문에 땅으로 떨어지게 되고 말뚝을 땅속으로 박아 넣는 일을 할 수 있다.

TIP 퍼텐셜에너지의 올바른 개념

퍼텐셜에너지라는 말은 에너지가 되기 위해 특정한 곳에 잠재해 있는 어떤 것이 아니고, 퍼텐셜에너지 그 자체가 에너지이다.

중력은 보존력이며, 모든 보존력에 대해서 퍼텐셜에너지 함수라고 하는 특별한 표현식을 얻을 수 있다. 물체의 운동 경로 상의 임의의 두 점에서 그 함수의 값을 계산하

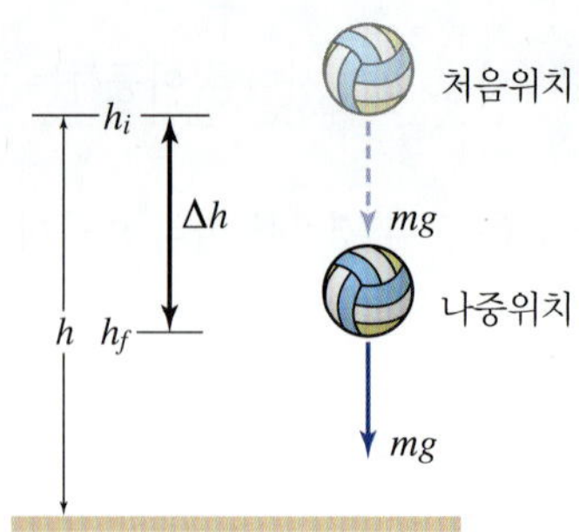

그림 6-11 질량이 m인 책이 높이 h_i에서 h_f로 떨어지는 동안 중력이 한 일은 $mgy_i - mgy_f$이다.

여 퍼텐셜에너지의 차이를 구하면 그것은 두 점 사이를 이동하는 동안에 힘이 한 일과 크기가 같고 부호가 반대인 일과 같다. 또한 퍼텐셜에너지는 일과 운동에너지와 같이 스칼라이기 때문에 다루기가 편리하다. 즉 어떤 물체가 한 곳에서 다른 곳으로 움직이는 동안에 중력이 물체에 한 일을 계산하는 일이다. 계의 퍼텐셜에너지의 변화는 그 일과 크기가 같고 부호가 반대이며, 이 관계로부터 퍼텐셜에너지 함수를 구할 수 있다.

우리는 높이가 h인 곳에 있는 질량 m인 물체가 갖는 퍼텐셜에너지는 mgh라는 표현에 익숙해 있다. 퍼텐셜에너지의 개념에 대해 보다 구체적으로 이해해보자. 그림 6-11은 물체가 땅보다 위쪽에 있을 때 y좌표를 양으로 나타내면, 질량 m인 배구공이 높이 h_i에서 h_f로 떨어진다는 것을 나타낸다. 공기의 저항을 무시하면 배구공에 작용하는 유일한 힘은 중력이다. 중력이 하는 일 W_g가 정량적으로 얼마인지 알아보자. 힘의 크기는 mg이고 배구공의 변위는 $\Delta h = h_i - h_f$ (양의 값)이고, F와 Δh는 모두 아래 방향이며 사이의 각은 0이다. $d = h_i - h_f$ 라 놓고 일의 정의 식 6-3을 적용하면 다음과 같다.

$$W_g = (F\cos\theta)d = mg(h_i - h_f)\cos 0° = -mg(h_f - h_i) \qquad \textbf{6-15}$$

이 식에서 중력이 한 일은 어떤 양의 처음값과 나중값의 차이와 같다. 일에 의해 계로 에너지가 전달되는데, 계의 에너지 변화는 다른 형태로 나타나고 이를 퍼텐셜에너지라고 한다. 지구와 지구 표면 근처에 있는 질량이 m인 물체로 구성된 계의 중력 퍼텐셜에너지는 다음과 같다.

$$PE = E_{\text{위치}} = mgh \qquad \textbf{6-16}$$

여기서 g는 중력가속도이며, h는 지구 표면(또는 다른 기준점)에 대한 물체의 연직 위 방향의 위치를 나타낸다. 이 정의에서는 지구 표면의 위치를 $h = 0$으로 선택하였지만, 꼭 그럴 필요는 없다. 퍼텐셜에너지의 차이만이 중요하기 때문이다. 중력 퍼텐셜에너지의 단위 역시 **줄**(J)을 사용한다. 따라서 지구 표면 근처에 있는 물체와 관련된 중력 퍼텐셜에너지는 물체의 무게 mg와 지구 표면으로부터 연직 높이 h와의 곱이다. 이 정의로부터 중력이 한 일과 중력 퍼텐셜에너지 사이의 관계를 구할 수 있다.

$$W_g = -(PE_f - PE_i) = -(mgh_f - mgh_i) \qquad \textbf{6-17}$$

중력이 한 일은 중력 퍼텐셜에너지의 변화와 크기가 같고 부호가 반대이다.

중력에 의한 퍼텐셜에너지는 기준면을 어떻게 정하느냐에 따라서 달라진다. 기준면은 대개 지표면을 사용하지만, 임의로 편리한 곳을 정하여 쓸 수 있다. 물체가 기준면에 있으면 $PE = 0$이며, 기준면보다 높은 곳에 있으면 $PE > 0$이고, 이때 물체는 다른 물체에 일을 할 수 있다. 그리고 물체가 기준면보다 낮은 곳에 있으면 $PE < 0$이며, 이때 외부에서 그 물체에 일을 해주어야 물체가 기준면으로 올라갈 수 있다.

TIP 운동 및 중력 퍼텐셜에너지 문제 풀이

운동에너지 및 퍼텐셜에너지의 변화는 언제나 나중값에서 처음값을 뺀 값이다.

$\Delta KE = (KE_f - KE_i)$

$\Delta PE = (PE_f - PE_i)$

예제 6−4 높이에 따른 중력 퍼텐셜에너지

문제 질량이 1 000 kg인 자동차가 그림 6−12와 같이 점 A로부터 B를 거쳐 C로 이동한다고 한다. (a) 점 A를 기준위치로 할 때 점 A, B, C에서의 중력 퍼텐셜에너지는 각각 얼마인가? (b) 점 B에서 점 C까지 갈 때의 중력 퍼텐셜에너지의 변화는 얼마인가? (c) 기준점을 C라고 할 때 문제 (a)와 (b)를 해결하라.

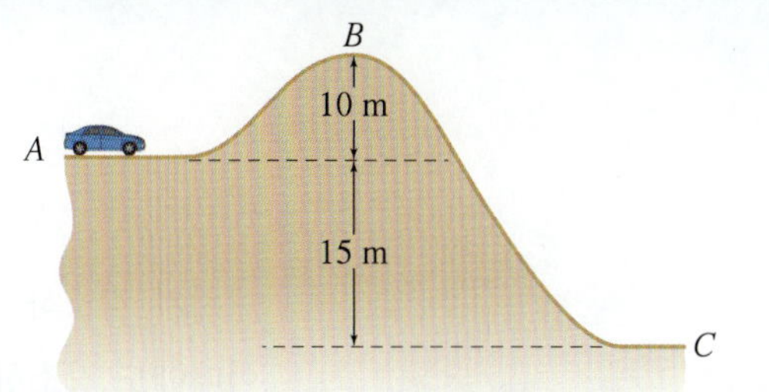

그림 6−12 점 A, B, C에서의 퍼텐셜에너지는 기준점에 따라 달라진다.

생각하기 기준점의 설정이 중요하다. 이 경우 출발점인 점 A를 기준위치로 잡는 것이 편리하다.

풀이 (a) 위쪽 방향을 양의 방향으로 잡고, 점 A를 기준위치로 하면 A에서의 퍼텐셜에너지는 0이다. 점 B에서의 퍼텐셜에너지는

$$PE_B = mgh = (1\,000\text{ kg})(9.8\text{ m/s}^2)(10\text{ m}) = 1.0 \times 10^5\text{ J}$$

이다. 점 C는 점 A보다 15 m 아래쪽에 있으므로 퍼텐셜에너지는

$$PE_c = mgh = (1\,000\text{ kg})(9.8\text{ m/s}^2)(-15\text{ m}) = -1.5 \times 10^5\text{ J}$$

이다.

(b) 점 B에서 점 C까지 이동할 때의 퍼텐셜에너지의 변화는

$$PE_c - PE_B = (-1.5 \times 10^5\text{ J}) - (1.0 \times 10^5\text{ J}) = -2.5 \times 10^5\text{ J}$$

이다. 즉 중력 퍼텐셜에너지는 -2.5×10^5 J만큼 감소한다.

(c) 점 C를 기준으로 하면 점 A는 높이가 +15 m이므로 퍼텐셜에너지는

$$PE_A = (1\,000\text{ kg})(9.8\text{ m/s}^2)(15\text{ m}) = 1.5 \times 10^5\text{ J}$$

이다. 점 B에서는 높이가 +25 m이므로 퍼텐셜에너지는 2.5×10^5 J이고, 점 C에서는 높이가 0이므로 퍼텐셜에너지는 0이다. 그러므로 점 B에서 점 C까지 이동할 때의 퍼텐셜에너지의 변화는 다음과 같다.

$$PE_c - PE_B = -(2.5 \times 10^5\text{ J}) = -2.5 \times 10^5\text{ J}$$

이 결과는 (b)의 결과와 같다.

6−5 역학적 에너지 보존

운동에너지와 중력 퍼텐셜에너지의 보존

지면으로부터 어떤 높이에서 손에 들고 있던 물체를 가만히 놓으면 물체가 아래로 떨어지면서 높이가 감소하므로 중력에 의한 퍼텐셜에너지가 감소하지만, 물체의 속력이 점점 빨라지므로 운동에너지는 증가한다. 물체가 낙하하면서 감소한 중력에 의한 퍼텐셜에너지는 없어진 것이 아니라 운동에너지로 전환된 것으로 볼 수 있다.

반대로 물체를 수직하게 위로 던져 올리면 물체의 속력이 점점 감소하면서 운동에

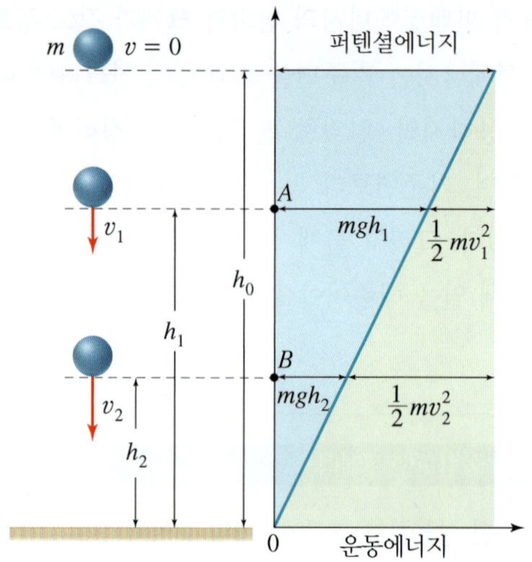

그림 6-13 중력에 의한 역학적 에너지의 보존

너지가 감소하지만, 높이가 점점 높아지므로 중력에 의한 퍼텐셜에너지는 증가한다. 이때에도 **감소한 운동에너지가 없어지는 것이 아니라 감소한 운동에너지만큼 중력에 의한 퍼텐셜에너지로 전환되어 물체에 저장된다.** 그림 6-13과 같이 높이 h_0에서 떨어지는 질량 m인 물체가 높이 h_1과 h_2인 두 점 A, B를 지날 때의 속도를 v_1과 v_2라고 하자.

물체가 점 A에서 점 B로 낙하했을 때 물체의 이동거리는 $s = h_1 - h_2$가 된다. 이때 물체는 자유낙하 하므로 중력가속도 g로 등가속도운동을 한다. 따라서 등가속도 운동의 식 $v_2^2 - v_1^2 = 2as$에 $a = g$와 $s = h_1 - h_2$를 대입하면 다음과 같다.

$$2g(h_1 - h_2) = v_2^2 - v_1^2$$

이 식의 양변에 $\frac{1}{2}m$을 곱하고 정리하면 다음과 같다.

$$\frac{1}{2}m\,2g(h_1 - h_2) = \frac{1}{2}m\,(v_2^2 - v_1^2)$$

$$mgh_1 - mgh_2 = \frac{1}{2}mv_2^2 - \frac{1}{2}mv_1^2$$

$$\frac{1}{2}mv_1^2 + mgh_1 = \frac{1}{2}mv_2^2 + mgh_2 \qquad \textbf{6-18}$$

식 6-18의 좌변은 점 A에서의 운동에너지와 퍼텐셜에너지의 합이고, 우변은 점 B에서의 운동에너지와 퍼텐셜에너지의 합이다. 따라서 물체의 자유낙하운동의 전체 과정에서 물체의 운동에너지와 퍼텐셜에너지의 합, 즉 역학적 에너지는 어느 위치에 있든지 언제나 일정하다.

일반적으로 외부에서 다른 힘이 작용하지 않고 중력만 작용할 때에는 중력장 내에서 운동하는 물체의 역학적 에너지는 항상 보존된다. 이것을 간단히 식으로 나타내면

$$KE + PE = E(\text{일정})$$

가 된다. 이것은 역학적 에너지 보존법칙을 나타낸 식 6-18과 일치한다.

역학적 에너지 보존법칙의 다른 표현

이제 역학적 에너지 보존법칙을 보존력과 비보존력을 포함시켜 표현해보자.

보존원리는 물리학에서 매우 중요한 역할을 한다. 물리량이 보존되는 경우 그 물리량의 수치적 값은 물리적 과정을 거치는 동안 항상 같은 값을 갖는다. 일-에너지 정리는 식 6-14에서 다음과 같이 표현되었다. 즉

$$W_{nc} + W_c = \Delta KE$$

이다. 여기서 W_{nc}는 비보존력이 한 일이며, W_c는 보존력이 한 일이다. 앞에서 공부했듯이, 중력과 같은 보존력이 한 일은 퍼텐셜에너지의 변화로 계산할 수 있다. 따라서 일-에너지 정리는 다음과 같이 다시 표현할 수 있다.

$$W_{nc} = \Delta KE + \Delta PE = (KE_f - KE_i) + (PE_f - PE_i) \qquad \textbf{6-19}$$

만약 비보존력이 작용하지 않는다면($W_{nc} = 0$), 식 6-19는

$$\Delta KE + \Delta PE = 0 \qquad \textbf{6-20a}$$

또는

$$\frac{1}{2}mv_f^2 - \frac{1}{2}mv_i^2 + (PE_f - PE_i) = 0 \qquad \textbf{6-20b}$$

이다. 이 식의 항들을 재배치하면 다음 식을 얻는다.

$$\frac{1}{2}mv_f^2 + PE_f = \frac{1}{2}mv_i^2 + PE_i \qquad \textbf{6-20c}$$

임의 시각에 계가 가지는 중력 퍼텐셜에너지와 운동에너지의 합을 계의 **총역학적 에너지**(total mechanical energy) E라고 하면 다음과 같다.

$$E_{총} = KE + PE = \frac{1}{2}mv^2 + PE \qquad \textbf{6-21}$$

식 6-21은 총역학적 에너지에 관한 의미있는 원리를 나타낸다. 즉 다음과 같이 표현할 수 있다.

> **비보존력이 작용하지 않는 한 총역학적 에너지 E는 언제나 일정하다.** 이 관계를 보존력에 대한 **역학적 에너지 보존원리**라고 한다.

만약 역학적 에너지가 변한다면, 에너지는 계를 벗어나서 주변 환경으로 가게 될 것이며, 에너지가 계의 내부에 머무른다면 역학적 에너지가 아닌 열에너지와 같은 다른 형태의 에너지로 변환될 것이다.

간단한 예로, 어떤 벽돌이 거친 표면에서 미끄러지는 운동을 한다고 하자. 벽돌의 밑부분과 거친 표면 사이에서 마찰에 의한 열에너지가 발생되어 일부는 벽돌의 표면에 흡수되고 나머지는 주변에서 흡수될 것이다. 벽돌에 마찰열이 흡수되어 부분적으로 온도가 상승할 때 벽돌의 **내부에너지**(internal energy) U는 증가한다. 계의 내부에

너지는 온도와 관련이 있다. 예를 들면 어떤 기체분자들이 운동을 하거나 고체 속의 원자들이 진동하는 경우이다(내부에너지에 대해서는 14-1절에서 공부한다).

에너지는 비고립계과 주변 환경 간에 전달될 수 있다. 만약 어떤 계에 양의 일이 행해지면, 에너지는 주변에서 계로 전달되고, 음의 일이 행해지면 에너지는 계에서 주변으로 옮겨간다.

지금까지 에너지는 운동에너지, 중력 퍼텐셜에너지, 내부에너지의 세 가지 방법으로 계에 저장되는 것을 알게 되었다. 반면에 에너지가 계로 들어오거나 계로부터 나가는 방법은 일에 의한 방법밖에 없음을 알게 되었다. 다른 방법들은 추후에 다시 공부하게 된다.

에너지 접근 방법의 가장 중요한 점은 에너지가 보존된다는 개념이다. **에너지의 보존**(conservation of energy)이란 에너지는 파괴되거나 생성되지 아니하고 단지 한 형태에서 다른 형태로 변화되는 것을 말한다. 에너지 보존원리는 물리학에 국한된 것이 아니다. 생물학에서의 에너지 변환은 모든 생명체에서 수많은 방법으로 발생한다.

예제 6-5 장대높이뛰기에서 에너지 보존

문제 어떤 장대높이뛰기 선수의 신장이 180 cm이고, 몸무게의 중심이 발에서 90 cm인 곳에 있다고 한다. 이 선수가 6 m 높이에 있는 바를 뛰어넘으려면 몸무게의 중심이 90 cm에서 6 m까지 올라가야 한다. 그러면 이 선수가 6 m 높이를 뛰어넘으려면 발판을 지날 때 얼마의 속력을 유지해야 할까? 단, 장대에 선수의 몸(팔 및 허리 근육 등이)이 한 일은 무시한다.

그림 6-14 장대높이뛰기 경기

생각하기 장대높이뛰기 선수가 장대를 손에 들고 달려서 얻은 운동에너지는 장대의 한 끝을 지면에 대는 순간부터 장대의 탄성 퍼텐셜에너지로 전환되고, 이 탄성에너지는 선수의 몸을 위로 올리는 일을 하면서 중력에 의한 중력 퍼텐셜에너지로 전환된다.

풀이 이 선수가 발판을 지날 때의 속력을 $v_{지면}$라고 하면, 이때 갖는 에너지의 총합(운동에너지)은 모든 과정에서 보존된다. 즉 발판을 지날 때 갖는 운동에너지 = 6 m 높이에서의 중력 퍼텐셜에너지 = 지면에 도달할 때의 운동에너지이다. 식 6-20c의 역학적 에너지의 보존법칙 $\frac{1}{2}mv_f^2 + PE_f = \frac{1}{2}mv_i^2 + PE_i$에서 높이가 6 m인 곳에서의 위치에너지와 지면에 도달하기 전의 운동에너지 사이의 관계를 정리하면, $\frac{1}{2}mv_f^2 = mgh_i$이다. 그러므로

$$v_f = \sqrt{2gh_i} = \sqrt{2 \times 9.8\ \text{m/s}^2 \times (6\ \text{m} - 0.9\ \text{m})} \fallingdotseq 10\ \text{m/s}$$

이다. 즉 이 선수가 6 m 높이를 안전하게 넘으려면 장대를 지면에 대고 튀어오를 때의 속력은 최소한 10 m/s는 되어야 한다.

예제 6-6 운행 중인 자동차의 에너지 보존

문제 그림 6-15는 언덕의 꼭대기에 있던 자동차가 정지상태로부터 출발하여 마찰이 없는 도로의 내리막길로 내려갔다가 반대편 언덕으로 올라가는 것을 나타낸 것이다. 이 자동차의 운동은 마찰 없이 오로지 중력의 작용으로만 운동하고 있다고 가정한다. 높은 언덕의 높이는 낮은 도로면을 기준으로 볼 때 약 $y_i = 40$ m라고 한다. (a) 점 B에서 자동차의 속력은 얼마인가?

(b) 자동차의 속력이 점 B에서의 속력의 1/2이 되는 높이는 도로면에서 얼마의 높이인가?

생각하기 언덕에서 자동차는 중력 퍼텐셜에너지만 가지고 있고, 언덕을 내려가는 동안 중력 퍼텐셜에너지는 감소하고, 운동에너지는 증가한다.

풀이 역학적 에너지 보존법칙(식 6-20c)
$\frac{1}{2}mv_f^2 + PE_f = \frac{1}{2}mv_i^2 + PE_i$에서 $v_i = 0$, $h_i = 40$ m, $h_f = 0$으로 놓으면 $\frac{1}{2}mv_f^2 + 0 = 0 + m(9.8\text{ m/s}^2)(40\text{ m})$이다. 양변에 있는 m을 소거시키고 v_f에 대해 풀면 $v_f = 28$ m/s 이다.

(b) 역시 식 6-20c에서 $v_f = 14$ m/s인 곳을 생각하자. y_f을 미지수로 놓으면

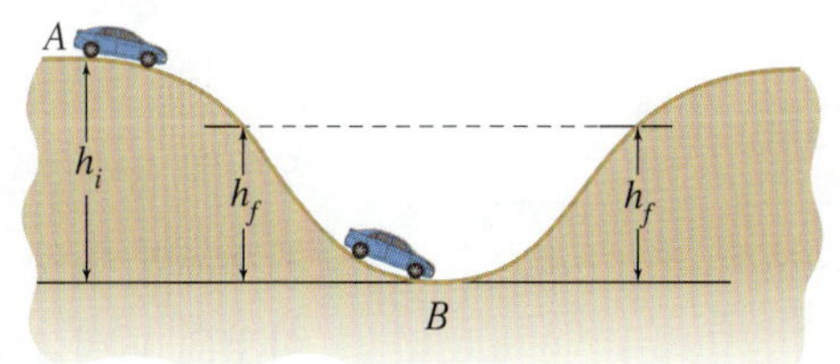

그림 6-15 중력의 작용으로만 운동하는 자동차는 점 A에서는 퍼텐셜에너지만, 점 B에서는 운동에너지만을 갖는다.

$$\frac{1}{2}m(14\text{ m/s})^2 + m(9.8\text{ m/s}^2)y_f = 0 + m(9.8\text{ m/s}^2)(40\text{ m})$$

이다. 양변에 있는 m을 소거시키고 h_f에 대해 풀면 $h_f = 30$ m 이다. 즉 왼쪽 언덕에서 내려올 때나, 오른쪽 언덕으로 올라갈 때 모두 바닥으로부터 30 m 높이에 있을 때의 속력은 14 m/s 이다.

6-6 탄성 퍼텐셜에너지

용수철의 복원력

특별한 형태의 변하는 힘, 즉 용수철 힘이 물체에 하는 일을 살펴보자. 일상의 많은 힘들이 용수철 힘과 수학적으로 동일한 형태를 가지므로 용수철 힘에 대한 결과는 여러 측면에서 유용하다. 그림 6-16은 탄성을 이용한 양궁의 활(a), 스프링 익스팬더(운동용 용수철)(b)를 나타낸 것이다. 트램펄린(trampoline)은 탄성이 좋은 헝겊을 이용하여 뛰어오르는 어린이 놀이기구이다. 양궁은 탄성이 있는 활을 가지고 하는 스포츠로 일정한 거리에 떨어져 있는 과녁을 맞혀 승부를 가리는 경기이다. 트램펄린이나 양궁 경기에서 한 가지 공통점을 가지고 있는데, 탄성을 이용한다는 사실이다. 용수철이나 고무줄에 힘이 작용하면 길이가 늘어나고 힘을 제거하면 원래의 상태로 되돌아간다. 이와 같이 물체에 힘이 작용하면 변형이 생겼다가 힘을 제거하면 변형이 없어지는 성

(a)

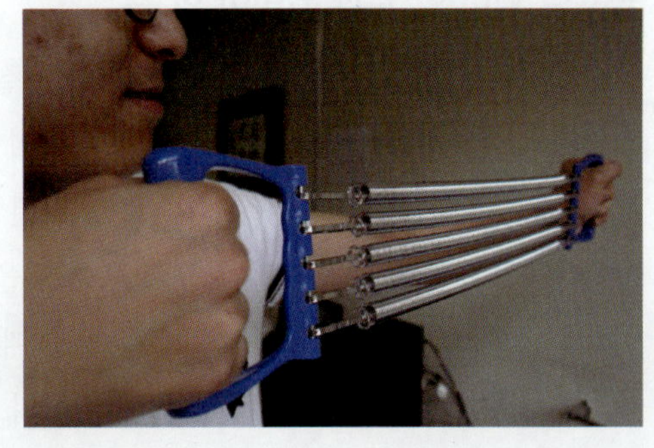

(b)

그림 6-16 탄성을 이용한 기구의 예. (a) 양궁 경기 모습. 선수가 활을 당기면 탄성에너지가 저장된다. 이때 선수가 활을 당기는 힘은 일정하지 않고 변위에 따라 변한다(제17회 인천아시아경기대회). (b) 스프링 익스팬더(운동용 용수철)를 힘으로 당겨 늘이면(일을 하면), 용수철에는 탄성 퍼텐셜에너지가 저장된다.

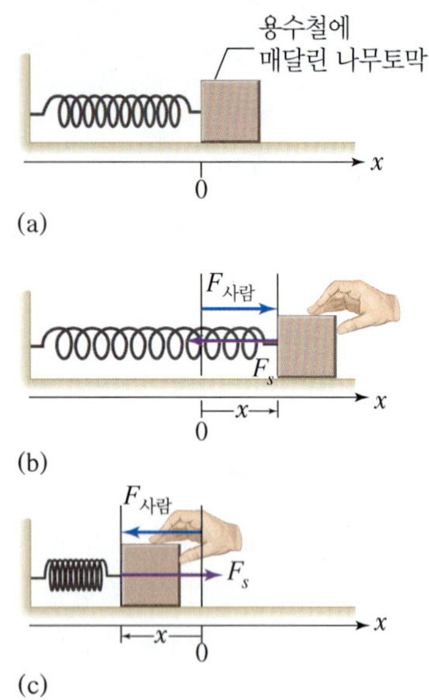

그림 6-17 (a) 평형상태에 있는 용수철($x = 0$, $F_s = 0$) (b) 사람의 힘에 의해 변위가 x까지 당겨지면, 용수철의 복원력 F_s는 음이다($x > 0$, $F_s < 0$). (c) 나무토막을 변위 $-x$까지 압축시키면, 용수철은 양(+)의 복원력을 갖는다($x < 0$, $F_s > 0$).

질을 **탄성**(elasticity 彈性)이라고 한다.

이제 탄성물질과 관련된 퍼텐셜에너지의 다른 형태를 생각해보자. 예를 들어 코일 모양의 용수철을 생각해보자. 용수철이 압축되거나 늘어날 때 작용하는 힘은 그 힘을 제거하면 다시 복원되기 때문에 용수철에 의한 힘은 중력과 마찬가지로 보존력이다. 이것은 퍼텐셜에너지 함수를 알아낼 수 있으며, 일-에너지 정리 안에 포함시킬 수 있다는 것을 의미한다.

그림 6-17(a)는 용수철이 늘어나거나 줄어들지 않은 평형상태이다. 용수철의 한 쪽 끝은 벽에 고정되어 있고, 다른 쪽 끝은 나무토막에 매달려 있다. 만약 사람이 이 나무토막을 오른쪽으로 당기면 용수철은 평형상태로 복귀시키려는 복원력이 작용하게 된다. 만약 사람이 나무토막을 왼쪽으로 밀면 용수철은 압축되고 용수철이 가진 힘이 나무토막을 오른쪽으로 밀게 된다.

용수철을 평형상태의 길이에서부터 x만큼 늘리거나 압축시키기 위해서는 x에 정비례하는 힘을 작용해야 한다. 즉 $F = kx$가 된다. 압축된 용수철은 반대방향으로 힘을 작용하므로, 용수철이 갖는 힘 F_s는 다음과 같이 나타낼 수 있다.

$$F_s = -kx \qquad \textbf{6-22}$$

식 6-22는 이 관계를 발견한 훅(Robert Hooke)의 이름을 따서 **훅의 법칙**(Hooke's law)이라 부른다. 여기서 k는 **용수철상수**(spring constant) 또는 **힘상수**(force constant)라 하며 단위는 N/m이다. 힘 F_s는 종종 **복원력**(force of restoration 復原力)이라 부르는데, 이 힘은 언제나 용수철을 원래 위치로 되돌리려 하기 때문에 음(−)의 부호가 붙는다. 유연한 용수철은 k값이 작으며(약 100 N/m 정도), 강한 용수철은 k값이 아주 크다(약 10 000 N/m 정도).

중력 퍼텐셜에너지를 정의한 것과 같은 방법으로 **탄성 퍼텐셜에너지**(elastic potential energy)라고 하는 에너지는 용수철이 작용한 힘과 연관시킬 수 있다. **용수철이 압축되거나 늘어날 때 용수철에 저장된 에너지를 탄성 퍼텐셜에너지**라고 한다. 탄성 퍼텐셜에너지를 나타낼 때 사용하는 기호는 PE_s, $PE_{탄성}$, E_s, $E_{탄성}$, U_s 등이다.

로버트 훅 Robert Hooke, 1635~1703, 영국의 자연 철학자이며 박물학자

과학 혁명기에 이론과 실험 양면에서 중요한 역할을 한 과학자로 세포(cell)란 용어를 최초로 사용하였다. 용수철과 같은 탄성체의 복원력과 변형력의 관계를 나타내는 훅의 법칙을 제안하였다. 훅은 현미경을 사용하여 화석을 관찰하고 초기 진화론을 제시하기도 하였다.

용수철 힘이 한 일과 외력이 한 일

용수철 힘이 한 일을 구하기 위해 용수철은 질량이 없으며, 훅의 법칙을 만족한다고 생각하자. 또한 나무토막과 마루 사이에 마찰이 없으며, 토막은 입자와 같다는 가정하자.

압축된(또는 늘어난) 용수철이 갖는 퍼텐셜에너지를 계산하려면 이 용수철을 그만큼 압축(또는 늘어남)시키기 위해 필요한 일을 계산하거나, 압축된 상태로부터 원래 길이로 되돌아갈 때 용수철 힘이 하는 일을 계산하면 된다. 어떻게 계산하든지 결과는 $W = F_s x$라는 일에 대한 식을 사용해야 한다. 그런데 여기서 F_s가 일정하지 않고 변위가 $0 \rightarrow x$로 바뀜에 따라 계속 변하게 된다. 즉 일정한 힘이 작용하는 것이 아니므로 평균힘($F_{s,평균}$)을 사용해야 한다. $F_{s,평균}$의 크기는 평형위치로부터 완전히 압축되었을 때의 힘 $-kx$까지 직선적으로 변하기 때문에 필요한 힘은 평균힘인 $F_{s,평균}$ =

$\dfrac{F_0 + F_s}{2} = \dfrac{0 + (-kx)}{2} = -\dfrac{1}{2}kx$ 이다. 따라서 용수철 힘은 다음과 같은 일을 하게 된다.

$$W_s = F_{s,\text{평균}}\, x = \left(-\frac{1}{2}kx\right)x$$

따라서 압축된 용수철이 갖는 **탄성 퍼텐셜에너지**(elastic potential energy)는 다음과 같다.

$$PE_s = -\frac{1}{2}kx^2 \qquad \textbf{6-23}$$

이 탄성 퍼텐셜에너지는 용수철에 저장된 에너지의 양이고, 용수철의 길이를 x만큼 늘이는 데 해준 일이기도 하다. 이 식으로부터 탄성 퍼텐셜에너지는 압축된 길이의 제곱에 비례하는 것을 알 수 있다.

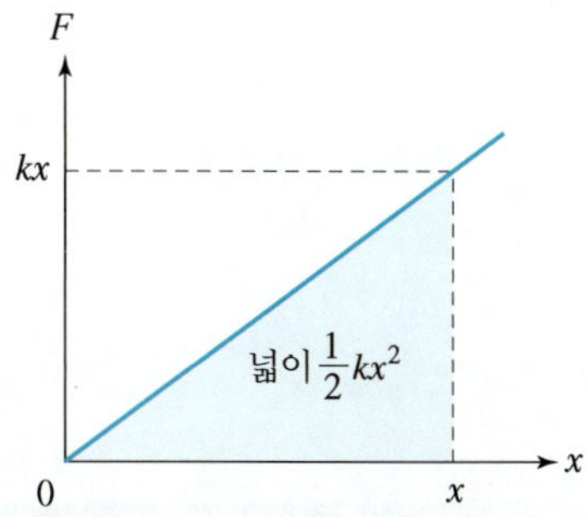

그림 6-18 용수철을 늘일 때 하는 일은 힘-거리 관계 곡선의 아래 넓이와 같다.

그림 6-18과 같이 용수철을 늘이는 데 필요한 힘은 늘어나는 길이 x에 따라 증가한다. 용수철을 늘일 때 하는 일은 힘-거리 관계 곡선의 아래 넓이와 같다.

미적분으로 용수철 힘이 한 일 구하기

나무토막을 오른쪽으로 당겼다가 놓았다고 하자. 나무토막이 오른쪽으로 움직이는 동안 용수철 힘 F_x는 일을 하여 나무토막의 운동에너지가 줄어드므로 나무토막의 속력이 줄어들게 된다. 나무토막의 처음위치를 x_i, 나중위치를 x_f로 놓고, 두 위치 사이의 거리를 너비 Δx의 일정한 미소 구간으로 잘게 쪼개어 구간별로 1, 2, 3, ⋯ 등으로 표시하면, 용수철 힘의 크기는 구간별 F_{x1}, F_{x2}, F_{x3}, ⋯ 등으로 놓을 수 있다. 아주 작은 각 구간에서의 힘은 일정하므로 각 구간에서 용수철이 한 일은 $-F_{x1}\Delta x$, $-F_{x2}\Delta x$, $-F_{x3}\Delta x$, ⋯ 등이다. 따라서 용수철의 변위가 x_i에서 x_f로 늘어나거나 압축되면서, 용수철 힘이 한 알짜일은 다음과 같다.

$$W_s = \sum_{j=0}^{j=j}(-F_{xj}\,\Delta x) \qquad \textbf{6-24}$$

여기서 j는 구간의 이름이다. 이 식에서 Δx가 0으로 가는 극한을 취하면 식 6-24는 다음과 같다.

$$W_s = \int_{x_i}^{x_f}(-\,F_x\,dx) \qquad \textbf{6-25}$$

이때 힘 F_x의 크기는 kx이다. 이것을 위 식에 넣고 적분하면 다음을 얻는다.

$$W_s = -\,k\int_{x_i}^{x_f} x\,dx = \left(-\frac{1}{2}k\right)[x^2]_{x_i}^{x_f}$$

$$= \left(-\frac{1}{2}k\right)(x_f^2 - x_i^2) \qquad \textbf{6-26}$$

따라서 용수철 힘이 한 일은 다음과 같다.

$$W_s = \frac{1}{2}kx_i^2 - \frac{1}{2}kx_f^2 \qquad \textbf{6-27}$$

만약 나무토막을 왼쪽으로 압축했다가 놓아도 같은 결과로 나타난다. 따라서 용수철 힘이 한 일은 나무토막이 x_i에서 x_f까지 움직일 때, 에너지가 외부에서 나무토막으로, 또는 나무토막에서 외부로 전달되는가에 따라 양이나 음의 값을 가질 수 있다.

나무토막의 나중위치가 처음위치에 비해서 평형위치 $x = 0$에 더 가까이 있다면, 용수철 힘이 한 일 W_s는 양의 값이다. 그러나 토막의 나중위치가 평형위치 $x = 0$에서 더 멀리 떨어져 있다면 한 일 W_s는 음의 값이다. 나중위치와 처음위치가 평형위치 $x = 0$에서 같은 거리에 있으면 한 일은 0이다.

만약 $x_i = 0$이고 나중위치를 x라고 하면 식 6-27은 다음과 같이 표기할 수 있다.

$$W_s = -\frac{1}{2}kx^2 \qquad \textbf{6-28}$$

예제 6-7 용수철 힘이 한 일

문제 x축을 따라 움직이는 2.0 kg의 물체에 x성분이 $F_x = -6x$ N인 힘이 유일하게 작용하고 있다. 물체의 속도가 $x = 3.0$ m에서 8.0 m/s로 변한다. (a) $x = 4.0$ m에서 물체의 속도는 얼마인가? (b) 어떤 양의 x값에서 물체의 속도가 5.0 m/s가 되는가?

생각하기 힘이 x축을 따라 변하므로, 물체에 한 일을 구하려면 적분이 필요하다.

풀이 물체가 x축을 따라 $x_i = 3.0$ m에서 $x_f = 4.0$ m로 움직일 때 용수철 힘이 한 일은 다음과 같다.

$$W_s = \int_{x_i}^{x_f} F_x\,dx = \int_{x_i}^{x_f} (-6x)\,dx$$

$$= -3x^2 \Big|_{x_i}^{x_f} = -3(x_f^2 - x_i^2)$$

$$= -3(4^2 - 3^2) = -21\text{ J}$$

일-에너지 정리에 따라 운동에너지의 변화량은 다음과 같다.

$$W = \Delta KE = \frac{1}{2}m(v_f^2 - v_i^2)$$

(a) 물체의 나중속도는 일-에너지 정리의 식으로부터 구할 수 있으며 다음과 같다.

$$v_f = \sqrt{\frac{2W}{m} + v_i^2} = \sqrt{\frac{2(-21\text{ J})}{2.0\text{ kg}} + (8.0\text{ m/s})^2} \fallingdotseq 6.6\text{ m/s}$$

(b) $x = x_f$에서 물체의 속도가 $v_f = 5.0$ m/s라면, 일-에너지 정리에서 $-3(x_f^2 - x_i^2) = \frac{1}{2}m(v_f^2 - v_i^2)$이므로 물체의 위치는 다음과 같다.

$$x_f = \sqrt{-\frac{m}{6}(v_f^2 - v_i^2) + x_i^2}$$

$$\fallingdotseq 4.7\text{ m}$$

6-7 탄성력이 다른 힘과 함께 있을 때 에너지 보존

용수철 힘에 의한 탄성에너지를 운동에너지와 중력에 의한 퍼텐셜에너지를 포함시켜 생각해보자. 식 6-19인 비보존력에서의 에너지 보존에 관한 식인 $W_{nc} = \Delta KE + \Delta PE = (KE_f - KE_i) + (PE_f - PE_i)$에 용수철 힘이 한 일을 포함하면 다음과 같은 식이 된다.

$$W_{nc} = \Delta KE + \Delta PE_g + \Delta PE_s \qquad \textbf{6-29}$$

따라서 중력과 같은 보존력이 한 일과 같은 퍼텐셜에너지를 모두 포함하는 새로운 형태의 일-에너지 정리를 표현하는 식을 얻을 수 있다.

$$W_{nc} = (KE_f - KE_i) + (PE_{gf} - PE_{gi}) + (PE_{sf} - PE_{si}) \qquad \textbf{6-30}$$

여기서 W_{nc}는 비보존력이 한 일이며, KE는 운동에너지이고, PE_g는 중력 퍼텐셜에너지, PE_s는 탄성 퍼텐셜에너지이다. 앞에서 중력 퍼텐셜에너지만을 의미했던 PE는 앞으로는 계에 작용하는 모든 힘에 의한 퍼텐셜에너지의 전체 합을 의미하게 된다.

만약 비보존력이 없다면 $W_{nc} = 0$이므로 식 6-30의 좌변은 0이 된다. 그러므로 역학적 에너지 보존법칙의 일반식은 다음과 같다.

$$(KE + PE_g + PE_s)_i = (KE + PE_g + PE_s)_f \qquad \textbf{6-31}$$

이 식은 탄성력과 중력, 그리고 여러 힘이 포함된 문제를 풀 때 적용할 역학적 에너지 보존의 식이다. 이때에는 중력 퍼텐셜에너지의 기준점과 더불어 용수철의 평형점의 위치를 명확하게 설정해야 한다.

탄성 퍼텐셜에너지가 중력 퍼텐셜에너지 및 운동에너지와 함께 존재할 때 각 과정별 순간의 에너지 유형을 나타내기 위해 **에너지 막대그래프**(energy bar chart)를 사용하면 편리하다. 그림 6-19(a)~(e)는 한쪽이 고정되어 있는 용수철을 향해, 질량이 m인 물체를 밀어서 거리 $x_{최대}$만큼 압축시킨 후, 놓을 때 용수철의 힘에 의해 물체가 오른쪽으로 밀려 나중에는 물체가 용수철에서 떨어지는 과정을 나타낸 것이다. 이 과정을 에너지 막대그래프로 나타내보면 그림 6-19(a)′~(e)′과 같다. 이때 세로축은 계의 유형별 에너지양을 나타내고, 가로축은 계에 존재하는 에너지 유형을 나타낸다. 이

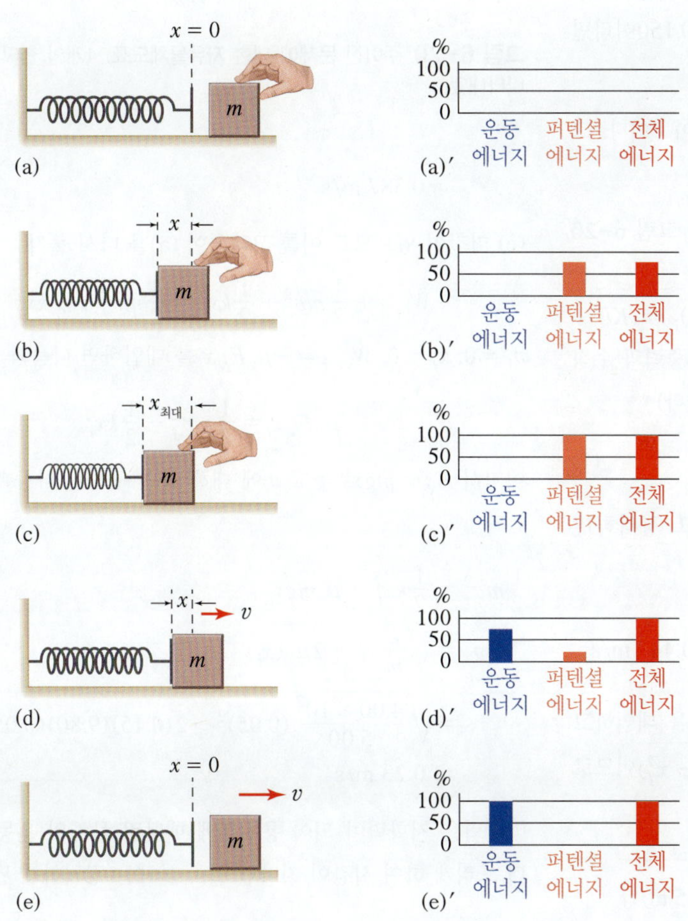

그림 6-19 용수철과 물체(질량 m)로 구성된 계에서 각 과정별 모습[(a)~(e)]과, 에너지 보존 관계를 설명해주는 에너지 막대그래프[(a)′~(e)′]

경우 수평방향으로 운동이므로 중력에 의한 퍼텐셜에너지는 0이므로 탄성 퍼텐셜에너지와 운동에너지 사이의 관계를 알려주고 있다. 각 과정을 살펴보면 다음과 같다.

(a) 용수철은 평형상태에 있고 물체는 정지해 있다. 따라서 계의 에너지는 0이다.
(b) 손이 용수철을 일부 압축시키면 용수철에는 탄성 퍼텐셜에너지가 저장된다.
(c) 용수철이 최대로 압축되면(정지되므로 운동에너지는 0이다), 용수철이 갖는 탄성 퍼텐셜에너지가 최대가 된다.
(d) 물체를 놓으면 탄성 퍼텐셜에너지는 감소하고, 운동에너지는 증가한다.
(e) 물체가 용수철에서 멀어지면 탄성 퍼텐셜에너지는 0이고, 운동에너지가 최대가 된다.

예제 6-8 수평으로 놓인 용수철

문제 질량이 5.0 kg인 물체가 용수철에 부착되어 마찰이 없는 바닥에 놓여 있다. 물체를 $x_i = 0.05$ m만큼 당긴 후 놓는다고 가정하자. 단, 용수철상수는 $k = 4.00 \times 10^2$ N/m이다. (a) 물체가 처음위치를 지나는 순간속력은 얼마인가? (b) 물체의 위치가 $x = 0.025$ m를 지나는 순간 물체의 속력은 얼마인가? (c) 만약 물체와 바닥 사이의 운동마찰계수가 $\mu_k = 0.150$이라면 (a)의 답은 얼마인가?

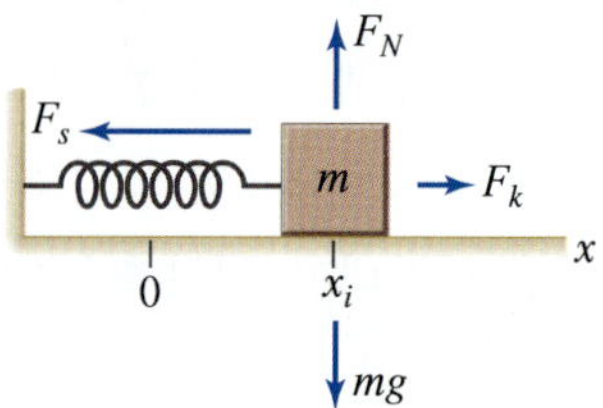

그림 6-20 주어진 문제에 대한 자유물체도표, 4개의 힘이 작용함을 나타내었다.

생각하기 (a)와 (b)는 마찰이 없으므로 비보존력이 0이다. 그러므로 에너지 보존법칙의 식 6-31을 적용한다.

풀이 주어진 문제에 대한 자유물체도표를 그리면 그림 6-20과 같다.

(a) 역학적 에너지 보존의 식 $(KE + PE_g + PE_s)_i = (KE + PE_g + PE_s)_f$에서 중력에 관한 항은 0으로 놓으면(중력과 수직항력이 한 일은 수평방향의 운동과 수직하므로 0이다)

$$\frac{1}{2}mv_i^2 + \frac{1}{2}kx_i^2 = \frac{1}{2}mv_f^2 + \frac{1}{2}kx_f^2 \qquad (1)$$

이 된다. 이 식에 $v_i = 0$, $x_f = 0$을 대입하고 정리하면 $\frac{k}{m}x_i^2 = v_f^2$이다. 그러므로 다음과 같다.

$$v_f = \sqrt{\frac{k}{m}}x_i = \sqrt{\frac{4.00 \times 10^2 \text{ N/m}}{5.00 \text{ kg}}} \times 0.05 \text{ m} = 0.447 \text{ m/s}$$

(b) 중간위치에서 물체의 속력은 식 (1)에 $v_i = 0$을 대입하고 정리하면 $\frac{k}{m}x_i^2 = v_f^2 + \frac{k}{m}x_f^2$이다. $v_f = \sqrt{\frac{k}{m}(x_i^2 - x_f^2)}$이므로 주어진 값을 대입하면 다음과 같다.

$$v_f = \sqrt{\frac{4.00 \times 10^2 \text{ N/m}}{5.00 \text{ kg}}\{(0.05 \text{ m})^2 - (0.025 \text{ m})^2\}}$$

$$= 0.387 \text{ m/s}$$

(c) 마찰이 있으므로 이를 고려하여 (a)를 다시 풀자.

$$W_{마찰} + \frac{1}{2}mv_i^2 + \frac{1}{2}kx_i^2 = \frac{1}{2}mv_f^2 + \frac{1}{2}kx_f^2$$

$v_i = 0$, $x_f = 0$, $W_{마찰} = -\mu_k F_N x_i$를 대입하면 다음과 같다.

$$-\mu_k F_N x_i = \frac{1}{2}mv_f^2 - \frac{1}{2}kx_i^2$$

여기서 $F_N = mg$로 놓고 v_f에 대해 풀면 구하는 나중속력을 얻는다.

$$\frac{1}{2}mv_f^2 = \frac{1}{2}kx_i^2 - \mu_k mgx_i$$

$$v_f = \sqrt{\frac{k}{m}x_i^2 - 2\mu_k gx_i}$$

$$= \sqrt{\frac{4.00 \times 10^2}{5.00}(0.05)^2 - 2(0.15)(9.80)(0.05)}$$

$$= 0.23 \text{ m/s}$$

마찰력은 저항력이 되어 용수철에 매달린 물체의 운동을 점점 더 느리게 하여 시간이 지나면 결국 물체는 정지하게 된다.

예제 6-9 수직으로 놓인 용수철

문제 용수철상수 k의 값이 100 N/m인 용수철에 그림 6-21과 같이 1 kg의 추를 매달고 평형점 a에서 아래쪽으로 0.2 m에 있는 점 b까지 당겼다가 놓았다고 하자. (a) 늘어났다가 다시 평형점 a를 지날 때의 추의 속력은 얼마인가? (b) 평형점 a에서 위로 0.1 m 올라간 점에서의 추의 운동에너지는 얼마인가?

생각하기 용수철의 평형점 a를 기준으로 잡으면 이 점에서의 중력 퍼텐셜에너지는 0이다.

풀이 (a) 평형점 a에서의 역학적 에너지의 총합 E_a는

$$E_a = KE + PE_s + PE_g = \frac{1}{2}mv^2 + \frac{1}{2}kl^2 + 0$$

이다. 평형점 a에서 늘어난 점 b까지의 길이를 l'이라 하면, 이 점에서의 속력은 0이고, 이 점에서의 역학적 에너지의 총합 E_b는

$$E_b = KE + PE_s + PE_g = 0 + \frac{1}{2}k(l + l')^2 + mg(-l')$$

이다. 역학적 에너지 보존의 법칙으로부터 평형점 a에서의 에너지의 합은 늘어난 점 b에서의 에너지의 합과 같다.

$$(KE + PE_g + PE_s)_a = (KE + PE_g + PE_s)_b$$

그러므로 $\frac{1}{2}mv^2 + \frac{1}{2}kl^2 + 0 = 0 + \frac{1}{2}k(l+l')^2 + mg(-l')$

$$\therefore \frac{1}{2}mv^2 = \frac{1}{2}kl'^2 + kll' - mgl'$$

이다. 한편 평형점 a에서는 추에 작용하는 합력 $mg - kl = 0$이므로 $kll' - mgl' = 0$이다. 따라서 위 식은 다음과 같이 정리할 수 있다.

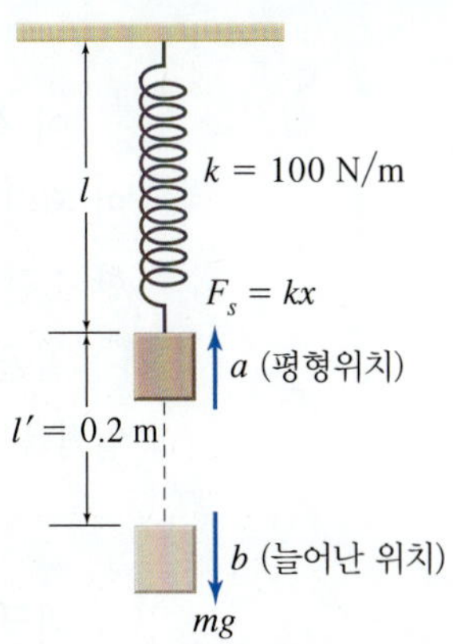

그림 6-21 용수철에 매달린 추가 갖는 에너지는 어느 위치에서든지 보존된다.

$$\frac{1}{2}mv^2 = \frac{1}{2}kl'^2$$

이 식으로 추의 속력을 구하면 다음과 같다.

$$v = \sqrt{\frac{k}{m}}l' = \sqrt{\frac{100 \text{ N/m}}{1 \text{ kg}}} \times 0.2 \text{ m} = 2 \text{ m/s}$$

(b) 평형점 a를 기준점으로 위쪽으로 x m만큼 떨어진 곳에서의 역학적 에너지는 다음과 같이 구할 수 있다.

$$\frac{1}{2}kl'^2 = \frac{1}{2}mv^2 + \frac{1}{2}kx^2$$

$$\therefore KE = \frac{1}{2}mv^2 = \frac{1}{2}k(l'^2 - x^2)$$

$$= \frac{1}{2} \times 100 \text{ N/m} \times (0.2^2 - 0.1^2) \text{ m}^2 = 1.5 \text{ J}$$

6-8 일률

사람이나 기계가 하는 일의 양을 비교할 때에는 일정한 시간 동안에 얼마만큼의 일을 했는지 조사해보면 알 수 있다. 과학에서는 단위시간에 하는 일의 양을 **일률**(power)로 정의하여 일의 능률을 표현하고 있다. 즉 힘이 한 일의 시간변화율을 일률이라고 한다. 일반적으로 일률이라면 평균일률을 말한다. 어느 물체에 시간 Δt 동안에 외력이 작용하여 한 일이 W라면, 이때 **평균일률**(average power) $P_{평균}$는 다음과 같다.

$$P_{평균} = \frac{W}{\Delta t} \qquad \textbf{6-32}$$

일률과 속력은 언뜻 보기엔 아무런 관련이 없는 물리량 같지만, 이들 물리량 사이에는 아주 중요한 관계가 있다. 어떤 물체에 시간 Δt 동안 힘 F가 작용하여 Δx만큼의 이동 변위가 발생했다고 하자. 이때 물체가 받은 일은 $W = F\Delta x$이고, $\Delta x/\Delta t$는 시간

Δt 동안의 평균속력이므로 식 6-32는 다음과 같이 나타낼 수 있다.

$$P_{평균} = \frac{W}{\Delta t} = \frac{F\,\Delta x}{\Delta t} = Fv \qquad \textbf{6-33}$$

이 식에서 우리는 **물체에 작용한 힘과, 이로 인해 얻은 평균속력의 곱은 평균일률이 된다**는 것을 알 수 있다. 여기서 F는 평균속력에 나란한 방향의 힘의 성분이다. 또한 순간일률은 힘이 한 일의 순간변화율 $P_{순간} = \frac{dW}{dt}$ 로 나타낸다.

일률의 SI 단위는 **줄/초**(J/s)이며, 증기기관을 발명한 과학자 와트(James Watt)의 업적을 기리기 위해 이것을 **와트**(W)라고 한다.

$$1\ \mathrm{W} = 1\ \mathrm{J/s} = 1\ \mathrm{kg\ m^2/s^3} \qquad \textbf{6-34}$$

미국 일부 분야에서는 일률의 단위로 **마력**(hp 馬力)을 사용하기도 한다. 마력이란 단위는 와트에 의해 처음 정의되었으며, 그가 발명한 증기기관의 출력이 말이 끄는 힘과 같이 크다는 것을 나타내기 위해 사용하였다.

$$1\ \mathrm{hp} = 550\ \mathrm{ft\ lb/s} = 746\ \mathrm{W} \qquad \textbf{6-35}$$

와트는 보통 전기제품의 소모 전력을 나타내기 위해 많이 사용되고 있다.
한편 프랑스 · 독일 등 일부 유럽 국가에서는 ps(독일어: pferde stärke, 영어: horse strength)를 사용하기도 한다. 1 ps는 1초 동안 질량 75 kg인 물체를 1 m 끌어올리는 일률로 그 값은 다음과 같다.

$$1\ \mathrm{ps} = (75\ \mathrm{kg} \times 9.8\ \mathrm{m/s^2} \times 1\ \mathrm{m})/1\ \mathrm{s} \fallingdotseq 735\ \mathrm{W} \qquad \textbf{6-36}$$

전력을 생산하는 경우 에너지를 측정하는 단위로는 **킬로와트시**(kWh)를 사용한다. 1킬로와트시(1 kWh)는 1킬로와트(1 kW = 1 000 J/s)의 일정한 전력으로 1시간 동안 소모된(또는 투입된) 에너지를 말한다. 다시 말하면

$$1\ \mathrm{kWh} = (10^3\ \mathrm{W})(3\,600\ \mathrm{s}) = (10^3\ \mathrm{J/s})(3\,600\ \mathrm{s}) = 3.60 \times 10^6\ \mathrm{J} \qquad \textbf{6-37}$$

이다. 킬로와트시는 에너지의 단위이지 일률의 단위는 아니다. 가정에서 납부하는 전기요금은 사용한 전기에너지에 대한 금액이다.

> **TIP 직립체 W와 이탤릭체 W 구분**
>
> **직립체** W 주로 **일률**(power)의 단위인 와트로 사용됨
>
> **이탤릭체** W 주로 **일**(work)을 표현하는 기호로 사용됨

예제 6-10 기중기의 일률

문제 아파트 공사장에서는 그림 6-22와 같이 공사용 기중기를 사용하여 건축자재를 운반한다. 어느 기중기가 질량 1 200 kg의 자재를 30 m 높이의 15층까지 일정한 속도로 끌어올리는데 20 s가 걸렸다. (a) 이 기중기의 평균일률은 몇 W인가? (b) 이 기중기가 10분 동안 한 일의 양은 몇 J인가?

생각하기 건축자재를 등속도로 끌어올릴 때 드는 힘은 자재의 무게 mg와 같다.

풀이 힘이 작용하는 방향과 건축자재가 이동한 방향은 평행하

그림 6-22 건축자재를 운반하는 공사장의 기중기

므로 $W = (F\cos\theta)d$에서 $\cos 0° = 1$이다.

(a) $P_{평균} = \frac{W}{\Delta t} = \frac{(F\cos\theta)d}{\Delta t} = \frac{mgd}{\Delta t}$에서 평균일률을 구하면 다음과 같다.

$$P_{평균} = \frac{1200\ \text{kg} \times 9.8\ \text{m/s}^2 \times 30\ \text{m}}{20\ \text{s}} = 17640\ \text{W}$$

(b) 평균일률이 $P_{평균} = 17\,640$ W인 기중기로 10분 동안 할 수 있는 일의 양은 다음과 같다. $P_{평균} = \frac{W}{\Delta t}$에서

$17\,640\ \text{W} = \frac{W}{10분 \times 60\ \text{s}}$ 이다.

그러므로 $W = 17\,640\ \text{W} \times (10 \times 60\ \text{s}) = 10\,584\,000$ J $= 1.0584 \times 10^7$ J이다.

여기서 W는 일을 나타내는 기호이고, W는 일률의 단위임을 알 수 있다.

연습문제

6-1 일정한 힘이 한 일

1. 수평면 위에 정지해 있는 질량 10 kg의 물체에 수평면과 60° 방향으로 40 N의 일정한 힘을 계속 가하여 그림 P6-1과 같이 10 m 이동시켰다. 이때 힘이 한 일은 얼마인가?

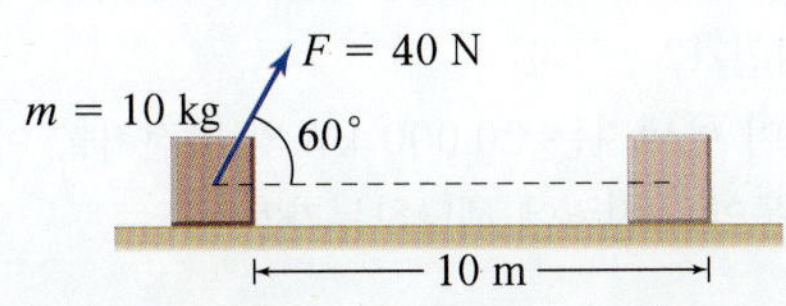

그림 P6-1

2. 정지마찰계수 μ가 0.2인 수평면 위에서 질량 50 kg인 물체가 일정한 힘 F에 의해 등속도운동을 하고 있다. 단, 중력가속도 $g = 10\ \text{m/s}^2$ 이다.

(a) 힘 F의 크기는 몇 N인가?

(b) 물체가 5 m 이동했을 때 힘 F가 한 일은 몇 J인가?

3. 몸무게가 48 kg인 여성이 건물의 바닥에서부터 전체 높이가 5.6 m인 3층 계단을 걸어서 올라갔다. 중력에 대해 한 일은 얼마인가?

4. 경사각이 30°인 빗면 위에 놓인 0.50 kg의 물체가 빗면을 따라서 2.0 m 미끄러졌다. 이 물체에 작용하는 다음 힘이 한 일을 각각 구하라. 단, 운동마찰계수는 0.2이다.

(a) 중력 (b) 수직항력 (c) 운동마찰력

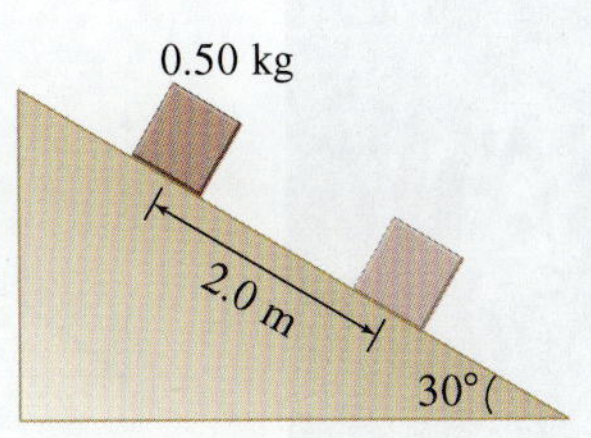

그림 P6-4

6-2 변하는 힘이 한 일

5. 그림 P6-5는 탄성과 길이가 같은 5가닥의 용수철로 구성된 운동용기구이다. 이 기구의 용수철상수는 1가닥당 $k = 310$ N/m이다.

(a) 이 용수철 1가닥을 45 cm 잡아당길 때 필요한 일은 얼마인가?

(b) 이 용수철 1가닥을 45 cm 잡아당길 때 필요한 힘은 얼마인가?

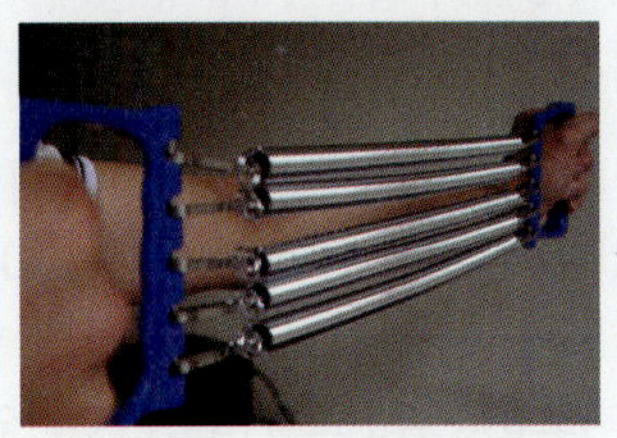

그림 P6-5

6-3 운동에너지와 일

6. 질량이 5 kg인 물체가 2 m/s의 속력으로 운동하다가 마찰력 때문에 얼마 후 정지하였다. 물체가 정지할 때까지 마찰력이 한 일의 크기는 얼마인가?

7. 질량 500 kg인 자동차가 수평인 직선 도로 상에서 20 m/s의 속도로 달리다가 급브레이크를 걸어 40 m를 미끄러진 후 정지하였다. 이 자동차가 정지할 때까지 자동차에 작용한 평균적인 힘은 몇 N인가?

8. 3.0 N의 일정한 수평력이 정지상태에 있는 질량 2.0 kg인 벽돌을 마찰이 없는 수평면으로 밀고 있다. 이 힘이 가해진 후 1.35 s 동안 벽돌이 한 일은 얼마인가?

9. 시간 $t = 0$일 때 연직 상방으로 19.6 m의 속력으로 던져 올린 공의 운동에너지와 시간 사이의 관계를 옳게 나타낸 그래프는

어느 것인가? 단, 중력가속도는 9.8 m/s^{2}이다.

①
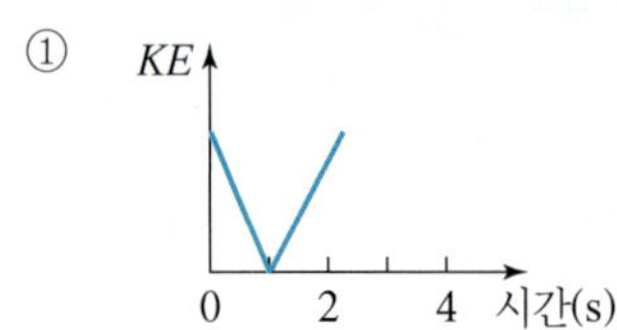

②
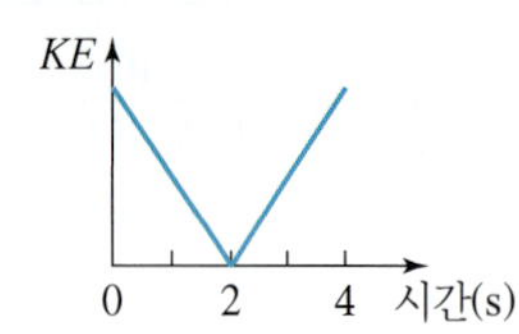

③
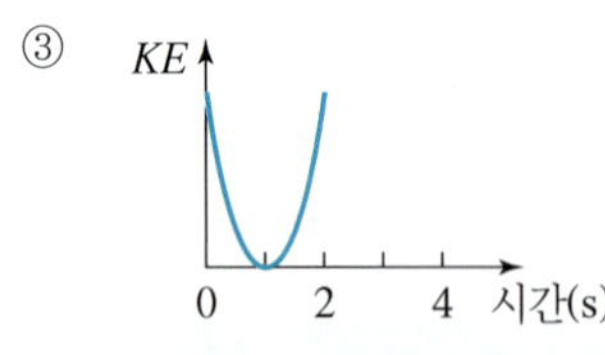

④
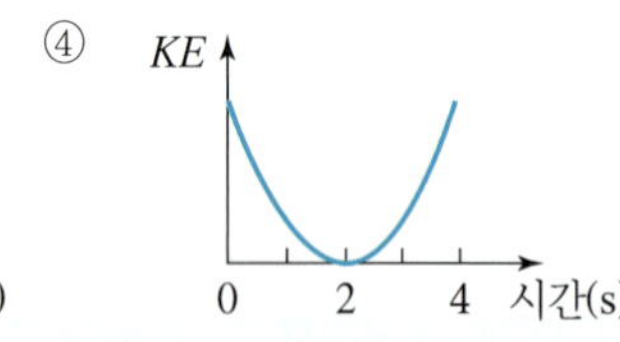

10. 질량 250 kg인 자동차가 시속 72 km로 달리다가 전방에 있는 장애물을 보는 순간 급브레이크를 밟았다. 다음 물음에 답하라. 단, 자동차와 도로면 사이의 운동마찰계수는 0.5, 중력가속도는 10 m/s^{2}이며, 마찰력은 어디서나 일정하다고 한다.

(a) 이 경우 자동차가 안전하게 정지하려면 장애물로부터 최소한 몇 m 앞에서 브레이크를 밟아야 하는가?

(b) 이 자동차의 속력이 2배로 된다면 정지할 때까지 자동차가 진행하는 최소 거리는 얼마인가?

11. 미끄러운 수평면 위에 정지해 있는 질량 4.0 kg의 물체에 수평방향으로 1.2 N의 힘을 10 s 동안 작용하였다. 이 물체의 운동에너지는 얼마나 되는가?

12. 일정한 추진력 2×10^7 N으로 가속되는 질량이 8×10^5 kg인 비행기가 있다. 이 비행기가 이륙하려면 100 m/s의 수평속력이 필요하다. 마찰력이 무시된다고 할 때 비행기가 이륙하는 데 필요한 최소한의 활주로의 길이는 얼마인가?

13. 높은 곳에서 물체를 자유낙하 시켰다. 이 물체가 15 m 낙하했을 때의 운동에너지는 10 m를 낙하했을 때에 비하여 몇 배가 되는가? 단, 공기의 마찰은 무시한다.

14. 정지상태에 있던 트럭이 일정하게 가속되어 속력이 60 km/h로 되었다. 정지상태에서 속력이 20 km/h가 될 때까지 소모된 에너지와 속력이 20 km/h에서 60 km/h로 증가될 때의 에너지를 비교하면 어떻게 되나? 단, 마찰로 인해서 소모된 에너지는 무시한다.

15. 미국의 후버 댐(Hoover Dam)은 1930~1936년에 애리조나 주와 네바다 주 접경지대의 블랙 협곡에서 콜로라도 강을 막아 세운 댐이다. 후버 댐이 1년 내내 발전하는 전기에너지의 양은 몇 갤런의 휘발유에너지와 같은가? 휘발유의 1/3만 전기에너지로 바꿀 수 있고, 2/3는 소모된다고 가정한다. 후버 댐의 1년 총 발전량은 2×10^{16} J이고, 휘발유 1갤런의 화력에너지는 2×10^8 J이다.

그림 P6-15 미국 후버 댐 전경

6-4 중력 퍼텐셜에너지

16. 바닥에서 높이 2 m의 선반 위에 있는 질량 10 kg의 물체를 1 m 높이의 의자 위에 올라서서 꺼내려고 한다.

(a) 바닥을 기준으로 할 때, 이 물체의 퍼텐셜에너지는 몇 J인가?

(b) 바닥에서 높이 1 m인 의자를 기준으로 할 때 물체의 퍼텐셜에너지는 몇 J인가?

17. 낙차가 60 m인 댐의 저수지 넓이가 5 km^{2}이다.

(a) 이 댐의 수면이 1 cm 낮아질 때 이용되는 퍼텐셜에너지는 몇 J인가?

(b) 또 이 에너지는 20 000 kW의 발전기를 이용할 때는 몇 분 동안의 전력에 해당하는가?

18. 수평면 위에 놓여 있는 질량 10 kg의 물체를 그림 P6-18과 같이 경사각 30°의 빗면을 따라 5 m 밀어 올렸다. 이때 물체의 퍼텐셜에너지는 얼마나 증가하였는가? 단, 마찰은 무시한다.

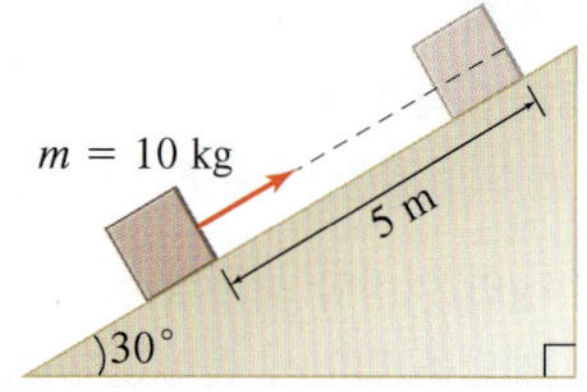

그림 P6-18

19. 그림 P6-19(b)는 어떤 승강기가 올라가기 시작하여 정지할 때까지의 시간과 속도의 관계를 개략적으로 나타낸 것이다. 이 승강기의 시간과 퍼텐셜에너지의 관계를 바르게 나타낸 그래프는 어느 것인가?

(a) 승강기

속도

0 t_1 t_2 시간

(b) 속도-시간 관계 그래프

그림 P6-19

① E_P 0 t_1 t_2 시간

② E_P 0 t_1 t_2 시간

③ E_P 0 t_1 t_2 시간

④ E_P 0 t_1 t_2 시간

⑤ E_P 0 t_1 t_2 시간

20. 그림 P6−20과 같이 수평으로 놓여 있는 용수철상수가 100 N/m인 용수철의 한쪽 끝을 고정하고 다른 쪽 끝에 물체를 매달았다. 이 용수철의 늘어난 길이가 20 cm인 지점에서 10 cm인 지점까지 줄어들 때 용수철이 물체에 한 일은 얼마인가?

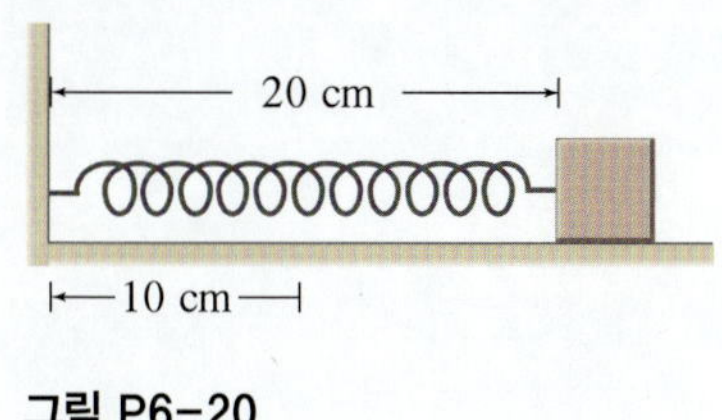

그림 P6−20

6−5 역학적 에너지 보존

21. 그림 P6−21과 같이 질량 2 kg인 물체가 빗면 위를 미끄러져 내려가고 있다. 점 A를 지날 때의 속력이 3 m/s이고, 점 A와 점 B의 높이차는 2 m이다. 단, 마찰은 무시한다.

(a) 점 B를 지날 때 물체의 운동에너지는 몇 J인가?

(b) 점 B를 지날 때 물체의 속력은 몇 m/s인가?

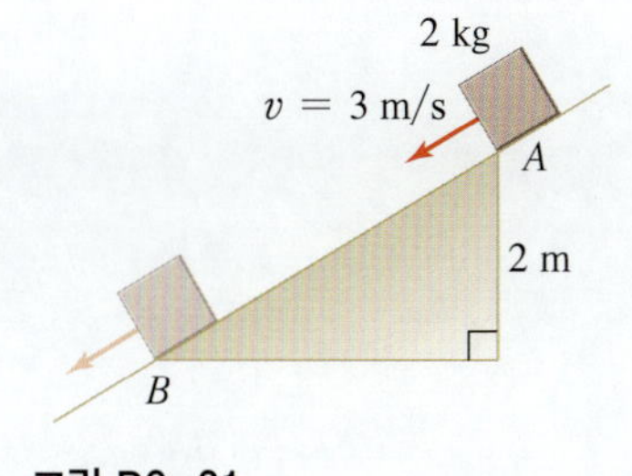

그림 P6−21

22. 그림 P6−22와 같이 길이 l의 실에 질량 m의 추를 매달고 실의 다른 쪽 끝을 점 O에 고정하였다. 실이 연직선과 60°의 각을 이루게 되는 점 A까지 추를 들어 올렸다가 가만히 놓을 때

(a) 추가 점 B를 통과하는 순간의 속력은 얼마인가?

(b) 이 추는 반대쪽 몇 도 되는 곳까지 올라가겠는가?

단, 공기의 저항이나 마찰은 무시한다.

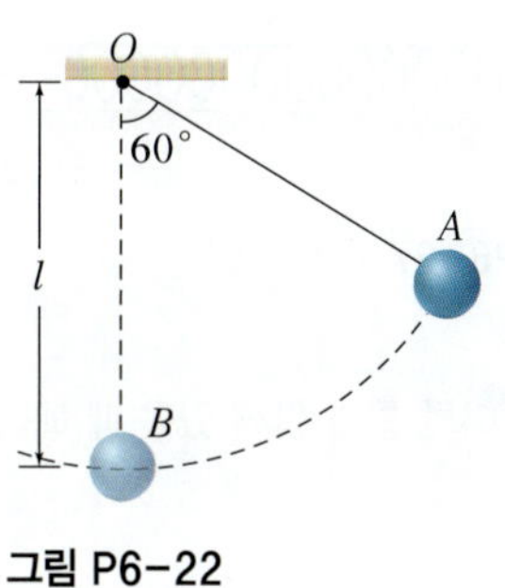

그림 P6−22

6−6 탄성 퍼텐셜에너지

23. 0.1 kg의 물체를 매달면 0.02 m 늘어나는 용수철이 있다. 이 용수철이 0.1 m 늘어났을 때 용수철의 탄성 퍼텐셜에너지는 얼마인가?

24. 수평면 위에서 용수철상수 $k = 50$ N/m인 용수철 끝에 질량 2 kg인 물체를 매달고, 용수철을 평형상태로부터 0.2 m만큼 압축시켰다가 놓으면 단진동을 한다. 이때 물체의 속도가 가장 클 때의 값은 몇 m/s인가? 단, 마찰과 용수철 질량은 무시한다.

25. 용수철에 매단 어떤 물체를 평형점 위치로부터 길이 A만큼 늘였다 놓았더니 평형점을 통과할 때의 속력이 v_0이었다. 길이를 $2A$만큼 늘였다 놓을 때, 평형점에서의 속력은 얼마인가?

26. 용수철상수 $k = 1.6 \times 10^2$ N/m인 가벼운 용수철에 질량 0.4 kg의 추를 매달아 그림 P6−26과 같이 마찰이 없는 수평면 위에 놓았다. 이 추를 평형점에서 30 cm 되는 점까지 당겼다가 가만히 놓았을 때

(a) 추가 평형점을 지나는 순간의 속력은 얼마인가?

(b) 추가 평형점으로부터 20 cm인 점을 지나는 순간의 운동에너지는 얼마인가?

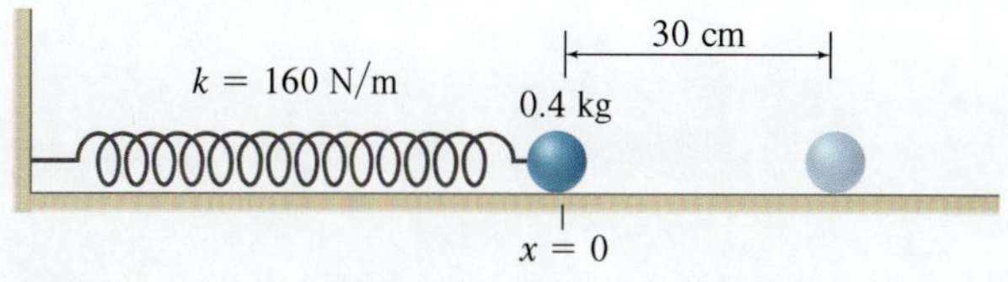

그림 P6−26

27. 그림 P6−27과 같이 한쪽 끝이 고정된 용수철에 달린 구가 단

진동 운동을 한다. 용수철상수를 k, 구의 질량을 m, 진폭을 A라 하면 구가 평형위치로부터 $\frac{1}{2}A$인 점을 지날 때 구의 운동 에너지는 얼마인가? 단, 공기의 마찰과 용수철의 질량은 무시한다.

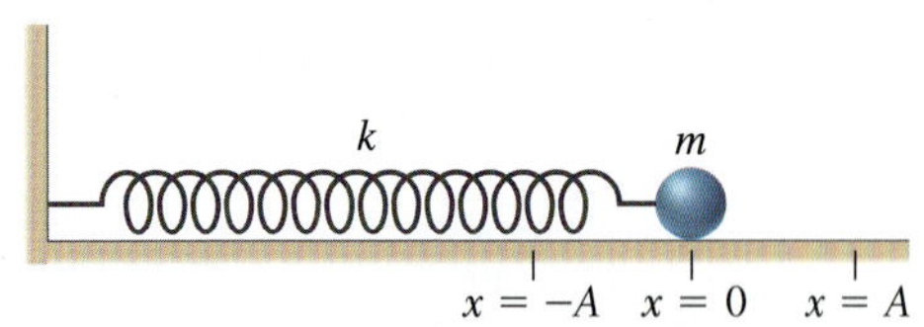

그림 P6-27

6-7 탄성력이 다른 힘과 함께 있을 때 에너지 보존

6-8 일률

28. 다음 중 일률이 가장 큰 것은 어느 것인가?

① 100 kg의 물체를 5초 동안에 5 m 들어 올릴 때
② 50 kg의 물체를 5초 동안에 10 m 들어 올릴 때
③ 25 kg의 물체를 5초 동안에 15 m 들어 올릴 때
④ 20 kg의 물체를 2초 동안에 6 m 들어 올릴 때
⑤ 10 kg의 물체를 3초 동안에 9 m 들어 올릴 때

29. 정지하고 있는 물체에 4 W의 일률로 16 J의 일을 해주었더니 물체의 속력이 2 m/s로 되었다.
(a) 이 물체의 가속도는 얼마인가?
(b) 이 물체의 질량은 얼마인가?

30. 700 W의 전동기를 연결한 펌프로 5 m 깊이에 있는 물을 길어 올릴 때, 매초 길어 올릴 수 있는 최대량은 얼마인가? 단, 펌프의 효율은 70 %이고, 저항은 모두 무시한다.

31. 질량 m인 자동차가 최대 엔진 출력을 P까지 낼 수 있다. 이 자동차가 정지상태에서 속력 v까지 내는 데 걸리는 최소 시간은 어떻게 표현되는가? 단, 자동차는 출발 초부터 최대 출력을 낼 수 있다.

범퍼카(Bumper Car) 범퍼카의 하부 범퍼는 탄성이 아주 좋은 고무 재질로 만들었다. 고무 재료의 탄성 때문에 다른 범퍼카와 충돌이 있더라도 충격력을 전달하는 시간이 길어져 큰 충격을 받지 않는다. 놀이공원에서 어린이나 여성에게도 인기 있는 기구 중 하나이다(용인 에버랜드에서 촬영).

제7장 충돌 현상

지금까지 우리는 한 물체의 운동을 주로 공부해왔다. 그러나 충돌에서와 같이 상호작용을 하는 둘 또는 그 이상의 물체의 운동도 많이 있다. 이러한 운동의 분석에는 선운동량 보존의 법칙을 아주 유용하게 적용할 수 있다. 이 법칙을 사용하면 접촉 중에 연관되는 힘에 대한 많은 정보가 없어도 복잡한 충돌 현상을 해석할 수 있으며, 충돌에서 생긴 힘에 대한 정보도 얻을 수 있다.

제6장에서 공부한 에너지 보존법칙은 물리학의 몇 가지 중요한 보존법칙 가운데 하나이다. 물리학에서 보존되는 물리량에는 에너지 외에도 선운동량, 각운동량, 전기량 등이 있다. 이러한 보존법칙은 물리학의 모든 분야를 이해하고 해석하는 데 아주 유용하게 적용되고 있다.

선운동량이란 용어는 우리생활의 여러 분야에서 감각적인 의미로 사용되는 경우가 많으나, 물리학에서 다루는 선운동량은 단 하나의 의미만 가진다. 즉 물체의 질량과 그 물체의 속도의 곱을 말한다. 선운동량의 보존은 구성 입자들의 수와 그들의 운동에 관계없이 성립한다. 이 법칙은 크기에 있어서 원자핵에서부터 당구공, 충돌하는 승용차, 은하계에 이르는 계 등 모두에 적용된다.

제7장에서는 선운동량과 그 보존법칙을 이해하고 이를 충돌 현상의 해석에 응용하는 공부를 한다.

7-1 선운동량

두 대의 자동차가 부딪칠 때 어떠한 일이 벌어질까? 충격은 각 자동차의 운동에 어떤 영향을 미치고, 어떤 물리 원리가 부상의 정도를 결정할까? 이러한 질문에 대한 첫 단계로서 선운동량이라는 물리량을 생각할 수 있다.

물체의 운동 변화는 그 물체에 작용하는 힘과 시간에 따라 다르며, 운동하는 물체가 일으키는 효과는 속도와 질량에 따라 달라진다. 야구나 축구, 테니스, 배구 등 구기 종목에서 공에 작용하는 힘은 작용시간이 짧고, 힘의 크기도 일정하지 않기 때문에 운동의 법칙으로 설명하는 데 무리가 있다. 선운동량은 물체의 이러한 운동을 설명하는 데 적합하다.

선운동량의 정의

야구장에서 날아오는 야구공을 잡아본 적이 있는가? 느리게 날아오는 야구공은 맨손으로 받아도 손이 그리 아프지 않지만, 빠르게 날아오는 야구공을 맨손으로 잡으면 손이 매우 아프다. 같은 야구공이지만 느린 공보다 빠른 공의 운동 효과가 더 크다는 것을 알 수 있다. 또 투포환과 야구공이 같은 속력으로 운동할 때 투포환을 정지시키기가 더 힘들 것이다. 이것은 질량이 큰 투포환의 운동 효과가 질량이 작은 야구공보다 크기 때문이다.

물체의 질량이 같을 때 속도가 빠른 물체의 운동의 양은 속도가 느린 물체보다 더 크다. 속도가 같을 때 질량이 큰 물체의 운동의 양이 질량이 작은 물체보다 더 크다고 말할 수 있다. 이처럼 물체의 운동 효과는 물체의 질량 및 속도에 관련이 있다. 물체의 운동 효과는 물체의 질량과 속도의 곱으로 나타낼 수 있으며, 이것을 **운동량**(momentum 運動量)이라고 한다. 운동량은 제8장에서 공부할 각운동량과 구분하기 위해 **선운동량**(linear momentum 線運動量)이라고 부르기로 한다. Newton은 운동의 제2법칙을 "물체에 힘을 가하면 운동의 양이 변한다"라고 표현하였다. 질량 m인 물체가 속도 v로 운동할 때, 이 물체의 선운동량 $\vec{P}$는 다음과 같다(그림 7-1 참조).

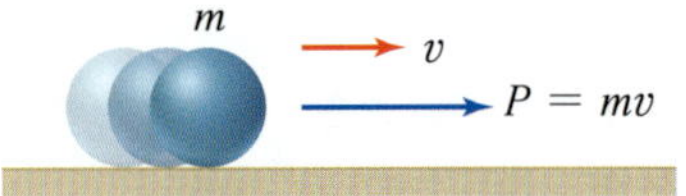

그림 7-1 질량 m인 물체가 속도 v로 운동할 때의 선운동량은 $P = mv$이다.

$$\vec{P} = m\vec{v} \tag{7-1}$$

이 식에서 속도가 벡터이므로 선운동량 역시 벡터로 같은 방향을 가진다. 선운동량의 SI 단위는 질량의 단위와 속도의 단위를 곱한 킬로그램 미터/초(kg m/s)이다.

선운동량의 정의로부터 운동하는 물체의 질량과 속도 중에서 어느 하나가 크거나 둘 다 크면 그 물체는 더 큰 운동량을 가지는 것을 알 수 있다. 물체의 질량이나 속도 중의 하나가 2배로 커지면 운동량도 2배로 증가한다. 질량과 속도가 모두 2배로 커지면 운동량은 4배가 된다.

예를 들어 트럭과 승용차가 같은 속력으로 달릴 때에는 트럭의 질량이 더 크므로 트럭의 운동량이 승용차의 운동량보다 더 크다. 그러나 질량이 작은 승용차라도 속도가 빠르면 속도가 느린 트럭보다 더 큰 운동량을 가질 수 있다. 트럭은 승용차보다 질량이 훨씬 크지만 정지해 있을 때에는 운동량은 0이 된다. 그림 7-2는 빠르게 운동하는 작은 탄환이 사과를 꿰뚫고 지나가는 모습을 고속카메라로 찍은 사진이다. 비록 질량이 작은 탄환이지만 속도가 빠르기 때문에 큰 운동량을 가지고 사과를 뚫고 지나갈 수 있다. 이와 같이 **운동량은 물체의 운동이 얼마나 강하게 일어나는지의 척도를 나타내는 물리량이다.**

그림 7-2 탄환에 의해 구멍이 뚫리면서 파괴되는 사과. 질량이 작은 탄환이라도 속도가 아주 빠르면 큰 선운동량을 갖게 된다.

선운동량은 벡터이므로 방향은 속도 방향과 일치한다. 2차원에서는 물체의 x방향 운동량 성분인 p_x와 물체의 y방향 운동량 성분인 p_y를 가진다. 따라서 두 성분은

$$p_x = mv_x,\ p_y = mv_y$$

이다. 만약 3차원 공간에서 물체가 임의 방향으로 운동한다면 P는 다음과 같이 3개의 성분을 가진다.

$$p_x = mv_x,\ p_y = mv_y,\ p_z = mv_z$$

이와 같이 선운동량의 개념은 같은 속도로 운동하는 질량이 다른 물체 사이의 양적 차이를 알려준다. 이 때문에 Newton은 질량과 속도의 곱인 mv를 움직임을 포함하는 양이라는 의미로 **운동의 양**이라고 불렀다.

힘과 선운동량

한 물체의 선운동량을 변화시키려면 물체에 힘을 작용하여야 한다. Newton은 운동의 제2법칙을 다음과 같이 선운동량으로 기술하였다.

> 선운동량의 시간적 변화율은 입자에 작용하는 알짜 힘과 같다.

이 내용을 방정식으로 나타내면 다음과 같다.

$$\vec{F}_{알짜} = \frac{d\vec{p}}{dt} \qquad 7\text{-}2$$

즉, 어떤 물체(입자)에 작용하는 알짜 외력 $\vec{F}_{알짜}$이 입자의 선운동량을 $\vec{p}$를 바꾼다는 뜻이다. 다시 말하면 선운동량은 알짜 외력에 의해서만 변한다. 식 7-1을 식 7-2에 대입하면 다음과 같다.

$$\vec{F}_{알짜} = \frac{d\vec{p}}{dt} = \frac{d}{dt}(m\vec{v}) = m\frac{d\vec{v}}{dt} = m\vec{a} \qquad 7\text{-}3$$

따라서 $\vec{F}_{알짜} = \dfrac{d\vec{p}}{dt}$와 $\vec{F}_{알짜} = m\vec{a}$는 단일 입자에 대한 운동의 제2법칙과 동일한 표현식이다.

질량이 m인 물체의 선운동량 크기 p를 운동에너지 KE와 연관시키면 어떻게 표현되는지 알아보자. 운동에너지 식의 v 대신에 p/m을 넣어 정리하면 다음과 같다.

$$KE = \frac{1}{2}mv^2 = \frac{1}{2}m\left(\frac{p}{m}\right)^2 = \frac{p^2}{2m} \qquad 7\text{-}4$$

이 관계식은 운동에너지와 선운동량의 정의를 이용해서 쉽게 증명이 되고, 빛의 속력에 비해 훨씬 작은 속력으로 움직이는 물체들에서 성립한다. 식 7-4는 두 개념 사이의 연관 관계를 이해하는 데 유용하다.

그림 7-3 운동량의 변화가 긴 시간 동안에 일어나면 충격력은 작아진다.

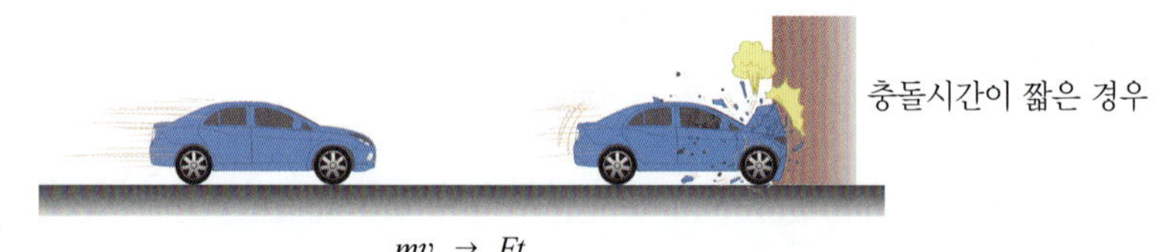

그림 7-4 운동량의 변화가 짧은 시간 동안에 일어나면 충격력이 커진다.

7-2 충격량

충격량의 정의

식 7-2는 한 물체의 선운동량을 변화시키려면 일정 시간 Δt 동안에 걸쳐 연속적인 힘의 작용이 필요함을 보여주며, 여기서 **충격량**(impulse 衝擊量)의 정의를 이끌어낼 수 있다.

한 물체에 일정한 힘 F가 시간 Δt 동안 작용할 때 전달되는 충격량 I는 다음과 같다.

$$\vec{I} = \vec{F}\Delta t \qquad 7\text{-}5$$

그림 7-5 볼링공이 핀을 치는 충돌은 아주 짧은 시간 동안에 일어난다. 공이 가진 운동량의 거의 모두가 핀에 전달되어 핀은 큰 힘을 받아 넘어진다.

충격량은 벡터이며 SI 단위는 킬로그램 미터/초(kg m/s)이다.

달리던 자동차가 갑자기 고장이 나서 어딘가에 충돌을 할 수 밖에 없는 긴박한 상황을 가정해보자. 앞에 벽돌담과 건초더미가 있다면 어느 쪽으로 충돌해야 할까? 당연히 건초더미를 선택할 것이다. 그렇게 하면 피해를 최소화할 수 있기 때문이다. 그림 7-3과 같이 자동차가 건초더미에 충돌하면 충돌시간(자동차의 운동량이 0이 될 때까지 걸린 시간)이 길어진다. 이때 긴 충돌시간으로 충격력은 감소되어 자동차의 속력은 서서히 감소한다. 충돌시간이 10배 길어지면 충격력은 10배 작아지므로 피해를 줄일 수 있다.

그림 7-6 높이뛰기 선수는 지면에 깔아놓은 스펀지 재질의 매트 때문에 몸과 바닥 사이의 충돌시간이 길어져 선수가 받는 충격력이 현저히 감소된다(전국체육대회, 제주).

그러나 그림 7-4와 같이 자동차가 단단한 재질로 만들어진 물체에 충돌하게 되면 자동차가 정지할 때까지 걸리는 시간이 짧아지므로 충격력이 커지게 되어 큰 피해가 발생한다.

그림 7-5와 같이 볼링공과 핀의 충돌은 아주 짧은 시간에 일어나기 때문에 충격력이 크게 핀에 전달된다. 그러나 그림 7-6과 같이 높이뛰기 선수는 지면에 깔아놓은 충격 매트 때문에 충돌시간이 길어져 충격력이 현저히 감소되어 부상을 예방한다.

충격량-선운동량 정리

물체가 충돌하거나 폭발할 때와 같이 힘이나 속도가 급격히 변하는 복잡한 운동에서는 물체에 작용한 힘의 크기를 측정하기는 대단히 어렵다. 이런 때에는 물체의 운동량의 변화를 구해 충격량을 구하면 힘의 크기를 쉽게 알아낼 수 있다.

충격량은 벡터이므로 물체에 작용하는 힘의 방향과 같다. 한 물체에 일정한 힘 F가 작용할 때 식 7-5는 다음과 같이 쓸 수 있다.

$$I = F\Delta t = \Delta P = mv_f - mv_i \qquad \text{7-6}$$

즉 물체에 작용하는 힘에 의한 충격량 I는 그 물체의 운동량의 변화 ΔP와 같다. 이 식은 **충격량-선운동량 정리**(impulse-momentum theorem 衝擊量-線運動量定理)의 하나인 특수한 경우이다. 이 식은 시간간격 Δt가 충분히 작으면 힘이 일정하지 않더라도 성립한다. 실제 상황에서 물체에 작용한 힘이 일정한 경우는 극히 드물다. 예를 들어 방망이로 야구공을 칠 때 힘은 급격히 커져 최댓값에 이른 다음 가파르게 줄어든다. 그림 7-7(a)는 이러한 상황에 대해 힘-시간의 전형적인 관계 그래프를 보여준다.

힘은 방망이가 공과 접촉하면서 커지기 시작하여 최댓값을 거쳐 공이 방망이를 떠나면서 줄어든다. 이와 같이 다소 복잡한 상호작용을 분석하기 위해 그림 7-7(b)에서 보는 바와 같이 점선으로 그려진 **평균힘**(average force) $F_{평균}$을 도입하자. 평균힘은 시간 Δt 동안 시간에 따라 변하는 실제 힘처럼 동일한 충격량을 물체에 전달하는 일정한 힘이다. 이때 충격량-선운동량 정리는 다음과 같다.

$$F_{평균}\Delta t = \Delta P \qquad \text{7-7}$$

충격량-선운동량 정리를 그래프로 설명해보자. 시간간격 Δt 동안 힘이 주는 충격량의 크기는 그림 7-7(a)에서와 같이 힘-시간 관계 그래프에서 곡선 아래의 넓이와 같고, 그림 7-7(b)에서의 $F\Delta t$와 같다. 여기서 평균힘, 즉 알짜힘은 시간에 따라 변하기 때문에 시간에 대한 평균 알짜힘 $(\sum F)_{평균}$을 정리하면 편리하다.

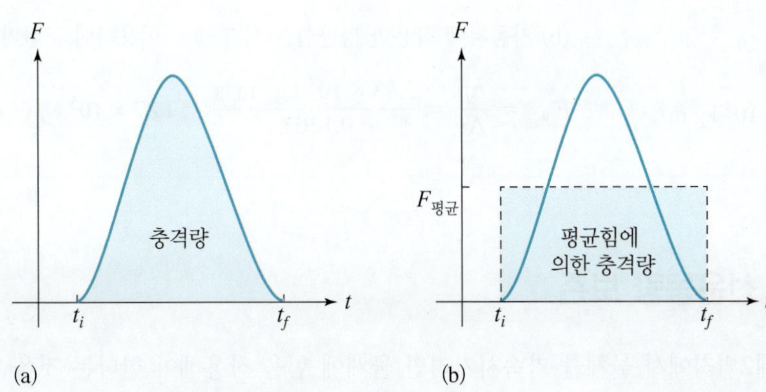

그림 7-7 (a) 물체에 작용한 힘이 시간에 따라 변할 때의 충격량은 힘-시간 곡선 아랫부분의 넓이와 같다. (b) 일정한 힘인 평균힘 $F_{평균}$을 도입할 수 있는데(수평 점선), 이 직사각형의 넓이($F_{평균}\Delta t$)는 (a)의 넓이와 같다.

$$(\sum\vec{F})_{평균} = \frac{1}{\Delta t}\int_{t_i}^{t_f} \sum\vec{F}\ dt \qquad \textbf{7-8}$$

그러면 식 7-5는

$$I = (\sum F)_{평균}\Delta t \qquad \textbf{7-9}$$

로 나타낼 수 있다. 이 식의 의미는 시간간격 Δt 동안 물체에 작용한 충격량이 실제로 이 시간 동안 시간에 따라 변하는 알짜힘이 작용한 것과 동일하다는 것이다.

많은 물리적 상황에서 **충격량 근사**(impulse approximation 衝擊量近似)라는 것을 이용한다. 물체에 작용하는 힘은 짧은 시간 동안 작용하지만, 다른 어떤 힘보다도 대단히 크다고 가정하며, 이 모형에서 충격력 외의 다른 힘의 효과는 짧은 시간 동안의 큰 힘에 비해 아주 작아서 무시할 수 있다. 이 근사는 아주 짧은 시간 동안에 일어나는 충돌을 다루는 데 특히 유용하다. 이런 근사를 사용할 때에는 충격력이 아주 클 때이다.

예제 7-1 짧은 순간의 충돌은 엄청난 충격력을 발생한다

문제 그림 7-8은 질량이 1.60×10^3 kg인 자동차의 충돌실험 장면이다. 충돌 전 자동차의 속도는 $v_i = -13.0$ m/s($-x$방향)이고, 충돌 후에는 반대방향으로 $v_f = 2.20$ m/s이었다. 그리고 충돌이 지속된 시간은 0.130 s이었다. (a) 벽과의 충돌로 인해 자동차가 받는 충격량의 크기는 얼마인가? (b) 자동차에 작용한 평균힘(충격력)의 크기와 방향은 어떠한가?

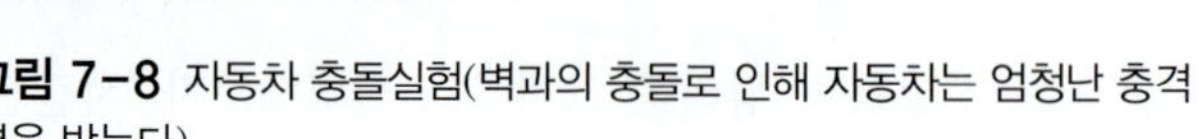

그림 7-8 자동차 충돌실험(벽과의 충돌로 인해 자동차는 엄청난 충격력을 받는다)

생각하기 자동차의 처음과 나중 운동량은 모두 0이 아니다. 충격량-선운동량 정리를 이용하는 문제이다.

풀이 (a) 처음상태, 즉 충돌 전 자동차가 갖는 선운동량의 크기는 다음과 같다.

$$p_i = mv_i$$
$$= (1.60 \times 10^3\ \text{kg})(-13.0\ \text{m/s}) = -2.08 \times 10^4\ \text{kg m/s}$$

나중상태, 즉 충돌 후 자동차가 갖는 선운동량의 크기는 다음과 같다.

$$p_f = mv_f$$
$$= (1.60 \times 10^3\ \text{kg})(2.20\ \text{m/s}) = +0.352 \times 10^4\ \text{kg m/s}$$

그러므로 충격량은 식 7-6에서 나중과 처음의 선운동량의 차이이므로 다음과 같다.

$$I = p_f - p_i$$
$$= (+0.352 \times 10^4) - (-2.08 \times 10^4) \fallingdotseq 2.43 \times 10^4\ \text{kg m/s}$$

(b) 자동차에 작용한 평균힘은 식 7-7을 이용하여 구한다.

$$F_{평균} = \frac{\Delta p}{\Delta t} = \frac{2.43 \times 10^4\ \text{kg}\cdot\text{m/s}}{0.130\ \text{s}} \fallingdotseq 1.87 \times 10^5\ \text{N, (+)방향}$$

7-3 선운동량 보존

운동의 제2법칙에서 물체를 가속시키려면 물체에 힘을 작용해야 한다는 것을 알았다. 이 의미를 운동량과 관련시키면, '물체의 운동량을 변화시키려면 물체에 충격량을 주어야 한다'고 말할 수 있다. 물체의 운동량을 변화시키려면 항상 물체 외부에서 힘을

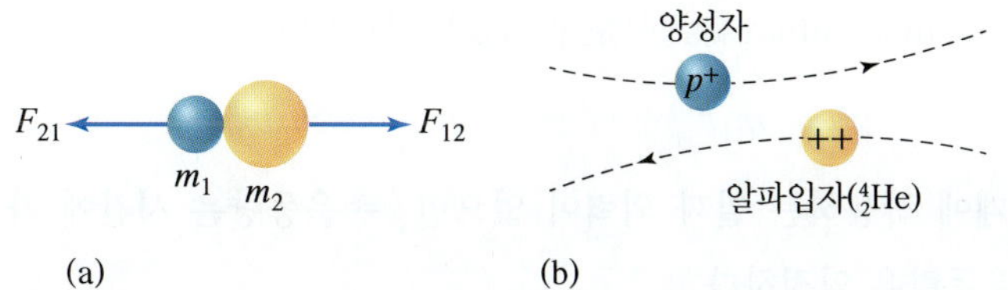

그림 7-9 (a) 일상에서 볼 수 있는 두 공이 직접 접촉해서 일어나는 충돌 (b) 전하를 띤 입자 사이에서도 충돌이 일어나지만, 접촉은 일어나지 않는 미시적인 규모의 충돌

작용해야 한다. 즉 외부에서 물체에 어떤 힘(외력)을 작용하지 않으면 운동량은 변하지 않는다.

> **TIP 내력과 외력**
>
> **내력**(internal force 內力) 계 내부의 물체 상호 간에 작용하는 힘
> **외력**(external force 外力) 계 외부에서 각 물체에 작용하는 힘

일반적으로 물체 사이에 서로 힘이 작용하여 속도가 변하더라도 외력이 작용하지 않는 한 전체의 선운동량은 일정하게 보존된다. 즉 **고립계에서 충돌이 일어날 때, 시간에 따라 계의 전체 선운동량은 변하지 않는다.** 그 계의 개별 입자의 운동량은 변할 수 있으나 전체 운동량의 벡터 합은 변하지 않고 보존된다.

충돌은 두 물체(입자)가 짧은 시간 동안 작용(접촉)해서 서로에게 힘으로 상호작용을 하는 경우를 말한다. 충돌은 그림 7-9(a)에서처럼 두 공이 부딪힐 때와 같이 보통 일어나는 거시적인 사건뿐만 아니라, 미시적인 충돌의 경우도 다 포함하는 용어이다. 그림 7-9(b)에서와 같이 양성자와 알파입자(헬륨의 원자핵)가 충돌을 하면, 두 입자 모두 양(+)으로 대전되었으므로 서로 밀게 되어 접촉하지 않는다. 이러한 미시적인 충돌에서 입자는 서로 접촉할 필요없이 상호작용을 하고 운동량을 전달한다.

그림 7-10은 두 입자로 이루어진 고립계에서 입자의 충돌 전후를 나타낸 것이다. 고립되었다는 것은 외력, 예를 들어 중력이나 마찰력이 계에 작용하지 않는 것을 의미한다.

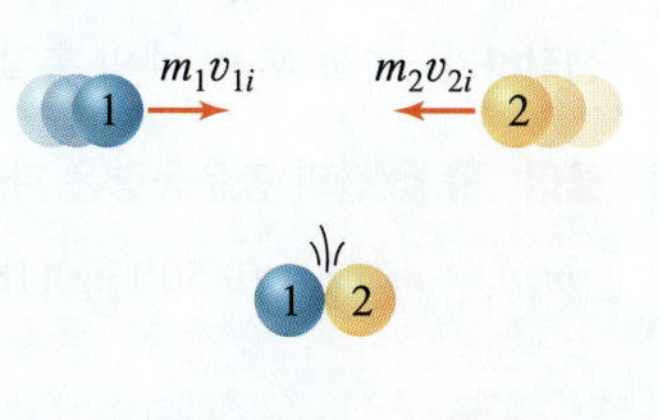

그림 7-10 두 공(입자)으로 이루어진 고립계에서의 충돌 전후

충돌 전의 두 입자의 속도는 v_{1i}와 v_{2i}이며, 충돌 후 두 입자의 속도는 v_{1f}와 v_{2f}이다. 식 7-6인 충격량-운동량 관계를 m_1에 적용하면 다음과 같다.

$$F_{21}\Delta t = m_1v_{1f} - m_1v_{1i}$$

마찬가지로 m_2에 적용하면 다음과 같다.

$$F_{12}\Delta t = m_2v_{2f} - m_2v_{2i}$$

여기서 F_{21}은 충돌하는 동안 m_2가 m_1에 작용하는 평균힘이며, F_{12}는 m_1이 m_2에 작용하는 평균힘이다. 운동의 제3법칙에서 이 두 힘은 항상 크기는 같고, 방향은 반대인 $F_{21} = -F_{12}$이며, 두 힘은 같은 시간 동안 작용한다. 그러므로

$$F_{21}\Delta t = -F_{12}\Delta t$$

또는

$$m_1v_{1f} - m_1v_{1i} = -(m_2v_{2f} - m_2v_{2i})$$

이다. 이 식을 정리하면 다음과 같이 중요한 결과인 **선운동량 보존의 법칙**(law of

conservation of momentum 線運動量 保存法則)을 얻는다.

$$m_1 v_{1i} + m_2 v_{2i} = m_1 v_{1f} + m_2 v_{2f} \qquad \textbf{7-10}$$

즉, 고립계에 작용하는 알짜 외력이 없으면, 총운동량은 시간에 따라 일정하다. 고립계의 총운동량은 일정하다.

이 법칙은 고립된 계에서 상호작용하는 여러 물체 사이에도 항상 성립한다. 선운동량 보존의 법칙은 물체 사이에서 충돌, 융합, 분열이 일어나는 경우에도 언제나 성립한다. 그리고 물체 사이에 작용하는 힘의 종류에 관계없이 성립하며, 상호작용하는 물체의 크기에 무관하고 은하계에서나 원자 세계에서도 일반적으로 적용되는 법칙이다.

두 물체 사이에 선운동량을 교환하는 작용과 반작용에는 **되튐**(recoil) 현상이 나타난다. 예를 들면 똑바로 서서 발버팀 없이 야구공을 던지면 몸은 뒤로 밀려나고, 총이나 활을 쏠 때도 비슷한 현상이 나타난다. 소방관이 화재 진압을 위해 물이 세차게 뿜어 나오는 호스를 잡고 있으려면 몸을 앞으로 기울여서 균형을 유지해야 한다.

예제 7-2 마주치는 화차

문제 그림 7-11에서와 같이 18.0 m/s의 속력으로 움직이는 질량이 9.5×10^3 kg인 화차(화물을 싣는 차량)가 정지해 있는 동일한 화차와 충돌한다고 가정하자(물론 이 같은 일이 일어나서는 안 되지만). 충돌 후 두 화차가 연결되어 함께 움직인다면 그 속력은 얼마인가?

생각하기 충돌 후 이 계의 총질량은 두 화차 질량의 합이다.

풀이 충돌 전의 총운동량은 다음과 같다.

$$m_1 v_1 + m_2 v_2 = (9\,500 \text{ kg})(18.0 \text{ m/s}) + (9\,500 \text{ kg})(0 \text{ m/s})$$
$$= 1.71 \times 10^5 \text{ kg m/s}$$

충돌 후 총운동량도 이와 동일하다. 그러나 이 경우 운동량은 두 화차가 나누어 가지게 된다. 충돌에 의해 연결된 두 화차는 같은 속력으로 움직이게 되며, 그 속도의 크기는 다음과 같다.

$$(m_1 + m_2)v' = 1.71 \times 10^5 \text{ kg m/s}$$

즉 $v' = \dfrac{1.71 \times 10^5 \text{ kg m/s}}{1.9 \times 10^4 \text{ kg}} = 9.0 \text{ m/s}$이다.

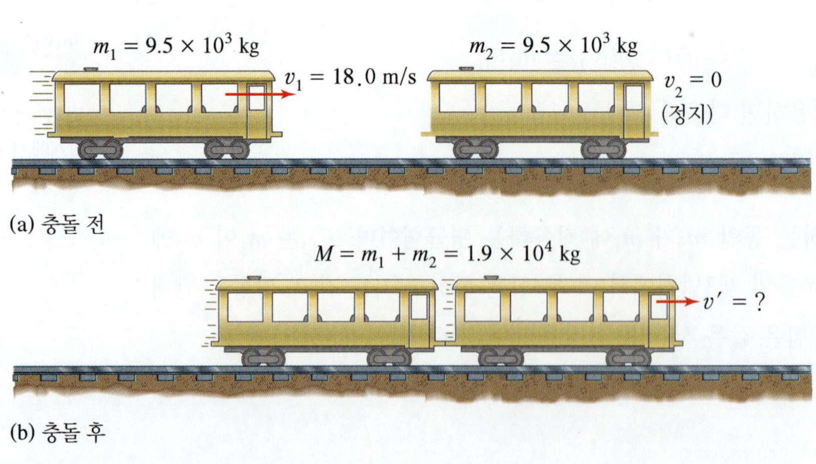

그림 7-11 움직이는 화차와 정지한 화차의 충돌

예제 7-3 소총사격 시 되튐 현상

문제 그림 7-12는 질량이 3.26 kg인 K2소총이다. 이 소총으로 질량이 0.05 kg인 탄알이 130 m/s 속도로 발사되었다. 이때 소총에 작용하는 되튐 속도는 얼마인가?

생각하기 두 물체(탄알과 소총) 사이에 운동량을 교환하는 작용과 반작용에는 되튐 현상이 나타난다.

풀이 이 계의 총운동량은 보존된다.

식 7-10인 $mv_{1i} + m_2v_{2i} = m_1v_{1f} + m_2v_{2f}$를 다음과 같이 표현하자.

$$m_{탄}v_{탄i} + m_{소}v_{소i} = m_{탄}v_{탄f} + m_{소}v_{소f}$$

그러면 $m_{탄} = 0.05$ kg, $m_{소} = 3.26$ kg, $v_{탄f} = 130$ m/s, $v_{소f} = (?)$ m/s이다.

$$0 + 0 = (0.05\text{ kg})(130\text{ m/s}) + (3.26\text{ kg})(v_{소f})$$

그림 7-12 개인 화기 K2소총(계룡군문화축제)

따라서 $v_{소f} = -\dfrac{(0.05)(130)}{(3.26)} = -1.99$ m/s 이다.

소총의 질량이 탄알의 질량에 비해 훨씬 크기 때문에, 소총의 되튐 현상으로 인한 반동속도는 탄알의 속도에 비해 아주 작다. 여기서 음(−)의 부호는 탄알의 속도와 소총의 속도가 반대방향임을 나타내며, 보존되는 양은 운동량들의 벡터 합이다.

예제 7-4 무시할 수 있는 지구의 운동에너지

문제 지구와 지구를 향해 떨어지고 있는 공으로 구성된 계에서, 일반적으로 지구의 운동에너지는 무시한다. 이 주장의 타당성을 설명하라.

생각하기 운동의 제3법칙에 따라, 공이 낙하하는 동안 지구는 위쪽 방향의 힘과 가속도를 받는다. 이 상황은 외부 세계에서 계에 작용하는 힘을 무시할 수 있으므로, 선운동량 보존법칙을 사용할 수 있다.

풀이 지구와 공의 운동에너지 비를 비교해보자. 공이 어떤 거리 동안 낙하한 후의 지구와 공의 속력을 각각 $v_{지구}$, $v_{공}$이라고 하자. 공의 운동에너지와 지구의 운동에너지 비를 계산하면 다음과 같다.

$$\frac{KE_{지구}}{KE_{공}} = \frac{\frac{1}{2}m_{지구}v_{지구}^2}{\frac{1}{2}m_{공}v_{공}^2} = \left(\frac{m_{지구}}{m_{공}}\right)\left(\frac{v_{지구}}{v_{공}}\right)^2 \quad (1)$$

처음 운동량이 0이므로 나중 운동량도 0이어야 한다. 즉 $p_i = p_f$이다. 따라서

$$0 = m_{공}v_{공} + m_{지구}v_{지구}$$

이다. 이 식을 속력의 비로 나타내면 다음과 같다.

$$\frac{v_{지구}}{v_{공}} = -\frac{m_{공}}{m_{지구}} \quad (2)$$

식 (2)를 식 (1)에 대입하면 다음과 같다.

$$\frac{KE_{지구}}{KE_{공}} = \left(\frac{m_{지구}}{m_{공}}\right)\left(-\frac{m_{공}}{m_{지구}}\right)^2 = \frac{m_{공}}{m_{지구}}$$

공과 지구의 질량의 어림값을 대입하면 다음과 같다. 공의 질량을 1 kg이라고 하고, 지구의 질량은 $\approx 10^{25}$ kg이라고 하자.

$$\frac{KE_{지구}}{KE_{공}} = \frac{m_{공}}{m_{지구}} \approx \frac{1\text{ kg}}{10^{25}\text{ kg}} \approx 10^{-25}$$

지구의 운동에너지는 공의 운동에너지에 비해 아주 작다. 따라서 이 계의 운동에너지에서 지구의 운동에너지를 무시한다는 가정이 성립한다.

7-4 1차원에서의 탄성충돌

충돌의 구분

그림 7-13 당구공끼리의 충돌은 근사적으로 탄성충돌로 볼 수 있다.

두 물체의 충돌과정에서 운동량과 운동에너지가 모두 보존되는 충돌을 탄성충돌이라고 하고, 운동량은 보존되지만 운동에너지가 보존되지 않는 충돌을 비탄성충돌이라고 한다. 원자나 분자 사이의 충돌은 탄성충돌인 경우가 많으며, 그림 7-13과 같이 당구공의 충돌과 같은 거시적인 충돌은 근사적으로 탄성충돌이라고 할 수 있다. 탄성충돌이나 비탄성충돌은 극히 제한적으로 나타나기에 대부분의 실제 충돌은 이 두 범주 사이에 속한다.

그림 7-14(a)와 같이 공이 처음 높이까지 튀어오르면($h = h'$), 이때의 충돌은 **탄성충돌**이다. 이 경우 v'은 v와 같고 충돌 전·후의 운동에너지는 같다. 그러나 그림 7-14(b)와 같이 공이 처음높이까지 튀어오르지 않으면, 운동에너지는 보존되지 않는 **비탄성충돌**이 된다. 비탄성충돌 중에서 그림 7-14(c)와 같이 충돌 후 두 물체가 달라붙는 충돌을 **완전비탄성충돌**이라고 한다.

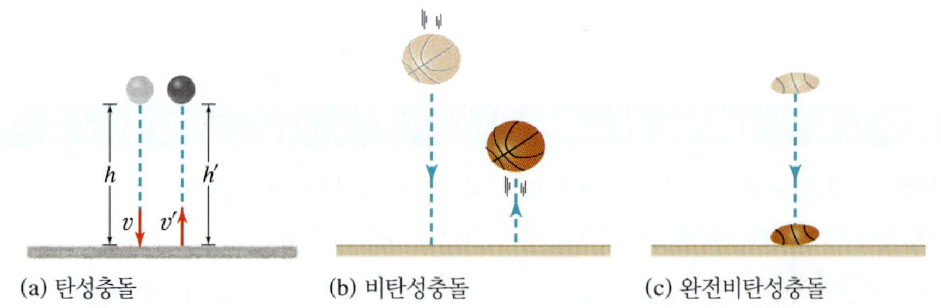

그림 7-14 (a) 단단한 공이 딱딱한 대리석 표면에 떨어진 후 원래의 위치로 튀어 오른다. (b) 바람이 조금 빠진 농구공이 운동장 표면에 떨어진 후 조금 튀어 오른다. (c) 바람이 다 빠진 농구공이 운동장에 떨어진 후 전혀 튀어 오르지 않는다.

탄성충돌

그림 7-15(a)와 같이 두 물체가 정면에서 **탄성충돌**(elastic head-on collision 彈性衝突)을 하는 경우를 생각해보자. 이때 두 물체로 이루어진 계의 운동량과 운동에너지는 모두 보존된다. 이 관계를 식으로 나타내면 다음과 같다.

$$m_1 v_{1i} + m_2 v_{2i} = m_1 v_{1f} + m_2 v_{2f} \quad \text{(운동량 보존)} \qquad 7\text{-}11$$

$$\frac{1}{2} m_1 v_{1i}^2 + \frac{1}{2} m_2 v_{2i}^2 = \frac{1}{2} m_1 v_{1f}^2 + \frac{1}{2} m_2 v_{2f}^2 \quad \text{(운동에너지 보존)} \qquad 7\text{-}12$$

여기서 물체가 오른쪽으로 움직이면 v의 값은 양(+)이고 왼쪽으로 움직이면 음(−)이다. 식 7-12에서 $\frac{1}{2}$을 소거하고 다시 정리하면 다음과 같다.

$$m_1 (v_{1i}^2 - v_{1f}^2) = m_2 (v_{2f}^2 - v_{2i}^2)$$

이 식의 양변을 인수분해하면 다음과 같다.

$$m_1 (v_{1i} - v_{1f})(v_{1i} + v_{1f}) = m_2 (v_{2f} - v_{2i})(v_{2f} + v_{2i}) \qquad 7\text{-}13$$

그림 7-15 (a) 탄성충돌 전 두 공은 각각 독립적으로 운동한다. (b) 탄성충돌 후 두 공의 속도는 변하지만, 운동량과 에너지는 보존된다.

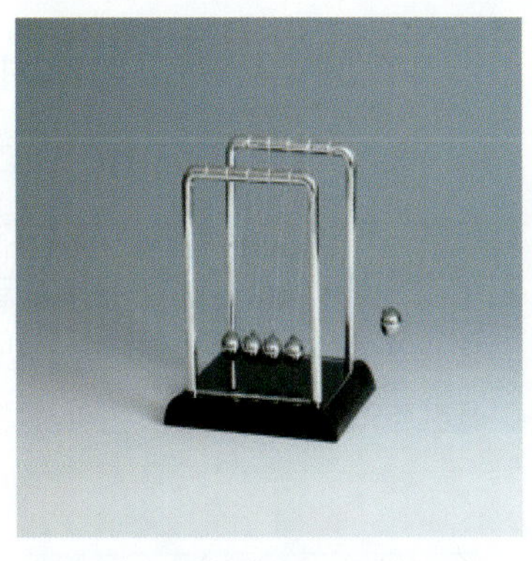

그림 7-16 고체 강철구의 충돌은 근사적으로 탄성충돌이다. 왼쪽의 첫 번째 공이 이웃한 공을 때리면, 오른쪽 끝에 있는 공 하나가 튀어 오른다.

운동량 보존의 법칙인 식 7-11에서 m_1을 포함하는 항과 m_2를 포함하는 항으로 나누면

$$m_1(v_{1i} - v_{1f}) = m_2(v_{2f} - v_{2i}) \tag{7-14}$$

이다. 식 7-13을 식 7-14로 나누면 다음과 같다.

$$v_{1i} + v_{1f} = v_{2f} + v_{2i}$$

이 식을 정리하면 다음과 같다.

$$v_{1i} - v_{2i} = -(v_{1f} - v_{2f}) \tag{7-15}$$

즉, **충돌 전 두 물체의 상대속도 $v_{1i} - v_{2i}$는 충돌 후 두 물체의 상대속도에 음(−)의 부호를 붙인 $-(v_{1f} - v_{2f})$와 같다.** 탄성충돌의 과정은 그림 7-15에서와 같이 충돌 전 두 공은 각각 독립적으로 운동하며, 충돌 후 두 공의 속도는 변한다. 그러나 두 물체의 상대속도의 크기는 충돌 전·후 부호만 다를 뿐 변하지 않는다. 식 7-15는 운동량 보존의 법칙인 식 7-11과 함께 정면으로 충돌하는 탄성충돌을 다루는 문제를 해결하는 공식이다.

예제 7-5 마찰이 없는 에어 트랙에서의 충돌

문제 그림 7-17과 같이 에어 트랙에서 질량 $m_1(= m)$인 글라이더가 처음속력 v_{1i}로 $+x$방향으로 움직이면서 정지하고 있는 질량이 $m_2(= 2m)$인 또 다른 글라이더와 충돌하였다. 두 글라이더의 나중속력은 얼마인가?

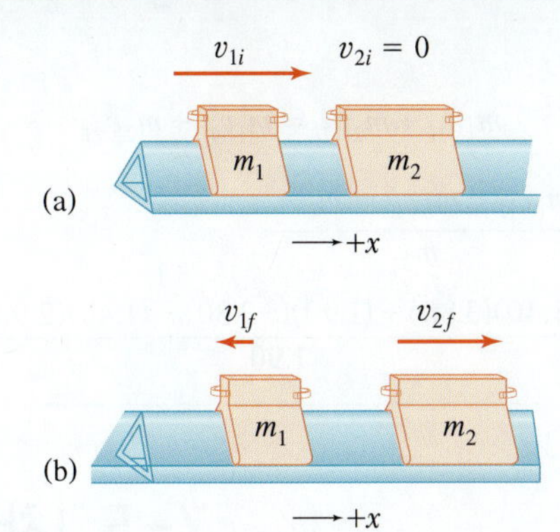

그림 7-17 질량이 m인 글라이더가 정지하고 있는 질량이 $2m$인 글라이더와 충돌하는 상황을 나타낸 그림

생각하기 처음속력 v_{1i}만 주어졌으므로, 나중속력도 이 값을 사용해 식으로 나타내야 한다.

풀이 선운동량 보존의 법칙인 식 7-11을 사용하면 다음과 같다.

$$mv_{1i} + 0 = mv_{1f} + (2m)v_{2f}$$

그리고 운동에너지 보존법칙인 식 7-12를 사용하면 다음과 같다.

$$\frac{1}{2}mv_{1i}^2 + 0 = \frac{1}{2}mv_{1f}^2 + \frac{1}{2}(2m)v_{2f}^2$$

원하는 두 속도를 구하기 위해 공통인자 m과 $\frac{1}{2}$을 소거하자.

$$v_{1i} = v_{1f} + 2v_{2f} \tag{1}$$

$$v_{1i}^2 = v_{1f}^2 + 2v_{2f}^2 \tag{2}$$

식 (1)을 제곱하고, 식 (2)에 2배를 하여 (2)−(1)를 하고 v_{1i}와 v_{1f}에 대해 정리하면 다음과 같다.

$$v_{1i}^2 + 2v_{1i}v_{1f} - 3v_{1f}^2 = 0$$

이 식을 인수분해하면 다음과 같다.

$$(v_{1i} - v_{1f})(v_{1i} + 3v_{1f}) = 0$$

그러므로 해는 $v_{1f} = v_{1i}$ 또는 $v_{1f} = -\frac{1}{3}v_{1i}$의 2개가 존재한다. 이 중에서 $v_{1f} = v_{1i}$는 질량 m인 글라이더가 충돌 전·후의 속도가 똑같다는 것으로, 충돌이 일어나지 않았음을 의미하므로 물리적으로 의미가 없다. 따라서

$$v_{1f} = -\frac{1}{3}v_{1i}$$

를 택한다. 음(−)의 부호는 가벼운 글라이더가 처음 운동방향과 반대방향으로 튕겨 나간다는 것을 의미한다. 운동량 방정식에 $v_{1f} = -\frac{1}{3}v_{1i}$를 대입하면 다음을 얻는다.

$$v_{2f} = \frac{2}{3}v_{1i}$$

예제 7-6 용수철이 달린 물체와의 충돌

문제 그림 7-18은 질량이 $m_1 = 1.40$ kg, $m_2 = 1.90$ kg인 두 물체가 마찰이 없는 수평 평면에서 서로 반대방향으로 움직이다가 충돌하는 경우를 나타낸 것이다. 질량이 m_1인 물체의 처음 속도는 $v_{1i} = +3.8$ m/s로 오른쪽으로, 질량이 m_2인 물체의 처음속도는 왼쪽으로 $v_{2i} = -2.3$ m/s이었으며, 질량이 m_2인 물체의 한 끝에는 용수철상수가 $k = 5.85 \times 10^2$ N/m인 용수철이 달려 있다(단, 용수철의 질량은 0이라고 가정한다). (a) 충돌 후 질량이 m_1인 물체의 나중속도가 $v_{1f} = +2.90$ m/s이었다면 이 순간 v_{2f}는 얼마인가? (b) 충돌 후 용수철에는 탄성위치에너지가 저장된다. 이때 용수철이 압축된 길이는 몇 m인가?

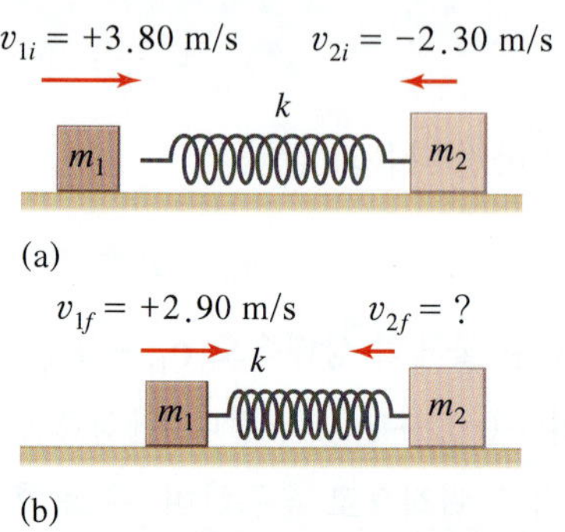

그림 7-18 용수철이 달린 물체와 또 다른 물체의 정면충돌

생각하기 두 물체와 용수철을 하나의 고립된 계로 생각하고, 선운동량 보존과 에너지 보존법칙을 이용하여 용수철의 압축 거리를 구한다.

풀이 (a) 선운동량 보존의 식 7-10을 v_{2f}에 대해 정리하면 다음과 같다.

$$m_1v_{1i} + m_2v_{2i} = m_1v_{1f} + m_2v_{2f}$$

$$v_{2f} = \frac{m_1v_{1i} + m_2v_{2i} - m_1v_{1f}}{m_2}$$

$$= \frac{(1.40)(3.80) + (1.90)(-2.30) - (1.40)(2.90)}{1.90}$$

$$\fallingdotseq -1.64 \text{ m/s}$$

즉, 충돌 후에도 질량 m_2인 물체는 여전히 왼쪽으로 움직이고 있다는 것을 알 수 있다.

(b) 충돌 순간 용수철이 압축되는 길이는 계의 역학적 에너지 보존의 법칙인 식 6-31을 이용하자. $(KE + PE_g + PE_s)_i = (KE + PE_g + PE_s)_f$, 즉 $E_i = E_f$이다.

$$\frac{1}{2}m_1v_{1i}^2 + \frac{1}{2}m_2v_{2i}^2 + 0 = \frac{1}{2}m_1v_{1f}^2 + \frac{1}{2}m_2v_{2f}^2 + \frac{1}{2}kx^2$$

(a)의 값과 주어진 값을 대입하여 x를 구하면 다음과 같다.

$$x \fallingdotseq 0.151 \text{ m}$$

7-5 1차원에서의 비탄성충돌

어떤 형태의 충돌에 대해서도, 계가 고립되어 있다고 가정하면 충돌 전 계의 전체 운동량은 충돌 후 계의 전체 운동량과 같다. 즉 전체 운동량은 항상 보존이 된다. 거시 세계에서 일반적인 물체 사이의 충돌은 결코 탄성적일 수 없다. 그 이유는 충돌과정에서 소량의 열에너지(또는 소리에너지나 다른 형태의 에너지)가 항상 생성되기 때문이다. 이와 같이 운동량은 보존되지만 운동에너지는 보존이 되지 않는 충돌을 **비탄성충돌**(inelastic collision 非彈性衝突)이라고 한다.

그림 7-19 두 공의 완전비탄성충돌. (a) 충돌 전 두 공은 독립적으로 운동한다. (b) 충돌 후 두 공은 서로 붙어 있다. 운동량은 보존되지만 에너지는 보존되지 않는다.

예를 들어 단단한 표면과 고무공이 충돌할 경우 단단한 표면과 공이 접촉하는 동안 공이 변형되면서 운동에너지의 일부가 손실되므로 비탄성충돌이다.

비탄성충돌 중에서 두 물체가 충돌해서 서로 달라붙는 충돌을 **완전비탄성충돌**(perfectly inelastic collision)이라고 한다. 예로 두 찰흙 덩어리가 충돌하면 서로 붙어서 같은 속도로 움직인다.

그림 7-19와 같이 질량이 m_1과 m_2인 두 물체가 일직선을 따라 처음속도 v_{1i}와 v_{2i}로 움직인다고 하자. 두 물체가 정면충돌 후에는 서로 붙어서 선형으로 v_f의 속도로 움직이면 이 충돌은 완전비탄성충돌이다. 두 물체로 이루어진 고립계에서 충돌 전과 후의 전체 운동량은 같으므로 나중속도를 구할 수 있다.

$$m_1 v_{1i} + m_2 v_{2i} = (m_1 + m_2) v_f \qquad \textbf{7-16}$$

이 식에서 충돌 후 합쳐진 두 물체의 나중속도 v_f를 구하면 다음과 같다.

$$v_f = \frac{m_1 v_{1i} + m_2 v_{2i}}{m_1 + m_2} \qquad \textbf{7-17}$$

이 식에서 v_{1i}, v_{2i}, v_f는 속도벡터의 x성분을 나타내므로 부호에 주의해야 한다. 그림 7-19에서 v_{1i}는 양의 값(m_1이 오른쪽으로 움직인다)이고, v_{2i}는 음의 값(m_2가 왼쪽으로 움직인다)이다.

예제 7-7 완전비탄성충돌하는 두 화차

문제 24.0 m/s의 속도로 움직이는 질량이 10 000 kg인 화차가, 정지해 있는 동일한 화차와 충돌한 후 두 화차가 연결되어 함께 움직인다고 한다. (a) 충돌 후 두 화차의 속도는 얼마인가? (b) 이 충돌이 완전비탄성충돌이라면 충돌 후 열이나 다른 형태의 에너지로 변환된 양은 얼마인가? 그림 7-11을 참조하라.

생각하기 운동량 보존과 완전비탄성충돌이 결합된 문제이다.

풀이 (a) 충돌 전의 총운동량은 다음과 같다.

$$m_1 v_{1i} + m_2 v_{2i} = (10\,000\text{ kg})(24.0\text{ m/s}) + (10\,000\text{ kg})(0\text{ m/s}) = 2.40 \times 10^5\text{ kg m/s}$$

충돌 후의 총운동량도 위의 값과 같을 것이다. 충돌 후 두 화차는 같은 속도로 움직이게 되며, 그 속도 v는 다음과 같이 구할 수 있다.

$$(m_1 + m_2)v = 2.40 \times 10^5\text{ kg m/s}$$

$$v = \frac{2.40 \times 10^5\text{ kg m/s}}{2.00 \times 10^4\text{ kg}} = 12.0\text{ m/s}$$

(b) 처음의 총운동에너지는 다음과 같다.

$$\frac{1}{2} m_1 v_1^2 = \frac{1}{2}(10\,000\text{ kg})(24.0\text{ m/s})^2 = 2.88 \times 10^6\text{ J}$$

충돌 후의 총운동에너지는 다음과 같다.

$$\frac{1}{2}(m_1 + m_2)v^2 = \frac{1}{2}(20\,000\text{ kg})(12.0\text{ m/s})^2 = 1.44 \times 10^6\text{ J}$$

그러므로 다른 형태로 변환된 에너지는 다음과 같다.

$$(2.88 \times 10^6\text{ J}) - (1.44 \times 10^6\text{ J}) = 1.44 \times 10^6\text{ J}$$

이 값은 처음운동에너지의 절반이다.

7-6 반발계수

일직선 상을 운동하고 있는 두 물체가 충돌할 때 운동량은 보존되지만, 이 법칙만으로는 충돌 후의 속도를 예측할 수 없다. 예를 들어 두 강철공을 충돌시키는 경우와 두 진흙 덩어리를 충돌시키는 경우를 비교해보면, 충돌 후의 상태는 완전히 다르다. 이 경우 충돌하는 물체가 가지는 상대속도의 비를 나타내는 물리량을 이용할 수 있다.

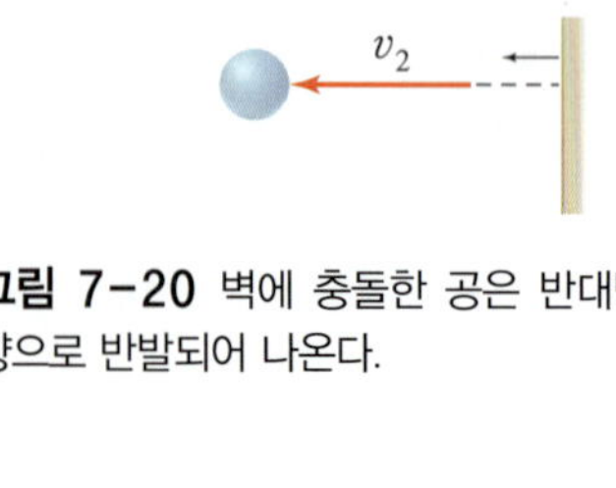

그림 7-20 벽에 충돌한 공은 반대방향으로 반발되어 나온다.

그림 7-20과 같이 하나의 공이 속도 v_1로 벽에 정면으로 충돌한 후에 속도 $v_2(=-v_1)$로 반대방향으로 반발되어 나온다면, 충돌 전의 속도와 충돌 후의 속도의 비는 다음과 같이 e로 나타낼 수 있다.

$$e = -\frac{v_2}{v_1} \tag{7-18}$$

여기서 e는 충돌에 의해 반발되는 정도를 나타내는 값으로 **반발계수**(coefficient of restitution 反撥計數)라고 한다. 이 식에서 (−)부호는 충돌 전후의 물체의 속도가 서로 반대방향임을 나타낸다.

이번에는 두 물체가 서로 충돌하는 경우를 생각해보자. 그림 7-21과 같이 직선 상에서 운동하는 두 물체가 충돌할 때, 충돌 전 두 물체가 서로 가까워지는 속도 $v_{1i} - v_{2i}$의 크기와 충돌 후 서로 멀어지는 속도 $v_{2f} - v_{1f}$의 크기의 비가 곧 **반발계수**이다.

$$e = \frac{v_{2f} - v_{1f}}{v_{1i} - v_{2i}} = -\frac{v_{1f} - v_{2f}}{v_{1i} - v_{2i}} = \frac{\text{멀어지는 속력}}{\text{가까워지는 속력}} \tag{7-19}$$

실험결과에 의하면, 반발계수는 두 물체의 질량과는 관계가 없고 다만 두 물체의 재질에 따라 결정되며, 그 값의 범위는 $0 \le e \le 1$이다.

반발계수가 $e = 1$인 충돌을 **탄성충돌**이라 하고, 이때에는 충돌 전후의 상대속도의 크기는 변하지 않는다. 이 충돌에서는 운동량뿐만 아니라 운동에너지도 보존된다. 반발계수가 $0 < e < 1$일 때의 충돌을 **비탄성충돌**이라고 하며, 이때에는 운동에너지의 일부는 열에너지 등으로 변한다. 반발계수가 $e = 0$일 때의 충돌을 **완전비탄성충돌**이라고 한다. 즉 충돌 후 두 물체의 상대속도가 0이 되었다는 뜻이므로, 이는 두 물체가 하나로 합쳐진 상태를 말하는 것이다. 이 충돌에서 손실되는 운동에너지는 소리에너지나 열에너지 등으로 변한다.

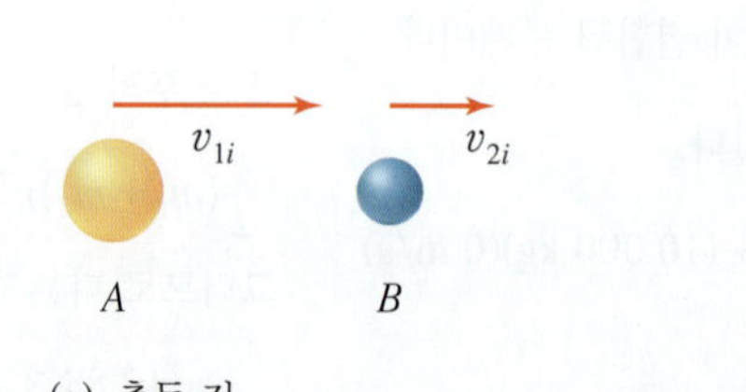

(a) 충돌 전

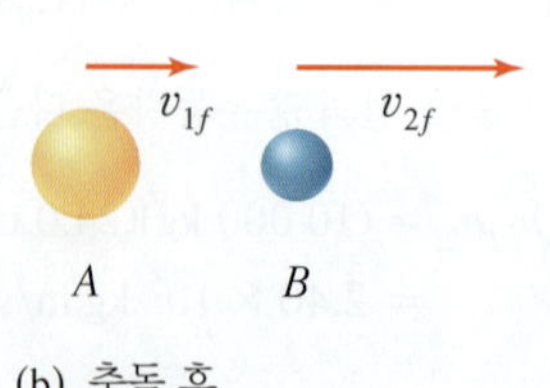

(b) 충돌 후

그림 7-21 직선 상에서 운동하는 두 물체가 충돌할 때, 충돌 전 두 물체가 서로 가까워지는 속도 $v_{1i} - v_{2i}$와 충돌 후 서로 멀어지는 속도 $v_{2f} - v_{1f}$의 비가 반발계수이다.

예제 7-8 튀어 오르는 공

문제 그림 7-22와 같이 질량이 0.5 kg인 공을 수평한 마룻바닥으로부터 1.0 m 높이에서 자유낙하 시켰더니 0.64 m 높이까지 튀어 올랐다. (a) 마룻바닥과 공 사이의 반발계수는 얼마인가? (b) 이때 마룻바닥이 공에 준 충격량은 얼마인가? (c) 공이 마룻바닥에 두 번째 충돌하여 튀어 올라갈 수 있는 높이는 얼마인가? (d) 공이 마룻바닥에 세 번째 충돌한 직후의 속도는 얼마인가?

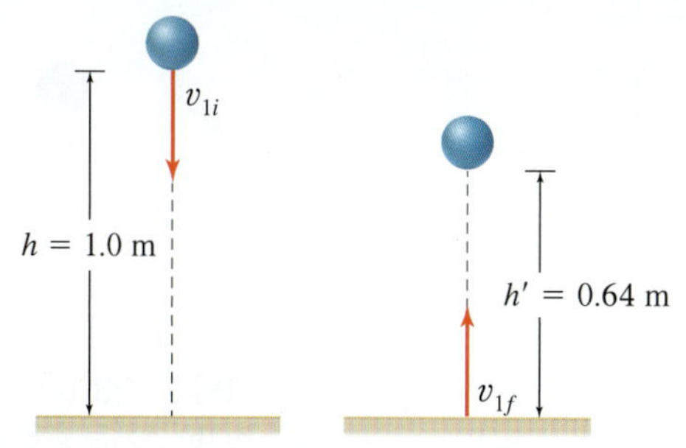

그림 7-22 공과 바닥의 상태에 따라 튀어 오르는 높이가 달라진다.

생각하기 자유낙하 하는 물체의 운동을 운동량과 결부시킨 문제이다.

풀이 (a) 충돌 전 공의 높이를 h, 충돌 후 튀어 오른 높이를 h'이라 하면, 충돌 직전의 속도의 크기는 $v_{1i} = -\sqrt{2gh}$이고, 충돌 직후는 $v_{1f} = \sqrt{2gh'}$이다. 마룻바닥은 충돌 전후에서 정지하고 있으므로 $v_{2i} = v_{2f} = 0$이며 반발계수는 다음과 같다.

$$e = -\frac{v_{1f} - v_{2f}}{v_{1i} - v_{2i}} = -\frac{v_{1f}}{v_{1i}} = \sqrt{\frac{2gh'}{2gh}}$$
$$= \sqrt{\frac{h'}{h}} = \sqrt{\frac{64 \text{ cm}}{100 \text{ cm}}} = 0.8$$

(b) 충격량과 운동량의 변화량은 같으므로 충격량은 다음과 같다.

$$F\Delta t = m(v_{1f} - v_{1i}) = m(\sqrt{2gh'} + \sqrt{2gh})$$
$$= 0.5 \text{ kg} \times (\sqrt{2 \times 9.8 \times 0.64 \text{ m}} + \sqrt{2 \times 9.8 \times 1 \text{ m}}) = 3.98 \text{ N s}$$

(c) h'의 높이에서 다시 낙하하여 마룻바닥과 충돌한 후 높이 h''까지 올라갔다면 위와 마찬가지로 $e = \sqrt{\frac{h''}{h'}}$ 가 된다. 여기서 $h' = e^2h$이므로 다음과 같이 구할 수 있다.

$$h'' = e^2h' = e^4h = (0.8)^4 \times 1 \text{ m} = 0.41 \text{ m}$$

(d) 세 번째 충돌한 후 공이 올라갈 수 있는 높이 h'''은 다음과 같다.

$$h''' = e^2h'' = (0.8)^2 \times 0.41 \text{ m} = 0.26 \text{ m}$$

따라서 세 번째 충돌한 직후의 속력 v'''는 다음과 같다.

$$v''' = \sqrt{2gh'''} = \sqrt{2 \times 9.8 \text{ m/s}^2 \times 0.26 \text{ m}} = 2.3 \text{ m/s}$$

7-7 2(3)차원에서의 충돌

운동량과 에너지 보존은 2차원이나 3차원에서의 충돌에도 적용될 수 있으며, 이 경우에는 운동량의 벡터적 성질이 중요하다. **고립계에서 계의 전체 운동량이 보존된다는 사실은, 두 물체가 2(3)차원 공간에서 일반적인 충돌을 할 때 운동량 보존의 법칙은 계의 전체 운동량이 각 방향에서 보존되는 것을 뜻한다.**

비정면충돌의 흔한 예 중 하나는 운동하는 입자가 정지해 있는 제2의 입자와 충돌하는 경우이다. 여기서는 2차원 평면에서 일어나는 당구공의 충돌을 생각하자. 단, 당구공의 회전은 무시하자. 이런 충돌에서 운동량 보존식의 두 성분은 다음과 같다.

$$m_1v_{1ix} + m_2v_{2ix} = m_1v_{1fx} + m_2v_{2fx}$$
$$m_1v_{1iy} + m_2v_{2iy} = m_1v_{1fy} + m_2v_{2fy}$$

여기에서 아래 첨자가 세 개인데, 각각 (1) 물체의 구분(m_1과 m_2), (2) 속도의 x, y 성분의 처음값(v_{1ix}와 v_{1iy}, v_{2ix}와 v_{2iy})과 나중값(v_{1fx}와 v_{1fy}, v_{2fx}와 v_{2fy})을 나타낸다.

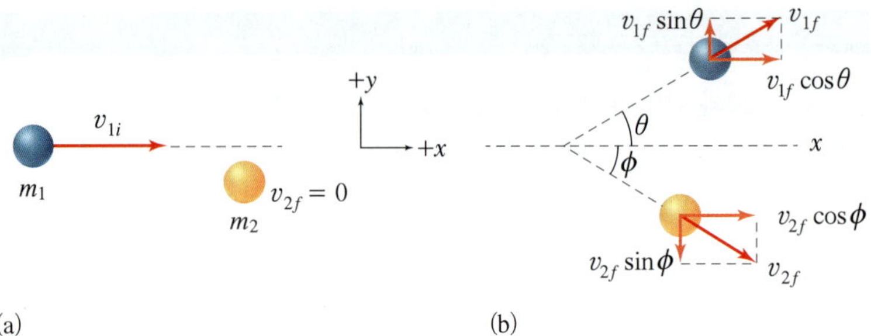

그림 7-23 (a) 질량이 m_1인 물체가 v_1의 속도로 운동하다가, 정지해 있는 질량이 m_2인 물체와 충돌하기 전 (b) 스치는 충돌 후 물체 1은 수평에서 각 θ로, 물체 2는 수평에서 각 ϕ로 운동한다. 각각의 속도는 성분별로 나타낼 수 있다.

그림 7-23과 같이 질량이 m_1인 물체가 v_1의 속도로 운동하다가, 정지해 있는 질량이 m_2인 물체와 충돌하는 경우를 생각하자. 충돌 후 물체 1은 수평에서 각 θ로, 물체 2는 수평에서 각 ϕ로 운동한다. 이와 같은 충돌을 **스치는 충돌**이라고 한다. 처음상태의 운동량의 y성분은 0이므로 운동량 보존식을 성분 형태로 나타내면 다음과 같다.

$$x\text{성분: } m_1v_{1i} + 0 = m_1v_{1f}\cos\theta + m_2v_{2f}\cos\phi \qquad \textbf{7-20}$$

$$y\text{성분: } 0 + 0 = m_1v_{1f}\sin\theta - m_2v_{2f}\sin\phi \qquad \textbf{7-21}$$

만약 이 충돌이 탄성충돌이라면, 운동에너지가 보존되므로 다음과 같다.

$$\frac{1}{2}m_1v_{1i}^2 = \frac{1}{2}m_1v_{1f}^2 + \frac{1}{2}m_2v_{2f}^2 \qquad \textbf{7-22}$$

처음속도 v_{1i}와 질량을 알면 4개의 미지수(v_{1f}, v_{2f}, θ, ϕ)가 남는다. 식 7-20, 7-21, 7-22의 3개만 있으므로 4개의 미지수 중 1개만 주어지면 충돌 후 운동의 상태를 알 수 있게 된다. 만약 충돌이 비탄성충돌이라면, 계의 운동에너지는 보존되지 않으므로 식 7-22는 적용할 수 없다.

예제 7-9 삼거리 교차로 충돌사고

문제 삼거리 도로에서 승용차와 화물차가 충돌하는 교통사고가 일어났다. 충돌 전 질량이 1 650 kg인 승용차는 동쪽방향으로 20.0 m/s의 속력으로, 질량이 2 750 kg인 화물차는 북쪽방향으로 25.0 m/s의 속력으로 진행 중이었다. 충돌 후 두 자동차의 속도의 크기와 방향은 각각 얼마인가? 충돌 후 두 자동차는 서로 붙어서 움직인다고 가정한다.

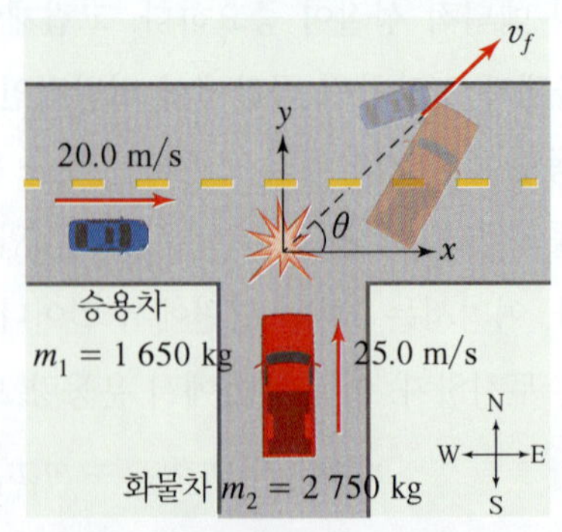

그림 7-24 삼거리 교차로에서 승용차와 화물차 충돌사고에 대한 개략도. 충돌 후 두 차는 함께 붙기 때문에 완전비탄성충돌로 본다.

생각하기 두 자동차는 고립된 계로 생각하며, 마찰력이 자동차 바퀴에 작용하는 효과와 자동차의 크기는 무시하고 자동차를 입자로 간주한다. 충돌 후 함께 붙기 때문에 완전비탄성충돌이다. 충돌 전 승용차는 x방향의 운동량을 가지며, 화물차는 y 방향의 운동량을 가진다.

풀이 충돌 후 잔해물(합쳐진 두 자동차)과 x축이 이루는 각을 θ, 충돌 후 속력을 v_f이라고 하자.
운동량 보존에서 x방향의 처음과 나중 운동량은 같다.

$$\sum p_{xi} = \sum p_{xf} \rightarrow m_1 v_{1i} = (m_1 + m_2) v_f \cos\theta \qquad (1)$$

마찬가지로 y방향의 처음과 나중 운동량은 같다.

$$\sum p_{yi} = \sum p_{yf} \rightarrow m_2 v_{2i} = (m_1 + m_2) v_f \sin\theta \qquad (2)$$

식 (2)를 식 (1)로 나누면 다음과 같다.

$$\frac{m_2 v_{2i}}{m_1 v_{1i}} = \frac{\sin\theta}{\cos\theta} = \tan\theta$$

그러므로

$$\theta = \tan^{-1}\left(\frac{m_2 v_{2i}}{m_1 v_{1i}}\right) = \tan^{-1}\left\{\frac{(2\,750 \text{ kg})(25.0 \text{ m/s})}{(1650 \text{ kg})(20.0 \text{ m/s})}\right\} \fallingdotseq 64.4°$$

이다. 식 (2)를 이용하여 v_f를 구하면 다음과 같다.

$$v_f = \frac{m_2 v_{2i}}{(m_1 + m_2)\sin\theta} = \frac{(2\,750 \text{ kg})(25.0 \text{ m/s})}{(1650 \text{ kg} + 2\,750 \text{ kg})\sin 64.4°}$$
$$= 17.3 \text{ m/s}$$

예제 7-10 탄동진자를 이용한 속도측정

문제 전자식 발사체 속도측정장치가 개발되기 전까지 오랫동안 실탄과 같은 발사체의 속력을 측정하는 데 사용되어 온 진자를 **탄동진자**(ballistic pendulum 彈動振子) 또는 **충격진자**(衝擊振子)라고 한다. 그림 7-25와 같이 진자처럼 매달린 질량이 M인 큰 물체(나무 등으로 만듦) 안으로 질량이 m인 실탄을 쏘았다. 충돌 후 실탄-탄동진자의 질량중심은 진자처럼 움직여 높이 h까지 올라간다. 실탄의 처음속력 v_1과 올라간 높이 h 사이의 관계를 구하라. 실탄과 나무토막의 충돌과정에서 충돌시간이 아주 짧아 실탄이 나무 속에서 정지할 때까지의 나무토막의 움직임은 무시한다.

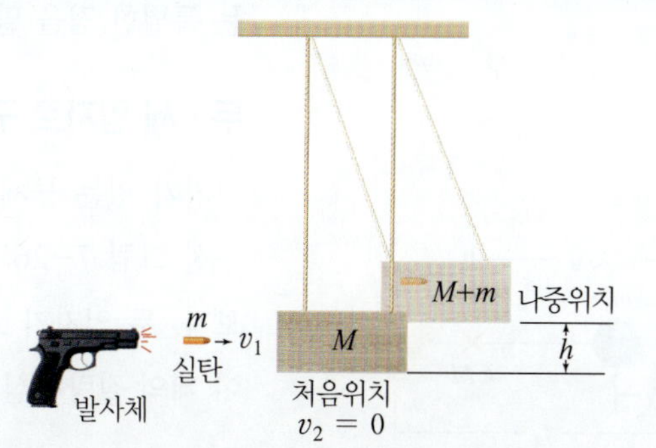

그림 7-25 탄동진자를 이용하면 발사체의 속력을 측정할 수 있다. 운동량이 보존되는 과정은 충돌 자체이고, 충돌 직후에는 알짜힘(중력의 접선방향의 힘)이 작용하여 운동량이 보존되지 않는다.

생각하기 진자가 움직이기 전까지 이 계의 운동량은 보존된다. 그러나 일단 진자가 움직이기 시작하면 중력이 진자궤도의 접선방향의 성분이 진자를 원래의 위치로 되돌려는 방향으로 힘을 작용한다. 이 때문에 운동량은 보존되지 않는다. 그러나 충돌 직후 진자가 가지는 운동에너지는 높이 h에 도달하면 중력위치에너지로 변환되므로 역학적 에너지 보존법칙을 사용할 수 있다. 이 문제는 상수값이 주어지지 않았으므로 주어진 기호만을 사용하여 답해야 한다.

풀이 충돌하는 데까지 이 계에 작용하는 알짜 외부 힘이 없으므로 운동량은 보존된다. 식 7-10 운동량 보존식 $m_1 v_{1i} + m_2 v_{2i} = m_1 v_{1f} + m_2 v_{2f}$를 적용하자.

$$mv_1 + 0 = (m + M) v_f \qquad (1)$$

충돌 후 역학적 에너지 보존법칙을 적용하면 다음과 같은 식을 얻는다.

$$\frac{1}{2}(m + M) v_f^2 = (m + M) gh \qquad (2)$$

식 (2)를 정리하면 $v_f = \sqrt{2gh}$이다. 이 값을 식 (1)에 대입하면 다음 결과를 얻는다.

$$v_1 = \frac{(m + M)}{m} v_f = \frac{(m + M)}{m}\sqrt{2gh}$$

7-8 질량중심

지금까지 다양한 충돌 현상, 즉 두 당구공, 대리석 바닥에 낙하하는 공, 화차끼리의 충돌, 탄동진자 등 두 물체가 상호작용하는 경우를 다루었다. 이와 같은 예를 좀 더 자세히 들여다보면, 계의 질량은 여러 장소에 분포되어 있으며 다양한 물체가 상호작용 전·후 또는 과정 중에 서로에 대해 각각 운동하고 있다. 만일 여러 물체의 운동을 지금까지 다루어온 방식대로 설명하려면, 계의 구성입자나 물체 각각의 운동을 독립적으로 다루어야 한다. 하지만 계를 구성하고 있는 물체의 수가 많은 경우라면, 이 설명은 사실상 무의미해진다. 그 대신 여러 물체로 이루어진 계의 운동을 다루기 위해서는 우리는 질량중심이라는 개념을 도입하여 계의 총질량이 집중되어 있는 어떤 평균위치를 나타내도록 한다. 질량중심을 사용하면 계는 여러 장소에 분포된 질량들을 어떤 한 장소에 모아 놓은 것과 동등해지므로, 운동량 보존법칙의 또 다른 면모를 발견할 수 있게 된다.

한 물체가 회전하거나 여러 물체가 상대적으로 운동하는 경우를 살펴보면, 단일입자의 궤도와 똑같은 궤도로 운동하는 점이 하나 있다는 것을 알 수 있다. 이 점을 **질량중심**(center of mass 質量重心)이라고 부른다. **물체나 물체들로 이루어진 계의 질량중심은 (1) 모든 질량이 그 점에 모여 있고, (2) 외력이 그 점에 작용하는 것처럼 움직이는 특별한 점을 말한다.**

두 · 세 입자로 구성된 계의 질량중심

크기가 있는 물체는 많은 수의 작은 입자가 모여서 이루어진 것으로 생각할 수 있다. 우선 그림 7-26과 같이 질량이 각각 m_1과 m_2인 두 개의 입자로 구성된 계를 생각해 보자. 두 입자가 x축 상에서 각각 좌표 x_1, x_2인 위치에 놓이도록 좌표축을 선택하면 이 계의 질량중심의 좌표 x_{CM}은 다음과 같이 정의된다.

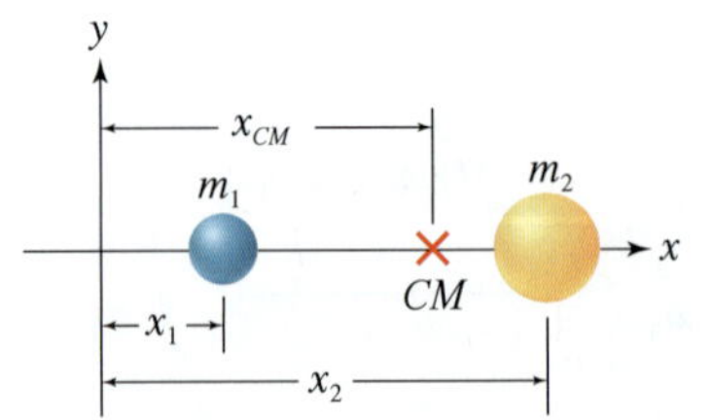

그림 7-26 질량이 다른 두 입자의 질량중심 x_{CM}은 그들을 연결하는 직선인 x축에, 그리고 두 입자 사이에 위치한다. 질량이 큰 입자에 가깝다.

$$x_{CM} = \frac{m_1 x_1 + m_2 x_2}{m_1 + m_2} = \frac{m_1 x_1 + m_2 x_2}{M} \quad \text{(두 물체의 질량중심)} \qquad \textbf{7-23}$$

여기서 $M = m_1 + m_2$는 이 계의 총질량이다. 질량중심은 m_1과 m_2를 연결하는 직선 상에 있다. 만약 두 질량이 같다면($m_1 = m_2 = m$), 질량중심은 $x_{CM} = m(x_1 + x_2)/2m = (x_1 + x_2)/2$이므로 두 입자의 중앙에 있게 된다. 그러나 두 물체의 질량이 같지 않다면 질량중심은 질량이 큰 입자 쪽에 더 가까이 있게 된다.

3차원 다입자로 구성된 계의 질량중심

x축 상에 있는 두 물체에 대한 질량중심의 개념은 3차원 다입자계로 확장시킬 수 있다. n개 입자로 이루어진 질량중심의 x좌표는 다음과 같이 정의한다.

$$x_{CM} = \frac{m_1 x_1 + m_2 x_2 + \cdots + m_n x_n}{m_1 + m_2 + \cdots + m_n} = \frac{\sum_i m_i x_i}{\sum_i m_i} = \frac{\sum_i m_i x_i}{M} \qquad \textbf{7-24}$$

여기서 x_i는 i번째 입자의 x좌표이며, M은 계의 전체질량이다. 이와 같은 방법으로 질량중심의 y와 z의 좌표도 다음과 같이 정의한다.

$$y_{CM} = \frac{\sum_i m_i y_i}{M}, \quad z_{CM} = \frac{\sum_i m_i z_i}{M} \qquad \textbf{7-25}$$

실제 문제를 풀 때에는 질량중심은 위치벡터 $\vec{r}_{CM}$으로 나타내면 편리하다. 직각좌표계 상에 나타낸 질량중심의 위치벡터는

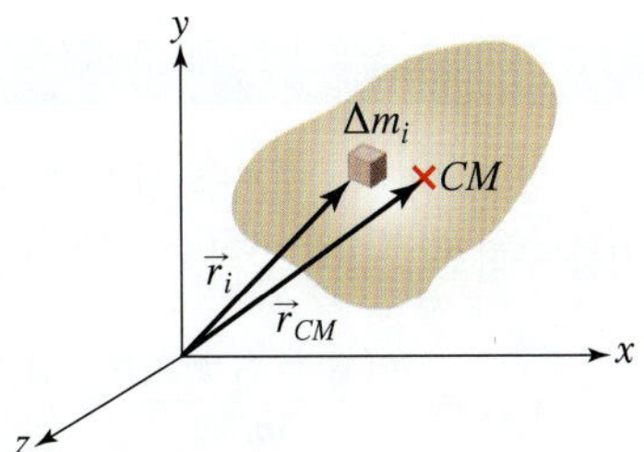

그림 7-27 크기가 있는 물체는 작은 질량요소 Δm_i들이 분포되어 있는 것으로 생각할 수 있다. 이때 질량중심은 좌표가 x_{CM}, y_{CM}, z_{CM}인 위치벡터 $\vec{r}_{CM}$에 있다.

$$\vec{r}_{CM} = \frac{\sum_i m_i \vec{r}_i}{M} \qquad \text{7-26}$$

로 나타낼 수 있다. 여기서 $\vec{r}_i$는 i번째 입자의 위치벡터이며 다음과 같이 정의한다.

$$\vec{r}_i = x_i\hat{\text{i}} + y_i\hat{\text{j}} + z_i\hat{\text{k}}$$

식 7-25는 비교적 적은 수로 이루어진 입자의 질량중심을 구하는 데 유용하다.

연속적인 질량분포를 갖는 물체의 질량중심

질량이 연속적으로 분포하고 있는 크기가 있는 물체의 질량중심의 위치는 어떻게 구할 수 있을까? 그림 7-27과 같이 크기가 있는 질량이 Δm_i 입자로 구성된 물체를 생각해보자. 입자들의 x방향의 질량중심은 다음과 같다.

$$x_{CM} \approx \frac{\sum_i x_i \Delta m_i}{M}$$

이런 극한에서 합을 적분으로 바꾸고 Δm_i를 미분요소 dm으로 바꾸면 다음과 같다.

$$x_{CM} = \lim_{\Delta m_i \to 0} \frac{\sum_i x_i \Delta m_i}{M} = \frac{1}{M}\int x\, dm \qquad \text{7-27}$$

마찬가지로 y_{CM}과 z_{CM}도 이와 동일한 표현으로 나타낼 수 있다. 그러므로 크기가 있는 물체의 질량중심의 위치벡터는 다음과 같이 표현할 수 있다.

$$\vec{r}_{CM} = \frac{1}{M}\int \vec{r}\, dm \qquad \text{7-28}$$

질량중심의 개념이 중요한 이유는 입자 또는 크기가 있는 물체의 질량중심의 운동과 계 전체에 작용하는 알짜힘이 직접 관련되어 있기 때문이다. 그러므로 총질량이 M인 입자계(또는 크기가 있는 물체)의 질량중심은 마치 계 전체에 작용하는 알짜 외부 힘의 작용을 받는 질량이 M인 입자처럼 운동한다. 다시 말해 계는 모든 질량이 질량중심에 모여 있고, 모든 외부 힘이 질량중심에 작용하는 것처럼 운동한다. 따라서 임의의 물체 또는 물체들로 이루어진 계의 병진운동을 한 입자의 운동으로 취급할 수 있다. 이 정리는 복잡한 계와 크기가 있는 물체들의 운동을 간단명료하게 해석할 수 있도록 해준다.

TIP 질량중심(center of mass)과 무게중심(center of gravity)

물체의 각 부분에 작용하는 중력이 같으면 질량중심과 무게중심은 같다. 그러나 각 부분에 작용하는 중력이 다르면 다르다. 개념적으로는 다르지만, 실용적으로는 일치하는 것이 보통이다.

예제 7-11 3개 입자의 질량중심

문제 질량이 똑같이 m인 3개의 입자가 각각 x축의 $x_1 = 1.5$, $x_2 = 3.5$, $x_3 = 5.5$에 놓여 있다. 이 계의 질량중심의 위치는 어디인가?

생각하기 입자의 수가 많아도 식 7-23을 적용하면 구할 수 있다.

풀이 3개 입자의 정보를 식 7-23에 대입하여 질량중심의 위치를 구하면 다음과 같다.

$$x_{CM} = \frac{m(x_1 + x_2 + x_3)}{3m} = \frac{(1.5 + 3.5 + 5.5)}{3} = 3.5$$

예제 7-12 사람의 질량중심

문제 그림 7-28과 같이 사람의 엉덩이 관절을 기준점을 하여 다리와 발의 질량중심을 구하라. 이 사람의 질량을 100단위라고 가정하고, 다리를 구성하는 신체 각 부분의 백분율 질량은 발이 3.5, 장딴지가 9.7, 허벅지가 21.3이라고 한다. (a) 다리를 곧게 뻗은 경우 질량중심은 엉덩이 관절에서 얼마나 떨어진 곳에 있는가? (b) 다리를 90° 직각으로 굽힌 경우 질량중심의 위치는 어디인가?

생각하기 이 계의 모든 단위는 '100단위'를 사용하고 있다. 실제 위치는 이 사람의 키를 기준으로 환산하면 된다. 때로는 질량중심의 위치가 몸 밖에 있을 수도 있다.

풀이 (a) 식 7-23을 사용하면 질량중심의 위치는 다음과 같다.

$$x_{CM} = \frac{(21.3)(9.6) + (9.7)(33.9) + (3.5)(50.3)}{21.3 + 9.7 + 3.5} = 20.6\text{ 단위}$$

즉 엉덩이 관절에 위치한 기준점으로부터 20.6단위만큼 떨어진 곳에 위치한다.

(b) 다리를 굽힌 상태이므로 xy좌표계를 사용하자. 먼저 엉덩이 관절에서 $+x$방향으로 얼마나 떨어져 있는지 계산하자. 이때 장딴지와 발은 엉덩이 관절에서 같은 거리에 있다.

$$x_{CM} = \frac{(21.3)(9.6) + (9.7)(23.6) + (3.5)(23.6)}{21.3 + 9.7 + 3.5} = 15.0\text{ 단위}$$

다음은 발바닥으로부터의 높이 y_{CM}을 계산해보자.

$$y_{CM} = \frac{(3.5)(1.8) + (9.7)(18.2) + (21.3)(28.5)}{21.3 + 9.7 + 3.5} = 22.9\text{ 단위}$$

그러므로 다리를 굽힌 상태의 질량중심은 엉덩이 관절로부터 15.0단위, 바닥으로부터 22.9단위만큼 떨어진 곳에 위치한다. 이 지점은 그림 7-28(b)에서와 같이 몸 밖에 위치한다. 이와 같이 질량중심은 때때로 물체 밖에 위치하는 경우도 있다.

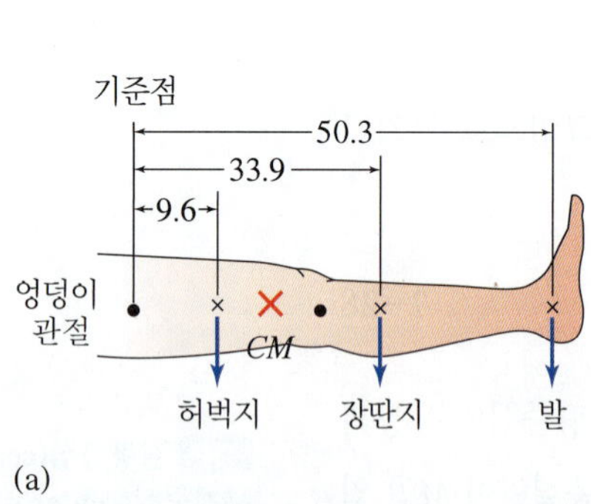

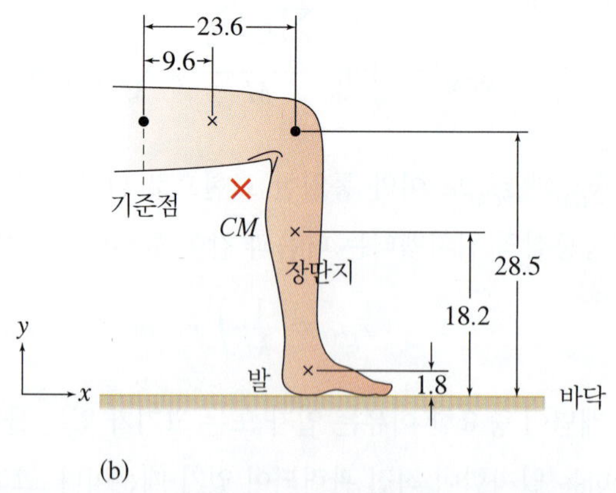

그림 7-28 (a) 곧게 뻗은 다리의 질량중심은 $+x$방향의 어느 지점에 위치한다. (b) 다리를 90° 직각으로 굽힌 경우 질량중심의 위치는 xy좌표계를 이용하여 구할 수 있다.

예제 7-13 막대의 질량중심

문제 질량이 M이고, 길이가 L인 막대의 질량중심은 어디에 있는가? 단, 막대의 단위길이당 질량은 균일하다.

생각하기 막대를 xy좌표계에 위치시키고, 식 7-27을 사용한다.

풀이 주어진 문제를 그림으로 나타내보면 그림 7-29와 같다. 막대의 선밀도(단위길이당 질량)은 일정하므로, 선밀도는 $\lambda = M/L$이다. 이 막대를 길이가 dx인 여러 조각으로 구분하면 각 조각의 질량은 $dm = \lambda\, dx$이다. 식 7-27에서

$$x_{CM} = \frac{1}{M}\int x\, dm = \frac{1}{M}\int_0^L x\lambda\, dx = \frac{\lambda}{M}\frac{x^2}{2}\bigg|_0^L = \frac{\lambda L^2}{2M}$$

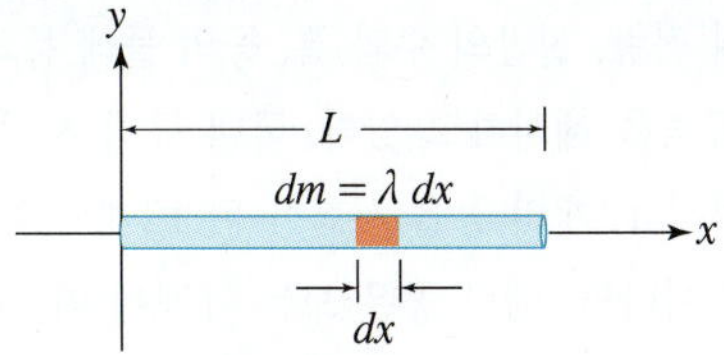

그림 7-29 균일한 막대의 질량중심을 찾기 위한 그림

이다. 여기에 $\lambda = M/L$을 대입하면 다음과 같다.

$$x_{CM} = \frac{L^2}{2M}\left(\frac{M}{L}\right) = \frac{1}{2}L$$

그러므로 막대의 질량중심은 양 끝 사이의 중간에 있다.

단원과 관련된 주제

안전벨트와 에어백

연구 자료에 따르면 우리 몸이 다른 물체와 충돌하는 경우 충격의 압력이 $1.9 \times 10^5\ \text{N/m}^2$ 이하이면 생존하지만 $3.4 \times 10^5\ \text{N/m}^2$ 이상이면 사망률 50 %를 넘는다고 한다. 특히 머리 부분이 받는 가속도가 4×10^{-3} s 동안에 중력가속도의 150배(표현할 때는 150G라고 쓰며, 이는 중력가속도의 150배 라는 의미를 갖는다) 이상이 되면 사망률 역시 50 %를 넘는다. 충돌 시 생존율을 높일 수 있는 안전벨트와 에어백은 어떤 역할을 할까?

몸무게가 70 kg인 사람이 시속 100 km(약 28 m/s)로 자동차를 운전하다가 다른 물체와 0.010 s 동안 충돌한 후 정지하였다. 이 짧은 시간 동안에 작용한 평균힘, 가속도, 압력의 크기를 구하면 다음과 같다.

$$F_{\text{평균}} = \frac{mv_f - mv_i}{\Delta t} = \frac{0-(70\ \text{kg})(28\ \text{m/s})}{0.010\ \text{s}} = -\ 1.96 \times 10^5\ \text{N}$$

$$a = \frac{\Delta v}{\Delta t} = \frac{28\ \text{m/s}}{0.010\ \text{s}} = 2800\ \text{m/s}^2 = \frac{2800\ \text{m/s}^2}{9.8\ \text{m/s}^2}\cdot g = 286\ G$$

만약 운전자가 계기판과 앞 유리에 부딪힌다면, 머리와 가슴의 넓이 A(약 0.5 m^{2}이라고 가정)에 이 힘이 작용하므로 신체가 받는 압력은 다음과 같다.

$$\frac{F_{\text{평균}}}{A} = \frac{1.96 \times 10^5\ \text{N}}{0.5\ \text{m}^2} \cong 4 \times 10^5\ \text{N/m}^2$$

힘, 가속도 및 신체 압력이 모두 치명적인 부상의 한계값을 넘는다. 안전벨트를 매면 차가 정지하기까지 걸리는 시간인 충돌시간은 약 0.15 s로 길어지므로 충격력을 상당히 감소시킬 수 있다. 일반적으로 충돌시간을 0.01 s의 10~100배로 늘릴 수 있으면 충돌에서 생존할 확률은 아주 커진다. Δt가 증가하면 사람이 받는 힘이 10~100분의 일로 줄기 때문이다.

에어백도 충돌시간을 늘려주는 역할을 한다. 터진 에어백은 아주 빠르게 수축하면서 신체의 에너지를 흡수하며 머리와 가슴의 넓이 0.5 m^{2}에 작용하는 힘을 분산시켜 부상을 방지한다. 에어백은 사람이 운전대에 부딪히기 전에 빠르게 (10 ms 이하) 부풀어야 한다. 몸무게가 70 kg인 사람이 안전벨트를 매고 28 m/s로 움직이다가 0.15 s에 정지하였다면, 이때 받는 충격력은 1.3×10^4 N, 평균가속도는 중력가속도의 19배(19 G), 머리와 가슴의 넓이(0.5 m^2)에 받는 압력은 $2.6 \times 10^4\ \text{N/m}^2$이다. 이 값들은 안전벨트와 에어백이 없을 경우에 비해 1/10 정도로 감소하여 치명적인 부상의 한계값보다 낮아 생존 가능성이 아주 크다.

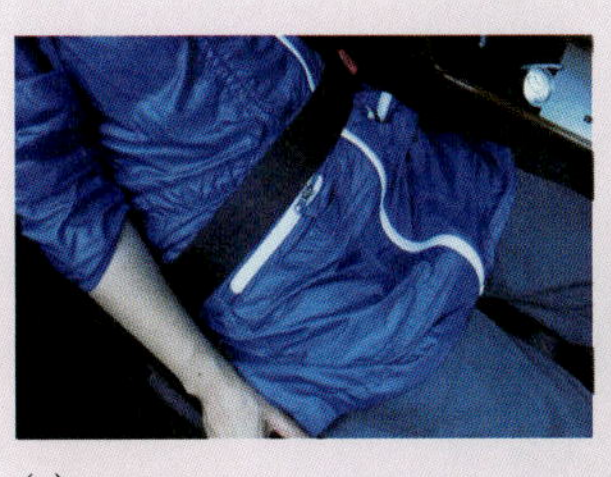

(a)

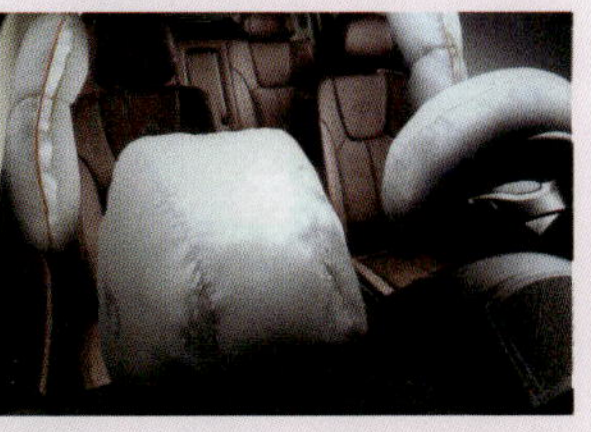

(b)

그림 7-30 (a) 승용차 안전벨트 (b) 승용차 에어백

야구공의 반발계수

야구공의 규격은 국가마다 조금씩 다르다. 국내 프로야구에서는 반발계수, 공의 질량, 실밥의 수와 폭, 공의 둘레 등의 항목에 대해 구체적인 규격을 제시하고 있다. 국내 규격 시험의 경우, 각 항목에 대해 각각 12개의 공을 시험한 뒤 12개의 공 중 한 개라도 규격에서 벗어나면, 해당 공은 모두 규격에 미달하는 제품으로 처리돼 사용이 불가능하다.

측정 항목 중에서 가장 중요시하는 **반발계수**는 경기 결과와 밀접한 관계가 있는 가장 중요한 항목으로 시험 방법을 엄격하게 규정하고 있다. 미국 ASTM(미국재료시험협회)에서는 공의 반발계수 측정에 필요한 장비의 사양과 시험방법을 상세히 지정하고 있으며, 국내에서도 이에 준하는 장비를 제작해 반발계수를 측정하고 있다. 반발계수는 반발 전후의 속도를 측정하여 구한다. 이때 속도는 반발 전후 공이 진행한 거리와 소요된 시간을 자동으로 측정한다.

우리나라에서 사용하는 야구공의 반발계수는 0.413 4~0.437 4이다. 일반적으로 반발계수가 0.001 커지면 비거리가 20 cm 늘어나는 것으로 알려졌다. 일본에서는 한때 세이부돔(Seibu dome)을 제외한 5개 구장에서 사용한 공이 일본야구기구가 제한한 반발계수 0.423 4를 넘어 홈런이 양산되어 문제가 되기도 하였다.

야구공과 방망이 사이의 반발계수가 아주 작다면 방망이로 야구공을 아무리 세게 쳐도 공이 멀리 날아가지 못할 것이다. 그러나 반발계수가 1이라면 훨씬 많은 홈런이 나올 것이다. 고무 등과 같은 물질은 온도에 따라 탄성이 변하므로 계절에 따라 공의 반발계수가 변할 수 있다. 또한 방망이의 종류나 부딪히는 위치에 따라서도 달라진다. 그리고 천연 잔디구장보다 인조 잔디구장에서 더 큰 반발계수를 갖는다.

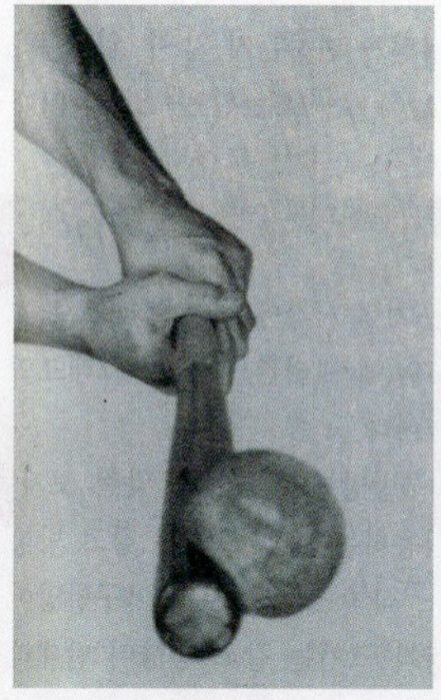

그림 7-31 야구공이 방망이와 충돌하면 일그러진다.

번지점프(bungee jump)

번지점프는 남서태평양에 위치한 섬나라 바누아투(Vanuatu)에서 시작되었다. 원주민 남자들의 성인식에서 높은 곳에서 뛰어내리면서 담력을 인정받는 절차로 행하여졌다. 성인이 되기 위해서 2~30 m 정도의 나무틀에서 발목을 칡덩굴로 감고 뛰어내려 담력을 인정받았다고 한다. 현대적인 번지점프는 1979년 옥스퍼드대학 내 운동 동아리에서 학생들이 다리 위에서 점프를 하면서부터 시작되었으며, 그 후 경관이 좋은 관광지마다 상업적인 목적으로 번지점프대가 설치되었다.

번지점프대에 올라가면 지상에서 번지점프대까지의 높이에 해당하는 일정한 위치에너지를 가지게 된다. 이어 점프대에서 뛰어내리면 위치에너지가 운동에너지로 전환되면서 속력이 점점 빨라진다. 점프대에서 뛰어내려 로프의 길이만큼 밑으로 최대한 늘어나면, 로프의 탄력이 가속된 낙하속도를 감속시키고 모든 에너지가 탄성에너지로 바뀌면서 사람은 다시 위로 튕겨 올랐다가 다시 아래로 내려간다. 이때의 총에너지는 공기와의 마찰과 로프 내의 에너지 소비로 차츰 감소하게 된다.

점프 시 뛰어내리는 사람은 로프의 길이만큼 낙하할 때 mv만큼 운동량을 갖는다. 사람이 정지하면서 운동량 mv는 충격량 $F\Delta t$가 된다. 이 충격량은 사람의 운동량을 0으로 감소시키기 위해 로프가 감당해야 한다. 이때 로프가 늘어나는 시간 Δt가 커지면 충격력이 최소가 되어 사람은 안전하게 된다.

로프의 탄성력에 의해 몸이 위로 솟구쳐 올라간 사람은 다시 중력에 의해 아래로 떨어지게 된다.

현재 번지점프 길이가 세계적으로 가장 긴 점프대는 미국 콜로라도 로열협곡현수교(Royal Gorge Bridge)에 설치된 321 m이다.

(a)

(b)

그림 7-32 (a) 충북 청풍랜드에서 번지점프하는 모습 (b) 경기 성남율동공원 내 번지점프대

연습문제

7-1 선운동량

1. 기체분자는 완전탄성충돌을 한다. 질량 m인 기체분자가 v의 속도로 벽에 수직으로 충돌한 다음 똑같은 속도의 크기로 벽에서 튀어 나올 때의 기체분자의 선운동량의 변화량은 얼마인가?

① 0 ② $\frac{1}{2}mv^2$ ③ mv

④ $2mv$ ⑤ $4mv$

2. 그림 P7-2는 대포에서 쏜 탄환의 탄도를 나타낸 것이다. 단, 공기의 저항을 무시한다.

(a) 운동량의 수평성분이 최대인 곳은?

(b) 운동량의 수직성분이 0인 곳은?

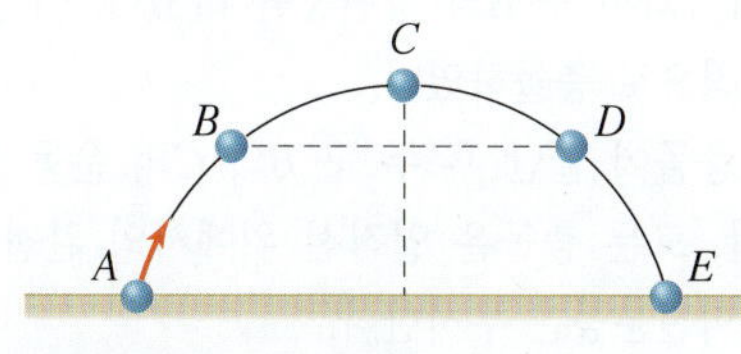

그림 P7-2

3. 정지하고 있던 질량 0.5 kg의 물체가 중력에 의하여 자유낙하한다. 이 공이 19.6 m를 낙하했을 때 선운동량의 크기는 얼마인가? 단, 공기의 저항은 무시한다.

7-2 충격량

4. 프로야구 투수가 질량이 0.15 kg인 야구공을 아주 빠르게 던질 수 있다고 한다.

(a) 질량이 3.0×10^{-3} kg인 총알이 $v_{총알} = 1.60 \times 10^3$ m/s의 속력으로 날아갈 때 총알이 갖는 운동량과 같게 던지려면 이 선수는 얼마의 속력으로 야구공을 던져야 하는가?

(b) 야구공과 총알의 운동에너지를 비교하라.

5. 높이가 0.8 m인 식탁에서 떨어진 0.6 kg의 물체가 바닥에 떨어져 반발되지 않고 정지할 때까지 0.002 s 걸렸다. 이때 물체에 작용한 힘은 얼마인가? 작용한 힘은 일정하다고 한다.

6. 미끄러운 수평면 위를 10 m/s의 속력으로 운동하는 질량 50 kg의 물체에 운동방향과 반대방향으로 5.0 s 동안 일정한 크기의 힘을 가했더니 5.0 s 후 물체는 처음 운동방향과 반대방향으로 2 m/s의 속력으로 운동하였다.

(a) 5.0 s 동안 이 물체의 선운동량의 변화량은 몇 kgm/s인가?

(b) 물체에 가해진 힘의 크기는 얼마인가?

7. 마찰이 없는 수평면에 정지하고 있는 질량 5 kg의 물체에 10 N의 힘을 4.0 s 동안 북쪽으로 작용하였다.

(a) 이 동안 물체가 받은 충격량은 얼마인가?

(b) 4.0 s 후 물체의 선운동량의 크기는 얼마인가?

(c) 북쪽으로 10 N의 힘을 4.0 s 동안 작용한 후, 다시 2.0 s 동안 20 N의 힘을 서쪽으로 작용할 때 물체가 받은 충격량은 얼마인가?

8. 승용차가 정지상태에서 출발하여 0.85 s 동안에 속력이 5.40 m/s로 가속되었다.

(a) 승용차가 가속되는 동안 차 안에 있는 65 kg인 승객이 느끼는 충격량은 얼마인가?

(b) 이때 작용하는 평균힘은 얼마인가?

9. 슈퍼맨이 친구를 구하기 위해 빗발치는 총알 속으로 뛰어들었다. 1분 동안 자동소총이 질량 8.0 g의 총알을 400 m/s의 속력으로 150발 발사하여, 넓이가 0.75 m^{2}인 슈퍼맨의 가슴에 충돌한다. 총알이 정면으로 탄성충돌 하여 튕겨 나온다고 할 때, 슈퍼맨의 가슴에 가해진 평균힘을 구하라.

7-3 선운동량 보존

10. 그림 P7-10과 같이 마찰이 없는 아주 평평한 면 위에서 질량 4 kg의 탄성체의 당구공이 2 m/s의 속력으로 이동하면서, 정지해 있던 또 다른 같은 질량의 공과 정면충돌 하였다. 이 충돌이 완전탄성충돌이라고 한다면 보기의 설명 중에서 옳은 것을 고르라.

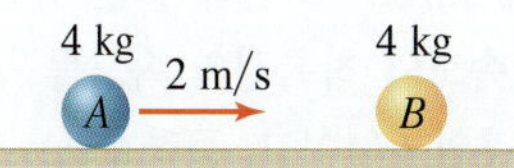

그림 P7-10

① 충돌 후 두 공의 운동량의 합은 4 kgm/s이다.
② 충돌 후 두 공의 운동량의 합은 4 kgm/s보다 작다.
③ 충돌 후 두 공의 운동에너지의 합은 8 J이다.
④ 충돌 후 두 공의 운동에너지의 합은 8 J보다 작다.
⑤ 충돌할 때 공 A가 받는 힘의 크기는 공 B가 받는 힘의 크기와 같다.
⑥ 완전탄성충돌이므로 운동량과 운동에너지는 같다.

(a) ①, ③ (b) ②, ④ (c) ①, ③, ⑤

(d) ②, ④, ⑥ (e) ③, ⑤

11. 20 m/s의 속력으로 날아가고 있는 질량 4 kg의 물체가 두 개의 조각 A, B로 분열되었다. 이때 B가 A에 대해 12 m/s의 속력으로 반대방향으로 분리되어 날아갔다. 분열된 후 A의 속력은 얼마인가? 단, A, B의 질량은 각각 1 kg과 3 kg이다.

12. 속력 v로 운동하는 질량이 m인 입자 A가 질량이 같고 정지해($v_2 = 0$) 있는 입자 B와 정면충돌한다. 충돌과정이 탄성적이라고 가정할 때 충돌 후 두 입자의 속력을 구하라.

13. 그림 P7-13과 같이 연료를 완전히 채운 5 000 kg의 로켓이 연직으로 발사된다. 로켓 엔진은 3.0×10^3 m/s의 속력에서 연료소모율이 50 kg/s이다. 로켓이 위로 추진될 때 갖는 처음 가속도는 얼마인가?

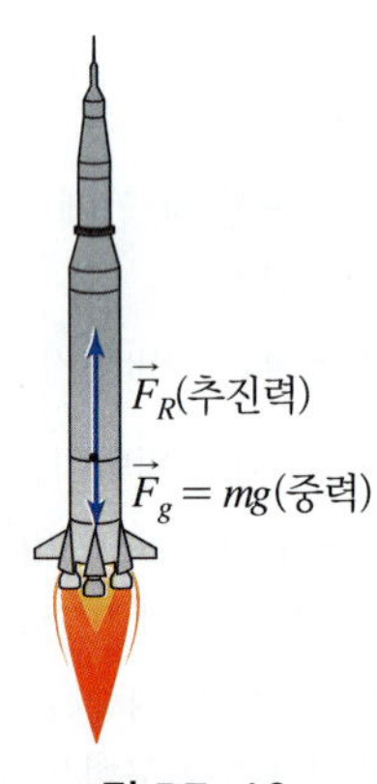

그림 P7-13

14. 질량이 220 g인 골프채 헤드가 정지해 있는 질량이 46 g인 골프공과 충돌하였다. 충돌 전 골프채 헤드의 속력은 58 m/s이었으며, 충돌 후에는 42 m/s였다면 충돌 후 골프공의 속력은 얼마인가?

15. 그림 P7-15와 같이 모선과 착륙선이 함께 붙어 900 m/s의 속도로 운항하고 있는 로켓이 있다. 착륙선이 모선으로부터 상대속력 100 m/s로 모선과 같은 방향으로 분리된다. 분리 후에 모선의 속도와 착륙선의 속도를 구하라. 착륙선의 질량은 모선의 질량의 1/4이고, 중력효과는 무시한다.

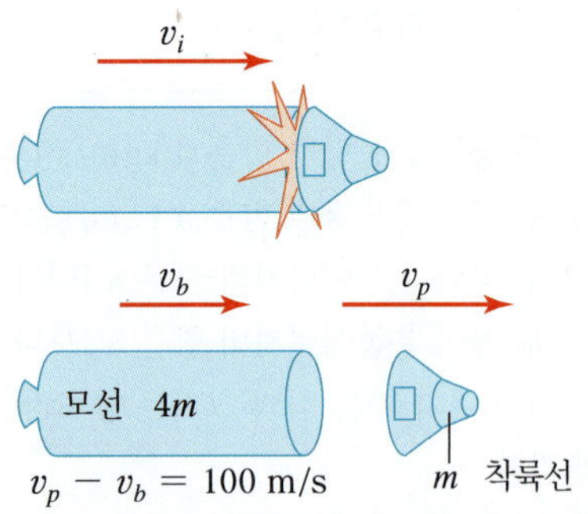

그림 P7-15

7-4 1차원에서의 탄성충돌

16. 몸무게가 60 kg인 스케이트 선수가 스케이트장에 정지해 있다. 이 사람이 질량 2.0 kg의 얼음 덩어리를 수평방향으로 12 m/s의 속력으로 집어던질 때, 이 사람의 되튐 속도는 얼마인가? 단, 스케이트 날과 얼음 표면 사이의 마찰력은 무시할 수 있다.

17. 정지하고 있는 질량 0.30 kg의 공 B에 질량 0.10 kg의 공 A가 1.0 m/s의 속력으로 접근하여 충돌한 후 공 B는 공 A의 처음속도의 방향으로 0.40 m/s의 속력으로 진행하였다. 충돌 후 공 A의 속도는 얼마인가?

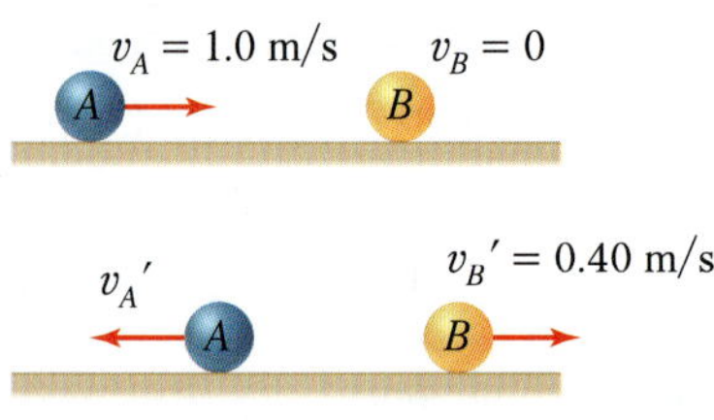

그림 P7-17

18. 그림 P7-18과 같이 질량이 각각 3 kg, 1 kg, 1 kg인 세 개의 구 A, B, C가 일직선 위에 놓여 있다. 처음에 두 개의 구 A와 B는 정지하고 있었으며 구 C가 2 m/s의 속력으로 오른쪽으로부터 다가와서 구 B와 정면충돌 하였다. 이 결과로 구 B와 A도 연쇄적으로 충돌하였다.

(a) 모든 충돌이 끝난 후 두 구 B와 C의 운동 상태를 기술하라. 단, 모든 충돌은 일직선 위에서의 완전탄성충돌이고, 구의 회전운동은 무시한다.

(b) 충돌 직후의 구 A의 속도는 얼마인가?

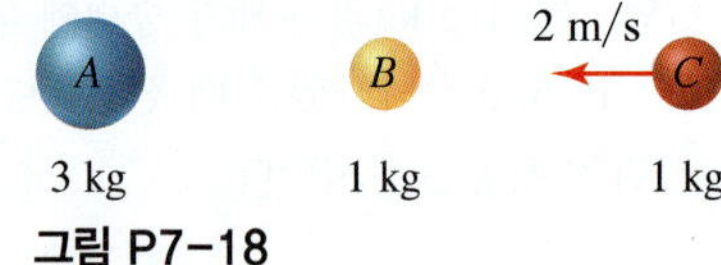

그림 P7-18

7-5 1차원에서의 비탄성충돌

19. 질량이 1.80×10^3 kg인 트럭이 +15 m/s로 동쪽으로 달리고, 질량이 9.00×10^2 kg인 승용차는 −15 m/s로 서쪽으로 달리다가 정면충돌 후 뒤엉켜버렸다.

(a) 충돌 후 뒤엉킨 차의 속도는 얼마인가?

(b) 각 차의 속도 변화는 얼마인가?

(c) 두 차로 이루어진 계의 운동에너지의 변화는 얼마인가?

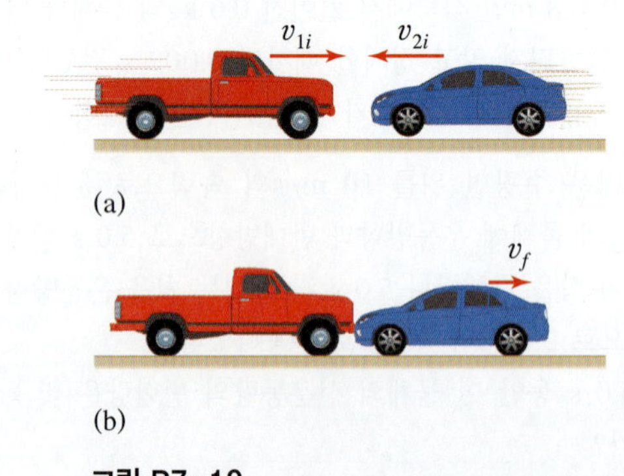

그림 P7-19

20. 질량이 $M = 2.00 \times 10^4$ kg인 기차가 3.0 m/s의 속도로 움직이다가 정지해 있는 화물차와 충돌하였다. 정지해 있는 화

물차는 화물차 2량이 합쳐져 질량이 $2M$이다. 충돌 후 결합 차량(질량 $3M$)의 속력은 1.20 m/s로 같은 방향으로 움직였다고 한다.

(a) 충돌 후 기차와 2량의 화물차가 연결된 (3량) 차량의 속력은 얼마인가?

(b) 충돌로 손실된 운동에너지는 얼마인가?

21. 질량이 0.03 kg인 총알이 정지한 질량 0.15 kg인 단단한 물체를 향해 200 m/s의 속도로 연직상방으로 발사되었다. 발사 후 총알은 단단한 물체에 파묻혀 함께 움직였다고 한다. 충돌 후 단단한 물체는 얼마나 높이 오르는가?

7-6 반발계수

22. 질량 5 kg인 공을 지면 위 1 m 높이에서 자유낙하 시켰더니 지면에서 0.6 m 높이까지 튀어 올랐다. 이 공을 지면 위 4 m 높이에서 자유낙하 시킬 때 튀어 오르는 높이는 얼마인가?

23. 질량이 각각 10 g과 3 g인 두 물체 A, B가 속도 10 m/s와 5 m/s로 같은 방향으로 운동하고 있다. 이들 두 물체 사이의 반발계수가 0.6이라면 충돌 후 두 물체 A와 B의 속도는 각각 얼마인가?

7-7 2(3)차원에서의 충돌

24. 정지해 있는 질량 m인 물체 A에 물체 B가 날아와서 완전비탄성충돌을 하였다. 충돌 직후 물체 A와 물체 B의 운동에너지를 모두 더해 보았더니 원래의 운동에너지의 25 %가 된다는 것을 알았다. 이때 물체 B의 질량은 얼마인가?

25. 질량이 $2m$이고 속력이 v_1인 물체 A와 질량이 m이고 속력이 $2v_1$인 물체 B가 서로 60°의 각을 이루는 방향에서 진행해 와서 충돌하였다. 충돌 후에는 A, B가 한 덩어리가 되어 A의 진행방향과 θ만큼 치우친 방향으로 속도 v_2로 진행하였다. 이때의 속도 v_2를 구하라.

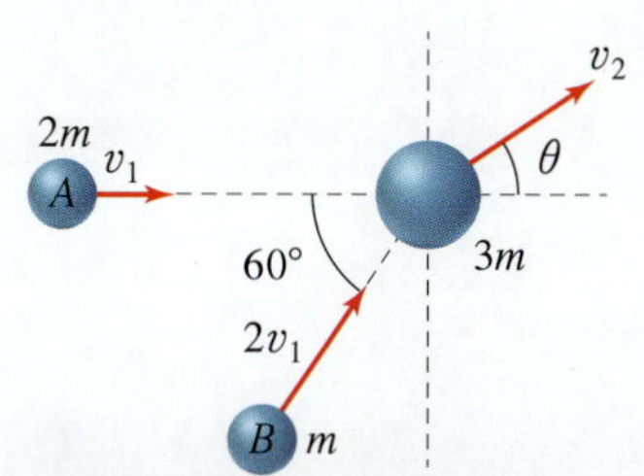

그림 P7-25

26. 그림 P7-26과 같이 질량 2 kg인 물체 A가 10 m/s의 속력으로 정지하고 있는 질량 3 kg의 물체 B와 충돌한 다음 두 물체 A와 B는 그림과 같이 각각 처음 운동방향과 60°, 30°의 방향으로 운동하였다. 충돌 후 물체 A, B의 속력은 각각 얼마인가?

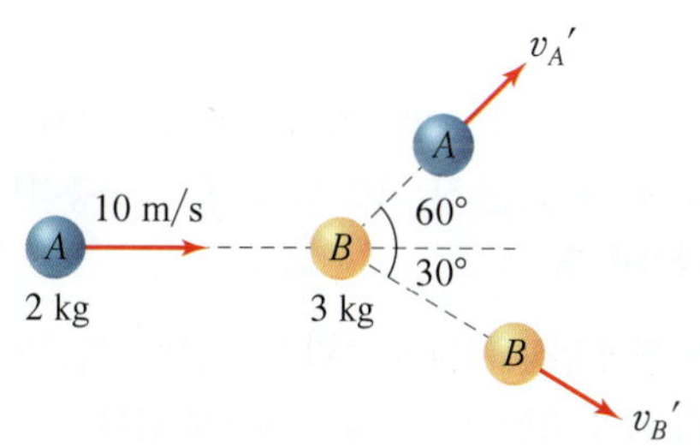

그림 P7-26

27. 그림 P7-27과 같이 질량 m = 10 g인 공 A를 어느 위치에서 가만히 놓아 질량 M = 20 g인 공 B와 완전비탄성충돌을 시켰다. 단, 중력가속도는 10 m/s^{2}이다.

(a) 공 B와 충돌하기 직전의 공 A의 속력은 얼마인가?

(b) 충돌 후 공 B의 처음속도는 얼마인가?

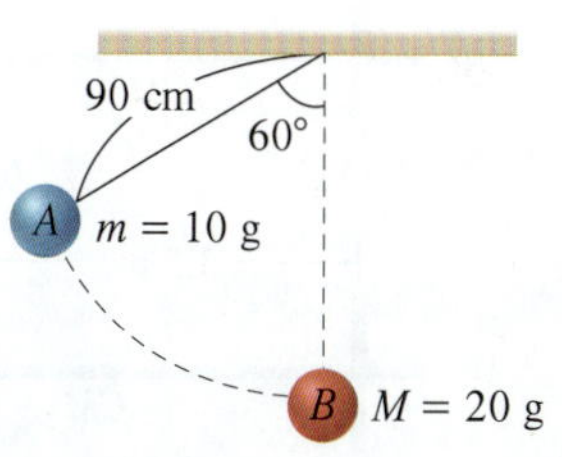

그림 P7-27

28. 그림 P7-28과 같이 x축을 따라 양(+)의 방향으로 10 m/s로 운동하는 당구공이 정지해 있는 당구공과 충돌한다. 두 당구공의 질량은 같으며 충돌 후에 입사 공이 7.7 m/s의 속력으로 x축과 40°의 각으로 진행한다. 정지해 있던 표적공의 충돌 후 속력과 방향을 계산하라.

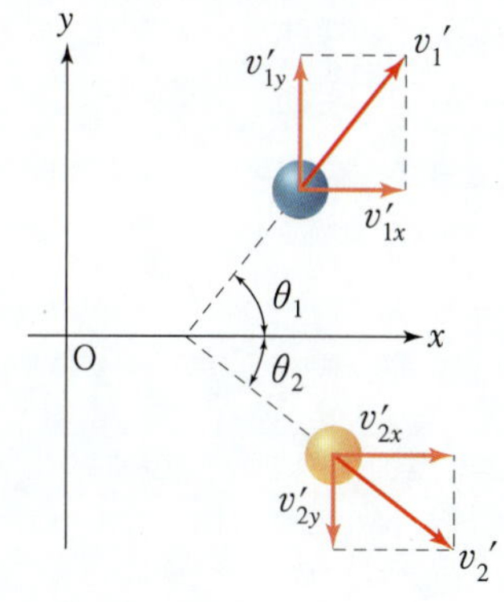

그림 P7-28

29. 동쪽으로 10 m/s의 속력으로 움직이는 2.0×10^3 kg의 자동차가 북쪽으로 움직이는 3.0×10^3 kg의 자동차와 충돌하였다. 두 차는 서로 붙어서 북동쪽 40° 방향으로 5.22 m/s의 속력으로 움직인다. 충돌 전 3.0×10^3 kg의 자동차의 속력은 얼마인가?

7-8 질량중심

30. 예제 7-13에서 만일 막대가 균일하지 않아서 단위길이당 질량이 $\lambda = \alpha x$ (α는 상수)로 변할 때, 질량중심의 위치를 L값으로 나타내라.

31. 역기의 질량중심을 들어 올리려고 한다. 역기봉의 질량은 무시하고, 왼쪽 바벨의 위치를 원점으로 한다.

(a) 길이가 1.5 m인 역기봉의 양쪽 끝에 질량이 60 kg인 바벨이 있는 경우 질량중심의 위치를 구하라.

(b) 같은 역기봉에 한쪽 끝에는 50 kg이, 다른 한쪽 끝에는 80 kg의 질량이 있는 경우 질량중심의 위치를 구하라.

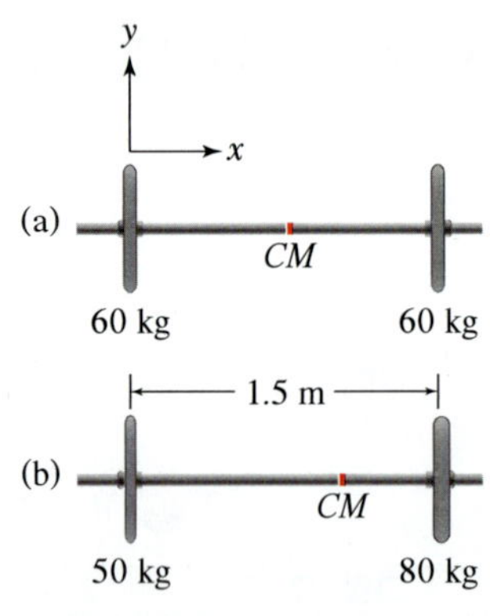

그림 P7-31

32. 그림 P7-32와 같이 질량이 m인 동일한 4개의 우주선으로 구성된 직사각형인 우주 정거장이 있다. 이 우주 정거장의 크기는 가로가 a, 세로가 b라고 하며, 각 우주선들은 질량을 무시할 수 있는 봉으로 단단하게 연결되어 있다. 이 계의 질량중심을 구하라.

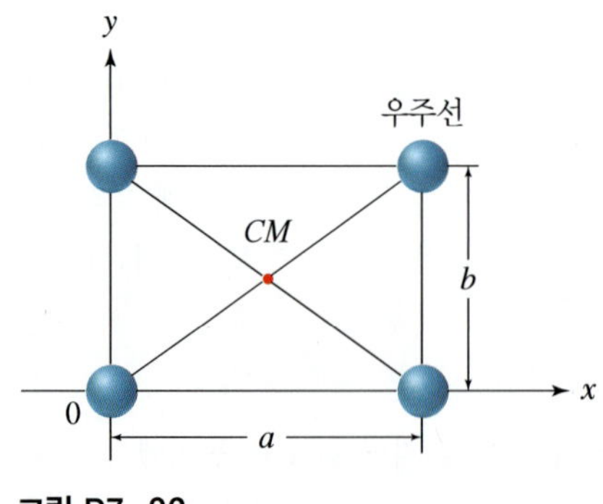

그림 P7-32

회전목마 '로얄 쥬빌리 캐로셀' 놀이공원에 있는 여러 놀이기구들은 회전운동과 아주 밀접한 관련이 있다. 회전목마(merry-go-round)는 17세기 유럽에서 유행했던 마상시합을 뜻하며, 처음에는 말 위에서 창을 던지기 위한 연습도구로서 고안되었다. 회전목마는 지면보다 약간 높이 설치된 원형 플랫폼에 목마나 여러 동물의 모양을 한 좌석이 마련되어 있으며, 중앙축에 있는 모터의 동력으로 전체 플랫폼이 회전한다(용인 에버랜드).

제8장 회전운동

지금까지 시간에 따라 물체의 위치가 이동하는 병진운동에 대해 공부해왔다. 병진운동의 대표적인 예는 물체가 직선을 따라 움직이는 직선운동과 곡선을 따라 움직이는 곡선운동(곡선이 원이면 원운동)이다. 순수한 병진운동에서 물체 내부의 어떤 축에 대한 회전은 없다. 그러나 우리 주위에는 고정된 축 주위로 물체 자체가 회전하는 회전운동도 많이 있다. 승용차 바퀴도 회전하고, 판자를 자르는 원형 톱도 고속으로 회전한다. 놀이공원에 가면 회전하는 탈 것이 여러 종류가 있다. 무용수는 한쪽 발끝으로 돌기도 한다. 그리고 원자를 구성하는 양성자, 중성자, 전자들도 회전운동을 하고 있다. 이들 회전의 특징은 모두 회전축을 중심으로 회전한다는 것이다.

크기가 있는 물체가 한 축에 대해 회전할 때, 물체를 하나의 입자로 모형화해서 그 운동을 분석하기 곤란하다. 왜냐하면 임의 시간에 물체의 각 부분의 속력과 운동방향이 다르기 때문이다. 이때 회전하는 물체를 크기가 있는 입자의 모임으로 간주해 분석하면 아주 쉽다. 이러한 예는 회전하는 물체를 이루고 있는 모든 입자 사이의 상대위치가 변하지 않는 강체에서 찾을 수 있다.

제8장에서는 병진운동을 다룰 때와 마찬가지로, 먼저 회전운동을 기술하는 변수들을 정의하고, 회전운동의 특성에 대해 공부한다. 일반적인 회전운동은 복잡하다. 따라서 여기서는 고정된 축을 중심으로 회전하는 경우에만 한하여 다룬다.

8-1 각속도와 각가속도

(a)

(b)

그림 8-1 피겨스케이팅 선수의 병진운동과 회전운동. (a) 일정한 방향으로 병진운동을 하고 있다. (b) 수직 회전축에 대해 순수한 회전운동을 하고 있다(이순신빙상장).

병진운동은 크기를 갖는 물체의 운동 중에서 물체의 모든 부분의 변위가 다 동일하게 운동한다. 병진운동을 하면 물체의 모든 질점들이 평행하게 동일거리를 이동한다. 그림 8-1(a)는 피겨스케이팅 선수가 일정한 방향으로 **병진운동**을 하고 있는 모습이다. 또 다른 모습인 그림 8-1(b)는 이 선수가 제 자리에서 몸의 중심축을 중심으로 회전하는 **회전운동**(rotational motion 回轉運動)을 하고 있는 모습이다.

고정축을 주위로 회전하는 강체에 대해 생각해 보자. 바퀴와 프로펠러 같은 일정한 모양을 지닌 물체들의 질량은 하나의 점에 집중되어 있지 않고 퍼져 있다. 일정한 모양을 지닌 물체로 그 물체를 구성하고 있는 입자들 사이의 상대적인 위치가 변하지 않는 계나, 구성 요소가 고정되어 있어 모양이 전혀 변하지 않는 물체를 **강체**(rigid body 剛體)라 한다. 물론 물체에 힘이 가해지면, 그 물체의 모양이 변하거나 진동할 수 있다. 그러나 이러한 진동이나 모양의 변화가 매우 작기 때문에 이상적인 강체의 개념은 물체를 근사적인 강체로 유용하게 이용할 수 있다.

회전운동이란 계의 모든 부분이 원통 위에 있는 한 점과 같이 원운동을 하는 경우를 말한다. 이 경우 이들 원의 중심은 직선을 이루며 이 직선을 **회전축**(axis of rotation 回轉軸)이라 한다. 순수한 회전운동(각운동)에서 물체의 질점들은 회전축 위에 있는 원을 따라 움직이고 각 점이 특정한 시간 동안 이동하는 각도의 크기는 동일하다. 이는 순수한 병진운동(선운동)을 하는 물체의 각 점이 직선을 따라서 움직이고 각 점이 특정한 시간 동안 이동하는 직선거리가 같음에 대응된다.

회전운동에서 사용하는 변수들은 병진운동에서 사용했던 변위 Δx, 속도 v, 가속도 a와 대응되는 유사한 양을 다룬다. 회전운동에서는 각위치 θ, 각변위 $\Delta\theta$, 각속도 ω, 각가속도 α가 대응되는 양이다.

각위치

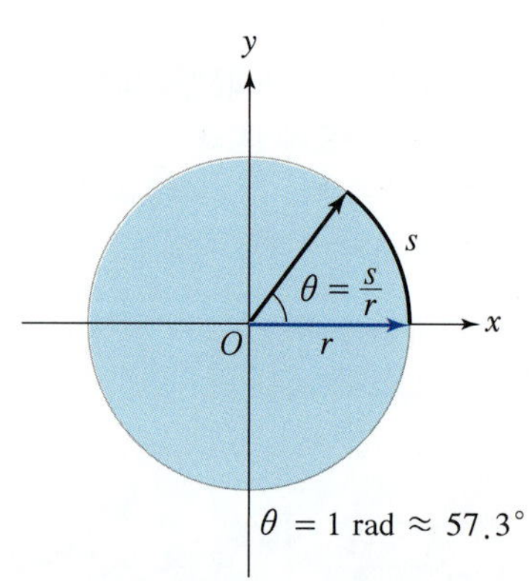

그림 8-2 1 rad은 반지름이 r인 원에서 원호의 길이 s가 반지름 r과 같을 때의 각이다.

공간상의 어떤 방향을 정하고 기준선과 이루는 각도를 기준선의 각위치로 정의한다. 그림 8-2에서 호의 길이 s가 반지름 r과 같을 때의 중심각을 **1라디안**이라고 한다. 물체가 원둘레를 따라 360° 회전하면 물체의 이동거리는 원둘레($2\pi r$)가 되므로 360°는 $(2\pi r/r) = 2\pi$ rad이 된다. 라디안과 도 사이의 관계는 1 rad = 360°/2π ≈ 57.3°이며, $1° = \frac{2\pi}{360} = 0.0175$ rad이다. 반지름이 r인 원호의 길이 s로 그려지는 각 θ를 $+x$축 방향으로부터 반시계방향으로 라디안으로 측정하면 다음과 같다.

$$\theta = \frac{s}{r}, \quad s = r\theta \qquad \textbf{8-1}$$

식 8-1에서 각 θ는 $+x$축 방향으로부터의 각위치이고, s는 $+x$축 방향으로부터의 원호의 길이이다.

각변위

어느 물체가 시간 Δt 동안에 원궤도 상의 한 점 P에서 P'으로 이동하였다고 하자. 이때 이동각이 각 θ_i에서 시작하여 각 θ_f에서 끝났다면 그 차는 다음과 같다.

$$\Delta\theta = \theta_f - \theta_i \quad (\text{각변위}) \qquad \mathbf{8\text{-}2}$$

이 값 $\Delta\theta$을 **각변위**(angular displacement 角變位)라 한다. 반시계 방향의 각변위는 양(+)의 값이고, 시계방향의 각변위는 음(−)의 값을 가진다. 각변위는 벡터가 아니다.

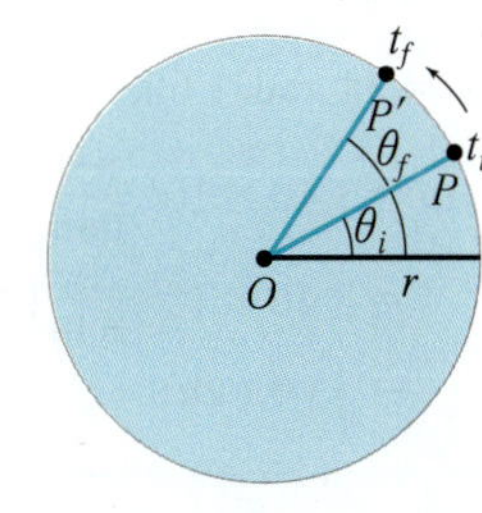

그림 8-3 원궤도 상의 한 점이 위치 P에서 P'으로 이동할 때의 이동각은 $\Delta\theta = \theta_f - \theta_i$이다.

각속도

각변위가 일어나는 시간에 대한 비율은 다를 수 있다. 강체가 빨리 돌아가면 이 변위는 짧은 시간간격 동안에 일어난다. 이렇게 회전 비율이 다른 상태를 구분하기 위해서 평균각속도라는 물리량을 사용한다. 각변위가 생기는 데까지 걸린 시간간격을 Δt라고 하면 ($\Delta t = t_f - t_i$), 이 시간 동안의 **평균각속도**(instantaneous angular velocity 平均角速度) $\omega_{평균}$은 다음과 같다.

$$\omega_{평균} \equiv \frac{\theta_f - \theta_i}{t_f - t_i} = \frac{\Delta\theta}{\Delta t} \quad (\text{평균각속도}) \qquad \mathbf{8\text{-}3}$$

평균각속도의 단위는 rad/s이지만, 라디안이 차원이 없는 단위이므로 s^{-1}로 쓸 수 있다. 만약 시간 간격이 아주 짧다면 평균 각속도는 병진운동의 경우와 유사하게 **순간각속도**(instantaneous angular velocity 瞬間角速度)가 된다. 회전하는 강체의 순간각속도는 시간간격 Δt가 0으로 접근할 때 $\Delta\theta/\Delta t$의 극한값이다.

$$\omega_{순간} \equiv \lim_{\Delta t \to 0} \frac{\Delta\theta}{\Delta t} = \frac{d\theta}{dt} \quad (\text{순간각속도}) \qquad \mathbf{8\text{-}4}$$

θ가 반시계방향으로 회전하며 증가할 때 ω는 양(+)의 값으로, θ가 시계방향으로 회전하며 감소하면 ω는 음(−)의 부호를 갖는다. 각속도가 일정할 때 순간각속도는 평균각속도와 같으며, 각속도의 크기를 각속력이라고 한다.

예제 8-1 회전하는 헬리콥터 날개

문제 육군에서 운용 중인 중형기동헬기(UH-60P) 날개의 각속도가 3.40×10^2 rev/min라고 하자. (a) 이 각속도를 rad/s 단위로 나타내라. (b) 날개의 반지름이 2.20 m라면, 2.00×10^2 s 시간 동안 날개 끝은 호의 길이가 얼마만큼 회전하는가?

생각하기 rev/min로 나타낸 각속도를 rad/s로 변환한다. 날개가 1회전하는 동안 날개는 2π rad의 각도로 회전한다.

풀이 (a) rad/s는 초당 회전수이며, rev/min은 분당 회전수를 의미한다.

그림 8-4 헬기의 날개(계룡군문화축제)

1 rev = 2π rad과 60 s = 1 min의 바꿈인수를 사용한다.

$$\omega = 3.40 \times 10^2 \frac{\text{rev}}{\text{min}}$$
$$= 3.40 \times 10^2 \frac{\text{rev}}{\text{min}}\left(\frac{2\pi \text{ rad}}{\text{rev}}\right)\left(\frac{1.00 \text{ min}}{60.0 \text{ s}}\right)$$
$$= 35.6 \text{ rad/s}$$

(b) 각속도에 시간을 곱하면 각변위가 얻어진다.

$$\Delta\theta = \omega t = (35.6 \text{ rad/s})(2.00 \times 10^2 \text{ s}) = 7.12 \times 10^3 \text{ rad}$$

호의 길이는 각변위에 반지름을 곱하면 구해진다.

$$\Delta s = r\Delta\theta = (2.20 \text{ m})(7.12 \times 10^3 \text{ rad}) = 1.57 \times 10^4 \text{ m}$$

각가속도

회전하는 어느 강체가 처음시각 t_i에서 각속도가 ω_i이었고, 나중시각 t_f에서 각속도가 ω_f이었다면, 일정한 시간간격 동안 각속도의 변화 때문에 **각가속도**(angular acceleration 角加速度)가 생긴다. 각가속도의 기호는 α(그리스 문자 알파)가 많이 사용된다. 회전하는 물체의 **평균 각가속도** $\alpha_{평균}$은 각속도의 변화량 $\Delta\omega$를 그동안 걸린 시간간격 Δt로 나눈 값으로 정의한다. 즉

$$\alpha_{평균} \equiv \frac{\omega_f - \omega_i}{t_f - t_i} = \frac{\Delta\omega}{\Delta t} \quad (\text{평균 각가속도}) \qquad \textbf{8-5}$$

이다. 여기서 각가속도의 방향은 일반적으로 각속도에서와 같은 방법을 사용한다. 즉 양(+)의 각가속도는 반시계방향이고, 음(−)의 각가속도는 시계방향으로 간주한다. 예를 들어 각속도가 2.0 s 동안 12.0 rad/s에서 8.0 rad/s로 변하면, 그 시간 동안의 평균 각가속도는 다음과 같다.

$$\alpha_{평균} = \frac{\Delta\omega}{\Delta t} = \frac{(8.0 \text{ rad/s} - 12.0 \text{ rad/s})}{2.0 \text{ s}} = -2.0 \text{ rad/s}^2$$

여기서 음(−)의 부호는 각가속도가 시계방향임을 나타낸다. 운동의 상태는 각속도는 줄어들고 있지만 여전히 (+)의 값이고 그 방향은 반시계방향이다. 순간가속도와 마찬가지로 **순간 각가속도** $\alpha_{순간}$은 시간간격 Δt가 0으로 접근할 때 평균 각가속도 $\Delta\omega/\Delta t$의 극한과 같다.

$$\alpha_{순간} \equiv \lim_{\Delta t \to 0} \frac{\Delta\omega}{\Delta t} = \frac{d\omega}{dt} \quad (\text{순간 각가속도}) \qquad \textbf{8-6}$$

각가속도의 단위는 rad/s^2 또는 간단히 s^{-2}이다. 반시계방향으로 회전하는 강체가 빨라지거나, 시계방향으로 회전하는 강체가 느려질 때 각가속도는 양(+)의 값을 갖는다. 여기서 양(+)의 부호나 음(−)의 부호는 ω나 α의 벡터방향이 되기도 한다. 본래 ω나 α는 각속도벡터 $\vec{\omega}$와 각가속도벡터 $\vec{\alpha}$의 크기이다.

일반적으로 회전운동에서는 고정축에 대해 회전하고 있으므로 벡터 기호 대신에, 부호로 벡터의 방향을 나타낸다. 강체가 어떤 고정된 축에 대해 회전할 때, 물체 위의 모든 입자는 주어진 시간간격 동안에 그 축에 대해 같은 각도만큼 회전하고, 동일한 각속도와 각가속도를 갖는다. 즉 θ, ω, α는 물체의 구성입자뿐만 아니라 강체 전체의 회전운동을 규정한다.

8-2 등각가속도 회전운동

등가속도 직선운동에서 가속도, 속도, 그리고 거리 사이의 관계를 나타내는 유용한 식 2-11, 2-15, 2-16을 유도하였다. 이들 식은 가속도가 일정하다는 가정하에서 가속도와 속도의 정의로부터 도출하였다. 등각가속도 회전운동에서 각가속도와 각속도의 정의는 x 대신 θ, v 대신 ω, 그리고 a 대신 α와 대응된다.

고정축을 중심으로 강체가 회전하고 각가속도가 일정한 경우, 즉 α = 일정인 경우의 운동을 살펴보자. 식 8-6의 $d\omega$ 대신 $\alpha\,dt$로 놓고, $t_i = 0$에서 $t_f = t$까지 적분하면 다음과 같다.

$$\omega_f = \omega_i + \alpha t \qquad \textbf{8-7}$$

여기서 ω_i는 시간 $t_i = 0$에서의 강체의 각속도이다. 식 8-7은 임의의 시간 t 이후의 각속도 ω_f를 나타낸다. 식 8-7을 식 8-4에 대입하고 다시 적분하면 다음과 같다.

$$\theta_f = \theta_i + \omega_i t + \frac{1}{2}\alpha t^2 \qquad \textbf{8-8}$$

여기서 θ_i는 시간 $t_i = 0$에서의 강체의 각위치이다. 식 8-8은 임의의 시간 t_f에서의 각위치 θ_f를 나타낸다. 식 8-7을 t에 대해 정리하여 식 8-8에 대입하면 다음 식을 얻는다.

$$\omega_f^2 = \omega_i^2 + 2\alpha(\theta_f - \theta_i) \qquad \textbf{8-9}$$

이 결과를 살펴보면 일정한 각가속도로 회전하는 강체의 운동식들은, 등가속도로 운동하는 입자에 대한 식과 수학적으로 아주 비슷한 형태를 갖는다는 것을 알 수 있다. 표 8-1은 등각가속도 운동 및 등가속도운동을 비교한 것이다.

표 8-1 회전운동과 병진운동 변수 및 운동방정식

(a) 변수

회전운동 변수		병진운동 변수	
각위치	θ	위치	x
각속도	$\omega = \dfrac{d\theta}{dt}$	속도	$v = \dfrac{dx}{dt}$
각가속도	$\alpha = \dfrac{d\omega}{dt} = \dfrac{d^2\theta}{dt^2}$	가속도	$a = \dfrac{dv}{dt} = \dfrac{d^2x}{dt^2}$

(b) 각가속도가 일정한 회전운동과 가속도가 일정한 병진운동의 운동방정식

등각가속도 회전운동		등가속도 병진운동	
$\omega_f = \omega_i + \alpha t$	**8-7**	$v = v_0 + at$	**2-11**
$\Delta\theta = \omega_i t + \frac{1}{2}\alpha t^2$ 또는 $\theta_f = \theta_i + \omega_i t + \frac{1}{2}\alpha t^2$	**8-8**	$x = v_0 t + \frac{1}{2}at^2$	**2-15**
$\omega_f^2 = \omega_i^2 + 2\alpha(\theta_f - \theta_i)$	**8-9**	$v^2 = v_0^2 + 2a\,x$	**2-16**

예제 8-2 회전하는 바퀴

문제 고정축을 중심으로 일정한 각가속도 3.80 rad/s^{2}으로 회전하고 있는 커다란 바퀴가 있다. 임의 시각 $t_i = 0$ s에서 바퀴의 각속도는 2.5 rad/s이다. (a) $t_i = 0$에서 $t_f = 2.0$ s까지 이 시간 동안 바퀴의 회전각은 얼마인가? 라디안과 회전수로 답하라. (b) $t_f = 2.0$ s인 시각 바퀴의 각속도는 얼마인가? (c) (b)에서의 각속도가 2배가 되는 동안 각변위(회전수 단위로)는 얼마가 되는가?

생각하기 각가속도가 일정하므로 회전운동의 공식인 식 8-7, 8-8, 8-9를 적용한다.

풀이 (a) 2.0 s 후에 각변위를 라디안과 회전수로 나타내보자. 식 8-8에 $\omega_i = 2.5$ rad/s, $\alpha = 3.8$ rad/s^2, $t_f = 2.0$ s를 대입하면 각변위는 다음과 같다.

$$\Delta\theta = \omega_i t + \frac{1}{2}\alpha t^2$$
$$= (2.5\ \text{rad/s})(2.0\ \text{s}) + \frac{1}{2}(3.8\ \text{rad/s}^2)(2.0\ \text{s})^2$$
$$= 12.6\ \text{rad}$$

라디안을 회전수로 변환하면 다음과 같다.

$$\Delta\theta = (12.6\ \text{rad})(1.00\ \text{rev}/2\pi\ \text{rad}) = 2.01\ \text{rev}$$

(b) $t_f = 2.0$ s에서 바퀴의 각속도는 식 8-7에 대입하면 다음과 같다.

$$\omega_f = \omega_i + \alpha t = 2.5\ \text{rad/s} + (3.8\ \text{rad/s}^2)(2.0\ \text{s}) = 10.1\ \text{rad/s}$$

(c) (b)에서 각속도가 2배가 되는 동안의 각변위(회전수 단위로)를 구하기 위해 시간 항이 없는 회전운동의 식 8-9에 $\omega_f = 2\omega_i$를 대입하면

$$\omega_f^2 - \omega_i^2 = 2\alpha\,\Delta\theta$$
$$(2 \times 10.1\ \text{rad/s})^2 - (10.1\ \text{rad/s})^2 = 2(3.8\ \text{rad/s}^2)\ \Delta\theta$$

이다. 각변위에 대해 푼 다음 회전수로 변환하면 다음과 같다.

$$\Delta\theta = (40.3\ \text{rad})\left(\frac{1\ \text{rev}}{2\pi\ \text{rad}}\right) = 6.41\ \text{rev}$$

8-3 각변수와 선변수 사이의 관계

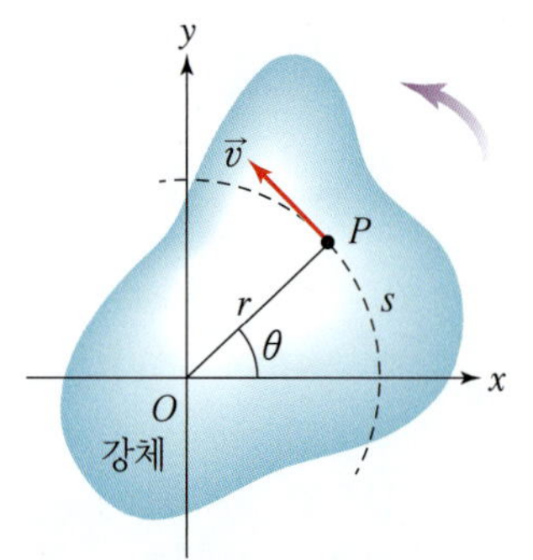

그림 8-5 강체가 고정축에 대해 회전할 때, 점 P는 반지름이 r인 원의 경로에 접하는 접선속도 $\vec{v}$를 갖는다.

이 단원 첫 페이지에 게재된 회전목마의 살펴보자. 회전목마가 천천히 회전할 때 회전목마의 모든 부분들은 회전축에 대해 원궤도를 따라 움직인다. 이때 회전목마는 하나의 강체로 생각할 수 있으며 각 부분들은 한 바퀴 회전하는 데 걸리는 시간은 모두 똑같다. 즉 모든 부분의 각속도 ω는 동일하다.

그러나 회전목마의 바깥쪽에 타고 있는 사람은 분명히 더 빠른 선속력으로 돌고 있다는 사실을 느낄 것이다. 즉 회전목마 각 부분의 선속력은 다르다. 회전축에서 멀리 있는 부분일수록 회전하는 원궤도의 둘레가 커지므로 그 부분의 선속력은 커야 한다. **회전운동을 보다 잘 이해하기 위해서는 강체의 특정한 입자 부분에 대한 각변수 $\boldsymbol{\theta}$, $\boldsymbol{\omega}$, $\boldsymbol{\alpha}$와 선변수 $\boldsymbol{s}$, $\boldsymbol{v}$, $\boldsymbol{a}$ 사이의 관계를 알아야 한다.** 이 관계는 회전축 중심에서 각 부분의 해당 점까지의 수직한 거리 r을 설정하여 정리할 수 있다. 이 거리는 회전하는 그 점에서 원의 반지름이 된다.

속력

각속력과 선속력 사이에는 어떤 관계가 있는가? 강체의 기준선이 각도 θ만큼 회전하면, 고정된 회전축 중심으로부터 r만큼 떨어진 부분(이 부분을 입자라고 하자)은 원호 s만큼 이동한다. 따라서 각위치는 식 8-1인 $s = r\theta$로 주어진다. 이 식에서 상수 r을 제외하고 시간으로 미분하면 다음 식을 얻는다.

$$\frac{ds}{dt} = r\frac{d\theta}{dt}$$

이 식에서 ds/dt는 입자의 선속력(선속도의 크기)이고, $d\theta/dt$는 회전하는 입자의 각속력이므로 선속력과 각속력 사이에는 다음 관계가 있다.

$$v = r\omega \qquad \textbf{8-10}$$

회전하는 강체 내에 있는 한 점의 접선속력은 회전축으로부터 점까지의 거리와 각속력의 곱과 같다.

식 8-10에서 회전하는 물체 내의 한 점의 선속력은 회전의 중심으로부터 테두리 쪽으로 멀어짐에 따라 증가함을 직관적으로 알 수 있다. **그러므로 강체 내의 모든 점의 각속력은 같아도, r은 각 점마다 다르기 때문에 접선속력은 같지 않다.** 즉, **회전체 내에 있는 한 점의 접선속력은 회전 중심에서 멀어질수록 커진다.** 예를 들면 골프채를 휘두를 때 바깥쪽 끝부분이 중앙부분보다 빠르게 움직인다. 원운동에서 한 바퀴 회전면서 움직인 거리 $2\pi r$을 속력 v로 나누면 1회전하는 데 걸리는 시간이므로 $T = 2\pi r/v$임을 알고 있다. 여기에 v 대신 $v = r\omega$를 대입하면 회전운동의 주기를 구할 수 있다. 즉

$$T = \frac{2\pi}{\omega}$$

이다. 따라서 1 바퀴 회전하는 데 걸린 시간은 1 회전에 해당하는 각변위 2π를 각속력으로 나눈값과 같다. 주기 T의 단위는 s이고, ω의 단위는 rad/s이다.

가속도

다음으로 각가속도와 선가속도 사이의 관계를 살펴보자. 앞서 식 5-13 및 5-14에서 원운동하는 물체의 가속도는 원의 접선방향을 향하는 **접선가속도 성분** a_t와, 지름방향을 향하는 **지름가속도 성분** a_r이 존재하였다. 따라서 각속도와 선속도 사이의 관계도 두 성분으로 나누어 정리해야 한다. 식 8-10을 시간으로 미분하면 다음과 같다.

$$\frac{dv}{dt} = r\frac{d\omega}{dt}$$

이 식에서 dv/dt는 가속도의 한 성분인 선속도 $\vec{v}$의 크기인 v의 변화율만을 나타낸다. 즉, dv/dt는 선가속도의 접선성분 a_t을 나타낸다. 여기서 $\frac{d\omega}{dt} = \alpha$이므로 선가속도의 접선성분 a_t는 다음과 같이 나타낼 수 있다.

$$a_t = r\alpha \qquad \textbf{8-11}$$

이 식에서 각가속도 α의 단위는 rad/s^{2}이다. 식 8-11의 선가속도의 접선가속도 성분 a_t는 각가속도가 0이 아니면 항상 존재한다.

원형경로를 따라 운동하는 물체는 중심을 향하는 지름방향의 가속도는 $a_r = v^2/r$로 표현된다. 이 지름방향의 가속도는 선속도 $\vec{v}$의 방향이 변하기 때문에 생긴다. 이 식의 v 대신에 $r\omega$를 대입하여 지름방향의 가속도 a_r을 구하면 다음과 같다.

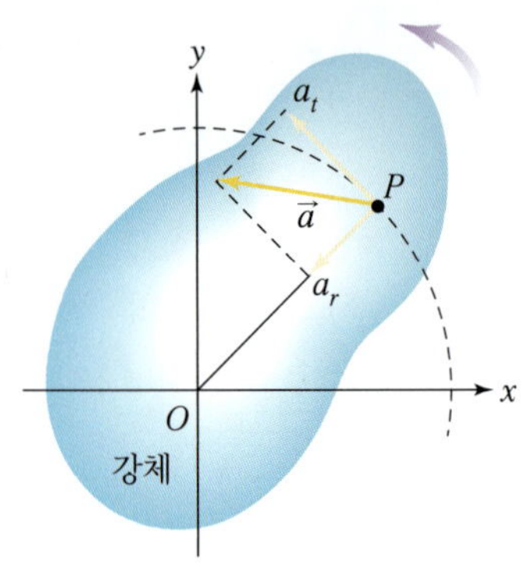

그림 8-6 강체가 고정축에 대해 회전할 때, 점 P는 접선방향의 가속도 성분 a_t와 지름방향의 가속도 성분으로 a_r을 갖는다.

$$a_r = \frac{v^2}{r} = r\omega^2 \qquad 8\text{-}12$$

그림 8-6은 회전하는 강체의 선가속도 두 성분을 나타낸 것이다. 지름방향을 향하는 가속도 성분이 a_r이고, 접선방향의 가속도 성분은 a_t이다. 점 P에서의 전체 가속도 벡터 $\vec{a}$는, 두 성분 가속도의 합으로 $\vec{a} = \vec{a}_t + \vec{a}_r$이다. 지름방향을 향하는 가속도 성분 a_r과 접선방향의 가속도 성분 a_t는 서로 수직이므로 점 P에서의 가속도 $\vec{a}$의 크기 a는 다음과 같다.

$$a = \sqrt{a_t^2 + a_r^2} = \sqrt{(r\alpha)^2 + (r\omega^2)} \qquad 8\text{-}13$$
$$= \sqrt{r^2\alpha^2 + r^2\omega^4} = r\sqrt{\alpha^2 + \omega^4}$$

여기서 $v_t = r\omega$이므로, 식 8-13은 다음과 같이 나타낼 수 있다.

$$a_c = \frac{(r\omega)^2}{r} = r\omega^2 \qquad 8\text{-}14$$

예제 8-3 원형경주장을 도는 자동차

문제 반지름이 4.50×10^2 m인 원형경주장 둘레를 반시계방향으로 진행하는 경주용 자동차가 있다. 이 자동차는 4.80 s 동안에 45.0 m/s의 속력에서부터 65.0 m/s의 속력으로 일정하게 가속되었다. (a) 자동차가 55.0 m/s의 속력이 되었을 때, 지름방향의 가속도의 크기는 얼마인가? (b) 이때 각속력은 얼마인가? (c) 접선 방향의 가속도 및 전체 가속도의 크기는 얼마인가?

생각하기 지름방향의 가속도와 접선 방향의 가속도를 이해하는 문제이다.

풀이 (a) v = 55.0 m/s일 때 구심가속도의 크기는 식 8-12에 대입하면 다음과 같다.

$$a_r = \frac{v^2}{r} = \frac{(55.0\text{ m/s})^2}{4.50 \times 10^2\text{ m}} = 6.72\text{ m/s}^2$$

(b) 이때의 각속력은 식 8-10을 이용하여 구할 수 있다.

$$\omega = \frac{v}{r} = \frac{55.0\text{ m/s}}{4.50 \times 10^2\text{ m}} = 0.122\text{ rad/s}$$

(c) 접선방향의 가속도의 크기는 4.80 s 동안 선속력이 45.0 m/s에서 65.0 m/s로 변했으므로 다음과 같다.

$$a_t = \frac{v_f - v_i}{\Delta t} = \frac{65.0\text{ m/s} - 45.0\text{ m/s}}{4.80\text{ s}} = 4.17\text{ m/s}^2$$

따라서 전체가속도는 식 8-13을 이용하면 다음과 같다.

$$a = \sqrt{a_t^2 + a_r^2} = \sqrt{(4.17\text{ m/s}^2)^2 + (6.72\text{ m/s}^2)^2}$$

즉, $a = 7.91\text{ m/s}^2$ 이다.

예제 8-4 정월 대보름 쥐불놀이

문제 그림 8-7과 같이 길이가 0.8 m인 끈의 한 끝에 쥐불통을 매달고 1.3 s 동안에 1회전하는 등속원운동을 시킨다고 하자. 다음 물음에 답하라. (a) 등속원운동 하는 쥐불통의 각속력은 얼마인가? (b) 또 쥐불통의 선속도의 크기는 얼마인가? 임의 점 P에서의 속도의 방향은 어떠한가?

생각하기 주기를 이용하여 각속력을 구하는 문제이다.

풀이 (a) $\omega = \frac{2\pi}{T} = \frac{2 \times 3.14}{1.3} = 4.83\text{ rad/s}$

(b) $v = r\omega = 0.8\text{ m} \times 4.83\text{ rad/s} = 3.86\text{ m/s}$

그림 8-7 쥐불놀이 모습

임의 점에서 속도의 방향은 그 점에서의 접선방향이다.

8-4 토크

Newton의 제2법칙으로 회전운동을 설명하려면 힘 대신 토크라는 새로운 물리량을 정의해야 한다. **힘은 병진운동에서 가속의 원인이 되고, 토크는 회전운동에서 각가속도의 원인이 된다.** 힘과 토크 사이에는 어떤 관계가 있는지 알아보자.

어떤 물체를 회전시키기 위해서 힘을 가해야 한다. 이때 물체의 어느 지점에 힘이 작용하며, 어떤 방향으로 작용하는가는 아주 중요하다.

그림 8-8과 같이 문에 힘이 작용하는 경우를 생각하자. 힘 $\vec{F}$가 손잡이 가까이에 작용할수록 문이 쉽게 열린다. 그러나 $\vec{F}$와 같은 힘이 경첩 가까운 점에 작용하면, 힘의 크기는 같아도 문이 쉽게 열리지 않는다. 그러므로 힘의 효율은 작용하는 힘의 크기, 힘의 작용점, 힘이 작용하는 각도에 의해 결정된다. 이때 회전축으로부터 힘이 작용하는 작용선까지의 수직거리를 힘의 **지렛대 팔**(lever arm), 또는 힘의 **모멘트 팔**(moment arm)이라 한다.

토크의 정의

그림 8-8(a)와 같이 힘의 크기가 같은 경우 힘의 작용점이 경첩에서 멀수록 힘의 효율은 크다. 또한 그림 8-8(b)와 같이 힘의 작용점이 같으면, 힘이 문에 수직으로 작용할 때 힘의 효율은 크다. 만약 그림 8-8(c)와 같이 힘이 문에 비스듬히 작용하면 작용한 모두가 힘의 효율에 관여할 수 없다. 이때 지렛팔 $\vec{r}_3$은 힘 $\vec{F}_3$의 방향을 따라 작용선을 긋고, 이어 회전축으로부터 이 작용선에 수직으로 그린 수직거리이다.

문을 회전시키는 예와 같이 힘이 어떤 축에 대해 물체를 회전시키려는 경향을 **토크**(torque)라고 하고, 벡터를 써서 나타낸다. 토크의 기호는 일반적으로 그리스 문자 τ(타우)로 나타낸다. **토크가 회전운동의 변화를 일으키는 것은 마치 힘이 병진운동의 변화를 주는 것과 비슷하다.** 그러나 토크와 힘을 혼동해서는 안 된다. 토크는 힘뿐만 아니라, 힘이 어디에 작용하는가에도 의존하기 때문이다. 이러한 내용을 묶어 토크를 정의하면 다음과 같다. 물체에 작용하는 힘을 $\vec{F}$라 하고, 한 점 O에서부터 힘의 작용점까지의 위치벡터를 $\vec{r}$이라고 할 때, 힘 $\vec{F}$에 의한 토크 $\vec{\tau}$의 크기는 다음과 같다.

$$\tau = rF \qquad \textbf{8-15}$$

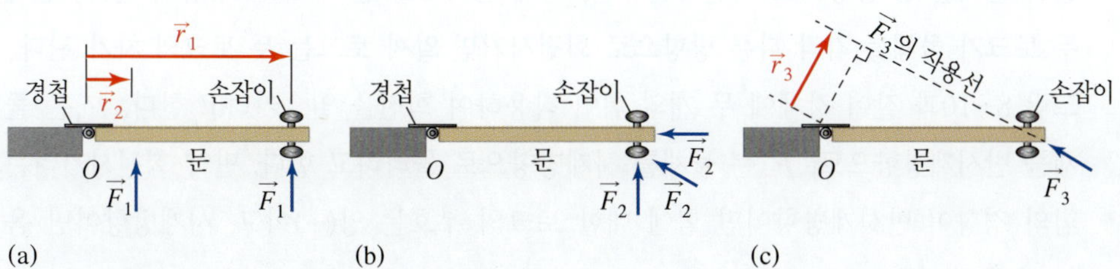

그림 8-8 문을 회전시키는 힘의 효율은 작용하는 힘의 크기, 힘의 작용점, 힘이 작용하는 각도에 의해 결정된다. (a) 같은 힘이 다른 작용점에 작용하는 경우 (b) 같은 작용점에 같은 힘이 서로 다른 각으로 작용하는 경우 (c) 모멘트 팔은 회전축으로부터 힘의 작용선에 수직인 거리이다.

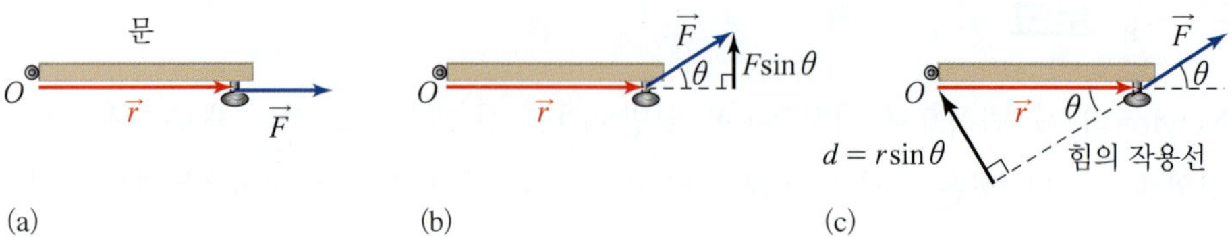

그림 8-9 (a) $\theta = 0$이면 토크는 0이다. (b) 문에 수직으로 작용하는 힘의 성분은 $F\sin\theta$만이 알짜 토크를 만드는데 기여한다. (c) 지렛대 팔은 회전축으로부터 힘의 작용선에 수직인 거리 $d = r\sin\theta$이다.

이때 F와 r은 수직이고 한 평면에 있으며, r은 위치벡터의 크기이다. 토크의 단위는 뉴턴 미터(N m)이다. 그림 8-8(a)처럼 힘 $\vec{F}$가 손잡이 가까이에 수직으로 작용할 때, 문은 일정한 각가속도로 반시계방향으로 회전한다. 힘이 경첩 가까운 곳에 작용하면 각가속도는 더 작아지며, 작용한 힘과 회전축 사이의 거리인 반지름 r이 클수록 더 큰 각가속도가 생긴다. 그리고 힘이 커질수록 각가속도도 커진다. 즉 **각가속도는 가해진 힘과 지렛대 팔에 비례하는 것을 알 수 있다.**

앞서 그림 8-8(a)에서와 같이 작용한 힘이 항상 위치벡터 $\vec{r}$에 수직인 것은 아니다. 그림 8-9(a)에서와 같이 손잡이를 잡고 오른쪽으로 큰 힘으로 민다고 해도 문은 열리지 않는다. 그러나 그림 8-9(b)와 같이 작용하는 힘이 문과 어떤 각도를 이루고 있으면, 문에 수직인 성분의 힘이 문을 회전하게 하는 원인이 된다. 이때 문에 수직으로 작용하는 힘의 성분은 $F\sin\theta$이고, θ는 위치벡터 $\vec{r}$과 작용하는 힘 $\vec{F}$ 사이의 각이다. 만약 $\theta = 0$이면, 즉 힘이 경첩으로부터 멀어지는 방향으로 작용하면, 힘의 성분은 0이 된다. $F\sin\theta$의 최댓값은 $\theta = 90°$ 또는 $\theta = 270°$(반대방향)일 때이다. 그림 8-9(c)의 경우 지렛대 팔은 $d = r\sin\theta$가 된다.

지금까지 살펴본 내용을 중심으로 토크를 일반적인 식으로 표현해보자. 물체에 작용하는 힘을 $\vec{F}$라 하고, 한 점 O에서부터 힘의 작용점까지의 위치벡터를 $\vec{r}$이라고 하고, $\vec{r}$과 $\vec{F}$의 사이의 각을 θ라고 할 때, 힘 $\vec{F}$에 의한 토크 $\vec{\tau}$의 크기는 다음과 같다.

$$\tau = rF\sin\theta \qquad \textbf{8-16}$$

토크의 값은 회전축의 선택에 달려 있다. 어느 강체에서 일단 한 점을 회전축으로 선택하면 주어진 문제에 대해 일관성 있게 사용해야 한다. **만약 물체에 작용하는 토크들이 물체를 한 방향으로 회전시킨다면, 이때 알짜 토크는 각 토크의 합이 된다. 만약 두 토크가 물체를 각각 다른 방향으로 회전시키면 알짜 토크는 두 토크의 차가 된다.** 그림 8-10과 같이 강체에 두 개의 힘이 작용하여 회전을 일으키려고 한다. $\vec{F}_1$은 물체를 반시계방향으로, $\vec{F}_2$는 물체를 시계방향으로 돌리려고 한다. 만약 회전시키려는 힘의 경향이 반시계방향이면 힘에 대한 토크의 부호는 양(+)이고, 시계방향이면 음(−)으로 정한다.

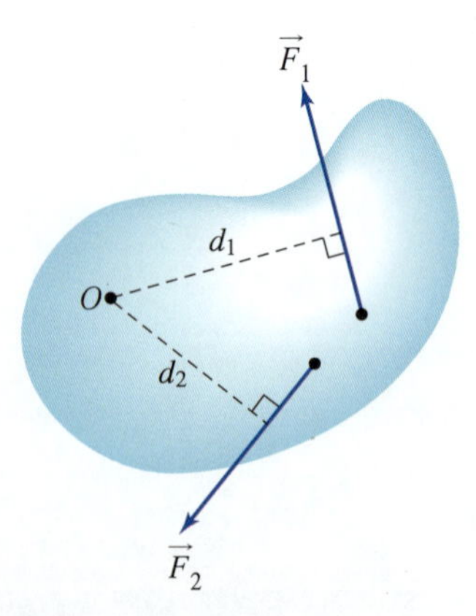

그림 8-10 점 O를 지나는 축에 대해 힘 $\vec{F}_1$은 물체를 반시계방향으로, $\vec{F}_2$는 물체를 시계방향으로 돌리려고 한다.

예제 8-5 회전문은 어느 쪽으로 돌까?

문제 그림 8-11과 같이 두 남자가 회전문에서 서로 다른 방향으로 힘을 작용하고 있다. 오른쪽에 있는 사람은 중심축에서 0.8 m 떨어진 점에서 문에 수직으로 $F_1 = 650$ N의 힘을 가하고, 왼쪽에 있는 사람은 중심축에서 0.6 m 떨어진 점에서 문에 수직으로 $F_2 = 750$ N의 힘을 가했다면, 회전문에 작용하는 알짜 토크는 얼마인가?

생각하기 문에 작용하는 각각의 토크를 구하고 이를 모두 더하면 알짜 토크가 얻어진다. 오른쪽에 있는 사람은 양(+)의 토크를, 왼쪽에 있는 사람은 음(−)의 토크를 만든다.

풀이 힘 $F_1 = 650$ N에 의한 토크는 반시계방향이므로 양(+)이다.

$$\tau_1 = r_1F_1 = (0.8\text{ m})(650\text{ N}) = 5.20 \times 10^2\text{ N m}$$

힘 $F_2 = 750$ N에 의한 토크는 시계방향이므로 음(−)이다.

$$\tau_2 = r_2F_2 = -(0.6\text{ m})(750\text{ N}) = -4.50 \times 10^2\text{ N m}$$

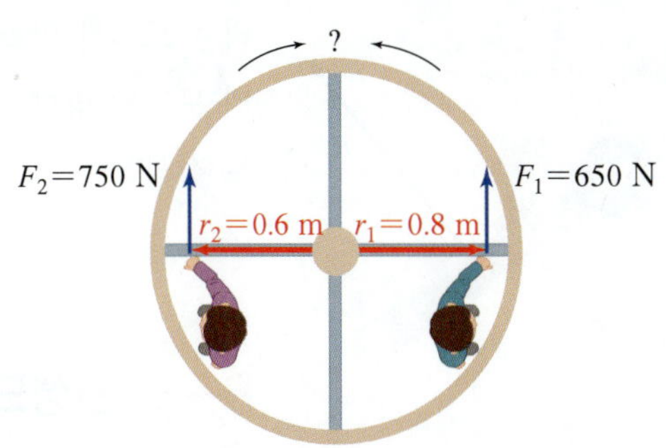

그림 8-11 회전문에서 두 사람이 서로 다른 지렛대 팔로, 서로 다른 힘으로, 서로 다른 방향으로 작용시키고 있다.

따라서 알짜 토크는 다음과 같다.

$$\tau = \tau_1 + \tau_2 = (5.20 \times 10^2\text{ N m}) + (-4.50 \times 10^2\text{ N m})$$
$$= 7.0 \times 10^1\text{ N m}$$

즉 알짜 토크가 양(+)이므로 반시계방향의 회전을 만들어낸다.

예제 8-6 한 축에 2개의 바퀴가 연결된 강체

문제 그림 8-12와 같이 반지름이 $r_1 = 0.3$ m와 $r_2 = 0.5$ m인 원통형 바퀴가 중심을 통과하는 축에 연결되어 있다. 반지름이 $r_1 = 0.3$ m인 바퀴에는 $F_1 = 50$ N인 힘이 작용하여 바퀴를 반시계방향으로 회전시키려고 하며, 반지름이 $r_2 = 0.5$ m인 바퀴에는 $F_2 = 50$ N으로 힘의 작용선에 60°로 작용한다. 두 힘이 바퀴에 미치는 알짜 토크는 얼마인가?

생각하기 한 힘은 반시계방향으로, 또 한 힘은 시계방향으로 작용하므로 서로 반대방향의 토크가 작용한다. 두 토크의 합을 구하는 문제이다.

풀이 힘 F_1에 의한 토크는 양(+)이고, F_2에 의한 토크는 음(−)이다. 따라서 $\tau_1 = r_1F_1$이고, $\tau_2 = -r_2F_2\sin\theta$이므로 알짜 토크는 다음과 같다.

$$\tau = r_1F_1 + (-r_2F_2\sin 60°)$$

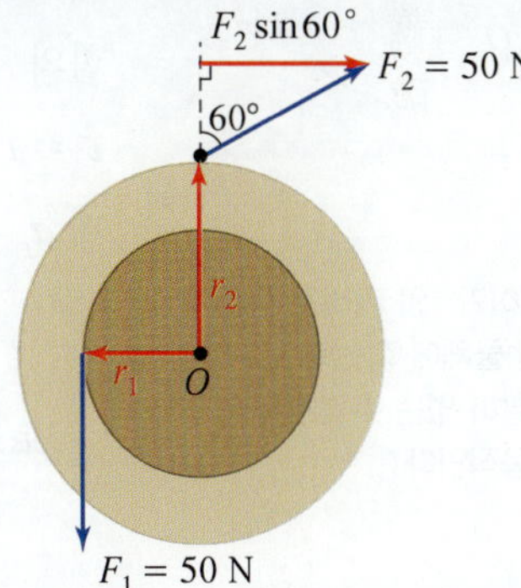

그림 8-12 한 축에 연결된 두 개의 원통형 바퀴 각각에 힘이 작용하면 알짜 토크가 생긴다.

$$= (0.3\text{ m})(50\text{ N}) - (0.5\text{ m})(50\text{ N})(0.866)$$
$$= -6.65\text{ N m}$$

토크의 방향

토크는 벡터이므로 그 방향이 중요하다. 토크 벡터의 방향은 위치 벡터와 힘벡터가 한 평면에 존재하므로 이 평면에 수직인 방향이다. 즉 힘 $\vec{F}$에 의해 나타나는 회전축은

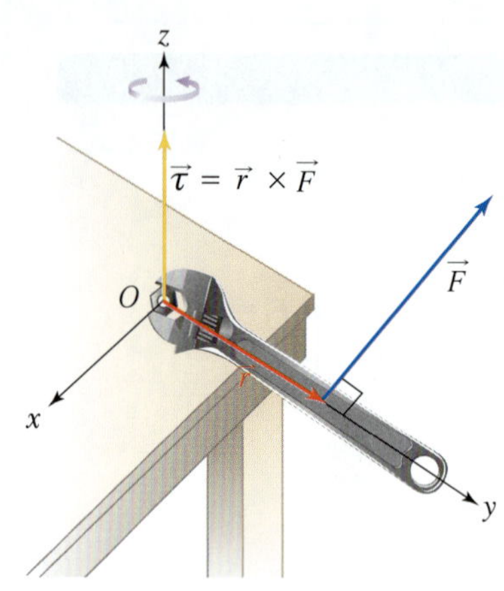

그림 8-13 토크 벡터 $\vec{\tau}$는 $\vec{r}$과 $\vec{F}$가 이루는 평면에 수직인 방향을 향한다.

$\vec{r}$과 $\vec{F}$가 이루는 평면에 수직이다. 그림 8-13에서와 같이 힘이 xy평면에 작용하면, 토크는 z축에 평행한 벡터로 표현되며, 공구의 힘이 반시계방향으로 나사를 회전시키려는 토크를 만들어낼 때, 벡터 $\vec{\tau}$의 토크의 방향은 $+z$방향이다. $\vec{F}$의 방향이 반대이면 토크의 방향은 $-z$방향이 된다. 그러므로 토크 벡터 $\vec{\tau}$는 $\vec{r}$와 $\vec{F}$에 대한 벡터곱으로 정의할 수 있다.

$$\vec{\tau} = \vec{r} \times \vec{F} \tag{8-17}$$

8-5 관성모멘트와 회전운동법칙

관성모멘트

회전하는 물체의 각가속도 α는 물체에 가해진 토크 τ에 비례한다는 것을 알았다. 이 결과는 $\alpha \propto \sum\tau$로 표현할 수 있다. 여기서 알짜 토크(물체에 작용하는 모든 토크의 합)가 α에 비례한다는 것을 강조하기 위해 $\sum\tau$로 표현할 수 있다. 이 식은 병진운동에 대한 운동의 제2법칙 $a \propto \sum F$에 해당하는 회전운동의 운동법칙이다. 병진운동의 경우 가속도는 가해진 힘에 비례할 뿐만 아니라, 물체의 관성에 반비례한다. 즉, $a = \dfrac{\sum F}{m}$이다. 여기서 관성을 나타내는 양 m을 질량이라 한다. 그러면 회전운동에서 질량의 역할을 하는 양은 무엇인가?

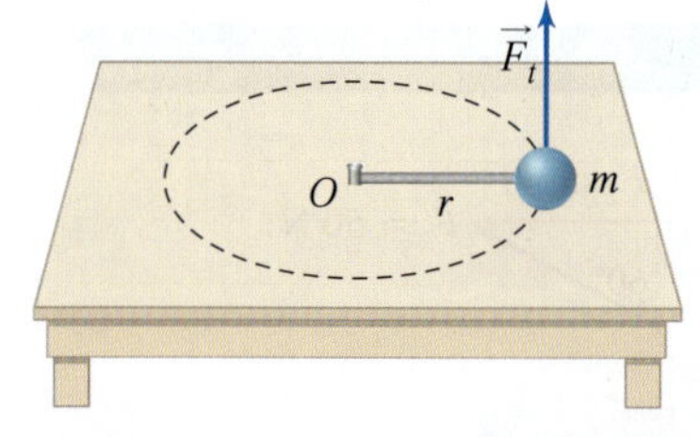

그림 8-14 길이가 r인 가벼운 막대에 매달린 질량 m인 물체에 접선력 $\vec{F}_t$가 작용하는 동안, 마찰이 없는 수평면 위에서 원 경로를 따라 움직인다.

그림 8-14와 같이 실이나 질량을 무시할 수 있는 막대의 한 끝에 매달려 반지름이 r인 원 주위를 회전하는 입자 m이 있다. 힘 F가 이 입자에 작용한다고 하자. 이때 이 힘의 접선 방향의 성분만이 입자를 가속시킬 수 있다. 각가속도를 생기게 하는 토크는 $\tau = rF_t$이다. 운동의 제2법칙 $F = ma$와 각가속도와 선가속도의 접선성분 사이의 관계 $a_t = r\alpha$(식 8-12)를 사용하면 다음 식을 얻는다.

$$F_t = ma_t = mr\alpha$$

토크 $\tau = rF$이므로 다음과 같은 관계를 얻는다.

$$\tau = F_t r = ma_t r = m(r\alpha)r = mr^2\alpha \tag{8-18}$$

식 8-18은 물체에 작용하는 토크가 물체의 각가속도에 비례함을 보여준다. 여기서 비례상수에 해당하는 mr^2은 질량 m인 물체의 관성을 나타내는 양으로, 이 양을 질량 m인 물체의 **관성모멘트**(moment of inertia)라 한다. 관성모멘트의 기호는 I를 사용한다.

$$I = mr^2 \tag{8-19}$$

관성모멘트의 단위는 kg m^{2}이며 ML^{2}의 차원을 갖는다. 그림 8-15처럼 막대가 매우 가벼운 경우에는 막대의 관성모멘트는 무시한다.

회전운동의 법칙

축바퀴처럼 중심을 통과하는 축에 대해 회전하는 바퀴와 같은 강체의 경우를 생각해보자. 바퀴는 회전축으로부터 각각 다른 거리에 떨어져 분포된 여러 개의 질점의 모임으로 생각할 수 있다. 그러면 각 질점은 식 8-18에 따라 운동할 것이며, 전체의 운동은 이들의 합으로 기술할 수 있다. 각 부분에 가해진 토크의 합이 전체 토크이다. 전체 토크를 $\sum\tau$라고 하면 다음과 같다.

$$\sum\tau = (\sum mr^2)\alpha \tag{8-20}$$

식 8-20에서 $\sum mr^2$은 각 질점의 질량과 각 질점으로부터 회전축까지 거리의 제곱을 곱하여 더한 것이다. 만약 각 부분에 각 입자의 번호(1, 2, 3, …)를 붙이면 $\sum mr^2 = m_1r_1^2 + m_2r_2^2 + m_3r_3^2 + \cdots$ 가 될 것이다. 이 양 역시 강체의 관성모멘트로 다음과 같이 쓸수 있다.

$$I = \sum mr^2 = m_1r_1^2 + m_2r_2^2 + \cdots \tag{8-21}$$

이 식은 다음과 같이 나타낼 수 있다.

$$I = \sum_i m_i r_i^2 \tag{8-22}$$

식 8-20과 8-22를 결합하여 새로운 식으로 표현할 수 있다.

$$\sum\tau = I\alpha \tag{8-23}$$

이 식을 운동의 제2법칙에 해당하는 **회전운동의 법칙**이라 한다. 즉 힘 대신 토크로, 질량 대신 관성모멘트로 대체하고, 선가속도를 각가속도로 대체한 형태를 갖는다. 비록 물체의 관성모멘트가 질량과 관련된다 할지라도 그들 사이에는 중요한 차이가 있다. 질량 m은 물체 내의 물질의 양에만 의존하지만, 관성모멘트 I는 강체 내의 물질의 양과 그것의 분포($I = \sum mr^2$에서 r^2항을 통해 볼 때)에 모두 의존한다. 예를 들어 그림 8-15와 같이 전체 질량이 같은 경우 지름이 큰 원기둥(a)의 관성모멘트가 지름이 작은 원기둥(b)보다 더 큰 관성모멘트를 가진다. 따라서 지름이 큰 (a)의 원기둥을 회전시키거나 회전을 멈추게 할 때 더 큰 힘이 든다. 즉 질량들이 회전축에서 멀리 분포되어 있는 경우가 더 큰 관성모멘트를 준다. 그러므로 회전운동의 경우 물체의 질량이 질량중심에 모여 있다고 생각해서는 안 된다.

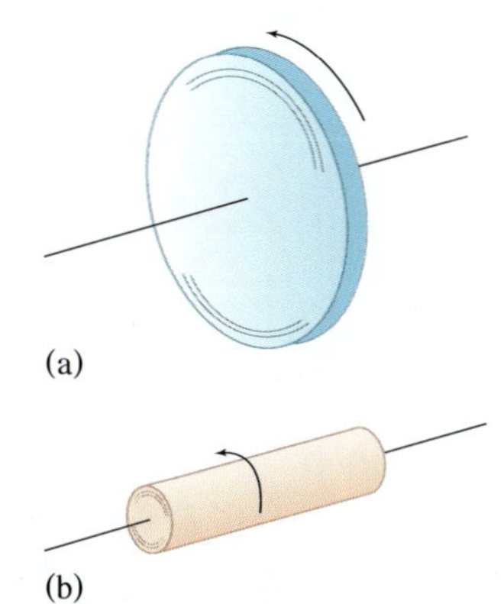

그림 8-15 (a)와 (b)의 질량이 같을 때, 질량이 회전축으로부터 더 멀리 분포되어 있는 (a)의 관성모멘트가 (b)보다 크다.

연속적인 입자계의 관성모멘트

불연속적인 입자계의 관성모멘트는 식 8-22를 이용하여 직접 계산할 수 있다. 그러나 연속적인 강체의 관성모멘트는 물체가 각각 질량 Δm_i인, 수많은 작은 부피 요소들로 이루어졌다고 가정해서 구할 수 있다. 식 $I = \sum_i r_i^2 \Delta m_i$를 이용하고, 이 합에 대해 $\Delta m_i \to 0$의 극한을 구한다. 이 극한에서의 합은 물체의 부피에 대한 적분이 된다. 따라서 다음과 같이 표현할 수 있다.

$$I = \lim_{\Delta m_i \to 0} \sum_i r_i^2 \Delta m_i = \int r^2\, dm \tag{8-24}$$

일반적으로 관성모멘트를 계산할 때, 질량 요소보다는 부피 요소를 이용해서 계산

TIP 관성모멘트는 회전축에 따라 다르다

관성모멘트는 질량과 유사성이 있지만, 다른 점이 있다. 질량은 물체의 고유한 성질로 단일값을 갖는다. 그러나 관성모멘트는 회전축에 따라 다르므로 단일한 관성모멘트를 갖지 못한다. 질량중심을 지나는 축에서 관성모멘트가 가장 작다.

하는 것이 쉽다. 이 때문에 $dm = \rho dV$ (여기서 ρ는 물체의 밀도)로 대체하여 관성모멘트를 나타내면 편리하다.

$$I = \int \rho r^2 dV \qquad \textbf{8-25}$$

물체가 균일하면 ρ는 물체 전체에 대해 일정하므로, 주어진 형태에 대해 적분값을 계산할 수 있다. 그러나 ρ가 물체 전체에 대해 일정하지 않으면 위치의 변화를 알아야 적분할 수 있다. 표 8-2는 강체의 형태와 회전축의 위치에 따른 물체의 관성모멘트를 나타낸 것이다.

표 8-2 질량이 M인 여러 강체의 관성모멘트

물체의 형태	관성모멘트	물체의 형태	관성모멘트
① 속이 꽉 찬 원통 또는 원판	$I = \frac{1}{2}MR^2$	⑥ 두께가 얇고 속이 빈 원통이나 고리	$I = MR^2$
② 속이 꽉 찬 구 (회전축이 구의 중심을 지남)	$I = \frac{2}{5}MR^2$	⑦ 속이 꽉 찬 구 (회전축이 표면의 접선을 지남)	$I = \frac{7}{5}MR^2$
③ 두께가 얇고, 속이 빈 구 껍질	$I = \frac{2}{3}MR^2$	⑧ 얇은 직사각형판 (회전축이 넓은 판 중심을 지남)	$I = \frac{1}{12}M(a^2 + b^2)$
④ 얇은 직사각형판 (회전축이 좁은 판중심을 지남)	$I = \frac{1}{12}ML^2$	⑨ 얇은 직사각형판 (회전축이 어느 한 끝을 지남)	$I = \frac{1}{3}ML^2$
⑤ 길고 가는 막대 (회전축이 중심을 지남)	$I = \frac{1}{12}ML^2$	⑩ 길고 가는 막대 (회전축이 어느 한 끝을 지남)	$I = \frac{1}{3}ML^2$

예제 8-7 선밀도가 일정한 강체 막대

문제 그림 8-16과 같이 질량이 M이고, 길이가 L인 선밀도가 일정한 강체 막대가 있다. (a) 막대에 수직이고, 질량중심을 지나는 축(y'축)에 대한 관성모멘트를 구하라. (b) 막대의 끝을 지나는 y축에 대한 관성모멘트를 구하라.

생각하기 선밀도가 일정하므로 균일한 강체로 취급하고 식 8-24를 이용하여 구한다.

풀이 (a) 그림 8-16에서와 같이 dx'을 길이 요소라고 하자. dx'에 단위길이당 질량인 선밀도 $\lambda = \left(\frac{M}{L}\right)$을 곱하면 미소질량 dm이 된다.

$$dm = \lambda\, dx' = \frac{M}{L}\, dx'$$

이것을 $r^2 = (x')^2$과 함께 식 8-24에 대입하여 y'축에 대한 관성모멘트를 구하면 다음과 같다.

$$I_{y'} = \int r^2 dm = \int_{-L/2}^{L/2} (x')^2 \frac{M}{L}\, dx'$$

$$= \frac{M}{L}\int_{-L/2}^{L/2} (x')^2 dx' = \frac{M}{L}\left[\frac{(x')^3}{3}\right]_{-L/2}^{L/2} = \frac{1}{12}ML^2$$

(b) 막대의 끝을 지나는 y축에 대한 관성모멘트는 식 8-24에 적용시켜 구하고, 이때 적분구간은 0에서 L까지로 한다.

$$I_y = \int r^2 dm = \int_0^L (x)^2 \frac{M}{L}\, dx$$

$$= \frac{M}{L}\int_0^L (x)^2 dx = \frac{M}{L}\left[\frac{(x)^3}{3}\right]_0^L = \frac{1}{3}ML^2$$

(a), (b) 결과는 표 8-2의 ⑤와 ⑩과 같은 것을 알 수 있다. 이 예제를 통해 강체가 회전축에서부터 긴 형태를 가질 때, 관성모멘트가 훨씬 커지는 것을 알 수 있다.

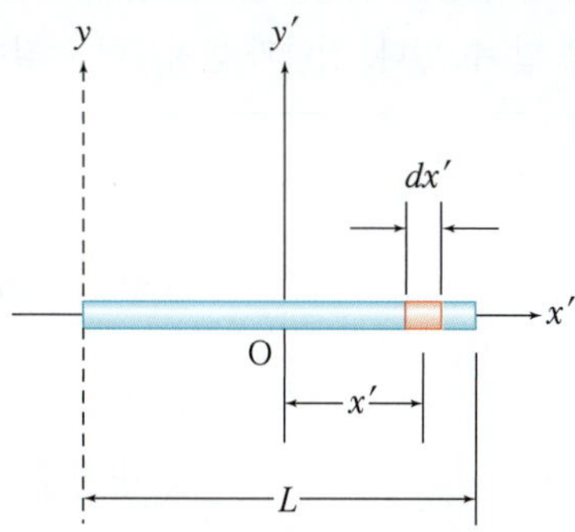

그림 8-16 y'축과 y축을 회전축으로 할 때 관성모멘트를 구하는 그림

예제 8-8 속이 찬 원통

문제 질량이 M이고, 길이가 L 그리고 반지름이 R인 속이 꽉 찬 균일한 원통이 있다. (a) 그림 8-17과 같이 z축이 중심축일 때 이 축에 대한 관성모멘트가 $\frac{1}{2}MR^2$임을 증명하라. (b) 만약 원통의 질량과 반지름은 같고 길이만 2배가 되면 관성모멘트는 어떻게 변하는가?

생각하기 적분변수가 하나인 문제로 단순화시켜 식 8-24를 이용한다.

풀이 (a) 원통의 반지름을 r, 밀도를 ρ로 놓자. 이 원통은 두께가 dr이고 길이가 L인 원통형 껍질이 여러 겹으로 구성되어 있다고 생각할 수 있다. 각 껍질의 부피 dV는 단면의 넓이와 길이의 곱이므로 $dV = LdA = L(2\pi r)\, dr$이다. dm을 dr로 나타내면 다음과 같다.

$$dm = \rho dV = \rho L(2\pi r)\, dr$$

이 관계를 식 8-24에 대입하면 다음과 같다.

$$I_z = \int r^2 dm = \int r^2[\rho L(2\pi r)dr] = 2\pi\rho L\int_0^R r^3 dr$$

$$= \frac{1}{2}\pi\rho L R^4 \quad (1)$$

여기서 강체의 밀도 ρ는 $\rho = \frac{M}{V} = \frac{M}{\pi R^2 L}$이므로 이 값을 식 (1)에 대입하면 z축에 대한 관성모멘트가 얻어진다.

$$I_z = \frac{1}{2}\pi\left(\frac{M}{\pi R^2 L}\right)LR^4 = \frac{1}{2}MR^2 \quad (2)$$

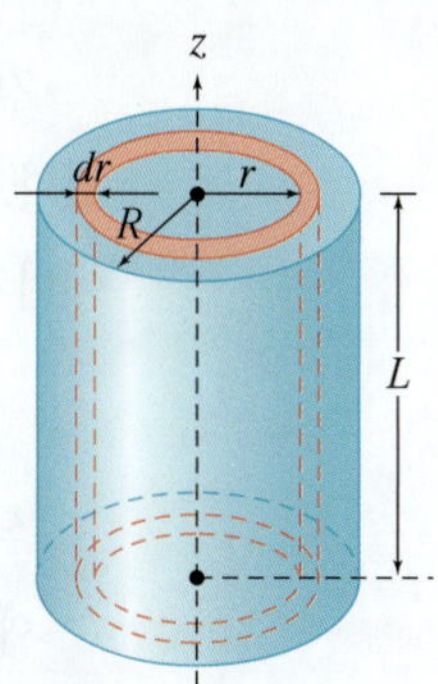

그림 8-17 속이 찬 균일한 원통의 z축에 대한 관성모멘트를 구하기 위한 그림

이 결과는 표 8-2의 ①과 일치하는 것을 알 수 있다.
(b) 식 (2)로부터 원통의 관성모멘트는 원통의 길이 L과는 무관하다는 것을 알 수 있다. 질량과 반지름이 똑같다면, 길이가 길거나 납작하거나 관성모멘트는 같다. 따라서 질량과 반지름이 그대로이므로 관성모멘트는 변함없다.

8-6 회전 운동에너지와 일

일과 에너지는 물리에서 가장 기본적이고 유용한 개념이다. 제6장에서는 이러한 개념을 병진운동에 적용하였다. 이러한 개념은 각에 대한 변수를 써서 나타낸다면 회전운동에서도 똑같이 사용될 수 있다.

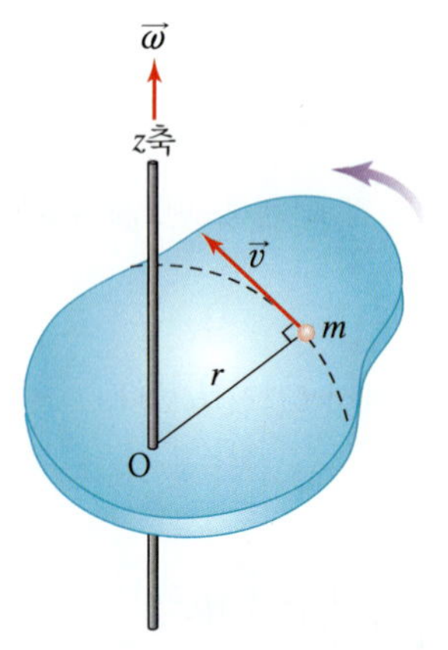

그림 8-18 각속력 ω로 z축에 대해 회전하는 강체판. 질량 m인 입자의 운동에너지는 $\frac{1}{2}mv^2$이고, 강체판 전체의 운동에너지는 $\frac{1}{2}I\omega^2$이다.

회전 운동에너지

병진운동을 하는 물체의 운동에너지는 $\frac{1}{2}mv^2$이다. 한 축을 중심으로 회전하는 물체의 운동에너지를 **회전 운동에너지**(rotational kinetic energy)라 한다. 병진 운동에너지와 유사하게 물체의 관성모멘트 I와 각속력 ω로 어떤 축에 대해 회전하는 물체가 갖는 회전 운동에너지는 $\frac{1}{2}I\omega^2$이다.

그림 8-18과 같이 평판에 수직인 어떤 축에 대해 회전하는 얇은 판 형태의 강체를 생각하자. 이 판은 무수히 많은 입자로 구성되어 있으며, 입자 하나의 질량을 m이라 하자. 모든 입자는 축 둘레로 원 경로를 그리며 회전한다. 회전축으로부터 입자까지의 거리가 r이면 입자의 속력은 $v = r\omega$이다. 이 물체가 회전할 때 가지는 전체 운동에너지는 각 부분의 운동에너지 합으로 다음과 같다.

$$KE = \sum\left(\frac{1}{2}mv^2\right) = \sum\left(\frac{1}{2}mr^2\omega^2\right) = \frac{1}{2}\sum(mr^2)\omega^2$$

강체의 경우 모든 부분의 각속력은 같으므로 $\frac{1}{2}$과 ω^2은 합산기호 밖으로 빼내었다. 관성모멘트의 정의에 의해 $\sum mr^2 = I$이므로 회전축이 고정된 물체의 회전 운동에너지(KE_r)는 다음과 같다.

$$KE_r = \frac{1}{2}I\omega^2 \quad \text{(회전 운동에너지)} \qquad \textbf{8-26}$$

식 8-26은 회전축이 고정된 물체의 회전 운동에너지를 나타낸 식이다.

예를 들어 경사면을 따라 굴러가는 볼링공을 생각해보자. 이 계를 설명할 수 있는 에너지는 중력 퍼텐셜에너지 PE_g, 병진 운동에너지 KE_t, 회전 운동에너지 KE_r의 3가지 종류가 있다. 이 계에 역학적 에너지 보존의 법칙을 적용하면 다음과 같다.

$$(KE_t + KE_r + PE_g)_i = (KE_t + KE_r + PE_g)_f \qquad \textbf{8-27}$$

이 식에서 PE_g는 주어진 문제에서 모든 보존력의 퍼텐셜에너지를 포함하며, i와 f는 처음과 나중값이고, 마찰력과 같은 에너지가 소실되는 힘을 무시하는 경우에 성립한다. 만약 비보존력이 존재하는 경우 일과 에너지 정리는 다음과 같다.

$$W_{nc} = \Delta KE_t + \Delta KE_r + \Delta PE_g \qquad \textbf{8-28}$$

회전하는 물체가 한 일

물체에 일정한 힘 $\vec{F}$를 작용하여 물체가 힘의 방향으로 거리 d만큼 이동하였을 때 한 일 W는 $W = Fd$이다. 여기서 F는 물체에 작용한 힘의 크기이고, d는 물체의 변위의 크기이다. 이 식을 어떻게 각변수로 다시 쓸 수 있는지 살펴보자.

그림 8-19와 같이 강체 내의 한 입자 P에 힘 $\vec{F}$가 작용하여 시간 t 동안 한 점 O를 중심으로 작은 각 $d\theta$만큼 회전하고, 원둘레를 따라 거리 ds만큼 회전하였다면 $ds = r\,d\theta$이며, 힘 F의 ds성분은 $F\sin\phi$이므로 힘이 한 일은 다음과 같다.

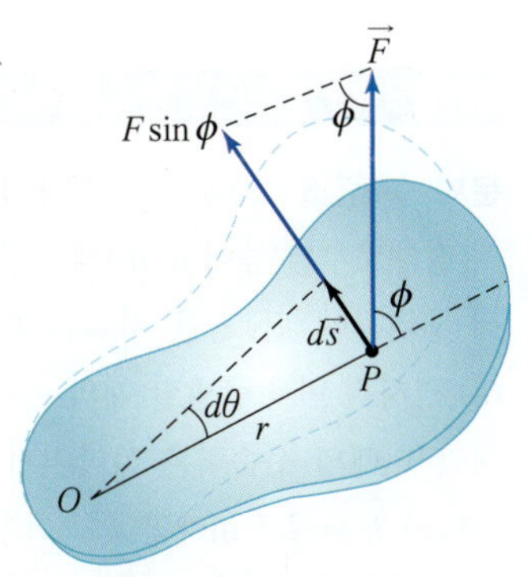

그림 8-19 점 P에 외력 $\vec{F}$가 작용할 때, 강체가 점 O를 지나는 축을 중심으로 회전한다.

$$dW = F\,ds = (Fsin\phi)\,r\,d\theta$$

그런데 $F\sin\phi\,r$은 회전축에 작용하는 토크이므로

$$dW = \tau\,d\theta \qquad \text{8-29}$$

이다. 이 식은 병진운동에서 일은 힘과 변위의 곱으로 표현된 것과 유사하다는 것을 알 수 있다. 식 8-26인 $\alpha = \dfrac{d\omega}{dt}$를 회전에 대한 운동의 제2법칙인 $\tau = I\alpha$와 결합하여 보자. 토크에 대한 식은 다음과 같이 쓸 수 있다.

$$\tau = I\alpha = I\frac{d\omega}{dt} = I\frac{d\omega}{d\theta}\frac{d\theta}{dt} = I\frac{d\omega}{d\theta}\omega$$

이 식을 식 8-29에 대입하면 다음 식을 얻는다.

$$\tau\,d\theta = dW = I\omega\,d\omega$$

이 식을 적분하면 토크가 한 전체 일을 구할 수 있다.

$$W = \int_{\theta_i}^{\theta_f}\tau\,d\theta = \int_{\omega_i}^{\omega_f} I\omega\,d\omega$$

따라서 회전에 의해 한 일은 다음과 같이 나타낼 수 있다.

$$W = \frac{1}{2}I\omega_f^2 - \frac{1}{2}I\omega_i^2 = \Delta KE_r \qquad \text{8-30}$$

이 식은 병진운동에 대한 일-운동에너지 정리와 수학적으로 동일한 형태를 가진다. 즉 강체 계에 한 일은 계의 경계를 넘어서 전달되는 에너지를 나타내는데, 이것은 물체의 회전 운동에너지의 증가로 나타난다.

회전하는 물체가 한 일의 일률

다음은 고정축에 대해 회전하는 물체에 힘 $\vec{F}$가 한 일률은 어떻게 될까? 식 8-29의 양변을 시간 간격 dt로 나누면 다음과 같다.

$$\frac{dW}{dt} = \tau\frac{d\theta}{dt} \qquad \text{8-31}$$

여기서 $\dfrac{dW}{dt}$는 힘을 전달한 순간일률 P이다. $\dfrac{d\theta}{dt}$는 각속도 ω이므로 회전에 의한 일률은 다음과 같이 쓸 수 있다.

$$P = \tau\omega \qquad \text{8-32}$$

이 식은 병진운동에서의 일률 $P = Fv$(식 6-33)와 유사하다.

예제 8-9 경사면을 굴러가는 공

문제 그림 8-20과 같이 질량이 M이고 반지름이 R인 공이 정지 상태로부터 높이 h (m)에서 출발하여 θ의 경사면을 따라 굴러 내려간다. 단, 공은 미끄럼 없이 굴러 내려간다고 가정하자. (a) 경사진 면을 출발할 때의 선속력이 0이라면 경사면을 다 내려왔을 때의 선속력은 얼마인지 수식으로 나타내라. (b) 만약 높이가 h = 2.5 m라면 선속력은 얼마인가? (c) (b)의 결과를 마찰없이 미끄러져 내려오는 병진운동하는 물체의 속력과 비교하라.

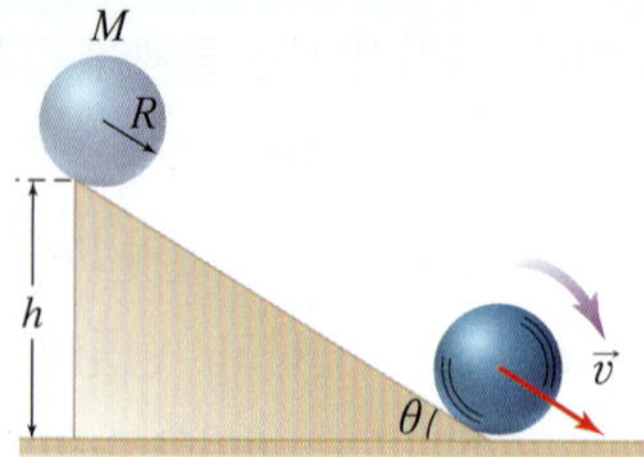

그림 8-20 회전하면서 굴러 내려오면 미끄러져 내려올 때보다 속력이 작다.

생각하기 역학적 에너지 보존에 따라 공이 굴러 내려가기 때문에 중력 퍼텐셜에너지(PE_g)는 손실없이 병진 운동에너지(KE_t)와 회전 운동에너지(KE_r)로 변한다.

풀이 (a) 처음상태에서 $(KE_t)_i = (KE_r)_i = 0$이고, 나중상태에서는 $(PE_g)_f = 0$이다. 그리고 구의 관성모멘트는 표 8-2에서 $\frac{2}{5}MR^2$이다. 회전체의 역학적 에너지 보존식 8-27을 적용하자.

$$(KE_t + KE_r + PE_g)_i = (KE_t + KE_r + PE_g)_f$$

$$(0 + 0 + Mgh) = \frac{1}{2}Mv^2 + \frac{1}{2}\left(\frac{2}{5}MR^2\right)\omega^2 + 0 \quad (1)$$

식 8-10에서 $v = R\omega$이므로, 이 값을 식 (1)에 대입하고 v에 대해 풀면 다음과 같다.

$$gh = \frac{1}{2}v^2 + \frac{1}{5}v^2 \rightarrow v = \sqrt{\frac{10gh}{7}} \quad (2)$$

(b) h = 2.5 m를 식 (2)에 대입하면 다음과 같다.

$$v = \sqrt{\frac{10gh}{7}} = \sqrt{\frac{10(9.8\ \text{m/s}^2)(2.5\ \text{m})}{7}} = 5.92\ \text{m/s}$$

(c) 높이가 h인 마찰이 없는 경사면에서 미끄러져 내려오는 물체의 속력은 $v = \sqrt{2gh}$이다. 따라서 병진운동하는 물체의 속력은 $v = \sqrt{2gh} = \sqrt{2(9.8\ \text{m/s}^2)(2.5\ \text{m})} = 7.0\ \text{m/s}$이다. 그러므로 회전하면서 굴러 내려오면 미끄러져 내려올 때보다 속력이 작다. 이것은 처음의 중력 퍼텐셜에너지가 병진운동에너지뿐만 아니라 회전 운동에너지의 증가에도 기여했기 때문이다.

예제 8-10 경사면을 굴러가는 원통

문제 그림 8-21과 같이 두께가 얇은 속이 빈 원통 A(질량 = M_1, 반지름 = R_1)와 속이 찬 원통 B(질량 = M_2, 반지름 = R_2)가 동시에 정지상태로부터 높이 h (m)에서 출발하여 θ의 경사면을 따라 굴러 내려간다. 단, 원통은 미끄럼 없이 굴러 내려간다고 가정하자. 경사진 면을 출발할 때의 선속력이 0이라면 (a) 경사면을 다 내려왔을 때의 원통 A의 병진속력은 얼마인가? (b) 경사면을 다 내려왔을 때의 원통 B의 병진속력은 얼마인가?

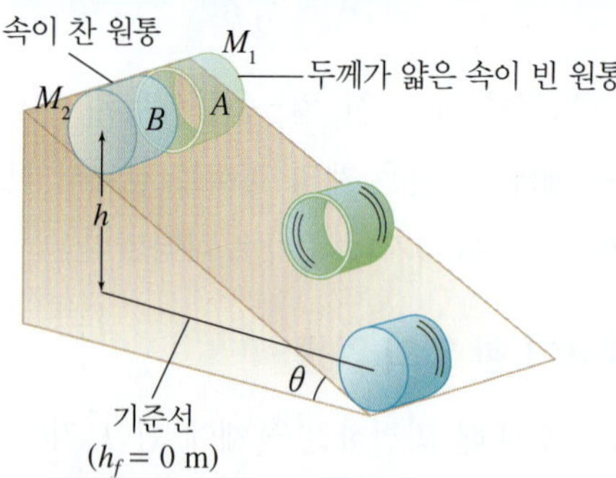

그림 8-21 두께가 얇은 속이 빈 원통 A와 속이 찬 원통 B가 동시에 같은 높이에서 출발하면, 원통 B가 먼저 지면에 도달한다.

생각하기 보존력인 중력만이 원통에 일을 하므로, 이 계의 역학적 에너지는 보존된다.

풀이 처음상태에서 $(KE_t)_i = (KE_r)_i = 0$이고, 나중상태에서는 $(PE_g)_f = 0$이다. 그리고 표 8-2에서 원통 A의 관성모멘트는 $I = MR^2$이고, 원통 B의 관성모멘트는 $I = \frac{1}{2}MR^2$이다.

(a) 먼저 원통 A에 대해 역학적 에너지 보존식(식 8-27)을 적용하자.

$$(KE_t + KE_r + PE_g)_i = (KE_t + KE_r + PE_g)_f$$

$$(0 + 0 + M_1gh) = \frac{1}{2}M_1v_1^2 + \frac{1}{2}(M_1R_1^2)\ \omega_1^2 + 0 \quad (1)$$

식 8-10에서 $v = R\omega$이므로 식 (1)은 다음과 같다.

$$gh = \frac{1}{2}v_1^2 + \frac{1}{2}v_1^2 = v_1^2 \rightarrow v_1 = \sqrt{gh}$$

(b) 원통 B에 대해 역학적 에너지 보존식(식 8-27)을 적용하자.

$$(KE_t + KE_r + PE_g)_i = (KE_t + KE_r + PE_g)_f$$

$$(0 + 0 + M_2gh) = \frac{1}{2}M_2 v_2^2 + \frac{1}{2}\left(\frac{1}{2}M_2R_2^2\right)\omega_2^2 + 0 \quad (2)$$

식 8-10에서 $v_2 = R_2\omega_2$이므로 식 (2)는 다음과 같다.

$$gh = \frac{1}{2}v_2^2 + \frac{1}{4}v_2^2 = \frac{3}{4}v_2^2 \rightarrow v_2 = \sqrt{\frac{4gh}{3}} = 1.15\sqrt{gh}$$

(a)와 (b)를 비교하면 원통 B가, 즉 속이 찬 원통이 먼저 바닥에 도달하는 것을 알 수 있다. 속이 찬 원통은 질량의 많은 부분이 회전축 가까이에 있으므로 회전 운동에너지가 속이 빈 원통보다 작기 때문에 더 큰 병진속력을 갖는다.

8-7 각운동량

적절한 회전운동의 양을 사용하면 회전운동을 기술하는 식은 병진운동의 식과 유사하다는 것을 알았다. 예를 들어 회전 운동에너지는 $\frac{1}{2}I\omega^2$로, 병진 운동에너지 $\frac{1}{2}mv^2$과 유사하다. 이와 마찬가지로 선운동량 $p = mv$에 대응하는 회전운동의 양을 **각운동량**(angular momentum 角運動量)이라 한다.

각운동량 정의

그림 8-22에서와 같이 질량이 m인 물체가 알짜힘 $\vec{F}_{알짜}$에 의해 반지름 r인 원 경로를 따라 회전한다면, 물체에 작용하는 전체 알짜 토크는 시간간격 Δt 동안에 물체의 각속력 ω_i를 ω_f로 증가시킨다. 그러므로

$$\sum\tau = I\alpha = I\frac{\Delta\omega}{\Delta t} = I\left(\frac{\omega_f - \omega_i}{\Delta t}\right) = \frac{I\omega_f - I\omega_i}{\Delta t} \qquad \text{8-33}$$

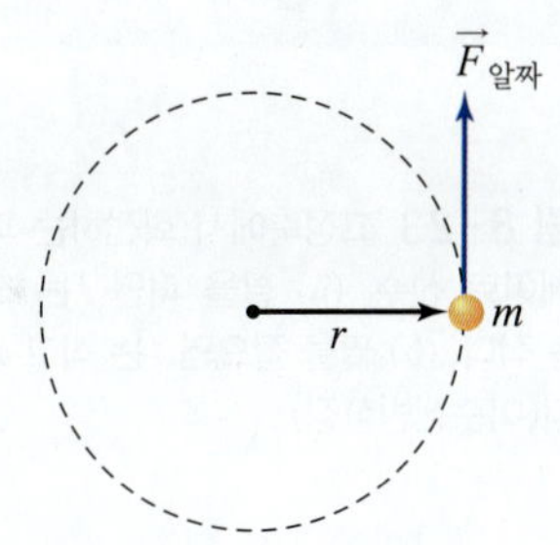

그림 8-22 일정한 토크를 받고 원 경로를 회전하는 질량 m인 물체

로 쓸 수 있다. 여기서 $I\omega$를 **각운동량**이고 하고, 기호는 L로 표시한다. 고정축에 대해 회전하는 물체의 **각운동량** L은 고정축에 대한 물체의 관성모멘트 I와 각속도 ω의 곱이다.

$$L = I\omega \qquad \text{8-34}$$

각운동량의 SI 단위는 kg m^2/s이다. 식 8-33에서 $I\omega_f - I\omega_i$를 각운동량의 변화 ΔL로 나타내면 다음과 같다.

$$\sum\tau = \frac{\text{각운동량의 변화}}{\text{시간간격}} = \frac{\Delta L}{\Delta t} \qquad \text{8-35}$$

식 8-35는 $F = \frac{\Delta p}{\Delta t}$ 형태의 운동의 제2법칙에 대응하고 물체에 작용하는 알짜 토크는 물체의 각운동량의 시간변화율과 같다는 것을 설명한다.

각운동량 보존법칙

하나의 계에 작용하는 알짜 외부 토크가 0이면 ($\sum\tau = 0$), 식 8-35는 $\frac{\Delta L}{\Delta t} = 0$이다. 이것은 계의 각운동량의 시간변화율이 0임을 의미한다. 그러므로 다음과 같은 결론을 얻을 수 있다.

(a)

(b)

그림 8-23 고정축에서 회전하는 피겨 스케이트 선수. (a) 팔을 펴면 I는 크고 ω는 작다. (b) 팔을 접으면 I는 작고 ω는 크다(이순신빙상장).

$$L_i = L_f \quad \text{(각운동량 보존)} \tag{8-36}$$

즉 알짜 토크가 0일 때($\sum\tau = 0$), 서로 다른 두 시각의 각운동량 L_i와 L_f 사이의 각운동량은 보존된다. 여기서 L_i는 처음시간에서의 각운동량이고, L_f는 나중시간에서의 각운동량이다. 이 식이 의미하는 것은 물체에 가해지는 전체 토크가 0이면, 물체의 각운동량은 보존된다는 것이다. 식 8-36은 물리량의 보존법칙 중 세 번째 법칙이고, **각운동량 보존법칙**(conservation of angular momentum 角運動量 保存法則)이라고 한다. 앞에서 공부한 보존법칙을 종합하면 고립계에서 역학적 에너지, 선운동량 그리고 각운동량은 모두 보존된다. 식 8-36은 문제풀이 등에 적용하기 위해 다음과 같이 나타내기도 한다.

$$I_i\omega_i = I_f\omega_f = \text{상수} \tag{8-37}$$

일상생활에서 각운동량 보존법칙을 설명할 수 있는 예를 살펴보자. 그림 8-24와 같이 다이빙 선수는 뜀틀에서 도약할 때 질량중심에 대한 처음 각운동량을 얻게 된다. 선수가 몸을 오므리게 되면 관성모멘트가 작아지고 각속력이 커져 회전이 쉬워진다. 그러나 몸을 반듯하게 펴게 되면 관성모멘트는 커지고 각속력은 작아지면서 물에 들어가게 된다. 몸을 펼 때와 오므릴 때의 관성모멘트는 사람에 따라 최대 3.5배까지 차이가 있다고 한다.

그림 8-23과 같이 빙상장 위에서 회전하는 스케이트 선수가 팔을 폈을 때에는 천천히 회전하다가 팔을 오므리면 회전속도가 빨라진다. 관성모멘트의 정의($I = \sum mr^2$)에 팔을 회전축에 가까이 오므리면(r이 감소) 관성모멘트가 작아진다. 이때 얼음과 스케이트 날 사이의 마찰력에 의한 토크는 무시할 수 있을 정도로 작기에 각운동량은 보존된다. 피겨스케이트 선수의 관성모멘트가 $\frac{1}{2}$이 되면 각속력은 2배가 된다.

각운동량이 보존되기 위해서는 알짜 토크가 0이어야 하지만, 알짜힘은 0일 필요가 없다는 것에 유의하라. 그림 8-24와 같이 다이빙 선수에게 작용하는 알짜힘은 0이 아니다(중력이 항상 작용하고 있다). 그러나 다이빙 선수에게 작용하는 알짜 토크는 0이다.

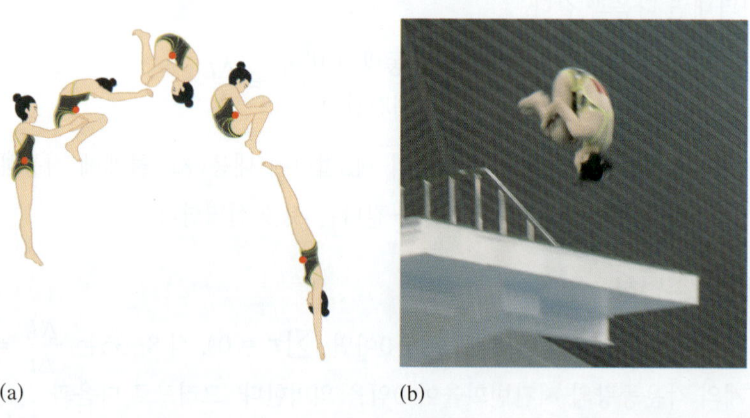

(a) (b)

그림 8-24 (a) 다이빙 선수는 팔과 다리를 오므릴 때 더 빨리 회전한다. (b) 다이빙 선수가 팔과 다리를 오므린 모습(제95회 전국체육대회)

예제 8-11 회전의자에 앉아 있는 사람

문제 한 사람이 아령을 양손에 잡은 채 회전의자에 앉아 있다고 하자. 의자는 마찰이 없고 수직축에 대해 자유롭게 회전하며, 팔을 밖으로 벌린 채 매 1.36 s마다 한 바퀴씩 회전한다. 팔을 펴고 있을 때 이 사람 중심으로 이루어진 계(아령과 의자 포함)의 처음관성모멘트는 I_i =2.45 kg m^{2}이다. (a) 계의 처음각속력은 얼마인가? (b) 아령을 당겨 팔을 오므릴 때의 새로운 계의 관성모멘트는 I_f = 1.90 kg m^{2}이다. 이때의 각속력은 얼마인가? (c) 아령을 당길 때, 이 사람이 계에 한 일은 얼마인가? 근육에서 소모한 에너지는 무시한다.

생각하기 계에 작용하는 외부 토크가 없으므로 각운동량 보존법칙을 적용한다.

풀이 (a) 각속력은 주기의 역수인 진동수로부터 얻을 수 있다.

$$\omega_i = 2\pi f = 2\pi/T = 2\pi/1.36\text{ s} = 4.62\text{ rad/s}$$

(b) 각운동량 보존법칙으로부터 처음과 나중의 각운동량은 같다.

$$L_i = L_f \rightarrow I_i\omega_i = I_f\omega_f$$

주어진 값을 대입하고 ω_f에 대해 푼다.

$$\omega_f = \frac{I_i\omega_i}{I_f} = \frac{(2.45\text{ kg m}^2)(4.62\text{ rad/s})}{1.90\text{ kg m}^2} = 5.96\text{ rad/s}$$

(c) 일-에너지 정리를 적용한다. 이 과정 동안에 계에 한 일은 회전 운동에너지의 변화이다.

$$\begin{aligned} W = \Delta KE_r &= \frac{1}{2}I_f\omega_f^2 - \frac{1}{2}I_i\omega_i^2 \\ &= \frac{1}{2}(1.90\text{ kg m}^2)(5.96\text{ rad/s})^2 \\ &\quad - \frac{1}{2}(2.45\text{ kg m}^2)(4.62\text{ rad/s})^2 \\ &= 7.60\text{ J} \end{aligned}$$

이 계의 각운동량은 보존된다 할지라도, 이 사람이 계에 일을 하기 때문에 역학적 에너지는 보존되지 않는다.

연습문제

8-1 각속도와 각가속도

1. 다음 물음에 답하라.
(a) 지구가 태양 주위의 공전 궤도에 있는 경우의 지구의 각속도는 얼마인가?
(b) 지구의 자전축에 대한 각속도는 얼마인가?

2. 0.21 rad/s로 회전하는 자전거 바퀴에 브레이크를 걸어주었더니 정확하게 2회전하고 정지하였다. 이 자전거 바퀴의 각가속도는 얼마인가?

3. 발전소의 터빈이 3 600 rpm으로 회전하고 있다. 각속력과 회전축으로부터 72 cm인 점의 선속력을 구하라.

4. 지름이 0.25 m인 분쇄기의 바퀴가 2 500 rpm으로 회전한다.
(a) 각속력을 rad/s 단위로 구하라.
(b) 분쇄기의 바퀴 가장자리에 있는 한 점의 선속력과 접선 성분의 가속도는 각각 얼마인가?

8-2 등각가속도 회전운동

8-3 각변수와 선변수 사이의 관계

5. 지름이 70 cm인 바퀴가 4.0 s 동안에 160 rpm에서 300 rpm으로 가속된다. 다음을 구하라.
(a) 바퀴의 각가속도는 얼마인가?
(b) 바퀴가 가속된 후 2.0 s일 때 바퀴 가장자리에 있는 한 점의 지름성분과 접선성분의 가속도를 구하라.

6. 지름이 40 cm인 바퀴가 6.5 s 동안에 210 rpm에서 350 rpm으로 일정하게 가속된다. 이 시간 동안 바퀴 가장자리에 있는 한 점이 이동한 거리는 얼마인가?

7. 해머선수가 7.25 kg의 포환을 5바퀴 회전시킨 후 던진다. 포환이 그리는 평균반지름은 2.1 m이고, 평균 각가속도는 2.3 rad/s^{2}이며, 최대 접선속력은 25 m/s이다.
(a) 접선방향으로 작용하는 평균적인 힘은 얼마인가?
(b) 포환에 작용하는 최대 구심력은 얼마인가?

그림 P8-7 해머선수

8. 콤팩트디스크가 정지상태에서 회전하기 시작하여 0.892 s 후에 각속력이 31.4 rad/s로 증가한다.
   (a) 각가속도가 일정하다고 가정할 때 이 디스크의 각가속도는 얼마인가?
   (b) 위의 각속력에 도달하는 동안 디스크가 회전한 각도는 얼마인가?
   (c) 디스크의 반지름이 4.45 cm라면, $t = 0.892$ s일 때 디스크 가장자리에 있는 미생물 한 마리의 접선속력을 구하라.
   (d) 주어진 시간에서 미생물의 접선가속도의 크기를 구하라.

9. 콤팩트디스크는 탐침 헤드가 원반의 중심으로부터 밖으로 이동하도록 설계되어 있으며, 원반의 각속력이 변화하여 탐침 헤드의 선속력이 항상 일정한 값 1.3 m/s를 갖도록 한다.
   (a) 탐침이 원반의 중심으로부터 $r = 2.0$ cm와 $r = 5.6$ cm의 거리에 있을 때 각속력을 구하라.
   (b) 구형 축음기는 일정한 각속력으로 회전하기 때문에 홈을 따라 이동하는 탐침의 선속력은 변하게 된다. 45.0 rpm 축음기 중심으로부터 2.0 cm 및 5.6 cm 지점에서 선속력을 구하라.
   (c) CD와 축음기에서 음성 정보는 가장자리로부터 안쪽으로 이동하면서 원형 트랙에 연속적으로 저장된다. 음성 정보를 이용하여 1시간 동안 연주하도록 설계된 CD에 대한 트랙 전체의 길이를 계산하라.

8-4 토크

10. 그림 P8-10과 같이 길이가 0.4 m인 렌치를 사용하여, 어느 나사못을 90 N m로 조였다. 이때 렌치 손잡이에 수직으로 가한 힘 $\vec{F}$는 얼마인가?

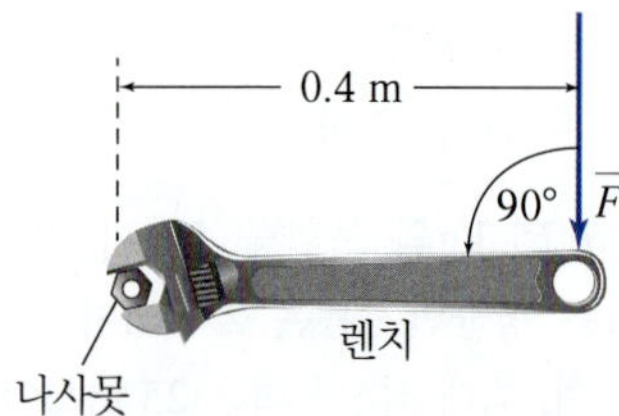

그림 P8-10

11. 자전거 페달의 크랭크 팔(crank arm)이 15.0 cm이다. 그림 P8-11과 같이 몸무게가 65.0 kg인 남성의 몸무게를 완전히 한쪽 페달에 얹어 힘차게 밟았다.
   (a) 고정축에서 힘의 작용선과 지렛대 팔이 수직일 때 토크는 얼마인가?
   (b) 그림처럼 페달이 꼭대기로부터 15°일 때 토크는 얼마인가?

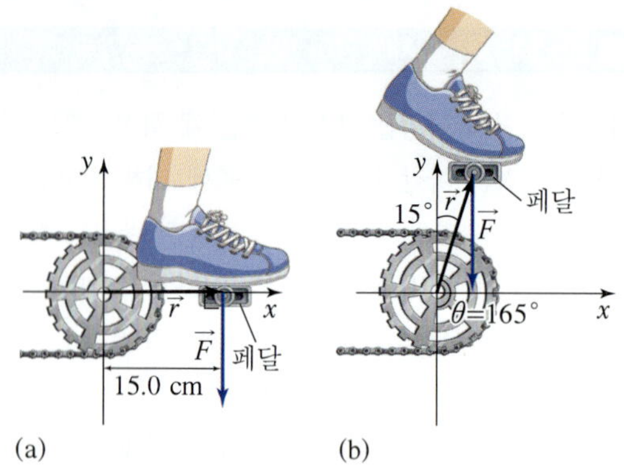

그림 P8-11

12. 그림 P8-12와 같은 바퀴에 세 힘이 작용하고 있다. 중심축에 대한 알짜 토크를 구하라. 단, 0.40 N m의 마찰토크가 바퀴의 운동과 반대방향으로 작용하고 있다고 가정한다.

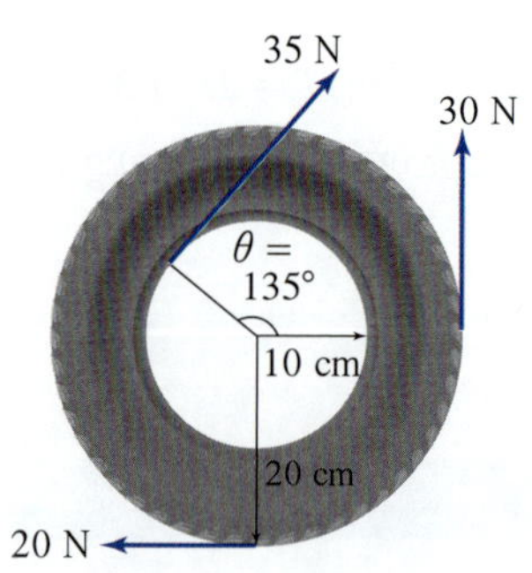

그림 P8-12

13. 그림 P8-13과 같이 3개의 물체가 길이가 1.0 m인 막대에 매달려 칼날 모양의 받침점에 얹혀 정적평형을 이루고 있다. 세 물체의 질량은 왼쪽부터 $m_1 = 5.0$ kg, $m_2 = 2.0$ kg이고, m_3의 질량은 모른다. 막대의 질량을 무시할 때 질량 m_3은 얼마인가?

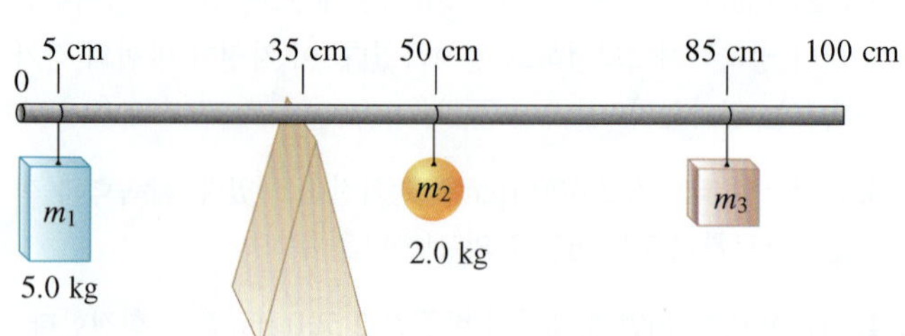

그림 P8-13

14. 그림 P8-14와 같이 문에 대해 60°로 작용된 힘 300 N에 의한 토크는 얼마인가?

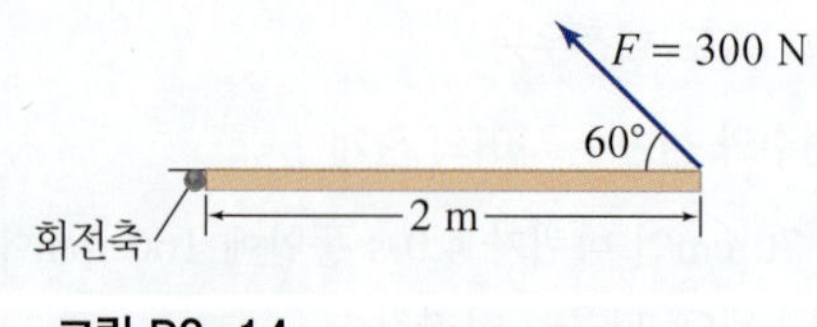

그림 P8-14

15. 그림 P8-15와 같이 막대에 세 힘이 작용하고 있다.
(a) 지면에 수직으로 점 O를 지나는 축에 대해 알짜 토크를 구하라.
(b) 지면에 수직으로 점 C를 지나는 축에 대해 알짜 토크를 구하라.

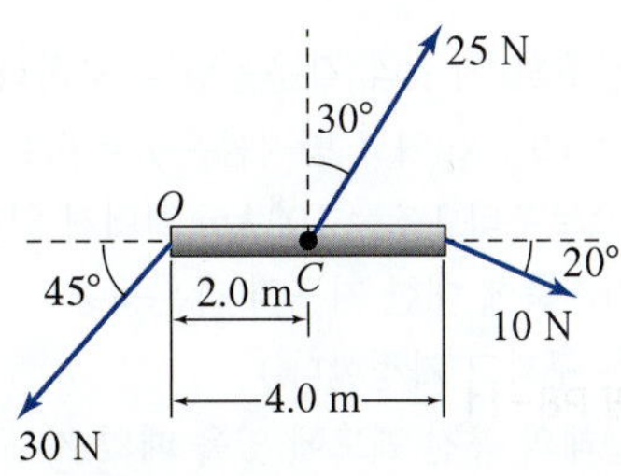

그림 P8-15

8-5 관성모멘트와 회전운동법칙

16. 반지름이 0.623 m이고 질량이 14.0 kg인 속이 꽉 찬 구의 중심을 지나는 회전축에 대한 관성모멘트는 얼마인가?

17. 소프트볼 선수가 배트를 0.2 s 동안 정지상태에서 3.0 rev/s로 가속시키면서 휘둘렀다. 배트의 질량은 2.2 kg이고 길이가 0.95 m인 균일한 막대이다. 이 선수가 배트의 한쪽 끝에 작용한 토크를 구하라.

18. 4개의 물체가 그림 P8-18과 같이 가벼운 막대에 의해 직사각형의 모서리에 위치해 있다.
(a) x축에 대해 관성모멘트를 구하라.
(b) y축에 대해 관성모멘트를 구하라.
(c) 점 O를 지나면서 종이면에 수직인 축에 대해 관성모멘트를 구하라.

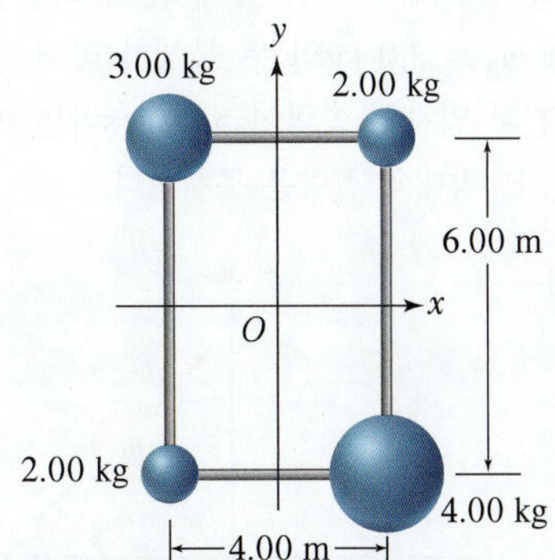

그림 P8-18

19. 그림 P8-19와 같이 반지름이 R이고 관성모멘트가 I인 원통형 통이 축 주위로 마찰 없이 자유로이 회전한다. 질량을 무시할 수 있는 줄을 원통형 통 둘레에 감고 질량 m의 물통을 달아 놓았다. 물통을 가만히 놓으면 중력에 의해 아래로 가속된다. 이때 물통의 가속도는 얼마인가?

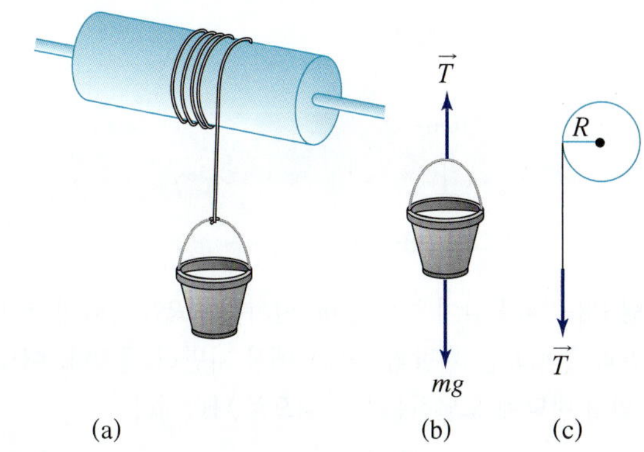

그림 P8-19 (a) 원통이 중심축 주위로 회전하며, 원통에 감긴 줄의 한쪽 끝에는 물통이 달려 있다. (b) 질량 m인 물통의 자유물체도표 (c) 원통의 중심축 주위의 토크에 대한 자유물체도표

20. 어느 비행기의 착륙속도가 50.0 m/s라고 한다. 이 비행기의 바퀴는 반지름이 1.25 m이고, 관성모멘트는 110 kg m^{2}이다. 착륙 시 바퀴들은 마찰의 작용하에 회전하기 시작한다. 각 바퀴는 1.40×10^4 N의 무게를 지탱하고 바퀴들은 미끄럼 없이 굴러가는 0.48 s 동안에 각속력을 얻는다. 바퀴와 활주로 사이의 운동마찰계수를 구하라. 착륙 시 비행기의 속도는 일정하다고 가정한다.

21. 그림 P8-21과 같이 질량이 M이고, 반지름이 R인 속이 찬 공이 정지상태에서 출발하여 언덕 아래로 미끄러짐 없이 구른다. 그 질량중심이 전체 거리 h만큼 낙하한다. 언덕 바닥에서의 공의 속력을 구하라.

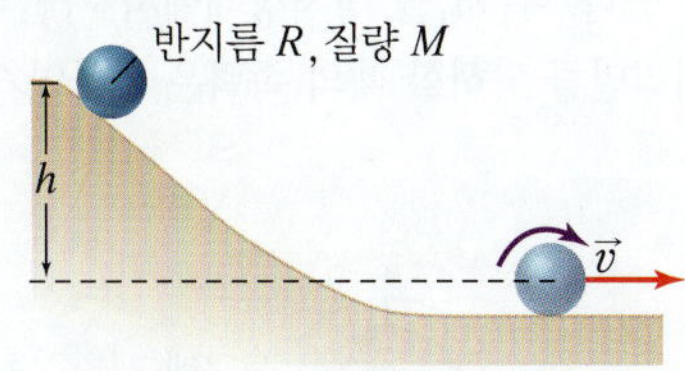

그림 P8-21

8-6 회전 운동에너지와 일

22. 질량이 10.0 kg인 원통이 미끄럼 없이 거친 표면을 구른다. 어느 순간에 무게중심이 10.0 m/s의 속력을 가진다.
(a) 무게중심의 병진 운동에너지를 구하라.
(b) 무게중심 축에 대한 회전 운동에너지를 구하라.
(c) 전체 운동에너지를 구하라.

23. 그림 P8-23과 같이 질량이 M이고 반지름이 R인 공이 2.0 m 높이에서 정지해 있다가 30°의 비탈면을 따라 굴러내려 온다. 공이 비탈면을 다 내려 왔을 때의 공의 선속력은 얼마인가? 단, 공은 미끄러지지 않고 구른다고 가정한다.

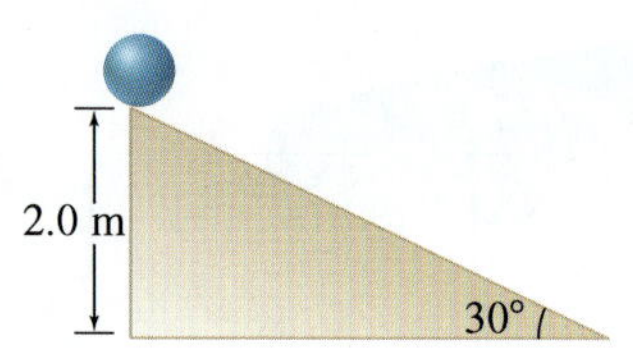

그림 P8-23

24. 그림 P8-24와 같이 질량이 m, 반지름이 R인 균질의 속이 찬 원판과 굴렁쇠를 비탈의 꼭대기에서 가만히 굴렸다. 어느 것이 먼저 바닥에 도달하는지 수식으로 나타내라.

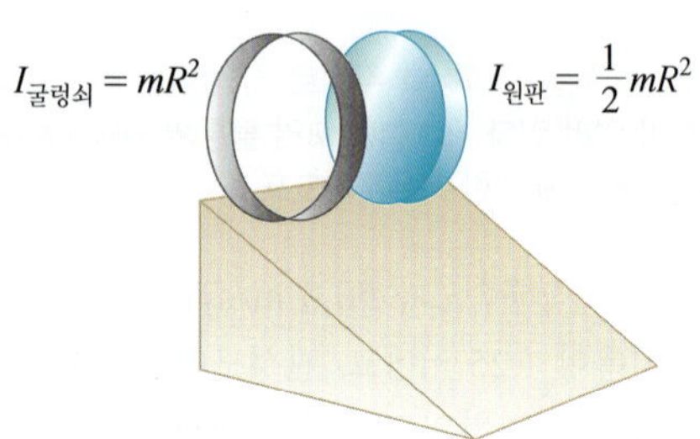

그림 P8-24

25. 클래식 음악동호회에서 흘러간 명곡을 감상하고 있다. 이때 반지름이 0.15 m인 축음기 음반을 매분 $33\frac{1}{3}$회 회전하게 하려면 얼마의 에너지가 필요한가? 음반의 질량은 0.115 kg이다.

26. 그림 P8-26과 같은 애트우드 장치가 있다. 이 장치의 도르래의 질량은 0.400 kg이고, 반지름은 6.0 cm이다. 도르래의 양쪽에는 질량 $m_1 = 1.20$ kg, $m_2 = 1.00$ kg으로 구성된 추가 매달려 있다. 추 m_1을 정지상태에서 가만히 놓은 후 m_1이 1.25 m 거리만큼 낙하할 때의 속력은 얼마인가? 단, 마찰은 무시한다.

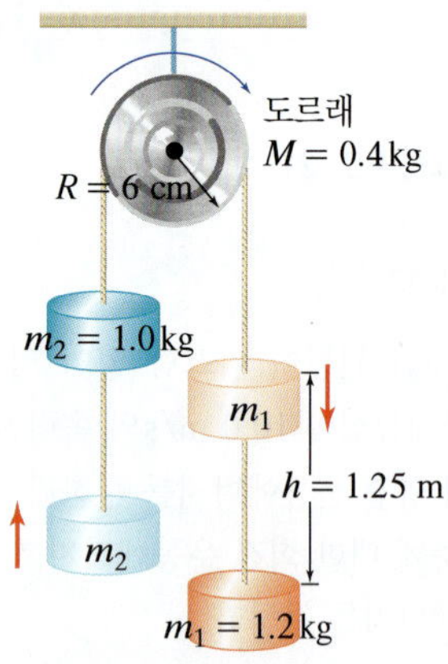

그림 P8-26

27. 지구를 밀도가 균일한 속이 꽉 찬 구라고 가정하고, 지구의 회전 운동에너지를 구하라. 단, 지구의 질량은 5.97×10^{24} kg이고, 지구의 반지름은 6.37×10^6 m이다.

8-7 각운동량

28. 피겨스케이팅 선수가 두 팔을 벌린 채로 1.5 rev/s의 비율로 제자리에서 회전하다가 팔을 안으로 오므려 몸에 가까이 붙였더니 관성모멘트가 처음의 3/4로 감소하였다. 이 선수의 나중 각속도는 얼마인가?

29. 다음 각 경우의 지구의 각운동량을 구하라. 지구의 질량은 $m = 6.0 \times 10^{24}$ kg이고 반지름은 $r = 6.4 \times 10^6$ m이며, 지구는 태양으로부터 1.5×10^8 km 떨어져 있다.
(a) 지구 자전축에 대한 지구의 각운동량
(지구는 구라고 가정한다.)
(b) 태양 둘레의 공전 궤도에 있을 때의 지구의 각운동량
(지구를 태양 궤도를 도는 입자로 취급한다.)

30. 그림 P8-30과 같이 실에 달린 돌이 수평한 원을 그리면서 돌고 있다. 돌이 처음에 0.5 rad/s로 움직인다. 원의 반지름을 반으로 하면 각속도는 얼마인가?

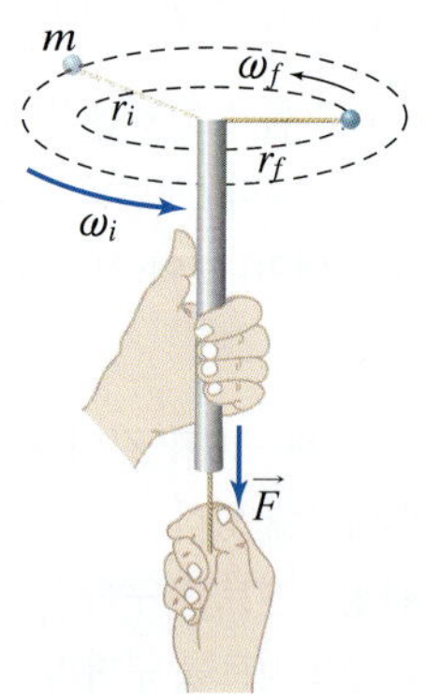

그림 P8-30

31. 길이 $l = 1.0$ m인 가벼운 막대가 그림 P8-31과 같이 중심을 지나고, 길이에 수직한 축에 대해 회전한다. 질량 $m_1 = 4.0$ kg 과 $m_2 = 3.0$ kg인 두 물체가 막대 양 끝에 연결되어 있다. 만약 각 입자의 속력이 5.0 m/s라면 이 계의 각운동량은 얼마인가? 막대의 질량은 무시한다.

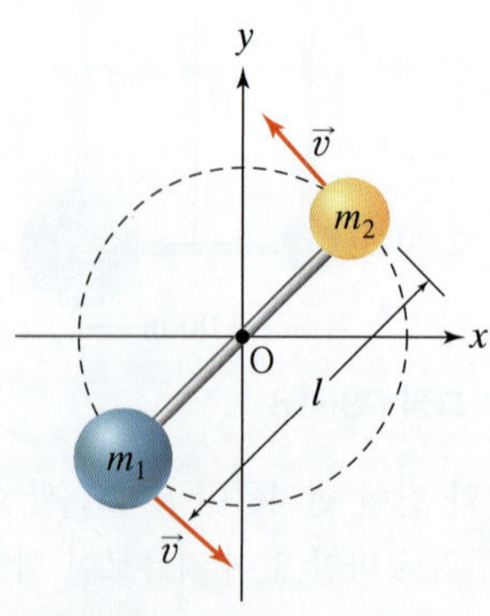

그림 P8-31

이순신대교(전남 광양과 여수를 연결하는 현수교) 국내기술진이 국산자재, 장비, 기술로 시공한 국내 최고의 한국형 현수교이다. 이 다리는 외부의 여러 환경(변형력, 풍속, 지진 등)에 영향을 받지 않도록 설계 시공되었다. 다리의 총 길이는 2 260 m, 주탑 사이의 거리는 1 545 m로 세계 4위 규모이다. 콘크리트 주탑의 높이가 270 m이고, 속력이 90 m/s인 강풍에도 견딜 수 있도록 설계되었다. 작은 사진은 메인 케이블의 단면으로, 지름 5.35 mm인 특수강철 12 800가닥을 한데 묶어 그 인장 강도는 1 860 MPa이다. 이 값은 보통 강철의 인장 강도보다 3배 크다.

평형과 탄성

제 9 장

건물이나 구조물 등은 여러 힘이 작용해도 안정적이어야 한다. 예를 들어 다리는 아래로 잡아당기는 중력이나 각종 차량의 덜컹거림 , 바람이나 지진 등에도 안전해야 한다. 여러 힘이 물체에 작용할 때 안정성에 영향을 주는 중요한 요소 중 하나는 평형과 탄성이다.

물체의 평형을 이해하는 것은 과학과 기술, 공학과 의학 등 여러 분야에서 매우 중요하다. 다리, 건물 및 구조물이 넘어지지 않는 것도 공학자들이 평형조건을 만족시키도록 설계하였기 때문이다. 과학자들은 물체의 작은 세계인 분자 수준에까지 평형 원리를 적용하여 분자구조를 파악할 뿐만 아니라, 전혀 새로운 각도에서 분자 이하의 미시세계를 설계하기에 이르렀다.

제9장에서는 물체가 안정한 이유를 물리학적 관점에서 살펴보고 한 계가 평형에 있으려면 그 계가 요구하는 조건들이 어떤 물리법칙을 따르는지 공부한다. 그리고 고체의 여러 특성과 탄성에 대해 공부한다.

9-1 평형상태에 있는 힘

한 개의 물체나 여러 개의 물체들로 이루어진 계에 작용하는 전체 힘이나 토크가 0인 경우에는 물체나 계는 정지해 있거나 또는 질량중심이 등속도로 운동하게 된다. 여기서는 물체나 계가 모두 정지하고 있는 경우를 취급한다. 정지해 있는 물체에 작용하는 알짜힘은 0이지만, 그렇다고 물체에 아무 힘도 작용하지 않는다는 뜻은 아니다. 힘이 전혀 작용하지 않는 물체를 발견한다는 것은 사실상 불가능하다. 물체에 작용하는 힘이 너무 크면 물체는 크게 변형되거나 부서지게 된다. 이러한 상황들, 즉 물체가 평형상태에 있을 때, 그에 미치는 힘이나 물체의 변형 등을 다루는 역학의 분야를 **정역학**(statics 靜力學)이라고 한다.

모든 물체에는 적어도 한 가지 힘(중력)이 작용하고 있으며, 만약 물체가 정지해 있다면 알짜힘을 0으로 만들기 위해 또 다른 힘이 그 물체에 작용해야만 한다.

예를 들어 그림 9-1에서 책상 위에 정지해 있는 물체에는 2개의 힘이 작용하고 있다. 즉 아래 방향으로 향하는 중력과 책상이 물체에 미치는 위 방향의 힘인 수직력이다. 이때 물체에 작용하는 알짜힘이 0이기 때문에 책상이 물체에 미치는 위 방향으로의 수직력과 아래 방향으로 작용하는 중력의 크기가 같아야 한다.

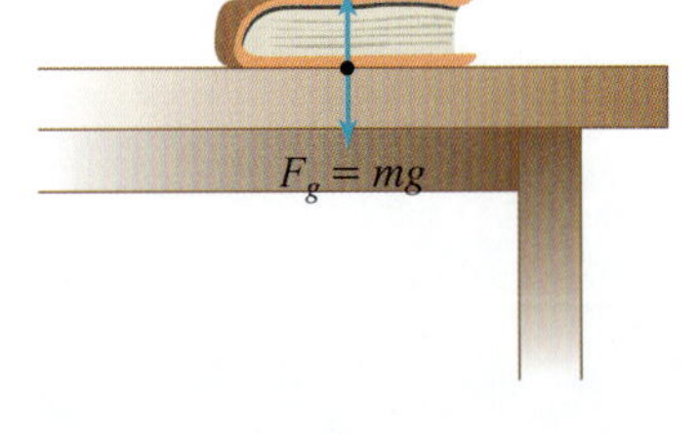

그림 9-1 책은 평형상태에 있다. 따라서 책에 작용되는 알짜힘은 0이다.

이 경우에는 두 힘이 한 물체에 작용하고 있으므로 뉴턴의 제3법칙에서 서로 다른 물체에 작용하는 크기가 같고 방향이 반대인 한 쌍의 힘과 혼동하지 말아야 한다. 이와 같은 경우 물체는 두 힘의 작용하에서 **평형상태**(equilibrium 平衡狀態)에 있다고 말한다.

정역학의 과제는 평형상태에 있는 구조물에 작용하는 힘을 계산하는 것이다. 이러한 힘들의 계산은 구조물이 변형되거나 부서짐 없이 그 힘들을 유지할 수 있는지를 결정하는 데 사용된다. 이러한 계산 기능은 건물, 교량, 기계, 자동차 등과 그 밖의 구조물의 구성 성분에 작용하는 힘의 계산에 실질적으로 적용되고 있다. 이러한 힘들을 잘못 계산하면 물체는 변형되거나 파괴되기 때문이다. 인체에서 근육과 관절에 작용하는 힘을 구체적으로 알고 이해하는 것이 임상 의학과 물리 치료에 매우 중요할 뿐만 아니라 운동의 연구에도 아주 중요하다.

9-2 평형조건과 짝힘

평형조건

물체의 병진운동은 운동의 제2법칙인 식 7-2인 $\vec{F}_{\text{알짜}} = \frac{d\vec{P}}{dt}$를 따른다. 만약 물체가 병진운동에 대해 평형상태에 있으면 $\frac{d\vec{P}}{dt} = 0$이어야 한다. 다시 말해 물체가 정지해 있으려면 물체에 작용하는 힘들의 합이 0이어야 한다. 힘은 벡터이므로 알짜힘의 각 성분이 0이어야 한다. 따라서 물체에 작용하는 힘이 동일 평면 내에 있을 때 평형조건은 다음과 같다.

평형의 제1조건은 3차원 공간상에서 알짜힘의 각 성분은 0이어야 한다.

$$\sum F_x = 0, \sum F_y = 0, \sum F_z = 0 \qquad \textbf{9-1}$$

만약 특정한 힘의 성분이 x축 또는 y축의 음(−)의 방향을 가리킨다면 힘의 성분에 음(−)의 부호를 붙여야 한다. 식 9-1을 만족한다고 해도 물체가 평형상태에 있기 위해서는 평형의 제1조건만으로는 충분하지 않다. 비록 두 힘의 합인 알짜힘이 0일지라도 토크가 생기는 경우는 평형을 이루지 못해 회전하게 된다.

식 8-23에서 토크와 관성모멘트 사이에는 $\tau = I\alpha$ 관계가 있다. 이 토크의 개념을 평형에 적용한다면 물체가 정지해 있을 때 알짜토크는 0이어야 한다. **평형의 제2조건**은 물체에 작용하는 모든 외부 토크의 합이 0이 되어야 한다.

$$\text{임의의 축에 관한 } \sum \tau = 0 \qquad \textbf{9-2}$$

이 식에 의하면 임의의 축에 대한 각가속도 α는 0이 된다. 즉 물체가 처음에 회전하고 있지 않으면($\omega = 0$) 물체는 회전을 시작하지 않을 것이다. 식 9-1과 9-2는 물체가 평형상태에 있기 위한 2가지 조건이며 다음과 같이 설명할 수 있다.

1. 물체에 가해지는 모든 외력의 벡터합은 0이다.(평형의 제1조건)
2. 물체에 가해지는 모든 외부 토크의 벡터합은 어느 점에 대해 측정하여도 0이다.(평형의 제2조건)

평형상태에 있는 물체에 작용하는 힘을 계산하는 방법은 인체에 적용될 수 있다. 이 방법은 움직이거나 정지해 있는 유기체에 대한 근육, 뼈, 관절 등에 작용하는 힘을 연구하는 데 많은 도움이 된다.

일반적으로 근육은 그림 9-2와 같이 힘줄에 의해 두 개의 다른 뼈에 붙어 있으며, 이렇게 붙어 있는 점을 착점이라고 한다. 두 개의 뼈는 구부리기 쉽게 팔꿈치나 무릎, 엉덩이와 같이 관절을 통해 연결되어 있다. 이두박근과 같이 손을 안쪽으로 굽히려는 근육을 굴근(flexor muscle 屈筋)이라고 하며, 삼두박근과 같이 손을 바깥쪽으로 뻗으려는 근육을 신장근(extensor muscle 伸長筋)이라고 한다. 굴근은 물체를 들어 올리는 데 사용되며, 신장근은 공을 던지는 데 사용된다.

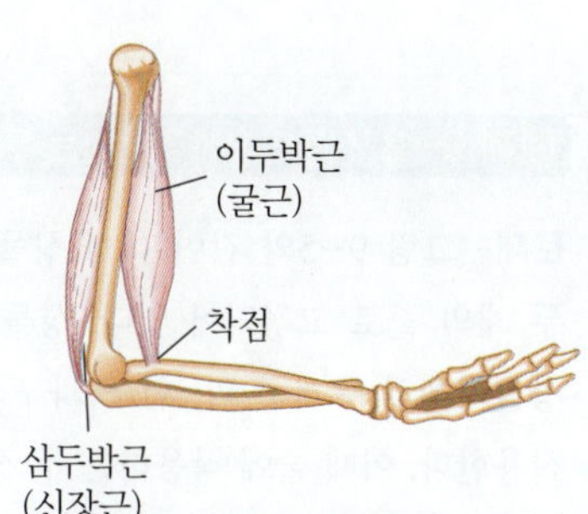

그림 9-2 평형상태에 있는 팔의 이두박근(굴근)과 삼두박근(신장근)

예제 9-1 다이빙 선수의 평형

문제 몸무게가 530 N인 다이빙 선수가 길이가 3.90 m인 다이빙 보드 오른쪽 끝에 서 있다. 그림 9-3과 같이 보드의 왼쪽 아래는 볼트로 고정되어 있다. 그곳으로부터 1.40 m 되는 곳에 지레받침이 놓여 있다. 볼트와 지레받침이 각각 보드에 작용하는 힘 F_1과 F_2를 구하라.

살펴보기 주어진 문제에 대한 자유물체도표를 그리면 그림 9-4와 같으며, 이 계에는 3개의 힘이 존재한다.

풀이 보드가 평형상태에 있으므로 수직력의 합은 0이다. 즉 $\sum F_y = -F_1 + F_2 - F_g = 0$임을 알 수 있다. 이와 마찬가지로 평형의 제2조건인 토크의 합도 0이다. 즉 $\sum \tau = 0$이다. 토크를 계산하기 위해 축을 정하자. 축은 왼쪽 끝을 지나고 지면에 수직인 축으로 선택하자. 힘 F_1은 축을 지나가므로 지레의 팔

(a)

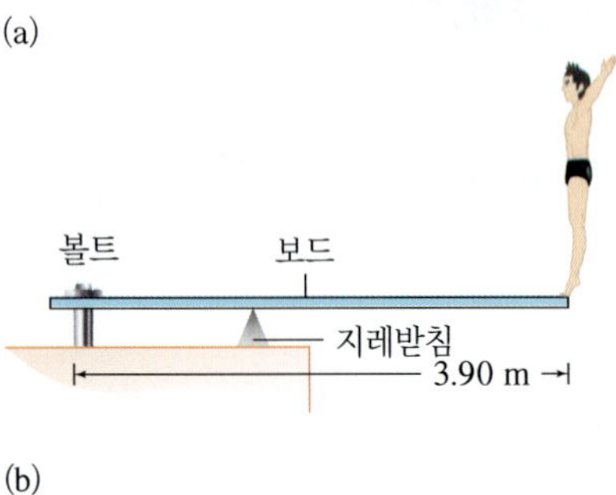

(b)

그림 9-3 다이빙 선수가 보드의 끝에 서 있는 모습

이 0이므로 토크가 0이다. 반면 힘 F_2는 반시계방향으로 토크를 일으키고, F_g는 시계방향의 토크를 일으킨다. 즉

$$\sum \tau = +F_2 l_2 - F_g l_1 = 0$$

이다. 이 식을 F_2에 대해 풀면 다음과 같다.

$$F_2 = \frac{F_g l_1}{l_2} = \frac{(530\ \text{N})(3.90\ \text{m})}{1.40\ \text{m}} = 1\ 480\ \text{N}$$

따라서 $F_g = 530$ N이므로 $F_1 = 950$ N이다.

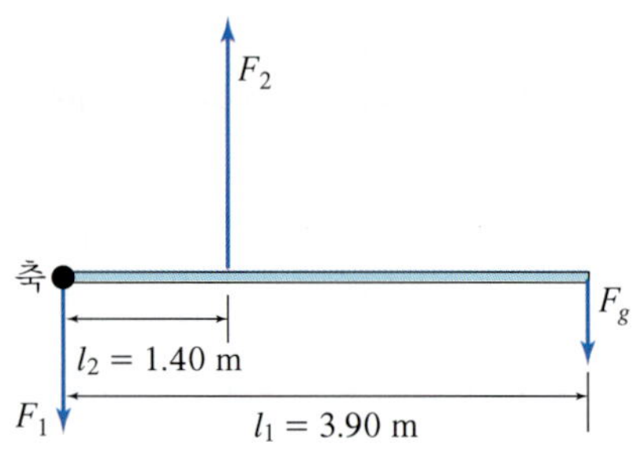

그림 9-4 다이빙 보드의 자유물체도표

예제 9-2 샹들리에에 작용하는 두 힘

문제 그림 9-5와 같이 대형 샹들리에가 천장과 벽에 매달린 두 개의 줄로 고정되어 있다. 샹들리에의 질량은 200 kg이다. 샹들리에의 무게 F_g와, 힘 F_1과 F_2는 3개의 점이 만나는 곳에 작용한다. 이때 줄에 작용하는 두 장력 F_1과 F_2를 구하라.

생각하기 이 문제에서 세 힘이 작용하는 점이 한 개이므로 토크는 작용하지 않는다. 두 개의 미지수(F_1과 F_2)만 있다.

풀이 힘 F_1과 F_2를 수평성분과 연직성분으로 분해하자. $F_{1x} = F_1 \cos 60°$와 $F_{1y} = F_1 \sin 60°$이다. F_2의 y성분은 없다. 즉 $F_{2y} = 0$이다. 연직방향으로는 아래 방향으로 작용하는 샹들리에의 무게 $F_g = mg = (200\ \text{kg})(g)$와 위 방향으로 작용하는 F_1의 연직성분만 있다. $\sum F_y = 0$이기 때문에 연직방향으로는 다음과 같다.

$$\sum F_y = F_1 \sin 60° - (200\ \text{kg})(g) = 0$$

이 식에서 F_1을 구하면 2 260 N이 된다.

수평방향으로는 다음과 같다.

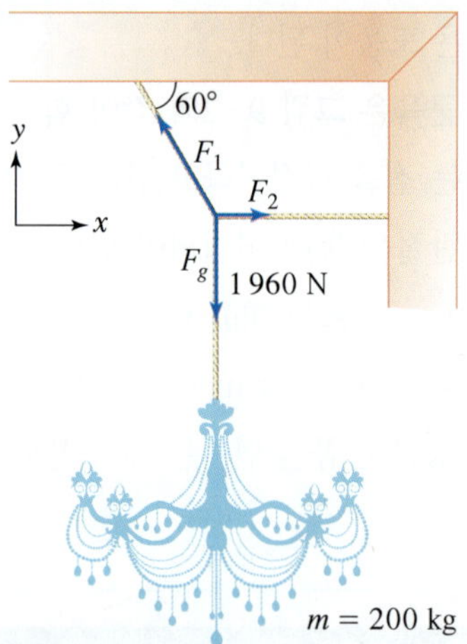

그림 9-5 천장과 벽에 매달린 두 개의 줄로 고정되어 있는 샹들리에

$$\sum F_x = F_2 - F_1 \cos 60° = 0$$

이 식에서 F_2를 구하면 1 130 N이 된다.

예제 9-3 이두박근이 미치는 힘

문제 질량이 5.0 kg인 물체를 손으로 들고 있다. 다음 각 경우에 이두박근이 미치는 힘은 얼마인가? (a) 그림 9-6(a)와 같이 팔을 수평으로 뻗치고 있는 경우와 (b) 그림 9-6(b)와 같이 팔을 수평과 45°의 각을 이루는 경우에 대해 계산하라. 단, 앞 팔과 손의 질량은 합쳐서 2.0 kg이고, 무게중심의 위치는 그림과 같다.

생각하기 그림에서 관절을 지나는 축(축점)을 기준으로 토크 방정식을 세워야 한다. 이때 축점에 있는 $F_{관절}$은 영향을 미치지 않는다. 계산을 해보면 들어 올린 물체의 무게에 비해, 근육이 미치는 힘이 아주 크다는 것을 알 수 있을 것이다. 실제로 근육과 관절은 매우 큰 힘을 받게 된다.

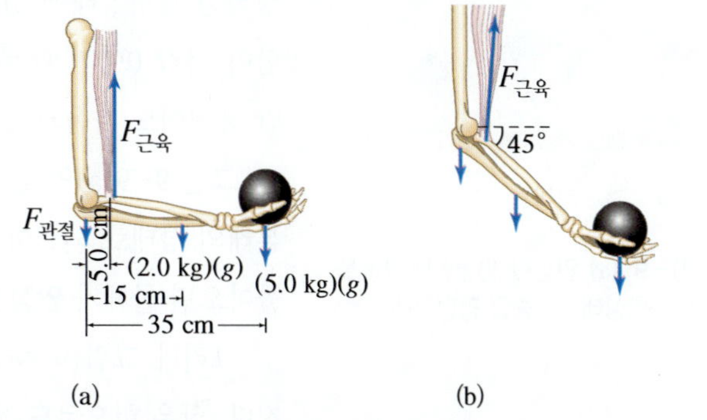

그림 9-6 물체를 손으로 들 때 근육의 모습

풀이 (a) 앞 팔에 작용하는 힘들은 근육이 미치는 위 방향의 힘 $F_{근육}$과 팔의 뼈가 관절에 작용하는 힘이 포함되어 있다(모두 연직으로 작용한다고 생각하자). 힘 $F_{근육}$을 구하기 위해 관절을 지나는 축에 대해 토크방정식을 적용하면 다음과 같다. 이때 $F_{관절}$은 축점이 되므로 영향을 주지 않는다.

$$(0.05\text{ m})(F_{근육}) - (0.15\text{ m})(2.0\text{ kg})(g) - (0.35\text{ m})(5.0\text{ kg})(g) = 0$$

이 식을 $F_{근육}$에 대해 풀면 $F_{근육} = (41\text{ kg})(g) = 400\text{ N}$이다.

(b) 관절을 축으로 생각하면 위로 향하는 힘 $F_{근육}$나 아래로 향하는 나머지 두 힘 모두 팔의 길이가 sin 45°만큼 감소한다. 따라서 토크방정식은 모든 항이 sin 45°를 가지고 있는 것을 제외하고는 (a)와 같다. 따라서 sin 45°는 모두 상쇄되므로 같은 결과, 즉 $F_{근육} = 400\text{ N}$이다.

짝힘

물체에 작용하는 힘들에는 크기가 같고 방향이 반대이며 작용선은 평행하지만 일치하지 않는 두 힘이 있는 경우가 흔히 있다. 이러한 한 쌍의 두 힘을 **짝힘**(couple)이라고 한다. 짝힘의 예로 남북을 가리키지 않을 때 자침의 두 극에 작용하는 힘을 들 수 있다.

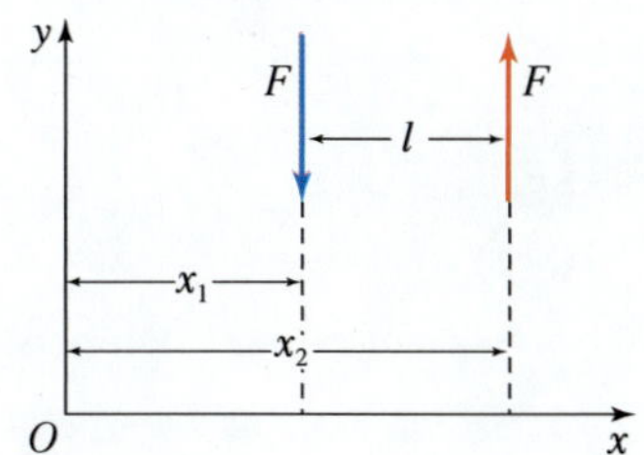

그림 9-7 짝힘의 효과는 회전을 일으킨다.

그림 9-7은 수직거리가 l이고 크기가 F인 두 힘으로 된 짝힘을 나타낸 것이다. 이때 합력 R은 다음과 같다.

$$R = F + (-F) = 0$$

합력이 0이라는 것은 짝힘이 물체에 병진운동을 일으키지 않는다는 것을 의미한다. 따라서 짝힘의 효과는 회전을 일으키는 것뿐이다. 그림 9-7에서 임의의 한 점 O에 관한 짝힘의 토크는 다음과 같다.

$$\sum\tau = x_2F - x_1F = (x_1 + l)F - x_1F$$

$$\sum\tau = Fl \qquad \textbf{9-3}$$

이 식을 보면 점 O로부터의 거리 x_1과 x_2가 나타나 있지 않으므로 짝힘의 모멘트는 짝힘이 놓여 있는 평면상의 모든 점에 관하여 같다는 것을 알 수 있다. 그림 9-8에서 자에 작용하는 힘은 0이지만, 짝힘의 효과로 회전한다.

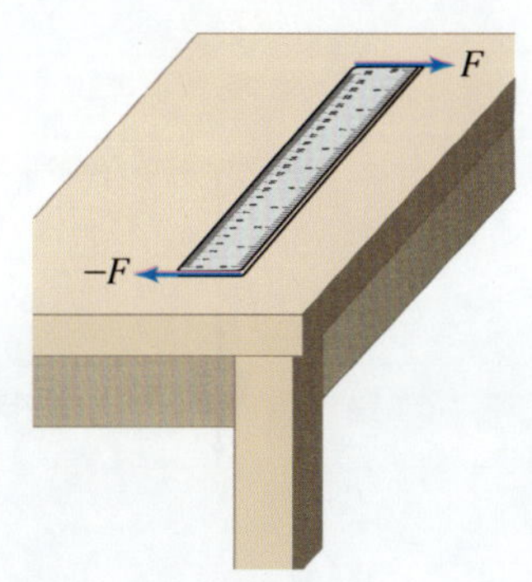

그림 9-8 자에 작용하는 알짜힘은 0이지만 자는 움직인다(회전).

9-3 안정과 평형

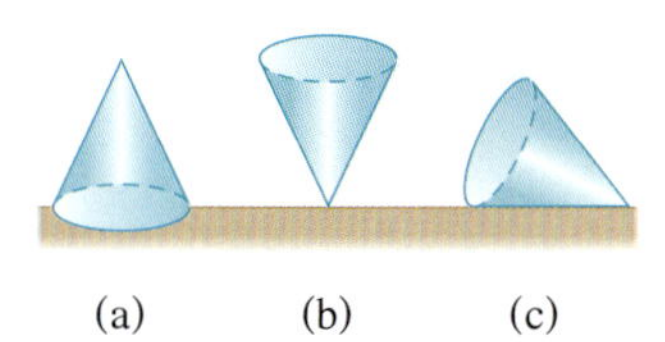

그림 9-9 (a) 안정한 평형상태 (b) 불안정한 평형상태 (c) 중립 평형상태

정적인 평형상태에 있는 물체는 건드리지 않으면 물체에 작용하는 힘의 합과 토크의 합이 각각 0이기 때문에 병진운동이나 회전운동을 하지 않는다. 그러나 물체가 약간만 움직여도 다음과 같은 3가지의 가능한 결과가 나타난다.

그림 9-9(a)와 같이 원뿔의 넓은 쪽이 바닥에 닿아 있으면 원뿔은 약간 기울여도 본래의 상태로 되돌아간다. 즉 물체가 힘을 받아 움직였다가 다시 정적 평형상태로 되돌아오면 물체가 **안정한 평형상태**(stable equilibrium 安定平衡)에 있다고 한다.

그러나 그림 9-9(b)와 같이 꼭짓점이 바닥에 닿아 있으면 약간만 기울여도 넘어진다. 작은 힘으로도 물체를 움직여 평형상태에서 벗어나게 할 수 있을 경우에 물체가 **불안정한 평형상태**(unstable equilibrium 不安定平衡)에 있다고 한다.

그리고 그림 9-9(c)와 같이 옆면이 바닥에 닿아 있는 경우에는 원뿔에 변위를 주면 새로운 위치에서 평형을 유지한다. 이러한 경우를 **중립 평형상태**(neutral equilibrium 中立平衡)에 있다고 한다.

또 그림 9-10(a)와 같이 줄의 끝에 매달린 공을 한쪽으로 움직였다면 그 공은 재빨리 원래의 위치로 되돌아가기 때문에 안정한 평형상태에 있다. 그러나 그림 9-10(b)와 같이 연필을 거꾸로 세워놓은 경우는 약간만 움직여도 토크가 생겨서 움직이던 방향으로 넘어지게 되기 때문에 불안정한 평형상태에 있다.

대형 교량이나 건물을 설계하거나 몸을 움직여 일을 할 때 안정한 평형상태나 균형을 유지하는 것은 매우 중요하다. 일반적으로 물체의 무게중심이 물체를 지탱하는 점보다 낮으면 안정한 평형상태에 있게 된다(예를 들면 실에 매달린 공은 실을 매단 점보다 낮다).

그러나 물체의 무게중심(barycenter, 질량중심)이 지탱 넓이 밖에 있으면 복잡한 상황이 된다. 그림 9-11(b)와 같이 벽돌이 아주 조금만 기울어지면 토크로 인해 그림 9-11(a)처럼 원래의 위치로 되돌아갈 것이다. 그러나 그림 9-11(c)와 같이 많이 기울어진다면 옆으로 넘어지게 될 것이다. 무게중심이 지탱 넓이 위에 있지 않을 때가 한계점이다.

일반적으로 물체의 무게중심으로부터 내려 그은 수직선이 지탱 넓이 안에 있을 때,

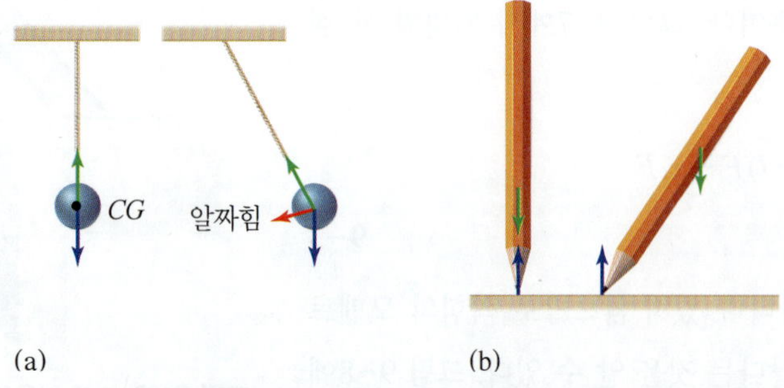

그림 9-10 (a) 줄의 끝에 매달린 공을 한쪽으로 움직였다면 곧 원래의 위치로 되돌아가므로 안정한 평형상태에 있다. (b) 거꾸로 세워놓은 연필은 약간만 움직여도 넘어지므로 불안정한 평형상태에 있다.

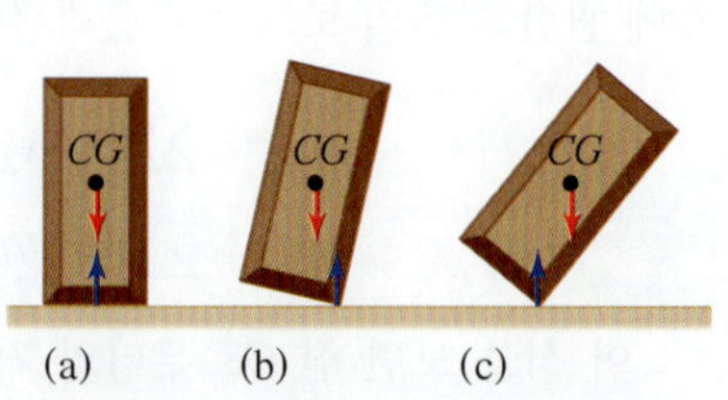

그림 9-11 벽돌의 평형은 무게중심으로부터 내려 그은 수직선이 지탱 넓이 안에 있을 때 안정하다.

무게중심이 지탱 넓이보다 위에 있게 되어 안정하다. 왜냐하면 물체에 위로 작용하는 힘이 접촉 넓이 안에서 작용하기 때문이다. 따라서 중력이 접촉 넓이를 벗어나면 알짜 토크는 물체가 넘어지도록 작용한다.

이와 같이 물체의 안정은 상대적이다. 같은 벽돌이라도 넓이가 넓은 쪽을 밑으로 세워놓았을 때가 좁은 쪽을 밑으로 놓았을 때보다 안정하다. 그 이유는 밑넓이가 넓은 경우는 그 물체를 기울이는 데 힘이 더 들기 때문이다.

극단적으로 그림 9-10(b)의 연필의 경우에는 지탱 넓이가 거의 점이므로 약간의 동요에도 연필은 넘어지고 만다. 일반적으로 지탱 넓이가 넓고 무게중심이 낮을수록 더 안정한 물체이다.

인간은 서서 다니면서 안정을 유지하기 위해 상당히 강한 근육과 특별한 기관을 발달시켜 왔다. 인간은 걸으면서 다른 종류의 동작을 행할 때 무의식중에 무게중심이 발 위에 오도록 꾸준히 몸을 움직인다. 허리를 굽히는 간단한 동작을 하는 경우에도 엉덩이를 뒤로 빼서 무게중심이 발 위에 있도록 한다. 이러한 동작은 무의식중에 행해진다.

9-4 물질의 상태

물체의 탄성은 물질의 상태와 아주 밀접하다. 물체의 탄성을 이해하기 위해 먼저 물질의 상태에 대해 알아보자.

일반적으로 물질은 **고체**(solid), **액체**(liquid), **기체**(gas)의 세 가지 상태로 분류하며, **플라즈마**(plasma)를 넣어 네 가지로 분류하기도 한다. 경험에 의하면 고체는 일정한 모양과 부피를 가지고 있으며, 액체는 일정한 부피를 갖고 있으나 모양이 일정하지는 않다. 그림 9-12는 지구에서 가장 흔한 광물 중 하나인 고체 결정인 천연 수정으로 일정한 부피와 모양을 갖는다.

그림 9-12 천연 수정(SiO_2)의 결정

일정량의 커피는 커피 잔의 모양에 따라 형태가 바뀌지만 부피는 변하지 않는다. 기체는 부피와 모양이 모두 일정하지 않다는 점에서 고체나 액체와는 다르다. 그렇지만 기체는 흐를 수 있기 때문에 여러 가지 점에서 액체와 비슷한 성질을 가지고 있다.

모든 물질은 원자나 분자의 집합으로 이루어져 있다. 고체에 있는 원자들은 주로 전기적인 힘에 의해 상호 간 고유한 위치를 유지하고 있으며, 각자의 평형위치를 중심으로 진동하고 있다. 아주 낮은 온도에서는 진동이 미미하여 원자들이 고정되어 있다고 생각할 수 있다. 물질에 가해지는 에너지가 증가할수록 진동의 진폭은 증가한다. 진동하는 원자는 이웃하는 원자와 용수철로 연결되어 평형위치를 중심으로 속박되어 있다고 생각할 수 있다.

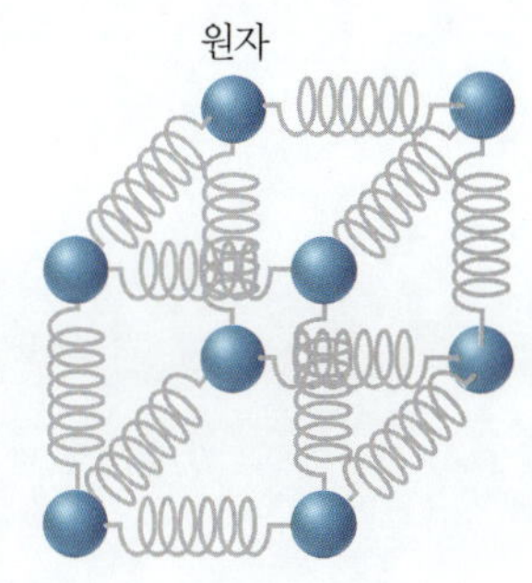

그림 9-13 원자들 사이에 작용하는 힘은 용수철처럼 행동한다.

그림 9-13은 가상의 용수철로 연결된 원자를 나타내고 있다. 고체에 가해지는 외력이 용수철을 압축시키는 것으로 생각할 수 있다. 외력을 제거하면 고체는 원래의 크기와 모양으로 되돌아가려 한다. 따라서 고체는 **탄성**(Elasticity)을 갖고 있다고 말한다.

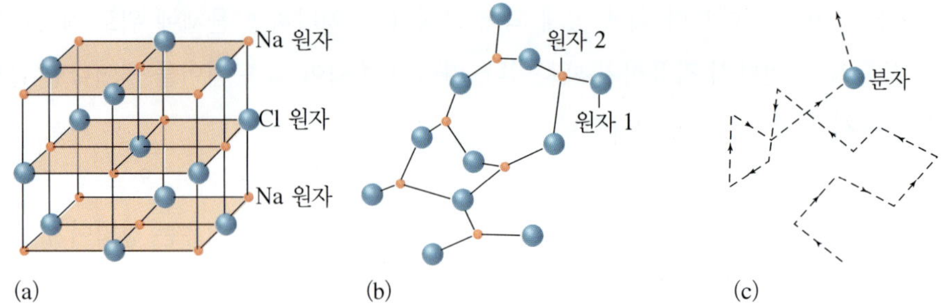

그림 9-14 (a) 결정형 고체인 소금의 결정 (b) 비정질 고체에서 원자들은 불규칙하게 배열되어 있다. (c) 액체분자는 액체 내부를 불규칙하게 돌아다닌다.

고체는 결정과 비정질로 분류된다. **결정형 고체**(crystalline solid 結晶形固體)는 원자들이 규칙적으로 배열되어 있는 것을 말한다. 예를 들어 염화나트륨 내에서 나트륨과 염소는 그림 9-14(a)에서처럼 정육면체의 꼭짓점에 교대로 배열되어 있다. 유리와 같은 **비정질 고체**(amorphous solid 非晶質固體)는 그림 9-14(b)와 같이 원자들이 무질서하게 놓여 있다고 생각할 수 있다.

어느 물질에서든 액체 상태는 고체 상태보다 높은 온도에서 존재한다. 액체 내의 분자 간의 힘은 분자 위치를 고정할 만큼 강하지 못하다. 따라서 그림 9-14(c)에서 보는 바와 같이 분자가 액체 내부를 무질서하게 돌아다닌다. 고체와 액체는 압축하려 할 때, 이에 대항하여 내부 원자 사이에서 강한 척력이 작용하는 성질이 있다.

기체 상태에서는 분자들이 무질서하게 **마구잡이 운동**(randomness motion)을 하며, 분자 사이의 힘은 작은 편이다. 기체분자 사이의 거리는 평균적으로 분자의 크기에 비해 매우 크다. 분자들은 서로 충돌하기는 하나, 대개의 경우 자유롭게 움직이고 서로 상호작용하지 않는 입자처럼 운동한다. 따라서 고체나 액체와는 달리 쉽게 압축된다.

액체와 기체의 성질에 대해서는 제10장(유체)에서 공부하게 된다.

기체가 높은 온도로 가열되면, 각 원자를 둘러싸고 있는 전자 중 상당수가 핵으로부터 떨어져 나온다. 결과적으로 전하를 띤 자유입자들이 모여 있는 계(음으로 대전된 전자와 양으로 대전된 이온)가 형성된다. 이와 같이 같은 양의 양전하와 음전하로 이루어진 고도로 이온화된 상태를 **플라즈마**(plasma)라 한다. 전하를 띠지 않는 기체와는 달리, 플라즈마 내의 구성 입자 사이에는 원거리의 전자기력이 작용한다. 플라즈마는 별 내부나 블랙홀 주위의 원형 띠와 같은 곳에서 발견할 수 있으며, 고체, 액체, 기체보다 훨씬 보편적인 형태이다. 이는 별의 형태가 다른 어떤 형태의 천체 물질보다 많기 때문이다.

그러나 이와 같은 일반적인 물질은 우주의 5 % 정도만을 차지하고 있다. 최근 수년간 관측한 바에 의하면, 보이지 않는 **암흑물질**(dark matter 暗黑物質)은 은하계 주위의 별들의 운동에 영향을 미치고 있다고 여겨진다. 암흑물질은 일반 물질보다 몇 배나 많은 25 % 정도까지 우주를 구성하고 있다. 마지막으로 우주의 70 %는 **암흑에너지**(dark energy)로 구성되어 있는데, 이는 우주의 팽창을 가속화시키고 있다고 여겨진다.

9-5 밀도와 비중

질량이 같은 알루미늄(Al)과 금(Au)은 중요한 물리적 차이가 있다. 알루미늄은 금보다 7배 이상의 부피를 차지한다. 이러한 차이의 원인은 원자나 핵의 수준에서 설명할 수 있으나 단순한 척도로 **밀도**(density 密度)라는 개념으로 구분한다.

경험으로 납(Pt)은 무거운 금속이고 알루미늄은 가벼운 금속이라 할 때, 이것은 납의 밀도가 알루미늄의 밀도보다 크다는 것을 의미한다. 실제로 부피가 1 m^3 되는 납의 질량은 1.13×10^4 kg이고, 같은 부피의 알루미늄의 질량은 2.7×10^3 kg이다. 표 9-1은 몇 가지 물질의 밀도를 나타낸 것이다. 밀도를 나타내는 기호는 주로 그리스문자 ρ(로)로 쓴다. 물체의 부피가 V이고 질량이 m이면 밀도는 다음과 같이 정의한다.

$$\rho = \frac{m}{V} \tag{9-4}$$

밀도의 SI 단위는 kg/m^3이다($1\ g/cm^3 = 10^3\ kg/m^3$). 그림 9-15(a)는 제주도에 많이 분포되어 있는 화산암이다. 암석 곳곳에 구멍이 많아 밀도가 아주 작다. 그러나 그림 9-15(b)와 같이 구성 입자의 배열이 아주 촘촘한 대리석은 밀도가 상대적으로 크다.

(a)

(b)

그림 9-15 (a) 제주 화산암은 구멍이 많아 밀도가 작다. (b) 대리석은 입자가 조밀하여 밀도가 크다.

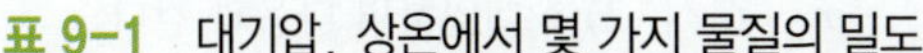

표 9-1 대기압, 상온에서 몇 가지 물질의 밀도

	물질	밀도, ρ (g/cm^3)	밀도, ρ (kg/m^3)
금속	알루미늄	2.7	2.7×10^3
	구리	8.9	8.9×10^3
	금	19	1.9×10^4
	철	7.8	7.8×10^3
	납	11	1.1×10^4
	수은	14	1.4×10^4
	니켈	8.9	8.9×10^3
액체	순수한 물	1.00	1.00×10^3
	바닷물	1.03	1.03×10^3
	에틸알코올	0.79	7.9×10^2
	혈액(36°C)	1.06	1.06×10^3
기체	공기	1.3×10^{-3}	1.3
	수소	9.0×10^{-5}	0.09
	산소	1.4×10^{-3}	1.4
	헬륨	1.8×10^{-4}	0.18
	질소	1.3×10^{-3}	1.3
	이산화탄소	2.0×10^{-3}	2.0
기타	목재	0.13	1.3×10^2
	콘크리트	2.3	2.3×10^3
	뼈	1.6	1.6×10^3

한 물질의 **비중**(specific gravity 比重)은 그 물질의 밀도와 물의 밀도의 비로, 단위가 없으며 단순히 숫자만을 나타낸다. 물의 밀도는 1기압, 4°C에서 1 g/cm^{3}이므로 한 물질의 비중은 그 물질의 밀도가 g/cm^{3}이라 표시되었을 때의 밀도의 값과 거의 일치한다. 따라서 알루미늄의 밀도는 2.7 g/cm^{3}이므로 비중은 2.7이다. 이 비중을 **상대밀도**(relative density 相對密度)라고도 한다.

예제 9-4 가짜로 의심되는 금팔찌

문제 질량이 50 g인 팔찌가 순금이 아닌 도금된 납일지도 모른다고 의심을 받고 있다. 팔찌를 물이 가득 찬 컵에 떨어뜨렸더니 4.0 cm^{3}의 물이 흘러 넘쳤다. (a) 이 팔찌는 순금인가? 아닌가? (b) 아니라면 총질량 중의 순금 비율은 얼마인가?

생각하기 팔찌를 물이 가득 찬 컵에 떨어뜨렸을 때 4.0 cm^{3}의 물이 흘러 넘쳤다는 것은 팔찌의 부피가 곧 4.0 cm^{3}임을 뜻한다.

풀이 (a) 팔찌의 밀도를 구해보면 다음과 같다.

$$\rho = \frac{m}{V} = \frac{50\ \text{g}}{4.0\ \text{cm}^3} = 12.5\ \text{g/cm}^3$$

이 값은 표 9-1에서 금의 밀도 19 g/cm^{3}보다 작으므로 순금이 아니다.

(b) 순금 비율은 다음과 같이 구한다.

$$m_{금} + m_{납} = 50\ \text{g} \tag{1}$$

그림 9-16 팔찌

$$V_{금} + V_{납} = \frac{m_{금}}{\rho_{금}} + \frac{m_{납}}{\rho_{납}} = 4.0\ \text{cm}^3 \tag{2}$$

납의 밀도는 표 9-1에서 11 g/cm^{3}인 것을 알 수 있다. 식 (1)에서 $m_{납} = (50\ \text{g} - m_{금})$을 식 (2)에 대입하면 다음과 같다.

$$\frac{m_{금}}{19\ \text{g/cm}^3} + \frac{50\ \text{g}}{11\ \text{g/cm}^3} - \frac{m_{금}}{11\ \text{g/cm}^3} = 4.0\ \text{cm}^3 \tag{3}$$

식 (3)에서 금의 질량을 구하면 $m_{금} = 14$ g이다.

따라서 팔찌에서 금이 차지하는 비율은 $\frac{14\ \text{g}}{50\ \text{g}} = 0.28 = 28\ \%$이다.

9-6 물질의 탄성

대부분의 고체들은 단단하고 탄력이 없는 것처럼 보이지만, 변형력을 가하면 일시적으로 혹은 영구히 변형될 수 있다. 고체의 모양이 달라지는 것은 변형력과 변형의 개념으로 설명할 수 있다. **변형력**(stress 變形力)은 형태의 변화를 일으키는 힘에 비례하는 양이다. 구체적으로 표현하면 **변형력은 단면의 단위넓이당 물체에 작용하는 외력이다.** 주어진 변형력에 대한 물체의 반응은 물체의 조성, 형태, 온도 등에 의존한다. 변형력의 결과로 나타나는 **변형**(strain 變形)은 형태의 변화 정도에 관한 척도이다. 변형력이 아주 작을 때 변형력은 변형에 비례하며 비례상수는 모양이 변화되는 물질과 그 변화의 성질에 따라 달라진다. 이 비례상수가 바로 **탄성률**(elastic modulus 彈性率)이다. 따라서 탄성률은 변형력의 결과로 나타난 변형에 대한 변형력의 비로 정의된다.

$$\text{탄성률} = \frac{\text{변형력}}{\text{변형}} \qquad \textbf{9-5}$$

탄성률이란 물체에 가한 작용(힘의 작용)과 그 물체의 반응(모양의 변화 정도)의 관계를 말한다. 탄성률은 다음과 같이 3가지 유형으로 구분한다.

1. **영률(Y)**: 고체의 길이 방향의 변화에 대한 저항의 척도이다.
2. **층밀리기 탄성률(S 또는 G)**: 고체 내에서 서로 나란한 면들의 상대적 움직임에 대한 저항의 척도로 **강성률** 또는 **비틀림률**이라고 한다.
3. **부피 탄성률(B)**: 고체나 액체의 부피 변화에 대한 저항의 척도이다.

영률: 길이 방향으로의 탄성

그림 9-17과 같이 단면의 넓이가 A이고, 처음 길이가 L_i인 긴 막대의 한쪽 끝을 죔쇠로 고정시켰다고 하자. 단면에 수직으로 외력이 작용하면, 막대의 내력은 변형(늘어남)에 저항한다. 그렇지만 결국 나중에는 길이가 ΔL만큼 늘어나 L_f로 변하고, 외력이 정확히 내력과 맞먹게 되는 평형상태에 이른다.

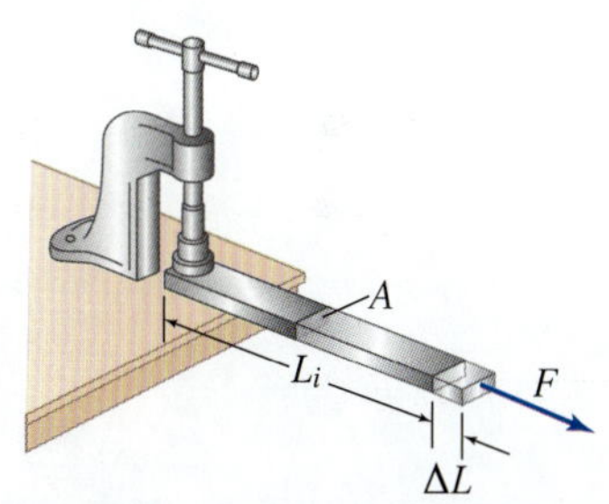

그림 9-17 한쪽 끝을 죔쇠로 고정하고 다른 끝에 힘 F을 작용하면, 이 외력에 의해 막대의 길이는 ΔL만큼 늘어난다.

이 경우 막대를 늘어나게 하는 변형력을 **인장 변형력**(tensile stress 引長變形力)이라고 하며, 이 값은 단면의 넓이 A에 대한 외력의 크기 F의 비율로 정의된다. 그리고 이때 생긴 **인장 변형**(tensile strain)은 처음 상태의 길이 L_i에 대한 길이의 변화(늘어난 길이) ΔL의 비율이 된다. 이때 **영률**(Young's modulus) Y는 다음과 같이 나타낼 수 있다.

$$Y = \frac{\text{인장 변형력}}{\text{인장 변형}} = \frac{F/A}{\Delta L/L_i} \qquad \textbf{9-6}$$

일반적으로 영률은 잡아 늘이거나 압축시키는 변형력을 받고 있는 막대나 금속선 등의 특성을 나타내는 데에 사용된다. 식 9-6에서 분모의 항인 인장 변형은 차원이 없는 양이기에, 영률 Y의 단위는 단위넓이당 힘의 단위(N/m^2)로 주어진다. 이 단위는 변형력과 압력의 단위이기도 하며 1 N/m^2 = 1 Pa이다. 영국단위계에서는 lb/in^2(psi)로 표기하며, 1 psi = 1 lb/in^2 = 6.98×10^3 Pa이다. 표 9-2는 몇 가지 물질의 탄성률이다.

TIP 단위 N/m^2 (Pa)

N/m^2는 압력의 SI 단위이다. 이 단위는 변형력, 영률, 층밀리기 탄성률, 부피 탄성률, 탄성한계의 단위로 사용한다.

인장 변형에서 막대가 늘어나는 현상은 훅의 법칙($F = kx$)에서, 용수철에 작용하는 힘과 용수철의 변형(용수철이 압축되거나 늘어난 길이)과의 관계를 나타내는 용수철상수 k와 유사하다.

한 물체가 영구히 변형되지 않는 최대 변형력을 **탄성한계**(elastic limit 彈性限界)라고 한다. 탄성한계를 초과하면 물체는 파괴될 수도 있다. 유리나 주조(casting 鑄造)된 철과 같이 깨지기 쉬운 물질들은 탄성한계 근처에서 깨진다. 많은 물질들의 탄성한계는 온도가 증가함에 따라 감소하는데 이것은 금속들을 구부리거나 망치로 두들겨 형태를 만들기 이전에 금속들을 가열하는 이유이다. 대부분의 금속(주조된 철은 제외)

표 9-2 몇 가지 물질의 탄성률

물질			영률, Y (N/m^2)	층밀리기 탄성률, S (N/m^2)	부피 탄성률, B (N/m^2)
고체	석영		5.6×10^{10}	2.6×10^{10}	2.7×10^{10}
	유리		$6.5\sim7.8 \times 10^{10}$	$2.6\sim3.2 \times 10^{10}$	$5.0\sim5.5 \times 10^{10}$
	알루미늄		7.0×10^{10}	2.5×10^{10}	7.0×10^{10}
	황동(놋쇠)		9.1×10^{10}	3.5×10^{10}	6.1×10^{10}
	구리		11×10^{10}	4.2×10^{10}	14×10^{10}
	철		20×10^{10}	8.4×10^{10}	6×10^{10}
	텅스텐		35×10^{10}	14×10^{10}	20×10^{10}
	뼈	압축	0.94×10^{10}	–	–
		인장	1.6×10^{10}	–	–
액체	물		–	–	0.21×10^{10}
	에틸알코올		–	–	0.10×10^{10}
	수은		–	–	2.8×10^{10}
기체	공기, 수소, 헬륨, 이산화탄소		–	–	모두 1.01×10^5

은 탄성한계를 훨씬 넘어서까지 변형이 일어나는데, 이 성질을 **연성**(ductility 軟性) 또는 **늘림성**이라고 한다. 구리는 늘림성이 아주 좋은 금속이다. 단면의 넓이가 1 mm^{2}인 구리선은 150 N의 힘을 가하면 탄성한계에 도달하지만 힘을 2배 이상 가해도 파괴되지 않는다.

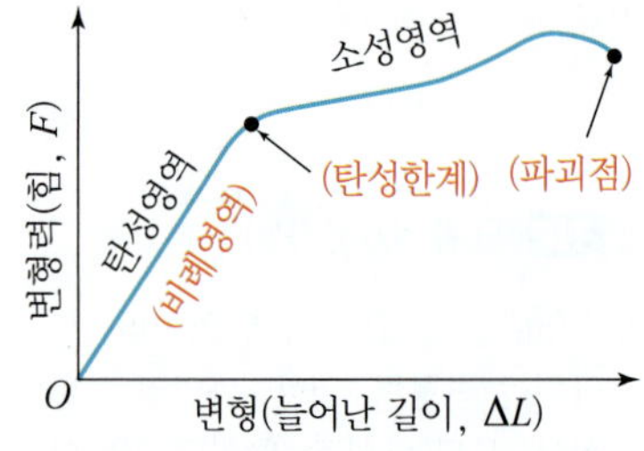

그림 9-18 고체에 가해준 힘과 늘어난 길이 사이에서 변형력-변형 그래프

그림 9-18은 강철막대의 늘어남과 가해준 장력의 관계를 나타낸 것이다. 처음의 직선은 훅의 법칙에 해당한다. 탄성한계를 지나면 그래프는 평평해지는데 이것은 동일한 장력에 대해 늘어남이 탄성한계 이전보다 훨씬 큰 것을 의미한다. 탄성한계를 넘어서서 가한 장력이 제거되면 막대는 원래 길이보다 긴 막대로 되는데 이것을 **소성 변형**(plastic deformation 塑性變形)이라고 한다. 막대의 **극한세기**(ultimate strength)는 막대가 견딜 수 있는 최대 장력을 의미하는데 그래프 곡선의 맨 끝점에 해당되며, 이 점을 **파괴점**(breaking point 破壞點)이라고 한다.

한 물체에 원래의 파괴세기보다 훨씬 약한 장력이라도 반복해서 가해지면 **피로**(fatigue 疲勞)가 누적되게 된다. 재료의 내부 구조상의 미세한 결함은 장력이 가해질 때마다 조금씩 성장하여 마침내는 파괴로 이르는 균열이 생기게 된다. 이 과정의 주된 요인은 장력의 크기와 장력이 가해지는 빈도이다. 파괴에 이르게 하는 장력의 빈도는 장력의 증가에 따라 급속히 감소한다. 금속막대는 극한세기의 20 %에 해당되는 힘이 100만 번 가해져도 견딜 수 있지만 가해진 힘이 극한세기의 2배가 되면 1만~2만 번 가해지기만 해도 파괴된다.

예제 9-5 늘어나는 구리선

문제 지름이 1.0 mm이고 길이가 2.0 m인 구리선에 질량이 5.0 kg인 추를 매달았다. 구리의 탄성한계는 $1.5 \times 10^8\ \text{N/m}^2$이다. (a) 구리선은 얼마나 늘어나겠는가? (b) 탄성한계를 초과하지 않기 위해서 필요한 도선의 최소 지름은 얼마인가?

생각하기 영률의 공식으로부터 늘어난 길이를 알 수 있으며, 인장 변형력에서 단면의 넓이를 구하면 구리선의 지름을 구할 수 있다.

풀이 (a) 식 9-6에서 영률은

$$Y = \frac{\text{인장 변형력}}{\text{인장 변형}} = \frac{F/A}{\Delta L/L_i}\text{이므로 } \Delta L = \frac{L_i}{Y}\frac{F}{A}$$

이다. 도선의 반지름은 5.0×10^{-4} m이므로

$$A = \pi r^2 = \pi(5.0 \times 10^{-4}\ \text{m})^2 = 7.85 \times 10^{-7}\ \text{m}^2$$

$$L_i = 2.0\ \text{m}$$

$$F = mg = (5.0\ \text{kg})(9.8\ \text{m/s}^2) = 49\ \text{N}$$

$$Y = 11 \times 10^{10}\ \text{N/m}^2(\text{구리의 영률})$$

이다. 따라서 늘어난 길이는 다음과 같다.

$$\Delta L = \frac{(2.0\ \text{m})(49\ \text{N})}{(11 \times 10^{10}\text{N/m}^2)(7.85 \times 10^{-7}\ \text{m}^2)} = 1.1 \times 10^{-3}\ \text{m} = 1.1\ \text{mm}$$

(b) 구리의 탄성한계는 $1.5 \times 10^8\ \text{N/m}^2$이므로

$$\frac{F}{A} = 1.5 \times 10^8\ \text{N/m}^2$$

이다. 따라서 단면의 넓이 A는 다음과 같다.

$$A = \frac{49\ \text{N}}{1.5 \times 10^8\ \text{N/m}^2} = 3.27 \times 10^{-7}\ \text{m}^2$$

반지름이 r인 구리선의 단면의 넓이는 $A = \pi r^2$이므로 반지름은 다음과 같다.

$$r = \sqrt{\frac{A}{\pi}} = \sqrt{\frac{3.27 \times 10^{-7}\ \text{m}^2}{\pi}} = \sqrt{1.04 \times 10^{-7}\ \text{m}^2} = 3.2 \times 10^{-4}\ \text{m}$$

구리선의 지름은 6.4×10^{-4} m, 즉 0.64 mm이다.

예제 9-6 요가수행자의 고통

문제 몸무게가 70 kg인 요가수행자가 못의 뾰족한 부분이 위로 솟아있는 침대 위에 누워 있다. 못의 단면의 넓이는 1.0 mm^{2}이고 1.0 cm 간격으로 촘촘하게 박혀 있다. 요가수행자의 몸이 침대에 닿는 넓이는 0.5 m^{2}이며, 고통의 한계 변형력은 1 MPa이라고 한다. 이 고통을 요가수행자가 견딜 수 있겠는가?

생각하기 못에 의해 받는 변형력(압력)을 구하고 주어진 한계 변형력과 비교하자.

풀이 침대에는 1 cm^{2}당 1개의 못이 박혀 있다. 못과 몸이 맞닿는 넓이는 $0.5\ \text{m}^2 = 5\,000\ \text{cm}^2$이다. 따라서 요가수행자의 무게 $mg = 686$ N이 5 000개의 못에 지탱되고 있다. 각 못의 넓이는 $1.0\ \text{mm}^2 = 1.0 \times 10^{-6}\ \text{m}^2$이므로 각 못이 요가수행자에게 가하는 변형력은 다음과 같다.

$$P = \frac{F}{A} = \frac{686\ \text{N}}{(5\,000)(1.0 \times 10^{-6}\ \text{m}^2)} = 1.37 \times 10^5\ \text{Pa} = 0.137\ \text{MPa}$$

이 값은 고통의 한계 변형력인 1 MPa 이하이기에 충분히 견딜 수 있다.

층밀리기 탄성률: 형태에 대한 탄성

고체를 늘이거나 압축시키지 않고 다른 방법으로 변형시키는 것이 가능하다. 그림 9-19(a)와 같이 크기가 같고 방향이 반대인 두 힘이 마주보는 직육면체(넓이가 A이고 높이가 h)의 두 면에 각각 작용하면 또 다른 유형의 변형이 생긴다. 이러한 변형력을 **층밀리기 변형력**(shear stress)이라 한다. 일반적으로 직육면체인 물체가 층밀리기 변형력을 받으면 단면이 평행사변형으로 변형된다. 층밀리기 변형력은 물체의 부피는 그대로 두고 물체의 모양을 변화시킨다.

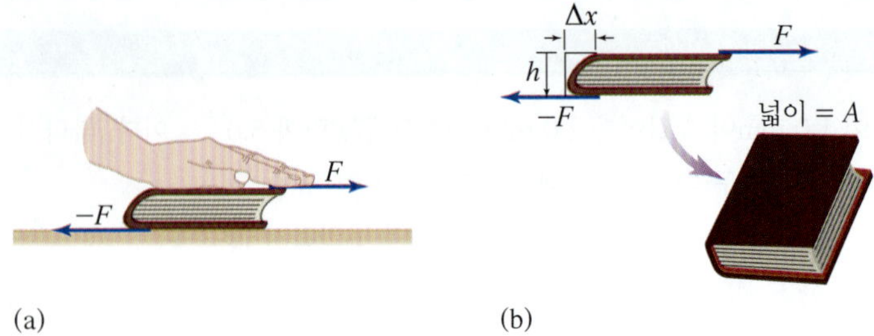

그림 9-19 (a) 크기가 같고 방향이 반대인 두 힘이 마주보는 직육면체(넓이가 A이고, 높이가 h)의 두 면에 각각 작용하면 층밀리기 변형이 나타난다. (b) 이 결과 물체의 윗면이 바닥면에 대해 오른쪽으로 Δx만큼 움직이는 변형이 생긴다.

그림 9-19에서 **층밀리기 변형력**은 층밀리는 면의 넓이 A에 대한 접선방향의 힘의 비로 정의된다(F/A). 그리고 **층밀리기 변형**(shear strain)은 $\Delta x/h$로 정의되며, 여기서 Δx는 층밀리는 면이 움직인 수평거리이고, h는 물체의 높이이다. 이때 **층밀리기 탄성률**(shear modulus) S는 다음과 같이 정의한다.

$$S = \frac{\text{층밀리기 변형력}}{\text{층밀리기 변형}} = \frac{F/A}{\Delta x/h} \qquad \textbf{9-7}$$

층밀리기 탄성률을 나타내는 기호는 S 또는 G를 사용하며, 영률과 마찬가지로 단위는 단위넓이당 힘의 비율이다. S의 값이 클수록 물질은 더욱 단단하다. 이런 이유로 S를 **강성률**(modulus of rigidity 剛性率)이라고도 한다. 흥미있는 것은 층밀리기 탄성률은 영률보다 작다는 것이다. 이것은 고체의 원자들을 미끄러지게 하는 것이 그것들을 늘어 당기거나 압축시키는 것보다는 쉽다는 것을 의미한다.

한 재료가 파괴되기 전에 견딜 수 있는 최대 층밀리기 변형력을 그 재료의 **층밀리기 세기**(shear strength)라고 한다. 한 재료의 층밀리기 세기가 클수록 그 재료로 된 얇은 판을 가위로 자르거나 그 판에 구멍을 뚫는데 더 많은 힘이 가해져야 한다. 몇 가지 물질의 층밀리기 탄성률의 값이 표 9-2에 나타나 있다.

예제 9-7 도토리묵 밀기

문제 그림 9-20(a)와 같이 접시 위에 크기가 15 cm × 5 cm × 15 cm인 도토리묵이 놓여 있다. 그림 9-20(b)와 같이 손가락으로 묵의 윗면에 평행하게 일정한 힘 $F = 0.45$ N으로 밀었더니, 윗면이 바닥면에 대해 $\Delta x = 6.0 \times 10^{-3}$ m만큼 밀렸다고 하자. 이때 층밀리기 탄성률은 얼마인가?

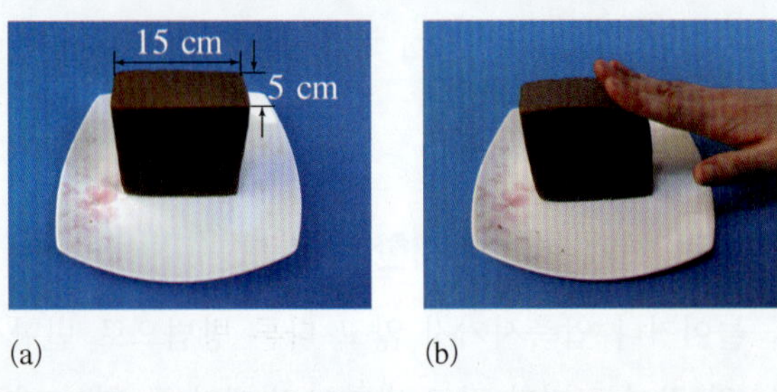

그림 9-20 (a) 도토리묵 덩어리 (b) 도토리묵에 작용하는 층밀리기힘

생각하기 묵의 층밀리기 탄성률은 아주 작을 것이라고 예측할 수 있다.

풀이 윗면에 평행한 힘이 작용하고 모든 변수를 알고 있으므로 식 9-7을 사용한다.

$$S = \frac{F/A}{\Delta x/h} = \frac{Fh}{A\,\Delta x}$$

이므로

$$S = \frac{(0.45\text{ N})(0.05\text{ m})}{(0.15\text{ m})(0.05\text{ m})(6.0 \times 10^{-3}\text{ m})} = 1.5 \times 10^3\text{ N/m}^2$$

이다.

예제 9-8 강철판에 구멍 뚫기

문제 부드러운 강철은 3.5×10^8 Pa의 층밀리기 변형력이 가해지면 파괴된다. 두께가 3.0 mm인 강철판에 지름 10 mm의 구멍을 뚫기 위해 필요한 힘을 계산하라.

생각하기 단위넓이에 작용하는 힘을 구하는 문제이므로 먼저 구멍의 넓이를 구하자.

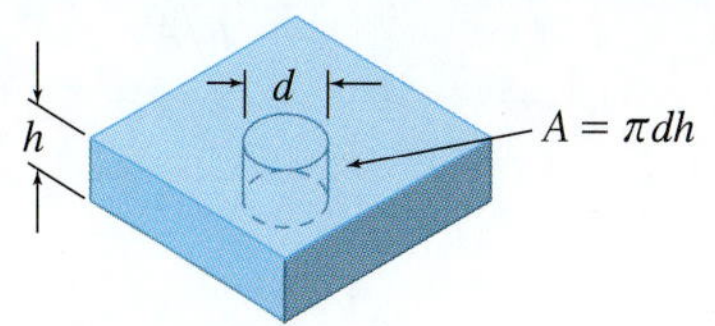

그림 9-21

풀이 층밀리기 변형력이 작용하게 되는 넓이는 그림 9-21과 같이 원기둥꼴인 구멍의 안쪽이다. 이 구멍의 단면의 넓이는

$$A = \pi dh = \pi(1.0 \times 10^{-2}\ \text{m})(3.0 \times 10^{-3}\ \text{m}) = 9.4 \times 10^{-5}\ \text{m}^2$$

이다. 층밀리기 변형력이 작용하면 강철은 구멍이 뚫리기 시작하므로 이때 필요한 힘은 다음과 같다.

$$F = (3.5 \times 10^8\ \text{Pa})(9.4 \times 10^{-5}\ \text{m}^2) = 3.3 \times 10^4\ \text{N}$$

이 힘은 거의 4 ton이 작용하는 무게와 같다.

부피 탄성률: 부피에 대한 탄성

압축력이 어떤 고체의 한 변을 따라 작용할 때 그 변의 길이는 감소한다. 또한 고체의 모든 방향에서 압축력을 수직으로 가하면 모든 변(길이, 너비, 깊이)의 크기가 감소되어 그림 9-22와 같이 부피의 감소가 생긴다. 이런 식의 변형을 받은 물체의 부피는 변하지만 그 모양은 유지된다. 이때 물체의 표면에 작용하는 전체 힘의 크기 F와 표면의 넓이 A의 비를 **부피 변형력**(volume stress)이라 한다. 이때 F/A는 압력 P이며 물체의 모든 부분에 압력이 작용하면 부피가 변한다. 이때 **부피 변형**(volume strain)은 부피의 변화 ΔV를 원래의 부피 V_i로 나눈 것과 같다($\Delta V/V_i$). 이 경우 식 9-5의 탄성률의 정의를 이용하여 **부피 탄성률**(bulk modulus) B를 정의할 수 있다.

$$B = \frac{\text{부피 변형력}}{\text{부피 변형}} = -\frac{F/A}{\Delta V/V_i} \qquad \textbf{9-8}$$

이 식에 음(−)의 부호를 넣은 것은 B를 양수로 만들기 위함이다. 압력이 증가하면 (ΔP 가 양의 값) 부피가 감소하고(ΔV가 음의 값), 반대로 압력이 감소하면 부피가 증가하기 때문에 이렇게 부호를 표시하는 것이 필요하다. 몇 가지 물질의 부피 탄성률을 표 9-2에 정리하였다. 종종 부피 탄성률을 그 역수로 나타내기도 한다. 부피 탄성률의 역수를 물질의 **압축률**(compressibility 壓縮率)이라고 한다.

표 9-2를 보면 고체와 액체는 모두 부피 탄성률이 있음을 알 수 있다. 그러나 액체에는 층밀리기 탄성률과 영률이 존재하지 않는다. 이는 층밀리기 변형력이나 인장 변형력에 대해 액체가 지탱하지 못하기 때문이다. 만일 층밀리기 변형력이나 인장 변형력을 액체에 작용하면 액체는 단순히 흐르는 반응을 보일 뿐이다.

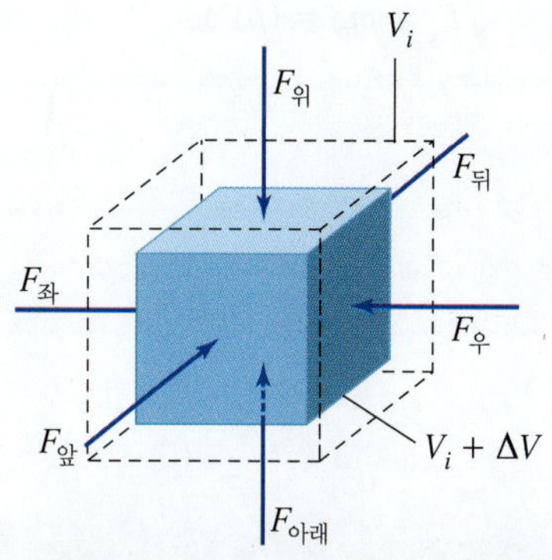

그림 9-22 정육면체의 6면 각각에 일정한 압력이 가해지면 압축된다. 이때 정육면체의 부피는 변하지만 모양은 변하지 않는다.

이상과 같이 물체의 탄성률에는 영률, 층밀리기 탄성률, 부피 탄성률이 있음을 살펴보았다. 이 3가지 탄성률을 변형력과 변형의 관계로 정리하면 표 9-3과 같다. 즉 변형력은 변형에 비례한다.

표 9-3 탄성에 대한 변형력과 변형의 관계

변형력		탄성률		변형	식 번호
F/A	=	(영률 Y)	×	$(\Delta L)/L_i$	**9-6**
F/A	=	(층밀리기 탄성률 S, G)	×	$(\Delta x)/h$	**9-7**
F/A	=	(부피 탄성률 B)	×	$(-\Delta V)/V_i$	**9-8**

예제 9-9 물의 부피 탄성률

문제 물의 부피를 1 % 압축하기 위해서는 단위넓이당 2.1×10^7 Pa의 압력이 필요하다. 이 사실을 수식으로 밝히라.

생각하기 물의 부피 탄성률은 표 9-2를 이용하자.

풀이 물의 부피 탄성률 0.21×10^{10} N/m²이고, $\Delta V/V_i = -0.01$이다. 식 9-8을 이용하여 부피 변형력을 구하면 다음과 같다.

$$\frac{F}{A} = -B\frac{\Delta V}{V_i} = -(2.1 \times 10^9 \text{ Pa})(-0.01) = 2.1 \times 10^7 \text{ Pa}$$

예제 9-10 물속에서 압축되는 납덩어리

문제 배의 균형을 잡는 데 납덩어리가 사용된다. 깊이가 1.5 km인 바닷물 속에 균형 잡는 납을 내렸다. 이 납덩어리의 부피를 5.0×10^{-1} m³이라 할 때 물음에 답하라. 바닷물의 밀도는 1.025×10^3 kg/m³이고, 납의 부피 탄성률은 4.2×10^{10} Pa이다. (a) 깊이가 1.5 km인 바닷물 속에서 압력은 얼마인가? (b) 바닷물에 의해 압축력을 받는 납의 부피 변화를 구하라.

생각하기 표면과 깊이 1.5 km인 곳에서의 압력차는 그 깊이에 해당하는 물기둥 무게와 같다.

풀이 (a) 압력차를 계산하기 위해 단면의 넓이가 1.00 m²인 물기둥의 무게를 계산해보자.

$$F_g = mg = (\rho V)g$$
$$= (1.025 \times 10^3 \text{ kg/m}^3)(1.5 \times 10^3 \text{ m}^3)(9.80 \text{ m/s}^2)$$
$$= 1.51 \times 10^7 \text{ N}$$

따라서 물기둥에 의한 압력차는 다음과 같다.

$$\Delta P = \frac{F}{A} = \frac{1.51 \times 10^7 \text{ N}}{1.00 \text{ m}^2} = 1.51 \times 10^7 \text{ Pa}$$

(b) 부피 변형과 부피 변형력 관계식 9-8을 사용하자.

$\Delta P = -B\dfrac{\Delta V}{V_i}$ 에서 ΔV를 구하면 다음과 같다.

$$\Delta V = -\frac{(5.0 \times 10^{-1} \text{ m}^3)(1.51 \times 10^7 \text{ Pa})}{4.2 \times 10^{10} \text{ Pa}}$$
$$= -1.8 \times 10^{-4} \text{ m}^3$$

9-7 부서짐

고체 물체에 작용하는 변형력이 너무 크면 물체는 갈라지거나 부서진다. 그림 9-23(a), (b)와 같이 길이 방향으로 인장 변형력이나 압축 변형력이 한계 이상으로 작용하면 물체는 부서지게 된다. 그리고 그림 9-23(c)와 같이 물체에 한계 이상의 층밀리기 변형력이 작용해도 부서지게 된다. 표 9-4에 여러 가지 물질에 대한 인장 강도, 압축 강도, 층밀리기 강도의 한계를 나타내었다. 이 값들은 이들 3가지 변형력의 작용하에서 물체가 견딜 수 있는 단위넓이당 최대 힘을 나타낸다. 이들은 대푯값이며, 주어진 물질에 대한 실제값은 다를 수도 있다.

표 9-4 물질의 극한 강도

물질	인장 강도(N/m²)	압축 강도(N/m²)	층밀리기 강도(N/m²)
주철	1.70×10^8	5.50×10^8	1.70×10^8
강철	5.00×10^8	5.00×10^8	2.50×10^8
놋쇠	2.50×10^8	2.50×10^8	2.00×10^8
알루미늄	2.00×10^8	2.00×10^8	2.00×10^8
콘크리트	2×10^6	2.0×10^7	2×10^6
대리석	–	8.0×10^7	–
화강암	–	1.70×10^8	–

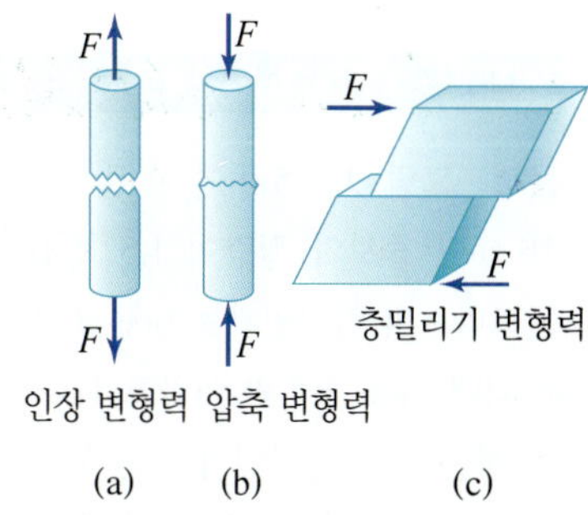

그림 9-23 변형력이 한계를 넘으면 물체는 부서진다. (a) 인장 변형력 (b) 압축 변형력 (c) 층밀리기 변형력

표 9-4에서 볼 수 있는 바와 같이 콘크리트의 인장 강도는 2×10^6 N/m²이고, 압축 강도는 20×10^6 N/m²로 압축 변형력에 대해서는 강하지만 인장 변형력에 대해서는 다소 약하다는 것을 알 수 있다. 따라서 이 값보다 큰 변형을 받으면 부서진다. 이 때문에 콘크리트는 압축 변형력을 받는 수직기둥에 많이 사용된다. 그러나 들보로서는 거의 가치가 없는데 인장 변형력이 커지면 가운데가 처지면서 균열이 발생할 수도 있기 때문이다.

철근이 들어 있는 철근 콘크리트는 안정도에 있어서 일반 콘크리트보다 훨씬 강하다. 그러나 하중을 받는 들보의 하단 부분은 인장 변형력을 받아 균열이 생기는 경향이 있다. 이러한 문제를 해결하기 위해 **프리스트레스트 콘크리트**(prestressed concrete)를 사용한다. 프리스트레스트 콘크리트는 내부에 강선이나 철근을 가지고 있는데, 콘크리트를 붓기 전에 일정한 인장력을 가하고 콘크리트가 양생된 후에 인장력을 제거하여 처리하면, 결과적으로 철근은 영구적인 인장력을 받게 되어 훨씬 강한 콘크리트가 된다. 이러한 과정을 거치면 콘크리트 슬래브는 훨씬 큰 하중에도 버틸 수 있게 된다. 그림 9-24(a)에서와 같이 보강하지 않은 콘크리트 슬래브는 무거운 하중이 실리면 쉽게 갈라진다. 그러나 그림 9-24(b)와 같이 콘크리트에 철근을 보강하면 강도가 증가하고, 그림 9-24(c)와 같이 프리스트레스트 처리를 하여 보강시키면 인장력이 훨씬 강하게 된다.

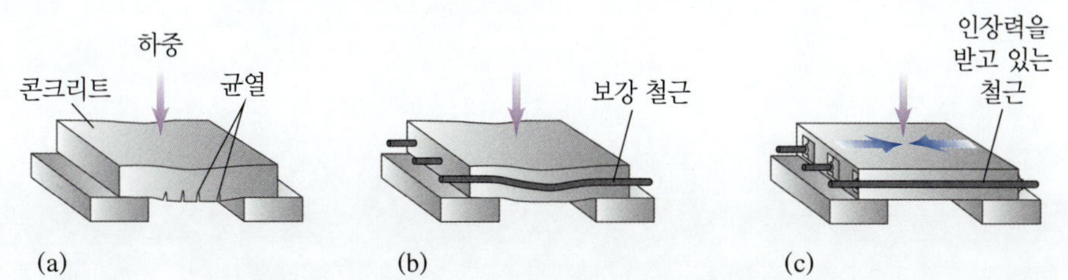

그림 9-24 (a) 일반 콘크리트 슬래브는 무거운 하중이 실리면 쉽게 갈라진다. (b) 철근으로 보강하면 강도가 증가한다. (c) 철근이 인장력을 받도록 프리스트레스트 처리를 하면 강도가 훨씬 더 강해진다.

예제 9-11 압축 변형력을 받는 들보

문제 그림 9-25와 같이 질량이 1.5×10^3 kg이고, 길이가 20 m인 들보가 질량이 1.5×10^4 kg인 물체를 받치고 있다. 콘크리트의 안전인자는 6(콘크리트 압축 변형력의 한계 × $\frac{1}{6}$ = 최대 허용 변형력)이라고 한다. (a) 두 기둥 A와 B에 작용하는 힘은 각각 얼마인가? (b) 들보를 받치는 데 필요한 두 기둥의 최소 단면의 넓이는 얼마인가? (c) 이 기둥은 얼마나 압축되는가? 기둥의 영률은 2.0×10^{10} N/m²이다.

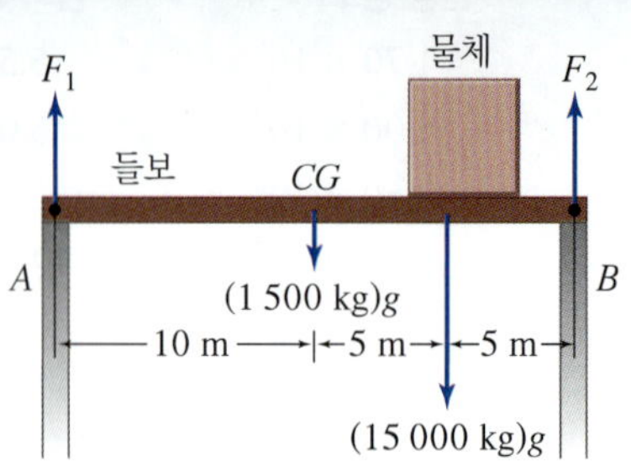

그림 9-25 길이가 20 m이고, 질량이 1.5×10^3 kg인 들보가 질량이 1.5×10^4 kg인 물체를 받치고 있다.

생각하기 제8장에서 공부한 토크와 물체의 극한 강도를 이용하는 문제이다.

풀이 (a) 두 기둥 A와 B가 들보에 작용하는 힘을 각각 F_1과 F_2라 하자. 들보의 무게중심은 양 끝으로부터 10 m 되는 곳에 있다. 여기서 힘 F_1을 고정축(작용점)으로 하여 토크를 계산하자. 반시계방향을 양(+)으로 선택하고 $\sum\tau = 0$에서 구할 수 있다.

$$-(10\text{ m})(1\,500\text{ kg})g-(15\text{ m})(15\,000\text{ kg})g+(20\text{ m})F_2 = 0 \quad (1)$$

식 (1)에서 F_2를 계산하면 $F_2 = 1.18 \times 10^5$ N이다. 이 힘이 기둥 B가 들보에 작용하는 힘이다. 한편 F_1는 $\sum F_y = 0$을 이용한다.

$$\sum F_y = F_1 - (1\,500\text{ kg})g - (15\,000\text{ kg})g + F_2 = 0 \quad (2)$$

식 (2)에서 F_1을 계산하면 $F_1 = 4.37 \times 10^4$ N이다. 이 힘이 기둥 A가 들보에 작용하는 힘이다.

(b) 기둥 B가 기둥 A보다 큰 힘을 받는다. 이 차이는 들보가 견뎌야 하는 압축 변형력이 된다. 즉

$$\begin{aligned} F_2 - F_1 &= (1.18 \times 10^5\text{ N}) - (0.437 \times 10^5\text{ N}) \\ &= 0.74 \times 10^5\text{ N} \end{aligned}$$

이다.

표 9-4에서 콘크리트의 압축 변형력의 한계값은 20×10^6 N/m²이다. 안전인자를 적용하면 최대 허용 변형력은 $(20 \times 10^6\text{ N/m}^2) \times \frac{1}{6} = 3.3 \times 10^6\text{ N/m}^2$이다.

즉 $\frac{F}{A} = 3.3 \times 10^6$ N/m²이고, $F = 0.74 \times 10^5$ N이므로 단면의 넓이 A에 대해 풀면 다음과 같다.

$$A = \frac{0.74 \times 10^5\text{ N}}{3.3 \times 10^6\text{ N/m}^2} = 2.24 \times 10^{-2}\text{ m}^2$$

최소한 단면이 15 cm × 15 cm (= 225 cm²) 정도의 기둥이 되어야 한다.

(c) 식 9-6으로부터

$$\begin{aligned} \frac{\Delta L}{L_i} &= \frac{1}{Y}\frac{F}{A} = \left(\frac{1}{2.0 \times 10^{10}\text{ N/m}^2}\right)(3.3 \times 10^6\text{ N/m}^2) \\ &= 1.7 \times 10^{-4} \end{aligned}$$

이다. 그러므로 기둥 B의 길이가 $L_i = 5$ m라면 $\Delta L = 0.85 \times 10^{-3}$ m이다. 기둥 A도 동일한 단면의 넓이로 되어 있다면 이보다 작게 압축될 것이다.

연습문제

9-1 평형상태에 있는 힘

9-2 평형조건과 짝힘

9-3 안정과 균형

9-4 물질의 상태

1. 일반적으로 물질은 고체, 액체, 기체의 세 가지 상태로 분류하나 플라즈마를 넣어 네 가지로 분류하기도 한다. 플라즈마라는 물질은 어떤 특성이 있는가?

9-5 밀도와 비중

2. 반지름이 18 cm인 강철로 된 구의 질량은 얼마인가?

3. 원자의 핵은 촘촘히 밀집된 양성자와 중성자로 모형화할 수 있다. 각 입자의 질량이 1.67×10^{-27} kg이고 반지름이 대략 10^{-15} m이다.

(a) 이 모형에서의 핵의 밀도를 구하라.

(b) 이 결과를 철과 같은 물질의 밀도와 비교해 볼 때, 물질의 구조에 대해 암시하는 바는 무엇인가?

4. 질량이 각각 75.0 kg, 68.0 kg, 62.0 kg, 55.0 kg인 4명의 곡예사가 인간 탑 쌓기를 한다. 질량이 75.0 kg인 곡예사가 맨 밑에 있고, 그의 어깨 위에 다른 사람이 올라가고, 또 그 어깨 위에 다른 사람이 올라가는 식이다.

(a) 75.0 kg인 사람에게 작용하는 수직력은 얼마인가?

(b) 75.0 kg인 사람의 신발 하나의 넓이가 425 cm^2이라면, 곡예사 모두가 바닥에 작용하는 평균압력(대기압 제외)은 얼마인가?

(c) 맨 밑에 있는 곡예사가 바뀌면 압력도 바뀌는가?

5. 지구에서 멀리 떨어져 있는 어떤 별의 표면의 중력가속도가 7.44 m/s^2이고 대기압이 8.04×10^4 Pa이라고 하자.

(a) 그곳의 액체 메테인(CH_4, 무색 기체)으로 이루어진 바다 표면에 놓인 반지름이 2.00 m인 원판에 대기가 작용하는 힘은 얼마인가?

(b) 반지름이 2.00 m인 10.0 m 깊이의 원통형 메테인 기둥의 무게는 얼마인가?

(c) 메테인 바닷속 10.0 m 되는 곳의 압력을 구하라. 단, 메테인의 밀도는 4.15×10^2 kg/m^3이다.

6. 각각 질량 M, 반지름 R인 두 우주가 합쳐져서 하나가 된다고 가정하자. 중력에 의한 수축으로 합쳐진 우주의 반지름은 $\frac{3}{4}R$이다. 원래 우주의 평균밀도가 ρ_0이라 할 때, 합쳐진 우주의 평균밀도는 얼마인가?

9-6 물질의 탄성

7. 20 g의 추를 매달면 4 cm 늘어나는 고무줄이 있다. 이것을 반으로 접어서 굵기를 2배로 하여 20 g의 추를 매달면 몇 cm 늘어나는가?

8. 단면의 넓이가 2.0 m^2인 대리석 기둥이 질량 25 000 kg을 받치고 있다.

(a) 이 대리석 기둥이 받는 변형력은 얼마인가?

(b) 변형은 얼마인가? 단, 대리석의 영률은 $Y = 5.0 \times 10^{10}$ N/m^2이다.

9. 건물 건축에 사용되는 수직 강철 빔이 길이방향으로 6.0×10^4 N의 힘을 받고 있다.

(a) 빔의 길이가 4.0 m이고, 단면의 넓이가 8.0×10^{-3} m^2일 때, 압축된 길이는 얼마인가?

(b) 빔이 무너지지 않고 지탱할 수 있는 최대 부하는 얼마인가?

10. 길이가 15 cm이고 평균지름이 약 8.5 mm인 알루미늄 원통 막대가 13.4 N의 힘을 받아 길이가 3.7 mm 늘어났다. 이 알루미늄 원통 막대의 영률은 얼마인가?

11. 단면의 넓이가 0.15 m^2인 수직한 강철 대들보의 끝에 질량 2 000 kg인 표지가 붙어 있다.

(a) 대들보에 작용하는 변형력은 얼마인가?

(b) 대들보의 변형은 얼마인가?

(c) 만일 대들보의 길이가 9.50 m라면 늘어난 길이는 얼마인가? 단, 대들보 자체의 질량은 무시하라.

12. 질량이 200 kg인 물체가 단면의 넓이가 0.200×10^{-4} m^2이고 길이가 4.00 m인 단단한 줄에 매달려 있다. 이 줄의 영률은 8.00×10^{10} N/m^2이다. 물체의 무게 때문에 늘어난 줄의 길이는 얼마인가?

13. 어느 등산가가 안전을 위해 길이 50 m, 지름 1.0 cm인 로프를 사용한다. 이 로프가 몸무게가 90 kg인 등산가를 지탱하면서 길이가 1.6 m 늘어났을 때, 로프의 영률을 구하라.

14. 길이 1 m이고, 단면의 넓이가 1 mm^2인 강철선에 질량이 6 kg인 추를 매달면 강철선은 얼마나 늘어나겠는가? 강철선의 영률은 2.0×10^{10} N/m^2이다.

15. 길이가 L이고, 단면의 넓이가 A, 영률이 Y인 강철막대가 인장력 F를 받고 있다. 이 강철막대의 단위부피당 탄성위치에너지는 어떻게 나타낼 수 있는가? 강철막대의 변형력을 S, 변형을 P로 하여 나타내라.

16. 사람의 대퇴골을 길이 40.0 cm, 반지름 2.00 cm인 막대와 같다고 생각할 때, 질량 70.0 kg인 사람의 대퇴골 윗부분의 질량이 62.0 kg이면 대퇴골의 길이의 변화는 얼마나 될까? 단, 압축 시 뼈의 영률은 $Y = 9 \times 10^9$ N/m^{2}이다.

17. 못은 무거운 하중에도 많이 휘지 않는다. 벽에 못을 박아 액자를 걸었다. 그림 P9−17처럼 매단 강철못이 1.80 μm 휘었다면, 못에 매달려 있는 액자의 질량은 얼마인가? 못의 영률은 8.0×10^{10} N/m^{2}이다.

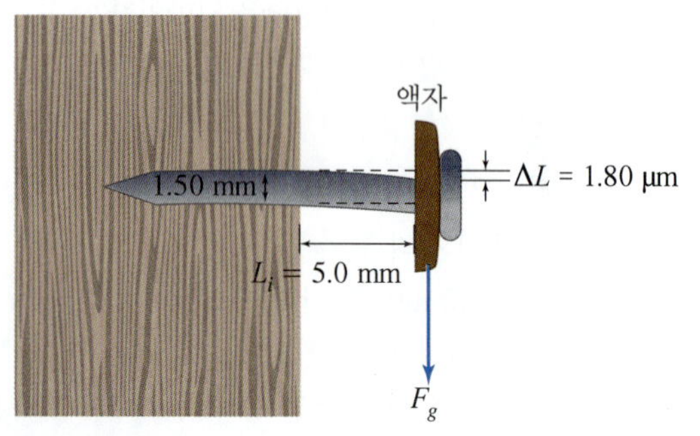

그림 P9−17

18. 깊은 바닷속 물은 압력의 증가 때문에 압축된다. 약 5 km 깊이에 있는 바닷물에 가해지는 단위넓이당 힘이 5.00×10^7 N/m^{2}일 때 바닷물의 부피 변형 $\Delta V/V_i$는 얼마인가?

19. 체중이 75 kg인 서커스 곡예사가 엄지손가락으로 그의 체중을 받치고 있다. 손가락뼈의 단면의 넓이가 0.50 cm^{2}이라면 곡예사의 손가락뼈는 안전하겠는가? 단, 뼈의 압축 극한 강도는 1.7×10^8 Pa이다.

20. 지름이 60 μm인 머리카락에는 55 g의 질량을 매달 수 있다. 이 머리카락의 극한 강도를 알루미늄과 비교하라.

21. 어느 엘리베이터를 지탱하는 강철선이 질량 900 kg까지 걸릴 수 있다. 이 강철선의 처음 길이는 18 m이고 지름은 2.4 cm이다. 강철선에 걸리는 변형력, 변형, 그리고 현 상태에서 늘어나는 길이를 구하라. 단, 강철선의 영률은 2.0×10^{11} Pa이다.

22. 체중이 80 kg인 사람이 있다. 이 사람의 대퇴골은 길이가 42 cm이고, 평균 단면의 넓이가 11 cm^{2}라고 한다. 이 사람이 걸을 때 생기는 대퇴골의 길이 변화를 계산하라.

23. 한쪽 끝이 배의 난간에 단단히 고정된 두께가 2.00 cm이고 너비가 15.0 cm인 판자가 배 밖으로 수평으로 2.00 m 나가 있다. 질량이 80.0 kg인 사람이 판자의 끝자락에 서 있다. 만일 판자의 끝 부분이 그의 무게 때문에 5.00 cm 아래로 처진다면 판자의 층밀리기 탄성률은 얼마인가?

24. 길이가 2.0 m이고, 단면의 넓이가 5.0 mm^{2}인 청동선에 600 N의 하중을 가하였을 때 길이가 2.6 mm 늘어났다고 한다. 이 청동선의 영률은 얼마인가?

25. 길이 3.0 m의 철 파이프가 처져 있는 마루를 지탱하는 데 사용된다. 파이프의 안지름이 10 cm이고 바깥지름이 11 cm이다. 가해진 하중이 15 kN일 때 이 파이프는 얼마나 압축되겠는가?

26. 한 변이 30 mm의 정육면체 모양의 딸기 젤라틴이 0.50 N의 층밀리기힘을 받고 있다. 윗면이 아랫면에 대해 5.0 mm 이동하였다면 이 젤라틴의 층밀리기 탄성률은 얼마인가?

27. 20 kN의 힘을 가하는 구멍 뚫는 기구가 알루미늄에 1.0 cm^{2}의 구멍을 뚫고 있다. 알루미늄의 층밀리기 강도가 70 MPa이라면 사용될 수 있는 알루미늄 판의 최대 두께는 얼마인가?

28. 깊이가 1.0 km 되는 바닷속에서의 압력을 해수면에서의 압력과 비교하면 $\Delta P = 10$ MPa 정도 차이가 있다. 부피가 400 cm^{3}인 철로 만든 닻이 수심 1.0 km까지 내려갔다면 닻의 부피변화는 얼마인가? 단, 물의 부피 탄성률은 2.3×10^9 Pa이다.

29. 뼈의 영률은 약 18×10^9 Pa이다. 압축될 때 뼈는 부러지기 직전에 약 160×10^6 Pa의 변형력을 견딜 수 있다. 대퇴골(넓적다리뼈)의 길이가 0.50 m라 할 때 이 뼈가 견딜 수 있는 최대 압축 변형량 ΔL을 구하라.

9−7 부서짐

30. 10.0 mm인 나일론 밧줄에 25 kN의 하중을 가하면 파괴된다고 한다. (a) 지름 6.0 mm인 경우와 (b) 지름 14.0 mm일 때의 나일론 밧줄의 인장 강도를 구하라.

윈드서핑 윈드서핑(windsurfing)은 '수상레포츠의 꽃'이라 불리며, 요트타기와 파도타기를 결합하여 만든 수상 스포츠 종목이다. 윈드서핑의 조종은 바람의 방향과 세기를 이용하여 이루어진다. 물 위를 나는 듯 미끄러지는 보드에서의 절묘한 균형감각과 세일의 조정성에 그 매력이 있다. 윈드서핑은 무동력으로 최고 속력은 80 km/h 정도이며, 일반인도 50 km/h 정도의 속력을 낼 수 있다(2014 군산새만금 전국윈드서핑대회).

유체 제 10 장

유체는 제멋대로 배열된 분자들의 집합체로서, 분자들 간의 매우 약한 응집력과 용기 벽이 작용하는 힘에 의해 유체 상태가 유지된다. 일반적으로 액체와 기체를 **유체**라고 한다.

유체역학에 대한 연구는 아주 오래전부터 시작되었다. 기원전 3세기 Archimedes로부터 17세기 Pascal, 18세기 Bernoulli, 19세기 Stokes 등과 같은 위대한 과학자들의 끊임없는 노력의 결과로 유체에 대한 여러 특성들이 조사되었다. 유체 흐름의 원리는 움직이는 자동차나 비행기의 공기저항을 최소화시키는 데 적용되고, 태풍의 발생 원인을 찾는 컴퓨터 시뮬레이션, 의공학자들은 환자의 혈관에 흐르는 혈액의 흐름 연구, 잠수부들에게는 해저에서의 활동방법 등에 폭넓게 활용되고 있다.

제10장에서는 앞에서 배운 운동의 법칙이 공기나 물과 같은 유체에서는 어떻게 그 움직임을 설명하는지를 공부한다. 주요 내용으로는 유체의 압력, 유체에 관련된 물리법칙, 유체운동의 특징 등이다.

10-1 유체 내의 압력

그 자신의 형태를 스스로 유지할 수 없는 물질을 **유체**(fluid 流體)라고 한다. 유체는 흐를 수 있고, 유체가 담긴 용기의 윤곽에 따라 모양이 바뀐다. 이 정의는 물과 같은 액체, 공기와 같은 기체, 타르나 어떤 플라스틱 제품처럼 매우 천천히 흐르는 물질, 진흙과 같은 고체와 액체의 혼합물에도 똑같이 적용된다. 기체는 쉽게 압축되고 원래의 부피를 갖고 있지 않다. 그래서 기체는 열려 있는 용기를 균일하게 채울 때까지 팽창한다. 한편 액체는 거의 **비압축성**(incompressibility)이며, 주어진 액체의 질량은 특정한 부피를 갖는다. 만약 액체 부피가 용기보다 작다면 액체는 경계가 뚜렷한 표면을 갖게 된다.

점성이 없는 유체는 층밀리기힘에 대해 버티지를 못한다. 이것은 유체 내의 원자 사이에 작용하는 힘이 원자들을 서로 묶어둘 만큼 충분히 크지 않기 때문이다. 또한 유체에 층밀리기힘이 작용하면 유체의 분자들이 서로 간에 멀리 미끄러져 버리기 때문이다. 그러기에 유체역학에서는 제8장에서 배운 강체에 적용한 물리법칙을 적용할 수가 없다. 실제로 **유체에 작용할 수 있는 힘은 유체 표면에 수직인 힘뿐이다.** 예를 들어 그림 10-1에서와 같이 유체가 물체에 작용하는 힘은 물체의 표면 어느 곳에서나 표면에 수직이다.

그림 10-1 유체 속에 잠긴 물체에 유체가 작용하는 힘은 물체의 표면에 수직이다.

그림 10-2와 같이 똑바로 세워진 그릇에 유체가 담겨 있을 때, 액체의 무게는 그릇의 밑면에 힘을 가하게 되고 이 힘은 그릇 밑면에 압력을 발생한다. 압력은 단위넓이당 작용한 힘으로, 압력 P는 수직력 F의 크기를 단위넓이 A로 나눈 값이다.

$$P = \frac{F}{A} \qquad \textbf{10-1}$$

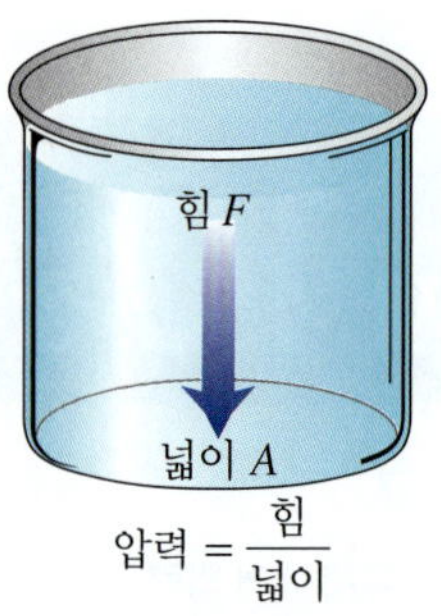

그림 10-2 유체는 유체 무게를 용기 바닥의 넓이로 나눈 크기인 압력을 용기 바닥에 작용한다.

압력의 단위는 SI 단위계에서 $\mathrm{N/m^2}$이며, 이를 파스칼(Pa)이라 한다. 식 10-1에서 힘 대신 액체의 무게를 대입하면 다음과 같다.

$$P = \frac{\text{무게}}{\text{넓이}} = \frac{mg}{A}$$

여기서 m은 액체의 질량, A는 그릇 밑면의 넓이, g는 중력가속도이다. 압력의 단위는 측정조건 및 적용분야에 따라 다양하게 발달해왔다. 표 10-1은 압력을 나타내는 몇 가지 단위를 나타낸 것이다.

TIP 압력은 스칼라이다

힘은 방향과 크기를 갖는 벡터이지만, 압력은 스칼라이다.

표 10-1 압력을 나타내는 몇 가지 단위

단위	환산값 ($\mathrm{N/m^2}$ = Pa)	이용 분야
1파스칼(Pa)	1	SI 단위, 과학 실험
1 bar	1.00×10^5	기상학
1기압(atm)	1.01×10^5	일기예보 (현재는 hPa을 사용, 1기압 = 1 023.25 hPa)
1 mmHg	1.33×10^2	혈압 측정
1 torr	1.33×10^2	진공 장치
1 $\mathrm{lb/in^2}$ (psi)	6.89×10^3	타이어 압력 측정 (주로 영국에서 사용)

질량을 밀도와 부피의 곱으로 바꾸어 쓰면 압력에 대한 식 10-1을 밀도로 표현할 수 있다.

$$P = \frac{mg}{A} = \frac{\rho V g}{A} = \frac{\rho h A g}{A}$$

즉, 깊이가 h인 곳에서의 압력은 다음과 같다.

$$P = \rho g h \qquad \textbf{10-2}$$

여기서 ρ는 밀도이고, h는 액체의 깊이이다. 따라서 식 10-2에서 압력이 액체의 밀도와 깊이에 비례한다는 것을 알 수 있다. 밀도가 같은 액체를 서로 다른 크기의 용기에 담으면, 같은 깊이에서의 압력은 서로 같다(그림 10-3). 액체가 두 용기에 같은 높이까지 채워져 있다면, 용기 밑면에는 같은 압력이 작용한다. 액체에 의해 용기 바닥에 작용하는 전체 힘은 큰 용기의 바닥에서 더 크게 작용하지만, 압력은 단면의 넓이에 관계없고 깊이에만 관계가 있다. 똑바로 서 있는 가는 관에 3 m 높이의 물을 채울 때 관 바닥에 작용하는 압력은 깊이가 3 m인 큰 호수 바닥에 작용하는 압력과 같다.

힘은 용기에도 작용한다. 압력은 액체 내에 있는 물체의 모든 점에 작용한다. 만약 액체가 정지해 있다면 압력은 방향과 무관하다. 그림 10-4와 같이 고무막 중앙의 위치가 일정한 깊이를 유지하면, 표면의 방향에 상관없이 고무막에 작용하는 압력은 같다. 만약 반대방향의 압력이 같지 않으면, 압력의 차이가 생겨 결과적으로 평형하지 않은 힘이 액체에 작용하게 된다. 이 힘은 액체를 흐르게 하고, 이것은 액체가 정지상태에 있다는 가정과 모순된다. 따라서 압력은 식 10-2에 따라 액체의 높이에만 의존한다. 액체의 깊이 차이가 Δh인 두 지점 사이의 압력의 차이 ΔP는 다음과 같다.

$$\Delta P = \rho g \Delta h \qquad \textbf{10-3}$$

대기압 역시 유체가 쌓여서 발생하게 되는데, 이 경우 유체는 대기를 구성하는 기체이다. 해수면으로부터 대기의 바깥 끝 사이에 있는 모든 공기의 무게가 해수면에서의 대기압 $P_0 = 1.013 \times 10^5$ Pa (101.3 kPa 또는 14.7 lb/in^2)을 만들어낸다. 액체 표면으로부터 임의의 깊이에서 압력 P는 대기압 P_0에 그 유체에 의한 압력(ρgh)을 더한 값이다.

$$P = P_0 + \rho g h \qquad \textbf{10-4}$$

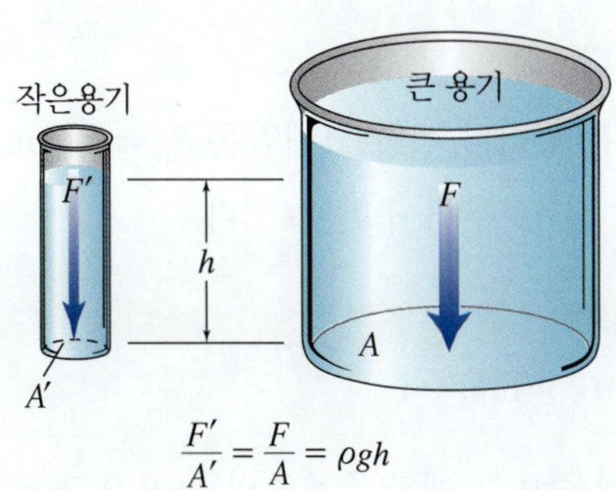

그림 10-3 밀도가 같은 유체에 의한 용기 밑면의 압력은 용기의 크기와는 관계없고 깊이에 의존한다.

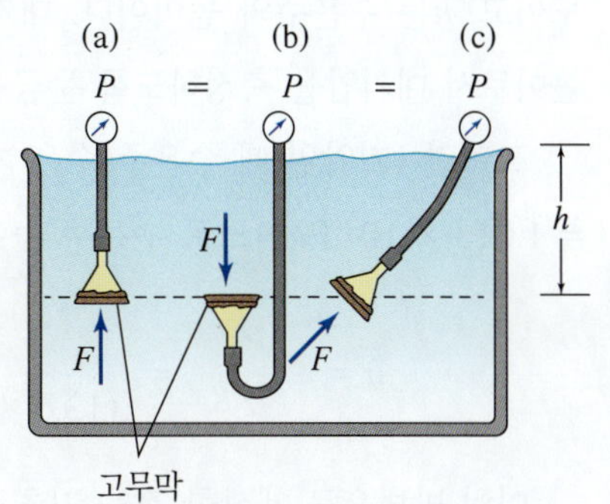

그림 10-4 깊이가 동일한 지점에서의 압력은 표면의 방향에 상관없이 일정하다.

TIP 사람의 혈압

압력은 깊이에 따라 증가한다. 따라서 종아리는 팔보다 심장으로부터 아래쪽에 위치하기에, 종아리 부분의 압력이 팔보다 크다. 통상 혈압은 심장의 높이와 같은 팔 부분에서 측정한다.

수축기 혈압 심장이 수축되어 피를 내보낼 때 동맥의 혈관벽에 부딪치는 압력(정상 120 mmHg)

확장기 혈압 심장이 수축을 멈추는 순간의 압력(정상 80 mmHg)

예제 10-1 수액 주사

문제 병원에서 환자의 팔에 있는 정맥에 생리 식염수(링거액, Ringer's solution)를 주사하고 있다. 식염수의 밀도는 $1.0 \times 10^3\ \mathrm{kg/m^3}$이고, 정맥의 압력은 $2.4 \times 10^3\ \mathrm{N/m^2}$이다. 주사액이 환자의 손으로 흘러 들어갈 만큼 충분한 압력을 갖기 위해서는 바늘에서 생리 식염수까지의 높이를 얼마로 해야 하는가?

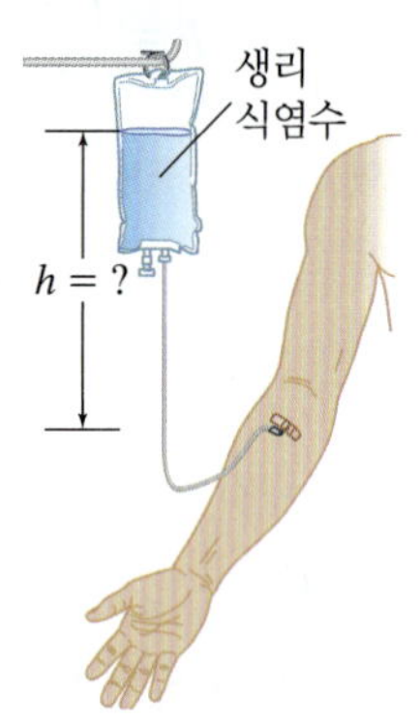

그림 10-5 식염수의 압력이 정맥의 압력보다 커야 용액이 팔로 흘러간다.

생각하기 식염수에 의한 압력이 최소한 정맥의 압력보다 크도록 용기의 위치를 높게 매달아야 한다.

풀이 식염수까지의 높이를 h라고 하면, 식염수에 의한 압력은

$$P = \rho g h = 2.4 \times 10^3\ \mathrm{N/m^2}$$

이다. 이 식에서 높이 h를 구하면 다음과 같다.

$$h = \frac{(2.4 \times 10^3\ \mathrm{N/m^2})}{\rho g} = \frac{(2.4 \times 10^3\ \mathrm{N/m^2})}{(1.0 \times 10^3\ \mathrm{kg/m^3})(9.80\ \mathrm{m/s^2})} = 0.24\ \mathrm{m}$$

즉 주사액이 바늘을 통과하려면 주사 바늘에서 생리 식염수까지의 높이는 최소한 24 cm를 넘어야 한다.

10-2 압력의 측정

토리첼리 Evangelista Torricelli, 1608~1647, 이탈리아의 물리학자 · 수학자

천문학자 갈릴레이에게서 과학에 대한 많은 영감을 받았으며, 갈릴레이의 제안을 실험으로 옮겨 유리관을 수은으로 채운 다음 접시 위에 거꾸로 세웠을 때 수은이 흘러나오지 않고 관 속 수은 위의 공간이 진공이 되는 것을 관찰하였다. 이 실험을 통해 기압계를 발명하였다. 유체운동과 포물체 운동에 대한 관심을 통해 기하학 발전에도 많은 공헌을 하였다.

우리가 대기압이라고 부르는 값은 대기의 현재 압력을 말한다. 대기압을 측정하기 위한 장치로 토리첼리(E. Torricelli)가 발명한 **기압계**(barometer 氣壓計)가 있다. 이 기압계의 원리를 살펴보자.

그림 10-6에서 보는 것과 같이 한쪽 끝이 막힌 긴 유리관에 수은을 가득 채우고, 다른 막힌 쪽이 위쪽을 향하도록 유리관을 세운다. 그렇게 하면 관 속의 수은이 조금 밑으로 내려오면서 위쪽 막힌 부분에 진공이 생기게 된다. 그 진공 부분에서의 압력은 0이라고 할 수 있으므로, 수은주에 의한 점 A에서의 압력은 대기압에 의한 점 B에서의 압력과 같아야 한다. 그렇지 않다면 알짜힘이 생겨 수은을 한 점에서 다른 점으로 밀게 될 것이다. 따라서 점 B에서의 압력은 $P_0 = \rho_{수} g h$이다. 여기서 $\rho_{수}$는 수은의 밀도이고, h는 수은주의 높이이다. 대기압이 변하면 수은주의 높이가 변하기 때문에 그 높이로서 대기압을 측정하도록 눈금을 매기면 된다.

그러면 1기압일 때 수은주(수은 기둥)의 높이는 얼마나 될까? 1기압은 $P_0 = 1\ \mathrm{atm} = 1.013 \times 10^5\ \mathrm{Pa}$이므로 수은주 높이는 $P_0 = \rho_{수} g h$로부터 구할 수 있다.

$$h = \frac{P_0}{\rho_{수} g} = \frac{1.013 \times 10^5\ \mathrm{Pa}}{(13.6 \times 10^3\ \mathrm{kg/m^3})(9.80\ \mathrm{m/s^2})} = 0.76\ \mathrm{m}$$

이런 방법으로 계산한 것을 기초로 해서 1기압은 0 °C에서 수은주의 높이 0.76 m로 정의한다.

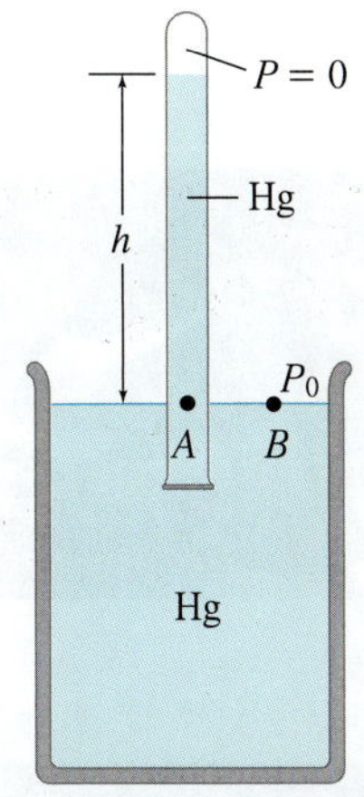

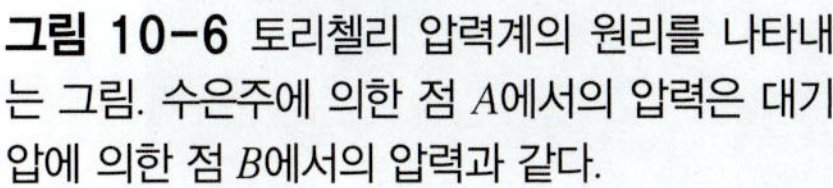
그림 10-6 토리첼리 압력계의 원리를 나타내는 그림. 수은주에 의한 점 A에서의 압력은 대기압에 의한 점 B에서의 압력과 같다.

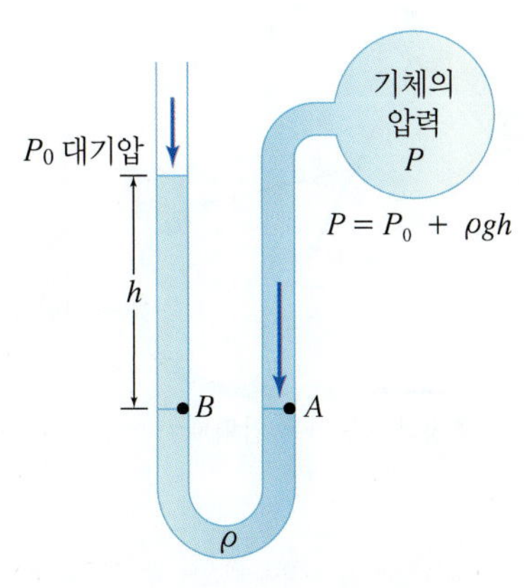

그림 10-7 열린관 압력계. 액체의 높이 차 h는 기체의 압력 P를 나타낸다.

그림 10-7은 용기 속에 담긴 기체의 압력을 측정하는 **열린관 압력계**를 나타낸 것이다. 액체가 채워져 있는 U자 모양의 한쪽 끝은 개방되어 대기와 접촉하고 있고, 다른 끝은 압력 P를 모르는 어떤 계에 연결되어 있다. 이 그림에서 점 A와 B의 압력은 같아야 한다(그렇지 않으면 구부러진 관 속의 액체가 알짜힘을 받게 되므로 움직일 것이다). 측정하고자 하는 압력은 점 A에서의 기체의 압력이므로 미지의 압력 P를 점 B에서의 압력과 같게 놓으면 $P = P_0 + \rho gh$가 됨을 알 수 있다. 이때 압력 P를 **절대압력**(absolute pressure 絕對壓力)이라 하고, ρgh을 **계기압력**(gauge pressure 計器壓力)이라 한다. 우리가 말하는 대기압에 계기압력을 더하면 절대압력이 된다. 우리가 흔히 측정하는 자전거나 자동차 바퀴의 압력은 계기압력이다.

대기압이 존재한다는 사실은 독일의 과학자 게리케(Otto von Guericke, 1602~1686)에 의해 행해진 **마그데부르크 반구**(Magdeburg hemisphere) 실험을 통해 밝혀졌다. 그림 10-8은 당시의 모습을 스케치한 것이다. 게리케는 지름이 각각 55 cm인 두 개의 반구를 서로 접합하고 내부의 공기를 제거하고, 반구에 매어 있는 각각 8마리의 말이 서로 다른 방향으로 당겨도 반구가 떼어지지 않는다는 사실을 밝혔다. 두 반구가 주위에 있는 공기 압력에 의해 서로 강하게 붙어 있기 때문이며, 이는 대기압이 존재하기 때문이라고 주장하였다.

그림 10-8 초창기 진공펌프를 이용하여 독일 마그데부르크에서 행해진 게리케의 실험. 말 8마리가 서로 반대방향에서 당겨도 반구를 떼어놓을 수 없었다.

그림 10-9는 몇 가지 압력계를 나타내고 있다. 그림 10-9(a)는 부르동 압력계(Bourdon manometer)를 나타낸 것이다. 이 압력계는 압력이 증가할 때 지시바늘에 연결된 가느다란 관이 곧게 펴지려고 하는 성질을 이용하여 압력을 측정한다. 그림 10-9(b)는 타이어의 압력을 측정하는 모습이다. 그림 10-9(c), (d)는 아네로이드 압력계(aneroid manomter)이다. 아네로이드 압력계는 비어 있는 얇은 주름상자(금속통)가 압력의 변화에 따라 수축 팽창되는데, 이에 따라 연결되어 있는 지시바늘이 가리키는 값이 변하게 되고, 이 변화로 압력을 측정한다.

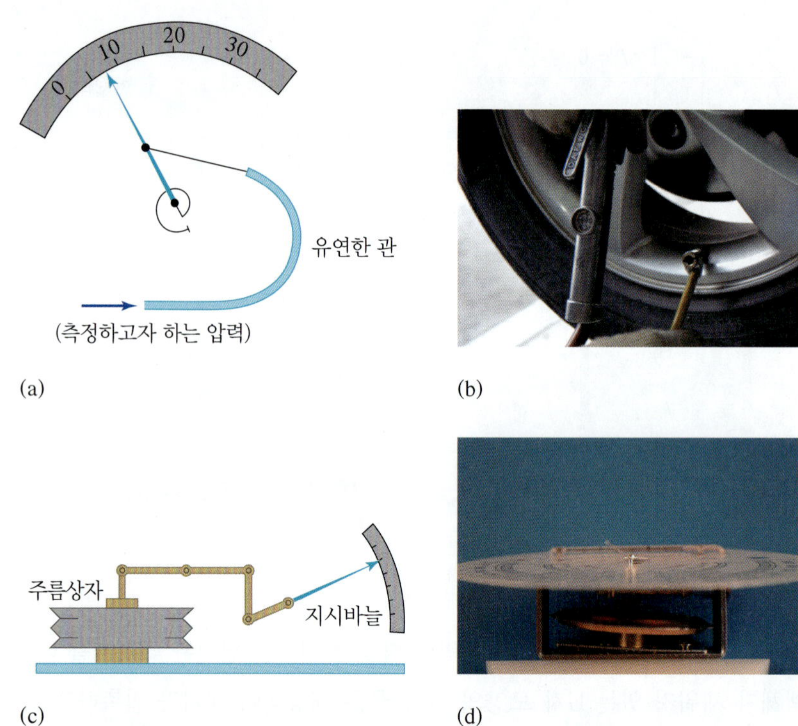

그림 10-9 (a) 부르동 압력계의 구조 (b) 타이어 압력을 측정하는 모습 (c) 아네로이드 압력계의 내부에 원형 구조로 된 주름상자가 있다. (d) 아네로이드 압력계의 내부 모습

10-3 Pascal의 원리

유체 내 한 지점에서의 압력은 알고 있지만 다른 지점의 압력을 몰라 알고자 할 때가 있다. 그림 10-10과 같이 유체 내의 어떤 지점에서든지 그 지점에서의 압력은 표면으로부터의 깊이 h와 유체에 작용하는 부가적인 압력(일반적으로 대기압, P_{atm})에 따라 달라진다.

만약 액체 표면에 작용하는 압력(P_{atm})을 알고 있다면, 점 B에서의 압력은 다음과 같다.

$$P_B = P_0 + \rho gh \quad \textbf{10-5}$$

만약 점 A의 압력(즉 P_0)이 증가하면, 점 B에서의 압력도 똑같은 크기만큼 증가한다. 예를 들어 치약을 짤 때 치약 튜브의 한 부분을 누르면 치약이 나오는데, 이것은 치약 튜브의 한 부분의 압력이 증가하면 다른 모든 부분의 압력이 같이 증가하기 때문에 구멍을 통해 치약이 나오는 것이다. 이 같은 관계를 찾아낸 사람은 프랑스의 과학자 파스칼(Blaise Pascal)이며, 이 원리를 **파스칼의 원리**(Pascal's principle)라고 부른다. Pascal의 원리를 보다 구체적으로 표현하면 다음과 같다.

- 밀폐된 용기 내에 있는 유체에 가해진 압력은 용기 내의 모든 곳의 압력을 똑같이 증가시킨다.
- 밀폐된 유체에 작용하는 압력의 변화는 유체의 모든 부분과 용기의 벽면에 그대로 전달된다.

블레즈 파스칼 Blaise Pascal, 1623~1662, 프랑스의 수학자, 과학자, 신학자, 발명가

21세 때 수은 기둥을 사용한 실험으로 유체정역학의 기초를 다지는 파스칼의 원리를 정립하였다. 수학에도 탁월하여 수학사에서 가장 위대한 인물이 될 뻔한 사람이라는 별명이 있을 정도로 수학 분야에 많은 업적을 남겼다. "인간은 자연 가운데서 가장 약한 갈대에 불과하다. 그러나 생각하는 갈대이다"라는 명언을 남기고 39세의 짧은 생을 마쳤다.

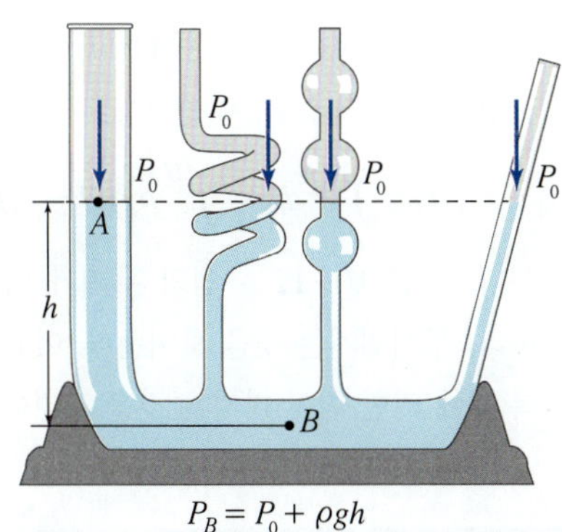

그림 10-10 점 B에서의 압력은 유체 표면에 작용하는 대기압에 유체에 의한 압력을 더한 값이다.

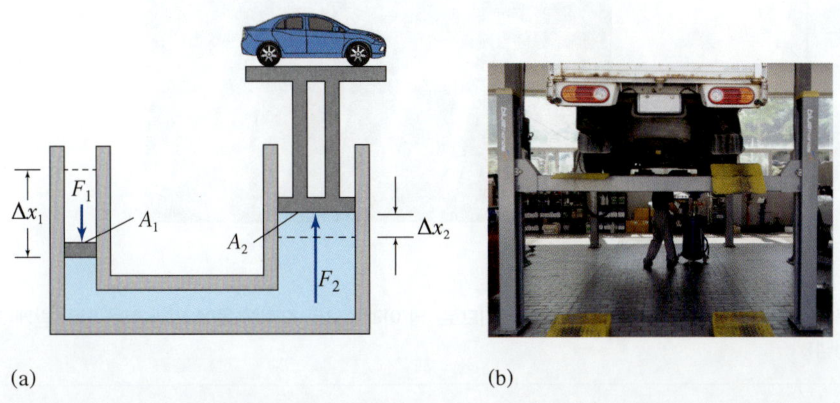

그림 10-11 (a) 유압을 이용한 자동차 리프트 개략도. 왼쪽과 오른쪽의 압력이 같기 때문에, 왼쪽의 작은 힘 $\vec{F}_1$은 오른쪽에 더 큰 힘 $\vec{F}_2$를 만든다. (b) 유압으로 무거운 자동차를 들어 올리는 자동차 리프트

Pascal의 원리의 응용 중 하나는 **유압 프레스**(hydraulic press)이다. 그림 10-11과 같이 작은 힘 F_1이 단면의 넓이가 A_1인 작은 피스톤에 작용하면, 압력이 액체 내의 모든 곳에 전달되어 큰 힘 F_2가 단면의 넓이가 A_2인 피스톤이 있는 부분에 작용하게 된다. 두 피스톤 내에서 압력이 같기 때문에 다음과 같이 나타낼 수 있다.

$$P = \frac{F_1}{A_1} = \frac{F_2}{A_2}$$

따라서 F_2의 크기는 F_1보다 $\dfrac{A_2}{A_1}$배 크다. 이 원리는 유압 브레이크, 자동차 리프트, 유압 잭, 지게차 등에 폭넓게 이용되고 있다.

예제 10-2 아래쪽으로 갈수록 너비가 넓어지는 댐

문제 그림 10-12와 같이 커다란 댐에 물이 저장되어 있다. 이 댐의 너비는 w이고, 댐에는 물이 높이 H만큼 저장되어 있다. 물이 댐에 작용하는 전체 힘을 구하라.

생각하기 깊이에 따라 압력이 변하기 때문에 넓이와 압력을 곱해 전체 힘을 구할 수는 없다. 이런 경우 적분을 이용해야 한다. 댐 바닥을 기준으로 xy좌표계를 설정하면 댐 바닥은 $y = 0$이다. 그림 10-12(a)에서 색칠된 부분과 같이 댐 바닥에서부터 y에 위치한 아주 좁은 수평 띠 dy를 생각하자. 이 좁은 띠에 작용하는 압력은 물에 의해서만 생긴다. 대기압은 댐의 양쪽에 모두 작용하고 있기 때문이다.

풀이 식 10-2를 이용해서 깊이 h에서 물에 의한 압력을 계산하면 다음과 같다.

$$P = \rho g h = \rho g(H - y)$$

식 10-1을 이용하여 넓이가 $dA = w\,dy$인 색칠된 띠에 작용하는 힘을 구하면

$$dF = P\,dA = \rho g(H - y)w\,dy$$

이다. 그러므로 댐에 작용하는 전체 힘은 구간 $0 \to H$까지 적분하면

$$F = \int P\,dA = \int_0^H \rho g(H - y)w\,dy = \frac{1}{2}\rho g w H^2$$

이다. 그림 10-12는 댐의 두께가 아래쪽으로 갈수록(깊이에 따라) 두꺼워지는 것을 보여준다. 이런 설계는 아래쪽으로 갈수록 물에 의한 힘이 커지는 것을 고려한 것이다.

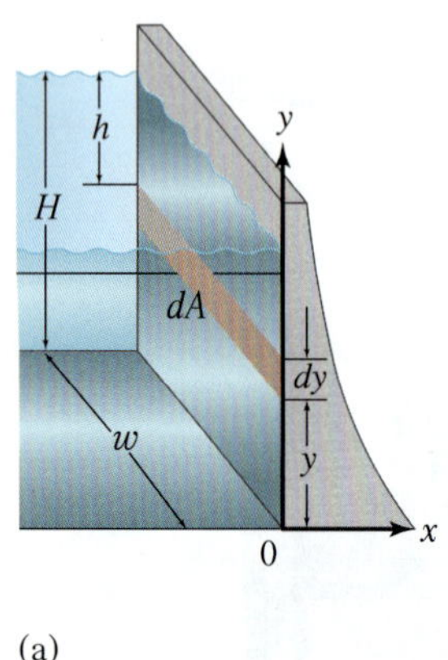

(a)

(b)

그림 10-12 (a) 물이 댐에 작용하는 힘을 구하는 개략도 (b) 깊이에 따라 압력이 커지므로, 댐 아래쪽으로 갈수록 물에 의한 힘을 많이 받게 되고 이 때문에 댐 아래쪽을 두껍게 건설한다(대청댐).

10-4 부력과 Archimedes의 원리

© Book's-Hill

아르키메데스 Archimedes, BC 287~212, 그리스의 수학자

고대 가장 위대한 과학자 중 하나이다. 구와 구에 외접하는 원기둥의 겉넓이와 부피의 관계와 아르키메데스의 원리를 찾았고, 물을 끌어올리는 스크루 펌프(screw pump) 등을 개발하였다.

기원전 3세기경 시칠리아 섬 시러큐스(Syracuse)의 왕 히에론(Hieron)은 아르키메데스(Archimedes)에게 왕관의 성분이 100 % 순금인지를 알아보라는 명령을 내리게 된다. 이때 왕은 Archimedes에게 왕관에 어떤 흠집을 내지 않아야 한다는 명령도 함께 내렸다. 전설에 의하면, 고민에 빠진 Archimedes는 욕조에 몸이 부분적으로 잠겼을 때 생각이 떠올랐다고 전한다.

그는 욕조에 들어가면서 자신의 몸이 잠긴 만큼 욕조의 물이 넘치는 것을 알게 되었다. 그는 욕조에서 뛰어 나와 발가벗은 채로 거리를 뛰어가며 큰 목소리로 **"알았다**(Eureka)"라고 외쳤다고 한다. 그가 정리한 내용을 **아르키메데스의 원리**(Archimedes's principle)라고 하며 다음과 같이 표현한다.

> 어떤 물체에 작용하는 부력은 그 물체에 의해 밀려난 유체의 무게와 같다.

부력

Archimedes는 어떻게 왕관의 문제를 풀 수 있었을까? 그림 10-13(a)와 같이 비치볼을 물속으로 밀어 넣는다고 하자. 물속에 넣으려 힘을 써보아도 쉽지 않다. 왜냐하면

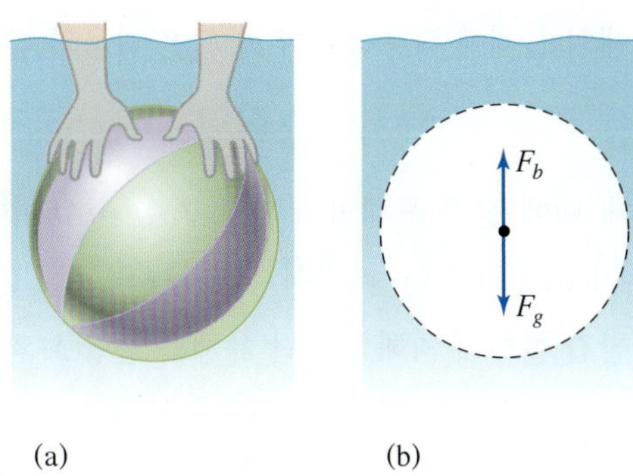

그림 10-13 (a) 비치볼을 물속으로 넣으려 해도 쉽지가 않다. 왜냐하면 물에 의해서 위로 떠오르는 부력이 작용하기 때문이다. (b) 비치볼 크기의 가상의 구에 작용하는 힘은 중력 F_g와 부력 F_b이다. 가상의 구가 평형을 유지한다면 두 힘은 정확하게 일치한다.

물에 의해서 위로 떠오르는 어떤 힘이 작용하기 때문이다. 유체에 잠긴 물체에 작용해서 위로 떠오르는 힘, 즉 주위의 물에 의해 위로 향하는 이 힘을 **부력**(buoyant force *浮力*)이라고 한다. 부력을 나타내는 기호를 F_b라고 하자.

부력의 크기를 알아보기 위해 몇 가지 생각을 해보자. 우선 그림 10-13(b)에서와 같이 물속에 비치볼 크기의 가상의 구가 있다고 하자. 이 가상의 구는 평형상태에 있기 때문에, 아래 방향으로 작용하는 중력을 상쇄시켜 주는 위로 향하는 힘인 부력이 있어야 평형을 유지하게 된다. 이때 부력의 크기는 가상의 구를 채우고 있는 물의 무게와 같다. 이런 부력은 가상의 구 주위를 둘러싸고 있는 유체가 가상의 구에 힘을 작용하기 때문에 생겨난다. 이제 가상의 구를 비치볼로 바꾸어보자. 비치볼을 둘러싼 유체가 작용하는 알짜힘은 앞에서 가상의 구에 주변 유체가 작용하는 힘과 같다. 결국 물속에 잠긴 비치볼에 작용하는 부력은 비치볼 크기(정확히 말하면 부피)의 물의 무게와 같으며, 중력에 의한 비치볼의 무게보다 훨씬 크다. 따라서 위 방향으로 큰 알짜힘이 존재하게 되고, 비치볼을 물속에 집어넣기가 아주 힘들게 된다.

Archimedes의 원리는 물체가 무엇으로 만들어졌는지에 상관이 없다. 부력은 물체에 작용하는 힘이므로 물체의 구성성분은 고려할 사항이 아니다. **부력은 잠긴 물체의 부피와 관계가 있고 질량이나 밀도와는 무관하다**.

부력이 생기는 원리를 살펴보자. 그림 10-14와 같이 유체 속에 잠긴 단단한 고체인 정육면체를 생각해보자. 이 정육면체는 질량이 M, 부피는 V 그리고 밑면의 단면적은 A라고 하자. 식 10-5에 의하면, 정육면체 하단 아랫면에 작용하는 압력 $P_{아래}$는 윗면에 작용하는 압력 $P_{위}$보다 ρgh만큼 크다. 정육면체 밑면의 압력은 위로 향하는 힘을 만드는데, 이 힘의 크기는 $P_{아래}A$이다. 마찬가지로 정육면체 윗면의 압력은 아래로 향하는 힘을 만드는데, 이는 $P_{위}A$이다. 이 두 힘의 차이에 의해 부력 F_b가 생긴다. 이 부력의 크기는 다음과 같다.

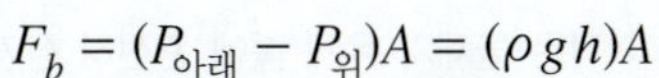

$$F_b = (P_{아래} - P_{위})A = (\rho gh)A$$

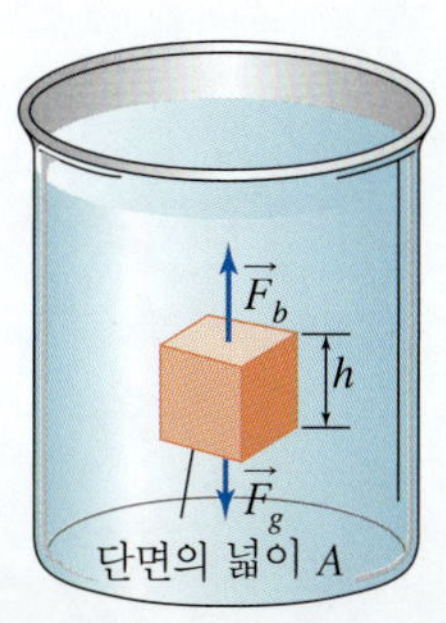

그림 10-14 유체 속에 잠긴 정육면체에 작용하는 외력은 중력과 부력이다. 정육면체에 작용하는 부력은 유체가 윗면, 아랫면에 작용하는 힘의 합력이다.

즉, 유체 내 정육면체의 물체에 작용하는 부력 F_b은 다음과 같다.

$$F_b = \rho_{유체} g V_{물체} \qquad \textbf{10-6}$$

이 식의 $V_{물체}$는 유체 내에 잠긴 물체의 부피로 $V_{물체} = Ah$이다. 이 부피는 물체에 의해 밀려난 유체의 부피 $V_{유체}$와 같다. 따라서 식 10-6의 $\rho_{유체} V_{물체}$는 $\rho_{유체} V_{유체}$이다. 그러므로 $\rho_{유체} V_{물체}$는 잠긴 물체에 의해 밀려난 유체의 질량 M과 같다. 식 10-6은 다음과 같이 쓸 수 있다.

$$F_b = Mg \qquad \textbf{10-7}$$

이 식에서 Mg는 정육면체에 의해 밀려난 유체의 무게로 유체에 작용하는 중력의 크기 F_g이다.

물체가 유체 속에 완전히 잠기는 경우

밀도 $\rho_{유체}$인 유체 속에 물체가 완전히 잠기면, 밀려난 유체의 부피 $V_{유체}$는 물체의 부피 $V_{물체}$와 같고 이때 발생하는 위로 향하는 부력의 크기는 $F_b = \rho_{유체} g V_{물체}$이다. 액체 내 물체의 질량이 M이고 밀도가 $\rho_{물체}$라면 이 물체의 무게는 $F_g = Mg = \rho_{물체} g V_{물체}$이다. 이때 물체에 작용하는 알짜힘은 $F_b - F_g = (\rho_{유체} - \rho_{물체}) g V_{물체}$이다.

유체 속에 잠겨 있는 물체의 운동방향은 물체와 유체의 밀도에 의해 결정되고 다음과 같이 정리할 수 있다.

1. 물체의 밀도가 유체의 밀도보다 작으면, 중력이 부력보다 작으므로 물체는 위로 가속된다[그림 10-15(a)].
2. 물체의 밀도가 유체의 밀도보다 크면, 부력이 중력보다 작으므로 물체는 아래로 가라앉는다[그림 10-15(b)].
3. 물체의 밀도가 유체의 밀도와 같으면, 물체에 작용하는 알짜힘은 0이 되고, 물체는 평형상태가 된다.
4. 물체의 전부 또는 일부가 유체에 잠기게 되면, 잠긴 물체가 밀어낸 유체의 무게와 같은 크기의 부력이 위쪽으로 작용한다.

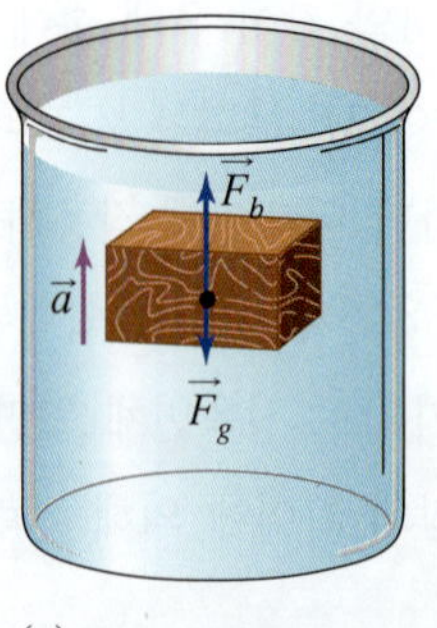

(a) $\rho_{물체} < \rho_{유체}$

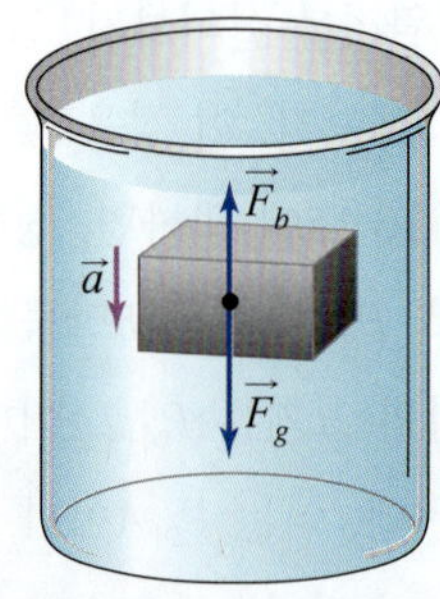

(b) $\rho_{물체} > \rho_{유체}$

그림 10-15 (a) 유체보다 밀도가 작은 물체가 유체 속에 완전히 잠기면 위로 향하는 알짜힘을 받는다. (b) 유체보다 밀도가 큰 물체가 유체 속에 잠기면 가라앉는다.

물고기의 평균밀도는 물의 밀도보다 조금 크다. 만약 물고기에 아래로 작용하는 무게를 상쇄시키는 기관이 없다면 물고기는 바닥에 가라앉게 된다. 물고기의 몸 속에는 부레가 있으며 부레의 크기를 적절히 조절할 수 있다. 부레를 크게 하면 밀어내는 물의 양이 늘어나 부력이 증가한다. 물고기는 이런 방법으로 깊은 곳에서 얕은 곳까지 다닐 수 있다.

물체가 유체 속에 떠 있는 경우

수면 바로 위에서 나무토막을 내려놓으면 중력이 나무토막을 아래쪽으로 당기기 때문에 물속으로 들어간다. 나무토막이 물속으로 들어가면서 물을 밀어냄에 따라 위쪽으로 향하는 부력이 점점 커져서 결국에는 나무토막에 작용하는 중력과 같아진다. 이때 나무토막은 평형상태가 되어 물 위에 떠 있게 된다.

물체가 유체에 떠 있으면, 물체에 작용하는 부력과 중력의 크기는 같다. 이때 부력은 물체에 의해 밀려난 유체의 무게(물체가 잠긴 부피 만큼의)이다.

그림 10-16과 같이 물체(나무도막)의 일부만이 물속에 잠겨있다고 하자. 이때 물체의 전체 부피는 $V_{물체}$이고, 밀도는 $\rho_{물체}$라고 하자($\rho_{물체} < \rho_{유체}$). 이 물체가 유체 위에 떠서 평형상태를 유지하고 있다. 평형을 유지하고 있으므로 부력 $\vec{F}_b$과 중력 $\vec{F}_g$는 균형을 이룬다.

$$\vec{F}_b = \vec{F}_g$$

이때 물체에 의해 밀려난 유체의 부피를 $V_{유체}$라고 하면, 이 부피는 유체 아래에 잠긴 물체의 부피와 같을 것이다. 따라서 부력의 크기는 다음과 같다.

$$F_b = \rho_{유체} g V_{유체}$$

물체 전체의 무게는 $F_g = Mg = \rho_{물체} g V_{물체}$이고 $F_g = F_b$이므로 다음 관계가 성립한다.

$$\rho_{유체} g V_{유체} = \rho_{물체} g V_{물체}$$

이 식을 정리하여 부피와 밀도의 관계로 나타내면 다음과 같다.

$$\frac{V_{유체}}{V_{물체}} = \frac{\rho_{물체}}{\rho_{유체}} \qquad \textbf{10-8}$$

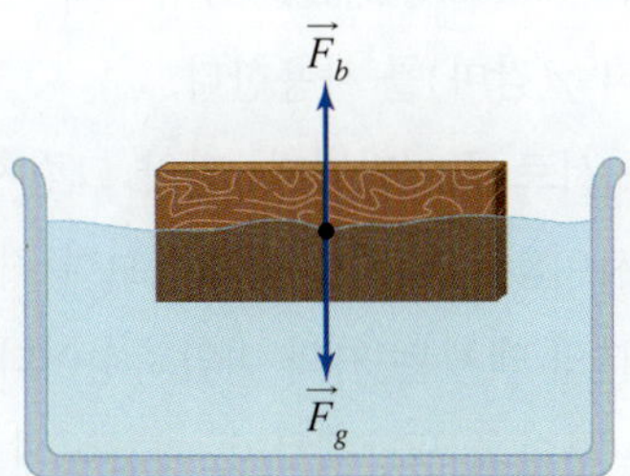

그림 10-16 유체 표면에 떠 있는 물체에 작용하는 외력은 중력 $\vec{F}_g$와 부력 $\vec{F}_b$이고, 물체가 평형상태로 떠 있으면 $\vec{F}_b = \vec{F}_g$이다.

그림 10-17 완도항에서 청산도까지 운항하고 있는 청산아일랜드호

즉, 물체의 부피와 밀려난 부피의 비는 유체와 물체의 밀도의 비와 같다.

예를 들어 바다에서 운항하는 선박을 살펴보자. 배가 정지해 있을 때 물 때문에 위로 향하는 부력과 배의 무게가 같아야 배는 평형상태에 있게 된다. 배의 부피의 일부만이 물속에 잠겨 있으므로 무거운 화물과 승객을 많이 싣는다면 물속으로 더 내려갈 것이다. 화물(승객 포함) 때문에 배의 무게는 배가 물 표면 아래로 더 내려가서 잠긴 부분의 부피의 증가에 의한 부력과 평형을 이루게 된다(그림 10-17).

예제 10-3 항해에 위험한 빙산

문제 북극 바닷물의 밀도는 $\rho_{물} = 1.03 \times 10^3\ \text{kg/m}^3$이다. 이 물이 얼어서 빙산이 만들어졌는데, 이 빙산의 밀도는 $\rho_{빙산} = 0.92 \times 10^3\ \text{kg/m}^3$이며 바닷물 속에 잠겨 있다. 해면 아래로 잠겨 있는 빙산은 몇 %인가?

생각하기 해면 아래에 있는 빙산의 부피는 빙산의 형태에 상관없이 일정하다. 그러나 잠긴 선의 비는 빙산의 형태와 모양에 따라 다르다.

풀이 빙산이 평형상태에서 위쪽으로 향하는 부력의 크기는 아래쪽을 향하는 중력의 크기와 같으므로

$$F_b = F_g$$

이다. 따라서

$$\rho_{물} g V_{물} = \rho_{빙산} g V_{빙산}$$

이다. 이 식을 정리하면 다음과 같다.

그림 10-18 빙산 대부분은 물속에 잠겨 있다. 평형상태에서 부력의 크기는 중력과 평형을 이룬다.

$$\frac{V_{물}}{V_{빙산}} = \frac{\rho_{빙산}}{\rho_{물}} = \frac{0.92}{1.03} = 0.89$$

따라서 빙산은 해면 아래로 89 %가 잠겨 있다.

10-5 표면장력과 모세관 현상

표면장력

TIP 표면장력은 힘인가?

표면장력이라면 흔히 힘이라고 생각한다. 표면장력은 힘을 길이로 나눈 값(N/m)을 말하며, 우리가 알고 있는 힘은 아니다.

정지한 액체의 표면은 재미있는 성질을 보이고 있다. 예를 들어 풀잎 끝에 맺힌 이슬이나 거미줄에 맺힌 물방울 등은 마치 속에 물을 채운 작은 구인 것처럼 거의 구 모양을 이룬다. 물과 같은 액체의 표면이 스스로 수축하여 되도록 작은 면적을 취하려는 힘의 성질을 **표면장력**(surface tension 表面張力)이라고 한다. 표면장력을 나타내는 기호는 일반적으로 그리스 문자 γ(감마)를 사용한다.

액체를 구성하는 분자는 서로 끌어당긴다. 만약 그렇지 않으면 유한한 크기의 부피를 가질 수가 없다. 분자 사이의 거리가 평균거리보다 작아지면 분자 사이에는 반발력이 작용하기 때문에 대부분의 액체는 거의 비압축성이다. 유체가 정지해 있을 때 유체 내부의 어떤 점 A에 있는 분자를 생각해보자. 가까이에 있는 분자들은 점 A에 있는 분자에 힘을 미치는데, 인력과 척력이 평형상태이기 때문에 알짜 분자력은 0이다(그

림 10-19). 그러나 유체 표면에 있는 점 B 분자는 모든 방향으로 균일하게 끌리지 않는다. 왜냐하면 점 B 분자 위에는 분자들이 없어서 위쪽 방향으로 끌어당기지 않기 때문이다. 유체 내부의 분자들은 향하는 방향으로만 인력이 작용하고, 표면에서는 바깥 방향으로 균형을 이룰 인력이 없기 때문에 내부로 향하는 알짜힘이 존재한다. 내부로 향하는 힘은 표면을 마치 팽팽히 잡아당긴 북 가죽처럼 만든다.

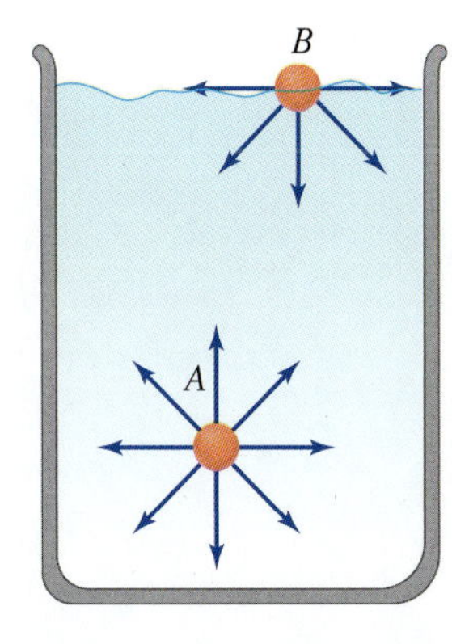

그림 10-19 액체 내부에 있는 점 A에 있는 분자는 모든 방향으로 다른 분자와 인력이 작용한다. 그러나 표면 B에 있는 점 B 분자는 균형을 이룰 인력이 없기에 내부로 향하는 알짜힘이 생긴다.

그림 10-20(a)는 풀잎에 맺은 물방울의 모습이다. 그림 10-20(b)는 바늘이 물 위에 떠 있는 모습이다. 바늘의 재료인 강철의 밀도가 물보다 8배나 됨에도 불구하고 바늘이 물 위에 뜬다. 물 위에 뜬 바늘을 자세히 보면 바늘이 액체 표면의 움푹 들어간 곳에 놓여 있는 것을 알 수 있다. 물 표면은 장력의 영향을 받는 탄성막처럼 작용한다. 바늘의 무게는 표면을 들어가게 하고, 막의 겉넓이를 증가시킨다. 액체 표면 위의 물체의 무게가 액체 표면을 파괴시킬 만큼 무겁지 않으면 바늘과 같은 작은 물체를 더 떠 받치게 된다[그림 10-20(c)].

그림 10-21(a)와 같이 U자형 철사 위에 자유로이 움직일 수 있는 다른 금속선 AB를 걸고 비눗물에 넣었다가 꺼내면 $ABCD$ 부분에 비누막이 생긴다. 이때 금속선 AB를 위쪽으로 당기면 막은 어느 정도 늘어나는데 조심스럽게 놓으면 다시 줄어든다. 이 현상을 통해 액체 표면에는 항상 겉넓이를 작게 하려는 표면장력이 작용한다는 사실을 알 수 있다.

힘 $\vec{F}$로 비누막이 파괴되지 않을 때까지 수직으로 당겨 평형상태가 유지될 때의 표면장력을 γ라 하면 힘의 크기는 $F = 2l\gamma$로 나타낼 수 있다. 여기서 l은 금속선 AB의 길이이며, 계수 2는 비누막의 표면이 양쪽이므로 장력이 작용하는 총 길이가 $2l$임을 나타낸다. 따라서 표면장력 γ는 다음과 같다.

$$\gamma = \frac{F}{2l} \qquad \textbf{10-9}$$

표면장력은 단순한 힘이 아니라 힘을 길이로 나눈 값이다. 표면장력의 단위는 N/m이다.

표면장력에 대한 다른 표현은 겉넓이에서 단위넓이당 에너지로 생각할 수 있다. 왜냐하면 N/m를 N m/m^2, 즉 J/m^{2}로 쓸 수 있기 때문이다. **일반적으로 평형상태의 물체 표면은 가장 낮은 에너지 상태를 가진다.** 이는 액체가 자신의 겉넓이를 최소화하려

그림 10-20 (a) 물의 표면장력 때문에 물방울은 구형을 이루며, (b) 쇠로 만든 바늘이 물 위에 떠 있을 수 있다. (c) 물 위에 떠 있는 바늘은 표면장력의 연직성분과 중력이 평형을 이룬다.

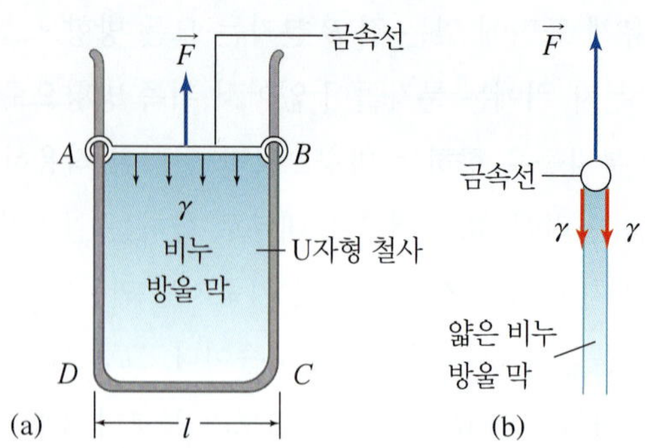

그림 10-21 (a) U자 모양의 금속선(철사)에 비누방울 막이 만들어질 때의 개략도 (b) (a)를 옆에서 본 모습

고 한다는 것이다. 따라서 액체는 겉넓이가 가장 작은 구의 형태를 유지하려고 한다.

액체의 표면장력은 온도가 올라감에 따라 감소한다. 이것은 더 빨리 움직이는 뜨거운 액체분자들이 찬 분자들만큼 강하게 결합되어 있지 않기 때문이다. 그리고 액체에 **계면활성제**(surfactant 界面活性劑)를 첨가하면 표면장력이 감소한다. 예를 들어 비누나 세제를 사용하면 물의 표면장력이 감소되면서 옷감의 틈에 비눗물이 더 잘 스며들면서 오물입자가 잘 제거된다.

액체의 표면

유리용기에 담긴 물을 자세하게 살펴보면 그림 10-22(a)와 같이 유리 벽 가까이 있는 액체의 표면이 위쪽으로 올라가는 것을 볼 수 있다. 반면에 유리용기 안에 넣은 수은(Hg)은 그림 10-22(b)와 같이 유리와의 접촉 부위에서 약간 아래로 내려간다. 액체의 이러한 성질은 분자들 사이에 작용하는 힘을 고려하여 설명할 수 있다. 즉 액체분자들이 다른 액체분자들에게 서로 작용하는 힘과 용기분자들이 액체에 작용하는 힘을 고려해야 한다. 일반적으로 동일 분자들, 또는 유사한 종류의 분자들 사이에 작용하는 힘을 **응집력**(cohesive force 凝集力)이라 하고, 서로 다른 종류의 분자들끼리 작용하는 힘을 **접착력**(adhesive force 接着力)이라 한다.

물분자와 유리분자 사이의 접착력은 물분자와 물분자 사이의 응집력에 비해 크기 때문에 물이 유리용기의 벽에 달라붙으려는 경향이 강하다. 이 때문에 물분자는 용기

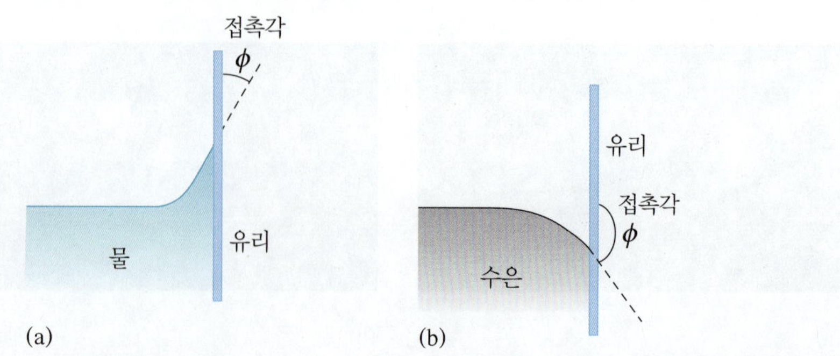

그림 10-22 (a) 물과 유리면이 접촉할 때 물의 접착력은 응집력보다 크다. (b) 수은과 유리면이 접촉할 때 수은의 응집력은 접착력보다 크다.

아래에 있는 액체 쪽으로 떨어지기보다는 벽에 달라붙어 있는 것이다. 이러한 상태를 물이 유리 표면을 '적신다(wet)'라고 말한다. 반면에 수은 표면은 용기 벽면에서 달라붙지 않으며 약간 위로 향하게 된다. 이것은 수은분자는 유리 표면에 끌리기보다는 수은분자에 더 끌리기 때문이다. 따라서 수은은 유리 표면을 적시지 않는다. 예를 들면 유리잔을 깨끗이 하기 위한 물과 깨끗한 유리 사이의 접착력은 물 자체의 응집력보다 크다. 이 때문에 물로 유리잔을 씻을 수 있다. 대조적으로 새로 왁스칠한 표면에 대한 물의 접착력은 응집력보다 작다. 따라서 표면이 닦아지지 않고 물이 맺히게 된다.

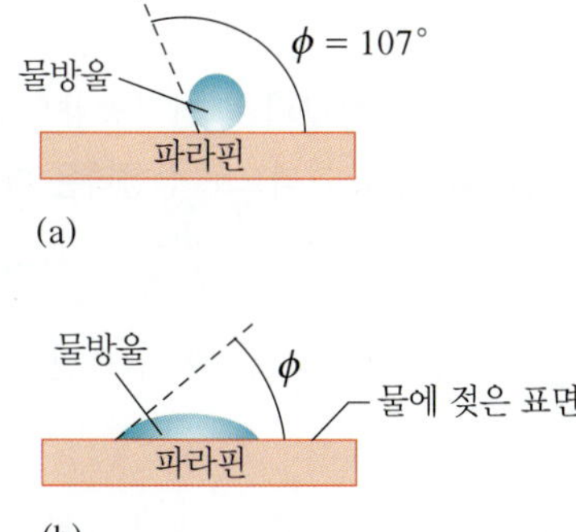

그림 10-23 (a) 물과 파라핀의 접촉각은 약 107°이다. 물분자 사이의 응집력이, 물과 파라핀 분자 사이의 접착력보다 크다. (b) 세제를 첨가하면 물이 파라핀 표면을 적시게 되며, 접촉각은 작아지고 접착력은 커진다.

고체 표면과 액체의 경계면에서의 액체 표면의 접선이 이루는 각 ϕ를 **접촉각**(contact angle 接觸角)이라고 한다. 예를 들어 물방울이 파라핀 위에 놓이면 접촉각은 약 107°이다[그림 10-23(a)]. 이 경우 물분자 사이의 응집력은, 물과 파라핀 분자 사이의 접착력보다 훨씬 크다. 그래서 파라핀에 붙지 않고 구형을 유지하려고 한다. 그러나 세제가 첨가되면 접촉각은 90°보다 작아지게 된다. 빨래를 할 때 세제를 넣으면, 물이 표면에 밀착하게 되고 침투하는데 중요한 역할을 한다. 이러한 이유로 옷을 빨거나 접시를 닦을 때 세제를 넣는다. 반면 방수복에 방수용 약품을 뿌리면 접촉각이 90°보다 작은 각에서 90° 이상의 각으로 커진다. 이렇게 함으로써 옷감 표면에 물방울이 맺히며, 물이 방수복에 밀착하는 것을 막아주어 물이 옷감에 침투할 수 없게 된다.

모세관 현상

표면장력은 모세관 현상이라고 하는 재미있는 현상에서 한 가지 역할을 한다. 모세관은 열린 지름이 1/100 cm 정도로 매우 작은 관을 말한다. 실제로 **모세**(capillary 毛細)라는 말은 머리카락처럼 가늘다는 뜻이다. 수은과 같이 응집력이 접착력보다 큰 액체를 모세관에 담그면 수은은 관을 따라 올라간다. 이 현상은 예제 10-4에서와 같이 액체 표면 모양의 변화와 액체 표면장력의 변화로 설명할 수 있다.

예제 10-4 모세관으로 올라가는 액체

문제 그림 10-24와 같이 모세관이 액체 속에 잠겨 있다. 여기서 r은 액체 기둥의 반지름, ρ는 액체의 밀도, g는 중력가속도, γ는 표면장력, ϕ는 접촉선에서 액체가 벽과 이루는 각도이다. 이 모세관 속 액체의 높이가 $h = \dfrac{2\gamma\cos\phi}{r\rho g}$ 임을 밝히라.

생각하기 평형상태에 있는 관에서 액체의 무게는 표면장력에 의한 접착력의 위 방향 성분(상향력)과 같아야 한다.

풀이 높이 h인 액체의 무게는 mg이다. 즉 액체의 밀도와 기둥의 부피($h\pi r^2$)와 중력가속도와의 곱이다.

$$F_g = \rho g V = \rho g h \pi r^2$$

원통 내부면을 따라 작용하는 표면장력의 상향력 $\gamma_{상향력}$은 모

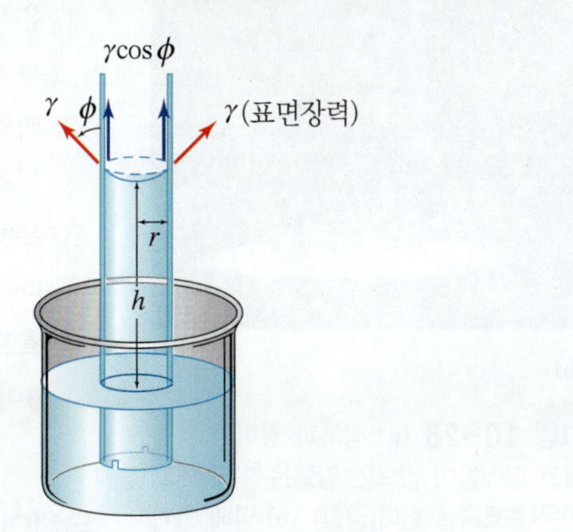

그림 10-24 모세관을 따라 올라간 액체의 높이

세관 안쪽의 원둘레와 단위길이당 상향력을 곱한 값이다. 단위길이당 상향력은 연직방향으로 작용하는 표면장력 성분 $\gamma\cos\phi$이다. 그러므로 상향력은 다음과 같다.

$$\gamma_{상향력} = 2\pi r\gamma\cos\phi$$

상향력과 액체의 무게가 같으면 평형을 이룬다. 따라서

$$\rho gh\pi r^2 = 2\pi r\gamma\cos\phi$$

이다. h에 대한 식으로 바꾸면

$$h = \frac{2\gamma\cos\phi}{r\rho g}$$

이다.

10-6 유체의 운동

층흐름과 난류

지금까지 우리는 정지해 있는 유체의 특성에 대해 공부하였는데, 이 내용을 **유체정역학**(fluid statics)이라 한다. 이 절에서는 운동하고 있는 유체의 특성에 관한 **유체동역학**(fluid dynamics)에 대해 공부해보자.

유체가 흘러갈 때 흐름의 형태는 층흐름과 난류로 구분한다. 그림 10-25(a)에서와 같이 폭과 깊이가 일정하고 장애물이 없는 강물의 흐름은 움직이는 물 주위 층들이 서로 부드럽게 스치며 거의 규칙적으로 흐른다. 즉 유체 각각의 작은 요소는 가로지르거나 다른 유선과 엉기지 않고 유선을 따라 이동한다. 이와 같이 매끄러운 유선의 흐름을 **층흐름**(laminar) 또는 **유선형 흐름**(streamline)이라고 한다. 층흐름과 같은 정상흐름에서 서로 다른 유선은 서로 교차하지 않으며, 어떤 점에서나 유선은 그 점에서의 유체 속도 방향과 일치한다.

반면 어느 속도 이상이거나 속도의 급격한 변화를 일으키는 조건에서는 유체의 흐름은 매우 불규칙해지는데, 이를 **난류**(turbulent 亂流)라 한다. 이와 같이 유체가 불규칙하게 운동하는 상태를 **맴돌이 흐름**(eddy currents)이라고 하며 난류의 특징 중 하나이다. 유체가 운동할 때 나타나는 여러 특성들은 유체를 **이상유체**(ideal fluid 理想流體)의 형태로 간주하면 이해에 많은 도움이 된다. 이상유체는 다음과 같은 특성이 있다.

1. **유체의 점성**(viscosity)**이 없다**. 만약 유체에 점성이 있으면 인접한 두 층 사이에 내부 마찰이 일어난다.
2. **비압축성**(incompressibility)**이다**. 유체의 밀도는 유체에 작용하는 압력에 관계없이 일정하다.
3. **유체의 운동 상태가 일정하다**. 유체의 각 지점에서 유체의 속도, 밀도, 압력이 시간에 따라 변하지 않는다.
4. **흐르는 과정에 난류가 없다**. 유체의 각 부분의 각속도(각운동량)가 그 중심에 대해서 0이다. 즉 유체의 흐름이 비회전성이다.

TIP 유체정역학과 유체동역학

유체정역학 정지상태에 있는 유체를 다루며, 유체에 작용하는 힘으로 인한 정적 평형상태를 다룬다. 대표학자로는 갈릴레이와 Pascal 등이 있다.

유체동역학 움직이는 유체를 다루며, 기체역학 · 수력학 등의 세부분야가 있으며 응용분야가 아주 넓다.

(a)

(b)

그림 10-25 (a) 강폭과 깊이가 일정하고 장애물이 없으면 강물은 거의 매끄러운 층흐름을 한다(금강). (b) 담배 연기가 상승할 때 처음에는 층흐름을 하다가 위로 올라가면서 난류가 된다.

유체의 연속방정식

비압축성 유체가 관이나 튜브를 통해 일정한 층흐름으로 운동하는 경우를 생각해보

자. 만약 유체가 흐르는 과정에 관의 지름이 달라진 부분을 지난다면 이때 유체의 흐름은 어떻게 변할까? 그림 10-26과 같이 단면의 넓이가 A_1과 A_2인 관을 통과해 흐르는 유체를 생각해보자.

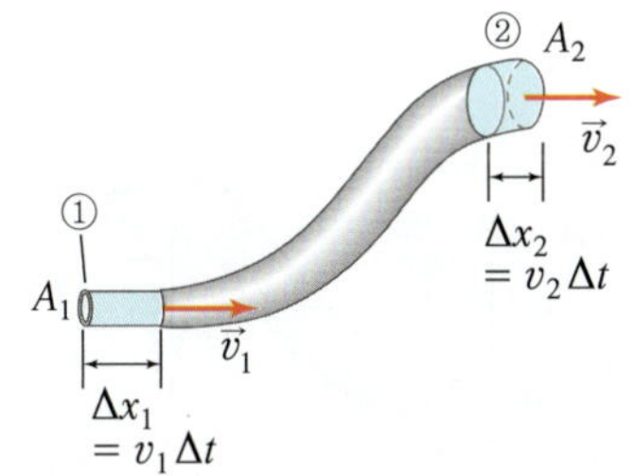

그림 10-26 관의 지점 ①을 통과한 유체의 부피는 같은 시간 동안에 지점 ②를 통해 흘러나간 부피와 같다.

유체가 비압축성이고 운동 중에 누출이 없기 때문에 같은 시간 동안 왼쪽으로 들어온 양만큼 오른쪽으로 같은 유체의 양이 통과한다. 시간 Δt 동안 단면의 넓이 A_1인 지점 ①을 통과한 유체의 부피는 $\Delta V = A_1 v_1 \Delta t$이고(유체의 이동거리 $\Delta x_1 = v_1 \Delta t$), 여기서 v_1은 단면의 넓이 A_1을 지나가는 유체의 속도이다. 유체의 밀도가 ρ이면 Δt 동안 관을 통해 흐른 유체의 질량은 $\rho A_1 v_1 \Delta t$이다.

이와 마찬가지로 같은 시간 Δt 동안 단면의 넓이가 A_2인 지점 ②를 통해 흘러나간 유체의 질량은 $\rho A_2 v_2 \Delta t$ 이다. 들어온 유체의 질량과 나간 유체의 질량은 서로 같기 때문에 다음의 식을 얻을 수 있다.

$$\rho A_1 v_1 \Delta t = \rho A_2 v_2 \Delta t \qquad \textbf{10-10}$$

비압축성 유체의 경우 밀도는 일정하므로 다음과 같이 표현된다.

$$v_1 A_1 = v_2 A_2 \qquad \textbf{10-11}$$

이 식을 **유체의 연속방정식**(equation of continuity 連續方程式)이라 하며, 움직이는 유체의 흐름에서 이 식은 아주 유용하게 응용된다. 유체의 밀도가 일정하면 단면의 넓이가 변하는 관을 통해 움직이는 물질의 흐름(질량)은 일정하다. 연속방정식은 질량 보존의 법칙으로 설명된다. Av의 곱은 유체의 흐름에서 단위시간 동안 주어진 단면의 넓이를 통과하는 유체의 부피, 즉 **부피흐름률**이다. 부피흐름률은 기호 R_v로 나타내며 $R_v = vA$이다. 부피흐름률의 SI 단위는 m^3/s이다. 또한 단위시간당 관을 지나가는 유체의 질량을 **질량흐름률**이라고 한다. 연속방정식의 예로, 물줄기가 수도꼭지로부터 연속적으로 흐를 때 물줄기의 너비는 좁아지고 속도는 증가한다.

예제 10-5 인체 대동맥의 속도

문제 사람의 폐로부터 산소를 공급받은 혈액은 심장의 좌심실에서 지름이 2.0×10^{-2} m인 대동맥으로 공급된다. 대동맥에서 혈액의 속도는 얼마인가? 단, 휴식 중일 때 혈액의 흐름률은 6.0 L/분 정도라고 한다.

생각하기 부피흐름률 $R_v = vA$를 이용하는 문제이다.

풀이 1 L = 10^{-3} m^3이고, 1분 = 60 s이다. 그러므로 혈액의 흐름률은 다음과 같다.

$$R_v = 6.0 \text{ L/분} = 0.10 \text{ L/s} = 1.0 \times 10^{-4} \text{ m}^3/\text{s}$$

따라서 혈액의 속도는 다음과 같다.

$$v = \frac{R_v}{A} = \frac{1.0 \times 10^{-4} \text{ m}^3/\text{s}}{\pi (1.0 \times 10^{-2} \text{ m})^2} = 0.32 \text{ m/s}$$

10-7 Bernoulli의 방정식

유체가 단면의 넓이와 높이가 변하는 관을 통과하며 흐를 때, 압력은 관의 위치에 따라 변하게 된다. 1738년 스위스 과학자 베르누이(Daniel Bernoulli, 1700~1782)

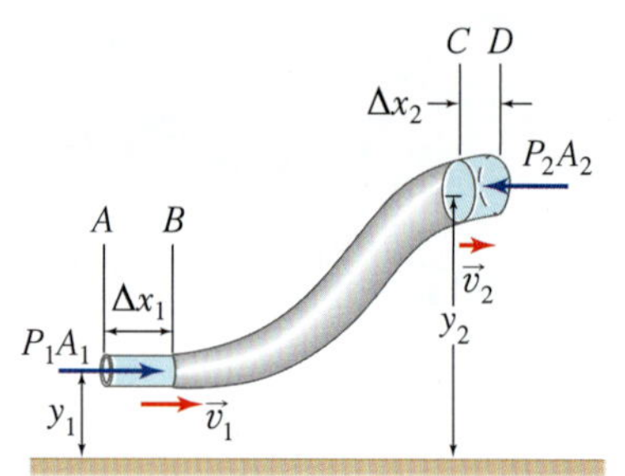

그림 10-27 일-에너지 정리에 따라 서로 마주보는 압력 P_1과 P_2가 하는 일은 A와 B 사이에 있던 유체가 C와 D 사이로 가는 동안의 역학적 에너지 변화와 같다.

는 압력을 유체의 속력과 유체가 흐르는 관의 높이와 관련짓는 수학적 표현을 유도하였다. **Bernoulli의 방정식은 유체가 관이나 튜브를 따라 이동할 때 유체의 압력, 속도, 높이 사이의 관계를 나타낸다.** 물론 이 방정식은 스스로 존재하는 기본적인 물리 법칙은 아니다. Bernoulli의 방정식은 에너지 보존법칙이 이상적인 유체에 적용될 때 얻어지는 결과이다.

어떤 유체가 비압축성이며 비점성인 특성을 가지고 일정한 층흐름을 하고 있을 때, 변수들 간의 관계에 대해 알아보자.

그림 10-27은 유체가 시간 Δt 동안 굵기가 다른 관을 흐르는 모습을 나타낸 것이다. 유체의 아래쪽에 가해지는 힘은 아래쪽 끝에서의 압력이 P_1이라고 할 때 P_1A_1이다. 뒤쪽에서 들어오는 유체가 아래쪽 관 끝에 있는 유체에 가한 일의 양은 다음과 같다.

$$W_1 = F_1 \Delta x_1 = P_1 A_1 \Delta x_1 = P_1 V_1$$

여기서 V_1은 그림 10-27에서 아래쪽 파란 부분의 부피이다. 같은 방법으로 관의 위쪽 부분에 Δt 동안 유체에 한 일의 양은

$$W_2 = -P_2 A_2 \Delta x_2 = -P_2 V_2$$

이다. Δt 동안 A_1을 통과한 유체의 부피는 같은 시간 동안 A_2를 통과한 부피와 같다. 그러므로 $V_1 = V_2 = V$이다. 위쪽 유체에 가해진 힘은 유체의 이동변위와 반대방향이므로 일 W_2는 음의 부호를 가진다. 시간 Δt 동안 이들 힘이 한 알짜일은 유체가 한 일의 전체 합과 같다.

$$W_{\text{유체}} = P_1 V - P_2 V$$

이 일의 일부는 유체의 운동에너지를 변화시키고, 일부는 유체-지구계의 중력 퍼텐셜에너지를 변화시킨다. m을 Δt 동안 관을 통과하는 유체의 질량이라고 하면, 유체의 운동에너지 변화는 다음과 같다.

$$\Delta KE = \frac{1}{2}mv_2^2 - \frac{1}{2}mv_1^2$$

그리고, 중력 퍼텐셜에너지의 변화는 다음과 같다.

$$\Delta PE = mgy_2 - mgy_1$$

다니엘 베르누이 Daniel Bernoulli, 1700~1782, 스위스 과학자

유체의 속도가 빠를수록 압력이 감소한다는 사실을 밝혀냈으며, 온도변화에 따른 기체운동을 설명하려고 노력하였다.

그림 10-27에서 유체 요소에 유체가 한 알짜일은 운동에너지와 퍼텐셜에너지를 변화시키기 때문에 다음 식을 얻게 된다.

$$W_{\text{유체}} = \Delta KE + \Delta PE$$

이 방정식의 세 항은 위에서 계산한 값이다. 각 항에 위의 표현을 대입하면

$$P_1 V - P_2 V = \frac{1}{2}mv_2^2 - \frac{1}{2}mv_1^2 + mgy_2 - mgy_1$$

이다. 각 항을 V로 나누고, $\rho = m/V$를 이용하면

$$P_1 - P_2 = \frac{1}{2}\rho v_2^2 - \frac{1}{2}\rho v_1^2 + \rho g y_2 - \rho g y_1$$

이고, 이를 정리하면 다음과 같은 중요한 식을 얻는다.

$$P_1 + \frac{1}{2}\rho v_1^2 + \rho g y_1 = P_2 + \frac{1}{2}\rho v_2^2 + \rho g y_2 \qquad \text{10-12}$$

유체가 흐르는 과정의 모든 점에서 압력 P, 단위부피당 운동에너지 $\frac{1}{2}\rho v^2$, 단위부피당 퍼텐셜에너지 ρgy의 합은 같다. 즉 **수평인 유선을 따라 유체 요소가 움직일 때 속력이 빨라지면 유체의 압력은 감소하고 속력이 느려지면 유체의 압력은 증가한다**.

식 10-12를 **베르누이의 방정식**(Bernoulli's equation)이라고 하며, 일반적으로 다음과 같이 표현한다.

$$P + \frac{1}{2}\rho v^2 + \rho g y = \text{일정} \qquad \text{10-13}$$

> **TIP 기체에 대한 Bernoulli의 방정식**
>
> 기체에 대해서는 비압축적이라는 가정을 할 수 없으므로 식 10-13을 적용할 수가 없다. 그러나 정성적으로 기술할 때에는 동일하게 적용할 수 있다.

예제 10-6 단면이 좁아지는 관

문제 그림 10-28과 같이 단면의 넓이가 다른 파이프가 있다. 점 B에서 단면의 넓이는 $1.0\ \text{m}^2$이고 점점 가늘어져 5.0 m 내려온 점 A에서의 단면의 넓이는 $0.50\ \text{m}^2$으로 좁아진 형태를 갖고 있다. 만약 점 A에 밸브가 달려 있다고 가정하고, 이 밸브를 열어 물이 자유롭게 흐르게 한다고 하자. 밸브를 열 때 나오는 물의 속력은 얼마인가?

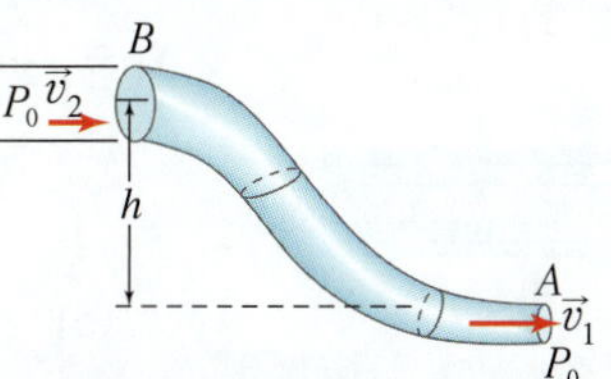

그림 10-28 단면이 좁아지는 관에서 유체의 흐름

생각하기 Bernoulli의 방정식과 연속방정식을 이용하여 미지의 값 v_1과 v_2에 대한 방정식을 세운다.

풀이 식 10-12의 Bernoulli의 방정식을 이용하자.

$$P_1 + \frac{1}{2}\rho v_1^2 + \rho g y_1 = P_2 + \frac{1}{2}\rho v_2^2 + \rho g y_2 \qquad (1)$$

식 10-11의 연속방정식 $A_2 v_2 = A_1 v_1$을 v_2에 대해 푼다.

$$v_2 = \frac{A_1}{A_2} v_1 \qquad (2)$$

식 (1)에서 $P_1 = P_2 = P_0$ (대기압)로 놓고 v_2를 대입한 후 v_1에 대해 푼다.

$$P_0 + \frac{1}{2}\rho v_1^2 + \rho g y_1 = P_0 + \frac{1}{2}\rho\left(\frac{A_1}{A_2}v_1\right)^2 + \rho g y_2 \qquad (3)$$

$$v_1^2\left[1 - \left(\frac{A_1}{A_2}\right)^2\right] = 2g(y_2 - y_1) = 2gh$$

$$v_1 = \frac{\sqrt{2gh}}{\sqrt{1 - (A_1/A_2)^2}}$$

주어진 값들을 대입하면 $v_1 = 11.4\ \text{m/s}$이다.

10-8 Bernoulli 방정식의 응용

토리첼리의 정리

Bernoulli의 원리는 실생활의 다양한 분야에서 폭넓게 응용되고 있다. 그 한 가지 예는 그림 10-29에서와 같이 물이 찬 통 아래에 있는 꼭지에서 흘러나오는 물의 속력을 구하는 것이다. 꼭지 지점을 위치 A라고 하고, 물통에 들어 있는 액체의 표면을 위치 B라고 하자. 물통의 지름이 꼭지의 지름보다 훨씬 크므로 $v_2 \approx 0$이다. 위치 A(꼭지)와 위치 B(물의 표면)는 대기 중에 노출되어 있으므로 이들 두 곳의 압력은 대기압과 같다. 즉 $P_A = P_B$이다.

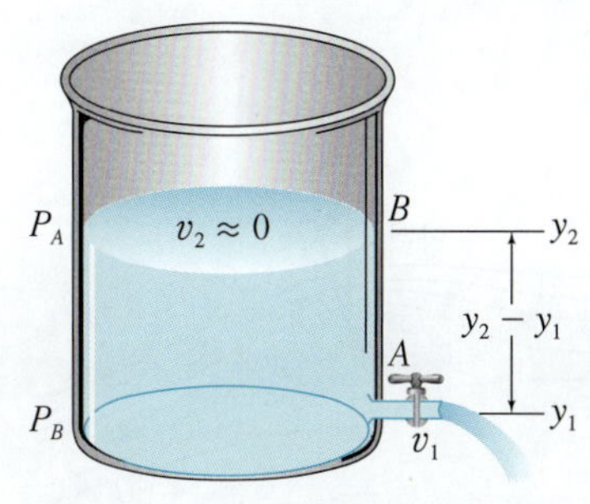

그림 10-29 물통에서 꼭지를 통해 나오는 물의 속력을 구하는 그림

따라서 Bernoulli의 방정식은 다음과 같이 된다.

$$\frac{1}{2}\rho v_1^2 + \rho g y_1 = \rho g y_2$$

이 식을 v_1로 정리하면 다음과 같다.

$$v_1 = \sqrt{2g(y_2 - y_1)} \quad \textbf{10-14}$$

이 결과를 **토리첼리의 정리**(Torricelli's theorem)라고 한다. 물론 이것은 Bernoulli 방정식의 특수한 경우이지만 Bernoulli보다 1세기 전에 토리첼리에 의해 발견되었으므로 토리첼리의 정리라고 한다. 이때 꼭지에서 나오는 액체의 속력은 같은 높이에서 자유낙하 하는 물체의 속력과 같다는 점에 유의하라. 그것은 Bernoulli의 방정식이 에너지 보존에 의해 구해졌기 때문에 그다지 놀라울 것이 없다.

벤투리관

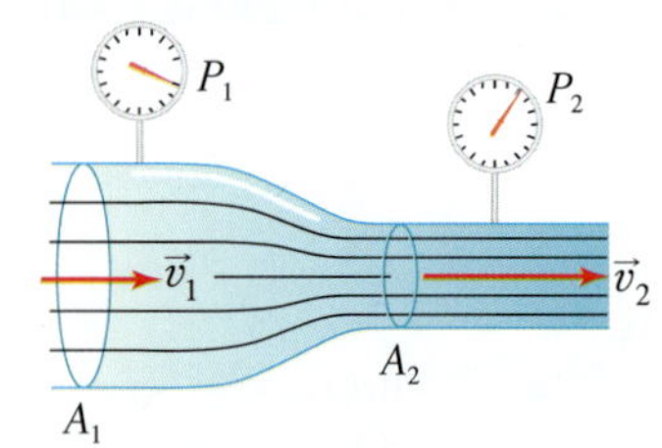

그림 10-30 유체 흐름을 측정하는 데 사용하는 기구(벤투리관)

Bernoulli 방정식의 또 다른 예는 유체가 흐르는데 뚜렷한 높이의 차이가 없을 때, 즉 $y_1 = y_2$일 때이다. 이 경우에 식 10-12는 다음과 같이 된다.

$$P_1 + \frac{1}{2}\rho v_1^2 = P_2 + \frac{1}{2}\rho v_2^2 \quad \textbf{10-15}$$

이 식은 압력이 낮은 곳에서는 유속이 빠르고, 압력이 높은 곳에서는 유속이 느리다는 것을 정량적으로 보여주는 것이다. 이 원리를 이용한 경우는 많이 있다. 그림 10-28은 유체의 속력을 측정하는 **벤투리관**(Venturi tube)의 모습으로, 이 그림은 단면의 넓이가 큰 부분으로부터 관의 좁은 부분으로 흐르는 물을 보여준다.

물은 관 안에 저장되지 않기 때문에 좁은 부분의 속력 v_2는 더 큰 지름에서의 속력 v_1보다 더 크다. 식 10-15로부터 $v_2 > v_1$이기 때문에 P_2는 P_1보다 작아야 한다. 이 결과는 다른 표현으로 **빨리 움직이는 유체는 느리게 움직이는 유체에 비해 더 작은 압력을 가한다는 말이다**.

비행기의 양력

또 다른 예는 그림 10-31에서와 같이 공기의 흐름이 비행기의 날개를 지날 때 양력을 생기게 한다. 비행기의 날개는 공기가 휘어가게 설계되어 있어 주로 유선형 흐름이 유지되더라도 그림에서처럼 유선들이 날개 위쪽에 밀집하게 된다. 유속이 빠른 관의 가는 부분에 유선이 밀집되어 있듯이 날개 위에 밀집된 유선들은 날개 밑보다 유속이 빠르다. 이에 따라 날개 아랫쪽보다 윗쪽의 압력이 작아져서 상향력을 일으키는데 이 힘을 **양력**(lift 揚力)이라고 한다.

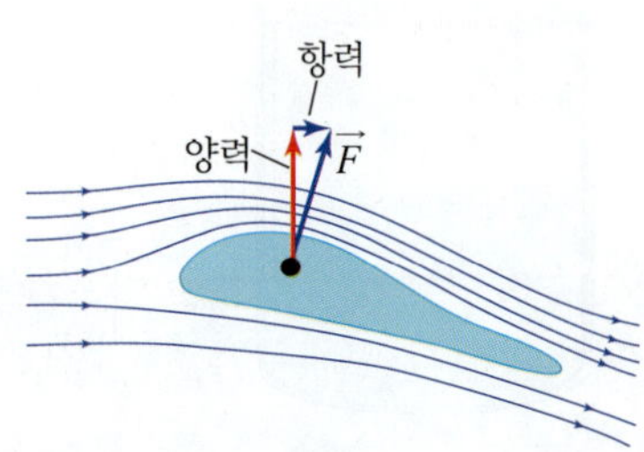

그림 10-31 비행기 날개의 유선형 흐름. 날개 아래쪽 압력이 위쪽보다 높아 위 방향으로 양력이 생긴다.

그림 10-32(a)는 비행기가 이륙하여 상승할 때의 날개의 모습이다. 양력을 크게 하기 위해 플랩을 아래쪽으로 빼내어 날개의 넓이를 크게 한다. 일정한 고도를 유지하고 정상 운항을 하게 되면 날개의 모습은 원래로 되돌아온다.

또 다른 예는 회전하는 공이 곡선 경로를 그리는 현상과도 관련이 있다. 날아가는 야구공이 회전할 때 공의 양쪽에는 서로 다른 압력이 작용한다. 그림 10-33(b)와 같

(a)

(b)

그림 10-32 (a) 비행기가 이륙 후 상승할 때는 양력을 크게 하기 위해 플랩을 뒷쪽으로 빼내어 날개 윗쪽 면의 유선의 길이를 길게 한다. (b) 일정한 고도를 유지하고 순항을 하게 되면 플랩을 원래 상태로 되돌린다.

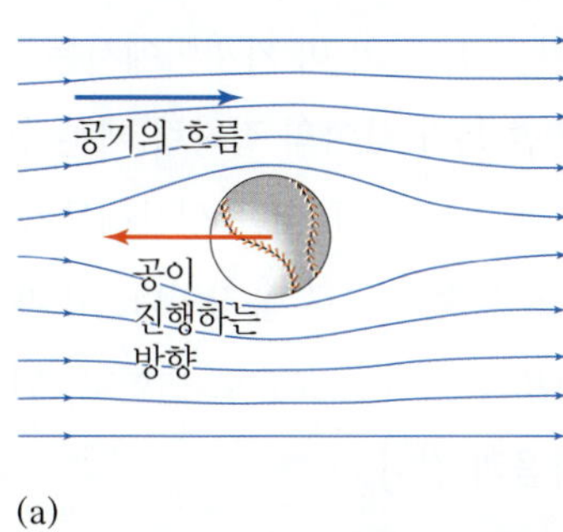

(a)

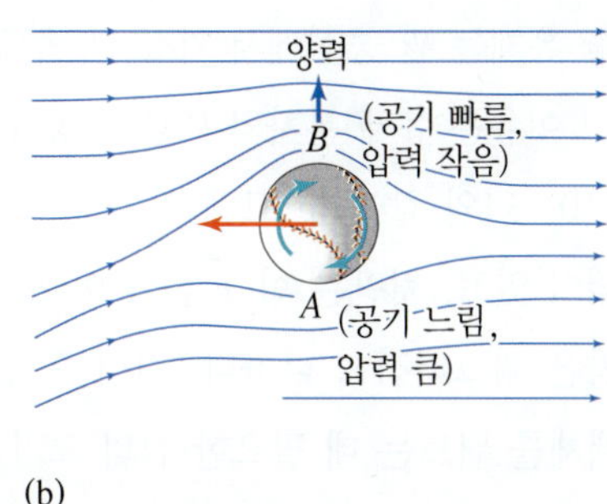

(b)

그림 10-33 날아가는 야구공이 회전하면 공의 양쪽에는 서로 다른 압력이 작용하여 진행방향이 휘어진다. (a) 공이 회전하지 않을 때의 유선의 모습 (b) 공이 회전하면서 진행할 때의 유선

이 공이 회전할 때 B 쪽의 유선 사이의 간격이 A 쪽보다 좁다. B 쪽은 공의 회전 방향과 같은 방향으로 공기가 지나므로 공기의 속도가 빠르다. 따라서 압력이 작아진다. 그리고 A 쪽의 압력은 더 크게 되며 공의 진행경로는 그림에 표시된 화살표 방향으로 휘어지게 된다. 공에 실밥이나 보푸라기가 있으면 공이 얇은 공기층을 끌고 가도록 도와주어 한쪽의 유선들의 간격이 더 좁아지게 되므로 공이 휘어지는 정도가 더 커지게 된다. 야구에서 투수가 커브 공을 던질 때 이 원리를 이용하여 공을 던진다.

예제 10-7 온수난방 시스템

문제 온수난방 시스템에서는 더운 물이 집 내부를 순환한다. 1층에 있는 펌프에서 물이 3.0×10^5 N/m^{2}의 압력으로 지름이 4.0 cm인 파이프를 통해 0.50 m/s의 속력으로 공급되고 있다고 한다. 높이가 5.0 m인 3층에서 지름이 2.6 cm의 파이프를 통해 이 물을 사용하고 있다. 3층 파이프에서의 물의 속력과 압력은 얼마인가? 물의 밀도는 1.0×10^3 kg/m^{3}이다.

생각하기 연속방정식과 Bernoulli의 방정식을 연결하여 구하는 문제이다.

풀이 연속방정식을 이용하여 속력 v_2를 계산한다. 단면의 넓이는 반지름의 제곱에 비례하므로 ($A = \pi r^2$) 속력 v_2는

$$v_2 = \frac{v_1 A_1}{A_2} = \frac{v_1 \pi r_1^2}{\pi r_2^2} = 0.50\ \text{m/s} \times \frac{(0.020\ \text{m})^2}{(0.013\ \text{m})^2} = 1.2\ \text{m/s}$$

이다. 압력은 Bernoulli의 방정식을 이용한다.

$$\begin{aligned} P_2 &= P_1 + \rho g(y_1 - y_2) + \frac{1}{2}\rho(v_1^2 - v_2^2) \\ &= (3.0 \times 10^5\ \text{N/m}^2) + (1.0 \times 10^3\ \text{kg/m}^3)(9.8\ \text{m/s}^2)(-5.0\ \text{m}) \\ &\quad + \frac{1}{2}(1.0 \times 10^3\ \text{kg/m}^3)\{(0.50\ \text{m/s})^2 - (1.2\ \text{m/s})^2\} \\ &= 3.0 \times 10^5\ \text{N/m}^2 - 4.9 \times 10^4\ \text{N/m}^2 - 6.0 \times 10^2\ \text{N/m}^2 \\ &= 2.5 \times 10^5\ \text{N/m}^2 \end{aligned}$$

10-9 유체의 점성

점성이란?

같은 모양의 유리병에서 물을 따라내는 것보다 꿀을 따라내는 것이 훨씬 어렵다. 그 이유는 꿀의 끈끈한 정도가 물보다 크기 때문이다. 유체의 이러한 성질을 **점성**(viscosity 黏性)이라고 하는데, **점성은 유체의 내부저항을 말한다**.

점성이 없는 이상적인 유체가 관을 통과하여 흐를 때 유체 층들은 저항 없이 서로 미끄러진다. 이때 관 전체의 단면의 넓이가 일정하다면 각 층은 같은 속도를 가지게 된다. 그러나 유체가 점성을 가지고 있다면 흐름 중에 각 층은 서로 다른 속도를 가지게 된다. 이때 유체는 관 중심에서 가장 큰 속도를 가지고, 관의 벽 가까이에서는 움직이지 않는데, 그 이유는 유체 분자와 벽을 구성하는 표면 분자 사이의 접착력 때문이다.

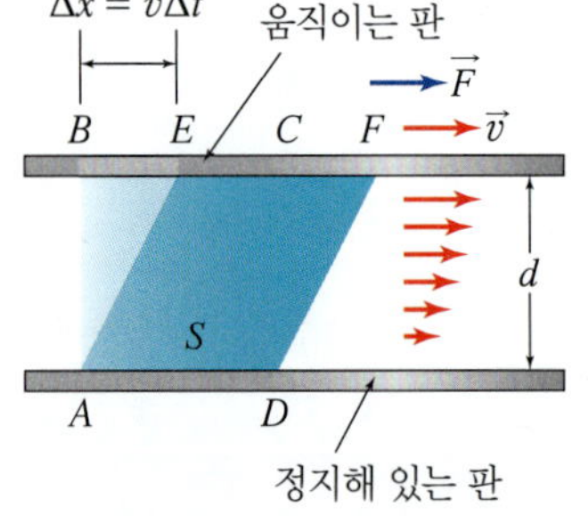

그림 10-34 두 고체판 사이에 있는 유체 층. 아래쪽 표면은 고정되어 있고, 위쪽 표면은 힘 $\vec{F}$를 받아 오른쪽으로 $\vec{v}$의 속도로 움직인다.

그림 10-34와 같이 두 고체 평면 사이에 놓여 있는 유체 층을 생각해보자. 아랫판은 고정되어 있고, 윗판은 힘 $\vec{F}$를 받아 오른쪽으로 속도 $\vec{v}$로 움직인다. 이 때문에 유체의 모양은 찌그러짐이 나타나, 원래 모양인 $ABCD$에서 $AEFD$로 변한다. 위쪽 판을 움직여 액체를 뒤트는 데 필요한 힘의 크기는 다음과 같다.

$$F = \eta \frac{Sv}{d} \tag{10-16}$$

즉, 판과 유체의 접촉넓이 S와 유체의 속력 v에 비례한다. 또한 힘 F는 두 판 사이의 거리 d에 반비례한다. 여기서 그리스 문자 η(에타)를 유체의 **점성계수**(coefficient of viscosity)라고 한다. 이 식을 η에 대해 풀면 $\eta = Fd/Sv$이다. 점성계수의 SI 단위는 $\mathrm{N\,s/m^2}$ (Pa s)이다. cgs 단위로는 $\mathrm{dyn\,s/cm^2}$이며 이를 **푸아즈**(P, poise)라고 한다. 실제 응용분야에서는 1푸아즈의 1/100인 센티푸아즈(cP)가 많이 사용된다. 푸아즈라는 단위는 프랑스의 과학자 푸아죄유(J. L. Poiseuille, 1799~1869)의 업적을 기념하여 만들어졌다. 점성계수 단위 사이의 관계는 다음과 같다.

$$1\ \mathrm{P} = 10^{-1}\ \mathrm{N\,s/m^2} = 1\ \mathrm{dyn\,s/cm^2},\ 1\ \mathrm{cP} = 10^{-2}\ \mathrm{P} \tag{10-17}$$

표 10-2는 여러 유체의 점성계수를 나타낸 것이다. 점성계수는 온도에 크게 영향을 받는다. 예를 들어 자동차 윤활유의 점성계수는 온도 증가에 따라 급격히 감소한다.

그림 10-35 커피와 다른 액체 사이의 점성차를 이용하여 커피에 여러 모양의 그림을 그릴 수 있다.

표 10-2 여러 유체의 점성계수

유체	온도 (°C)	점성계수 $\eta(\mathrm{N\,s/m^2})$	유체	온도 (°C)	점성계수 $\eta(\mathrm{N\,s/m^2})$
물	0	1.8×10^{-3}	엔진오일(4계절용)	30	200×10^{-3}
물	20	1.0×10^{-3}	글리세린	20	1500×10^{-3}
물	100	0.3×10^{-3}	공기	20	0.018×10^{-3}
혈액	37	2.7×10^{-3}	수소	0	0.009×10^{-3}
혈장	37	$\approx 1.5 \times 10^{-3}$	산소	0	0.019×10^{-3}
에틸알코올	20	1.2×10^{-3}	수증기	100	0.013×10^{-3}

푸아죄유의 법칙

인체의 혈액 순환에 관심을 가지고 있던 프랑스의 과학자 푸아죄유는 원형관 내에서 층류를 이루고 있는 비압축성 유체의 흐름률에 여러 조건들이 어떻게 영향을 미치는가를 조사하였다. 그림 10-36과 같이 길이가 L이고 반지름이 r인 관이 있다고 하자. 이 관에는 유체가 있고, 왼쪽 끝에는 압력 P_1이 작용하며, 오른쪽 끝에는 압력 P_2가 작용한다. 이 압력차로 인해 유체는 관을 통해 흐르게 된다. 이때 단위시간당 부피(유량)를 **유체의 흐름률**이라고 하는데, 흐름률 Q는 압력차, 관의 크기, 유체의 점성에 따라 달라진다.

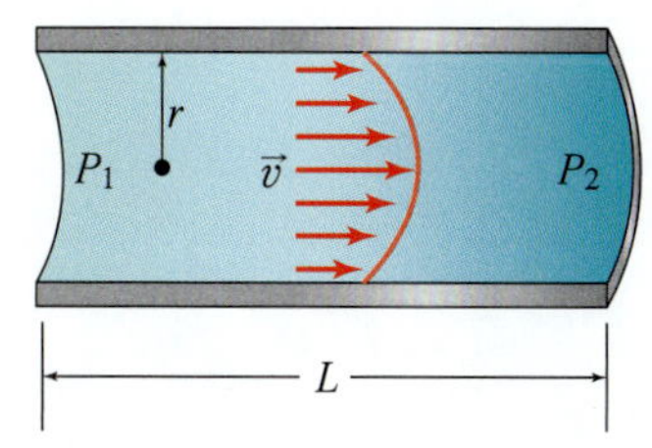

그림 10-36 원 모양 단면의 넓이를 통과하는 유체 흐름의 속도 분포. 푸아죄유의 법칙에 따라 유량이 주어진다.

$$Q = \frac{\Delta V}{\Delta t} = \frac{\pi r^4 (P_1 - P_2)}{8\eta L} \qquad \text{10-18}$$

이 관계를 **푸아죄유의 법칙**(Poiseuille's law)이라고 부른다. 예측을 통해서도 관에 작용하는 압력차와 관의 지름이 커지면 흐름률이 증가한다는 것을 알 수 있으며, 유체의 점성이나 관의 길이가 증가하면 유량은 감소한다. 식 10-18에서 유체의 점성이 증가하면 일정한 유량을 유지하기 위해서는 압력차가 증가해야 한다는 것을 알 수 있다. 이것은 우리 몸에 흐르는 혈액의 순환에서 매우 중요하다. 예를 들어 적혈구의 개수가 많아지면 혈액의 점성이 증가한다. 따라서 적혈구 농도가 큰 혈액은 같은 순환 속력을 얻기 위해 심장으로부터 더 큰 펌프 압력을 필요로 한다. 또 유량이 관 반지름의 4제곱에 비례함을 주목하자. 이 결과로 인해 정맥이나 동맥을 수축하게 되면, 심장은 일정한 혈류를 유지하기 위해 더 높은 혈압을 유지해야 하므로 훨씬 많은 부하가 걸리게 된다.

예제 10-8 수혈이 급한 환자

문제 응급 환자가 119구급차로 응급실에 도착하였다. 많은 피를 흘렸기에 긴급 수혈이 시작되었다. 혈액이 담긴 병이 환자의 팔 위로부터 높이가 0.65 m인 곳에 매달려 있으며, 수혈에 사용되는 주사바늘의 길이는 1.8×10^{-2} m이고, 반지름은 2.0×10^{-4} m이다. 주사바늘을 통과하는 혈액의 흐름률은 얼마인가? 단, 혈액의 밀도는 1.05×10^3 kg/m^{3}이다.

생각하기 혈액과 환자의 팔 사이의 압력차를 구한다. 표 10-2에 있는 혈액의 점성계수를 사용하여 푸아죄유의 법칙에 대입한다.

풀이 혈액과 환자의 팔 사이의 압력차는 다음과 같다.

$$P_1 - P_2 = \rho g h = (1.05 \times 10^3 \text{ kg/m}^3)(9.8 \text{ m/s}^2)(0.65 \text{ m}) = 6.69 \times 10^3 \text{ Pa}$$

푸아죄유의 법칙에 대입하면 다음과 같다.

$$Q = \frac{\Delta V}{\Delta t} = \frac{\pi r^4 (P_1 - P_2)}{8\eta L} = \frac{\pi (2.0 \times 10^{-4} \text{ m})^4 (6.69 \times 10^3 \text{ Pa})}{8(2.7 \times 10^{-3} \text{ N s/m}^2)(1.8 \times 10^{-2} \text{ m})} = 8.65 \times 10^{-8} \text{ m}^3/\text{s}$$

레이놀즈수

유속이 매우 빨라지면 관 내의 흐름은 난류가 되고, 푸아죄유 방정식은 더 이상 성립하지 않는다. 흐름이 난류가 되면 마찰력이 훨씬 커지기 때문에(점성계수가 커짐) 주어진 압력차에 대한 흐름률 Q는 작아진다. 난류의 시작은 때때로 급격히 일어나며, 그 특성은 **레이놀즈수**(Reynolds number)라는 차원이 없는 요소로 나타낼 수 있다. 실험에 의하면 유체의 밀도를 ρ, 유체의 속력을 v, 관의 지름을 d, 유체의 점성을 η라고 할 때 레이놀즈수 RN는 다음과 같이 표현된다.

$$RN = \frac{\rho v d}{\eta} \tag{10-19}$$

실험에 의하면 RN값이 2 000 이하면 관을 통과하는 흐름은 층흐름이고, RN값이 2 000~3 000 사이에서의 흐름은 매우 불안정하다. 이때 흐름은 층흐름이지만 약간의 교란에도 난류가 된다.

예제 10-9 대동맥에서의 레이놀즈수

문제 인체의 심장 대동맥(혈관의 반지름은 $r = 1.0$ cm)에서의 혈액의 평균속력은 약 30 cm/s이다. 이때 레이놀즈수는 얼마인가? 혈액의 흐름은 층흐름인가, 난류인가? 단, 혈액의 밀도는 1.05×10^3 kg/m^{3}이다.

생각하기 혈액은 고체성분인 적혈구, 백혈구, 혈소판과 액체성분인 혈장으로 구성되어 있으므로 아주 좋은 상태의 층흐름은 어려우나 일반적으로 층흐름에 가깝다.

풀이 표 10-2에서 혈액의 점성계수는 2.7×10^{-3} N s/m^{2}이다. 식 10-19에 ρ와 η 값을 대입하여 레이놀즈수를 계산하면 다음과 같다.

$$\begin{aligned} RN &= \frac{\rho v d}{\eta} \\ &= \frac{(1.05 \times 10^3\ \text{kg/m}^3)(0.30\ \text{m/s})(0.010\ \text{m} \times 2)}{2.7 \times 10^{-3}\ \text{N s/m}^2} \\ &= 2\,333 \end{aligned}$$

따라서 이 흐름은 층흐름이나 매우 불안정한 상태에 있으며, 약간의 교란이 발생하면 난류가 될 것이다.

점성 매질 속에서 물체의 운동(스토크스의 법칙)

물체가 공기 중에서 낙하하면 공기저항을 받는다. 일반적으로 공기저항은 낙하 물체의 모양과 속도에 따라 달라진다. 낙하하는 물체에 작용하는 공기저항력을 정확히 계산하기 위해서는 물체의 모양이 구와 같이 단순한 몇몇 경우에만 가능하다.

아주 작은 구가 점성 매질 속에서 낙하할 때의 운동을 조사해보자. 1851년 영국의 과학자 스토크스(George Stokes)는 반지름이 r인 아주 작은 구형인 물체가 점성계수가 η인 매질에서 속력 v로 천천히 낙하할 때 구에 작용하는 저항력의 크기를 조사하여 다음과 같은 결과를 얻었다.

$$F_r = 6\pi\eta r v \tag{10-20}$$

이 방정식을 **스토크스의 법칙**(Stokes' law)이라고 부른다. 이 법칙은 혈액에서 미립자의 침전 현상을 설명하는 데 이용되며, 미국의 과학자 밀리컨(Robert Millikan, 1868~1953)은 이 식을 이용하여 공기 중에서 낙하하는 대전된 기름방울의 반지름을 계산하였다. 이 과정에서 기본전하를 발견하였고, 이 공로로 노벨상을 수상하였다.

종단속력

어떤 구가 점성이 있는 매질 속에서 낙하한다고 가정하자. 이때 구가 받는 힘은 3종류이다. 이 3종류의 힘은 그림 10-37에 나타낸 것처럼 매질과의 마찰력 $\vec{F}_r$, 부력 $\vec{F}_b$, 구에 작용하는 중력 $\vec{F}_g$ 이다. 이때 중력 $\vec{F}_g$ 의 크기는 다음과 같다.

$$F_g = \rho g V = \rho_{구} g \left(\frac{4}{3}\pi r^3\right)$$

여기서 $\rho_{구}$는 구의 밀도이고, $\frac{4}{3}\pi r^3$은 구의 부피이다. Archimedes의 원리에 의해 부력은 구에 의해 밀려난 유체의 무게이므로 다음 관계가 있다.

$$F_b = \rho_{유체} g V = \rho_{유체} g \left(\frac{4}{3}\pi r^3\right)$$

구가 낙하하기 시작하는 순간에는 구의 속력이 0이므로 마찰력은 0이다. 구가 가속하면서 그 속력은 증가하고 마찰력 F_r도 증가한다. 이어 얼마 후 일정한 속력인 **종단속력**(terminal speed 終端速力) v_t에 이르게 된다. 이 상태에서는 위로 향하는 힘과 아래로 향하는 힘이 평형을 이루게 되어 알짜힘이 0이 된다. 따라서 구는 다음 조건을 만족할 때 종단속력에 이르게 된다. 즉

$$\vec{F}_r + \vec{F}_b = \vec{F}_g$$

또는

$$6\pi\eta r v_t + \rho_{유체} g \left(\frac{4}{3}\pi r^3\right) = \rho_{구} g \left(\frac{4}{3}\pi r^3\right)$$

이다. 이 식을 v_t에 대해 풀면 종단 속력은 다음과 같다.

$$v_t = \frac{2r^2 g}{9\eta}(\rho_{구} - \rho_{유체}) \qquad 10-21$$

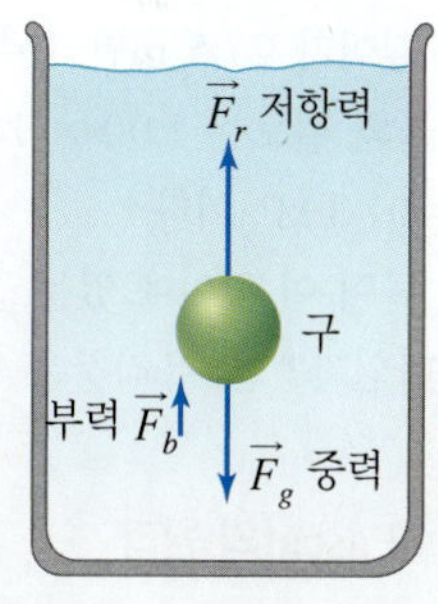

그림 10-37 점성 매질 속으로 낙하하는 작은 구에 작용하는 힘은 저항력, 부력, 중력이다. 저항력과 부력의 합이 중력과 평형이 되면 종단속력에 이른다.

연습문제

10-1 유체 내의 압력

1. 수축기 혈압(최대 혈압)의 대표적인 값은 120 mmHg이다. 이 값을 (a) torr , (b) N/m^2, (c) atm으로 환산하라.

2. 어떤 시료 금속의 질량을 공기 중에서 측정하였더니 63.5 g이고 물에 넣고 측정하였더니 56.4 g이었다면 이 시료와 동일한 금속은 무엇이겠는가? (표 9-1 참조)

3. 어떤 가정의 1층 부엌의 수도꼭지에서 30.0 m 높이에 커다란 물탱크가 있다고 한다. 이 높이를 물탱크 내의 수면 높이로 간주할 때, 1층 수도꼭지에서의 수압은 얼마인가?

4. 1기압을 압력의 여러 단위로 나타내라.

5. 해수 아래 15.0 m에 있는 한 스쿠버 잠수부에 작용하는 압력은 얼마인가? 해수의 밀도는 1.03×10^3 kg/m^{3}이다.

10-2 압력의 측정

6. 꼭대기까지 가득 채워진 물의 높이가 70 m이고, 너비가 180 m인 직사각형 모양의 댐에 작용하는 전체 힘은 얼마인가?

7. 바다 밑 10 m에 있는 선체의 옆벽에 50 cm^{2}의 구멍이 뚫렸다. 이 구멍을 판으로 막으려면 얼마나 큰 힘이 필요한가? 단, 바닷물의 비중은 1.03이고, 대기압은 무시한다.

8. 어떤 용기에 20.0 cm 깊이의 물이 차 있다. 이 물 표면 위에 30.0 cm 두께의 기름이 떠 있다면 용기 바닥에 가해지는 절대압력은 얼마인가? 단, 기름의 비중은 0.700이다.

9. 그림 P10−9와 같이 포도당 수용액을 환자에게 투여하려고 한다. 정맥의 평균압력이 1.33×10^3 Pa일 때 포도당을 정맥에 주사하기 위한 최소높이 h를 구하라. 단, 포도당 수용액의 비중이 1.02이다.

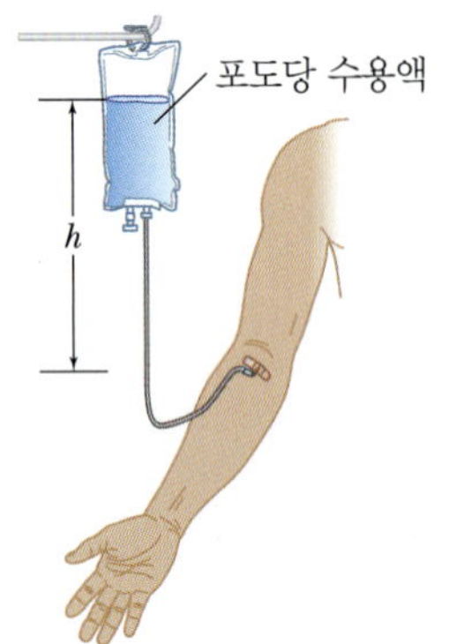

그림 P10−9

10. (a) 깊이가 27.5 m인 호수 바닥에서의 압력은 얼마인가? 단, 물의 밀도는 1.00×10^3 kg/m^{3}이고 수면에서의 대기압은 101.3 kPa이다.

(b) 물이 이 깊이에 있는 잠수함의 유리창에 가하는 압력은 얼마인가? 단, 유리창은 원형이며 지름이 35.0 cm이다.

10−3 Pascal의 원리

11. 그림 P10−11과 같이 관이 연결되어 있다. 큰 관의 지름은 60 cm이고, 작은 관은 20 cm이다. 이 관에 물을 넣고, 양쪽 관의 물 위에 가벼운 피스톤을 올려놓은 다음, 큰 관의 피스톤 위에 300 kg의 물체를 올려놓았다.

(a) 양쪽 관의 물의 높이를 같게 하려면 작은 관의 피스톤 위에 몇 kg의 물체를 올려놓아야 하는가?

(b) 작은 관의 피스톤에 아무것도 올려놓지 않는다면 작은 관의 피스톤은 처음 위치에서 몇 cm만큼 위로 올라가겠는가?

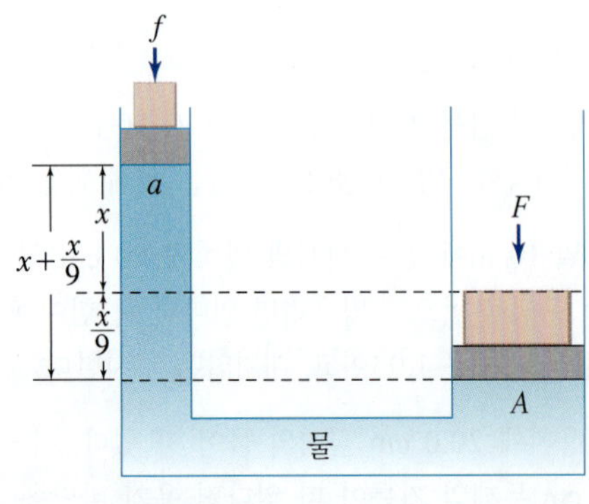

그림 P10−11

12. 너비가 4.00 m이고 길이가 6.00 m인 소형 선박이 있다. 이 선박에 짐을 실은 트럭을 실었더니 배가 4.00 cm만큼 더 가라앉았다. 트럭의 무게는 얼마인가?

13. 지름이 3.80 cm이고 평균밀도가 0.084 0 g/cm^{3}인 탁구공이 있다. 이 공을 물속에 완전히 잠기게 하기 위해 필요한 힘은 얼마인가?

10−4 부력과 Archimedes의 원리

14. 어떤 시료가 공기 중에서는 300 N의 무게를 갖고, 비중이 0.700인 알코올에 잠기면 200 N의 무게를 갖는다. 이 물질의 (a) 부피와 (b) 밀도를 구하라.

15. 질량이 70 kg인 바위가 호수의 바닥에 있다. 바위의 부피가 3.0×10^4 cm^{3}이라면, 그 바위를 들어 올리는 데 필요한 힘은 얼마인가?

16. 그림 P10−16과 같이 질량이 14.7 kg인 왕관을 물속에서 용수철저울로 달았더니 유효무게가 13.4 kg이었다. 이 왕관은 순금인가?

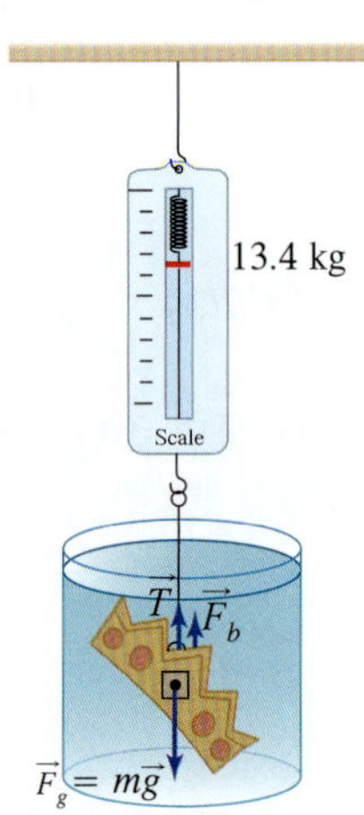

그림 P10−16

17. 그림 P10−17과 같이 단순한 모형에 의하면 대륙은 주변이 맨틀(밀도 = 3 300 kg/m^3)인 곳에 떠 있는 한 개의 큰 덩어리(밀도 = 2 800 kg/m^3)라고 할 수 있다. 대륙의 두께를 35 km(지각의 평균두께)라고 가정할 때 주변 바위들 위에 떠 있는 대륙의 높이는 얼마인가?

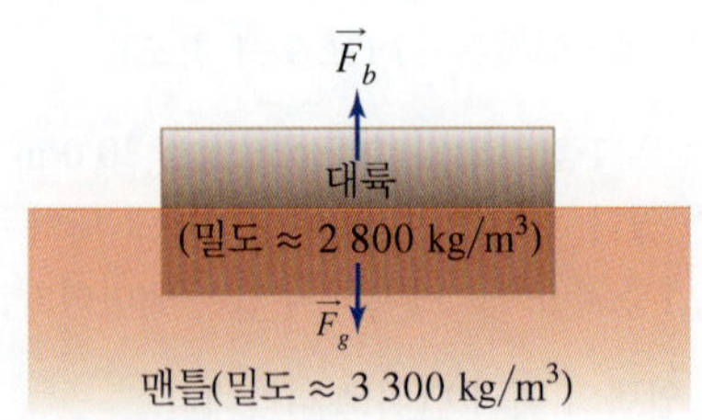

그림 P10−17

18. 어떤 열기구가 있다. 이 열기구로 질량이 800 kg인 짐을 들어 올리려고 한다. 얼마만큼의 헬륨이 필요한가? 단, 빈 열기구의 무게는 무시한다.

19. 얼음의 비중은 0.917이고, 바닷물의 비중은 1.025이다. 얼음의 빙산은 어느 정도만큼 바닷물 표면 위로 올라오겠는가?

20. 공기 중에서 무게가 800 g중인 납덩어리를 비중이 1.3 되는 소금물 속에서 무게를 재어보니 709 g중이었다. 다음 물음에 답하라.

(a) 납덩어리의 무게를 물속에서 측정하면 몇 g중이 되겠는가?

(b) 납덩어리의 비중은 얼마인가?

10-5 표면장력과 모세관 현상

10-6 유체의 운동

21. (a) 유속이 40 cm/s일 때, 단면의 넓이가 2.0 cm^{2}인 대동맥에 흐르는 혈액(밀도 ρ = 1.0 g/cm^3)의 질량흐름률(g/s)은 얼마인가?

(b) 대동맥이 수많은 모세혈관으로 갈라지고 이 모세관들의 단면의 넓이의 합이 3.0 × 10^3 cm^{2}이다. 모세관에서의 유속은 얼마인가?

22. 인체의 대동맥의 반지름은 약 1.0 cm이고, 혈액이 동맥을 흐르는 속력은 약 30 cm/s이다. 전체 단면의 넓이가 약 2 000 cm^{2}인 수십억 개의 모세혈관이 있다. 모세혈관 각각의 지름은 약 8 × 10^{-4} cm라고 할 때, 모세혈관 한 개 속에서의 혈액의 평균속력은 얼마인가?

23. 부피가 300 m^{3}인 방을 매 15분마다 30 m/s의 속력으로 공기를 채운다면 통풍관의 굵기는 얼마가 되어야 하는가? 단, 공기의 밀도는 일정하게 유지된다고 가정한다.

24. 안지름(내경)이 5/8 in인 가정용 호스를 사용하여 지름이 7.2 m인 수영장에 물을 채우려고 한다. 물이 0.33 m/s의 속력으로 호스에서 흘러나온다면 1.2 m의 깊이로 수영장에 물을 채우는 데 걸리는 시간은 얼마인가?

25. 도로면에서의 압력이 3.8 atm인 물이 지름 5.0 cm인 파이프를 통해 0.60 m/s의 속력으로 빌딩 안으로 흘러 들어간다. 이 관은 높이 20 m의 꼭대기 층에서 지름이 2.6 cm로 가늘어진다. 꼭대기 층에서 이 관을 통해 나오는 물의 속도와 압력을 구하라. 점성은 무시하고 압력은 계기압력이다.

26. 그림 P10–26과 같은 관 속을 비압축성 유체가 흐르고 있다. 관 A의 반지름은 r이고 관 B의 반지름은 $\frac{1}{3}r$이다. 관 A에서의 유체의 흐름의 속도를 v라 하면 관 B에서의 유체의 유속은 얼마인가?

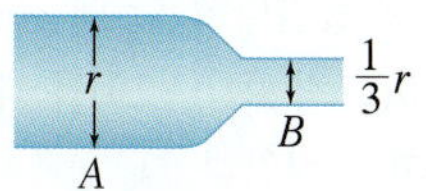

그림 P10–26

10-7 Bernoulli의 방정식

27. 그림 P10–27에 나와 있는 수평으로 놓인 관의 큰 부분의 안지름이 2.50 cm이다. 오른쪽으로 흐르는 물의 흐름률이 1.80 × 10^{-4} m^3/s일 때, 좁아진 부분에서의 안지름은 얼마인가?

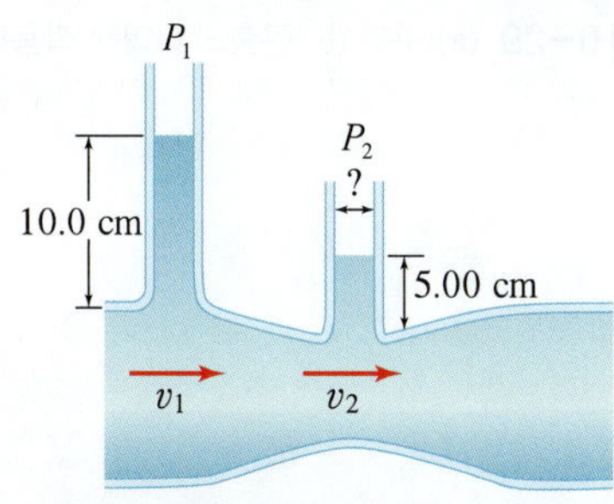

그림 P10–27

10-8 Bernoulli 방정식의 응용

28. 근시인 보안관이 소도둑을 향해 6연발 권총을 발사하였는데, 총알이 빗나가 물탱크에 구멍을 내고 말았다(그림 P10–28).

(a) 물탱크는 위쪽이 대기에 노출되어 있고, 수면이 구멍으로부터 0.500 m 위에 있을 때, 구멍에서 나오는 물의 속력을 구하라.

(b) 이 구멍이 땅 위 3.00 m에 있다면 물줄기는 지면의 어느 지점에 떨어지는가?

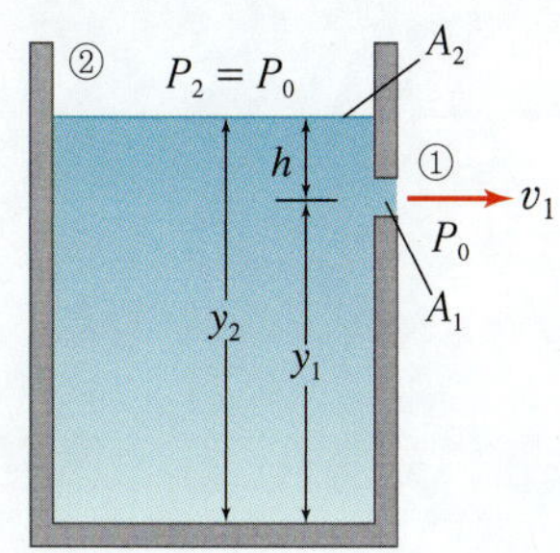

그림 P10–28

29. 어떤 곤충의 발바닥이 거의 구형이고, 반지름이 약 2.0×10^{-5} m라고 한다. 질량이 0.003 0 g인 이 곤충을 여섯 개의 다리가 균등하게 지탱한다고 할 때 곤충의 다리가 물 표면 위에서 이루는 각 θ(그림 P10-29)를 대략 계산하라. 단, 물의 온도는 20 °C라고 가정한다.

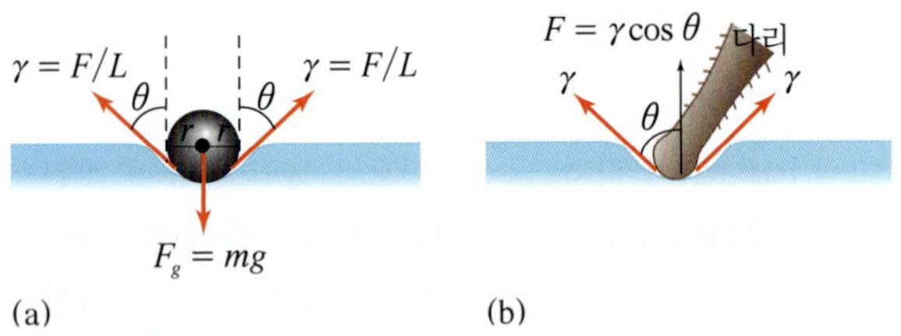

그림 P10-29 (a) 구와 (b) 곤충의 다리에 작용하는 표면장력

10-9 유체의 점성

30. 인간의 대동맥의 지름은 2.0 cm이다. 어느 순간 혈액의 속력이 55 cm/s라면, 혈액의 흐름은 난류인가? 혈액의 밀도는 1 050 kg/m^{3}이고 점성계수는 2.7×10^{-3} N s/m^{2}이다.

그네 타기 그네 타기는 두 기둥 사이 가로로 걸친 지지대에 그넷줄을 매어 늘이고, 줄 아래에 발판을 걸쳐 놓고 올라가서 몸을 날려 앞뒤로 왔다갔다 하는 놀이이다. 전통적으로 단오나 명절에 많이 했다. 현재는 학교, 아파트 놀이터 등에 그네가 많이 설치되어 있다. 그네는 앞뒤로 주기운동(진동)을 하며, 뒤에서 밀어주면 주기운동의 진폭이 증가한다.

진동과 파동

제 11 장

일리상생활 속에서 여러 유형의 진동 현상을 볼 수 있다. 예를 들어 수면 위에서 상하로 움직이는 나뭇잎, 앞뒤로 움직이는 그네, 용수철에 매달린 물체의 좌우 운동, 바이올린이나 기타 줄의 진동, 고풍스러운 레스토랑 천정에 매달려 흔들리는 샹들리에, 고체 분자나 원자의 진동 등이 있다. 이들 진동의 공통적인 특성은 어느 기준점을 중심으로 두 점 사이를 일정한 시간 간격으로 반복 운동을 한다는 것이다.

그네를 움직이게 하려면 그네에 힘을 주어 밀어야하고, 용수철에 매달린 물체를 진동시키려면 힘을 주어 용수철을 잡아당기거나 압축시켰다가 놓아야 한다. 기타 줄은 손으로 힘을 주어 튕겨줄 때 줄이 진동하게 된다. 이와 같이 진동 현상은 힘과 에너지와 깊은 관련이 있다. 어떤 진동 현상은 파동을 일으키기도 한다. 예를 들어 진동하는 기타 줄이나 소리굽쇠에서는 음파가 발생되고, 수면 위를 주기적으로 진동시키면 수면파를 만들 수 있다.

제11장에서는 진동과 파동의 특성과 이와 관련된 힘과 에너지에 대해 공부한다. 진동과 파동을 공부하면 이 현상들은 간단한 물리 수식을 통해 기술이 가능하다는 것을 알게 될 것이다.

11-1 단순조화운동

단순조화운동을 하는 입자

여러 형태의 진동 현상을 물리적으로 이해하기 위해 단순조화운동을 하고 있는 물체를 이상적인 하나의 입자 모형으로 생각해보자. 이러한 모형을 도입하면 다양한 형태의 진동 운동의 특성을 분석하고 이해하는 데 도움이 된다.

진동 현상을 이해하기 위해서는 몇 가지 물리량이 필요하다. 먼저 진동수, 주기, 진폭, 위상, 위상상수, 각진동수에 대해 정의해보자.

진동수(frequency 振動數)는 단위 시간 동안 진동하는 횟수를 말하며 기호는 f로 나타내며 SI 단위는 **헤르츠**(기호 Hz)이다. 1 Hz는 1 초당 한 번 진동한다. 이때 입자가 한번 왕복운동을 하는데 걸리는 시간을 **주기**(period 週期)라고 하고 기호는 T로 나타낸다. 진동수와 주기 사이에는 $f = 1/T$의 관계가 있다.

원점을 중심으로 x축 상의 두 점 사이를 왕복 운동하는 입자를 생각해보자. 이 입자의 운동과 같이 일정한 시간 간격으로 되풀이되는 운동을 **주기운동** 또는 **조화운동**이라고 한다. 그림 11-1(a)는 시간이 지남에 따라 주기운동을 하는 입자의 순간적인 변위가 어떻게 변하는지를 차례대로 나타낸 그림이고, 그림 11-1(b)는 각 순간의 위치에서 입자의 속도의 크기를 나타낸 것이다.

주기운동을 하는 입자의 변위 x를 시간(t)의 함수로 나타내면 다음과 같다.

$$x(t) = A\cos(\omega t + \phi) \qquad \textbf{11-1}$$

이 식에서 A, ω, ϕ는 상수이다. A는 x축 상에서 좌우로 진동할 때 변위가 최대일 때의 값(x_m)을 나타낸다. 그림 11-1(a)를 반시계 방향으로 90° 돌린 후 각 입자의 변위를 선으로 연결하면 그림 11-1(c)와 같은 코사인 함수 형태의 그래프를 얻는다. 코사인 함수는 +1과 −1 사이의 값을 가지므로 x_m은 A와 $-A$ 사이의 값을 가지며 운동의 **진폭**(amplitude 振幅)이라고 한다. 여기서 아래 첨자 m은 입자의 양쪽 방향의 **최대**

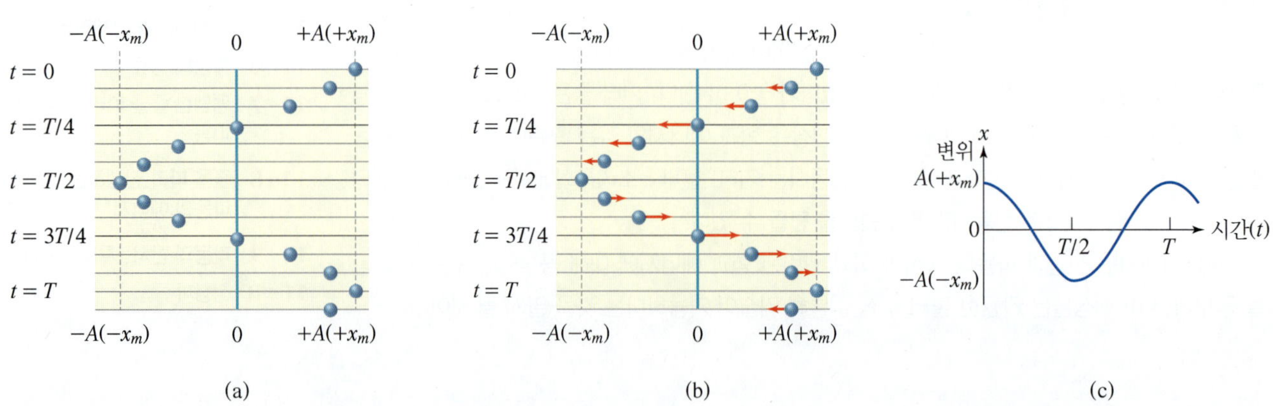

그림 11-1 (a) 원점 0을 중심으로 x축에서 두 점 $+A(x_m)$와 $-A(-x_m)$ 사이를 왕복운동하는 입자의 매 순간 모습을 차례대로 나타낸 그림 (b) 화살표의 크기는 매 순간에서 입자의 속력을 나타낸다. 속력은 원점에서 가장 크고 양 끝에서 0이다. (c) 그림 (a)를 반시계 방향으로 90° 돌린 후 각 입자의 변위를 선으로 연결하면 코사인 곡선으로 나타낼 수 있다.

변위를 나타낸다. 이렇게 시간의 조화함수인 사인(또는 코사인) 함수로 움직이는 운동을 **단순조화운동**(simple harmonic motion, SHM 單純調和運動)이라 하고, 이러한 계를 **단순조화진동자**(simple harmonic oscillator, SHO 單純調和振動子)라고 한다.

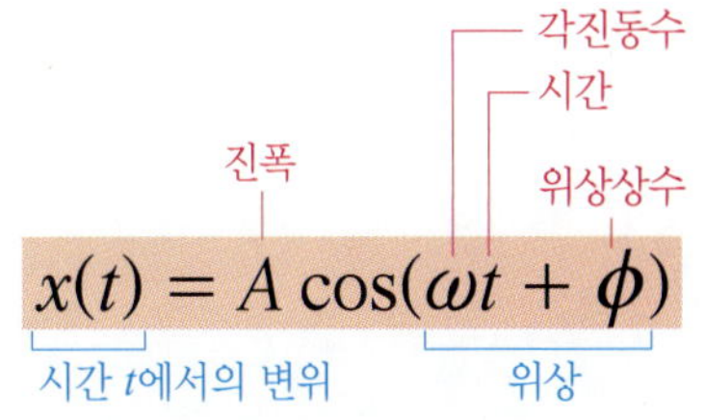

그림 11-2 단순조화운동 식에서 각 기호가 나타내는 물리량

식 11-1에서 $(\omega t + \phi)$는 시간에 따라 변하며 운동의 **위상**(phase 位相)이라고 한다. ϕ는 **위상각** 또는 **위상상수**라고 하며, 위상각은 $t = 0$일 때의 변위와 속도에 의존한다. 위상각 ϕ가 음(−)의 값을 가지면 그림 11-3에서와 같이 코사인 곡선을 오른쪽으로 이동시키게 된다. 한 주기 T후 변위는 처음상태와 동일하므로 $x(t)$는 $x(t + T)$와 같다. **편의상 위상각이 $\phi = 0$인 일반적인 상태를 고려하여 각진동수 ω를 정의할 수 있다.** $\phi = 0$이면 다음 식이 성립한다.

$$A\cos\omega t = A\cos\omega(t + T) \qquad \textbf{11-2}$$

코사인 함수는 위상이 2π 만큼 증가할 때마다 동일한 값을 가지므로 다음 관계가 성립한다.

$$\omega t + 2\pi = \omega(t + T)$$
$$\omega T = 2\pi$$

이 관계로부터 각진동수 ω를 다음과 같이 정의할 수 있다.

$$\omega = \frac{2\pi}{T} = 2\pi f \qquad \textbf{11-3}$$

각진동수의 SI 단위는 라디안/초(rad/s)이다.

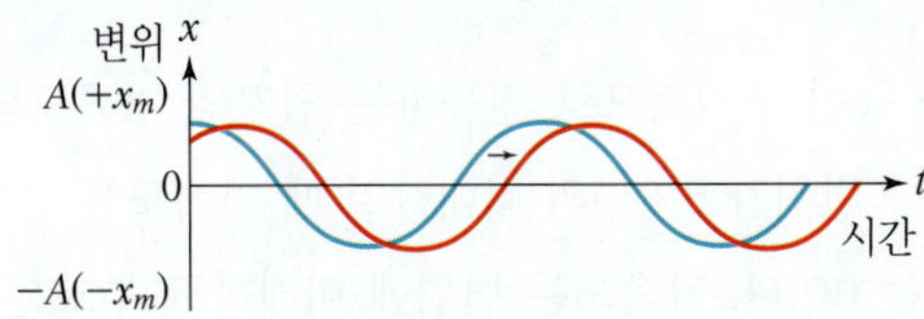

그림 11-3 위상각 비교. 위상각이 0이면 보통의 코사인 곡선을 나타내지며, 위상각이 음(−)의 값 $\phi = -\frac{\pi}{4}$이면 코사인 곡선을 오른쪽으로 이동시킨다.

단순조화운동을 하는 입자의 속도와 가속도

단순조화운동을 하는 입자의 속도는 식 11-1의 변위를 한번 미분하면 구할 수 있다.

$$v(t) = \frac{dx(t)}{dt} = -A\omega\sin(\omega t + \phi) \qquad \textbf{11-4}$$

단순조화운동을 하는 입자의 가속도는 속도에 대한 식 11-4를 한번 더 미분하면 구할 수 있다.

$$a(t) = \frac{dv(t)}{dt} = \frac{d^2x(t)}{dt^2} = -A\omega^2\cos(\omega t + \phi) \qquad \textbf{11-5}$$

식 11-1, 11-4, 11-5은 위상각이 $\phi = 0$인 일반적인 상태의 식으로 나타내면 편리할 때가 많다. 즉

$$x(t) = A\cos\omega t \quad \textbf{11-6 (a)}$$
$$v(t) = -A\omega\sin\omega t \quad \textbf{11-6 (b)}$$
$$a(t) = -A\omega^2\cos\omega t \quad \textbf{11-6 (c)}$$

이다. 식 11-6을 그림으로 나타내면 그림 11-4와 같다. 이 그림은 $\phi = 0$일 때 단순조화운동을 하는 입자의 시간에 따른 변위, 속도, 가속도를 나타낸다.

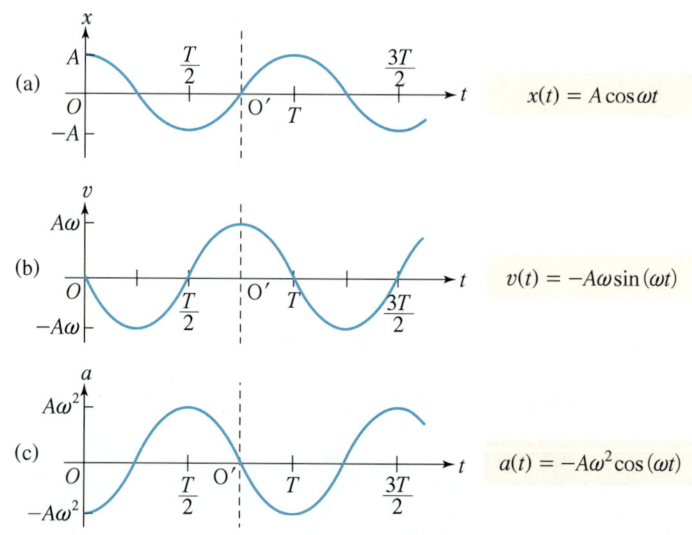

그림 11-4 단순조화운동을 하는 입자의 시간에 따른 (a)변위, (b)속도, (C)가속도를 나타낸 그래프

그림 11-4에서와 같이 주기적으로 진동하는 입자의 가속도의 크기 $a_m = \pm A\omega^2$ 사이의 값을 갖는다. 즉 변위가 양(+)의 최대값일 때 가속도는 음(−)의 최대값을 갖고 변위가 0이면 가속도는 0이다. 가속도는 변위에 비례하고 부호는 반대이며, 비례상수는 각진동수의 제곱이 됨을 알 수 있다. 따라서 단순조화운동하는 입자의 가속도는 다음과 같이 일반화 식으로 나타낼 수 있다.

$$a(t) = -\omega^2 x(t) \quad \textbf{11-7}$$

단순조화운동을 하는 입자의 가속도를 알면 운동의 제2법칙을 적용하여 입자에 작용하는 힘을 구할 수 있다. 즉, 단순조화운동을 하게 하는 힘은 다음과 같다.

$$F = ma = m(-\omega^2 x) = -(m\omega^2)x \quad \textbf{11-8}$$

단순조화운동은 알짜 힘이 평형점으로 부터의 변위에 비례하고 언제나 평형점을 향할 때 일어난다.

TIP 단순조화운동에서 1차원 등가속도 운동방정식은 사용할 수 없다!

단순조화운동에서 물체의 가속도는 변위에 따라 수시로 변하다. 따라서 가속도가 일정한 1차원 등가속도운동 공식은 사용할 수 없다.

11-2 선형 단순조화진동자(용수철에 매달려 진동하는 물체)

선형 단순조화진동자의 힘에 대한 법칙

그림 11-5에서와 같이 용수철에 매달여 있는 물체를 x축으로 잡아당겼다가 놓으면 주기운동을 한다. 만약 마찰이 없다고 가정하면 앞 절에서 다루었던 입자의 단순조화운동으로 간주할 수 있다. 이와 같이 용수철과 물체(토막)로 구성된 계를 **선형 단순조화진동자**(간단히 **선형진동자**)라고 부른다. 여기서 **선형**(linear 線形)이란 뜻은 힘 F가 변위 x에 선형적으로 비례한다는 의미를 갖는다. 이 선형진동자는 x축 좌우로 진동하면서 $\pm A(\pm x_m)$의 진폭을 갖는다. 그리고 이 진동자는 Hooke의 법칙과 같으므로 x 방향으로 작용하는 알짜 힘에 관한 식은 다음과 같다.

$$F = -kx \qquad \textbf{11-9}$$

식 11-9를 식 11-8에 대응시키면 용수철상수는 다음과 같이 나타낼 수 있다.

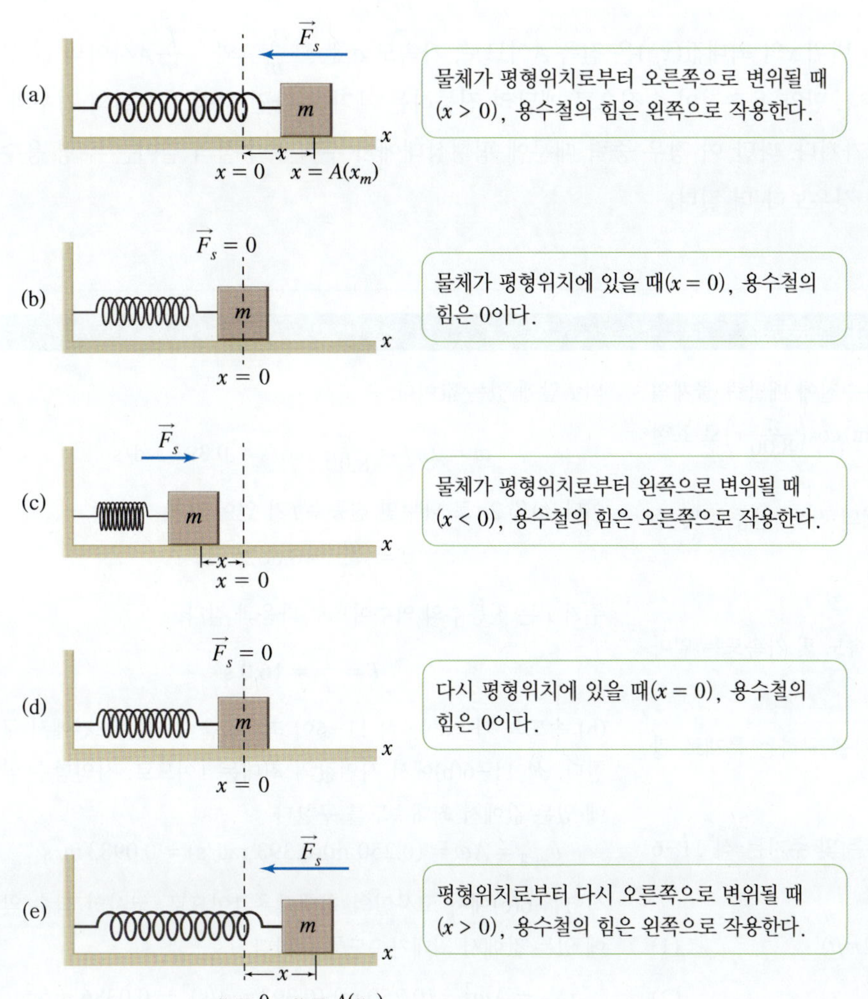

그림 11-5 용수철과 물체(토막)로 구성된 선형 단순조화진동자 계

$$k = m\omega^2 \quad \textbf{11-10}$$

식 11-10으로부터 선형진동자의 각진동수 ω를 질량과 용수철상수로 나타내면 다음과 같다.

$$\omega = \sqrt{\frac{k}{m}} \quad \text{(선형진동자의 각진동수)} \quad \textbf{11-11}$$

그리고 식 11-3과 식 11-11로부터 선형진동자의 주기 T를 구할 수 있다.

$$T = 2\pi\sqrt{\frac{m}{k}} \quad \text{(선형진동자의 주기)} \quad \textbf{11-12}$$

임의 변위에서 물체의 가속도

선형 단순조화진동자에 알짜 힘이 가해지면 용수철에 매달린 토막은 가속도를 갖는다. 식 11-9에 운동의 제2법칙을 적용하면 $F = -kx = ma_x$이다. 이 식으로부터 용수철에 매달린 물체의 임의 변위(진동 중앙점에서 x만큼 떨어진 곳)에서 가속도를 구할 수 있다. 가속도 a_x는 다음과 같다.

$$a_x = -\frac{k}{m}x \quad \textbf{11-13}$$

변위 x의 최대값(x_m)은 진폭 A이므로, 가속도 a_x는 $-\frac{k}{m}A$와 $+\frac{k}{m}A$사이의 값을 갖는다. 만약 용수철이 수직으로 매달려 진동하는 계가 있다면 수평 용수철의 경우와 마찬가지다. 다만 이 경우 중력 때문에 평형상태에서 수직 용수철의 길이는 수평 용수철인 경우보다 더 길다.

예제 11-1 용수철-물체(토막) 계의 단순조화운동

문제 수평으로 단순조화운동을 하는 용수철에 매달린 물체의 시간에 대한 변위가 함수 $x(t) = (0.250\ \text{m})\cos\left(\frac{\pi}{8.00}t\right)$로 표현된다.

(a) 용수철의 끝에 매달려 진동하는 물체의 진폭, 진동수 및 주기를 구하라.

(b) 속도와 가속도의 최대값을 구하라.

(c) 시간이 1.00 s 지난 후 물체의 변위, 속도 및 가속도는 얼마인가?

생각하기 선형 단순조화진동자의 물리량을 구하는 문제로 관련 공식을 이용한다.

풀이 (a) 단순조화진동자의 진폭, 진동수 및 주기는 식 11-6과 대응시키면 구할 수 있다.

$$x(t) = A\cos\omega t = A\cos(2\pi ft) \quad (1)$$

$$x(t) = (0.250\ \text{m})\cos\left(\frac{\pi}{8.00}t\right) \quad (2)$$

(2)식에서 진폭은 $A = 0.250$ m이다. 각진동수 ω는 식(1)과 (2)의 t 앞에 있는 값이다. 즉

$$\omega = 2\pi f = \frac{\pi}{8.00}\ \text{rad/s} = 0.393\ \text{rad/s}$$

이다. ω을 2π로 나누면 진동수 f가 얻어진다.

$$f = \frac{\omega}{2\pi} = 0.0625\ \text{Hz}$$

주기 T는 진동수의 역수이므로 다음과 같다.

$$T = \frac{1}{f} = 16.0\ \text{s}$$

(b) 속도와 가속도는 식 11-6이 최대값을 가지는 조건에서 구한다. 식 11-6(b)에서 사인값의 최대는 1이므로, 사인함수 앞에 있는 값에서 최대속도를 구한다.

$$v_{\text{최대}} = A\omega = (0.250\ \text{m})(0.393\ \text{rad/s}) = 0.0983\ \text{m/s}$$

식 11-6(c)에서 코사인의 최댓값은 1이므로, 코사인 함수 앞에 있는 값에서 최대가속도를 구한다.

$$a_{\text{최대}} = A\omega^2 = (0.250\ \text{m})\ (0.393\ \text{rad/s})^2 = 0.0386\ \text{m/s}^2$$

(c) 시간이 1.00 s 지난 후 물체의 변위, 속도 및 가속도는 $t =$

1.00 s을 식 11-6에 대입하여 구한다. 변위는 다음과 같다.

$$x = (0.250 \text{ m})\cos(0.393 \text{ rad/s}) = 0.231 \text{ m}$$

속도의 최대값은 다음과 같다.

$$v = -A\omega\sin(\omega t)$$
$$= -(0.250 \text{ m})(0.393 \text{ rad/s})\sin(0.393 \text{ rad/s } 1.00 \text{ s})$$
$$= -0.0376 \text{ m/s}$$

가속도의 최대값은 다음과 같다.

$$a = -A\omega^2\cos(\omega t)$$
$$= -(0.250 \text{ m})(0.393 \text{ rad/s})^2\cos(0.393 \text{ rad/s } 1.00 \text{ s})$$
$$= -0.0357 \text{ m/s}^2$$

선형 단순조화진동자의 에너지

용수철을 늘이거나 압축하기 위해서는 용수철에 일을 해 주어야 한다. 따라서 늘어나거나 압축된 용수철에는 탄성 퍼텐셜에너지가 저장된다. 6-3절에서 다룬 것처럼 힘이 용수철에 해준 일은 선형진동자의 탄성 퍼텐셜에너지 $PE_s = \frac{1}{2}kx^2$와, 운동에너지는 $KE = \frac{1}{2}mv^2$로 나타난다. 따라서 임의의 변위에서 총역학적 에너지 E는 두 에너지의 합이다.

$$E = \frac{1}{2}mv^2 + \frac{1}{2}kx^2 \qquad \textbf{11-14}$$

식 11-14에서 속도 v는 용수철에 매달린 질량 m인 물체가 평형위치로부터 변위 x만큼 떨어져 있을 때의 속도이다. **마찰이 없다고 가정한다면 총역학적 에너지 E는 역학적 에너지 보존법칙에 의해 계의 전 과정에서 일정하다.** 물체가 좌우로 운동함에 따라 에너지는 퍼텐셜 에너지에서 운동에너지로, 그리고 또 그 반대로 계속 변한다(그림 11-6a). 양끝에서 물체는 운동방향이 바꾸면서 순간적으로 정지하므로 $v = 0$이다. 따라서 진동의 끝점인 $x_m = +A$와 $-x_m = -A$에서 선형진동자의 에너지는 탄성 퍼텐셜에너지 뿐이다. 그러므로 양끝 점에서 총역학적 에너지는 다음과 같다.

$$E = \frac{1}{2}m(0)^2 + \frac{1}{2}kA^2 = \frac{1}{2}kA^2 \qquad \textbf{11-15}$$

양끝에서 선형진동자의 총역학적 에너지는 진폭의 제곱에 비례한다. 또한 평형점인 $x = 0$에서의 총역학적 에너지는 운동에너지뿐이므로 진동의 중심인 평형점에서 총역학적 에너지는 다음과 같다.

$$E = \frac{1}{2}mv_0^2 + \frac{1}{2}k(0)^2 = \frac{1}{2}mv_0^2 \qquad \textbf{11-16}$$

식 11-16에서 속도 v_0는 평형점인 $x = 0$에서의 최대속도이다. 임의의 위치 $x = x_{임의}$에서 총역학적 에너지는 일부는 탄성 퍼텐셜에너지이고 나머지는 운동에너지를 갖는다. 즉, 그림 11-6(b)와 같이 선형진동자의 총역학적 에너지는 시간에 관계없이 일정하다. **진동하는 계는 탄성의 요소는 퍼텐셜 에너지를 저장하고, 관성의 요소는 운동에너지를 저장한다.**

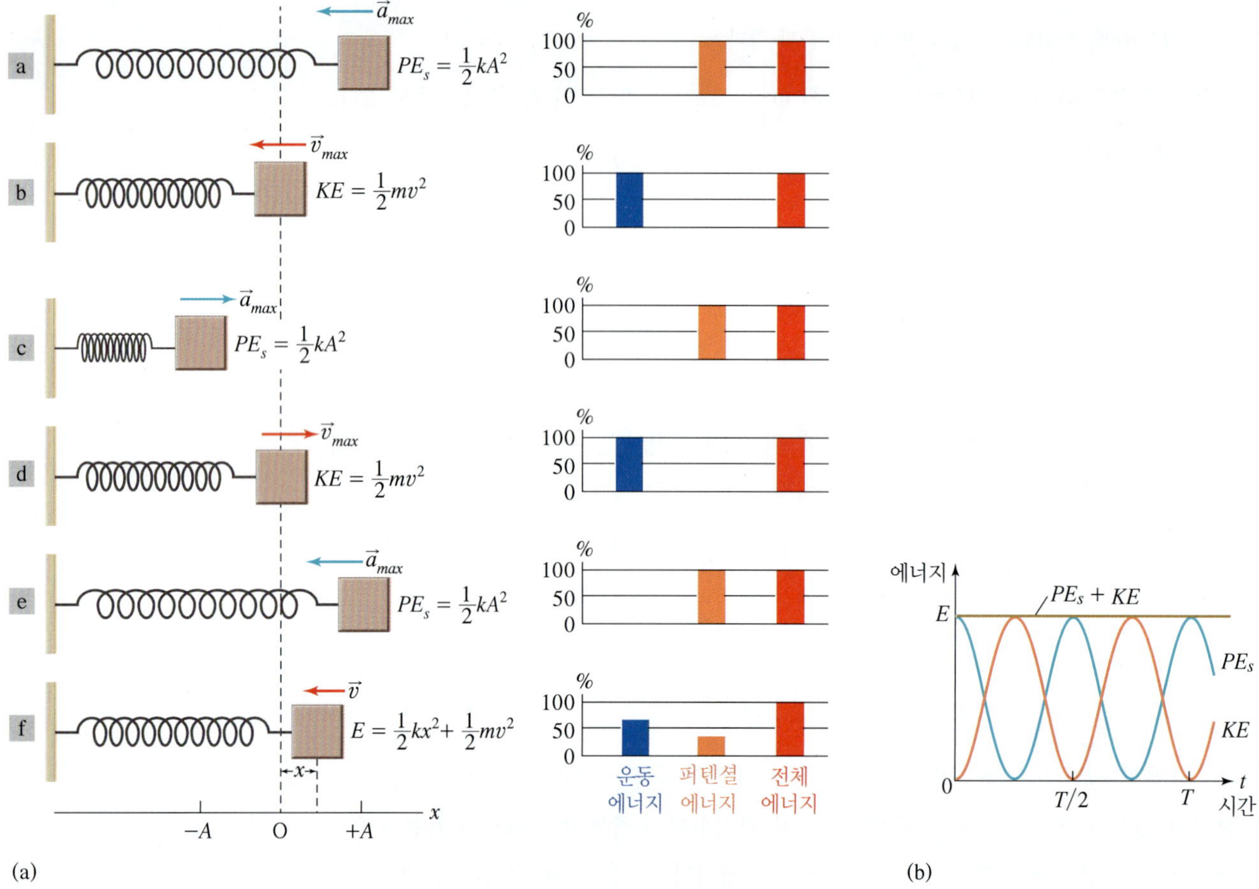

그림 11-6 (a)선형 단순조화진동자의 매 순간마다 탄성 퍼텐셜에너지와 운동에너지 사이의 관계. (b)시간의 함수로 나타낸 선형 단순조화진동자의 역학적 에너지 관계, 모든 에너지 값은 양수이고, 한 주기 동안 두 번의 최대값을 가진다.

임의 변위에서 물체의 속도

총역학적 에너지가 계의 전 과정에서 일정함을 이용하여 선형 단순조화진동자가 임의의 변위에서 어떤 속도를 갖는지 알아보자. 식 11-14와 식 11-15를 결합하여 변위 x에서 총 역학적 에너지는 다음과 같다.

$$E = KE + PE_s = \frac{1}{2}mv^2 + \frac{1}{2}kx^2 = \frac{1}{2}kA^2$$

이 식을 v^2 및 v에 대해 풀면 다음과 같다.

$$v^2 = \frac{k}{m}(A^2 - x^2) = \frac{k}{m}A^2\left(1 - \frac{x^2}{A^2}\right)$$

$$v = \pm\sqrt{\frac{k}{m}(A^2 - x^2)} \qquad \textbf{11-17}$$

식 11-15 및 식 11-16에서 $\frac{1}{2}mv_0^2 = \frac{1}{2}kA^2$이므로 $v_0^2 = \left(\frac{k}{m}\right)A^2$이다. 이 값을 식 11-17에 대입하면 임의의 변위 x에서 물체의 속도 v가 얻어진다.

$$v = \pm v_0\sqrt{1 - \frac{x^2}{A^2}} \qquad \textbf{11-18}$$

이 식에서 v_0는 평형점에서의 속도이며 A는 진폭이다. (+)(−)는 물체가 좌우로 움직이므로 속도가 (+)이거나 (−)임을 의미한다.

에너지로 표현한 속도와 변위의 최대값

그림 11-7은 x축을 변위로 놓고, y축을 에너지로 하여 식 11-14를 그래프로 나타낸 것이다. $x = 0$일 때 모든 에너지는 운동에너지이고, $x = \pm A(x_m)$일 때 모든 에너지는 탄성 퍼텐셜에너지이다. 두 에너지의 변화는 포물선 형태를 갖는다. 총역학적 에너지 E와 같은 높이로 수평선을 그려보면 이 운동은 수평선과 포물선이 교차하는 점들 사이의 x 값으로 제한된다는 것을 알 수 있다. 왜냐하면 x가 이 구간을 벗어나면 퍼텐셜에너지가 총역학적 에너지보다 커지게 되는 불가능한 일이 생기기 때문이다.

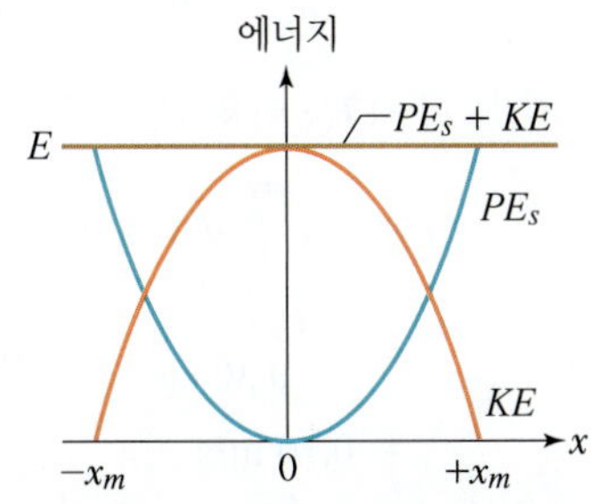

그림 11-7 선형 단순조화진동자의 탄성 퍼텐셜에너지와 운동에너지 사이의 관계 그래프

그림 11-7에서 임의의 점 x에서 연직선을 그으면 각 구간에서 퍼텐셜에너지 PE_s와 운동에너지의 합은 언제나 일정하다는 것을 알 수 있다. 진동의 평형점($x = 0$)에서 총역학적 에너지는 운동에너지뿐이므로 이 점에서 속도의 최대값 v_m($v_{최대}$)은 다음과 같다.

$$\frac{1}{2}mv_m^2 = E$$

$$v_m = \pm\sqrt{\frac{2E}{m}} \qquad \textbf{11-19}$$

그리고 양 끝점에서 물체의 에너지는 퍼텐셜 에너지뿐이므로 $\frac{1}{2}kx_m^2 = E$이므로 양끝에서 변위의 최대값 x_m($x_{최대}$)은 다음과 같다.

$$x_m = \pm\sqrt{\frac{2E}{k}} \qquad \textbf{11-20}$$

예제 11-2 연직으로 매달린 선형 단순조화진동자(용수철-토막)

문제 그림 11-8과 같이 질량이 0.30 kg인 물체를 매달면 0.15 m 늘어나는 용수철이 있다. 이 평형위치에서 0.10 m 더 늘렸다가 놓았을 때 다음을 구하여라.

(a) 용수철상수 k는 얼마인가?
(b) 진폭 A를 구하라.
(c) 최대속도 v_m는 얼마인가?
(d) 물체가 평형위치로부터 0.05 m에 있을 때의 속도 v을 구하라.
(e) 물체의 최대가속도 a는 얼마인가?
(f) 총역학적 에너지는 얼마인가?
(g) $x = \pm(A/2)$에서의 탄성 퍼텐셜에너지와 운동에너지는 각각 얼마인가?

생각하기 연직방향의 진동운동도 수평방향과 똑 같은 식을 적용한다. 왜냐하면 중력은 어느 경우에나 일정하기 때문이다.

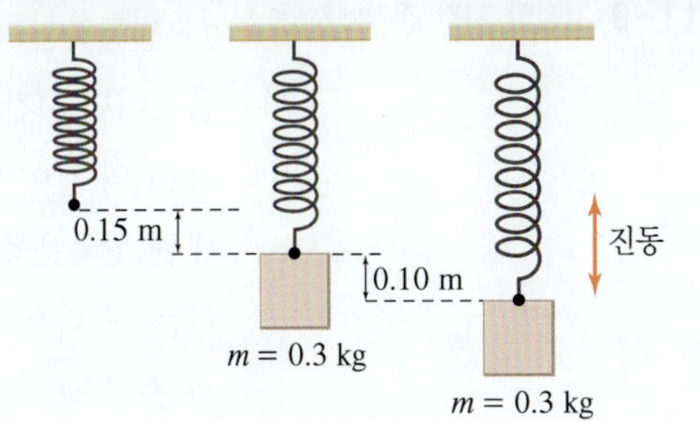

그림 11-8 용수철에 연직으로 매달려 진동하는 물체

풀이 (a) 0.30 kg의 물체를 용수철에 매달았을 때 0.15 m 늘어나므로 Hooke의 법칙 $F = kx$에서 용수철상수는 다음과 같다.

$$k = \frac{F}{x} = \frac{mg}{x} = \frac{(0.300\ \text{kg})(9.8\ \text{m/s})}{0.150\ \text{m}} = 19.6\ \text{N/m}$$

(b) 용수철이 평형위치로부터 0.10 m 늘어났고, 처음속력이 없으므로 진폭은 $A = 0.10$ m이다.

(c) 물체가 평형위치를 지날 때 총에너지 보존법칙은 $\frac{1}{2}mv_m^2 = \frac{1}{2}kA^2$이다. 따라서 최대속도는 다음과 같다.

$$v_m = A\sqrt{\frac{k}{m}} = (0.10\text{ m})\sqrt{\frac{19.6\text{ N/m}}{0.300\text{ kg}}} = 0.808\text{ m/s}$$

(d) 식 11-17을 이용하면 v를 구할 수 있다.

$$\begin{aligned} v &= \pm\sqrt{\frac{k}{m}}\sqrt{A^2 - x^2} \\ &= \sqrt{\frac{19.6\text{ N/m}}{0.30\text{ kg}}} \times \sqrt{(0.10\text{ m})^2 - (0.05\text{ m})^2} \\ &= 0.70\text{ m/s} \end{aligned}$$

(e) 운동의 제2법칙에 의해 최대가속도는 힘이 최대인 곳에서 생긴다. 즉 $x = A = 0.10$ m 일 때이다. 따라서 최대가속도는 다음과 같다.

$$a = \frac{kA}{m} = \frac{(19.6\text{ N/m})(0.10\text{ m})}{0.300\text{ kg}} = 6.53\text{ m/s}^2$$

(f) $k = 19.6$ N/m이고 $A = 0.100$ m이므로 식 11-15로부터 총역학적 에너지는 E는 다음과 같다.

$$E = \frac{1}{2}kA^2 = \frac{1}{2} \times 19.6\text{ N/m} \times (0.10\text{ m})^2 = 9.8 \times 10^2\text{ J}$$

(g) $x = \frac{A}{2} = 0.05$ m에서 탄성 퍼텐셜에너지와 운동에너지는 각각 다음과 같다.

$$PE_s = \frac{1}{2}kx^2 = \frac{1}{2} \times 19.6\text{ N/m} \times (0.05\text{ m})^2 = 2.5 \times 10^{-2}\text{ J}$$

$$KE = E - PE_s = 7.3 \times 10^{-2}\text{ J}$$

11-3 진자의 운동

단진자

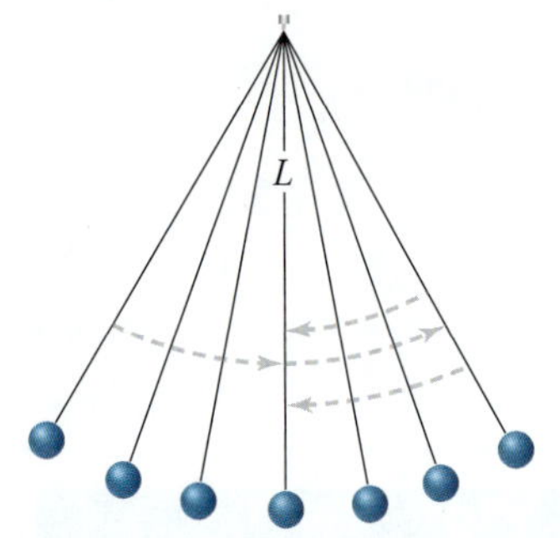

그림 11-9 일정한 시간 간격에서의 단진자의 위치

중력의 복원력과 관계가 있는 단진자나 물리진자의 단순조화운동에 대해 알아보자. 단진자는 가벼운 실 끝에 매달린 작은 물체(진자, 추)로 되어 있다. 실은 늘어나지 않으며, 실의 무게는 추의 무게에 비해 무시할 수 있다고 가정한다. 마찰을 무시할 수 있는 좌우운동을 하는 단진자는 단순조화운동과 비슷한 특성을 갖는다. 그림 11-9와 같이 길이가 L인 줄의 상단을 고정하고, 그 끝에 질량 m인 추를 매달아 연직면 내에서 옆으로 당겼다가 가만히 놓으면 좌우로 왕복운동, 즉 단순조화운동을 한다. 이러한 계를 **단진자**(simple pendulum 單振子)라고 한다.

진동하는 진자의 끝에 펜을 매달고 그 아래에 종이를 깔고 일정한 속도로 종이를 움직이면 시간이 경과함에 따라 입자의 변위를 그릴 수 있다. 그려진 기록은 그림 11-10(a)와 같이 단순조화운동에 대한 조화 형태와 유사한 형태를 나타낸다. 점 P의 축에 대한 왕복운동은 연직면 내에서 일어나고 중력 때문에 생긴다. 단진자는 주기운동을 하는 또 다른 역학적인 계이다. 물체를 옆으로 당겼다가 놓으면 진자는 가장 낮은 곳을 중심으로 진동하고, 이 점이 평형위치가 된다. 입자가 가장 낮은 점을 통과할 때 속력은 빨라지고 좌우 가장 높은 점에는 순간적으로 정지하게 된다. 이 점에서 속력은 0이 되고 입자는 되돌아 진동한다.

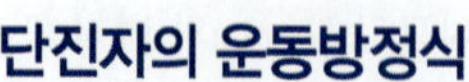

단진자의 운동방정식

그림 11-10(b)와 같이 추가 평형위치에 있을 때, 추에 작용하는 힘 중력 $F_g(= mg)$과 줄을 따라 작용하는 힘(장력) T는 평형을 이룬다. 만약 줄이 연직선과 각 θ을 이루면 두 힘은 평형을 이루지 않게 되므로 이때 중력은 접선성분 $F_g \sin\theta (mg \sin\theta)$와 연직성

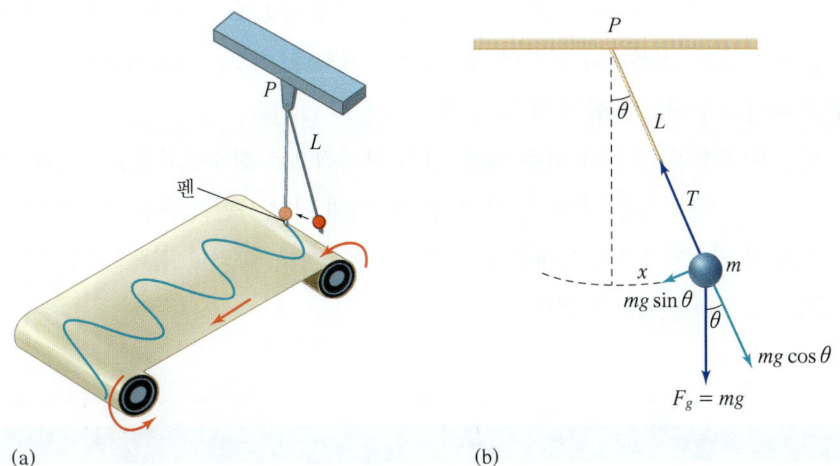

그림 11-10 (a) 선회축 P에 대해 좌우로 진동하는 단진자. 시간에 따른 운동의 형태는 단순조화운동과 유사한 형태이다. (b) 단진자에 작용하는 힘은 중력과 줄의 장력이다. 중력의 접선성분($F_g \sin\theta$)은 진자를 중심 위치로 돌려놓으려는 복원력이 된다.

분 $F_g \cos\theta$로 나누어진다.

중력의 연직성분 $F_g \cos\theta$은 줄의 장력 T와 평형을 이루어 실을 팽팽하게 하고, 중력의 접선성분 $F_g \cos\theta$은 진자에 복원력으로 작용한다. 줄이 연직방향과 이루는 각 θ가 증가하는 방향을 양(+)으로 잡고 운동의 제2법칙을 이용해서 접선방향(접선의 기호는 t를 사용하며 이는 tangent에서 가져온 기호임)에 대한 운동방정식을 세우면 다음과 같다.

$$F_t = ma_t = -mg\sin\theta \qquad \text{11-21}$$

식 11-21에서 음(−)의 부호는 F_t가 평형위치를 향해 작용한다는 의미이다. 각 θ가 아주 작을 경우(10° 또는 0.2 rad이내)에는 **작은 각도근사**(small angle approximation)라고 하는 단순모형을 적용할 수 있다. 단순모형을 적용하면 $\sin\theta \approx \theta = \frac{x}{L}$이므로 단진자에 작용하는 복원력 F_t는 다음과 같다.

$$F_t = -mg\sin\theta \approx -\frac{mg}{L}x \qquad \text{11-22}$$

이 식은 용수철-물체(토막)로 구성된 계의 선형 단순조화진동자의 힘에 대한 식 $F = -kx$와 유사한 형태를 갖는다. 따라서 힘상수는 $k = mg/L$로 놓을 수 있다. 선형 단순조화진동자의 주기를 나타내는 식 11-12의 $T = 2\pi\sqrt{m/k}$에 k 대신 mg/L을 대입하면 단진자의 주기 T를 구할 수 있다.

$$T = 2\pi\sqrt{\frac{m}{mg/L}} = 2\pi\sqrt{\frac{L}{g}} \qquad \text{11-23}$$

따라서 진동수는 다음과 같다.

$$f = \frac{1}{T} = \frac{1}{2\pi}\sqrt{\frac{g}{L}} \qquad \text{11-24}$$

그림 11-11 놀이동산의 '콜럼버스 대탐험' 기구가 좌우로 움직이면 단진자 운동을 한다. 그러나 실제로 진폭(각이 30~40°)이 커서 단순조화운동으로 보기는 어렵다.

TIP 진자운동은 단순조화운동인가?

진자의 운동은 모든 각도에서 단순조화운동을 하는 것이 아니다. 진폭이 약 10° 이내에서만 근사적으로 단순조화운동으로 볼 수 있다.

식 11-24를 보면 **단진자의 주기 T는 진자의 길이 L과 그 지점의 중력가속도 g에만 관계가 있고, 진폭이나 진자의 질량과는 무관하다.** 이것은 그네타기에서 작은 아이와 큰 아이를 밀어보면 쉽게 알 수 있다.

단진자 운동은 진폭이 아주 작은 경우 근사적으로 단순조화운동으로 취급할 수 있다. 실제로 아주 작은 진폭, 즉 각 θ가 10° 이내 이면 사인값(물론 라디안 단위의 값도 포함)의 차이가 1.0 %이내로 근사적으로 비슷하다. 그러나 진폭이 커지면 단순조화운동으로부터 벗어나게 된다.

예제 11-3 호이겐스가 만든 시계

문제 네덜란드의 천문학자인 호이겐스(C. Huygens)는 시계를 제작하는 장인이었다. 그는 길이의 국제단위를 주기가 1.00 s인 단진자의 길이로 정의하면 어떠하겠는가? 라는 제안을 했다. 물론 그 제안은 받아들여지지 않았다. 만약 그 제안을 받아들였다면 길이의 단위는 얼마로 정의 되었을까?

생각하기 단진자에 관한 개념의 이해 여부를 확인하는 문제이다. 주기를 제시하고 길이를 구하는 문제이다.

풀이 식 11-23을 길이에 대해 풀고 주어진 값을 대입하자.

$$L = \frac{T^2 g}{4\pi^2} = \frac{(1.00\ \text{s})^2(9.80\ \text{m/s}^2)}{4\pi^2} = 0.248\ \text{m}$$

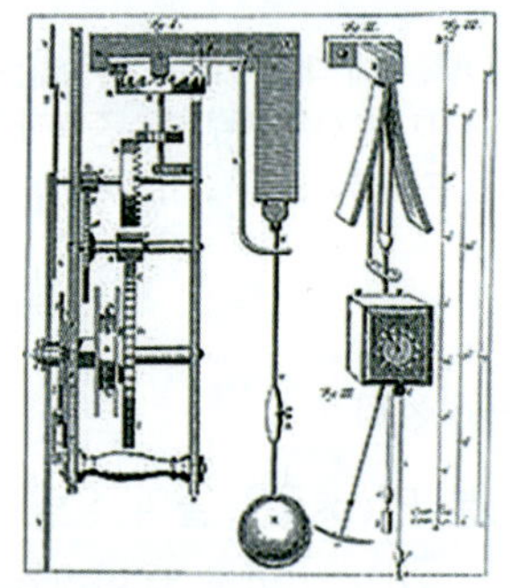

그림 11-12 호이겐스가 만든 시계와 단진자

이 길이는 현재 길이의 표준인 1 m의 약 1/4이다. 이 값을 표준으로 사용했다면 불편한 점이 많았을 것이다.

물리진자

단진자는 줄에 매달린 질량으로 이루어져 있다. 그러나 실제로 진자는 다양한 모양의 물체로 만들 수 있는데, 이를 형태의 진자를 통틀어 **물리진자**(physical pendulum 物理振子)라고 한다. 단진자는 모든 질량이 한 점에 집중되어 있다고 가정하지만, 물리진자는 그렇지 않다. 물리진자는 주변 여러 곳에서 볼 수 있다. 동물의 다리, 선반에 걸린 프라이 팬, 겨울철에 리프트 의자에 앉은 스키어, 복싱 선수의 펀치 백 등은 그 예이다. 그림 11-13과 같이 질량 중심에서 L 만큼 떨어진 점 O를 회전축으로 하여 매달린 질량 m인 강체를 생각하자. 중력은 점 O를 지나는 축 주위에 대해 토크(돌림힘) τ가 생기도록 한다. 물체를 알짜 토크를 받는 강체로 모형화하고, 회전운동에서 운동의 제2법칙 $\sum\tau = I\alpha$(식 8-23)를 이용하자. 여기서 I는 점 O를 지나는 축에 대한 물체의 관성모멘트이고 α는 각가속도이다. 이 모형에서 중력이 만드는 복원 토크는 다음과 같다.

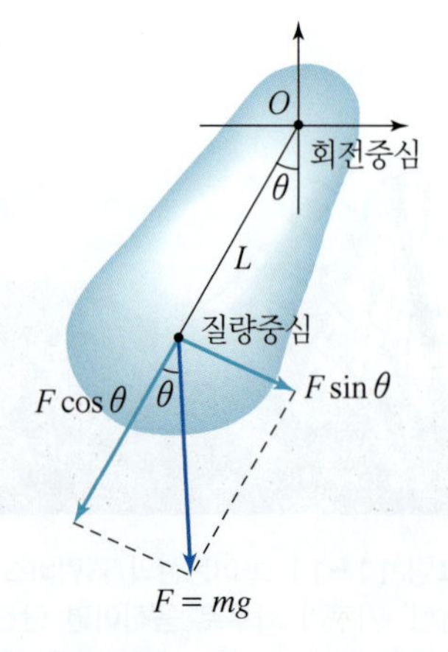

그림 11-13 점 O를 회전축으로 하는 물리진자

$$\tau = -(mg)(L\sin\theta) = -(mgL)\sin\theta \qquad \textbf{11-25}$$

이 물리진자는 복원 토크에 의해 평형위치 주위를 진동하게 된다. 여기서 음(−)의 부호는 그림에서 O에 대한 토크가 시계 방향(각 θ를 감소시키는 방향)으로 작용한다는 것을 나타낸다.

각도 근사모형을 적용할 수 있다. 즉 $\sin\theta \approx \theta$이므로 운동방정식은 다음과 같이 쓸 수 있다.

$$\tau \approx -(mgL)\theta \qquad \textbf{11-26}$$

식 11-26을 $\tau = I\alpha$와 대응시키면 다음과 같다.

$$-(mgL)\,\theta = I\alpha$$

이 식을 α에 대해 정리하면 다음과 같다.

$$\alpha = -\frac{mgL}{I}\theta \quad \text{(물리진자의 각가속도)} \qquad \textbf{11-27}$$

즉, 물리진자의 각가속도 α의 크기는 각변위 θ에 비례하고 부호가 반대이다. 식 11-27은 단순조화운동의 가속도를 구하는 식 $a(t) = -\omega^2 x$(식 11-7)에 대응하는 식이다. 식 11-27과 식 11-7을 비교하면 $\omega^2 = mgL/I$이므로 각진동수는 $\omega = \sqrt{mgL/I}$이다. $\omega = 2\pi/T$이므로 물리진자의 주기 T는 다음과 같다.

$$T = \frac{2\pi}{\omega} = 2\pi\sqrt{\frac{I}{mgL}} \quad \text{(물리진자의 주기)} \qquad \textbf{11-28}$$

예제 11-4 긴 미터자로 만든 물리진자

문제 물체가 한쪽 끝에 회전축이 있는 길이가 L(1 m)인 미터자가 있다. 이 미터자를 진동시킬 때 주기는 얼마인가?

생각하기 길이가 L이고 질량이 m인 막대의 한쪽 끝을 회전축으로 할 때 관성모멘트를 알아야 한다.

풀이 제8장에서 길이가 L이고 질량이 m인 막대의 한쪽 끝을 회전축으로 할 때 관성모멘트는 $I = \frac{1}{3}mL^2$이다(표 8-2⑩ 참조). 이 미터자의 회전축에서 무게중심까지의 거리는 $L' = \frac{L}{2}$이다. 따라서 물리진자의 주기는 식 11-28에 대입하여 구할 수 있다.

$$T = 2r\sqrt{\frac{I}{mgL'}} = 2r\sqrt{\frac{1/3\,mL^2}{mg(L/2)}}$$
$$= 2r\sqrt{\frac{2L}{3g}} = 2r\sqrt{\frac{2\times 1\text{ m}}{3\times 9.8\text{ m/s}}}$$
$$\fallingdotseq 1.64\text{ s}$$

11-4 단순조화운동과 등속원운동의 비교

일상에서 볼 수 있는 몇몇 장치나 기구에서 진동운동과 원운동은 아주 밀접한 관계가 있다는 것을 찾을 수 있다.

그림 11-14(a)는 증기관차의 바퀴의 모습이다. 우리나라에서는 1899년 서울과 인천 사이를 운행하기 시작하여 1970년대까지 대중 운송을 담당했다. 증기기관차는 증기의 힘으로 피스톤을 동작시켜 피스톤에 연결된 바퀴가 회전하면서 동력을 얻는다.

(a)

(b)

그림 11-14 등속운동하는 바퀴의 한 점을 옆면에서 본다면 상하로 주기운동하는 것처럼 보인다. (a) 과거 수십 년 동안 사용되었던 증기기관차. 피스톤이 왕복운동을 하면 바퀴는 원운동을 하게 된다. (b) 재봉틀의 발판을 앞뒤로 구르면 구동기계는 원운동을 하며, 이 원운동은 재봉 바늘을 상하운동하게 한다.

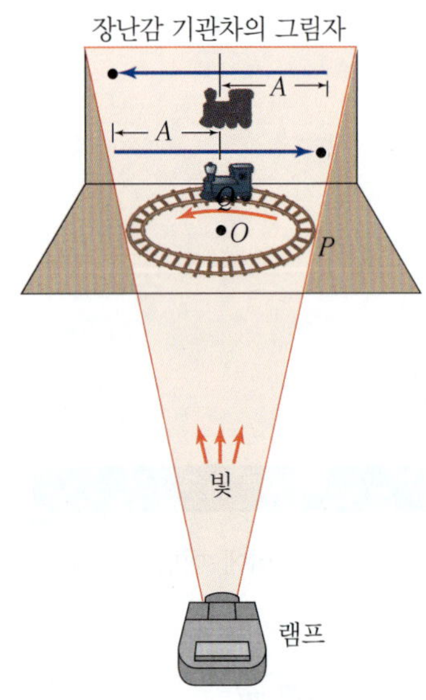

그림 11-15 단순조화운동과 등속원운동 사이의 관계를 설명하는 실험장치

이때 일정한 각속도로 원운동을 하는 바퀴의 한 부분을 옆면에서 본다면 바퀴는 상하로 왔다갔다하는 단순조화운동을 하는 것처럼 보인다. 다른 유사한 예로는 그림 11-14(b)와 같이 오래 전에 사용되었던 비전동 재봉틀에서 볼 수 있다. 재봉틀의 아랫부분에 있는 발판을 발로 앞뒤로 진동시키면 구동 벨트에 의해 옆에 있는 큰 바퀴가 원운동을 한다. 이 원운동에 의해 재봉 바늘은 상하로 진동을 하게 한다. 이 절에서는 단순조화운동과 등속원운동 사이의 유사성에 대해 살펴본다.

그림 11-15는 단순조화운동과 등속원운동과의 관계를 알아보는 실험장치의 개략도이다. 등속원운동을 하는 반지름이 A인 회전판의 가장자리에 한 입자(여기서는 장난감 기차)가 놓여 있다. 이때 실험장치 앞에서 램프로 빛을 비추면, 이 입자는 스크린에 그림자를 만들고, 회전판이 일정한 각속력으로 회전하면 이 입자의 그림자는 좌우로 진동하는 단순조화운동을 한다.

등속원운동이 단순조화운동과 관련되어 있다는 사실을 좀 더 수학적으로 해석해보자. 그림 11-16(a)와 같이 반지름이 A인 원(이 원을 기준원이라고 하자)의 점 P에 한

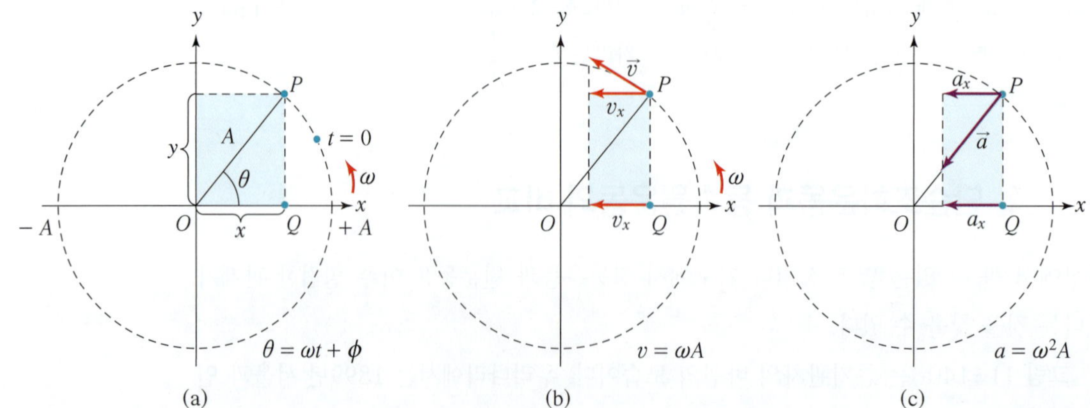

그림 11-16 점 P의 등속원운동과 점 Q의 단순조화운동과의 관계. (a) 점 P에 있는 입자는 일정한 각속력 ω로 반지름 A인 원 위에서 운동한다. (b) 점 Q에서의 속도는 점 P에서의 속도의 x 성분과 같다. (c) 점 P에 있는 입자의 지름방향의 가속도를 x축에 투영하면 단순조화운동을 하는 입자의 가속도가 된다.

입자가 놓여 있다고 하자. 이때 선분 OP와 x축 사이의 각은 θ이며, 시간이 지남에 따라 입자가 일정한 각속력 ω로 원을 따라 움직이면 $\theta = \omega t + \phi$이다. 입자가 원주를 따라 회전할 때 점 P를 x축 위로 투영시켜 보자. 이때 투영된 점을 Q(x축에 내린 수선이 x축과 만나는 점)라 하면 그 점은 진폭 A로 좌우운동을 한다.

원의 반지름 A는 입자의 위치벡터의 크기이다. $t = 0$일 때 입자의 각위치가 ϕ라면 시간 t에서의 입자의 각위치는 $\omega t + \phi$이다. 따라서 입자의 x좌표는 다음과 같이 나타낼 수 있다.

$$x(t) = A\cos(\omega t + \phi) \tag{11-29}$$

식 11-29는 앞에서 다룬 단순조화운동을 하는 입자의 변위 x를 시간(t)의 함수로 나타낸 식 11-1과 동일하다. 다시 말하면 **점 P에 있는 입자가 등속원운동을 할 때 이 입자의 운동을 x축에 투영해보면 원의 지름을 따라 좌우로 단순조화운동을 한다**.

이때 기준원의 반지름 A는 단순조화운동의 진폭과 같으며, 단순조화운동의 주기 T는 기준원 위에 있는 입자 P가 한 번 회전하는데 걸리는 시간과 같다. 그리고 점 P의 각속력 ω는 x축을 따라 단순조화운동의 각진동수와 동일하며, 단순조화운동의 위상각 ϕ는 선분 OP와 x축이 이루는 처음각과 같다.

원운동에서 선속력과 각속력 사이의 관계는 $v = r\omega$이므로, 반지름 A의 기준원 위에서 운동하는 입자의 속도 벡터의 크기는 반지름 r을 A로 대치하면 $v = A\omega$이다. 식 11-29를 시간에 대해 미분하면 점 Q에서의 속도 벡터는 점 P에서의 속도 벡터의 x성분과 같다. 점 P에서의 속도 벡터의 x축에 대한 투영은 다음과 같다.

$$v_x(t) = -\omega A\sin(\omega t + \phi) \tag{11-30}$$

기준원 위에 있는 점 P에서 입자의 가속도는 점 O를 향하며, 가속도의 크기는 단순조화운동의 가속도에 대한 식 11-7에서 $a = -\omega^2 A$임을 알 수 있다. 따라서 가속도 벡터의 크기는 $\omega^2 A$이고 이 가속도 벡터를 x축에 투영하면 다음과 같다.

$$a_x(t) = -\omega^2 A\cos(\omega t + \phi) \tag{11-31}$$

이상과 같이 등속원운동을 하는 입자를 x축에 투영하면 식 11-29, 11-30, 11-31과 같이 변위, 속도, 가속도 모두 단순조화운동을 하는 것을 알 수 있다.

물리학을 보다 깊이 공부하고 응용하면 등속원운동과 단순조화운동 사이의 관계가 얼마나 유용한지 확인하게데 될 것이다. 이 관계는 파동들이 중첩될 때 각각의 파동들이 어떻게 더해지는 지를 해석하는데 유용하게 사용된다.

11-5 감쇠진동과 강제진동

감쇠진동

실제로 진동하는 계에서는 마찰력 또는 공기저항력 등에 의해 진동에너지를 소모하여 계속적으로 진동하지 못하게 된다. 시간이 가면서 마찰은 계의 역학적 에너지를 감소

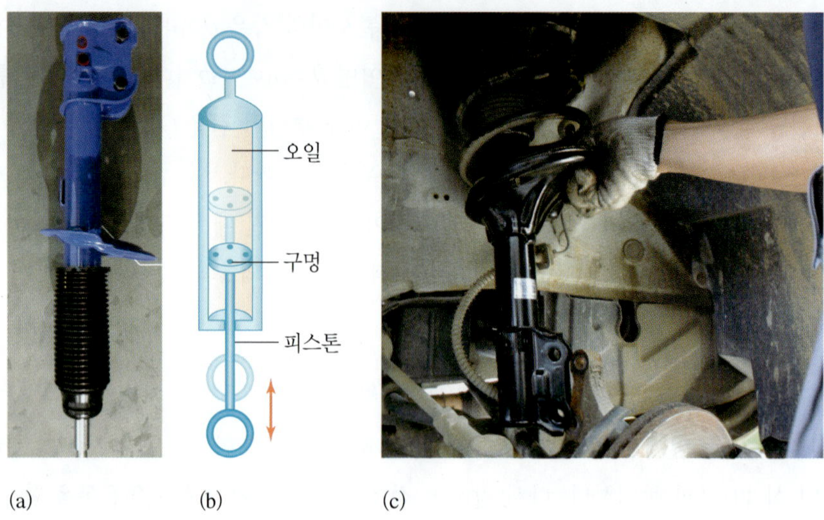

(a) (b) (c)

그림 11-17 (a) 자동차 충격흡수기는 바퀴 근처에 위치하며, 도로에서 받는 진동이나 충격을 감소시켜 승차감을 높이는 역할을 한다. (b) 유체(기름)로 채워진 원통 안에 진동하는 피스톤이 들어 있다. (c) 차량용 충격흡수기를 교체하는 모습.

시키는데, 이때 운동이 **감쇠된다**(damped)고 한다.

감쇠운동을 이용한 예로 자동차의 충격흡수기를 살펴보자. 충격흡수기는 그림 11-17에서와 같이 기름과 같은 점성이 큰 액체 속에 움직이는 피스톤이 넣어진 구조이다. 자동차가 요철(凹凸)이 있는 곳을 지나면 점성 액체 속에 있는 피스톤이 상하로 움직이면서 진동이 차츰 감소한다. 이때 액체의 점성이 낮으면 진동이 어느 정도 유지되면서 진폭이 점차 감소하고 얼마 후 진동이 멈추게 된다. 이러한 상태를 **과소감쇠**(저감쇠, underdamped 過小減衰)라고 한다.

액체의 점성이 크면 물체는 진동하지 않고 재빨리 평형상태로 돌아온다. 이때는 피스톤은 진동의 평형점을 넘어서지 않으며 가능한 짧은 시간 내에 평형점으로 돌아온다. 이 경우를 **임계감쇠**(critical damped 臨界減衰)라고 한다. 액체의 점성이 훨씬 더 크면 피스톤은 역시 평형점을 넘어서지 않지만 평형점으로 돌아오는 시간은 임계감쇠보다 훨씬 길다. 이러한 상태를 **과도감쇠**(과감쇠, overdamped 過大減衰)라고 한다.

자동차에 사용되는 충격흡수기는 약한 과소감쇠가 일어나도록 제작한다. 이렇게 제작하면 요철을 지날 때 평형점을 중심으로 몇 차례 진동다가 곧 진동이 멈추게 된다.

감쇠진동에서 손실된 역학적 에너지는 물체와 저항 매질 내의 내부에너지로 변환한다. 시간이 지남에 따라 역학적 에너지가 감소하는 현상을 공기저항과 같은 저항력으로 설명할 수 있다.

어떤 물체가 유체와 같은 물질 속에서 운동한다고 생각해보자. 이때 물체에 작용하는 저항력은 물체의 속도에 비례하고, 방향은 물체의 속도와 반대이다. 저항력은 $R = -bv$(b는 저항력의 강도와 관련된 상수)로 표현할 수 있다. 계에 작용하는 복원력은 $-kx$이므로 운동의 제2법칙을 x축 성분(여기서는 연직방향을 x축이라 가정)에 대해서만 적용하면 다음과 같다.

$$\sum F_x = -kx - bv = ma_x$$

속도와 가속도를 미분식으로 치환하자. v 대신에 $\frac{dx}{dt}$를, a 대신에 $\frac{d^2x}{dt^2}$를 대입하면 윗식은 다음과 같은 미분방정식으로 나타낼 수 있다.

$$m\frac{d^2x}{dt^2} + b\frac{dx}{dt} + kx = 0 \qquad \mathbf{11\text{-}32}$$

이 방정식의 해를 구하는 과정은 생략한다. 해는 다음과 같은 형태를 갖는다.

$$x(t) = x_m^{-bt/2m}\cos(\omega t + \phi) \qquad \mathbf{11\text{-}33}$$

여기서 x_m은 진폭 A, ω는 다음과 같이 주어지는 감쇠진동자의 각진동수이다.

$$\omega = \sqrt{\frac{k}{m} - \left(\frac{b}{2m}\right)^2} \qquad \mathbf{11\text{-}34}$$

이 식은 다음 형태의 식으로 나타내면 편리하다.

$$\omega = \sqrt{\omega_0^2 - \left(\frac{b}{2m}\right)^2} \qquad \mathbf{11\text{-}35}$$

여기서 $\omega_0 = \sqrt{k/m}$는 저항력이 없을 때(비감쇠 진동자)의 각진동수를 나타내는 **자연진동수**(고유진동수, natural frequency 自然振動數)이다. 그림 11-18은 저항력이 존재할 때 진동하는 물체에 대한 시간의 함수로서 감쇠진동자의 변위를 나타낸다. 저항력이 작을 때 운동의 진동 특성은 보존되지만, 진폭은 시간에 따라서 지수적으로 감소하여, 마지막에는 운동이 정지한다. 이런 식으로 움직이는 계를 **감쇠진동자**(damped oscillator 減衰振動子)라고 한다. 그림 11-18에서 진동곡선의 **포락선**(envelope 包絡線)을 나타내는 검은 점선은 진동의 진폭이 시간에 따라 지수 함수적으로 감소를 나타낸다. 이때 감소하는 정도는 식 11-33의 지수항이 된다.

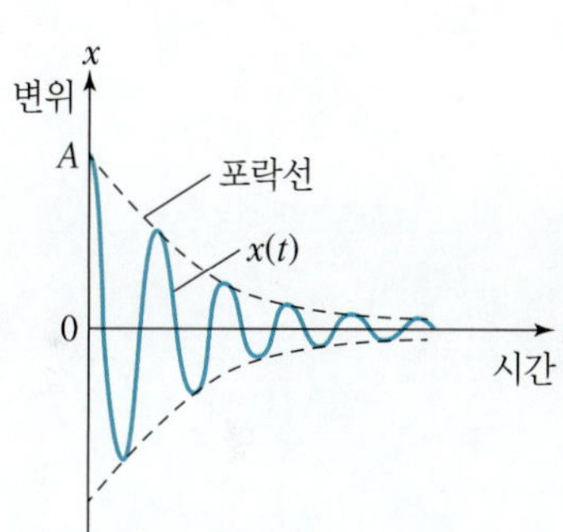

그림 11-18 감쇠진동자의 변위 대 시간 그래프. 진폭은 $Ae^{-bt/2m}$로 감소하여 소멸되어 간다.

그림 11-19는 3종류의 감쇠진동자에 대한 변위 대 시간 그래프를 나타낸 것이다. 저항력의 크기가 $b/2m < \omega_0$일 때 계는 과소감쇠가 나타난다. b값이 커질수록 진동의 진폭은 점점 더 빨리 감소하게 된다(곡선 a, 파란색). b가 $b_c/2m = \omega_0$인 임계각 b_c에 도달하면, 계는 진동하지 않고 임계감쇠가 된다. 이때에는 계는 평형위치로 접근하지만 평형위치를 통과하지 못한다(곡선 b, 빨간색). 액체의 점성이 매우 커서 저항력이 복원력보다 훨씬 큰 상태, 즉 $b/2m > \omega_0$이면 계는 과도감쇠가 된다. 이 경우 평형을 벗어난 계는 진동하지 못하고, 단순히 평형점으로 되돌아온다. 다만 감쇠가 커지면, 변위가 평형에 도달하는 데 걸리는 시간은 길어진다(곡선 c, 검은색). 임계감쇠(그림 b)와 과도감쇠(그림 c)인 계에서는 각진동수 ω는 없으며 식 11-33의 해도 성립하지 않는다.

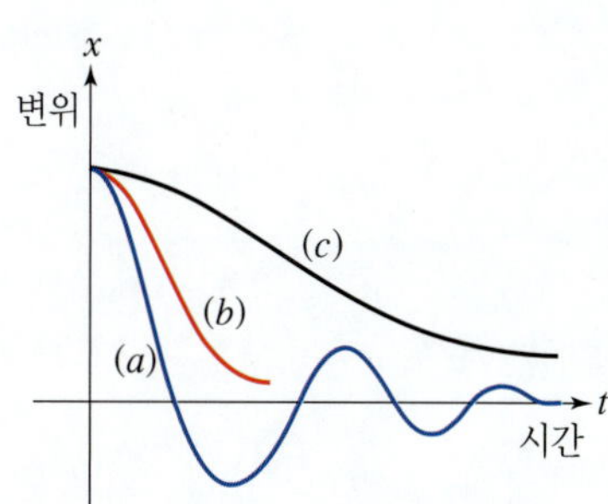

그림 11-19 감쇠진동자의 변위-시간 그래프, (a)과소감쇠 진동자, (b)임계감쇠 진동자, (c) 과도감쇠 진동자

강제진동

진동계가 진동하기 시작할 때에는 고유진동수로 진동한다. 그러나 어떤 계에 외력을

가해서 자신의 고유진동수 대로 진동하지 못하게 하는 경우도 있다. 예를 들어 용수철에 매달린 물체를 외부에서 각진동수 ω로 밀어서 진동하게 할 수 있다. 그 다음부터 용수철에 매달린 물체는 용수철의 고유 각진동수 ω_0와 외력의 각진동수 ω, 즉 두 진동수의 영향을 받아 진동하게 된다. 이러한 상황이 **강제진동**(forced vibration)의 한 예이다. **강제진동은 두 각진동수와 연관이 깊다. 진동의 진폭과 진동계에 전달되는 에너지는 ω와 ω_0의 차에 의해 좌우되며, 고유 각진동수 근처 즉, $\omega \approx \omega_0$에서 최대가 된다.** 주기적 구동력의 각진동수와 고유 각진동수가 일치할 때 진동계가 최대로 반응하는 현상을 **공명**(resonance 共鳴)이라고 한다. 공명현상이 나타났을 때 고유 각진동수를 ω_0를 **공명진동수**(resonance frequency)라고 부른다. 공명진동수에서 진폭이 급격히 증가하는 이유는 가장 좋은 조건하에서 계에 에너지가 전달되기 때문이다.

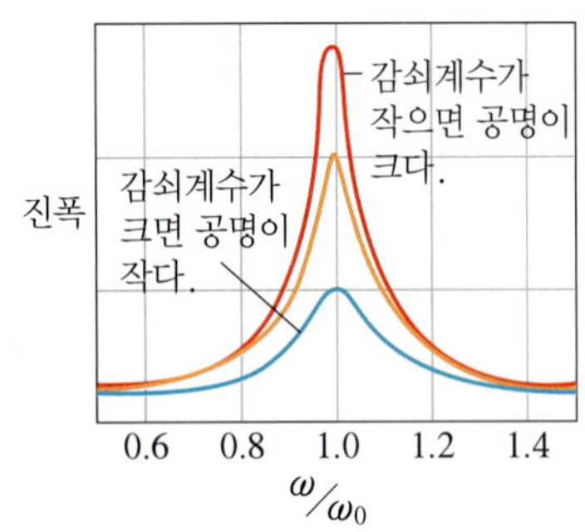

그림 11-20 주기적인 구동력이 존재할 때 감쇠진동자의 공명곡선, 공명곡선은 감쇠계수의 크기에 의존한다.

그림 11-20은 감쇠계수의 크기에 따라 감쇠진동자의 변위진폭이 외력의 각진동수 ω에 어떻게 의존하는지 보여준다. 어느 경우나 $\omega/\omega_0 \approx 1$일 때 최대진폭이 일어난다. 감쇠가 적을수록 공명의 최고점이 높아지고 곡선의 폭이 좁아진다.

지진이 발생했을 때 땅이 흔들리는 것과 땅에 지어진 구조물과의 상호작용에 진동을 적용해보자. 구조물의 강도와 질량과 구조 등에 의해 구조물은 자연진동수(고유진동수)를 갖는 진동자라고 보자. 그리고 이때 지진으로 인한 땅의 흔들림은 주기적으로 작용하는 구동력이라고 보자. 만약 건물의 자연진동수가 땅의 주기적 구동력의 진동수와 일치하면 매우 큰 진폭으로 건물이 붕괴되기도 한다.

구조물에서 나타날 수 있는 공명현상을 피하기 위해 건물의 자연진동수가 지진의 진동수 범위를 벗어나도록 설계할 수 있다. 구조물의 크기나 질량을 변화시켜 설계하면 지진의 진동수 범위를 벗어날 수 있다. 또 다른 방법은 건물에 충분한 감쇠장치를 추가하는 것이다. 높은 건물 꼭대기 주변에는 바람의 흔들림을 줄이기 위해 질량이 큰 감쇠기를 설치하기도 한다.

공명으로 인해 나타난 파괴 현상의 예는 타코마 다리(Tacoma Narrows Bridge)에서 찾을 수 있다. 이 다리는 1940년 미국 워싱턴 주 타코마 시에 건설된 현수교로 당시 최고의 교량 설계자로 알려진 레온 모이쉐프(Leon Moisseiff)에 의해 설계되었다. 개통 후 작은 바람에도 계속 흔들리더니 결국 개통 4개월 만에 붕괴되었다

(a)

(b)

그림 11-21 (a) 1940년 타코마 다리가 소용돌이 바람으로 인하여 비틀림 진동을 일으키는 모습 (b) 바람으로 생긴 교란 진동수와 다리의 자연진동수와 같아져 진폭이 커지면서 다리가 파괴되었다.

당시 바람이 그다지 강하게 불지도 않았지만, 다리를 지나는 바람의 소용돌이가 그 다리의 자연진동수와 일치하는 진동수를 가졌다. 이 소용돌이로 다리를 지나는 바람의 **교란**(disturbance 交欄, 퍼덕임, 강한 바람에 깃발이 펄럭이는 현상과 비슷)이 발생하고 이 주기적인 교란의 진동수와 다리의 자연진동수가 일치하여 공명현상이 나타나 다리가 파괴되었다.

공명현상은 물리의 여러 부분에서도 나타난다. 예를 들면 전기회로에서도 자연진동수를 가지며, 주어진 진동수에서 인가 전압을 변화시켜 강한 공명을 일으킬 수 있다. 대다수의 기계장치는 흔히 한 진동 부분이 어떤 다른 움직이는 부분과 공명상태에 놓이면 망가진다. 발을 맞추어 교량을 건너는 대열은 교량의 구조물과 공명진동을 일으켜 교량을 붕괴시킬 수도 있다. 어떤 물리계가 공명진동수에 가까운 진동수로 구동되면 언제든지 진폭이 매우 큰 진동을 관측할 수 있다.

11-6 파동의 종류

일정한 진동 현상은 때때로 파동을 발생시킨다. 진동상태가 물질(매질)을 따라 퍼져나가는 것을 **파동**(wave 波動)이라 하며, 파동이 처음 발생한 부분을 **파원**(wave source 波源)이라고 한다. 이 절부터는 여러 파동 중에서 팽팽한 줄을 따라 진행하는 역학적인 파동의 특성에 대해 한정하여 다룬다.

파동의 종류는 크게 세 가지로 나눌 수 있다. 첫째는 **역학적인 파동**(mechanical wave 力學的波動)이다. 이 파동은 일상에서 접할 수 있는 수면파, 음파(소리), 지진파 등이다. 이 파동의 운동은 Newton의 운동법칙으로 설명할 수 있으며 공기, 물, 철 등과 같은 물질로 이루어진 매질 안에서만 존재한다. 역학적인 파동은 교란의 원천인 파원, 교란을 일으키는 매질, 매질 각 부분의 물리적인 구조를 필요로 하는 파동이다. 두 번째로, **전자기파**(electromagnetic wave 電磁氣波)로 가시광선, 자외선, 라디오파, 엑스선, 레이더파 등이 여기에 속한다. 전자기파가 진행하는데 매질은 필요 없다. 세 번째로, **물질파**(material wave 物質波)가 있다. 이 파동은 전자, 양성자, 다른 소립자 등과 같은 입자도 파동처럼 운동하는데, 이러한 입자의 파장을 물질파 또는 드브로이파라고 한다.

> **TIP 펄스와 파동**
>
> **펄스**(pulse) 줄 등을 한번 흔들 때 생긴 하나의 작은 융기. 아주 짧은 시간 동안만 존재한다.
>
> **파동**(wave) 물질 또는 공간의 한 곳에서 시작된 진동이 일정한 방향으로 계속해서 퍼져나가는 현상

파동의 형태는 두 가지가 있다. 두 형태는 매질의 진동방향과 파동의 진행방향이 수직인지 나란한지에 따라서 구분한다. 예를 들어 그림 11-22에서와 같이 용수철을 아래위로 흔드는 경우와 좌우로 흔드는 경우에 생기는 파동의 모습은 전혀 다르다.

그림 11-22(a)에서와 같이 파동의 진행방향과 매질의 진동방향이 수직인 파동을 **횡파**(transverse wave 橫波) 또는 **가로파동**이라고 한다. 용수철을 위아래로 흔들 때 생기는 파동이 바로 횡파이다. 우리 주변에서는 수면파나 지진파의 *S*파도 횡파이다.

이와 비교되는 또 하나의 파는 그림 11-22(b)와 같이 파동의 진행방향과 매질의 진동방향이 나란한 파동인 **종파**(longitudinal wave 縱波)이다. 종파는 **세로파동**이라고 한다. 그림에서와 같이 용수철을 좌우로 흔들면 용수철 간격이 약간 빽빽한 부분이 앞

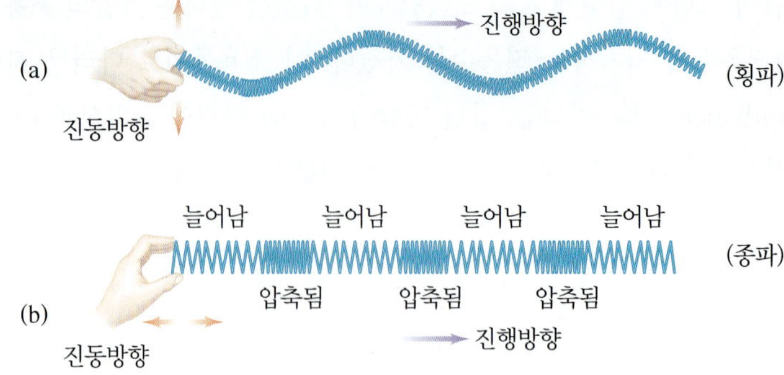

그림 11-22 (a)횡파는 파동의 진행방향과 매질의 진동방향이 수직인 파동이고, (b)종파는 파동의 진행방향과 매질의 진동방향이 나란한 파동이다.

TIP 종파를 세로파동이라고 부르는 이유

종(縱)은 한자 '세로 종'이란 뜻이다. 세로의 의미는 파동의 진행방향이 매질의 운동방향을 따른다는 뜻이지 파동의 방향이 세로방향이라는 뜻이 아니다. 가로/세로의 방향설정은 관습적 그리고 임의적으로 사용하고 있다.

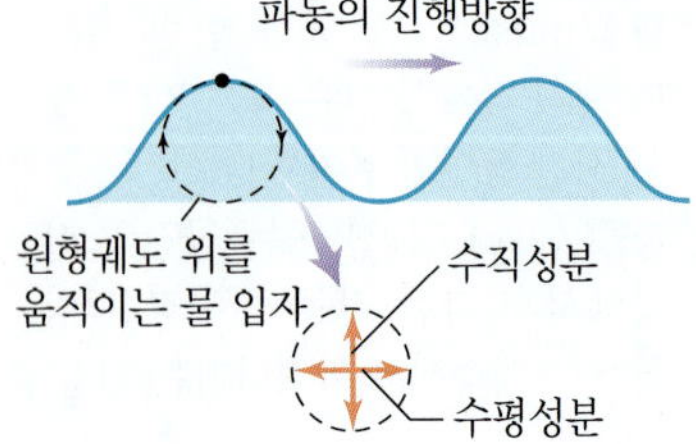

그림 11-23 수면파는 횡파도 종파도 아니다. 왜냐하면 표면에 있는 물 입자들은 파동이 왼쪽에서 오른쪽으로 움직일 때 거의 원형궤도 위를 시계방향으로 움직이기 때문이다.

으로 밀려가는 것이 보이는데 그것이 바로 종파이다. 종파는 우리 주위에서 직접 보기가 쉽지 않은 파동으로 음파나 지진파의 *P*파가 있다.

횡파는 매질의 위치가 높아졌다 낮아졌다 하므로 **고저파**(high-and-low wave 高低波)라고도 하며, 종파는 매질의 간격이 성긴(소한) 부분과 빽빽한(밀한)이 생기므로 **소밀파**(wave of condensation and rarefaction 疏密波)라고도 한다.

- **횡파**: 파동의 진행방향과 매질의 진동방향이 수직인 파동(가로파동, 고저파)
- **종파**:파동의 진행방향과 매질의 진동방향이 나란한 파동(세로파동, 소밀파)

파동은 완전 종파이거나 완전 횡파일 필요는 없다. 예를 들어, 파도는 종파이자 횡파이기도하다. 파도 위에 떠 있는 코르크 조각은 앞뒤운동과 위아래 운동이 합쳐진 형태의 원운동을 한다. 그림 11-23에서와 같이 물 입자는 거의 원형궤도를 따라 움직이기 때문에 수직성분과 수평성분을 다 포함하고 있으므로 물 입자의 운동은 파동이 진행하는 방향에 대해 수직도 아니고 수평도 아니다.

11-7 팽팽한 줄을 따라 진행하는 파동

팽팽한 줄을 따라 진행하는 파동은 가장 간단한 역학적인 파동이다. 그림 11-24에서와 같이 팽팽한 줄의 한쪽 끝을 아래위로 빠르게 흔들면 한 개의 펄스가 줄을 따라 진행한다. 펄스가 생기고 이동하는 것은 줄의 장력 때문이다. 이때 펄스는 특정한 속력으로 움직인다. 만약 단순조화운동처럼 계속해서 위아래로 흔들어주면 연속적인 파동이 일정한 속력으로 줄을 따라 진행한다. 시간에 대한 사임함수(또는 코사인) 모양으로 흔들어주면 파동도 임의의 순간에 사인함수(또는 코사인) 모양을 가진다.

줄에서 발생한 파동을 완전히 기술하려면 파동의 모양을 표현하는 함수가 필요하다. 줄 요소(줄의 아주 작은 부분)의 변위 y는 두 개의 변수, 즉 $+x$ 방향으로 위치 x와 시간 t의 함수로 나타낼 수 있다. 이 함수를 $y(x, t)$로 나타낸다면 **x와 t에 대한 함수 y**라고 말할 수 있다. 이 관계를 **파동함수**(wave function 波動函數)라고 한다. 팽팽한 줄에서 발생한 파동은 사인 또는 코사인 곡선 모양을 가지므로 여기서는 사인함수

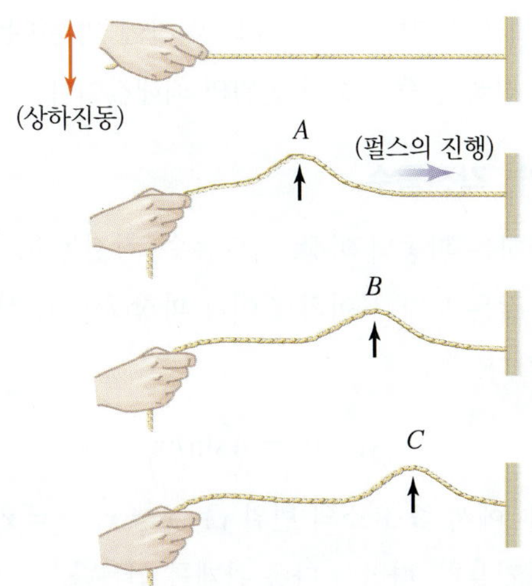

그림 11-24 팽팽한 줄의 한 한끝을 손으로 잡고 위아래로 한 번 흔들어주면 펄스가 발생한다. 이때 오른쪽으로 진행하는 펄스는 점 ABC어느 지점에서도 그 모양이 변하지 않고 유지된다.

를 이용하여 파동의 특성을 기술해보자.

그림 11-24(a)에서 $t = 0$일 때의 파동의 위치를 보이는 사인형 파동으로 생각해보자. 파동은 파동의 최고점을 표시한 짧은 화살표가 오른쪽으로 움직인다. 짧은 화살표(검은색)는 파형을 따라 오른쪽으로 이동하지만 줄은 y축 방향으로 움직인다. 파동은 사인형이라면 시간 t에서 위치 x에 있는 파동의 줄 요소의 변위 y는 다음과 같이 표현할 수 있다.

$$y(x, t) = A\sin(kx - \omega t) \qquad \textbf{11-36}$$

식 11-36을 이용하면 시간이 지남에 따라 줄 요소의 변위을 구할 수 있다. 식 11-36에서 k는 각파동수(파수)이고, ω는 각진동수이다.

그림 11-24에서 파동의 움직임은 최고점을 표시한 붉은색 화살표가 오른쪽으로 움직이면서 이 줄의 요소는 완전히 한 주기의 진동을 마치면 다시 $y = 0$에 있다. 이때 파동의 **진폭** $A(y_m)$는 파동의 줄 요소들이 평형위치로부터 벗어난 최대변위의 크기이다. 진폭은 크기이기 때문에 아래쪽으로도 항상 양(+)의 값을 갖는다고 말한다. 이때 이 파동의 **위상**은 식 11-36의 사인함수 괄호 안의 값인 $kx - \omega t$이고, 이때 사인함수의 값은 +1과 1 사이를 진동하면서 변한다. 최대값이 +1이면 파동의 **마루**에 해당되

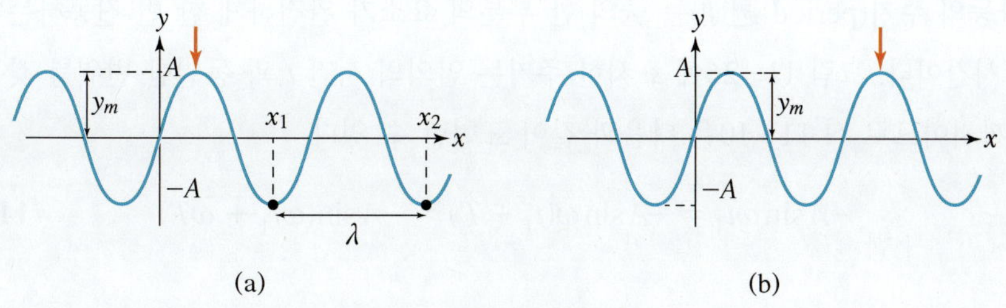

그림 11-25 (a) $+x$축 방향으로 줄을 따라 진행하는 파동의 순간 모습, $A(y_m)$는 진폭이고, λ는 임의 위치 x_1에서 측정한 파장이다. (b) 이 파동이 완전히 한 주기 진동을 마치면 다시 $y = 0$에 있다.

고, −1이면 파동의 **골**에 해당된다. 사인함수와 시간에 의존하는 위상은 줄 요소의 진동에 대응되며, 파동의 진폭은 줄 요소의 변위의 최대값이다.

파장, 각진동수, 주기, 각진동수

팽팽한 줄을 따라 진행하는 파동의 파장, 각파동수, 각진동수, 주기를 정의하자. 파동의 진행방향으로 생긴 같은 모양 사이의 길이가 **파장 λ**이다. 식 11−36에 의하면 $t = 0$에서 파형은 다음과 같다.

$$y(x, 0) = A\sin kx \quad \textbf{11-37}$$

임의의 주어진 시간 t에서 줄 요소의 변위 y는 $x = x_1$, $x = x_1 + \lambda$, $x = x_1 + 2\lambda$ 등에서 항상 동일한 값을 갖는다. 따라서 다음 관계를 얻는다.

$$\begin{aligned} A\sin kx_1 &= A\sin k(x_1 + \lambda) \\ &= A\sin(kx_1 + k\lambda) \end{aligned} \quad \textbf{11-38}$$

그런데 사인함수는 2π rad만큼 증가할 때마다 주기적으로 동일한 모양이 반복되기 때문에 식 11−38에서 $k\lambda = 2\pi$이다. k를 **각파동수**라고 한다. 이때 k는 용수철상수의 k와 전혀 다른 물리량이다. 각파동수를 **파수**(wave number 波數)라고 부르기도 한다. 따라서 각파동수는 다음과 같다.

$$k = \frac{2\pi}{\lambda} \quad \textbf{11-39}$$

각파동수 k의 SI 단위는 rad/m이다(용수철상수 k의 단위는 N/m이다). 식 11−38의 의미는 임의의 시간 t에서 세로 방향의 변위 y는 x_1, $x_1 + \lambda$, $x_1 + 2\lambda$ ⋯ 등에서 항상 동일한 값을 갖는다는 것이다. 이와 동일하게 임의의 주어진 위치 x에서 변위 y는 시간 t_1, $t_1 + T$, $t_1 + 2T$ ⋯ 등에서 동일한 값을 갖게 된다. 이 관계는 줄의 위치가 $x = 0$인 곳에서 시간 t에 대한 변위 y를 관찰하면 명확히 알 수 있다. $x = 0$에서 줄 요소만을 관찰하면 식 11−36은 다음과 같다.

$$y(0, t) = A\sin(-\omega t) = -A\sin\omega t\,(x = 0) \quad \textbf{11-40}$$

이 식을 그래프로 그리면 그림 11−26과 같다. 이 그래프를 보면 변위는 위아래로 단순조화운동을 하는 것으로 나타난다. 이 그래프는 식 11−40 자체를 그린 것이지, 파동의 모양을 나타낸 그림 11−25와는 의미가 전혀 다르다.

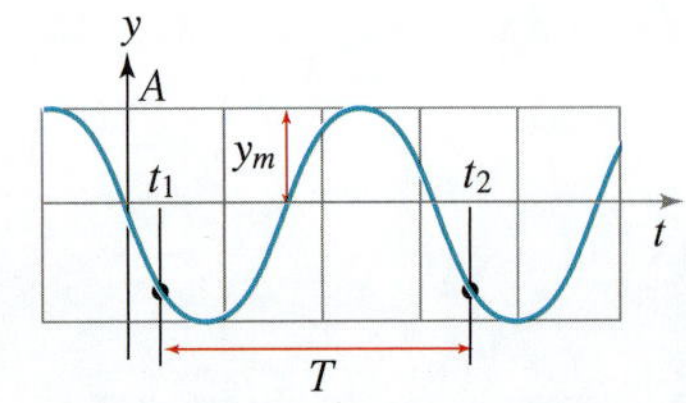

그림 11−26 사인 모양의 파동이 $x = 0$인 지점에서의 y의 변위. 이때 임의 시간 t_1과 동일한 변위를 갖는 시간 t_2까지가 한 주기 T이다.

파동의 주기(period 週期)는 줄의 한 부분의 요소가 완전하게 한 번 진동하는데 걸리는 시간이다. 그림 11−26에 표시한 주기는 임의의 시간 t_1과 동일한 변위를 갖는 시간 t_2까지이므로 식 11−40은 다음과 같이 표현할 수 있다.

$$-A\sin\omega t_1 = -A\sin\omega(t_1 + T) = -A\sin(\omega t_1 + \omega T) \quad \textbf{11-41}$$

이 식에서 $\omega T = 2\pi$이면 좌우항의 변위가 A임을 확인할 수 있다. 따라서 각진동수

ω는 다음과 같다.

$$\omega = \frac{2\pi}{T} \quad \text{(각진동수)} \qquad \textbf{11-42}$$

식 11-42에서 ω를 **각진동수**(angular frequency 角振動數)라 부른다. 각진동수의 SI 단위는 rad/s이다. 파동의 **진동수** f는 $1/T$로 정의하며 각진동수 ω와의 관계는 다음과 같다.

$$f = \frac{1}{T} = \frac{\omega}{2\pi} \qquad \textbf{11-43}$$

단순조화운동의 진동수와 같이 파동의 진동수 f도 단위시간당 진동한 횟수이며 단위는 헤르츠(Hz)이다. 정의에 따라 파동이 한 파장 λ를 이동하는 데 걸리는 시간이 주기 T이므로 파동의 속력, 파장 그리고 진동수 사이의 관계식은 $v = \frac{\Delta x}{\Delta t} = \frac{\lambda}{T}$이다. $\frac{1}{T} = f$이므로 파동의 속력 v은 다음과 같다.

$$v = f\lambda \qquad \textbf{11-44}$$

파동의 속력은 각진동수 ω와 각파동수 k를 사용하여 나타낼 수 있다. 식 11-39에서 $\lambda = 2\pi/k$이고, 식 11-42에서 $T = 2\pi/\omega$이므로 파동의 속력은 다음과 같다.

$$v = \frac{\lambda}{T} = \frac{2\pi/k}{2\pi/\omega} = \frac{\omega}{k} \qquad \textbf{11-45}$$

여기서 유도는 생략하지만 파동의 속력은 줄을 당기는 장력과 줄의 질량에 따라 달라진다. 경험적으로 장력이 증가하면 속력도 증가할 것으로, 단위 길이당 질량이 증가하면 속력은 감소할 것으로 예상된다. 실제로 줄의 장력이 T이고, 단위 길이당 질량이 μ(뮤)일 때 파동의 속력은 다음과 같다.

$$v = \sqrt{\frac{T}{\mu}} \qquad \textbf{11-46}$$

식 11-36에 주어진 파동함수는 $x = 0$, $t = 0$에서 매질(줄 요소)의 위치 y가 0이라고 가정한 것이지만, 일반적으로 꼭 그렇게 설정할 필요는 없다. 이런 경우 일반적인 형태의 파동함수는 **위상상수**(phase constant)를 포함하면 된다. 위상상수를 사용하여 파동함수를 표현하면 다음과 같다.

$$y(x, t) = A\sin(kx - \omega t + \phi) \qquad \textbf{11-47}$$

여기서 ϕ는 주기운동에서 다룬 위상상수와 동일하며, 초기조건에 의해 결정된다.

TIP 그리스 문자 뮤(μ)

μ는 여러 물리량을 나타내는 기호로 사용되고 있다. 식 11-46에서는 단위 길이당 질량을 나타내지만 마찰계수, 투자율, 마이크로(10^{-6}) 등의 기호로도 사용된다. 주어진 내용을 파악하고 의미를 이해해야 한다.

줄 요소의 횡방향 (y 방향) 속도

줄을 상하로 한 번 흔들어 펄스를 만들 수 있다. 만약 줄을 일정한 주기로 흔든다면 단순조화운동하는 진동자로 파동이 만들어진다. 이때 진동자가 단순조화운동을 하므로 임의의 점에서 줄의 각 요소도 수직한 방향(y 방향)으로 단순조화운동을 하게 된다. 따라서 줄의 각 요소는 진동자의 진동수와 같은 진동수를 갖는 단순조화운동자로 취급

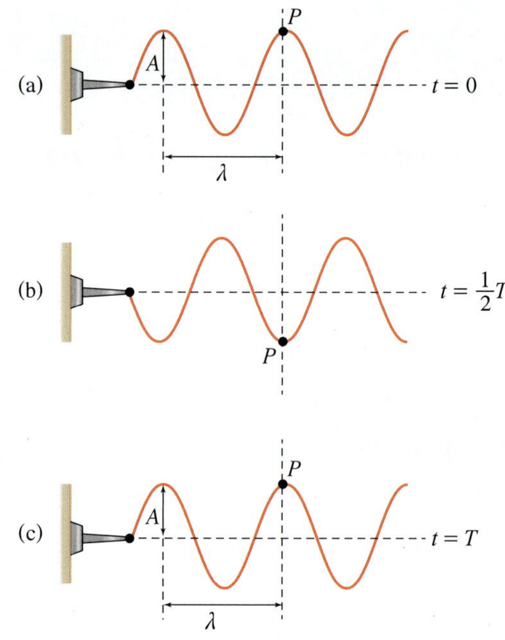

그림 11-27 줄의 왼쪽 끝이 진동하는 진동자에 연결되어 있으면, 줄의 한 점 P는 수직방향(상하)으로 단순조화운동을 한다. 시간 $t = T$일 때의 점 P의 위치는 시간이 $t = 0$일 때 위치와 정확히 똑같다.

할 수 있다. 이때 줄의 각 요소는 y 방향으로 진동하지만, 파동은 $+x$ 방향으로 속력 v로 진행한다.

만일 $t = 0$에서 줄의 모습이 그림 11-27(a)와 같다면 파동함수는 식 11-36인 $y = A\sin(kx - \omega t)$와 같다. 이 식은 줄의 어떤 요소의 운동에도 적용할 수 있다. 이 식에서 줄의 각 요소들은 언제나 수직운동을 하므로 x좌표는 항상 상수이다. 줄의 한 요소의 **횡속도**(transverse speed 橫速力)의 크기 v_y는 식 11-36을 시간 t로 미분하여 구할 수 있다.

$$v_y = \left(\frac{dy}{dt}\right)_{(x\,=\,\text{일정})} = \frac{\partial y}{\partial t} = -\omega A\cos(kx - \omega t) \qquad \textbf{11-48}$$

그리고 **횡가속도**(transverse acceleration 橫加速度)의 크기 a_y는 식 11-48을 시간 t로 다시 미분하여 구할 수 있다.

$$a_y = \left(\frac{dv_y}{dt}\right)_{(x\,=\,\text{일정})} = \frac{\partial v_y}{\partial t} = -\omega^2 A\sin(kx - \omega t) \qquad \textbf{11-49}$$

위 식에서 y가 x와 t의 복합 함수이기 때문에 편도함수를 포함하고 있다. 예를 들면 $\partial y/\partial t$는 x을 상수로 고정시킨 상태에서 t에 대해 미분한 것이다. 줄 요소의 횡속도와 횡가속도는 동시에 최대값을 가질 수 없다. 횡속도와 횡가속도의 최대 크기는 단순히 코사인 및 사인함수의 계수의 절대값이다. 즉, 횡속도는 $y = 0$일 때 최대값(ωA)을 갖고, 횡가속도의 크기는 $y = \pm A$일 때 최대값($\omega^2 A$)을 갖는다. 따라서 임의의 줄 요소의 운동은 단순조화운동의 속도 및 가속도의 식과 수학적으로 동일한 형태를 갖는다는 것을 알 수 있다.

TIP 두 종류의 속력/속도

줄 요소의 횡속도(v_y) 줄의 한 점(요소)이 상하로 운동할 때의 y 방향의 속도. 속도는 사인형으로 시간에 따라 변한다.

파동의 속력(v) 줄을 따라 $+x$ 방향으로 전파하는 속력. 매질이 일정하면 속력은 항상 일정하다.

예제 11-5 파동의 요소 구하기

문제 그림 11-28의 파란색 실선은 어느 순간에서의 파동의 모습을 나타낸 것이다. 파동의 마루 P가 0.2 s 후에 P'까지 진행한다고 하자. (a) 이 파동의 속력은 얼마인가? (b) 이 파동의 주기 및 진동수는 각각 얼마인가?

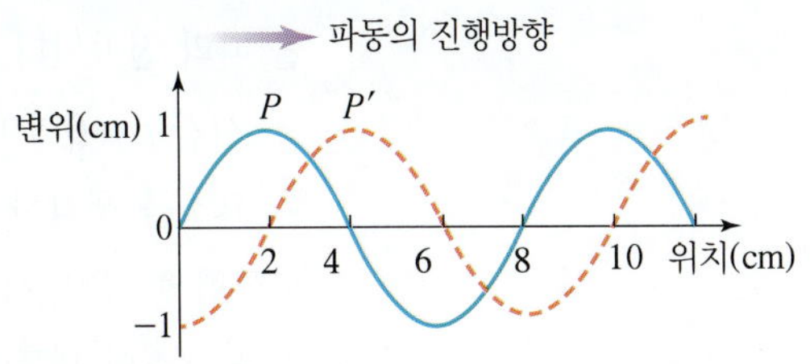

그림 11-28 파동은 0.2 s 동안 8 cm를 이동했다.

생각하기 그림을 자세히 살펴 보면 파동의 진폭은 $A = 1$ cm 이고, 파장은 $\lambda = 8$ cm인 것을 알 수 있다.

풀이 (a) 마루 P가 0.2 s 동안에 P'까지 2 cm 진행하였으므로 파동의 속력은 다음과 같다.

$$v = \frac{x}{t} = \frac{2\text{ cm}}{0.2\text{ s}} = 10\text{ cm/s}$$

(b) 파동의 주기는 $T = \dfrac{\lambda}{v} = \dfrac{8\text{ cm}}{10\text{ cm/s}} = 0.8$ s이고, 진동수는 $f = \dfrac{1}{0.8\text{ s}} = 1.25$ Hz이다.

예제 11-6 파동의 요소 구하기

문제 그림 11-29와 같이 $+x$ 방향으로 진행하는 사인형 파동이 있다. 진폭이 12.0 cm, 파장이 36.0 cm, 진동수가 8.0 Hz이며, $t = 0$과 $x = 0$에서 매질요소의 수직 위치는 12.0 cm이다. 이 파동의 (a)각파동수, (b)주기, (c)각진동수, (d)속력을 구하라.

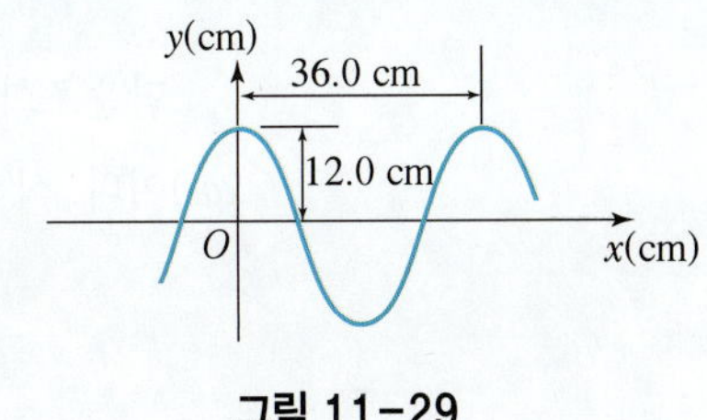

그림 11-29

생각하기 본문에서 유도된 식들을 이용하여 파동의 변수를 구하는 문제다.

풀이 (a) 각파동수는 $k = \dfrac{2\pi}{\lambda} = \dfrac{2\pi\text{ rad}}{36.0\text{ cm}} = 17.4$ rad/m이다.

(b) 주기는 $T = \dfrac{1}{f} = \dfrac{1}{8.0\text{ s}^{-1}}$ =0.125 s이다.

(c) 각진동수는 $\omega = 2\pi f = 2\pi\ (8.0\text{ s}^{-1}) = 50.3$ rad/s이다.

(d) 파동의 속력은 $v = f\lambda = (36.0\text{ cm})(8.0\text{ s}^{-1}) = 2.88$ m/s이다.

11-8 줄을 따라 진행하는 파동의 에너지

파동은 한 곳에서 다른 곳으로 에너지를 운반한다. 줄을 따라 진행하는 파동의 매질은 줄이므로 양끝 점에서 줄을 잡아당기는 장력이 작용해야 파동이 진행할 수 있다. 파동이 줄을 따라 진행할 때 장력으로 서로 끌어당겨지는 줄의 인접한 부분들이 추가적으로 늘어나 줄 요소의 위치가 변한다. 줄 요소의 위치 변화는 줄의 탄성에 관련되어 파동의 탄성 퍼텐셜에너지에 영향을 준다. 줄 요소가 $+x$축에 수직하게 진동할 때 줄 요소들은 운동에너지와 탄성 퍼텐셜에너지를 가진다. 파동이 이동하면서 에너지가 새로운 부분으로 계속 전달된다.

운동에너지

그림 11-30(a)에서와 같이 사인형 파동이 줄을 따라 진행하는 경우 에너지원은 줄의

왼쪽 끝에서 가해주는 일이다. 외부에서 줄의 끝에 일을 해주면(예를 들어 사람이 줄을 위아래로 흔드는 경우) 줄은 위아래로 움직이고, 에너지가 줄로 들어가 줄의 길이를 따라 전파된다.

시간 $t = 0$일 때 줄의 한 점 P에 있는 길이 dx이고, 질량 요소 dm인 줄의 아주 작은 요소를 생각하자. 이때 줄의 미소 요소는 y 방향으로 단순조화운동을 하는 입자로 모형화 할 수 있다. 질량 요소의 진폭 A와 각진동수 ω는 단순조화운동의 식을 따르며, 질량 요소의 운동에너지는 $KE = \frac{1}{2}mv^2$이다. 질량 요소 dm인 줄의 미소 요소가 갖는 운동에너지 dKE는 다음과 같다.

$$dKE = \frac{1}{2}(dm)v_y^2 \qquad \textbf{11-50}$$

여기서 v_y는 줄 요소의 횡속력(y 방향으로의 속력)이다. 횡속력 v_y는 $y = 0$인 진동의 중심에서 최대이고, $y = A(y_m)$인 곳에서 최소이다. 줄의 선밀도(단위 길이당 질량)를 μ라고 하면 줄 요소의 질량은 $dm = \mu dx$이다. 따라서 식 11-50은 다음과 같다.

$$dKE = \frac{1}{2}(\mu dx)v_y^2 \qquad \textbf{11-51}$$

단순조화운동을 하는 입자의 횡방향의 속력은 식 11-48에서 $v_y = -\omega A\cos(kx - \omega t)$이다. 식 11-51에 식 11-48을 대입하면 다음과 같다.

$$\begin{aligned} dKE &= \frac{1}{2}\mu[-\omega A\cos(kx - \omega t)]^2 dx \qquad \textbf{11-52} \\ &= \frac{1}{2}\mu\omega^2 A^2 \cos^2(kx - \omega t)dx \end{aligned}$$

시간 $t = 0$이면 $\omega t = 0$이다. 이때 질량 요소의 운동에너지는 다음과 같다.

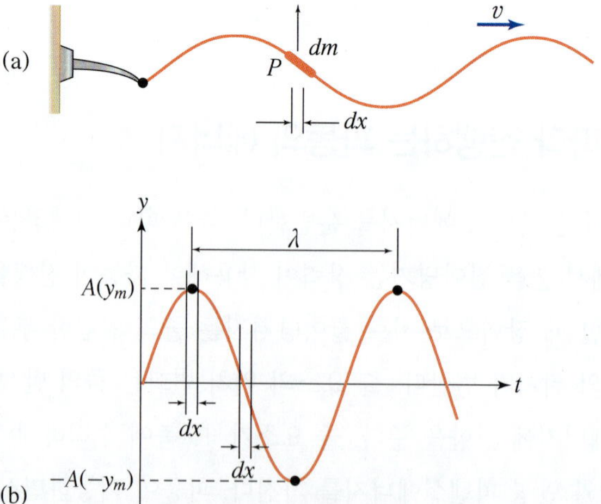

그림 11-30 (a) 점 P점에 있는 질량이 dm인 줄의 미소 요소는 펄스가 지나감에 따라 위아래로 단순조화운동을 하고 운동에너지를 갖는다. (b) 줄의 미소요소가 시간에 따라 변하는 모습은 사인형 형태가 된다. 이때 줄의 질량이 dm인 미소요소의 운동에너지는 $y = 0$인 곳에서 최대이고, $y = A(y_m)$인 곳에서 최소이다.

$$dKE = \frac{1}{2}\mu\omega^2 A^2 \cos^2 kx\, dx \qquad \mathbf{11-53}$$

그러므로 한 파장 내의 전체 운동에너지 KE_λ는 줄의 모든 요소에 대해 적분하면 된다. KE_λ에서 하첨자 λ는 한 파장을 의미한다.

$$\begin{aligned} KE_\lambda &= \int dKE = \int_0^\lambda \frac{1}{2}\mu\omega^2 A^2 \cos^2 kx\, dx = \frac{1}{2}\mu\omega^2 A^2 \int_0^\lambda \cos^2 kx\, dx \\ &= \frac{1}{2}\mu\omega^2 A^2 \left[\frac{1}{2}x + \frac{1}{4k}\sin 2kx\right]_0^\lambda \qquad \mathbf{11-54} \\ &= \frac{1}{2}\mu\omega^2 A^2 \left[\frac{1}{2}\lambda\right] = \frac{1}{4}\mu\omega^2 A^2 \lambda \end{aligned}$$

탄성 퍼텐셜에너지

줄의 각 요소는 운동에너지 외에 평형상태로부터 늘어나는 성분 때문에 복원력으로 인한 탄성 퍼텐셜에너지를 갖는다. 여기서 탄성 퍼텐셜에너지의 계산 과정은 생략하지만, 한 파장 내에서 탄성 퍼텐셜에너지 PE_λ는 운동에너지의 경우와 동일한 방법으로 계산하면 다음과 같은 결과를 얻는다.

$$PE_\lambda = \frac{1}{4}\mu\omega^2 A^2 \lambda \qquad \mathbf{11-55}$$

따라서 한 파장 내에서 전체 에너지의 합은 운동에너지와 탄성 퍼텐셜에너지의 합으로 다음과 같다.

$$E_\lambda = KE_\lambda + PE_\lambda = \frac{1}{2}\mu\omega^2 A^2 \lambda \qquad \mathbf{11-56}$$

파동의 일률

파동의 에너지는 한 주기 동안 줄 위의 주어진 점을 지나간다. 이때 **단위 시간당 줄을 따라 지나가는 파동의 에너지 전달률** 즉, 파동의 **일률(P)**을 구하면 다음과 같다.

$$P = \frac{E_\lambda}{T} = \frac{\frac{1}{2}\mu\omega^2 A^2 \lambda}{T} = \frac{1}{2}\mu\omega^2 A^2 \left(\frac{\lambda}{T}\right) \qquad \mathbf{11-57}$$

이 식에서 $\frac{\lambda}{T}$를 파동의 속력 v로 대치하면 파동이 하는 일률은 다음과 같다.

$$P = \frac{1}{2}\mu\omega^2 A^2 v \qquad \mathbf{11-58}$$

즉, **줄을 따라 전파하는 사인형 파동에 의한 일률은 선밀도(단위 길이당 질량), 각진동수의 제곱, 진폭의 제곱 그리고 파동의 속력에 비례한다.** 이 결과는 모든 유형의 파동에서도 성립한다.

예제 11-7 팽팽한 줄에 공급해야 하는 에너지

문제 길이 1 m 당 질량이 2.50×10^{-2} kg인 줄이 있다. 이 줄에 60.0 N의 장력이 작용하고 있다. 진폭이 4.00 cm이고 진동수가 60.0 Hz인 사인형 파동을 $+x$ 방향으로 발생시키려면 줄에 얼마 만큼의 일률로 에너지를 공급해야 하는가?

생각하기 사인형 파동의 에너지 전달률을 구하는 문제이다.

풀이 길이 1 m당 질량이 2.50×10^{-2} kg이므로 선밀도는 $\mu = \dfrac{2.50 \times 10^{-2}}{1\text{ m}} = 2.50 \times 10^{-2}$ kg/m이다. $\omega = 2\pi f$, $v = \sqrt{\dfrac{T}{\mu}}$를 식 11-58에 대입하여 정리하면 다음과 같다.

$$P = \frac{1}{2}\mu\omega^2 A^2 v = \frac{1}{2}\mu(2\pi f)^2 A^2\left(\sqrt{\frac{T}{\mu}}\right) = 2\pi^2 f^2 A^2\sqrt{\mu T}$$

주어진 상수값을 대입하여 일률을 구하면 다음과 같다.

$$P = 2\pi^2(60.0\text{ Hz})^2(0.0400\text{ m})^2\sqrt{(0.0250\text{ kg/m})(60.0\text{ N})} = 1.078 \times 10^3\text{ W}$$

11-9 파동의 반사, 투과, 중첩

반사

파동이 진행하다가 매질이 다른 경계면을 만나면 여러 현상이 나타난다. 경계면에서 되돌아 나오는 현상을 **반사**(reflection 反射)라고 한다. 또 경계면을 뚫고 다른 매질로 **투과**(transmisson 透過)되기도 한다. 어떤 파동이라도 경계에 부딪히면 에너지의 일부는 반사되고, 다른 일부는 투과되거나 흡수된다. 2차원이나 3차원 파동이 어떤 매질 속에서 진행하다가 속도가 다른 매질의 경계를 통과할 때 투과된 파는 입사파와 다른 방향으로 움직일 수 있다. 이러한 현상을 **굴절**(refraction 屈折)이라고 한다.

파동이 반사될 때 모습이 어떻게 바뀌는지 알아보자. 그림 11-31은 가늘고 긴 줄의 한 끝을 벽에 고정시키고(고정단), 다른 끝을 손으로 잡고 흔들어 펄스(파동)를 보

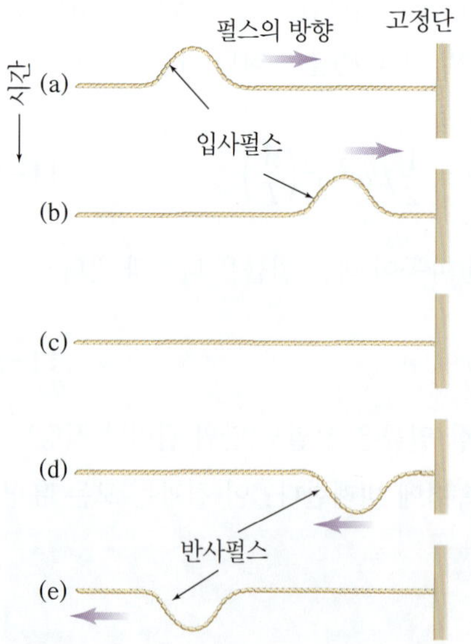

그림 11-31 팽팽한 줄의 고정된 끝에서 반사되는 진행파: 반사된 펄스는 모양은 그대로이나 뒤집어져 있다.

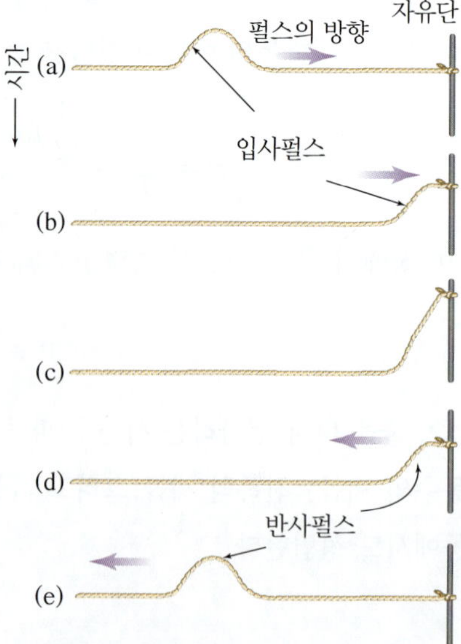

그림 11-32 팽팽한 줄의 자유로운 끝에서 반사되는 진행파: 반사된 펄스는 뒤집어져 있지 않다.

냈을 때의 모습이다. 펄스가 고정단에서 반사될 때는 반사 펄스의 형태는 뒤집어진다. 즉, 그림 11-31에서와 같이 마루가 골이 되고 골은 마루가 된다. 그 이유는 펄스가 진행하다 벽을 만나면 줄은 벽에 위쪽 방향으로 힘을 가한다. Newton의 제3법칙에 의하면 벽은 크기가 같고 방향이 반대인(아래쪽) 힘을 줄에 가하게 된다. 이와 같이 아래쪽 방향의 힘이 반사되는 펄스를 뒤집어지게 한다. 이에 따라 **고정단에서 파동이 반사될 때 위상은 π(180°)만큼 변한다**.

그림 11-32는 펄스가 마찰 없이 자유로이 움직일 수 있는 고리에 묶여 있는 자유단에서 반사하는 모습이다. 이때 펄스의 모양은 뒤집어지지 않는다. 그 이유는 펄스가 자유단에 도달하면 고리에 힘을 가하여 위쪽으로 가속하게 만든다. 곧이어 고리는 줄에 걸린 장력의 아래쪽 방향 성분에 의해 본래 위치로 돌아오게 된다. 이처럼 **펄스가 자유단에서 반사하는 경우에는 위상은 변하지 않고 반사파의 파형은 입사파와 같고 진행 방향만 반대가 된다**.

투과

펄스가 진행하다가 투과되는 경우를 살펴보자. 그림 11-33과 같이 가벼운 줄이 무거운 줄에 연결된 경우, 펄스가 가벼운 줄을 지나 경계면에 도달했을 때 펄스의 일부는 반사되어 위상이 뒤집어지고 일부는 무거운 줄로 투과되어 진행한다. 반사펄스가 뒤집어지는 것은 고정단에서 반사되는 경우와 똑같이 설명된다. 이때 반사펄스의 진폭은 입사펄스보다 작다. 에너지 보존 원리에 의해 펄스가 경계면에서 반사펄스와 투과펄스로 나누어질 때, 두 펄스가 갖는 에너지의 전체 합은 입사펄스의 에너지와 같다. 따라서 반사펄스는 입사펄스의 에너지 중에서 일부분만 포함하므로, 반사펄스의 진폭은 줄어들어야 한다.

펄스가 무거운 줄을 진행하면서 가벼운 줄과의 경계에 도달했을 때도 그림 11-34와 같이 일부는 반사하고 일부는 투과한다. 이 경우에 반사펄스의 위상이 뒤집어지지 않는다. 줄에서의 파동의 속력은 선밀도가 작아지면 증가한다. 즉, 장력이 일정하면 가

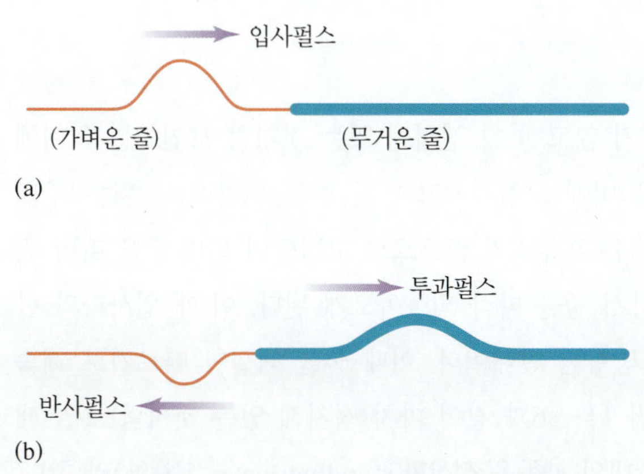

그림 11-33 (a) 가벼운 줄에서 무거운 줄로 진행하는 펄스 (b) 경계면에서 일부는 반사(위상이 뒤집어지고, 진폭은 감소), 일부는 투과한다.

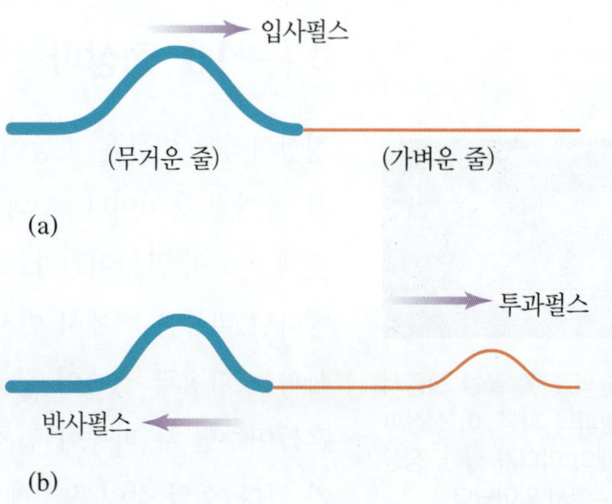

그림 11-34 (a) 무거운 줄에서 가벼운 줄로 진행하는 펄스 (b) 경계면에서 일부는 반사(위상이 뒤집어지지 않고, 진폭은 감소), 일부는 투과한다.

벼운 줄보다 무거운 줄에서 더 느리게 진행한다. 펄스가 매질 A에서 매질 B로 진행하고 $v_A > v_B$이면(B가 A보다 밀한 경우) 반사펄스의 위상은 뒤집어지고, $v_A < v_B$이면 반사펄스의 위상은 뒤집어지지 않는다.

중첩

그림 11-35(a)는 팽팽한 줄의 양쪽 끝에서 두 펄스가 동시에 서로 마주보는 방향으로 운동하는 모습을 나타낸 것이다. **얼마 후 두 펄스는 중첩 현상이 일어나며 중첩되는 순간의 합성펄스는 두 펄스의 합이 된다. 이때 같이 각 펄스는 마치 다른 펄스가 없는 것처럼 서로 지나쳐 간다. 즉, 중첩된 펄스는 다른 펄스의 진행을 방해하지 않는다.**

이 같은 현상은 펄스뿐만 아니라 파동에서도 똑같이 나타난다. 두 파동이 서로 다른 방향에서 진행할 때 각각의 파동에서 줄의 변위를 $y_1(x, t)$, $y_2(x, t)$라고 하면 두 파동의 변위 $y'(x, t)$는 다음과 같다.

$$y'(x, t) = y_1(x, t) + y_2(x, t) \qquad \textbf{11-59}$$

즉, 연속적인 파동이 만날 때에도 각 순간의 파동의 변위는 각각의 파동의 변위를 대수적으로 합한 것과 같다. 이 현상을 **중첩의 원리**라고 한다. 중첩이 일어날 때 마루와 마루 또는 골과 골이 만나면 그 진폭은 커지고, 반대로 마루와 골이 만나면 서로 상쇄되어 진폭이 작아진다. 두 파동이 서로 지나치고 나면, 각각의 파동은 만나기 전과 같은 모양을 유지하면서서로 다른 파동의 영향을 받지 않고 나아간다. 이같은 특성을 **파동의 독립성**이라고 한다.

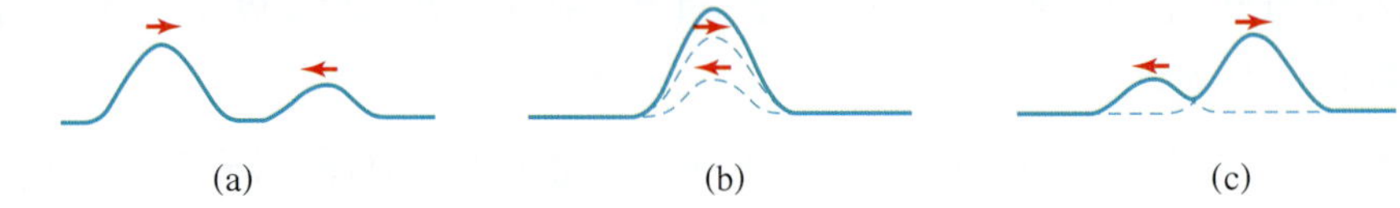

그림 11-35 줄을 따라 진행하는 두 펄스는 중첩의 원리를 따르고 파동의 독립성을 유지한다.

11-10 정상파

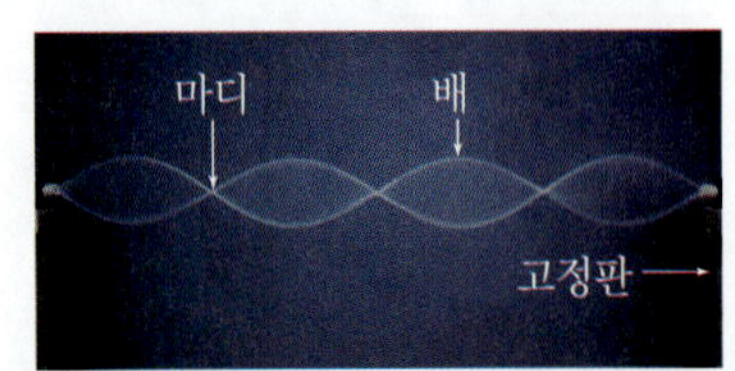

그림 11-36 줄의 왼쪽 끝을 진동시킬 때 생기는 정상파의 파형. 이 정상파는 4개의 배와 5개의 마디가 있다. 정상파는 특정한 진동수에서 일어난다.

정상파라는 이름은 파동이 진행하지 않고 마치 정지해 있는 것처럼 보인다는 의미에서 붙여진 용어이다. 줄의 한 끝을 벽에 고정시키고 다른 끝을 위아래로 흔들어주면 줄에 파동이 만들어진다. 그런데 벽은 흔들리지 않으므로 고정단이 되며 줄을 따라 진행하던 파동은 벽에서 반사되어 다시 줄을 따라 되돌아오게 된다. 이 때 입사파와 반사파는 파장과 진폭이 같고 진행 방향만 반대이다. 이때 줄을 적절한 빠르기로 계속 흔들어주면 두 파동이 겹쳐서 그림 11-36과 같이 마치 정지해 있는 것처럼 보일 때가 있다. 이와 같이 정지해 있는 상태의 파동을 **정상파**(standing wave 定常波)라 한다. 정상파는 파동의 파형이 좌우로 진행하지 않고 변위의 최대점과 최소점이 변하지 않기 때문에 **정지파**(**진동모드**)라고도 한다. 정상파에는 진폭이 0인 정지해 있는 부분이 있는데, 이곳에서는 상쇄간섭이 일어나고 **마디**(node)라고 한다. 실제로 정상파의 마디 부분에 손가락을 대보면 전혀 줄의 진동을 느낄 수 없다. 그러나 다른 부분에 손가락을 대보면 줄의 진동을 잘 느낄 수 있다. 정상파에서 마디와 마디의 중간 부분에 생기는 진폭이 가장 큰 부분을 **배**(antinode)라고 한다.

이런 정지파는 공명상태에서 만들어지고, 줄이 공명한다고 한다. 이때의 진동수를 **공명진동수**(resonant frequency)라 한다. 줄이 공명진동수와 다른 진동수로 진동하고 있다면 정상파는 생기지 않고 오른쪽과 왼쪽으로 진행하는 파동들이 서로 소멸간섭하여 작은 진동만 남는다.

거리가 L만큼 떨어진 두 고정단 사이의 팽팽한 줄에 생기는 정상파의 특성을 알아보자. 양끝은 고정되어 있어 진동하지 않으므로 그 곳에 마디가 생긴다. 이렇게 될 수 있는 가장 간단한 형태의 모양은 줄의 중심에 배가 하나 있는 그림 11-37(b)와 같다.

배가 1개이면 줄의 길이는 반파장에 해당되므로 $L = \frac{1}{2}\lambda$이다. 이 조건은 좌우로 진행하는 두 파동이 간섭하여 이런 형태의 정상파를 만들려면 파장은 $\lambda = 2L$이어야 한다.

두 번째 형태의 정상파는 그림 11-37(c)와 같이 세 개의 마디와 두 개의 배가 있다. 이런 정상파는 좌우로 진동하는 파동의 파장이 $L = \lambda$이어야 한다. 세 번째 형태의 정상파는 그림 11-37(d)에서와 같이 마디가 네 개, 배가 세 개로 $L = 3\lambda/2$이 되어야 한다. 각각의 정상파를 만드는 과정에서 파동의 모양은 길이 L 안에 파장이 $\lambda/2$씩 더 들어가며 이전의 파동보다 한 개의 마디와 한 개의 배가 더 생기게 된다. 이 관계를 일반적으로 나타내면 다음과 같다.

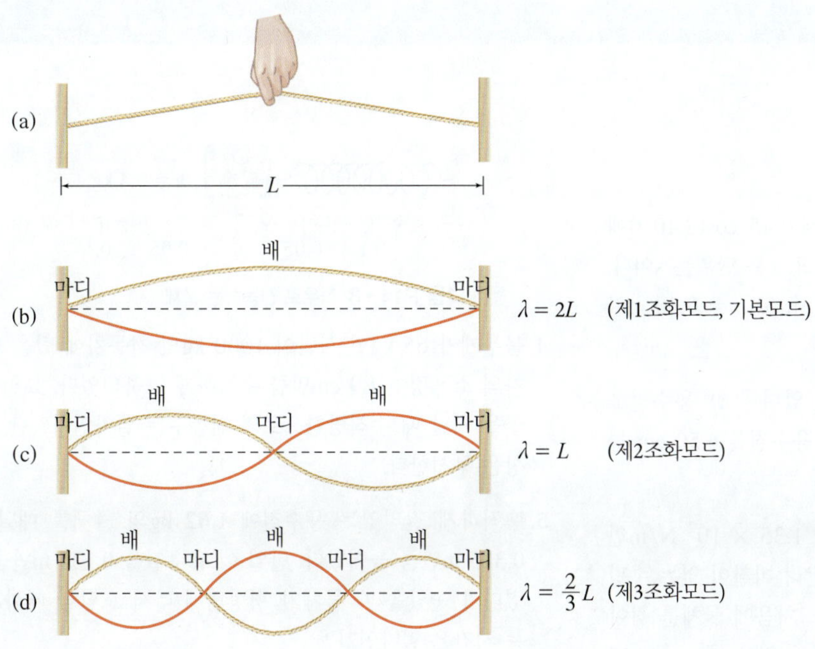

그림 11-37 정상파가 형성되는 그림. (a) 팽팽한 줄을 당겨 튕기면 정상파를 얻을 수 있다. (b) 배가 1개이며 $L = \frac{1}{2}\lambda$, (c) 배가 2개이며 $L = \lambda$, (d) 배가 세 개이며 $L = \frac{3}{2}\lambda$이다.

$$\lambda = \frac{2L}{n} \ (n = 1, 2, 3, \cdots) \qquad \textbf{11-60}$$

파동의 진동수는 $f = v/\lambda$이므로 이런 파장에 해당하는 공명진동수는 다음 식으로 나타낼 수 있다.

$$f = n\frac{v}{2L} \ (n = 1, 2, 3, \cdots) \qquad \textbf{11-61}$$

모든 공명진동수는 $n = 1$에 해당하는 가장 낮은 공명진동수 $f = v/2L$의 정수배가 된다. 가장 낮은 공명진동수를 갖는 진동모드를 제1조화모드 또는 **기본모드**라고 부르며 $n = 2$이면 **제2조화모드**, 이후 n이 증가함에 따라 **제3조화모드**, **제4조화모드** 등으로 부른다.

예제 11-8 정상파

문제 어떤 피아노 줄의 길이가 1.20 m이고 질량이 10.0 g이다. (a) 이 줄로 기본진동수가 162 Hz인 음을 발생시키고자 한다. 이때 줄을 당기는 장력은 몇 N이 필요한가? (b) 제2조화모드, 제3조화모드, 제4조화모드의 진동수는 각각 몇 Hz인가?

생각하기 피아노 줄은 양끝이 고정단에 단단하게 고정되어 있다. 이때 정상파의 기본진동은 $\lambda = 2L$이어야 한다.

풀이 (a) 기본진동의 파장은 $\lambda = 2L = 2.40$ m이므로 속력은 다음과 같다. $v = f\lambda = (162 \text{ Hz}) \times (2.40 \text{ m}) \fallingdotseq 389 \text{ m/s}$

식 11-46에서 $v = \sqrt{T/\mu}$ 이므로 장력 T는 $T = \frac{m}{L}v^2$ 이다.

$$T = \frac{(10.0 \times 10^{-3} \text{ kg})}{1.20 \text{ m}} \times (380 \text{ m/s})^2 \fallingdotseq 1.26 \times 10^3 \text{ N}$$

(b) 제2조화모드, 제3조화모드, 제4조화모드의 진동수는 기본진동수의 2배, 3배, 4배인 324 Hz, 486 Hz, 648 Hz이다.

연습문제

11-1 단순조화운동

11-2 선형 단순조화진동자

1. 질량이 0.70 kg의 물체가 파동함수 $x = 0.45 \cos(8.40\ t)$에 따라 진동한다. 여기서 x는 단위가 m이고, t는 단위는 s이다. (a) 진폭, (b) 진동수, (c) 총역학적 에너지, (d) $x = 0.30$ m일 때 운동에너지를 구하라.

2. 용수철상수가 137 N/m인 용수철이 있다. (a) 용수철을 3.80 cm 압축하는 데 필요한 힘과, (b) 용수철을 6.50 cm 늘이는 데 필요한 힘을 구하라.

3. 그림 P11-3에서와 같이 용수철상수가 1.35×10^2 N/m인 용수철에 질량이 0.40 kg인 물체가 매달려 마찰이 없는 수평면 위에서 자유롭게 움직이도록 하였다. 처음에 물체를 잡아 $x = 0.10$ m인 곳까지 당겼다가, 물체를 놓았을 때 $x = 0.10$ m, $x = 0.05$ m, $x = 0$ m, $x = -0.05$ m, $x = -0.10$ m인 곳에서 물체에 작용하는 힘과 물체의 가속도는 각각 얼마인가?

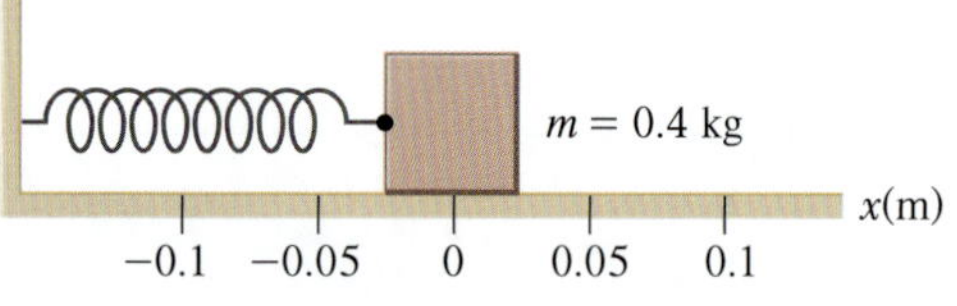

그림 P11-3 좌우로 진동하는 물체

4. 몸무게가 65 kg인 사람이 1000 kg의 자동차에 탔을 때 자동차의 스프링이 1.9 cm만큼 수직하게 압축되었다. 요철이 있는 곳을 지날 때 수직방향으로의 진동수는 얼마인가? 단, 감쇠현상은 무시한다.

5. 수직하게 걸려있는 용수철에 1.62 kg의 물체를 매달았더니 0.315 m만큼 늘어났다. 만일 이 용수철을 0.135 m만큼 더 늘렸다가 놓았을 때 물체가 평형점에 다시 도달할 때까지 걸리는 시간은 얼마인가?

6. 그림 P11-6과 같이 용수철상수가 30.5 N/m인 용수철 끝에 원형 구를 매달고 다른 쪽은 천장에 고정시켰더니 평형상태에

서 4.0 cm 늘어났다. 이 원형구의 질량은 얼마인가?

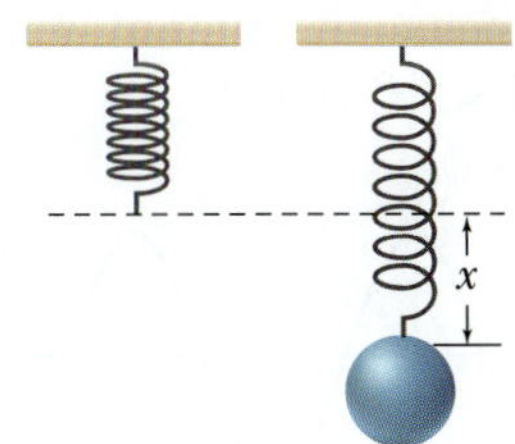

그림 P11-6

7. 그림 P11-7과 같이 용수철에 매달린 장난감이 있다. 용수철을 바닥 쪽으로 2.00 cm만큼 압축하였다가 놓았더니 위쪽으로 50.0 cm 올라갔다. 이 장난감의 질량이 200 g이라면 용수철상수는 얼마인가?

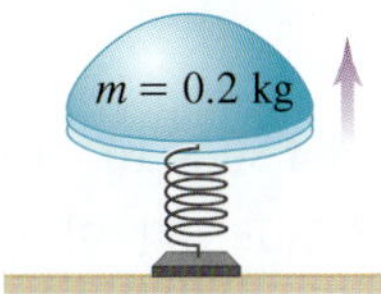

그림 P11-7

8. 장난감 새총은 Y자형 나무와 고무줄 그리고 헝겊 또는 가죽 조각으로 만들어졌다. 돌을 넣는 뒤쪽 컵을 당기면 평행한 두 고무줄이 늘어난다. 고무줄 하나를 1.0 cm 늘이는 데 15 N의 힘이 필요하다.
   (a) 50 g의 돌이 든 컵을 평형 위치로부터 0.20 m만큼 뒤로 당겼을 때 두 고무줄에 저장된 탄성 위치에너지는 얼마인가?
   (b) 돌은 얼마의 속력으로 새총에서 발사되는가?

9. 그림 P11-9와 이 용수철상수가 $k = 850$ N/m인 용수철이 수직 벽에 붙어서 수평으로 놓여 있다. 용수철에 붙은 물체의 질량 $m = 1.50$ kg이고 바닥과의 마찰은 없다.
   (a) 용수철을 평형위치인 $x = 0$에서 $x_i = 4.00$ cm 되는 곳까지 물체를 당겼다고 놓는다고 하자. 물체가 평형위치에서 6.00 cm 늘어난 곳에 있을 때 용수철에 저장된 탄성 퍼텐셜에너지는 얼마인가?
   (b) 물체가 평형위치를 지날 때의 속력은 얼마인가?
   (c) 물체가 $x_i/2 = 2.00$ cm 되는 곳을 지날 때의 속력은 얼마인가?

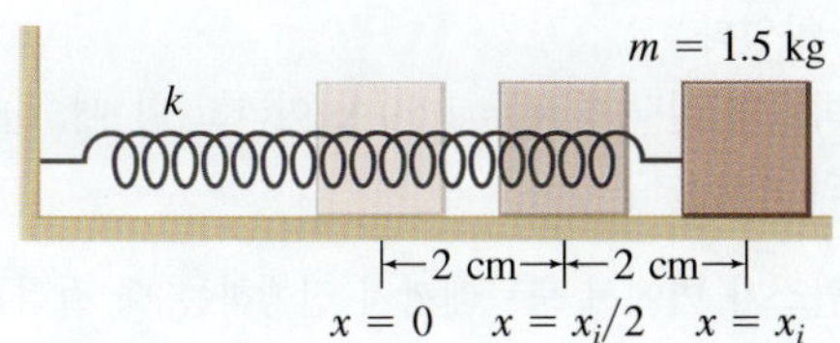

그림 P11-9

10. 용수철상수가 16.0 N/m인 용수철에 매달린 물체가 진폭 20.0 cm로 진동하고 있다. 이 물체의 최대속력이 40.0 cm/s로 관찰되었다. 이 물체의 질량은 얼마인가?

11. 질량이 0.350 kg인 물체를 용수철에 달아 주기운동을 시켰다. 이 진자운동은 주기가 0.250 s인 단순조화운동을 하였다. 이 계의 전체 에너지가 4.50 J이라면, (a)물체의 최대속력, (b) 용수철상수, (c) 진폭을 구하라.

12. 12 g의 물체를 매달면 용수철이 4.3 cm만큼 늘어나는 용수철이 있다. 이 용수철에 물체 대신 25 g의 작은 구를 매달아 단순조화운동을 하도록 진동시켰다. 주기를 계산하라.

13. 승용차 엔진의 각 피스톤은 위아래로 움직인다. 질량이 0.5 kg인 피스톤이 길이 1.2×10^{-2} m의 거리를 진동수 60 Hz (3600 rpm 해당)로 왕복운동을 할 때, 이 피스톤에 가해지는 최대의 힘은 얼마인가? 피스톤의 운동은 단순조화운동으로 가정한다.

그림 P11-13 가솔린 엔진 내부 모습

14. 질량이 $m = 680$ g인 나무토막이 용수철상수 $k = 65$ N/m의 용수철에 매달려 있다. 토막을 평형위치 $x = 0$에서 $x = 11$ cm인 위치까지 당겼다가 $y = 0$인 순간에 놓았다. 바닥의 마찰은 무시한다.
   (a) 운동의 각진동수, 진동수, 주기를 구하라.
   (b) 진동운동의 진폭은 어떻게 보존되는가?
   (c) 토막의 최대속력은 얼마인가?
   (d) 토막의 최대가속도는 얼마인가?

11-3 진자의 운동

15. 길이가 52.0 cm인 단진자가 2분 동안에 82번 진동한다.
   (a) 주기와 (b) 진자가 위치한 곳에서 중력가속도 g는 얼마인가?

16. 어느 단진자의 길이가 $L = 80.00$ cm라고 한다. 이 단진자의 주기를 실험실에서 정확하게 측정하였더니 $T = 1.6980$ s이다. 이 실험실에서 중력가속도 g는 얼마인가?

17. 질량이 m이고 길이가 L인 균일한 막대가 그림 P11-17과 같

이 고정된 한쪽 끝을 중심으로 연직선에서 진동한다. 진동운동의 진폭이 작을 때 진동의 주기를 구하라.

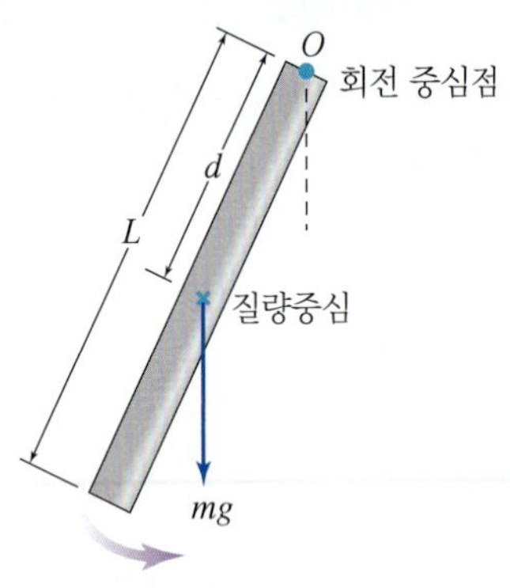

그림 P11-7 회전 중심점 주위로 진동하는 강체는 $d = L/2$인 물리진자이다.

11-4 단순조화운동과 등속원운동의 비교

18. 본문 그림 11-15에 있는 장난감 기관차가 반지름이 20 cm인 원 위에서 일정한 각속력 6.00 rad/s로 반시계 방향으로 회전하고 있다. $t = 0$일 때 장남감기관차 위치의 x성분은 15 cm이고 오른쪽으로 움직인다.

(a) 장난감 기관차를 하나의 입자로 생각하자. 이 입자의 변위 x를 시간 t의 함수로 나타내어라. 단위는 SI로 통일하라.

(b) 임의 시간 t에서 입자의 그림자의 속도의 x 성분과 가속도의 x 성분을 구하라

11-5 감쇠진동과 강제진동

11-6 파동의 종류

19. 진공 중에서 전파되는 파동과, 전파되지 않는 파동에는 어떤 종류가 있는가?

11-7 팽팽한 줄을 따라 진행하는 파동

20. 줄을 따라 진행하는 파동이 있다. 이 파동은 운동식 $y = 0.01\cos(4t - 0.2x)$을 따른다고 한다. 여기서 x와 y는 m 단위이고, t는 초이다. 이 파동의 진동수, 파장, 진폭 및 속력을 구하라.

21. 줄을 따라 진행하는 어떤 파가 $y = A\sin(30t - x)$로 표현된다. 진폭이 같고, 진동수가가 2배이며, 파장이 $\frac{3}{4}$배이고, 진해 방향이 반대인 파동의 식을 구하라.

22. 파동함수가 $y = 2\sin\pi(100\,t - 4x)$로 표현되는 파동이 있다. 다음 물음에 답하여라.

(a) 이 식에서 x를 일정한 값 x_0로 놓으면 무엇을 나타내는가?

(b) t를 일정한 값 t_0로 놓으면 무엇을 나타내는가?

(c) 이 파동의 진폭, 주기, 파장을 구하라. 단위는 cm, s로 한다.

23. 그림 P 11-23과 같은 사인형 파동이 $+x$ 방향으로 진행하고 있으며, 그 진동수는 18.0 Hz이다. (a) 진폭, (b) 파장, (c) 주기, (d) 파동의 속력을 구하라.

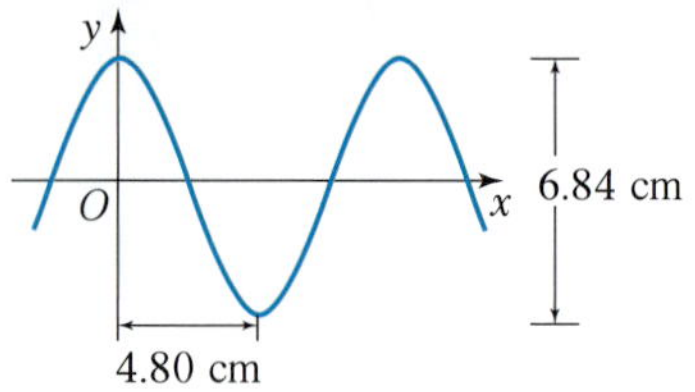

그림 P11-23

24. 두 등산가가 총 질량이 5.0 kg이고, 길이가 43 m인 줄로 연결되어 있다. 한 쪽 끝에 있는 등산가가 그 줄을 손으로 치고 난 후 1.4 s가 지난 후에 다른 등산가가 그 효과를 느꼈다. 이 줄의 장력을 구하라.

25. 단위길이 당 질량이 4.80×10^{-3} kg/m인 피아노 줄이 1.450×10^{3} N의 장력을 받고 있다. 이 줄에서 진행하는 파동의 속력을 구하라.

26. 팽팽한 줄에 속력이 50.0 m/s인 횡파를 만들려고 한다. 길이 5.00 m, 질량 0.060 kg인 줄을 사용한다. (a) 필요한 줄의 장력은 얼마인가? (b) 장력이 8.00 N이면 줄에서 파동의 속력은 얼마인가?

27. 그림 P11-27에서 선은 어떤 순간의 사인파의 상태를 나타낸 것이다. 이때부터 0.6 s 후에 파동의 마루는 점 P에서 점 P'로 이동하고 파동의 형태는 점선과 같이 되었다. 이 파동의 (a) 진폭, (b) 파장, (c) 속력, 그리고 (d) 주기는 각각 얼마인가?

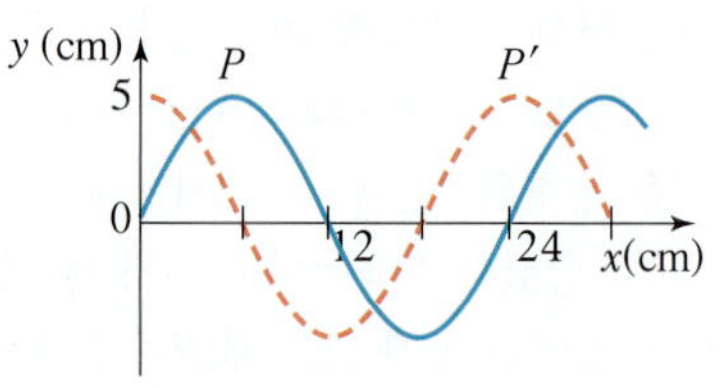

그림 P11-27

28. 줄의 질량이 $M = 0.025$ kg이고, 줄의 길이가 $L = 5.00$ m인 균일한 줄이 그림 P11-28과 이 한 끝은 벽에 고정되어 있고, 다른 끝은 벽돌을 매달아서 도르래에 걸쳐 줄의 장력을 일정하게 하였다.

(a) 벽돌의 질량이 $m = 1.50$ kg이라고 할 때, 줄에서의 횡파의 속력을 구하라.

(b) 펄스가 벽에서 도르래까지 진행하는 데 걸리는 시간은 얼마인가?

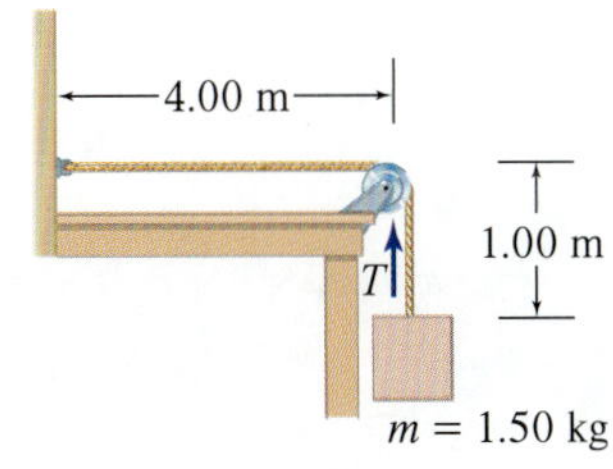

그림 P11-28

11-8 줄을 따라 진행하는 파동의 에너지

11-9 파동의 반사, 투과, 중첩

29. 그림 P11-29는 진폭이 일정한 진행파의 한 순간의 모습이다. 점 A가 가장 큰 변위에서 다시 큰 변위로 될 때까지의 시간을 재어보니 0.2 s이었다. 이 진행파의 전파 속력은 얼마인가?

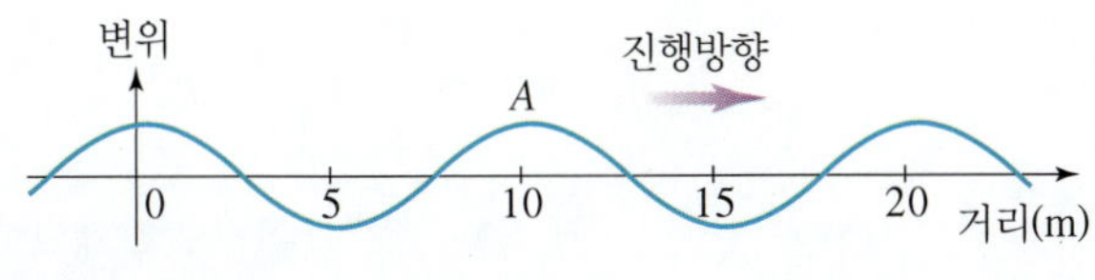

그림 P11-29

11-10 정상파

30. 길이가 2 m인 줄의 한쪽 끝을 벽에 고정한 다음, 다른 쪽 끝을 손으로 잡아 매초 5회의 비율로 위 아래로 흔들었더니 줄에 그림 P11-30과 같이 5개의 마디가 있는 정상파가 만들어졌다. 입사파의 파장과 속력은 각각 얼마인가?

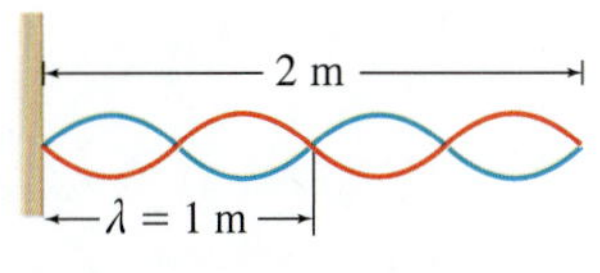

그림 P11-30

31. 조화 파동이 줄을 따라 진행하고 있다. 이 파동을 생성하는 진동자가 30.0 s 동안 40.0번 진동한다. 이 파동은 줄을 따라 10.0 s 동안 425 cm을 진행한다. 파장은 얼마인가?

32. 길이가 1.10 m이고 질량이 9.00 g인 피아노 줄이 있다.

(a) 이 줄이 가장 낮은 공명진동수 131 Hz로 진동하기 위해 필요한 장력은 얼마인가?

(b) 처음 4개의 조화모드의 진동수는 얼마인가?

야외에 설치된 대형스피커(사진에는 좌우 2개씩 총 4개가 설치됨) 스피커(확성기)는 전기신호를 소리로 바꿔 주는 전자기계의 변환기이다. 스피커에는 진동판이 달려 있는데, 이 진동판이 진동하면 공기가 진동하여 음파를 형성한다. 이 음파의 밀한 부분과 소한 부분들이 이동하면서 우리 고막을 진동시킨다. 음파의 압력이 고막 뒤의 대기압과 다르기 때문에 고막에 알짜힘이 작용한다. 고막의 진동이 인체 중추 신경을 자극하고 사람이 이를 인지하여 듣게 된다(대천해수욕장 머드축제장에서).

음파

제 12 장

제11장에서는 진동 현상의 이해와 진동으로 발생하는 역학적인 파동의 특성에 대해 공부했다. 이제 관심을 횡파에서 종파로 옮겨보자. 음파(소리)는 종파의 가장 중요한 예이다. 음향을 전공하는 과학자들은 소음의 감소 방안이나 생음악을 완벽하게 재생하는 시스템 등에 대해 연구하고, 항공과학자들은 항공기가 음속을 돌파할 때 나타나는 충격파 문제에 대해, 그리고 생명과학자들은 동물이 내는 소리가 어떻게 발생하는지 등에 대해 연구하고, 의학 분야에서는 심장이나 폐에서 발생하는 작은 신호를 감지하여 치료에 이용하는 기술에 관심이 많다. 이와 같이 음파물리학은 여러 연구 분야의 기초가 된다.

음파는 공기를 통해 진행하는 역학적인 파동으로 일상에서 사람의 귀를 통해 대부분 감지된다. 공기라는 매질을 통해 음파가 진행할 때, 공기를 구성하는 모든 요소들은 평형위치로부터 교란된다. 공기 요소들의 교란은 주위 공기 밀도와 압력의 변화로 나타난다.

제12장에서는 음파의 생성, 음파의 세기 및 소리준위, 음파의 변위 및 압력진폭, 음파의 간섭, Doppler 효과 등에 대해 공부한다.

12-1 음파의 발생과 속력

음파(sound)는 사람의 성대, 여러 악기, 스피커 등과 같이 진동하는 물체에 의해 만들어지는 종파이다. 파동의 교란이 한 곳에서 다른 곳으로 움직이기 위해서는 반드시 매질 입자들이 존재해야 한다. 진동하는 스피커에 의한 파동이 사람의 귀에 도달할 때 사람의 귀는 음파를 소리로 느끼게 된다.

음파는 다른 물질을 통해서도 전파될 수 있다. 물속에서 조약돌을 부딪치면 수면 밑에서 수영하는 사람이 들을 수 있는데, 이 경우에는 물이라는 매질이 진동을 귀로 전달해주기 때문이다. 이와 같이 음파는 액체나 고체 내에서도 전파된다. 그러나 진공에서는 음파를 전파시킬 매질이 없기 때문에 전파되지 못한다.

음파의 발생

음파는 어떻게 생성되고, 왜 종파인지에 대해 진동하는 스피커의 진동판을 통해 알아보자. 그림 12-1과 같이 스피커 진동판이 바깥쪽으로 움직이면 진동판 앞에 있는 공기가 압축된다. 이 압축으로 인하여 공기의 압력을 약간 증가한다. 증가된 압력을 **밀한 부분**(condensation)이라 부르고, 이 부분은 진동판에서 멀어지는 방향으로 진행한다. 이어 진동판이 안쪽으로 움직이면 보통 상태의 공기 압력보다 약간 작은 **소한 부분**(rarefaction)이 생긴다.

진동판의 주기에 따라 밀한 부분과 소한 부분은 공기 중으로 퍼져나가는 음파를 만들게 된다. 이때 공기 분자들은 파동과 같이 이동하는 것이 아니라 평형위치를 중심으로 단순조화운동을 할 뿐이다. 이 운동으로 공기 분자는 이웃 분자와 충돌하면서 밀한 곳과 소한 곳을 앞으로 보낸다. 이어 그 이웃 분자가 이 과정을 되풀이 하면서 음파가 퍼져나간다. 밀한 부분과 소한 부분이 귀에 도달하면 스피커 진동판에서와 같은 진동수로 진동하도록 고막에 힘을 가한다. 이어 고막의 진동운동은 뇌에서 소리로 해석한다. 음파는 파동으로 공기 질량이 이동하는 바람과는 물리적으로 전혀 다르다.

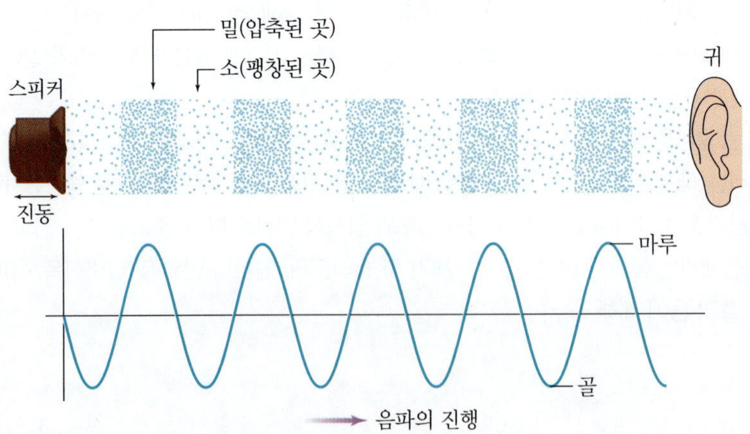

그림 12-1 스피커 진동판의 운동으로 밀한 부분과 소한 부분이 계속적으로 퍼져나간다.

음파의 특성 중에서 소리의 높낮이와 크기는 사람의 귀에 의해 즉시 판별된다. 소리의 높이를 결정하는 물리량은 진동수이며, 진동수가 많을수록 고음이며, 진동수가 적을수록 저음이다. 일상에서 사람 말소리의 진동수는 100~500 Hz 정도이며 여자의 말소리는 남자보다 50~100 Hz 높다. 사람은 약 20~20 000 Hz 범위의 소리를 들을 수 있으며, 이 범위를 **가청진동수**(audible range 可聽振動數) 범위라고 한다. 가청진동수의 범위는 사람에 따라 약간씩 다르다. 일반적으로 나이가 들수록 높은 진동수의 소리를 잘 들을 수 없으며, 높은 진동수 쪽의 한계는 10 000 Hz 이하가 된다. 가청진동수 범위를 벗어나는 음파는 사람의 귀에 도달하더라도 일반적으로 느끼지 못한다. 진동수가 20 000 Hz 이상인 음파를 **초음파**(ultrasound 超音波)라고 한다. 어떤 동물들은 초음파대의 진동수를 감지하기도 한다. 개는 진동수 50 000 Hz까지, 박쥐는 진동수 100 000 Hz까지 감지할 수 있다.

TIP 합창단 파트별 진동수 영역

소프라노 247~1 200 Hz
알토 176~700 Hz
테너 132~500 Hz
바리톤 98~400 Hz
베이스 87~349 Hz

진동수는 진동수 측정기로 측정되기에 소리의 객관적 특성이다. 그러나 진동수에 대한 듣는 사람의 청각은 주관적이다. 우리의 뇌는 감지된 진동수를 소리 높이(pitch)로 하여 주관적으로 해석한다. 큰(높은) 진동수를 가진 순음은 높은 소리로 해석하고, 작은(낮은) 진동수는 낮은 소리로 해석한다. 가청진동수보다 낮은(즉 20 Hz 이하) 진동수를 가지는 음파를 **초저주파**(infrasonic 超低周波)라고 한다. 초저주파는 지진, 천둥, 화산이나 큰 기계의 진동에 의해 생길 수 있다. 특히 기계 진동음의 초저주파는 비록 귀에는 들리지 않지만, 사람의 몸에 손상을 일으킬 수 있어 근로자에게는 상당히 귀찮은 소리이다.

같은 높이, 같은 세기의 소리라도 사람의 목소리와 피아노의 소리는 전혀 다르다. 이것은 **소리의 음질**(tone quality 音質) 또는 **음색**(timbre 音色)이 다르기 때문이다. 소리의 음질은 소리의 파형이 다르기 때문에 나타나는 현상이다. 음질에 대해서는 12-5절에서 구체적으로 다룬다. **소리의 높이, 소리의 세기, 소리의 음질을 소리의 3요소라고 한다.** 그림 12-2는 오실로스코프로 나타낸 소리의 파형 모습이다. 높은 소리는 진동수가 많으며, 강한 소리는 진폭이 크다.

(a)

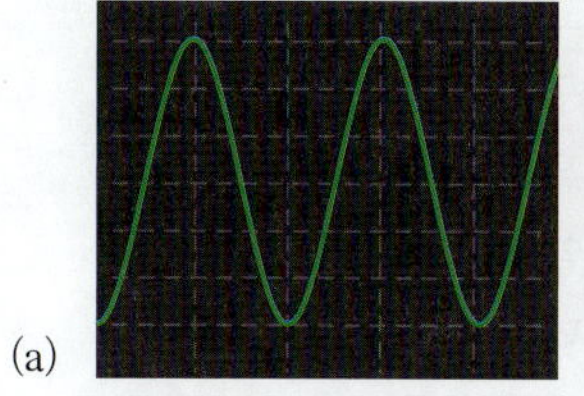
높은 소리(진동수가 많다)

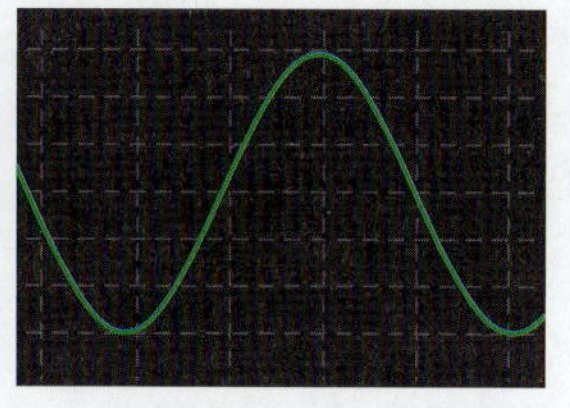
낮은 소리(진동수가 적다)

(b)

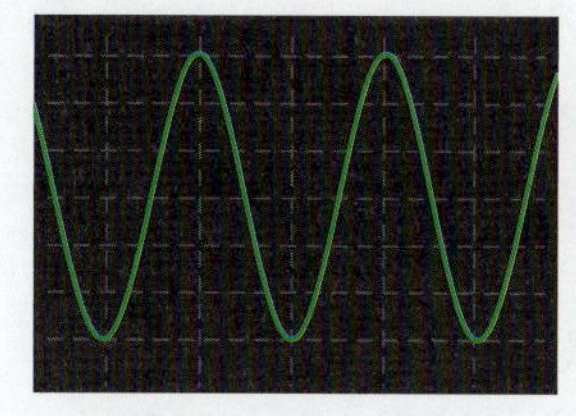
강한 소리(진폭이 크다)

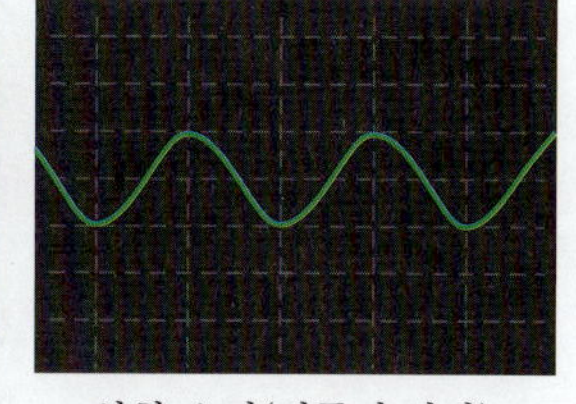
약한 소리(진폭이 작다)

그림 12-2 음파의 파형 비교. (a) 진동수의 차이가 음파의 높이를 결정하고, (b) 진폭의 차이가 음파의 세기를 결정한다.

음속

음파는 0 °C, 1기압의 건조한 공기 중에서 331 m/s의 속력으로 진행하며, 온도가 1 °C 높아질 때마다 0.6 m/s씩 빨라진다. t °C에서의 음파의 속력 v는 다음과 같다.

TIP 소리와 음파

소리와 음파는 거의 동일한 의미로 사용되고 있다. 이 책에서는 소리, 소리파(동), 음파를 동일한 의미로 간주한다.

소리(sound) 음원에서 발생된 진동이 사람이나 동물의 귀에 전달되어 청각작용을 일으키는 공기의 파동을 말한다. 주로 인간의 청각과 관련된다.

음파(sound wave) 음원의 진동으로 공기 등에 생기는 모든 소리의 파동을 말하는데, 더 넓은 의미로 사용된다.

$$v = 331\sqrt{\frac{T_K}{273}} \quad \text{(공기 중에서 음속)} \qquad 12\text{-}1$$

여기서 v의 단위는 m/s이고, 331 m/s는 0 °C에서 공기 중의 음속이고, T_K는 공기의 절대온도이다. 식 12-1에서 온도가 20 °C일 때의 음파의 속력은 근사적으로 343 m/s임을 알 수 있다. 음파의 속력은 습도에도 영향을 받으며, 습도가 높아지면 약간 빨라진다.

음파의 속력은 매질의 종류에 따라 다르다. 액체나 고체 속에서는 속력이 더욱 크다. 예를 들면 소리는 공기에서의 속력에 비해 물에서는 4배 빠르고, 강철에서는 17배 빠르다. 일반적으로 음속은 기체에서 느리고, 액체에서 빠르고, 고체에서는 더 빠르다.

이상기체에서 소리의 속력은 다음과 같다.

$$v = \sqrt{\frac{\gamma k_B T_K}{m}} \quad \text{(기체에서 음속)} \qquad 12\text{-}2$$

여기서 T_K는 절대온도, m은 분자의 질량, k_B는 볼츠만상수, γ는 정적비열에 대한 정압비열의 비이다($\gamma = C_p/C_v$). k_B와 γ에 대해서는 제14장에서 공부한다. 액체 속에서의 음속은 액체의 밀도와 부피탄성률에 의존한다. 액체 속에서의 음속은 다음과 같다.

$$v = \sqrt{\frac{B}{\rho}} \quad \text{(액체에서 음속)} \qquad 12\text{-}3$$

여기서 B는 액체의 부피탄성률이고, ρ는 액체의 밀도이다. 음파가 길고 가느다란 고체 막대를 따라 진행할 때 음속은 매질의 특성에 의존한다. 고체 막대에서의 음속은 다음과 같다.

$$v = \sqrt{\frac{Y}{\rho}} \quad \text{(고체에서 음속)} \qquad 12\text{-}4$$

여기서 Y는 영률이고, ρ는 고체의 밀도이다. 몇 가지 물질에서 음속은 표 12-1에 나타내었다.

표 12-1 몇 가지 물질에서 음속

기체	속력(m/s)	액체	속력(m/s)	고체	속력(m/s)
공기(0°C)	331	클로로포름(20°C)	1 004	구리	5 010
공기(20°C)	343	에틸알코올(20°C)	1 162	유리(파이렉스)	5 640
이산화탄소(0°C)	259	수은(20°C)	1 450	알루미늄	6 420
산소(0°C)	316	민물(0°C)	1 482	납	1 960
헬륨(0°C)	965	바닷물(20°C)	1 522	강철	5 960

12-2 음파의 세기와 소리준위

음파가 파원에서 모든 방향으로 균일하게 퍼져나가는 경우를 생각해보자. 이러한 상황의 음파는 **구면파**(spherical wave 球面波)를 이루며 퍼져나간다. 그림 12-3은 파원으로부터 연속적으로 퍼져나가는 구면파를 나타낸 것이다. 각각의 원호는 위상이 같은 면을 말하며, 인접한 파면 사이의 거리는 음파의 파장(λ)이다. 파원으로부터 바깥으로 향하는 지름방향의 선을 **파선**(ray 波線)이라 하며, 파선은 음파가 진행하는 전파 방향을 나타낸다.

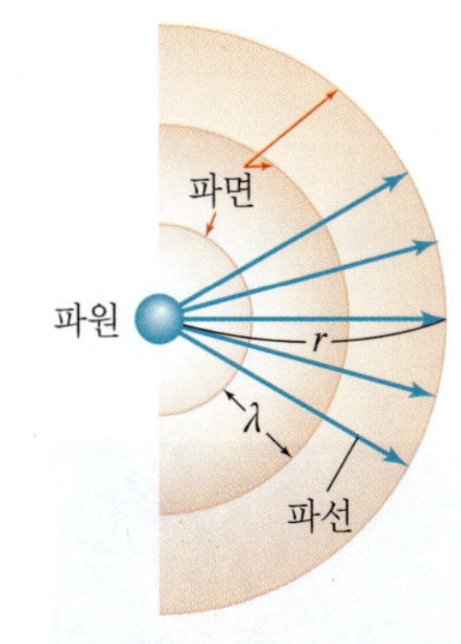

그림 12-3 점파원에서 방출된 구면파. 파선은 파원으로부터 방사형으로 나가고 파면에 수직이다.

음파의 세기 I

우리가 느끼는 소리의 크기는 소리의 진동수와 마찬가지로 사람이 자각으로 느끼는 감각이다. 물리학에서는 소리의 크기를 객관적인 측정할 수 있는 양을 **음파의 세기**(sound intensity)로 측정하고 있다. 음파가 우리 귀에 도달하면 고막을 진동시키기 때문에 음파는 에너지를 운반한다. 음파의 세기(I)는 어떤 면으로 단위면적당(A) 운반되는 에너지의 평균비율(일률)이다. 즉, 다음과 같다.

$$I = \frac{P_s}{A} \quad (\text{음파의 세기}) \qquad 12\text{-}5$$

그림 12-3에서 파원에서 퍼져나온 소리에너지는 겉넓이가 $4\pi r^2$인 구형 파면에 균등하게 분배될 것이다. 따라서 점파원에서 일정한 거리에 있는 면에 수직으로 도달하는 단위면적당 소리에너지의 시간변화율(P_s)은 동일할 것이다. 즉, 파원으로부터 거리 r인 구면에서 음파의 세기 I는 다음과 같다.

$$I = \frac{P_s}{4\pi r^2} \qquad 12\text{-}6$$

식 12-6으로부터 **점파원에서 발생하는 음파의 세기는 음원까지의 거리의 제곱에 반비례한다는 것을 알 수 있다.** 음파의 세기를 나타내는 SI 단위는 W/m^2이다. 사람의 귀로 느낄 수 있는 음파의 세기 범위는 최저 $1\times10^{-12}\ \text{W/m}^2$에서 부터 최고 $1\ \text{W/m}^2$까지로 알려져 있다(물론 개인차가 있다). 이 값은 세기가 최저에서 최고까지 10^{12}배에 걸쳐 있어 대단히 넓은 범위에 있다. 이 같은 넓은 범위 때문에 사람이 느끼는 소리의 크기는 음파의 세기에 비례하지 않는다.

소리준위(데시벨 척도로 나타낸 음파의 세기 β)

음파의 세기가 클수록 소리가 더 크게 들리는 것은 사실이다. 그러나 2배로 크게 들리는 소리를 만들어내려면 소리의 세기는 약 10배로 증가시켜야 한다. 이것은 가청진동수의 중간쯤에 있는 진동수에 대해서는 대체로 잘 맞는다. 예를 들어 음파의 세기가 $10^{-2}\ \text{W/m}^2$인 소리는 $10^{-3}\ \text{W/m}^2$인 소리의 2배 크기로 들리고, $10^{-4}\ \text{W/m}^2$인 소리의 4배 크기로 들린다. 그러나 다른 진동수에서는 이 관계가 성립되지 않는다. 따라서 객관적인 단위로 나타내기 위해 로그 눈금을 사용한다. 로그 눈금으로 나타낸 음파의 세기를 **소리준위**(sound level)라고 한다. 소리준위를 나타내는 기호는 보통 β를 사용하며, 단위는 **벨**(bel) 또는 **데시벨**(decibel, dB)이 사용된다. 1 dB = 0.1 bel이다. 음파의 세기 $I\ (\text{W/m}^2)$일 때, 그 소리준위 β는 다음과 같다.

$$\beta = (10\ \text{dB}) \log \frac{I}{I_0} \qquad 12\text{-}7$$

TIP 데시벨로 표시한 소리의 압력

인간이 들을 수 있는 최소 압력의 크기는 $P_0 = 2\times10^{-5}$ Pa이다. 이 값을 dB로 환산하려면 $20 \log \frac{P}{P_0}$ 식을 사용한다. 예를 들어 어느 소리의 압력이 10 Pa이면 소리준위는 $20\ \log\ \frac{10\ \text{Pa}}{(2\times10^{-5})\text{Pa}} =$ 113.97 dB이다.

여기서 I_0은 기준세기이며, 로그함수는 그 밑을 10으로 잡은 것이다. I_0은 일반적으로 보통 사람이 들을 수 있는 최소 세기, 즉 **가청문턱값** $I_0 = 1.0 \times 10^{-12}$ W/m^{2}이다. 예를 들어 음파의 세기가 $I = 1.0 \times 10^{-10}$ W/m^{2}일 때 소리준위는 다음과 같다.

$$\beta = (10\text{ dB})\log\left(\frac{1.0 \times 10^{-10}}{1.0 \times 10^{-12}}\right) = 10\log 100 = 20\text{ dB}$$

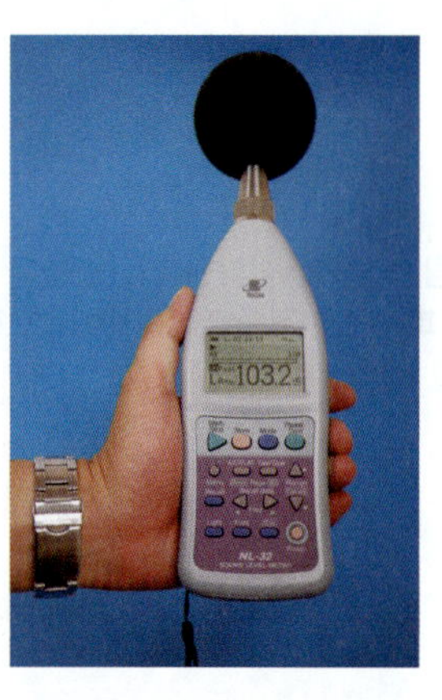

그림 12-4 음준위계. 측정값은 103.2 dB로 사이렌이 울릴 때의 세기 정도이다.

인간이 들을 수 있는 최소 소리준위는 $\beta = 10\log(10^{-12}/10^{-12}) = 10\log 1 = 0$이다. **음파의 세기가 10배 증가하면 소리준위는 10 dB 증가하지만, 음파의 세기가 100배 증가하면 소리준위는 20 dB 증가한다.**

50 dB의 소리는 30 dB보다 100배의 세기를 가지고 있다. 높은 소리준위에 오래 노출되면 귀에 심각한 손상을 받을 수 있다. 소리준위가 90 dB을 넘으면 귀마개를 착용하는 것이 좋다. 연구 결과에 의하면 소음공해가 고혈압, 불안, 신경쇠약 등을 일으키는 한 요인이 될 수도 있음을 제시하고 있다.

소리준위를 측정할 때는 그림 12-4와 같은 **음준위계**(소음계, 음압계)를 이용하여 측정한다. 표 12-2는 W/m^{2}단위로 표시된 음파의 세기를 dB의 소리준위로 나타낸 것이고, 그림 12-5는 몇 가지 음원의 음파의 세기와 소리준위를 나타낸 것이다.

표 12-2 몇 가지 음파의 세기와 소리준위

음원	음파의 세기 (W/m^2)	소리준위 (dB)	음원	음파의 세기 (W/m^2)	소리준위 (dB)
제트기(30 m 떨어진 곳)	100	140	평범한 대화(50 cm 간격)	3×10^{-6}	65
귀가 고통을 느끼기 시작	1	120	조용한 라디오 소리	1×10^{-8}	40
실내에서의 대중 음악회	1	120	속삭임	1×10^{-10}	20
사이렌(30 m 떨어진 곳)	1×10^{-2}	100	나뭇잎이 바삭거리는 소리	1×10^{-11}	10
90 km/h로 달리는 자동차 안	3×10^{-5}	75	겨우 들을 수 있는 소리 (최소 소리준위)	1×10^{-12}	0
차량이 붐비는 거리	1×10^{-5}	70			

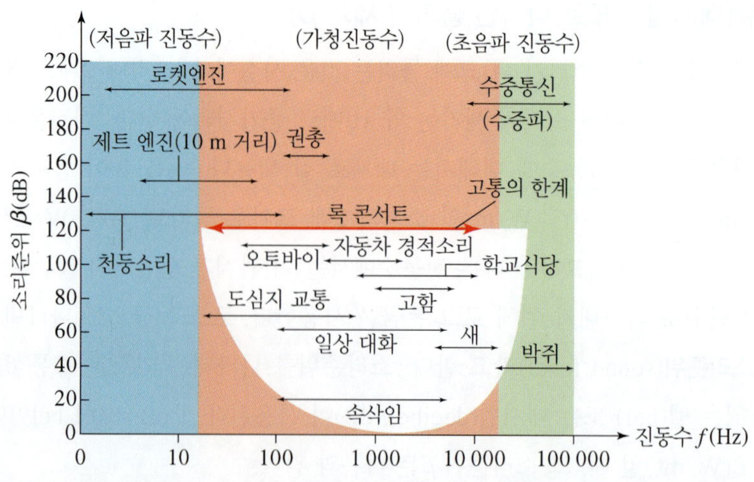

그림 12-5 소리준위와 음원의 진동수 사이의 관계. 흰색 부분은 인간이 들을 수 있는 영역이다.

예제 12-1 점파원의 세기

문제 일정한 점파원을 발생하고 있는 음원이 있다. 이 음원에서는 평균 75.0 W의 일률로 음파가 방출되고 있다. (a) 파원으로부터 2.0 m, 4.0 m 떨어진 지점에서 음파의 세기는 각각 얼마인가? (b) 음파의 세기가 $1.00 \times 10^{-6}\ \mathrm{W/m^2}$인 지점은 파원으로부터 얼마나 떨어져 있는가?

생각하기 음파가 전파됨에 따라 음파의 에너지는 가상의 구를 넘어 퍼져나간다. 점파원은 구면파 형태로 에너지를 방출하므로 식 12-6을 이용하여 음파의 세기를 구한다.

풀이 (a) 먼저 2.0 m 떨어진 곳에서 음파의 세기는 다음과 같다.

$$I = \frac{P_s}{4\pi r^2} = \frac{75.0\ \mathrm{W}}{4\pi(2.0\ \mathrm{m})^2} = 1.49\ \mathrm{W/m^2}$$

또 4.0 m 떨어진 곳에서 음파의 세기는 다음과 같다.

$$I = \frac{P_s}{4\pi r^2} = \frac{75.0\ \mathrm{W}}{4\pi(4.0\ \mathrm{m})^2} = 0.373\ \mathrm{W/m^2}$$

거리가 2배가 되면 음파의 세기는 약 1/4로 감소한다는 것을 알 수 있다.

(b) 주어진 I의 값을 이용하고 식 12-6을 r에 대해 푼다.

$$r = \sqrt{\frac{P_s}{4\pi I}} = \sqrt{\frac{75.0\ \mathrm{W}}{4\pi(1.00 \times 10^{-6}\ \mathrm{W/m^2})}} = 2.44 \times 10^3\ \mathrm{m}$$

예제 12-2 두 대의 스피커

문제 두 스피커에서 아름다운 음악이 흐르고 있다. 스피커 1의 소리준위는 $\beta_1 = 90.0$ dB이고, 스피커 2의 소리준위는 $\beta_2 = 93.0$ dB이다. 두 스피커에서 나오는 음파의 세기($\mathrm{W/m^2}$)를 각각 I_1, I_2라고 할 때, 두 음파의 세기 비 I_2/I_1을 구하라.

생각하기 스피커 1의 세기가 I_1, 그때의 소리준위가 β_1이다. 따라서 β_2에 해당하는 소리준위는 $\beta_2 = \beta_1 + 3.0$ dB이다.

풀이 두 소리준위의 차를 식으로 나타내면 다음과 같다.

$$\beta_2 - \beta_1 = 10\log\frac{I_2}{I_0} - 10\log\frac{I_1}{I_0}$$

$$3\ \mathrm{dB} = 10\left(\log\frac{I_2}{I_0} - \log\frac{I_1}{I_0}\right) = 10\log\frac{I_2}{I_1}$$

따라서

$$\frac{I_2}{I_1} = 10^{0.3} = 2.0$$

이다. 즉 스피커 I_2의 세기는 I_1의 2배이다.

소리준위의 차 3 dB에 대응하는 사람의 주관적인 감각으로 느끼는 실제 크기 변화는 아주 작다.

12-3 음파의 변위진폭과 압력진폭

앞서 11장에서 용수철을 따라 진행하는 하나의 펄스를 가정하여 파동의 특성을 다루었다. 이와 비슷하게 여기서는 그림 12-6에서와 같이 압축성 기체가 들어 있는 긴 관을 통해 이동하는 1차원 펄스의 운동을 생각해보자. 그림의 왼쪽 끝에 있는 피스톤으로 갑자기 기체를 압축시키면 오른쪽으로 이동하는 펄스를 생성할 수 있다. 피스톤을 움직이기 전에는 관 내의 기체는 교란되지 않은 상태로 밀도가 일정하며 안정하다. 피스톤을 오른쪽으로 갑자기 밀면 피스톤 바로 앞에 있는 기체는 압축된다(그림 12-6a)에서 압축된 부분은 다른 부분보다 진하게 칠한 부분이다). 이 부분의 기체 압력과 밀도는 피스톤을 밀기 전보다 더 크다. 피스톤을 멈추면 압축된 기체 부분은 오른쪽으로 진행한다.

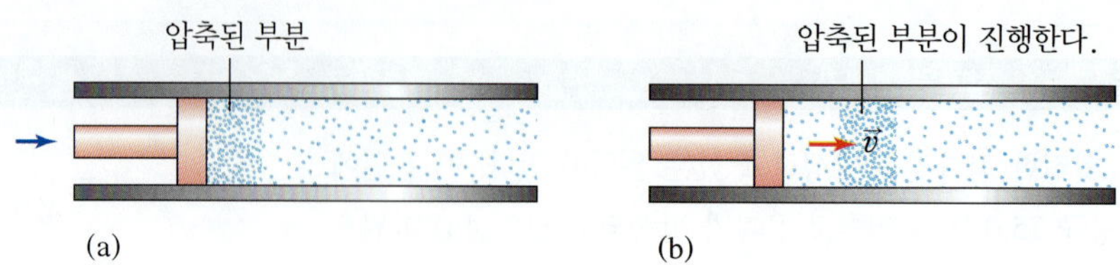

그림 12-6 그림 압축성 기체를 통해 이동하는 펄스의 운동 (a) 기체가 담겨진 피스톤을 갑자기 오른쪽으로 운동시키면 기체는 압축된다(진한 부분), (b) 피스톤을 멈추면 압축된 부분이 기체를 통해 오른쪽으로 진행한다.

만약 피스톤이 좌우로 단순조화운동을 한다면 기체 관내에는 1차원의 주기적인 음파가 생성될 것이다. 이때 진한 부분은 기체가 압축된 부분으로 밀도와 압력이 평형값보다 크며 압축된 부분은 피스톤을 관 내부로 밀 때마다 생긴다. 압축된 **밀**(compression)한 부분은 관을 따라 이동하면서 앞부분에 있는 기체를 연속적으로 압축시킨다. 이어 피스톤을 좌측으로 당기면, 피스톤 앞부분에 있는 기체는 팽창되며 이 영역의 밀도와 압력은 평형값 이하가 된다. 팽창된 **소**(rarefaction)한 부분도 밀한 부분과 마찬가지로 오른쪽으로 관을 따라 움직이면서 압축된 밀한 영역을 뒤따른다. 밀한 부분과 소한 부분 모두 관내에서 음속으로 이동한다. 피스톤이 사인형으로 진동한다면 밀한 부분과 소한 부분이 연속적으로 만들어진다. 이때 밀한 부분에서 이웃한 밀한 부분까지의 거리(또는 소한 부분에서 이웃한 소한 부분까지의 거리)는 음파의 파장 λ가 된다.

변위진폭

> **TIP 변위를 위치와 시간의 함수로 나타내는 방법**
>
> **$y(x, t)$** 어떤 요소들의 변위가 y방향일 때 (x방향에 수직)
> **$s(x, t)$** 어떤 요소들의 변위가 x방향일 때 (x방향에 평행)

종파인 음파가 진행하는 매질인 공기의 아주 작은 요소를 생각하자. 음파가 진행함에 따라 이 작은 요소는 음파의 진행방향과 나란하게 좌우로 단순조화운동을 한다. 앞서 팽팽한 줄에서 줄의 작은 요소가 y축을 따라 운동하는 것을 다루었다. 이 경우는 x, y 좌표계에서 줄이 y축에 대해서 평행하게 진동하여 $y(x, t)$로 기술하였으나, 공기 요소에서는 x축에 평행하게 진동하기 때문에 $x(x, t)$로 기술하여 설명할 수 있다. 여기서는 혼동을 피하게 위해 일반적으로 사용하는 $s(x, t)$로 나타내자.

그림 12-7에서와 같이 두께 Δx인 공기요소가 진동의 평형위치에서 단순조화운동을 한다고 하자. 그림에서 붉은색 부분은 평형위치로부터 오른쪽으로 s만큼 이동한 순간을 나타낸 것이며, 이 공기요소는 평형위치를 중심으로 최대변위 s_m까지 좌우로 주기운동을 한다. 공기요소의 변위를 거리 x와 시간 t의 사인함수 모양을 표시하기 위해 사인함수나 코사인함수로 나타낼 수 있다. 여기서는 코사인 함수로 나타내기로 하자.

$$s(x, t) = s_m \cos(kx - \omega t) \qquad \textbf{12-8}$$

이 식에서 평형위치에 대한 작은 공기요소의 최대변위 s_m을 **변위진폭**(displacement amplitude 變位振幅)이라고 한다. s_m은 파장 λ에 비해 아주 작다고 가정하며, 소문자 m은 변위가 가장 큰 경우로 maximum의 약자이다. 이 식에서 k는 음

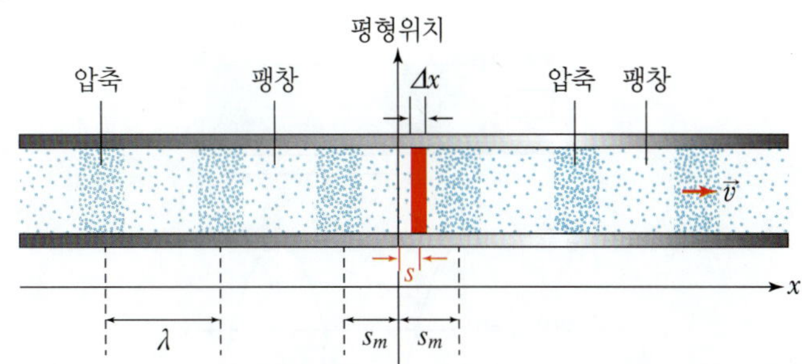

그림 12-7 압축성 기체(공기)로 채워진 긴 관에 있는 두께가 Δx인 기체 요소는 평형위치를 중심으로 단순조화운동을 한다. 이때 음파가 오른쪽을 향해 v의 속력으로 이동한다. 그림에서 붉은색 부분은 평형위치로부터 오른쪽으로 s만큼 이동한 순간을 나타낸 것이다.

파(세로 파동)의 각파동수, ω는 각진동수이다. 진동수 f, 파장 λ, 속력 v 그리고 T는 주기로 팽팽한 줄에서의 가로 파동의 경우와 똑같이 정의한다.

압력진폭

파동이 움직일 때 어느 위치 x에서 공기요소의 압력변화 ΔP도 주기적이며, 식 12-8의 변위에서와 같은 파수와 진동수를 갖는다. 따라서 압력변화는 다음과 같이 사인함수로 나타낼 수 있다.

$$\Delta P(x, t) = \Delta P_m \sin(kx - \omega t) \qquad \textbf{12-9}$$

이 식에서 ΔP가 양(+)이면 공기의 압축을 나타내고 음(−)이면 공기의 팽창을 나타낸다. ΔP_m는 평형위치로부터 최대 변화를 가리키며, **압력진폭**(pressure amplitude 壓力振幅)이라고 한다. 위 두 식에서 변위는 코사인함수로, 압력은 사인함수로 표현된 것을 알 수 있다. 이것은 코사인함수로 변위를 표현하면, 압력은 사인함수가 되기 때문이다. 음파는 변위파이기도 하고 압력파이기도 하다. 식 12-8과 식 12-9을 비교하면 그림 12-8에서와 같이 변위와 압력의 위상차가 $\frac{\pi}{2}$rad(90°)임을 알 수 있다. **따라서 변위가 0이면 압력변화는 최대이고, 압력의 변화가 0이면 변위는 최대임을 알 수 있다.**

식 9-8의 부피탄성률$\left(B = -\frac{\Delta P}{\Delta V/V_i}\right)$의 정의로부터, 작은 공기요소에서 압력변화를 부피변화의 함수로 나타내보자. 즉

$$\Delta P = -B\frac{\Delta V}{V_i} \qquad \textbf{12-10}$$

이다. 공기요소의 부피 V_i는 단면적에 평행위치로부터의 거리 Δx를 곱하면 된다.

$$V_i = A\Delta x \qquad \textbf{12-11}$$

식 12-10에서 ΔV는 공기요소가 움직일 때의 부피 변화량이다. 이 부피 변화량은 공기요소가 아주 작더라도 양 쪽 두 경계면의 변위는 약간의 차이가 생긴다. 이 차이를 Δs라고 하면 부피변화 ΔV는 다음과 같다.

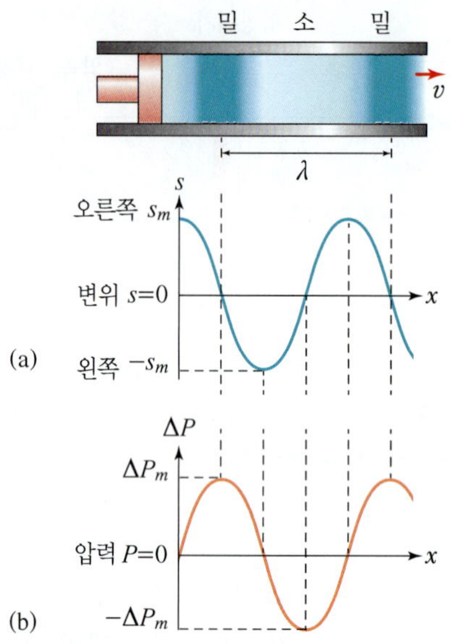

그림 12-8 (a) $t = 0$일 때 변위함수로 식 12-8의 그래프이며, (b) $t = 0$일 때 압력함수로 식 12-9 그래프이다.

$$\Delta V = A\,\Delta s \qquad \textbf{12-12}$$

식 12-11과 식 12-12를 식 12-10에 대입하면 다음과 같다.

$$\Delta P = -B\,\frac{A\,\Delta s}{A\,\Delta x} \qquad \textbf{12-13}$$

공기요소의 원기둥 두께 Δx을 0으로 접근시켜, $\Delta s/\Delta x$가 편미분 도함수가 되게 하자.

$$\Delta P = -B\,\frac{\partial s}{\partial x} \qquad \textbf{12-14}$$

이 식의 s에 변위함수인 식 12-8을 대입하면 다음과 같다.

$$\Delta P = -\,B\frac{2}{2x}\left[s_m \cos(kx - \omega t)\right] \qquad \textbf{12-15}$$
$$= B\,ks_m \sin(kx - \omega t)$$

이 결과를 보면 변위를 코사인 함수로 표현하면, 압력은 사인 함수가 된다는 것을 확인할 수 있다. 변위진폭과 압력진폭 사이에 사인값의 최대는 1이므로 다음과 같은 관계가 있음을 알 수 있다.

$$\Delta P_m = B\,ks_m \qquad \textbf{12-16}$$

식 12-16에서 압력진폭은 공기의 부피탄성률에 의존된다는 것을 알 수 있다. **음파가 고막을 진동시켜는 원인은 바로 이 압력변화 때문이다.** 식 12-3의 $v = \sqrt{B/\rho}$에서 $B = v^2\rho$이므로 식 12-16은 다음과 같다.

$$\Delta P_m = (v^2\rho k)s_m \qquad \textbf{12-17}$$

식 12-17의 k 대신에 식 11-46의 $k = \omega/v$를 대입하면 공기요소의 최대압력변화

ΔP_m은 다음과 같다.

$$\Delta P_m = (v\rho\omega)s_m \tag{12-18}$$

여기서 ρ는 매질(공기)의 밀도, v는 파동의 속력, ω는 각진동수이다.

12-4 음원

현의 진동

모든 소리의 원천은 진동하는 물체이다. 거의 모든 물체는 진동할 수 있으며, 따라서 음원이 될 수 있다. 그림 12-9에서와 같이 바이올린, 첼로, 기타, 피아노 등과 같은 현악기들은 진동하는 현(줄)을 이용하고, 모두 줄에서의 정상파(정지파)를 이용하는 악기들이다. 여기서 현(string 絃)은 악기의 줄을 말한다. 정상파의 이점은 줄이 지속적으로 큰 진폭으로 진동하여 주위의 공기를 주기적으로 밀어내고 끌어당김으로써 줄과 같은 진동수의 음파를 발생시킬 수 있다.

현악기에서 소리를 내는데 줄의 진동에 의존하나 보통 줄이 가늘어서 많은 공기를 압축하거나 팽창시킬 수 없기 때문에 소리가 클 수 없다. 따라서 현악기들은 소리상자(기타, 바이올린)또는 소리판(피아노)이라고 하는 기계적 증폭장치를 장착하여 소리를 증폭시킨다. 들리는 진동수는 튕기거나 누른 줄의 길이에 의해 결정된다. 이 길이는 연주자가 줄을 악기 지판의 어느 곳을 누르는가에 달려 있다. 바이올린은 지판을 누르는 왼손의 손가락을 오른쪽으로, 즉 안쪽으로 옮기면 줄의 길이가 짧아져 높은 진동수의 소리가 발생한다.

(a)

(b)

(c)

그림 12-9 (a) 바이올린 (b) 첼로 (c) 기타는 현(줄)의 길이 변화로 진동수를 조절하는 악기이다.

줄의 양끝을 고정하고 줄의 장력을 일정히 한 다음, 줄을 튕겨주면 줄이 고정된 양끝은 진동하지 못하기 때문에 항상 마디가 된다. 이렇게 양 끝이 마디가 된다는 조건을 가지고 파동을 그려 보면 앞 장에서 공부한 팽팽한 줄에서의 정상파와 같은 형태를 나타낸다. 이 때 현의 길이가 L이면 파장 λ는 다음과 같다.

$$\lambda_n = \frac{2L}{n} \quad (n = 1, 2, 3, \cdots) \tag{12-19}$$

$n = 1$이면 기본음인데 이때의 파장은 $\lambda = 2L$이고, $n = 2, 3$이면 2배 진동의 파장, 3배 진동의 파장이다. 그리고 공명진동수는 다음과 같다.

$$f = \frac{v}{\lambda} = \frac{n}{2L}v \quad (n = 1, 2, 3, \cdots) \qquad \textbf{12-20}$$

가장 낮은 진동수의 정상파, 즉 기본음은 하나의 배가 있는 진동에서 발생한다. 보다 높은 진동수의 정상파를 **배음**, **조화음**, **조화모드**라고 한다. 제2조화음은 기본음의 두 배의 진동수를 가지고 있다. 이 두식은 앞서 공부한 팽팽한 줄에서 정상파에 의한 공명진동수와 파장을 결정하는 식 11-61 및 식 11-62와 유사하다.

조율이 균등하게 된 악기의 한 옥타브의 진동수는 표 12-3과 같으며, 피아노 건반의 음계는 그림 12-10과 같다.

표 12-3 균등하게 조율된 한 음계의 진동수

음계	진동수(Hz)	음계	진동수(Hz)
C	262	G	392
$C^{\#}$ 또는 D^{b}	277	$G^{\#}$ 또는 A^{b}	415
D	294	A	440
$D^{\#}$ 또는 E^{b}	311	$A^{\#}$ 또는 A^{b}	466
E	330	B	494
F	349	C	524(262×2)
$F^{\#}$ 또는 G^{b}	370		

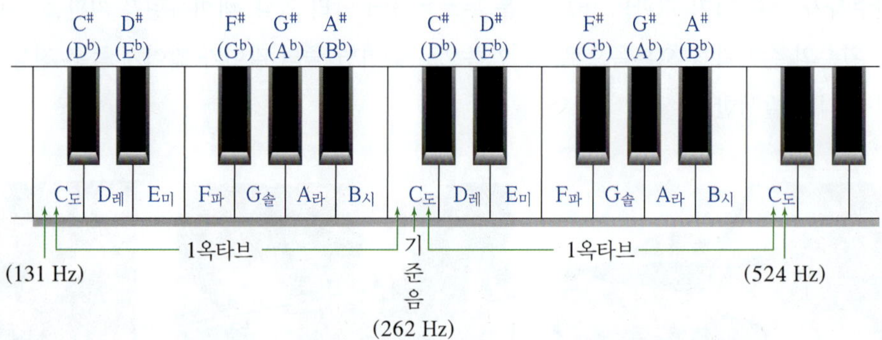

그림 12-10 피아노 음계. 중간 기준음인 '도'의 기본진동수는 262 Hz이다.

공기기둥의 진동

공기관에서도 현의 경우와 비슷한 방법으로 정상파를 발생시킬 수 있다. 음파의 파장이 관의 길이와 잘 맞으면 관 속에서 반대방향으로 진행하는 파동과 중첩되어 정상파가 생성된다. 이 조건을 만족시키는 음파의 진동수를 관의 공명진동수라고 한다. **정상파의 장점은 관 속의 공기가 안정적이고 큰 진폭으로 진동하여 관 속의 진동과 같은 음파를 열린 끝으로 내보낼 수 있다.**

속이 빈 파이프(관)는 음악 소리를 내기 위해 오래 전부터 사용되어 왔다. 목관악기, 금관악기, 파이프 오르간과 같은 악기에서는 관 안에 들어 있는 공기기둥의 정상파 진동으로부터 소리를 만들어낸다. 시험관 입구를 입술에 대고 강하게 불면 소리가

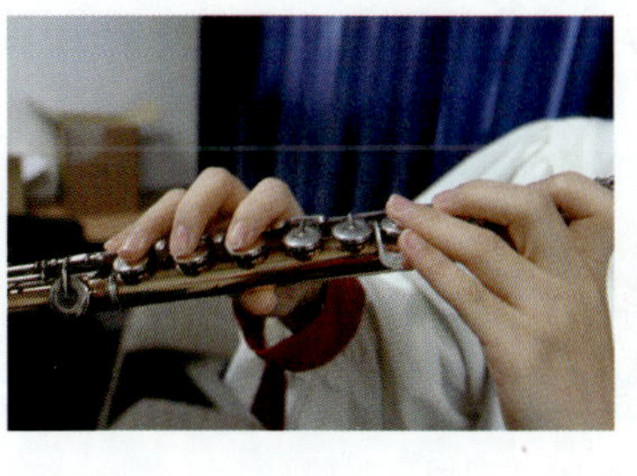
(a)

(b)

(c)

그림 12-11 공기기둥의 길이 변화로 진동수를 바꾸는 악기(손가락을 누르는 위치에 따라 공기기둥의 길이가 변한다). (a) 플루트 (b) 클라리넷 (c) 색소폰

난다. 이것은 시험관에 입으로 바람을 불어 넣을 때 시험관 입구 근처에 있던 공기층에 소밀파가 만들어지고, 그것이 관내의 공기기둥에 전파되어 공기기둥을 진동시키기 때문이다. 이때 관내에 입사한 파동은 닫혀 있는 부분에서 반사되고 이 반사파와 입사파가 간섭하여 관 내에 정상파를 만든다. 이 때 닫힌관 끝에서는 공기가 진동할 수 없으므로 이 끝은 고정단이 되고 정상파의 마디가 된다. 다른 쪽 끝의 열린관에서는 공기가 자유로이 진동할 수 있어 자유단이 되고 정상파의 배가 된다. 그림 12-12는 양끝이 열린 관 속에 형성되는 가장 간단한 정상파인 기본모드(제1조화모드)를 이해하기 쉽게 나타낸 그림이다. 그림 12-12(a)는 정지된 음파를 현에서의 정상파 형태로 나타낸 그림이고, 그림(b)는 공기분자의 실제 운동 모습으로 마디가 형성된 지점에서의 움직임은 최소가 된다. 그림(c)는 공기분자의 압력상태를 분자들의 밀집도로 나타낸 그림으로 압력이 최대인 곳은 분자들의 밀집도가 큰 압축된 중앙이다.

공기기둥을 이용하는 관은 열린관과 닫힌관을 사용한다. 양끝이 모두 열려있는 관

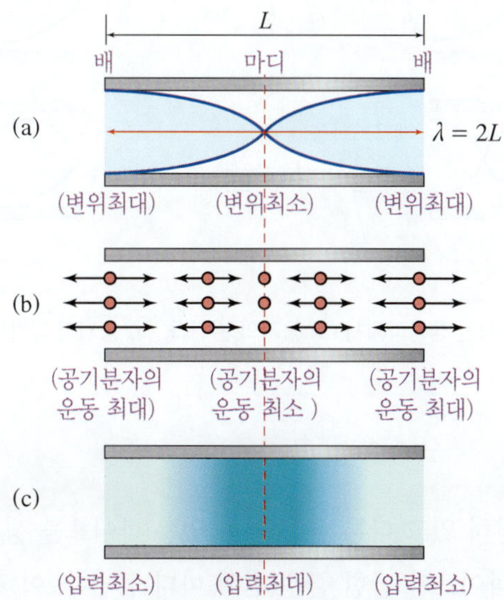

그림 12-12 양끝이 열린관 속에 형성되는 가장 간단한 정상파 기본모드(제1조화모드) (a) 음파를 줄의 정상파 형태로 나타낸 그림 (b) 공기분자의 운동변위 (c) 공기분자의 압력상태, 압력이 최대인 곳은 압축된 중앙 지점이다.

을 **열린관**(open pipe)이라고 하고, 한쪽 끝은 열려있고 반대 쪽 끝은 닫혀있는 관을 **닫힌관**(close pipe)이라 한다.

1. 열린관

양 끝이 모두 열린관에서는 양쪽 끝에서 공기가 자유로이 진동할 수 있으므로 파이프 내의 정상파의 모양은 그림 12-13과 같으며, 이때 형성된 정상파에서 공기의 변위(그림 a)와 압력(그림 b)의 최대 및 최소점의 위치는 서로 반대이다.

기본진동($n = 1$)에서 정상파는 파장의 반인 서로 이웃한 배 사이에 펼쳐 있어 파장은 관 길이의 두 배가 된다. 기본진동에서는 $\lambda = 2L$, 2배진동에서는 $\lambda = L$, 3배진동에서는 $\lambda = \frac{2}{3}L$의 관계가 있다. 따라서 관의 길이가 L인 열린관에서 파장 λ는 다음과 같이 일반식으로 표현된다.

$$\lambda = \frac{2L}{n} \quad (n = 1, 2, 3, \cdots) \qquad \textbf{12-21}$$

식 12-21에서 파장에 대한 공명진동수는 다음과 같다.

$$f = n\frac{v}{2L} \quad (n = 1, 2, 3, \cdots) \qquad \textbf{12-22}$$

기본진동($n = 1$)의 진동수는 $f_1 = v/2L$이다. 더 높은 배진동의 진동수는 $2f_1$, $3f_1$, … 등이다. 즉 양쪽 끝이 열린 관에서 진동의 공명진동수는 기본진동수의 정수배를 모두 포함하는 조화열을 이룬다.

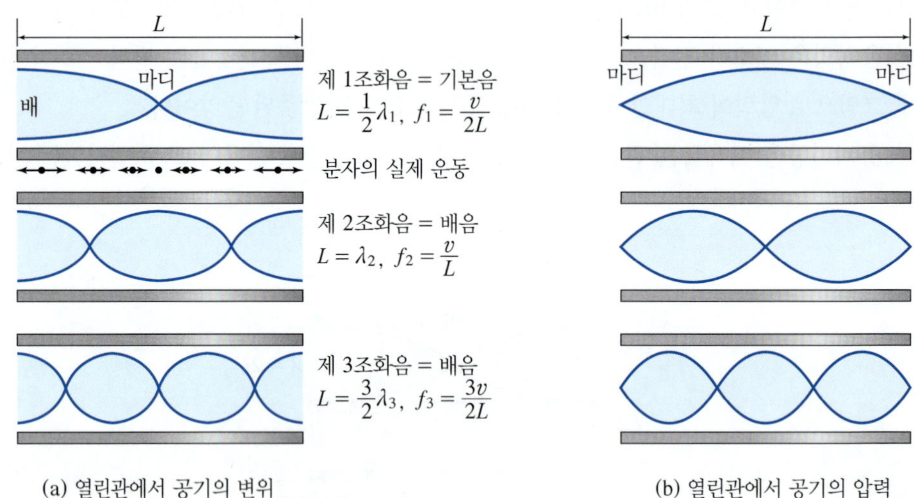

그림 12-13 열린관에 형성된 정상파에서 (a) 공기의 변위와, (b) 공기의 압력의 최대 및 최소점의 위치는 서로 반대이다.

2. 닫힌관

이번에는 한쪽 끝은 닫혀 있고 다른 끝은 열려 있는 파이프를 생각하자. 닫힌관에서는 그림 12-14와 같이 파이프가 닫힌 끝은 변위 마디가 된다. 이 경우 기본진동에 대한 정상파는 파장의 1/4 거리인 배로부터 이웃한 마디까지 펼쳐져 있다. 가장 간단한 모양은 그림 12-14(a)와 같이 $L = \frac{1}{4}\lambda$, 즉 $\lambda = 4L$이고, 기본진동수는 $f_1 = v/4L$이다.

제2배진동(제2조화모드)에서는 $L = \frac{3}{4}\lambda$, 즉 $\lambda = \frac{4}{3}L$이다. 한쪽 끝만 열린 길이 L인 파이프에서 공명이 생길 때 파장 λ는 다음과 표현된다.

$$\lambda = \frac{4L}{n} \quad (n = 1, 3, 5, \cdots) \qquad \textbf{12-23}$$

이때 조화차수 n은 홀수이어야 한다. 더 높은 배진동은 기본진동수 f_1의 모든 정수배를 포함하지 않고, 홀수배의 $3f_1$, $5f_1$, ⋯의 진동수를 갖는다. 즉, **한쪽 끝이 닫힌관에서 진동의 자연진동수는 기본진동수의 홀수 정수배만을 포함하는 조화열을 이룬다.** 이때 공명진동수는 다음과 같다.

$$f = \frac{v}{\lambda} = \frac{nv}{4L} \quad (n = 1,3,5, \cdots) \qquad \textbf{12-24}$$

관악기에서 고음을 낼 때에는 구멍을 열어서 관의 길이를 짧게 하면 정상파의 파장이 짧아져 진동수가 커지면서 높은 소리가 나게 된다. 이와 같이 정상파는 모든 악기의 비밀을 풀어주는 열쇠가 된다.

TIP 열린관 악기와 닫힌관 악기

열린관 악기 플루트, 리코더, 피콜, 퉁소 등

닫힌관 악기 클라리넷, 혼, 튜바, 색소폰 등

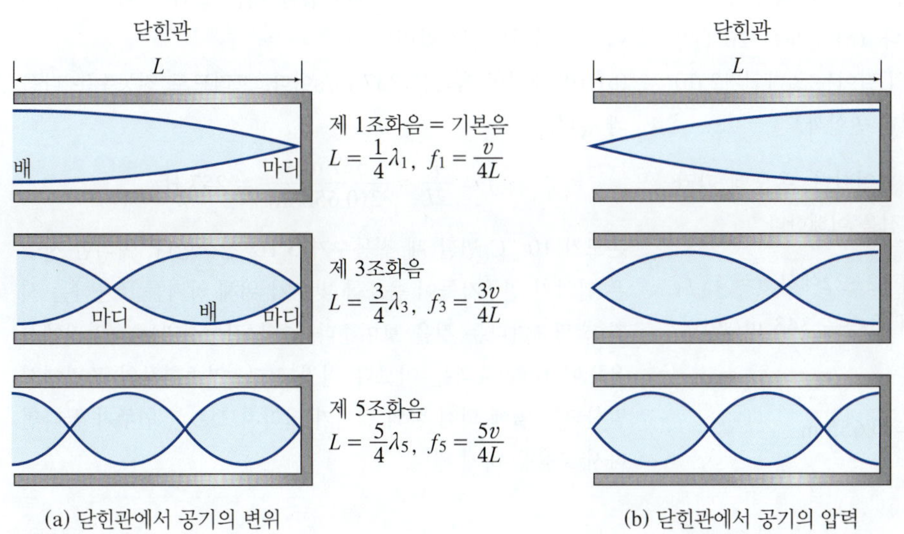

그림 12-14 닫힌관에 형성된 정상파에서 (a) 공기의 변위와 (b) 공기의 압력의 최대 및 최소점의 위치는 서로 반대이다.

예제 12-4 여수엑스포 파이프 오르간

문제 파이프 오르간은 '천상의 악기'라 불릴 만큼 아름답고 웅장한 소리를 낸다. 파이프의 재질, 파이프의 지름(구멍의 크기), 파이프의 길이 등에 따라 여러 소리가 난다. 여수박람회 스카이타워에 설치된 파이프 오르간은 당시(2012년) 세계에서 가장 큰 소리를 냈으며, 최대 소리준위는 138.4 dB로 수평방향으로 6 km까지 멀리 퍼졌다. 또한 피아노 음계에 버금가는 80 음계까지 소리를 냈다. 80개 기둥 중에서 길이가 26 cm인 닫힌관 작은 파이프에서 공기가 진동한다고 하자. (a) 20 °C에서의 기본진동수와 3가지 배음들의 진동수는 얼마인가? (b) 만약 같은

(a)

(b)

그림 12-15 (a)여수엑스포 스카이타워에 설치된 파이프 오르간. (b) 엑스포 기간 중 하루 3번씩 연주가 이루어져 여름밤의 정취를 북돋웠다.

길이의 파이프가 열린관에서 진동한다고 가정하면 20 °C에서의 기본진동수와 3가지 배음들의 진동수는 얼마인가?

생각하기 열린관에서의 진동인가? 닫힌관에서 진동인가를 먼저 파악하여 해당 공식을 이용한다.

풀이 (a) 20°C에서 공기 중에서의 음속은 343 m/s이다. 닫힌관에서의 기본진동수는 식 12-24에서 $n = 1$, $f_1 = \dfrac{v}{4L}$ 이다. 즉

$$f_1 = \frac{v}{4L} = \frac{343\ \text{m/s}}{4(0.26\ \text{m})} = 330\ \text{Hz}$$

이다. 닫힌관에서는 홀수 조화음만 존재하기 때문에 처음 3가지 배음들은 다음과 같다.

990 Hz, 1650 Hz, 2310 Hz

(b) 열린관에서 기본진동수는 식 12-22에서 $n = 1$, $f_1 = \dfrac{v}{2L}$ 이다. 즉

$$f_1 = \frac{v}{2L} = \frac{343\ \text{m/s}}{2(0.26\ \text{m})} = 660\ \text{Hz}$$

이다. 열린관에서의 배음은 모든 조화음이 포함되며, 처음 3가지 배음은 다음과 같다.

1320 Hz, 1980 Hz, 2640 Hz

예제 12-5 플루트 길이

문제 플루트는 모든 구멍이 닫혔을 때 그 기본진동수가 중간 C음인 262 Hz가 되도록 설계되어 있다. (a) 온도는 20°C일 때, 입을 대는 곳으로부터 다른 끝까지의 길이는 얼마인가? (b) 온도가 10°C일 때, 음의 진동수는 어떻게 변할까?

생각하기 플루트는 열린관 악기임을 확인한다. 온도에 따라 음속이 달라지므로 진동수가 변한다는 점을 이해한다.

풀이 (a) 열린관에서 기본진동수는 식 12-22에서 $n = 1$, $f_1 = \dfrac{v}{2L}$ 이다. 20°C에서 공기 중에서의 음속은 343 m/s이다. 그러므로 플루트의 길이는 다음과 같다.

$$L = \frac{v}{2f} = \frac{343\ \text{m/s}}{2(262\ \text{s}^{-1})} = 0.655\ \text{m}$$

정상파의 배의 위치가 정확히 입을 대는 끝과 일치하지 않기 때문에 길이는 근삿값이다.

(b) 10°에서의 음속은 337 m/s이다. 그러므로 진동수는 다음과 같다.

$$f = \frac{v}{2L} = \frac{337\ \text{m/s}}{2(0.655\ \text{m})} = 257\ \text{Hz}$$

온도가 10 °C 변할 때 진동수가 5 Hz 감소한다. 이러한 사실은 관악기 연주자들이 음조를 맞추기 위해 악기를 조율하는 시간이 필요하다는 것을 보여준다. 줄을 진동시키는 현악기에서 온도에 대한 효과는 이보다 훨씬 크다. 연주회장의 조명에서 발산되는 열에 의해 현의 길이가 달라지므로 한 연주가 끝나면 다시 조율을 하게 된다.

12-5 음질과 소음

음질

악기 연주시 소리의 높낮이(진동수), 크기(진폭) 그리고 **음질**(tone quality 音質) 또는 **음색**(timbre)이라고 하는 또 다른 고유한 성질을 고려해야 한다. 음질은 배음의 존재, 즉 배음의 수와 그들의 상대진폭에 관계가 깊다. 일반적으로 악기 연주시 기본음뿐만 아니라 동시에 배음도 생긴다. 피아노의 '도'음이나 바이올린의 '도'음은 모두 똑같은 진동수를 가지는 음이다. 그럼에도 불구하고 우리는 두 '도'음이 서로 다른 것처럼 들리는데 이것은 두 악기에서 발생되는 소리의 **음색**이 다르기 때문이다.

소리의 음색은 무엇에 의해서 결정될까? 피아노의 '도'음과 바이올린의 '도'음은 실제로 하나의 진동수를 가지나, 실제 우리가 들을 때는 많은 **배음**이 포함된 합성파이다. 이때 만들어지는 합성파의 모양이 다르면 사람들은 음색이 다르다고 느낀다. 똑

같은 '도'음도 그 음이 만들어진 환경에 따라 배음이 섞이는 정도가 달라질 수 있기에 다른 음색의 음이 만들어진다. 현을 퉁길 때에 발생하는 음파의 진동수는 기본진동수의 정수배가 된다. 따라서 **기본진동수가 C음인 현을 퉁기면 그 배음으로 C1, C2 등의 음만 생기는 것이 아니라 G1, E2, G2 등 다른 음에 해당하는 배음도 함께 생긴다. 이때 배음의 상대적인 크기가 어떤가에 따라 음색이 결정된다**.

같은 진동수를 내는 소리굽쇠와 플루트 그리고 클라리넷의 배음을 보면 상대적인 크기가 다른 음이 섞여 있다. 기본진동수는 모두 같지만(같은 음을 내지만) 배음에 큰 차이가 있다. 따라서 이들이 중첩돼 나타나는 파의 형태도 조금씩 차이가 있다.

여러 악기의 고유한 소리도 배음의 혼합에 의해서 결정므로 다른 음색으로 들린다. 나팔, 트럼펫, 바이올린, 튜바 등은 배음이 풍부한 악기이다. 사람마다 다양한 음색을 가지고 있는데, 이 음색의 차를 구분할 수 있다는 것은 인간만이 갖는 특권일지 모른다. 음색의 차가 없다면 악기의 구분도 필요 없고 중창이나 합창의 아름다운 화음은 존재하지 않았을 것이다. 배음의 합성이 만들어내는 음색의 조화가 세상의 음악을 더욱 풍요롭게 만든다.

TIP 배음(overtone 倍音)

기본음 위에 희미하게 들리는 음으로 정수배의 진동수를 갖는 모든 음을 가리킨다. 배음은 줄(또는 공기기둥) 전체 중 부분이 진동함으로써 생기며, 부분음(partials) 혹은 하모닉스(harmonics)라 부른다. 보통 기본음만을 분명히 들을 수 있지만 주의력을 집중하면 배음을 들을 수 있다. 클라리넷의 부드러운 음은 낮은 음역의 배음 때문이며, 오보에의 콧소리에 가까운 음색은 낮은 음역에서 배음이 부족하기 때문이다.

소리 스펙트럼

그림 12-16은 세 파의 합성이 어떻게 형성되는지를 보여준다. 이 경우 기본음과 처음 두 배음(특정 진폭을 가지고 있는)이 결합하여 합성파형이 생긴다. 물론 두 개 이상의 배음도 존재한다. 여러 배음의 상대진폭도 악기마다 다르고, 이것이 각 악기의 고유한 음질 또는 음색이 된다. 악기에 의해 만들어지는 상대적인 진폭을 나타내는 그래프를 **소리 스펙트럼**이라고 한다.

그림 12-17은 서로 다른 음원에 대한 몇 가지 소리 스펙트럼, 즉 파형의 배음 분포를 나타낸 것이다. 소리굽쇠는 한 가지 진동수(기본진동수)만을 내지만 다른 악기의 소리에는 배음이 섞여 있다. 플루트로 한 음을 내면 소리의 일부는 기본진동수의 음으로 나고 있지만, 이보다는 2차조화진동이 더 강하고 4차조화진동은 기본음과 거의 같은 세기로 나고 있다[그림 12-17(b)′]. 이러한 배진동이 모두 중첩의 원리에 따라 합쳐져서 위쪽 그림(b)에서와 같이 복잡한 파형을 이루게 된다. 클라리넷은 1차조화진동

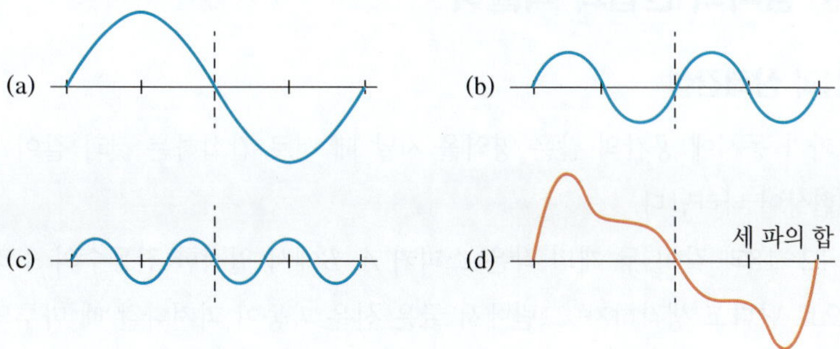

그림 12-16 기본음(a)과 처음 두 배음(b, c)의 진폭이 같은 위치의 점에서 중첩의 원리에 따라 더해진 합성파형(d)

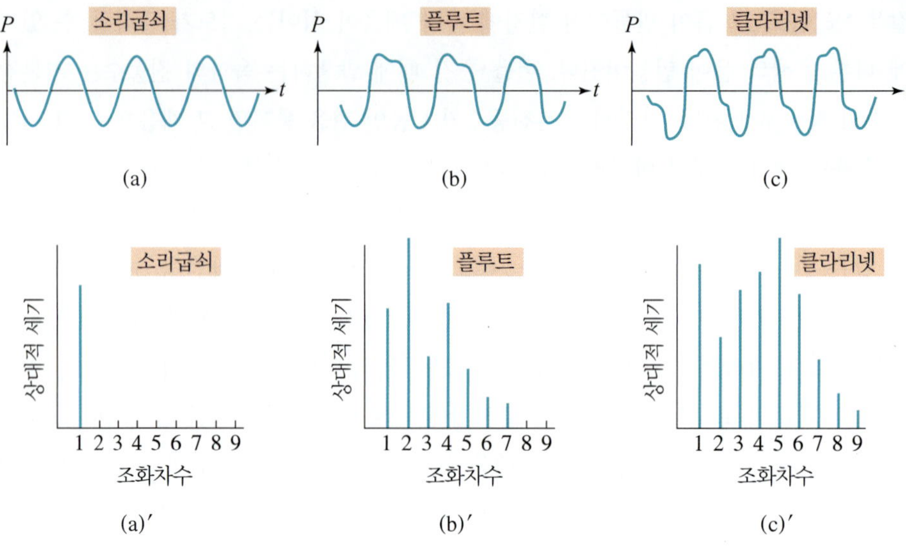

그림 12-17 악기에 따라 다르게 나타나는 소리의 파형(위)과 이 파형의 조화차수를 나타낸 그림(아래)

외에도 여러 차수의 조화진동을 한다.[그림 12-17(c)′]. 이러한 배음을 합치면 위쪽 그림(c)과 같은 합성파형을 얻는다.

소음

두 개의 돌이 서로 부딪칠 때 나는 소리는 어떤 음질을 가지고 있는 잡음이다. 그러나 이 경우에는 명확한 높낮이는 구별할 수 없다. 이와 같은 잡음은 서로 관계가 없는 여러 진동수의 소리가 혼합된 것이다. 이러한 잡음의 소리 스펙트럼을 만든다면 띄엄띄엄한 형태가 아니고, 거의 연속적인 진동수 스펙트럼을 보일 것이다. 이러한 소리를 기본음의 배수로 된 진동수를 가지는 조화음과 비교하여 **잡음**이라고 한다. 잡음은 사람에 따라 **소음**(noise 騷音)으로 느끼게 된다. 소음은 사람이 듣기에 거북한 소리를 말하며 듣는 사람의 주관적인 판단에 따라 다르다. 소음은 사람에게 생리적, 심리적으로 나쁜 영향을 준다. 단기적으로는 심장 박동수가 증가하기도 하며, 피부 근육의 말초혈관이 수축하기도 한다. 또한 소화 기능 장애, 백혈구 증가 등이 나타나며, 장기적으로는 스트레스와 청력 손실을 가져오기도 한다.

> **TIP 백색 소음(white noise)**
>
> 여러 가지 주파수의 소리(소음)를 골고루 섞어놓은 것을 말한다. 여러 가지 빛을 섞으면 흰색이 되는 것과 같은 개념으로 '백색(白色)'이란 이름이 붙여졌다. 넓은 주파수 범위에서 거의 일정한 주파수 스펙트럼을 가지는 자연음으로 안정감을 느끼고 소음을 덮어주는 효과가 있다. 신체와 뇌가 받는 스트레스를 일정 부분 완화해 주기도 한다. 백색 소음에는 자연 바람소리 · 파도 · 비 · 시냇물소리 등이 있다.

12-6 음파의 간섭과 맥놀이

보강간섭과 상쇄간섭

두 개의 파가 동시에 공간의 같은 영역을 지날 때 서로 간섭하는 것과 같이 음파에서도 간섭 현상이 나타난다.

그림 12-18과 같이 두 개의 작은 스피커 A, B에서 일정한 진동수의 소리가 동일한 위상으로 난다고 생각하자. 그림에서 굵은 선은 파동이 퍼져나갈 때 마루의 모습을 나타낸 것이다. 소리에서 마루란 공기가 압축된 곳이고, 마루와 마루 사이의 골은 공기가 희박한 곳이다. 두 스피커에서 같은 거리만큼 떨어진 점 C에 있는 검출기는 그

점이 보강간섭이 일어나기에 큰 소리를 들을 것이다. 한편 점 D에서는 한 파의 압축된 부분(마루)와 다른 파의 희박한 부분이 만나 상쇄간섭이 일어나기 때문에 소리는 거의 들리지 않게 된다. 이러한 상황을 그림 12-18(b)와 (c)와 같이 파형으로 나타내면 이 같은 상황분석을 보다 확실하게 이해 할 수 있다.

소리가 잘 들리는 곳은 두 음파의 마루와 마루 또는 골과 골이 마주쳐서 **보강간섭**(constructive interference 補强干涉)이 일어나는 곳으로 두 소리의 경로차가 $\Delta L = m\lambda (m = 0, 1, 2, \cdots)$가 되는 곳이다. 그리고 소리가 잘 들리지 않는 곳은 골과 마루가 마주쳐서 **상쇄간섭**(destructive interference 相殺干涉; 소멸간섭이라고도 함)이 일어나는 곳으로 경로차가 $\Delta L = (2m + 1)\dfrac{\lambda}{2}$ $(m = 0, 1, 2, \cdots)$가 되는 곳이다. 보강간섭과 상쇄간섭의 조건을 정리하면 다음과 같다.

- 보강간섭이 일어날 조건: 경로차 $\Delta L = m\lambda \quad (m = 0, 1, 2, \cdots)$ **12-25a**
- 상쇄간섭이 일어날 조건: 경로차 $\Delta L = (2m + 1)\dfrac{\lambda}{2} \quad (m = 0, 1, 2, \cdots)$ **12-25b**

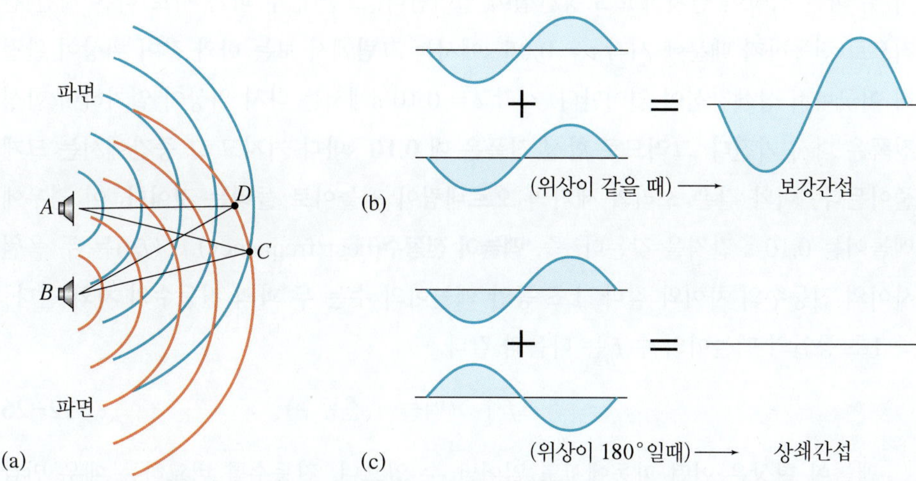

그림 12-18 (a) 동일한 진동수와 위상을 가진 두 개의 소리에 의한 간섭 현상. (b) 마루와 마루(또는 골과 골)가 만나는 점 C에서는 보강간섭이 일어난다. (c) 마루와 골이 만나는 점 D에서는 거리차가 반파장만큼 생기고 상쇄간섭이 일어난다.

예제 12-6 간섭 현상과 스피커까지의 거리

문제 그림 12-18(c)에서 두 스피커는 1.00 m 떨어져 있고 각각 1 150 Hz의 소리를 낸다고 하자. 어떤 사람이 스피커 A로부터 4.00 m 떨어진 점 D에서 상쇄간섭이 나타나는 것을 느꼈다면, 이 사람은 스피커 B에서 얼마만큼 떨어진 곳에 위치하는가? 온도는 20°C 라고 한다.

생각하기 상쇄간섭이 일어날 때 두 소리의 경로차의 조건이 어떠한지를 생각한다.

풀이 이 소리의 파장은 다음과 같다.

$$\lambda = \frac{v}{f} = \frac{343 \text{ m/s}}{1150 \text{ Hz}} = 0.30 \text{ m}$$

상쇄간섭이 일어나기 위해서는 사람은 두 스피커로부터 거리가 반파장 만큼 차이가 있어야 한다. 즉 0.15 m만큼 더 멀거나 더 가까이 있으면 된다. 그러므로 스피커 B로부터 4.15 m(또는 3.85 m) 떨어져 있어야 한다. 이 예에서 두 스피커 사이의 거리가 0.15 m보다 가깝다면, 어떤 점에서도 거리의 차가 0.15 m가 될 수 없고, 상쇄간섭이 일어나는 점은 존재하지 않는다.

맥놀이

음파의 간섭 현상에서 흥미로운 예로 **맥놀이**(beats)라는 현상이 있다. **맥놀이는 진동수가 약간 다른 두 파동의 중첩에 의해 한 점에서 진폭이 주기적으로 변하는 현상을 말한다.** 두 개의 소리굽쇠 중의 하나에 철사를 조금 감아서 진동수를 약간 다르게 하면 이 소리굽쇠의 진동수는 다른 것보다 약간 작아진다. 다음에 이들 두 소리굽쇠를 동시에 강하게 울리면 두 소리굽쇠의 음파가 합쳐져서 소리가 강해졌다 약해지고, 약해졌다 강해지는 맥놀이 현상이 일어난다. 맥놀이가 어떻게 일어나는지 알아보기 위해 두 소리굽쇠에서 나오는 음파의 진동수가 각각 $f_1 = 50$ Hz와 $f_2 = 60$ Hz이고 진폭이 같다고 하자. 1초 동안 50 Hz의 소리굽쇠는 50번 진동하는 데 비해, 60 Hz의 소리굽쇠는 60번 진동한다. 그러면 두 소리굽쇠로부터 같은 거리에 있는 한 점에서 파들을 생각해보자.

그림 12-19의 위에 있는 두 곡선은 시간의 함수로 각 소리굽쇠에서 나오는 파의 파형을 나타낸 것이고, 아래에 있는 곡선은 두 파의 합을 나타낸 것이다. 시각 $t = 0$에서 두 파는 위상이 일치하고 보강간섭이 일어난다. 그런데 두 파가 서로 다른 시간 간격으로 진동하기 때문에 시각 $t = 0.05$ s에서는 그림에서 보는 바와 같이 위상이 완전히 어긋나서 상쇄간섭이 일어난다. 시각 $t = 0.10$ s에서는 다시 위상이 일치하여 합성 진폭은 다시 커진다. **그러므로 합성 진폭은 매 0.10 s마다 커지고 그 중간에서는 크게 줄어든다. 이와 같은 소리의 세기의 오르내림이 맥놀이로 들리는 것이다.** 이 경우에 맥놀이는 0.10 s 간격을 갖는다. 즉, **맥놀이 진동수**(beat frequency) f_b ($f_{맥}$)는 두 음원 사이의 진동수의 차이와 같다. **1초 동안 맥놀이의 수는 두 파의 진동수의 차와 같다.** 즉 1초 동안의 맥놀이의 수 f_b는 다음과 같다.

$$f_b = |f_1 - f_2| \quad \text{(맥놀이 진동수)} \qquad \textbf{12-26}$$

맥놀이 현상은 어떤 파동에서도 일어날 수 있으며, 진동수를 비교하는 매우 민감한 방법이다. 예를 들어 피아노를 조율하기 위해 조율사는 표준 소리굽쇠와 피아노의 특정한 줄의 진동 사이에 일어나는 맥놀이를 듣고, 맥놀이가 없어지면 조율이 되었다는 것을 안다. 조율사는 서로 다른 피아노 사이의 맥놀이를 듣기도 한다. 관현악단의

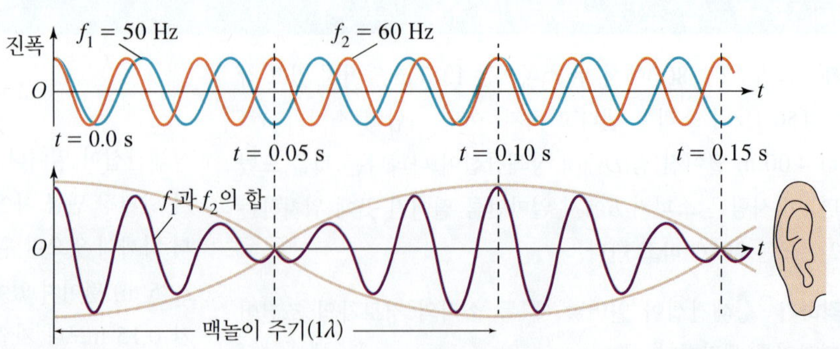

그림 12-19 진동수가 각각 $f_1 = 50$ Hz, $f_2 = 60$ Hz이고 진폭이 같은 두 음파가 동시에 울릴 때 0.10 s마다 맥놀이가 나타난다.

연주자는 그들의 악기와 피아노 또는 오보에에 의해 만들어지는 표준음(440 Hz)과의 맥놀이를 듣고서 악기를 조율한다.

예제 12-7 소리굽쇠에서의 맥놀이

문제 그림 12-20은 여러 진동수를 갖는 소리굽쇠 상자이다. 만약 두 소리굽쇠 A와 B에서 나오는 음파의 공기 중에서의 파장의 비가 49:50이었다. 지금 A와 B를 동시에 울려서 매초 3회의 맥놀이를 들었다면 이들 소리굽쇠 A, B의 진동수는 각각 얼마인가?

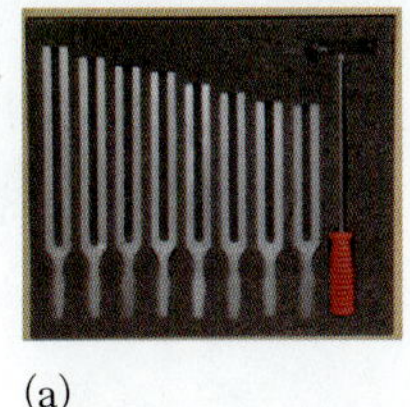
(a)

(b)

그림 12-20 (a) 소리굽쇠는 길이에 따라 진동수가 달라진다. (b) 소리굽쇠를 공명상자에 고정시켜 망치로 두드리면 고유의 진동수를 갖는 소리가 발생한다.

생각하기 일반적으로 1초 동안 맥놀이의 수는 두 파의 진동수의 차와 같다.

풀이 $v = f\lambda$에서 진동수는 $f = \dfrac{v}{\lambda}$이므로 두 소리굽쇠 A와 B의 진동수의 비는 다음과 같다.

$$f_A : f_B = \frac{v}{\lambda_A} : \frac{v}{\lambda_B}, \qquad \lambda_B : \lambda_A = 50 : 49$$

$$\therefore f_A = \frac{50}{49} f_B \tag{1}$$

또 맥놀이의 수는 다음과 같다.

$$f_b = f_A - f_B = 3 \tag{2}$$

따라서 식 (1)과 (2)를 연립하여 풀면 두 소리굽쇠의 진동수는 다음과 같다.

$$f_A = 150 \text{ Hz}, \quad f_B = 147 \text{ Hz}$$

12-7 Doppler 효과

자동차가 가까이 다가왔다가 지나갈 때 자동차의 경적 소리가 점점 높아졌다가 낮아지는 현상을 접할 수 있다. **음원(자동차)과 관측자(나)가 상대적으로 운동하고 있을 때 서로 가까워지는 경우에 음원의 실제 진동수보다 더 큰 진동수(고음)로 들리고, 서로 멀어지는 경우에는 실제 진동수보다 더 작은 진동수(저음)로 들린다.** 이와 같이 음원과 관측자의 상대적 운동에 의해 관측되는 음파의 진동수가 변화되는 현상을 **도플러 효과**(Doppler effect)라고 한다. Doppler 효과는 1842년 오스트리아의 물리학자 도플러(Christian Johann Doppler, 1803~1853)가 처음으로 제안하였다. 그 후 1845년 네덜란드의 기상학자 보이스 발로트(Buys Ballot)가 무개차(open car 無蓋車)에 트럼펫 몇 개를 설치하고 이 차를 기관차로 움직이면서 Doppler 효과를 실험으로 검증했다. Doppler 효과는 음파에만 한정되는 것이 아니고 다른 종류의 파동에도 적용된다.

관측자는 정지하고 음원이 움직일 때

그림 12-21에서와 같이 **관측자(observer)**는 정지해 있고, **음원(source)** s가 v_s의 속력으로 움직인다고 하자. 여기서 음원을 구급차에서 울리는 사이렌 소리라고 하고, 그려진 원들은 음원에서 발생하여 방사형으로 퍼져나가는 음파의 마루를 이어 놓은 파

> **TIP Doppler 효과식에 나오는 기호 약속**
>
> **음원(source)** 진동수 f_s, 파장 λ_s, 음원의 속력 v_s
> **관측자(observer)** 듣는 진동수 f_o, 파장 λ_o, 관측자의 속력 v_o
> **음속** v

면이다. 구급차가 진동수 f_s인 사이렌을 울리면서 관측자A(그림 12-21)에게로 다가오면 관측자는 새로운 진동수 f_o를 듣게 된다. 한 주기 T 동안 속력이 v인 음파가 이동한 거리는 vT이고, 이 시간 동안 음원인 구급차는 v_s 속력으로 관측자를 향해 다가오므로 구급차가 이동한 거리는 v_sT이다. 이때 두 거리의 차이가 관측자가 대하는 새로운 파장 λ_o가 된다.

$$\lambda_o = (v - v_s)T$$

이 파장으로부터 관측자가 대하는 새로운 진동수 f_o를 구하면 다음과 같다.

$$f_o = \frac{v}{\lambda_o} = \frac{v}{(v - v_s)T} \qquad \textbf{12-27}$$

음원의 진동수 f_s는 $f_s = \frac{1}{T}$이므로 식 12-27을 다시 정리하면 다음과 같다.

$$f_o = \frac{f_s}{(1 - v_s/v)} \quad \text{(음원이 정지한 관측자를 향해 접근할 때)} \qquad \textbf{12-28a}$$

식 12-28a에서 분모가 항상 1보다 작으므로 $f_o > f_s$이다. 즉 정지한 관측자가 듣는 진동수(f_o)는 음원의 진동수(f_s)보다 더 큰 진동수의 소리를 듣는다. 음원이 관측자를 향하여 다가갈 때 관측자가 듣는 진동수는 음원이 방출하는 진동수보다 크다. 이때 두 진동수의 차 $f_o - f_s$을 **도플러 이동**(Doppler shift)이라 부른다.

예를 들어 정지하고 있을 때 400 Hz의 음파를 발생하는 사이렌이 정지한 관측자를 향해 30 m/s의 속력으로 접근할 때 정지한 관측자가 듣는 진동수는(20 °C에서 음속은 343 m/s) 다음과 같다.

$$f_o = \frac{f_s}{(1 - v_s/v)} = \frac{400\ \text{Hz}}{1 - \dfrac{30\ \text{m/s}}{343\ \text{m/s}}} \fallingdotseq 438\ \text{Hz}$$

즉 정지한 관측자는 진동수가 38 Hz 높은 사이렌 소리를 듣게 된다.

만약 음원이 정지해 있는 관측자로부터 점점 멀어지면 관측자B(그림 12-21)가 듣는 음파의 파장은 길어진다. 이때 관측자는 진동수가 낮은 사이렌 소리를 듣게 된다. 이 경우에는 식 12-28a의 v_s/v 앞에 (−)부호 대신에 (+)부호를 사용해서 동일한 표현으로서 새로운 진동수를 나타낼 수 있다.

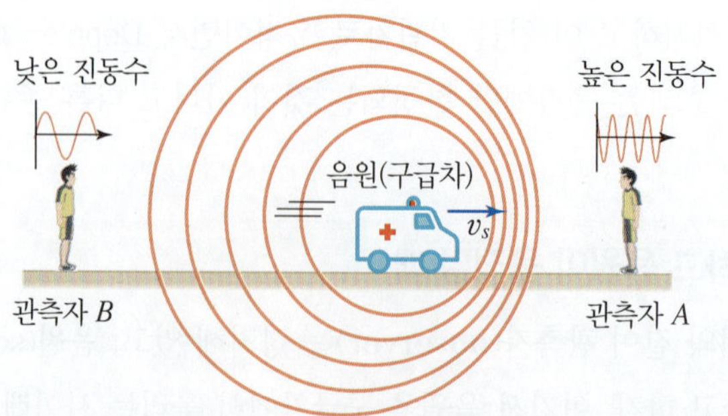

그림 12-21 정지한 관측자를 향해 음원(구급차)이 다가오면 관측자 A는 더 높아진 진동수를 듣고, 음원이 멀어져가면 정지한 관측자 B는 낮아진 진동수를 듣는다.

$$f_o = \frac{f_s}{(1 + v_s/v)} \quad \text{(음원이 정지한 관측자로부터 멀어질 때)} \qquad \textbf{12-28b}$$

편의상 식 12-28a와 식 12-28b의 두 가지 조건을 만족하는 진동수에 대해 하나의 식으로 나타내면 다음과 같이 정리할 수 있다.

$$f_o = \frac{f_s}{(1 \mp v_s/v)} \quad \text{(관측자 정지, 음원 이동)} \qquad \textbf{12-29}$$

식 12-29에서 (−)부호는 음원이 관측자를 향해 접근하는 경우이고(더 높은 진동수), 아래 부호인 (+)는 음원이 멀어지는 경우(더 낮은 진동수)를 나타낸다.

실제로 그림 12-22와 같이 다가오는 기차를 향해 있으면 증가된 진동수의 소리를 듣게 되고, 기차가 관측자로부터 멀어지면 낮아진 진동수의 소리를 듣게 된다.

(a) 정지한 관측자에게 다가오는 기차

(b) 정지한 관측자로부터 멀어져가는 기차

그림 12-22 (a) 정지하고 있는 관측자를 향해 기차가 다가오면 더 높은 진동수의 소리를 듣고, (b) 관측자로부터 멀어지면 낮아진 진동수의 소리를 듣는다.

음원은 정지하고 관측자가 움직일 때

음원이 정지해 있고 관측자가 움직일 때에도 Doppler 효과가 생긴다. **관측자가 음원을 향해 다가가면 더 높은 진동수의 소리를 듣게 되고, 음원으로부터 멀어지면 더 낮은 진동수의 소리를 듣게 된다.**

그림 12-23(a)와 같이 정지해 있는 구급차(음원)가 일정한 진동수 f_s의 사이렌을 울리고 있으며, 관측자(A)가 v_o의 속력으로 구급차를 향해 다가가고 있다. 이때 음원인 구급차는 정지해 있으므로 사이렌 소리의 파장 λ_s는 일정하다. 사이렌 소리의 진동수를 f_s, 음파의 속력을 v, 음원을 향해 다가가는 관측자가 듣는 진동수 f_o라고 하자.

여기서 관측자의 속력과 사이렌의 음속 사이의 상대속력을 생각하자. 그림 12-23(a)와 같이 관측자가 구급차 쪽으로 움직인다면 관측자가 느끼는 상대속력은 사이렌 소리의 빠르기보다 더 빠르다. 이때 사이렌 소리의 파장은 변하지 않으므로 관측자는 더 높은 진동수를 관측하게 된다. 반대로 그림 12-23(b)와 같이 관측자B가 음원(구급차)로부터 멀어진다면 상대속력은 느려지고 관측자가가 관측하는 사이렌 소리의 진동수는 작아진다.

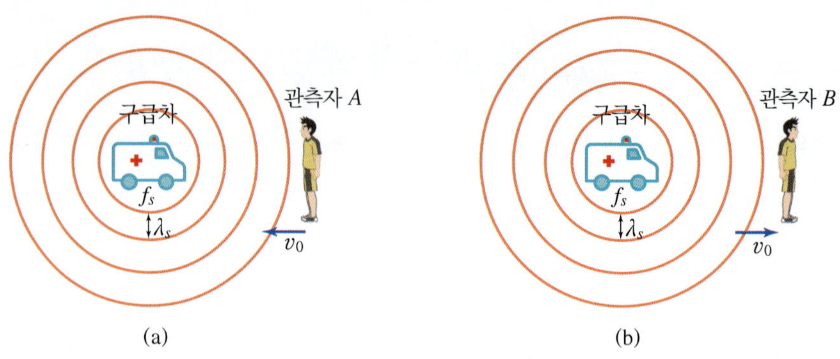

그림 12-23 (a) 관측자가 정지한 음원 쪽으로 다가가고 있다. 관측자는 음원의 진동수보다 더 큰 진동수를 듣게 된다. (b) 관측자가 음원에서 멀어지고 있다. 관측자는 음원의 진동수보다 작은 진동수를 듣게 된다.

이 경우 Doppler 효과를 나타내는 식을 정리하자. 정지한 구급차에서 발생되는 사이렌 소리는 사방으로 일정하게 음속 v로 퍼져나간다. 관측자가 구급차를 향해 v_o의 속력으로 움직이면 관측자가 관측하는 사이렌 소리의 상대속력($v_{상대}$)은 $v_{상대} = v + v_o$이다. 이때 파장은 변하지 않고 일정하다. 관측자가 듣는 소리의 진동수 f_o는 다음과 같다.

$$f_o = \frac{v_{상대}}{\lambda_s} = \frac{v + v_o}{\lambda_s}$$

사이렌 소리의 파장 λ_s는 $\lambda_s = \dfrac{v}{f_s}$이므로 f_o는 다음과 같다.

$$f_o = \left(\frac{v + v_o}{v}\right) f_s = \left(1 + \frac{v_o}{v}\right) f_s \text{ (관측자가 정지한 음원을 향해 다가갈 때)} \quad \textbf{12-30a}$$

이 식은 언제나 $f_o > f_s$이다. 즉 관측자는 더 높은 진동수의 소리를 듣게 된다.

이번에는 그림 12-23(b)와 같이 관측자가 음원으로부터 멀어진다면 상대속력은 $v_{상대} = v - v_o$가 되고 관측자가 느끼는 새로운 진동수는 다음과 같다.

$$f_o = \left(\frac{v - v_o}{v}\right) f_s = \left(1 - \frac{v_o}{v}\right) f_s \text{ (관측자가 정지한 음원으로부터 멀어질 때)} \quad \textbf{12-30b}$$

이 식의 결과는 언제나 $f_o < f_s$이다. 즉 관측자는 더 낮은 진동수의 소리를 듣게 된다.

편의상 식 12-30a와 식 12-30b의 두 가지 조건을 만족하는 진동수에 대해 하나의 식으로 나타내면 다음과 같이 정리할 수 있다.

$$f_o = \left(1 \pm \frac{v_o}{v}\right) f_s \quad \text{(관측자 이동, 음원 정지)} \quad \textbf{12-31}$$

이 식에서 양(+)의 부호는 관측자가 정지한 음원을 향해 다가갈 때이고, 음(−)의 부호는 관측자가 정지한 음원으로부터 멀어질 때를 나타낸다.

음원과 관측자가 동시에 움직일 때

만일 음원과 관측자가 동시에 움직이는 경우는 다음과 같이 하나의 식으로 쓸 수 있다. 즉, 음원에서 방출하는 진동수 f_s와 관측자 듣는 진동수 f_o 사이에는 다음과 같은 관계가 성립한다.

$$f_o = \left(\frac{v \pm v_o}{v \mp v_s}\right) f_s \qquad \text{12-32}$$

식 12-28에서 복부호의 위쪽 부호는 음원과 관측자 서로 가까이 다가갈 때 적용되고, 아래쪽 부호는 관측자나 음원이 서로 멀어질 때 적용된다. 이 식은 **Doppler 이동식**이라고 한다.

예제 12-8 구급차 경적 소리

문제 구급차가 300 Hz의 경적 소리를 낸다. 공기 중에서 소리의 속력은 340 m/s이다. (a) 이 구급차가 30.0 m/s의 속력으로 정지한 사람을 향해 달려온다면, 이 경적이 정지해 있는 사람에게 들리는 진동수는 얼마인가? (b) 구급차가 30.0 m/s의 속력으로 정지한 사람으로부터 멀어진다면 정지해 있는 사람에게 들리는 진동수는 얼마인가?

생각하기 음원이 정지한 사람에게 다가오는 경우이므로 식 12-29를 이용한다.

풀이 (a) 식 12-29에서 음(−)의 부호의 경우이다. 주어진 상수를 대입하여 정지한 관측자가 듣는 소리의 진동수를 구하면 다음과 같다.

$$f_o = \frac{f_s}{(1 - v_s/v)} = \frac{300\ \text{Hz}}{1 - \dfrac{30.0\ \text{m/s}}{340\ \text{m/s}}} \fallingdotseq 329\ \text{Hz}$$

(b) 식 12-29에서 양(+)의 부호의 경우이다. 주어진 상수를 대입하여 정지한 관측자가 듣는 소리의 진동수를 구하면 다음과 같다.

$$f_o = \frac{f_s}{(1 + v_s/v)} = \frac{300\ \text{Hz}}{1 + \dfrac{30.0\ \text{m/s}}{340\ \text{m/s}}} \fallingdotseq 276\ \text{Hz}$$

12-8 충격파와 음파의 이용

충격파

음원의 이동 속력이 음속에 가까워지면 식 12-28a에서 분모가 0에 가까워져서 진동수 f_o은 무한대로 다가간다. 이런 경우에 음원이 이동하는 방향으로 파동이 음원을 벗어나지 못한다. 음원의 앞쪽에 이런 에너지의 집중이 **충격파**(shock wave 衝擊波)를 만든다. 이런 교란은 제트기가 음속과 같거나 더 빠르게 날 때 **폭발음**(sonic boom 爆發音)을 만든다. 제트기가 음속보다 빠르게 움직일 때 **초음속**(supersonic speed 超音速)을 가졌다고 한다.

음원이 음속으로 움직일 때에는 그림 12-24(c)에 나타낸 바와 같이 음원이 내보낸 파가 바로 그 앞에 쌓이게 된다. 음원의 속력이 음속보다 빠르게 움직이면, 음원은 자신이 만들어낸 음파를 앞지르며 그림 12-24(d)와 같이 파면이 겹쳐서 쌓이게 된다.

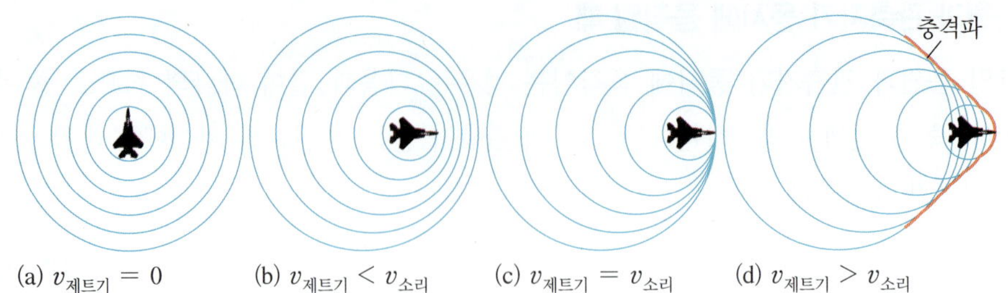

그림 12-24 (a) 제트기가 정지하여 소리를 발생하는 경우. (b), (c) 제트기의 속력이 음속보다 작으면 Doppler 효과가 나타난다. (d) 제트기의 속력이 음속보다 크면 충격파가 발생한다.

마하수

충격파는 꼭짓점이 제트기에 있는 원뿔형의 파로 구성된다. 그림 12-25(a)에 나타낸 이 꼭지 반각 θ를 **마하각**(Mach angle)이라고 한다. 마하각은 다음과 같이 주어진다.

$$\sin\theta = \frac{v_{음속}}{v_{음원}} \quad \text{(마하각)} \tag{12-33}$$

여기서 $v_{음원}/v_{음속}$의 비를 **마하수**(Mach number)라 한다. 예를 들어 음속이 300 m/s인 상공을 900 m/s의 속력으로 비행하는 제트기의 속력은 마하수가 3이다. 충격파는 $v_{음원} > v_{음속}$인 경우에 파면이 원뿔 모양으로 만들어진다. 충격파와 유사하게 보트의 속력이 표면 물결파의 속력보다 클 때 생기는 **V형 파면(뱃머리파)**도 있다. 제트기가 음속을 돌파할 때 들리는 폭음이 몇 분의 1초 동안만 지속되어도 그 에너지는 지상 건물의 유리창을 깨거나 물건을 손상시킬 정도가 된다. 실제로 초음속을 돌파할 때에는 폭음이 두 번 들리게 된다. 왜냐하면 충격파는 비행기의 기수와 꼬리 쪽 모두에서 생기기 때문이다.

TIP 스텔스(stealth) 기능이란?

항공기나 유도탄 따위를 제작할 때, 레이더 전파를 흡수하는 형상, 재료, 도장(coating 塗裝) 따위를 사용하여 레이더에 의한 탐지를 어렵게 하는 기술. 전투기에 적용하면 적의 레이더망에 감지되지 않고 공중 임무를 수행할 수 있다.

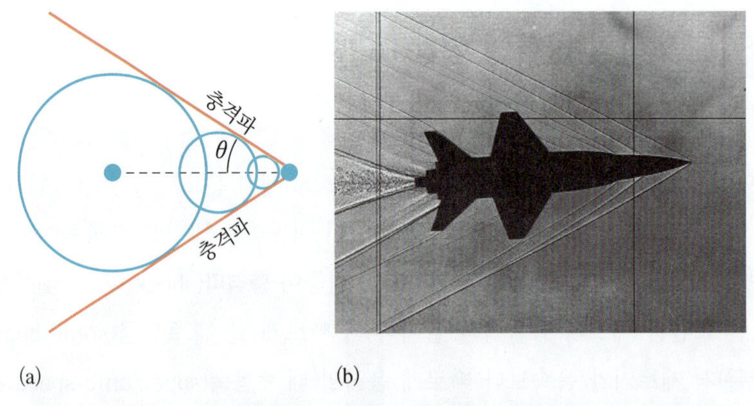

그림 12-25 (a) 충격파의 개략도 (b) 음속을 돌파하는 제트기 주위에 발생하는 충격파

예제 12-8 현존하는 최고의 전투기

문제 그림 12-26은 스텔스 기능을 보유한 현존하는 최고의 전투기인 F35이다. 이 전투기는 우리 공군이 차세대전투기로 구입하여 운영하고 있다. 만약 이 전투기가 마하수 1.8로 비행한다면 이때 발생하는 충격파의 꼭지 반각은 얼마인가?

그림 12-26 제5세대 전투기로 부르는 F35(서울국제항공우주 및 방위산업전시회)

생각하기 충격파는 꼭짓점이 전투기에 있는 원뿔형의 파로 구성된다. 이때 $v_{음원}/v_{음속}$의 비를 마하수라고 한다.

풀이 음원의 속도인 전투기의 속도가 마하수 1.8이므로 식 12-33의 $\sin\theta = \dfrac{v_{음속}}{v_{음원}}$을 이용하면 다음과 같은 관계를 얻는다.

$$\sin\theta = \frac{1}{1.8} = 0.556$$

따라서 $\theta = \sin^{-1} 0.556 = 33.8°$이다.

음파의 이용

소리의 반사 현상을 이용하면 특정한 물체까지의 거리를 알아낼 수 있다. **음파측정기**(sonar 音波測定器)는 물체를 찾는 데 사용된다. 송신기에서 물속으로 음파를 보내면, 물속에서 반사되는 음파를 검출기에서 측정하여 물체까지의 거리를 측정한다. 바다의 깊이와 암초, 침몰된 선박, 잠수함, 물고기 떼의 위치도 이 방법으로 알아낸다.

지진파를 이용하면 지구 내의 다양한 구조와 경계면에서 반사된 파를 분석하여 석유나 광물의 탐사, 내부 구조 등을 알아내기도 한다. 음파측정기는 일반적으로 **초음파**(ultrasonic) 영역의 진동수를 이용한다. 음파측정기의 진동수는 20~100 kHz가 이용된다. 초음파를 이용하는 이유는 사람에게 들리지 않으며, 파장이 짧기에 회절과 퍼짐 현상이 적어 작은 물체를 검출하는 데 유리하기 때문이다.

의학에서는 초음파가 진단과 치료에 모두 이용된다. 치료는 아주 강한 세기(10^7 W/m^2)의 초음파를 특정 부분에 조사함으로써, 몸속의 필요 없는 조직이나 물질(종양이나 결석 등)을 파괴시키는 것이다. 또한 손상된 근육을 부분적으로 덥히는 물리치료에도 이용된다. 초음파를 이용한 의학적인 진단은 초음파 반사 외에도 여러 물

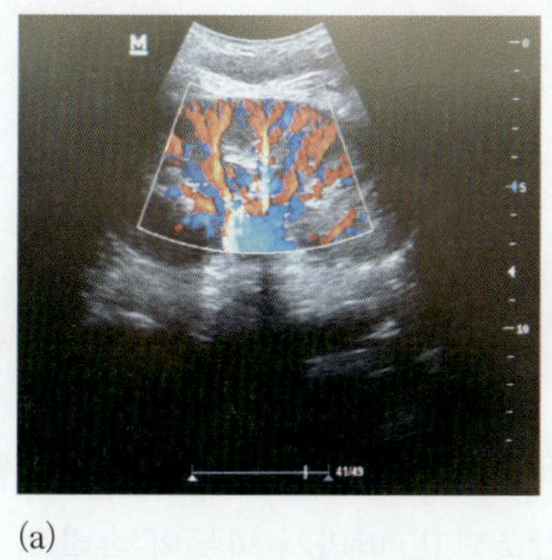

(a)

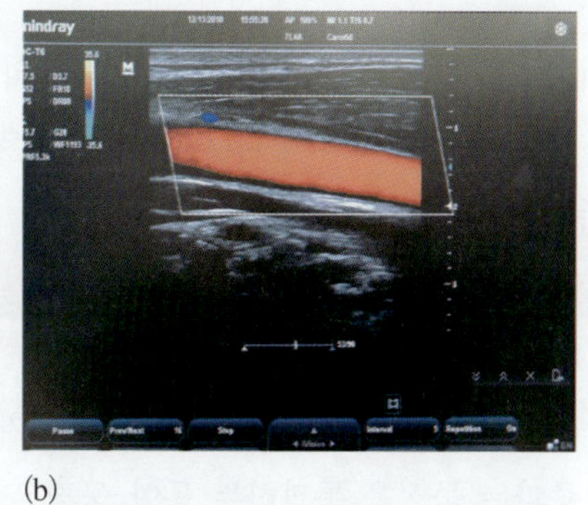

(b)

그림 12-27 초음파 진단기로 촬영한 (a) 인체의 복부 사진과 (b) 경동맥 사진(붉은색이 혈관)

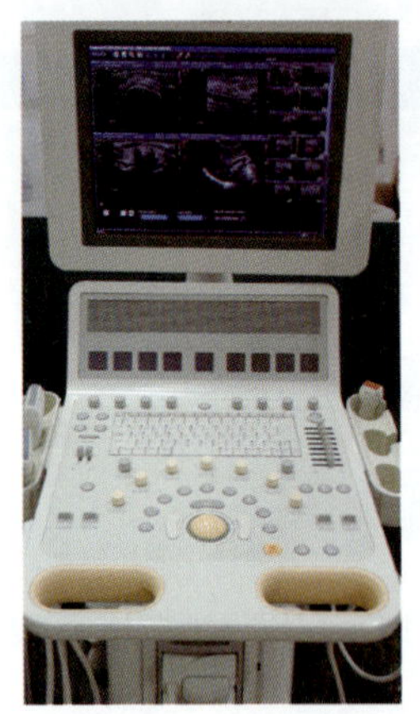

그림 12-28 초음파 진단기

그림 12-29 네팔 지진의 참사

리 지식이 응용된다.

초음파 진단기는 높은 진동수의 펄스가 몸으로 조사되어 경계면이나 기관들과 다른 조직 사이의 경계와 몸속의 병소로부터 반사되고 신호가 검출된다. 이 기술을 이용하여 종양을 비롯한 다양한 비정상 조직발육이나 물주머니 등을 구별할 수 있다. 또한 심장판막의 운동이나 태아의 발육상태를 조사할 수 있고, 인체 각 부분에 대한 정보를 얻을 수 있다. 그림 12-27은 초음파 진단기를 이용하여 인체 내부를 촬영한 영상이고 그림 12-28은 초음파 진단기이다.

지진파

최근 세계 여러 곳에서 지진이 자주 발생하고 있다. 2011년 3월 11일 14에 일본 미야기 현(宮城縣) 센다이(仙台) 동쪽 179 km 해역에서 발생한 진도 9.0의 초대형 지진이 발생하였다. 이 지진으로 인해 발생한 해일로 수많은 인명과 재산 피해가 일어났다. 특히 원자력 발전소도 지진의 피해를 입어 방사능 물질이 유출되는 사상 초유의 사태가 벌어졌다. 그리고 2015년 4월 25일에는 네팔에서 발생한 진도 7.8의 지진으로 8 400여 명이 사망한 바 있으며, 2020년 12월 29일에는 크로아티아에서 진도 6.4의 지진이 발생했다.

지진이 발생한 최초 지점을 **진원**(hypocenter 震源)이라 하는데, 지진의 에너지는 이 점으로부터 방출된다. 흔히 **진앙**(epicenter 震央)이라는 용어를 많이 사용하는데 이는 진원으로부터 지름방향으로 위쪽 지표면의 한 점을 말한다. 지진파에서 방출되는 에너지는 종파와 횡파의 형태로 진원으로부터 전파된다. 지진파는 크게 P파와 S파로 나누는데, 지진 발생 후 지진계에 도착하는 순서대로 이름을 붙인 것이다. 종파는 횡파보다 빨라 종파가 지진계에 먼저 도착하므로 그에 따라 ***P*파**(primary wave)라고 부른다. 느리게 진행하는 횡파는 그 다음에 도착하므로 ***S*파**(secondary wave)라고 부른다.

고체 내에서 진행하는 횡파는 고체 물질의 층밀리기 탄성률 S와 밀접하다. 층밀리기 탄성률은 층밀리기힘에 의한 찌그러짐의 정도를 나타낸다. 따라서 고체에서 횡파(S파)의 속력은 다음과 같다.

$$v_{S\text{파}} = \sqrt{\frac{S}{\rho}} \quad \text{(고체 내에서 횡파의 속력)} \qquad \text{12-34}$$

여기서 S는 지진 발생 지역에 있는 물질의 층밀리기 탄성률이고, ρ는 그 지역의 밀도이다. 기체나 액체에서 종파(P파)의 속력은 물질의 부피탄성률 B와 밀접한 관계가 있다. 즉, 다음과 같이 표현된다.

$$v_{P\text{파}} = \sqrt{\frac{B}{\rho}} \quad \text{(액체나 기체 내에서 종파의 속력)} \qquad \text{12-35}$$

여기서 B는 기체의 부피탄성률이고, ρ는 기체의 밀도이다. 한편, 고체 매질을 통해 진행하는 종파는 물질을 통과하는 동안 물질은 압축되고, 따라서 파동의 속력은 부피탄성률에 관계된다. 뿐만 아니라 파동이 진행하는 방향으로 물질이 압축되면 수직방향으로도 변형이 나타나게 된다. 그 결과 부피탄성률과 층밀리기 탄성률 모두 파동의 속력에 영향을 주게 된다. 연구 결과 이 경우 파동의 속력, 즉 P파의 속력은 다음과 같이 주어진다.

$$v_{P\text{파}} = \sqrt{\frac{B + \frac{4}{3}S}{\rho}} \qquad \textbf{12-36}$$

이 식을 식 12–30과 비교해보면 $v_{P\text{파}} > v_{S\text{파}}$ 임을 알 수 있다. 다시 말하면 P파의 속력이 S파보다 더 크다는 것을 알 수 있다. 지진 발생 시 P파의 전형적인 속력은 8 km/s이고, S파의 속력은 5 km/s 정도이다. 지진 관측소 지진계의 기록을 보면 P파가 S파보다 먼저 도달한 것을 알 수 있다. P파나 S파가 지구 내부를 지나가는 것을 이용하여 지구 내부의 구조에 대한 정보를 얻을 수 있다. 지진 발생 시 여러 곳에 설치된 지진기록계의 기록을 분석하면 지구 내부에 P파는 통과하나, S파는 통과하지 못하는 부분이 있다는 것을 알 수 있다. 이 특정한 부분이 액체의 성질을 가지고 있다는 모형을 사용하면 이 내용을 이해할 수 있다. 기체와 비슷하게 액체는 횡파를 전달하지 못한다. 따라서 횡파인 S파는 이 영역을 통과하지 못한다. 이 같은 분석을 통해 지구 내부에는 지구반지름의 약 1.2×10^3 km~3.5×10^3 km 범위에 액체 상태의 핵이 존재한다는 사실을 추측할 수 있다. 지진파를 이용한 지구 내부 구조를 이해하는 방법은 마치 초음파나 X선을 이용해서 인체 내부의 정보를 얻는 것과 비슷하다. 지진파의 반사 현상은 석유 탐사 기술에도 적용된다. 지구 내부 각 표면에서 반사된 파동을 종합하여 컴퓨터 분석 과정을 통해 석유 매장 지역을 찾기도 한다.

연습문제

12-1 음파의 발생과 속력

1. 고대인들은 번개를 보고 천둥소리를 듣기까지 걸리는 시간을 재서, 번개가 일어난 곳까지의 거리를 어림하였다고 한다. 그들은 수많은 경험으로 5초마다 1마일쯤 떨어졌을 것으로 믿었다고 한다. 이 방법의 타당성을 밝히라.

2. 어느 여행가가 그가 외치는 소리가 호수의 먼 끝에 있는 절벽에서 반사되어 오는 메아리를 들어서 호수 끝까지의 거리를 알아낸다. 이 여행가가 고함을 지른 후 2.0 s 후에 메아리를 들었다. 이 사람이 서 있는 곳에서 호수 끝까지 거리는 얼마인가?

3. 한 선원이 수선 바로 아래의 배 옆면을 두드렸다. 이 사람이 1.5 s 후에 바다의 바닥에서 반사되어 오는 메아리를 들었다면, 이 지점에서의 바다의 깊이는 얼마인가?

4. 사람이 들을 수 있는 소리의 범위인 가청진동수는 20~20 000 Hz이다. 이 범위의 소리에 대해 다음 물음에 답하시오.

(a) 20 °C의 공기 중에서의 파장의 범위를 구하라.

(b) 10 MHz의 초음파의 파장은 얼마인가?

5. 안개 낀 날 낚시꾼이 낚싯배를 멈춰 세우고 바다낚시를 즐기고 있다. 이때 1.5 km 떨어져 있는 곳에 있는 보트가 큰 소리로 시동을 걸었다. 물고기와 낚시꾼이 엔진 소리를 듣는 순간의 시간 간격은 얼마인가?

6. 어떤 사람이 콘크리트 포장 도로 위로 커다란 바위가 떨어지는 것을 보았다. 얼마 후 바닥과 충돌로 인해 생긴 두 음을 들었다. 한 소리는 공기 중을 통해 들었고, 다른 소리는 콘크리트를 통해 들었는데 그 시간간격은 1.4 s이었다. 충돌이 일어난 곳과 이 사람이 있는 곳까지의 거리를 구하라. 단, 콘크리트의 영률은 2×10^{10} N/m^{2}이고, 밀도는 2.3×10^3 kg/m^{3}이다.

7. 공중에서 터지는 폭죽 소리가 귀에 도달하는 데 4.5 s 걸렸다. 폭발이 일어난 곳은 지상에서 1 500 m 떨어진 상공이며, 이 폭발음은 온도가 0°C인 상층부와 온도가 20 °C인 하층부의

두 공기층을 수직으로 진행하였다. 두 공기층의 두께는 얼마인가?

8. 번갯불을 보고 16.2 s 후에 천둥소리를 들었다. 공기 중에서 빛의 속력은 3.00×10^8 m/s이다. 다음 물음에 답하시오.
(a) 천둥소리를 들은 사람은 번갯불에서 얼마나 멀리 떨어져 있는가?
(b) 이 문제를 푸는 데 빛의 속력의 값을 사용할 필요가 있는가? 그 이유를 설명하라.

9. 망치로 길이가 8.50 m인 두꺼운 강철로 된 긴 쇠막대의 한쪽 끝을 쳤다. 쇠막대의 반대쪽에 있는 마이크가 두 펄스의 음파를 수신하였다. 하나는 공기 중으로 전파되는 음파이고, 다른 하나는 쇠막대를 따라 전파된 펄스이다.
(a) 마이크에 먼저 수신되는 파동은 어느 것인가?
(b) 두 펄스가 도달하는 시간차는 얼마인가?

10. 진동수가 4.00 kHz인 음파가 공기 중으로 진행한다. 이 음파는 처음에 $T = 27.0$°C인 곳에서 진행하다가 $T_2 = 10.0$°C인 곳으로 입사하였다. 이때 파장의 변화는 어떠한가?

12-2 음파의 세기와 소리준위

11. 동일한 조건을 갖고 있는 두 대의 자동차가 동일한 세기의 경적을 동시에 울렸는데, 내 귀에 들리는 세기의 비는 6:1이었다. 만약 가까이 있는 차가 8.0 m 떨어져 있다면 멀리 있는 다른 차는 얼마나 떨어져 있을까?

12. FM 라디오로 수신되는 신호가 소음보다 65 dB배만큼 더 크다고 한다. 소음의 세기 $I_{소음}$에 대한 라디오 신호 $I_{라디오}$의 세기의 비는 얼마인가?

13. 소리준위가 78 dB인 음악을 들을 때 귀에 들리는 음파의 세기는 몇 W/m^{2}인가?

14. 기차가 접근하면서 기적 소리를 울린다. 10 km 떨어진 건널목에 정지하고 있는 관측자가 듣는 소리준위는 50 dB이다. 기적 소리를 점 음원으로 취급하고, 공기에 의한 소리의 흡수는 무시한다.
(a) 기적의 평균일률은 얼마인가?
(b) 기차에서 50 m 떨어진 건널목에서 기다리고 있는 사람이 듣는 기적 소리의 소리준위는 얼마인가?

15. 생선 중에서 복어는 한 끝이 열린관의 공명현상을 이용하여 음파를 내는 것으로 알려지고 있다. 특히 한 끝이 열린관 모양의 부레를 증폭기로 사용한다. 이렇게 나는 소리준위는 100 dB에 이른다.
(a) 이 음파의 세기는 얼마인가?
(b) 복어 세 마리가 동시에 같은 소리를 내는 경우의 소리준위를 구하라.

12-3 음파의 변위진폭과 압력진폭

12-4 음원

16. 그림 P12-16은 피아노 음계를 나타낸 것이다. 피아노에서 중간 C줄의 기본음의 진동수는 262 Hz이다. 또 이 중간 C 위의 첫 번째 A줄의 기본진동수는 440 Hz이다. (a) C줄과 A줄의 두 조화모드의 진동수는 각각 얼마인가? (b) 만약 C줄과 A줄이 같은 길이 L과 선밀도 μ를 갖는다면, 두 장력의 비는 얼마인가?

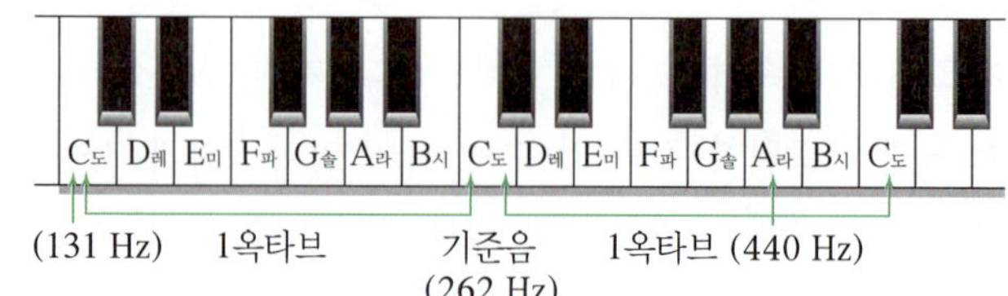

그림 P12-16

17. 피아노에서 제일 높은 음을 내는 건반의 진동수는 가장 낮은 음을 내는 건반의 약 150배이다. 만약 높은 음을 내는 줄의 길이가 5.0 cm라면, 가장 낮은 음을 내는 줄의 길이는 얼마인가? 단, 줄의 선밀도와 줄에 가해지는 장력은 동일하다.

18. 쇠로 만든 줄이 양 끝이 50 cm인 두 끝 사이에서 팽팽하게 묶여 있다. 이 줄의 기본진동수는 400 Hz이다. (a) 2 000 Hz와 (b) 3 000 Hz로 진동하는 물체에 의해 공명현상이 나타나는가?

19. 양 끝이 열려 있는 관이 0 °C일 때 300 Hz의 기본진동수를 갖고 있다.
(a) 파이프의 길이는 얼마인가?
(b) 30.0 °C에서의 기본진동수는 얼마인가?

20. 사람의 이도(귀구멍에서 고막까지의 길이, 耳道)의 길이는 약 2.8 cm이다. 만약 사람의 귀를 한쪽 끝은 열려 있고 다른 쪽 끝이 고막으로 닫혀 있는 관으로 간주한다면, 우리가 예민하게 듣는다고 생각되는 기본진동수는 얼마인가?

21. 소리굽쇠를 진동시켜 공기기둥에서의 공명현상을 관찰하고 있다. 그림 P12-21(a)와 같이 양 끝이 열린 유리관의 한 끝을 물에 잠기게 하고, 다른 끝에 소리굽쇠를 진동시켜 발생한 음파를 보냈다. 공기기둥의 길이 L은 물을 이동시켜 조절할 수 있도록 되어 있다. 이때 음파는 공기기둥의 길이 L이 관의 공명진동수 중 하나를 만족할 때 공명이 일어난다. 공명이 일어나는 최소 길이가 $L = 9.00$ cm이었다.
(a) 이 소리굽쇠의 진동수를 구하라.
(b) 두 번째와 세 번째 공명이 나타나는 공기기둥의 길이는 얼마인가?

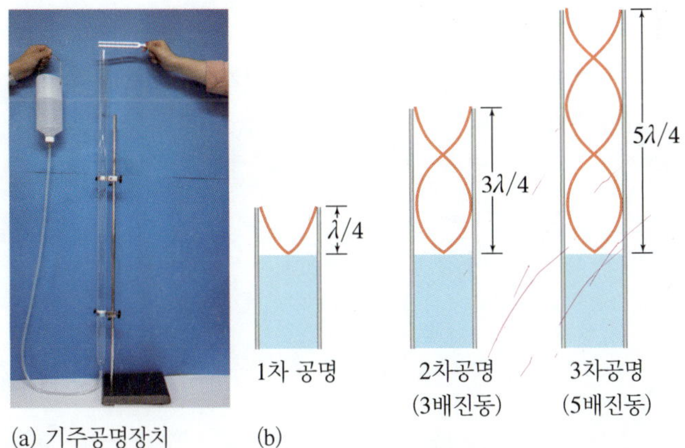

그림 P12-21

22. 길이가 L인 줄을 630 Hz의 진동자로 진동시킬 때 5개의 배가 생기면서 진동한다. 배가 3개가 되도록 하려면 진동자의 진동수는 얼마이어야 하는가?

23. 양 끝이 고정되고 팽팽하게 당겨진 줄의 질량이 40.0 g이고 길이가 8.00 m이다. 줄의 장력은 49.0 N이다.

(a) 3차 조화진동의 마디와 배의 위치를 구하라.

(b) 이 배진동의 진동수는 얼마인가?

12-5 음질과 소음

12-6 음파의 간섭과 맥놀이

24. 그림 P12-24와 같이 같은 진동자로 구동되는 한 쌍의 스피커가 서로 3.00 m 떨어져 있다. 청취자는 처음에 두 스피커를 잇는 선분의 중심으로부터 8.00 m 떨어진 점 O에 있다. 청취자가 점 O로부터 수직방향으로 0.350 m인 점 P에 도달하였을 때 음파의 세기의 1차 극소를 들었다면, 이 진동자의 진동수는 얼마인가?

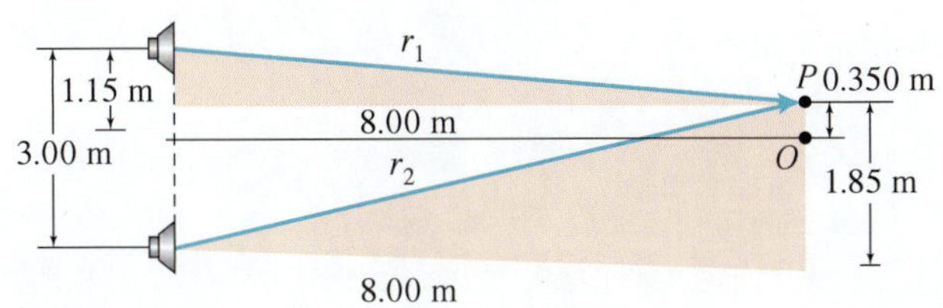

그림 P12-24

25. 그림 P12-25와 같이 두 대의 스피커가 1.25 m 떨어져 서로 마주 보면서 진동수가 8.00×10^2 Hz인 일정한 음파를 발생시키고 있다. 두 스피커를 연결하는 직선 위에서 상대적으로 최소의 음이 들리는 위치는 어디일까? (음속은 v = 343 m/s 이다.)

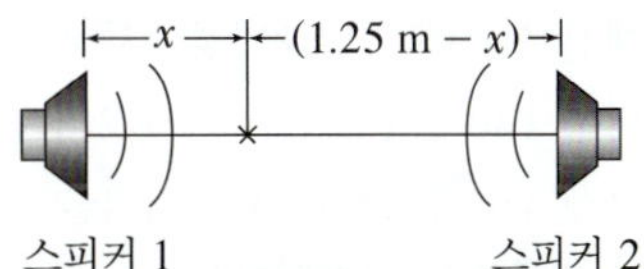

그림 P12-25

26. 그림 P12-26에 나타낸 것과 같이 작은 어선이 연안에서 d = 600 m 떨어진 곳에서 연안에 평행하게 직선으로 이동하고 있다. 이 어선은 연안에 있는 서로 거리 L = 800 m 떨어진 곳에 있는 두 개의 안테나 A와 B에서 동시에 같은 진동수의 전파를 수신하고 있다. 이 전파는 A와 B로부터 거리가 같은 점 C에서 보강간섭을 일으키고, 1차 극소가 되는 위치는 점 D로, 그곳은 연안의 점 B에서 똑바로 보이는 곳이다. 안테나에서 발신된 전파의 파장을 구하라.

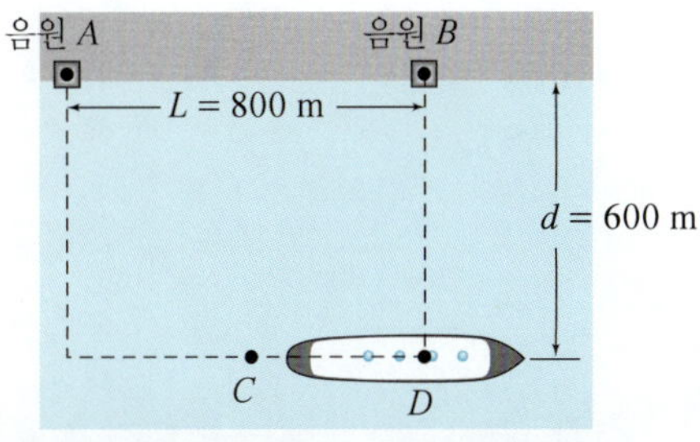

그림 P12-26

27. 어느 학생이 256 Hz로 진동하는 소리굽쇠를 들고 벽을 향해 1.33 m/s의 속력으로 이동한다.

(a) 이 학생이 소리굽쇠의 소리와 반사음 사이에서 듣는 맥놀이 진동수는 얼마인가?

(b) 벽에서 멀어지면서 5.00 Hz의 맥놀이를 듣고자 한다면 얼마나 빠르게 움직여야 하는가?

28. 두 소리굽쇠가 동시에 소리를 냈는데, 맥놀이 진동수가 2.0 Hz이다. 만약 더 높은 음의 소리굽쇠가 262 Hz이라면, 다른 소리굽쇠의 진동수는 얼마인가?

12-7 Doppler 효과

29. 열차가 40.0 m/s의 속력으로 일정하게 달리면서 정차역을 앞두고 진동수가 320 Hz인 기적을 울렸다.

(a) 기차가 역에 접근할 때와 역에서 멀어질 때, 플랫폼에 서 있는 고객이 듣는 기적 소리의 진동수는 어떠한가?

(b) 또 기차가 역에 접근할 때 고객이 듣는 기적 소리의 파장은 얼마인가?

30. 열차가 상하행선 선로에서 반대방향에서 서로를 향해 달린다. 기차 1의 속력은 130 km/h이고, 기차 2의 속력은 90.0 km/h이다. 기차 2가 진동수 500 Hz의 기적을 울릴 때 기차 1의 기관사가 듣는 진동수는 얼마인가?

12-8 충격파와 음파의 이용

31. 어느 전투기에 의한 충격파의 꼭지 반각이 42°라면 이 전투기의 속력은 얼마인가?

교량에서 열팽창을 고려하여 구조물 사이를 떼어 놓은 모습 교량에는 용도, 재질, 상부 구조 형식 등에 따라 여러 종류로 구분된다. 사진은 교각과 교각 사이를 연결해주는 철로 만든 거더(girder, 파랑색)와, 철근 시멘트로 제작된 상부 슬래브(흰색) 사이가 떨어져 있는 모습이다. 거더는 상부의 무게를 지탱해주는 역할을 하며 교각과 교각 사이에 놓여 지는 대형 구조물이다. 열팽창을 고려하여 사이를 떼어 놓고 그 연결 부위를 탄성이 좋은 고무 재질로 가볍게 연결시켜 놓았다.

온도, 열, 열역학 제1법칙

제 13 장

1950년대 까지는 역학과 열역학은 서로 별개의 영역으로 여겨왔다. 에너지 보존법칙도 역학분야에 한정된 원리로만 이해되어 왔다. 그러나 영국의 과학자 Joule에 의하여 고립된 계에서의 역학적 에너지의 감소량과, 그 계에서 내부에너지의 증가량은 동일함이 실험적으로 증명되면서 에너지 보존법칙은 역학이나 열역학 어디에서도 성립된다는 사실이 밝혀졌다. 이러한 사실은 열역학 제1법칙으로 설명된다.

열현상은 지구 온난화, 자동차 엔진 등 기계 제작, 음식물 가공 등 일상의 공학이나 과학 분야에서 아주 폭넓게 적용되고 있다. 열현상의 발전은 원자론에서 출발하여, 열현상이 물질의 구조와 상관관계가 있어야 한다는 인식을 갖게 되어 분자의 운동과 관련시켜야 한다는 새로운 통찰력을 갖게 되었다.

제13장에서는 열현상에서의 기본 개념인 온도, 열의 특성을 살펴보고, 열팽창 현상과 비열, 숨은열, 열역학 제1법칙 그리고 열의 전달방법에 대해 공부한다.

13-1 온도와 열평형

온도와 열역학 제0법칙

온도가 다른 두 물체를 접촉시키면 결국에는 어떤 중간 온도에 도달하게 된다. 예를 들어 뜨거운 커피에 얼음을 넣는다면 커피의 온도는 내려가고 얼음은 녹게 될 것이다. 열접촉을 이해하기 위해 단열된 용기 속에 들어 있는 두 물체를 생각해 보자. 이들은 열의 출입이 차단된 통 속에 있기 때문에 외부와 상호작용을 하지 않고 두 물체 사이에만 상호작용을 한다. 만약 두 물체의 온도가 서로 다르면 두 물체가 물리적으로 접촉하고 있지 않더라도 두 물체 사이에는 에너지가 교환된다. 이와 같이 에너지를 서로 교환할 수 있을 때, 두 물체는 서로 **열접촉**(thermal contact 熱接觸) 되었다고 말한다. 열접촉 상태에서 서로 알짜 에너지의 교환이 없을 때, 두 물체는 서로 **열평형**(thermal equilibrium 熱平衡) 상태에 있다고 말한다.

두 계를 접촉시키지 않고 A와 B가 열평형인지 아닌지를 알아본다고 하자(그림 13-1 참조). 이 경우 제3의 계 C(온도계로 생각할 수 있다)를 이용하여 알아볼 수 있다. 물체 A와 물체 C가 열평형을 이루고 있고, 물체 B와 물체 C가 열평형상태에 있으면 물체 A와 물체 B는 반드시 열평형 상태에 있다.

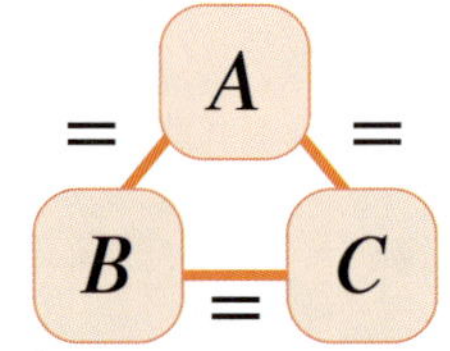

그림 13-1 열평형 상태

물체 A와 B가 각각 세 번째 물체와 열평형 상태이면, A와 B는 서로 열평형 상태이다. 이 결과를 **열역학 제0법칙**(The zeroth law of the thermodynamics) 또는 **열평형의 법칙**이라고 한다.

열역학의 제0법칙의 의미는 '**모든 물체는 온도라는 특성을 가지고 있다. 이 물체가 열적 평형상태에 있으면 둘의 온도는 같다. 또한 그 역도 성립한다**'라고 할 수 있다. **한 계가 다른 계들과 열평형이 될지를 결정하는 계의 성질을 온도라고 한다**. 즉, 온도(temperature 溫度)는 열접촉하고 있는 두 물체 사이에 에너지가 어떻게 전달될 것인지를 결정하는 개념으로 생각할 수 있다.

안데르스 셀시우스 Anders Celsius, 1701~1744, 스웨덴의 천문학자

섭씨온도를 제안한 사람으로, 1742년 물의 어는점을 100도, 끓는점을 0도로 제안하였다. 후에 사용이 불편하여 끓는점을 100도로, 어는점의 0도로 기준을 바꾸었다. 영어 표현은 제안자의 이름을 따 '셀시어스 온도'로, 우리는 '섭씨온도'으로 부른다. '섭씨(攝氏)'라는 이름은 셀시우스의 중국 표현인 '섭이사(攝爾思)'에서 유래한다.

온도 눈금

물체를 만졌을 때 얼마나 뜨겁거나 차가운지에 대한 느낌으로 온도의 개념을 생각 할 수 있다. 인간의 감각은 온도를 대략적으로 나타낼 수는 있지만, 신뢰성이 적고 때로는 잘못된 판단일 수도 있다. 물체의 '뜨거움'과 '차가움'을 상대적으로 측정하기 위한 개관적이고 재현 가능한 방법이 필요하여 온도계가 개발되었고. 온도계를 사용하여 온도를 정량적으로 측정하기 위해 과학자들은 몇 가지 온도 눈금을 정하였다.

일반적으로 사용하는 눈금은 **섭씨온도 눈금**(Celsius temperature scale)이다. 미국에서는 **화씨온도 눈금**(Fahrenheit temperature scale)이 사용되고 있으며, 과학기술 분야에서는 **절대온도 눈금**(켈빈온도 눈금, Kelvin temperature scale)이 사용된다.

섭씨온도 눈금에서는 얼음-물 혼합물의 온도를 섭씨 0도라 하며 0°C라고 쓰는데, 이 온도를 **물의 얼음점**(ice point of water) 또는 **어는점**(freezing point)이라 한다.

그리고 물-수증기 혼합물의 온도를 100°C로 정의하며, **물의 증기점**(steam point of water) 또는 **끓는점**(boiling point)이라 한다. 온도계에서 액체 기둥의 끝을 이들 두 점으로 표시하고, 그 사이를 100개의 동일한 간격으로 나누면 각각의 간격이 섭씨 1도의 온도 변화에 해당한다. 이러한 온도계는 아주 정밀한 측정이 필요한 경우에는 문제점이 있다. 예를 들어, 물의 얼음점과 증기점으로 보정된 알코올 온도계와 수은 온도계의 눈금은 오직 보정 점에서만 일치할 수 있다. 왜냐하면 수은과 알코올은 서로 다른 열팽창 특성을 가지므로, 한 온도계가 50°C일 때 다른 온도계는 약간 다른 값을 가질 수도 있기 때문이다. 특히 측정 온도가 보정점으로 부터 멀어질 경우, 두 온도계 사이의 차이가 훨씬 커진다.

화씨온도 눈금은 물의 얼음점의 온도를 32°F, 물의 증기점의 온도를 212°F로 설정한다. 섭씨온도 T_C와, 화씨온도 T_F 사이의 관계는 다음과 같다.

$$T_F = \frac{9}{5} T_C + 32 \tag{13-1}$$

그리고 화씨온도 T_F를 섭씨온도 T_C로 변환하는 식은 다음과 같다.

$$T_C = \frac{5}{9} (T_F - 32) \tag{13-2}$$

절대0도는 **켈빈온도 눈금**(Kelvin temperature scale)의 기준으로 사용하며, 섭씨온도 −273.15°을 절대0도 (0 K)로 한다. 물의 얼음점(273.15 K)은 0.00°C에 해당하고 물의 증기점(373.15 K)은 100.00°C이다. 물리학자들은 온도를 켈빈척도로 측정하고, **켈빈**(K)이라는 단위를 사용한다. 켈빈온도 눈금에서의 온도간격은 섭씨눈금에서와 같다.

켈빈온도 T_K와 섭씨온도 T_C 사이에는 다음과 같은 관계가 있다.

$$T_K = T_C + 273.15 \tag{13-3}$$

그림 13-2에 세 온도 눈금을 비교하여 나타내었다. 이 외에도 많이 사용하지 않지만 **랭킨온도 눈금**(Rankine temperature scale)이 있다. 이 눈금은 화씨온도 눈금과 간격이 같으나 영점을 절대영도로 하고 있다.

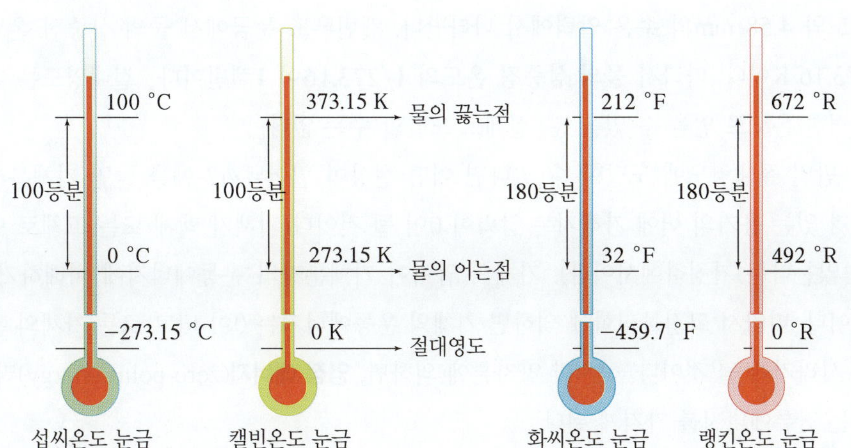

그림 13-2 온도 눈금 사이의 관계

가브리엘 파렌하이트 Daniel Gabriel Fahrenheit, 1686~1736, 독일의 물리학자

화씨온도를 제안한 사람으로. 물이 어는 온도는 32도(섭씨 0도)로, 물이 끓는 온도는 212도(섭씨 100도)로 정하고, 이 사이를 180등분한 온도눈금을 제안하였다. 화씨(華氏)란 이름은 독일인명인 파렌하이트의 중국 표현인 '화륜해(華倫海)'에서 유래한다. 화씨 100°F는 섭씨 37.8°C로 인간의 체온과 비슷하다.

켈빈 남작 윌리엄 톰슨 William Thomson, 1st Baron Kelvin, 1824~1907, 아일랜드에서 태어난 영국의 수리물리학자이며 공학자

켈빈온도 눈금을 제안했다. 겔빈온도의 단위는 켈빈 경의 이름을 따 K를 쓴다. 전기와 열역학에 대한 많은 수학적인 분석을 했으며, 물리학을 오늘날의 형태로 정립한 중요한 공헌자이기도 하다. 전자기학, 열역학, 지구물리학 등의 여러 분야에서 많은 업적을 남겼다.

예제 13-1 섭씨온도와 화씨온도의 관계

문제 정상인의 체온은 98.6°F이다. 이 온도는 몇 인가?

생각하기 식 13-2를 이용하는 온도 눈금을 변환하는 문제다.

풀이 공식 $T_C = \frac{5}{9}(T_F - 32)$를 이용하자.

$$T_C = \frac{5}{9}(98.6 - 32) = 37.0°\text{C}$$

13-2 온도 측정

온도를 측정할 수 있도록 고안된 기구를 **온도계**(thermometer 溫度計)라고 한다. 온도계에 대한 최초의 구상은 Galilei에 의해 이루어졌다고 한다. 그가 구상한 온도계는 기체의 팽창을 이용하였다. 대부분의 물질들은 열을 받으면 팽창하고 식으면 수축한다. 일상생활에서 사용하는 대부분의 온도계는 물질의 이러한 성질을 이용하는 것이다. 더 엄밀히 말하면 온도계는 물질마다 팽창률이 다른 점을 이용한 것이다. 온도 변화에 따라 팽창하거나 수축하는 성질을 이용하여 만든다. 온도계가 어떤 계에 열접촉할 때, 온도계와 계가 열평형을 이룰 때까지 에너지를 서로 교환한다. 정확한 측정을 위해서 온도계의 크기는 계보다 훨씬 작아야 한다. 이는 온도계가 얻거나 잃는 에너지가 계의 전체 에너지를 크게 변화시키지 않아야 하기 때문이다.

물의 삼중점과 영점 에너지

초기의 기체온도계는 얼음점과 증기점을 사용하였다. 그러나 얼음점과 증기점은 압력에 따르므로 실험적으로 재현하기가 힘들었다. 따라서 두 개의 새로운 고정점을 사용하는 일련의 과정이 1954년에 국제도량형위원회에서 채택되었다.

- 첫 번째 고정점은 **절대영도**이다.
- 두 번째 고정점은 **물, 수증기, 얼음이 같은 온도와 압력에서 평형상태로 공존하는 물의 삼중점**(triple point)이다.

이 고정점은 켈빈온도에 있어서 편리하고 재현 가능한 기준온도인데, 0.01 °C의 온도와 4.58 mm의 수은 압력에서 나타난다. 켈빈온도 눈금에서 물의 삼중점 온도는 273.16 K이다. 따라서 **물의 삼중점 온도의 1/273.16이 1켈빈이다.** 절대영도는 매우 근접한 온도로 얻을 수 있을 뿐, 실제로 도달할 수는 없다.

만일 절대영도에 도달할 수 있다면 어떤 현상이 일어날까? 예를 들면 기체분자가 담겨 있는 용기의 벽에 가해지는 압력이 0이 될 것이다(기체가 액체 또는 고체로 변하지 않는다는 가정하에서이다). 기체의 압력이 기체분자의 운동에너지에 비례하기 때문이다. 따라서 고전물리학에 의하면 기체의 운동에너지는 0이 되고 모든 기체의 운동은 사라지게 될 것이다. 하지만 양자론에 의하면, **영점 에너지**(zero point energy)라 불리는 잔류에너지를 가지게 된다.

> **TIP 영점 에너지**
> 양자역학적으로 가질 수 있는 가장 낮은 에너지로, 그 계의 바닥 상태의 에너지

등적기체온도계

수은온도계는 실용적이긴 하지만 이러한 형태의 온도계는 근본적인 방식으로 온도를 정의한 것은 아니다. 서로 다른 물질들은 넓은 온도 범위에 걸쳐서 똑같이 팽창하지 않는다. 이 때문에 다른 두 종류의 온도계를 화씨온도 눈금이나 섭씨온도 눈금과 같은 방식대로 눈금을 매기면 눈금이 정확하지 않다. 어떻게 눈금을 매기든 두 온도계의 눈금은 0 °C와 100 °C에서는 일치할 것이다. 그러나 서로 다른 팽창 특성 때문에 중간 온도에서는 일치하지 않을 수 있다. 온도계의 눈금은 0 °C와 100 °C 사이를 임의로 100등분 하였다. 따라서 주의 깊게 눈금을 매긴 유리관에 수은이 들어 있는 온도계는 52.0 °C를 가리킬 때, 다른 종류의 온도계는 52.6 °C를 가리킬 수도 있다. 이와 같은 차이 때문에 중간온도 값도 정확하게 정의할 수 있는 표준온도계가 필요하다. 이러한 목적으로 만들어진 표준온도계가 **등적기체온도계**(constant-volume gas thermometer 等積氣體溫度計)이다.

이 표준온도계는 보다 근본적으로 내부에너지와 관련하여 온도를 정의하는 방법으로 기체온도계에 나타나는 온도는 사용된 물질의 종류와는 거의 무관하다. 등적기체 온도계의 기본원리를 설명하는 한 종류가 그림 13-3에 나타나 있다. **등적기체온도계는 일정한 부피에서 기체의 온도가 변할 때 압력이 변하는 현상을 이용한 것이다.**

등적기체온도계가 개발되었을 때, 얼음점과 증기점을 사용하여 보정하였다(현재는 다른 보정 과정이 사용되고 있다). 기체 플라스크를 물-얼음 혼합통에 넣고 기체의 부피가 영점 눈금을 가리킬 때까지 수은저장고 B를 올리거나 내린다. 수은저장고 B와 수은주 A의 높이 차 h를 측정하여 0 °C에서의 플라스크 속의 압력을 구할 수 있다.

플라스크를 증기점에 있는 물속에 넣고, 수은주 A가 다시 영점눈금을 가리킬 때까지 저장고 B를 재보정하면, 기체 부피가 얼음 통에서의 경우와 똑같이 유지된다는 것을 알 수 있다. 새로 측정한 h값을 이용하여 100 °C에서의 압력을 구할 수 있다. 이 압력과 온도값을 그림 13-4에 두 점으로 나타냈다. 두 점을 연결하는 선은 미지의 온

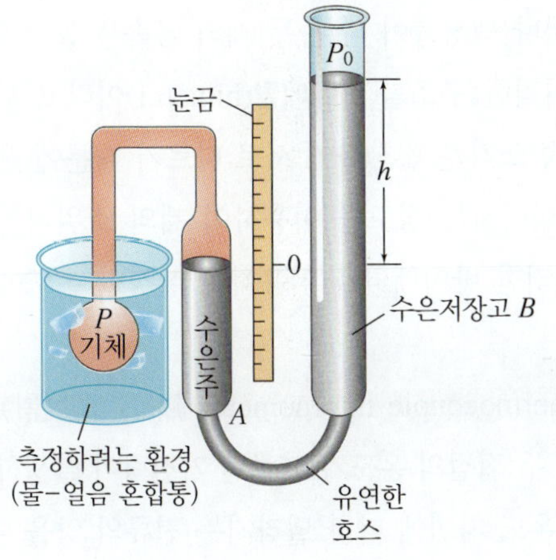

그림 13-3 등적기체온도계. 물속에 잠겨 있는 플라스크 안에 들어 있는 기체의 압력을 측정하는 시스템으로 구성되어 있다.

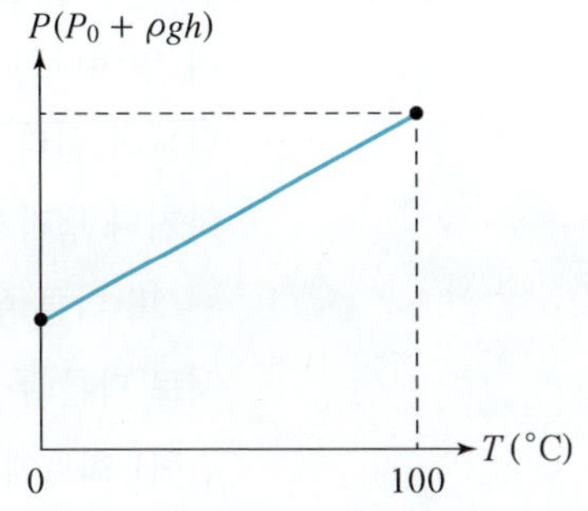

그림 13-4 등적기체온도계로 얻은 압력과 온도 사이의 관계 그래프. 직선 끝의 두 점은 이미 알고 있는 기준온도이다(물의 어는점과 끓는점).

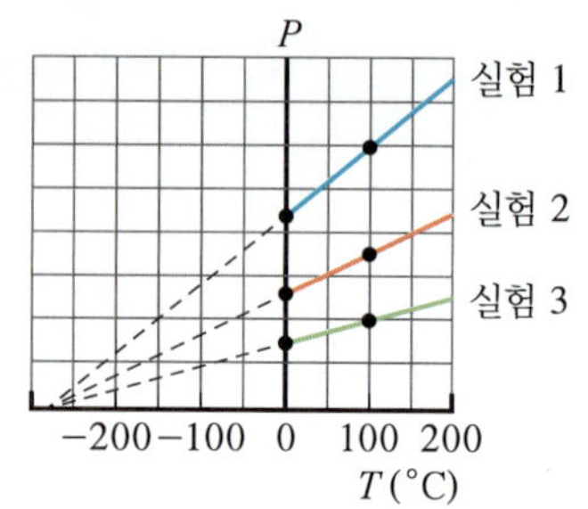

그림 13-5 등적기체온도계로 각기 다른 압력하에서 측정한 압력과 온도 사이의 관계 그래프. 세 직선의 연장선이 −273.15 °C에서 압력이 0이 된다.

도를 측정하기 위한 보정선이 된다. 어떤 물질의 온도를 측정하기 위해서는 기체가 든 플라스크를 그 물질과 열접촉시키고 수은주 A의 높이가 영점이 될 때까지 수은주를 재보정한다. 그 결과로 수은주의 높이로부터 기체의 압력을 알 수 있고, 그래프로부터 물질의 온도를 찾을 수 있다.

이 기체온도계에 다른 기체를 사용하여 중요한 결과를 얻을 수 있다.

그림 13-5와 같이 압력이 다른 경우 외삽을 통해 직선의 보정선을 얻을 수 있다. 그 결과 **기체의 종류나 압력의 시작점에 관계없이 온도가 −273.15 °C가 될 때 압력이 0으로 접근한다는 사실을 알 수 있다**. 이러한 사실은 이 특별한 온도가 사용되는 물질에 무관하기 때문에 매우 보편적인 값이라는 것을 암시한다. 게다가 가장 낮은 압력은 진공으로 $P = 0$이기 때문에 −273.15 °C는 물리학적 과정의 하한을 나타낸다. 물리학자들은 이 온도를 **절대영도**(absolute zero)로 정의하였다.

온도 측정에 이용되는 물성

온도계에는 여러 종류가 있지만, 측정의 기본원리는 온도에 따라 변하는 물질의 어떤 특성을 이용한다. 즉 모든 온도계는 온도 변화에 따라 달라지는 물리적 특성을 이용하여 온도를 측정한다.

온도 측정에 이용되는 물성으로는 액체의 부피, 고체의 길이, 일정한 부피에서의 기체 압력, 일정한 압력에서의 기체 부피, 전도체의 전기저항, 매우 뜨거운 물체의 색깔 등이 있다.

일상생활에서 널리 사용되는 온도계는 수은이나 알코올 같은 액체를 사용하는데, 이 액체는 온도가 올라가면 부피가 팽창하여 유리 모세관 속을 따라 올라간다. 온도계로 사용하기 위해서는 측정 영역의 온도에서 온도 변화에 따른 액체의 부피 변화가 선형적이어야 한다. 모세관의 단면의 넓이가 일정하다면, 액체의 부피 변화는 온도계 액체 기둥의 길이에 비례하므로 온도를 액체 기둥의 길이로 환산할 수 있다.

금속 역시 온도에 따라 팽창하지만 금속막대의 온도에 따른 길이의 변화가 너무 작아 정확히 측정하기가 힘들다. 그러나 팽창률이 다른 두 개의 금속을 붙여 놓음으로써 유용한 온도계를 만들 수 있다. 이러한 구조를 **바이메탈**(bimetal)이라고 부른다(그림 13-6). 붙여 놓은 2개의 다른 금속 조각은 팽창률이 서로 다르기 때문에 온도 변화가 일어나면 한쪽으로 휘게 되는데 휘어지는 정도를 이용하여 계의 스위치를 열거나 닫도록 한다. 자동온도조절장치는 이러한 바이메탈을 이용하여 설정한 온도에서 가열하거나 냉각시킨다.

또 다른 형태로는 **열전대 온도계**(thermocouple thermometer 熱電帶溫度計)가 있다. 서로 다른 두 금속선을 접속하였을 때 두 접점의 온도가 다르면 기전력이 발생하여(열기전력) 회로에 전류가 흐른다. 접점의 온도 차이에 따라 달라지는 전류의 양을 이용하여 온도를 측정한다. 열전대의 열기전력은 열전대를 구성하는 두 금속선의 종류와 두 접점의 온도에 의해서 달라지며, 흔히 사용되는 열전대로는 백금로듐과 백금(PR열전대), 구

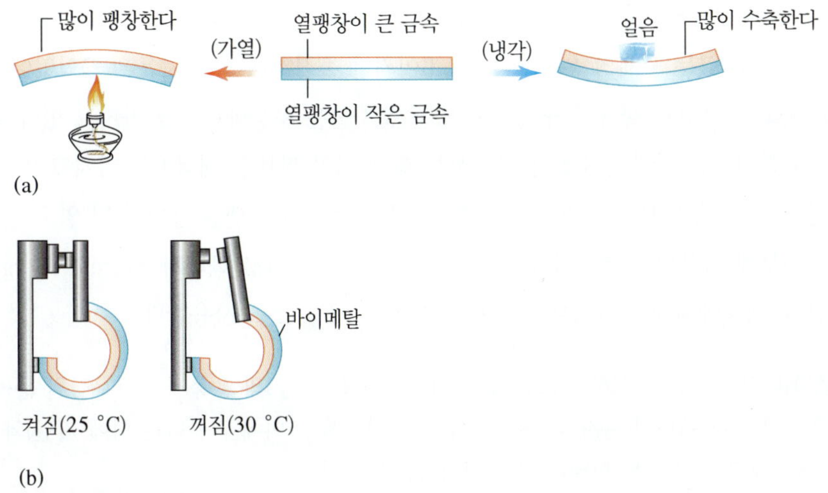

그림 13-6 (a) 바이메탈은 두 금속의 팽창 정도가 다르기 때문에 온도가 변하면 구부러진다. (b) 자동온도조절장치에 사용되는 바이메탈은 전기회로를 연결하고 단절시키는 데 사용한다.

리와 콘스탄탄(CC열전대) 등이 있다. 알맞은 열전대를 사용하면 −200~1 400 °C 범위의 온도 측정이 가능하므로 공업용 분야의 온도 측정에 널리 사용되고 있다. 이 외에도 별을 연구하는 천문학자들은 별에서 오는 빛의 색을 이용하여 온도를 측정하기도 한다.

13-3 열과 내부에너지

열이란?

1840년 경까지 열의 흐름은 **칼로릭**(caloric)이라는 유체로 불리는 물질의 이동으로 설명하였다. 그러나 과학자들은 칼로릭의 존재를 전혀 찾을 수 없었으며, 19세기에 이르러 열과 관련된 여러 현상들은 유체 모형을 사용하지 않아도 일관성 있게 설명할 수 있게 되었다.

이 후부터 과학자들은 열을 물질이나 에너지의 형태가 아니라, 에너지의 전달로 이해하기 시작하였다. 뜨거운 물체로부터 찬 물체로 열이 흐를 때, 뜨거운 것에서 찬 쪽으로 전달되고 있는 것이 에너지이다. 즉 **열**(heat 熱)은 온도 차이에 의해서 한 물체로부터 다른 물체로 전달되는 에너지다. 일상에서 물체의 '열함량'이라는 용어를 사용하기도 하지만, 이것은 열 자체와 혼동되기 때문에 적절한 용어가 아니다. 열은 물체가 포함하고 있는 에너지가 아니라, 온도 차이에 의해서 어떤 물체로부터 다른 물체로 전달되는 에너지의 양이다.

TIP 열소, 칼로릭(熱素, caloric)

18세기 중반 이전에 사람들이 주장했던 열에 대한 학설로, 모든 가연성 물질에는 '열소'라는 입자(칼로릭으로 부름)가 있으며, 연소라는 것은 열소가 모두 소모되는 과정이라고 주장하였다. 1783년 라부아지에에 의하여 열소가 존재하지 않음이 확인되었다.

열은 계와 주위의 온도 차이에 따라 계와 주위 사이에 전달되는 에너지이다.

내부에너지

열과 내부에너지의 개념을 혼동하는 경우가 많이 있다. 두 용어는 다른 의미를 가지고 있으므로 서로 바꿔 사용할 수가 없다.

정지하고 있는 물체의 운동에너지는 0이지만 물질 내부의 분자들은 끊임없이 열운동을 하고 있으므로 물체를 구성하고 있는 분자들은 운동에너지를 가지고 있다. 뿐만 아니라 분자들은 분자 상호간에 작용하는 힘에 의한 퍼텐셜 에너지도 가지고 있다. 이와 같이 물체 내의 모든 분자들이 가지는 운동에너지와 퍼텐셜 에너지 및 열로 인하여 분자 내부에 저장되는 에너지를 모두 합하여 그 물체의 **내부에너지**(internal energy)라고 한다. 내부에너지를 나타내는 기호는 U, $E_{내부}$, E_{int} 등을 사용한다.

TIP 열, 온도, 내부에너지의 개념은 다르다

열 온도차로 이동되는 에너지
온도 차갑고 뜨거운 정도
내부에너지 물질 내에 저장된 에너지(운동, 퍼텐셜, 진동, 회전, 열에너지 등)의 총합

내부에너지는 계를 구성하는 모든 입자들(원자나 분자 등)의 운동에너지(무작위 운동에 기인), 퍼텐셜 에너지(분자와 원자들 사이와, 분자들 사이에 작용하는 힘에 기인)와 입자 내부에 저장된 다른 형태의 모든 에너지를 말한다.

단원자 이상기체의 내부에너지는 원자의 병진운동과 관련이 있다. 따라서 기체의 온도가 점점 높아지면 원자들의 운동에너지가 증가하게 되고, 기체의 내부에너지도 증가하게 된다. 조금 더 복잡한 이원자 혹은 다원자 기체의 경우에는 내부에너지에 다양한 형태의 분자 에너지들이 포함되는데, 그것은 회전 운동에너지와 분자 진동에 의한 운동에너지 및 퍼텐셜에너지 등이다. 내부에너지는 또한 액체나 고체 분자들 사이에 존재하는 분자 사이의 퍼텐셜에너지(결합에너지)와도 관련이 있다. 행해진 일이 무시되는 상황에서 열이 흐를 때, 뜨거운 물질의 내부에너지는 감소하고, 차가운 물질의 내부에너지는 증가한다. 비록 열이 물질의 내부에너지를 공급에 기여하더라도 물질이 열을 갖는다고 말하는 것은 옳지 않으며, 그 물질은 내부에너지를 갖고 있다고 표현하는 것이 옳다.

© Book's-Hill

제임스 프레스콧 줄 James Prescott Joule, 1818~1889, 영국의 물리학자, 양조업자

청소년기에 당시의 유명한 화학자인 존 돌턴에게 배웠으나 그 후로는 독학이 전부였다. 전기의 능률을 연구하던 중 1840년 전류의 발열작용에 관한 법칙(Joule의 법칙)을 발견하였다. 그로부터 열과 일과의 관계를 깊이 연구하여 수많은 실험을 통하여 열의 일당량을 성공적으로 측정하였다. 이 결과를 통하여 에너지보존법칙의 확립에 큰 기여를 하였다.

열의 단위

열의 단위는 **칼로리**(cal)이며 1 칼로리는 1 g의 물을 14.5 °C에서 15.5 °C까지 올리는 데 필요한 열량으로 정의한다. 이렇게 특정한 온도범위를 정하는 이유는 온도범위에 따라 1 °C 올리는 데 필요한 열량도 달라지기 때문이다. 0~100 °C범위에서 이 차이는 약 1% 미만으로 대부분의 경우 무시한다. 일상에서는 칼로리의 1000배 크기인 **킬로칼로리**(kilocalorie, kcal)가 많이 사용된다. 영국 단위계에서는 **영국열단위**(Btu: British thermal unit)로 측정한다. 1 영국열단위(1 Btu)는 1 파운드(1 lb)의 물을 63 °F에서 64 °F로 올리는 데 필요한 열의 양으로 정의한다. 1 Btu는 약 252 cal에 해당한다.

열의 일당량

과학자들은 일을 하는 데에는 반드시 열이 수반된다는 사실에서 열과 일을 관련지어 생각하게 되어 열과 일의 관계를 실험으로 확인하기 위해 노력하였다. 이러한 노력의 결과 영국의 과학자 **제임스 줄**(1818~1889, James Prescott Joule)에 의해 열의 본질을 비로소 알게 되었다. Joule은 1842년경부터 수년에 걸쳐 연구한 결과 열과 일이 같

은 물리양이라는 사실을 실험에 의해 확인하였다.

Joule은 그림 13-7과 같은 실험장치를 만들어 추의 역학적 에너지의 감소가 물의 내부에너지를 증가시키는 과정에서 열의 일당량을 측정하여 역학적 에너지와 열에너지 사이의 깊은 관련성을 증명하였다. 즉, 추가 낙하함에 따라 계의 퍼텐셜에너지의 감소는 회전날개가 물에 한 일과 같게 되어, 결국 물의 온도가 증가한다.

이와 같이 열역학과 역학 사이의 다른 의미로 사용되었던 칼로리 단위는 1848년에 열도 일과 마찬가지로 에너지의 이동량이므로 열에너지의 SI 단위가 줄(J)이어야 한다는 과학자들의 동의에 의해 동일한 단위로 인정받게 되었다. 즉 1 칼로리는 정확하게 4.186 J로 정의한다.

$$1 \text{ cal} = 4.186 \text{ J}, \quad 1 \text{ kcal} = 4186 \text{ J} \qquad \textbf{14-4}$$

이 관계를 **열의 일당량**(mechanical equ ivalent of heat)이라고 부른다.

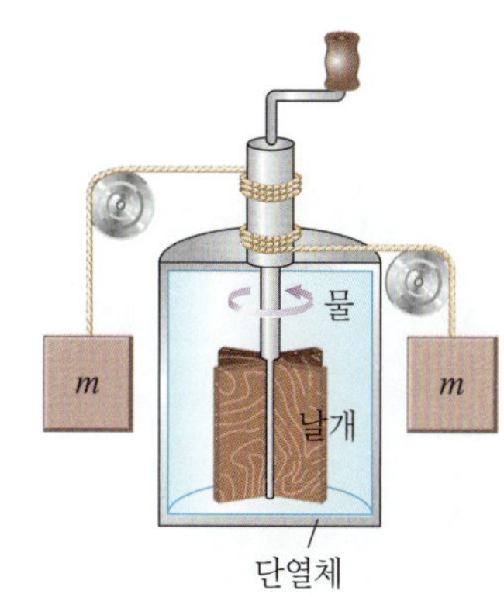

그림 13-7 Joule의 열의 일당량 측정 장치. 추가 낙하며 잃은 역학적 에너지의 감소는 물의 질량과 온도의 증가의 곱에 비례함을 알아냈다.

13-4 열팽창

고체분자의 열팽창 모형

대부분의 고체 물질은 온도가 상승할 때 부피가 증가한다. 이 현상을 **열팽창**(thermal expansion 熱膨脹)이라 하며, 여러 응용 분야에서 중요한 역할을 한다. 예를 들어 건물, 콘크리트 고속도로, 다리 등을 만들 때, 이음매에 작은 틈새를 두어 온도 변화에 따른 길이 변화를 보정하고 있다(그림 13-8 참조).

물질이 열팽창을 할 때 그 물질을 구성하는 원자들은 어떻게 반응할까? 일반적으로 물체의 열팽창은 구성원자 또는 분자 사이의 평균간격이 변하면서 일어난다.

그림 13-9는 고체분자를 모형으로 나타낸 것으로 원자들은 고정된 평형점에 위치하고 있다. 만약 원자들이 평형위치에서 벗어나면, 복원력에 의해 다시 제자리로 돌아온다. 이때 원자들이 이웃 원자와 용수철로 연결되어 있다고 가정할 수 있다. 만일 어떤 원자가 평형위치에서 멀어지면 늘어난 용수철에서처럼 복원력을 생성한다.

보통 온도에서 원자들은 평형위치에서 약 10^{-11} m 정도의 진폭(진동중심에서부터의 최대거리)을 갖는 진동을 한다. 이때 원자 사이의 평균거리는 10^{-10} m 정도이다. 고

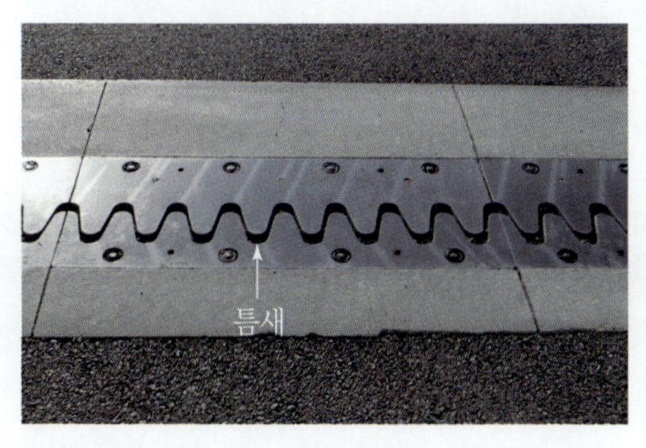

(a) (b)

그림 13-8 열팽창을 고려하여 (a) 다리나 (b) 레일의 이음매에 작은 틈새를 둔다.

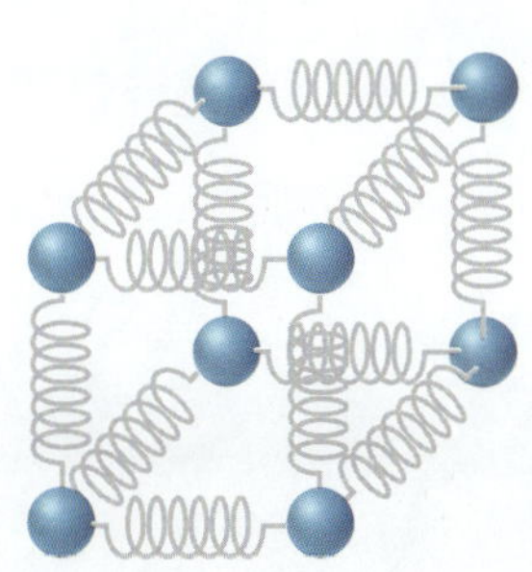

그림 13-9 고체분자의 모형. 고체는 원자들이 용수철(탄성적인)에 의해 서로 연결된 수많은 조각들로 이루어져 있다고 생각할 수 있다.

체의 온도가 증가함에 따라, 원자들은 더 큰 진폭으로 진동하게 되고, 원자들 사이의 거리도 멀어지게 된다. 따라서 고체는 전체적으로 팽창한다. 열팽창 정도가 물체의 원래 크기에 비해 매우 작다면, 크기 변화는 근사적으로 온도 변화에 비례한다.

선팽창(고체의 팽창)

어느 물체가 처음온도 T_i에서 어떤 방향으로 L_i의 길이를 가지고 있다고 하자. 실험에 의하면 거의 모든 고체의 길이 변화 ΔL은 온도변화 ΔT에 비례하는 것으로 나타난다. 이때 늘어난 길이 ΔL은 다음과 같이 나타낼 수 있다.

$$\Delta L = \alpha L_i \Delta T \quad \text{(길이팽창)} \qquad \textbf{13-5}$$

이 식은 다시 다음과 같이 나타낼 수 있다.

$$L - L_i = \alpha L_i (T_f - T_i) \qquad \textbf{13-6}$$

그림 13-10 KTX에서는 이음매가 없는 장대 레일을 사용하고 있다. 장대 레일은 25 m의 표준 레일 12개를 용접해서 만든 300 m 길이의 레일이다. 이 방법이 가능한 것은 과학기술의 발전 때문이다.

여기서 L은 물체의 나중길이, T_f 는 물체의 나중온도이며, 비례상수 α는 주어진 물질에 대한 **선팽창계수**(coefficient of linear expansion 線膨脹係數)이며 단위는 $(°C)^{-1}$이다. 열팽창은 부엌이나 실험실에서 사용되는 유리 제품에 영향을 미친다. 일반 유리로 된 차가운 용기에 뜨거운 액체를 넣을 때, 열변형력에 의해 용기가 깨질 수 있다. 용기의 안쪽 표면은 뜨거워져서 팽창하고, 바깥쪽 표면은 상온이므로 일반 유리는 양쪽의 서로 다른 열팽창을 견디지 못하고 깨질 수 있다. 그러나 파이렉스 유리는 선팽창계수가 일반 유리의 1/3에 불과하여 열변형력이 훨씬 작다. 이 때문에 조리용 계량컵이나 실험용 비커는 뜨거운 액체를 다루기 위해 파이렉스로 만드는 경우가 많다. 표 13-1은 몇가지 물질의 선팽창계수이다. α가 양(+)이면 온도가 증가할 때 길이가 늘어난다.

표 13-1 상온에서 몇 가지 물질의 선팽창계수와 부피팽창계수

	물질	선팽창계수 $[(°C)^{-1}]$		물질	부피팽창계수 $[(°C)^{-1}]$
고체	납	29×10^{-6}	액체	아세톤	1.5×10^{-4}
	알루미늄	24×10^{-6}		벤젠	1.24×10^{-4}
	황동과 청동	19×10^{-6}		에틸알코올	1.12×10^{-4}
	구리	17×10^{-6}		휘발유	9.6×10^{-4}
	콘크리트	12×10^{-6}		글리세린	4.85×10^{-4}
	강철	11×10^{-6}		수은	$1.82 \times 1^{0-4}$
	유리(보통)	9×10^{-6}	기체	공기	3.67×10^{-4}
	유리(파이렉스)	3.2×10^{-6}		헬륨	3.665×10^{-4}
	합금강(니켈-철)	0.9×10^{-6}			

예제 13-2 철로의 길이 팽창

문제 강철로 만든 철로의 길이가 0 °C에서 그 길이가 30.00 m이다. (a) 여름에 종일 햇빛을 받아 철로의 온도가 65 °C로 변한다면 길이는 얼마나 늘어나는가? (b) 레일이 못으로 고정되어 있다고 가정하면 온도 변화에 의해 생기는 변형력은 얼마인가?

생각하기 (a) 강철의 선팽창계수를 적용하는 단순한 문제이다. (b) 외적인 제약에 의해 ΔL만큼 팽창할 수 없는 철로는 ΔL만큼 압축된 것과 같게 되어 철로에 변형력을 생성한다. 앞서 공부한 인장 변형력과 인장 변형을 관련짓는 식을 이용하여 해결한다.

풀이 (a) 65 °C에서의 철로의 길이는 주어진 값을 식 13-5에 대입하여 구한다.

$$\Delta L = \alpha L_i \Delta T = \{11 \times 10^{-6} (°\text{C})^{-1}\}(30.00\text{ m})(65\text{ °C}) = 0.0215\text{ m}$$

실질적으로 30 m 길이의 철로가 2.15 cm만큼 늘어난다는 것은 아주 큰 변형이다.

(b) 식 9-6에 대입하여 변형력을 구한다. 실질적으로 철로는 이 변형력을 받게 되나, 강철로 만든 못이 침목과 선로를 단단하게 조이고 있어 변형은 일어나지 않는다.

$$\frac{F}{A} = Y\frac{\Delta L}{L_i} = (2.00 \times 10^{11}\text{ Pa})\left(\frac{0.022\text{ m}}{30.0\text{ m}}\right) = 1.47 \times 10^{8}\text{ Pa}$$

부피팽창

그림 13-11에 나타낸 것과 같이 금속으로 만든 와셔(washer)에 열을 가하면, 구멍의 반지름을 포함한 모든 길이가 식 13-5에 따라 늘어나게 된다. 마치 사진을 확대하면 전체 크기가 일정한 비율로 커지는 현상과 비슷하다.

물체의 선형 크기가 온도에 따라 변하기 때문에, 부피와 겉넓이도 온도에 따라 변하게 된다. 한 변의 길이가 L_i이고 넓이가 $A_i = L_i^2$인 정사각형을 생각해보자. 온도가 증가함에 따라 각 변의 길이는

$$L = L_i + \alpha L_i \Delta T$$

로 증가한다. 사각형 물체의 변화된 넓이는 다음과 같다.

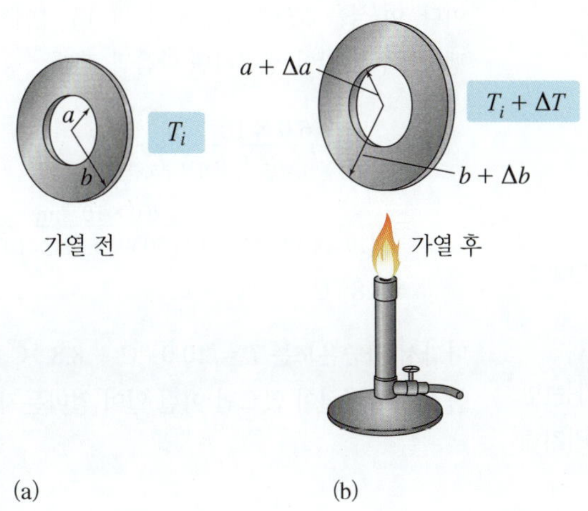

그림 13-11 금속으로 만든 와셔의 열팽창. 와셔가 가열되면 구멍의 반지름을 포함하여 모든 방향으로 팽창한다. (a) 가열 전 (b) 가열 후

$$A = L^2 = (L_i + \alpha L_i \Delta T)(L_i + \alpha L_i \Delta T) = L_i^2 + 2\alpha L_i^2 \Delta T + \alpha^2 L_i^2 (\Delta T)^2$$

마지막 항은 $\alpha\Delta T$의 제곱에 비례한다. $\alpha\Delta T$는 1보다 매우 작기 때문에 제곱 항은 더욱 작아져서 무시할 수 있으므로 다음과 같이 간단히 정리할 수 있다.

$$A = L_i^2 + 2\alpha L_i^2 \Delta T$$
$$A = A_i + 2\alpha A_i \Delta T$$

따라서 온도 변화에 따른 넓이의 변화는 다음과 같이 나타낼 수 있다.

$$\Delta A = A - A_i = \gamma A_i \Delta T \qquad \textbf{13-7}$$

여기서 $\gamma = 2\alpha$이며 γ를 **넓이팽창계수**(coefficient of area expansion)라고 부른다. 비슷한 과정을 통해 온도 변화에 따른 부피 변화를 다음과 같이 나타낼 수 있다.

$$\Delta V = \beta V_i \Delta T \qquad \textbf{13-8}$$

여기서 β을 **부피팽창계수**(coefficient of volume expansion)라 하며 3α와 같다. 물체의 선팽창계수가 모든 방향에 대해 같을 경우에 한해 $\gamma = 2\alpha$이며 $\beta = 3\alpha$이다.

열팽창에 대한 응용 예로 뜨거운 물을 사용하여 유리병에 꽉 달라붙은 금속 뚜껑을 떼어내는 방법이 있다. 뜨거운 물을 부으면 병뚜껑의 둘레가 유리병보다 많이 팽창하기 때문에 꽉 닫힌 뚜껑을 열 수 있다.

예제 13-3 길이팽창에 의한 합선

문제 그림 13-12와 같이 서로 다른 쪽에 달려 있는 볼트가 안쪽에서 거의 닿을 정도로 가깝게 되어 있다. 강철볼트와 황동볼트에는 각각 다른 전압이 걸려 있어, 만약 두 끝이 접촉되면 합선회로가 되어 연결되어 있는 기기가 손상을 입는다고 한다. 상온 20 °C일 때 두 볼트 사이의 간격이 6.0 μm였다면, 외부 온도가 얼마로 바뀌면 두 볼트는 서로 붙게 될까?

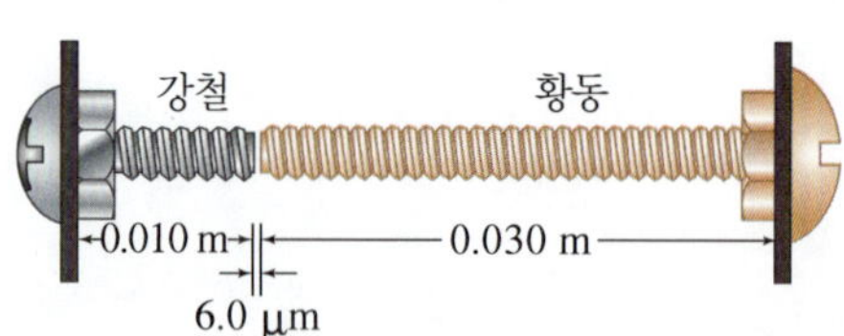

그림 13-12 온도가 올라감에 따라 두 볼트는 길이팽창으로 인해 붙게 된다.

생각하기 온도 상승에 따라 두 볼트의 끝이 틈을 좁혀가는 방향으로 팽창한다고 생각하자. 다른 끝 쪽으로는 고정된 지지대로 인해 팽창이 없다고 가정한다.

풀이 두 볼트의 길이 변화의 합이 두 볼트 사이의 간격을 0으로 만들고, 합선회로가 된다. 따라서 길이 변화의 합이 두 볼트의 간격과 같다. 즉

$$\Delta L_{황동} + \Delta L_{강철} = \alpha_{황동} L_{i,황동} \Delta T + \alpha_{강철} L_{i,강철} \Delta T$$
$$= 6.0 \times 10^{-6}\ \text{m}$$

이다. 이 식을 ΔT에 관해 푼다. 표 13-1에서 강철과 황동의 선팽창계수를 찾아 정리하면 다음과 같다.

$$\Delta T = \frac{6.0 \times 10^{-6}\ \text{m}}{\alpha_{황동} L_{i,황동} + \alpha_{강철} L_{i,강철}}$$
$$= \frac{6.0 \times 10^{-6}\ \text{m}}{\{19 \times 10^{-6}\,(°\text{C})^{-1}\}(0.030\ \text{m}) + \{11 \times 10^{-6}\,(°\text{C})^{-1}\}(0.010\ \text{m})}$$
$$= 8.8\ °\text{C}$$

따라서 나중온도는 $T = 20.0\ °\text{C} + 8.8\ °\text{C} = 28.8\ °\text{C}$이다. 여름철 냉방시설이 없으면 이런 일이 얼마든지 일어날 수 있다.

온도에 따라 팽창 정도가 달라지는 물

대부분의 물질은 (상변화가 일어나지 않는 한) 온도에 따라 거의 일정한 비율로 팽창한다. 액체는 온도가 증가할 때 부피가 증가하고, 고체보다 약 10배나 큰 부피팽창계수를 갖는다. 그러나 물은 이와 같은 일반적인 형태를 따르지 않는다. 실제로 0 °C의 물을 가열하면 4 °C에 도달할 때까지는 부피가 감소하고, 4 °C 이상에서는 보통 물질들과 마찬가지로 온도의 증가에 따라 팽창한다. 즉, 물은 온도가 0 °C 에서 4 °C로 상승할 때 수축하고, 밀도가 증가하여 4 °C에서 최댓값인 1.000 g/cm^3(1 000 kg/m^3)이 된다. 그 후에는 밀도가 점차 감소한다. 그림 13-13(a)는 대기압하에서 물의 온도 변화에 따른 밀도 변화를 나타낸 그림이고, 그림 13-13(b)는 대기압하에서 물의 온도 변화에 따른 부피 변화를 나타낸 그림으로, 두 그림에서 4 °C를 중심으로 밀도와 부피의 크기가 정반대임을 알 수 있다.

이 특성은 추운 겨울 수중생물의 생존에 매우 중요한 역할을 한다. 4 °C 이상인 호수나 강물이 찬 공기와 접촉하여 식기 시작하면 밀도가 커지고, 밀도가 커진 물은 아래쪽으로 내려가고, 그 자리는 아래로부터 올라온 온도가 더 높은 물로 채워진다. 이와 같은 물의 혼합은 물 표면온도가 4 °C가 될 때까지 계속된다. 그러나 4 °C에서 0 °C 사이의 대기 온도에서는 표면의 물이 팽창하면서 아래쪽 물보다 밀도가 작아져 그대로 남게 된다. 따라서 물은 표면이 먼저 얼고, 얼음은 물보다 밀도가 더 낮기(0.917) 때문에 표면에 있게 된다. 밑에 있는 물은 거의 모든 부분의 물이 얼 때까지 4 °C로 유지된다. 이와 같은 이유로 얼음은 계속 표면에서 만들어지고, 연못 아랫부분의 물은 4 °C로 남게 되는 것이다.

4 °C 이하에서의 물의 이러한 특성 때문에 물이 완전히 어는 일은 드물다. 이것은 표면에 있는 얼음 층이 아래쪽 물의 열이 위쪽 찬 공기층으로 나가는 것을 막아주는

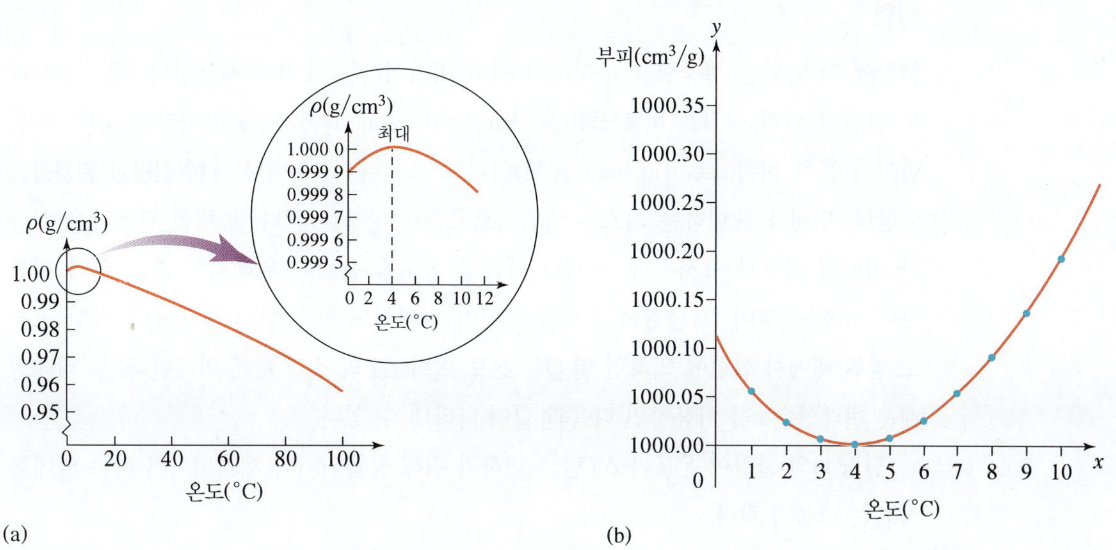

그림 13-13 (a) 대기압하에서 물의 온도 변화에 따른 밀도 변화(4 °C에서 밀도가 최대) (b) 대기압하에서 물의 온도 변화에 따른 부피 변화(4 °C에서 부피가 최소)

좋은 절연체로서의 역할을 하기 때문이다. 즉 표면의 얼음은 아래쪽 물의 열손실을 막는 작용도 하게 되어, 해양 생물의 열보호원 역할도 하게 된다. 물에서 이런 일이 일어나지 않는다면 물고기와 해양 생명체는 겨울에 살아남을 수 없을 것이다. 만약 얼음이 물보다 밀도가 높았다면 수면 아래로 가라앉아 쌓이게 되어 해양이 얼어붙었을 것이고 지구는 얼음 행성이 되었을 것이다.

13-5 열용량과 비열

열용량

> **TIP 열용량과 비열**
>
> **열용량** 어떤 물질의 온도를 1 K만큼 높이는 데 필요한 열량
> **비열용량(비열)** 어떤 물질 1 kg의 온도를 1 K만큼 높이는 데 필요한 열량

어느 계의 온도를 변화시키기 위해 필요한 열량 Q는 그 계의 질량 m과 온도 변화 ΔT에 연관되어 있다. 실험적으로 한 물체에 Q의 열을 전달할 때, 물체의 온도 변화 ΔT는 공급한 열에 비례하므로 $Q = C\,\Delta T$로 나타낼 수 있다. 이 식에서 C를 물체의 **열용량**(heat capacity 熱容量)이라 한다. 열용량 C는 물체가 흡수하거나 방출하는 열 Q와 물체의 온도 변화 $\Delta T(= T_f - T_i)$ 사이의 비례상수로서 다음과 같이 정의한다. **열용량이란 어떤 물질의 온도를 1 K만큼 높이는 데 필요한 열량이다.**

$$C = \frac{Q}{\Delta T} \qquad \textbf{13-9}$$

열용량의 단위는 J/K이다. 식 13-9에서 일반적으로 질량이 같은 물체의 온도를 높이거나 낮추는 데에는 열용량이 큰 물체일수록 오랜 시간이 걸린다. 열용량 C는 물체의 질량과 그 물질이 무엇으로 이루어져 있느냐에 따라 달라진다. 예를 들어 같은 물질이라도 열용량은 양에 따라 차이가 나는데, 큰 욕조의 물이 컵에 있는 물보다 열용량이 크다. 질량이 같은 대리석과 구리에서 열용량은 대리석이 훨씬 크다. '용량'이라는 용어는 적절한 표현은 아니다. 예를 들어 물탱크의 용량과 열용량은 유사한 것처럼 보이나 전혀 다르기에 비슷하다고 생각하면 안 된다.

비열

물질에 따라 다른 열용량을 구분하기 위해 비열이라는 용어를 사용한다. 즉, 서로 다른 물질의 열적 성질을 **비열용량**(specific heat capacity 比熱容量)이라고 하며, 이를 줄여서 흔히 **비열**(specific heat 比熱)이라고 부른다. 즉 비열은 **단위질량당 열용량**을 말한다. 비열을 표현하는 기호는 일반적으로 소문자 c를 쓴다. 물체의 열용량은 질량과 비열의 곱으로 표시된다. 고체나 액체의 온도를 올리기 위해서는 많은 열이 필요하다. 또한 질량이 큰 물질의 온도를 올리기 위해서도 많은 열이 필요하다. 제한된 온도 범위 내에서 실험에 의하면 열 Q는 온도 변화 ΔT와 질량 m에 비례한다. 두 비례관계는 비례상수 c를 사용하면 다음과 같이 나타낼 수 있다.

질량 m의 물질이 온도가 ΔT만큼 변하기 위해 공급되거나 제거되어야 하는 열에너지 Q는 다음과 같다.

$$Q = cm\Delta T \qquad \textbf{13-10}$$

식 13-10에서 비례상수 c를 그 물질의 **비열**이라고 한다. 따라서 비열은 다음과 같이 정의할 수 있다. 열에너지 Q가 질량 m인 물질에 전달되어 $\Delta T = T_f - T_i$만큼 온도가 변하였을 때 비열은 다음과 같다.

$$c = \frac{Q}{m\,\Delta T} \quad \text{(비열)} \qquad \mathbf{13\text{-}11}$$

온도를 올릴 때는 ΔT와 Q는 양(+)의 값을 갖게 되며, 이것은 에너지가 계의 내부로 흘러들어오는 것을 의미한다. 반대로 온도를 낮출 때는 ΔT와 Q는 음(−)의 값을 가지며, 에너지가 계의 외부로 흘러나가는 것을 뜻한다.

물 1 kg의 온도를 1 °C 올리려면 4 186 J의 에너지가 필요하다. 어떤 물질 1 kg의 온도를 1 °C 올리는 데 필요한 에너지양은 물질의 종류에 따라 다르다. 예를 들면 구리 1 kg을 1.0 °C 올리는 데 필요한 에너지는 387 J이다. 모든 물질은 온도를 1.0 °C 변화시키기 위해서 단위질량당 고유한 에너지 값이 필요하다. 물질의 이러한 성질을 비열로 비교하면 쉽게 이해할 수 있다.

비열의 단위는 J/kg °C 나 J/kgK 모두 사용한다. 섭씨온도와 절대온도의 눈금 스케일이 같으므로 함께 사용해도 무방하다. 칼로리와 줄 그리고 영국열단위를 사용하여 비열의 단위를 비교하면 다음과 같다.

$$c = 1\ \text{cal/g}\,°\text{C} = 1\ \text{Btu/lb}\,°\text{F} = 4\,186\ \text{J/kg}\,°\text{C}$$

표 13-2는 몇 가지 물질의 비열을 나타내고 있다. 칼로리의 정의로부터 물의 비열은 4 186 J/kg °C이다. 표에 나타낸 값들은 보편적인 값이며, 비열은 같은 물질이라도 물질의 온도와 상태(고체, 액체, 기체)에 따라 값이 변한다.

표 13-2를 보면 대부분의 물질에 비해 물의 비열이 가장 높다는 것을 알 수 있다. 이처럼 물의 비열이 크기 때문에, 큰 호수나 바다를 끼고 있는 지역 주변이 온화한 기온을 유지하게 된다. 겨울에는 바닷물의 온도가 육지보다 천천히 내려감에 따라, 바닷물은 육지 쪽에 있는 공기 중으로 에너지를 전달하게 되고, 바다에서 육지 쪽으로 바

TIP 문제풀이에서 ΔT 처리 방법

식 13-8, 13-9, 13-10에서 ΔT는 나중온도에서 처음온도를 뺀 값이다. 즉 $\Delta T = T_f - T_i$이다.

표 13-2 몇 가지 물질의 비열(대기압, 25 °C)

물질		비열		물질		비열	
		J/kg °C	cal/g °C			J/kg °C	cal/g °C
고체(단원자)	알루미늄	900	0.215	일반 고체	얼음(−5 °C)	2 090	0.50
	규소	703	0.168		나무	1 700	0.41
	철(강철)	448	0.107		대리석	860	0.21
	구리	387	0.092 4		유리	837	0.200
	은	234	0.056		황동(놋쇠)	380	0.092
	카드뮴	230	0.055	액체	물(15 °C)	4 186	1.00
	금	129	0.030 8		에틸알코올	2 400	0.58
	납	128	0.030 5		수은	140	0.033
인체	몸	3 500	0.836	기체	수증기(100 °C)	2 010	0.48
	근육	3 470	0.829		수증기(0 °C)	1 005	0.24

그림 13-14 바닷가 도시인 부산 해운대는 내륙에 비해 겨울철 온도가 따뜻하다.

람이 불어와 에너지를 육지로 이동시켜 다른 지역보다 더 따뜻해진다. 반대로 내륙 깊은 곳에서는 온도가 낮아지는 비율이 바다 쪽보다 훨씬 빠르므로 연안 근처보다 훨씬 춥다. 우리 인체의 근육 조직도 비열이 상당히 크다. 이 때문에 추운 겨울에도 근육이 많을수록 몸 안의 온도가 쉽게 밖으로 이동되지 않으므로 추위에 강하다.

13-6 비열 측정법

온도가 다른 두 물체 사이에서 이동하는 열의 양인 **열량**은 식 13-10에서 $Q = cm\Delta T$임을 알고 있다. 일반적으로 비열이 c이고, 질량이 m인 물체의 온도를 ΔT만큼 높이기 위해 필요한 열량은 어떤 물체의 온도가 ΔT만큼 내려갈 때 물체가 잃은 열량과 같다. 온도가 다른 두 물체가 접촉하면 열이 이동하는 데, 이때 외부로 유출되는 열이 없다면 고온의 물체가 잃은 열량은 저온의 물체가 얻은 열량과 같다. 이 관계를 **열량 보존의 법칙**이라고 한다.

한 고립된 계에서 운동에너지이든 퍼텐셜에너지, 혹은 열에너지든 그 형태와는 무관하게 에너지는 생성되거나 소멸되지 않는다. 고립계에 에너지 보존의 원리를 적용하면, 계에 전달된 알짜 에너지의 합이 0이 되어야 한다. 이 사실은 온도가 다른 물체들이 열적으로 접촉할 때 평형온도에 이르는 방법을 제시한다. 만일 계의 한 지점에서 에너지를 잃는다면, 계는 고립되어 있고 에너지가 갈 곳이 없기 때문에 다른 지점에서 에너지를 얻게 된다. 뜨거운 물체를 열량계가 담겨 있는 찬물 속에 넣으면, 뜨거운 물체는 식게 되고 물이 따뜻해진다. 이 관계는 다음 식으로 나타낼 수 있다.

$$Q_{cool} = -Q_{hot} \qquad \textbf{13-12}$$

이 식에서 에너지는 차가운 물속으로 들어가기 때문에 Q_{cool}은 양(+)이고, 반면에 에너지가 뜨거운 물체로부터 나오기 때문에 Q_{hot}은 음(−)이다. 식 13-12의 우변에 음의 부호가 있기 때문에 우변은 양의 값이며 좌변의 값과 일치한다. 이 방정식은 계가 고립되어 있을 때에만 적용된다.

고체나 액체의 비열을 측정하는 방법 중 하나는 물체를 어떤 온도까지 가열하여

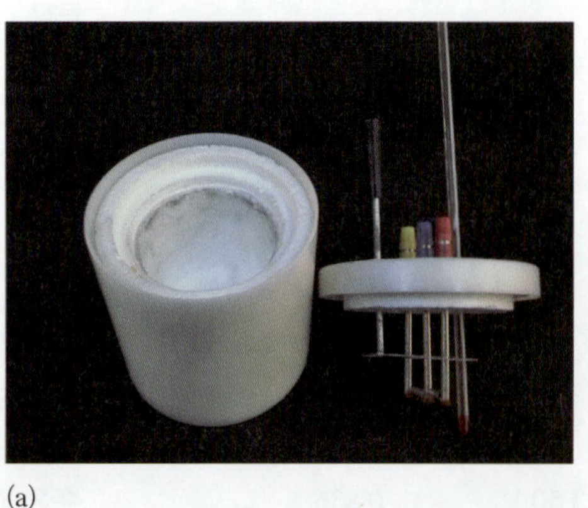

(a)

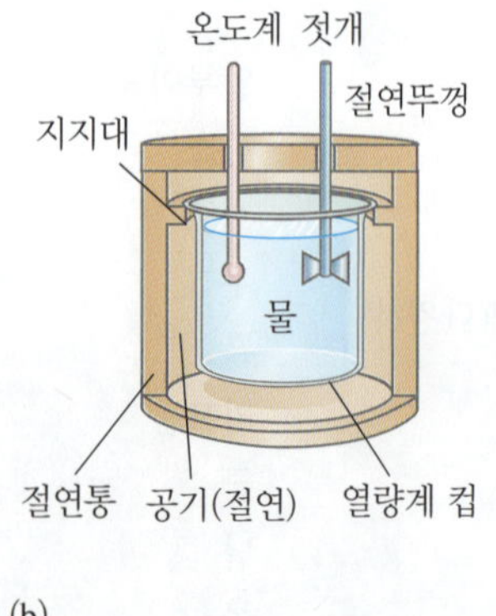

(b)

그림 13-15 간단한 물 열량계의 (a) 모습과 (b) 개략적인 구조

질량과 온도를 알고 있는 차가운 물이 담긴 용기 속에 넣어 열평형에 도달하게 한 후, 평형온도를 측정하면 된다. 이 과정에서 물체와 물을 혼합계로 정할 수 있다. 용기가 아주 좋은 단열재로 되어 있다면 용기 밖으로의 에너지 손실이 없으며, 이때 계가 고립되었다고 할 수 있다. 이러한 성질을 가진 용기를 **열량계**(calorimeter 熱量計) 또는 **열재개**라고 하며, 이것을 이용하여 얻은 자료를 분석하는 일을 **열계량법**(calorimetry)이라고 한다. 그림 13-15는 고체의 비열을 측정하는 데 흔히 사용되는 물 열량계의 구조를 나타낸 것이다.

온도가 다른 두 물질 사이에서 비열 구하기

그림 13-16은 뜨거운 액체가 담긴 그릇 A와 차가운 물이 담긴 그릇 B를 접촉시킬 때 시간에 따른 온도의 변화를 나타낸 것이다. 그림과 같이 온도가 다른 두 액체 A와 B를 같은 그릇에 접촉시키면 시간이 지남에 따라 열평형 상태에 이르게 된다. 즉 질량 m_1, 비열 c_1, 온도 T_1인 뜨거운 액체 그릇을 질량 m_2, 비열 c_2, 온도 $T_2(T_1 > T_2)$인 액체와 접촉시켰을 때, 온도 T에서 열평형을 이루었다면 열량 보존의 법칙에 의해서 다음 관계가 성립한다.

$$m_2c_2\,(T - T_2\,) = -m_1c_1\,(T - T_1) \qquad \textbf{13-13}$$

이 식을 이용하면 물질의 비열을 구할 수 있다. 식 13-13은 주위와의 열전달이 없으며, 실험장치로 빠져나가는 열량이 없다고 가정할 때 성립되는 식이다.

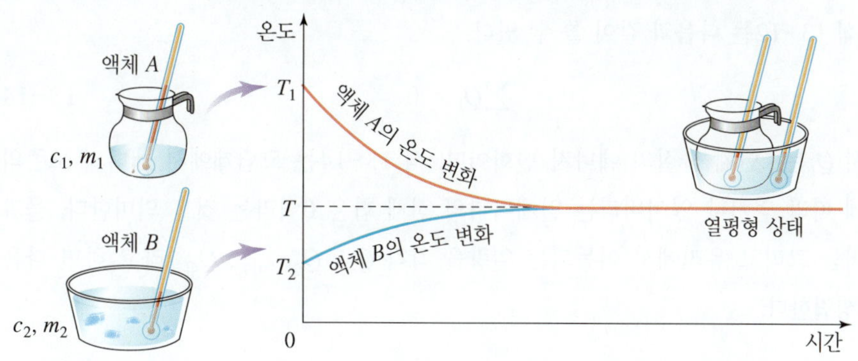

그림 13-16 온도가 다른 두 액체를 접촉시키면 시간이 지남에 따라 열평형 상태에 도달한다.

예제 13-4 물체의 비열

문제 질량이 125 g이고, 온도가 90.0 °C인 모르는 금속 덩어리를 20.0 °C의 물 0.326 kg이 담긴 스티로폼 컵에 넣었다. 이 계는 열평형 온도 22.4 °C에 도달하였다. 컵의 비열을 무시할 때 금속의 비열 c_x는 얼마인가?

생각하기 금속 덩어리가 열에너지 $Q_{\text{물체}}$를 잃는 동안, 물은 열에너지 $Q_{\text{물}}$을 얻는다. 식 13-13을 이용하여 모르는 금속의 비열 c_x를 구한다.

풀이 물과 금속 덩어리의 처음온도를 각각 T_w와 T_x, 나중온도를 T로 놓자.

$$Q_{\text{물}} = -Q_{\text{물체}}$$

$$m_wc_w(T - T_w) = -m_xc_x(T - T_x)$$

c_x에 대해 풀고 값을 대입한다.

$$c_x = \frac{m_w c_w (T - T_w)}{m_x (T_x - T)}$$
$$= \frac{(0.326\ \text{kg})(4\,186\ \text{J/kg}\,^\circ\text{C})(22.4\,^\circ\text{C} - 20.0\,^\circ\text{C})}{(0.125\ \text{kg})(90.0\,^\circ\text{C} - 22.4\,^\circ\text{C})}$$
$$= 388\ \text{J/kg}\,^\circ\text{C}$$

문제에서 구한 비열은 표 13-2를 보면 구리라는 것을 알 수 있다.

온도가 다른 세 물질 사이에서 비열 구하기

물질의 수가 2개 이하인 경우에는 열계량법 문제를 해결하기 위해 식 13-13을 사용할 수 있다. 그러나 셋 이상의 물질이 각각 서로 다른 온도에서 열에너지가 교환되는 경우도 있다. 만일 문제가 나중온도를 구하는 경우라면, 중간 온도에서 물질이 열에너지를 얻는지 아니면 잃어버리는지 분명하지 않을 수도 있다. 이와 같은 경우에는 식 13-13을 사용할 수 없다.

예를 들어 온도가 25 °C인 유리로 만든 컵이 있다. 이 속에 온도가 40 °C인 물과 37 °C인 알루미늄 덩어리를 넣었을 때 계의 나중온도를 구하는 문제를 생각해보자. 이 계는 세 가지 물질이 조합되어 있으며, 유리컵의 온도가 올라가고 더운 물이 식는 것을 알 수 있으나, 나중온도가 주어지지 않았기 때문에 알루미늄 조각이 에너지를 얻는지 아니면 잃어버리는지 알 수 없다.

이와 같이 올바른 조건이 주어지지 않는 문제는 해결할 수 없다. 미지의 나중온도 T_f에 대해 식 $Q = mc(T_f - T_i)$는 $T_f > T_i$이면 양(+)이고, $T_f < T_i$이면 음(−)이다. 따라서 식 13-12는 다음과 같이 쓸 수 있다.

$$\sum Q_k = 0 \qquad \textbf{13-14}$$

여기서 Q_k는 k번째 물질의 에너지 변화이다. 식 13-14는 고립계에서 에너지 보존의 법칙에 따라 얻거나 잃어버리는 열에너지의 전체 합은 0이라는 것을 의미한다. 물과 알루미늄 그리고 유리에서 이동되는 열량을 각각 $Q_{물}$, $Q_{알루미늄}$, $Q_{유리}$라고 하면 다음 식이 성립한다.

$$Q_{물} + Q_{알루미늄} + Q_{유리} = 0$$

계에 있는 물질이 에너지를 얻는지 아니면 잃어버리는지 미리 결정할 필요가 없다. 이 식은 고립계에서 위치에너지와 운동에너지의 증가 및 감소의 합이 0이 되는, 즉 $\Delta KE + \Delta PE = 0$인 역학적 에너지의 보존식과 비슷하다. 앞에서 설명한 바와 같이 열에너지의 변화량들은 이 식의 좌변에 포함될 것이다. 둘 이상의 물질에서 열에너지가 변화하는 문제를 해결할 때에는 혼동이 일어나기 쉽다. 이 경우에는 주어진 데이터를 체계화하여 표로 만들어 계산하면 이러한 혼동을 막을 수 있다. 이 같은 문제 해결 방식은 예제 13-5를 통해 알아보자.

예제 13-5 세 물질 사이에서 평형온도 구하기

문제 40.0 °C의 물 0.400 kg을 질량이 0.300 kg이고 온도가 25.0 °C인 유리 비커에 넣었다. 물속에는 37.0 °C의 알루미늄 덩어리 0.500 kg이 있고 계는 고립되어 있다. 이 계의 평형온도를 구하라.

생각하기 서로 다른 온도의 세 물질이 포함된 열계량법 문제로 식 13-14를 이용하자.

풀이 물, 알루미늄, 유리의 이동되는 에너지 열량을 각각 $Q_{물}$, $Q_{알루}$, $Q_{유리}$로 표시하자. 이들 사이에서 이동하는 열량의 총합은 에너지 보존의 법칙에 의해 0이다. 주어진 값을 이용하여 아래와 같은 표를 만들면 나중 평형온도 T를 얻을 수 있다.

식 13-14를 사용하면 다음의 관계가 성립한다.

$$Q_{물} + Q_{알루} + Q_{유리} = 0 \quad (1)$$

$$m_{물}c_{물}(T - T_{물}) + m_{알루}c_{알루}(T - T_{알루}) + m_{유리}c_{유리}(T - T_{유리}) = 0 \quad (2)$$

Q(J)	m(kg)	c(J/kg °C)	T_f	T_i(°C)
$Q_{물}$	0.400	4190	T	40.0
$Q_{알루}$	0.500	9.00×10^2	T	37.0
$Q_{유리}$	0.300	837	T	25.0

표의 값을 식 (2)에 대입한다.

$$\{(1.68 \times 10^3 \text{ J/°C})(T - 40.0\text{°C})\} + \{(4.50 \times 10^2 \text{ J/°C})(T - 37.0\text{°C})\} + \{(2.51 \times 10^2 \text{ J/°C})(T - 25.0\text{°C})\} = 0$$

$$(1.68 \times 10^3 \text{ J/°C} + 4.50 \times 10^2 \text{ J/°C} + 2.51 \times 10^2 \text{ J/°C})T = 9.01 \times 10^4 \text{ J}$$

위 식을 정리하면 나중온도는 $T = 37.9$ °C이다.

나중온도는 알루미늄의 처음온도와 거의 비슷하기 때문에 알루미늄이 에너지를 얻는지 아니면 잃어버리는지를 추측하는 것은 불가능하다. 성분에 맞게 항들과 관련된 값을 조합하여 표를 만드는 것이 중요하다. 이와 같이 문제를 풀 때 표를 만들면 주어진 값을 올바로 대입할 수 있어 오류를 방지할 수 있다.

13-7 숨은열

물질의 상변화

물체와 그 주변 사이에 열에너지 교환이 일어날 때, 일반적으로 물체의 온도가 변하게 된다. 그러나 열이 들어오거나 나갈 때 온도를 변화시키지 않는 경우가 있다. 따뜻한 차에 얼음을 넣고 잘 섞어서 열평형이 되었다고 가정하자. 비록 열이 따뜻한 실내로부터 유리잔으로 들어왔더라도 얼음 조각이 있는 한 차는 0 °C에서 높아지지 않는다. 열에너지는 온도를 높이는 것 이외의 다른 목적에도 사용되고 있다. 이 같은 현상은 물체의 물리적 성질이 한 형태에서 다른 형태로 바뀌는 경우에 발생하게 되는데, 이를 **상변화**(change of phase 相變化)라고 한다. 일반적인 상변화에는 고체가 액체로 변하는 것(융해)과 그 반대(응고), 액체가 기체로 변하는 것(기화)과 그 반대(액화), 그리고 고체가 기체로 변하는 것(승화)과 그 반대(승화)가 있다. 물질의 세 상태와 그 변화 사이의 관계를 그림으로 나타내면 그림 13-17과 같다.

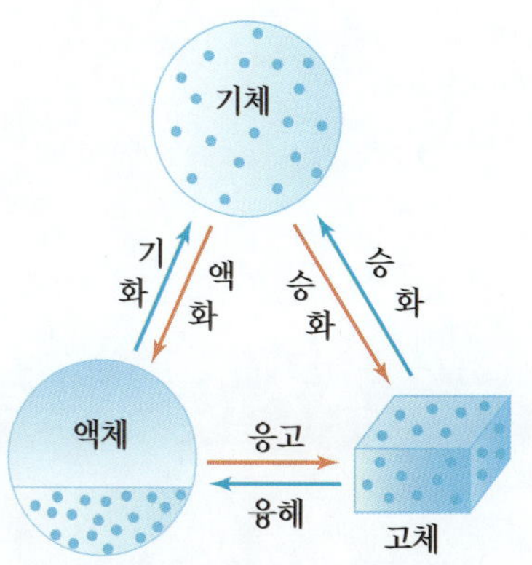

그림 13-17 물질의 세 상태와 그 변화 사이의 관계. 분자 자체는 변하지 않고 상태만 변하는 것을 상변화(물리적 변화)라고 한다.

숨은열

모든 상변화에서 내부에너지는 변하지만 온도는 변하지 않는다. 순수한 물질의 상변화에 필요한 에너지 Q는 다음과 같이 표현된다.

$$Q = \pm mL \quad \text{13-15}$$

여기서 L을 물질의 **숨은열**(latent heat), **변환열** 또는 **잠열**(潛熱)이라고 한다.

숨은열의 크기는 물질의 종류뿐만 아니라 상변화의 성질에 따라 값이 다르다. 숨은열의 단위는 J/kg 또는 kcal/kg이다. **숨은**(latent)이라는 뜻은 '사람이나 물체 속에 숨겨진 상태로 존재한다'는 뜻이다. 식 13-15에서 (+) 부호는 얼음이 녹을 때처럼 에너지가 물체 속에 흡수되는 경우이다. (−) 부호는 수증기가 물로 변할 때와 같이 에너지가 물체에서 방출되는 경우를 나타낸다.

고체가 같은 온도의 액체로 상변화가 발생할 때 흡수하는 열을 **융해열**(heat of fusion 融解熱) L_f이라 한다. 그리고 액체가 같은 온도의 기체로 상변화가 발생할 때 흡수하는 열을 **기화열**(heat of vaporization 氣化熱) L_v이라고 한다. 예를 들면 대기압하에서 **물의 융해열** L_f 와 **물의 기화열** L_v는 다음과 같다.

$$L_f = 79.5\ \text{cal/g} = 333\ \text{kJ/kg} = 6.01\ \text{kJ/mol} \quad \text{(물의 융해열)}$$
$$L_v = 539\ \text{cal/g} = 2\ 256\ \text{kJ/kg} = 40.7\ \text{kJ/mol} \quad \text{(물의 기화열)}$$

또 다른 상변화로는 승화가 있다. 승화는 고체 상태에서 액체 상태를 거치지 않고 기체 상태로 변하는 것이다. 드라이아이스(이산화탄소의 결빙)의 증발은 이 과정을 나타내는 것으로서 이 과정에서 숨은열을 **승화열**(heat of sublimation 昇華熱) L_s라고 한다.

상변화는 물질에서 에너지를 더하거나 빼낼 때, 분자의 재배열로 설명할 수 있다. 먼저 액체에서 기체로의 상변화를 생각해보자. 액체 상태의 분자는 서로 가깝게 붙어 있는 반면에 기체 상태의 분자는 훨씬 멀리 떨어져 있기 때문에, 액체 속에 있는 분자 사이의 힘은 기체 속에 있는 분자 사이의 힘보다 강하다. 그러므로 액체분자를 분리시키기 위해서는 이러한 분자 사이의 인력을 극복할 수 있는 일을 분자에 해야 한다. 기화열은 1 kg의 액체 속에 있는 분자가 분리될 수 있도록 공급해야 하는 에너지와 같다.

이와 유사하게 고체의 녹는점에서는 평형위치에 대한 원자의 진동 폭이 충분히 커져서, 원자가 이웃한 원자의 장벽을 뛰어넘어 새로운 위치로 이동할 수 있게 된다고 할 수 있다. 평균적으로 새로운 위치에서는 대칭성이 적으므로 원자가 높은 에너지를 갖는다. 융해열은 질서정연한 고체 상태에서 무질서한 액체 상태로 물질이 변할 때 분자 수준에서 요구되는 일과 같다.

원자 간 평균거리는 액체나 고체 상태보다 기체 상태에서 훨씬 멀다. 기체 상태에서의 원자나 분자는 이웃한 원자나 분자에 의한 인력을 이겨내어 이웃 원자나 분자로부터 쉽게 떨어져 나갈 수 있다. 따라서 주어진 질량의 물질을 융해시킬 때보다 기화시킬 때 분자 수준에서 요구되는 일의 양이 더 많아지므로 기화열이 융해열보다 훨씬 커진다.

표 13-3은 1기압하에서 몇 가지 물질의 융해열과 기화열을 나타낸 것이다.

표 13-3 1기압하에서 몇 가지 물질의 융해열과 기화열

물질	녹는점 (°C)	융해열 L_f (J/kg)	융해열 L_f (kcal/kg)	끓는점 (°C)	기화열 L_v (J/kg)	기화열 L_v (kcal/kg)
헬륨	−269.65	5.23×10^3	1.25	−268.93	2.09×10^4	4.99
질소	−209.97	2.55×10^4	6.09	−195.81	2.01×10^5	48.0
산소	−218.79	1.38×10^4	3.30	−182.97	2.13×10^5	50.9
에틸알코올	−114	1.04×10^5	24.9	78	8.54×10^5	204
물	0.00	3.33×10^5	79.7	100.00	2.26×10^6	540
황	119	3.81×10^4	9.10	444.60	3.26×10^5	77.9
납	327.3	2.45×10^4	5.85	1 750	8.70×10^5	208
알루미늄	660	3.97×10^5	94.8	2 450	1.14×10^7	2 720
은	960.80	8.82×10^4	21.1	2 193	2.33×10^6	558
금	1 063.00	6.44×10^4	15.4	2 660	1.58×10^6	377
구리	1 083	1.34×10^5	32.0	1 187	5.06×10^6	1 210
텅스텐	3 410	1.84×10^5	44.0	5 900	4.8×10^6	1 150

상변화의 예

물질의 상태 변화를 구체적으로 이해하기 위해 일정한 압력에서 용기 속에 있는 −30.0 °C의 얼음 덩어리 1.00 g에 에너지를 공급하여 이 얼음을 120 °C의 수증기로 바꾸는 과정에 필요한 열에너지를 구해보자. 그림 13-18은 이 상황을 그림으로 나타낸 것이다. 이 그림을 구간별로 나누어 기술해보자.

구간 ① : −30.0 °C의 얼음이 0.0 °C로 변하는 구간이다. 표 13-2에서 얼음의 비열은 2 090 J/kg °C이므로 이 구간에 가해진 열량은 다음과 같다.

$$Q = mc_{얼음}\Delta T = (1.00 \times 10^{-3}\ \text{kg})(2\,090\ \text{J/kg °C})(30.0\ \text{°C}) = 62.7\ \text{J}$$

구간 ② : 0 °C 얼음이 0 °C 물이 되는 구간으로 얼음과 물의 혼합 상태로 공존한다. 얼음의 융해열을 사용하여 0 °C의 얼음 1.00 g을 녹이는 데 필요한 열량을 구하면 다음과 같다. 이때 상변화를 위해 융해열이 필요하다.

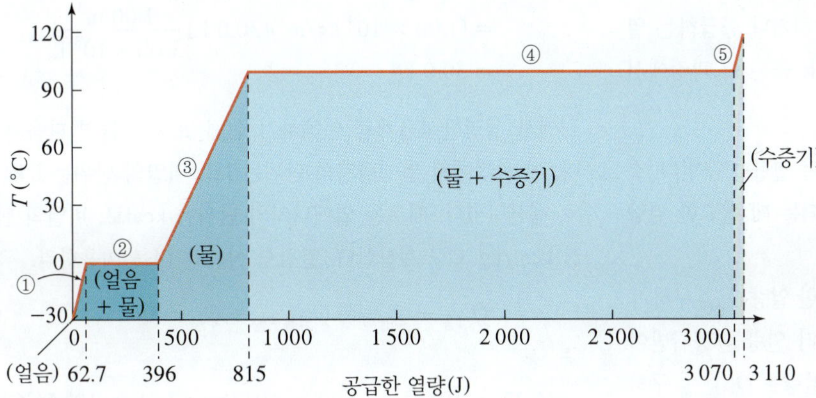

그림 13-18 −30.0 °C의 얼음 덩어리 1.00 g에 열에너지를 공급하여 120 °C의 수증기로 바꾸는 과정에 필요한 열에너지와 온도 사이의 관계

$$Q = mL_f = (1.00 \times 10^{-3}\text{ kg})(3.33 \times 10^5\text{ J/kg}) = 333\text{ J}$$

구간 ③ : 0 °C 물이 100 °C 물로 변하는 구간으로 상변화는 없다. 물에 가한 열량은 물의 온도를 높이는 데만 사용된다. 물을 0 °C에서 100 °C까지 온도를 높이는 데 필요한 열량은 다음과 같다.

$$Q = mc_{물}\Delta T = (1.00 \times 10^{-3}\text{ kg})(4.19 \times 10^3\text{ J/kg °C})(1.00 \times 10^2\text{ °C}) = 4.19 \times 10^2\text{ J}$$

구간 ④ : 100 °C 물이 100 °C 수증기로 바뀌는 상변화가 일어나는 구간이다. 구간 ②에서와 같이 열량이 계속 증가해도 모든 액체가 기체로 바뀔 때까지는 100 °C의 물과 수증기의 혼합 상태가 공존한다. 100 °C 물 1.00 g을 100 °C 수증기로 바꾸는 데 필요한 열량은 다음과 같다.

$$Q = mL_v = (1.00 \times 10^{-3}\text{ kg})(2.26 \times 10^6\text{ J/kg}) = 2.26 \times 10^3\text{ J}$$

구간 ⑤ : 구간 ①, ③과 마찬가지로 아무런 상변화가 일어나지 않는 구간이다. 이때 공급한 열량은 모두 수증기의 온도를 높이는 데만 사용된다. 100 °C 수증기를 120.0 °C로 바꾸는 데 필요한 열량은 다음과 같다.

$$Q = mc_{수증기}\Delta T = (1.00 \times 10^{-3}\text{ kg})(2.01 \times 10^3\text{ J/kg °C})(20.0\text{ °C}) = 40.2\text{ J}$$

이상과 같이 −30.0 °C , 1.00 g의 얼음을 120.0 °C의 수증기로 바꾸는 데 필요한 전체 열량은 구간 ①~⑤의 열량의 합인 3.11×10^3 J이다. 반대로 120.0 °C의 수증기 1.00 g을 −30.0 °C의 얼음으로 만들기 위해서는 3.11×10^3 J의 열에너지를 제거하면 된다.

예제 13-6 평형온도

문제 파티 연회장에서 20.0 °C의 물 30 L에 −5.00 °C의 얼음 6.00 kg 을 넣었다. 평형 상태에 도달하였을 때, 물의 온도는 얼마인가?

생각하기 전 과정의 열에너지의 이동(흡수하거나 공급하는 열량)은 4단계로 구분하여 계산하면 편리하다. 물론 이 과정에서의 에너지 총합은 0이다.

풀이 4단계로 나누어 각 단계별로 소요되는 열량을 구한다.

1단계: −5.00 °C 얼음이 0 °C 얼음으로 되는 데 필요한 열량 $Q_{얼음}$ 구하기

2단계: 0 °C 얼음이 0 °C 물로 되는 데 필요한 열량 $Q_{융해}$ 구하기

3단계: 얼음이 녹은 물은 20.0 °C 물로부터 열량을 공급받아 평형온도로 올라간다. 이때 흡수한 열량을 $Q_{얼음-물}$ 구하기

4단계: 마지막으로 20.0 °C 물이 잃어버린 열량 $Q_{물}$ 구하기

에너지 보존에 의해 이 양들은 합이 0이 된다. 먼저 20.0 °C 물의 질량을 계산하기로 한다.

$$\begin{aligned} m_{물} &= \rho_{물} V \\ &= (1.00 \times 10^3\text{ kg/m}^3)(30.0\text{ L})\frac{1.00\text{ m}^3}{1.00 \times 10^3\text{ L}} \\ &= 30.0\text{ kg} \end{aligned}$$

위에서 설명한 4단계를 이해하기 쉽게 표를 만들면 다음과 같다. 이 과정에서 열에너지의 단위는 J로, 비열의 단위는 J/kg °C로 계산하였다. 때로는 열에너지의 단위를 kcal로, 비열의 단위를 kcal/kg °C로 계산한다. 열평형 식 13-14를 이용하라.

$$Q_{얼음} + Q_{융해} + Q_{얼음-물} + Q_{물} = 0 \qquad (1)$$

즉

$$(6.27 \times 10^4\text{ J}) + (2.00 \times 10^6\text{ J}) + (2.51 \times 10^4\text{ J/°C})(T - 0\text{ °C}) + (1.26 \times 10^5\text{ J/°C})(T - 20.0\text{ °C}) = 0$$

이다. 따라서 최종온도는 $T = 3.03$ °C이다.

Q	m (kg)	c (J/kg°C)	L (J/kg)	T_f(°C)	T_i(°C)	열량(J)
$Q_{얼음}$	6.00	2 090		0	−5.00	$m_{얼음}c_{얼음}(T_f - T_i)$
$Q_{융해}$	6.00		3.33×10^5	0	0	$m_{얼음}L_f$
$Q_{얼음-물}$	6.00	4 190		T	0	$m_{얼음}c_{물}(T_f - T_i)$
$Q_{물}$	30.0	4 190		T	20.0	$m_{물}c_{물}(T_f - T_i)$

13-8 열과 일

자동차 엔진 안에서 연료가 상대적으로 높은 온도에서 연소되면서 내부에너지 중 일부는 피스톤을 위아래로 움직이는데 일을 하고 나머지 열은 과열을 방지하는 냉각시스템에 의해 방출된다. 이와 같이 주위에 있는 여러 환경은 열과 일이 함께 공존하고 있다. 열과 일이 만족하는 기본법칙에 근거를 둔 분야가 **열역학**(thermodynamics 熱力學)이다. 열역학에서 관심이 집중되어야하는 대상체의 모임을 **계**(system 系)라 하며, 그 외부의 다른 것을 **환경**(surrounding 環境)이라고 한다. 자동차 엔진의 경우 연소하는 휘발유가 계가 되고, 피스톤과 배기시스템, 방열판, 외부 공기 등을 포함하여 환경이라 한다. 열역학 법칙들이 열과 일 사이의 관계에 대해 말하는 것을 완전히 이해하기 위해서는 물리적 조건 혹은 계의 상태(state of a system)를 기술할 필요가 있다.

열역학에서 계의 상태는 압력, 부피, 온도 및 내부에너지와 같은 변수들로 기술된다. 이런 양들을 **상태변수**(state variable)라 한다. 계의 주어진 배열에서 상태변수의 값을 알 수 있다. 에너지 관련 변수 중 열이나 일과 같이 경계를 통해 에너지를 전달하여 계의 변화를 나타내는 변수를 **전달변수**(transfer variable)라고 한다. **전달변수는 계의 주어진 상태가 아니라 계의 상태변화에 관련되는 양이다**.

그림 13-19 피스톤이 달린 원통 안에 기체가 갇혀 있다. 온도조절스위치를 사용하여 열을 기체에서 더하거나 제거할 수 있다. 피스톤이 움직이면 기체는 W의 일을 한다.

계와 환경사이에 에너지가 열과 일의 형태로 어떻게 전달되는지 알아보자. 계를 그림 13-19와 같이 움직일 수 있는 피스톤이 달린 원통에 갇혀 있는 기체라고 하자. 기체의 압력이 피스톤을 위로 미는 힘은 피스톤의 위에 놓인 모래의 무게와 같다. 원통의 벽은 절연체이므로 열전달이 없지만, 원통의 바닥은 열저장고와 열적으로 접촉하고 있다. 열저장고의 온도조절스위치로 조절이 가능하다.

계(기체)의 초기상태의 압력 P_i 부피 V_i 온도 T_i를, 나중상태의 압력 P_f 부피 V_f 온도 T_f로 바꾸는 과정을 생각해보자. 열역학 과정을 통해 계로 열이 전달되거나(양의 열), 반대로 계로부터 열이 빠져나간다(음의 일). 또한 계는 부하가 걸린 피스톤을 위로 올리기 위해(양의 일), 또는 내리기 위해(음의 일) 일을 한다.

그림 13-19에서 피스톤 위에 있는 모래를 조금 꺼내자. 그러면 기체는 부피가 증가하면서 힘 F로 미소변위 ds만큼 피스톤을 밀어 올릴 것이다. 이때 기체는 아주 천천히 피스톤을 밀어 올려 모든 순간에 열역학 평형상태를 유지한 채 변한다고 하자. 이

러한 상태를 **준안정적**(quasi-statically)으로 피스톤을 밀어올린다고 표현한다. 밀어올린 변위가 아주 작다고 가정하면 힘이 작용하는 동안 힘의 크기는 일정할 것이다. 이때 힘 F의 크기는 기체의 압력 P와 피스톤의 단면적 A와의 곱인 PA와 같다. 피스톤이 미소변위 ds 만큼 움직였다면 이때 기체가 한 일의 양 dW는 다음과 같다.

$$dW = F\,ds = (PA)(ds) = P(A\,ds) = P\,dV \qquad \textbf{13-16}$$

식 13-16에서 dV는 피스톤이 움직일 때 생긴 기체의 부피 변화량이다. 기체의 부피가 V_i에서 V_f로 변화되도록 모래를 덜어낼 때 기체가 한 전체의 일 W는 다음과 같다.

$$W = \int dW = \int_{v_i}^{v_f} P\,dV \qquad \textbf{13-17}$$

식 13-17을 직접 적분하려면 계가 처음상태(initial의 첫자 i로 표시)에서 나중상태(final의 첫자 f로 표시)로 변하는 실제 과정에서 압력이 부피에 따라 어떻게 바뀌는지 알아야 한다. 일반적으로 기체가 지나가는 동안 압력은 일정하지 않지만 부피와 온도에 의존한다. 과정의 각 단계에서 부피를 알면 기체의 상태는 그림 13-20과 같이 ***PV* 도표**(*PV* diagram)에서 곡선으로 나타낼 수 있다. 이런 유형의 도표는 기체에서 진행되는 과정을 잘 보여 준다. *PV* 도표의 곡선은 처음상태와 나중상태 사이를 이어주는 경로이다. 식 13-17에서 적분은 *PV* 도표에서 곡선 아래의 넓이와 같다. 기체가 초기상태에서 나중상태로 변하는 방법은 많이 있다. 그 중에서 몇 가지 방법을 그림으로 나타낸 것이 그림 13-20이다.

1. 한 가지 방법은 그림 13-20(a)에서와 같은 압력과 부피의 곡선을 따르는 과정을 들 수 있다. 이때 곡선의 아래 색칠한 부분이 기체가 한 일에 해당하며 이 값은 식 13-17의 적분값에 해당한다. 그림에서 곡선(빨간색)의 상태를 유지시키기 위해서는 기체는 항상 양(+)의 일을 해야 한다.
2. 계가 처음상태에서 나중상태로 변하는 또 다른 방법은 그림 13-20(b)에서와 같이 외부에서 일을 해줌으로 부피를 감소시키는 과정이 있다. 이 경우 기체가 한 일의 크기는 곡선 아래의 면적이지만 기체가 수축되었으므로 한 일은 음(−)이다. 따라서 계가 한 일은 음(−)의 값이다.
3. 또 다른 방법은 그림 13-20(c)와 같다. 이 과정은 압력이 일정한 상태에서 일어난다. 이 과정에서는 피스톤 위에 있는 모래의 양을 일정하게 유지하면서 부피가 증가하도록 온도조절스위치를 조금씩 돌려 기체의 온도를 높여준다. 이 과정 동안 팽창하는 기체는 피스톤을 올리기 위해 양(+)의 일을 하고 계는 열저장고로부터 열을 흡수한다. 이때 열을 흡수되므로 열의 값은 양(+)이다.
4. 그림 13-20(d)는 계가 초기상태에서 나중상태로 변했다가 처음상태로 되돌아오는 열역학 순환과정이다. 이렇게 순환하는 동안 계가 하는 알짜 일은 기체의 부피가 증가(팽창)하는 동안의 양(+)의 값과, 기체의 부피가 감소(수축)하는 동안의 음(−)의 값과의 합이다. 이 *PV* 도표에서 기체의 부피가 증가할 때의 팽창곡선 아래의 면

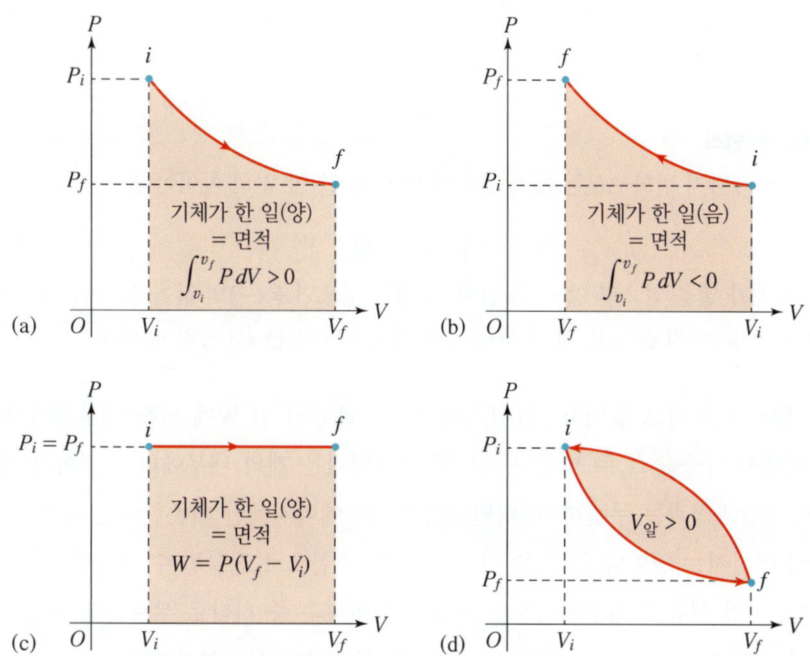

그림 13-20 계가 초기상태(i)에서 나중상태(f)로 갈 때의 PV 도표. 이때 계가 한 일 W는 경로에 따라 달라진다.

적이 수축곡선 아래의 면적보다 크므로 알짜 일의 값은 양(+)이다.

이상과 같이 계와 주위 사이에 열과 일의 형태로 에너지가 전달되는 과정은 다양하다. 각각의 과정에서 일 W와 열 Q는 서로 다른 값을 갖는다. 즉 열 Q와 일 W는 경로에 의존하는 양이다.

13-9 열역학 제1법칙

열역학 제1법칙

힘은 일을 할 수 있고, 일은 물체의 운동에너지나 퍼텐셜에너지를 바꿀 수 있다. 물체의 원자나 분자는 서로에게 힘을 가하고 그 결과 그들은 운동에너지나 퍼텐셜에너지를 갖게 되며 이러한 에너지들은 물체의 내부에너지를 구성한다. 물체가 일이나 열의 형태로 된 에너지를 수반하는 과정에 관여될 경우 그 물체의 내부에너지가 변할 수 있다.

열역학 제1법칙(The first law of thermodynamics)은 에너지 보존 법칙의 특수한 경우이다. 여기서 특수한 경우라는 의미는 앞서 역학 분야에서 다룬 에너지 보존법칙은 고립계, 즉 에너지의 출입이 없는 계에 적용되는 보존법칙이었다. 열역학 제1법칙은 에너지 보존법칙을 비고립계로 확장한 것으로 이 경우 열이나 일의 형태로 에너지가 주위에서 계로 전달되거나 계에서 주위로 전달될 수 있다.

앞 절에서 열역학 계가 처음상태에서 나중상태로 바뀌는 동안 일과 열은 열역학 과정에 따라 달라지는 것을 알았다. 이 과정에서 놀랍게도 $Q - W$는 모든 과정에서 동일하다. 이 값은 오로지 처음상태와 나중상태에만 의존한다. 따라서 $Q - W$는 계의 고유한 특성이라고 간주할 수 있으며, 이를 내부에너지 U로 정의하고 다음과 같이 식을 세울 수 있다.

TIP 식 13-18 부호 정하기

일부 교재에서는 열역학 제1법칙을 $\Delta U = Q + W$로 표시한다. 이 경우 외부에서 기체에 일을 할 때 양(+)의 일로 정의한다. 일종의 부호 약속이므로 제1법칙에 어떤 부호 약속이 사용되는지 확인이 필요하다.

열역학 제1법칙

계의 내부에너지 변화 ΔU는 계가 흡수한 열 Q와 한 일 W의 차이이다.

$$\Delta U = U_f - U_i = Q - W \qquad \textbf{13-18}$$

열 Q는 계가 열을 얻으면 양(+)의 값이고, 열을 잃으면 음(−)의 값이다. 또한 계가 일을 하면 W는 양(+)의 값이고, 계에 대해 일이 행해지면 W는 음(−)의 값이다.

식 13-18은 바로 열역학 제1법칙이다. 즉, 열 Q와 일 W에 의해 내부에너지는 처음값 U_i에서 나중값 U_f로 변한다. 열역학 제1법칙은 계의 내부에너지 변화가 상세한 에너지 전달과정과는 무관하며, 다만 전달된 총 에너지에만 의존한다는 것이다. 정해진 양의 에너지는 열이나 일 혹은 이 둘의 어떤 조합으로 전달될 수 있으며, 그 효과는 꼭 같다. 이런 이유로 내부에너지도 열역학 상태변수 중 하나로 부르는데, 이는 그 값이 계가 어떤 상태에 이르는 방법과는 무관한 물리량이라는 의미한다.

열역학 제1법칙은 물리학의 중요한 법칙 중의 하나로, Joule의 실험과 같은 여러 실험에서도 이 법칙에 어긋나는 결과가 한 번도 관측된 적이 없다. 이 법칙은 내부에너지의 변화가 열과 일에 의한 에너지의 전달과 관련된 또 다른 에너지의 보존 법칙이다. 열역학 제1법칙은 모든 종류의 과정에서 적용될 수 있는 보편적인 법칙이며, 미시세계와 거시세계를 연결시키는 법칙이기도 하다.

예제 13−7 양(+)의 일과 음(−)의 일

문제 그림 13−21은 계와 환경을 나타내고 있다. 그림(a)에서는 계가 환경으로부터 1500 J의 열을 얻고, 계가 그 환경에 대해 2200 J의 일을 한다. 그림(b)는 역시 1500 J의 열을 얻고, 환경이 계에 2200 J의 일을 한다. 각 경우 내부 에너지의 변화는 어떻게 되는가?

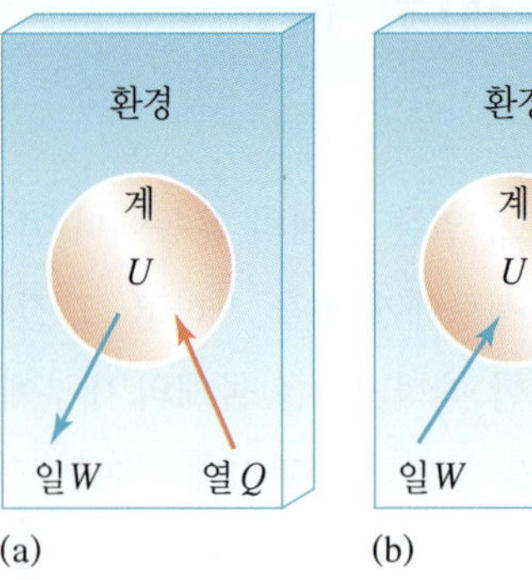

그림 13−21 (a) 이 계는 열의 형태로 에너지를 얻지만, 계가 하는 일로 에너지를 잃는다. (b) 이 계는 열의 형태로 에너지를 얻고, 환경이 계에 행해지는 일로 에너지를 또 얻는다.

생각하기 그림(a)의 경우 계는 열에 의해 얻는 것보다 더 많은 일을 하므로 내부에너지가 감소하며, 그림(b)의 경우 열과 일 양쪽 모두에서 에너지를 얻으므로 내부에너지는 증가한다.

풀이 (a) 계가 열을 얻기 때문에 열은 양의 값으로 $Q = +1500$ J이다. 계가 일을 하므로 일은 양(+)이고 $W = +\ 2200$ J이다. 열역학의 제1법칙에 따라 내부에너지는

$$\Delta U = Q - \mathrm{W} = (+1500\ \mathrm{J}) - (+2200\ \mathrm{J}) = -700\ \mathrm{J}$$

이다. 즉 ΔU가 음(−)의 부호를 가지므로 내부에너지는 감소한다.

(b) 계가 열을 얻으므로 열은 양(+)의 값이고 $Q = +\ 1500$ J이다. 또한 외부에서 계로 일이 행하여지므로 일은 음(−)의 값이고 $W = -2200$ J이다. 따라서 내부에너지는 다음과 같다.

$$\Delta U = Q - W = (+1500\ \mathrm{J}) - (-2200\ \mathrm{J}) = +3700\ \mathrm{J}$$

즉 ΔU가 양(+)의 부호를 가지므로 내부에너지는 증가한다.

몇 가지 열역학 과정

열역학계가 외부와 열이나 일을 주고받으면서 변하는 모양을 **열역학 과정**(thermal processes 熱力學 過程)이라 한다. 계는 여러 가지 다른 방법으로 환경과 상호 작용하고 이때 열과 일은 항상 열역학 제1법칙을 따른다. 열역학 제1법칙의 관점에서 몇 가지 간단한 과정들을 분석해보자.

열역학 과정을 이해하는데 도움이 되는 몇 가지 열역학 과정에 대해 알아보자. 여기서 다룰 과정은 4가지로 각 과정의 이름은 **등압과정**, **등온과정**, **등적과정** 및 **단열과정**이다. 각 과정은 준안정적(quasi-static)인 것으로 가정한다. 여기서 준안정적의 의미는 그 과정이 언제나 모든 영역에서의 균일한 압력과 온도가 유지되도록 충분히 천천히 진행된다는 것을 의미한다. **각 경우에서 열역학 제1법칙에 있는 세 개의 열역학 변수(일 W, 열에너지 이동 Q, 내부에너지 변화 ΔU) 사이의 관계를 계산할 수 있다.**

1. 등압과정

압력이 일정한 상태에서 진행되는 과정을 **등압과정**(isobaric process 等壓過程)이라 한다. 그림 13-22(a)에서와 같이 마찰이 없는 피스톤이 끼워진 통 속에 기체가 들어 있다. 이때 기체의 압력은 대기압과 피스톤, 또 그 위에 놓인 벽돌 질량에 의해 항상 일정하게 유지된다. 기체가 열을 받으면 팽창하면서 피스톤과 벽돌을 변위 s만큼 밀어 올리면서 외부에 $W = Fs$의 일을 한다. 이때 기체에 의해 작용하는 힘은 단면적이 A인 피스톤에 작용하는 압력에 의해 생성되므로 $F = PA$이다. 따라서 $W = (PA)s$로 나타낼 수 있다. 이 식에서 As는 기체의 부피변화량 $\Delta V = V_f - V_i$이다. 따라서 등압과정에서 기체가 하는 일은 다음과 같이 나타낼 수 있다.

$$W = P\Delta V = P(V_f - V_i) \qquad \textbf{13-19}$$

이 식은 계가 등압으로 팽창($V_f > V_i$)할 때 기체가 하는 일은 양(+)이고, 압축($V_f < V_i$)인 경우 하는 일은 음(−)이다. 압축시키기 위해서는 외부에서 일이 계에 행해져

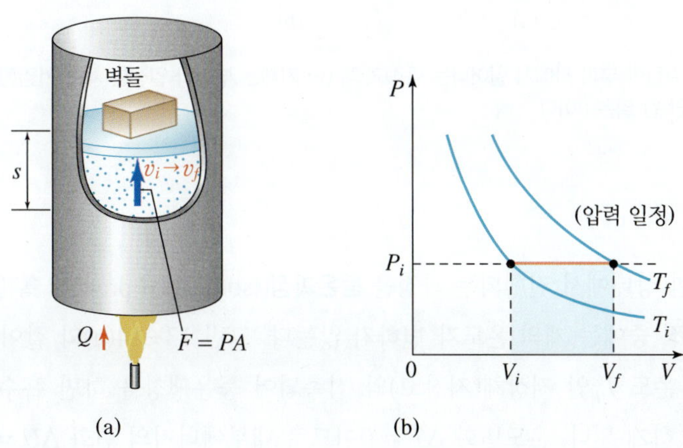

그림 13-22 일정한 압력 하에서 일어나는 등압과정. (a) 대기와 피스톤과 벽돌이 일정하게 누르고 있기 때문에 기체는 등압팽창을 한다. (b) *PV* 도표. 기체가 한 일이나 외부에서 기체에 해주는 일은 색칠한 부분의 넓이와 같다.

야 함을 뜻한다. 등압과정의 PV 도표는 그림 13-22(b)에서와 같이 수평선으로 나타난다.

등압과정에서 기체에 공급된 열에너지는, 내부에너지의 변화와 외부에 한 일의 합과 같으므로 열역학 제1법칙은 다음과 같이 적용된다.

$$\Delta U = Q - W \tag{13-20}$$

2. 등적과정

부피가 일정한 상태에서 진행되는 과정을 **등적과정**(isovolumetric process 等積過程)이라 한다. 그림 13-23(a)는 기체가 가열되는 등적과정을 나타낸다. 이 과정에서 할 수만 있으면 기체는 팽창하려 하지만, 단단한 용기가 부피를 일정하게 유지시킨다. 등적과정의 PV 도표는 그림 13-22(b)에서와 같이 수직방향으로 직선이 된다. 부피가 일정하게 유지되고 있기 때문에 내부의 압력은 증가하고 물체는 벽은 더 많은 압력을 받는다. 압력이 용기 내부에 작용하지만 한 일은 없다. 가해진 열은 모두 내부에너지의 증가에 사용되며 열역학 제1법칙은 다음과 같다.

$$\Delta U = Q - W = Q \tag{13-21}$$

즉, 등적과정에서 계의 내부에너지의 변화는 계에 전달된 열 에너지와 같다.

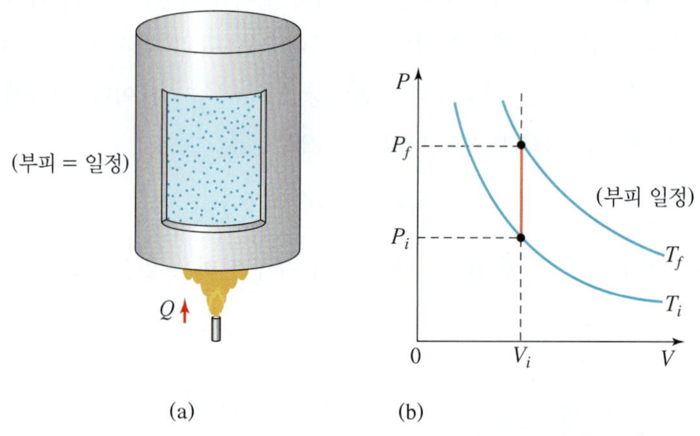

그림 13-23 일정한 부피 하에서 일어나는 등적과정. (a) 기체는 부피가 일정한 채로 가열된다. (b) PV 도표. 등적과정 동안 한 일은 0이다.

3. 등온과정

온도가 일정한 상태에서 진행되는 과정을 **등온과정**(isothermal process 等溫過程)이라 한다. 등온과정 중에는 계의 온도가 변하지 않는다. 그림 13-24(a)와 같이 원통 속에 있는 기체가 온도 T_h인 저장체(저장고)와 접촉되어 등온팽창을 하면 흡수한 열량 Q만큼 일 W를 하게 된다. 온도변화 $\Delta T = 0$이므로 내부에너지의 변화 $\Delta U = 0$이다. 따라서 열역학 제1법칙은 다음과 같다.

$$W = Q \tag{13-22}$$

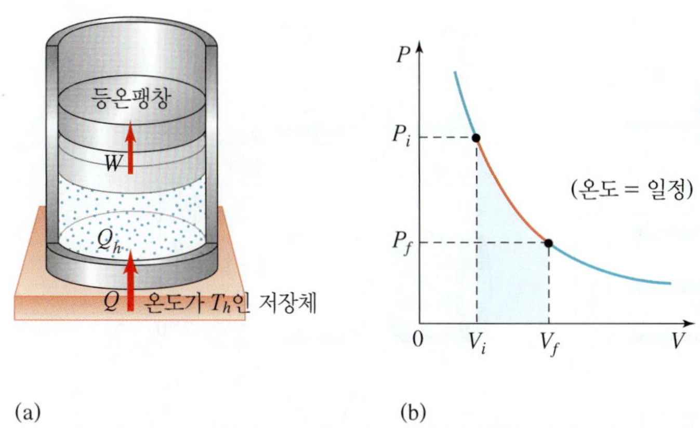

그림 13-24 일정한 온도 하에서 일어나는 등온과정. (a) 원통 속에 있는 기체가 온도가 T_h인 저장체와 접촉되어 등온팽창한다. (b) *PV* 도표. 한 일은 색칠한 부분의 넓이와 같다.

기체가 외부로부터 흡수한 열량은 모두 외부에 일을 하는 데 사용된다. 이 과정 *PV* 도표는 그림 13-24(b)에서와 같이 곡선을 따라 가는데, 이 곡선은 *PV* = 상수라는 보일의 법칙을 따른다. 기체가 팽창하면서 하는 일이나, 외부에 한 일은 *PV* 도표에서 색칠한 부분의 넓이와 같다. 이때 일은 다음과 같다.

$$W = \int_{v_i}^{v_f} P\,dV \qquad \textbf{13-23}$$

등온과정에서 $Q > 0$이면 $W > 0$이다. 그리고 부피가 증가하며($\Delta V > 0$) 압력은 감소한다. 반대로 $Q < 0$이면 $W < 0$이다. 그리고 부피는 감소하며($\Delta V < 0$) 압력은 증가한다.

4. 단열과정

기체를 갑자기 압축하거나 팽창시키면 기체에 열이 들어가거나 빠져나올 시간적 여유가 거의 없다. 이와 같이 외부로부터의 열의 출입을 차단하고 기체의 부피를 변화시키는 과정을 **단열과정**(adiabatic process 斷熱過程)이라 한다. 단열과정은 그 과정이 매우 빨리 진행되거나 단열이 잘 되어 열에너지 전달이 일어나지 않는다.

단열과정에서는 외부와의 열출입이 없으므로 $Q = 0$이다. 따라서 열역학 제1법칙은 다음과 같이 적용된다.

$$\Delta U = Q - W = -W = -P\Delta V \qquad \textbf{13-24}$$

따라서 계가 일을 하면($W > 0$) 내부에너지는 그 만큼 감소하고, 반대로 계에 일이 가해지면($W < 0$) 내부에너지는 그 만큼 증가한다.

그림 13-25(a)와 같이 피스톤을 오른쪽으로 빠르게 잡아당겨 기체를 팽창시키면 부피가 증가하면서($\Delta V > 0$) 일을 한다. 외부에 일을 한 만큼 내부에너지는 작아지고 기체의 온도는 내려간다. 이러한 과정을 **단열팽창**(adiabatic expansion 斷熱膨脹)이라 하며, 이때 *PV* 도표는 그림 13-25(c)와 같다. 건조한 공기가 상승기류를 타고 올라가면서 온도가 낮아지게 되어 구름이 만들어지는 것은 단열팽창의 좋은 예이다.

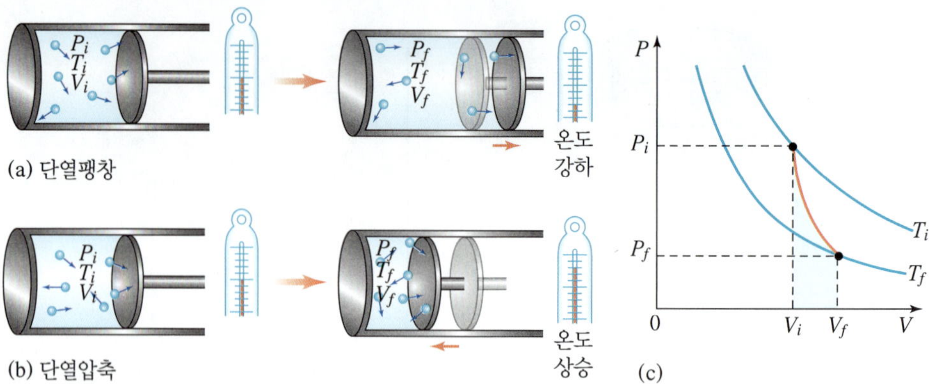

그림 13-25 기체의 단열과정 (a) 단열팽창, (b) 단열압축, (c) 단열과정의 *PV* 도표. 색칠한 부분의 넓이가 기체가 한 일(또는 기체가 받은 일)이다.

한편 그림 13-25(b)와 같이 피스톤을 왼쪽으로 빠르게 밀어넣어 기체를 압축시키면 부피가 감소한다($\Delta V < 0$). 이때 외부에서 받은 일 만큼 내부에너지가 증가하여 분자운동이 활발해지면서 온도가 올라간다. 이러한 과정을 **단열압축**(adiabatic compression 斷熱壓縮)이라 한다. 자전거 튜브에 공기 펌프로 공기를 넣을 때 공기통이 뜨거워지는 것은 단열압축의 좋은 예이다.

5. 네 과정의 비교

지금까지 살펴본 기체의 네 가지 열역학 과정을 정리하면 표 13-4와 같다.

표 13-4 네 가지 열역학적 과정에서 열역학 제1법칙

과정	조건	열역학 제1법칙	계가 한 일
등압과정	P = 일정	$\Delta U = Q - W$	$W = P(V_f - V_i) = P\Delta V$
등적과정	V = 일정	$\Delta U = Q - W = Q$	$W = 0$
등온과정	T = 일정	$\Delta U = 0,\ W = Q$	$W = \int_{v_i}^{v_f} P\,dV$
단열과정	$Q = 0$	$\Delta U = Q - W = -W$	$-W = -P\,\Delta V$

13-10 열의 전달

계와 주변 환경 사이에서 에너지가 전달되는 정도와 전달의 원인이 되는 메커니즘을 이해하면 이 분야에 대한 폭넓은 응용 능력을 갖게 된다. 특히 열에너지의 전달은 건축물의 내구성 또는 자연에서의 인간 수명과 같은 의학적 응용에 특히 중요하다.

열은 세 가지 방법, 즉 **전도**, **대류**, **복사**의 방법으로 한 물체 또는 한 장소에서 다른 곳으로 전달된다. 그러나 실제 상황에서는 이들 중 둘 또는 셋 모두가 동시에 일어나기도 한다.

1. 전도

가정에서 냄비에 음식을 끓이는 경우를 생각해보자. 그림 13-26(a)와 같이 냄비가 가열되면 금속 손잡이의 온도가 올라가서 맨손으로 잡을 수가 없다. 손을 데지 않으려면 열이 잘 전달되지 않는 물질로 만들어진 장갑 등을 이용하여 냄비를 들어야 한다. 우리는 이때 냄비의 바닥에 공급된 열에너지가 손잡이 쪽으로 전도되었다고 말한다. 그러나 그림 13-26(b)와 같이 냄비 손잡이가 열전도가 되지 않는 물질로 되어 있다면 맨손으로도 쉽게 잡을 수 있다.

물체와 물리적 접촉을 통해 열이 전달되는 과정을 **열전도**(thermal conduction 熱傳導) 또는 **전도**라고 한다.

열전도 과정에서는 작은 에너지를 갖는 입자가 큰 에너지를 갖는 입자와 충돌하여 에너지를 얻게 되는 것과 같이, 원자 수준에서의 미시적 입자(분자, 원자, 전자) 사이의 운동에너지 교환으로 에너지 전달을 설명할 수 있다.

그림 13-26의 사진으로 돌아가자. 냄비를 전열기 위에 올려놓기 전에는 입자가 평형위치 부근에서 진동하고 있다. 전열기의 온도가 올라가면, 전열기에 접촉한 입자는 점점 더 큰 진폭으로 진동하기 시작한다. 이 입자는 이웃한 원자와 차례차례로 충돌하고, 이때 에너지의 일부를 전달한다. 그리하여 점차적으로 전열기에서 훨씬 멀리 떨어진 입자의 진폭이 증가하게 되고, 결국 이러한 현상이 손잡이가 있는 금속에 있는 입자까지 미친다. 이와 같은 진동의 증가는 금속의 온도를 상승시킨다.

물질을 통한 에너지 전달이 원자의 진동에 의한 것이라고 부분적으로 설명할 수는 있지만, 전도율은 물질의 특성에 따라 다르다. 예를 들면 불 속에 있는 석면 조각을 계속 잡고 있을 수가 있는데, 이것은 석면을 통해서는 매우 적은 에너지가 전도됨을 의미한다. 일반적으로 금속은 좋은 열전도체인데, 이는 금속이 그 내부에 비교적 자유로이 이동할 수 있는 수많은 자유전자를 가지고 있으며, 이러한 자유전자가 한 영역에서 다른 영역으로 에너지를 전달할 수 있기 때문이다. 이처럼 구리와 같이 좋은 전도체에서는 원자의 진동과 자유전자의 이동을 통해 열전도가 일어난다. 석면, 코르크, 종이, 유리 섬유(glass fiber)와 같은 물질은 열전도가 매우 적은 물질이며, 또한 기체도 분자 사이의 거리가 대단히 멀기 때문에 열전도가 매우 적다.

(a)

(b)

그림 13-26 (a) 냄비가 가열되면 냄비 손잡이를 맨손으로 잡을 수 없어 장갑 등을 이용하여 잡아야 한다. (b) 손잡이가 열전도가 되지 않는 물질로 만들어진 냄비는 끓는 상태에서도 쉽게 잡을 수 있다.

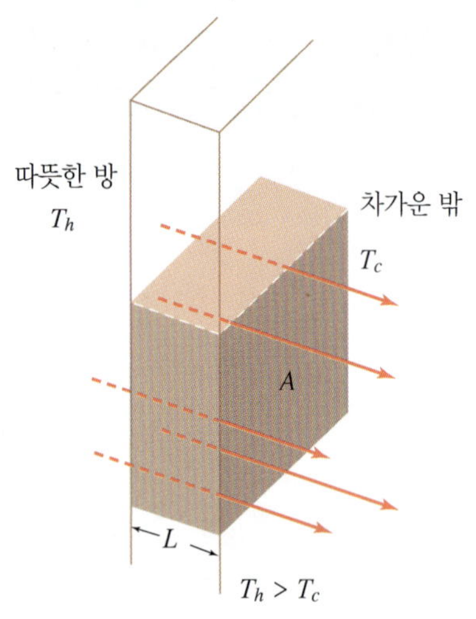

그림 13-27 벽을 통해 전도되는 열에너지의 양은 벽면의 넓이와 재질, 온도 차에 따라 결정된다.

열전도도

그림 13-27과 같이 따뜻한 방을 차가운 밖으로부터 차단하는 석고판 같은 균일한 물질로 된 벽이 있다고 가정하자. 시간이 어느 정도 지나면, 고정된 온도 차이가 양쪽에서 발생하고 열의 흐름이 따뜻한 방에서 차가운 밖으로 진행된다. 이와 같이 전도는 전도 매질의 두 부분 사이에 온도 차이가 있을 때에만 일어난다. 즉 온도 차이에 의해 에너지의 흐름이 일어난다. 이때 따뜻한 방에서 바깥 쪽으로 흐르는 열에너지의 흐름률을 알아보자.

이 벽의 두께는 L이고 단면의 넓이는 A이며, 양쪽 면에서의 온도는 각각 T_c와 T_h ($> T_c$)라고 하자. 이때 두 벽면 사이에서 열에너지의 흐름률(전달률) P는 벽면의 단면의 넓이 A와 온도 차이 $T_h - T_c$에 비례하고 평판의 두께 L에 반비례한다.

$$P = \frac{Q}{\Delta t} \propto A\frac{\Delta T(= T_h - T_c)}{L} \qquad \textbf{13-25}$$

여기서 Q의 단위는 줄(J)이고 Δt의 단위는 초(s)이므로, P의 단위는 와트(W)이다. 이 식을 비례상수를 넣어 정리하면 다음과 같다.

$$P = kA\frac{T_h - T_c}{L} \qquad \textbf{13-26}$$

이 식을 **열전도의 법칙**(law of thermal conduction)이라고 한다. 여기서 비례상수 k를 **열전도도**(heat conductivity 熱傳導度) 또는 **열전도율**이라고 부르며, 값은 물질의 특성에 따라 다르다. 열전도도의 단위는 J/sm°C(또는 J/smK)이다. 식 13-26에서 $\left(\frac{T_h - T_c}{L}\right)$ 항을 온도의 기울기로 나타내면 다음과 같이 쓸 수 있다.

$$P = kA\left|\frac{dT}{dL}\right| \qquad \textbf{13-27}$$

열전도가 일어날 때 이동하는 열량을 계산하는 문제에서(흔히 길이가 L이고 단면의 넓이가 A인 막대를 통해서 시간 Δt 동안에 전달되는 열량은 얼마인가를 알기 위해서)는 식 13-25를 Q로 정리하면 된다. 즉

$$Q = \frac{(kA\Delta T)\,\Delta t}{L} \qquad \textbf{13-28}$$

이다. **이 식에서 열흐름을 적게 하기 위해서는 접촉면 A를 최소화하고, 경로 길이에 해당되는 벽의 두께 L을 두껍게 해야 함을 알 수 있다.**

열이 잘 전달되는 물질은 열전도도가 크고, 좋은 부도체는 열전도도가 작다. 표 13-5는 몇 가지 금속, 비금속 그리고 기체의 열전도도를 나타낸 것이다. 표를 보면 금과 은을 제외하고 구리의 열전도도가 가장 큰 것을 알 수 있다.

집을 지을 때 방바닥 난방 파이프로 구리관이나 엑셀(화학수지)을 많이 사용한다. 구리판은 가격이 높고 이음매 작업 등 시공에 어려움이 있어 최근에는 열전도도가 좋고, 가격이 저렴하며 시공이 쉬운 엑셀 파이프가 많이 사용된다. 이때 엑셀 파이프를 깔고 그 위에 열전도도가 좋은 얇은 구리판을 덧깔아 방안 전체가 골고루 덥혀지도록

표 13-5 몇 가지 물질의 열전도도

금속(25 °C)	열전도도 (J/sm °C)	비금속	열전도도 (J/sm °C)	기체(20 °C)	열전도도 (J/sm °C)
은	427	석면	0.08	수소	0.172
금	314	콘크리트	0.8	헬륨	0.138
구리	397	유리	0.8	산소	0.023 8
알루미늄	238	얼음	2	공기	0.023 4
철	79.5	고무	0.2	질소	0.023 4
납	34.7	물	0.6	이산화탄소	0.014 5
스테인리스 스틸	12~45	나무	0.08	암모니아	0.021 8

※ 이 표에서 열전도도의 단위는 J/sm °C (또는 J/smK)이다. 다른 교재에서는 W/m °C (또는 W/mK) 단위를 사용하기도 하나 두 단위는 동일하다. 또 다른 단위로 kcal/sm °C도 사용하며, 이 단위를 다른 단위로 표현하려면 환산이 필요하다.

그림 13-28 주택의 방바닥 시공 장면. 엑셀 파이프(흰색) 위에 열전도도가 좋은 얇은 구리판(구멍이 뚫린 판)을 깔아 바닥이 균일하게 따뜻해지도록 시공한다.

시공하고 있다(그림 13-28). 가정집이나 사무실에서 대부분의 열손실은 창문을 통해서 이루어진다.

예제 13-8 열손실을 막아주는 이중창

문제 가로와 세로가 2.0 m × 1.5 m이고 유리의 두께가 3.2 mm인 유리창 안쪽 면과 바깥쪽 면의 온도가 각각 25 °C, 10 °C 일 때, 이 창문을 통한 열흐름률은 얼마인가?

생각하기 유리창의 두께가 두꺼울수록, 유리창 안과 밖의 온도 차이가 작을수록 열흐름률이 작다.

풀이 유리의 열전도도는 표 13-5에서 0.8 J/sm °C 이다. 단면의 넓이는 3.0 m², $L = 3.2 \times 10^{-3}$ m이므로 식 13-26으로부터 열흐름률은 다음과 같다.

$$P = kA\frac{T_h - T_c}{L}$$
$$= (0.8\ \text{J/sm °C}) \times (3.0\ \text{m}^2)\frac{(25\ \text{°C} - 10\ \text{°C})}{(3.2 \times 10^{-3}\ \text{m})}$$
$$= 1.125 \times 10^4\ \text{W}$$

실제로 건축물을 시공할 때에는 이러한 손실을 최소화하기 위해 그림 13-29와 같이 이중창을 사용하고 있다.

그림 13-29 건축자재전시회에 출품된 이중창 샘플

열저항

주택의 천장이나 혹은 집의 어느 부분에 단열재를 추가해야 할 것인지 결정하기 위해서는 몇 가지 사항을 고려해야 한다. 보통 벽면의 단열은 여러 물질을 함께 접착시켜 사용한다. 이러한 경우에는 사용된 여러 물질의 열전도도를 고려해야 열에너지의 흐름률을 계산할 수 있다. 복합적인 재료의 예로 집 벽을 들 수 있는데 안에서부터 차례로 나무판자, 건식 벽체, 단열재, 거푸집, 나무 판자벽 등으로 구성되어 있다. 이와 같은 경우 전체 물질에 대한 열에너지의 흐름률은 다음 식으로 주어진다.

$$\frac{Q}{\Delta t} = \frac{A(T_h - T_c)}{\sum_i L_i/k_i} \qquad \text{13-29}$$

여기서 T_h와 T_c는 벽면 양 끝에서의 온도이고, 분모는 여러 절연물질 각 부분에 대한 합으로 L은 물질의 두께이고, k는 물질의 열전도도이다. 열절연체가 서로 다른 세 가지 재료로 되어 있다면, 분모는 이들 세 재료에 대한 값의 합이다. 응용 분야에서 어떤 특정 물질의 L/k의 값을 그 물질의 ***R*값** 또는 **열저항**(thermal resistivity 熱抵抗)이라고 부른다.

$$R = \frac{L}{k} \quad (\text{열저항}) \qquad \text{13-30}$$

열저항의 단위는 SI 단위계보다는 공학 분야에서 관습적으로 영국열단위인 $\text{ft}^2\text{h}\,^\circ\text{F}$를 사용한다. 이 값에 0.1761을 곱하면 미터 단위계의 값이 된다. 열저항을 사용하면 식 13-29는 다음과 같이 쓸 수 있다.

$$\frac{Q}{\Delta t} = \frac{A(T_h - T_c)}{\sum_i R_i} \qquad \text{13-31}$$

표 13-6은 건축에 사용되는 몇 가지 물질의 특정 두께에 대한 R값이다. 같은 물질에서 두께 L이 클수록 열저항은 커진다. 열저항이 커지면 열에너지의 흐름률은 감소되고, 보온성은 좋아진다. **열전도도가 낮은 물질로 판을 만들수록 *R*값이 커지기 때문에, *R*값이 높은 물체는 나쁜 열전도체이면서 좋은 단열재가 된다**.

2. 대류

그림 13-30은 겨울철 난방을 위한 전기스토브와 난로의 모습이다. 열에너지가 공급되면 이 부근의 공기는 가열되고 팽창한다. 그 결과 밀도가 작아져 공기는 위로 상승한다. 이 따뜻한 공기의 흐름이 손을 따뜻하게 한다.

표 13-6 몇 가지 건축 재료의 R값(영국열단위)

재료의 종류	두께(인치)	*R*값($\text{ft}^2\,^\circ\text{F}\,\text{h/Btu}$)
벽돌	4	4.00
콘크리트 벽돌	1	1.93
스티로폼	1	5.0
유리 섬유 단열재	3.5	10.90
유리 섬유 단열재	1	4.35
셀룰로오스 섬유	1	3.70
평판유리	0.125	0.89
단열유리	0.25	1.54
공기층	3.5	1.01
정체된 공기층	–	0.17
거푸집	0.5	1.32
딱딱한 나무판자	1	0.91

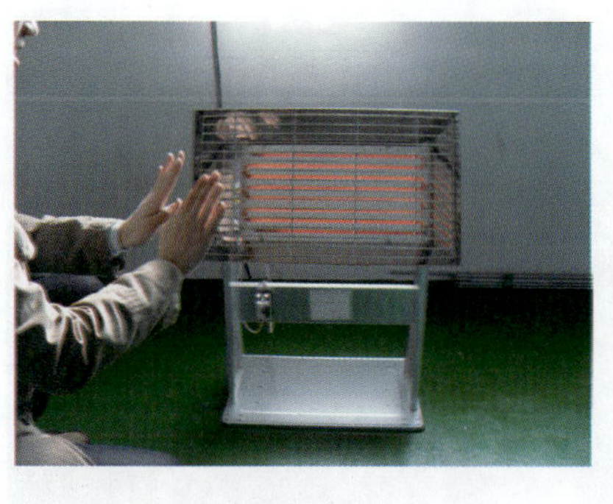
(a)

(b)

그림 13-30 열원 근처에 있는 공기는 밀도가 작아져 위로 상승하면서 자연 대류 현상이 나타난다. (a) 전기스토브 (b) 화목난로

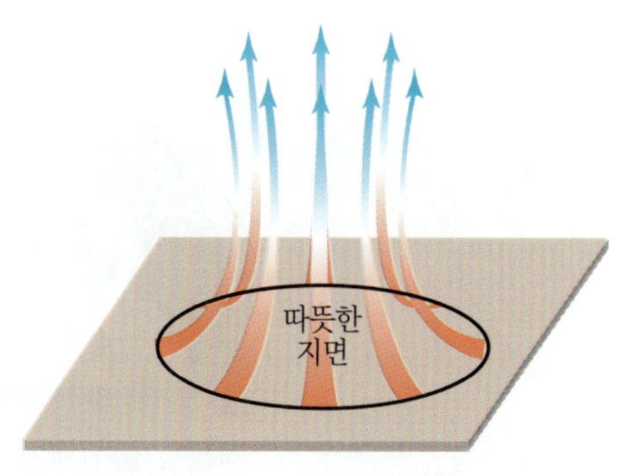

그림 13-31 상승되는 온난기류는 지면 근처 따뜻한 공기의 자연대류 이동에 의해 생긴다.

공기와 같은 물질의 이동에 의해 열에너지가 이동하거나 전달되는 현상을 **대류**(convection 對流)라고 한다.

대류는 분자가 한 곳에서 다른 곳으로 이동함으로써 열이 전달되는 과정이다. 전도는 물질 분자(또는 전자)가 짧은 거리를 이동해 충돌함으로써 일어나는 반면, 대류는 분자가 먼 거리를 이동함으로써 일어난다. 대류 현상을 정확하게 기술하는 것은 상당히 복잡하므로 여기서는 정성적으로만 살펴보자. 열원 주위의 공기처럼 밀도 차이에 의해 흐름이 일어나는 것을 **자연대류**(natural convection 自然對流)라고 한다. 대양에서 난류와 한류는 거대한 크기의 자연 대류의 한 예이다. 일반적으로 날씨는 대류적인 공기 흐름의 결과이다. 해변 근처에서 물의 표면온도가 내려감에 따라 공기의 흐름이 발생하는데 이 역시 자연 대류의 예이다. 대류의 흐름이 없다면 물을 끓이기가 어렵다. 주전자에 있는 물을 끓일 때, 주전자의 맨 밑바닥에 있는 물이 먼저 데워진다. 바닥의 따뜻한 물은 밀도가 낮아지므로 위로 상승하게 된다. 동시에 위쪽 밀도가 높고 차가운 물은 주전자 바닥으로 하강하여 가열되는데, 이러한 과정을 거쳐 물이 전체적으로 데워지는 것이다.

이에 비해 난방 시스템에서 따뜻한 공기나 물을 순환시킬 때처럼, 팬이나 펌프에 의해 물질의 이동이 강제로 이루어지는 것을 **강제대류**(forced convection 强制對流)라 한다. 그림 13-32는 자동차 엔진의 모습이다. 자동차 엔진은 전도와 강제대류의 조합에 의해 안전한 작동 온도를 유지한다. 물(실제로는 물과 부동액의 혼합액)은 열이 많이 발생하는 실린더 벽 바깥쪽에서 순환된다. 엔진이 작동되면 실린더의 온도가 증가함에 따라, 열에너지는 전도에 의해 뜨거운 금속에서 차가운 냉각수로 전달된다. 펌프를 이용해 물을 엔진에서 방열기(라디에이터)로 보내며, 이때 에너지도 같이 이동한다(강제대류). 방열기(라디에이터)에서 뜨거운 물은 차가운 바깥 공기와 접촉된 금속관을 통과하게 되어, 전도에 의해 에너지는 대기로 전달하게 된다. 냉각된 물은 펌프에 의해 엔진으로 되돌아가 더 많은 에너지를 흡수하게 된다. 팬으로 방열기에 공기를 끌어들이는 과정도 또한 강제대류이다.

TIP 라디에이터 (방열기, radiator)

주위에 얇은 금속판으로 된 핀을 많이 붙인 도관 속에 엔진 내부를 지나온 뜨거운 물을 통과시켜 대기 속으로 열을 발산시키는 장치

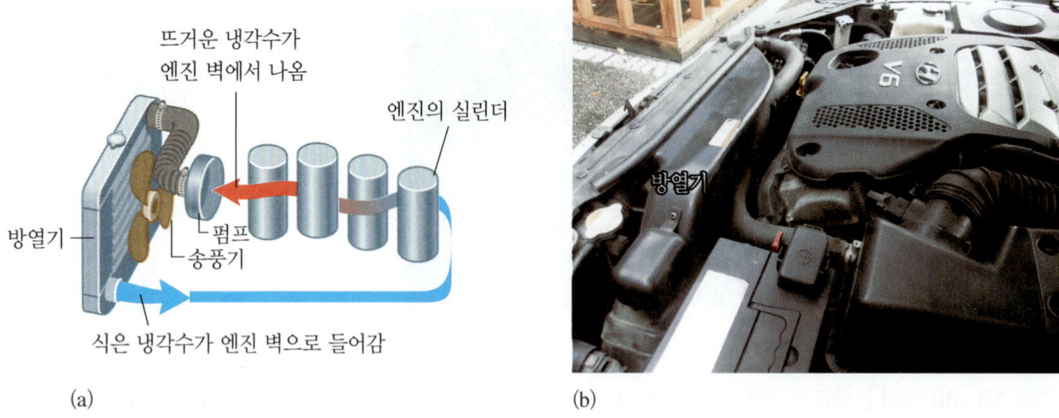

그림 13-32 강제 대류의 예. 자동차 엔진의 과열을 방지하기 위해 엔진 내부와 냉각기 속의 냉각수를 펌프로 순환시키는 것이 강제대류이다.

3. 복사

전도와 대류는 매개물질의 존재를 필요로 한다. 그러나 지구 상의 모든 생물은 태양으로부터 전달되는 에너지에 의존하고 있으며, 이 에너지는 (거의) 비어 있는 공간을 지나 지구로 전달된다. 태양의 표면온도는 6 000 K로 지구보다 매우 높기 때문에 에너지 전달의 형태는 열이며 이를 **복사**(radiation 輻射)라고 한다.

> 전자기파에 의해 에너지가 전달되는 과정을 **복사**라고 한다.

우리가 불로부터 받는 따스함은 주로 복사에너지이다. 불에 의해 가열된 공기의 대부분은 대류에 의해 굴뚝 쪽으로 올라가며 우리에게 미치는 것은 극히 일부분이다.

모든 물체는 구성 분자의 열진동으로 인해 전자기파의 형태로 복사에너지를 연속적으로 방출하고 있다. 이와 같은 진동은 전기난로와 전기 히터 또는 제빵기의 코일에서 붉은색 빛을 만들어낸다.

복사의 법칙

물체가 방출하는 시간당 복사에너지의 일률(물체에서 빠져나오는 에너지율) P는 물체의 절대온도 T의 4제곱에 비례한다. 즉 다음과 같은 식이 성립한다.

$$P = \frac{\Delta Q}{\Delta t} = \sigma A e T^4 \qquad \textbf{13-32}$$

이 관계는 1879년 오스트리아 물리학자 스테판이 실험으로 얻은 결과로 **스테판의 법칙**(Stefan's law)이라고 한다. 여기서 P는 물체에서 복사하는 일률이며, 단위는 W(또는 J/s)이다. σ는 **슈테판-볼츠만상수**로 그 값은 5.669×10^{-8} W/m^{2}K^{4}이다. 식 13-32에서 A는 물체의 표면적을 m^{2}로 나타낸 것이고 T는 물체의 절대온도이다. e는 상수로 **방출률**(emissivity)이며, 물체 표면에 따라 0에서 1 사이의 값을 갖는다. 방출률은 들어오는 복사 중에서 표면이 흡수하는 비율을 의미하는 **흡수율**(absorptivity)과 동일한 의미로 사용된다.

어떤 물체가 식 13-22에 주어진 비율로 에너지를 복사할 때, 그것은 또한 동시에 전자기 복사를 흡수하기도 한다. 만일 후자의 과정이 일어나지 않는다면, 물체는 궁극적으로 모든 에너지를 복사하고 물체의 온도는 절대영도에 이를 것이다. 물체가 흡수하는 에너지는 에너지를 복사하는 다른 물체로 이루어진 주변 환경으로부터 오는 것이다. 물체의 온도를 T, 주변 온도를 T_0이라 하면, 복사에 의해 물체가 초당 얻거나 잃게 되는 알짜 에너지는 다음과 같다.

$$P_{\text{알짜}} = \sigma Ae(T^4 - T_0^4) \qquad \textbf{13-33}$$

한 물체가 주변과 평형을 이룰 때, 물체는 같은 비율로 에너지를 복사하고 흡수하며, 따라서 물체의 온도는 일정하게 유지된다. 물체가 주변보다 더 뜨거우면, 흡수되는 에너지보다 방출되는 에너지가 더 많으므로 물체는 냉각된다.

예제 13-8 초거성 베텔게우스

문제 태양에서 아주 멀리 떨어진(약 520광년) 곳에 위치한 초거성 베텔게우스(Betelgeuse) 별은 태양의 800배의 반지름과 태양의 20배의 질량을 가지고 있다. 이 별의 표면온도는 2 900 K이며, 복사 일률은 태양의 10 000배인 약 4×10^{30} W라고 한다. 베텔게우스가 구형이고 복사율이 $e = 1$이라고 가정할 때 그 반지름을 구하라.

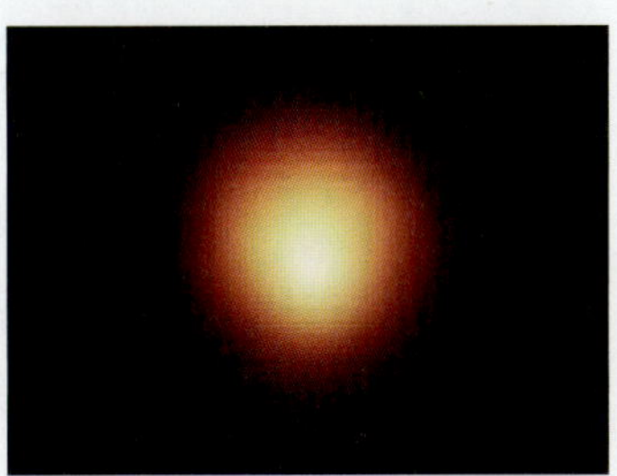

그림 13-33 허블 망원경이 촬영한 초거성 베텔게우스

생각하기 복사흐름률의 식을 표면적 A를 구하는 식으로 정리하고 구의 반지름을 구한다.

풀이 슈테판의 법칙 $P = \dfrac{\Delta Q}{\Delta t} = \sigma AeT^4$을 표면적에 대해 풀면 $A = \dfrac{Q/t}{\sigma eT^4}$가 된다. 구의 표면적은 $A = 4\pi r^2$이므로 $4\pi r^2 = \dfrac{Q/t}{\sigma eT^4}$이다. 따라서 반지름 r은 다음과 같다.

$$r = \sqrt{\frac{Q/t}{4\pi\sigma e\, T^4}}$$

$$= \sqrt{\frac{4 \times 10^{30}\ \text{W}}{4\pi(1)\{5.669 \times 10^{-8}\ \text{W/m}^2\,\text{K}^4 (2\,900\ \text{K})^4\}}}$$

$$= 3 \times 10^{11}\ \text{m}$$

태양의 반지름이 7.0×10^8 m이고, 지구에서 태양까지의 거리가 1.5×10^{11} m인 것에 비교하면 이 초거성의 크기가 얼마나 큰지를 알 수 있다.

이상 흡수체와 이상 반사체

입사되는 적외선과 자외선을 포함한 모든 빛을 완전히 흡수하는 물체를 **이상 흡수체**(ideal absorber 理想吸收體)라고 한다. 이러한 물체는 어떠한 빛도 반사시키지 않기 때문에, 그 물체로부터 나오는 빛은 오직 물체를 이루는 원자 및 분자의 진동에 의한 빛뿐이다.

복사에 의한 에너지 전달에서 전자기파의 흡수는 복사만큼 중요하다. 물체의 표면의 성질에 따라 전자기파를 흡수하거나 복사하는 정도가 달라진다. 예를 들면 그림 13-34와 같이 햇빛 속에 있는 두 상자를 생각해보자. 하나는 거친 표면에 그을음을

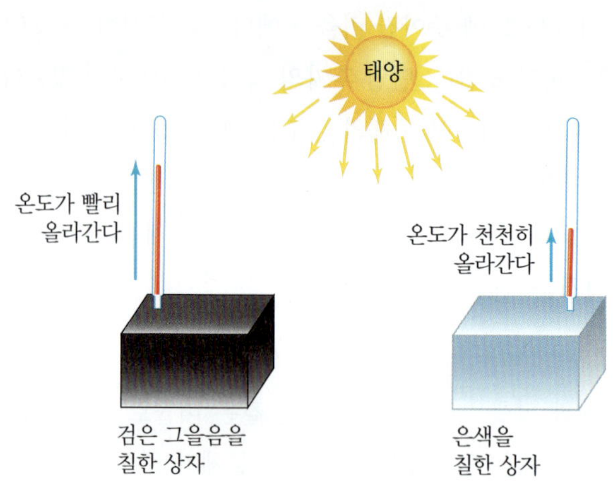

그림 13-34 검은 그을음을 칠한 상자의 온도는 은색을 칠한 상자의 온도보다 더 빨리 올라간다. 검은 표면은 태양으로부터 복사되는 에너지에 대한 흡수율이 크기 때문이다.

발랐고, 다른 하나는 잘 연마된 은색 표면으로 되어 있다. 온도계가 가리키고 있는 바와 같이 검정색 상자의 온도는 은색 상자보다 빨리 올라간다. 이것은 은색 표면이 입사광선의 10 %를 흡수하는 반면, 검정색 표면은 97 %를 흡수하기 때문이다. 각 경우 입사 에너지의 나머지 부분은 반사된다. 검은 그을음은 그 위에 비춘 빛의 극히 일부분만 반사하기 때문에 검게 보이고, 은색 표면은 많은 빛을 반사하기 때문에 거울같이 보인다. 검정색은 가시광선을 거의 완전히 흡수하는 것과 관련이 있기 때문에 물체 위에 닿는 모든 전자기파를 흡수하는 물체를 말할 때 **완전 흑체**(perfect blackbody 完全黑體) 혹은 간단히 **흑체**라고 한다.

$e = 1$인 이상적인 흑체는 물질에 쪼이는 모든 복사에너지를 흡수한다. 이상 흡수체는 또한 이상적인 에너지 방사체이다. 예를 들면 태양은 거의 완벽한 흑체이다. 태양은 검지 않고 빛나기 때문에 이 말은 모순처럼 보일지도 모른다. 그러나 태양으로부터 나오는 빛은 방출된 것이지, 반사된 것이 아니다. 흑체는 어떠한 빛도 반사하지 않기 때문에, 상온에서 검게 보이는 완벽한 흡수체이다. 절대온도가 영도인 경우를 제외하고 모든 흑체는 고유한 스펙트럼을 가진 빛을 방출한다. 흑체와는 반대로 $e = 0$인 물체는 자신에게 입사되는 에너지를 전혀 흡수하지 않는다. 이 같은 물체를 **이상 반사체**(ideal reflector 理想反射體)라 한다.

물체가 방출하는 복사에너지의 양은 **열기록법**(thermography 熱記錄法)이라는 기술을 이용한 **열감응기록장치**로 측정할 수 있다. 이러한 장치에는 적외선을 이용하는 **열화상카메라**가 있다. 복사량의 변화에 의해 형성되는 영상을 **열분석도**(thermogram 熱分析圖)라 하는데, 이것은 가장 뜨거운 영역이 가장 밝게 나타난다.

그림 13-35는 열화상카메라로 찍은 인체의 열분석도를 나타낸 것이다. 열분석도는 의료 분야에서 상처나 병든 조직의 영상을 보는 데 많이 응용되고 있다. 왜냐하면 보통 상처가 난 세포 조직은 건강한 세포 조직 주변과 온도가 다르기 때문이다. 종양과 같이 대사 작용이 활발한 부분은 다른 신체 부위에 비해 온도가 높기 때문에 복사가 많

아 사진에서 붉은색을 많이 띠게 된다. 그림 13-35(c)는 젊은 남성의 얼굴 이미지로, 안경을 쓴 부분에서 온도가 낮은 것으로 보아, 유리 재질이 적외선을 차단시키는 것을 알 수 있다. 또 다른 예로는 집 안과 밖의 온도 차이가 클 경우 창문이나 출입문 근처를 이 카메라로 찍어 색을 비교해보면 열이 어느 부분에서 방출되는지 쉽게 알 수 있다.

그림 13-36은 **적외선 복사 체온계**로서 병원에서 체온을 잴 때 주로 사용한다. 이 체온계는 고막과 주변의 세포 조직에서 방출하는 적외선의 복사 강도를 측정하여 이 정보를 표준 수치로 바꾸어 준다. 고막은 체온을 조절하는 시상하부에 가깝기 때문에, 체온을 측정하기에는 대단히 좋은 장소이다. 이 밖에도 그림 13-37과 같이 적외선은 적의 움직임을 파악하는 군사용으로도 이용되고 있다.

TIP 시상하부 (hypothalamus 視床下部)

체온 조절을 담당하는 뇌의 기관으로 고막에서 가까운 곳에 위치한다. 시상하부는 배고픔, 목마름, 졸림과 같이 다른 신체 기능도 조절하기 때문에 매우 복잡한 인체 기관이다.

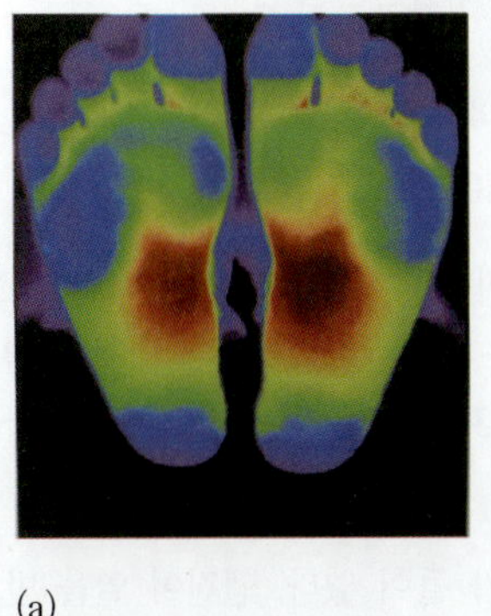
(a)

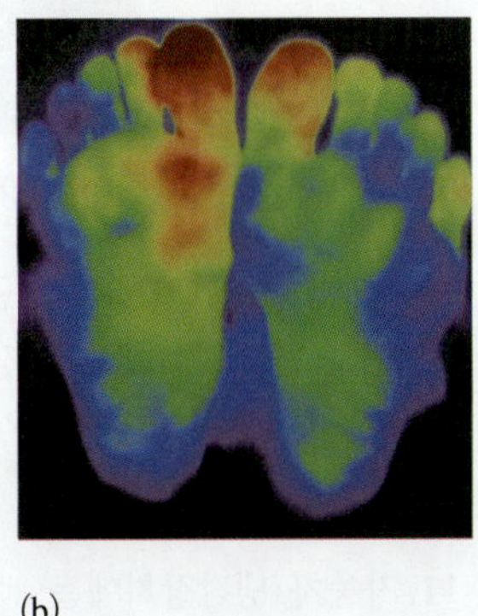
(b)

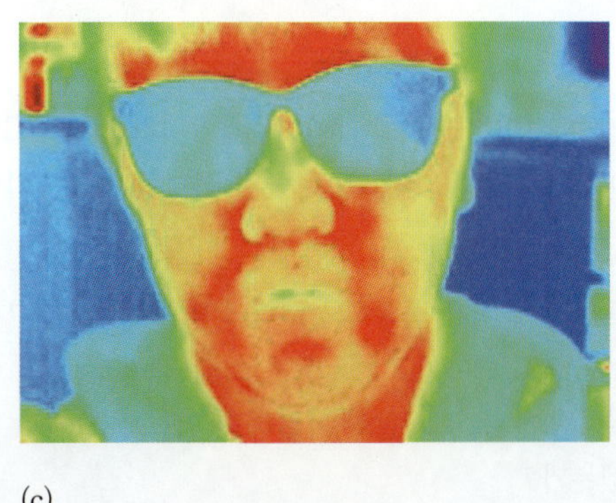
(c)

그림 13-35 적외선 열화상카메라 이미지. (a) 정상인의 발바닥은 중앙 부분의 온도가 높고, 주변 온도가 일정하게 낮은 것을 알 수 있다. (b) 당뇨병 환자의 발바닥은 엄지발가락 부분의 종양으로 인해 붉은색을 띠고 있다. (c) 사람의 얼굴 이미지에서 붉은색 피부의 온도는 32~33 °C이다. 유리 안경 부분의 온도가 낮다.

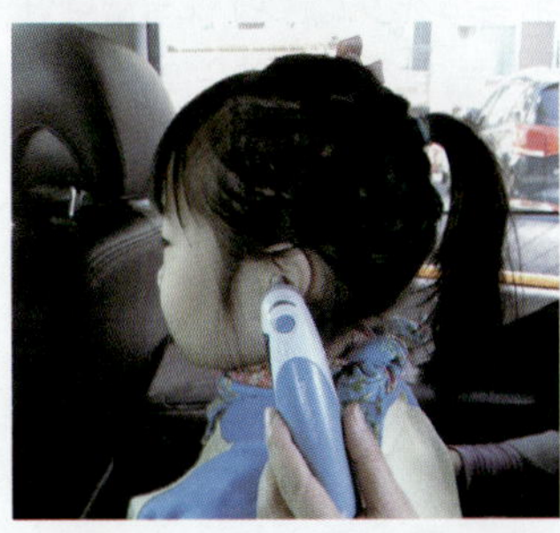

그림 13-36 적외선 복사체온계(귀 체온계). 고막 안쪽에 위치한 시상하부에서 방출되는 적외선의 복사 강도를 감지하여 체온을 측정한다.

그림 13-37 적외선 열화상 감지기. 야간에 적외선을 감지하여 적의 침투를 알아내는 장비(서울 국제항공우주 및 방위산업전시회)

연습문제

13-1 온도와 열평형

13-2 온도 측정

1. 다음 온도 눈금의 값을 구하라.

(a) 섭씨온도 −273.15 °C는 화씨온도로 얼마인가?

(b) 화씨온도 98.6 °F는 섭씨온도로 얼마인가?

(c) 절대온도 100 K는 화씨온도로 얼마인가?

2. 섭씨온도 눈금에서 온도변화가 ΔT_c일 때, 화씨온도 눈금에서의 온도변화는 $\Delta T_F = \frac{9}{5}\Delta T_c$임을 확인하라.

13-3 열과 내부에너지

13-4 열팽창

3. 온도 10 °C에서 길이가 100.0 cm인 금속막대가 80.0 °C에서 정확히 100.2 cm가 되었다. 이 금속의 선팽창계수는 얼마인가?

4. 온도가 15 °C에서 길이가 정확히 1 m인 쇠막대가 있다. 그리고 15 °C에서 쇠막대보다 0.5 mm 짧은 놋쇠 막대가 있다. 이 두 막대를 오븐 속에 넣고 똑같이 가열하면 어느 온도에서 길이가 같아지겠는가?

5. 20 °C일 때 직경이 134.122 cm인 포도주 통을 철 밴드로 묶어 놓았다. 원형 밴드의 내경은 20 °C에서 134.110 cm이고, 폭이 8.9 cm, 두께가 0.65 cm이다.

(a) 이 밴드를 포도주 통에 꼭 맞게 하려면 몇 °C까지 가열해야 하는가?

(b) 밴드가 20 °C로 냉각될 때 밴드에 걸리는 장력은 얼마나 되겠는가?

6. 자동차 운전자가 온도가 60 °F인 상태에서 60 L의 휘발유를 연료 탱크에 가득 채웠다. 자동차가 햇빛이 비치는 곳에 주차되어 있어서 휘발유의 온도가 110 °F까지 상승하였다. 열팽창에 의해 흘러넘치는 휘발유의 양은 얼마인가? 단 연료탱크의 열팽창은 무시한다.

7. (a) 평균온도가 1 °C 변화할 때, 지구 해양의 부피 변화율을 추정하라.

(b) 해양의 평균 깊이가 4.00×10^3 m라는 사실을 적용하여 깊이의 변화량을 구하라. $\beta_{물} = 2.07 \times 10^{-4}(°C)^{-1}$이다.

8. 선팽창계수가 1.30×10^{-4} °C^{-1}인 플라스틱으로 제작된 안경테가 있다. 렌즈를 끼우기 위한 구멍은 상온(20.0 °C)에서 반지름이 2.20 cm인 원이다. 반지름이 2.21 cm인 렌즈를 끼우기 위해서는 안경테를 몇 도까지 가열해야 하는가?

9. 미국에 있는 금문교(Golden Gate Bridge)는 샌프란시스코와 마린반도를 연결하는 길이 2825 m인 철교로 1937년에 개통되었다. 만약 겨울철과 여름철의 온도가 −20 °C와 35 °C라면, 이 두 온도사이에서 철교의 길이가 얼마나 변하는가? 실제로는 철교를 여러 부분으로 나누어 열에 의한 팽창과 수축을 고려하여 틈새를 두어 설계되어 있다.

그림 P13-9 금문교

10. 사염화탄소(CCl_4)의 평균 부피팽창계수는 5.81×10^{-4} °C^{-1}이다. 만약 100.0 L의 강철 용기가 온도 10.0 °C에서 사염화탄소로 꽉 차 있다면, 온도가 30.0 °C로 올랐을 때, 얼마만큼 넘쳐흐르는가?

11. 자동차 냉각장치에는 냉각수가 들어 있다. 엔진이 열을 받으면 냉각수의 온도가 상승하면서 넘쳐흐르게 된다. 이 때 넘쳐나는 냉각수는 냉각수보조탱크로 흘러들어가게 된다. 냉각장치의 재질은 구리이고, 냉각수의 부피팽창계수는 $\beta = 4.10 \times 10^{-4}(°C)^{-1}$이다. 엔진의 온도가 6 °C일 때 용량 15.0 L가 가득 채워졌다. 만약 엔진의 온도가 92 °C에 도달했다면 이때 흘러넘쳐 보조탱크로 흘러가는 냉각수의 양은 얼마인가?

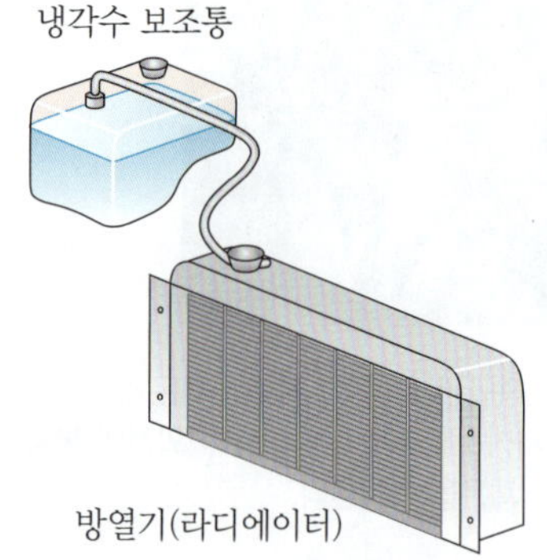

그림 P13-11

12. 어떤 다리의 상판으로 강철 빔을 사용하였다. 이 강철 빔은 온도가 23 °C일 때 열팽창을 위한 틈새가 없이 두 개의 콘크리트보 위에 올려진다. 만약 온도가 42 °C로 오를 때 빔의 열팽창을 버티기 위해 빔의 양단에 있는 콘크리트보가 얼마의 압축변형력을 작용해야 하는가?

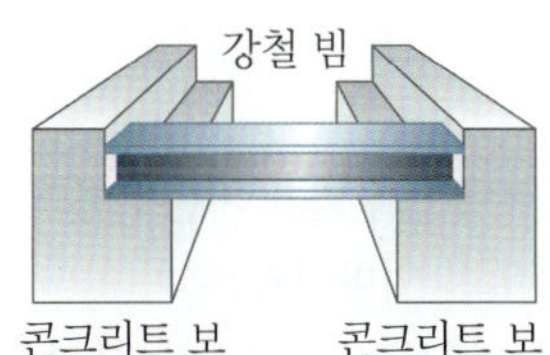

그림 P13-12

13-5 열용량과 비열

13. 2.0 cal/s 히터가 물로 가득 찬 1.0 L의 비커 속에 10분 동안 가라앉아 있다. 모든 열이 물을 데우는데 사용된다면 물의 온도는 얼마나 올라가겠는가?

14. 온도가 15 °C이고 질량이 0.2 kg인 어떤 기름 속에 온도가 100 °C이고 질량이 0.3 kg인 구리 공을 넣었더니 최종 평형 온도가 30 °C가 되었다. 이 기름의 비열은 얼마인가? 단, 구리의 비열은 0.09 kcal/kg °C이고, 용기의 열용량은 0.01 kcal/°C이다.

15. 전력이 400 W인 전열기가 있다. 이 전열기로 수프 한 컵(물 250 mL과 같다고 가정)을 20 °C에서 50 °C로 가열하려고 한다. 필요한 시간은 얼마인가?

16. 그림 P13-16는 질량이 각각 1 kg 및 2 kg인 두 물질을 발열량이 일정한 열원으로 가열하였을 때, 시간에 따른 온도변화를 나타낸 것이다. 이것으로 보아 두 물질 *A*, *B*의 비열의 비 $c_A : c_B$는 얼마인가?

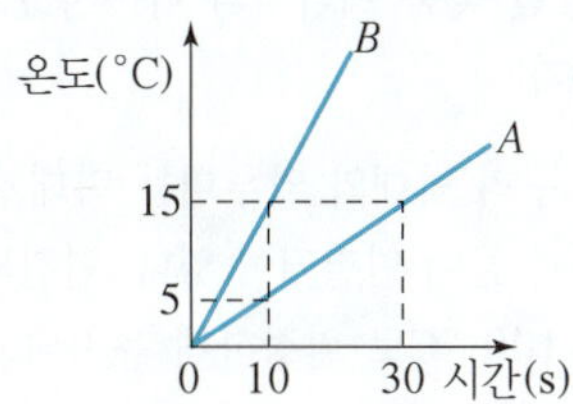

그림 P13-16

17. 그림 13-17은 남미 북동부에 위치한 가이아나(Guyana)에 있는 카이에투 폭포이다. 포타로 강에 자리한 가이아나 제일의 명소인 이 폭포는 높이가 350 m에 달하는 이 폭포는 규모가 나이아가라 폭포의 5배로, 초당 약 663톤의 폭포수가 떨어져 웅장함을 자아낸다. 만일 폭포 최상부의 온도가 15.0 °C라면, 폭포에 밑바닥에서의 최고 온도는 몇 도인가? 물의 운동에너지가 모두 밑바닥에 전달되어 물의 온도를 올리는 데 사용된다고 가정한다.

그림 P13-17 남미 가이아나에 있는 높이 350 m인 카이에투 폭포

18. 그림 P13-18은 저수용량이 약 1.49×10^{12} m³인 대청댐의 모습이다.

(a) 만약 저수용량 만큼의 물이 저장되어 있다면 이 물을 11.0 °C에서 12.0 °C로 온도를 올리는 데 필요한 에너지는 얼마인가?

(b) 이러한 양의 에너지를 발전소에서 생산하는 1000 MW의 전력을 써서 공급한다면 몇 년이 필요한가?

그림 P13-18 저수용량이 1.49×10^{12} m³인 대청댐

13-6 비열 측정법

19. −8.5 °C의 냉동기에서 얼음 덩어리를 꺼내어 20 °C의 실온에서 300 g의 물이 가득 들어 있는 100 g의 알루미늄 열량계에 넣었다. 이 얼음 덩어리의 질량은 얼마인가?

20. 질량이 0.050 kg인 어느 금속을 200.0 °C로 가열했다가, 온도가 20.0 °C인 0.40 kg의 물이 들어 있는 열량계 속으로 재빨리 집어넣었다. 금속 덩어리가 담긴 물의 온도는 22.4 °C로 상승했다. 이 금속의 비열은 얼마인가?

21. 알루미늄 컵 속에, 225 g의 물과 40 g의 구리 막대가 담겨 있다. 이 들 모두의 온도는 27 °C이다. 처음 온도가 87 °C인 400 g의 은 조각을 물속에 넣고, 구리 막대로 서서히 저어 나중 평형 온도인 32 °C에 도달하였다. 알루미늄 컵의 질량은 얼마인가?

13-7 숨은열

22. 보석 가공사가 온도가 20°이고 질량이 18.00 kg인 은(Ag)을 녹여 반지를 만들려고 한다. 필요한 열량은 얼마인가? 단 은의 녹는점은 961 °C이고, 융해열은 8.85×10^4 J/kg, 은의 비열은 234 J/kg °C이다.

23. 단열된 용기 속에 0 °C의 얼음 덩어리 5.00 kg과 15.0 °C의 물 10.0 kg이 섞여 있다.

(a) 용기의 비열을 무시할 때, 나중온도를 구하라.

(b) 융해된 얼음의 질량을 구하라.

24. 0 °C인 100 g의 얼음을 온도가 80 °C인 1.0 kg의 물속에 떨어뜨렸다. 얼음이 녹은 후, 물의 나중온도는 얼마인가?

25. 그림 P13-25는 동계올림픽 종목인 크로스컨트리 경기 모습이다. 질량이 75 kg인 크로스컨트리 스키 선수가 눈 위를 달

리고 있다. 스키와 눈 사이의 마찰계수는 0.20이고, 스키 밑에 있는 모든 눈의 온도는 0 °C이고, 마찰에 의해 발생하는 내부에너지는 모두 스키에 붙어 있는 눈에 더해져 눈을 녹인다고 가정하자. 1.0 kg의 눈을 녹이기 위해 이 선수는 얼마나 멀리 스키를 타야 하는가?

그림 P13-25 크로스컨트리 경기 모습

13-8 열과 일

13-9 열역학 제1법칙

26. 100 °C의 물 1.0 L를 완전히 끓여서 100 °C의 수증기 1437 L가 되었다. 이 과정은 대기압(1.0×10^5 N/m^2)에서 진행된다고 가정한다.

(a) 물이 한 일은 얼마인가?

(b) 물의 내부에너지 증가량은 얼마인가?

27. 매끄럽게 움직이는 단면적 0.20 m^{2}의 피스톤이 있는 실린더 안에 1기압의 기체를 넣고, 압력은 그대로 일정하게 유지하면서 6.0 kcal의 열량을 가했더니 피스톤이 0.50 m만큼 밖으로 밀려났다.

(a) 이 과정에서 기체가 외부에 한 일은 얼마인가?

(b) 이 기체의 내부에너지는 얼마나 증가하였는가? 단, 열의 일당량은 4.2×10^3 J/kcal이고, 1기압은 1.013×10^5 N/m^{2}이다.

28. 어느 열기관이 있다. 실린더 내의 한 쪽은 피스톤으로 둘러싸여 있으며, 내부에 있는 기체가 2.56×10^5 N/m^{2}의 일정한 압력 하에서 팽창한다. 이 계가 40.0 kJ의 열을 흡수하면서 처음부피 0.105 m^{3}에서 나중부피 0.253 m^{3}로 증가하였다. 이 계의 내부에너지 변화는 얼마인가?

29. 기체가 압력 1.5 기압에서 부피 4.0 m^{3}의 용기 안에 담겨 있다.

(a) 일정한 압력에서 부피가 처음부피의 2배로 팽창되는 동안 기체가 한 일은 얼마인가?

(b) 일정한 압력에서 부피가 처음부피의 1/4배로 압축되는 동안, 이 기체에 해 준 일은 얼마인가?

13-10 열의 전달

30. 선박에서 용광로 주변의 강철 버팀목은 길이가 2.00 m, 질량이 1.57 kg, 단면의 넓이가 1.00×10^{-4} m^{2}이다. 용광로가 동작하는 동안 버팀목은 2.50×10^5 J의 알짜 열에너지를 흡수한다.

(a) 버팀목의 온도변화를 구하라.

(b) 버팀목이 늘어난 길이를 구하라.

(c) 버팀목 양쪽 끝이 볼트로 고정되어 늘어나지 않는다고 가정할 때, 버팀목의 압축변형력을 구하라.

31. 체중이 75.0 kg인 단거리 선수가 정지 상태에서 5.0 s만에 11.0 m/s로 가속하였다.

(a) 이 시간 동안 단거리 선수가 한 역학적인 일을 구하라.

(b) 단거리 선수가 행한 평균 일률을 구하라.

(c) 만일 그가 25 %의 효율로 식품 에너지를 역학적 에너지로 바꾼다면, 그가 소모하는 칼로리의 평균 비율은 얼마인가?

(d) 그가 사용한 식품 에너지의 나머지 75 %에는 어떤 일이 일어나는가?

32. 지름이 같은 구리 막대와 알루미늄 막대가 열접촉이 아주 좋은 상태로 끝과 끝이 연결되어 있다. 연결되지 않은 구리 막대 끝의 온도는 100 °C로 일정하게 유지되고, 알루미늄 막대의 먼 쪽 끝의 온도는 0 °C로 유지된다. 구리 막대의 길이가 0.15 m일 때 접점에서의 온도가 50 °C가 되게 하려면, 알루미늄 막대의 길이는 얼마로 해야 하는가?

33. 증기 파이프는 열전도가 0.200 cal/cm °C s이고 두께가 1.50 cm인 단열재로 싸여 있다. 증기의 온도가 200 °C이고 파이프 주변의 공기 온도가 20.0 °C일 때, 초당 손실되는 에너지는 얼마인가? 파이프의 원둘레는 800 cm이고 길이는 50.0 m이다. 파이프의 양 끝단을 통한 에너지 손실은 무시한다.

열기구(hot-air ballon) 열기구 내부에 열을 가하면 열기구 안의 공기 운동이 활발해져 기구 내의 공기밀도가 작아져 열기구가 위로 상승하게 된다. 이때 기구 내에 버너의 불을 조절하여 내부의 온도를 낮추면 다시 아래로 내려오게 된다. 열기구 속의 뜨거운 공기 자체는 계가 되고, 표피는 계와 환경의 찬 공기를 구분하는 벽이 된다. 계의 상태는 뜨거운 공기의 압력, 부피, 온도에 대한 값을 정함으로 규정된다.(튀르키예 카파도키아)

기체의 운동론

제 14 장

앞 장에서는 열물리의 일반적인 특성을 온도와 관련하여 알아보았다. 물질은 하나의 거시적인 시료라기보다는 매우 많은 수의 분자 모임이므로, 부피, 압력, 온도와 같은 거시적 특성을 미시적 관점으로기술할 수 있다. Newton의 운동법칙을 입자들의 집합체에 통계적인 방법으로 적용하면 열역학 과정을 합리적으로 기술할 수 있다. 기체의 부피, 압력, 온도 등과 같은 변수는 모두 원자들이 운동하기 때문에 나타난다. 부피는 원자들이 용기 전체로 퍼져 나가는 특성이 있기 때문이고, 압력은 원자들이 용기의 벽과 충돌한 결과이고, 온도는 원자들의 운동에너지와 관련이 있다.

제14장에서는 먼저 Avogadro 수를 이용하여 기체의 양을 정의하는 방법을 알아보고 압력, 온도 등과 같은 특성을 기체를 이루고 있는 분자들의 운동을 고려하여 설명한다. 이 결과를 기초하여 기체의 몰비열을 예측하고 이에 대한 결과를 논의한다.

14-1 아보가드로수

원자질량단위

한 원자의 질량과 또 다른 원자의 질량을 비교하기 위하여 원자질량척도로 알려진 질량 척도가 정해져 있다. 이 기준값의 단위를 **원자질량단위**(atomic mass unit 原子單位質量)라 부르며, 기호는 'u'를 사용한다. 이 척도를 정하기 위해서는 기준값이 되는 어떤 원소를 선택해야 하는데, 국제적 합의에 의해 기준 원소로 지구상에 많이 존재하는 탄소-12(^{12}C)를 선택하였다. 1 원자질량단위는 다음과 같다.

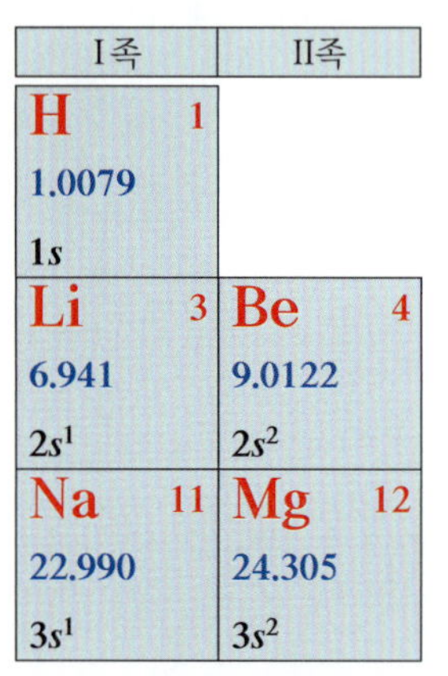

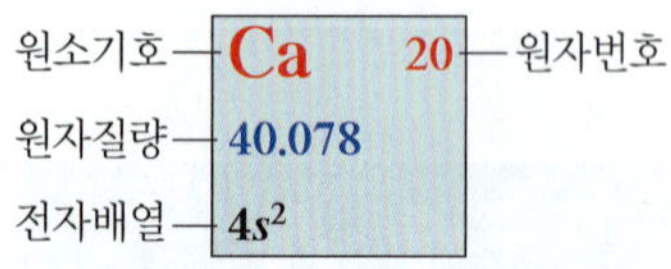

그림 14-1 주기율표의 일부. 관례적으로 원자질량단위를 나타내는 기호 'u'를 생략한다. 수소의 원자질량은 1.0079임을 알 수 있다.

$$1 \text{ u} = 1.6605 \times 10^{-24} \text{ g}(1.6605 \times 10^{-27} \text{ kg})$$

따라서 탄소-12 원자의 원자질량은 원자질량단위의 12배인 12 u이다.

모든 원소의 원자질량 값은 과학자들의 노력으로 얻어진 결과로 주기율표에 표기되어 있다. 그림 14-1은 주기율표의 일부를 나타낸 것이다. 주기율표에 나와 있는 질량은 자연에 존재하는 여러 동위 원소들의 질량을 평균한 값이다. 간단히 나타내기 위해 단위 'u'를 생략하여 표기하기도 한다. 이 표를 보면 마그네슘 원자(Mg)의 원자질량은 24.305 u이고, 리튬 원자(Li)의 원자질량은 6.941 u이다. 마그네슘 원자의 질량은 리튬 원자의 질량보다 (24.305 u)/(6.942 u) = 3.052배 만큼 크다. 주기율표에 탄소(C)의 원자질량은 12 u가 아니고 12.011 u로 표현되기도 하는데 이는 지구상에 존재하는 작은 양인 탄소-13(^{13}C)의 동위원소와의 평균한 값이다. 분자의 분자질량은 그 분자를 구성하는 원자 전체의 원자질량의 합이다. 예를 들어 탄소와 산소는 각각 12.011 u와 15.9994 u의 원자질량을 갖는다. 따라서 이산화탄소(CO_2)의 분자질량은 12.011 u + 2(15.9994 u) = 44.0098 u이다.

몰과 아보가드로수

육안으로 보이는 물질 속에는 양은 많은 수의 원자 또는 분자가 포함되어 있다. 부피가 1 cm^{3}인 용기에 들어 있는 작은 양의 기체에도 엄청나게 많은 수의 원자나 분자가 들어 있다. 이와 같이 기체는 수많은 입자로 이루어져 있기 때문에 기체의 상태를 기술하기 위해서는 기체의 양을 정량적으로 정의할 필요가 있다. 셀 수 없이 많은 원자들의 모임을 기술할 때 **그램-몰**(gram-mole) 또는 간단히 **몰**(mole: 기호 mol)을 사용하면 편리하다. 몰은 물질의 양을 나타내는 SI기본단위이다. 물질 1몰 속에는 탄소-12의 12 g 속에 들어 있는 원자의 개수만큼의 입자(원자 또는 분자)들이 포함되어 있다.

실험에 의하면 탄소-12의 12 g속에는 6.022 × 10^{23}개의 원자가 포함되어 있다. 몰당 원자의 수를 **아보가드로수**(Avogadro's number)라고 하며 기호는 N_A로 나타낸다. 아보가드로수를 사용하면 여러 면에서 아주 편리하다. 특히 10^{23}과 같은 다른 10의 거듭제곱으로 개수를 세지 않는다는 점에서 특별한 수이다. **아보가드로수 N_A**는 다음과 같다.

$$N_A = 6.022 \times 10^{23} \text{ 입자/mol} \quad \textbf{14-1}$$

아보가드로수는 이탈리아 과학자 아메데오 아보가드로(1776~1856)의 이름을 따서 정의되었다. 어떤 시료에 포함되어 있는 기체의 **몰수 n**은, 입자의 개수 N을 아보가드로수 N_A로 나눈 값이다.

$$n = \frac{N}{N_A} \quad \textbf{14-2}$$

1몰의 개념은 1몰이 물체의 아보가드로수를 포함한다는 의미로 모든 물체에 대해 적용될 수 있다. 헬륨(He) 1몰에 들어 있는 입자의 수는 산소나 네온 1몰에 들어 있는 입자의 수와 모두 같다.

어떤 물질에 포함되어 있는 기체의 몰수 n은 그 물질의 질량으로부터 알아낼 수도 있다. 식 14-2의 우변에 기체 입자 한 개의 질량 $m_{\text{입자}}$을 분자, 분모에 곱해주면 다음과 같다.

$$n = \frac{m_{\text{입자}}N}{m_{\text{입자}}N_A} = \frac{m}{\text{몰질량}}(\text{mol}) \quad \textbf{14-3}$$

식 14-3에서 분자항($m_{\text{입자}}N$)은 입자 한 개의 질량에 입자의 총수를 곱한 것으로 물질의 총질량 m에 해당되며, 분모항($m_{\text{입자}}N_A$)은 입자 한 개의 질량에 아보가드로수(몰당 입자수)를 곱한 값으로 몰질량이다. 몰질량을 나타내는 기호는 주로 M을 사용한다.

탄소-12(^{12}C)의 몰질량은 12 g/mol이다. 따라서 탄소-12의 12 g은 원자 1몰을 포함한다. 나트륨(Na)의 몰질량은 22.9898 g/mol이다. 나트륨 원자 한 개의 질량과 탄소-12 원자 한 개의 질량을 비교해보면, 나트륨 원자가 탄소 원자보다 (22.9898 u)/(12 u) = 1.91582배 만큼 큰 것을 알 수 있다. 즉 (1.91582)(12 g/mol) = 22.9898 g/mol 의 관계가 있다. **물질의 몰질량(g/mol)은 그 물질의 원자질량 또는 분자질량과 같은 수치를 갖는다.**

어떤 물질 1몰에는 아보가드로수 만큼의 입자(원자 또는 분자)를 포함하고 있으므로 어떤 입자의 질량은 그 몰질량을 아보가드로수로 나누면 된다.

$$m_{\text{원자}} = \frac{\text{몰질량}}{N_A} \quad \textbf{14-4}$$

예를 들어 헬륨 원자(원자질량: 4.002 g/mol) 한 개의 질량은 다음과 같다.

$$m_{\text{헬륨}} = \frac{4.002 \text{ g/mol}}{6.022 \times 10^{23}{}_{\text{원자}}/\text{mol}} \fallingdotseq 6.646 \times 10^{-24} \text{ g/원자}$$

예제 14-1 다이아몬드와 루지 반지

문제 거의 순수한 탄소로 구성된 질량이 44.5 캐럿(1 캐럿은 0.200 g)인 다이아몬드 반지와, 산화알루미늄(Al_2O_3)으로 구성된 질량이 138 캐럿인 루비 반지가 있다. (a)다이아몬드에 있는 탄소 원자의 수는 얼마인가? (b)루비에 있는 Al_2O_3 분자의 수는 얼마인가?

생각하기 각각의 반지에 포함된 원자(또는 분자)의 수는 몰수와, 몰당 원자수(아보가드로수)의 곱이다. 각 반지의 질량을 몰질량으로 나누면 몰수가 얻어진다.

풀이 (a) 다이아몬드의 질량은 (0.200 g)/(1 캐럿) = 8.90 g이다. 탄소의 원자질량은 12.011 u이므로 다이아몬드의 몰질량은 12.011 u/mol이다. 따라서 다이아몬드에 있는 탄소의 몰수는

$$n = \frac{m}{\text{몰질량}} = \frac{8.90\ \text{g}}{12.011\ \text{g/mol}} = 0.741\ \text{mol}$$

이다 그러므로 탄소의 원자수는 다음과 같다.

$$N = nN_A = (0.741\ \text{mol})(6.022 \times 10^{23}\text{개/mol}$$
$$= 4.46 \times 10^{23}\text{개}$$

(b) 루비의 질량은 m = (138 개럿)(0.200 g)/(1 캐럿) = 27.6 g이다. 산화알루미늄(Al_2O_3) 분자의 분자질량은 그 원자들의 원자질량의 합이며, 알루미늄의 원자질량은 26.9815 u이고, 산소의 원자질량은 15.9994 u이다(주기율표 참조). 그러므로 산화알루미늄 분자의 분자질량은 2(26.9815 u) + 3(15.9994 u) = 101.9612 u이다. 따라서 산화알루미늄의 몰질량은 101.9612 g/mol이다. 따라서 (a)와 같이 계산하면 루비는 0.271 mol이다. 그러므로 분자의 수는 다음과 같다.

$$N = nN_A = (0.271\ \text{mol})(6.022 \times 10^{23}\text{개/mol}$$
$$= 1.63 \times 10^{23}\text{개}$$

14-2 이상기체의 거시적 기술

고체나 액체와 같은 물질은 특정 온도에서 부피가 고정되어 있기 때문에 열에 의해 나타나는 부피 변화는 공식을 이용하여 쉽게 계산할 수 있다. 그러나 기체의 경우는 전혀 다르다. 기체 원자 사이에 작용하는 힘은 매우 약해 거의 존재하지 않는다고 볼 수 있다. 따라서 원자 사이의 평균거리를 정의할 수 없으며, 주어진 온도에서 표준 부피가 얼마인지 알기가 어렵다. 부피는 그저 용기의 크기에 의존할 뿐이다. 그러기에 기체를 다루는 식에서는 부피 변화보다는 부피를 변수로 사용한다.

질량이 m인 기체의 부피 V, 온도 T 사이의 관계가 어떠한지 아는 것은 유용하나 이들 물리량 사이의 관계를 나타내는 상태방정식은 매우 복잡하다. 그러나 일반적으로 기체가 아주 작은 압력 하에 있으면 상태방정식은 간단해지고 실험적으로 변수 사이의 관계를 조사하기가 훨씬 수월한 것으로 알려져 있다.

기체의 성질에 대해 Boyle, Charles, Gay-Lussac과 같은 과학자들은 실험실에서 압력, 부피, 온도 사이의 관계를 거시적인 관점에서 실험을 통해 다음과 같은 사실을 알았다.

Boyle의 법칙

아일랜드의 과학자 Boyle은 일정한 온도에서, 질량이 일정(일정한 몰수)하고, 밀도가 낮은 기체의 압력은 부피에 반비례한다는 것을 알았다. 이 관계는 다음 식으로 나타낼 수 있다.

$$P \propto \frac{1}{V},\ PV = \text{일정}\ [T\ \text{일정}] \qquad \text{14-5}$$

이 관계는 Boyle의 이름을 따서 **보일의 법칙**(Boyle's law)이라 한다. 즉, 온도가 일정할 때 기체의 압력 또는 부피가 변하도록 허용되면 다른 변수는 곱 PV가 일정하도록 변한다. 이 관계를 그림으로 나타내면 그림 14-2와 같다.

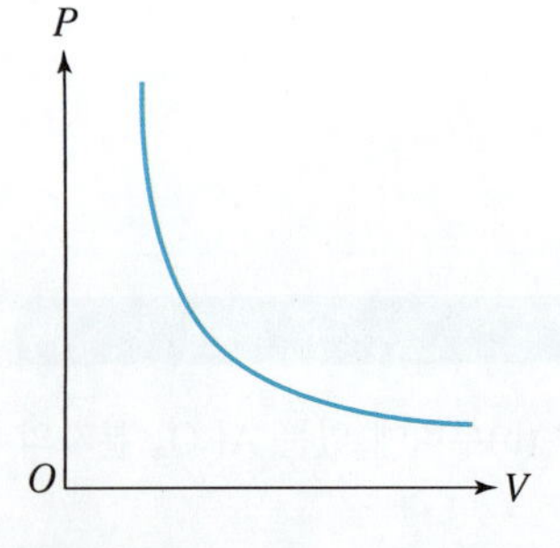

그림 14-2 온도가 일정할 때 기체의 압력 대 부피 사이의 관계.

기체가 처음상태의 압력 P_i, 부피 V_i에서 나중상태의 압력 P_f, 부피 V_f로 변하면 Boyle의 법칙은 다음과 같이 표현할 수 있다.

$$P_i V_i = P_f V_f \qquad \textbf{14-6}$$

Charles의 법칙

온도 역시 기체의 부피에 영향을 미친다. 부피 V 와 온도 T 사이의 정량적인 관계는 Boyle의 법칙보다 한 세기 이상 지나서야 알게 되었다. 프랑스 과학자인 샤를(J. Charles)은 압력이 너무 높지 않고 일정하게 유지될 때 기체의 부피가 그림 14-3과 같이 온도에 따라 거의 일정한 비율로 증가한다는 사실을 알았다. 그러나 기체의 온도가 낮아지면 모든 기체는 액화되므로(예를 들면 산소는 −183 °C에서 액화), 액화점 이하로는 그래프를 그릴 수 없다. 그럼에도 불구하고 그래프가 직선을 나타내므로 점선으로 표시한 바와 같이 낮은 온도까지 연장하여 그려보면 약 −273 °C에서 온도 축과 만난다.

이와 같은 그래프는 어떤 기체의 온도를 −273 °C로 낮추면 기체의 부피가 0이 되고, 더 낮은 온도에서 음(−)의 부피(물론 의미가 없지만)를 가질 수도 있다는 것을 의미한다. 이러한 사실은 아마도 −273 °C가 가능한 최저 온도라는 생각을 가지게 했고, 여러 실험들도 이를 뒷받침하고 있다. 이 온도를 절대온도라고 앞서 정의한 바 있다. 그림 14-3(b)는 기체의 온도에 따른 기체의 부피를 나타낸 그래프로 본질적으로 원점을 통과하는 직선으로 되어 있다. 따라서 좋은 근사로 압력이 일정할 때 기체의 부피는 절대온도에 비례한다. 이 관계를 **샤를의 법칙**(Charles's law)이라 하며, 다음과 같이 쓸 수 있다.

$$V \propto T \quad [P \text{ 일정}] \qquad \textbf{14-7}$$

기체가 처음상태의 절대온도 T_i, 부피 V_i에서 나중상태의 절대온도 T_f, 부피 V_f로 변하면 Charles의 법칙은 다음과 같이 나타낼 수 있다.

$$\frac{V_i}{T_i} = \frac{V_f}{T_f} \qquad \textbf{14-8}$$

부피
−273 0 100 200
온도(°C)
(a)

부피
0 100 200 300 400 500
온도(K)
(b)

그림 14-3 기체의 압력이 일정할 때 부피와 온도 관계 그래프. (a) 부피와 섭씨온도, (b) 부피와 절대온도

로버트 보일 Robert Boyle, 1627~1691, 아일랜드 출생 영국의 자연철학자, 화학자, 물리학자

보일의 법칙을 제안하였다. 보일의 과학적인 영감은 1641년 피렌체를 방문하여 만난 갈릴레이로부터 얻어 과학에 대한 강한 흥미를 갖게 되었다고 한다. 보일의 연구는 연금술에 적용되는 기법을 정리하는데서 출발하였고, 여러 연구를 통해 근대 화학의 기초를 세웠다. 그의 저서 《의심 많은 화학자》는 화학의 기반을 마련한 책이다.

자크 알렉상드르 세사르 샤를 Jacques Alexandre César Charles, 1746~1823, 프랑스의 과학자, 수학자

이상기체의 성질에 관한 법칙인 샤를의 법칙을 제안하였다. 이 법칙의 초안은 1802년 게이뤼삭이 처음으로 발표하였다. 후에 그의 발표 내용이 샤를이 미발표한 논문과 비슷하다는 사실을 안 게이뤼삭은 모든 업적을 샤를의 공으로 돌려 샤를의 법칙이 되었다.

예제 14-3 Charles의 법칙

문제 압력을 일정하게 하고, 기체의 부피가 두 배가 될 때까지 가열한다면 처음에 20 °C이던 기체의 온도를 몇 °C까지 올려야 하는가?

생각하기 Charles의 법칙을 이해하는 문제이다.

풀이 20 °C는 절대온도로 $T_K = T_c + 273 = (20 + 273)$ K $= 293$ K이다.

나중상태의 부피는 $V_f = 2V_i$이므로 식 14-8인 $\frac{V_i}{T_i} = \frac{V_f}{T_f}$에서 T_f를 구하면 다음과 같다.

$$T_f = \frac{V_f T_i}{V_i} = \frac{(2V_i)T_i}{V_i} = 2T_i = 2(293\ \text{K}) = 586\ \text{K}$$

절대온도 586 K는 섭씨온도로 (586 − 273) °C= 313 °C이다.

Gay-Lussac의 법칙

세 번째 기체법칙은 부피 V가 일정할 때 기체의 압력 P는 절대온도 T에 비례한다는 것이다. 이 관계는 프랑스의 물리학자 게이-뤼삭(Joseph Gay-Lussac ; 1778~1850)의 이름을 따서 **게이-뤼삭의 법칙**(Gay-Lussac's law)이라 한다.

$$P \propto T\ [V\ \text{일정}] \quad \textbf{14-9}$$

이 관계의 예는 닫힌 병이나 에어로졸 캔을 불 속에 던졌을 때, 내부의 기체압력의 증가로 폭발하는 것을 들 수 있다. 오늘날 우리가 법칙이라고 부르는 것은 정확하고, 깊이 있고, 광범위한 타당성을 가져야 한다는 것은 엄연한 사실이다. 그러나 Boyle, Charles, Gay-Lussac의 법칙들은 이러한 의미에서 진정한 법칙이라고 할 수 없다. 왜냐하면 이 세 법칙은 근사일 뿐이고, 실제 기체에 적용시키면 특정한 경우 즉, 부피와 밀도가 크지 않고 액화점에 가깝지 않을 때만 성립하기 때문이다.

지금까지 살펴본 과학자들의 실험 결과는 밀도가 낮고 온도가 높은 상태라는 가정하에 실험적으로 얻어진 결과이다. 이들 과학자들이 실험에 사용한 밀도가 낮고 온도가 높은 기체를 일반적으로 **이상기체**(ideal gas)라고 가정할 수 있다. 이상기체의 모형을 사용하면 압력이 낮은 상태에 있는 **실제기체**(real gas)의 성질도 잘 설명할 수 있다.

루이 조제프 게이뤼삭 Louis Joseph Gay-Lussac 1778~1850, 프랑스의 물리학자 겸 화학자

열기구를 타고 지상 7000m까지 올라가 대기 중, 산소와 수소의 구성비가 1 : 2로 화합한다는 것을 발견하였다. 기체 반응의 법칙의 발견, 붕소 분리법 발견, 유기 분석법의 개량, 항생제 제조법의 개량 등 화학 분야에 아주 큰 업적을 남긴 인물이다.

이상기체의 법칙

이상기체의 법칙은 Boyle, Charles, Gay-Lussac의 법칙을 일반화시킨 것이다. 실제기체는 근사적으로 대개 이상기체의 법칙을 따르며, 기체의 밀도가 0에 가깝거나 기체의 온도가 매우 높으면 이상기체 법칙에 더 잘 맞게 된다. 그 이유는 밀도가 0에 가까워지면 분자의 운동시 기체 분자끼리 부딪히는 정도가 적어지고 분자 자신의 부피를 무시할 정도가 된다. 또 고온이 됨으로써 분자의 운동이 고속이 되어 분자 간의 힘이 무시할 만한 정도가 되기 때문이다.

Boyle, Charles, Gay-Lussac의 기체법칙들은 과학에서 매우 유용한 기법에 의하여 얻어진 것이다. 즉 변수 중에서 한 변수의 변화효과를 명확히 알기 위해서는 하나 또는 그 이상의 변수를 고정하는 방법을 사용해 실험으로 얻은 결과이다. 이 세 법칙은 일정한 양의 기체에 대한 압력, 부피, 온도 사이에 적용할 수 있는 보다 일반적인 하나의 식으로 묶을 수 있다. 즉 다음과 같이 쓸 수 있다.

$$PV \propto T \tag{14-10}$$

이 관계식은 P, V, T 중에서 어떤 한 가지가 변할 때 나머지 두 가지의 변화량을 알 수 있게 한다. 이 식에서 각각 온도, 압력, 부피를 고정하면 각각 Boyle, Charles, Gay-Lussac의 법칙이 된다. 식 14-10이 완벽하려면 마지막으로 기체의 양(질량)의 효과를 포함시켜야 한다. 풍선을 불 때 공기를 더 많이 불어넣을수록 풍선이 더 커지는 것을 알 수 있다. 실제로 정밀한 실험에 의하면 일정한 온도와 압력 하에서 갇혀진 기체의 부피 V는 기체의 질량 m에 비례한다. 따라서 다음과 같이 쓸 수 있다.

$$PV \propto mT \tag{14-11}$$

식 14-11은 비례상수를 사용해서 방정식을 만들 수 있다. 실험에 의하여 이 비례상수는 기체의 종류에 따라 다르다. 그러나 질량 m 대신 몰수 n을 쓰면 비례상수가 모든 기체에 대하여 같아진다는 것이 밝혀졌다. 식 14-11을 몰수를 사용하여 정리하면 다음과 같다.

$$PV = nRT \tag{14-12}$$

기체가 이상적인 기체라는 가정 하에 기체의 절대압력 P는 절대온도 T와 기체의 몰수 n에 비례하고 기체의 부피 V에 반비례한다. 식 14-12를 거시적으로 기술한 **이상기체의 법칙**(ideal gas law) 또는 **이상기체의 상태방정식**(equation of state for an ideal gas)이라 한다. 이 식에서 R은 비례상수로 모든 기체에 대하여 같은 값을 갖는다는 것이 실험적으로 밝혀졌기 때문에 **보편기체상수**(universal gas constant 普遍氣體常數)라 하며 그 값은 다음과 같다.

$$R = 8.315\ \mathrm{J/(mol\ K)} = 0.0821(\mathrm{l\ atm})/(\mathrm{mol\ K}) = 1.99\ \mathrm{cal/(mol\ K)}$$

이상(ideal)이라는 용어를 사용하는 이유는 실제 기체의 경우에는 식 14-12는 정확하게는 맞지 않고, 특히 높은 압력 하에나 기화점(= 끓는점)근처의 온도를 가지고 있을 때에는 정확하지 않기 때문이다. 그러나 압력이 1기압 정도이고, 온도 T가 기체의 기화점에서 멀 때는 비교적 정확하다. 즉, 대기압 부근에서 거의 모든 기체에 대해 잘 적용되며, 압력이 낮아질수록 온도가 높아질수록 더 정확하게 성립한다. 또한 무극성이면서 낮은 분자량을 가진 분자일수록 더 정확하게 성립한다.

이상기체의 법칙을 적용하는 문제풀이에서 R값을 사용할 필요가 없는 경우도 많다. 예를 들어 많은 문제에서 일정량의 기체의 압력, 온도, 부피의 변화를 제시하고 있다. 이 경우 n과 R이 상수로 남아 있으므로 $PV/T = nR =$ 일정이다. 만약 계의 처음상태의 변수가 P_i, V_i, T_i이고 나중상태의 변수가 P_f, V_f, T_f라면 다음과 같이 쓸 수 있다.

© Book's-Hill

볼츠만 Ludwig Boltzmann, 1844~1906, 오스트리아의 물리학자

볼츠만은 열역학, 기체 운동론, 전자기학 분야에 많은 공헌을 했다. 기체 분자의 운동론에 대한 상세한 연구 업적으로 통계 역학이라는 물리학의 새로운 분야가 만들어졌다. 기체 분자 운동론에 대한 통계적인 그의 생각은 오랫동안 인정받지 못했지만, 결국 통계역학으로만 설명될 수 있는 여러 현상들의 발견과 브라운 운동을 통하여 세상에 인정받게 되었다.

$$\frac{P_i V_i}{T_i} = \frac{P_f V_f}{T_f} \qquad \textbf{14-13}$$

식 14-13에서 다섯 개의 양을 알면 나머지 한 개를 구할 수 있다. 또 세 개의 변수 중 하나가 일정하다면($V_i = V_f$ 또는 $P_i = P_f$ 또는 $T_i = T_f$), 다른 세 개의 양이 주어졌을 때 하나의 미지량을 구하는 데도 유용하게 사용할 수 있다.

기체의 총 입자수로 표현한 이상기체의 법칙

이상기체의 법칙은 기체의 몰수 n보다 기체의 총 입자의 수로 표현하는 것이 편리할 때가 종종 있다. 이상기체의 법칙 식 14-12의 몰수 n에 $n = \dfrac{N}{N_A}$를 대입하면 다음과 같다.

$$PV = nRT = \frac{N}{N_A} RT \qquad \textbf{14-14}$$

여기서 $R/N_A = k_B$로 놓으면 다음과 같이 쓸 수 있다.

$$PV = Nk_B T \qquad \textbf{14-15}$$

여기서 k_B는 다음 값을 갖는다.

$$k_B = \frac{R}{N_A} = 1.38 \times 10^{-23}\ \text{J/K} \qquad \textbf{14-16}$$

k_B는 오스트리아 물리학자 루트비히 볼츠만(1844~1906)을 기념하여 **볼츠만 상수**(Boltzmann's constant)라 한다.

TIP 물리책에 자주 등장하는 k

기호 k는 여러 곳에서 사용되고 있다. 용수철상수 k, 파동에서 파수 k, 쿨롱상수 k_e, 볼츠만상수 k_B 등이 사용된다. 혼동하지 말자!

예제 14-4 타이어 공기 압력

문제 온도가 10 °C일 때 계기압력이 200 kPa인 상태로 자동차 타이어에 공기를 채웠다. 100 km를 운행한 후 타이어 내 기체의 온도가 40 °C로 되었다. 이때 타이어 내의 기체의 계기압력은 얼마인가?

생각하기 이상기체의 법칙을 사용할 때에는 온도는 절대온도를 사용해야 하고, 압력 P는 계기압력 뿐만 아니라 대기압력을 고려해야 한다.

풀이 타이어 내의 부피는 변하지 않으므로 $V_1 = V_2$이다. 따라서 다음 관계가 성립한다.

$$\frac{P_1}{T_1} = \frac{P_2}{T_2}$$

주어진 압력은 계기압력이므로 전체압력은 계기압력에 대기압력(= 101 kPa)을 더해야 한다. 전체압력은 $P_1 = 301$ kPa이므로 P_2는 다음과 같다.

그림 14-4 타이어 공기 압력 측정 모습

$$P_2 = \frac{P_1}{T_1} T_2 = \frac{(3.01 \times 10^5\ \text{Pa})(313\ \text{K})}{283\ \text{K}} = 333\ \text{kPa}$$

전체압력에서 대기압력을 빼면 계기압력은 232 kPa이며, 이 값은 처음보다 15 % 정도 증가한 것이다. 이 예는 자동차 타이어 압력은 타이어가 충분히 식었을 때 측정해야 한다는 사실을 확인해준다.

예제 14-5 폐 속에 있는 산소 분자수

문제 사람의 폐 속에는 아주 작은 공기주머니인 폐포가 있으며, 폐포에 있는 산소가 혈액 속으로 들어가게 된다. 폐포 하나의 평균 반지름은 1.25×10^{-4} m이고, 폐포 내의 절대압력은 대략 1.00×10^5 Pa이다. 폐포 내의 온도는 체온(310 K)이며, 이 온도에서 공기는 이상기체와 같이 행동한다고 가정한다. 공기 중에 약 14 %의 산소가 포함되어 있을 때, 폐포 하나에 들어 있는 공기 분자의 수를 구하라.

생각하기 폐포의 부피를 구하고 이상기체의 법칙의 법칙을 적용한다. 산소 분자의 수는 공기 입자의 수의 14 %이다.

풀이 구형 폐포의 부피는 $V = \frac{4}{3}\pi r^3$이다. 식 14-15에서 $PV = Nk_BT$를 N에 대해 정리하고 주어진 상수를 대입하면 공기 입자의 수 N은 다음과 같다.

$$N = \frac{PV}{k_BT} = \frac{(1.00\times10^5\ \text{Pa})\left\{\frac{4}{3}\pi(1.25\times10^{-4}\ \text{m})^3\right\}}{(1.38\times10^{-23}\ \text{J/K})(310\ \text{K})}$$

$$= 1.9 \times 10^{14}\text{개}$$

산소 분자의 수는 이 값의 14 %인 $0.14\,N = 2.7 \times 10^{13}$개이다.

14-3 이상기체의 분자 모형

물체의 운동 특성을 기술하거나, 단순조화운동을 하는 물체의 특성을 기술할 때 물체를 하나의 입자로 생각하여 입자 모형을 도입한 바 있다. 하나의 이론적인 설계로 모형을 도입하면 너무 크거나 작거나 직접 눈으로 볼 수 없는 계를 나타내는데 아주 편리하다. 만약 도입한 모형이 실험적으로 맞지 않으면 수정하거나 폐기하면 된다. 물리 분야에서는 입자 모형, 구조 모형, 원자 모형, 양자 모형 등 다양한 모형을 이용하고 있다.

기체분자 집단의 운동의 거동을 기술한다고 하자. 수많은 기체 분자의 위치를 3차원 좌표에 고정시키고 그 운동의 양상을 하나하나 기술한다는 것은 불가능하다. 따라서 기체의 운동 특성을 기술하는데 기체의 미시적 구성 요소인 분자의 거동과 연관시켜 이상기체라고 하는 구조 모형을 도입할 수 있다. 이러한 구조 모형을 **기체의 운동론**(rm kinetic theory of gases 氣體運動論)이라 한다.

이상기체(理想氣體, ideal gas)는 탄성충돌이외의 다른 상호작용을 하지 않는 점입자로 이루어진 기체 모형이다. 이상적인 온도와 압력에서 많은 실제기체들은 이상기체로 근사할 수 있으며, 높은 온도와 낮은 압력일수록 이상기체에 더 근사하게 된다. 이 모형에서는 이상기체를 다음의 가정을 갖는 분자 모임으로 간주한다. 이러한 가정들로부터 유도한 관계를 따르는 어떠한 기체도 이상기체이다.

1. **한 기체는 무수히 많은 동일한 분자들로 구성된다.** 분자의 수가 많다는 사실은 너무나 많음을 의미하기에 개개의 경로를 추적할 수 없기에 분자의 성질을 통계적으로 해석할 수 있다.
2. **분자들은 그들의 크기에 비해 너무나 멀리 떨어져 있다.** 분자 간 평균거리는 분자의 크기와 비교할 때 매우 크다. 분자 간 거리가 크다는 것은 분자들이 차지하는 부피를 무시할 수 있음을 의미한다.

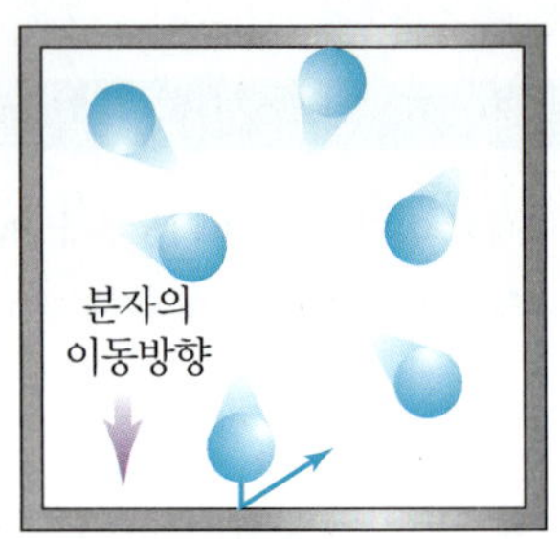

(a) 이상기체 모형

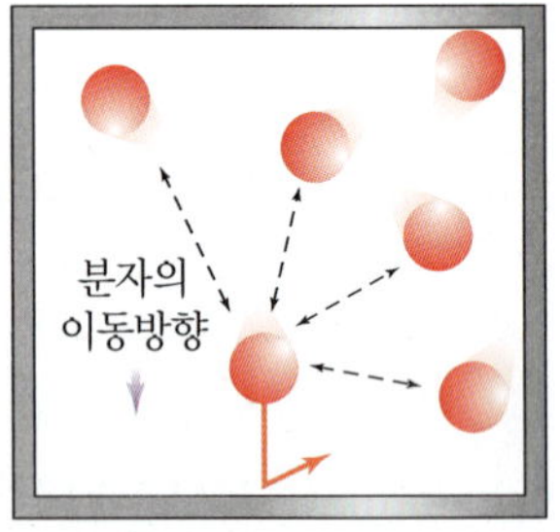

(b) 실제기체 모형

그림 14-5 이상기체와 실제기체의 모형 비교. (a) 이상기체는 분자 사이에 작용하는 힘이 없다고 가정한다. (b) 실제기체에서는 분자 사이에 작용하는 힘이 존재한다.

3. **분자의 운동은 전체적으로 막운동을 하며 무질서하게 움직인다.** 여기서 '무질서'라는 의미는 기체분자들은 다양한 속력으로 움직이며 특정한 방향으로의 운동은 없고, 어느 방향으로든지 같은 확률로 움직인다는 것을 뜻한다.
4. **분자들을 딱딱한 구로 취급한다.** 분자들은 충돌할 때만 서로에게 힘을 가하고 그 충돌은 탄성충돌로 간주한다. 분자간의 충돌이나 분자와 용기의 벽 사이의 충돌에서는 운동량과 운동에너지가 보존된다. 분자들이 탄성충돌하는 동안 근거리 힘에 의해서만 상호작용을 한다. 이는 분자 서로 간에 장거리 힘을 미치지 않는다.
5. **분자들은 Newton 운동법칙을 따른다.**

Boyle, Charles, Avogadro의 법칙은 이상기체의 방정식이 확립에 커다란 영향을 주었다. 기원전부터 이어진 기체에 대한 관심으로부터 지금의 이상기체방정식이 만들어지게 되었고, 현재에는 좀 더 실제 사물에 적용될 수 있는 실질적 방정식으로 점차 발전하고 있다.

실제기체는 근사적으로 이상기체법칙을 따르며, 기체의 밀도가 0에 가깝거나 기체의 온도가 매우 높으면 이상기체의 법칙에 근접한다. 그 이유는 밀도가 0에 가까워지면 분자의 운동시 기체 분자끼리 부딪히는 정도가 적어지고 분자 자신의 부피를 무시할 정도가 된다. 또 고온에서는 분자운동이 빨라 분자 간의 힘이 무시할 만한 정도가 되기 때문이다. 실제 기체의 특성을 보다 구체적으로 기술하기 위해서는 분자 사이에 작용하는 힘이나 분자의 크기 등을 고려해 주어야 하는 또 다른 상태방정식이 필요하다. 이상기체의 분자 모형을 사용하면 거시적인 상태변수인 압력, 온도, 병진 운동에너지, 평균자유거리 등을 미시적인 양인 분자들의 운동상태로 기술하는 데 유용하다.

14-4 기체의 압력, 온도 및 병진 운동에너지

이상기체의 법칙은 Boyle과 Charles 등이 거시적인 관점에서 실험을 통해 얻어진 결과로 만들어진 법칙이다. **이상기체의 법칙은 매우 유용하지만 하나하나의 기체 분자들이 어떻게 행동하고 있는지에 대한 미시적인 정보는 주지 못한다.** 뿐만 아니라 거시적 상태변수인 압력이나 온도가 기체 분자의 질량이나 속력과 어떻게 연관되어 있는지에 대해서도 어떤 정보도 제공하지 않는다.

여기서는 기체분자운동론으로 기체 분자 하나의 운동을 설정한 뒤, 이를 확대하여 전체 기체 집단의 성질을 설명해보자. 이렇게 함으로서 거시적인 상태변수인 압력이나 온도 등이 미시적인 양인 분자들의 속력과 어떤 관계가 있는지 알 수 있다.

압력

기체의 압력은 기체 분자들과 분자들이 들어 있는 용기 벽과의 충돌로 생긴다. 기체 분자들은 벽과 충돌하고, 벽으로부터 힘을 받아서 운동량이 바뀐다.

예를 들어 그림 14-6과 같이 한 변의 길이가 d인 정육면체를 생각하자. 이 정육면

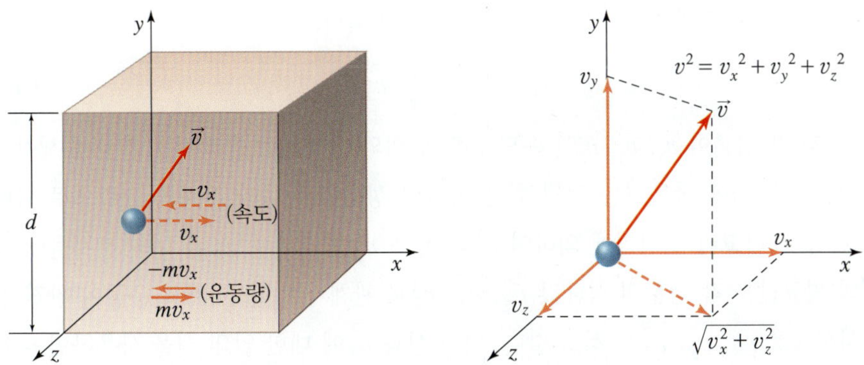

그림 14-6 이상기체가 들어있는 한 변의 길이가 d인 정육면체 상자 (a) 기체분자 1개의 속도 및 운동량 변화 (b) 기체분자 1개의 속도 좌표

체의 부피는 V이고, 용기 안에 기체분자가 N개 들어 있다고 가정할 때의 압력을 구해 보자. 질량이 m인 분자 하나가 다른 분자와 충돌하지 않고 속력 $-v_x$로 움직여 용기의 왼쪽 면에 충돌한다고 하자. 이 분자는 벽과 탄성충돌을 한 후 $+x$ 방향으로 $+v_x$의 속력으로 다시 운동한다. 이때 분자의 운동량은 충돌 전에는 $-mv_x$, 충돌 후에는 $+mv_x$이므로 운동량의 변화 ΔP_x(여기서 P는 압력의 기호가 아니고 선운동량을 나타내는 기호이다)는 다음과 같다.

$$\Delta P_x = mv_x - (-mv_x) = 2mv_x$$

시간 Δt 동안 이 분자가 벽에 작용하는 평균 힘 F_1은 운동의 제2법칙에 의해서 다음과 같다.

$$F_1 = \frac{\Delta P_x}{\Delta t} = \frac{2mv_x}{\Delta t}$$

분자가 같은 벽에 두 번 충돌하기 위해서는 시간 Δt 동안에 x 방향으로 $2d$만큼의 거리를 이동해야 한다. 따라서 두 충돌 사이의 시간 간격은 $\Delta t = 2d/v_x$이고, 분자 하나가 벽에 충돌할 때 벽에 작용하는 힘은 다음과 같다.

$$F_1 = \frac{2mv_x}{\Delta t} = \frac{2mv_x}{2d/v_x} = \frac{mv_x^2}{d}$$

분자들 전체가 벽에 작용한 전체 힘은 각각의 분자가 작용한 힘을 합하여 다음과 같이 얻어진다.

$$F = \frac{m}{d}(v_{1x}^2 + v_{2x}^2 + \cdots)$$

여기서 v_{1x}는 분자1의 속도의 x 성분, v_{2x}는 분자2의 속도의 x 성분 등이다. 용기 내의 분자수가 N이므로 N개에 대해 합한다. N개 분자의 x 방향의 속도 제곱의 평균값은 다음과 같다.

$$\overline{v_x^2} = \frac{v_{1x}^2 + v_{2x}^2 + \cdots + v_{Nx}^2}{N}$$

x 방향으로 벽에 작용하는 전체 힘은 다음과 같다.

$$F = \frac{Nm}{d}\overline{v_x^2} \qquad \textbf{14-17}$$

이제 각 성분이 v_x, v_y, v_z인 속도 $\vec{v}$로 임의의 방향으로 움직이는 분자를 생각해보자. 이 경우 벽에 작용하는 전체 힘은 하나의 성분이 아니라 분자의 속력으로 나타내야 한다. 피타고라스 정리에 의하여 $v^2 = v_x^2 + v_y^2 + v_z^2$이며, 용기 내의 분자들에 대한 v^2의 평균값은 각 성분의 평균값 $\overline{v_x^2}$, $\overline{v_y^2}$, $\overline{v_z^2}$과 관계가 있다. 기체의 운동이 완전히 무질서하므로 $\overline{v_x^2}$, $\overline{v_y^2}$, $\overline{v_z^2}$은 서로 같다. 이 사실과 $\overline{v_x^2}$에 대한 앞의 식을 사용하면 다음과 같다.

$$\overline{v_x^2} = \frac{1}{3}\overline{v^2} \qquad \textbf{14-18}$$

따라서 벽에 작용하는 전체 힘은 다음과 같다.

$$F = \frac{N}{3}\left(\frac{m\overline{v^2}}{d}\right)$$

이 식으로부터 **벽에 작용하는 전체압력 P**는 다음과 같이 나타낼 수 있다.

$$P = \frac{F}{A} = \frac{F}{d^2} = \frac{1}{3}\left(\frac{N}{d^3}m\overline{v^2}\right) = \frac{1}{3}\left(\frac{N}{V}\right)m\overline{v^2} \qquad \textbf{14-19}$$

식 14-19에서 운동에너지 $\frac{1}{2}m\overline{v^2}$ 항을 분리하여 정리하면 압력 P는 다음과 같다.

$$P = \frac{2}{3}\left(\frac{N}{V}\right)\left(\frac{1}{2}m\overline{v^2}\right) \qquad \textbf{14-20}$$

이 식으로부터 **기체의 압력은 단위부피당 분자수와, 분자의 평균 병진운동에너지 $\frac{1}{2}m\overline{v^2}$에 비례한다**는 것을 알 수 있다.

온도

기체운동론에 의해 기체의 온도를 기술해보자. 식 14-20은 다음과 같이 다시 쓸 수 있다.

$$PV = \frac{2}{3}N\left(\frac{1}{2}m\overline{v^2}\right) \qquad \textbf{14-21}$$

이 식에서 $\frac{1}{2}m\overline{v^2}$ 항은 기체분자의 평균 병진운동에너지($\overline{KE}$)이다. 이 식을 $PV = Nk_BT$(식 14-15)와 같다고 놓고 온도 T를 구하면 다음과 같다.

$$T = \frac{2}{3k_B}\left(\frac{1}{2}m\overline{v^2}\right) \qquad \textbf{14-22}$$

즉, **기체의 온도는 분자의 평균 운동에너지의 직접적인 척도를 나타낸다.**

병진 운동에너지

기체의 온도가 증가함에 따라 분자의 평균 운동에너지도 증가한다. 식 14-22에서 기체분자의 평균 병진운동에너지를 온도의 항으로 나타내면 다음과 같다.

$$\overline{KE} = \frac{1}{2}m\overline{v^2} = \frac{3}{2}k_BT \quad \text{14-23}$$

이 식은 주어진 온도 T에서 기체의 분자당 평균 병진 운동에너지는 $\frac{3}{2}k_BT$임을 보여준다. 이때 분자의 운동을 x, y, z 직각좌표계와 관련시켜 생각하면 평균 병진운동 에너지의 총합은 세 방향의 에너지 합이다. 식 14-19에서 $\overline{v_x^2} = \frac{1}{3}\overline{v^2}$ 이므로 각 방향을 에너지는 다음과 같다.

$$\frac{1}{2}m\overline{v_x^2} = \frac{1}{2}k_BT \qquad \frac{1}{2}m\overline{v_y^2} = \frac{1}{2}k_BT \qquad \frac{1}{2}m\overline{v_z^2} = \frac{1}{2}k_BT$$

따라서 병진운동을 하는 기체분자의 에너지는 x, y, z 각 방향으로 똑같이 분배된다고 생각할 수 있다. 즉 기체분자의 에너지는 한 방향으로 $\frac{1}{2}k_BT$ 만큼 갖게 된다고 할 수 있다. 여기서 기체분자가 독립적으로 에너지를 가질 수 있는 방법의 수를 **자유도**라 하며, 이를 일반화한 것을 에너지 등분배원리라 한다.

식 14-23은 기체 분자의 운동으로 온도를 해석할 수 있으므로 매우 중요하다. 평균적으로 기체가 뜨거우면 차가울 때보다 운동에너지가 더 크다. 기체의 총 수를 N개라면 전체 병진운동에너지는 분자당 운동에너지에 N을 곱한 값이다.

$$KE_{\text{전체}} = N\left(\frac{1}{2}m\overline{v^2}\right) = \frac{3}{2}Nk_BT \quad \text{14-24}$$

식 14-24에서 **기체 분자의 전체 병진 운동에너지는 계의 절대온도에 비례하는 것을 알 수 있다.** 질량이 n몰인 기체의 전체에너지는 보편기체상수 $R = k_BN_A$을 사용하여 정리하면 다음과 같다.

$$KE_{\text{전체}} = \frac{3}{2}nRT \quad \text{(14-25)}$$

여기서 n은 기체의 몰수로 $n = N/N_A$이다.

단원자 기체에서 유일한 형태의 에너지는 병진 운동에너지이므로 식 14-25는 곧 **단원자 기체의 내부에너지**(internal energy for a monatomic gas) U에 해당된다. 즉 단원자 기체의 내부에너지 U는 다음과 같이 나타낼 수 있다.

$$U = \frac{3}{2}nRT \quad \text{14-26}$$

단원자 기체의 내부에너지는 기체의 몰수와 켈빈온도에 의존한다. 이러한 예는 그림 14-8과 같은 열기구에서 볼 수 있다. 열기구를 띄우기 위해 버너를 켜면 열기구 내 공기의 온도가 상승하고, 또한 몰당 내부에너지가 증가한다.

그림 14-8 열기구. 버너를 켜면 열기구 내 공기의 온도가 상승하고, 또한 몰당 내부에너지가 증가한다. 온도 상승에 따라 공기의 밀도가 작아져 위로 뜨게 된다.

예제 14-5 기체분자들의 병진 운동에너지

문제 37 °C에서 기체분자의 평균 병진 운동에너지는 얼마인가?

생각하기 식 14-23을 이용하여 온도를 절대온도로 바꾸는 문제이다.

풀이 섭씨온도 37 °C를 절대온도로 바꾸어 식 14-23에 대입하면 다음과 같다.

$$\overline{KE} = \frac{1}{2}m\overline{v^2} = \frac{3}{2}k_BT$$
$$= \frac{3}{2}(1.38 \times 10^{-23}\,\text{J/K})(310\,\text{K})$$
$$= 6.42 \times 10^{-21}\,\text{J}$$

평균자유거리

기체 속에서 움직이는 분자들은 한 분자가 다른 분자들과 충돌하여 그 속력과 방향을 바뀌는 막운동을 한다. 이러한 형태를 정확하게 그림으로 나타낸다는 것은 불가능하나, 운동의 모형을 추측하여 그림 14-9와 같이 나타내보자. 충동과 충돌 사이에 있는 분자들은 일정한 속력으로 직선을 따라 움직인다. 그림에서 다른 분자들은 정지한 것처럼 보이지만 그들 또한 움직이고 있다.

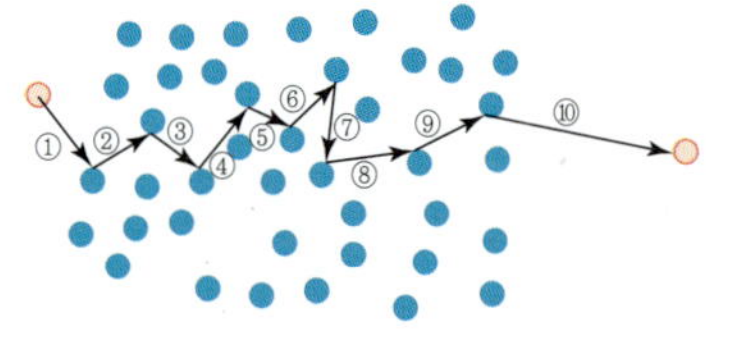

그림 14-9 기체 내에서 막운동하는 분자. 그림에서 ①~⑩까지 열 번 충돌이 일어나고 각 이동거리는 모두 다르다. 이를 평균하여 평균자유거리라고 한다.

이러한 막운동에서 한 분자가 충돌한 후 다음 충돌까지 이동한 거리를 분자들의 **평균자유거리**(mean free path 平均自由距離)라 한다. 평균자유거리를 기호로 $\overline{l}$이라고 하자. $\overline{l}$은 단위부피당 분자수 N/V(분자의 밀도)에 반비례한다. N/V가 커질수록 충돌이 더 많아지므로 평균자유거리는 짧아질 것이다. 또한 $\overline{l}$은 분자들의 크기, 즉 분자의 지름 d에 반비례할 것으로 예상한다. 만약 분자들을 점입자라고 가정하면, 분자들은 충돌하지 않고 평균자유거리는 무한대가 될 것이다. 따라서 분자들의 크기가 클수록 평균자유거리는 작아질 것이다. 그리고 분자의 단면적이 분자의 유효 표면적을 결정하기 때문에 분자 지름의 제곱에 반비례할 것으로 기대할 수 있다. 이러한 근거로 수학적인 모형을 사용하여 구한 분자의 평균자유거리는 다음과 같이 나타낼 수 있다.

$$\overline{l} = \frac{1}{\sqrt{2}\,\pi d^2\, N/V} \qquad \text{14-27}$$

14-5 기체분자의 속력분포

기체는 주어진 온도에서 다양한 속력을 갖는다. 영국의 이론물리학자인 맥스웰(James Clerk Maxwell: 1831~1879)은 1859년 기체분자운동론에 기초하여 기체분자의 속력을 **최빈속력, 평균속력, 제곱-평균-제곱근 속력**의 3종류로 분류하고 이들이 각각 다르게 분포한다는 것을 유도하였다. 이러한 속력분포를 **맥스웰 속도분포**(Maxwell velocity distribution)라고 한다.

실제로 온도가 각각 300 K, 900 K에서 질소 기체에 대한 속력분포를 조사한 결과 그림 14-10과 같다. 이 그림에서 가로축은 기체의 속력, 세로축은 단위속력당 분자수를 나타낸다. 그림에는 최고점에 해당하는 **최빈속력**(v_{mp})과, **평균속력**(v_{av}), **제곱-평균-제곱근 속력**(v_{rms})의 3종류의 속력이 표시되어 있다. 실험 결과 모든 기체에서 속력의 크기는 다음과 같음이 밝혀졌다.

$$\text{최빈속력}(v_{mp}) < \text{평균속력}(v_{av}) < rms\ \text{속력}(v_{rms})$$

최빈속력(most probable speed)은 가장 잦은 속력으로 그림 14-10의 그래프(T = 900 K)에서 최고점에 해당하는 속력으로 극대값이다. 그리고 **평균속력**(average speed)은 주어진 온도에서 분자속력의 산술적인 평균값이다. **제곱-평균-제곱근 속력**(root-mean-square speed)은 주어진 온도에서 분자의 속력에 대한 대략적인 정보를 제공한다.

식 14-22에서 $\overline{v^2}$의 제곱근을 제곱-평균-제곱근 속력이라 하며 v_{rms}로 표기한다.

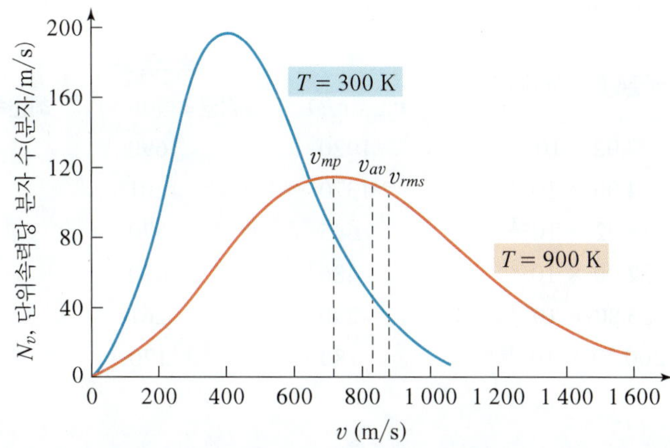

그림 14-10 온도 300 K, 900 K에서 질소분자(분자수 10^5) 맥스웰 속력분포. 모든 기체에서 속력의 크기는 $v_{mp} < v_{av} < v_{rms}$임이 실험으로 밝혀졌다. 이 그래프에서 두 곡선 아랫부분의 넓이는 전체분자 수 N과 같다. 여기서 $N = 10^5$이다.

v_{rms}의미는 각각의 속력을 제곱하고, 모든 속력제곱의 평균값을 구한 다음에 평균값의 제곱근을 취한 것이다. 식 14-23를 이용하면 v_{rms}을 다음과 같이 쓸 수 있다.

$$v_{rms} = \sqrt{\overline{v^2}} = \sqrt{\frac{3k_BT}{m}} \qquad \textbf{14-28}$$

이 식에서 $k_B = R/N_A$이고, 몰질량은 $M = mN_A$이므로 다음 식을 얻을 수 있다.

$$v_{rms} = \sqrt{\frac{3RT}{M}} \qquad \textbf{14-29}$$

여기서 M은 몰질량으로 R을 SI 단위로 표시했을 때 M의 단위는 kg/mol이다. 이 식을 보면 주어진 온도에서 평균적으로 가벼운 분자들이 무거운 분자들보다 더 빨리 운동한다는 것을 알 수 있다. 예를 들어, 수소와 산소가 혼합된 기체의 경우 2.0×10^{-3} kg/mol의 분자질량을 가진 수소분자(H_2)가 32×10^{-3} kg/mol의 분자질량을 가진 산소분자(O_2)보다 네 배 더 빨리 움직인다. 상온(~300 K)에서 수소분자의 v_{rms}를 계산하면 다음과 같다.

$$v_{rms} = \sqrt{\frac{3RT}{M}} = \sqrt{\frac{3(8.31\ \text{J/mol K})(300\ \text{K})}{2.0 \times 10^{-3}\ \text{kg/mol}}} = 1.9 \times 10^3\ \text{m/s}$$

이 속력은 지구 대기권 탈출속력(11.2×10^3 m/s)의 약 17 %에 해당한다. 이 값은 평균속력이므로 많은 수의 분자는 이보다 더 큰 속력을 가질 수 있고, 따라서 지구 대기권을 벗어날 수 있다. 이것이 현재 지구 대기에 수소가 포함되어 있지 않은 이유이다. 수소분자들은 거의 모두 대기권 밖으로 날아가 버렸다고 생각할 수 있다.

온도가 상승하면 세 종류의 속력은 오른쪽으로 이동한다. 표 14-1은 0 °C에서의 몇 가지 기체분자의 속력분포를 나타낸다. 표를 보면 놀랍게도 상온에서 분자들의 속력이 아주 빠르다는 것이다. 수소 분자의 v_{rms}는 300 km/h 속력으로 달리는 KTX 고속열차의 속력보다 20배 빠르다.

표 14-1 0 °C에서 몇 가지 기체분자의 속력분포

기체의 종류	몰질량(kg/mol)	속력분포		
		v_{rms}(m/s)	평균속력(m/s)	최빈속력(m/s)
수소(H_2)	2.02×10^{-3}	1920	1690	1502
헬륨(He)	4.00×10^{-3}	1370	1201	1070
물(H_2O)	18.02×10^{-3}	645	570	501
산소(O_2)	32.00×10^{-3}	486	430	380
크립톤(Kr)	33.80×10^{-3}	290	261	230
수은(Hg)	200.59×10^{-3}	180	170	153

이제까지 미시적인 분자운동에 기초해서 거시적인 상태변수인 온도나 압력 등의 성질을 기술했다. 그러나 앞서 언급한 바와 같이 이상기체의 법칙은 단지 실제에 대한 좋은 어림일 뿐이다. 처음에 설정한 가정들을 조사하여 보면 이론과 실험 사이의 불일치를 예상하게 되는 이유를 쉽게 알 수 있다. 예를 들어 기체분자는 그 크기를 무시할 수 있고, 실제 충돌을 제외하고는 분자들 사이에 아무런 힘이 작용하지 않으며, 충돌에서 병진 운동에너지가 보존된다고 가정하였다. 이러한 가정은 분자가 그림 14-11에서와 같이 회전이나 진동에 의한 그 자체의 내부에너지는 없다는 것을 의미한다. 그러나 실제로는 그렇지 않다.

기체분자의 속력분포는 흥미로운 천문학적 결과를 유발한다. 행성의 표면온도가 높을수록 대기의 분자는 더욱 빠르게 운동하고 그 행성의 탈출속도보다 커지게 될 확률이 높아진다. 행성이 작을수록 탈출속도가 작고 태양에 가까울수록 온도가 높다. 따라서 작고 뜨거운 수성에 대기가 없고 반면에 태양계의 외곽의 행성인 목성, 토성, 천왕성 등에서 매우 커다란 대기가 있다는 것을 놀라운 일이다.

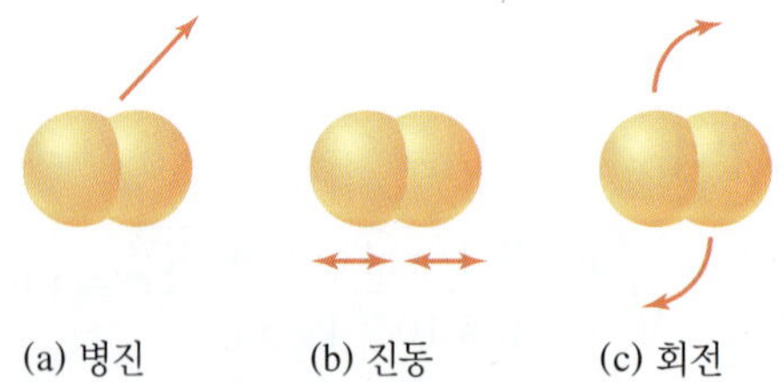

그림 14-11 기체 분자들에는 병진 운동에너지뿐만 아니라, 진동 및 회전 운동에너지가 있다. 앞서 기술한 이상기체의 압력이나 온도에 관한 식은 분자들의 병진 운동에너지만을 관여한다는 가정하여 기술되었다.

예제 14-6 평균속력과 제곱-평균-제곱근 속력

문제 7개의 입자가 각각 m/s로 주어진 1.0, 3.0, 6.0, 5.0, 9.0, 11.0, 4.0의 속력을 가지고 있다. (a) 평균속력은 얼마인가? (b) 제곱-평균-제곱근 속력은 얼마인가?

생각하기 제곱-평균-제곱근 속력이 평균속력보다 더 크다. 그 이유는 제곱-평균-제곱근 속력을 구할 때 제곱하면 큰 숫자들이 상대적으로 더 커지기 때문이다.

풀이 (a) 7개 입자의 평균속력 v_{av}는 다음과 같다.

$$v_{av} = (1.0 + 3.0 + 6.0 + 5.0 + 9.0 + 2.0 + 4.0)/7 = 4.3 \text{ m/s}$$

(b) 제곱-평균-제곱근 속력은 다음과 같다.

$$v_{rms} = \sqrt{(1.0^2 + 3.0^2 + 6.0^2 + 5.0^2 + 9.0^2 + 2.0^2 + 4.0^2)/7} = 5.0 \text{ m/s}$$

예제 14-7 산소 기체의 속력

문제 0 °C에서의 산소 분자(O_2)의 제곱-평균-제곱근 속력을 구하라.

생각하기 산소 분자는 2개의 산소 원자로 구성되어 있다. 산소의 원자량이 16 u이므로, 분자량(몰질량)은 32 u이다.

풀이 산소의 분자량(몰질량)은 32.00 u이고 산소 분자의 질량은

$$m = (32 \text{ u})(1.66 \times 10^{-27} \text{ kg/u}) = 5.31 \times 10^{-26} \text{ kg}$$

이다. 0 °C에 해당하는 절대온도는 273 K이므로 산소 분자의 제곱-평균-제곱근 속력은 다음과 같다.

$$v_{rms} = \sqrt{\frac{3k_BT}{m}} = \sqrt{\frac{3(1.38 \times 10^{-23} \text{J/K})(273 \text{ K})}{5.31 \times 10^{-26} \text{ kg}}} = 461 \text{ m/s}$$

이 값은 표 14-1에 나타낸 산소 분자의 속력 v_{rms}과 비슷하다. 이 정도의 속력이라면 약 128 km/h에 해당되며 일상생활에서 물체의 속력에 비해 매우 크다.

14-6 이상기체의 몰비열

단원자 이상기체의 내부에너지는 식 14-26에서 $U = \frac{3}{2}nRT$이다. 이 식에서 이상기체의 내부에너지는 기체 온도만의 함수이고, 다른 변수에는 의존하지 않음을 알 수 있다. 열역학 분야에서 이 식 외에도 유용하게 사용하는 두 개의 다른 식을 유도할 수 있다. 하나는 에너지가 열로 드나들면서 기체의 부피가 일정하게 유지되는 경우에 대한 식이고, 다른 하나는 에너지가 열로 드나들면서 기체의 압력이 일정하게 유지되는 경우의 식이다. 이 두 식에서 사용되는 물리량이 **등적 몰비열**(constant-volume specific heat 等積比熱) C_v와 **등압 몰비열**(constant-pressure specific heat 等壓比熱) C_p이다. C_v와 C_p는 열용량이 아니고 비열을 나타내지만, 기호로 나타낼 경우 관용적으로 두 물리량 모두 대문자 C에 하첨자 v와 p를 써서 나타낸다.

열역학 과정에서 이동한 열의 양이나, 내부에너지 그리고 과정이 진행하는 도중에 한 일이나 해준 일 등을 기체의 양으로 나타내기 위해서는 기체의 비열을 알아야 한다. 고체나 액체의 비열은 물질 1 kg의 온도를 1 K 변화시키는 데 필요한 열량으로 정의한 바 있다. 그러나 이 비열의 정의를 기체에 그대로 적용할 수는 없다. 왜냐하면 **기체의 부피는 온도와 압력에 따라 변하므로 부피를 일정하게 유지하거나, 압력을 일정하게 유지하면서 측정한 비열이 다르기 때문이다.**

질량이 m이고, 비열이 c인 고체 물질의 온도를 ΔT만큼 높이는데 필요한 에너지는 $Q = mc\Delta T$(J)이다. 만약 물체가 기체라면 물질의 양을 kg보다 몰수로 나타내는 것이 훨씬 유용하다. $Q = mc\Delta T$(J)로 나타낸 식에 비열 c(소문자) 대신에 기체의 비열 C(대문자)로 바꾸면 다음과 같다.

$$Q = nC\Delta T \quad \textbf{14-30}$$

여기서 대문자 C를 **몰비열**이라고 부르고 단위는 J/mol K이다. 기체의 비열은 대부분 몰비열을 의미한다.

C_v와 C_p 사이에는 차이가 있는데 이는 부피가 일정한 경우 일을 하지 않는 반면에, 압력이 일정한 경우는 기체가 팽창하면서 일을 하기 때문이다.

부피가 일정할 때의 몰비열(등적 몰비열)

TIP 기체의 몰비열

등적 몰비열 정적 몰비열이라고 부르기도 한다. C_v, $C_{등적}$로 표현한다.

등압 몰비열 정압 몰비열이라고 부르기도 한다. C_p, $C_{등압}$으로 표현한다.

그림 14-12(b)와 같이 피스톤-실린더 내부에 몇 몰의 이상기체를 넣었다고 하자. 이 장치는 온도를 임의로 올렸다 내렸다할 수 있는 열저장고(열저장체) 위에 놓여있다. 이때 기체의 압력의 크기는 기체가 피스톤에 작용하여 위로 떠받치는 힘과, 피스톤의 무게와 피스톤 위에 놓인 모래의 무게와 같도록 하였다. 계의 처음상태는 그림 14-12(a)의 PV 도표에서 점①로 표시되어 있다. 이제 열저장고의 온도를 완만하게 증가시켜 이 계의 온도를 ΔT만큼 상승시켰다고 하자. 이 일을 하면서 피스톤 위에 모래를 증가시켜 주면서 부피가 변하지 않도록 하였다. 이렇게 하면 기체의 온도는 $T + \Delta T$로 증가하고, 압력은 $P + \Delta P$로 증가하여 최종상태에 이르게 된다. 이 진행과정은 그림 14-12(a)의 PV 도표에서 계의 처음상태인 점①에서 나중상태인 점②로 진행한다는 것을 의미한다. 이때 공급한 열 Q와 온도변화 ΔT 사이에는 다음과 같은 관계가 있다.

$$Q = nC_v\Delta T \quad \textbf{14-31}$$

여기서 C_v는 **등적 몰비열**이라 부르는 상수이다. 이 식을 열역학 제1법칙 $\Delta U = Q - W$에 대입하면 다음과 같다.

$$\Delta U = nC_v\Delta T - W \quad \textbf{14-32}$$

이 과정에서는 기체의 부피가 일정하게 유지되어 팽창이 일어나지 않는다. 일을 할 수 없으므로 $W = 0$이다. 따라서 식 14-32는 다음과 같다.

$$C_v = \frac{\Delta U}{n\Delta T} \quad \textbf{14-33}$$

식 14-26에서 단원자 기체의 내부에너지는 $U = \frac{3}{2}nRT$이므로, 이 값을 식 14-30에 대입하여 등적 몰비열을 구하면 다음을 같다.

$$C_v = \frac{3}{2}R = 12.5\ \text{J/mol K} \quad (\text{등적 몰비열}) \quad \textbf{14-34}$$

이상기체에 대한 기체운동론으로 계산한 식 14-34의 값은 표 14-2에서와 같이 실제 단원자 기체에서 실험값과 잘 맞는다. 그러나 두 원자로 된 분자를 가진 **이원자 기체**와, 두 개 이상의 원자로 된 **다원자 기체**에 대한 C_v의 예측값과 실험값은 단원자 기체보다 크다.

식 14-26 단원자 기체의 내부에너지 $U = \frac{3}{2}nRT$에서 $\frac{3}{2}R$을 C_v로 바꾸면 다음 식이 얻어진다.

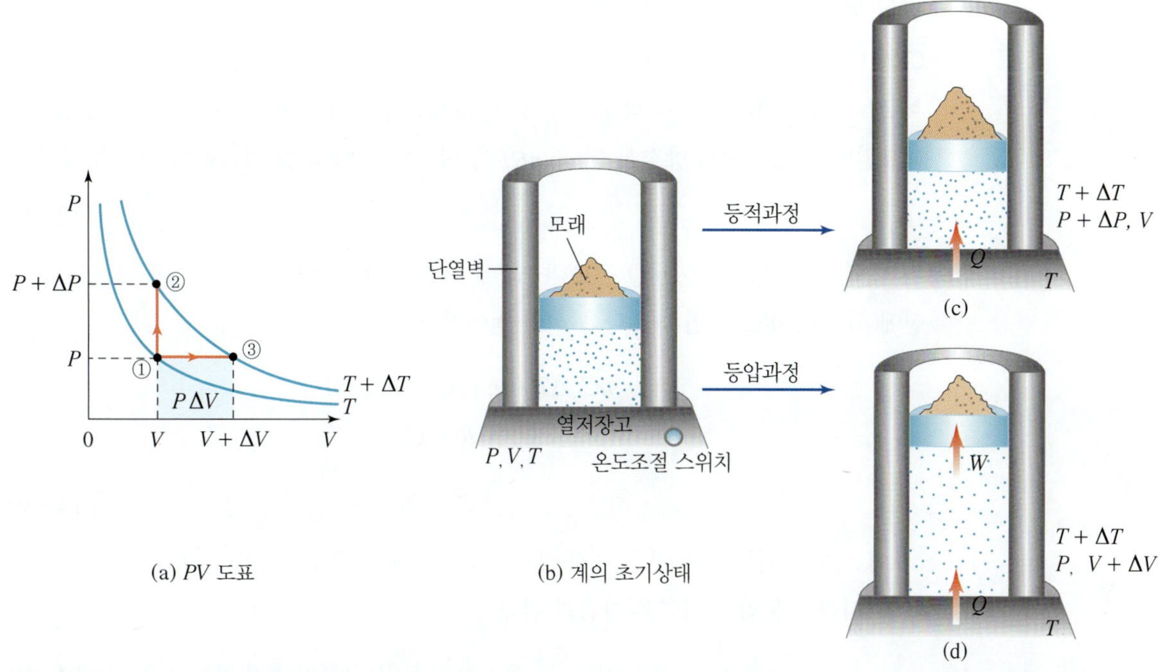

그림 14-12 등적과정과 등압과정. (a) PV 도표: 점①→점②의 직선은 등적과정을, 점①→점③의 직선은 등압과정을 나타낸다. 그림 (b)의 초기상태에서 (c)로의 진행은 등적과정을, 그림 (b)의 초기상태에서 (d)로의 진행은 등압과정을 나타낸다.

$$U = nC_v T \qquad \textbf{14-35}$$

이 식은 단원자뿐만 아니라 적절한 C_v 값이 사용된다면, 이원자나 다원자 분자에도 적용할 수 있다. 식 14-35를 보면 기체의 내부에너지는 온도에만 의존하고, 압력이나 밀도에는 의존하지 않는다는 것을 알 수 있다. 따라서 식 14-35를 일반화시켜 표현하면 식 14-33과 같으며, 이 식의 의미는 갇혀 있는 **이상기체의 내부에너지의 변화는 기체의 온도변화에만 의존하고, 온도를 변화시키는 과정에는 무관하다는 것이다.**

$$\Delta U = nC_v \Delta T \qquad \textbf{14-36}$$

압력이 일정할 때의 몰비열(등압 몰비열)

이상기체의 온도를 ΔT만큼 올리되 일정한 압력하에서 필요한 열에너지 Q를 공급했다고 하자. 이 계의 진행과정은 그림 14-12(a)의 PV 도표에서 점①에서 점③으로의 진행하는 직선에 해당한다. 이때 공급한 열 Q와 온도변화 ΔT와 다음과 같은 관계가 있다.

$$Q = nC_p \Delta T \qquad \textbf{14-37}$$

여기서 C_p는 **등압 몰비열**이라 부르는 상수이다. C_p는 C_v보다 크다. 왜냐하면 기체의 온도를 올리기 위해서 뿐만이 아니라 기체가 일을 하기 위해서, 즉 피스톤을 위로 밀어 올리기 위해서도 에너지가 공급되어야 하기 때문이다.

등압 몰비열과 등적 몰비열 관계

C_p와 C_v 사이에는 어떤 관계가 있는가? 기체의 내부에너지 증가는 열역학 제1법칙에서 $\Delta U = Q - W$이다. 이 식에서 일 W는 등압과정에서 기체가 한 일인 $W = P\Delta V$에 해당된다. 이상기체의 방정식 $PV = nRT$을 이용하여 일 W를 정리하면 다음과 같다.

$$W = P\Delta V = nR\Delta T \qquad \textbf{14-38}$$

열역학 제1법칙 $\Delta U = Q - W$의 ΔU에 식 14-36을, Q 대신에 식 14-37을, W 대신에 식 14-38을 대입하면 다음 식이 얻어진다.

$$nC_p\Delta T - nR\Delta T = nC_v\Delta T$$

$$C_p - R = C_v$$

$$C_p = C_v + R \qquad \textbf{14-39}$$

이 식에서 등압 몰비열은 등적 몰비열보다 보편기체상수 R만큼 크다는 것을 알 수 있다. 따라서 등압 몰비열은 다음과 같다.

$$C_p = C_v + R = \frac{3}{2}R + R = \frac{5}{2}R \quad (\text{등압 몰비열}) \qquad \textbf{14-40}$$

여기서 두 몰비열의 비를 구하면 다음과 같다.

$$\frac{C_p}{C_v} = \frac{\frac{5}{2}R}{\frac{3}{2}R} = \frac{5}{3}$$

표 14-2 몇 가지 기체의 몰비열과 단열지수

기체	몰비열(J/molK)			
	C_p	C_v	$C_p - C_v$	$\gamma = C_p/C_v$
단원자 기체		(이상기체 = 12.5)		
He	20.8	12.5	8.33	1.67
Ar	20.8	12.5	8.33	1.67
Ne	20.8	12.7	8.12	1.64
Kr	20.8	12.3	8.49	1.69
이원자 기체		(이상기체 = 20.8)		
H_2	28.8	20.4	8.33	1.541
N_2	29.1	20.8	8.33	1.40
O_2	29.4	21.1	8.33	1.40
CO	29.3	21.0	8.33	1.40
Cl_2	34.7	25.7	8.96	1.35
다원자 기체		(이상기체 = 24.9)		
CO_2	37.0	28.5	8.50	1.30
SO_2	40.4	31.4	9.00	1.29
H_2O	35.4	27.0	8.37	1.30
CH_4	35.5	27.1	8.41	1.31

※ 물을 제외하고 모두 300 K에서의 값이다.

두 몰비열의 비를 γ로 나타내면 다음과 같다.

$$\gamma = \frac{C_p}{C_v} = \frac{5}{3} \tag{14-41}$$

식 14-41은 두 몰비열의 비를 말하는데, 이를 기체의 **비열비** 또는 **단열지수**(adiabatic index 斷熱指數)라고 한다. 단열지수는 기호는 차원이 없는 양 γ(그리스 문자 감마)로 나타낸다. 실제로, 상온에서 단원자 기체의 C_p와 C_v의 실험값의 비는 이론적인 값인 $\frac{5}{3}$과 잘 일치하지만, 복잡한 기체에서는 잘 일치하지 않는다. 표 14-2는 몇 가지 기체의 몰비열과 단열지수를 나타낸 것이다.

자유도

몰비열의 크기는 기체분자의 구조와 에너지를 저장하는 방법에 따라 결정된다. 헬륨과 같은 단원자 기체는 x, y, z의 세 방향으로 병진 운동에너지를 저장한다. 반면에 수소와 같은 기체는 정상적인 온도 범위에서 이원자 기체이며, 세 운동방향에 추가로 두 회전운동 방향을 가질 수 있다. 따라서 수소분자는 병진운동 형태와 추가로 회전운동 형태로 에너지를 저장할 수 있다. 뿐만 아니라 분자들은 구성 원자들의 진동 형태로 에너지를 저장할 수 있다. 에너지를 저장하는 방법이 많은 분자들로 구성된 기체는 몰비열 값이 크다.

기체분자가 에너지를 저장할 수 있는 각기 다른 방법을 **자유도**(degree of freedom 自由度)라 한다. 자유도를 나타내는 기호는 일반적으로 f를 사용한다.

> **자유도**란 분자가 에너지를 저장할 수 있는 독립적인 방법으로, 모든 종류의 분자는 자유도를 가지고 있다. 각각의 자유도는 몰비열에 $\frac{1}{2}R$만큼 기여한다.

원자로 된 이상기체는 세 방향으로 이동할 수 있기 때문에, 몰비열은 $C_v = 3\left(\frac{1}{2}R\right) = \frac{3}{2}R$이다. 산소분자 O_2와 같은 이원자 기체는 추가로 두 방향으로 회전운동이 가능하므로 몰비열에 $2 \times \frac{1}{2}R = R$이 추가되어 $C_v = \frac{5}{2}R$이다. 이때 두 원자들을 연결하는 장축에 대한 스핀은 일반적으로 무시한다. 따라서 이원자 분자의 회전운동 자유도는 2이고, 분자당 $2\times\left(\frac{1}{2}R\right)$의 회전운동에너지가 추가된다. 표 14-3은 몇 가지 분자의 자유도와 몰비열을 나타낸 것이다.

표 14-3 몇 가지 분자의 자유도

구분	예	자유도 f				몰비열(이론값)	
		병진운동	회전운동	진동	계(개)	C_v	$C_p = C_v + R$
단원자 분자	He	3	0	0	3	$\frac{3}{2}R$	$\frac{5}{2}R$
이원자 분자	O_2	3	2	0	5	$\frac{5}{2}R$	$\frac{7}{2}R$
다원자 분자	CH_3	3	0	3	6	$3R$	$4R$

연습문제

14-1 아보가드로수

1. 유연성이 있는 산소 용기(산소의 분자질량은 32.0 u이다)의 부피가 표준상태에서 10.0 m^3이다. 용기 내에 있는 기체의 질량은 얼마인가?

2. 주기율표의 원자질량은 핵의 질량에 전자의 질량을 합한 것이다. 우라늄-235($_{92}U^{235}$)의 질량 가운데서 전자의 질량은 몇 %인가? 전자의 질량은 9.1×10^{-31} kg이다.

14-2 이상기체의 거시적 기술

3. 용기에 든 이상기체의 부피를 적절한 방법을 사용하여 $\frac{1}{2}$이 되게 하였다. 이 때 기체의 절대온도가 처음값의 반이 되었다면 이 기체의 압력은 어떻게 되는가?

① 2배 증가 ② $\frac{1}{2}$배 감소
③ $\frac{1}{2}$배 감소 ④ 변화가 없다.

4. 압력이 1기압이고 온도가 127 °C에서 부피가 2 L인 기체를 가열하여, 압력이 2기압, 부피가 3 L로 되었다. 나중상태의 기체온도는 몇인가?

5. 고무풍선 속의 공기의 압력이 2.0기압, 부피가 3.2×10^{-3} m^3, 온도가 39 °C일 때 이 풍선 속에는 몇 개의 공기분자가 들어있겠는가? 단, 아보가드로수는 $N_A = 6.02 \times 10^{23}$개/mol 이고, 1기압 = 1.013×10^5 N/m^2이다.

6. 헬륨이 들어있는 완전한 구형인 풍선의 반지름이 18.0 cm이다. 실온(20 °C)에서 내부압력이 1.05 atm이다. 풍선 내의 헬륨의 몰수와 풍선을 이만큼 부풀리는 데 필요한 헬륨의 질량을 구하라.

7. 어떤 이상기체가 온도 20 °C, 대기압에서 1.0 cm^3의 부피를 차지하고 있다.

(a) 이 용기 안에 있는 기체의 분자수를 구하라.

(b) 만약 일정한 온도에서 압력을 1.0×10^{-11} Pa (고진공 상태)로 낮추었다면 용기 안에 남아있는 기체의 몰수는 얼마인가?

8. 기상용 풍선이 0.030 기압, 온도 200 K인 고도에서 반지름이 20 m까지 팽창하도록 설계되어 있다. 이 풍선을 대기압 하에서 온도가 300 K일 때 채웠다면, 떠오를 때의 반지름은 얼마인가?

9. 해변에 있는 어떤 사람이 코르크로 막힌 병을 발견하였다. 병 속의 공기는 대기압이며 온도가 30.0 °C이다. 코르크는 단면의 넓이가 2.30 cm^2이다. 이 사람이 병을 불 속에 던져 넣었더니 증가된 압력으로 인하여 99 °C의 온도에서 코르크가 튀어 나왔다.

(a) 코르크가 빠져 나오기 직전의 병 속의 압력은 얼마인가?

(b) 코르크를 붙잡고 있던 마찰력은 얼마인가? 병의 부피 변화는 무시한다.

14-3 이상기체의 분자 모형

14-4 기체의 압력, 온도 및 병진 운동에너지

10. 기체의 온도가 20 °C에서 40 °C로 두 배 증가했다면 이 기체분자의 평균 운동에너지도 2배로 증가하는가?

11. 300 K에서 산소 분자 한 개의 평균 운동에너지는 얼마인가?

12. 실린더에 온도 20.0 °C의 헬륨 기체 2.00 mol이 담겨 있다. 헬륨 기체를 이상기체로 가정한다.

(a) 계의 전체 내부에너지는 얼마인가?

(b) 분자당 평균 운동에너지는 얼마인가?

(c) v_{rms}을 두 배로 하기 위해서는 계에 얼마만한 에너지가 더해져야 하는가? 헬륨의 몰 질량은 4.00×10^{-3} kg/mol이다.

13. 부피가 0.300 m^3인 용기에 온도가 20.0 °C인 헬륨기체 2.00 몰을 채우려고 한다. 헬륨을 이상기체로 가정하고 물음에 답하라.

(a) 기체분자의 전체 병진 운동에너지는 얼마인가?

(b) 분자당 평균 운동에너지는 얼마인가?

14. 어떤 온도의 공기 중에 있는 산소분자의 평균속력이 400 m/s 이었다. 수소분자의 질량이 산소분자의 $\frac{1}{16}$배라고 할 때, 그 공기 중에 있는 수소분자의 평균속력은 얼마인가?

① 100 m/s ② 200 m/s ③ 600 m/s
④ 800 m/s ⑤ 1600 m/s

15. 질량이 m인 분자 A와 질량이 알려지지 않은 분자 B로 혼합된 기체가 평형상태에 있다. 분자 A의 평균속력이 v, 분자 B의 평균속력이 $2v$이면 분자 B의 질량은?

① $\frac{1}{4}m$ ② $\frac{1}{2}m$ ③ m
④ $2m$ ⑤ $4m$

16. 단원자 이상기체의 분자가 가질 수 있는 유일한 에너지의 형태는 병진 운동에너지이다. 압력 P에서 부피 V를 차지하는 단원자 이상기체의 내부에너지가 $U = \frac{3}{2}PV$임을 보여라.

14-5 기체분자의 속력분포

17. 온도가 300 K인 질소 분자의 v_{rms}는 얼마인가? 질소를 이상 기체로 가정하라. 질소 분자의 질량은 $m = 4.65 \times 10^{-26}$ kg 이다. 그리고 질소는 이원자 분자이다.

18. 숫자 5, 22, 43, 56, 93이 있다.
(a) 숫자 5개의 평균값은 얼마인가?
(b) 제곱–평균–제곱근의 값은 얼마인가?

19. 실온(20 °C)에서 (a) 분자질량이 32 u인 산소분자(O_2)와의 속력–평균–제곱근 속력은 얼마인가? (b) 분자질량이 28 u인 질소분자(N_2)의 제곱–평균–제곱근 속력은 얼마인가?

14-6 이상기체의 몰비열

20. 헬륨이 일정한 압력에서 273 K에서 373 K로 가열되는 동안 이상기체처럼 행동한다. 이 과정 동안 헬륨이 20.0 J의 일을 한다면, 헬륨의 질량은 얼마인가?

21. 압력이 2.00×10^5 Pa이고 처음온도가 293 K인 단원자 이상 기체로 이루어진 계가 압력이 일정한 상태에서 부피가 1.00 L 에서 2.50 L로 서서히 팽창하고 있다.
(a) 기체가 주변에 한 일을 구하라.
(b) 기체의 내부에너지 변화를 구하라.
(c) 열역학 제1법칙을 사용하여 과정 중에 흡수된 열에너지를 구하라.
(d) 등압에서 몰비열을 이용하여 흡수된 열에너지를 구하라.

22. 1.0×10^{-3} kg의 물이 실린더 안에 놓여 있다. 실린더 내의 압력은 2.5×10^5 N/m^{2}로 일정하게 유지되고, 물의 온도는 처음과 비교해서 31 °C 만큼 올라갔다. 물의 비열은 $c = 4186$ J/kg °C이고, 수증기의 비열은 $c = 2020$ J/kg °C이다.
(a) 물이 액체 상태에 있고 그 부피가 1.0×10^{-8} m^{3}만큼 팽창했다면, 물이 외부에 한 일과 내부에너지의 변화를 구하라.
(b) 물이 기체 상태에 있고 그 부피가 (a)보다 훨씬 큰 7.1×10^{-5} m^{3}만큼 팽창했다면, 물이 외부에 대해 한 일과 내부에너지의 변화를 구하라.

23. 처음압력이 1.01×10^5 Pa인 단원자로 구성된 이상기체가 있다. 이 기체가 처음부피 1.50 m^{3}의 두 배로 팽창한다고 하자. 이 과정을 *PV* 도표로 나타내면 그림 P14–23과 같다.
(a) 이때의 압력은 얼마인가?
(b) 기체에 한 일을 구하라.

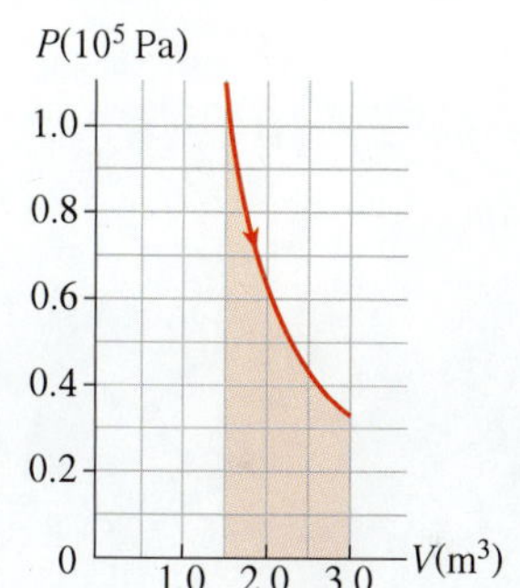

그림 P14–23 단열팽창의 *PV* 도표

전남 곡성역에 정차해 있는 증기기관차 우리나라에서 유일하게 남아 있는 증기기관차는 전남 섬진강 기차마을의 역인 곡성역에서 가정역 까지 10 km를 평일 2회, 휴일 4회 관광용으로 운행하고 있다. 증기기관에서는 화석연료를 연소시켜 보일러가 공급하는 뜨거운 증기가 팽창해 발생되는 열에너지의 일부가 일로 변환되어 동력을 얻는다. 그러나 이곳에서 운행되고 있는 기관차는 외부 형태만 증기기관차의 모습이고, 실제 동력은 디젤기관을 사용하고 있다.

제 15 장 열역학 제2법칙

열역학 제1법칙은 에너지 보존법칙으로, 계의 내부에너지는 계에 에너지를 가하거나 일을 함으로써 증가시킬 수 있으며, 열과 그 외 다른 형태의 에너지를 서로 연관시킨다. 우리 삶에서 사용하는 다양한 열기관들은 이러한 관계에 의해서 작동한다. 그 예로 승용차는 연소되는 휘발유 열로부터 나오는 에너지로 움직이고, 전구나 전동기 등에 동력을 공급하는 전기에너지의 대부분은 연료의 연소 또는 핵연료로부터 나오는 열이 그 근원이다. 이와 같이 열역학 제1법칙은 에너지 보존에 관해 잘 설명해주고 있다.

그러나 열역학 제1법칙은 자연계에서 자발적으로 일어나는 것과 그렇지 않은 과정 간의 차이를 알려주지 못한다. 실제로 자연에서는 에너지 변환과 에너지 전달이 실제로 어떤 특정한 형태로만 일어나고 있다. 열역학 제2법칙은 자연에서 제1법칙이 허용하는 과정 중 실제로 일어나는 것과 일어나지 않는 과정을 확실하게 설명해준다. 열역학 제2법칙은 열기관과 그 효율의 한계에 대한 원리 등을 연구하는 데에 유용하게 적용된다.

제15장에서는 열역학 제2법칙과 이 법칙과 관련된 열기관, 냉동기관 그리고 엔트로피에 대해 공부한다.

15-1 비가역 과정과 엔트로피

자연계에는 어떤 과정이 한 쪽 방향으로만 진행되는 현상들이 많이 있다. 시간은 나이가 들어가는 방향으로 흐르고 있다. 중력장 내에서 물건들은 아래쪽으로 떨어지고, 오븐에서 요리가 구워지며, 밀려오는 파도가 모래 해변을 침식시키는 과정들은 모두 비가역적이다.

이와 비슷한 상황은 주위에서 많이 찾아볼 수 있다.

- 물은 언제나 높은 곳에서 낮은 곳으로 흐른다. 그 반대 과정은 자발적으로 일어나지 않는다.
- 향수병의 뚜껑을 열어 놓으면 향수 냄새가 방에 가득하게 된다. 그런데 방안에 퍼진 향수 분자가 스스로 모여 원래 향수병에 담기는 일은 일어나지 않는다.
- 진동하는 진자는 공기 분자와의 충돌과 매단 부분과의 마찰로 인하여 얼마 후에 정지한다. 이때 공기나 진자가 매달린 곳의 내부에너지는 증가할 것이다. 그러나 이 내부에너지들이 모아져 다시 진자를 진동하게 할 수는 없다.
- 잉크 방울이 물이 담긴 컵 속에서 확산된 후 다시 원래 상태로 모아질 수 없으며, 바람으로 풍화된 바위를 다시 원래 상태로 되돌릴 수는 없다.
- 서로 다른 온도의 두 물체가 서로 열접촉 되어 있을 때, 열에 의한 알짜 에너지 전달은 항상 뜨거운 물체에서 차가운 물체로만 일어나고, 차가운 물체에서 뜨거운 물체로의 열에너지 전달은 결코 일어나지 않는다.

이처럼 자연에서 일어나는 현상들은 비가역적 방향으로 진행하는 특징이 있는데, 일단 진행된 상태에서 질서 정연한 처음 상태로의 자발적인 복귀는 거의 일어나지 않는다. 이런 의미에서 그 과정은 비가역적이다. **비가역 과정**이라 함은 주위의 작은 변화만으로는 결코 역방향 과정으로 일어나지 않는다는 의미를 말한다.

만일 실제 과정이 매우 느리게 일어나서 계가 거의 평형 성태에 있다면, 이런 과정은 근사적으로 가역 과정이라고 볼 수 있다. 가역 과정의 일반적인 특성은 역학적 에너지를 내부에너지로 바꾸는 소모적인 효과(마찰이나 난류 등)가 있을 수 없다는 것이다. 그러나 실제로 이러한 효과를 완전히 없애는 것은 불가능하다. 따라서 자연에서 일어나는 실제적인 대부분의 과정이 비가역이라는 것은 결코 놀라운 사실이 아니다. 가역 과정과 비가역 과정은 다음과 같이 설명할 수 있다.

그림 15-1 물은 항상 높은 곳에서 낮은 곳으로 흐른다. 자발적으로 거꾸로 흐를 수는 없다. 사진은 필리핀에 있는 팍상한 폭포(Pagsangjan Fall).

외부에 아무런 변화를 남기지 않고 스스로(자발적으로) 원래의 상태로 되돌아가는 현상들을 **가역 과정**(reversible process)이라 하고, 외부에 아무런 변화도 남기지 않고 원래의 상태로 되돌아가지 못하는 현상들을 **비가역 과정**(irreversible process)이라 한다.

자연계에서 비가역 과정의 한 방향으로 진행된다는 사실은 의심의 여지없이 받아드린다. 만약 비가역 과정들이 자발적으로 반대 방향으로 진행되어 초기 상태로 되돌아간다면 놀랄 일이다. 그런 일은 결코 일어나지 않는다. 설령 그런 가역 과정들이 있더라도 에너지 보존법칙을 위반하지 않는다.

예를 들어 따듯한 물체와 차가운 물체가 열접촉 되어 있다고 하자. 얼마 후 뜨거운 물체의 온도는 더 올라가고, 차가운 물체의 온도는 더 낮아진다면 정말 놀랄 일이다. 분명히 틀린 방향으로 진행된 경우지만 이 경우에도 총에너지는 보존된다. 그러므로 닫힌계에서 에너지 변화는 비가역 과정의 방향을 결정하지 못한다는 것을 알 수 있다.

이와 같은 현상을 설명하기 위해 독일의 클라우지우스는 **엔트로피**(entropy)라고 하는 거시적인 새로운 열역학 상태변수 S를 소개하였다. **엔트로피는 일로 전환될 수 없는 에너지 또는 열의 정도를 나타낸다.** 실제 엔트로피의 어원도 "전환하는"이라는 뜻을 가진 그리스어에서 온 것이다

클라우지우스는 계의 **엔트로피 변화 ΔS**가 그 방향을 결정한다고 주장하였다. 엔트로피는 에너지와 다르게 보존법칙을 따르지 않는다. 닫힌계에서 에너지는 항상 일정하게 보존된다. 그러나 비가역 과정에서 닫힌계의 엔트로피는 항상 증가한다. 자연계에서 엔트로피를 감소시키는 역방향 과정은 결코 일어나지 않는다는 것이다. 이러한 측면에서 엔트로피는 시간이 흐르는 방향을 가르쳐 주기 때문에 **시간의 화살**(time's arrow)이라고 부르기도 한다.

© Book's-Hill

루돌프 율리우스 에마누엘 클라우지우스 Rudolf Julius Emanuel Clausius, 1822~1888, 독일의 물리학자

클라우지우스는 열역학 현상을 절대온도와 엔트로피, 엔탈피 개념을 처음으로 도입하여 설명하였다. 1850년에 열역학 제2법칙을 발표하였고, 1865년에는 엔트로피 개념을 소개했다

15-2 엔트로피의 변화

열역학 제1법칙은 에너지가 보존된다는 것을 의미할 뿐이며, 열에너지의 이동 방향에 대하여는 아무런 언급이 없다. 그러므로 자연계에는 에너지 보존법칙과 다른 자연 현상의 비가역적 진행 방향을 결정하는 어떤 법칙이 필요하며, 이러한 방향성을 정해주는 일반적인 표현이 열역학 제2법칙이다. 즉 열역학 제2법칙은 '**열현상은 분자들의 엔트로피가 증가하는 방향으로 진행되며, 그 반대현상은 일어나지 않는다**'라고 할 수 있다.

이때 계의 무질서한 정도를 엔트로피의 변화로 나타낼 수 있다. **어떤 계가 질서가 있는 상태이면 엔트로피가 작고, 무질서한 상태이면 엔트로피가 크다.** 예를 들면 물 1 kg의 엔트로피는 얼음 1 kg의 엔트로피보다 수 배 큰데, 이것은 고체 상태보다 액체 상태에 있는 분자의 무질서도가 더 크다는 사실을 반영한 결과이다. 비가역 현상은 무질서한 방향으로 진행되므로 엔트로피가 증가하는 방향으로 진행한다고 말할 수 있다.

계의 엔트로피 변화는 계의 온도와 계가 열로써 얻거나 잃은 에너지로 정의하거나, 계를 구성하는 원자나 분자가 정렬할 수 있는 경우의 수로 정의한다.

열역학에서 엔트로피의 원래 정의는 가역 과정에서 열에 의한 에너지의 전달을 포함하고 있다. 어떤 계가 한 평형 상태에서 다른 상태로 아주 천천히 변하는 과정을 생각해보자. 계가 두 상태 간의 가역 과정을 따라 전달하는 열에 의한 에너지를 dQ라 하면, **엔트로피의 미소한 변화 dS는 가역 과정에서 전달되는 이 에너지를 그 계의 절대온도로 나눈 것과 같다.**

$$dS = \frac{dQ}{T} \qquad \textbf{15-1}$$

이 식은 진행과정이 무한히 짧으며 온도가 일정하다고 가정하여 정의된 식이다. 엔트로피는 상태변수이므로 어떤 과정 중에 엔트로피 변화는 양 끝점에만 의존하고 실제 과정의 경로에는 무관하다. 따라서 비가역 과정의 엔트로피 변화는, 같은 양 끝점을 갖는 처음상태와 나중상태를 연결하는 가역과정에 대한 엔트로피 변화를 계산하여 구할 수 있다.

계가 에너지를 흡수하면 dQ는 양(+)이고, 계의 엔트로피는 증가한다. 계가 에너지를 내보내면 dQ는 음(−)이고 계의 엔트로피는 감소한다. 식 15−1은 엔트로피를 정의하는 것이 아니라 엔트로피의 변화를 정의한 것이다. 따라서 어떤 과정을 나타내는 데 의미가 있는 것은 엔트로피의 변화이다.

식 15−1에서 열 dQ의 단위는 J(cal)이고, 온도 T는 절대온도로 단위는 켈빈(K)이며, 엔트로피 미소한 변화 dS의 단위는 J/K 또는 cal/K이다.

어떤 유한한 과정에서의 엔트로피를 변화를 구하기 위해서는 일반적으로 온도 T가 일정하지 않다. 이 경우 식 15−1을 적분해야 한다.

$$\Delta S = \int_i^f dS = \int_i^f \frac{dQ}{T} \qquad \textbf{15-2}$$

무한히 짧은 과정에서처럼, 한 상태에서 다른 상태로 가는 어떤 계의 엔트로피 변화 ΔS는 두 상태를 연결하는 모든 경로에 대해 같은 값을 가진다. 즉 어떤 계의 엔트로피의 유한한 변화 ΔS는 처음과 나중 평형상태의 성질에만 의존한다. 따라서 처음상태와 나중상태가 실제 경로와, 가역 경로 모두에 대해 같은 상태이기만 하면, 실제 경로 대신에 엔트로피를 계산하기 쉬운 특정한 경로를 임의로 선택할 수 있다.

실제로 자연계에서 일어나는 현상을 엔트로피 변화로 살펴보면 다음과 같은 성질이 있다.

- 우주 한 부분의 엔트로피가 어떠한 과정에서 감소하더라도, 우주 다른 부분의 엔트로피가 이보다 더 많이 증가하기 때문에 총 엔트로피 변화량은 항상 증가한다.
- 계가 고립되어 있지 않을 때에는 그 계의 엔트로피 변화와, 주위의 엔트로피 변화의 합이 크거나 같아야 한다.
- 고립된 계의 엔트로피는 절대로 줄어들 수 없다. 오직 그대로 있거나 증가할 수만 있다.
- 이상적인 가역 과정에서만 엔트로피가 변하지 않는다.
- 어떠한 실제의 과정에서 엔트로피의 변화는 0보다 크다.

예제 15−1 얼음이 녹을 때의 엔트로피 변화(온도 변화가 없는 과정)

문제 어느 냉장고의 냉장실 온도가 0 °C이다. 종이컵에 담겨 있는 질량이 50 g인 얼음덩어리를 이 냉장실에 넣었더니 3분 후에 얼음의 1/2이 녹아 0 °C 물이 되었다. 얼음과 물의 엔트로피를 구하라.

생각하기 이 계는 온도의 변화는 없고, 단지 열에너지가 필요한 과정이다.

풀이 녹은 얼음의 질량은 25 g이다. 이 만큼 녹이기 위해 필요한 숨은열은 다음과 같다.

$$Q = mL = (25\text{ g})(79.7\text{ cal/g})$$
$$= 1993\text{ cal}$$

이 과정에서 온도 변화가 없으므로 엔트로피의 변화는 식 15-1로부터 구할 수 있다.

$$\Delta S = \frac{Q}{T} = \frac{1993\text{ cal}}{273\text{ K}} = +7.3\text{ cal/K}$$

주변(컵이나 공기)의 엔트로피 변화는 무시하였다. 이 과정에서 엔트로피 변화는 증가한다.

예제 15-2 얼음과 증기의 엔트로피 변화(온도 변화가 있는 과정)

문제 온도가 273 K인 얼음 덩어리가 온도가 373 K인 증기가 담긴 용기와 열접촉 상태로 놓여 있다. 증기의 일부가 온도 373 K의 물로 액화되는 동안 25.0 g의 얼음은 온도 273 K의 물로 변하였다고 한다. (a) 이 과정에서 얼음의 엔트로피 변화 $\Delta S_{\text{얼음}}$는 얼마인가? (b) 증기의 엔트로피 변화 $\Delta S_{\text{증기}}$는 얼마인가? (c) 이 계의 총 엔트로피 변화 $\Delta S_{\text{총}}$는 얼마인가?

생각하기 먼저 얼음이 녹는 데 필요한 에너지의 이동을 계산한다. 얼음이 얻은 에너지는 증기가 잃은 에너지와 같다. 계의 총 엔트로피 변화는 이들의 합이다.

풀이 (a) 얼음의 융해열 L_f를 사용하여, 얼음 25.0 g이 녹는데 필요한 열에너지를 계산하면 다음과 같다.

$$Q_{\text{얼음}} = mL_f = (0.025\text{ kg})(3.33 \times 10^5\text{ J}) = 8.33 \times 10^3\text{ J}$$

따라서 얼음의 엔트로피의 변화는 다음과 같다.

$$\Delta S_{\text{얼음}} = \frac{Q_{\text{얼음}}}{T_{\text{얼음}}} = \frac{8.33 \times 10^3\text{ J}}{273\text{ K}} = 30.5\text{ J/K}$$

(b) 증기가 잃은 열에너지는 얼음이 얻은 열에너지와 같으므로 증기의 엔트로피 변화는 다음과 같다.

$$\Delta S_{\text{증기}} = \frac{Q_{\text{증기}}}{T_{\text{증기}}} = -\frac{8.33 \times 10^3\text{ J}}{373\text{ K}} = -22.3\text{ J/K}$$

(c) 이 계의 총 엔트로피 변화는 두 엔트로피의 변화를 합한 값이다.

$$\Delta S_{\text{총}} = \Delta S_{\text{얼음}} + \Delta S_{\text{증기}} = (30.5\text{ J/K}) + (-22.3\text{ J/K})$$
$$= +8.2\text{ J/K}$$

이 계의 총 엔트로피 변화는 증가한다.

예제 15-3 혼합물의 엔트로피 변화

문제 20.0 °C의 물 30.0 kg과 26 °C의 물 30.0 kg을 함께 섞었다. 이 과정에서 엔트로피 변화를 구하라

생각하기 어떤 과정에서 온도 변화가 크면 적분을 사용해야 하나, 온도변화가 크지 않을 때에는 온도의 평균값을 사용한다.

풀이 같은 양의 물을 섞었으므로 혼합된 물의 최종온도는 23.0 °C이다. 26 °C물에서 20.0 °C의 물로 이동하는 열 에너지는 다음과 같다.

$$Q = mc\Delta T = (30.0\text{ kg})(1.00\text{ kcal/kg K})(3.0\text{ °C}) = 90\text{ kcal}$$

이 에너지가 20.0 °C의 물을 23.0 °C로 바꾸게 된다.

이 계의 총 엔트로피의 변화 $\Delta S_{\text{총}}$는 26 °C 물의 온도가 내려갈 때의 엔트로피 변화 ΔS_h와, 20.0 °C 물의 온도가 올라갈 때의 엔트로피 변화 ΔS_c의 합이다. 식 15-1을 이용하기 위해 온도를 정해야한다. 더운 물의 평균 온도는 24.5 °C(297.5 K)이고 차가운 물의 평균 온도는 21.5°C(294.5 K)이다. 따라서 두 엔트로피의 변화는 다음과 같다.

$$\Delta S_h = -\frac{90\text{ kcal}}{297.5\text{ K}} = -0.303\text{ kcal/K}$$

$$\Delta S_c = \frac{90\text{ kcal}}{294.5\text{ K}} = 0.306\text{ kcal/K}$$

더운 물에서는 열 형태의 에너지가 흘러나오기 때문에 엔트로피 변화는 감소하고, 차가운 물의 엔트로피 변화는 증가한다. 따라서 이 계의 총 엔트로피 변화는 다음과 같다.

$$\Delta S_{\text{총}} = \Delta S_h + \Delta S_c = (-0.303\text{ kcal/K}) + (0.306\text{ kcal/K})$$
$$= +0.003\text{ kcal/K}$$

예제 15–3에서와 같이 계의 한 부분의 엔트로피가 감소하더라도, 나머지 다른 부분의 엔트로피가 감소한 양보다 더 많이 증가하여 계 전체의 엔트로피 알짜 변화량은 양(+)의 값을 갖는다. 이 결과는 특정한 경우의 한 예에 지나지 않지만, 다른 여러 계에서도 역시 성립한다는 것이 밝혀졌다. 따라서 모든 과정에서의 엔트로피 변화는 항상 증가한다. 따라서 고립된 계의 엔트로피 변화는 절대로 감소할 수 없다. 그대로 있거나 증가할 수만 있다. 이상적인 가역 과정에 대해서만 엔트로피가 변하지 않는다. 계가 고립되어 있지 않을 때에는 그 계의 엔트로피 변화 $\Delta S_{계}$와, 주위의 엔트로피 변화 $\Delta S_{주위}$의 합은 0보다 크거나 같아야 한다.

$$\Delta S = (\Delta S_{계} + \Delta S_{주위}) > 0 \qquad \textbf{15–3}$$

15–3 열역학 제2법칙

생활 주변에서 일어나는 자연 현상들은 일정한 방향성을 가지고 있다는 것을 앞 절에서 살펴보았다. 이들 모든 과정들은 비가역적이다. 즉 자연에서 한쪽 방향으로만 일어나는 과정이다. 거꾸로 작동하는 비가역 과정은 관측된 적이 결코 없었다. 만일 있었다면 그것은 열역학 제2법칙을 깨는 사건일 것이다.

이러한 비가역성을 설명하기 위해서 19세기 과학자들은 **열역학 제2법칙**(second law of thermodynamics)이라는 새로운 원리를 제안하였다. 이 법칙은 자연계에서 일어나는 과정과 일어나지 않는 과정이 어떤 것들인가에 대한 설명이다. 이러한 **자연 현상의 비가역성을 열역학 제2법칙**이라 한다. 열역학 제2법칙은 다음과 같이 여러 형태로 표현될 수 있으나, 그 의미나 내용은 궁극적으로 같다.

- 대부분의 자연 현상은 비가역적으로 한쪽 방향으로만 진행할 뿐이고, 그 역으로는 진행하지 않는다.
- 열흐름의 자연스러운 방향은 고온의 내부에너지 저장고로부터, 저온의 내부에너지 저장고로이다. 이때 각 저장고의 총 에너지 양과는 무관하다.
- 열은 뜨거운 물체에서 차가운 물체로 자연적으로 흘러가며, 스스로 차가운 물체에서 뜨거운 물체로는 흐르지 않는다.
- 저장고에서 열에 의해 에너지를 흡수하여 한 순환과정 동안 작동하면서 그 에너지를 남김없이 모두 일로 바꾸는 열기관을 만드는 것은 불가능하다.
- 주어진 열을 모두 일로 바꾸는 것 외에 어떤 흔적도 남기지 않는 장치(열기관)는 존재하지 않는다.(켈빈-플랑크 표현, Kelvin-Planck statement)
- 일에 의한 어떤 에너지도 받지 않고 에너지를 열의 형태로 한 물체에서 좀 더 고온의 다른 물체로 계속 이동시키는 순환 기계를 만드는 것은 불가능하다(클라우지우스 표현, Clausius-statement)

그림 15–2는 열역학 제2법칙을 이해하는 데 참고가 되는 그림이다. 열역학 제2법칙에 따르면 완전히 효율적인 기관은 존재하지 않는다. 흡수된 열의 일부는 반드시 방출되어야 한다. 열기관의 가능한 최대효율은 열원의 온도와 열이 발생되는 저장체의

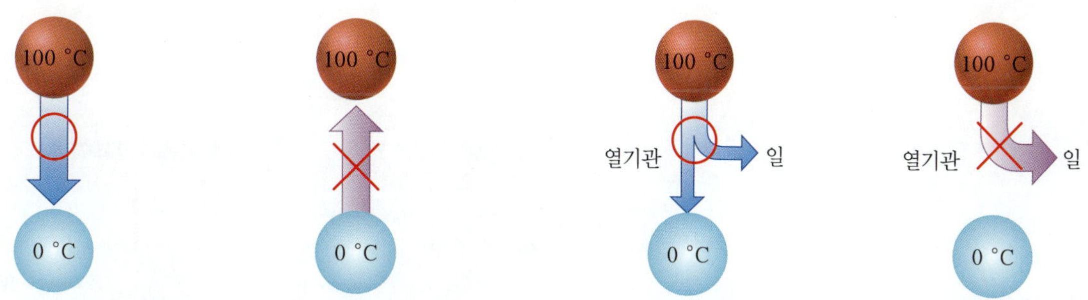

(a) 열은 뜨거운 열저장체로부터 차가운 열저장체로 저절로 흐른다.

(b) 열은 차가운 열저장체로부터 뜨거운 열저장체로 스스로 흐르지 못한다.

(c) 열기관에서 열의 흐름의 일부가 일로 바뀔 수 있다.

(d) 열원에서 나온 모든 열이 일로 바뀔 수 없다. 열의 일부는 차가운 열저장체로 흘러야 한다.

그림 15-2 열역학 제2법칙을 표현하는 그림. (a)(b)는 열흐름의 방향을 설명해주고, (c)(d)는 열기관의 역할로 설명한 그림이다.

온도에 의존한다. 이 두 온도의 차가 클수록 기관의 효율은 높아진다.

열역학 제2법칙에 대한 위의 기술은 일상의 경험과 일치한다. 만일 한 컵의 뜨거운 물에 얼음 덩어리가 열 접촉 상태에 놓이면, 열은 뜨거운 물로부터 차가운 얼음 덩어리로 같은 온도가 될 때까지 흐른다. 이 경우 에너지 보존법칙인 열역학 제1법칙은 이 과정이 어떻게 진행하는지에 관해서는 아무 것도 알려주지 않는다. 만일 열이 얼음 덩어리(절대온도 측면에서 얼음 덩어리는 아주 높은 온도를 가지고 있다)로부터 뜨거운 물로 흘러들어간다 하더라도 열역학 제1법칙이 위배되는 것은 아니다.

열역학 제2법칙은 역학의 법칙들과는 다르다. 열역학 제2법칙은 개개의 입자들 사이의 상호 작용을 기술하지 않지만, 대신 많은 입자들 전체의 집단적인 행동을 기술한다. 열역학 제2법칙은 사건이 자발적으로 일어나는 순서에 대해 언급한다. 열역학 제2법칙은 무엇이 일어날 수 있는지에 대하여는 언급하지 않고, 무엇이 일어날 수 없는지에 대해서만 언급한다. 그리고 이 법칙은 시간의 방향과 밀접하게 연관되어 있다는 점에서 특징적이다.

다음 절부터 몇 가지 열기관과 카르노 기관의 특성을 살펴보면서 열역학 제2법칙의 타당성을 확인해보자.

15-4 열기관과 열역학 제2법칙

일을 열로 완전히 바꾸기는 쉽다. 예를 들어 손바닥을 시로 세게 문질러 보면 열이 발생한다. 또 나무 상자를 일정한 속력으로 밀 때 마찰을 극복하기 위해 나무 상자에 한 일은 모두 열로 전환된다. 그러나 반대로 열을 일로 완전히 바꾸는 것은 불가능하다. 최선의 방법은 얼마나 많은 양의 열을 역학적인 일로 바꿀 수 있는가를 연구하는 것이다. 열을 일로 바꿀 수 있는 실질적인 장치의 발명은 증기기관의 발달과 함께 1700년경에 와서야 가능해졌다. 이와 같이 열을 일로 바꾸는 장치를 **열기관**(heat engine 熱機關)이라고 한다.

자동차도 휘발유를 연소시켜서 발생하는 열에너지를 역학적 에너지로 변환하는 열

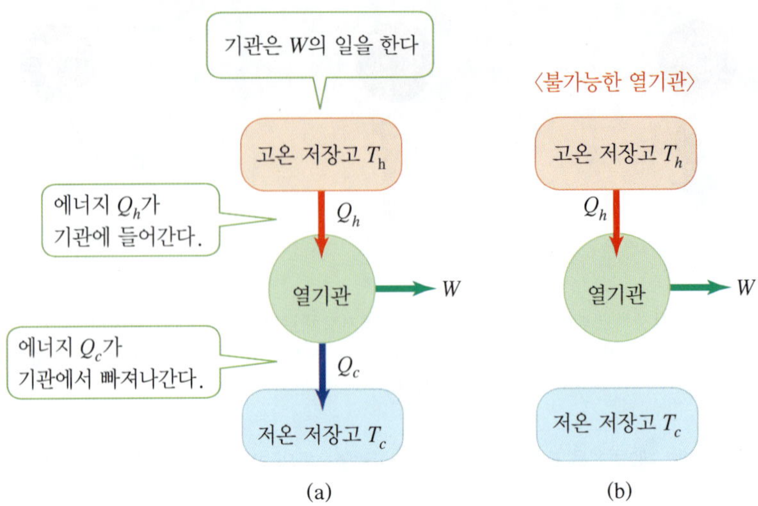

그림 15-3 열기관을 개략적으로 나타낸 그림. (a) 열이 높은 온도에서 낮은 온도로 흘러 들어가는 경우 일로 변하는 역학적 에너지를 얻을 수 있다. (b) 고온 저장고에서 에너지를 흡수하여 전부 일을 하는 열기관은 없다.

기관이다. 일반적으로 **열기관 내의 물질은 (1) 고온 에너지 저장고(고열원)에서 열 형태로 에너지를 흡수하고, (2) 기관이 일을 하고, (3) 저온 에너지 저장고(저열원)로 열 형태의 에너지를 내보내는 순환과정**(cyclic process 循環過程)**을 거치면서 작동한다**. 예를 들어 물이 동작 물질인 증기기관의 작동 과정을 살펴보자. 물이 보일러에서 수증기로 기화한 뒤 팽창하면서 피스톤을 밀어내는 과정을 거친다. 이어 수증기가 냉각수에 의해 응집되면 보일러로 보내지고, 이 과정이 반복된다.

어떤 열기관이든지 기본적인 개념은 열이 높은 온도에서 낮은 온도로 흘러들어 가는 경우에 열의 일부분이 일로 변환될 수 있다는 것이다. 이 과정은 그림 15-3에 나타내었다.

열기관은 1회의 순환과정을 거친 후에 처음상태로 되돌아오기 때문에 내부에너지의 변화가 없으므로 $\Delta U = 0$이다. 이때 열기관은 온도 T_h인 고온의 열원에서 Q_h의 열에너지를 받아 W의 일을 하고, 온도 T_c인 저온의 열원으로 Q_c의 열에너지를 방출하고 원래의 상태로 되돌아간다. 두 열원 사이에서 열이 이동하는 길목에 있는 열기관을 통해서 열에너지의 일부를 빼내서 일로 전환하는 것이다. 이때 열기관에 가해진 열에너지는 $Q = Q_h - Q_c$이다. 따라서 열기관이 1회 순환과정을 하는 동안 외부에 한 일 W는 열역학 제1법칙에 따라 다음과 같다.

$$\Delta U = Q - W$$

여기서 $\Delta U = 0$이므로

$$W = Q_h - Q_c \tag{15-4}$$

이다.

열기관이 한 일 W와 열기관이 흡수한 에너지 Q_h의 비를 열기관의 **열효율**(thermal

efficiency 熱效率)이라고 한다. 즉 한 순환과정 동안 기관이 한 알짜 일을 기관이 고온에서 한 순환과정 동안 흡수한 에너지로 나눈 값이다. 열기관의 열효율 e는 다음과 같다.

$$e = \frac{W}{Q_h} = \frac{Q_h - Q_c}{Q_h} = 1 - \frac{Q_c}{Q_h} \qquad \textbf{15-5}$$

효율이란 얻은 값(일)을 공급한 값(고온에서의 에너지 전달)으로 나눈 것으로 생각할 수 있다. 실제로 모든 열기관에서는 흡수한 에너지 Q_h의 일부만 역학적인 일로 바꾸기 때문에 효율은 항상 1(100 %)보다 작을 수밖에 없다. 열효율이 1이 되려면 $Q_c = 0$이 되어야 하며, 이것은 열기관이 흡수한 열을 모두 일로 전환시켜야 하는데, 이는 불가능하기 때문이다. 보통 가솔린 자동차 기관의 효율은 20 % 내외이며, 디젤기관의 효율은 35~40 %이다.

TIP 열저장고, 열저장체 (thermal reservoir)

열을 가지고 있는 상태나 물질을 '열저장고'라고 부른다. 경우에 따라 열저장체로 부르기도 한다. 따라서 고온(저온)의 저장고, 고온(저온)의 저장체 등으로 표현한다.

열기관의 효율을 높이기 위해서는 고온의 열원의 온도는 높게 하고, 저온의 열원의 온도는 낮게 하는 방법이 가장 좋다. 그러나 일반적으로 저온의 열원은 주변 환경과 비슷하게 되므로 온도를 어느 정도 이상 낮게 하는 데에는 한계가 있다. 그러면 고온의 열원의 온도를 높여야 하는데, 연료를 연소시킬 때 나오는 열량에 한계가 있기 때문에 열기관의 효율을 높이는 데는 어느 정도 한계가 있다.

만일 열이 저온의 열원에서 고온의 열원으로 스스로 흘러갈 수 있다면, 열기관이 일을 하고 남은 열을 고온의 열원으로 다시 보내어 그 열로 다시 일을 할 수 있을 것이다. 이 과정을 반복하면 받은 열을 모두 일로 전환시킬 수 있게 된다. 그러나 실제로는 열이 스스로 저온의 열원에서 고온의 열원으로 흘러가지 않기 때문에 효율이 100 %인 열기관은 존재할 수 없는 것이다. 이와 같이 생각할 때 열기관의 개념으로 열역학 제2법칙은 다음과 같이 표현할 수도 있다.

> 저장고에서 열에너지를 흡수하여 한 순환과정 동안 작동하면서, 그 에너지를 모두 일로 바꾸는 열기관을 만드는 것은 불가능하다. 즉 외부에 아무런 영향도 남기지 않고 받은 열을 완전히 일로 바꾸는 열기관은 존재할 수 없다.

이 표현은 앞에서 언급한 켈빈과 플랑크의 열역학 제2법칙에 대한 표현이다. 흡수한 열을 모두 일로 전환시킬 수 있는 이상적인 열기관을 **제2종 영구기관**(second perpetual motion machine)이라고 한다. 제2종 영구기관은 열역학 제1법칙에 어긋나지는 않지만, 저온의 열원으로 보내진 열을 다시 고온의 열원으로 되돌려 보내야 하기 때문에 열역학 제2법칙에 모순되어 제작이 불가능하다. 따라서 **열역학 제2법칙은 '제2종의 영구기관은 만들 수 없다'고 표현할 수 있다**.

우리나라 특허법에는 영구기관에 대한 규정은 없으나, 특허법 제29조 1항에 '산업상 이용할 수 있는 발명'만을 특허로 인정한다는 규정에 따라 영구기관에 대한 특허는 등록을 받지 않고 있다. 그러나 영구기관에 대한 꿈나무 과학도의 호기심은 날로 증가하고 있다. 가끔 전시회 등에 건전지나 다른 에너지 없이도 쉬지 않고 작동하는 장치들을 볼 수 있다. 이것들은 우리 주변의 작은 에너지를 잘 활용한 장치로, 대부분 효율이 낮고 출력이 작아 장난감 이상의 가치는 없다. 예를 들어 물과 주변 공기의 온도차를 이용하여 계속 움직이는 장난감인 '물 마시는 새' 등을 볼 수 있다.

예제 15-4 자동차 엔진의 에너지

문제 어떤 자동차 엔진의 열효율이 22.0 %이고, 2 510 J의 일을 한다면 이 엔진에서 배출되는 열에너지는 몇 J인가?

생각하기 에너지 보존으로부터 저온부로 버려지는 열은 흡수된 열 중에서 일로 전환되지 못한 부분이 된다. 그리고 효율이 22 %처럼 퍼센트로 주어진 경우, 효율을 구하는 식에 대입할 경우에는 0.22로 바꾸어야 한다.

풀이 버려진 열에너지는 식 15-4인 $W = Q_h - Q_c$에서 구할 수 있다. 즉, $Q_c = Q_h - W$이다. 이 식에서 Q_h는 열효율의 공식에서 $\frac{W}{e}$이다. 따라서 엔진에서 배출되는 열에너지는 다음과 같다.

$$Q_c = Q_h - W = \frac{W}{e} - W$$
$$= (2\,510\text{ J})\left(\frac{1}{0.220} - 1\right)$$
$$= 8\,900\text{ J}$$

전체 에너지 중에서 88 %의 열에너지가 이용되지 못하고 밖으로 배출된다.

예제 15-5 열기관의 효율

문제 열기관이 한 순환과정 동안 고온 저장고에서 2.00×10^3 J의 에너지를 전달받고, 저온 저장고로 1.50×10^3 J을 전달한다. (a) 이 기관의 열효율을 구하라. (b) 한 순환과정 동안 기관이 한 일은 얼마인가? (c) 2.50 s동안 4번의 순환과정이 진행된다면 기관이 만들어내는 일률은 얼마인가?

생각하기 식 15-5를 이용하여 열효율을 구한다. 그리고 기관에 대한 열역학 제1법칙을 사용하여 한 순환과정 동안 한 일을 구한다. 4번의 순환과정 동안 한 일을 순환과정이 진행하는 데 걸린 시간으로 나누어 일률을 구한다.

풀이 (a) 기관의 열효율은 식 15-5에 Q_c와 Q_h를 대입하여 구한다.

$$e = 1 - \frac{Q_c}{Q_h} = 1 - \frac{1.50 \times 10^3\text{ J}}{2.00 \times 10^3\text{ J}} = 0.250,\ \text{즉 } 25.0\ \%$$

(b) 식 15-4 형태의 열역학 제1법칙을 이용하여 1순환에서 기관이 한 일을 구한다.

$$W_{\text{기관}} = Q_h - Q_c = (2.00 \times 10^3\text{ J}) - (1.50 \times 10^3\text{ J})$$
$$= 5.00 \times 10^2\text{ J}$$

(c) 기관의 출력(일률)을 구한다. (b)에서 구한 답에 4를 곱하고 시간으로 나눈다.

$$P = \frac{W}{\Delta T} = \frac{4 \times (5.00 \times 10^2\text{ J})}{2.50\text{ s}}$$
$$= 8.00 \times 10^2\text{ W}$$

이와 같은 문제는 보통 2개의 미지수와 2개의 방정식을 푸는 문제이다. 여기서 2개의 방정식은 열효율을 구하는 식과 열역학 제1법칙이며, 2개의 미지수는 열효율과 기관이 한 일이다.

15-5 냉동기와 열펌프

열기관에서 에너지의 전달 방향은 고온 저장고에서 저온 저장고로 향하는 자연적인 방향이다. 이때 열기관은 고온 저장고에서 받은 에너지를 처리하여 유용한 일을 하게 하는 역할을 한다.

그러면 그 반대인 과정을 생각해보자. 즉 저온 저장고에서 고온 저장고로 에너지를 전달시키고자 한다면 어떻게 해야 하는가? 이때에는 자연적인 에너지 전달 방향이

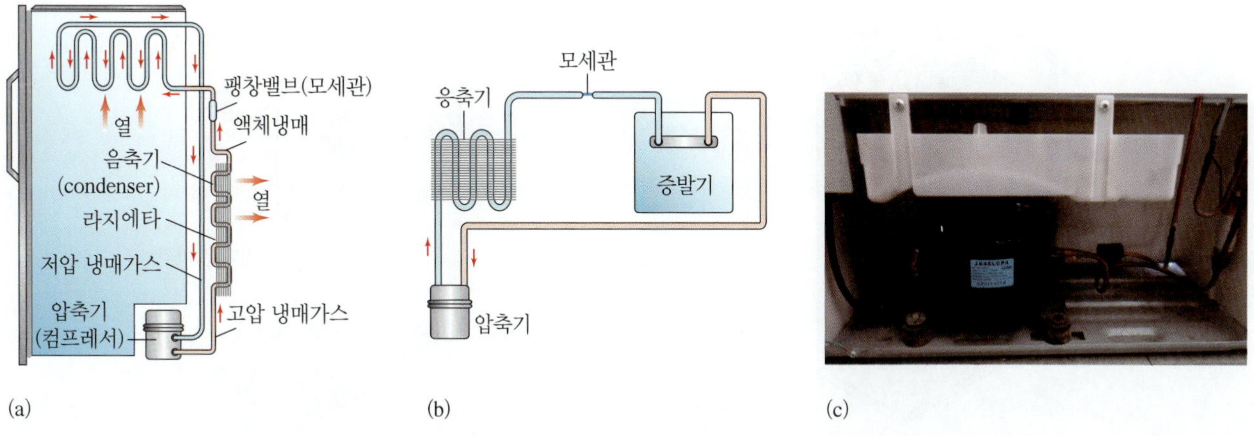

그림 15-4 (a) 냉장고의 구조 (b) 냉장고 냉매가 이동하는 경로 (c) 냉장고 뒷면 하단에 설치된 압축기

아니기 때문에, 이러한 과정을 수행하기 위해서는 외부에서 어느 정도의 에너지를 장치에 공급해야 한다. 이러한 일을 하는 장치에는 **냉동기**(refrigerator)와 **열펌프**(heat pump)가 있다. 냉장고 내부는 저온고에 해당되고, 따뜻한 바깥은 고온고에 해당한다. 냉장고는 내부의 음식에서 열을 빼앗아 밖으로 내보낸다. 이 경우 열이 차가운 곳에서 뜨거운 곳으로 흐르도록 일을 하기 때문에 에너지가 필요하다.

냉장고의 작동 원리를 살펴보자. 증발기로부터 나오는 저압의 냉매는 압축기(컴프레서)를 지나면서 압축되어 고온(약 80°C) 고압의 기체 상태가 된다.

이 고온 고압의 냉매는 응축기(Condenser 방열기)에서 액화되어 온도가 낮은(약 40) 액체로 변한다. 이때 기체가 액화되면서 열을 내 놓는데, 이 열은 방열기 표면으로부터 밖으로 방출된다. 응축기(방열기)는 열이 잘 발산될 수 있는 구조로 만들어져 있다. 이때 응축기에서 나오는 열 때문에 냉장고 뒷부분이 뜨겁다. 온도가 낮아진 액체 냉매는 팽창 밸브라 부르는 작은 구멍(모세관)을 통과하면서 속력이 빨라지고 압력은 낮아져(베르누이의 정리) 쉽게 증발이 일어난다. 액체가 증발하면서 주위 열을 빼앗아 공기를 차갑게 식힌다. 이 차가운 기체를 포함한 냉장고 내부에 있는 관이 주변의 온도를 내려가게 하여 저장물의 온도를 낮춘다.

에어컨도 이와 비슷한 방법으로 작동한다. 증발기는 집 안에 설치되어 있고, 압축기는 실외기에 설치되어 압축기의 일로 집 안에 있는 열을 흡수하여 외부의 공기 중으로 내보낸다.

어떤 의미에서 냉장고나 에어컨은 펌프처럼 작동한다. 물펌프가 낮은 위치에서 높은 위치로 물을 퍼 올리듯이, 냉장고나 에어컨은 열을 저온고에서 고온고로 퍼 올린다(그림 15-5). 일반적으로 '열펌프'라는 이름은 그림 15-6과 같이 집에서 사용하는 난방장치에 붙이고 있다. 즉 **열펌프**(heat pump)는 일을 사용하여 쌀쌀한 바깥(저온고에 해당)에서 열에너지를 잡아 강제로 따뜻한 집안(고온고)으로 옮기는 일을 한다.

냉장고나 열펌프에서는 그림 15-7(a)와 같이 외부로부터 W의 일을 받아서 온도

> **TIP** 냉매(refrigerant 冷媒)
>
> 냉동 사이클에서 사용되는 증발하기 쉬운 유체로 저온부의 열을 빼앗아 고온부에 운반해주는 매체이다.
>
> **할로겐화합물** CFC(R-11, R-12, R-13, 오존층 파괴 물질로 1996년부터 사용금지), HCFC(R-21, R-22), HFC(R-134a), HFO(R-1234yf, 자동차 에어컨용) 등
>
> **탄화수소냉매** R-600a, R-290, R-1270(자동차 에어컨용) 등
>
> **암모니아** R-717

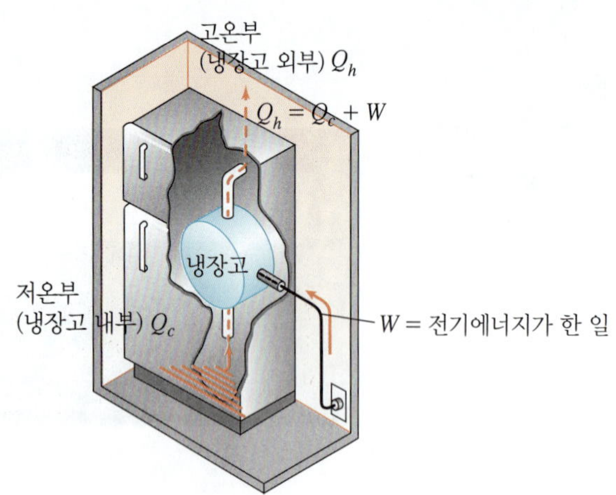

그림 15-5 냉장고는 내부의 음식에서 열을 빼앗아 밖(부엌)으로 내보낸다. 이 경우 열이 차가운 곳에서 뜨거운 곳으로 흐르도록 전기에너지가 일을 하게 된다.

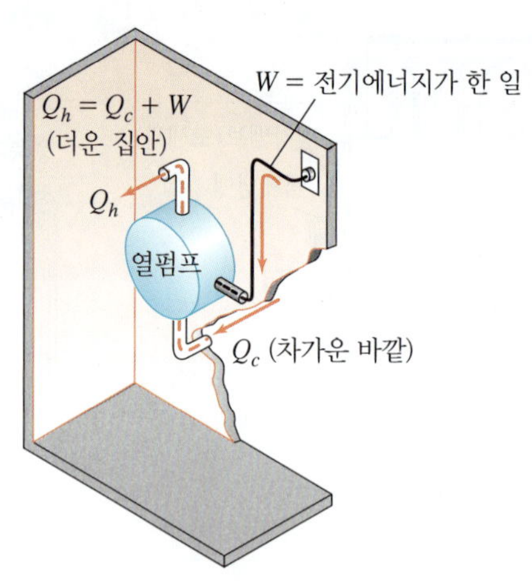

그림 15-6 난방용 열펌프는 차가운 바깥쪽이 저온고에 해당되고, 집안 쪽이 고온고이다.

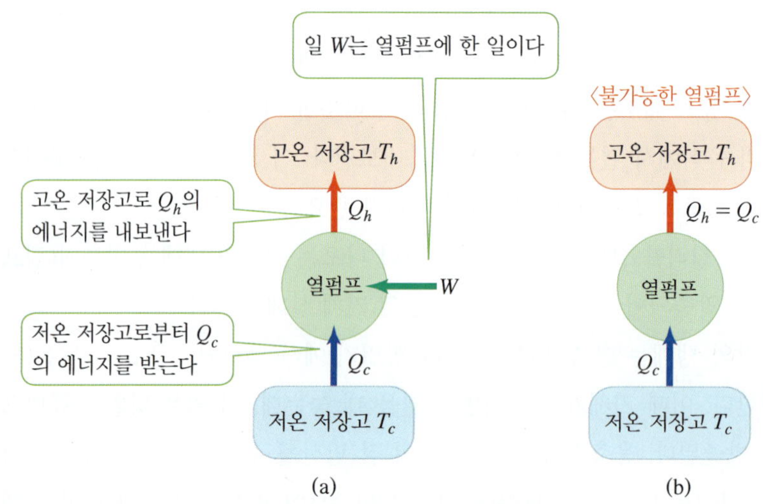

그림 15-7 (a) 열펌프의 개략도. 냉장고도 같은 원리로 작동한다. (b) 실현이 불가능한 열펌프 또는 냉동기의 개략도. 일에 의한 에너지 공급을 받지 않고도 저온 저장고에 있는 에너지를 받아서 똑같은 양의 에너지를 고온 저장고로 보내는 것은 불가능하다.

가 T_c인 저온의 열원에서 Q_c의 열을 흡수하여, 온도가 T_h인 고온의 열원으로 열량 Q_h을 내보낸다. 이때 외부에서 열펌프에 해주는 일은 $W = Q_h - Q_c$이다. 아무 일도 하지 않고 이런 과정을 이룰 수 있다면 냉장고나 열펌프는 완전한 기관이다. 그러나 이러한 기관은 존재하지 않는다[그림 15-7(b)]. 이러한 장치가 존재한다는 것은 열역학 제2법칙에 위배된다.

냉동기를 열역학 제2법칙과 관련시켜 **클라우지우스의 표현**을 빌어 다시 정리하면 다음과 같다.

> 일에 의한 어떤 에너지도 받지 않고, 에너지를 열의 형태로 한 물체에서 좀 더 고온의 다른 물체로 계속 이동시키는 순환장치를 만드는 것은 불가능하다.

냉장고에서 펌프의 효율성은 **성능계수**(COP; coefficient of performance, 또는 **실행계수**)로 나타낸다. 성능계수는 저온의 열원에서 흡수한 열에너지 Q_c와 외부에서 해준 일 W의 비를 말한다. 즉 냉동기관이 얼마나 효과적으로 열을 방출하는가를 나타내는 지수이다. 냉방용 기기의 성능계수는 다음과 같이 나타낼 수 있다.

$$\text{COP(냉방용)} = \frac{\text{저온의 저장체에서 빼앗은 에너지}}{\text{열펌프에 해준 일}} = \frac{Q_c}{W} = \frac{Q_c}{Q_h - Q_c} \quad \textbf{15-6a}$$

이 값이 커질수록 한 일에 비해 제거된 에너지가 커지기 때문에 성능이 더 좋아진다. 성능이 좋은 냉장고는 COP값이 5~6이고, 에어컨은 2~3 정도이다. 또 이상기체가 일을 하면 이때의 최대 성능계수는 다음과 같이 나타낼 수 있다.

$$\text{COP(냉방용)} = \frac{T_c}{T_h - T_c} \quad \textbf{15-6b}$$

열펌프가 겨울철에 난방용으로 동작할 때는 외부의 찬 공기로부터 에너지를 빼앗아 실내를 따뜻하게 한다. 이 말이 역설적인 것으로 보일 수도 있다. 그러나 이 과정은 냉장고 내부에 있는 음식으로부터 빼낸 에너지를 부엌으로 보내는 냉장고의 과정과 동일하다.

난방용으로 사용하는 열펌프의 성능계수는 실내로 전달된 에너지 Q_h를 열펌프에 해준 일(또는 열펌프가 한 일) W로 나눈 값이다.

$$\text{COP(난방용)} = \frac{\text{고온에 전달된 에너지}}{\text{열펌프에 해준 일}} = \frac{Q_h}{W} = \frac{Q_h}{Q_h - Q_c} \quad \textbf{15-7a}$$

실제로 난방용 열펌프의 COP는 실내에 전달된 에너지와 공급한 일의 비이다. 보통 Q_h가 W보다 크므로 COP의 값은 1보다 크다. 만일 이상기체가 일을 한다면 최대 성능계수는 다음과 같이 나타낼 수 있다.

$$\text{COP(난방용)} = \frac{T_h}{T_h - T_c} \quad \textbf{15-7b}$$

예제 15-6 남은 음식 냉장고에 넣기

문제 온도가 323 K인 먹다 남은 죽을 2.00 L의 용기에 담아 냉장고에 넣었다. 죽의 밀도는 1.25×10^3 kg/m^{3}이고 비열은 물의 비열과 같다고 가정하자. 냉장고에 넣은 죽은 온도가 283 K로 식었다. (a) 냉장고의 COP가 5.0이라면, 죽을 냉각시키는 데 필요한 에너지를 일의 형태로 구하라. (b) 냉장고 컴프레서 일률이 187 W라면, 죽을 283 K로 냉각시키는 데 최소 얼마만큼의 시간이 필요한가? 열펌프가 열에너지를 냉장고에서 배출해내는 비율이 일정할 때, 죽이 냉각되는 시간이 최소가 된다고 가정한다.

생각하기 문제의 해결과정은 세 단계이다. 즉 먼저 죽의 질량 m을 구하고, 다음으로 죽을 냉각시키는 데 필요한 에너지를 구한 후, 마지막으로 죽을 냉각시키는 데 필요한 시간을 구한다.

풀이 (a) 죽의 질량은 다음과 같다.

$$m = \rho V = (1.25 \times 10^3 \text{ kg/m}^3)(2.00 \times 10^{-3} \text{ m}^3) = 2.50 \text{ kg}$$

따라서 죽을 냉각시키는 데 필요한 열량은 다음과 같다.

$$Q_c = Q = mc\Delta T$$
$$= (2.50\ \text{kg})(4\ 190\ \text{J/kg K})(323\ \text{K} - 283\ \text{K})$$
$$= 4.19 \times 10^5\ \text{J}$$

냉장고의 성능계수가 5.0이므로 다음 관계가 있다.

$$\text{COP} = \frac{Q}{W} = \frac{4.19 \times 10^5\ \text{J}}{W} = 5.0$$

따라서 죽을 냉각시키는 데 필요한 에너지 W는 $W = 8.38 \times 10^4$ J이다.

(b) 일을 일률로 나눠 소요된 시간을 구하면 다음과 같다.

$$\Delta t = \frac{W}{P} = \frac{8.38 \times 10^4\ \text{J}}{187\ \text{W}} = 448\ \text{s}$$

냉각 과정을 지연시키는 용기와 죽 자체의 단열 특성은 무시하였다.

예제 15-7 열펌프의 성능계수

문제 난방용으로 사용하는 열펌프가 있다. 이 펌프의 일률은 1 500 W이며, 성능계수가 3.0이라고 한다. (a) 이 펌프로 초당 얼마나 많은 열을 방에 공급할 수 있을까? (b) 이 열펌프가 초당 1 500 J의 일을 할 수 있다면, 성능계수는 얼마인가? 이때 다른 조건은 모두 같다고 가정한다.

생각하기 난방용으로 동작하는 열펌프의 성능계수는 실내에 전달된 에너지 Q_h를 열펌프에 해준 일(또는 열펌프가 한 일) W로 나눈 값이다.

풀이 (a) 난방용으로 사용하는 열펌프의 성능계수를 구하는 식은 COP(난방용) $= Q_h/W$ 이므로

$$Q_h = \text{COP} \times W = 3.0 \times 1\ 500\ \text{J} = 4\ 500\ \text{J}$$

이다. 즉 초당 4 500 J 의 열에너지를 방에 공급할 수 있다.

(b) 열펌프가 집 밖에서 열 Q_c을 얻어서 초당 1 500 J의 일을 할 수 있다면, 초당 Q_h = 4 500 J의 열을 집 밖의 더운 쪽으로 내버린다고 가정한다. 에너지는 보존되므로 $Q_c + W = Q_h$이므로

$$Q_c = Q_h - W = 4\ 500\ \text{J} - 1\ 500\ \text{J} = 3\ 000\ \text{J}$$

이다. 따라서 이 열펌프의 성능계수는 다음과 같다.

$$\text{COP} = \frac{Q_c}{W} = \frac{3\ 000\ \text{J}}{1\ 500\ \text{J}} = 2.0$$

좋은 열펌프는 돈과 에너지를 절약할 수 있다. 이 예제의 열펌프를 1 500 W의 전기난방기와 비교하자. 전기난방기에 전기를 공급하면 1 500 W의 전기를 사용하여 1 500 J의 열을 방으로 공급한다. 그러나 위 예제의 펌프는 1 500 W의 전기를 사용하지만, 4 500 J의 열을 공급한다.

15-6 카르노 기관과 열역학 제2법칙

열기관은 주위에서 열에너지를 공급받아 일을 수행하는 장치이다. 가솔린 엔진에서 휘발유와 공기의 혼합물질을 작동물질이라 한다. 열기관이 일을 하려면 작동물질의 각 상태가 반복적으로 순환되는 과정을 거쳐야 한다. 카르노 기관의 작동 과정에서 열역학 제2법칙이 어떻게 적용되는지 알아보자.

프랑스의 과학자 **카르노**(Sadi Carnot; 1796 1832)는 어떻게 하면 열효율을 높일 수 있는가를 알아보기 위해 이상적인 기관을 제안하였다. 후대에 와서 사람들은 이 기관을 **카르노 기관**(Carnot engine)이라 불렀다. Carnot 기관은 열로써 일을 할 때 이론적 측면에서 최상의 기관이다. 이와 같은 이상적인 열기관을 분석하는 것은 실제 기관을 이해하고 효율을 높이는 데 많은 도움을 준다. Carnot는 열역학 제1법칙이나 엔트로피의 개념이 정립되기 이전에 이 이상적인 열기관의 성능을 분석하여 제안하였다.

Carnot 기관은 작동물질의 순환과정들이 천천히 행해져서 평형상태들의 연속으로

간주될 수 있고, 전 과정은 행한 일이나 교환된 열의 크기가 변하지 않게 가역적으로 행해질 수 있는 것으로 간주될 수 있다. 그러나 실제기관의 과정은 훨씬 더 빨리 일어나며, 기체 내부에 난류와 마찰의 존재 등 여러 요인 때문에 가역적으로 행해질 수는 없다. 따라서 실제적인 과정들은 비가역적이다.

Carnot 기관의 한 순환과정

높은 온도 T_h(하첨자 h는 high의 약자)와 낮은 온도 T_c(하첨자 c는 cold의 약자) 사이에서 작동하는 Carnot 기관의 순환과정을 살펴보자($T_h > T_c$). Carnot 기관의 순환과정은 그림 15-8와 같이 두 단계의 단열과정과 두 단계의 등온과정으로 구성되며 모두 가역 과정으로 간주하자. 열전달은 등온과정 AB와 CD에서만 일어난다고 가정한다. 작동물질의 부피가 변하는 과정 BC와 DA는 단열과정으로 작동물질은 피스톤이 있는 단열된 원통에 갇힌 이상기체라 가정한다. 한 번의 순환과정 동안 작동물질은 높은 온도의 열저장고에서 열을 흡수하며 낮은 온도의 열 저장고로 열을 방출한다. 카르노 기관의 순환과정은 다음과 같다.

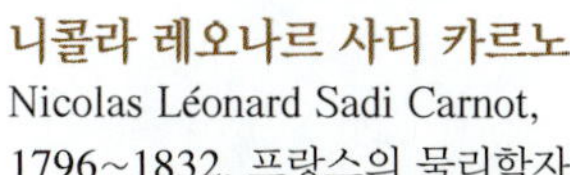

니콜라 레오나르 사디 카르노
Nicolas Léonard Sadi Carnot,
1796~1832, 프랑스의 물리학자

카르노는 열은 높은 온도로부터 낮은 온도로 옮겨질 때에만 힘을 얻을 수 있고, 그와 반대의 경우에는 밖으로부터 힘을 공급해야 한다는 사실을 증명하여 열역학 제2법칙의 기초를 놓았다. 그는 이상적인 순환기관으로 열의 흡입과 배출, 그리고 팽창과 압축의 각 과정들이 가역적으로 행해진다고 주장하였다. 1832년 당시 유행한 콜레라에 걸려 36세로 짧은 생을 마감하였다.

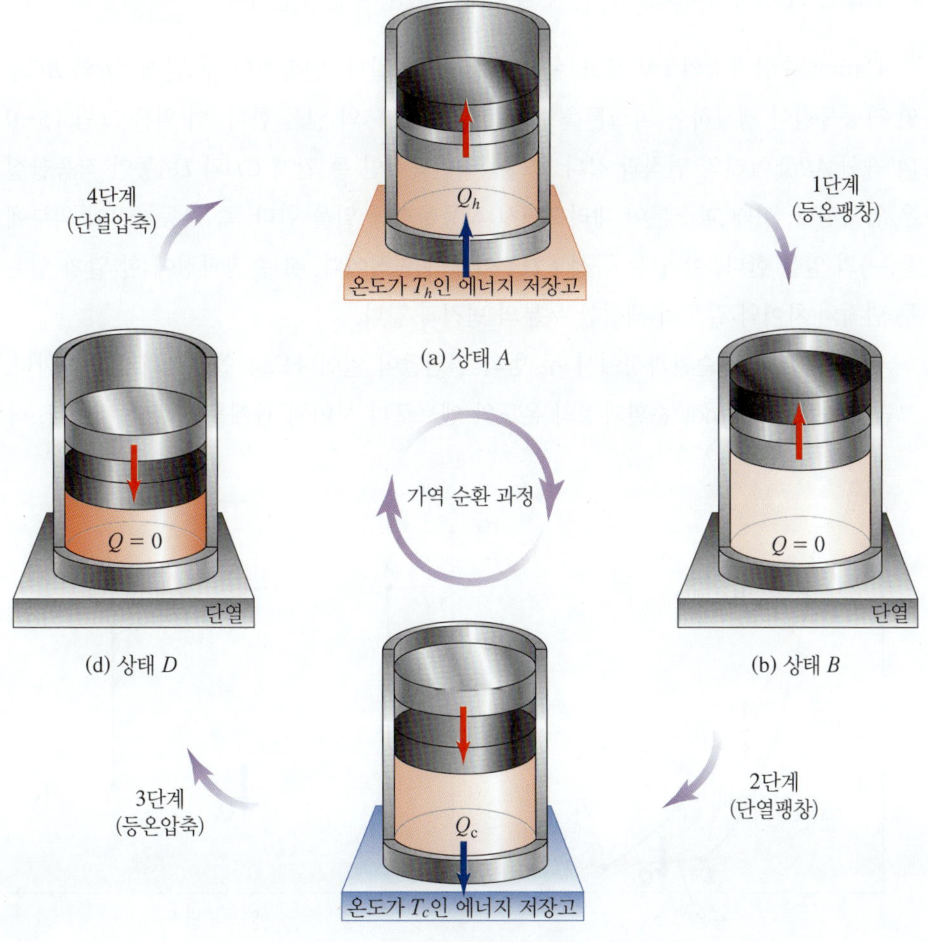

그림 15-8 카르노 순환과정. 상태 A, B, C, D는 그림 15-10에 보인 기체(작동물질)의 상태를 나타낸다. 피스톤 내에 있는 붉은색 화살표는 각 과정 동안에 피스톤의 운동방향을 나타낸다.

TIP 카르노 기관은 존재하지 않는 이상적인 기관이다.

효율을 최대로 하기 위하여 카르노 기관을 개발하였다면 모든 과정이 가역적이어야 한다. 가역적이 되려면 기관은 무한히 느리게 작동해야 하므로 기관의 출력은 0이 된다. 단지 이상적인 기관일 뿐이다.

1단계: 등온팽창(상태 $A \rightarrow$ 상태 B)

작동물질은 높은 온도 T_h의 에너지 저장고와 열접촉 되어 있다. 팽창과정에서 기체는 열 저장고로부터 열에너지 Q_h를 흡수하여 피스톤을 밀어 올리면서 일 W_{AB}를 한다.

2단계: 단열팽창(상태 $B \rightarrow$ 상태 C)

원통의 바닥은 열적으로 부도체인 바닥에 접촉되고 작동물질은 단열팽창한다. 열에 의해 에너지가 계에서 나가거나 계로 들어오지 못한다. 단열팽창 중에 작동물질의 온도는 T_h에서 T_c로 낮아지고 피스톤을 밀어 올리면서 일 W_{BC}를 한다.

3단계: 등온압축(상태 $C \rightarrow$ 상태 D)

작동물질은 온도 T_c의 에너지 저장고와 열접촉 되어 있고 온도 T_c에서 압축된다. 이 과정 동안 작동물질은 열에너지 Q_c를 저장고에 내보내며, 이때 피스톤이 작동물질에 해준 일은 W_{CD}이다.

4단계: 단열압축(상태 $D \rightarrow$ 상태 A)

원통의 바닥은 열적으로 부도체인 벽에 접촉되고 작동물질은 단열압축한다. 작동물질의 온도는 T_h로 증가하고, 피스톤이 작동물질에 한 일은 W_{DA}이다.

Carnot 순환과정의 PV 도표는 그림 15-9와 같다. 연속적인 두 단계 AB와 BC동안 작동물질이 팽창하여 피스톤을 들어올리는 양(+)의 일을 한다. 이 일은 그림 15-9의 곡선 ABC 아래의 면적과 같다. 또 다른 연속적인 두 단계 CD와 DA동안 작동물질은 압축된다. 이때 피스톤이 내려오면서 작동물질에 일을 한다. 즉 작동물질이 외부에 음(−)의 일을 한다. 이 일은 곡선 CDA 아래의 면적이다. 한 순환과정에 한 알짜 일은 두 면적의 차이와 같으며 색칠한 부분의 면적과 같다.

Carnot 기관의 순환과정에서 두 번의 열전달이 일어나므로 엔트로피가 변화한다. 그림 15-10은 Carnot 순환과정의 온도와 엔트로피 사이의 관계를 나타낸 것이다. 작

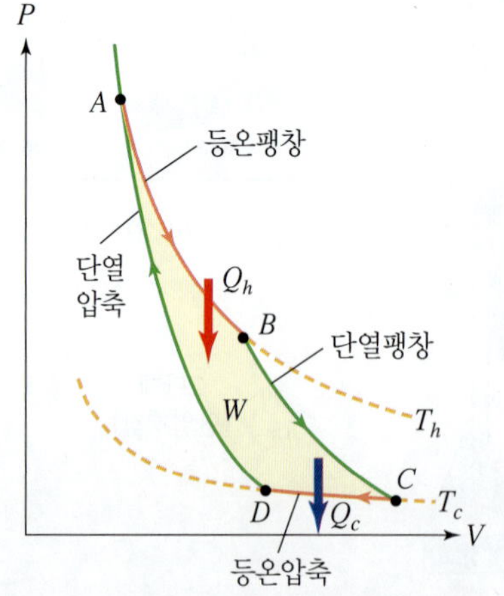

그림 15-9 Carnot 기관의 작동물질이 행하는 순환과정의 PV 도표. 기관이 한 알짜 일은 순환과정 동안 카르노 기관으로 전달된 알짜에너지 $|Q_h|-|Q_c|$이다.

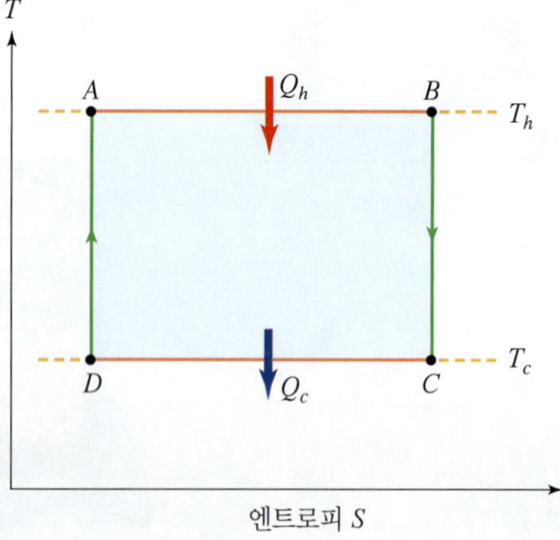

그림 15-10 Carnot 순환과정의 온도-엔트로피 도표

동물질이 등온팽창하는 1단계(상태 A → 상태 B)에서는 고온 저장고에서 열을 가역적으로 흡수하며 엔트로피가 증가한다. 그리고 작동물질이 등온압축하는 3단계(상태 C → 상태 D)에서는 일정 온도에서 열을 가역적으로 잃어버려 엔트로피가 감소한다. 나머지 2단계와 4단계에서는 열전달이 일어나지 않으므로 작동물질의 엔트로피는 일정하다.

작동물질의 엔트로피 변화

Carnot 순환과정에서 열전달이 일어나는 구간은 열을 얻는 상태인 AB와 열을 잃는 상태인 CD이다. 고온과 저온의 두 온도에서 작동물질의 엔트로피 변화가 나타난다. 한 순환과정에서 알짜 엔트로피 변화는 $\Delta S = \Delta S_h - \Delta S_c$이다. 즉 엔트로피 변화는 다음과 같다.

$$\Delta S = \frac{|Q_h|}{T_h} - \frac{|Q_c|}{T_c} \tag{15-8}$$

엔트로피는 상태함수이므로 한 순환과정에서 엔트로피의 변화는 $\Delta S = 0$이다. 즉, $\Delta S = 0$이 되려면 다음 관계가 성립한다.

$$\frac{|Q_h|}{T_h} = \frac{|Q_c|}{T_c} \tag{15-9}$$

ΔS_h는 열에너지가 피스톤 내 작동물질로 더해지므로 양(+)의 값을 가지며, ΔS_c는 작동물질이 열에너지를 잃으므로 음(−)으로 $\Delta S_h > \Delta S_c$이다. 여기서 $T_h > T_c$이므로 $|Q_h| > |Q_c|$인 관계가 있다. 이 관계는 Carnot한 순환과정에서 저온의 열저장고로 주는 열에너지보다 고온의 열저장고로부터 뽑아내는 열에너지가 더 많다는 것을 나타낸다.

Carnot 기관의 효율

Carnot 순환과정에서 알짜 일을 열역학 제1법칙을 이용하여 나타내보자. Carnot 순환과정은 이상적인 가역기관이므로 한 순환과정이 끝날 때마다 $\Delta U = 0$이어야 한다. 따라서 열역학 제1법칙은 $0 = Q - W$, 즉 $W = Q$이다. Q는 한 순환과정 동안 전달된 알짜 열로 $Q = |Q_h| - |Q_c|$이며 W는 알짜 일이다. 따라서 열역학 제1법칙을 Carnot 순환과정에 적용하면 다음과 같다.

$$W = |Q_h| - |Q_c| \tag{15-10}$$

일반적으로 주어진 열에너지 Q_h를 최대한 많은 일 W로 변환시키는 것이 좋은 열기관의 조건이다. Carnot 기관의 열효율 e_c는 한 순환과정 중에 한 일을 흡수한 열에너지로 나눈 값으로 구할 수 있다.

$$e_c = \frac{W}{|Q_h|} = \frac{|Q_h| - |Q_c|}{Q_h} \tag{15-11}$$

식 15-11에서 열효율은 $e_c = 1 - |Q_h|/|Q_c|$이고 여기에 식 15-9를 대입하면 다음 관계를 얻는다.

$$e_c = 1 - \frac{T_c}{T_h} \qquad 15-12$$

여기서 온도는 절대온도이다. $T_h > T_c$이므로 Carnot 기관의 열효율은 1 보다 작다.

실제의 기관에서는 마찰 등에 의한 에너지 손실 때문에 이렇게 높은 열효율을 가질 수 없다. 잘 고안된 실제 기관의 열효율은 Carnot 기관의 열효율의 60~80 % 정도이다. 식 15-12에서 효율 100 %라는 것은 $T_c = 0$ 또는 $T_h = \infty$일 때만 가능하다. 그러나 절대온도 0에 도달하는 것은 실제적으로(이론적으로도) 불가능하다. 따라서 보통 온도에서는 열효율이 100 %인 열기관은 불가능하다.

지금까지 살펴본 Carnot 기관의 특성에서 '열저장고에서 뽑아낸 열에너지를 모두 일로 바꾸는 기관은 불가능하다'는 사실을 확인하였다. 따라서 두 에너지 저장고 사이에서 작동하는 실제 기관은, 같은 두 에너지 저장고 사이에서 작동하는 카르노 기관보다 효율이 더 좋을 수 없다. 즉 영구기관은 존재할 수 없다. 표 15-1은 산업 현장에서 사용되는 몇 종류의 열기관의 열효율을 나타낸 것이다.

표 15-1 몇 종류 기관의 열효율

엔진의 종류	열효율(%)
자동차 엔진(휘발유)	20~25
디젤엔진	26~38
핵발전소의 증기 터빈	35
석탄 발전기의 증기 터빈	40

예제 15-8 증기기관의 최대 효율

문제 그림 15-11과 같은 증기기관이 T_h = 500 °C와 T_c = 270 °C 사이에서 작동한다고 한다. 이 증기기관의 가능한 최대 효율을 구하라.

생각하기 열효율을 계산할 때 온도는 절대온도이다.

풀이 주어진 온도를 절대온도로 바꾸면 T_h = 773 K이고, T_c = 543 K이다. 식 15-12로부터 이 기관의 열효율을 구할 수 있다.

$$e_c = 1 - \frac{543}{773} = 0.30$$

이론적인 최대 효율은 30 %이다. 그러나 실제적으로는 이 값보다는 작을 것이다.

그림 15-11 오스트리아 잘츠캄마굿에서 샤프베르그 산정(해발 1783 m)까지 관광객을 수송하는 증기기관차

15-7 미시적 관점에서 본 엔트로피

볼츠만의 제안

열역학 제2법칙에 대한 또 다른 관점은 엔트로피를 확률론과 통계이론에 연결시킨다는 것이다. 이러한 통찰력은 볼츠만(L. Boltzmann, 1844~1906)에 의해 시작되었다. 볼츠만은 확률이라는 개념을 이용하여 새로운 관점에서 엔트로피를 정의하고자 하였다. 그는 자연계의 무질서를 확률로 생각하고, 확률이 가장 높은 상태는 가장 큰 엔트로피를 가진 가장 무질서하고 제멋대로인 상태로 보았다. 예를 들어 그림 15-12와 같이 두 부분으로 나누어진 상자의 한쪽에는 기체가 들어 있고 다른 쪽은 진공상태라고 가정하자. 한쪽에 들어 있는 기체들은 상당히 질서정연한 배열을 하고 있다. 그러나

칸막이를 제거하면, 기체분자는 곧 상자 전체에 퍼져나가 임의의 방향으로 불규칙적으로 움직이는 무질서한 상태가 된다. 우리는 기체의 엔트로피 증가에 대응하는 이러한 질서의 변화를 계산할 수 있다. 동시에 분자가 원래 위치하였던 상자 한쪽으로 되돌아갈 확률은 거의 0이다. 볼츠만은 어떤 주어진 높은 상태에 있는 계의 엔트로피는 클라우지우스의 정의($\Delta S = Q/T$)에 일치하도록 다음과 같이 새로운 제안을 하였다.

$$S = k_B \ln W \qquad \textbf{15-13}$$

여기서 $k_B = 1.38 \times 10^{-23}$ J/K는 볼츠만상수이고, W는 주어진 거시적 상태에 해당하는 미시적 상태의 개수이다. 즉 계가 특정한 배열을 취할 확률에 비례하는 숫자이다. 기호 ln은 자연로그이다.

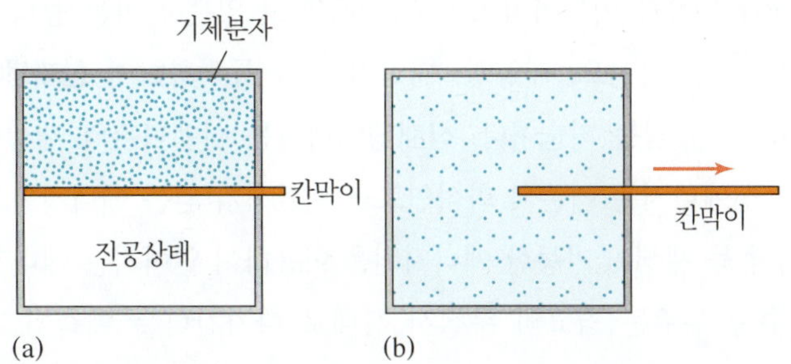

그림 15-12 (a) 모든 기체분자가 위쪽에만 차 있고 아래쪽은 진공상태인 상자 (b) 칸막이를 옆으로 제거하면 기체분자는 무질서해지고 엔트로피는 증가한다. 동시에 분자가 원래 위치하였던 상자 위쪽으로 되돌아갈 확률은 거의 0이다.

엔트로피에 대한 통계적인 관찰은 에딩턴 경(Sir Arthur S. Eddington, 1881~1944)이 고안한 예에 의해서도 설명된다. 그림 15-13과 같이 한 벌이 52장인 카드가 순서대로 정리되어 있다고 하자. 만약 이 카드를 계속해서 섞으면(열역학 과정이 일어나는 것에 대응하는) 카드의 순서는 처음 정렬상태를 잃고 제멋대로 될 것이다. 아무리 많이 섞는다 할지라도, 카드는 절대로 원래의 순서대로 정렬되지 않는다. 원래의 순서대로 정렬될 **확률**(probability 確率)이 있다 하더라도 너무 작아서 고려할 필요가 없다. 이와 비슷하게 어떤 물리 과정을 진행하는 계는 무질서한 상태에 도달할 확률이 훨씬 더 크기 때문에 계는 질서에서 무질서로 옮아간다.

열역학 제1법칙은 계가 스스로 원래의 순서대로 정렬하지 않는다는 사실을 언급하지는 않는다. 그러나 열역학 제2법칙은 원래의 상태로 돌아갈 확률은 실질적으로 0이라고 알려준다. 그 이유는 물리적인 계는 너무나 많은 분자로 이루어져 있기 때문에 원래의 질서 상태로 되돌아갈 확률은 한 벌의 52장의 카드를 계속 섞어서 원래의 순서대로 정렬될 확률보다 무한히 작다. 물리학의 한 분야인 **통계역학**(statistical mechanics 統計力學)에서는 엄청나게 많은 입자의 집합과 엔트로피를 연관시킨다.

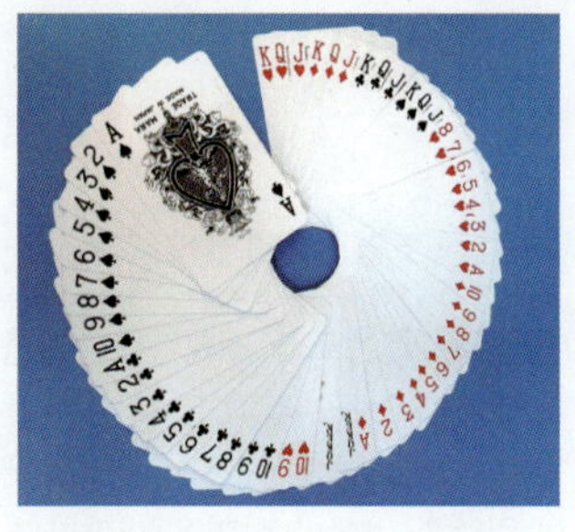

(a)

(b)

그림 15-13 (a) 순서대로 정렬되어 있는 한 벌의 카드 (b) 카드를 계속해서 섞으면(열역학 과정이 일어나는 것에 대응하는) 카드의 순서는 처음 정렬상태를 잃고 제멋대로 되며, 원래의 순서대로 정렬되지 않을 것이다.

우주의 한 부분의 엔트로피가 어떠한 과정에서 감소하더라도, 우주의 다른 부분에서 엔트로피가 이보다 더 많이 증가하므로 총 엔트로피는 항상 증가한다는 것을 알았다. 열역학 제2법칙은 새로운 물리량, 즉 엔트로피 S를 도입하지만 그것이 보존된다고 말하지는 않는다. 오히려 정반대로 엔트로피는 보존되지 않는다. 시간이 흐름에 따라 항상 증가한다.

열공해

일상생활에서 에너지를 만들거나 사용하는 변환 과정은 항상 카르노기관의 열효율보다 작은 열효율을 갖는 기계나 생명체에 의해서 일어난다. 이와 같이 에너지 변화의 불가피한 결과는 열의 방출이다. 우리가 원하지 않는 이러한 열에너지 방출을 **열공해**(heat pollution 熱公害)라 부른다. 한 지역의 온도 변화를 최소화하기 위해서 열에너지를 넓은 지역으로 분산시켜 배출하거나 회수하는 방법으로 약간은 조절할 수 있지만, 열공해를 완전히 제거할 수는 없다. 최근에는 열공해를 줄이기 위해 대체에너지 자원 개발에 많은 연구와 투자가 이루어지고 있다. 연구되고 있는 분야는 풍력, 수력, 폐기물, 지열, 조수간만의 차, 바이오, 태양광, 태양열 등을 동력화하여 **신재생에너지**(new & renewable energy)를 얻는 기술이다. **신재생에너지는 신에너지와 재생에너지를 합쳐 부르는 말이다**. 신에너지는 기존의 화석연료를 변환시켜 얻는 에너지이고, 재생에너지는 물, 강수, 바람 등 재생이 가능한 에너지원을 이용하여 얻어지는 에너지를 말한다.

시간이 갈수록 우주는 최고의 무질서 상태로 다가간다는 예측이 자연스러울 수 있다. 시간이 흐를수록 에너지의 형태가 질서 있는 형태로부터 결국 가장 낮은 질서의 형태인 내부에너지 또는 열에너지로 가버린다는 의미로 볼 때 에너지는 질이 낮아질 것이다. 물질은 균일하게 섞일 것이고, 우주 전체가 하나의 온도에 있게 될 때까지 뜨거운 온도 영역에서 차가운 온도 영역으로 열이 흐를 것이다. 그 후에는 어떠한 일도 할 수 없게 되고, 우주의 모든 에너지는 열에너지로 질이 떨어지게 될 것이며, 모든 변화는 사라질 것이다. 이 문제에 대해 지구의 **열죽음**(heat death)이라고 주장하는 사람들도 있지만 아직까지 그런 일은 일어나지 않는다. 과학자들이 만든 열역학 제2법칙은 우주가 유한하다는 가정에 기초를 두고 있으므로, 방대한 우주의 모든 영역에까지 적용될지에 대해서는 그 누구도 답할 수 없는 문제이다.

NOTE 열역학 제3법칙

어떤 계의 온도도 유한한 단계를 거쳐 절대0도(T = 0 K)로 낮추는 것은 불가능하다. 이 내용은 이 책의 범주를 벗어나 설명을 생략한다.

(a)

(b)

(b)

그림 15-14 재생에너지를 얻는 시설. (a) 태양광에서 전기를 얻는 태양광 발전 (b) 바람을 이용하여 전기를 얻는 풍력발전(제주도 구좌읍) (c) 덴마크는 전기생산량의 68 %를 풍력으로 얻고 있다. 사진은 덴마크에서 개발한 세계 최대 풍력발전 터빈의 제원

단원과 관련된 주제 열공해와 대기오염을 줄이기 위한 자동차의 변신

자동차 역사

인류와 함께 발전해온 자동차의 역사는 BC 3200년경 바퀴의 발견과 함께 시작되었으며, 20세기 이후 인류가 갖고 있는 이동수단을 대표하는 매체가 되었다. 자동차 산업은 최초로 증기기관의 개발과 함께 출발하여 열효율을 높이기 위해 많은 기술의 진전을 이루어왔다. 최근에는 과학기술의 획기적인 발전에 따라 열공해와 대기오염을 감소시키는 친환경 자동차가 속속 등장하고 있다(표 15-2).

표 15-2 자동차 발전의 역사

연대	역사
1482년	태엽자동차 고안 (레오나르도 다빈치, Leonardo da Vinci)
1769년	증기자동차 발명 (니콜라스 조셉 퀴뇨, Nicholas Joseph Cugnot)
1862년	4행정 내연기관의 원리 고안 (보 드 로샤, Alphonse Beau de Rochas)
1886년	3륜 휘발유 자동차 발명(칼 벤츠, Karl Benz), 4륜 휘발유 자동차 발명(고트리프 다임러, Gottlieb Daimler)
1889년	푸조자동차 회사 설립 (아르망 푸조, Armand Peugeot)
1900년대	자동차 산업의 획기적인 발전(벤츠, 푸조, 캐딜락, 포드, 롤스로이스 회사 등장)
1910년대	자동차 대량생산과 대중화
1950년대	제2차 세계대전 후 경제적인 국민차 전성기
1960년대	유럽에서 각 개인의 경제활동과 자유를 상징하는 승용차 갖기 붐 시기
1970년대	석유파동과 함께 소형차 붐, 연료절약기술과 촉매변환장치 등 배출가스정화기술 개발
1990년대	컴퓨터와 함께 편리성과 안정성, 자동화 등 과학기술이 접목되는 시기
2020년대	수소나 전기, 배터리 등을 이용한 친환경 자동차 개발에 매진하는 시기

친환경 자동차

1. 하이브리드(Hybrid) 자동차

가솔린 엔진과 전기모터의 두 동력을 이용하여 운행하는 자동차이다. 시동을 걸 때나 저속주행 시에는 모터로 구동하고, 가속이나 정속운행 시에는 엔진과 모터 동력이 자동으로 구동되며, 감속 시에는 차량의 운동에너지를 전기에너지로 변환하여 배터리를 충전시킨다. 원격조정, 첨단 IT, 통신기술 등을 결합하여 안전보안, 차량진단 등 스마트한 자동차로 변신을 계속하고 있다. 특히 내구성이 우수한 리튬이온 폴리머 배터리를 사용하여 안전성을 확보하고 있다. 최근에는 온실가스 감축 기술을 통해 탄소 배출량 및 탄소 감축률 기준을 만족시키는 친환경인증 자동차로 발전하고 있다.

2. 전기차

화석연료(휘발유, 경유 등)를 엔진의 동력으로 이용하는 것이 아니고, 전기에너지로부터 구동에너지를 얻는 자동차를 말한다. 전기모터와 배터리가 주요 부품이며, 소음이 적고, 배출가스가 없으며, 충전비용이 저렴한 친환경 자동차이다. 이와 같은 여러 장점에도 불구하고 보급이 더 된 이유는 1회 충전 주행거리가 짧고 차량가격이 고가이고, 배터리를 충전하는 충전장치가 부족하기 때문이다.

그림 15-15 1928년 영국에서 제작된 '힐만 스트레이트8', 엔진과 바퀴를 제외하고 대부분 나무로 만들어졌으며 최고속도는 120 km/h이다. 컨버터블의 원조로 평가받고 있으며 전 세계에 6대만 남아 있다(제주자동차박물관).

그림 15-16 1955년 제작된 우리나라 최초 자동차 '시발택시'

그림 15-17 하이브리드차

그림 15-18 전기차 바퀴에 달려 있는 전기모터

그림 15-19 충전중인 전기차

그림 15-2 전기차

그림 15-21 수소전기버스

3. 수소전기차

수소와 공기 중의 산소가 반응하여 만들어진 전기에너지가 인버터를 거쳐 모터를 구동시키는 메커니즘을 갖는다. 수소전지차는 하이브리드차나 전기차보다도 더 미래형 자동차로 평가받고 있다. 그리고 배기가스가 없는 친환경 자동차의 새로운 패러다임을 보여주고 있다. 수소전기차의 장점은 수소충전시간이 짧으며, 1회 충전 주행거리가 비교적 길다.

4. 스마트 카(Smart Car)

연구가 활발한 차세대 최첨단 자동차 시스템이다. 자동차의 하드웨어에 전기전자, 정보통신, 지능제어기술 등을 접목하여 자동차의 내부와 외부 상황을 실시간으로 인식하는 자동차를 말한다. 특히 자율주행자동차, 플라밍카 등에 대한 연구가 활발히 진행되고 있다.

연습문제

15-1 비가역 과정과 엔트로피

1. 생활 주변에서 볼 수 있는 비가역 과정의 자연 현상에는 어떤 것들이 있는가?

15-2 엔트로피의 변화

2. 500 g의 물이 100 °C에서 수증기로 바뀔 때, 엔트로피의 변화 ΔS는 얼마인가?

3. 10.0 °C인 물 500 g이 14 °C인 물 500 g과 섞일 때, 엔트로피의 변화 ΔS는 얼마인가?

4. 1.00×10^2 °C의 뜨거운 물 125 g이 담긴 스티로폼 컵이 상온 20.0 °C로 식었다. 실내의 엔트로피 변화 ΔS는 얼마인가? 컵의 비열과 실내온도의 변화는 무시한다.

5. 태양표면의 온도는 대략 5,700 K이고, 지구표면의 온도는 대략 290 K이다. 태양에서 지구로 1,000 J의 에너지가 열로 전달될 때에 엔트로피 변화 ΔS는 얼마인가?

6. 물 1.0 L를 완전히 얼려서 얼음으로 만드는 데 냉동기를 사용하였다. 물과 냉동기는 온도 $T = 0$ °C로 유지된다.
   (a) 물의 엔트로피 변화 ΔS를 구하라.
   (b) 냉동기의 엔트로피 변화 ΔS를 구하라.

7. 70.0 kg의 통나무가 25.0 m의 높이에서 호수로 떨어진다. 통나무, 호수, 공기의 온도가 모두 300 K라면 이 과정에 대한 우주의 엔트로피 변화 ΔS는 얼마인가?

8. 충분한 열을 공급하여, 온도가 0 °C인 얼음 조각 75 g을 물로 녹이고, 그 물을 100 °C로 가열한 뒤, 100 °C에서 수증기로 만든다. 전 과정에서 엔트로피의 변화 ΔS는 얼마인가?

15-3 열역학 제2법칙

9. 열역학 제1법칙과 제2법칙의 차이점을 구분하여 설명하라.

10. 열효율이 100 %인 열기관을 만들 수 있는가? 효율이 100%인 열기관을 열역학 제1법칙과 제2법칙으로 설명하라.

15-4 열기관과 열역학 제2법칙

11. 그림 P15.11과 같이 부피가 1.00 m^3으로 일정한 상태에서 압력이 2.00 기압에서 6.00 기압으로 증가한 후, 처음상태로 되돌아가지 않고 압력이 일정한 상태에서 부피가 3.00 m^3으로 팽창하는 기체가 있다. 한 주기 동안 한 일은 얼마인가?

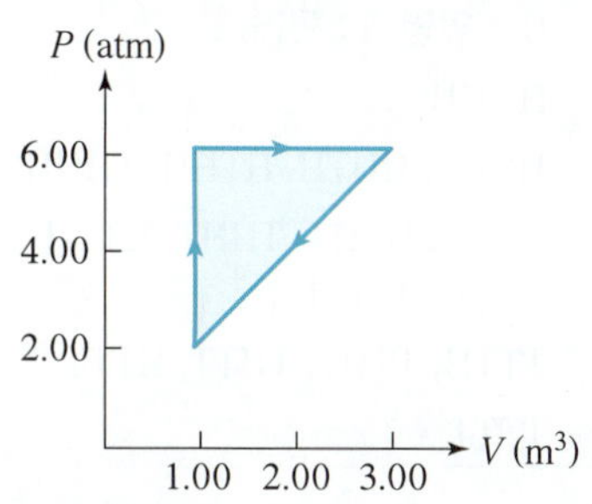

그림 P15-11

12. 열기관이 온도 25 °C와 375 °C의 저장고 사이에서 작동한다. 이 기관의 최대 허용 효율은 몇 %인가?

13. 온도가 692 °C와 395 °C인 열저장고에서 작동하는 엔진이 9,220 J의 열을 흡수하고 1,750 J의 일을 한다.
(a) 이 엔진의 이론적인 최대 열효율은 얼마인가?
(b) 실제적인 열효율은 얼마인가?

14. 석탄을 연소시켜 얻은 열에너지를 이용하여 발전을 하는 기관이 있다. 두 열저장고의 온도가 1870 °C와 430 °C이며, 이 온도 사이에서 작동하며 전기를 생산하고 있다.
(a) 이 기관의 이론적인 최대 열효율은 얼마인가?
(b) 이 기관의 실제 효율은 42.0 %이다. 뜨거운 저장고에서 초당 1.40×10^5 J의 에너지를 흡수한다면, 기관이 내는 역학적 일률은 얼마인가?

15. 한 주기 동안 어느 열기관이 한 일이 높은 온도의 열 저장고에서 흡수한 에너지의 1/4과 같다.
(a) 열효율은 얼마인가?
(b) 흡수한 에너지 가운데 차가운 저장고로 배출한 에너지의 비율은 얼마인가?

16. 어떤 열기관이 매 순환 과정에서 277 °C의 열원에서 1.70 kJ의 에너지를 흡수하여 27 °C의 열원으로 1.20 kJ의 열을 방출한다.
(a) 이 기관의 열효율은 몇 %인가?
(b) 한 주기 당 이 기관이 한 일은 얼마인가?
(c) 사이클이 0.300 s동안 지속된다면 이 기관의 출력(일률)은 얼마인가?

17. 어느 자동차 엔진의 열효율은 20 %이고, 초당 평균 2300 J의 일을 할 수 있다. 이 엔진에서 초당 발생하는 열은 얼마인가?

15-5 냉동기와 열펌프

18. 어느 냉동기의 모터가 200 W의 출력을 갖고 있다. 냉동 부분의 온도가 270 K이고, 바깥 공기의 온도가 300 K일 때의 열효율을 이상적이라 한다면, 냉동 부분에서 10분 동안에 제거할 수 있는 최대 열량은 얼마인가?

19. 온도가 25 °C인 방에서 5 °C의 내부 온도를 유지하는 냉동기가 있다. 이 냉동기의 최대 성능 계수는 얼마인가?

20. 외부 온도가 0 °C일 때, 성능계수가 8인 열펌프를 이용하여 건물 내부의 온도를 높이려고 한다. 이 열펌프로 높일 수 있는 건물 내부의 최고온도는 몇 °C인가?

21. 열기관이 한 순환 동안 뜨거운 저장고에서 500 J을 흡수하고, 차가운 저장고로 300 J을 배출한다. 이 열기관의 효율이 카르노기관의 효율의 60 %라면, 카르노 기관에서 낮은 온도와 높은 온도의 비는 얼마인가?

22. 375 °C와 150 °C의 온도 사이에서 작동하는 카르노 엔진이 순환과정의 마지막 단계에서 17 J의 열을 방출한다.
(a) 한 번의 순환 과정에서 계가 흡수한 열에너지는 몇 J인가?
(b) 계가 한 일은 몇 J인가?

23. 가정용 열펌프를 이용하여 집 외부의 온도가 −10 °C일 때, 집 내부의 온도를 20 °C로 유지시키는데 사용하고 있다.
(a) 이 열펌프의 이론적인 최대성능계수는 얼마인가?
(b) 열펌프가 집 내부로 20 kW의 비율로 열을 공급한다면, 이 열펌프를 가동하기 위하여 공급되어야할 일률은 얼마인가?

15-6 카르노 기관과 열역학 제2법칙

24. 카르노 기관이 100 °C의 온도에서 100 J의 열을 흡수하고, 순환 과정의 마지막 단계에서 50 J의 열을 배출한다. 이 기관이 배출하는 배기 기체의 온도 몇 °C인가?

25. 온도가 5.00×10^2 K에서 작동하는 보일러를 가진 증기 기관이 있다. 보일러의 에너지로 인해서 물이 수증기로 바뀌고 피스톤을 밀어낸다. 배기 기체의 온도는 외부 공기의 온도인 3.00×10^2 K와 같다.
(a) 이 증기 기관을 이상적인 기관이라고 한다면 열효율은 얼마인가?

(b) 보일러에 3.50×10^3 J의 에너지가 공급될 때, 차가운 저장고에 전달된 에너지와 이 기관이 주변에 한 일은 몇 J인가?

26. 275°와 0 °C의 온도 사이에서 작동하는 이상적인 엔진 기관이 있다.

(a) 이 기관의 열효율은 얼마인가?

(b) 이 기관이 같은 온도차이지만, 온도가 각각 100 °C씩 증가한 375 °C와 100 °C 사이에서 작동할 때의 열효율은 얼마인가?

27. 온도가 400 K인 열원과 300 K인 열원 사이에서 동작하는 가역 열기관이 있다.

(a) 이 열기관의 열효율은 얼마인가?

(b) 이 열기관이 0.2 kcal의 열을 고온의 열원에서 흡수했을 때, 할 수 있는 일은 얼마인가?

28. 30 %의 열효율을 갖는 카르노 엔진이 온도가 283 K인 열 침전에서 열을 배출한다. 열효율을 45 %로 증가시키려면, 열 저장실의 온도를 얼마나 증가시켜야 하는가?

29. 어떤 엔진의 이론적인 최대 열효율은 40%이다. 이 엔진이 300 °C의 온도 차이에서 작동된다면, 엔진에서 배출되는 배기가스의 온도는 얼마인가?

15-7 미시적 관점에서 본 엔트로피

30. 동전 네 개를 동시에 공중으로 던진 후 다시 지면에 떨어진 동전이 앞면(H로 표시)과 뒷면(T로 표시)이 나오는 결과를 표로 작성하여 다음과 같이 기록하였다. 예를 들면, HHTH와 HTHH는 앞면이 세 개, 뒷면이 한 개의 결과가 나오는 경우이다.

(a) 작성한 표에서 가장 확률이 높은 결과는 무엇인가?

(b) 엔트로피와 관련하여 가장 질서 있는 상태는 어느 것인가?

(c) 가장 무질서한 상태는 어느 것인가?

거시적 상태	가능한 미시적 상태 (H: 앞면, T: 뒷면)	미시적 상태의 개수
모두 앞면 H	HHHH	1
1T, 3H	HHHT, HHTH, HTHH, THHH	4
2T, 2H	HHTT, HTHT, THHT, HTTH, THTH, TTHH	6
3T, 1H	TTTH, TTHT, THTT, HTTT	4
모두 뒷면 T	TTTT	1

벼락과 번개 벼락은 구름 아래쪽의 음(−)전하와 지면의 양(+)전하가 가까워지면 아주 짧은 시간에 방전이 일어나고 매우 큰 전류가 흐르는 현상이다. 벼락이 칠 때, 순간적으로 이동하는 전자들이 공기 입자들과 충돌하여 빛과 열이 발생하는데, 이때 발생하는 빛이 번개이다. 번개가 움직이는 경로가 공기의 온도, 습도, 기압 등 여러 요인 때문에 번개의 모양이 삐뚤삐뚤하다.

제 16 장 전하와 전기장

원자론에 의하면 고체나 액체를 형성하기 위해 원자나 분자가 서로 잡아당기는 힘도 전기적인 힘이고, 또 이 힘은 인체 내에 일어나는 신진대사 과정의 원인이 되기도 한다. 일상생활에서 밀고 당기는 현상도 손과 물체를 구성하는 분자 사이에 작용하는 전기적인 힘의 결과이다. 우리가 이제까지 공부해왔던 물체에 작용하는 일반적인 힘이나 탄성력 등도 원자 범위 내에서 작용하는 전기적인 힘에 불과하다. 이러한 전기적인 힘은 중력과는 또 다른 힘 중 하나이기도 하다.

전기는 우리 생활에서 뗄 수 없는 소중한 자원으로 과학기술의 발전을 선도하는 모체가 되기도 한다. 전기는 가정과 산업 현장에서 널리 이용되는 교류와 휴대용 기기 등을 동작시키는 데 이용되는 직류로 나누어진다. 교류는 기본전하인 전자가 시간에 따라 방향이 바뀌는 반면, 직류는 전자가 한쪽 방향으로만 이동하는 특성을 가진다.

전기에 대한 최초의 연구는 기원전 700년경부터 그리스인들에 의해 시작되었으나, 체계적으로 연구가 진행된 것은 불과 2세기 전부터의 일이다. 앞으로 7단원에 걸쳐 전기와 자기의 기본적인 성질과 우리 생활에 어떻게 이용되는지 공부하게 된다. 제16장에서는 전하와 전기장에 대해 공부한다.

16-1 전하

전하의 종류

그림 16-1 유럽 리투아니아 연안에서 발견된 호박. 그리스인들은 이 호박을 헝겊에 문지르면 호박이 작은 나뭇잎 조각이나 먼지를 끌어당긴다는 사실을 알았다.(여수엑스포 전시실)

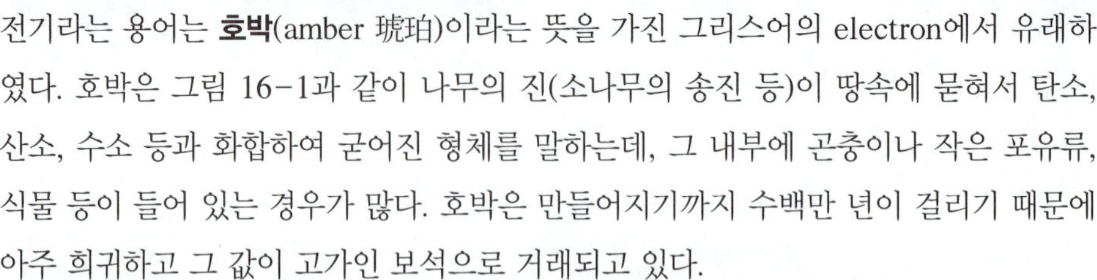

전기라는 용어는 **호박**(amber 琥珀)이라는 뜻을 가진 그리스어의 electron에서 유래하였다. 호박은 그림 16-1과 같이 나무의 진(소나무의 송진 등)이 땅속에 묻혀서 탄소, 산소, 수소 등과 화합하여 굳어진 형체를 말하는데, 그 내부에 곤충이나 작은 포유류, 식물 등이 들어 있는 경우가 많다. 호박은 만들어지기까지 수백만 년이 걸리기 때문에 아주 희귀하고 그 값이 고가인 보석으로 거래되고 있다.

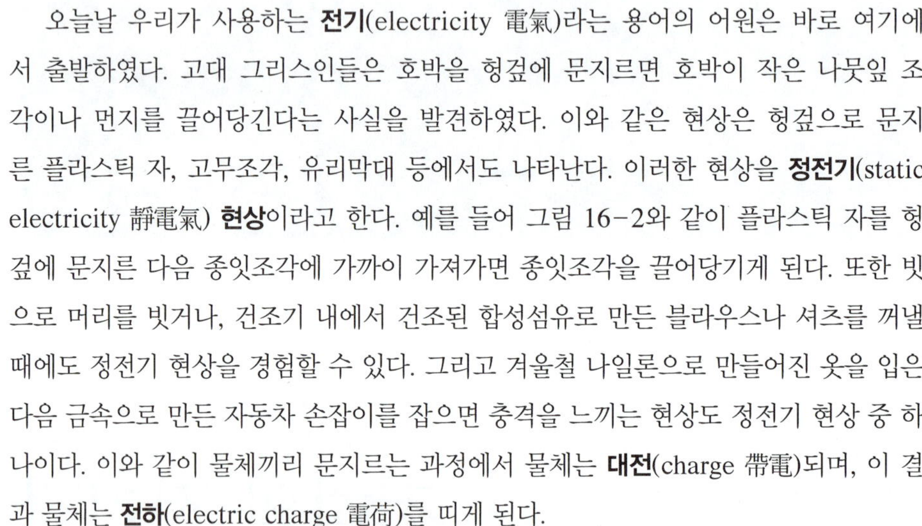

오늘날 우리가 사용하는 **전기**(electricity 電氣)라는 용어의 어원은 바로 여기에서 출발하였다. 고대 그리스인들은 호박을 헝겊에 문지르면 호박이 작은 나뭇잎 조각이나 먼지를 끌어당긴다는 사실을 발견하였다. 이와 같은 현상은 헝겊으로 문지른 플라스틱 자, 고무조각, 유리막대 등에서도 나타난다. 이러한 현상을 **정전기**(static electricity 靜電氣) **현상**이라고 한다. 예를 들어 그림 16-2와 같이 플라스틱 자를 헝겊에 문지른 다음 종잇조각에 가까이 가져가면 종잇조각을 끌어당기게 된다. 또한 빗으로 머리를 빗거나, 건조기 내에서 건조된 합성섬유로 만든 블라우스나 셔츠를 꺼낼 때에도 정전기 현상을 경험할 수 있다. 그리고 겨울철 나일론으로 만들어진 옷을 입은 다음 금속으로 만든 자동차 손잡이를 잡으면 충격을 느끼는 현상도 정전기 현상 중 하나이다. 이와 같이 물체끼리 문지르는 과정에서 물체는 **대전**(charge 帶電)되며, 이 결과 물체는 **전하**(electric charge 電荷)를 띠게 된다.

그러면 전하에는 어떤 종류가 있을까? 그림 16-3(a)와 같이 양전하로 대전된 유리막대를 실에 매달아 놓고, 또 다른 양으로 대전된 유리막대를 가까이 가져가면 두 유리막대는 서로 밀어낸다. 이번에는 그림 16-3(b)와 같이 음으로 대전된 호박막대를 달아 놓고, 또 다른 음으로 대전된 호박막대에 가까이 가져가면 역시 서로 미는 반발력이 작용한다. 그러나 그림 16-3(c)와 같이 양으로 대전된 유리막대에, 음으로 대전된 호박막대를 가까이 가져가면 서로 끌어당긴다. 이 현상을 통해 **전하는 두 종류만이 존재하고, 같은 종류의 전하끼리는 반발하고 다른 종류의 전하끼리는 서로 끌어당긴다**는 것을 알 수 있다.

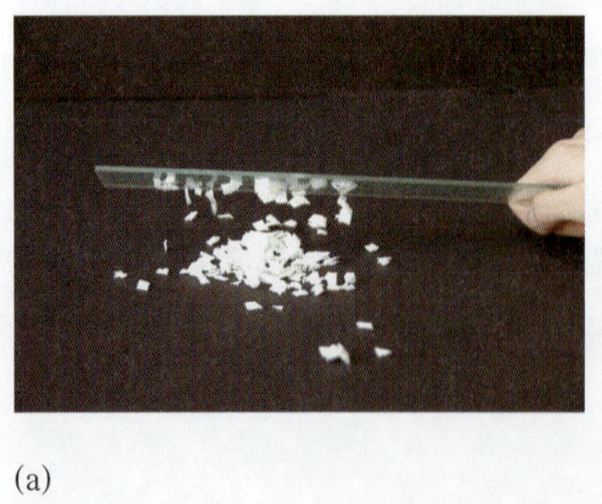

(a)

(b)

그림 16-2 정전기 현상. (a) 헝겊에 마찰시킨 플라스틱 자에 종잇조각이 달라붙는다. (b) 겨울철 나일론으로 만든 옷을 입은 다음, 금속으로 만든 승용차 손잡이를 잡으면 전하가 방전되면서 충격을 느낀다.

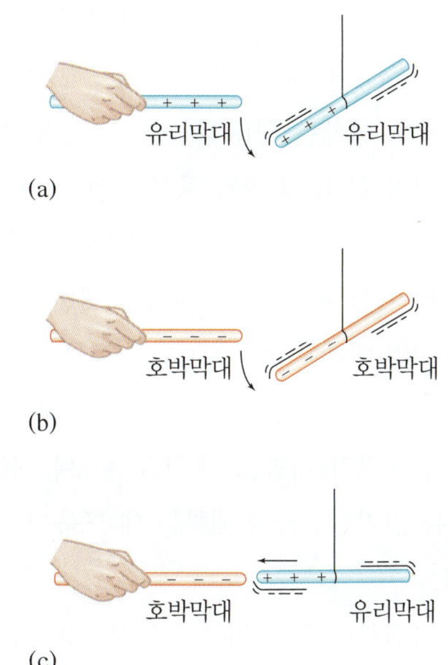

그림 16-3 전하 사이에 작용하는 힘은 반발력과 인력이다. (a) 양(+)전하와 양(+)전하 사이에는 반발력이, (b) 음(−)전하와 음(−)전하 사이에도 반발력이 작용한다. (c) 양(+)전하와 음(−)전하 사이에는 인력이 작용한다.

미국의 과학자 프랭클린(Benjamin Franklin, 1706~1790)은 **두 종류의 전하를 양전하와 음전하로 구분하였다. 그는 마찰시킨 유리막대에 대전된 전하를 양(+)전하로 보았고, 플라스틱 자(또는 호박막대)에 대전된 전하를 음(−)전하로 구분하였는데, 오늘날도 이 분류법을 따르고 있다.**

> **TIP 전하의 이름**
> 양(+)전하는 양(+)전기라고도 부르고, 음(−)전하는 음(−)전기라고도 부른다.

프랭클린은 대전과정에서 한 물체에 일정량의 양전하가 생기면, 다른 물체에는 반드시 같은 양의 음전하가 생긴다고 주장하였다. 이때 양전하와 음전하의 전기량은 대수적으로 계산되며, 이 과정에서 생성된 총 전기량의 합은 언제나 0이 된다. 예를 들어 플라스틱 자를 헝겊에 문질렀을 때 자는 음전하를, 헝겊은 같은 양의 양전하를 얻어서 전하는 분리되지만 생성된 전하의 총합은 0이다. 이 관계를 **전하 보존의 법칙**(law of conservation of electric charge 電荷保存法則)이라고 하며 다음과 같이 요약된다.

- 대전과정에서 생성되는 전기량의 총합은 0이다.
- 어떠한 과정 중에도 고립계의 알짜 전하량은 일정하게 유지된다.

전하보존의 법칙은 수많은 실험을 통해 어떠한 상황에서도 성립한다는 것이 밝혀졌다. 전하보존의 법칙의 예외는 아직까지 발견된 바 없으며, 역학에서의 에너지 보존법칙이나 운동량 보존법칙과 같이 확고히 정립된 물리학의 법칙 중 하나이다.

벤저민 프랭클린 Benjamin Franklin, 1706~1790, 미국 건국의 기초를 다진 정치가, 과학자, 철학자

프랭클린은 계몽사상가로서 유럽 과학자들의 영향을 받았으며, 피뢰침, 다초점 렌즈 등을 발명하였다. 미국의 초대 정치인 중 한 명으로, 미국 화폐 중 최고액인 100달러 지폐에 새겨진 인물이기도 하다.

대전열

두 물체를 마찰시키면 한쪽 물체에는 양(+)전하를, 다른 쪽 물체에는 음(−)전하를 띠게 되는데 같은 물체라도 어떤 물체로 마찰시켰는가에 따라 양(+)전하로 대전될 수도 있고 음(−)전하로 대전될 수도 있다. 두 물체를 마찰시켰을 때 상대적으로 양(+)전하를 띠기 쉬운 물체에서 음(−)전하를 띠기 쉬운 물체 순으로 나열해 놓은 표를 **대전열**(order of electrification 帶電列)이라고 한다.

대전열에서 왼쪽에 위치한 물체는 양(+)전기로 대전되기 쉽고 오른쪽에 위치한 물체는 음(−)전기로 대전되기 쉽다. 몇 가지 물질 사이의 대전열은 표 16−1과 같다.

표를 보는 법을 알아보자. 예를 들어 경우 1에서 털가죽에 유리막대를 마찰시키면 털가죽에는 양(+)전하가, 유리막대에는 음(−)전하가 대전된다. 이번에는 같은 유리막대를 고무에 마찰시키면 유리막대에는 양(+)전하가, 고무에는 음(−)전하가 대전된다.

전하의 근원이 원자에 있다는 사실은 18세기 후반에 와서 명확하게 밝혀졌다. 원자의 구조와 원자에 대한 현대적인 개념은 이 책의 뒷부분 현대물리 편(제26~30장)에서 다루게 되며, 여기서는 전기현상을 이해하는 데 도움이 되는 원자의 기본 개념에 대해서만 간단히 알아보자.

원자의 구조는 중앙에 양전하를 띠고 있는 무거운 핵이 있고, 그 주위에는 음전하를 띠고 있는 전자로 구성되어 있다. 정상상태에서의 원자는 양전하와 음전하의 양이 같아 전기적으로 중성이다. 그러나 가끔 원자는 하나 또는 그 이상의 전자들을 잃거나 얻기도 한다. 이런 경우 원자는 전기적으로 양(+)전하 또는 음(−)전하를 띠게 되며, 이러한 상태를 **이온**(ion)이라고 한다.

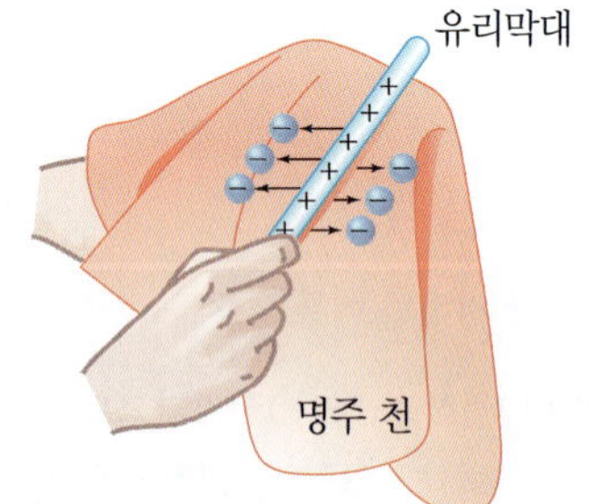

그림 16−4 유리막대를 명주 천에 문지르면, 유리막대에 있던 전자가 명주 천으로 이동한다. 이때 전하들은 불연속적인 덩어리 형태로 이동되기 때문에, 두 물체가 가질 수 있는 전하는 $\pm e$, $\pm 2e$, $\pm 3e$ 등이다.

고체 내에서 핵은 약간 진동을 할 뿐, 위치가 거의 고정되어 있으나 일부 전자는 아주 자유롭게 움직일 수 있다. 마찰에 의해 물체가 대전되는 현상은 한 물체에서 다른 물체로 전자나 이온이 이동되기 때문이다. 그림 16−4와 같이 유리막대를 명주 천에 문질렀을 때, 마찰과정에서 유리막대에 있던 전자가 명주 천으로 이동하여 유리막대는 알짜 양(+)전하를 명주 천은 알짜 음(−)전하를 갖게 된다. 마찬가지로 플라스틱 자를 헝겊으로 마찰시키면 헝겊에 있는 전자의 일부가 플라스틱 자로 이동하여, 헝겊은 양(+)전하를 플라스틱 자는 음(−)전하를 갖게 된다.

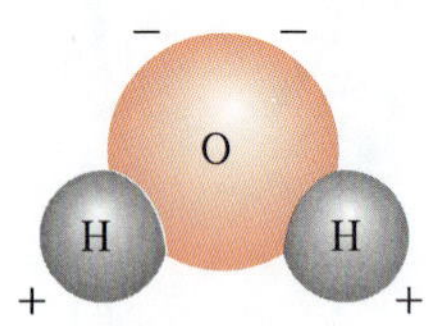

그림 16−5 물분자 모형도. 양쪽 끝에 서로 다른 전하를 가지고 있으므로 극성 분자라고 한다.

일반적으로 마찰에 의해 물체를 대전시키면 대전된 전하는 한정된 짧은 시간 동안에만 존재하고, 결국은 중성의 상태로 되돌아간다. 그러면 이 전하는 어디로 가는 것일까? 대개의 경우 공기 중에 있는 이온(예를 들어 먼 우주에서 날아온 전하를 띤 입자 등)과 결합하여 중화되거나 공기 중에 존재하는 물분자에게로 빠져나가기도 한다. 물분자는 그림 16−5와 같이 전체적으로 중성이지만 전하분포가 균일하지 않은 **극성 분자**(polar molecule 極性分子)이기 때문이다. 음(−)전하를 띤 플라스틱 자에 있는 여분의 음전하는 물분자 끝에 있는 양전하에 의해 끌어당겨지게 된다. 반면 물체가 양으로 대전된다면 공기 중에 있는 물분자 중의 전자에 끌려 **중화**(neutralization 中和)

표 16−1 몇 가지 물질의 대전열

경우 1	(+) 털가죽 − 상아 − 유리막대 − 명주 − 나무 − 솜 − 고무 − 에보나이트 (−)
경우 2	(+) 석면 − 운모 − 양털 − 호박 − 에보나이트 − 구리 (−)
경우 3	(+) 토끼털 − 석영 − 고양이 털 − 명주 − 면 − 나무 (−)

된다. 정전기 현상이 공기 중의 물방울이 거의 없는 건조한 날에 더 심하게 일어나는 이유도 이 때문이다. 그러므로 습기가 많거나 비가 오는 날에 물체를 오랫동안 전기를 갖게 하는 것은 어렵다.

자연에서 양(+)전하의 운반자는 양성자인데, 양성자는 중성자와 함께 원자핵 안에 있다. 원자핵은 반지름이 약 10^{-15} m로서, 크기가 원자핵의 만 배 정도 큰 음으로 대전된 **전자 구름**(electron cloud)으로 둘러싸여 있다. 전자는 양성자와 같은 크기의 전하를 가지고 있지만 그 부호는 반대이다. 1 g의 물질 속에는 대략 10^{23}개에 달하는 양으로 대전된 양성자와 같은 숫자의 음으로 대전된 전자를 가지고 있어서 알짜 전하는 0이다. 원자핵은 고체 속에 단단하게 고정되어 있기 때문에, 양성자는 한 물질로부터 다른 물질로 움직이기가 아주 어렵다. 전자는 양성자보다 훨씬 가볍고, 원자의 바깥쪽에 위치해 있기 때문에 작은 힘에도 쉽게 가속되거나 원자를 벗어난다. 따라서 **한 물체가 대전되는 것은 음전하인 전자를 잃거나 얻었기 때문이다**. 전하는 한 물질에서 다른 물질로 옮겨간다.

1909년 미국의 과학자 밀리컨(Robert Millikan, 1886~1953)은 한 물체가 대전되면, 그 물체의 전하는 항상 기본전하량 e의 정수배가 된다는 사실을 발견하였다. 현대적인 용어로는 전하량은 양자화되어 있다(quantized)고 말한다. 이것은 전하가 자연에서 더 이상 나누어지지 않는 불연속적인 덩어리로만 존재한다는 것을 의미한다. 어느 물체의 전하량 q는 기본전하량 e의 정수배만 가질 수 있다.

$$q = Ne \quad \text{(물체가 갖는 전하량은 기본전하량의 정수배이다)}$$

여기서 N은 정수이다. 따라서 일반적으로 물체는 $\pm e$, $\pm 2e$, $\pm 3e$ 등의 전하만을 가지며, $\pm 0.5e$ 또는 $\pm 0.22e$와 같은 전하를 갖는 입자는 발견할 수 없으므로 전하는 양자화되어 있다. 밀리컨 시대에 수행된 또 다른 실험에서 전자는 $-e$의 전하를 가지며, 양성자는 전자와 크기는 같으나 부호가 반대인 $+e$ 전하를 갖는다는 것을 알게 되었다. 이에 반해 중성자와 같은 입자는 전하를 갖지 않는다. 중성의 원자는 동일한 수의 전자와 양성자를 갖고 있다. **기본전하량**(elementary quantum of electricity 基本電荷量)은 자연계에 존재하는 가장 작은 전기량을 말하는데 그 값은 $e = 1.602 \times 10^{-19}$ C으로 알려져 있다. 전하량의 SI 단위는 **쿨롬**(C)이다.

TIP 양자화란?

물리량의 양자화(量子化)란 고전적인 물리량을 양자역학적인 양으로 바꾸어 놓기 위한 조작을 말한다. 예를 들면 양자역학적인 견지에서 전하, 에너지, 운동량은 연속된 양이 아니라, 띄엄띄엄한 값으로만 존재한다.

표 16-2 원자를 구성하는 입자들의 전기량과 질량 비교

구분	전자	양성자	중성자
전기량	-1.602×10^{-19} C	$+ 1.602 \times 10^{-19}$ C	0 (대전되지 않음)
질량	9.11×10^{-31} kg (전자의 질량은 양성자의 1/1 836임)	1.673×10^{-27} kg	1.675×10^{-27} kg

TIP 쿼크(quark)는 부분 전하를 갖는다

쿼크라고 하는 입자는 $\pm\frac{e}{3}$ 또는 $\pm\frac{2e}{3}$의 부분 전하를 갖고 있다. 즉 $\pm e$ 대신 $\pm\frac{e}{3}$의 단위로 역시 양자화되어 있다. 쿼크에 대해서는 제30장에서 공부한다.

예제 16-1 셀 수 없이 많은 전자

문제 1.00 C의 음전하에는 얼마나 많은 전자가 있는가?

생각하기 물체가 음전하를 띠는 것은 음전기를 가진 과잉전자에 기인한다. 전자 1개의 전하량은 1.602×10^{-19} C 이므로, 전자의 수는 전하량 q를 전자의 전하량 e로 나눠주면 된다.

풀이 전자의 수 N은 다음과 같다.

$$N = \frac{q}{e} = \frac{1.00\ \text{C}}{1.602 \times 10^{-19}\ \text{C}} = 6.242 \times 10^{18}\text{개}$$

16-2 도체와 부도체

대전이 아주 잘 된 금속구와 전기적으로 중성인 상태에 있는 금속구가 있다. 만약 작은 금속막대로 두 개의 금속구를 연결시킨다면 대전되지 않은 금속구가 금방 대전되는 것을 알 수 있다. 그러나 나뭇조각이나 고무조각으로 두 구를 연결시킨다면 대전되지 않은 금속구는 거의 대전되지 않은 상태 그대로 있게 된다. 금속막대와 같이 전기가 잘 통하는 물체를 **도체**(conductor 導體)라 하고, 나무나 고무와 같이 전기가 잘 통하지 않는 물체를 **절연체**(insulator 絕緣體) 또는 **부도체**(nonconductor 不導體)라고 한다. 이와 같이 물질은 전하를 전달하는 능력에 따라서 도체와 부도체로 분류될 수 있다. 대부분의 금속은 도체이며, 그 외 대부분의 물질은 부도체이다(경우에 따라 부도체에서도 약간의 전기가 통하기도 한다).

도체는 원자에 구속되지 않고 물질 내에서 상대적으로 자유롭게 움직일 수 있는 자유전자가 있는 물질이며, **절연체**는 모든 전자가 핵에 구속되어 물질 내에서 자유롭게 움직일 수 없는 물질이다.

자연계에 존재하는 물질이 전기적으로 두 부류로 확실하게 나누어진다는 사실은 흥미로운 일이다. 그러나 몇몇 물질(Si, Ge 등)에서는 도체와 절연체의 중간적인 성질을 나타내기도 한다. 이러한 물질을 **반도체**(semiconductor 半導體)라고 한다. 반도체 물질은 컴퓨터, 휴대전화, 오디오 시스템 등에 사용되는 수많은 전자 칩을 만드는 데 사용되고 있다. 물질에 어떤 원자를 첨가하면 반도체의 전기적인 성질을 매우 크게 변화시킬 수 있다.

그림 16-6 절연체로 만들어진 전기애자. 애자(insulator 碍子)는 송전선 등에서 전기를 절연하기 위해 이용되는 부품이다.

원자적인 입장에서 보면 절연체 속에 있는 전자들은 원자핵에 매우 강하게 속박되어 있지만, 도체에서의 전자는 매우 느슨하게 묶여 있어서 물질 내를 자유롭게 움직일 수 있다(물론 이때 전자들이 물질 내를 쉽게 떠날 수는 없다). 양으로 대전된 물체를 도체에 접촉시키거나 가까이 가져가면 도체 속에 있는 자유전자가 재빨리 대전체 쪽으로 이동한다. 반면에 음전하를 가까이 가져가면 음전하로부터 멀리 달아나 버린다. 이러한 자유전자는 반도체 내에서는 극히 적으며, 부도체에서는 거의 없다.

16-3 물체를 대전시키는 방법

접촉에 의한 대전

음(−)으로 대전된 고무막대를 이용하여 중성인 도체구를 대전시키는 방법을 생각해 보자. 먼저 그림 16-7(a)와 같이 음으로 대전된 고무막대를 중성인 도체구에 가까이 가져가자. 그러면 고무막대에 있는 **과잉전자**(excess electron 過剩電子)가 중성 도체구 속의 음전하를 밀어내기 때문에, 중성 도체구에서 고무막대에 가까운 쪽은 양전하를 띠게 된다. 이어 그림 16-7(b)와 같이 고무막대를 구에 접촉시키면 고무막대에 있는 약간의 전자가 도체구로 이동하여 한쪽에 몰려있던 양전하를 중성화시킨다. 마지막으로 그림 16-7(c)와 같이 고무막대를 구에서 멀리하면 구에는 알짜 음전하만 남게 된다. 이러한 방법에 의해 한 물체가 전기를 띠는 현상을 **접촉에 의한 대전**(charging by contact)이라고 한다. 이러한 과정에 의해 대전되는 물체(여기서는 중성의 도체구)에는 대전을 시키는 물체(여기서는 고무막대)와 같은 부호를 갖는 전하가 남게 된다.

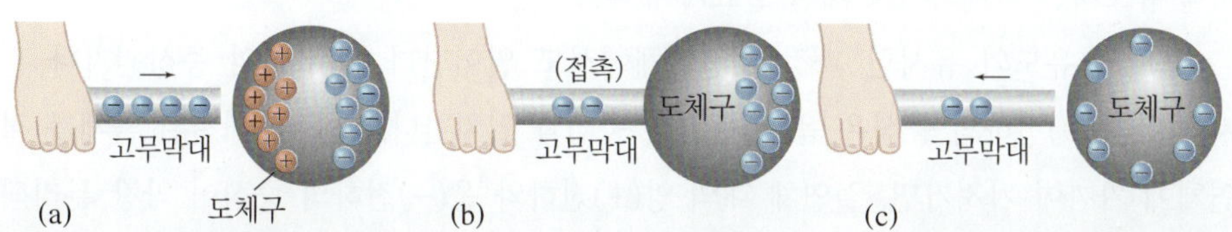

그림 16-7 접촉에 의해 대전시키는 방법. (a) 음(−)으로 대전된 고무막대를 중성인 도체구에 가까이 가져가면, 도체구에서 고무막대에 가까운 쪽으로 양(+)전하가 모인다. (b) 고무막대를 구에 접촉시키면, 음(−)전하가 구로 이동하면서 한쪽에 몰려 있던 양(+)전하를 중성화시킨다. (c) 고무막대를 구에서 멀리하면 구에는 알짜 음(−)전하만 남게 된다.

유도에 의한 대전

어떤 도체가 전도성 도선이나 구리 관을 사용해 땅으로 연결될 때 **접지**(grounded 接地)되었다고 한다. 지구는 무한한 전자의 저장체로 생각할 수 있다. 즉 지구가 무한대의 전자를 받아들이거나 공급할 수 있음을 의미한다. 이러한 관점에서 **유도**(induction 誘導)라는 과정에 의해 도체의 대전을 이해할 수 있다.

음(−)으로 대전된 고무막대를 땅으로 전도되는 경로가 없는 절연된 중성의 도체구에 가까이 가져가보자. 고무막대 안의 전자와 도체구 안의 전자 사이에 척력이 발생하여 얼마간의 전자들은 구 내부에서 고무막대로부터 가장 먼 쪽으로 이동한다[그림 16-8(a)]. 이 결과 고무막대 쪽 가까운 도체구 영역에 있던 전자가 이동했기 때문에 양전하가 과도하게 남는다. 이어 접지된 전선을 도체구에 연결하면, 구에 있는 일부 전자들이 땅으로 이동하고[그림 16-8(b)], 접지된 도선을 제거하면, 도체구에는 유도된 과잉 양전하가 남게 된다. 마지막으로 고무막대를 도체구에서 멀리하면, 도체구에는 유도된 양전하가 남게 된다. 이러한 과잉 양(+)전하는 같은 양전하 사이에 작용하는 척력 때문에 도체구의 표면에 고르게 분포된다[그림 16-8(c)].

고무막대 (a) 고무막대 (b) 고무막대 (c)

그림 16-8 유도에 의한 대전 방법. (a) 음(−)으로 대전된 고무막대를 중성의 도체구에 가까이 가져가면, 구 내의 일부 전자들은 고무막대로부터 가장 먼 쪽으로 이동한다. (b) 접지된 전선을 도체구에 연결하면, 구에 있는 일부 전자들이 땅으로 이동한다. (c) 고무막대를 도체구에서 멀리하면, 도체구에 유도된 양(+)전하가 표면에 고르게 분포된다.

도체구에 양전하를 가두는 과정에서 대전된 고무막대는 음(−)전하를 전혀 잃지 않는데, 이는 고무막대가 구와 전혀 접촉하지 않았기 때문이다. 더구나 도체구에는 고무막대의 전하와 반대 부호를 가진 전하가 남게 되었다. 이러한 방법에 의해 한 물체가 전기를 띠는 현상을 **유도에 의한 대전**(charging by induction) 또는 **정전기 유도**(electrostatic induction 靜電氣誘導)라고 한다. 유도에 의해 물체를 대전시킬 때, 전하를 유도하는 물체와 접촉시킬 필요가 없다.

도체의 유도와 유사한 과정이 절연체에서도 일어난다. 대부분의 중성원자나 분자에서 양(+)전하의 중심은 음(−)전하의 중심과 일치한다. 그러나 대전된 물체를 절연체에 가까이 가져가면, 절연체 내의 양(+)전하와 음(−)전하의 중심이 약간 분리되어 분자의 한쪽 양전하가 다른 쪽보다 많아진다. 이러한 효과를 **유전분극**(dielectric polarization 誘電分極)이라고 한다. 각 분자 내에서 전하의 재배열은 그림 16-9와 같이 절연체의 표면에 유도전하를 만든다. 머리카락을 빗은 빗이 중성의 종잇조각을 끌어당기거나, 옷에 문지른 풍선이 중성의 벽에 붙는 현상은 유전분극 때문에 나타난다.

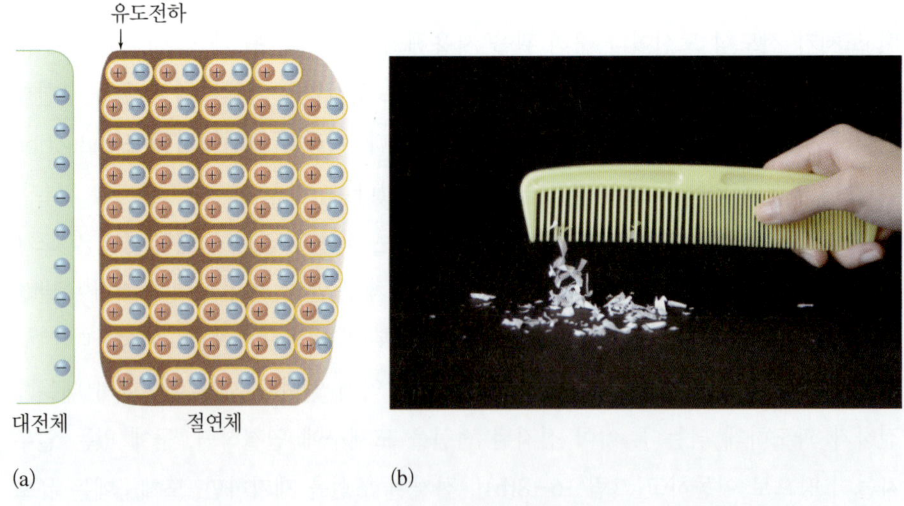

그림 16-9 유전분극. (a) 음(−)으로 대전된 물체를 절연체에 가까이 하면, 절연체 내에서 유전분극이 일어난다. (b) 음(−)으로 대전된 빗과 종잇조각의 분극전하 사이에 인력이 작용하여 붙게 된다.

전하를 모을 수 있는 장치

정전기 유도 현상은 **검전기**(electroscope 檢電器)를 이용하여 관찰할 수 있다. 검전기의 구조는 금속막대의 한 끝에 두 장의 얇은 금속박(알루미늄, 금, 은박 등)을 붙이고, 다른 끝에 금속구를 붙여서 외부 용기와 절연시켜 놓은 형태이다. 그림 16-10은 이런 구조를 갖는 간단한 간이 검전기이다.

그림 16-10 음(−)으로 대전된 대전체를 검전기에 가까이 하면, 대전체에서 먼 쪽에는 대전체와 같은 전하가 유도되어 금속박이 벌어진다.

그러면 어떻게 검전기에 전하를 모을 수 있는지 알아보자. 그림 16-11(a)와 같이 음(−)으로 대전된 대전체를 검전기의 금속구에 가까이 가져가면 정전기 유도에 의해 금속구에는 대전체의 전하와 반대의 전하가 유도되고, 두 장의 얇은 금속박에는 대전체의 전하와 같은 음(−)전하가 유도되어 금속박 사이에는 반발력이 작용하여 금속박은 벌어진다. 이어 그림 16-11(b)와 같이 대전체를 가까이 하고 금속구에 손가락을 갖다 대면 금속박에 있는 음(−)전하가 손가락을 통해 몸으로 이동하므로 금속박은 닫힌다. 이때 검전기에는 양(+)전하만 금속구 근처에 남게 된다. 이어 그림 16-11(c)와 같이 금속구에서 손가락을 치운 다음 그림 16-11(d)와 같이 대전체를 치우면 금속구 근처에 있는 양전하가 검전기 전체에 고르게 분배되기 때문에 금속박은 양(+)전하로 대전된다. 같은 전하로 대전된 금속박 사이에 반발력이 생기기 때문에 금속박은 다시 벌어지게 된다. 검전기는 정전기 유도의 원리를 이용하여 물체의 대전 여부, 전기량의 상대적 크기 및 전하의 종류 등을 알 수 있다.

한편 대전체를 금속구에 갖다 대면 대전체의 일부 전하가 검전기로 흘러들어가고, 이어 대전체를 제거하면 검전기 전체가 대전체가 띠고 있던 전하로 대전되므로 당연히 금속박은 벌어지게 된다. 과거에는 이와 같은 간단한 검전기가 많이 사용되었으나, 현재는 전자공학의 발전과 함께 아주 적은 양의 전하도 측정이 가능한 전위계 등이 사용되고 있다.

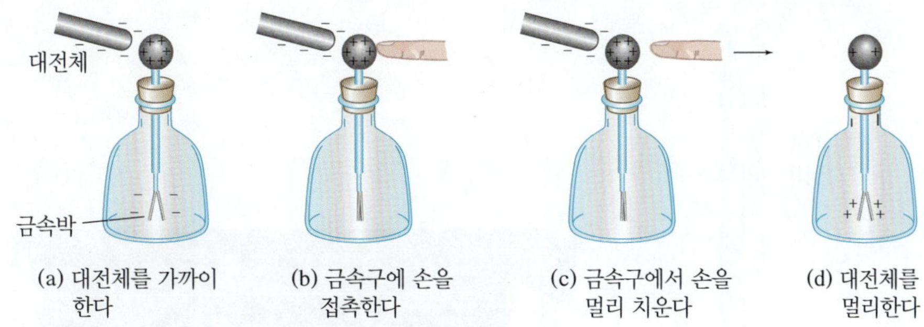

그림 16-11 검전기에 전하를 모으는 방법

16-4 Coulomb의 법칙

한 전하는 다른 전하에 힘을 미친다는 사실을 알았다. 이와 같이 전하 사이에 작용하는 힘을 **전기력**(electric force 電氣力)이라고 한다. 전하 사이에 작용하는 전기력은 대전

샤를 오귀스탱 드 쿨롱 Charles Augustin de Coulomb, 1736~1806, 프랑스의 물리학자이며 토목공학자

정전기학과 자기학 분야에서 괄목할 만한 성과를 세웠으며, 구조역학 분야에도 여러 업적을 남겼다. 특히 정전기력의 크기를 나타낸 쿨롱의 법칙을 발견하였다. 전하량을 나타내는 SI 단위 **쿨롬**은 그의 이름을 딴 것이다.

체의 전기량, 그리고 대전체 사이의 거리와 어떤 관계가 있을까?

프랑스의 과학자 쿨롱(Charles Coulomb, 1736~1806)은 1785년에 그림 16-12와 같은 비틀림저울을 사용하여 대전체 사이에 작용하는 전기적인 힘에 대해 정량적으로 연구를 하였다. Coulomb이 살던 시대는 전하를 측정하는 정확한 기구가 존재하지 않았지만 전기량의 비율이 알려진 작은 구를 만들 수 있었기 때문에 가능하였다.

그는 대전된 도체구를 대전되지 않은 같은 크기의 구와 접촉시키면 처음 도체구에 있던 전하는 대칭에 의해 두 도체구에 균등하게 분배될 것이라고 생각하였다. 그는 원래 전하의 1/2, 1/4, ⋯ 등의 전하를 얻는 방법을 고안하였다. 전하를 얻는 데에는 어려움이 따랐지만 대전된 도체구는 아주 미소하게 대전된 또 다른 도체구에 힘을 미치며, 힘의 크기는 각각의 전기량에 비례한다는 사실을 알았다. 즉, 일정한 거리에 있는 두 대전구 중에서 어느 한 대전구의 전기량이 2배가 되면 작용하는 힘의 크기도 2배가 되며, 두 대전구의 전기량이 모두 2배가 되면 작용하는 힘은 4배로 증가하였다. 그리고 만약 두 구 사이의 거리가 2배로 되면 작용하는 힘은 원래의 1/4로 되는 것을 알았다. **Coulomb은 이러한 실험결과를 모아 정지한 두 점전하 사이에 작용하는 전기력은 다음과 같다는 것을 찾았다.**

1. 전기력은 대전된 두 입자의 전기량의 크기 q_1과 q_2의 곱에 비례하고, 두 입자 사이의 거리 r에 반비례한다.
2. 전기력의 방향은 대전된 두 입자를 잇는 선을 따른다.
3. 두 전하의 부호가 같으면 반발력이 작용하고, 두 전하의 부호가 반대이면 인력이 작용한다.

이와 같이 두 전하 q_1과 q_2가 거리 r만큼 떨어져 있을 때, 이들 사이에 작용하는 전기력을 다음과 같이 정리하였다.

그림 16-12 (a) 두 전하 사이에 작용하는 전기력을 측정하는 데 사용한 Coulomb의 비틀림저울의 모형 (b) Coulomb의 법칙 실험장치에서 한 구에 의해 다른 구가 밀리는 모습

$$\vec{F} = k_e \frac{q_1 q_2}{r^2}\hat{\mathrm{r}} \qquad \textbf{16-1}$$

식 16-1을 **쿨롱의 법칙**(Coulomb's law)이라고 한다. 여기서 비례상수 k_e는 **쿨롱상수** 또는 **정전기 상수**라고 하며 전하가 놓여 있는 공간 내의 물질에 따라 달라진다. $\hat{\mathrm{r}}$은 두 입자를 연결하는 직선 방향의 단위벡터이고, r은 두 전하 사이의 거리이다. 두 점전하 사이의 전기력은 **정전기력**(electrostatic force) 또는 **쿨롱힘**(Coulomb force)이라고 부른다. 전기력은 만유인력과 같이 보존력이다.

쿨롱상수의 값은 단위에 따라서 다른 값을 가진다. SI 단위에서 쿨롱상수는 다음과 같다.

$$k_e = 8.987\,6 \times 10^9\ \mathrm{N\,m^2/C^2} \qquad \textbf{16-2}$$

쿨롱상수와 자유공간의 유전율 사이의 관계는 다음과 같다.

$$k_e = \frac{1}{4\pi\varepsilon_0} \qquad \textbf{16-3}$$

여기서 상수 ε_0는 **자유공간의 유전율**(permittivity of free space 自由空間誘電率) 또는 **유전율 상수**라고 부르며, $\varepsilon_0 = 8.854\,2 \times 10^{-12}\ \mathrm{C^2/N\,m^2}$이다.

정전기 상수를 넣어 표기한 Colomb의 법칙은 다음과 같다.

$$F = \frac{1}{4\pi\varepsilon_0}\frac{|q_1||q_2|}{r^2} \qquad \textbf{16-4}$$

Coulomb의 법칙을 다룰 때 힘이 벡터임을 기억해야 한다. 그림 16-13(a)은 두 양(+)전하 사이에 작용하는 반발력을 나타낸 것이고, 그림 16-13(b)는 인력을 나타낸 것이다. 전기력은 뉴턴의 제3법칙을 따르며, q_1이 q_2에 작용하는 힘 $\vec{F}_{12}$와 q_2가 q_1에 작용하는 힘 $\vec{F}_{21}$은 크기는 같으나 방향이 반대이다. 뉴턴의 제3법칙에 의해 q_1과 q_2의 크기에는 무관하게 F_{12}와 F_{21}은 항상 같다. 또한 전기력은 만유인력과 비슷하다. 그 이유는 두 힘 모두 물리적인 접촉 없이 거리를 두고 작용하고, 두 입자를 잇는 선을 따른 방향으로 거리의 제곱에 반비례한다. 그러나 두 힘 사이에는 두 가지 중요한 차이가 있다. (1) 전기력은 인력일 수도 반발력일 수도 있으나, 만유인력은 언제나 인력이다. (2) 대전된 두 작은 입자 사이의 전기력은 같은 입자 사이의 만유인력보다 훨씬 강하다.

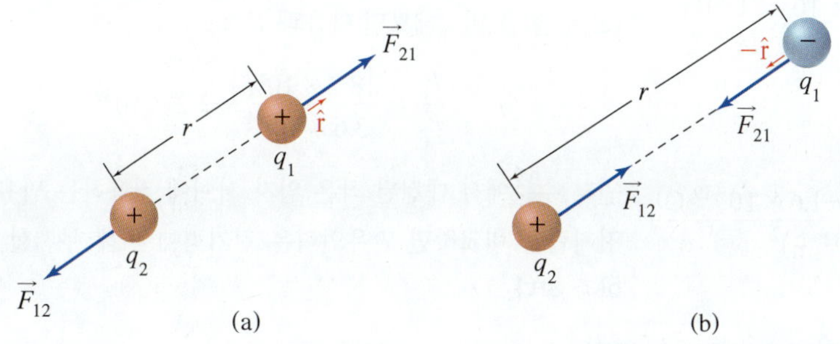

그림 16-13 두 점전하 사이에 작용하는 힘은 척력(a)과 인력(b)이다. 전기력은 뉴턴의 제3법칙을 따르며, q_1이 q_2에 작용하는 힘 $\vec{F}_{12}$와 q_2가 q_1에 작용하는 힘 $\vec{F}_{21}$은 크기는 같으나 방향이 반대이다.

예제 16-2 두 점전하 사이의 전기력

문제 (a) $+6.0 \times 10^{-6}$ C으로 대전된 작은 금속구와 -2.0×10^{-6} C으로 대전된 반지름이 같은 금속구를 0.20 m 떨어지게 놓았을 때, 이들 사이에 작용하는 전기력은 얼마인가? (b) 또 이 두 금속구를 접촉시킨 후, 다시 0.20 m 떨어지게 놓았을 때, 두 구 사이에 작용하는 전기력은 얼마인가?

생각하기 Coulomb의 법칙을 이해하는 기본 문제이다. 두 구를 접촉시키면 같은 양의 양(+)전하와 음(−)전하는 서로 상쇄되고, 나머지 전하가 고르게 분포된다.

풀이 (a) $q_1 = +6.0 \times 10^{-6}$ C, $q_2 = -2.0 \times 10^{-6}$ C, $r = 0.20$ m이므로 두 점전하 사이에 작용하는 전기력은 다음과 같다.

$$F_e = k_e \frac{q_1 q_2}{r^2}$$
$$= 8.99 \times 10^9 \ \frac{\mathrm{N\,m^2}}{\mathrm{C^2}} \times \frac{(+6.0 \times 10^{-6}\ \mathrm{C}) \times (-2.0 \times 10^{-6}\ \mathrm{C})}{(0.20\ \mathrm{m})^2}$$
$$= -2.7\ \mathrm{N}$$

부호가 음이므로 인력이다.

(b) 두 구를 접촉시키면 전하는 접촉면을 통해 두 구 사이를 자유로이 왕래할 수 있으므로 같은 양의 음전하와 양전하는 서로 상쇄된다. 그러므로 두 구에 남는 전하는

$$q = +6.0 \times 10^{-6}\ \mathrm{C} + (-2.0 \times 10^{-6}\ \mathrm{C}) = +4.0 \times 10^{-6}\ \mathrm{C}$$

이며, 이 전하는 두 구에 고루 분포된다. 그러므로 두 구를 다시 떼어 놓으면 하나의 구에 대전되는 전하량은 $+2.0 \times 10^{-6}$ C이다. 이 두 구를 거리 $r = 0.20$ m만큼 떨어지게 하면 두 구 사이에 작용하는 전기력은 다음과 같다.

$$F_e = k_e \frac{q_1 q_2}{r^2}$$
$$= 8.99 \times 10^9 \ \frac{\mathrm{N\,m^2}}{\mathrm{C^2}} \times \frac{(+2.0 \times 10^{-6}\ \mathrm{C}) \times (+2.0 \times 10^{-6}\ \mathrm{C})}{(0.20\ \mathrm{m})^2}$$
$$= 0.90\ \mathrm{N}$$

부호가 양이므로 이 힘은 반발력이다.

예제 16-3 수소 원자 내의 전자와 양성자

문제 수소 원자의 전자와 양성자는 약 5.3×10^{-11} m만큼 떨어져 있다. (a) 두 입자 사이에 작용하는 전기력을 구하라. (b) 두 입자 사이에 작용하는 중력을 구하라. (c) 두 힘을 비교하라.

생각하기 뉴턴의 만유인력 법칙과 Coulomb의 전기력 법칙의 형태가 유사하다. 원자 수준 사이에 작용하는 만유인력과 전기력의 크기를 비교하는 문제로, 작은 물체 사이에 작용하는 만유인력은 약하다는 것도 예상할 수 있다. 전자와 양성자의 전하량의 크기는 같고, 전자는 음전하를, 양성자는 양전하를 갖는다.

풀이 (a) Coulomb의 법칙을 사용하여 전기력의 크기를 구할 수 있다. 전자의 전하량은 기본전하량인 -1.6×10^{-19} C이다. 따라서 전자와 양성자 사이에 작용하는 전기력은

$$F_e = k_e \frac{q_1 q_2}{r^2}$$
$$= 8.99 \times 10^9 \ \frac{\mathrm{N\,m^2}}{\mathrm{C^2}} \times \frac{(+1.6 \times 10^{-19}\ \mathrm{C}) \times (-1.6 \times 10^{-19}\ \mathrm{C})}{(5.3 \times 10^{-11}\ \mathrm{m})^2}$$
$$= -8.2 \times 10^{-8}\ \mathrm{N}$$

이다. 음의 부호이므로 이때의 전기력은 인력이다.

(b) 전자와 양성자 사이에 작용하는 만유인력은 다음과 같다.

$$F_g = G \frac{m_{\text{전자}}\, m_{\text{양성자}}}{r^2}$$
$$= (6.67 \times 10^{-11}\ \mathrm{N\,m^2/kg^2}) \times \frac{(9.11 \times 10^{-31}\ \mathrm{kg}) \times (1.67 \times 10^{-27}\ \mathrm{kg})}{(5.3 \times 10^{-11}\ \mathrm{m})^2}$$
$$= 3.6 \times 10^{-47}\ \mathrm{N}$$

물론 만유인력은 인력이다.

(c) 두 힘을 비교해보면 다음과 같다.

$$\frac{F_e}{F_g} = \frac{|8.2 \times 10^{-8}|}{3.6 \times 10^{-47}} \approx 2 \times 10^{39}$$

원자 수준에서 대전된 작은 입자 사이에 작용하는 만유인력과 전기력을 비교하면 만유인력은 전기력에 비해 무시할 정도로 아주 작다.

16-5 전기장

전기장의 정의

일상에서 접하는 대다수의 힘은 접촉력이지만 중력이나 전기력은 두 물체가 접촉하지 않고 일정한 거리에 있더라도 작용한다. 과거의 과학자들은 일정한 거리에서도 작용하는 힘의 개념을 이해하는 데 상당한 어려움이 있었다. 만유인력의 법칙을 발견한 Newton도 접촉하지 않은 힘에 대해 어떻게 표현할 것인가에 대해 고민했다고 한다. 전기력도 비접촉력이기에 개념의 이해에 어려움이 있었지만, 영국의 과학자 패러데이(Michael Faraday, 1791~1867)가 제안한 **장**(field 場)의 개념에 의해 이 문제는 해결되었다. **패러데이는 전기적인 경우 모든 전하로부터 전기장이 퍼져나가며, 그 전기장은 공간에 존재한다고 제안하였다.** 대전된 어떤 다른 물체가 이 전기장 속으로 들어가면 전기력의 영향을 받게 된다. 장은 하나의 물질이 아니고 물리적인 개념일 뿐이다.

TIP 장(field 場)

장이란 공간에 질량을 가진 물체나 전하가 있을 때, 이들 근처 공간에 힘을 작용하여 물리적인 효과를 나타낼 수 있는 범위를 말한다.

그림 16-14는 아주 큰 양전하 Q 근처에 있는 작은 양전하(시험전하) q_0을 나타낸 것이다. 이 작은 **시험전하**(test charge 試驗電荷)에 작용하는 힘을 측정하여 전하들이 형성하는 전기장을 정의할 수 있다.

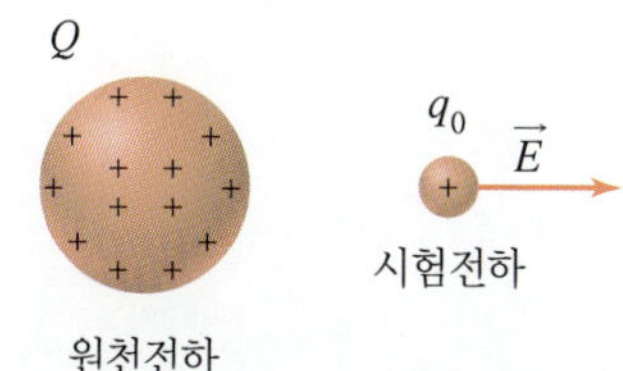

그림 16-14 아주 큰 양전하 Q 근처에 놓인 작은 양전하(시험전하) q_0은 그림과 같은 방향으로 전기장 $\vec{E}$를 받는다.

전기장은 양의 시험전하에 작용하는 힘을 이용하여 다음과 같이 정의한다. 즉 공간상 어느 점에서의 **전기장**(electric field) $\vec{E}$는 그 점에 있는 작은 양의 시험전하에 작용하는 힘 $\vec{F}$를 시험전하 q_0으로 나눈 값으로 정의한다.

$$\vec{E} = \frac{\vec{F}}{q_0} \tag{16-5}$$

전기장의 SI 단위는 **뉴턴/쿨롬**(N/C)이다. $\vec{E}$의 이상적인 값은 시험전하 q_0이 작아져서 0으로 갈 때의 $\vec{F}/q_0$의 극한으로 정의된다. 이때 공간상 어느 점에서의 전기장 $\vec{E}$의 방향은 그 점에 있는 양의 시험전하에 작용하는 힘의 방향이다. 즉 힘의 방향은 Q로부터 방사상으로 나가는 방향이다. 표 16-3은 몇 가지 물리 현상에서 나타나는 전기장의 크기이다.

전기장을 식 16-5로 정의할 때 $\vec{E}$는 시험전하 q_0의 크기에 좌우되지 않는다고 말할 수 있다. 즉 q_0은 다른 곳에 어떤 영향도 미치지 않는다. 이 말은 전기장 $\vec{E}$는 단지 그 점에 전기장을 만드는 전하에만 영향을 받는다는 의미이다. 시험전하는 아주 작아서 그것이 작용하는 힘이 다른 전하의 분포에 아무런 영향을 주지 않는다고 간주한다.

표 16-3 몇 가지 물리 현상에서 나타나는 전기장의 크기

물리 현상	전기장의 크기(N/C)
전기다리미 줄의 구리선 속	10^{-2}
지표면 대기 중	$10^1 \sim 10^2$
대전된 플라스틱 머리빗 근처	10^3
복사기가 동작 중일 때 드럼 근처	10^5
대기 중에서 일어나는 방전	3×10^6

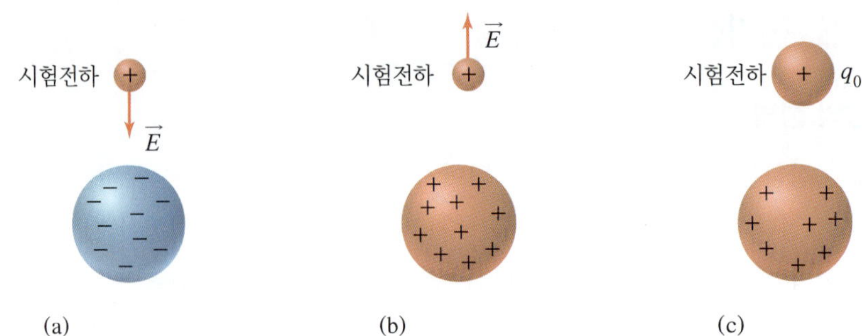

그림 16-15 (a) 음(−)으로 대전된 큰 구에 의한 양의 시험전하에서의 전기장은 수직 아래 방향이다. (b) 양(+)으로 대전된 큰 구에 의한 양의 시험전하에서의 전기장은 수직 위 방향으로 양전하로부터 멀어지는 방향이다. (c) 시험전하 q_0의 크기가 큰 경우에는, 대전구에 영향을 미쳐 대전구의 전하분포에 재배열을 일으켜 정확한 전기장을 측정하기 어렵다.

즉 시험전하가 전기장을 만들어내는 큰 양전하 Q의 전하 재배열에 영향을 주지 않아야 한다.

그러면 시험전하의 종류에 따라 전기장의 방향이 어떻게 달라지는지 알아보자. 그림 16−15(a)와 같이 음(−)으로 대전된 큰 구에 의한 양(+)의 시험전하에서의 전기장은 수직 아래 방향을 향하며, 음(−)전하 쪽을 향한다. 이는 그 점에 놓인 양(+)전하가 음으로 대전된 구 쪽으로 인력이 작용하기 때문이다. 그리고 그림 16−15(b)와 같이 양으로 대전된 큰 구에 의한 양의 시험전하에서의 전기장은 수직 위 방향을 향하는데, 그 점에 놓인 양(+)전하가 양으로 대전된 구에 의해 반발력이 작용하기 때문이다. 그림 16−15(c)와 같이 시험전하 q_0의 크기가 큰 경우에는(점전하가 아닌 경우), 대전구에 영향을 미쳐 대전구의 전하분포에 재배열을 일으켜 정확한 전기장을 측정하기 어렵다.

점전하가 만드는 전기장

> **TIP** 전하의 분포 정도를 나타내는 방법
>
> **점전하** q (C)
> **선전하 밀도** 람다 λ(C/m)
> **면전하 밀도** 시그마 σ (C/m^2)

식 16−5를 이용하면 주어진 곳에서의 전기장을 구할 수 있다. 예를 들어 단일 점전하 q가 시험전하 q_0에서 r만큼 떨어진 곳에 있다고 하자. Coulomb의 법칙에 의해 시험전하에 작용하는 전기력 $\vec{F}_e$는 다음과 같다.

$$\vec{F}_e = k_e \frac{qq_0}{r^2}\hat{\mathrm{r}}$$

시험전하의 위치에서 전기장의 크기는 $E = F/q_0$로 정의하였으므로, q_0 위치에서 점전하 q에 의한 전기장 $\vec{E}$는 다음과 같다.

$$\vec{E} = \left(k_e \frac{qq_0}{r^2}\right)\frac{1}{q_0}\hat{\mathrm{r}} = k_e \frac{q}{r^2}\hat{\mathrm{r}} \qquad \textbf{16-6}$$

식 16−4의 ε_0을 이용하면 위의 식은 다음과 같다.

$$\vec{E} = \frac{1}{4\pi\varepsilon_0}\frac{q}{r^2}\hat{\mathrm{r}} \qquad \textbf{16-7}$$

단일 점전하에 의한 전기장에 관한 이 관계식도 식 16−1과 함께 Coulomb의 법칙이라고 한다. 이 식에서도 전기장 $\vec{E}$는 시험전하 q_0과 무관하다는 것에 유의하자. 즉 $\vec{E}$는단지 전기장을 만드는 전하 q에만 좌우될 뿐 시험전하 q_0의 값에는 영향을 받지 않는다.

예제 16-4 점전하에 의한 전기장

문제 (a) 점전하 $Q = -3.0 \times 10^{-6}$ C에서 오른쪽으로 30 cm 떨어진 점 P에서의 전기장의 방향과 크기를 계산하고 (b) $Q = 3.0 \times 10^{-6}$ C에서 오른쪽으로 30 cm 떨어진 점 P에서의 전기장의 방향과 크기를 계산하라.

생각하기 전기장의 개념을 이해하는 기본 문제이다.

풀이 (a) 전기장의 크기는 다음과 같다.

$$E = k_e \frac{Q}{r^2} = \frac{(8.99 \times 10^9 \text{ N m}^2/\text{C}^2)|3.0 \times 10^{-6} \text{ C}|}{(0.30 \text{ m})^2}$$
$$= 3.0 \times 10^5 \text{ N/C}$$

전기장의 방향은 양의 시험전하에 작용하는 힘의 방향으로 전기장의 방향을 정의하였기 때문에 그림 16-16(a)와 같이 전하 Q를 향한다.

(b) Q의 전하가 양이므로 전기장의 크기는 같고, 방향은 그림 16-16(b)와 같이 밖으로 향할 것이다.

30 cm
P
$Q = -3.0 \times 10^{-6}$ C $E = 3.0 \times 10^5$ N/C

(a)

30 cm
P
$Q = +3.0 \times 10^{-6}$ C $E = 3.0 \times 10^5$ N/C

(b)

그림 16-16

점전하 집단에 의한 전기장

점전하 집단의 전기장을 계산할 때에는 중첩의 원리를 적용하면 된다. 만약 전기장이 하나 이상의 여러 전하에 기인한다면, 전기장은 각각의 전하에 의한 전기장($\vec{E}_1$, $\vec{E}_2$, $\vec{E}_3$ 등)의 벡터합으로 계산된다. 즉 다음과 같이 표현할 수 있다.

$$\vec{E} = \vec{E}_1 + \vec{E}_2 + \vec{E}_3 \cdots$$

이와 같은 **전기장의 중첩의 원리**(superposition principle for electric field)는 실험적으로 확인된 것이다.

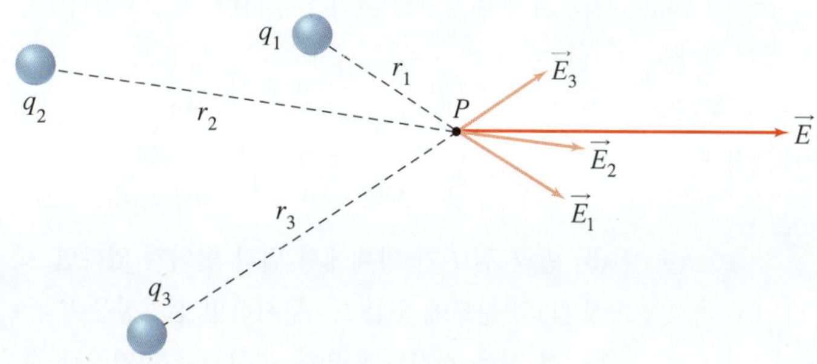

그림 16-17 세 전하가 공간에 전기장을 형성할 때, 점 P에서 측정한 전기장은 각각의 전기장의 합 벡터이다.

예제 16-5 합성 전기장 구하기

문제 전기량이 각각 −25 μC, +50 μC인 두 점전하가 10.0 cm 떨어져 있다. (a) 그림 16-18과 같이 음전하에서 2.0 cm 떨어진 점 P에서의 전기장의 크기와 방향을 구하라. (b) 만약 점 P에 하나의 전자가 놓여 있다면 이 점에서 전자가 갖는 가속도의 값은 얼마인가?

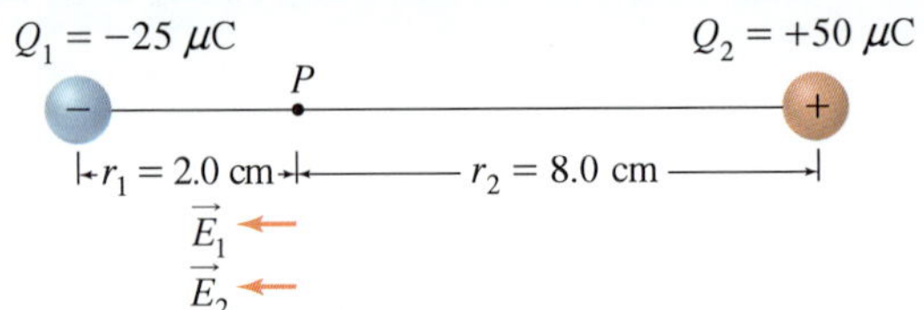

그림 16-18

생각하기 양전하와 음전하 사이의 공간 점 P에서의 전기장을 구하는 문제이다. 두 전기장의 합을 구하고, 방향을 잘 결정해야 한다.

풀이 (a) 점 P에서의 전기장은 전하 Q_1과 Q_2에 의해 형성되는 전기장의 합이다. 그림에서와 같이 Q_1에 의한 점 P에서의 전기장의 방향은 왼쪽이고, Q_2에 의한 전기장의 방향도 왼쪽이다. 따라서 합성 전기장은 $\vec{E}_1$과 $\vec{E}_2$의 합이 된다. 그 크기는

$$E = k_e \frac{Q_1}{r_1^2} + k_e \frac{Q_2}{r_2^2} = k_e\left(\frac{Q_1}{r_1^2} + \frac{Q_2}{r_2^2}\right) = k_e \frac{Q_1}{r_1^2}\left\{1 + \frac{(Q_2/Q_1)}{(r_2^2/r_1^2)}\right\}$$

이다. 여기서 $r_1 = 2.0\ \text{cm} = 2.0 \times 10^{-2}\ \text{m}$, $r_2 = 8.0 \times 10^{-2}\ \text{m}$이므로 다음과 같다.

$$E = (9.0 \times 10^9\ \text{N m}^2/\text{C}^2)\frac{(25 \times 10^{-6}\ \text{C})}{(2.0 \times 10^{-2}\ \text{m})^2}\left\{1 + \frac{(50/25)}{(8.0/2.0)^2}\right\}$$
$$= 5.6 \times 10^8 \left\{1 + \frac{1}{8}\right\}\ \text{N/C} = 6.3 \times 10^8\ \text{N/C}$$

방향은 Q_1 전하 쪽이다.

(b) 전자는 음전하를 갖고 있으므로 점 P에서 오른쪽으로 힘을 받게 된다. 이 힘에 의해 생기는 가속도는 다음과 같다.

$$a = \frac{F}{m} = \frac{qE}{m} = \frac{(1.60 \times 10^{-19}\ \text{C})(6.3 \times 10^8\ \text{N/C})}{9.1 \times 10^{-31}\ \text{kg}}$$
$$\approx 1.1 \times 10^{20}\ \text{m/s}^2$$

예제 16-6 연속적인 전하분포에 의한 전기장 구하기

문제 그림 16-19와 같이 길이가 l인 막대가 균일하게 단위길이당 전하 λ와 전체 전하량 Q를 갖고 있다. (a) 막대의 긴 축 한 쪽 끝으로부터 a만큼 떨어진 점 P에서의 전기장은 얼마인가? (b) 점 P가 막대로부터 아주 멀리 떨어져 있다면, 이 점에서의 전기장은 어떻게 되는가?

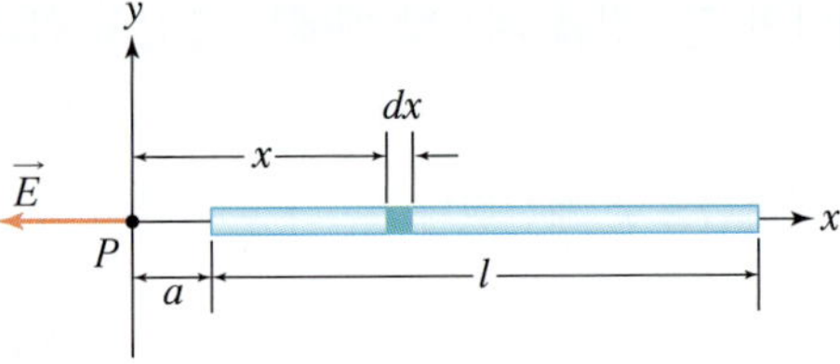

그림 16-19 x축에 나란히 놓인 균일한 전하막대에 의해 P점에 형성되는 점 P에서의 전기장을 구하는 문제의 그림

생각하기 긴 막대는 연속적이므로 연속적인 전하분포에 의한 전기장을 구하는 문제이다. 막대의 작은 조각전하에 의한 점 P에서의 전기장 $d\vec{E}$는 모든 조각이 양전하를 띠고 있으므로 $-x$축 방향이다.

풀이 (a) 막대가 x축을 따라 놓여 있고, dx는 작은 조각 한 개의 길이이고, dq는 작은 조각 한 개의 전하라고 하면, 작은 조각의 전하 dq는 $dq = \lambda\ dx$이다. 전하 dq를 갖는 막대조각에 의한 점 P에서의 전기장의 크기는 식 16-6을 이용하면

$$dE = k_e \frac{dq}{x^2} = k_e \frac{\lambda\, dx}{x^2}$$

이다. 따라서 전체 전기장은 다음과 같다.

$$E = \int_a^{l+a} k_e \lambda \frac{dx}{x^2}$$

여기서 k_e와 $\lambda = Q/l$은 상수이므로, 적분기호 앞으로 빼내고 적분하여 전기장의 크기를 구하면 다음과 같다.

$$E = k_e\lambda \int_a^{l+a} \frac{dx}{x^2} = k_e\lambda\left[-\frac{1}{x}\right]_a^{l+a}$$

$$E = k_e \frac{Q}{l}\left(\frac{1}{a} - \frac{1}{l+a}\right) = \frac{k_e Q}{a(l+a)} \qquad (1)$$

(b) 만약 점 P가 막대에서 멀리 떨어져 있다면, 즉 $a \gg l$이면 식 (1)의 분모에 있는 l을 무시하면 전기장은 $E \approx k_e Q/a^2$이 된다. 이 식은 점전하에 의해 형성되는 전기장과 같은 모습이다. 만약 a/l의 값이 크면 전하분포는 전하량 Q인 점전하로 나타난다. 따라서 점 P는 막대로부터 아주 멀리 떨어져서 막대의 크기를 구별할 수 없다.

균일한 전기장 내에서 대전입자가 받는 힘

전하가 q이고 질량이 m인 입자를 전기장 $\vec{E}$ 내에 놓으면, 전하에 작용하는 전기력의 크기는 식 16-5에 따라 $F = qE$이다. 입자에 이 힘만 작용하면 이 힘은 알짜힘으로 입자를 가속시킨다.

$$\vec{F}_e = q\vec{E} = m\vec{a}$$

따라서 입자의 가속도는 다음과 같다.

$$\vec{a} = \frac{q\vec{E}}{m} \qquad \textbf{16-8}$$

전기장 $\vec{E}$가 균일(즉 일정한 크기와 방향)하면, 입자에 작용하는 전기장은 상수이므로, 입자의 운동에 등가속도를 받는 입자 모형으로 적용할 수 있다. 만약 입자가 양전하이면 입자의 가속도는 전기장과 같은 방향이고, 음전하이면 전기장과 반대방향이다.

예제 16-7 양전하의 가속

문제 그림 16-20과 같이 거리가 d만큼 떨어진 두 평행판 사이의 전기장 $\vec{E}$가 균일하다. 전기장의 방향은 x축과 나란한 방향이다. 양전하 판에 가까운 점 A에서 질량 m인 양의 점전하 q를 정지상태에서 가만히 놓으면, 이 양전하는 음전하 판 가까운 점 B쪽으로 가속도운동을 한다. (a) 양전하가 등가속도를 받고 있는 입자로 모형화하여 점 B에서 양전하의 속력을 구하라. (b) 일-에너지 정리를 이용하여 점 B에서 양전하의 속력을 구하라.

생각하기 점 A에 양전하를 놓으면, 오른쪽으로 향하는 전기장 때문에 오른쪽으로 향하는 전기력을 받는다. 균일한 전기장은 전하에 일정한 전기력을 작용하므로, 등가속도를 받는 입자로 모형화할 수 있다.

풀이 (a) 등가속도운동 방정식을 이용하면

$$v_f^2 = v_i^2 + 2a(x_f - x_i) = 0 + 2a(d - 0) = 2ad$$

이다. 따라서 $v_f = \sqrt{2ad}$가 된다. 이 값과 식 16-8을 이용하면 다음과 같다.

$$v_f = \sqrt{2\left(\frac{qE}{m}\right)d} = \sqrt{\frac{2qEd}{m}}$$

(b) 이 계에 에너지 보존법칙을 적용하면 전기력이 해준 일은 양전하의 운동에너지의 변화와 같다. 즉 $W = \Delta KE$이다. 따라서

$$F_e \Delta x = KE_B - KE_A = \frac{1}{2}mv_f^2 - 0$$

이다. 이 식에서 양전하의 속력을 구하면 다음과 같다.

$$v_f = \sqrt{\frac{2F_e \Delta x}{m}}$$

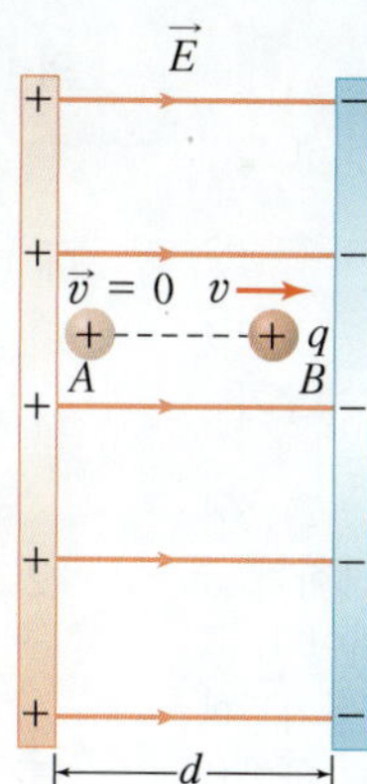

그림 16-20 균일한 전기장 내에서 전기장의 방향으로 등가속도를 받는 양전하

16-6 전기력선

전기장은 벡터이므로 때때로 벡터장이라고도 한다. 전기장은 주어진 상황의 어느 점에서 화살표로 나타낼 수 있다. 그러나 여러 많은 점에서 이러한 방법으로 전기장을 표시하게 되면 많은 화살표를 그려야 하고 매우 복잡해진다. 따라서 이러한 문제들을 피하기 위해 패러데이가 도입한 **전기력선**(electric field line 電氣力線)을 사용한다.

전기장을 가시적으로 이해하기 위해서 공간상 여러 점에서 전기장의 방향으로 연속적인 선을 그릴 수 있다. **전기장 내에서 양(+)전하가 받는 힘의 방향으로 양(+)전하를 이동시키면서 그린 선을 전기력선이라고 한다.**

단일 양(+)전하에 의한 전기력선의 모양은 그림 16-21(a)와 같이 양(+)전하로부터 나오고, 단일 음(−)전하에 의한 전기력선의 모양은 그림 16-21(b)와 같이 음(−)전하 쪽으로 들어간다. 여기서 화살표는 각각의 경우 장 내 어떤 점에서 양전하가 받는 힘의 방향을 표시한다. 그림에서는 단지 몇 개의 전기력선만 그려 놓았지만, 선 사이에 선을 아주 많이 그릴 수도 있다. 왜냐하면 전기장이 그곳에도 존재하기 때문이다. 그러나 실제로는 시작하는 양전하의 수와 끝나는 음전하의 수는 전하의 크기에 비례하도록 그린다. 전하 바로 근처에서는 전기력선이 서로 가까이 있다는 것에 유의하라. 이것은 전기장의 일반적인 특징으로 선이 가까울수록 그 영역에서의 전기장이 강하다는 것을 의미한다.

전기력선은 항상 전기장 $\vec{E}$에 수직인 단위넓이를 지나는 선의 수와 전기장의 크기에 비례하도록 그린다. 전기력선의 성질을 요약하면 다음과 같다.

TIP 전기력선은 입자의 경로가 아니다

전기력선은 전기장이 존재하는 공간을 그림으로 나타낸 것이다. 특별한 경우를 제외하고 전기장에 놓인 대전입자의 경로를 나타내지 않는다. 전기력선은 물질이 아니다.

1. 전기력선은 전기장의 방향을 나타낸다. 이때 어느 점에서나 전기장의 방향은 전기력선의 접선방향이다.
2. 전기력선은 전기장에 수직인 단위넓이당 지나가는 선의 수가 전기장의 크기에 비례하도록 그린다. 여기서 전기력선의 사이 거리가 가까울수록 전기장은 더 세다.
3. 전기력선은 언제나 양(+)전하에서 시작하여 음(−)전하에서 끝난다. 시작되고 끝나는 선의 수는 전하의 크기에 비례한다.
4. 전기력선은 교차하거나 합쳐지지 않는다.
5. 전기력선은 최소한 1개 이상의 대칭축을 갖고, 대칭성을 갖는다.

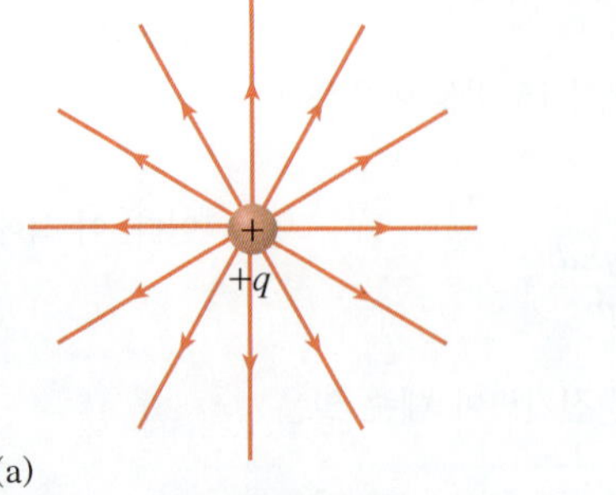

(a)

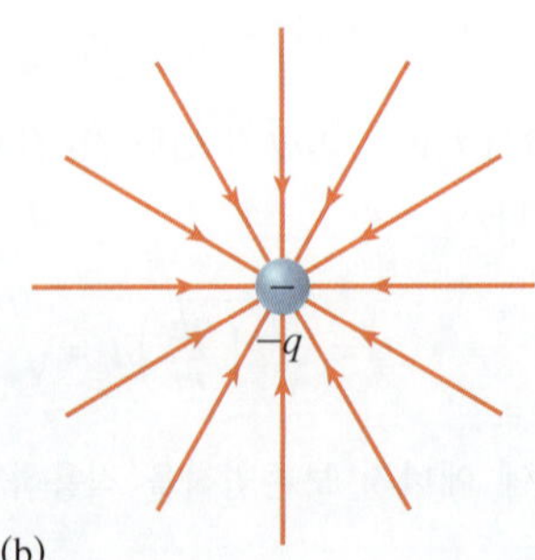

(b)

그림 16-21 (a) 단일 양전하에 의한 전기력선 (b) 단일 음전하에 의한 전기력선. 이 그림은 평면만 나타낸 것이지만, 실제로는 구의 중심에서 모든 방향으로 그려진다.

그림 16-22(a)는 크기가 같고 부호가 반대인 두 점전하에 대한 전기력선이다. 이러한 전하 구조를 **전기쌍극자**(electric dipole 電氣雙極子)라 한다. 이 경우 양전하로부터 시작한 전기력선의 수는 음전하에서 끝나는 전기력선의 수와 같아야 한다. 각 전하 부근에서의 전기력선은 방사상에 가깝고, 점전하 사이에서 고밀도의 전기력선은 전기장이 강한 영역임을 의미한다. 그림 16-22(b)는 동일한 두 양전하 부근에서의 전기력선이다. 여기서도 각 전하에 가까운 점에서 전기력선은 거의 방사상이고, 전하량이 같으므로 각 전하에서 동일한 수의 전기력선이 나온다. 전하로부터 멀리 떨어진 곳에서의 전기장은 대략 전하량 $2q$의 점전하에 의한 전기장과 같다. 전하 사이에서 전기력선이 볼록해지는 것은 같은 종류의 전하 사이에 전기적인 반발력이 작용함을 나타낸다. 또한 전하 사이의 전기력선의 낮은 밀도는 쌍극자와 달리 전기장이 약한 영역임을 의미한다.

그림 16-22(c)는 서로 반대로 대전된 두 평행판 사이의 전기력선을 나타내고 있는데, 두 판 사이의 전기력선은 양 끝을 제외하고는 평행하고, 간격이 모두 일정하게 놓여 있다. 그러므로 가운데 영역에서의 전기장은 모든 점에서 같은 크기를 가진다.

마지막으로 그림 16-23은 양전하 $+2q$와 음전하 $-q$가 만드는 전기력선을 그린 것이다. 이 경우 $+2q$에서 나온 전기력선의 수는 $-q$로 들어가는 전기력선 수의 두 배이다. 따라서 양전하로부터 떠난 전기력선의 절반만 음전하로 들어가고, 나머지 반은 무한히 먼 곳에 있다고 가정하는 음전하에 도달한다. 이 전하로부터 매우 먼 거리(전하 사이의 거리에 비해 큰 경우)에서의 전기력선은 단일 전하 $+q$에 의한 전기력선과 같다.

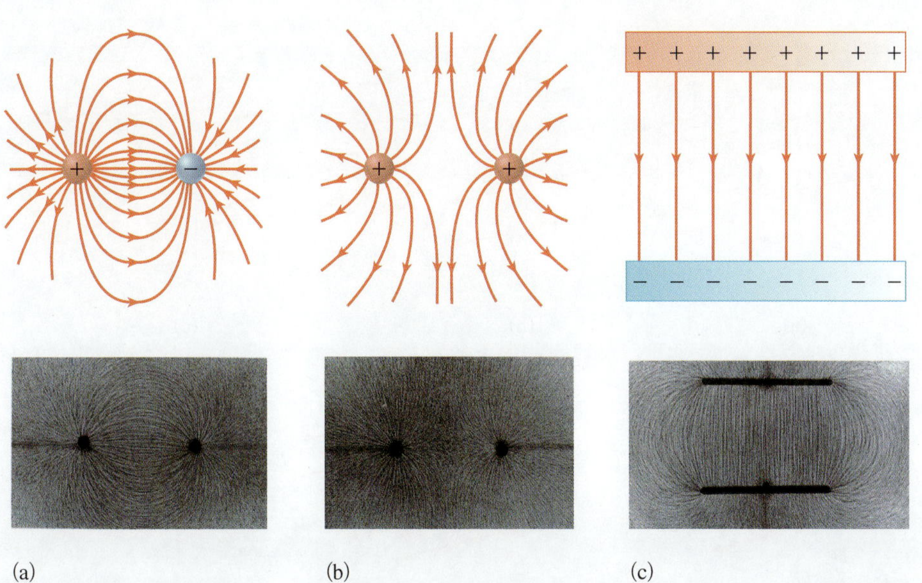

그림 16-22 전하배치가 다른 경우에 만들어지는 전기력선. (a) 크기가 같고 부호가 반대인 두 점전하(전기쌍극자)에 대한 전기력선 (b) 두 양전하에 대한 전기력선 (c) 크기가 같고 부호가 반대인 두 평행판 사이의 전기력선

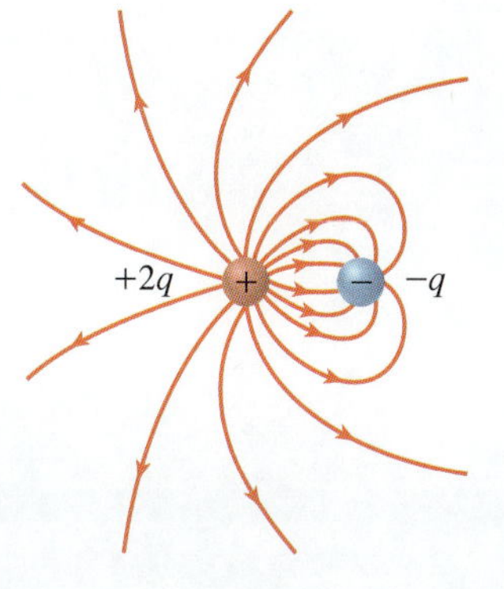

그림 16-23 양전하 $+2q$와 음전하 $-q$에 의해 만들어지는 전기력선

16-7 전기선속과 Gauss의 법칙

이 절에서는 폐곡면을 지나는 알짜 전기선속과 닫힌 곡면 내에 갇혀 있는 전하 사이의 관계에 대해 알아본다.

전기선속

그림 16-24(a)와 같이 크기와 방향 모두가 일정한 전기장이 있다. 이때 전기력선은 전기장에 수직인 방향으로 놓여 있는 면적 A의 표면을 통과한다. 이때 단위면적 A 당 전기력선 N의 수 (N/A)는 전기장의 세기 E에 비례할 것이다. 즉, $(N/A) \propto E$이다. 이 식을 $N \propto (EA)$로 나타내면 전기력선의 수 N은 전기장의 세기 E와 면적 A의 곱에 비례한다. 이때 전기장의 세기 E와 수직한 면적 A의 곱을 **전기선속**(electric flux) 또는 **전기장 다발**이라고 한다. 여기서 '다발(flux)'이라는 말은 라틴어의 '흐른다(flow)'에서 유래하였다. **전기선속 $\boldsymbol{\phi_E}$는 다음과 같이 정의한다.**

$$\phi_E = E_{\perp}A \qquad \textbf{16-9}$$

전기선속의 SI 단위는 $\mathrm{N\,m^2/C}$이다. 전기선속은 마치 유체 분야에서 사용하는 **선속**과 유사한데, 유체에서의 선속은 초당 수직 방향의 단면을 통과하는 유체의 부피를 의미한다.

그림 16-24을 통해 전기력선과 면적 사이의 관계를 살펴보자. 면이 더 넓으면 더 많은 전기력선이 지나고(b), 전기장의 방향과 수직이 되지 않도록 면을 기울인다면, 적은 양의 전기력선이 지날 것이다(그림 d). 만약 면을 전기장의 방향과 수평이 되도록 기울인다면, 면을 지나는 전기력선이 없으므로 전기선속은 0이 된다. 즉, 고정된 면

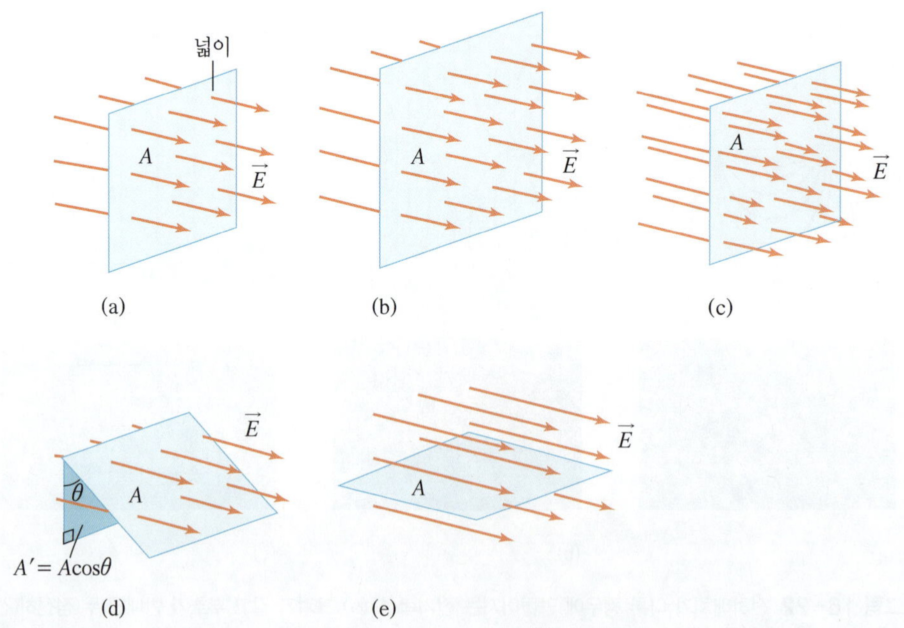

그림 16-24 전기력선과 면적 사이의 관계. (a)와 (b)는 동일한 전기력선에 면적이 다른 경우, (b)에서 ϕ_E이 크다. (a)와 (c)는 동일한 면적에 전기력선의 수가 다른 경우, (c)에서 ϕ_E가 크다. (d)면과 전기력선이 수직이 아니면, 더 적은 양의 전기력선이 지나간다. (e)전기력선과 면이 평행하면 $\phi_E = 0$이다.

A를 지나는 전기선속은 면과 전기장의 방향이 수직일 때($\theta = 0°$) 최댓값 EA를 가지며, 그 표면과 전기장이 나란할 때($\theta = 90°$) 0이다. 면이 전기장과 수직으로 놓여 있지 않다면 전기선속은 면적의 cos 값을 취하여 다음과 같이 표현된다.

$$\phi_E = EA\cos\theta \qquad \textbf{16-10}$$

편의상 면이 폐곡면을 이루면, 부피 내부를 향하는 전기선속은 음(−)으로, 부피 내부로부터 밖으로 향하는 전기선속은 양(+)으로 정한다. 이런 식으로 전기장의 방향을 잡는 것은 폐곡면을 지나는 선속을 계산할 때, 표면에 수직인 벡터를 바깥 방향으로 하는 것처럼 편리하기 때문이다.

Gauss 법칙

독일의 수학자 **가우스**(Karl Friedrich Gauss, 1777~1855)는 전하분포와 그것이 만드는 전기장 사이의 관계를 체계적으로 조서하였다. Gauss는 연구결과를 모아 하나의 법칙으로 발표하였는데, **이 법칙은 폐곡면(닫힌 곡선) 내에 있는 전하에 의한 평균 전기장을 계산하는데 유용한 기법으로 알려져 있다.**

1. 점전하 한 개만 있는 경우

양(+)으로 대전된 점전하 한 개만 있는 경우 Gauss 법칙은 어떤 형태를 갖는지 알아보자. 그림 16-25와 같이 반지름이 r인 가상적인 구 표면의 중심에 점전하 $+q$가 있다고 하자. 이러한 가상적의 폐곡면을 **Gauss면**이라고 하며, 양전하에 의한 전기력선은 그림 16-25에서와 같이 양전하에서 시작하여 밖으로 나가는 방사형이다. 이때 구 표면에서 전기장의 크기는 어느 점에서나 $E = k_e q/r^2$이다. 자유공간의 유전율 $k_e = 1/(4\pi\varepsilon_0)$를 넣어서 표현하면 전기장의 크기는 $E = q/4\pi\varepsilon_0 r^2$이다. 구의 표면적(겉넓이) A는 $A = 4\pi r^2$이므로 전기장의 크기는 $E = q/(A\varepsilon_0)$와 같이 넓이의 항으로 쓸 수 있다. 이 식은 다음과 같이 표현되며, 점전하에 대한 Gauss 법칙이라고 한다.

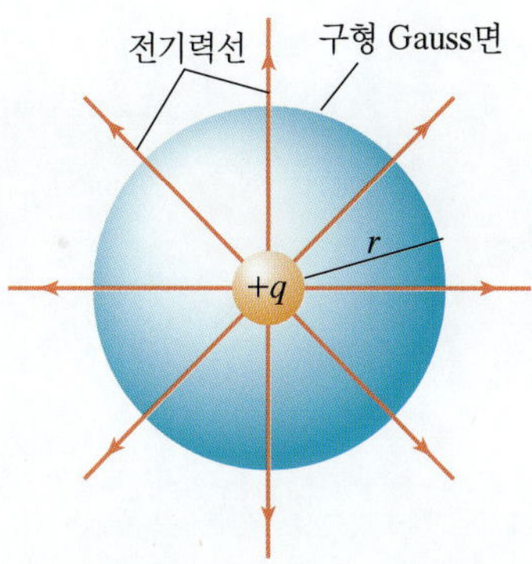

그림 16-25 양으로 대전된 점전하 $+q$가 반지름 r인 가상의 구면의 중심에 있다. 전기장은 면에 수직하고, 면 위의 어느 곳에서나 같은 세기를 갖는다.

$$EA = \frac{q}{\varepsilon_0} \qquad \textbf{16-11}$$

식 16-11에서 좌변은 Gauss면 위 어떤 점에서의 전기장의 크기 E와 겉넓이 A의 곱인 전기선속 ϕ_E이므로 다음과 같이 정리할 수 있다.

$$\phi_E = \frac{q}{\varepsilon_0} \qquad \textbf{16-12}$$

즉, 전하량 q로 둘러싸인 구를 통과하는 전기선속 ϕ_E은 전하량 q을 상수 ε_0로 나눈 것과 같다. 이 관계를 **Gauss 법칙**(Gauss's law)이라고 한다. 식 16-12에서 ε_0는 상수이고, 전기선속 ϕ_E은 Gauss면 속의 전하량 q에만 의존하며 반지름 r에는 독립적임을 알 수 있다.

2. 연속적인 전하분포를 갖는 경우

식 16-12를 연속적인 전하분포와 임의의 모양의 Gauss면을 갖는 경우로 일반화시켜 보자.

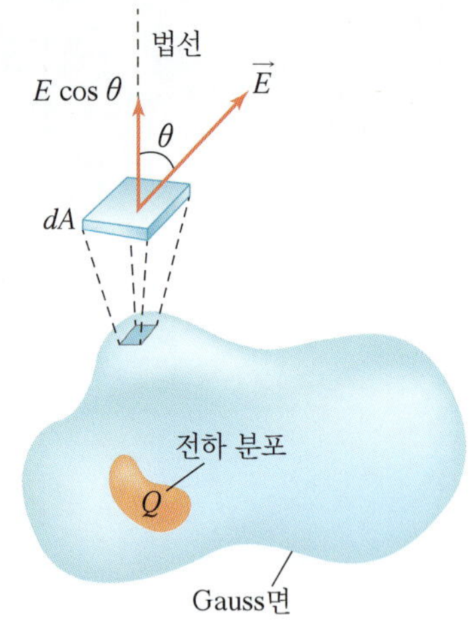

그림 16-26 임의의 모양을 갖는 Gauss면이 전하분포 Q를 둘러싸고 있다. 작은 요소인 dA 한 개를 통과하는 전기선속 ϕ_E은 $E\cos\theta$와 요소의 넓이 dA와의 곱이다.

그림 16-26은 알짜 전하량 Q가 임의 형태의 폐곡면에 둘러싸인 형태의 전하분포를 보여주고 있다. 이때 형태를 갖는 면에서 전기장의 방향은 어느 곳이나 Gauss면에 수직일 수 없으며, 전기장의 세기 역시 평면의 위치에 따라 다르다.

이 경우 전기선속을 구하기 위해 Gauss면을 아주 작은 요소(미소 면적)로 나누어 생각하자. 각 요소들이 아주 작다면 요소들은 평평하며 그 구역에서 전기장의 크기와 방향은 일정하다. 각 요소 바깥쪽으로 작은 요소의 면에 수직하게 그림 16-26과 같이 법선을 그릴 수 있다. 각 요소에서의 전기선속을 구하기 위해서는 그 구역 Gauss면에 수직한 전기장의 성분만 사용해야 한다. 이 수직한 성분만 면을 통과하기 때문이다. 그림에서 이 성분은 $E\cos\theta$이다. 여기서 θ는 전기장과 법선 사이의 각이다. 이렇게 하면 한 요소 dA을 통과하는 전기선속은 $(E\cos\theta)dA$가 된다. Gauss면 전체를 통과하는 전기선속 ϕ_E는 이들 각각의 전기선속을 모두 더하면 된다. 즉 $\phi_E = (E_1\cos\theta_1)dA_1 + (E_2\cos\theta_2)dA_2 + \cdots$, 또는 $\phi_E = \sum(E\cos\theta)dA$가 된다. 따라서 임의 전하분포와 임의의 폐곡면에서의 Gauss 법칙은 다음과 같이 나타낼 수 있다.

$$\sum(E\cos\theta)dA = \frac{Q}{\varepsilon_0} \qquad \textbf{16-13}$$

즉, Gauss면을 통과하는 전기선속 ϕ_E은 면으로 둘러싸인 알짜 전기량 Q를 자유공간의 유전율 ε_0로 나눈 것과 같다. 이 관계 역시 **Gauss 법칙**(Gauss's law)이라고 한다. 이 결과는 전하 Q를 둘러싸고 있는 어떤 형태의 폐곡면에 대해서도 성립함을 보일 수 있다. 즉, Q를 둘러싼 표면이 불규칙하다 하더라고, 그 표면을 지나는 선속은 역시 Q/ε_0이다.

3. Gauss 법칙의 적분형

만약 여러 개의 점전하가 있는 경우와, 연속적으로 전하가 분포되어 있는 경우에는 중첩의 원리를 적용하면 여러 개의 전하에 의해 만들어진 전기장은 각각의 전하에 의한 전기장들의 합벡터로 주어진다. 어떤 닫힌곡면에 대한 적분을 $\oint$로 표시하면 이 닫힌 곡면을 통과하는 전기선속은 다음과 같이 나타낼 수 있다.

$$\oint \vec{E}\cdot d\vec{A} = \oint(\vec{E}_1 + \vec{E}_2 + \cdots)\cdot d\vec{A} \qquad \textbf{16-14}$$

여기서 $\vec{E}$는 표면의 각 점에서 각각의 전하로 인한 전기장들의 벡터합에 의해 형성되는 전체 전기장이다. $d\vec{A}$는 작은 요소의 면적벡터로 그 크기는 dA이고 방향은 이 면적 요소에 수직한 방향이다. 이 요소의 위치에서 전기장 벡터 $\vec{E}$는 면적벡터 $d\vec{A}$와 각도 θ를 이룬다. 두 벡터의 스칼라곱의 정의를 참고하면 이 작은 요소를 통과하는 전기선속은 $\phi_E = (E\cos\theta)dA$이다.

그림 16-27과 같이 4개의 점전하가 분포되어 있는 경우를 생각해 보자. 표면 S는 전하 q_1만 포함하고 있으므로 표면 S를 통과하는 알짜선속은 q_1/ε_0이다. 표면 S 밖의 전하 q_2, q_3, q_4에 의한 전기력선은 표면 S를 통과하게 되더라도 들어왔다가 다시 빠져나가므로 표면 S에 대한 알짜선속에는 영향을 주지 못한다. 표면 s'은 내부에 전하 q_2

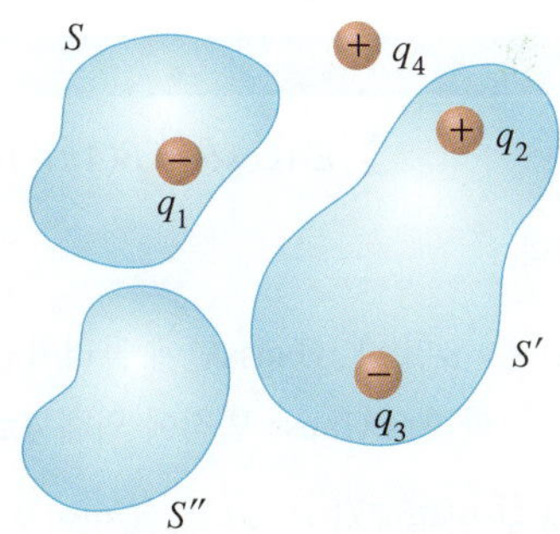

그림 16-27 닫힌곡면을 통과하는 알짜선속은 그 표면의 내부에 있는 전하에만 비례한다. 표면 S를 통과하는 알짜선속은 q_1/ε_0이고, 표면 s'에 대한 알짜선속은 $(q_2 + q_3)/\varepsilon_0$이며, 표면 S''를 통과하는 알짜선속은 0이다. 전하 q_4는 어떤 표면에 대해서도 알짜선속에는 영향을 미치지 못한다.

와 q_3를 포함하고 있으므로 표면 s'에 대한 알짜선속은 $(q_2 + q_3)/\varepsilon_0$이다. 표면 S''은 내부에 알짜전하를 포함하고 있지 않으므로 표면 S''를 통과하는 알짜선속은 0이다. 즉 한 점에서 S''로 들어가는 모든 전기력선은 다른 곳으로 나온다. 전하 q_4는 어떤 표면에 대해서도 알짜선속에는 영향을 미치지 못한다.

이상의 논의 내용도 역시 Gauss 법칙으로, 임의의 닫힌 곡면을 통과하는 알짜선속은 다음과 같이 일반화하여 표현할 수 있다.

$$\phi_E = \oint \vec{E} \cdot d\vec{A} = \frac{q_{내부}}{\varepsilon_0} \qquad \textbf{16-15}$$

예제 16-8 정육면체를 통과하는 전기선속

문제 x 방향으로 균일한 전기장이 있다고 하자. 그림 16-28과 같이 한 변의 길이가 L인 정육면체를 생각하자. (a)각각의 면을 통과하는 전기선속과, (b)전체 면의 알짜선속을 구하라.

생각하기 폐곡면을 지나는 전기선속을 구하는 문제로, 전기력선이 지나는 면적은 $A = L^2$임을 알 수 있다. 세 방향의 면은 각각 앞뒤, 위아래, 면 ①과 ②로 구분하여 전기선속을 구한다. 상자 내에는 어떤 전하도 있지 않으므로, 폐곡면에 대한 알짜 전기선속은 항상 0이 되어야 한다.

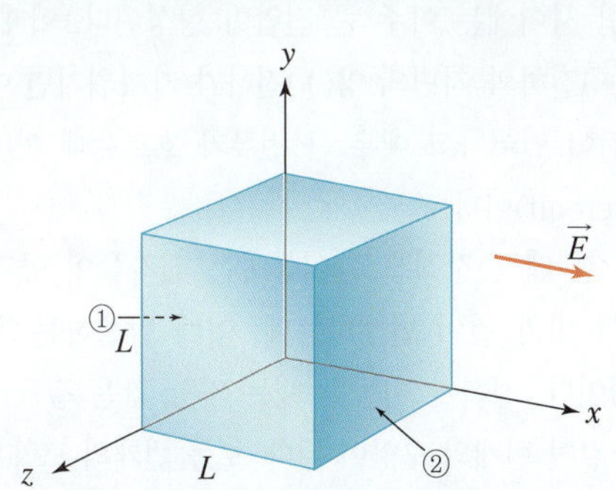

그림 16-28 x축에 평행한 균일한 전기장 속에 놓인 길이가 L인 정육면체의 표면을 나타낸 그림.

풀이 (a) xy 평면에 수직인 벡터는 $-z$ 방향이고, 이는 $\vec{E}$와 수직이므로 $\theta = 90°$이다(반대편 면도 마찬가지이다).

$$\phi_{xy} = EA\cos(90°) = 0(\text{앞과 뒤})$$

xz 평면에 수직인 벡터는 $-y$ 방향이고, $\vec{E}$와 수직이므로 $\theta = 90°$이다(반대편 면도 마찬가지이다).

$$\phi_{xz} = EA\cos(90°) = 0(\text{위와 아래})$$

면 ①(yz 평면)에 수직인 벡터는 $-x$ 방향이고 $\vec{E}$와 반평행하므로 $\theta = 180°$이다.

$$\phi_{yz} = EA\cos(180°) = -EL^2(\text{면 ①})$$

면 ②는 $+x$ 방향을 향하는 수직인 벡터를 가지므로 $\theta = 0°$이다.

$$\phi_{yz} = EA\cos(0°) = +EL^2(\text{면 ②})$$

(b) 전체 면의 알짜 선속은 (a)결과를 합하면 된다.

$$\phi_{알짜} = 0 + 0 + 0 + 0 - EL^2 + EL^2 = 0$$

예제 16-9 대전된 구 껍질의 전기장

문제 점전하 q가 반지름이 a인 구 껍질의 중심에 놓여 있다. 구 껍질의 표면에는 $-q$의 전하가 균일하게 퍼져 있다. (a) 구 껍질 밖의 모든 위치에서의 전기장을 구하라. (b) 중심에서 거리 r인 구 껍질 안에 있는 점에서의 전기장을 구하라.

생각하기 전하가 구껍질 전체에 균일하게 분포되어 있기 때문에 전기장은 대칭적이다. 전기장의 크기는 구껍질에서 같은 거리에 있는 모든 점에서 똑같다. 그러한 모든 점들은 구면상에 있으며, 구대칭을 이룬다.

풀이 반지름이 r이고 구 껍질에 전하가 가득 차있는 구형의 Gauss면을 선택하자. 그러면

$$\sum EA\cos\theta = E(4\pi r^2)\cos 0 = 4\pi r^2 E$$

이다.

(a) $r > a$일 때, Gauss면에 둘러싸인 총 전하 $Q = +q - q = 0$이다. 따라서 Gauss 법칙에 의해 $4\pi r^2 E = 0$, 즉 $E = 0$이다.

(b) 구 안쪽에서 즉, $r < a$인 영역으로 둘러싸인 총 전하는 $Q = +q$이다. 그러므로 Gauss 법칙에서 $4\pi r^2 E = \frac{q}{\varepsilon_0}$이다. 따라서 전기장은 다음과 같다. 즉

$$E = \frac{q}{4\pi\varepsilon_0 r^2} = \frac{k_e q}{r^2}$$

단원과 관련된 주제 벼락과 피뢰침

장마철에는 어김없이 번개가 치고 천둥소리가 나며, 벼락에 의한 피해도 종종 발생한다. 일반적으로 구름 속에는 전하를 띤 입자들이 많이 포함되어 있다. 구름의 위쪽에는 가벼운 입자들이 양(+)전하를 띠고 있고, 아래쪽에는 무거운 입자들이 음(−)전하를 띠고 있다. 이와 같이 대전된 구름들이 지면에 가까워지면 정전기 유도 현상에 의하여 지면에는 양(+)전하가 유도되어 구름과 지면 사이에는 아주 큰 전압이 형성된다. 이때 구름 아래쪽의 음(−)전하와 지면의 양(+)전하가 가까워지면 아주 짧은 시간에 방전이 일어나고 매우 큰 전류가 흐르는데 이것이 바로 **벼락**(thunderbolt)이다.

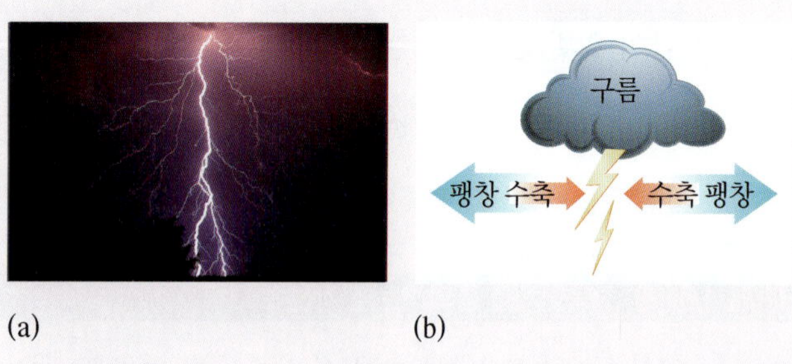

그림 16-29 번개가 치면 엄청난 에너지 때문에 주변의 공기가 여러 차례 팽창과 수축이 일어난다. 이때 공기가 진동하는 소리가 바로 천둥소리이다.

벼락이 칠 때 순간적으로 이동하는 전자들이 공기 입자들과 충돌하여 빛과 열이 발생하는데, 이때 발생하는 빛이 **번개**(lightning)이다. 전하가 이동할 때는 가장 짧은 길을 이용하는데 이 빠른 길이 번개의 모양이 된다. 보통 번개의 모양은 삐뚤삐뚤한데 그 이유는 번개가 움직이는 경로가 공기의 온도, 습도, 기압 등 여러 요인에 영향을 받기 때문이다. 번개가 발생할 때 그 주위의 공기 온도는 약 2.7×10^4 °C 정도가 된다. 이 열에 의해 뜨거워진 공기가 팽창하면서 주변에 있는 공기를 압축하게 되는데, 압축된 부분에 공기가 채워질 때 나는 소리가 **천둥소리**(crack of thunder)이다. 번개가 섬광을 내면 이어 천둥소리가 뒤따른다.

번개를 본 후 천둥소리를 듣게 되는데 그 이유는 무엇일까? 이것은 **빛의 속도가 소리의 속도보다 아주 빠르기 때문에, 번개와 천둥이 동시에 치더라도 천둥소리를 나중에 듣게 된다.**

번개가 치면 공기 속에 있는 산소 분자에 의해 약간의 오존(O_3)이 만들어지기도 한다. 또한 번개는 식물의 성장에 필요한 질산을 만들기도 한다. 공기 중에는 질소가 많이 있다. 번개가 치면 질소와 산소가 만나 이산화질소가 만들어진다. 이 이산화질소는 빗물을 만나 질산으로 바뀌고, 질산은 땅에 흡수되어 식물의 생장을 돕는 비료가 되기도 한다.

미국의 정치가이며 과학자인 프랭클린(B. Franklin, 1706~1790)은 번개가 전기현상의 일종이라고 생각하면서 이를 증명하기 위해 그의 아들과 함께 연날리기 실험을 하였다. 비오는 날, 연 꼭대기에 30 cm 정도 되는 쇠붙이를 달고, 아래쪽에 '᠇' 모양의 명주 리본과 자물쇠를 연결한 다음 연을 하늘로 띄워 올렸다. 그 결과 그의 생각대로 번개는 전기현상이라는 사실을 알게 되었다. 이 실험을 통해 프랭클린은 뾰족한 쇠막대를 건물 위에 높게 세운 뒤 도선으로 지면과 연결시키면 벼락을 피할 수 있다는 것을 알게 되었다. 이것이 바로 **피뢰침**(lightning rod)이다.

피뢰침은 구리막대의 한 끝을 뾰족하게 만들어서 고층 건물의 꼭대기에 설치하고, 구리막대에 연결된 도선은 땅속에 있는 넓은 금속판에 연결되어 있다. 피뢰침을 설치하면 위험이 감소되는 이유는 첫째, 건물 꼭대기에 유도된 전하들이 피뢰침의 끝을 통해 공기 중으로 이동하여 구름 속에 있는 전하들과 결합하여 중화되기 때문에 번개 현상이 감소된다. 둘째, 번개가 일어날 때 피뢰침 끝을 통해 구름 속에 있는 많은 양의 음전하들이 땅속으로 이동하여 번개 현상이 감소하게 된다.

그림 16-30 프랭클린은 연을 날려 번개가 전기현상임을 알게 되었다.

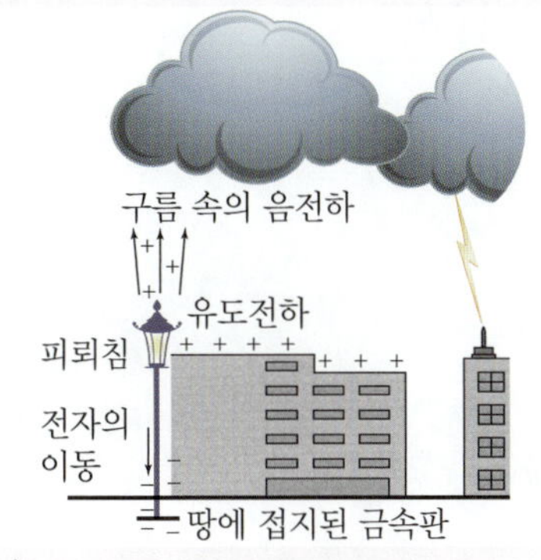

(a)

(b)

그림 16-31 피뢰침의 원리

연습문제

16-1 전기력
16-2 도체와 부도체
16-3 물체를 대전시키는 방법

1. 금속구에 전기량을 똑같이 분배시키는 방법을 설명하라.

16-4 Coulomb의 법칙

2. 처음에 8.0×10^{-2} m 떨어져 있던 두 전하가 서로 간의 힘이 16배가 될 때까지 가까워졌다. 두 전하 사이의 거리는 얼마인가?

3. 그림 P16-3과 같이 삼각형의 꼭짓점에 위치한 세 개의 점전하 $q_1 = 6.00 \times 10^{-9}$ C, $q_2 = -2.00 \times 10^{-9}$ C, $q_3 = 5.00 \times 10^{-9}$ C이 있다.

(a) q_2가 q_3에 작용하는 전기력 $\vec{F}_{23}$의 성분을 구하라.

(b) q_1이 q_3에 작용하는 전기력 $\vec{F}_{13}$의 성분을 구하라.

(c) q_3에 작용하는 합력을 성분으로 나타내고 크기와 방향을 구하라.

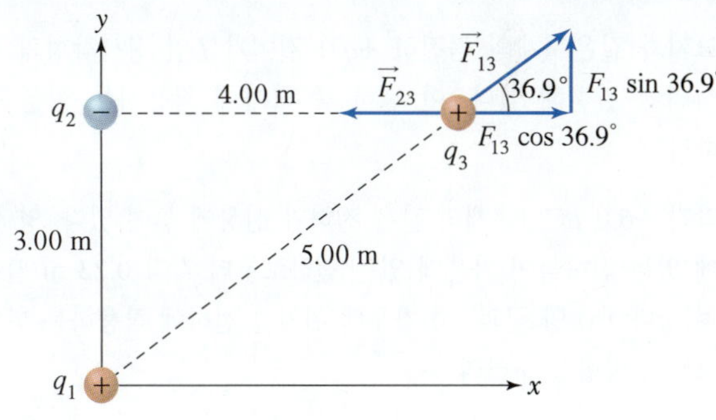

그림 P16-3 q_1이 q_3에 작용하는 힘은 $\vec{F}_{13}$이며, q_2가 q_3에 작용하는 힘은 $\vec{F}_{23}$이다. q_3에 작용하는 합력은 $\vec{F}_{13} + \vec{F}_{23}$이다.

4. 같은 크기의 두 금속구가 각각 전하량 1.0×10^{-8} C과 -2.0×10^{-8} C으로 대전되었다.

(a) 두 금속구를 진공 중에서 0.5 m 떨어지게 놓았을 때 작용하는 전기력은 몇 N인가?

(b) 두 구를 접촉시킨 후 다시 0.5 m 떨어지게 놓았을 때 작용하는 전기력은 몇 N인가?

5. 2개의 같은 점전하가 1 cm 떨어져 있다. 그들 사이의 정전기력이 1.6×10^{-19} N이라면, 전하의 크기는 얼마인가?

6. 3개의 전하가 그림 P16-6과 같이 한 변의 길이가 3.0×10^{-2} m인 정삼각형의 모서리에 고정 배치되어 있다. 다른 두 개의 전하가 q_3에 작용하는 알짜 힘의 크기와 방향을 구하라. 세 전하의 크기는 각각 $q_1 = +3.7\ \mu$C, $q_2 = -3.7\ \mu$C, $q_3 = +4.8\ \mu$C이다.

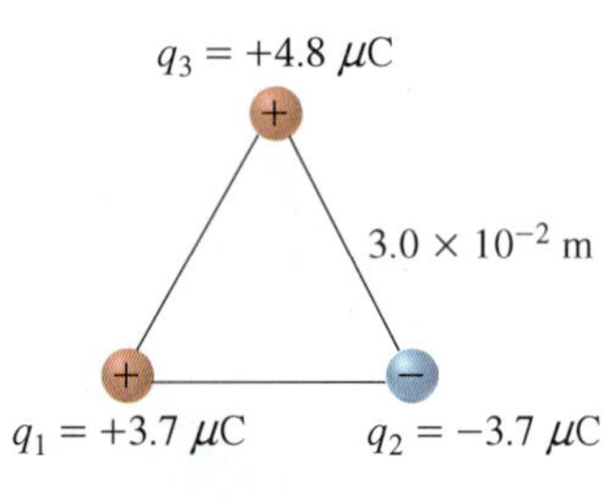

그림 P16-6

7. 한 전자가 다른 한 전자에 미치는 힘이 해면상에서 전자의 무게와 같으려면 두 전자는 얼마나 떨어져 있어야 하는가?

8. 같은 크기의 2개의 전도성 구가 각각 $q_1 = -4.0 \times 10^{-6}$ C, $q_2 = +8.0 \times 10^{-6}$ C이고, 3.0 cm 떨어져 있다.
(a) 이들 사이에 작용하는 힘은 얼마인가?
(b) 구가 부딪쳤다가 다시 원 위치로 떨어졌을 때 작용하는 힘은 얼마인가?

9. 크기가 같은 4개의 점전하 $+q$가 길이가 L인 정사각형의 모서리에 위치해 있다. 이 전하 중 하나에 작용하는 힘을 구하라.

10. 각각 $+6.0\ \mu$C인 3개의 같은 전하가 선상에 놓여 있다. 양 끝에 있는 전하들이 가운데 있는 전하로부터 각각 0.23 m 떨어져 있다. (a) 양 끝과 (b) 가운데 위치한 전하에 작용하는 힘의 크기와 방향을 구하라.

11. 질량이 8.00 μg이고 전하가 −2.80 nC인 작은 구가 처음에 +8.50 nC의 고정된 구로부터 1.60 μm 떨어져 있다. 8.00 μg의 구를 정지상태에서 놓을 때, (a) 고정된 전하로부터 0.500 μm될 때의 운동에너지와 (b) 속력을 구하라.

12. 7.50 nC의 전하가 4.20 nC의 전하로부터 1.80 m 떨어져 있다.
(a) 이들 간에 작용하는 전기력을 구하라.
(b) 이 힘은 인력인가 척력인가?

13. 동일한 두 도체구의 중심이 0.3 m 떨어져 있다. 한 구의 전하는 12×10^{-9} C이고 다른 구의 전하는 -18×10^{-9} C이다.
(a) 한 구에 다른 구가 작용하는 전기력을 구하라.
(b) 구가 도선에 의해 연결되어 있다. 평형이 이루어진 후 두 구 사이의 전기력을 구하라.

14. 0.800 μC의 전하로 대전된 작은 구 q_1이 그림 P16-14(a)에서와 같이 용수철의 끝에 매달려 있다. 또 다른 −0.600 μC의 전하 q_2가 그림 P16-14(b)에서처럼 용수철에 달린 전하 밑에 놓여 있어 용수철이 이전보다 d = 3.50 m 더 늘어난 다음 새로운 평형상태에 도달한다. 이때 두 전하 사이의 거리는 r = 5.00 cm이다. 용수철의 힘상수는 얼마인가?

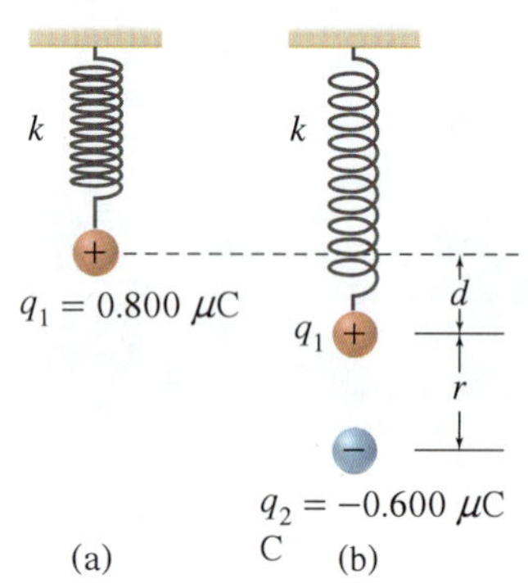

그림 P16-14

15. 4개의 양성자와 4개의 중성자로 구성되어 있는 $^{8}_{4}$Be 핵은 매우 불안정하여 자발적으로 2개의 α입자(헬륨 핵, 각각 2개의 양성자와 2개의 중성자로 구성)로 쪼개진다.
(a) 2개의 α입자가 서로 5.00×10^{-15} m 떨어져 있는 경우, 그 사이에 작용하는 전기력은 얼마인가?
(b) 이 힘에 의해 α입자가 갖는 처음상태의 가속도의 크기는 얼마인가? α입자의 질량은 4.0026 u이다.

16. 3개의 전하가 그림 P16-16과 같이 배열되어 있다. 원점에 놓여 있는 전하가 작용하는 전기력의 방향과 크기를 구하라.

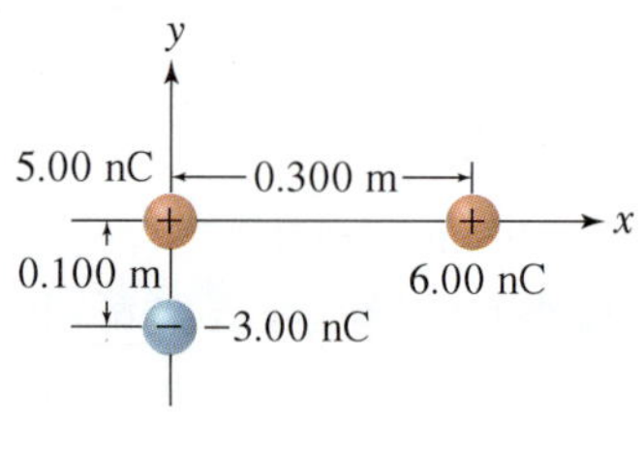

그림 P16-16

16-5 전기장

17. 2.0×10^{-6} C의 양전하로부터 1 cm 떨어진 점과 1 m 떨어진 점의 전기장의 크기를 비교하라.

18. 어느 공간의 한 점에서 -2.5×10^{-10} C의 전하를 놓았더니 오른쪽으로 1.0×10^{-8} N의 힘을 받았다. 이 점에서의 전기장의 크기와 방향을 구하라.

19. 그림 P16-19에서처럼 3개의 점전하 q_1, q_2, q_3가 한 줄로 배열되어 있다. $x = +2.0$ m, $y = 0$인 곳에서의 전기장의 크기와 방향을 구하라.

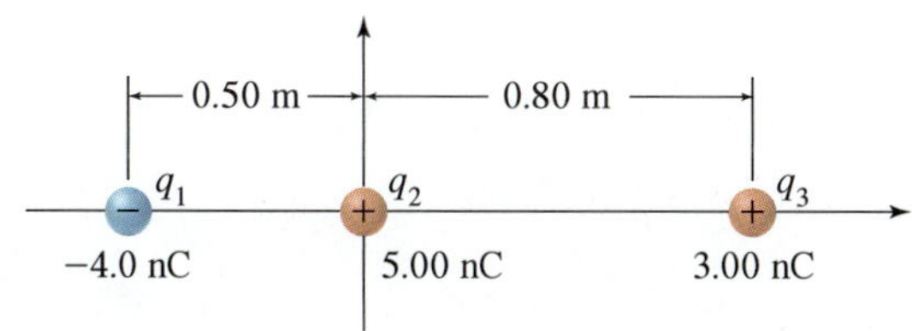

그림 P16-19

20. 양성자가 균일한 전기장 E에서 정지상태로부터 1.00×10^{-6}초 내에 속도가 3.00×10^{6} m/s까지 가속되었다. 이 전기장의 크기는 얼마인가? 양성자 질량과 전하량은 각각 $m_p = 1.67 \times 10^{-27}$ kg, $+e = 1.60 \times 10^{-19}$ C이다.

21. 전하량이 $Q = 1.50\ \mu$C인 전하가 전기장의 성분이 각각 $E_x = 4\,000$ N/C, $E_y = 3\,000$ N/C, $E_z = 0$인 전기장내에 놓여 있다. 이 전하 Q에 작용하는 힘의 크기와 방향을 구하라.

22. 그림 P16-22와 같이 전하량이 $-q$인 미세한 스티로폼 구가 x축 상에서 원점으로부터 거리 a인 곳에 위치하고 있다. 전하량 $+3q$인 또 다른 스티로폼 구가 y축 상에서 원점으로부터 거리가 $2a$인 위치에 있다. 원점에서의 전기장은 얼마인가?

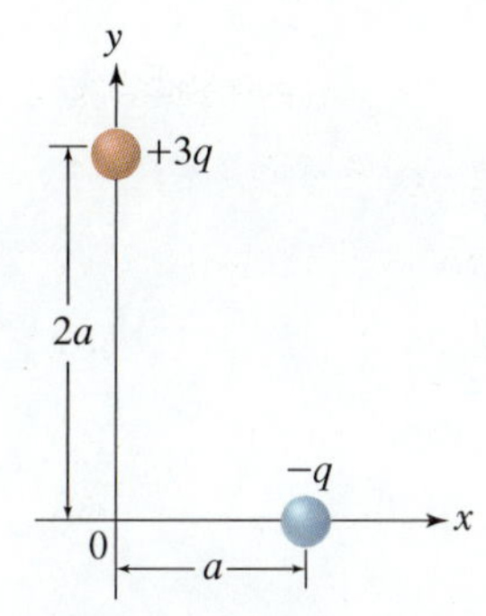

그림 P16-22

23. 공기에서 전기장의 세기가 3.0×10^{6} N/C을 넘으면 공기는 도체가 된다. 이 사실을 이용하여 반지름이 2.0 m인 금속구가 축적할 수 있는 최대 전하량을 구하라.

24. 일정한 전기장 640 N/C 내에서 양성자가 정지상태로부터 가속되었다. 얼마 후에 양성자는 속력이 1.20×10^{6} m/s로 되었다.

(a) 양성자의 가속도의 크기를 구하라.

(b) 양성자가 이 속력에 도달하는 데 걸리는 시간은 얼마인가?

(c) 이 시간 동안 양성자는 얼마나 움직이는가?

(d) 나중 시간에서 양성자의 운동에너지를 구하라.

25. 질량이 3.80 g이고 전하가 $-18\ \mu$C인 작은 물체가 지면에 수직이고 균일한 전기장이 있는 지면 위에 떠서 정지해 있다. 전기장의 크기와 방향을 구하라.

26. 그림 P16-26과 같이 같은 크기의 두 양전하가 사다리꼴의 반대 구석에 놓여 있다. 점 P에서의 전기장의 크기를 구하라.

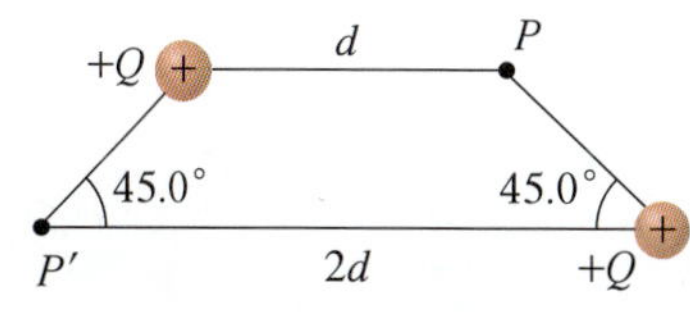

그림 P16-26

27. 그림 P16-27과 같이 같은 전하량인 $q = -5.0\ \mu$C을 가진 3개의 전하가 반지름이 2.0 m인 원주 위에 $+x$축에서 30°, 150°, 270° 위치에 놓여 있다. 이 세 전하에 의해 원의 중심인 점 O에 형성되는 합성 전기장을 구하라.

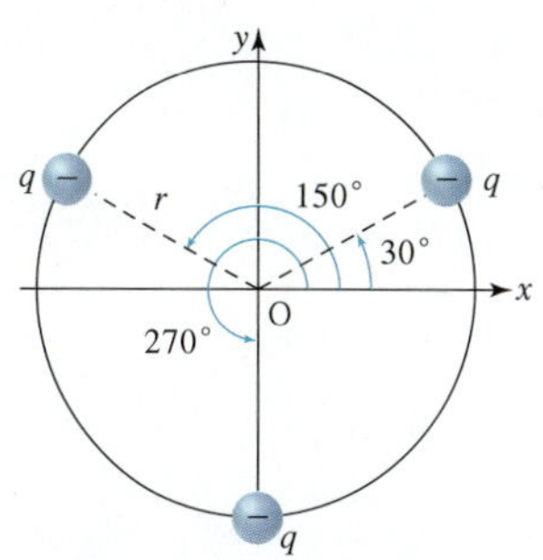

그림 P16-27

16-6 전기력선

28. 전기력선이 서로 만나지 않는 이유는 무엇인가?

29. (a) 고립된 점전하($q > 0$) 주위의 전기력선을 그리라.

(b) 크기가 $-2q$인 고립된 음전하 주위의 전기력선을 그리라.

16-7 전기선속과 Gauss의 법칙

30. 안쪽 반지름이 a이고 바깥쪽 반지름이 b인 도전성의 구 껍질이 있다. 대전된 구 껍질은 그림 P16-30과 같이 표면에 전체 전하 $+Q$를 가지고 있다. Q는 양의 전하이다.

(a) 반지름 $r < a$인 도전성의 구 껍질 내부의 전기장을 구하라.

(b) $r > b$인 구 껍질 밖에서의 전기장을 구하라.

(c) 구의 중심에 $-2Q$의 전하가 놓여 있다면, $r > b$인 영역에서의 전기장은 얼마인가?

(d) (c)에서 구 위에서의 전하분포는 어떻게 되는가?

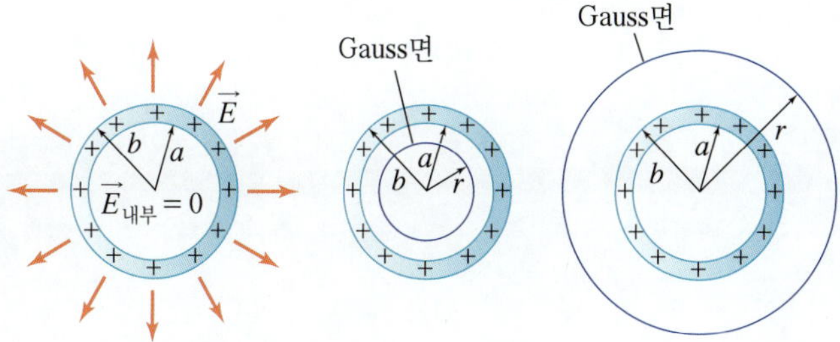

그림 P16-30 (a) 균일하게 대전된 구 껍질 내부에서의 전기장은 0이다. (b) 구 껍질 내부에서의 전기장을 구하기 위해 설정한 Gauss면 (c) 구 껍질 외부에서의 전기장을 구하기 위해 설정한 Gauss면

밴 더 그래프 발전기 전하를 대량으로 모을 수 있는 장치 중 하나이다. 이 정전 발전기는 1929년 밴 더 그래프(Robert J. Van de Graaff)에 의해 고안되었으며, 최대 20 MV의 전기에너지를 얻을 수 있다. 초창기 핵물리학 연구에 광범위하게 이용된 바 있다.

전위(전기퍼텐셜)와 전기용량

제 17 장

제6장에서 에너지라는 개념이 역학적인 문제를 다루고 이해하는 데 매우 유용하다는 것을 공부한 바 있다. 에너지는 보존되는 양이고, 이 특성은 자연의 중요한 성질 중 하나이다. 아주 어렵다고 여겼던 뉴턴의 운동법칙에 관한 문제를 계산하거나, 불가능하다고 생각하였던 힘에 대한 상세한 지식들이 에너지의 개념을 이용하면 쉽게 해결되는 것을 보았다.

이러한 에너지의 개념은 전기 분야에서도 널리 이용되고 있다. 일이나 에너지의 기본 개념은 중력이나 전기력에 동일하게 적용된다. 에너지 보존법칙은 전기에너지를 포함시켜 확장할 수 있으며, 이 개념을 이용하면 여러 경우의 문제 해결에 있어서 전기력과 전기장을 이용하는 것보다 더욱 쉽게 해결할 수 있다.

제17장에서는 전기 퍼텐셜에너지 관점에서 출발하는 개념인 전위와 전기용량에 대해 공부한다. 종종 전압이라 불리는 전위는 전기회로나 전자장비를 공부할 때, 기본 개념 중에서도 가장 핵심 부분이기도 하다. 이어 축전기의 기본원리와 이용에 대해서 공부한다.

17-1 전기 퍼텐셜에너지와 전위

전기 퍼텐셜에너지

이 절에서는 개념의 정의방법이 중력 퍼텐셜에너지와 유사한 형태를 갖는 **전기 퍼텐셜에너지**에 대해 알아보자. 그림 17-1은 전기장과 중력장이 모두 아랫방향을 향하고 있는 그림이다. 전기장 내에서 양전하가 갖는 특성은 중력장 내에 있는 질량이 갖는 특성과 유사하다. 그림 17-1(b)의 점 a에 있는 양전하(q_0)는 마치 물체가 중력장의 방향으로 떨어지는 것처럼 전기장의 방향으로 떨어진다. 이때 점 b에서의 전기 퍼텐셜에너지를 0이라고 놓자. 그러면 에너지 보존으로부터 점 a에서 점 b로 이동하는 양전하의 전기 퍼텐셜에너지는 감소되고 그 양 만큼 운동에너지를 얻는다. 따라서 양전하에 대해 전기 퍼텐셜에너지는 일을 한다.

전기장 내에 있는 양전하를 전기장과 반대 방향으로 이동시키려면 일이 필요하고, 이 일 만큼 양전하는 전기 퍼텐셜에너지를 얻게 된다. 중력 퍼텐셜에너지 $PE_{중}$가 물체의 질량과 높이에 관련된다면 ($PE_{중} = mgh$), 전기 퍼텐셜에너지 $PE_{전}$는 전하량 q_0(질량에 해당)과 두 점 사이의 거리(높이에 해당)에 좌우된다. 전기력에 의한 퍼텐셜에너지를 **전기 퍼텐셜에너지**라고 한다. 전기 퍼텐셜에너지는 기준점으로부터 어떤 위치까지 전하를 이동시키기 위해 외력이 한 일과 같다. 전기 퍼텐셜에너지를 나타내는 기호로는 $PE_{전}$ 또는 U 등이 사용된다.

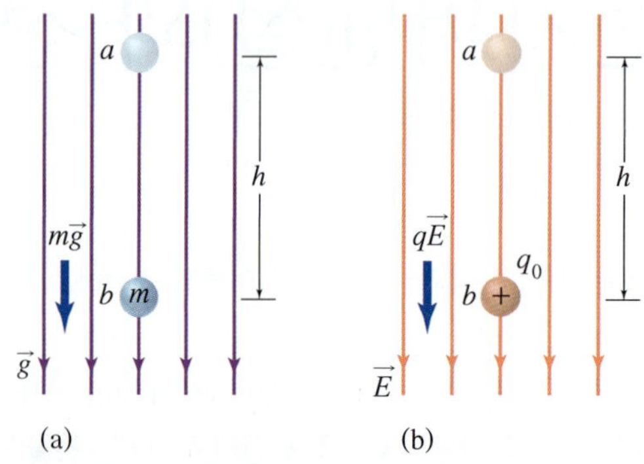

그림 17-1 중력 퍼텐셜에너지와 전기 퍼텐셜에너지의 비교. (a) 질량 m인 물체가 중력장 방향으로 움직이면, 중력 퍼텐셜에너지는 감소한다. (b) 전기장이 아랫방향을 향할 때, 점 b는 점 a보다 더 낮은 전위에 있으며, 양전하가 점 a에서 점 b로 이동하면 전기 퍼텐셜에너지는 감소한다.

전기 퍼텐셜에너지가 중력 퍼텐셜에너지와 다른 형태의 에너지라 할지라도 그 에너지 역시 보존된다. 전기장에서의 일도 중력장에서의 일과 같이 이동 경로에 무관하다. 이때 중력이 보존력인 것처럼 전기력도 보존력이다. 그림 17-2와 같이 시험전하(양전하)가 점 a에서 점 b까지 이동했다면 이때 전기력이 한 일 W_{ab}는, 점 a에서의 전기 퍼텐셜에너지(PE_a)와 점 b에서의 전기 퍼텐셜에너지(PE_b)의 차이와 같다. 만약 이 시험전하를 전기력에 거슬러서 점 b에서 점 a까지 이동시키려면 W_{ba}만큼 일을 해주어야 한다. 따라서 이 계의 일은 도중의 경로와는 관계없이 두 점 a, b의 위치에 따라 결정된다. 이때 전기력이 한 일은 다음과 같이 나타낼 수 있다.

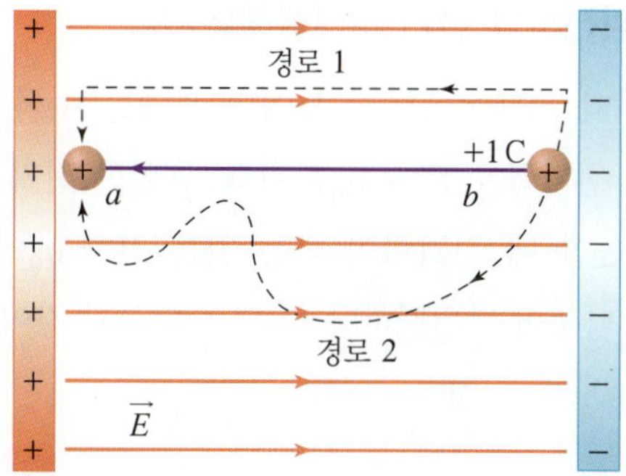

그림 17-2 전기력이 하는 일과, 전기력에 거슬러서 하는 일은 이동경로와는 무관하고 두 점 a, b 사이의 전기 퍼텐셜에너지 차에 의해 결정된다.

$$W_{ab} = PE_a - PE_b = -(PE_b - PE_a) = -\Delta PE(-\Delta U) \quad \textbf{17-1}$$

즉, 보존력인 전기력인 한 일 W_{ab}는 전기 퍼텐셜에너지 ΔPE와 크기는 같고 방향은 반대이다.

그림 17-3과 같이 한쪽 판은 양으로, 다른쪽 판은 같은 크기의 음전하로 대전된 두 개의 넓은 평행판이 있다. 양으로 대전된 평행판에 가까운 점 a에 양전하 q_0를 놓았다고 가정하자. 이때 양전하 q_0는 전기력 때문에 점 a에서 점 b까지 음의 평행판 쪽으로 이동할 것이다. 이 과정에서 양전하는 가속되어 운동에너지가 증가하고, 전기 퍼텐셜에너지는 전기력이 한 일 만큼 감소된다. 즉, 양전하가 처음에 가지고 있던 전기 퍼텐셜에너지는 운동에너지로 변환되고, 이 과정 중에 총에너지는 언제나 보존된다. 양전하 q_0가 가지는 전기 퍼텐셜에너지 PE는 점 a에서 가장 크다. 이때 양전하가 전기장의 영향으로 점 a와 점 b로 움직일 때, 전기장 $\vec{E}$가 양전하에 한 일은 변위 방향으로 나란히 작용하는 전기력 $q_0\vec{E}$와 변위 $\Delta x = x_f - x_i$를 곱한 값과 같다.

$$W_{ab} = F_x \Delta x = q_0\, E_x(x_f - x_i) = q_0 E_x \Delta x \quad \textbf{17-2}$$

이 식에서 q_0는 양전하이고, E_x는 $\vec{E}$의 x축 방향의 벡터 성분이다. x축 방향의 벡터 성 E_x는 $\vec{E}$의 방향에 따라 양 또는 음이 될 수 있다. 그림 17-3에서 E_x는 양이다.

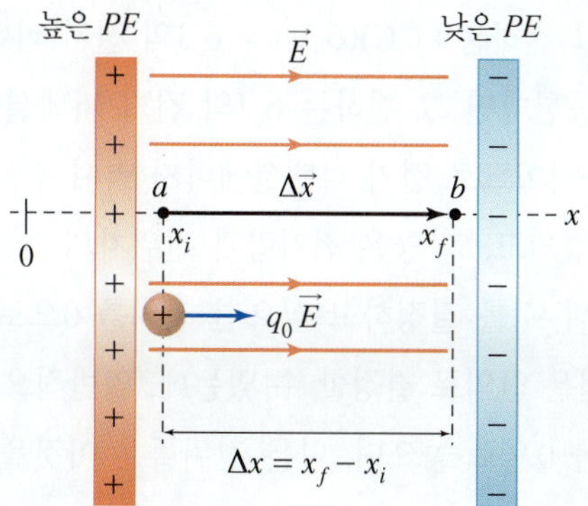

그림 17-3 전기장은 양전하를 점 a에서 점 b까지 움직이도록 일을 한다. 양전하가 가지는 전기 퍼텐셜에너지는 점 a에서 가장 크고, 점 b에서 가장 작다.

전위(전기퍼텐셜, 단위전하당 전기 퍼텐셜에너지)

전기력에 의한 일과 전기 퍼텐셜에너지 사이의 관계를 수식으로 정리해보자. 그림 17–3과 같은 상황에서 전기력은 $\vec{F} = q_0\vec{E}$이고, 균일한 전기장 $\vec{E}$ 내에서 양전하가 점 a로부터 점 b로 이동할 때 전기력이 하는 일은 전하 q_0에 의존된다. 따라서 식 17–1의 양변을 전하로 나누어 단위전하당 한 일로 다음과 같이 나타낼 수 있다.

$$\frac{W_{ab}}{q_0} = \frac{PE_a}{q_0} - \frac{PE_b}{q_0} \tag{17–3}$$

이 식의 오른쪽 항은 시험전하에 의해 나눠진 두 지점에서의 전기 퍼텐셜에너지의 차 $\Delta PE/q_0$이다. 이 값을 **단위전하당 전기 퍼텐셜에너지**라고 부른다. 이때 단위전하당 전기 퍼텐셜에너지 V를 **전위** 또는 **전기퍼텐셜**(electric potential)이라고 한다. 전위를 나타내는 기호는 일반적으로 V로 사용하며, 전기퍼텐셜은 벡터가 아니고 스칼라이다. 균일한 전기장 내의 어느 점 a에서 시험전하 q_0가 전기 퍼텐셜에너지 PE_a를 가지면 이 점에서의 전위 V는 $V_a = \dfrac{PE_a}{q_0}$이다.

주어진 점에서의 전위 V는, 그 점에 놓여있는 작은 시험전하 q_0를 그 점에서의 전기 퍼텐셜에너지로 나눈 값이다.

이 정의에 의하면 식 17–3은 다음과 같이 쓸 수 있다.

$$V_{ab} = V_a - V_b \tag{17–4}$$

따라서 전하 q가 전기 퍼텐셜에너지가 다른 두 점 a와 b 사이에서 움직일 때 전기 퍼텐셜에너지는 다음과 같다.

$$qV_{ab} = PE_a - PE_b = \Delta PE \tag{17–5}$$

이 식으로 보면 전하량이 q_0인 입자가 전위차 V_{ab}를 통해 움직이면, 그 전기 퍼텐셜에너지 ΔPE는 qV_{ab}만큼 변하는 것을 알 수 있다. 그림 17–3의 양의 판은 음의 판보다 전위가 더 높으며, 어느 점에서의 전기 퍼텐셜에너지는 qV라고 나타낼 수 있다. 예를 들어, 그림 17–2에서 두 평행판 사이의 전위차가 6 V일 때 1 C의 전하가 점 a에서 점 b로 이동한다면 그 전하는 (1 C)(6 V) = 6 J의 전기 퍼텐셜에너지를 잃는다(만약 점 b에서 점 a로 이동한다면 그 전하는 6 J의 전기 퍼텐셜에너지를 얻는다). 에너지는 일을 할 수 있는 능력이므로 전기 퍼텐셜에너지 역시 주어진 전하에 얼마나 많은 일을 할 수 있는가로 측정되고, 그 양은 전기량과 전위차의 크기에 의존한다.

어떤 점 a에서의 전위 V_a를 결정하고 싶으면 전위를 0으로 하는 기준점을 정해야 한다. 전위가 0인 기준점은 임의로 결정할 수 있는데, 일반적으로 접지 또는 접지와 직접 연결된 도체의 전위를 0으로 놓으며, 다른 전위들은 이것을 기준으로 결정된다. 그림 17–3에서 점 a와 점 b의 전위는 다르다. 이와 같이 두 점 사이의 전위의 차를 **전위차**라고 한다.

전위와 전위차의 단위는 J/C(joule/coulomb)이며, 이 단위는 축전기를 발명한 **볼타**(Alessandro Volta ; 1745~1827)의 이름을 따서 **볼트**(volt)라고 한다. 볼트는 V로 쓰며 1 V = 1 J/C이다.

전기 퍼텐셜에너지 *PE*와 전기퍼텐셜 *V*는 이름이 유사함에도 불구하고 같지 않다. 전기 퍼텐셜에너지는 에너지이며 단위는 줄(J)이다. 전기퍼텐셜(전위)은 단위 전하당 에너지로 그 단위는 볼트(V)이다. 새롭게 정의한 단위인 볼트(V)를 이용하여 전기장의 단위인 N/C를 다른 단위로 바꿀 수 있다.

$$1\ \mathrm{N/C} = \frac{1\ \mathrm{J}}{1\ \mathrm{m\ C}} = 1\ \mathrm{V/m}$$

전위는 전기회로 등에서 종종 **전압**(voltage)이라고 부른다. 엄밀히 말하면, 전압은 전기장이 시간에 따라 변화할 때 나타나는 비보존적 상황에서도 사용하기 때문에 전위차와 전압은 같지 않다. 그러나 일반적으로 차이를 두지 않고 있다. 표 17-1은 일상생활에서 대하는 몇 가지 상황에 대한 전위차를 나타낸 것이다.

TIP 기호와 단위에 주의!

기호와 단위의 올바른 사용은 아주 중요하다.

이탤릭체 *V* 일반적으로 전압에 대한 기호를 나타낸다.

정체 V 전압의 단위인 볼트를 나타낸다.

표 17-1 일상생활에서 대하는 몇 경우의 전위차

구분	전위차	구분	전위차
심장활동으로 발생한 팔과 다리사이	1 mV	전기콘센트(유럽)	230 V
건전지	1.5 V, 9.0 V	KTX 공급 전원	25 K V
승용차 축전기	12 V, 24 V(화물차)	장거리 송전선과 지면 사이	365 K V
전기콘센트(한국)	220 V	뇌우 구름 밑부분과 지면 사이	100 MV

전자볼트

에너지의 단위는 주울(J)이나 칼로리(cal)이다. 이 단위는 원자나 핵물리학 또는 화학이나 분자생물학 등에서 다루는 전자나 원자 또는 분자들의 에너지를 나타내기에는 너무나 큰 단위이다. 이에 따라 에너지의 또 다른 단위로 **전자볼트**(electron volt, eV)가 사용된다.

1 eV는 전자가 1 V의 전위차를 통과할 때 얻는 에너지이다.

전자가 갖는 전기량은 1.6×10^{-19} C이므로 1 eV는 다음과 같다.

$$1\ \mathrm{eV} = (1.6 \times 10^{-19}\ \mathrm{C})(1\ \mathrm{V}) = 1.60 \times 10^{-19}\ \mathrm{J} \qquad \textbf{17-6}$$

예를 들어 1000 V의 전위차에서 가속되는 전자는 1000 eV(또는 1 keV)의 전기 퍼텐셜에너지를 잃게 되고, 1000 eV의 운동에너지를 얻는다. 만약 어느 입자가 전자가 가지는 전하의 두 배 ($2e = 3.2 \times 10^{-19}$ C)와 같은 전하를 가지고 1000 V의 전위차에서 가속된다면 입자의 운동에너지는 2000 eV된다. $1\ \mathrm{J} = 6.25 \times 10^{19}$ eV이다.

전자볼트 단위가 분자와 소립자의 에너지를 기술하는 데에는 편리하지만 SI 단위로서는 적당하지 않다.

예제 17-1 전자와 양성자의 가속

문제 그림 17-4는 오실로스코우프 내에 있는 브라운관의 모습이다. 브라운관에서 정지상태에 있는 전자가 전위차 V_{ab} = +5000 V로 가속되었다. (a) 전자의 전기 퍼텐셜에너지는 얼마나 변화되었는가? (b) 가속된 후에 전자($m = 9.1 \times 10^{-31}$ kg)의 속도는 얼마인가? (c) 만약 질량이 1.67×10^{-27} kg인 양성자가 $V_{ab} = -5000$ V로 가속된다면 양성자의 전기 퍼텐셜에너지 변화와 가속 후의 속도는 얼마인가?

그림 17-4 오실로스코우프 브라운관. 좌측 끝부분 위치한 전자총에서 출발한 전자가 가속전압에 의해 가속되어 형광판을 부딪쳐 전기 신호를 시각적으로 나타낸다.

생각하기 전기 퍼텐셜에너지는 전기량에 관계되고, 질량에는 무관하다. 그러나 전자나 양성자의 속도는 질량에 관계된다.

풀이 (a) 전자의 전기량은 -1.6×10^{-19} C이다. 따라서 전기 퍼텐셜에너지의 변화는 식 17-5를 이용하면 다음과 같다.

$$\begin{aligned}\Delta PE = qV_{ab} &= (-1.6 \times 10^{-19}\ \text{C})(+5000\ \text{V})\\ &= -8.0 \times 10^{-16}\ \text{J}\end{aligned}$$

음(−)의 부호는 전기 퍼텐셜에너지가 감소한다는 것을 의미한다. 즉, 음전하는 음극으로부터 양극으로 끌어당겨진다.

(b) 전자가 잃어버린 전기 퍼텐셜에너지는 운동에너지로 변환된다. 에너지의 보존식 $\Delta KE + \Delta PE = 0$이므로 $\Delta KE = -\Delta PE$이다. 따라서 다음 관계가 있다.

$$\frac{1}{2}mv^2 - 0 = -qV_{ab}$$

여기서 전자가 정지상태에서 출발한다고 가정했으므로 처음의 $KE = 0$이다. 이 식을 v에 대하여 풀고 전자의 질량 $m = 9.1 \times 10^{-31}$ kg을 대입하면 다음과 같다.

$$\begin{aligned}v = \sqrt{-\frac{2qV_{ab}}{m}} &= \sqrt{-\frac{2(-1.6\times10^{-19}\ \text{C})(5\,000\ \text{V})}{9.1\times10^{-31}\ \text{kg}}}\\ &= 4.2 \times 10^7\ \text{m/s}\end{aligned}$$

(참고: 이 결과가 정확한 것은 아니다. 전자의 속도가 그렇게 빠르다면 상대성 이론을 적용해야 한다. 이 문제에 대해서는 26장에서 다루게 된다.)

(c) 양성자의 전기량은 $+1.6 \times 10^{-19}$ C이므로 전기 퍼텐셜에너지의 변화는 전자와 같은 것이고, 질량은 전자보다 크므로 속도는 전자보다 작다는 것을 예상할 수 있다.

$$\begin{aligned}\Delta PE = qV_{ab} &= (+1.6 \times 10^{-19}\ \text{C})(-5000\ \text{V})\\ &= -8.0 \times 10^{-16}\ \text{J}\end{aligned}$$

$$\begin{aligned}v = \sqrt{-\frac{2qV_{ab}}{m}} &= \sqrt{-\frac{2(1.6\times10^{-19}\ \text{C})(-5\,000\ \text{V})}{1.67\times10^{-27}\ \text{kg}}}\\ &= 9.8 \times 10^5\ \text{m/s}\end{aligned}$$

17-2 전위와 전기장 사이의 관계

전하분포의 변화에 따른 영향은 전기장이나 전위로 기술될 수 있다. 이때 전기장과 전위 사이에는 밀접한 관계가 있다. 그림 17-3에서 두 평행판 사이의 전위차가 V_{ab}라고 할 때, 두 판 사이의 전기장이 균일한 경우 전위와 전기장 사이의 관계를 살펴보자. 양전하 q가 점 a에서 b로 이동할 때 전기장이 한 일은 다음과 같다.

$$W = qV_{ab} \qquad \textbf{17-7}$$

일은 힘과 이동한 거리의 곱이고, 평행판 사이의 전기장 $\vec{E}$가 균일한 곳에서 q에 작용한 힘은 $F = qE$이므로 다음과 같이 쓸 수 있다.

$$W = Fd = qEd \qquad \textbf{17-8}$$

여기서 d는 평행판 사이의 거리, 즉 점 a와 b 사이의 거리이다. W에 관한 두 식을 같다고 놓으면 $qV_{ab} = qEd$가 되고, q를 정리하면 다음과 같다.

$$V_{ab} = Ed \qquad \textbf{17-9}$$

이 식을 E에 대해 풀면 다음과 같다.

$$E = \frac{V_{ab}}{d} \quad \text{(전위와 전기장 관계)} \qquad \textbf{17-10}$$

이 식으로부터도 전기장의 단위는 **뉴턴/쿨롬**(N/C)과 함께, **볼트/미터**(V/m)도 쓸 수 있다는 것을 알 수 있다.

예제 17-2 균일한 전기장 내에 있는 양전하

문제 그림 17-5와 같이 두 장의 금속판 A, B가 진공 중에서 거리 d를 사이에 두고 평행하게 놓여 있고, 판 A에는 양(+)전하가, 판 B에는 음(−)전하가 대전되어 있다. (a) 판 사이의 전기장의 세기가 6×10^3 N/C 일때 극판 사이의 점 P에 놓인 2×10^{-8} C의 양전하에 작용하는 전기력의 방향과 크기를 구하라. (b) 이 전하를 점 P에서 전기장의 방향으로 5 cm 떨어진 점 Q까지 이동시키는 데 필요한 일은 얼마인가? (c) 점 P와 Q 사이의 전위차는 얼마인가?

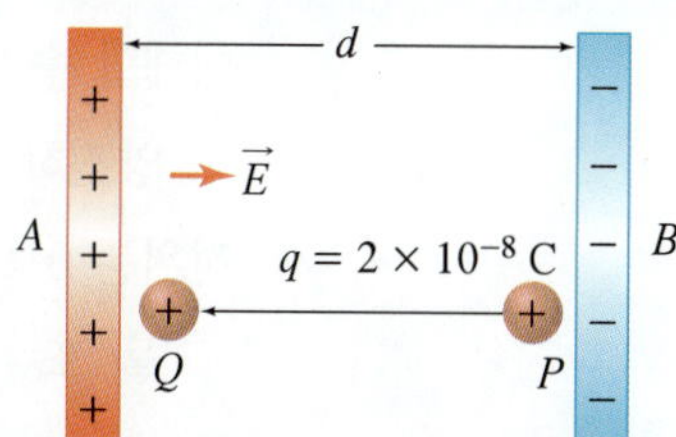

그림 17-5 평행한 두 금속판 사이에 놓인 양전하

생각하기 전기력이 양전하에 한 일을 구하는 문제이다.

풀이 (a) 양전하에 작용하는 전기력의 방향이 전기장의 방향과 같으므로 전기력의 방향은 $A \rightarrow B$이다. 또 이때 작용하는 전기력의 크기는 다음과 같다.

$$F = qE = (2 \times 10^{-8}\ \text{C}) \times (6 \times 10^3\ \text{N/C}) = 1.2 \times 10^{-4}\ \text{N}$$

(b) 이 양전하를 점 P에서 전기장의 방향으로 5 cm 떨어진 점 Q까지 이동시키는 데 필요한 일은 식 17-8을 이용하면 다음과 같다.

$$W = Fd = 1.2 \times 10^{-4}\ \text{N} \times 0.05\ \text{m} = 6.0 \times 10^{-6}\ \text{J}$$

(c) 두 점 P, Q 사이의 전위차는 다음과 같다.

$$V_{QP} = \frac{W}{q} = \frac{6.0 \times 10^{-6}\ \text{J}}{2 \times 10^{-8}\ \text{C}} = 3.0 \times 10^2\ \text{V}$$

예제 17-3 전기 퍼텐셜에너지의 변화

문제 $q = 3.00\ \mu$C인 전하가 있다. 이 전하를 무한대($r = \infty$)에서 $Q = 20.0\ \mu$C의 점전하로부터 0.50 m 떨어진 곳까지 가져오는 데 필요한 일을 구하라.

생각하기 무한대로부터 가져오는 데 필요한 일은 식 17-7에서 구할 수 있다.

풀이 무한대 지점을 a라고 하고, 구하는 지점을 점 b라고 놓으면, $r_a = \infty$, $r_b = 0.50$ m이다. 점 a에서 점 b까지 가져오는 데 필요한 일의 양은 전기 퍼텐셜에너지의 변화와 같다.

$$W = qV_{ba} = q\left(\frac{k_eQ}{r_b} - \frac{k_eQ}{r_a}\right)$$

주어진 값을 대입하면 필요한 일의 양은 다음과 같다.

$$W = (3.00 \times 10^{-6}\ \text{C})\frac{(9.00 \times 10^9\ \text{N m}^2/\text{C}^2)(2.00 \times 10^{-5}\ \text{C})}{(0.50\ \text{m})} = 1.08\ \text{J}$$

17-3 단일 점전하에 의한 전위

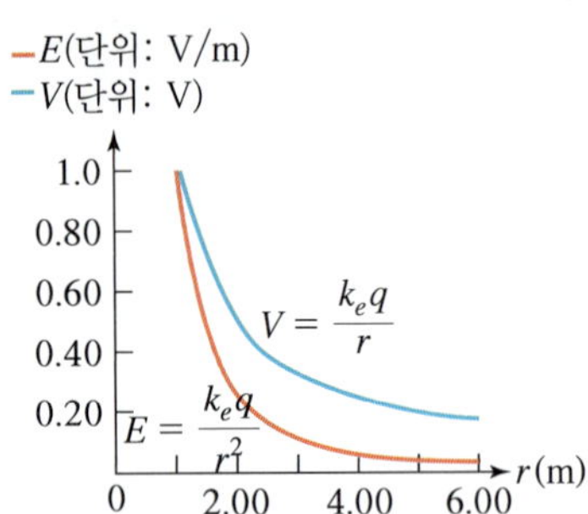

그림 17-6 점전하 1.11×10^{-10} C으로부터 거리에 따른 전기장과 전위. 전위는 $1/r$에 비례하고, 전기장은 $1/r^2$에 비례한다.

점전하에 의한 전기장이 공간에 퍼지듯이 전위 또한 그렇다. 전위가 0인 점은 어느 곳이든지 될 수 있다. 일반적으로 전위가 0인 점은 전하 자신과 다른 전하의 영향으로부터 먼 무한한 거리를 택한다. 따라서 단일 점전하 q로부터 거리가 r만큼 떨어진 곳에서의 전위는 식 16-6$\left(E = k_e \frac{q}{r^2}\right)$과 식 17-10$\left(E = \frac{V_{ab}}{d}\right)$으로부터 유도하면 단일 점전하에 의해 만들어지는 전위는 다음과 같다.

$$V = k_e \frac{q}{r} \tag{17-11}$$

전위 V는 $r = \infty$일 때 $V = 0$, 또는 거리 r과 무한대 사이의 전위로서 절대적인 전위를 의미한다. 또한 전위 V는 전기장이 거리의 제곱에 반비례하여 감소하는 것에 비해(식 16-6 참조) 거리에 반비례하고 있다. 이 같은 관계는 그림 17-6을 보면 쉽게 이해할 수 있다.

양전하 가까운 곳의 전위는 크고 아주 먼 거리에서는 0이 되며, 음전하 근처에서의 전위는 0보다 작고 (−)값을 갖는다. 거리가 커짐에 따라 0으로 가까이 간다.

둘 또는 그 이상의 전하에 의한 전위를 구할 때는 **중첩의 원리**(superposition principle)를 적용하여 얻는다. 여러 전하에 의한 어느 한 점 P에서의 전위는 개별 전하에 의한 전위의 대수합이다.

$$V_P = \sum_i k_e \frac{q_i}{r_i} \tag{17-12}$$

여기서 r_i는 각 전하로부터 점 P까지의 거리이다. 이 방법은 공간 내 한 점에서의 합성 전기장을 구하는 방법과 유사하다. 벡터의 합을 사용하는 전기장과 달리, 전위의 중첩은 스칼라의 합으로 구한다. 결국 여러 전하에 의한 어느 한 점에서의 전위를 계산하는 것이 벡터인 전기장을 구하는 것보다 훨씬 쉽다. 이런 점이 전위를 이용함으로써 얻어지는 중요한 이점이다.

예제 17-4 x축 상에 놓인 두 점전하에 의한 전위 구하기

문제 그림 17-7과 같이 두 점전하 q_1과 q_2가 원점 O에서 좌우로 26 cm 떨어진 곳에 위치하고 있다. 두 점전하의 전하량은 각각 $q_1 = -50\ \mu\text{C}$, $q_2 = 50\ \mu\text{C}$이다. 이때 점 A와 B에서 두 점전하에 의한 전위를 구하라.

생각하기 두 점전하가 원점을 중심으로 x축 좌우에 배치된 구조에서 전위를 구하는 문제이다.

풀이 점 A에서의 전위는 양전하에 의한 전위와 음전하에 의한 전위의 합이다. 식 17-11인 $V = k_e \frac{q}{r}$를 이용하여 구하자. 먼저 점 A에서의 전위는 다음과 같다.

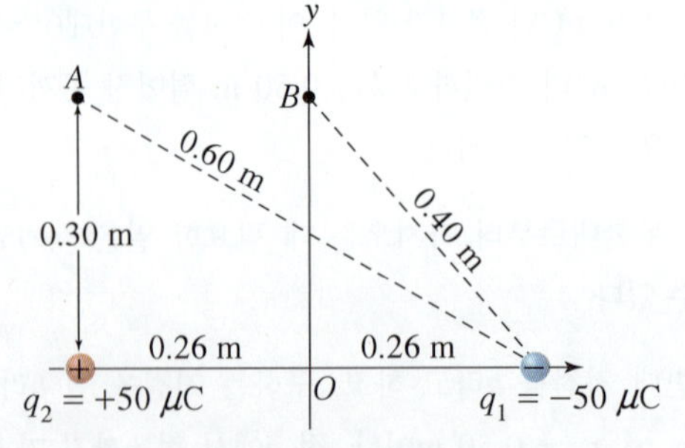

그림 17-7 두 점전하에서 떨어진 점 A와 점 B에 생기는 전위는, 각각 전하에 의해 형성되는 전위의 합이다.

$$V_A = V_{A2} + V_{A1}$$
$$= \frac{(9.0 \times 10^9\ \text{N m}^2/\text{C}^2)(5.0 \times 10^{-5}\ \text{C})}{0.30\ \text{m}} + \frac{(9.0 \times 10^9\ \text{N m}^2/\text{C}^2)(-5.0 \times 10^{-5}\text{C})}{0.60\ \text{m}}$$
$$= (1.50 \times 10^6\ \text{V}) - (0.75 \times 10^6\ \text{V})$$
$$= 7.5 \times 10^5\ \text{V}$$

또 점 B에서 전위는 다음과 같다.

$$V_B = V_{B2} + V_{B1}$$
$$= \frac{(9.0 \times 10^9\ \text{N m}^2/\text{C}^2)(5.0 \times 10^{-5}\ \text{C})}{0.40\ \text{m}} + \frac{(9.0 \times 10^9\ \text{N m}^2/\text{C}^2)(-5.0 \times 10^{-5}\ \text{C})}{0.40\ \text{m}}$$
$$= 0\ \text{V}$$

전위는 점 B에서만 0이 아니라 두 전하로부터 같은 거리에 있는 y축 상의 모든 점에서 0이다.

이와 같이 여러 점전하에 의해서 전위가 형성되는 경우에는 각각 전위의 대수합이다.

예제 17-5 y축 상에 놓인 두 점전하에 의한 전위 구하기

문제 그림 17-8과 같이 $q_1 = 2.00\ \mu\text{C}$인 전하가 원점에 놓여 있고, $q_2 = -6.00\ \mu\text{C}$의 전하가 (0, 3.00) m에 놓여 있다. 좌표가 (4.00, 0) m인 x축 상의 한 점 P에서 이들 두 전하에 의한 전체 전위를 구하라.

생각하기 두 전하가 y축에 배치된 경우이며, 음(−)전하에서 점 P까지의 거리는 피타고라스의 원리에 의해 5.00 m임을 알 수 있다.

풀이 각각의 점전하에 의해 형성되는 전위의 합을 구하면 된다. 따라서 식 17-12를 사용하면

$$V_P = k_e\left(\frac{q_1}{r_1} + \frac{q_2}{r_2}\right)$$

로 나타낼 수 있다. 주어진 값을 대입하면 두 전하에 의한 점 P에서의 전위가 얻어진다.

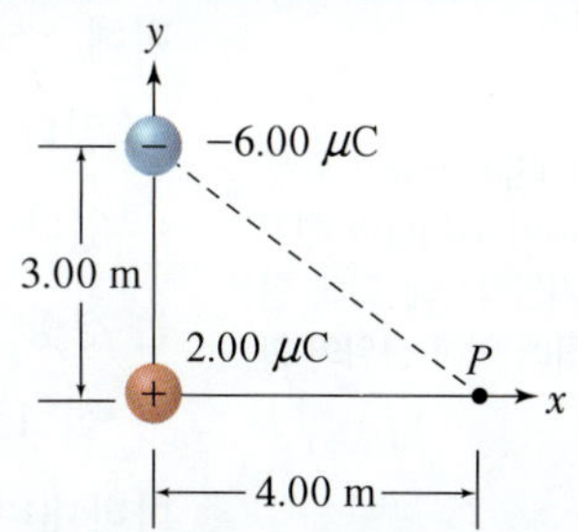

그림 17-8

$$V_P = (9.0 \times 10^9\ \text{N m}^2/\text{C}^2) \times \left(\frac{2.00 \times 10^{-6}\ \text{C}}{4.00\ \text{m}} + \frac{-6.00 \times 10^{-6}\ \text{C}}{5.00\ \text{m}}\right)$$
$$= -6.3 \times 10^3\ \text{V}$$

17-4 전기쌍극자에 의한 전위

거리가 l만큼 떨어져 있으며 부호가 다르고 전기량이 같은 두 점전하 $+q$와 $-q$를 **전기쌍극자**(electric dipole)라고 한다. 그림 17-9에 나타난 두 전하는 전기쌍극자로 되어 있다. 이러한 전기쌍극자는 분자생물학에서 많이 다루지만 물리학에서도 많이 이용되고 있다.

그림 17-9와 같이 전기쌍극자에 의한 임의의 점 P에서 전위를 계산해보자. 전위 V는 두 전하에 의한 각각의 전위의 합이다. 따라서 식 17-11을 사용하여 정리하면 다음과 같다.

$$V = \frac{k_e q}{r} + \frac{k_e(-q)}{r + \Delta r} = k_e q\left(\frac{1}{r} - \frac{1}{r + \Delta r}\right) = k_e q \frac{\Delta r}{r(r + \Delta r)}$$

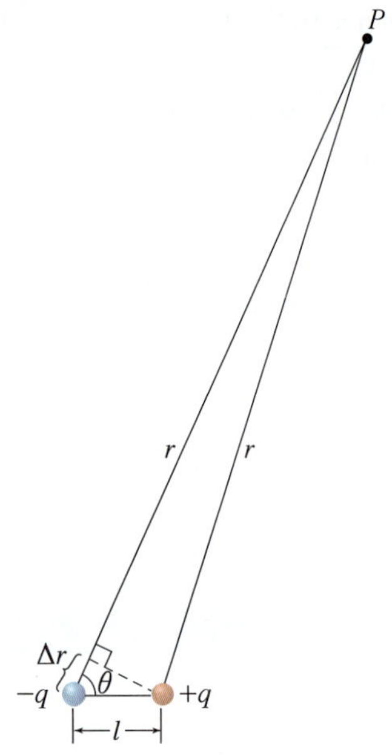

그림 17-9 크기가 같고 부호가 다른 두 점전하가 아주 가까이 위치하면 전기쌍극자를 이룬다. 전기쌍극자에 의해 형성되는 전위는 두 전하에 의한 전위의 합이다.

여기서 r은 점 P로부터 양전하까지의 거리이고, $r + \Delta r$은 점 P로부터 음전하까지의 거리이다. 만약 전기쌍극자로부터의 거리가 두 전하 사이의 거리보다 훨씬 큰 경우, 즉 $r \gg l$인 점 P를 생각하면 이 식은 더욱 간단해진다. 그림에서 $\Delta r \approx l \cos\theta$이고, $r \gg \Delta r = l \cos\theta$이므로 분모항에서 Δr을 무시하면 다음 식이 얻어진다.

$$V = k_e \frac{ql\cos\theta}{r^2} \quad (\text{전기쌍극자에 의한 전위: } r \gg l) \qquad \textbf{17-13}$$

여기서 각 θ가 0~90° 사이일 때에는 전위 V가 양의 값을 가지고, 90~180° 사이일 때에는 음의 값을 갖는다($\cos\theta$는 음의 값이다). 이 결과는 처음의 경우에는 점 P가 양전하에 가깝고, 두 번째의 경우에는 음전하에 가깝기 때문에 직관적으로 알 수 있다. $\theta = 0°$이면 가장 큰 값을 갖고, $\theta = 90°$에서의 전위는 예제 17-4의 점 B에서의 결과와 같이 0이 된다. **식 17-11에서 단일 점전하에 의한 전위는 거리에 반비례하는데 비해, 식 17-13의 전기쌍극자에 의한 전위는 거리의 제곱에 반비례한다는 것을 알 수 있다.** 이 결과로부터 전기쌍극자에 의한 전위가 더 빨리 약해진다는 것을 예측할 수 있다. 왜냐하면 전기쌍극자와 같이 반대로 대전된 두 전하는 서로의 전위를 상쇄하는 경향이 있기 때문이다.

식 17-13에서 ql의 값을 **전기쌍극자모멘트**(dipole moment)라고 하며, 벡터 $\vec{p}$로 나타내며 방향은 전기장의 방향을 향한다. $\vec{p}$의 크기를 사용하여 식 17-13을 나타내면 다음과 같다.

$$V = k_e \frac{p\cos\theta}{r^2} \quad (\text{전기쌍극자에 의한 전위: } r \gg l) \qquad \textbf{17-14}$$

전기쌍극자모멘트의 단위는 **쿨롬 미터**(C m)이고, 분자에서와 같이 아주 적은 양을 나타낼 때의 단위는 **디바이**(debye)를 쓰기도 한다. 1 debye = 3.33×10^{-30} C m이다.

예제 17-6 전기쌍극자에 의한 전위 구하기

문제 그림 17-10과 같이 거리 $2a$만큼 떨어져 크기가 같고 부호가 반대인 2개의 전하로 이루어진 전기쌍극자가 있다. 전기쌍극자는 x축 상에 있고, 중심에 원점이 있다. (a) y축 상의 점 P에서의 전위를 구하라. (b) $+x$축 상의 점 R에서의 전위를 구하라. (c) 전기쌍극자로부터 아주 멀리 떨어져 있는 $+x$축 상의 점 R'에서의 전위 V를 구하라.

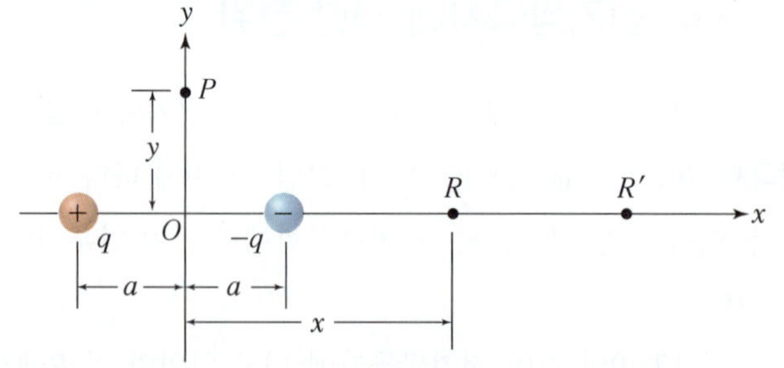

그림 17-10 x축 상에 두 전하가 위치한 전기쌍극자

생각하기 전기쌍극자는 2개의 원천전하로 구성되기 때문에, 전위는 2개의 전하에 의한 전위를 각각 구하고 그 결과를 합하면 된다.

풀이 (a) $+y$축 상의 점 P에서의 두 전하에 의한 전위를 구하면

$$V_P = k_e \sum_i \frac{q_i}{r_i} = k_e \left(\frac{q}{\sqrt{a^2 + y^2}} + \frac{-q}{\sqrt{a^2 + y^2}} \right) = 0$$

이다. 즉, 두 전하에서 같은 거리에 있으므로 합 전위가 0인 것을 알 수 있다.

(b) $+x$축 상의 점 R에서의 전위도 같은 방법으로 구하면 다음과 같다.

$$V_R = k_e \sum_i \frac{q_i}{r_i} = k_e\left(\frac{-q}{x-a} + \frac{q}{x+a}\right) = -2k_e q \frac{a}{x^2 - a^2}$$

(c) 전기쌍극자로부터 멀리 떨어져 있는 점 R'에서는 $x \gg a$이므로 문제 (b)의 정답에서 분모의 a^2을 무시할 수 있다. 따라서 그 점 R'에서의 전위는 다음과 같다.

$$V_{R'} = \lim_{x \gg a}\left(-2k_e q \frac{a}{x^2}\right) \approx -2k_e q \frac{a}{x^2} \ (x \gg a)$$

17-5 연속 전하분포에 의한 전위

연속적으로 분포되어 있는 전하에 의한 전위는 어떤 방법으로 구할 수 있는지 알아보자. 전하가 연속적으로 분포되어 있을 때의 전위는 무수히 많은 미소 전하요소 dq로 구성되어 있다고 생각하여 구할 수 있다.

그림 17-11에서와 같이 작은 전하요소 dq를 마치 점전하로 생각하여 전위를 계산할 수 있다. 전하요소 dq에 의한 점 P에서의 전위 dV는 다음과 같다.

$$dV = k_e \frac{dq}{r} \quad \text{(연속 전하분포에 의한 전위)} \qquad \textbf{17-15}$$

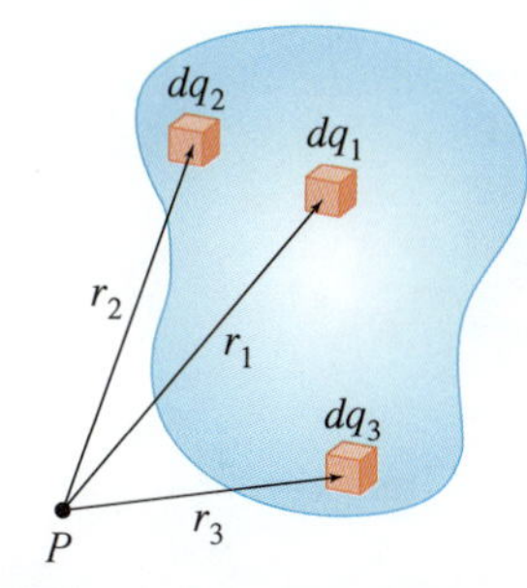

그림 17-11 연속적인 전하분포에 의한 점 P에서의 전위는, 대전된 물체를 전하요소 dq로 나누고, 모든 전하요소에 의한 전위의 합으로 구할 수 있다.

여기서 r은 전하요소와 점 P 사이의 거리이다. 점 P에서의 전체 전위를 구하려면, 분포되어 있는 모든 전하요소에 대해 식 17-15를 적분해야 한다. 일반적으로 각각의 전하요소는 점 P로부터 다른 거리에 있고 k_e는 상수이기 때문에, 전체 전위 V는 다음과 같이 표현된다.

$$V = \int dV = k_e \int \frac{dq}{r} \qquad \textbf{17-16}$$

예제 17-7 균일하게 대전된 고리에 의한 전위

문제 그림 17-12는 반지름이 a인 고리에 전체 전하 Q가 고르게 분포되어 있는 모습을 나타낸 것이다. 중심축 상의 한 점 P에서 전위를 구하라. 점 P는 고리 중심에서부터 x만큼 떨어진 지점에 위치한다.

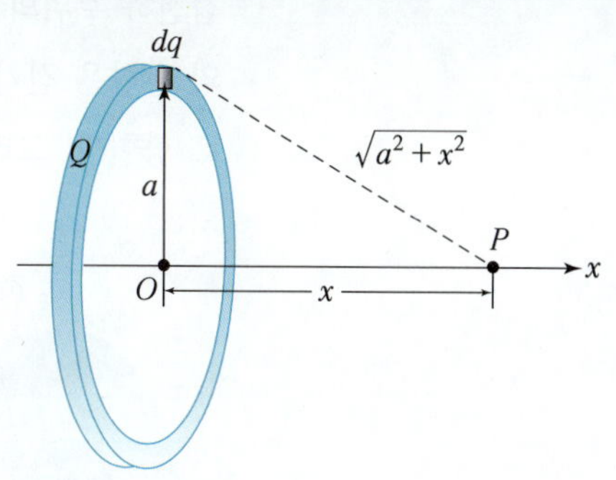

그림 17-12 균일하게 대전된 반지름 a인 고리 중심에서부터 x만큼 떨어진 점 P에서의 전위는 미소 전하요소 dq의 전체 합이다. 적분 공식으로 구할 수 있다.

생각하기 고리의 전하는 점전하 집합으로 구성되어 있지 않고, 균일하게 분포해 있기 때문에 적분 공식을 이용해야 한다.

풀이 식 17-15를 이용하여 점 P에서의 전위는 식 17-16과 같이 이용하면

$$V_P = k_e \int \frac{dq}{r} = k_e \int \frac{dq}{\sqrt{a^2 + x^2}}$$

로 표현된다. 이 식에서 a와 x는 모두 상수이므로, $\sqrt{a^2+x^2}$항은 적분기호 밖으로 나올 수 있다. 따라서 구하는 전위 V_P는 다음과 같다.

$$V_P = \frac{k_e}{\sqrt{a^2+x^2}} \int dq = \frac{k_e Q}{\sqrt{a^2+x^2}}$$

17-6 등전위선(면)

전위는 **등전위선**(equipotential line 等電位線)이나 **등전위면**(equipotential surface 等電位面)을 이용해서 도식적으로 표현할 수 있다.

식 17-11에 의하면 점전하 q로부터 r만큼 떨어진 점에서의 전위는 $V = k_e \dfrac{q}{r}$이다. 따라서 r이 같은 모든 곳에서의 전위는 모두 같으며, 등전위면은 점전하에 중심을 둔 구면이 된다. 등전위면은 무한히 많이 있는데, 그림 17-14는 그중 두 개만을 나타낸 것이다. 거리 r이 크면 클수록 등전위면에서의 전위는 더 작다는 것을 쉽게 예측할 수 있다.

등전위선(면)은 전기장에서 전위가 같은 모든 점을 연결한 가상적인 선(면)이다.

등전위선과 전기력선의 관계

알짜 전기력은 전하가 등전위면 위에서 움직일 때는 일을 하지 않는다. 이 중요한 특성은 전기력이 전하가 점 a에서 점 b까지 이동할 때 한 일이 W_{ab}라면, 전위차는 식 17-7에 의해 $V_{ab} = V_a - V_b = \dfrac{W_{ab}}{q}$로 주어지는 것으로부터 알 수 있다. 등전위면 위에서 $V_a = V_b$로 같으므로 $W_{ab} = 0$ J이 된다. 즉, 등전위면 상의 어떤 두 점 사이의 전위차도 0이며, 전하를 등전위면 상의 한 점에서 다른 곳으로 이동시키는 데에는 아무런 일도 필요하지 않다.

그림 17-13에서 시험전하가 등전위면 위의 원호 $a \to b \to c$를 따라 움직일 때 전기력은 일을 하지 않는다. 반면에 전하가 그림에서 두 등전위면 사이의 경로 $a \to d$로 이동할 때는 전기력은 일을 한다.

등전위선의 또 다른 특성은 전기력선과 수직을 이루는 것이다. 그림 17-14는 양의 점전하 주위의 몇 개의 전기력선과 함께 두 개의 등전위면을 나타낸 것이다. 전기력선의 방향은 전기장의 방향을 나타내며, 양의 점전하에 의한 전기장은 방사형으로 밖으로 향한다. 그러므로 구형 등전위면 위의 각 위치에서 전기장은 면에 수직하고, 전위

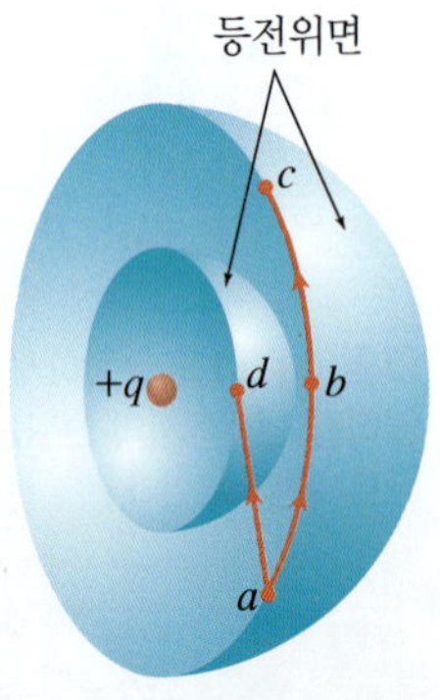

그림 17-13 점전하 $+q$를 둘러싸고 있는 등전위면은 구면이다. 전기력은 경로 $a \to b \to c$와 같이 등전위면 위의 경로를 따라 전하가 이동할 때 일을 하지 않는다. 그러나 전기력은 전하가 경로 $a \to d$를 따라 움직일 때처럼 두 등전위면 사이를 이동할 때는 일을 한다.

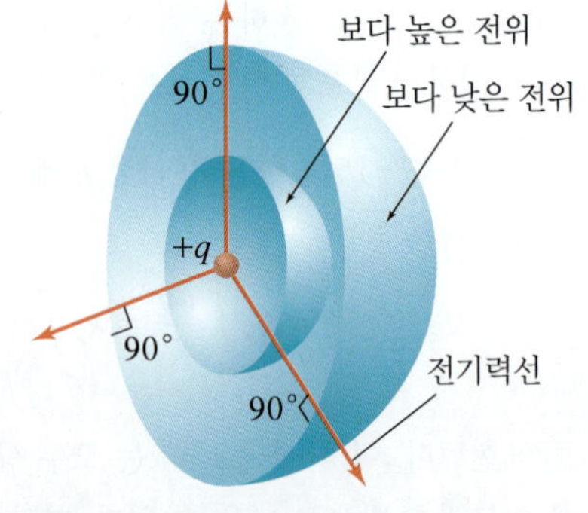

그림 17-14 점전하에 의한 지름방향으로 전기장은 전하를 둘러싸고 있는 구형 등전위면에 수직이다. 이 전기장의 방향은 전위가 감소하는 쪽이다.

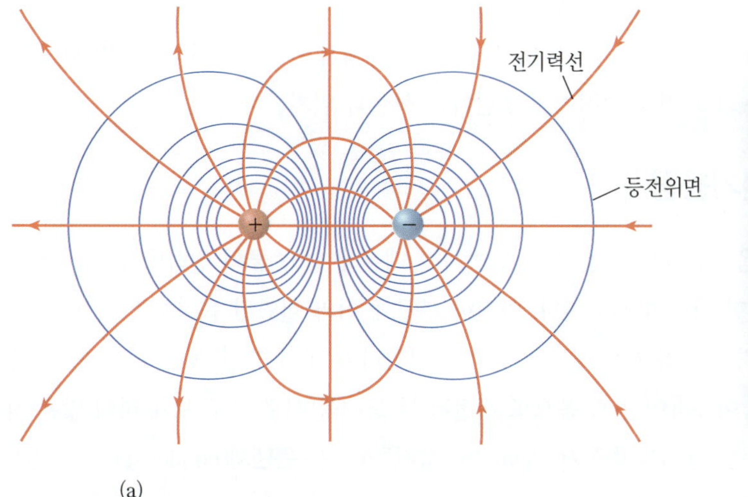

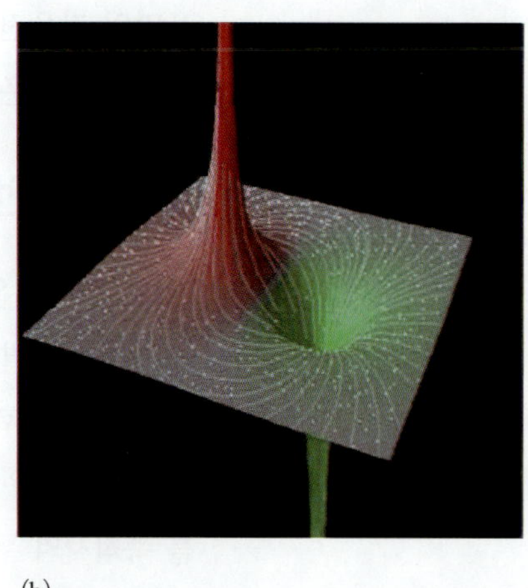

그림 17-15 (a) 전기쌍극자에 의한 등전위면의 단면도. 면들은 모든 점에서 전기력선에 수직이 되도록 그려진다. (b) 전기쌍극자에 의해 형성되는 전기력선의 형태를 컴퓨터로 시각화한 모습

가 감소하는 방향인 바깥 방향을 향한다. 이와 같은 수직 관계는 등전위면이 양전하에 의한 것이거나, 구형이거나에 관계없이 유효하다. 즉 점전하 또는 무리 전하에 의한 전기장은 어디에서나 연관된 등전위면에 수직이며, 전위가 줄어드는 방향을 향한다.

예로서 그림 17-15는 전기쌍극자 주변의 몇 개의 등전위면(이 그림에서는 단면으로만 보임)과 함께 전기력선을 나타낸 것이다. 이때 전기력선의 형태는 단순하게 지름 방향이 아니기 때문에, 등전위면의 모양 역시 구면이 아니다. 그러나 모든 곳에서 전기력선에 수직이 되는 모양을 갖는다.

등전위선(면)는 다음과 같은 특징을 갖는다.

- 등전위선(면)은 전위가 같은 점을 연결한 선(면)이다.
- 등전위면 상의 어떤 두 점 사이의 전위차는 0이다.
- 등전위선과 전기력선은 서로 수직이다.
- 등전위선의 간격이 좁은 곳은 전기장의 세기가 크고, 간격이 넓은 곳은 전기장의 세기가 작다.

등전위선(면)과 전기장의 관계

등전위면과 전기력선이 수직인 것처럼, 등전위면은 모든 점에서 전기장에 수직이어야 한다. 만약 그렇지 않으면(즉 등전위면에 평행한 $\vec{E}$의 성분이 있다면) $\vec{E}$의 성분을 따라 전하를 이동시키는 데에는 일이 필요할 것이다. 이 사실은 그것이 등전위면이라는 개념에 모순된다. 따라서 전기장이 등전위면에 수직이므로 등전위면에 평행한 전기장 성분이 없어야 한다.

정전평형상태의 도체 내에서는 전기장이 존재하지 않는다. 만약 전기장이 존재한다면 도체 내의 자유전자는 힘을 받아 이동할 것이므로 정전상태의 도체는 등전위

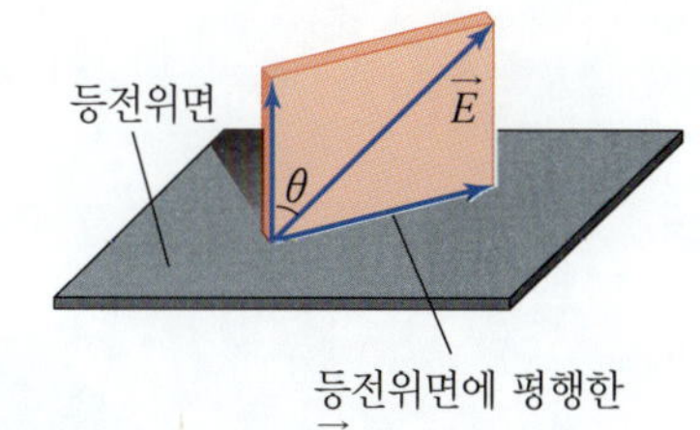

그림 17-16 만약 등전위면에 평행한 $\vec{E}$의 성분이 존재한다면, 표면에 있는 시험전하에 전기력을 미쳐 전하가 표면을 따라 움직이도록 일을 하게 된다. 이 사실은 등전위면이라는 개념에 모순되므로, 등전위면은 전기장에 수직이어야 한다.

상태에 있어야 하며, 도체의 표면은 등전위면이다(만약 두 점 사이에 전위차가 있다면 표면의 자유전자는 이동할 것이다). 이 결과는 앞에서 논의한 바와 같이 도체 표면에서의 전기장은 그 표면에 수직이어야 한다는 사실과 일치한다.

17-7 전기용량

양(+)전하나 음(−)전하끼리는 서로 반발하기 때문에 한 종류의 전하만을 좁은 장소에 모으려면 특별한 장치가 필요하다. 양전하 부근에 이와 절연된 음전하가 있으면 두 전하 사이에 인력이 작용하기 때문에 전하는 달아나지 못하고 한 곳에 모여 있게 된다. 이러한 성질을 이용하여 양과 음으로 대전된 두 도체를 서로 마주 보게 하여 많은 전하를 축적시켜 두는 장치를 **축전기**(capacitor 蓄電器) 또는 **콘덴서**(condenser)라고 한다.

평행판 축전기

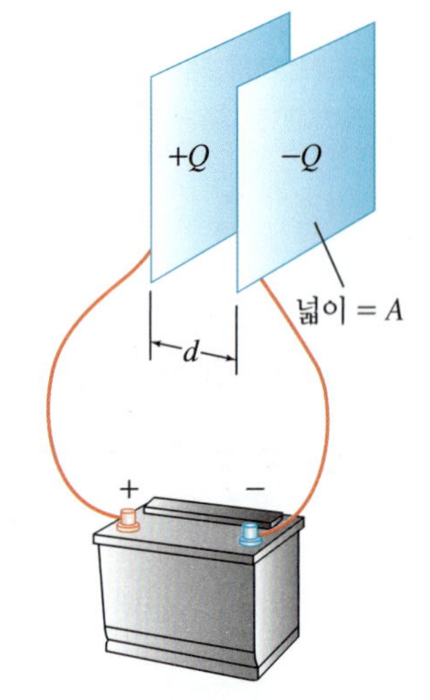

그림 17-17 두 장의 금속판으로 구성된 간단한 구조의 축전기

간단한 축전기의 구조는 두 장의 금속판을 평행하게 놓아두고(서로 닿지 않을 정도로 가까이 놓여 있음), 두 판에 각각 양전하와 음전하를 저장하는 장치이다.

그림 17-17과 같이 연결하면 전자들이 판 중 하나에서 떨어져 나와 그 판은 $+Q$의 전하로 남고, 이 전자들이 전지를 통해 다른 판으로 이동되어 $-Q$의 전하로 금속판에 남는다. 전하의 이동은 판 사이의 전위차가 전지의 전위차와 같아질 때 멈춘다. 충전된 축전기는 필요할 때 사용하는 재생 가능한 에너지 저장장치이다.

그림 17-17과 같이 단면의 넓이가 A인 두 개의 평행판을 아주 작은 거리 d만큼 떨어뜨려 놓은 형태의 축전기를 **평행판 축전기**라고 한다. 일반적으로 상용되고 있는 축전기는 그림 17-18(a)와 같이 얇은 금속판 사이에 파라핀지나 마일라(Myler, 폴리에스테르 필름)와 같은 얇은 막을 넣어 작은 크기의 실린더 형태로 감아서 제작한다. 용량이 작은 축전기는 주로 세라믹 재료를 사용하고, 고전압 축전기는 그림 17-18(b)와 같이 서로 엇갈려 있는 많은 금속판을 실리콘 기름에 넣어 만든다. 이 외에도 비교적 낮은 전압에서 많은 양의 전하를 저장할 수 있는 전해질 축전기 등이 있다. 회로에 전해질 축전기를 사용하는 경우, 극성(+ 또는 −)을 올바르게 연결하여 사용해야 한다.

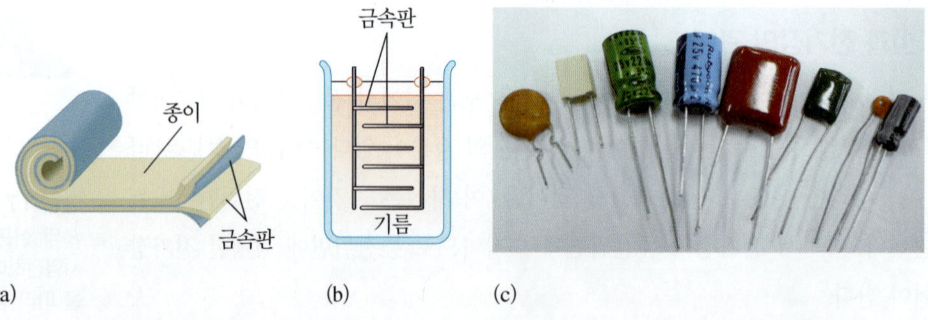

그림 17-18 (a) 두 평행판 사이에 종이나 다른 절연체를 끼워서 만든 원통형 축전기(평행판 축전기의 일종) (b) 많은 금속판 사이에 실리콘 기름을 넣어 만든 평행판 축전기 (c) 전기회로에서 많이 사용되는 여러 형태의 축전기

축전기를 기호로 나타내면 ⊣⊢ 와 같다. 그림 17-18(c)는 실제로 사용되고 있는 여러 가지 축전기를 나타낸 것이다.

전기용량

축전기를 전원에 연결하면 그림 17-19와 같이 전지로부터 전하를 공급받아 곧바로 대전된다. 한 평행판에는 양전하가, 다른 평행판에는 같은 양의 음전하가 대전되며, 두 극의 전하량의 크기는 같다. 이때 축전기에 건 전압이 높을수록 축전기에 더 많은 전기량이 충전된다. 축전기 각 판에 있는 전하량 Q는 두 판 사이의 전위차 V에 비례한다.

$$Q = CV \qquad \textbf{17-17}$$

식 17-17에서 비례상수 C를 두 판 사이가 진공인 평행판 축전기의 **전기용량**(capacitance 電氣容量)이라고 한다. **전기용량의 단위로는 패럿(F)을 사용한다. 1 F은 두 극판 사이의 전위차를 1 V 높일 때마다 1 C의 전기량이 충전되는 축전기의 용량이다.**

$$1\ \text{F} = 1\ \text{C/V} \qquad \textbf{17-18}$$

1 F은 매우 큰 전기용량이기 때문에 실제로는 1 μF(마이크로패럿)과 1 pF(피코패럿)을 많이 사용하고 있다. 1 μF = 10^{-6} F이고, 1 pF = 10^{-12} F이다. 식 17-17의 비례상수인 전기용량 C는 축전기의 구조에 따라 다른 값을 갖는다.

만약 두 평행판의 넓이가 A이고, 그 사이의 거리가 d이며 두 판 사이가 유전체(매질)로 채워진 축전기가 있다고 하자. 이때 이 축전기의 전기용량은 C는 다음과 같다.

$$C = \varepsilon \frac{A}{d} \qquad \textbf{17-19}$$

이 식에서 주어진 전하의 양에 대해 극판의 넓이 A가 크다는 것은 전하 사이의 반발력이 작다는 것을 의미하고, 그 결과 더욱 많은 전하가 각 평행판에 저장될 수 있을 것이라고 기대할 수 있다. 또한 판 사이의 간격 d가 멀수록 한 평행판의 전하가 다른 평행판의 전하에 작용하는 인력이 작아져서 전원으로부터 전하가 덜 오게 되므로 전기용량이 작아진다. 두 판 사이의 간격 d가 가까워지면, 한쪽 판에 있는 양전하는 다른 쪽 판에 있는 음전하에 더 강한 힘을 가하여 판 위에 더 많은 전하가 유도되도록 한다. **식 17-19의 비례상수 ε은 극판 사이의 유전체의 유전율(permittivity 誘電率)**

TIP 축전기의 전기용량

축전기에 전하를 저장시킬 수 있는 능력을 말한다. 책에 따라서는 전기용량을 정전용량, 용량이라고 표현하기도 한다.

이탤릭체 C는 전기용량을 나타내는 기호이고, 직립체 C는 전하량의 단위를 나타내는 쿨롬이다.

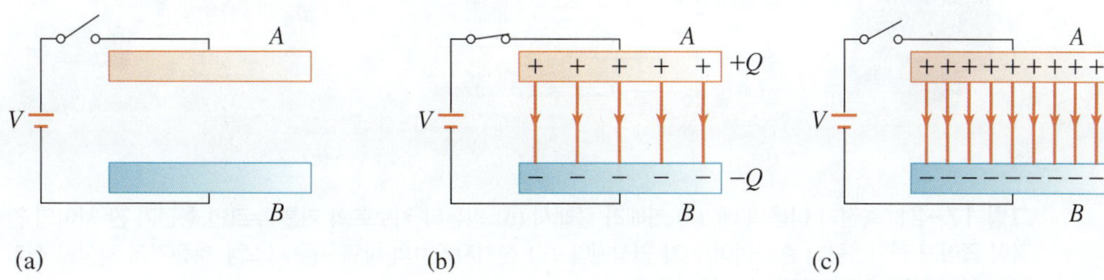

그림 17-19 축전기에 전원을 연결하면, 전지로부터 전하를 공급받아 곧바로 충전이 이루어진다. 축전기와 전원의 전위가 같아지면 충전이 끝난다. (a) 충전 전 (b) 충전 중 (c) 충전 후

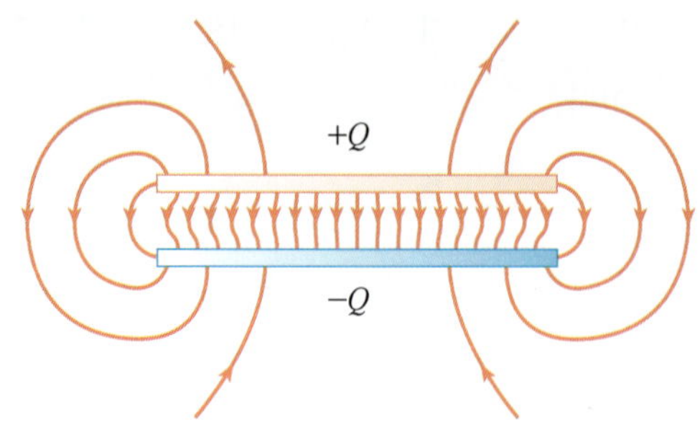

그림 17-20 평행판 축전기의 판 사이의 전기장은 중앙 부근에서는 균일하지만, 끝 부분에서는 균일하지 않다.

이며, 유전체가 없고 진공인 경우 유전율 ϵ_0는 자유공간의 유전율로 그 값은 약 $\epsilon_0 = 8.85 \times 10^{-12}\ \mathrm{C^2/N\ m^2}$이다.

그림 17-20은 평행판 축전기에서의 전기력선의 모습을 나타낸 것이다. 전기장은 판 사이 중앙에서 거의 균일하나 가장자리로 갈수록 덜 균일하다. 그러나 대부분의 경우 전기장 판 사이의 영역 전체에서 균일한 것으로 취급한다.

축전기는 전기회로에서 다양하게 사용되는 장치로서, 라디오 수신기에서 주파수를 조정하거나, 자동차 점화계통에서 스파크를 제거할 때 사용된다. 실질적인 장치 중 하나는 카메라에 부착된 플래시이다. 플래시에 들어가는 전지(주로 건전지)는 축전기를 충전하는 데 사용되고, 저장된 전하는 사진을 찍기 위해 셔터 버튼을 누를 때 방출된다. 저장된 전하는 빠르게 관으로 이동되고, 순간적으로 더 많은 빛이 필요할 때 물체를 비추게 된다.

축전기 이용의 또 다른 예는 컴퓨터 자판 중에서 그림 17-21과 같이 키에 축전기를 갖고 있는 것이 있다. 각 키는 축전기의 위쪽 판에 연결되어 있어, 키를 누르면 축전기 간격이 감소하여 전기용량이 증가하고, 이를 감지한 전기회로에서는 각 키를 인식하게 된다. 축전기의 전하 저장 능력은 컴퓨터 내의 램(막기억 장치, random-access memory) 칩의 핵심요소이기도 한다.

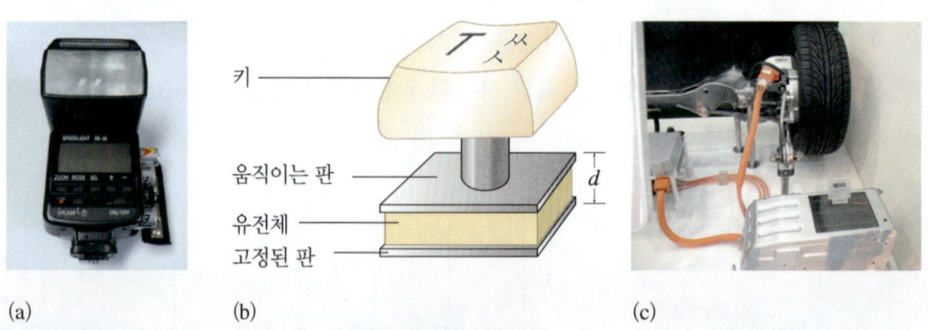

그림 17-21 축전기 이용의 예. (a) 카메라 플래시 (b) 컴퓨터 키보드의 키를 누르면 축전기 판 사이의 간격이 좁아져 전기용량이 증가하여 키가 인식된다. (c) 전기자동차의 바퀴구동 시스템. 축전기에 저장된 전기가 바퀴에 달린 모터를 구동시켜 움직인다.

예제 17-8 공기로 채워진 축전기

문제 평행판의 크기가 20 cm × 3.0 cm이고, 1.0 mm 떨어진 두 평행판 사이에는 공기로 채워져 있다. (a) 이 축전기의 전기용량은 얼마인가? (b) 만약 이 축전기가 12 V의 전원에 연결되면 각 평행판에 충전되는 전기량은 얼마인가? (c) 평행판 사이의 전기장은 얼마인가?

생각하기 축전기의 전기용량을 구하는 기본적인 문제로 전기용량은 식 17-19를 사용하여 구한다.

풀이 (a) 판의 넓이는 $A = (20 \times 10^{-2}\ \mathrm{m})(3.0 \times 10^{-2}\ \mathrm{m}) = 6.0 \times 10^{-3}\ \mathrm{m}^2$이므로 전기용량 C는 다음과 같다.

$$C = (8.85 \times 10^{-12}\ \mathrm{C^2/N\,m^2}) \times \frac{6.0 \times 10^{-3}\ \mathrm{m}^2}{1.0 \times 10^{-3}\ \mathrm{m}}$$
$$= 53\ \mathrm{pF}$$

(b) 각 평행판에 충전되는 전기량은 다음과 같다.

$$Q = CV = (53 \times 10^{-12}\ \mathrm{F})(12\ \mathrm{V}) = 6.4 \times 10^{-10}\ \mathrm{C}$$

(c) 두 평행판 사이의 전기장은 $E = \dfrac{V}{d} = \dfrac{12\ \mathrm{V}}{1.0 \times 10^{-3}\ \mathrm{m}}$ $=1.2 \times 10^4\ \mathrm{V/m}$이다.

유전체

대부분의 축전기는 두 평행판 사이에 종이나 플라스틱과 같은 **유전체**(dielectric 誘電體)라고 하는 절연체를 넣는다. 이렇게 하면 몇 가지 면에서 매우 유용하다. 첫째로 유전체가 공기보다 붕괴전압이 높기 때문에 축전기에 높은 전압을 가할 수 있으며, 둘째로 유전체가 평행판 사이에 들어가면 평행판끼리 접촉될 염려가 없이 두 극을 아주 가까이 할 수 있게 되므로 더 많은 전하를 저장할 수 있게 된다. 따라서 두 평행판 사이의 공간을 유전체로 채울 경우 축전기의 전기용량은 유전체의 **유전상수**(dielectric constant 誘電常數) 또는 **비유전율**(relative dielectric constant)이라 하는 인자 κ(그리스어 카파)배만큼 증가한다. 따라서 유전체가 있을 때 평행판 축전기의 전기용량은 다음과 같다.

$$C = \kappa\varepsilon_0 \frac{A}{d} \qquad \textbf{17-20}$$

이 식은 다음과 같이 나타낼 수도 있다.

$$C = \varepsilon \frac{A}{d} \qquad \textbf{17-21}$$

여기서 **유전체의 유전율** ε는 다음과 같이 나타낼 수 있다.

$$\varepsilon = \kappa\varepsilon_0 \qquad \textbf{17-22}$$

즉 유전체의 유전율은 자유 공간의 유전율에 물질의 유전상수를 곱한 것이다. 평행판 축전기의 극판 사이가 진공일 때의 전기용량을 C_0이라 하면 $C_0 = \varepsilon_0 \dfrac{A}{d}$이고, 유전체가 들어 있을 때의 전기용량 C는 다음과 같다.

$$C = \varepsilon \frac{A}{d} = \kappa\varepsilon_0 \frac{A}{d} \qquad \textbf{17-23}$$

따라서

$$C = \kappa C_0 \qquad \textbf{17-24}$$

이 된다. 즉 **축전기에 유전체를 넣으면 진공일 때의 전기용량보다 κ배($\kappa > 1$) 커진다.**

식 17-23에 의하면 전기용량은 판 사이의 간격 d를 줄여서 매우 크게 만들 수 있는 것처럼 보인다. 실제로는 유전물질을 통해 전기방전이 일어날 수 있으므로 d를 아주 작게 하는 데는 한계가 있다. 주어진 판 간격에서 절연이 파괴되어 전도가 시작되기 전 유전체 양단간에 형성될 수 있는 최대 전기장이 있다. 이 최대 전기장을 **유전강도**(dielectric strength 誘電强度)라고 하며, 유전체가 공기인 경우 유전강도는 약 3×10^6 V/m이다. 표 17-2에 나타낸 것과 같이 대부분의 물질은 공기보다 더 큰 유전강도를 갖는다.

식 17-22와 17-24에서 유전상수를 알기 쉽게 정의할 수 있다. 즉 축전기의 두 극판 사이를 진공으로 하였을 때의 유전율(또는 전기용량)에 대한, 유전체를 넣었을 때의 유전율(또는 전기용량)의 비를 그 **유전체의 유전상수**라고 한다.

진공에서 ε_0, C_0, 유전체에서 ε, C라고 할 때 유전상수(또는 비유전율) κ는 다음과 같다.

$$\kappa = \frac{C}{C_0} = \frac{\varepsilon}{\varepsilon_0} \qquad \textbf{17-25}$$

그러면 유전체를 넣었을 때, 전기장의 변화는 어떻게 되는지 알아보자. 그림 17-22(b)와 같이 축전기의 판 사이에 유전체가 들어 있는 경우를 생각해보자. 유전체를 넣었다 하더라도 두 극판은 어떤 것과 접촉하지 않았으므로 판 위의 전하는 일정하게 유지된다. 유전체를 구성하는 분자 중에는 비록 전기적으로 중성이라 할지라도, 영구 쌍극자모멘트를 가지고 있는 극성분자가 있다. 이러한 분자가 축전기의 대전된 판 사이에 놓이면, 음극을 띤 끝은 양전하로 대전된 판으로 당겨지게 되고, 양극을 띤 끝은 음전하로 대전된 판으로 당겨지게 된다. 결과적으로 극성분자는 그림 17-22(b)와 같이 꼬리를 물듯이 그들 스스로 나란히 정렬하려 한다. 분자가 영구 쌍극자모멘트를 가지고 있든 없든, 전기장은 분자 내 전자의 위치를 이동시켜서 한쪽 끝은 약간 음으로, 반대쪽 끝은 약간 양으로 만들기 때문에 정렬이 일어나게 된다. 이와 같은 정렬 때문에 유전체의 오른쪽 표면은 양으로 대전하게 되고, 왼쪽 표면은 음으로 대전하게 된다(표면 전하는 그림에서 빨간색으로 그려져 있다). 유전체의 이 같은 현상을 **분극**

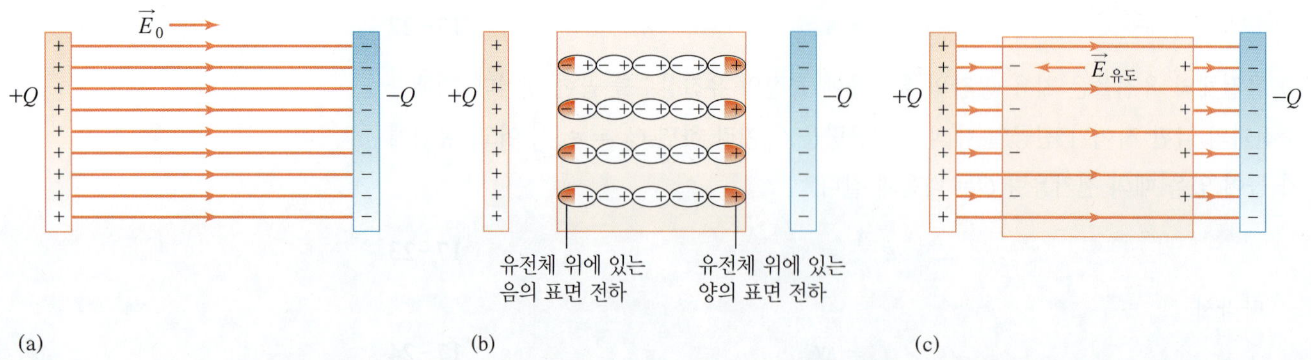

그림 17-22 (a) 유전체가 없을 때, 두 판 전하에 의해 전기장($\vec{E}_0$)이 형성되고, 이때 전기력선은 직선이다. (b) 유전체가 있을 때, 두 판 전하에 의해 만들어진 전기장 때문에 유전체 내부의 분자쌍극자가 일정하게 정렬된다. (c) 유전 표면의 전하는 유전체 내부의 전기장을 감소시킨다.

(polarization 分極)이라고 한다.

유전체 위의 표면 전하 때문에, 판 위에 있는 전하가 만든 모든 전기력선이 유전체를 통해 지나갈 수는 없다. 그림 17-22(c)처럼, 전기력선의 일부는 음의 표면 전하 위에서 끝나고, 양의 표면 전하 위에서 다시 시작한다. 따라서 두 판 위의 전하의 변화가 없다고 가정하면, 유전체 내부에서의 전기장은 내부가 빈 축전기 내부에서의 전기장보다 덜 강하게 된다. 이러한 전기장의 감소는 **유전상수 κ**에 의해 기술된다. 여기서 κ는 유전체 내부에서의 전기장 $\vec{E}$에 대한 유전체 없는 상태에서의 전기장 $\vec{E}_0$의 비율이다.

$$\kappa = \frac{\vec{E}_0}{\vec{E}} \qquad \textbf{17-26}$$

두 전기장 비율인 유전상수는 단위가 없는 상수이다. 또한 유전체가 없는 축전기 내부의 전기장 $\vec{E}_0$은 유전체를 넣었을 때의 전기장 $\vec{E}$보다 크기 때문에 유전상수 κ는 1보다 크다. 유전체가 삽입되었을 때 전지가 연결되지 않았다면, 판 양단의 전위차 ΔV_0은 $\Delta V_0/\kappa$로 감소한다. 그러나 만일 축전기가 여전히 전지에 연결되어 있다면, 음전하 끝은 양극판에서 더 많은 전자를 밀어 더 많은 양전하를 띠게 한다. 그동안 양극판은 음극판 위의 더 많은 전자를 끌어당긴다. 이 과정은 전지 양단의 전위차가 전지 양단의 전위와 같은 처음의 값에 도달할 때까지 계속된다. 이 과정의 알짜 효과는 축전기에 저장된 전하량의 증가이다. 판이 주어진 전압에 대해 더 많은 전하를 저장할 수 있다면 반드시 전기용량이 증가해야 한다.

> **TIP** 유전체를 사용할 때 얻어지는 효과
> - 축전기의 전기용량 증가
> - 축전기의 최대 동작전압 증가
> - 도체판 사이를 역학적으로 단단하게 지탱해주는 효과

표 17-2는 여러 물질의 유전상수와 유전강도의 값을 나타낸 것이다.

표 17-2 여러 물질의 유전상수와 유전강도(20°C)

물질	유전상수, κ	유전강도(V/m)	물질	유전상수, κ	유전강도(V/m)
진공	1.000 0	–	실리콘 기름	2.5	15×10^6
공기	1.000 59	3×10^6	파이렉스유리	5.6	14×10^6
나일론	3.4	14×10^6	물	80	–
종이	3.7	16×10^6	스트론튬 티탄산염	233	8×10^6

예제 17-9 종이로 채워진 축전기

문제 단면의 넓이가 $6.0 \times 10^{-4}\ \text{m}^2$인 두 금속판 사이에 두께가 1.0×10^{-3} m인 종이를 채운 평행판 축전기가 있다. 종이의 유전상수는 3.7이다. (a) 이 축전기의 전기용량은 얼마인가? (b) 축전기에 저장할 수 있는 최대 전하량은 얼마인가? (c) 완전히 충전된 축전기를 전지에서 분리시켜 유전체를 제거하였다. 축전기 두 극판 사이의 새로운 전기장을 구하라. 이때 방전이 일어날까?

생각하기 유전체를 가진 평행판 축전기의 특성을 알아보는 문제이다. 최대 전기장은 전기 절연 파괴가 일어나기 직전을 말한다. 전지를 분리하거나, 유전체를 제거한 후에도 판 위 잉여전하는 그대로 남아 있다.

풀이 (a) 전기용량은 식 17-23을 사용하여 구하면 다음과 같다.

$$C = \varepsilon \frac{A}{d} = \kappa \varepsilon_0 \frac{A}{d}$$
$$= 3.7(8.85 \times 10^{-12}\ \text{C}^2/\text{N m}^2)\left(\frac{6.0 \times 10^{-4}\ \text{m}^2}{1.0 \times 10^{-3}\ \text{m}}\right)$$
$$= 2.0 \times 10^{-11}\ \text{F}$$

(b) 유전체인 종이의 유전강도는 표 17-2에서 16×10^6 V/m 이므로, 축전기의 최대 인가 전압은 다음과 같다.

$$\Delta V_{최대} = E_{최대} d = (16 \times 10^6 \text{ V/m})(1.0 \times 10^{-3} \text{ m}) \\ = 1.6 \times 10^4 \text{ V}$$

따라서 저장할 수 있는 최대 전하량은 다음과 같다.

$$Q = C\Delta V_{최대} = (2.0 \times 10{-}11 \text{ F})(1.6 \times 104 \text{ V}) \\ = 0.32\ \mu\text{C}$$

(c) 완전히 충전된 축전기를 전지와 연결을 끊은 후 유전체를 제거하였다고 하고, 축전기 판 사이의 새로운 전기장을 구하기 위해서는 판의 전하밀도를 알아야 한다. 판의 전하밀도를 σ라고 하면 σ는 충전된 전하량을 면적으로 나누면 된다.

$$\sigma = \frac{Q_{최대}}{A} = \frac{3.2 \times 10^{-7} \text{ C}}{6.0 \times 10^{-4} \text{ m}^2} = 5.3 \times 10^{-4} \text{ C/m}^2$$

따라서 전기장은 다음과 같다.

$$E = \frac{\sigma}{\varepsilon_0} = \frac{5.3 \times 10^{-4} \text{ C/m}^2}{8.85 \times 10^{-12} \text{ C}^2/\text{m}^2 \text{ N}} = 6.0 \times 10^7 \text{ N/C}$$

유전체가 없을 때, 양단간의 전기장은 공기의 유전강도인 3×10^6 V/m(N/C)를 초과하기 때문에 축전기 간격 사이에서 방전이 일어난다.

17-8 축전기의 직 · 병렬연결

축전기의 직렬연결

여러 축전기의 각 극을 그림 17-23(a)와 같이 순서대로 연결하여 그 끝을 전지의 (+)극과 (−)극에 각각 연결하는 방법을 **직렬연결**(series connection 直列連結)이라 한다.

전기용량이 각각 C_1, C_2, C_3인 축전기를 직렬로 연결하고 양 끝에 전압이 V인 전지를 연결하면 각 축전기에는 각각 V_1, V_2, V_3의 전압이 걸리고, 각 축전기에 충전되는 전기량은 같다. 따라서 다음과 같은 관계식이 성립한다.

$$Q = C_1V_1 = C_2V_2 = C_3V_3$$

그리고 전체 전압 V는 각 축전기에 걸린 전압의 합이므로 다음과 같다.

$$V = V_1 + V_2 + V_3 = Q\left(\frac{1}{C_1} + \frac{1}{C_2} + \frac{1}{C_3}\right)$$

이때 합성 전기용량을 C라고 하면 다음의 관계식을 얻을 수 있다.

$$\frac{1}{C} = \frac{1}{C_1} + \frac{1}{C_2} + \frac{1}{C_3} \qquad \textbf{17-27}$$

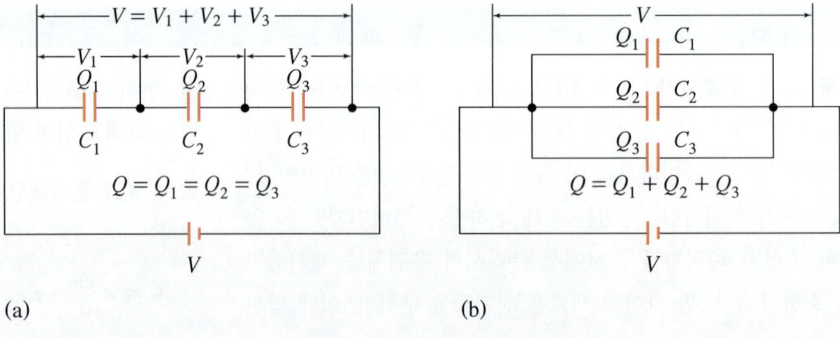

그림 17-23 축전기의 연결. (a) 직렬연결된 축전기의 등가용량은 연결된 개별 축전기의 용량보다 항상 더 작다. (b) 병렬연결된 축전기의 등가용량은 어느 개개의 용량보다 더 크다.

즉 직렬로 연결한 축전기의 합성 전기용량의 역수는 각 축전기의 전기용량의 역수의 합과 같다.

- 축전기를 직렬로 연결하면 합성 전기용량(등가 전기용량)은 각 축전기 중에서 가장 작은 전기용량보다 더 작다.
- 직렬연결된 축전기에 전위차 V를 가하면 각각의 축전기는 동일한 전하 Q를 갖는다.

예제 17-10 축전기 금속판의 효과

문제 그림 17-24와 같이 단면의 넓이가 A인 두 도체판으로 구성된 평행판 축전기가 거리 d만큼 떨어져 있다. 두 도체판 중앙에 두께가 a인 대전되지 않은 다른 금속판을 넣었다. (a) 이 축전기의 전기용량을 구하라. (b) 두께가 거의 0인 금속판을 넣는다면, 이 금속판이 원래 축전기의 전기용량에 영향을 미치지 않음을 나타내라.

생각하기 금속판의 위쪽과 아래쪽에 유도된 전하는 축전기 도체판의 전하와 같다. 이 문제는 금속판의 위와 아래를 두 도체판이라고 생각하고, 금속판 내부는 전선이라 생각해도 된다. 따라서 도체판 사이의 간격이 $(d-a)/2$인 축전기 두 개를 직렬연결한 것과 같다고 생각하면 된다. 그림에서 보는 바와 같이 금속판의 알짜 전하는 계속 0이며, 금속판 내부의 전기장도 0이다.

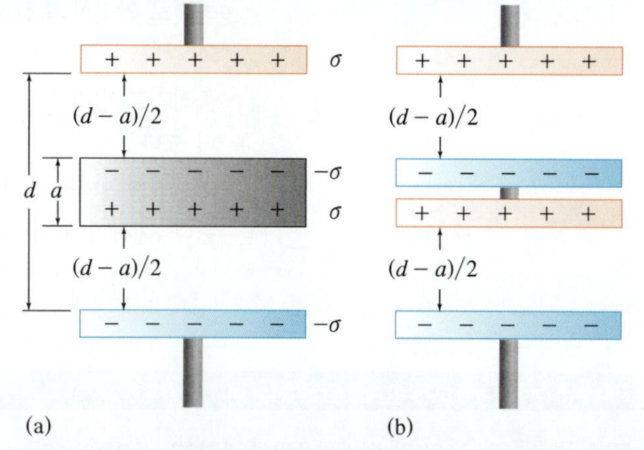

그림 17-24 (a) 두 도체판이 d만큼 떨어져 있는 평행판 축전기에 두께가 a인 금속판을 넣을 때의 개략도 (b) 판 거리가 $(d-a)/2$인 두 축전기가 직렬로 연결된 소자의 등가회로

풀이 (a) 식 17-27을 이용하여 등가 전기용량을 계산하면 다음과 같다.

$$\frac{1}{C} = \frac{1}{C_1} + \frac{1}{C_2} = \frac{1}{\dfrac{\varepsilon_0 A}{(d-a)/2}} + \frac{1}{\dfrac{\varepsilon_0 A}{(d-a)/2}} = \frac{d-a}{\varepsilon_0 A}$$

(b) 위 결과에서 $a \to 0$으로 놓으면

$$C = \lim_{a \to 0}\left(\frac{\varepsilon_0 A}{d}\right) = \frac{\varepsilon_0 A}{d}$$

이다. 이 값은 금속판을 넣기 전 원래의 전기용량이다. 이는 축전기의 두 판 사이에 극히 얇은 금속판을 넣으면 전기용량에는 아무 변화가 없다는 것을 말해준다.

축전기의 병렬연결

여러 개의 축전기를 같은 극끼리 연결하고 이것을 한 묶음으로 하여 그림 17-23(b)와 같이 전지의 두 극에 각각 연결하는 방법을 **병렬연결**(parallel connection 竝列連結)이라고 한다.

전기용량이 각각 C_1, C_2, C_3인 축전기를 병렬로 연결하고 양 끝을 전압이 V인 전지에 연결하면 같은 도선으로 연결한 극판의 전위는 모두 공통으로 같으므로 각 축전기에는 같은 전압 V가 걸린다. 그리고 각 축전기에 충전된 전하량을 Q_1, Q_2, Q_3이라면 다음 관계가 성립한다.

$$Q_1 = C_1 V, \quad Q_2 = C_2 V, \quad Q_3 = C_3 V$$

또 각 축전기에 저장되는 전체 전기량 Q는 다음과 같다.

$$Q = Q_1 + Q_2 + Q_3$$

그리고 합성 전기용량을 C라고 하면 위의 식은 다음과 같다.

$$Q = C_1V + C_2V + C_3V = (C_1 + C_2 + C_3)V = CV$$

따라서 병렬로 연결한 축전기의 합성 전기용량은 다음과 같이 된다.

$$C = C_1 + C_2 + C_3 \qquad \textbf{17-28}$$

- 병렬로 연결한 축전기의 합성 전기용량(등가 전기용량)은 각 축전기의 전기용량의 합과 같다.
- 축전기를 병렬로 연결할 때 합성 전기용량은 각 축전기 중에서 가장 큰 전기용량보다 더 크다.
- 병렬연결된 축전기에 전위차 V가 걸리면 이 전위차는 각각의 축전기에 동일하게 걸린다. 축전기에 저장된 전체 전하 Q는 모든 축전기에 저장된 전하의 총합과 같다.

예제 17-11 축전기의 직 · 병렬연결

문제 그림 17-25와 같이 전기용량이 각각 $C_1 = 2\ \mu$F, $C_2 = 3\ \mu$F, $C_3 = 5\ \mu$F인 세 개의 축전기를 혼합 연결하여 6 V의 전원에 연결하였다. (a) 점 a와 점 b 사이의 전압과 점 b와 점 c 사이의 전압은 각각 몇 V인가? (b) C_1, C_2, C_3의 축전기에 저장되는 전하량은 각각 몇 C인가?

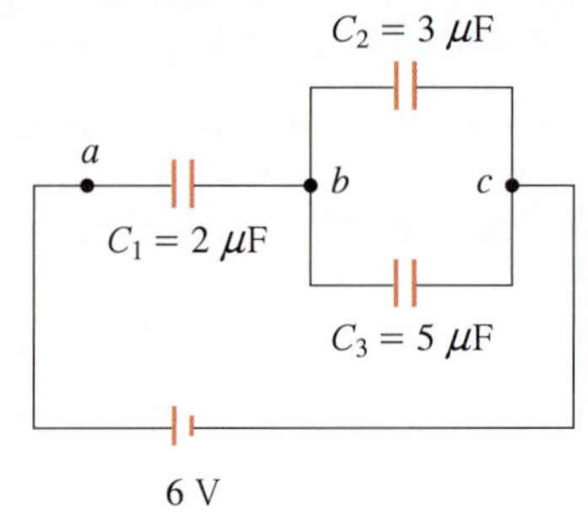

그림 17-25 축전기 직 · 병렬연결이 혼합된 회로

생각하기 먼저 병렬연결된 부분의 합성 전기용량을 구하고, 이어 직렬연결된 전체 전기용량을 구한다.

풀이 (a) C_2와 C_3의 병렬 합성 전기용량(등가 전기용량)은 $C' = C_2 + C_3 = 3\ \mu\text{F} + 5\ \mu\text{F} = 8\ \mu\text{F}$이다. 따라서 점 a와 점 b 사이의 전압은 $V_1 = 6 \times \dfrac{8}{2+8} = 4.8$ V이고, 점 b와 점 c 사이의 전압은 $V_2 = 6 \times \dfrac{2}{2+8} = 1.2$ V이다.

(b) C_1, C_2, C_3의 축전기에 저장되는 전하량은 각각 다음과 같다.

C_1의 전하량: $Q_1 = C_1V_1 = 2 \times 10^{-6}\ \text{F} \times 4.8\ \text{V} = 9.6 \times 10^{-6}\ \text{C}$

C_2의 전하량: $Q_2 = C_2V_2 = 3 \times 10^{-6}\ \text{F} \times 1.2\ \text{V} = 3.6 \times 10^{-6}\ \text{C}$

C_3의 전하량: $Q_3 = C_3V_3 = 5 \times 10^{-6}\ \text{F} \times 1.2\ \text{V} = 6.0 \times 10^{-6}\ \text{C}$

17-9 축전기의 전기장에 저장되는 에너지

축전기의 두 극판을 그림 17-26(a)와 같이 전지의 두 극에 연결하면 전하가 이동하여 극판에 저장되고 축전기는 **충전**(charge 充電)된다. 그리고 충전된 축전기의 두 극을 그림 17-26(b)와 같이 도선으로 연결하면 이번에는 반대방향으로 전하가 이동하고 축전기에 저장된 전하는 없어진다. 즉 **방전**(discharge 放電)된다. 이때 전류가 흐르고 전구에 불이 켜진다. 이것으로 충전된 축전기는 에너지를 가지고 있음을 알 수 있다.

전기용량이 C인 축전기에 전압 V를 연결하여 충전을 시작하면 충전이 되는 동안 (+)전하가 축전기를 이동해가기 시작한다. 이때 전지에서 (+)전하를 보내기 위해 일을 하게 되는데 이 전지가 해준 일은 축전기의 전기장에 에너지로 저장된다. 이와 같이 축전기의 전기장에는 전기에너지를 저장한다. 그 에너지는 판으로 전하를 옮기는데 필요한 일과 같다. 전기장에 저장된 에너지를 **정전에너지**라 한다.

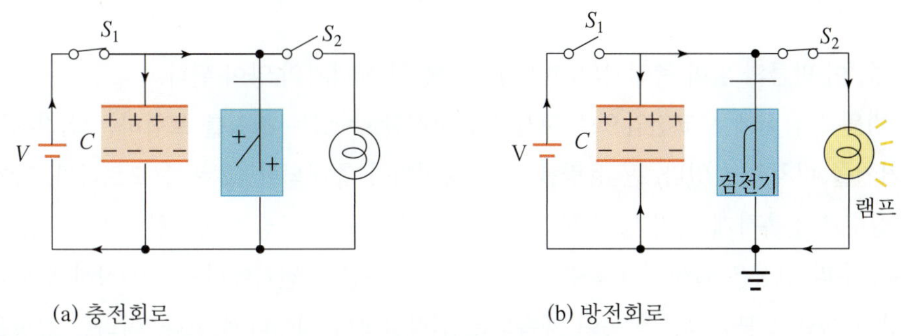

그림 17-26 (a) 축전기가 충전되는 과정 (b) 축전기가 방전되는 과정

전기용량 C인 축전기의 두 극을 전위차 V인 전지에 스위치를 통해서 연결한 후 스위치를 닫으면 축전기에 전하가 축적되고 축전기의 전압이 증가한다. 축전기의 전압과 전지의 전압이 같아졌을 때 충전이 끝난다. 이때 축전기에는 최대 전하량 $Q = CV$가 축적된다. 이 과정에서 전위차 V와 전하량 Q 사이에는 항상 $V = \frac{1}{C}Q$의 관계가 유지된다. 즉 축전기의 전압 V는 전하 q가 증가할 때 그림 17-27과 같이 직선 OA를 따라 증가한다. 가로축의 OB 구간을 충분히 작은 구간 Q_1, Q_2, $\cdots$, $Q_n(= Q)$으로 n 등분하고 이에 대응하는 각 구간의 전위차를 각각 V_1, V_2, $\cdots$, $V_n(= V)$이라 하면 전위차가 V_i일 때 전하 ΔQ를 축전기 내로 운반하는 데 필요한 일은 $V_i\,\Delta Q$가 된다. 따라서 축전기에 전하가 없을 때부터 충전이 끝날 때까지 축전기에 전하를 운반하는 데 전지가 하는 전체 일 W는 다음과 같다.

$$W = V_1\Delta Q + V_2\Delta Q + \cdots + V_n\Delta Q$$

이 일의 합은 ΔQ를 충분히 작게 잡았을 때 그림에서 ΔAOB의 넓이가 나타내는 값이 된다. 이 넓이의 값은 $\frac{1}{2}QV$이다. 이 값은 축전기 두 극판 사이의 전기장에 저장된 에너지가 된다.

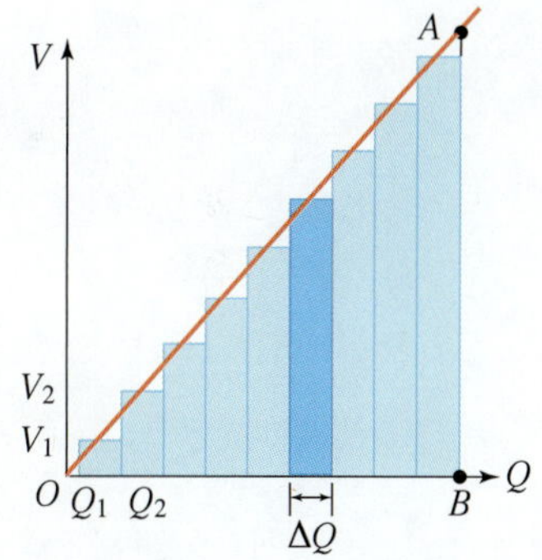

그림 17-27 축전기의 전압 대 전하 그래프는 기울기가 $1/C$ 인 직선이다. 축전기 판 사이의 전위차 V를 통과하여 전하 ΔQ를 옮기는 데 필요한 일은 $W = V\Delta Q$로 파란색 부분의 넓이와 같다. 나중 전하 Q로 축전기를 충전하는 데 필요한 전체 일은 직선 아래의 넓이가 되며, 그 크기는 $\frac{1}{2}QV$이다.

축전기의 전압이 V가 될 때까지 충전하는 데 소요되는 일 W는 축전기의 전기장에 저장된 에너지와 같다. 이때 운반된 전하를 Q라 하면 다음 관계가 성립한다.

$$W = \frac{1}{2}QV = \frac{1}{2}CV^2 = \frac{1}{2}\frac{Q^2}{C} \qquad \textbf{17-29}$$

실제로 축전기의 전기장에 저장 가능한 최대 에너지는 한계가 있다. 어떤 한계값에서 판 위 전하 사이의 쿨롱 힘은 전자의 간격을 뛰어넘을 정도로 아주 강해 축전기는 곧 방전되고 만다. 이런 이유로 축전기의 겉면에는 최대 작동전압이 표시되어 있다.

축전기의 전기장에 저장된 에너지는 적분을 이용하여 구할 수 있다. 어떤 한 순간에 한 극판에서 다른 극판으로 전하 Q'을 옮긴다고 가정하자. 이때 극판 사이의 전위차 V'은 Q'/C일 것이다. 한편 추가로 옮길 전하가 dQ'이라면 더 해야 할 일은 $dW = V'dQ' = \frac{Q'}{C}\,dQ'$이 된다. 따라서 축전기를 최종값 Q까지 대전시키는 데 필요한 일은 다음과 같다.

$$W = \int dW = \frac{1}{C}\int_0^Q Q'\,dQ' = \frac{1}{2}\frac{Q^2}{C}$$

즉, 이 만큼의 일이 축전기의 전기장에 저장된 에너지의 양이 된다.

병원 응급실에는 고전압으로 축전기를 충전할 수 있는 전지를 포함하는 심장세동제거기를 비치하고 있다. 큰 용량을 가진 축전기가 충전되어 있는 줄 모르다가, 갑자기 실수로 접촉하게 되면 방전을 일으켜 전하의 흐름이 심장을 통과할 수도 있다. 이 경우, 우리 심장은 화상이나 죽음을 일으키기에 충분한 전기에너지를 저장하게 되어 심장이 빠르고 불규칙한 박동이 계속되는 심장발작이 일어나게 된다. 이러한 현상을 **심장세동**(心臟細動)이라고 부른다. 심장세동은 심장세동제거기를 이용하여 심장에 있는 전기에너지를 매우 빠르게 방전시켜 주면 정상 박동으로 돌아올 수 있다. 축전기의 전기장내에 저장된 전기에너지는 환자의 가슴 양쪽에 놓인 패들이라 부르는 전극에 의해 심장을 통해 방출되면 수초 내에 심장 박동이 다시 정상적으로 돌아올 수 있다.

에너지는 물질이 아니므로 어느 특정한 위치에 존재한다고 말할 수 없다. 그럼에도 불구하고 평행판 사이의 전기장에 에너지가 저장되는 것으로 생각하면 유용하다. 전기장의 형태로 평행판 축전기에 저장된 에너지를 계산해보자.

두 판 사이의 거리가 d인 평행판에서의 전기장 E는 거의 균일하다는 것을 알았다. 그리고 전위차와 전기장 사이에는 $V = Ed$의 관계가 있으며, 또 평행판 축전기의 전기용량은 $C = \varepsilon_0 A/d$이다. 따라서 평행판 축전기에 저장된 에너지는 다음과 같이 나타낼 수 있다.

$$W = \frac{1}{2}CV^2 = \frac{1}{2}\left(\frac{\varepsilon_0 A}{d}\right)(E^2d^2)$$

$$W = \frac{1}{2}\varepsilon_0 E^2 Ad \qquad \textbf{17-30}$$

전기장 E가 존재하는 평행판 사이의 부피는 Ad이다. 만약 위 식의 양변을 부피로 나누면 단위부피당 에너지, 즉 축전기에 저장되는 에너지밀도(에너지/부피)에 대한 식을 얻는다.

$$u = \frac{1}{2}\varepsilon_0 E^2 \quad \text{(축전기에 저장되는 에너지밀도)} \qquad \textbf{17-31}$$

어떤 공간에서 단위부피당 저장된 전기에너지는 그 점의 전기장의 제곱에 비례한다. 만약 평행판 사이에 유전체가 있다면 ε_0 대신 ε를 사용하면 된다. 식 17-31은 평행판 축전기의 특별한 경우에 대한 식을 유도한 것이지만, 이 식은 전기장이 있는 어떤 공간에서도 성립된다.

예제 17-12 정전 에너지

문제 전기용량이 0.5 μF인 축전기의 극판 사이에 100 V의 전압을 가하였다. 이때 축전기의 전기장에 저장되는 에너지는 얼마인가?

생각하기 축전기의 전기장에 저장되는 에너지는 식 17-29를 사용하여 구할 수 있다.

풀이 축전기의 전압이 V가 될 때까지 소요되는 일은 $\frac{1}{2}CV^2$이므로 축전기의 전기장에 저장되는 에너지는 다음과 같다.

$$W = \frac{1}{2}CV^2 = \frac{1}{2}(0.5 \times 10^{-6}\ \text{F}) \times (100\ \text{V})^2$$
$$= 2.5 \times 10^{-3}\ \text{J}$$

이 계산에서 단위를 살펴보면 다음과 같다.

$$\left[\text{F} \times \text{V}^2 = \left(\frac{\text{C}}{\text{V}}\right)(\text{V}^2) = \text{CV} = \text{C}\left(\frac{\text{J}}{\text{C}}\right) = \text{J}\right]$$

연습문제

17-1 전기 퍼텐셜에너지와 전위

1. $+x$축 방향으로 향하는 375 N/C 크기의 균일한 전기장이 처음에 정지한 전자에 작용한다. 전자가 3.20 cm 움직인 후, (a) 전기장이 전자에 한 일을 구하라. (b) 전자에 관련된 전기 퍼텐셜에너지의 변화는 얼마인가? (c) 전자의 속도는 얼마인가?

2. 질량 $m_p = 1.67 \times 10^{-27}$ kg, 전하 $+1.60 \times 10^{-19}$ C의 양성자가 300 kV의 전위 속에서 정지상태로부터 가속된다. 이 양성자의 나중속도는 얼마인가?

3. 반대 부호로 대전된 평행판이 5.33 mm 떨어져 있다. 판 사이의 전위차는 600 V이다.
(a) 판 사이의 전기장의 크기는 얼마인가?
(b) 판 사이에서 전자가 받는 힘은 얼마인가?
(c) 처음에 전자가 양극판에서 2.90 mm인 곳에 위치해 있다면 이를 음극판으로 옮기는 데 얼마의 일을 해주어야 하는가?

4. 세포막의 내부 면과 외부 면 사이에 90 mV의 전위차가 있다. 내부 면은 외부 면과는 다른 음(−)의 전하를 갖는다. 세포 내부로부터 양의 나트륨 이온(Na^+)을 추출하려면 얼마의 일을 해주어야 하는가?

17-2 전위와 전기장 사이의 관계

5. 지표면 근처의 공간에는 연직 하방을 향하는 균일한 전기장이 있음이 알려져 있다. 이 전기장의 크기가 100 N/C이라면 지표면을 기준점으로 할 때, 지면으로부터 높이 20 m인 곳의 전위는 얼마인가?

6. 균일한 전기장에서 전기장의 방향으로 0.2 m 떨어진 두 점 A와 B 사이의 전위차가 40 V이었다.
(a) 전기장의 세기는 몇 V/m인가?
(b) 이 전기장에서 2×10^{-7} C의 전하가 받는 힘은 몇 N인가?
(c) 이 양전하를 점 A에서 B까지 이동시킬 때 해야 할 일은 몇 J인가?

17-3 단일 점전하에 의한 전위

7. 1.0×10^{-9} C의 점전하로부터 0.25 m 떨어진 곳의 전위는 얼마인가?

8. 그림 P17-8에서 점 A와 B는 각각 양전하 q로부터 20 cm 와 30 cm 떨어져 있다. 점 A의 전위가 6 V일 때, (a) 점 B의 전위는 얼마인가? (b) 질량이 10^{-27} kg이고 전하량이 $+10^{-19}$ C인 입자를 점 A에 가만히 놓는다면, 이 입자가 점 B를 지날 때의 속력은 얼마인가?

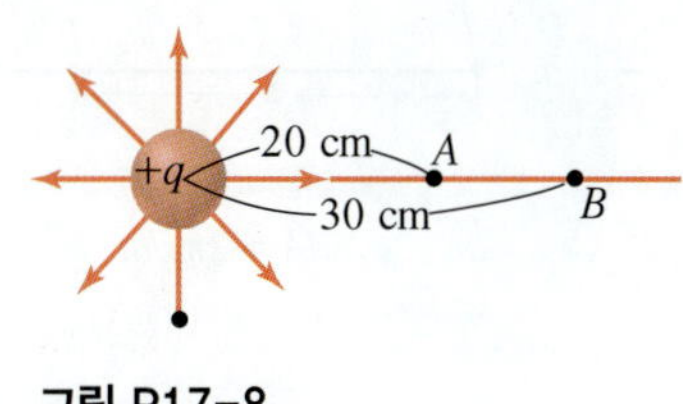

그림 P17-8

9. 두 점전하 $Q_1 = +5.00$ nC, $Q_2 = -3.00$ nC이 35.0 cm 떨어져 있다.
(a) 두 전하의 중간점에서의 전위는 얼마인가?
(b) 전하쌍의 전기 퍼텐셜에너지는 얼마인가?

10. 전자가 원점에 있다.
(a) $x = 0.250$ m인 점 A에서 전위 V_A는 얼마인가?
(b) $x = 7.5 \times 10^{-3}$ m인 점 B에서 전위 V_B는 얼마인가? 전위차 $V_B - V_A$는 얼마인가?

11. 그림 P17-11과 같이 이등변삼각형의 각 꼭짓점에 세 개의 점전하가 있다. $q = 7.00$ nC일 때 밑변 중간점 O에서의 전위

를 계산하라.

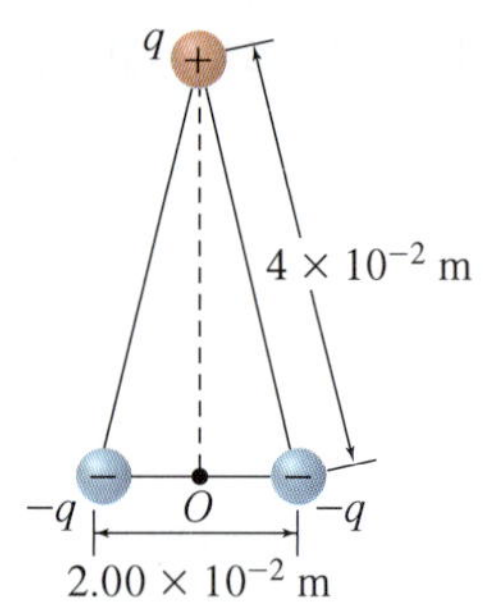

그림 P17-11

12. 두 개의 속이 빈 금속구가 전기가 통하지 않는 받침대 위에 놓여 있다. 1번 구의 반지름은 r_1이고, 2번 구의 반지름 r_2는 $r_2 = 2r_1$이다. +180 V의 전위를 만들기 위해서 1번 구에 전하 Q를 대전시켰다. 2번 구는 대전되지 않고 0 V이다. 만약 두 구가 접촉한 후 떨어지면 구의 전위는 얼마가 되는가?

17-4 전기쌍극자에 의한 전위

17-5 연속 전하분포에 의한 전위

13. 그림 P17-13과 같이 반지름이 R이고, 표면 전하밀도가 σ인 균일하게 대전된 원판이 있다.
(a) 원판의 중심축 상의 한 점 P에서의 전위를 구하라.
(b) 점 P에서의 전기장의 x성분을 구하라.

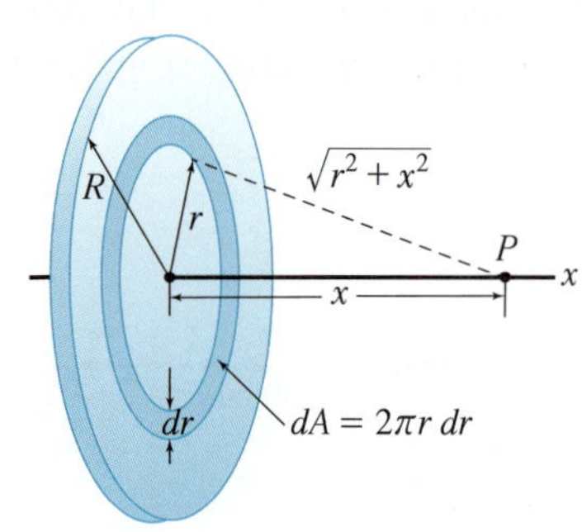

그림 P17-13

17-6 등전위선(면)

14. 그림 P17-14와 같이 판 A와 B 사이가 3.2×10^{-2} m 떨어져 있는 축전기가 있다. 축전기의 평행판 사이에는 곳곳에 등전위면을 그을 수 있다. 그림에서는 두 장의 추가된 등전위면이 전기장에 수직인 모습이 그려져 있다. 두 평행판 사이의 전위차는 $\Delta V = V_B - V_A = -64$ V이다. 색이 칠해진 등전위면 '가'와 '나' 면 사이의 전위차는 −3.0 V이다. '가'와 '나' 면 사이의 간격 d를 구하라.

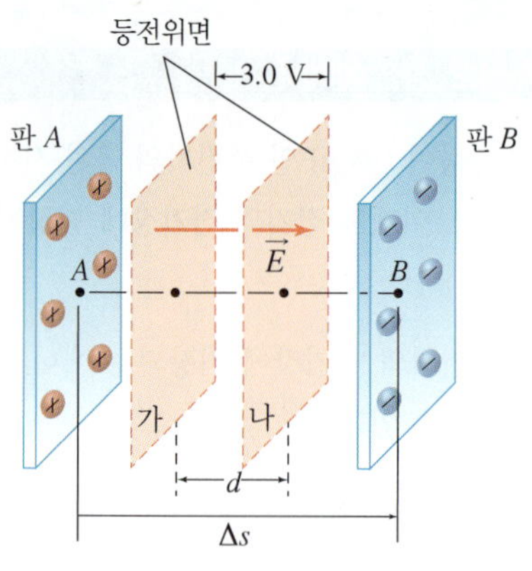

그림 P17-14

17-7 전기용량

15. 평행판 축전기에서 원형판의 지름은 50.0 cm, 판의 간격은 1.5 mm이다. 전압이 750 V로 대전되어 있을 때, 축전기의 전기장에 저장된 전하량은 얼마인가?

16. 극판의 넓이가 S, 극판 사이의 거리가 d인 평행판 축전기가 있다. 만약 극판의 겉넓이를 $3S$로, 판 사이의 거리를 $\frac{1}{3}d$로 하였다면 전기용량은 얼마인가?

17. 두 평행판 사이가 공기로 채워진 축전기가 있다. 이 축전기 각 판의 넓이는 7.60 cm^{2}이고 판 사이의 거리는 1.80 mm이다. 두 판에 20.0 V의 전위차를 걸었다.
(a) 두 판 사이 전기장의 세기는 얼마인가?
(b) 전기용량은 얼마인가?
(c) 각 판에 충전된 전하량은 얼마인가?

18. 공기로 채워진 평행판 축전기가 있다. 이 축전기의 판 넓이는 2.30 cm^{2}이고, 판 사이의 간격은 1.50 mm 떨어져 있다. 축전기는 12.0 V의 전지에 연결되어 있다.
(a) 전기용량은 얼마인가?
(b) 축전기의 전하량은 얼마인가?
(c) 판 사이의 균일한 전기장의 크기는 얼마인가?

19. 지구 표면과 지구 표면 위 800 m 구름층을 평행판 축전기의 판으로 생각하자.
(a) 구름층의 넓이가 1.0 km^2 = 1.0×10^6 m^{2}일 때 전기용량은 얼마인가?
(b) 만약 전기장의 세기가 3.0×10^6 N/C보다 큰 경우 (번개로 인해) 공기의 절연파괴를 일으키고 전하가 전도한다면, 구름이 가질 수 있는 최대 전하는 얼마인가?

20. 판 사이의 간격이 0.650 mm인 평행판 축전기의 전위차가 125 V가 되도록 대전시킨다. 판 사이에 놓인 1.00 μC의 시험전하에 작용하는 힘은 얼마인가?

21. 절연체 박막의 평균 두께가 2.0×10^{-8} m인 전기용량이 10 μF인 산화알루미늄 축전기가 있다. 이 축전기 판의 유효 넓이는 얼마인가? 단, 유전상수 κ는 8이다.

22. 평행판 축전기의 판 사이가 0.12 mm인 금속판으로 되어 있다. 판 넓이가 113 cm^{2}일 때 전기용량은 얼마인가?

17-8 축전기의 직 · 병렬연결

23. 세 개의 축전기를 그림 P17-23과 같이 연결하고 양 끝에 전압이 6 V인 전지와 연결하였다.

(a) 이들 세 축전기의 합성 전기용량은 몇 μF인가?

(b) 축전기 C_3에 저장되는 전기량은 얼마인가?

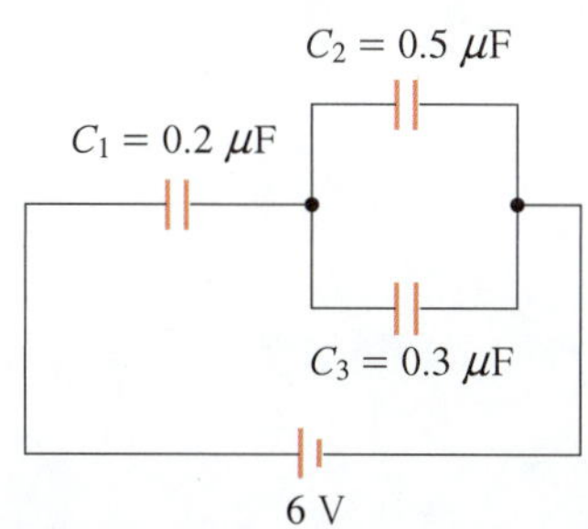

그림 P17-23

24. 2개의 축전기 A, B가 있다. A의 전기용량은 2 μF이고 B의 전기용량은 8 μF이다. (a) 이 2개의 축전기를 직렬로 연결하여 전압 50 V의 전지의 두 극에 연결하면 A와 B의 전위차는 각각 얼마인가? (b) A를 60 V, B를 10 V로 충전한 다음 A의 (+)극판을 B의 (+)극판에 연결하고 A의 (−)극 판을 B의 (−)극판에 연결하면 극판 사이의 전위차는 얼마가 되는가? 또 이때 두 축전기의 (+)극판 위의 전하는 각각 얼마인가?

25. 각각의 넓이가 A인 세 개의 축전기가 있다. C_1의 판 사이 간격은 d_1, C_2는 d_2, C_3은 d_3이다. 세 축전기를 직렬로 연결한 합성 전기용량 C는 판의 넓이가 A이고 판 사이의 간격이 $d = d_1 + d_2 + d_3$인 축전기의 전기용량과 같음을 증명하라.

26. 그림 P17-26과 같이 축전기 4개가 병렬과 직렬로 연결되어 있다. 각각의 축전기에 저장되는 전하량 Q_1, Q_2, Q_3, Q_4는 각각 얼마인가?

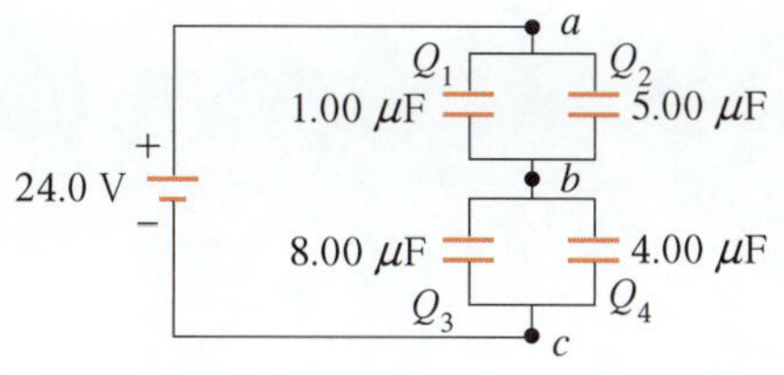

그림 P17-26

27. 2.50 μF 축전기와 6.25 μF 축전기, 6.00 V의 전지가 있다. (a) 전지 양단에 직렬로 연결할 때와 (b) 전지 양단에 병렬로 연결할 때 각각의 축전기에 저장되는 전하량은 얼마인가?

28. 그림 P17-28과 같이 직렬과 병렬이 복합적으로 연결된 축전기 회로가 있다.

(a) 점 a와 점 b 사이의 등가 전기용량을 구하라. 각 전기용량의 단위는 μF이다.

(b) 만일 12 V전지가 점 a와 점 b 사이에 연결된다면, 그림 P17-28(a)에서 4.0 μF에 충전된 전하를 구하고, 그 양단의 전압강하를 구하라.

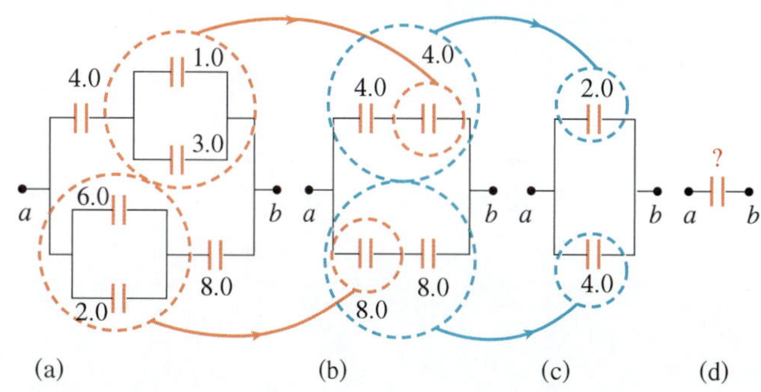

그림 P17-28

17-9 축전기의 전기장에 저장되는 에너지

29. 테플론(Teflon)으로 채워진 평행판 축전기가 있다. 이 축전기의 판의 넓이는 175 cm^{2}이고, 절연층의 두께는 0.04×10^{-3} m이다. 테플론의 유전상수 $\kappa = 2.1$이다. (a) 전기용량과 (b) 축전기에 가할 수 있는 최대 전압을 구하라.

30. 평행판 축전기는 30 cm × 30 cm의 정사각형 금속판으로 되어 있다. 판 사이에는 유전상수가 $\kappa = 6.3$이고 두께가 3.0 mm인 유리가 꽉 끼워져 있다. 이 축전기를 전위차가 500 V가 되도록 충전시킨 후 주위와 고립시켰다.

(a) 축전기에는 얼마나 많은 에너지가 저장되어 있는가?

(b) 판 사이의 유리를 제거한다면, 얼마나 많은 에너지가 축전기의 전기장에 저장될 수 있는가?

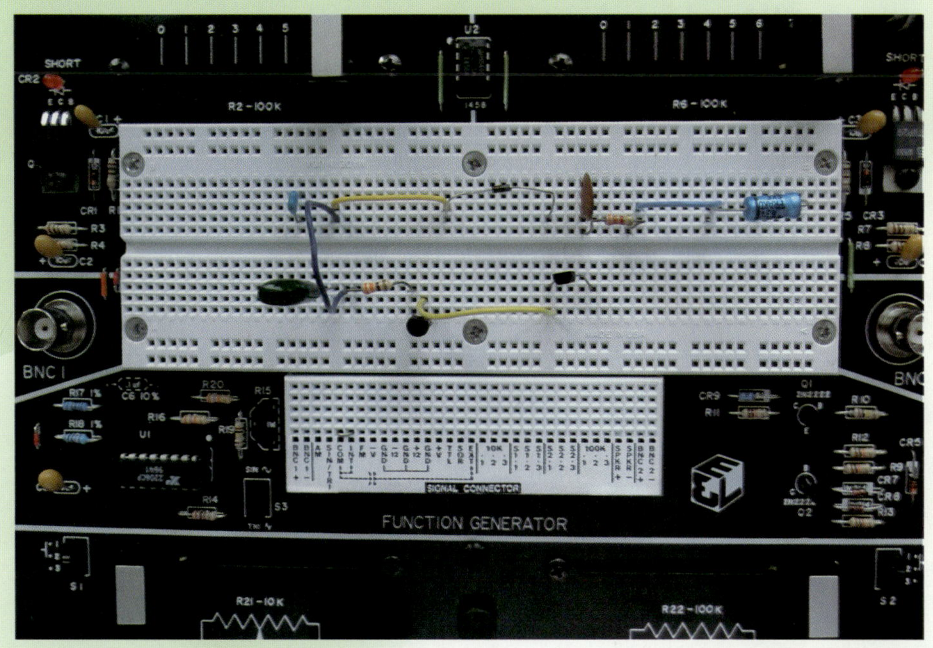

전자부품을 이용한 회로 실습장치 전자부품에는 저항, 축전기, 트랜지스터, 다이오드 IC 등이 있다. 직류전원을 연결하면 직류회로가 이루어지며 회로실습을 통해 부품을 특성과 회로의 법칙을 이해할 수 있다. 이러한 실습장치가 작동되기 위해서는 일정한 전위차를 계속 유지시킬 수 있는 기전력이 필요하다

직류회로 제 18 장

제 16장에서 정전기의 특성과 이와 관련된 주제에 대해 공부하였다. 1980년대 이전에는 전기에 대한 관심은 주로 마찰에 의해 정전기를 발생시키는 것이었다. 이러한 연구를 통해 만들어진 장치 중에는 마찰을 통해 비교적 큰 전위를 얻을 수 있는 것도 있었으나 실용적인 이용 가치는 거의 없었다. 그 후 1980년 볼타(Alessandro Volta, 1745~1827)에 의해 전지가 발명됨으로써 전하의 일정한 흐름, 즉 정상전류를 얻을 수 있었다.

긴 시간 동안 지속적인 전하의 흐름을 만들어내는 전지를 발명한 이래로 전기는 우리 생활에서 떼어낼 수 없는 한 부분이 되었다. 전지는 높은 전압에서 짧은 시간 동안 아주 적은 전하가 흐르는 정전기 장치와 달리, 낮은 전압에서 연속적인 전하의 흐름(전류)을 만들어주는 편리성 때문에 많은 전기기구가 개발되기 시작하였다. 뿐만 아니라 과학자들이 전기회로에서 전하의 흐름을 조절하는 방법을 연구하기 위한 실험을 가능하게 해주었다.

제18장에서는 직류회로에 흐르는 전류와 직류회로를 구성하는 전지, 저항기, 축전기의 특성에 대해 공부한다.

18-1 전류

전류의 정의

작은 전구에 불을 켜기 위해서는 그림 18-1(a)와 같이 전구와 전지를 도선으로 연결해야 한다. 이와 같이 전지의 단자에 도선과 같은 연속적으로 전기가 통할 수 있는 경로가 연결되어 있을 때, 이것을 **전기회로**(electric circuit 電氣回路)라고 한다. 그리고 그림 18-1(b)는 전기회로를 나타내는 회로도이며, 일단 회로가 형성되면, 전하는 도선을 통해 전지의 한쪽 단자에서 다른 쪽 단자로 흐른다. 이와 같은 전하의 흐름을 **전류**(electric current 電流)라 한다.

전류가 흐르기 위해서는 첫째, 전하가 이동할 수 있는 회로가 있어야 하고, 둘째, 전하를 이동시킬 수 있는 전기장이 있어야 하며, 셋째, 전하운반체가 회로를 통해 계속적으로 공급되어야 한다.

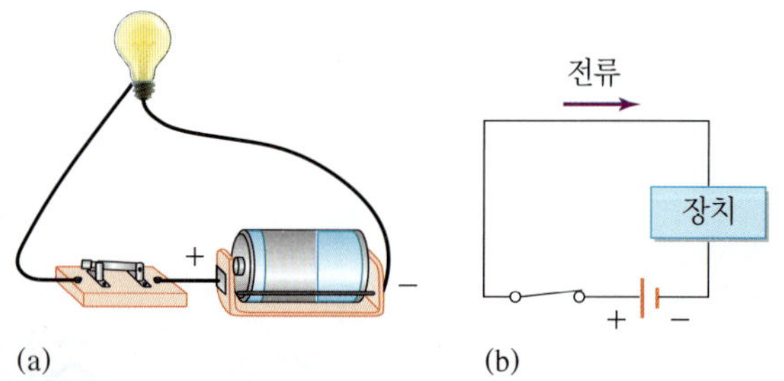

그림 18-1 전류가 흐르기 위해서는 회로와 전기장 그리고 전하운반체가 지속적으로 공급되어야 한다.

전지는 화학반응으로 전기에너지를 만들어 전자를 이동시킨다. 전지는 전자가 전지 밖으로 나가는 음극과 전지 안으로 들어오는 양극으로 이루어진다. 그림 18-2는 자동차용 축전지와 건전지의 두 극을 보여준다. 회로 속의 기호 ─┤├─는 전지를 나타낸다. 이 기호에서 긴 직선은 (+)단자를, 짧은 직선은 (−)단자를 나타낸다. 양전하와 음전하에 의해 두 극 사이에는 전위차가 존재하며, 최대 전위차를 전지의 **기전력**(emf; electromotive force 起電力)이라 한다. 자동차 축전지의 기전력은 12 V이고, 손전등 건전지의 기전력은 1.5 V이다.

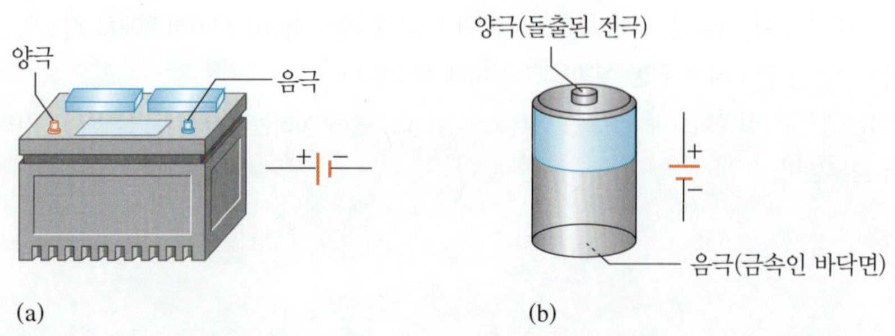

그림 18-2 전지를 나타내는 기호는 ─┤├─이다. (a) 자동차용 전지(축전지) (b) 건전지

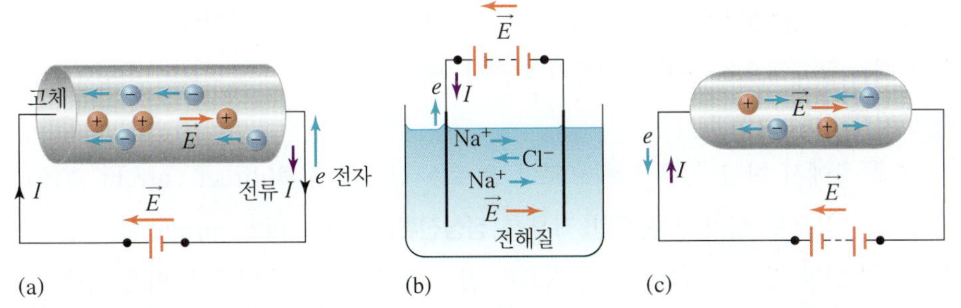

그림 18-3 전류는 고체, 액체(전해질), 기체에서 모두 흐를 수 있다. (a) 고체 니크롬선 내를 흐르는 전류 (b) 전해질 내를 흐르는 전류 (c) 기체 방전관 내를 흐르는 전류

TIP 전류가 흐른다는 표현은 적절한가?

우리는 관습적으로 전류가 흐른다. 또는 전류의 흐름이라는 표현을 쓴다. 그러나 엄밀하게 말하면 전류(電流)라는 말 속에는 (전하가) 이동한다는 의미가 포함되어 있다.

전류는 고체, 액체, 기체에서 모두 흐를 수 있다. 그림 18-3(a)는 고체(도체) 내에서 전류의 흐름을 나타낸 것이다. 전원의 양극과 음극을 도체에 연결하면 도체 내의 자유전자가 전기장에서 힘을 받아 전원의 양극으로 이동하며, 전원의 음극에서는 전자를 도체 내로 공급하여 도체에 전류가 계속 흐르게 된다.

그림 18-3(b)는 액체 내에서 전류의 흐름을 나타낸 것이다. 전해질 용액 속에 금속판을 세우고 이것에 전원을 연결하면 전해질 용액에 전류가 흐른다. 전해질은 물에 녹아 양이온과 음이온으로 이온화되기 쉬운데 여기에 전기장이 가해지면 음이온은 양극으로 이동하여 양극에 전자를 내놓고 전기적으로 중성 물질이 되어서 석출된다. 그리고 양이온은 음극으로 이동하여 음극으로부터 전자를 얻어 중성 물질이 되어 석출된다. 액체에서는 이와 같이 음이온의 흐름과 양이온의 흐름에 의해 전류가 흐르고 액체 밖의 도선 내에서는 자유전자가 도선 내를 전지의 음극에서 양극으로 이동하여 전류를 흐르게 한다.

그림 18-3(c)는 기체 내에서 전류의 흐름을 나타낸 것이다. 저기압의 기체가 들어 있는 유리관(방전관)의 양 끝에 높은 전압을 걸면 어떤 전압에서 방전이 시작되면서 전류가 흐른다. 이것을 저기압 기체 방전이라 한다. 방전관 내의 저기압 기체 내에는 소량이기는 하지만 양이온과 전자로 전리된 기체가 포함되어 있다. 여기에 전기장을 걸면 전자는 양극 방향으로, 양이온은 음극 방향으로 이동한다. 이때 전압을 높이면 전자의 이동 속력이 빨라지면서 기체분자와 빈번하게 충돌하여 기체분자를 전리한다. 그러므로 양극으로 향하는 전자의 수는 기하급수적으로 증가하고, 따라서 음극으로 향하는 양이온도 급격하게 증가하며 방전관 속에는 전류가 흐르게 된다.

전류가 흐르는 방향은 오래전부터 관습적으로 양전하가 흐르는 방향으로 정해왔다. 그러나 도체 내에서는 양전하가 이동하는 것이 아니고 자유전자가 이동하므로 전류의 방향은 그림 18-4에서 보는 바와 같이 자유전자가 이동하는 방향과 반대가 된다. 도체에서 전위차에 의해 도체 격자의 원자로부터 전자가 빠져나간 빈자리를 **양공**(hole 陽孔)이라고 하는데, 그림 18-5에 나타낸 것과 같이 음전하가 왼쪽으로 이동하는 것은 양공이 오른쪽으로 이동하는 것과 같다.

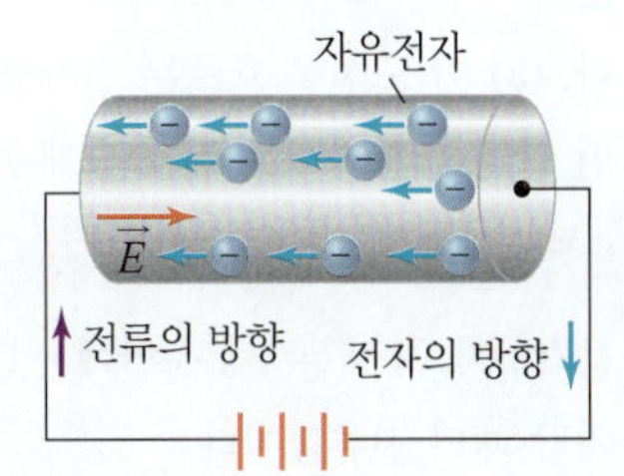

그림 18-4 전류가 흐르는 방향은 전자의 이동방향과 반대이다.

자유전자와 같이 음이든, 양공과 같이 양이든 이동하는 전하를 **전하운반자**(charge

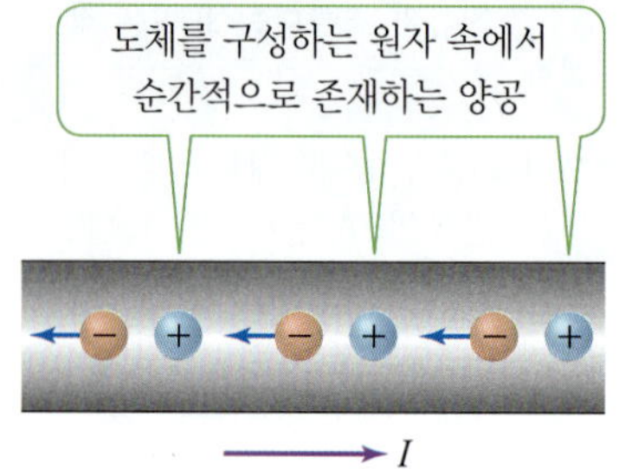

그림 18-5 음전하가 왼쪽으로 이동하는 것은 양공을 오른쪽으로 밀어내는 것과 같다.

carrier 또는 **전하운반체**)라고 한다. 금속에서 전하운반자는 전자이다. 전자의 흐름을 말할 때는 구체적으로 전자의 전류라 말하나, 액체나 기체에는 양전하와 음전하(이온)가 모두 움직일 수 있다.

전류 중에서 항상 같은 방향으로만 흐르는 전류를 **직류**(direct current 直流)라 한다. 시간적으로 세기가 일정한 직류를 **정상전류**(steady state current 正常電流)라 하는데 특별한 경우를 제외하고는 직류라 함은 정상전류를 의미한다. 이에 비해 주기적으로 방향이 바뀌는 전류를 **교류**(alternating current 交流)라 한다. 전지에 의한 전류는 직류이고, 발전소에서 만들어서 가정이나 공장에 공급하는 전류는 교류이다. 교류에 대해서는 제20~21장에서 공부한다. 평균전류를 수식으로 나타내면 다음과 같이 표현할 수 있다. 시간 Δt 동안에 ΔQ의 전하량이 도선의 단면 A을 통과할 때 **평균전류**(average current 平均電流) I는 단위시간당 단면을 통과하는 전하량과 같다.

$$I_{\text{평균}} = \frac{\Delta Q}{\Delta t} \qquad \textbf{18-1}$$

전류의 SI 단위는 **쿨롬/초**(C/s) 또는 **암페어**(A)이다.전류는 본질적으로 시간 평균의 개념을 가진 양이다. 보통은 많은 수의 전하가 있는 경우이며, 이때 **순간전류**(instantaneous current)를 정의할 수 있다.

순간전류 I는 시간 간격이 0으로 접근할 때의 평균전류의 극한값이다.

$$I = \lim_{\Delta t \to 0} I_{\text{평균}} = \lim_{\Delta t \to 0} \frac{\Delta Q}{\Delta t} \qquad \textbf{18-2}$$

전류가 지속적으로 흐르면 평균전류와 순간전류는 같다. 도선의 단면을 단위시간당(1 s) 통과하는 전하량을 **전류의 세기**라고 한다. 여기서 1 s 동안에 1 C의 전하량이 도선의 한 단면을 지날 때의 전류의 세기를 **1암페어**(A; ampere)라 하고, 전류의 단위로 사용한다. 즉 1 A = 1 C/s이다. 1 A는 1 s에 몇 개의 전자가 이동하는 크기를 나타내는지 알아보자. 전자 1개의 전하량은 $e = 1.6 \times 10^{-19}$ C이므로 다음과 같다.

$$\frac{1\,\text{C}}{1.6 \times 10^{-19}\,\text{C/개}} \fallingdotseq 6.25 \times 10^{18}\text{개 (1초에 1A가 흐를 때 이동하는 전자의 수)}$$

예제 18-1 도선을 지나는 전자의 수

문제 어떤 도선에 2.5 A의 정상전류가 4분 동안 흘렀다고 한다. (a) 이 도선을 흐르는 전하량은 얼마인가? (b) 이 도선의 어떤 단면을 통과하는 전자의 개수는 얼마인가? 전자의 전하량은 $e = 1.6 \times 10^{-19}$ C이다.

생각하기 1 A는 1 s 동안에 1 C의 전하량이 도선의 한 단면을 지날 때의 전류값이다.

풀이 (a) 전류가 2.5 A, 즉 $I = 2.5$ C/s이므로 4분(4 × 60 s = 240 s) 동안 도선에 흐른 전하량은 다음과 같다.

$$\Delta Q = I\,\Delta t = 2.5\,\text{C/s} \times 240\,\text{s} = 600\,\text{C}$$

(b) 전자 1개의 전하량은 1.6×10^{-19} C이므로 600 C의 전하 속에 들어 있는 전자의 수는 다음과 같다.

$$N = \frac{Q}{e} = \frac{600\,\text{C}}{1.6 \times 10^{-19}\,\text{C/개}} = 3.8 \times 10^{21}\text{개}$$

즉 1 s에 6.25×10^{18}개의 전자가 이동할 때의 전류의 세기가 1 A이다. 암페어의 단위는 프랑스의 물리학자 앙페르(André Ampère, 1775~1836)의 이름을 따서 붙인 것이다. 전류의 작은 단위로는 **밀리암페어**(1 mA = 10^{-3} A), 또는 **마이크로암페어**(1 μA = 10^{-6} A)가 사용된다.

18-2 전류에 대한 미시적 모형

거시적인 전류는 전류를 만드는 전하운반자의 미시적인 운동과 연관시킬 수 있다. 전류 방향으로 움직이는 전하운반자의 평균속력, 단위부피당 전하운반자의 수, 각 전하운반자의 전하량에 따라 달라진다. 구리 도선은 구리 원자 1개당 평균 1개의 자유전자를 가지고 있다. 구리의 원자량은 63.5 g/mol(63.5 u)이며, 구리의 밀도는 8.92 g/cm^{3}이므로 구리 1 m^{3}에는 약 8×10^{28}개의 자유전자가 존재한다. 자유전자는 구리 결정체 내를 약 10^6 m/s의 빠른 속력으로 불규칙적으로 운동한다. 운동이 불규칙적인 것은 자유전자가 구리를 구성하는 원자의 양이온과 충돌하기 때문이다. 그러나 그림 18-6에 개략적으로 나타낸 것처럼 구리 도선의 양 끝에 전기장을 걸면 자유전자는 양이온과 충돌하여 시시각각으로 운동방향을 바꾸기는 하지만, 전체적으로 볼 때 전기장의 방향과 반대방향으로 서서히 이동하게 된다. 이 전자의 이동이 전류이다. 자유전자가 빠른 속력으로 불규칙한 운동을 하고 있기 때문에 전류를 흐르게 하는 평균속력, 즉 자유전자의 전기장 방향의 **유동속력**(drift speed 流動速力)은 그다지 크지 않다. 유동속력은 정확한 방향이 주어지면 유동속도 $\vec{v}_d$로 표시한다.

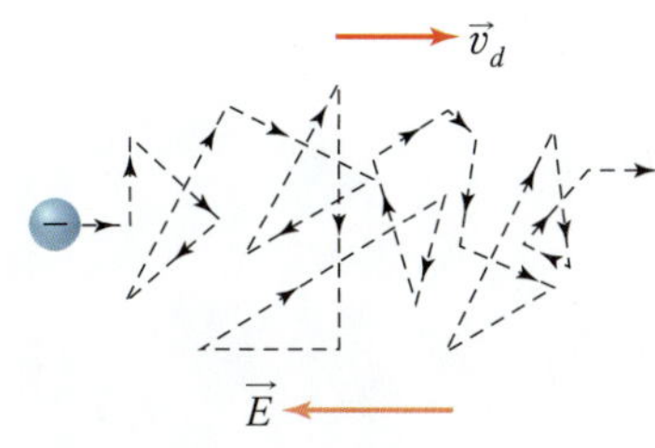

그림 18-6 도체 내의 전하운반자는 지그재그 운동을 하지만, 전기장이 걸리면 전기장의 방향과 반대방향으로 유동속도 $\vec{v}_d$로 흐른다.

자유전자가 전기장에서 힘을 받아 도체 속을 이동할 때 양이온과의 충돌 때문에 그 속력에 비례하는 저항을 받는다. 저항력과 외부 전기장에서 받는 전기력이 균형을 이룰 때 자유전자는 종단속력에 이르게 되고 도선에 정상전류가 흐르게 된다.

그림 18-7에 나타낸 것처럼 단면의 넓이가 A인 도체에 흐르는 동일하게 대전된 전하가 있다고 하자. 길이가 Δx인 부분의 부피는 $A\Delta x$이다. 만일 '단위부피당 이동하는 전하운반자의 수'를 n이라고 하면, 부피 $A\Delta x$에 들어있는 전하운반자의 수는 $n(A\Delta x)$이다. 따라서 이 부분을 지나는 전하량 ΔQ는 다음과 같다.

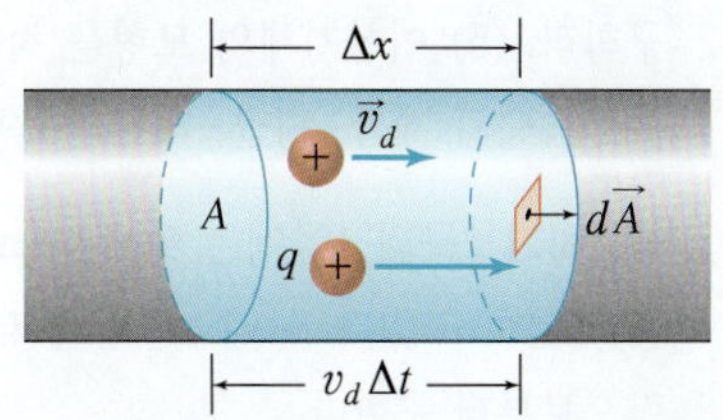

그림 18-7 단면의 넓이가 A인 균일한 도체의 단면을 전하운반자가 유동속도 $\vec{v}_d$로 일정하게 움직이면, 시간 Δt 동안에 전하운반자가 움직인 거리는 $\Delta x = v_d\Delta t$이다.

$$\Delta Q = \text{부피 속에 들어있는 전하운반자의 수} \times \text{전하운반자당 전하량} = (nA\Delta x)q$$

여기서 q는 각 전하운반자의 전하량이다. 만일 전하운반자가 유동속력 v_d로 일정하게 움직인다면, Δt 시간 동안에 전하운반자가 움직인 거리는 $\Delta x = v_d\Delta t$이다. 따라서 ΔQ는 다음과 같다.

$$\Delta Q = (nAv_d\Delta t)q \tag{18-3}$$

이 식의 양변을 Δt로 나누고, Δt를 0으로 가는 극한을 취하면, 도체에 흐르는 전류를 미시적인 모형으로 표현하면 다음과 같다.

$$I = \lim_{\Delta t \to 0} \frac{\Delta Q}{\Delta t} = nqv_dA \tag{18-4}$$

그림 18-7에서와 같이 단면의 넓이가 A인 어느 도체에 전류 I가 흐르면, 이 도체의 **전류밀도**(current density) J는 단위넓이당의 전류로 정의한다. 전류 I는 식 19-7에서 $I = nq_v dA$이므로 전류밀도 J는 다음과 같다.

$$J = \frac{I}{A} = nqv_d \qquad \textbf{18-5}$$

여기서 전류밀도 J의 SI단위는 A/m^{2}이며 크기와 방향이 있으므로 벡터이다. 이 식은 전류가 균일하고 도선의 넓이 A가 전류의 방향과 수직인 경우에만 성립한다. 식 18-5를 이용하여 이 도체에 흐르는 전체 전류를 구하면 다음과 같이 나타낼 수 있다.

$$I = \int \vec{J} \cdot d\vec{A} \qquad \textbf{18-6}$$

이 식에서 $d\vec{A}$는 단면의 미소한 요소에 수직한 면적벡터이다. 도체 양단에 전위차가 유지될 때에만 도체 내에는 전류밀도와 전기장이 형성된다. 어떤 물질에서는 전류밀도가 전기장에 비례한다. 이러한 경우 다음과 같은 식으로 나타낼 수 있다.

$$J = \sigma E \qquad \textbf{18-7}$$

이 식에서 비례상수 σ(그리스 문자 시그마)는 도체의 **전기전도도**(conductivity)이다.

예제 18-2 전자의 유동속력

문제 단면의 넓이가 3.00×10^{-6} m^{2}인 구리 도선에 10.0 A의 전류가 흐르고 있다. 각 구리 원자는 1개의 자유전자를 내어놓을 수 있다고 가정하고, 구리의 밀도는 8.92 g/cm^{3}이고, 원자량은 63.5 u이다. (a) 이 구리 도선에서 전자의 유동속력을 구하라. (b) 이상기체의 모형을 적용하여 20.0 °C에서 전자의 유동속력과 제곱-평균-제곱근 속력을 비교하라.

생각하기 구리 1몰에는 아보가드로수(6.02×10^{23}개)의 원자를 포함하고 있다. 구리 1몰의 부피는 구리의 밀도와 원자의 질량으로부터 구한다.

풀이 (a) 구리의 밀도와 원자량으로부터 1몰의 부피를 구하면

$$V = \frac{m}{\rho} = \frac{63.5\text{ g}}{8.92\text{ g/cm}^3} = 7.12\text{ cm}^3$$

이다. cm^{3}을 m^{3}으로 변환하면 다음과 같다.

$$7.12\text{ cm}^3\left(\frac{1\text{ m}}{10^2\text{ cm}}\right)^3 = 7.12 \times 10^{-6}\text{ m}^3$$

아보가드로수(1몰의 전자의 수)를 1몰당 부피로 나누어 전하운반자의 밀도를 구한다.

$$n = \frac{6.02 \times 10^{23}\text{전자/mol}}{7.12 \times 10^{-6}\text{ m}^3\text{/mol}} = 8.46 \times 10^{28}\text{ 전자/m}^3$$

식 18-4에 주어진 값을 대입하면 유동속력은 다음과 같다.

$$\begin{aligned} v_d &= \frac{I}{nqA} \\ &= \frac{10.0\text{ C/s}}{(8.46\times10^{28}\text{전자/m}^3)(1.60 \times 10^{-19}\text{C})(3.00 \times 10^{-6}\text{ m}^2)} \\ &= 2.46 \times 10^{-4}\text{ m/s} \end{aligned}$$

(b) 20.0 °C에서 전자 기체의 제곱-평균-제곱근 속력은 $v_{rms} = \sqrt{\frac{3k_BT}{m_e}}$을 이용하자. 온도를 절대온도로 변환하여 주어진 값을 대입하면 속도는 다음과 같다.

$$\begin{aligned} v_{rms} &= \sqrt{\frac{3(1.38 \times 10^{-23}\text{ J/K})(293\text{ K})}{9.1 \times 10^{-31}\text{ kg}}} \\ &= 1.15 \times 10^5\text{ m/s} \end{aligned}$$

18-3 전기저항과 비저항

전기저항

그림 18-8과 같이 금속 도체의 양단에 전위차 V를 공급할 때, 이 금속 도체에 흐르는 전류 I는 공급한 전압에 비례한다. 즉 $V \propto I$이다. 만일 이 비율이 유지된다면 $V = IR$로 쓸 수 있으며, 여기서 비례상수 R을 도체의 **전기저항**(electric resistance 電氣抵抗)이라고 한다. 저항이라는 용어는 전기저항, 공기저항, 열저항 등 물리학의 여러 부분에서 사용되고 있지만, 여기서는 전기저항을 저항이라고 표현하기로 한다.

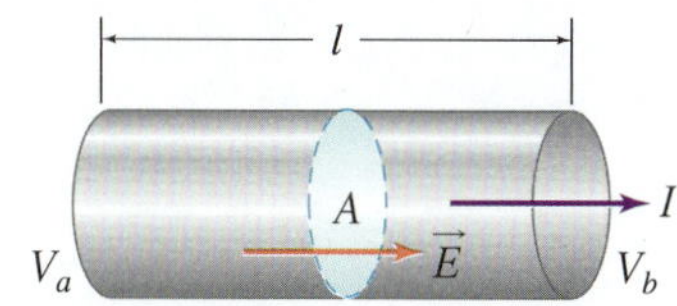

그림 18-8 길이가 l이고, 단면의 넓이가 A인 균일한 도체에 전위차 V (= V_a − V_b)를 걸면, 전기장 $\vec{E}$를 형성하고 전류 I(A)가 흐른다.

전기저항은 도체 양단에 걸린 전류에 대한 전압의 비로 정의한다.

$$R = \frac{V}{I} \quad \textbf{18-8}$$

전기저항의 SI 단위는 볼트/암페어(V/A)이고, 이를 **옴**(Ω)이라 한다. 도체에 걸린 전위차가 1 V이고 1 A가 흐른다면, 이때 도체의 전기저항은 1 Ω이다. 즉, 1옴 = 1 Ω = 1 V/A이다. 예를 들어 가정에서 220 V의 전원에 연결된 전기밥솥에 5 A의 전류가 흐른다면, 이때 전기밥솥 내부의 니크롬선의 저항은 44 Ω이다.

> **TIP 단위와 기호에 주의!**
>
> **이탤릭체** A 주로 단면의 넓이를 표현하는 기호로 사용된다. A(m²)
>
> **직립체** A 전류의 단위를 나타내는 단위이다. I(A)

일반적으로 금속을 포함하여 많은 물질들은 넓은 범위의 전압 또는 전류에 걸쳐 저항이 일정하다는 사실이 실험을 통해 확인되었다. 이러한 사실은 전기저항에 대한 체계적인 연구를 한 옴(Georg Simon Ohm)의 이름을 따서 **옴의 법칙**(Ohm's law)이라 부른다. Ohm의 법칙은 수학적으로 유도된 것이 아니라, Ohm의 노력으로 이루어진 실험의 결과물을 종합한 것이지만, Ohm의 연구 성과는 당대에 많은 공격을 받기도 하였다. 그러나 Ohm의 법칙은 1831년 페흐너(Gustav T. Fechner, 1801~1887)의 매우 정밀한 검증 실험에 의해 신뢰를 얻기 시작하였고 이후의 여러 실험에 의해 확인되었다. Ohm의 법칙은 다음과 같다.

$$V = RI \quad \textbf{18-9}$$

대부분의 물질은 Ohm의 법칙을 따른다. 하지만 어떤 경우는 전류와 저항에 의한 열효과 등으로 물성이 바뀌고 그 결과로 저항의 값 자체가 바뀔 수도 있다. 또한 pn 다이오드(diode)와 같은 반도체 계에서도 Ohm의 법칙이 성립하지 않는다(예를 들어 폭이 나노미터(10^{-9} m) 정도로 아주 좁은 나노선(nanowire)을 통한 전자의 수송현상). 이때는 온도가 아주 낮고 도선이 매우 깨끗하더라도, 전자의 파동성으로 인해 없앨 수 없는 근원적인 전기저항이 생긴다. 역시 이때도 Ohm의 법칙이 성립하지 않는다.

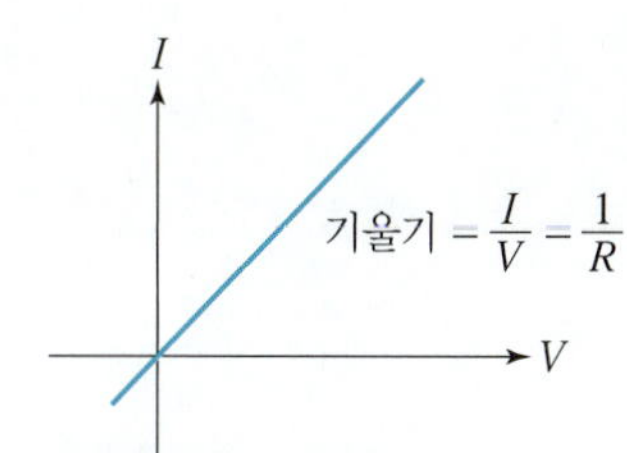

그림 18-9 옴성 물질의 전류-전압 곡선. 기울기는 $\frac{1}{R}$을 나타낸다.

Ohm의 법칙을 만족하고 넓은 범위의 전압에 걸쳐 일정한 저항을 가진 물질을 **옴성**(ohmic) **물질**이라 한다. 전압 또는 전류값에 따라 저항이 바뀌는 물질은 **비옴성**(nonohmic) **물질**이라 한다. 옴성 물질은 넓은 범위의 전압에 걸쳐 선형적인 전류-전압의 관계를 갖는다.

전열기에서부터 입체음향장치에 이르기까지 모든 전기기구는 전류가 흐를 때 저항을 가진다. 일반적으로 전기기구를 연결하는 도선은, 전구의 필라멘트나 전열기의 코일에 비해 아주 낮은 저항을 가지고 있다. 많은 전기기구의 경우에 회로의 전류의 양을 조절하기 위해서는 **저항기**(resistor)가 주로 사용된다. 저항기는 전기회로에서 특정한 저항값을 가진 도체를 말한다. 저항기는 1 Ω보다 작은 것에서부터 시작하여 수백만 Ω에 이르는 다양한 종류가 있다. 저항기는 아주 가는 코일을 감아서 만들거나, 반도체 탄소 등으로 만들어 사용한다(그림 18−10 참조). 회로도에서 저항기의 기호는 지그재그 선 —/\/\/\—으로 표기한다. 저항을 무시할 수 있는 도선은 직선으로 나타낸다.

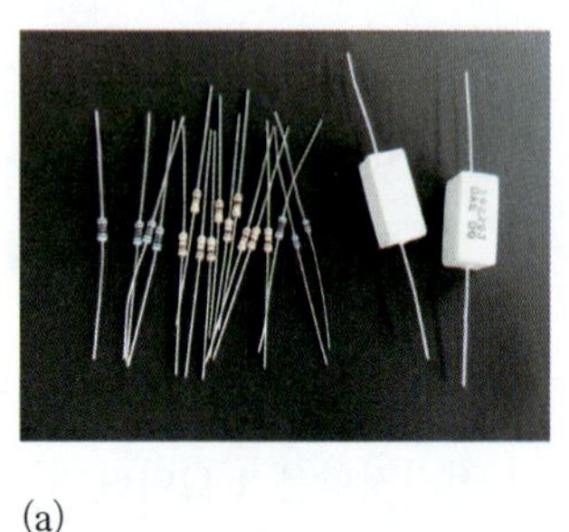

(a)

(b)

그림 18−10 (a) 세라믹 저항기 (b) 가변저항기

저항에 의한 전압강하

그림 18−11 저항 R인 도선에 전류 I가 흐르면 저항의 양 끝 점 a와 점 b 사이에서 전압이 RI만큼 떨어지는데, 이 현상을 전압강하라고 한다.

식 18−9의 Ohm의 법칙은 저항이 R인 도선에 전류 I가 흐르면 저항의 양 끝 a와 b 사이에서 전압이 RI만큼 떨어진다는 것을 뜻한다. 또한 그림 18−11에서 저항이 R인 도선에서 점 a에서 b로 전류 I가 흐른다면 점 a의 전위가 b보다 높다. 즉 전류는 항상 전위가 높은 곳에서 낮은 곳으로 흐른다. 따라서 점 b의 전위는 a의 전위보다 RI만큼 낮아진다. 이와 같이 저항 R에 전류 I가 흐를 때 전위가 RI만큼 낮아지는 것을 **저항에 의한 전압강하**(voltage drop 電壓降下)라고 한다.

즉 전압강하 되는 양은 저항 R의 양단에 걸린 전압과 같다. 저항의 양 끝 점 a와 b 사이의 전위차를 V라면 전압강하는 다음과 같다.

$$V = V_a - V_b = RI \text{ (전압강하)} \qquad \textbf{18-10}$$

비저항

도체에 전압이 걸리면, 도체 내의 전자는 금속 원자와 충돌을 반복하게 된다. 전자는 전기력에 의해 가속되어 속력을 얻게 되고, 전기장과 반대방향으로 이동한다. 전자는 원자와 충돌하여 무질서해지고, 이로 인해 전자의 속력은 감소하게 된다. 이러한 과정이 반복되면서, 원자와의 충돌 현상은 전자에 마치 내부마찰력과 같은 작용을 하게 된다. 이렇게 하여 물질은 저항을 갖게 된다.

옴성 도체의 저항은 길이에 비례한다. 이는 도체의 길이가 길어질수록 전자는 더 많은 충돌이 일어나기 때문이다. 좁은 관에서 유체의 흐름이 지체되듯이 도체의 저항은 단면의 넓이가 작을수록 증가한다. 도체의 저항 R은 길이 l에 비례하고, 단면의 넓이 A에 반비례한다. 이 관계는 다음과 같이 표현된다.

$$R = \rho \frac{l}{A} \qquad \textbf{18-11}$$

이 식에서 ρ는 비례상수로서 **물질의 비저항**(resistivity 比抵抗)이라고 한다. **비저항의 단위는 Ω m이다. 비저항은 길이가 1 m이고 단면의 넓이가 1 m^2인 물질의 저항값이다.**

모든 물질은 전자적인 구조와 온도에 따른 고유한 비저항이 있다. 전기적으로 좋은 도체는 비저항이 아주 작고, 우수한 절연체는 비저항이 매우 크다. 비저항은 물질의 순도와 열처리, 온도 등에 따라 달라진다. 은(Ag)의 비저항은 가장 작으므로 가장 좋은 도체이지만 값이 비싸다. 구리(Cu)는 은보다 비저항이 크지만 가격이 은보다 저렴하여 대부분의 도선은 구리로 만들어 사용하고 있다. 그리고 알루미늄(Al)은 구리보다 밀도가 훨씬 낮아서 동일 질량에 대한 저항이 구리보다 작아 송전선에 구리 대신으로 사용하기도 한다. 주요 전력 케이블과 같이 큰 전류를 운반하는 도선은 저항이 가능한 작아지도록 굵게 만들어야 한다. 이 같은 이유로 벽의 콘센트에서 멀리 떨어져 있는 전기기구를 사용할 때는 굵은 전선이 필요하다.

예제 18-3 금속 도선의 저항

문제 길이가 100 m, 지름이 2 mm인 도선의 비저항이 4.8×10^{-8} Ω m이다. 이 도선의 저항은 얼마인가?

생각하기 옴성 도체의 저항은 길이에 비례하고, 단면의 넓이 A에 반비례한다.

풀이 식 18-11인 $R = \rho \frac{l}{A}$에서 1 $mm^2 = 10^{-6}$ m^2이므로 이 도체의 저항은 다음과 같다.

$$R = 4.8 \times 10^{-8}\ \Omega\,\text{m} \times \frac{100\ \text{m}}{3.14 \times \left[\left(\frac{2}{2}\right)^2 \times 10^{-6}\right] \text{m}^2} = 1.53\ \Omega$$

온도에 따른 저항 변화

물질의 비저항은 온도에 의존한다. 많은 물질의 경우 제한된 온도 범위에서 비저항의 온도의존성은 다음과 같이 주어진다.

$$\rho = \rho_0\{1 + \alpha(T - T_0)\} \qquad \textbf{18-12}$$

여기서 ρ와 ρ_0은 각각 온도 T와 T_0에서의 비저항이다. 이때 α를 **비저항의 온도계수**(temperature coefficient of resistivity)라고 부른다. 금속의 경우 온도가 증가함에 따라 비저항이 증가하므로 α는 양수이다. 식 18-12의 양변에 l/A을 곱하면, 다음과 같은 저항의 온도의존식이 얻어진다.

$$R = R_0\{1 + \alpha(T - T_0)\} \qquad \textbf{18-13}$$

표 18-1은 도체(반도체 및 부도체 포함) 물질에 대한 비저항과 비저항의 온도계수를 나타낸 것이다.

표 18-1 몇 가지 물질의 비저항과 비저항의 온도계수(20 °C에서)

물질	비저항, $\rho(\Omega\,\mathrm{m})$	비저항의 온도계수, $\alpha(°\mathrm{C})^{-1}$
도체		
은	1.59×10^{-8}	3.8×10^{-3}
구리	1.68×10^{-8}	3.9×10^{-3}
금	2.44×10^{-8}	3.4×10^{-3}
알루미늄	2.82×10^{-8}	3.9×10^{-3}
텅스텐	5.6×10^{-8}	4.5×10^{-3}
철	10.0×10^{-8}	5.0×10^{-3}
백금	11×10^{-8}	3.92×10^{-3}
납	22×10^{-8}	3.9×10^{-3}
니크롬 합금(Ni + Fe + Cr)	100×10^{-8}	0.4×10^{-3}
반도체		
탄소(그래파이트)	$(3\sim60) \times 10^{-5}$	-0.5×10^{-3}
저마늄	0.46	-48×10^{-3}
규소	20~2 300(순도에 따라 다름)	-75×10^{-3}
부도체		
유리	$10^{10}\sim10^{14}$	–
나무(단풍나무)	3×10^{10}	–
단단한 고무	$10^{13}\sim10^{15}$	–

예제 18-4 비저항의 온도계수

문제 다음 자료는 어떤 도선의 온도에 따른 전기저항의 변화를 측정한 값이다.

온도(°C)	106	315	481	736	936	1 083	1 232
저항(Ω)	1.56	2.67	3.55	4.90	5.95	6.74	7.53

(a) 0 °C에서의 저항값 R_0 및 비저항의 온도계수 α를 구하라.
(b) 이 도선에 3.0 V의 전압을 걸 때 흐르는 전류가 340 mA이라면, 이때 도선의 온도는 얼마인가?

생각하기 주어진 값으로 그래프를 먼저 그리는 것이 문제 해결에 용이하다.

풀이 (a) 주어진 자료로 그래프를 그리면 그림 18-12와 같다. 0 °C일 때의 저항 R_0은 그래프에서 저항축의 절편값이므로 $R_0 = 1.0\ \Omega$이다.

또 그래프의 기울기 $\dfrac{R_2 - R_1}{\Delta t} = R_0\alpha$이므로

$$R_0\alpha = \frac{(7.53 - 1.56)\ \Omega}{(1232 - 106)\ °\mathrm{C}} = 5.3 \times 10^{-3}\ \Omega/°\mathrm{C}$$

이다. 여기서 $R_0 = 1.0\ \Omega$이므로 비저항의 온도계수 α는 다음과 같다.

$$\alpha = 5.3 \times 10^{-3}\ °\mathrm{C}^{-1}$$

(b) Ohm의 법칙 $V = RI$에서 전기저항 R은 다음과 같다.

$$R = \frac{V}{I} = \frac{3.0\ \mathrm{V}}{340 \times 10^{-3}\ \mathrm{A}} = 8.8\ \Omega$$

또 $R = R_0(1 + \alpha t)$이므로 도선의 온도는 다음과 같다.

$$t = \frac{R - R_0}{R_0\alpha} = \frac{(8.8 - 1.0)\ \Omega}{1.0\ \Omega \times 5.3 \times 10^{-3}/°\mathrm{C}} = 1.5 \times 10^3\ °\mathrm{C}$$

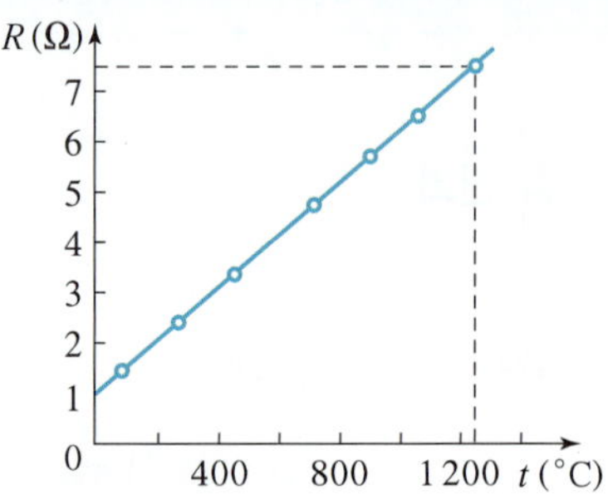

그림 18-12 전기저항 대 온도 그래프

18-4 반도체

반도체의 전기저항

비저항의 값 ρ가 도체(약 $10^{-7} \sim 10^{6}$ Ω m)와 절연체(10^{10} Ω m)의 중간의 값을 가지는 물질을 **반도체**(semiconductor 半導體)라고 한다. 비저항은 온도에 따라 값이 많이 변하므로 절연체와 반도체의 범주가 엄격히 정해져 있는 것은 아니다.

각종 정밀기기에 많이 사용되는 반도체인 저마늄(Ge)의 비저항은 실온에서 약 0.47 Ω m이며, 규소(Si)의 비저항은 약 2.3×10^{3} Ω m이다. 이처럼 저마늄이나 규소는 부도체보다 전기저항이 작으므로 어느 정도 약한 전기는 통한다. 그러나 금속과 같은 도체보다는 저항이 매우 크기 때문에 전류의 세기는 약하다.

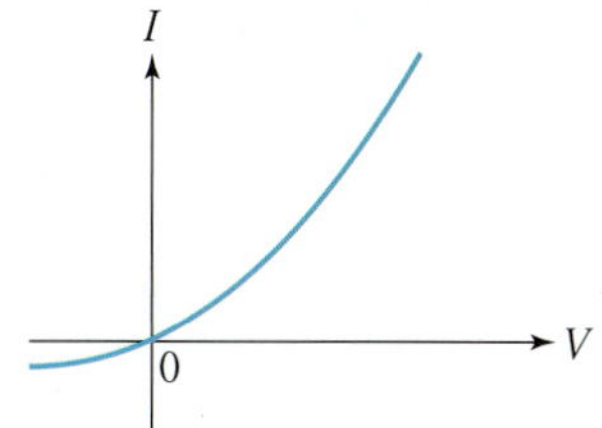

그림 18-13 다이오드 소자의 비선형 전류-전압 곡선. 이 소자는 Ohm의 법칙을 따르지 않는다.

그림 18-13은 pn접합에서 전류가 전압에 따라 어떻게 변화하는가를 나타내는 그래프이다. 다이오드의 저항은 특정 방향의 전류(양의 V)에 대해서는 작고, 반대방향의 전류(음의 V)에 대해서는 매우 크다. 트랜지스터와 같은 대부분의 전자 소자는 비선형적인 전류-전압의 관계를 가지며, 이들의 동작은 Ohm의 법칙을 만족하지 않는 특별한 방법을 따른다.

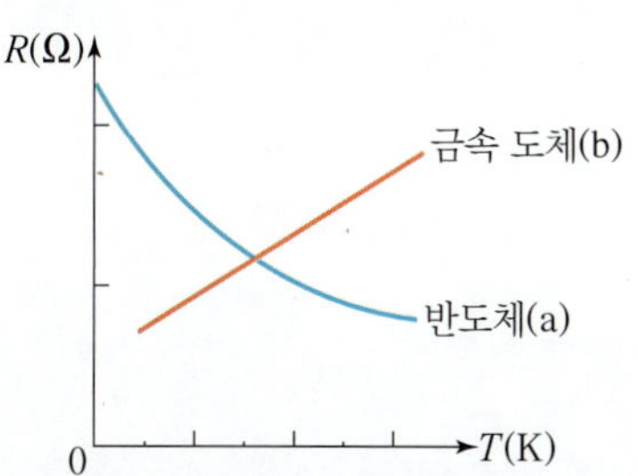

그림 18-14 반도체의 저항의 온도의존성. (a) 반도체는 비저항의 온도계수 α가 음(−)이다. 따라서 온도 증가에 따라 저항은 감소한다. (b) 금속의 비저항의 온도계수 α는 양(+)이므로 온도 증가에 따라 저항은 증가한다.

반도체인 탄소, 저마늄, 규소 등은 온도가 증가함에 따라 비저항이 감소하므로 α는 음(−)이다. 따라서 저항의 온도의존식은 식 18-13인 $R = R_0\{1 + \alpha(T - T_0)\}$에서 α는 음(−)이다(그림 18-14 참조).

반도체에 인(P)이나 안티모니(Sb), 인듐(In), 알루미늄(Al) 등의 불순물을 조금 넣으면 순수한 반도체보다 전기를 잘 통하게 된다. 이것을 **불순물 반도체**(impurity semiconductor 不純物半導體)라고 한다.

n형 반도체와 p형 반도체

규소나 저마늄은 4가 원소이며, 이 속에 불순물로 5가 원소인 인(P), 비소(As), 안티모니(Sb) 등을 혼합하면 화학 결합에서 그림 18-15(a)와 같이 5가 원소는 원자 한 개당 자유전자 한 개가 남게 된다. 이때 남는 전자는 자유전자처럼 결정 내를 자유로이 운동할 수 있으므로 외부에서 전기장이 가해지면 전자의 이동에 의해 전류가 흐르게 된다. 이와 같이 결정 내에 만들어진 전자에 의해 전하를 운반하는 반도체를 **n형 반도체**라고 한다[n은 negative(−)의 머리글자를 딴 것이다].

이에 대해 4가 원소인 규소나 저마늄에 불순물로서 3가 원소인 붕소(B), 알루미늄(Al), 갈륨(Ga), 인듐(In) 등을 혼합하면 그림 18-15(b)에서 보는 바와 같이 화학 결합에서 원자와 결합되어 있는 전자가 한 개 부족하게 된다. 즉 전자가 부족한 구멍인 양공이 생기게 된다. 이 양공에는 근처에 있는 규소나 저마늄 원자에서 전자가 이동해 오게 된다. 그러면 이동한 전자의 자리에 또 다른 양공이 하나 생기게 되고, 이 새로 생긴 양공에 다른 규소나 저마늄 원자의 전자가 이동해 오는 형태로 전자가 차례로 이동하게 된다. 이것은 양공이 전자와 반대의 경로를 따라 이동해 가는 것으로 볼 수 있다. 그러므로 이 양공의 이동은 양전하를 가진 입자와 같이 행동하고 전류를 흐르게

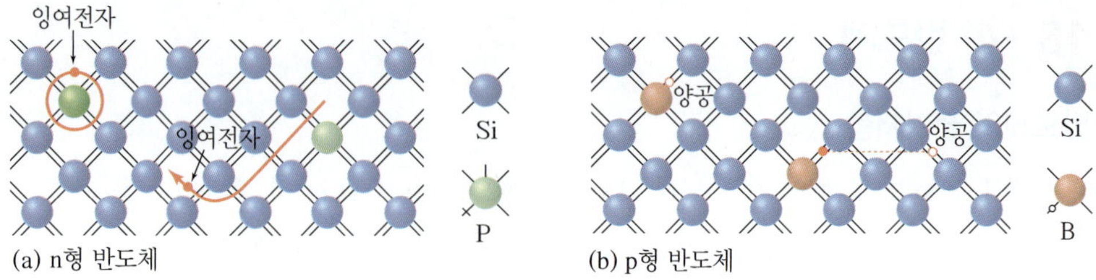

그림 18-15 불순물이 첨가된 반도체 모형. (a) n형 반도체에서 전류는 결정의 전자 결합구조를 채우고 남은 잉여전자에 의해 운반된다. (b) p형 반도체에서는 없어진 전자의 위치에 생기는 양공의 운동에 의해 전류가 흐른다. 양공은 전자가 계속해서 그 자리를 채우는 방식에 의해 음극을 향해 이동한다.

한다. 이와 같이 결정 내에 생긴 양공에 의해 전하를 운반하는 반도체를 **p형 반도체**라고 한다[p는 positive(+)의 머리글자를 딴 것이다]. 즉 반도체에서 전류의 흐름은 다음과 같이 표현할 수 있다.

n형 반도체에서는 **전자**가, p형 반도체에서는 **양공**이 전류를 운반한다.

반도체에 불순물을 첨가하는 작업을 **도핑**(doping)이라고 한다. 5가 원소는 최외각에 5개의 전자를 가지고 있으므로, 규소나 저마늄을 n형으로 만들기 위해 **주개 불순물**(donor impurity)로 사용된다. 이에 비해 3가 원소는 최외각에 3개의 전자를 가지고 있어 **받개 불순물**(acceptor impurity)로 사용될 수 있다. 불순물은 양이 적더라도 반도체의 전도도에 큰 변화를 줄 수 있다. 예를 들어 저마늄 원소 100만 개당 1개의 주개 불순물에 의해서도 전도도는 12배나 증가한다.

p형 반도체와 n형 반도체를 접합한 것을 pn접합이라 하고 그 양단에 전원을 연결한 것을 **반도체 다이오드**라고 한다. pn접합에서 그림 18-16(a)와 같이 p형이 양이 되고 n형이 음이 되게 전압을 걸면 접합부에서 양공과 전자가 중화되고, 양극에서는 양공이, 음극에서는 전자가 공급되어 회로에 전류가 계속 흐르게 된다. 이렇게 연결한 것을 **순방향 바이어스**(forward bias)라 한다.

이에 비해 그림 18-16(b)와 같이 p형이 음이 되고 n형이 양이 되게 전압을 걸면 양공은 음극 부근에 모이고, 전자는 양극 부근에 모이기 때문에 접합부에는 양공이나 전자의 공급은 매우 적어지고, 전류는 거의 흐르지 않게 된다. 이러한 연결을 **역방향 바이어스**(reverse bias)라고 한다.

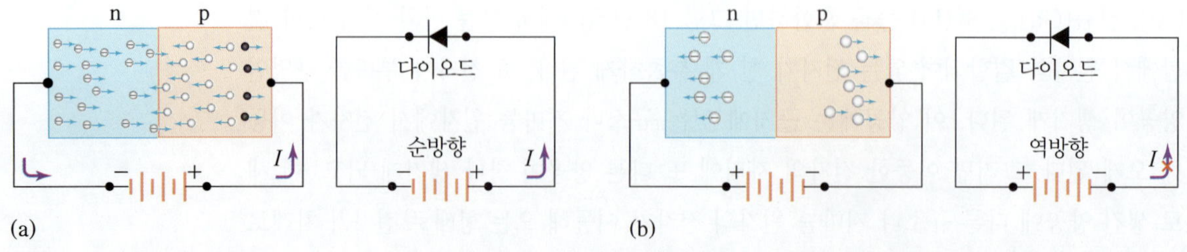

그림 18-16 다이오드의 정류작용 (a) 순방향 바이어스일 때 알짜 전류가 흐른다. (b) 역방향 바이어스일 때 알짜 전류는 거의 흐르지 못한다.

그러므로 다이오드에 교류전압을 가하면 전압이 순방향이 될 때만 전류가 흐르게 되어 **정류작용**(rectifying action 整流作用)을 하게 된다.

pn접합에 또 다른 한 개의 반도체를 접합한 것을 **트랜지스터**(transistor)라 한다. 트랜지스터는 라디오나 TV 등 전자회로에 많이 사용된다.

최근에는 다수의 전자기기 등에 그림 18-17과 같은 **집적회로**(IC; integrated circuit 集積回路)가 사용되고 있다. 수많은 저항, 다이오드, 트랜지스터 등의 전자 소자를 하나의 칩 위에 집적시킨 것이 집적회로이다. 집적회로는 확산(diffusion), 에칭(etching), 접점 만들기(metalization), 포장(packaging) 등의 복잡한 반도체 공정 기술이 집약되어 만들어진다.

그림 18-17 여러 종류의 IC칩들

18-5 초전도체

어떤 물질에서는 특정 온도 이하에서 비저항이 갑자기 사라지기도 하는데, 그때의 온도를 **임계온도**(critical temperature 臨界溫度) T_c라 하며, 금속의 경우 보통 절대0도보다 몇 °C 정도 높은 온도이다. 임계온도 이하에서 비저항이 0이 되는 상태를 **초전도 상태**(superconducting state 超傳導狀態)라고 하며, 이러한 성질을 가진 물질을 **초전도체**라 하며, 저항이 전혀 없는 도체이다.

초전도체 현상은 1911년 네덜란드의 물리학자 온네스(H. Kamerlingh Onnes, 1853~1926)에 의해 처음 실험적으로 발견되었는데, 그는 수은의 온도를 4.2 K로 내렸을 때 이 온도에서 수은의 저항이 갑자기 0으로 떨어지는 것을 발견하였다(그림 18-18 참조).

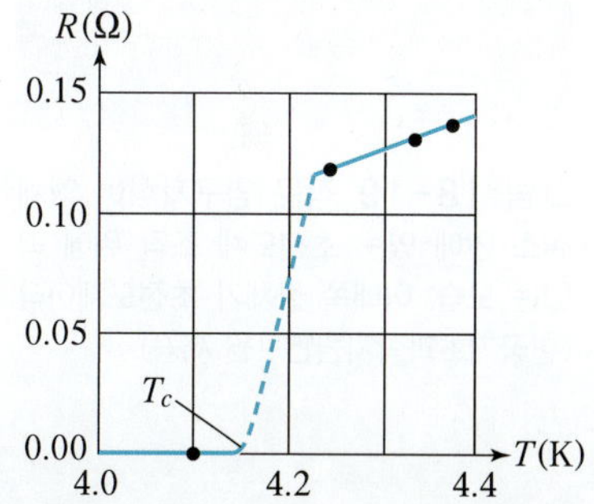

그림 18-18 수은은 4.2 K에서 저항이 0이 되는데, 이 온도는 수은의 임계온도라고 한다.

일반적으로 초전도체는 특정 임계온도 아래에서만 초전도 상태로 된다. 초전도체에서 주목할 만한 특징 중 하나는 한 번 전류가 흐르면 전압을 가하지 않아도 저항이 0이므로 전류가 유지된다는 것이다. 실제 연구에서는 고리 모양의 초전도 물질 내에 흐르는 전류는 전위차가 없는 상태에서도 수년 동안 전류의 감소를 나타내지 않았다. 초전도체의 비저항 ρ는 4×10^{-25} Ω m보다 작으며, 이는 구리보다 10^{17}배나 작으므로 실제적으로 0으로 생각할 수 있다.

표 18-2는 몇몇 초전도 특징이 나타나는 물질의 임계온도를 나타낸 것이다. 이러한 물질의 임계온도 T_c는 물질의 화학적 조성, 압력, 결정 구조 등에 따라 달라진다. 우리가 상온에서 많이 이용하고 있는 금, 은, 구리 등과 같은 양질의 도체에서는 초전도성이 나타나지 않는다.

표 18-2 초전도 특성이 나타나는 물질들의 임계온도

물질	임계온도 T_c (K)
Zn	0.88
Al	1.19
Hg	4.15
Pb	7.18
Nb_3Ge	23.2
Bi-Sr-Ca-Cu-O	105
Tl-Ba-Ca-Cu-O	125
$HgBa_2Ca_2Cu_3O_8$	134

초전도 연구에 중요한 계기는 산화구리를 기반으로 하는 **고온 초전도체**(high temperature superconducto)의 발견이었다. 1986년 스위스의 과학자 베드노르츠(J. Georg Bednorz)와 뮐러(K. Alex Muller)는 구리의 산화물이 30 K 근처에서 초전도성을 나타냄을 발견하였다. 이들이 발견한 결과는 당시 이전에 있었던 다른 초전도체보다 매우 높은 임계온도를 가졌기 때문에 아주 큰 주목을 받았다. 이 결과로 이들은 1987년에 노벨 물리학상을 수상하였다.

이후 고온 초전도체에 대한 연구가 활발히 진행되어 1987년 초에는 미국 앨라배

> **TIP 고온 초전도체**
>
> **초전도체** 임계온도 이하에서 전기 저항이 0이 되는 성질을 갖는 물질
> **고온 초전도체** 30 K(−243 °C) 이상의 온도에서 초전도성을 보이는 물질

마 대학과 휴스턴 대학 연구진에 의해 구리의 산화물인 $YBa_2Cu_3O_7$에서 임계온도 92 K의 초전도성을 발견하였다. 1993년에는 $HgBa_2CaCu_2O_6$에서 임계온도 133 K의 초전도성이 발견되었다. 과학자들은 상온 초전도체의 가능성을 염두에 두고, 새로운 초전도 물질을 찾기 위한 연구를 지금도 계속하고 있다. 임계온도가 올라가고 물질을 냉각하는 비용이 감소함에 따라 실제 응용 분야를 넓힐 수 있기 때문에 고온 초전도체를 찾는 연구는 아주 중요하다.

초전도체에서는 저항이 전혀 없는 상태이므로 저항에 의한 에너지의 소모가 없다. 꿈으로 여겨졌던 초전도의 응용이 기술적인 면에서 시간이 다소 필요할지는 모르지만, 차츰 현실로 다가오고 있다. 초전도체를 사용하면 전기 모터나 발전기가 많은 양의 전기를 열로 소모하지 않을 뿐만 아니라 모터나 발전기의 크기가 현재 수준의 1/10로 작아지게 된다. 초전도체를 이용하면 장거리에 전력을 수송하는 데 작고 저렴한 전송선을 만들 수 있다.

그림 18-19 작은 영구자석이 액체 질소 안에 있는 초전도체 조각 위에 떠 있는 모습. 아래쪽 물체가 초전도체이다(한국기초과학지원연구원 제공).

초전도체는 전기 자동차의 실용성을 높이고, 컴퓨터를 현재보다 훨씬 빠르게 만들 수 있으며, 전력 사용의 피크에 쓸 수 있게 전기에너지를 저장할 수 있는 큰 전위차를 갖는 장치를 만들 수 있다. 초전도체는 초고속전철에 응용되고 있는데, 초전도체 자석에 의한 자기장으로 전동차를 부상시켜 바퀴와 궤도 사이의 마찰을 없앤다.

18-6 전지

전지의 기전력

양극과 음극 사이에 일정한 전위차를 유지하면서 전류를 공급하는 장치를 **전지**(battery 電池)라 한다. 전지는 직류전원으로 사용한다.

회로에 전류가 흐르지 않는 상태에서 전지의 두 전극 사이에 유지되는 일정한 전압을 전지의 **기전력**(electromotive force 起電力)이라 한다. 사실 기전력이란 용어는 뉴턴의 단위로 측정되는 힘이 아니기 때문에 적절한 이름은 아니다. 이러한 혼동을 피하기 위해서는 약어인 emf를 사용한다.

기전력은 폐회로에서 일정한 전류를 유지하도록 하는 원천으로, 회로를 따라 흐르는 전하의 전기퍼텐셜에너지를 증가시키는 (전지나 발전기와 같은) 모든 장치가 기전력원이 된다. 기전력원은 내부 정전기장과 반대방향으로 전자를 움직이게 하는 '전하 펌프'라고 할 수 있다. 기전력원의 기전력의 기호는 $\mathscr{E}$로 나타낸다. 기전력은 단위전하당 한 일이고, 따라서 SI 단위는 **볼트**(V)이다.

> **TIP 전지의 종류**
>
> **건전지** 내부에 전해질이 들어 있으며, 양극은 탄소막대, 음극은 아연판을 사용하며 우리가 흔히 보는 전지이다.
> **수은전지** 소형으로 가벼우며, 손목시계, 보청기, 카메라노출계 등에 사용된다.
> **납축전지** 납축전지는 납과 황산을 이용한 2차 전지이다. 주로 자동차 배터리 등에 사용되며 용량이나 전압이 크다.

한편 회로에 전류가 흐르고 있을 때 전지의 두 극 사이의 전압을 **단자전압**(terminal voltage 端子電壓)이라 한다. 전지에 전류가 흐르면 전지의 두 단자 사이에 걸리는 전압은 원래의 기전력 이하로 낮아진다. 예를 들어 자동차의 전조등을 켜 놓고 시동을 걸 때 전조등이 희미해지는 것을 볼 수 있다. 이것은 시동을 걸 때 많은 전류를 사용하여 결과적으로 전지의 전압을 떨어뜨리기 때문이다. 전압이 떨어지는 것은 전지 내부에서 일어나는 화학작용에 의해 완전한 기전력을 유지하도록 재빨리 전하를 공급할

수 없기 때문에 생긴다. 전지의 극 사이에 있는 전해질 안에서 전하가 흐르는 데에는 항상 장애가 있어서 완전한 흐름이 이루어지지 않는다.

그림 18-20 몇 가지 종류의 건전지

전지의 내부저항

각 전지는 **내부저항**(internal resistance 內部抵抗)이라고 하는 저항을 가지고 있다. 일반적으로 내부저항은 r로 표시한다. 내부저항은 그림 18-21(b)에서 보는 바와 같이 기전력과 직렬로 연결되어 있다고 가정하여 표현할 수 있다. 내부저항 r은 전지 내부에 있는 것으로 전지와 분리해서는 안 된다. 그림에서 점 a와 b는 전지의 음극과 양극을 나타내는 두 단자이다. 전지의 전압을 측정할 때 실제로 우리가 측정하는 것은 단자전압 V_{ab}이다. 전지에서 전류가 흐르지 않을 때 단자전압은 전지 내부에서의 화학작용에 의해 결정되는 기전력과 같다. 즉 $V_{ab} = \mathcal{E}$이다. 그러나 전지에 전류 I가 흐르면 Ir만큼 전압이 낮아진다. 따라서 내부저항이 있을 때 단자전압 V_{ab}는 다음과 같다.

$$V_{ab} = \mathcal{E} - Ir \qquad \textbf{18-14}$$

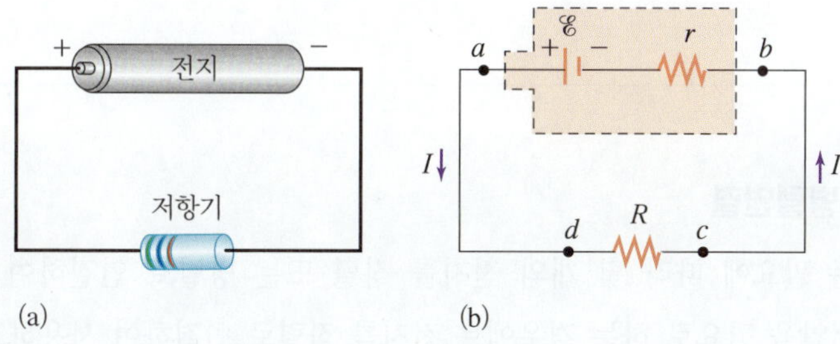

그림 18-21 (a) 전지와 저항을 도선으로 연결한 모습 (b) 그림 (a)를 회로로 나타낸 것으로, 전지의 기전력은 $\mathcal{E}$, 내부저항은 r, 외부저항기는 R, 흐르는 전류는 I로 나타냈다.

예를 들어 기전력 12 V인 전지의 내부저항이 0.1 Ω이라고 할 때 전지에서 10 A의 전류가 흐른다면 단자전압은 12 V − (10 A)(0.1 Ω) = 11 V이다. 전지의 내부저항은 일반적으로 아주 작다. 예를 들어 보통의 전지는 처음 만들었을 때 0.05 Ω 정도의 내부저항을 가지고 있지만, 시간이 지나 전해질이 건조되면 내부저항은 수 Ω 정도까지 증가한다. 자동차 축전지는 보통 더 낮은 내부저항을 가지고 있다.

식 18-14에서 $\mathcal{E}$는 $I = 0$일 때의 단자전압 V_{ab}의 값이며, 전지의 기전력을 나타낸다. 그리고 Ir은 전지의 내부저항에 의한 전압강하이다. 전지를 저항 R에 연결할 때 내부저항 r에 대해 R을 **부하저항**(load resistance 負荷抵抗) 또는 **외부저항**이라고도 한다. 전류가 흐르고 있을 때는 $V_{ab} = IR$이 되므로 다음 관계가 있다.

$$IR = \mathcal{E} - Ir \qquad \textbf{18-15a}$$

이 식을 정리하면 다음과 같다.

$$I = \frac{\mathcal{E}}{R + r} \qquad \textbf{18-15b}$$

예제 18-5 전지의 내부저항

문제 어떤 전지에 가변저항을 연결하여 회로를 구성하고 전압과 전류의 관계를 정밀하게 조사하여 그림 18-22와 같은 결과를 얻었다. (a) 이 전지의 두 극에 4.5 Ω의 저항을 연결하면 회로에 몇 A의 전류가 흐르는가? (b) 이때 전지의 단자전압은 몇 V인가?

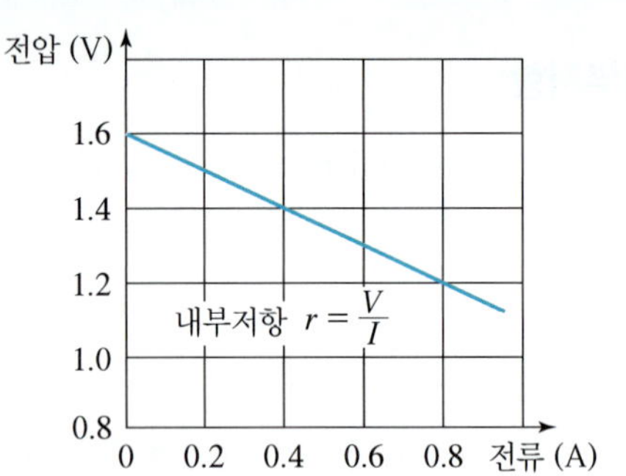

그림 18-22

생각하기 그래프로부터 기본 데이터를 읽어내어 물음에 사용해야 한다.

풀이 (a) 그림 18-22의 그래프를 보면 이 전지의 기전력은 $\mathscr{E} = 1.6$ V임을 알 수 있다. 내부저항 r은 $r = \frac{\mathscr{E} - V_{ab}}{I}$ 이므로

$$r = \frac{1.6\text{ V} - 1.2\text{ V}}{0.8\text{ A}} = 0.5\ \Omega$$

이다. 또 외부저항이 $R = 4.5\ \Omega$이므로 회로의 전체 저항은 $r + R = 0.5\ \Omega + 4.5\ \Omega = 5.0\ \Omega$이고, 회로에 흐르는 전류 I는 다음과 같다.

$$I = \frac{\mathscr{E}}{R + r} = \frac{1.6\text{ V}}{5.0\ \Omega} = 0.32\text{ A}$$

(b) 따라서 단자전압 V는 다음과 같다.

$$V = RI = 4.5\ \Omega \times 0.32\text{ A} = 1.44\text{ V}$$

전지의 직 · 병렬연결

전기회로에는 필요에 따라 몇 개의 전지를 직렬 또는 병렬로 연결하여 사용할 수 있다. 높은 전압을 필요로 하는 경우에는 전지를 직렬로 연결하여 사용하고, 많은 전류를 필요로 하는 경우에는 병렬로 연결하여 사용한다.

전지를 직렬연결 시킬 때 나타나는 특징을 살펴보자. 그림 18-23과 같이 한 개의 전지의 (−)극에 다음 전지의 (+)극을 연결하고, 같은 방법으로 여러 개의 전지를 차례로 연결하는 방법을 **전지의 직렬연결**(series connection of battery)이라고 한다.

여러 개의 전지를 직렬로 연결하면 전체 기전력은 각 전지의 기전력의 합과 같으며, 전체 내부저항도 각 전지의 내부저항의 합과 같다. 따라서 기전력이 $\mathscr{E}$이고 내부저항이 r인 같은 전지 n개를 직렬로 연결하면 기전력은 $n\mathscr{E}$이 되고, 내부저항은 nr이 된다. 이것을 외부저항 R에 연결하면 회로 전체의 저항은 $R + nr$이 되고, 회로에 흐르는 전류를 I라고 하면 다음 식이 성립한다.

$$n\mathscr{E} = I(R + nr) \qquad \textbf{18-16}$$

따라서 전지를 직렬로 연결할 때 회로에 흐르는 전류 I는 다음과 같다.

$$I = \frac{n\mathscr{E}}{R + nr} \qquad \textbf{18-17}$$

전지의 직렬연결은 전지 하나의 기전력보다 높은 전압이 필요할 때나 외부저항이 클 때 주로 사용한다.

다음으로 전지를 병렬연결 시킬 때 나타나는 특성을 알아보자. 그림 18-24와 같

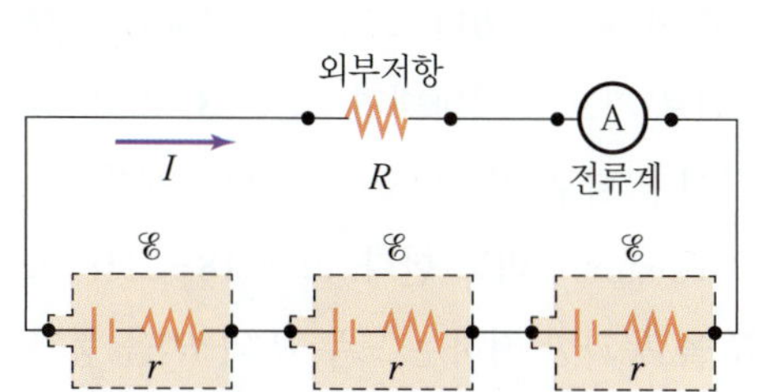

그림 18-23 전지의 직렬연결

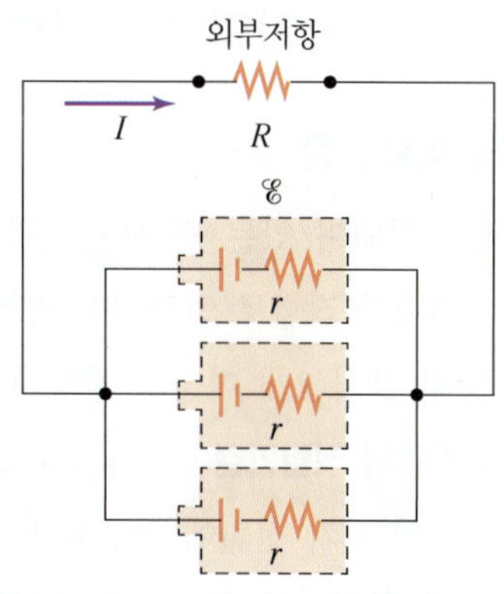

그림 18-24 전지의 병렬연결

이 전지의 (+)극은 (+)극끼리, (−)극은 (−)극끼리 차례로 연결한 것을 **전지의 병렬연결**(parallel connection of battery)이라 한다. 기전력이 $\mathscr{E}$이고 내부저항이 r인 같은 전지 n개를 병렬로 연결하면 회로의 전체 기전력은 전지 한 개의 기전력 $\mathscr{E}$와 같고, 전체 내부저항은 $\frac{r}{n}$이다. 이것을 외부저항 R에 연결하면 회로 전체의 저항은 $R + \frac{r}{n}$이고, 회로에 흐르는 전류를 I라고 하면 다음 식이 성립한다.

$$\mathscr{E} = I\left(R + \frac{r}{n}\right) \qquad \textbf{18-18}$$

따라서 전지를 병렬로 연결할 때 회로에 흐르는 전류 I는 다음과 같다.

$$I = \frac{n\mathscr{E}}{r + nR} \qquad \textbf{18-19}$$

전지의 병렬연결은 전류를 오랫동안 공급해야 할 때나 외부저항이 작을 때 주로 사용한다.

예제 18-6 전지의 직렬연결과 병렬연결

문제 기전력이 1.5 V이고 내부저항이 1 Ω인 전지 2개가 있다. (a) 이 전지 2개를 직렬로 연결한 다음 18 Ω의 저항선에 연결할 때, 저항선에 흐르는 전류의 세기와 전지 1개의 단자전압은 얼마인가? (b) 또 이 전지 2개를 병렬로 연결한 다음 18 Ω의 저항선에 연결할 때, 저항선에 흐르는 전류의 세기와 전지 1개의 단자전압은 얼마인가?

생각하기 전지를 직렬연결이나 병렬연결 시 나타나는 특성을 이해하고 식 18-17과 식 18-19를 적용하는 문제이다.

풀이 (a) 기전력이 $\mathscr{E}$ =1.5 V이고, 내부저항은 r = 1 Ω인 전지 2개를 직렬연결 할 때, 저항선에 흐르는 전류 I는

$$I = \frac{n\mathscr{E}}{nr + R} = \frac{(2 \times 1.5)\ \text{V}}{(2 \times 1)\ \Omega + 18\ \Omega} = 0.15\ \text{A}$$

이다. 그리고 이때 단자전압 V는 다음과 같다.

$$V = \mathscr{E} - Ir = 1.5\ \text{V} - (0.15\ \text{A} \times 1\ \Omega) = 1.35\ \text{V}$$

(b) 전지 2개를 병렬로 연결할 때, 저항선에 흐르는 전류 I는

$$I = \frac{n\mathscr{E}}{r + nR} = \frac{(2 \times 1.5)\ \text{V}}{1\ \Omega + (2 \times 18)\ \Omega} = 0.08\ \text{A}$$

이다. 그리고 이때 단자전압 V는 다음과 같다.

$$V = \mathscr{E} - Ir = 1.5\ \text{V} - (0.08\ \text{A} \times 1\ \Omega) = 1.42\ \text{V}$$

18-7 저항기의 직 · 병렬연결

저항의 직렬연결

회로에 연결되어 있는 전구나 전기기구는 저항이 될 수 있다. 그림 18-25(a)와 같이 전구 3개가 직렬로 연결되어 있는 모습을 회로 기호로 나타내면 그림 18-25(b)와 같다. 이와 같이 2개 이상의 저항기의 끝과 끝이 일렬로 연결되도록 차례로 연결하는 방법을 **저항의 직렬연결**(series connection of resistor)이라고 한다. 그림 18-25(b)와 같이 세 저항기가 전원에 연결되어 있을 때 R_1을 통과한 전하는 모두 R_2와 R_3을 통과한다. 따라서 각 저항을 지나가는 전류 I는 모두 같다. 만약 같지 않다면 전하가 회로 상의 어떤 점에 모인다는 것을 의미하며, 이런 현상은 정상전류 상태에서는 일어나지 않는다. 전압 V가 3개의 저항 전체에 걸려 있고 회로 내의 다른 저항은 무시할 수 있다고 가정하면 V는 전지의 기전력과 같다.

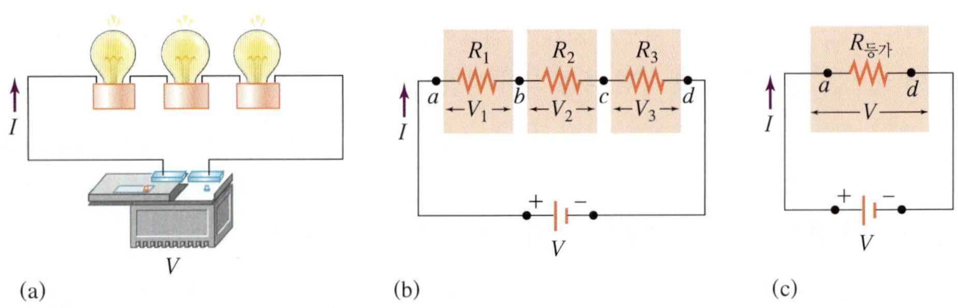

그림 18-25 저항기의 직렬연결. (a) 저항기로 전구 3개가 직렬로 연결된 모습 (b) 저항기의 직렬연결 회로도 (c) 그림 (b)에 나타낸 세 저항기의 등가저항을 나타내는 회로

한편 R_1에는 V_1, R_2에는 V_2, R_3에는 V_3의 전위차가 걸려 있다고 하면 Ohm의 법칙에 의해 a와 b 사이의 전위차는 $V_1 = IR_1$이고, b와 c 사이의 전위차는 $V_2 = IR_2$이다. 그리고 c와 d 사이의 전위차는 $V_3 = IR_3$이므로, 에너지 보존법칙에 의해 a와 d 사이의 전체 전압 V는 각각의 저항에 걸리는 전압들의 합과 같다.

$$V = V_1 + V_2 + V_3 = IR_1 + IR_2 + IR_3 \qquad \textbf{18-20}$$

식 18-20이 사실인 이유를 보다 세밀하게 알아보자. 그림 18-25(b) 회로에서 전하 q가 R_1을 지나가면 이 부분에서 qV_1만큼의 전기퍼텐셜에너지를 잃어 감소하게 된다. 마찬가지로 저항 R_2, R_3을 지나갈 때도 각각 qV_2와 qV_3의 전기퍼텐셜에너지가 감소한다. 따라서 전체적으로 감소되는 전기퍼텐셜에너지의 양은 $\Delta PE = qV_1 + qV_2 + qV_3$이다. 이 합이 곧 전지에 의해서 주어진 전체 에너지 qV와 같으므로 $qV = q(V_1 + V_2 + V_3)$이다. 즉 $V = V_1 + V_2 + V_3$이다.

저항을 직렬로 연결할 때의 등가저항 $R_{등가}$은 $V = RI$의 식을 사용하면 다음과 같이 주어진다.

$$R_{등가} = R_1 + R_2 + R_3 \qquad \textbf{18-21}$$

여러 개의 저항을 직렬로 연결시킬 때의 등가저항은 각 저항값의 대수합이 된다. 따라서 등가저항의 값은 각 저항의 어떤 것보다 크다는 것을 알 수 있다. 이 관계는 3개의 저항이 있는 위의 경우뿐만 아니라 어떠한 수의 저항이 있든지 항상 적용된다. 직렬연결 된 n개의 저항의 등가저항 $R_{등가}$는 다음과 같다.

$$R_{등가} = R_1 + R_2 + R_3 + \cdots + R_n \qquad \text{18-22}$$

만일 그림 18-25(a)와 같은 회로에서 한 전구의 필라멘트가 끊어지면 회로는 더 이상 연결되어 있지 않으므로(회로가 열린 상태임), 다른 전구의 불도 꺼지게 된다.

저항의 병렬연결

그림 18-26(a)와 같이 저항의 끝을 한데 묶어서 연결하는 방법을 **저항의 병렬연결**(parallel connection of resistor)이라고 한다. 저항을 병렬연결 시키면 그림 18-26(b)와 같이 전원에서 나온 전류 I가 한 점 a에서 여러 갈래로 나누어져 각 저항 R_1, R_2, R_3에 각각 I_1, I_2, I_3의 전류가 흐르고 점 b에서 다시 합쳐진다.

전하의 양은 항상 보존되므로 갈라지기 직전의 점에 흐르는 전류는 갈라져서 흐르는 전류의 합과 같아야 한다.

$$I = I_1 + I_2 + I_3 \qquad \text{18-23}$$

이때 각 저항 양단에 걸리는 전압 V는 일정하다. 즉 전지의 전압과 같으므로 다음과 같은 식을 얻는다.

$$I_1 = \frac{V}{R_1}, \quad I_2 = \frac{V}{R_2}, \quad I_3 = \frac{V}{R_3} \qquad \text{18-24}$$

이들 3개의 저항을 병렬로 연결하였을 때와 같은 크기의 전류 I가 흐르는 등가회로는 1개의 등가저항 $R_{등가}$로 표시하며 그림 18-26(c)와 같이 나타낼 수 있다. 이 회로는 다음 식을 만족해야 한다.

$$I = \frac{V}{R}$$

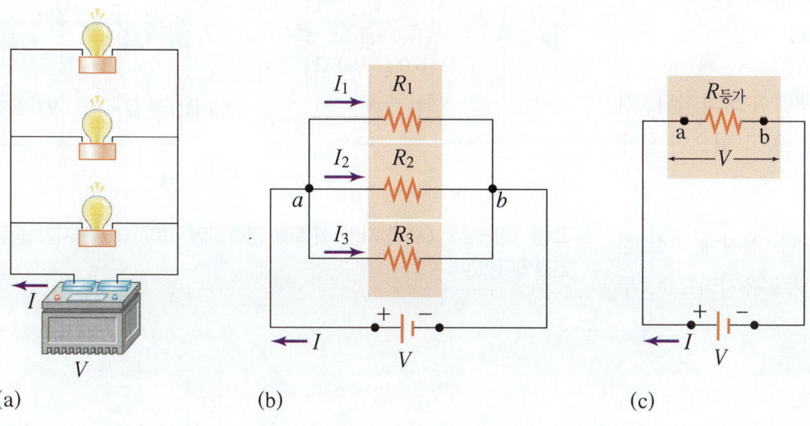

그림 18-26 저항기의 병렬연결. (a) 저항기로 전구 3개가 병렬로 연결된 모습 (b) 저항기의 병렬연결 회로도 (c) 병렬연결 된 세 저항기의 등가저항을 나타내는 회로

그러므로 위 식들을 결합하면 다음과 같이 된다.

$$\frac{V}{R} = \frac{V}{R_1} + \frac{V}{R_2} + \frac{V}{R_3} \qquad \textbf{18-25}$$

이 식의 양변을 V로 나누면 다음 식을 얻을 수 있다.

$$\frac{1}{R_{등가}} = \frac{1}{R_1} + \frac{1}{R_2} + \frac{1}{R_3} \qquad \textbf{18-26}$$

여러 개의 저항을 병렬로 연결시키면 등가저항의 역수는 각 저항값의 역수의 합과 같다. 따라서 등가저항의 값은 각 저항의 어떤 것보다도 작다는 것을 알 수 있다. 등가저항 값이 각 저항 하나의 값보다 작다는 것이 그리 놀랄 일은 아니다. 저항을 병렬로 연결한다는 것이 전류가 흐를 수 있는 길을 추가한다는 사실을 이해하면 등가저항이 줄어든다는 것을 쉽게 이해할 수 있다.

이 분석을 병렬연결 된 여러 개의 저항의 경우로 확장하면 다음과 같은 등가저항에 대한 일반적인 식을 얻는다. 병렬연결 된 n개의 저항의 등가저항 $R_{등가}$의 역수는 다음과 같다.

$$\frac{1}{R_{등가}} = \frac{1}{R_1} + \frac{1}{R_2} + \frac{1}{R_3} + \cdots + \frac{1}{R_n} \qquad \textbf{18-27}$$

우리 가정의 전기 배선은 병렬로 연결되어 있다. 각 전기기구에 걸리는 전압은 모두 같으며, 전기기구 한 개의 스위치를 끄더라도 다른 전기기구는 꺼지지 않는다. 만약 가정용 배선이 직렬로 연결되어 있다면, 어느 기구 한 곳에 문제가 발생하면 다른 모든 기구의 사용이 불가능하게 될 것이다. 전기기구를 병렬로 연결하면 전체 합성저항이 작아져 많은 전류가 흐르게 된다. 이에 따라 전기요금도 많이 나오게 된다.

예제 18-7 두 회로는 동일한가? 다른가?

문제 그림 18-27은 3개의 저항기가 점 a와 b 사이의 전위차 18.0 V로 병렬연결 되어 있는 두 가지 형태의 그림을 나타낸 것이다. 두 그림 (a)와 (b)가 동일한 회로인지, 아니면 서로 다른 회로인지 설명하라.

생각하기 회로를 보고 이해하는 능력은 대단히 중요하다. 저항기의 직렬연결과 병렬연결의 기본 특성을 알고 있으면 쉽게 구분할 수 있다.

풀이 전지의 물리적인 위치는 중요하지 않다. 전지에 의한 점 a와 b 사이의 전위차는 두 그림 모두 18 V로 유지되므로, 두 회로는 전기적으로 동등하다.

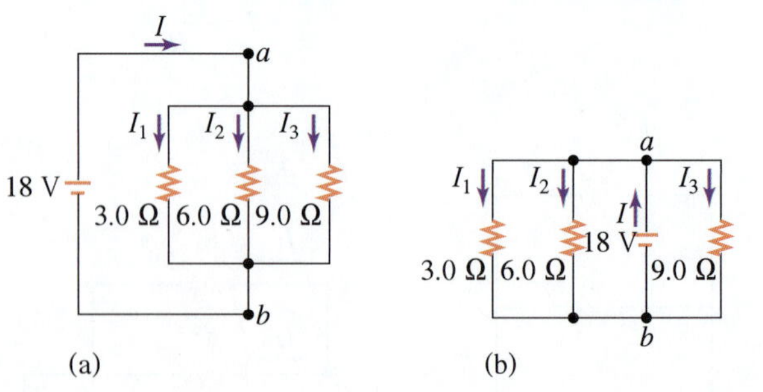

그림 18-27 (a) 전지가 좌측에 연결되어 있다. (b) 전지가 중앙에 연결되어 있다.

예제 18-8 저항기의 병렬연결

문제 2 Ω, 3 Ω, 6 Ω인 3개의 저항을 병렬연결 하고 전원장치를 통해 전류를 흘렸다. (a) 등가저항은 얼마인가? (b) 각 저항에 흐르는 전류의 비 $I_1 : I_2 : I_3$을 구하라.

생각하기 저항기를 병렬연결 시킬 때 각 저항에 흐르는 전류의 비는 $I_1 = \frac{V}{R_1}$, $I_2 = \frac{V}{R_2}$, $I_3 = \frac{V}{R_3}$의 관계에서 구할 수 있다.

풀이 (a) $\frac{1}{R_{등가}} = \frac{1}{2} + \frac{1}{3} + \frac{1}{6}$에서 $\frac{1}{R_{등가}} = 1$이므로 $R_{등가} = 1\ \Omega$이다.

(b) $I_1 : I_2 : I_3 = \frac{V}{R_1} : \frac{V}{R_2} : \frac{V}{R_3} = \frac{1}{2} : \frac{1}{3} : \frac{1}{6}$

$= 3 : 2 : 1$

18-8 전기회로의 일률

전류가 하는 일

전위차 V인 두 점 사이에서 전하량 q가 이동할 때 전기장이 전하에 하는 일은 $W = qV$ (J)이다. t (s) 동안 전류 I (A)가 흐르면 도선의 단면을 지나간 전하량 q는 $q = It$이므로 전류가 하는 일, 즉 전기에너지 W (J)는 다음과 같다.

$$W = qV = ItV = I^2Rt = \frac{V^2}{R}t \quad (\text{전류가 하는 일}) \qquad \mathbf{18\text{-}28}$$

이 일은 전류가 회로를 흐를 때 열로 전환되거나 모터를 돌리는 등의 일로 된다. 니크롬선이나 텅스텐과 같이 저항이 큰 도선에 전류가 흐르면 열이 발생한다. 이것은 도선 내의 자유전자가 이동하면서 수많은 원자와 충돌하기 때문에 열이 발생하는 것이며, 이 열을 **줄열**이라 한다. 즉 줄열은 전기에너지가 열에너지로 전환된 것이다. 저항이 R인 저항기에 전압 V를 걸 때, 전류 I가 t초 동안 흐른다면 이때 발생한 열량 Q는 다음과 같다.

$$Q = ItV = I^2Rt = \frac{V^2}{R}t\ (\text{J}) \qquad \mathbf{18\text{-}29a}$$

열량의 단위를 J에서 cal로 바꾸려면 열의 일당량 $J = 4.2$ J/cal을 사용하여 다음과 같이 나타낼 수 있다.

$$Q = \frac{1}{4.2}ItV = \frac{1}{4.2}I^2Rt = \frac{1}{4.2}\frac{V^2}{R}t\ (\text{cal}) \qquad \mathbf{18\text{-}29b}$$

식 18-29a, 식 18-29b를 **줄의 법칙**(Joule's law)이라고 한다.

일률(전력과 전력량)

1 s 동안에 공급된 전기에너지 즉, **전기에너지의 일률 P를 전력**(electric power 電力)이라고 한다. 즉 전력 P는 다음과 같다.

$$P = \frac{W}{t} = \frac{ItV}{t} = IV = I^2R = \frac{V^2}{R} \qquad \mathbf{18\text{-}30}$$

전력은 전류가 일정할 때는 저항에 비례하고, 전압이 일정할 때는 저항에 반비례한다. 전력은 전류가 하는 일률이므로 전력의 단위도 일률의 단위인 **와트**(W)가 사용된다. **1 W는 1 V의 전위차에서 1 A의 전류가 흐를 때의 전력이다.** 즉 1 W = 1 V × 1 A = 1 J/s이다.

전력은 1 s 동안에 소비하는 전기에너지를 말하므로 어느 기간 동안 사용한 전기에너지의 총량은 (전력) × (시간)으로 나타낼 수 있다. 이 전기에너지의 총량을 **전력량**이라고 한다.

$$W = Pt \qquad \textbf{18-31}$$

전력량의 단위는 **와트시**(Wh), **킬로와트시**(kWh)를 사용한다. 1 Wh는 1 W의 전력으로 1시간 동안 하는 일이며, 1 kWh는 1 kW의 전력으로 1시간 동안 하는 일로서 3.6×10^6 J이 된다.

18-9 키르히호프의 법칙과 휘트스톤 브리지

키르히호프의 법칙

지금까지 공부해온 것처럼 간단한 회로를 이해하기 위해서는 Ohm의 법칙과 전지나 저항기의 직렬 또는 병렬연결에 관한 법칙을 사용하면 된다. 그러나 저항기들이 다양한 방법으로 구성되어 있거나, 전지의 수와 위치가 복잡한 회로의 분석은 그리 쉽지가 않다. 이러한 경우에는 적용할 수 있는 법칙이 **키르히호프의 법칙**(Kirchhoff's rules)이다. 키르히호프의 법칙은 두 법칙으로 구성되어 있다고 생각하면 편리하다.

구스타프 로베르트 키르히호프
Gustav R. Kirchhoff, 1824~1887,
독일의 물리학자

동료 화학자인 로버트 분젠과 함께 스펙트럼 분석 이론을 확립하고, 이를 태양의 조성 성분을 조사하는 데 응용하였다. 1845년 키르히호프의 법칙을 발표하여, 전기회로망의 전류 · 전압 · 저항을 계산할 수 있게 되었다.

> 키르히호프의 두 법칙은 **분기점의 법칙**(junction rule)과 **고리법칙**(loop rule)이다.

1. 제1법칙(분기점의 법칙, 교차점의 법칙)

여러 개의 회로가 한 점에서 만날 때 이 점에 흘러들어오는 모든 전류의 합은 그 점에서 흘러나가는 모든 전류의 합과 같다. 그림 18-28(a)의 점 P에 흘러들어오는 전류의 합 I_1은 그 점에서 흘러나가는 전류의 합 $I_2 + I_3$과 같다. 즉 $I_1 = I_2 + I_3$ 이므로 $\sum_{\text{분기점}} I = 0$ 이다.

회로에 정상전류가 흐르고 있을 때는 전하량이 한 곳에 모이는 일이 없으므로 전하량 보존(conservation of electric charge)의 법칙에 의해 단위시간당 회로 내의 한

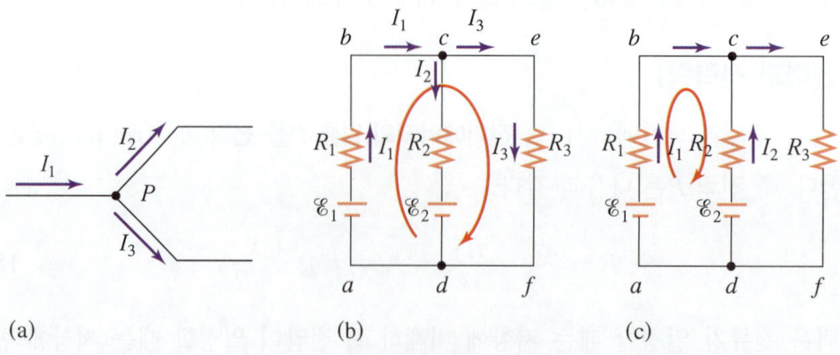

그림 18-28 (a) 분기점으로 흘러들어오는 전류 I_1은 그 점에서 흘러나가는 전류 $I_2 + I_3$과 같다. (b) 폐회로 $abefa$에서는 $\mathscr{E}_1 = I_1R_1 + I_3R_3$이고, (c) 폐회로 $abcda$에서는 $\mathscr{E}_1 - \mathscr{E}_2 = I_1R_1 - I_2R_2$이다.

점에 들어오는 전하량은 반드시 그 시간 내에 그 점에서 나가야 한다.

2. 제2법칙(고리법칙)

임의의 닫힌회로(폐회로)에서 그 회로의 기전력의 총합은 각 저항과 그 저항을 흐르는 전류와의 곱의 대수합과 같다. 즉 $\sum_{\text{고리}} \Delta V = 0$이다. 제2법칙은 에너지 보존(conservation of energy)의 법칙을 따른다. 닫힌회로의 고리를 따라 한 양전하가 움직인다고 가정해도 충분하다. 전하가 출발점에 돌아오면 전하-회로 계는 전하가 출발하기 전의 에너지와 같은 에너지를 가져야 한다.

제2법칙을 사용할 때에는 먼저 회로를 도는 방향을 정하고 그 방향으로 돌아가면서 기전력 $\mathscr{E}$나 전압강하 IR의 부호를 정한다. 이때 방향 선정은 어느 쪽으로 해도 같은 결과를 얻는다. 즉 전류의 방향이 정해진 방향과 같을 때에는 (+)로 하고, 반대일 때에는 (−)로 하면 된다. 그림 18-28(b)의 폐회로 *abefa*에 고리법칙을 적용하면

$$\mathscr{E}_1 = I_1R_1 + I_3R_3$$

이 되고, 또 그림 18-28(c)의 폐회로 *abcda*에 고리법칙을 적용하면 다음과 같다.

$$\mathscr{E}_1 - \mathscr{E}_2 = I_1R_1 - I_2R_2$$

이 법칙은 폐회로의 각 부분에 Ohm의 법칙을 적용하여 설명할 수 있다. 즉 그림 18-28(c)에서 *ab* 사이에는 $\mathscr{E}_1 = I_1R_1$이 되고, *cd* 사이에는 $-\mathscr{E}_2 = -I_2R_2$가 되므로 이 두 식을 합하면 폐회로를 일주할 때 $\mathscr{E}_1 - \mathscr{E}_2 = I_1R_1 - I_2R_2$가 되는 것을 알 수 있다.

교차점의 법칙과 고리법칙을 사용할 수 있는 횟수에는 제한이 없다. 교차점의 법칙은 그 이전의 교차점 방정식에서 사용되지 않은 전류를 포함하는 식이 나오는 경우 얼마든지 필요한 만큼 사용할 수 있다(이 과정을 따르지 않으면, 새로운 방정식을 얻을 수 없다). 일반적으로 교차점의 법칙을 사용할 수 있는 횟수는 회로에서 교차점의 수보다 하나 적다. 고리법칙은 각각의 새로운 식에서 새로운 회로 성분(저항기나 전지)이나 새로운 전류가 나타나는 한 계속 쓸 수 있다. 따라서 **특정한 회로를 분석하기 위해서는 미지수의 개수만큼 독립된 방정식이 필요하며, 그만큼 방정식을 만들어야 한다**.

키르히호프의 법칙을 적용할 때 결정해야 할 사항을 요약하면 다음과 같다.

- 회로의 모든 가지에서 전류의 기호와 방향을 지정해야 한다. 만일 전류의 방향을 잘못 예상하였다면, 마지막 결과에서 그 전류의 값이 음의 값으로 나오지만 크기는 정확하다.
- 고리법칙을 적용할 때 고리의 도는 방향(시계방향, 반시계방향)을 선택해야 한다. 일반적으로 임의 분기점에 대해서 흘러들어가는 전류를 (+)로 하고, 흘러나오는 전류를 (−)로 하여 제1법칙을 세운다.
- 회로 내에서 생각할 수 있는 모든 폐회로에 대해 회로를 도는 방향을 정하고 제2법칙을 사용하여 방정식을 만든다.
- 만들어진 방정식에서 미지수의 개수만큼 선택하여 연립방정식을 푼다. 이렇게 구한 전류값이 (−)이면 전류의 방향은 처음에 설정한 방향과 반대이다.

예제 18-9 저항기 3개와 전지 2개로 구성된 회로

문제 그림 18-29와 같이 내부저항을 무시할 수 있는 기전력이 $\mathscr{E}_1 = 6$ V, $\mathscr{E}_2 = 3$ V인 전지와 $R_1 = 4\ \Omega$, $R_2 = 2\ \Omega$, $R_3 = 2\ \Omega$인 저항이 연결되어 있다. 저항기 세 곳에 흐르는 전류 I_1, I_2, I_3을 구하라.

생각하기 저항 R_1, R_2, R_3에 흐르는 전류의 방향과 크기를 임의로 선택하면 그림 18-30과 같다.

풀이 점 e에 키르히호프의 교차점의 법칙을 적용하면

$$I_3 = I_1 + I_2 \tag{1}$$

이고 폐회로 $abfga$에 키르히호프의 고리법칙을 적용하면

$$6\text{ V} = (4\ \Omega \times I_1) + (2\ \Omega \times I_3) \tag{2}$$

이다. 그리고 폐회로 $cbedc$에 키르히호프의 고리법칙을 적용하면

$$3\text{ V} = (2\ \Omega \times I_2) + (2\ \Omega \times I_3) \tag{3}$$

이다. (1)과 (2), (1)과 (3)에서

$$6\text{ V} = (6\ \Omega \times I_1) + (2\ \Omega \times I_2) \tag{4}$$
$$3\text{ V} = (2\ \Omega \times I_1) + (4\ \Omega \times I_2) \tag{5}$$

식 (1)~(5)에서 I_1, I_2, I_3을 구하면

$$I_1 = 0.9\text{ A},\quad I_2 = 0.3\text{ A},\quad I_3 = 1.2\text{ A}$$

이다. 방향은 처음 설정한 방향과 같다.

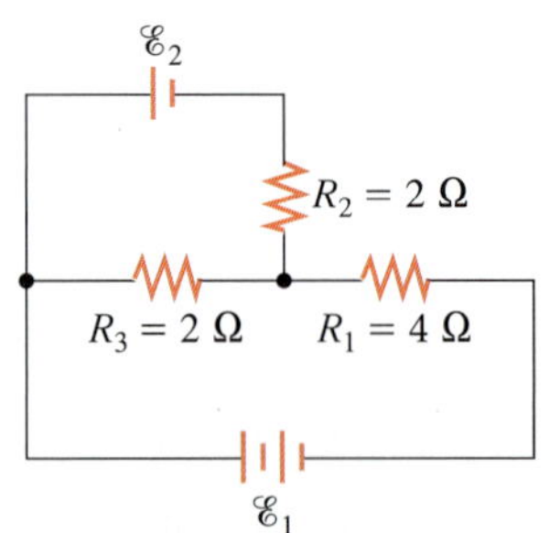

그림 18-29 저항기 3개와 전지 2개로 구성된 회로

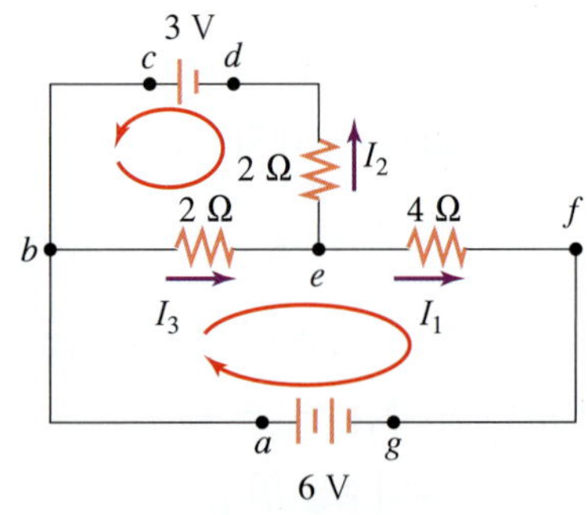

그림 18-30 고리 선택의 한 예는 붉은색 고리와 같이 할 수 있다.

휘트스톤 브리지

직류회로를 이해하는 데 도움이 되는 또 다른 회로가 **휘트스톤 브리지**(Wheatstone Bridge)이다. 휘트스톤 브리지는 1843년 영국의 과학자 찰스 휘트스톤에 의해 개선되어 널리 알려졌다. 4개의 저항이 정사각형을 이루는 회로이며, 일반적으로 미지의 저항값을 구하기 위해서 사용되며, 전자저울 등에도 응용할 수 있다.

그림 18-31과 같이 4개의 저항 R_1, R_2, R_3, R_4를 연결한 다음 두 점 a와 c를 기전력이 $\mathscr{E}$인 전지의 두 극에 연결하고, 다른 점 b와 d 사이에는 검류계를 연결한 회로를 **휘트스톤 브리지**라고 한다.

4개의 저항 R_1, R_2, R_3, R_4의 값을 적당히 선정하여 검류계에 전류가 흐르지 않도록 하면, 두 점 b와 d는 등전위가 된다. 회로 abc와 adc를 흐르는 전류를 각각 I_1, I_2라 하고 ab, bc, ad, dc 사이의 전위차를 각각 V_{ab}, V_{bc}, V_{ad}, V_{dc}라 하면 Ohm의 법칙에서

$$V_{ab} = I_1R_1,\quad V_{bc} = I_1R_3,\quad V_{ad} = I_2R_2,\quad V_{dc} = I_2R_4$$

이다. 또 점 b와 점 d가 등전위이므로 다음 관계가 성립한다.

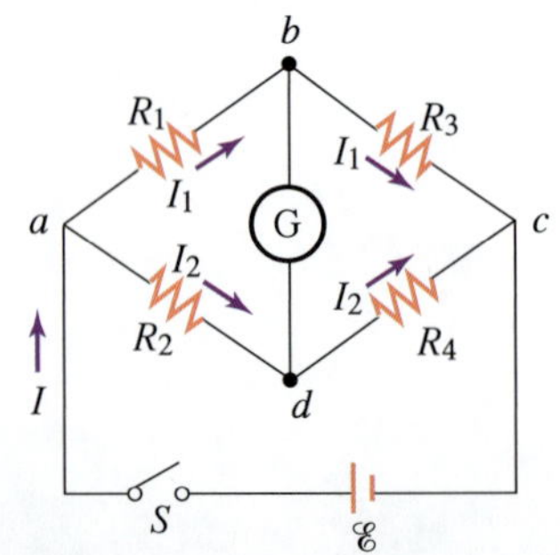

그림 18-31 휘트스톤 브리지는 4개의 저항이 정사각형을 이루는 회로이며, 일반적으로 미지의 저항값을 구하는 데 사용된다.

$$V_{ab} = V_{ad},\ V_{bc} = V_{dc}$$

그리고 $I_1R_1 = I_2R_2$, $I_1R_3 = I_2R_4$이므로 이들 식에서 다음의 관계가 얻어진다.

$$\frac{I_2}{I_1} = \frac{R_1}{R_2} = \frac{R_3}{R_4} \quad \text{또는} \quad R_1 = \frac{R_3}{R_4}R_2 \qquad \textbf{18-32}$$

따라서 R_2, R_3, R_4를 알면 미지저항 R_1의 값을 구할 수 있다.

찰스 휘트스톤 경 Sir Charles Wheatstone, FRS, 1802~1875, 영국의 발명가, 물리학자, 전기 공학자

1833년경의 전신기를 포함해 전기시계(1840년), 휘트스톤 브리지(1843년), 발전기 등 여러 발명품을 만들었다. 특히 독일 유학 시절에 접한 전신기를 보고 실용적인 전신기를 만들어 영국에 보급하는 데 기여하였다.

18-10 *RC*회로

축전기의 충전

지금까지는 직류회로에서 전류가 일정한 회로에 대해 알아보았다. 이 절에서는 회로에 축전기가 포함되어 전류가 변하는 직류회로에 대해 알아보자.

그림 18-32(a)와 같은 직류회로에 스위치가 열려 있어 충전되지 않은 축전기가 있다고 하자. 이제 스위치를 닫으면 축전기 판에는 전하가 충전되기 시작하고 전류는 저항기를 통해 흐른다. 축전기가 충전됨에 따라 회로에 흐르는 전류는 시간에 따라 변한다. 충전 과정은 축전기가 최대 평형값 $Q = C\mathscr{E}$에 도달할 때까지 계속 진행된다. 여기서 $\mathscr{E}$는 축전기 양단의 최대 전압이다. 일단 축전기가 완전히 충전되면, 회로 내의 전류는 0이 된다. 이 회로에서 전지의 전위차는 축전기에서의 전압강하$\left(\frac{q}{C}\right)$와 저항기에서의 전압강하(IR)의 합과 같다.

$$\mathscr{E} = \frac{q}{C} + IR, \quad \mathscr{E} - \frac{q}{C} - IR = 0 \qquad \textbf{18-33}$$

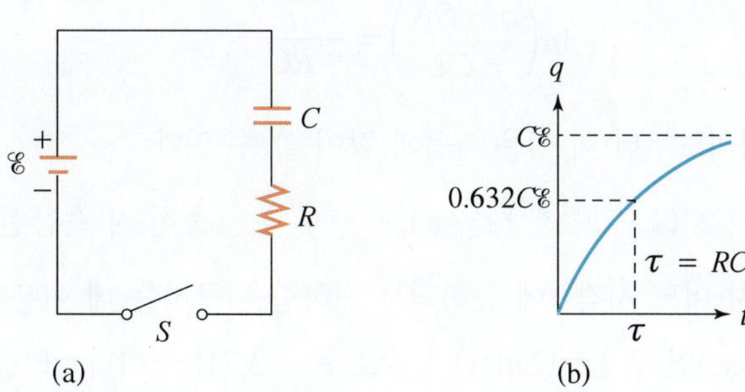

그림 18-32 (a) 저항기, 축전기, 전지가 직렬로 연결된 *RC*회로 (b) 회로 스위치를 닫은 후 축전기에 충전된 전하의 시간에 대한 그래프. 시간상수 τ만큼의 시간이 지나면, 전하는 최댓값의 63.2 %가 되며, t가 무한대로 접근하면 전하는 최댓값 $C\mathscr{E}$에 접근한다.

만일 축전기가 닫히기 전에 축전기에 전하가 없고 $t = 0$에 스위치를 닫는 순간, 시간에 따라 축전기의 전하는 0이며, 회로의 처음 전류 $I_{최대}$는 최댓값을 가지며 다음과 같다.

$$I_{최대} = \frac{\mathscr{E}}{R} \quad (t = 0\text{에서의 전류}) \qquad \textbf{18-34}$$

이때 전지 단자로부터의 전위차는 전적으로 저항기에서 일어난다. 나중에 축전기가 최댓값 Q로 충전되면, 전하의 흐름은 멈추게 되고 회로의 전류는 0이 되며, 전지 단자로부터의 전위차는 전적으로 축전기에서 일어난다. $I = 0$을 식 18-29에 대입하면 그때 축전기에 저장된 최대 전하량($q = Q$)을 구할 수 있다.

$$Q = C\mathcal{E} \qquad \textbf{18-35}$$

시간에 따라 변하는 전하와 전류를 알기 위해서는 q와 I를 포함하는 식 18-33을 풀어야 한다. 직렬회로의 모든 소자에 있어서 흐르는 전류는 동일하다. 그러므로 저항기를 흐르는 전류는 축전기의 판 사이에 흐르는 전류뿐만 아니라, 전선을 통해서 흐르는 전류와 같다. 이 전류는 축전기에 충전되는 전하의 시간변화율과 같으므로 $I = \dfrac{dq}{dt}$를 식 18-33에 대입하면 다음과 같다.

$$\frac{dq}{dt} = \frac{\mathcal{E}}{R} - \frac{q}{RC}$$

q에 대한 식을 구하기 위해 변수 분리를 이용해서 미분방정식을 풀자. 먼저 우변의 항들을 묶으면 다음과 같다.

$$\frac{dq}{dt} = \frac{C\mathcal{E}}{RC} - \frac{q}{RC} = -\frac{q - C\mathcal{E}}{RC}$$

이제 dt를 곱하고, $q - C\mathcal{E}$로 나누면

$$\frac{dq}{q - C\mathcal{E}} = -\frac{1}{RC}\,dt$$

이다. $t = 0$일 때 $q = 0$이라는 사실을 적용하여 이 식을 적분하면 다음과 같다.

$$\int_0^q \frac{dq}{q - C\mathcal{E}} = -\frac{1}{RC}\int_0^t dt$$

$$\ln\left(\frac{q - C\mathcal{E}}{-C\mathcal{E}}\right) = -\frac{t}{RC}$$

자연로그의 정의로부터 이 식은 다음과 같이 쓸 수 있다.

$$q(t) = C\mathcal{E}\,(1 - e^{-t/RC}) = Q(1 - e^{-t/RC}) \quad \text{(충전 시 순간전하량)} \qquad \textbf{18-36}$$

이 식은 충전시 어느 시각 t에 충전되는 전하량을 구하는 데 이용된다. 여기서 e는 자연로그의 밑(base)인 오일러(Euler) 상수로 $e = 2.718\cdots$이다. 또 충전 전류에 대한 표현은 식 18-36을 시간에 대해 미분함으로써 구할 수 있다. $I = \dfrac{dq}{dt}$를 이용해서 충전시 순간전류를 구하면 다음과 같다.

$$I(t) = \frac{\mathcal{E}}{R}e^{-t/RC} \quad \text{(충전 시 순간전류)} \qquad \textbf{18-37}$$

식 18-36을 그래프로 나타내면 그림 18-32(b)와 같다. $t = 0$일 때 전하가 0이고, 시간이 무한대로 접근하면 최댓값 Q에 접근한다. 임의 시간에서 축전기 양단 사이의 전압은 $\Delta V = q/C$이다.

식 18-36에서처럼 이 모형에서 수학적으로 보면 축전기가 완전히 충전되기까지 무한대의 시간이 필요하다. 방정식을 유도하는 과정에서 전하의 크기를 무한히 작게 보았기 때문인데, 실제적으로 전하의 전하량 1.60×10^{-19} C보다 작은 전하는 존재하지 않는다. 그러므로 일정 시간이 지나면 축전기의 충전이 완료된다고 본다. 식

18-36에 나타난 *RC* 항은 **시간상수**(time constant) τ(그리스 문자 타우)라고 한다.

$$\tau = RC \qquad 18\text{-}38$$

시간상수는 전하가 0에서 최댓값 63.2 %까지 충전되는 데 소요되는 시간을 나타낸다. 시간상수의 단위는 초(s)이다. 즉 1시간상수 동안 축전기의 전하는 0에서 $0.632Q$로 증가한다. 이것은 식 18-36에서 $t = \tau = RC$로 치환하고 q에 대한 해를 구하면 알 수 있다($1 - e^{-1} = 0.632$). 시간상수가 크면 매우 느리게 충전되고, 시간상수가 짧으면 아주 빠르게 충전된다. 시간상수의 10배가 지난 후에 축전기는 99.99 % 이상 충전된다.

시간상수는 전류가 처음값의 $1/e$로 감소하는 데 걸리는 시간을 나타낸다. 즉 시간 τ 동안에 $I = e^{-1}I_{최대} = 0.368I_{최대}$로 감소하고, 2τ 동안의 시간에는 $I = e^{-2}I_{최대} = 0.135I_{최대}$ 등으로 감소한다.

축전기가 완전히 충전되는 동안 전지가 공급한 에너지는 $Q\mathscr{E} = C\mathscr{E}^2$이다. 축전기가 완전히 충전된 후 축전기에 저장된 에너지는 $\frac{1}{2}Q\mathscr{E} = \frac{1}{2}C\mathscr{E}^2$이며, 이것은 전지에서 나온 에너지의 절반이고, 나머지 절반의 에너지는 저항기에서 내부에너지로 나타난다.

축전기의 방전

다음으로 충전된 축전기를 방전시킬 때 나타나는 특성에 대해 알아보자. 그림 18-33과 같이 전하량 Q로 충전된 축전기, 저항기, 스위치로 구성된 회로가 있다. 스위치를 닫기 전, 충전된 축전기 양단의 전위차는 Q/C이다. 일단 스위치를 닫으면, 축전기가 완전히 방전될 때까지 축전기의 한쪽 극판에서 다른 쪽 극판으로 저항기를 통해 전하가 흐르기 시작한다.

만약 스위치를 닫은 시간이 $t = 0$이면 축전기는 저항기를 통해 방전하기 시작한다. 방전하는 동안 어떤 시간 t에서 회로에 흐르는 전류는 I이고, 축전기의 전하는 q이다. 이때 전지의 기전력은 없으므로 회로의 전위차는 다음과 같다[즉 회로방정식 $\mathscr{E} - \frac{q}{C} - IR = 0$(식 18-33)에서 $\mathscr{E} = 0$이므로].

$$-\frac{q}{C} - IR = 0 \qquad 18\text{-}39$$

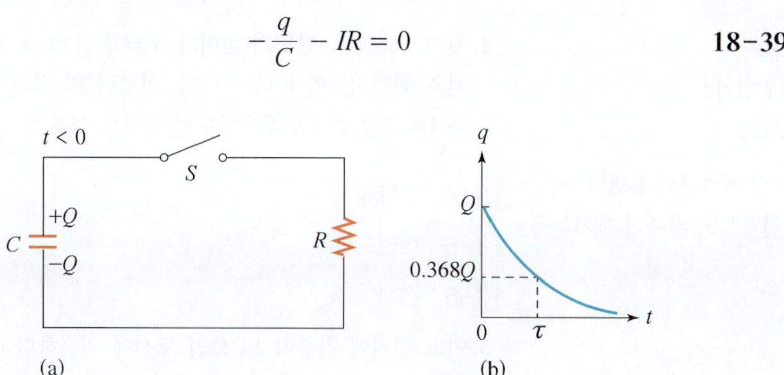

그림 18-33 (a) 충전된 축전기를 저항기와 스위치에 연결한 *RC*회로 (b) 시간상수 τ만큼의 시간이 지나면, 전하는 처음값의 36.8 %가 되며, $t = 0$에서 전하는 최댓값 Q이고, 시간이 지나면서 무한대에 가까워짐에 따라 감소하여 0이 된다.

이 식에 $I = \frac{dq}{dt}$ 를 대입하면 다음과 같다.

$$-R\frac{dq}{dt} = \frac{q}{C}$$

$$\frac{dq}{q} = -\frac{1}{RC}dt$$

$t = 0$에서 $q = Q$인 사실을 이용해서 이 식을 적분하면 다음을 얻는다.

$$\int_Q^q \frac{dq}{q} = -\frac{1}{RC}\int_0^t dt$$

$$\ln\left(\frac{q}{Q}\right) = -\frac{t}{RC}$$

$$q(t) = Qe^{-t/RC} \quad \text{(방전 시 순간전하량)} \qquad \textbf{18-40}$$

이 식을 시간에 대해서 미분하면 다음과 같이 순간전류를 시간의 함수로 구할 수 있다.

$$I(t) = -\frac{Q}{RC}e^{-t/RC} \quad \text{(방전 시 순간전류)} \qquad \textbf{18-41}$$

여기서 $Q/RC = I_{최대}$는 처음 전류이다. 음(−)의 부호는 축전기를 방전할 때 전류의 방향이 축전기를 충전할 때 전류의 방향과 반대임을 나타낸다. 축전기의 전류와 전하는 둘 다 시간상수 $\tau = RC$의 특성을 가지고 지수함수적으로 감소한다. $t = \tau = RC$ 시간 동안 전하량은 처음값 Q에서 $0.368Q$로 감소한다. 다시 말하면 1시간상수 동안에 축전기는 처음 전하량의 63.2 %를 잃는다. $\Delta V = q/C$이기 때문에, 축전기 양단 사이의 전압 또는 $\Delta V = \mathscr{E}e^{-t/RC}$에 의해 시간에 따라 지수함수적으로 감소한다. 여기서 $\mathscr{E}$(Q/C와 같음)는 완전히 충전된 축전기 양단의 처음 전압이다.

연습문제

18-1 전류

18-2 전류에 대한 미시적 모형

1. 0.50 A의 정상전류가 도선을 통해 흐른다.
(a) 1 s 동안 도선을 통과한 전하는 몇 C인가?
(b) 1분 동안 도선을 통과한 전하는 몇 C인가?

2. 어느 도선의 단면을 1분 동안에 320 C의 전하량이 흘렀다. 이때 도선을 통해 지나간 전자는 몇 개인가? 또 전류의 세기는 몇 A인가?

18-3 전기저항과 비저항

3. 길이가 10 m이고, 단면의 넓이가 $1.4 \times 10^{-7}\ \text{m}^2$인 금속선이 있다. 단, 이 금속선의 비저항은 $9.8 \times 10^{-8}\ \Omega\,\text{m}$이다.
(a) 이 금속선의 전기저항은 몇 Ω인가?
(b) 이 금속선 양단에 35 V의 전압을 걸 때 금속선에 흐르는 전류의 세기는 몇 A인가?

4. 길이 1 m이고, 단면의 넓이가 $A = 0.517\,6 \times 10^{-6}\ \text{m}^2$인 도선의 전기저항이 0.19 Ω이다. 이 도선의 비저항을 계산하고 표 18−1에 주어진 값으로부터 도선의 성분을 확인하라.

18-4 반도체

18-5 초전도체

18-6 전지

5. 어느 전지에 저항이 14 Ω인 도선에 연결하면 0.2 A의 전류가 흐르고, 6.5 Ω의 도선을 연결하면 0.4 A의 전류가 흐른다.
(a) 이 전지의 내부저항은 얼마인가?
(b) 이 전지의 기전력은 얼마인가?

6. 기전력이 1.5 V이고 내부저항이 0.3 Ω인 건전지가 저항이 3.0 Ω인 손전등에 연결되어 있다. 회로에 흐르는 전류와 전지의 단자전압을 구하라.

18-7 저항기의 직 · 병렬연결

7. 그림 P18-7과 같이 100 Ω짜리 저항 2개를 직렬연결과 병렬연결 하여 24.0 V 전지에 연결하였다.

(a) 직렬연결 시 저항에 흐르는 전류와 회로의 등가저항은 얼마인가?

(b) 병렬연결 시 저항에 흐르는 전류와 회로의 등가저항은 얼마인가?

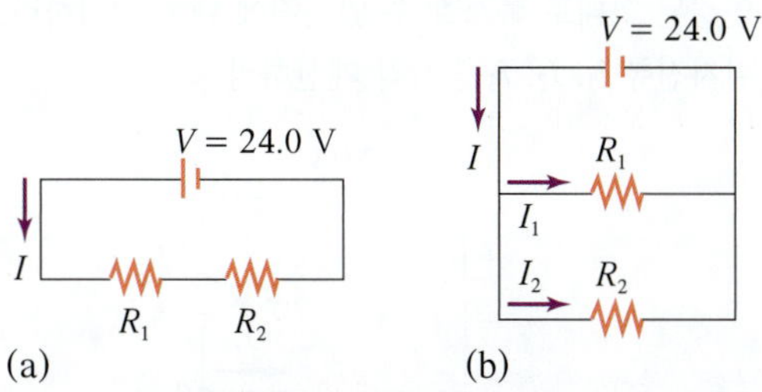

그림 P18-7 두 저항기의 (a) 직렬연결과 (b) 병렬연결

8. 그림 P18-8에서 (a) 점 a와 b 사이의 전체 저항을 구하라. (b) 점 a와 b 사이에 34.0 V를 걸 때 각 저항기에 흐르는 전류를 구하라.

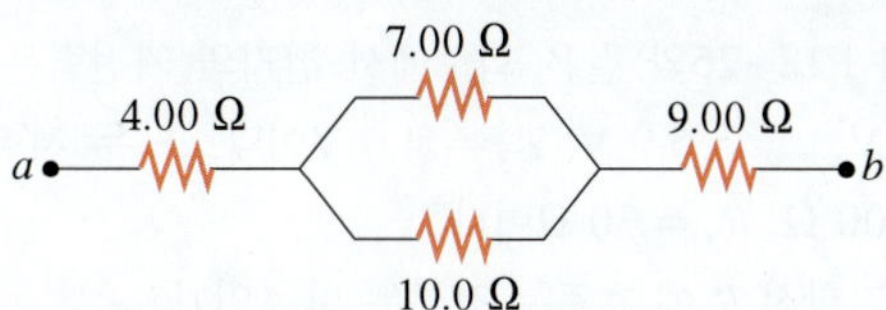

그림 P18-8

9. 100 Ω 저항기 두 개가 그림 P18-9와 같이 연결되어 있다.

(a) 스위치 S가 열려 있을 때 각 저항에 흐르는 전류는 얼마인가?

(b) 스위치 S가 닫혀 있을 때 각 저항기에 전류는 얼마인가?

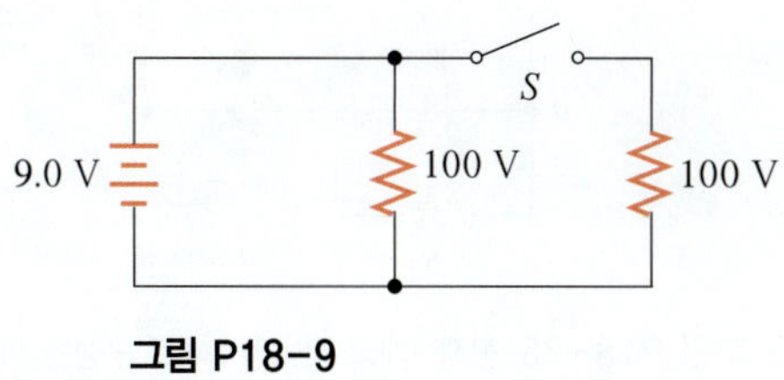

그림 P18-9

10. 47 Ω의 저항 3개와 15 Ω의 저항 1개가 9.0 V 전지의 양단에 직렬로 연결되어 있다.

(a) 저항을 통과하는 전류는 얼마인가?

(b) 15 Ω의 저항 양단의 전압강하를 구하라.

11. 직렬연결 된 두 저항기의 등가저항이 690 Ω이다. 두 저항기를 병렬연결 할 때의 등가저항은 150 Ω이다. 각각의 저항값은 얼마인가?

12. 그림 P18-12의 회로에서 (a) 점 a와 점 b 사이의 전위차와 (b) 저항 20.0 Ω에 흐르는 전류를 구하라.

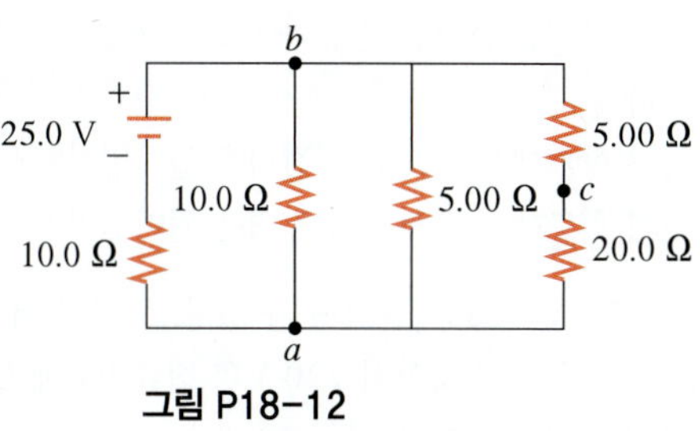

그림 P18-12

13. 그림 P18-13에서 점 a와 점 b 양단 사이의 저항이 75 Ω이다. R로 표시된 두 곳의 저항기의 값이 모두 같다고 할 때 R값은 얼마인가?

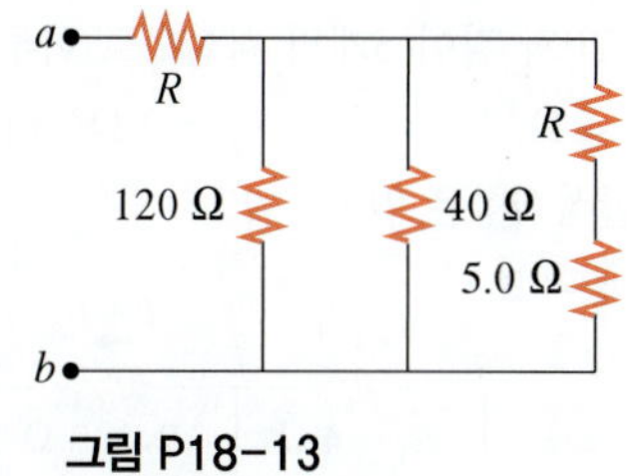

그림 P18-13

14. 그림 P18-14와 같은 회로가 있다.

(a) 점 c와 점 d 사이의 전위차는 얼마인가?

(b) 어느 점이 전위가 더 높은지 설명하라.

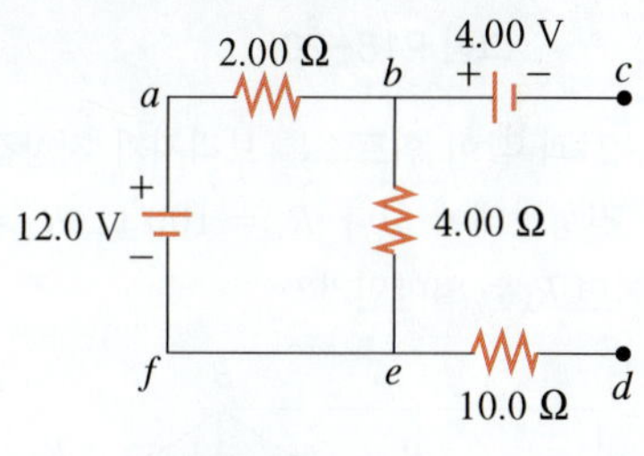

그림 P18-14

18-8 전기회로의 일률

15. 전기난로의 발열소자가 240 V에 연결될 때 3 000 W가 소비되도록 설계되어 있다.

(a) 저항이 일정하다고 가정하고 120 V에 연결될 경우에 발열소자에 흐르는 전류를 계산하라.

(b) 그 전압에서 소비되는 전력을 계산하라.

16. 15.0 A의 회로차단기가 작동하려면 단상 220 V의 가정용 회로에 최소 몇 개의 75 W 전구가 병렬로 연결되어야 하는가?

17. 각각의 저항이 R인 n개의 직렬연결 된 저항기 양단에 전위차 V를 인가하였다. 회로를 병렬로 바꾸고 다시 전위차 V를 인가하였다. 이때 직렬연결에서 소비되는 전체 전력은 병렬연결에서 소비되는 전체 전력의 $1/n^2$임을 증명하라.

18. 5 Ω과 20 Ω의 두 저항을 병렬로 연결하고 여기에 100 V를

걸었다.

(a) 이 회로의 등가저항은 얼마인가?

(b) 각 저항기를 흐르는 전류와 회로 전체를 흐르는 전류를 구하라.

(c) 각 저항기에서 소모되는 전력은 얼마인가?

(d) 전체 회로에서 소모되는 전력은 얼마인가?

19. 220 V, 75 W로 표시된 전구가 있다. 도선의 저항이 0.80 Ω인 긴 연결 코드에 꽂아서 220 V의 직류전원에 연결하였다.

(a) 이 직류회로의 회로도를 그리라.

(b) 회로 내에 있는 전구의 실제 전력은 얼마인가?

18-9 키르히호프의 법칙과 휘트스톤 브리지

20. 그림 P18-20과 같이 5개의 저항으로 이루어진 회로가 있다. $R_1 = R_5 = 4\ \Omega$, $R_2 = R_3 = R_4 = 2\ \Omega$이라고 하면 점 A와 점 B 사이의 합성저항은 얼마인가?

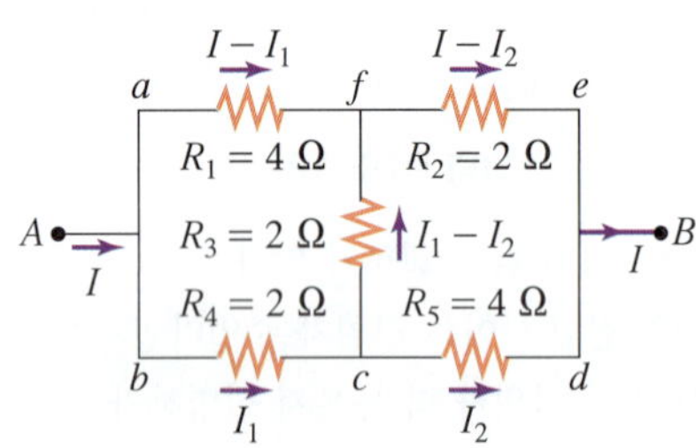

그림 P18-20

21. 그림 P18-21과 같이 휘트스톤 브리지가 저항값을 모르는 저항기 R_x와 평형상태에 있다. $R_1 = 100\ \Omega$, $R_2 = 20\ \Omega$, $R_3 = 18.31\ \Omega$ 이면 R_x는 얼마인가?

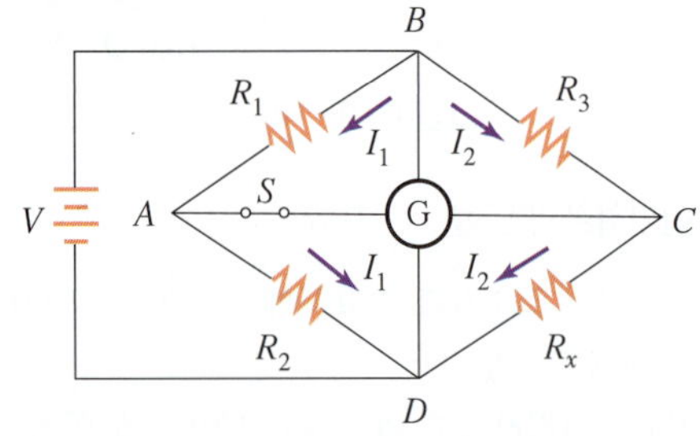

그림 P18-21

22. 그림 P18-22와 같은 회로의 전류계가 2.00 A를 나타낼 때, I_1, I_2, $\mathscr{E}$를 구하라.

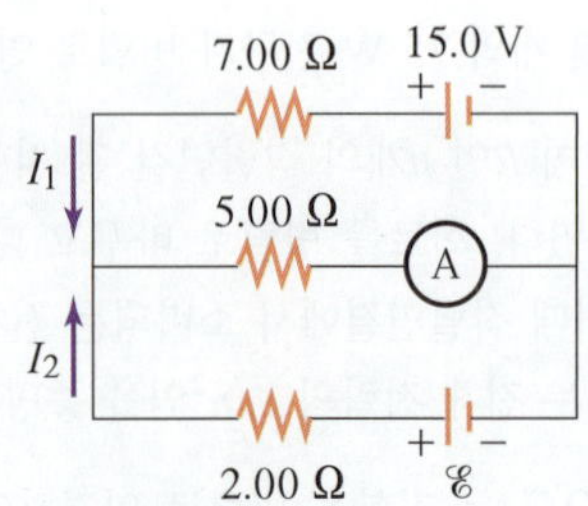

그림 P18-22

23. 그림 P18-23에서 $R = 1.00\ \text{k}\Omega$이고 $\mathscr{E} = 250\ \text{V}$이다. 점 a와 점 e 사이의 수평으로 된 도선에 흐르는 전류의 크기와 방향을 구하라.

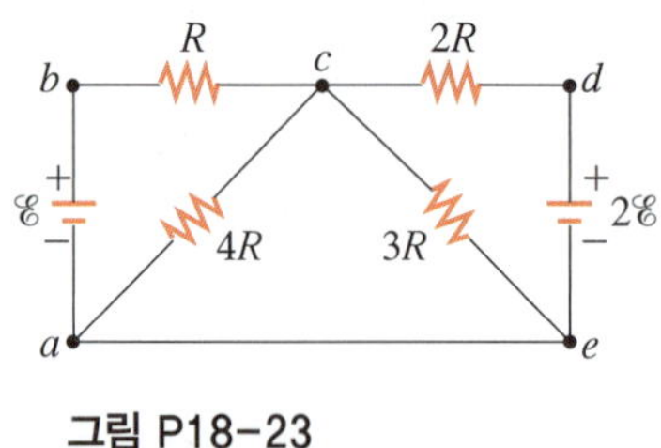

그림 P18-23

24. (a) 그림 P18-24와 같은 회로를 단 하나의 저항기로 전지에 연결된 형태로 축소할 수 있는지에 대해 설명하라.

(b) 미지전류 I_1, I_2, I_3을 각각 계산하라.

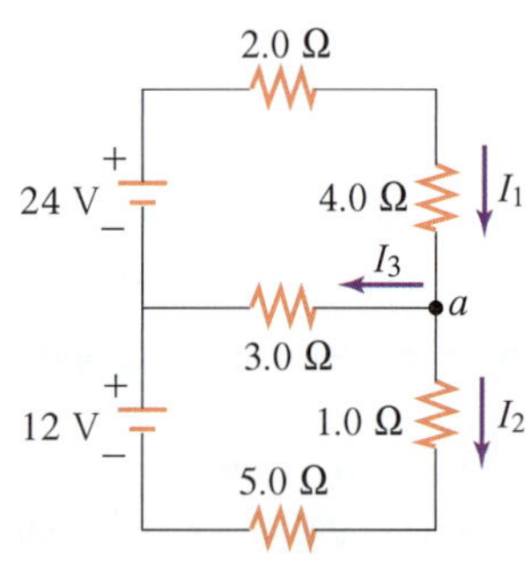

그림 P18-24

25. 그림 P18-25와 같은 회로에서 전지의 기전력은 각각 $\mathscr{E}_1 = 6.0\ \text{V}$, $\mathscr{E}_2 = 5.0\ \text{V}$, $\mathscr{E}_3 = 4.0\ \text{V}$이다. 또 두 저항은 각각 $R_1 = 100\ \Omega$, $R_2 = 30\ \Omega$이다.

(a) 저항선 R_1에 흐르는 전류는 몇 A인가?

(b) 저항선 R_2에 흐르는 전류는 몇 A인가?

(c) 두 점 a 및 b 사이의 전위차 V_{ab}는 얼마인가?

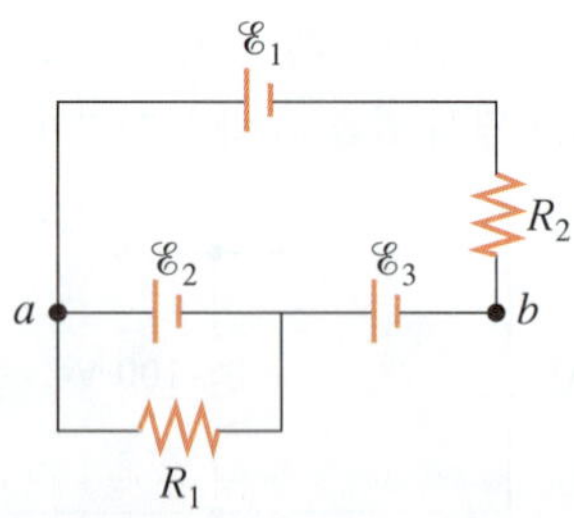

그림 P18-25 전지 3개와 저항기 2개로 구성된 회로

26. 그림 P18-26과 같이 4개의 저항 $R_1 = 4\ \Omega$, $R_2 = 6\ \Omega$, $R_3 = 16\ \Omega$, $R_4 = 18\ \Omega$이 휘트스톤 브리지 회로를 구성하였을 때, 검류계 G에 전류가 흐르지 않았다.

(a) 저항 R_5는 얼마인가?

(b) 전지의 기전력이 24 V이고 내부저항을 무시하는 경우 회로에 흐르는 전체 전류는 얼마인가?

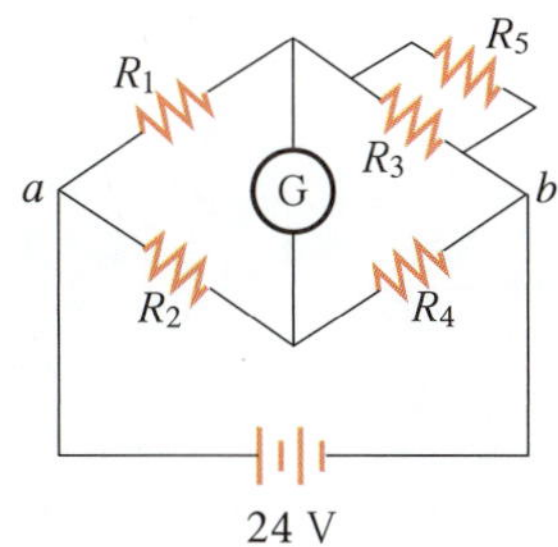

그림 P18-26 미지저항 R_5를 구하는 회로

18-10 *RC*회로

27. 그림 P18-27과 같이 $R = 75.0\ \text{k}\Omega$, $C = 25.0\ \mu\text{F}$, $\mathscr{E} = 12.0\ \text{V}$인 직렬 *RC*회로가 있다.

(a) 회로의 시간상수를 구하라.

(b) 스위치가 닫힌 후 한 시간상수의 시간이 흐르는 동안에 축전기에 충전된 전하량을 구하라.

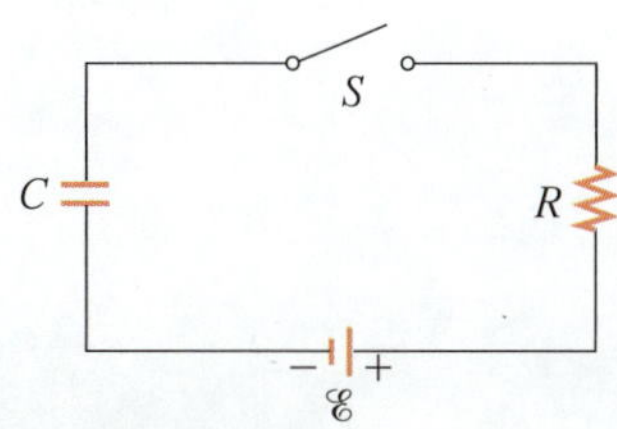

그림 P18-27

28. 그림 P18-28에서 $R = 1.00\ \text{M}\Omega$, $C = 5.00\ \mu\text{F}$, $\mathscr{E} = 30.0\ \text{V}$이다.

(a) 이 회로의 시간상수를 구하라.

(b) 스위치가 닫힌 후 축전기에 흐르는 최대 전하량은 얼마인가?

(c) 스위치가 닫힌 후 10.0 s일 때의 저항기에 흐르는 전류를 구하라.

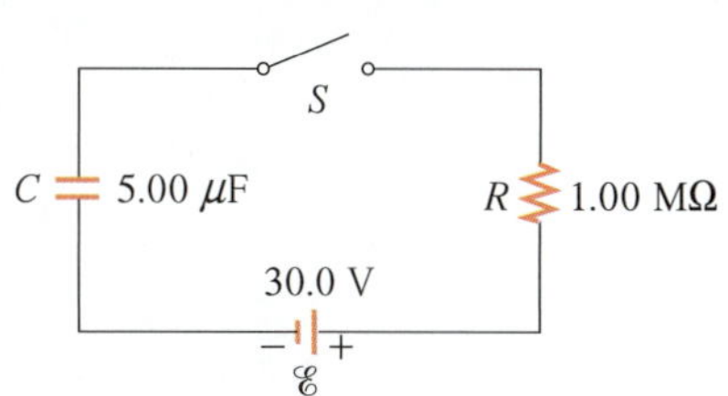

그림 P18-28

29. 그림 P18-29와 같이 충전되지 않은 축전기와 저항기가 기전력이 $\mathscr{E}$인 전지에 직렬로 연결되어 있다.

(a) 이 *RC*직렬회로의 시간상수는 얼마인가?

(b) 축전기에 충전되는 최대 전하량은 얼마인가?

(c) 6.00 s 후 축전기에 충전된 전하량은 얼마인가?

(d) 6.00 s 후 저항기 양단 사이의 전위차는 얼마인가?

(e) 6.00 s 후 저항기에 흐르는 전류를 구하라.

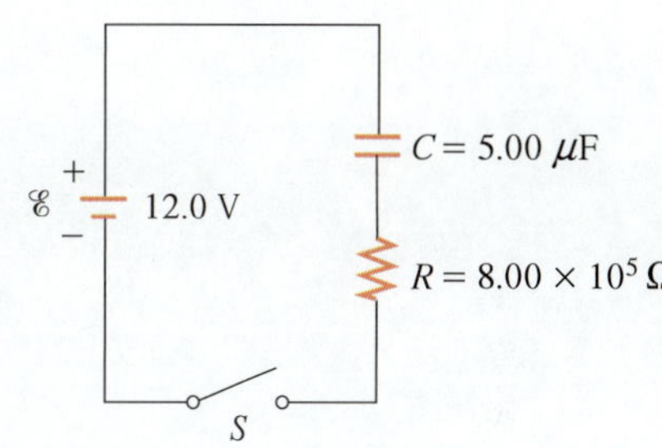

그림 P18-29 축전기, 저항, 전지가 직렬로 연결된 *RC*회로

초전도체가 영구자석 위에 떠 있는 모습

초전도 물질을 액체 질소(77.4 K) 용기에 담구어 냉각시킨 후 영구자석 위에 올려놓으면 영구자석의 자기장에 반발하여 공기 중에 떠 있게 된다.

아랫부분 원통형 영구자석 4개의 자기장은 약 3 000 G이다. 윗부분은 YBCo 화합물로 제작된 초전도체로 그 임계온도는 92 K이다(한국기초과학지원연구원 제공).

제 19 장 자기장

18세기의 과학자들은 전기와 자기 사이의 관련성을 찾으려고 노력하였으나 마땅한 해결책이 없었다. 전기와 자기 사이에 관계가 있다는 사실은 덴마크의 과학자 외르스테드가 도선에 흐르는 전류가 근처에 있는 나침반 바늘을 편향시키는 것을 보고 알아냈다. 그 후 앙페르는 전류가 흐르는 도체 사이의 자기력에 대한 정량적 법칙을 추론하고, 분자 크기의 전류고리가 모든 자기 현상의 원인이 된다고 제안하였다. 전기와 자기 사이에 아주 밀접한 관계가 있다는 사실이 확인된 것은 패러데이와 헨리의 서로 독립적인 연구에 의해서였다. 그들은 회로 근처에서 자석을 움직이거나 근처에 있는 다른 회로의 전류를 변화시킴으로써 전류가 회로에서 생성될 수 있음을 확인하였다. 그들의 관측은 자기장의 변화가 전기장을 만들어낸다는 것을 보인 것이다. 즉 변하는 전기장이 자기장을 만들어낸다는 것이다.

제19장에서는 자기의 본질이 무엇이며, 자기장과 자기력은 어떻게 정의되는지, 전류가 흐르는 도선 주위에 형성되는 자기장의 성질, 전류가 흐르는 도선이 자기장에 받는 힘 그리고 자성 물질의 성질 등에 대해 공부한다.

19-1 자석과 지구의 자기장

자석

TIP 나침반과 나침판, compass

자석의 성질을 이용하여 지구에서 방위를 알아내는데 사용되는 기구. 한국물리학회 용어집에 두 용어가 함께 사용되고 있다.

자침을 사용하는 **나침반**(compass 羅針盤)은 아랍이나 인도에서 발명되어 기원전 13세기에는 중국에서 사용되었고, 고대 그리스에서도 기원전 8세기경부터 사용되었다고 한다. 당시 사람들은 오늘날 자철광(Fe_2O_4)으로 불리는 돌이 철조각을 끌어당긴다는 사실을 발견하였다. 그 후 1269년에는 마리쿠르(Pierre de Maricourt)는 구형(球形) 천연자석 표면의 여러 곳에 자화된 바늘을 두고, 이것이 가리키는 방향을 도표로 작성한 바 있다. 1600년에는 영국의 길버트(William Gilbert, 1544~1603)는 나침반 바늘이 특정한 방향을 향하는 사실을 발견하고, 자석들이 거대한 땅덩어리 지구로 끌어당겨진다고 생각하였다.

나침반 자침(바늘)은 영구자석으로 되어 있으며, 평면 상에서 자유롭게 회전할 수 있도록 되어 있다. 나침반을 평면 위에 놓으면, 나침반의 한쪽 끝이 대략의 북쪽을 가리킬 때까지 회전한다. 북쪽을 가리키는 극을 N극(north pole), 남쪽을 가리키는 극을 S극(south pole)이라고 한다. 물체 중에서 철, 니켈과 같은 금속을 끌어당기고, 수평으로 매달면 남쪽과 북쪽을 가리키는 성질을 가지는 물체가 있다. 물질의 이러한 성질을 **자기**(magnetism 磁氣) 또는 **자성**이라 하고, 자기를 가진 물체를 **자석**(magnet 磁石)이라 한다.

전기에서 같은 종류의 전하 사이에는 반발력이 작용하고 서로 다른 종류의 전하 사이에는 인력이 작용하는 것과 같이, 자석에서도 그림 19-1과 같이 두 자석이 서로 접촉하지 않아도 같은 극 사이에는 반발력이 작용하고, 다른 극 사이에는 인력이 작용한다. 서로 부호가 같거나 또는 다른 경우의 전하 사이에 작용하는 정전기력과 성질이 같다. 그러나 자극과 전하 사이의 중요한 차이는, 양(+)전하를 음(−)전하로부터 분리시켜서 격리된 부호의 전하로 만들 수 있는 데 반해(정전기 유도에 의하면 언제든지 가능하다), 격리된 N극 또는 S극의 **자기홀극**(magnetic monopole; 고립된 북극이나 남극)은 발견되지 않았다는 것이다. 막대자석을 반으로 잘라 N극과 S극을 분리시키고자 하면, 각각의 조각은 그림 19-2와 같이 N극과 S극을 갖는 더 작은 자석이 되기 때문에 자기홀극은 만들 수 없다. 과학자들은 자기홀극이 존재할지도 모른다는 추측으로 이를 찾기 위해 활발히 연구하고 있으나, 아직까지 구체적인 성과를 얻지 못하고 있다.

S N　　N S

(a) 반발력

N S　　S N

(b) 반발력

N S　　N S

(c) 인력

그림 19-1 막대자석의 한 극은 N극이고 다른 극은 S극이다. 같은 극끼리는 반발력이, 다른 극끼리는 인력이 작용한다.

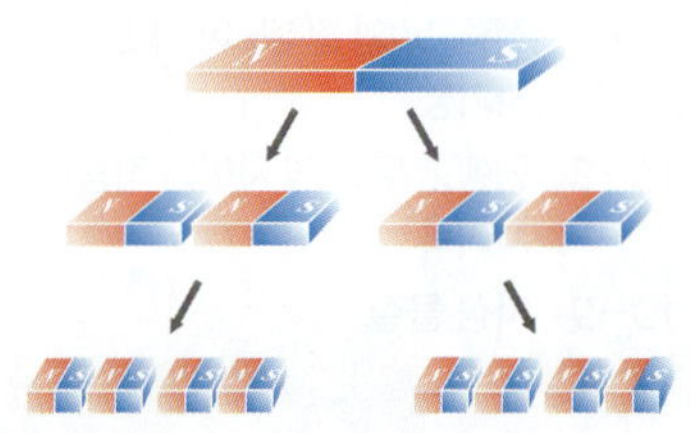

그림 19-2 막대자석을 반으로 자르면 N극과 S극이 분리되는 것이 아니라, N극과 S극 모두가 있는 두 개의 자석이 된다. 즉 아직까지 N극과 S극의 자기홀극을 찾을 수 없다.

자기력선

어느 한 곳에 정지한 전하가 주위 공간에 전기장을 만들고 다른 전하에 전기력을 미치는 것과 마찬가지로, 자석의 자극도 그 주위 공간에 있는 다른 자극에 자기력을 미치는 공간을 만든다고 생각할 수 있다. 이와 같이 자기력이 미치는 공간을 **자기장**(magnetic field 磁氣場)이라 하고 기호로는 자기장은 벡터장이므로 $\vec{B}$로 나타낸다. 이러한 자기장은 움직이는 전하 주위에도 존재한다.

어떤 형태의 벡터장을 나타내려면 그것의 크기와 방향을 정의해야만 한다. 어떤 위치에서 자기장 벡터 $\vec{B}$의 방향은 바로 그 위치에서 나침반 바늘이 북극을 가리키는 방향이다. 그림 19-3은 나침반을 이용해서 막대자석의 자기장을 추적하는 방법을 보여주는데, 이 방법은 전기장의 방향을 양전하가 받는 힘의 방향으로 정하는 방법과 매우 흡사하다. 자기장의 형태는 **자기력선**(magnetic field line 磁氣力線)으로 나타낼 수 있다.

전기장이 존재하는 공간을 전기력선으로 표현한 것과 유사하게, 자기장이 미치는 공간을 **자기력선**으로 표현한다.

자기력선을 그리는 방법은 자기장 내에서 자침이 가리키는 방향을 따라 조금씩 이동해 가면서 곡선을 그리면 된다. 그림 19-3(a)는 막대자석 주변에서의 자기력선을 보여주고 있다. 자기력선은 N극에서 S극으로 이어지는 폐곡선으로, 중간에 새로 생기거나 끊어지지 않는다. 그림을 살펴보면 한 자석의 N극과 S극의 세기는 서로 같다는 것도 예측할 수 있다.

자석을 덮고 있는 종이 위에 미세한 철가루를 흩뿌리면 자기장 속에서 철가루는 작은 나침반처럼 작용하며 정렬한다. 자석의 양 끝에서 철가루를 강하게 끌어당기는 곳이 있는데, 이 부분을 **자극**(magnetic pole 磁極)이라 한다.

전기력선과 같이, 임의 지점에서 자기장은 그 지점에서의 자기력선에 접선방향이다. 자기장의 크기는 자기력선에 수직인 면을 통과하는 단위넓이당 자기력선의 수에 비례한다. 이와 같이 자기장의 크기는 자기력선이 조밀한 영역에서는 강하고, 자기력선이 상대적으로 서로 먼 영역에서는 약하다. 자기력선이 N극과 S극 근처에서 가장 밀접해 있는 것은, 자기장의 크기가 이 영역에서 가장 강하다는 사실을 의미한다. 두 극에서 멀어질수록 자기장의 크기는 점점 약해진다. 또한 말굽자석의 두 극 사이에서 자기력선은 거의 평행하고 간격이 일정한데, 이것은 자기장의 크기가 거의 일정한 것을 의미한다. 이러한 사실들은 그림 19-4에서 자세하게 관찰할 수 있다.

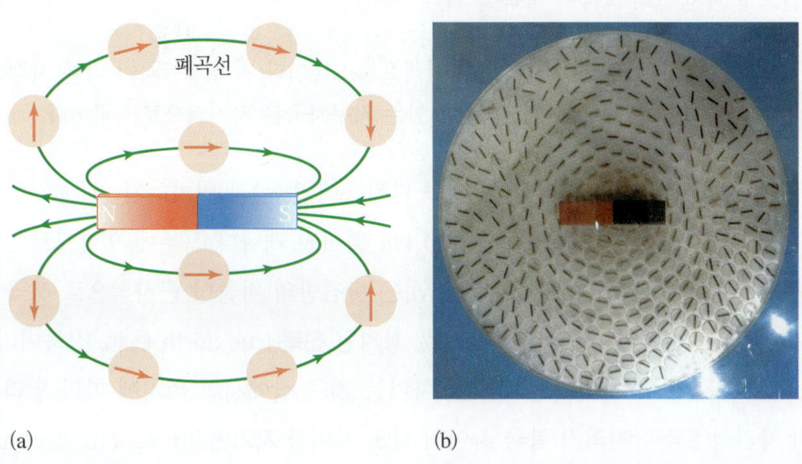

그림 19-3 자기장의 방향을 결정할 수 있는 그림. (a) 자석 주변의 임의 지점에서 자기장의 방향은 나침반이 N극을 가리키는 방향이다. (b) 막대자석 근처에 있는 쇳조각은 자기장 방향으로 늘어선다.

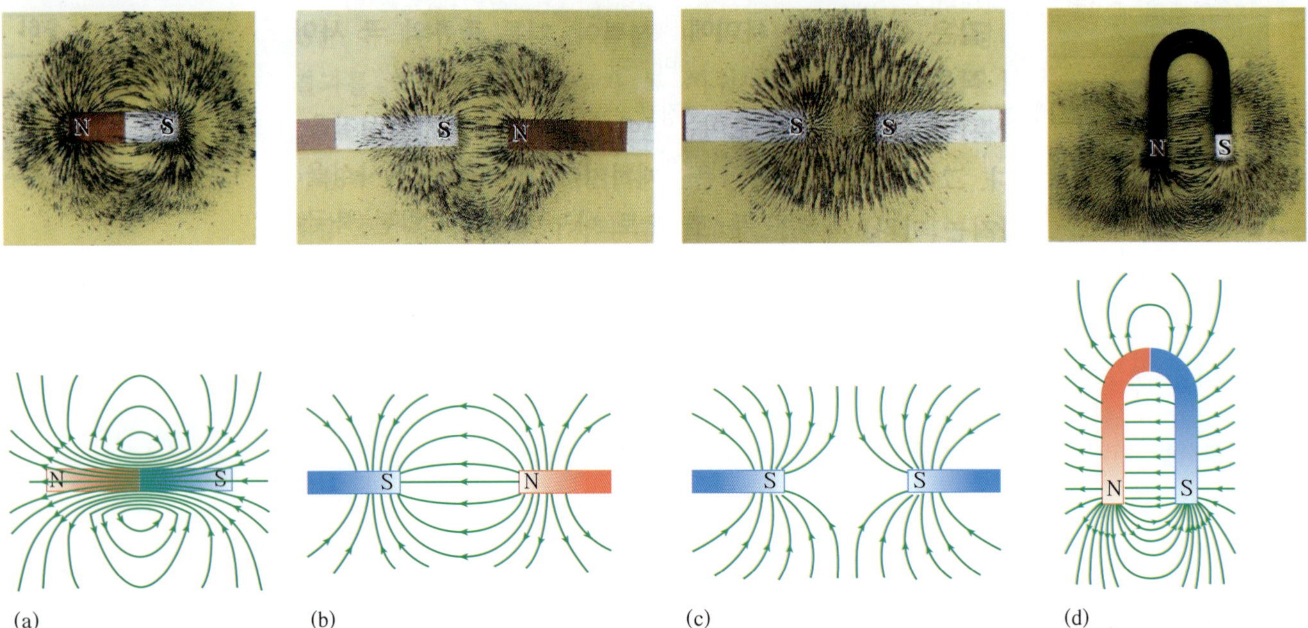

그림 19-4 종이 위에 뿌린 철가루로 자석 부근에 존재하는 자기장의 방향을 예측할 수 있다. (a) 막대자석 양 극에서의 자기장 (b) 두 막대자석의 N극과 S극 사이에서의 자기장 (c) S극과 S극 사이에서의 자기장 (d) 말굽자석 주위에 형성되는 자기장

지구의 자기장

지구 상에서 나침반이 남북을 가리키는 것은 지구가 한 개의 커다란 자석이기 때문이라고 생각할 수 있다. 막대자석이 북극과 남극을 가진다고 할 때, '북극을 찾는 극'과 '남극을 찾는 극'이라고 말하는 것이 더 정확하다. 이는 자석을 나침반으로 사용할 때, 한쪽 끝은 지구의 지리적 북극을 찾거나 가리키고, 또 다른 한쪽 끝은 지구의 지리적 남극을 찾거나 가리킨다는 것을 의미한다. 그러므로 지구의 지리적 북극은 자기적 남극에 해당되고, 그 지리적 남극은 자기적 북극에 해당된다고 할 수 있다. 이와 같이 지구를 커다란 자석이라고 생각할 때 지구 주위에 형성되는 자기장을 **지구의 자기장**(earth's magnetic field 地球磁氣場)이라고 한다. 그림 19-5는 지구자기장을 나타내는 그림으로 나침반의 N극이 북쪽을 가리킨다.

지리적으로 북쪽에 있는 지구자극은 자기적으로 S극이다(자석의 N극이 다른 자석의 S극에 끌린다). 그리고 지리적으로 남쪽에 있는 지구자극은 자기적으로 N극이다.

그런데 지구의 자극은 지리적 극(지구 자전축에 있는)과 일치하지 않는다. 한 예로 자기적 S극은 지리적 북극에서 약 1 300 km 떨어진 캐나다 북부에 있으므로 나침반을 사용할 때 이 점을 고려해야 한다. 이것은 나침반의 바늘이 근사적으로 북극을 가리킨다는 것을 의미한다. 지리적 북극으로 정의된 **진북**(true north 眞北, 참북이라고도 함)과, 실제 나침반이 가리키는 북극의 차이는 지구 상에서의 위치에 따라 달라지고, 이러한 자기적 S극과 지리적 북극 사이의 각도 차이를 **자기편각**(magnetic declination 磁氣偏角)이라고 한다. 한국에서의 자기편각은 5~8°이고 미국 내에서는 영토가 아주 크므로 장소에 따라 0~25° 정도의 차이가 난다.

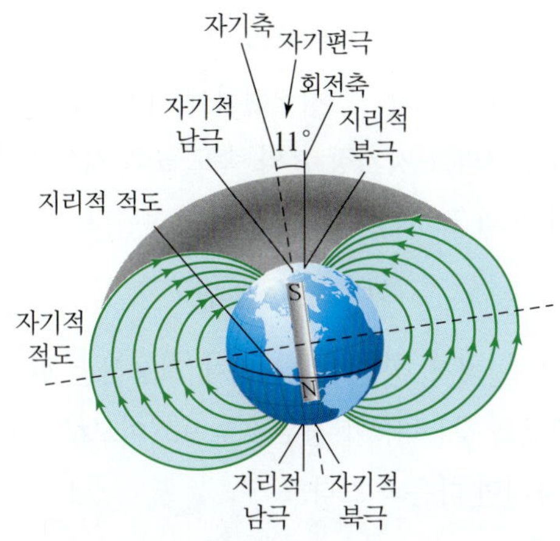

그림 19-5 지구자기장은 지구 중심 부근에 강력한 막대자석이 있는 것으로 볼 수 있다. 이 가상적인 막대자석의 축은 지구의 회전축과 일치하지 않으며, 두 축이 이루는 각도는 약 11°이다.

지구자기장의 형태가 지구 내부 깊숙이 막대자석이 놓여 있다는 가정하에 막대자석이 만들어내는 자기장과 비슷하지만, 지구자기장의 근원이 영구적으로 자화된 엄청나게 커다란 물질이 될 수 없다는 이유는 쉽게 설명할 수 있다. 지표면 아래 깊숙한 곳에 엄청난 양의 철광물이 침전되어 있지만, 핵 내의 고온 때문에 철이 영구적인 자화를 갖지 못한다. 지구자기장의 실제 원인은 지구 핵의 액체 부분에 있는 전류 때문으로 추측된다. 이 전류는 아직 완전히 밝혀지지 않았으나, 지구 내부에 뜨거운 액체 상태로 있는 이온이나 전자의 대류가 지구 회전과의 상호작용에 의해 만들어진다고 여겨진다. 행성의 자기장의 크기는 행성의 자전속도와 관계되어 있는데 그 이유는 다음과 같다. 목성은 지구보다 빨리 자전하는데, 최근 우주 탐사용 로켓들은 목성 중심부에 철 성분이 부족하지만 목성의 자기장이 지구자기장보다 강하다는 것을 밝혀냈다. 반면 금성은 지구보다 천천히 자전하여 금성의 자기장이 지구자기장보다 약하다는 것도 발견되었다. 지구자기장의 근원에 대한 연구는 많은 과학자들이 연구 주제로 삼고 지금도 계속 연구 중에 있다.

19-2 자기장의 정의

실험에 의하면 정지해 있는 대전입자는 자기장과 상호작용을 하지 않는다. 그러나 **대전입자가 자기장 내에서 움직일 때는 자기력을 받는다.** 이 힘은 대전입자가 자기력선에 수직으로 움직일 때 최댓값을 갖고, 다른 각도에서는 감소하다가, 입자가 자기력선을 따라 움직일 때 0이 된다. 이것은 대전입자가 움직이든지, 혹은 정지하고 있을 때 모두 힘을 미치는 전기력과는 매우 다르다. 또한 전기력의 방향은 전기장과 평행한 반면, 움직이는 대전입자에 대한 자기력은 자기장에 수직방향이다.

자기장의 정의 방법

전기력에 대해 공부할 때, 공간의 임의의 점에서 전기장은 그 점에 놓여 있는 시험전하에 작용하는 단위전하량당 전기력으로 정의한 바 있다. 이와 유사하게 어떤 점에서 시험전하에 작용하는 자기력으로 그 점에서의 자기장 $\vec{B}$를 정의할 수 있다. 전하가 q인 시험전하가 속도 $\vec{v}$로 움직일 때, 그 시험전하에 작용하는 자기력의 세기는 전하 q, 속도 $\vec{v}$, 외부 자기장 $\vec{B}$, 그리고 자기장 $\vec{B}$와 속도 $\vec{v}$의 사이의 각 θ의 사인값의 크기에 비례한다. 즉 자기력 $\vec{F}$의 크기는 다음과 같이 표현된다.

$$F = qvB\sin\theta \qquad \textbf{19-1}$$

식 19-1에서 자기장 안에서 운동하는 전하에 작용하는 힘은 입자가 자기장에 수직으로 움직일 때 최댓값을 갖는다. 이 경우 $\theta = 90°$이므로 $\sin\theta = 1$이다. 식 19-1을 벡터방정식으로 나타내면 다음과 같다.

$$\vec{F}_B = q\vec{v} \times \vec{B} \qquad \textbf{19-2}$$

즉, 대전입자에 작용하는 자기력 $\vec{F}_B$는 전하 q와 속도 $\vec{v}$, 자기장 $\vec{B}$ 사이의 벡터곱이다. 식 19-1로부터 자기장의 크기를 정의할 수 있다.

$$B = \frac{F_B}{qv\sin\theta} \qquad \textbf{19-3}$$

이 결과는 정밀한 실험을 통해 얻은 식이다. 여기서 자기력 F의 단위가 뉴턴(N), 전하량의 단위가 쿨롬(C), 속도의 단위가 m/s이면 SI 단위계에서 자기장의 단위는 **테슬라**(tesla, T) 또는 **단위넓이당 웨버**(Wb/m^2)라고 한다. 1 T는 1 Wb/m^{2}이다. 만일 전하량이 1 C인 전하가 자기장의 크기가 1 T 내에서 1 m/s의 속력으로 자기장에 수직으로 운동하고 있다면, 이 전하에 작용하는 자기력은 1 N이다. 자기장 $\vec{B}$의 단위는 다음과 같이 표현할 수도 있다.

$$[B]\text{의 단위 : T} = \frac{\text{Wb}}{\text{m}^2} = \frac{\text{N}}{\text{C m/s}} = \frac{\text{N}}{\text{A m}}$$

자기장의 단위에 대한 여러 관계는 다양한 형태의 문제 풀이에 유용하게 이용되므로 잘 기억해 두자. 산업분야에서는 cgs 단위인 **가우스**(gauss, G)가 많이 사용되는데, 가우스와 테슬라 사이에는 $1\text{ T} = 10^4\text{ G}$의 관계가 있다.

일반 실험실에서는 약 2.5×10^4 G, 즉 2.5 T 정도의 자기장을 만들 수 있다. 초전도체를 이용하면 3×10^5 G(30 T)의 매우 강한 자기장을 발생시킬 수 있는 전자석을 만들 수 있다. 이 값은 지표면 가까이에서 지구자기장이 대략 0.5 G(0.5×10^{-4} T)인 것과 비교해보면 엄청나게 강하다는 것을 알 수 있다. 표 19-1은 몇 가지 경우에서 자기장의 세기를 나타낸 것이다.

표 19-1 몇 가지 경우에서 자기장의 세기

구분	자기장 (단위: T)
가장 약한 자기장	10^{-14}
지구자기장	$\sim 0.5 \times 10^{-4}$
작은 막대자석 근처	10^{-2}
큰 막대자석 근처	1~1.5
초전도체를 이용한 전자석 근처	30

대전입자에 작용하는 자기력의 방향 구하기

식 19-3에서 자기장 $\vec{B}$와 속도 $\vec{v}$의 방향이 평행($\theta = 0$ 또는 $\theta = 180°$)이면 자기력의 세기는 0이다. 그러므로 자기장에 평행하거나 반평행하게 움직일 때, 자기력은 대전입자에 작용하지 않는다. 자기장 속에서 운동하는 대전입자가 받는 자기력을 **로렌츠 힘**(Lorentz force)이라 부른다.

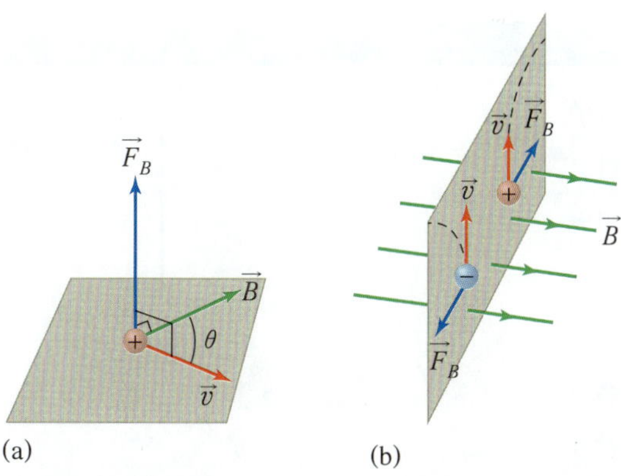

그림 19-6 (a) 자기장 $\vec{B}$ 내에서 속도 $\vec{v}$로 운동하는 대전입자에 작용하는 자기력 $\vec{F}$의 방향은 항상 속도 $\vec{v}$와 자기장 $\vec{B}$에 수직이다. (b) 양전하와 음전하에 작용하는 자기력은 서로 반대방향이다. 그림에서 점선은 대전입자의 경로를 나타낸 것이다.

그러면 자기력, 즉 로렌츠힘의 방향은 어떻게 결정할 수 있는가? 실험에 의하면 대전된 입자의 경우 그림 19-6과 같이 자기력의 방향은 항상 속도 $\vec{v}$와 자기장 $\vec{B}$에 수직이며 양전하와 음전하는 서로 반대방향이다. 그림 19-7은 자기력의 방향을 결정하는 **오른손 법칙-1**(right-hand rule No. 1)을 설명하고 있다. 여기서 엄지손가락은 양전하의 속도 $\vec{v}$의 방향을 가리키고, 펼친 손가락들은 자기장 $\vec{B}$의 방향이다. 이때 양전하에 작용하는 자기력 $\vec{F}_B$의 방향은 손바닥에서 밖으로 나가는 방향을 향한다. 이 법칙의 장점은 전하에 작용하는 힘이 손바닥으로부터 밖을 향해 손으로 어떤 것을 미는 쪽으로 향하고 있다는 것이다. 음전하에 작용하는 자기력은 반대방향이다.

대전입자에 작용하는 전기력과 자기력 사이의 중요한 차이점은 다음과 같다.

- 전기력의 방향은 항상 전기장의 방향과 같은 반면에, 자기력은 자기장의 방향과 수직이다.
- 대전입자에 작용하는 전기력은 입자의 속도와 무관하지만, 자기력은 입자가 운동할 때만 작용한다.
- 전기력은 대전입자의 변위에 대해 일을 하는 반면에, 일정한 자기장으로부터의 자기력은 입자가 변위될 때 일을 하지 않는다.

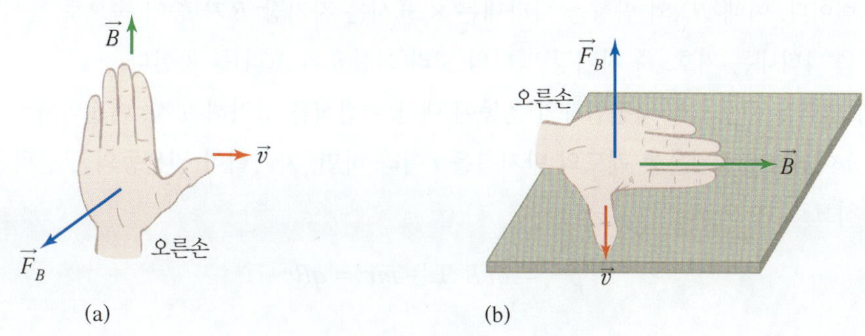

그림 19-7 오른손 법칙-1에 대한 설명. (a)와 (b)는 똑같은 그림으로 방향만 다르게 나타낸 것이다. 엄지손가락은 양전하의 속도 $\vec{v}$의 방향을, 펼친 손가락들은 자기장 $\vec{B}$의 방향을 가리키며, 손바닥에서 밖으로 나가는 방향이 양전하에 작용하는 자기력 $\vec{F}_B$의 방향이다.

예제 19-1 자기장 내에서 움직이는 양성자

문제 그림 19-8과 같이 어느 양성자가 x축을 따라 8.00×10^6 m/s의 속력으로 크기가 2.50 T인 자기장 영역으로 입사한다고 하자. 이때 자기장의 방향은 x축과 60.0°의 각을 이루며 xy평면에 있다. (a) 양성자에 작용하는 자기력의 처음 크기와 방향을 구하라. (b) 이때 양성자가 받는 가속도는 얼마인가?

생각하기 대전입자가 자기장 내에서 90°가 아닌 각도로 움직일 때 받는 자기력과 가속도를 계산하는 문제로, 주어진 값을 식 19-1에 대입하여 크기를 구하고, 오른손 법칙-1로 방향을 찾는다.

풀이 (a) 양성자에 작용하는 자기력의 크기와 방향을 구하면 다음과 같다.

$$F = qvB\sin\theta$$
$$= (1.60 \times 10^{-19}\ \text{C})(8.00 \times 10^6\ \text{m/s})(2.50\ \text{T})(\sin 60°)$$
$$= 2.77 \times 10^{-12}\ \text{N}$$

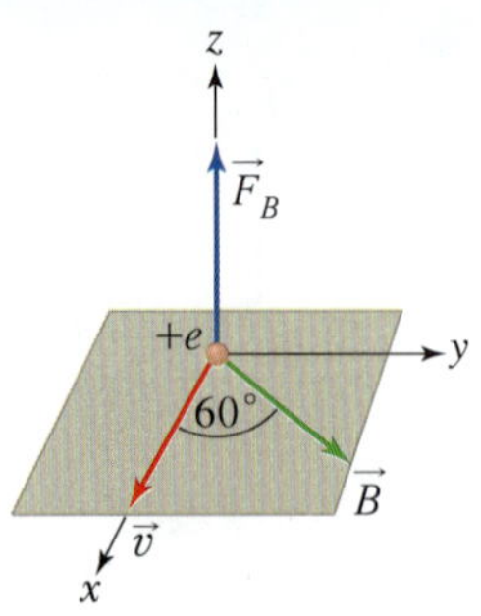

그림 19-8 속도와 자기장이 xy평면에 놓일 때, 자기력의 방향은 z방향이 된다.

한편 이 자기력의 방향은 오른손 법칙-1을 사용하면 $+z$방향, 즉 위로 향한다.

(b) 양성자의 처음 가속도는 운동의 제2법칙을 사용하여

$$F = ma \rightarrow 2.77 \times 10^{-12}\ \text{N} = (1.67 \times 10^{-27}\ \text{kg})a$$

이다. 따라서 가속도는 $a = 1.66 \times 10^{15}\ \text{m/s}^2$ 이다.

19-3 자기장 내에서 대전입자의 운동

대전입자가 자기장에 수직하게 입사한 경우

그림 19-9와 같이 질량이 m, 전하량이 q인 대전입자가 균일한 자기장 $\vec{B}$에 수직인 방향으로 일정한 속도 $\vec{v}$로 입사되면, 이 입자는 자기력 $\vec{F}_B$을 받는다. 이 때문에 대전입자는 운동방향이 바뀌어 원형경로를 따라 운동하게 된다. 따라서 오른손 법칙-1을 적용하면 어느 점에서든지 자기력은 원형 경로의 중심을 향한다는 것을 알 수 있다. 이때 자기력이 원운동의 구심력 역할을 하므로 대전입자는 자기장에 수직인 면 내에서 등속원운동을 하게 된다.

그림 19-9(a)는 대전입자의 운동을 옆에서 본 그림이고, 그림 19-9(b)는 위에서 본 그림이다. 이때 $\vec{B}_{안}$의 방향을 나타내는 × 표시는 자기장 $\vec{B}$가 종이 속으로 들어가는 것을 나타내는 기호, 즉 자기장 벡터의 꼬리(화살표의 꼬리)를 뜻한다.

이 그림을 중심으로 대전입자의 운동에 대한 관련식을 정리해 보자. 대전입자의 질량을 m이라 하고, 원운동 궤도의 반지름을 r이라 하면, 자기력이 원운동의 구심력 역할을 하므로

$$\frac{mv^2}{r} = qvB \text{ 또는 } mv = qBr$$

가 되며, 대전입자의 궤도 반지름 r은 다음과 같다.

$$r = \frac{mv}{qB} \qquad \text{19-4}$$

TIP 대전입자(帶電粒子)인가? 하전입자(荷電粒子)인가? charged particle

두 용어 모두 전기 띤 입자, 즉 전기를 띤 알갱이를 말한다. 일반적으로 대전입자라는 표현을 더 많이 사용한다. 대전입자는 양(+)전하와 음(−)전하를 띤 입자를 통틀어 말한다.

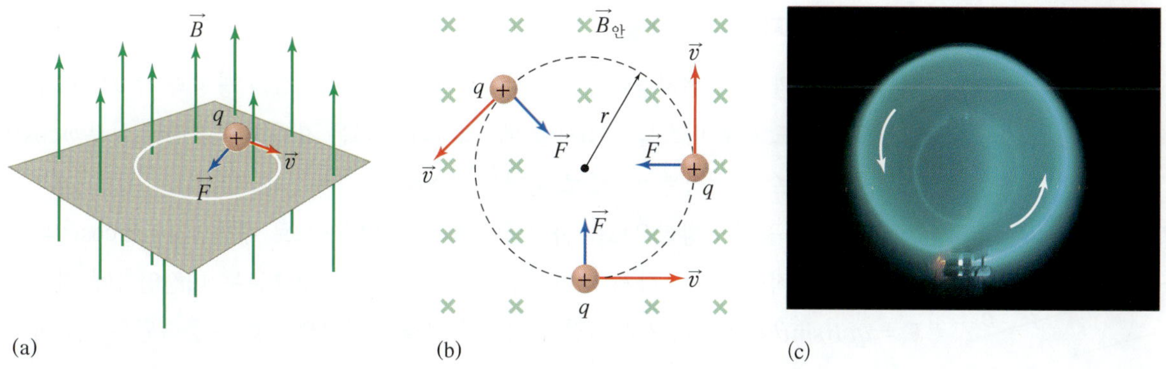

그림 19-9 대전입자가 균일한 자기장에 수직으로 입사하여 운동하는 경우, 자기력을 받아 원운동을 한다. (a) 대전입자의 운동을 옆에서 본 모습 (b) 대전입자의 운동을 위에서 본 모습으로 전하에 작용하는 자기력은 항상 원의 중심을 향한다. (c) 전자가 자기장 내에서 원운동 하는 모습

이 식으로부터 입자의 원형경로의 반지름은 입자의 운동량 mv에 비례하고, 자기장에 반비례하는 것을 알 수 있다. 그리고 대전입자의 원운동의 주기 T는 다음과 같다.

$$T = \frac{2\pi}{\omega} = \frac{2\pi}{v/r} = \frac{2\pi m}{qB} \qquad \textbf{19-5}$$

즉, 원운동의 주기 T는 대전입자의 속력 v와 회전반지름 r와는 관계없고 질량 m과 자기장 B 그리고 전하량 q에 의해서 결정된다.

예제 19-2 균일한 자기장 속으로 입사한 대전입자의 운동

문제 그림 19-10과 같이 자기장이 책 속으로 들어가는 방향인 공간으로 대전입자가 입사하였다. 자기장 $\vec{B}$에 수직으로 입사된 대전입자가 반지름 1 m의 원궤도를 그렸다. 대전입자의 전하량은 1.6×10^{-19} C이고, 질량은 $m = 9.1 \times 10^{-31}$ kg이며, 자기장의 크기는 $B = 5.7 \times 10^{-5}$ T이다. (a) 그림을 보고 대전입자의 전하가 양(+)전하인지 또는 음(−)전하인지를 밝히라. (b) 대전입자가 자기장에 입사될 때의 속력은 얼마인가? (c) 자기장에서 대전입자가 받는 힘은 얼마인가?

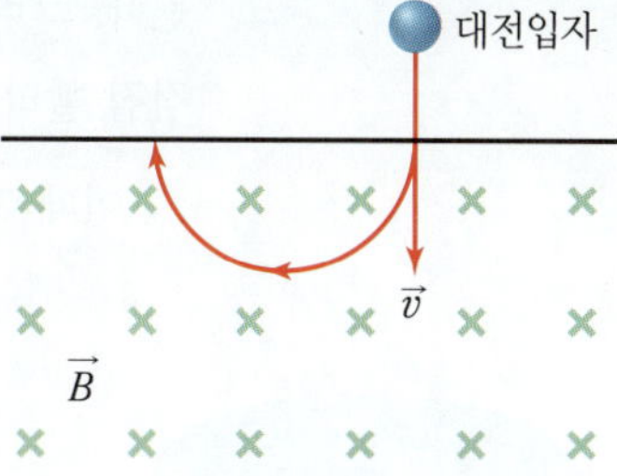

그림 19-10 자기장 $\vec{B}$에 수직하게 입사된 대전입자의 운동

생각하기 주어진 상황을 오른손 법칙-1에 적용하면 대전입자는 전자임을 알 수 있다.

풀이 (a) 대전입자에 작용하는 자기력의 방향을 오른손 법칙-1로 찾아보면 이 입자는 음(−)전하임을 알 수 있다.

(b) 대전입자의 입사 속도의 크기를 v라 하면 입자는 자기장으로부터 자기력 $F = qvB$를 받아 원운동을 하므로 $qvB = m\frac{v^2}{r}$이다. 이 식에서 속력 v를 구하면 다음과 같다.

$$v = \frac{qBr}{m} = \frac{(1.6 \times 10^{-19}\ \text{C}) \times (5.7 \times 10^{-5}\ \text{T}) \times 1\ \text{m}}{9.1 \times 10^{-31}\ \text{kg}}$$
$$= 1.0 \times 10^{7}\ \text{m/s}$$

(c) 대전입자가 자기장에서 받는 힘, 즉 자기력의 크기는 다음과 같다.

$$F = qvB$$
$$= (1.6 \times 10^{-19}\ \text{C}) \times (1.0 \times 10^{7}\ \text{m/s}) \times (5.7 \times 10^{-5}\ \text{T})$$
$$= 9.1 \times 10^{-17}\ \text{N}$$

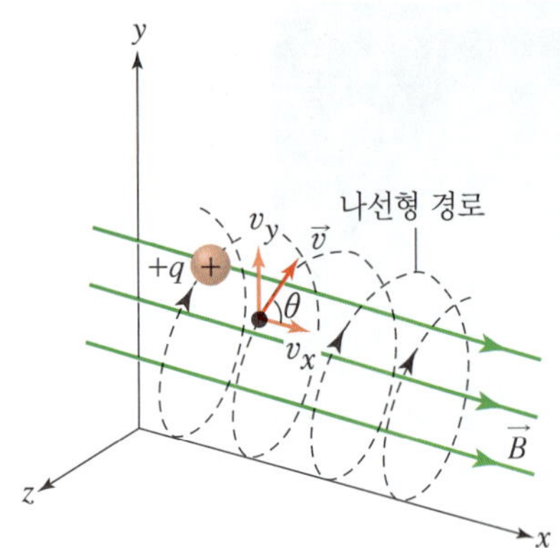

그림 19-11 균일한 자기장과 θ의 각을 이루는 방향으로 속도를 갖는 대전입자는 나선형 경로를 움직인다.

대전입자가 자기장과 각을 이루며 비스듬히 입사한 경우

그림 19-11과 같이 전하량이 q인 대전입자가 균일한 자기장의 방향과 각 θ를 이루는 방향으로 속도 $\vec{v}$로 비스듬히 입사할 때, 입자의 속력은 자기장에 평행한 성분 $v\cos\theta$와 자기장에 수직한 성분 $v\sin\theta$로 분해할 수 있다.

자기장에 평행한 방향으로는 자기력이 작용하지 않으므로 대전입자는 $v\cos\theta$의 속력으로 등속직선운동을 하게 되며, 자기장에 수직인 방향으로는 대전입자에 자기력 $F = qvB\sin\theta$이 작용하므로 대전입자는 이 힘을 구심력으로 하는 등속원운동을 하게 된다. 따라서 대전입자는 그림 19-11과 같이 **나선운동**(screw motion 螺旋運動)을 하게 된다. 만일 자기장이 균일하지 않고 점점 강해지면 $r = \dfrac{mv}{qB}$에서 원운동의 반지름이 작아지는 나선운동을 하게 된다.

사이클로트론

1931년 미국의 물리학자 로렌스(E. O. Lawrence)에 의해 만들어진 **사이클로트론**(cyclotron)은 대전입자를 가속시켜 큰 에너지를 갖게 하는 가속기의 일종이다. 사이클로트론 장치의 구조는 그림 19-12와 같이 큰 자석의 N극과 S극 사이에 있는 진공실 안에 D자 모양의 반원형 가속 전극 D_1, D_2가 약간의 틈새를 두고 마주보게 설치되어 있다. 장치의 중앙 부분에서 대전입자를 만들어 진공인 전극 속으로 입사시키면, 대전입자는 자기력을 받아 D_1, D_2 내에서 등속원운동을 하게 된다. 대전입자의 속력을 고주파 전기장에 의해 가속시키는 것이 사이클로트론의 기본 원리이다.

D_1, D_2 사이에 고주파 전압을 걸어주면 대전입자는 자기장에 의해 원운동을 하게 된다. 그리고 D_2에서 D_1로 갈 때, 또 D_1에서 D_2로 계속 진행하면서 가속되어 속도는 점점 빨라지고 원운동의 반지름이 커지게 된다.

이때 자기장 내에서 대전입자의 운동의 반지름은 $r = \dfrac{mv}{qB}$이고, 원운동의 주기는

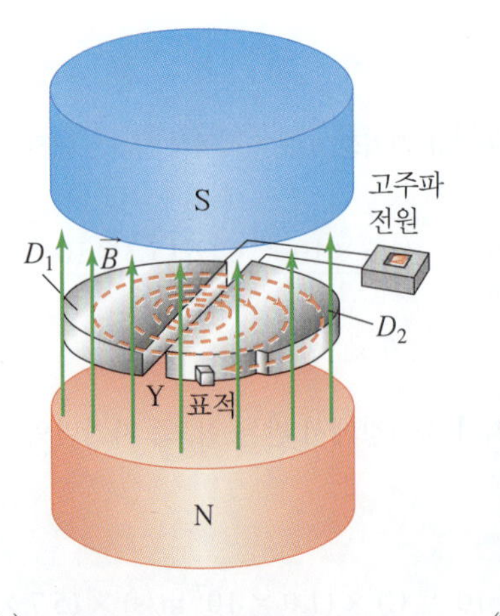

(a)

(b)

(c)

그림 19-12 (a) 진공 속에서 대전입자의 속도를 가속시키는 장치인 사이클로트론의 기본 구조도 (b) 1931년 로렌스(E. O. Lawrence)와 리빙스턴(M. S. Livingston)이 발명한 인류 최초의 사이클로트론 (c) 유럽에 위치한 CERN에서 1957년 최초로 건설한 양성자 사이클로트론이다. 이 장치에서는 양성자를 600 MeV로 가속시켜 다양한 실험을 한 후 1900년 신형 가속기에게 임무를 물려주고 폐쇄되었다.

$T = \dfrac{2\pi m}{qB}$ 이다. 대전입자가 원운동을 하면서 D를 반 바퀴 도는 시간은 반지름의 크기에 관계없이 일정하므로 T와 같은 주기의 고주파 전압을 걸어주면 D 사이를 왕복 운동할 때마다 가속되어 매우 큰 운동에너지를 얻게 된다.

사이클로트론에서 대전입자가 얻는 에너지는 D의 반지름과 자기장의 세기 B에 의해 결정되며, 이 에너지는 식 19-4에서 v를 구해 운동에너지에 대입하면 다음과 같다.

$$\frac{1}{2}mv^2 = \frac{1}{2}m\left(\frac{qBr}{m}\right)^2 = \frac{q^2B^2r^2}{2m}$$

즉, 대전입자가 갖는 운동에너지는 다음과 같다.

$$KE_{\text{운동}} = \frac{q^2B^2r^2}{2m} \qquad \textbf{19-6}$$

이 식의 SI 단위는 J로 표시된다. 그러나 원자나 전자 등과 같은 작은 입자 하나가 갖는 에너지는 대단히 작은 양이므로 J 대신 **전자볼트**(eV)를 사용한다.

사이클로트론에 있는 이온의 에너지가 약 20 MeV를 넘게 되면, 상대론적 효과가 나타난다. 이에 따라 운동하는 이온은 가해준 교류전압의 위상과 맞지 않게 된다. 이러한 문제점은 전위차의 주파수를 이온과 같은 위상에 있도록 조정해야 한다. 또 다른 문제점으로는 에너지가 큰 이온을 얻기 위해서는 궤도반지름이 커져야 하므로 건설비용이 엄청나게 증가하게 된다.

이러한 문제점을 해결하기 위해 개발된 가속기가 바로 **싱크로트론**(synchrotron)이다. 미국 페르미 국립가속기연구소의 양성자 싱크로트론의 원둘레는 6.3 km이며, 가속하여 얻을 수 있는 양성자의 에너지는 약 1 TeV(10^{12} eV)이다.

TIP 현재 사이클로트론은 사용하지 않는다

역사적으로 볼 때 사이클로트론은 최초의 입자가속기로 아주 구식이다. 현재 사용하고 있는 대부분의 연구용 가속기는 원형으로 제작된 **싱크로트론**이 주를 이루고 있다. 1984년에는 미국 일리노이 주에 있는 페르미 국립 가속기연구소에서는 양성자를 가속시켜 800 GeV의 에너지를 얻은 바 있으며, 현재는 1 TeV의 양성자를 얻을 수 있다. 유럽에 있는 CERN에서는 양성자 빔의 에너지를 7 TeV까지 가속시킬 수 있다.

예제 19-3 동위원소 분리에 이용되는 질량분석기

문제 그림 19-13과 같이 이온화된 두 원자가 점 S의 슬릿에서 나와 종이 속으로 향하는 0.100 T의 자기장 속으로 속력 1.00×10^6 m/s로 입사된다. 첫 번째 원자핵은 양성자 한 개를 갖고 질량이 $m_1 = 1.67 \times 10^{-27}$ kg이며, 두 번째 원자핵은 양성자 한 개와 중성자 한 개를 갖고 질량이 $m_2 = 3.34 \times 10^{-27}$ kg이다. 화학적 성분이 같고 질량이 다른 원소를 **동위원소**(isotope 同位元素)라 한다. 이 두 동위원소는 수소와 중수소이다. 이 원자들은 점 P에 놓인 사진 건판과 충돌하여 기록된다. 이때 사진 건판에 나타난 두 원소의 떨어진 거리 x는 몇 m인가?

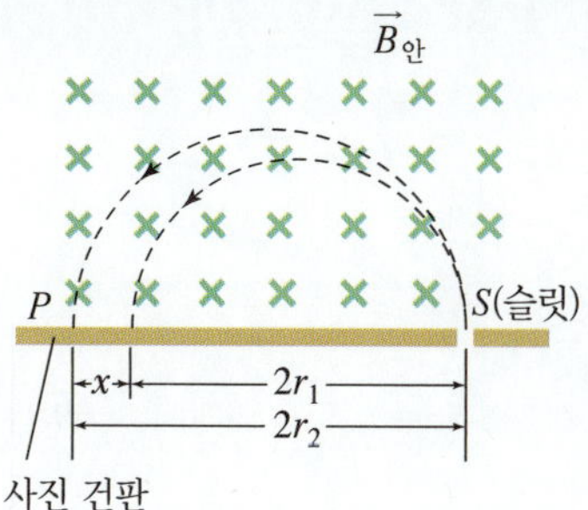

그림 19-13 2개의 동위원소가 점 S의 슬릿으로부터 나와 서로 다른 반원 경로를 진행한 후, 사진 건판 P에 부딪친다.

생각하기 각각의 원자에 사이클로트론 식을 적용하여 각각의 경로에 대한 반지름을 구한다. 반지름을 2배하여 지름을 구하고 그들의 차를 구한다.

풀이 식 19-4를 사용하여 가벼운 동위원소, 수소에 의한 그들의 궤도의 반지름을 구하면 다음과 같다.

$$r_1 = \frac{m_1 v}{qB} = \frac{(1.67 \times 10^{-27}\ \text{kg})(1.00 \times 10^6\ \text{m/s})}{(1.60 \times 10^{-19}\ \text{C})(0.100\ \text{T})}$$

$$= 0.104\ \text{m}$$

또 무거운 동위원소, 중수소에 의한 원궤도의 반지름을 같은 식을 사용하여 구하면 다음과 같다.

$$r_2 = \frac{m_2 v}{qB} = \frac{(3.34 \times 10^{-27}\ \text{kg})(1.00 \times 10^6\ \text{m/s})}{(1.60 \times 10^{-19}\text{C})(0.100\ \text{T})}$$
$$= 0.209\ \text{m}$$

반지름을 두 배하여 지름을 구하고 그 차를 구하면 두 동위원소 사이의 떨어진 거리 x가 얻어진다.

$$x = 2r_2 - 2r_1 = 0.210\ \text{m}$$

제2차 세계대전 중 질량분석기를 이용하여 방사성 우라늄 동위원소 U-235 $\left(^{235}_{92}\text{U}\right)$와 이보다 훨씬 구성비가 큰 동위원소인 U-238 $\left(^{238}_{92}\text{U}\right)$을 서로 분리하는 데 사용되었다.

19-4 자기장 내에서 전류가 흐르는 도체에 작용하는 자기력

앞에서 논의한 것처럼, 자기장 속에서 운동하는 전하는 자기력을 받는다. 전류는 움직이는 전하들의 집단이므로 자기장 속에 있는 전류도 자기력의 영향을 받게 된다. 그러면 전류가 흐르는 도체가 자기장 속에서 받는 힘의 크기와 방향은 어떠한지 알아보자.

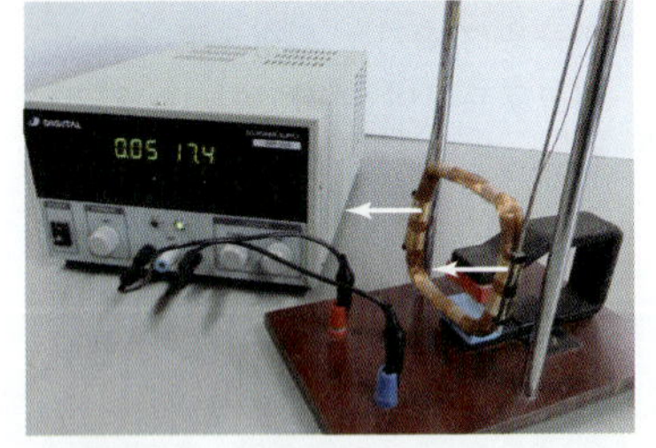

그림 19-14 영구자석 내에 있는 코일에 전류가 흐를 때 자기력을 받아 코일이 앞쪽으로 밀리는 모습

그림 19-14와 같이 말굽자석을 가로질러서 도선을 설치하고 도선에 전류를 흘리면 도선에 힘이 작용하여 전류의 방향에 따라 앞뒤로 움직인다(이 같은 장치를 전기 그네라고 부른다). 이처럼 전류가 흐르는 도선을 자기장 내에 놓으면 도선에 자기력이 작용한다. 이때 도선에 흐르는 전류의 세기가 변하면 도선이 움직이는 거리가 달라지고, 전류의 방향이 반대로 되면 도선이 움직이는 방향도 반대가 된다. 전류가 흐르는 도선이 자기장에서 받는 힘의 방향은 전류의 방향과 자기장의 방향에 다르며, 이들은 서로 수직이다.

그림 19-15와 같이 자석의 두 극 사이에 전류가 흐르는 도선을 걸어두면, 도선에 힘이 작용하는 것을 볼 수 있다. 자기장의 방향은 종이 속으로 들어가고, 색이 칠해진 영역에 걸쳐져 있다. 전류가 도선을 따라 흐르면 전류의 방향에 따라 도선은 오른쪽이

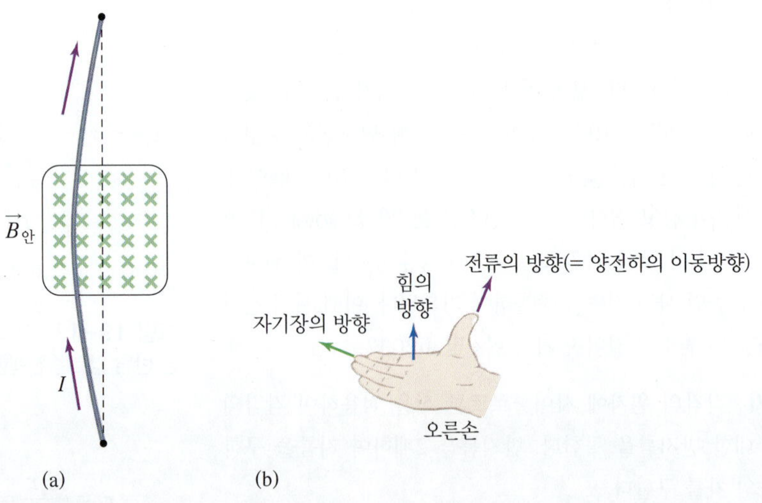

그림 19-15 (a) 자석의 두 극 사이에 전류가 흐르는 도선을 걸어두면, 도선에 힘이 작용하는 것을 볼 수 있다. (b) 오른손 법칙-1에서 양전하의 이동방향을 전류의 방향으로 바꾸어 놓으면 손바닥이 지시하는 방향이 자기력의 방향이 된다.

나 왼쪽으로 힘을 받는다. 이때 도선이 받는 힘의 방향은 오른손 법칙-1에서 양전하의 속도 방향을 전류의 방향으로 바꾸면 결정된다.

그러면 이와 같이 전류가 흐르는 도선을 자기장 내에 놓으면 도선이 자기력을 받아 움직이는 이유는 무엇일까? 그림 19-16은 균일한 외부 자기장 $\vec{B}$ 내에서 전류 I가 흐르는 길이가 l이고 단면의 넓이가 A인 도선의 한 부분을 나타낸 것이다. 자기장은 도선에 수직이고 종이 속으로 들어간다고 가정하면, 도선 내에 있는 각각의 전하운반자는 크기가 $F_{최대} = qv_dB$인 힘을 받는다. 여기서 v_d는 전하의 유동속력이다. 도선에 작용하는 전체 힘은 한 전하운반자에 작용하는 힘과 그 부분에 존재하는 전하의 수를 곱한 것이다. 전하운반자가 존재하는 부분의 부피는 Al이므로, 운반자의 수는 nAl이 된다. 여기서 n은 단위부피당 운반자의 수이다.

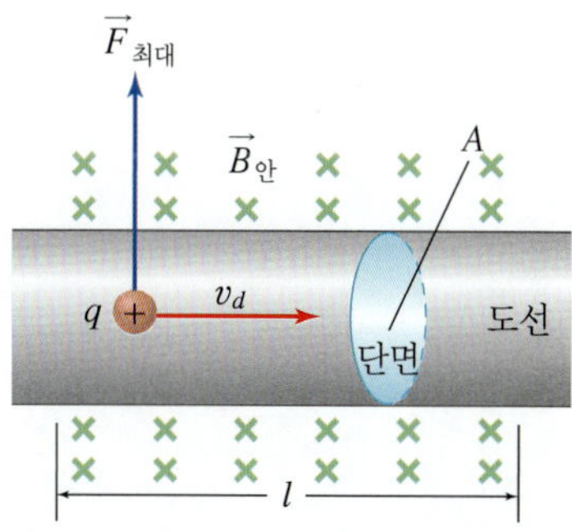

그림 19-16 외부 자기장 $\vec{B}$ 내에서 움직이는 전하는 $F_{최대} = qv_dB$ 만큼의 자기력을 받는다.

따라서 길이가 l인 도선에 작용하는 전체 자기력의 크기는 다음과 같이 표현할 수 있다.

$$\text{전체 힘} = \text{전하운반자 하나에 작용하는 힘} \times \text{전체 운반자의 수}$$

$$F_{최대} = (qv_dB)(nAl) \qquad \textbf{19-7}$$

식 18-7에서 미시적으로 본 전류는 $I = nqv_dA$로 표현한 바 있다. 전류의 세기를 I, 자기장을 $\vec{B}$, 자기장 내에 들어 있는 도선의 길이를 l이라 하면 이 도선에 작용하는 힘 $\vec{F}$의 크기는 다음과 같다.

$$F = BIl \qquad \textbf{19-8}$$

전류가 흐르는 도선이 받는 자기력은 자기장, 전류의 세기, 그리고 자기장 내에 있는 도선의 길이에 비례한다. 이때 받는 힘의 방향은 전류의 방향이 양전하의 이동방향과 같으므로 오른손 법칙-1로 구할 수 있다. 따라서 자기장과 수직으로 놓인 1 m의 도선에 1 A의 전류가 흐를 때 도선이 받는 힘의 크기가 1 N이면, 이때의 자기장은 1 N/A m(또는 1T)가 되는 것을 알 수 있다.

전류가 흐르는 도선이 자기장 내에서 받는 힘은 전류의 방향과 자기장의 방향이 수직일 때 가장 크며, 서로 평행하면 힘은 작용하지 않는다($\vec{F} = 0$). 그리고 전류의 방향과 자기장의 방향이 수직이 아닐 경우에는 자기장에 수직한 성분의 도선의 길이가 받는 힘을 생각하면 된다. 그림 19-17과 같이 자기장 $\vec{B}$의 방향과 전류 I의 방향 사이의 각이 θ일 때 전류 도선이 받는 자기력의 크기는 다음과 같이 주어진다.

$$F = BIl\sin\theta \qquad \textbf{19-9}$$

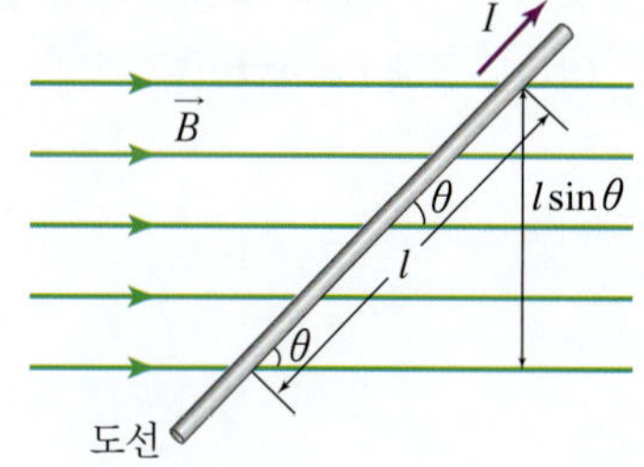

그림 19-17 자기장 $\vec{B}$의 방향과 전류 I의 방향 사이의 각이 θ일 때, 전류 도선이 받는 자기력의 크기는 길이 l이 아닌 $l\sin\theta$에 의존한다.

스피커(확성기)는 전류가 흐르는 도선이 자기장 내에서 받는 힘을 이용하여 작동한다. 그림 19-18은 원뿔형 진동판, 코일(음성코일이라 부르기도 함), 영구자석으로 구성된 스피커의 내부를 나타낸 것이다. 진동판은 앞뒤로 진동할 수 있도록 되어 있으며, 진동하는 동안 공기를 밀고 당기면서 음파를 발생시킨다. 코일은 자유롭게 움직일 수 있는 구조로 영구자석의 한 극(그림에서는 N극)을 둘러싸고 있다. 음향기기에서 나오는 전기신호(흐르는 방향이 바뀌는 교류 전류)가 자기장 내에 있는 코일에 흐르면

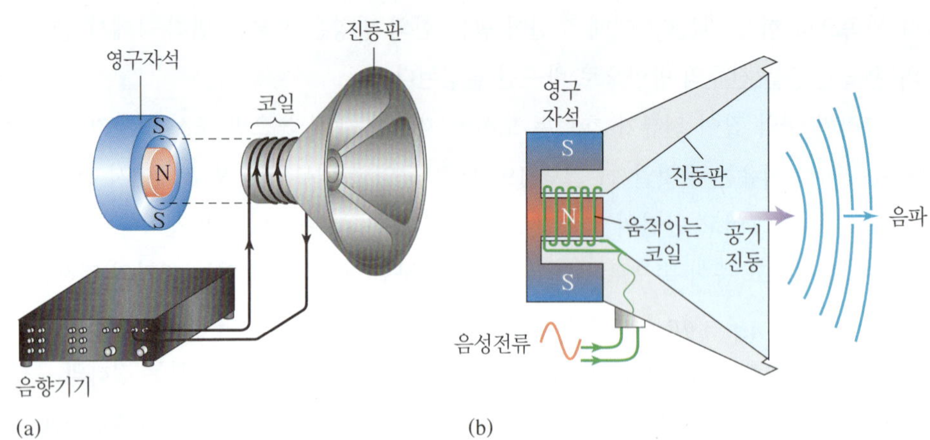

그림 19-18 (a) 스피커는 진동판, 코일, 영구자석으로 구성되어 있다. (b) 코일에 전기신호가 흐르면 자기장 내에서 힘을 받아 진동판이 앞뒤로 진동하고, 이에 따라 공기 분자도 진동하여 음파가 형성된다.

코일은 자기력을 받아 앞뒤로 움직이게 된다. 이때 진동판의 진동수는 입력된 교류 진동수와 같은 진동수로 진동한다. 진동판이 진동하면 공기분자도 진동하므로 이 과정에서 음파가 형성되어 우리 귀에 들어오게 된다.

예제 19-4 스피커에 작용하는 자기력

문제 어느 스피커 속에 있는 코일은 지름이 $r = 0.025$ m인 도선이 50번 감겨져 있다. 이 스피커는 자기장이 0.10 T인 영구자석 속에 놓여 있다. (a) 코일에 2.0 A의 전류가 흐를 때, 코일과 진동판에 작용하는 자기력은 얼마인가? (b) 코일과 진동판의 전체 질량이 0.020 kg일 때, 이들의 가속도는 얼마인가?

생각하기 코일에 작용하는 자기력은 식 19-9인 $F = BIl\sin\theta$로 구할 수 있다. 코일의 전체 길이 l은 감은 수(n)와 원둘레(πr)를 곱해 $l = n\pi r$이다.

풀이 (a) 자기장이 코일의 모든 부분과 수직으로 작용하므로 $\theta = 90°$이다. 따라서 자기력은 다음과 같다.

$$F = BIl\sin\theta$$
$$= (0.10\text{ T})(2.0\text{ A})(50\pi \times 0.025\text{ m})\sin 90°$$
$$= 0.79\text{ N}$$

(b) 운동의 제2법칙에 따라 코일과 진동판의 가속도는 다음과 같다.

$$a = \frac{F}{m} = \frac{0.79\text{ N}}{0.020\text{ kg}} = 39.5\text{ m/s}^2$$

19-5 전류고리에 작용하는 토크

전류가 흐르는 도선은 자기장 속에 놓일 때 자기력을 받는다는 것을 알았다. 도선의 고리가 자기장 속에 적당히 놓이면 자기력은 고리를 회전시키려는 **토크**(torque)를 준다. 자기장이 어떻게 전류고리에 작용하여 회전운동을 일으키는지 알아보자.

자기장 내 전류가 흐르는 고리에 작용하는 토크

그림 19-19(a)는 전류 I가 흐르는 직사각형 도선이 균일한 자기장 내에 놓여 있는 것을 나타낸다. 전류가 흐르는 방향이 자기장과 평행한 선분 a(위와 아래)인 변에 작용

하는 힘은 0이다. 그러나 도선의 방향과 자기장의 방향이 수직인 선분 b(좌와 우)인 변에 작용하는 힘은 다음과 같다.

$$F_1 = F_2 = BIb$$

왼쪽 도선에 작용하는 힘 $\vec{F}_1$의 방향은 종이면으로부터 나오는 방향이고, 오른쪽 도선에 작용하는 힘 $\vec{F}_2$는 종이면 속으로 들어가는 방향이다. 이때 전류고리를 위에서 보면, 작용하는 힘의 방향은 그림 19-19(b)와 같이 나타난다. 만약 점 O를 중심으로 회전시킨다면, 이 두 힘은 전류고리를 점 O에 대해 회전시키는 토크를 발생시킨다. 이 토크의 최대 크기 $\tau_{최대}$는 다음과 같다.

$$\tau_{최대} = F_1\frac{a}{2} + F_2\frac{a}{2} = (BIb)\frac{a}{2} + (BIb)\frac{a}{2} = BIab \qquad \textbf{19-10 a}$$

여기서 점 O에 대한 회전모멘트의 팔의 길이는 $a/2$이다. 직사각형 전류고리의 넓이는 $A = ab$이므로 토크는 다음과 같이 쓸 수 있다.

$$\tau_{최대} = BIA \qquad \textbf{19-10 b}$$

이 결과는 자기장이 고리의 면에 평행할 때만 성립한다. 그림 19-19(c)와 같이 자기장이 전류고리의 면에 수직인 선과 각 θ를 이룬다면, 각각의 힘의 모멘트 팔의 길이는 $\frac{a}{2}\sin\theta$로 줄어들고 이때 토크의 크기는 다음과 같다.

$$\tau = BIA\sin\theta \qquad \textbf{19-11}$$

식 19-11의 결과는 자기장이 전류고리의 면과 평행할 때($\theta = 90°$) 토크는 최댓값 BIA를 갖고, 자기장이 전류고리의 면에 수직일 때는($\theta = 0°$) 0임을 보여준다.

이러한 분석은 직사각형 전류고리에서만 적용되었으나, 식 19-11은 전류고리의 모양에 관계없이 적용된다. 만약 전류고리가 N번 감겨 있다면 이때 작용하는 토크는 다음과 같다.

$$\tau = BIAN\sin\theta \qquad \textbf{19-12a}$$

> **TIP 토크(torque)**
>
> 토크에 대해서는 이미 제8장에서 공부하였다. 토크는 힘이 어떤 축에 대해 물체를 회전시키려는 경향을 말한다. 토크의 크기는 식 8-15와 같이 $\tau = rF$이다.

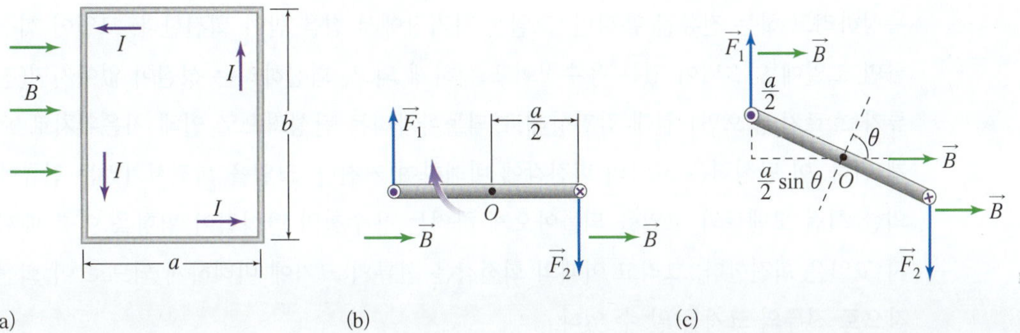

그림 19-19 (a) 전류 I가 흐르는 직사각형 도선이 균일한 자기장 내에 놓여 있을 때, 자기장에 평행한 변 a(위와 아래 변)에 작용하는 자기력은 없다. (b) 직사각형 고리를 위에서 보면, 길이가 b인 변에 작용하는 두 자기력 $\vec{F}_1$과 $\vec{F}_2$가 고리를 회전시키는 토크를 발생시킨다. (c) 자기장이 고리의 평면에 수직인 선과 θ를 이루면 힘의 모멘트 팔의 길이는 $\frac{a}{2}\sin\theta$가 된다.

여기서 $\mu = IAN$은 **코일의 자기모멘트**(magnetic moment)라 불리는 벡터 $\vec{\mu}$의 크기이다. $\vec{\mu}$는 언제나 전류고리 면에 수직인 방향이며, 오른손 엄지손가락이 $\vec{\mu}$의 방향을 가리키면, 오른손 네 손가락은 전류의 방향을 가리킨다. 식 19-11 및 식 19-12a에 있는 각 θ는 자기모멘트 $\vec{\mu}$의 방향과 자기장 $\vec{B}$의 사이의 각이다. 따라서 토크의 크기는 다음과 같이 쓸 수 있다.

$$\tau = \mu B \sin\theta \qquad \textbf{19-12b}$$

이 식을 벡터방정식으로 나타내면 다음과 같다.

$$\vec{\tau} = \vec{\mu} \times \vec{B} \qquad \textbf{19-13}$$

자기모멘트 $\vec{\mu}$의 단위는 **암페어 제곱미터**(A m^2)이다. 전류가 흐르는 코일의 자기모멘트가 커질수록 자기장 내에 놓인 코일은 더 큰 토크를 받는다.

예제 19-5 전류가 흐르는 코일에 작용하는 토크

문제 도선의 코일이 2.0×10^{-4} m^{2}인 넓이를 가지며, 감은 수가 100번인 고리로 구성되어 있다. 이 전류고리에 $I = 0.045$ A의 전류가 흐르고 0.15 T의 균일한 자기장 속에 놓여 있다. (a) 코일의 자기모멘트를 계산하라. (b) 자기장이 코일에 작용하는 최대 토크를 구하라.

생각하기 도선의 고리가 자기장 속에 놓이면 자기력에 의해 고리는 회전하려는 토크를 받게 된다. 이 토크를 구하는 기본 문제이다.

풀이 (a) 코일의 자기모멘트는 $\mu = IAN$이므로 다음과 같다.

$$\mu = IAN = (0.045\ \text{A})(2.0 \times 10^{-4}\ \text{m}^2)(100\text{번})$$
$$= 9.0 \times 10^{-4}\ \text{A m}^2$$

(b) 최대 토크는 $\tau = BIAN \sin\theta$에서 $\theta = 90°$이므로 다음과 같다.

$$\tau = BIAN \sin\theta = \mu B = (9.0 \times 10^{-4}\ \text{A m}^2)(0.15\ \text{T})$$
$$= 1.35 \times 10^{-4}\ \text{N m}$$

응용: 검류계, 전동기

전류고리에 작용하는 토크를 응용하는 계기에 대해 알아보자. 그림 19-20(a)는 **가동코일형 검류계**의 내부를 나타낸 그림이다. 영구자석 사이에 코일을 놓고, 이 코일에 측정하려고 하는 전류를 흘리면, 코일은 자기장에서 힘을 받아 회전한다. 코일이 회전하면 코일에 연결되어 있는 용수철이 느슨하게 되고, 회전하려는 성질이 없어지면(전류가 흐르지 않으면) 원래 감긴상태로 되돌아가려는 탄성력으로 인해 처음위치로 오게 된다. 이 탄성력은 코일의 회전각에 비례하여 커진다. 코일을 회전시키려는 전류에 의한 회전 모멘트와 코일을 되돌아오게 하려는 용수철의 탄성력이 평형을 이룰 때까지 코일은 회전한다. 그리고 이때의 회전각은 전류의 크기에 비례하게 되므로 이 회전각으로 전류의 크기를 알 수 있다.

전류가 자기장 내에서 받는 힘을 이용하여 전기에너지를 기계적인 일(회전)로 바꾸는 장치를 **전동기**(electric motor 電動機)라고 하는데 전동기는 검류계와 같은 원리로 작동한다. 전동기 내부는 **회전자**(rotor 回轉子) 또는 **전기자**(armature 電機子)라고 하는 커다란 원통에 도선을 여러번 감아 놓은 가동코일 구조를 갖는다. 그림 19-20(b)에는

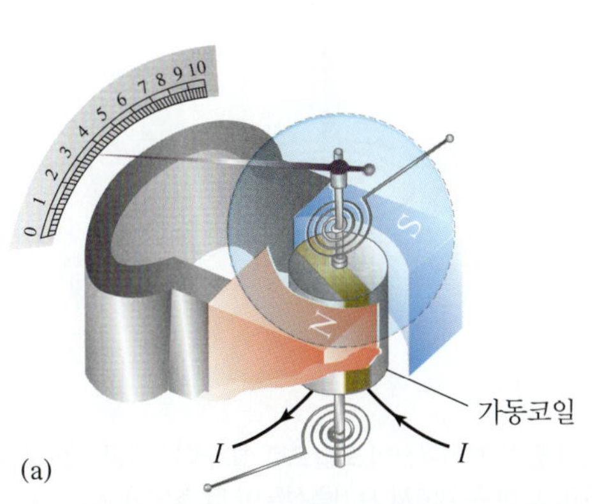

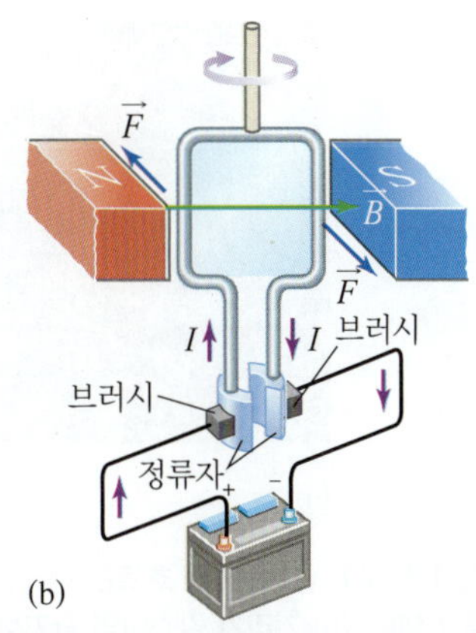

그림 19-20 (a) 검류계의 기본 구조. 영구자석 사이에 코일을 놓고 이 코일에 측정하려고 하는 전류를 흘리면 코일은 자기장에서 힘을 받아 회전한다. (b) 전동기의 기본구조. 전류가 코일에 흐르면 토크가 생겨 코일이 회전한다.

고리도선이 하나만 나타나 있지만, 실제 전동기에는 도선을 많이 감은 가동코일을 볼 수 있다. 전기자는 회전축 위에 설치되어 있으며, 대형 전동기에서는 영구자석 대신 전자석을 쓰기도 한다. 고리 도선면이 자기장에 수직인 상태에서 90° 회전하면 정류자에 의해 공급되는 전류의 방향이 반대로 바뀌어 고리도선이 계속 같은 방향으로 힘을 받아 회전하게 된다.

19-6 긴 직선도선에 흐르는 전류가 만드는 자기장

전기와 자기 사이의 관계는 1819년 덴마크의 과학자 외르스테드(H. C. Oersted, 1777~1851)가 도선에 흐르는 전류가 근처에 있는 나침반 바늘을 편향시키는 것을 발견하였다. 그 후에 앙페르(André-Marie Ampère)는 전류가 흐르는 도체 사이의 자기력에 대한 정량적 법칙을 추론해냈다. 이 결과 전기와 자기는 밀접한 관계가 있음을 알게 되었다.

외르스테드 Hans Christian Oersted, 1777~1851, 덴마크의 과학자

도선에 흐르는 전류가 근처에 있는 나침반 바늘을 편향시키는 것을 보고 전기와 자기 사이의 관계를 발견하였다. 이 발견은 그 전까지 전기와 자기는 별개의 현상이라고 여겨왔던 과학자들의 고정관념을 바꾼 결정적인 계기가 되었다.

긴 직선도선에 전류가 흐를 때 형성되는 자기장

두꺼운 종이 가운데에 구멍을 뚫어 도선을 곧게 끼우고 종이 위에 철가루를 고르게 뿌린 다음 도선에 전류를 흘리면 도선 주위의 철가루가 그림 19-21(a)에서 보는 바와 같이 도선을 중심으로 원 모양으로 일정하게 배열된다. 이와 같이 **직선전류에 의한 자기장은 전류에 수직인 평면 내에서 도선을 중심으로 동심원의 모양으로 나타난다.**

그리고 그림 19-21(a)와 같이 전류가 흐르는 직선도선 주위에 나침반을 놓으면 나침반의 바늘이 도선을 중심으로 동심원의 모양을 나타내도록 향하는 것을 볼 수 있다. 대칭성에 따라 자기장 $\vec{B}$의 크기는 도선을 중심으로 한 원 위의 어느 곳에서나 같고, 도선에 수직인 평면 내에 있다.

실험적으로 전류와 도선으로부터의 거리를 변화시키면 자기장은 전류에 비례하고 도선으로부터의 거리에 반비례함을 알 수 있다. 전류의 방향이 반대로 흐르면 자기장의 방향도 반대방향을 향한다. 이러한 발견 후, 과학자들은 긴 직선도선에 흐르는 전

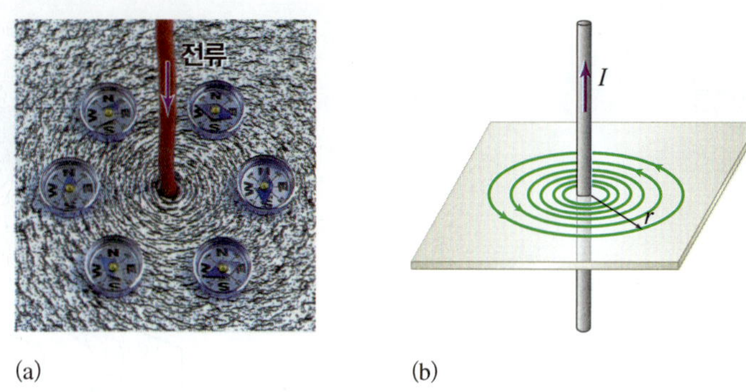

그림 19-21 (a) 전류가 흐르는 긴 직선도선 주위의 원형 자기력선의 모습으로 철가루가 원형고리 모양을 이루고 있다. (b) 거리가 감소하면 자기장은 더 세지고, 도선 주위에서 자기력선들이 더 조밀하다.

류로 인한 자기장의 크기에 대한 식을 다음과 같이 알아냈다. 도선에 흐르는 전류가 I일 때 도선에서 거리 r만큼 떨어진 곳의 자기장의 세기 B는 다음과 같다.

$$B = \frac{\mu_0 I}{2\pi r} \qquad \mathbf{19\text{-}14}$$

여기서 비례상수 μ_0을 **자유공간의 투자율**(permeability of free space)이라고 하고 다음의 값을 가진다.

$$\mu_0 = 4\pi \times 10^{-7}\ \mathrm{T\ m/A} \qquad \mathbf{19\text{-}15}$$

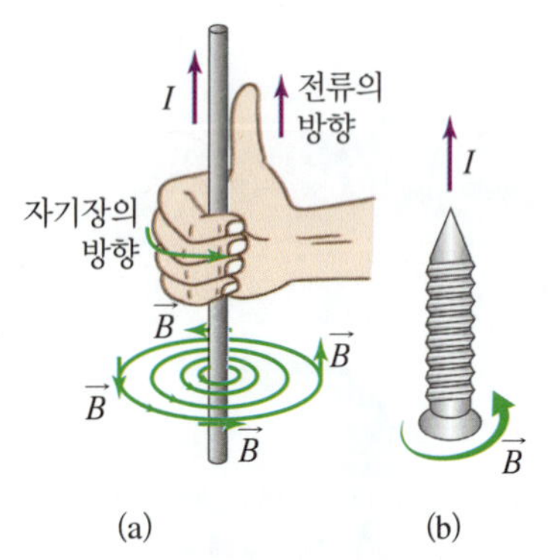

그림 19-22 직선 전류가 만드는 자기장의 방향은 오른손 법칙-2로 정해진다.

μ_0의 단위는 T m/A와 N/A^{2}이다.이때 형성되는 자기장의 방향은 **오른손 법칙-2**(right-hand rule No. 2)를 이용하여 결정할 수 있다. 그림 **19-22(a)와 같이 오른손으로 도선을 감아쥐고 엄지손가락을 펴서 전류의 방향으로 향하게 할 때, 나머지 네 손가락이 가리키는 방향이 전류 둘레에 만들어지는 자기장의 방향이 된다.** 또 그림 19-22(b)와 같이 전류의 방향을 오른나사가 진행하는 방향으로 하였을 때, 오른나사의 회전 방향이 자기장의 방향이 된다. 이 같은 이유로 오른손 법칙-2는 **오른나사의 법칙**(law of clockwise screw)이라고도 한다.

예제 19-6 직선도선 주위에 형성되는 자기장

문제 그림 19-23과 같이 x축 위에 놓인 긴 직선도선에 2 A의 전류가 $+x$축 방향으로 흐르고 있다. 이 도선으로부터 $+y$축 방향으로 5×10^{-2} m 떨어진 점 P에서의 자기장의 세기는 얼마인가? 그 방향은 어떻게 되는가?

생각하기 직선 전류가 흐르는 도선 주위에 형성되는 자기장을 구하는 기본 문제이다.

풀이 직선 전류에 의한 자기장의 세기 B는 식 19-14를 이용하면 다음과 같다.

$$B = \frac{\mu_0}{2\pi}\frac{I}{r} = (2 \times 10^{-7}\ \mathrm{T\ m/A}) \times \frac{2\ \mathrm{A}}{0.05\ \mathrm{m}} = 8 \times 10^{-6}\ \mathrm{T}$$

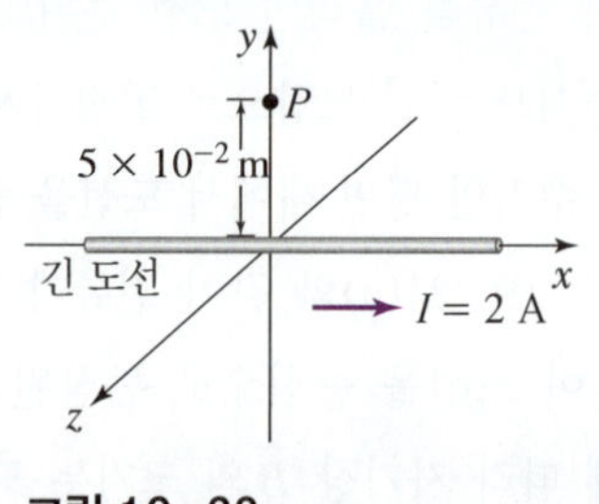

그림 19-23

그리고 점 P에서의 자기장의 방향은 오른나사의 법칙에 의해 $+z$축 방향이 된다.

Ampere의 법칙

임의의 전하분포에 대한 알짜 전기장은 전하요소들이 만드는 전기장을 구하고, 모든 전하요소에 대해서 더해주면 된다. 만약 전하분포가 평면대칭성이나 구대칭성 등의 형태를 갖는다면 Gauss의 법칙을 이용하여 전기장을 구할 수 있었다.

이와 마찬가지로 임의의 전류분포에 대한 알짜 자기장은 전류요소들이 만드는 자기장을 모두 구하고 모든 전류요소에 대해서 더하면 된다. **만약 전류분포가 어떤 대칭성을 가지고 있다면 Ampere의 법칙을 이용하여 편리하게 자기장을 구할 수 있다.**

Ampere의 법칙은 다음과 같이 설명할 수 있다. 그림 19-25와 같이 임의 폐경로를 하나 생각해 보자. 이 경로를 길이가 Δl인 수 많은 짧은 선분 요소로 나눈다고 생각해 보자. 이러한 선분 요소 한 개에 이 선분 요소에 평행한 자기장 성분을 곱하여 $B_{\parallel}\Delta l$로 표시하자. 폐경로에서 이러한 곱의 모든 합은 폐경로를 둘러싼 표면적을 통과하는 알짜전류 I에 μ_0를 곱한 것과 같다는 것이다.

$$\sum B_{\parallel}\Delta l = \mu_0 I \qquad \textbf{19-16a}$$

여기서 $B_{\parallel}$은 선분요소 Δl에 평행인 $\vec{B}$의 성분이며, $\sum B_{\parallel}\Delta l$은 전체 폐경로에 대한 모든 $B_{\parallel}\Delta l$의 합이다. 식 19-16은 전체 폐곡면에 대해 $\vec{B}\cdot d\vec{l}$의 값을 닫힌고리를 따라 적분하는 값과 동일하다. 즉, 다음과 같다.

$$\oint \vec{B}\cdot d\vec{l} = \mu_0 I \qquad \textbf{19-16b}$$

적분기호에 있는 원은 스칼라곱 $\vec{B}\cdot d\vec{l}$ 값을 **Ampere고리** 라고 한다. 스칼라곱 $\vec{B}\cdot d\vec{l}$은 $B\cos\theta\, dl$이므로 이 식은 $\oint B\cos\theta\, dl = \mu_0 I$로 나타낼 수 있다. 이 관계를 **Ampere의 법칙(앙페르의 법칙)**이라고 한다.

Ampere의 법칙을 이용하여 전류 I가 흐르는 긴 직선도선 주위의 자기장을 계산해 보자. 즉 전류가 흐르는 도선 주위에 생기는 자기장은 도선을 중심으로 원형을 이룬다. 자기장은 반지름이 r인 원둘레 상의 모든 점에서 접선방향이고, 같은 값을 갖는다. 따라서 그림 19-25와 같이 $B_{\parallel} = B$이므로 $\sum B_{\parallel}\Delta l$에서 $B_{\parallel}$은 원둘레 상의 모든 점에서 일정한 값을 가지므로 식 19-16a은 다음과 같다.

앙페르 André-Marie Ampère, 1775~1836, 프랑스의 수학자이며 물리학자

전기 현상을 연구하여 앙페르의 법칙 등 여러 법칙을 발견하였다. 전류와 자기장 사이의 관계를 수학적인 식으로 표현하였다. 그러한 업적으로 전자학의 뉴턴이라 불린다. 전류의 실용 단위인 암페어(A)는 그의 이름에서 딴 것이다.

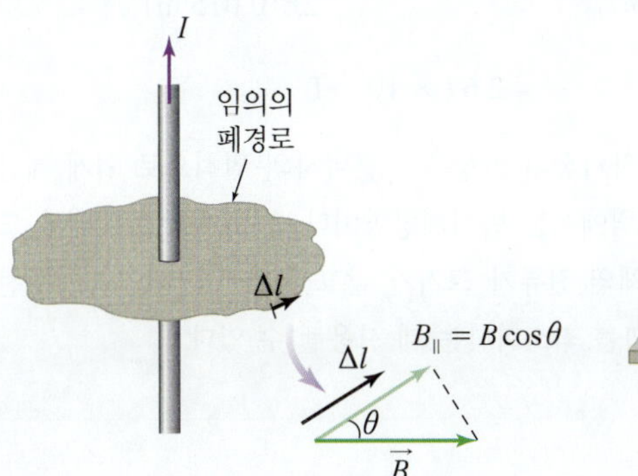

그림 19-24 Ampere의 회로법칙으로부터 전류 주위의 임의의 폐경로를 이용하여 전류에 의한 자기장을 계산할 수 있다.

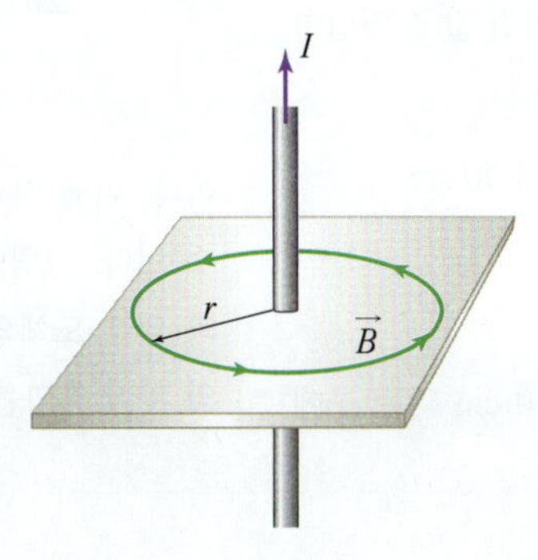

그림 19-25 전류가 흐르는 긴 직선도선 주위의 반지름이 r인 원형의 폐경로를 이용하여 도선에 의해 생성되는 자기장을 계산할 수 있다.

$$\sum B_{\parallel}\Delta l = B_{\parallel}\sum \Delta l = B(2\pi r) = \mu_0 I$$

이 식의 양변을 $2\pi r$로 나누면 다음과 같다.

$$B = \frac{\mu_0}{2\pi}\frac{I}{r}$$

이 식은 긴 직선도선에 흐르는 전류가 만드는 자기장의 식 19-14와 같다.

앙페르의 회로법칙은 전류 분포가 대칭적일 때 자기장을 계산하는 간단하고 좋은 방법을 제공하기 때문에 매우 중요하다. 그러나 대칭성이 결여된 복잡한 전류 분포에서의 자기장을 계산하는 데에는 이용할 수 없다. 뿐만 아니라 앙페르의 회로법칙은 전류와 장이 시간에 따라 변하지 않을 때만 성립한다.

예제 19-7 동축케이블 안과 밖에서의 자기장

문제 동축케이블(coaxial cable)은 중심 도선의 주위를 절연체로 싸고, 밖은 구리선 등의 그물로 싸서 다시 외피를 씌운 고주파 전송용 케이블을 말한다. 그림 19-26과 같이 어느 동축케이블의 내부 도선에 $I_1 = 3.00$ A의 전류가, 외피(외부도선)에 $I_2 = 1.00$ A가 I_1과 반대방향으로 흐르고 있다. (a) 두 도체 사이의 공간인 $r_{안} = 0.50$ cm 되는 곳에서의 자기장을 구하라. (b) 원통형 외피(외부도선) 도체 밖에 있는 점 $r_{밖} = 1.50$ cm 되는 곳에서의 자기장을 구하라.

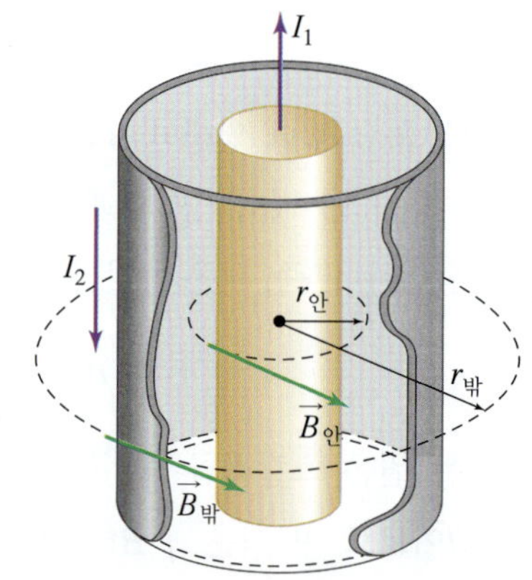

그림 19-26 동축케이블 내부도선과 외피 부분에 전류가 반대방향으로 흐르면 전류의 자기 효과가 감소된다.

생각하기 원통형 대칭이므로 앙페르의 회로법칙을 적용하여 자기장을 계산할 수 있다. 내부도선 둘레를 도는 원형경로를 그리면, 그 원형경로 안에 있는 전류만이 자기장 $B_{안}$에 기여한다. 외피(외부도선) 밖에서의 자기장 $B_{밖}$을 구하려면, 외피 밖을 둘러싸는 원형경로를 그려야 한다.

풀이 (a) 두 도체 사이의 공간인 $r_{안} = 0.50$ cm 되는 곳에서의 자기장은 앙페르의 회로법칙인 $\sum B_{\parallel}\Delta l = \mu_0 I$를 이용하면 된다. 이때 원형경로에서 자기장은 일정하고 경로의 전체 길이는 $2\pi r_{안}$이다. 따라서 $B_{안}(2\pi r_{안}) = \mu_0 I_1$이다. 주어진 값을 대입하면 다음과 같다.

$$B_{안} = \frac{\mu_0 I_1}{2\pi r_{안}} = \frac{(4\pi \times 10^{-7}\ \mathrm{T\,m/A})(3.00\ \mathrm{A})}{2\pi(0.005\ \mathrm{m})}$$
$$= 1.20 \times 10^{-4}\ \mathrm{T}$$

(b) 원통형 외피(외부도선) 도체 밖의 $r_{밖} = 1.50$ cm 되는 곳에서의 자기장 $B_{밖}$도 역시 앙페르의 회로법칙으로 계산할 수 있다. 즉 $B_{밖}(2\pi r_{밖}) = \mu_0(I_1 - I_2)$이므로

$$B_{밖} = \frac{\mu_0 (I_1 - I_2)}{2\pi r_{밖}} = \frac{(4\pi \times 10^{-7}\ \mathrm{T\,m/A})(3.00\ \mathrm{A} - 1.00\ \mathrm{A})}{2\pi(0.015\ \mathrm{m})}$$
$$= 2.67 \times 10^{-5}\ \mathrm{T}$$

이다. 이때 자기장의 방향은 오른나사의 법칙으로 쉽게 계산할 수 있다. 그림에서는 반시계방향이다. 동축케이블은 내부 도체와 외부 도체의 전류가 크기가 같고 방향이 반대인 경우, 전류의 자기 효과를 최소화하는 데 사용될 수 있다.

19-7 전류고리와 솔레노이드의 자기장

원형도선에 전류가 흐를 때(전류고리) 만들어지는 자기장

만일 도선의 모양이 고리 모양을 하고 있을 때, 이 고리에 전류가 흐르면 도선이 만드는 자기장은 어떨까? 예측해 본다면 자기장의 세기는 고리의 중심에서 가장 강할 것이다.

원형도선에 전류가 흐를 때 그 주위에 나타나는 자기장의 형태는 직선도선의 경우처럼 도선 주위에 나타나는 철가루의 분포 모양을 보고 알 수 있다. 원형도선에 전류를 흘리면 원의 중심에 있는 철가루는 그림 19-27(a)와 같이 원에 수직으로 배열되고, 도선에 가까울수록 도선을 중심으로 동심원에 가까운 모양으로 배열되는 것을 볼 수 있다.

그러면 전류고리에 의해 중심에 형성되는 자기장의 세기는 어떻게 나타낼 수 있을까? 그림 19-27(b)와 같이 고리의 작은 선분 요소 Δx_1과 Δx_2를 생각해보자. 두 작은 선분에 의해 고리의 중심에서 종이면으로부터 나오는 방향의 자기장 $\vec{B}_1$과 $\vec{B}_2$를 만든다. 이와 같이 원형 고리의 모든 선분 요소도 자기장을 만드는 데 기여하게 된다. 따라서 모든 선분 요소가 만드는 자기장의 알짜 효과는 그림 19-28(a)과 같이 나타낼 수 있다. 이는 마치 그림 19-28(b)와 같이 막대자석에 의한 자기장과 아주 흡사한 특징을 갖는다. 마치 고리의 한 면은 자석의 북극처럼 작용하고, 다른 면은 남극처럼 작용한다. 이때 자기장의 방향은 오른손 법칙-2에 의해 구할 수 있다.

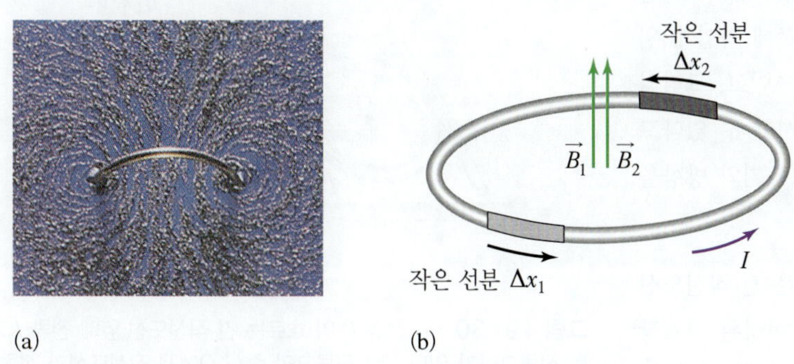

그림 19-27 (a) 철가루의 모양으로 원형도선에 의해 형성되는 자기장의 형태를 짐작할 수 있다. (b) 전류고리의 작은 선분 요소들은 고리 중심에 위로 향하는 방향의 자기장을 만든다.

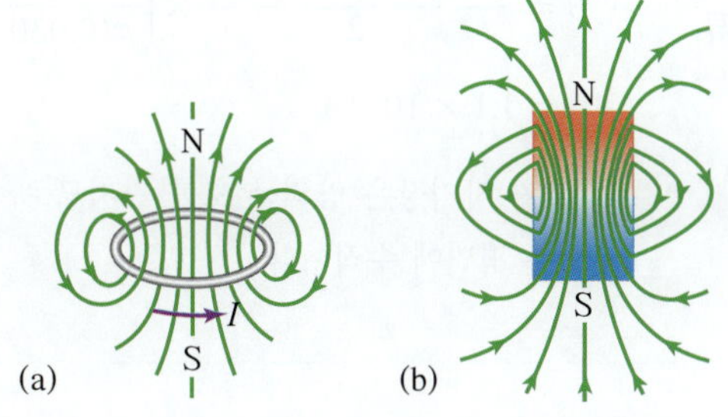

그림 19-28 (a) 전류고리에 의한 자기력선은 막대자석의 자기력선과 유사하다. (b) 막대자석의 자기력선은 전류고리에 의한 자기력선과 비슷하다.

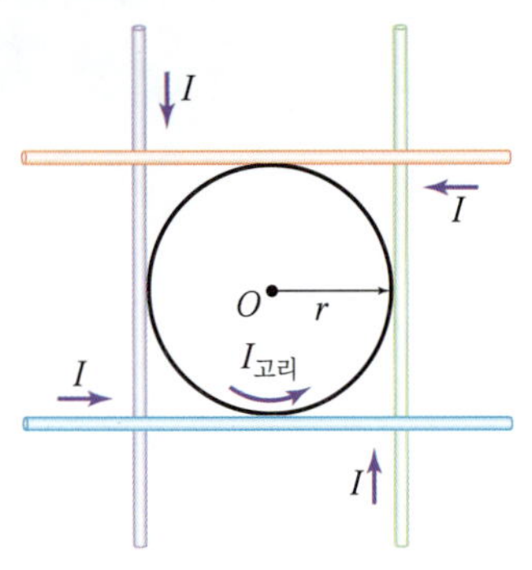

그림 19-29 전류 $I_{고리}$가 흐르는 전류고리의 자기장은 전류 I가 흐르는 4개의 직선도선에 의한 자기장과 근사적으로 같다.

원형도선에 전류 I가 흐를 때(전류고리), 고리의 중심에서의 자기장의 크기는 다음과 같이 주어진다.

$$B = \frac{\mu_0}{2}\frac{I}{r} = 2\pi \times 10^{-7}\frac{I}{r} \qquad \textbf{19-17}$$

식 19-17을 개념적으로 좀 더 구체적으로 이해해보자. 그림 19-29와 같이 4개의 긴 도선을 내부 정사각형에 반지름이 r인 원이 들어가도록 배치하고 각각에 전류 I를 흘릴 때 정사각형의 중심에서의 자기장을 계산해보자. 이러한 배치로 인해 중앙의 점 O에 만들어지는 자기장은 전류고리에 의해 형성되는 자기장과 같지는 않지만 유사한 크기인 것을 감각적으로 알 수 있다. 각각의 도선은 중앙에 동일한 자기장을 만들므로, 자기장의 합은 다음과 같다.

$$B = 4 \times \frac{\mu_0 I}{2\pi r} = \frac{4}{\pi}\left(\frac{\mu_0 I}{2r}\right) = (1.27)\left(\frac{\mu_0 I}{2r}\right)$$

이 결과는 전류고리에 의해 만들어진 자기장의 세기와 근사적으로 같다. 만약 똑같은 원형도선을 N번 겹쳐 감아 놓으면 원형도선 중심에서의 자기장은 식 19-17의 N배가 된다.

$$B = N\frac{\mu_0}{2}\frac{I}{r} \qquad \textbf{19-18}$$

예제 19-8 직선도선과 전류고리에 의한 알짜 자기장

문제 긴 직선도선에 전류 $I_1 = 8.0$ A가 흐르고 있다. 그림 19-30(a)와 같이 전류고리가 직선도선의 오른쪽에 가깝게 위치해 있다. 전류고리에 흐르는 전류는 $I_2 = 2.0$ A이고, 고리의 반지름은 $r = 0.030$ m이다. 도선의 두께를 무시할 수 있다고 가정하고, 전류고리 중심 O에서 알짜 자기장의 크기와 방향을 구하라.

생각하기 전류고리 중심 O에서의 알짜 자기장은 긴 직선도선에 의해 형성된 자기장 $\vec{B}_1$과 전류고리에 의해 형성된 자기장 $\vec{B}_2$의 합이다. 자기장의 방향은 그림 19-30(b)에서와 같이 $\vec{B}_1$은 위를 향하고, $\vec{B}_2$는 아래를 향한다.

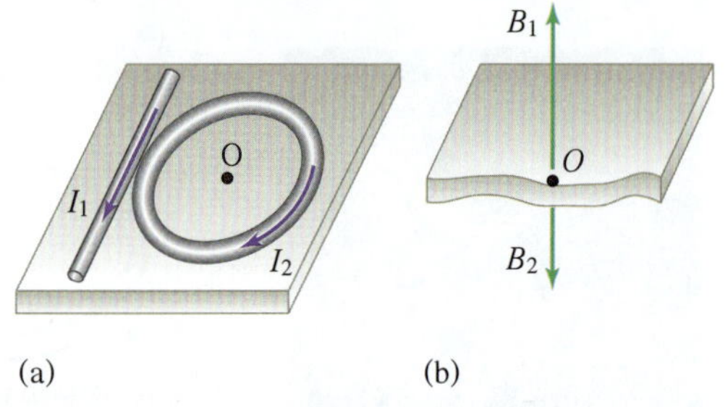

그림 19-30 (a) 전류 I_1이 흐르는 긴 직선도선 옆에 전류 I_2가 흐르는 전류고리가 있다. (b) 전류고리 중심 O에서 직선도선과 전류고리에 의해 생기는 자기장의 방향

풀이 그림 19-30(b)에서 자기장의 위 방향을 양의 방향으로 잡으면, 점 O에서의 알짜 자기장은 직선도선에 의한 값과 전류고리에 의한 값의 합이다. 즉

$$B = \frac{\mu_0 I_1}{2\pi r} - \frac{\mu_0 I_2}{2r} = \frac{\mu_0}{2}\left(\frac{I_1}{\pi r} - \frac{I_2}{r}\right)$$

이다. 주어진 값을 대입하여 정리하면 다음과 같다.

$$B = \frac{(4\pi \times 10^{-7}\ \text{T m/A})}{2} \times \left\{\frac{8.0\ \text{A}}{\pi(0.030\ \text{m})} - \frac{2.0\ \text{A}}{0.030\ \text{m}}\right\}$$

$$= 1.1 \times 10^{-5}\ \text{T}$$

즉, 알짜 자기장은 양의 부호를 가지므로, 위쪽을 향하고 도선이 있는 평면에 수직이다.

솔레노이드의 자기장

긴 직선도선을 나선형의 코일 모양으로 촘촘히 감은 형태, 즉 원형도선을 여러 번 감은 것을 **솔레노이드**(solenoid)라고 한다. 솔레노이드는 원형 고리를 여러 개 겹쳐 놓은 것과 같은 효과를 나타낸다. 즉 **솔레노이드에 전류가 흐를 때 만들어지는 자기장은 각각의 원형 전류고리에 의해서 만들어진 자기장이 합성된 것이다.**

솔레노이드 주위에 철가루를 뿌리고 전류를 흘리면 그림 19-31(a)와 같이 철가루가 솔레노이드의 축에 나란하게 등간격으로 배열된다. 이것으로 보아 솔레노이드의 길이가 그 지름에 비해 매우 길 때 솔레노이드 내부의 자기장은 솔레노이드의 축에 평행하고 균일하게 형성됨을 알 수 있다. 따라서 솔레노이드 내부의 자기장은 거의 일정하며 강하다. 솔레노이드 측면의 자기장은 균일하지 않으며, 내부의 장과도 반대방향이다.

솔레노이드가 만드는 자기장의 방향은 원형 전류의 경우와 같다. 그림 19-31(b)와 같이 오른손 법칙-2로 구할 수 있으며, 엄지손가락을 펴고 나머지 네 손가락으로 전류의 방향을 따라 솔레노이드를 감아쥘 때, 엄지손가락의 방향이 자기장의 방향이다. 실험 결과 솔레노이드에 전류가 흐를 때 그 내부 중앙에 형성되는 자기장의 크기는 다음과 같다.

$$B = \mu_0 nI = 4\pi \times 10^{-7}\ nI \qquad \textbf{19-19}$$

즉, 솔레노이드 내부의 자기장은 전류 I와 코일의 단위 길이당 감은 수 n에 비례한다. 여기서 n = 회/m는 단위 길이당 감은 수이다. **솔레노이드 내부의 자기장은 코일에 흐르는 전류가 클수록, 코일의 감긴 횟수가 많을수록 커진다.**

핵융합발전 연구에 사용되는 실험장치인 **토카막**(tokamak)은 고온의 플라즈마를 가두기 위해 자기장을 사용한다. 자연적인 원천 에너지인 핵융합 에너지는 한마디로 꿈의 에너지라고 한다. 핵융합을 위해서는 1억 °C의 온도에서 플라즈마를 약 1 s 동안 용기에 밀폐시켜야 하는 기술이 필요하다. 이 플라즈마가 새어나가지 않도록 하기 위해 만든 진공 용기가 바로 토카막이다. 우리나라에서는 자체 기술로 토카막을 개발

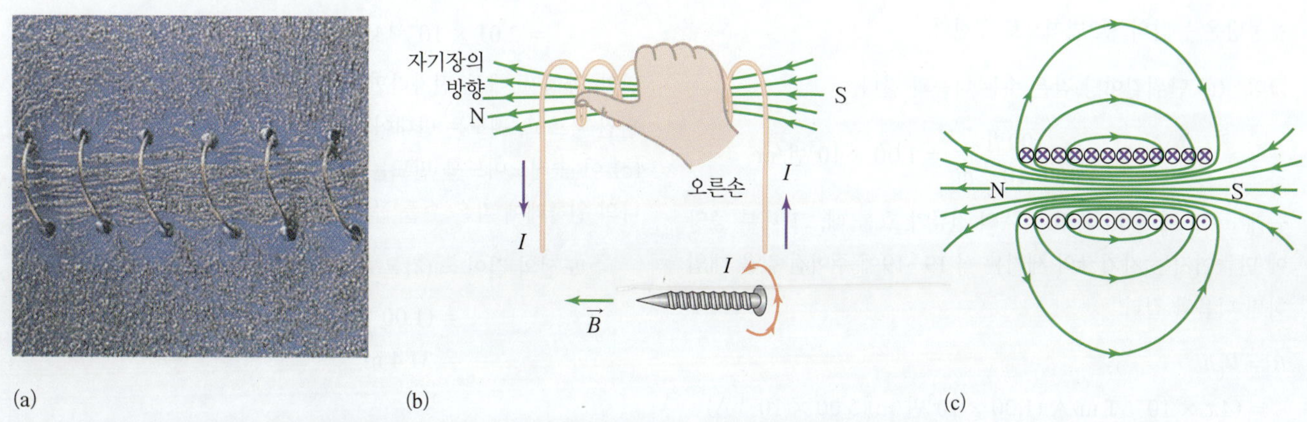

그림 19-31 (a) 솔레노이드 주위에 철가루를 뿌리고 전류를 흘리면 솔레노이드의 축에 나란하게 등간격으로 배열된다. (b) 솔레노이드에 의한 자기장의 방향은 오른손 법칙-2로 구할 수 있다. (c) 자기력선으로 나타낸 솔레노이드에 의한 자기장은 막대자석과 비슷하다.

그림 19-32 한국형 토카막(tokamak)장치(국가핵융합연구소 제공)

하여 2027~2041년에 한국형 핵융합발전소 건설 능력 확보를 목표로 연구 중에 있다(국가핵융합연구소 https://www.nfri.re.kr).

솔레노이드에 의한 자기장의 의료용 응용으로는 **자기공명장치**(MRI; magnetic resonance image 磁氣共鳴裝置) 기술이다. 이 기술로 X선을 사용할 때 나타날 수 있는 여러 위험으로부터 자유롭게 신체 내부의 상세한 사진을 얻을 수 있게 되었다. 자기공명장치에 대해서는 이 장의 마지막 부분의 〈단원과 관련된 주제〉에서 자세하게 기술한다.

예제 19-9 솔레노이드 내부의 자기장

문제 길이가 10.0 cm인 원형 판에 도선을 100번 감아 솔레노이드를 만들었다. (a) 이 솔레노이드에 5.00×10^{-1} A의 전류가 흐를 때, 솔레노이드 내부 중앙에 만들어지는 자기장의 세기는 얼마인가? (b) 솔레노이드 중앙 부분에서 반지름이 0.020 m인 원궤도를 도는 양성자의 운동량은 얼마인가? 솔레노이드 축은 궤도면에 수직이다. (c) 이 솔레노이드를 만들기 위해 필요한 도선의 길이는 몇 m인가? 단, 솔레노이드의 반지름은 5.00×10^{-2} m이다.

생각하기 단위길이당 감은 수를 계산하여 자기장을 구하고, 운동량은 뉴턴의 제2법칙으로 구한다.

풀이 (a) 단위길이당 감은 수는 다음과 같다.

$$n = \frac{N}{l} = \frac{100\text{번}}{1.00 \times 10^{-1}\ \text{m}} = 1.00 \times 10^{3}\text{번/m}$$

솔레노이드에 5.00×10^{-1} A의 전류가 흐를 때, 그 내부 중앙에 만들어지는 자기장의 세기는 식 19-19에 주어진 값을 대입하면 다음과 같다.

$$\begin{aligned} B &= \mu_0 nI \\ &= (4\pi \times 10^{-7}\ \text{T m/A})(1.00 \times 10^{3}\text{번/m})(5.00 \times 10^{-1}\ \text{A}) \\ &= 6.28 \times 10^{-4}\ \text{T} \end{aligned}$$

(b) 솔레노이드 중심 부근에서의 반지름 0.020 m의 원궤도를 도는 양성자에 작용하는 자기력의 크기 F는 다음과 같다.

$$F = ma = qvB$$

이 식에 구심가속도 $a = v^2/r$을 대입하면 $m\dfrac{v^2}{r} = qvB$이다. 양변에서 v를 소거하고, r을 곱해서 운동량을 구하면 다음과 같다.

$$\begin{aligned} p &= mv = rqB \\ &= (0.020\ \text{m})(1.60 \times 10^{-19}\ \text{C})(6.28 \times 10^{-4}\ \text{T}) \\ &= 2.01 \times 10^{-24}\ \text{kg m/s} \end{aligned}$$

만약 양성자 대신 전자라면 동일한 운동량을 가지나, 속력은 훨씬 빠르고, 궤도는 반대이다.

(c) 이 솔레노이드를 만드는 데 필요한 도선의 길이는 고리 하나의 원둘레에 감은 수를 곱하면 된다.

$$\begin{aligned} \text{도선의 길이} &\approx (\text{감은 수})(2\pi r) \\ &= (1.00 \times 10^{2}\text{번})(2\pi \times 0.050\ \text{m}) \\ &= 31.4\ \text{m} \end{aligned}$$

솔레노이드에 적용한 Ampere의 회로법칙

앙페르의 법칙을 이용하여 전류 I가 흐르는 솔레노이드 내부 자기장을 구해보자. 그림 19-33은 솔레노이드를 길이방향을 따라 자른 단면이다. 솔레노이드의 내부 자기장 $\vec{B}$는 균일하고 축에 평행이며 외부 자기장 $\vec{B}$는 거의 0이다. 이 그림과 같이 길이가 L이고 너비가 w인 직사각형을 생각해보자.

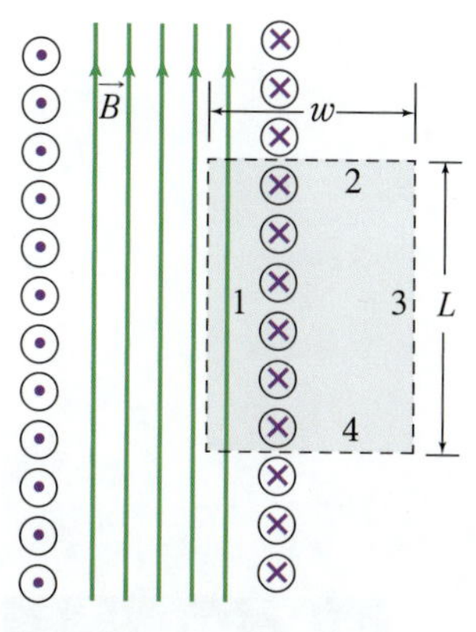

그림 19-33 솔레노이드의 단면. 직사각형의 변 1-2-3-4의 경로에 Ampere의 법칙을 적용하면, 솔레노이드에 의한 자기장을 계산할 수 있다.

이 경로에 Ampere의 회로법칙을 이용하여 직사각형 각각의 변에 대한 $B_{\parallel}\Delta l$의 합을 계산하면, 외부 자기장 $\vec{B}=0$이므로 변 3에 대한 기여분은 0이다. 변 2와 4에 대한 기여분은 이들 변을 따라서 $\vec{B}$가 Δl에 수직이므로 모두 0이다. 변 1은 이 변을 따르는 $\vec{B}$가 균일하고 Δl에 평행이기 때문에 기여분은 BL이다. 따라서 닫힌 직사각형 경로에 대한 합은 다음과 같다.

$$\sum B_{\parallel}\Delta l = BL$$

Ampere의 회로법칙의 오른쪽 항은 선택된 경로로 둘러싸인 넓이를 통과하는 전체 전류와 관련되어 있다. 이 경우 직사각형 경로를 통과하는 전체 전류는 솔레노이드의 각 도선에 흐르는 전류와 감은 수를 곱한 것과 같다. 길이 L에 감은 전체 횟수가 N이라면 직사각형 경로를 통과하는 전체 전류는 NI가 된다. 그러므로 이 경로에 Ampere의 회로법칙을 적용하면 다음과 같다.

$$\sum B_{\parallel}\Delta l = BL = \mu_0 NI$$

또는

$$B = \mu_0 \frac{N}{L} I = \mu_0 nI$$

이다. 여기서 $n = N/L$은 단위길이당 감은 수이다.

전자석

솔레노이드와 같은 부피의 막대자석을 생각할 때, 막대자석이 만드는 자기장은 솔레노이드가 만드는 자기장과 같다. 그러므로 솔레노이드에 전류를 통하면 솔레노이드는 막대자석과 같은 작용을 한다. 솔레노이드로 강한 자기장을 얻으려면 많은 전류를 흘리거나 코일의 감은 수를 늘려야 한다. 그러나 일정한 길이에 의해 감는 코일의 수도 한계가 있고, 또 코일에 너무 많은 전류를 흘리면 코일이 뜨거워져서 녹을 수가 있으므로 자기장을 무한히 강하게 할 수는 없다. 이러한 이유로 강한 자기장을 얻기 위해서 그림 19-34와 같이 솔레노이드 속에 연철막대를 넣어서 사용하는 경우가 많은데,

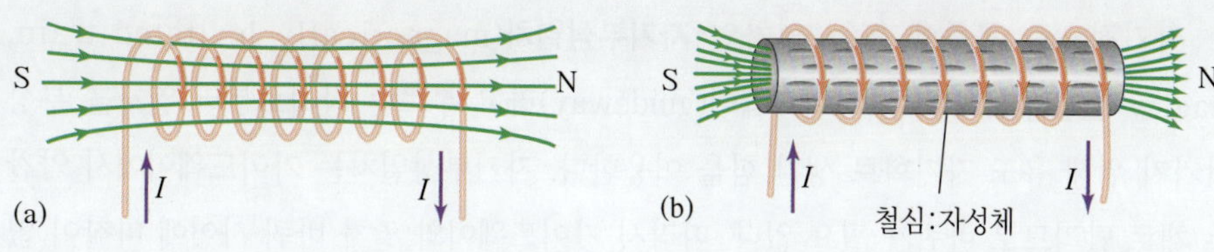

그림 19-34 코일 속에 철심(연철막대)을 넣으면(b), 넣지 않았을 때(a)보다 자기장의 세기가 훨씬 커진다.

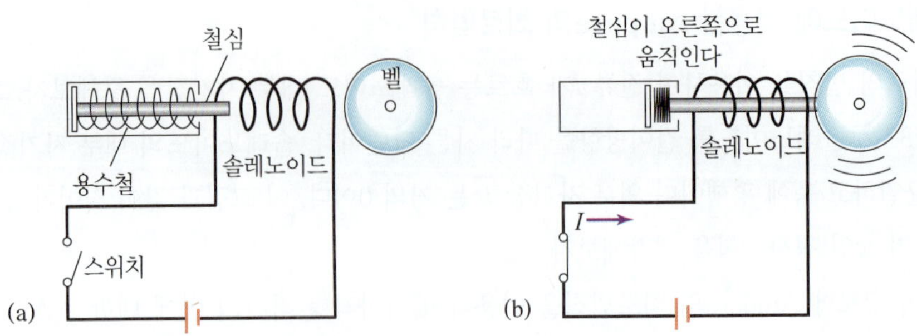

그림 19-35 초인종에 사용되는 솔레노이드. (a) 솔레노이드에 전류가 흐르기 전 (b) 솔레노이드에 전류가 흐르면, 자석의 성질을 갖게 되어 철심을 끌어당기면서 벨을 두드려 소리가 울린다.

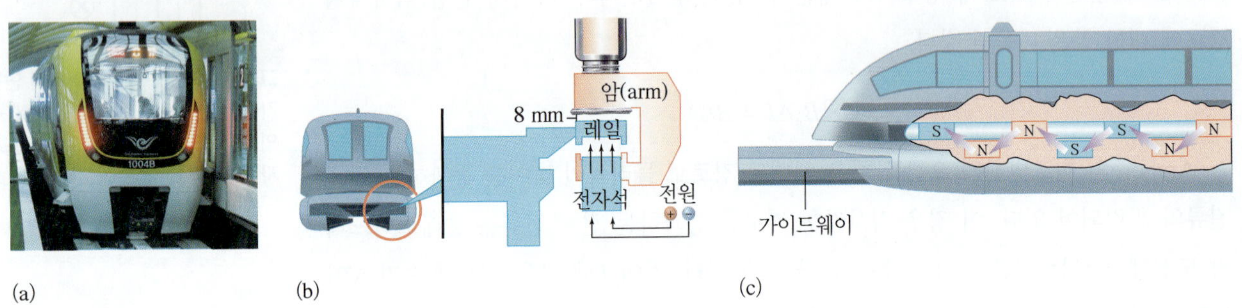

그림 19-36 (a) 2016년 2월부터 2022년 7월까지 인천국제공항에서 용유역까지 운행되었던 자기부상열차, 이 열차는 레일 위를 8 mm 정도 떠서 운행한 바 있다. (b) 전자석이 가이드웨이로부터 레일을 위로 밀어 열차가 뜨게 된다. (c) 열차의 추진은 부상 전자석 이외에, 가이드웨이를 따라 붙어있는 또 다른 추진 전자석에 의해 이루어진다.

이 연철막대를 **철심**(core 鐵心)이라 한다.

철심은 상대투자율이 매우 크기 때문에 약한 자기장의 작용으로도 강한 자석이 되므로 솔레노이드에 전류를 흘리면 전류에 의한 자기장에 의해 강한 자석이 된다. 이 자석은 솔레노이드가 만드는 자기장과 같은 방향으로 자화되므로 철심의 자기장과 솔레노이드의 자기장이 합쳐져서 강한 자기장을 만든다. 이러한 물질을 강자성체라 하며 철, 니켈 같은 금속이 여기에 속한다. 솔레노이드 속에 철심을 넣어 자기장의 세기를 증가시킨 형태를 **전자석**(electromagnet 電磁石)이라 한다. 전자석은 전류가 흐르는 동안만 자석이 되는 일시적인 자석이므로 전류를 끊으면 자기력도 없어진다.

건물 입구에 설치된 초인종도 전자석을 이용하는 예 중 하나이다. 초인종 단자를 누르면 회로가 연결되면서 코일이 자석이 되어 쇠막대에 힘을 미치고, 쇠막대가 코일 안으로 딸려 들어가면서 종을 친다. 전자석은 전류의 세기로 자기장을 조절할 수 있어서 전기 및 전자 기기 등에 많이 이용되고 있다. 입자가속기에서는 입자들을 광속에 가깝게 움직이게 하기 위해 매우 큰 전자석을 필요로 한다.

자기적으로 공중에 뜨는 열차인 **자기부상열차**(magnetically levitated train, maglev 磁氣浮上列車)는 가이드웨이(guideway)라고 부르는 장치로부터 열차를 부상시키기 위해 유도 자기화로 생긴 힘을 이용한다. 자기부상열차는 가이드웨이에서 약간 뜬 채로 달리므로 바퀴가 필요 없다. 따라서 가이드웨이와 열차 바퀴 사이에 마찰이 없기 때문에 보통 열차보다 훨씬 더 빠른 속력을 낼 수 있다.

19-8 평행한 두 도체 사이에 작용하는 자기력

전류가 흐르는 도체가 외부 자기장에 놓여 있으면, 전류가 흐르는 도선에 자기력이 작용한다는 것을 알고 있다. 이번에는 평행한 두 도선을 가까이 놓고, 두 도선에 전류가 흐를 때 나타나는 현상에 대해 알아보자.

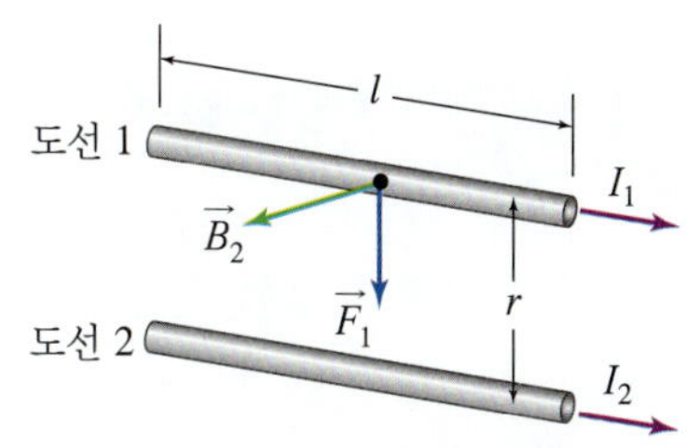

그림 19-37 정상전류가 흐르는 두 도선이 연직방향으로(상하로) 평행하게 놓여 있으면 서로 자기력을 작용한다.

도선에 흐르는 전류는 자신의 주위에 자기장을 만들기 때문에, 서로 가까이 놓인 두 전류가 흐르는 도선은 서로 간에 자기력이 작용한다. 그림 19-37과 같이 거리 r만큼 떨어져 있는 평행한 두 도선에 각각 전류 I_1과 I_2가 같은 방향으로 흐르고 있을 때, 한 도선에 의해 형성된 자기장이 다른 도선에 어떻게 힘을 작용하는지 알아보자.

먼저 도선 2의 자기장이 도선 1에 작용하는 힘을 구해보자. 전류 I_2가 흐르는 도선 2는 도선 1에 자기장 $\vec{B}_2$를 만든다. $\vec{B}_2$의 방향은 도선에 수직하며, 이 자기장의 크기는 $B_2 = \dfrac{\mu_0}{2\pi}\dfrac{I_2}{r}$이다.

이때 이 자기장 $\vec{B}_2$로 인해 길이가 l인 도선 1이 받는 자기력의 크기는 다음과 같다.

$$F_1 = B_2 I_1 l = \left(\frac{\mu_0 I_2}{2\pi r}\right) I_1 l \qquad \textbf{19-20}$$

식 19-20을 단위길이당 힘의 크기로 정리하면 다음과 같다.

$$\frac{F_1}{l} = \frac{\mu_0 I_1 I_2}{2\pi r} \qquad \textbf{19-21}$$

힘 $\vec{F}_1$의 방향은 오른손 법칙-1에 의해 아래쪽이고, 도선 2를 향하는 방향이다. 마찬가지로 도선 1이 도선 2에 만드는 자기장에 의해, 도선 2에 작용하는 힘 $\vec{F}_2$는 힘 $\vec{F}_1$과 크기가 같고 방향이 반대이다. 이것은 작용-반작용에 대한 뉴턴의 제3법칙으로부터 예측할 수 있는 결과이기도 하다. 이때 두 전류의 방향이 같으면 이 힘은 인력이 되고, 전류의 방향이 서로 반대이면 반발력이 된다(그림 19-38 참조).

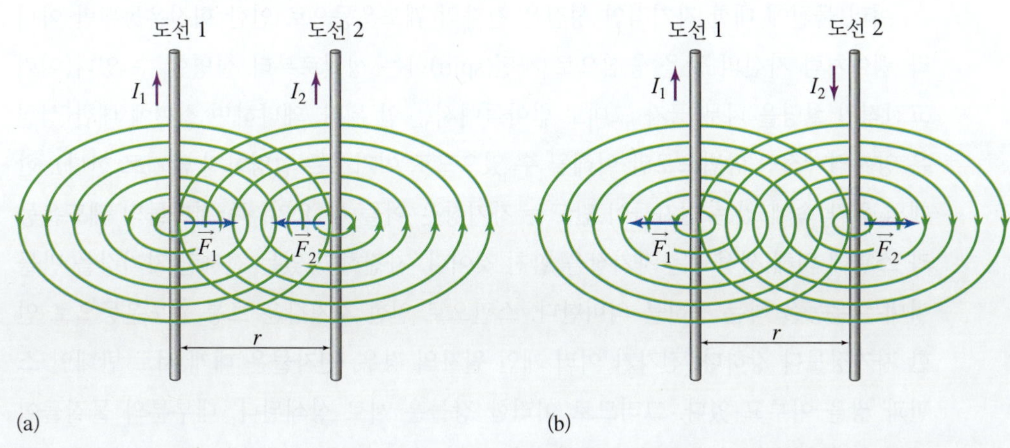

그림 19-38 정상전류가 흐르는 두 평행 도선 사이에 작용하는 힘은 (a) 전류의 방향이 같으면 인력이, (b) 방향이 다르면 반발력이 작용한다.

실제로 식 19-21은 $I_1 = I_2 = 1$ A와 $r = 1$ m일 때 F_1/l의 값은 2×10^{-7} N/m이다. 이 결과는 두 평행 도선 사이에 작용하는 힘을 전류의 단위인 암페어[A]를 정의하는 데 이용되었던 적이 있다.

1 m 떨어진 두 긴 평행 도선에 같은 전류가 흐를 때, 단위길이당 작용하는 힘이 2×10^{-7} N/m이면, 각 도선에 흐르는 전류를 1 A이다.

19-9 자성 물질

원자자석

어떤 물질이 왜 강한 자기적 성질을 갖는가는 도선 코일에 흐르는 전류에 의해 만들어지는 자기장을 보면 알 수 있다. 단일 전류고리에 의한 자기장은 북극과 남극을 갖는 자석과 동일한 성질을 가진다는 것을 공부한 바 있다. 이는 도선이 아닌 임의의 원형 경로를 따라 움직이는 전하에 대해서도 성립한다. 특히 핵 주위에 있는 전자의 운동 때문에 개별 원자는 자석처럼 행동한다. 이러한 형태를 **원자자석**(atomic magnet 原子磁石)이라고 부를 수 있다.

만약 전하량이 1.6×10^{-19} C인 전자 1개가 10^{-16} s에 한 번씩 핵 주위를 회전한다고 가정하면(반경에 따라, 회전양상에 따라 다르지만), 이때 발생하는 전자전류의 크기는 약 1.6×10^{-3} A 정도라고 한다. 이 전류는 원궤도 중심에 자기장을 만들어낼 수 있다.

만일 이러한 원자자석을 물질 내에 정렬시킬 수만 있다면, 매우 강한 자기장을 만들어낼 수 있을 것이다. 그러나 이러한 일은 일어나지 않는데, 그 이유를 모형으로 알아보자. 원자의 구조를 면밀히 분석해보면, 원자 내에 있는 한 개의 전자에 의해 생성되는 자기장은 보통 같은 원자 내에 있는 반대로 회전하는 전자에 의해 상쇄되기 때문이다. 따라서 핵 둘레를 따라 궤도운동을 하는 전자에 의해 생성되는 자기적 효과는 대부분의 물질에서 매우 작거나 0이다.

여러 물질에 대한 자기적인 성질은 전자의 궤도운동으로 인한 회전운동뿐만 아니라 팽이처럼 자신의 축을 중심으로 자전(spin)하는 성질로부터 설명할 수 있다(이런 고전적인 설명을 너무 글자 그대로 받아들여서는 안 된다. 왜냐하면 스핀에 대한 성질은 양자역학적인 방법으로만 이해될 수 있으므로 여기서는 설명하지 않기로 한다). 한 개의 원자 속에 있는 전자들이 만드는 자기장은 이들 두 요인, 즉 전자들의 궤도운동과 스핀에 의해 생성되는 자기장을 합친 것이다. 자전하고 있는 전자란 자기장을 만들어내는 운동을 하는 전하를 의미한다. 스핀으로 인한 자기장은 보통 궤도운동으로 인한 자기장보다 강하다. 전자가 여러 개인 원자의 경우, 전자들은 대개 서로 반대인 스핀과 쌍을 이루고 있다. 그러므로 이러한 장들은 서로 상쇄된다. 대부분의 물질들이 자석이 아닌 것은 이러한 이유 때문이다.

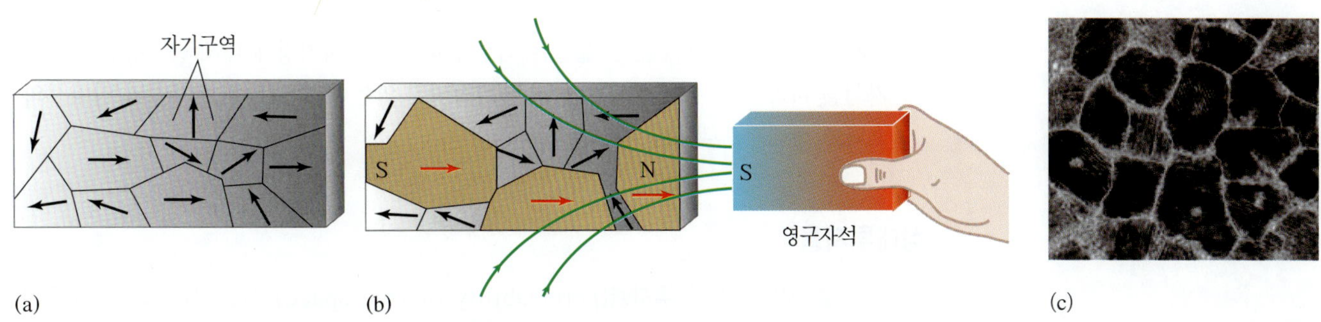

그림 19-39 (a) 자기화 되지 않은 물질 내에는 불규칙한 방향의 자기구역을 갖는다. (b) 외부 자기장을 걸면, 그쪽을 향하는 자기구역이 커진다. 자기장을 더 강하게 걸면, 외부 자기장을 향하지 않는 자기구역은 더욱 줄어든다. (c) 전자현미경으로 찍은 자기구역

자기구역과 자화

철, 코발트, 니켈과 같은 강한 자성 물질의 경우에 있어서는 **전자스핀**(electron spin)에 의해 생성되는 자기장이 완전히 상쇄되지 않는다. 이러한 물질을 **강자성 물질**(ferromagnetic material)이라고 한다. 강자성 물질은 이웃한 원자들 사이에 강한 결합력이 있기 때문에 이들의 스핀을 같은 방향으로 정렬되게 한다. 이처럼 많은 원자의 스핀이 한 방향으로 정렬된 곳을 **자기구역**(magnetic domain 磁氣區域) 또는 **자기적 구역**이라고 한다. 이러한 구역의 크기는 대략 1.0×10^{-6}~1.0×10^{-3} m 에 이르고, 자화되지 않은 물질에서 자기구역의 방향은 그림 19-39(a)에서처럼 불규칙하다. 그러나 19-39(b)와 같이 외부 자기장이 걸리면 이미 자기장 방향으로 정렬된 구역이 이웃 구역을 편입시키기 때문에, 구역의 크기를 넓혀나가는 경향이 있다. 물질의 이러한 경향을 **자기화**(magnetization 磁氣化)라고 한다.

강자성 물질의 자기구역의 정렬은 외부 자기장을 제거해도 유지된다. 그 결과가 **영구자석**(permanent magnet)이다. 철과 같은 연자성 물질에서 외부 자기장이 제거되면 열적 요동이 자기구역을 움직여서 신속하게 자기화가 사라지게 된다.

자기구역의 정렬은 중심에 철심을 삽입할 때, 왜 전자석의 세기가 매우 강해지는지를 설명해준다. 전류고리에 의해 만들어지는 자기장이 자기구역을 정렬시킴으로써 큰 알짜 외부장을 일으킨다.

자성 물질의 종류

자성 물질은 외부에서 자기장을 가할 때 어떻게 반응하느냐에 따라 분류될 수 있다.

- **강자성**(ferromagnetic 强磁性) **물질**에서는 외부에서 자기장이 가해지면 원자들이 쉽게 정렬되어 영구자기모멘트를 가진다. 강자성 물질의 예로는 철, 코발트, 니켈이 있다. 이러한 물질은 외부 자기장이 제거된 후에라도 자화의 일부를 유지할 수 있다.
- **상자성**(paramagnetic 常磁性) **물질** 역시 외부에서 가해준 자기장에 대해 정렬되려는 자기모멘트를 가지고 있지만 반응이 강자성 물질에 비해 매우 약하다. 이러한 성질을 갖는 물질로는 알루미늄, 칼슘, 백금이 있다. 강자성 물질은 어떤 임계온도(물질에 따라 값이 다름), 즉 퀴리 온도까지 열을 가하면 상자성 물질이 될 수 있다.

• **반자성**(diamagnetic 反磁性) **물질**은 외부에서 가해진 자기장에 대해 반대방향의 약한 자화를 나타낸다. 통상 반자성 물질은 관찰되지 않는다. 왜냐하면 상자성과 강자성의 효과가 상대적으로 매우 강하기 때문이다.

상대투자율

앞서 μ_0을 **자유공간의 투자율**(permeability of free space)이라고 하고 그 값은 식 19-15에서 $\mu_0 = 4\pi \times 10^{-7}$ T m/A이다. 실제 산업에서 자성 물질을 전류고리나 솔레노이드 내에 넣어 자기장을 증가시켜 이용하고 있다. 이러한 경우 전체 자기장은 비례상수 μ_0 대신에, 자성 물질에 따라 다른 상수 μ로 대치된다. 이때 μ는 **물질의 투자율**(magnetic permeability)이라고 한다. 특히 물질의 투자율 μ와 자유공간(진공)의 투자율 μ_0의 비인

$$K_m = \frac{\mu}{\mu_0} \qquad 19\text{-}22$$

을 **상대투자율**(또는 **비투자율**)이라 한다.

상자성 물질의 상대투자율은 1보다 약간 크며, 반자성 물질의 상대투자율은 1보다 약간 작고 음(−)의 값이 된다. 그리고 강자성 물질의 상대투자율은 1보다 훨씬 크다. 순도 100 %인 철의 상대투자율은 200~300 정도이나 Fe 96 %, Si 4 %의 규소철의 상대투자율은 500 정도이다. 그리고 Al 5 %, Ni 10 %, Fe 85 %인 합금의 상대투자율은 30 000 정도이다.

자기이력

자기구역이 전혀 정렬되지 않은 강자성체에 자기장을 가해 자기장의 세기를 점점 크게 하면, 자기구역들이 점점 정렬하여 그림 19-40에서와 같이 곡선 Oa를 따라 자화되어가다가 점 a에서는 거의 모두가 정렬되어 자화의 세기가 일정한 값에 달하게 된다. 이것을 자성체가 **포화**(saturation 飽和)에 달하였다고 한다.

이어 외부 자기장을 약하게 하면 자화의 세기는 다시 곡선 aO를 따라 줄어들지 않

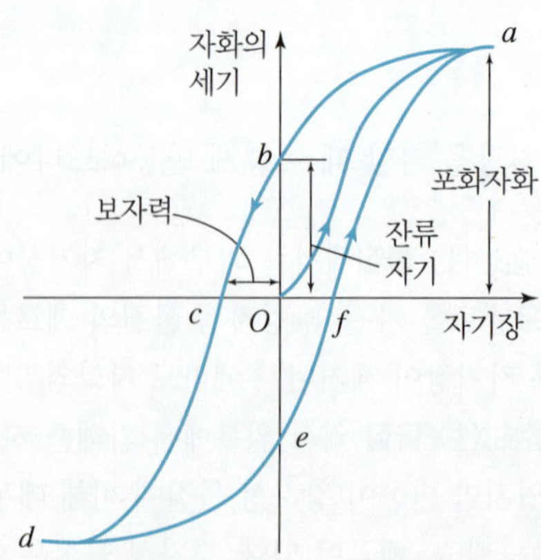

그림 19-40 자기이력곡선. 자화의 세기는 닫힌 한 개의 곡선을 그리면서 변화하며, 한 주기 동안에 원점 O를 지나가지 않는다.

고 곡선 ab를 따라 줄어든다. 그러면서 외부 자기장이 0이 되어도 자화는 0이 되지 않고 Ob에 해당하는 자화가 남아 있게 된다. 이것을 **잔류자기**(remanence 殘留磁氣)라고 한다. 일반적으로 잔류자기는 시간이 지남에 따라 줄어들지만, 어떤 자성체는 이 잔류자기가 오랫동안 줄어들지 않는 것이 있다. 이러한 성질을 유지하는 물질은 **영구자석**이 되기 쉽다.

이어 자기장의 방향을 반대로 하여 그 세기를 증가시키면 Oc에 이르러 자화가 없어진다. 이 Oc로 표시되는 자기장의 세기를 **보자력**(coercive force 保磁力)이라고 한다. 반대방향으로 더욱 자기장을 가하면 점 d에서 다시 자화의 세기가 포화된다. 이와 같이 하여 자화의 세기는 그림 19-40에서 나타난 것과 같이 닫힌 한 개의 곡선을 그리면서 변화한다. 이 곡선은 한 주기 동안에 원점 O를 지나지 않는다는 것에 유의하라.

그림 19-40에서와 같이 자화곡선이 같은 경로를 따라 되돌아가는 재현성을 나타내지 않기 때문에 **이력**(hysteresis 履歷) **현상**이라 하고, 곡선 $abcdefa$를 **자기이력곡선**(hysteresis loop)이라고 한다. 자기이력곡선으로 둘러싸인 넓이는 외부 자기장이 자성체에 하는 일을 나타낸다.

단원과 관련된 주제 자기공명장치

동작원리

MRI는 핵 자기모멘트의 공명주파수가 그에 가해진 외부 자기장 세기에 선형적으로 비례한다는 사실에서 출발한다. 성인의 경우 체중의 약 60 %는 체액인데, 그 대부분이 물이다. 물의 수소 원자의 원자핵인 양성자는 임의 방향의 스핀을 가지고 있는데, 강력한 자기장 속에 두면 수소 원자핵의 일부 스핀방향이 자기장의 방향을 따라 나란히 놓이게 된다. 이때 외부에서 공급되는 에너지(라디오파)가 정확하게 핵스핀 에너지 준위 차이만큼 될 때 자기공명이 일어나게 된다. 외부에서 에너지가 공급되면 낮은 에너지 상태에 있던 수소 핵스핀의 일부가 이 에너지를 받아 높은 에너지 상태로 전이하게 된다. 이어 외부 에너지를 없애면 원래의 상태로 돌아가면서 남는 에너지를 외부로 방출하게 된다. 이 방출되는 신호가 바로 MR 신호이다. 이 신호는 핵스핀이 어떤 환경에 놓여 있는가에 따라 달라진다. 신체 내의 이상 조직에 있는 경우 이완시간의 차가 생기게 된다. 이 이완시간의 차를 영상으로 구현시켜 인체 내부 조직을 살펴볼 수 있다.

용도

자기공명장치(MRI; magnetic resonance imaging)는 1973년 라우터버(Paul. C. Lauterbur)에 의해 처음 영상이 얻어진 이래, 지난 40년 동안 비약적인 발전을 지속하고 있다. 진단의학분야에서 X-ray CT와 함께 질환 감별에 매우 중요한 위치를 차지하고 있으며, 특히 뇌, 간, 척수와 같은 인체의 연한 조직을 관찰하는 데 아주 유용하게 이용되고 있다. 자기공명영상은 X선을 사용해 인체에 유해한 X선 컴퓨터단층촬영(CT)과 달리 신체에 무해하며, CT가 주로 인체의 횡단면 영상을 얻는데 비해 MRI는 모든 방향의 영상을 얻을 수 있는 장점이 있다.

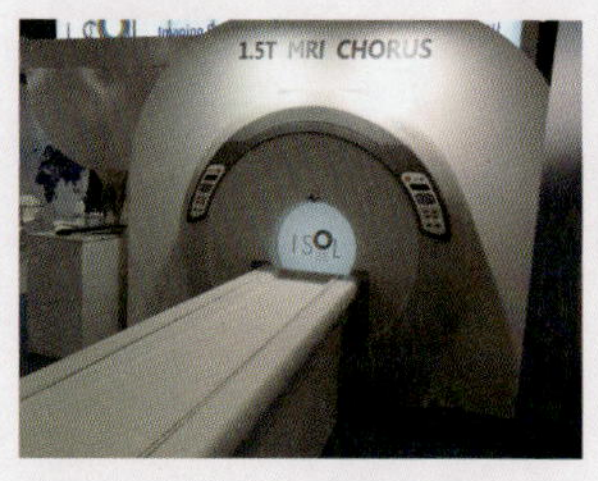

(a)

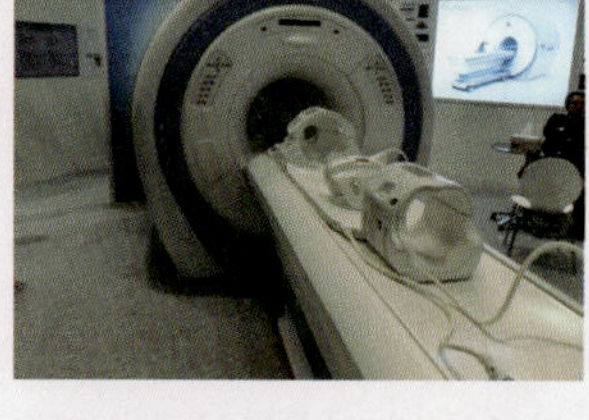

(b)

그림 19-41 서울국제의료기기전시회에 전시된 MRI. 둥근 부분에 초전도 도선으로 만든 솔레노이드 코일이 위치해 있다. 두 제품 모두 국내 업체에서 생산해 수출하고 있다.

장 · 단점

방사선의 영향에 대한 우려가 전혀 없으며, CT의 약점(공기가 많은 곳, 뼈로 둘러싸인 부분)에 대해서도 효과적이다. 그리고 조직을 보존하면서 병명과 상태 그리고 위치까지 알 수 있다. 단점으로는 설치비용이 많이 들고, CT에 비해 진단 시간이 길다.

현재의 자기공명영상 기술로는 수소 원자의 분포 밖에 알 수 없다. 앞으로 다른 원자(나트륨, 인, 탄소 등)가 지니는 정보를 얻는 기술로도 발전될 것으로 예상된다. 단점은 진단 시 큰 소리가 나서 환자의 청력에 불쾌감을 느낄 수 있다.

장치 제작에 필요한 기술

자기공명영상기기를 구성하는 제반 시스템은 크게 자기장을 만드는 부분, 경사자기장을 만드는 부분, 공명을 위한 라디오파 송신과 MR 신호를 수집하는 장치, 수집된 신호를 영상으로 처리하는 컴퓨터 등 4가지로 나눌 수 있다.

상용되고 있는 자기공명영상장치에 공급되는 자기장의 세기는 0.2~1.5 T(2 000~15 000 G)로 지구자기장보다 약 2만 배 강하다. 이 자기장은 솔레노이드를 이용하여 균일한 자기장을 발생시킨다. 이때 솔레노이드는 주로 초전도체 도선을 사용한다. 경사자기장은 주자기장 장치에 붙어 위치에 따라 다른 자기장을 만든다.

연습문제

19-1 자석과 지구의 자기장

19-2 자기장의 정의

1. 양으로 대전된 입자가 자기장 내로 그림 P19-1과 같이 다양한 방향으로 입사하고 있다. 이때 받는 힘의 크기를 그림에 표시하였다. 각각의 경우에서 자기장의 방향을 구하라.

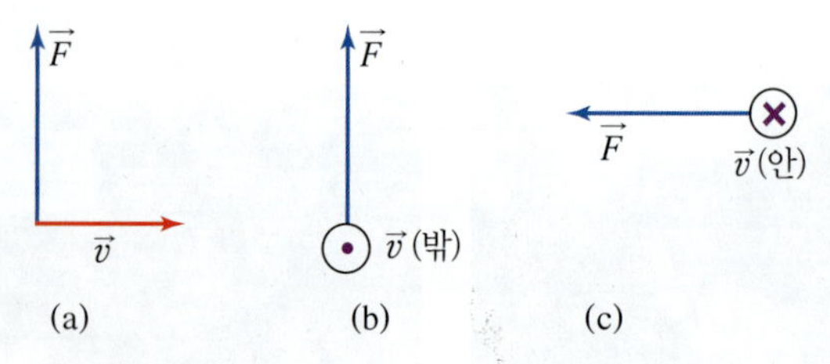

그림 P19-1

2. 적도의 지표면 근처에서 맑은 날, 자기장은 북쪽으로 약 50.0 μT이고, 전기장은 아래 방향으로 약 100 N/C이다. 순간속도가 6.00×10^6 m/s로 동쪽으로 운동하는 전자에 작용하는 (a) 중력, (b) 전기력, (c) 자기력의 크기와 방향을 구하라.

3. 지구의 자기 적도 1 000 km 상공에서 양성자가 원운동을 하기 위한 속도는 얼마인가? 이 지점에서 지구자기장은 지표에 수평하며 북쪽 방향이고 크기는 4.00×10^{-8} T이다.

19-3 자기장 내에서 대전입자의 운동

4. 질량이 m이고, 전하량이 q인 정지상태에 있던 대전입자가 가속장치에서 전위차 V(V)로 가속되어 균일한 자기장 $\vec{B}$에 수직하게 입사하였다.

(a) 이 입자의 원운동의 반지름은 얼마인가?

(b) 이 입자의 가속전압을 2배로 높이면 원운동의 주기는 몇 배가 되는가?

5. 질량이 m이고, 전하량이 q인 (+)이온이 정지상태에서 V의 전위차로 가속되어 균일한 자기장 B에 입사하였다.

(a) 자기장에 입사된 (+)이온이 자기장을 빠져나올 때의 속도의 크기와 방향을 구하라.

(b) 전위차가 4배가 되었을 때 입자의 운동 반지름은 어떻게 변하는가? 또 이때 회전주기는 몇 배가 되는가?

6. 전하량이 1.60×10^{-19} C이고, 질량이 1.67×10^{-27} kg인 양성자를 $B = 0.14$ T인 자기장 속으로 입사시킨다. 초기에 양성자는 속력 $v = 1.05 \times 10^6$ m/s를 가지고 자기장에 수직하게 움직일 경우 양성자의 가속도를 구하라.

7. 질량이 1.67×10^{-27} kg, 전하가 1.6×10^{-19} C인 입자가 일정한 자기장 2.0×10^{-2} N/A m 에 수직으로 속력 1.0×10^7 m/s로 입사한다. 이때 입자의 (a) 회전반지름, (b) 각속도, (c) 회전주기를 구하라.

8. 전자 한 개가 0.235 T의 자기장에 수직인 원형경로로 운동하고 있다. 전자의 운동에너지가 3.30×10^{-19} J일 때 (a) 전자의 속력과 (b) 원형경로의 반지름을 구하라.

9. 그림 P19-9(a)는 속도 선택기라는 장치이다. 이 장치 안에서는 어떤 특정한 속도를 갖는 입자들은 휘어지지 않고 통과하지만, 이보다 크거나 작은 속도를 갖는 입자들은 아래쪽이나 위쪽으로 휘어진다. 여기서 전기장과 자기장의 방향은 서로 수직이다. 이 장치는 대전입자에 방향이 반대인 전기력과 자기력을 가한다[그림 P19-9(b)]. $v = E/B$인 속력을 갖는 입자들만이 휘어지지 않고 통과할 수 있음을 보이라.

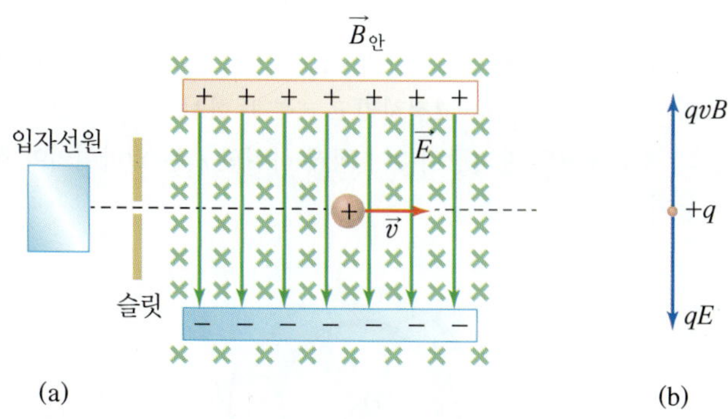

그림 P19-9

10. 질량이 2.50×10^{-26} kg인 양이온이 있다(전하량 1.6×10^{-19} C). 이온이 250 V의 전위차로 가속된 후, 0.500 T의 자기장에 수직방향으로 입사되었다. 자기장 내에서 이온 경로의 반지름은 얼마인가?

11. 전하량이 $+1.60 \times 10^{-19}$ C이고, 질량이 1.67×10^{-27} kg인 양성자를 자기장으로부터 45°의 방향으로, 속력 1.25×10^{6} m/s를 가지고 $B = 1.15$ T인 균일한 자기장 속으로 입사시킨다. 양성자는 입사된 후 어떤 운동을 하겠는가?

12. 0.100 T인 자기장에 대해서 수직하게 움직이고 있는 양성자의 궤도반지름이 5.00 cm이다. 양성자의 전하량은 1.60×10^{-19} C이고, 질량은 1.67×10^{-27} kg이라고 할 때, (a) 양성자의 속력과 (b) 양성자의 운동에너지를 구하라.

13. 전하량이 q이고, 질량이 m인 균일한 자기장 B를 가진 사이클로트론 내에서 반지름 r의 궤도로 움직이는 입자의 운동에너지는 다음과 같이 표현됨을 유도하라.

$$KE = \frac{q^2B^2r^2}{2m}$$

19-4 자기장 내에서 전류가 흐르는 도체에 작용하는 자기력

14. 단위길이당 질량이 1.00 g/cm인 도선이 마찰계수가 0.200인 수평면 위에 놓여 있다. 이 도선에 동쪽으로 1.50 A의 전류를 흘렸더니 수평면에서 북쪽으로 움직였다. 이와 같은 운동을 일으키는 데 필요한 평면에 수직인 자기장의 최소 크기와 방향을 구하라.

15. $I = 15$ A의 전류가 $+x$축 방향을 따라 자기장에 수직으로 흐른다. 이때 도선은 $-y$축 방향으로 단위길이당 0.12 N/m의 자기력을 받고 있다. 전류가 흐르는 영역에서 자기장의 크기와 방향을 구하라.

16. 질량이 $m = 1.0$ g이고 길이 0.50 m인 도선이 균일한 자기장 $B = 1.0 \times 10^{-3}$ T 속에 수평으로 놓여 있다. 도선은 자기장에 수직으로 놓여 있어서 도선에 전류가 흐르면 자기장에 의해서 위 방향으로의 힘이 생성된다. 도선을 들어올리기 위해 필요한 최소한의 전류는 얼마인가?

17. 긴 직선 도선에 100 A의 전류가 흐르고 있다.

(a) 이 도선으로부터 10 cm 떨어진 곳의 자기장의 세기는 몇 N/Am인가?

(b) 도선으로부터 10 cm 떨어진 곳에 전자가 있다. 이 전자가 도선에 수직한 방향으로 속도 $v = 1.0 \times 10^{7}$ m/s로 운동할 때 전자가 받은 전자기력의 크기는 몇 N인가?

18. 길이 1.0 m의 도선이 0.1 T의 자기장과 수직으로 놓여 있다.

(a) 도선에 10 A의 전류가 흐를 때 받는 전자기력의 크기는 얼마인가?

(b) 이 도선이 자기장과 나란할 때 전자기력의 크기는 얼마인가?

19-5 전류고리에 작용하는 토크

19. 장축이 40.0 cm, 단축이 30.0 cm인 타원에 8번 감긴 코일이 그림 P19-19와 같이 종이면에 놓여 있다. 이 코일에는 시계방향으로 6.00 A의 전류가 흐른다. 이 코일에 2.00×10^{-4} T의 균일한 자기장이 종이면의 왼쪽으로 가해지면 이 코일에 작용하는 토크의 크기는 얼마인가? 타원의 넓이는 $A = \pi ab$이고, a와 b는 각각 타원의 장축과 단축 길이의 절반이다.

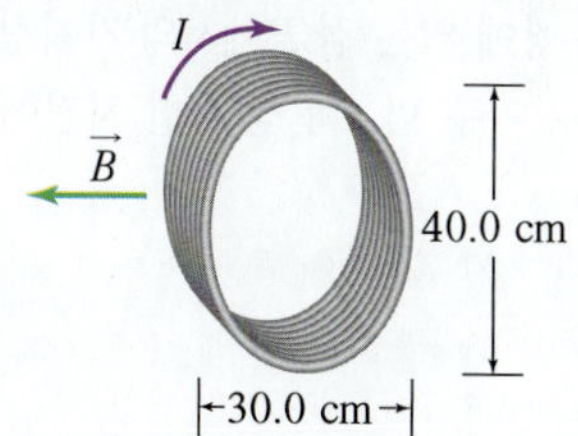

그림 P19-19

20. 크기가 3.0 cm × 5.0 cm인 200번 감긴 직사각형 고리가 0.90 T의 자기장 속에 놓여 있다.

(a) 고리에 작용하는 최대 토크가 0.15 N m라면 코일에 흐르는 전류는 얼마인가?

(b) 자기장이 코일의 면과 이루는 각이 25°라면 토크의 크기는 얼마인가?

19-6 긴 직선도선에 흐르는 전류가 만드는 자기장

21. 그림 P19-21과 같이 긴 직선을 남북방향으로 놓고 도선의 바로 밑 20 cm 되는 곳에 작은 자침을 수평으로 놓았다. 도선에 남에서 북으로 10 A의 전류가 흐를 때 자침의 N극은 어느 쪽으로 몇 도 기울어지는가? 단, 이 점의 지구자기장은 1×10^{-5} N/A m이다.

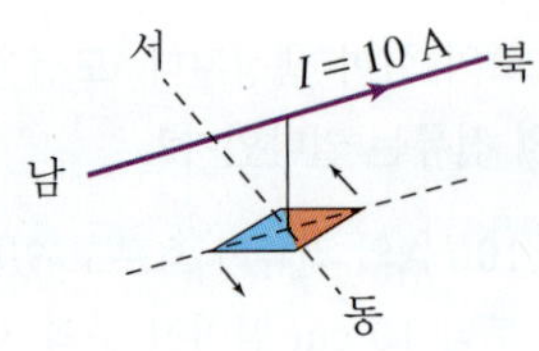

그림 P19-21

22. 긴 직선도선으로부터 5 cm 떨어진 곳에 5.0×10^{-5} T의 자기장을 만들려고 한다.
(a) 이 자기장을 만드는 데 필요한 전류는 얼마인가?
(b) (a)에서 구한 전류로 이 도선으로부터 10 cm 떨어진 곳에 만들어지는 자기장의 크기는 얼마인가?

23. 반지름이 1 cm인 원형도선의 중심에서와 굵기가 1 mm인 도선을 1 000번씩 촘촘히 두 겹으로 감은 솔레노이드 내에서의 자기장은 얼마인가? 이때 도선에 흐르는 전류는 모두 0.5 A이다.

24. 번개는 매우 짧은 시간 동안 1.00×10^4 A의 전류를 나른다. 이 번개로부터 100 m 떨어진 지점에서의 자기장을 구하라. 단, 번개는 관측점 위, 아래로 아주 멀리 뻗어있다고 가정한다.

19-7 전류고리와 솔레노이드의 자기장

25. 그림 P19-25에 나타낸 것과 같이 yz평면에 위치한 반지름 a의 원형도선에 전류 I가 흐르고 있다. (a) 중심 O로부터 x만큼 떨어진 x축 상에 있는 점 P에서의 자기장을 구하라. (b) 원형도선으로부터 아주 먼 x축 상의 한 지점에서의 자기장은 어떠한가?

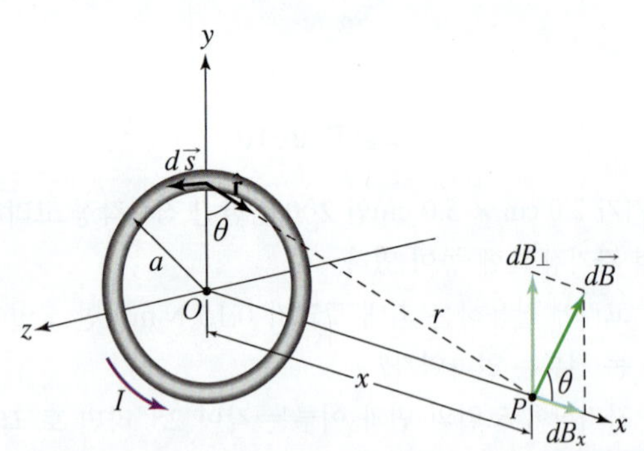

그림 P19-25 전류고리 축 상에 놓여 있는 점 P에서의 자기장을 계산하기 위한 개략도

26. 도선을 1 cm당 20회 감은 솔레노이드에 0.5 A의 전류가 흐른다. 이 솔레노이드의 내부 중앙에 반지름 10 cm의 원형 폐회로를 놓고 전류를 얼마나 흘려보내면 그 점의 자기장이 상쇄되겠는가?

27. 그림 P19-27에서와 같이 $I_1 = 5.00$ A, $I_2 = 3.00$ A의 전류를 서로 반대방향으로 흘리는 동심 원형 고리가 같은 평면에 놓여 있다. $r_1 = 12.0$ cm이고 $r_2 = 9.00$ cm이라면 두 원형 고리의 중심에서의 자기장의 (a) 크기와 (b) 방향을 구하라. (c) r_1은 12.0 cm로 고정시키고 r_2를 변화시킬 때, 원형 고리의 중심에서의 자기장이 0이 되게 하려면 r_2는 얼마이어야 하는가?

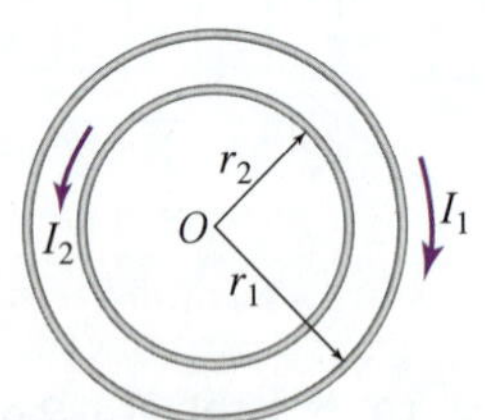

그림 P19-27

19-8 평행한 두 도체 사이에 작용하는 자기력

28. 두 개의 길고 평행한 도선이 2.50 cm 떨어져 있다. 두 도선의 전류는 반대방향으로 흐르며 한 도선에는 1.25 A, 다른 도선에는 3.50 A의 전류가 흐른다.
(a) 한 도선이 다른 도선에 작용하는 단위길이당 자기력을 구하라.
(b) 그 힘은 인력인가 척력인가?

29. 단위길이당 무게가 0.080 N/m인 도선이 다른 도선 바로 위에 떠 있다. 위쪽 도선에 30.0 A가 흐르고, 아래쪽 도선에 60.0 A의 전류가 흐르고 있다. 위쪽 도선이 떨어지지 않고 자기 척력에 의해 한 곳에 고정되기 위한 두 도선 사이의 거리를 구하라.

30. 그림 P19-30은 매우 긴 두 개의 평행한 직선도선을 나타낸 것이다. 두 도선이 거리 $r = 0.065$ m만큼 떨어져 있고, 각각 전류 $I_1 = 15$ A와 $I_2 = 7.0$ A가 흐른다. 전류의 방향이 (a) 반대인 경우와 (b) 같은 경우에 대해서 도선 1의 자기장이 길이가 1.5 m인 도선 2에 작용하는 힘의 크기와 방향을 구하라.

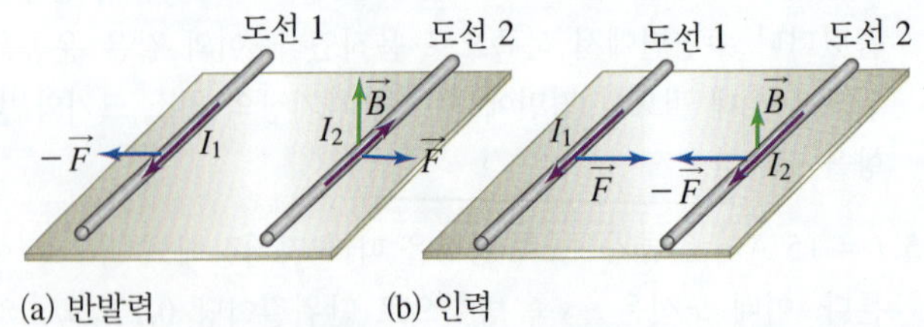

그림 P19-30 (a) 전류 I_1과 I_2가 반대방향인 길고 평행한 두 도선은 서로 민다. (b) 두 전류의 방향이 같은 경우에는 두 도선은 서로 잡아당긴다.

한빛원자력발전소 총 6기의 발전기가 가동되고 있으며, 설비용량은 5 900 MW로, 국내 원전 발전량의 약 30 % 정도를 담당하고 있는 대형 발전소이다. 패러데이의 유도법칙에 의해 인류의 삶을 윤택하게 하는 전기를 생산하게 되었다(한국수력원자력 한빛원자력본부 제공).

전자기유도

제20장

앞의 장들에서 다루었던 전기장과 자기장은 궁극적으로 정지하거나 움직이는 전하에 그 근원을 두고 있다. 다시 말해 전하로부터 만들어지고, 전하와 상호작용을 하는 전기장과 자기장의 상호 관계에 대해 공부하였다. 이제부터는 전기장 및 자기장이 직접 상호작용을 하는 특성에 대해 구체적으로 알아볼 것이다.

전류에 의해 자기장이 형성되고, 자기장은 전류나 움직이는 전하에 힘을 미친다. 이러한 사실이 발견된 1821년 이후부터 많은 과학자들은 전류가 자기장을 만든다면 자기장이 전류를 만드는 것도 가능하지 않을까 라는 생각을 하고 연구에 몰두하였다. 그 후 미국의 헨리(Joseph Henry, 1797~1878)와 영국의 패러데이(Michael Faraday, 1791~1867)가 각각 독자적으로 자기장이 전류를 만든다는 것이 가능하다는 것을 제안하였다. 이와 같이 자기장을 통해 전류를 얻게 됨으로써 오늘날 우리 생활에서 없어서는 안 될 전기를 생산하게 되었다.

제20장에서는 도체와 자기장 사이의 상대운동에 의해, 도체에 기전력을 발생시키는 전자기유도 현상의 원리와 이와 관련된 주제, 즉 운동기전력, 역기전력, 맴돌이 전류, 유도계수, *RL*회로의 특성에 대해 공부한다.

20-1 유도기전력

전자기유도

Faraday는 자기장으로부터 전류를 발생시키기 위해 그림 20-1과 같은 장치를 사용하였다. 원형 철심에 감아 놓은 1차코일에 전지를 연결하여 전류를 흘리면 자기장이 형성되는데, 이때 철심으로 인해 자기장이 훨씬 더 강해진다. 패러데이는 기전력이 충분한 전지를 사용하면 1차코일에 흐르는 정상전류가 충분히 큰 자기장을 만들어서 2차코일에 전류가 흐를 것으로 기대하고 연구에 몰두하였다.

Faraday는 1차코일의 스위치를 닫는 순간 2차코일에 연결된 검류계가 움직이며, 스위치를 열 때에는 검류계의 바늘이 반대방향으로 움직이는 것을 확인하였다. 그리고 1차코일에 정상전류가 흐르고 있는 동안에는, 2차코일에 전류가 흐르지 않는다는 것을 알아내었다. **정상상태의 자기장은 전류를 만들지 못하나, 변하는 자기장은 전류를 만들어낼 수 있다는 사실을 알게 되었다.**

이런 사실을 확인한 Faraday는 코일과 자석을 이용하여 몇 가지 실험을 추가적으로 실시하여 자석과 코일을 움직여도 회로에 전류가 흐른다는 사실을 찾아냈다.

그림 20-2와 같이 코일을 고정시키고 자석을 움직이거나, 자석을 고정시키고 코일을 움직이면 코일에 전류가 흘러서 검류계의 바늘이 움직이게 된다. 이때 자석을 코일에

마이클 패러데이 Michael Faraday, 1791~1867, 영국의 물리학자 겸 화학자

대장장이의 아들로 태어나, 어린 시절 빵 한 덩어리로 1주일을 버텨야 할 만큼 가난하였다. 교회에서 배운 읽기 · 쓰기 · 셈하기 등이 그가 배운 교육의 전부였다.
그러나 19세기 전자기유도 실험으로 전자기학의 이해에 크게 공헌한 과학자가 되었다. 전자기 유도법칙과 전기분해의 법칙을 발견하였으며, 전동기, 발전기, 변압기 발명에도 많은 공헌을 하였다.

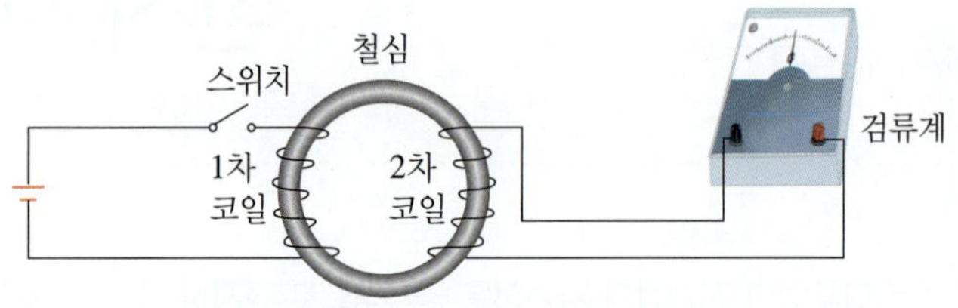

그림 20-1 영국의 과학자 Faraday가 기전력을 유도하기 위해 꾸민 실험장치의 기본 구조

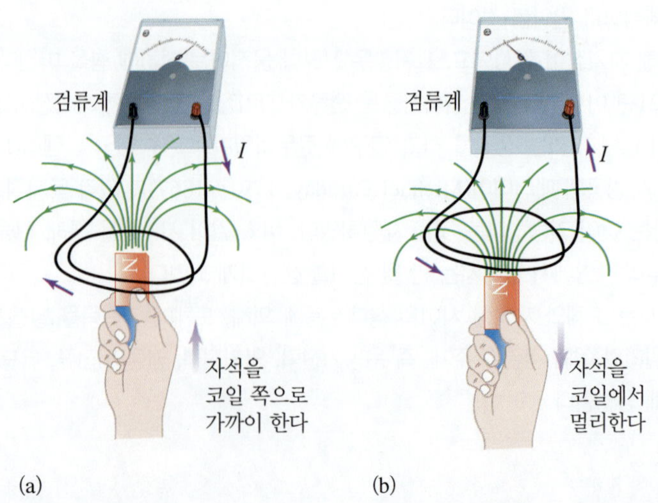

그림 20-2 (a) 자석을 코일 쪽으로 가까이 가져가면 검류계 지침이 움직인다. (b) 자석을 코일에서 멀리하면 (a)와 반대방향으로 검류계 지침이 움직인다.

가까이할 때와 멀리할 때, 또는 자석의 극을 바꾸면 전류의 방향이 바뀌어서 검류계의 바늘이 반대로 움직인다. 이처럼 자석과 코일이 상대적으로 움직일 때 회로에 전류가 흐르는 것은 자석이 코일을 통과할 때 자기선속에 변화가 일어나기 때문이다.

즉 자기장의 변화가 코일에 기전력을 유도하고, 이 기전력이 유도전류를 만들어 낸다. 이와 같이 자석과 코일 사이의 상대적인 운동으로 전류가 흐르는 현상을 **전자기 유도**(electro-magnetic induction 電磁氣誘導)라 하고, 전자기유도에 의해 발생한 기전력을 **유도기전력**(induced emf 誘導起電力)이라 하며, 이때 흐르는 전류를 **유도전류**(induced current)라 한다.

자기선속(자기다발)

유도기전력의 크기를 계산하기 위해서는 무엇보다도 이 현상에 영향을 주는 요소가 무엇인지 명확히 알아야 한다. 자기장의 변화는 항상 전기장을 유도하지만, 자기장이 일정한 상태에서도 유도기전력이 생성될 수 있다. 즉 자기장이 일정할 때 코일의 넓이를 변화시키면 유도기전력이 발생한다.

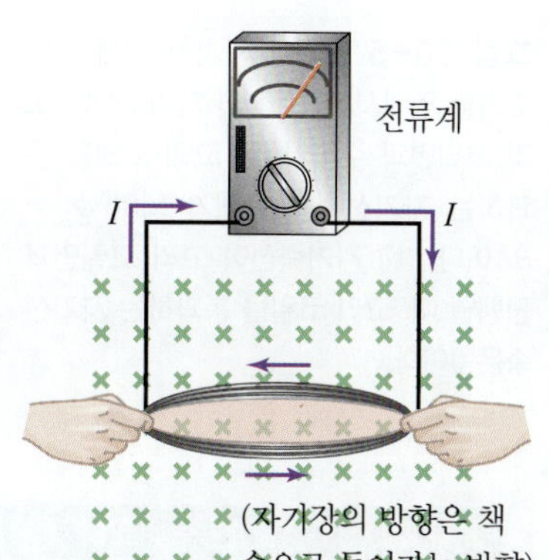

그림 20-3 손으로 코일을 당기거나 놓으면, 코일의 넓이가 변한다. 코일의 넓이가 변하는 동안 유도전류가 흐른다.

그림 20-3과 같이 양손으로 코일을 당기거나 놓으면 자기장이 통과하는 넓이가 줄거나 늘어나게 된다. 유도기전력과 유도전류는 코일의 넓이가 변하는 동안 코일에 존재하며, 코일의 넓이가 더 이상 변하지 않으면 유도기전력과 유도전류는 코일에서 사라진다. 만약 변형되었던 코일이 원래 상태로 되돌아가면서 넓이가 늘어나고 있다면, 코일에 반대방향의 전류가 발생한다. 이러한 방법으로 기전력을 얻는 장치가 발전기이다. 일정한 자기장 내에서 전선이 감긴 도선 고리를 회전시키면 전류가 발생한다. 이 결과는 자기장의 크기나, 자기장이 통과하는 코일의 넓이가 유도기전력과 관련이 있다는 것을 보여준다.

자기장을 통과하는 코일의 넓이와 자기장의 세기로 나타나는 물리량으로 **자기선속**(magnetic flux 磁氣線束, **자속**, **자기다발**)이 있다. 자기선속은 전기선속과 비슷한 방법으로 정의되며, 도선 고리의 넓이와 고리를 관통하는 자기장의 세기에 비례한다. **넓이가 A인 고리를 통과하는 자기선속 ϕ_B는 다음과 같이 정의한다.**

$$\phi_B = B_{\perp} A = BA\cos\theta \qquad \textbf{20-1}$$

자기선속은 코일면에 수직인 $\vec{B}$의 크기에 코일의 넓이를 곱한 것이다. 여기서 $B_{\perp}$는 그림 20-4(a)에 보인 것처럼 고리면에 수직인 $\vec{B}$의 성분이고, θ는 $\vec{B}$와 고리면의 법선방향과 이루는 각이다. 자기선속의 SI 단위는 T m^{2}이며 이를 **웨버**(Wb)라고 한다. 1 Wb = 1 T m^{2}이다.

주어진 평면에 직교하는 방향은 항상 두 가지가 있다. 예를 들어 그림 20-4에서 오른쪽을 향하는 방향을 자기선속이 양이 되게 선택할 수 있다. 직교하는 방향을 왼쪽으로 선택한다면 같은 크기의 음의 선속이 될 것이다. 그러한 직교하는 방향의 선택을 면의 방향이라고 한다. 주어진 문제에서 방향을 한 번 선택하고 나면, 그 방향을 계속 일관성 있게 사용하면 된다.

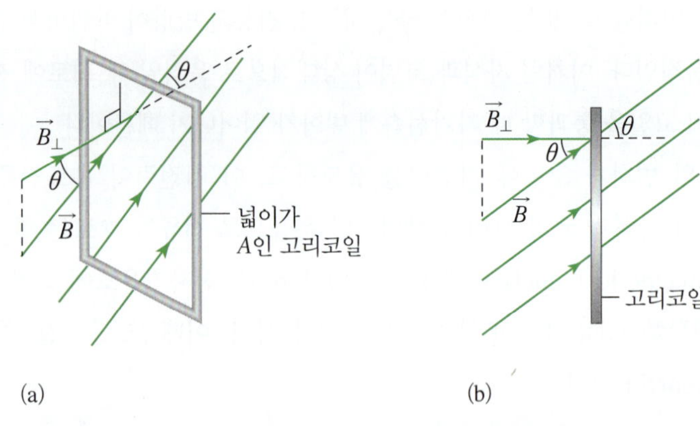

그림 20-4 (a) 균일한 자기장 $\vec{B}$가 넓이가 A인 고리 코일면의 법선방향과 θ의 각을 이룬 모습 (b) 고리 코일을 옆에서 본 모습

$\theta = 0°$, $\phi_{B,최대} = BA$ (a)

$\theta = 90°$, $\phi_B = 0$ (b)

그림 20-5 균일한 자기장 내에 있는 고리를 옆에서 볼 때, (a) 자기력선이 고리 코일면과 수직일 때, 고리 코일을 통과하는 자기선속은 최대가 되며 $\phi_B = BA$이다. (b) 자기력선이 고리 코일면과 평행일 때, 고리 코일을 통과하는 자기선속은 0이다.

그림 20-4(b)는 고리코일을 옆에서 본 것으로, θ의 각으로 고리를 통과하는 자기력선을 나타내고 있다.

그림 20-5(a)에 나타낸 것과 같이, 자기장의 방향이 고리 코일면과 수직이면 $\theta = 0°$이고, ϕ_B는 최댓값 BA가 된다. 만약 고리 코일면이 자기장 $\vec{B}$와 평행하게 되면, 그림 20-5(b)와 같이 $\theta = 90°$이고 $\phi_B = 0$이다. 자기선속은 음의 값을 가질 수 있다. 예를 들어 $\theta = 180°$이면 선속은 $-BA$이다.

그림 20-5에서와 같이 자기력선을 그려보면 식 20-1의 중요성을 이해할 수 있다. 자기장의 세기가 증가할수록 단위넓이당 선의 수가 증가한다. 자기선속의 값은

예제 20-1 자기선속 비교하기

문제 단면의 넓이가 $A = 2.0\ \mathrm{m}^2$인 사각형 모양의 코일이 크기가 0.50 T인 자기장 내에 놓여 있다. 그림 20-6과 같이 자기장이 표면과 각각 (a) $\theta = 0°$, (b) $\theta = 60.0°$, (c) $\theta = 90.0°$의 각을 이룬다고 할 때, 각 경우 자기선속을 구하라.

생각하기 자기선속은 $\phi_B \equiv B_\perp A = BA\cos\theta$로 정의되고 자기장의 방향과 코일의 방향에 따라 값이 결정된다.

풀이 세 경우에 각각의 자기선속은 각각 다음과 같다.

(a) $\theta = 0°$일 때

$$\phi_B \equiv B_\perp A = BA\cos\theta = (0.50\ \mathrm{T})(2.0\ \mathrm{m}^2)\cos 0° = 1.0\ \mathrm{Wb}$$

$\theta = 60.0°$일 때

(b) $\phi_B \equiv B_\perp A = BA\cos\theta = (0.50\ \mathrm{T})(2.0\ \mathrm{m}^2)\cos 60.0° = 0.50\ \mathrm{Wb}$

(c) $\theta = 90.0°$일 때

$$\phi_B \equiv B_\perp A = BA\cos\theta = (0.50\ \mathrm{T})(2.0\ \mathrm{m}^2)\cos 90.0° = 0\ \mathrm{Wb}$$

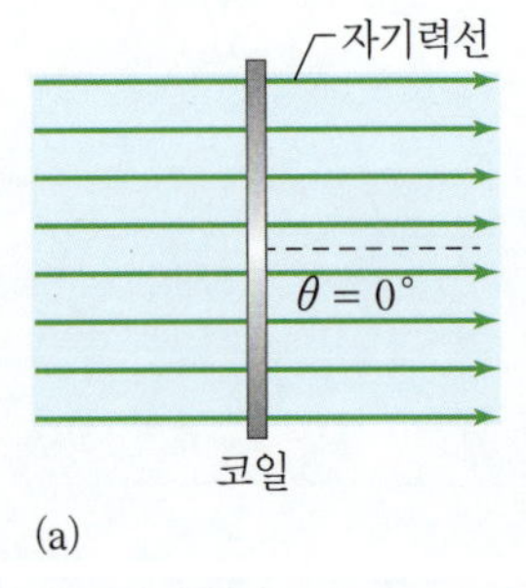

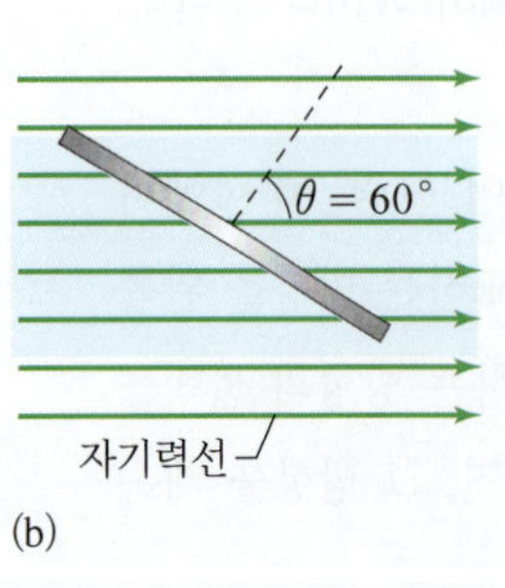

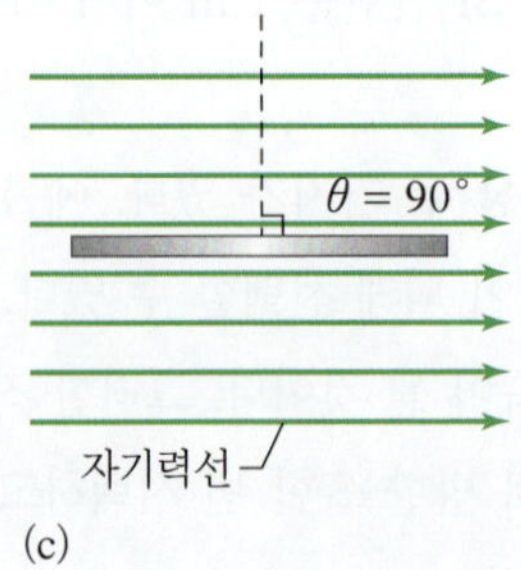

그림 20-6 자기장의 방향과 코일의 방향이 $\theta = 0°$, $\theta = 60.0°$, $\theta = 90.0°$인 경우, 자기력선이 코일을 지나는 넓이는 달라진다. 그림에서는 파란색으로 되어 있다.

고리를 통과하는 자기력선의 전체 수에 비례한다. 따라서 그림 20-5(a)와 같이 고리 코일면이 자기장과 수직일 때, 대부분의 자기력선은 고리를 통과하고 자기선속은 최대가 된다. 그림 20-5(b)와 같이 면과 자기장이 평행일 때에는 자기력선은 고리를 통과하지 못하므로 $\phi_B = 0$이다.

자기선속의 적분형

식 20-1의 자기선속을 적분형으로 나타내면 편리할 때가 많다. 그림 20-7처럼 임의의 모양을 취하고 있는 표면 상에서 넓이 요소 $d\vec{A}$를 생각해보자. 이 요소의 위치에서 자기장이 $\vec{B}$라면, 그때 넓이 요소 $d\vec{A}$를 통과하는 자기선속은 $\vec{B}\cdot d\vec{A}$이며, 여기서 넓이 요소 $d\vec{A}$는 넓이 dA와 크기는 같고, 방향은 표면에 수직인 벡터이다. 따라서 전체 표면을 통과하는 자기선속 ϕ_B는 다음과 같이 나타낼 수 있다.

$$\phi_B = \int \vec{B}\cdot d\vec{A} \qquad \text{20-2}$$

그림 20-4(a)에서와 같이 균일한 자기장이 넓이 A인 고리 코일을 통과한다고 가정하면, 이 경우 고리를 통과하는 자기선속은 다음과 같다.

$$\phi_B = \int \vec{B}\cdot d\vec{A} = \int BdA\cos\theta = B\cos\theta \int dA = BA\cos\theta \qquad \text{20-3}$$

이 결과는 식 20-1과 같다.

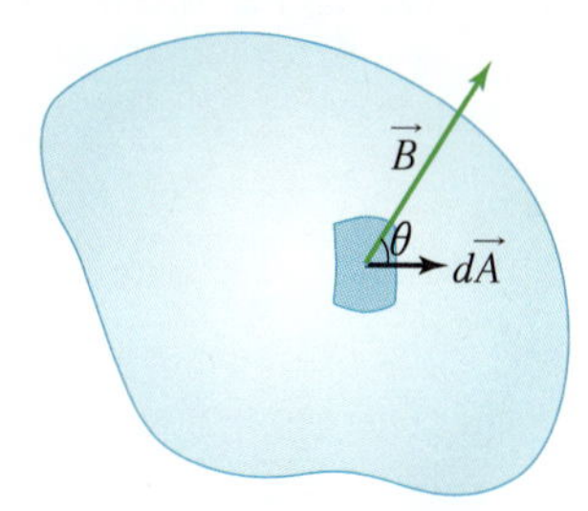

그림 20-7 넓이 요소 $d\vec{A}$를 통과하는 자기선속은 $\vec{B}\cdot d\vec{A} = BdA\cos\theta$이다. 넓이 요소 $d\vec{A}$는 넓이 dA와 크기는 같고, 방향은 표면에 수직인 벡터이다.

20-2 Faraday의 유도법칙과 Lenz의 법칙

Faraday의 유도법칙

전자기유도 현상은 Faraday와 Henry에 의해 처음 발견되었다. Henry가 전자기 유도 현상을 먼저 관찰하였지만, Faraday가 논문으로 세상에 먼저 알리게 되어, 이 현상을 설명하는 법칙에 그의 이름이 붙여지게 되었다.

자기선속의 개념은 전자기유도의 기본 개념을 보여주는 또 하나의 간단한 실험에서 잘 나타난다. 이 실험은 앞에서 설명한 Faraday의 실험과 아주 비슷하며, 여기서 그 내용을 다시 한 번 논의해보기로 하자.

그림 20-8과 같이 검류계에 연결된 도선 고리를 생각해 보자. 자석을 고리에 접근시키면, 전류는 검류계의 어느 한쪽 방향으로 흐른다. 이어 자석을 움직이지 않으면 전류는 0이다. 그리고 자석을 고리에서 멀어지게 하면, 전류계에는 아까와 반대방향으로 전류가 흐른다. 이러한 현상은 자석을 고정시키고 고리를 자석에 가까이 하거나 멀어지게 해도 역시 전류계는 전류가 흐른다. 간단한 이 실험으로부터 다음과 같은 결론을 내릴 수 있다. 자석과 고리 사이에 상대적인 운동이 있으면 회로에는 전류가 발생한다. 고리가 움직이든 자석이 움직이든 간에 결과는 같다.

각 경우 회로를 통과하는 자기선속이 시간에 따라 변할 때, 회로에 기전력이 유도되었다. 회로에 유도되는 순간 기전력의 크기는 회로를 관통하는 자기선속의 시간에 대한 변화율의 음의 크기와 같음을 알 수 있다. 이를 **Faraday의 유도법칙**(Faraday's

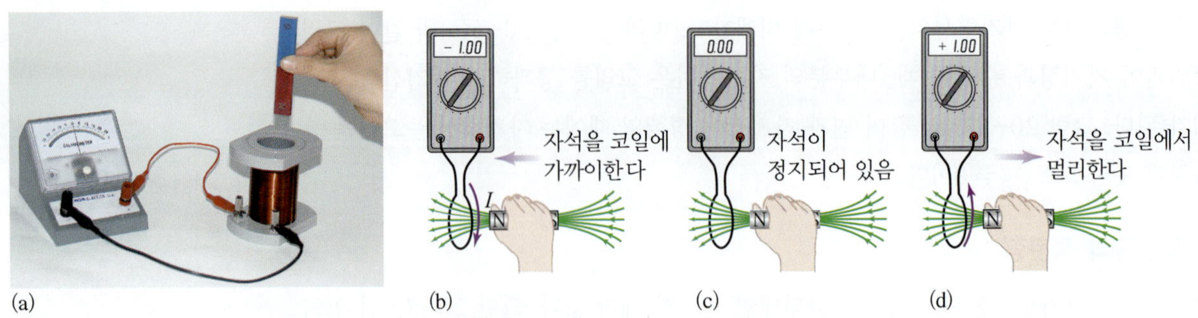

그림 20-8 (a) 자석이 도선 코일에 가까워지거나 멀어질 때 전류가 유도되는 방향을 관찰할 수 있다. (b) 코일 속으로 막대자석을 넣을 때와 (d)와 같이 뺄 때 검류계의 방향이 반대로 흐른다. (c)와 같이 자석이 정지되어 있으면 전류의 흐름이 나타나지 않는다.

law of magnetic induction)이라 한다. 이 법칙은 자기선속의 개념과 자기선속이 변하는 시간 간격을 함께 고려한 것으로 다음과 같이 설명된다. N번 감긴 코일을 통과하는 자기선속이 시간 Δt동안에 $\Delta\phi_B$만큼 변하면, 이 시간 동안 회로에 유도된 평균유도기전력 $\mathscr{E}$는 다음과 같다.

$$\mathscr{E} = -N\frac{\Delta\phi_B}{\Delta t} \qquad \textbf{20-4}$$

이 식을 **Faraday의 법칙**이라고 한다.

Faraday의 법칙은 어떤 경우에도 자기선속이 시간에 따라 변하면 기전력이 생성된다는 것을 의미한다. 자기선속은 식 20-1에 의해 $\phi_B = B_\perp A = BA\cos\theta$로 주어지므로, 세 가지 변수 B, A, θ 중 어느 하나만 변해도 유도기전력이 생긴다. 식 20-4에서 음의 부호는 유도기전력의 극성을 나타낸다. N은 단위길이당 코일의 감은 수이다.

식 20-4를 이용하여 유도기전력을 결정하면 다음과 같이 표현된다.

$$\mathscr{E} = -\frac{d\phi_B}{dt} = -\frac{d}{dt}(BA\cos\theta) \qquad \textbf{20-5}$$

예제 20-2 자기장 변화에 의해 유도되는 기전력

문제 어느 코일에 도선이 20회 감겨 있으며, 코일의 단면의 넓이는 $1.5 \times 10^{-3}\ \mathrm{m}^2$이다. 코일은 자기장 면에 수직인 방향으로 놓여 있다. 시간 $t_1 = 0$일 때, 코일을 통과하는 자기장의 크기는 $B_1 = 0.050$ T이며, $t_2 = 0.10$ s일 때 코일면을 통과하는 자기장은 $B_2 = 0.060$ T로 증가하였다. (a) 이 시간간격 동안에 유도된 기전력은 얼마인가? (b) 만약 시간간격 0.10 s 동안 자기장이 0.060 T에서 0.050 T로 감소하였을 때 평균유도기전력은 얼마인가?

생각하기 유도기전력은 자기선속이 시간에 따라 증가할 때와 감소할 때 유도전류의 방향은 반대임을 기억하자.

풀이 (a) $\theta = 0°$이므로 유도기전력은 다음과 같다.

$$\begin{aligned}\mathscr{E} &= -N\left(\frac{\phi_2-\phi_1}{t_2-t_1}\right)\\ &= -NA\cos 0°\left(\frac{B_2-B_1}{t_2-t_1}\right)\\ &= -(20)(1.5\times10^{-3}\ \mathrm{m}^2)(\cos 0°)\left(\frac{0.060\ \mathrm{T}-0.050\ \mathrm{T}}{0.10\ \mathrm{s}-0\ \mathrm{s}}\right)\\ &= -3.0\times10^{-3}\ \mathrm{V}\end{aligned}$$

(b) 자기장이 변하기 시작하는 시간과 끝나는 시간의 B값이 서로 바뀌는 것을 제외하면 계산 방법은 (a)와 같다. 단지 기전력의 부호만 반대로 되므로 유도기전력의 크기는 $\mathscr{E} = +3.0 \times 10^{-3}$ V이다. 기전력의 극성이 바뀌었기 때문에 유도전류의 방향도 (a)와 반대이다.

예제 20-3 지수적으로 감소하는 자기장

문제 넓이가 A인 도선이 닫힌회로 면에 대해 수직으로 지나가는 자기장 내에 놓여 있다. 자기장 $\vec{B}$의 크기가 시간에 따라 $B = B_{최대}\, e^{-at}$로 변한다고 한다(a는 상수). 이 관계는 그림 20-9와 같이 $t = 0$일 때는 자기장이 $B_{최대}$이고, $t > 0$일 때는 자기장이 지수적으로 감소한다. 이 닫힌회로에서 유도기전력을 시간에 대한 함수로 나타내라.

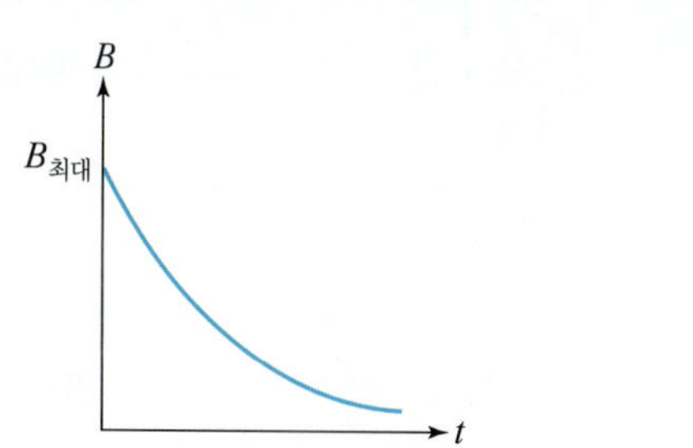

그림 20-9 시간에 대해 지수적으로 감소하는 자기장의 크기. 유도기전력과 유도전류도 이와 같은 형태로 변한다.

생각하기 자기장이 지수적으로 변하기 때문에 식 20-5를 사용해서 기전력을 구할 수 있다.

풀이 식 20-5를 사용하여 유도기전력을 구하면 다음과 같다.

$$\mathscr{E} = -\frac{d\phi_B}{dt} = -\frac{d}{dt}(AB_{최대}e^{-at}) = -AB_{최대}\frac{d}{dt}e^{-at}$$

$$= aAB_{최대}\, e^{-at}$$

이 결과는 유도기전력이 시간에 대해 지수적으로 감소함을 나타낸다. 최대기전력은 $t = 0$일 때 $\mathscr{E}_{최대} = aAB_{최대}$이다. 시간에 대한 유도기전력의 그래프는 시간에 대한 자기장의 그래프와 비슷하다.

Lenz의 법칙

유도기전력의 극성을 정하는 방법을 알아야 양극과 음극을 구분할 수 있다. 유도기전력의 극성은 러시아의 물리학자인 하인리히 렌츠(1804~1865)가 발견한 **Lenz의 법칙**(Lenz's law)을 사용하여 결정한다. 렌츠의 법칙을 이해하기 전에 코일을 통과하는 알짜 자기장은 두 자기장의 합이라는 사실을 먼저 알아야 한다. 즉 첫 번째는 처음부터 주어진 외부 자기장으로 이것이 변하면 자기선속의 변화가 생기고 유도기전력이 발생한다. 두 번째는 이 유도기전력에 의한 유도전류가 만드는 자기장이다. 이와 같이 유도전류에 의해 형성된 자기장을 **유도자기장**(induced magnetic field) 또는 **역자기장**(back magnetic field)이라 부른다.

자석과 코일이 상대적으로 접근하거나 멀어질 때 발생하는 유도전류는 자석이나 코일의 운동을 방해하려는 방향으로 흐른다. 즉 전자기유도에 의한 유도전류의 방향은 코일을 통과하는 자기선속이 변하는 것을 방해하는 방향으로 흐르게 된다. 이것을 **Lenz의 법칙**이라 한다. 이를 요약하여 표현하면 다음과 같다.

> 자기선속의 변화로 생성된 유도기전력의 극성은 유도전류에 의해 생기는 유도자기장이 원래 자기선속의 변화를 방해하도록 정해진다.

하인리히 프리드리히 에밀 렌츠
Heinrich Friedrich Emil Lenz, 1804~1865, 독일계 러시아 물리학자

1833년 렌츠의 법칙을 고안하였으며, 자체유도계수를 나타내는 기호 L은 렌츠의 머리글자를 딴 것이다.

그러면 유도전류가 흐르는 방향은 어떻게 결정할 수 있을까? 그림 20-10(a)와 같이 자석의 N극을 코일에 가까이 가져가면 코일을 지나는 자기력선이 증가하게 된다. 그러면 코일에는 유도전류가 흐르게 된다.

이때 유도전류에 의한 자기력선은 그림 20-10과 같이 형성된다. 그림의 (a)와 같이 자석의 N극을 코일에 가까이 하면 자석에 의한 자기선속이 증가하는 것을 억제하

TIP 두 종류의 자기장!

전자기유도 실험에서 도체 고리를 통과하는 자기장은 두 종류이다. (1) 도체 고리에 유도전류를 만드는 외부 자기장과 (2) 고리에 유도된 전류에 의해 발생하는 유도자기장이다.

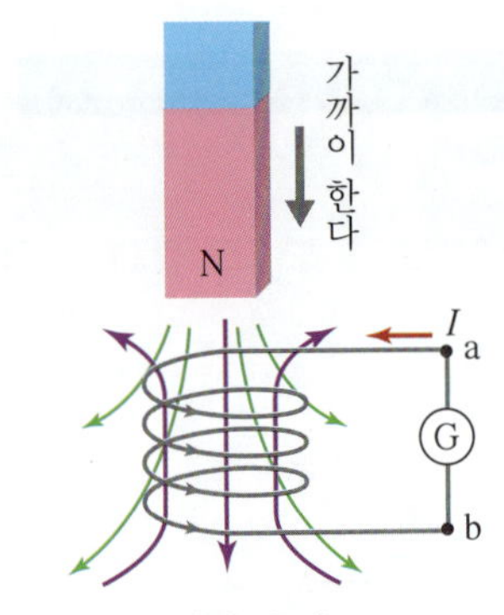

(a) N극을 가까이 할 때

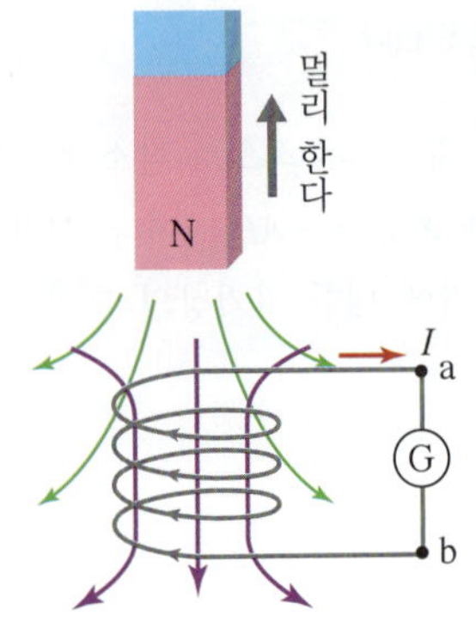

(b) N극을 멀리할 때

그림 20-10 Lenz의 법칙으로 유도전류의 방향을 설명해주는 그림. 자석을 코일에 가까이 하면 코일을 지나는 자기선속이 증가된다. 이때 코일에는 들어오는 자속을 억제하려는 방향으로 자기선속이 만들어지도록 유도전류가 흐른다.

는 방향이 되도록 유도전류가 흐른다. 이때 코일은 마치 하나의 막대자석과 비슷하다고 생각할 수 있다.

반대로 그림의 (b)와 같이 N극을 멀리하면 코일을 지나는 자기선속이 감소하므로 유도전류에 의한 자기선속은 자석에 의한 자기선속이 감소하는 것을 억제하는 방향으로 흐른다.

만약 렌츠의 법칙이 사실과 다르게 거꾸로 라면 어떤 일이 일어날까? 이런 경우 유도전류는 자석에 의한 자기선속의 변화와 같은 방향으로 자기선속이 형성될 것이므로 자기선속의 변화가 커지면서 전류가 무한히 증가하게 될 것이다. 만약 이런 일이 일어난다면 에너지 보존법칙에 위배되므로 이러한 '영구운동'기관은 존재할 수가 없다. 그러므로 렌츠의 법칙은 에너지 보존법칙과도 잘 일치한다.

Faraday법칙의 응용

전기기구에서 누전에 의해 발생할 수 있는 감전, 화재 및 기계 · 기구의 손상 등을 방지하기 위해 설치하는 안전장치 중 하나가 **누전차단기**(GFCI; ground fault circuit interrupter 漏電遮斷器)다. 우리 생활에서는 전기세탁기와 같은 가전제품에서 누전차단기의 이용 예를 볼 수 있다. 보통 방의 벽면에 있는 전원 콘센트에 직접 연결되거나, 최신 건물에서는 전원 콘센트 내에 포함되어 있다. 그림 20-11은 누전차단기의 기본 구조를 나타낸 것이다.

누전차단기 내부에는 감지코일에 전류가 유도되는지 여부에 따라 가전제품에 공급하는 전류를 차단할 수 있는 회로차단기가 있다. 그림 20-11에서 도선 1은 벽에 있는 콘센트에서 보호될 전기기구에 연결되며, 도선 2는 전기기구의 벽의 콘센트에 연결된다. 두 도선은 철심 고리를 둘러싸고 있다. 전기기구가 정상 작동하면 두 도선에 흐르는 전류는 서로 반대로 흐르고, 전류로 인한 감지코일을 통과하는 알짜 자기선속은 0이다. 그러나 전기기구에 연결된 도선의 하나가 절연되지 않거나, 사고로 전기기구의 금속상자에 닿으면, 감지코일을 지나가는 자기선속의 변화가 일어날 수 있다. 즉 기기의 회로에 합선이 생겨서 되돌아오는 전류가 없게 되면 감지코일을 지나는 알짜 자기장은 0이 아니다. 이 때문에 감지코일에는 유도기전력이 발생한다. 이 유도기전력은

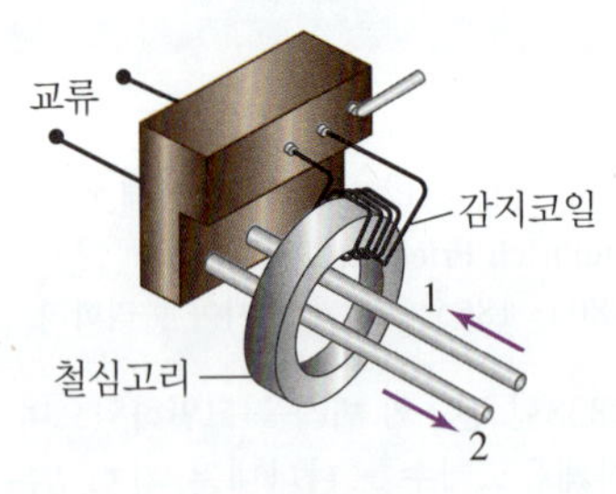

그림 20-11 누전차단기의 구조

그림 20-12 건물 벽에 설치되어 있는 누전차단기. 각종 전기기구를 사용할 때 일어날 수 있는 누전에 의한 전기충격을 미리 예방한다.

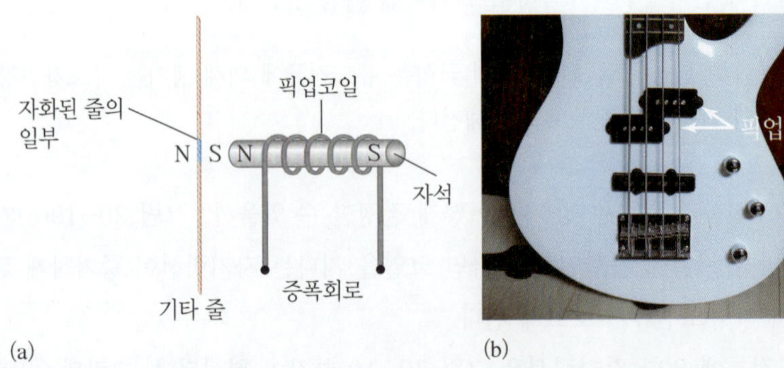

그림 20-13 (a) 전기기타는 자기화된 줄이 진동하면 자기선속이 변하므로 픽업코일에 기전력을 유도한다. (b) 금속 줄 아래에 있는 픽업코일(조그만 원 모양)을 통과하는 자기선속이 변하므로 기전력이 생긴다.

회로차단기를 작동시켜 전원을 차단시키게 된다. 누전차단기의 응답속도는 1/1 000 s 보다 빠르므로 전류가 위험한 크기에 도달하기 전에 전원이 차단된다.

Faraday의 법칙의 또 다른 응용으로 전기기타의 음을 발생시키는 방법을 들 수 있다. 이 경우 2차코일을 픽업코일이라 하는데 이 코일은 진동하는 기타 줄 부근에 있으며, 기타 줄은 자기화될 수 있는 금속으로 만들어진다. 코일 내부에 있는 영구자석은 코일에 가장 가까이 있는 기타 줄 일부를 자기화시킨다. 기타 줄이 어떤 진동수로 진동하면, 기타 줄의 자기화된 부분이 코일을 통과하는 자기선속의 변화를 유발시킨다. 이렇게 변하는 자기선속은 코일에 기전력을 유발하고, 이는 증폭기로 공급된다. 증폭기의 출력이 스피커로 전달되어 음파가 만들어진다(그림 20-13).

20-3 운동기전력-자기장 내에서 운동하는 도선에 발생하는 유도기전력

패러데이는 전자기유도 현상에서 자석이나 코일의 운동 속도를 크게 하거나 강한 자석을 사용하면 같은 시간 동안에 코일을 지나는 자기선속의 변화가 커진다는 것을 알아내었다. 그리고 코일의 감은 수를 증가시켜도 큰 유도기전력이 나타난다는 것도 알았다. 이 절에서는 패러데이의 법칙을 응용하여 자기장 내에서 움직이는 도체에 유도되는 기전력인 **운동기전력**(motional emf 運動起電力)의 생성에 대해 알아보자.

그림 20-14와 같이 자석 사이의 균일한 자기장 $\vec{B}$ 속에 'ㄷ' 자형 도체가 놓여 있다고 하자. 이 'ㄷ' 자형 도체 위에서 길이가 l인 또 다른 도선을 자기장에 수직인 방향으로 속도 $\vec{v}$로 끌면 도선 속에 있는 자유전자도 같은 방향으로 자기장 내를 같은 속도로 이동할 것이다. 따라서 자기장 속의 자유전자는 자기력 $F = qvB$만큼의 로렌츠 힘을 받아 $b \to a$ 쪽으로 이동하게 되므로, 도선에는 $a \to b$ 쪽으로 유도전류가 흐른다.

도선 내의 자유전자가 로렌츠힘을 받아 이동하므로 도선 ab 속에는 $a \to b$로 향하는 전기장이 존재한다. 이 전기장을 $\vec{E}$라 하면 전기력과 자기력은 균형을 이룬다. 즉 $qE = qvB$의 관계가 있다. 따라서

$$E = Bv$$

가 되고, 전기장의 방향으로 거리 l만큼 떨어진 두 점 a와 b 사이의 전위차 V는 ($V =$

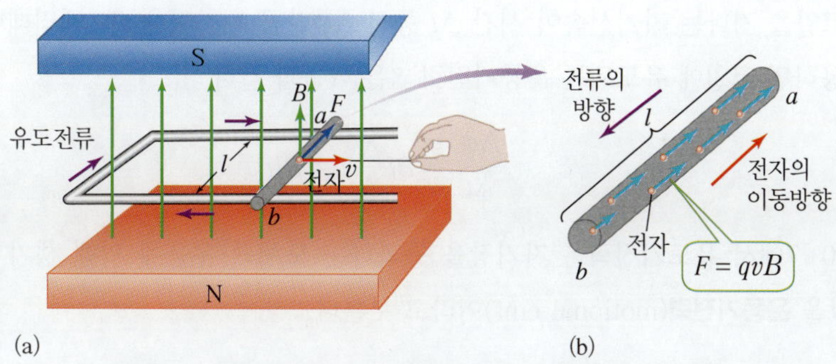

그림 20-14 (a) 균일한 자기장 속에서 일정한 속도로 운동하는 도선에 유도기전력이 발생한다.(b) 유도전류가 나타나는 것은 도선 내에 있는 자유전자가 자기력을 받기 때문이다.

Ed로 정의한 바 있다) 다음과 같다.

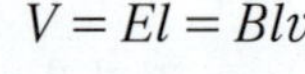

$$V = El = Blv$$

즉 균일한 자기장 $\vec{B}$ 속에서 길이 l의 도체를 속도 $\vec{v}$로 이동시켰을 때, 도체에 유도되는 유도기전력의 크기 $\mathscr{E}$는 다음과 같다.

$$\mathscr{E} = Blv \tag{20-6}$$

그러면 자기장 속에서 도선이 운동할 때 생기는 유도기전력(유도전류)의 방향은 어떻게 알 수 있을까? 그 방향은 그림 20-15와 같이 오른손을 이용하여 찾을 수 있다.

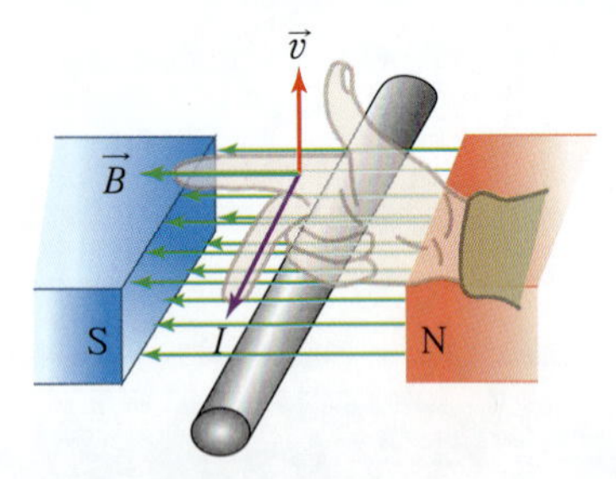

그림 20-15 운동기전력에 의한 유도전류의 방향은 플레밍의 오른손 법칙으로 결정할 수 있다.

즉, 오른손의 엄지와 검지 및 중지 손가락을 서로 직각이 되게 펴서 엄지손가락을 도체의 운동방향, 검지를 자기장의 방향이 되게 하면 중지가 가리키는 방향이 전류의 방향을 나타낸다. 이 관계를 플레밍의 오른손 법칙이라고 한다.

이 운동기전력이 발생하는 것은 역학적 에너지가 전기에너지로 변환되는 경우의 하나이다. 즉 도선을 자기장에 수직으로 운동시킬 때 해주는 일(여기서는 사람의 손이 도선을 오른쪽으로 끌 때 하는 일)이 전기에너지로 전환되는 것이다.

여기서 운동기전력이 발생하는 기본 원리를 자기선속의 변화와 연결시켜 Faraday의 법칙을 적용하여 이해해보자.

그림 20-16과 같이 균일한 자기장 B 내에서 자기력선에 수직인 회로 $abcd$를 생각하고, 그 한쪽 변의 도선 cd가 자기장 내를 속력 v로 오른쪽으로 이동하는 경우를 생각하자.

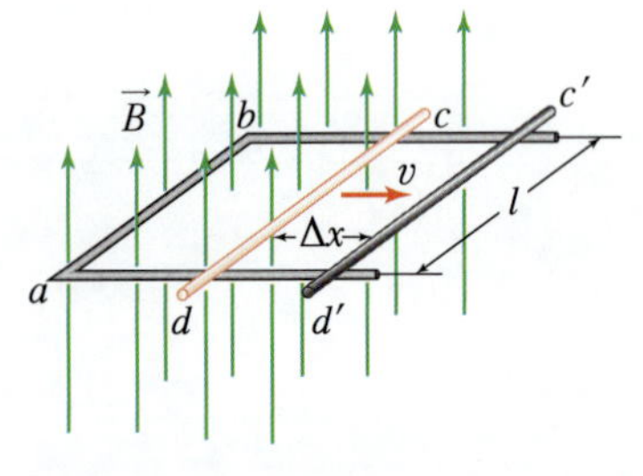

그림 20-16 균일한 자기장 B 내에서 자기력선에 수직인 회로 $abcd$에서, 한쪽 변의 도선 cd를 속력 v로 오른쪽으로 이동하면 회로에는 유도기전력 Blv가 생긴다.

도선 cd가 시간 Δt 사이에 Δx만큼 이동하였다고 하면, 이 사이에 회로가 만드는 넓이는 $cdd'c'$만큼 커졌으므로 이 회로를 관통하는 자기선속이 증가하게 된다. 이때 처음 회로 $abcd$를 지나는 자기선속을 ϕ_1이라 하고, 시간간격 Δt 후에 나중 회로 $abc'd'$을 지나는 자기선속을 ϕ_2라 하고, 증가한 자기선속 $\Delta\phi$라 하자.

그러면 시간간격 Δt 동안에 증가한 넓이는 $\Delta S = l\,\Delta x = lv\Delta t$ 이므로 자기선속의 변화는 다음과 같다.

$$\Delta\phi = \phi_2 - \phi_1 = B\,\Delta S = B(lv\Delta t) = \mathscr{E}\,\Delta t$$

즉, 코일을 지나는 자기선속이 시간 Δt 동안 $\Delta\phi$만큼 변하였을 때, 패러데이의 법칙을 적용하면 코일에 유도되는 운동기전력 $\mathscr{E}$은 다음과 같다.

$$|\mathscr{E}| = \frac{\Delta\phi}{\Delta t} = Bl\frac{\Delta x}{\Delta t} = Blv \tag{20-7}$$

식 20-7에서 유도기전력은 자기장을 통과하는 도체의 운동에 의해 생기기 때문에, 이 값을 **운동기전력**(motional emf)이라고 부른다.

예제 20-4 운동기전력

문제 그림 20-17과 같이 자기장이 0.3 T인 균일한 공간에 수직으로 'ㄷ' 자형 도선을 놓고 길이가 1 m인 구리막대 cd를 20 m/s의 속력으로 끌어당기고 있다. 이때 직사각형 $abcd$의 저항은 10 Ω이라고 가정하자. (a) 이 회로에 생기는 운동기전력은 얼마인가? (b) 또 이 회로에 흐르는 전류의 세기는 얼마인가? (c) 이때 회로에서 소비되는 전력은 얼마인가? (d) 구리막대 cd를 20 m/s의 일정한 속력으로 끌어당기는 데 필요한 힘은 얼마인가?

생각하기 운동기전력을 구하고, 이를 Ohm의 법칙과 전력의 개념과 연관시켜 이해하는 종합적인 문제이다.

풀이 (a) 운동기전력 $\mathscr{E}$는 다음과 같다.

$$\mathscr{E} = Blv = (0.3\ \mathrm{T}) \times 1\ \mathrm{m} \times 20\ \mathrm{m/s} = 6\ \mathrm{V}$$

(b) Ohm의 법칙 $\mathscr{E} = IR$에서 회로에 흐르는 전류 I는 다음과 같다.

$$I = \frac{\mathscr{E}}{R} = \frac{6\ \mathrm{V}}{10\ \Omega} = 0.6\ \mathrm{A}$$

(c) 도선에서 소비되는 전력 P는 다음과 같다.

$$P = I^2R = (0.6\ \mathrm{A})^2 \times 10\ \Omega = 3.6\ \mathrm{W}$$

(d) 도선에서 소비되는 전력은 도선을 등속으로 끌어당기는 힘에 의한 일률과 같으므로

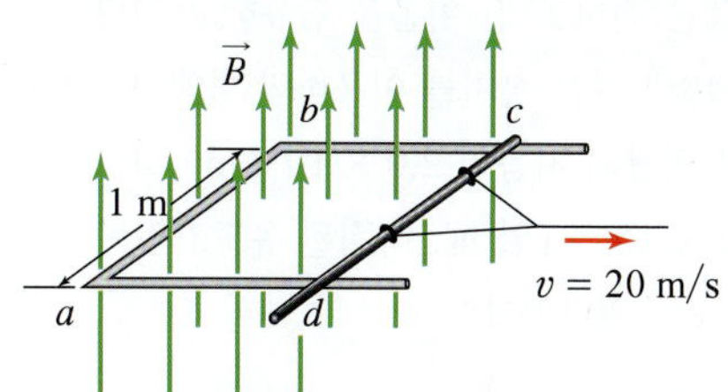

그림 20-17 'ㄷ' 자형 도선 위를 구리막대 cd가 20 m/s 속력으로 당겨지고 있다.

$$P = I^2R = Fv$$

이다. 따라서 구리막대 cd를 20 m/s의 일정한 속력으로 끌어당기는 데 필요한 힘은 다음과 같다.

$$F = \frac{P}{v} = \frac{I^2R}{v} = \frac{3.6\ \mathrm{W}}{20\ \mathrm{m/s}} = 0.18\ \mathrm{N}$$

이 힘은 $F = BIl$의 식으로도 구할 수 있다. 즉

$$F = 0.6\ \mathrm{A} \times 1\ \mathrm{m} \times 0.3\ \mathrm{T} = 0.18\ \mathrm{N}$$

이다.

예제 20-5 지구자기장을 가로질러 날고 있는 비행기

문제 B777-300 기종의 비행기가 지구자기장이 6.00×10^{-5} T인 한반도 상공을 지표면과 평행하게 동쪽을 향하여 280 m/s (약 1 000 km/h)의 속력으로 날고 있다. 비행기의 날개 양 끝 사이의 길이가 65 m라고 할 때, 두 날개 사이에 유도되는 전위차는 얼마인가?

생각하기 비행기가 동쪽을 향해 날고 있으므로, 남북방향의 지구자기장을 가로질러 간다. 그러므로 양쪽 날개 사이에 유도기전력이 발생한다.

풀이 운동기전력의 식 20-7에 주어진 값을 대입하면 다음과 같다.

$$\mathscr{E} = Blv = (6.00 \times 10^{-5}\ \mathrm{T})(65\ \mathrm{m})(280\ \mathrm{m/s}) = 1.09\ \mathrm{V}$$

그림 20-18 한반도 상공을 날고 있는 B777-300 비행기. 이 비행기의 날개 양 끝 사이의 길이는 약 65 m이다.

이 정도의 유도기전력은 항공기 안전에 걱정할 필요는 없다. 여러 안전장치에 의해 제어되기 때문이다.

예제 20-6 유도기전력을 이용한 혈류의 속도 측정

문제 혈액은 전하를 띤 이온을 함유하고 있다. 이러한 특성은 그림 20-19와 같은 장치를 이용하면 혈액의 속도를 측정할 수 있다. 만약 혈관의 지름이 2.0×10^{-3} m이고, 측정기구의 자기장이 8.00×10^{-2} T일 때, 측정된 유도기전력이 0.1 mV라면, 혈액의 속도는 얼마인가?

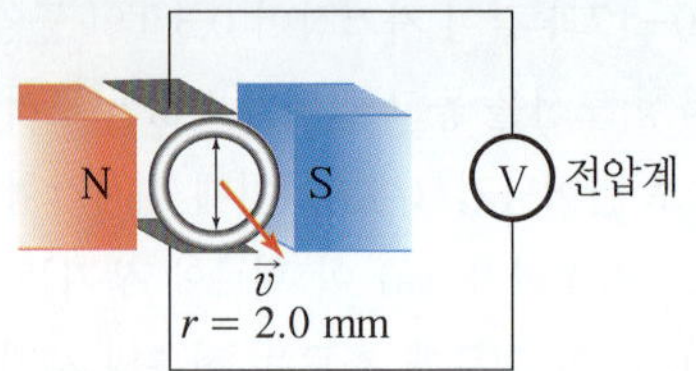

그림 20-19 유도기전력을 이용하여 혈액의 속도를 측정하는 시스템의 개략도

생각하기 혈관을 절연체라고 가정하고, 혈액 내에는 반드시 전하를 띤 이온이 포함되어 있다고 생각하자.

풀이 식 20-7을 v에 대해 풀면 $v = \mathscr{E}/Bl$이다 . 따라서 다음과 같이 계산할 수 있다.

$$v = \mathscr{E}/Bl = \frac{0.10 \text{ mV}}{(8.00 \times 10^{-2} \text{ T})(2.0 \times 10^{-3} \text{ m})} = 0.63 \text{ m/s}$$

20-4 역기전력과 맴돌이 전류

교류 전동기에서 역기전력

발전기는 역학적 에너지를 전기에너지로 전환시키는 반면, 전동기는 전기에너지를 역학적인 일로 바꾸어주는 장치이다. 발전기와 전동기의 내부 구조는 회전하는 코일로 구성되어 있어 비슷하며, 전동기는 발전기의 원리를 역이용한 것이다. 전동기는 전원으로부터 전류를 코일에 공급하여 전류가 흐르는 코일에 작용하는 자기 토크에 의해 코일을 회전하게 한다.

전동기는 회전하는 코일에 연결된 축이 외부 장치에 연결될 때 역학적인 일을 하게 된다. 전동기의 코일이 회전함에 따라 변하는 자기선속은 코일에 흐르는 전류를 감소시키는 기전력을 유도하려고 작용한다. 그렇지 않으면 렌츠의 법칙에 위배된다. 렌츠의 법칙에 따라서 유도기전력 $\mathscr{E}$는 외부에서 걸어준 기전력 V를 방해하는 방향으로 작용하는데 이것을 **역기전력**(back emf or counter emf)이라고 한다. **역기전력은 현재 흐르는 전류를 감소시키려는 기전력**을 말한다. 전동기의 속력이 빠를수록 코일을 통과하는 자기선속의 변화가 증가하고 역기전력도 증가한다. 회로에서 외부에서 걸어준 기전력 V와 유도기전력 $\mathscr{E}$의 극이 서로 반대이므로, 회로의 알짜 기전력은 $V - \mathscr{E}$이다. 그림 20-20(b)에서 R은 코일의 저항이고, 전동기를 지나가는 전류 I는 Ohm의 법칙에 따라 알짜 기전력을 저항으로 나누면 다음과 같다.

$$I = \frac{V - \mathscr{E}}{R} \qquad \text{20-8}$$

만약 전동기의 코일에 전류가 흐르도록 하는 외부의 전원이 120 V, 코일의 저항이 10 Ω, 그리고 이때 코일에 유도되는 역기전력이 70 V라 가정하자. 그러면 전류가 흐르게 하는 데 사용될 수 있는 전압은 인가전압과 역기전력과의 차이가 되는데, 이 경우 50 V이다. 전류는 역기전력에 의해 분명히 제한을 받는다.

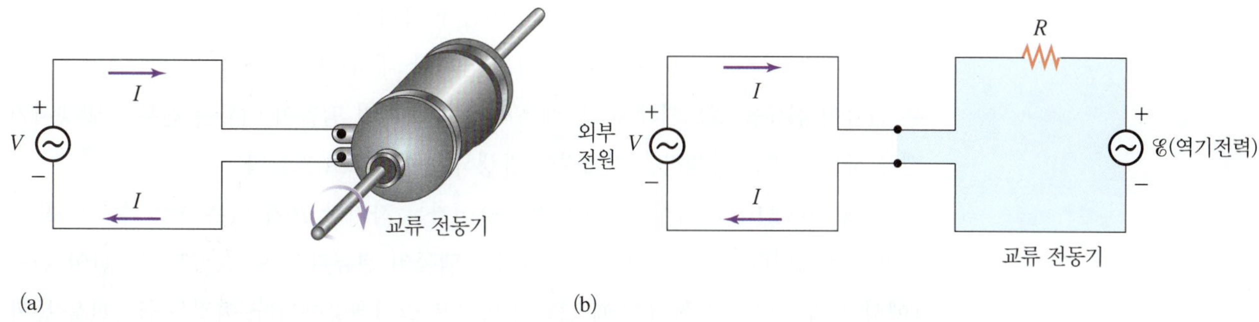

그림 20-20 (a) 걸어준 전압 V는 전동기가 동작하는 데 필요한 전류 I를 공급한다. (b) 그림 (a)의 등가회로이며, 코일의 저항 R과 역기전력 $\mathcal{E}$가 표시되어 있다.

전동기를 켜면, 처음에는 역기전력이 안 생기고 전류는 코일의 저항에 의해서만 제한받기 때문에 그 값이 매우 크다. 코일이 회전함에 따라 유도된 역기전력은 인가전압에 역으로 작용하여 코일에서의 전류가 감소하게 된다. 역학적인 부하가 증가하면 전동기의 속도는 줄어들고 따라서 역기전력은 감소한다. 역기전력의 감소는 코일의 전류를 증가시켜 외부 전원으로부터 공급받아야 하는 전력을 증가시킨다. 따라서 전동기를 시동할 때 큰 부하에서 작동할 때는 평상적인 부하에서 전동기를 작동할 때보다 전력이 더 많이 요구된다.

예제 20-7 교류 전동기에서 역기전력

문제 코일의 저항이 10.0 Ω인 어떤 전동기에 외부에서 $V = 1.20 \times 10^2$ V의 전압을 공급하고 있다. 이 전동기가 최대 속력으로 작동할 때 발생하는 역기전력은 70.0 V라고 한다. (a) 전동기에 스위치를 켤 때 코일에 흐르는 전류는 얼마인가? (b) 전동기가 최대 회전율에 도달할 때, 코일에 흐르는 전류는 얼마인가?

생각하기 각각의 경우에 인가전압에서 유도기전력을 뺀 알짜 전압을 구하고, Ohm의 법칙을 적용한다.

풀이 (a) 코일이 회전하지 않으면 역기전력은 0이다. 따라서 처음 상태에서 코일에 흐르는 전류는 최댓값을 가진다. 따라서 처음 코일에 흐르는 전류는 다음과 같다.

$$I = \frac{V - \mathcal{E}_{역}}{R} = \frac{(1.20 \times 10^2\ \text{V}) - 0}{10.0\ \Omega} = 12.0\ \text{A}$$

(b) 전동기가 최대 회전율로 돌고 있을 때 흐르는 전류는 인가전압에서 역기전력의 최댓값을 뺀 후 Ohm의 법칙을 사용하여 구한다.

$$I = \frac{V - \mathcal{E}_{역}}{R} = \frac{(1.20 \times 10^2\ \text{V}) - 70.0\ \text{V}}{10.0\ \Omega} = \frac{50.0\ \text{V}}{10.0\ \Omega}$$
$$= 5.00\ \text{A}$$

즉 원하는 코일의 회전 속력을 유지하려면, 더 많은 전류가 필요하므로 외부에서 공급하는 전력이 더 필요하게 된다.

맴돌이 전류

유도기전력과 유도전류는 자기선속의 변화에 의해 회로에 유도된다. 이와 같은 방법으로 자기장 내에서 운동하는 금속 조각에 **맴돌이 전류**(eddy current)라고 하는 회전하는 전류가 유도될 수 있다. 맴돌이 전류가 형성되는 원리를 알아보자.

강체 막대의 끝에 평평한 구리나 알루미늄 판을 붙여 자기장 속에서 앞뒤로 흔들리게 하면, 금속판이 자기장 속으로 들어감에 따라 자기선속이 변하게 되고, 이 때문에 금속판에 기전력이 유도된다. 이것은 금속판 내의 자유전자를 움직여 소용돌이치는 맴돌이 전류를 일으키게 한다. 렌츠의 법칙에 따라 맴돌이 전류는 전류를 발생시키게끔 하는 변화를 방해하는 자기장이 발생하는 방향으로 흐른다.

그림 20-21(a)와 같이 종이면으로 들어가는 자기장 $\vec{B}$가 있는 곳에 수직으로 금속판이 움직인다고 하자. 이때 금속판에는 맴돌이 전류가 유도되는데, 금속판이 위치 1에서 자기장 안으로 들어갈 때 전류의 방향은 반시계방향이다. 이것은 금속판을 통과하는 종이면 안쪽방향의 외부 자기선속이 증가하기 때문이다. 따라서 렌츠의 법칙에 따라 유도전류는 종이면 바깥 방향의 자기장을 만들어야 한다. 금속판이 자기장을 벗어나는 위치 2에서는 그 반대가 되어 시계방향의 맴돌이 전류가 흐른다. 유도되는 맴돌이 전류는 금속판이 자기장 안으로 들어가거나 나올 때 항상 자기력(자기적 저항력이라 부르자) $\vec{F}_B$를 만들기 때문에, 금속판은 결국 정지하게 된다. 만약 그림 20-21(b)와 같이 금속판에 가느다란 틈을 내면, 맴돌이 전류와 이에 해당하는 저항력은 감소한다. 그 이유는 금속판의 틈들이 전류 고리 형태를 갖지 못하도록 하는 효과로 작용하기 때문이다.

지하철과 고속 주행 차량의 제동장치 등에 전자기유도와 맴돌이 전류가 이용된다. 열차에 부착된 전자석은 강철 레일 가까이에 배치되어 있다. 제동장치는 이 전자석에 큰 전류가 흐를 때 작동한다. 자석과 레일의 상대적인 운동이 레일에 맴돌이 전류를 만들고, 이 전류의 방향은 움직이는 열차에 저항력을 일으켜 제동을 쉽게 한다. 맴돌이 전류는 열차가 감속함에 따라 점차 감소하게 되어, 제동 효과는 훨씬 부드러워진다.

맴돌이 전류는 역학적 에너지를 내부에너지로 변환시키기 때문에 달갑지 않은 현상이 될 수도 있다. 이런 에너지 소모를 줄이기 위해 도체 일부에 박막을 입히기도 한다. 이렇게 2중 층 구조(필요에 따라 여러 층으로 할 수 있다)를 가지면 큰 고리 전류가 발생되는 것을 막는데 이 전류를 각 층에 작은 고리 전류 형태로 나누는 효과가

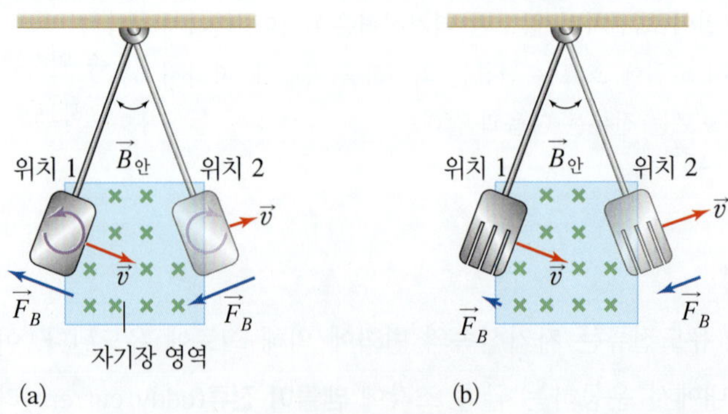

그림 20-21 도체판이 자기장 영역을 왕복하면, 자기력 $\vec{F}_B$가 속도와 반대방향으로 작용하여 도체판은 멈추게 된다. (a) 판이 자기장으로 들어가면 반시계방향의 맴돌이 전류가 생기고, 판이 자기장 밖으로 나오면 시계방향의 전류가 생긴다. (b) 판에 틈을 내면, 맴돌이 전류가 감소하고 판이 더 자유롭게 움직인다.

있기 때문이다. 이런 적층구조는 맴돌이 전류를 감소시켜, 효율을 높이기 위해 변압기 철심과 전동기에 사용되고 있다.

20-5 유도계수(인덕턴스)

자체유도계수

유도기전력을 발생시키기 위해서는 시간에 따라 자기선속이 변해야 한다. 유도의 개념은 한 개의 코일에도 적용된다. 한 코일에 흐르는 전류가 변하면 코일의 자기선속이 변하고 유도기전력이 발생한다. 이때 유도기전력의 방향은 자속의 변화와 반대(Lenz의 법칙)이다. 즉, 전류가 변하는 모든 전류고리에는 유도기전력이 발생한다.

그림 20-22(a)와 같이 N번 감긴 코일이 직류회로를 이루고 있다. 스위치 S를 닫는 경우를 생각해보자. 스위치를 닫으면, 코일에 흐르는 전류가 $0 \rightarrow I$로 변하므로 코일을 통과하는 자기선속이 변하고 유도기전력이 생긴다. 시간이 지나 회로에 정상전류가 흐르면 유도기전력도 사라진다. 이번에는 그림 20-22(b) 같이 스위치 S를 열면 회로를 흐르는 전류는 $I \rightarrow 0$로 변한다. 이때에도 코일을 지나는 자기선속이 변하므로 유도기전력이 발생한다. 시간이 지나 회로에 흐르는 전류가 0이 되면 유도기전력은 더 이상 발생하지 않는다.

스위치를 닫고 열 때 발생하는 유도기전력의 크기는 어떻게 나타낼 수 있을까? 코일에 흐르는 전류는 시간 Δt_1 동안에 V/R까지 증가한다. 따라서 코일 하나를 통과하는 자기선속의 증가량을 $\Delta\phi_1(\Delta\phi_1 > 0)$라 하면 전체 코일에는 그림 20-22(d)와 같이 전지의 기전력과 반대방향으로 유도기전력 $\mathscr{E}_1$이 유도되며 그 크기는 다음과 같다.

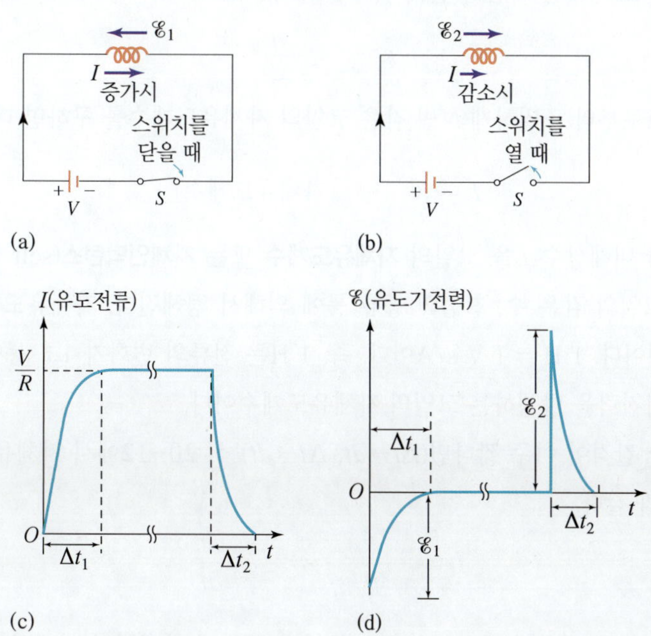

그림 20-22 (a) 스위치를 닫을 때의 자체유도 (b) 스위치를 열 때의 자체유도 (c) 스위치를 닫고 열 때 유도전류와 시간 관계 그래프 (d) 스위치를 닫고 열 때 유도기전력과 시간 관계 그래프

$$\mathscr{E}_1 = -N\frac{\Delta\phi_1}{\Delta t_1} < 0 \qquad \textbf{20-9a}$$

회로에 흐르는 전류가 V/R로 일정하면 유도기전력은 0이다. 스위치를 열어 전류를 끊으면, 시간 Δt_2 동안에 코일을 통과하는 자기선속이 감소한다. 코일 하나를 통과하는 감소된 자기선속을 $\Delta\phi_2(\Delta\phi_2 < 0)$라 하면, 전체 코일에는 전지의 기전력과 같은 방향으로 다음과 같은 유도기전력이 유도된다.

$$\mathscr{E}_2 = -N\frac{\Delta\phi_2}{\Delta t_2} > 0 \qquad \textbf{20-9b}$$

이와 같이 코일에 흐르는 전류가 변할 때, 그 코일 자체에 유도기전력이 발생하고 유도전류가 흐르는 현상을 자체유도(self-induction 自體誘導)라고 한다.

식 20-9a와 식 20-9b를 일반적인 식으로 나타내면 자체유도에 의해 발생하는 유도기전력은 다음과 같다.

$$\mathscr{E}_L = -N\frac{\Delta\phi_B}{\Delta t} \quad \text{(자체유도기전력)} \qquad \textbf{20-10}$$

코일을 통과하는 자기선속의 단위 시간당의 변화 즉, 유도기전력 $\mathscr{E}$는 전류의 단위 시간당의 변화에 비례한다. 식 20-10에서 부호가 음(−)이 되는 것은 이 기전력이 전류의 변화를 억제하는 **역기전력**(Lens의 법칙)이 된다는 것을 의미한다.

코일을 통과하는 자기선속 ϕ_B는 코일을 흐르는 전류 I에 비례하므로 시간 Δt 사이에 코일을 통과하는 총 자기선속의 변화 $\Delta(N\phi_B)$는 전류의 변화 ΔI에 비례하여 $\Delta(N\phi_B) \propto \Delta I$ 관계가 있다. 비례상수를 넣어 이 식을 정리하면 다음과 같다.

$$\Delta(N\phi_B) = L\Delta I \qquad \textbf{20-11}$$

따라서 식 20-10은 다음과 같이 나타낼 수 있다.

$$\mathscr{E}_L = -L\frac{\Delta I}{\Delta t} \qquad \textbf{20-12}$$

식 20-11로부터 조밀하게 N번 감은 코일의 자체유도계수를 구하면 다음과 같다.

$$L = N\frac{\phi_B}{I} \quad \text{(자체유도계수)} \qquad \textbf{20-13}$$

이 식에서 비례상수 L을 코일의 **자체유도계수** 또는 **자체인덕턴스**(self inductance)라고 하며, 코일의 감은 수, 철심의 종류 등에 의해서 정해진다. 자체유도계수 L의 단위는 **헨리**[H]이다. 1 H = 1 V s/A이다. 즉, 1 H는 전류의 변화가 1초 동안 1 A일 때 1 V의 유도기전력을 발생하는 코일의 자체유도계수이다.

만약 시간 간격이 아주 짧다면($\Delta t \to dt$, $\Delta I \to dt$) 식 20-12에서 자체유도계수 L을 구하면 다음과 같다.

$$L = -\frac{\mathscr{E}_L}{dI/dt} = -\mathscr{E}_L\frac{dt}{dI} \qquad \textbf{20-14}$$

식 20-14는 코일의 형태, 크기 또는 물질의 특성에 관계없이 임의의 코일의 자체유도계수를 정의하는 식으로 사용된다. Ohm의 법칙 $R = V/I$와 비교하면 **저항이 전류**

에 대한 억제 척도인 반면, 유도계수는 전류의 변화에 대한 억제 척도임을 알 수 있다.

교류회로에는 항상 유도 현상이 발생하지만, 회로에 여러 번 감긴 코일이 없는 한 유도기전력은 매우 작다. 자체유도계수 L이 매우 큰 코일을 **유도기**(inductor) 또는 **초크 코일**(choke coil)이라 하고 회로도에서 ─ꝏꝏ─로 나타낸다.

예제 20-8 자체유도

문제 자체유도계수가 0.4 H이고, 저항이 5 Ω인 코일에 일정한 비율로 전류가 변하는 전원을 연결하였더니 2×10^{-2} s 동안에 전류가 0.5 A에서 1.0 A로 변하였다. (a) 코일에 발생하는 유도되는 기전력은 얼마인가? (b) 코일 양 끝의 전위차는 얼마인가?

생각하기 자체유도계수와 단위시간당 전류의 변화를 제시하였으므로 $\mathscr{E}_L = -L\dfrac{\Delta I}{\Delta t}$로 구할 수 있다.

풀이 (a) 코일에 발생한 자체유도기전력 $\mathscr{E}$는 식 20-12를 사용하면 다음과 같다.

$$\mathscr{E}_L = -L\frac{\Delta I}{\Delta t} = -0.4\ \text{H} \times \frac{(1.0 - 0.5)\text{A}}{2 \times 10^{-2}\ \text{s}} = -10\ \text{V}$$

(b) 코일 양 끝의 전위차를 V라 하면 자체유도기전력이 역기전력이므로 $V + \mathscr{E}_L = IR$의 관계가 있다. 따라서 다음과 같다.

$$V = -\mathscr{E}_L + IR = 10\ \text{V} + (1.0\ \text{A} \times 5\ \Omega) = 15\ \text{V}$$

예제 20-9 솔레노이드의 자체유도계수

문제 길이가 l인 도선이 균일하게 N번 감긴 솔레노이드가 있다. 길이 l은 솔레노이드의 반지름보다 대단히 크며, 솔레노이드 내부는 비어 있다. (a) 이 솔레노이드의 자체유도계수는 얼마인가? (b) 단면의 넓이가 4.00 cm^{2}이고, 길이가 25.0 cm인 원통에 300번 감은 솔레노이드의 자체유도계수를 구하라. (c) 전류가 50.0 A/s의 비율로 감소할 때, 솔레노이드의 자체유도기전력을 구하라.

생각하기 솔레노이드의 각 코일로부터의 자기선속은 모든 코일을 통과하며, 각 코일에서의 유도기전력은 전류의 변화를 방해한다.

풀이 (a) 단면의 넓이가 A인 솔레노이드에서 코일 하나에 대한 자기선속은 구하면 다음과 같다. 식 19-19에서 솔레노이드에 의한 자기장은 $B = \mu_0 nI$이므로 자기선속 ϕ_B는 다음과 같다.

$$\phi_B = BA = \mu_0 nIA = \mu_0 \frac{N}{l} IA$$

이 식을 식 20-13에 대입하면 다음과 같다.

$$L = \frac{N\phi_B}{I} = \mu_0 \frac{N^2}{l} A \qquad \textbf{20-15}$$

식 20-15에서 자체유도계수 L은 길이, 단면의 넓이 등 기하학적 모양과 감은 수의 제곱에 비례한다. $N = nl$이므로

$$L = \mu_0 \frac{N^2}{l} A = \mu_0 \frac{(nl)^2}{l} A = \mu_0 n^2 Al = \mu_0 n^2 V \qquad \textbf{20-16}$$

이다. 여기서 $V = Al$은 솔레노이드의 내부의 부피가 된다.

(b) 식 20-15에 대입하면 구하는 자체유도계수는 다음과 같다.

$$L = (4\pi \times 10^{-7}\ \text{T m/A}) \frac{(300)^2 (4.00 \times 10^{-4}\ \text{m}^2)}{25.0 \times 10^{-2}\ \text{m}}$$
$$= 1.81 \times 10^{-4}\ \text{H}$$

(c) $dI/dt = -50.0$ A/s와 (b)에서 얻은 답을 식 20-12에 대입하면 다음과 같다.

$$\mathscr{E}_L = -L\frac{dI}{dt} = -(1.81 \times 10^{-4}\ \text{H})(-50.0\ \text{A/s})$$
$$= 9.05 \times 10^{-3}\ \text{V}$$

상호유도계수

그림 20-23(a)와 같이 1차코일(L_1)과 2차코일(L_2)을 서로 마주보게 하고(물리적으로 떨어져 있음) 스위치 S를 닫아 1차코일에 전류 I_1을 흘려 자기장을 만들어주면 그 자기선속이 2차코일을 통과하게 된다. 즉 스위치를 갑자기 닫으면, 지금까지 없었던 자기장이 갑자기 생기면서 2차코일을 통과하게 된다. 이때 2차코일에는 자기선속이 변하므로 이를 억제하려는 유도전류가 흐르게 된다.

반대로 스위치를 열면, 지금까지 있었던 자기장이 갑자기 없어지기 때문에 2차코일을 통과하는 자기선속이 변하게 되어 2차코일에는 이 변화를 억제하려는 유도전류가 아까와 반대로 흐르게 된다.

물론 그림 20-23(c)와 같이 1차코일에 교류전원을 흘려주어도 2차코일에 교류기전력이 얻어진다. 교류는 시간에 따라 변하는 자기장이 만들어지므로 그 진동수에 따라 기전력의 방향이 바뀌게 된다.

이와 같이 자석과 코일의 상대적인 운동이 없어도 두 코일을 가까이 놓고 한쪽 코일의 전류의 세기를 변화시키면 다른 코일에 유도기전력이 발생하는 현상을 상호유도(mutual induction 相互誘導)라고 한다. 상호유도에 의해 2차코일에 유도전류 I_2를 흐르게 하는 기전력 $\mathscr{E}_2$는 1차코일에 흐르는 전류 I_1의 시간적 변화율에 비례한다.

$$\mathscr{E}_2 = -M\frac{dI}{dt} \quad \text{(상호유도기전력)} \qquad \textbf{20-17}$$

식 20-17에서 비례상수 M을 **상호유도계수** 또는 **상호인덕턴스**(mutual inductance)라고 하며, 단위는 **헨리**(henry, H)를 사용한다.

상호인덕턴스 M의 값은 철심의 존재 여부와 코일의 기하학적 성질, 즉 코일의 크기, 코일 속의 감은 수 그리고 코일의 떨어져 있는 거리에 따라 다르다.

식 20-5와 20-17을 같다고 놓으면 $M = \dfrac{d\phi_B}{dI}$ 이므로, N번 감긴 코일의 상호유도계수는 다음과 같다.

$$M = N\frac{\phi_B}{I} \quad \text{(상호유도계수)} \qquad \textbf{20-18}$$

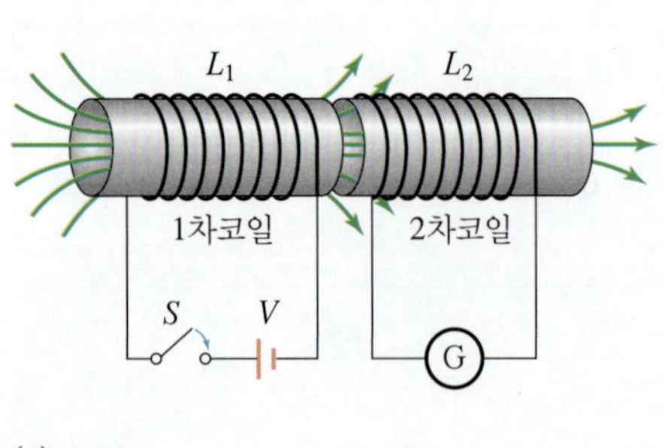

(a)

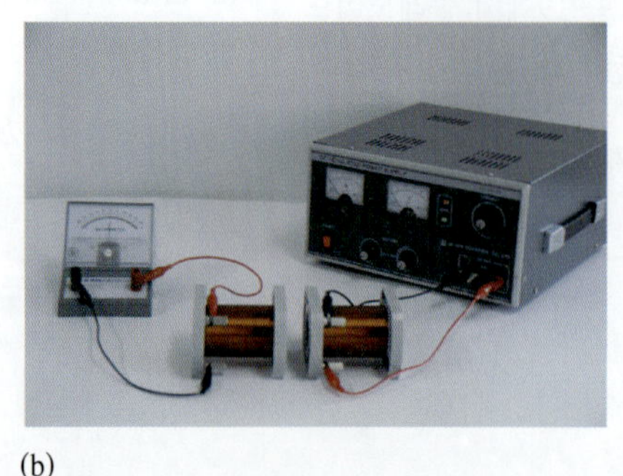
(b)

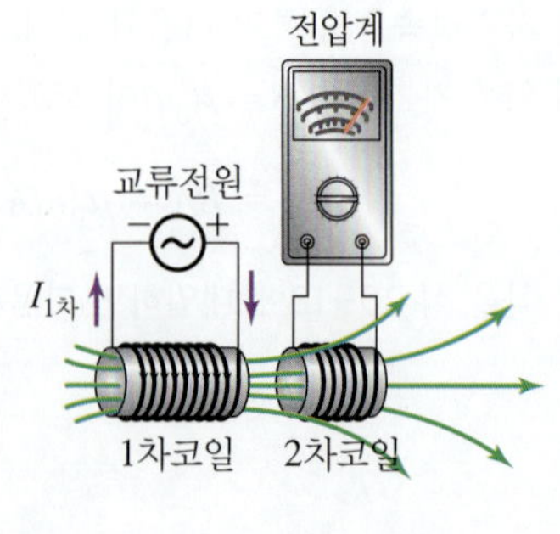

(c)

그림 20-23 (a), (b) 스위치를 닫거나 열면, 2차코일의 자기선속이 변하므로 유도전류가 흐르게 된다. (c) 1차코일에 교류전원을 연결해도 2차코일에 교류기전력이 얻어진다.

이 시간간격이 아주 짧은($\Delta t \to dt$) 경우 식 20-17로부터 상호유도계수 M은 다음과 같이 표현할 수 있다.

$$M = -\frac{\mathscr{E}_M}{dI/dt} \qquad \textbf{20-19}$$

상호유도의 원리를 이용하여 수 V의 직류전원으로 수 만 V의 고전압을 얻는 장치를 **유도코일**(induction coil)이라 한다. 철심에 굵은 도선으로 1차코일을 감고, 코일의 한 끝은 전기종과 같은 원리를 이용하여 매우 빠른 속력으로 단속하는 자동제어장치를 통해 전원에 연결한다. 그리고 2차코일은 가는 도선을 사용하여, 1차코일과 절연시켜서 1차코일 위에 수천~수만 번 감는다. 1차코일에 수 V의 전지를 연결하여 전류를 흘리면 단속장치에 의해 전류가 자동으로 빠르게 단속되므로 전류의 변화에 따른 자기선속의 변화가 계속 일어나게 된다. 따라서 2차코일에는 높은 기전력이 유도되어 고압전원으로 사용된다.

예제 20-10 매달린 구리고리의 움직임 관찰

문제 그림 20-24와 같이 코일을 감은 쇠막대 끝 가까이에 구리고리를 매달아 놓았다. (a) 스위치를 닫는 순간 구리고리는 어느 방향으로 움직이는가? (b) 또 스위치를 열 때는 어떻게 되는가?

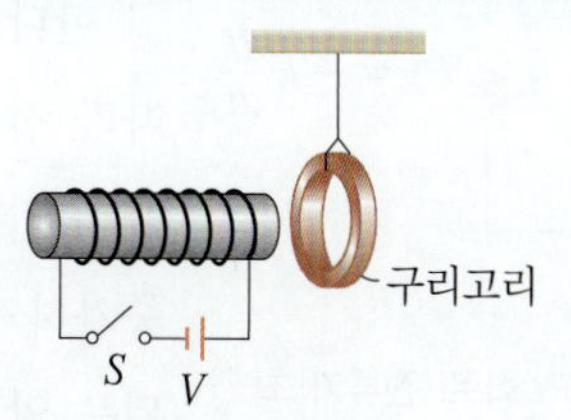

그림 20-24

생각하기 왼쪽 솔레노이드 형태의 코일과 구리고리는 물리적인 접촉은 없더라도, 상호유도 현상으로 구리고리가 움직이게 된다.

풀이 (a) 스위치를 닫을 때: 코일의 전류가 증가하므로 구리고리에는 코일의 전류 증가와 반대방향으로 유도전류가 발생하므로 코일과 고리 사이에는 반발력이 생긴다. 따라서 구리고리는 코일로부터 멀어진다.

(b) 스위치를 열 때: 코일의 전류가 감소하므로 구리고리에는 코일의 전류 감소와 반대방향으로 유도전류가 발생하므로 코일과 구리 사이에는 인력이 생긴다. 따라서 구리고리는 코일에 가까워진다.

20-6 *RL*회로

인덕터가 회로에 놓여 있을 때 어떤 효과가 나타나는지 알아보자. 그림 20-25(a)는 직류전원과 저항기로 이루어진 회로이다. 이 회로에 키르히호프의 법칙을 적용하면 $V - IR = 0$이고, 저항기 양단의 전압강하는 $\Delta V_R = IR$이고, 저항은 전류의 흐름을 방해하는 척도로 이해할 수 있다. 이번에는 그림 20-25(b)와 같이 직류전원과 인덕터로 이루어진 회로를 살펴보자. 회로에 저항이 없으므로 $IR = 0$이기 때문에 스위치를 닫는 순간, 코일에 발생한 역기전력은 전원의 기전력과 같다. 식 20-14로부터 다음 식을 얻는다.

$$\mathscr{E}_L = -L\frac{dI}{dt} \quad \text{(역기전력)} \qquad \textbf{20-20}$$

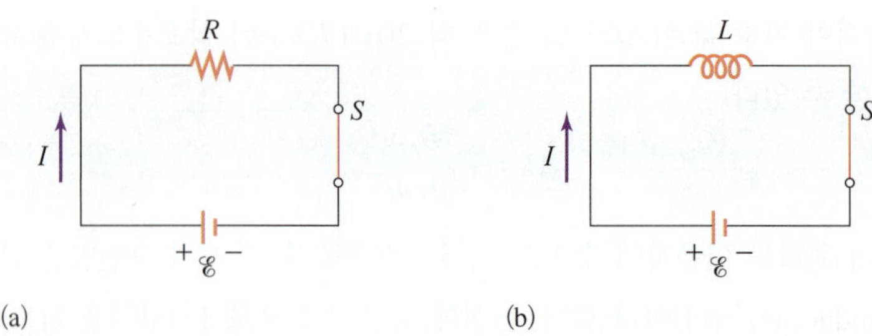

그림 20-25 인덕터와 저항기의 효과를 비교하기 위한 간단한 회로. (a) 전원과 저항기로 이루어진 회로에서 저항은 전류의 흐름을 방해하는 척도로 이해할 수 있다. (b) 전원과 인덕터로 이루어진 회로에서는 역기전력이 발생하므로, L은 전류의 변화를 방해하는 척도로 이해할 수 있다.

이 식으로부터 L은 전류의 변화를 방해하는 척도로 이해할 수 있다. 여기서 직류전원에 연결된 RL회로를 논하는 것은 역기전력의 효과를 알아보기 위해서이다.

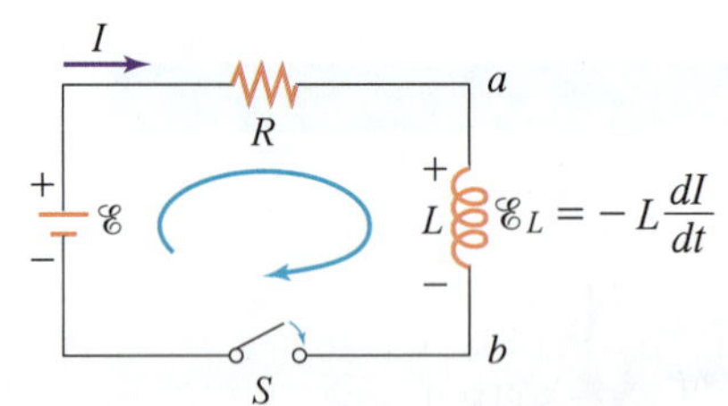

그림 20-26 직렬 RL회로. 전류가 최댓값으로 증가함에 따라 인덕터는 전류의 증가를 방해하는 방향으로 유도기전력을 생성한다. 회로에 키르히호프의 고리법칙을 적용하기 위해 적용방향에 대한 고리를 그려놓았다.

직류전원, 저항기, 인덕터로 이루어진 회로는 어떤 특성을 나타내는지 알아보자(교류전원에 저항기, 인덕터가 연결된 회로의 특성은 21-6절에서 공부한다). 그림 20-26과 같이 전지에 저항기 R과 인덕터 L이 연결된 회로를 ***RL*회로**(RL circuit)라고 한다. 전원과 연결된 스위치를 연결시키는 순간, 전류는 흐르기 시작한다. 시간에 따라 전류는 증가하기 시작하지만 인덕터에서는 전류의 증가를 방해하는 유도기전력을 생긴다. 이 때문에 회로에 흐르는 전류는 0에서 최대 전류인 $\mathcal{E}/R$까지 순간적으로 증가하지 못한다. 식 20-20으로부터 전류가 가장 빨리 변할 때, 유도기전력이 최대가 됨을 알 수 있고, 이것은 스위치가 닫히는 순간에 해당된다. 전류가 정상상태의 값에 접근함에 따라 전류가 천천히 변하기 때문에 코일에 유도되는 역기전력도 점점 감소한다. 시간이 지난 후 전류가 정상상태의 값에 이르렀을 때 전류의 변화율은 0이고 따라서 역기전력도 0이 된다.

스위치를 닫을 때 순간전류

이 사실을 바탕으로 이 회로에 대한 키르히호프의 고리법칙을 시계방향으로 적용하면 다음과 같다(키르히호프의 법칙은 일정한 전류가 흐르는 회로에 대해 유도되나, 어느 한 순간의 회로를 고려하면 전류가 변화하는 회로에 대해서도 유효하다).

$$\mathcal{E} - IR - L\frac{dI}{dt} = 0 \qquad \textbf{20-21}$$

식 20-21의 수학적인 해는 시간의 함수로서 회로의 전류를 나타낸다. 수학적인 해를 구하기 위해 변수를 도입하자. 변수 $x = \frac{\mathcal{E}}{R} - I$로 치환하면, $dx = -dI$가 된다. 이 관계를 식 20-21에 대입하여 정리하면 다음과 같다.

$$x + \frac{L}{R}\frac{dx}{dt} = 0$$

이 식을 양변으로 분리해서 적분하면 다음과 같다.

$$\int_{x_0}^{x} \frac{dx}{x} = -\frac{R}{L}\int_0^t dt$$

$$\ln\frac{x}{x_0} = -\frac{R}{L}t$$

여기서 x_0은 $t = 0$에서 x의 값이다. 위 식을 x에 대해 풀면 다음과 같다.

$$x = x_0 e^{-Rt/L}$$

$t = 0$에서 $I = 0$이므로, $x_0 = \mathscr{E}/R$이 된다. 따라서 원래의 변수를 이용해서 앞의 식을 나타내면 다음과 같다.

$$\frac{\mathscr{E}}{R} - I = \frac{\mathscr{E}}{R}e^{-Rt/L}$$

따라서 스위치 S를 닫을 때 시간 t에 대한 순간전류 I는 다음과 같다. 그러므로 다음 식이 얻어진다.

$$I(t) = \frac{\mathscr{E}}{R}(1 - e^{-Rt/L}) \qquad \textbf{20-22}$$

식 20-22는 인덕터가 전류에 주는 영향을 나타낸다. **스위치를 닫으면 전류는 나중 평형상태의 값을 나타내지 않고, 순간적으로 증가해서 지수함수 형태로 증가한다.** 만약 인덕터가 회로로부터 제거되어 L이 0에 접근하면 지수항은 0이 되어, 전류의 시간의존성이 없어진다. 즉, 유도계수가 0인 경우에 전류가 순간적으로 증가해서 나중 평형상태의 값을 나타낸다.

그림 20-27은 회로에 흐르는 전류를 시간에 따라 표현한 것이다. 이 그림은 18-10절에서 *RC*회로의 분석에서 공부하였던 시간에 따라 축전기에 저장되는 전하의 그래프와 아주 유사하다. 즉 축전기 회로에서 시간상수는 축전기에 전하가 정상상태의 값까지 저장되는 데 걸리는 시간을 결정하는 상수였다. 이와 유사하게 직류전원에 연결된 *RL*회로에서도 시간상수를 정의할 수 있다. ***RL*회로에서 시간상수(time constant) τ는 전류가 0에서부터 나중값 $\mathscr{E}/R$의 $(1 - e^{-1}) = 0.632 = 63.2$ %에 도달하는 데까지 걸리는 시간이다.** 즉 *RL*회로에서 시간상수는 다음과 같다.

$$\tau = \frac{L}{R} \qquad \textbf{20-23}$$

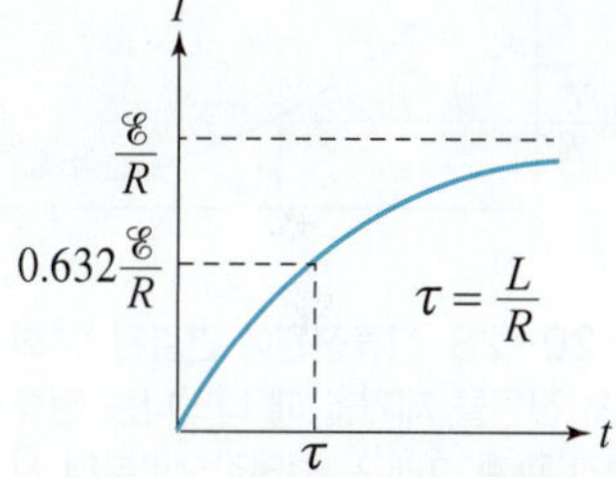

그림 20-27 직류전원에 연결된 *RL*회로의 시간 대 전류 그래프. **시간상수** τ는 전류가 최댓값의 63.2 %에 도달하는 데까지 걸리는 시간이다.

시간상수는 여러 회로의 시간 반응을 비교하는 데 유용한 변수이다. 시간상수 τ의 단위는 초(s)이다.

식 20-23을 식 20-22에 대입하여 어느 시간 t에 대한 순간 전류를 계산하면, 다음과 같이 나타낼 수 있다.

$$I(t) = \frac{\mathscr{E}}{R}(1 - e^{-t/\tau}) \qquad \textbf{20-24}$$

이 방정식은 쉽게 해석할 수 있다. 시간 $t = 0$에서 스위치는 닫힌 상태이며 전류는 0이다. 그 후 시간이 경과하면서 어떤 최댓값에 도달하게 된다. 식 20-24와 *RC*회로의 식 18-37과 비교하면 인덕터 대신에 축전기의 형태로 바뀐 것을 알 수 있다. 축전기의 경우에서처럼 이 식은 인덕터에서 전류가 최댓값에 도달하는 데 무한 시간이 필요함을 보여주고 있다. 하지만 이런 결과는 움직이는 무한히 작은 전하들로 전류가 이루어져 있다는 가정에 의한 것이며, 실제로는 그렇지 않다.

RL회로에서 어느 순간 t의 전류의 크기는 식 20-24로 표현될 수 있음을 알았다. 그러면 어느 시각에 전류의 시간변화율은 어떻게 나타낼 수 있을까? 이 답은 식 20-24를 시간에 대해 미분하면 구할 수 있다. 즉

$$\frac{dI}{dt} = \frac{\mathscr{E}}{R}e^{-t/\tau} \quad \textbf{20-25}$$

이다. 이 식은 전류의 시간변화율이 $t = 0$에서 최댓값 $\mathscr{E}/R$을 가지며, t가 무한대로 가면 지수함수적으로 0이 된다는 사실을 알려준다.

스위치를 열 때 순간전류

이번에는 RL회로에서 전지를 회로에서 제거할 때(스위치를 열 때) 나타나는 현상을 생각해보자. $\mathscr{E} = 0$을 식 20-21에 대입하여 정리하면 다음과 같다.

$$IR + L\frac{dI}{dt} = 0 \quad \textbf{20-26}$$

이 미분방정식의 해는 다음과 같다. 즉, 스위치를 열 때 어느 시간 t일 때 흐르는 순간전류는 다음과 같다.

$$I(t) = \frac{\mathscr{E}}{R}e^{-t/\tau} \quad \textbf{20-27}$$

이 식은 또 다음과 같이 나타낼 수 있다.

$$I(t) = I_{처음}e^{-t/\tau} \quad \textbf{20-28}$$

여기서 $\mathscr{E}$는 전지의 기전력이고, 스위치를 여는 순간의 처음전류는 $I_{처음} = \mathscr{E}/R$이다. 만일 회로에 인덕터가 없다면 전류는 전지가 제거될 때 즉시 0으로 감소한다. 인덕터가 존재하면 전류의 감소를 억제해서 전류가 지수적으로 감소한다. 그림 20-28은 전류가 시간에 따라 지수적으로 감소함을 보여준다.

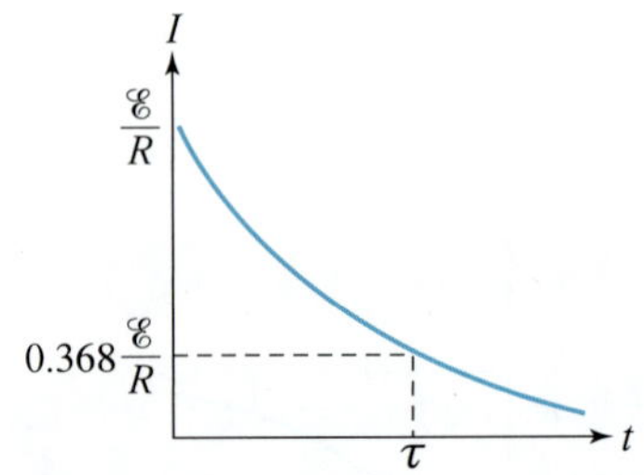

그림 20-28 직류전원에 연결된 RL회로에서 전원을 제거할 때 나타나는 전류와 시간 관계 그래프. 최댓값으로부터 시간상수에 따라 감소한다.

예제 20-11 RL회로 이해하기

문제 12.6 V의 전지는 그림 20-29와 같이 $L = 30.0$ mH의 인덕터와 $R = 0.15\ \Omega$인 저항기에 연결되어 있다. (a) 이 회로의 스위치를 닫는 순간 시간상수를 구하라. (b) 시간상수만큼 경과한 순간의 전류를 구하라. (c) $t = 0$과 $t =$ 시간상수일 때 저항기에 걸리는 전압강하를 구하라. (d) 시간상수가 경과한 후에 전류의 변화율은 얼마인가?

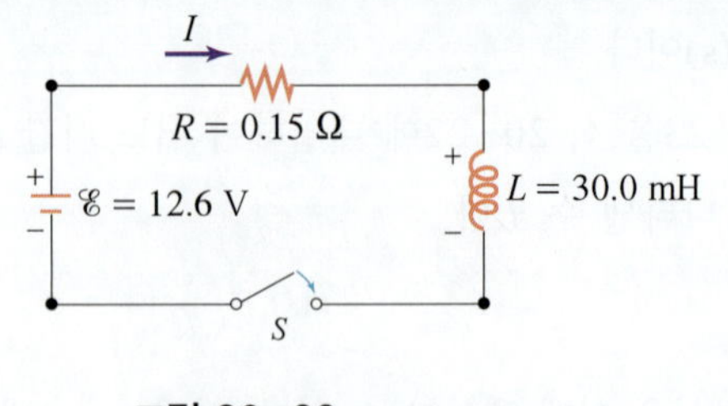

그림 20-29

생각하기 먼저 시간상수를 구하고, 이 값과 Ohm의 법칙을 이용하여 전류를 구한다. 그리고 전압강하는 저항에 이 전류를 곱하여 계산한다. 마지막으로 전압강하와 키르히호프의 고리법칙을 적용하여 인덕터에 걸리는 전압을 구한다.

풀이 (a) 자체유도계수 L과 저항 R을 대입하여 시간상수를 구하면 다음과 같다.

$$\tau = \frac{L}{R} = \frac{30.0 \times 10^{-3}\ \text{H}}{0.15\ \Omega} = 0.20\ \text{s}$$

(b) Ohm의 법칙을 사용하여 최대 전류를 구하면

$$I_{최대} = \frac{\mathcal{E}}{R} = \frac{12.6\ \text{V}}{0.15\ \Omega} = 84.0\ \text{A}$$

시간상수(1τ) 후 전류는 최댓값의 63.2 %이므로 다음과 같다.

$$I_{1\tau} = (0.632)I_{최대} = (0.632)(84.0\ \text{A}) = 53.1\ \text{A}$$

(c) 먼저 $t = 0$일 때 저항기에 걸리는 전압강하를 구해보자. 처음에 회로의 전류는 0이다. 따라서 Ohm의 법칙으로부터 저항기에 걸리는 전압은 0이다.

$$\Delta V_R = IR$$

$$\Delta V_{R(t\,=\,0\ \text{s})} = (0\ \text{A})(0.15\ \Omega) = 0$$

Ohm의 법칙을 사용하여 t = 시간상수 후의 저항기에 걸리는 전압강하를 구하면 다음과 같다.

$t = 0.20$ s일 때

$\Delta V_{R(t\,=\,0.20\ \text{s})} = (53.1\ \text{A})(0.15\ \Omega) = 7.97\ \text{V}$이다.

(d) 시간상수 후의 전류의 변화율은 키르히호프의 고리법칙을 이용하여 그 시각에서 인덕터에 걸리는 전압강하를 계산하면 다음과 같다.

$$\mathcal{E} + \Delta V_R + \Delta V_L = 0$$

이 식을 ΔV_L에 대해 정리하면 다음과 같다.

$$\Delta V_L = -\mathcal{E} - \Delta V_R = -12.6\ \text{V} - (-7.97\ \text{V}) = -4.6\ \text{V}$$

식 20-20에서 $\Delta V_L = -L\frac{dI}{dt}$를 이용하여 시간에 따른 전류의 변화율을 구하면 다음과 같다.

$$\frac{dI}{dt} = -\frac{\Delta V_L}{L} = -\frac{-4.6\ \text{V}}{30.0\times10^{-3}\ \text{H}} = 150\ \text{A/s}$$

예제 20-12 *RL*회로 시간상수의 이해

문제 그림 20-30과 같이 L = 30.0 mH 인덕터와 R = 6.00 Ω의 저항기, 그리고 $\mathcal{E}$ = 12.0 V의 전지가 직렬로 연결되어 있다. (a) 스위치를 닫는 순간 이 회로의 시간상수를 구하라. (b) t = 0에서 스위치 S를 닫은 후, t = 2.00 ms에서 회로에 흐르는 전류의 크기를 구하라. (c) 인덕터 양단의 전위차와 저항기 양단의 전위차를 비교하라.

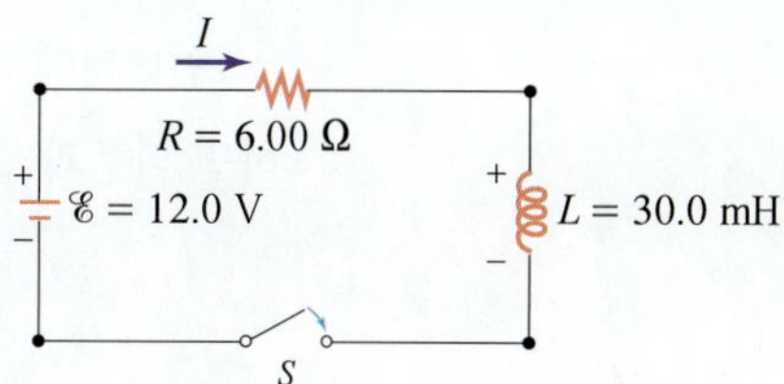

그림 20-30 *RL*회로

생각하기 직류전원에 저항기와 인덕터가 연결된 전형적인 *RL*회로의 특성을 이해하는 문제로, 위에서 정리한 공식을 적용한다. 특히 (c)의 경우 인덕터 양단의 전위차와 저항기 양단의 전위차는 어느 시간에서도 그 합은 전지의 기전력과 같아야 한다.

풀이 (a) 식 20-23에 주어진 값을 대입하여 시간상수를 구하면 다음과 같다.

$$\tau = \frac{L}{R} = \frac{30.0\times10^{-3}\ \text{H}}{6.00\ \Omega} = 5.00\ \text{ms}$$

(b) 식 20-24에 주어진 값을 대입하면

$$I = \frac{\mathcal{E}}{R}(1 - e^{-t/\tau}) = \frac{12.0\ \text{V}}{6.00\ \Omega}(1 - e^{-2.00\ \text{ms}/5.00\ \text{ms}})$$
$$= 2.00\ \text{A}(1 - e^{-0.400}) = 0.659\ \text{A}$$

(c) 스위치가 닫힌 순간에는 전류가 없으며, 이에 따라 저항기 양단의 전위차는 없다. 이 순간에 인덕터가 0의 전류상태를 유지하려고 함에 따라 전지전압은 12.0 V의 역기전력의 형태로 인덕터의 양단에만 걸린다. 시간이 지남에 따라 인덕터 양단의 기전력은 감소하며, 저항기 양단의 전압(저항기의 전류)는 증가한다. 두 전압의 합은 항상 12.0 V이다.

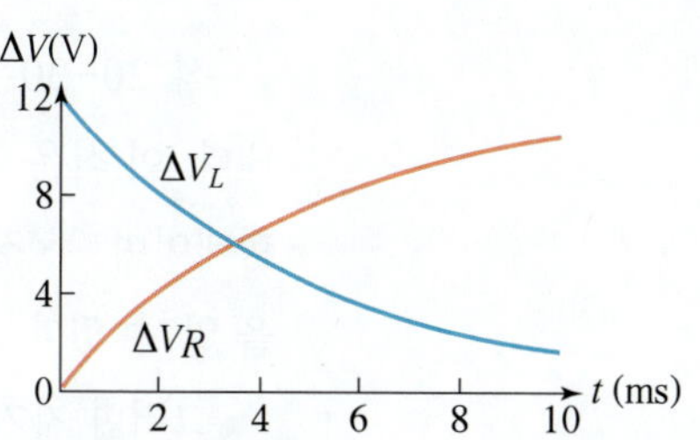

그림 20-31 *RL*회로에서 인덕터 양단의 전위차와 저항기 양단의 전위차의 합은 어느 시간에서도 기전력과 같다.

20-7 자기장에 저장된 에너지

인덕터에 의해 유도된 기전력은 전지가 회로에 전류를 순간적으로 흐르게 하는 것을 방해한다. 전지는 전류를 흘리기 위해 일을 해야 하며, 이 전류를 생산하는 데 소요된 일이 인덕터에 **자기장 형태의 에너지로 저장**되었다고 볼 수 있을 것이다.

전지가 공급하는 에너지의 일부는 저항기에서 내부에너지로 소모되며, 나머지 에너지는 인덕터의 자기장 내에 저장된다. 식 20-21의 양변에 전류 I를 곱하여 정리하면 다음과 같다.

$$I\mathscr{E} = I^2R + LI\frac{dI}{dt} \qquad \textbf{20-29}$$

이 식을 보면 전지에서 공급되는 에너지 $I\mathscr{E}$가 저항기에서 손실되는 줄(Joule)열 I^2R와 인덕터에 주입되는 에너지 $LI\dfrac{dI}{dt}$의 합과 같음을 알 수 있다. U를 어느 순간에 인덕터에 저장되어 있는 에너지라고 하면, 인덕터에 저장되는 에너지 변화율 dU/dt는 다음과 같다.

$$\frac{dU}{dt} = LI\frac{dI}{dt}$$

인덕터에 저장된 전체에너지를 구하기 위해, 위 식을 $dU = LI\,dI$로 고쳐 쓰고 적분하면 다음과 같다.

$$U = \int dU = \int_0^I LI\,dI = L\int_0^I I\,dI$$

따라서 인덕터에 자기장 형태로 저장되는 에너지는 다음과 같이 나타낼 수 있다.

$$U = \frac{1}{2}LI^2 \qquad \textbf{20-30}$$

식 20-30은 전류가 I일 때 인덕터의 자기장 내에 저장되어 있는 에너지를 나타낸다. 이 식은 축전기에서 전기장 형태로 저장되는 에너지 $U = \dfrac{1}{2}CV^2$과 아주 비슷한 형태이며, 두 경우 모두 장(전기장이나 자기장)을 형성하기 위해서는 에너지가 필요함을 알 수 있다.

그러면 자기장의 에너지밀도는 어떻게 표현할 수 있을까? 식 20-16에서 솔레노이드의 자체유도계수는 다음과 같이 표현하였다.

$$L = \mu_0 n^2 V$$

그리고 솔레노이드가 만드는 자기장은 식 19-19에서 다음과 같이 나타내었다.

$$B = \mu_0 nI$$

$I = B/\mu_0 n$과 L을 식 20-30에 대입하면 솔레노이드에 저장되어 있는 에너지가 얻어진다. 즉

$$U = \frac{1}{2}LI^2 = \frac{1}{2}\mu_0 n^2 V\left(\frac{B}{\mu_0 n}\right)^2 = \frac{B^2}{2\mu_0}V \qquad \textbf{20-31}$$

이다. 단위부피당 저장되어 있는 에너지 즉, **자기장 에너지밀도**는 다음과 같이 표현된다.

$$u_B = \frac{U}{V} = \frac{B^2}{2\mu_0} \qquad \textbf{20-32}$$

식 20-32는 솔레노이드의 특별한 경우에 유도된 것이지만, 자기장이 존재하는 모든 경우에 사용될 수 있다. 이 식은 전기장 내에 저장되어 있는 단위부피당 에너지 $u_E = \frac{1}{2}\varepsilon_0 E^2$인 식 17-31과 유사한 형태이다. 두 경우 모두 에너지밀도는 장의 크기의 제곱에 비례한다.

코일 내에 저장되는 자기에너지와 물체의 운동에너지의 대응 관계를 비교하면 표 20-1과 같다. 이 대응 관계는 직접적인 관련성이 있다는 것이 아니라, 각 요인의 표현 방식이 유사하여 개념의 이해 및 문제 풀이에 유용하게 활용할 수 있다.

표 20-1 코일의 자기에너지와 물체의 운동에너지 사이의 대응 관계

코일의 자기에너지		물체의 운동에너지	
전하	q	변위	x
인덕턴스	L	질량	m
전류	I	속도	v
전위차	$V = L\frac{\Delta I}{\Delta t}$	힘	$F = m\frac{\Delta v}{\Delta t}$
자기에너지	$U = \frac{1}{2}LI^2$	운동에너지	$KE = \frac{1}{2}mv^2$
일률	$P = VI$	일률	$P = Fv$

예제 20-13 인덕터에 자기장의 형태로 저장되는 에너지

문제 12.0 V의 전지에 R = 25 Ω인 저항기와 L = 5.00 H인 인덕터가 직렬로 연결되어 있다. (a) 이 RL회로에 흐르는 최대 전류를 구하라. (b) 이때 인덕터에 저장된 에너지를 구하라. (c) 전류의 변화율이 1.50 A/s일 때 인덕터에 저장된 에너지는 얼마인가?

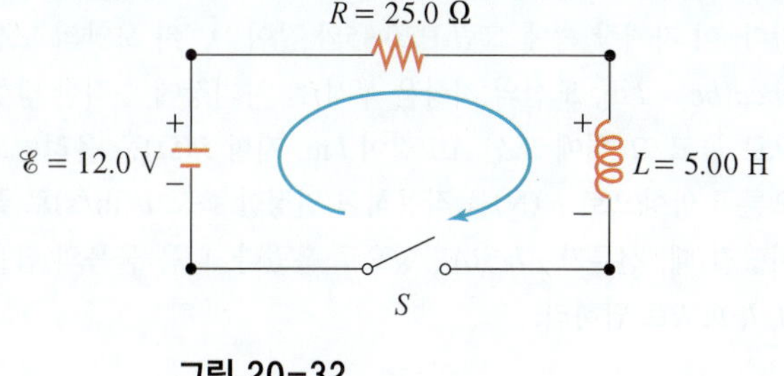

그림 20-32

생각하기 전류가 최대일 때, 인덕터에 걸리는 전압은 0이므로, Ohm의 법칙과 키르히호프의 고리법칙으로 최대 전류를 구한다.

풀이 (a) 회로에 키르히호프의 고리법칙을 적용하면 다음과 같다.

$$\mathscr{E} - IR - L\frac{dI}{dt} = 0$$

최대 전류에 도달하였을 때, $dI/dt = 0$이다. 그러므로 인덕터에 걸리는 전압강하는 0이다. 따라서 최대 전류는 다음과 같다.

$$I_{최대} = \frac{\mathscr{E}}{R} = \frac{12.0\ \text{V}}{25.0\ \Omega} = 0.480\ \text{A}$$

(b) 이때 인덕터에 저장된 에너지는 식 20-30에 주어진 값을 대입하면 다음과 같다.

$$U = \frac{1}{2}LI_{최대}^2 = \frac{1}{2}(5.00\ \text{H})(0.480\ \text{A})^2 = 0.576\ \text{J}$$

(c) 전류변화율이 1.50 A/s일 때, 인덕터에 있는 에너지를 구하기 위해 다시 한 번 키르히호프의 고리법칙을 적용하여 얻은 식 $\mathscr{E} - IR - L\frac{dI}{dt} = 0$에서 전류 I에 대해 풀고, 주어진 값을 대입하면 다음과 같다.

$$I = \frac{1}{R}\left(\mathscr{E} - L\frac{dI}{dt}\right)$$

$$= \frac{1}{25.0\ \Omega}\{12.0\ \text{V} - (5.00\ \text{H})(1.50\ \text{A/s})\} = 0.180\ \text{A}$$

따라서 인덕터에 저장된 에너지는 다음과 같다.

$$U = \frac{1}{2}LI^2 = \frac{1}{2}(5.00\ \text{H})(0.180\ \text{A})^2 = 0.081\ \text{J}$$

연습문제

20-1 유도기전력

1. 크기가 8.0 cm × 12 cm인 사각형 모양의 도선에 0.50 T의 자기장이 수직으로 통과한다. 이 사각형 도선을 통과하는 자기선속을 구하라.

2. 크기가 3.64×10^{-2} T인 균일한 자기장 속에 놓여 있는 반지름이 4.62 cm인 원형 고리가 그 면이 자기장과 27°의 각을 이루고 있다. 고리를 지나가는 자기장에 의한 자기선속은 얼마인가?

3. 반지름이 12.0 cm인 원형 고리가 일정한 자기장에 놓여 있다.
   (a) 자기장이 고리면에 수직으로 지나고 고리를 통과하는 자기선속의 크기가 8.00×10^{-3} T m^{2}일 때, 자기장의 세기는 얼마인가?
   (b) 자기장이 고리면과 평행할 때, 고리를 통과하는 자기선속은 얼마인가?

4. 반지름이 0.3 m인 원형 도선을 0.7 T의 자기장 속에 놓았다. 이 자기장이 0.01 s 동안에 사라졌다고 할 때 다음 물음에 답하라.
   (a) 도선에서 단위길이당 형성되는 유도기전력은 얼마인가?
   (b) 이 도선의 전기저항이 0.2 Ω이라면 이 도선에 흐르는 전류의 세기는 얼마인가?

5. 지면에 수직하게 들어가는 방향으로 $\vec{B}$(T)의 일정한 자기장이 있다. 이 자기장 속에 그림 P20-5와 같이 'ㄷ'자 모양의 도선 $abcd$($bc = l$ m, 도선의 저항은 무시)를 자기장에 수직한 방향으로 놓고 그 위에 도선 AB 길이 l m, 저항 R(Ω)을 올려놓고 오른쪽 방향으로 $\vec{F}$(N)을 작용하여 일정한 속도 $\vec{v}$(m/s)로 끌어당길 때, 전류가 $AbcBA$방향으로 흘렀다. 다음 물음의 답을 B, l, v, R로 답하라.

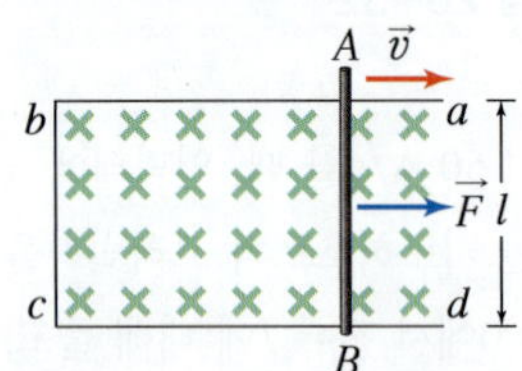

그림 P20-5

   (a) 회로에 유도되는 유도기전력을 구하라.
   (b) 회로에 흐르는 전류를 구하라.
   (c) 도선 AB에 전류가 흐름으로써 받는 자기력을 구하라.
   (d) 이 회로에서 소비되는 전력을 구하라.

20-2 Faraday의 유도법칙과 Lenz의 법칙

6. 지름이 100 mm인 원통형 막대에 도선을 12번 감아 코일을 만들었다. 이 코일의 근처에 있는 전자석에 의해 만들어지는 자기장 0.5 T 내에 코일의 축 방향으로 놓여 있다. 전자석의 전류가 끊겨 자기장이 사라지면서 평균 8.0 V의 유도기전력이 코일에 발생했다. 자기장이 사라지는 데 걸린 시간은 얼마인가?

7. 그림 P20-7과 같이 단면의 넓이가 0.6 m^{2}인 원형 코일을 10 T의 균일한 자기장 $\vec{B}$에 수직하게 놓고 지름을 축으로 0.2 s 동안 90° 회전시켰다.
   (a) 이때 발생되는 평균 유도기전력은 몇 V인가?
   (b) 또 코일의 단면의 넓이가 3배일 때 코일에 유도되는 기전력은 몇 V인가?

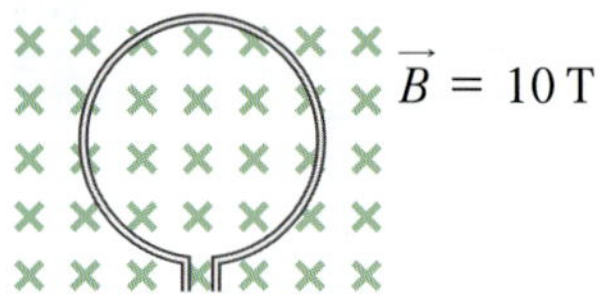

그림 P20-7

8. 단면의 넓이가 4×10^{-3} m^{2}이고, 코일의 감은 수가 200회인 코일이 있다. 이 코일면에 직각방향으로 0.5 s 동안에 자기장이 10 T에서 7 T로 감소하였다.
   (a) 이때 코일에 유도되는 기전력은 얼마인가?
   (b) 이 코일의 전체 저항이 5 Ω이라면 코일에 흐르는 전류의 세기는 얼마인가?

9. 반지름이 0.30 m인 고리가 크기가 0.30 T이고 고리 면에 수직으로 지나는 외부 자기장이 있는 곳에 놓여 있다. 자기장은 1.5 s 동안에 0.20 T로 감소한다. 이 시간 동안에 고리에 유도되는 평균기전력의 크기를 구하라.

10. 그림 P20-10에서처럼 막대자석이 전류 코일 가까이에 놓여 있다. 자석이 (a) 왼쪽으로, (b) 오른쪽으로 각각 움직일 때 흐르는 전류의 방향을 구하라.

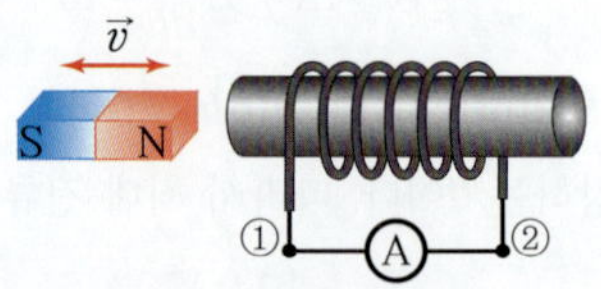

그림 P20-10

11. 지름이 15 cm인 고리가 100번 감긴 코일이 있다. 이 고리는 B = 1.0 T인 자기장 사이에 놓여 있고 자기장에 수직인 면을 갖는다. 자기장이 16 s 동안에 1.0 T에서 0으로 일정하게 줄

어든다면 자기장이 변하는 동안 코일 내에 발생한 평균기전력은 얼마인가?

12. 한 변이 12 cm인 10번 감긴 코일이 0.090 T인 균일한 자기장에 놓여 있다. 코일의 법선은 자기장의 방향과 43°의 각도를 이루고 있다. 0.17 s 동안에 코일을 자기장이 0인 곳으로 뺄 때, 코일에 유도된 평균기전력은 얼마인가?

13. 반지름이 50 mm이고 50번 감은 반전코일(flip coil; 지름 축에 대해 회전하는 코일)이 자기장에 수직인 방향으로 놓여 있다. 0.070 s 동안에 코일이 180° 회전할 때, 코일에 유도된 평균기전력은 2.0 V로 측정되었다. 코일 내의 자기장의 세기는 얼마인가?

20-3 운동기전력-자기장 속에서 운동하는 도선에 발생하는 유도기전력

14. 지구자기장의 연직성분이 5×10^{-6} T인 곳에서 트럭이 120 km/h의 속도로 정남향으로 움직인다. 트럭이 움직이는 방향에 수직이며 트럭 위에 수평으로 놓인 1.0 m 길이의 구리막대에 유도되는 기전력을 구하라.

15. 지구자기장의 연직성분이 2.5×10^{-5} T인 곳에서 길이 1.0 m인 금속 사슬을 가지고 1 s에 2.0 회전하는 빠르기로 머리 위에서 수평으로 원운동 시킬 때 사슬 양단에 유도되는 기전력을 구하라.

16. 그림 P20-16에서처럼 무한히 긴 직선 전류 도선 주변에 사각형 도선 고리 3개가 움직이고 있다. (a) 고리 A, (b) 고리 B, (c) 고리 C에서 유도전류가 있는 경우 그 방향을 찾으라.

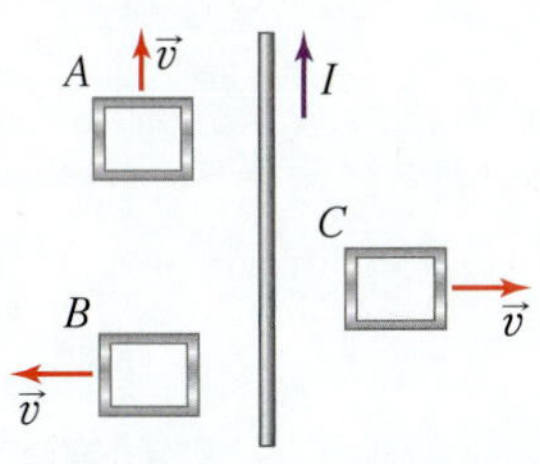

그림 P20-16

17. 길이 15.0 m의 강철빔을 실은 어떤 트럭이 고속도로를 달리고 있다. 사고로 인해 강철빔이 쏟아져 나와 수평으로 25.0 m/s의 속력으로 길 위로 미끄러지고 있다. 동서방향으로 놓여 있던 빔의 질량중심의 속도는 북쪽을 향하고 있다. 그곳에서 지구자기장의 연직성분의 크기는 35 μT이다. 강철막대 양단 사이의 유도기전력의 크기는 얼마인가?

18. 길이가 1.0 m인 알루미늄 막대가 동쪽에서 서쪽방향으로 수평하게 놓여 있다가 지구자기장의 수평성분이 3.8×10^{-5} T인 곳에서 10 m인 높이로부터 떨어진다. 막대가 땅에 떨어지는 순간에 막대 양단의 기전력을 구하라.

20-4 역기전력과 맴돌이 전류

19. 25 mH의 인덕터에 1.05×10^{-2} A/s의 비율로 증가하는 전류가 흐른다. 인덕터에 유도되는 기전력을 구하라. 유도기전력의 극성은 어떻게 될까?

20-5 유도계수(인덕턴스)

20. 자체인덕턴스가 10 H인 코일에 2 A의 전류가 흐르고 있다. 이 코일에 100 V의 유도기전력을 발생시키려면 전류의 변화율을 얼마로 하여야 하는가?

21. 반지름이 2.5 cm, 길이가 20 cm, 400번 감긴 솔레노이드가 있다.

(a) 자체유도계수를 구하라.

(b) 75 mV의 유도기전력을 발생시키는 데 필요한 전류의 시간변화율은 얼마인가?

22. 어떤 코일에 흐르는 전류가 0.50 s 동안 3.5 A에서 2.0 A로 감소되었다. 코일의 평균 유도기전력이 12 mV라면 자체유도계수는 얼마인가?

23. 단면의 넓이가 A이고, 평균 원둘레가 l, 감은 수가 N인 속이 비어 있는 **토로이드**(toroid)의 자체인덕턴스가 $L = \dfrac{\mu_0 N^2 A}{l}$임을 보이라. 토로이드의 자체인덕턴스를 구하기 위해 단면의 넓이를 지나는 자기선속이 넓이와 평균 반지름에서의 B와의 곱이라는 근사를 취하라.

24. 인덕턴스가 25 mH인 코일에 흐르던 전류가 0.010 s 동안에 0이 된다. 평균 자체유도기전력이 −0.75 V라면 코일에 흐르던 처음전류는 얼마인가?

20-6 *RL*회로

25. H/Ω의 차원이 시간임을 보이라.

26. 그림 P20-26과 같이 기전력이 9 V인 전지에 3 Ω의 저항, 자체인덕턴스가 L인 코일, 스위치를 직렬로 연결하였다.

(a) 스위치를 닫는 순간 전류의 증가율이 0.3 A/s이였다면 코일의 자체인덕턴스는 몇 H인가?

(b) 스위치를 닫고 충분한 시간이 지난 뒤, 이 회로에 흐르는 전류의 세기는 몇 A인가?

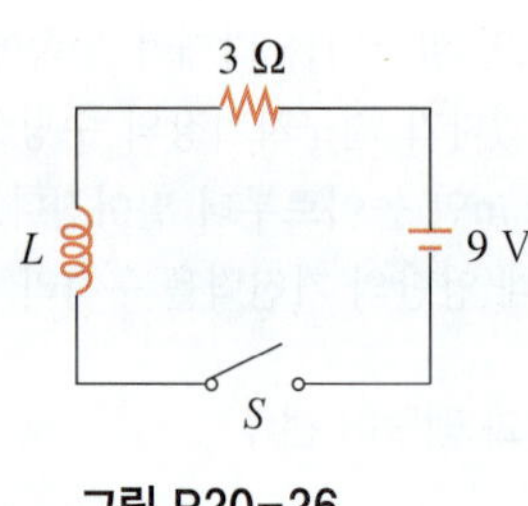

그림 P20-26

27. 전자석은 인덕터와 저항기가 직렬연결된 것으로 해석할 수 있다. 그림 P20-27과 같이 $L = 20.0$ H, $R = 4.50$ Ω인 어떤 대형 전자석이 2.40 V의 전지와 스위치에 연결되어 있다). 스위치가 닫힌 후, (a) 전자석에 흐를 수 있는 최대 전류, (b) 회로의 시간상수, (c) 전류가 최댓값의 95.0 %에 도달하는데 걸리는 시간을 구하라.

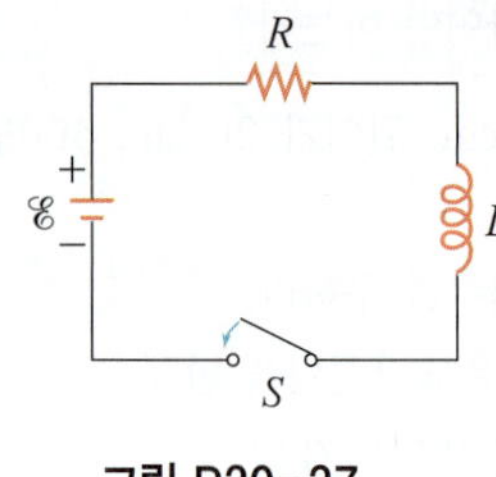

그림 P20-27

28. 100 Ω 저항기와 50 mH 인덕터가 9.0 V 전지 양단에 직렬로 연결되어 있다. 스위치를 닫은 뒤 얼마 후에 전류가 80 mA에 도달하겠는가?

29. 그림 P20-29의 회로에 대한 시간상수는 얼마인가?

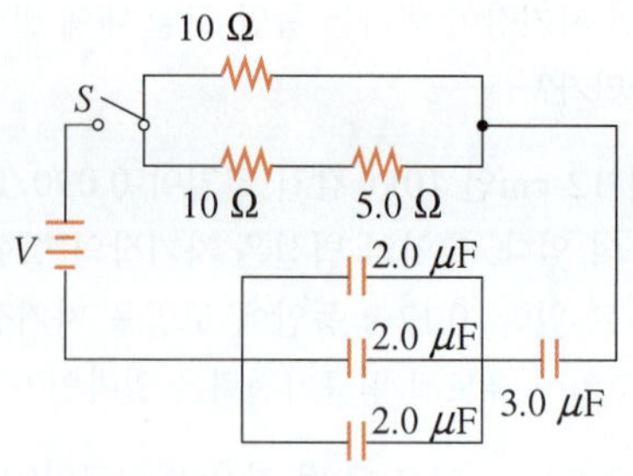

그림 P20-29

20-7 자기장에 저장된 에너지

30. 각각 $R = 8.0$ Ω이고 $L = 4.0$ H인 저항기와 인덕터로 구성된 회로에 24 V의 전원이 직렬로 연결된 *RL*회로가 있다.
(a) 최대 전류가 흐를 때 인덕터에 저장된 에너지를 구하라.
(b) 스위치를 연 후 시간상수만큼 경과한 순간 인덕터에 저장된 에너지를 구하라.

31. (a) 전류가 1.70 A 흐르는 순간에 인덕터에 저장된 에너지가 0.300 mJ이라 할 때 이 인덕터의 자체유도계수를 구하라.
(b) 만약 3.0 A의 전류가 흐른다면 같은 인덕터의 자기장에 저장된 에너지는 얼마인가?

32. 0.80 H의 인덕터에 0.53 A의 전류가 흐른다.
(a) 인덕터의 자기장에 저장된 에너지를 구하라.
(b) 인덕터의 저항이 0.87 Ω이라면 인덕터에서의 에너지 손실은 몇 W인가?

대형 전력용 변압기 교류발전소에서 생산된 전기는 송전하기 전에 발전소 내에 설치된 전력용 변압기를 통해 전압을 높이게 된다. 사진은 발전기에서 출력되는 27 kV의 교류전압을 765 kV로 승압시키는 대형 변압기이다.

교류회로 제21장

가정에서 사용하는 거의 모든 전자 제품을 동작시키기 위해 필요한 전력은 교류전원이 담당하고 있다. 20세기에 발전한 물리학의 많은 부분은 인간의 감각으로 미치지 못하는 세계를 측정할 수 있는 각종 전자장치를 이용한 실험으로부터 얻어졌는데, 이러한 실험장치를 작동시키는 교류전원과 교류회로에 포함된 여러 소자들이 중요한 역할을 해왔다.

교류전원에서는 직류전원과는 다르게 연결된 회로 요소에 따라 다양한 특성이 나타난다. 직류회로에서는 축전기나 코일을 첨가해도 전류와 전압은 결국에는 일정한 값에 도달한다. 그러나 교류전원에서의 사정은 아주 다르다. 교류전원은 시간에 따라 전압과 전류의 크기와 방향이 다르기 때문이다.

제21장에서는 교류발전의 기본원리와 변압기의 특성을 공부한 후, 저항기, 축전기, 코일(인덕터)로 구성된 회로에 교류전압을 걸었을 때 나타나는 특성과 교류회로에서 전력과 직류를 교류로 변환시키는 정류특성에 대해 공부한다.

21-1 교류 발전

우리가 사용하고 있는 전기의 대부분은 발전소에서 생산된다. 전동기가 전기에너지를 역학적 에너지로 변환시키는 데 반하여, 발전기는 역학적인 일을 통해 전기에너지를 얻는 장치이다. 전동기는 입력전류에 의해 코일이 회전하고 전동기의 축에 연결된 물체에 역학적인 일을 전달하는 장치이다. 반면에 발전기는 터빈과 같은 기계적인 방법으로 자기장 내에 위치한 코일을 회전시켜 코일에 유도기전력을 발생시키고 외부 회로와 연결하여 전기를 공급한다.

교류발전기의 간단한 구조는 그림 21-1과 같다. 자기장 내에서 자기장에 수직한 축을 중심으로 하여 코일 abcd를 일정한 속도로 회전시키면 코일 양단에는 시간에 따라 주기적으로 변하는 유도기전력이 발생한다. 이 기전력은 코일의 회전에 따라 코일면을 지나는 자기력선속의 증가와 감소가 주기적으로 반복되는 과정에서 얻어진다. 따라서 유도기전력도 코일의 회전에 따라서 그 크기가 변한다. 이와 같은 방법으로 유도기전력의 크기와 방향이 주기적으로 바뀔 때 발생하는 기전력을 **교류기전력**이라고 한다.

이 코일의 두 단자에 저항이 들어있는 회로를 연결하면 이 회로에는 주기적으로 변하는 전류가 흐른다. 이 전류를 **교류**(Alternating current 交流)라고 하며, 이와 같은 원리로 전기를 얻는 장치를 **교류발전기**(AC generator 交流發電機)라고 한다.

그림 21-1에서 코일면이 자기장에 수직하게 되었을 때, 자기장의 크기를 B(T), 사각형 코일의 넓이를 A(m^2)라고 하면 코일을 지나는 자속은 BA이다. 이 순간을 $t = 0$, 회전 각속도 ω(rad/s) 라고 하면, 시간 t초 사이에 코일면은 $\theta = \omega t$만큼 회전한다. 따라서 코일면을 지나는 자속 ϕ_B는 그림 21-2(a)에서 보는 바와 같이 코사인 곡선으로 변한다.

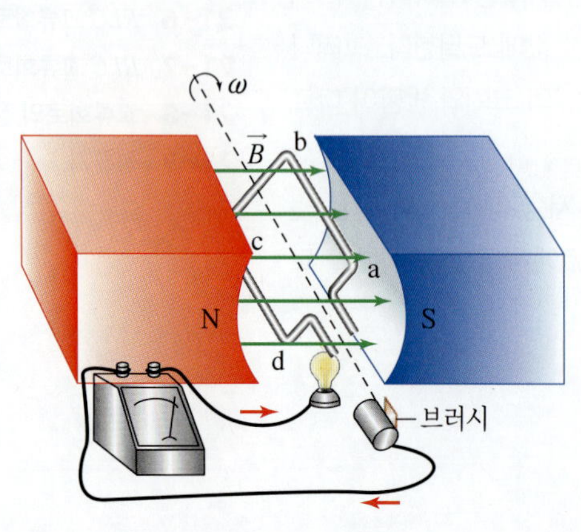

그림 21-1 교류발전기의 개략도

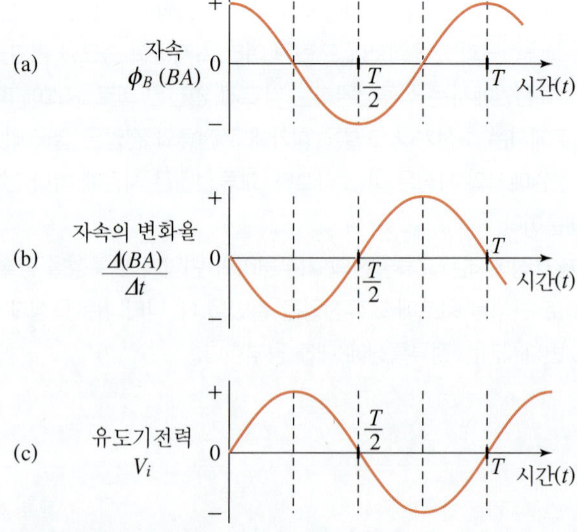

그림 21-2 자속(a), 자속의 시간적 변화율(b), 유도기전력(c)과 시간 사이의 관계

$$\phi_B = BA\cos\theta = BA\cos\omega t \qquad \textbf{21-1}$$

이때 자속의 시간적 변화율은 그림 21-2(b)에서와 같이 사인 곡선으로 표시된다. 그리고 이때 발생하는 유도기전력 $V_i(V_{\text{유도}})$은 그림 21-2(c)와 같이 나타낼 수 있다.

$$V_i = V_m \sin\ \omega t \qquad \textbf{21-2a}$$

식 21-2a에서 V_m은 유도기전력의 최대값을 나타내며 V_i는 순간값을 나타낸다. **이때 발생하는 유도기전력의 크기가 바로 교류전압이며 유도기전력은 반주기 즉, $\frac{T}{2}\left(\frac{\pi}{\omega}\right)$마다 방향이 바뀐다.** 교류발전기의 전류도 유도기전력과 같이 표시할 수 있으므로, 회로에 흐르는 최대전류의 세기를 $I_m(I_{\text{최대}})$이라 하면 순간전류 $I_{\text{순간}}$는 다음과 같다.

$$I_{\text{순간}} = I_m \sin\omega t \qquad \textbf{21-2b}$$

교류에서는 각속도 ω를 **각주파수** 또는 **각진동수**라고 한다. 각주파수와 유도기전력의 주기 T(코일의 회전주기) 사이에는 $T = 2\pi/\omega$의 관계가 있다. 따라서 교류기전력의 주파수 f는 $f = \omega/2\pi$이며, 단위는 헤르츠(Hz)이다. 우리나라 교류주파수는 60 Hz이다.

유도기전력의 최댓값은 $V_m = -\frac{d\phi_B}{dt} = -\frac{d}{dt}(BA\cos\omega t)$에서 코일면이 자기장과 평행할 때 즉, $\omega t = 90°$ 또는 $270°$에서 $V_m = BA\,\omega$이다. 만약 코일의 감은수가 n이라면 유도기전력의 최대값은 다음과 같이 나타낼 수 있다.

$$V_m = nBA\,\omega \qquad \textbf{21-3}$$

그리고 코일면이 자기장과 수직일 때 즉, $\omega t = 0$ 또는 $180°$에서 유도기전력은 0이다.

발전기에 연결한 회로에 전류가 흐르면 코일 자체에도 전류가 흐르기 때문에, 그 자속의 변화로 코일의 회전운동을 방해하는 힘을 받게 된다. 그러므로 방해하는 힘을 이겨내고 계속 유도전류를 얻으려면 외부에서 일을 해 주어야 한다. 물의 퍼텐셜에너지를 이용하는 수력이나, 석탄과 중유와 같은 화학에너지를 이용하는 화력, 그리고 원자력에너지를 이용하는 원자력은 이러한 일의 근원이 된다.

(a)

(b)

그림 21-3 (a) 발전소의 터빈실 (b) 코일 축에 연결되어 회전력을 전달하는 터빈(사진: 두산중공업 홈페이지)

예제 21-1 교류발전기의 유도기전력

문제 도선을 8번 감은 고리로 구성된 교류발전기가 있다. 고리의 단면의 넓이는 $A = 0.090\,0\ \text{m}^2$이며, 전체 저항은 $12.0\ \Omega$이다. 이 고리가 0.500 T의 자기장 내에서 60.0 Hz의 일정한 진동수로 회전하고 있다. (a) 최대 유도기전력을 구하라. (b) 최대 유도전류를 구하라. (c) 유도기전력과 전류는 시간에 따라 어떻게 변하는가?

생각하기 주어진 진동수로부터 각진동수 ω를 계산한다. 시간에 따라 얻어지는 기전력과 전류는 $A\sin\omega t$의 형태를 가지며, A는 최대 기전력 혹은 전류이다.

풀이 (a) 회전운동의 각진동수를 구하면 다음과 같다.

$$\omega = 2\pi f = 2\pi(60.0\ \text{Hz}) = 377\ \text{rad/s}$$

식 21-3에 상수를 대입하여 최대유도기전력을 구하면 다음과 같다.

$$V_{최대} = nAB\omega = 8(0.0900\ \text{m}^2)(0.500\ \text{T})(377\ \text{rad/s}) = 136\ \text{V}$$

(b) 최대유도기전력 $V_{최대}$와 저항 R을 Ohm의 법칙에 대입하여 최대 유도전류를 구하면 다음과 같다.

$$I_{최대} = \frac{V_{최대}}{R} = \frac{136\ \text{V}}{12.0\ \Omega} = 11.3\ \text{A}$$

(c) 식 21-2에 $V_{최대}$와 ω를 대입하여 시간 t (s)에 따른 유도기전력의 변화를 구하면 다음과 같다.

$$V_i = V_{최대}\sin\omega t = (136\ \text{V})\sin 377t$$

그리고 시간에 따른 전류의 변화는 다음과 같다.

$$I = I_{최대}\sin\omega t = (11.3\ \text{A})\sin 377t$$

21-2 변압기

자체유도와 상호유도 현상을 이용하는 장치로 **변압기**(transformer 變壓器)가 있다. 변압기를 사용하면 교류전압을 높이거나 낮출 수 있다.

간단한 형태의 교류변압기는 그림 21-4(a)와 같이 연철심 둘레에 2개의 도선이 감긴 코일로 이루어져 있다. 왼쪽 코일은 입력 교류전원에 연결되고 N_1번 감겨 있는데, 이것을 **1차코일**이라 하고, 오른쪽의 코일은 저항기 R에 연결되고 N_2번 감겨 있으며 **2차코일**이라 한다. 코일이 감고 있는 철심은 자기선속을 증가시키고 한 코일을 통과한 거의 모든 선속이 다른 코일로 통과하도록 하는 매체 역할을 한다. 전기회로에서 변압기를 나타내는 기호는 [변압기 기호]이다.

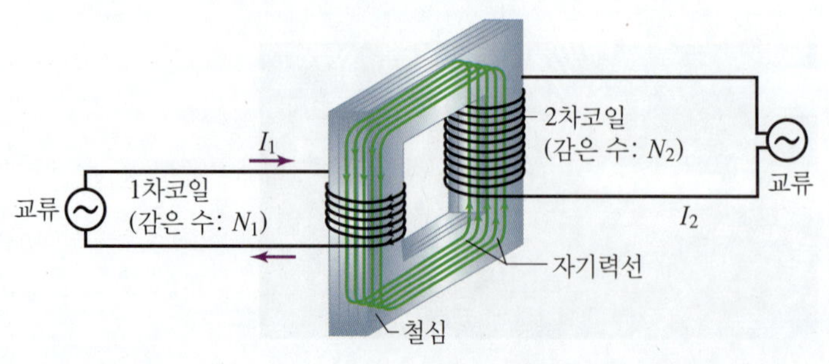

(a)

(b)

그림 21-4 (a) 변압기는 철심이 감겨 있는 1차코일과 2차코일로 구성되어 있다. 1차코일의 전류변화에 의해 생긴 자기선속의 변화가 2차코일에 유도기전력을 만든다. (b) 전봇대에 설치된 주상변압기

입력전압과 출력전압의 관계

1차코일에 교류전압 ΔV_1이 가해지면, 1차코일 양단에 유도되는 전압은 다음과 같다.

$$\Delta V_1 = -N_1 \frac{\Delta \phi_B}{\Delta t} \qquad 21\text{-}4$$

여기서 $\Delta \phi_B$는 각각의 고리를 통과하는 자기선속이다. 철심에서 자기선속의 손실이 없다면, 1차 개개 고리를 통과한 선속은 2차 개개 고리를 통과한 선속과 같다. 따라서 2차코일 양단 사이에는 다음과 같은 전압이 유도된다.

$$\Delta V_2 = -N_2 \frac{\Delta \phi_B}{\Delta t} \qquad 21\text{-}5$$

위 두 식에서 공통항인 $\Delta \phi_B / \Delta t$는 대수적으로 소거할 수 있으므로 다음 관계식이 얻어진다.

$$\Delta V_2 = \frac{N_2}{N_1} \Delta V_1 \quad \text{또는} \quad \frac{N_1}{N_2} = \frac{\Delta V_1}{\Delta V_2} \qquad 21\text{-}6$$

이 식에서 N_2가 N_1보다 크면, ΔV_2가 ΔV_1보다 크게 된다. 이러한 변압기를 **승압변압기**(step-up transformer 昇壓變壓器)라 하고, N_2가 N_1보다 작으면, ΔV_2가 ΔV_1보다 작게 되며 이러한 변압기를 **강압변압기**(step-down transformer 降壓變壓器)라 한다.

Faraday의 법칙에 따르면 2차코일을 통과하는 자기선속이 변할 때만 2차코일의 양단에 전압이 생성된다. 따라서 1차코일의 입력전류는 시간에 따라 변해야 하며, 이 같은 변화가 연속적으로 일어나려면 교류전류가 사용될 때에 일어난다. 1차코일에 입력되는 전류가 직류이면 1차회로의 스위치를 켜거나 끄는 순간에만 2차코일에 출력전압이 나타난다. 일단 1차코일에 흐르는 직류전류가 정상값에 도달하면 2차코일을 통과해 흐르는 전류가 0이 되어 출력전압 역시 0이다.

입력전력과 출력전력의 관계

얼핏 보면, 변압기는 전압을 높일 수 있으므로 무에서 유를 얻을 수 있는 장치인 것처럼 보일지 모른다. 그러나 사실은 그렇지 않다. 예를 들면 승압변압기는 입력전압 10 V를 100 V로 변환할 수 있다. 이것은 1 C의 전하가 1차코일로 10 J의 에너지를 갖고 입력되는 데 비해, 2차코일에서는 100 J의 에너지를 갖고 나간다는 것을 의미한다. 그러나 실제로는 **1차의 입력전력은 2차에서의 출력전력과 같기 때문**에 이것은 사실이 아니다. 에너지 보존법칙에 의해 입력전력과 출력전력이 동일하므로 다음 관계가 주어진다.

$$I_1 \Delta V_1 = I_2 \Delta V_2 \qquad 21\text{-}7$$

식 21-7이 의미하는 것은 2차 쪽에서의 전압이 1차의 10배라면, 2차 쪽에서의 전류는 1차의 10분의 1로 줄어든다는 것이다. 식 21-7은 1차와 2차 사이에서 전력손실이 없는 **이상적인 변압기**(ideal transformer)라고 가정할 때 성립하는 식이다. 실제 변압기에서는 일반적으로 전력 효율의 범위가 90~99 %이다. 전력손실은 변압기의 철심에서 발생하는 맴돌이 전류와 같은 요소 때문에 발생하는데, 주로 I^2R의 형태인 열에너지로 손실된다.

전기 송전

전력을 먼 거리로 보낼 때, 송전선에서 저항의 열로 손실되는 전력이 I^2R이기 때문에 전압은 높이고 전류는 낮추어 송전하는 것이 경제적이다. 이것은 발전소에서 전류를 10분의 1로 줄일 수 있다면 전력 소모는 100분의 1로 줄일 수 있다는 것을 의미한다. 실제로 발전소에서 생산된 전기는 필요에 따라 154 kV, 345 kV, 765 kV 등으로 승압시켜 전국으로 송전되며, 이후 각 소비자가 필요한 전압으로 강압시켜 사용하게 된다. 우리나라에서는 발전소에서 생산된 27 kV의 교류전압을 765 kV 등으로 승압시켜 송전하고 있다.

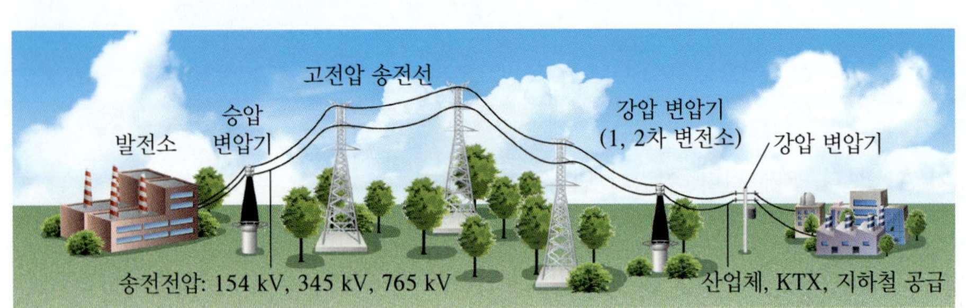

(a)

(b)

그림 21-5 (a) 전기를 송전할 때에는 전압을 아주 높여 경제성을 유지한다. (b) 발전소 승압변압기에서 출력된 전기는 송전선을 거쳐 전국으로 송전된다. 이 전기는 도시 근교에 위치한 1차 변전소에서 필요한 전압으로 강압시켜 대형 공장이나 산업시설, 가정 등으로 공급된다.

예제 21-2 도시로 전력 분배

문제 어느 발전기에서 4.00×10^3 V에서 1.00×10^2 A의 전류를 생산하고 있다. 이 전기를 고압 송전선으로 보내기 전에 전압을 2.40×10^5 V로 승압시킨다고 하자. 송전선의 유효 저항은 30.0 Ω이고 변압기의 효율은 이상적이라고 가정한다. (a) 송전선에서 손실되는 전력은 몇 %인가? (b) 만약 전압을 높이지 않고 원래 전압으로 송전하였다면, 송전선에서 손실되는 전력은 원래 전력의 몇 %인가?

생각하기 이상적인 변압기라고 생각할 때, 1차코일과 2차코일에서의 전력은 동일하다.

풀이 (a) 전압을 높여서 송전할 때 송전선에서 손실된 전력의 비율은 식 21-7에 대입하여 2차 쪽에 흐르는 전류를 구해야 한다. 즉 I_2는 다음과 같다.

$$I_2 = \frac{I_1 \Delta V_1}{\Delta V_2} = \frac{(1.00 \times 10^2\ \text{A})(4.00 \times 10^3\ \text{V})}{2.40 \times 10^5\ \text{V}} = 1.67\ \text{A}$$

따라서 송전선에서 손실된 전력은 다음과 같다.

$$P_{\text{손실}} = I_2^2 R = (1.67\ \text{A})^2(30.0\ \Omega) = 83.7\ \text{W} \quad (1)$$

따라서 발전기의 출력전력은 다음과 같다.

$$P = I_2 \Delta V_2 = (1.67\ \text{A})(2.40 \times 10^5\ \text{V}) = 4.00 \times 10^5\ \text{W} \quad (2)$$

식 (1)과 (2)에서 전력손실 백분율을 구하면 다음과 같다.

$$\text{전력손실}(\%) = \left(\frac{83.7\ \text{W}}{4.00 \times 10^5\ \text{W}}\right) \times 100 = 0.021\ \%$$

(b) 전압이 승압되지 않을 경우 원래 전력을 구하려면, 식 (1)에 있는 승압전류를 원래 전류 1.00×10^2 A로 대체하면 된다.

$$P_{\text{손실}} = I^2 R = (1.00 \times 10^2\text{A})^2(30.0\ \Omega) = 3.00 \times 10^5\ \text{W} \quad (3)$$

식 (2)와 (3)에서 전력 손실 백분율을 계산하면 다음과 같다.

$$\text{전력손실}(\%) = \left(\frac{3.00 \times 10^5\ \text{W}}{4.00 \times 10^5\ \text{W}}\right) \times 100 = 75\ \%$$

21-3 저항기가 연결된 교류회로

전기회로에서 전원으로 직류 대신 교류를 사용하는 회로를 **교류회로**(AC circuit 交流回路)라고 한다. 교류회로에서 저항기만 들어 있는 경우는 직류회로에서와 같이 전압과 전류 사이의 관계가 단순하지만, 유도기(코일)나 축전기가 연결되어 있는 경우는 직류의 경우와 아주 다르다.

순간전압과 순간전류

교류회로는 회로를 구성하는 소자와 소자에 교류전류를 공급하는 교류전원이나 교류발전기를 연결하여 구성된다. 교류발전기의 출력은 사인파이며 시간에 따른 순간전압은 다음과 같이 변화한다.

$$V_{순간} = V_{최대} \sin 2\pi ft = V_{최대} \sin \omega t \qquad \textbf{21-8}$$

여기서 f는 전압이 변화하는 진동수이다($\omega = 2\pi f$). 그리고 순간전류는 시간에 따라 다음과 같이 변화한다.

$$I_{순간} = I_{최대} \sin 2\pi ft = I_{최대} \sin \omega t \qquad \textbf{21-9}$$

먼저 하나의 저항기와 교류전원(기호 —⊙—로 표시)으로 구성된 간단한 회로를 살펴보자(그림 21-6). 이 회로의 저항기 양단에 걸리는 전류와 전압을 그림으로 나타내면 그림 21-7(a)와 같다.

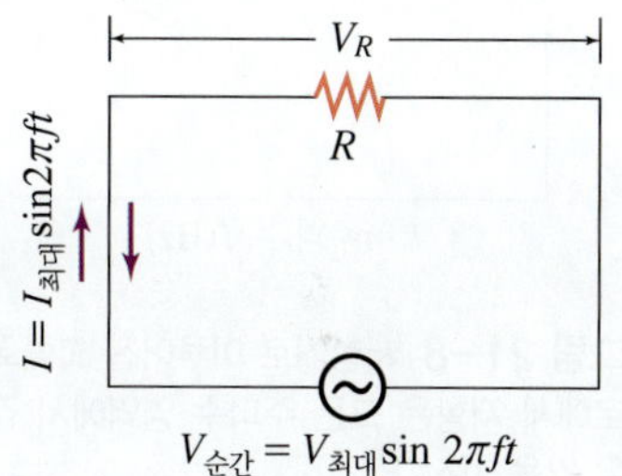

그림 21-6 교류전원에 연결된 저항기로 구성된 직렬회로. 교류전원의 출력은 사인파 형태로 순간전압과 순간전류 모두 사인함수로 표현할 수 있다.

이 회로에서 시간에 따라 전류의 변화를 좀 더 구체적으로 살펴보자. 그림 21-7(a)에서와 같이 점 a에서 전류는 양의 방향으로 정의된 한 방향으로 최댓값을 가지며, 점 a와 점 b 사이에서 전류는 크기가 감소하고 방향은 여전히 양의 방향이다. 이어 점 b에서는 전류가 순간적으로 0이 된 후, 점 b와 점 c 사이에서 전류는 반대방향(음의 방향)으로 증가하다가, 점 c에서 전류는 음의 방향으로 최댓값이 이른다(그림의 보라색 곡선).

이 회로에서는 한 주기 동안 전류의 평균값은 0이 된다. 그 이유는 전류가 양의 방향으로 흐를 때나, 음의 방향으로 흐를 때 크기가 같기 때문이다. 그러나 전류의 방향은 회로에 있는 저항기에는 영향을 주지 않는다. 시간에 따른 전압의 변화 역시 전류의 경우와 비슷하다(그림의 빨간색 곡선).

저항기만 있는 교류회로에서 전류와 전압의 최댓값, 최솟값 및 0의 값은 동시에 도달한다.

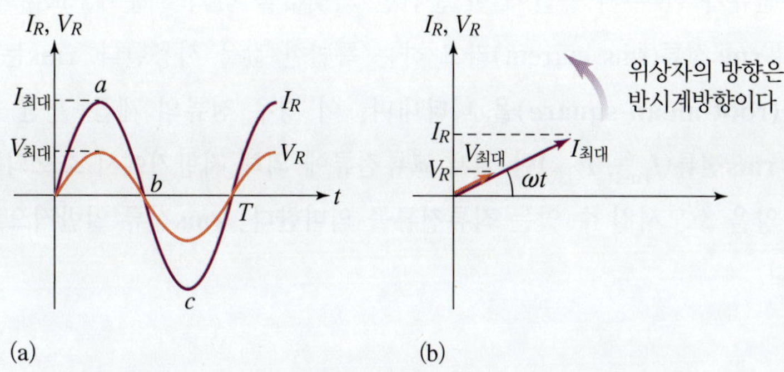

그림 21-7 (a) 저항기로 이루어진 교류회로에서 시간에 대한 전류와, 저항기 양단에 걸리는 전압 그래프 (b) 전류가 전압과 위상이 같기 때문에, 전류와 전압의 위상자는 같은 방향이다.

전압과 전류의 위상

저항기가 연결된 회로에서 전류와 전압은 시간에 따라 똑같이 변하기 때문에 위상이 서로 일치한다. I_R과 V_R이 모두 $\sin \omega t$로 변하고, 같은 시간에 최댓값에 도달하기 때문에 위상이 같다(in phase)라고 말한다. 파동 단원에서 공부한 바와 같이 두 파동이 같은 위상일 수 있는 것과 유사하다. 그러므로 사인형의 전압이 걸릴 때, 저항기에 흐르는 전류는 저항기 양단에 걸린 전압과 항상 같은 위상에 있다.

두 개 이상의 구성 요소를 가진 회로의 분석을 간단히 하기 위해 전압과 전류에 대한 모형을 사용하는 것이 유용하다. 이러한 모형에서, 전류와 전압은 흔히 **위상자**(phasor)라는 회전하는 화살표로 나타내진다. 위상자를 그래프로 나타낸 그림을 **위상자 도표**(phasor diagram) 또는 **위상자 그림**이라고 한다. 위상자(phasor)는 길이는 나타내고자 하는 변수의 최댓값에 비례한다. 위상자는 변수에 관계되는 각주파수와 같은 각속력으로 반시계방향으로 회전한다. 위상자를 세로축에 투영하면 위상이 나타내는 순간값이 된다. 그림 21-7(b)는 어떤 순간에 그림 21-6의 회로에 대한 전압과 전류의 위상자를 보여준다. 위상자 화살표를 세로축에 투영하면, 길이는 가로축 위상자 사이의 각에 대한 사인함수로 결정된다. 단일 닫힌회로로 구성된 그림 21-6의 저항기만 있는 회로의 경우, 전류와 전압의 위상자는 그림 21-7(b)에서와 같이 I_R과 V_R은 같은 위상이기 때문에 같은 선상에 놓인다. 그러나 축전기와 인덕터를 포함하는 회로에서 전류와 전압은 다른 위상을 가진다.

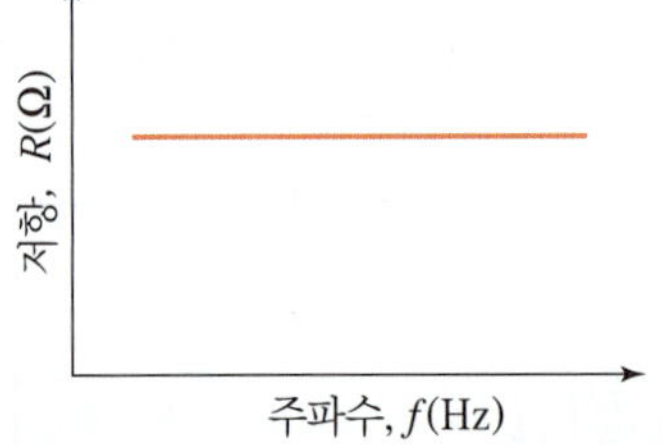

그림 21-8 저항기로 이루어진 교류회로에서 저항은 모든 주파수 영역에서 같은 값을 가진다.

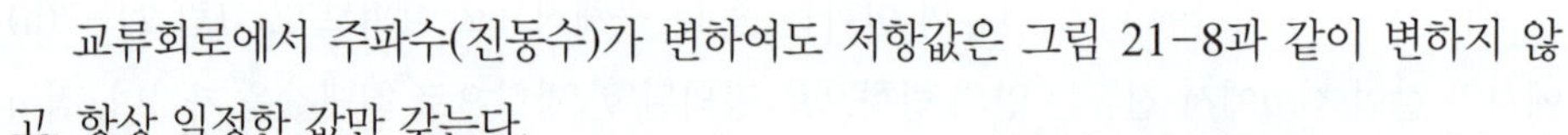

교류회로에서 주파수(진동수)가 변하여도 저항값은 그림 21-8과 같이 변하지 않고, 항상 일정한 값만 갖는다.

실효전류와 실효전압

저항기만 포함하는 교류회로에서 저항기에서 소모되는 전기에너지는 전력 P로 나타낼 수 있다.

$$P = I_{순간}^2 R \qquad 21\text{-}10$$

여기서 $I_{순간}$은 저항기에 흐르는 순간전류이다. 전류의 가열 효과는 전류의 제곱에 비례하기 때문에, 전류에 관련된 부호가 양이거나 음이거나 차이가 없다. 그러나 최댓값이 $I_{최대}$인 교류전류에 의한 가열 효과는 같은 크기의 직류전류에서의 효과와 다르다. 교류전류가 한 주기 동안에 한 순간만 최댓값을 갖기 때문에, 교류회로에서는 실효전류인 **rms전류**(rms current)라고 하는 특별한 값을 사용한다. **rms는 제곱-평균-제곱근(root-mean-square)을 나타내며, 이 경우 전류의 제곱-평균-제곱근을 의미한다. rms전류(I_{rms}, $I_{실효}$)란 실제 교류전류에 의해 저항기에서 소모되는 에너지와 동일한 양을 소모시킬 수 있는 직류전류를 의미한다. rms전류 일반적으로 실효전류라고 한다.**

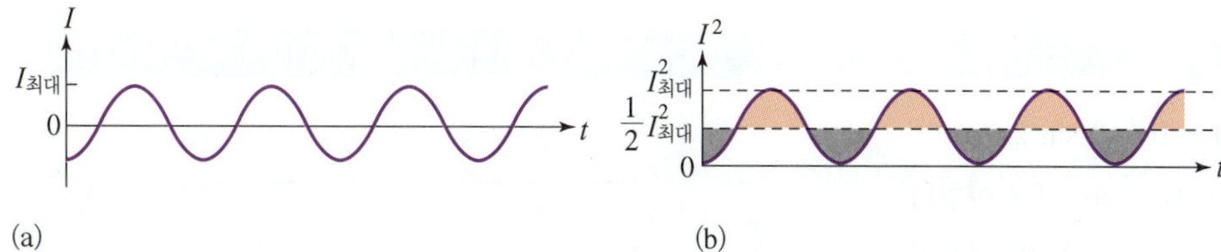

그림 21-9 (a) 저항기만 있는 교류회로에 흐르는 전류를 시간의 함수로 나타낸 그래프 (b) 저항기에 흐르는 전류의 제곱을 시간의 함수로 나타낸 그래프. 이 그림에서 주황색 부분의 넓이와 회색 부분의 넓이는 같다. 따라서 $(I^2)_{평균} = \left(\frac{I^2_{최대}}{2}\right)$이다.

그림 21-9(a)에 그려진 것과 같은 모양의 교류전류의 평균값 $I_{평균}$을 구하는 것은 평균이 0이 되기 때문에 아무 의미가 없다. 그러나 rms전류는 항상 양의 값을 갖는다. rms전류를 구하기 위해서는 전류값을 제곱하고 이것의 평균값을 구한 다음, 이 평균값의 제곱근을 취하면 된다. 따라서 rms전류는 전류 제곱을 평균한 값의 제곱근을 의미한다. 즉 I^2은 $I^2 = (I_{최대}\sin 2\pi ft)^2$으로 변하므로 I^2의 평균값은 $\frac{1}{2}I^2_{최대}$이다. 따라서 rms전류 I_{rms}와 교류전류의 최댓값 $I_{최대}$는 다음과 같은 관계가 있다.

$$I_{rms} = \frac{I_{최대}}{\sqrt{2}} = (0.707)\,I_{최대} \quad (\text{실효전류}) \qquad \textbf{21-11}$$

예를 들어 최대 전류값이 3 A인 교류회로에서 전류에 의한 저항기의 가열 효과는 $3/\sqrt{2}$ A의 전류가 흐르는 직류전류에 의한 것과 동일하다는 것을 뜻한다. 즉 교류전류 I에 의해 저항기에서 소모되는 평균전력은 다음과 같다.

$$P_{평균} = I^2_{rms}R$$

교류전압은 교류전류의 경우와 동일한 방법으로, rms전압을 이용하여 설명할 수 있다. 즉 다음과 같은 식으로 표현된다.

$$V_{rms} = \frac{V_{최대}}{\sqrt{2}} = (0.707)\,V_{최대} \quad (\text{실효전압}) \qquad \textbf{21-12}$$

가정용 전기 콘센트에 입력되는 220 V의 교류전압을 측정한다고 할 때, 실제로는 220 V의 rms전압을 의미한다. 식 21-12를 이용하여 계산해보면 이 교류전압의 최댓값은 약 311 V이다. 일반적으로 교류전류와 교류전압을 논의할 때는 rms값을 사용한다. 실험실에서 사용하는 교류전류계와 교류전압계가 rms값을 읽도록 제작되어 있으며, rms값을 사용하면 교류에 대한 여러 식이 직류전류 회로에서 사용되었던 식과 같은 형식을 갖게 된다.

저항기는 직류회로에서와 같이 교류회로에 흐르는 전류를 방해한다. 따라서 Ohm의 법칙은 교류회로에 대해서도 유효하며, 다음과 같이 나타낼 수 있다.

$$(V_R)_{실효} = I_{실효}R \qquad \textbf{21-13}$$

저항기에 걸리는 rms전압은 회로에 흐르는 rms전류와 저항의 곱과 같다. 이 식은 전류와 전압의 최댓값을 사용해도 성립한다. 즉 $(V_R)_{실효} = I_{실효}R$이다.

예제 21-3 실효전류(rms전류)

문제 교류전원의 출력이 $V_{순간} = (2.00 \times 10^2\ \text{V})\sin 2\pi ft$이다. 그림 21-10과 같이 전원은 $1.00 \times 10^2\ \Omega$인 저항기에 연결되어 있다. 이 저항기 양단 사이의 실효전압(rms전압)과 저항기에 흐르는 rms전류를 구하라.

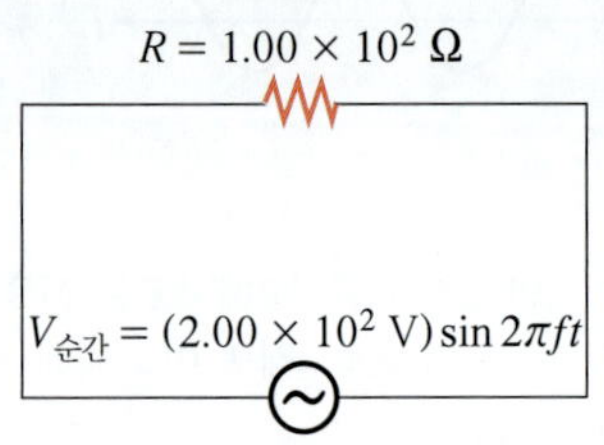

그림 21-10 저항기만 있는 교류 직렬회로

생각하기 저항기만 있는 교류회로에 실효전압과 실효전류를 구하는 기본 문제이다.

풀이 출력에 대한 식 $V_{순간} = (2.00 \times 10^2\ \text{V})\sin 2\pi ft$에서 최대 전압을 구하면 $V_{최대} = 2.00 \times 10^2\ \text{V}$인 것을 알 수 있다. 이 결과를 식 21-12에 대입하여 실효전압을 구하면 다음과 같다.

$$V_{rms} = \frac{V_{최대}}{\sqrt{2}} = 0.707\ V_{최대} = 0.707 \times 200\ \text{V} = 141\ \text{V}$$

이 결과를 Ohm의 법칙에 대입하여 rms전류를 구하면 다음과 같다.

$$I_{rms} = \frac{V_{실효}}{R} = \frac{141\ \text{V}}{1.00 \times 10^2\ \Omega} = 1.41\ \text{A}$$

예제 21-4 위상자 도표

문제 그림 21-11은 세 순간에서의 전압 위상자를 나타낸 도표이다. (a) 순간전압의 값이 가장 큰 것은 어느 것인가? (b) 순간전압의 값이 가장 작은 것은 어느 것인가?

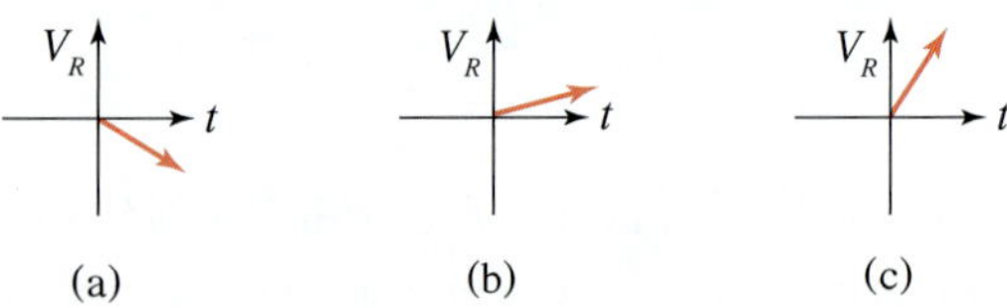

그림 21-11 세 순간에서 전압 위상자 도표

생각하기 위상자 화살표를 세로축에 투영하면, 그 길이는 가로축 위상자 사이의 각에 대한 사인 함수로 결정된다.

풀이 (a), (b), (c) 각 경우의 화살표를 세로축에 투영해보면 순간전압의 크기를 알 수 있다. 따라서 순간전압이 가장 큰 것은 (c)이고, 가장 작은 것은 (b)이다.

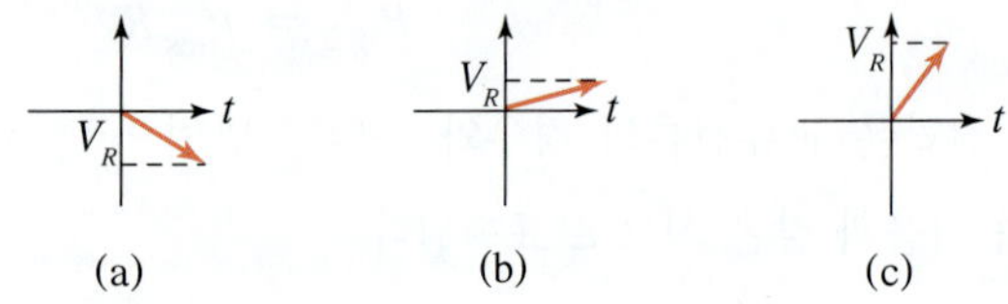

그림 21-12 세 경우 순간전압의 크기 비교. 세로축의 값이 순간전압의 크기를 말해준다.

21-4 축전기가 연결된 교류회로

저항과 다르게 축전기의 순간전압과 순간전류 사이의 위상은 서로 다르다. 그림 21-13과 같이 축전기가 교류전원에 연결된 간단한 직렬회로를 생각하자.

순간전압과 순간전류

교류전원에서 출력전압은 식 21-8과 같이 나타낸다.

$$V_{순간} = V_{최대} \sin \omega t \qquad \textbf{21-14}$$

그림 21-13의 회로에 키르히호프의 고리법칙을 적용하면 $V_{순간} - V_c = 0$이다. 축전기 양단 간의 전압은 $V_c = \dfrac{q}{C}$이므로 다음과 같이 다시 쓸 수 있다.

$$V_{순간} - \frac{q}{C} = 0 \qquad \textbf{21-15}$$

$V_{순간}$에 $V_{최대}\sin\omega t$를 대입해서 정리하면 다음과 같다.

$$q = CV_{최대}\sin\omega t \qquad \textbf{21-16}$$

여기서 q는 축전기의 순간전하량이다. 식 21-16을 시간에 대해 미분함으로써 회로에서의 순간전류를 구할 수 있다.

$$I_{c,\,순간} = \frac{dq}{dt} = \omega CV_{최대}\cos\omega t \qquad \textbf{21-17}$$

여기서 삼각함수의 항등식에서 $\cos\omega t$는 $\sin\left(\omega t + \frac{\pi}{2}\right)$와 같으므로, 식 21-17은 다음과 같은 형태로 바꿀 수 있다.

$$I_{c,\,순간} = \omega CV_{최대}\sin\left(\omega t + \frac{\pi}{2}\right) \qquad \textbf{21-18}$$

이 식과 $V_{순간} = V_{최대}\sin\omega t$를 비교하면, 전류가 축전기 양단의 전압과 위상이 $\pi/2$ rad = 90° 차이가 있음을 알 수 있다.

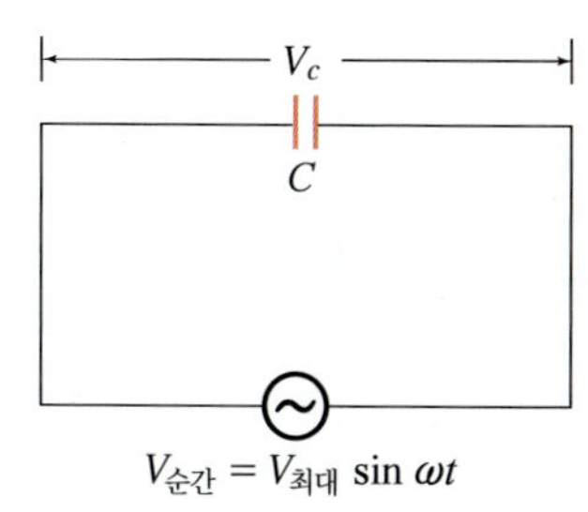

그림 21-13 축전기가 연결된 교류회로

전압과 전류의 위상

앞에서 축전기 양단의 전압과 전류의 위상은 90° 차이가 있음을 알았다. 이 차이를 위상자 도표를 이용하여 좀 더 구체적으로 알아보자.

이 회로의 시간에 대한 전류와 시간에 대한 전압 곡선을 그리면 그림 21-14(a)와 같다. 점 a에서 점 b까지의 영역에서 전류의 크기가 상당히 큰 값에서 감소하고 있다. 즉 $t = 0$에서 축전기에는 전하가 없으므로 이 순간에 전하의 흐름을 방해하는 것은 도선의 저항밖에 없으므로 전류의 크기가 가장 큰 것은 자연스러운 일이다. 그러나 점 c에서 점 d로 가는 영역에서 축전기 양단의 전압이 증가하면 전류는 감소한다. 전압이 점 d에 이르게 되면, 전류는 흐름 방향을 바꾸어 반대방향으로 증가하기 시작한다(전류 곡선에서 점 b에서 점 e). 이 시간 동안 축전기 양단의 전압은 점 d에서 점 f로 감소한다. 그 이유는 앞서 축적된 전하들을 판에서 잃기 때문이다. 전압과 전류 양쪽에 대한 주기의 나머지 부분은 처음 반 주기 동안에 일어났던 것들의 반복이다. 전류 곡선 위 점 e에서 반대방향으로 전류가 최댓값에 도달하고, 축전기 양단의 전압이 증가하면 다시 전류는 감소한다.

순수 저항 회로에서 전류와 전압은 항상 보조가 맞았다. 하지만 축전기가 회로에 있으면 더 이상 보조가 맞지 않는다.

저항기에서와 같이 축전기에 대한 전류와 전압을 위상자 도표에서 나타낼 수 있다. 그림 21-14(a)에 나타낸 **위상자 도표에서 사인형 전압에 대한 전류는 항상 축전기 양단의 전압보다 90° 앞서는 것을 알 수 있다.**

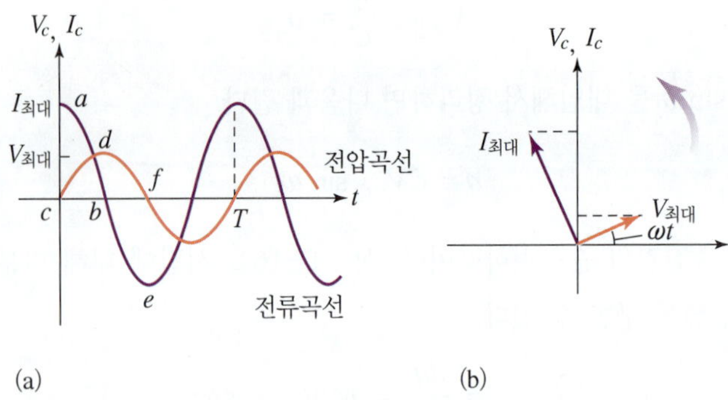

그림 21-14 (a) 교류회로에서 시간에 대한 전류와 축전기 양단의 전압 그래프. 전류가 최댓값에 도달한 후 90° 지나서 전압이 최댓값에 도달하므로, 전압이 전류보다 늦다. (b) 축전기 회로에 대한 위상자 도표. 전류와 전압의 위상자는 서로 90° 차이가 난다.

> 축전기 양단에 교류전압이 걸리면 전류가 최댓값에 도달하고 난 후 1/4주기 뒤에 교류전압이 최댓값에 도달한다. 이때 **축전기 양단의 전압은 전류보다 위상이 항상 90° 늦다**고 말한다.

식 21-17로부터 회로에 흐르는 전류는 cos $\omega t = \pm 1$일 때 그 크기가 최댓값에 도달한다. 따라서 전류의 최댓값은 다음과 같다.

$$I_{최대} = \omega C V_{최대} = \frac{V_{최대}}{(1/\omega C)} \qquad \textbf{21-19}$$

이 식을 Ohm의 법칙과 비교해보면 분모항이 저항의 역할을 한다는 것을 알 수 있다.

용량 리액턴스

교류회로에서 전류에 대한 축전기의 방해 효과를 하는 식 21-19의 분모항을 **용량 리액턴스**(capacitive reactance)라고 부르고 X_C로 표현한다. 즉 X_C는 다음과 같다.

$$X_C = \frac{1}{\omega C} = \frac{1}{2\pi f C} \qquad \textbf{21-20}$$

여기서 C의 단위는 패럿(F)이며, f의 단위는 헤르츠(Hz)이고, X_C의 단위는 옴(Ω)이다. $\omega(= 2\pi f)$는 각진동수이다. 용량 리액턴스를 이용하여 회로에 흐르는 전류를 구하면 식 21-19는 다음과 같다.

$$I_{최대} = \frac{V_{최대}}{X_C} \qquad \textbf{21-21}$$

X_C를 사용하여 식 21-8인 축전기 양단에 걸리는 순간전압을 구하면 다음과 같이 나타낼 수 있다.

$$V_{순간} = V_{최대} \sin \omega t = I_{최대} X_C \sin \omega t \qquad \textbf{21-22}$$

진동수와 용량 리액턴스

교류 전원의 진동수 f가 증가하면, 용량 리액턴스 X_C(축전기의 방해 효과)는 감소하

여 **전류는 증가한다**. 그림 21-15는 축전기의 전기용량이 일정할 때, 진동수에 따른 용량 리액턴스의 변화를 나타내는 그림이다. 그림에서와 같이 높은 주파수 영역에서 축전기의 X_C는 0에 접근하게 된다. 즉, **진동수가 아주 큰 교류의 흐름에 대해서 축전기는 거의 방해를 하지 않는다**.

진동수가 커지면 축전기를 대전시키는 데 필요한 시간이 줄어들게 되어 더 작은 전하와 전압이 축적되며, 이는 전하의 흐름에 방해를 덜 받게 되어 더 큰 전류가 흐른다. 그러나 진동수가 아주 작은 영역에서(예를 들면 직류전류) X_C는 무한히 커지게 되고, 축전기에 전류가 흐를 수 없을 정도로 전하의 운동을 방해하게 된다.

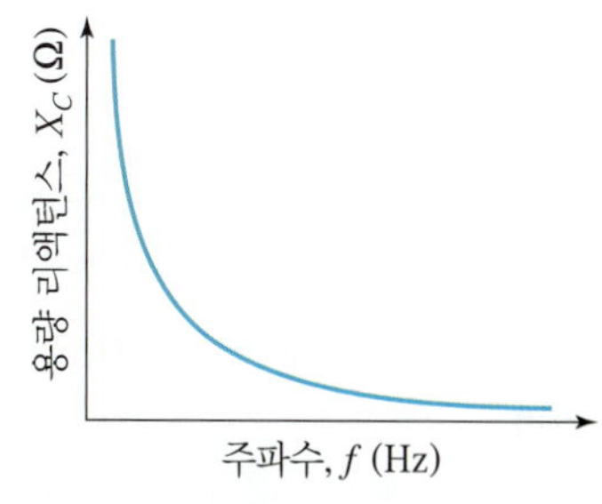

그림 21-15 용량 리액턴스는 진동수와 전기용량에 반비례한다.

평균전력

그러면 축전기를 포함한 교류회로에서 평균전력은 어떻게 나타낼 수 있을까? 축전기에 흐르는 전류와 전압의 위상이 90° 차이가 있으면, 전류와 전압의 곱인 전력에 큰 변화가 있다. 그림 21-14(a)에서 전류가 점 a에서 점 b까지(그리고 전압이 점 c에서 점 d까지)의 시간 동안 전류와 전압 모두 양의 값을 가지므로, 순간전력 역시 양의 값을 가지며, 이것은 교류전원이 축전기에 에너지를 전달한다는 것을 의미한다. 그러나 전류가 점 b에서 점 e까지(그리고 전압이 점 d에서 점 f까지)의 시간 동안 전류는 음의 값을 가지나, 전압은 양의 값을 유지하므로 두 값의 곱인 전력은 음의 값이 되어, 이 시간 동안 축전기는 에너지를 교류전원에 되돌려 주게 된다. 따라서 전력은 양과 음의 값 사이에서 진동하므로 즉 축전기는 주기적으로 에너지를 흡수하고 방출하여 한 주기 동안 교류회로에서 축전기에 의해 사용된 평균전력(평균에너지)는 0이 된다.

예제 21-5 축전기가 연결된 교류회로

문제 8.00 μF의 축전기가 rms전압이 1.50×10^2 V이고 진동수가 60.0 Hz인 교류전원 단자에 연결되어 있다. 회로에서 용량 리액턴스와 rms전류를 구하라.

생각하기 축전기의 용량과 교류회로의 진동수를 이용하여 계산하는 문제이다.

풀이 식 21-20에 f와 C의 값을 대입한다.

$$X_C = \frac{1}{2\pi fC} = \frac{1}{2\pi(60.0\ \text{Hz})(8.00 \times 10^{-6}\ \text{F})} = 332\ \Omega$$

따라서 rms전류는 다음과 같다.

$$I_{\text{rms}} = \frac{V_{\text{실효}}}{X_C} = \frac{1.50 \times 10^2\ \text{V}}{332\ \Omega} = 0.452\ \text{A}$$

예제 21-6 축전기 교류회로에서 진동수의 효과

문제 그림 21-13에서 축전기의 전기용량은 1.50 μF이고, 교류전원의 실효전압은 25.0 V이다. (a) 교류전원의 진동수가 1.00×10^2 Hz일 때 회로에 흐르는 실효전류는 얼마인가? (b) 교류전원의 진동수가 5.00×10^3 Hz일 때 회로에 흐르는 실효전류는 얼마인가?

생각하기 축전기가 포함된 교류회로에서 용량 리액턴스는 진동수에 영향을 받는다. 진동수가 크면 용량 리액턴스가 작아져 더 큰 전류가 흐르게 된다.

풀이 (a) 진동수가 1.00×10^2 Hz일 때의 용량 리액턴스는 다음과 같다.

$$X_C = \frac{1}{2\pi fC} = \frac{1}{2\pi(1.00 \times 10^2\ \text{Hz})(1.50 \times 10^{-6}\ \text{F})} = 1\,060\ \Omega$$

따라서 실효전류는 식 21-21에서 최대 전류를 실효전류로 표현하여 구하면 다음과 같다.

$$I_{실효} = \frac{V_{실효}}{X_C} = \frac{25.0\ \mathrm{V}}{1060\ \Omega} = 2.36 \times 10^{-2}\ \mathrm{A}$$

(b) 진동수가 5.00×10^3 Hz일 때의 용량 리액턴스는 다음과 같다.

$$X_C = \frac{1}{2\pi fC} = \frac{1}{2\pi(5.00 \times 10^3\ \mathrm{Hz})(1.50 \times 10^{-6}\ \mathrm{F})} = 21.2\ \Omega$$

따라서 실효전류는 식 21-21에서 최대전류를 실효전류로 표현하여 구하면 다음과 같다.

$$I_{실효} = \frac{V_{실효}}{X_C} = \frac{25.0\ \mathrm{V}}{21.2\ \Omega} = 1.18\ \mathrm{A}$$

21-5 인덕터가 연결된 교류회로

그림 21-16과 같이 교류전원 단자에 자체유도계수가 L인 인덕터(Inductor) 하나만 연결된 교류회로를 생각해보자(실제 회로에서는 유도코일을 구성하는 도선에 저항이 있지만 무시하기로 하자). 발전기에서 출력전류가 시간에 따라 변하면 인덕터에는 역기전력이 발생하고 이 때문에 인덕터에 흐르는 전류가 방해를 받는다.

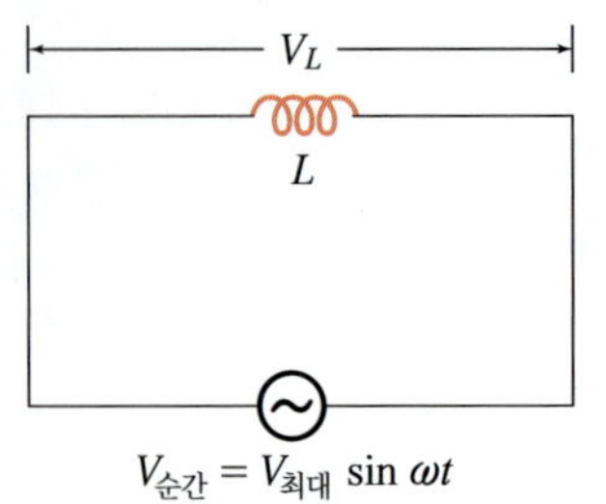

그림 21-16 교류전원에 연결된 유도계수가 L인 코일로 구성된 회로

순간전압과 순간전류

그림 21-16과 같은 회로에서 인덕터 L 양단의 순간전압은 $V_L = L\left(\frac{dI_L}{dt}\right)$로 나타내진다. 이 회로에 키르히호프의 고리법칙을 적용하면 다음과 같다.

$$V_{순간} - V_L = 0 \quad 또는 \quad V_{순간} - L\frac{dI_L}{dt} = 0 \qquad 21-23$$

$V_{순간} = V_{최대} \sin\omega t$이므로 식 21-23은 다음과 같이 표현된다.

$$V_{순간} = L\frac{dI_L}{dt} = V_{최대} \sin \omega t \quad (순간전압) \qquad 21-24$$

이 식을 dI_L에 대해 정리하면 다음 식이 얻어진다.

$$dI_L = \frac{V_{최대}}{L} \sin \omega t\, dt \qquad 21-25$$

이 식을 적분하면 인덕터 내에 흐르는 순간전류 I_L을 시간의 함수로 표현할 수 있다.

$$I_L = \frac{V_{최대}}{L}\int \sin\omega t\, dt = -\frac{V_{최대}}{\omega L} \cos \omega t \qquad 21-26$$

삼각함수 항등식을 이용하면 $\cos \omega t = -\sin\left(\omega t - \frac{\pi}{2}\right)$이므로 식 21-26은 다음과 같이 나타낼 수 있다.

$$I_L(t) = \frac{V_{최대}}{\omega L} \sin\left(\omega t - \frac{\pi}{2}\right) \quad (순간전류) \qquad 21-27$$

이 식과 식 21-24를 비교하면 **인덕터에 흐르는 순간전류 I_L과 코일 양단에 걸린 순간전압 $V_{순간}$은 위상이 $(\pi/2)$ rad $= 90°$차이가 있는 것을 알 수 있다.**

전압과 전류의 위상

앞에서 인덕터 양단 사이의 전압은 전류보다 위상이 90° 앞선다는 것을 알았다. 이 사실은 위상자 도표를 이용하여 좀 더 구체적으로 알아보자. 그림 21-17(a)의 곡선 위에 있는 몇 개의 점을 살펴보자. 전류 곡선의 점 a에서 전류는 양의 방향으로 증가하기 시작한다. 이 순간에 전류의 변화율 dI_L/dt(전류곡선의 기울기)는 최대가 되고, 코일에 걸리는 전압 역시 $V_L = L\left(\frac{dI_L}{dt}\right)$이므로 순간 최대가 된다. 곡선 상의 점 a와 점 b 사이에서 전류가 증가함에 따라 dI_L/dt는 점점 감소하여 점 b에서 0이 된다. 결과적으로 전압 곡선 상의 점 c와 점 d 사이에 나타나 있는 것처럼, 이 시간 동안에 인덕터에 걸린 전압은 감소하고 점 b를 지난 직후에 전류는 감소하기 시작한다. 그러나 전류의 방향은 앞의 1/4주기 동안과 같다. 전류가 감소하여 0으로 접근하면(곡선의 점 b와 점 e의 사이), 전압이 인덕터에 다시 유도된다(점 d와 점 f 사이). 그러나 이 전압의 극성은 점 c와 점 d 사이에서 유도된 전압의 극성과 반대이다. 이는 역기전력은 전류의 변화에 항상 반대로 발생하기 때문이다.

곡선의 다른 부분에서 계속해서 조사하여도 전류와 전압의 변화가 반복적으로 이루어지기 때문에 앞의 과정이 반복된다는 것을 알 수 있다.

인덕터에 연결된 교류회로에서 전류와 전압의 관계를 위상자 도표로 나타내면 그림 21-17(b)와 같다. 위상자가 서로 90°를 이루면, 이는 전류와 전압 사이에 90°만큼 위상차가 있음을 나타낸다.

> 사인파 형태의 전압이 인덕터 양단에 걸리면, 전류가 최대에 도달하기 1/4진동주기 전에 전압이 최댓값에 도달한다. 즉, **인덕터 양단 사이의 전압은 전류보다 위상이 항상 90° 앞선다.**

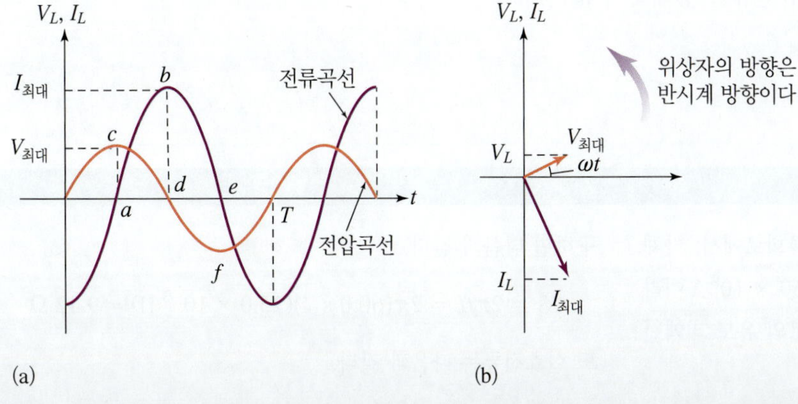

그림 21-17 (a) 교류회로에서 시간에 대한 전류와 인덕터 양단의 전압 그래프. 전류가 최댓값에 도달하기 90° 이전에 전압이 최댓값에 도달하므로 전압은 전류에 앞선다. (b) 인덕터에 포함된 회로에 대한 위상자 도표. 전류와 전압의 위상자는 서로 90° 차이가 난다.

유도 리액턴스

식 21-26으로부터 인덕터에 흐르는 전류는 $\cos \omega t = \pm 1$일 때 최댓값에 도달함을 알 수 있다.

$$I_{최대} = \frac{V_{최대}}{\omega L} \qquad 21\text{-}28$$

이 식을 Ohm의 법칙과 비교해보면 분모항이 저항의 역할을 한다는 것을 알 수 있다. 교류회로에서 전류에 대한 인덕터의 방해 효과를 하는 분모항을 **유도 리액턴스**(inductive reactance)라고 부르고 X_L로 표현한다.

$$X_L = \omega L = 2\pi f L \qquad 21\text{-}29$$

여기서 f의 단위가 헤르츠(Hz), L의 단위가 헨리(H)이면, X_L의 단위는 옴(Ω)이다. 진동수가 증가하고 인덕턴스가 증가할 때 유도 리액턴스도 증가한다. 이러한 경향은 진동수나 전기용량이 증가하면 용량 리액턴스가 감소하는 축전기와 반대이다.

코일에 흐르는 $I_{실효}$에 대한 식은, $I_{최대}$를 $I_{실효}$로 대체하고, $V_{최대}$를 $V_{실효}$로 대체하면 이 회로에서의 실효전류와 실효전압을 구할 수 있다.

식 21-24와 21-28을 사용해서 인덕터 양단에 걸린 순간전압을 다음과 같이 구할 수 있다.

$$V_{순간} = L\frac{dI_L}{dt} = V_{최대} \sin \omega t = I_{최대} X_L \sin \omega t \qquad 21\text{-}30$$

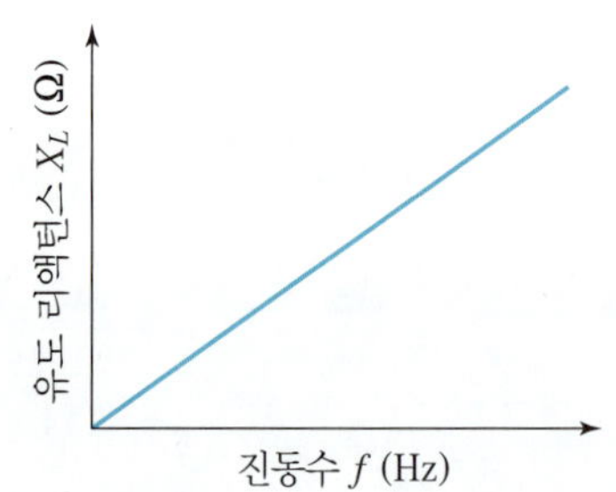

그림 21-18 교류회로에서 유도 리액턴스는 진동수에 비례한다. 즉 $X_L = \omega L = 2\pi f L$이다.

식 21-29로부터 전원의 진동수 f가 증가하면, 유도량 리액턴스 X_L(인덕터의 방해 효과)는 증가하여 전류는 감소한다. 그림 21-18은 자체유도계수가 일정할 때, 주파수에 따른 유도 리액턴스를 나타낸 것이다. 그림에서와 같이 높은 주파수 영역에서 인덕터의 유도 리액턴스 역시 증가하게 되며, 인덕터에 교류전류가 흐르는 것이 점점 더 어려워지게 된다. 진동수가 아주 작으면(예를 들어 직류전류) X_L은 0이 된다. 즉 인덕터는 직류전류를 방해하지 않는다.

예제 21-7 인덕터가 연결된 교류회로

문제 그림 21-16과 같이 인덕터만 있는 교류회로에서, 자체유도계수가 $L = 25.0$ mH이고 실효전압이 1.50×10^2 V이라고 한다. 교류의 진동수가 60.0 Hz인 경우 회로의 유도 리액턴스와 실효전류를 구하라.

생각하기 유도 리액턴스를 구하는 기본 문제이다.

풀이 식 21-29에 주어진 L과 f를 대입하여 유도 리액턴스를 구하면 다음과 같다.

$$X_L = 2\pi f L = 2\pi(60.0\ \text{s}^{-1})(25.0 \times 10^{-3}\ \text{H}) = 9.42\ \Omega$$

또 실효전류는 다음과 같다.

$$I_{실효} = \frac{V_{실효}}{X_L} = \frac{1.50 \times 10^2\ \text{V}}{9.42\ \Omega} = 15.9\ \text{A}$$

예제 21-8 인덕터가 연결된 교류회로에서 진동수의 효과

문제 그림 21-16과 같이 인덕터가 연결된 교류회로에서, 자체유도계수가 $L = 3.60$ mH이고 실효전압이 25.0 V라고 한다. (a) 교류전원의 진동수가 1.00×10^2 Hz일 때 회로에 흐르는 실효전류는 얼마인가? (b) 교류전원의 진동수가 5.00×10^3 Hz일 때 회로에 흐르는 실효전류는 얼마인가?

생각하기 인덕터가 포함된 교류회로에서 유도 리액턴스는 진동수에 영향을 받는다. 진동수가 크면 유도 리액턴스가 커져 더 작은 전류가 흐르게 된다.

풀이 (a) 진동수가 1.00×10^2 Hz일 때의 유도 리액턴스는 다음과 같다.

$$X_L = 2\pi fL = 2\pi(1.00 \times 10^2\ \text{Hz})(3.60 \times 10^{-3}\ \text{H})$$
$$= 2.26\ \Omega$$

따라서 실효전류는 식 21-28에서 최대전류를 실효전류로 표현하여 구하면 다음과 같다.

$$I_{\text{실효}} = \frac{V_{\text{실효}}}{X_L} = \frac{25.0\ \text{V}}{2.26\ \Omega} = 11.1\ \text{A}$$

(b) 진동수가 5.00×10^3 Hz일 때의 유도 리액턴스는 다음과 같다.

$$X_L = 2\pi fL = 2\pi(5.00 \times 10^3\ \text{Hz})(3.60 \times 10^{-3}\ \text{H})$$
$$= 113\ \Omega$$

따라서 실효전류는 식 21-28에서 최대전류를 실효전류로 표현하여 구하면 다음과 같다.

$$I_{\text{실효}} = \frac{V_{\text{실효}}}{X_L} = \frac{25.0\ \text{V}}{113\ \Omega} = 0.221\ \text{A}$$

21-6 *RLC* 교류회로

한 교류회로 속에 축전기와 인덕터가 저항기와 함께 연결될 수 있다. 가장 간단한 결합 방식은 그림 21-19와 같이 1개의 저항기와 1개의 축전기 그리고 1개의 코일을 직렬로 연결한 ***RLC* 교류회로**이다. 교류회로에서 전하의 흐름을 방해하는 정도를 회로의 **임피던스**(impedance)라 하고, 임피던스는 저항 R, 용량 리액턴스 X_C, 유도 리액턴스 X_L에 의해 표현된다. 그러면 이런 소자들이 결합되는 경우 회로가 어떻게 작동하는지 알아보자.

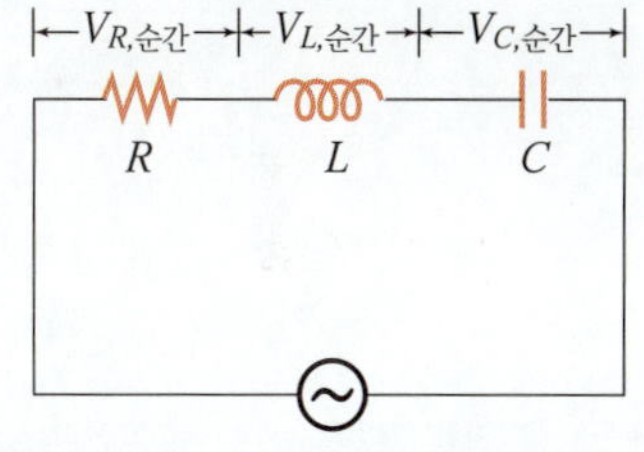

그림 21-19 교류전원에 연결된 저항기, 인덕터, 축전기로 구성된 직렬회로

그림 21-19의 *RLC*회로에서 교류전원은 임의의 순간에 전체전압 $V_{\text{전체}}$를 공급한다. 순간전압이 앞에서와 같이 시간에 따라 사인형으로 변한다면 임의 시간에서의 순간전압은 다음과 같다.

$$V_{\text{순간}} = V_{\text{최대}} \sin(\omega t) \qquad \textbf{21-31}$$

회로에 흐르는 전류는 임의의 순간에 회로의 모든 점에서 같은 값을 가지며, 시간에 따라 사인파 형태로 다음과 같다.

$$I_{\text{순간}} = I_{\text{최대}} \sin(\omega t - \phi) \qquad \textbf{21-32}$$

여기서 ϕ는 전류와 전압 사이의 **위상각**(phase angle 位相角)이다. 그러면 *RLC*회로의 특성에 대해 알아보자.

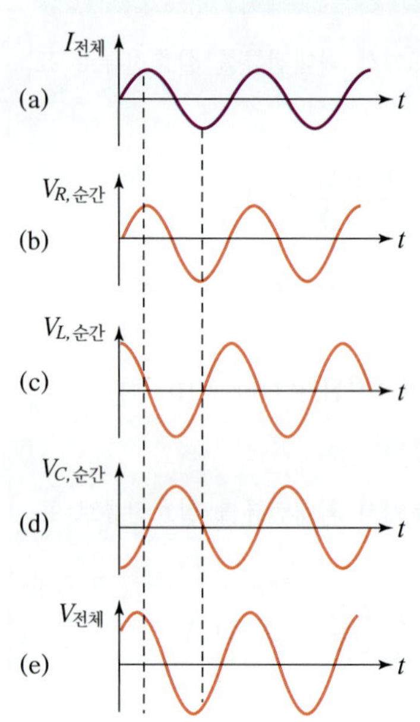

그림 21-20 *RLC*회로의 전류와 전압 사이의 관계

순간전류와 순간전압

R, L, C의 세 가지 회로 요소가 직렬로 연결되어 있으므로, 회로 내의 모든 곳에 흐르는 전류는 어느 순간에나 같아야 한다. 즉, 전류는 회로의 모든 점에서 같은 진폭과 위상을 갖는다. 앞서 공부한 저항기, 인덕터, 축전기의 전압과 전류의 위상 관계를 이용하여 세 회로요소 양단의 순간전압을 정리하면 다음과 같다. 이를 그림으로 나타내면 그림 21-20과 같다.

1. 저항기에 걸린 순간전압 $V_{순간}$은 순간전류와 위상이 같다.

$$V_{R,순간} = I_{최대} R \sin \omega t = V_{최대} \sin \omega t \qquad \textbf{21-33}$$

2. 인덕터에 걸린 순간전압 $V_{순간}$은 순간전류보다 90° 앞선다.

$$V_{L,순간} = I_{최대} X_L \sin\left(\omega t + \frac{\pi}{2}\right) = V_L \cos \omega t \qquad \textbf{21-34}$$

3. 축전기에 걸린 순간전압 $V_{순간}$은 순간전류보다 90° 늦다.

$$V_{C,순간} = I_{최대} X_C \sin\left(\omega t - \frac{\pi}{2}\right) = -V_C \cos \omega t \qquad \textbf{21-35}$$

공급한 알짜 순간전압 $V_{순간}$은 각 소자에 걸린 순간전압의 합으로 $V_{순간} = V_{R,순간} + V_{L,순간} + V_{C,순간}$이다. 그러나 이 순간 R, C, L에 걸린 전압을 교류전압계로 각각 측정해서 더한 것이 교류전원의 전압을 의미하는 것은 아니다. R, C, L에 걸린 전압들이 모두 다른 위상을 갖고 있기 때문에, 측정된 전압들을 더한 것은 전원의 전압을 측정한 것과 다르다. 이 때문에 직접적인 대수합을 구할 수는 없다. 세 회로 요소의 전류가 순간적으로 0이 되는 점에서의 위상자는 그림 21-21과 같이 표현할 수 있다. 0의 전류는 그림의 각 부분에서 가로축을 따라 전류 위상자로 나타냈다. 그리고 전압 위상자는 각 회로요소의 전류와의 위상각을 고려하여 그려져 있다.

위상자는 회전하므로, 그림 21-21의 전압 위상자는 합을 이용해서 그림 21-22와 같이 합칠 수 있다. 그림 21-22(a)에서는 전압 위상자를 같은 좌표축에 함께 나타냈으며, 그림 21-22(b)는 전압 위상자의 합이다. 전압 위상자 $V_{L,순간}$과 $V_{C,순간}$은 동일 선상에 반대방향으로 놓여 있어서, 위상자 $V_{R,순간}$에 수직인 위상의 차 $V_{L,순간} - V_{C,순간}$을

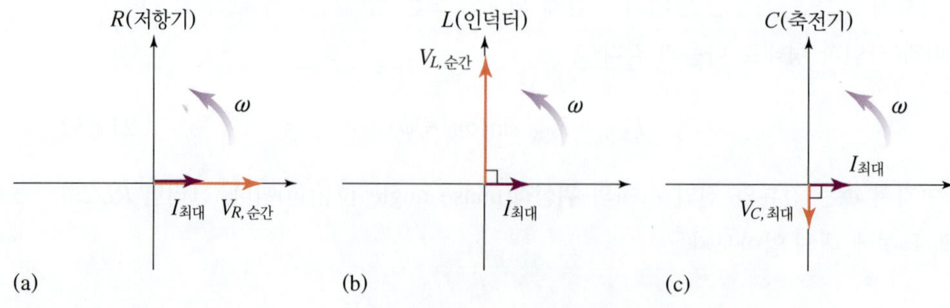

그림 21-21 *RLC*회로에서 각 요소에 대한 전압 위상자와 전류 위상자 사이의 위상 관계

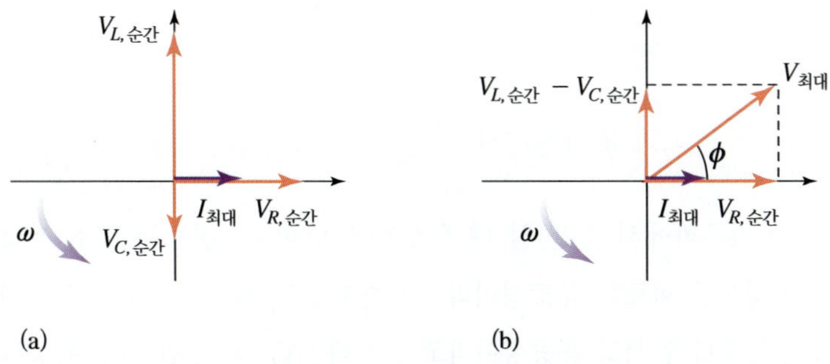

그림 21-22 (a) *RLC*회로에서 전압 위상자를 같은 좌표축에 함께 나타낸 도표 (b) 전압 위상자의 합

그릴 수 있다. 전압진폭 $V_{R,순간}$, $V_{L,순간}$, $V_{C,순간}$의 합이 최대 전압 $V_{최대}$인 위상자의 길이와 같음을 알 수 있고, 전류 위상자 $I_{최대}$와 ϕ의 각도를 이룬다.

최대전류와 임피던스

그림 21-22(b)의 직각삼각형으로부터 다음을 알 수 있다.

$$\begin{aligned} V_{최대} &= \sqrt{V_{R,순간}^2 + (V_{L,순간} - V_{C,순간})^2} \\ &= \sqrt{(I_{최대} R_{순간})^2 + (I_{최대} X_{L,순간} - I_{최대} X_{C,순간})^2} \\ &= I_{최대}\sqrt{R^2 + (X_L - X_C)^2} \end{aligned} \qquad \text{21-36}$$

따라서 최대전류를 다음과 같이 나타낼 수 있다.

$$I_{최대} = \frac{V_{최대}}{\sqrt{R^2 + (X_L - X_C)^2}} \qquad \text{21-37}$$

이 식은 Ohm의 법칙과 같은 수학적 형태를 가진다. 즉 **분모항은 저항과 같은 역할을 한다. *RLC* 교류회로에서 저항과 같은 역할을 하는 항을 회로의 임피던스 (impedance)라고 한다.**

$$Z = \sqrt{R^2 + (X_L - X_C)^2} \qquad \text{21-38}$$

임피던스를 나타내는 기호는 Z이고, 단위는 옴(Ω)이다. 따라서 식 21-37은 다음과 같이 나타낼 수 있다.

$$I_{최대} = \frac{V_{최대}}{Z} \qquad \text{21-39}$$

이 식은 직류회로의 $I = V/R$에 대응하는 교류에 대한 식이다. 교류회로에서 임피던스와 전류는 저항, 유도계수, 전기용량과 진동수에 의존한다.

그림 21-22(b)의 위상자 도표에 있는 직각삼각형으로부터, 전류와 전압 사이의 위상각 ϕ를 구하면 다음과 같이 나타낼 수 있다.

$$\phi = \tan^{-1}\left(\frac{V_L - V_C}{V_R}\right) = \tan^{-1}\left(\frac{I_{최대}X_L - I_{최대}X_C}{I_{최대}R}\right)$$

$$\phi = \tan^{-1}\left(\frac{X_L - X_C}{R}\right) \quad (위상각) \qquad 21-40$$

$X_L > X_C$ (고주파에서 발생)일 때 위상각은 양이고, 전류는 걸린 전압에 뒤짐을 의미한다. 이 경우를 회로는 유도성이라고 말한다. $X_L < X_C$일 때는 위상각은 음수이고, 전류가 전압보다 앞서고 용량성이라고 말한다. $X_L = X_C$인 경우 위상각은 0이고, 회로는 순수하게 저항만 있다.

이상과 같이 저항기와 축전기 그리고 코일 양단에 교류전압이 걸린 교류회로의 성질에 대해 알아보았다. 이 내용을 요약하여 정리하면 표 21-1과 같다.

표 21-1 회로 소자들의 다양한 조합에 대한 교류저항과 위상각

소자 기호	교류저항, 임피던스(Ω)	전류와 전압 사이의 위상각 ϕ
R	R	0°
C	X_C	−90°
L	X_L	+90°
R C	$\sqrt{R^2 + X_C^2}$	−90°에서 0° 사이의 음의 값
R L	$\sqrt{R^2 + X_L^2}$	0°에서 90° 사이의 양의 값
R L C	$\sqrt{R^2 + (X_L - X_C)^2}$	$X_C > X_L$일 때 음의 값 $X_C < X_L$일 때 양의 값

예제 21-9 *RLC*회로

문제 그림 21-23과 같은 *RLC* 교류회로가 있다. 저항기의 값은 $R = 2.50 \times 10^2$ Ω이고, 코일의 유도계수는 $L = 0.600$ H이고, 축전기의 전기용량은 $C = 3.5$ μF이다. 이 세 소자의 양단에 걸린 교류전압의 진동수는 $f = 60.0$ Hz이고, 최대전압은 $V_{최대} = 1.50 \times 10^2$ V이다. 물음에 답하라. (a) 이 회로의 임피던스를 구하라. (b) 회로에 흐르는 최대전류를 구하라. (c) 위상각 ϕ를 구하라. (d) 저항, 코일, 축전기 양단간에 걸리는 최대전압은 각각 얼마인가?

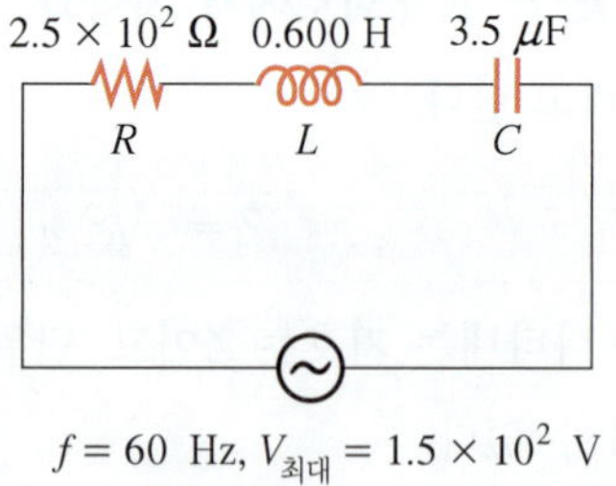

그림 21-23 *RLC* 교류회로

생각하기 *RLC* 교류회로의 성질을 이해하기 위한 기본 문제로 먼저 유도 리액턴스와 용량 리액턴스를 계산한다. 임피던스와 Ohm의 법칙으로부터 최대전류를 구한다.

풀이 (a) 유도 리액턴스와 용량 리액턴스를 계산하면 다음과 같다.

$$X_L = 2\pi f L = 226\ \Omega,\ X_C = 1/2\pi f C = 758\ \Omega$$

이 결과와 저항 R을 이용하여 이 회로의 임피던스를 구하면 다음과 같다.

$$\begin{aligned} Z &= \sqrt{R^2 + (X_L - X_C)^2} \\ &= \sqrt{(2.50 \times 10^2\ \Omega)^2 + (226\ \Omega - 758\ \Omega)^2} \\ &= 588\ \Omega \end{aligned}$$

(b) 회로에서의 최대전류는 Ohm의 법칙과 동등한 식 21-39를 이용하여 구하면 다음과 같다.

$$I_{최대} = \frac{V_{최대}}{Z} = \frac{1.50 \times 10^2 \text{ V}}{588 \text{ Ω}} = 0.255 \text{ A}$$

(c) 식 21-40으로부터 전류와 전압 사이의 위상각을 계산하면 다음과 같다.

$$\phi = \tan^{-1}\frac{X_L - X_C}{R} = \tan^{-1}\left(\frac{226 \text{ Ω} - 758 \text{ Ω}}{2.50 \times 10^2 \text{ Ω}}\right)$$
$$= -64.8°$$

(d) 각 요소 양단간 최대전압은 다음과 같다.

$$V_{R,최대} = I_{최대}R = (0.255 \text{ A})(2.50 \times 10^2 \text{ Ω}) = 63.8 \text{ V}$$
$$V_{L,최대} = I_{최대}X_L = (0.255 \text{ A})(2.26 \times 10^2 \text{ Ω}) = 57.6 \text{ V}$$
$$V_{C,최대} = I_{최대}X_C = (0.255 \text{ A})(7.58 \times 10^2 \text{ Ω}) = 193 \text{ V}$$

21-7 *RLC* 교류회로에서 공명

RLC 교류회로에서 전류와 전압의 성질은 **공명**(resonance 共鳴) 조건을 만들어낼 수 있다. 물체가 진동하는 외력에 의해 진동할 때, 힘의 진동수가 물체의 고유진동수와 일치하면 공명 현상이 일어난다. 공명이 일어날 때 진동하는 힘은 물체에 많은 양의 에너지를 전달할 수 있으므로 물체는 큰 폭으로 진동하게 된다. 우리는 이미 앞에서 이러한 예를 공부한 바 있다. 용수철상수가 k인 용수철에 질량이 m인 물체가 연결되었을 때, 이 물체에 진동하는 힘이 작용하면 공명이 일어난다. 이 경우 고유진동수는 f_0 하나 밖에 없으며, 그 값은 $f_0 = \frac{1}{2\pi}\sqrt{k/m}$ 이었다. 또 다른 경우는 팽팽한 줄이나 공기가 들어 있는 관에서 정상파가 만들어질 때 공명이 일어난다. 줄이나 공기가 들어 있는 관은 많은 고유진동수를 가지는데, 허용된 정상파에 대해서 한 개의 고유진동수만 존재한다. *RLC* 교류회로에서도 유사한 공명 조건이 만들어질 수 있다. 이 경우 고유진동수는 오직 한 개이고, 진동하는 힘은 교류전원의 전압과 연관된 진동하는 전기장에 의해 주어진다.

일반적으로 *RLC* 교류회로의 실효전류는 다음과 같이 주어진다.

$$I_{실효} = \frac{V_{실효}}{Z} = \frac{V_{실효}}{\sqrt{R^2 + (X_L - X_C)^2}} \qquad \textbf{21-41}$$

이 식으로부터 만일 진동수가 변한다면, 임피던스가 **최소**일 때 전류가 최대가 됨을 알 수 있다. 즉 이것은 $X_L = X_C$인 경우이다. 이런 상황에서 회로의 임피던스는 $Z = R$이 된다. 이때의 진동수 f_0을 회로의 **공명진동수**(resonance frequency)라고 한다. $X_L = X_C$ 조건을 이용하여 식 21-20과 21-29로부터 f_0을 구하면 다음과 같이 된다.

$$\frac{1}{2\pi f_0 C} = 2\pi f_0 L$$

따라서 공명진동수 f_0는 다음과 같이 나타낼 수 있다.

$$f_0 = \frac{1}{2\pi\sqrt{LC}} \quad \text{(공명진동수)} \qquad \textbf{21-42}$$

여기서 $2\pi f_0 = \omega_0$이므로 식 21-42는 $\omega_0 = \frac{1}{\sqrt{LC}}$ 로 나타낼 수 있다.

그림 21-24는 전기용량과 인덕턴스가 고정된 값을 갖는 회로에 대해 실효전류를

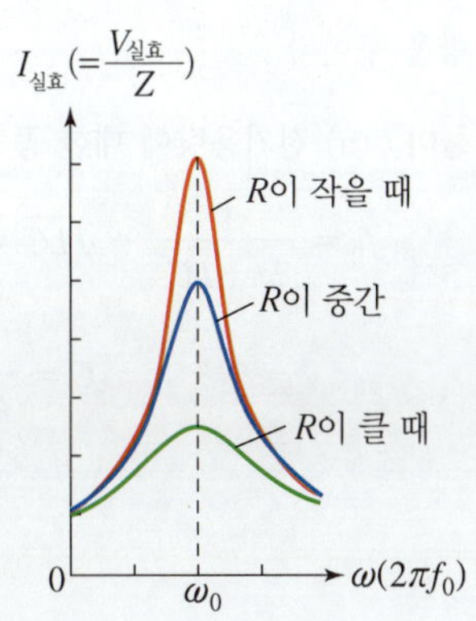

그림 21-24 세 개의 R값에 대한 *RLC* 회로의 실효전류와 진동수 관계

진동수의 함수로서 그린 것이다. 식 21−41에서 $R = 0$이면, 공명에서의 전류는 무한대가 되어야 한다. 식 21−41은 이 결과를 예측하나, 실제 회로에서는 어느 정도의 저항이 항상 있기 때문에 전류는 유한한 값을 갖는다.

공명진동수는 용량리액턴스(X_C)와 유도리액턴스(X_L)에 의해 결정되고, 전기저항과는 무관하다. 전기적 공명에서 전기저항은 전류 응답의 예리함을 결정한다. 저항이 작을 때 진동수에 따른 전류 곡선은 최대전류의 좌우에서 급격히 감소한다. 저항이 클 때는 전류 곡선의 떨어지는 정도가 완만하고, 최대 전류도 급격히 감소한다. 이 곡선의 예리함은 보통 차원이 없는 변수인 **큐인자**(quality factor, 양호도) Q로 나타내며, 식으로는 다음과 같다.

$$Q = \frac{\omega_0}{\Delta\omega} \qquad \textbf{21-43}$$

여기서 $\Delta\omega$는 반전력점(half-power point) 사이의 넓이인데, $P_{평균}$이 최댓값의 반이 되는 ω의 두 값 사이에서 측정된 너비이다. 이 너비는 $\Delta\omega = R/L$의 값을 가지므로 큐인자는 다음과 같이 나타낼 수 있다.

$$Q = \frac{\omega_0 L}{R} \qquad \textbf{21-44}$$

라디오의 동조회로는 공명회로의 중요한 응용이다. 라디오는 축전기 값을 변화시켜 특정 진동수의 신호를 송신하는 방송국으로 동조된다. 축전기 변화는 동조 회로의 공명진동수를 바꾸게 한다. 이 공명진동수가 수신되는 라디오파의 진동수와 일치되면 수신 회로의 전류가 증가한다.

예제 21−10 공명회로

문제 RLC 교류회로가 있다. 이 회로에 연결된 저항기는 $R = 1.50 \times 10^2\ \Omega$이고, 코일의 유도계수는 $L = 20.0$ mH이며, $V_{실효} = 20.0$ V, $f = 796\ \text{s}^{-1}$이다. (a) 실효전류가 최대인 전기용량의 값을 결정하라. (b) 회로에 흐르는 최대 실효전류를 구하라.

생각하기 회로에서 최대전류가 흐르게 하는(공명조건) 전기용량을 구한다.

풀이 (a) 전기용량에 대한 공명진동수를 계산한다.

$$f_0 = \frac{1}{2\pi\sqrt{LC}} \rightarrow \sqrt{LC} = \frac{1}{2\pi f_0} \rightarrow LC = \frac{1}{4\pi^2 f_0^2}$$

$$C = \frac{1}{4\pi^2 f_0^2 L}$$

주어진 값들을 대입한다. 이때 공명진동수 값에 구동진동수 값을 사용한다.

$$C = \frac{1}{4\pi^2 (796\ \text{Hz})^2 (20.0 \times 10^{-3}\ \text{H})} = 2.00 \times 10^{-6}\ \text{F}$$

(b) 회로에서 최대 실효전류를 구한다.
유도 및 용량 리액턴스가 같으므로, $Z = R = 1.50 \times 10^2\ \Omega$이다. 식 21−41에 대입하여 실효전류를 구하면 다음과 같다.

$$I_{실효} = \frac{V_{실효}}{Z} = \frac{20.0\ \text{V}}{1.50 \times 10^2\ \Omega} = 0.133\ \text{A}$$

21-8 교류회로의 전력

교류회로에서 저항기나 인덕터 없이 축전기만 있는 회로나, 저항기나 축전기 없이 인덕터만 있는 회로에서 전력 손실은 없다. 먼저 교류전원에 축전기만 연결된 교류회로에서 소모되는 전력은 어떠한지 알아보자.

교류회로에서 한 방향으로 전류가 증가하기 시작하면, 축전기에 전하가 충전되며 축전기 양단에서 전압강하가 나타난다. 전압이 최대에 도달할 때, 축전기에 저장된 에너지는 다음과 같다.

$$PE_C = \frac{1}{2}CV_{\text{최대}}^2 \quad \textbf{21-45}$$

그러나 이 에너지 저장은 순간적인 것이다. 전류의 방향이 바뀌면 전하는 축전기 극판을 떠나 전원으로 되돌아온다. 따라서 각 주기의 처음 반 동안에는 전하가 축전기에 충전되고 나머지 1/2주기 동안에는 전하가 다시 전원으로 되돌아가므로 전원에 의해 공급되는 평균전력은 0이다. 따라서 **교류회로에 연결된 축전기에서는 전력을 소모하지 않는다.**

다음으로 교류전원에 인덕터만 연결된 교류회로에서 소모되는 전력은 어떠한지 알아보자. 축전기의 경우와 마찬가지로 전원은 전류가 흐르는 코일의 역기전력에 대해 일을 해주어야 한다. 전류가 최대가 되었을 때, 코일에 저장된 에너지는 다음과 같이 주어진다.

$$PE_L = \frac{1}{2}LI_{\text{최대}}^2 \quad \textbf{21-46}$$

회로에서 전류가 감소하기 시작하면, 코일은 회로 전류를 유지하기 위해 저장된 에너지를 전원으로 돌려보낸다. 따라서 각 주기의 처음 반 동안에는 코일에 전력을 공급하고, 나머지 1/2주기 동안에는 코일에 저장된 에너지가 전원으로 되돌아오므로 전원에 의해 공급되는 평균전력은 0이다. 따라서 **교류회로에 연결된 코일에서는 전력을 소모하지 않는다.**

그러므로 *RLC* 교류회로에서 평균전력은 오로지 저항기에 전달된 전력으로 다음과 같이 나타낼 수 있다.

$$P_{\text{평균}} = I_{\text{실효}}^2 R \quad \textbf{21-47}$$

즉, 이상적인 축전기나 인덕터에서의 전력손실은 없으므로, 발전기에서 공급되는 평균전력은 저항에서 내부에너지로 전환된다.

교류회로에서 평균전력손실에 대한 또 다른 수식은 Ohm의 법칙인 $R = V_{R,\text{실효}}/I_{\text{실효}}$를 식 21-47에 대입하면 된다.

$$P_{\text{평균}} = I_{\text{실효}}V_{R,\text{실효}} \quad \textbf{21-48}$$

그림 21-22(b)를 참고하여 $V_{\text{실효}}$, $V_{R,\text{실효}}$, $V_{L,\text{실효}} - V_{C,\text{실효}}$ 사이의 관계를 보여주는 전압 삼각형을 생각해보자. 이 그림은 최댓값과 실효값, 두 경우 모두 적용할 수 있다.

이 그림으로부터 저항기에서의 전압강하 $V_{R,실효}$를 전원의 전압 $V_{실효}$를 사용하여 나타낼 수 있다.

$$V_{R,실효} = V_{실효} \cos\phi$$

따라서 교류회로에서 교류전원이 공급하는 평균전력은 식 21-48 외에도 다음 식으로 나타낼 수 있다.

$$P_{평균} = I_{실효} V_{실효} \cos\phi \tag{21-49}$$

여기서 $\cos\phi$를 **전력인자**(power factor 電力因子)라고 한다.

예제 21-11 *RLC* 교류회로에서 평균전력

문제 예제 21-9에서 서술된 *RLC* 교류회로에 전달되는 평균 전력을 계산하라.

생각하기 평균전력을 구하려면 먼저 실효전류와 실효전압을 알아야 한다.

풀이 먼저 rms전류와 rms전압을 계산하면 다음과 같다.

$$I_{실효} = \frac{I_{최대}}{\sqrt{2}} = \frac{0.255\text{ A}}{\sqrt{2}} = 0.180\text{ A}$$

$$V_{실효} = \frac{V_{최대}}{\sqrt{2}} = \frac{1.50\times10^2\text{ V}}{\sqrt{2}} = 106\text{ V}$$

이 결과와 위상각 $\phi = -64.8°$를 식 21-49에 대입하여 평균 전력을 구하면 다음과 같다.

$$P_{평균} = I_{실효} V_{실효} \cos\phi = (0.180\text{ A})(106\text{ V})\cos(-64.8°) = 8.12\text{ W}$$

21-9 정류기

라디오, 디지털카메라, 소형 디스크플레이어 등과 같은 전자기기는 종종 전지에 의해 공급되는 직류전류에 의해 작동된다. 일반적으로 전지 대신에 교류전원을 직류로 바꾸어주는 교류-직류 변환기를 사용하고 있다. 교류-직류 변환기는 가정용 전원인 220 V의 교류를 4.5 V, 6 V, 9 V 등과 같은 직류로 바꾸어 주는 장치이다. 교류를 직류로 변환시키는 과정을 **정류**(rectification)라 하며, 이러한 장치를 **정류기**(rectifier)라고 한다. 정류기를 통과한 교류전압이 어떻게 변하는지 알아보자.

정류기 회로에서 가장 중요한 요소는 한 방향으로만 전류를 흐르게 하는 회로 요소인 **다이오드**(diode)이다. 다이오드는 반도체 소자로 회로 내의 기호는 —▶|— 이고, 여기서 화살표는 다이오드에서 전류의 방향을 나타낸다. 다이오드는 화살표 방향으로의 전류에 대해 낮은 저항을 가지고, 반대방향으로 흐르는 전류에는 높은 저항을 가진다. 그림 21-25(a)를 살펴보면 다이오드가 어떻게 전류를 정류하는지 알 수 있다. 그림은 변압기의 2차코일에 연결된 정류기와 저항을 보여준다. 변압기는 220 V 교류전압으로부터 부하저항 R을 가지는 장치에 필요한 낮은 전압까지 줄일 수 있다. 다이오드는 한쪽 방향으로만 전류를 전도하기 때문에, 부하저항에 흐르는 교류전류는 그림 21-25(c)와 같이 완전한 직류는 아니지만, 어느 한쪽으로만 흐르는 전류로 바뀐다. 이 상

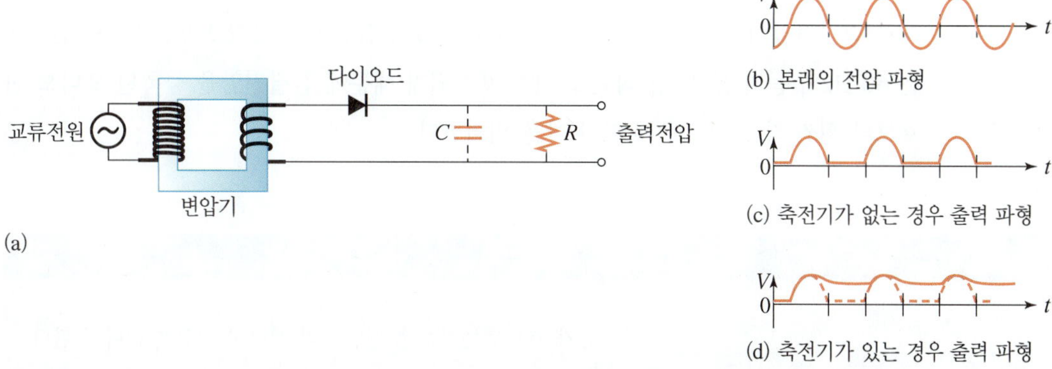

그림 21-25 (a) 반파정류기 회로 (b) 교류전원의 입력전압 파형 (c) 반파정류기를 통과한 후의 출력 파형 (d) 축전기에 의해 여과된 출력 파형

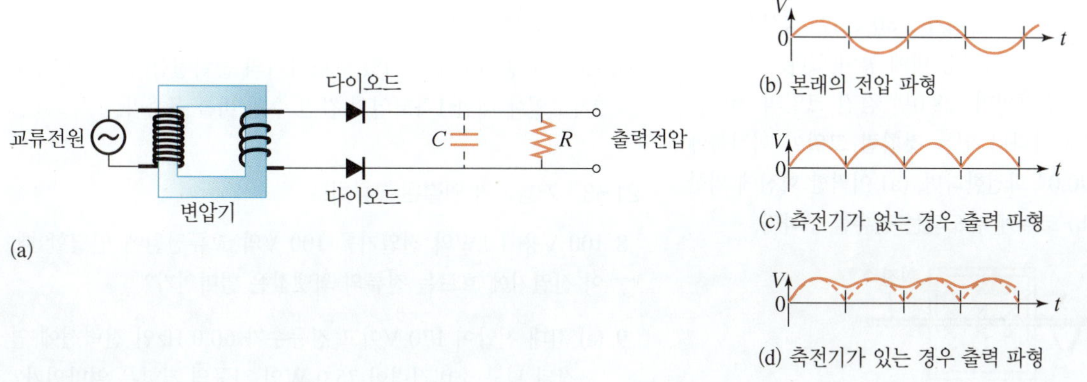

그림 21-26 (a) 전파정류기 회로 (b) 교류전원의 입력전압 파형 (c) 전파정류기를 통과한 후의 출력 파형 (d) 축전기에 의해 여과된 출력 파형

황에서 다이오드는 전류가 각 반 주기 동안에만 회로에 존재하기 때문에 **반파정류기**(half-wave rectifier 半波整流器)로 행동한다. 반파정류는 정확히 직류는 아니지만 단일 방향이기는 하다. 반파정류회로에 축전기 *C*가 연결되면 그림 21-25(d)와 같이 약간 평탄하게 여과시키는 역할을 하게 된다. 축전기는 *RC*시간상수에 따라 전하를 저장한 후, 반 주기 동안 입력전압이 없는 동안 방전을 하게 되어 출력이 직선 쪽으로 가까워진다.

반파정류기보다 더 유용한 것은 **전파정류기**(full-wave rectifier 全波整流器)이다. 전파정류기는 그림 21-26(a)와 같이 2개(때로는 4개)의 다이오드를 사용하며, 이때 부하저항 *R* 양단의 출력은 그림 21-26(c)와 같다. 반파정류에 비해 좀 더 직류의 성분을 가지고 있으나, 아직까지 완벽한 직류가 되지 못한다. 그러나 이 회로에 축전기 *C*가 연결되면 축전기는 *RC*시간상수에 따라 전하를 저장하고 또 방전하므로 그림 21-26(d)와 같이 평탄하게 여과시키는 역할을 하게 된다.

반파정류기나 전파정류기에 축전기를 연결하면 *RC*회로가 형성되며, 이러한 회로는 시간에 따라 변하는 신호를 고르게 하거나 제거하는 데 이용되는 **정류회로**(filter circuit 整流回路)의 한 예이다. 예를 들면 라디오는 작은 교류 성분을 포함하므로(때때로 잔결전압이라 한다) 걸러내야 한다. 60 Hz의 잔결이 남아 있으면, 오디오 신호에는 60 Hz의 듣기 싫은 '웅'하는 소리가 포함되기 때문에 잔결전압을 증폭된 오디오 신호보다 훨씬 작은 값으로 줄여야 함을 의미한다.

연습문제

21-1 교류 발전

1. 유럽의 여러 나라에서는 교류발전소에서 발전되는 전기의 주기가 20.0 ms이다.
(a) 진동수는 얼마인가?
(b) 우리나라 교류와 비교하라.

2. 그림 P21-2와 같이 한 변의 길이가 2.80 cm인 정사각형 도선 코일이 1.25 T의 균일한 자기장 내에 놓여 있다. 자기장은 종이면으로 들어가는 방향이며, 28.0번 감긴 코일의 저항은 0.780 Ω이다. 그림에 나타나 있는 것처럼 코일이 회전축에 대해 0.335 s 동안 90.0° 회전한다면, (a) 이러한 회전에 의한 평균유도기전력과 (b) 코일에 유도되는 전류를 구하라.

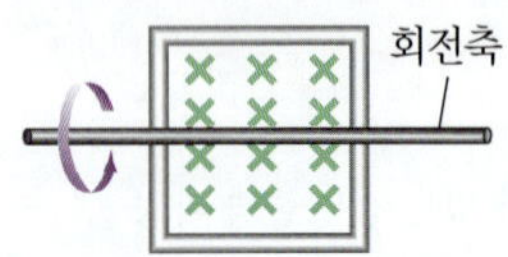

그림 P21-2

3. 500번 감기고, 크기가 8.0 cm × 20 cm인 직사각형 코일이 0.60 T의 균일한 자기장 내에서 120 rev/min로 회전하고 있는 교류발전기가 있다.
(a) 코일에 유도되는 최대 기전력은 얼마인가?
(b) $t = (\pi/32)$ s인 순간에 코일에 유도되는 순간기전력은 얼마인가? $t = 0$ s일 때 유도기전력은 0으로 가정하라.
(c) 유도기전력이 최대가 될 때까지 걸리는 최소 시간은 얼마인가?

4. 지구 자기의 수평 자기장이 0.30×10^{-4} N/A m인 곳에서 50회 감은 단면의 넓이가 0.40 m^2인 코일을 자기장의 수평성분에 수직하고 코일면에 평행한 축을 회전축으로 하여 매초 5회의 속력으로 회전시킬 때, 코일에 발생하는 최대 전압은 몇 V인가?

21-2 변압기

5. 120 V의 교류전원에 연결된 변압기의 1차코일의 감은 수는 200회이고, 2차코일의 감은 수는 50회이다. 그리고 2차코일에는 100 Ω의 전구가 연결되어 있다. 1차코일에는 얼마의 전류가 흐르겠는가? 단, 변압기의 에너지 손실은 없다고 한다.

6. 어떤 교류발전기가 3 600 V에서 50 A의 실효전류(rms전류)를 발전한다. 그러한 전원을 이상적인 변압기를 사용하여 100 000 V로 전압을 높여서 저항이 100 Ω인 장거리 전력선을 통해 송전한다. 발전기에서 나온 전력의 몇 %가 송전선에서 열로 없어지는가?

7. 138 kV 송전선에 붙어있는 변압기의 출력전압이 38 kV이다. 2차코일에 대한 1차코일의 감긴 수의 비를 구하라.

21-3 저항기가 연결된 교류회로

8. 100 V용 1 kW의 전열기를 100 V의 교류전원에 연결할 때, 이 전열기에 흐르는 전류의 최댓값은 얼마인가?

9. (a) 최대 전압이 170 V이고 진동수가 60.0 Hz인 전력선에 연결된 평균 소비전력이 75.0 W인 전구의 저항은 얼마인가?
(b) 100 W의 전구의 저항은 얼마인가?

10. 그림 P21-10의 회로에 흐르는 전류는 $t = 700$ ms일 때 최댓값의 60.0 %가 된다. 이러한 전류를 흘리는 전원의 가장 낮은 진동수는 얼마인가?

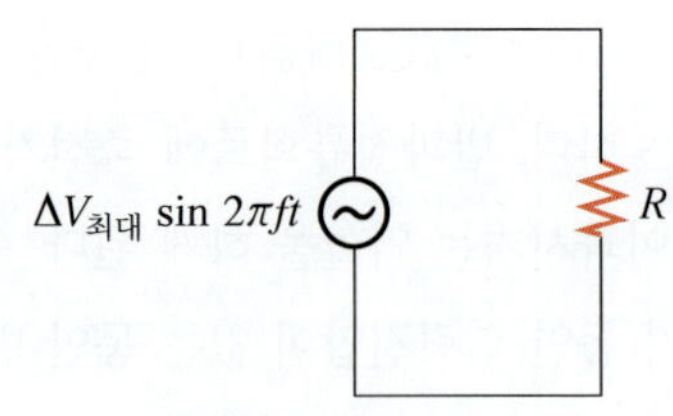

그림 P21-10

21-4 축전기가 연결된 교류회로

11. 주파수가 각각 5 kHz에서 전기용량이 0.15 μF인 축전기의 용량 리액턴스는 얼마인가? 또 주파수가 2 MHz일 때는 얼마인가?

12. 전기용량이 20 μF인 축전기에 220 V, 60 Hz의 교류전압을 걸 때 회로에 흐르는 전류는 몇 A인가?

13. 0.10 μF의 축전기가 10 kHz의 교류전원에 연결되어 있다.
(a) 축전기의 리액턴스는 얼마인가?

(b) 축전기 양단의 최대전압이 9.0 V일 때에 최대 전류를 계산하라.

14. 1.5 μF의 축전기가 75 V, 60 Hz의 전원과 연결되어 있다.
(a) 축전기에 흐르는 유효전류는 얼마인가?
(b) 전류의 최댓값은 얼마인가?

15. 4.0 μF의 축전기가 rms전압이 30 V인 교류전원에 연결되어 있을 때, 회로에 0.30 A의 전류가 관측되었다. 전원의 진동수는 얼마인가?

16. (a) 22.0 μF의 축전기의 리액턴스가 175 Ω이 되기 위한 진동수는 얼마인가?
(b) 같은 진동수에 대해 44.0 μF 축전기의 리액턴스는 얼마인가?

21-5 인덕터가 연결된 교류회로

17. 어떤 코일에 직류전압을 100 V 걸어주면 500 W의 전력을 소비하고, 교류전압 150 V을 걸어주면 720 W의 전력을 소모한다. 이 코일의 (a) 저항과 (b) 유도리액턴스 X_L을 구하라.

18. 0.8 H 인덕터와 330 Ω저항이 60 Hz 교류전원과 직렬로 연결되어 있다. 교류전압계로 전원 양단을 재보니 rms전압이 120 V이다.
(a) 회로에 흐르는 rms 전류를 계산하라.
(b) 전압과 전류 사이의 위상각은 얼마인가?
(c) 회로의 전력소비는 얼마인가?

19. 그림 P21-19는 인덕터만 있는 $\Delta V_{최대} = 100$ V의 교류회로이다.
(a) 최대전류는 50.0 Hz에서 7.50 A이다. 자체유도계수 L을 구하라.
(b) 최대전류가 2.50 A일 때 각진동수는 얼마인가?

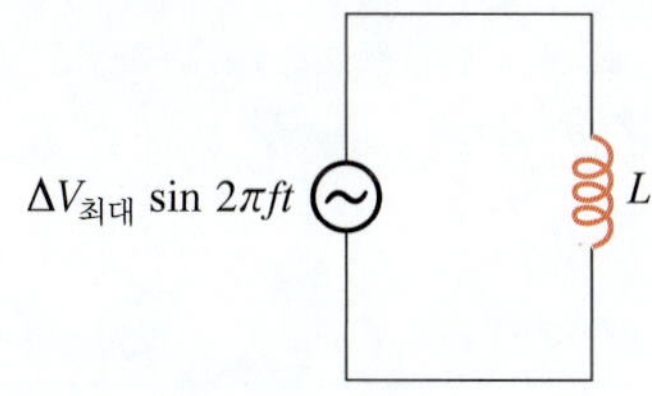

그림 P21-19

21-6 *RLC* 교류회로

20. 저항이 25 Ω, 자체인덕턴스가 0.1 H, 전기용량이 10 μF인 축전기가 교류전원(220 V, 60 Hz)에 연결되어 있다. 이 회로의 임피던스와 전류를 구하라.

21. 그림 P21-21과 같이 100 Ω의 저항, 자체 인덕턴스가 1 H인 코일, 전기용량이 C인 가변축전기를 직렬로 연결하여 진동수가 60 Hz인 220 V의 교류전원에 연결하였다. 가변축전기의 전기용량 C가 5 μF일 때 다음을 구하라.
(a) 회로의 임피던스는 몇 Ω인가?
(b) 회로에 흐르는 전류의 실효값은 몇 A인가?
(c) 회로의 총 소비전력은 몇 W인가?
(d) 회로에 최대전류가 흐르게 하려면 전기용량 C는 몇 μF가 되어야 하는가?

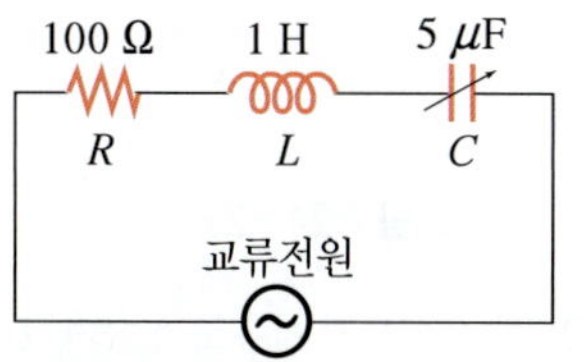

그림 P21-21

22. 40.0 μF의 축전기가 50.0 Ω의 저항기와 rms출력이 60.0 Hz에서 30.0 V인 교류전원에 연결되어 있다. (a) 회로의 rms전류, (b) 저항기 양단의 rms전압강하, (c) 축전기 양단의 rms전압강하, (d) 회로의 위상각을 구하라.

23. 최대 전압 150 V, $f = 50.0$ Hz인 교류전원이 그림 P21-23에 있는 점 a와 점 d 사이에 연결되었다. 다음 점 사이의 rms 전압을 계산하라. (a) a와 b, (b) b와 c, (c) c와 d, (d) b와 d

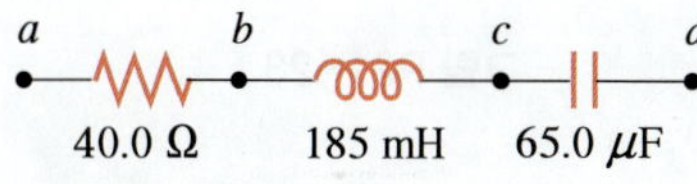

그림 P21-23

21-7 *RLC* 교류회로에서 공명

24. $R = 1\,500$ Ω, $L = 350$ mH, $C = 0.15$ μF의 직렬 RLC 교류회로가 가변진동수의 교류전원에 연결되어 있다.
(a) 회로의 공명진동수는 얼마인가?
(b) 공명진동수에서 임피던스는 얼마인가?

25. RLC 교류회로가 교류전원 $V = V_{최대}\cos 2\pi ft$에 연결되어 있다. $R = 51$ Ω, $L = 10$ mH, $C = 1.0$ μF, $V_m = 12$ V일 때에 공명진동수에서의 전류를 계산하라.

26. 어떤 라디오에서의 RLC 교류회로가 $f = 99.7$ MHz의 FM 방송을 수신하기 위한 동조회로로 사용된다. 회로의 저항은 $R = 12.0$ Ω이고, 인덕턴스는 $L = 1.40$ μF이다. 축전기의 전기용량은 얼마이어야 하는가?

27. 2 Ω의 저항 R과 자체인덕턴스 $L = \dfrac{1}{\pi}$ H인 코일, 그리고 전기 용량이 $C = \dfrac{1}{\pi}$ μF인 축전기를 그림 P21-27과 같이 직렬로 연결하고 그 양 끝에 $V = 1$ V의 교류전원을 연결하였다.
(a) 이 회로의 고유진동수는 얼마나 되는가?
(b) 교류진동수가 회로의 고유진동수 같다고 하면 회로에 흐르는 전류의 세기는 몇 A인가?

(c) (b)의 경우 코일 양 끝의 전압은 몇 V가 되는가?

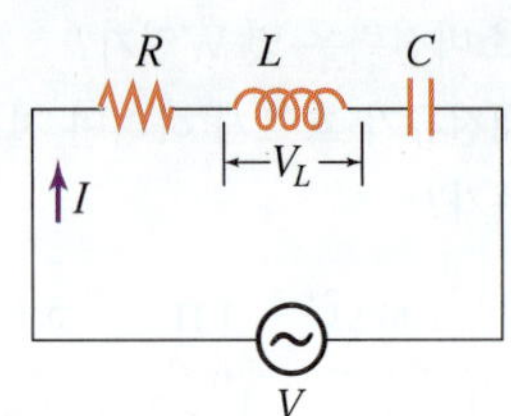

그림 P21-27

28. 그림 P21-28과 같이 자체유도계수가 $L = 1\ \mu$H인 코일과 전기용량이 $C = 1\ \mu$F인 축전기를 직렬로 연결하여 전기진동 회로를 만든 다음 축전기를 3 V로 충전한 다음 회로를 닫았다.
(a) 이 진동회로의 고유진동수는 얼마인가?
(b) 진동전류의 최댓값은 얼마인가?

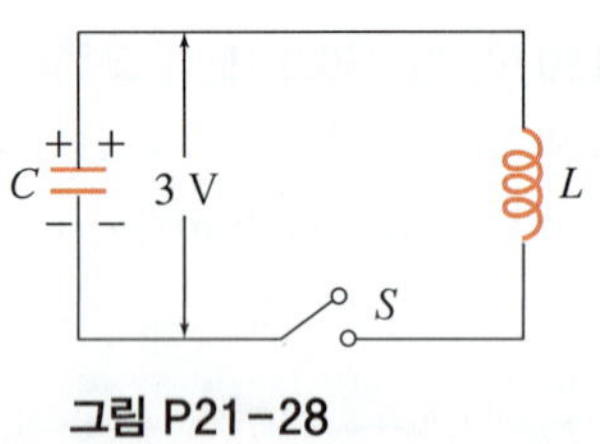

그림 P21-28

21-8 교류회로의 전력

29. 발전소에 생산된 전기를 송전하고 있다. 4×10^4 kW의 전력을 8×10^4 V로 송전할 때 송전선에 의한 전력손실이 10 %라고 한다.
(a) 이 송전선의 저항은 얼마인가?
(b) 송전선에 의한 전압강하는 얼마인가?

30. *RL*교류회로에 있는 멀티미터는 실효전압과 실효전류를 나타낸다. 어느 교류 멀티미터의 측정값이 0.500 A의 rms전류와 진동수 60.0 Hz, 104 V rms전압을 나타냈다. 그리고 멀티미터는 저항기에서 소모된 평균전력이 10.0 W임을 나타냈다. (a) 회로의 임피던스, (b) 저항 R, (c) 자체유도계수 L을 구하라.

21-9 정류기

위성지구국의 접시안테나 충남 아산시에 있는 위성지구국에서는 태평양 · 인도양 상공에 떠 있는 정지위성과 전파를 송수신하여 국제전화, 데이터 및 화상전송, 고속 팩시밀리 등의 정보통신 서비스를 24시간 제공하고 있다. 위성통신이란 우주 공간에 있는 인공위성 등에 설치한 우주국을 매개로 하여 지상의 복수지점 사이에서 이루어지는 무선통신을 말한다.

제22장 전자기파

지금까지 우리는 Coulomb, Gauss, Faraday, Ampere의 법칙 등으로 전자기 분야에 대한 여러 이론을 정리해왔다. 이들 여러 법칙은 각각 독립적으로 발견되었으며, 서로 다른 영역에서 전기와 자기의 이해의 폭을 넓혀 주었다.

19세기 전자기학 이론의 꽃은 전자기파가 공간으로 퍼져나갈 수 있다는 예언과 그에 대한 실험적 확증이었다. 이러한 성과는 통신에 있어서 완전히 새로운 세계를 열게 하였다. 그 첫 번째가 무선전신이었고, 그 다음으로 라디오, TV, 휴대전화, 위성통신 등이었다. 또한 빛도 전자기파의 일종이라는 예언을 하였고, 그 예언은 스코틀랜드의 물리학자 맥스웰(James Clerk Maxwell)과 독일의 과학자 헤르츠(Heinrich Rudolf Hertz)에 의해 확인되어, 전기와 자기의 모든 현상을 하나의 이론으로 단일화시키는 데 성공하였다.

제22장에서는 전자기파의 특성을 탐구하는 것이 주요 목적이다. 전기학과 자기학의 모든 기본 법칙은 Maxwell 방정식에 담겨 있으며, 모든 전자기 현상은 Maxwell 방정식으로 설명이 됨을 이해하고 전자기파가 우리 생활 속에서 어떻게 이용되고 있는지 공부하자.

22-1 Maxwell의 예측

© Book's-Hill

제임스 클러크 맥스웰
James Clerk Maxwell, 1831~1879, 스코틀랜드의 이론물리학자

뛰어난 수학적인 두뇌와 관찰 중심의 사고를 통해 전자기학과 기체 운동론에 대한 괄목할만한 업적을 남겼다. 19세기 마지막 40년은 맥스웰의 시대로 불러도 손색이 없을 것이며, 빛에 대한 전자기파 이론은 뉴턴의 만유인력 이론, 아인슈타인의 상대성이론과 함께 물리학사에 빛나는 업적으로 남아 있다.

19세기 초 Oersted, Ampere 등 여러 학자에 의해 발전된 전자기학에 대한 이론적 발전은 실제적으로 전기장과 자기장의 관점에서 이루어진 것은 아니었다. 그보다 조금 후 Faraday에 의해 제안된 **장**(field 場)이라는 개념에 기초를 두고 있다. 그 후 Maxwell의 예언과 이에 대한 확증을 통해 모든 전기와 자기 현상이 전기장과 자기장을 포함한 단 4개의 방정식을 사용하여 설명이 가능하다는 것을 보여주었다.

Maxwell 방정식은 Newton의 3가지 운동방정식과 만유인력의 법칙이 역학에 있어 기본이라는 것과 같은 의미로, 모든 전자기학에 적용되는 기본방정식이다. 어떤 의미에서 Newton의 법칙이 상대성이론(제26장)으로는 완벽하지 않는 반면, Maxwell 방정식은 어느 경우에도 잘 맞는다는 점을 감안할 때, Maxwell 방정식이 보다 더 기본적인 방정식이라고 할 수 있다. 전자기학의 모든 것이 이들 4개의 방정식 속에 포함될 수 있기 때문에, Maxwell 방정식은 인간이 발견한 위대한 업적 중 하나라고 생각하기에 충분하다.

Maxwell은 이전에는 분리되어 다루어졌던 전기장과 자기장을 하나로 통합한데 더하여, 그의 뛰어난 이론은 전기장과 자기장이 파동처럼 공간을 통해 전달될 수 있음을 예측하였다. **Maxwell이 발전시킨 이론은 다음의 4가지 사실에 바탕을 두고 있다.**

1. Gauss의 법칙으로 알려진 Coulomb법칙의 일반화된 형태는 전기장과 전기장의 원천인 전하와 관련이 있으며, 전기력선은 양(+)전하에서 시작되어 음(−)전하에서 끝난다.
2. 자기장에 관한 Gauss의 법칙은 다음 사항만 제외하고 전기장과 똑같다. 즉 자극홀극은 존재하지 않는다. 그러므로 단일 자하($q_B = 0$)는 없으며, 자기력선은 항상 연속이다. 자기력선은 항상 닫힌 고리를 형성하며, 어디에서 새로 시작하지도 끝나지도 않는다.
3. 변하는 자기장은 기전력을 유도하고 이는 곧 전기장을 유도한다. 이것이 곧 Faraday 법칙이다.
4. 자기장은 전류에 의해 생성되고(Oersted의 발견, Ampere의 법칙), 또는 변하는 전기장에 의해 생성된다.

Maxwell이 발전시킨 이 이론들은 후에 흔히 **Maxwell 방정식**(Maxwell's equation)으로 불리는 4가지 수학적인 방정식이 된다(22-3절 참조). Maxwell의 기본적인 생각은 다음과 같이 좀 더 구체적으로 설명할 수 있다.

첫 번째 설명은, Coulomb의 법칙에 의해 주어지는 대전입자 간에 작용하는 정전기적인 힘의 성질의 결과이며, 그것은 **자연계에 자유전하(전기홀극)가 존재함을 의미한다.**

두 번째 설명은, 자기장은 연속된 고리를 형성한다는 두 번째 이론으로 긴 직선 도선 주위의 자기력선이 닫힌 원이 되고, 막대자석의 자기력선이 닫힌 고리를 이루는 것으로 나타난다. 첫 번째 설명과는 대조적으로 이것은 **자연계에 자유 자기전하(자기홀

극)가 존재하지 않음을 나타내는 것이다.

세 번째 설명은, Faraday의 유도법칙에 해당된다.

네 번째 설명의 앞부분은 Ampere의 법칙과 동일하나, 뒷부분은 전혀 새로운 내용으로 Maxwell에 의해 예언된 것이다. 그 예언은 다음과 같다.

Maxwell은 "변하는 자기장이 전기장을 만든다면, 그 반대 현상도 반드시 성립해야 하므로 변하는 전기장은 자기장을 만든다"고 주장하였다.

이 예언으로 Maxwell은 전기와 자기의 모든 현상을 하나의 이론으로 단일화 시킬 수 있었다.

19세기의 가장 위대한 이론적 발전 중 하나로서 Maxwell은 이러한 4가지 설명에 상응하는 수학적 틀을 만드는 데 온 힘을 기울였다. 그리고 이를 이용하여 전기장과 자기장이 자연계에서 대칭적인 역할을 함을 증명하였다. Faraday의 법칙에 따라 변하는 자기장이 전기장을 만들어낸다는 것은 이미 실험에 의해 그 당시에 알려져 있었다. Maxwell은 자연계가 대칭적이라고 믿었고, 따라서 그는 변화하는 전기장도 자기장을 만들 수 있다고 가정하였다. 이 가설이 제시될 당시에는 실험적으로 증명될 수가 없었는데, 그 이유는 변화하는 전기장에 의해 발생되는 자기장은 일반적으로 매우 약하여 검출하기가 어려웠기 때문이다.

Maxwell은 가설을 정당화하기 위해 이것을 설명할 수 있는 다른 현상을 찾았다. 교류전압을 걸어준 도체 막대에 들어 있는 전하와 같이 빠르게 진동하는 전하의 운동에 Maxwell은 주목하였다. Maxwell의 예측에 따르면 이러한 전하는 가속되며, 시간에 따라 바뀌는 전기장과 자기장을 발생한다. 이 변화하는 장은 파동과 같이 공간으로 전파되는 전자기적 교란을 유발한다. 이는 연못에 돌을 던져서 만들어지는 수면파가 퍼지는 것과 유사하다고 생각하고, 진동하는 전하에 의해 퍼져나가는 파동은 전기장과 자기장이 요동하는 것으로 **전자기파**(electromagnetic wave 電磁氣波)라고 불렀다.

Faraday의 법칙과 Maxwell 자신이 일반화한 Ampere의 법칙으로부터, Maxwell은 이 전자기파의 속력은 빛의 속력인 $c = 3 \times 10^8$ m/s와 같다는 사실을 계산하였다. 뿐만 아니라 가시광선이나 다른 전자기파 모두 전기장과 자기장의 요동으로 이루어져 있으며, 각각의 변화하는 장이 서로를 유도하며 빈 공간을 진행한다고 주장하였다. 이는 Newton의 운동법칙에 비견하는 과학사적 위대한 발견 중 하나였다. Newton의 법칙과 마찬가지로 이것은 이후의 과학 발전에 지대한 영향을 주었다.

Maxwell의 주장은 우주의 질서에 기초를 둔 가설이었다. 그러나 당시에는 대부분의 경우에 있어 Maxwell이 주장한 가설의 실제 효과는 대단히 적어 실험을 통해 그것을 검증하기란 불가능한 일이었다.

22-2 Maxwell 방정식

변위전류

자기장의 변화가 코일에 기전력을 유도한다는 사실을 Faraday의 법칙을 통해 공부한 바 있다. 물론 이를 통해 인류에게 소중한 전기를 생산할 수 있게 되었음은 자명한 사실이다. 전류가 흐르는 도체가 대칭성을 가지고 있는 경우에는 식 19-16b로 표현되는 Ampere의 법칙을 이용해서 자기장을 계산할 수 있다(이때는 선분 요소를 Δl로 나타낸바 있다). 즉 Ampere의 법칙은 폐경로에서 $B_{\parallel}\Delta s$의 모든 합은 폐경로를 둘러싼 겉넓이를 통과하는 알짜전류 I에 μ_0을 곱한 것과 같다. 즉 $\sum B_{\parallel}\Delta s = \mu_0 I$이다. 이 식을 적분형으로 나타내면 다음과 같다.

$$\oint \vec{B} \cdot d\vec{s} = \mu_0 I \qquad \text{22-1}$$

여기서 선적분은 전도전류가 통과하는 임의의 닫힌 경로에 대한 적분이고, 전도전류는 $I = dq/dt$로 정의된다. 이때 **전도전류**(conduction current 電導電流)는 우리가 지금까지 다루어왔던 전류, 즉 도선 내의 대전입자의 움직임에 의한 전류를 의미한다. 이 용어는 앞으로 소개할 다른 유형의 전류인 **변위전류**(displacement current 變位電流)와 구분하기 위해 사용된다.

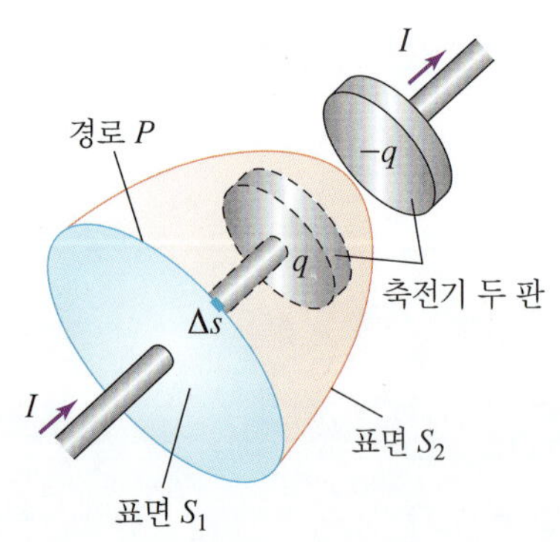

그림 22-1 축전기 한 판 근처의 두 표면 S_1(하늘색원)과 S_2(두 평행판 사이를 지나가는 주황색 포물선)는 같은 경로 P를 경계로 하고 있다. 도선 속의 전도전류 I는 S_1만을 통과하고 있으므로, Ampere 법칙에 모순이 생긴다. 이 모순은 S_2를 통과하는 변위전류가 있다고 가정해야만 해결된다.

이 형태의 Ampere의 법칙은 전류가 공간적으로 연속인 경우에 관해 성립한다. Maxwell은 이러한 한계를 인식하고, 모든 가능한 상황에서 성립할 수 있도록 Ampere의 법칙을 수정하였다. 그러면 Maxwell이 수정한 내용이 무엇인지 알아보자.

그림 22-1과 같이 축전기의 두 판 사이에 충전이 이루어지는 경우를 생각해보자. 도선에 전도전류가 흐르면 축전기에 전하가 저장된다. 그러나 축전기의 두 판 사이에는 전도전류가 흐르지 않는다. 즉 전류가 공간적으로 연속적이지 못하다. 그림에서와 같이 경로 P를 경계로 하는 두 표면 S_1(하늘색 원)과 S_2(두 평행판 사이를 지나가는 주황색 포물선)에 대해 살펴보자. Ampere의 법칙에 의하면, 이 경로를 따라 $\vec{B} \cdot d\vec{s}$ 를 선적분하면 $\mu_0 I$가 되어야 한다. 이때 I는 경로 P로 둘러싸인 임의의 곡면을 통과하는 전도전류이다.

경로 P를 S_1의 경계로 간주하면, 축전기가 충전되는 동안 전도전류가 S_1을 통과하므로 식 22-1의 우변은 $\mu_0 I$이다. 그러나 경로 P를 S_2의 경계로 간주하면, 전도전류가 S_2를 통과하지 않으므로 식 22-1의 우변은 0이다. 따라서 전류의 불연속적 때문에 이런 모순적인 상황이 야기된다.

Maxwell은 이 문제를 해결하기 위해 식 22-1의 오른쪽 부가적인 항으로 **변위전류** I_d를 도입하였다. Maxwell이 새롭게 도입한 변위전류는 다음과 같다.

$$I_d = \varepsilon_0 \frac{d\phi_E}{dt} \qquad \text{22-2}$$

이 식에서 ϕ_E는 전기선속이고 ε_0은 자유공간에서의 유전율이다.

식 22-2가 뜻하는 의미를 생각해보자. 축전기가 충전(또는 방전)되는 동안에 판 사이의 전기장의 변화는 판 사이 전류의 흐름과 동등한 것으로 간주될 수 있고, 이 전류는 도선에서 전도전류의 연속으로 작용한다. 이 식에서 정의된 변위전류가 Ampere의 법칙 우변에 더해지면 전류의 불연속적인 모순은 해결된다. 경계가 경로 P인 어떤 곡면에 대해서도 전도전류 또는 변위전류가 곡면을 뚫고 흐른다.

이 새로운 항인 변위전류에 대한 개념을 도입하여, **Ampere의 법칙의 일반형**(또는 **Ampere-Maxwell 법칙**)을 다음과 같이 나타낼 수 있다.

$$\oint \vec{B} \cdot d\vec{s} = \mu_0(I + I_d) = \mu_0 I + \mu_0 \varepsilon_0 \frac{d\phi_E}{dt} \qquad 22\text{-}3$$

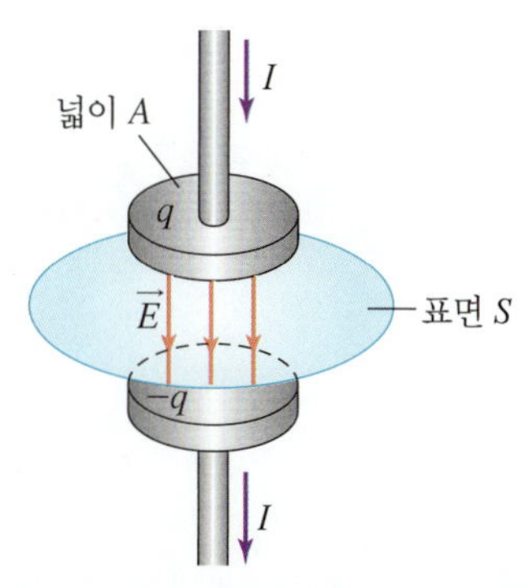

그림 22-2 전도전류가 도선에 존재하면, 축전기 판 사이에 변하는 전기장 $\vec{E}$가 존재한다. 판 사이의 전기력선은 표면을 통과하는 전기선속을 만든다.

이 식이 의미하는 하는 바를 좀 더 구체적으로 이해하기 위해 그림 22-2를 살펴보자. 그림에서 두 판 사이의 임의 표면 S를 통과하는 전기선속은 축전기판의 넓이를 A라 하고, 축전기판 사이의 균일한 전기장의 크기를 E라 하면 $\phi_E = \oint \vec{E} \cdot d\vec{A} = EA$이다. 그리고 어떤 순간에 판에 대전된 전하를 q라 하면 $E = \sigma/\varepsilon_0 = q/(\varepsilon_0 A)$이다.

그러므로 표면 S를 통과한 전기선속은 다음과 같다.

$$\phi_E = EA = \frac{q}{\varepsilon_0} \qquad 22\text{-}4$$

따라서 표면 S를 통과하는 변위전류는 다음과 같다.

$$I_d = \varepsilon_0 \frac{d\phi_E}{dt} = \frac{dq}{dt} \qquad 22\text{-}5$$

즉, 표면 S를 통과하는 변위전류 I_d는 축전기에 연결한 도선에서의 전도전류 I와 똑같다. 표면 S를 생각하면 변위전류를 곡면의 경계선 위의 자기장의 원천으로 간주할 수 있다. 변위전류는 시간에 따라 변하는 전기장이 그 물리적인 원인이다. 이 이론의 핵심은 자기장이 전도전류와 시간에 따라 변하는 전기장 둘 다에 의해서 발생된다는 것이다. 이 결과는 Maxwell의 이론적 업적의 열매이며, 전자기학을 이해하는 데 크게 기여하였다.

예제 22-1 축전기에서 변위전류

문제 그림 22-3과 같이 축전기 양단에 사인형으로 변하는 전압이 걸려 있다. 전기용량은 $C = 8.00$ μF이고, 걸어준 전압의 진동수는 $f = 3.00$ kHz이고, 전압의 진폭은 $V_{최대} = 30.0$ V이다. 축전기 내의 변위전류를 구하라.

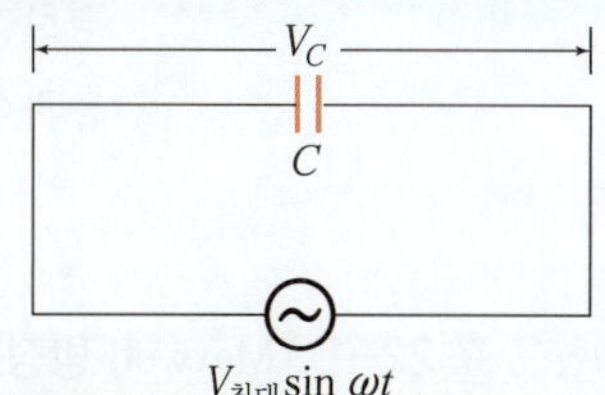

그림 22-3

생각하기 축전기 두 판 사이에 형성되는 전기장을 확대해서 그려보면 그림 22-2와 비슷하다.

풀이 먼저 전원의 각진동수를 계산하면 다음과 같다.

$$\omega = 2\pi f = 2\pi(3.00 \times 10^3\ \text{Hz}) = 1.88 \times 10^4\ \text{s}^{-1}$$

앞서 식 21-14에서 축전기 양단에 걸리는 순간전압은 $V_{순간} = V_{최대}\sin\omega t$이다. 이 식을 사용하여 축전기 양단의 전위차를 시간의 함수로 나타내면 다음과 같다.

$$V_C = V_{최대} \sin \omega t = 30.0 \sin(1.88 \times 10^4\ t)$$

축전기의 전하량은 $q = CV_C$이므로 식 22-5를 사용하여 변위전류를 시간의 함수로 나타내면 다음과 같다.

$$I_d = \frac{dq}{dt} = \frac{d}{dt}(CV_C) = C\frac{d}{dt}(V_C)$$

$$= (8.00 \times 10^{-6}\ \text{F})\frac{d}{dt}\{30.0 \sin(1.88 \times 10^4\ t)\}$$

$$= 4.512 \cos(1.88 \times 10^4\ t)$$

Maxwell 방정식

Maxwell은 그의 예측을 변위전류라는 새로운 제안을 통해 해결하였고, 이를 수학적으로 발전시켜 4개의 법칙으로 정리하여 전기학과 자기학을 통합시켰다.

자유공간에서 즉 유전체나 자성체가 없는 경우에 해당되는 Maxwell의 4개 방정식은 표 22-1과 같다.

앞서 언급한 바와 같이 **Newton의 법칙이 역학 현상에 기본이 되듯이, Maxwell의 방정식은 전자기 현상의 기본이 된다.** Maxwell이 발전시킨 이 이론은, Einstein이 1905년에 증명하였듯이 특수 상대성이론과도 일치하므로 Maxwell이 생각하였던 것보다 훨씬 넓은 영역에까지 적용된다. Maxwell 방정식은 전기와 자기의 법칙을 표현한 것이지만 다른 중요한 결론도 포함하고 있다. 표 22-1의 4개 방정식을 구체적으로 설명하면 다음과 같다.

1. **식 22-6은 전기에 대한 Gauss법칙이다.** 어떤 닫힌곡면을 통과하는 전체 전기선속은 그 곡면 내부의 알짜 전하를 ε_0으로 나눈 것과 같다. 이 법칙은 전기장과 전기장을 만들어낸 전하분포를 연관시킨다.
2. **식 22-7은 자기에 대한 Gauss법칙**이며 닫힌곡면을 통과하는 알짜 자기선속은 0이라는 것을 나타낸다. 즉 닫힌 공간을 들어가는 자기력선의 수는 그 공간을 나오는 자기력선의 수와 같아야 한다는 것을 의미한다. 만일 그럴 수 없다면 그 지점에 고립된 자기홀극이 존재한다는 것을 의미한다. 자연에서 자기홀극이 관측된 적이 없다는 사실은 이 식을 반증하는 셈이다.
3. **식 22-8은 자기선속이 변하면 전기장을 만들 수 있다는 것을 나타내는 Faraday의 유도법칙이다.** 이 법칙은 임의의 닫힌 경로를 따라 전기장을 선적분한 값인 기전력이 그 경로로 둘러싸인 임의의 평면을 통과하는 자기선속의 시간에 대한 변화율과 같다는 것이다. Faraday의 법칙에서 나오는 결론 중 하나는 시간에 따라 변하는 자기장 내에 놓인 고리 속에는 전류가 유도된다는 것이다.
4. **식 22-9는 Ampere-Maxwell 법칙**이며, 전기장의 변화와 전류가 자기장을 어떻게 유도하는지를 표현한 것이다. 임의의 닫힌 경로를 따라 자기장을 선적분한 것은 그 경로를 통과하는 알짜 전류에 μ_0을 곱한 결과에 그 경로로 둘러싸인 임의의 표면을 통과하는 전기선속의 시간변화율에 $\epsilon_0\mu_0$을 곱한 것을 더한 것과 같다.

표 22-1 Maxwell 방정식

방정식의 이름	방정식	의미	식 번호
전기에 대한 Gauss 법칙	$\oint \vec{E}\cdot d\vec{A} = \dfrac{q}{\varepsilon_0}$	전기선속과 알짜 전하의 관계	22-6
자기에 대한 Gauss 법칙	$\oint \vec{B}\cdot d\vec{A} = 0$	자기선속과 알짜 자하의 관계	22-7
Faraday의 법칙	$\oint \vec{E}\cdot d\vec{s} = -\dfrac{d\phi_B}{dt}$	유도전기장과 변하는 자기선속의 관계	22-8
Ampere-Maxwell의 법칙	$\oint \vec{B}\cdot d\vec{s} = \mu_0 I + \mu_0\varepsilon_0\dfrac{d\phi_E}{dt}$	유도자기장과 변하는 전기선속 및 전류의 관계	22-9

공간 속의 한 점에서 전기장과 자기장을 알면, 전하 q인 입자에 작용하는 힘은 다음 식으로 계산할 수 있다.

$$\vec{F} = q\vec{E} + (q\vec{v} \times \vec{B}) \qquad 22\text{-}10$$

이 식을 **로렌츠 힘의 법칙**(Lorentz force law)이라 한다. Maxwell 방정식과 이 방정식은 진공에서 일어나는 모든 고전적인 전자기적 상호작용을 완벽하게 설명한다. Maxwell의 방정식은 전자기뿐만 아니라, 이공계 여러 분야에서 중요하게 다루어지는 기본 법칙이다.

22-3 Hertz의 실험

Maxwell이 사망한 후 1887년 헤르츠(Heinrich Rudolf Hertz, 1857~1894)는 역사상 최초로 LC회로를 이용한 실험장치에서 전자기파를 발생시키고 이를 검출하는 데 성공하였다. Hertz의 실험을 이해하기 전에 먼저 LC회로에서 나타나는 전기진동 현상에 대해 알아보자.

헤르츠 Heinrich Rudolf Hertz, 1857~1894, 독일의 물리학자

실험장치를 손수 제작하여, 1887년 전자기파를 발견하는 위대한 업적을 남겼다. 그는 맥스웰의 업적에 대해 "맥스웰의 수식들은 독립적인 존재성과, 맥스웰의 지성을 가지고 있으며, 자신들이 노력한 것과는 비교할 수 없는 물리학적 성과"라고 찬사를 보냈다. 진동수의 단위인 헤르츠(Hz)는 그의 이름을 따서 명명된 것이다.

전기진동

그림 22-4와 같은 LC회로가 있다. 이 회로 내에 있는 축전기는 충전되어 있다. 스위치 S를 닫으면 축전기와 코일(인덕터)을 통해 전하의 진동이 일어난다. 회로의 저항을 무시하면, 에너지는 열로 손실되지 않으며 진동은 계속 될 것이다. 이 같은 사실은 Hertz가 제안한 전자기파 발생의 기본원리를 이해하는 데 도움이 된다.

충전된 축전기는 $t = 0$일 때 스위치가 닫히면 처음 전하량 $Q_{최대}$을 가진다. 축전기가 완전히 충전될 때, 회로 내의 전체 에너지는 축전기에 전기장으로 저장되고 그 크기는 $\dfrac{1}{2}\dfrac{Q_{최대}^2}{C}$이다. 이때 전류는 0이므로, 인덕터에 저장된 에너지는 없다.

이어 축전기에서 방전이 시작되면, 전기장에 저장되어 있던 에너지는 감소한다. 동시에 전류는 증가하고 $\dfrac{1}{2}LI^2$의 에너지가 인덕터의 자기장의 형태로 저장된다. 따라서 에너지는 축전기의 전기장으로부터 인덕터의 자기장으로 이동한다. 축전기가 완전히 방전되면 축전기에 저장된 에너지는 없다. 이때 전류는 최댓값이 되고, 모든 에너지는 인덕터에 저장된다. 그 다음 과정은 반대방향으로 되풀이된다. 에너지는 전류와 전하의 진동에 맞추어 인덕터와 축전기 사이에서 계속 이동한다.

이 과정을 그림 22-5를 통해 자세히 살펴보자. 대전된 축전기가 인덕터에 연결되어 있는 회로에서 스위치 S를 닫으면 축전기에 전하가 충전되어 그림 22-5(a)와 같이 전기장을 만들어 에너지를 축적하게 되며, 이때 인덕터에는 전류가 흐르지 않는다. 다음 순간 축전기에 충전되어 있던 전하의 일부가 도선을 통해 방전되므로 그림 22-5(b)와 같이 전류는 화살표 방향으로 흐른다. 이때 인덕터에는 자체유도 현상에 의해 역기전력이 발생한다. 역기전력은 전류의 방향과 반대방향으로 증가하면서 전류의 흐름을 방해하고 인덕터에서 만들어지는 자기장 속에 에너지를 축적하게 된다.

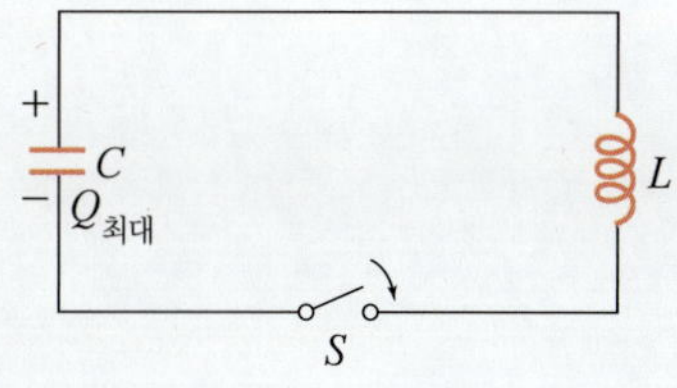

그림 22-4 축전기가 충전되어 있는 LC회로

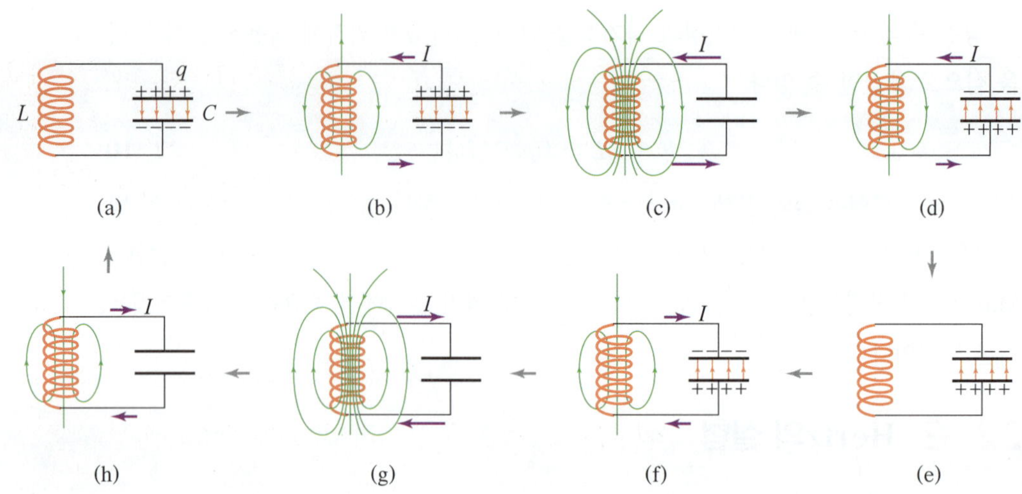

그림 22-5 *LC*회로에서 전기진동의 과정

시간이 지나면 그림 22-5(c)와 같이 축전기에 있던 전하가 모두 소모되어 전기장은 없어지고 인덕터에는 최대 에너지가 축적된다. 다음 순간 축전기의 두 극은 그림 22-5(d)와 같이 처음과 반대로 충전된다. 그러다가 인덕터에 축적된 에너지가 완전히 이동하면 축전기는 다시 충전되어 그림 22-5(e)의 상태가 된다. 이때는 그림 22-5(a)의 경우와 같지만, 축전기의 두 극이 반대로 대전된 것만 다르다. 그림 22-5(e)부터는 전류의 방향만 반대일 뿐 똑같은 과정을 거쳐서 그림 22-5(a)의 상태로 되돌아간다.

이와 같은 과정으로 축전기와 인덕터가 연결된 회로에는 진동하는 전류(일종의 교류)가 반복해서 흐르게 되는데 이러한 현상을 **전기진동**(electric oscillation 電氣振動)이라 한다. 이때 회로에 흐르는 전류를 **진동전류**(oscillation current)라고 하며 이러한 회로를 **진동회로** 또는 ***LC*회로**라고 한다. 마찰이나 공기의 저항이 없으면 용수철 진자나 단진자의 운동이 무한히 계속될 것으로 생각되는 것처럼, 전기진동도 인덕터나 도선의 저항이나 축전기에서의 에너지 손실이 없다면 진동은 계속될 것이다.

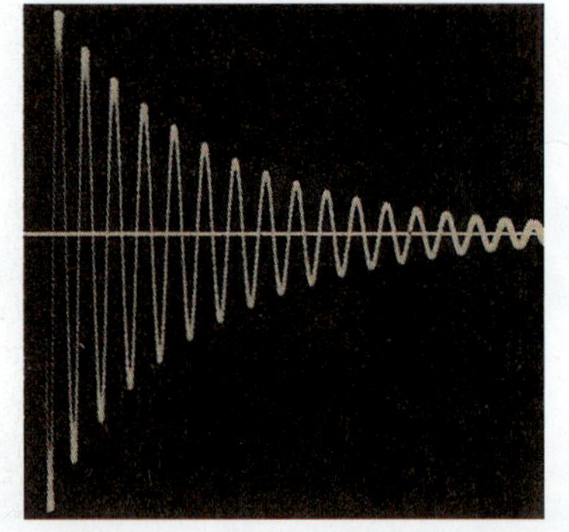

그림 22-6 감쇠진동 사진. 전기진동은 차츰 그 에너지를 소멸하면서 감쇠되어 간다.

그러나 이같은 에너지 손실을 완전히 없앨 수 없으므로 전기진동은 그림 22-6과 같이 **감쇠진동**(damped oscillation)이 된다. 이것은 축전기나 인덕터 회로의 도선 등에 있는 저항으로 인해 줄열로 에너지가 소비되기 때문이다. 따라서 전기진동을 계속시키려면 외부에서 전기에너지를 계속 공급해 주어야 한다.

Hertz의 실험

전자기파 연구에 사용한 실험장치는 전기진동 회로와 유사하고, 그림 22-7에 개략적으로 나타내었다. 축전기의 역할을 하도록 좁은 간격을 둔 2개의 금속 구가 유도코일(도선이 많이 감긴 코일로 고전압을 유도시키는 기구)에 연결되어 있다. 즉, 두 개의 구형전극으로 구성된 송신기에 유도코일이 연결되어 있는 형태로 생각할 수 있다.

유도코일에서 만들어진 짧은 전압펄스가 금속구로 보내지면, 한쪽은 양으로 다른 쪽은 음으로 대전된다. 두 전극 근처의 전기장 중 하나가 공기의 유전강도(3×10^6

V/m)를 넘어서면 방전이 일어난다. 강한 전기장 속에서 자유전자는 가속되어 어떤 분자와 충돌하더라도 이온화시킬 수 있을 정도의 에너지를 갖게 된다. 이런 이온화는 더 많은 전자를 제공하고 이들은 가속되어 더 많은 이온화를 일으킨다. 두 전극의 간극에 있는 공기는 이온화가 되면 더 좋은 전도체가 되고 전극 사이의 방전은 높은 진동수로 진동하게 된다. 전기회로의 관점에서 보면, 이것은 코일의 자체유도계수를 가지고 구형 전극의 전기용량을 가진 LC회로와 유사하다.

LC회로에 키르히호프의 고리법칙을 적용하여 회로에 흐르는 전류의 특성을 조사하면 공명진동수인 $f_0 = \dfrac{1}{2\pi\sqrt{LC}}$ $\left(\text{또는 } \omega_0 = \dfrac{1}{\sqrt{LC}}\right)$와 같은 진동수(또는 각진동수)로 단순조화운동을 한다.

Hertz의 장치에서는 L과 C가 매우 작기 때문에 진동수는 $f \approx 100$ MHz 정도로 매우 높게 된다. 이 장치에서 자유전하의 진동(따라서 가속도) 때문에 이런 진동수의 전자기파가 복사된다. 이러한 회로는 전자기파를 발생시키기 때문에 **송신기**(transmitter 送信機)라고 부른다. Hertz는 송신기 회로에서 수 미터 떨어진 곳에 두 번째 회로인 **수신기**(receiver 受信機)를 위치시켜 신호를 검출할 수 있었다. 수신기는 좁은 간격을 둔 두 구를 연결하는 하나의 도선 고리로 이루어져 있으며, 이런 수신 고리는 유도계수, 전기용량, 그리고 공명진동수를 가지고 있다. Hertz는 수신기의 공명진동수가 송신기의 진동수와 일치하도록 조절하였더니, 수신 전극의 간극에서 스파크가 일어났다. 즉 송신기에서 수신기로 에너지가 전달되는 것을 발견하였다. 수신기의 구 사이에 걸린 전압이 공기를 이온화시킬 만큼 높아지면 구 사이의 공기 틈에서 불꽃이 튀어, 에너지의 전달이 탐지되는 것이었다. 그러므로 수신기에 유도된 진동하는 전류는 송신기에서 복사된 전자기파에 의해 생긴 것임을 실험으로 증명하였다. Hertz의 실험은 소리굽쇠가 동일한 다른 소리굽쇠로 진동을 전달하는 역학적 현상과 유사하다.

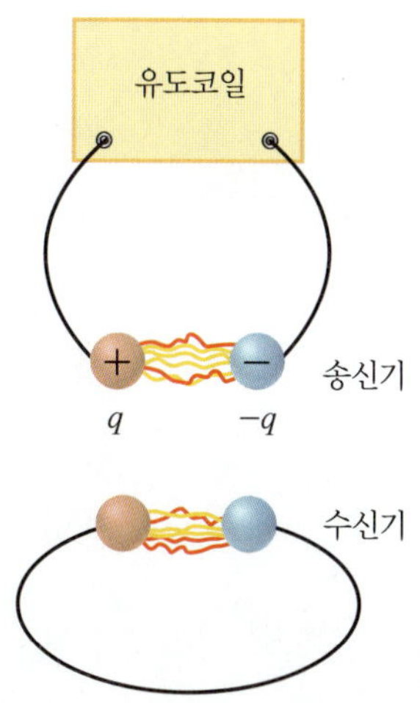

그림 22-7 전자기파의 존재를 확인하는 데 사용하였던 Hertz의 실험 장치의 개략도. 전자기파는 그림에서 생략하였다.

Hertz는 송신기로부터 수신기로 이동되는 에너지가 파동 형태로 운반된다고 가정하였다. 이는 오늘날 전자기파라고 알려진 것이다. 그는 일련의 실험을 통해 송신기에서 발생되는 복사되는 전자기 파동은 파동의 성질, 즉 간섭, 회절, 반사, 굴절 및 편광의 성질을 가진다는 것을 알았다. 이 모든 성질은 빛에 의해 나타나는 특성과 통일하였다. Hertz의 전자기 파동은 빛과 성질이 같고 단지 진동수와 파장에서만 차이가 난다는 것이 분명해졌다. Hertz는 Maxwell의 신비스런 전자기파는 존재하며 빛의 모든 성질을 갖는 것을 보임으로써 Maxwell의 이론을 효과적으로 증명하였다.

아마도 Hertz가 행한 가장 설득력 있는 실험은 송신기로부터 나오는 파동의 속력을 측정한 것이다. 송신기로부터 나오는 알고 있는 진동수의 파동이 금속판에서 반사되면 간섭무늬가 만들어지는데, 이는 당겨진 줄에 형성되는 정상파와 매우 유사하다. 마디와 마디 사이의 거리는 $\lambda/2$인 정상파를 이용하여 파장 λ를 결정할 수 있었다. $v = \lambda f$의 관계를 이용하여 v가 빛의 속력으로 잘 알려진 3×10^8 m/s에 가깝다는 사실을 알았다. **Hertz의 실험은 Maxwell의 이론을 뒷받침하는 최초의 증거가 되었다.**

22-4 전자기파의 성질

전자기파 발생

LC회로에서는 저장된 에너지가 축전기의 전기장과 인덕터의 자기장 사이에서 계속 왔다 갔다 하는 전기진동 현상이 일어난다. 즉 공간 내의 한 곳에서 전기장이 변하면 그 변화에 의해 자기장이 발생하고, 반대로 자기장이 변하면 그 변화에 의해 전기장이 발생한다. 그러나 에너지 이동은 변화가 천천히 일어날 때만 오랜 시간 동안 지속된다. 전류가 급격히 변하면 회로는 에너지 일부를 전자기파 형태로 잃어버린다. 사실 교류가 흐르는 모든 회로는 전자기파를 방출한다. 이러한 전자기파 복사와 관련된 기본 메커니즘은 대전입자의 가속운동이다. **대전된 입자가 가속될 때는 언제나 전자기 에너지가 방출된다.**

그림 22-8은 안테나에서 전하의 진동에 의해 전자기파가 발생하는 것을 나타낸 개략도이다. 두 개의 금속막대가 교류전원에 연결되어 있으면, 교류의 진동수 만큼 전하가 두 막대 사이에서 진동하게 된다. 이러한 형태를 **안테나**(antenna)라고 부르고, 송신기의 출력전압은 사인형이다.

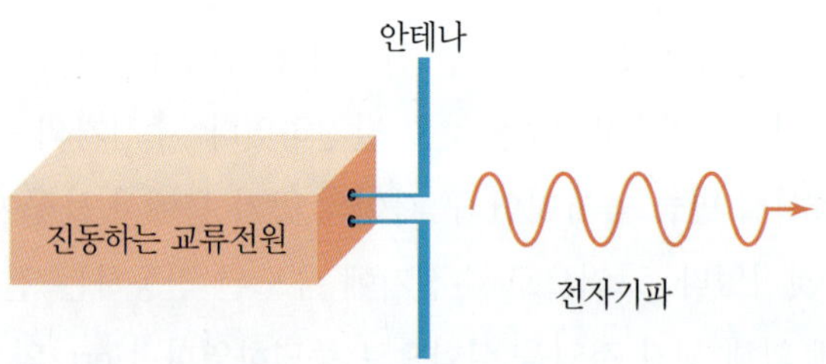

그림 22-8 주기적으로 바뀌는 전류(전하의 이동)에 의해 주기적으로 진동하는 전자기파가 발생하여 안테나로부터 방사된다.

그림 22-9(a)와 같이 $t = 0$에서 위쪽의 막대가 최대 양전하를 띠고 아래쪽의 막대는 같은 크기의 음전하를 띠며, 이 순간 막대 주변에는 전기장 $\vec{E}$가 형성된다. 전하가 진동함에 따라 막대의 전하량이 감소하면서 막대 근처 전기장의 세기가 줄어든다. 동시에 $t = 0$에서 발생한 아래쪽 방향으로의 최대 전기장은 막대로부터 멀어지는 방향으로 전파된다. 이어 진동 주기의 1/4에 해당하는 시간이 지난 후에는, 그림 22-9(b)와 같이 전하가 중화되면서 전기장은 0이 된다. 이런 방식이 계속되면, 그림 22-9(c)와 같이 위쪽의 막대가 최대의 음전하를 띠고 아래쪽의 막대는 최대 양전하로 대전되면서 전기장의 방향이 위로 향하게 된다. 이것은 진동주기의 반과 같은 시간이 지난 후에 일어난다. 그 후 진동은 그림 22-9(d)와 같이 계속된다.

따라서 안테나 주변의 전기장은 전하분포와 동일한 위상으로 진동하게 된다. 위의 막대가 양이면 전기장의 방향은 아래로 향하고, 막대가 음이면 전기장의 방향은 위로 향한다. 그리고 어느 순간에서 전기장의 크기는 그 순간 막대에 대전된 전하의 양에 의존한다.

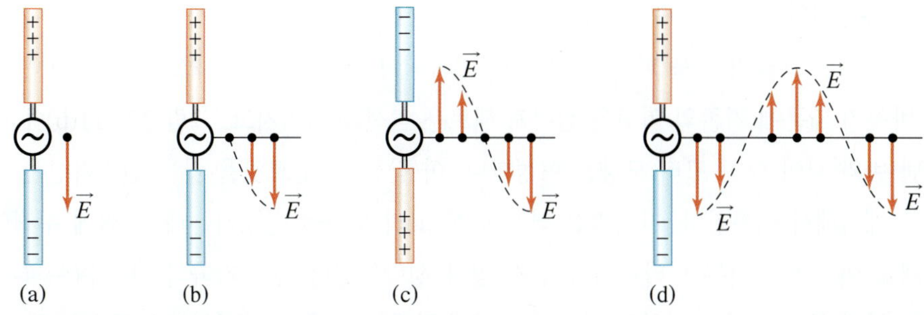

그림 22-9 안테나에서 진동하는 전하에 의해 만들어지는 전기장. 전하가 막대 사이에서 계속 진동(그리고 가속) 함에 따라, 전하에 의해 형성된 전기장은 모든 방향에 대해 빛의 속력으로 안테나에서 멀어져간다.
(a) $t = 0$ (b) $t = \frac{T}{4}$ (c) $t = \frac{T}{2}$ (d) $t = T$

전하가 막대 사이에서 계속 진동(그리고 가속)을 함에 따라, 전하에 의해 형성된 전기장은 모든 방향에 대해 빛의 속력으로 안테나에서 멀어져간다. 즉 전하 진동의 한 주기가 전기장 모양에서 완전한 한 파장을 만든다.

이때 진동하는 전하가 막대에 전류를 만들어내기 때문에, 막대를 따라 전류가 위로 흐르면 자기장 역시 그림 22-10과 같이 발생한다. 자기력선은 안테나를 감싸는 원을 이루고 모든 점에서 전기장과 수직을 이룬다(오른손 법칙-2).

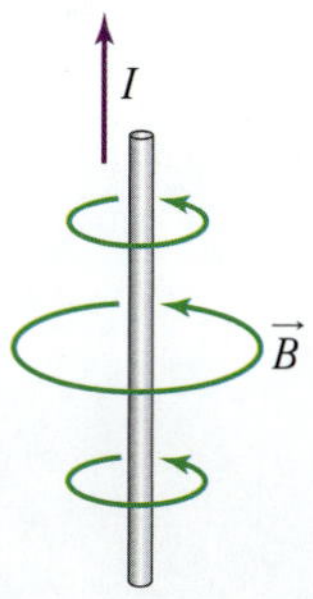

그림 22-10 전류가 위로 흐를때 전류 막대 주위의 자기장 방향

변화하는 전기장의 전기력선이나 자기장의 자기력선은 인접한 전기력선이나 자기력선을 서로 미는 성질을 가지고 있기 때문에 차례차례로 발생하는 전기장이나 자기장에 의해 먼저 발생한 전기장이나 자기장은 밀려서 파동의 형태로 주위의 공간 내에 방출된다.

이와 같은 전자기파는 주로 안테나 근처에 존재하게 되므로 **근접장**(near field 近接場)이라고 하며, 이러한 장들은 안테나로부터 거리가 멀어짐에 따라 그 세기가 0으로 감소한다.

이 파동의 형태인 전자기파의 전기장과 자기장을 전기력선(또는 자기력선)을 써서 표현하면 닫힌 고리 모양을 형성하게 된다. 그림 22-11(a)와 같이 안테나가 교류전원에 연결되면 전하는 축적되기 시작하고, 장이 형성된다. 이 그림에서 (+)와 (−)부호는 각각의 막대상의 알짜 전하를 나타내며, 직선 화살표는 전류의 방향, 초록색 화살표는 전기장의 방향, ⊗는 자기장의 방향을 나타낸다.

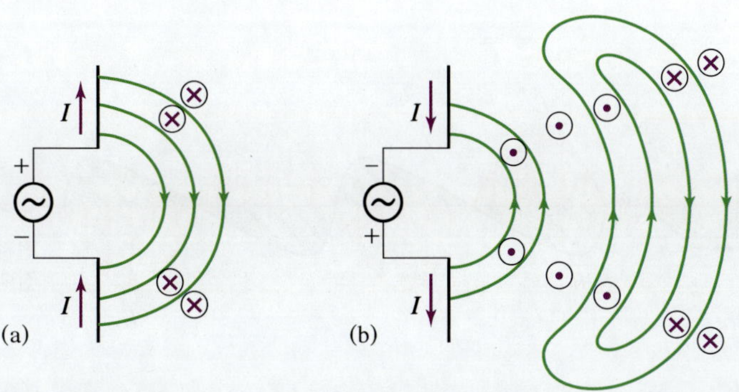

그림 22-11 교류전원에 연결된 두 도체 막대에서 진동하는 전하로부터 전기장과 자기장이 퍼져나가는 과정

교류전원의 방향이 바뀌게 되면 조금 전에 생긴 장이 갑작스럽게 없어지는 것이 아니고 그들은 그들의 길을 따라 먼 곳으로 전파되어 나간다. 한편 새로운 장은 그 방향이 바뀌기 때문에 기존의 역선은 접혀져 새로운 역선과 이어지고, 그림 22-11(b)에 나타낸 바와 같이 닫힌 고리 모양을 형성한다. 이 닫힌 고리 모양을 갖는 전기력선은 밖으로 계속해서 이동한다. 자기력선 역시 닫힌 고리 모양을 형성하는데, 지면에 수직인 관계로 이 그림에서는 나타내기가 쉽지 않아 생략하였다. 전자기파의 진동수(주파수)는 파동의 근원이 되는 전하의 진동수에 의해 결정된다. 즉 교류전원의 진동수와 같다.

만일 안테나에서 라디오파 영역의 전자기파를 방출한다고 하자. AM 라디오파의 진동수는 라디오 다이얼에서 AM 방송 영역의 한계에 해당하는 545~1 605 kHz에 있게 된다. FM 라디오파는 진동수가 훨씬 큰(파장이 짧은) 88~108 MHz에 있다.

전자기파는 안테나가 없는 다른 상황에서도 생성될 수 있다. 일반적으로 전하가 전선 안에 있든 밖에 있든 관계없이 가속도 운동을 하는 전하는 전자기파를 발생시킨다. 교류가 걸린 안테나 속의 전자는 안테나의 길이 방향을 따라 단조화진동을 하므로 가속 운동의 한 예에 해당한다. 이러한 파동은 근접장을 형성하는 것과는 다른 효과로 발생되고 아주 멀리 전파하므로, 근접장과 비교하여 **복사장**(방사장, radiation field 輻射場)이라 부른다. 전자기파는 줄에서의 파동이나 음파와는 달리 진행하는데 매질이 필요하지 않다. 전자기파는 진공 속에서도 물질 속에서도 진행할 수 있다. 왜냐하면 전기장과 자기장은 진공에서나 물질에서나 모두 다 존재할 수 있기 때문이다.

전자기파의 성질

전자기파의 유도전기장과 유도자기장은 동일한 위상을 갖는다. 즉 어떤 점에서 두 장은 동시에 최댓값에 도달한다. 어떤 한순간에서의 동시성을 그림으로 표현해보면 그림 22-12와 같다. 이들 $\vec{E}$와 $\vec{B}$장은 서로 수직이고, 전기장과 자기장 모두 파동의 진행방향에 수직이다. 이와 같이 전기장과 자기장이 서로 직교하는 한 쌍의 축에 평행한 방향을 향하게 제한된 이러한 파동을 **선형편광파**(linearly polarized waves 線形偏光波)라고 한다. 또 공간의 어떤 점에서도 장의 크기 E와 B는 x와 t에만 의존하고, y와 z에는 의존하지 않는다고 가정한다. 이 경우 전기장과 자기장의 진동은 x축에 수직인 평면에서 일어나며, 따라서 파동의 진행방향에 수직이다. 이 두 번째 성질 때문에 전

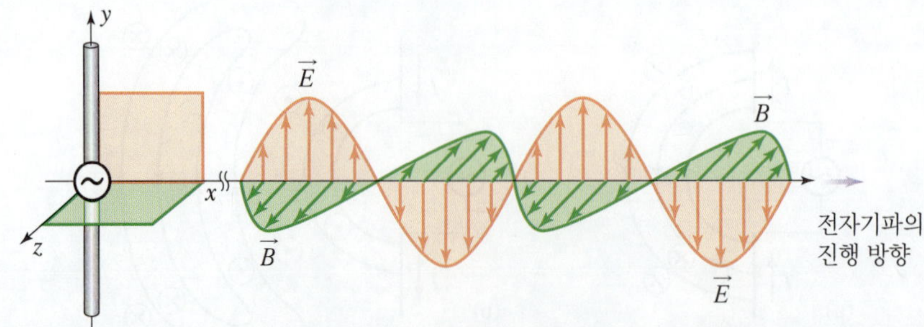

그림 22-12 안테나에서 멀리 떨어진 곳에서 $+x$축 방향으로 움직이는 한 순간의 전자기파를 나타낸 것이다. 전기장과 자기장은 사인형이며 서로 수직이다. 두 장(field) 모두 파동의 진행방향에 수직이다.

자기파는 횡파이다. 그림 22-12에서 전기장 $\vec{E}$는 y축 방향이고 자기장 $\vec{B}$는 z축 방향인 것을 알 수 있고, 빛은 이들 두 장에 수직인 방향으로 전파한다. 이때 빛의 진행방향은 또 다른 오른손 법칙에 의해 결정된다. 즉 $\vec{E}$의 방향으로 오른손 손가락들을 향하게 하면, 손바닥은 $\vec{B}$의 방향이고, 오른손 엄지는 파동의 진행방향을 가리킨다.

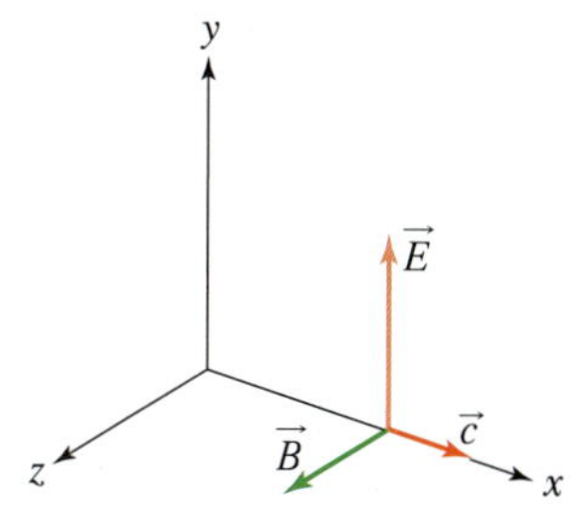

그림 22-13 $+x$축 방향으로 속도 $\vec{c}$로 진행하는 파동의 어떤 점에서의 전기장과 자기장. 두 장은 x와 t에만 의존한다.

전자기파의 장을 벡터적으로 나타내면 그림 22-13과 같이 어떤 한 순간에 한 점에서의 벡터 $\vec{E}$와 $\vec{B}$는 서로에게 수직이고 진행방향에 수직이다. 진행방향은 벡터곱 $\vec{E} \times \vec{B}$의 방향과 같다.

이와 같이 전기진동으로 자기장이 변하면 전기장이 생기고, 또 전기장이 변하면 자기장이 발생하는 과정을 반복하면서, 서로 원인이 되고 결과가 되어서 전기장과 자기장이 파동의 형태로 공간을 퍼져나가는데 이 파동을 **전자기파**(electromagnetic wave)라고 한다. 전자기파의 특성을 요약하면 다음과 같다.

1. 전자기파의 진공 속에서의 전파속력은 빛의 속력과 같다.
2. 전자기파의 진행방향은 전기장과 자기장의 진동방향에 수직이고 횡파이다.
3. 전기장 파동과 자기장 파동은 단독으로 존재할 수 없고 반드시 쌍으로 존재하며 그들의 진동면은 서로 수직이다.
4. 빛과 같이 반사, 굴절, 회절, 간섭을 하며 운동량과 에너지를 갖고 있다.
5. 전자기파는 일정한 진동면을 가지고 있다(지향성을 가지고 있다).
6. 전자기파는 전기장 $\vec{E}$와 자기장 $\vec{B}$에는 상호작용을 하지 않는다.

22-5 전자기파의 속력

전자기파의 속력

전자기파의 속력은 그것이 진행하는 매질의 투자율과 유전율에 관계가 있다. 자유공간에서 전자기파의 속력은 투자율과 유전율 상수 값에서만 의존하며 다음과 같다.

$$c = \frac{1}{\sqrt{\mu_0 \varepsilon_0}} \qquad \textbf{22-11}$$

여기서 c는 전자기파의 속력이며, ε_0은 자유공간의 유전율로 그 값은 $\varepsilon_0 = 8.854\,19 \times 10^{-12}\ \mathrm{C^2/N\,m^2}$이며, μ_0은 자유공간의 투자율로 그 값은 $\mu_0 = 4\pi \times 10^{-7}\ \mathrm{N\,s^2/C^2}$이다. 식 22-11에 이 값을 대입하면 자유공간에서 전자기파의 속력은 다음과 같은 값을 얻는다.

$$c = 2.997\,92 \times 10^8\ \mathrm{m/s} \qquad \textbf{22-12}$$

이 값은 진공 속에서 빛의 속력과 정확히 같으므로, 과학자들은 **빛은 전자기파**라고 결론을 내렸다. 즉 전자기파는 빛의 속력으로 진행한다.

주기적인 파동처럼 전자기파는 진동수 f와 파장 λ을 갖는데, 파동의 속력 v과의 관계는 $v = f\lambda$로 주어진다. 일반적으로 빛과 같은 전자기파는 자유공간을 통해 이동하므로 그 속력을 나타내는 기호는 c를 사용하고 있다. 따라서 전자기파의 속력은 $c = f\lambda$로 표현된다.

전자기파 수신

라디오와 TV방송을 수신하는 과정은 전자기파를 발생시키는 과정의 역과정이다. **공기 중으로 방출된 전자기파가 안테나에 수신되면 방송파는 안테나 전선에 있는 전하와 상호작용한다. 이때 전자기파의 전기장 또는 자기장 중 어느 것이나 상호작용을 할 수 있다.**

만약 전기장이 안테나와 상호작용을 한다면, 수신 안테나의 전선이 그림 22-14(a)와 같이 전기장과 평행이 되어야 한다. 전기장이 전선에 있는 전자에 작용하여 전선의 방향을 따라 전자를 앞뒤로 진동시킨다. 결과적으로 안테나와 연결된 회로에 교류가 발생하게 된다. 이때 회로에 있는 가변축전기 C와 인덕터 L에 의해 원하는 전자기파의 진동수가 선택되므로 가변축전기의 용량을 조절함으로써 회로의 공진진동수($f_0 = 1/2\pi\sqrt{LC}$)를 전자기파의 진동수에 일치시킬 수 있다. 공진 조건이 맞게 되면 인덕터에 최대 진동전류가 흐르게 된다. 상호인덕턴스에 의해 2차코일에 최대전압이 생기고, 이 전압은 증폭된 후 연결된 라디오 또는 TV 회로에 보내진다.

그림 22-14(b)와 같은 고리 형태의 수신 안테나는 라디오파의 자기장을 검출하는 구조이다. 수신이 잘 되기 위해서는 전선 고리면의 법선이 자기장에 평행이 되도록 조절해야 한다. 파동이 지나감에 따라 자기장이 고리를 관통하면서, Faraday 법칙에 따라 고리를 통과하는 자기선속의 변화가 고리에 유도전압을 일으켜 전류가 흐르도록 한다. 전기장의 검출의 경우와 마찬가지로 축전기와 인덕터의 조합에 의한 공명진동수가 원하는 전자기파의 진동수에 맞도록 조절한다. 그림 22-14(c)는 그림 22-14(a)와 그림 22-14(b)의 송 · 수신부를 나타낸 등가회로이다.

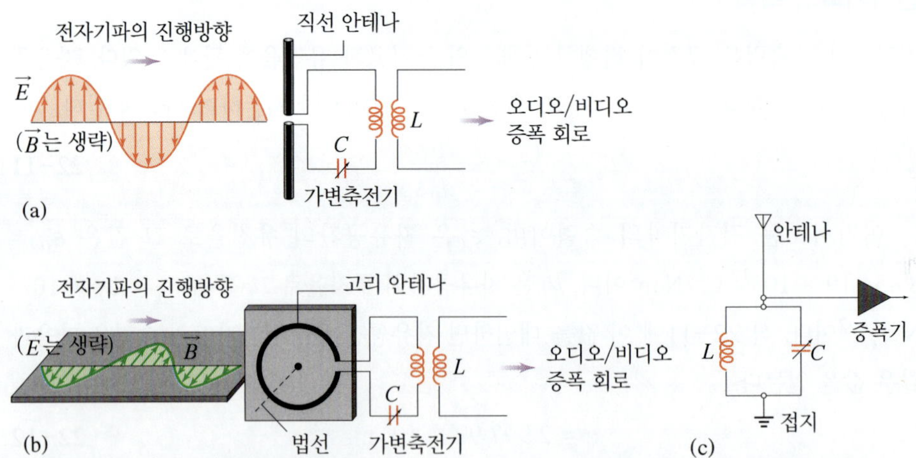

그림 22-14 (a) 전기장을 수신하는 직선 안테나. 전자기파의 전기장에 평행인 수신 안테나 선에 라디오파가 검출된다(자기장 부분은 그림에서 생략). (b) 자기장을 수신하는 고리 형태의 안테나. 수신이 잘 되기 위해서는 고리면의 법선이 자기장에 평행해야 한다(전기장 부분은 그림에서 생략). (c) 그림 (a)와 (b)의 등가회로이며, LC 병렬연결이 라디오 수신기의 동조회로이다.

예제 22-2 라디오 수신 동조회로

문제 FM 라디오 방송국에서 진동수가 100 MHz인 전자기파가 송출되고 있다. 이 파의 (a) 파장과 (b) $L = 0.040\ \mu\text{H}$일 때 동조회로의 축전기의 전기용량을 구하라.

생각하기 LC 동조회로(병렬연결)의 공진진동수를 찾으면 해당 방송국을 선택할 수 있다.

풀이 (a) 송신되는 전자기파의 진동수는 $f = 100\ \text{MHz} = 1.0 \times 10^8\ \text{s}^{-1}$이다. 따라서 파장은 다음과 같다.

$$\lambda = \frac{c}{f} = \frac{3.0 \times 10^8\ \text{m/s}}{1.0 \times 10^8\ \text{s}^{-1}} = 3.0\ \text{m}$$

FM 안테나의 길이는 전형적으로 약 1.5 m이다. 이 값은 앞서 구한 파장의 반파장이다. 이 길이가 안테나가 공진할 수 있는 조건이 되며, 이 상태에서 감도가 제일 좋다.

(b) 공진진동수는 $f_0 = 1/2\pi\sqrt{LC}$ 이므로 축전기의 전기용량은

$$C = \frac{1}{4\pi^2 f^2 L} = \frac{1}{4\pi^2 (1.0 \times 10^8\ \text{s}^{-1})^2 (4.0 \times 10^{-8}\ \text{H})} = 63.3\ \text{pF}$$

이다. 물론 축전기나 인덕터가 가변이므로 다른 방송국을 선택할 수 있다.

22-6 전자기파의 에너지

전자기파에 의해 전달되는 평균에너지밀도

진공이나 공기 속을 진행하는 전자기파의 전기장과 자기장은 공간의 단위부피당 동일한 양의 에너지를 운반한다. 이때 전기장과 자기장의 에너지는 어떻게 표현되는지 알아보자.

전기장 $\vec{E}$ 속에 저장된 에너지의 척도는 전기에너지밀도이다. 이 밀도는 앞서 식 17-31에서 언급하였듯이 전기장이 저장되는 공간의 단위부피에 저장되는 전기에너지로 다음과 같다.

$$u_{\text{전기}} = \frac{1}{2}\varepsilon_0 E^2$$

또한 자기에너지밀도는 식 20-32에서 다음과 같다.

$$u_{\text{자기}} = \frac{1}{2\mu_0} B^2$$

따라서 진공 상태에서 전자기파가 가지는 총에너지밀도는 전기에너지밀도와 자기에너지밀도의 합으로 나타낼 수 있다.

$$u = \frac{1}{2}\varepsilon_0 E^2 + \frac{1}{2\mu_0} B^2 \qquad \textbf{22-13}$$

전기장과 자기장은 동일한 양의 에너지를 운반하므로 $u_{\text{전기}} = \frac{1}{2}\varepsilon_0 E^2$과 $u_{\text{자기}} = \frac{1}{2\mu_0} B^2$을 같다고 놓으면 식 22-13은 다음과 같이 나타낼 수 있다.

$$u = \frac{1}{2}\varepsilon_0 E^2 + \frac{1}{2}\varepsilon_0 E^2 = \varepsilon_0 E^2 \qquad \textbf{22-14a}$$

$$u = \frac{1}{2\mu_0} B^2 + \frac{1}{2\mu_0} B^2 = \frac{1}{\mu_0} B^2 \qquad \textbf{22-14b}$$

두 에너지밀도가 같다는 사실은 전기장과 자기장이 서로 연관되어 있다는 것을 암

> **TIP** E와 B의 세기 비교
>
> 식 22-16에서 $E = cB$는 빛에 관련된 전기장이 자기장보다 훨씬 큰 것처럼 보일지 모른다. 그러나 두 장(field)은 단위가 서로 다르므로 이 식에서 직접 비교할 수 없다. 이 두 장은 전자기파 에너지에 동등하게 기여한다.

시한다. 식 22-14a와 22-14b를 같다고 놓으면 두 에너지 밀도 사이의 관련성을 이해할 수 있다.

$$E^2 = \frac{1}{\varepsilon_0 \mu_0} B^2 \qquad \textbf{22-15}$$

식 22-11에서, $c = 1/\sqrt{\varepsilon_0 \mu_0}$ 이므로, 식 22-15는 $E^2 = c^2B^2$이다. 이 결과는 전자기파의 전기장과 자기장의 크기 사이에는 다음과 같은 관계가 있다는 것을 말해준다.

$$E = cB \qquad \textbf{22-16}$$

전기장과 자기장의 실효값

전자기파에서 전기장과 자기장은 시간에 대해 사인곡선 모양으로 진동한다. 따라서 식 22-14a와 22-14b는 어느 순간에서의 파동의 에너지밀도를 나타낸다. 만약 총 에너지밀도에 대한 평균값을 얻으려면 E^2과 B^2의 평균값이 필요하다. 교류전류와 전압을 다룰 때와 비슷하게 제곱-평균-제곱근(root-mean-square) 양을 생각하자. 교류에서의 실효값과 같이 전기장과 자기장의 제곱-평균-제곱근 값인 $E_{실효}$와 $B_{실효}$는 각각의 최댓값을 $\sqrt{2}$로 나누면 된다. 즉

$$E_{실효} = \frac{1}{\sqrt{2}} E_0 \qquad \textbf{22-17a}$$

$$B_{실효} = \frac{1}{\sqrt{2}} B_0 \qquad \textbf{22-17b}$$

이다. E와 B가 식 22-17a, b로 표현된 제곱-평균-제곱근을 의미하는 것으로 해석하면, 식 22-14a와 22-14b는 전자기파의 평균에너지밀도 $\overline{u}$를 의미하는 것으로 해석할 수 있다.

> **TIP** E와 B의 최댓값과 실효값 표시
>
> **최댓값** $E_{최대}$ 또는 E_0($B_{최대}$ 또는 B_0)으로 나타내나, 책에 따라 E와 B로 쓰기도 한다. 문맥이나 문제를 잘 읽어보면 정확한 의미를 알 수 있다.
>
> **실효값(제곱-평균-제곱근 값)** $E_{실효}$ 또는 E_{rms} ($B_{실효}$ 또는 B_{rms})로 나타낸다.

예제 22-3 전자기파의 전기장과 자기장의 크기

문제 그림 22-15와 같이 진동수가 40.0 MHz인 사인형 전자기파가 $+x$축 방향으로 진행하고 있다. (a) 이 파의 파장과 주기를 구하라. (b) 어떤 순간에 어떤 지점의 전기장은 $+y$축 방향이고, 최댓값은 $E = 750$ N/C을 가진다. 이 시간에 이 지점에서의 자기장의 크기와 방향을 구하라. (c) 어떤 관측자가 $+x$축 상에서 오른쪽으로 먼 곳으로부터 왼쪽으로 0.500 c의 속력으로 움직인다. 이 관측자가 측정하는 전자기파의 진동수는 얼마인가?

생각하기 전기장과 자기장이 같은 위상을 가지고 진동하면서, $+x$축 방향으로 진행하는 그림을 이해하고 식 22-16을 이용하여 답을 구한다. (c)에서 관측되는 진동수를 알기 위해서는 도플러 효과에 대한 식을 사용한다.

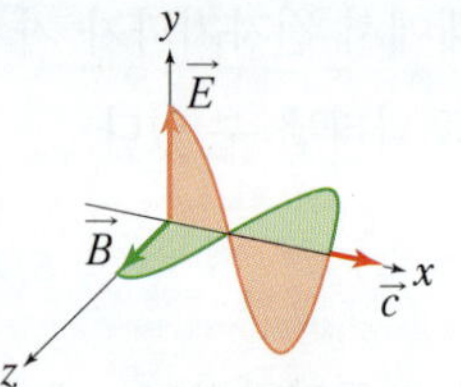

그림 22-15 어떤 순간에 $+x$축 방향으로 진행하는 평면 전자기파가 $+y$축 방향으로 750 N/C의 최대 전기장을 가지는 상황을 나타낸 그림

풀이 (a) 파장 λ는 다음과 같다.

$$\lambda = \frac{c}{f} = \frac{3.00 \times 10^8 \text{ m/s}}{40.0 \times 10^6 \text{ Hz}} = 7.50 \text{ m}$$

진동수 f는 주기의 역수이므로 다음과 같다.

$$T = \frac{1}{f} = \frac{1}{40.0 \times 10^6 \text{ Hz}} = 2.50 \times 10^{-8} \text{ s}$$

(b) 식 22-16인 $E = cB$를 사용하여 자기장의 크기를 구한다.

$$B = \frac{E}{c} = \frac{750 \text{ N/C}}{3.00 \times 10^8 \text{ m/s}} = 2.50 \times 10^{-6} \text{ T}$$

$\vec{E}$와 $\vec{B}$는 서로 수직이어야 하고, 파동의 진행방향(이 경우 $+x$축 방향)과도 수직이어야 하므로, $\vec{B}$는 z축 방향이어야 한다.

(c) 도플러 공식에 주어진 값을 대입하면 다음과 같다. 즉 음원과 관측자가 함께 이동하는 경우이다.(식 12-28 참조)

$$f' = \sqrt{\frac{c+v}{c-v}} f = 40.0 \text{ MHz} \sqrt{\frac{c+(+0.500c)}{c-(+0.500c)}} = 69.3 \text{ MHz}$$

예제 22-4 태양광의 평균 에너지밀도

문제 제곱-평균-제곱근 값이 $E_{\text{실효}} = 720$ N/C인 전기장을 가진 태양광이 지구 대기의 윗부분으로 들어온다. (a) 전자기파의 총에너지밀도를 구하라. (b) 태양광의 자기장의 제곱-평균-제곱근 값을 구하라.

생각하기 전기장에 대한 제곱-평균-제곱근 값을 사용하면 태양광의 총에너지밀도 $\overline{u}$는 식 22-14a로부터 구할 수 있다. 자기장의 제곱평균제곱근 값은 식 22-16인 $E = cB$로 구한다.

풀이 (a) 태양으로부터 오는 전자기파의 총에너지밀도는 다음과 같다.

$$\overline{u} = \varepsilon_0 E_{\text{실효}}^2 = (8.85 \times 10^{-12} \text{ C}^2/\text{N m}^2)(720 \text{ N/C})^2 = 4.6 \times 10^{-6} \text{ J/m}^3$$

(b) 식 22-16을 이용하여 자기장의 제곱-평균-제곱근 값을 구하면 다음과 같다.

$$B_{\text{실효}} = \frac{E_{\text{실효}}}{c} = \frac{720 \text{ N/C}}{3.0 \times 10^8 \text{ m/s}} = 2.4 \times 10^{-6} \text{ T}$$

22-7 전자기파의 세기

전자기파의 공간을 진행하면서 에너지를 운반하고, 이 에너지는 그 경로에 위치한 물체에 전달될 수 있다. 이 에너지의 전달은 **파동의 세기**(intensity)에 의해 분석되며, 파동의 세기는 **전자기파의 에너지 흐름률, 즉 단위넓이당 일률**을 말한다. 전자기파에서 에너지 흐름률은 **포인팅 벡터**(Poynting vector) $\vec{S}$로 나타내며 그 값은 다음과 같이 정의한다.

$$\vec{S} = \frac{1}{\mu_0}\vec{E} \times \vec{B} \qquad \text{22-18}$$

TIP 포인팅 벡터

의미 전자기파에 의한 에너지 전달을 기술한다.
방향 전자기파의 진행방향
크기 전자기파의 방향에 수직인 단위넓이당 일률이다.

여기서 포인팅 벡터의 크기는 에너지가 파동의 진행방향에 수직인 단위넓이를 통과하며 흐르는 비율을 나타낸다. 포인팅 벡터의 SI 단위는 J/s m^2 = W/m^{2}이다.

파동의 세기는 파동의 일률과 파동이 지나가는 넓이에 관계한다. 소리의 세기는 표면을 수직으로 통과하는 소리의 일률을 소리가 통과하는 표면의 넓이로 나눈 것이다. 전자기파의 세기도 이와 유사하게 정의한다. 전자기파의 세기, 즉 단위넓이당 일률인 포인팅 벡터의 크기 S는 전자기파의 일률 P를 전자기파가 통과하는 표면의 넓이 A로 나눈 것이다. 따라서 $S = P/A$이다.

이를 에너지밀도 u와 관련지을 수 있다. 일률은 표면을 통과하는 총에너지를 경과 시간 t로 나눈 값으로 P = (총에너지)/t이다. 이 두 관계를 이용하여 다음을 얻는다.

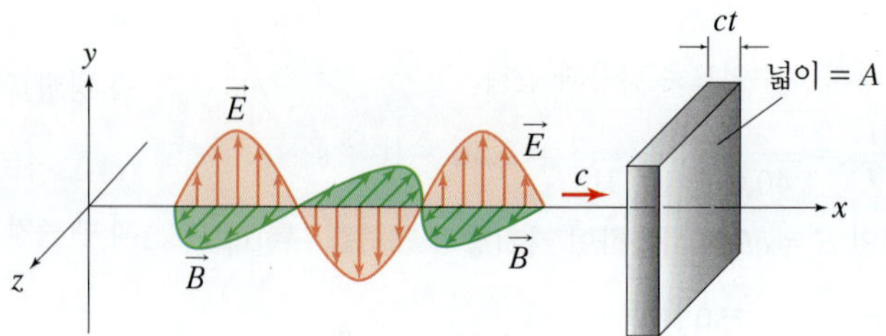

그림 22-16 시간 t 동안 전자기파가 x축을 따라 ct의 거리를 이동하면서 넓이 A인 면을 통과하는 상황을 나타내는 그림.

$$S = \frac{P}{A} = \frac{\text{총에너지}}{tA}$$

이제 그림 22-16과 같이 x축을 따라 진공에서 진행하는 전자기파를 생각하자. 시간 t 동안에 파동은 넓이 A인 표면을 통과하여 거리 ct를 진행한다. 결과적으로 파동이 통과하는 공간의 부피는 ctA이다. 이 부피 속의 총에너지는 다음과 같다.

$$\text{총에너지} = (\text{총에너지밀도}) \times \text{부피} = u(ctA)$$

이 결과를 사용하면 파동의 단위넓이당 일률, 즉 에너지 흐름률은

$$S = \frac{\text{총에너지}}{tA} = \frac{uctA}{tA} = cu \qquad \textbf{22-19}$$

를 얻는다. 따라서 전자기파의 파동의 세기는 에너지밀도와 빛의 속도의 곱이다. 식 22-19에 식 22-13과 식 22-14a와 22-14b을 대입하면, 전자기파의 세기(전자기파의 에너지 흐름률)는 전기장과 자기장에 의존하는 다음 식으로 표현된다.

$$S = cu = \frac{1}{2}c\varepsilon_0 E^2 + \frac{c}{2\mu_0}B^2 \qquad \textbf{22-20a}$$

$$S = c\varepsilon_0 E^2 \qquad \textbf{22-20b}$$

$$S = \frac{c}{\mu_0}B^2 \qquad \textbf{22-20c}$$

만일 전기장과 자기장의 제곱평균제곱근의 값(실효값)을 식 22-20a~c에 적용하면 전자기파의 세기는 평균세기 $\overline{S}$ 가 된다.

예제 22-5 레이저의 일률

문제 네오디뮴 유리 레이저(Nd-Glass Laser)는 높은 세기의 짧은 펄스의 전자기파를 방출한다. 전기장의 제곱평균제곱근 값은 $E_{\text{실효}} = 2.0 \times 10^9$ N/C이다. 레이저 빔이 수직으로 1.6×10^{-5} m^{2}인 표면을 통과할 때, 각 펄스의 평균일률을 구하라.

생각하기 파동의 세기는 표면을 수직으로 통과하는 단위넓이당 일률이기 때문에, 파동의 평균일률 $\overline{P}$ 는 평균세기 $\overline{S}$ 와 넓이 A의 곱이다.

풀이 평균일률은 $\overline{P} = \overline{S}A$이다. 식 22-20b에서 $\overline{S} = c\varepsilon_0 E_{\text{실효}}^2$ 이므로 평균일률은 다음과 같다.

$$\begin{aligned}\overline{P} &= c\varepsilon_0 E_{\text{실효}}^2 A \\ &= (3.0 \times 10^8\ \text{m/s})(8.85 \times 10^{-12}\ \text{C}^2/\text{N m}^2) \times \\ &\quad (2.0 \times 10^9\ \text{N/C})^2(1.6 \times 10^{-5}\ \text{m}^2) \\ &= 1.7 \times 10^{11}\ \text{W}\end{aligned}$$

예제 22-6 태양으로부터 방사되는 전자기파

문제 태양으로부터 방사선은 약 $\overline{S} = 1\,350\ \text{W/m}^2(\text{J/s m}^2)$의 에너지 흐름률로 지구 대기에 도달한다. 이 방사선을 단일의 전자기파라고 가정하고 E와 B의 최댓값을 구하라.

생각하기 전자기파의 에너지 흐름률을 구하는 문제로 식 22-20b를 이용한다.

풀이 식 22-20b인 $S = c\varepsilon_0 E^2$에서 먼저 E값을 구하면 다음과 같다.

$$E_{\text{최대}} = \sqrt{\frac{2S}{\varepsilon_0 c}}$$

$$= \sqrt{\frac{2(1350\ \text{W/m}^2)}{(8.85 \times 10^{-12}\ \text{C}^2/\text{N m}^2)(3.0 \times 10^8\ \text{m/s})}}$$

$$= 1.01 \times 10^3\ \text{V/m}$$

그리고 $B = E/c$이므로 B를 구하면 다음과 같다.

$$B_{\text{최대}} = \frac{E_{\text{최대}}}{c} = \frac{1.01 \times 10^3\ \text{V/m}}{3.00 \times 10^8\ \text{m/s}} = 3.37 \times 10^{-6}\ \text{T}$$

이 예제에서 B는 E에 비해 작은 수치의 값을 갖는 것으로 보인다. 그 이유는 E와 B의 단위가 서로 다르고, 이들 단위를 정의하는 방법이 서로 다르기 때문이다. 그러나 B는 E가 가지는 에너지와 같은 양의 에너지를 갖는다.

22-8 전자기파 스펙트럼

전자기파 스펙트럼

전자기파의 다양한 형태에 대해 이해가 편리하도록 진동수별로 나타내보면 그림 22-17과 같다. 전자기파는 10^4 Hz 이하에서부터 10^{24} Hz 이상까지 매우 넓은 영역에 걸친 진동수를 갖고 있다. 이와 같이 전자기파의 진동수 또는 파장의 연속적인 계열을 **전자기파 스펙트럼**(electromagnetic spectrum)이라고 부른다. 역사적으로 전자기파 스펙트럼의 영역은 실제 이용에 편리하도록 라디오파 또는 적외선, 자외선 등의 이름들을 붙여 사용해왔다. 인접한 영역 사이의 경계가 그림에서는 뚜렷한 선으로 보이지만, 실제로 그 경계는 명확하지는 않고 영역은 이용되는 분야에 따라 중복되기도 한다. AM 라디오에 이용되는 파의 전형적인 진동수는 1.50 MHz인데, 이 파의 파장을 계산하면 다음과 같다.

$$\lambda = \frac{c}{f} = \frac{3.00 \times 10^8\ \text{m/s}}{1.50 \times 10^6\ \text{s}^{-1}} = 2.00 \times 10^2\ \text{m}$$

짧은 파장을 갖는 전자기파는 접두어를 사용하여 표현하기도 하는데, 이 분야에서 많이 사용되는 접두어는 다음과 같다. 즉 1마이크로미터(μm) = 10^{-6} m, 1나노미터(nm) = 10^{-9} m, 1옹스트롬(Å) = 10^{-10} m이다. 이들 접두어를 사용하여, 가시광선의 파장을 나타내보면 0.4~0.7 μm, 400~700 nm, 또는 4 000~7 000 Å 등이다.

파장이 큰 순서에 따라 파장 형태를 간단히 설명하면 다음과 같다.

라디오파(radio wave) 도선을 통해 가속되는 전하에 의해 발생되며, 라디오와 텔레비전 통신 시스템에 이용된다.

마이크로파(microwave) 짧은 파장의 라디오파로 파장이 약 1 mm ~ 30 cm 범위에 있다. 이들의 짧은 파장은 비행기 항법에 이용되는 레이더 시스템과 물질의 원자 및

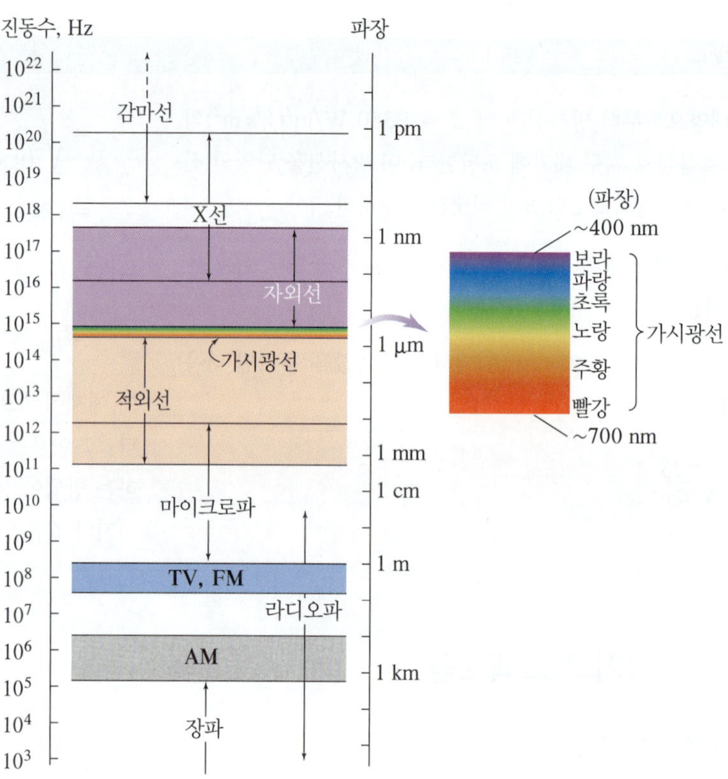

그림 22-17 파장과 진동수로 나타낸 전자기파 스펙트럼. 진동수의 단위는 Hz이고, 파장의 단위는 다양하게 나타냈다.

분자적 성질을 연구하는 데 적절하다. 전자레인지는 진동수가 2.45 GHz (파장은 12.5 cm)인 마이크로파를 이용하는 가전제품이다. 어느 과학자는 우주에 태양 집열기를 설치하여 태양에너지를 수집한 다음 마이크로파를 이용하여 지구에 전송할 수 있기에 태양에너지를 모으자는 제안을 한 적도 있었지만 실행되지는 못하였다.

적외선(IR; infrared ray) 뜨거운 물질과 분자로부터 방출되며 그 파장은 약 1 mm에서부터 가시광선에서 가장 긴 파장인 7×10^{-7} m까지 범위를 갖는다. 적외선은 대부분의 물질에 의해 잘 흡수된다. 물질에 흡수된 적외선 에너지는 물질의 원자를 교란하여 이들의 진동 및 병진운동을 증가시켜 따뜻하게 하여 물질의 온도를 증가시킨다. 적외선 복사는 물리 치료, 적외선 사진, 원자의 진동 연구 등을 포함하여 실용적이고 과학적으로 많이 응용된다. 보통 관용적으로 열파라고 부르나 이는 잘못된 표현이다.

그림 22-18 여러 종류의 인체 감지용 적외선 센서

모든 물체와 같이 인간의 몸에서도 적외선을 방출하며, 방출량은 몸의 온도에 의존한다. 적외선은 눈으로 볼 수는 없으나 여러 종류의 센서로 감지가 가능하다(그림 22-18).

가시광선(visible light) 전자기파의 가장 친밀한 형태로 전자기파 스펙트럼에서 사람의 눈으로 검출할 수 있는 부분이다. 이 빛은 원자와 분자에 있는 전자의 재배치에 의해 생성된다. 가시광선의 파장은 색으로 분류되며 보라색($\lambda \approx 4\times10^{-7}$ m)에서 빨간색($\lambda \approx 7\times10^{-7}$ m)까지 범위이다. 우리 눈에 느끼는 감응도는 파장의 함수이고 약 5.6×10^{-7} m(황록색)의 파장에서 최대이다.

자외선(UV; ultraviolet ray) 파장이 약 4×10^{-7} m(400 nm)에서 6×10^{-10} m (0.6 nm)까지 범위에 있으며, 자외선의 중요한 근원은 태양이다(햇볕에 타게 되는 주된 원인). 태양으로부터 오는 대부분의 자외선은 초고층 대기 또는 성층권에 있는 원자에 의해 흡수된다. 많은 양의 자외선은 인간에게 나쁜 영향을 미치기 때문에 이는 다행스런 일이다. 성층권의 중요한 구성 성분 중 하나인 오존(O_3)은 자외선 복사와 산소의 반응으로 생긴다. 이러한 오존층은 치명적인 고에너지 자외선을 열로 바꾸어 성층권을 따뜻하게 한다. 바닷가 등에 갈 때 자외선을 차단하기 위해서는 자외선 차단 선글라스를 끼게 된다(그림 22-19). 자외선 차단이 안 되는 선글라스를 끼는 것은 끼지 않는 것보다 더 해롭다. 자외선 차단이 안 되는 선글라스는 일부 가시광선을 흡수하여, 동공을 확대시킨다. 이 때문에 더 많은 자외선이 유입되어 시간이 지나면 수정체가 손상되기 쉽다. 고가의 선글라스라 하더라도 자외선 차단 능력이 시간이 지남에 따라 저하되므로 일정기간 사용하면 교체하는 것이 좋다.

그림 22-19 자외선 차단 선글라스를 쓴 모습(대천 해수욕장에서)

X선(X-ray) 파장이 약 10^{-8} m(10 nm)에서 10^{-13} m(10^{-4} nm)까지인 전자기파이다. X선의 가장 일반적인 근원은 가속된 고에너지 전자를 금속 표적에 충돌시켜 발생한다(28-7절에서 기술). X선은 의학에서 진단도구로, 그리고 암 치료에 이용된다. X선은 쉽게 투과하고 살아 있는 조직이나 유기체를 손상시키거나 파괴하므로, 불필요한 노출이나 과다 노출을 피하도록 조심해야 한다.

감마선(gamma ray) 방사선 핵으로부터 방출되는 전자기파로, 파장은 10^{-10} m에서 10^{-14} m까지이다. 감마선은 물질 내를 매우 잘 투과하여 살아 있는 조직에 흡수되면 심각한 손상을 입힌다. 따라서 이러한 복사선 근처에서 작업하는 사람들은 납판과 같이 방사선 흡수를 잘하는 물질을 포함하는 의류를 입어 몸을 반드시 보호해야 한다.

전자기파의 이용

난청자에게 청각을 회복시키기 위해 달팽이관 전극이식 시술을 시행하는데 이때도 라디오파의 송신과 수신을 이용한다. 이 과정을 살펴보자. 이식 시술을 통해 그림 22-20과 같이 라디오파가 손상된 청각 부분을 우회하여 직접 청각신경에 접근할 수

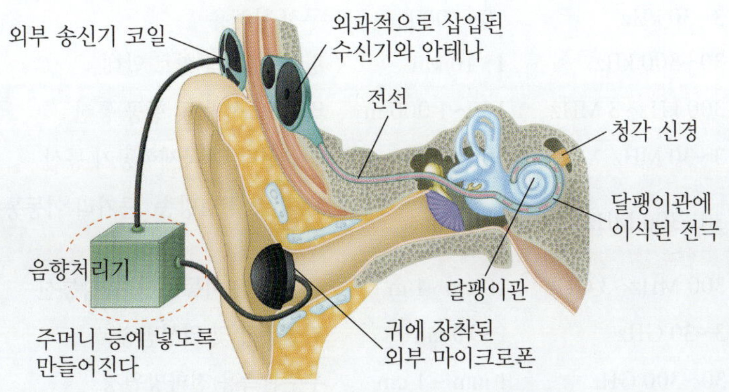

그림 22-20 난청인은 때때로 달팽이관 전극이식으로 청각을 부분적으로 회복하기도 한다. 전자기파의 송신과 수신은 이러한 장치의 핵심이다.

있도록 한다. 주로 귀 안쪽에 장착되는 외부 마이크로폰이 음파를 검출하여, 암호화된 전기신호로 바꾸어 포켓 속에 운반할 수 있는 음향 처리기에 보낸다. 음향 처리기는 이 전기신호를 라디오파로 바꾸어 유선으로 귀 바깥에 부착된 외부송신기 코일로 보낸다. 수술을 통해 피부 밑에 삽입된 매우 작은 수신기(수신 안테나)는 외부송신기 코일 바로 옆에서 송신기가 보낸 라디오파를 수신한다. 수신기는 라디오의 경우와 거의 비슷하게 라디오파를 검출하고, 암호화된 음성 정보로부터 음파를 만들 수 있는 전기신호를 생성한다. 이 신호는 전선을 따라 내이의 달팽이관에 이식된 전극에 보내진다. 신호에 따라 진동하는 전극은 달팽이관 안쪽 구조와 두뇌 사이를 연결하는 청각 신경을 자극한다. 신경의 손상 정도가 심하지 않으면 소리를 들을 수 있게 된다.

전자기파 스펙트럼의 여러 영역은 이를 관리하는 기관에서 사용 목적에 따라 정부 및 민간 부문에 배당하고 있다. 배, 비행기, 경찰, 군, 아마추어 무선, 인공위성, 천문, 레이더 등의 분야에 각각 다른 대역을 배정하여 운영하고 있다. 특히 국가의 공공 자산인 진동수 할당에 대해서는 지상파 방송사와 통신사 사이에 주도권 확보를 위한 선의의 경쟁을 하고 있으나, 관리 기관에서는 공공성과 국민에게 혜택이 골고루 돌아가도록 조정하고 있다.

TIP 흔히 전파라고 부르는 파는?

우리가 흔히 사용하는 전파라는 말은 국내 전파법 제2조를 근거로 정리할 수 있다. 즉 법에는 국제전기통신연합(ITU)이 정한 범위의 주파수인 3 kHz~3 000 GHz의 주파수를 갖는 파를 가리킨다. 그러나 실제로 전자기파는 그보다 큰 진동수까지를 포함하는 광범위한 의미를 갖고 있다.

전파는 통신 분야에 폭넓게 이용되고 있다. 전파 통신은 국제전기통신연합(ITU)이 정한 주파수 범위인 대략 3 kHz ~ 3 000 GHz를 사용하는데, 이 영역의 전파는 표 22-2와 같이 분류하고 있다.

현대 생활에서 TV는 우리 생활과 아주 밀접한 문명의 이기(modern conveniences 文明利器)이다. 지상파에 의한 방송에서는 전망이 좋은 산이나 전파탑에 설치된 송신소로부터 VHF대 또는 UHF대(난시청 지역 등에서는 SHF대)의 주파수를 방출한다. 이때 수신 가능한 지역은 안테나가 보이는 범위의 근린 지역에 한정된다. 이러한 문제를 해결하기 위해 위성방송이 시작되었다. 위성방송은 적도 상공 약 35 786 km에 있는 정지위성에 중계기를 설치하여, 지상에서 송신한 전파를 수신한 후 별도의 주파

표 22-2 국제전기통신연합에서 분류한 라디오파의 명칭과 주파수 영역

이름	영어 명칭	주파수	파장	이용 분야
초장파	VLF very low frequency	3~30 kHz	10~100 km	무선 항해용
장파	LF low frequency	30~300 kHz	1~10 km	항공기, 선박 항로 안내
중파	MF medium frequency	300 kHz~3 MHz	100~1 000 m	라디오, 선박 및 항공 통신
단파	HF high frequency	3~30 MHz	10~100 m	원양선박 및 국제항공기 통신
초단파	VHF very high frequency	30~300 MHz	1~10 m	TV방송, FM방송, 근거리 이동통신, 콜택시, 항공관제
극초단파	UHF ultra high frequency	300 MHz~3 GHz	10 cm~1 m	휴대전화, 이동통신, 육상통신
마이크로파	SHF short high frequency	3~30 GHz	1~10 cm	위성통신 및 위성방송
밀리파	EHF extremely high frequency	30~300 GHz	1 mm~ 1 cm	우주관측용 전파망원경
서브밀리파	SEHF sub extremely high frequency	300 GHz~3 THz	0.1~1 mm	현재 미사용(안개나 수증기에 흡수됨)

그림 22-21 과학 실습선에 설치된 MF 및 VHF 통신 안테나

그림 22-22 TV 위성용 안테나(parabolic antenna). 마이크로파를 수신하는 안테나로서, 표면 곡선부분에 수직으로 입사된 전자기파는 반사되어 쌍곡선의 초점 부위에 모이고, 초점에 위치한 증폭기에서 신호가 증폭된다.

그림 22-23 높은 산에 세워진 휴대폰기지국 안테나(무주 적상산)

수로 변환하여 지구로 재발송하여 그 전파를 시청자가 위성안테나로 수신하는 방송이다. 정지궤도에서는 지구의 거의 반구가 보이기 때문에 광범위한 수신이 가능하다.

위성방송에서는 마이크로파(진동수 3~30 GHz)가 사용하고 있으며 그 파장은 약 10 cm 이하이다. 때때로 큰 비가 오면 빗방울의 기둥이 10 mm 정도가 되어 전파의 세기에 영향을 받기도 한다.

예제 22-7 가시광선의 파장

문제 진동수 영역이 4.0×10^{14} Hz ~ 7.9×10^{14} Hz에 있는 가시광선에 대해 진공에서의 파장 범위를 구하라.

생각하기 자유공간을 통해 이동하는 전자기파의 속력은 $c = f\lambda$이므로 파장은 $\lambda = c/f$ 이다.

풀이 진동수 4.0×10^{14} Hz에 대응하는 파장은 다음과 같다.

$$\lambda = \frac{c}{f} = \frac{3 \times 10^8\ \text{m/s}}{4.0 \times 10^{14}\ \text{Hz}} = 7.5 \times 10^{-7}\ \text{m} = 750\ \text{nm}$$

같은 방법으로 진동수 7.9×10^{14} Hz에 해당하는 빛의 파장은 다음과 같다.

$$\lambda = \frac{c}{f} = \frac{3 \times 10^8\ \text{m/s}}{7.9 \times 10^{14}\ \text{Hz}} = 3.8 \times 10^{-7}\ \text{m} = 380\ \text{nm}$$

예제 22-8 국제전화

문제 어떤 사람이 서울에서 약 4 000 km 떨어진 필리핀으로 국제전화를 걸었다. 이 사람의 음성이 전달되는 데 걸리는 시간은 얼마인가?

생각하기 국제전화 통신에 사용되는 전자기파의 속도는 3.0×10^8 m/s이다.

풀이 속도 = 거리 (d) ÷ 걸린 시간 (t) 이므로 걸린시간은 다음과 같다.

$$t = \frac{d}{v} = \frac{(4.0 \times 10^6\ \text{m})}{(3.0 \times 10^8\ \text{m/s})} = 1.33 \times 10^{-2}\ \text{s}$$

약 0.013 3초가 걸린다.

22-9 전자기파의 Doppler 효과

음파는 관측자, 음원 또는 양쪽이 전파 매개 물질에 대해 상대적으로 이동하면 도플러 효과를 나타낸다는 사실을 배운 바 있다. 도플러 효과에서 관측된 파동의 진동수는 음원에서 방출한 진동수보다 크거나 작다.

전자기파의 진행 과정에도 도플러 효과가 발생하나, 두 가지 점에서 음파에 대한 도플러 효과와 다르다. 먼저, 음파에 대한 도플러 효과는 매질에 대한 운동이 가장 중요하다. 왜냐하면 음파를 전파하기 위해 매질이 필요하기 때문이다. 반면에 전자기파에 대한 도플러 효과에서 전파 매질은 아무런 역할을 하지 않는다. 그 이유는 전자기파는 전파하기 위해 매개 물질이 필요하지 않기 때문이다. 둘째, 음파에 대한 도플러 효과에 대한 식에서 음속은 측정되고 있는 기준계에 의존한다. 이와는 달리 전자기파의 속력은 정지해 있거나 서로에 대해 등속도로 이동하는 모든 좌표계에서 같은 값이다.

이와 같은 이유로 전자기파에 대한 Doppler 효과를 기술하는 방정식은 근사적인 표현으로 다음과 같이 주어진다.

$$f_0 \approx f_s\left(1 \pm \frac{u}{c}\right) \quad (u \ll c\text{인 경우}) \qquad 22\text{-}21$$

여기서 f_0은 관측된 진동수이며, f_s는 파원에서 방출된 진동수이고, u는 관측자와 파원의 상대속력이고, c는 진공에서 빛의 속력이다. 식 22-21은 u가 c보다 매우 작은 경우에만 유효하다. 더 나아가, 파원과 관측자의 상대속도가 음파의 속도보다 매우 작은 경우 음파에 대해 이 식이 이용될 수 있다. 이 식에서 양(+)의 부호는 파원과 관측자가 서로를 향해 이동하는 경우에 사용해야 되고, 반면에 음(−)의 부호는 서로가 멀어진 경우에 사용해야 한다. 따라서 **파원과 관측자가 서로 접근하면 관측된 진동수가 증가하고 파원과 관측자가 서로 멀어지면 감소할 것으로 예상할 수 있다**.

그림 22-23 허블 우주망원경 모형 (제주 항공우주박물관)

천문학자들은 먼 거리에 있는 별과 은하로부터 지구에 도달하는 빛에 대한 도플러 효과를 이용하여 중요한 발견을 하였다. 천문학자들의 관측에 의하면 별이 지구로부터 멀어질수록 그 별에서 오는 빛의 색이 스펙트럼의 적색 끝 쪽으로 이동한다는 것이 밝혀졌다. 이러한 우주에서의 **적색 이동**(red shift)은 우주가 팽창한다는 증거이다. 실제로 미국의 천문학자 허블(Edwin Hubble, 1889~1953)은 그림 22-23과 같은 허블 우주망원경을 이용하여 적색 이동을 광범위하게 측정하여 대부분의 은하계가 우리로부터 멀어지고 있으며, 따라서 우주는 팽창한다고 확신하였다.

연습문제

22-1 Maxwell의 예측
22-2 Maxwell 방정식
22-3 Hertz의 실험
22-4 전자기파의 성질

1. 970 kHz의 방송을 듣다가 710 kHz의 방송을 들으려고 한다. 이때 다이얼을 돌려서 어떻게 하면 되는가?
① 축전기의 전기용량을 더 크게 한다.
② 축전기의 전기용량을 더 작게 한다.
③ 전압을 낮게 한다.
④ 전압을 높게 한다.

2. 전자기파에 대한 다음 설명 중에서 옳은 것은 어느 것인가?
① 진공 중에서의 전파속도는 파장에 따라 다르다.
② 음극선은 전자기파의 일종이다.
③ 전기장과 자기장의 방향은 평행이다.
④ 시간에 따른 전기장의 변화가 자기장을 유도한다.

3. 다음 중에서 전자기파가 발생하지 않는 경우는 어느 경우인가?
① 전자가 가속운동을 할 때
② 회로에 직류가 일정하게 흐를 때
③ 회로에서 전기진동이 일어날 때
④ 전기장과 자기장이 시간에 따라 변할 때

4. 전기용량이 1 μF인 축전기를 자체인덕턴스가 1 H인 코일을 통하여 반전시킬 때 일어나는 전기진동의 고유진동수는 얼마인가?

22-5 전자기파의 속력
22-6 전자기파의 에너지
22-7 전자기파의 세기

5. 지구는 태양에서 오는 빛의 약 38.0 %를 구름과 지표가 반사한다.
(a) 대기권 상층부에서 태양에서 오는 복사선의 세기가 1 370 W/m^{2}라면, 지표에 도달하는 복사압력은 파스칼 단위로 얼마인가? 지표 상의 위치는 햇빛이 머리 위에 바로 떨어지는 곳이라고 가정한다.
(b) 이 압력과 지표에서의 정상 대기압 101 kPa을 비교하여 설명하라.

6. 지름이 20.0 m인 접시안테나가 멀리 떨어져 있는 곳에서 발사된 전파신호를 접시 안테나의 표면에 수직으로 수신한다. 전파의 신호는 진폭이 $E_{최대}$ = 0.20 μV/m인 연속적인 사인파이다. 안테나가 접시에 도달한 전파를 모두 흡수한다고 가정한다.
(a) 이 파의 자기장의 진폭은 얼마인가?
(b) 안테나가 수신한 전파의 세기는 얼마인가?
(c) 안테나가 수신한 일률은 얼마인가?

7. 60 W 백열등으로부터 1.0 m 떨어진 곳에서 전기장과 자기장의 진폭은 대략 얼마인가? 입력전력의 85 %가 전자기파의 방사로 쓰이고, 나머지는 전구와 공기를 데우는 데 소모된다고 가정하라.

8. 태양으로부터 전자기 복사는 태양과 수직인 m^{2}당 대략 1.4 kW의 비율로 지구에 도달한다. 포인팅 벡터가 1.4 kW/m^{2}인 단일 전자기파(실제로 태양광은 여러 전자기파가 혼합되어 있다)의 최대 전기장과 자기장의 진폭을 구하라.

9. 태양은 지구 상층에 1 370 W/m^{2}의 평균일률을 전달한다. 대기 상층에서 전자기파에 대한 최댓값 $E_{최대}$와 $B_{최대}$를 구하라.

10. 출력이 2.50 mW이고 빔의 지름이 2.50 mm인 레이저 빔이 완전히 반사되는 거울에 수직으로 입사하여 반사된다. 거울에 미치는 복사압을 계산하라.

11. 책상 전등에서 나오는 가시광선이 종이 위로 입사될 때, 이 빛의 전기장과 자기장의 최대 크기를 추정해보라. 단, 전구를 전기 도선을 통해 입력되는 에너지를 가시광선 형태의 에너지로 변환시켜 방출하는 데 5 %의 효율을 가진 점광원으로 취급한다.

12. 어느 레이저 포인트가 있다. 3.0 mW의 일률(시간에 대한 평균값)을 가진 포인터가 스크린 위에 지름 2.0 mm인 점을 만든다고 한다. 이때 스크린은 입사하는 빛의 70 %를 방사하다고 한다.
(a) 레이저가 스크린에 작용하는 복사압은 얼마인가?
(b) 만일 레이저 포인트를 스크린에서 2배 먼 거리로 옮기면 어떻게 되는가? 이것이 스크린에 작용하는 압력에도 영향을 미치는가?

13. 우주 비행을 달성하기 위한 가능한 방법 중의 하나는 완전히 반사되는 알루미늄 도금판을 지구궤도에 올려놓고 태양에서 오는 빛을 이용하여 태양광 돛을 밀게 하는 것이다. 돛의 넓이가 6.00 × 10^4 m^{2}이고 질량이 7 000 kg인 돛이 궤도 상에서 태양을 향해 놓여 있다고 하자.
(a) 돛에 작용하는 힘은 얼마인가?
(b) 돛의 가속도는 얼마인가?
(c) 돛이 3.84 × 10^8 m 떨어져 있는 달까지 가려면 시간이 얼마나 걸리는가?

모든 중력효과는 무시하고 태양광의 세기를 1 340 W/m^{2}으로 가정하라.

14. 화창한 날 정오에는 햇빛의 평균세기가 약 1 kW/m^{2}이다. 햇빛의 평균세기에 해당하는 전기장과 자기장은 얼마인가? 집열판 하나의 넓이가 2.0 m^{2}이고 입사하는 햇빛의 40 %를 열로 전환한다고 가정한다면, 이 태양의 집열판으로 4.8 kW의 전기온수기를 만든다고 할 때 집열판은 몇 장이 필요한가?

15. 태양으로부터 오는 방사선은 대략 1 350 J/s m^{2}의 비율로 지구(대기 위)에 도달한다. 이 방사선을 단일의 전자기파라 가정하고 E와 B의 최대치를 계산하라.

16. 전자기파의 세기에서 전기장은 MKS 단위계의 기본단위로 성립됨을 보이라.

22-8 전자기파 스펙트럼

17. (a) AM 라디오 밴드(540~1 600 kHz)와 (b) FM 라디오 밴드(88~108 MHz)의 파장 범위를 계산하라.

18. (a) 진동수가 5.00 $\times 10^{14}$ Hz인 노란 빛의 파장을 구하라. (b) 진동수가 1.00 MHz(1 MHz = 10^6 Hz)인 라디오파의 파장을 구하라.

19. 진동수가 (a) 5.00×10^{19} Hz와 (b) 4.00×10^{9} Hz인 경우에 자유 공간에서 전자기파의 파장을 각각 구하라.

20. 주기가 1.0 ns인 전자기파가 있다.
(a) 이 파의 진동수는 얼마인가?
(b) 파장은 얼마인가?
(c) 어떤 영역에 속하는 전자기파인가?

21. 파장 633 nm인 레이저 빛살이 $+z$축 방향으로 전파되고 있다. 레이저 광의 전기장은 x축과 평행하며 진폭은 6.9 kV/m이다. 이 파동의 진동수와 자기장의 방향과 진폭을 구하라.

22-9 전자기파의 Doppler 효과

22. 80 km/h의 속력으로 운전하는 동안 120 km/h의 속력으로 달리는 차가 앞지르기 한다. 앞지르기한 차의 미등이 4.3 $\times$ 10^{14} Hz의 색이라면 관측되는 진동수는 얼마이며 어떻게 변하는가?

무지개 공기 중에서 물방울에 의해 생성되는 무지개는 빛이 가지는 직진, 반사, 굴절, 분산 특성 때문에 나타난다. 물방울로 입사된 햇빛이 분산되어 스펙트럼의 색이 나타난다(제주시 외곽에서 촬영).

제23장 빛의 반사와 굴절

빛이 없는 세상을 상상해볼 수 있을까? 빛은 지구 상의 모든 생명 활동의 원천이다. 우리는 세상의 온갖 정보를 대부분 눈을 통해 얻는다. 일상생활에 일어나는 수많은 현상이 빛의 성질과 관련되어 있다. 거울로 자신을 보거나 자동차 백미러(반사거울)로 뒤차를 보는 것도 빛의 반사 때문이며, 안경이나 렌즈를 이용하는 것도 빛의 굴절 현상 때문에 가능하다. 우리가 볼 수 있는 감각을 가지고 있다는 것은 엄청난 행운이 아닐 수 없다. 우리가 물체를 본다는 것은 물체가 태양, 전구, 불꽃, 별 등과 같은 광원으로부터 직접 방출되는 빛이거나, 물체로부터 반사되는 반사광에 의해 맺어진 물체를 보는 것이다.

제23장에서는 빛의 본질이 무엇인가에 대해 공부하고, 빛이 가지는 특성 중에서 직진, 반사, 굴절 등과 같이 빛의 경로에 의해 결정되는 현상에 대해 공부한다. 빛의 반사나 굴절 현상을 다루는 분야를 제25장에서 공부할 파동광학과 비교하여 기하광학이라 부른다.

23-1 빛의 본질

> **TIP 기하광학과 파동광학**
>
> **기하광학**(geometrical optics) 빛의 직진, 반사, 굴절 등의 현상을 기하학적으로 연구하는 광학 분야. 광학기기의 설계 등에 많이 응용된다(제23, 24장).
>
> **파동광학**(wave optics) 빛의 파동성을 중심으로 빛의 간섭, 회절, 분산, 편광 등의 현상을 연구하는 광학 분야(제25장)

빛의 본질에 대해 과학자들은 오랫동안 빛이 입자의 흐름이라고 생각해왔다. 이러한 주장을 한 대표적인 학자는 당대의 거장인 Newton이었으며, 대다수의 과학자들도 이의 없이 이 사실을 받아들였다. 그들은 광원에서 방출된 연속적인 입자의 흐름이 빛이며, 이 흐름이 눈에 들어와 시신경을 자극한다고 생각하였다.

이러한 생각에 정면으로 도전을 한 대표적인 과학자가 바로 네덜란드의 물리학자이자 천문학자인 호이겐스(C. Huygens, 1629~1695)였다. 그는 1678년 반사와 굴절의 법칙을 빛의 파동설로도 설명할 수 있음을 보여주었다.

빛의 파동설은 몇 가지 이유 때문에 곧바로 받아들여지지 않았다. 먼저 그 당시 알려졌던 모든 파동(소리, 물 등)은 매질을 통해야만 전달된다고 알려져 있었으나 태양으로부터 오는 빛은 빈 공간을 통해 지구에 도달할 수 있었다. 또한 만일 빛이 파동의 한 형태라면 장애물 주위에서 휘어져 모퉁이를 돌아서도 물체를 볼 수 있어야 한다는 논란도 있었다. 오늘날에는 실제로 빛이 물체의 가장자리 부근에서 휘어지는 회절 현상을 잘 설명하고 있다. 당시 회절 현상은 빛의 파장이 매우 짧기 때문에 쉽게 관찰되지 않았으나, 1660년경 그리말디(F. Grimaldi, 1618~1663)에 의해 빛의 회절에 대한 실험적인 증거가 발견되기 시작하였다. 그러나 **대부분의 과학자들은 한 세기 이상 파동설을 부정하고 Newton의 입자설을 고수하였는데, 이는 위대한 과학자로서 Newton의 명성 때문이었을 것으로 보인다.**

빛의 파동성에 대한 첫 번째 확실한 증명은 1801년 영(T. Young, 1773~1829)에 의해 이루어졌는데, 그는 적절한 조건하에서 빛이 간섭 현상을 나타낸다는 것을 보여주었다. 즉 하나의 광원에서 방출된 빛은 두 가지의 다른 광 경로를 거쳐 도달한 어떤 점에서는 합쳐져서 상쇄간섭에 의해 서로 상쇄될 수 있다. 그 당시 과학자들은 어떻게 두 개 이상의 입자가 모여서 서로를 상쇄할 수 있을지 상상조차 할 수 없었기 때문에, 이와 같은 현상을 입자 모형으로 설명할 수는 없었다.

빛의 이론에 관한 가장 중요한 발전은 Maxwell의 업적이었는데, 그는 1865년 빛이 높은 진동수를 가진 일종의 전자기파의 한 형태라고 예측하였다. 그의 이론은 전자기파가 측정된 빛의 속력과 같은 3×10^8 m/s의 속력을 가져야 함을 예언하였다.

고전 전자기학 이론으로 빛의 알려진 성질 대부분을 설명할 수 있었지만, 몇 가지 실험 결과는 빛이 파동이라는 가정으로는 설명되지 않았다. 그중 가장 두드러진 실험적인 사실은 **광전효과**(photoelectric effect)이다(제27장 2절에서 기술).

1905년 Einstein은 광양자(입자) 이론을 공식화하여 광전효과를 설명하는 논문을 발표하였다. 그는 빛이 미립자, 또는 불연속적인 에너지를 갖는 양자로 구성되어 있다고 주장하였다. 이러한 미립자 또는 양자는 입자성을 강조하기 위해 오늘날 **광자**(photon 光子)라고 한다. Einstein의 이론에 따르면, 광자의 에너지는 해당 전자기파의 진동수에 비례한다. 따라서 이 이론은 빛의 입자설과 파동설의 특성을 모두 가지고 있다. 광전효과는 한 개의 입자와 충돌한 것처럼, 전자는 광자 한 개와 상호작용을 한다. 광자 한 개의 에너지는 hf이다. h는 플랑크상수로 그 값은 $h = 6.626 \times 10^{-34}$ J s이다. 광자의 에너지를 나타내는 식에서 진동수가 사용되고 있는 사실은 파동의 특성을 보이고 있다는 의미이다.

빛은 경우에 따라서 **파동처럼** 행동하기도 하고, 다른 경우에는 **입자처럼** 움직이기도 한다. 즉 빛은 이중성을 가지고 있다.

고전 전자기학 이론은 빛의 전파나 간섭효과와 같은 파동성을 적절하게 설명할 수 있지만, 광전효과나 빛과 물질의 상호작용에 대한 실험은 빛이 입자라고 가정해야 잘 설명할 수 있다.

23-2 빛의 직진

렌즈를 사용하지 않고 작은 구멍을 통해 빛을 받아 들여 촬영하는 장치인 **바늘구멍사진기**(pinhole camera)를 생각해보자. 고대 그리스의 Aristoteles는 버들가지로 만든 바구니의 작은 홈을 통과한 빛이 바구니 안에 밖의 풍경을 상으로 눈에 맺히기 때문에 사물을 볼 수 있다는 것을 알게 되었다고 한다. BC 5세기경 고대 중국의 사상을 정리한 ≪묵경≫에는 "바늘구멍을 통과하여 맺힌 상은 거울을 보는 듯 뒤집혀 보인다"고 기록되었다.

그림 23-1(a)는 빛이 직진하는 모습을 나타낸 것이다. 직진하는 과정에서 그림 23-1(b)와 같이 광선이 교차해도 각각의 광선은 다른 광선과 관계없이 독립적으로 진행한다.

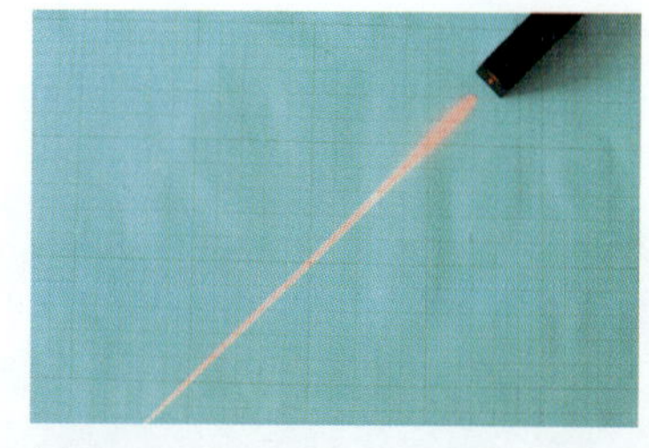

(a)

(b)

그림 23-1 (a) 빛이 직진하는 모습 (b) 직진과정에서 두 광선이 교차해도 각각의 광선은 다른 광선과 관계없이 독립적으로 진행한다.

빛이 직진하므로 나타나는 현상은 바늘구멍사진기를 통해 간단히 이해할 수 있다. 그림 23-2와 같은 바늘구멍사진기의 구멍을 통해 물체에서 나오는 빛을 보내면 스크린 위에는 물체가 거꾸로 보이는 도립상이 생긴다. 이것은 물체의 점 ①에서 나온 빛이 직진하여 ①′에 도달하고, 점 ②에서 나온 빛은 직진하여 ②′에 도달하기 때문에 생기는 현상이다. 이와 같이 현상은 빛이 동일한 매질 내에서는 **직진**하기 때문이다.

일상적인 경험으로 보면 **빛은 두 개의 서로 다른 물질의 경계면에 부딪힐 때까지 동일한 매질 내에서는 직선 경로로 진행한다.** 빛이 경계면에 부딪힐 때 그 빛은 경계면에서 반사되거나, 경계면의 다른 쪽 매질로 투과하거나, 또는 부분적으로 두 가지

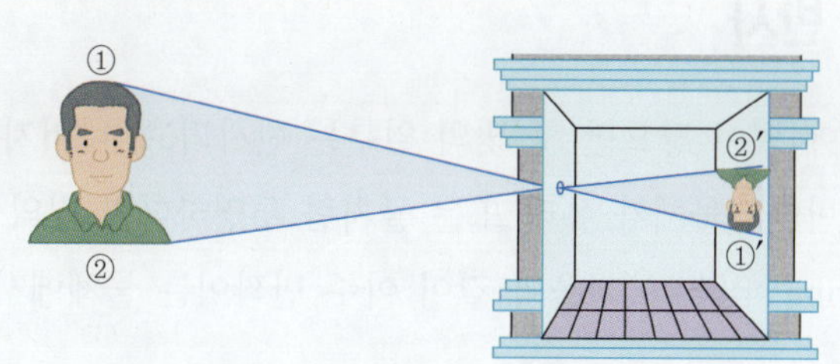

그림 23-2 바늘구멍사진기. 작은 구멍을 통과한 빛은 실물과 반대로 상을 맺는다.

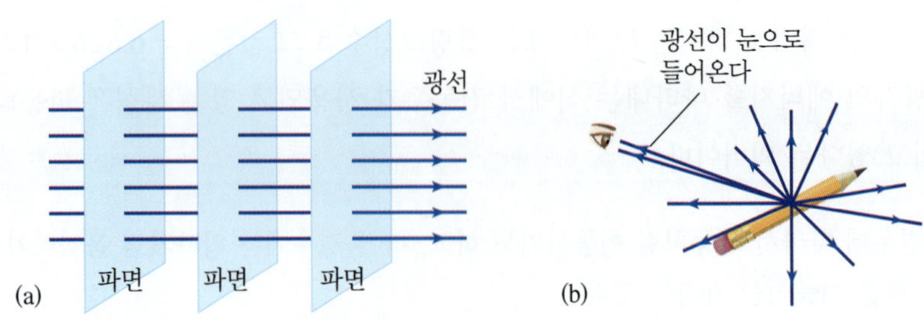

그림 23-3 광선과 파면. (a) 광선은 파면에 수직이고, 파동의 운동방향을 향한다. (b) 물체의 한 점에서 여러 광선이 나오며, 광선은 교차하지 않고 직진한다.

모두 일어나기도 한다.

실제로 우리가 주위에 있는 물체의 위치를 알아내고자 할 때 그 물체로부터 나온 빛이 직선 경로를 따라 우리 눈에 들어온다고 가정함으로써 알아낼 수 있다. 이런 타당성 있는 가정이 빛의 **광선모형**(ray model 光線模型) 또는 **광선근사**(ray approximation 光線近似)를 탄생시켰다. 이 모형은 **광선**(ray)이라고 하는 빛이 직선 상의 경로를 따라 진행한다고 가정한다. 광선이란 무한히 가느다란 빛살을 의미하며, 단순히 파면에 수직으로 그은 가상적인 직선으로 빛의 성질을 조사하는 데 매우 유용하다.

빛의 파면이라는 개념도 이용한다. **파면**(wave front 波面)**은 파동의 위상과 진폭이 일치하는 점들로 이루어진 면이다.** 예를 들어 그림 23-3(a)에서 파면은 파동들의 마루를 연결한 면이 될 수 있다. 광선은 파동의 운동방향과 일치하여 파면에 수직인 직선이 된다. 광선이 평행하게 진행할 경우, 파면은 광선에 수직인 평면이 된다.

우리가 어떤 물체를 볼 때 빛(광선)이 그 물체의 각 점에서 출발하여 우리 눈에 도달하는 것이다. 그리고 광선은 물체의 각 점에서 제각기 다른 방향을 향해 떠나지만 이들 중 작은 한 묶음만이 그림 23-3(b)에서와 같이 관측자의 눈으로 들어가게 된다. 빛이 직진할 때 나타나는 특성은 다음과 같다.

- **광선 직진의 원리:** 균일한 매질 속에서 빛은 직진한다.
- **광선 역진의 원리:** 빛이 어떤 경로를 따라 진행할 때 빛을 진행방향에 정반대로 다시 보내면 같은 경로를 따라 되돌아간다.
- **광선 독립의 원리:** 여러 광선이 교차해도 각각의 광선은 다른 광선과 관계없이 독립적으로 진행한다.

23-3 빛의 반사

어떤 물체의 표면에 빛이 닿으면 그 빛의 일부는 반사되고, 나머지는 물체에 흡수되거나(열에너지로 변환), 물체가 유리 또는 물처럼 투명하다면 빛의 일부는 투과된다. **반도금**(half-silvering 半鍍金) 거울과 같이 아주 반짝이는 물체에서는 95 % 이상의 빛이 반사된다.

거울반사와 불규칙반사

그림 23-4(a), (b)는 거울과 같은 매끄러운 반사면에 입사된 여러 광선을 보여준다. 반사된 광선은 그림에 나타낸 바와 같이 서로 평행을 이룬다. 이와 같이 매끄러운 표면에서 빛이 반사되는 것을 **거울반사**(specular reflection)라고 한다. 반면에 반사면이 그림 23-4(c)와 같이 거칠다면, 광선은 여러 방향으로 반사될 것이다. 거친 면에서의 반사를 **불규칙반사**(irregular reflection 不規則反射) 또는 **확산반사**(diffuse reflection 擴散反射)라고 한다. 표면의 거칠기가 입사광의 파장에 비해 작으면, 그 표면은 매끄러운 표면처럼 작용한다.

> **TIP 거울반사와 불규칙반사**
>
> **거울반사** 매끄러운 표면에서 빛의 반사를 말한다.
>
> **불규칙반사** 거친 표면에 빛이 부딪쳐서 여러 방향으로 흩어지는 현상을 말한다.

예를 들면 야간 운전 시에 도로 표면에서 운전자가 관찰하는 두 가지 유형의 반사를 생각해보자. 도로가 건조할 때, 다가오는 승용차로부터 나오는 빛은 도로에서 여러 방향으로 산란(확산반사)되어 운전자에게도 도로가 잘 보인다. 비오는 밤 도로가 물에 젖어 있을 때는 도로의 울퉁불퉁한 곳이 물로 채워진다. 물에 젖은 면은 아주 매끄러워지기 때문에 빛은 거울반사를 한다. 이것은 빛이 똑바로 앞으로 반사되는 것을 의미하며, 따라서 운전자는 오직 자신의 바로 앞에 있는 것만을 보게 된다. 옆에서 들어오는 빛은 운전자의 눈에 전혀 들어올 수 없다.

여러 방향으로의 불규칙반사로 인해 빛을 반사하는 보통의 물체를 여러 방향에서 볼 수 있다. 그림 23-5는 손전등으로부터 나오는 광선을 표면이 거친 흰 종이와 작은 거울에 비추었을 때의 반사의 모습이다. 흰 종이로부터의 반사 현상은 머리를 한쪽으로 움직이면 그림 23-5(a)처럼 물체의 각 점으로부터 다른 한 묶음의 반사광선이 눈에 도달하게 된다. 그래서 양쪽 눈 모두 반사광선을 볼 수 있다. 그러나 거울 면에서

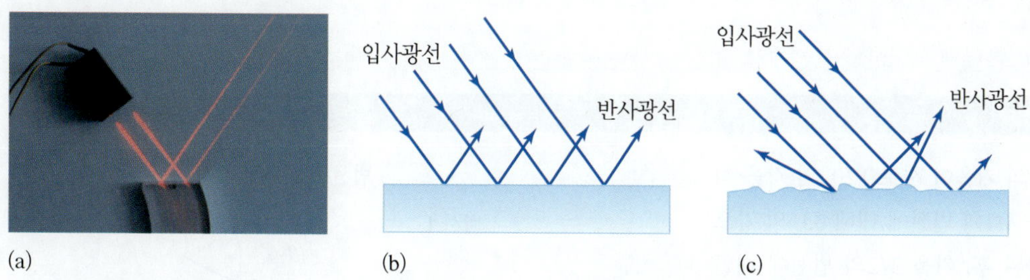

그림 23-4 (a), (b) 매끄러운 반사면으로 입사된 광선은 서로 평행을 이루어 반사되며, 이를 거울반사라고 한다. (c) 거친 반사면으로 입사된 광선은 여러 방향으로 반사되며, 이 현상을 불규칙반사라고 한다.

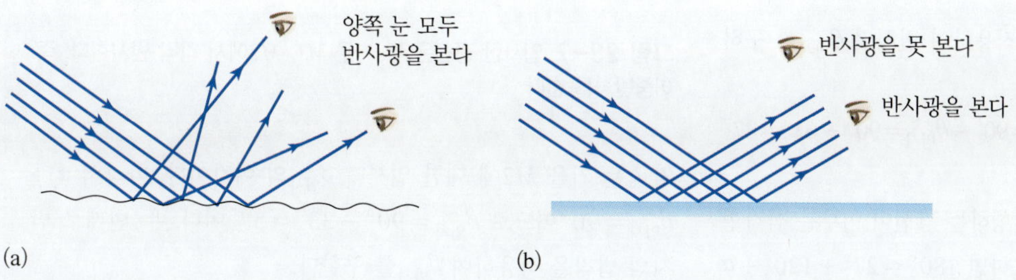

그림 23-5 손전등에서 나오는 광선이 (a) 거친 흰 종이에서 반사되면 불규칙반사가 일어나 양쪽 눈 모두 반사광을 볼 수 있다. (b) 거울 면에 반사되면, 반사광선이 진행하는 위치에 눈이 위치되어야 반사광을 볼 수 있다.

반사될 때는 그림 23-5(b)와 같이 반사광선이 진행하는 그 위치에 눈이 놓여 있지 않는 한 그 빛은 눈에 들어오지 않는다. **이 책에서는 주로 거울반사만을 다루므로, 반사라는 용어는 대부분 거울반사를 의미한다.**

반사의 법칙

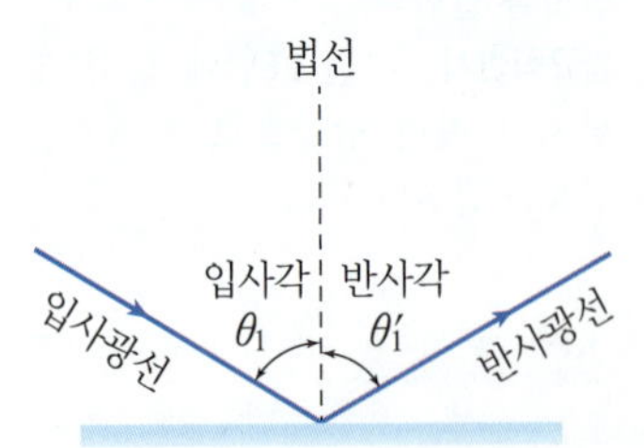

그림 23-6 광선이 반사할 때 입사광선, 반사광선, 법선은 모두 같은 평면에 있으며, 입사각과 반사각은 같다.

우리가 물체를 볼 수 있는 것은 그 물체에서 반사된 빛이 눈에 들어오기 때문이다. 거울에 우리의 모습이 비쳐 보이는 것도 빛이 거울의 반사면에서 반사하기 때문이다. 빛이 반사할 때 어떤 규칙성이 있을까?

그림 23-6과 같이 공기 중에서 진행하는 광선이 일정한 각도로 매끄럽고 평평한 표면에 입사한다고 생각하자. 입사광선과 반사광선은 입사광선이 표면에 부딪히는 점에서 그 표면에 수직인 선과 각각 θ_1과 θ_1'의 각을 이룬다. 이 선을 그 표면에 대한 **법선**(normal line 法線)이라고 한다. 이때 **입사각과 반사각이 같다**는 것은 실험을 통해 알 수 있다.

$$\theta_1 = \theta_1' \quad (\text{반사의 법칙}) \qquad 23\text{-}1$$

식 23-1이 뜻하는 바는 **빛이 평면에서 반사할 때에는 입사광선과 반사광선이 평면 상의 입사점에 수직으로 세운 법선의 양쪽에 있고, 입사각과 반사각은 같다는 것이다. 이 관계를 빛의 반사의 법칙(law of reflection 反射法則)이라 한다.**

반사 현상은 여러 곳에서 볼 수 있다. 예를 들어 인물 사진에서 눈이 붉게 나타나기도 하는데 이를 적목현상이라고 한다. 이러한 **적목**(red-eye 赤目) 현상은 사진기의 플래시와 물체가 매우 가까이 있을 때 나타난다. 플래시에서 나온 빛이 우리 눈의 망막에서 반사된 후, 원래의 경로를 따라 되돌아와 상에 영향을 주기 때문이다. 이때 원래의 방향과 반대로 되돌아오는 이러한 유형의 반사를 **역반사**(reversible reflection 逆反射)라고 한다.

예제 23-1 두 거울 면에서의 반사

문제 그림 23-7과 같이 두 개의 거울이 서로 120°의 각을 이루며 놓여 있다. 한 광선이 거울 $M1$의 법선에 대해 63°의 각으로 입사한다. 두 거울에서 반사된 후, 거울 $M2$의 법선에 대한 반사각을 구하라.

생각하기 반사의 법칙을 두 번 적용한다. 입사광선의 입사각 $\theta_{입사}$에 대해 나중 반사각 $\beta_{반사}$를 구한다.

풀이 거울 $M1$에 반사의 법칙을 적용하여 반사각 $\theta_{반사}$를 구하면 $\theta_{입사} = \theta_{반사} = 63°$이다.

$\theta_{반사}$의 여각인 각 ϕ를 구하면 $\phi = 90° - \theta_{반사} = 90° - 63° = 27°$이다.

거울 $M1$, $M2$와 $M1$에서 $M2$로 진행하는 광선이 이루는 삼각형에서 세 각의 합이 180°임을 이용하면 $180° = 27° + 120° + \alpha$의 관계가 있다. 여기서 미지의 각 α를 구하면 $\alpha = 33°$이다.

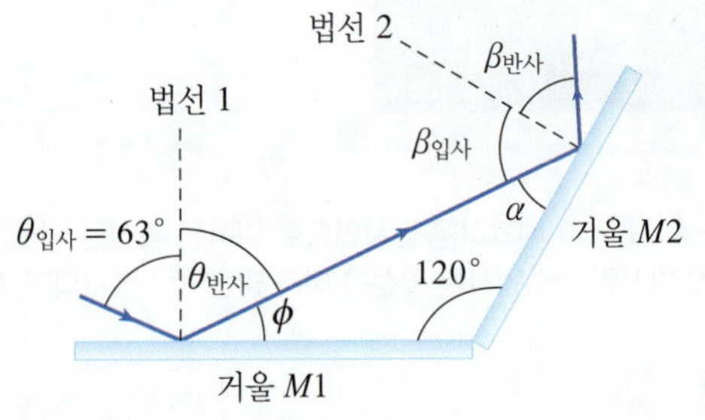

그림 23-7 입사한 광선은 두 거울 $M1$, $M2$에서 각각 반사한다. 즉 이중반사를 한다.

각 α는 거울 $M2$에 대한 입사각 $\beta_{입사}$의 여각이다. 따라서 $\alpha + \beta_{입사} = 90°$이므로 $\beta_{입사} = 90° - 33° = 57°$이다. 두 번째로 반사의 법칙을 적용하여 $\beta_{반사}$를 구한다.

$$\beta_{반사} = \beta_{입사} = 57°$$

예제 23-2 직각으로 놓인 두 거울에서 반사

문제 그림 23-8과 같이 두 개의 거울이 직각으로 연결되어 있다. 거울 $M1$로 입사한 어떤 광선도 입사방향에 반평행으로 되돌아옴을 설명하라.

생각하기 기하학적 관계를 통해 반사의 법칙을 이해하는 문제이다.

풀이 반사의 법칙에 따라 $\theta_{입사} = \theta_{반사}$이다. 마찬가지로 $\phi_{입사} = \phi_{반사}$이다. 두 거울 $M1$과 $M2$가 $90°$를 이루고 있으므로 $\phi = 90° - \theta$이다. 입사광선과 1차 반사광선이 이루는 각은 2θ이다. 그리고 1차 반사광선과 밖으로 나가는 2차 반사광선이 이루는 각은 $2\phi = 180° - 2\theta$이다. 그러면 이 두 각의 합이 $180°$가 되는데, 이것은 입사광선과 2차 반사광선이 반평행이라는 것을 나타낸다. 이 결과는 θ가 어떠한 값을 갖더라도 성립한다.

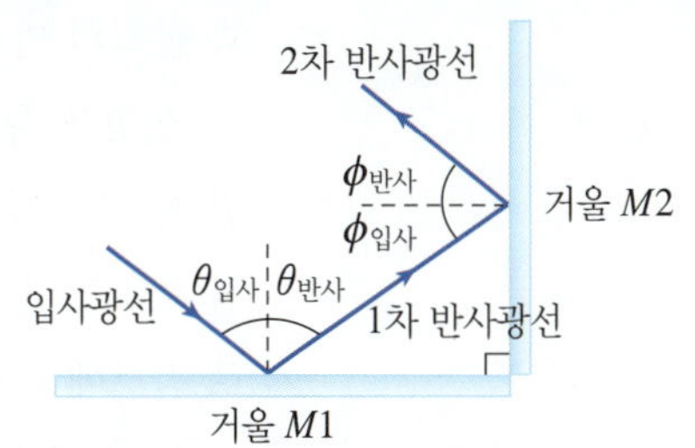

그림 23-8 직각을 이루는 두 거울로 입사한 광선은 원래의 방향에 평행하게 되돌아온다.

23-4 빛의 굴절

빛은 균일한 매질 내에서는 직진하지만 매질이 다른 경계면에 도달하면 일반적으로 그 일부는 경계면에서 반사하고, 나머지는 새로운 매질 내로 들어간다. 그림 23-9는 빛이 다른 매질의 경계면에서 일부 반사하고 일부 굴절하는 모습을 모형으로 나타낸 것이다. 한 광선이 경계면에 대해 수직이 아닌 어떤 각을 가지고 입사하면, 광선은 새로운 매질로 들어감과 동시에 경로가 꺾인다. 이와 같이 빛의 진로가 꺾이는 현상을 빛의 **굴절**(refraction 屈折)이라고 한다. 빛의 굴절 현상은 매질이 다르면 그 속에서 빛의 속도가 다르기 때문에 일어난다.

빛이 굴절할 때, 입사광선, 반사광선, 굴절광선 및 입사점에서의 법선은 모두 동일한 평면에 놓인다. 그림 23-9(a)에서 **굴절각**(angle of refraction 屈折角) θ_2는 두 매질의 성질과 입사각에 의해 결정되며, 입사각 θ_1과 굴절각 θ_2의 사인값의 비는 항상 일정하다.

$$\frac{\sin\theta_1}{\sin\theta_2} = 일정 \tag{23-2}$$

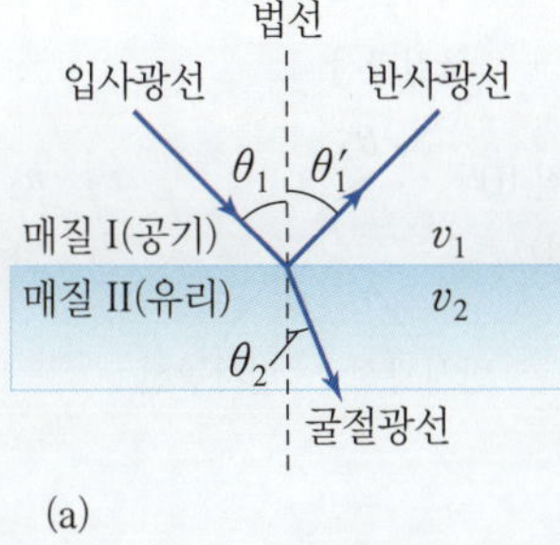

(a)

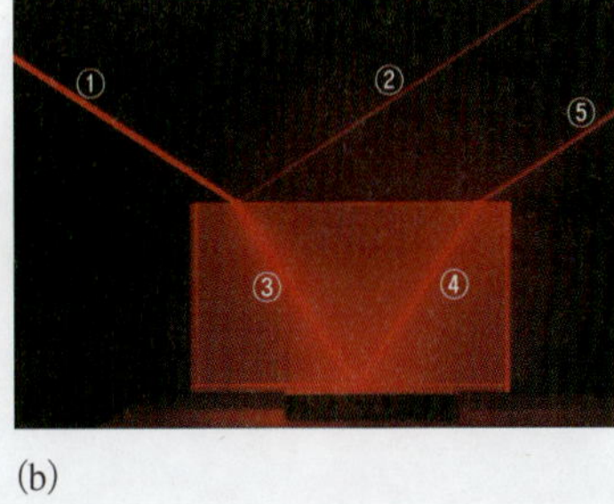

(b)

그림 23-9 (a) 빛이 다른 매질의 경계면에서 일부는 반사하고, 일부는 굴절하는 모습을 모형으로 나타낸 그림 (b) 레이저 광이 유리 표면에서 반사와 굴절이 일어나는 모습

여기서 v_1은 매질 I에서의 빛의 속력, v_2는 매질 II에서의 빛의 속력이다. 굴절각 역시 법선과 이루는 각이다. 23-9절에서는 Huygens의 원리를 이용하여 반사의 법칙과 굴절의 법칙을 설명한다.

실험을 통해 굴절면을 통과하는 광선의 경로를 거꾸로 할 수 있다는 것을 알 수 있다. 예를 들면 그림 23-10(a)에서처럼 광선이 공기 중의 한 점 A에서 유리 속의 한 점 B로 진행한다. 만약 광선이 유리 속의 한 점 B에서 출발하면, 이 광선은 같은 경로로 점 A에 도달한다.

빛이 진행할 때 속력이 큰 매질에서 작은 매질로 진행하면, 굴절각 θ_2는 입사각 θ_1보다 작다. 따라서 그림 23-10(a)와 같이 굴절된 광선은 법선 쪽으로 꺾인다. 만일 빛의 속력이 작은 매질에서 큰 매질로 빛이 진행하면, 그림 23-10(b)처럼 법선으로부터 멀어지는 쪽으로 꺾인다.

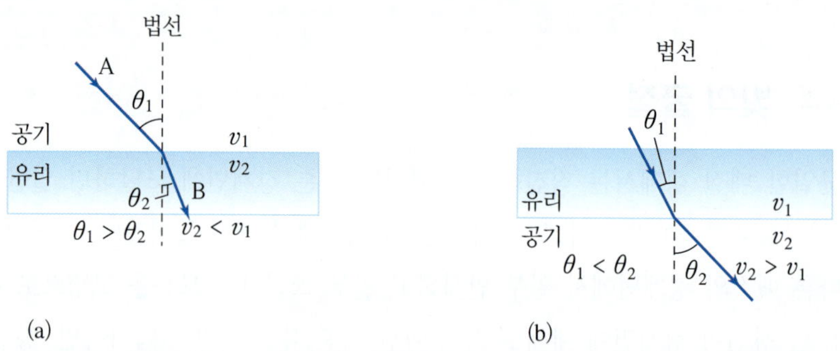

그림 23-10 (a) 빛이 공기 중에서 유리로 들어갈 때는 법선 쪽으로 꺾인다. (b) 빛이 유리에서 공기 중으로 나갈 때는 법선에서 멀어지는 쪽으로 꺾인다.

굴절의 법칙

그림 23-11은 공기 중에서 물속으로 진행하는 빛의 경로를 나타낸 그림이다. 이때 공기를 매질 I이라 하면, 물을 매질 II라고 놓을 수 있다.

이러한 상황에서 물의 경계면에 도달한 빛의 일부는 반사의 법칙에 따라 반사하고 나머지 일부는 굴절하여 진행하는데, 이때 **입사각과 굴절각의 사인값의 비는 일정하다.** 매질 I에서 빛의 속력을 v_1, 매질 II에서 빛의 속력을 v_2라 하고, 입사각을 θ_1,

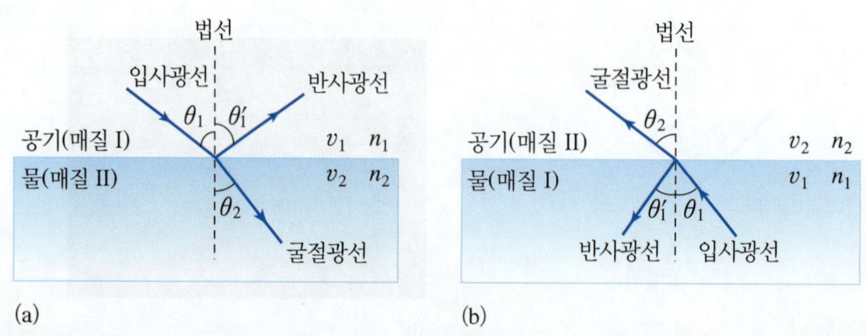

그림 23-11 (a) 빛이 공기 중에서 물속으로 진행할 때의 빛의 경로를 나타낸 그림 (b) 빛이 물속에서 공기 중으로 진행할 때의 경로

굴절각을 θ_2이라 하면 다음 관계가 성립한다.

$$\frac{\sin\theta_1}{\sin\theta_2} = \frac{v_1}{v_2} = n_{12} = \text{일정} \quad (\text{굴절의 법칙}) \qquad 23\text{-}3$$

식 23-3을 **굴절의 법칙**(law of refraction) 또는 **스넬의 법칙(스넬의 굴절법칙)**이라 한다. 이때 n_{12}를 매질 I에 대한 매질 II의 **상대굴절률**(relative refractive index 相對屈折率) 또는 **상대꺾임률**이라 한다. 특히 진공에 대한 어떤 매질의 굴절률을 **절대굴절률**(absolute refractive index 絕對屈折率)이라고 한다. **일반적으로 굴절률이라고 하면 절대굴절률을 말한다.** 굴절률의 값은 물체의 종류에 따라서 일정한 값을 갖는다.

만약 빛이 진공에서 공기라는 매질로 진행한다면, 이때 진공에 대한 공기의 굴절률 n은 c/v의 비율로 정의한다. 즉

$$n = \frac{\text{진공에서 빛의 속력}}{\text{매질에서 빛의 속력}} = \frac{c}{v} \qquad 23\text{-}4$$

이다. 굴절률은 차원이 없는 수이며, 매질에서의 빛의 속력 v는 언제나 진공 속에서 빛의 속력 c보다 작기 때문에 이 값은 항상 1보다 크거나 같다. 따라서 진공 중에서는 $n = 1$이다. 표 23-1은 몇 가지 물질의 절대굴절률이다.

표 23-1 몇 가지 물질의 절대굴절률

물질	절대굴절률	물질	절대굴절률
고체(20 °C)		액체(20 °C)	
다이아몬드(C)	2.419	벤젠	1.501
형석(CaF_2)	1.434	이황화탄소	1.628
석영(SiO_2)	1.458	사염화탄소	1.461
크라운 유리	1.52	에틸알코올	1.361
납유리	1.66	글리세린	1.473
얼음(0 °C, H_2O)	1.309	물	1.333
폴리스티렌	1.49	기체(0 °C, 1기압)	
소금(NaCl)	1.544	공기	1.000 293
지르콘	1.923	이산화탄소	1.000 45

굴절 시 진동수는 변하지 않는다

빛은 한 매질에서 다른 매질로 진행할 때, 빛이 가진 본래의 진동수는 변하지 않는다. 만일 진동수가 같지 않다면, 파면이 경계면에 쌓이거나, 파괴되거나 또는 생성되어야 한다. 이러한 현상은 결코 일어나지 않으므로, 광선이 한 매질에서 다른 매질로 진행할 때 진동수는 일정하게 유지되어야 한다.

따라서 두 매질 내에서 빛의 속력, 파장, 진동수의 관계인 식 $v = f\lambda$는 유효하다. 이때 $f_1 = f_2 = f$이므로 다음 관계가 성립한다.

$$v_1 = f\lambda_1, \quad v_2 = f\lambda_2 \qquad 23\text{-}5$$

여기서 매질 I과 매질 II에서 광선의 속력은 다르므로($v_1 \neq v_2$), $\lambda_1 \neq \lambda_2$이어야 한다.

TIP 매질이 다르더라도 파동의 진동수는 불변!

파동이 한 매질에서 다른 매질로 지나갈 때, 속력과 파장은 변하지만 진동수는 일정하다.

스넬 Willebrord van Roijen Snell, 1580~1626, 네덜란드의 천문학자, 수학자

스넬은 빛의 굴절 정도는 매질의 성질과 관계가 있다는 굴절법칙을 발견하였다. 이 법칙은 스넬에 의해 출판되지는 않았으나 네덜란드의 과학자 크리스티안 호이겐스의 저서인 ≪굴절광학≫에 인용되면서 과학계에 널리 알려지게 되었다.

식 23-5의 두 식을 서로 나누고, 식 23-4를 이용하여 굴절률과 파장 사이의 관계식을 구하면 다음과 같다.

$$\frac{\lambda_1}{\lambda_2} = \frac{v_1}{v_2} = \frac{c/n_1}{c/n_2} = \frac{n_2}{n_1} \qquad \textbf{23-6}$$

즉, 다음과 같은 식을 얻는다.

$$\lambda_1 n_1 = \lambda_2 n_2 \qquad \textbf{23-7}$$

만약 매질 I이 진공이라면 $n_1 = 1$이므로, 임의의 매질에서 굴절률은 다음과 같은 비로 나타낼 수 있다.

$$n = \frac{\lambda_0}{\lambda_n} = \frac{\text{진공에서의 파장}}{\text{매질 내에서의 파장}} \qquad \textbf{23-8}$$

여기서 λ_0은 진공에서의 빛의 파장이며, λ_n은 굴절률이 n인 매질 내에서의 파장이다. 따라서 **빛이 진공에서 투명한 매질 속으로 진행할 때 파장이 줄어든다는 것을 알 수 있다.**

굴절의 법칙을 나타내는 식 23-3을 다른 형태로 표현해보자. 식 23-3에 식 23-6을 대입하면, 다음과 같은 식을 얻는다.

$$n_1 \sin\theta_1 = n_2 \sin\theta_2 \qquad \textbf{23-9}$$

식 23-9 역시 실험으로 발견한 스넬(W. Snell)의 공로가 인정되어 **Snell의 굴절 법칙**(Snell's law of refraction)이라 한다.

다른 매질에서 전파속력이 다른 이유

빛이 공기 중에서 유리와 같이 투명한 매질 속으로 입사할 때 전파속력이 더 느린 이유는 무엇일까? 빛은 진동하는 전기장과 자기장이 조합되어 진행하는 전자기파 중의 하나이다. 빛이 공기 중에서 유리로 입사하면, 전자기파에서 진동하는 전기장은 유리 원자의 전자들을 같은 진동수로 진동시킨다. 이렇게 진동하는 전자는 이웃한 전자 쪽으로 향하는 2차 전자기파(빛)를 방출시킨다. 이때 방출된 2차 파동은 전자를 진동시킨 입사파와 위상이 다르다. 위상이 다르다는 의미는 2차 파동의 마루가 매질의 주어진 지점에 1차 파동의 마루보다 조금 뒤에 도달한다는 뜻이다. 이 과정이 전자에서 전자로 반복되면서 위상 지연이 축적되어, 유리 속에서 빛의 속력이 줄게 된다.

다른 매질에서 진행방향이 꺾이는 이유

또 빛이 유리와 같이 투명한 매질 속에서 진행방향이 꺾여 굴절하는 이유는 무엇일까? 경계면을 통과하는 파면을 주의 깊게 추적해보면 빛의 속력 변화가 왜 빛의 방향을 바꾸게 하는지 알 수 있다(그림 23-12 참조). 이것에 대한 비유를 한 가지 생각해보자. 줄을 맞추어 행진하는 군인들이 마른 땅과 진흙투성이인 지역 사이의 경계선을 비스듬하게 통과하고 있다고 하자. 대열의 한쪽 군인들이 비스듬히 놓여 있는 진흙에 들어가면 미끄러지거나 빠지면서 그 속력이 느려진다. 줄을 흐트러뜨리지 않고 간격을 적절하게 유지하려면, 대원들은 방향을 조금 돌려야 하므로, 결국엔 대열 전체가

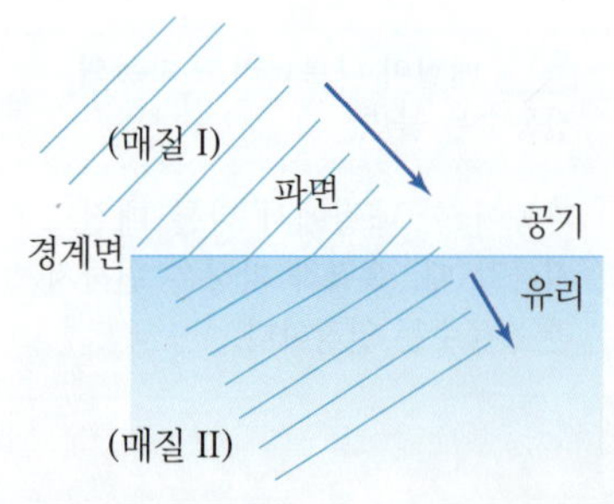

그림 23-12 빛이 공기 중에서 유리 속으로 입사할 때 굴절하는 빛의 파면. 빛은 유리 속에서 더 느리게 진행하기 때문에 진행방향에 변화가 생긴다.

조금 다른 방향으로 행진하게 될 것이다. 이런 방향의 변화는 유리 속으로 입사하는 빛에 대해서도 동일하게 나타난다. 경계면에서 위치가 다른 전자 진동자에 발생하는 느린 파면이 더해지면 전체 파면은 입사하는 파동과는 다른 방향으로 진행한다.

예제 23-3 속력차로 굴절률 구하기

문제 빛이 어느 매질 속으로 입사하여 속력이 2.25×10^8 m/s가 되었다. 이 매질의 굴절률은 얼마인가?

생각하기 진공 중에서 빛의 속력과 굴절률을 비교하여 해결하는 문제이다.

풀이 진공 중에서 빛의 속력 $v_{진공}$은 3.0×10^8 m/s이고, 굴절률은 $n_{진공} = 1.00$이다. 식 23-6을 이용하자.

$$\frac{v_{진공}}{v_{매질}} = \frac{c/n_{진공}}{c/n_{매질}} = \frac{n_{매질}}{n_{진공}}$$

따라서 매질의 굴절률은 다음과 같다.

$$n_{매질} = n_{진공}\frac{v_{진공}}{v_{매질}} = (1.00)\frac{3.0 \times 10^8 \text{ m/s}}{2.25 \times 10^8 \text{ m/s}} = \frac{4}{3}$$

예제 23-4 물에 대한 유리의 상대굴절률

문제 빛이 진공으로부터 굴절률 3/2인 유리 속으로 진행하였다. (a) 유리 속에서 빛의 속력은 얼마인가? (b) 물의 굴절률은 4/3이다. 물에 대한 유리의 상대굴절률은 얼마인가?

생각하기 물에 대한 유리의 상대굴절률을 구하는 문제로 식 23-3을 이용한다.

풀이 (a) 유리 속에서 빛의 속력을 $v_{유리}$라고 하면 $n = \dfrac{c}{v_{유리}}$이다. 따라서 $v_{유리}$는 다음과 같다.

$$v_{유리} = \frac{c}{n} = \frac{3.0 \times 10^8 \text{ m/s}}{3/2} = 2.0 \times 10^8 \text{ m/s}$$

(b) 물의 굴절률을 n_1, 유리의 굴절률을 n_2라 하면, 물에 대한 유리의 상대굴절률 n_{12}는 다음과 같다.

$$n_{12} = \frac{n_2}{n_1} = \frac{3/2}{4/3} = \frac{9}{8}$$

23-5 생활 속의 굴절 현상

액체 속에서 겉보기 깊이

우리 생활속에서 굴절 현상은 빛에 의한 착각의 원인이 된다. 예를 들어 그림 23-13에서 보는 바와 같이 물속에 서 있는 사람의 다리는 짧아 보인다. 이것은 사람의 발을 떠난 광선이 수면에서 꺾이기 때문이다. 관측자의 눈은 광선이 직선경로를 따라 진행하였다고 생각하게 되므로 발은 실제의 위치보다 더 위쪽에 있는 것처럼 보인다.

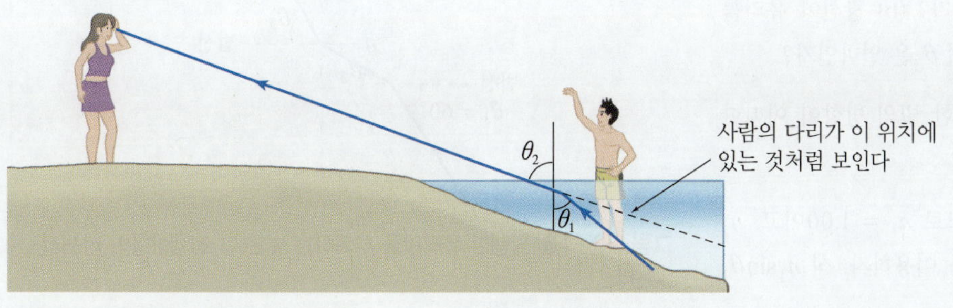

그림 23-13 빛의 굴절 때문에 물속에 서 있는 사람의 다리가 짧아 보인다.

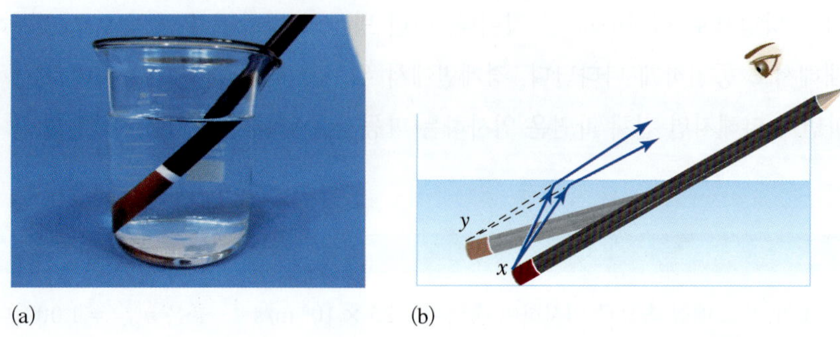

그림 23-14 (a) 물속에 있는 연필은 관측자에게 더 가깝고 크게 보인다. (b) 물속에 있는 연필의 일부가 떠 보이고 가깝게 보인다.

그림 23-14(a)에서 비커 안의 물에 연필이 일부 잠겨 있다. 이 그림에서 수면과 공기 사이 경계면에서 연필이 또렷하게 분리되는 것을 볼 수 있다. 이 효과도 빛이 연필에서 공기 중으로 나올 때 생기는 굴절 때문이다. 더욱이 물에 잠겨 있는 연필 부분이 공기 중에 있는 부분보다 더 크게 보이는데, 그 이유는 물속에서 형성된 상이 공기 중에서 형성된 상보다 관측자에게 더 가깝기 때문이다. 그림 23-14(b)의 광선 도표는 연필의 가장자리에서 나온 빛이 물속에서 공기 중으로 나오면서 꺾일 때 물이 담겨 있는 용기의 표면에서 실제보다 더 가깝게 보이는 이유를 간략하게 보여준다.

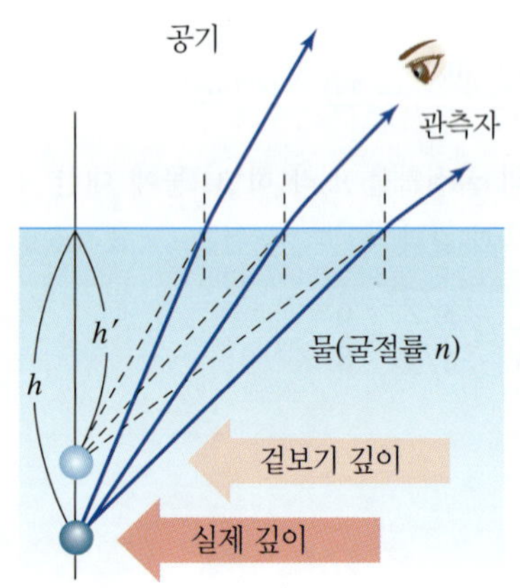

그림 23-15 경계면에서의 굴절에 의해 물속의 물체가 떠올라 보인다.

물속에서 나오는 빛은 그림 23-15와 같이 물의 표면에서 굴절하여 흩어지는데, 공기 중의 관측자는 빛이 물체가 떠올라 보이는 겉보기의 위치에서 발산해 나오는 것으로 보기 때문에 물체는 실제보다 떠올라 보이게 된다. 이때 물의 굴절률을 n, 물체의 실제 깊이를 h라고 하면, 물체의 **겉보기 깊이**(apparent depth) h'은 다음과 같다.

$$h' = \frac{h}{n} \tag{23-10}$$

보트를 타고 강을 건널 때 강이 얕아 보이는 것은 실제의 깊이보다 $1/n$만큼 강바닥이 떠올라 보이기 때문이다. 물의 공기에 대한 굴절률은 4/3이므로, 물속에 있는 물체를 공기 중에서 보았을 때 물체는 깊이의 약 1/4만큼 떠 보이게 된다. 즉 $h' = \frac{3}{4}h$이다.

예제 23-5 평행한 매질을 투과하는 빛

문제 그림 23-16과 같이 빛이 공기 중에서 입사각 60°로 평면의 유리판으로 입사하였다. 이 유리의 굴절률 n은 1.50이다. (a) 유리 속에서의 굴절각 θ_2는 얼마인가? (b) 광선이 유리를 통과하여 다시 공기 중으로 나왔을 때 각 θ_3은 얼마인가?

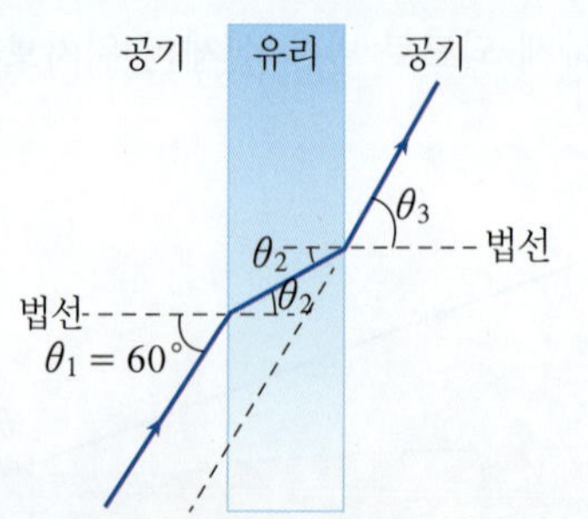

그림 23-16 평행한 유리판을 투과하는 빛은 그 진행방향이 바뀌지 않는다.

생각하기 두 면이 평행한 매질을 투과한 빛의 방향이 어떠한지를 알아보는 문제이다.

풀이 (a) 입사광선이 공기 내에 있으므로 $n_1 = 1.00$이고, $n_2 = 1.50$이다. 굴절의 법칙인 식 23-9를 이용하자. 식 $n_1 \sin\theta_1$

$= n_2\sin\theta_2$에서 $\sin\theta_2$를 구하면 다음과 같다.

$$\sin\theta_2 = \frac{n_1}{n_2}\sin\theta_1 = \frac{1.00}{1.50}\sin 60° = 0.577$$

따라서 $\theta_2 = 35.2°$이다.

(b) 유리의 두 면이 평행하기 때문에 이 경우 입사각은 θ_2가 되며, $\sin\theta_2 = 0.577$이다. 빛이 유리 내에 있으므로 $n_1 = 1.50$이고, $n_2 = 1.00$이므로 θ_3을 구하면 다음과 같다.

$$\sin\theta_3 = \frac{n_1}{n_2}\sin\theta_2 = \frac{1.50}{1.00}(0.577) = 0.866$$

따라서 $\theta_3 = 60°$이다. 이와 같이 두 면이 평행한 유리를 투과한 광선은 방향이 바뀌지 않는다. 이 관계는 입사각이 변하더라도 성립하며, 다만 투과한 광선은 한쪽으로 조금 이동할 뿐이다. 우리가 대형 건물의 유리창 가장자리 근처에서 유리를 통해 앞쪽을 바라볼 때, 광선이 조금 이동한다는 사실을 관찰할 수 있다.

대기에 의한 굴절

무더운 날 도로 위에 마치 물웅덩이가 있는 것처럼 보이는 일종의 착시 현상인 **신기루**(mirage 蜃氣樓)에 대해 알아보자. 신기루라는 명칭은 중국에서 상상의 동물인 이무기(용이 되기 전 상상의 동물)가 숨을 내쉴 때 보이는 누각이라는 뜻에서 붙여진 것이라고 한다.

실제 신기루는 도로를 향해 낮게 입사한 광선이 만든 허상이다[그림 23-17(a)]. 도로면에 가까이 다가오는 광선을 예로 설명해보자. 광선이 도로면에 가까워질수록, 광선이 통과하는 공기는 도로면의 높은 온도 때문에 점점 따뜻해진다. 공기의 온도가 상승하면 공기의 밀도가 작아지면서 굴절률이 감소한다. 따라서 광선이 진행할수록 매질의 굴절률이 줄어들기 때문에, 광선은 수평방향으로 꺾인다[그림 23-17(b) 참조].

광선이 도로면을 따라 수평으로 진행할 때에는 광선의 아랫부분이 윗부분에 비해서 따뜻한 공기를 지니기 때문에 진행속력이 상대적으로 빨라져 광선은 위로 꺾인다[그림 23-17(c)]. 일단 광선이 위쪽을 향해 진행하면, 다시 도로면과의 거리에 따른 공기의 온도 변화와 그에 따른 굴절률 감소 때문에 위 방향으로 더 많이 꺾인다[그림 23-17(d)].

공기의 온도차 때문에 생기는 이러한 특성으로 인해 도로를 운전해 가면서 솟아오르는 광선을 대하는 운전자는 굽은 경로를 파악하지 못하고, 광선이 단순히 도로면에서 나온다고 생각할 수 있다. 특히 굴절된 광선이 파란색 계통이라면, 앞쪽에 물이 고여

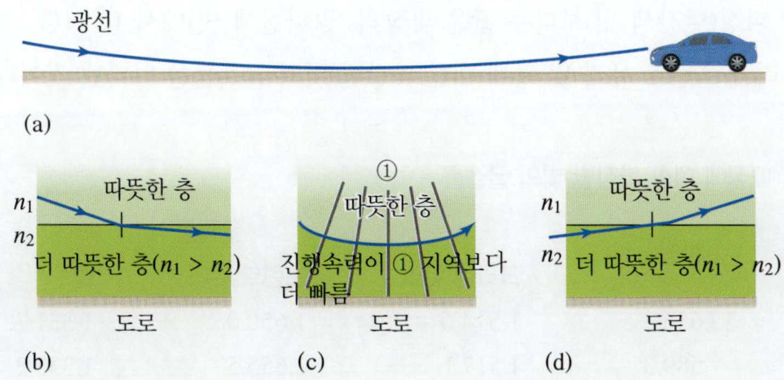

그림 23-17 (a) 정면에서 낮게 입사되는 광선은 도로면에 의해 따뜻해진 공기 때문에 바닥에 부딪치지 않고 꺾이므로, 운전자는 물웅덩이로 착각한다. (b) 도로면의 온도 차 때문에 가상의 경계면에서 광선은 꺾인다. (c) 도로 가까이 지나는 광선의 진행속력이 더 빠르다. (d) 온도가 낮은 쪽으로 나오면서 가상의 경계면에서 꺾인다.

그림 23-18 도로면의 온도 차 때문에 물이 출렁이는 것처럼 착각할 수 있다. 신기루는 허상을 보는 착시 현상이다.

있는 물구덩이로 보이게 된다. 일반적으로 도로 위의 더운 공기는 불안정하게 움직이기 때문에 신기루는 마치 물이 출렁이는 것처럼 착각하기 쉽다(그림 23-18 참조). 운전자가 신기루를 향해 달려가면, 굴절된 빛은 더 이상 볼 수 없게 되고, 신기루는 사라진다. 해가 질 때나 해가 뜬 직후에 그 모양이 찌그러져 보이는 것도 지표 부근에서 공기의 밀도 차이 때문이다.

23-6 빛의 분산

빛의 스펙트럼

진공 이외의 매질에서 빛의 굴절률은 빛의 파장에 따라 다르다. 이것은 광선이 여러 파장으로 구성되어 있을 때 굴절되는 표면에서 각각 다른 각도로 굴절된다는 것을 의미한다. 따라서 빛은 굴절에 의해 퍼지게 된다. 이러한 빛의 퍼짐을 빛의 **분산**(dispersion 分散)이라고 한다. 햇빛을 프리즘에 통과시키면 그림 23-19와 같이 여러 색광으로 나누어지는 것을 볼 수 있다. 프리즘에 의해 분산된 각 색광은 빨간색 빛으로부터 보라색 빛에 이르기까지 순서대로 나열된다. 이와 같은 색광의 나열을 빛의 스펙트럼이라 하며, 특히 태양광선의 스펙트럼과 같이 모든 색광이 연이어 있는 스펙트럼은 **연속 스펙트럼**(continuous spectrum) 또는 **연속 빛띠**라고 한다. 전등이나 촛불에서 나오는 빛도 프리즘으로 분산시켜 보면 연속 스펙트럼으로 나타난다.

그림 23-19 프리즘을 통과한 빛은 분산되어 굴절률에 따라 연속적인 스펙트럼을 띠게 된다.

이처럼 태양광선이나 전등 불빛이 연속 스펙트럼을 나타내는 것은 이 빛들이 모든 색을 가진 복합광으로 이루어져 있기 때문이다. 이와 같이 여러 색광이 복합되어 있는 무색의 빛을 **백색광**(white light 白色光) 또는 **흰빛**이라고 한다. 분산에 의해 나누어진 각 색깔의 빛은 다시 프리즘에 통과시켜도 더 이상 분산되지 않는다. 이처럼 단 한 가지의 색깔만 가지는 빛을 **단색광**(monochromatic light 單色光) 또는 **한색빛**이라고 한다. 그러나 분산된 여러 색깔의 빛을 다시 합하면 백색광이 된다.

백색광이 프리즘을 통과할 때 분산되는 것은 프리즘에 대한 빛의 굴절률이 각 색광마다 다르기 때문이다. 프리즘이 유리로 만들어졌으면 빨간색 빛의 굴절률은 $n_{빨} =$ 1.515인데 비해 파란색 빛의 굴절률은 $n_{파} = 1.523$이다. 일반적으로 주어진 매질의 굴절률은 긴 파장(빨간색 빛)보다는 짧은 파장의 빛(파란색 빛)에서 더 크다. 표 23-2는 크라운 유리와 프린트 유리 및 물에 대한 파장별 빛의 굴절률을 나타낸 것이다.

표 23-2 매질에 대한 파장별 빛의 굴절률

색	파장(nm)	굴절률		
		크라운 유리	프린트 유리	물
빨강	656.3	1.514 6	1.650 0	1.331 7
노랑	589.3	1.517 1	1.655 5	1.333 2
파랑	486.1	1.523 3	1.660 1	1.337 3
보라	396.8	1.532 5	1.694 0	1.343 7

무지개

비가 온 후 나타나는 아름다운 **무지개**(rainbow)는 빛의 여러 특성들이 종합되어 일어나는 현상이다. 그림 23-20과 같이 머리 위를 지나는 한 광선이 대기 중에 있는 물방울에 부딪혀 굴절되고 반사된다. 먼저 광선은 물방울 앞 표면에서 굴절되는데, 보라색 빛은 가장 많이 편향되고 빨간색 빛은 가장 적게 편향된다. 물방울의 뒷면에서 이 빛이 반사되어 다시 앞면으로 되돌아오는데, 여기서 빛은 다시 굴절을 일으키면서 물에서 공기로 빠져나온다. 광선들이 물방울을 빠져나오면서 보라색 빛이 입사한 백색광과 이루는 각도는 40°가 되며, 빨간색 빛이 입사한 백색광과 이루는 각은 42°가 된다. 되돌아 나오는 광선들 사이의 각의 차이가 **무지개**를 만든다.

TIP 무지개가 생기는 이유

무지개는 빛의 직진, 반사, 굴절, 분산, 간섭 특성이 혼합되어 나타난다. 여기서 직진, 반사, 굴절 현상은 기하광학으로 설명이 잘 되지만, 분산이나 간섭 현상은 제25장에 공부할 파동광학으로 설명된다.

그림 23-20에서는 물방울 한 개에 입사하는 빛만을 나타냈으나, 실제로 햇빛은 태양을 보고 있는 모든 물방울의 모든 면으로 입사된다. 물방울 안으로 입사된 파동의 다른 부분은 서로 다른 경로로 진행하게 된다. 즉 파동은 서로 다른 위상으로 물방울을 빠져나온다. 이때 빨간색 빛의 무지개는 바라보는 방향에서 각각의 물방울로부터 나온 빨간색 빛 파동의 위상이 일치하여 보강간섭을 한 결과이다. 각각의 물방울에서 다른 방향으로 나오는 빛의 파동은 여러 가지 다른 위상을 갖는다.

무지개를 바라보는 관측자가 있다고 하자. 만일 하늘 높이 떠 있는 물방울을 바라본다면, 물방울에서 되돌아오는 빛 중 가장 많이 편향되어 있는 빨간색 빛은 관측자에게 도달할 수 있지만, 가장 적게 편향되어 있는 보라색 빛은 관측자 위로 지나갈 것이다. 따라서 관측자는 이 물방울을 빨간색으로 보게 된다. 마찬가지로 하늘에 낮게 떠 있는 물방울은 보라색 빛이 관측자를 향하게 되므로, 이 물방울은 보라색으로 보인다(이 물방울에서 오는 빨간색 빛은 땅에 부딪혀 보이지 않는다). 스펙트럼의 나머지 색은 양 끝의 두 색 사이에 놓여서 물방울로부터 관측자에게 도달한다. 기본 색깔의 무지개를 주의 깊게 살펴보면 희미한 또 하나의 2차 무지개를 볼 수 있다. 무지개의 커다란 원호와 마찬가지로 부차적인 띠도 각각의 물방울에서 나온 파동의 위상이

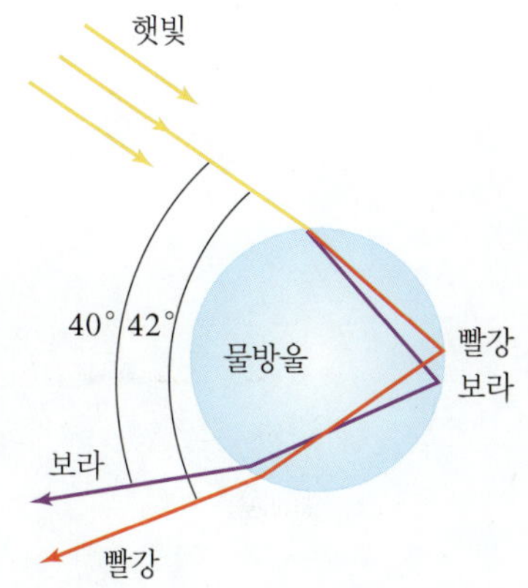

그림 23-20 구형으로 된 물방울 속에서의 빛이 굴절되는 모습. 되돌아 나오는 광선 사이의 각도 차가 무지개를 만든다.

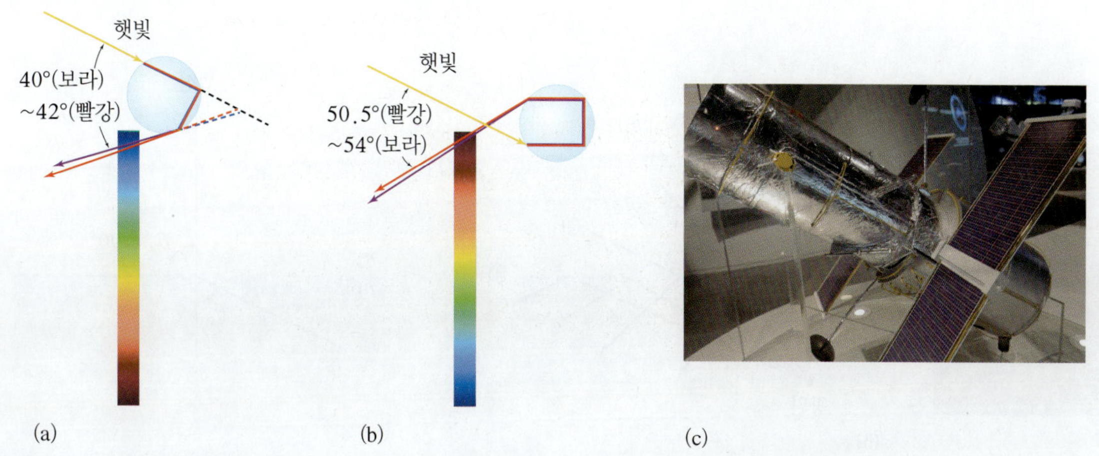

그림 23-21 (a), (b) 1차 및 2차 무지개가 만들어지는 과정 (c) 1차 무지개와 2차 무지개는 색의 순서가 반대로 나타난다(경주시 외곽에서 촬영).

거의 일치하면서 보강간섭을 일으켜서 나타난다. 그림 23-21은 1차 무지개와 색깔의 배열이 거꾸로 이루어지는 2차 무지개의 생성 과정과 모습을 보여준다.

23-7 내부 전반사

빛이 물속에서 공기 중으로 나오는 경우와 같이 광학적으로 밀한 물질에서 소한 물질로 빛이 진행할 때는 그림 23-22(b)에서 보는 바와 같이 일부는 입사각보다 큰 굴절각으로 굴절하고 일부는 반사한다. 그러나 굴절각이 90° 이상으로 커질 수는 없으므로, 입사각의 크기가 물질에 의해 정해지는 어떤 값보다 커지면 빛은 두 물질의 경계면에서 모두 반사한다. 이 현상을 **내부 전반사**(total internal reflection 內部全反射) 또는 **전반사**라고 한다.

임계각

그림 23-22(c)에서와 같이 전반사가 시작되는 입사각, 즉 굴절각이 90°가 되는 입사각 θ_c를 **임계각**(critical angle 臨界角)이라 한다.

빛이 굴절률 n_1인 물질에서 $n_2(n_1 > n_2)$인 물질로 들어갈 때의 굴절의 법칙은

$$n_1 \sin\theta_1 = n_2 \sin 90^\circ = n_2$$

이다. 임계각을 θ_c로 놓으면 임계각은 입사각과 같다. 따라서 다음 식이 얻어진다.

$$\sin\theta_c = \frac{n_2}{n_1} \qquad \textbf{23-11}$$

만약 빛이 매질 I(n_1)인 물속에서, 매질 II(n_2)인 공기로 진행하다면 $n_2 = 1.0$이므로 식 23-11은 다음과 같다.

$$\sin\theta_c = \frac{1}{n_1} \qquad \textbf{23-12}$$

이 식에 따르면 굴절률 1.33인 물의 임계각 θ_c는 약 49°이고, 굴절률 1.50인 유리의 임계각 θ_c는 약 42°이다.

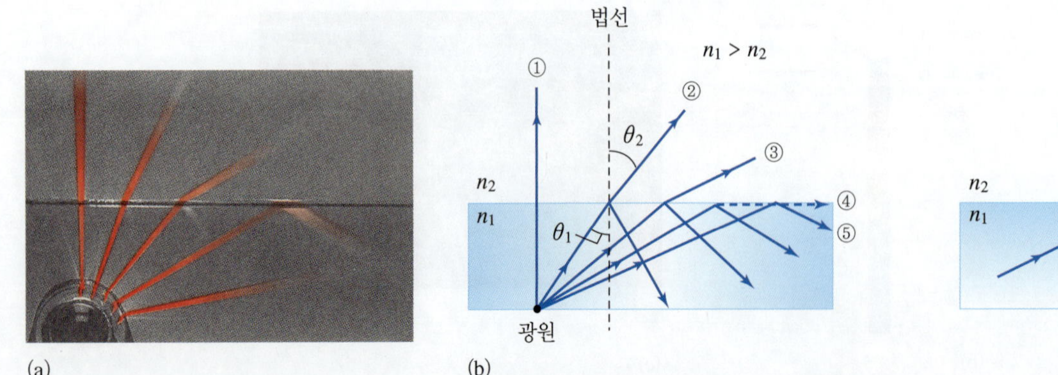

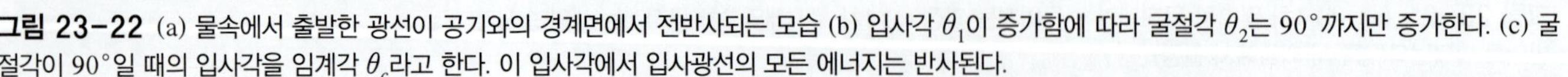
그림 23-22 (a) 물속에서 출발한 광선이 공기와의 경계면에서 전반사되는 모습 (b) 입사각 θ_1이 증가함에 따라 굴절각 θ_2는 90°까지만 증가한다. (c) 굴절각이 90°일 때의 입사각을 임계각 θ_c라고 한다. 이 입사각에서 입사광선의 모든 에너지는 반사된다.

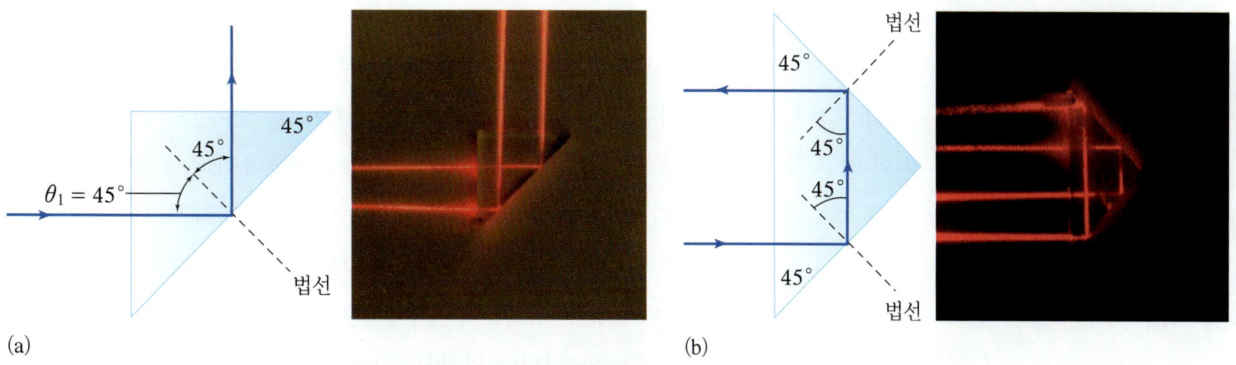

그림 23-23 공기와 유리 경계면에서의 내부 전반사는 광선의 방향을 (a) 90° 또는 (b) 180° 바꾸는 데 사용될 수 있다.

전반사 이용

그림 23-23은 프리즘을 통과한 빛의 경로가 90° 또는 180°로 바뀌는 현상을 나타낸 것이다. 이 같은 현상은 전반사 프리즘으로 입사한 빛이 전반사되어 빛의 세기를 약화시키지 않으면서 빛의 경로가 바뀐다.

그림 23-24는 쌍안경에서 두 개의 프리즘이 각각 내부 전반사에 의해 두 번씩 빛을 반사시켜서 광선이 옆으로 이동하게 하는 모습을 나타낸 것이다.

내부 전반사는 빛을 한 장소에서 다른 장소로 나르는 관에 이용된다. 이러한 관을 이용하는 기술을 **섬유광학**(fiber optics 纖維光學)이라고 한다. 섬유광학에 이용되는 관은 고체 유리나 투명한 플라스틱 막대로 제작된다. 이러한 관의 한 끝으로 입사된 빛은 내부 전반사를 통해 진행하여 다른 쪽 끝으로 나오게 된다. 이러한 역할을 하는 빛 파이프를 **도광관**(light pipe 道光管)이라 하며(도광관을 **광섬유**로 부르기도 한다), 두꺼운 막대보다는 가느다란 섬유를 사용하면 유연성이 좋아진다. 그림 23-25(a)는 도광관 내에서 내부 전반사가 일어나는 과정을 도식적으로 나타낸 것이며, 그림 23-25(b)는 광섬유의 한 끝에서 *A*라는 형태의 빛을 보내면, 내부 전반사를 통해 또 다른 끝으로 입사된 형태 그대로 나오는 모습을 나타낸 것이다. 섬유광학 분야는 통신업계

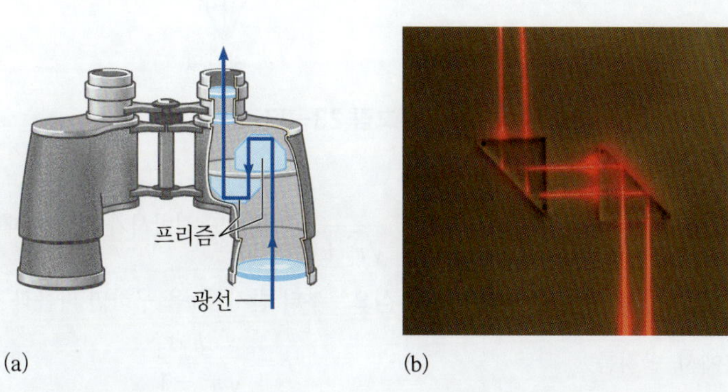

그림 23-24 (a) 쌍안경에서 두 개의 프리즘이 각각 내부 전반사에 의해 빛을 두 번 반사시켜서 광선의 경로를 바꾼다. (b) 빛의 진행 방향이 두 번 꺾여 옆으로 이동한다.

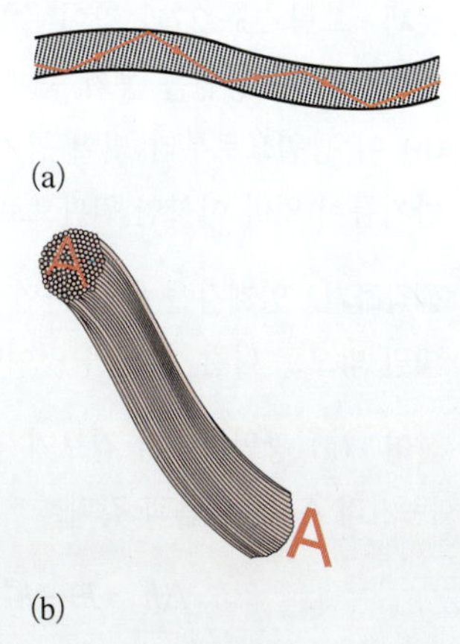

그림 23-25 (a) 유리나 투명한 플라스틱 내에서 빛이 전반사되는 모형 (b) 광섬유의 한 끝에서 *A* 형태의 빛이 입사되면, 내부 전반사를 통해 다른 끝 쪽으로 *A* 형태 그대로 출력된다.

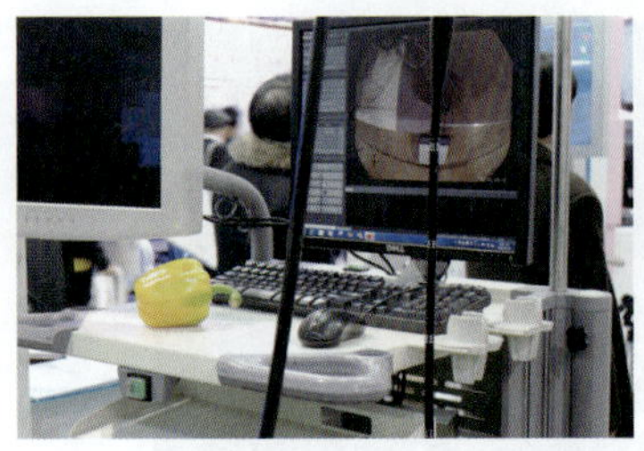

그림 23-26 위 내부를 관찰하고 조직을 떼어낼 수 있는 내시경

에도 혁명적인 발전을 가져왔다. 광섬유를 광통신에 이용하면 구리 도선에 비해 훨씬 많은 용량의 정보(영상 및 음성 등)를 빠른 시간에 전송할 수 있다.

내부전반사는 의료기구인 내시경에도 응용되고 있다(그림 23-26). 내과의사는 두 개의 얇은 도광관 묶음을 환자의 식도를 따라 내려 보낸 후, 위 내부를 관찰하여 질병의 흔적을 찾아내고 있다. 한 묶음의 바깥쪽 끝에서 보낸 광선의 대부분은 도광관 내에서 내부 전반사를 반복하여(광섬유가 휘어져 있더라도 문제되지 않는다) 다른 쪽 끝에 도달하여 위 내부를 비추게 된다. 위 내부에서 반사된 광선의 일부분은 비슷한 방법으로 두 번째 도광관을 통해 모니터에 영상으로 나타난다.

예제 23-6 매질의 굴절률과 전반사

문제 빛이 다이아몬드를 통과해 진행하고 있다. 다이아몬드 내부에서 입사각 $\theta_1 = 28°$로 다이아몬드와 공기의 경계면에서 부딪친다. (a) 경계면에서 빛의 일부가 공기($n_2 = 1.00$)로 빠져나올 것인지 아니면 전반사될 것인지를 밝히라. (b) 다이아몬드가 물속에 있다고 가정하면, 물속에서 빠져나올 것인지 아니면 전반사될 것인지를 밝히라. 다이아몬드의 굴절률은 2.42이다.

생각하기 내부 전반사는 광선의 입사각이 임계각 θ_c보다 클 때만 일어난다. 임계각은 물질의 굴절률과 관계가 깊다.

풀이 (a) 다이아몬드에서의 임계각 θ_c는 식 23-11로부터 구할 수 있다.

$$\theta_c = \sin^{-1}\left(\frac{n_2}{n_1}\right) = \sin^{-1}\left(\frac{1.00}{2.42}\right) = 24.4°$$

즉 입사각이 임계각보다 크므로, 빛은 공기 중으로 빠져나가지 못하고 모두 반사되어 다이아몬드 내로 되돌아온다.

(b) 다이아몬드가 물에 둘러싸여 있다면, 임계각은 다음과 같이 커진다.

$$\theta_c = \sin^{-1}\left(\frac{n_2}{n_1}\right) = \sin^{-1}\left(\frac{1.33}{2.42}\right) = 33.3°$$

이 임계각보다 작은 28°의 입사각을 갖는 광선은 물로 굴절되어 나온다.

예제 23-7 겉보기 깊이와 내부 전반사

문제 그림 23-27과 같이 수면에서 깊이 h인 곳에 점광원이 있다. (a) 이 광원을 공기 중에서 보면 얼마나 떠 보이겠는가? (b) 이 광원으로부터 빛이 공기 중으로 나오지 못하게 하려면 반지름이 얼마 이상인 원판으로 수면을 덮어야 할까?

생각하기 임계각을 θ_c라 하면 꼭지각이 $2\theta_c$인 원뿔 내에 있는 빛만 밖으로 나갈 수 있을 것이다.

풀이 (a) 광원까지의 겉보기 깊이는 $h' = \frac{h}{n}$이므로 떠 보이는 거리 Δh는 다음과 같다.

$$\Delta h = h - h' = h\left(1 - \frac{1}{n}\right)$$

(b) 꼭지각이 $2\theta_c$인 원뿔 내를 원판으로 덮으면 되므로, 반지름이 r 이상인 원판으로 가리면 된다. 그림 23-27에서 반지름

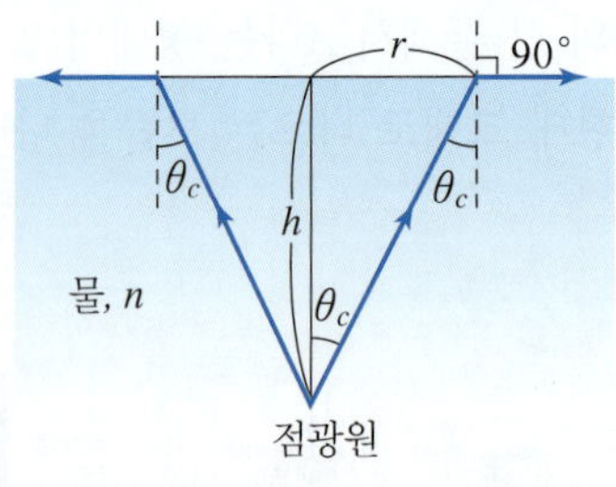

그림 23-27

r 값은 $\sin\theta_c = \frac{r}{\sqrt{r^2 + h^2}}$이다. 또 전반사가 일어날 때는 $\sin\theta_c = \frac{1}{n}$이다. 이 두 식으로부터 반지름 r을 구하면 다음과 같다.

$$r = \frac{h}{\sqrt{n^2 - 1}}$$

23-8 Huygens의 원리(호이겐스의 원리, 하위헌스의 원리)

Huygens의 원리는 파면의 위치를 결정하는 기하학적인 작도법이다. **파면**(wave front 波面)이란 파동의 앞면을 말하며, 같은 위상과 진폭을 갖는 파동의 점들로 이루어진 면이라고 앞서 설명한 바 있다. 예를 들면 파면은 파동들의 마루를 연결한 면이 될 수 있다. Huygens의 작도법에서 주어진 파면 위의 모든 점들은 잔파동이라고 하는 2차 구면파를 생성하기 위한 점파원이라고 생각할 수 있으며, 이 잔파동은 매질 속에서 정해진 속력을 가지고 전방으로 퍼져나간다. 얼마의 시간이 경과한 후, 새로운 파면의 위치는 작은 파에 접한 면이 된다.

호이겐스 Christiaan Huygens, 1629~1695, 네덜란드의 물리학자

빛에 관한 파동이론을 주장한 학자로 빛의 반사, 굴절, 회절 현상을 호이겐스의 원리로 설명하여 당시 뉴턴의 입자설과 논쟁을 벌였다. 그러나 T. Young(영국, 물리학자)의 이중슬릿 회절실험으로 빛의 파동이론이 인정받게 되었다.
호이겐스는 영어표현이며, 하위헌스는 네덜란드어 표현이다.

그림 23-28은 Huygens의 작도법의 간단한 두 가지 예를 보여준다. 우선 그림 23-28(a)에서와 같이 공기중에서 진행하는 평면파를 생각해보자. 시각 $t = 0$에서 파면은 AA'으로 나타내면 Huygens의 작도법에서 이 파면상의 각 점은 하나의 점파원으로 생각할 수 있다. 이 그림에서는 편의상 AA' 면 위에 몇 개의 점들만 표시하였다.

이 점들을 잔파동의 파원으로 생각하고 각각 반지름이 $v\Delta t$인 원을 그린다. 여기서 v는 빛의 속력이며, Δt는 한 파면에서 다음 파면까지의 전파주기이다. 이들 잔파동에 접하도록 그린 면은 AA' 면과 나란한 BB' 면이 된다.

Huygens의 원리(Huygens' principle)는 어느 순간의 파면이 나중의 파면을 어떻게 발생시키는가를 설명한다. Huygens의 원리를 요약하면 다음과 같다.

> 파동면의 모든 점들은 2차 구면파의 점파원이 된다. 처음 파동면을 떠나 얼마의 시간이 경과한 후, 새로운 파면은 작은 파들에 접한 면이 된다.

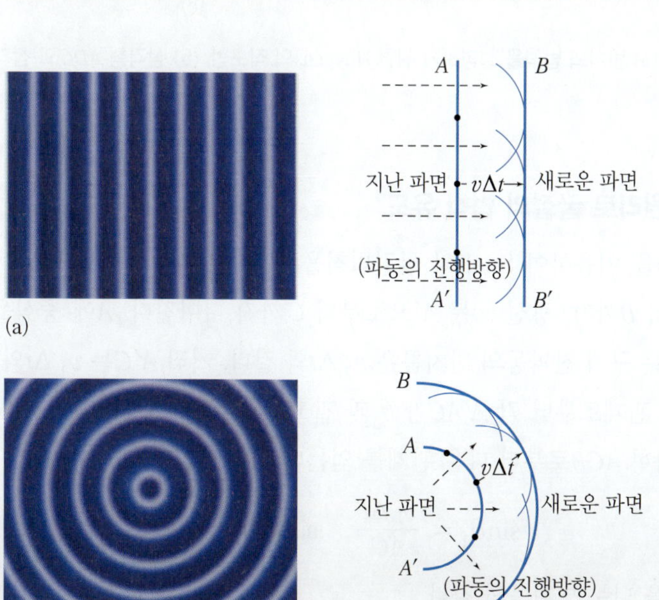

그림 23-28 (a) 평면파와 (b) 구면파가 퍼져나가는 모습을 Huygens 원리로 나타낸 그림. 처음 파면상의 각 점은 하나의 점파원으로 생각할 수 있으며, 이 점파원을 떠난 파동은 새로운 파면을 생성하기 위한 잔파동이 된다. 이 잔파동은 매질 속에서 정해진 속력을 가지고 전방으로 퍼져나간다. 얼마의 시간이 경과한 후, 새로운 파면의 위치는 작은 파에 접한 면이 된다.

Huygens 원리로 반사의 법칙 유도

그림 23-29(a)에서는 Huygens의 원리로 반사의 법칙에 대해 설명하고 있다. 직선 AA'은 입사광선의 파면을 나타낸다. 광선 ③이 A'에서 C까지 진행함에 따라, 광선 ①은 경계면 A에서 반사되어 반지름 AD인 구형의 잔파동을 생성한다. 이때 Huygens 잔파동의 반지름은 $v\Delta t$이다.

반지름 $A'C$와 AD를 가진 두 잔파동은 같은 매질 내에 있고 같은 속력 v를 가지므로 $AD = A'C$이다. 한편 광선 ②는 광선 ①보다 뒤늦게 표면에 부딪히기 때문에, B에 중심을 둔 구형 잔파동은 A에 중심을 둔 것의 절반만큼만 퍼져나간다. Huygens의 원리로부터, 반사된 파면은 바깥쪽으로 나아가는 모든 구형 잔파동에 접하는 직선인 CD임을 알 수 있다. 그림 23-29(b)에서 직각삼각형 ADC와 $AA'C$는 동일한 빗변 AC를 가지며, $AD = A'C$이기 때문에 합동이 된다. 따라서 다음과 같은 식을 얻는다.

$$\sin\theta_1 = \frac{A'C}{AC}, \quad \sin\theta_1' = \frac{AD}{AC} \tag{23-13}$$

이 관계에서 우변은 같으므로 $\sin\theta_1 = \sin\theta_1'$이다. 따라서 $\theta_1 = \theta_1'$이므로 반사의 법칙을 잘 설명할 수 있다.

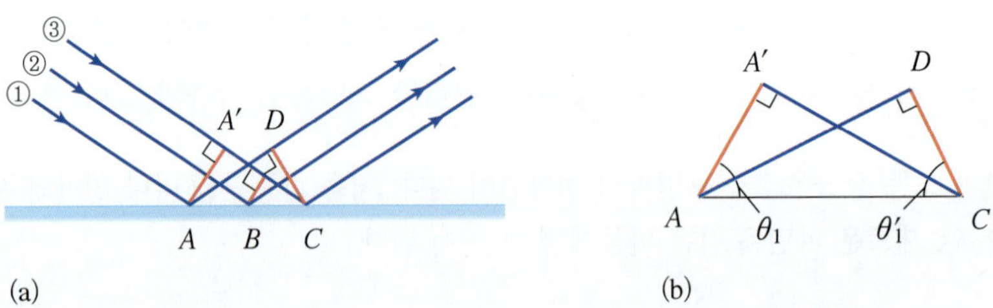

그림 23-29 (a) 반사의 법칙을 설명하기 위한 Huygens의 작도법. (b) 삼각형 ADC와 삼각형 $AA'C$는 합동이다.

Huygens 원리로 굴절의 법칙 유도

그림 23-30을 이용하여 Snell의 굴절법칙을 유도해보자. 시간간격 Δt 사이에 광선 ①은 A로부터 B까지, 광선 ②는 A'으로부터 C까지 나아간다. A에 중심을 두고 바깥쪽으로 퍼지는 구형 잔파동의 반지름은 $v_2\,\Delta t$와 같다. 거리 $A'C$는 $v_1\,\Delta t$와 같다.

기하학적 관계로부터 각 $A'AC$가 θ_1과 같고, 각 ACB가 θ_2와 같다. 따라서 삼각형 $A'AC$와 삼각형 ACB로부터 다음 관계를 얻는다.

$$\sin\theta_1 = \frac{v_1\,\Delta t}{AC}, \quad \sin\theta_2 = \frac{v_2\,\Delta t}{AC} \tag{23-14}$$

이 두 식을 나누면 다음과 같다.

$$\frac{\sin\theta_1}{\sin\theta_2} = \frac{v_1}{v_2} \tag{23-15}$$

그런데 식 23-4에서 $v_1 = c/n_1$이고, $v_2 = c/n_2$이다. 따라서 다음 관계가 얻어진다.

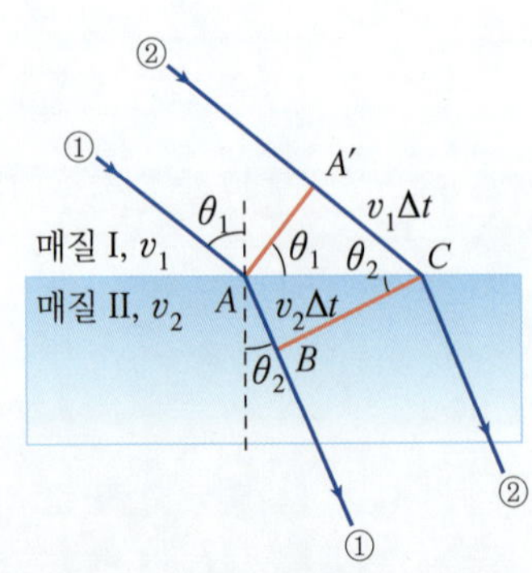

그림 23-30 굴절의 법칙을 설명하기 위한 Huygens의 작도법

$$\frac{\sin\theta_1}{\sin\theta_2} = \frac{c/n_1}{c/n_2} = \frac{n_2}{n_1} \qquad \textbf{23-16}$$

따라서 식 23-16은 다음과 같다.

$$n_1 \sin\theta_1 = n_2 \sin\theta_2 \qquad \textbf{23-17}$$

이 식이 바로 **Snell의 굴절법칙**이다.

연습문제

23-1 빛의 본질

1. (a) 진동수가 5.00 × 10^{17} Hz인 광자와 (b) 파장이 3.00 × 10^2 nm인 광자의 에너지는 몇 eV인가? 1 eV = 1.60 × 10^{-19} J이다.

23-2 빛의 직진

23-3 빛의 반사

23-4 빛의 굴절

2. 공기 중에 있는 파장이 λ = 632.8 nm인 He-Ne 레이저로부터 나온 빛이 굴절률이 1.55인 유리를 통과한다.

(a) 유리 속에서 빛의 속력은 얼마인가?

(b) 유리 속에서 빛의 파장은 얼마인가?

3. 공기 중에서 파장 λ = 435 nm인 빛이 있다.

(a) 다이아몬드 속에서 이 빛의 파장은 얼마인가? 다이아몬드의 굴절률은 2.417이다.

(b) 굴절률인 1.362인 액체 속에의 파장은 얼마인가?

4. 빛이 진공(n = 1)에서 유리와 같은 매질(n > 1)을 통과할 때, 빛의 파장, 진동수 및 속도는 어떠한가?

5. 빛이 공기 중에서 법선과 각 θ_1 = 45.0°를 이루며 두 번째 매질로 입사하였다. 두 번째 매질이 (a) 석영인 경우($n_{석영}$ = 1.458)와 (b) 이황화탄소인 경우($n_{이황화탄소}$ = 1.628) 굴절각 θ_2를 구하라.

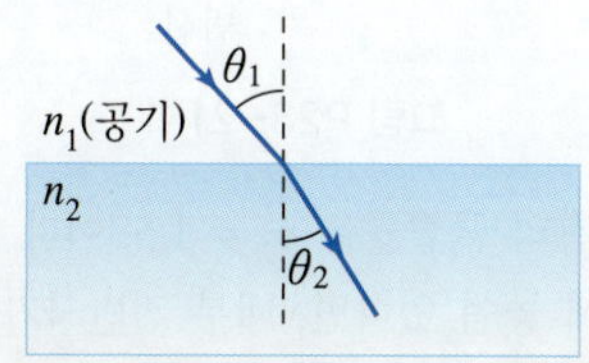

그림 P23-5

6. 진공 중에서 파장이 589 nm인 광선이 굴절률 n = 1.458인 석영 조각을 통과한다.

(a) 석영에서의 빛의 속도를 구하라.

(b) 석영에서 이 빛의 파장은 얼마인가?

(c) 빛이 석영을 통과할 때, 이 빛의 진동수는 얼마인가?

7. 진동수가 6 × 10^{14} s^{-1}인 파동이 진공 속에서의 속도는 3 × 10^{10} cm/s이고, 액체 속에서의 파장은 3 × 10^{-5} cm이었다. 이 파동이 액체 속을 통과할 때, 다음 물음에 답하라.

(a) 진공 속에서의 파장은 얼마인가?

(b) 액체 속에서의 속력은 얼마인가?

(c) 액체의 굴절률은 얼마인가?

8. 굴절률이 n_1인 투명한 매질을 통과하던 광선이 그림 P23-8과 같이 굴절률이 n_2인 투명하고 두꺼운 판을 통과한다. 판을 빠져나오는 광선이 입사광선과 나란함을 밝히라.

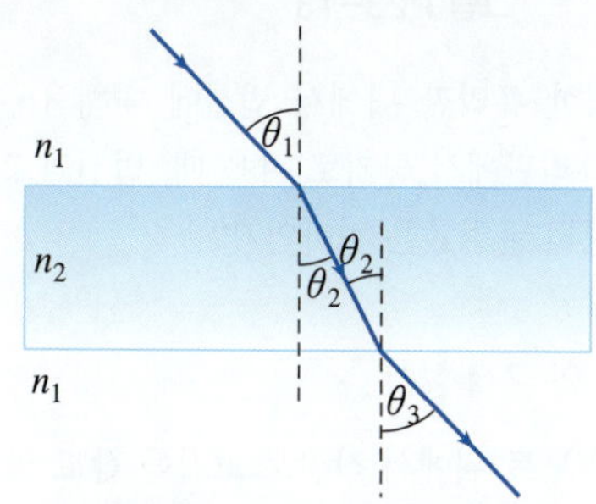

그림 P23-8

9. 한 광선이 굴절률이 매질 1(n_1 = 1.50), 매질 2(n_2 = 1.30)인 두 매질을 분리하는 경계면에서 굴절하여 통과한다.

(a) 이 광선이 매질 1에서 매질 2로 30°의 입사각으로 들어간다면 굴절각은 얼마인가?

(b) 만일 광선이 매질 2에서 매질 1로 같은 입사각으로 들어간다면, 이때 굴절각은 얼마인가?

10. He-Ne 레이저에서 방출되는 빛은 공기 중에서 632.8 nm의 파장을 갖는다. 빛이 공기에서 무색의 광물인 지르콘(Zircon)으로 진행한다면 지르콘에서의 빛의 (a) 속력, (b) 파장, (c) 진동수를 구하라. 지르콘의 굴절률은 n = 1.923이다.

11. 물속에 있는 스쿠버 다이버가 물 밖의 태양을 바라본 겉보기 각이 연직과 45.0°이다. 태양의 실제 방향은 어떻게 되는가?

12. 그림 P23-12에서 입사광선이 평행한 거울 1과 거울 2에서 반사가 각각에서 몇 번씩 일어나는가?

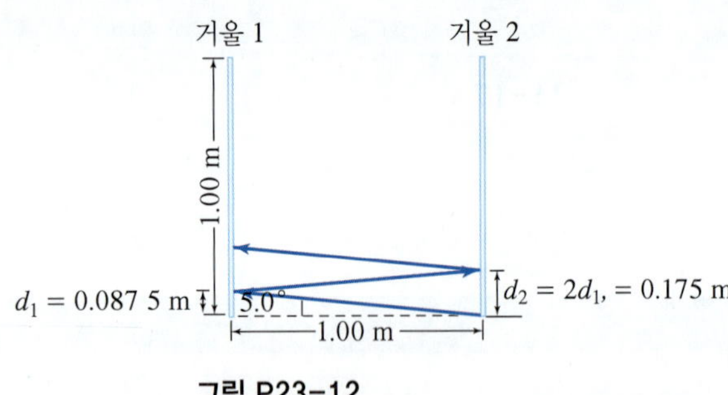

그림 P23-12

13. 그림 P23-13과 같이 공기와 유리의 경계면에서 빛이 반사되고 굴절된다. 유리의 굴절률이 n_2일 때, 반사광선과 굴절광선이 서로 수직을 이루는 공기 중에서의 입사각 θ_1을 구하라.

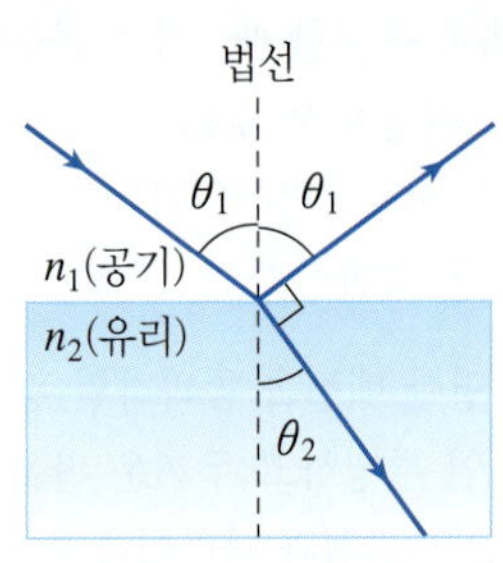

그림 P23-13

14. 광선이 투명한 유리판 내에서 법선에 대해 16°로 진행한다. 그 광선이 유리판에서 공기로 나올 때, 법선과 25°의 각을 이룬다. 유리판의 굴절률은 얼마인가?

23-5 생활 속의 굴절 현상

15. 어떤 사람이 보트 위에서 작살로 고기를 잡고 있다. 이 사람이 보트로부터 3 m의 위치에서 1 m의 겉보기 깊이에 물고기가 있는 것을 보았다. 물고기를 잡기 위해서 이 사람은 작살을 물고기의 상 바로 아래 또는 물고기의 상 바로 위 중 어디를 겨냥해야 하겠는가?

16. 신기루가 일어나기 위한 조건은 무엇인가? 뜨거운 길 위의 물을 관찰할 때 보고 있는 것은 무엇인가?

23-6 빛의 분산

17. 물속에서 빨간색 빛의 굴절률은 $n_{빨간} = 1.331$이고, 파란색 빛의 굴절률은 $n_{파란} = 1.340$이다. 백색광이 입사각 83°로 물속으로 입사할 때, 이 빛의 (a) 파란색과 (b) 빨간색 성분들의 물속에서의 굴절각은 얼마인가?

18. 빛이 그림 P23-18과 같이 굴절률이 $n = 1.5$인 유리로 만들어진 삼각프리즘(60°−60° −60°)의 한 면으로 30°의 입사각으로 입사한다.

(a) 유리를 통과하는 광선을 작도하고 각 면에서의 입사각과 굴절각을 구하라.

(b) 각 면에서 소량의 빛이 반사된다면 각 면에서의 반사각은 얼마인가?

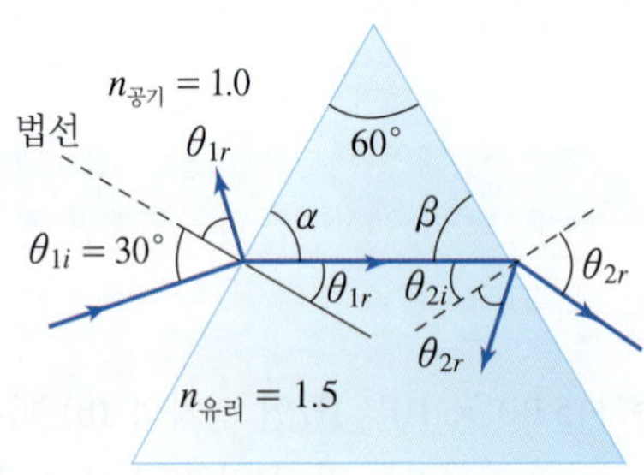

그림 P23-18

23-7 내부 전반사

19. 굴절률이 2.0인 어떤 투명한 물체가 있다. 공기의 굴절률은 1.0이다.

(a) 이 물질 내에서 전반사가 일어나는 임계각을 구하라.

(b) 이 물질 내에서 빛의 속도는 몇 m/s인가?

20. 플라스틱(아크릴)과 공기 사이의 경계면에서 내부 전반사가 일어나는 임계각을 구하라. 아크릴의 굴절률은 1.49이다.

21. 그림 P23-21과 같이 공기로 둘러싸인 45°−45°−90°프리즘의 빗면에 광선이 수직으로 입사하고 있다. 직각을 이루는 두 면의 각각에서 내부 전반사를 일으킬 수 있는 프리즘의 최소 굴절률은 얼마인가?

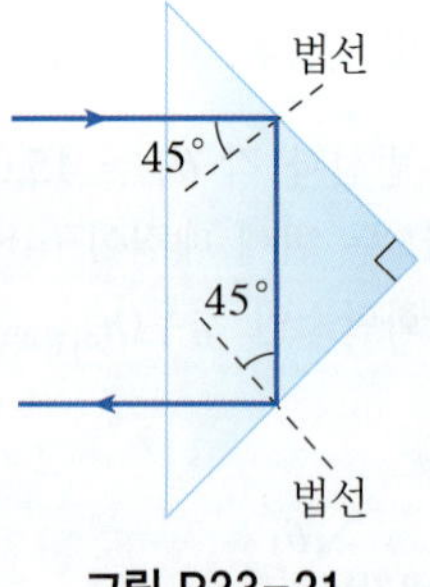

그림 P23-21

22. 플라스틱 도광관의 굴절률은 $n_1 = 1.53$이다. 이 도광관이 (a) 공기와 (b) 물에 놓여 있다면, 내부 전반사가 일어날 수 있는 최소 입사각은 각각 얼마인가?

23. 파장이 589 nm인 빛에 굴절률이 $n_2 = 1.333$인 물속에서 (a) 석영, (b) 폴리스티렌, (c) 소금 속으로 진행하고 있다. 각각의 경우에 물질의 임계각을 구하라.

24. 그림 P23−24와 같은 45°−45°−90° 유리 프리즘이 있다. 내부 전반사에 의해 광선의 방향을 90°로 바꿀 수 있음을 보이라. 유리의 굴절률은 1.52이다.

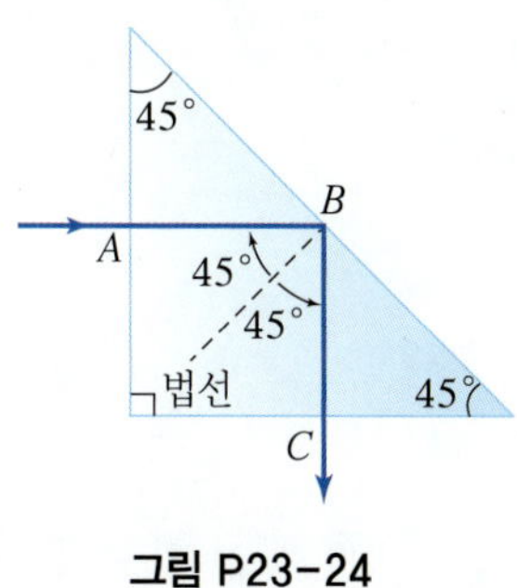

그림 P23−24

25. 광선이 유리 표면을 향해 입사각 46.0°로 입사하였다. 물속에서의 광선의 방향을 구하라.

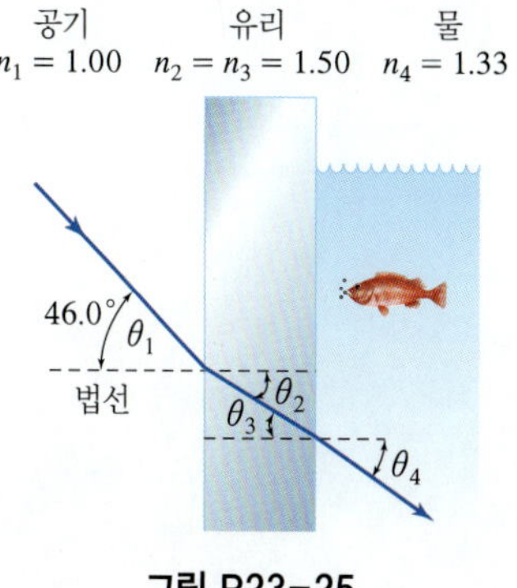

그림 P23−25

23−8 Huygens의 원리

소백산천문대 반사망원경 지름이 61 cm인 대형 망원경으로, 주 연구 분야는 변광성에 대한 모니터링 관측이다. 아주 멀리 있는 물체를 연구하기 위해서는 가능한 한 많은 빛을 집속해야 하므로, 반사 망원경을 사용한다(소백산천문대 제공).

거울과 렌즈

제24장

빛이 거울과 렌즈에서 반사나 굴절을 하게 되면 상이 형성된다. 이러한 예는 수없이 많이 있다. 자동차의 백미러, 세면용이나 화장용 거울, 사진기, 안경 그리고 다양한 일상의 용품이나 기기에서 반사나 굴절에 의해 상이 형성된다.

제24장에서는 빛의 광선근사를 이용하여 빛이 거울이나 렌즈에 입사하였을 때 형성되는 상에 대해 공부한다. 앞 장에서 공부한 반사나 굴절의 법칙으로부터 보다 발전된 기하학적 모형을 광범위하게 사용하여 거울과 렌즈의 상에 대한 수학적인 표현을 하게 된다.

공부할 구체적인 내용은 거울과 렌즈에 의한 형성되는 상의 특성과 거울과 렌즈를 조합하여 만들어지는 사진기와 현미경 그리고 망원경의 특성 등이다.

24-1 평면거울에 의한 상

그림 24-1 평면거울에 의한 상은 실물과 크기가 같다.

우리가 거울 속을 직접 들여다보면 우리의 뒤 또는 주변의 여러 물체와 함께 우리 자신이 비쳐 보일 것이며, 얼굴과 주변의 물체가 마치 우리 앞에 놓여 있는 것처럼 거울 너머 뒤쪽에 보일 것이다(그림 24-1 참조). 그러나 당연히 그것들은 그곳에 없다. 우리가 거울을 통해 본 것이 바로 물체의 **상**(image 像)이다.

그림 24-2(a)는 평면(매끈한 면) 거울에 의해 상이 어떻게 맺히는가를 보여주는 것이다. 이 그림에서 물체의 윗부분에서부터 출발한 광선은 거울에서 입사각과 동일한 반사각으로 반사되어 눈으로 들어온다. 거울에 입사되는 각 θ가 얼마이든지 간에, 물체 표면의 한 점에서 출발한 모든 광선은, 거울 뒤의 대응점에서 나와서 점선 경로를 따라 오는 것처럼 보인다. 따라서 우리의 눈은 광선이 거울 뒤 어느 곳에서 출발하여 점선을 따라서 온 것처럼 보인다. 실제로 광선은 물체의 각 지점으로부터 모든 방향으로 나아가며, 이러한 광선 중의 일부만이 우리 눈으로 들어온다.

그림 24-2(b)에서 물체의 꼭대기로부터 광선이 나오는 모습을 나타내고 있다. 각 점을 출발한 광선은 여러 방향으로 진행하겠지만 이 그림에서는 눈으로 보는 광선묶음만을 나타냈다. 즉 우리의 눈은 직선 경로를 진행하는 광선을 인식한다. 한 묶음의 광선이 출발한 곳처럼 보이는 바로 그 점이 상이 위치한 점이다. 이와 같이 거울에 의한 물체의 상은 빛의 반사에 의해 만들어지므로 물체의 한 곳에서 반사되어 나오는 많은 광선 중에서 두 개의 광선을 선택하여 반사의 법칙에 맞게 그 진로를 작도해보면 상의 위치와 크기 및 종류를 알 수 있다.

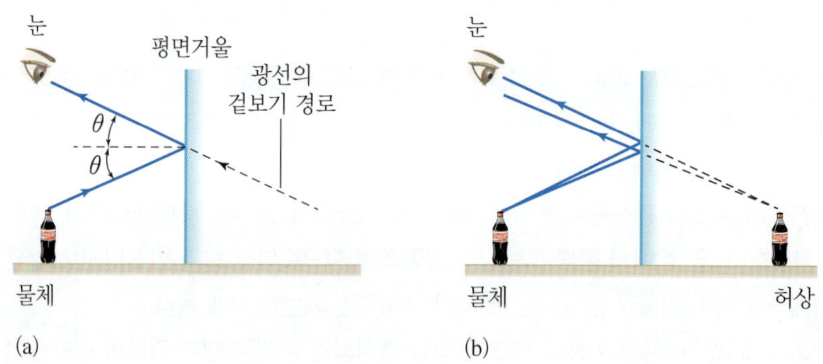

그림 24-2 (a) 물체의 상단부로부터 나온 광선이 거울에서 반사된다. 눈에서는 이 광선이 거울 뒤쪽에서부터 나오는 것처럼 보인다. (b) 물체의 상단부로부터 나온 광선묶음은 거울 뒤쪽의 상에서부터 시작되는 것처럼 보인다.

실상과 허상

평면거울에서 상을 이루는 광선은 그 상을 실제로 지나는 것이 아니며, 다만 우리의 두뇌가 눈으로 들어오는 빛이 어떤 빛이든 우리의 앞으로부터 오는 것으로 인식하기 때문에 상으로부터 빛이 실제로 나오는 것처럼 인식할 뿐이다. 이처럼 광선이 상을 실제로 지나지 않기 때문에 흰 종이나 필름을 그 자리에 놓는다 해도 상을 찾을 수 없다. 이와 같은 이유로 이러한 상을 **허상**(virtual image 虛像)이라 한다. 반면에 광선이 실제로 교차하여 만드는 상을 **실상**(real image 實像)이라 한다. 빛은 실상을 지나가므로 상의 위치에 흰 종이나 필름을 놓으면 상을 볼 수 있다.

물체거리와 상거리

거울에서 물체까지의 거리를 **물체거리**(distance of object 物體距離)라고 하고, 거울에서 상까지의 거리를 **상거리**(distance of image 像距離)라고 한다. 평면거울에서 물체거리와 상거리를 비교하면 어떠한가 알아보자.

그림 24-3에서 물체거리를 a, 상거리를 b라고 하자. 광선이 물체의 밑부분에서부터 진행하여 거울에 입사각 θ로 부딪친 다음 같은 크기의 반사각으로 반사된다. 우리 눈에는 이 광선이 상의 밑부분에서부터 온 것처럼 보인다. 그림에서 각 β_1과 β_2에 대해 $\theta + \beta_1 = 90°$이고, $\alpha + \beta_2 = 90°$이다. 여기서 각 α는 가로지르는 선에 의해 만들어지는 맞꼭지각이므로 반사각 θ와 같다. 즉 $\beta_1 = \beta_2$이다. 이 결과로 삼각형 ABC와 DBC는 변 BC가 공통이고, 꼭지각이 같고($\beta_1 = \beta_2$), 밑각이 같으므로(90°) 합동이다. 따라서 물체거리 a와 상거리 b는 같다.

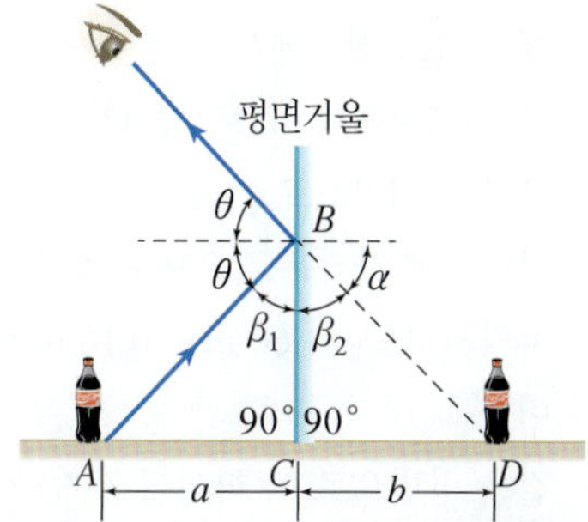

그림 24-3 이 그림은 평면거울에서 물체거리 a와 상거리 b가 같다는 것을 보여주기 위한 기하학적 도해이다.

물체의 밑부분이 아닌 윗부분에서 나오는 광선을 사용하여, 위와 같은 방법으로 물체의 크기와 상의 크기가 같음을 보일 수 있다.

태양 빛을 평면거울에 반사시켜 집속한 열에너지를 물을 끓여 발전하는 세계 최대의 태양열발전소가 지난 2014년 2월 13일 가동을 시작하였다. 그림 24-4는 미국 캘리포니아 주 모하비 사막에 건설된 이반파 태양열발전소(Ivanpah solar electric generating system)의 모습이다. 이 발전소는 높이 2.1 m, 너비 3 m짜리 반사경 35만 장이 컴퓨터에 의해 조절되어 태양을 따라 자동으로 움직이면서 빛을 반사시켜 빛에너지를 집속한다.

이 발전소에서는 연간 392 MW 전력을 생산하여 캘리포니아 주에 거주하는 14만 가구에 청정에너지를 공급하고 있다. 이 발전소에서 태양에너지를 이용하여 연간 7만 2 000대 승용차에서 발생되는 이산화탄소를 줄일 수 있다고 한다.

(a)

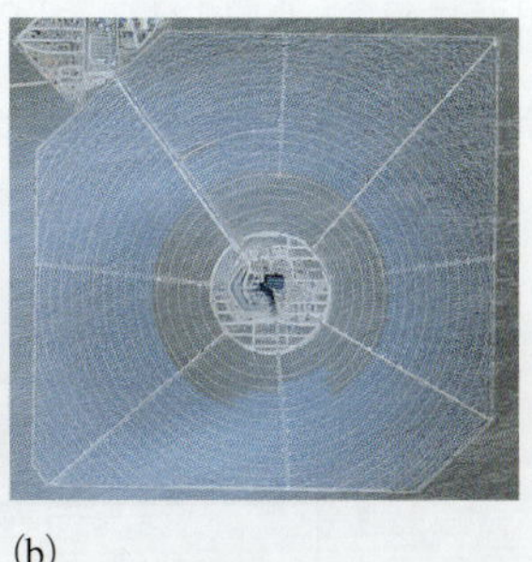

(b)

그림 24-4 (a) 빛을 평면거울에서 반사시켜 집속한 열에너지로 물을 끓여 발전하는 세계 최대 규모의 이반파 태양열발전소. 반사된 빛은 높이 140 m에 있는 집속판에 모인다. (b) 공중에서 본 이반파 태양열발전소의 수많은 평면거울

예제 24-1 전신을 볼 수 있는 거울

문제 그림 24-5는 키가 1.60 m인 학생이 평면거울 MN의 앞쪽에 서 있고, 평면거울에 의해 상이 맺히는 과정을 나타낸 것이다. (a) 이 학생이 거울을 통해 자신의 몸 전체를 보기 위한 거울의 최소 크기는 얼마인가? (b) 거울 아래 끝의 위치는 바닥으로부터 얼마의 높이에 있어야 하는가? 이 학생의 눈은 머리끝에서 0.10 m 아래에 있다고 가정한다.

생각하기 이 사람의 눈을 기준으로 아랫부분과 윗부분에 반사의 법칙을 적용해야 한다.

풀이 (a) 발끝에서 오는 광선 AN은 거울면에서 반사되어 NE로 진행하여 눈 E로 들어간다. 이 광선은 N에서 반사되어 눈으로 들어가므로 거울은 점 N보다 낮을 필요가 없다. 이때 입사각과 반사각은 같으므로 높이 NB는 높이 AE의 절반이 된다. 따라서 $AE = 1.60\ \text{m} - 0.10\ \text{m} = 1.50\ \text{m}$이므로 $NB = 0.75\ \text{m}$이다.
같은 방법으로 이 학생이 자기의 머리끝을 보려면 거울의 위쪽 끝인 점 $F(M)$까지만 필요하다. 점 F는 머리끝에서 5 cm 아래 ($GE = 0.1\ \text{m}$의 $\frac{1}{2}$)에 있다. 그러면 $MB = 1.55\ \text{m}$이므로 이 학생이 필요로 하는 거울의 길이는 $1.55\ \text{m} - 0.75\ \text{m} = 0.8\ \text{m}$이다.
(b) 따라서 거울 아래 끝의 위치는 바닥으로부터 0.75 m 높이에 있어야 한다. 일반적으로 자신의 전신을 거울에 비추어 보려면 자신의 키의 절반이면 된다.

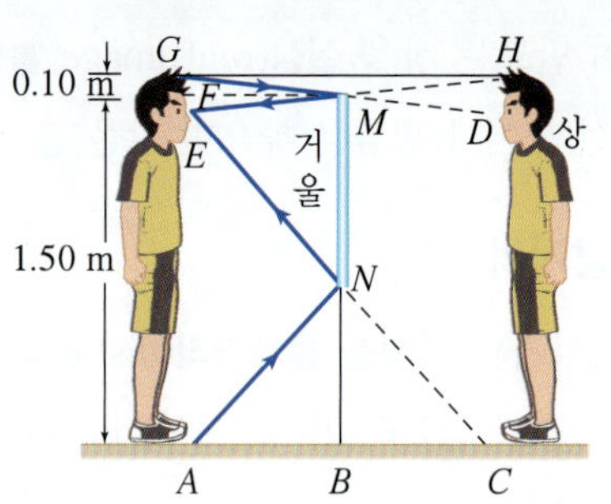

그림 24-5 전신의 상을 보기 위해서는 키의 절반 크기의 거울이 필요하다.

24-2 오목거울에 의한 상

거울의 반사면이 평면이면 **평면거울**(plane mirror)이라고 하고, 반사면이 구면으로 되어 있으면 **구면거울**(spherical mirror)이라고 한다. 구면거울의 모양은 구 표면의 일부분과 같다. 구면의 안쪽 표면을 가공하여 연마하면 **오목거울**(concave mirror)이 되고, 바깥 표면을 연마하면 **볼록거울**(convex mirror)이 된다.

오목거울은 그림 24-6과 같이 반사면이 관찰자를 향해 굽어 있다. 즉 곡률중심이 거울의 앞에 있다. 오목거울은 평행광선을 한 점에 모으기 때문에 **수렴거울**(converging mirror 收斂-)이라고도 한다. 곡률중심에서 거울면의 중앙인 **정점**(vertex 頂點)을 지나도록 그은 직선을 거울의 **광축**(optical axis 光軸) 또는 거울축이라고 한다. 오목거울의 광축 가까이에서 광축에 평행으로 입사한 광선은 반사한 후 정점

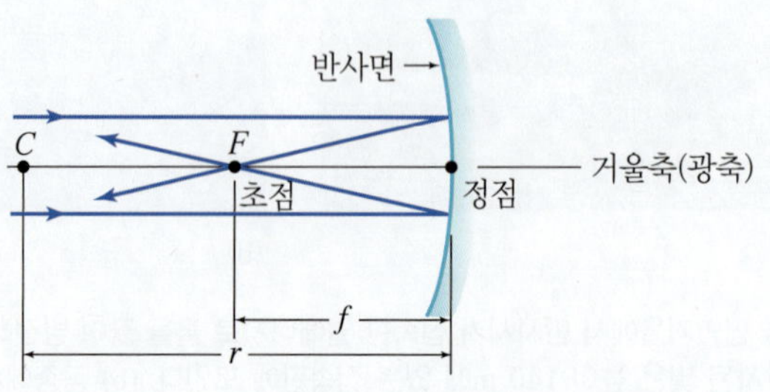

그림 24-6 오목거울은 반사면이 안쪽에 있다.

에서 $r/2$인 곳에 있는 광축 상의 한 점 F에 모이는데, 이 점을 **초점**(focal point)이라 한다. 여기서 r은 곡률반지름이며, 초점과 정점 사이의 거리를 **초점거리**(focal length 焦點距離)라 한다. 곡률반지름의 중심 C를 **구심(구의 중심)**이라 한다. 오목거울의 초점 f는 거울 앞 $\frac{1}{2}r$ 되는 곳 광축 위에 있다.

$$f = \frac{1}{2}r \quad \text{(오목거울의 초점거리)} \qquad \textbf{24-1}$$

오목거울에 의해 만들어지는 상은 **광선추적**(ray tracing 光線追跡)이라는 작도법을 이용하여 분석할 수 있다. 광선추적을 통해 상의 크기는 물론, 상의 위치도 알아낼 수 있다.

오목거울 앞에 놓인 물체에 대한 상의 위치는 다음과 같은 세 주광선(principal rays 主光線) 중에서 둘 이상의 광선의 경로를 그리면 찾을 수 있다.

광선 ①: 광축에 평행하게 입사한 광선은 반사 후 초점을 지난다.
광선 ②: 초점을 통과한 광선은 반사 후 거울축에 평행하게 진행한다.
광선 ③: 곡률중심을 향해 입사한 광선은 반사 후 같은 길로 되돌아간다.

이외에도 정점을 향해 입사한 광선은 반사 후 광축에 대해 같은 각을 이루며 반사하는 성질을 이용할 수 있다. 오목거울의 상을 찾는 데 주광선을 이용하는 이유는 단지 다른 광선보다 그리기가 쉽기 때문이다. 광선추적을 통해 오목거울에 의해 생기는 상을 조사해보면 그림 24-7과 같다.

물체의 위치에 따라 상의 종류(실상과 허상), 상의 위치, 상의 크기가 달라진다. 그림 24-7(a)와 같이 물체가 곡률중심 뒤쪽에 놓여 있을 때, 물체에 비해 축소된 도립실상이 만들어진다. 그리고 물체가 곡률중심과 초점 사이에 놓여 있을 때는 확대된 도립실상이 생기며[그림 24-7(b)], 물체가 오목거울과 초점 사이에 있을 때, 확대된 정립허상이 만들어진다[그림 24-7(c)]. 일반적으로 거울(오목거울과 볼록거울)에 의해 생기는 상의 위치는 다음과 같다.

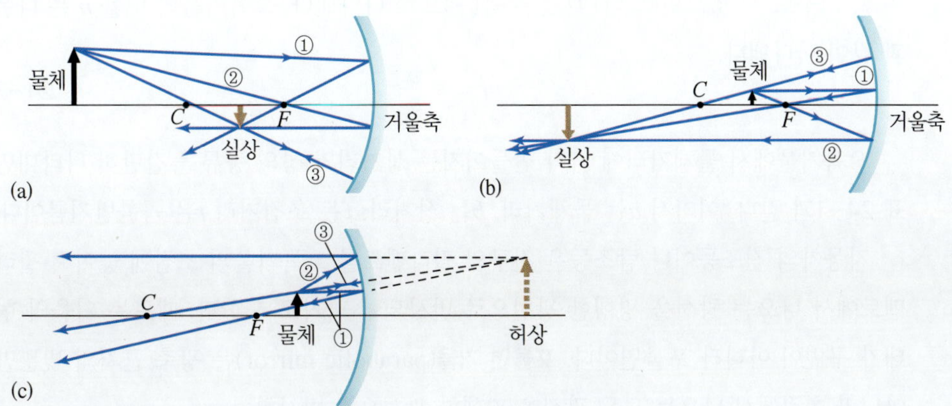

그림 24-7 광선추적을 통해 오목거울에 의해 생기는 상. (a) 물체가 곡률중심 뒤쪽에 놓여 있을 때, 물체에 비해 축소된 도립실상이 만들어진다. (b) 물체가 곡률중심과 초점 사이에 놓여 있을 때, 확대된 도립실상이 생긴다. (c) 물체가 오목거울과 초점 사이에 있을 때, 확대된 정립허상이 만들어진다.

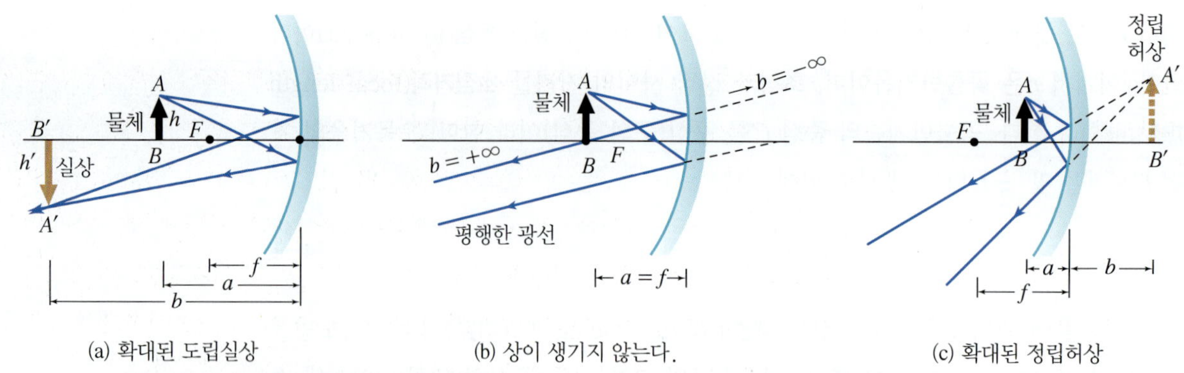

그림 24-8 오목거울에서 물체의 위치에 따라 물체거리 a, 상거리 b는 달라진다. 허상에서는 상거리가 음(−)이다.

> 거울(오목거울, 볼록거울)이 만드는 **실상**은 거울을 중심으로 물체가 있는 쪽에 위치하고, **허상**은 그 반대쪽에 위치한다.

그림 24-8은 오목거울에서 실상과 허상이 만들어질 때 물체거리와 상거리를 어떻게 정의하는가를 나타내는 그림이다. 물체의 위치에 따라 물체거리 a, 상거리 b는 달라지며, 허상이 만들어지는 경우에는 상거리는 음(−)이다.

그러면 오목거울에서의 물체거리, 상거리, 그리고 초점거리 사이의 관계는 어떻게 되는지 알아보자. 거울에서 물체까지의 거리 a, 거울에서 상까지의 거리 b, 거울에서 초점까지의 거리 f, 곡률반지름 r 사이에는 다음과 같은 간단한 관계식이 성립한다.

$$\frac{1}{a} + \frac{1}{b} = \frac{1}{f} = \frac{2}{r} \qquad \textbf{24-2}$$

식 24-2와 같이 오목거울에 의한 상거리는 물체거리에 따라 다르다는 것을 알 수 있다. 이 식에서 $b > 0$이면 상은 물체 쪽에 **도립실상**이 생기며, $b < 0$이면 물체와 반대편에 **정립허상**이 생긴다. 거울의 중심축에 수직인 방향으로 측정한 물체의 크기, 즉 높이를 $AB = h$, 상의 높이를 $A'B' = h'$이라 하였을 때, 물체의 크기에 대한 상의 크기를 **배율**(magnification 倍率) m이라 한다. 상이 바로 서 있으면(정립) 배율은 양(+)이고, 거꾸로 서 있으면(도립) 배율은 음(−)으로 나타낸다. 오목거울의 배율 m은 다음과 같이 나타낸다.

$$m = -\frac{b}{a} \qquad \textbf{24-3}$$

오목거울에서 물체거리에 따라 만들어지는 상거리와 상의 종류를 간단히 나타내면 표 24-1과 같다. 여기서 a는 물체거리, b는 상거리, f는 초점거리 r은 곡률반지름이다.

자동차의 전조등이나 탐조등은 전구의 필라멘트를 오목거울의 초점에 놓아서 필라멘트에서 나오는 광선을 평행한 광선으로 반사되어 나가도록 한다. 때로는 거울의 형태가 구면이 아니라 포물면이다. **포물면 거울**(parabolic mirror)은 광축 근처의 빛뿐만 아니라 초점에서 나오는 모든 광선을 평행한 광선으로 반사한다.

면도용이나 화장용 거울은 오목거울을 사용하여 확대된 상을 얻을 수 있도록 설계한다. 치과 의사들이 오목거울을 사용하는 것도 같은 이유이다.

표 24-1 오목거울에서 물체거리에 따른 상거리와 상의 종류

물체거리	$a=\infty$	$r<a<\infty$	$a=r$	$f<a<r$	$a=f$	$a<f$
상거리	$b=f$	$f<b<r$	$b=r$	$r<b<\infty$	$b=\infty$	$b<0$
상의 종류	점	축소된 도립실상	같은 크기의 도립실상	확대된 도립실상	상이 없다	확대된 정립허상

예제 24-2 초점의 위치

문제 그림 24-9는 광축에 평행하게 입사한 광선이 오목거울의 한 면 A에서 반사의 법칙에 따라 반사되어 초점을 지나는 모습을 나타낸 것이다. 오목거울의 초점 F가 곡률중심 C와 오목거울의 가운데에 위치하는 것을 보이라.

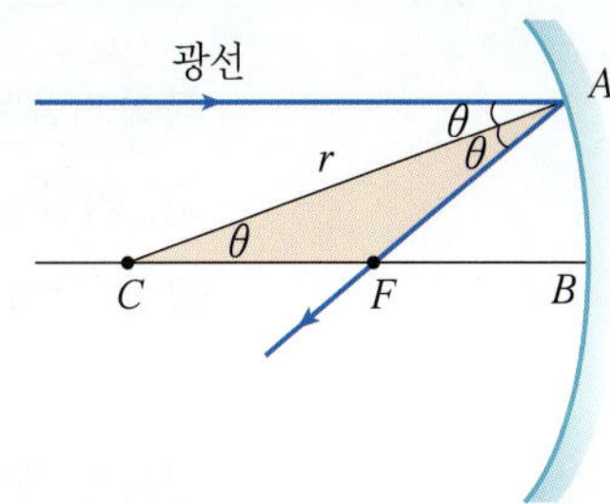

그림 24-9 오목거울에서 초점 위치는 곡률반지름의 1/2 되는 곳이다.

생각하기 기하학적 관계를 통해 확인할 수 있다.

풀이 그림을 보면 CA는 거울의 곡률반지름이고, 입사광선은 입사각과 같은 반사각 θ로 거울로부터 반사된다. 그리고 각 ACF는 반지름선 CA가 두 개의 평행선을 가로지르므로 역시 θ이다. 두 각이 같으므로 색칠된 삼각형 CAF는 이등변삼각형이다. 따라서 변 CF와 FA는 같다. 입사광선이 광축에 가까이 있으면, 입사각 θ는 작고, 거리 FA는 FB와 거의 차이가 나지 않는다. 그러므로 θ가 작은 경우에는 $CF = FA = FB$이고, 초점 F는 곡률중심과 거울 사이의 중간에 위치한다. 따라서 초점거리 f는 반지름 r의 절반이 된다.

예제 24-3 오목거울에 의한 상

문제 초점거리가 10 cm인 오목거울이 있다. 이 거울에서 15 cm 떨어진 곳에 길이가 3 cm인 물체가 놓여 있다. 이때 (a) 어떤 종류의 상이 어느 곳에 생기는가? (b) 배율은 얼마인가?

생각하기 오목거울의 공식을 이용하여 기본 개념을 이해하는 기본 문제로 식 24-2와 24-3을 사용한다.

풀이 (a) 식 24-2인 $\frac{1}{a}+\frac{1}{b}=\frac{1}{f}$에 $f = 10$ cm, $a = 15$ cm를 넣어 계산하면 다음과 같다.

$$\frac{1}{b}=\frac{1}{10}-\frac{1}{15}=\frac{1}{30}$$

따라서 $b = 30$ cm이다. $b > 0$이므로 상은 도립실상이며, 거울 앞쪽 30 cm인 곳에 생긴다.

(b) 배율 m은 다음과 같다.

$$m=-\frac{b}{a}=-\frac{30}{15}=-2$$

즉 배율이 음(−)이라는 것은 상이 도립되었다는 의미이다.

예제 24-4 오목거울의 배율 공식

문제 그림 24-10은 오목거울에서 물체를 떠난 광선을 광선추적에 의해 진행하는 모습을 나타낸 것이다. 이 그림을 보고 오목거울에 의한 배율 m이 $m=\frac{A'B'}{AB}=\frac{\text{상 크기}}{\text{물체 크기}}=-\frac{b}{a}$임을 설명하라.

생각하기 그림을 보고 두 직각삼각형의 닮은 조건을 찾아 기하학적 방법을 이용한다.

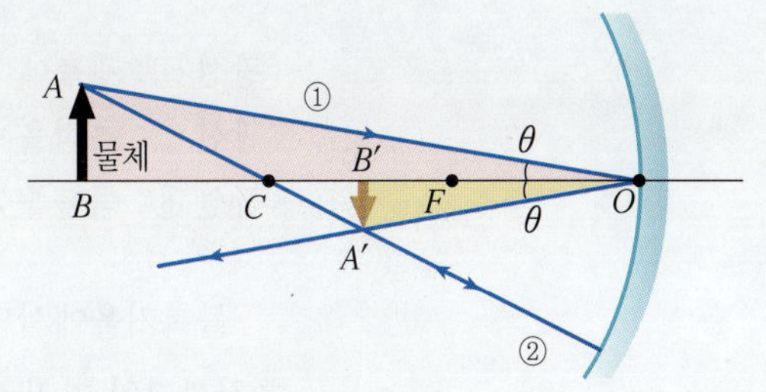

그림 24-10 광선추적 방법에 의한 상의 작도

풀이 그림에서 광선 ①은 거울의 중심인 정점에서 반사의 법칙을 따라 반사되어 나간다. 그림에서 두 직각삼각형 ABO와 $A'B'O$는 닮은꼴이므로 다음과 같다(부호는 무시하자).

$$\frac{A'B'}{AB} = \frac{B'O}{BO}$$

좌변은 오목거울의 배율이 된다. 여기서 BO는 물체거리 a이고, $B'O$는 상이 도립이므로 상거리는 $-b$이다. 따라서 다음과 같은 관계가 성립한다.

$$\frac{A'B'}{AB} = \frac{B'O}{BO} = -\frac{b}{a}$$

24-3 볼록거울에 의한 상

볼록거울은 그림 24-11과 같이 반사면이 관찰자로부터 멀어지는 쪽을 향해 굽어 있고, 곡률중심이 거울 뒤에 있다. 볼록거울의 정점에 가깝게 입사하는 광축에 평행한 모든 광선은 볼록거울 뒤 초점이라 불리는 점에서 나오는 것처럼 반사한다. 이 점을 볼록거울의 **허초점**(virtual focal point 虛焦點)이라 한다. 볼록거울은 평행광선을 발산하는 방향으로 반사시키기 때문에 **발산거울**(diverging mirror 發散-)이라고도 한다. 볼록거울의 허초점은 거울 뒤 $\frac{1}{2}r$ 되는 곳 광축 위에 있다. 즉 초점거리는 곡률반지름의 절반이고, 이는 오목거울의 경우와 똑같다. 이 때문에 볼록거울의 초점거리를 음수로 표시하기로 한다.

$$f = -\frac{1}{2}r \quad \text{(볼록거울의 초점거리)} \qquad \textbf{24-4}$$

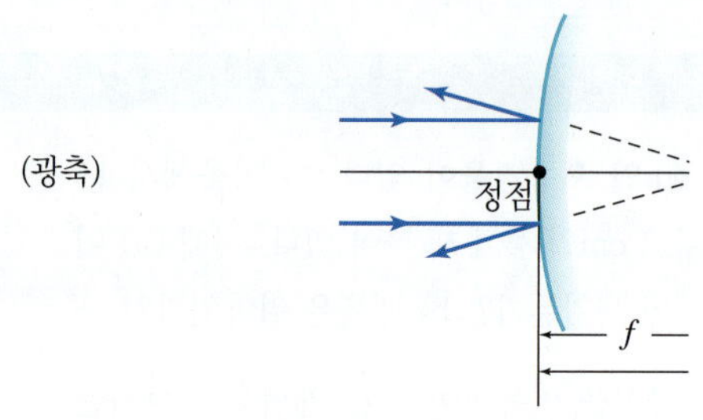

그림 24-11 볼록거울은 반사면이 바깥쪽에 있다.

볼록거울에서 상의 위치와 크기를 결정하는 과정은 오목거울의 경우와 유사하다. **볼록거울에서는 항상 물체보다 작은 정립허상이 생기는 것이 오목거울과 다르다**. 이 때 물체가 거울에서 멀어질수록 상은 작아진다. 볼록거울에 의한 상은 그림 24-12에서 보는 바와 같다. 상이 얻어지는 과정을 **광선추적**을 통해 정리하면 다음과 같다.

광선 ①: 광축에 평행하게 입사한 광선은 반사 후 초점에서 나오는 것처럼 진행한다.
광선 ②: 초점을 통과한 광선은 반사 후 거울축에 평행하게 진행한다.
광선 ③: 곡률중심을 향해 입사한 광선은 반사 후 같은 길로 되돌아간다.

볼록거울에서의 물체까지의 거리 a, 볼록거울에서 상까지의 거리 b, 볼록거울에서 초점까지의 거리 f, 곡률반지름 r을 이해하기 쉽게 나타내면 그림 24-13과 같다.

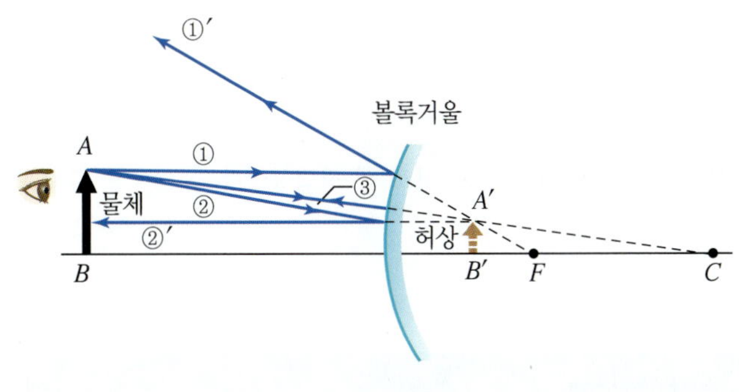

그림 24-12 볼록거울에서는 항상 물체보다 작은 정립허상이 생긴다. 이때 물체가 거울에서 멀어질수록 상은 작아진다.

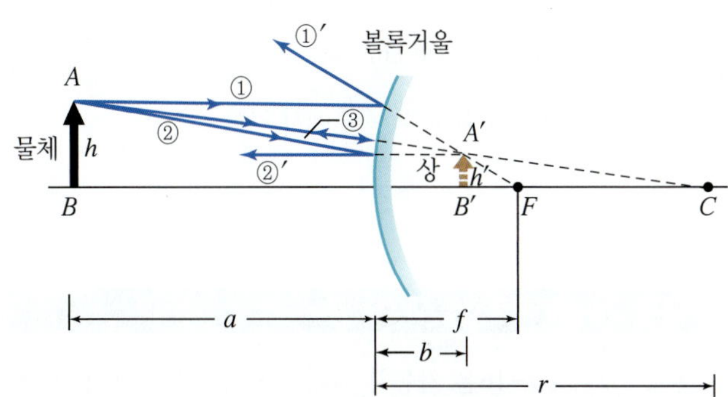

그림 24-13 볼록거울에서의 물체거리, (a) 상거리, (b) 초점거리, (c) 곡률반지름(r)

볼록거울에서의 식은 오목거울에서의 식인 24-2, 24-3과 동일하게 적용된다. 다만 오목거울과는 달리 볼록거울의 초점은 허초점이므로 초점거리 f는 음(−)이 되고, 또 볼록거울에 의한 상은 항상 허상이며 거울 뒤에 만들어지므로 상거리 b가 음(−)이다. 따라서 오목거울의 식에서 초점거리를 $-f$로, 상거리는 $-b$로 나타낸다.

볼록거울에 의한 상은 항상 실물보다 작으므로 관찰 범위가 넓어서 자동차의 백미러나, 그림 24-14와 같이 커브 길의 안내용 거울로 쓰인다.

그림 24-14 굽은 도로에서 양쪽 운전자가 상대방을 미리 확인할 수 있는 볼록거울. 이런 거울은 사고를 예방하는 효과가 있다.

표 24-2는 볼록거울이나 오목거울에 대한 부호 규약을 나타낸 것이다.

표 24-2 거울에 대한 부호 규약

물리량	기호	거울 앞	거울 뒤	정립상	도립상
물체까지의 거리	a	+	−		
상까지의 거리	b	+	−		
초점거리	f	+	−		
상의 크기	h'			+	−
배율	m			+	−

예제 24-5 볼록거울에 의한 상

문제 그림 24-15와 같이 반지름이 곡률 20 cm인 볼록거울 앞 15 cm 떨어진 곳에 길이 3.0 cm의 물체가 놓여 있다. (a) 볼록거울의 초점거리는 얼마인가? (b) 상거리는 얼마인가? (c) 상의 길이는 얼마인가?

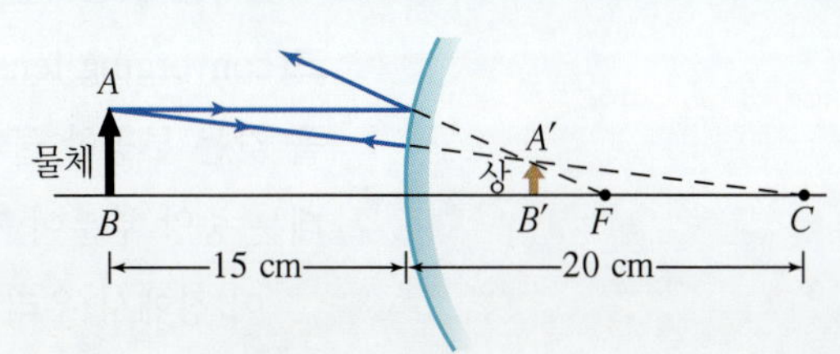

그림 24-15 볼록거울에 의해 만들어지는 상

생각하기 볼록거울의 공식을 이용하여 개념을 이해하는 기본 문제이다.

풀이 (a) 볼록거울에서 초점거리 f는 다음과 같다.

$$f = \frac{-r}{2} = \frac{-20\text{ cm}}{2} = -10\text{ cm}$$

(b) 상거리 b는 볼록거울의 공식을 사용하여 구할 수 있다. 주어진 상수 $a = 15$ cm, $f = -10$ cm를 볼록거울의 공식에 대입하면 다음과 같다.

$$\frac{1}{15\text{ cm}}+\frac{1}{b}=\frac{1}{-10\text{ cm}}$$

따라서 상거리는 $b = -6$ cm이다.

(c) 상의 길이 $A'B'$은 $m = -\frac{b}{a}$에서 구할 수 있다.

$$A'B' = -\frac{(-b)}{a}\times 3.0\text{ cm} = \frac{6\text{ cm}}{15\text{ cm}}\times 3.0\text{ cm} = 1.2\text{ cm}$$

상의 길이가 양(+)이므로 바로 선 정립상이다.

예제 24-6 자동차 실내 후사경

문제 그림 24-16은 자동차 실내 후사경(rear view mirror)이다. 실내 후사경은 곡률반지름이 아주 큰 볼록거울을 사용하기도 한다. 이 후사경으로부터 약 10.0 m 떨어진 뒤쪽에 승용차 한 대가 따라오고 있다. 이 후사경의 곡률반지름이 40.0 cm라고 한다. (a) 물체(승용차)의 상거리를 구하라. (b) 이 물체에 대한 배율을 구하라.

그림 24-16 자동차 실내 후사경

생각하기 실내 후사경은 곡률반지름이 큰 볼록거울을 사용하여 운전자가 뒤쪽의 상황을 보다 넓은 시야로 볼 수 있도록 한다.

풀이 (a) 곡률반지름 $r = 40.0$ cm이므로 초점거리는 다음과 같다.

$$f = \frac{-r}{2} = \frac{-40.0\text{ cm}}{2} = -20.0\text{ cm} = -0.200\text{ m}$$

물체거리와 초점거리를 볼록거울의 공식에 대입하면 다음과 같다.

$$\frac{1}{b}=\frac{1}{f}-\frac{1}{a}=\frac{1}{-0.200\text{ m}}-\frac{1}{10.0\text{ m}}=-\frac{51.0}{10.0\text{ m}}$$

따라서 상까지의 거리 b는 다음과 같다.

$$b = -\frac{10.0\text{ m}}{51.0} = -0.196\text{ m}$$

즉 상까지의 거리는 거울 뒤편으로 19.6 cm인 지점이다. 운전자는 거울 뒤쪽에 축소된 정립허상을 보면서 뒤쪽의 상황을 파악할 수 있다.

(b) 볼록거울의 배율은 다음과 같다.

$$m = -\frac{b}{a} = -\frac{-0.196\text{ m}}{10.0\text{ m}} = 0.019\,6\text{ m}$$

0.019 6을 분수로 나타내면 $\frac{1}{51}$이다. 따라서 운전자는 물체의 $\frac{1}{51}$만큼 축소된 모습을 보게 된다.

24-4 볼록렌즈에 의한 상

구면거울이 반사를 통해 상을 맺는데 비해 **렌즈**는 굴절을 통해 상을 맺게 한다. **볼록렌즈**(converging lens)는 대부분 그림 24-17(a)와 같이 중심축을 공유하는 두 굴절구면을 갖는 투명한 물체로 만든다. 이 두 굴절면은 각각 구의 일부분이다. 볼록렌즈의 형태는 중앙 부분이 가장자리보다 두꺼운 모습을 하고 있다.

이 장에서 우리가 논의하고 있는 상은 주로 빛이 **얇은 렌즈**를 통과할 때 얻어지는 상이다. 얇은 렌즈란 렌즈의 두께가 물체거리 a, 상거리 b, 굴절구면의 곡률반지름 r보다 작은 렌즈를 말한다.

볼록렌즈는 그림 24-18(a)와 같이 평행광선을 안쪽으로 꺾어 광축 위의 한 점에 수렴시키며, 이 점이 바로 주초점이 된다. 볼록렌즈는 **수렴렌즈**라고도 한다. 수렴렌즈

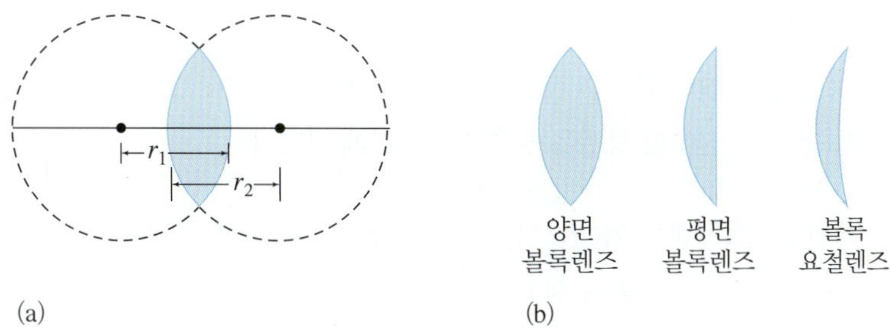

그림 24-17 (a) 볼록렌즈는 중심축을 공유하는 두 굴절구면을 가지며, 이 두 굴절면은 각각 구의 일부분이다. (b) 몇 가지 볼록렌즈의 단면

의 **광축**(optical axis 主軸) 또는 렌즈축은 렌즈면의 곡률중심을 지난다. 그리고 수렴렌즈의 **광심**(optical center 光心)은 광선이 편향 없이 곧게 진행해 나가는 광축 위의 한 점이다.

볼록렌즈(오목렌즈 포함)는 2개의 초점을 가지고 있으며 각 초점과 광심 사이의 거리가 렌즈의 **초점거리** f이다. **초점거리는 물체가 무한대에 있을 때 생기는 상거리이다.**

볼록렌즈에 의해 형성되는 상의 위치를 찾는 데는 두 개의 광선이면 충분하지만 세 번째 광선은 검증하는 데 유용하다. 세 번째 주광선은 렌즈를 중심으로 주초점의 반대편에 있는 **부초점**(secondary focal point)을 이용한다. 수렴렌즈 앞에 놓인 물체의 상은 그림 24-19와 같이 3개의 **주광선**(principal rays) 중에서 2개 이상의 광선을 그리면 찾을 수 있다.

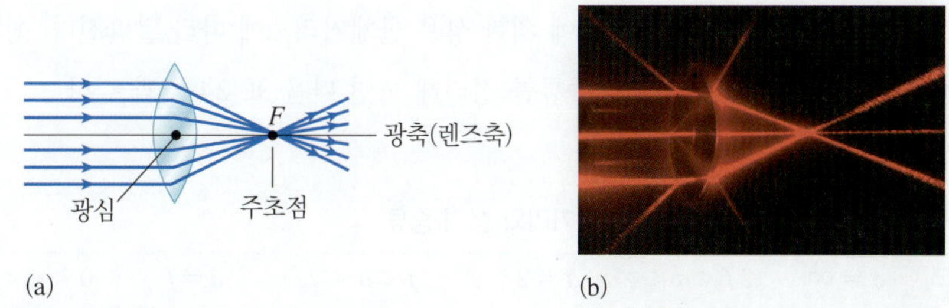

그림 24-18 볼록렌즈는 중앙 부분이 가장자리보다 두꺼운 렌즈로 평행광선을 안쪽으로 꺾어 광축 위의 한 점에 수렴시킨다.

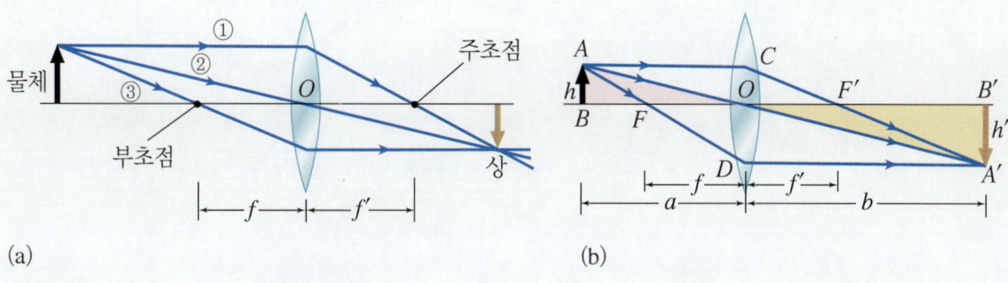

그림 24-19 (a) 3개의 주광선이 볼록렌즈를 지날 때의 광선도 (b) 볼록렌즈에서 물체거리, 상거리, 초점거리를 표시하는 방법

광선 ①: 광축에 평행하게 입사한 광선은 굴절 후 주초점을 지난다.
광선 ②: 광심으로 진행한 광선은 렌즈를 직선으로 통과한다.
광선 ③: 부초점으로 진행한 광선은 광축에 평행하게 나간다.

렌즈(볼록렌즈, 오목렌즈)가 만드는 실상은 렌즈를 중심으로 물체의 반대쪽에 위치하고, 허상은 물체와 같은 쪽에 위치한다.

이러한 그림에서 물체의 어느 한 점에 대한 상점을 알아낼 수 있고, 나아가 물체상의 모든 점에 각각 해당하는 상점들을 같은 방법으로 찾을 수 있다.

볼록렌즈에 의해 만들어지는 상에 관한 식을 정리해보자. 그림 24-19(b)에서 $\triangle AOB$와 $\triangle A'OB'$은 닮은꼴이므로, 다음과 같다.

$$\frac{A'B'}{AB} = \frac{b}{a} \qquad \textbf{24-5}$$

또 $\triangle COF'$과 $\triangle A'B'F'$도 닮은꼴이므로 다음 관계가 성립한다.

$$\frac{A'B'}{AB} = \frac{A'B'}{CO} = \frac{B'F'}{OF'} = \frac{b-f'}{f'} \qquad \textbf{24-6}$$

이 두 식으로부터 $\dfrac{b}{a} = \dfrac{b-f'}{f'}$의 관계가 성립하므로

$$\frac{1}{a} = \frac{1}{f'} - \frac{1}{b} \qquad \textbf{24-7}$$

을 얻는다. 이 식을 정리하면 다음과 같이 볼록렌즈에 의한 상의 공식을 얻는다.

$$\frac{1}{a} + \frac{1}{b} = \frac{1}{f'} = \frac{1}{f} \qquad \textbf{24-8}$$

볼록렌즈에 의해 생기는 상의 배율은 물체의 크기와 상의 크기의 비인 $m = \dfrac{A'B'}{AB} = -\dfrac{b}{a}$로 나타낸다. 볼록렌즈에 의한 상은 물체거리 a에 따라 달라진다. 상거리 b, 초점거리 f일 때 상거리와 상의 종류를 정리해 보면 다음 표 24-3과 같다.

표 24-3 볼록렌즈에서 물체에 따른 상거리와 상의 종류

물체거리	$a=\infty$	$2f<a<\infty$	$a=2f$	$f<a<2f$	$a=f$	$0<a<f$
상거리	$b=f$	$f<b<2f$	$b=2f$	$2f<b<\infty$	$b=\infty$	$b<0$
상의 종류	점	축소된 도립실상	같은 크기의 도립실상	확대된 도립실상	상이 안 생긴다	확대된 정립허상

예제 24-7 볼록렌즈에 의한 상의 작도

문제 초점거리가 4.0 cm인 볼록렌즈 앞 6.0 cm 되는 곳에 길이가 2.0 cm인 물체를 놓았다. (a) 볼록렌즈에서 상까지의 거리는 얼마인가? (b) 상의 길이를 구하고, 이를 작도법으로 그려보라.

생각하기 볼록렌즈에 의해 만들어지는 상을 이해하는 기본 문제이다.

풀이 (a) 주어진 상수는 물체거리 $a = 6.0$ cm, 초점거리 $f = 4.0$ cm이다. 따라서 볼록렌즈의 공식에 대입하면 다음 관계가 얻어진다.

$$\frac{1}{b} = \frac{1}{4.0\ \text{cm}} - \frac{1}{6.0\ \text{cm}}$$

따라서 상거리 $b = 12.0$ cm이다.

(b) 또 상의 길이는 식 $m = \frac{A'B'}{AB} = -\frac{b}{a}$를 이용하자.

$$A'B' = -\frac{b}{a}AB = -\frac{12.0\,\text{cm}}{6.0\,\text{cm}} \times 2.0\ \text{cm} = -4.0\ \text{cm}$$

상의 길이가 (−)이므로 도립상이다.

이때 만들어지는 상을 작도법으로 그려보면 그림 24-20과 같다.

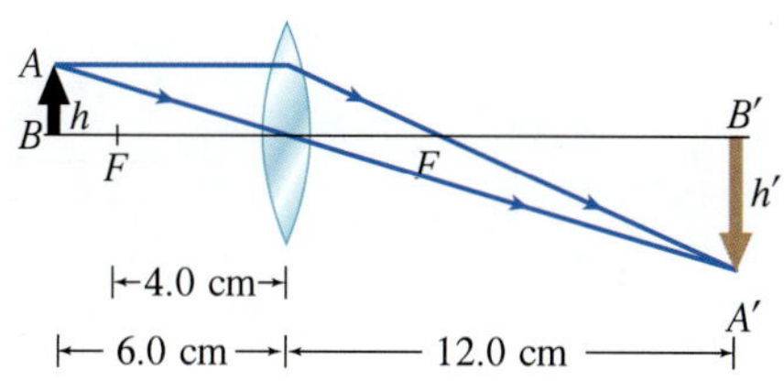

그림 24-20 볼록렌즈에 의해 생기는 상의 작도

예제 24-8 볼록렌즈에 의한 상

문제 초점거리가 10.0 cm인 볼록렌즈로 물체의 위치를 바꾸면서 물체의 상을 만들려고 한다. 물체가 렌즈로부터 (a) 30.0 cm 떨어진 곳에 있을 때, (b) 10.0 cm 떨어진 곳에 있을 때, (c) 5.00 cm 떨어진 곳에 있을 때, 각각의 상거리를 구하고, 이 상이 실상인지, 허상인지 또 배율은 얼마인지 구하라. (d) $a = 30.0$ cm일 때와 $a = 5.0$ cm일 때의 상을 작도법으로 그려보라.

생각하기 볼록렌즈의 공식을 사용하여 해결하는 기본 문제로, 부호 규약을 잘 생각한다.

풀이 (a) 물체거리가 $a = 30.0$ cm 떨어져 있을 때의 상거리 b를 구하자. $\frac{1}{a} + \frac{1}{b} = \frac{1}{f}$에 주어진 값을 대입하면 다음과 같다.

$$\frac{1}{30.0\,\text{cm}} + \frac{1}{b} = \frac{1}{10.0\,\text{cm}}$$

$b = +15.0$ cm이므로 상은 실상이며 렌즈의 반대쪽에 나타난다. 이때 렌즈의 배율을 구하면 다음과 같다.

$$m = -\frac{b}{a} = \left(-\frac{15.0\,\text{cm}}{30.0\,\text{cm}}\right) = -0.500$$

m이 음이므로 상은 도립이며 실물보다 작다.

(b) 물체거리가 $a = 10.0$ cm 떨어져 있을 때의 상거리 b를 구하자. $\frac{1}{a} + \frac{1}{b} = \frac{1}{f}$에 주어진 값을 대입하면 다음과 같다.

$$\frac{1}{10.0\,\text{cm}} + \frac{1}{b} = \frac{1}{10.0\,\text{cm}}$$

이 식은 b가 무한대에 근접할 때에만 만족한다. 따라서 $b \to \infty$이므로 상을 맺지 못한다.

(c) 물체거리가 $a = 5.0$ cm 떨어져 있을 때의 상거리 b를 구하자. $\frac{1}{a} + \frac{1}{b} = \frac{1}{f}$에 주어진 값을 대입하면 다음과 같다.

$$\frac{1}{5.0\,\text{cm}} + \frac{1}{b} = \frac{1}{10.0\,\text{cm}}$$

$b = -10.0$ cm이므로 상은 정립허상이며, 물체와 같은 쪽에 생긴다. 상의 크기는 두 배이다. 이와 같이 물체를 확대해 볼 수 있게 하는 광학기기로 독서용 안경, 현미경, 망원경 등이 있다.

(d) $a = 30.0$ cm일 때와 $a = 5.0$ cm일 때의 상을 작도법으로 그리면 각각 그림 24-21(a)와 그림 24-21(b)와 같다.

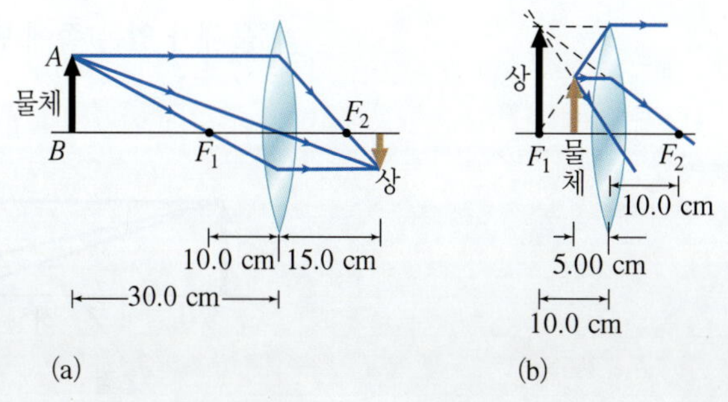

그림 24-21 (a) 물체거리가 $a = 30.0$ cm일 때 물체의 반대쪽에 도립실상이 생긴다. (b) 물체거리가 $a = 5.0$ cm일 때 물체와 같은 쪽에 정립허상이 생긴다.

24-5 오목렌즈에 의한 상

볼록렌즈와 반대로 **오목렌즈**는 그림 24-22(a)와 같이 중앙 부분이 가장자리보다 얇은 렌즈로 평행광선을 바깥쪽으로 꺾어 광축에서 멀어지도록 발산시킨다. 발산하는 특성이 있으므로 오목렌즈를 **발산렌즈**(diverging lens)라고도 한다. 오목렌즈는 형태에 따라 그림 24-23과 같이 몇 가지로 구분하기도 한다.

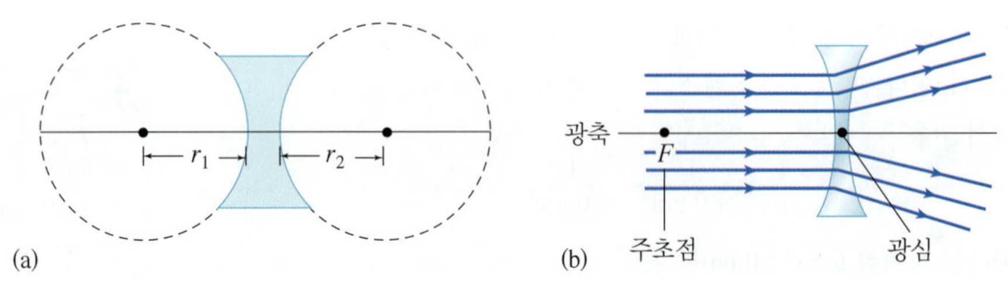

그림 24-22 (a) 오목렌즈 역시 중심축을 공유하는 두 굴절구면을 가지며, 이 두 굴절면은 각각 구의 일부분이다. (b) 오목렌즈는 중앙 부분이 가장자리보다 얇은 렌즈로 평행광선을 바깥쪽으로 꺾어 발산시킨다.

양면 오목렌즈 평면 오목렌즈 오목 요철렌즈

그림 24-23 오목렌즈는 제작 형태에 따라 몇 가지로 나누어진다.

오목렌즈 앞에 놓인 물체의 상은 그림 24-24와 같이 3개의 **주광선** 중에서 2개 이상의 광선들을 그리면 찾을 수 있다.

광선 ①: 광축에 평행하게 입사한 광선은 굴절 후 주초점에서 나오는 것처럼 보인다.
광선 ②: 광심으로 진행한 광선은 렌즈를 직선으로 통과한다.
광선 ③: 허초점으로 진행한 광선은 광축에 평행하게 나간다.

오목렌즈의 상에 의한 공식은 볼록렌즈에 의한 상의 공식(식 24-8)인 $\dfrac{1}{a}+\dfrac{1}{b}=\dfrac{1}{f}$ 과 배율 공식을 동일하게 사용한다. 이 식을 **얇은 렌즈의 방정식**(thin-lens equation)이라 하며, 부호 규약을 적용하면 구면렌즈(볼록, 오목) 모두에 적용할 수 있다.

오목렌즈의 식은 볼록렌즈의 상의 공식 식 24-8에서 초점이 허초점이 되므로 f를 (−)로 한다. 즉 **볼록렌즈의 초점거리는 양(+)의 부호이며, 오목렌즈의 초점거리는 음(−)의 부호이다.** 그리고 오목렌즈에서의 상은 항상 축소된 허상이 생기며 렌즈에 대해 물체가 있는 쪽에 만들어지므로 b도 (−)로 나타낸다.

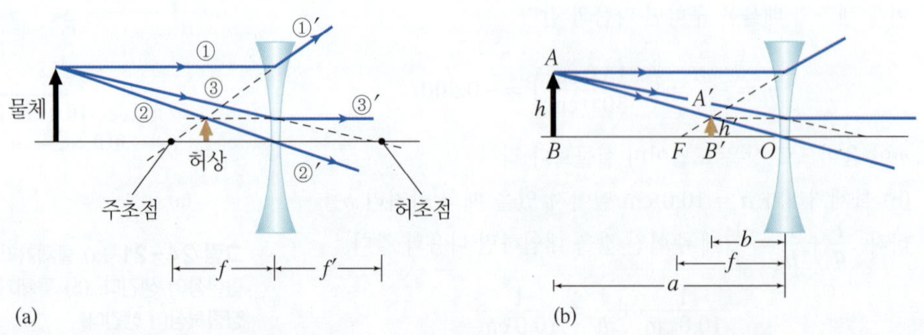

그림 24-24 (a) 3개의 주광선이 오목렌즈를 지날 때의 광선도 (b) 오목렌즈에서 물체거리, 상거리, 초점거리를 표시하는 방법

공기 중에서 렌즈의 초점거리 f는 앞면 및 뒷면의 곡률반지름 r_1, r_2와 재료의 굴절률 n과 관계가 있으며 다음 식으로 주어진다.

$$\frac{1}{f} = (n-1)\left(\frac{1}{r_1} - \frac{1}{r_2}\right) \quad \text{(렌즈제작자의 식)} \qquad \textbf{24-9}$$

예제 24-9 오목렌즈에 의한 상

문제 초점거리가 6.0 cm인 오목렌즈 앞 12.0 cm 되는 지점에 물체가 놓여 있다. (a) 렌즈에서 상까지의 거리를 구하라. (b) 상의 배율을 구하라.

생각하기 구면렌즈의 공식을 이용하는 기본 문제이다.

풀이 (a) 주어진 상수는 물체거리 $a = 12.0$ cm이고, 초점거리 $f = -6.0$ cm이다. 따라서 구면렌즈의 공식 $\frac{1}{a} + \frac{1}{b} = \frac{1}{f}$에 대입하여 상거리 b를 구하면 다음과 같다.

$$\frac{1}{b} = -\frac{1}{6.0\text{ cm}} - \frac{1}{12.0\text{ cm}} = \frac{-3}{12.0\text{ cm}}$$

$$\therefore\ b = -4.0\text{ cm(정립허상)}$$

따라서 상은 물체와 같은 쪽 4.0 cm인 곳에 생긴다.

(b) 이 렌즈의 배율 m은 다음과 같다.

$$m = -\frac{b}{a} = -\frac{(-4.0\text{ cm})}{12.0\text{ cm}} = \frac{1}{3}$$

24-6 거울과 렌즈의 수차

거울과 렌즈를 포함하는 광학계의 근본적인 문제 중 하나는 상이 완전하지 못하다는 것인데, 이것은 주로 렌즈의 모양과 형태의 결함 때문이다. 거울과 렌즈에 대한 간단한 이론에서는 광선이 광축과 아주 작은 각을 이루고, 점광원에서 출발하여 렌즈나 거울에 도달하는 모든 광선이 한 점에 모여 선명한 상을 만든다고 가정한다. 그러나 실제로는 그렇지 못하다. 이 이론에서 사용되는 근사가 잘 적용되지 않는 경우에 상은 불완전하게 만들어진다.

상의 형성을 정확히 분석하려면 스넬의 법칙을 적용하여 각 굴절면에서 개개의 광선을 추적해야 한다. 이 과정을 통해 한 점에서 나온 광선이 다시 한 점에 모두 모이는 상은 얻을 수 없으며, 그 결과 상이 흐리다는 것을 알 수 있다. 간단한 이론으로 예측되는 이상적인 상과 실제 상(불완전한 상) 차이를 **수차**(aberration)라 한다. 대표적인 두 가지 수차에는 **구면수차**(spherical aberration 球面收差)와 **색수차**(chromatic aberration 色收差)가 있다.

거울의 수차

거울을 향하는 광선 중에서 광축에 가까운 광선을 **근축광선**(paraxial ray 近軸光線)이라 한다. 광축에서 멀리 떨어져 있는 광선들은 그림 24-25와 같이 거울에 반사된 후 단일점으로 수렴되지 않는다. 이 때문에 상이 흐려진다. 구면거울이 광축에서 평행한 광선들을 단일 상점으로 가져오지 못하는 것을 **구면수차**라 한다. 구면수차는 곡률반지름에 비해 크기가 작은 거울을 사용하여 최소화할 수 있다.

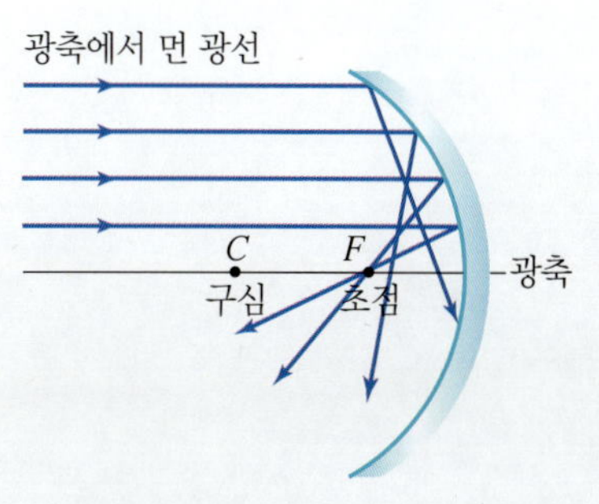

그림 24-25 광축에서 멀리 떨어져 있는 광선들은 거울에 반사된 후 단일점으로 수렴되지 않는다. 거울의 이런 특성을 구면수차라고 한다.

거울이 구면이 아닌 포물면 모양이라면, 커다란 거울을 사용하여 선명한 상점을 얻을 수 있다. 포물면 모양의 거울은 축에서 떨어진 거리에 관계없이 광축에 평행한 모든 광선을 단일 상점으로 반사시킨다. 그러나 포물면 거울은 제작비용이 많이 소요되므로 연구용 망원경과 같이 아주 정밀한 상이 요구되는 부문 등에 한정적으로 사용된다.

렌즈의 수차

구면수차는 동일한 파장의 빛에 대해 구면렌즈(또는 구면거울)의 광축으로부터 먼 광선의 초점이 광축에 가까운 광선의 초점과 다르기 때문에 생긴다. 그림 24-26(a)는 볼록렌즈를 지나는 평행광선에 대한 구면수차를 보여준다. 렌즈의 중심부를 지나는 광선이 렌즈의 가장자리를 지나는 광선보다 렌즈로부터 더 먼 곳에 초점을 맺는다. 따라서 구면렌즈에서 단일한 초점거리는 있을 수 없다. 구면수차는 그림 24-26(b)와 같이 **광축에 가까운 광선들만 렌즈를 통과해 지나갈 수 있게 허용하는 가변 구경 조리개(variable aperture stop)를 이용함으로써 감소시킬 수 있다.**

구면렌즈에서의 색수차는 파장이 다른 빛들이 렌즈에서 굴절한 후 다른 점에 초점을 맺게 되어 생긴다. 물질의 굴절률이 파장에 따라서 어떻게 변하는지는 23-6절에서 무지개가 만들어질 때 언급한 바 있다. 예를 들어 그림 24-27(a)와 같이 백색광이 볼록렌즈를 통과할 때, 보라색 빛이 빨간색 빛보다 더 많이 굴절하여, 빨간색 빛에 대한 초점거리가 보라색 빛에 대한 것보다 더 길다. 다른 파장의 빛(그림에는 표시되어 있지 않음)은 두 초점의 중간 정도에 초점을 가지게 될 것이다. 오목렌즈에 대한 색수차는 볼록렌즈의 경우와 반대가 된다.

이러한 색수차는 볼록렌즈와 오목렌즈를 조합하여 사용함으로써 상당히 감소시킬

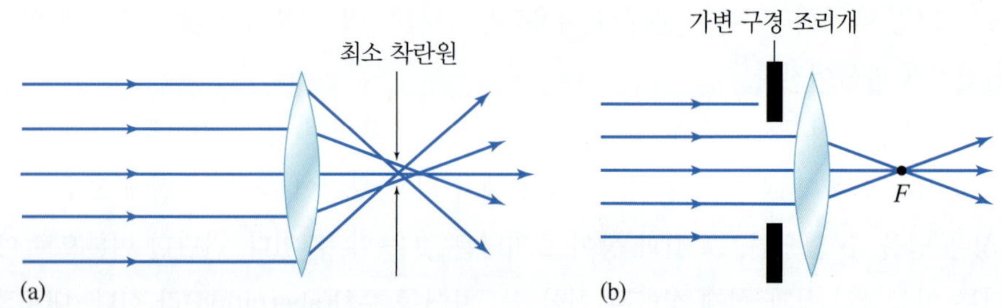

그림 24-26 (a) 볼록렌즈에 의한 구면수차. 굴절광선이 광축 상의 서로 다른 지점을 지나간다. (b) 광축에 가까이 있는 광선들만 렌즈를 통과시킴으로써 수차를 감소시킨다.

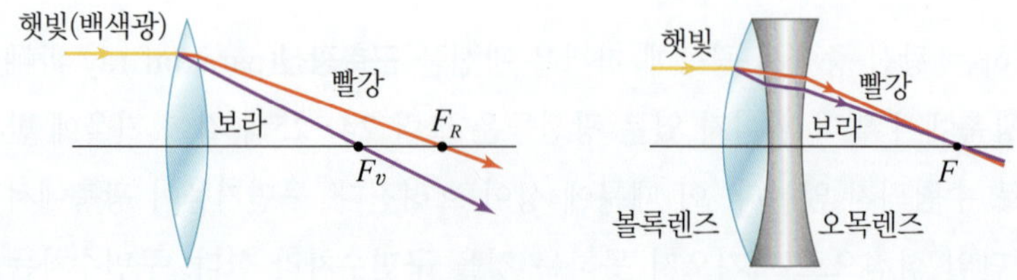

그림 24-27 (a) 색수차는 여러 가지 색이 광축 위의 서로 다른 지점에 초점이 모아질 때 생긴다. (b) 볼록렌즈와 오목렌즈를 서로 붙여 서로 다른 색이 거의 같은 초점에 모이도록 설계하여 색수차를 감소시킨다.

수 있다. 이때 각 렌즈는 서로 다른 종류의 유리로 만들어진다. 이러한 렌즈 조합으로 빨간색 빛과 보라색 빛은 거의 같은 초점을 갖게 되므로 색수차가 감소된다. 색수차를 감소시키기 위해 제작된 렌즈 조합을 **색지움렌즈**(achromatic lens)라 한다. 대부분의 고급카메라에는 색지움렌즈를 사용하고 있다.

24-7 사람의 눈과 사진기

정상인의 눈은 사진기와 마찬가지로 빛을 모아서 선명한 상을 만든다. 그러나 들어오는 빛의 양을 조절하고, 올바른 상이 맺히도록 조정하는 눈의 구조는 가장 정교하게 제작된 사진기보다도 훨씬 더 복잡 미묘하며 효율적이다. 모든 면에서 눈은 생리학적 불가사의라 할 수 있다.

우리가 너무 가까이에서 책을 보면 글씨가 흐려지는데 이는 수정체가 책에 초점을 맞추도록 충분히 조절할 수 없기 때문이다. 물체가 눈에 가까이 다가갈 때, 망막에 선명한 상이 만들어지는, 즉 눈에서 가장 가까운 물체거리를 **눈의 근점**(near point)이라 한다. 근점은 보통 나이가 들어감에 따라 증가하며, 평균값은 25 cm이다. 일반적으로 근점은 열 살에는 약 18 cm, 스무 살에는 25 cm, 마흔 살에는 50 cm, 예순 살에는 약 500 cm 이상이 된다. **눈의 원점**(far point)은 이완 상태의 수정체가 망막에 상을 맺는데 필요한 가장 먼 물체거리이다. 정상 시력인 사람은 행성이나 별과 같이 아주 멀리 있는 물체도 볼 수 있으므로 원점은 무한대이다.

근시

가까운 물체에 대해서는 망막에 상을 잘 맺지만, 먼 물체에 대해서는 그렇지가 않은 눈의 상태를 **근시**(nearsightedness, myopia 近視)라고 한다. 이러한 사람은 눈의 원점은 무한대가 아니며 3~4 m 정도로 가까울 수 있다. 근시안은 마땅히 가져야 할 초점거리보다 짧은 초점거리를 갖게 되므로 그림 24-28(a)와 같이 먼 곳의 물체에서 오

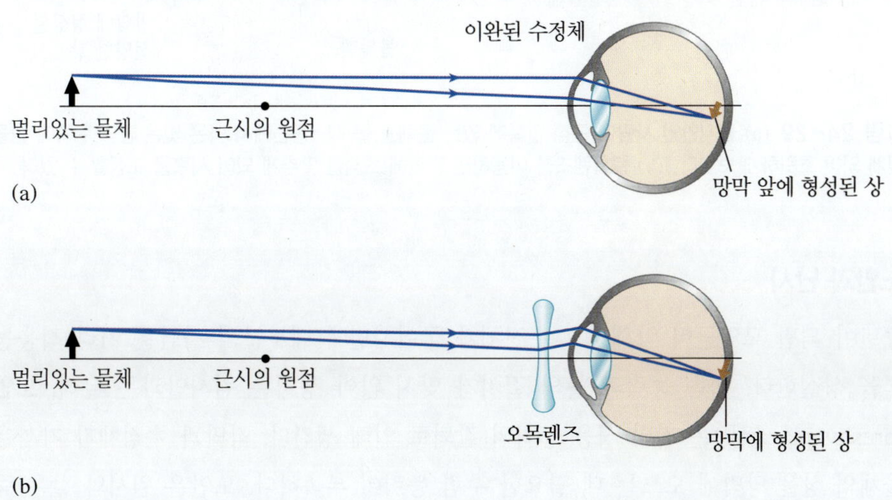

그림 24-28 (a) 근시안인 사람이 멀리 있는 물체를 볼 때, 상은 망막 앞에 형성되어 흐릿하게 보인다. (b) 오목렌즈를 이용하면 망막에 초점을 맞추게 되어 시력을 교정할 수 있다.

는 광선은 수렴해서 망막에 상을 맺지 못하고 망막의 앞쪽에 상을 맺게 된다. 따라서 광선은 이 점을 지나 발산된 상태로 망막에 도달하기 때문에 상이 흐려진다.

근시의 교정에는 오목렌즈가 사용된다. 그림 24-28(b)와 같이 오목렌즈는 입사광선이 눈 안으로 들어가기 전에 광축으로부터 먼 쪽으로 굴절시킴으로써 망막에 상을 맺을 수 있게 한다.

원시

그림 24-29(a)와 같이 광선들이 수렴하여 상을 만들기 전에 망막에 도달하는 눈의 상태를 **원시**(farsightedness, hyperopia 遠視)라고 한다. 원시안인 사람은 보통 먼 곳의 물체는 선명하게 보지만 가까운 물체는 잘 보지 못한다. 정상인의 근점은 25 cm 정도가 되지만, 원시안의 근점은 이보다 훨씬 길다. 원시안은 거리 적응으로 초점거리를 줄여 상을 맺으려고 한다. 멀리 놓인 물체를 볼 때는 거리 적응이 잘 되지만, 가까운 물체에서 오는 빛은 망막에 흐린 상을 맺는데, 그 이유는 원시안의 초점거리가 정상인의 경우보다 길기 때문이다. 원시안은 그림 24-29(b)와 같이 눈앞에 볼록렌즈를 둠으로써 교정된다. 볼록렌즈는 입사광선이 눈에 들어가기 전에 광축 쪽으로 굴절시키므로, 입사광선을 수렴시켜 망막에 상을 맺도록 한다.

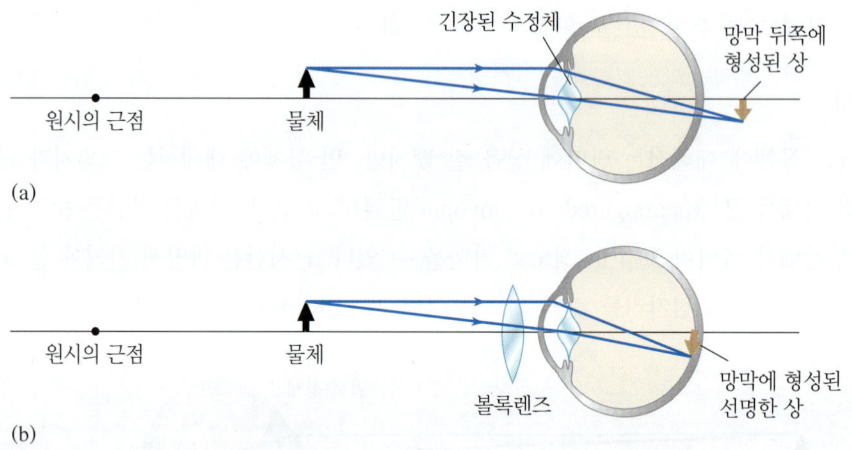

그림 24-29 (a) 원시안인 사람이 근점 안쪽에 있는 물체를 볼 때, 광선에서 나온 빛은 망막 뒤쪽에 상을 맺게 되어 흐릿하게 보인다. (b) 볼록렌즈를 이용하면 망막에 초점을 맞추게 되어 시력을 교정할 수 있다.

노안과 난시

중년이 되면 모양근이 약해지고 수정체가 굳어지면서 대부분의 사람은 거리 적응능력을 상실한다. 집속 능력과 눈의 길이가 맞지 않아 생기는 원시안과는 달리, **노안**(presbyopia 老眼)은 거리 적응 능력의 감퇴로 인해 생긴다. 각막과 수정체가 가까운 물체의 상을 망막에 모으는 데 필요한 수렴 능력이 부족하다. 노안은 원시와 같은 증상을 보이고 볼록렌즈로 교정된다.

난시(astigmatism 亂視)라고 알려진 시력 이상은 점광원에서 나온 빛이 망막에 선 모양의 상을 만든다. 이러한 증상은 각막이나 수정체(또는 둘 다)가 완전한 대칭이 아닐 때 생긴다. 난시는 두 개의 직교방향에서 다른 곡률반지름을 갖는 렌즈로 교정된다.

안경에서는 난시를 위한 교정렌즈를 **디옵터**(diopters)라는 단위로 처방한다.

디옵터로 측정된 렌즈의 **굴절력**(power) P는 미터 단위로 측정된 초점거리의 역수, 즉 $P = 1/f$이다.

예를 들면 초점거리가 +20 cm인 볼록렌즈의 굴절력은 +5.0디옵터이고, 초점거리가 −40 cm인 오목렌즈의 굴절력은 −2.5디옵터이다. 이때 사용하는 기호 P는 역학에서 사용하는 일률과 같은 기호이나, 둘 사이에 아무런 관계는 없다.

사진기

단일렌즈 사진기는 어둠상자, 실상을 만드는 볼록렌즈, 렌즈 뒤에 놓인 상을 기록하는 필름 등으로 구성되어 있다. **디지털 사진기**(digital camera)는 필름 대신에 전하결합소자(CCD; charge coupled device) 또는 금속산화물반도체 위에 상이 형성되는 것이 단일렌즈 사진기와 다르다. CCD와 같은 영상소자는 상을 디지털 형태로 전환시키며, 전환된 상은 사진기의 메모리에 저장된다.

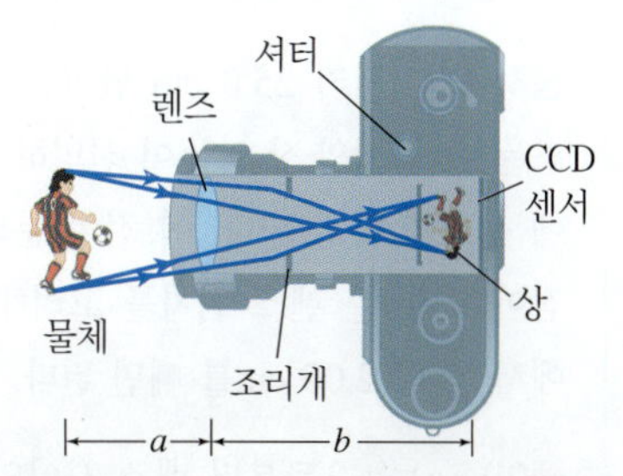

그림 24-30 CCD 사진기의 구조

필름을 사용하는 사진기는 렌즈와 필름 사이의 거리를 조절하여 초점을 맞춘다. 렌즈 뒤에 있는 셔터는 선택된 시간 간격 동안만 열리는데, 이 셔터를 이용하여 움직이는 물체를 찍을 때는 노출시간을 짧게 하고, 어두운 장면(광도가 낮은 경우)을 찍을 때는 노출시간을 길게 한다. 보통 셔터 속력(즉 노출시간)은 1/30, 1/60, 1/125, 1/250 s 등이다. 정지해 있는 물체는 보통 1/60 s의 셔터 속력으로 찍도록 설계되어 있다.

대부분의 사진기에는 조리개가 있어서 지름의 크기를 조절하여 필름에 도달하는 빛의 양을 한 번 더 조절한다. 지름이 작은 조리개를 사용하면, 렌즈의 가운데 부분으로 오는 빛만 필름에 도달하므로 구면수차가 줄어든다.

필름에 맺히는 상의 밝기는 빛의 세기에 따라 결정되므로, 상의 밝기는 렌즈의 지름 D와 초점거리 f에 따라 결정된다. 여기서 f/D를 **렌즈의 f수**(f-number)라고 한다.

$$f\text{수} = \frac{f}{D} \quad (\text{카메라 렌즈의 } f\text{수}) \qquad \textbf{24-10}$$

f수는 렌즈의 '속력'에 대한 표현으로 쓰인다. f수가 작은 렌즈를 빠른 렌즈라고 한다. f수가 대략 1.2 정도로 작은 매우 빠른 렌즈는 값이 고가이다. 왜냐하면 렌즈의 넓이를 넓게 통과하는 빛에 대한 수차를 최소한 작게 만들기가 어렵기 때문이다. 사진기에 사용하고 있는 렌즈는 보통 1.4, 2, 2.8, 4, 5.6, 8, 11의 범위에 있는 f수로 표시된다. 조리개의 크기, 즉 조리개의 지름을 조절하여 f수를 설정한다. f수를 그 다음 큰 값으로 올리면(예를 들어 2.8→4) 조리개의 넓이는 1/2로 줄어든다. f수가 가장 작은 경우, 조리개가 최대로 열려서 렌즈의 넓이를 최대로 이용하는 경우에 해당한다.

일반적인 사진기에서 초점거리와 조리개의 크기는 보통 f수가 11 정도로 고정되어 있다. 이처럼 f수가 크면, **피사계심도**(depth of field 被寫界深度)가 매우 깊다. 이는 물체와 렌즈로부터의 거리가 넓은 범위에 걸쳐 변해도 필름에는 그런대로 또렷한 상이 맺힘을 뜻한다. 즉 사진기의 초점을 맞출 필요가 없다는 것이다. f수를 조절할 수 있는 대부분의 사진기는 자동으로 초점을 맞춘다.

예제 24-10 원시의 교정

문제 어떤 사람의 근점이 50.0 cm이다. (a) 25.0 cm 떨어진 물체를 선명하게 보려면, 교정렌즈의 초점거리는 얼마이어야 하는가? 눈과 렌즈 사이의 거리를 무시한다. (b) 이 렌즈의 도수는 얼마인가? (c) 교정렌즈가 눈 앞 2.00 cm인 지점에 있을 때, 렌즈의 초점거리와 굴절력을 구하라.

생각하기 거리 25.0 cm 떨어진 지점에 물체가 놓여 있고, 렌즈는 이 물체의 상을 눈이 선명하게 볼 수 있는 가장 가까운 점에 생기게 하면 된다. 이 점이 눈의 근점 50.0 cm에 해당하는 점이다. (c)는 렌즈 위치를 고려해야 하며, 물체거리와 상거리에서 둘 다 2.00 cm를 빼면 된다.

풀이 (a) 눈으로부터 렌즈 사이의 거리를 무시하고, 교정렌즈의 초점거리를 구하려면 렌즈 방정식을 적용한다. $a = 25.0$ cm와 $b = -50.0$ cm이다. 상거리 b는 허상이므로 음의 부호이다.

$$\frac{1}{a}+\frac{1}{b}=\frac{1}{25.0\,\text{cm}}+\frac{1}{-50.0\,\text{cm}}=\frac{1}{f}$$

따라서 $f = 50.0$ cm이다. f가 양이므로 교정렌즈는 볼록렌즈가 된다.

(b) 렌즈의 굴절력은 미터 단위로 나타낸 초점거리의 역수이다.

$$P=\frac{1}{f}=\frac{1}{0.500\,\text{m}}=+2.00\text{디옵터}$$

(c) 교정렌즈가 눈 앞 2.00 cm에 놓여 있으므로, 물체거리 $a = 23.0$ cm이고, 상거리 $b = -48.0$ cm이다.

$$\frac{1}{a}+\frac{1}{b}=\frac{1}{23.0\,\text{cm}}+\frac{1}{(-48.0\,\text{cm})}=\frac{1}{f}$$

따라서 $f = 44.2$ cm이다. 이 값을 굴절력으로 계산하면 다음과 같다.

$$P=\frac{1}{f}=\frac{1}{0.442\,\text{m}}=+2.26\text{디옵터}$$

즉 눈과 렌즈 사이의 거리를 무시하지 않으면 0.26디옵터의 차이가 생기는 것을 알 수 있다.

24-8 현미경

현미경은 2개의 렌즈를 조합하여 확대경보다도 훨씬 높은 배율을 가진 확대경으로 보면 된다. 렌즈 2개를 조합해서 만들기 때문에 **복합 현미경**(compound microscope 複合顯微鏡)이라 한다. 현미경의 기본적인 구조는 그림 24-31과 같다. 현미경에는 두 개의 렌즈가 있는데, 첫 번째 렌즈는 대물렌즈로서 초점거리가 f_o<1 cm 정도로 매우 짧고, 두 번째 렌즈는 대안렌즈로서 초점거리 f_e가 수 cm 정도이다. 두 렌즈 사이의 거리 L은 f_o이나 f_e보다 훨씬 크다.

현미경에서 상이 만들어지는 원리는 첫 번째 렌즈에 의해 만들어진 상이 두 번째 렌즈에서는 물체가 된다. 대물렌즈의 초점거리 바로 밖에 놓인 물체는 대안렌즈의 초점 바로 안에 도립실상 상 ①을 만든다. 대안렌즈는 확대경 역할을 하여 상①을 물체로 간주하여 상 ②를 형성한다. 이때 상 ②는 도립실상이고, 매우 크게 확대된다.

첫 번째 상의 배율 m_1은 $-b_1/a_1$이다. 그림 24-31에서 b_1은 대략 L과 같다. 이것

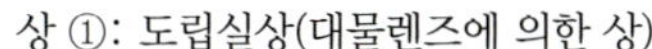

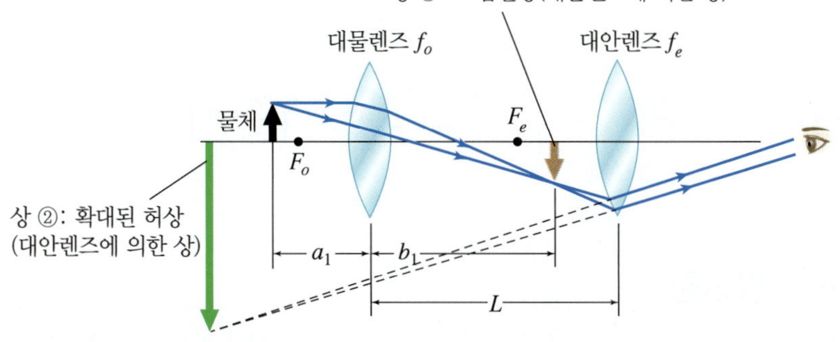

그림 24-31 대물렌즈와 대안렌즈로 구성된 복합 현미경의 개략도

은 물체가 대물렌즈의 초점 가까이 있기 때문에 생기며, 이로 인해 형성된 상은 대물렌즈로부터 멀리 떨어지게 된다. 또한 물체가 대물렌즈의 초점에 매우 가까이 있기 때문에, $a_1 \approx f_o$이다. 따라서 대물렌즈의 배율 $m_{\text{대물}}$은 다음과 같다.

$$m_{\text{대물}} = -\frac{b_1}{a_1} \approx -\frac{L}{f_o}$$

초점에 놓인 물체(상 ①에 해당)에 대한 대안렌즈의 배율 $m_{\text{대안}}$은 다음과 같다.

$$m_{\text{대안}} = \frac{25\,\text{cm}}{f_e}$$

따라서 복합 현미경의 전체 배율은 두 배율의 곱으로 나타난다.

$$m = m_{\text{대물}} \times m_{\text{대안}} = -\frac{L}{f_o} \times \left(\frac{25\,\text{cm}}{f_e}\right) \qquad \textbf{24-11}$$

음의 부호는 상이 물체에 대해 도립임을 뜻한다. 현미경 아래 놓인 물체를 보려면, 물체는 적어도 빛의 파장 정도의 크기가 되어야 한다. 원자나 분자의 크기(≈ 0.1 nm)가 빛의 파장(≈500 nm)에 비해 너무 작기 때문에, 광학현미경으로 그것들을 관찰하기란 불가능하다. 이러한 문제점을 해결한 새로운 현미경이 **주사터널링현미경**(scanning tunneling microscope 走査-顯微鏡)이다.

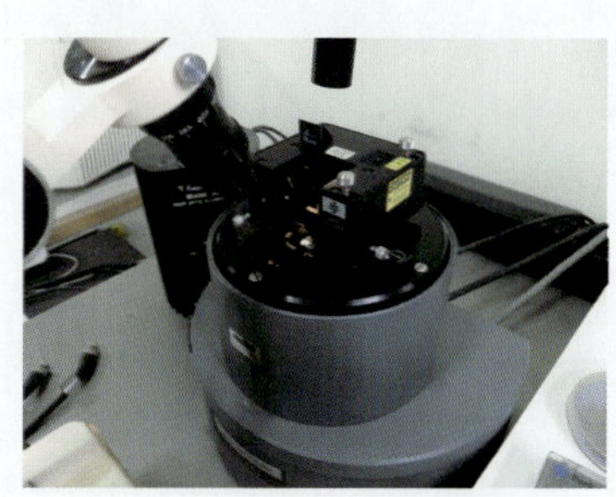

그림 24-32 주사터널링현미경은 상온에서 나노 크기까지 관찰이 가능하다.

예제 24-11 현미경의 배율

문제 실험실에서 사용하는 현미경은 대물렌즈와 대안렌즈를 2~3개씩 달아 사용자가 원하는 배율을 선택할 수 있도록 구성되어 있다. 만약 대물렌즈가 두 개이고 대안렌즈가 두 개인 현미경이 있다고 하자. 대물렌즈의 초점거리는 각각 2.0 cm, 0.20 cm이고, 대안렌즈의 초점거리는 각각 2.5 cm, 5.0 cm라고 하자. 이 현미경의 길이 L은 18 cm이다. (a) 초점거리 2.0 cm 대물렌즈와 5.0 cm 대안렌즈를 선택할 때의 배율을 구하라. (b) 초점거리 2.0 cm 대물렌즈와 2.5 cm 대안렌즈를 선택할 때의 배율을 구하라. (c) 초점거리 0.20 cm 대물렌즈와 5.0 cm 대안렌즈를 선택할 때의 배율을 구하라.

생각하기 대물렌즈와 대안렌즈의 세 가지 다른 조합을 식 24-11에 적용하여 계산하는 문제이다.

풀이 (a) 식 24-11에 초점거리 2.0 cm의 대물렌즈와 5.0 cm의 대안렌즈를 대입하면 배율은 다음과 같다.

$$m = -\frac{L}{f_o}\left(\frac{25\,\text{cm}}{f_e}\right) = -\frac{18\,\text{cm}}{2.0\,\text{cm}}\left(\frac{25\,\text{cm}}{5.0\,\text{cm}}\right) = -45$$

(b) 2.0 cm 대물렌즈와 2.5 cm 대안렌즈를 조합할 때의 배율은 다음과 같다.

$$m = -\frac{18\,\text{cm}}{2.0\,\text{cm}}\left(\frac{25\,\text{cm}}{2.5\,\text{cm}}\right) = -90$$

(c) 0.20 cm 대물렌즈와 5.0 cm의 대안렌즈를 조합할 때의 배율은 다음과 같다.

$$m = -\frac{18\,\text{cm}}{0.20\,\text{cm}}\left(\frac{25\,\text{cm}}{5.0\,\text{cm}}\right) = -450$$

24-9 망원경

망원경은 크게 두 종류로 구분되는데, 첫째는 여러 개의 렌즈를 조합하여 상을 만드는 **굴절망원경**(refracting telescope 屈折望遠鏡)과 둘째는 곡면거울과 렌즈를 사용하여 상을 만드는 **반사망원경**(reflecting telescope 反射望遠鏡)이다. 망원경의 기본원리는 첫 번째 광학 부품에 의해 형성된 상이, 두 번째 광학 부품에서는 물체가 된다는 점이다.

굴절망원경

그림 24-33과 같이 두 렌즈는 대물렌즈가 멀리 있는 물체의 도립실상을 대안렌즈의 초점 바로 옆에 만들 수 있도록 배열되어 있다. 물체가 사실상 무한대에 있으므로, 상 ①은 대물렌즈의 초점에 생긴다. 그러므로 두 렌즈 사이의 거리는 $f_o + f_e$만큼 떨어져 있다. 이것은 망원경 경통의 길이에 해당한다. 대안렌즈에 의해 상 ①은 확대된 도립상 ②를 맺게 된다.

망원경의 **각배율**은 θ/θ_o로 주어진다. 여기서 θ_o는 대물렌즈에서 물체의 상단까지의 각이고, θ는 맨 나중에 생긴 상의 상단까지의 각이다. 그림 24-33에서 삼각형에 대해 각이 매우 작은 경우 다음 관계가 성립한다.

$$\theta \approx \frac{h'}{f_e} \quad \text{그리고} \quad \theta_o \approx \frac{h'}{f_o}$$

따라서 망원경의 각배율은 다음과 같다.

$$m_{\text{망원경}} = \frac{\theta}{\theta_o} = \frac{h'/f_e}{h'/f_o} = \frac{f_o}{f_e} \quad (\text{망원경의 각배율}) \qquad 24\text{-}12$$

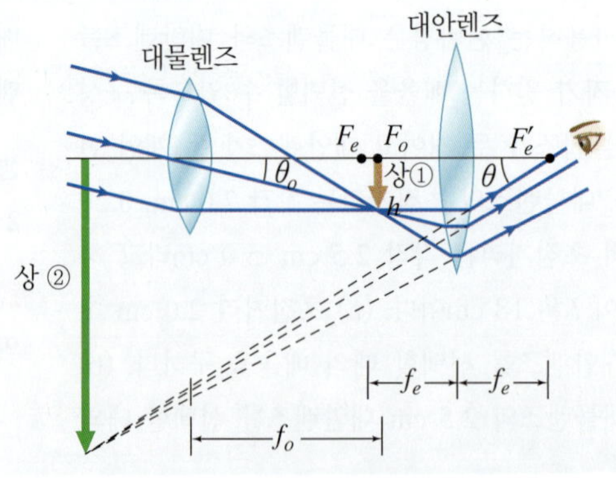

그림 24-33 아주 멀리 있는 물체를 보기 위한 굴절망원경의 개략도

이 식은 망원경의 각배율은 대안렌즈의 초점거리에 대한 대물렌즈의 초점거리의 비와 같음을 뜻한다. 망원경의 경우도 역시 각배율은 맨 눈으로 볼 때의 각 크기에 대한 망원경으로 볼 때 각 크기의 비이다.

예제 24-12 천체망원경의 각배율

문제 대물렌즈의 초점거리가 f_o = 950 mm이고, 대안렌즈의 초점거리가 f_e = 5.00 mm인 천체 굴절망원경이 있다. (a) 이 망원경의 각배율을 구하라. (b) 망원경의 대략적인 길이를 구하라.

생각하기 망원경의 길이는 대물렌즈와 대안렌즈 사이의 거리와 대략 비슷하다.

풀이 (a) 각배율은 근사적으로 식 24-12를 이용하여 구할 수 있다.

$$m \approx -\frac{f_o}{f_e} = \frac{950 \text{ mm}}{5.0 \text{ mm}} = 190$$

(b) 망원경의 대략적인 길이는 근사적으로 두 초점거리의 합이다.

$$L = f_o + f_e = 950 \text{ mm} + 5.00 \text{ mm} = 955 \text{ mm}$$

반사망원경

해, 달, 또는 행성과 같이 비교적 가까이 있는 물체를 관측하는 경우에는 각배율이 중요하다. 반면에 매우 멀리 있는 별들은 각배율의 크기에 관계없이 항상 작은 빛을 내는 점으로 보인다. 아주 멀리 있는 물체를 연구하는 데 쓰는 연구용 대형망원경은 가능한 한 많은 빛을 집속해야 하므로 지름이 커야 한다. 그러나 굴절망원경용 렌즈를 그렇게 크게 만드는 것은 기술적으로 어렵고 비용도 많이 든다. 더구나 렌즈가 크면 자체의 큰 무게 때문에 가운데 부분이 처져서 수차 현상의 또 다른 원인이 된다.

이러한 문제는 대물렌즈를 빛을 반사하는 오목거울로 대치함으로써 부분적으로 극복될 수 있다. 오목거울은 구면수차를 줄이기 위해 포물면 형태로 제작된다. 그림 24-34은 전형적인 반사망원경의 구조를 보여준다. 입사광선은 망원경 경통을 따라 진행하여 바닥에 있는 포물면 거울에서 반사된다. 천체 사진을 찍을 때는 대물렌즈에 의한 상이 필름을 직접 감광시킬 수 있도록 하기 위해서 대안렌즈나 반사거울은 제거된다. 반사된 광선은 그림 24-34의 점 A로 집속되어 사진 건판이나 다른 인식 장치에 상을 만든다. 그러나 상이 형성되기 전에 작은 평면거울 M이 광선을 반사시켜 경통의 측면에 있는 작은 구멍을 지나 대안렌즈로 가도록 한다. 이러한 구조를 처음 개발한 사람이 Newton이기 때문에, 이러한 방식의 반사망원경을 **뉴턴식 초점형**(Newtonian focus)이라 한다.

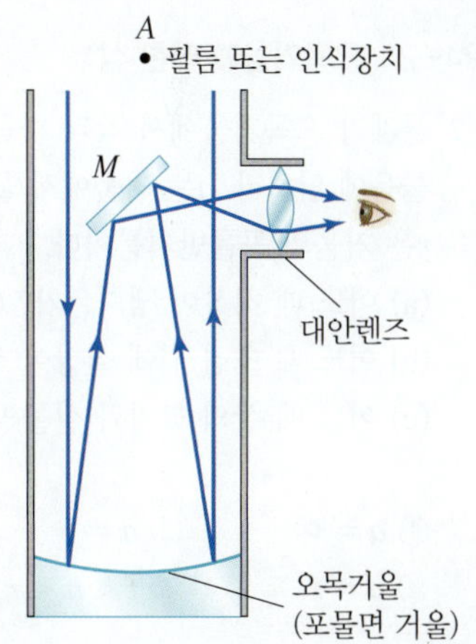

그림 24-34 뉴턴식 반사망원경의 개략도

그림 24-35 Newton의 반사망원경. 당시 굴절망원경의 문제점인 색수차 문제를 해결하기 위해 렌즈 대신 거울을 사용하여 제작한 망원경이다(국립중앙과학관 '영국국립과학관 소장물품' 특별전시회에서 촬영).

그림 24-36 미국 캘리포니아 팔로마 산에 위치한 헤일망원경(Hale microscope). 반사망원경으로 지름이 10.2 m이다.

연습문제

24-1 평면거울에 의한 상

1. 2개의 평면거울을 (a) 평행으로 서로 마주 세워 놓을 때와 (b) 서로 60°의 각으로 놓을 때, 그 사이에 있는 물체의 상의 개수는 얼마인가?

24-2 오목거울에 의한 상

2. 물체가 오목거울에서 각각 다음과 같은 거리에 있을 때, 다음 물음에 답하라. a는 거울에서 물체까지의 거리, f는 초점거리, r은 거울의 곡률반지름이다.

(a) 어느 때 허상이 생기는가? (　　)

(b) 어느 때 초점 위에 실상이 생기는가? (　　)

(c) 어느 때 상의 크기와 실물의 크기가 같은가? (　　)

① $a=\infty$	② $a=f$	③ $0<a<f$
④ $a=r$	⑤ $f<a<r$	⑥ $r<a<\infty$

3. 높이가 2.0 cm인 물체가 곡률반지름이 30 cm인 오목거울의 정점에서 20 cm인 곳에 놓여 있다. (a) 상거리를 구하라. (b) 상의 크기를 구하라.

4. 반지름이 20 cm인 오목거울이 있다. 4.2 cm 높이의 물체가 거울로부터 (a) 12 cm와 (b) 6.0 cm의 거리에 놓여 있다. 각각의 경우에 대해 상거리와 상의 종류를 구하라.

5. 크기가 2.00 cm인 물체가 오목거울 앞 3.00 cm인 곳에 있다. 상의 크기가 5.00 cm이고 허상이라면 거울의 초점거리는 얼마인가?

6. 거울로부터 5.0 m 떨어진 곳에 설치된 스크린에 물체보다 5배가 큰 상을 만들기 위해 구면거울을 사용하려고 한다.

(a) 어떤 거울을 사용해야 하는가?

(b) 거울과 물체 사이의 거리를 얼마로 해야 하는가?

7. 오목거울로 된 화장대 앞 25 cm인 곳에서 2배로 확대된 정립상을 볼 수 있다. 거울의 곡률반지름은 얼마인가?

8. 물체가 곡률반지름이 8.0 cm인 오목거울의 2.0 cm 앞에 놓여 있다. 광선추적에 의해 상의 위치를 정하라. 상이 똑바로 서는가? 아니면 뒤집히는가?

9. 어떤 사람이 화장을 하기 위해 거울 앞 40 cm 되는 지점에 앉아 있다. 이 사람이 얼굴 크기가 2배로 확대되어 보인다면 거울의 초점거리는 얼마인가?

24-3 볼록거울에 의한 상

10. 그림 P24-10과 같이 작은 벌레가 곡률반지름이 10 cm인 볼록거울의 3.0 cm 앞에 놓여 있다. 이 벌레의 상은 어디에 맺히는가?

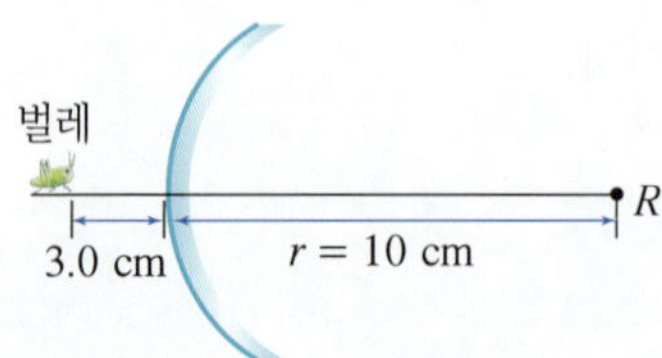

그림 P24-10

11. 초점거리가 15.0 cm인 볼록거울 뒤 10.0 cm 되는 곳에 상을 만들려고 한다.

(a) 물체거리를 구하라.

(b) 이 볼록거울의 배율은 얼마인가?

12. 면도용 거울 앞 1.52 m인 곳에 서 있는 사람이 거울 앞 18.0 cm인 곳에 자신의 도립상을 만들고 있다. 자신의 턱이 거울에서 2배로 확대된 정립상을 보려고 한다면 거울에 얼마나 가까이 있어야 하는가?

24-4 볼록렌즈에 의한 상

13. 초점거리가 f인 돋보기로 허상을 명시거리인 25 cm의 위치에 만들었다.

(a) 허상의 크기와 실물의 크기의 비는 얼마인가?

(b) 이 비가 6배가 되게 하려면 돋보기의 초점거리를 얼마로 하면 되는가?

14. 공기 중에서 초점거리가 f인 볼록렌즈를 물속에 넣으면 초점거리는 어떻게 되는가?

① 변함이 없다. ② 더 길어진다.

③ 더 짧아진다. ④ 길어질 때도 있고 짧아질 때도 있다.

15. 초점거리가 2.44 cm인 볼록렌즈 앞에 투명한 사진용 슬라이드가 놓여 있다. 렌즈로부터 12.9 cm 되는 곳에 슬라이드의 상이 만들어졌다. 볼록렌즈와 슬라이드 사이의 물체거리를 (a) 실상이 맺혔을 때, (b) 허상이 맺혔을 때 각각 구하라.

24-5 오목렌즈에 의한 상

16. 성분을 알 수 없는 투명한 구로 태양의 상을 구의 반대쪽 면에 나타내려고 한다. 구를 구성하는 물질의 굴절률을 구하라.

17. 초점거리가 20.0 cm인 오목렌즈가 있다. 물체거리가 (a) 40.0 cm, (b) 20.0 cm, (c) 10.0 cm일 때, 상거리와 배율, 상의 종류를 구하라.

18. 크기가 1.00 cm인 물체가 초점거리가 8.00 cm인 볼록렌즈의 왼쪽 4.00 cm인 곳에 놓여 있고, 초점거리가 −16.0 cm인 오목렌즈가 볼록렌즈의 오른쪽 6.00 cm 되는 곳에 놓여 있다. 최종 상의 위치와 크기를 구하라. 상이 정립 또는 도립인지, 실상 또는 허상인지 설명하라.

19. 초점거리가 15.0 cm인 두 개의 볼록렌즈가 40.0 cm 떨어져 있는데, 한 물체가 첫 번째 렌즈 앞 30.0 cm 되는 곳에 있다. 물체의 최종 상이 형성되는 곳의 위치와 이 계의 배율을 구하라.

20. 초점거리가 15.0 cm인 오목렌즈의 오른쪽 30.0 cm 되는 곳에 한 볼록렌즈가 놓여 있다. 왼쪽에서 평행광선이 오목렌즈로 들어가서 오른쪽의 볼록렌즈로 나가면 광선은 다시 평행이 된다. 볼록렌즈의 초점거리를 구하라.

21. 그림 P24-21에서의 렌즈와 거울은 1.00 m 떨어져 있고 초점거리는 각각 +80.0 cm, −50.0 cm이다. 어떤 물체가 렌즈의 왼쪽 1.00 m 되는 곳에 있다면 최종 상의 위치는 어디인가? 상은 정립인가 도립인가? 전체 배율을 구하라.

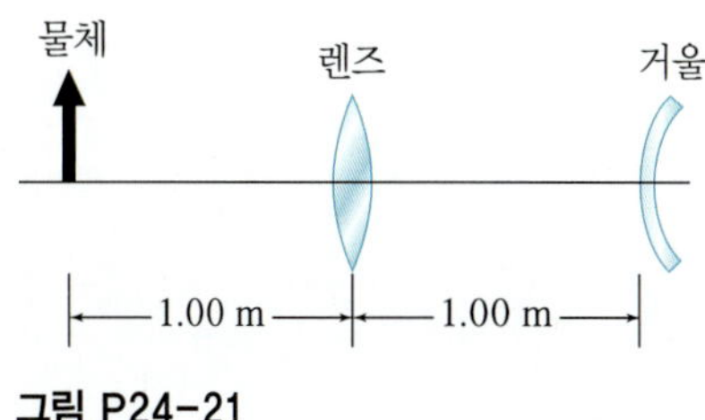

그림 P24-21

22. 초점거리가 15 cm인 볼록렌즈 앞 4.0 cm 되는 곳에 물체를 놓았다.

(a) 상의 위치와 상의 종류, 그리고 배율을 구하라.

(b) 상을 작도하라.

23. 초점거리가 f_1과 f_2인 두 개의 얇은 렌즈를 가까이 붙여 놓았을 때, 렌즈 사이의 거리가 0에 가까워짐에 따라

$$\frac{1}{f} = \frac{1}{f_1} + \frac{1}{f_2}$$

을 만족함을 보이라.

24-6 거울과 렌즈의 수차

24-7 사람의 눈과 사진기

24. 근시인 한 남성의 원점이 2.00 m이다. 원점보다 훨씬 멀리 있는 물체는 선명하게 볼 수 없다. 멀리 떨어진 물체에 대해서 어떤 렌즈 강도가 선명한 시력을 제공하겠는가?

25. 원시인 어떤 학생이 눈으로부터 125 cm보다 가까운 물체는 선명하게 초점을 맺을 수 없다. 이 학생이 눈으로부터 30 cm 떨어진 책을 읽으려면 교정렌즈의 강도가 얼마인 안경을 착용해야 하는가?

26. 원시인 사람이 +1.5디옵터 강도의 렌즈의 안경을 쓰고 있다. 이 사람의 눈의 근점은 어디인가?

27. 어떤 렌즈에 의해 만들어진 허상이 물체의 2배이고, 물체와 상 사이의 거리가 90 cm라고 하면 이 렌즈의 굴절력은 몇 디옵터인가?

28. 사진기의 노출계를 1/50 s의 셔터 속력과 f/16의 구경으로 맞추었을 때 필름이 적절하게 노출되었다는 것을 알 수 있었다. 그러나 공원을 가로질러 날아가는 새를 찍기 위해서는 노출시간을 1/200 s로 줄여야만 한다. 사진이 흐려지는 것을 피하기 위해 조리개의 구경을 어떻게 맞추어야 하는가?

24-8 현미경

29. 한쪽에는 초점거리 2.00 mm의 렌즈, 다른 한쪽에는 초점거리 30.0 mm의 렌즈가 달려 있는 길이 180.0 mm인 긴 관이 있을 때, 이 관과 렌즈를 이용하여 최대 배율의 현미경으로 사용한다면 물체는 어느 곳에 놓아야 하겠는가?

24-9 망원경

30. 천체 망원경으로 달을 보고자 한다. 달은 지구 표면에서 대략 0.5°의 각 크기를 갖고 있다. 망원경의 대물렌즈는 0.75 m의 초점거리를 갖고 있고, 대안렌즈는 0.10 m의 초점거리를 갖고 있다.
(a) 각배율은 얼마인가?
(b) 망원경을 통해서 달을 볼 때 달은 얼마의 각 크기로 보이는가?

2015 청주국제공예비엔날레 'CD프로젝트' 버려진 CD를 모아 사람들의 추억을 담아 공공예술로 승화시킨 프로젝트로 비엔날레 역사상 가장 큰 규모의 단일 예술작품으로 기네스북에 등재되었다.

CD면에는 약 1 μm의 간격으로 나선 모양의 트랙이 나 있다. 이러한 구조 때문에 반사회절격자와 비슷한 작용을 한다. 태양광선 아래에서 관찰한 CD의 표면에서는 여러 색의 무늬가 나타나는데, 이는 표면의 작은 홈에서 반사된 광선들의 간섭 현상 때문에 나타난다. 간섭무늬는 바람의 세기와 광원의 종류와 세기, 보는 사람의 위치에 따라, 매 순간 변신을 거듭한다.

제25장 파동광학

여름 날, 공중을 떠다니는 비눗방울 표면에서 여러 가지 색깔이 빙빙 돌며 나타난다. 오염된 바닷물 위를 덮고 있는 기름막에서 무지개와 비슷한 무늬가 생생하게 보인다. 여름 바다 해변 피서객들은 햇빛의 절반을 흡수하는 코팅 선글라스를 끼고 있다. 실험실에서 과학자들은 뜨겁게 달궈진 물질에서 방출되는 빛을 분석하여, 물질을 이루는 구성 성분을 조사한다. 세계 도처의 높은 산에 위치한 천문대에서는 망원경을 이용하여 멀리 떨어져 있는 은하에서 오는 빛을 모아 파장대별로 걸러내어 우주의 팽창 속력을 구하기도 한다. 이러한 현상들은 광선 개념으로는 적절히 설명할 수 없지만, 빛을 파동으로 본다면 잘 이해할 수 있다.

제23장과 24장에서는 빛이 표면에서 반사하거나 다른 물질로 굴절할 때 나타나는 현상을 광선근사를 이용하여 기술하였다. 즉 빛의 입자성에 기인한 기하광학 영역에 대해 공부하였다면 제25장에서는 파동광학과 관련된 빛의 간섭과 회절 그리고 편광 현상에 대해 공부한다.

25-1 빛의 간섭

TIP 빛을 표현하는 용어

저자에 따라서는 파동광학을 기술할 때 빛을 햇빛(광원), 광선, 광파, 전자기파 등으로 표현한다. 이 책에서는 어느 경우나 동일한 의미로 보기로 한다.

음파에 대한 간섭을 논의하면서 두 파동이란 합쳐져서 보강될 수도 있고, 상쇄될 수도 있다는 것을 공부한 바 있다. **보강간섭**(constructive interference)에서 합성파의 진폭은 개별파의 진폭보다 큰 반면, **상쇄간섭**(destructive interference)에서는 작다. 빛도 파동의 일종으로 이와 같이 서로 간섭 현상이 나타난다. 빛과 관련된 간섭 현상의 발생 원인은 개별 파동을 구성하는 전자기장의 결합 때문이다. 두 개 이상의 빛이 한 점을 통과할 때, 선형 중첩의 원리에 따라 전체 전기장은 각 전기장을 합한 것과 같다.

빛에서의 간섭 현상은 빛의 파장(가시광선 영역의 파장: 약 4×10^{-7} m ~ 7×10^{-7} m)이 짧기 때문에 관측하기가 쉽지 않다. 그러나 다음과 같은 조건이 만족되면, 두 광원 사이에서 간섭 현상을 관측할 수 있다.

- 빛을 발하는 광원은 **결맞은**(coherent) 광원이어야 한다. 즉 광원에서 방출되는 빛은 서로 일정한 위상을 유지해야 한다.
- 빛은 동일한 파장을 가져야 한다.

간섭이 일어나도록 하기 위해서는 우선 (두 진행파를 만들어내는) 광원이 있어야 한다. 안정된 간섭무늬를 만들기 위해서는 각각의 빛이 서로 동일한 위상을 유지해야 한다. 이러한 광원을 **결맞은 광원**이라고 한다. 하나의 증폭기에 연결된 두 대의 스피커에서 나오는 음파는 동시에 같은 방식으로 증폭기에 반응하기 때문에, 즉 위상이 같기 때문에 간섭이 일어난다.

TIP 슬릿(silt)

슬릿은 일반적으로는 좁은 틈새나 좁은 홈, 깊숙이 절단한 홈을 말한다. 이중슬릿은 날을 나란히 마주 보게 하여 만든 좁은 틈새가 두 개 있음을 의미한다.

두 개의 결맞은 광원을 만드는 고전적인 방법은 단일 파장(단색) 광원에서 나오는 빛을 하나의 좁은 슬릿을 통과하도록 한 다음, 그 빛을 두 개의 좁은 슬릿이 있는 스크린에 통과시키는 것이다. 첫 번째 슬릿은 두 슬릿에 결맞은 빛을 비추도록 하기 위한 단일 파면을 만들어내는 데 필요하다. 두 슬릿에서 나오는 빛은 원래 단일 광원에서 나왔으므로 결맞다. 슬릿은 단지 원래 광선을 둘로 나누는 역할만을 할 뿐이다. 광원에서 나오는 빛이 제멋대로 변한다 해도, 이는 동시에 두 슬릿에서 나누어진 빛에 대해서도 똑같이 나타나므로 간섭 현상을 관측할 수 있다.

태양광선은 부분적으로만 결맞다. 즉, 두 지점에 도달한 태양광선은 두 지점이 매우 가까운 경우에만 결맞다. 밝은 태양광선 아래서 손톱을 가까이서 보면 손톱이 얼룩져 보이는 무늬를 볼 수 있다. 왜냐하면 손톱 위 매우 가까운 곳에서 산란되는 빛이 눈에서 간섭을 일으킬 만큼 충분히 결맞기 때문이다.

최근에는 간섭을 보여주는 결맞은 광원으로 레이저를 많이 사용한다. 레이저는 지름이 수 mm를 넘지 않는 강하면서도 결맞은 단색 광선을 만들어낸다. 따라서 밝은 실험실에서도 다중슬릿에 레이저를 비추면 간섭 효과를 쉽게 관찰할 수 있다.

25-2 Young의 간섭 실험

1801년 영국의 과학자 토머스 영(Thomas Young)은 두 광원에서 나오는 빛을 이용하여 역사적인 실험을 수행하였다. 그림 25-1(a)는 이 실험에서 사용된 장치의 개략도이다(Young은 원래의 실험에서 슬릿이 아닌 바늘구멍을 사용하였다).

좁은 슬릿 S_0이 있는 스크린에 빛을 비추면, 이 슬릿에서 나오는 광파는 나란한 두 개의 좁은 슬릿 S_1과 S_2가 있는 두 번째 스크린에 도달한다. 이 두 슬릿에서 나오는 빛은 동일한 파면을 갖기 때문에 언제나 위상이 일치하므로 한 쌍의 결맞은 광원이 된다. 두 슬릿에서 나온 빛은 그림 25-1과 같이 스크린 C에 **간섭무늬**(fringes)라고 부르는 밝고 어두운 줄무늬를 만든다. 슬릿 S_1과 S_2에서 나오는 빛이 스크린 위의 한 지점에 도달하여 보강간섭을 일으키면 밝은 간섭무늬가, 상쇄간섭을 일으키면 어두운 간섭무늬가 나타난다.

그림 25-2는 그림 25-1(a)의 스크린 C에서의 두 빛이 만나는 방법을 설명한 그림이다. 그림 25-2(a)는 같은 위상으로 떠나는 두 빛이 슬릿을 통과하여 스크린의 중앙에 있는 점 P에서 만난다. 이 두 빛은 같은 거리를 진행하였기 때문에 점 P에서 위상이 일치하여 보강간섭을 일으켜 밝은 간섭무늬가 생긴다. 그리고 그림 25-2(b)에

토머스 영 Thomas Young, 1773~1829, 영국의 물리학자, 의사, 언어학자

빛의 간섭 원리를 확립하여 빛의 파동성을 재정립하였다. 14살 때 그리스어·라틴어를 배웠고, 프랑스어·이탈리아어·히브리어·독일어·칼데아어·시리아어·사마리아어·아랍어·페르시아어·터키어·암하라어에 능통하였다. 언어의 천재이자 박식가로, 이집트 상형문자를 부분적으로 해독한 사람으로 유명하다.

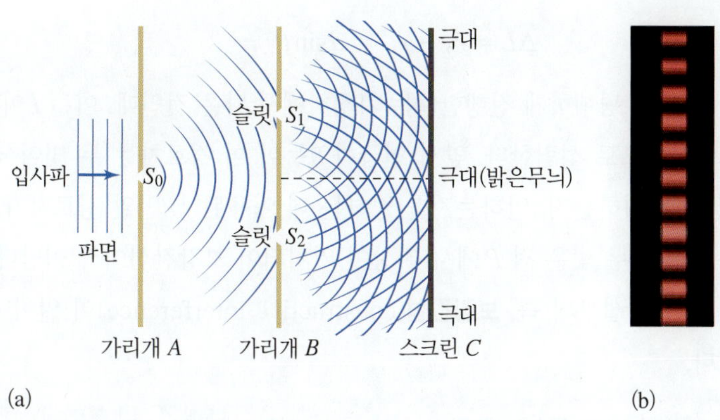

그림 25-1 (a) 슬릿 S_1과 S_2에서 나오는 빛은 결맞기 때문에 스크린 C에 간섭무늬를 만든다. (b) 스크린 C에 나타난 간섭무늬

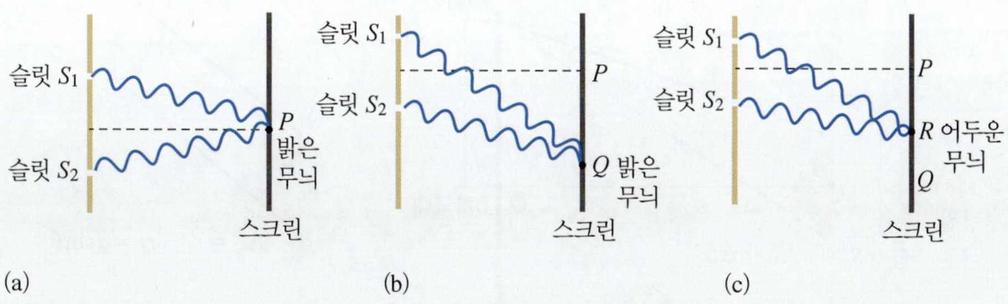

그림 25-2 (a) 두 광선 같은 거리를 진행하고 점 P에서 위상이 일치하여 보강간섭을 일으킨다. (b) 위쪽 광선은 정확히 한 파장만큼 아래쪽 빛보다 늦게 도달하므로, 두 광선의 위상은 일치되고 보강간섭이 나타난다. (c) 위쪽 광선은 1/2파장 늦게 아래쪽 광선과 만나, 180° 위상차가 생겨 상쇄간섭이 나타난다.

서 두 빛 역시 같은 위상으로 떠나지만 위쪽 빛이 스크린 상의 점 Q에 도달하기 위해서는 한 파장을 더 진행해야 한다. 따라서 위쪽 빛이 정확히 한 파장만큼 아래쪽 광파보다 뒤늦게 도달하므로, 두 빛은 여전히 점 Q에서 위상이 일치된 상태로 만나며 그 결과 이 위치에서 두 번째 밝은 무늬가 나타난다. 그러나 그림 25-2(c)와 같이 점 P와 점 Q 사이에 있는 점 R을 생각하자. 점 R에서 위쪽 빛은 1/2파장 늦게 아래쪽 빛과 만난다. 이것은 아래쪽 파동의 골이 위쪽 파동의 마루와 겹쳐진다는 것을 뜻하게 되므로 상쇄간섭이 일어나 이 점에 어두운 무늬가 나타난다.

간섭 조건

영의 간섭 실험으로부터 보강간섭 및 상쇄간섭이 일어나는 조건을 정량적으로 기술할 수 있다. 그림 25-3과 같이 스크린 위에 한 점 P가 있다고 하자. 두 슬릿 사이의 간격이 d이고, 관측용 스크린은 슬릿 S_1과 S_2로부터 수직 거리 L만큼 떨어진 곳에 있다. r_1과 r_2는 두 슬릿에서 마지막 관측용 스크린 상의 한 지점까지의 거리이다. 슬릿 S_1과 S_2에서 나오는 빛은 진동수와 진폭이 같고 위상이 일치한다고 하자. 스크린 점 P에서의 빛의 세기는 두 슬릿에서 나온 빛의 합성된 결과로 나타난다. 그러나 아래쪽 슬릿에서 나온 빛은 위쪽 슬릿에서 나온 빛보다 $d\sin\theta$만큼 더 진행한다.

이 거리를 **경로차**(path difference 經路差) ΔL이라 하며 다음과 같다.

$$\Delta L = r_2 - r_1 = d\sin\theta \qquad \textbf{25-1}$$

식 25-1은 두 빛이 평행하게 진행한다는 가정하에서 나온 것인데, 이는 L이 d보다 훨씬 더 클 때 근사적으로 성립한다. 앞서 언급하였듯이 이 경로차는 두 빛이 점 P에서 만날 때 위상이 일치하는지, 안하는지를 정하는 데 이용된다. 만일 경로차가 0이거나 파장의 정수배이면 두 빛은 점 P에서 위상이 일치되어 보강간섭이 일어난다. 그러므로 점 P에서 밝은 간섭무늬 즉, **보강간섭**(constructive interference)이 일어나는 조건은 다음과 같다.

$$\Delta L = d\sin\theta_{\text{밝은}} = m\lambda, \quad m = 0, \pm1, \pm2, \cdots \quad (\text{극대점, 밝은무늬}) \qquad \textbf{25-2}$$

여기서 m을 **차수**(order number)라 한다. $\theta_{\text{밝은}} = 0 (m = 0)$인 중앙의 밝은무늬를

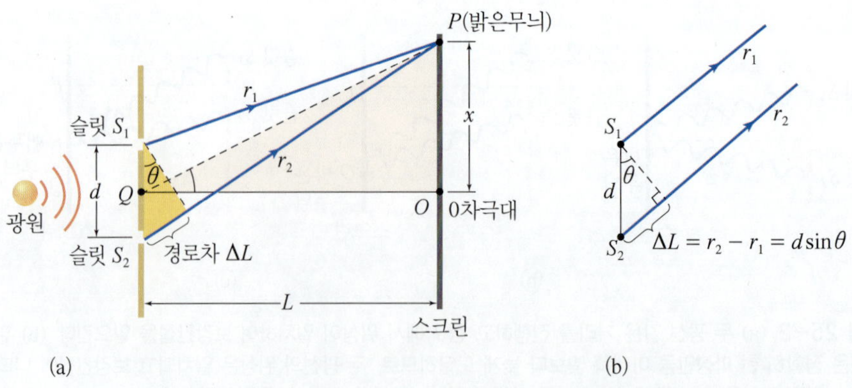

그림 25-3 Young의 간섭 실험을 설명하는 기하학적 구조(그림은 실제 비율과 다름)

0차극대 또는 **중앙극대**라고 한다. 양쪽에 있는 $m = \pm 1$인 첫 번째 극대를 **1차극대(첫 번째 밝은 무늬)**라 하며, 다른 극대는 그에 대응하는 차수의 극대로 부른다.

만약 ΔL이 $\lambda/2$의 홀수배이면, 점 P에 도달하는 두 빛은 180°의 위상차를 보이며 상쇄간섭이 일어난다. 따라서 점 P에서 어두운 간섭무늬, 즉 **상쇄간섭**(destructive interference)이 일어날 조건은 다음과 같다.

$$\Delta L = d\sin\theta_{\text{어두운}} = \left(m + \frac{1}{2}\right)\lambda, \ \ m = 0, \pm 1, \pm 2, \cdots \ (\text{극소점, 어두운 무늬}) \qquad \textbf{25-3}$$

식 25-3에서 $m = 0$이라면 경로차는 $\Delta L = \lambda/2$이며, 이는 중앙의 밝은 극대를 중심으로 양쪽 방향 중 한쪽에서 최초로 나타나는 어두운 간섭무늬가 생성되는 조건이다. 마찬가지로 $m = 1$이라면 경로차는 $\Delta L = 3\lambda/2$가 되며, 이는 중앙을 중심으로 양쪽 중 한쪽 방향에서 두 번째로 나타나는 어두운 간섭무늬가 생성되는 조건이다.

스크린 중앙점 O에서 점 P까지 수직으로 측정한 밝고 어두운 간섭무늬의 위치에 대한 표현식은 아주 쓸모가 많다. 여기서 $L \gg d$, $d \gg \lambda$라고 가정하자. 이러한 가정은 실제로 L이 대개는 1 m 정도, d는 mm 정도, λ는 μm 정도이기 때문에 타당하다. 이러한 조건하에서 θ는 작기 때문에 $\sin\theta \cong \tan\theta$라는 근사식을 이용할 수 있다.

TIP 작은 각 근사

작은 각 $\theta = 0°\sim 4°$에서 $\sin\theta \simeq \tan\theta$는 세 자리 숫자까지는 정확히 일치한다.

이 근사를 이용하면 그림 25-3의 ΔOPQ로부터 다음과 같은 결과를 얻는다.

$$x = L\tan\theta \approx L\sin\theta \qquad \textbf{25-4}$$

식 25-2를 $\sin\theta$에 대해 풀고, 이 결과를 식 25-4에 대입하면 점 O에서부터 측정한 **밝은 간섭무늬**의 위치는 다음과 같이 나타낼 수 있다.

$$x_{\text{밝은}} = \frac{\lambda L}{d}m, \quad m = 0, \pm 1, \pm 2, \cdots \qquad \textbf{25-5}$$

또 식 25-3과 25-4를 이용하면 어두운 간섭무늬의 위치는 다음과 같이 나타낼 수 있다.

$$x_{\text{어두운}} = \frac{\lambda L}{d}\left(m + \frac{1}{2}\right), \quad m = 0, \pm 1, \pm 2, \cdots \qquad \textbf{25-6}$$

간섭무늬의 각도

식 25-2와 25-3을 이용하면 간섭무늬가 형성되는 각도 θ, 즉 간섭무늬의 위치를 알아낼 수 있다. $m = 0$일 때는 식 25-2에서 $\theta = 0$의 위치, 즉 중심축 위에 밝은 무늬가 있음을 알 수 있다. 만약 $m = 2$라면, 밝은 무늬의 각도는 식 25-2로부터 다음과 같이 구할 수 있다.

$$\theta = \sin^{-1}\left(\frac{2\lambda}{d}\right) \quad (m = 2\text{일 때, 밝은 무늬의 각도}) \qquad \textbf{25-7}$$

즉 이 밝은 무늬는 중심축의 위와 아래쪽에 있음을 알 수 있다. 두 슬릿으로부터 나온 파동은 $\Delta L = 2\lambda$, 즉 두 파장만큼의 위상차를 갖는 무늬를 만든다. 이러한 간섭무늬는 **2차 간섭무늬**($m = 2$), 또는 중앙극대로부터 **두 번째 밝은 간섭무늬**가 된다.

또 어두운 무늬가 나타나는 간섭무늬의 각도를 구해보자. $m = 1$일 때, 식 25-3에 의해 어두운 간섭무늬의 각도는 다음과 같이 나타낼 수 있다.

$$\theta = \sin^{-1}\left(\frac{1.5\lambda}{d}\right) \quad (m = 1\text{일 때, 어두운 무늬의 각도}) \qquad \text{25-8}$$

이 어두운 무늬도 중심축의 위와 아래쪽에 있음을 알 수 있다. 두 슬릿에서 나온 파동은 $\Delta L = 1.5\lambda$, 즉 1.5파장에 대응하는 위상차를 가지고 두 간섭무늬의 자리에 도달한다. 이러한 간섭무늬는 중심축으로부터 두 번째로 어두운 무늬이므로 **2차극소점**이 된다. 첫 번째 어두운 무늬, 즉 첫 번째 극소점은 $m = 0$의 위치에 있으며, 이때 경로차는 $\Delta L = 0.5\lambda$이다.

예제 25-1 Young의 간섭 실험

문제 파장이 $\lambda = 664$ nm인 빨간색 빛이 슬릿 간격이 $d = 1.20 \times 10^{-4}$ m인 이중슬릿으로 평행하게 입사하였다. 이 슬릿으로부터 거리가 $L = 2.75$ m인 지점에 스크린을 설치하였을 때, 스크린 중앙의 밝은 무늬에서부터 3차 밝은 무늬까지의 거리 x를 구하라.

생각하기 3차($m = 3$)의 밝은 무늬가 형성되는 각도를 구한 후, 기하학적 관계를 이용하여 3차 밝은 무늬의 위치를 구한다.

풀이 식 25-2를 이용하여 3차($m = 3$)의 밝은 무늬가 형성되는 각도를 구하면 다음과 같다. $\Delta L = d\sin\theta_{\text{밝은}} = m\lambda$에서

$$\theta = \sin^{-1}\left(\frac{m\lambda}{d}\right) = \sin^{-1}\left\{\frac{3(664 \times 10^{-9}\ \text{m})}{1.20 \times 10^{-4}\ \text{m}}\right\} = 0.951^\circ$$

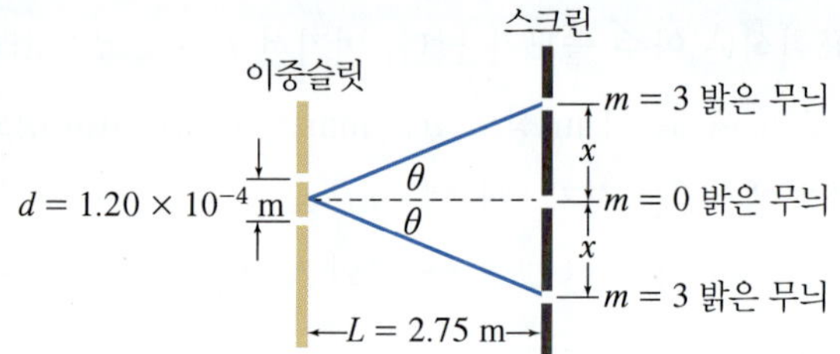

그림 25-4 3차 밝은 무늬($m = 3$)는 스크린에서 중앙 밝은 무늬($m = 0$)로부터 거리 x만큼 떨어진 곳에 형성된다.

이다. 그림 25-4에서와 같이 구하는 거리 x는 $\tan\theta = x/L$로부터 계산할 수 있다.

$$x = L\tan\theta = (2.75\ \text{m})\tan 0.951^\circ = 0.0456\ \text{m}$$

25-3 간섭무늬의 세기

이중슬릿에 의한 간섭무늬의 세기

이중슬릿에 의한 간섭무늬에서 빛의 세기 I가 어떻게 분포되는지 알아보자. 여기서 이중슬릿을 간섭성이 있는 사인형 파동을 발생시키는 광원으로 생각하자.

그림 25-3의 점 P에서의 전체적인 전기장의 크기는 두 파동의 중첩이다. 두 파동이 같은 진폭 E_0을 갖는다면, 슬릿을 떠난 두 파동의 점 P에서 전기장의 크기는 다음과 같이 나타낼 수 있다.

$$E_1 = E_0 \sin\omega t, \quad E_2 = E_0 \sin(\omega t + \phi) \qquad \text{25-9}$$

이 경우 두 파동은 같은 각진동수 ω를 가지고, 일정한 위상차 ϕ를 갖는다. 두 파동이 슬릿에서 출발할 때 조건은 같지만, 점 P에서의 위상차 ϕ는 경로차 $\Delta L = r_2 - r_1 = d\sin\theta$에 의존한다. 여기서 λ의 경로차(보강간섭)는 2π rad의 위상차에 해당한다.

따라서 λ에 대한 경로차 ΔL의 비율은 2π에 대한 위상차 ϕ의 비율과 같다. 이 관계를 수학적으로 나타내면 다음과 같다.

$$\frac{\Delta L}{\lambda} = \frac{\phi}{2\pi} \qquad 25\text{-}10$$

이 식으로부터 다음과 같은 관계를 얻는다.

$$\phi = \frac{2\pi}{\lambda}\Delta L = \frac{2\pi}{\lambda} d\sin\theta \qquad 25\text{-}11$$

식 25-11로부터 위상차 ϕ가 각도 θ에 따라 어떻게 달라지는가를 알 수 있다. 중첩의 원리를 이용하면 점 P에서의 전기장의 크기는 다음과 같이 구할 수 있다.

$$E_P = E_1 + E_2 = E_0\{\sin\omega t + \sin(\omega t + \phi)\} \qquad 25\text{-}12$$

이 식은 다음과 같은 삼각함수의 항등식을 이용하여 간단히 나타낼 수 있다.

$$\sin A + \sin B = 2\sin\left(\frac{A+B}{2}\right)\cos\left(\frac{A-B}{2}\right)$$

여기서 $A = \omega t + \phi$, $B = \omega t$로 놓으면 식 25-12는 다음과 같이 쓸 수 있다.

$$E_P = 2E_0\cos\left(\frac{\phi}{2}\right)\sin\left(\omega t + \frac{\phi}{2}\right) \qquad 25\text{-}13$$

이것은 점 P에서 전기장의 진동수는 슬릿에서와 같이 ω이지만, 진폭은 $2\cos\left(\frac{\phi}{2}\right)$배가 됨을 의미한다. 제22장의 식 22-20b에서 어떤 점에서의 전자기파의 세기는 그 점에서 전체적인 전기장 크기의 제곱에 비례하는 것을 기술한 바 있다[$S(I_{세기}) \propto E^2$]. 여기서 증명은 생략하지지만, 이 관계를 이용하여 계산하면 다음과 같은 결과를 얻는다. 즉 매우 좁은 두 슬릿으로부터 스크린에 도달하는 전기장은 주어진 각도 θ에 대해 **시간평균 빛의 세기**(time-averaged light intensity)로 나타내면 다음 식과 같다.

$$I = I_{최대}\cos^2\left(\frac{\pi d\sin\theta}{\lambda}\right) = I_{최대}\cos^2\frac{1}{2}\phi \qquad 25\text{-}14$$

θ가 작으면 $\sin\theta \approx \frac{x}{L}$이므로 간섭무늬의 세기는 다음과 같다.

$$I = I_{최대}\cos^2\left(\frac{\pi d}{\lambda L}x\right) \qquad 25\text{-}15$$

빛의 세기가 최대인 보강간섭은 $\frac{\pi d}{\lambda L}x$가 π의 정수배, 즉 $x = \left(\frac{\lambda L}{d}\right)m$일 때 일어나며 이 식은 식 25-5와 일치한다. 그림 25-5는 $d\sin\theta$에 대한 빛의 세기 분포를 그린 것이다. 간섭무늬는 같은 세기를 가지는 무늬가 같은 간격으로 이루어짐을 알 수 있다.

(a)

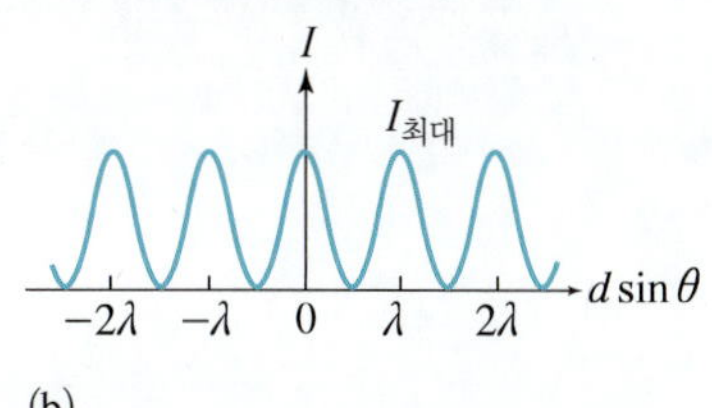

(b)

그림 25-5 스크린이 두 슬릿에서 멀리 떨어져 있을 때($L \gg d$), 경로차 $d\sin\theta$에 대한 간섭무늬의 빛의 세기 분포

다중슬릿에 의한 간섭무늬의 세기

그림 25-6은 다중슬릿을 통과하는 빛의 경우 $d\sin\theta$에 대한 빛의 세기 분포 그림이다. 슬릿이 $N = 3$ 이상인 경우 간섭무늬에는 주극대와 부극대(편의상 붙인 명칭임)가 나타난다. 슬릿이 3개인 경우 곡선의 높이를 측정하면, 세기가 E^2으로 변하기 때문

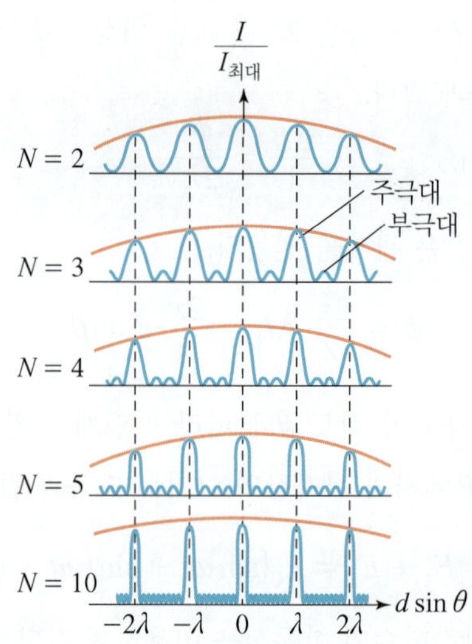

그림 25-6 슬릿의 개수가 여러 개로 구성된 다중슬릿에 의한 간섭무늬의 모양. 슬릿의 수가 증가하면 주극대의 너비는 점점 좁아지고, 부극대의 수가 증가한다. 이때 극대의 위치는 변하지 않는다. 주극대의 세기는 주황색으로 표시된 것과 같이 중앙극대의 좌우에서 감소한다.

에 주극대의 높이가 부극대보다 9배 크다. 슬릿이 N개인 경우 주극대의 세기는 슬릿이 1개인 경우보다 N^2배 크다. 슬릿의 수가 많아지면, 주극대의 세기는 증가하고 너비는 좁아지는 반면에, 주극대에 대한 부극대의 세기 비율은 감소한다.

그림을 보면 슬릿의 수가 많아지면 부극대의 수도 많아진다는 것을 보여주고 있다. 일반적으로 슬릿의 수를 N이라고 하면, 주극대 사이의 부극대의 수는 $(N-2)$개이다. 이 관계는 25-6절의 회절격자에서 보다 구체적으로 공부한다.

25-4 박막에서 간섭

매질 차에 의한 위상변화

줄의 한 끝에 고리를 매달아 가는 기둥에 걸고, 다른 끝을 흔들어 펄스를 보내면, 펄스가 고정단에서 반사될 때 반사펄스의 형태는 뒤집어지면서 위상이 $\pi(180°)$만큼 변하는 것을 공부한 바 있다.

또한 파동이 기둥을 따라 마찰 없이 자유로이 움직일 수 있는 고리에 묶여 있는 자유단에서 반사될 때 반사파는 위상이 변하지 않고 파형은 입사파와 같고 진행방향만 반대가 되는 것을 공부하였다.

진행하고 있는 빛이 반사될 때의 특성은 잡아당겨진 줄에서의 횡파가 경계면에 부딪혀 생긴 반사파와 유사하다. 그림 25-7과 같이 줄에서 반사된 펄스가 보다 밀한 줄과 연결된 경계면에서 반사되거나 단단한 벽에서 반사될 때는 180°의 위상변화가 생기지만[그림 25-7(a)], 보다 소한 줄과 연결된 경계면에서 반사될 때는 위상변화가 없다[그림 25-7(b)]. 이와 마찬가지로 광선도 그 광선을 전파하는 매질보다 더 큰 굴절률의 매질과 만나는 경계면에서 반사되면 180°의 위상변화가 일어나지만, 작은 굴

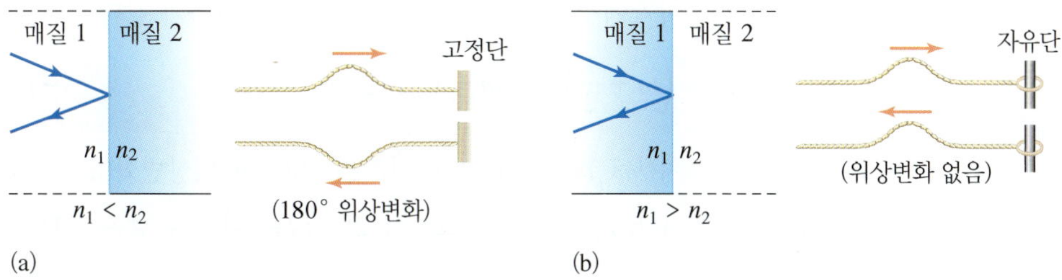

그림 25-7 빛과 줄에서 펄스의 반사 현상 비교. (a) $n_1 < n_2$인 경우, 매질 2에서 반사되어 매질 1로 진행하는 광선은 180° 위상변화가 생긴다. (b) $n_1 > n_2$인 경우, 매질 2에서 반사되어 매질 1로 진행하는 광선은 위상변화가 없다.

절률의 매질로 된 경계면에서 반사될 때는 위상변화가 일어나지 않는다. 그리고 이때 경계면을 지나가는 투과파에도 위상변화는 없다. 일반적으로 **광선은 진행하고 있는 매질보다 큰 굴절률을 가진 매질에서 반사될 때 180°의 위상변화가 일어난다.**

박막에서 간섭

아주 얇은 막을 **박막**(thin film 薄膜)이라고 한다. 우리 주변에서 얇은 박막에서 일어나는 빛에 의한 간섭의 효과는 비눗방울의 얇은 표면이나, 물 위에 떠 있는 기름막 등에서 관찰할 수 있다. 결맞지 않은 백색광을 이러한 박막에 비추면 각양각색으로 변하는 것을 볼 수 있는데, 이것은 박막의 윗면과 아랫면에서 반사되는 빛의 간섭 때문이다.

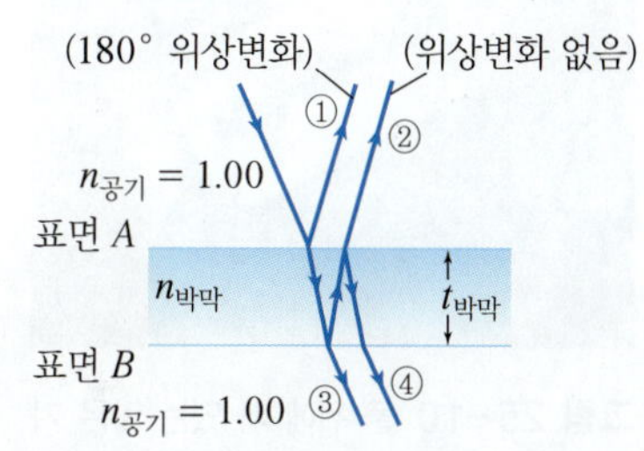

그림 25-8 두께가 t이고, 굴절률이 $n_{박막}$인 박막을 지나가는 빛의 경로를 광선 ①, ②, ③, ④로 나타낸 그림

그림 25-8과 같이 두께가 t로 균일하고, 굴절률이 n인 얇은 막이 있다고 하자. 공기 중에서 진행하고 있는 광선은 박막의 두 표면에 거의 수직으로 입사한다고 가정하면, 박막의 윗면과 아랫면에서 반사된 광선은 몇 가지 조건에 따라 보강간섭과 상쇄간섭을 일으킨다. 보강간섭을 일으키는지, 상쇄간섭을 일으키는지를 결정하기 위해서는 우선 다음과 같은 사실을 알아야 한다.

1. 굴절률이 n_1인 매질에서 굴절률이 n_2인 매질로 진행하는 빛은 $n_2 > n_1$일 때는 180°의 위상변화가 일어나고, $n_2 < n_1$일 때는 위상변화가 일어나지 않는다.
2. 굴절률이 n인 매질 내에서의 빛의 파장 λ_n은 다음과 같다.

$$\lambda_n = \frac{\lambda}{n} \qquad 25\text{-}16$$

여기서 λ는 진공 중에서 빛의 파장이다.

이와 같은 규칙을 그림 25-8과 같은 얇은 막에 적용해보자. 이 막은 $n_{박막} > n_{공기}$이다. 첫째 규칙에 따르면 표면 A에서 반사된 광선 ①은 180°의 위상변화가 생기는 반면 아래 표면 B에서 반사되는 광선 ②는 입사파에 대해 위상변화가 없다. 이 때문에 광선 ①은 광선 ②에 대해 180°만큼의 위상차가 생기는데, 이는 $\lambda_n/2$의 경로차에 해당한다. 이때 두 광파가 박막의 표면 위 공기 중에서 다시 결합하기 전에 광선 ②가 $2t$의 거리를 더 진행한다.

예를 들어 $2t = \lambda_n/2$이면 광선 ①과 광선 ②는 위상이 같은 상태로 결합하여 보강

그림 25-9 형광등 아래에서 만든 비눗방울. 색은 앞면과 뒷면에서 반사된 두 반사광선의 간섭 때문에 나타난다. 여러 색이 나타나는 이유는 막의 두께가 다르기 때문이다.

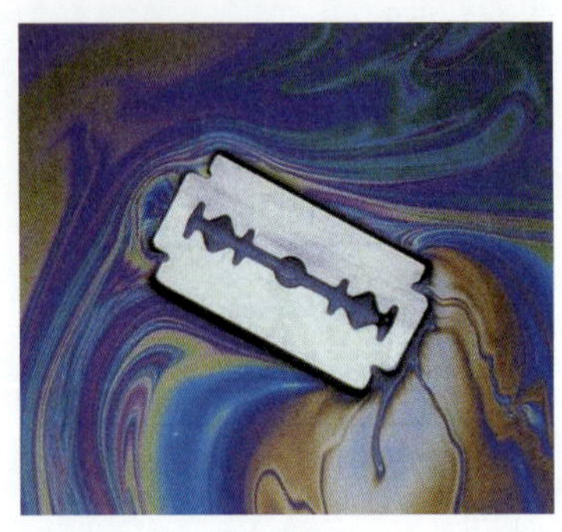

그림 25-10 물 위에 떠 있는 얇은 기름막에 백색광이 입사하였을 때 나타나는 간섭무늬. 막과 면도날의 경계에서 막의 두께가 변하므로 여러 색이 나타난다.

간섭이 일어난다. 일반적으로 박막에서의 **보강간섭**에 대한 조건은 다음과 같다.

$$2t = \left(m + \frac{1}{2}\right)\lambda_n \quad m = 0, 1, 2, \cdots \qquad \textbf{25-17}$$

이 조건은 두 광선의 경로차($m\lambda_n$)와 반사될 때 생기는 180°의 위상변화($\lambda_n/2$)라는 두 가지 사항을 고려한 것이다. $\lambda_n = \lambda/n$이므로 식 25-17은 다음과 같은 형태로 쓸 수 있다.

$$2nt = \left(m + \frac{1}{2}\right)\lambda \quad m = 0, 1, 2, \cdots \quad \text{(박막에서 보강간섭)} \qquad \textbf{25-18}$$

광선 ②가 추가로 진행한 거리 $2t$가 λ_n의 정수배라면, 두 광선은 위상 불일치 상태로 결합하므로 상쇄간섭이 생긴다. 일반적으로 박막에서 **상쇄간섭**에 대한 조건은 다음과 같다.

$$2nt = m\lambda \quad m = 0, 1, 2, \cdots \quad \text{(박막에서 상쇄간섭)} \qquad \textbf{25-19}$$

위에서 보강간섭과 상쇄간섭에 대한 조건은 박막의 위와 아래의 매질이 같을 때만 성립한다. 또는 박막의 위와 아래의 매질이 다를 때에는 두 매질 모두의 굴절률이 $n_{\text{박막}}$보다 작아야 한다. 즉 **보강간섭과 상쇄간섭에 대한 식 25-18과 25-19는 단 한 번의 위상 반전이 있을 때만 유효하다.**

만일 박막이 박막보다 굴절률이 더 작은 매질과 더 큰 매질 사이에 놓인다면 식 25-18과 25-19는 바뀐다. 즉, 식 25-18은 상쇄간섭에, 그리고 식 25-19는 보강간섭에 적용된다. 따라서 박막에서의 간섭 현상을 다루는 문제풀이는 박막의 구조를 잘 보고 굴절률이 어떠한지를 확인하고, 적용할 공식을 선택해야 한다.

예제 25-2 비누막에서 간섭

문제 비누거품 막을 공기 중에서 파장이 $\lambda = 650$ nm인 빛으로 비추었다. 비누막의 굴절률은 $n_{\text{비누}} = 1.33$이다. (a) 비누막에서 반사되는 빛이 보강간섭을 일으키기 위해 필요한 막의 최소 두께는 얼마인가? (b) 비누막의 두께가 2배이면 어떤 일이 일어나는가? 이때 보강간섭이 일어나는가?

생각하기 문제로부터 비누막 양쪽은 모두 공기층으로 되어 있음을 알 수 있다.

풀이 (a) 반사된 빛이 보강간섭을 하기 위한 최소 두께는 식 25-18에서 $m = 0$에 해당한다. $2nt = \left(0 + \frac{1}{2}\right)\lambda$에 주어진 상수를 대입하여 t를 구하면 다음과 같다.

$$t = \frac{\left(0 + \frac{1}{2}\right)\lambda}{2n} = \frac{\lambda}{4n} = \frac{650\text{ nm}}{4(1.33)} = 122\text{ nm}$$

(b) 식 25-18을 이용하여 보강간섭이 일어나는 막의 두께를 모두 찾아보면 다음과 같다.

$$t = \left(m + \frac{1}{2}\right)\frac{\lambda}{2n} = (2m + 1)\frac{\lambda}{4n}, \quad m = 0, 1, 2, \cdots$$

보강간섭은 $m = 0$일 때의 두께인 $t = 122$ nm의 홀수배인 $\frac{\lambda}{4n}$, $3\frac{\lambda}{4n}$, $5\frac{\lambda}{4n}$, …일 때 나타나는 것을 알 수 있다. 따라서 막의 두께가 2배인 경우에 보강간섭은 일어나지 않는다.

예제 25-3 공기쐐기(슬라이드 유리판 사이에서 간섭)

문제 길이가 10.0 cm이고, 굴절률이 $n_{유리} = 1.52$인 두 슬라이드 유리판 사이의 한쪽 끝에 머리카락을 끼워 넣어 삼각형 쐐기 모양의 공기층을 만들었다. 이 장치의 위쪽에서 파장이 632.8 nm인 He-Ne 레이저 광선을 비추자 1 cm에 15개의 어두운 간섭무늬가 나타났다. 머리카락의 두께는 얼마인가?

생각하기 두께가 변하는 공기 박막에 의해 밝고 어두운 평행한 연속적인 띠 모양의 간섭무늬가 생긴다. 어두운 띠는 상쇄간섭에 해당하고, 이 경우 위상 반전은 한 번 일어나므로 식 25-19인 $2nt = m\lambda$를 이용하면 된다.

풀이 상쇄간섭을 나타내는 식을 두께 t에 대해 풀면 다음과 같다. (공기의 굴절률 $n = 1$)

$$t = \frac{m\lambda}{2 \times n_{공기}} = \frac{m\lambda}{2}$$

어두운 간섭무늬에서 그 다음 어두운 무늬까지의 거리를 d라 하면 m번째 띠의 x좌표는 d의 정수배이다.

$$x = md$$

차원 분석으로 보면 d는 단지 cm당 띠 개수의 역수이다.

$$d = \left(15.0 \frac{띠}{\text{cm}}\right)^{-1} = 6.67 \times 10^{-2} \frac{\text{cm}}{띠}$$

또한 그림 25-11에서 삼각형 닮은꼴을 이용하면 $t/x = D/L$이다. 그러면 임의의 m에 대한 두께를 구할 수 있고, 위치 x를 알면 마지막 관계식으로부터 머리카락의 지름 D를 구할 수 있다. 삼각형의 닮은꼴을 이용하면 다음과 같다.

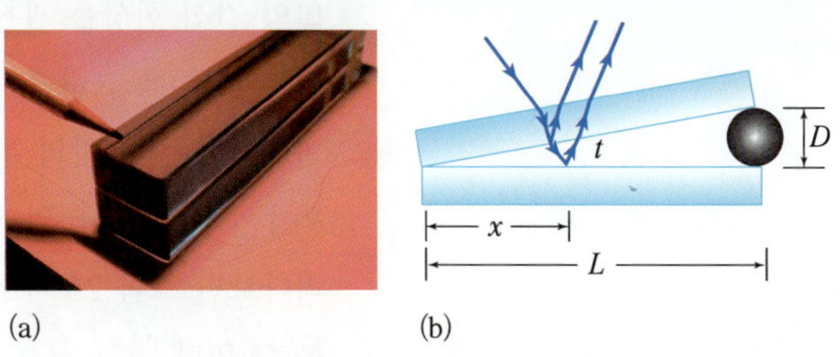

그림 25-11 두 슬라이드 유리 사이의 한 끝에 머리카락을 끼워놓고 단색광을 비추면 반사된 빛에서 간섭무늬가 나타난다. 이때 간섭 조건을 이용하면 물체의 두께를 구할 수 있다.

$$\frac{t}{x} = \frac{m\lambda/2}{md} = \frac{\lambda}{2d} = \frac{D}{L}$$

D에 대해 풀고 주어진 값을 대입하면 다음과 같다.

$$D = \frac{\lambda L}{2d} = \frac{(632.8 \times 10^{-9}\ \text{m})(0.100\ \text{m})}{2(6.67 \times 10^{-4}\ \text{m})} = 4.74 \times 10^{-5}\ \text{m}$$

위쪽 유리면과 아래쪽 유리면에서 반사되는 빛에 의해 간섭무늬가 생긴다고도 볼 수 있다. 그러나 이 경우 슬라이드 유리의 두께가 He-Ne 레이저 파장의 반 정수배(매우 큰 m에 대해)가 되지 않는다. 더구나 쐐기 모양의 공기막과는 달리 유리의 두께는 변하지 않는다.

예제 25-4 이중 박막에서 간섭

문제 태양전지는 실리콘 재료($n_{Si} = 3.50$) 위에 굴절률이 $n_1 = 1.45$인 일산화규소(SiO)와 같은 얇고 투명한 박막으로 코팅하여 반사에 의한 손실을 최소화하고 있다(그림 25-12). 만약 파장이 552 nm인 빛을 수직으로 입사시킬 때, 반사를 최소화하기 위한 박막의 최소 두께를 구하라.

생각하기 위상 반전이 두 번 일어나는 박막(SiO)에 의한 상쇄간섭 효과를 알아보는 문제이다. 그림 25-12에서 광선 ①과 광선 ②가 상쇄간섭에 대한 조건을 충족시킬 때 반사는 최소가 된다. 두 광선은 모두 반사될 때 180°만큼 위상이 변한다. 이 경우 박막이, 박막보다 굴절률이 더 작은 매질과 더 큰 매질 사이에 놓여 있으므로 식 25-18과 25-19는 바뀐다. 따라서 최소 반사에 대한 조건은 식 25-18을 사용해야 한다. 즉 $2nt = \lambda/2$이다.

풀이 $2nt = \lambda/2$를 t에 대해 푼다.

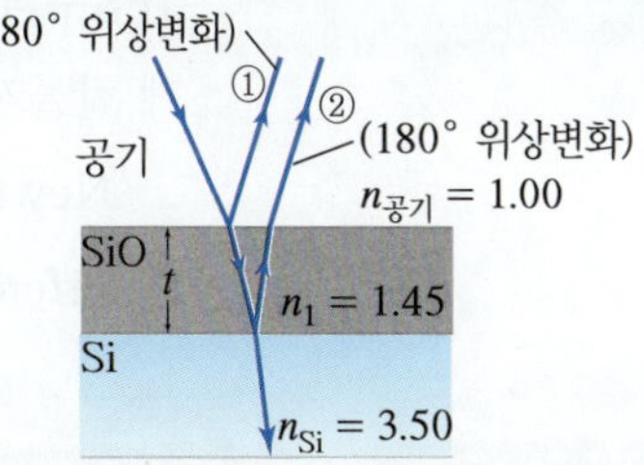

그림 25-12 실리콘 태양전지에서 반사에 의해 일어나는 손실은 일산화규소 박막을 코팅함으로써 최소화할 수 있다.

$$t = \frac{\lambda}{4n} = \frac{552\ \text{nm}}{4(1.45)} = 95.2\ \text{nm}$$

이러한 코팅은 반사 손실을 30 %(코팅을 하지 않은 경우)에서 10 %(코팅을 한 경우)로 줄여주므로 태양전지의 효율은 증가한다. 실제로 원하는 두께는 파장에 의존하고, 또한 전 파장에 해당하는 빛이 입사되므로 이러한 코팅으로는 완벽하게 무반사가 되도록 할 수 없다.

25-5 Newton의 원무늬

빛의 간섭 현상을 관찰할 수 있는 또 하나의 방법은 평면 볼록렌즈(한 면은 평면, 한 면은 볼록)를 그림 25-13과 같이 평면 유리 위에 올려놓는 것이다. 이렇게 하면 유리면에 있는 공기막의 두께는 O(접촉점)에서부터 점 P까지 변한다. 렌즈의 곡률반지름 R이 중심으로부터의 거리 r보다 매우 클 때, 파장 λ인 빛을 비추면서 렌즈 위에서 내려다보면 그림 25-13(c)와 같이 밝고 어두운 고리 모양의 간섭무늬가 나타나는 것을 볼 수 있다.

Newton이 발견한 이러한 원무늬를 **뉴턴의 원무늬**(Newton's rings)라고 한다. **이 간섭무늬는 평면 유리에서 반사된 광선 ①과 렌즈 아래쪽 표면에서 반사된 광선 ②가 결합하여 생기는 것이다.** 이때 광선 ①은 공기 중에서 보다 큰 굴절률($n_{유리}$)의 매질로 들어가는 경계면에서 반사되기 때문에 180°의 위상변화가 일어난다. 그러나 광선 ②는 유리 속에서 보다 작은 굴절률($n_{공기}$)의 매질로 들어가는 경계면에서 반사되기 때문에 위상변화가 생기지 않는다. 따라서 박막이 공기이므로 $n_{공기} = 1$로 놓으면 보강간섭과 상쇄간섭에 대한 조건은 각각 식 25-18과 25-19로 주어진다.

그림 25-13(a)에서 밝고 어두운 띠에 대한 반지름 r을 곡률반지름 R과 파장 λ로 표현할 수 있다. 예를 들어 어두운 원무늬의 반지름은 식 25-20과 같이 나타낼 수 있다. 여기서 m은 간섭의 차수이고 n은 공기의 굴절률이다.

$$r \approx \sqrt{m\lambda R/n} \qquad \text{25-20}$$

접촉점 O에서는 그림 25-13(c)에서처럼 어두운 무늬가 보인다. 이는 이 지점에서는 경로차는 없고, 단지 반사에 의한 180°의 위상변화만 있기 때문이다.

Newton의 원무늬를 가장 잘 이용하는 분야는 광학 렌즈를 검사할 때이다. 완벽한 원무늬는 렌즈가 완벽한 구면으로 연마될 때만 나타난다. 대칭성에 변화가 나타나면 간섭무늬 형태가 일그러져 나타난다. 이러한 간섭무늬의 변화를 통해 렌즈를 완벽하게 만들기 위해서 어떻게 재연삭과 재연마를 할 것인가를 알 수 있다.

Newton의 원무늬와 같이 두 광파 사이의 간섭을 이용하는 기기에는 **간섭계**(interferometer 干涉計)가 있다. 간섭계 역시 두 광파 사이의 간섭을 이용하여 파장을

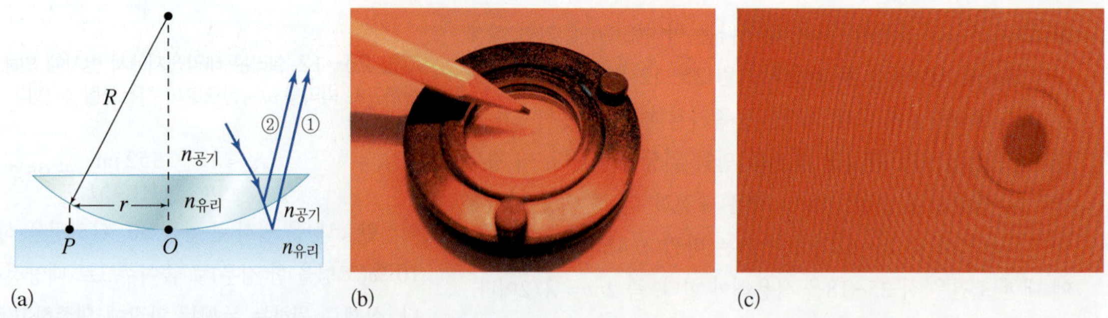

그림 25-13 (a) 평평한 유리면과 렌즈 곡면에서 반사된 광선이 결합하여 Newton의 원무늬라고 부르는 간섭무늬를 만든다. (b) 뉴턴링 실험장치 (c) Newton의 원무늬

정밀하게 측정하는 데 사용되는 장치이다. 특히 유명한 간섭계 중 하나가 Michelson이 고안한 **마이컬슨 간섭계**(Michelson interferometer)이다. Michelson 시대에는 1 m라는 국제단위계를 정의하는 방법으로, 파리 근교의 세브르(Sèvres)에 보관된 금속원기의 두 눈금 사이의 길이를 1 m로 정하였다. 당시 Michelson은 간섭계를 이용하여 이 길이가 카드뮴 광원에서 나오는 빨간 단색광 파장의 1 533 163.5배와 같다는 것을 밝혔다. Michelson은 이 같은 정교한 측정으로 1907년 노벨물리학상을 수상하였다.

25-6 단일슬릿에 의한 회절

Young의 간섭 실험으로 빛의 파동이론의 기초를 마련하였지만, 그 이론이 완전히 받아들여지게 된 것은 그로부터 십 년쯤 후 회절에 대한 연구가 이루어지고 난 다음이다. 프레넬(A. Fresnel, 1788~1827)은 1819년 프랑스 학술원에 간섭과 회절 효과를 예측하고 설명할 수 있는 빛의 파동이론을 제시하였다. 그는 만약 빛이 파동이라면 그림 25-14(a)와 같이 단색광의 점광원으로부터 나온 빛에 의한 원판의 그림자 중심에 밝은 점이 나타날 것이라고 주장하였다. 프레넬의 이 예측은 아라고(F. Arago)의 실험을 통해 그림자의 중심점에서 실제로 밝은 점이 관측되었다. 이로써 빛의 파동이론은 확고한 토대 위에 서게 되었다. 그림 25-14(b)는 점광원인 레이저에서 나온 빛을 동전으로 막았을 때 만들어진 그림자의 사진이다. 그림자 중심점에 밝은 점이 있는 것을 볼 수 있다.

오귀스탱 장 프레넬 Augustin-Jean Fresnel, 1788~1827, 프랑스의 물리학자

토머스 영이 제안한 빛의 파동이론을 확립하는 데 커다란 공헌을 했다. 특히 자신의 연구에 수리 분석을 응용함으로써 빛의 파동이론을 뒷받침했다. 프랑스 여러 곳에서 기술자로 일했으며, 빛의 수차를 연구하고 간섭무늬를 만드는 등 여러 장치를 고안했다. 당시 그가 발명한 프레넬 렌즈는 대단한 주목을 받았다.
이 렌즈는 빛을 좁은 영역으로 모으기 위한 목적으로 등대나 탐조등에 이용된다. 등대용 프레넬 렌즈는 각각의 요소를 따로 따로 제작하여 이들을 조립해 하나의 렌즈가 얻어진다.

빛이 좁은 슬릿을 통과할 때나, 좁은 장애물 또는 모서리를 지날 때 퍼지면서 휘어지는 현상을 **회절**(diffraction 回折)이라고 한다. 우리 주위에서 회절 현상을 관찰하기는 쉽지 않은데 그 이유는 빛의 파장이 주위 물체의 크기에 비해 매우 작기 때문이다. 그림 25-15는 빛이 면도날의 모서리를 지날 때 나타나는 회절무늬이다. 면도날의 안과 밖에서 극대무늬와 극소무늬가 면도날의 끝머리와 나란하게 생긴다. 빛이 통과함에 따라 모서리의 빛은 좌우로 퍼지게 하여 간섭을 일으키므로, 모서리를 따라 회절무늬가 형성된다.

이와 같은 회절무늬는 기하학적 원리만으로는 전혀 설명할 수 없다. 즉 빛이 직진한다면, 입사광선 중 실틈을 통과한 광선만 스크린에 도달하기 때문에 선명하고 밝은

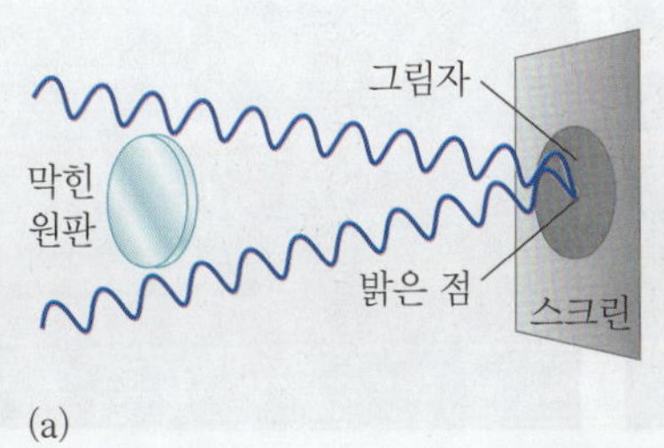

(a)

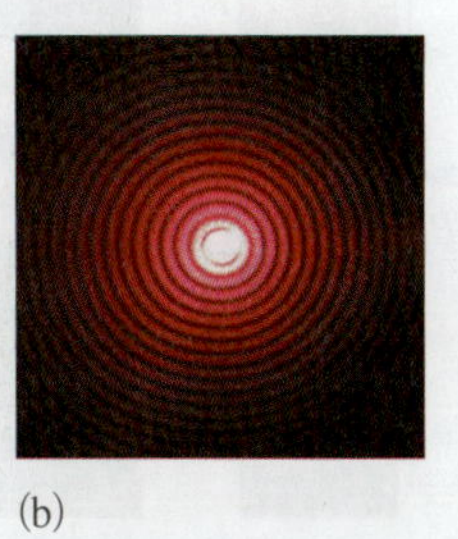
(b)

그림 25-14 (a) 과학자 Fresnel은 만약 빛이 파동이라면 단색광의 점광원으로부터 나온 빛에 의한 원판의 그림자 중심에 밝은 점이 나타날 것이라고 주장하였다. (b) 실제로 레이저 광으로부터 나온 빛이 작은 원판을 지나 만드는 회절무늬는 중심이 밝게 나타난다.

그림 25-15 단색광이 만드는 면도날 모서리에 의한 회절무늬. 밝고 어두운 선이 번갈아 나타난다.

TIP 단일슬릿과 이중슬릿에서 d 값을 혼동하지 말자

단일슬릿에서는 슬릿 간격을 d로 놓았으며, 이중슬릿에서는 두 슬릿 사이의 간격을 d로 놓았다.

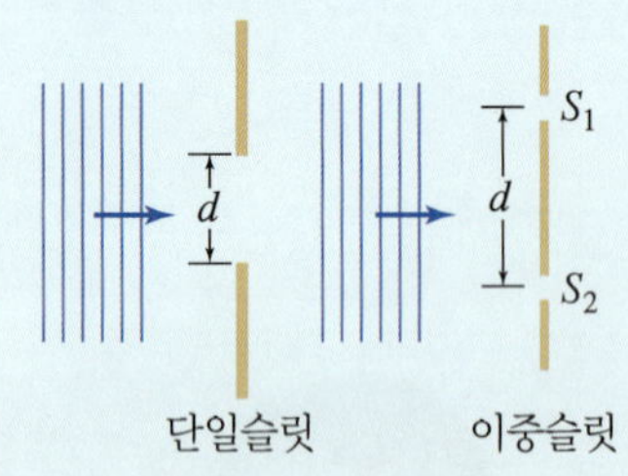

실틈 모양이 스크린에 나타날 것이다. 그러나 그렇지 않다. 앞서 공부한 제23장(주로 기하광학)은 빛의 특성에 대한 일종의 어림 원리이다.

그러면 회절 현상을 정량적으로 설명해보자. 슬라이드 유리에 흑연 액을 고르게 칠하여 말린 다음 면도날 한 장으로 금을 그어 너비 0.1 mm 정도의 좁은 슬릿을 만들어 눈에 가까이 대고 햇빛이나 광원을 보면 그림 25-16(b~d)와 같이 밝고 어두운 무늬가 나타나는 것을 볼 수 있다. 이때 무늬의 중앙에는 밝은 무늬가 생기는데, 슬릿의 너비보다 훨씬 넓으며 양옆으로 밝고 어두운 무늬가 교대로 나타난다. 이것은 슬릿의 각 점을 통과한 회절 광선이 스크린 위의 한 점에 도달할 때까지 거리에 따라 서로 보강간섭을 일으키거나 상쇄간섭을 일으켜 빛의 세기가 달라지기 때문이다. 이때 슬릿의 너비를 조금씩 넓히면 그림 25-16(b), (c)와 같이 회절무늬의 간격이 좁아지는 것을 볼 수 있다. 즉 슬릿의 너비가 좁을수록 회절무늬의 간격이 넓어진다.

평행한 광선이 슬릿의 너비가 d인 단일슬릿에 입사할 때 스크린이 무한히 먼 곳에 있거나 슬릿 뒤에 렌즈를 설치해서 평행광선이 스크린에 초점을 맺게 할 때 생기는 회절무늬를 **프라운호퍼 회절**(Fraunhofer diffraction)이라고 한다. 이와 대조적으로 스크린이 아주 가까운 곳에 있고 렌즈를 사용하지 않을 때 생기는 회절무늬를 **프레넬 회절**(Fresnel diffraction)이라고 한다. 프레넬 회절의 경우 분석이 복잡하므로 여기서는 프라운호퍼 회절만을 다룬다.

상쇄간섭과 보강간섭 조건

그림 25-16(a)에서 평행광선이 슬릿 S에 수직으로 입사하면, 슬릿을 통과한 광선은 그림(a)에서와 같이 θ방향으로 스크린 상의 점 P에 모인다면, 점 A에서 P로 향하는 광선과 점 B에서 P로 향하는 광선의 경로차는 $|BP - AP|$가 된다. 이때 경로차의 의미는 꼭대기 광선과 바닥 광선의 차를 말한다. 슬릿의 간격을 d라 하면 다음 관계가 있다.

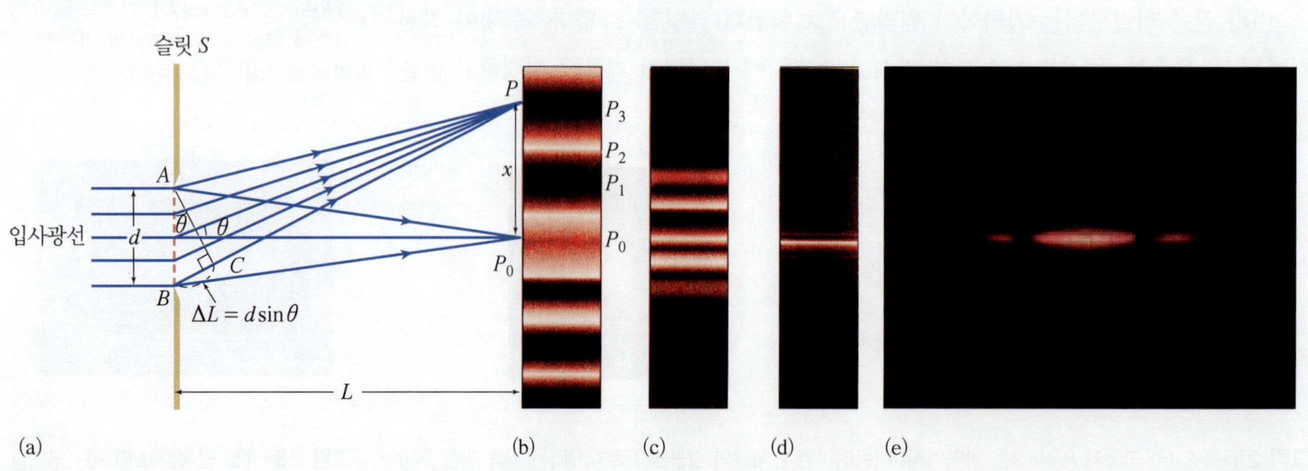

그림 25-16 단일슬릿을 통과한 빛의 회절 때문에 나타나는 간섭무늬. 슬릿의 너비를 조금씩 넓히면 (b)~(d)와 같이 회절무늬의 간격이 좁아진다. (e) 정면에서 본 회절무늬

$$\Delta L = |BP - AP| = d\sin\theta$$

이때 좁은 슬릿에 의해 만들어지는 밝고 어두운 회절무늬가 나타나는 조건을 분석해보자. 그림 25-17과 같이 슬릿의 간격을 반으로 나누어 생각해보자. 슬릿에서 나오는 모든 광선의 위상은 동일하다. 슬릿의 중심에서 나오는 광선 ③과 아래쪽에서 나오는 광선 ①을 생각하자. 광선 ①은 광선 ③보다 경로차 $(d/2)\sin\theta$만큼 더 많이 진행한다. 여기서 d는 슬릿의 너비이다. 마찬가지로 광선 ③과 광선 ⑤의 경로차도 역시 $(d/2)\sin\theta$이다. 이 경로차가 정확히 (180° 위상차에 해당하는) 파장의 1/2이라면, 두 광선은 서로 상쇄되어 상쇄간섭을 일으킨다. 실제로 이것은 슬릿 너비의 1/2만큼 떨어진 두 지점에서 나오는 광선에 대해 위상차가 180°이기 때문에 사실이다. 따라서 슬릿의 절반 위쪽에서 나온 광선과 절반 아래쪽에서 나온 광선은 다음과 같은 경우에 상쇄간섭을 일으킨다.

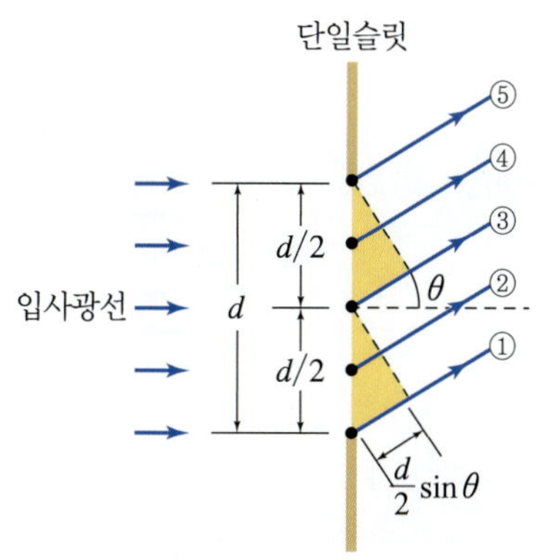

그림 25-17 너비가 d인 단일슬릿을 통과한 광선이 스크린을 향해 θ의 각도로 회절하는 광선의 경로(그림은 실제 비율과 다름)

$$\frac{d}{2}\sin\theta = \pm\frac{\lambda}{2}, \quad d\sin\theta = \pm\lambda$$

마찬가지로 슬릿을 네 부분으로 나누면 다음과 같은 경우에 스크린이 또한 어두워진다.

$$d\sin\theta = \pm 2\lambda$$

만약 슬릿을 여섯으로 나누면 다음과 같은 경우에 스크린이 또한 어두워진다.

$$d\sin\theta = \pm 3\lambda$$

이와 같은 조건을 일반식으로 나타내면 다음과 같이 정리할 수 있다. 너비가 d인 단일슬릿에 의해 만들어지는 **상쇄간섭**은 다음과 같이 나타낼 수 있다.

$$d\sin\theta_{\text{어두운 무늬}} = m\lambda, \quad m = \pm1, \pm2, \pm3, \cdots \tag{25-21}$$

또 보강간섭이 일어나는 조건은 다음과 같이 나타낼 수 있다.

$$d\sin\theta_{\text{밝은 무늬}} = \left(m + \frac{1}{2}\right)\lambda, \quad m = \pm1, \pm2, \pm3, \cdots \tag{25-22}$$

회절무늬의 세기

식 25-21에서는 회절무늬의 세기가 0이 되는, 즉 어두운 무늬가 나타나는 각도 θ를 알 수 있다. 이 식으로부터 스크린 상에 나타나는 세기의 변화는 알 수 없다. 스크린 상에 나타나는 일반적인 세기 분포는 그림 25-18과 같다. 너비가 넓고 밝은 중심부의 간섭무늬 주위로는 덜 밝은 무늬와 어두운 무늬가 교대로 펼쳐져 있다. 어두운 무늬들(세기가 0인 지점들)은 식 25-21을 만족하는 각 θ에서 일어난다. 보강간섭의 위치는 근사적으로 어두운 무늬 사이의 중앙에 있다. 중심부의 밝은 무늬의 너비는 밝기가 더 약한 $m > 1$인 극대 위치에 생기는 무늬의 너비의 두 배이다.

TIP 단일슬릿을 통과한 빛은 회절무늬를 만드는가? 간섭무늬를 만드는가?

단일슬릿에 의해 만들어지는 밝고 어두운 무늬는 파동이 장애물을 통과할 때 생기므로 일반적으로 회절무늬라고 부른다. 그러나 정량적인 분석을 위해서는 이중슬릿에서와 같은 간섭현상을 이용해야 하므로 때때로 간섭무늬로 부르기도 한다.

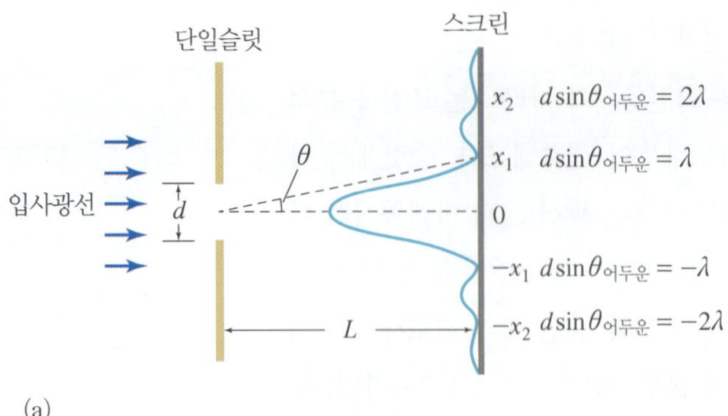

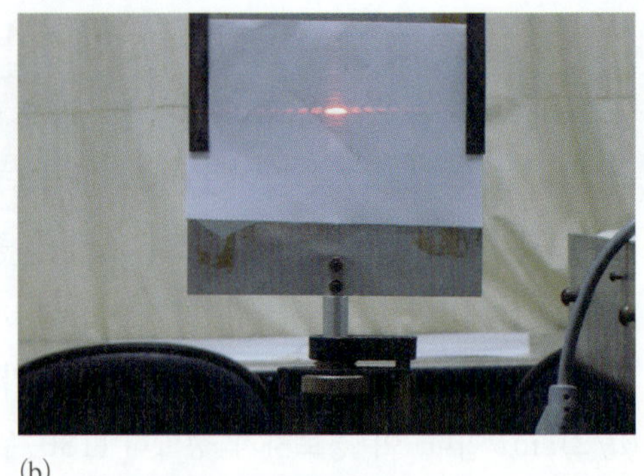

그림 25-18 (a) 너비가 d인 단일슬릿에 의한 프라운호퍼 회절무늬에 대한 빛의 세기 분포. 중앙극대의 양쪽에 극소 위치 두 곳만 나타내었다. (b) 빛의 세기 분포 사진

예제 25-5 단일슬릿에서 간섭무늬(I)

문제 슬릿 간격이 d인 단일슬릿에 파장이 600 nm인 단색광을 수직으로 비추었더니 입사하는 빛의 방향과 $\theta = 0.3°$를 이루는 방향에서 첫 번째 어두운 무늬가 나타났다. (a) 이 단일슬릿의 간격은 얼마인가? (b) 슬릿과 스크린 사이의 거리가 $L = 2$ m일 때, 중앙의 밝은 무늬의 중앙점에서 첫 번째 어두운 무늬의 중앙점까지의 거리는 얼마인가?

생각하기 단일슬릿에 의한 회절 현상을 이해하는 기본 문제이다.

풀이 (a) 첫 번째 어두운 무늬가 생길 조건은 식 25-21인 $\Delta L = d\sin\theta = m\lambda$에서 $m = 1$일 때이므로 $\Delta L = d\sin\theta = \lambda$의 관계가 있다. 따라서 슬릿의 간격은 다음과 같다.

$$d = \frac{\lambda}{\sin\theta} = \frac{600\ \text{nm}}{\sin(0.3°)} = \frac{6\times10^{-7}\ \text{m}}{5.2\times10^{-3}} = 1.2\times10^{-4}\ \text{m}$$

(b) $\sin\theta = \dfrac{x}{L}$이므로 $\dfrac{dx}{L} = \lambda$이다. 따라서 중앙점에서 첫 번째 어두운 무늬의 중앙점까지의 거리는 다음과 같다.

$$x = \frac{L\lambda}{d} = \frac{2\ \text{m}\times6\times10^{-7}\ \text{m}}{1.2\times10^{-4}\ \text{m}} = 1\times10^{-2}\ \text{m}$$

예제 25-6 단일슬릿에서 간섭무늬(II)

문제 너비가 3.00×10^{-4} m인 단일슬릿에 파장이 5.80×10^{2} nm인 빛을 비추었다. 스크린의 위치는 슬릿으로부터 $L = 2.00$ m 거리에 있다고 한다. (a) 중앙에서 x_1만큼 떨어져 있는 첫 번째 어두운 무늬의 위치를 구하라. (b) 중앙의 밝은 무늬의 너비를 구하라.

생각하기 단일슬릿에서 어두운 무늬의 위치를 구하는 문제이다. 이 문제에서 첫 번째 어두운 무늬의 각도에 대한 사인값을 구하기 위해 식 25-21에 주어진 값들을 대입한다. 위치는 작은 각에 대해 $\sin\theta\approx\tan\theta$이므로 탄젠트함수를 이용해도 된다. 중앙극대의 너비는 이러한 두 어두운 무늬 사이로 정의된다.

풀이 (a) 중앙의 밝은 무늬 양쪽에 생기는 첫 번째 어두운 무늬가 나타나는 조건은 $m = \pm1$일 때, $d\sin\theta = \pm\lambda$이다. 이 식에서 $\sin\theta$를 구하면 다음과 같다.

$$\sin\theta = \pm\frac{\lambda}{d} = \pm\frac{5.80\times10^{-7}\ \text{m}}{3.00\times10^{-4}\ \text{m}} = \pm1.93\times10^{-3}$$

그림 25-18(a)의 삼각형에서 $\tan\theta$를 구하면 $\tan\theta = \dfrac{x_1}{L}$이다. θ가 매우 작으므로 $\sin\theta\approx\tan\theta$의 근사$\left(\sin\theta\approx\tan\theta = \dfrac{x_1}{L}\right)$를 이용하여 x_1을 구하면 다음과 같다.

$$x_1 \approx L\sin\theta = (2.00\ \text{m})(\pm1.93\times10^{-3}) = \pm3.86\times10^{-3}\ \text{m}$$

(b) 양과 음의 1차극대 사이의 거리를 계산하면 이 값이 중앙극대의 너비 w가 된다.

$$w = +3.86\times10^{-3}\ \text{m} - (-3.86\times10^{-3}\ \text{m}) = 7.72\times10^{-3}\ \text{m}$$

w는 슬릿의 너비보다 훨씬 크다. 그러나 슬릿의 너비를 점점 **크게** 하면 회절무늬의 너비는 점점 **좁아지고**, 이에 대응하는 θ도 더 작아진다. 사실상 d값이 크면 극대, 극소는 아주 가까워져서 오직 중앙부의 밝은 무늬만 보이게 된다.

25-7 회절격자

투명한 평면 유리나 플라스틱판에 1 cm당 약 3 000~20 000개 정도의 가는 줄을 일정한 간격으로 평행하게 그어 놓은 것을 **회절격자**(diffraction grating 回折格子)라 하고, 그어진 줄과 줄 사이의 간격 d를 **격자상수**라고 한다. 예를 들어 4 000홈/1 cm를 가진 회절격자의 슬릿 간격은 $d = (1/4\,000)$ cm $= 2.5 \times 10^{-6}$ m이다. 회절격자는 유리판 위에 정교한 기계로 평행선을 그어 만든다. 슬릿 사이의 공간에서 빛이 투과할 수 있는 **투과회절격자**와 선들 사이에 있는 공간에서 반사하는 **반사회절격자**로 나눌 수 있다. 회절격자를 통과한 빛은 간섭 및 회절의 효과가 결합하여 스크린 위의 각 점에 간섭무늬를 만들게 된다. 회절격자는 빛을 방출하고 흡수하는 물체나 빛 자체를 연구(빛의 파장 측정 등)하는 데 유용한 실험 도구 중의 하나이다.

TIP 회절격자(diffraction grating)

회절을 순우리말로 '에돌이'라고 하며, 회절격자는 '에돌이발'이라고 부른다. 에돌이 현상은 광파(음파, 전파 포함)가 장애물 때문에 가로막혔을 때, 그 일부 또는 전부가 장애물의 뒤에까지 전파되는 현상을 말한다.

회절무늬

회절격자에 대한 분석은 영의 이중슬릿 실험의 분석과 유사하다. 그림 25-19와 같이 평행광선이 회절격자에 입사되고, 슬릿의 너비가 좁기 때문에 각각의 슬릿은 격자 뒤의 먼 곳에 있는 스크린을 넓은 각도로 비추고 있다고 가정하자. 각각의 슬릿에서 직진하는($\theta = 0°$) 빛은 서로 보강간섭을 일으켜 스크린의 중앙에 밝은 점을 만들게 된다.

그림 25-19는 평면형 회절격자의 단면도에 대한 개략도이다. 평면파가 회절격자의 왼쪽에서 격자면에 수직으로 입사하고 있다. 스크린 상의 회절무늬의 세기는 간섭과 회절의 복합적인 결과로 나타난다. 각 슬릿은 회절을 일으키고, 이 회절된 광선은 다른 회절된 광선과 간섭무늬를 일으킨다. 이때 각 슬릿은 광선의 광원 역할을 한다. 모든 광선은 슬릿에서 위상이 일치된 상태로 떠난다. 그러나 수평선에서 측정한 임의의 각도 θ로 슬릿을 떠난 빛은 스크린 상의 특정한 점 P에 도달하기 전에 서로 다른 경로를 진행한다. 그림 25-19의 아래쪽 그림은 인접한 두 슬릿에서 나온 광선 사이의 경로차가 $d\sin\theta$임을 나타낸 것이다(스크린까지의 거리 L이 d보다 훨씬 크다고 가정하자). 이 경로차가 파장과 같거나 파장의 정수배라면, 모든 슬릿에서 나오는 광선은 점 P에서 위상이 같게 되고 밝은 무늬가 관찰된다. 따라서 각도 θ에 대한 간섭무늬의

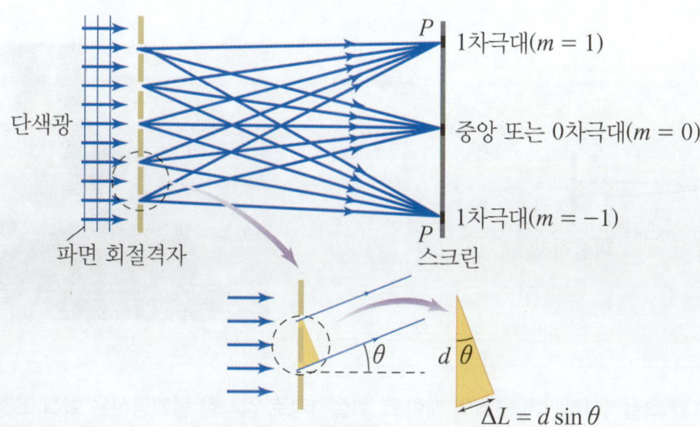

그림 25-19 옆에서 본 회절격자. 슬릿 사이의 간격은 d이고 이웃 슬릿 간의 경로차는 $d\sin\theta$이다.

(a)

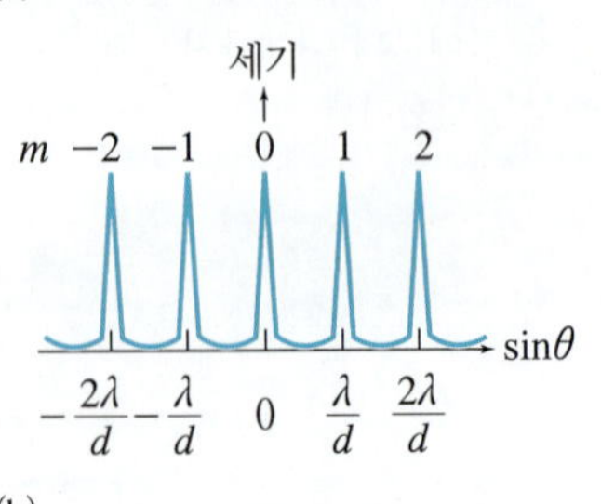

(b)

그림 25-20 (a) 회절격자를 통과하여 만들어지는 간섭무늬. $m = 0$과 $m = \pm 1$의 3개의 극대(밝은 무늬)가 나타나 있다. (b) 회절격자에 의한 회절무늬에서 $\sin\theta$에 대한 회절무늬의 세기 분포. 회절무늬의 강도는 일정하다.

> **TIP** 시준기(collimator)
>
> 회절격자분광기와 같은 광학기기 등에서, 대물렌즈의 초점에 좁은 슬릿을 놓아 그곳으로 들어오는 광선을 평행광선으로 만드는 장치를 말한다.

극대조건, 즉 밝은 무늬가 나타나는 조건은 다음과 같다.

$$d\sin\theta_{\text{밝은무늬}} = m\lambda \quad m = 0, \pm1, \pm2, \cdots \tag{25-23}$$

극대 회절이 일어나는 각도 이외의 다른 각도에서 나오는 빛은 회절격자의 다른 슬릿에서 나오는 빛과 거의 완벽하게 상쇄간섭을 한다. 그림 25-19와 같이 이러한 쌍들의 빛은 모두 그 방향에서 거의 없거나 사라진다. 따라서 **회절격자에 의해서는 어두운 간섭무늬가 나타나지 않는다.**

식 25-23은 격자간격 d를 알면 파장을 계산하는 데 사용될 수 있다. 정수 m은 회절무늬의 **차수**(order number 次數)이다. 입사광이 여러 개의 파장으로 이루어져 있다면, 각 파장의 빛들은 식 25-23을 만족하는 특정한 각도로만 편향될 것이다. 모든 파장의 빛들은 $m = 0$에 해당하는 $\theta = 0°$에 모인다. 이 지점을 **0차극대**라 한다. **1차극대**는 $m = 1$에 해당하는 $\sin\theta \approx \lambda/d$를 만족하는 각도에서 관측되며, **2차극대**는 $m = 2$에 해당하며 보다 더 큰 각도에서 관측된다.

회절격자에 단색광을 입사시키고 슬릿의 수를 2개부터 점차적으로 N개까지 늘리면, 세기 분포는 이중슬릿에 의한 경우보다 더 복잡하게 변하다가 그림 25-20과 같이 나타난다. 그림을 보면 넓고 밝은 간섭무늬를 나타내는 이중슬릿에 의한 간섭무늬와 달리, 회절무늬는 날카로운 극대와 넓은 범위의 어두운 영역으로 이루어져 있음을 알 수 있다.

회절격자분광기

회절격자는 전구에서 별까지 다양한 광원에서 방출되는 빛의 파장을 결정하는 데 많이 이용된다. 그림 25-21은 빛의 파장을 측정하는 데 이용되는 **회절격자분광기**(에돌이발분광기, grating spectroscope)를 나타낸 것이다. 광원에서 나온 광선은 슬릿을 통과한 후 **시준기**(collimator 視準器)에서 평행한 광선으로 바뀌어 회절격자에 입사하면서 회절무늬를 만들게 된다. $m = 0$ 차수의 경우에는 회절격자의 중심축인 $\theta = 0$에 0차의 회절무늬를 만든다. 입사파의 파장에 따라 회절무늬의 위치가 변하므로 망원경의 각도 θ를 바꾸어주면 회절무늬 전체를 관찰할 수 있다. $m = 0$을 제외한 모든 차수의 경우에 입사한 빛은 빛의 파장에 따라 분리되어 퍼지므로 식 25-23을 이용하여 파장을 구할

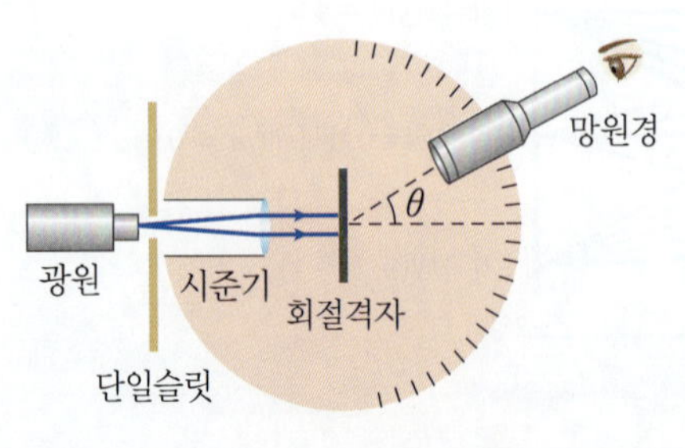

(a)

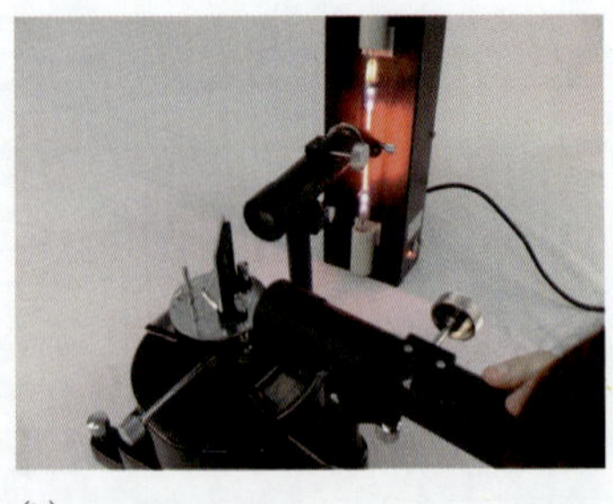

(b)

그림 25-21 (a) 회절격자분광기 구조의 개략도. 회절격자로 입사한 평행광선은 회절 조건을 만족하는 각 θ에서 여러 차수로 회절된다. (b) 회절격자분광기를 이용하여 수소기체를 방전시킬 때 나오는 빛의 파장을 측정하는 시스템

수 있다. 이때 장파장의 선보다 단파장의 선이 더 작은 각도에서 관찰된다.

그림 25-22는 여러 파장의 빛을 포함하고 있는 형광등을 1 cm당 5 000선이 그어져 있는 회절격자로 볼 때 나타나는 회절무늬이다. 단색광이 회절격자에 입사할 때와는 다른 무늬가 나타나는 것을 관찰할 수 있다.

만약 회절격자에 입사하는 빛이 단색광이 아니고, 두 개 또는 그 이상의 진동수를 가진 빛이라고 하자. 이때 $m = 0$ 이외의 모든 차수 m에 대해 이들 파장(400 nm와 700 nm)은 각각 다른 각에서 밝은 무늬를 만들게 되어 그림 25-23(a)와 같은 회절무늬를 볼 수 있다. 만일 백색광이 회절격자에 입사하게 되면 중앙에는 백색의 밝은 무늬가 생기게 되고($m = 0$), 다른 모든 차수에 대해서는 그림 25-23(b)와 같이 어떤 각으로 퍼진 무지개 색이 나타나게 된다. 이것은 회절격자가 빛을 구성 성분의 파장으로 분산시키기 때문에 나타나는 무늬로 **스펙트럼**(spectrum)이라고 한다.

우리가 많이 사용하는 콤팩트디스크(CD; compact disc)의 표면에는 약 1μm의 간격으로 나선 모양의 트랙이 나 있다. 이러한 구조 때문에 반사회절격자와 비슷한 작용을 한다. CD에 입사한 빛은 파장과 입사광선의 방향에 따라 반사 정도가 달라지고, 이때 반사된 빛 사이에서 간섭 현상이 일어나게 된다. 따라서 CD의 어떤 부분은 백색광의 회절격자 역할을 하고, 다른 방향으로 다른 색의 간섭광을 보낸다. CD의 한 부분을 볼 때, 광원의 종류나 입사각의 크기 그리고 보는 방향에 따라 다른 간섭무늬의 색을 보게 된다. 그림 25-24는 형광등 아래에서 관찰한 CD의 간섭무늬이다.

그림 25-22 회절격자(1 cm당 5 000선이 그어져 있음)로 형광등을 볼 때 나타나는 회절무늬

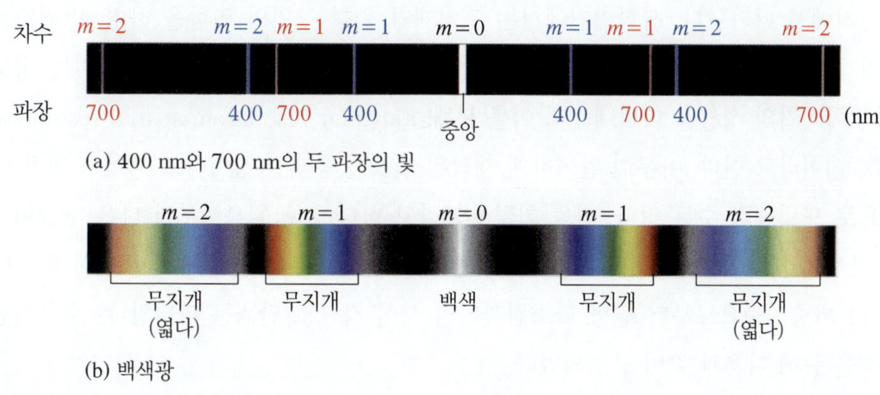

그림 25-23 회절격자분광기에 의해 분광된 스펙트럼. (a) 파장이 400 nm와 700 nm인 두 빛을 분광시킬 때 장파장의 선보다 단파장의 선이 더 작은 각도에서 관찰된다. (b) 백색광에서는 $m = 0$을 제외한 다른 모든 차수에 대해서 어떤 각으로 퍼진 무지개 색이 나타난다.

그림 25-24 형광등 아래에서 관찰한 CD. 여러 색으로 나타나는 이유는 회절격자 역할을 하는 작은 홈에서 반사된 광선들 사이에서 간섭 현상을 일으키기 때문이다. 광원의 종류, 보는 방향 등에 따라 다양한 색을 관찰할 수 있다.

예제 25-7 회절격자의 특성

문제 어느 회절격자가 1 cm당 10 000개의 슬릿을 가지고 있다. 이 회절격자에 파장이 400 nm와 700 nm인 단색광의 빛이 평행하게 입사하였다. 이 빛에 대한 (a) 차수가 $m = 1$일 때와 (b) $m = 2$일 때의 회절각 θ를 구하라.

생각하기 먼저 슬릿 사이의 간격 d를 구하고, 식 25-23을 이용하여 차수에 따른 회절각을 구한다.

풀이 10^4선/cm = 10^6선/m을 가지고 있으므로 슬릿 사이의 간격 d는 다음과 같다.

$$d = \frac{1}{10^6}\ \text{m} = 1.0 \times 10^{-6}\ \text{m}$$

(a) $m = 1$일 때, 두 빛의 회절각은 다음과 같다.

$$\sin\theta_{400} = \frac{m\lambda}{d} = \frac{1 \times (4 \times 10^{-7}\ \text{m})}{1.0 \times 10^{-6}\ \text{m}} = 0.400 \therefore \theta_{400} = 23.6°$$

$$\sin\theta_{700} = \frac{m\lambda}{d} = \frac{1 \times (7 \times 10^{-7}\ \text{m})}{1.0 \times 10^{-6}\ \text{m}} = 0.700 \therefore \theta_{700} = 44.4°$$

(b) $m = 2$일 때, 두 빛의 회절각은 다음과 같다.

$$\sin\theta_{400} = \frac{m\lambda}{d} = \frac{2 \times (4 \times 10^{-7}\ \text{m})}{1.0 \times 10^{-6}\ \text{m}} = 0.800 \therefore \theta_{400} = 53.1°$$

$$\sin\theta_{700} = \frac{m\lambda}{d} = \frac{2 \times (7 \times 10^{-7}\ \text{m})}{1.0 \times 10^{-6}\ \text{m}} = 1.40$$

$\lambda = 700$ nm인 경우 $\sin\theta$가 1을 넘을 수 없기 때문에 2차 차수는 존재하지 않는다. 따라서 1차 차수보다 더 높은 차수는 나타나지 않는다.

25-8 원형 구멍에 의한 회절

일반적으로 렌즈에 의해 집속되는 빔은 그림 25-25(a)와 같이 렌즈가 구형(직경 D)의 형태를 가지므로 초점면에 도달하는 빛은 원형 구멍에 의한 회절상이 된다. 따라서 이 상은 점이 아니고 원판 모양을 이루고 뚜렷하지 않다. 이 상의 중심에 나타나는 가장 밝은 부분을 **에어리 원반**(Airy disk)이라고 한다. 그리고 그림 25-25(b)와 같이 그 주위로 점차로 희미해지는 밝고 어두운 원형 무늬가 교대로 나타나는데 이 무늬를 **에어리 무늬**(Airy pattern)라고 한다.

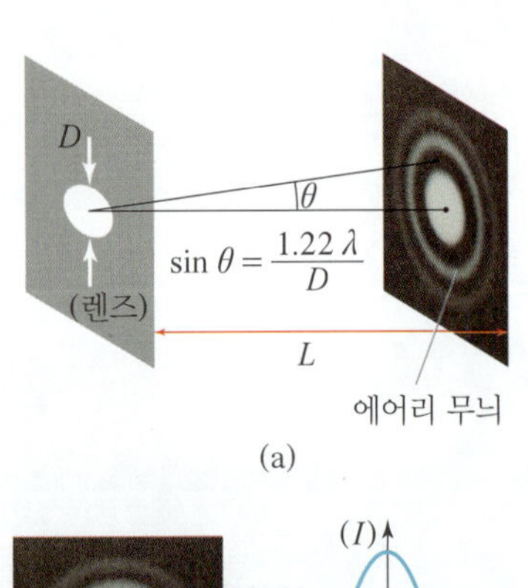

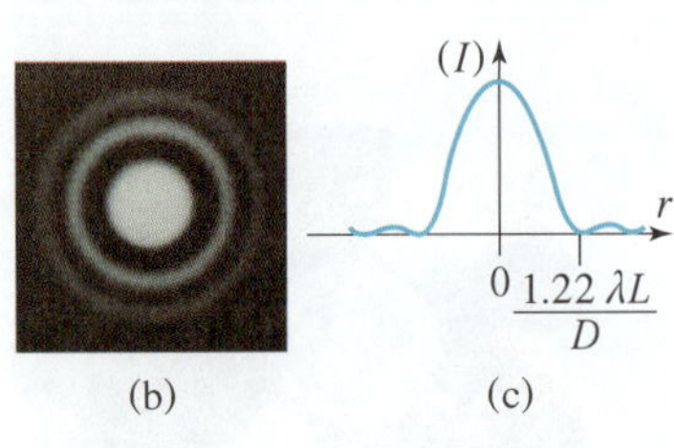

그림 25-25 원형 구멍(광학기기의 조리개 또는 렌즈)을 통과한 빔의 회절 (a) 중앙의 밝은 부분을 에어리 원반이라고 한다. (b) 변수에 따라 여러 개의 에어리 무늬가 교대로 나타난다. (c) 에어리 무늬가 나타나는 위치와 강도(r은 에어리 원판 중앙에서부터의 무늬까지의 거리)

이러한 회절 현상은 사람의 눈, 사진기, 현미경, 망원경 등 상을 맺는 거의 모든 광학기기에서 나타난다. 광학기기에서는 조리개가 원형 구멍의 역할을 하며, 망원경은 조리개가 없으므로 대물렌즈가 원형 구멍으로 작용한다. 회절로 상이 흐려지는 정도는 광학기기의 성능을 나타내는데 이를 **분해능**(angular resolution, spatial resolution 分解能)이라고 한다. 아무리 완벽하게 제작된 렌즈를 통과한 상이라도 에어리 원반 이상으로 또렷해질 수는 없다. 이를 **회절 한계**라고 한다. 점광원으로부터 나온 파장이 λ인 광선이 지름이 D인 원형 구멍을 통과할 때 중앙으로부터 첫 번째 극소점이 나타나는 각 θ(중심축으로부터 원형 극소점까지의 사이 각으로 단위는 라디안)는 수학적인 분석을 통해 다음과 같이 증명되었다.

$$\sin\theta = 1.22\frac{\lambda}{D} \qquad \text{25-24}$$

이 값은 단일슬릿에 의한 간섭무늬에서의 첫 번째 극소점에 대한 식 25-21 ($d\sin\theta_{\text{어두운 무늬}} = m\lambda,\ m = \pm 1$)보다 1.22배 더 큰 각이다. 이 같은 차이는 단일슬릿과 원형 구멍의 슬릿 모양이 다르기 때문이다. 이 식은 서로 접근해 있는 두 물체의 상을 분리하는 능력을 나타내는 광학기기의 **분해능**을 평가하는 데 사용될 수 있다.

그림 25-26의 위쪽에 있는 사진은 두 광원에서 나온 빛이 작은 원형 구멍을 통과한 후 볼록렌즈로 얻은 회절무늬이다. 두 광원 사이의 거리가 아주 멀면 광원을 확실하게 구별할 수 있으나[그림 25-26(a)], 두 광원 사이의 거리가 너무 가까우면 구별

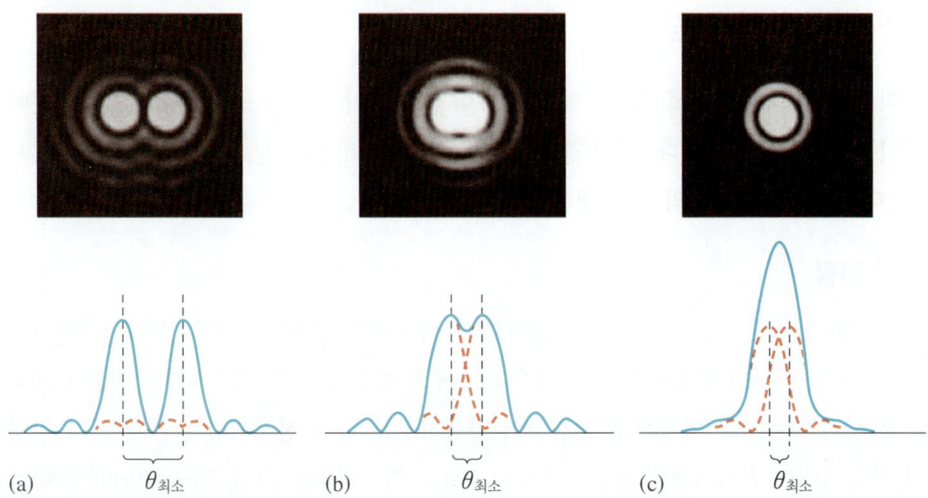

그림 25-26 두 광원에서 나온 빛이 작은 원형 구멍을 통과한 후 볼록렌즈로 얻은 두 광원의 영상. (a) 두 광원 사이의 분리각이 커서 확실하게 구별이 가능하다. (b) 겨우 구별이 가능하다(Rayleigh 기준). (c) 구별이 불가능하다(완전 분해 불가).

이 불가능하고 하나의 점으로 인식하게 된다. 이 한계점에서 두 점광원 사이의 거리를 **해상도**라고 한다[그림 25-26(c)]. 그리고 물체의 **각분리**(angular separation)가 레일리 기준을 만족한다면, 그림 25-26(b)와 같이 겨우 구별이 가능하며, 두 광원이 겨우 분해될 수 있을 때의 슬릿에서 최소 각분리 $\theta_{최소}$를 결정할 수 있다.

식 25-21에서 파장이 λ인 단색광이 평행하게 슬릿 간격이 d인 단일슬릿에 입사하였을 때 나타나는 회절무늬의 첫 번째 극소점($m = \pm 1$)에서 회절무늬의 각도는 다음과 같다.

$$\sin\theta = \frac{\lambda}{d}$$

Rayleigh의 기준에 따르면, 이 각도는 두 광원을 분해할 수 있는 가장 작은 각분리를 나타낸다. 대부분의 경우 $\lambda \ll d$이고, θ가 작기 때문에 $\sin\theta = \theta$로 근사시킬 수 있다. 따라서 단일슬릿 간격 d에 대한 분해의 한계각은 다음과 같다.

$$\theta_{최소} = \frac{\lambda}{d} \tag{25-25}$$

여기서 $\theta_{최소}$의 단위는 라디안이다. 따라서 광원을 분해하려면, 슬릿에서 볼 때 광원이 이루는 각도가 λ/d보다 커야 한다.

대부분의 광학기구는 슬릿보다는 원형 구멍을 사용한다. 이러한 경우 원형 구멍에 의한 회절무늬를 분석할 때 식 25-25를 사용하여 광학기구의 분해 한계각을 구하면 다음과 같다.

$$\theta_{최소} = 1.22\frac{\lambda}{D} \tag{25-26}$$

이러한 분해능의 기준을 **레일리의 기준**(Rayleigh's criterion)이라고 한다. 실제 분해능은 광원과 주변의 상대적인 밝기, 관측자의 시각 기능 등 여러 요인에 의존하기 때문에 이 식은 어림식이다.

25-9 빛의 편광

빛의 또 다른 중요한 성질로서 빛이 파동이기 때문이 아니라, 빛이 횡파이기 때문에 생기는 편광 현상이 있다. 공기 중의 음파와 같은 종파는 편광 현상을 나타내지 않으나, 다른 전자기파에서와 같이 빛은 편광될 수 있다.

평면 편광

일반적인 광속은 광원의 원자나 분자에서 방출되는 수많은 전자기파로 이루어져 있다. 각 원자는 원자 진동 방향에 대응하여 $\vec{E}$의 방향을 갖는 전자기파를 만들어낸다. 이 전자기파는 모든 방향으로의 진동이 가능하므로 합성 전자기파는 개개 원자 광원이 만들어내는 전자기파의 중첩이 된다. 중첩된 전자기파는 그림 25-27(a)에 개략적으로 나타낸 것과 같이 **편광되지 않은**(unpolarized) 빛이 된다. 이 그림에서 광선의 진행방향은 종이면에서 나오는 방향이다.

만약 합성 전기장 $\vec{E}$가 그림 25-27(b)와 같이 특정한 지점에서 **항상** 같은 방향으로 진동한다면, 이때 이 전자기파는 **평면 편광**(plane polarization 平面偏光) 또는 **선형 편광**(linearly polarized 線型偏光) 또는 **편광 편극** 되었다고 말하며, 이때의 파를 **편광파**(polarized 偏光波)라고 한다. 이와 같이 비편광파로부터 선형 편광파를 만들어내는 방법으로는 폴라로이드와 같은 편광 물질을 이용하거나, 반사와 산란를 통해 얻을 수 있다.

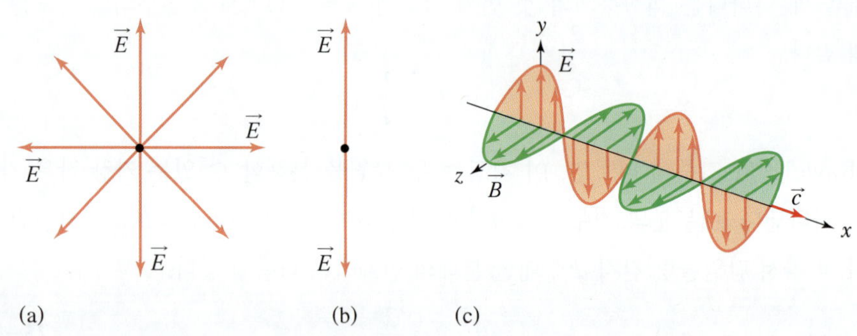

그림 25-27 (a) 일반 광원에서 나온 빛(종이면에서 나오는 방향)은 서로 다른 방향으로 진동하는 파들의 혼합으로 비편광된 빛이다. (b) 평면 편광된 빛은 오직 한 방향으로만 진동한다. (c) x축 방향으로 진행하는 평면 편광된 전자기파. 이때 전기장은 xy면에서 진동하고, 자기장은 xz면에서 진동한다.

편광 물질에 의한 편광

빛을 편광시키는 가장 일반적인 방법은 단일면에서 진동하는 전자기파만 통과시키는 물질을 이용하는 것이다. 1932년 랜드(E. H. Land)는 방향성이 있는 분자에 의한 선택적 흡수를 통해 빛을 편광시키는 **폴라로이드**(polaroid)라고 하는 물질을 발견하였다. 이 물질의 분자는 분자의 길이 방향에 평행인 전기장 벡터를 갖는 빛을 흡수하고, 수직방향의 전기장 벡터를 갖는 빛은 투과시킨다. 이러한 물질을 **편광자**(polarizer 偏光

子)라고 한다. 이상적인 편광자는 투과축에 평행인 $\vec{E}$를 갖는 모든 빛은 투과시키고, 이 투과축에 수직인 $\vec{E}$를 갖는 모든 빛은 흡수한다.

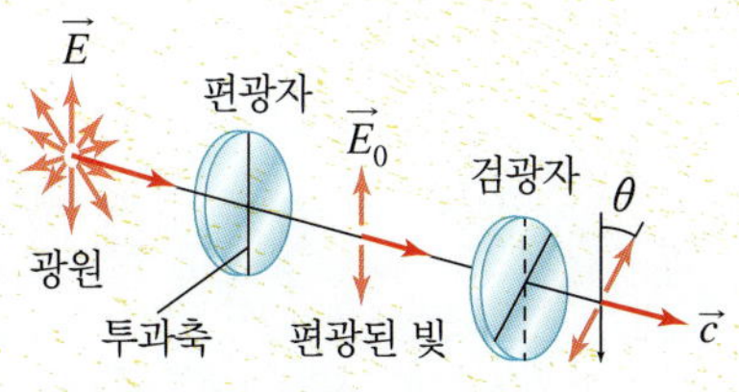

그림 25-28 투과축이 서로 θ의 각을 이루고 있는 두 개의 편광판

편광 물질은 그 물질을 통과하는 빛의 세기를 감소시킨다. 그림 25-28과 같이 편광되지 않은 빛이 편광자에 입사되면 이 막을 통과하는 빛은 수직으로 편광되어 진행한다. 두 번째 편광판이 편광자의 축과 θ의 각도로 투과축과 기울어져 있다.

이때 두 번째 편광판을 **검광자**(analyzer 檢光子)라고 한다. 검광자의 투과축에 수직인 편광된 빛은 검광자에 의해 모두 흡수되며, 검광자 축에 평행인 성분만 검광자를 통과할 수 있다. 검광자를 통과한 (편광된) 광속의 세기는 다음과 같다.

$$I = I_0 \cos^2\theta \qquad \textbf{25-27}$$

여기서 I_0은 검광자에 입사하는 편광파의 세기이다. 이 식은 **말뤼스의 법칙**(Malus's law)이라고 하는데, 투과축이 각도 θ만큼 기울어져 있는 두 편광 물질에 대해 적용된다. 식 25-27에서 투과된 빛의 세기는 투과축이 평행($\theta = 0°$ 또는 $180°$)일 때 최대이며, 투과축이 서로 수직이면 최소(검광자에 의해 완전히 흡수되므로)가 된다. 이상적인 편광자는 편광되지 않은 빛의 세기의 50 %만 투과시킨다.

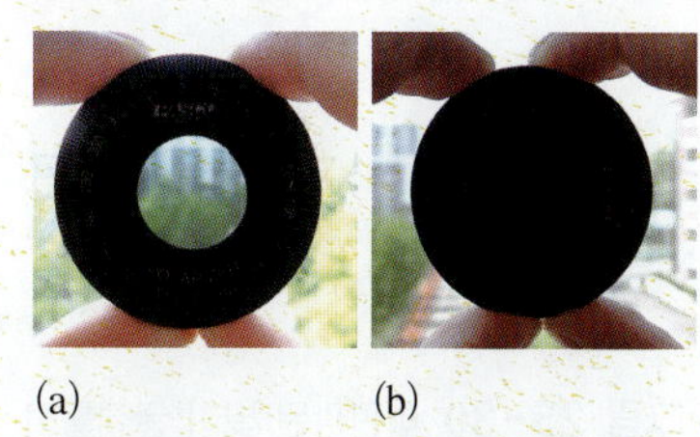

(a) (b)

그림 25-29 (a) 편광방향이 같은 두 편광판은 겹쳐 놓아도 빛이 잘 투과된다. (b) 편광방향이 서로 수직이면 거의 모든 빛이 차단된다.

그림 25-29(a)와 같이 두 편광방향이 서로 평행하다면 첫 번째 편광판을 통과한 모든 빛이 두 번째 편광판을 통과할 것이다. 그러나 그림 25-29(b)와 같이 두 편광방향이 서로 수직이라면 두 번째 편광판을 통과하는 빛은 없을 것이다. 이와 같이 편광 물질을 이용하여 편광파를 얻는 방법을 선택적 흡수에 의한 편광이라고 한다.

예제 25-8 편광자와 검광자

문제 편광되지 않은 빛이 3개의 편광자로 입사한다. 첫 번째 편광자는 투과축에 수직이고, 두 번째 편광자는 첫 번째에 대해 45.0°만큼 회전해 있으며, 세 번째 편광자는 첫 번째 편광자에 대해 60.0°만큼 회전해 있다. 최초의 빛의 세기를 I_0이라 하면, (a) 두 번째 편광자와 (b) 세 번째 편광자를 통과한 후의 빛의 세기는 어떻게 되는가?

생각하기 편광 물질의 놓아진 방향이 빛의 세기에 미치는 영향을 이해한다. 광속이 첫 번째 편광자를 통과하면 처음 세기의 1/2이 된다. 이것은 $\cos^2\theta$의 평균값이 1/2이기 때문이다. 그 다음 두 번째와 세 번째 편광자에 대해 말뤼스의 법칙을 적용한다. Malus의 법칙에서 사용되는 각도는 바로 앞에 있는 투과축을 기준으로 하여 적용한다.

풀이 (a) 두 번째 편광자를 통과한 후 광속의 세기를 계산해보자. 입사광의 세기는 $I_0/2$이다. 두 번째 편광자에 Malus의 법칙을 적용하면 다음과 같다.

$$I_2 = I_0\cos^2\theta = \frac{I_0}{2}\cos^2(45.0°) = \frac{I_0}{2}\left(\frac{1}{\sqrt{2}}\right)^2 = \frac{1}{4}I_0$$

(b) 세 번째 편광자를 통과한 후 광속의 세기를 계산한다. 세 번째 편광자로 입사된 입사광의 세기는 $I_0/4$이다. 세 번째 편광자에 대해 Malus의 법칙을 적용하면 다음과 같다.

$$I_3 = I_2\cos^2\theta = \frac{1}{4}I_0\cos^2(60.0°) = \frac{1}{4}I_0\left(\frac{1}{2}\right)^2 = \frac{1}{16}I_0$$

반사에 의한 편광

편광되지 않은 빛이 물체의 표면에서 반사될 때 반사된 빛은 입사각에 따라 완전 편광, 부분 편광, 또는 편광되지 않는다. 특히 물이나 유리, 눈에서 반사된 햇빛은 부분 편광된 빛이다. 편광 선글라스는 반사광의 눈부심을 편광 선글라스를 이용하여 감소시킨다.

입사각이 0° 또는 90°(수직 또는 수평)라면 반사된 광속은 편광되지 않는다. 그러나 입사각이 0°~90°에 대해서는 어느 정도 편광된다. 특히 어느 특정한 입사각에 대해서는 완전히 편광된다.

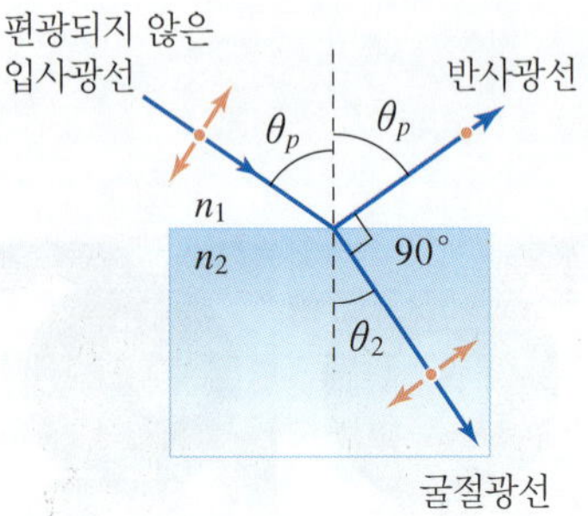

편광되지 않은 입사광선

반사광선

θ_p θ_p

n_1

n_2

90°

θ_2

굴절광선

그림 25-30 비편광된 빛이 굴절률이 n_1인 물질에서 굴절률이 n_2인 물질로 입사할 때, 입사각이 $n_2 = \tan\theta_p$를 만족하는 편광각 θ_p이면, 반사광선은 완전히 편광된다.

그림 25-30(a)와 같이 편광되지 않은 빛이 굴절률이 n_1인 물질에서 굴절률이 n_2인 물질로($n_1 < n_2$) 입사한다고 하자. 이 빛을 전기장 벡터의 수평성분과 수직성분으로 나누어 보자. 입사면에 평행인 전기장 성분(• 주황색 점으로 표시됨)과 이 성분에 수직이면서 전파방향에 수직인 전기장 성분(주황색의 화살표 ⟶로 표시됨)으로 나타낼 수 있다. 입사광선은 비편광되어 있으므로 두 성분의 크기는 같다.

일반적으로 반사된 빛은 크기가 다른 두 성분을 가지게 된다. 이것은 한 방향으로 진동하는 전기장이 다른 방향으로 진동하는 전기장의 진폭보다 커지기 때문에 나타나며, 그 이유는 빛이 부분적으로 편광되었기 때문이다.

그림 25-30과 같이 반사광과 굴절광 사이의 각도가 90°가 될 때까지 입사각 θ_1을 변화시키면, 어떤 특별한 각에서 반사광의 전기장 벡터는 표면에 평행하게 완전 편광되고, 굴절광선은 부분 편광된다. 이러한 현상이 일어날 때의 입사각을 **편광각**(polarizing angle 偏光角) θ_p라고 한다. 이때의 편광각을 1812년 실험적으로 발견한 브루스터 경(Sir David Brewster, 1781~1868)의 이름을 따서 **Brewster각**(Brewster's angle)이라고 한다.

이때 편광각과 반사된 물질의 굴절률과의 관계를 알아낼 수 있다. 이 그림에서 입사각이 편광각이라면 $\theta_p + 90° + \theta_2 = 180°$이므로 $\theta_2 = 90° - \theta_p$이다. Snell의 법칙과 $n_1 = n_{공기} = 1.00$을 이용하면 다음 식을 얻는다.

$$n_2 = \frac{\sin\theta_1}{\sin\theta_2} = \frac{\sin\theta_p}{\sin\theta_2}$$

여기서 $\sin\theta_2 = \sin(90° - \theta_p) = \cos\theta_p$이므로 n_2는 다음과 같이 쓸 수 있다.

$$n_2 = \frac{\sin\theta_p}{\cos\theta_p} = \tan\theta_p, \quad \theta_p = \tan^{-1}\left(\frac{n_2}{n_1}\right) \qquad 25\text{-}28$$

이 식을 **브루스터의 법칙**(Brewster's law)이라 한다. 예를 들어 어느 유리($n = 1.50$)에 대한 Brewster각은 $\theta_p = \tan^{-1}(1.50) = 56.3°$이다. 물질에 대한 굴절률 n은 파장에 따라 변하므로 Brewster각 역시 파장의 함수가 된다.

산란에 의한 편광

빛이 기체와 같은 입자로 이루어진 물질계에 입사되면, 물질 내에 있는 전자는 빛의 일부를 흡수하고 일부는 재복사한다. 이러한 물질에 의한 빛의 흡수와 재복사를 **산란**(scattering 散亂)이라고 하는데, 지구의 관측자에게로 다가오는 햇빛을 편광시키는 원인이 된다.

편광되지 않은 빛이 공기 중에 떠 있는 분자와 충돌하면 분자 내의 전자는 진동한다. 복잡한 형태로 진동하는 전하를 제외하고는 안테나 내에 진동하는 전하와 같이 행동한다. 입사광 전기장 벡터의 수평성분 중 일부는 전하를 수평으로 진동시키고, 입사광 전기장 벡터의 수직성분 중 일부는 전하를 수직으로 진동시킨다. 수평으로 편광된 광파는 수평으로 진동하는 전자로부터 방출되고, 수직으로 편광된 광파는 수직으로 진동하는 전자에 의해 방출된다.

연습문제

25-1 빛의 간섭

25-2 Young의 간섭 실험

1. Young의 간섭 실험을 물속에서 한다면 간섭무늬는 어떤 영향을 받겠는가?

2. Young의 간섭 실험에서 단색 광원이 아닌 백색 광원을 사용한다면 어떤 간섭무늬가 생기겠는가?

3. 슬릿 간격이 0.075 mm인 이중슬릿에 빛을 비추었더니 슬릿으로부터 1.5 m 떨어진 곳에 간섭무늬가 나타났다. 두 번째 밝은 무늬가 중심으로부터 2.4 cm인 곳에 생겼다면 이때 사용한 빛의 파장은 얼마인가?

4. 파장이 5 000 Å인 레이저 광선으로 간섭 실험을 하고 있다. 이중슬릿의 간격이 $d = 0.3$ mm이고, 슬릿에서 스크린까지의 거리가 $L = 4$ m이다.

(a) 중앙에서 첫 번째 어두운 무늬까지의 거리는 얼마인가?

(b) 이 실험을 물속에서 한다면 중앙에서 첫 번째 어두운 선 사이의 거리는 얼마인가? 물의 굴절률은 $\frac{4}{3}$이다.

5. 파장이 $\lambda = 633$ nm인 빨간색 빛을 이중슬릿으로 입사하였다. 슬릿 간격이 0.085 mm일 때 다음 물음에 답하라.

(a) 무늬의 중앙에서 첫 번째 간섭 극대(밝은 무늬)가 나타날 때의 각분리는 몇 rad인가?

(b) 스크린이 슬릿으로부터 $L = 6.25$ m 떨어진 벽에서 관찰한다면, 중앙에서 얼마 떨어진 위치에 첫 번째 극대무늬가 나타나는가?

6. 슬릿 간격이 0.250 m인 이중슬릿에 수은등으로부터 나온 파장이 $\lambda = 546.1$ nm인 빛이 평행하게 입사하였다. 이때 슬릿에서 1.00 m 떨어진 위치에 스크린을 놓고 간섭무늬를 조사하였다.

(a) 간섭무늬의 중앙극대에서 양쪽으로 첫 번째 밝은 무늬까지의 거리를 구하라.

(b) 첫 번째와 두 번째 어두운 무늬 사이의 거리를 구하라.

7. 어느 항성으로부터 날아오는 라디오파가 있다. 이 파의 파장은 $\theta = 30.0°$이고 그림 P25-7과 같이 서로 다른 두 경로로 전파 망원경에 도달한다. 한 경로는 직접 산 위에 있는 송신기로 입사되고, 다른 한 경로는 바닷물에서 반사되어 송신기로 입사된다. 이 항성은 수평선에서 $\theta = 30.0°$ 위에 떠 있을 때, 상쇄간섭의 1차극소가 나타나며, 반사에는 위상변화가 없다. 이 송신소의 높이 h는 얼마인가?

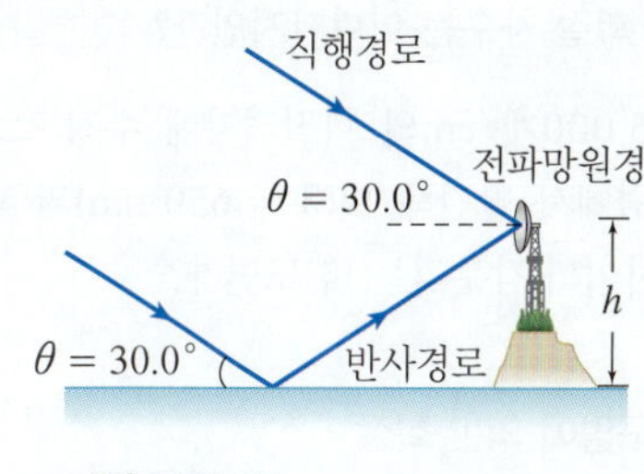

그림 P25-7

25-3 간섭무늬의 세기

25-4 박막에서 간섭

8. 굴절률이 $n_{물질} = 2.0$인 물질을, 굴절률이 $n_{유리} = 1.50$인 유리 위에 코팅하고자 한다. 파장이 570 nm인 빛이 (a) 최대로 투과가 되도록 하기 위한 두께와 (b) 최소로 투과가 되도록 하기 위한 두께를 구하라.

9. 파장이 0.75 μm인 평행광선이 진공 중에 있는 굴절률이 1.5인 얇은 막에 수직으로 입사할 때 빛의 반사가 최소로 되는 막의 두께는 얼마인가?

10. 철사 고리를 비눗물에 적셔 굴절률이 $n = 1.4$인 얇은 비누막을 만들고 있다. 태양빛 아래에서 막의 대부분은 녹색을 반사하였다. 이 영역에서의 막의 최소 두께를 추정하라.

25-5 Newton의 원무늬

25-6 단일슬릿에 의한 회절

11. 슬릿의 너비가 $d = 0.050$ mm인 단일슬릿을 통과하는 빛에 의해 단일 간섭무늬가 만들어졌다. 단일슬릿으로부터 $L = 1.5$ m 떨어진 스크린에서 중앙극대의 너비가 3.8 cm라면 이때 사용한 빛의 파장은 얼마인가?

12. 좁은 단일슬릿에 파장이 632.8 nm인 빨간색 빛을 쪼인다. 슬릿으로부터 1.60 m 떨어진 스크린에는 전형적인 단일슬릿 무늬가 생긴다. 중앙극대로부터 양쪽에 위치한 두 극소 사이의 간격이 4.0 mm이면, 슬릿의 너비는 얼마인가?

13. 어떤 단색광이 너비가 0.600 mm인 단일슬릿에서 회절된다. 단일슬릿에서 1.20 m 떨어진 벽에 만들어지는 간섭무늬의 중앙 극대의 너비가 2.0 mm일 때 사용한 광원의 파장을 구하라.

25-7 회절격자

14. 1 mm에 420개의 선을 그은 회절격자에 직각으로 노란색 빛을 비쳤을 때 $\theta = 30°$의 방향으로 2차극대가 나타났다. 이 노란색 빛의 파장은 얼마인가?

15. 파장이 $\lambda = 632.8$ nm인 빛이 5 000선/cm의 회절격자에 수직으로 입사한다. 회절격자에 의해 만들어지는 밝은 무늬를 볼 수 있는 회절 차수는 어디까지인가?

16. 백색광이 5 000개/cm의 회절격자에 수직으로 입사한다. 1차 스펙트럼에서 빨간색 빛($\lambda = 650$ nm)과 파란색 빛($\lambda = 450$ nm) 사이의 각분리는 몇 도인가?

25-8 원형 구멍에 의한 회절

17. 눈동자의 지름이 2.0 mm인 눈의 최소 분해각은 얼마인가? 이 지름은 밝은 빛($\lambda = 5.50 \times 10^{-7}$ m)에서 전형적인 눈에 대한 값이다.

18. 지름이 35 mm인 대물렌즈의 쌍안경의 최소 분해각은 이론적으로 얼마인가? 태양빛의 가시광선의 파장은 $\lambda = 550$ nm이다.

25-9 빛의 편광

19. 빛의 세기 I_0인 무편광 빛이 두 개의 편광판을 차례로 통과한다. 첫 번째 편광판과 두 번째 편광판의 투과축이 60°를 이루고 있다면, 두 개의 편광판을 통과한 후의 빛의 세기는 얼마인가?

20. 두 개의 편광자가 편광방향 사이가 30°로 배열되어 있다. 빛의 세기가 I_0인 편광되지 않은 빛이 이들에 입사하면 투과된 빛의 세기는 얼마인가?

21. 햇빛이 호수 표면에 어떤 각으로 입사할 때 반사한 빛이 완전히 편광되는가?

22. 햇빛이 굴절률이 $n_{유리} = 1.52$인 유리 표면으로 입사한다. 반사된 빛에 완전히 편광이 되려면 입사각이 얼마이어야 하는가?

23. 유리판의 굴절률은 1.52이다. 유리판이 물속에 있을 때 브루스터각은 얼마인가?

24. 편광판 3개가 서로 평행하고 같은 중심축을 갖는다. 그림 P25-24는 보통 수직인 방향을 기준으로 각 편광판이 투과축 방향을 나타낸다. 수직인 기준폭 방향과 나란한 편광면을 갖는 선형 편광된 광이 $I_{처음} = 100.0$단위(임의 단위)인 세기로 왼쪽에서 첫 번째 편광판으로 입사한다. $\theta_1 = 25.0°$, $\theta_2 = 35.0°$, $\theta_3 = 50.0°$일 때 최종 투과된 광의 세기 $I_{나중}$은 얼마인가?

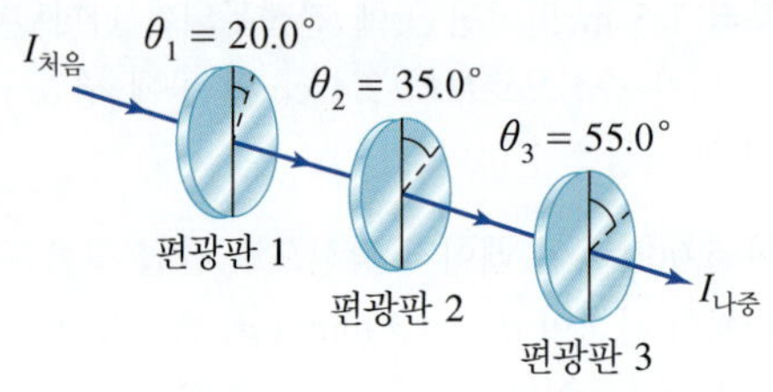

그림 P25-24

25. 진공 속에서 파장이 560 nm인 빛이 두께가 1.000 μm인 생체 시료에 수직으로 입사한다. 빛은 서로 수직으로 편광되어 두 빛으로 나눠진다. 이때 굴절률은 1.320과 1.333이다.

(a) 빛이 시료를 지나는 동안 빛의 각 성분별 파장은 얼마인가?

(b) 두 빛이 생체 시료를 나올 때 두 빛 사이의 경로차는 얼마인가?

현대물리학을 대표하는 과학자들(맨 앞줄 가운데가 Einstein) 이 사진은 1927년 벨기에에서 개최된 솔베이 회의 때 찍은 것이다. 노벨물리학상 수상자가 5명, 노벨화학상 수상자가 3명이 포함되어 있는 이 사진 속에는, 맨 아랫줄 왼쪽에서 두 번째가 막스 플랑크, 세 번째가 퀴리부인, 둘째 줄 오른쪽에서 첫 번째가 닐스 보어, 세 번째가 드브로이다.

제26장 특수 상대성이론

지금까지 우리가 공부해왔던 많은 부분은 고전물리라고 알려진 개념들에 아주 밀접하다. 고전이론 중에서 가장 중요한 것은 Newton역학인데, 이는 다른 어느 과학보다도 많은 사람들의 세계관 형성에 지대한 영향을 미쳤다. 또한 Newton역학은 느린 속력에서 일어나는 광범위한 현상을 기술하는 데 매우 성공적이었다. 그러나 빛의 속력에 가깝게 운동하는 물체의 운동을 기술하는 데 커다란 한계에 봉착하게 된다.

1894년 Maxwell은 전자기 이론을 발표하여 빛의 파동성을 설명함으로써 물리학의 통합에 기여하였다. 그러나 Maxwell의 이론도 Newton역학과 모두 맞지는 않았다. Maxwell은 전자기파는 진공 중에서 유일한 속력 $c = 3 \times 10^8$ m/s로 전파되어야 한다고 예측하였다. 그러나 이 예측에 대해 고전역학에서는 왜 빛은 어느 관측자에게나 항상 특정한 속도로 진행하는지에 대한 설명을 하지 못하였다. 그리고 20세기 전후에 당시의 물리학으로 해결할 수 없는 여러 실험결과들이 관측되었다.

20세기 초 Einstein은 역학과 전자기학 사이의 문제점을 해결할 수 있는 **특수 상대성이론**을 발표하게 된다. 제26장에서는 빛의 속력에 가깝게 운동하는 물체의 운동을 성공적으로 기술할 수 있는 특수 상대성이론에 대해 공부한다. Einstein의 위대한 업적에 대해 함께 느껴보자.

26-1 특수 상대성이론의 탄생

Newton역학의 한계: 또 다른 이론의 필요성

우리가 일상생활에서 경험하고 관찰하는 것은 대부분 빛의 속력보다 느린 속력으로 움직이는 물체들과 관련되어 있다. Newton역학이나 공간과 시간에 대한 초기의 개념들은 이와 같은 물체의 운동을 설명하도록 만들어졌다.

Newton역학의 물리체계는 다양한 물리현상을 설명하는 데 성공적이었다. 그러나 물체의 속력이 느린 경우에는 잘 맞지만, 물체의 속력이 빛의 속력에 가까워지면 잘 맞지 않는다. 이러한 사실은 진공 속에서 전자를 높은 전위로 가속시키는 실험을 통해 검증되었다. 예를 들어 매우 높은 고전압을 이용하여 전자의 속력을 $0.99c$로 가속시켰을 때 Newton역학에 의하면, 전위차(그에 해당하는 에너지뿐만 아니라)를 4배로 높이면 그 전자의 속력은 2배인 $1.98c$가 되어야 한다. 그러나 실험결과는 전자의 속력은 가속전압의 크기에 상관없이 빛의 속력보다 항상 느리며, 빛의 속력에 도달할 수 없다는 것이다. 그러나 Newton역학에서는 입자가 가질 수 있는 속력의 제한이 없다. 따라서 입자의 속력이 빛의 속력에 도달할 수 없다는 실험결과는 Newton역학에 위배가 되며, 이 이론이 한계가 있음을 알려준다.

19세기 말에는 빛의 본성 및 전자기학과 관련하여 당시의 물리학으로는 설명하기 어려운 현상들이 관찰되었다. 그중 하나가 빛의 매질에 관한 문제였다. 빛은 전자기파의 일종으로 매질을 필요로 하지 않는 파동이지만, 당시에는 **에테르**(ether)라는 매질이 존재하므로 빛이 진행할 수 있다고 믿었으며, 이 에테르가 존재한다는 입장에서 빛의 속도에 대해 여러 연구를 시도하였으나, 여러 어려움들이 나타났다. 또한 Maxwell은 그가 제안한 방정식에서 빛이 전자기파로 간주된다는 것을 예측하였고 실제로 실험오차 내에서 그의 제안은 일치하였다. 그러나 이때 Maxwell이 예측한 값을 갖게 되는 기준계가 어떤 기준계인지에 대해서는 설명하지 못하였다. 이 밖에도 X선과 자연방사선의 발견, 원자핵의 발견 등으로 인해 원자 내부에 대한 실험결과는 새로운 물리이론을 필요로 하게 되었다.

Michelson-Morley의 실험: 에테르는 존재하지 않는다

1887년 빛의 속력이 미세하게라도 변화하는지를 알아보기 위해 실행한 실험이 마이컬슨(Albert A. Michelson, 1852~1931)과 몰리(Edward W. Morley, 1838~1923)의 실험이다. 이 실험의 주 내용은 우주 공간에 존재한다고 믿고 있었던 가상적인 에테르에 대한 지구의 속도를 측정하기 위한 것이다. 실험에 사용한 장치는 **마이컬슨 간섭계**(Michelson interferometer)인데, 여기서는 자세한 실험과정은 기술하지 않고 그 결과만을 소개하기로 한다.

Michelson-Morley 실험결과는 에테르 기준틀에 대한 지구의 궤도속력을 측정한다는 것은 불가능하다는 것이다. 즉 **공간상에 존재하는 상상의 물질인 에테르에 의해 빛이 전파된다는 사실은 허구라는 것을 알게 되었다.**

Michelson-Morley 실험의 기대하지 않던 결과는 에테르 가설을 부정할 뿐만 아니라 에테르 기준틀에 대한 지구의 절대속도를 측정하는 것이 불가능하다는 것을 보여주었다. 그 후 빛의 본질에 대해 보다 확실하게 알게 되면서 **우주 공간에 퍼져 있다고 믿었던 에테르 개념은 폐기되었다.** 그 결과 전자기파가 전파하는 데 에테르가 있어야 한다는 생각은 불필요하게 되었다. 1905년 Einstein의 특수 상대성이론을 발표함으로써 에테르 존재 문제는 사라지고, 빛은 전파되는 데 매질이 필요 없는 전자기파로 이해되기 시작하였다.

앨버트 에이브러햄 마이컬슨 Albert Abraham Michelson, 1852~1931, 폴란드 출신 미국의 물리학자

에드워드 몰리와 함께 당시 빛의 매질로 가정되었던 에테르를 검출하기 위해 공전운동하고 있는 지구와 에테르의 상대운동에 따른 광파의 간섭을 검출하는 실험을 반복하였으나, 빛이 에테르와 같은 매질을 통해 전달되는 파동이었다면 검출되었어야 할 간섭 현상을 찾지 못했다.
그러나 이 결과는 광속 불변의 법칙의 발견으로 이어져, 후에 Einstein의 특수 상대성이론의 기반이 된다.
마이컬슨은 정확한 광속도를 구하는 실험을 반복하여 당시 최고 정밀도의 값을 얻었으며, 이러한 광학 분야의 연구업적을 인정받아 1907년 노벨물리학상을 수상하였다.

Einstein의 파격적인 제안

Einstein은 이러한 Newton역학과 빛의 전자기 이론과의 모순을 해결하기 위해 시공간의 사고방식에 새로운 개념을 도입하였다. 당시 이러한 문제점에 대해 뚜렷한 탈출구가 없었던 시기인 1905년, Einstein은 26세의 젊은 나이에 **특수 상대성이론**(special theory of relativity 特殊相對性理論)을 발표하게 된다. 이 이론은 Newton역학에 내재된 모순성을 모두 해결할 수 있는 일관성과 단순성을 가진 파격적인 제안이었다.

당시 Einstein이 제안한 내용은 다음과 같다. "상대성이론은 필요성에 의해, 오래된 이론에 존재하는 탈출구가 없는 심각하고도 심오한 모순성으로부터 만들어졌다. 이 새로운 이론의 강점은 단지 몇 개의 매우 설득력 있는 가정만을 사용하여 이 모든 어려움을 풀 수 있는 일관성과 단순성에 있다."

특수 상대성이론으로 물체의 속력이 $v = 0$에서부터 빛의 속력에 이르기까지 여러 가지 실험적 관측을 예견할 수 있게 되었으며, 200년 이상 인정받아 왔던 Newton역학은 사실상 Einstein의 이론 중 특수한 경우에 해당한다는 사실을 명확하게 알게 되었다.

특수 상대성이론에서는 정지한 관측자가 측정할 때, 움직이는 시계가 느려지고 또 움직이는 막대기가 수축되는 현상을 다룬다. 이 외에도 운동량과 에너지, 질량-에너지 등가원리 등 여러 효과에 대해 공부하게 된다. Einstein은 과학의 여러 분야에서 빛나는 업적을 남겼지만 그중에서도 특수 상대성이론은 최고의 업적으로 꼽을 수 있다.

26-2 특수 상대성이론의 두 가설

지구에 대한 에테르의 속력을 측정하는 것이 불가능하고 Galilei 변환식(식 26-7 참조)이 빛의 경우엔 맞지 않는다는 사실을 안 Einstein은 시간과 공간의 개념을 완전히 바꾸어 놓는 **특수 상대성이론**을 제시하게 된다. Einstein의 특수 상대성이론은 우리가 사건을 어떻게 관측하는가, 특히 서로 다른 기준틀에서 물체와 사건이 어떻게 관측되는가 하는 것을 다루고 있다.

TIP 아인슈타인의 상대론

특수 상대성이론 특수라는 의미는 이 이론이 관성 기준틀만을 다룬다는 것을 표현한다. 관성 기준틀이란 Newton의 법칙이 성립하는 기준틀을 말한다.
일반 상대성이론 가속 기준틀에서 적용될 수 있는 보다 일반적인 상황을 다룬다.

두 가지 기본 가설

Einstein의 특수 상대성이론은 다음과 같은 두 가지 가설을 기본으로 하고 있다. 여기서 특수 또는 상대성이란 용어는 관성 기준틀만을 다루며 Newton의 법칙이 성립하는 기준틀임을 말한다.

제1가설(상대성 원리): 모든 관성 기준틀에서 물리법칙은 같다. 즉 물리법칙은 모든 관성 기준틀의 관측자에게 동일하다.

Galilei는 역학법칙이 모든 관성 기준틀에서 동일하다고 가정하였다(Newton의 운동 제1법칙은 바로 이 가정의 결과이다). Einstein은 이를 역학, 전자기학, 광학, 열역학 등과 같은 모든 물리법칙에 적용되는 개념으로 확장하였다. 즉 역학법칙만을 다루는 Galilei의 상대론을 일반화시킨 것이다.

첫 번째 가설은 모든 물리법칙이 서로 등속도로 움직이는 모든 기준틀에서 같다는 것이다. 실험적 관점에서 볼 때, 상대성 원리는 정지한 실험실에서 행한 어떤 종류의 (역학적, 열역학적, 광학적, 또는 전기적) 실험은 그 실험실에 대해 일정한 속력으로 움직이는 실험실에서 행한 실험과 결과가 같아야 함을 의미한다. 따라서 특별한 관성 기준틀은 없으며, 절대 운동을 측정하는 것은 불가능하다.

제2가설(광속 불변의 원리): 진공에서 광속은 모든 관성 기준틀에서 모든 방향에 대해 동일한 값인 c의 값을 갖는다.

빛의 속력은 관측자나 광원의 속력에 관계없이 모든 관성 기준틀에서 일정하다는 것이다. 가설 2는 가설 1에 기초한 것으로 Einstein의 뛰어난 이론적 통찰로 1905년 이후 다양한 실험으로 확인되었다. 아마도 가장 직접적인 실험은 광속의 99.99 %로 움직이는 입자가 방출한 광자(photon)의 속력을 측정한 것이다. 이렇게 측정된 광자의 속력은 진공에서 빛의 속력과 유효숫자 다섯 자리까지 일치하였다.

두 번째 가설은 모든 관성 기준틀의 어느 방향에서나 동일한 궁극적인 속력 c가 존재한다는 것이다. 빛은 우연히도 이 속력으로 이동한다. 그러나 에너지나 정보를 전달하는 어떠한 것도 이 한계를 초과할 수 없다. 질량을 가진 입자가 아무리 오랫동안 가속된다 해도 이 속력에 이르지 못한다.

광속으로 움직이는 물체는 없으며 광속은 불변이다

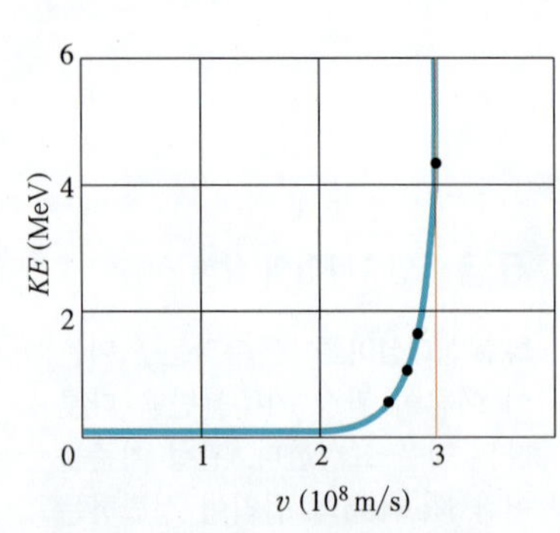

그림 26-1 가속된 전자의 운동에너지(KE)와 전자의 속력(v) 사이의 관계 그래프. 아무리 큰 에너지를 갖더라도 그 속력이 광속을 넘을 수는 없다.

가속되는 전자의 속력에 한계가 있다는 사실은 1964년 베르토지(W. Bertozzi)가 수행한 실험으로 밝혀졌다. 그는 전자를 여러 가지 속력으로 가속시키면서 서로 다른 방법으로 운동에너지를 측정하였다. 그 결과는 그림 26-1과 같으며, 매우 빠른 전자에 가해지는 힘이 증가할 때, 전자의 운동에너지는 급격하게 증가하지만, 속력은 크게 증가하지 않는다는 사실을 알아냈다. 그가 찾아낸 전자의 가장 빠른 속력은 광속의 0.999 999 999 95배까지 가속되었다. 이 값은 광속에 가까운 것이기는 하지만 광속인 c에는 미치지 못하는 것이다. 광속은 궁극적인 속력이라 표현하며 정확하게 다음과 같이 정의한다.

$$c = 299\ 792\ 458 \text{ m/s}$$

광속이 모든 관성 기준틀에서 동일하다면 움직이는 광원에서 나오는 광속은, 정지해 있는 광원에서 나오는 광속과 동일해야 한다. 이러한 주장은 아주 정밀한 실험장치의 개발로 확인되었다.

유럽의 입자물리연구소인 CERN의 과학자들은 실험에서 실험실 좌표계에 대해 0.999 75c의 속력으로 움직이는 파이온 입자 다발을 만들었다. 그리고 파이온 입자(π)에서 방출되는 광속이 실험실 좌표계에 대해 정지하고 있는 파이온 입자에서 방출되는 광속과 같다는 사실을 밝힌 바 있다.

그림 26-2 유럽 입자물리연구소(European Organization for Nuclear Research)의 선형가속기 내부

특수 상대성이론의 효과

Einstein의 상대성이론을 수용한다면 빛의 속력을 측정할 때 일정한 상대 운동은 중요하지 않다고 결론지어야만 한다. 이와 동시에 공간과 시간에 대한 그동안의 통념을 수정하고 어떤 결과도 받아들일 준비를 해야만 한다.

26-3절부터는 고전물리학의 몇 가지 개념들을 특수 상대성이론의 관점으로 기술한다. **Newton역학의 기본개념은 특수 상대성이론에 의해 진공에서 빛의 속력 c와 물체의 속력 v의 비가 들어가는 항으로 변형된다.** 물체가 느리게(v가 c보다 매우 작은 경우, $v \ll c$) 운동한다면, 특수 상대성이론에서의 변형은 무시될 정도로 작아서, 고전적 개념으로 정확히 설명할 수 있다. 그러나 물체가 빠르게 움직여서 v/c가 1에 가까울 때, 특수 상대성이론의 효과는 무시할 수 없게 된다.

특수 상대성이론에 의한 기본 개념의 변형은 Newton과 다른 과학자들에 의해 발전된 시간, 길이, 운동량, 운동에너지, 속도의 합 등의 고전적 개념이 잘못되었다는 것을 의미하지 않는다. 고전적인 개념은 빛의 속력에 비해 매우 작은 속력의 경우에만 국한되며, 이들 개념의 특수 상대론적 표현은 속력이 0에서부터 빛의 속력까지에 적용된다.

이제부터 고전물리의 몇 가지 개념을 특수 상대성이론의 관점에서 기술해보자.

26-3 시간의 상대성

특수 상대성이론의 가장 흥미로운 효과 중 하나는 시간의 상대성(시간 팽창 또는 시간 지연)이다. 이 효과 때문에 우리와 상대적으로 움직이는 관성 기준틀 내의 역학적인 또는 생물학적인 시계의 시간은 우리의 기준틀에서 정지하고 있는 동일한 시계보다 천천히 간다. Einstein이 관찰한 바와 같이 우리가 움직일 때, 우리는 공간 속의 우리의 위치를 바꿀 뿐만 아니라, 미래로 나아가는 속력도 변화시킨다. 이러한 관찰은 Newton의 절대적이고 균일하게 흐르는 시간의 개념과 일치하지 않는다.

우리는 일상적으로 별 의심없이 우주선 속의 시계나 지상의 시계나 동일한 빠르기로 움직인다고 생각하고 있다. 그러나 특수 상대성이론에 의하면 지구 위에 있는 사람보다 빠른 속력으로 달리는 우주선에 있는 사람에게 시간이 더 느리게 흐른다(시간 지연). 다시 말하면 지구의 관측자가 관측하는 시간은 빠른 속력으로 달리는 우주선 내의 시간보다 더 빠르게 흐른다(시간 팽창). 다음의 **사고 실험**(thought experiment 思考

> **TIP 사고 실험**
>
> 실험실에서 실제 수행하기 어려운 실험을 생각만으로 실험의 결과를 이끌어내는 과정을 말한다. 실험 장치와 조건을 단순하게 설정하고 모든 상상을 동원하여 실험결과를 유도하는 일련의 과정을 말한다.

實驗)으로부터 시간 팽창에 대한 수학적인 표현을 유도할 수 있다.

> **TIP 사건이란?**
> 어떤 일이 일어나는 것을 말하며, 관측자는 이 사건에 3개의 공간좌표(x, y, z)와 1개의 시간좌표(t)를 부여할 수 있다(예: 두 입자의 충돌, 폭발, 특정 위치를 통과하는 빛 등).

시간 늘어남(시간 팽창)

서로 다른 관성 기준틀에 있는 관측자들에게 두 사건의 시간 간격을 다르게 측정한다는 사실을 설명하기 위해 그림 26-3(a), (b)에 나타낸 것과 같이 오른쪽으로 일정한 속도 $\vec{v}$로 이동하고 있는 우주선이 있다고 상상하자.

그림 26-3(a)에서와 같이 우주선 내에 있는 광원에서 빛이 방출되어, 위쪽에 있는 거울에서 반사되고 다시 아래쪽 검출기로 들어온다고 하자. 기준틀 S' 안에서 정지하고 있는 우주인이 광원을 출발한 빛이 거울에서 반사되어 검출기까지 이동하는 데 걸리는 시간을 측정한다고 하자.

이때 이 우주인은 같은 장소(우주선 내)에서 발생하는 것으로 관측되는 두 사건 사이(빛의 출발과 빛의 도착)의 시간 간격 Δt_0을 시계로 측정한다는 의미이다. 시간 간격은 빛의 펄스가 이동하는 경로의 길이를 빛의 속력으로 나눈 값으로 다음과 같이 나타낼 수 있다.

$$\Delta t_0 = \frac{\text{이동한 거리}}{\text{속력}} = \frac{2d}{c} \quad (\text{기준틀 } S'\text{에서 측정한 시간 간격}) \qquad \textbf{26-1}$$

이 식에서 Δt_0을 **고유시간**(proper time 固有時間)이라고 하며 우주선 내에 있는 우주인이 측정한 시간이다. 여기서 **고유시간은 같은 위치에서 일어나는 두 사건을 본 관측자가 측정한 두 사건 사이의 시간 간격을 말한다.**

이제 또 다른 기준틀 S의 관점에서 생각해보자. 그림 26-3(b)에서와 같이 지구 위에 있는 관측자가 움직이고 있는 우주선 안에서 있었던 그림 26-3(a)와 같은 과정을 관측한다고 하자. 두 번째 기준틀 S에 위치한 지구 상의 관측자에게는 빛의 펄스가 그림 26-3(b)의 주황색으로 보이는 대각선을 따라 운동하는 것으로 보일 것이다. 그 이유는 우주선이 아주 빠른 속도로 움직이고 있기 때문이다. 이 경로는 앞서 우주선 내

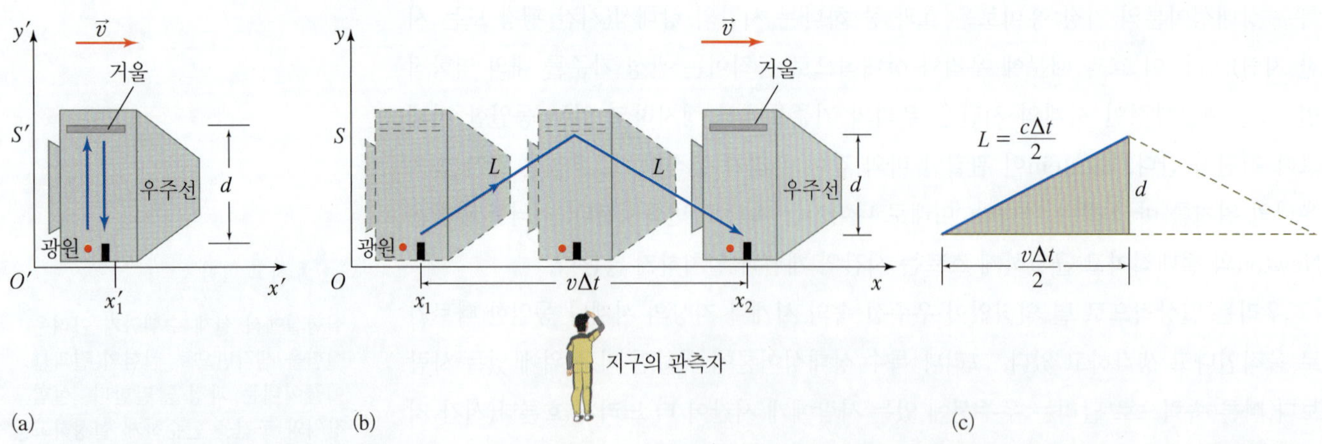

그림 26-3 (a) 우주선(기준틀 S') 내에 있는 우주인이 정지해 있는 시계를 가지고 측정한 빛의 펄스가 비행한 시간은 $2d/c$이다. (b) 지상에 있는 관측자(기준틀 S)가 속력 v로 움직이는 우주선을 볼 때, 빛의 펄스가 더 긴 거리를 지나가는 것을 보게 되어 더 긴 비행시간을 측정하게 된다. (c) Δt와 Δt_0 사이의 관계를 계산하기 위한 직각삼각형

에 있는 관측자가 본 경로보다 더 길다.

빛의 속력은 양쪽 두 기준틀 S', S에서 모두 같기 때문에(가설 2) 정지한 기준틀 S에서 측정된 시간 간격은, 움직이는 기준틀 S'에서 측정한 시간 간격보다 길어야 한다. 따라서 **우주선 시계의 동작을 지구의 시계로 측정하는 지구의 관측자는, 우주선의 시계가 느리게 가는 것을 발견하게 된다.**

$$\Delta t = \frac{\text{이동한 거리}}{\text{속력}} = \frac{2L}{c} \quad \text{(기준틀 } S\text{에서 측정한 시간 간격)} \qquad 26\text{-}2$$

여기서 $2L$은 기준틀 S에서 빛이 진행한 전체 거리이다. 그림 26-3(c)의 직각삼각형에서 피타고라스의 정리에 의해 다음과 같은 관계가 만들어진다.

$$\left(\frac{c\Delta t}{2}\right)^2 = \left(\frac{v\Delta t}{2}\right)^2 + d^2$$

이 식을 Δt에 대해서 풀면 다음과 같다.

$$\Delta t = \frac{2d}{\sqrt{c^2 - v^2}} = \frac{2d}{c\sqrt{1 - v^2/c^2}} \qquad 26\text{-}3$$

식 26-1에서 $\Delta t_0 = 2d/c$이므로 식 26-3은 다음과 같다.

$$\Delta t = \frac{\Delta t_0}{\sqrt{1 - v^2/c^2}} = \gamma \Delta t_0 \quad \text{(팽창된 시간 간격)} \qquad 26\text{-}4$$

식 26-4은 시간 팽창을 나타내며, 각 기호의 의미는 다음과 같다.

Δt_0 = **고유시간**. 관성 기준틀 안의 동일한 장소에서 두 사건이 발생하였을 때, 그 기준틀에서 측정한 사건들 사이의 시간 간격(두 사건은 같은 장소에서 일어남, 우주선 내 우주인이 측정한 값).

Δt = **늘어난 시간 간격**. 사건에 대해 다른 기준틀에서 측정한 사건 사이의 시간 간격(두 사건의 발생 장소가 다름, 지구에 있는 관측자가 측정한 값)

v = 두 관측자 사이의 상대속력

c = 진공에서 빛의 속력

식 26-4에서 분모항 분의 1을 그리스 문자 γ(감마)로 나타냈는데, 이 값을 **로렌츠 인자**(Lorentz factor)라고 한다. γ는 다음과 같다.

$$\gamma = \frac{1}{\sqrt{1 - v^2/c^2}} \quad \text{(로렌츠 인자)} \qquad 26\text{-}5$$

식 26-5에서 γ는 항상 1보다 크기 때문에 $\Delta t > \Delta t_0$이고, 지구의 관측자에게 시간 간격은 γ배로 늘어난다. 이 효과를 시간 팽창(time dilation) 또는 시간 늘어남이라고 한다.

이러한 현상은 측정하는 시계에 어떤 문제가 있기 때문이 아니다. 우리는 이 문제에 접근할 때 시계가 정상적으로 가고 있다는 전제하에 출발하였다. **실제로 시간은 고유의 기준계에서보다 움직이는 기준계에서 더 천천히 흐른다.** 이 놀랄 만한 사실은 특수 상대성이론의 2가지 가정에서 출발하였기에 필연적인 결과이다. 이러한 시간 팽창

TIP 시간 팽창 문제풀이 방법

시간 팽창 문제에서 고유시간을 찾는 방법: (1) 시간 간격에 해당하는 두 사건을 확인한다. (2) 두 사건이 같은 장소에서 일어나는 기준틀을 정한다. 이 틀에 있는 관측자가 보는 고유시간 간격 Δt_0을 계산한다.

의 개념은 우리가 상식적인 이해의 범위를 벗어나므로 받아들이기가 쉽지 않다. 우리는 식 26-4로부터 v가 c에 충분히 가깝지 않을 경우 시간 팽창의 효과는 무시된다는 것을 알 수 있다. 만약 v가 c보다 작으면 $\Delta t \approx \Delta t_0$과 같이 된다.

우리가 일상생활에서 경험하는 속력은 일반적으로 c보다 대단히 작으므로 이러한 시간 팽창 효과를 느끼지 못할 뿐이지 별로 이상할 것이 없다. 앞서 기술하였듯이 시간팽창 효과는 실험적으로도 검증되었다.

예제 26-1 우주선 내의 시계

문제 우주선 엔터프라이즈호는 지구에 상대적인 속력 $v = 0.8c$로 우주 공간으로 긴 여행을 한다. 이 여행은 우주선 내부에 있는 시계로 측정하였을 때 20년이 걸린다. 여행 기간 동안 지구에서는 몇 년이나 지나갔는가?

생각하기 우주선 내부에 있는 시계의 고유시간은 20년이다.

풀이 지구에 있는 관측자가 측정한 늘어난 시간 간격은 식 26-4를 이용하여 구한다.

$$\Delta t = \frac{\Delta t_0}{\sqrt{1-\dfrac{v^2}{c^2}}} = \frac{20\text{년}}{\sqrt{1-(0.80)^2}} = 33\text{년}$$

예제 26-2 일상의 속도에 대한 시간 팽창

문제 속도 100 km/h로 달리는 자동차가 있다. 이 차의 운전자가 자신의 시계로 10.00 s 동안 어떤 거리를 달렸다고 한다면, 이때 차 밖 지상에 있는 관측자가 보는 시간 간격은 얼마인가?

생각하기 시간 팽창 현상은 물체가 빠른 속도로 이동할 때 나타나는 현상이므로, 일상에서는 측정하기 어렵다는 것을 확인하는 문제이다.

풀이 땅에 대한 자동차의 속도는 100 km/h = $(1.00 \times 10^5\ \text{m})/(3\,600\ \text{s}) = 27.8\ \text{m/s}$이다. 시간 팽창 공식에서 $\Delta t_0 = 10.00$ s이므로(운전자는 차의 기준틀 내에 정지해 있다) Δt는 다음과 같다.

$$\Delta t = \frac{\Delta t_0}{\sqrt{1-(v^2/c^2)}}$$

$$= \frac{10.00\ \text{s}}{\sqrt{1-\left(\dfrac{27.8\ \text{m/s}}{3.00\times10^8\ \text{m/s}}\right)^2}}$$

$$= \frac{10.00\ \text{s}}{\sqrt{1-(8.59\times10^{-15})}} \approx 10.000\ \text{s}$$

이 값을 계산기로 아무리 두드려도 $\Delta t = 10.000$ s를 얻게 되는데, 이는 분모의 항이 극히 1에 가깝기 때문이다. 현대의 가장 좋은 시계로 측정한다 하더라도, 땅 위의 관측자가 측정한 시간과 운전자가 측정한 시간 사이의 차이를 알아낼 수는 없다. 소수점 이하 많은 자리까지 계산해낼 수 있는 컴퓨터를 사용한다면 Δt와 Δt_0의 차이를 수학적으로 계산할 수는 있을 것이다. 그러나 그 차는 아주 미미하다. 실제로 이항정리를 이용하여 근사계산을 해보면 그 차는 약 4×10^{-14} s이다. 이 시간 간격은 측정할 수 없을 정도로 적은 양이다.

따라서 시간 팽창은 정지한 관측자에 대해 아주 빠른 속도로 움직일 때만 현저하게 나타난다는 것을 알 수 있다.

시간 팽창에 대한 검증: 뮤온 입자의 붕괴, 원자시계의 출현

대기권으로 띄워 올린 실험기구를 이용하면 그곳에 존재하는 입자들을 관측할 수 있다. 이 입자들은 하늘에서 지구로 떨어지는 우주선(cosmic ray 宇宙線)이 대기의 공기분자와 충돌하면서 생성되며 수백 m~수십 km 상공에서 발생하여 지상으로 쏟아져 내린다. 그러한 입자들 중 하나가 뮤온(μ) 입자이다.

뮤온 입자가 만들어지고 다른 입자로 붕괴될 때까지 매우 짧은 시간 동안만 존재한다. 뮤온 입자의 수명은 생성(사건 ①)과 붕괴(사건 ②) 사이의 시간 간격이다. **뮤온이 정지해 있고 정지된 시계로 뮤온의 시간을 측정하면 평균수명은 2.200 μs이다. 이때 사건 ①과 사건 ②는 뮤온 자신의 기준틀에서 동일한 장소에서 발생하므로 이 값이 곧 고유시간이다. 고유시간이 측정되는 기준틀을 뮤온의 정지틀이라고 한다.**

만약 뮤온이 실험실에 대해 움직인다면, 실험실의 시계로 측정한 뮤온의 수명은 보다 긴 평균수명을 보여야 한다. **이러한 결론을 검증하기 위해 실험실 시계에 대해 아주 빠른 속력(0.999 4c)으로 운동하는 뮤온의 수명을 측정한 결과 평균수명이 63.51 μs로 팽창한다는 것을 확인하였다.** 이 결과는 이론적으로 계산한 결과와도 오차 범위 내에서 일치하였다.

정밀한 시간 측정이 가능한 원자시계의 출현은 상대성이론을 실험적으로 증명하는 데 큰 역할을 하였다. 1971년 미국의 과학자 헤이펠(J. Hafele)과 키팅(R. Keating)은 거시시계로 Einstein의 상대론을 검증하는 아주 어려운 실험을 하였다. 그들은 4개의 이동 가능한 원자시계를 비행기에 싣고 각 방향으로 한 번씩 2회에 걸쳐 세계를 일주하는 실험을 하였다. 비행기의 속력은 c보다 매우 작기 때문에 시간 늘어남의 효과는 극히 미미하였으나, 원자시계는 약 $\pm 10^{-9}$ s의 정밀도를 가지고 있어서 이 효과의 측정이 가능하였다. 시계는 45시간 동안 공중에 떠 있었고, 그 시간을 지구에 있는 기준 원자시계와 비교하였다. **실험결과 비행기의 시계와 지구의 시계에서 오차 범위 내에서 상대성이론의 예측과 일치하였다.**

쌍둥이 역설

시간 팽창의 흥미로운 결과 중 하나가 소위 쌍둥이 역설이다. 관측자가 측정하는 시간은 시계의 고유시간보다 지연되거나 팽창되는 것이다. 이러한 해석의 혼란이 그 유명한 **쌍둥이 역설**(twin paradox 雙-逆說)을 초래하였다.

쌍둥이 형제를 대상으로 하는 실험을 생각하자. 쌍둥이 형제 중 동생은 지구에 남고 형은 광속에 가까운 속도의 우주선(spaceship 宇宙船)을 타고 우주여행을 하고 돌아오는 상황을 가정해보자. 형은 지구에서 아주 멀리 떨어진 별을 향해 여행을 떠난다. 형이 탄 우주선은 빛의 속력에 가깝게 가속될 수 있다. 그 별에 도착한 후 형은 고향이 그리워 다시 지구를 향해 같은 속력으로 되돌아온다. 지구에 와보니 너무나 많은 변화가 그를 기다리고 있었다. 생활양식이 변했고, 교통수단이 극적으로 변하였다. 더 놀란 것은 동생의 나이가 아주 많이 들어 기력이 쇠약해 보였다. 반면 형은 아직도 젊고 건강도 좋은 상태에 있었다.

이러한 여행에서 다음과 같은 의문이 생긴다. '어느 쪽 쌍둥이가 실제로 빛의 속력으로 여행함으로써 나이가 그만큼 덜 먹느냐?'라는 역설이 생긴다. 즉 지구에 있는 동생의 기준틀에서는 형이 빠른 속력으로 여행하는 동안 동생은 정지해 있다. 반면 형의 기준틀에서 보면 우주선을 타고 지구상에서 급상승하여 날아간 후 다시 돌아오는 동안 정지해 있는 사람은 바로 그 자신이다. 이 때문에 어느 쌍둥이가 실제로 나이가 더 먹었는지 혼돈을 일으킨다. 형과 동생 사이의 시간문제에 역설이 발생하게 되어 **쌍둥이 역설**로 부르게 되었다.

이 상황을 좀 더 구체적으로 생각해보자. 쌍둥이 형과 동생의 나이가 20살이 되었을 때, 형은 지구로부터 아주 멀리 떨어진 어느 별로 여행을 떠난다고 하자[그림 26-4(a)]. 형이 탄 우주선은 지구에 남아 있는 동생의 관성틀에 대해 $0.95c$의 빠른 속력으로 여행을 한다. 별에 도착한 형은 지구에 있는 가족 생각에 바로 $0.95c$ 속력으로 지구로 되돌아온다고 가정하자.

실제로 두 형제의 나이를 계산해보자. 지구에 남아 있는 동생의 입장에서 보면, 형이 탄 우주선은 별까지의 거리 20광년을 속력 $0.95c$로 날아가기 때문에 걸린 시간은 20광년/(0.95광년/년) ≒ 21년이다. 왕복 운행을 했으므로 돌아오는 데까지 걸린 시간은 약 42년이 된다. 따라서 **지구에 있는 동생의 입장에 보면 시간은 42년이 흘러 동생의 나이는 62살이 된다.** 그러면 형의 입장에서는 어떻게 될까? 앞서 논의한 고유시간 공식을 적용하면, 우주여행을 하는 형의 생명 과정인 Δt_0은 다음과 같다.

$$\Delta t_0 = \Delta t \sqrt{1 - v^2/c^2} = 42\sqrt{1 - (0.95c)^2/c^2} = 13\text{년}$$

즉, **형이 별까지 왕복하는 데 걸린 시간은 13년이 되어 돌아왔을 때형의 나이는 33살이 된다.** 지구에서 부모님을 모신 동생의 나이는 62살인데 말이다[그림 26-4(b)]. 이제까지의 결과는 지구상의 관측자인 동생의 관점에서 본 것이다.

그러면 여행 중에 있는 형의 관점에서 보면 어떠한가? 만약 모든 관성틀이 같다면, 형 역시 지구에 있는 동생과 같은 주장을 할 것이다. 즉 우주선 안에 있는 형이 볼 때에는 지구가 빠른 속도로 움직였다고 생각되므로 지구상의 시간이 더디게 흐르고, 이

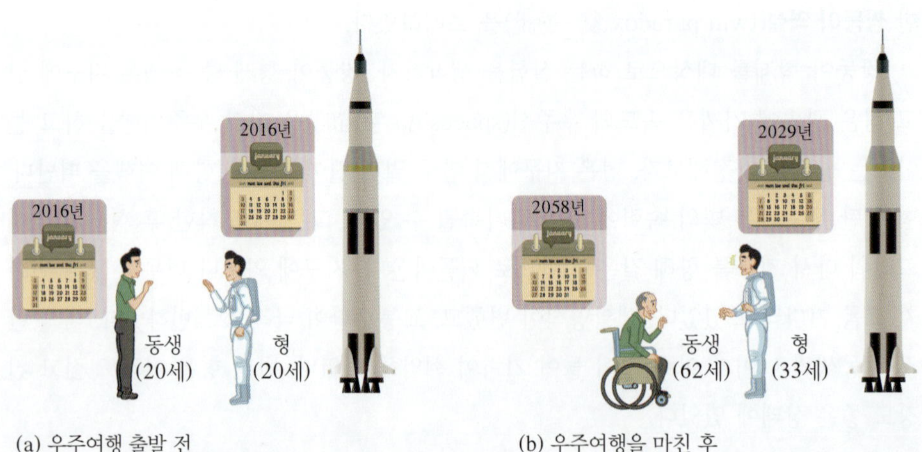

그림 26-4 (a) 쌍둥이 형과 동생의 나이가 20살이 되었을 때, 형이 지구로부터 아주 멀리 떨어진(20광년) 별로 여행을 떠난다. (b) 별까지 왕복한 후 돌아왔을 때, 형은 33살이고 지구에 있던 동생은 62살이 되었다.

에 따라 동생의 나이가 덜 먹었을 것이라고 주장할 수도 있다. 이 주장은 지구상의 동생의 관점에서 본 것과 정반대가 된다. 어쨌든 이 과정에서 그들 양쪽 다 옳을 수는 없다.

그러나 이것은 사실 전혀 역설이 아니다. **특수 상대성이론의 결과는 오직 관성 기준틀의 관측자에게만 적용시킬 수 있다.** 지구는 바로 이러한 관성 기준틀로 취급하지만 우주선은 그렇지 않다. 우주선이 출발할 때와 도착할 때, 그리고 방향을 바꿀 때 필연적으로 가속하게 된다. 이렇게 가속운동을 하는 동안에는 특수 상대성이론에 근거한 예측이 정당한 것이 못된다. 반면 지구상의 관측자인 동생은 관성 기준틀에 있으므로 가속과는 상관이 없다. 따라서 예측은 정당한 것이며, 역설(패러독스)은 존재하지 않는다. 즉 **여행 중에 있는 형의 입장에서 본 견해는 옳지 못하며, 지구상의 동생의 예측은 옳은 것이다. 따라서 여행에서 돌아온 형이 나이가 덜 먹었다는 것이 타당하다.**

시간 팽창 효과는 우주여행에 대한 아주 흥미 있는 추측을 가능하게 한다. 생명 과정은 규칙적인 리듬을 가지고 있기 때문에 사람은 일종의 생명 시계로 보아도 된다. 따라서 관측자에 대해 운동하고 있는 다른 시계처럼 행동할 것이다. 시계의 똑딱거림과 사람의 심장 박동은 원리적으로 아무런 차이가 없다. 운동하는 시계가 더 느리게 간다는 것은 운동하는 우주선 내의 생명 과정이 지상에 있는 관측자가 볼 때, 그 사람이 지상에 있을 때보다 더 천천히 일어난다는 것을 의미한다. 따라서 그 사람은 지구상의 관측자에 비해 더 느리게 나이를 먹게 된다.

예제 26-3 우주여행

문제 켄타우루스자리 알파별(Alpha Cen tauri)은 지구에서 4.3광년 떨어져 있다. 따라서 지구에 있는 관측자가 측정할 때, 빛이 별까지 가는 데 4.3년이 걸린다. 만일 우주선이 이 별을 향해 지구에 대해 $0.95c$의 속력으로 운행한다고 하자. 지구와 이 별은 서로에 대해 정지해 있다고 가정한다. 우주인의 시계에 따르면 우주인의 나이는 얼마나 될까?

생각하기 문제에서 두 사건은 지구를 출발하는 일과, 별에 도착하는 일이다. 출발할 때 지구는 우주선 바로 바깥에 있고, 도착할 때 별은 우주선 바로 바깥에 있다. 따라서 우주인에게 두 사건은 같은 장소, 즉 우주선 바로 바깥에서 일어난다. 그러므로 우주인은 자신의 시계로 고유 시간(Δt_0)을 측정하게 된다. 그러나 지구에 있는 관측자는 두 사건이 각기 다른 장소에서 일어나므로, 고유 시간이 아닌 늘어난 시간 간격(Δt)을 측정하게 된다.

풀이 지구와 별 사이를 이동하는 데 빛으로 4.3년이 걸리므로, $0.95c$의 속력으로는 더 긴 시간이 걸릴 것이다. 따라서 지구에 있는 사람이 측정한 시간 간격은 $\Delta t = (4.3\text{광년})/(0.95\text{광년/년}) = 4.5\text{년}$이다. 우주인이 자신의 나이를 판단하는 시간 간격 Δt_0은 다음과 같다.

$$\Delta t_0 = \Delta t\sqrt{1-\frac{v^2}{c^2}} = (4.5\text{년})\sqrt{1-\left(\frac{0.95c}{c}\right)^2}$$

$$= 1.4\text{년}$$

우주인이 별에 도착할 때, 지구의 관측자에게는 4.5년이 지났지만, 우주인에게는 단지 1.4년이 지났을 뿐이다.

26-4 길이의 상대성

시간 간격만 기준계에 따라 달라지는 것은 아니다. 특수 상대성이론에 의하면 공간의 간격 역시 기준계에 따라 달라진다. 이 현상을 정량적으로 이해하기 위해 앞서 예제 26-3을 다시 생각해보자.

시간 늘어남 때문에 서로 등속도로 운동하는 관측자들이 측정한 시간 간격은 다르다. 두 지점 사이의 측정 거리는 관측자가 속해 있는 기준틀에 의존한다. 물체의 고유길이 L_0은 그 길이에 대해 정지해 있는 사람이 측정한 물체의 길이이다. **물체에 대해 운동하는 기준틀에서 측정된 물체의 길이는 항상 고유길이보다 작다.** 이 효과를 상대론적 **길이 수축**(length contraction)이라고 한다.

우주선이 속력 $v = 0.95c$로 지구에서 켄타우루스자리 알파별까지 가는 여행은 지구의 시계로는 4.5년이 걸리고, 우주선의 시계로는 단지 1.4년 걸린다. 이들 두 시간 간격은 인자 $\sqrt{1-(v^2/c^2)}$ 만큼 다르다. 여행 시간이 다르기 때문에, 우리는 각각의 관측자들이 측정한, 지구와 이 별(켄타우루스자리 알파별) 사이의 거리가 서로 다른 것은 아닌지 의심해볼 수 있다. 특수 상대성이론에 따르면 대답은 '그렇다'이다. 지구의 관측자나 우주선 내의 우주인은 모두 지구와 우주선의 상대속력이 $v = 0.95c$인 것에 의견이 일치할 것이다. 여기서 속력은 거리를 시간으로 나눈 것이고, 따라서 시간이 두 관측자에게 다르므로 상대속력이 같아야 한다면 거리 역시 달라져야 한다. 따라서 **지구에 있는 관측자가 측정한 별까지의 거리는 $L_0 = v\Delta t = (0.95c)(4.5\text{년}) = 4.3$ 광년이다. 한편 우주인이 측정하는 거리는 단지 $L = v\Delta t_0 = (0.95c)(1.4\text{년}) = 1.3$ 광년이라고 알게 된다. 이렇게 두 점 사이의 거리가 짧아지는 것은 바로 길이 수축으로 인한 현상**이다.

일정한 속도로 상대 운동을 하는 두 관측자에 의해 측정된 거리 사이의 관계는 그림 26-5의 도움으로 이해가 쉬워진다. 그림 26-5(a)는 지구에 있는 관측자 관점에서의 상황을 보여준다. 이 사람은 우주선의 여행 시간을 Δt, 거리를 L_0, 우주선의 상대속력을 $v = L_0/\Delta t$로 측정한다.

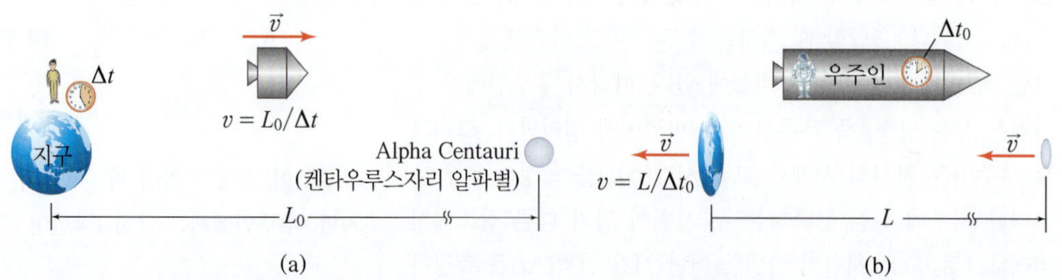

그림 26-5 (a) 지구의 관측자에게는 지구에서 별까지의 거리는 L_0, 우주선의 여행 시간은 Δt이다. (b) 우주선 내의 우주인이 볼 때, 지구와 별은 우주선에 대해 속력 v로 운동한다. 우주인에게는 여행 거리를 L로, 여행 시간을 Δt_0으로 측정하며, L 및 Δt_0 모두 (a)보다 작다.

그림 26-5(b)는 우주선 탑승자의 관점에서의 상황을 보여주고 있는데, 이 우주인에게는 우주선은 정지해 있고, 지구와 별은 속력 v로 움직이는 것처럼 보인다. 우주인은 여행 거리를 L, 시간을 Δt_0, 상대속력을 $v = L/\Delta t_0$으로 측정한다. 우주인이 계산한 상대속력과 지구에 있는 관측자가 계산한 값은 같으므로 $v = L/\Delta t_0 = L_0/\Delta t$이다. 이 결과와 시간 팽창의 식 26-4를 사용하면 L과 L_0 사이의 관계는 다음과 같다.

$$L = L_0\sqrt{1-\frac{v^2}{c^2}} = \frac{L_0}{\gamma} \quad \text{(길이 수축)} \qquad \textbf{26-6}$$

이 관계를 **길이 수축**이라고 부른다. 식 26-6에서 L_0은 물체에 대해 정지상태에 있는 관측자가 본 물체의 길이인 고유길이를 뜻한다. 그리고 L은 우주인이 관측한 길이이다. 이때 우주인 자신은 정지해 있고 목적지인 별이 속력 v로 우주선을 향해 운동한다고 주장한다. 따라서 우주인이 측정한 거리 L은 L_0보다 짧다고 생각한다.

실제로 식 26-6에서 v는 c보다 언제나 작으므로 $\sqrt{1-(v^2/c^2)}$ 항은 1보다 작고, L은 L_0보다 작다. 따라서 물체가 움직이고 있는 기준틀에서 측정한 물체의 길이는 고유길이보다 항상 짧다. 이때 길이 수축은 오직 운동방향으로 일어나고, 운동방향에 수직인 길이는 짧아지지 않는다. 예를 들어 그림 26-5에 나타낸 우주선의 길이는 줄어들지만, 높이는 정지해 있을 때와 같다.

시간 팽창과 길이 수축 효과는 멀리 떨어진 별로 가는 미래의 우주여행에 흥미롭게 적용할 수 있다. 인간의 수명보다 짧은 기간 안에 별에 도착하기 위해서는 빠른 속력으로 여행해야만 한다.

예제 26-4 지구를 향하는 우주선

문제 (a) 지구에 있는 관측자가 4 350 km의 고도에서 $0.970c$의 속력으로 지구를 향해 이동하고 있는 우주선을 바라보고 있다. 우주선 내의 우주인이 측정한 우주선과 지구 사이의 거리는 얼마인가? (b) 엔진이 점화된 후, 우주선의 고도는 지상의 관측자에게는 625 km로, 우주인에게는 267 km로 측정되었다. 이 순간 우주선의 속력은 얼마인가?

생각하기 (a) 우주인에게는 지구가 $0.970c$의 속력으로 돌진하는 것으로 보이므로 우주선과 지구 사이의 거리는 짧아진다. (b)에서도 같은 식을 사용하여 거리를 대입하여 속력을 구한다.

풀이 (a) 우주인이 측정한 우주선에서 지구까지의 거리, 우주인이 측정한 고도를 식 26-6에 대입하여 구한다.

$$L = L_0\sqrt{1-v^2/c^2} = (4\,350\text{ km})\sqrt{1-(0.970c)^2/c^2}$$
$$= 1.06 \times 10^3\text{ km}$$

(b) 지상에 있는 관측자가 측정한 지구에서 우주선까지의 거리가 625 km이고, 우주인이 측정한 거리는 267 km일 때 그 우주선의 속력은 식 26-6을 정리하여 구한다. 길이 수축의 식인 $L = L_0\sqrt{1-v^2/c^2}$ 의 양변을 제곱한 후 v에 대해서 풀면 다음과 같다.

$$L^2 = L_0^2\,(1 - v^2/c^2) \rightarrow 1 - v^2/c^2 = (L/L_0)^2$$
$$v = c\sqrt{1-(L^2/L_0^2)} = c\sqrt{1-(267\text{ km}/625\text{ km})^2}$$
$$= 0.904c$$

26-5 Lorentz 변환식

Galilei 변환식

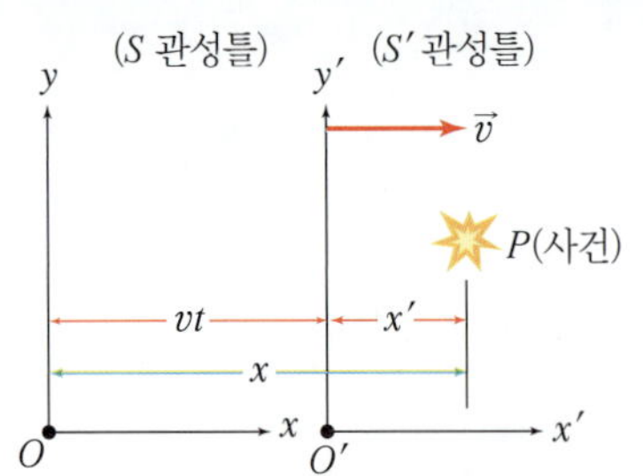

그림 26-6 점 P에서 일어난 사건을 관성틀 S에 있는 정지한 관측자와 그 기준틀에 대해 속력 v로 움직이는 관성틀 S'에 있는 다른 관측자가 측정하고 있는 상황을 나타낸 그림

그림 26-6과 같이 두 관성틀 S와 S'이 있다고 하자. 기준틀 S'은 공통 좌표축인 x축과 x'축을 따라서 기준틀 S에 대해 측정한 일정한 속도 $\vec{v}$로 움직이는 것을 보여준다. 시간 $t = 0$일 때 S와 S'의 원점은 같다고 가정하고, 어떤 사건이 어느 순간 공간상의 점 P에서 발생하였다고 하자.

사건을 단순하게 나타내기 위해 각각의 좌표를 원점에 있는 기준틀 S의 관측자 O와 기준틀 S'의 관측자 O'을 점으로 나타내자. 어느 관측자든 자신의 기준틀에서 다른 고정된 위치에 있을 수 있다. 같은 사건에 대해 기준틀 S에 있는 관측자 O는 그 좌표를 시공좌표 (x, y, z, t)로 나타내고, 기준틀 S'에 있는 관측자 O'은 (x', y', z', t')로 나타낼 수 있다. 그러면 이들 좌표 값은 어떻게 연관될까? 운동과 수직인 y와 z좌표는 운동에 영향을 받지 않는다고 하자. 그러면 x와 x', t와 t' 사이의 관계로 축소된다.

Einstein이 특수 상대성이론을 발표하기 전에는, 4개의 좌표 (x, y, z, t)가 다음과 같은 **갈릴레이 시공 변환식**(Galilean space-time transformation) 또는 **갈릴레이 변환식**으로 관계된다고 생각하였다.

$$x' = x - vt \quad y' = y \quad z' = z \quad t' = t \quad \text{(갈릴레이 변환식)} \qquad 26\text{-}7$$

여기서 $t' = t$는 양쪽에 있는 관측자에게 시간이 같은 속도로 진행한다는 뜻이다. Einstein 이전의 과학자들에게 이 식은 너무나 확실하기에 언급되지 않을 정도로 취급해왔다. 이것은 속력 v가 빛의 속도 c에 비해 아주 작기 때문이었다. 그러나 이 식을 전자기파에 적용할 때는 심각한 모순이 나타나게 된다. 전자기학 분야에서의 모순을 해결하고, 보다 일반성을 가지는 Lorentz 변환을 통해 이 문제가 해결되었다.

Lorentz 변환식

그림 26-7에서처럼 어떤 점 P와 Q에서 일어난 두 사건을 기준틀 S에서 정지해 있는 관측자와 그 기준틀에 대해 속도 $\vec{v}$로 오른쪽으로 움직이는 기준틀 S'에 있는 관측자가 측정한다고 하자. 기준틀 S에 있는 관측자는 시공좌표 (x, y, z, t)를 써서 사건을 표현하고, 기준틀 S'에 있는 관측자는 같은 사건을 좌표 (x', y', z', t')을 써서 나타낼 수 있다. 식 26-7에서 사건이 일어난 공간상의 두 점 사이 거리는 $\Delta x = \Delta x'$으로 나타내고, 관측자의 운동과는 무관할 것으로 예측된다. 이것은 길이 수축 개념과는 모순이 되기 때문에, v가 빛의 속력에 접근할 때는 Galilei 변환은 성립하지 않는다. 따라서 물체의 속력이 $0 < v < c$ 내에 있을 때 모두 적용할 수 있는 올바른 변환식이 필요하다.

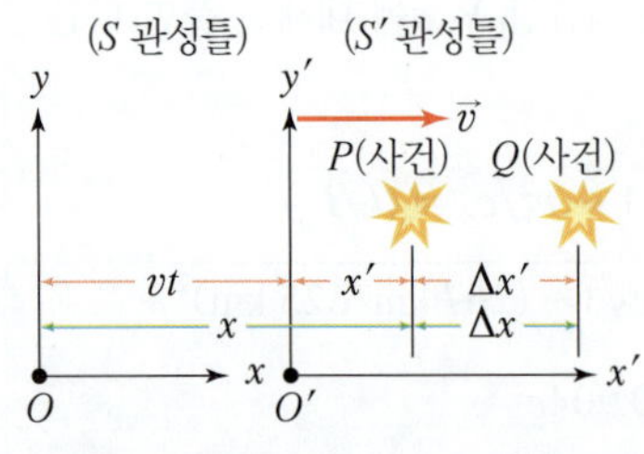

그림 26-7 점 P와 Q에서 일어난 사건들을 관성틀 S에서 정지해 있는 관측자와 그 관성틀에 대해 속도 $\vec{v}$로 움직이는 관성틀 S'에 있는 다른 관측자가 측정하고 있는 상황을 나타낸 그림

모든 속력에 대해 성립하고 S에서 S'으로 좌표를 변환할 수 있는 식을 **로렌츠 변환식**(Lorentz transformation equation)이라고 하며, 그 식은 다음과 같이 표현된다.

$$x' = \gamma(x - vt) \qquad y' = y \qquad z' = z \qquad t' = \gamma\left(t - \frac{v}{c^2}x\right) \qquad 26\text{-}8$$

Galilei 변환식과 Lorentz의 시간 변환식 사이에는 차이점이 존재한다. Galilei 변환식에서는 $t = t'$ 이지만, Lorentz 변환에서는 그림 26−7과 같이 기준틀 S'에서 관측자(O')가 관측한 사건에 대한 시간인 t' 의 값은 기준틀 S에 있는 관측자(O)가 측정한 시간 t와 좌표 x에 따라 달라진다. 이것은 사건을 4개의 시공좌표 (x, y, z, t)에 의해 나타낸다는 개념과 일치한다. 다시 말해서 특수 상대성이론에서 공간과 시간이란 별개의 개념이 아니라 서로 밀접하게 얽혀 있는 개념이다.

상대속력 v가 광속 c에 비해 매우 작을 경우에($v \ll c$), **로렌츠 변환식은 Galilei 변환식이 된다.** 즉, v가 0에 접근함에 따라 $v/c \ll 1$이므로 $\gamma \rightarrow 1$이 되고, 식 26−8은 Galilei 시공 변환식인 식 26−7이 된다.

기준틀 S'에서의 좌표를 기준틀 S에서의 좌표로 변환하고자 한다면, 식 26−8에서 v 대신 $-v$를 대입하고, 프라임($'$)이 붙은 좌표와 붙지 않은 좌표를 서로 바꾸면 된다. 즉 다음과 같다.

$$x = \gamma(x' + vt') \qquad y = y' \qquad z = z' \qquad t = \gamma\left(t' + \frac{v}{c^2}x'\right) \qquad \text{26−9}$$

관측자 O와 O'이 본 두 사건의 좌표의 차나 시간 간격을 구하는 문제가 종종 등장한다. 이 경우 적용을 위해 식 26−8과 26−9에서 네 변수 x, x', t, t' 사이의 차이를 나타내면 다음과 같다(정리과정은 생략하였다).

기준틀 S를 기준틀 S'으로 변환할 때	기준틀 S'을 기준틀 S로 변환할 때
$\Delta x' = \gamma(\Delta x - v\Delta t)$ $\Delta t' = \gamma\left(\Delta t - \frac{v}{c^2}\Delta x\right)$ 26−10	$\Delta x = \gamma(\Delta x' + v\Delta t')$ $\Delta t = \gamma\left(\Delta t' + \frac{v}{c^2}\Delta x'\right)$ 26−11

여기서 $\Delta x' = x_2' - x_1'$과 $\Delta t' = t_2' - t_1'$은 관측자 O'이 측정한 차이이다. 그리고 $\Delta x = x_2 - x_1$과 $\Delta t = t_2 - t_1$은 관측자 O가 측정한 차이이다(여기서 y, z좌표에 관한 것은 포함시키지 않았는데 그것은 x방향을 따라 운동하는 경우에는 영향을 받지 않기 때문이다).

Lorentz 변환식은 1890년 로렌츠(Hendrik A. Lorentz, 1853~1928)에 의해 제안되었다. Lorentz는 전자기학의 기본 방정식이 이 변환식에 의해 변환된 경우에만 모든 관성 기준틀에서 동일한 형식이 됨을 증명하였다. 그러나 이 변환식에 포함되어 있는 물리적 의미를 알아내고 특수 상대성이론의 틀 안에서 해석한 사람은 바로 Einstein이다.

26−6 속도의 상대성: 속도의 상대론적 합

관측자에 대한 물체의 속도는 특수 상대성이론에서 중요한 역할을 하며, 이 속도를 산정하기 위해 둘 또는 그 이상의 속도를 더해야 할 때도 있다.

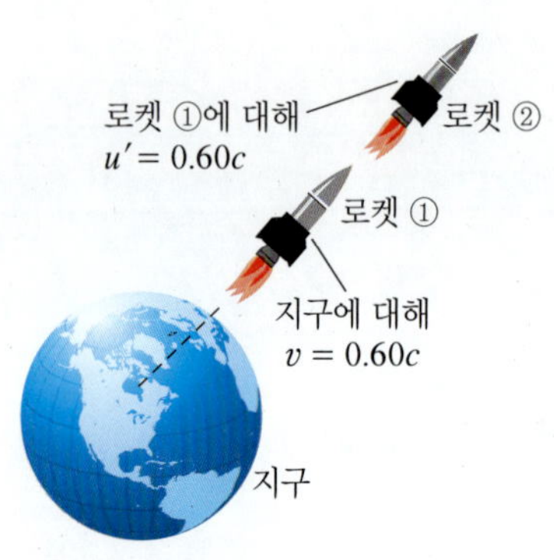

그림 26-8 지구로부터 v의 속도로 멀어지고 있는 로켓 ①이 있고, 로켓 ②는 로켓 ①로부터 상대속도 $u' = 0.60c$로 움직이는 상황을 나타낸 그림

지구로부터 v의 속도로 멀어지고 있는 로켓 ①이 있다고 하자. 이때 만약 로켓 ②가 로켓 ①에 대해 u'의 속도로 점화되었다고 가정하면, 지구에 있는 관측자가 본 로켓 ②의 지구에 대한 상대속도 u는 $u = v + u'$이다. 이 상황을 그림으로 나타내면 $u = 0.60c + 0.60c = 1.20c$가 된다고 생각할 것이다(그림 26-8 참조).

그러나 앞서 Einstein의 가설에서와 같이 물체의 속도는 어떤 기준계에서 본다 할지라도 빛의 속도보다 빨라질 수는 없다. 따라서 특수 상대성이론의 가설에 위배된다.

실제로 Einstein은 길이와 시간이 기준틀마다 달라지므로 속도에 관한 고전적인 합의 법칙은 더 이상 성립하지 않는다는 것을 보였다. 대신에 직선 상에서 운동하는 물체에 대한 속도의 상대론적 합에 대한 올바른 식은 다음과 같이 되어야 한다고 제안하였다.

$$u = \frac{v + u'}{1 + vu'/c^2} \quad [\text{양}(+)\text{ 방향의 } u'] \qquad \textbf{26-12a}$$

이 공식에 대한 유도는 생략한다. 여기서 만약 u'의 방향이 v와 반대방향이라면 u'은 음(−)의 부호를 가져야 하고, 따라서 식 26-12a는 다음과 같이 바뀐다.

$$u = \frac{v - u'}{1 - vu'/c^2} \quad [\text{음}(-)\text{ 방향의 } u'] \qquad \textbf{26-12b}$$

이때 속도에 대한 기호들의 의미는 다음과 같다.

v: 지구에 대한 로켓 ①의 속도, 지구 관측자가 본 로켓 ①의 속도
u: 지구에 대한 로켓 ②의 속도, 지구 관측자가 본 로켓 ②의 속도
u': 로켓 ①에서 본 로켓 ②의 속도

만약 로켓의 속도가 빛의 속도에 비해 아주 작은 속도(v, $u' \ll c$)에 대해서는 $1 + vu'/c^2 \approx 1$과 같이 되므로 식 26-12a는 고전역학적인 형태, 즉 $u \approx v + u'$으로 환원된다.

예제 26-5 식 26-12a 증명

문제 그림 26-8의 로켓 ①에서 전방을 향해 빛을 내보낸다고 하자. 지구에 대한 이 빛의 상대속도 u를 구하면 결국 c가 된다는 사실을 밝히라.

생각하기 '진공에서 광속은 모든 관성 기준틀에서 모든 방향에 대해 동일한 c값을 갖는다'라는 제2가설을 확인하는 문제이다.

풀이 로켓 ①에서 전방을 향해 빛을 내보내므로 $u' = c$이다. 따라서 이 빛의 지구에 대한 상대속도는 식 26-12a를 이용하여 구할 수 있다.

$$u = \frac{0.60c + c}{1 + \dfrac{(0.60c)(c)}{c^2}} = \frac{1.60c}{1.60} = c$$

결국 기대했던 바와 같이 특수 상대성이론의 제2가설을 만족한다는 것을 알 수 있다.

예제 26-6 상대론적 속도

문제 그림 26-8에서 지구에 대한 로켓 ②의 상대속도 u를 구하라.

생각하기 속도에 대한 기호들을 잘 파악하고 식 26-12a를 적용한다.

풀이 로켓 ②는 로켓 ①에 대해 상대속도 $u' = 0.60\,c$로 움직이고, 로켓 ①은 지구에 대해 $v = 0.60c$의 상대속도를 가지므로, 로켓 ②의 지구에 대한 상대속도는 다음과 같다.

$$u = \frac{0.60c + 0.60c}{1 + \frac{(0.60c)(0.60c)}{c^2}} = \frac{1.20c}{1.36} = 0.88c$$

26-7 운동량에 대한 새로운 관점: 상대론적 운동량

지금까지 우리는 상대적으로 일정한 속도로 운동하는 관측자들에게 두 시간 간격과 거리가 어떻게 측정되는지를 논의하였다. 이와 비슷하게 운동량과 에너지에 대해서도 상대론적으로 재검토가 필요하다.

다시 말하면 **특수 상대성이론 체계에서 물체의 운동을 적절히 기술하기 위해서는 Newton의 운동법칙과 운동량과 에너지에 대한 정의를 일반화할 필요가 있다**. 일반화된 정의는 v가 c보다 아주 작은 영역에서는 고전적 (또는 비상대론적인) 정의로 환원된다.

우리는 제7장 3절에서 운동량 보존에 대해 공부한 바 있다. 두 물체가 충돌할 때, 두 물체가 고립되어 서로에게만 작용한다는 가정하에 계의 전체 운동량은 일정하게 보존된다. 물체의 속도가 빛의 속도에 비해 아주 작을 때 이 정의는 타당하다. 그러나 아주 빠르게 움직이는 관성틀에서 충돌 현상을 분석할 때, 운동량의 고전적 정의인 $p = mv$를 이용하면 운동량은 보존되지 않는다. c에 근접하는 관성틀을 포함한 모든 관성틀에서 운동량 보존의 법칙이 성립하기 위해서는 **상대론적 운동량**(relativistic momentum 相對論的運動量)을 적용해야 하며 그 크기는 다음 식으로 정의된다.

$$p \equiv \frac{mv}{\sqrt{1 - v^2/c^2}} = \gamma mv \quad \text{(상대론적 운동량)} \qquad \textbf{26-13}$$

여기서 v는 물체의 속력이고 m은 물체에 대해 정지한 관측자가 측정한 질량이다. 식 26-13에서 상대론적 운동량과 비상대론적 운동량은 시간 팽창이나 길이 수축에서 나오는 인자 $\gamma = (1 - v^2/c^2)^{-1/2}$만큼 다르다. 이 인자는 항상 1보다 작고, 분모에 있으므로 상대론적 운동량은 항상 비상대론적 운동량보다 크다. 속력 v의 함수로 운동량 크기의 비(상대론적/비상대론적)를 그리면 그림 26-9와 같다.

그림 26-9의 그래프에서 자동차와 비행기 같은 보통의 물체의 속력에 대해 상대론적 운동량과 비상대론적 운동량의 비가 거의 1이기 때문에 그들은 거의 같다. 그러므로 빛의 속도보다 훨씬 작은 속력을 기술할 때, 비상대론적 운동량이나 상대론적 운동량은 둘 다 사용될 수 있다. v가 c에 비해 매우 작은 경우 식 26-13의 분모가 1로 접근하여 p가 mv로 접근하므로 상대론적 운동량은 고전적 표현으로 환원된다.

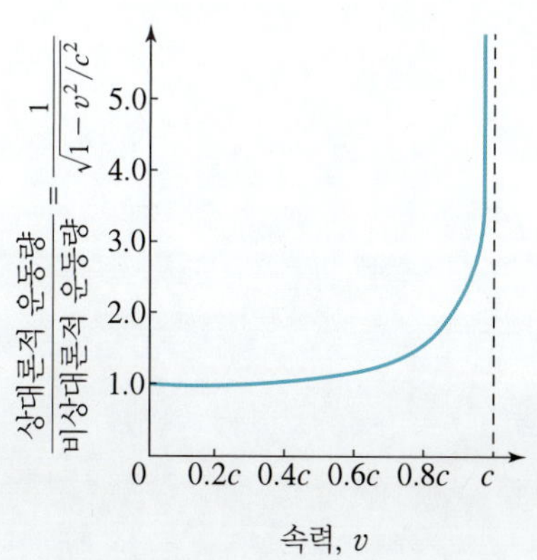

그림 26-9 물체의 속도가 빛의 속도에 접근함에 따른 비상대론적 운동량의 크기에 대한 상대론적 운동량의 크기의 비. 상대론적 운동량은 항상 비상대론적 운동량보다 크다.

예제 26-7 고속으로 가속된 전자의 상대론적 운동량

문제 미국 스탠포드대학에 설치된 입자가속기는 길이가 3 km이며, 전자를 거의 빛의 속도에 가까운 0.999 999 999 7c의 속력으로 가속시킨다. (a) 가속기를 빠져 나온 전자의 상대론적 운동량은 얼마인가? (b) 이 값을 비상대론적 운동량과 비교하라.

생각하기 전자의 질량은 $m = 9.11 \times 10^{-31}$ kg이다. 이 값을 가지고 전자의 상대론적 운동량과 비상대론적 운동량의 크기를 구하여 비교한다.

풀이 (a) 상대론적 운동량의 크기는 식 26-13을 이용하여 구할 수 있다.

$$p \equiv \frac{mv}{\sqrt{1 - v^2/c^2}}$$

$$= \frac{(9.11 \times 10^{-31}\ \text{kg})(0.999\,999\,999\,7c)}{\sqrt{1 - \dfrac{(0.999\,999\,999\,7c)^2}{c^2}}}$$

$$= 1 \times 10^{-17}\ \text{kg m/s}$$

이 운동량 값은 실험적으로 측정한 값과 일치한다.

(b) 이 전자의 상대론적 운동량은 비상대론적 운동량보다 Lorentz 인자 $\gamma = (1 - v^2/c^2)^{-1/2}$만큼 크다. 즉 다음과 같다.

$$\gamma = \frac{1}{\sqrt{1 - \dfrac{v^2}{c^2}}} = \frac{1}{\sqrt{1 - \dfrac{(0.999\,999\,999\,7c)^2}{c^2}}}$$

$$= 4 \times 10^4$$

상대론적 운동량은 비상대적 운동량보다 4×10^4만큼 크다.

26-8 에너지에 대한 새로운 관점: 상대론적 에너지

질량에너지

1905년 Einstein은 특수 상대성이론의 결과로 질량을 에너지의 다른 형태라고 생각할 수 있다는 것을 보여주었다. 결국 에너지 보존법칙은 실제로 질량-에너지 보존법칙이다. 상대성 원리와 양립하기 위해서 운동량의 일반화된 정의가 필요하듯이 상대론적 역학에서 운동에너지의 정의도 수정이 필요하다. Einstein은 물체의 운동에너지(kinetic energy)에 대한 정확한 표현은 다음과 같다고 밝혔다.

$$KE = \gamma mc^2 - mc^2 \qquad \textbf{26-14}$$

식 26-14의 mc^2항은 물체의 속도와 무관한 상수항이다. 물체의 질량과 관련된 에너지를 **질량에너지** 또는 **정지에너지**(rest energy) E_R이라고 한다.

$$E_R = mc^2 \qquad \textbf{26-15}$$

이 식이 나타내는 물체의 질량에너지 E_R는 물체가 정지하든지 운동하든지 상관없이 물체의 질량 m과 직접 관련된다. **정지에너지란 물체가 정지하고 있는 경우에도 단**

표 26-1 몇 가지 물질의 질량에너지

물체	질량(kg)	동등한 에너지($E_R = mc^2$)	
		줄(J) 단위	eV 단위 또는 kcal 단위
떠다니는 먼지	3.10×10^{-3}	1.0×10^{14}	2 kcal
우라늄 원자	3.95×10^{-25}	3.55×10^{-8}	225 GeV
양성자	1.67×10^{-27}	1.50×10^{-10}	938 MeV
전자	9.11×10^{-31}	8.20×10^{-14}	511 keV

지 질량 때문에 갖게 되는 에너지라는 것을 암시한다. 표 26-1은 몇 가지 물질의 질량에너지 값이다.

총에너지와 운동에너지

식 26-14에서 γmc^2은 물체의 속도에 의존하며, 운동에너지와 정지에너지의 합이다. 따라서 γmc^2을 **전체에너지**(total energy) 또는 **총에너지** E로 정의한다. 고립계의 총에너지는 변하지 않는다. 따라서 총에너지는 운동에너지와 정지에너지의 합이다.

$$E = KE + mc^2 = \gamma mc^2 \qquad \textbf{26-16}$$

여기서 $\gamma = (1 - v^2/c^2)^{-1/2}$이므로 전체에너지 E는 다음과 같이 표현된다.

$$E = \frac{mc^2}{\sqrt{1 - v^2/c^2}} \quad \text{(질량-에너지 등가식)} \qquad \textbf{26-17}$$

이 식이 바로 Einstein이 제안한 **질량-에너지 등가식이다**.

식 26-16은 **운동에너지가 없는 정지입자가 자신의 질량에 비례하는 에너지를 갖는다는 놀라운 결과를 보여준다.** 더욱 놀라운 것은 질량과 에너지 사이의 비례상수가 매우 큰 값 $c^2 = 9 \times 10^{16}\ \mathrm{m^2/s^2}$이므로 작은 질량도 어마어마한 양의 에너지를 갖는다는 것이다. Einstein이 제안했듯이 $E_R = mc^2$은 입자의 질량이 에너지로 완전히 전환될 수 있고, 전자기 에너지와 같은 순수 에너지가 질량을 갖는 입자로 전환될 수 있음을 의미한다. 물질과 반물질(antimatter 反物質)이 연계된 상호작용 현상에서 이와 같은 일이 실제로 일어난다는 것은 실험에서 여러 번 증명된 바 있다.

TIP 반물질(antimatter)

양성자, 전자와 같은 입자는 물리적인 성질은 동일하지만 반대의 전하를 갖는 반입자(반양성자, 반전자)를 갖는다. 이와 같이 반입자의 개념을 물질로 확대시킨 것이 반물질이다.

대규모 핵연료 공장은 우라늄 분열을 이용하여 에너지를 생산하는데 우라늄의 작은 질량이 에너지로 전환되는 과정을 수반한다. 태양도 질량이 에너지로 전환되고, 사방으로 엄청난 양의 전자기 에너지를 내보내면서 끊임없이 질량을 소모한다.

입자의 질량과 에너지 사이의 상호 전환에 대해 논의하고 있지만 $E = \gamma mc^2$은 보편적 표현이며 모든 물체와 과정의 계에 적용할 수 있다. 늘어난 용수철은 늘어나지 않은 상태의 동일한 용수철보다 더 많은 탄성위치에너지를 갖고 있다. 그러나 보통의 경우에는 이러한 질량 변화는 측정되기 어려울 정도로 매우 작다. 질량 변화를 측정하는 가장 확실한 실험은 핵변환 실험인데, 이 실험에서는 질량이 에너지로 전환되며 변환된 질량이 측정 가능하다.

총에너지와 운동량

때때로 입자의 속도보다는 운동량이나 에너지를 측정하기 때문에 총에너지 E와 상대론적 운동량 p 사이의 관계를 아는 것이 유용할 때가 있다. 식 26-16인 $E = \gamma mc^2$과 식 26-13인 $p = \gamma mv$를 각각 제곱한 후 뺀 다음 v를 소거하면 다음 식이 얻어진다.

$$E^2 = p^2c^2 + (mc^2)^2 \qquad \textbf{26-18}$$

즉 질량이 m인 물체가 빛의 속도 c로 운동할 때, 입자의 총에너지 E와 운동량 p

사이의 관계를 알려준다.

입자가 정지해 있을 때 $p = 0$이므로 $E = E_R = mc^2$이다. 즉 이와 같은 특별한 경우에 총에너지는 정지에너지뿐이다. 예를 들면 전자의 질량은 9.11×10^{-31} kg이므로 전자의 정지에너지를 구하면 다음과 같다.

$$m_e c^2 = (9.11 \times 10^{-31}\ \text{kg})(3.00 \times 10^8\ \text{m/s})^2 = 8.20 \times 10^{-14}\ \text{J}$$

이 값을 eV로 변환하면 다음과 같다.

$$m_e c^2 = (8.20 \times 10^{-14}\ \text{J})(1\ \text{eV}/1.60 \times 10^{-19}\ \text{J}) = 0.511\ \text{MeV}$$

여기서 1 MeV = 10^6 eV이다. 핵물리학에서는 식 $E = \gamma mc^2$이 많이 사용되며, 질량 m의 단위로 원자질량단위인 u를 사용하므로 바꿈인수 1 u = 931.494 MeV/c^2을 알고 있으면 아주 유용하다. 예를 들어 질량이 235.043 924 u인 우라늄 원자핵의 정지질량을 MeV로 나타내면 다음과 같다.

$$E_R = mc^2 = (235.043\,924\ \text{u})(931.494\ \text{MeV/u}\,c^2)(c^2) = 2.189\,42 \times 10^5\ \text{MeV}$$

광자(질량이 없고 전하도 띠지 않는 빛의 입자)와 같이 입자가 질량을 갖지 않는 경우, 식 26-18에 $m = 0$을 대입하면 빛의 속도 c로 운동하는 광자의 에너지 E와 운동량 p 사이의 관계식이 다음과 같이 얻어진다.

$$E = pc \qquad \textbf{26-19}$$

이 식은 빛의 속력으로 운동하는 광자의 에너지와 운동량 사이의 정확한 관계를 나타낸다.

예제 26-8 빠르게 움직이는 전자의 에너지

문제 속도가 $v = 0.850c$로 움직이는 전자가 있다. (a) 이 전자의 총에너지와 운동에너지를 MeV 단위로 계산하라. (b) 이를 고전적인 운동에너지와 비교하라.

생각하기 식 26-17에 대입하여 총에너지를 구하고, 정지에너지를 빼서 운동에너지를 구한다.

풀이 (a) 주어진 값들을 식 26-17에 대입하여 총에너지를 구하면 다음과 같다.

$$E = \frac{m_e c^2}{\sqrt{1 - v^2/c^2}} = \frac{(9.11 \times 10^{-31}\ \text{kg})(3.00 \times 10^8\ \text{m/s})^2}{\sqrt{1 - (0.850c/c)^2}}$$
$$= 1.56 \times 10^{-13}\ \text{J}$$
$$= (1.56 \times 10^{-13}\ \text{J})\left(\frac{1.00\ \text{eV}}{1.60 \times 10^{-19}\ \text{J}}\right)$$
$$= 0.975\ \text{MeV}$$

총에너지로부터 정지에너지를 빼서 운동에너지를 구하면 다음과 같다.

$$KE = E - m_e c^2 = 0.975\ \text{MeV} - 0.511\ \text{MeV} = 0.464\ \text{MeV}$$

(b) 고전적인 운동에너지는 다음과 같다.

$$KE_{\text{고전}} = \frac{1}{2} m_e v^2$$
$$= \frac{1}{2}(9.11 \times 10^{-31}\ \text{kg})(0.850 \times 3.00 \times 10^8\ \text{m/s})^2$$
$$= 2.96 \times 10^{-14}\ \text{J} = 0.185\ \text{MeV}$$

상대론적 운동에너지가 고전적인 운동에너지보다 약 2.5배 크다는 것을 알 수 있다.

26-9 일반 상대성이론

특수 상대성이론은 가속운동을 하지 않는 관성 기준틀에 한정된 이론이다. Einstein은 가속기준틀에서 적용될 수 있는 일반적인 이론을 연구하였는데, 이 이론이 바로 Einstein의 **일반 상대성이론**(general theory of relativity 一般相對性理論)이다. 이 이론의 핵심은 **등가원리**(principle of equivalence 等價原理)이고, 핵심적 결론은 중력은 물체 주위의 시공간을 휘어지게 한다는 것이다. Einstein이 제안한 등가원리는 다음과 같다.

> 외부로부터 고립된 실험실 내 관측자는, 중력장에 의해 만들어진 효과와 그 실험실 자체의 가속운동에 의해 만들어진 효과를 판별할 수 없다.

등가원리에 의하면 빛도 중력의 영향을 벗어날 수 없다는 것이다. 빛이 무중력 공간 내에서 가속운동 중인 실험실을 가로질러 진행한다면, 광선의 경로는 실험실에 대해 상대적으로 휘어지게 된다. 이 현상은 만약 광선이 실험실의 가속운동과 등가적인 효과를 만들어내는 중력장 내에서 진행한다면 광선은 똑같이 휘어진 경로를 따라갈 것임을 뜻한다. 이 현상대로라면 태양 주위를 통과하는 광선은 태양 중심 쪽으로 아주 작은 각도만큼 휘어져 진행해야 할 것이다. 이 예측은 1919년 일식 중인 태양 주변 하늘에 보이는 별들을 촬영한 사진에 의해 확인된 바 있다. 이 결과로 Einstein은 세계적인 주목을 받았다.

따라서 공간의 그러한 영역을 통과하는 물체는 일반적으로 직선이 아닌 곡선 경로를 따르며, 더욱이 그 영역 내에 영원히 구속되어 버릴 수도 있다(그림 26-10 참조).

그림 26-10 블랙홀 주변을 지나는 물체의 경로를 상상해서 그린 그림. 이 휘어진 시공간 내에 도입된 제2의 물체는 인력을 느끼게 된다.

일반 상대성이론은 거대한 질량을 가진 천체는 공간을 휘게 만들어 그 근처를 지나는 빛마저도 흡수하게 된다. 이러한 곳을 **블랙홀**(black hole)이라고 한다. 블랙홀은 우주 공간 내에서 캄캄하게 어두운 구멍을 말한다. 이때 시공간의 곡률이 엄청나게 커서 중심으로부터 일정한 반지름 안에 있는 모든 물질과 빛이 갇히게 된다. 이때의 반지름을 **슈바르츠실트 반지름**(Schwartzschild radius)이라고 하며 태양과 비슷한 질량을 갖는 블랙홀의 경우 약 3 km이다. 블랙홀의 중심에는 밀도와 곡률이 무한한 특이점이 존재하고, 여기서 시공간은 끝난다. 슈바르츠실트 반지름 R_s는 다음과 같이 정의된다.

$$R_s = \frac{2GM}{c^2} \tag{26-20}$$

어떤 물체든지 자신의 전체 질량이 식 26-20으로 계산된 반지름 내에만 집중되어 있으면, 그 물체는 블랙홀이 된다. 블랙홀 근처를 지나는 빛은 휘어지면서 블랙홀 속으로 들어가고 나오지 못해 검은 공간으로 보일 뿐이다.

블랙홀에서의 또 다른 흥미로운 예측은 중력에 의한 시간 간격의 변화이다. 중력이 있는 곳에 놓인 시계는 중력이 무시되는 곳에 놓인 동일한 시계보다 시간이 느리게 간다는 것이다. 블랙홀 근처로 가까이 가면 중력은 아주 커지고 시간은 천천히 가게

> **TIP 중력파**
>
> 질량이 아주 큰 물체가 진동하게 되면 그 근처에 있는 공간이 파동의 형태가 되어 주위로 퍼져 나갈 것으로 생각되는 파. 이 파는 아직까지 검출되지 않았다.

TIP 적색편이(red shift)

물체가 내는 빛의 파장이 늘어나 적색 쪽으로 치우쳐 보이는 현상. 1848년 피조(H. Fizeau)가 도플러 효과에 의한 적색편이 현상을 처음으로 발견하였다. 이러한 현상이 중력 때문에 나타날 때 중력 적색 편이라고 한다.

되어 마치 시간이 멈춘 것처럼 보인다. 또한 강한 중력장 속에서는 시간이 천천히 흐르므로, 강한 중력장을 지날 때 빛에 적색편이가 생기고 빛의 속도가 달라진다. 그 결과 태양과 같이 강한 중력장에 놓인 원자에서 방출되는 빛의 진동수는 실험실과 같이 약한 중력장에 놓인 같은 원자에서 방출되는 빛보다 더 낮은 진동수를 갖는다. 이러한 **중력에 의한 편이**는 무거운 별에 있는 원자가 방출한 스펙트럼선에서 검출된 바 있다. 그러므로 먼 별로부터 지구에 도달한 가시영역 내의 광자는 적색 쪽으로 휘어지고, 이 현상을 **중력적색편이**(gravitation red shift 重力赤色偏移)라 한다.

Einstein은 20대 젊은 시절의 참신한 기지로 얻어낸 특수 상대성이론과는 달리 일반 상대성이론은 많은 시행착오와 오랜 방황 끝에 힘겹게 얻어내었던 것이다.

연습문제

26-1 특수 상대성이론의 탄생

26-2 특수 상대성이론의 두 가설

26-3 시간의 상대성

1. 지구의 관측자들에게는 25년 걸릴 것으로 생각되는 편도 여행을 하기 위해 우주선이 지구를 떠난다. 우주선이 지구에 대해 $0.95c$로 여행한다면 우주선에 있는 시계로 이 여행은 얼마나 걸리는가?

2. 파이(π) 중간자는 자신의 기준틀에서 평균수명이 2.6×10^{-8} s이다. 중간자가 $0.98c$의 속력으로 움직이고 있다.

(a) 지상에 있는 관측자가 측정한 이 중간자의 평균수명은 얼마인가?

(b) 지상에 있는 관측자가 측정할 때, 이 중간자가 붕괴되기 직전까지 이동한 거리는 얼마인가?

(c) 시간 지연이 일어나지 않는다면, 중간자가 이동하는 거리는 얼마인가?

3. 지구에 대해 $0.85c$의 상대속력으로 우주의 행성으로 움직이는 우주선이 있다. 지구에 있는 관측자가 우주선 내의 우주인 비행사가 여행을 마치는 데까지 걸린 시간을 측정한 결과 20년이 소요되었다. 우주인의 시계로 본 여행 기간은 몇 년인가?

4. 우주선의 선장은 그의 시계와 달력을 보면서 2년 동안 고속으로 우주 탐험을 한 후, 바로 지구로 돌아와서, 그는 6년이 지났다는 것을 알게 되었다. 우주선의 평균속력은 얼마인가?

5. 뮤온(μ)의 평균수명은 2.2 μs이다. 관측자에 대해 $0.999\,5c$의 속도로 움직이는 뮤온 빔의 평균수명은 얼마인가?

26-4 길이의 상대성

6. 가로가 1.5 m이고 세로가 1.0 m인 직사각형 모양의 사진틀이 우주선 벽에 (우주선 운동방향이 사진틀의 가로가 되도록) 걸려 있다. 이 우주선은 지구에 대해 $0.90c$의 속력으로 운행하고 있다. (a) 우주선에 탄 사람이 본 사진틀의 크기와 (b) 지구의 관측자가 본 사진틀의 크기를 구하라.

7. 미국 스탠포드대학에 설치된 선형가속기는 길이가 3.00 km이다. 이 가속기로 전자를 20.0 eV까지 가속시켰다.

(a) 전자의 γ값은 얼마인가?

(b) 전자를 기준으로 볼 때, 가속기의 길이는 얼마나 늘어나는가? 전자의 정지 질량에너지는 0.511 MeV이다.

8. 고유길이가 120 m인 어떤 고속 열차가 $0.90c$의 속도로 고유길이가 50 m인 터널을 통과한다고 하자. 기차 밖에 정지해 있는 관측자가 볼 때 기차의 전체 길이가 완전히 터널 속에 들어가는가? 그렇다면 기차의 길이는 얼마인가?

9. 고유길이가 300 m인 우주선이 지구에 있는 관측자를 통과하는 데 0.75 μs가 걸린다. 지구에 있는 관측자가 측정한 이 우주선의 길이는 얼마인가?

10. 지구로부터 5.00광년 떨어져 있는 큰 항성이 있다. 우주선에서 측정한 지구–항성 사이의 거리가 2.00광년이 되려면 우주선은 얼마만큼의 속력으로 달려야 하는가?

26-5 Lorentz 변환식

26-6 속도의 상대성: 속도의 상대론적 합

11. 전자 하나가 실험실계에 대해서 $0.90c$의 속도로 오른쪽으로 움직인다. 그 전자에 대해 양성자 하나가 $0.70c$의 속도로 왼쪽으로 움직이고 있다. 실험실계에 대한 양성자의 속도는 어떠한가?

12. 지구로부터 $0.55c$의 속력으로 멀리 움직이고 있는 우주정거

장에서 지구를 향해 $0.75c$의 속력으로 로켓을 발사한다고 가정하자. 지구에서 본 로켓의 속력은 얼마인가?

13. 두 우주정거장이 서로 상대속도 $0.50c$로 접근한다. 한 로켓이 정거장 A에서 볼 때, $0.40c$의 속력으로 로켓을 정거장 A에서 B로 발사한다. 정거장 B에서 본 접근속도는 얼마인가?

14. 우주선이 $0.5c$의 속도로 지구에서 멀어져가고 있다. 이때 그 우주선에서 $0.5c$의 속도로 진행 방향을 향해 탐사선을 발진시킨다면, 지구에서 본 탐사선의 속도는 얼마인가?

26-7 운동량에 대한 새로운 관점: 상대론적 운동량

15. $0.990c$의 속도로 움직이는 뮤온의 운동량을 비상대론적 운동량의 정의로 계산한 값과 이들의 비를 비교하라.

16. 입자의 운동량에 관한 비상대론적인 식 $p = mv$는 $v \ll c$인 경우에만 사용할 수 있다. 이 식을 사용함에 있어서 운동량의 값이 (a) 1.00 %, (b) 10.0 % 이내의 오차를 가지려면 속도는 얼마이어야 하는가?

17. 어떤 전자 하나가 고전적인 운동량의 3배의 운동량을 갖고 있다.

(a) 이 전자의 속력은 얼마인가?

(b) 만약 전자가 아니라 양성자라면 결과는 어떻게 변하는가?

18. 어떤 정지해 있던 불안정한 입자가 질량이 다른 두 조각으로 쪼개진다. 가벼운 조각의 질량이 2.50×10^{-28} kg이고, 무거운 입자의 질량은 1.67×10^{-27} kg이다. 두 조각으로 쪼개진 후 가벼운 조각의 속도가 $0.893c$라면 무거운 조각의 속도는 얼마인가?

19. 양성자가 $0.90c$의 속도로 움직이고 있다. 이 양성자의 운동량을 구하라. 단, 양성자의 질량은 1.67×10^{-27} kg이다.

26-8 에너지에 대한 새로운 관점: 상대론적 에너지

20. 물체의 상대론적 운동에너지가 비상대론적인 운동에너지 공식 $KE = \frac{1}{2}mv^2$ 에 의해 예측된 값의 2배가 되기 위해서는 속도가 얼마나 더 증가되어야 하는가?

21. 상대론적 에너지와 운동량의 정의로부터 $E^2 = P^2c^2 + m^2c^4$을 증명하라.

22. 질량이 $m = 1.88 \times 10^{-28}$ kg인 뮤온 입자를 실험실에서 측정하였더니, 속도가 1.87×10^8 m/s로 움직인다. 실험실 기준틀에서 본 뮤온 입자의 운동량은 얼마인가?

23. 뮤온이 움직일 때, 상대론적으로 올바르게 계산한 운동량이 비상대론적으로 계산한 운동량보다 6.0 % 크다면, 뮤온의 속도는 얼마인가?

26-9 일반 상대성이론

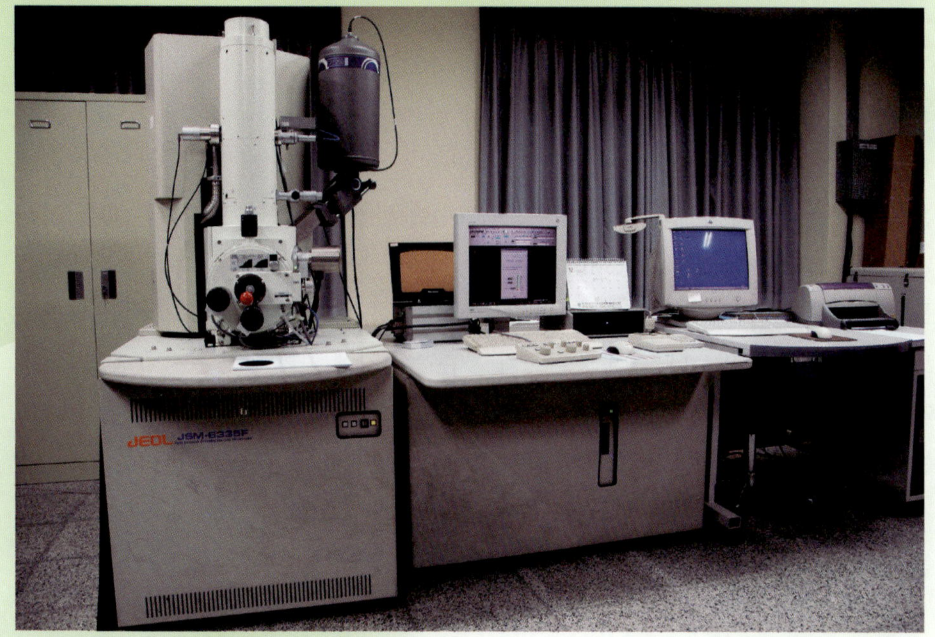

전자현미경(SEM; Scanning Electron Microscope) 가속된 전자빔을 시료에 조사시켜 표면에서 발생되어 나오는 2차 전자, 후방 산란 전자를 수집하여 그 신호들을 영상화시켜 미시영역을 관찰하는 표면 분석 장비이다. 나노미터 급 초미세 시료를 관찰하고 성분까지 분석할 수 있으며, 물리, 전기 · 전자, 진공, 소재, 재료 등 여러 분야의 기술이 결합되어 만들어진 첨단 측정 장비이다.

제27장 양자물리학

20세기 초 물리학계를 뒤흔든 혁명적인 사건은 전반부에는 Einstein의 상대성이론의 발표이고, 후반부에는 양자론의 출발이었다. 특수 상대성이론은 Newton역학의 한계를 넘어 많은 실험적, 이론적인 문제들을 해결해주었다. 그러나 어떤 문제에 대해서는 상대론이나 고전물리 모두 이론적인 답을 주지는 못하였다. 특히 당시에 광전효과에 대한 실험결과를 완벽하게 설명할 수 있는 이론이 없었으며, 온도가 높은 물체에서 방사되는 빛의 불연속적인 파장에 대해서도 설명할 방법이 없었다. 이러한 문제를 해결해보려는 과학자들의 노력으로 양자론이 탄생하게 되었다. 양자론은 미시세계의 입자의 성질을 설명할 수 있었고, 특수 상대성이론과 함께 물리학 세계에 대한 생각의 변화를 가져오게 하였다.

양자론은 Planck의 양자가설로부터 출발하여, 1920년대 중반 Schrödinger의 파동방정식과 Heisenberg의 불확정성 원리로 그 정점을 이루며, 양자역학이라는 새로운 학문을 탄생시켰다. 제27장에서는 양자론이 탄생하게 된 배경과 양자론의 기본 내용에 대해 공부한다.

27-1 Planck의 양자가설

열복사

19세기 말까지 실험결과에 대한 명확한 설명을 할 수 없었던 현상 중 하나는 임의의 온도를 갖는 물체에서 방출하는 빛의 스펙트럼에 관한 것이었다. 방출하는 빛은 전자기 복사로 **열복사**(heat radiation 熱輻射)라고 한다. 이때 방출되는 빛의 스펙트럼은 물체의 온도와 성질에 따라 결정된다. 저온에서 열복사의 파장은 주로 적외선 영역이므로 눈에 보이지 않는다. 물체의 온도가 차츰 올라감에 따라 물체는 빨간색 빛을 내기 시작한다. 충분히 높은 온도에서 물체는 전구의 뜨거운 텅스텐 필라멘트에서 나오는 빛과 비슷하게 흰색으로 보인다. 열복사를 정밀하게 조사해보면 적외선으로부터 가시광선, 자외선 영역까지 파장이 연속적인 분포를 이루고 있다. 표 27-1은 고온의 물체에서 나오는 복사에너지의 색과 온도 분포를 나타낸 것이다.

고전물리의 관점에서 열복사 현상은 물체 표면에서 가속된 대전입자 때문에 나타나는 것이다. 즉 가속된 전하는 작은 안테나에서 전자기파를 방출하는 것과 매우 유사하게 복사선을 방출한다. 열적으로 교란된 전하들은 진동수 분포를 이룰 수 있는데, 이 분포는 물체가 방출한 복사의 연속 스펙트럼을 설명한다. 당시에는 복사하는 빛의 특성을 명확하게 설명하지 못해 여러 주장들이 제시되었고, 마지막에는 Planck가 제시한 이론에 의해 명확하게 해결되었다.

표 27-1 고온의 물체에서 나오는 복사에너지의 색과 온도

고온의 물체에서 나오는 백열광의 색	복사하는 온도의 근삿값(°C)
연한 빨간색	500~550
진한 빨간색	650~750
밝은 빨간색	850~950
노란 빛이 나는 빨간색	1 050~1 150
연한 하얀색	1 250~1 350
하얀색	1 450~1 550

흑체복사

입사되는 모든 복사에너지를 흡수하는 물체를 **흑체**(blackbody 黑體)라고 한다. 물론 완전히 그러한 물체는 없으며, 흑체라고 해서 반드시 검은 물체일 필요도 없다. 그림 27-1(a)와 같이 흑체에 가장 가까운 물체로 속이 비어 있고 외부로 통하는 작은 구멍이 나 있는 물체를 생각하자. 이 물체는 빛이 새어나갈 수 있는 아주 작은 부분(공동)만 열려 있고, 다른 부분은 모두 밀폐된 오븐이나 가마와 비슷하다. 이와 같은 물체를 **공동**(cavity 空洞)이라고 부른다. 외부에서 구멍 안으로 들어간 모든 복사 에너지는 안쪽 벽에서 여러 차례 반복하지만 구멍으로는 거의 빠져나올 수 없다. 따라서 구멍은 완전한 흡수체 역할을 한다. 가마가 식었을 때 외부에서 그 구멍을 통하여 안으로 들

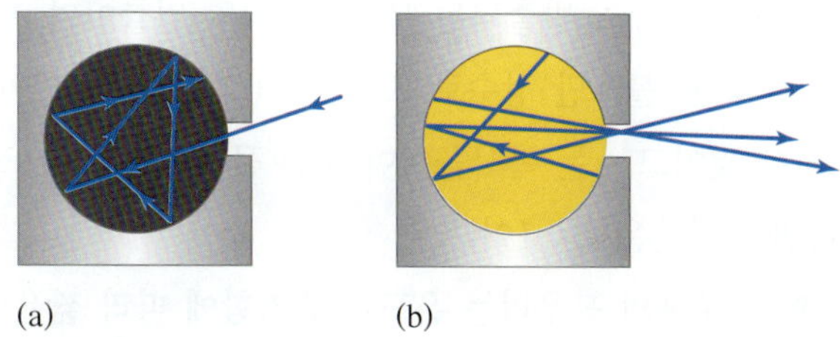

그림 27-1 (a) 약 300 K에서 공동의 내부는 매우 어둡다. 외부에서 공동 내부로 들어간 모든 에너지는 다 흡수한다. (b)공동 내부의 온도가 1400 K로 가열되면 내부는 밝게 빛나고, 공동에서 방출된 빛은 구멍을 통해 밖으로 나온다.

어간 빛은 반사되어 나가지 못해 이 구멍은 완전히 검게 보인다. 그러나 구멍 내부가 매우 뜨거워지면, 내부에서 발생한 빛은 구멍을 통해 밖으로 나간다(그림 27-1b). 이 때 구멍으로부터 나온 빛의 특성은 가마의 온도에만 관계가 있고, 가마의 구성 성분과는 전혀 관계가 없다.

흑체가 아주 고온일 때 구멍을 통해 밖으로 방출하는 복사 현상을 **흑체복사**(blackbody radiation 黑體輻射)라고 한다. 태양, 빨갛게 달아오른 코일, 훨훨 타오르는 석탄 난로 등 많은 물체가 근사적으로 흑체처럼 행동한다. 그림 27-2는 뜨거운 석탄에서 복사되는 빛으로, 여기서 보이는 빛의 색깔은 타고 있는 석탄 조각의 온도에만 의존한다. 불에 타는 뜨거운 석탄 덩어리 사이의 공간은 흑체복사와 유사한 빛을 방출한다.

그림 27-2 뜨거운 석탄 덩어리 사이의 공간은 흑체복사와 유사한 빛을 낸다. (a)보다 (b)의 색이 더 희기 때문에 더 높은 온도로 복사하고 있다.

고온의 물체에서 복사되는 파장의 분포에 대해서는 19세기 후반에 들어서 실험적으로 연구되었다. 그 중 다음과 같은 두 가지 실험적인 발견은 중요하다.

첫째, 고온에서 방출되는 복사에너지의 일률은 온도에 따라 증가한다. 이 내용은 제13장 열의 복사에서 다룬 바 있다. **즉, 물체에서 방출되는 복사에너지의 일률 P는 물체의 절대온도 T의 4제곱에 비례한다. 이 결과를 스테판의 법칙(Stefan's law)이라고 하고 식으로는 다음과 같다.**

$$P = \sigma A e T^4 \tag{27-1}$$

여기서 P는 물체의 표면에서 방출되는 복사에너지의 일률이며, 단위는 와트(W), 또는 J/s이다. σ는 슈테판-볼츠만 상수로 5.669×10^{-8} W/m^2 K^{4}이다. A는 물체의 겉넓이를 m^{2}로 표시한 것이고, e는 복사율이며, T는 물체의 절대온도이다. 만약 물체가 흑체라고 가정하면 복사율은 $e = 1$이다.

두번째로, 최대파장 분포의 봉우리는 온도가 증가함에 따라 짧은 파장 쪽으로 이동한다. 뜨거운 물체에서 복사가 일어날 때, 최대 세기의 파장 λ_m과 물체 표면의 절대 온도 T 사이에는 다음 관계가 있다.

$$\lambda_m T = 2.89 \times 10^{-3} \text{ m K} \tag{27-2}$$

이 실험 결과는 빈의 변위 법칙(Wien's displacement law)이라고 한다. 즉, 파장 분포의 봉우리는 온도가 증가함에 따라 짧은 파장 쪽으로 이동한다.

이와 같은 두 가지 중요한 실험 결과는 실제로 필라멘트에 전압을 걸어 주어 복사되는 불빛의 파장에 대한 온도의존성을 조사한 실험 결과와 일치하였다. 즉, 그림 27-3에서와 같이 대부분의 복사는 적외선 영역에 있지만, 중간 곡선에서는 모든 파장에서 가시광선(황백색)이 방출된다. 전압을 낮추어 필라멘트가 어두워지면 봉우리는 오른쪽으로 이동하였다.

흑체복사에 관한 이론이 성공하려면 슈테판의 법칙으로 나타낸 온도 의존성과, 빈의 변위 법칙으로 나타낸 온도에 따른 봉우리의 이동 현상을 명확하게 규명할 수 있어야 한다. 그러나 고전적인 개념을 사용하여 이 곡선의 모양을 설명하고자 하는 초기의 시도들은 모두 실패하였다.

이런 초기의 시도 중 하나를 살펴보자. 흑체로부터 방출되는 에너지 분포를 표현하기 위해 $I(\lambda, T)\,d\lambda$를 파장 구간 $d\lambda$에서 방출되는 세기, 즉 단위 넓이당 일률로 놓고 고전 이론으로 계산한 결과 다음과 같은 결과를 얻었다.

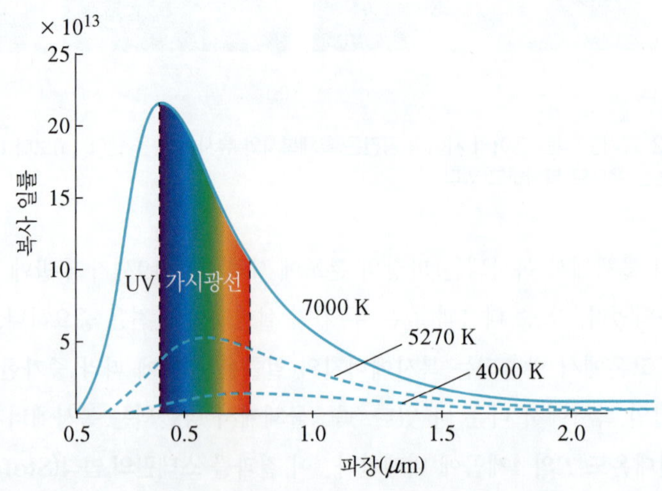

그림 27-3 세 온도에 대한 파장에 따른 흑체복사의 세기 분포. 곡선의 최댓값의 파장 λ_m은 온도가 높아질수록 작은 쪽으로 이동한다.

$$I(\lambda, T) = \frac{2\pi c k_B T}{\lambda^4} \qquad \text{27-3}$$

여기서 k_B는 볼츠만 상수이다. 이 식은 **레일리-진스의 법칙**(Rayleigh-Jeans law)으로 알려진 흑체복사에 대한 고전 이론이다. 이 이론식은 그림 27-3의 그래프에서 파란색 실선에서에서와 같이 긴 파장영역에서는 어느 정도 일치하지만, 짧은 파장 영역에서는 거의 일치하지 않았다. 특히 파장 λ가 0에 접근함에 따라 $I(\lambda, T)$는 무한대에 접근하여 실험값과 아주 다른 형태를 보였다. 당시 과학자들은 이 고전이론과 실험결과 사이의 불일치를 **자외선 파탄**(ultraviolet catastrophe)이라고 불렀다.

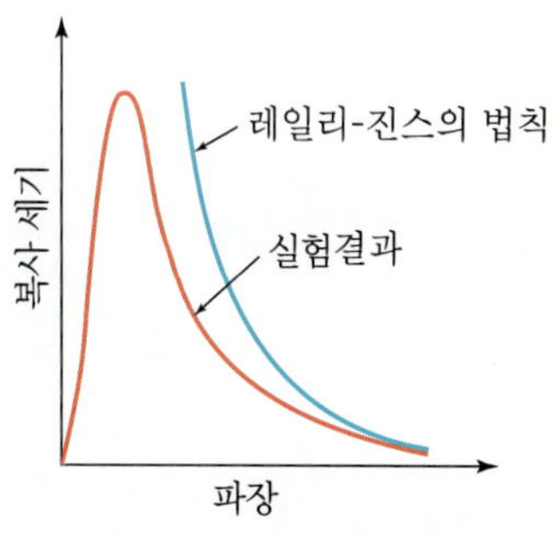

그림 27-4 흑체복사에 대한 실험결과(붉은색)과, 레일리-진스의 법칙으로 구한 결과(파란색) 비교

Planck의 가설

1900년 말 플랑크(Max Plank)가 모든 파장에서 실험결과와 완전히 일치하는 흑체복사의 식을 구했다. 그가 제시한 흑체복사의 식은 당시로서는 대단히 혁신적인 한 가지 가정을 도입하였다. 즉 분자의 진동에너지는 연속적이지 않고 유한한 개수의 작은 양들로 이루어졌으며 이 때 가장 작은 에너지양은 분자의 진동수 f와 다음과 같은 관계를 가지고 있다는 것이다.

$$E_{\text{최소}} = hf \quad (\text{에너지 양자}) \qquad \text{27-4}$$

막스 플랑크 Max Planck, 1858~1947, 독일의 이론물리학자

양자론을 창시하였으며, 양자론은 원자 및 원자를 구성하는 입자세계에서 일어나는 과정을 이해하는 데 혁명을 일으켰다. 에너지의 양자적 본질을 발견한 공로로 1918년 노벨물리학상을 수상하였다.

이 방법을 사용하여 Planck는 그림 27-4에 나오는 파장의 전 영역에 걸쳐 실험곡선과 매우 잘 일치하는 다음과 같은 이론식을 만들었다.

$$I(\lambda, T) = \frac{2\pi hc^2}{\lambda^5 (e^{hc/\lambda k_B T} - 1)} \qquad \text{27-5}$$

Planck가 제시한 이 식으로 구한 파장과 세기의 곡선은 그림 27-4의 실험결과(붉은색)와 완전히 일치하여 그의 가설은 인정받게 되었다. 여기서 h는 상수로서 **Planck 상수**라고 하며, 이 값은 Planck가 흑체복사에 대하여 자신이 고안한 공식을 실험결과와 일치시키기 위하여 도입한 값이다. 이 상수는 흑체의 재료나 온도에 무관한 자연상수이다. Planck 상수 h의 값은 다음과 같다.

$$h = 6.626 \times 10^{-34} \text{J s}$$

즉, Planck는 흑체복사가 공진기(resonator 共振器)라고 부르는 μm보다 작은 크기의 대전된 진동자에 의해 생긴다고 가정하였다. 빛을 내는 공동의 벽은 정확한 본질이 알려지지 않았던 수많은 공진기로 구성되어 있다고 가정하였다. 공진기는 다음과 같이 주어지는 불연속적인 에너지 E_n만을 가질 수 있다고 제안하였다.

$$E_n = nhf \, (n = 1, 2, 3, \cdots) \qquad \text{27-6}$$

이 식을 **Planck의 양자가설**이라고 한다. 여기서 n은 **양자수**(quantum number 量子數)라고 하는 양(+)의 정수이고, f는 공진기의 진동수이다. 각 공진기의 에너지가 식 27-6에 의해 불연속적인 값만을 가질 수 있기 때문에 에너지가 **'양자화되었다'**고 표현한다.

양자가설에 의하면 복사에너지는 $E = hf, 2hf, 3hf, \cdots$ 등과 같이 불연속적이고, 이들 사이의 값은 존재할 수 없다는 것이다. 즉 수세기 동안 믿어왔던 것과는 달리 복사에너지의 양은 연속적이지 않고 불연속적인 양으로만 존재한다는 것이다. 즉 **양자화**(quantized)된다는 것이다. 이때 가능한 가장 작은 양의 단위 에너지(hf)를 **에너지 양자**(quantum of energy)라고 한다.

사실 Planck 자신도 이 발견의 진정한 의미를 알지 못했을 뿐만 아니라 이 발견이 Newton의 고전역학 발견과 비견될만한 발견으로는 생각하지 않고, 다만 문제점에 대한 '정답'을 얻으려는 수학적인 도구 정도로만 생각했다. 그래서 그는 h 도입에 대해 고전적 해석을 찾기 위해 노력하였다. 1905년 이후 많은 학자 중 Einstein이 이 분야에 대해 연구하기 전까지는 아무도 이 발견이 중요하고도 혁신적인 발견이라고 생각하지 않았다. **이때 Einstein은 빛이 이런 에너지 묶음으로 되어있다고 제안함으로써 Planck 이론은 인정받게 되었다.**

27-2 광전효과

19세기 후반기에 금속 표면에 입사한 빛 때문에 표면으로부터 전자가 방출되는 실험이 행해졌다. 이 현상은 **광전효과**(photoelectric effect 光電效果)라고 하며, 이때 방출된 전자를 **광전자**(photoelectron 光電子)라고 한다.

그림 27-5(a)는 광전효과 실험장치의 개략도이다. 광전관이라고 부르는 진공 유리관은 금속판 P가 가변 전원장치의 음극 단자에 연결되어 있고, 다른 금속판 C(컬렉터, collector)는 전원장치의 양극 단자에 연결되어 양(+)의 전위를 유지하고 있다. 유리관이 어두울 때 검류계는 0을 가리키며, 회로에는 아무런 전류도 흐르지 않는다. 그러나 금속판 P를 만드는 데 사용된 물질에 의존하는 특정 진동수보다 더 큰 진동수를 갖는 빛을 금속판 P에 쪼이면 검류계에 전류가 검출되는데, 이 현상은 금속판 P와 C 사이의 간극을 가로지르는 전하의 흐름이 있다는 것을 의미한다. 이 전류는 음극이 걸린 금속판에서 방출된 광전자에 의해 형성되며 전자들은 양극판 C로 이동한다.

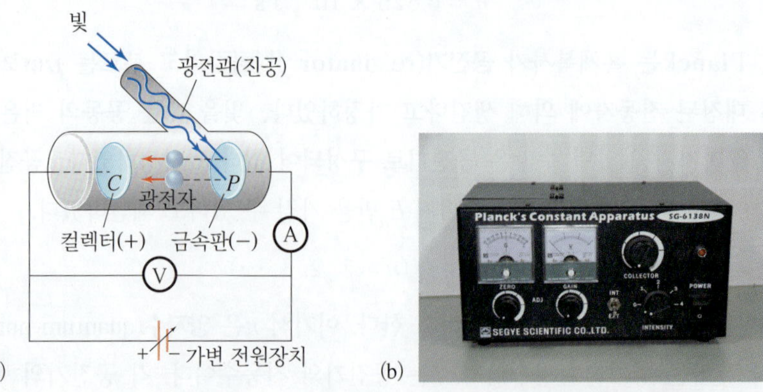

그림 27-5 (a) 광전효과에서 충분히 큰 진동수를 가진 빛이 금속판에서 광전자를 방출시킨다. 이 광전자들은 양(+)전위가 걸린 컬렉터로 끌려와서 전류를 발생시킨다. (b) 광전효과 실험을 통해 Planck상수를 구하는 실험장치

이 장치로 금속판 P에서 방출되는 전자의 최대 운동에너지($KE_{최대}$)를 측정할 수 있다. 만약 가변 전원을 사용하여 컬렉터 C가 음극이 되고, 금속판 P가 양극이 되도록 역전압을 걸어주면, P에서 방출되는 전자는 음극이 걸린 C에서 반발된다. 이때 역전압이 충분히 크지 않으면 빠른 속력의 전자들은 C에 도달할 수 있으며, 이 회로에는 전류가 흐른다. 역전압을 점점 증가시키면 언젠가 전류가 0이 되는 순간에 도달하게 되고, 전자는 더 이상 C에 도달할 운동에너지를 가지지 못하게 된다. 이때 걸어준 역전압을 **저지전압**(stopping potential, stopping voltage 沮止電壓) V_s 라고 하며, 이 저지전압으로 전자의 최대 운동에너지 $KE_{최대}$를 구할 수 있다. $KE_{최대}$는 에너지 보존(운동에너지 손실 = 위치에너지 이득)에 의해서 결정된다. 따라서 광전류의 최대 운동에너지 $KE_{최대}$와 저지전압 V_s 사이에는 다음 관계가 있다.

$$KE_{최대} = eV_s \tag{27-7}$$

여기서 e는 전자의 전하량이다.

광전효과 실험결과에 대한 문제점

광전효과 실험을 통해 얻은 결과는 당시의 고전이론과 여러 면에서 모순되어 과학자들을 당혹스럽게 만들었다. 그 내용을 정리하면 다음과 같다.

• 빛의 세기에 따른 광전자의 운동에너지

고전이론의 예측: 금속판에 입사하는 빛의 세기가 증가함에 따라, 방출하는 에너지는 더 빠른 비율로 금속판에 전달되고 방출되는 전자들은 더 큰 운동에너지를 가져야 한다.

실험결과: 주어진 진동수의 빛에 대해 $KE_{최대}$는 광원의 세기와 무관하였다. 빛이 눈부실 정도로 밝거나 거의 감지할 수 없을 정도로 희미하더라도 튀어나온 전자의 최대 운동에너지는 항상 같았다.

• 빛의 입사와 광전자 방출 사이의 시간간격

고전이론의 예측: 빛의 세기가 약할지라도, 빛이 금속판에 조사되고 난 다음 전자가 방출되는 데 걸리는 시간이 있어야 한다. 왜냐하면 금속판의 전자가 빛에너지를 흡수한 후 금속판을 탈출하기까지 충분한 에너지를 얻는 데 시간이 필요하기 때문이다.

실험결과: 금속판에서 전자들의 방출은 매우 작은 세기의 빛에 대해서도 거의 순간적으로 일어났다. 즉 표면에 빛을 쪼인 후 10^{-9} s 이내 광전자가 방출되었다.

• 빛의 진동수에 따른 방출전자의 수

고전이론의 예측: 빛의 진동수와 관계없이 빛의 세기가 충분히 크기만 하면, 어떤 진동수의 빛이라도 전자가 방출되어야 한다.

실험결과: 입사광선의 진동수가 **문턱진동수**(**한계진동수,** threshold frequency 限界振動數) f_0보다 작으면 금속판 P와 컬렉터 C 사이의 전압을 아무리 높여도 전류는 흐르지 않는다. 이때의 문턱진동수는 금속의 종류에 따라 다르며, 진동수가 문턱진동수에 이르면 빛이 입사하는 즉시 광전류가 흐른다.

• 빛의 진동수와 광전자의 운동에너지

고전이론의 예측: 빛의 진동수와 전자의 운동에너지 사이에는 아무 관계가 없어야 한다. 운동에너지는 오로지 빛의 세기에 따라 달라져야 한다.

실험결과: 광전자의 최대 운동에너지는 빛의 세기와 무관하고 빛의 진동수가 증가함에 따라 선형적으로 증가하였다.

Einstein의 새로운 해석: 빛의 입자성

광전효과의 실험적 결과와 고전이론 사이의 모순을 성공적으로 해결한 이론은 특수상대성이론을 발표한 해인 1905년에 Einstein에 의해 이루어졌다.

Einstein은 Planck의 양자화 개념을 전자기 파동으로 확장하여, 양자화된 진동자가 $E_n = nhf$인 에너지 상태에서 에너지가 $E_{n-1} = (n-1)hf$인 바로 아래의 상태로 전이할 때 빛에너지의 작은 묶음 또는 **광자**(photon 光子)가 방출된다고 제안하였다. 즉 빛이란 에너지의 묶음이 모인 것으로 그 에너지는 불연속적이며, 진동수가 f인 빛의 경우, 각 묶음은 앞서 설명한 Planck의 가설과 같이 다음과 같은 에너지 값을 가진다고 제안하였다.

$$E = hf$$

여기서 h는 Planck상수이고, f는 Planck의 진동자의 진동수와 같은 빛의 진동수이다.

Einstein의 모형에서 광자는 국소화되어 있어서 자신의 모든 에너지인 hf를 금속판에 있는 전자에 모두 줄 수 있다. Einstein에 따르면 방출된 광전자의 최대 운동에너지 $KE_{최대}$는 다음과 같다.

$$KE_{최대} = hf - \phi \qquad \textbf{27-8}$$

여기서 ϕ는 금속의 **일함수**(work function)이다.

일함수는 전자가 금속에 구속되어 있을 최소의 에너지를 말하며, 수 전자볼트(eV) 정도의 크기를 갖는다. 식 27-8을 보다 잘 이해하기 위해 그림으로 표현해보면 그림

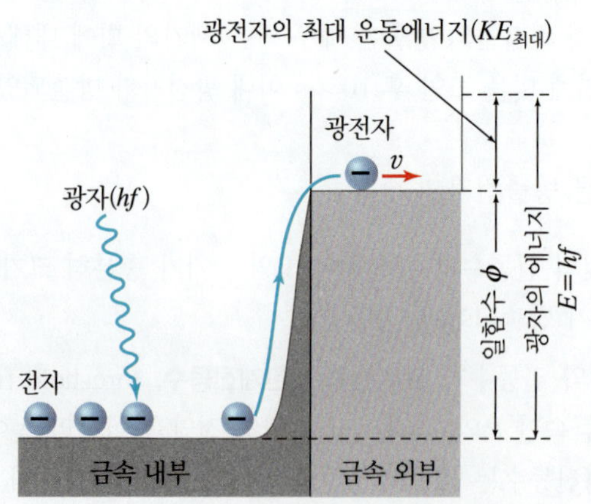

그림 27-6 광전효과의 과정을 나타내는 개략도

27-6과 같다. 그림에서와 같이 금속의 일함수 이상의 에너지를 갖는 광자가 금속판을 때리면 광전자가 튀어나오고, 광자의 전체 에너지 hf는 일함수 ϕ와 광전자가 갖는 최대 운동에너지 $KE_{최대}$의 합과 같다는 사실을 쉽게 알 수 있다.

식 27-8에서 전자의 최대 운동에너지 $KE_{최대}$와 빛의 진동수 f 사이 선형적인 관계의 실험적 결과는 Einstein이 제안한 이론으로 확인이 된다. 실제로 이 선형적인 관계는 그림 27-7과 같이 관측되었다. 표 27-2는 몇 가지 금속의 일함수를 나타낸 것이다.

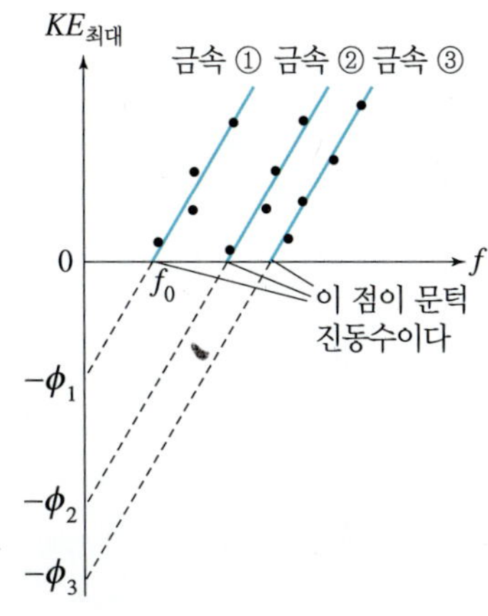

그림 27-7 광전효과 실험에서 입사광의 진동수(f)와 광전자가 갖는 최대 운동에너지($KE_{최대}$) 사이의 관계

표 27-2 몇 가지 금속의 일함수

금속	일함수 ϕ (eV)	문턱진동수 f_0 ($\times10^{14}$ Hz)
나트륨(Na)	2.46	5.51
알루미늄(Al)	4.08	9.86
구리(Cu)	4.86	11.75
아연(Zn)	4.31	10.42

이 그림에서 직선의 기울기는 어느 금속에서나 모두 Planck상수 h가 된다. 가로축과의 교차점은 전자가 더 이상 방출되지 않는 **문턱진동수** f_0을 나타낸다. 빛의 세기와 관계없이 그 아래에서는 광전자가 방출되지 않는 문턱진동수가 있음을 알려준다. 이 문턱진동수 f_0과 일함수 ϕ 사이에는 식 27-8에서 $KE_{최대}$가 0일 때이므로 다음과 같다.

$$f_0 = \frac{\phi}{h} \tag{27-9}$$

문제풀이에서 가로축 절편에 해당하는 문턱진동수 대신에 **문턱파장**(threshold wavelength) λ_0을 구하는 경우도 많다. 이때 사용할 수 있는 식은 식 27-8과 27-9를 이용하여 다음과 같이 표현할 수 있다.

$$KE_{최대} = hf_0 - \phi \rightarrow h\frac{c}{\lambda_0} - \phi = 0$$

$$\lambda_0 = \frac{hc}{\phi} \tag{27-10}$$

여기서 c는 빛의 속력이다. 일함수가 ϕ인 물질에 입사하는 λ_0보다 큰 파장은 광전류를 방출시키지 못한다.

Einstein이 제안한 빛의 광자 이론을 이용하면 고전이론으로 설명할 수 없었던 광전효과의 특징을 완벽하게 설명할 수 있다. Einstein의 제안으로 광전효과 결과의 문제점이 어떻게 해결되었는지 알아보자.

- 광전자가 생성되는 것은 단일 광자를 흡수하기 때문이다. 따라서 광자의 에너지가 일함수보다 커야 하며, 그렇지 않으면 광전자는 생성되지 않는다. 이것은 문턱진동수가 존재한다는 점을 잘 설명한다.
- $KE_{최대}$는 빛의 진동수와 일함수에만 의존한다. 빛의 세기는 중요하지 않는데, 그 이유는 단일 광자의 흡수가 전자의 운동에너지를 변화시키기 때문이다.
- 식 27-8에서 $KE_{최대}$는 진동수에 비례하므로 진동수가 증가할수록 $KE_{최대}$가 증가한다.

- 전자가 빛의 세기와 관계없이 거의 순간적으로 방출되는 이유는 빛에너지가 파동으로 퍼져 있기보다는 묶음으로 집중되어 있기 때문이다. 진동수가 충분히 크면 전자가 금속을 탈출하는 데 필요한 에너지를 모으는 시간이 걸릴 필요가 없다.

이러한 설명은 광전효과는 빛이 광자라고 부르는 에너지 묶음으로 이루어져서 입자의 특징을 보일 수 있다는 설득력 있는 증거가 된다.

광전효과의 응용

광전효과를 처음으로 실용화한 것 중 하나는 빛의 검출장치로서 카메라의 노출계에 사용되었다. 물체에서 반사된 빛이 카메라의 노출계 표면에 닿으면, 광전자가 방출되어 민감한 전류가 흐르게 된다. 또 다른 응용에는 **광전관**(photoelectric tube 光電管)이 있다. 광전관에 빛이 닿으면 전류가 흐르고, 어두울 때에는 전류가 흐르지 않는 성질을 이용하여 경보장치나 영화 필름의 사운드 트랙이 시작되는 부분을 찾는 데 이용되었다. 이러한 특성을 이용하는 광전관은 현재 대부분 반도체소자로 교체되었으나 **광전자 증배관**(photomultiplier tube 光電子增倍管)은 아직까지도 여러 분야에서 사용되고 있다. 광전자 증배관은 에너지를 가진 입자나 감마선과 물질의 상호작용에 의해 생성되는 광자를 검출하는 검출기로 사용된다(그림 29-18 참조). 이러한 기술은 별의 밝기를 측정하는 천문 분야에도 이용되고 있다.

예제 27-1 일함수와 전자의 최대 운동에너지

문제 금속판이 세슘 원자(Cs)로 제작된 광전관을 이용하여 광전효과 실험을 하였다. 이 실험에서 문턱파장은 $\lambda_0 = 900$ nm이다. (a) 문턱진동수 f_0은 몇 Hz인가? 그리고 세슘 원자의 일함수 ϕ는 몇 J인가? (b) 세슘 원자에 파장이 $\lambda = 500$ nm인 빛을 쪼였을 때, 방출되는 광전자의 최대 운동에너지 $KE_{최대}$는 얼마인가?

생각하기 일함수, 문턱진동수, 최대 운동에너지의 개념을 이해하는 기본 문제이다.

풀이 (a) 문턱진동수 f_0과 일함수 ϕ는 다음과 같다.

$$f_0 = \frac{c}{\lambda_0} = \frac{3.0\times10^8 \text{ m/s}}{900\times10^{-9}\text{ m}} = 3.33\times10^{14}\text{ Hz}$$

$$\phi = hf_0 = 6.63\times10^{-34}\text{ J s}\times3.33\times10^{14}\text{ Hz} = 2.21\times10^{-19}\text{ J}$$

(b) 최대 운동에너지는 식 $KE_{최대} = \frac{1}{2}mv^2_{최대} = \frac{hc}{\lambda_0} - \phi$로 구하면 다음과 같다.

$$KE_{최대} = \frac{6.63\times10^{-34}\text{ J s}\times3\times10^8\text{ m/s}}{500\times10^{-9}\text{ m}} - 2.21\times10^{-19}\text{ J} = 1.77\times10^{-19}\text{ J}$$

예제 27-2 나트륨에서의 광전자

문제 파장이 3.0×10^{-7} m인 빛을 일함수가 2.46 eV인 나트륨 표면에 비출 때, (a) 광자의 에너지는 몇 J인가? 또 몇 eV인가? (b) 방출된 광전자의 최대 운동에너지 $KE_{최대}$는 얼마인가? (c) 금속 나트륨의 문턱파장은 얼마인가?

생각하기 광전효과에서 정리한 식들을 이용하여 해결하는 기본 문제이다.

풀이 (a) 광자가 가지는 에너지를 계산한다. 먼저 주어진 파장으로부터 진동수를 구하면 다음과 같다.

$$f = \frac{c}{\lambda} = \frac{3.00 \times 10^8 \text{ m/s}}{0.300 \times 10^{-6} \text{ m}} = 1.00 \times 10^{15} \text{ Hz}$$

따라서 광자의 에너지는 다음과 같다.

$$E = hf = (6.63 \times 10^{-34} \text{ J s})(1.00 \times 10^{15} \text{ Hz}) = 6.63 \times 10^{-19} \text{ J}$$

J 단위를 eV 단위로 바꾸면 다음과 같다.

$$E = (6.63 \times 10^{-19} \text{ J})\left(\frac{1.00 \text{ eV}}{1.60 \times 10^{-19} \text{ J}}\right) = 4.14 \text{ eV}$$

(b) 광전자의 최대 운동에너지 $KE_{최대}$는 식 27-8을 사용하여 구할 수 있다.

$$KE_{최대} = hf - \phi = 4.14 \text{ eV} - 2.46 \text{ eV} = 1.68 \text{ eV}$$

(c) 문턱파장은 일함수 ϕ = 2.46 eV값을 줄(J) 단위로 환산한 후 식 27-10을 사용하여 구한다.

$$\phi = 2.46 \text{ eV} = (2.46 \text{ eV})(1.60 \times 10^{-19} \text{ J/eV}) = 3.94 \times 10^{-19} \text{ J}$$

따라서 문턱파장은 다음과 같다.

$$\lambda_0 = \frac{hc}{\phi} = \frac{(6.63 \times 10^{-34} \text{ J s})(3.00 \times 10^8 \text{ m/s})}{3.94 \times 10^{-19} \text{ J}} = 5.05 \times 10^{-7} \text{ m}$$

27-3 광자의 운동량과 Compton 효과

광자의 운동량

1916년 Einstein은 자신의 광자 개념을 확장하여 광자는 선운동량을 갖는다고 제안하였다. 광자의 선운동량의 크기를 구하기 위해, 식 26-13에서 임의 입자의 운동량은 $p = mv/\sqrt{1-(v^2/c^2)}$이고, 식 26-17에서 입자의 총에너지는 $E = mc^2/\sqrt{1-(v^2/c^2)}$ 두 식을 인용하자. 두 식의 비를 구하면, $p/E = v/c^2$이다. 광자의 속력은 $v = c$이므로 $p/E = 1/c$이다. 따라서 광자의 운동량은 $p = E/c$이다. 광자의 에너지는 $E = hf$, 파장은 $\lambda = c/f$이므로, 광자가 갖는 운동량의 크기 p는 다음과 같다.

$$p = \frac{hf}{c} = \frac{h}{\lambda} \qquad \textbf{27-11}$$

이 식은 Compton 효과에서 파장이 달라지는 현상을 기술하기 위해 사용되어지며, 진동수가 f인 광자(X선)가 운동량을 갖는다는 것을 시사한다.

예제 27-3 광자의 운동량

문제 X선 발생장치에서 파장에서 $\lambda = 4.0 \times 10^{-11}$ m인 X선이 발생되고 있다. 이 X선 광자의 운동량은 얼마인가?

생각하기 광자인 X선도 운동량을 갖는다는 사실을 이해하는 문제이다.

풀이 식 27-11을 이용하여 X선의 운동량을 구하면 다음과 같다.

$$p = \frac{hf}{c} = \frac{h}{\lambda} = \frac{6.63 \times 10^{-34} \text{ J s}}{4.0 \times 10^{-11} \text{ m}} = 1.7 \times 10^{-23} \text{ kg m/s}$$

Compton 효과

1905년 Einstein이 광자 모형을 제시하였으나, 그 개념은 1923년이 되어서야 비로소 널리 받아들여졌다. 미국 물리학자 Compton이 흑연 속의 전자가 X선을 산란시킨다는 연구 내용을 광자를 써서 설명한 것이 바로 그때의 일이다.

콤프턴 Arthur Holly Compton, 1892~1962, 미국의 물리학자

X선이 전자와 충돌할 때 파장이 변한다는 사실을 발견하고, 이 원인을 밝혔다. 이 공로로 1927년 영국의 과학자 윌슨과 함께 노벨물리학상을 수상하였다. 콤프턴은 X선(광자)에서 전자로의 에너지 전달이 일어난다는 사실로, 빛의 이중성을 설명하는 데 크게 기여하였다.

전자기 이론에 의하면 전자기파의 일종인 빛이 어떤 표적에 부딪쳐서 산란되어도 그 빛의 파장, 즉 진동수는 변하지 않아야 한다. 따라서 전자기파인 X선의 진동수가 달라진다는 Compton 효과는 전자기 이론으로는 설명이 되지 않는다. 그러나 광자 이론으로는 무리 없이 잘 설명될 수 있다.

X선은 큰 진동수의 전자기파이고, 빛처럼 광자로 이루어진다. 따라서 Compton 효과를 통해 빛이 광자라고 부르는 에너지 묶음으로 이루어져서 입자의 특징을 보일 수 있다.

그림 27-8은 X선 광자가 흑연 조각에서 전자를 때릴 때 일어나는 현상을 설명한 그림이다. 이는 마치 당구대에서 충돌하는 두 개의 당구공처럼 충돌 후에 광자는 한 방향으로, 전자는 다른 한 방향으로 튕겨 나간다. Compton은 산란된 광자의 진동수가 입사하던 광자의 진동수보다 작다는 것을 관찰하여, 광자가 충돌 과정에서 에너지를 잃었다는 것을 알게 되었다. 또한 두 진동수의 차는 광자의 산란각과 관계가 있다는 것도 발견하였다. X선 광자가 전자와 충돌해서 산란하고, 산란 후 X선 광자는 입사한 광자보다 작은 진동수를 갖는 현상을 **Compton 효과**(Compton effect)라고 한다.

두 물체의 탄성충돌에서, 충돌 전에 두 물체가 갖는 운동에너지와 운동량은 충돌 후에도 보존된다. 비슷한 분석을 X선 광자와 전자의 충돌에서도 적용할 수 있다. 전자가 원자에 속박되지 않은 자유전자이며 충돌 전에 정지해 있다고 가정한다. 따라서 Compton 효과에 에너지 보존법칙을 적용하면 다음 관계가 성립한다.

$$\underbrace{hf}_{\text{입사광자의 에너지}} = \underbrace{hf'}_{\text{산란광자의 에너지}} + \underbrace{KE}_{\text{튕긴전자의 에너지}} \qquad \text{27-12}$$

이 식에서 X선 광자의 에너지는 $E = hf$를 사용하였다. 따라서 $hf' = hf - KE$이므로, 산란된 광자의 에너지와 진동수는 Compton이 관찰한 대로 입사광선보다 작다는 것을 알 수 있다. $\lambda' = c/f'$이므로, 산란된 X선의 파장은 입사한 X선의 파장보다 크다.

Compton은 1923년에 몰리브뎀(Mo)의 표적에서 나온 X선을 그림 27-8과 같이 입사시켰을 때 산란되는 X선의 파장 강도 분포를 각 θ를 변화시켜 가면서 조사하였다. 그 결과 입사 X선 광자의 파장 λ와 산란파의 파장 λ' 사이에 다음과 같은 관계가 있다

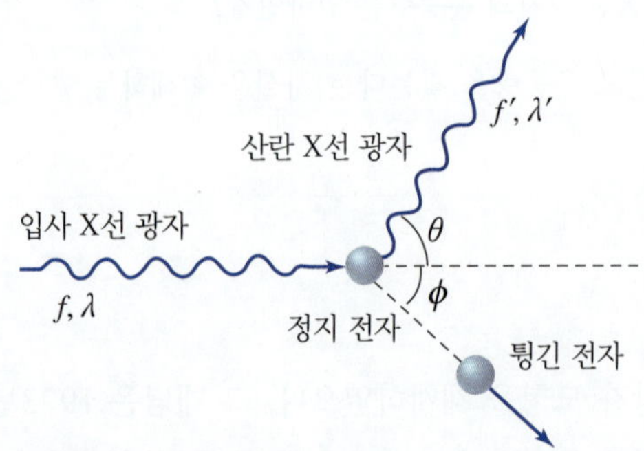

그림 27-8 Compton이 행한 실험에서 정지한 전자를 향해 입사한 X선 광자는 전자와 충돌하여 산란된다. 산란된 광자와 튕겨나간 전자는 다른 방향으로 멀어진다.

는 것을 발견하였다.

$$\Delta\lambda = \lambda' - \lambda = \frac{h}{m_e c}(1 - \cos\theta) \qquad \textbf{27-13}$$

이 식에서 m_e는 전자의 질량이다. $h/(m_e c)$는 전자의 **Compton 파장**(Compton wavelength of the electron)에 해당되며, 그 값은 $h/(m_e c) = 2.43 \times 10^{-12}$ m이다. $\cos\theta$는 -1과 $+1$ 사이에서 변하므로, 파장의 변화 $\lambda' - \lambda$는 **Compton 이동**이라 하며, Compton이 관찰한 양인 θ값에 따라 0과 $2(h/m_e c)$ 사이에서 달라진다.

Compton 효과는 파동의 성질만 갖는 것으로 알려진 빛이 운동량을 갖는다는 사실을 강조한 점에서 광자의 입자성을 더욱 명확하게 입증하였으며, 광양자 이론의 실험적 근거를 더욱 확고히 해주었다고 볼 수 있다.

> **TIP Compton 이동식 27-13의 계산**
>
> 이 식은 전자의 상대론적 운동에너지와 전자의 운동량에서 구할 수 있다. 산란되는 X선의 충돌변수(λ, λ', v, θ, ϕ) 중에서 전자와 관련된 v, ϕ를 없애는 과정을 통해 구해지며, 여기서는 생략한다.

예제 27-4 Compton 파장 구하기

문제 파장이 $\lambda = 0.200\ 000$ nm인 X선이 전자와 충돌하여 산란되었다. 산란된 X선은 입사 빔에 대해 45.0°인 방향에서 관측된다고 할 때, 산란된 X선의 파장은 얼마인가?

생각하기 산란된 X선 광자의 파장을 알기 위해서는 먼저 파장 이동을 구하고 처음 파장에 더하면 된다.

풀이 식 27-13을 이용하여 Compton 파장의 변화량을 구한다.

$$\Delta\lambda = \frac{h}{m_e c}(1 - \cos\theta)$$

$$= \frac{6.63 \times 10^{-34}\ \text{J s}}{(9.11 \times 10^{-31}\ \text{kg})(3.00 \times 10^{8}\ \text{m/s})}(1 - \cos 45.0°)$$

$$= 7.11 \times 10^{-13}\ \text{m} = 0.000\ 711\ \text{nm}$$

이 변화량을 원래의 파장에 더하면 산란된 파장이 얻어진다.

$$\lambda_f = \Delta\lambda + \lambda_i = 0.200\ 711\ \text{nm}$$

27-4 빛의 이중성

광전효과와 Compton 효과 그리고 그 외의 많은 실험결과들이 빛의 입자성을 입증하고 있다. 그렇다면 빛의 파동 이론에 대한 실험적 근거인 Young의 간섭 실험이나 단일슬릿 실험의 결과는 어떻게 설명해야 할 것인가?

빛은 '이중인격'을 가진 것인가? 어떤 실험에서는 입자의 흐름으로 행동하고 다른 어떤 실험에서는 파동처럼 행동할 수 있는가? 명확한 대답은 '그렇다'이다. 이제 물리학자들은 파동-입자 이중성이 빛 고유의 성질이라고 믿는다. 빛이란 단지 입자의 흐름만도 아니고, 단지 전자기파인 것만도 아닌 더 흥미롭고 복잡한 현상이다.

이와 같이 빛은 일면에서는 파동적인 성질을 나타내고 다른 면에서는 입자적인 성질을 나타낸다. 이 두 이론은 서로 공존할 수 없을 것 같이 보이지만, 두 이론 모두 확실하게 입증되었으므로 물리학자들은 이것을 파동-입자의 이중성(wave-particle duality 二重性) 또는 빛의 이중성(duality of light)이라고 한다.

이러한 상황을 명백히 하기 위해 덴마크의 물리학자 Bohr는 **상보성의 원리**(complementarity principle 相補性原理)를 제안하였다. 빛은 입자 또는 파동으로 행동할 수 있다는 것을 의미한다. 그러나 절대로 동시에 입자이며 파동일수는 없다는 점에서 상호보완성을 갖는다. 어느 대상이 가진 입자성을 더욱 명확하게 하려고 하면 할수록 그 대상의 파동성은 더욱 찾아볼 수 없게 되어 버린다. 즉 빛의 입자성과 파동성은 서로 상호보완적이다.

여기서 어려운 점 중 하나는 사람들의 사고방식에 관한 것이다. 우리 마음속의 시각적인 상은 모두 우리가 일상에서 보는 것에 기초를 두고 있다. 우리는 입자와 파동의 개념을 빛에 적용시키고 있는데, 그 이유는 에너지라는 것이 바로 이 두 가지 방법을 통해 공간상의 이곳에서 저곳으로 전달된다는 것을 우리가 거시세계에서 보아왔기 때문이다.

우리는 빛이 파동인지 입자인지를 직접 볼 수는 없다. 따라서 실험이라는 간접적인 방법을 사용하게 되는데, 이 실험결과를 설명하기 위해서 우리는 빛의 성질에 파동 또는 입자의 모형을 적용시키는 것이다. 그러나 이러한 것은 추상화된 개념일 뿐이다. 우리가 실제로 빛이란 과연 무엇인가를 인식하려고 할 때 우리는 여전히 시각적인 모형을 고집하게 된다. 그러나 빛이 거시세계의 경험으로부터 나온 이러한 모형을 따라야 할 이유는 전혀 없다. 빛의 '진짜' 성질을 가시화한다는 것은 불가능하기 때문이다. 따라서 우리가 할 수 있는 최선의 방법이란 우리의 지식이 간접적인 실험에만 국한된다는 사실을 인정하고, 또 일상의 언어와 시각적인 상으로 표현했을 때 빛은 파동성과 입자성을 모두 나타낸다고 인정하는 것이다.

Einstein의 공식 $E = hf$는 빛의 파동성과 입자성 모두를 동시에 표현한다. 왜냐하면 이 식에서 E는 입자의 에너지인 반면, 진동수 f는 파동과 관련되기 때문이다.

27-5 물질의 이중성

1924년 드브로이(Louis de Broglie)는 박사학위 논문에서 **광자가 파동과 입자의 이중성을 갖기 때문에 모든 형태의 물질도 파동과 입자의 이중성을 갖는다고 가정하였다.** 이러한 생각은 그 당시에는 매우 혁명적인 생각이었지만 실험적으로 입증되지는 못하였다. de Broglie에 의하면 전자도 빛과 같이 파동과 입자의 이중성을 가지고 있다고 주장하였다. 그리고 이때 물질 입자가 나타내는 파동을 **물질파**(matter wave *物質波*)라고 불렀다.

드브로이 Louis de Broglie, 1892~1987, 프랑스의 물리학자

프랑스의 귀족 집안에서 태어났으며, 1차 세계대전 중에 프랑스군을 따라 종군하면서 과학에 흥미를 갖게 되었다. 이어 대학에서 역사학을 전공하다가 물리학에 매력을 느끼면서 전자의 파동성을 발견하였다. 이 공로로 1929년 노벨물리학상을 수상하였다.

물질파

de Broglie는 운동량이 p인 모든 물질 입자는 특정한 파장 $\lambda = h/p$를 가져야 한다고 제안하였다. 질량이 m이고 속력이 v인 입자의 운동량은 $p = mv$이므로, 이 입자의 **드브로이 파장**(de Broglie wavelength) λ는 다음과 같다.

$$\lambda = \frac{h}{p} = \frac{h}{mv} \qquad \textbf{27-14}$$

뿐만 아니라 de Broglie는 물질파(0이 아닌 정지에너지를 갖는 입자와 관련된 파동)의 진동수가 광자에 대한 Einstein 관계식 $E = hf$를 만족한다고 가정하여, 물질파가 갖는 진동수도 다음과 같다고 하였다.

$$f = \frac{E}{h} \qquad 27\text{-}15$$

식 27-14와 27-15에서 입자의 개념(mv와 E)과 파동의 개념(λ와 f)이 모두 포함되어 있기 때문에 물질의 이중성이 분명하게 드러난다. 그림 27-9는 운동 중에 있는 물체는 파동성을 갖는다는 것을 개념적으로 나타낸 것이다. 고전역학에서 물체의 운동상태가 점으로 분명하게 표시되지만 양자론에서는 그것이 불가능하다. 물체의 역학적 정보는 파동적으로 나타나기 때문이다.

운동 중에 있는 물질파가 파동의 특성을 갖는다는 사실은 광자를 이용한 실험에서 검증됨으로써 de Broglie의 가정은 더 쉽게 받아들여지게 되었다.

물질파에 대한 de Broglie의 예측은 1927년 벨연구소의 Davisson과 Germer, 스코틀랜드 애버딘 대학의 Thomson에 의해 실험적으로 검증되었다. 그들은 니켈(Ni) 결정으로부터 산란된 전자가 회절무늬를 형성한다는 사실을 실험으로 규명함으로써 de Broglie의 가설을 확증하였다. 니켈 표적의 결정 영역에서 규칙적으로 배열된 원자의 면들이 전자의 물질파에 대한 회절격자의 역할을 한 것이다. 전자 이외도 다른 입자들도 파동성을 나타낸다. 그림 27-10은 중성자를 가속시켜 염화나트륨(NaCl) 결정을 통과시킬 때 나타나는 회절무늬이다.

움직이는 모든 입자가 de Broglie 파장을 가지더라도, 이 파장의 효과는 질량이 전자나 중성자 정도로 아주 작은 입자에서만 관측될 수 있다.

빛이 이중성을 갖고 있듯이 물질도 입자성과 파동성을 가지고 있다는 물질파의 개념은 기존의 물질관을 완전히 바꾸는 혁명적인 사고였으며, 이를 바탕으로 새로운 역학인 **양자역학**(quantum mechanics 量子力學)이 탄생될 수 있는 기반이 되었다.

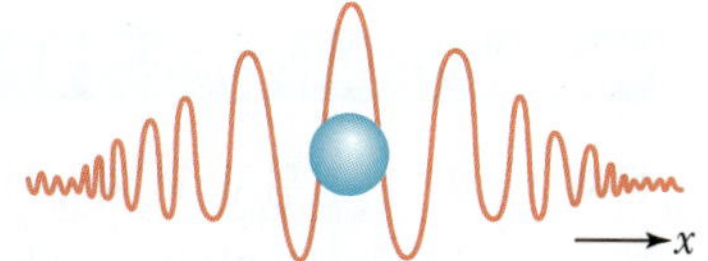

그림 27-9 물질의 파동성. 운동 중에 있는 물체는 파동성을 나타낸다. 고전역학에서 물체는 운동상태가 점으로 분명하게 표시되지만 양자론에서는 그것이 불가능하다.

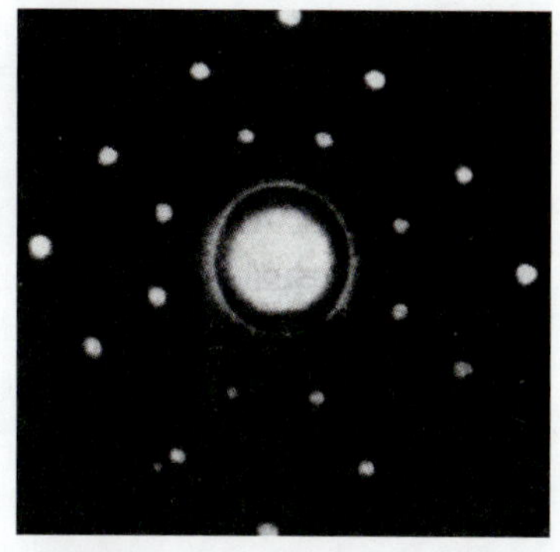

그림 27-10 중성자선이 염화나트륨 결정을 통과할 때 만들어지는 회절 무늬. 이 무늬는 입자인 중성자가 파동성을 갖는다는 사실을 보여준다.

예제 27-5 전자와 야구공의 de Broglie 파장

문제 (a) 1.00×10^7 m/s의 속력으로 날아가는 전자($m_e = 9.11 \times 10^{-31}$ kg)의 de Broglie 파장과 13.0 m/s의 속력으로 던져진 질량 0.15 kg인 야구공의 de Broglie 파장을 구하라. (b) 이들을 $0.999c$의 속력으로 움직이는 전자의 de Broglie 파장과 비교하라.

생각하기 de Broglie 가설을 양자적 물체와 고전적 물체에 적용하는 물질의 이중성을 이해하는 문제이다.

풀이 (a) 전자의 de Broglie 파장은 다음과 같다.

$$\lambda_{\text{전자}} = \frac{h}{m_e v} = \frac{6.63 \times 10^{-34}\ \text{J s}}{(9.11 \times 10^{-31}\ \text{kg})(1.00 \times 10^7\ \text{m/s})} = 7.28 \times 10^{-11}\ \text{m}$$

또 야구공의 de Broglie 파장을 구하면 다음과 같다.

$$\lambda_{\text{공}} = \frac{h}{m_{\text{공}} v} = \frac{6.63 \times 10^{-34}\ \text{J s}}{(0.15\ \text{kg})(13.0\ \text{m/s})} = 3.4 \times 10^{-34}\ \text{m}$$

(b) $0.999c$로 진행하는 전자의 파장은 식 27-14의 운동량을 상대론적 운동량으로 대치한 후 계산한다.

$$\lambda_{\text{전자}} = \frac{h}{m_e v/\sqrt{1 - v^2/c^2}} = \frac{h\sqrt{1 - v^2/c^2}}{m_e v}$$

$$= \frac{(6.63 \times 10^{-34}\ \text{J s})\sqrt{1 - (0.999c)^2/c^2}}{(9.11 \times 10^{-31}\ \text{kg})(0.999 \times 3.00 \times 10^8\ \text{m/s})}$$

$$= 1.09 \times 10^{-13}\ \text{m}$$

이 전자의 파장은 전자기파의 스펙트럼에서 X선의 파장에 해당된다. 이와는 대조적으로 야구공의 파장은 야구공이 통과할 수 있는 구멍보다 훨씬 작아서 회절무늬가 나타나지 않는다. 일반적으로 거시 규모의 물체의 파동성은 관찰하기 힘들다. 극히 상대론적인 속력에서도 전자의 파장이 야구공의 파장보다 훨씬 더 큰 것에 유의하자.

예제 27-6 de Broglie 파장의 단위

문제 전자가 전위차 V 내에서 가속될 때, 이 전자의 de Broglie 파장을 나노미터(nm) 단위로 나타내라.

생각하기 전위차 V로 가속될 때 운동에너지는 $KE = \frac{1}{2}mv^2 = eV$이다.

풀이 전자가 빛의 속력 c에 비해 매우 느리면, 운동에너지를 비상대론적으로 나타낼 수 있다.

$$KE = \frac{1}{2}mv^2 = \frac{p^2}{2m} = eV \qquad (1)$$

따라서 파장은 다음과 같다.

$$\lambda = \frac{h}{p} \qquad (2)$$

식 (1)의 $\frac{1}{2}mv^2 = \frac{p^2}{2m}$에서 $p = \sqrt{2meV}$이므로, 이 값을 식 (2)에 대입하면 다음과 같다.

$$\lambda = \frac{h}{\sqrt{2meV}}$$

이 식에 상수값 $h = 6.63 \times 10^{-34}$ J s, $m_e = 9.1 \times 10^{-31}$ kg, $e = 1.6 \times 10^{-19}$ C을 대입하면 다음 식이 얻어진다.

$$\lambda = \sqrt{\frac{1.50}{V}} \text{ nm}$$

예제 27-7 전자의 de Broglie 파장

문제 전자의 de Broglie 파장이 2 Å이다. (a) 2 Å의 파장을 가지려면 전자는 얼마의 속도로 움직여야 하는가? (b) 그만큼의 속도를 얻으려면 진공관에서 전자를 몇 V로 가속시켜야 하는가?

생각하기 물질파의 개념을 이해하는 기본 문제이다.

풀이 (a) 전자의 물질파 파장은 $\lambda = \frac{h}{mv}$이다. 따라서 전자의 속력은 다음과 같다.

$$v = \frac{h}{m\lambda} = \frac{6.63 \times 10^{-34} \text{ J s}}{9.1 \times 10^{-31} \text{ kg} \times 2 \times 10^{-10} \text{ m}} = 3.6 \times 10^6 \text{ m/s}$$

(b) 가속전압을 V라고 하면 $eV = \frac{1}{2}mv^2$이므로

$V = \frac{mv^2}{2e} = \frac{h^2}{2em\lambda^2}$이다. 따라서 가속전압은 다음과 같다.

$$V = \frac{(6.62 \times 10^{-34} \text{ J s})^2}{2 \times (1.6 \times 10^{-19} \text{ C}) \times (9.1 \times 10^{-31} \text{ kg}) \times (2 \times 10^{-10} \text{ m})^2} = 37.7 \text{ V}$$

물질파의 응용: 전자현미경

전자의 파동성을 이용한 실용적인 장치가 **전자현미경**(electron microscope 電子顯微鏡)이다. 전자현미경은 많은 점에서 광학현미경과 유사하지만, 전자를 매우 높은 운동에너지로 가속하여 매우 짧은 파장을 갖게 하기 때문에 분해능이 광학현미경보다 훨씬 좋다.

광학현미경의 **분해능**(resolution 分解能)은 빛의 파장에 의해 제한되는데 비해, 전자빔의 파장은 0.05 Å 정도로 짧아서 광학현미경으로는 관찰할 수 없었던 바이러스 등의 미생물까지도 선명하게 관찰할 수 있다. 최근의 전자현미경은 수백만 배까지 상을 확대해서 관찰할 수 있고 결정 내의 원자 배열(간격 1~2 Å)까지 판별할 수 있으므로 재료공학, 신소재공학, 생물학, 의학 등 다양한 분야에서 이용되고 있다. 시료가 평평하고 얇은 경우에는 **투과전자현미경**(TEM; transmission electron microscope)이 이용된다. 가속전압이 10^5 V인 전자의 de Broglie 파장은 약 0.004 nm를 갖게 되지만, 실제로는 자기렌즈의 수차 때문에 투과전자현미경의 해상도는 0.2~0.5 nm에서 최대

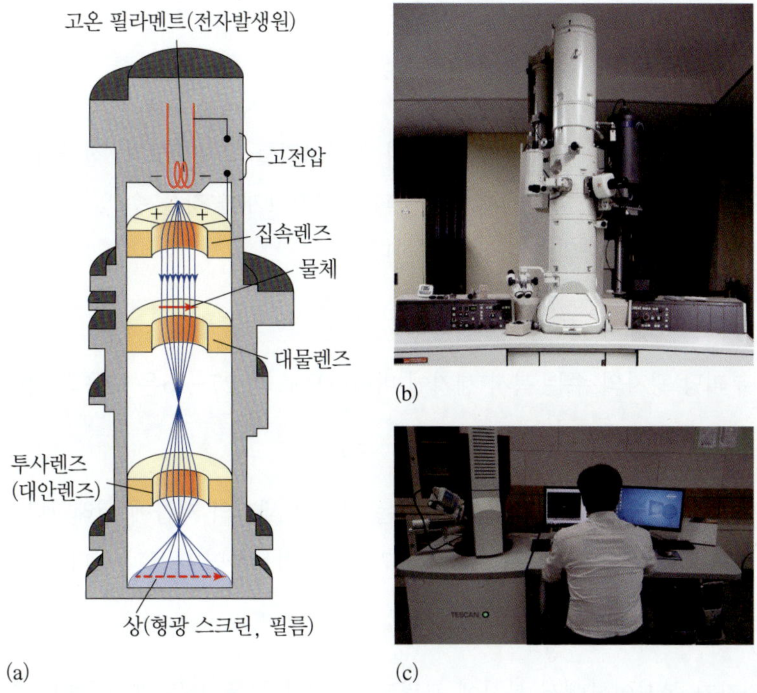

그림 27-11 (a) 투과전자현미경의 구조 (b) 투과전자현미경(TEM) (c) 전계방출형 주사전자현미경(FE-SEM)

TIP 전계란?

전계(電界)라는 말은 물리학 용어인 **전기장**(electric field 電氣場)과 같은 의미로 사용되는 공학 용어이다. 이 용어는 공학 분야에서 전기장을 대신하여 관용적으로 사용되고 있다. 이와 비슷하게 자기장을 자계(磁界)로 사용한다.

치가 된다. 이 값은 광학현미경보다 약 10^3배 좋은 해상도로 사용 가능한 배율이 100만 배에 육박한다. 주사전자현미경의 최대 해상도는 5~10 nm로 투과형에 비해 약간 떨어진다.

전자현미경의 한 종류인 **전계방출형 주사전자현미경**(FE-SEM; field emission scanning electron microscope 電界放出形 走査電子顯微鏡)은 일반 주사전자현미경과 달리 열전자총 대신 **전계방출**(field emission) 전자총에서 가속된 전자빔을 주사하여 시료 표면에서 발생하는 2차 전자, 반사 전자, X선 등의 신호를 검출하여 시료의 표면 형태, 미세구조 관찰, 구성 원소의 분포 등을 분석하는 장치이다.

27-6 물질파의 파동함수

물질이 파동적인 특성을 가진다는 것은 물질파는 운동하는 물체의 역학적 정보가 파동성을 띤다는 것을 의미한다. 이때 물체의 위치와 운동량과 같은 물체의 역학적 정보를 함수로 표현하면 파동을 나타내는 함수가 된다.

입자가 파동성을 가져야 한다는 de Broglie의 혁명적 사고는 원자의 세계를 이해하기 위한 필요조건으로서 발전하게 된다. 1926년에 슈뢰딩거(Erwin Schrödinger)는 물질의 파동이 시공간에서 변해가는 모습을 설명하는 파동방정식을 제안하였다. 고전역학에서의 Newton 법칙, 전자기파에서의 Maxwell 방정식과 유사하게, 물질파의 특성은 Schrödinger 방정식에 의해 기술되어진다. Schrödinger 방정식은 수소 원자와 다른 많은 미시적인 계에 성공적으로 적용되고 있다. 여기서는 파동함수 및

슈뢰딩거 Erwin Schrödinger, 1887~1961, 오스트리아의 물리학자

원자구조론, 통계역학, 상대성이론 등 이론물리학 분야에 지대한 공을 남겼다. 특히 드브로이의 전자의 파동이론을 발전시켜 슈뢰딩거 방정식을 수립함으로써 파동역학을 수립하였다. 1933년 노벨물리학상을 수상하였다.

Schrödinger 방정식의 기본 개념에 대해 간단히 소개한다.

파동함수란?

전자기 복사라는 관점에서 입자와 파동의 연결고리를 조사해보자. 전자기 복사가 있는 경우, 주어진 시간과 공간에서 단위부피당 광자 1개를 찾을 수 있는 확률은 그 시간에서 단위부피당 광자의 수 N에 비례한다.

$$\frac{\text{확률}}{V} \propto \frac{N}{V} \qquad \textbf{27-16}$$

단위부피당 광자의 수는 복사 세기에 비례하므로 식 27-16은 다음과 같다.

$$\frac{N}{V} \propto I \qquad \textbf{27-17}$$

식 22-20b에서 빛(전자기파)의 세기는 전기장 세기의 제곱에 비례한다는 사실을 공부한 바 있다($I \propto E^2$). 이 관계를 식 27-16에 적용하면 다음과 같다.

$$\frac{\text{확률}}{V} \propto E^2 \qquad \textbf{27-18}$$

즉 전자기 복사이론에서 복사에 관련된 입자(광자)를 찾을 단위부피당 확률은 입자와 관련된 파동 진폭의 제곱에 비례한다는 것을 알 수 있다.

이 같은 관계는 물질 입자에 대해서도 마찬가지로 비례 관계가 성립할 것으로 추정할 수 있다. 즉, **물질파에서 입자를 찾을 단위부피당 확률은 입자를 표현한 파동 진폭의 제곱에 비례할 것이다.** 왜냐하면 de Broglie 파동은 모든 입자와 관련지을 수 있기 때문이다.

그러나 입자와 관련된 de Broglie 파동의 진폭은 측정될 수 있는 양이 아니다(왜냐하면 물질을 나타내는 파동함수가 복소수 함수이기 때문이다). 반면에 앞서 식 27-18에서와 같이 전자기파의 전기장은 측정할 수 있는 양이다. 그래서 식 27-18과 유사한 식으로 파동 진폭의 제곱을 단위부피당 입자를 찾을 확률과 관계 지을 수 있을 것이다. 이 방법이 바로 파동함수를 이용하는 것이다.

물질파에서 각각의 입자는 위치와 시간의 함수인 **파동함수**(wave function 波動函數) $\Psi(x, y, z, t)$로 나타낼 수 있다. 물질파가 입자검출기에 도달한다고 가정해보자. 그렇다면 주어진 시간 동안 측정될 확률은 $|\psi|^2$에 비례하고, 이때 $|\psi|$는 검출기가 놓여 있는 곳에서 파동함수의 절댓값이다. ψ는 보통 복소수이고 물리적 의미는 없다. $|\psi|^2$은 항상 실수이며 양수이고, 주어진 영역에서 단위부피당 입자를 발견할 확률을 말하며 보통 **확률밀도**(probability density 確率密度)라고 부른다.

> 물질파 안의 주어진 한 점 근처의 작은 부피에서 (단위시간 동안) 입자를 측정할 확률은 그 지점에서 $|\psi|^2$의 값에 비례한다.

광자 대신에 입자를 설명할 때에는 E 대신에 Ψ가 진폭의 역할을 한다. 빛을 기술할 때와 유사한 방법을 이용하면, 입자의 Ψ에 대해 다음과 같은 해석을 할 수 있다. Ψ

가 하나의 입자를 기술하는 파동함수라면, 주어진 시간의 어떤 위치에서 Ψ^2의 값은 그 시간과 그 위치에서 입자를 발견할 단위부피당 확률에 비례한다. 주어진 영역 내의 모든 Ψ^2을 더한 것이 그 영역에서 입자를 발견할 확률이 된다. 파동함수는 입자의 운동에 관해 필요한 모든 정보를 담고 있다.

물질파 방정식: Schrödinger 방정식

물질파는 Schrödinger가 제안한 **Schrödinger 방정식**(Schrödinger equation)으로 기술한다. 입자가 진행하는 동안 다양한 조건을 만나게 된다. 그러한 상황에서 어떤 힘이 작용하여 입자가 퍼텐셜에너지 $U(x)$를 갖는 영역을 x방향으로 통과한다고 할 때, 즉 1차원운동을 하는 물질파의 Schrödinger 방정식은 다음과 같이 나타낸다.

$$\frac{d^2\psi}{dx^2} + \frac{8\pi^2 m}{h^2}\{E - U(x)\}\psi = 0 \qquad \textbf{27-19}$$

여기서 E는 운동하는 입자의 전체 역학적 에너지이다. Schrödinger 방정식은 어떤 특별한 공식을 사용하여 유도할 수는 없다. 그 이유는 방정식 자체가 근본원리이기 때문이다.

식 27-19에서 $U(x)$가 0이면 자유입자가 된다. 즉 알짜힘이 작용하지 않는 운동입자를 기술하는 방정식이 된다. 이 경우 입자의 총에너지는 운동에너지이다. 이 식에서 운동에너지 $1/2mv^2$을 대입하면 다음과 같다.

$$\frac{d^2\psi}{dx^2} + \frac{8\pi^2 m}{h^2}\left(\frac{mv^2}{2}\right)\psi = 0 \qquad \textbf{27-20}$$

이 식에서 운동량 mv를 p로 나타내면 다음과 같다.

$$\frac{d^2\psi}{dx^2} + \left(2\pi\frac{p}{h}\right)^2\psi = 0 \qquad \textbf{27-21}$$

식 27-14에서 $\lambda = h/p$이므로 위 식에 나오는 $p/h = \frac{1}{\lambda}$이다. 여기서 λ는 운동하는 입자의 de Broglie 파장이다. 한편 $2\pi/\lambda = k$이고, 이때 k는 파수이다. 이 변수들을 식 27-21에 대입하면 자유입자에 대한 Schrödinger 방정식은 다음과 같다.

$$\frac{d^2\psi}{dx^2} + k^2\psi = 0 \quad \text{(자유입자의 Schrödinger 방정식)} \qquad \textbf{27-22}$$

이 식의 일반해는 다음과 같다.

$$\psi(x) = Ae^{ikx} + Be^{-ikx} \qquad \textbf{27-23}$$

여기서 A와 B는 임의의 상수이다.

파동함수가 가지는 물리적인 의미를 다음 예를 통해 간단히 알아보자. 그림 27-12는 상자(덫)에서 전자가 갖는 퍼텐셜에너지를 위치의 함수로 나타낸 것이다. 전자가 가운데 있으면 전기 퍼텐셜은 0이므로, 전자의 퍼텐셜에너지 U는 0이다. 전자가 상자 밖으로 나가면 퍼텐셜에너지는 무한대(∞)로 놓을 수 있다. 이 같은 퍼텐셜

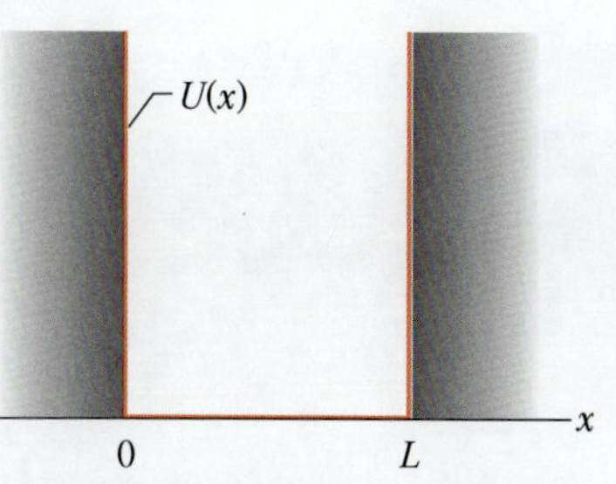

그림 27-12 상자에 갇힌 전자의 전기 퍼텐셜에너지 $U(x)$

형태를 무한히 깊은 퍼텐셜우물이라 한다. 여기서 우물이라 표현하는 것은 전자가 상자의 양쪽 끝에 도달하면 빠져나갈 수 없기 때문이다. 이러한 상자 내에서 전자는 단일 축에서만 운동할 수 있으므로 **1차원 무한대우물퍼텐셜**이라 부른다.

현의 진동에서 정상파와 같이 갇힌 전자의 물질파도 $x = 0$과 $x = L$에서 마디를 갖는다. 여기서 전자의 퍼텐셜에너지 $U = 0$이므로 전체 에너지는 운동에너지뿐이다. 따라서 이때 전자의 de Broglie 파장은 다음과 같이 표기할 수 있다.

$$\lambda = \frac{h}{p} = \frac{h}{\sqrt{2mE}} \qquad \textbf{27-24}$$

여기서 양 끝이 고정된 줄에 생기는 정상파는 반파장의 정수배가 줄의 길이와 같을 때만 생긴다는 사실을 이용하자. 즉 $L = n\lambda/2$ $(n = 1, 2, 3, \cdots)$을 만족하며 띄엄띄엄 떨어진 상태들만 생긴다.

따라서 식 27-24에 정상파의 조건을 대입해서 에너지 E를 계산하면 다음과 같이 n의 함수가 된다.

$$E_n = \left(\frac{h^2}{8mL^2}\right)n^2, \quad n = 1, 2, 3, \cdots \qquad \textbf{27-25}$$

여기서 n은 상자 내에서 전자의 양자상태를 나타내는 양자수이다. 이 식의 물리적인 의미는 갇혀 있는 전자는 $n = 1$과 $n = 2$의 중간값에 해당하는 에너지는 갖지 못한다는 것이다. 이런 제한은 전자가 물질파이기 때문에 생긴다. 만약 전자가 고전역학에서 말하는 입자라면 상자에 갇혀 있더라도 어떤 값의 에너지든 가질 수 있을 것이다.

Schrödinger 방정식은 입자의 파동함수에 대한 복잡한 미분방정식이다. 이 방정식을 풀고 물리적 의미를 부여하는 것이 과학자들의 할 일이다. **이와 같이 Schrödinger 방정식으로부터 입자의 상태를 추론해내는 새로운 방식의 역학을 양자역학이라 하며, 미시세계에서 기존의 고전역학을 대치하는 새로운 역학 체계로 자리를 잡게 되었다.** 미시세계의 입자들은 파동성이 강해서 고전역학으로는 해석할 수 없다.

인공 전자덫

실험실에서 인위적으로 전자의 퍼텐셜에너지 우물을 만드는 방법은 반도체를 나노미터(nm) 크기의 균일한 분말로 만드는 것이다. **나노결정체**인 알갱이 하나하나가 그 안에 갇힌 전자의 퍼텐셜우물로 작용하기 때문이다. 이러한 나노결정체는 어떠한 문턱파장보다 짧은 파장의 광자를 흡수하며, 그보다 긴 파장을 가진 빛은 모두 산란된다. 따라서 나노결정체의 색깔은 산란되는 빛의 파장에 따라 달라진다.

공작새는 어떻게 화려한 색깔과 독특한 문양으로 깃털을 장식할까? 그 답은 공작새의 깃털이 나노 구조로 되어 있기 때문이다. 공작새 깃털은 본줄기가 있고, 여기에 작은 가지가 촘촘히 박혀 있으며, 작은 가지는 더 작은 솜털로 덮여 있다. 이 솜털은 지름이 약 5 μm인 둥근 대롱이 빽빽하게 배열된 구조를 갖는다. 깃털의 색깔에 따라이 대롱의 굵기와 그 사이의 빈 공간의 크기가 다르다는 것이다. 이 나노 구조에서 특정 파장의 빛이 산란되어 독특한 색깔로 보이게 된다.

인공 전자덫 중 또 다른 구조는 **양자점**(quantum dot)이다. 양자점은 일종의 인공 원자로 이를 이용하여 초미세반도체, 생체 질병진단 시약, LED 등 다양한 제품을 만들고 있다. 양자점은 거의 무한대의 정확한 방출파장을 생성할 수 있으며 이를 이용하여 디스플레이 그리고 매우 복잡한 암호 시스템을 만드는데도 사용되고 있다. 크기, 방출세기, 파장 그리고 여기파장 등 모두 동시에 만족하는 고유의 암호를 복제하는 것은 불가능하다.

27-7 불확정성 원리

한 순간에 입자 위치와 속력을 측정해야 한다면, 측정에서 실험적 불확정성과 항상 직면하게 된다. 고전역학에 의하면, 실험장치나 실험과정의 치밀함에는 근본적인 한계가 존재하지 않는다. 즉 원칙적으로 임의의 작은 불확정성을 가진 측정이 가능하다. 그러나 양자 이론은 실험장치나 실험과정의 치밀함에 한계가 있음을 예측한다. 1927년 하이젠베르크(Werner Heisenberg, 1901~1976)는 오늘날 **불확정성 원리**(uncertainty principle 不確定性原理)라고 하는 개념을 도입하였다.

불확정성 원리는 **어떤 입자에서 Δx를 위치의 불확정성, Δp_x를 선운동량의 불확정성으로 하여 동시에 측정한다면, 두 불확정성의 곱은 $h/4\pi$보다 작을 수 없다는 것이다.**

$$(\Delta x)(\Delta p_x) \geq \frac{h}{4\pi} \tag{27-26}$$

즉 **입자의 위치와 선운동량을 동시에 정확하게 측정하는 것은 물리적으로 불가능하다. Δx가 작아지면 Δp_x가 커지고, 그 역도 성립한다.**

불확정성 원리의 물리적인 근본을 이해하기 위해 Heisenberg가 도입한 다음과 같은 사고실험을 생각해보자. 전자의 위치와 선운동량을 최대한 정확하게 측정하려고 한다고 가정하자. 아마도 고성능 광학현미경으로 전자를 보면 가능할 것이다. 전자를 보고 전자의 위치를 결정하려면 그림 27-13(a)에서와 같이 최소한 1개 이상의 광자가 전자에 반사되어 그림 27-13(b)에서 보듯이 현미경을 통해서 눈에 전달되어야 한다. 그런데 광자가 전자에 부딪힐 때 광자는 알려지지 않은 양의 운동량을 전자에 전달한다. 따라서 전자의 위치를 매우 정확하게 결정하려는(즉 Δx를 매우 작게 하는) 과정에서 성공적인 측정을 가능하게 하는 빛은 전자의 운동량을 정할 수 없는 범위까지(Δp_x를 매우 크게 하여) 변화시킨다.

이때 h/λ의 운동량을 갖고 입사하는 광자는 충돌에 의해 x축 방향으로 운동량 일부 또는 전부를 전자에 전달한다. 그러므로 충돌 전후 전자의 운동량의 **불확정성**은 입사하는 광자의 운동량만큼 커진다. 즉 $\Delta p_x = h/\lambda$이다. 뿐만 아니라 광자가 파동성을 갖기 때문에 전자를 보는 데 사용되는 빛의 파장 크기 내에서 전자의 위치를 결정할

하이젠베르크 Werner Heisenberg, 1901~1976, 독일의 이론물리학자

1927~1941년 하이젠베르크는 라이프치히대학교 교수였으며, 이어서 4년 동안 베를린에 있는 카이저 빌헬름 물리연구소의 소장으로 재직하였다. 젊은 나이인 20대초에 양자론에 대한 기본적인 연구를 수행하였으며, 불확정성 원리를 발견함으로 1932년 노벨 물리학상을 수상하였다.

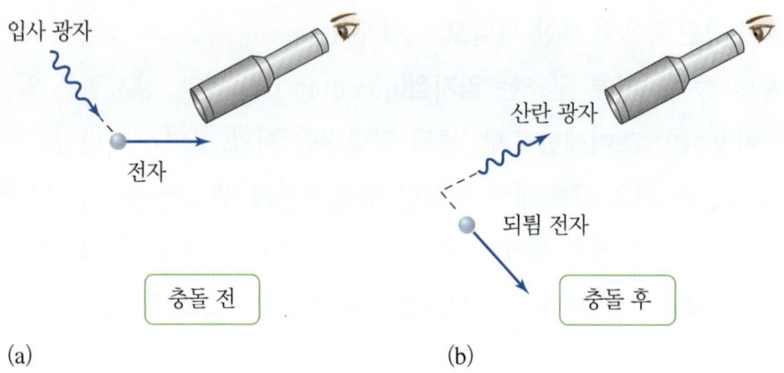

그림 27-13 광학현미경으로 전자를 관찰하는 사고실험. (a) 광자와 충돌하기 전에는 전자의 위치가 보인다. (b) 광자와 충돌한 후에 전자는 되튀어 나간다.

수 있을 것이다. 즉 $\Delta x = \lambda$이다. 이들 두 불확정성을 곱하면 다음과 같다.

$$(\Delta x)(\Delta p_x) = \lambda\left(\frac{h}{\lambda}\right) = h \qquad \textbf{27-27}$$

이때 Planck상수 h는 두 불확정성의 곱의 최솟값이다. 불확정성은 항상 이 값보다 크므로 다음 단계가 성립한다.

$$(\Delta x)(\Delta p_x) \geq h \qquad \textbf{27-28}$$

Heisenberg가 더욱 엄밀히 분석하여 유도한 숫자 곱 $1/4\pi$를 제외하면 이 부등식은 식 27-26과 일치한다.

불확정성 관계식은 또 다른 형태로 쓰일 수 있다. 그림 27-9에서 가로축이 공간 위치 x가 아닌 시간이라고 하자. 그렇다면 시간 영역에서의 파장과 위치에 해당하는 변수로서 위에서와 같은 방법으로 시도해볼 수 있다. 이에 해당하는 변수는 진동수와 시간일 것이다. 진동수와 입자의 에너지는 $E = hf$의 관계가 있으므로, 이런 형태의 불확정성 원리는 다음과 같다.

$$(\Delta E)(\Delta t) \geq \frac{h}{4\pi} \qquad \textbf{27-29}$$

이 관계식은 한 입자의 에너지가 매우 짧은 시간 안에 완벽하게 측정될 수 없음을 의미한다. 따라서 전자를 입자로 볼 때, 불확정성 원리는 전자의 위치와 속도를 동시에 정확하게 알 수 없다는 것과, $\Delta t = h/(4\pi\ \Delta E)$로 주어지는 시간 간격에 대해 전자의 에너지가 불확실하다는 것을 알려준다. $\hbar = h/2\pi$('h바'로 읽는다)를 사용하여 식 27-26를 나타내면 $(\Delta x)(\Delta p_x) \geq \dfrac{\hbar}{2}$가 되고, 식 27-29는 $\Delta E\ \Delta t \geq \dfrac{\hbar}{2}$이다. 여기서 $\hbar$는 환산 Planck상수라고 한다.

TIP h와 $\hbar$

h는 Planck상수이고, $\hbar$는 환산 Planck상수라고 한다. 문제 풀이에서 실제값을 대입해야 할 경우를 대비하자.

$h = 6.626 \times 10^{-34}$ J s

$\hbar = h/2\pi = 1.055 \times 10^{-34}$ J s

예제 27-8 전자 위치의 정확도

문제 전자가 0.10 %의 오차로 일정한 속력 $v = 1.50 \times 10^6$ m/s로 직선상을 운동하고 있다. (a) 운동량의 불확정성은 얼마인가? (b) 동시에 측정한 위치의 최대 정확성은 얼마인가?

생각하기 입자의 위치와 선운동량을 동시에 정확하게 측정하는 것은 불가능하다. 따라서 불확정성이 존재한다.

풀이 (a) 전자의 운동량은 다음과 같다.

$$p = mv = (9.1 \times 10^{-31}\ \text{kg})(1.50 \times 10^6\ \text{m/s})$$

$$= 1.37 \times 10^{-24}\ \text{kg m/s}$$

따라서 운동량의 불확정성은 이 값의 0.10 %이므로 다음과 같다.

$$\Delta p = 1.37 \times 10^{-27}\ \text{kg m/s}$$

(b) 불확정성 원리에 따라 동시에 위치측정의 최대 정확성은 다음과 같다.

$$\Delta x = \frac{\hbar}{\Delta p} = \frac{1.06 \times 10^{-34}\ \text{J s}}{1.37 \times 10^{-27}\ \text{kg m/s}} = 7.74 \times 10^{-8}\ \text{m}$$

예제 27-9 전자 위치의 불확정도

문제 0.00300 %의 정확도로 전자의 속력이 5.00×10^3 m/s로 측정되었다. 이 전자의 위치를 결정하는 데 있어서 최소 불확정성을 구하라.

생각하기 운동량의 불확정성을 구한 후 하이젠베르크의 불확정성 원리에 대입한다.

풀이 전자의 운동량을 계산하면 다음과 같다.

$$p_x = m_e v = (9.11 \times 10^{-31}\ \text{kg})(5.00 \times 10^3\ \text{m/s})$$
$$= 4.56 \times 10^{-27}\ \text{kg m/s}$$

운동량의 불확정성은 이 값의 0.003 00 %인 $\Delta p_x = 0.000\,030\,0 p_x$이다.

$$\Delta p_x = (0.000\,030\,0)(4.56 \times 10^{-27}\ \text{kg m/s})$$
$$= 1.37 \times 10^{-31}\ \text{kg m/s}$$

하이젠베르크의 불확정성 원리 공식을 이용하여 위치의 불확정성을 계산하면 다음과 같다.

$$(\Delta x)(\Delta p_x) \geq \frac{h}{4\pi} \rightarrow \Delta x \geq \frac{h}{4\pi(\Delta p_x)}$$

$$\Delta x \geq \frac{6.626 \times 10^{-34}\ \text{J s}}{4\pi(1.37 \times 10^{-31}\ \text{kg m/s})} = 0.385 \times 10^{-3}\ \text{m}$$

$$= 0.385\ \text{mm}$$

불확정성 원리에 의해 얻어진 이 값과 같거나 이보다 크기만 하면 위치의 불확정성은 어떤 값도 가질 수 있다.

연습문제

27-1 Planck의 양자가설

1. 다음 물음에 답하라.
(a) 파장이 600 nm인 광양자 하나가 갖는 에너지는 몇 eV인가? 또 몇 J인가?
(b) 이 광양자의 운동량은 얼마인가?

2. 파장이 6 000 Å의 단색광이 10 W의 비율로 방출되고 있다. 이때 매초 방출되는 광양자는 몇 개인가?

3. 진동수가 2.00×10^{14} Hz인 광자 1개가 가지는 에너지는 몇 J인가? 또 이 빛의 세기가 1 W일 때 매초 몇 개의 광자가 나오는가?

4. 파장이 (a) 마이크로파 영역에 있는 5.00 cm, (b) 가시광선 영역인 500 nm, (c) X선 영역인 5.00 nm인 광자의 에너지를 전자볼트 단위로 구하라.

5. 어떤 학생의 피부 온도가 33.0 °C이다. 피부에서 복사되는 복사파의 세기가 가장 높은 파장은 얼마인가?

27-2 광전효과

6. 금속 마그네슘(Mg)에 진동수가 1.5×10^{15} Hz의 자외선을 쪼일 때 방출되는 광전자의 최대 운동에너지는 몇 eV인가? 마그네슘의 일함수는 3.7 eV이다.

7. 금속 나트륨(Na)의 일함수는 2.28 eV이다. 나트륨에 파장 400 nm인 빛을 비출 때 방출되는 광전자의 최대 속력은 얼마인가?

8. 진동수가 3.00×10^{15} Hz인 자외선이 금속 표면에 부딪쳐서 최대 운동에너지가 6.1 eV인 전자들을 방출하였다. 이 금속의 일함수는 몇 eV인가?

9. 파장이 350 nm인 빛을 금속 칼륨(K)의 표면에 쪼일 때, 최대 운동에너지가 1.31 eV인 전자가 방출되었다.
(a) 칼륨의 일함수는 얼마인가?
(b) 문턱(차단)파장을 구하라.
(c) 문턱(차단)진동수를 구하라.

10. 금속면에 빛을 비추어서 튀어나오는 전자의 운동에너지를 측정하여 아래 표와 같은 자료를 얻었다.

빛의 진동수($\times 10^{14}$ Hz)	6.0	10.0
운동에너지($\times 10^{-19}$ J)	1.3	3.9

(a) 이 표를 이용하여 Planck상수의 값을 구하라.
(b) 이 금속의 일함수는 얼마인가?

11. 광전효과 실험에서 일함수가 7.7×10^{-19} J인 텅스텐 전극에 파장이 2 000 Å인 자외선을 쬘 때 방출되는 광전자를 모두 저지시켜서 광전류가 0이 되게 하기 위해 필요한 저지전압은 몇 V인가?

27-3 광자의 운동량과 Compton 효과

12. X선관에서 발생하는 X선의 파장의 최솟값이 0.25 nm이라면 이 X선관에 걸린 전압은 얼마인가?

13. 파장이 0.140 nm인 X선이 탄소판에 부딪쳐 각도 (a) 0°, (b) 90°, (c) 180°로 산란되었다. 산란된 X선의 파장은 각각 얼마인가?

14. 진동수가 10^{19} Hz인 X선 광자가 정지상태에 있는 전자와 충돌하여 45°의 각도로 산란되었다.
(a) 산란된 X선의 진동수는 얼마인가?
(b) 충돌 후 전자의 운동에너지는 얼마인가?

15. 파장이 0.110 nm인 광자가 정지해 있는 전자와 충돌한다. 충돌 후 전자는 앞으로 움직이고 광자는 뒤로 되튈 때, 전자의 (a) 운동량과 (b) 운동에너지를 구하라.

16. 파장이 0.00160 nm인 광자가 자유전자로 입사한 후 산란된다. 되튀는 전자와 산란된 광자가 동일한 운동에너지를 가진다면, 이때의 산란각을 얼마인가?

27-4 빛의 이중성

17. 현미경의 분해능은 사용되는 빛의 파장에 비례한다. 원자를 보기 위해서는 분해가능 파장이 1.0×10^{-11} m(0.010 nm)가 되어야 한다.
(a) 전자가 사용된다면(전자현미경), 그 전자의 최소 운동에너지는 얼마인가?
(b) 광자가 사용된다면, 1.0×10^{-11} m의 분해가능 파장을 얻기 위해 필요한 광자의 최소 에너지는 얼마인가?

27-5 물질의 이중성

18. 파장이 10^{-11} m인 전자기파와 같은 파장을 갖는 전자의 물질파를 실험실에서 어떻게 구별할 수 있을까?

19. X선관 내에서 전자가 전위차 2 900 V로 가속되고 있다.
(a) 전자가 양극판에 도달할 때의 최대 속력은 몇 m/s인가?
(b) 이 전자선의 파장은 몇 Å인가?

20. (a) 45 m/s의 속력으로 던진 150 g의 야구공과 (b) 1.0×10^5 m/s의 속력으로 움직이는 전자의 de Broglie 파장을 구하라.

21. 전압 V에 의해서 질량과 전하가 각각 m과 q인 입자가 정지상태로부터 가속된다. 만약 전압을 $2V$로 증가시킨다면 이 입자의 물질파의 파장은 몇 배로 되는가?

22. de Broglie는 상대론적 입자에 대해서도 $\lambda = h/p$가 유효하다는 가정을 하였다. 3.00 MeV의 운동에너지를 갖고 상대론적으로 움직이는 전자의 de Broglie 파장은 얼마인가?

23. (a) 파장이 5.00×10^{-7} m인 전자의 속력은 얼마인가?
(b) 또 속력이 1.00×10^7 m/s인 전자의 파장을 구하라.

24. 입자가속기에서 양성자의 de Broglie 파장은 1.30×10^{-14} m이다. 이 양성자의 운동에너지를 J 단위로 계산하라.

25. 그림 P27-25와 같이 원자 사이의 간격이 d인 격자면에 가속된 파장 λ인 전자선을 입사시키면 인접한 격자면에 나열된 원자에 의해 전자선이 간섭하여 간섭무늬를 얻을 수 있다.
(a) 인접한 격자면의 원자로부터 각 θ 산란된 두 전자선의 경로차에 의해 m번째의 보강간섭(밝은 무늬)이 일어나는 조건을 구하라. 이것을 **브래그 조건**(Bragg condition)이라 한다.
(b) 어느 가속전압에서 전자선의 파장이 $\lambda = 1.23$ Å이라고 할 때, 이 전자선을 이용하여 실험을 하였다. 이 결과 $\theta = 30°$의 방향으로 산란된 두 전자선이 보강간섭을 한다면 이때의 격자상수 d는 얼마인가?

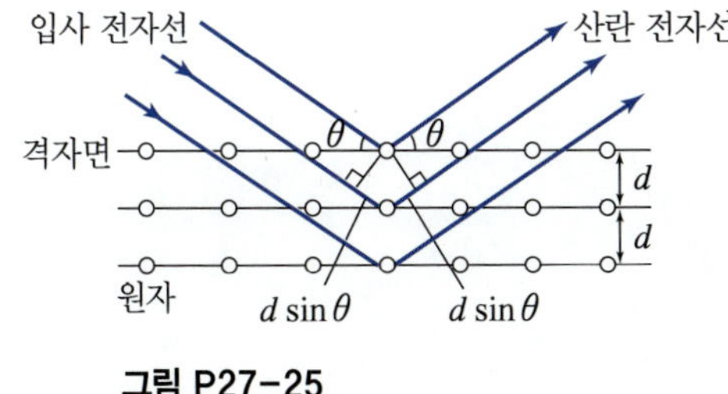

그림 P27-25

27-6 물질파의 파동함수

27-7 불확정성 원리

26. 수소 원자의 바닥상태에 있는 전자의 위치 불확정성은 약 0.10 nm이다. 전자의 속력이 전자의 불확정성 속력과 대략 비슷하다면, 그 속력은 얼마인가?

27. 평균수명이 약 2 μs인 뮤온의 에너지 불확정성의 최솟값을 구하라.

28. 길이 2.5 m의 선이 있다. 이 선을 따라 어딘가에 움직이는 물체가 있지만, 그 위치는 모른다.

(a) 물체의 운동량의 최소 불확정성을 구하라.

(b) 물체가 골프공(질량 = 0.045 kg)일 때 속력의 최소 불확정성을 구하라.

(c) 전자일 때에 속력의 최소 불확정성을 구하라.

축제를 밝히는 화려한 불꽃놀이 화약이 점화되면 그 에너지가 색을 만드는 화학물질에 전달된다. 에너지를 받게 되면 화학물질을 이루는 전자들을 들뜨게 되고, 이어 들뜬 전자들은 본래의 상태로 되돌아오면서 고유의 색을 방출한다. 재료 물질에 따라 바륨은 녹색, 스트론튬은 빨간색, 칼슘은 주황, 나트륨은 노랑, 구리는 파랑, 구리와 스트론튬을 혼합하면 보라색이 나타난다.

원자물리학 제28장

오래전부터 과학자들은 원자의 존재를 증명하려는 실험을 하기 위해 많은 노력을 기울였다. 오늘날에는 원자의 존재를 당연한 것으로 받아들이고 있으며, 주사터널링현미경 영상으로 원자의 사진을 찍기도 하고, 원자를 물질의 표면 위에서 이리저리 움직여 원하는 곳으로 옮기기까지 하고 있다.

이같이 원자의 세계를 들여다볼 수 있게 된 것은 Thomson의 원자 모형을 시작으로 Rutherford 모형, Bohr의 모형이 출현하게 되면서이다. 그러나 Bohr 모형은 고전적인 개념과 양자적인 개념이 이상하게 혼합되어 있고, 파동-입자의 이중성도 진정한 의미에서 풀린 것이 아니었다. 따라서 1920년 초 새롭고 설득력이 있는 새 이론이 필요하게 되었다. 이러한 시기에 de Broglie가 물질파의 가정을 발표하고, Schrödinger와 Heisenberg의 새 이론 등이 발표되면서 원자에 대한 양자역학적 해석이 가능해지면서 원자의 정체는 하나둘 벗어지게 되었다.

제28장에서는 수소 원자에 대한 Bohr의 준고전적인 방법을 돌아보고, 이 모형의 문제점을 획기적으로 해결하는 양자역학적 체계에 대해 공부한다.

톰슨 Sir Joseph John Thomson, 1856~1940, 영국의 물리학자

기체의 전기전도에 관한 연구와 전자를 발견한 공로로 1906년 노벨물리학상을 수상하였다. 이 외에도 동위원소를 발견하고, 질량분석계를 발명하였다. 그의 아들인 패짓 톰슨(Sir George Paget Thomson) 역시 전자의 파동성을 증명하여 1937년 노벨물리학상을 수상하였다.

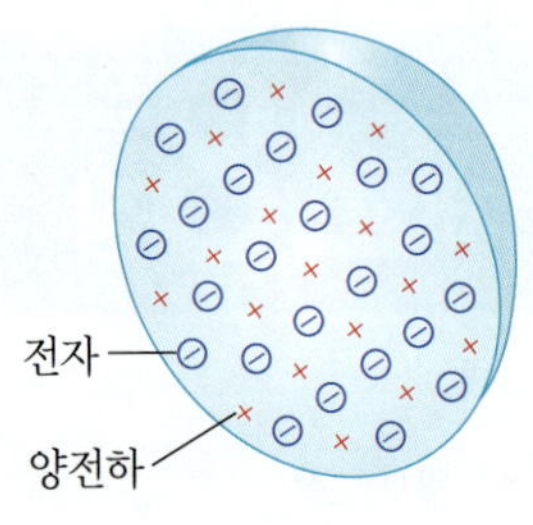

그림 28-1 Thomson의 원자 모형. 지름이 약 10^{-10} m인 구의 내부에 구름처럼 양전하가 균일하게 분포되어 있고, 그 속에 전자가 박혀 있는 모형이다.

28-1 원자 모형

Thomson의 원자 모형

Newton의 시대에는 원자 모형이 작고 단단하며 깨지지 않는 공 모양이었다. 이 모형은 기체운동론에는 아주 좋은 가정이 되었으나, 이후 원자가 갖는 전기적인 특성이 밝혀지면서 새로운 모형이 필요하게 되었다.

Thomson이 원자 모형을 제안하기 전까지는 많은 실험결과로부터 전자가 원자를 구성하는 기본입자라는 것과 그 성질이 밝혀졌지만, 전자나 원자의 크기가 어느 정도이며, 전자가 원자 속에 어떤 형태로 존재하는지는 전혀 알려진 것이 없었다.

원자는 전기적으로 중성이므로 원자 내부에는 전자와 그 전자의 음전하를 상쇄시켜 주는 양전하가 존재해야 한다. 원자핵이 발견되기 수년 전 **톰슨**(J. J. Thomson, 1856~1940)은 그림 28-1과 같이 지름이 약 10^{-10} m인 구의 내부에 구름과 같이 양전하가 균일하게 분포되어 있고, 그 속에 전자가 박혀 있는 원자 모형을 생각하였다. 이것을 Thomson의 **원자 모형**(atomic model 原子模型)이라 한다. 원자의 지름이 10^{-10} m가 된다는 것은 그 당시에 이미 예측되고 있었던 것이다.

Thomson의 원자 모형을 수박 모양에 비유하면 수박의 붉은 살과 같이 양전하가 원자 내부에 균일하게 분포되어 있고, 전자가 수박의 검은 씨와 같이 양전하 속에 박혀 있는 모형이라고 생각할 수 있다. Thomson의 원자 모형은 원자가 전기적으로 중성이라는 것을 설명할 수 있어서 주목을 받았지만, α입자의 산란 실험으로 원자핵의 존재가 밝혀지면서 가치를 잃게 되었다.

Rutherford의 원자 모형

1911년 **러더퍼드**(Ernest Rutherford, 1871~1937)는 그의 제자 **가이거**(Hans Geiger)와 **마스덴**(Ernest Marsden)과 함께 Thomson의 원자 모형에 중대한 문제점이 있다는 사실을 실험을 통해 밝혔다.

Rutherford가 수행한 실험장치의 개략도는 그림 28-2과 같다. 알파 입자를 방출하는 방사선 물질(천연 방사능 물질인 라듐)을 작은 구멍이 뚫린 납상자에 넣어 알파 입자가 작은 슬릿을 통해 빠져나가서 금속박에 부딪치도록 꾸몄다. 그리고 금속박에 부딪힌 알파 입자가 형광판에 부딪힐 때 발생하는 빛을 망원경으로 관찰하여 알파 입자의 운동방향을 조사하였다.

실험결과 대부분의 알파 입자는 마치 빈 공간을 지나듯이 금속박편을 통과해버렸으나, 몇몇 입자는 큰 각도로 산란되었고, 어떤 입자는 완전히 뒤쪽으로 가기도 하였다. 이 결과로 Rutherford는 알파 입자가 산란된다는 사실을 주목하였다. 그는 알파 입자의 산란각을 조사한 결과 그림 28-2(a)와 같이 여러 각도를 이루면서 산란되며, 예측한 것보다 훨씬 많은 알파 입자가 10° 이상의 각으로 산란되는 것을 알았다. 그리고 90°보다 큰 각으로 산란되는 알파 입자가 8천 개 중에서 1개꼴로 나타나고, 2만 개 중의 1~2개는 180°로 산란되어 진행방향과 반대방향으로 튀어나가는 것을 발견

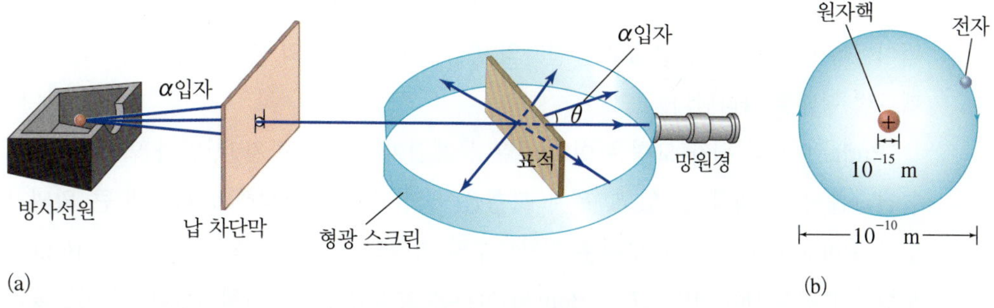

그림 28-2 (a) Rutherford의 알파 입자 산란장치의 개략도. 방사선원을 떠난 알파 입자가 표적(금속박)과 충돌하여 산란되는 것을 관찰하였다. (b) Rutherford가 제안한 원자 모형

하였다.

Rutherford는 양전하를 띤 알파 입자가 그렇게 큰 각도로 휘어진다는 것은, 알파 입자가 금속박 내에 있는 양전하를 가진 어떤 물질로부터 강한 반발력을 받기 때문이라고 생각하였다. 그는 이것을 근거로 질량이 매우 큰 양전하가 원자 내부의 중심에 있으며, 알파 입자가 그 부분과 정면충돌하게 되면 180°로 산란된다고 하였다. Rutherford는 이 결과를 원자 안에 양전하가 **핵**(nucleus 核)이라고 하는 작은 영역에 집중되어 있다는 가정으로 설명하였다. 그리고 이 작은 영역인 핵은 원자의 크기에 비해 상대적으로 작다고 하였다. Rutherford의 실험에서 사용된 알파 입자는 이후 과학자들의 연구를 통해 헬륨 원자의 핵으로 밝혀졌다.

Rutherford는 1911년 α입자 산란 실험 결과를 토대로 그림 28-2(b)와 같은 새로운 원자 모형을 제안하였다. 이 원자 모형에 의하면 원자는 구 형태이며, 원자의 지름은 약 10^{-10} m이고, 핵의 지름은 약 10^{-15} m이며, 전자는 마치 행성들이 태양 주위를 도는 것처럼 원자핵 주위를 돈다고 하였다.

Rutherford의 원자 모형은 α입자의 산란 현상을 잘 설명할 수 있으며, Thomson의 모형보다 사실에 가까워서 주목을 받았으나 다음과 같은 2가지 기본적인 문제점을 가지고 있다.

러더퍼드 Ernest Rutherford, 1871~1937, 뉴질랜드에서 태어난 영국의 핵물리학자

뉴질랜드에서 태어나 대학을 마친 후 영국에서 대학원 과정을 이수하였다. 1898년 우라늄 붕괴과정에서 α선과 β선을 발견하였고 라돈의 동위 원소인 토론(Thoron)을 발견하였다. 1911년 α선을 이용하여 원자의 내부 구조를 밝히고 원자핵의 개념을 제안하였다. 1908년 노벨 화학상을 수상하였다.

1. 원자의 안정성에 커다란 문제가 있다

Rutherford의 모형에 의하면 전자는 원자핵 주위를 회전해야 한다. 회전하는 전자는 구심력을 받는다. Maxwell의 전자기학 이론에 따르면, 진동수 f로 회전하면서 구심력을 받는 전하는 그 진동수와 같은 진동수의 전자기파를 반드시 방출해야만 한다. 따라서 그림 28-3과 같이 전자는 전자기파를 방출하면서 에너지를 잃게 되고, 전자기파를 방출한 전자는 회전 속력이 차츰 감소하면서 회전 반지름이 작아져 순식간에 원자핵과 붙어버리게 되며 원자는 붕괴되어야 한다. 그러나 실제로 그런 일은 결코 일어나지 않았으며, Rutherford 모형으로는 이 현상을 설명할 수 없었다.

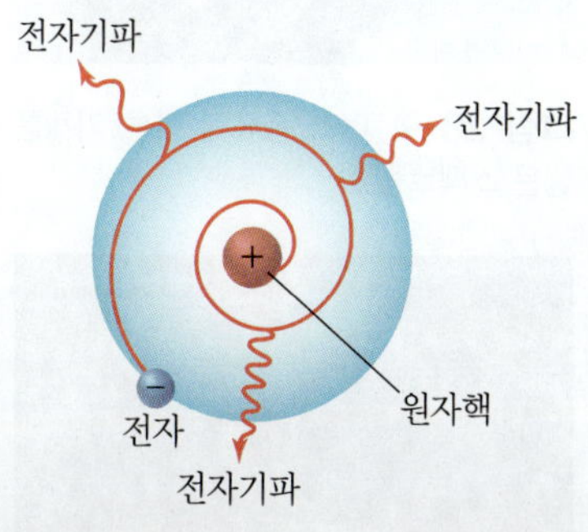

그림 28-3 Rutherford 모형의 문제점. 핵 주위를 도는 전자는 전자기파를 방출하면서 에너지를 잃게 되고, 회전속력이 감소하면서 회전반지름이 작아져 핵에 붙어버려 원자가 붕괴되어야 한다. 그러나 그런 일은 결코 일어나지 않는다.

2. 원자에서 복사되는 빛의 선 스펙트럼을 설명할 수 없다

전자가 원자핵 주위를 원운동할 때 방출되는 에너지는 빛으로 나온다. 그런데 전자의 회전 반지름이 연속적으로 감소할 것이므로 방출되는 스펙트럼의 형태는 연속 스펙트럼이어야 한다. 그러나 실제로는 원자의 종류에 따라 특유의 불연속적인 형태인 선 스펙트럼 형태로 나타난다.

Rutherford의 원자 모형은 이와 같은 문제점이 있기는 하지만, 알파 입자 산란 실험결과를 잘 설명할 수 있고, 원자 모형을 핵과 전자로 구성하였다는 데 큰 의의가 있다. Rutherford의 원자 모형은 원자로부터 방출되는 특정한 복사를 설명한 Bohr의 모형에게 길을 내주었다. 그 후 Bohr의 이론은 양자역학으로 대체되었다. 이 이론들은 모두 원자 스펙트럼의 연구에 기반을 두고 있다. 원자 스펙트럼이란 각각의 원소에서 방출된 빛의 파장에서 나타나는 고유한 빛띠 무늬이다.

28-2 원자 스펙트럼

낮은 기압의 수소 기체(또는 다른 기체)로 가득 찬 진공 유리관이 있다고 하자. 만약 금속 전극 사이에 걸린 전압이 기체에서 전류를 만들어낼 만큼 충분히 크다면, 유리관은 그 안에 들어 있는 기체의 종류에 따라서 다른 색의 빛을 방출한다. 질소는 노란색, 산소와 네온은 주황색, 이산화탄소는 흰색, 수은 증기는 청록색, 헬륨은 붉은색의 빛을 낸다. 이것이 **네온사인**(neon sign)의 작동 원리이기도 하다. 현재는 발광 다이오드(light emitting diode)가 네온사인을 대신하고 있다.

스펙트럼에 포함된 파장은 빛을 방출하는 원소에 따라서 달라지며, 어떤 두 원소도 같은 선 스펙트럼을 방출하지는 않기 때문에, 이 현상은 기체 상태의 원소가 어떤 원소인지 알아내는 데 이용될 수 있다. 그림 28-6(a)는 태양광선에서 방출되는 연속 스펙트럼을 나타낸 것이고, (b)~(e)는 각각 몇 종류의 기체에서 방출되는 선 스펙트럼을 나타낸 것이다.

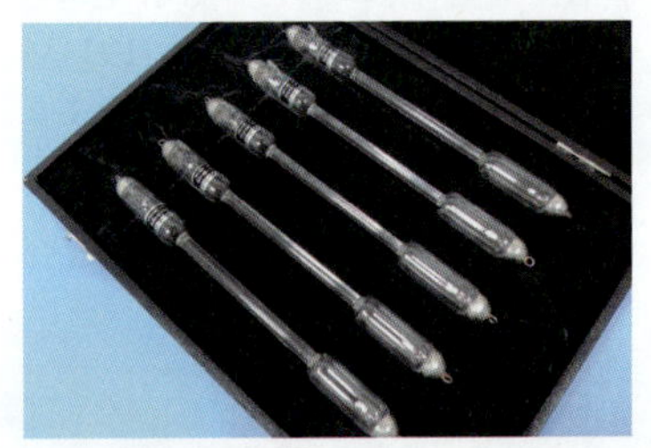

그림 28-4 여러 종류의 다른 기체를 넣은 스펙트럼 관

그림 28-5 네온사인은 네온 기체가 방전될 때 나타나는 주황색 빛이다. '인원'이라는 글씨는 이산화탄소 방전에 의한 흰색 빛인데 초록색 바탕 때문에 초록색으로 보인다.

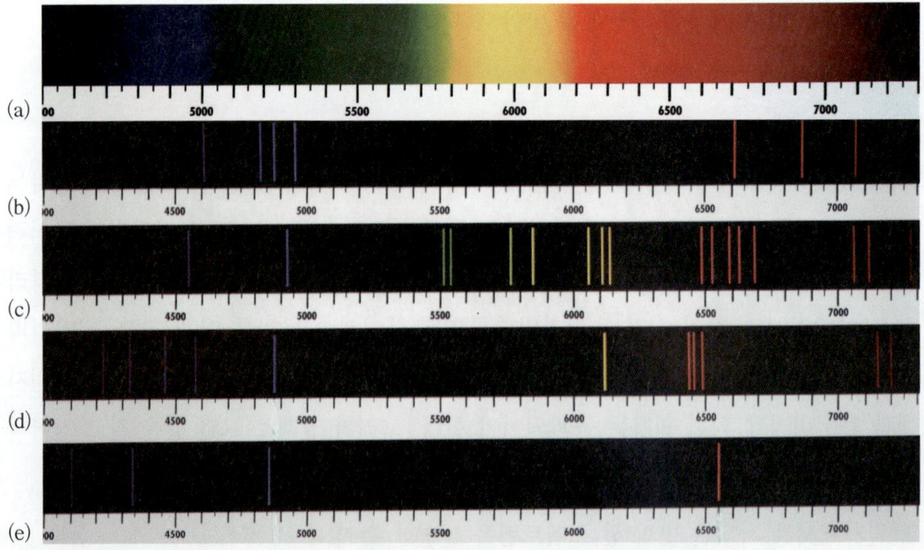

그림 28-6 (a) 태양광선에 의한 연속 스펙트럼. (b)~(e) 원자에서 방출되는 스펙트럼으로 파장 스케일은 (a)와 다르다. (b) 스트론튬(Sr) (c) 바륨(Ba) (d) 칼슘(Ca) (e) 수소(H)

수소 원자의 방출 스펙트럼

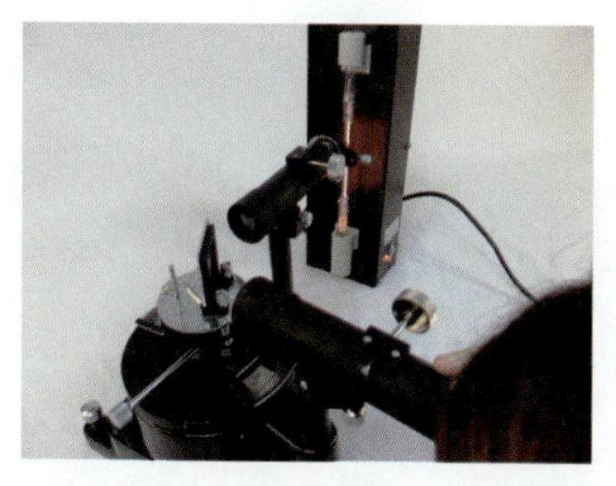

그림 28-7 수소 기체를 넣은 방전관에서 나오는 스펙트럼을 분광기로 관찰하는 모습. 가시광선 영역의 4개 파장의 선들을 볼 수 있다.

방출된 빛을 분광기를 이용하여 분석하면 서로 다른 파장 또는 색을 가지는 불연속적인 밝은 빛이 관찰된다(그림 28-7). 이러한 일련의 스펙트럼선을 **방출 스펙트럼**(emission spectrum)이라고 한다.

수소 원자에서 방출되는 스펙트럼은 가시광선 영역의 파장인 6.563×10^{-7} m, 4.861×10^{-7} m, 4.341×10^{-7} m, 4.102×10^{-7} m인 4개의 선 스펙트럼을 볼 수 있다. 이 영역의 스펙트럼은 1885년 발머(Johann Balmer, 1825~1898)에 의해 확인되어 **발머 계열**(Balmer series)이라 부른다. 이어 파장이 짧은 영역에서 **라이먼 계열**(Lyman series), 파장이 긴 영역에서 **파센 계열**(Paschen series)의 스펙트럼선이 나타난다. 각 계열에서 파장의 역수값은 실험을 통해 다음과 같음이 밝혀졌다.

$$\frac{1}{\lambda}=R_H\left(\frac{1}{1^2}-\frac{1}{n^2}\right),\ n=2,3,4,\cdots \quad \text{(라이먼 계열)} \qquad \textbf{28-1}$$

$$\frac{1}{\lambda}=R_H\left(\frac{1}{2^2}-\frac{1}{n^2}\right),\ n=3,4,5,\cdots \quad \text{(발머 계열)} \qquad \textbf{28-2}$$

$$\frac{1}{\lambda}=R_H\left(\frac{1}{3^2}-\frac{1}{n^2}\right),\ n=4,5,6,\cdots \quad \text{(파셴 계열)} \qquad \textbf{28-3}$$

여기서 R_H는 **뤼드베리 상수**(Rydberg constant)라고 부르는 상수이다. 이들 식에서 파장의 단위를 m로 하면 R_H값은 다음과 같다.

$$R_H = 1.097\ 373\ 2\times10^{7}\ \mathrm{m^{-1}} \qquad \textbf{28-4}$$

수소 원자에서 방출되는 파장이 6.563×10^{-7} m (656.3 nm)인 Balmer 계열의 첫 번째 선은 식 28-2의 $n=3$에 해당하고, 파장이 4.861×10^{-7} m인 선은 $n=4$에 해당하며, 파장이 4.341×10^{-7} m인 선은 $n=5$이며, 파장이 4.102×10^{-7} m인 선은 $n=6$이다. 가시광선 영역의 선 스펙트럼은 기호로 나타내기도 하는데 표 28-1과 같이 파장이 큰 쪽부터 H_α, H_β, H_γ, H_δ로 표현한다.

표 28-1 수소 스펙트럼 중 발머 계열의 선 스펙트럼 표현법

스펙트럼의 기호	파장 λ ($\times10^{-7}$ m)	진동수 f ($\times10^{14}\ \mathrm{s^{-1}}$)	파장의 역수 $1/\lambda$ ($\times10^{6}\ \mathrm{m^{-1}}$)
H_α	6.563	4.571	1.523
H_β	4.861	6.171	2.057
H_γ	4.340	6.912	2.304
H_δ	4.102	7.314	2.438

여러 번의 실험결과로부터, 이 모형들은 다음과 같이 Rydberg 방정식으로 한 번에 묶을 수 있다.

$$\frac{1}{\lambda}=R_H\left(\frac{1}{m^2}-\frac{1}{n^2}\right) \qquad \textbf{28-5}$$

여기서 m과 n은 양의 정수이며 $n>m$인 조건을 만족한다. 숫자 m과 n은 불연속적인 값만을 가질 수 있어서 **양자수**(quantum number 量子數)라고 부른다.

수소 원자의 선 스펙트럼은 전자가 높은 에너지 준위에서 낮은 에너지 준위로 옮기면서 광자를 방출할 때 만들어진다. 수소 원자에서 방출되는 스펙트럼 계열은 앞에 설명한 라이먼 계열, 발머 계열, 파셴 계열 외에도 **브래킷 계열**(Brackett series)과 **푼트 계열**(Pfund series)이 더 있다. 이를 종합하면 표 28-2와 같다.

표 28-2 수소 원자의 방출 스펙트럼

계열 이름	발견 연도	스펙트럼의 구분	식 28-5와 관계
라이먼 계열	1906~1914	자외선	$m=1, n=2, 3, 4, \cdots$
발머 계열	1885	자외선-가시광선	$m=2, n=3, 4, 5, \cdots$
파셴 계열	1908	적외선	$m=3, n=4, 5, 6, \cdots$
브래킷 계열	1922	적외선	$m=4, n=5, 6, 7, \cdots$
푼트 계열	1924	적외선	$m=5, n=6, 7, 8, \cdots$

수소 원자의 흡수 스펙트럼

원자는 특정 파장의 빛을 방출하는 현상과 함께 특정 파장의 빛을 흡수할 수 있다. 이에 대응하는 스펙트럼선을 **흡수 스펙트럼**(absorption spectrum)이라고 한다. 전자들은 광자 에너지를 흡수하는 과정을 통해, 낮은 준위에서 높은 준위로 옮겨갈 수 있다. 이런 경우 원자는 **전이**(transition 轉移)를 일으키기 위해 정확히 필요한 에너지를 가진 광자를 흡수한다.

흡수 스펙트럼은 연속적인 복사 스펙트럼(모든 파장을 포함한 것)을 분석하려는 원소의 증기에 통과시켜서 얻는다. 흡수 스펙트럼은 밝고 연속적인 스펙트럼 위에 겹쳐진 어두운 선들로 구성된다. 어떤 원소에서 나타난 흡수 스펙트럼은 각각의 선이 그 원소의 방출 스펙트럼에서 나타난 선과 일치한다. 예를 들어 만약 수소가 흡수 기체라고 하면 흡수되는 선은 파장이 6.563×10^{-7} m, 4.861×10^{-7} m, 4.341×10^{-7} m, 4.102×10^{-7} m에서 나타난다.

원소의 흡수 스펙트럼은 여러 분야에 이용된다. 예를 들어 태양에서 방출된 복사선의 연속 스펙트럼은 지구에 도달하기 전에 태양 대기의 좀 더 차가운 기체를 통과해야만 한다. 태양 스펙트럼에서 관찰된 다양한 흡수선들은 이전에 알려지지 않았던 헬륨을 포함하여 태양 대기에 있는 원소들을 알아내는 데 사용되어 왔다.

예제 28-1 수소 원자의 스펙트럼 파장

문제 라이먼 계열의 첫 번째 스펙트럼과 발머 계열의 첫 번째 스펙트럼의 파장의 차는 얼마인가?

생각하기 라이먼 계열의 첫 번째 파장은 식 28-1에서 $n=2$일 때이고, 발머 계열의 첫 번째 파장은 식 28-2에서 $n=3$일 때이다.

풀이 먼저 라이먼 계열의 첫 번째 스펙트럼의 파장을 구하면 다음과 같다.

$$\frac{1}{\lambda_{\text{라이먼}}} = R_H\left(\frac{1}{1^2} - \frac{1}{2^2}\right) = \frac{3}{4}R_H, \quad \lambda_{\text{라이먼}} = \frac{4}{3R_H}$$

그리고 발머 계열의 첫 번째 스펙트럼의 파장은 다음과 같다.

$$\frac{1}{\lambda_{\text{발머}}} = R_H\left(\frac{1}{2^2} - \frac{1}{3^2}\right) = \frac{5}{36}R_H, \quad \lambda_{\text{발머}} = \frac{36}{5R_H}$$

따라서 이 두 파장의 차는 다음과 같다.

$$\Delta\lambda = \lambda_{\text{발머}} - \lambda_{\text{라이먼}} = \frac{36}{5R_H} - \frac{4}{3R_H} = \frac{88}{15R_H}$$

$$= \frac{88}{15 \times (1.0973 \times 10^7\ \text{m}^{-1})}$$

$$= 5.3 \times 10^{-7}\ \text{m}$$

28-3 수소 원자에 대한 Bohr 모형

20세기 초 과학자들은 원자에서 특정한 파장의 빛만을 방출하고 흡수하는 현상에 대해 명확하게 설명을 하지 못하였다. 그러나 1913년 Bohr는 수소 원자에서 방출되는 파장에 대한 Balmer의 수식을 유도하는 모형을 제시하였다. **Bohr는 Planck의 양자 이론, Einstein의 광자에 대한 개념, Rutherford의 원자에 대한 행성 모형, Newton역학의 개념들을 결합하여 새로운 모형을 제안하였다.**

닐스 보어 Niels Bohr, 1885~1962, 덴마크의 물리학자

20세기에 가장 영향력 있는 물리학자 중 한사람으로 원자구조의 이해와 양자역학의 성립에 크게 기여하였다. 이러한 공로로 1922년 노벨물리학상을 수상하였다. 보어는 코펜하겐에 있는 보어연구소에서 많은 물리학자들과 함께 공동으로 일하였다. 그의 아들인 오게 닐스 보어(Aage Niels Bohr) 역시 1975년 노벨물리학상을 수상하여 부자 수상의 영예를 안았다.

Bohr 모형의 가정

수소 원자에 대한 Bohr의 모형은 다음과 같은 몇 가지 가정을 기초해서 제안되었다.

1. 전자는 Coulomb 인력의 영향을 받아서 핵 주변의 원궤도에서 움직인다. Coulomb 인력은 전자의 구심력을 만들어낸다[그림 28-8(a)].
2. 전자는 오직 정해진 특정 궤도에 있을 때만이 안정적이다. Bohr는 이를 **정상 상태**(stationary state 正常狀態)라고 불렀다. 이 궤도에서는 비록 전자가 가속되고 있을지라도 전자기파 복사의 방출에 의해 에너지를 잃어버리지 않고, 원자가 가지는 전체 에너지는 일정하게 유지된다.
3. 수소 원자에서 전자기파 복사는 전자가 높은 에너지 상태(E_i)에 있다가 낮은 상태(E_f)로 '뛰어내릴' 때 방출된다. '뛰어내림'은 고전적으로는 설명할 수 없다. 뛰어내릴 때 방출되는 복사의 진동수 f는 원자가 갖는 에너지의 변화량과 관련이 있다[그림

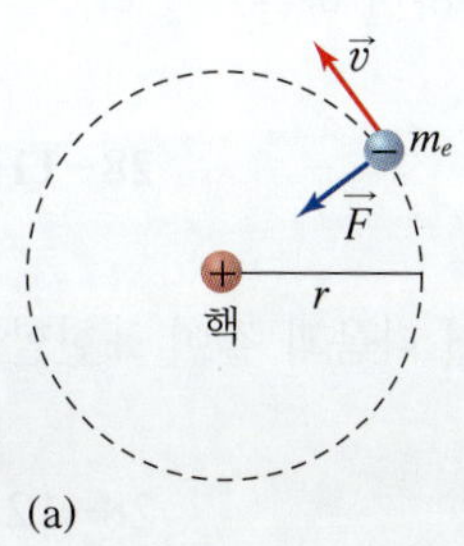

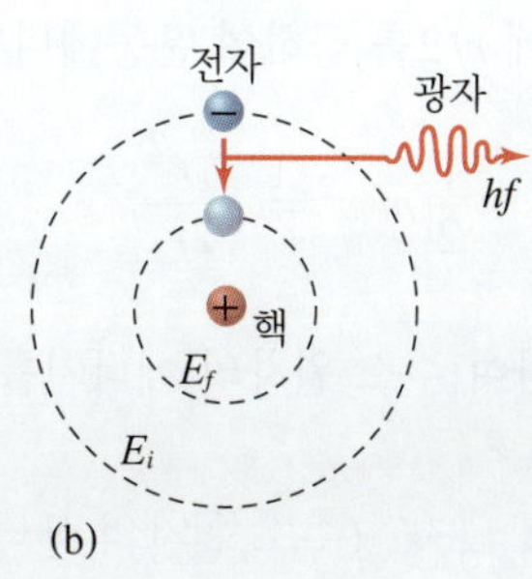

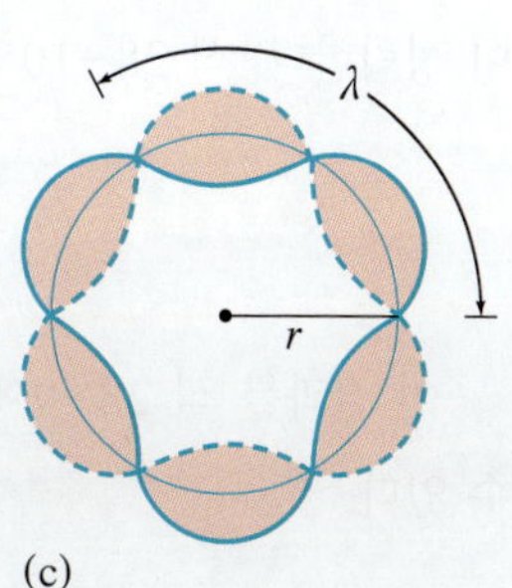

그림 28-8 Bohr 모형에서의 몇 가지 가정. (a) Coulomb 인력이 전자의 구심력을 만들어낸다. (b) 전자가 높은 에너지 상태에서 낮은 에너지 상태로 전이할 때 hf를 방출한다. (c) 예를 들어 de Broglie 파장 3개가 원주 길이에 해당될 때 전자는 안정하다.

28−8(b)]. 이 조건을 **Bohr의 진동수 조건**이라고 한다.

$$E_i - E_f = hf \qquad \textbf{28-6}$$

여기서 E_i는 처음상태의 에너지, E_f는 나중상태의 에너지, h는 Planck상수이며 $E_i > E_f$인 조건을 만족한다. 이때 복사의 진동수는 전자의 궤도운동의 진동수와는 전혀 무관하다.

4. 전자 궤도의 둘레 길이는 de Broglie 파장의 정수배가 되어야 한다[그림 28−8(c)]. 이 조건을 **Bohr의 양자 조건**이라고 한다. 양자 조건은 다음과 같다.

$$2\pi r = n\lambda, \quad n = 1, 2, 3, \cdots$$

전자의 de Broglie 파장은 $\lambda = h/m_e v$이므로, 위 수식을 다음과 같이 나타낼 수 있다.

$$m_e vr = n\hbar, \quad n = 1, 2, 3, \cdots \qquad \textbf{28-7}$$

여기서 $\hbar = h/2\pi$이다.

수소 원자의 에너지와 전자의 궤도 반지름

그림 28−8(a)와 같은 모형에서 전자가 반지름 r이고 선속력인 v인 원궤도에서 움직이고 있다고 생각하자. 이때 수소 원자에게 허용된 에너지와 방출 파장을 계산해보자. 원자의 전기퍼텐셜에너지는 Coulomb의 법칙에서 다음과 같이 나타낼 수 있다.

$$PE_{전기} = k_e \frac{q_1 q_2}{r} = k_e \frac{(-e)(e)}{r} = -k_e \frac{e^2}{r} \qquad \textbf{28-8}$$

여기서 k_e는 Coulomb상수이다. 핵이 정지상태에 있다고 가정하고, 원자의 총에너지 E는 운동에너지와 전기퍼텐셜에너지의 합이다.

$$E = KE + PE_{전기} = \frac{1}{2} m_e v^2 - k_e \frac{e^2}{r} \qquad \textbf{28-9}$$

Newton의 운동법칙에 의하면, 전자에 작용하는 전기력인 $k_e e^2/r^2$은 반드시 $m_e a_r$과 같아야 한다. 이때 $a_r = v^2/r$은 전자의 구심가속도이다. 따라서

$$m_e \frac{v^2}{r} = k_e \frac{e^2}{r^2} \qquad \textbf{28-10}$$

이 성립한다. 식 28−10의 양변에 $r/2$를 곱하여 운동에너지를 구하면 다음과 같다.

$$\frac{1}{2} m_e v^2 = \frac{k_e e^2}{2r} \qquad \textbf{28-11}$$

이 결과를 식 28−9에 대입하여 수소 원자의 에너지를 구하면 다음과 같이 표현할 수 있다.

$$E = -k_e \frac{e^2}{2r} \quad (\text{수소 원자의 에너지}) \qquad \textbf{28-12}$$

이 식에서 에너지에 음(−)의 부호가 붙은 것은 전자가 양성자에 속박되어 있다는 의미를 나타낸다. 식 28−7과 28−10을 v^2에 대해서 다시 쓰고 연립하면 다음과 같다.

$$v^2 = \frac{n^2\hbar^2}{m_e^2 r^2} = \frac{k_e e^2}{m_e r}$$

이 식에서 r를 구하면 다음 식을 얻을 수 있다.

$$r_n = \frac{n^2\hbar^2}{m_e k_e e^2}, \quad n = 1, 2, 3, \cdots \qquad \textbf{28-13}$$

이 식은 전자가 오직 정수 n에 의해 결정되는 정해진 궤도에만 존재할 수 있다는 가정으로부터 얻어진 것이다. **이 중에서 가장 작은 궤도인 a_0은 Bohr 반지름이라고 부르는데, $n = 1$인 경우에 해당하며, 그 값은 다음과 같다.**

$$a_0 = \frac{\hbar^2}{mk_e e^2} = 5.29 \times 10^{-11}\text{ m} \quad (\text{Bohr 반지름}) \qquad \textbf{28-14}$$

수소 원자의 임의의 궤도반지름에 대한 일반적인 표현은 식 28-14를 식 28-13에 대입해서 얻을 수 있다.

$$r_n = n^2 a_0 = n^2(5.29 \times 10^{-11})\text{ m} \qquad \textbf{28-15}$$

수소 원자에 대한 처음 3개의 Bohr 궤도는 그림 28-9에 나타낸 것과 같다.

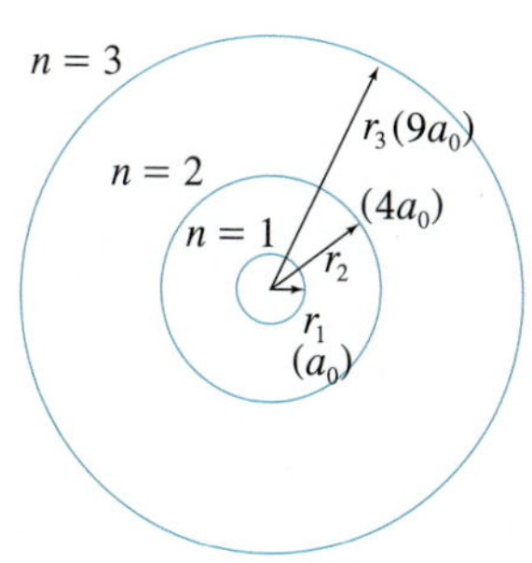

그림 28-9 수소 원자에서 첫 번째 Bohr 궤도의 반지름은 $r_1 = 5.29 \times 10^{-11}$ m(a_0) 이다.

수소 원자의 에너지 준위

식 28-13을 식 28-12에 대입하면 양자 상태의 에너지에 대한 다음과 같은 식을 얻을 수 있다.

$$E_n = -\frac{m_e k_e^2 e^4}{2\hbar^2}\left(\frac{1}{n^2}\right), \quad n = 1, 2, 3, \cdots \qquad \textbf{28-16}$$

식 28-16의 상수값은 $m_e = 9.1 \times 10^{-31}$ kg, $k_e = 8.988 \times 10^9$ N m^2/C^2, $e = 1.602 \times 10^{-19}$ C, $\hbar = 1.055 \times 10^{-34}$ J s이다. 이들 값을 대입하여 정리하면 수소 원자에 대한 Bohr 에너지 준위를 나타내는 일반식이 된다.

$$E_n = -\frac{13.6}{n^2}\text{ eV} \quad (\text{수소 원자의 에너지 준위}) \qquad \textbf{28-17}$$

가장 낮은 에너지 상태인 **바닥 상태**(ground state)는 $n = 1$에 해당하며, 에너지 값은 $E_1 = -m_e k_e^2 e^4/2\hbar^2 = -13.6$ eV이다. 그 다음 상태는 $n = 2$에 해당하며, $E_2 = E_1/4 = -3.40$ eV의 값을 가지며, 이와 마찬가지로 계속 계산할 수 있다. 바닥 상태와 비교하여 벗어나 높은 에너지 준위를 **들뜬 상태**(excited state)라고 부른다. 정상 상태의 에너지에서 나타나는 에너지 준위와 대응되는 양자수는 그림 28-10에 나타내었다. n이 증가할 때 들뜬 상태의 에너지 값들이 점점 가까워짐을 알 수 있다.

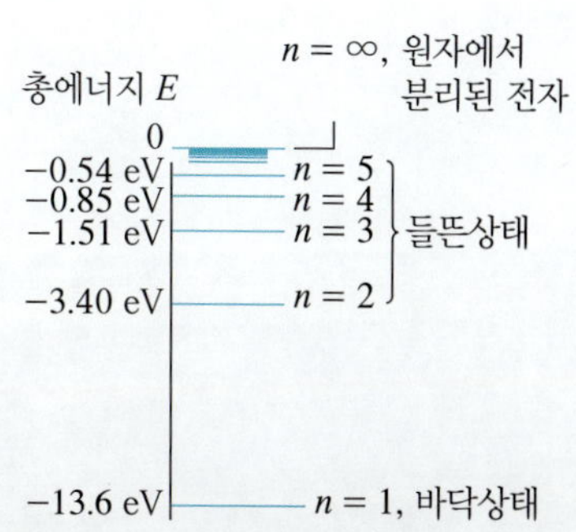

그림 28-10 수소 원자에 대한 Bohr의 에너지 준위. 바닥 상태의 준위는 −13.6 eV이며, n의 값이 커질수록 들뜬 상태의 에너지 값들이 점점 가까이 위치한다.

그림 28-10에서 가장 높은 에너지 준위는 $E = 0$이고 $n \to \infty$에 해당하며, 이 상태는 전자가 원자로부터 완전히 제거되는 경우이다. 이 상태에 있는 전자의 운동에너지와 퍼텐셜에너지는 모두 다 0이 되는데 그것은 전자가 핵으로 무한히 먼 곳에서 정지상태로 있다는 뜻이다. 원자를 이온화(즉 전자를 완전히 제거)하는 데 필요한 최소

한의 에너지를 **이온화 에너지**(ionization energy)라고 한다. 수소의 이온화 에너지는 13.6 eV이다.

수소 원자의 선 스펙트럼 해석

식 28-6과 28-16, 그리고 Bohr의 세 번째 가정은 전자가 n_i의 양자수를 가지는 한 궤도에서 n_f의 양자수를 가지는 다른 궤도로 옮겨갈 경우($n_f < n_i$일 때), 전자는 다음의 식으로 주어지는 진동수 f를 가지는 빛을 방출한다는 것을 설명한다.

$$f = \frac{E_i - E_f}{h} = \frac{m_e k_e^2 e^4}{4\pi \hbar^3}\left(\frac{1}{n_f^2} - \frac{1}{n_i^2}\right) \qquad \textbf{28-18}$$

이 식을 Rydberg 상수를 이용한 식으로 고치기 위해 $f = c/\lambda$를 대입하고 양변을 c로 나누면 다음 식을 얻는다.

$$\frac{1}{\lambda} = R_H\left(\frac{1}{n_f^2} - \frac{1}{n_i^2}\right) \qquad \textbf{28-19}$$

이때 R_H는 다음과 같다.

$$R_H = \frac{m_e k_e^2 e^4}{4\pi c \hbar^3} \qquad \textbf{28-20}$$

이 알려진 값들인 m_e, k_e, e, c, $\hbar$를 대입하면 Rydberg 상수에 대한 이론적인 값이 실제로 식 28-1부터 28-4에서 실험적으로 알아낸 값과 잘 일치하는 것을 확인할 수 있다. 예를 들어 Balmer 계열에서는 $n_f = 2$로 두고 $n_i = 3, 4, 5, \cdots$로 두면 식 28-2가 된다.

그림 28-11에 있는 수소 원자의 에너지 준위 도표는 스펙트럼이 시작된 곳을 표시하고 있다. 준위 사이의 전이는 위에서 아래로 내려오는 화살표로 나타낸다. n_i에서

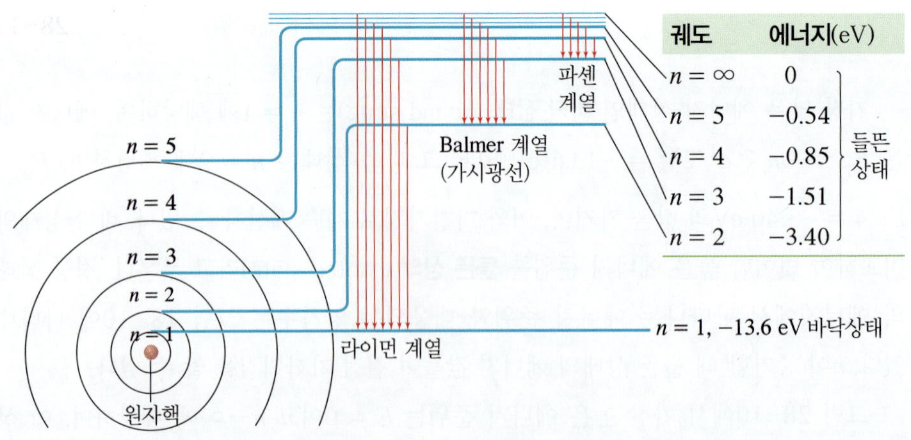

그림 28-11 수소 원자에 대한 에너지 준위 도표

n_f로 가는 (여기서 $n_i > n_f$) 전이가 있는 경우에는 언제나 $(E_i - E_f)/h$의 진동수를 가지는 광자가 방출된다. 이 과정은 Balmer 계열을 다음과 같이 해석할 수 있다. 수소 스펙트럼의 가시광선 부분은 전자가 3번째, 4번째, 또는 그보다 더 높은 궤도에서 2번째 궤도로 전이하면서 발생한다. Bohr의 이론은 수소 스펙트럼선에서 관찰된 모든 파장을 성공적으로 예측한다.

핵 주위를 도는 전자가 하나보다 많을 때는 Bohr 모형을 적용할 수 없다. 왜냐하면 이 모형은 전자끼리 서로 작용하는 정전기력을 고려할 수 없기 때문이다. 예를 들어 중성인 리튬 원자는 양성자가 3개 있는 핵 주변을 전자 3개가 돌고 있어 Bohr의 모형을 적용할 수 없다. 이와 같이 **Bohr의 모형은 단지 전자가 1개인 수소 원자에 한해 스펙트럼에서 관찰된 모든 파장을 성공적으로 설명할 뿐이다. 따라서 다른 모든 원자에 적용할 수 있는 또 다른 모형이 필요하다.**

Newton역학이 특수 상대성이론의 특수한 경우이고, v가 c보다 훨씬 작은 경우에만 적용할 수 있는 것과 비슷하게 양자화된 에너지 준위 사이의 에너지 차이가 굉장히 작은 경우에 고전이론과 일치한다. 이 원리를 **Bohr의 대응원리**(Bohr's correspondence principle)라고 한다.

예제 28-2 수소 원자의 발머 계열

문제 수소 원자에서 방출되는 스펙트럼의 Balmer 계열은 그림 28-11에서와 같이 전자들이 양자수가 $n = 2$인 상태로 전이하는 것에 해당한다. (a) Balmer 계열에서 방출된 가장 긴 파장을 가지는 광자의 파장과 진동수는 얼마인가? (b) Balmer 계열에서 방출된 가장 짧은 파장을 가지는 광자의 파장과 에너지는 얼마인가?

생각하기 방출되는 선 스펙트럼의 진동수는 파장을 알면 $c = f\lambda$로부터 구할 수 있으며, 에너지는 $E = hf$로부터 알아낼 수 있다.

풀이 (a) Balmer 계열에서 가장 긴 진동수의 파장을 가지는 광자는 $n_i = 3$인 상태에서 $n_f = 2$인 상태로 전이하는 전자로부터 방출된 광자에 해당된다. 식 28-19에 $n_i = 3$과 $n_f = 2$를 대입하면 다음과 같다.

$$\frac{1}{\lambda} = R_H\left(\frac{1}{n_f^2} - \frac{1}{n_f^2}\right) = R_H\left(\frac{1}{2^2} - \frac{1}{3^2}\right) = \frac{5R_H}{36}$$

역수를 취하고 상수값을 대입하여 파장을 구하면 다음과 같다.

$$\lambda = \frac{36}{5}R_H = \frac{36}{5(1.097 \times 10^7\ \text{m}^{-1})} = 6.563 \times 10^{-7}\ \text{m}$$

따라서 진동수는 다음과 같다.

$$f = \frac{c}{\lambda} = \frac{3.0 \times 10^8\ \text{m/s}}{6.563 \times 10^{-7}\ \text{m}} = 4.571 \times 10^{14}\ \text{Hz}$$

(b) Balmer 계열에서 가장 짧은 파장을 가지는 광자는 $n_i = \infty$에서 $n_f = 2$인 상태로 전이하는 전자로부터 방출된 광자에 해당한다. $n_i \to \infty$이므로 $1/n_i \to 0$이며 $n_f = 2$이다.

$$\frac{1}{\lambda} = R_H\left(\frac{1}{n_f^2} - \frac{1}{n_i^2}\right) = R_H\left(\frac{1}{2^2} - 0\right) = \frac{R_H}{4}$$

역수를 취하고 상수값을 대입하여 파장을 구하면 다음과 같다.

$$\lambda = \frac{4}{R_H} = \frac{4}{(1.097 \times 10^7\ \text{m}^{-1})} = 3.646 \times 10^{-7}\ \text{m}$$

그리고 이때 광자의 에너지는 다음과 같다.

$$E = hf = (6.626 \times 10^{-34}\ \text{J s})(8.228 \times 10^{14}\ \text{Hz})$$
$$= 5.452 \times 10^{-19}\ \text{J}$$

J 단위를 eV 단위로 환산하면 다음과 같다.

$$E = 5.452 \times 10^{-19}\ \text{J}\left(\frac{1\ \text{eV}}{1.602 \times 10^{-19}\ \text{J}}\right)$$
$$= 3.403\ \text{eV}$$

수소꼴 원자

지금까지 정리한 Bohr 이론은 수소와 비슷한 형태를 가지는 **수소꼴 원자**(hydrogen-like atom)에도 성공적으로 적용할 수 있다. 수소꼴 원자란 단 1개의 전자만으로 갖고 있는 원자를 말한다. 이러한 형태의 예는 전자 1개를 떼어낸 헬륨(He) 이온이나, 2개를 떼어낸 리튬(Li) 이온, 3개를 떼어낸 베릴륨(Be) 이온 등에서 볼 수 있다. Bohr의 수소 원자의 에너지 준위 식에서 e^2을 Ze^2으로 대입하면 수소꼴 원자에 대한 식으로 확장이 가능하다. 이때 Z는 원소의 **원자번호**(atomic number 原子番號)이다. 수소꼴 원자로 확장하면 양자 상태의 에너지 준위를 나타내는 식 28-16은 다음과 같이 된다.

$$E_n = -\frac{m_e k_e^2 Z^2 e^4}{2\hbar^2}\left(\frac{1}{n^2}\right), \quad n = 1, 2, 3, \cdots \qquad \textbf{28-21}$$

그리고 식 28-19는 다음과 같이 된다.

$$\frac{1}{\lambda} = \frac{m_e k_e^2 Z^2 e^4}{4\pi c\hbar^3}\left(\frac{1}{n_f^2} - \frac{1}{n_i^2}\right) \qquad \textbf{28-22}$$

이 두 식은 **수정된 Bohr 이론의 식**이라고 할 수 있다. Bohr는 자신의 이론을 전자가 여러 개인 다른 원자들까지 확장해보려고 시도하였으나 결과는 실패하였다. 하지만 오늘날까지도 전자를 여러 개 가진 원자에 대해서는 오직 근사적인 방법만이 있을 뿐이다.

전자의 수 Z가 더 많아지면, 수소꼴 원자의 에너지는 감소하는 것을 알 수 있다. 이 같은 결과의 물리적 의미는 해당 원자의 전자가 수소보다 좀 더 강하게 속박된다는 뜻이다. Bohr의 이론은 임시적으로 원자 스펙트럼의 좀 더 상세한 부분을 포함하도록 확장 수정되었으나 만족할 만큼은 아니라, 이러한 수정사항들은 Heisenberg와 Schrödinger에 의해 독립적으로 개발된 양자역학으로 모두 대체되었다.

예제 28-3 이온화된 헬륨

문제 일차 이온화된 헬륨 He^+는 수소꼴 원자이며, 바닥 상태에서 $n = 1$ 궤도에 한 개의 전자를 가지고 있다. (a) 이 원자의 바닥 상태 에너지를 eV 단위로 구하라. (b) 바닥 상태 궤도의 반지름을 구하라.

생각하기 (a) 수정된 보어 이론의 식을 이용한다. (b) 보어 반지름에 대한 식에서 e^2을 Ze^2으로 수정한다. 여기서 Z는 원자번호이다.

풀이 (a) 이 원자의 바닥 상태 에너지는 식 28-21을 이용하여 구할 수 있다.

$$E_n = -\frac{m_e k_e^2 Z^2 e^4}{2\hbar^2}\left(\frac{1}{n^2}\right) \rightarrow E_n = \frac{-Z^2(13.6\text{ eV})}{n^2}$$

헬륨의 원자번호인 $Z = 2$, 바닥 상태 에너지는 $n = 1$을 대입하여 구하면 다음과 같다.

$$E_1 = -4(13.6\text{ eV}) = -54.4\text{ eV}$$

(b) 바닥 상태의 반지름은 식 28-13에서 e^2을 Ze^2으로 바꾸어 수소꼴 원자에 대한 식으로 일반화하여 이용한다. 여기서 $n = 1$, $Z = 2$이다.

$$r_n = \frac{n^2\hbar^2}{m_e k_e Z e^2} = \frac{n^2}{Z}(a_0) = \frac{1^2}{2}(0.052\,9\text{ nm}) = 2.65 \times 10^{-11}\text{ m}$$

28-4 양자역학적으로 본 수소 원자의 상태

양자역학의 초기 가장 큰 성과 중 하나는 수소 원자에 대한 파동방정식의 풀이였다. 즉 양자역학과 Schrödinger 방정식이 제시하는 수소 원자의 모습은 몇 가지 측면에서 Bohr 모형과 다르다. Bohr 모형에서는 한 가지 정수 n(또는 m)을 가지고 여러 전자 궤도와 에너지를 나타냈다.

4종류의 양자수

양자역학에 따르면 허용되는 에너지가 오직 주양자수 n에만 의존하는 경우에는 허용되는 상태의 에너지는 Bohr 이론(식 28-16)에서 얻은 것과 정확히 일치한다. 그러나 수소 원자의 각 상태를 정확하게 표현하는 데 4가지 다른 양자수가 필요하다. 4개의 양자수에 대해 구체적으로 알아보자.

TIP 고전역학과 양자역학

고전역학 거시적 현상을 대상으로 하는 이론 체계(뉴턴역학 등). 대부분의 개념들이 경험으로부터 추정된 것으로 직관적 의미를 갖고 있다.

양자역학 미시적 현상을 대상으로 하는 이론 체계. 모든 개념들이 이전의 경험과 부합되지 않는다. 확률의 도입으로 고전역학에서 벗어나게 되었다.

1. 주양자수(principal quantum number) n

n의 값의 허용범위는 1부터 ∞까지의 정수이다. Bohr 모형에서처럼 주양자수는 원자의 총에너지를 결정하는 양의 정수이다. 즉 $n = 1, 2, 3, \cdots$ 이다. 양자역학적으로 구한 수소 원자의 에너지는 Bohr 모형으로 구한 값과 동일하다.

2. 궤도 양자수(orbital quantum number) l

이 값은 궤도운동을 하는 전자의 각운동량을 결정한다. l이 가질 수 있는 값은 n값에 따라 결정된다. 다음과 같은 정수들만 허용된다.

$$l = 0, 1, 2, \cdots, (n-1)$$

예를 들면 $n = 1$일 때 궤도 양자수는 $l = 0$만 되고, $n = 4$이면 $l = 0, 1, 2, 3$이 가능하다. 이때 전자 각운동량의 크기 L은 다음과 같다.

$$L = \sqrt{l(l+1)}\frac{h}{2\pi}, \quad L = \sqrt{l(l+1)}\hbar \tag{28-23}$$

3. 자기 양자수(orbital magnetic quantum number) m_l

자기(magnetic)라는 용어는 외부에서 자기장이 걸리면 원자의 에너지에 영향을 미치기 때문에 사용되었다. 이 효과는 네덜란드 물리학자 Zeeman이 발견하여, **제만 효과**(Zeeman effect)라고 부른다. 외부 자기장이 없으면 m_l은 에너지 준위와 무관하다. m_l이 가질 수 있는 값은 l값에 따라 다른데, 다음 양(+)의 정수와 음(−)의 정수만 허용된다.

$$m_l = -l, \cdots, -2, -1, 0, +1, +2, \cdots, +l$$

각운동량의 벡터이므로 크기와 방향이 양자화된다는 것은 놀라운 일이 아니다. 예를 들어 $l = 2$이면 5개의 방향($m_l = -2, -1, 0, 1, 2$)을 갖는데 이를 그림으로 나타내면 그림 28-12와 같다. L방향에 대한 이러한 제한을 **공간 양자화**(space quantization 空間量子化)라고 한다. 어느 경우라도 자기 양자수는 각운동량의 특정 방향, 편의상 z방향이라고 부르는 성분(L_z)을 결정한다. 그러므로 L_z와 m_l은 다

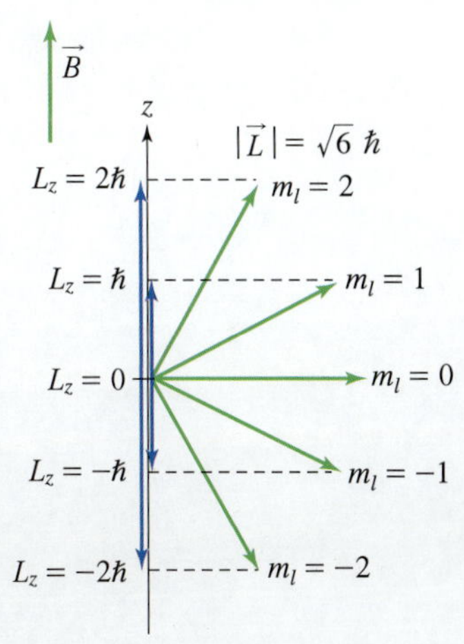

그림 28-12 $l = 2$일 때 각운동량 방향의 양자화(공간 양자화)에 대한 벡터 모형. 이때 각운동량의 크기는 모두 다 $\sqrt{6}\,\hbar$이다.

TIP 전자는 실제로 자전하는가?

전자는 물리적인 자전을 하지 않는다. 전자스핀은 전자가 마치 실제로 자전하는 것 같은 각운동량을 주는 순수한 역학적인 효과일 뿐이다.

음과 같은 관계가 있다.

$$L_z = m_l \hbar \qquad \textbf{28-24}$$

4. 스핀 양자수(spin quantum number) m_s

이 양자수는 전자가 스핀 각운동량이라고 하는 고유한 성질을 갖고 있기 때문에 필요하다. 비유적으로 표현하면 지구가 태양 주위를 공전하면서 자전하는 것처럼, 전자는 핵 주위를 공전하면서 자전한다고 상상할 수는 있다. 그러나 문자 그대로 전자가 자전하는 것은 아니다. 전자의 스핀 양자수는 두 가지 값으로 나타낸다.

$$m_s = +\frac{1}{2} \text{ 또는 } m_s = -\frac{1}{2}$$

때로는 m_s값에 해당하는 스핀 각운동량의 방향을 나타내는 데 '스핀 업(up)'과 '스핀 다운(down)'이라는 표현을 사용하기도 한다.

앞에서 설명한 수소 원자의 각 상태를 양자역학적으로 표현하는 데 필요한 4가지 양자수를 정리해보면 표 28-3과 같다.

표 28-3 수소 원자에 대한 4가지 양자수

양자수	기호	허용되는 값	허용되는 상태의 수
주양자수	n	1, 2, 3, ⋯	모든 수
궤도 양자수	l	0, 1, 2, ⋯, $n-1$	n
자기 양자수	m_l	$-l$, ⋯, −2, −1, 0, +1, +2, ⋯, $+l$	$2l+1$
스핀 양자수	m_s	$m_s = +\frac{1}{2}$, $m_s = -\frac{1}{2}$	$+\frac{1}{2}$, $-\frac{1}{2}$

양자수를 기호로 나타내는 방법

양자역학이 형성될 당시 과학자들은 주양자수 n을 가지는 모든 상태는 **껍질**(shell)을 형성한다고 말하고, n = 1, 2, 3, ⋯에 해당하는 껍질은 K, L, M, ⋯ 같은 문자로 표기하였다. 그리고 주어진 n에 대해 l값을 갖는 상태들은 **버금껍질**(subshell)을 형성한다고 표현하였다. l = 0, 1, 2, 3, 4, ⋯ 등의 상태에 해당하는 문자는 s, p, d, f, g, ⋯ 등이다. 당시의 이 같은 관습은 지금까지 그대로 사용하고 있다.

표 28-4 전자의 껍질 기호와 버금껍질 기호 표기법

n	껍질 기호	l	버금껍질 기호	최대 전자 수
1	K	0	s	2
2	L	1	p	6
3	M	2	d	10
4	N	3	f	14
5	O	4	g	18
6	P	5	h	22
⋮	⋮	⋮	⋮	⋮

수소 원자가 가지는 상태의 수

이제까지 설명한 수소 원자 상태에 대한 양자역학적 해석에 대해 정리해보자. 예를 들어 주양자수가 $n = 1$일 때와 $n = 2$일 때 수소 원자가 가질 수 있는 상태의 수를 결정해보자.

그 방법은 먼저 n값을 가지고 허용되는 l을 구하고, 각 l에 대해 m_l의 가능한 값들을 찾아나가고, 최종적으로 n, l, m_l의 각 조합에 대해 $m_s\left(+\frac{1}{2}, -\frac{1}{2}\right)$을 부여하면 된다.

- $n = 1$일 때 수소 원자는 2개의 다른 상태를 갖는다. 이 두 상태는 외부 자기장이 없으면, n값이 같으므로 같은 에너지를 갖는다.

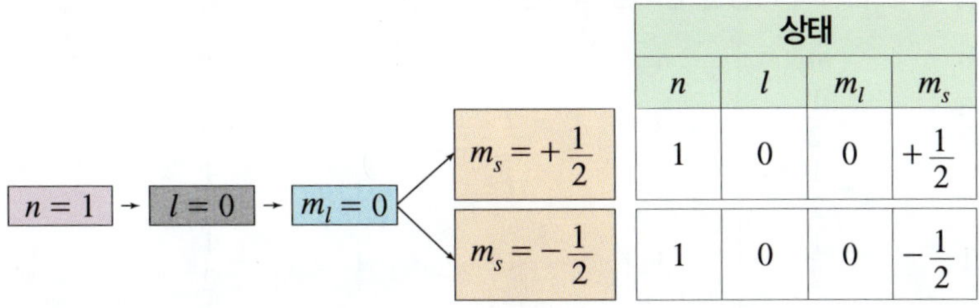

상태			
n	l	m_l	m_s
1	0	0	$+\frac{1}{2}$
1	0	0	$-\frac{1}{2}$

- $n = 2$일 때는 8가지 가능한 n, l, m_l, m_s의 조합이 있다. 같은 $n = 2$값이고 외부 자기장이 없으면 8가지 상태의 에너지는 모두 같다.

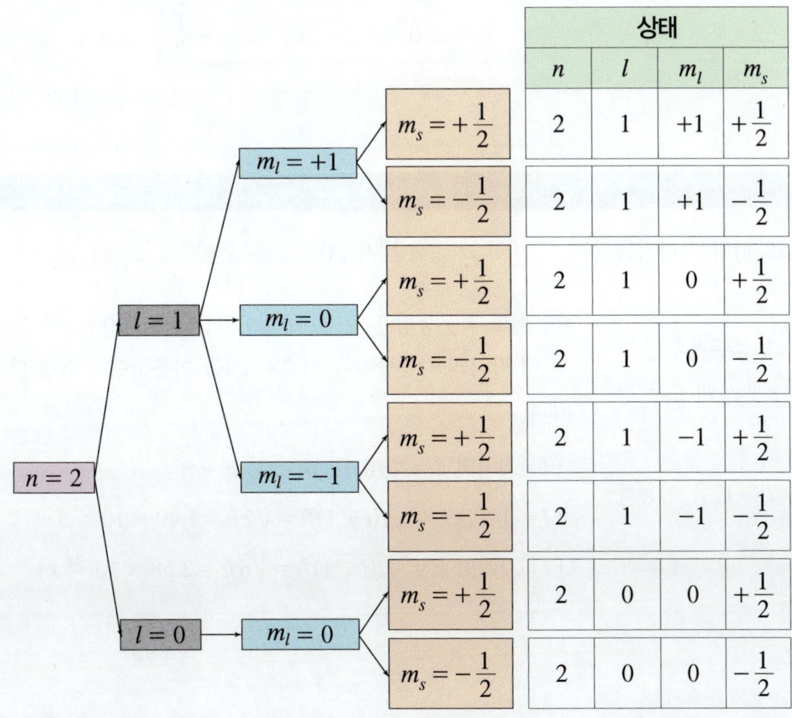

상태			
n	l	m_l	m_s
2	1	+1	$+\frac{1}{2}$
2	1	+1	$-\frac{1}{2}$
2	1	0	$+\frac{1}{2}$
2	1	0	$-\frac{1}{2}$
2	1	−1	$+\frac{1}{2}$
2	1	−1	$-\frac{1}{2}$
2	0	0	$+\frac{1}{2}$
2	0	0	$-\frac{1}{2}$

양자역학은 Bohr 모형보다 원자구조에 대해 더 정확하게 이해할 수 있게 해준다.

예제 28-4 수소 원자의 상태 구하기

문제 주양자수가 $n = 3$일 때 한 전자의 가능한 상태의 수를 구하라.

생각하기 먼저 n값을 가지고 허용되는 l을 구하고, 각 l에 대해 m_l의 가능한 값들을 찾아나가고, 최종적으로 n, l, m_l에 스핀 양자수를 부여한다.

풀이 $n = 3$일 때 l은 $l = 2, 1, 0$의 값을 가진다.

- $l = 2$일 때 $m_l = -2, -1, 0, 1, 2$의 5개의 각기 다른 상태와 이 각각의 상태에 대해 $m_s = -1/2, 1/2$이므로 총 10개의 상태를 가진다.
- $l = 1$일 때 $m_l = -1, 0, 1$이고, $m_s = -1/2, 1/2$이므로 6개의 상태를 가진다.
- $l = 0$일 때 $m_l = 0$이고, $m_s = -1/2, 1/2$이고 2개의 상태만 존재한다.

이와 같이 총 10 + 6 + 2 = 18개의 상태가 존재한다. 이를 자세하게 표로 나타내면 표 28-5와 같다.

표 28-5 주양자수가 $n = 3$일 때 한 전자의 가능한 상태를 나타낸 표

n	l	m_l	m_s	n	l	m_l	m_s
3	2	2	$\frac{1}{2}$	3	2	−2	$-\frac{1}{2}$
3	2	2	$-\frac{1}{2}$	3	1	1	$\frac{1}{2}$
3	2	1	$\frac{1}{2}$	3	1	1	$-\frac{1}{2}$
3	2	1	$-\frac{1}{2}$	3	1	0	$\frac{1}{2}$
3	2	0	$\frac{1}{2}$	3	1	0	$-\frac{1}{2}$
3	2	0	$-\frac{1}{2}$	3	1	−1	$\frac{1}{2}$
3	2	−1	$\frac{1}{2}$	3	1	−1	$-\frac{1}{2}$
3	2	−1	$-\frac{1}{2}$	3	0	0	$\frac{1}{2}$
3	2	−2	$\frac{1}{2}$	3	0	0	$-\frac{1}{2}$

예제 28-5 에너지와 궤도 각운동량

문제 주양자수가 $n = 3$일 때 (a) 각 상태(18개)의 에너지를 구하라. (b) 궤도 각운동량을 구하라.

생각하기 (a) 모든 상태가 주양자수 $n = 3$이다. 주양자수는 원자의 총에너지를 결정하는 양의 정수이므로 18개 상태 모두 같은 에너지를 갖는다.

풀이 (a) 18개 상태 모두 크기는 같으며, 식 28-17을 이용하여 구하면 다음과 같다.

$$E_n = -\frac{13.6}{n^2}\text{ eV} = -\frac{13.6\text{ eV}}{(3)^2} = -1.51\text{ eV}$$

(b) 궤도 각운동량은 주어진 l값에 의해 결정된다. $l = 2, 1, 0$일 때 각각의 각운동량을 식 28-23을 이용하여 구하면 다음과 같다.

- $l = 0$이면 $L = \sqrt{l(l+1)}\hbar = 0$
- $l = 1$이면 $L = \sqrt{l(l+1)}\hbar = \sqrt{2}\hbar = 1.49 \times 10^{-34}$ J s
- $l = 2$이면 $L = \sqrt{l(l+1)}\hbar = \sqrt{6}\hbar = 2.58 \times 10^{-34}$ J s

28–5 전자 구름

Bohr의 모형에 따르면, n번째 궤도는 반지름 r_n인 원이고, 이 궤도에서 전자의 위치를 측정할 때마다 전자는 핵으로부터 정확히 이 거리에서 발견된다. 실제로 그러한 그림은 더 이상 맞지 않고 양자역학적 그림으로 대치되어야 한다.

전자가 $n = 1$인 양자 상태에 있다고 하고, 핵에 대한 전자의 상대적 위치를 여러 번 측정한다고 상상해보자. 전자가 핵에 가까울 때도 있고, 매우 멀 때도 있으며 임의의 위치에도 있을 확률이 존재하므로 그 위치는 부정확하다. 이러한 경우 파동함수 ψ가 확률을 결정한다. 전자를 발견할 각 위치에 수많은 점을 찍어서 3차원으로 그림을 그릴 수 있다. 전자를 발견할 확률이 높은 곳에 많은 점을 찍어서 3차원 그림을 그릴 수 있다. 전자를 발견할 확률이 높은 곳에 많은 점이 찍히면, 충분한 횟수의 측정을 하고 난 후 양자역학의 상태를 나타내는 그림이 된다.

그림 28–13(a)는 $n = 1$, $l = 0$, $m_l = 0$ 상태에 있는 전자 위치의 공간적인 분포를 나타낸 것이다. 매우 많은 측정으로 인해서 많은 점들이 모여서, 밀도가 점진적으로 변하는 '구름(cloud)' 같은 모양이 된 것이다. 밀도가 높게 그려진 부분은 전자를 발견할 확률이 높은 것을 의미하고, 밀도가 낮게 그려진 부분은 전자를 발견할 확률이 낮은 것을 의미한다. 양자역학이 말하는 $n = 1$인 상태에서 전자를 발견할 확률이 가장 높은 반지름 거리를 그림 28–13(b)에 표시하였다. 이 반지름은 첫 번째 Bohr 반지름이라고 구한 5.29×10^{-11} m와 정확히 일치한다.

양자역학에 따르면 원자는 Bohr가 제시한 것처럼 명확한 경계 조건을 정의하지 않았다. 그림 28–13(b)의 확률 분포를 살펴보면, 전자는 보통 **전자 구름**(electron cloud)이라고 하는 영역의 공간에 확산되어 분포하고 있다는 것을 알 수 있다. **전자 구름은 원자핵 둘레를 돌고 있는 전자의 공간적 분포 상태를 구름에 비유하여 부르는 말이다.** 수소 원자에서 전자를 확률 구름으로 이해하는 것은 Bohr 모형에서 잘 정의된 궤도로 그린 것과 매우 다르다. 이 차이점의 근본 원인은 양자역학에서 채택한 Heisenberg의 불확정성 원리에 있다.

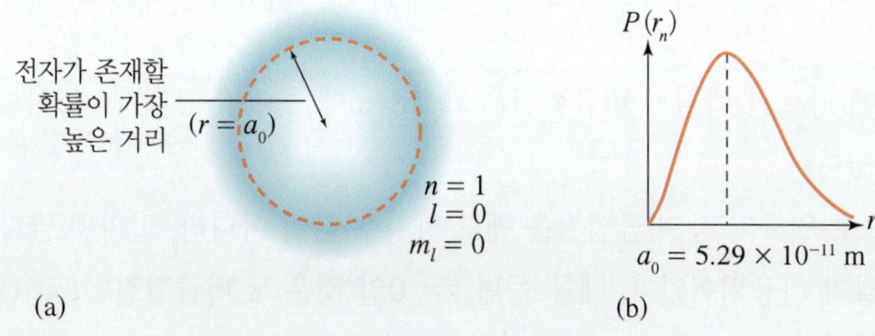

그림 28–13 (a) $n = 1$, $l = 0$, $m_l = 0$ 상태에 있는 전자위치의 공간적인 분포 (b) 핵에 대한 거리의 함수로서 바닥 상태에서 전자를 발견할 확률은 Bohr 반지름 5.29×10^{-11} m와 일치한다.

28-6 배타원리와 주기율표

Pauli의 배타원리

© Book's-Hill

볼프강 에른스트 파울리 Wolfgang Ernst Pauli, 1900~1958, 오스트리아 태생 미국의 이론물리학자

배타원리를 발견해 1945년 노벨물리학상을 받았다. 그가 발표한 배타원리는 Fermi-Dirac 통계와 저온에서 물질의 상태를 구명하는 출발점이 되었다. 상대성이론의 전개에 기여하였고, 양자론을 체계화하는 데 기여하였다.

전기적으로 중성인 원자는 원자번호 Z와 같은 수의 전자를 갖고 있다. 핵이 끌어당기는 힘 말고도, 전자 간에 서로 척력이 작용하고 있다. 이 척력은 다전자 원자의 총에너지에 기여를 한다. 따라서 수소 원자의 에너지 준위를 나타내는 식 28-17인 $E_n = -13.6/n^2$ eV는 다른 중성 원자에 그대로 적용할 수 없다. 그러나 다전자 원자를 다루는 가장 간단한 방식은 여전히 4개의 양자수(n, l, m_l, m_s)를 사용해야 한다.

어떤 원자에서 얼마나 많은 전자들이 특정 양자수를 가질 수 있을까? 이 의문에 대한 답은 오스트리아 물리학자 Pauli가 1925년에 발견한 **파울리 배타원리**(Pauli exclusion principle 排他原理)에 의해 설명된다. 그 내용은 다음과 같다.

- 한 원자 내에 있는 어떤 전자도 같은 양자상태로 존재할 수 없다. 즉 동일한 원자 내의 어떤 전자도 같은 양자수를 가질 수 없다.
- 한 원자 내의 어떤 전자도 양자수 n, l, m_l, m_s가 다 같을 수는 없다.

Pauli의 배타원리는 전자가 다른 양자수의 에너지 준위를 에너지가 높아지는 순서로 채워 나가는 것으로써 복잡한 원자의 전자 구조를 설명한다. 여기서 최외각 전자가 어떤 원자의 화학적 성질에 가장 중요하게 작용한다. 만약 이 원리가 없었더라면, 모든 전자는 결국 원자의 가장 낮은 상태로 몰려 있었을 것이고, 원소의 화학적 성질은 아마 엄청나게 달라졌을 것이다. 우리가 아는 대로의 자연은 존재하지 않을 수 있고, 그에 대해 궁금해 할 우리는 존재하지 않을 수도 있다.

전자가 원자의 버금껍질 채우는 순서

일반적인 규칙으로 전자가 원자의 버금껍질을 채우는 순서는 다음과 같다. 일단 하나의 버금껍질이 채워지면, 다음 전자는 가장 낮은 에너지를 가지는 비어 있는 버금껍질로 들어간다. 만약 원자가 가능한 가장 낮은 상태에 있지 않으면, 가장 낮은 상태가 될 때까지 에너지를 방출한다.

궤도 양자수인 버금껍질이 보유할 수 있는 전자의 수는 $2(2l+1)$개이다.

이 규칙에 따르면 껍질과 버금껍질은 표 28-6에 주어진 규칙에 따르는 전자의 수를 가질 수 있다.

역사적으로 원자의 각 버금껍질을 궤도 양자수 값이 아니라, 알파벳 글자로 나타내는 방식이 널리 사용되어왔다. 예를 들면 $l = 0$인 것은 '***s* 버금껍질**', $l = 1$인 것은 '***p* 버금껍질**', $l = 2$인 것은 '***d* 버금껍질**'이라고 부른다. 즉 버금껍질을 서로 구분할 목적으로 l값에 다음의 기호를 대응시킨다.

표 28-6 껍질과 버금껍질에 채워지는 전자의 수

껍질 (shell)	버금껍질 (subshell)	버금껍질이 가질 수 있는 최대 전자 수	버금껍질에 전자가 가득 차 있을 때의 수
K($n = 1$)	$1s(l = 0)$	2	2
L($n = 2$)	$2s(l = 0)$ $2p(l = 1)$	2 6	$(2 + 6 =)$ 8
M($n = 3$)	$3s(l = 0)$ $3p(l = 1)$ $3d(l = 2)$	2 6 10	$(2 + 6 + 10 =)$ 18
N($n = 4$)	$4s(l = 0)$ $4p(l = 1)$ $4d(l = 2)$ $4f(l = 3)$	2 6 10 14	$(2 + 6 + 10 + 14 =)$ 32

l값	0	1	2	3	4	5	⋯
기호	s	p	d	f	g	h	⋯

이렇게 글자로 표시하는 방법은 주양자수 n, 궤도 양자수 l, 버금껍질에 있는 전자 수를 한꺼번에 약식 기호로 나타낼 수 있다. 이 기호를 쓰는 예는 다음과 같다.

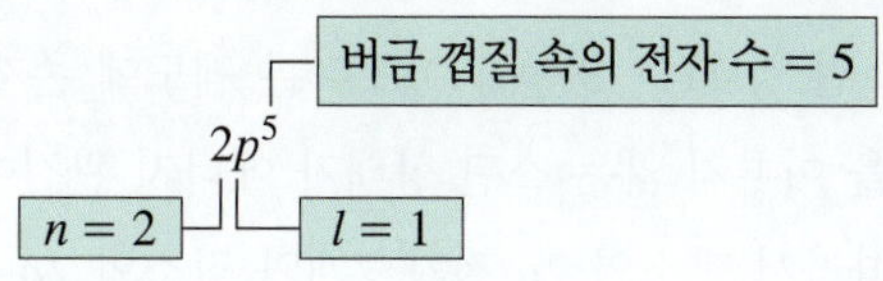

원소의 전자 배열

가벼운 원자 순서대로 몇 가지 원소의 **전자 배열**(electronic configuration 電子配列)을 조사함으로써 배타원리에 대해 이해의 폭을 넓혀보자. 예를 들어 중성 상태에 있는 수소, 헬륨, 리튬, 탄소의 전자 배열을 생각해보자.

- **수소(H):** 1개의 전자를 갖고 있으며, 바닥 상태에서 전자는 두 개의 양자수 모음인 1, 0, 0, $+\frac{1}{2}$과 1, 0, 0, $-\frac{1}{2}$ 중에서 하나에 의해 묘사할 수 있다. 이 원자의 전자 배열은 $1s^1$로 나타내며, 여기서 $1s$라는 표시는 $n = 1$이고 $l = 0$인 상태를 뜻하고, 위 첨자로 붙은 수는 이 에너지 준위에 한 개의 전자가 존재한다는 것을 나타낸다.
- **헬륨(He):** 2개의 전자를 갖고 있다. 바닥 상태에서 두 전자에 대한 양자수는 1, 0, 0, $+\frac{1}{2}$과 1, 0, 0, $-\frac{1}{2}$이다. 이 에너지 준위에서 양자수의 다른 가능한 조합은 존재하지 않으며, 이 경우 K껍질이 가득 채워졌다고 한다. 헬륨의 전자 배열은 $1s^2$로 나타낸다.
- **리튬(Li):** 3개의 전자를 가진다. 그중 바닥 상태에서 2개는 $1s$ 버금껍질에 존재하고, 나머지 하나는 $2s$ 버금껍질에 존재한다. $2s$ 버금껍질이 $2p$ 버금껍질보다

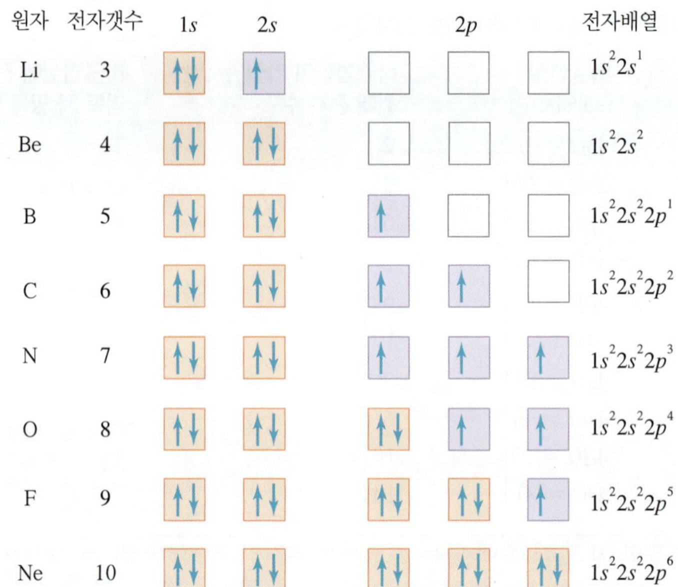

그림 28-14 전자 상태의 배열은 Pauli의 배타원리와 Hund의 규칙에 따라 배열된다.

에너지가 낮기 때문이다. 따라서 리튬의 전자 배열은 $1s^2 2s^1$로 나타낸다.

- **탄소(C):** 6개의 전자가 존재하며, 2개의 $2p$ 전자에 대한 배열상태를 생각해보자. 두 전자가 동일한 궤도에서 쌍을 이루는 스핀(↑↓) 상태로 존재할까? 아니면 쌍을 이루지 않는 스핀 상태(↑↑ 또는 ↓↓)로 다른 궤도에 존재할까? 실험결과에 의하면 후자, 즉 쌍을 이루지 않는 스핀 상태가 에너지 관점에서 가장 안전한 상태로 알려져 있다. 따라서 탄소의 $2p$ 전자 2개와 질소의 $2p$ 전자 3개는 쌍을 이루지 않는 스핀 상태로 존재한다. 즉 탄소는 $1s^2 2s^2 2p^2$의 배열을 보인다.

주기율표에서 이런 현상을 지배하는 일반적인 규칙을 **훈트의 규칙**(Hund's rule)이라 한다. 탄소와 같은 원소에서의 규칙은 **원자가 에너지가 같은 궤도를 여러 개 가지는 경우, 전자가 궤도를 채우는 순서는 쌍을 이루지 않는 스핀이 가장 많은 방법으로 채우는 것이다.** 이 규칙에 대한 예외적인 경우는 버금껍질이 거의 채워졌거나 절반이 채워졌을 때 발생한다.

주기율표

1871년 러시아 화학자인 Mendeleyev는 그 당시까지 알려진 원소들을 원자질량과 화학적 유사성에 따라 표에 정리하였다. 원자를 질량의 증가에 따라 나열하고, 특히 비슷한 화학적 성질을 가지는 원소들을 같은 열에 배치하였다. 오늘날의 주기율표는 이 책의 뒤편 부록에 나타내었다. 주기율표에 원소의 정보를 표시하는 방법은 그림 28-15(a), (b)와 같이 여러 방법이 있다. 그림 28-15(a)와 같이 각 사각형 안에는 원자번호 Z와 원소기호, 원자질량(원자질량단위)을 표기하며, 마지막 하단에는 원소의 바닥 상태를 표기한다. Mendeleyev가 제안한 첫 번째 표는 여러 개의 빈칸이 있었고, 그는 대담하게도 빈칸에 들어갈 원소들은 아직 발견되지 않았을 뿐이라고 주장하였다. 비어 있는 원

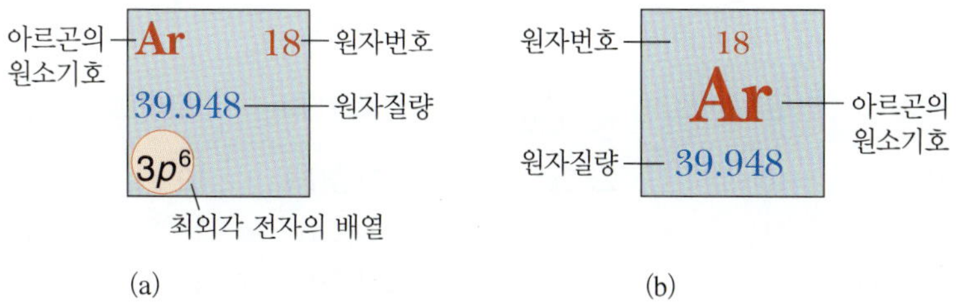

그림 28-15 주기율표 원소의 정보를 표시하는 방법

소들이 채워져야 할 위치에 따라, 그는 원소들이 가질 화학적 성질을 어느 정도 예측할 수 있었다. 이러한 발표 후 20년이 지나지 않아 그 원소들은 실제로 발견되었다.

현재의 주기율표는 족을 따라서 유사한 화학적 성질을 갖도록 배열되어 있다. 이 중에서 몇 가지 사항을 예를 들어 살펴보자.

- **주기율표의 첫 번째 족에 있는 원소들은 알칼리 금속(alkali metal)으로 부르며, 화학적으로 대단히 반응성이 강하다.** 알칼리 금속 원소들은 모두 s 버금껍질에 하나의 최외각 전자를 갖고 있다. 이 전자는 그보다 더 안쪽 껍질에 있는 모든 전자에 의해 핵으로부터 가로막힌다. 결과적으로 원자에 대한 속박이 느슨하며, 분자를 형성하는 다른 원자에서 손쉽게 받아들일 수 있게 되어 강한 결합을 하게 된다.
- **주기율표의 일곱 번째 족에 있는 원소들은 할로젠(halogen)이라고 부르며, 화학적으로 반응성이 강하다.** 이 원소들은 모두 버금껍질에 하나의 전자가 모자란 상태이고, 따라서 이들은 분자를 형성할 때 다른 원자로부터 전자를 손쉽게 받아들이기 때문에 이러한 원소들은 매우 활성적이다. 따라서 할로젠 원소는 다른 전자를 받아들여 −1가가 된다. 이것은 1개의 전자를 얻었음을 의미하며 결과적으로 알짜전하가 $-1e$인 이온이 된다.
- **주기율표의 마지막 족에 있는 원소들인 He(헬륨), Ne(네온), Ar(아르곤), Kr(크립톤), Xe(제논), Rn(라돈)을 생각해보자. 이 원소들의 눈에 띄는 특징은 일반적으로 다른 원소와 분자를 형성하거나 화학반응에 참여하지 않는다는 것이다.** 이런 이유로 이 원소들을 **불활성 기체**(noble gases 不活性氣體)라고 한다. 모든 불활성 기체는 껍질과 버금껍질이 완전히 채워진 원자이다. 즉 최외각 껍질이 완전히 채워지고, 전자는 구대칭으로 분포된다. 이렇게 완전한 구대칭 분포는 다른 전자를 쉽게 끌어당기거나 자신의 전자를 쉽게 잃지 못한다(이온화 에너지가 크다). 이 때문에 비활성이 된다.

  네온의 전자 배열은 $1s^2 2s^2 2p^6$로 최외각 껍질이 가득 차 있고, $2p$ 준위와 $3s$ 준위 사이에는 큰 에너지 차이가 있다. 아르곤은 $1s^2 2s^2 2p^6 3s^2 3p^6$의 전자 배열을 가지며, $3p$ 버금껍질은 가득 차 있고, $3p$ 버금껍질과 $3d$ 버금껍질 사이에는 넓은 에너지 간극이 존재한다. 모든 불활성 기체를 통틀어 이러한 규칙은 똑같다. 즉 불활성 기체는 껍질이나 버금껍질이 가득 차 있을 때, 그리고 그 다음의 가능한 준위와는 큰 에너지 차이가 있는 상황에 도달한 경우 형성된다. 몇 가지 원소의 전자 배열은 표 28-7과 같다.

드미트리 이바노비치 멘델레예프
Dmitry Ivanovich Mendeleyev,
1834~1907, 러시아의 물리학자

화학 원소들의 상호관계를 밝혀 화학의 기초를 확립하는 데 크게 기여했다. 여러 원소들의 화학적인 관계를 분류하여 주기율표를 작성했으며, 이 주기율표는 대부분의 화학 이론의 뼈대가 되었다. 상트페테르부르크대학에서 학생들을 지도하면서 고전적인 교과서 ≪화학의 원리≫를 집필하여 화학에 대한 학문적 체계를 수립하였다.

표 28-7 몇 가지 원소의 전자배열

원소(기호)	원자번호(Z)	바닥 상태 전자배열	원소(기호)	원자번호(Z)	바닥 상태 전자배열	원소(기호)	원자번호(Z)	바닥 상태 전자배열
수소(H)	1	$1s^1$	네온(Ne)	10	$2s^22p^6$	포타슘(K)	19	$4s^1$
헬륨(He)	2	$1s^2$	소듐(Na)	11	$3s^1$	칼슘(Ca)	20	$4s^2$
리튬(Li)	3	$2s^1$	마그네슘(Mg)	12	$3s^2$	스칸듐(Sc)	21	$3d^14s^2$
베릴륨(Be)	4	$2s^2$	알루미늄(Al)	13	$3s^23p^1$	타이타늄(Ti)	22	$3d^24s^2$
붕소(B)	5	$2s^22p^1$	규소(Si)	14	$3s^23p^2$	바나듐(V)	23	$3d^34s^2$
탄소(C)	6	$2s^22p^2$	인(P)	15	$3s^23p^3$	크로뮴(Cr)	24	$3d^54s^1$
질소(N)	7	$2s^22p^3$	황(S)	16	$3s^23p^4$	망가니즈(Mn)	25	$3d^54s^2$
산소(O)	8	$2s^22p^4$	염소(Cl)	17	$3s^23p^5$	철(Fe)	26	$3d^64s^2$
플루오린(F)	9	$2s^22p^5$	아르곤(Ar)	18	$3s^23p^6$			

※ 리튬~네온은 앞부분 $1s^2$를 생략하였고, 나트륨~아르곤은 $1s^22s^22p^6$을 생략하였고, 포타슘~철은 $1s^22s^22p^63s^23p^6$을 생략하였다.

28-7 X선 스펙트럼

특성 X선 빛띠

X선은 독일에서 주로 활동한 네덜란드의 물리학자 Röntgen에 의해 발견되었다. X선은 전자가 큰 전위차에 의해 가속되어, 몰리브덴이나 백금 등으로 만든 금속 표적과 충돌할 때 만들어진다. X선을 발생시키는 구성물들은 그림 28-16에서와 같이 진공인 유리관이나 특수 용기 속에 들어 있다.

© Book's-Hill

빌헬름 콘라트 뢴트겐 Wilhelm Conrad Röntgen, 1845~1923
네덜란드 태생의 독일 물리학자

파장이 짧은 전자기파인 X선(뢴트겐선)을 발견하였으며, 이 업적으로 1901년 노벨물리학상을 수상하였다. 취리히 공과대학에서 공부할 때에 열역학자인 클라우지우스의 영향을 많이 받았다. 뢴트겐의 이름을 따서 X선과 감마선과 같은 전리방사선의 단위로 '뢴트겐'(기호 R)을 사용한다.

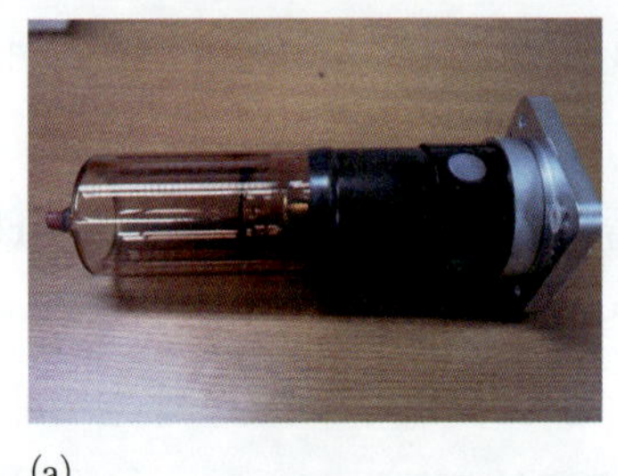

(a)

(b)

그림 28-16 X선관. (a) 네덜란드 SIEVERT에서 제작하였으며, 표적 물질은 몰리브덴(Mo)이다. (b) 일본 도시바에서 제작하였으며, 표적 물질은 로듐(Rh)이다.

단위파장당 X선의 세기를 파장에 대해 그려보면 그림 28-17과 같다. X선의 스펙트럼은 전형적으로 넓고 연속적인 띠와 표적에 사용된 금속에 따라 달라지는 날카롭고 높은 밝기를 가지는 선들의 계열로 구성된다. 이 스펙트럼 중에서 뾰족한 선은 표적 물질의 특성이 되기 때문에 **특성 X선 빛띠**(characteristic X-rays) 또는 **특성선**이라고 부른다. 반면에 넓고 연속적인 스펙트럼은 **제동 복사**(bremsstrahlung 制動輻射)라 하고 전자가 감속할 때나 표적을 때리면서 정지할 때 나온다.

특성 X선 빛띠가 발생되는 과정을 양자역학적인 관점에서 생각해보자.

- 가속되어 입사된 전자가 표적 물질을 이루는 원자의 가장 안쪽 껍질인 K껍질에

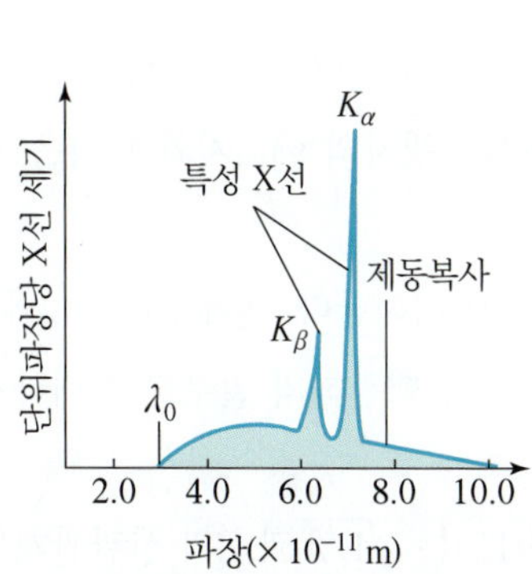

그림 28-17 몰리브데넘 표적에 전위차 45 kV로 가속된 전자들이 부딪칠 때 나타나는 X선 스펙트럼

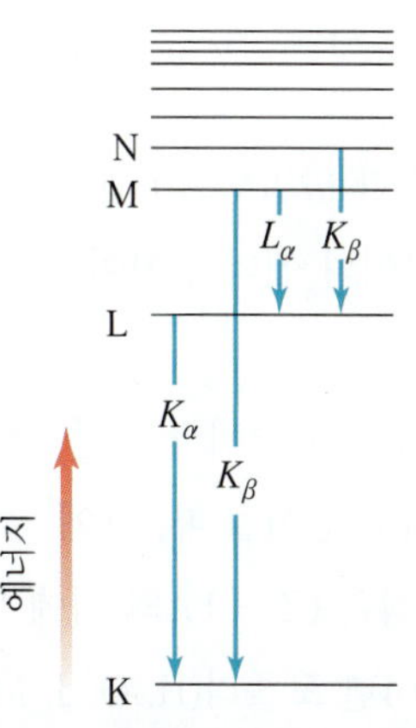

그림 28-18 특성 X선 빛띠를 방출할 때, 에너지 준위 사이의 관계

서 전자를 제거하였다고 가정하자. 만약 전자가 그 다음으로 높은 껍질인 L껍질에서 떨어져 내려와서 빈자리를 채웠다면, 이러한 과정에서 방출된 광자는 그림 28-17의 곡선에서의 K_α선에 해당하는 에너지를 갖는다. 여기서 K는 전자의 나중준위를 나타내고, 첨자 α는 그리스 알파벳의 첫 글자로서 처음준위가 나중준위보다 하나 위인 경우를 나타낸다. 그림 28-18은 이러한 전이 과정도 보여주고 있다. 즉 K_α선 $n = 1$인 준위에 만들어 놓은 빈자리에 $n = 2$인 준위에 있던 전자가 떨어질 때 발생한다.

- 만약 빈자리가 M껍질에서 떨어져 내려온 전자에 의해 채워졌다면, 이때 발생한 선은 K_β선이 생성된다. 즉 K_β는 $n = 3$인 준위에 있던 전자가 $n = 1$인 준위로 떨어질 때 발생한다.
- 또 L선은 L껍질에 있는 빈자리에 더 높은 껍질에서 떨어져 내려온 전자로 채워질 때 발생된다. L_α선은 M껍질에서 L껍질로 전자가 떨어지면서 발생하고, L_β선은 N껍질에서 L껍질로 전이할 때 발생된다.

특성 X선의 에너지와 모즐리 도표

특성 X선이 방출될 때 가지는 에너지는 어떻게 측정되는지 알아보자. 원자번호가 Z인 원자의 K껍질에 있는 2개의 전자를 생각해보자. 각각의 전자는 서로를 핵전하 Ze로부터 부분적으로 차단하며, 따라서 각각은 유효 핵전하인 $Z_{유효} = (Z - 1)e$에 놓여 있게 된다. 이제 K껍질 $n = 1$에 있는 전자 중에서 하나가 가지는 에너지 E_K를 구하기 위해, 식 28-21의 변형된 형태를 사용하자. E_0을 바닥 상태의 에너지라고 하면 다음과 같이 정리할 수 있다.

$$E_K = -\frac{m_e k_e^2 Z_{유효}^2 e^4}{2\hbar^2} = -Z_{유효}^2\ E_0 \qquad 28\text{-}25$$

식 28-25에 $Z_{유효} = (Z - 1)$을 대입하여 원자의 유효에너지 E_K를 구하면 다음과 같다.

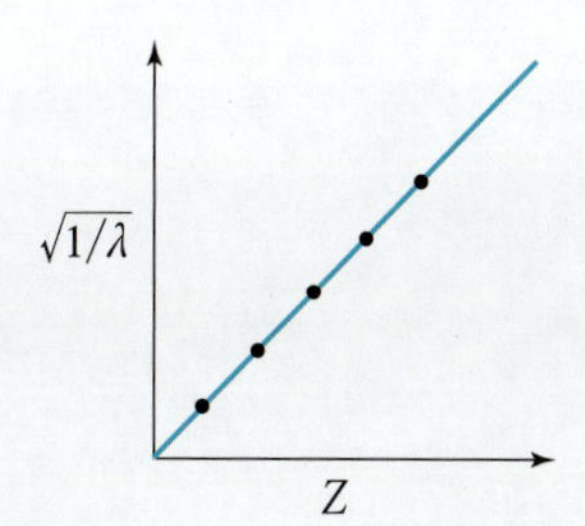

그림 28-19 K_α X선의 $\sqrt{1/\lambda}$ 값 대 Z 값의 비교 그림

$$E_K = -(Z-1)^2(13.6\text{ eV}) \tag{28-26}$$

비슷한 방법으로 L껍질이나 M껍질에 있는 전자의 에너지도 추정할 수 있다. 이 두 준위 사이의 에너지 차이를 계산하면, 이제 방출된 광자의 에너지와 파장을 계산할 수 있다.

특성 X선 중에서 가장 짧은 파장은 Z^2의 역에 비례한다. 실제로 $n = 2$에서 $n = 1$인 상태로 전이될 때, $1s$에 남아 있는 1개의 전자가 핵전하의 일부를 차폐하기 때문에 전이파장은 $(Z-1)^2$의 역에 비례한다.

1914년 모즐리(H. G. J. Mosely, 1887~1915)는 $\sqrt{1/\lambda}$과 Z의 상관관계를 밝히고 그림 28-19에서와 같이 직선이 됨을 발견하였다. 이 그래프를 통해 그동안 발견되지 않은 원소들의 Z값을 결정할 수 있었고, 원소의 화학적 성질과 잘 일치하는 주기율표를 만들 수 있었다. 많은 원소의 Z값은 **모즐리 도표**(Moseley plot)에 의해 결정된다.

예제 28-6 백금의 K_α 특성 X선

문제 보어 모형을 이용하여 백금($Z = 78$)의 K_α특성 X선의 파장을 구하라.

생각하기 수소 원자의 스펙트럼에서 기술한 예제 28-1과 비슷하다. 핵의 인력을 상쇄시키는 K껍질 전자 1개의 차폐효과를 고려해서 Z값으로 78 대신 77을 쓴다.

풀이 식 28-5의 $\dfrac{1}{\lambda} = R_H\left(\dfrac{1}{m^2} - \dfrac{1}{n^2}\right)$에서 n은 처음값 2이고, m은 나중값 1이다. 따라서 다음과 같다.

$$\begin{aligned}\frac{1}{\lambda} &= (1.097\times10^7\text{ m}^{-1})(77^2)\left(\frac{1}{1^2}-\frac{1}{2^2}\right)\\ &= 4.9\times10^{10}\text{ m}^{-1}\end{aligned}$$

따라서 구하는 파장은 다음과 같다.

$$\lambda = 2.0\times10^{-11}\text{ m}$$

차단 파장

X선 스펙트럼의 흥미로운 특징 중 하나는 제동 복사의 단파장 쪽에 있는 파장 λ_0에서 스펙트럼이 날카롭게 끊긴다는 점이다. 이 파장은 표적 물질과는 무관하나, 입사 전자의 에너지에 의존한다. 입사 전자가 X선관에 있는 금속 표적에 의해 감속될 때, 잃을 수 있는 최대 에너지는 자신이 처음에 가진 운동에너지이다. 그래서 방출된 X선 광자는 최대한 전자의 운동에너지와 같은 값을 가질 수 있고 진동수는 $f = (KE/h)$이다.

정지 상태의 전자를 전위차 V로 가속시켜 얻을 수 있는 운동에너지는 eV이다. 따라서 광자의 최대 진동수 $f_0 = (eV)/h$이고, $f_0 = c/\lambda_0$이므로 최대 진동수에 해당하는 최소 파장은 다음과 같이 표현된다.

$$\lambda_0 = \frac{hc}{eV} \tag{28-27}$$

이 최소 파장을 **차단 파장**(cutoff wavelength 遮斷波長)이라고 부른다.

예제 28-7 X선 차단파장 구하기

문제 41 kV로 가속되는 X선관에서 방출되는 가장 짧은 차단 파장은 얼마인가?

생각하기 차단 파장은 제동 복사의 단파장 쪽에서 스펙트럼이 날카롭게 끊기는 점으로, 표적 물질과는 무관하고, 입사 전자의 에너지에 의존한다.

풀이 식 28-27을 이용하여 차단 파장을 구하면 다음과 같다.

$$\lambda_0 = \frac{hc}{eV} = \frac{(6.6\times10^{-34}\ \mathrm{J\,s})\times(3.0\times10^{8}\ \mathrm{m/s})}{(1.6\times10^{-19}\ \mathrm{C})\times(4.1\times10^{4}\ \mathrm{V})}$$
$$= 3.0\times10^{-11}\ \mathrm{m}$$

이 값은 그림 28-17의 실험값과 잘 일치한다.

X선의 이용

X선이 발견되자마자 의료계에서 진료 목적으로 이용되기 시작하였다. 병원에서 X선 촬영을 할 때, X선이 환자를 통과해서 필름에 닿게 된다. X선에 감광된 필름을 현상하면 뼈 등의 모습을 볼 수 있다. 뼈의 단단한 구조는 부드러운 조직보다 훨씬 많은 X선을 흡수하여 그림자 형태로 필름을 감광시킨다.

X선 촬영장치는 신체 물질을 한 층을 통과한 후 또 다른 여러 층을 통과하므로 모든 그림자가 중첩되어 필름에 나타나므로 정확한 판독이 쉽지 않다. 이러한 단점을 보완한 장치가 바로 CT(computer-assisted tomography)이다. CT는 우리말로 **컴퓨터단층촬영장치**라고 하는데, 신체 내 특정 위치에서 나온 상을 얻기 위해 X선의 영상 기능을 확장한 것이다. 이 장치는 많은 X선 빔들을 부챗살처럼 동시에 환자의 신체를 통과시켜 반대편 검출기에서 신체를 통과하여 나온 빔의 세기를 측정한다. X선 빔이 통과한 신체 물질의 성질과 방향에 따라 빔의 세기가 어떻게 달라지는지를 컴퓨터로 분석하여 보다 정밀하고 선명한 상을 얻을 수 있다.

X선의 또 다른 사용 예는 **광전자분광기**(XPS; X-ray photoelectron spectroscopy 光電子分光器)가 있다. 이 기기는 시료에 X선을 입사시켜 방출되는 광전자를 이용하여 고체 표면과 계면의 구성원소나 화학결합 상태 및 박막의 깊이를 측정하는 장치이다. 에너지원으로 X선이 사용되어 절연체에 적용이 가능하므로 도체 및 반도체 절연박막을 분석할 수 있는 장점을 가진다.

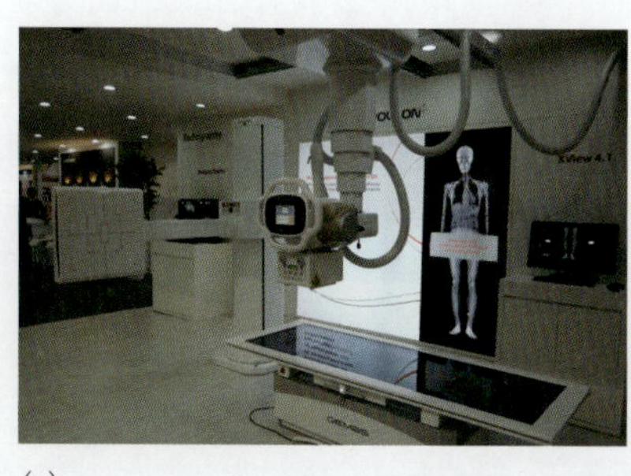

(a)

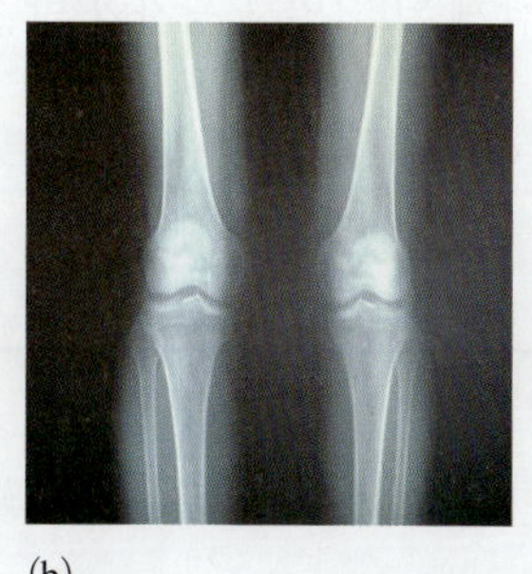

(b)

그림 28-20 (a) 국제의료기기전시회에 출품된 병원용 X선 촬영장치 (b) 사람 무릎의 X선 영상

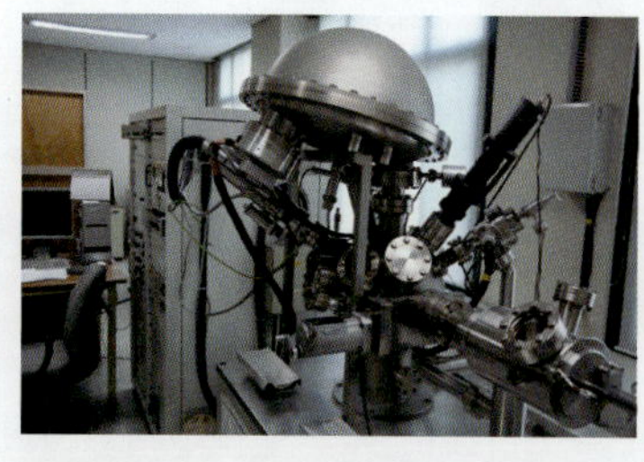

그림 28-21 X선을 에너지원으로 사용하여 시료 표면을 분석하는 광전자분광기(XPS)

28-8 원자 전이

자발 방출과 유도 방출

지금까지 원자는 여러 가능한 상태 사이의 에너지 차이에 해당하는 특정한 진동수의 복사만이 방출하는 현상에 대해 기술하였다. 그러나 원자 중에는 가능한 많은 에너지 상태(E_1, E_2, E_3, ⋯)를 가진 경우도 있다.

빛이 이러한 원자에 입사되면, 원자 준위 사이의 에너지 차이 ΔE에 상응하는 에너지 hf를 가진 광자만이 흡수될 수 있다. 이러한 과정을 **유도 흡수**(induced absorption 誘導吸收)라고 하는데, 광자가 원자를 자극하여 위쪽으로 전이하도록 유도하기 때문이다. 상온에서 대부분의 원자는 바닥 상태에 있다. 기체 상태에 있는 많은 원자를 담은 용기에 가능한 모든 광자의 진동수(연속 스펙트럼)를 포함하는 빛을 비춰주면, $E_2 - E_1$, $E_3 - E_1$, $E_4 - E_1$ 등의 에너지를 갖는 광자만이 원자에 흡수되어 들뜬 상태가 되어 더 높은 에너지 상태에 있게 된다.

원자가 일단 들뜬 상태에 있게 되면 그림 28-22(a)에 나타낸 것과 같이 광자를 방출하면서 낮은 준위로 되돌아갈 수 있는 일정한 확률이 존재한다. 이러한 과정을 **자발 방출**(spontaneous emission 自發放出)이라고 한다. 보통 원자는 들뜬 상태에서 겨우 10^{-8} s 정도 머물게 된다. 이때 원자는 외부의 자극 없이 아무 방향으로나 광자를 방출한다.

자발방출 외에도 **유도 방출**(stimulated emission 誘導放出)도 발생한다. 그림 28-22(b)에서는 유도 방출 과정을 보여주는데, 원자가 들뜬 상태 E_2에 있다고 가정하자. 만약 들뜬 상태가 **준안정 상태**(metastable state 準安定狀態)이면, 즉 준안정 상태의 수명이 일반적 들뜬 상태의 수명인 10^{-8} s보다 길면 자발 방출이 일어나기까지의 시간 간격도 상대적으로 길어진다. 준안정 상태 동안 $hf = E_2 - E_1$의 에너지를 가진 광자가 원자에 입사하였다고 하면 두 가지 가능한 경우가 발생한다. 하나는 입사한 광자의 에너지가 원자를 이온화시킬 만큼 충분히 역량이 있는 경우이고, 또 하나의 경우는 입사한 광자와 원자 간의 상호작용이 원자를 바닥 상태로 돌아가게 할 수 있어서 $hf = E_2 - E_1$의 에너지를 가진 두 번째 광자를 방출하는 데 기여하는 것이다. 이 과정에서 입사된 광자는 흡수되지 않는다. 그래서 유도 방출 후에는 동일한 에너지를 가진 두 광자가 남게 된다(입사 광자와 방출 광자).

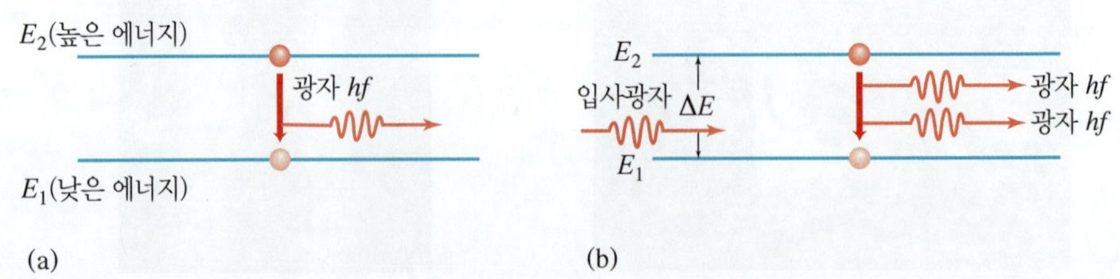

그림 28-22 (a) 원자가 높은 준위에서 낮은 준위로 외부의 자극 없이 전이할 때, 광자의 자발 방출을 나타내는 그림으로, 이때 광자는 아무 방향으로나 진행한다. (b) hf의 에너지를 가지는 광자가 들어오면서 발생하는 광자의 유도 방출을 나타내는 그림. 처음에 원자는 들뜬 상태에 있다.

유도 방출에는 다음과 같은 특징이 있다.

- 광자 1개가 들어가서 2개의 광자가 나온다. 이 과정은 광자수를 증폭시킨다.
- 방출된 광자는 입사광자와 같은 방향으로 이동한다.
- 방출된 광자는 입사광자와 정확히 같은 위상을 갖는다. 두 광자가 내는 전자기파는 가간섭성이 있다.

레이저

레이저의 원리를 양자역학적인 관점에서 기술해보자. 레이저(LASER)는 **l**ight **a**mplification by the **s**timulated **e**mission of **r**adiation의 약자로 우리말로 **'복사선의 유도 방출에 의한 빛의 증폭'**이라고 한다. 레이저가 가지는 밝기가 높고 결맞은(위상이 맞는) 빛은 유도방출의 결과이다. 레이저에서 전압은 바닥 상태보다 들뜬 상태에 더 많은 전자들이 들어가도록 하는 데 사용된다. 이 과정을 **밀도 반전**(또는 밀도 뒤집힘, population inversion 密度反轉)이라고 부른다. 그림 28-23은 두 에너지 준위에서의 정상적인 분포와 밀도 반전 상태를 비교한 것이다. 밀도 반전은 레이저 작동과 관련된 기본원리이다.

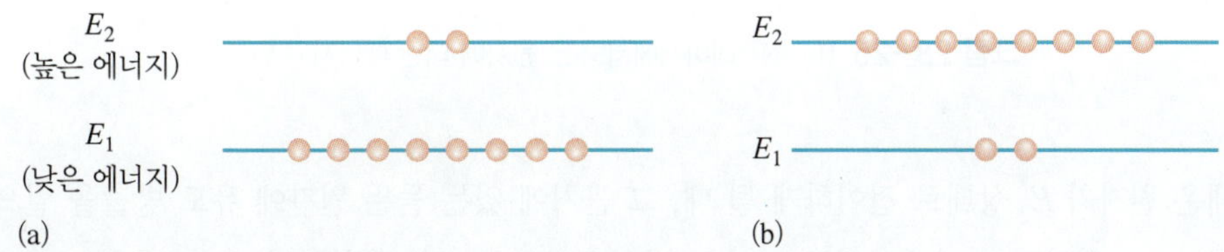

그림 28-23 (a) 상온의 정상적인 환경에서, 원자 내 대부분의 전자들은 낮은 에너지 준위, 즉 바닥 상태에서 발견된다. (b) 외부 에너지원에 의해 전자들이 높은 에너지 준위로 올라가면 더 많은 전자들이 낮은 에너지보다는 높은 에너지 준위에 있는 밀도 반전이 일어난다.

유도 방출이 레이저 빛으로 만들어지기 위해서는 광자수의 축적이 반드시 필요하다. 이런 축적은 다음 조건이 만족되어야 한다.

- 계에 밀도 반전이 있어야 한다. 바닥 상태의 원자수보다 들뜬 상태의 원자수가 많아야 한다.
- 계의 들뜬 상태는 준안정 상태이어야 한다. 준안정 상태에서는 일반적인 들뜬 상태에 전자들이 머무는 시간(10^{-8} s 정도)보다 훨씬 긴 시간(10^{-3} s) 동안 전자들이 머물 수 있다.
- 방출 광자는 매우 오랫동안 계에 갇혀 있으면서, 다른 들뜬 원자로부터 추가 방출을 유도할 수 있어야 한다. 이를 위해 계의 양쪽 끝 부분에는 반사거울을 설치한다.

그림 28-24는 He-Ne 기체 레이저의 내부 구조를 나타낸 것이다. 헬륨과 네온의 혼합물을 양쪽 끝이 거울로 막혀 있는 유리관 안에 봉입시킨 후, 유리관 양쪽에 높은 전압을 인가시켜 기체 원자와 전자가 충돌하면서 원자들을 들뜬 상태로 만들게 된다.

이때 네온 원자는 E_3^* 상태로 들뜨게 되고, 역시 들뜬 헬륨 원자와 충돌하게 된다.

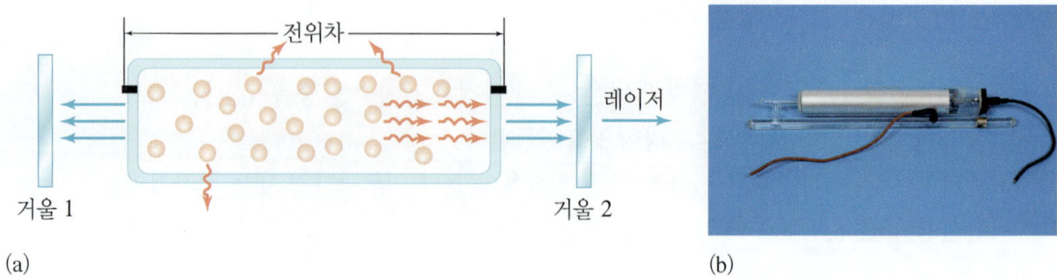

그림 28-24 He-Ne 레이저 내부 구조 (a) 개략도 (b) 사진

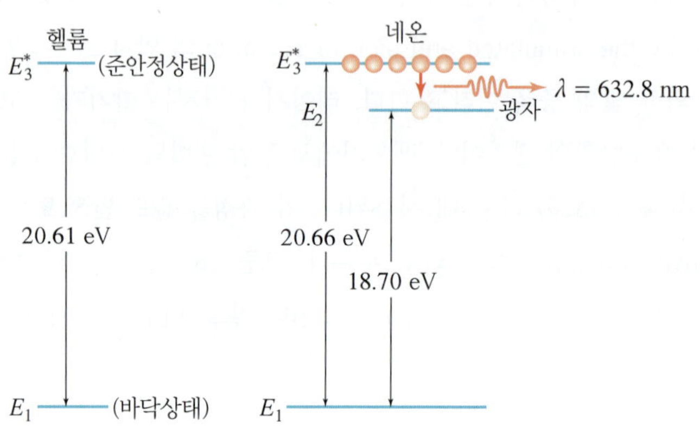

그림 28-25 He-Ne 레이저에서 네온 원자에 대한 에너지 준위

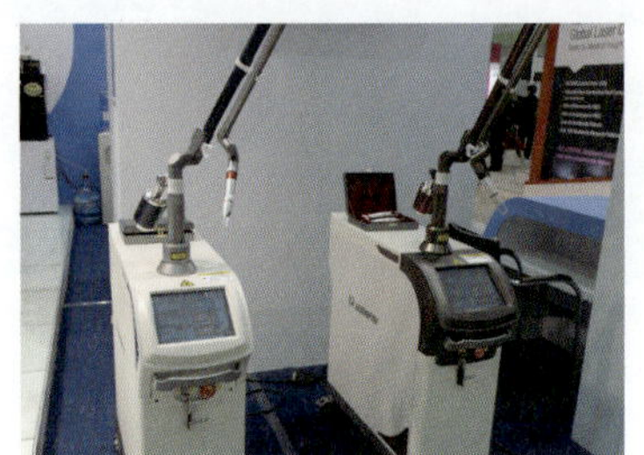

그림 28-26 피부의료용으로 이용되는 이산화탄소 레이저

네온 원자가 E_2 상태로 전이하게 될 때, 그 근처에 있는 들뜬 원자에 유도 방출을 일으킨다. 그 결과로서 만들어지는 결맞은 빛은 632.8 nm의 파장을 갖는다. 그림 28-25는 He-Ne 기체 레이저에서 네온 원자에 대한 에너지 준위 그림으로, 레이저 빛살이 만들어지는 과정이 단계별로 요약되어 있다.

레이저는 20세기 인류의 발명품 가운데 인공적으로 빛을 얻는다는 점에서 아주 유용하다. He-Ne 레이저 외에도 여러 종류의 레이저가 있는데, 루비 레이저, 아르곤이온 레이저, 이산화탄소 레이저, 갈륨비소(GaAs) 반도체 레이저, 화학 염료 레이저 등이다. 의료, 산업, 무기, 통신 등 여러 분야에서 폭넓게 사용되고 있다.

28-9 고체의 띠이론

2개의 수소 원자가 서로 접근할 때 파동 함수들은 겹쳐지고, 두 개의 1*s*상태(각 원자당 1개씩)는 2개의 다른 에너지 상태로 나누어진다. 그림 28-27(a)은 두 원자의 1*s*와 2*s*상태들에 대한 이러한 상황을 보여준다. 만약 6개의 원자들이 그림 28-27(b)와 같이 서로 접근하게 되면, 각각의 상태들은 6개의 준위로 갈라지게 된다. 만약 수많은 원자들이 고체를 형성하기 위해 서로 접근하게 되면, 원래의 에너지 준위들은 그림 28-27(c)에서처럼 **띠**(band) 가 된다. 에너지 준위들은 각 띠에서 서로 너무 가까워서 실제적으로 연속적인 것처럼 보이는데, 이것이 가열된 고체의 스펙트럼이 연속적으로 나타나는 이유가 된다.

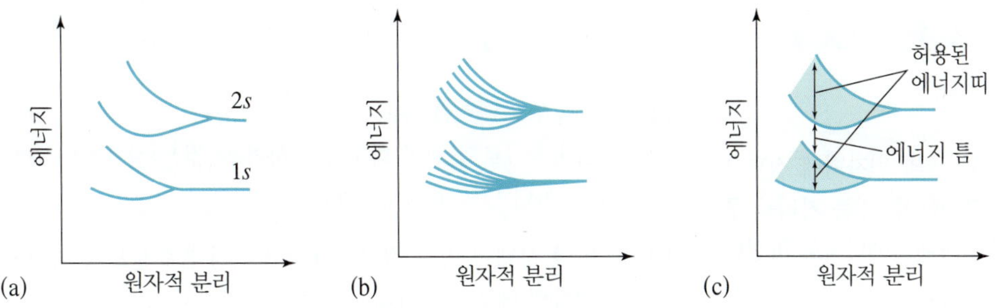

그림 28-27 1s와 2s원자의 에너지 준위 분리. (a) 두 원자가 접근하면 2개의 준위로 갈라진다. (b) 6개의 원자가 가까이 접근하면 각각의 상태는 6개의 준위로 갈라진다. (c) 고체와 같이 수많은 원자들이 접근하면 에너지띠를 형성한다.

좋은 도체는 전자를 가지고 있는 가장 높은 에너지띠가 부분적으로만 채워져 있는 것이다. 반면 좋은 절연체는 전자들이 가지고 있는 **원자가띠**(valence electron band)라고 하는 가장 높은 띠가 완전히 채워져 있다. 그 다음으로 높은 에너지띠는 **전도띠**(conduction band)까지 원자가띠로부터 일정한 **띠간격**(band gap) E_g에 의해 분리되어 있다. 이 띠간격은 **금지된 에너지 간격**(forbidden energy gap)이라고도 하며, 전형적인 값은 5~10 eV이다. 이러한 물질은 전위차가 주어지더라도 전자들이 갈 수 있는 상태가 없으므로 전류가 흐르지 못한다. 따라서 좋은 절연체가 된다. 그림 28-28은 상대적인 에너지띠들로 도체, 절연체, 반도체 물질의 에너지띠를 구별한 것이다. 실리콘이나 저마늄 같은 순수한 반도체의 띠들은 채워지지 않은 전도띠가 원자가전자띠로부터 약 1 eV 정도의 매우 작은 에너지 간격으로 분리되어 있다는 것 외에는 절연체의 띠 구조와 비슷하다. 실온에서도 전도띠에 도달하기에 충분한 열에너지를 얻을 수 있는 전자들이 약간 있기 때문에 전압이 가해지면 작은 전류가 흐를 수 있다. 더 높은 온도에서는 더 많은 전자들이 에너지 간격을 뛰어넘기에 충분한 에너지를 가지게 된다.

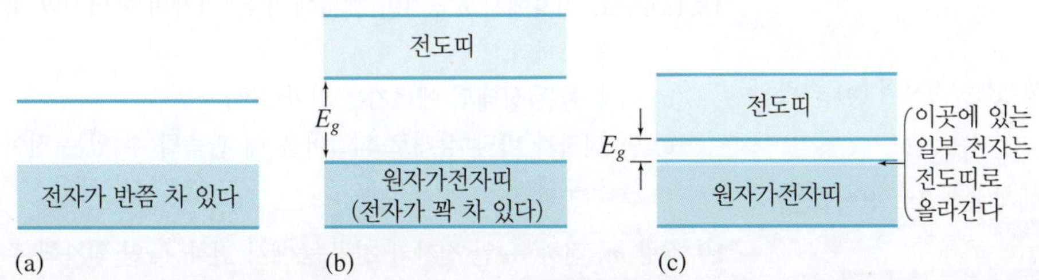

그림 28-28 (a) 도체 (b) 절연체 (c) 반도체의 에너지띠. 진한 부분은 전자가 채워진 상태를 나타내고, 원자가전자띠 윗부분에 있는 전자들은 작은 열에도 전도띠로 올라갈 수 있다.

연습문제

28-1 원자 모형

1. 5.3 MeV의 에너지를 가지는 α입자가 금의 원자핵에 정면으로 입사된다. 이때 α입자가 최대로 접근할 수 있는 거리를 구하라. 처음의 운동에너지가 모두 전기 퍼텐셜에너지로 바뀐다고 가정한다.

2. Rutherford의 모형에서 원자의 크기는 약 1.0×10^{-10} m이다.
   (a) 이 거리에서 전자와 양성자 사이에 작용하는 전기 인력의 크기는 얼마인가?
   (b) 원자의 전기 퍼텐셜에너지를 전자볼트 단위로 구하라.

3. Rutherford의 수소 원자 모형에서 전자가 반지름 $r = 2.1 \times 10^{-10}$ m로 원자핵 주위를 회전한다고 가정하자. 전자기 이론에 따라 물음에 답하라.
   (a) 전자의 속력은 얼마가 되는가?
   (b) 전자의 가속도는 얼마가 되는가?

28-2 원자 스펙트럼

4. 수소 원자의 Lyman 계열의 파장은 $\frac{1}{\lambda} = R_H\left(1 - \frac{1}{n^2}\right)$, $n =$ 2, 3, 4, …와 같이 주어진다.
   (a) 이 계열의 첫 번째 3선의 파장 λ_1, λ_2, λ_3이라고 할 때 각 파장을 구하라.
   (b) 이 선들은 전자기 스펙트럼의 어느 영역에 해당하는가?

5. Lyman 계열의 첫 번째 스펙트럼선의 파장은 얼마인가?

28-3 수소 원자에 대한 Bohr 모형

6. 바닥 상태에 있는 수소 원자를 이온화시킬 수 있는 광자가 가지는 최대 파장을 구하라.

7. 수소 원자의 두 번째 Bohr 궤도를 돌고 있는 전자의 (a) 속력과 (b) de Broglie 파장을 구하라.

8. 수소 원자가 Bohr 모형에 따라 $n = 6$에서 $n = 2$로 전이할 때 방출되는 빛의 파장을 구하라.

9. 수소 원자에 대한 Bohr의 이론에 의하면 바닥 상태에서 전자의 궤도 반지름은 0.5 Å이다. $n = 2$인 상태에서 궤도 전자의 de Broglie 파장은 몇 Å인가?

10. 빛을 수소 원자에 비춰주었다. (a) $n = 2$인 상태에서 $n = 5$인 상태로, (b) $n = 4$인 상태에서 $n = 6$인 상태로 전이가 일어났다면, 각 경우 입사한 광자의 에너지는 얼마인가?

11. 수소 원자 스펙트럼 중에서 첫 번째 Lyman 계열 전이인 $n =$ 2에서 $n = 1$로의 전이 파장을 구하라. 이것은 전자기파 스펙트럼의 어떤 영역에 속하는가?

12. (a) 바닥 상태에 있는 전자를 $n = 3$의 상태로 들뜨게 하려면 얼마의 에너지를 가해 주어야 하는가?
   (b) 또 이 전자가 $n = 3$의 상태에서 $n = 2$의 상태로 전이할 때 복사되는 빛의 파장은 얼마인가?

13. 수소 원자에서 전자가 Bohr 궤도의 $n = 4$인 상태에서 $n = 2$인 상태로 전이하였다.
   (a) 이때 방출하는 광자의 파장은 얼마인가?
   (b) 원자가 원래 정지 상태에 있었다고 하면, 이 광자가 방출되었을 때 수소 원자의 되튐 속력을 구하라.

14. 수소 원자가 파장이 656 nm인 광자를 방출하였다. 어떤 에너지에서 어떤 에너지 준위로 건너뛴 것인가?

15. 수소꼴 원자의 궤도 반지름은 다음 식으로 주어진다.

$$r = \frac{n^2\hbar^2}{m_e k_e Z e^2}$$

   (a) He^+, (b) Li^{2+}, (c) Be^{3+} 각 원자에 대해 첫 번째 Bohr 궤도의 반지름은 얼마인가?

16. 수소 원자의 전자가 정상 상태 E_4에서 E_2로 전이하였다.
   (a) 이때 복사되는 광자의 에너지는 얼마인가?
   (b) 이 광자의 파장은 얼마인가?

17. 수소 원자에서 전자가 두 번째 들뜬 상태($n = 3$)에 있다. (a) 궤도 반지름과 (b) 이 궤도에서 전자의 파장을 구하라.

18. (a) 수소 원자에서 $n = 3$인 궤도에 있는 전자의 에너지와 속도를 구하라.
   (b) 이때 들뜬 상태의 에너지는 얼마인가?
   (c) 이 전자가 바닥 상태로 되돌아올 때 관측될 수 있는 전이들을 구하라.

19. 질량 m, 전하 $-e$인 전자가 진공 중에서 전하 $+e$인 원자핵 주위를 회전하고 있다. 전자와 원자핵 사이의 거리를 r이라 할 때 물음에 답하라.
   (a) 전자와 원자핵 사이에 작용하는 전기력의 크기를 구하라.
   (b) 전자의 각속도 ω와 반지름 r과의 관계를 구하라.
   (c) 전자의 물질파의 파장이 원궤도의 길이의 $\frac{1}{2}$이 되는 조건을 만족하는 전자의 역학적 에너지, 즉 총에너지 $E_{총}$을 구하라.

28-4 양자역학적으로 본 수소 원자의 상태

20. $3d$ 버금껍질에 있는 전자에 대해 가능한 양자수 모음의 목록을 작성하라.

28-5 전자 구름

28-6 배타원리와 주기율표

21. 원자번호 26번인 철(Fe)의 전자 배열은 어떻게 되는가?

28-7 X선 스펙트럼

22. 텅스텐 표적에 전자가 M껍질(n = 3 상태)에서 K껍질(n = 1 상태)로 떨어져 내려올 때 방출되는 특성 X선의 에너지와 파장을 추정하라.

23. 텅스텐의 불연속 스펙트럼의 K계열은 그림 P28−23과 같이 0.018 5 nm, 0.020 9 nm, 0.021 5 nm의 파장을 포함한다. K껍질의 이온화 에너지가 69.5 keV라고 한다면, L껍질, M껍질, N껍질의 이온화 에너지를 계산하라.

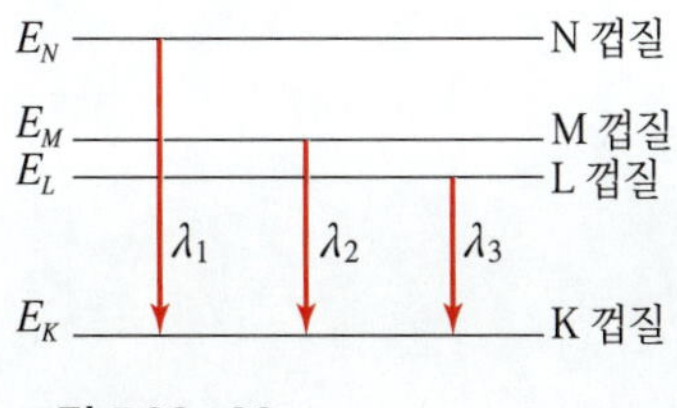

그림 P28−23

24. (a) 수소 원자에 있는 전자를 n = 1인 상태에서 n = 2인 상태로 옮기려면 얼마나 큰 에너지가 필요한가?

(b) 높은 온도의 기체에서, 전자가 그만큼의 에너지를 다른 수소 원자로부터 얻으려면, 가열된 수소 기체의 최소 온도는 얼마가 되어야 하는가? 가열된 원자의 열에너지는 $3k_BT/2$로 주어진다. 여기서 k_B는 볼츠만 상수이다.

25. Bohr의 수소 원자 모형을 사용하여 원자가 n상태에서 $n - 1$ 상태로 전이할 때 방출되는 빛의 진동수가 다음과 같음을 증명하라.

$$f = \frac{2\pi^2 mk_e^2 e^4}{h^3}\left\{\frac{2n-1}{(n-1)^2 n^2}\right\}$$

28-8 원자 전이

28-9 고체의 띠이론

한국형 토카막 핵융합 발전을 위해서는 핵 사이에 작용하는 Coulomb의 힘을 능가하는 운동에너지를 가해주어야 한다. 이렇게 하기 위해서는 핵연료를 고온으로 가열해야 한다. 핵연료에 약 10^8 K보다 더 높은 온도를 가하면 원자가 이온화되면서 **플라즈마** 상태가 된다. 이때 플라즈마를 가두는 장치가 바로 **토카막**(tokamak)이다. (국가핵융합연구소 제공).

제29장 핵물리학

핵물리학의 탄생 배경은 1896년 Becquerel이 우라늄 화합물에서 방사능을 발견하게 된 것이 그 시작이다. Becquerel은 우연히 우라늄 화합물 근처에 놓여 있던 필름이 감광되는 형상을 발견하고, 여러 실험을 통해 방사선의 존재를 알게 되었다. 20세기 초 물리학자들은 핵에서 방출되는 방사선에 대해 연구하고자 핵의 구조와 모양, 그리고 특성을 이해하려고 노력하였다. 당시에는 핵에 관한 포괄적인 이론이 없었으므로 몇 가지 모형을 만들어 여러 가지 핵의 특징들을 설명할 수 있게 되었다. 현재에도 핵의 정체를 완전히 이해하였다고 할 수 없을 정도로 힘의 법칙이 매우 복잡하여 상세하게 기술하기 어렵다.

제29장에서는 원자핵의 성질과 구조에 대해 알아보고, 핵 붕괴과정과 붕괴 시 발생하는 방사능, 그리고 핵분열과 핵융합, 방사선의 검출과 응용에 대해 공부한다.

29-1 핵의 특성

핵자의 발견

원자는 원자핵과 그 주위를 돌고 있는 전자들로 구성되어 있다. 원자핵은 양성자와 중성자로 이루어져 있으며, 이 두 종류의 입자를 **핵자**(nucleon 核子)라고 한다. 보어는 수소 원자의 모형을 제안하면서 수소 원자의 원자핵 속에는 1.602×10^{-19} C의 양전하를 가지는 입자, 즉 **양성자**(proton 陽性子)가 존재한다고 제시하였다. 이 양성자는 Rutherford가 질소 원자에 α입자를 충돌시켰을 때 만들어지는 생산물 중에서 발견되었다. 양성자는 전자의 전하량과 같은 양전하 $+e$를 가지고 있고, 양성자의 질량은 수소 원자의 질량과 거의 같으며 그 값은 $1.007\,28\ \mathrm{u} = 1.6726 \times 10^{-27}$ kg이다.

1932년 채드윅(J. Chadwick)은 베릴륨(Be) 원자에 α입자를 충돌시켰을 때 만들어져 나오는 생산물 중에서 투과력이 대단히 강하고, 전기적으로 중성이며, 그 질량이 양성자의 질량과 거의 같은 입자를 발견하였다. 이 입자를 **중성자**(neutron 中性子)라고 한다. 중성자는 전하를 가지고 있지 않으므로 전리작용이 거의 없고 물질 속을 잘 통과한다.

양성자 중성자

$^4_2$He 2개 2개

$^{12}_6$C 6개 6개

그림 29-1 헬륨(He)의 핵은 양성자 2개와 중성자 2개로 구성되어 있으며, 탄소(C)의 핵은 양성자 6개와 중성자 6개로 구성되어 있다.

핵 속에 있는 양성자의 수(전자의 수)를 **원자번호**(atomic number 原子番號)라고 한다. 핵을 구성하는 양성자수 Z와 중성자수 N의 합, 즉 핵자들의 총 수를 **질량수**(mass number 質量數) 또는 **핵자수**라고 하며 기호 A로 나타낸다. 핵물리학에서 다루는 몇 가지 양의 기호는 다음과 같이 나타낸다.

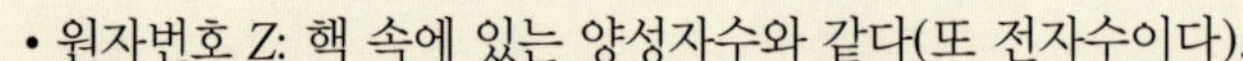

- 원자번호 Z: 핵 속에 있는 양성자수와 같다(또 전자수이다).
- 중성자수 N: 핵 속에 있는 중성자수이다.
- 질량수 $A = Z + N$: 핵 속에 있는 핵자수(양성자 + 중성자)와 같다.

따라서 원자번호와 질량수만 알면 원자핵의 종류를 구별하고 특성을 알 수 있다. 수소 원자핵은 양성자 1개로 구성되어 있고, 헬륨 원자핵은 양성자 2개, 중성자 2개로 구성되어 있다. 또 탄소의 원자핵은 양성자 6개, 중성자 6개로 구성된다(그림 29-1).

핵의 크기

양성자와 중성자는 구형으로 뭉쳐 있다고 가정할 때, 핵의 반지름은 원자의 질량수 A와 관계가 있다는 사실이 여러 실험 결과로 확인되었다. 일반적으로 핵의 평균 반지름 r은 다음과 같음이 밝혀졌다.

$$r = aA^{1/3} \quad \text{(핵의 평균반지름)} \qquad 29\text{-}1$$

이 식에서 $a = 1.2 \times 10^{-15}$ m인 상수이고, A는 질량수이다. 예를 들면 질량수가 $A = 27$인 알루미늄 핵의 반지름은 $r = (1.2 \times 10^{-15}\ \mathrm{m}) \times 27^{1/3} = 3.6 \times 10^{-15}$ m이다. 식 29-1은 구형 핵의 부피는 전체 핵자의 수 A에 비례한다는 것을 알 수 있다. 이러한 관계는 **모든 핵이 거의 밀도가 같음**을 나타낸다. 핵자들은 마치 꽉 찬 구처럼 밀착 결합하여 핵을 구성한다.

TIP 펨토미터(fm)

핵물리학에서 자주 사용되는 단위 중 하나가 펨토미터이다. 1 fm = 10^{-15} m로 **1페르미**(fermi)라고도 한다.

예제 29-1 핵의 반지름

문제 (a) 아스타틴($^{210}_{85}\text{At}$) 핵의 반지름을 구하라. (b) 이 크기는 양성자 반지름의 몇 배가 되는가?

생각하기 핵의 반지름은 질량수 $A^{1/3}$에 비례한다는 사실을 이용하여 해결한다.

풀이 (a) 질량수 $A = 210$을 식 29-1에 대입하면 핵의 평균 반지름은 다음과 같다.

$$r = 1.2 \times 10^{-15}\ \text{m} \times (210)^{1/3} = 7.1 \times 10^{-15}\ \text{m}$$

(b) 양성자의 반지름은 질량수가 $A = 1$일 때이므로 그 값은 1.2×10^{-15} m이다. 따라서 아스타틴($^{210}_{85}\text{At}$) 핵의 반지름과 양성자 반지름을 비교하면 다음과 같다.

$$(7.1 \times 10^{-15}\ \text{m})/(1.2 \times 10^{-15}\ \text{m}) = 5.9\text{배}$$

예제 29-2 핵의 질량과 부피

문제 질량수가 A인 핵이 있다. (a) 이 핵의 질량을 나타내는 식을 근사적으로 구하라. (b) 이 핵의 부피를 질량수 A를 사용하여 구하라. (c) 이 핵의 밀도를 나타내는 식을 구하라.

생각하기 핵을 구성하는 입자는 양성자와 중성자이고, 이들의 합이 질량수 A이다.

풀이 (a) 양성자의 질량은 중성자의 질량과 거의 같으므로, 이 입자들 하나의 질량을 m이라 하면, 핵의 질량은 Am이다.

(b) 핵을 구 모양이라고 가정하면 부피는 다음과 같다.

$$V_{\text{핵}} = \frac{4}{3}\pi r^3 = \frac{4}{3}\pi a^3 A$$

여기서 $a = 1.2 \times 10^{-15}$ m이다.

(c) 밀도는 단위부피당 질량이다. $\rho = m_{\text{핵}}/V_{\text{핵}} = Am/\left(\frac{4}{3}\pi a^3 A\right) = \dfrac{3m}{4\pi a^3}$이다.

$$\rho = \frac{3(1.67 \times 10^{-27}\ \text{kg})}{4\pi(1.2 \times 10^{-15}\ \text{m})^3} = 2.3 \times 10^{17}\ \text{kg/m}^3$$

핵을 표시하는 방법

핵의 총 질량은 1개의 핵자 질량의 A배와 비슷하기 때문에 A는 곧 핵자수이다. 원소의 화학기호 X는 Z와 A를 함께 표시하여 핵의 종류를 나타낼 수 있다. 예를 들어 자연에 존재하는 알루미늄의 질량수는 $A = 27$이며, 원자번호는 $Z = 13$이므로 알루미늄 핵은 $^{27}_{13}\text{Al}$로 기술할 수 있다. 이때 기호를 보면 알루미늄 핵의 중성자수가 $N = A - Z = 14$ 임을 알 수 있다.

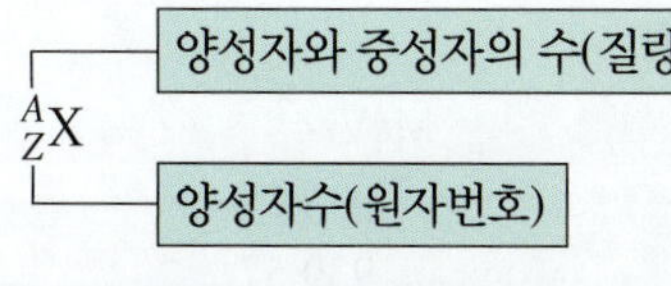

- 원소의 화학기호 X: 중앙에 놓는다.
- 질량수 A: 화학기호의 왼쪽 위에 쓴다.
- 원자번호 Z: 화학기호의 왼쪽 아래에 쓴다.

동위원소

원소는 원자가 가지는 전자의 수, 즉 원자번호와 원자량에 의해서 구별된다. 자연에는 원자번호가 같아서 화학적으로는 구별할 수 없지만, 질량이 다른 원자가 존재하는 것이 밝혀졌다. 1912년 영국의 물리학자 톰슨(J. J. Thomson)은 네온(Ne)의 비전하를 측정하고 이를 분석하여 질량수가 20과 22인 두 종류가 존재하는 것을 발견하였다.

실제로 질량분석기로 각종 원소의 질량을 분석해보면, 화학적 성질이 동일한 원소 중에 질량수가 서로 다른 것이 있는 것을 볼 수 있다. 가령 수소 원자에는 질량수가 1인 것과 2인 것이 있고, 적은 수이기는 하지만 질량수가 3인 것도 있다. 또 산소 원자에는 질량수가 16, 17, 18인 3종이 있다. 원소들이 가지는 이 같은 특성은 **동위원소**(isotope 同位元素)라는 개념으로 구별한다.

- 동위원소는 화학적 성질이 동일하고, 질량수만 다른 원소를 말한다.

동위원소는 서로 혼합되어 자연에 존재하므로 그 원소의 원자량이 정수가 아닌 소수의 값을 갖는다. 원소의 원자량은 동위원소의 원자량을 그 존재비에 대해 평균한 값이며, 원소의 존재비는 동위원소가 자연 상태에서 섞여 있는 비율을 말한다. 동위원소의 존재비는 질량분석기에 의해 알아낼 수 있다.

TIP 원자질량단위

원자질량단위는 원자들 또는 분자들의 질량을 표시할 때 사용되고 있다. 원자질량단위는 u이고 1 u = 1 Da(달톤)의 관계가 있다.

핵의 질량을 나타내는 단위는 **원자질량단위**(atomic mass unit)를 사용한다. 이 단위로 중성인 $^{12}_{6}$C 원자의 질량은 정확하게 12.000 000 u의 값을 갖는다.
1 u = $1.660\ 559 \times 10^{-27}$ kg이며, 중성자와 양성자의 질량은 거의 1 u이며, 전자의 질량은 이 원자질량단위에 비해 매우 작다.

어떤 입자의 정지에너지는 $E_R = mc^2$으로 주어지므로, 입자의 질량을 그 에너지 등가량으로 표현하면 편리하다. 1원자질량단위를 에너지 등가량으로 환산하면 다음과 같다.

$$E_R = mc^2 = (1.660\ 559 \times 10^{-27}\ \text{kg})(2.997\ 92 \times 10^8\ \text{m/s})^2$$
$$= 1.492\ 431 \times 10^{-10}\ \text{J} = 931.494\ \text{MeV}$$

핵물리학 분야에서는 핵반응에서의 에너지를 계산할 때 입자의 질량을 MeV/c^2 단위로 나타내기도 한다. 따라서 1 u의 질량을 가진 입자의 질량은 다음과 같이 나타낼 수 있다.

$$1\ \text{u} = 931.494\ \text{MeV}/c^2 \qquad \textbf{29-2}$$

표 29-1 몇 가지 다른 단위로 나타낸 입자의 질량

입자	질량		
	kg	u	MeV/c^2
양성자	$1.672\ 62 \times 10^{-27}$	1.007 276	938.28
중성자	$1.674\ 93 \times 10^{-27}$	1.008 665	939.57
전자	$9.109\ 38 \times 10^{-31}$	$5.485\ 79 \times 10^{-4}$	0.510 999
$^{1}_{1}$H 원자	$1.673\ 53 \times 10^{-27}$	1.007 825	938.783
$^{4}_{2}$He 핵	$6.644\ 66 \times 10^{-27}$	4.001 506	3 727.38
$^{12}_{6}$C 원자	$1.992\ 65 \times 10^{-27}$	12.000 000	11 117.9

예제 29-3 동위원소의 이해

문제 염소(Cl)는 질량수 35와 37인 동위원소가 혼합되어 있다. 질량수 35인 염소와 질량수 37인 염소의 혼합 비율이 3 : 1이라면 염소의 원자량은 얼마인가?

생각하기 두 동위원소의 원자의 수와 원자량을 주어진 상수로 나타내고 연립시켜 해결한다.

풀이 염소의 원자량을 M, 질량수 35와 37인 염소 원자의 수를 각각 N_1, N_2라 하면

$$N_1 = 3N_2 \tag{1}$$

이다. 따라서 원자량은 다음과 같다.

$$M = \frac{35N_1 + 37N_2}{N_1 + N_2} \tag{2}$$

식 (1), (2)를 연립하여 원자량 M을 구하면 다음과 같다.

$$M = \frac{(35 \times 3N_2) + 37N_2}{3N_2 + N_2} = \frac{142}{4} = 35.5 \text{ u}$$

핵의 안정성

원자핵 내부에 가까이 위치한 2개의 양전하는 강한 정전기력으로 서로를 밀어낸다. 그럼에도 불구하고 어떻게 양성자들이 뿔뿔이 흩어지지 않고 핵 속에 함께 존재할 수 있을까?

핵이 양성자와 중성자의 밀집된 집합체로서 존재한다는 사실은 매우 놀라운 일이 아닐 수 없다. 양성자 간의 매우 큰 정전기적 척력은 핵을 와해시켜버리고 말 것이기 때문이다. 그럼에도 불구하고 핵은 매우 안정한데, 그 이유는 근거리(약 2 fm = 2×10^{-15} m) 내에 작용하는 또 다른 종류의 힘인 **강한 핵력**(strong nuclear force)이 존재하기 때문이다. 핵력은 모든 핵자 사이에서 인력으로 작용한다. 두 양성자는 핵력에 의해 서로 끌리며 동시에 Coulomb의 힘에 의해 서로 밀친다. 서로 당기는 핵력은 중성자 사이에도, 그리고 양성자 사이에도 작용한다.

두 핵자가 내부와 같은 근거리에서는 정전기적 Coulomb의 척력보다 핵력에 의한 인력이 훨씬 강하다. 만약 그렇지 않았다면 안정한 핵은 존재할 수 없다. 더구나 이렇게 강한 핵력은 전하에는 거의 무관하다. 다시 말해 양성자 간에 작용하는 부수적인 Coulomb 척력을 제외하면 양성자와 양성자, 양성자와 중성자, 중성자와 중성자 사이에 작용하는 핵력은 본질적으로 거의 같다.

핵력이 미치는 범위가 좁다는 사실은 핵의 안정에 관련해서 중요한 의미가 있다. **핵이 안정하기 위해서는 양성자 사이의 정전기적 반발력과 균형을 이룰 만큼 핵자 사이의 인력이 강해야 한다.** 그런데 정전기력이 미치는 범위가 넓기 때문에 한 양성자가 핵 안에 있는 다른 양성자들을 밀기도 한다. 반면에 양성자 또는 중성자는 핵력을 통해서 가장 인접해 있는 것만 끌어당긴다. 핵의 안정성이 유지되려면 양성자의 수 Z가 커짐에 따라 중성자의 수 N은 더 커져야 한다. 그림 29-2는 여러 안정된 핵에서 Z에 대한 N을 나타낸 그림이다. 그림에서 점선은 $N = Z$인 경우이다. 거의 예외 없이 안정적인 핵을 나타내는 점들은 기준선보다 위쪽에 위치하고 있다는 것을 알 수 있다. 이는 원자번호가 증가함에 따라, 중성자수가 양성자수보다 많아짐을 의미한다. 가벼운 핵은 양성자수가 중성자수와 같을 경우 안정하지만 무거운 핵은 $N > Z$일 때 더 안정하다.

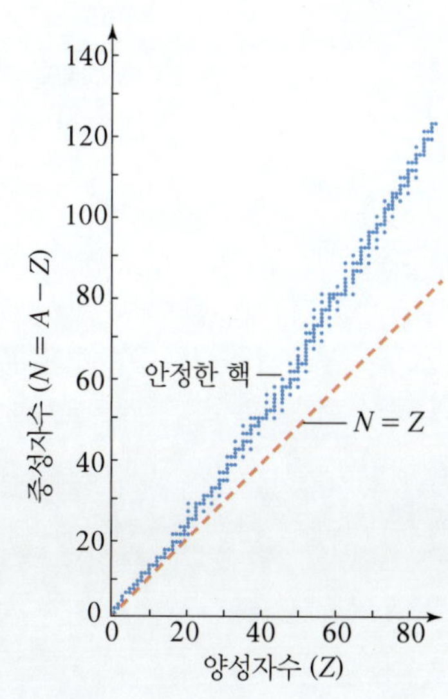

그림 29-2 자연 상태에서 안정한 핵은 중성자수가 양성자의 수와 같거나 그보다 많은 것이 특징이다.

핵에서 양성자가 아주 많을 때는 중성자가 아무리 많아도 핵이 안정하지 않다. 제일 가까운 이웃 핵자들 사이에만 강한 핵력이 영향을 미치므로, 과잉 중성자들에 의해서도 서로 떨어진 양성자들 사이에도 작용하는 반발하는 전기력과 균형을 유지하지 못한다. 안정적인 핵 중에서 양성자의 수가 가장 많은 원소는 비스무트($^{209}_{83}$Bi)로, 양성자수는 $Z = 83$이고, 중성자수는 $N = 126$개이다. 양성자수가 83개를 넘는 핵(예를 들면 우라늄 $Z = 92$)은 안정적이지 못해 자연적으로 핵자들의 일부가 떨어져 나가거나 시간이 지나면서 내부 구조가 재배열된다. 이런 자발적인 붕괴 또는 내부적 재배열을 **방사능**(radioactivity 放射能)이라고 한다.

자연계 핵종에서 약 260여 종은 안정하고, 그 외의 100여 종의 핵은 발견되긴 했으나 불안정하다.

29-2 핵의 질량결손과 결합에너지

원자핵을 구성하는 핵자들은 강한 핵력으로 결합되어 있으므로 원자핵을 붕괴시켜 핵자들을 따로 분리하려면 이 핵력에 대해 일을 해주어야 한다. 그리고 반대로 분리되어 있는 핵자들이 결합하여 원자핵을 구성할 때에는 핵력과 같은 양의 에너지를 방출하게 된다. 이와 같은 에너지를 **핵의 결합에너지**(binding energy)라고 한다.

헬륨의 핵은 양성자 2개와 중성자 2개로 구성되어 있고 질량은 4.001 5 u이다. 그런데 양성자 2개의 질량은 2.014 6 u이고 중성자 2개의 질량은 2.017 3 u이므로, 그 합은 4.031 9 u이다. 이 값은 헬륨 원자에서 전자의 질량을 제외한 핵의 실제 질량인 4.001 5 u보다 0.030 4 u만큼 더 크다. 따라서 2개의 양성자와 2개의 중성자가 결합하여 헬륨의 핵을 만들 때는 질량이 0.030 4 u만큼 작아진다.

그림 29-3과 같이 핵을 분리하는 데 결합에너지만큼 에너지를 주면, 그 에너지들은 분리된 각 핵자의 질량 증가로 나타난다. 즉 분리된 양성자와 중성자의 질량의 합이 안정된 핵의 질량보다 Δm만큼 크다. 이 질량차를 **질량결손**(mass defect 質量缺損)이라고 한다.

핵의 결합에너지와 질량결손 사이에는 다음 관계가 성립한다.

$$\text{결합에너지} = (\text{질량결손})c^2 = (\Delta m)c^2 \tag{29-3}$$

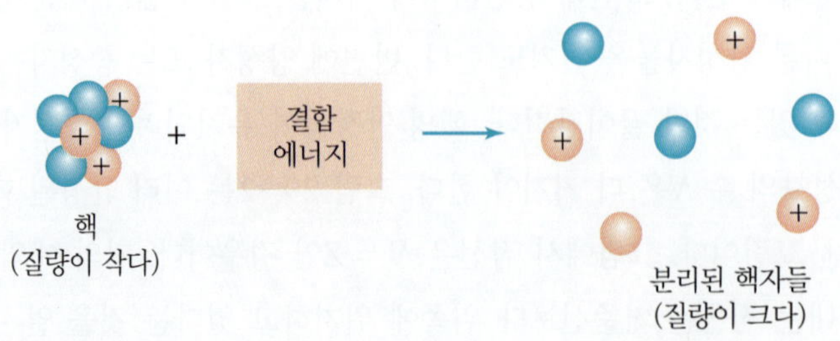

그림 29-3 결합에너지는 핵에서 양성자와 중성자를 분리시키는 데 필요한 에너지이다.

따라서 질량결손으로 소멸된 질량 Δm이 $E = \Delta mc^2$의 에너지로 변환된다고 생각하면 원자핵 반응에서 방출되는 막대한 에너지의 출처를 설명할 수 있다.

그림 29-4는 핵의 결합에너지를 비교한 그림이다. 중수소$\left({}_1^2\mathrm{H}\right)$ 핵의 결합에너지는 2.2 MeV이고 헬륨$\left({}_2^4\mathrm{He}\right)$ 핵의 결합에너지는 28.3 MeV이다.

그림에서와 같이 그 차가 너무 커 단순 비교하기가 어렵다. 따라서 핵의 결합에너지를 그 핵 속에 들어 있는 핵자의 수로 나눈 값, 즉 **핵자당 평균결합에너지**로 비교한다. 핵자당 평균결합에너지는 양성자와 중성자가 얼마나 강하게 결합되어 있는가를 나타내는 기준이 되기도 한다.

핵의 종류에 따라 핵의 결합에너지가 어떻게 다른지 알아보기 위해 단위핵자당 결합에너지를 비교해보자.

그림 29-5는 핵자수(질량수) A에 대해 핵자당 결합에너지를 나타낸 그림이다. 핵자당 결합에너지는 조금씩 증가하여 핵자수가 약 $A = 60$에서 약 8.7 MeV 정도로 최댓값을 갖는다. 따라서 결합에너지가 큰 이 근처에 있는 원소의 핵이 가장 안정하다는 것을 알 수 있다. 핵자수가 60 이상이 되면 핵자당 결합에너지는 점점 감소한다. 만약 핵자수가 비스무트$\left({}_{83}^{209}\mathrm{Bi}\right)$ 핵보다 더 커지게 되면, 핵을 묶어둘 만큼의 결합에너지에 미치지 못하게 되어 불안정해지며 방사선을 방출하게 된다.

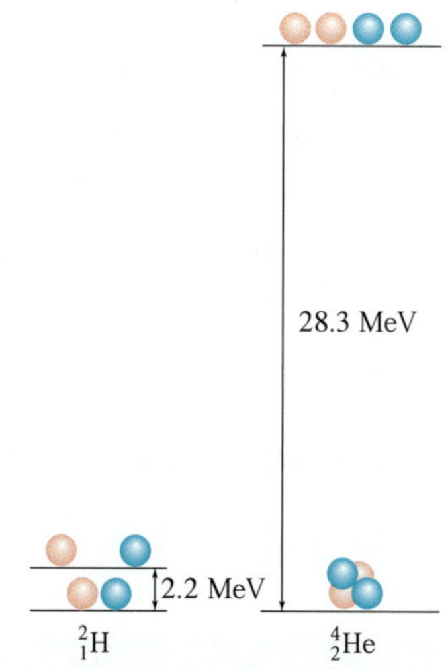

그림 29-4 핵자수가 다를 때, 즉 ${}_1^2\mathrm{H}$와 ${}_2^4\mathrm{He}$에서 핵의 결합에너지 차가 크다는 것은 물리적으로 큰 의미가 없다. 이 경우 핵자수가 서로 다르기 때문에 단위핵자당 평균결합에너지로 비교하는 것이 의미가 있다.

핵자수(질량수)가 60보다 큰 핵들은 분열하여 가벼운 핵으로 변하는 것이 보다 안정한 상태가 되며, 핵자수가 60보다 작은 핵들은 결합하여 약간 더 무거운 핵이 되는 것이 안정한 상태가 된다.

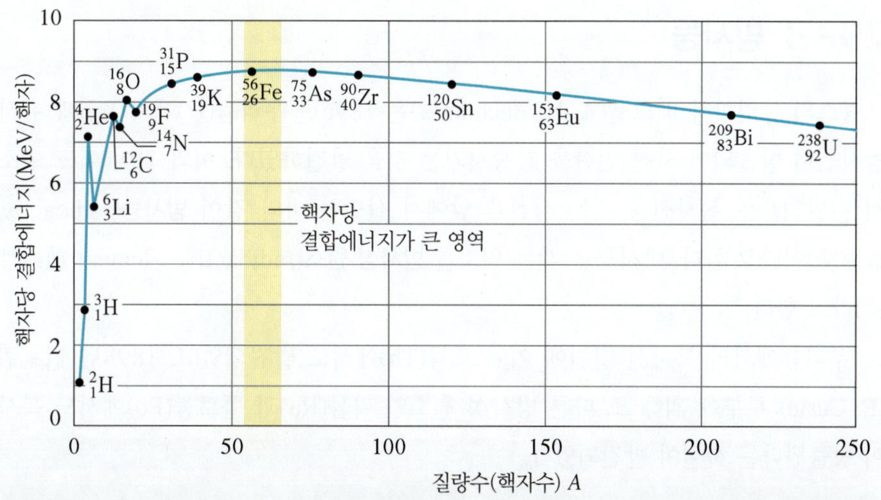

그림 29-5 핵자수(질량수) A에 대한 핵자당 결합에너지

예제 29-4 리튬 핵의 단위핵자당 결합에너지

문제 원자번호가 3인 리튬(^7_3Li) 핵의 단위핵자당 결합에너지는 얼마인가? 양성자(^1_1H)의 질량은 1.007 8 u이고, 중성자(^1_0n)의 질량은 1.008 7 u이며, 리튬 핵의 질량은 7.016 0 u이다.

생각하기 각 입자의 질량을 입자의 수로 곱해 전체 질량을 구한 후, 그 차를 구하면 곧 질량결손된 양이다.

풀이 리튬(^7_3Li) 핵은 양성자 3개와 중성자 4개로 구성되어 있다. 따라서 질량결손은 다음과 같다.

$$\Delta m = \{(1.0078\ \text{u} \times 3) + (1.0087\ \text{u} \times 4)\} - 7.0160\ \text{u} = 4.22 \times 10^{-2}\ \text{u}$$

따라서 핵자당 결합에너지는 다음과 같다.

$$\Delta E = \frac{\Delta m}{7} = \frac{(4.22 \times 10^{-2}\ \text{u}) \times 931.494\ \text{MeV/u}}{7} = 5.6156\ \text{MeV}$$

예제 29-5 헬륨 핵의 결합에너지

문제 헬륨(^4_2He)의 원자질량은 4.002 6 u이다. 그리고 수소(^1_1H)의 원자질량은 1.007 8 u이다. 헬륨(^4_2He) 핵의 결합에너지를 구하라.

생각하기 결합에너지를 구하기 위해서는 질량결손을 알아야 한다. 질량결손은 전자의 질량을 포함한 각각의 핵자의 질량의 합에서 4.002 6 u를 빼야 한다.

풀이 전자의 질량을 포함시키려면 수소의 원자질량을 이용해야 한다. 즉 헬륨의 2개의 양성자의 질량 대신에 2개의 수소 원자의 질량을 사용하면 된다. 중성자의 질량은 1.008 7 u이다. 각각의 질량을 합치면 다음과 같다.

$$\underbrace{2(1.0078\ \text{u})}_{\text{수소 원자 2개}} + \underbrace{2(1.0087\ \text{u})}_{\text{중성자 2개}} = 4.0330\ \text{u}$$

따라서 질량결손은 $\Delta m = 4.0330\ \text{u} - 4.0026\ \text{u} = 0.0304\ \text{u}$이다. $1\ \text{u} = 931.494\ \text{MeV}/c^2$이므로 결합에너지는 다음과 같다.

$$0.0304\ \text{u} \times 931.494\ \text{MeV} = 28.3\ \text{MeV}$$

29-3 방사능

프랑스의 물리학자 베크렐(A. H. Becquerel)은 1896년 우라늄(U)에서 X선과 유사한 방사선이 방출되어 사진 건판을 감광시키는 것을 발견하였다. 이와 같이 어느 원소에서 자발적으로 복사선을 내는 성질을 앞에서 설명한 바와 같이 **방사능**(radioactivity 放射能)이라고 한다. 방사능을 갖는 원소를 **방사성 원소**(radioactive element 放射性元素)라고 한다.

우라늄에서의 복사선 발견에 이어 토륨(Th)에서도 발견되었고, 1898년에는 퀴리(P. Curie) 부부에 의해 또 다른 방사성 원소인 라듐(Ra)과 폴로늄(Po)에서도 복사선이 방출된다는 사실이 발견되었다.

방사성 원소가 전자기파나 입자를 통해 방출하는 에너지를 **방사선**(radiation 放射線)이라 한다. 자연 상태에서 방출되는 방사선은 α선, β선, γ선의 3종류이다. 이는 그리스 알파벳에서 앞의 세 글자를 따온 것으로 알파(alpha), 베타(beta), 감마(gamma)라고 읽으며, 물질을 잘 투과하는 정도를 나타낸다.

그림 29-6 방사선 물질(라듐)로부터 방출되는 방사선을 자기장 속으로 통과시켜 검출기로 조사해보면, α선은 좌로, β선은 우로 휘고 γ선은 직진한다.

방사선의 종류는 그림 29-6과 같은 방법으로 구분할 수 있다. 방사성 시료로부터 나온 방사선이 자기장을 통과할 경우 3가지 성분으로 분리되는데, 둘은 서로 반대방향으로 휘고 나머지 하나는 방향에 변화가 없다. 자기장에서 휘어지는 입자는 전기적인 성질을 띠고 있으므로, 그림에서 2종류의 방사선은 전하를 띤 입자로, α선은 (+)로, β선은 (−)로 대전되었고, 세 번째 종류(γ선)는 중성임을 알 수 있다.

각 방사선의 특성은 다음과 같다.

- α선: 질량수가 4이고 전하가 $+2e$인 헬륨 원자핵의 흐름이고, 세 방사선 중에서 전리작용이 가장 강하고 투과력은 약하다. 그리고 전기장에서 음(−)극으로 휜다.
- β선: 음전하를 가진 질량이 작은 입자의 흐름, 곧 전자이다. 투과력과 전리작용이 α선과 γ선의 중간 정도이며, 전기장에서 양(+)극으로 휜다.
- γ선: 파장이 매우 짧은(0.01 Å～1 Å 정도) 전자기파의 일종이다. γ선은 전리작용이 세 방사선 중에서 가장 약하며, 투과력은 X선보다 강하며, 전하를 띠지 않으므로 전기장이나 자기장에서 진로가 휘지 않는다.

앙투안 앙리 베크렐 Antoine Henri Becquerel, 1852～1908, 프랑스의 물리학자

1896년 우라늄염의 형광 현상을 연구하던 중 방사선(α선)이 우라늄에서 발생해 사진 건판을 변화시키는 현상을 발견하였다. 이 발견으로 피에르 퀴리, 마리 퀴리와 함께 1903년 노벨 물리학상을 수상하였다. 방사능 세기의 SI 단위인 Bq(베크렐)은 그의 업적을 기리기 위해 제정되었다.

29-4 α붕괴

핵이 α붕괴를 하면 α입자(헬륨의 핵, ${}^{4}_{2}\mathrm{He}$)를 1개 방출하면서 다른 핵종으로 변한다. 이때 2개의 양성자와 2개의 중성자를 잃게 되면서 다른 핵종이 된다. 따라서 이 핵의 중성자수 N은 2 감소하고, 양성자수 Z도 2 감소하여 질량수 A가 4 감소한다. 이 붕괴를 **α붕괴**(alpha decay)라고 하며, 기호로 붕괴식을 나타내면 다음과 같다.

$$ {}^{A}_{Z}\mathrm{X} \rightarrow {}^{A-4}_{Z-2}\mathrm{Y} + {}^{4}_{2}\mathrm{He} \quad (\alpha\text{붕괴식}) \qquad \textbf{29-4} $$

여기서 X는 **어미핵**(parent nucleus), Y는 **딸핵**(daughter nucleus)이라고 한다. α붕괴의 예로 ${}^{238}_{92}\mathrm{U}$과 ${}^{226}_{88}\mathrm{Ra}$은 모두 α선을 방출하는 원소로 그 붕괴식은 다음과 같다.

$$ {}^{238}_{92}\mathrm{U} \rightarrow {}^{234}_{90}\mathrm{Th} + {}^{4}_{2}\mathrm{He} \qquad \textbf{29-5} $$

$$ {}^{226}_{88}\mathrm{Ra} \rightarrow {}^{222}_{86}\mathrm{Rn} + {}^{4}_{2}\mathrm{He} \qquad \textbf{29-6} $$

두 경우 모두 딸핵의 질량수 A는 어미핵의 질량수에 비해 4만큼 적으며, 원자번호 Z는 2만큼 적다. 이 차이는 방출된 α입자(${}^{4}_{2}\mathrm{He}$의 원자핵)로 설명할 수 있다.

α붕괴가 일어나는 이유는 강한 핵력이 아주 큰 핵을 묶어 유지하는 것이 불가능하기 때문이다.

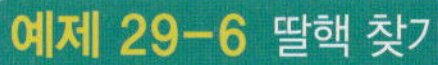

예제 29-6 딸핵 찾기

문제 불안정한 사마륨(${}^{147}_{62}\mathrm{Sm}$) 핵이 α붕괴를 하였다. 이 붕괴 과정에서 생긴 딸핵은 어떤 원소인가? 부록의 주기율표에서 찾아 답하라.

생각하기 α붕괴식을 써보고 딸핵의 핵자수를 계산한다. 그 후 주기율표를 보고 해당 원소를 찾는다.

풀이 이 붕괴과정의 식은 다음과 같다.

$$ {}^{147}_{62}\mathrm{Sm} \rightarrow \boxed{\mathrm{X}} + {}^{4}_{2}\mathrm{He} $$

이 붕괴식에서 어미핵의 총 전하는 62단위이다. α입자의 전하는 2단위이므로 딸핵의 전하는 60단위이다. 또 어미핵의 핵자수는 147개고, α입자는 4개의 핵자를 갖는 것을 알 수 있다.

총 핵자수는 보존되므로 딸핵은 143개의 핵자를 가져야 한다. 즉

$$^{147}_{62}\text{Sm} \rightarrow {}^{143}_{60}\boxed{\text{X}} + {}^{4}_{2}\text{He}$$

이다. 원소의 주기율표를 참고하면 원소 X의 이름을 찾을 수 있다. 원자번호가 60번인 원소는 네오디뮴(Nd)이다. X에 Nd를 넣어 정리하면 다음과 같다.

$$^{147}_{62}\text{Sm} \rightarrow {}^{143}_{60}\text{Nd} + {}^{4}_{2}\text{He}$$

α붕괴는 자발적으로 일어나므로 **자발붕괴**(spontaneous decay 自發崩壞)라고 한다. 이때 붕괴생성물의 총질량은 원래 핵종의 질량보다 작다. 처음 질량에너지와 나중 질량에너지의 차이를 **붕괴에너지**(disintegration energy) Q, 또는 **붕괴의 Q값**이라 하고 다음과 같이 정의한다.

$$Q = (M_{어미} - M_{딸} - m_{\alpha})c^2 \quad (\text{붕괴에너지}) \qquad 29\text{-}7$$

여기서 $M_{어미}$는 어미핵의 질량, $M_{딸}$은 딸핵의 질량, m_{α}는 α입자의 질량이다. 식 29-5에 나타낸 우라늄($^{238}_{92}$U)의 붕괴과정에서의 Q값은 4.25 MeV이다.

예제 29-7 붕괴에너지 계산

문제 우라늄 $^{238}_{92}$U (질량 = 232.037 131 u)이 토륨 $^{234}_{90}$Th (질량 = 228.028 716 u)과 α입자(질량 = 4.002 602 u)로 붕괴할 때 붕괴에너지를 계산하라. 여기서 질량은 중성 원자에 대한 값이다.

생각하기 처음 질량에너지와 나중 질량에너지의 차가 곧 질량결손이다.

풀이 붕괴 후 토륨과 헬륨의 전체 질량은 다음과 같다.

$$228.028\,716 \text{ u} + 4.002\,602 \text{ u} = 232.031\,318 \text{ u}$$

그리고 α붕괴과정에서 잃은 질량은 다음과 같다.

$$232.037\,131 \text{ u} - 232.031\,318 \text{ u} = 0.005\,813 \text{ u}$$

1 u = 931.494 MeV이므로 방출되는 붕괴에너지는 다음과 같다.

$$Q = (0.005\,813 \text{ u})(931.494 \text{ MeV/u}) \approx 5.4 \text{ MeV}$$

이 에너지는 α입자와 딸핵의 운동에너지로 나타난다. 운동량 보존법칙을 써서 계산하면 α입자는 약 5.3 MeV의 운동에너지를 가지며, 딸핵은 약 0.1 MeV의 운동에너지를 갖는다.

29-5 β붕괴

핵이 전자 하나 또는 양전자(질량은 전자와 같지만, 전하가 양인 입자) 하나를 방출하면서 자발적으로 붕괴하는 과정을 **β붕괴**(beta decay)라고 한다. α붕괴와 같이 붕괴과정이 자발적으로 일어나며, 붕괴에너지와 반감기가 명확한 특징을 갖는다. β붕괴과정에서 방출되는 전자 e^-와 양전자 e^+는 모두 β입자로 간주한다. β붕괴는 **베타-마이너스(β^-) 붕괴**와 **베타-플러스(β^+) 붕괴**로 나누어진다.

베타-마이너스(β^-) 붕괴과정

베타-마이너스(β^-) 붕괴과정은 식 29-8과 같이 표현할 수 있으며 붕괴 후 **전자** e^-와

반중성미자(antineutrino) $\overline{\nu}$ 가 방출된다.

$${}^{A}_{Z}\text{X} \rightarrow {}_{Z+1}^{A}\text{Y} + \text{e}^- + \overline{\nu}\text{ (반중성미자)} \quad (\beta^-\text{붕괴식}) \qquad \textbf{29-8}$$

베타-마이너스 붕괴가 진행되면, 핵 속에 있는 중성자가 양성자와 전자로 나누어지면서, 전자는 핵 밖으로 방출되고 양성자는 그대로 핵 속에 남는다. 이 때문에 딸핵은 양성자가 1개 더 많아져 원자번호가 1만큼 증가한다. 중성자는 핵 안에서 양성자로 다음과 같이 변환된다.

$$\text{n} \rightarrow \text{p} + \text{e}^- + \overline{\nu} \qquad \textbf{29-9}$$

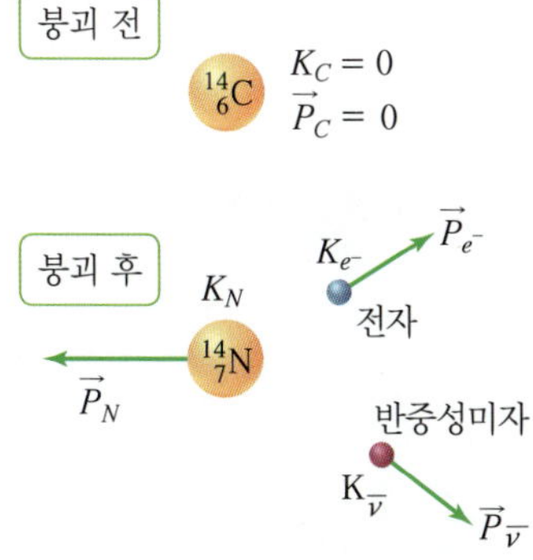

그림 29-7 탄소 14의 β^-붕괴. 붕괴의 최종생성물은 질소(${}^{14}_{7}\text{N}$) 핵, 전자 및 반중성미자이다. 여기서 $\vec{P}$는 운동량이고, K는 운동에너지이다.

그림 29-7은 탄소의 β^-붕괴과정을 나타낸 것이다. 어미핵인 탄소는 딸핵인 질소가 되며, 이 과정에서 전자와 반중성미자가 방출된다. 전자가 방출될 때 핵자가 없어지는 것이 아니고, 총 핵자수 A는 어미핵과 딸핵이 같다. 그러나 전자가 방출되므로 딸핵의 전하는 어미핵의 전하와 다르다. 붕괴 전 어미핵의 전하는 $Z = +6$이다. 붕괴과정에서 어미핵은 전하를 (−1)만큼 잃어버리기 때문에, 전하보존에 따라 딸핵은 총 7개의 전하를 가지게 된다. 따라서 딸핵은 $Z = 7$인 질소가 된다.

$${}^{14}_{6}\text{C} \rightarrow {}^{14}_{7}\text{N} + \text{e}^- + \overline{\nu} \qquad \textbf{29-10}$$

베타-플러스(β^+) 붕괴과정

베타-플러스(β^+) 붕괴과정은 식 29-11과 같으며 붕괴 후에는 **양전자**(positron 陽電子) e^+와 **중성미자**(neutrino 中性微子) ν가 방출된다.

$${}^{A}_{Z}\text{X} \rightarrow {}_{Z-1}^{A}\text{Y} + \text{e}^+ + \nu\text{ (중성미자)} \quad (\beta^+\text{붕괴식}) \qquad \textbf{29-11}$$

베타-플러스 붕괴가 진행되면, 핵 속에 있는 양성자가 중성자와 양전자로 나누어지면서, 양전자는 핵 밖으로 방출되고 중성자는 그대로 핵 속에 남는다. 이 때문에 딸핵은 양성자가 1개 감소하게 되어 원자번호가 1만큼 감소한다. 양성자는 다음과 같이 중성자로 변환한다.

$$\text{p} \rightarrow \text{n} + \text{e}^+ + \nu \qquad \textbf{29-12}$$

그림 29-8은 질소의 β^+붕괴과정을 도식적으로 나타낸 것이다. 어미핵인 질소는 딸핵인 탄소가 되며, 이 과정 중에 양전자와 중성미자가 방출된다.

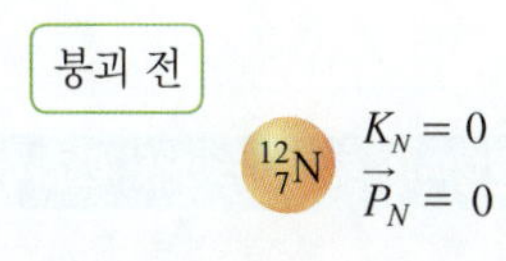

$${}^{12}_{7}\text{N} \rightarrow {}^{12}_{6}\text{C} + \text{e}^+ + \nu \qquad \textbf{29-13}$$

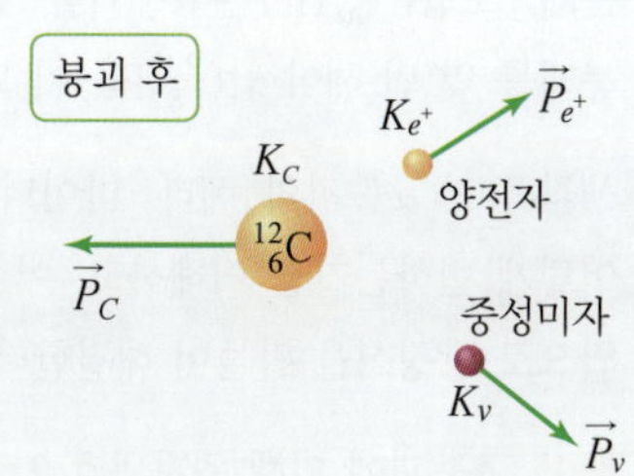

그림 29-8 질소 12의 β^+붕괴. 붕괴의 최종생성물은 탄소(${}^{12}_{6}\text{C}$) 핵, 양전자 및 중성미자이다.

베타-마이너스(β^-) 붕괴와 베타-플러스(β^+) 붕괴과정에서 전하와 핵자의 수는 모두 보존된다는 것을 알 수 있다. 이것은 전자나 중성미자는 핵자가 아니기 때문이다. 핵으로부터 전자가 방출되는 것은 놀라운 일이 아니다. 그 이유는 핵에 있는 중성자가 양성자로 변환되는 과정에 핵에 생성된 전자가 방출되는 것이라고 하면 설명할 수 있다.

핵은 중성자와 양성자만으로 구성되기에 핵이 전자, 양전자, 중성미자, 반중성미자를 방출한다는 것이 이상할지 모른다. 그러나 원자가 광자를 방출한다고 해서 원자가 광자를 가지고 있었다고 하지는 않는다. 다만 광자는 이 붕괴과정에서 생성된다고 말한다. β붕괴과정에서 핵으로부터 방출되는 전자, 양전자, 중성미자, 반중성미자의 경우도 마찬가지이다. 이 입자들은 붕괴과정에서 생성되는 것이다.

전자포획(전자잡힘)

베타-플러스(β^+) 붕괴와 비슷한 결과가 나타나는 현상으로 **전자포획**(electron capture 電子捕獲) 과정이 있다. 이 과정은 어미핵이 궤도 전자 1개를 포획하여 중성미자를 방출할 때 일어난다. 붕괴 후의 생성물은 전하가 $Z-1$개인 핵으로 변한다.

$$ {}^{A}_{Z}\mathrm{X} + {}^{0}_{-1}\mathrm{e} \rightarrow {}^{A}_{Z-1}\mathrm{Y} + \nu \qquad \textbf{29-14} $$

대부분의 경우에서, 포획되는 전자는 K껍질에 있는 전자이기에 그 과정을 **K포획**이라고도 한다. 이러한 포획이 일어나는 것은 K껍질의 전자가 빌 때 더 위 껍질의 전자가 아래의 껍질로 내려오면서 방출하는 X선을 관찰하여 확인한다.

$$ {}^{7}_{4}\mathrm{Be} + {}^{0}_{-1}\mathrm{e} \rightarrow {}^{7}_{3}\mathrm{Li} + \nu \qquad \textbf{29-15} $$

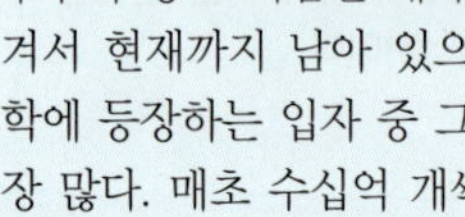

TIP 중성미자(neutrino)

우주의 창조 시점인 대폭발 때 생겨서 현재까지 남아 있으며, 물리학에 등장하는 입자 중 그 수가 가장 많다. 매초 수십억 개씩 흔적도 없이 우리 몸을 관통하고 있다. 태양에서는 수많은 중성미자가 방출되고 있다.

중성미자의 발견

1930년 오스트리아의 이론물리학자 파울리(W. Pauli)는 β붕괴과정에서 운동량 보존 법칙이 성립하려면 전자 이외에 또 다른 입자가 방출되어야 한다고 처음으로 제안하였다. 이 입자는 이탈리아의 물리학자 페르미(Enrico Fermi, 1901~1954)에 의해 **중성미자**(neutrino)로 명명되었다.

중성미자(아주 작고 중성인 입자라는 의미) ν는 전기적으로 중성이며 매우 작은 질량을 갖는다(속력이 광속인 경우 질량은 0이다). 중성미자는 물질과 아주 약하게 상호작용하여 검출하기가 매우 어렵기 때문에 존재 자체가 오랫동안 알려지지 않았다. 그러나 1953년 미국의 물리학자 프레더릭 레인즈(F. Reines, 1918~1998)와 코완(C. L. Cowan)에 의해 실험적으로 검출되었다. 레인즈는 이 공로로 1995년 노벨물리학상을 수상하였다. 중성미자의 반입자는 반중성미자 $\overline{\nu}$ 이다.

그림 29-9 1930년대 페르미 실험실. 페르미는 핵물리학 분야의 이론과 실험에서 괄목할만한 업적을 보였다.

예제 29-8 붕괴과정에서 핵자수

문제 토륨(${}^{231}_{90}\mathrm{Th}$)은 α붕괴를 몇 번 하고, 베타-마이너스(β^-) 붕괴를 몇 번 해야 납(${}^{207}_{82}\mathrm{Pb}$)이 되는가?

생각하기 α붕괴와 베타-마이너스(β^-) 붕괴과정에 핵자수가 어떻게 변하는가를 이해하고, 이 변화와 붕괴과정의 횟수를 연립으로 방정식을 만들어 해결한다.

풀이 α붕괴에 의해 원자번호 2, 질량수 4가 감소하고, β^-붕괴에 의해 원자번호 1이 증가한다. 따라서 α붕괴 및 β^-붕괴 횟수를 각각 n_α, n_β라 하면 다음과 같은 두 식을 만들 수 있다.

$$ 231 - 4n_\alpha = 207 \qquad (1) $$

$$ 90 - 2n_\alpha + n_\beta = 82 \qquad (2) $$

식 (1), (2)를 연립하여 풀면 $n_\alpha = 6$, $n_\beta = 4$이다. 따라서 α붕괴가 6번 일어나고, β^-붕괴가 4번 일어나야 한다.

29-6 γ붕괴

궤도 전자와 같이 핵의 경우도 불연속적인 에너지 준위가 존재한다. 핵은 들뜬 에너지 상태에서 낮은 에너지 상태로 변화하면서 광자를 방출한다. 이 과정은 수소 원자 선스펙트럼에서 광자가 발생하는 것과 비슷하다. 하지만 핵에너지 준위 사이의 전이에서 방출되는 광자는 에너지가 훨씬 크고, 이것을 γ선이라고 부른다. γ선은 일반 가시광선에 비해 매우 높은 에너지를 가진다. γ선의 방출은 원소를 다른 원소로 변환시키지 않으므로 원자번호 Z나 핵자수 A에 변화가 없다.

$$ {}^{A}_{Z}\mathrm{X}^* \rightarrow {}^{A}_{Z}\mathrm{X} + \gamma \quad (\gamma\text{붕괴식}) \qquad \textbf{29-16} $$

여기서 별표(*)는 탄소 핵이 붕괴를 마친 후 들뜬 상태에 있음을 나타낸다. 핵은 다른 입자와의 격렬한 충돌의 결과로 들뜬 상태에 도달할 수도 있다. 하지만 보통의 경우 핵이 일단 α붕괴나 β붕괴를 겪은 후에 들뜬 상태에 도달한다. 다음은 γ붕괴의 전형적인 과정을 보여준다.

$$ {}^{12}_{5}\mathrm{B} \rightarrow {}^{12}_{6}\mathrm{C}^* + \mathrm{e}^- + \overline{\nu} \quad (\beta\text{붕괴}) \qquad \textbf{29-17} $$

$$ {}^{12}_{6}\mathrm{C}^* \rightarrow {}^{12}_{6}\mathrm{C} + \gamma \quad (\gamma\text{붕괴}) \qquad \textbf{29-18} $$

식 29-17은 ${}^{12}\mathrm{B}$가 ${}^{12}\mathrm{C}^*$로 변환되는 β붕괴과정이다. 그 후 들뜬 상태의 탄소 핵은 식 29-18에 나타낸 것처럼 γ선을 방출하면서 바닥 상태로 떨어진다. 이 과정을 나타낸 것이 그림 29-10이다. 핵은 다른 입자와의 격렬한 충돌에 의해 들뜬 상태가 될 수 있다. 보다 일반적으로 핵은 방사성 붕괴 후에 들뜬 상태가 된다. 붕소(${}^{12}_{5}\mathrm{B}$)는 β붕괴 후 직접 ${}^{12}_{6}\mathrm{C}$의 바닥 상태가 되거나, ${}^{12}_{6}\mathrm{C}^*$의 들뜬 상태가 된다. 들뜬 상태의 ${}^{12}_{6}\mathrm{C}^*$는 곧이어 4.4 MeV의 γ선을 방출하고 바닥 상태가 된다.

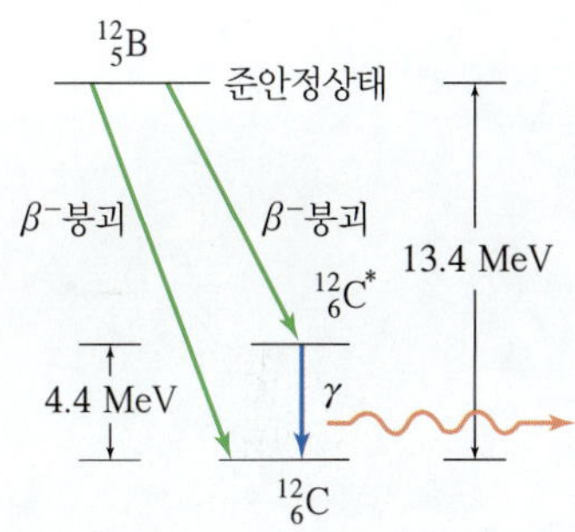

그림 29-10 붕소(${}^{12}_{5}\mathrm{B}$)의 붕괴과정에서의 에너지 준위 도표. ${}^{12}_{5}\mathrm{B}$는 β붕괴로 직접 ${}^{12}_{6}\mathrm{C}$의 바닥 상태가 되거나, β붕괴 후 ${}^{12}_{6}\mathrm{C}^*$의 들뜬 상태가 된 다음 4.4 MeV의 γ선을 방출하고 바닥 상태가 된다.

그러면 γ선과 X선의 차이점은 무엇일까? 둘 다 전자기적 복사(광자)이고, 에너지 범위가 중복된다. 본질적으로 차이가 있는 것은 아니다. 그러나 광자가 전자와 원자의 상호작용에 의해서 생성되면 X선이고, 핵의 과정에서 생성되면 γ선이다.

예제 29-9 γ붕괴 시 방출되는 광자의 파장

문제 라듐(${}^{226}_{88}\mathrm{Ra}$)에서 방출되는 γ선의 에너지는 0.186 MeV이다. 이 광자의 파장은 얼마인가?

생각하기 광자에너지의 크기는 2개의 핵에너지 준위 차이만큼이다. 에너지 준위 차이 ΔE와 광자의 진동수 f의 관계는 $\Delta E = hf$이다.

풀이 광자의 파장은 $\lambda = hc/\Delta E$이다. $\Delta E = 0.186$ MeV를 J 단위로 환산하면 다음과 같다.

$$ \Delta E = (0.186 \times 10^6\ \mathrm{eV})\left(\frac{1.60 \times 10^{-19}\ \mathrm{J}}{1\ \mathrm{eV}}\right) = 2.98 \times 10^{-14}\ \mathrm{J} $$

따라서 광자의 파장은 다음과 같다.

$$ \lambda = \frac{hc}{\Delta E} = \frac{(6.63 \times 10^{-34}\ \mathrm{J\,s})(3.00 \times 10^{8}\ \mathrm{m/s})}{2.98 \times 10^{-14}\ \mathrm{J}} = 6.67 \times 10^{-12}\ \mathrm{m} $$

α붕괴, β붕괴, γ 붕괴과정에는 고전적인 보존법칙이 적용된다. 즉 에너지, 선운동량, 각운동량, 그리고 전하가 모두 보존된다. 이 양들은 붕괴 전후에서 같다. 이외에도 **핵자수 보존법칙**(law of conservation of nucleon number)도 적용된다. 붕괴과정에서 핵자의 총수는 비록 한 형태에서 다른 형태로 바뀔 수 있더라도 어느 과정에서나 일정하다.

이 법칙은 붕괴의 3가지 형태 모두에 적용된다. 표 29-2는 α붕괴, β붕괴, γ붕괴과정의 식을 정리한 것이다.

표 29-2 α붕괴, β붕괴, γ붕괴과정의 식

붕괴 형태		붕괴과정의 식
α붕괴		${}^{A}_{Z}\mathrm{X} \rightarrow {}^{A-4}_{Z-2}\mathrm{Y} + {}^{4}_{2}\mathrm{He}$
β붕괴	베타-마이너스(β^-)	${}^{A}_{Z}\mathrm{X} \rightarrow {}_{Z+1}^{\ \ A}\mathrm{Y} + \mathrm{e}^- + \overline{\nu}$
	베타-플러스(β^+)	${}^{A}_{Z}\mathrm{X} \rightarrow {}_{Z-1}^{\ \ A}\mathrm{Y} + \mathrm{e}^+ + \nu$
	전자 포획	${}^{A}_{Z}\mathrm{X} + {}^{\ \,0}_{-1}\mathrm{e} \rightarrow {}_{Z-1}^{\ \ A}\mathrm{Y} + \nu$
γ붕괴		${}^{A}_{Z}\mathrm{X}^* \rightarrow {}^{A}_{Z}\mathrm{X} + \gamma$

29-7 붕괴의 법칙과 반감기

붕괴율과 붕괴의 법칙

방사성 원소는 핵이 붕괴하여 α선이나 β선을 방출하면서 다른 핵종으로 변환되어 주기율표에서 다른 자리를 차지한다. 비록 방사성 시료 중 어떤 핵이 붕괴할지 예측할 수는 없지만, 시료에 방사성 핵이 N개 있을 경우, dt라는 시간 동안 붕괴할 비율인 $-dN/dt$을 붕괴율이라고 한다. 따라서 붕괴율은 N에 비례한다고 말할 수 있다. 어떤 방사성 물질의 **붕괴율**(disintegration rate) 또는 **방사능의 세기** R은 초당 붕괴의 수로 정의된다.

$$R = -\frac{dN}{dt} = \lambda N \qquad \textbf{29-19}$$

여기서 음(−)의 부호는 시간에 따라 N이 감소한다는 의미로 붙인 것이다. 이 식에서 비례상수인 λ를 **붕괴상수**(decay constant 崩壞常數)라고 한다. 붕괴상수의 SI 단위는 s^{-1}이다. 어떤 원소의 λ값은 시간에 대해 어떤 비율로 동위원소가 붕괴할지를 결정한다.

TIP 여러 분야에 나타나는 λ

그리스 문자 람다(λ) 기호는 물리학 교재 여러 곳에서 사용된다. 그때마다 내용을 잘 읽고 어떤 의미인지 잘 판단하자.

파동 분야 파장
방사성 원소 붕괴상수
선밀도 (예제 7-13)

N을 시간 t의 함수로 구하기 위해 식 29-19를 정리한 후 양변을 적분해보자.

$$\frac{dN}{N} = -\lambda dt$$

$$\int_{N_0}^{N} \frac{dN}{N} = -\lambda \int_{t_0}^{t} dt \qquad \textbf{29-20}$$

이 식의 해는 다음과 같이 쓸 수 있다.

$$\ln N - \ln N_0 = -\lambda(t - t_0) \qquad \text{29-21}$$

식 29-21에서 N_0은 임의의 처음시각 t_0에서 시료에 있는 방사성 핵의 개수이다. $t_0 = 0$으로 놓고 식 29-21을 정리하면 다음과 같다.

$$\ln \frac{N}{N_0} = -\lambda t \qquad \text{29-22}$$

양변에 지수함수(자연로그의 역함수)를 취하면 다음과 같은 **붕괴의 법칙**(radioactive decay law 崩壞法則)이 얻어진다.

$$N = N_0 e^{-\lambda t} \quad (\text{붕괴의 법칙}) \qquad \text{29-23}$$

N_0은 $t_0 = 0$일 때 방사성 핵의 개수이고, N은 시각 t에 남아 있는 핵의 개수이다.

방사성 시료의 연구나 이용에서 종종 붕괴의 법칙에 의해 남아 있는 핵의 개수 N보다는 붕괴율에 더 많은 관심을 갖게 된다. 방사성 시료의 붕괴율 R은 식 29-23을 미분하여 구할 수 있다.

$$R = -\frac{dN}{dt} = \lambda N_0 e^{-\lambda t} \qquad \text{29-24}$$

여기서 $t = 0$일 때의 붕괴율을 R_0이라고 하면 $R_0 = \lambda N_0$이고, R은 시각 t에서의 붕괴율이다. 따라서 식 29-24를 다시 정리하면 붕괴율은 다음과 같이 나타낼 수 있다.

$$R = R_0 e^{-\lambda t} \quad (\text{붕괴율}) \qquad \text{29-25}$$

붕괴율은 곧 방사능의 세기이다. 방사능의 세기는 단위시간당 붕괴하는 개수의 정도를 나타내며, **활성도**(activity 活性度)라고도 한다. 앞에서 설명했듯이 활성도는 시료의 붕괴율 R을 말한다. 활성도의 SI 단위는 Bq(베크렐)이다. 1베크렐은 초당 한 번 붕괴하는 세기를 나타낸다.

$$1\ \text{Bq} = 1\text{붕괴/s} \qquad \text{29-26}$$

활성도의 또 다른 단위로는 **퀴리**(Ci)를 사용한다. 이 단위는 라듐과 폴로늄의 발견자인 마리 퀴리(1867~1934)와 피에르 퀴리(1859~1906)를 기리기 위해 제정되었다. 퀴리 단위와 베크렐 단위 사이에는 다음의 관계가 있다.

$$1\ \text{Ci} = 3.7 \times 10^{10}\text{붕괴/s} = 3.7 \times 10^{10}\ \text{Bq} \qquad \text{29-27}$$

흔히 사용되는 방사능의 세기의 단위는 mCi(10^{-3} Ci)와 μCi(10^{-6} Ci)이다.

반감기와 평균수명

방사성 원소는 자연적으로 붕괴하면서, 시간이 지남에 따라 어미핵의 수 N은 감소한다. 이 특성을 그래프로 나타내면 그림 29-11과 같다.

시간에 대한 N의 그래프는 완만한 곡선의 형태로 감소하고 있으며(지수함수적으로), 충분한 시간이 지난 후에 N은 0에 가까워진다. 이 그래프를 설명하기 위해 방사성 동위원소의 **반감기**(half life 半減期) $T_{1/2}$을 정의할 필요가 있다.

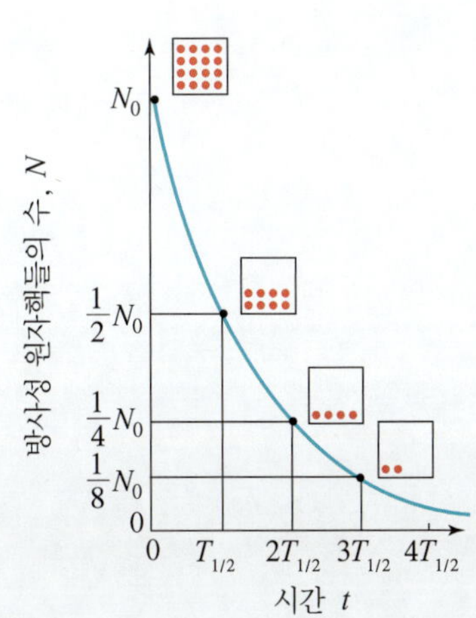

그림 29-11 방사성 물질의 붕괴과정에서 반감기 $T_{1/2}$은 핵의 절반이 붕괴하는 데 걸리는 시간이다.

한 동위원소의 반감기는 주어진 시료 내에 있는 동위원소의 핵이 붕괴하여 α선이나 β선을 방출하면서 다른 원소로 변해가므로 원래의 원소의 양은 시간이 지남에 따라 줄어드는데, 방사성 원소의 양이 최초에 있었던 양의 1/2로 줄어드는 데 걸리는 시간을 말한다.

반감기는 붕괴로 인해 방사성 핵의 수가 반으로 줄어드는 데 걸리는 시간이다.

핵의 반감기는 긴 것도 있고 매우 짧은 것도 있다. 방사성 원소의 붕괴는 핵 내부에서 일어나는 현상이므로 물질의 상태 변화나 화학적 변화 등의 방법으로도 붕괴 속력에 영향을 미치지 않는다.

현재 측정된 반감기는 수십억 분의 1초로부터 수십억 년 사이에 걸쳐 있다. 표 29-3에서 나타낸 바와 같이 폴로늄($^{214}_{84}Po$)의 반감기는 약 1/6 000 s이며 우라늄($^{238}_{92}U$)의 반감기는 약 45억 년이다. 자연계에서 발견되는 방사성 원소는 그 반감기가 길기 때문에 현재까지 남아 있는 것이다. 방사성 원소는 반감기가 한 번 지날 때마다 그 양이 1/2이 된다. 예를 들어 어떤 방사성 원소 1 g은 반감기가 한 번 지나면 0.5 g이 남고, 두 번 지나면 0.25 g이 남게 된다.

표 29-3 몇몇 방사성 물질의 반감기

동위원소	원소기호	반감기
폴로늄	$^{214}_{84}Po$	1.61×10^{-4}초
크립톤	$^{89}_{36}Kr$	3.16분
라돈	$^{222}_{86}Rn$	3.83일
스트론튬	$^{90}_{38}Sr$	29.1년
라듐	$^{226}_{88}Ra$	1.6×10^{3}년
탄소	$^{14}_{6}C$	5.73×10^{3}년
우라늄	$^{238}_{92}U$	4.47×10^{9}년
인듐	$^{115}_{49}In$	4.41×10^{14}년

식 29-23인 $N = N_0 e^{-\lambda t}$을 이용하여 반감기($T_{1/2}$)를 나타내는 식을 구해보자. 식 29-23은 $t = 0$일 때 방사성 원자핵의 수가 N_0이면, 시간이 t일 때 존재하는 방사성 원자핵의 수를 나타낸다. 즉 N은 시각 t에 남아 있는 핵의 개수이다. 이 식에서 $e = 2.718 \cdots$의 값을 가지며, e^x의 값은 계산기를 이용하여 구할 수 있다. 식 29-23에서 $N = \frac{1}{2}N_0$, 그리고 $t = T_{1/2}$로 대체하면 다음과 같이 된다.

$$\frac{1}{2} = e^{-\lambda T_{1/2}} \qquad \textbf{29-28}$$

이 식의 양변에 자연로그를 취하면 $\ln 2 = \lambda T_{1/2}$이다. 따라서 방사성 원소의 **반감기** $T_{1/2}$은 다음과 같이 나타낼 수 있다.

$$T_{1/2} = \frac{\ln 2}{\lambda} = \frac{0.693}{\lambda} \quad (\text{반감기}) \qquad \textbf{29-29}$$

반감기는 N이 R이 처음값의 반으로 줄어드는 시간이다. 붕괴과정에서 반감기 외에 평균수명을 정의할 수 있는데, **평균수명** τ는 N이나 R이 처음값의 e^{-1}으로 줄어드는 시간을 말한다.

예제 29-10 라돈($^{222}_{88}Rn$)의 활성도

문제 반감기가 3.83일인 라돈 원자 3.0×10^7개가 용기 속에 들어 있다. (a) 더 이상 라돈이 들어오지 못하도록 차단시킨 직후 방사능의 세기를 구하라. (b) 31일 후 남아 있는 라돈 원자의 개수는 얼마인가? (c) 31일 후 방사능의 세기는 얼마인가?

생각하기 $t = 0$일 때의 핵의 개수는 $N_0 = 3.0 \times 10^7$이다. 시간 t 이후에 남아 있는 라돈 원자의 수는 식 $N = N_0 e^{-\lambda t}$로부터 구할 수 있다.

풀이 (a) 처음 상태에서의 붕괴상수를 초의 역수로 나타내면 다음과 같다.

$$\lambda = \frac{0.693}{T_{1/2}} = \frac{0.693}{3.31 \times 10^5\ \text{s}} = 2.09 \times 10^{-6}\ \text{s}^{-1}$$

따라서 1초당 붕괴횟수는 다음과 같다.

$$\frac{dN}{dt} = -\lambda N = -(2.09 \times 10^{-6}\ \text{s}^{-1})(3.0 \times 10^7\text{개}) = -63\ \text{붕괴/s}$$

활성도는 dN/dt의 크기와 같으므로, 즉 방사능의 세기는 63 Bq이다.

(b) 라돈의 붕괴상수는 식 29-29인 $T_{1/2} = \frac{\ln 2}{\lambda} = \frac{0.693}{\lambda}$으로부터 구할 수 있다.

$$\lambda = \frac{0.693}{T_{1/2}} = \frac{0.693}{3.83\text{일}} = 0.181\text{일}^{-1}$$

따라서 31일 후 남아 있는 라돈 원자의 수는 식 29-23을 이용하여 구할 수 있다.

$$N = N_0 e^{-\lambda t} = (3.0 \times 10^7)e^{-(0.181\text{일}^{-1})(31\text{일})} = 1.1 \times 10^5\text{개}$$

(c) 31일 후 남아 있는 라돈 원자의 수는 문제 (b)에서 $N = 1.1 \times 10^5$개이다.

$$\frac{dN}{dt} = -\lambda N = -(2.09 \times 10^{-6}\ \text{s}^{-1})(1.1 \times 10^5) = -0.23\ \text{붕괴/s}$$

활성도는 dN/dt의 크기와 같으므로 방사능의 세기는 0.23 Bq이다.

예제 29-11 남아 있는 핵의 수

문제 동위원소 탄소 14인 ($^{14}_{6}C$)의 반감기는 5 730년이다. 처음상태에서 탄소 14의 핵의 개수가 1 000개라고 가정하자. 여기서부터 시작해서 25 000년 후에 붕괴되지 않고 남아 있는 핵의 수를 구하라.

생각하기 25 000년이라는 시간은 반감기에 비해 상당히 길다. 따라서 핵 중에서 아주 작은 일부만이 붕괴되지 않고 남아 있다는 것을 짐작할 수 있다.

풀이 (1) 시간간격을 반감기로 나누어 반감기가 지나간 횟수를 구하면 다음과 같다.

$$n = \frac{25\,000\text{년}}{5\,730\text{년}} = 4.363$$

반감기가 4.363번 지나간 다음 남아 있는 붕괴되지 않은 핵의 수를 구하면 다음과 같다.

$$N = N_0\left(\frac{1}{2}\right)^n = 1\,000\left(\frac{1}{2}\right)^{4.363} = 49$$

(2) 식 29-29를 이용하여 구해보자. $5730 = \frac{0.693}{\lambda}$에서 붕괴상수를 구하면 다음과 같다. $\lambda = 1.21 \times 10^{-4}\text{년}^{-1}$ 이다.

$$N = N_0 e^{-\lambda t} = (1000)e^{(-1.21 \times 10^{-4}\text{년}^{-1}) \times 2500\text{년}} = 49\text{개}$$

이 값은 단순히 통계적인 숫자이다. 예측이 정밀하려면 처음시료의 핵의 수가 아주 많아야 한다.

방사성 원소의 붕괴 계열

방사성 핵종은 크게 두 부류로 나눌 수 있는데, 하나는 **자연 방사능**(natural radioactivity 自然放射能)을 만드는 자연계의 불안정한 핵종이고, 또 하나는 **인공 방사능**(artificial radioactivity 人工放射能)을 만들어내는 실험실에서 핵반응을 통해 생성된 핵종이다.

방사성 핵종에는 표 29-4와 같이 네 계열이 있다. 각 계열은 반감기가 그 후손 핵들보다 긴 특정 방사성 원소로부터 시작한다. 표 29-4에서 네 번째 계열은 자연계에서 발견되지 않는 초우라늄 원소(우라늄보다 원자번호가 큰 원소) 넵투늄($^{237}_{93}Np$)으로부터 시작한다. $^{237}_{93}Np$의 반감기는 2.14×10^6년 정도이다.

표 29-4 방사성 붕괴의 네 계열

구분	계열 이름	초기 원소	최종 생성물	반감기(년)
자연방사능	우라늄 계열	$^{238}_{92}U$	$^{206}_{82}Pb$	4.47×10^9
	악티늄 계열	$^{235}_{92}U$	$^{207}_{82}Pb$	7.04×10^8
	토륨 계열	$^{232}_{90}Th$	$^{208}_{82}Pb$	1.41×10^{10}
인공방사능	넵투늄 계열	$^{237}_{93}Np$	$^{209}_{83}Bi$	2.14×10^6

우라늄 계열과 악티늄 계열은 토륨 계열($^{232}_{90}Th$)에 비해 다소간 더 복잡하다. 그밖에도 ^{14}C나 ^{40}K처럼 자연계에 존재하지만 어느 붕괴 계열에도 속하지 않는 방사성 동위원소도 있다.

방사성 붕괴 계열에서 자연에 존재하는 계열은 세 가지이다. 즉 $^{238}_{92}U$에서 시작하여 $^{206}_{82}Pb$로 끝나는 **우라늄 계열**, $^{235}_{92}U$에서 시작하여 $^{207}_{82}Pb$로 끝나는 **악티늄 계열,**

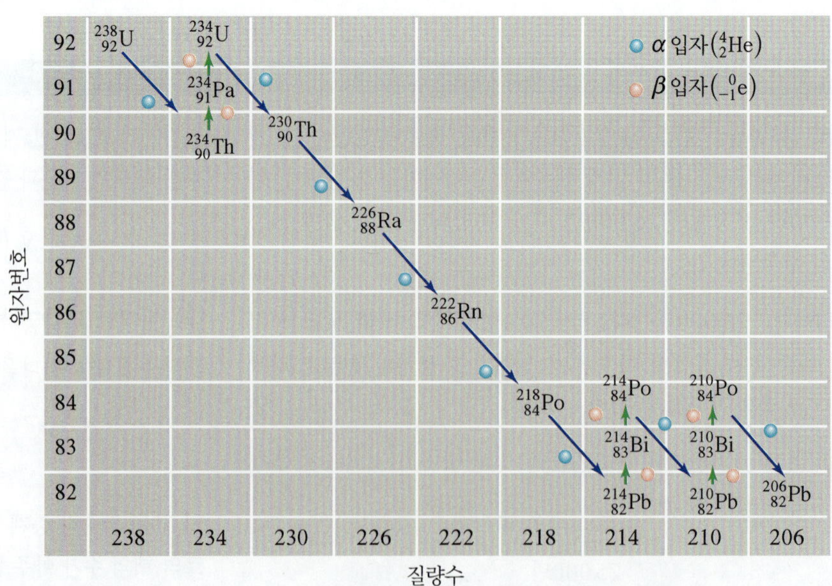

그림 29-12 우라늄 계열의 붕괴과정. 우라늄 계열은 $^{238}_{92}U$에서 시작하여 $^{206}_{82}Pb$로 끝난다.

$^{232}_{90}$Th 에서 시작하여 $^{208}_{82}$Pb 로 끝나는 **토륨 계열**이다. 그리고 넵투늄 계열은 $^{237}_{93}$Np 에서 시작하여 $^{209}_{83}$Bi 로 끝나는데, 자연에 존재하지 않고 인공방사성 원소의 붕괴에서 볼 수 있는 붕괴 계열이다. 그림 29-12는 우라늄 계열의 붕괴과정을 나타낸 것이다.

이들 방사성 계열 때문에 오래전에 없어져야 할 방사성 원소들이 계속적으로 새로 생겨나고 있다. 예를 들어 태양계는 생긴 지 약 5×10^9년 정도 되었는데, 반감기 4.47 $\times 10^9$년인 $^{238}_{92}$U 로부터 시작하는 붕괴 계열이 없었더라면 ^{226}Ra (반감기 1 600년)은 오래전에 모두 붕괴되어 고갈되었어야 한다.

29-8 핵분열과 핵융합

핵분열

오늘날 우리는 원자력 시대에 살고 있다고 한다. 우리나라를 비롯한 세계 여러 나라에서는 전기에너지를 얻기 위해 원자력발전소를 많이 운용하고 있다. 그러면 원자력 에너지는 어떻게 얻을 수 있을까?

1938년 독일의 과학자인 한(O. Hahn)과 슈트라스만(F. Strassmann)은 당시에 원자번호가 가장 큰 우라늄($^{235}_{92}$U)에 속력이 느린 중성자를 충돌시키면 중성자가 우라늄 핵에 포획되어 핵이 불안정해지고 2개의 핵으로 갈라지고 중성자가 2~3개 방출되면서 종래의 핵반응과는 비교할 수 없을 정도의 큰 에너지가 발생하는 것을 발견하였다. 이와 같이 무거운 핵이 2개의 가벼운 핵으로 나누어지는 현상을 **핵분열**(nuclear fission 核分裂)이라 한다. 핵분열의 기본 형태는 그림 29-13과 같이 나타낼 수 있다.

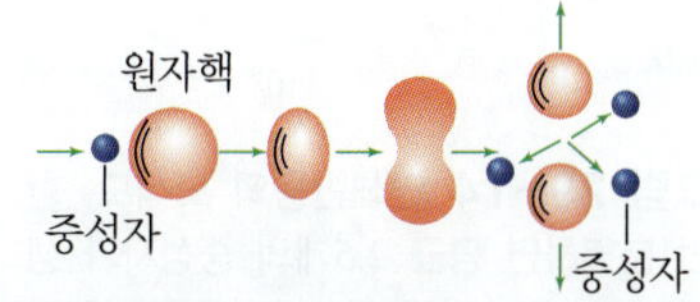

그림 29-13 핵분열의 기본 형태에 대한 도식도

우라늄($^{235}_{92}$U)의 핵분열에서 만들어진 생성물의 질량을 조사해보면, 생성물들의 질량의 합은 $^{235}_{92}$U의 질량보다 작다. $^{235}_{92}$U 원자핵 1개가 분열할 때의 질량결손은 약 3.5×10^{-28} kg으로, 이 질량차를 에너지로 환산하면 약 200 MeV에 해당한다. 따라서 $^{235}_{92}$U원자 핵 1개가 분열하면 약 200 MeV의 에너지를 얻을 수 있다고 할 수 있다. 이러한 핵분열의 예는 다음과 같다.

$$^{235}_{92}\text{U} + ^{1}_{0}\text{n} \rightarrow ^{92}_{36}\text{Kr} + ^{141}_{56}\text{Ba} + 3\,^{1}_{0}\text{n} + \text{에너지} \quad \textbf{29-30a}$$

우라늄 중성자 크립톤 바륨 3개의 중성자

$$^{235}_{92}\text{U} + ^{1}_{0}\text{n} \rightarrow ^{91}_{38}\text{Sr} + ^{143}_{54}\text{Xe} + 2\,^{1}_{0}\text{n} + \text{에너지} \quad \textbf{29-30b}$$

$$^{235}_{92}\text{U} + ^{1}_{0}\text{n} \rightarrow ^{97}_{40}\text{Zr} + ^{137}_{52}\text{Te} + 2\,^{1}_{0}\text{n} + \text{에너지} \quad \textbf{29-30c}$$

식 29-30b나 29-30c와 같은 반응에서 분열된 핵인 $^{91}_{38}$Sr 나 $^{97}_{40}$Zr 등은 중성자수가 양성자수에 비해 많아 불안정하므로 β^-붕괴를 하면서 원자번호가 큰 안정한 핵으로 변환된다. 그 붕괴과정은 다음과 같다.

$$^{91}_{38}\text{Sr} \rightarrow ^{91}_{39}\text{Y} \rightarrow ^{91}_{40}\text{Zr}\ (\text{안정한 핵으로 변환})$$

$$^{97}_{40}\text{Zr} \rightarrow ^{97}_{41}\text{Nb} \rightarrow ^{97}_{42}\text{Mo}\ (\text{안정한 핵으로 변환})$$

우라늄 원자핵 1개가 분열할 때 약 200 MeV의 에너지가 나오므로, 만일 질량이 1 kg인 $^{235}_{92}U$이 동시에 핵분열을 일으킨다면 약 5×10^{32} MeV의 막대한 에너지가 방출된다. 이 에너지는 TNT 2만 톤이 폭발할 때 나오는 에너지에 해당하는 엄청나게 큰 에너지이다. 이와 같이 핵반응에서 얻어지는 에너지를 **원자 에너지**(atomic energy) 또는 **원자력**(nuclear power 原子力)이라 한다.

천연 우라늄은 대부분 $^{238}_{92}U$이며, 중성자를 흡수하여 핵분열을 일으키는 $^{235}_{92}U$는 불과 약 0.7 %밖에 존재하지 않는다. $^{238}_{92}U$는 빠른 중성자를 잘 흡수하고 $^{235}_{92}U$는 느린 중성자만 흡수한다. 그러므로 천연 우라늄에서 $^{235}_{92}U$의 핵분열이 일어났다 하더라도 이 분열에서 만들어지는 2~3개의 중성자는 고속 중성자이므로 거의 $^{238}_{92}U$에 흡수되고 다음 단계의 핵분열에는 기여하지 못한다.

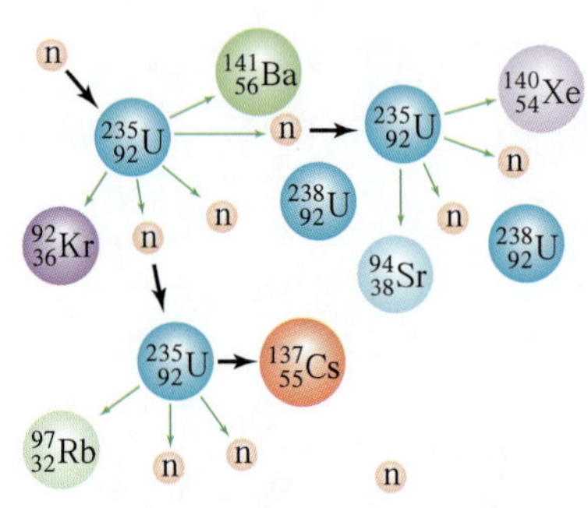

그림 29-14 연쇄반응의 모식도. 한 번 분열하면 평균 2.5개의 중성자가 생기고, 이 중성자에 의해 또 다른 분열이 연쇄적으로 일어난다.

그러나 천연 우라늄을 물리적으로 처리하여 $^{235}_{92}U$의 함유 비율을 20 % 이상으로 높인 **농축 우라늄**(enriched uranium)을 만들고, $^{235}_{92}U$ 핵분열에서 만들어진 2개의 빠른 중성자의 속력을 감속재로 감속시키면 이 중성자들은 다른 $^{235}_{92}U$에 흡수되어 그 핵을 분열시키고 또 거기서 생성된 중성자로 다른 핵을 분열시키는 형태로 순식간에 많은 $^{235}_{92}U$의 핵들이 연쇄적으로 분열된다. 그림 29-14와 같이 방출된 각 중성자는 다른 핵의 분열이 시작되게 할 수 있고, 결과적으로 더 많은 중성자를 방출하며 계속해서 더 많은 분열을 연쇄적으로 일으킬 수 있다. 이러한 반응을 핵의 **연쇄반응**(chain reaction 連鎖反應)이라 한다.

예제 29-12 핵분열 에너지

문제 우라늄 동위원소인 우라늄($^{235}_{92}U$)의 핵 1개가 핵분열하면 약 200 MeV의 에너지가 방출된다. 10 kg의 $^{235}_{92}U$가 핵분열할 때 발생되는 에너지는 몇 J인가? $^{235}_{92}U$ 핵의 질량은 235u이고, $1\ u = 1.66 \times 10^{-27}$ kg이다.

생각하기 먼저 우라늄 핵의 수를 구하고, 이 수를 에너지로 나타낸다.

풀이 $1\ u = 1.66 \times 10^{-27}$ kg이므로 $^{235}_{92}U$ 핵의 질량을 kg 단위로 변환하면 다음과 같다.

$$m = 235\ u \times 1.66 \times 10^{-27}\ kg/u = 3.90 \times 10^{-25}\ kg$$

따라서 10 kg의 $^{235}_{92}U$ 속에 들어 있는 핵의 수 N은 다음과 같다.

$$N = \frac{10\ kg}{3.90 \times 10^{-25}\ kg/개} = 2.56 \times 10^{25}개$$

그러므로 10 kg의 $^{235}_{92}U$가 핵분열 할 때 발생되는 에너지 E는

$$E = 2.56 \times 10^{25}개 \times 200\ MeV/개 = 5.12 \times 10^{27}\ MeV$$

이다. $1\ MeV = 1.6 \times 10^{-13}$ J이므로 발생하는 총에너지는 다음과 같다.

$$E = 5.12 \times 10^{27}\ MeV \times 1.6 \times 10^{-13}\ J/MeV = 8.19 \times 10^{14}\ J$$

원자로

우라늄($^{235}_{92}U$) 핵이 분열할 때에는 빠른 중성자가 방출된다. 그런데 $^{235}_{92}U$는 느린 중성자만 흡수하므로 많은 양의 $^{235}_{92}U$를 연쇄반응 시키려면 중성자의 속도를 느리게 해주어야 한다. 1942년 페르미(E. Fermi)는 흑연덩이를 벽돌처럼 쌓아 놓고 우라늄 연

료 막대를 적당한 간격으로 넣어서 빠른 중성자가 흑연 원자와 충돌하여 에너지를 잃고 느린 중성자가 되도록 하여 $^{235}_{92}U$ 가 연쇄반응을 일으키도록 하였다. 즉 연속적인 연쇄반응을 촉진시키기 위해서는 중성자의 속도를 느리게 해야 한다. 이렇게 중성자의 속도를 줄이는 역할을 하는 물질을 **감속재**(moderator 減速材)라고 한다. 감속재로 과거에는 흑연(탄소)을 사용하였으나, 최근에는 중수소(D_2O)를 많이 사용한다.

이때 느린 중성자가 너무 많으면 연쇄반응이 지나치게 활발하여 폭발 위험성이 있기에 중성자를 잘 흡수하는 카드뮴(Cd)이나 붕소(B)로 제작된 제어막대로 중성자의 수를 제어하여 연쇄반응의 속도를 조절할 수 있다. 이와 같이 중성자의 수와 속도를 조절하여 연쇄반응을 서서히 진행시키면 핵분열에서 발생하는 열에너지를 동력으로 이용할 수 있다. 이런 장치를 **원자로**(nuclear reactor 原子爐)라고 한다.

원자로에서 원자핵 반응으로 방출되는 열에너지로 물을 가열하여 수증기 발생기로 보내어 고온의 수증기로 발전기를 돌려서 전기에너지를 얻을 수 있다. 이것이 원자력 발전의 원리이며 그림 29-15에 간략히 나타내었다.

원자력발전은 연료인 우라늄의 조달이나 처리 과정에 어려운 점이 있을 뿐만 아니라, 원자로에서 나오는 방사성 폐기물의 처리 과정에도 어려움이 있기는 하지만, 원자력 발전이야말로 현대 사회의 중요한 에너지원 중 하나이다. 원자력 발전 과정에서는 여러 종류의 방사성 폐기물들이 배출되므로 이에 대한 근본적인 해결책도 잘 강구해야 한다.

원자로의 또 하나의 중요한 이용은 물리학 연구, 의학, 농학 등에 널리 쓰이는 방사성 동위원소를 핵분열에서 방출되는 빠른 중성자를 이용하여 생산해내는 것이다.

TIP 경주 방사성 폐기물 처리장

우리나라에서는 2015년 8월에 경북 경주시에 중저준위 방사성 폐기물 처리장을 준공하고 운영하고 있다. 이 시설은 아시아 최초로 동굴처분방식으로 지하 1.4 km 터널 끝에 130 m 깊이에 높이 50 m, 지름 25 m의 콘크리트처분고를 가지고 있다. 이 시설에서는 원전, 병원, 연구소에서 발생한 중저준위 폐기물을 자연 수준의 방사선량이 될 때까지 처분 및 관리한다.

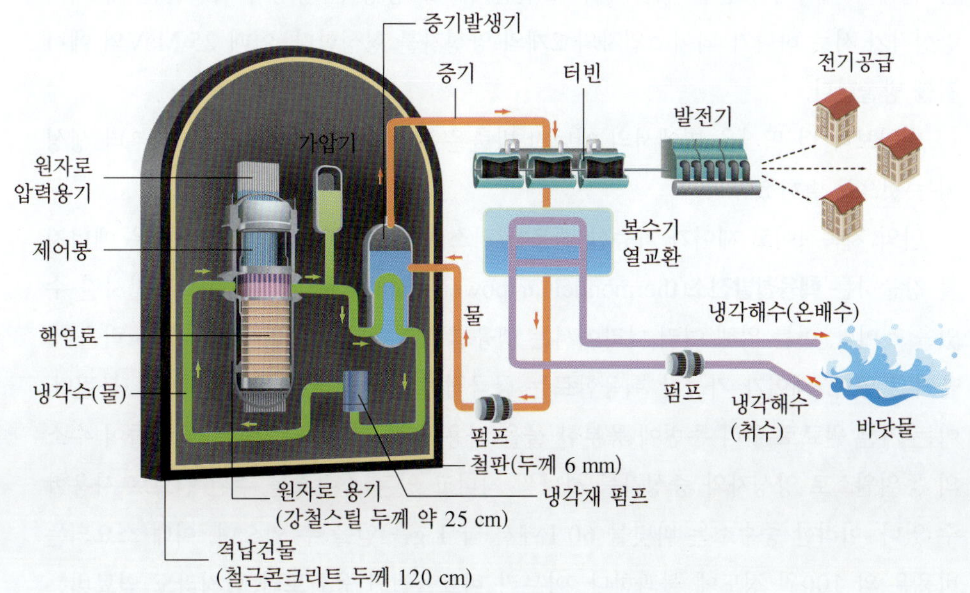

그림 29-15 가압경수로형 원자력발전계통도. 원자로 내에 들어 있는 우라늄 연료막대에서 핵분열이 일어나면서 열에너지가 발생한다.

그림 29-16 한빛원자력 발전소 전경. 총 6기의 원자로에서 전기를 생산하고 있다.

핵융합

두 개의 가벼운 핵이 융합하여 하나의 새로운 무거운 핵으로 결합할 때 에너지가 방출되는 현상을 핵융합(nuclear fusion 核融合)이라 한다. 앞에서 공부한 핵분열이 일어날 때에는 무거운 핵이 원래의 핵보다 더 큰 핵자당 결합에너지를 가진 2개의 핵으로 나누어진다. 그러나 핵융합이 일어날 때는 질량이 작은 2개의 핵이 결합하여 원래의 핵보다 핵자당 결합에너지가 더 큰 무거운 핵이 된다. 우주에 있는 대부분의 원소는 핵융합을 통해 형성되는 것으로 믿으며, 현재에도 태양을 포함한 별에서 끊임없이 핵융합이 일어나 거대한 양의 복사에너지를 방출하고 있다.

모든 별은 핵융합 과정에 의해 자체 에너지를 만들어 스스로 빛을 발하고 있다. 태양을 포함한 90 % 이상의 별은 수소를 녹이는 반면에, 나이가 많은 별들은 헬륨이나 그보다 무거운 원소를 녹여 융합할 때 스스로 에너지를 방출하면서 빛을 발한다. 핵융합 시 생성되는 에너지는 별 내부의 압력을 가중시키고, 중력은 별이 붕괴되어 흩어지는 것을 막아준다.

별에서 융합 반응이 일어나기 위해서는 에너지를 견딜 수 있는 2가지 조건이 충족되어야 한다. 첫째는 온도로, 수소의 융합을 위해서는 약 10^7 K 정도의 충분히 높은 온도가 요구된다. 이것은 양으로 대전된 수소 핵에 운동에너지를 주기에 충분한 온도로 핵이 충돌할 때 상호작용하는 Coulomb의 척력을 이길 수 있는 에너지이다. 둘째는 핵의 높은 밀도로, 충돌의 비율을 높이기에 충분해야 한다.

태양에너지가 생성되는 기본 과정 중 첫 단계로 수소 핵인 하나의 양성자가 또 다른 양성자와 서로 융합을 하는 과정을 **양성자-양성자 사이클**(proton-proton cycle)이라고 하는데, 이는 3개의 핵이 반응하는 일련의 과정을 통해 수소가 풍부한 태양과 같은 별에서 에너지가 분출되는 것이다. 전반적으로 양성자-양성자 사이클은 네 개의 양성자가 서로 하나가 되어 α입자와 2개의 양성자를 형성한다. 이때 25 MeV의 에너지를 방출한다.

태양보다 더 뜨거운 별에서의 에너지 방출은 **탄소 순환**(carbon cycle)로부터 생성되는 것으로 밝혀졌다.

만약 지속적이고 제어가 가능한 핵융합 시스템을 개발한다면, 이를 새로운 에너지를 창출하는 **핵융합발전소**(thermonuclear power plant 核融合發電所)로 발전시킬 수 있을 것이다. 이를 위해 여러 나라에서는 핵융합로를 개발하기 위해 부단한 노력을 기울이고 있다. 제어가 가능한 핵융합로는 궁극적이고 이상적인 에너지원으로 불린다. 이는 기본 원료로 우리 주변에 풍부한 물을 사용할 수 있기 때문이다. 예를 들어 수소의 동위원소로 양성자와 중성자를 하나씩 지니고 있는 중수소를 주된 원료로 사용할 수 있다. 이러한 중수소는 바닷물 60 L에서 약 1 g을 얻을 수 있으며, 이때 소요되는 비용은 약 100원 정도에 불과하다. 아무리 비효율적인 융합로라 할지라도 연료비는 문제가 되지 않는다. 핵융합로의 부수적인 이점은 방사능 물질의 폐기물이 거의 없다는 것이다. 수소 핵이 핵융합 과정을 거쳐 마지막 단계에서는 방사능이 없는 안정된

TIP 수소의 동위원소

수소($^1_1$H)(hydrogen 水素)
핵 안에 양성자 1개를 가짐

중수소($^2_1$H)(deuterium 重水素)
핵 안에 1개의 양성자와 1개의 중성자를 가짐

삼중수소($^3_1$H)(tritium 三重水素)
핵 안에 1개의 양성자와 2개의 중성자를 가짐

헬륨을 최종적으로 만든다. 불행하게도 열핵 반응 과정에서 적절한 반응시간을 찾고 이를 이용하여 순수 에너지를 얻을 수 있는 단계까지 실현되지 못하고 있다. 성공적인 장치를 개발하기 위해서는 해결해야 할 문제가 많이 남아 있다.

가장 실현 가능성이 있는 핵융합 반응은 수소의 동위원소인 중수소($^2_1$H, D로 표시함)와 삼중수소($^3_1$H, T로도 표시함)를 원료로 사용한 반응장치이다. 이 반응 과정은 다음과 같다.

$$^2_1\text{H} + {}^2_1\text{H} \rightarrow {}^3_2\text{He} + {}^1_0\text{n} \quad (\text{에너지 방출량 } Q = 3.27 \text{ MeV}) \qquad \textbf{29-31a}$$

$$^2_1\text{H} + {}^2_1\text{H} \rightarrow {}^3_1\text{H} + {}^1_1\text{H} \quad (\text{에너지 방출량 } Q = 4.03 \text{ MeV}) \qquad \textbf{29-31b}$$

$$^2_1\text{H} + {}^3_1\text{H} \rightarrow {}^4_2\text{He} + {}^1_0\text{n} \quad (\text{에너지 방출량 } Q = 17.59 \text{ MeV}) \qquad \textbf{29-31c}$$

여기서 Q값은 각 반응 과정에서 발생하는 에너지이다. 식 29-31의 원료인 중수소는 호수나 바닷물에 아주 풍부하다($^2_1$H의 자연존재비는 0.015 %). 그러나 삼중수소는 대부분 자연에서 만들어지지는 않고 인공적으로 생산해야 한다.

핵융합 발전을 위한 가장 기본적인 도전은 핵 사이에 작용하는 전기력인 Coulomb의 힘을 능가하는 충분한 운동에너지를 가해주어야 한다는 것이다. 이 단계는 핵연료에 태양의 내부 온도 약 10^8 K보다도 더 높은 온도를 가해야 이루어진다. 즉 이온의 온도가 1억도 정도가 되어야 한다. 이러한 높은 온도는 지상의 실험실이나 발전소에서 그냥 쉽게 만들 수 없다. 이렇게 높은 온도에서는 원자가 이온화되어 전자와 핵이 집합체로 모여서 만들어지는데, 이를 **플라즈마**(plasma)라 한다.

핵융합을 일으키는 데 필요한 높은 온도 조건과 함께 중요한 2가지 임계인자가 필요하다. **플라즈마 이온밀도**(plasma ion density) n와 이온이 상호작용하는 시간인 **플라즈마 속박시간**(plasma confinement time 束縛時間) τ이다. 이러한 임계인자는 플라즈마가 발생하는 데 필요한 일정한 온도와 같거나 그 온도 이상에서만 값이 유지되며, 이 값에 따라 열 핵융합로의 기능을 수행할 수 있는지 없는지의 여부가 결정된다. 그래서 밀도와 속박시간이 충분히 커야 한다. 그 값이 확실히 커야만 플라즈마를 가열하는 데 필요한 애당초의 열보다 더 많은 융합에너지가 방출되기 때문이다.

한국핵융합에너지연구원(KFE: KOREA INSTITUTE OF FUSION ENRGY)에서는 2007년 국내기술로 완공된 **초전도핵융합연구장치**(KSTAR: Korean Superconducting Tokamak Advanced Research)를 운영하여 핵융합로 건설을 위한 핵심기술(초고온 고밀도 장시간 운전, 1억도 이상 300초 운전 등)의 확보 및 핵융합 분야의 제반 문제 해결을 목표로 연구하고 있다.

그림 29-17 토카막(한국핵융합에너지연구원 제공).

대부분 융합 실험은 플라스마를 가두기 위해서 자기장을 사용한다. 자기장으로 플라스마를 가두는 장치로 그림 29-17과 같은 **토카막**(Tokamak)을 사용한다. 토카막은 도넛 형태의 토로이드로 두 종류의 자기장 내에 플라스마를 가두게 한 것이다.

29-9 방사선의 검출과 응용

방사선의 검출

방사성 원자핵이 붕괴될 때 방출되는 입자나 광자(γ선)를 검출하는 데 쓰이는 장치는 많이 있다. 이러한 장치는 입자나 광자가 물질을 통과하면서 만들어내는 이온화를 검출한다. 가장 일반적으로 알려진 장치는 그림 29-18과 같은 **가이거계수기**(Geiger counter)이다.

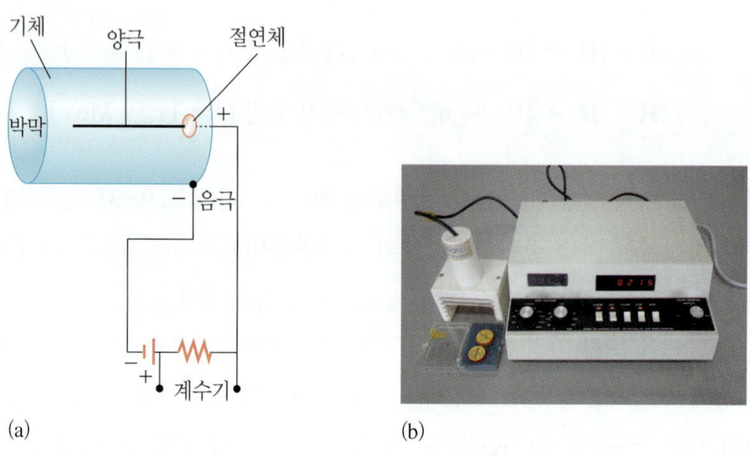

그림 29-18 (a) 가이거계수기의 구조 (b) 가이거계수기로 γ선을 계수하는 모습

가이거계수기의 구조는 원통형 금속관 내 어떤 종류의 기체를 봉입한 형태를 가진다. 관의 중앙에는 바깥쪽 원통보다 높은 전압이 유지되는 긴 도선이 놓여 있다. 이 전압은 봉입된 기체 원자를 이온화시키기 위해 필요한 전압보다는 약간 낮다. 계수기의 박막 쪽으로 방사성 입자가 들어오면 이 입자는 관 내에 있는 기체 원자를 이온화시킨다. 이때 생긴 자유전자들은 양극의 도선으로 끌리게 되고, 이렇게 가속된 전자들은 다른 원자들과 충돌하여 원자를 이온화시킨다. 이 전자들의 움직임은 빠르게 일어나며, 그것이 양극의 도선에 도달하였을 때 전압의 펄스를 일으키게 된다. 이 펄스는 증폭된 후 계수기로 보내져 입사된 입자들을 검출하게 된다.

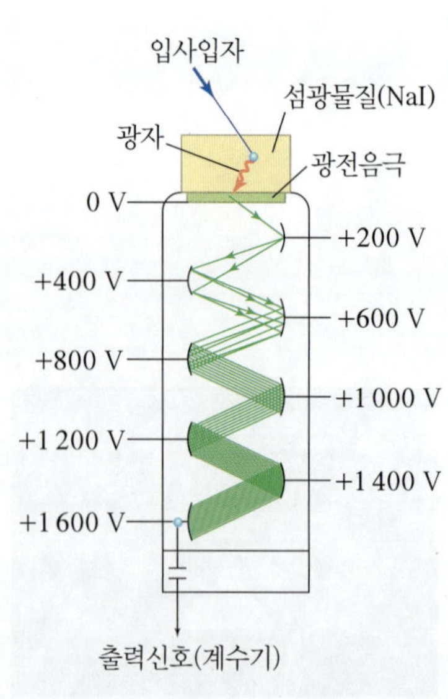

그림 29-19 섬광계수기의 내부 구조. 아래 부분이 광전자 증배관으로 광자를 전기신호로 바뀌어 몇 단계 증폭 과정을 거쳐 계수기로 보낸다.

또 다른 검출기로는 **섬광계수기**(scintillation counter 閃光計數器)가 있다. 이 계수기는 섬광체를 이용하는데, 방사선이 섬광체에 입사되면 섬광체를 구성하는 원자들과 충돌하여 섬광체의 원자들은 들뜬상태가 되고, 바닥상태로 되돌아가며 가시광선을 방출한다. 이 계수기의 섬광체로 많이 사용되는 물질은 **아이오딘화 나트륨**(NaI) 결정이다. 섬광체의 한 면은 **광전자 증배관**(photomultiplier(PM) tube 光電增配管)에 연결되어 있고, 이 안에서 발생한 빛이 새지 않게 하기 위해 불투명한 물질로 싸여 있거나, 빛이 새지 않는 용기 안에 담겨 있다. 광전자 증배관은 섬광체에서 방출하는 광자를 전기신호로 바꾸어준다. 광전자 증배관은 몇 개의 전극을 갖는 진공관이며, 이 전극을 다이노드(dynode)라 부른다. 그림 29-19에서 보는 것처럼 연속적으로 점점 높아지는 전압으로 유지된다. 섬광체에서 나온 광자가 광전음극(일종의 광전판)을 때리면 광전판에서 전자들이 방출된다. 그러한 전자들은 첫 번째 다이노드를 향해 가속된다. 첫 번째 다이노드에 부딪친 전자는 2~5개의 전자들을 더 방출할 수 있을 정도로 충분한 에너지를 얻게 된다. 이 전자들을 두 번째, 세 번째 다이노드를 거치면서 계속 가속되면서 전자계수기로 보내져 입사되는 방사선을 검출하게 된다.

이 외에도 **반도체 검출기**(semiconductor detector), **안개상자**(cloud chamber), **거품상자**(bubble chamber) 등 여러 방법을 통해 방사선의 존재 여부, 세기 등을 검출하고 있다.

방사선 양의 측정

물질에 흡수된 방사선은 심각한 손상을 줄 수 있다. 손상의 종류와 정도는 방사선의 종류와 에너지, 흡수물질의 특성 등에 따라 다르다. 생물학적 유기체에 대한 방사선 손상은 일차적으로 세포 내 전리 효과에 의한 것이다. 전리방사선에 의한 고반응성 이온들이 세포의 정상적인 기능을 방해한다. 다량의 급성 방사선 피폭은 수많은 세포 내 분자 손상이 세포의 괴사로 이어지기 때문에 위험하다. 더구나 방사선 피폭에 살아남은 세포라 하더라도 손상이 심하여 암을 유발할 수 있다. 방사선에 대한 노출이나 피폭을 정량화하기 위해 몇 가지 단위가 사용된다.

뢴트겐

1뢴트겐(R)은 표준 상태의 공기 1 cm^3당 2.08×10^9개의 이온쌍을 생성시키는 전리방사선의 양으로 정의한다. 뢴트겐은 1 kg의 공기에 8.76×10^{-3} J의 에너지를 부여하는 방사선의 양을 말하기도 한다.

흡수선량(absorbed dose 吸收線量)

생물체의 특정 부위에 흡수된 양 등을 나타낼 때 사용하는 물리량이다. 흡수선량의 SI 단위는 그레이(Gy)이다. 과거에는 래드(rad)를 많이 사용하였다.

$$1 \text{ Gy} = 1 \text{ J/kg} = 100 \text{ rad} \qquad \textbf{29-32}$$

선량당량(dose equivalent 線量當量)

방사선에 의한 생물학적 손상의 정도를 측정하는 데 사용된다. 생물학적 손상의 정도는 방사선의 에너지뿐만 아니라 방사선의 종류에 따라서도 달라진다. 예를 들면 어느 특정 선량의 알파입자에 의한 생물학적 손상은 같은 선량의 X선에 의한 손상의 10배나 된다. 이러한 효과를 고려해서 정의된 단위가 선량당량이다. 선량당량은 흡수선량에 **생물학적 효과의 상대적 비율**(RBE; relative biological effectiveness)을 곱해서 표현한다.

선량당량의 단위는 과거에는 **렘**(rem; roentgen equivalent in man)을 많이 사용하였으나 현재는 SI 단위로 **시버트**(Sv)를 사용한다. 두 단위 사이의 관계는 다음과 같다.

$$1 \text{ Sv} = 100 \text{ rem} \qquad \textbf{29-33}$$

여러 종류의 방사선에 대한 RBE 계수를 표 29-5에 나타내었다. 이 값들은 입자의 에너지나 손상의 형태에 따라 달라질 수 있기 때문에 단지 근삿값일 뿐이다.

그림 29-20 방사성 물질을 취급하는 구역임을 알리는 경고 표시

그림 29-21 원자력발전소에서 사용이 끝난 핵연료는 중성자 흡수재인 붕소가 포함된 수조에 담가 일시적으로 보관한다. 고준위 폐기물에서 나오는 방사선이 일으키는 체렌코프(cherenkov) 현상으로 물이 파란색을 띤다.

표 29-5 여러 가지 방사선에 대한 RBE 계수

방사선	RBE 계수
X선과 γ선	1.0
β입자	1.0~1.7
α입자	10~20
느린 중성자	4~5
빠른 중성자와 양성자	10
무거운 이온	20

우주에서 날아오는 방사선(cosmic rays)이나 토양 등 자연으로부터의 저준위 방사선 허용량은 1인당 연간 1.3 mSv 정도이다. 일반적으로 1년 동안 쬘 수 있는 허용량의 상한값은 연간 5 mSv이지만, 이 분야에 종사하는 사람들은 몸 전체에 대해 연간 50 mSv을 상한으로 규정하고 있다. 4~5 Sv 정도의 방사선이 급성으로 전신에 피폭되면 사망률은 대략 50 %에 이른다.

방사성 물질을 취급하는 기관이나 병원 등에서는 방사선에 의한 피폭에 대비하여 그림 29-20과 같이 방사선 구역을 알리는 경고판을 부착하고 있다.

방사능 연대 측정

방사능 응용의 중요한 한 예는 고고학이나 지질학상 시료의 연대를 측정하는 것이다. 만약 어떤 물체가 생성되었을 당시부터 방사성 핵을 포함하고 있다면, 반감기 동안 핵의 반이 붕괴하기 때문에 핵의 붕괴는 시계와 같이 시간의 흐름을 말해줄 것이다.

시료의 현재 방사능 세기는 측정할 수 있지만, 수천 년 전의 원래 상태의 방사능의 세기는 어떤 방법으로 측정할 수 있을까? **방사능 연대 측정법**(radiometric dating)을 사용하면 원래의 방사능의 세기를 측정하는 것이 가능하다.

방사능 연대 측정은 반감기가 5 730년으로 β^-붕괴를 하는 탄소의 동위원소인 $^{14}_{6}C$를 이용한다. 이 동위원소는 표준탄소($^{12}_{6}C$) 원자 8.3×10^{11}개당 1개씩이라는 평형을 이룬 농도로 지구의 대기 중에 존재한다. 이 값은 대기의 이산화탄소에서 $^{12}_{6}C$에 대한 $^{14}_{6}C$의 비율로 1.2×10^{-12} 정도에 해당한다. 이러한 사실은 나무의 나이테에서 탄소 비율을 측정해보면 알 수 있다.

이 값은 긴 세월에 걸쳐 일정하게 유지되어 왔을 것이라는 가정을 하고 있다. 그 이유는 우주의 방사선이 지구 상층부의 대기와 상호작용을 할 때, β^-붕괴의 손실을 보충해주는 방식으로 $^{14}_{6}C$의 농도를 일정하게 유지하기 때문이다. 게다가 모든 살아 있는 유기체들은 신진대사에 의해 $^{14}_{6}C$의 농도를 일정하게 유지하고 있다. 그러나 일단 하나의 유기체가 죽으면, 신진대사를 통한 $^{14}_{6}C$의 공급이 지속되지 않아, β^-붕괴는 5 730년마다 $^{14}_{6}C$의 원자핵이 반으로 붕괴하게 된다. 즉 유기체가 죽으면, 더 이상 대기로부터 $^{14}_{6}C$를 흡수하지 않으며 $^{14}_{6}C$의 β붕괴에 의해 체내의 $^{12}_{6}C$에 대한 $^{14}_{6}C$의 비율은 점차 줄어들 것이다.

따라서 단위질량당 $^{14}_{6}C$의 붕괴에 의한 방사능을 측정하면 오래된 물체의 연대를

측정할 수 있다. 탄소 연대 측정을 이용하면, 나무, 석탄, 뼈나 조개껍데기 샘플 등이 1 000~25 000년 전에 살았던 것들임을 밝혀낼 수 있다. 이런 정보들은 과학자로 하여금 인간을 비롯한 생명체의 숨겨졌던 역사를 재구성하는 데 도움을 준다.

방사능 연대 측정에 사용되는 식을 유도해보자. 붕괴의 법칙인 식 29-23의 양변에 λ를 곱하면 다음과 같다.

$$\lambda N = \lambda N_0 e^{-\lambda t} \qquad \textbf{29-34}$$

식 29-19에서 $\lambda N = R$, $\lambda N_0 = R_0$이므로, 이 값을 식 29-34에 대입하고 R_0으로 나누면 다음 식이 얻어진다.

$$R = R_0 e^{-\lambda t}, \quad \frac{R}{R_0} = e^{-\lambda t} \qquad \textbf{29-35}$$

여기서 R는 현재 방사능의 세기, R_0은 유기체가 살아 있을 당시의 방사능의 세기이다. 양변에 자연로그를 취하면 연대 t를 구할 수 있다.

$$\ln\left(\frac{R}{R_0}\right) = \ln(e^{-\lambda t}) = -\lambda t$$

$$t = -\frac{\ln\left(\frac{R}{R_0}\right)}{\lambda} \qquad \textbf{29-36}$$

방사능의 세기 R은 붕괴율 또는 활성도와 같은 의미로 사용된다. 실험에 의하면 수천 년 전에 살았던 생물체는 탄소 1 g당 약 0.23 Bq의 방사능 세기를 가졌을 것으로 알려져 있다. 생물체가 죽은 시점부터 방사능 세기는 감소하기 시작한다. 그 생물체의 유해로부터 탄소 1 g당 현재의 방사능 세기를 측정할 수 있으며, 0.23 Bq의 값과 비교하여 죽은 이후 지나간 시간을 산정할 수 있다.

예제 29-13 빙하 속 미라가 살았던 연대

문제 1991년 알프스 산맥을 여행 중인 독일 여행자는 빙하 속에 갇혀 있는 한 미라를 발견하였다. 과학자들은 이 미라를 실험실로 옮겨와 탄소 연대 측정법을 이용하여 미라가 된 사람이 살았던 시대는 지금부터 몇 년 전인가를 계산하였다. 우리도 한 번 계산해보자. 이 미라에서 채취한 시료에서 $^{14}_{6}C$의 방사능의 세기(활성도)는 1 g당 약 0.121 Bq이었다.

생각하기 R는 현재 방사능 세기, R_0은 유기체가 살았던 당시의 방사능 세기로 그 값은 탄소 1 g당 약 0.23 Bq이다.

풀이 $^{14}_{6}C$의 붕괴상수는 다음과 같다. $\lambda = 0.693/T_{1/2} = 0.693/(5\,730\text{년}) = 1.21 \times 10^{-4}\text{년}^{-1}$이다.

문제에서 현재의 방사능 세기 R은 0.121 Bq이다. 그리고 R_0 = 0.23 Bq이다. 따라서 식 29-35인 $R = R_0 e^{-\lambda t}$을 이용하여 미라가 살았을 당시의 시간 t를 얻을 수 있다.

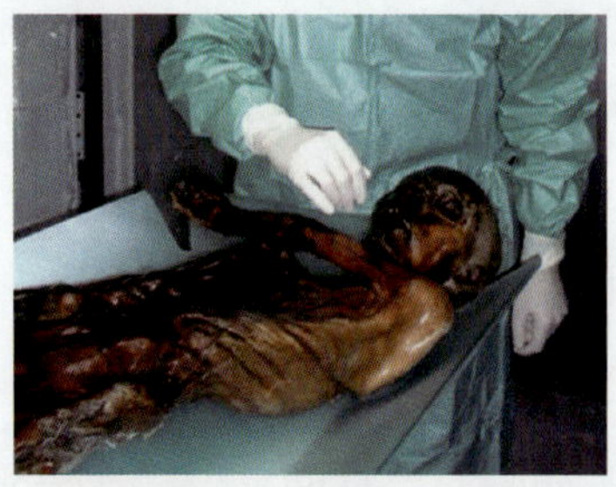

그림 29-22 알프스 산맥 빙하 속에서 발견된 미라

$$0.121\ \text{Bq} = (0.23\ \text{Bq})e^{-(1.21 \times 10^{-4}\text{년}^{-1})t}$$

양변을 자연로그를 취하고 정리하면 다음과 같다.

$$\ln\left(\frac{0.121\ \text{Bq}}{0.23\ \text{Bq}}\right) = -(1.21 \times 10^{-4\text{년}^{-1}})t$$

따라서 t는 5 300년이다.

연습문제

29-1 핵의 특성

1. 캘리포늄($^{252}_{98}\mathrm{Cf}$)의 반지름과 철($^{56}_{26}\mathrm{Fe}$)의 반지름의 근사적인 비는 얼마인가?

2. 핵을 이루는 물질의 밀도가 2.3×10^{17} kg/m^{3}이라 할 때, 지구와 같은 질량이 되는 구형 핵의 반지름은 얼마인가? 지구의 질량은 5.98×10^{24} kg이며 평균반지름은 6.37×10^6 m이다.

3. 다음과 같은 4종류의 원자핵이 있다. 각각의 핵의 평균반지름을 구하라.

(a) $^{2}_{1}\mathrm{H}$ (b) $^{60}_{27}\mathrm{Co}$ (c) $^{197}_{79}\mathrm{Au}$ (d) $^{239}_{94}\mathrm{Pu}$

4. (a) 금(Au)의 핵에 3.2×10^{-14} m까지 근접하는 데 필요한 α입자의 속력을 구하라.

(b) α입자의 에너지를 MeV 단위로 구하라.

29-2 핵의 질량결손과 결합에너지

5. (a) 원자질량이 23.985 042 u인 마그네슘($^{24}_{12}\mathrm{Mg}$)과 (b) 원자질량이 84.911 789 u인 루비늄($^{85}_{37}\mathrm{Rb}$) 핵의 핵자당 평균결합에너지를 구하라.

6. 어떤 핵반응에서 1.0×10^{-29} kg의 질량결손이 생겼다. 이 질량결손에 대응하는 에너지를 갖는 광양자의 파장은 몇 m인가? 플랑크상수 $h = 6.6 \times 10^{-34}$ J s이고, 광속은 $c = 3 \times 10^8$ m/s이다.

29-3 방사능

7. 1932년 영국의 채드윅(J. Chadwick)이 베릴륨 표적에 α입자를 충돌시켜 주목할 만한 핵반응 과정을 발견하였다. 실험결과 다음과 같은 반응이 발생했음이 알려졌다.

$$^{4}_{2}\mathrm{He} + ^{9}_{4}\mathrm{Be} \rightarrow ^{12}_{6}\mathrm{C} + ^{A}_{Z}\mathrm{X}$$

이 반응에서 입자 $^{A}_{Z}\mathrm{X}$는 무엇인가?

29-4 α붕괴

8. 불안정한 핵 사마륨($^{142}_{62}\mathrm{Sm}$)이 α입자를 방출하며 붕괴한다. 딸핵은 어떤 것인가?

9. 폴로늄($^{210}_{84}\mathrm{Po}$)이 α입자를 방출할 수 있는지를 알아보고, 방출한다면 그 과정에서 발생되는 운동에너지를 구하라. 이 붕괴과정에서 나타나는 입자의 원자질량은 다음과 같다.

$m(^{210}_{84}\mathrm{Po}) = 209.982\ 85$ u, $m(^{206}_{82}\mathrm{Pb}) = 205.974\ 40$ u, $m(^{4}_{2}\mathrm{He}) = 4.002\ 60$ u

10. 라듐 223은 α입자 방출로 라돈($^{219}_{86}\mathrm{Rn}$)으로 붕괴하며 $Q =$ 5.864 MeV의 에너지를 방출한다. α입자의 운동에너지와 속력을 구하라.

29-5 β붕괴

11. 아이오딘($^{131}_{53}\mathrm{I}$)은 갑상선 치료에 이용된다. 아이오딘이 베타-마이너스(β^-) 붕괴를 한 후 어떤 원소가 남아 있을까?

12. 삼중수소($^{3}_{1}\mathrm{H}$)의 핵은 다음 반응에 의해 $^{3}_{2}\mathrm{He}$으로 β붕괴를 하면서 전자와 반중성미자를 방출한다. 이 β붕괴에서 나오는 에너지를 계산하라.

$$^{3}_{1}\mathrm{H} \rightarrow ^{3}_{2}\mathrm{He} + e^- + \overline{\nu}$$

$^{3}_{1}\mathrm{H}$의 원자질량은 3.016 049 u이고, $^{3}_{2}\mathrm{He}$의 원자질량은 3.016 029 u이다.

13. 자유 중성자의 β붕괴에서 방출되는 에너지 Q값을 계산하라. 양성자의 질량은 938.28 MeV/c^2이고, 중성자의 질량은 939.57 MeV/c^2이며, 전자의 질량은 0.510 999 MeV/c^2이다.

14. 다음 붕괴식에서 [ ]에 표시된 원소는 무엇인가?

(a) $^{212}_{83}\mathrm{Bi} \rightarrow [\ \ ] + ^{4}_{2}\mathrm{He}$

(b) $^{95}_{38}\mathrm{Sr} \rightarrow [\ \ ] + e^- + \overline{\nu}$

(c) $[\ \ ] \rightarrow ^{5}_{2}\mathrm{He} + ^{140}_{58}\mathrm{Ce}$

29-6 γ붕괴

29-7 붕괴법칙과 반감기

15. 반감기가 1일인 방사성 물질이 있다. 몇 일이 경과하면 이 방사성 물질이 1 000분의 1 이하로 감소하겠는가?

16. 라돈의 반감기 $T_{1/2}$은 3.83일이다. $t = 0$일 때 3.00 g의 라돈이 있었다면, 1.50일이 지난 후 남은 라돈의 질량은 얼마인가?

17. 프랑슘($^{221}_{87}\mathrm{Fr}$)의 핵반응식은 $^{221}_{87}\mathrm{Fr} \rightarrow \mathrm{X} + \gamma + Q$이다. 이 붕괴과정에서 Q는 방출되는 에너지를 의미한다.

(a) X의 원자번호와 질량수는 얼마인가?

(b) Q가 9.9×10^{-13} J이라면 질량 몇 kg에 해당하는가?

(c) $^{221}_{87}\mathrm{Fr}$의 양이 처음의 1/32로 되는 데 24분 걸렸다면 반감기는 얼마인가?

29-8 핵분열과 핵융합

18. 다음 핵분열 반응에서 방출되는 에너지를 구하라.

$$^{1}_{0}\mathrm{n} + ^{235}_{92}\mathrm{U} \rightarrow ^{88}_{38}\mathrm{Sr} + ^{136}_{54}\mathrm{Xe} + 12^{1}_{0}\mathrm{n}$$

19. 핵분열에서 방출된 평균에너지가 208 MeV라고 할 때, 100 W 짜리 전구 한 개를 1.0시간 동안 켜놓기 위한 핵분열의 횟수를 구하라.

20. 어떤 별이 갖고 있는 수소 핵연료를 방출할 때 그것이 다른 핵연료를 융합시킬 수도 있다. 10^8 K 이상의 온도에서, 헬륨핵의 융합이 일어날 수 있다고 한다. 다음 과정의 식을 써보라.

(a) 2개의 α입자가 융합하여 핵 A를 만들고 γ선을 방출한다. 핵 A는 무엇인가?

(b) 핵 A가 α입자를 흡수하여 핵 B를 만들고 γ선을 방출한다. 핵 B는 무엇인가?

(c) (a)와 (b)에 주어진 핵반응에서 방출된 에너지를 구하라. 여기서 ${}^8_4$Be 의 질량은 8.005 305 u이다.

21. 다음 핵융합 반응에서 방출되는 에너지를 구하라.

$$^2_1\text{H} + {}^2_1\text{H} \rightarrow {}^3_1\text{H} + {}^1_1\text{H}$$

29-9 방사선의 검출과 응용

22. 방사능의 세기가 200.0 mCi인 방사성 동위원소 시료가 있다. 이 시료의 반감기가 14.0일이라면, 이 물질의 방사능의 세기가 20.0 mCi가 되기까지 얼마나 오랫동안 보관할 수 있는가?

유럽 입자물리학연구소(CERN) 스위스 제네바와 프랑스 국경지대에 위치한 세계 최대의 입자물리학연구소이다. 원래 명칭은 유럽 원자핵공동연구소(프랑스어: Conseil Européen pour la Recherche Nucléaire)이며, 머리글자를 따서 CERN으로 부른다. 이곳에서는 여러 형태의 입자가속기를 이용하여, 고에너지 물리학에 대한 연구가 이루어지고 있다.

제30장 입자물리학

과학자들은 1930년경에만 해도 모든 물질의 궁극적인 구조에 대한 연구가 거의 다 해결되어 간다고 믿었다. 당시의 지식으로 우주를 구성하는 기본입자는 전자, 양성자, 중성자라고 생각하였다. 그 후에 양전자, 중성미자, γ입자(광자)가 발견되면서 모두 6개의 기본입자들이 우주를 구성하는 기본요소라고 생각하였다.

그러나 그 후 몇십 년 동안 수백 개가 넘는 여러 입자들이 발견되었다. 이러한 입자들의 성질과 상호작용, 그리고 어느 입자를 기본입자라고 생각할 수 있는가 등에 대한 또 다른 연구가 필요하게 되어 **입자물리학**(Particle Physics)이라는 학문이 탄생하게 되었다.

입자물리학 분야에서는 새로운 용어들과 기억하기도 어려운 새로운 입자들이 등장한다. 새로운 입자들의 발견과 함께 새로운 사실들이 계속해서 발표되고, 경우에 따라서는 기존 지식으로 해결하지 못하는 어려운 문제들을 만나기도 한다. 현 시점에서 과학자들은 우주를 만드는 기본입자는 무엇인가? 라는 주제를 찾아 끊임없이 연구를 시도하고 있는 중이다.

제30장에서는 자연의 4가지 기본 힘을 통합하려는 과학자들의 노력과 지금까지 밝혀진 소립자들의 특성과 분류 그리고 상호작용에 대해 공부한다.

30-1 입자물리학의 출발

자연의 4가지 기본 힘

제4장에서 자연계에 존재하는 4개의 기본적인 힘에 대해 그 개념만을 간단히 소개한 바 있다. 자연의 4가지 힘을 큰 것부터 나열하면 (1) 원자 내에서 작용하는 **강력**(강한 상호작용력), (2) 전하 사이에 작용하는 **전자기력**, (3) 방사선 붕괴를 유발하는 **약력**(약한 상호작용력), (4) 물체 사이에 작용하는 **중력** 순이다(표 4-1 및 표 30-1 참조). 여기서는 이들 힘의 특성을 힘을 매개하는 장입자의 관점에서 알아보고, 지금까지 발견된 입자들의 성질과 상호작용 등에 대해 알아보자.

강력(strong force)은 중성자와 양성자 내부에 존재하는 쿼크 사이를 강하게 연결하여 중성자와 양성자를 묶어주는 힘이다. 어느 면에서는 핵 내부에서 중성자와 양성자 사이에 작용하는 힘을 모두 포함하여 강력이라 일컫는다. 일종의 접착제라고 볼 수 있는 강력은 4가지 힘 중에서 가장 힘이 강하다. 이 힘의 작용거리는 핵반지름(약 10^{-15} m)보다는 약간 길지만, 무시해도 좋을 만큼의 매우 짧은 거리에서 작용하는 힘이다. 강력이 핵 내부에 있는 소립자 사이에 작용하는 힘이라면 또 다른 힘인 **전자기력**(electromagnetic force)은 원자와 원자 또는 분자와 분자들이 서로 묶여 있어 생기는 힘으로 강력의 1/137배에 해당하는 세기이다. 전자기력은 먼 거리에 있는 입자 사이에 작용하는 힘으로 거리의 제곱에 반비례하는 세기를 갖는다. 강력과 같이 짧은 거리의 범위에서 작용하지만, 어떤 핵의 경우는 매우 불안정하여 힘의 세기가 약한 **약력**(weak force)으로 상호작용을 하는 소립자가 있다. 예를 들면 β붕괴에는 강력의 10^{-6}배에 불과한 힘을 갖는다. 4가지 힘 중에 작용하는 거리가 가장 먼 **중력**(gravitational force)은 강력에 비해 힘의 세기가 10^{-40} 이하에 불과하다. 중력은 태양계의 행성이나 우주의 수많은 별들과 은하계를 붙드는 거대한 힘이지만, 실제 소립자들의 효과는 매우 미미하며 4가지 힘 중에서 가장 약한 힘의 세기를 갖는다.

© Book's-Hill

파인먼 Richard Feynman, 1918~1988, 미국의 물리학자

파인먼은 상호작용하는 입자 사이의 형태를 기술하는 데 복잡한 수학적 표현 대신 도식적으로 가시화할 수 있는 도형을 도입하였다. 그가 도입한 이 도형을 파인먼 도형이라고 부른다. 이 도형의 도입으로 입자 사이의 상호작용을 관찰하고 예측하는 데 용이하게 되었으며 수학적인 계산 과정을 단순화하는데 기여하였다.

파인먼은 양자전기역학의 부정확성을 수정한 연구로 미국의 줄리언 시모어 슈윙거(J. S. Schwinger), 일본의 도모나가 신이치로(朝永振一郎)와 함께 1965년 노벨물리학상을 수상하였다.

기본 힘을 전달하는 장입자(교환입자, 매개입자)

입자물리학에서 입자 사이의 상호작용은 **장입자**(field particle 場粒子)나 **교환입자**(exchange particle 交換粒子) 또는 **매개입자**(媒介粒子)를 교환하는 구조 모형으로 기술하고 있다. 이 모형에 의하면 전자기력은 **광자**라는 장입자가 매개입자의 역할을 하여 전달되는 힘을 말한다. 강력은 **글루온**(gluon)이라는 장입자가 쿼크 사이의 상호작용에 관여하고, 약력은 **W보존과 Z보존**(boson)이라는 장입자가 매개입자 역할을 한다. 중력의 장입자는 **그래비톤**(graviton)이고 이것이 힘을 전달하는 매체가 된다. 이와 같이 두 입자 사이에서 장입자가 서로 교환되면서 힘을 전달하게 된다. 이러한 과정을 두 원자에 적용해본다면 전자가 서로 교환 또는 나눠지면서 원자의 공유결합이 이루어지는 것과 유사하다.

입자 사이에 작용하는 힘은 파인먼(Richard P. Feynman, 1918~1988)이 만든 **Feynman 다이어그램(Feynman 도형)**이라는 간단한 그림으로 쉽게 이해할 수 있다.

그림 30-1은 두 전자 사이에 작용하는 전자기적 상호작용을 나타낸 것이다. 이 그림에서는 광자가 장입자로서 전자 사이에서 전자기력의 매개체 역할을 하고 있음을 보여주고 있다. 이 상호작용에서 광자는 하나의 전자로부터 다른 또 전자에 에너지와 운동량을 전달한다. 이러한 광자를 **가상 광자**(virtual photon 假想光子)라 한다. 그런데 이 가상 광자를 측정하는 것은 불가능하다. 그 이유는 첫 번째 전자가 에너지나 운동량을 방출한 후 이를 두 번째 전자가 흡수하는 과정이 매우 짧은 순간에 이루어지기 때문이다.

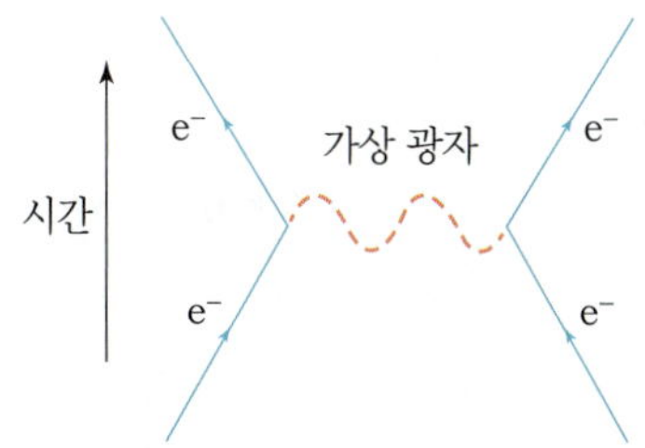

그림 30-1 두 전자 사이에 전자기력을 중간에서 전달하는 가상 광자를 나타낸 Feynman 도형

중력을 전달하는 입자인 그래비톤을 제외하고 다른 장입자(글루온, 광자, W보존과 Z보존)는 모두 발견되었다. 중력장의 세기가 너무 약하기 때문에 그래비톤은 직접 발견할 수가 없다. 4가지 힘에 대한 상호 관계는 표 30-1에 요약하였다.

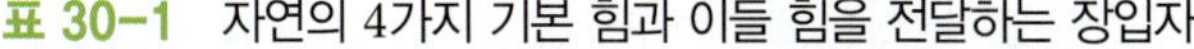

표 30-1 자연의 4가지 기본 힘과 이들 힘을 전달하는 장입자

상호작용(힘)	결합상수	힘이 미치는 영역	전달하는 장입자
강력	1	짧은 거리($\approx$1 fm*)	글루온(gluon)
전자기력	1/137	먼 거리($\propto 1/r^2$)	광자(photon)
약력	10^{-6}	짧은 거리($\approx 10^{-3}$ fm)	$W^{\pm}$ 및 Z보존(boson)
중력	10^{-39}	먼 거리($\propto 1/r^2$)	그래비톤(graviton)

* 1 fm = 10^{-15} m

유카와가 제안한 입자

입자물리학의 연구 주제는 지금까지 발견된 여러 입자들의 성질과 상호작용, 그리고 어느 것을 기본입자라고 생각할 수 있으며, 어떻게 입자들을 분류해야 하는가 등에 대한 연구와 앞으로 어떤 성질을 가진 입자들이 발견될 것인지를 예측하기까지도 한다. 입자물리학이라는 학문은 언제부터 시작되었을까?

과학자들은 입자물리학의 시작은 일본의 과학자 유카와 히데키가 강한 핵력을 전달하는 **새로운 입자의 존재**를 예측했을 때부터라고 말한다.

유카와 히데키 Hideki Yukawa 湯川秀樹, 1907~1981, 일본의 이론물리학자

일본 교토대학 출신으로 1935년 핵 내에 존재하는 양성자와 중성자 사이의 상호작용을 매개하는 중간자의 존재를 예측하였다. 1947년 과학자들에 의해 우주선(cosmic rays) 속에서 파이중간자가 발견되어 '유카와 이론'이 증명되었다. 이 공로로 1949년 일본인 최초로 노벨물리학상을 수상하였다.

유카와는 전자기력을 중개하는 광자에서 아이디어를 유추하여 강한 핵력을 중개하는 입자가 있어야 한다고 주장하면서 이 입자를 '중간'이라는 뜻의 **중간자**(meson 메존)라고 불렀다.

그림 30-2는 양성자와 중성자 사이의 강한 핵력을 전달하는 중간자를 Feynman 도형으로 나타낸 것이다. 그림에서 왼쪽에 있는 양성자(p)가 정지해 있다고 하자. 이 양성자가 중간자를 방출하려면 에너지가 필요하지만 나올 곳이 없다. 따라서 이 과정에서 에너지 보존법칙에 어긋난다. 그러나 시간-에너지에 관한 불확정성 원리로 모순이 없음을 설명할 수 있다. 불확정성 원리에 의하면 $(\Delta E)(\Delta t) \approx \hbar$를 만족하기 위해서는 Δt 변화에 따라 ΔE의 양이 보존되지 않는 것이 가능하다. ΔE를 중간자의 질량 m을 만드는 데 필요한 에너지와 같다고 놓으면 $\Delta E = mc^2$이다. 그러면 에너지 보존은

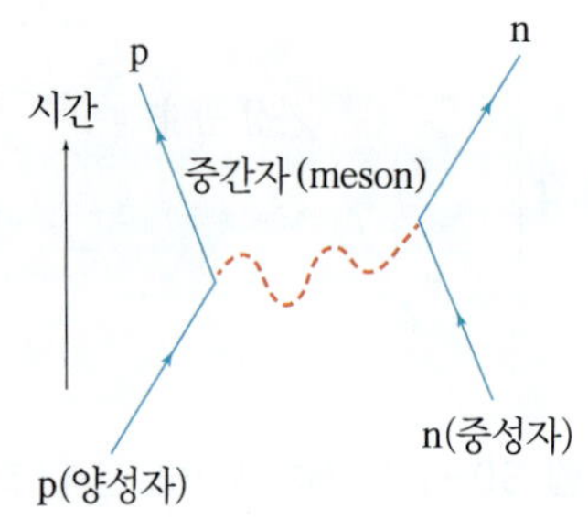

그림 30-2 양성자와 중성자 사이의 강한 핵력을 중간에서 전달하는 중간자(메존)에 대한 Feynman 도형. 여기서 점선은 상호작용을 한다는 가상적인 의미의 선으로 형태는 무관하다.

TIP 기본입자와 소립자

기본입자(fundamental particle)는 다른 입자를 구성하는 가장 기본적인 입자를 말한다. 현재 기본입자로 여기는 입자는 6개 쿼크와 경입자(lepton) 그리고 게이지 보존(gauge boson)이다.

소립자(elementary particle)는 물질을 구성하는 작은 입자로 정의하나, 일반적으로 기본입자를 포함한 여러 입자들을 총칭하는 의미로 사용되고 있다.

중간자가 존재하는 동안만, 즉 중간자가 한 핵자에서 다른 핵자로 이동하는 데 걸리는 시간 동안(Δt)만 위배된다. **만일 매개입자인 중간자의 교환이 매우 빠르게 된다고 가정하면 에너지의 보존에 대한 약간의 모순은 최소한의 불확정도에 미치지 못하므로, 중간자의 교환이 물리적 허용 가능하게 된다.**

유카와가 예언한 입자는 1947년 영국의 실험물리학자 파웰(C. F. Powell)과 이탈리아의 물리학자 오키알리니(G. Occhialini)에 의해 우주 방사선 속에서 발견되었다. 그들은 이 입자를 **파이-중간자**(π) 또는 **파이온**(pion)이라고 불렀다. 우주 방사선 속에서 발견된지 얼마 되지 않아 실험실에서 입자가속기를 사용해서 파이온을 만들 수 있게 되었다.

30-2 소립자의 분류

1947년 파이-중간자(π)가 발견된 이후 수십 년 동안 아주 많은 극미입자들이 발견되었고, 현재에는 그 수가 수백 개에 이른다. 이렇게 많은 입자들이 발견된 것은 입자가속기의 발달과 여러 나라 과학자들의 공동연구 덕분이다.

이렇게 수많은 입자들은 그 이름을 짓는 데 그리스 알파벳으로는 턱없이 부족하고, 대부분은 연구결과에 실린 숫자만으로 알려질 뿐이다. 이렇게 나열된 입자들에서 의미를 찾기 위해 이들을 분류할 수 있는 체계적 기준을 세운 결과가 **표준 모형**(standard model 標準模型)이다. 표준 모형은 지금까지 발견된 모든 입자들을 이해할 수 있는 이상적인 이론으로 받아들여지고 있다. 표준 모형에 대해서는 30-6절에서 다시 기술한다.

표준 모형에서는 입자들을 대략 다음의 3가지 방법으로 2종류씩 분류하고 있다. 이 분류의 큰 묶음은 **페르미온**(fermion)과 **보존**(boson), **강입자**(hadron 하드론, 强粒子)와 **경입자**(lepton 렙톤, 輕粒子), **입자**(particle)와 **반입자**(antiparticle)이다.

페르미온과 보존

전자의 스핀은 +1/2 또는 −1/2의 반정수 값을 갖는다. 전자와 같이 반정수 스핀을 갖는 입자들은 이들의 통계적 법칙을 찾아낸 미국의 이론물리학자 페르미(Enrico Fermi)의 이름을 따 **페르미온**(fermion)이라 부른다. 전자, 양성자, 중성자의 스핀 양자수는 $s = 1/2$이므로 모두 페르미온이다. 스핀 양자수는 소문자 s로 나타낸다.

이에 비해 정수의 스핀 양자수를 갖는 입자들은 이들의 통계적 법칙을 찾아낸 인도의 물리학자 보스(S. Nath Bose)의 이름을 따 **보존**(boson)이라 부른다. 광자의 스핀 양자수는 $s = 1$이므로 보존이다. 보존에는 글루온, 광자, W보존과 Z보존이 있다.

페르미온들은 한 양자상태에 한 입자만이 들어간다는 하는 Pauli의 배타원리를 따르나, 보존 입자들은 배타원리를 따르지 않으며 한 양자상태에 몇 개라도 들어갈 수 있다.

강입자와 경입자

강입자(hadron 하드론, 强粒子)

강한 핵력으로 인해 상호작용을 하는 입자를 말한다. 강입자는 질량의 크기와 스핀의 종류에 따라 **중간자**(meson 메존, 中間子)와 **중입자**(baryon 바리온, 重粒子)로 분류한다.

모든 중간자는 최종적으로는 전자, 양전자, 중성미자, 광자로 붕괴된다. 중간자의 가장 좋은 예로 파이온(π)이 있다. 파이온은 +, −, 0의 3종류의 전하상태로 존재한다. π^+와 π^-는 139.6 MeV/c^2, π^0는 135.0 MeV/c^2의 질량을 가지며, 3종류 모두 물질과 강하게 상호작용을 한다. 파이온은 아주 불안정한 입자이다. 예를 들어 π^-는 수명이 약 2.6×10^{-8} s이고 붕괴 후 뮤온과 반중성미자가 된다. 본질적으로는 무거운 전자인 μ^- 뮤온은 수명이 2.2 μs로 붕괴하면 전자, 중성미자, 반중성미자가 되며, 진행 과정은 다음과 같다.

$$\pi^- \rightarrow \mu^- + \overline{\nu} \qquad \mathbf{30\text{-}1}$$

$$\mu^- \rightarrow e^- + \nu + \overline{\nu} \qquad \mathbf{30\text{-}2}$$

그리스어로 '무거운'이라는 뜻을 가진 중입자의 질량은 양성자의 질량과 같든지 아니면 더 크며, 스핀은 항상 반정수 값(1/2 또는 3/2)을 갖는다. 다른 많은 입자들처럼 양성자와 중성자는 중입자에 속한다. 예를 들어 하퍼론이라 불리는 바리온은 처음 10^{-10} s 동안에 Λ^0로 붕괴되고, Λ^0은 다시 3×10^{-10} s 동안에 양성자와 π^-로 붕괴된다. 현재 하드론은 쿼크로 구성되어 있다고 믿고 있다.

중입자인 Λ(람다), Σ(시그마), Ξ(크시), Ω(오메가)는 모두 더 가벼운 질량인 바리온으로 붕괴하여 결국 양성자나 중성자로 붕괴한다.

경입자(lepton 렙톤)

'작은' 또는 '가벼운' 뜻인 레톱스(leptos)로부터 유래된 렙톤은 강한 힘으로 상호작용을 하지 않지만, 약한 핵력(중력보다도 약한) 상호작용과 관련된 입자이다. 모든 경입자는 스핀 양자수 1/2을 가지며 전자, 뮤온, 중성미자 등이 여기에 속하며, 질량은 가장 가벼운 강입자보다도 더 가볍다. 뮤온은 전자와 모든 특성이 같으나 질량이 전자의 207배가 된다. 실제 강입자는 크기와 구조가 확실하지만, 경입자는 실험적인 측정 한계(약 10^{-19} m)를 가지고 있어 구조를 나타낼 수 없다.

강입자와 달리 알려진 경입자는 그리 많지 않다. 그 수가 현재 경입자는 각각의 반입자를 포함하여 여섯 종류만 알려져 있다. 즉 전자(e^-), 뮤온(μ^-), 타우(τ^-)와 3종류의 중성미자인 전자-중성미자(ν_e), 뮤온-중성미자(ν_μ), 타우-중성미자(ν_τ)가 있다. 표 30-2에서와 같이 여섯 입자 모두 각각의 반입자를 가지고 있다.

1975년에 발견된 타우경입자(τ^-)의 질량은 양성자 질량의 2배이다. 중성미자의 질량은 0으로 보고 있다. 그러나 간접적인 증거에 의하면 중성미자는 대략 3 eV/c^2 또는 전자질량의 1/180 000배에 해당하는 0이 아닌 질량을 갖는 것으로 알려지고 있다.

입자와 반입자

양전자(positron 陽電子)는 본질적으로 양전하를 띤 전자이다. 즉 양전자의 성질(질량 등) 중 많은 것이 전자와 같지만, 전하가 반대인 것이 다르다. 양전자를 전자의 **반입자**(antiparticle 反粒子)라고 하며, 과학자들은 1932년에 양전자가 발견된 이후 다른 입자들도 반입자를 가지고 있어야 한다고 예측하였다. 실제로 1955년 양성자의 반입자인 음전하를 띤 **반양성자**($\overline{\mathrm{p}}$; antiproton 反陽電子)가 발견되었다.

반입자의 기호는 입자의 문자 기호 위에 '막대(−)'로 표시하여 구분한다. 예를 들어 반양성자는 $\overline{\mathrm{p}}$로, 반중성미자는 $\overline{\nu}$와 같이 나타낸다. 실제로 알려진 모든 소립자는 서로 전혀 다른 반입자를 가지고 있다. 광자와 파이중간자(π^0), 그리고 몇 개의 다른 입자들은 자신과 다른 반입자를 가지지 않는다. 그러한 입자들은 스스로가 반입자가 되는 예외적인 성질도 가지고 있다.

반입자들은 충분한 에너지가 있을 때 핵반응 과정에서 만들어지며, 다른 물질들이 있을 때에는 오래 존재하지 않는다. 예를 들어 양전자와 전자가 만나면 서로 결합하여 사라진다. 없어진 그들의 질량만큼의 에너지와 가지고 있던 모든 운동에너지들은 γ선이나 다른 입자들의 에너지로 변환된다. 이러한 소멸 현상은 다른 입자−반입자 쌍에도 일어난다.

그림 30−3(a)는 양성자와 반양성자가 충돌해서 **하이퍼론**(hyperon) 쌍(Ξ^-와 $\overline{\Xi}^-$)을 만들고 곧 이어서 다른 입자들로 붕괴되는 과정이다. 이 쌍소멸 과정의 식은 다음과 같이 나타낼 수 있다.

$$\mathrm{p} + \overline{\mathrm{p}} \rightarrow \Xi^- + \overline{\Xi}^- \qquad \textbf{30-3}$$

그림 30−3(b)는 쌍소멸 과정에서 나타나는 입자들의 궤적이다. 이 궤적을 이용하

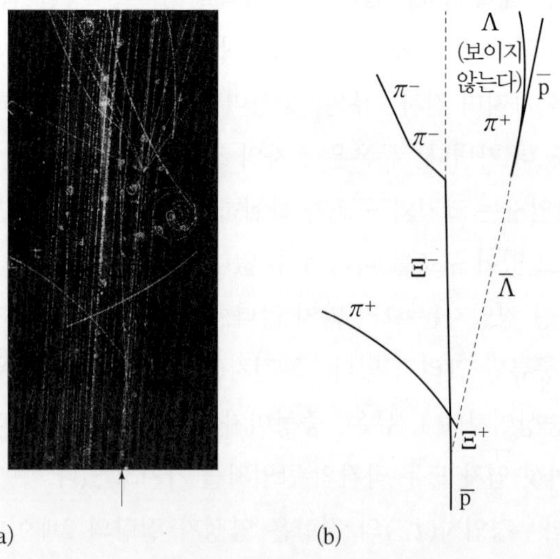

그림 30−3 (a) 양성자와 반양성자가 충돌해서 하이퍼론 쌍을 만들고 곧 이어서 다른 입자들로 붕괴되는 과정을 나타낸다. 이러한 상황은 안개상자를 이용하여 관측할 수 있다. (b) 입자들의 궤적을 살펴보면 입자의 진행방향과 운동량(자기장 속에서 궤적의 곡률) 그리고 에너지(궤도의 진하고 흐린 정도), 입자의 수명 등에 대한 정보를 얻을 수 있다.

면 입자들의 붕괴 과정에서 변하는 운동량(자기장 속에서 궤적의 곡률)과 에너지(궤도의 진하고 흐린 정도) 등을 유추하여 새롭게 만들어진 입자들의 질량을 계산할 수 있다.

표 30-2는 현재까지 알려진 소립자의 몇 가지 성질을 나타낸 것이다.

표 30-2 소립자의 분류 및 성질

종류		입자 이름	입자 기호	반입자 기호	질량 (MeV/c^2)	B (바리온수)	경입자수 L_e	L_μ	L_τ	S (기묘도)	수명(s)	주요 붕괴 형태
		광자	γ	자신	0	0	0	0	0	0	안정	
보존		W	W^+	W^-	80.22×10^3	0	0	0	0	0	3×10^{-25}	
		Z	Z^0	자신	91.19×10^3	0	0	0	0	0	3×10^{-25}	
		전자	e^-	e^+	0.511	0	+1	0	0	0	안정	
		전자–중성미자	ν_e	$\overline{\nu}_e$	$< 7\ eV/c^2$	0	+1	0	0	0	안정	
경입자(렙톤)		뮤온	μ^-	μ^+	105.7	0	0	+1	0	0	2.20×10^{-6}	$e^-\overline{\nu}_e\nu_\mu$
		뮤온–중성미자	ν_μ	$\overline{\nu}_\mu$	< 0.3	0	0	+1	0	0	안정	
		타우	τ^-	τ^+	1 784	0	0	0	+1	0	$< 4 \times 10^{-13}$	$\mu^-\overline{\nu}_\mu\nu_\tau$, $e^-\overline{\nu}_e\nu_\tau$
		타우–중성미자	ν_τ	$\overline{\nu}_\tau$	< 30	0	0	0	+1	0	안정	
		파이온	π^+	π^-	139.6	0	0	0	0	0	2.60×10^{-8}	$\mu^+\nu_\mu$
		파이온	π^0	자기 자신	135.0	0	0	0	0	0	0.83×10^{-16}	2γ
		케이온	K^+	K^-	493.7	0	0	0	0	+1	1.24×10^{-8}	$\mu^+\nu_\mu, \pi^+\pi^0$
	중간자(메존)	케이온	K_S^0	$\overline{K}_S^0$	497.7	0	0	0	0	+1	0.89×10^{-10}	$\pi^+\pi^-, 2\pi^0$
		케이온	K_L^0	$\overline{K}_L^0$	497.7	0	0	0	0	+1	5.2×10^{-8}	$\pi^\pm e^\mp\overline{\nu}_e$, $3\pi^0$ $\pi^\pm\mu^\mp\overline{\nu}_\mu$
		에타	η	자기 자신	548.8	0	0	0	0	0	$< 10^{-18}$	2γ, 3π
		에타프라임	η'	자기 자신	958	0	0	0	0	0	2.2×10^{-21}	$\eta\pi^+\pi^-$
		광자	p	$\overline{p}$	938.3	+1	0	0	0	0	안정	
		중성자	n	$\overline{n}$	939.6	+1	0	0	0	0	920	$pe^-\overline{\nu}_e$
강입자(하드론)		람다	Λ^0	$\overline{\Lambda}^0$	1 115.6	+1	0	0	0	−1	2.6×10^{-10}	$p\pi^-$, $n\pi^0$
		시그마	Σ^+	$\overline{\Sigma}^-$	1 189.4	+1	0	0	0	−1	0.80×10^{-10}	$p\pi^0$, $n\pi^+$
		시그마	Σ^0	$\overline{\Sigma}^0$	1 192.5	+1	0	0	0	−1	6×10^{-20}	$\Lambda^0\gamma$
	중입자(바리온)	시그마	Σ^-	$\overline{\Sigma}^+$	1 197.3	+1	0	0	0	−1	1.5×10^{-10}	$n\pi^-$
		델타	Δ^{++}	$\overline{\Delta}^{--}$	1 230	+1	0	0	0	0	6×10^{-24}	
		델타	Δ^+	$\overline{\Delta}^-$	1 231	+1	0	0	0	0	6×10^{-24}	
		델타	Δ^0	$\overline{\Delta}^0$	1 232	+1	0	0	0	0	6×10^{-24}	
		델타	Δ^-	$\overline{\Delta}^+$	1 234	+1	0	0	0	0	6×10^{-24}	
		크시	Ξ^0	$\overline{\Xi}^0$	1 315	+1	0	0	0	−2	2.9×10^{-10}	$\Lambda^0\pi^0$
		크시	Ξ^-	Ξ^+	1 321	+1	0	0	0	−2	1.64×10^{-10}	$\Lambda^0\pi^-$
		오메가	Ω^-	Ω^+	1 672	+1	0	0	0	−3	0.82×10^{-10}	$\Xi^0\pi^0$, Λ^0K^-

※ 주요 붕괴 형태 칸의 $p\pi^-$나 $n\pi^0$와 같은 부호는 2가지 붕괴 방식이 가능하다는 의미이다. 즉 $\Lambda^0 \rightarrow p + \pi^-$와 $\Lambda^0 \rightarrow n + \pi^0$과 같이 붕괴한다.

30-3 입자의 상호작용과 보존법칙

소립자들의 세계에 질서를 세우기 위해서는 보존의 법칙이 필요하다. 몇 가지 물리량인 에너지, 운동량, 각운동량, 그리고 전하의 보존법칙들은 어떤 입자의 상호작용에서나 정확히 성립한다는 것이 알려져 있다. 불확정성 원리에 의해 보존법칙은 $\Delta t \approx \hbar/\Delta E$ 시간 동안에는 에너지가 보존되지 않아도 되지만, 이 시간은 실험적으로 관측하기에는 너무 짧아서 실제 한 번도 관측된 적이 없다.

입자들 사이의 상호작용에서 새로운 보존법칙들이 발견되었는데, 지금까지 밝혀진 보존법칙에 대해 알아보자. 입자 사이의 보존법칙들은 소립자 분야를 연구하는 데 아주 중요하다. 여기에서 설명하는 몇 가지 보존법칙들은 이론적인 근거는 없지만 실험적인 증거는 충분히 가지고 있다.

중입자수(바리온수)의 보존

중입자수(또는 바리온수)에 대한 보존법칙은 중입자가 어떤 시간의 제약을 받지 않고 반응과 붕괴의 과정을 통해 보존된다는 것이다. 중입자의 반입자인 반중입자도 마찬가지로 보존된다. **중입자수는 어떤 반응은 왜 일어나고, 어떤 반응은 왜 일어나지 않는가를 설명해준다.** 예를 들어 다음 반응에서 전하 및 에너지는 보존되더라도 이러한 반응은 결코 일어나지 않는다.

$$\mathrm{p} + \mathrm{n} \nrightarrow \mathrm{p} + \mathrm{p} + \overline{\mathrm{p}} \qquad \textbf{30-4}$$

이러한 반응이 일어나지 않는 이유를 설명하기 위해 물리학자들은 **중입자수(重粒子數)의 보존** 또는 **바리온수의 보존**이라는 새로운 보존법칙을 가정하였다. 중입자수를 B라고 할 때 그 표기는 다음과 같다.

- **양(+)의 바리온수:** 모든 핵자들의 중입자수는 $B = +1$이다.
- **음(−)의 바리온수:** 모든 반입자들(반양성자, 반중성자 등)의 중입자수는 $B = -1$이다.
- **0의 바리온수:** 모든 다른 입자들의 중입자수는 $B = 0$이다.

식 30-4와 같은 반응에서 왼쪽 항의 중입자수는 $B = (+1) + (+1) = +2$이고, 오른쪽 항의 중입자수는 $B = (+1) + (+1) + (-1) = +1$이기 때문에 중입자수는 보존되지 않는다. 따라서 이 반응은 일어나지 않는다. **중입자수 보존의 법칙**(law of conservation of baryon number)은 다음과 같이 표현할 수 있다.

입자 사이에서 반응이나 붕괴가 일어날 때, 반응 전의 중입자수의 합과 반응 후의 중입자수의 합은 언제나 같다.

경입자수(렙톤수)의 보존

경입자가 갖는 다양성 중 하나로 경입자수와 연관된 3가지 보존법칙이 있다. 즉 **전자-렙톤수 보존**(conservation of electron-lepton number)과 **뮤온-렙톤수 보존** 그리고 **타우-렙톤수 보존**이다. 이 세 보존법칙은 반응 또는 붕괴 전의 각각의 수의 합이 반응 또는 붕괴 후의 경입자수의 합과 일치해야 한다는 것이다.

- **전자-렙톤수(L_e):** 전자(e^-)와 그 전자의 중성미자(ν_e)는 양의 전자-렙톤수는 $L_e = 1$이다. 그 반입자인 양전자(e^+)와 반전자-중성미자($\overline{\nu}_e$)는 $L_e = -1$로, 나머지 모든 다른 입자는 $L_e = 0$으로 표기한다. 예를 들어 중성자 붕괴의 경우를 살펴보자.

$$n \to p^+ + e^- + \overline{\nu}_e \qquad \textbf{30-5}$$

이 식에서 중성자의 전자-렙톤수는 $L_e = 0$이다. 붕괴되기 전과 붕괴 후의 전자-렙톤수는 $0 + 1 + (-1) = 0$이 되어 보존된다. 이는 렙톤수 또한 보존되어야 한다는 것을 알 수 있는 중요한 결과이다. 중입자수는 붕괴 전에 $B = 1$이고 붕괴 후에는 $B = 1 + 0 + 0 = 1$로 역시 보존된다.

- **뮤온-렙톤수(L_μ):** 뮤온이 붕괴할 때 뮤온-경입자수 L_μ는 보존된다. 뮤온(μ^-)과 뮤온-중성미자(ν_μ)는 $L_\mu = +1$로 표기하고 반뮤온입자(μ^+)와 반뮤온-중성미자($\overline{\nu}_\mu$)는 $L_\mu = -1$로, 다른 모든 입자는 $L_\mu = 0$으로 표기한다.

- **타우-렙톤수(L_τ):** 타우-렙톤수 L_τ도 보존되는데, 마찬가지로 그 표기 방법도 타우 경입자(τ^-)와 타우-중성미자(ν_τ)를 사용하여 만들 수 있다.

반입자들은 입자와 반대되는 전하뿐만 아니라, 중입자수 B, 전자-렙톤수 L_e, 뮤온-렙톤수 L_μ, 타우-렙톤수 L_τ도 반대값을 갖는다.

예제 30-1 뮤온 붕괴에서 보존법칙

문제 다음 반응 중에서 어느 붕괴 과정이 뮤온 붕괴에 해당하는가? 모든 입자의 타우-렙톤수 $L_\tau = 0$이다.

(a) $\mu^- \to e^- + \overline{\nu}_e$ (b) $\mu^- \to e^- + \overline{\nu}_e + \nu_\mu$

생각하기 뮤온 입자(μ^-)의 뮤온-렙톤수는 $L_\mu = +1$이고, 전자-렙톤수는 $L_e = 0$이다. 이 값은 처음상태로, 최종상태(붕괴 후)에도 역시 $L_\mu = +1$이고, $L_e = 0$의 값을 가져야 한다.

풀이 (a) 최종상태에서 $L_\mu = 0 + 0 = 0$이고, $L_e = +1 - 1 = 0$이다. 따라서 이 반응에서는 뮤온-렙톤수 L_μ가 보존되지 않고 실제로 관측되지 않았다.

(b) 최종상태에서 뮤온-렙톤수는 $L_\mu = 0 + 0 + 1 = +1$이고, 전자-경입자수는 $L_e = +1 - 1 + 0 = 0$이다. 따라서 L_μ와 L_e가 보존된다. 실제로 이 반응은 가장 많이 일어나는 μ^-붕괴이다.

기묘도의 보존

1950년대 초에 새로 발견된 Λ(람다), Σ(시그마), K(케이온), Ξ(크시) 입자는 2가지 이상한 특성을 갖는 것으로 밝혀졌다.

첫째, 입자가 생성될 때 쌍을 이룬다는 것이다. 예를 들어 파이온이 양성자와 충돌할 때 반응 과정에서 기묘입자인 K^0 및 Λ^0입자가 쌍으로 생성된다. 즉

$$\pi^- + p^+ \to K^0 + \Lambda^0 \qquad \textbf{30-6}$$

이다. 반면에 $\pi^- + p^+ \to K^0 + n$의 반응은 한 번도 관측된 적이 없다. 관측되지 않은

반응의 경우 어떤 알려진 보존법칙에도 어긋나지 않고, 충분한 에너지가 있었기 때문에 이상한 일이었다. 이때 과학자들은 이상한 입자라고 생각하고 반응식 30-6에서 Λ^0과 같은 입자를 **기묘입자**(strange particle 奇妙粒子; 야릇한 알갱이)라고 불렀다.

둘째, 기묘입자의 특이한 성질 중 하나는 대부분이 강한 상호작용에 의해 입자가 생성되지만 강력에 의해 입자가 붕괴되는 것은 아니고 매우 느린 속도로 약한 상호작용의 특성을 갖는다. 기묘입자의 반감기는 10^{-10} s에서 10^{-8} s의 영역으로 대부분 강력의 상호작용이 일어날 때의 짧은 시간인 10^{-23} s 영역에 비해 아주 길다.

이러한 특이성을 설명하기 위해 기묘도의 보존이라고 하는 또 하나의 보존법칙을 생각하게 되었다. 이때 **기묘도**(strangeness 奇妙度)라고 하는 새로운 양자수 S를 도입하였다.

- **양(+)의 기묘도:** 기묘입자가 쌍으로 생성될 때 하나에 $S = +1$로 나타낸다.
- **음(−)의 기묘도:** 기묘입자가 쌍으로 생성될 때 다른 하나에 $S = -1$을 부여한다.
- **0의 기묘도:** 기묘입자가 아닌 다른 입자는 $S = 0$으로 표시한다.

이렇게 부여된 기묘도가 핵반응과 붕괴가 일어나기 전 과정과 일어난 후 과정에서 기묘도의 합이 각각 같다는 것이다. 이 관계를 **기묘도 보존의 법칙**(law of conservation of strangeness)이라고 한다. 몇 가지 입자의 기묘도 S는 앞쪽에 있는 표 30-2에 있다.

기묘입자가 붕괴할 때 시간이 길어지는 이유는 강한 상호작용과 전자기적 상호작용이 기묘도 보존의 법칙을 따른다는 것을 가정하였을 때 설명이 가능하다. 단, 약한 상호작용은 일어나지 않는 것으로 한다. 이는 붕괴반응이 하나의 기묘입자가 소모되는 것과 관련되기 때문에, 그것은 기묘도의 보존을 위배하고 결국은 약한 상호작용에 따라 천천히 진행된다.

기묘도의 보존에 대한 적절한 검증은 중입자수의 보존과 경입자수의 보존을 같은 과정으로 진행하면 된다.

TIP 기호 S와 s를 혼동하지 말자

대부분의 물리량은 기호로 나타내고 있다. 그러나 물리량이 너무 많기에 알파벳으로 모두 표현하기 어렵다. 경우에 따라 같은 기호를 다른 물리량으로 나타내기도 한다.

대문자 이탤릭체 S 기묘도
대문자 직립체 S 전기전도도의 SI 단위인 지멘스, 전자기파의 포인팅 벡터(단위넓이당 일률 등)
소문자 이탤릭체 s 전자의 버금껍질의 기호, 스핀 양자수
소문자 직립체 s 시간의 SI 단위

예제 30-2 기묘도 보존

문제 다음 두 반응이 일어날 수 있는지를 기묘도 보존 여부를 밝히라. (a) $\pi^0 + \mathrm{n} + \rightarrow \mathrm{K}^+ + \Sigma^-$ (b) $\pi^- + \mathrm{p} \rightarrow \pi^- + \Sigma^+$

생각하기 두 반응에서 모두 기묘입자인 시그마(Σ) 입자가 있기 때문에 기묘도 보존법칙을 적용하여 반응 여부를 찾을 수 있다.

풀이 (a) 좌변과 우변의 기묘도를 계산하면 다음과 같다.

좌변은 $S = 0 + 0 = 0$이고, 우변은 $S = +1 + (-1) = 0$이다.

따라서 기묘도는 보존되고 이 반응은 일어날 수 있다.

(b) 좌변의 기묘도는 $S = 0 + 0 = 0$이고, 우변의 기묘도는 $S = 0 + (-1) = -1$이다.

따라서 기묘도가 보존되지 않으므로 이 반응은 일어나지 않는다.

30-4 팔정도

표 30-2에서 강입자를 분류하는 방법은 스핀 양자수, 중입자수(바리온수), 경입자수(렙톤수), 기묘도와 같은 양들을 구분하는 것이다. 이를 하나의 도표로 분류하는 데 사용되는 그림을 **팔정도**(八正道) 또는 **여덟 중첩방법**(eightfold way)이라고 한다. 이 명칭은 불교에서 유래하였으며, 팔은 8개의 양자수를 나타낸다.

중입자의 팔정도

스핀 양자수가 1/2인 중입자의 목록은 중성자 n, 양성자 p, 그리고 6개의 다른 입자인 람다(Λ^0), 시그마(Σ^+,Σ^0, Σ^-), 크시(Ξ^0, Ξ^-)이다. 이 8개의 입자들은 표 30-3에 나타내었다.

이 입자들을 그림 30-4와 같은 사선 좌표계를 그려 기묘도 대 전하 사이의 관계를 표현해보자. 이렇게 배치하면 중입자 6개가 육각형을 형성하고 육각형의 중앙에 중입자 2개가 남게 되는 구조가 만들어진다. 이때 가로축은 중입자들이 갖는 기묘도 값인 S를 나타내며, 사선축은 중입자들이 갖는 전하수 Q를 나타낸다. 이와 같이 팔정도에 입자들을 배치하면 전하와 기묘도에 따른 입자의 특성을 한 눈에 알아볼 수 있어 쉽게 구분이 된다.

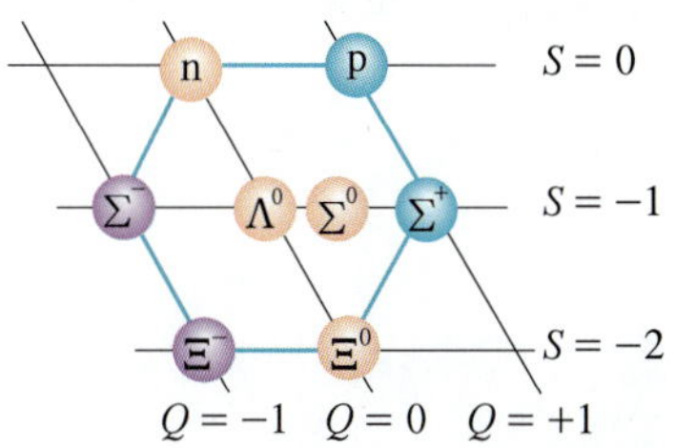

그림 30-4 표 30-3에 있는 스핀 양자수가 1/2인 8개의 중입자들을 팔정도에 배치한 그림. 입자는 기묘도-전하에 따라 동그라미로 나타내었다.

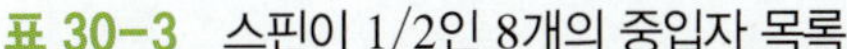

표 30-3 스핀이 1/2인 8개의 중입자 목록

입자	기호	질량 (MeV/c^2)	양자수	
			전하 Q	기묘도 S
양성자	P	938.3	+1	0
중성자	n	939.6	0	0
람다	Λ^0	1 115.6	0	−1
시그마	Σ^+	1 189.4	+1	−1
시그마	Σ^0	1 192.5	0	−1
시그마	Σ^-	1 197.3	−1	−1
크시	Ξ^0	1 314.9	0	−2
크시	Ξ^-	1 321.3	−1	−2

중간자의 팔정도

스핀 양자수가 0인 중간자의 목록은 표 30-4와 같다. 만일 입자와 반입자를 모두 세어보면 그러한 중간자는 9개가 된다. 이 입자들을 팔정도에 배치해보자. 그림 30-5와 같이 기묘도 S와 전하 Q로 구성된 육각형 사선 좌표계로 나타낼 수 있다. 육각형의 가장자리에 반입자가 서로 마주보며 놓여 있고 중심에는 자신의 반입자와 함께하는 3개의 입자가 자리하고 있다.

표 30-4에서 케이온(K^0) 입자는 수명에 따라 K^0_S 입자, K^0_L 입자로 구분하나, 이를 묶어 1개 입자로 나타내었고, 그 반입자인 $\overline{K}^0$ 도 마찬가지이므로 $\overline{K^0_S}$ 입자, $\overline{K^0_L}$ 입자로 구분하나, 이를 1개 입자로 나타내었다.

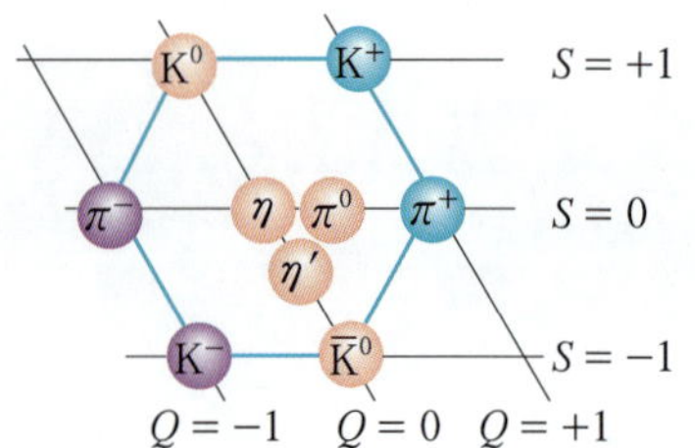

그림 30-5 표 30-4에 있는 스핀 양자수가 0인 9개의 중간자들의 팔정도

표 30-4 스핀이 0인 9개의 중간자 목록

입자	기호	질량 (MeV/c^2)	양자수	
			전하 Q	기묘도 S
파이온	π^0	135.0	0	0
파이온	π^+	139.6	+1	0
파이온	π^-	139.6	−1	0
케이온	K^+	493.7	+1	+1
케이온	K^-	493.7	−1	−1
케이온	K^0	497.7	0	+1
케이온	$\overline{K}^0$	497.7	0	−1
에타	η	547.5	0	0
에타프라임	η'	957.8	0	0

육각형 대칭형의 구조인 팔정도는 1961년 겔만(Murray Gell-Mann)과 니만(Yuval Ne'eman)이 각각 독자적으로 제안하였다.

입자물리학 분야에서 팔정도 방법의 패턴은 주기율표와 함께 아주 통상적으로 사용되고 있다. 구성된 패턴에서 빠진 입자나 원소가 발생하면 실험과학자들은 언제든지 연구를 통해 빈자리를 채워 넣는다.

30-5 Quark

경입자는 존재하는 유형의 수가 적고, 잴 수 있는 크기나 내부 구조가 없어 더 작은 단위로 나눠지지 않는 것으로 보이기 때문에 진정한 의미의 기본입자로 볼 수 있다.

그러나 중입자는 크기와 내부 구조가 있는 복합 입자이다. 팔정도 규칙성은 중입자는 더 기본적인 하부 구조가 있음을 암시한다. 더구나 중입자의 종류는 수백 개에 달하고 대부분의 중입자는 다른 중입자로 붕괴된다. 이러한 사실은 중입자가 진정한 의미의 기본입자가 될 수 없다는 것을 암시하는 것이다. 따라서 중입자의 하부 구조를 설명하는 또 다른 이론이 필요하게 되었다.

겔만 Murray Gell-Mann, 1929~ , 미국을 대표하는 이론물리학자

기묘도, 팔정도, 쿼크 등을 발견하는 데 공헌하였다. 입자물리학 이론 분야에서 탁월한 업적을 이룬 공로를 인정받아 1969년에 노벨물리학상을 수상하였다. 1980년대 여러 분야의 연구자들이 모여 복잡계(complex systems 複雜系) 현상을 연구하는 산타페 연구소를 설립하였다. 그가 도입한 쿼크(quark)라는 용어는 아일랜드의 작가 제임스 조이스(J. Joyce)의 소설 ≪피네간의 경야(Finnegans Wake)≫에서 따온 말이다.

쿼크 모형

점점 더 많은 강입자가 발견되면서, 그들 모두가 소립자가 아니라는 것이 명확해졌다. 이에 따라 강입자는 더 작은 소립자인 쿼크(quark)로 구성되어 있다는 가설이 세워지게 되었다. 이러한 쿼크 이론은 1963년 미국의 물리학자 겔만(Murray Gell-Mann)과 츠바이크(George Zweig)에 의해 독립적으로 발전되었다. 이 이론에 의하면 3개의 쿼크와 그에 상응하는 3개의 반쿼크가 있고, 강입자는 이들의 조합에 의해 만들어진다고 주장한다. 따라서 쿼크는 강입자족의 소립자로 취급한다. 광자와 경입자는 그 자체가 소립자이며, 쿼크로 구성되어 있지 않다. 이러한 이론을 **초기의 쿼크 모형**이라고 한다.

쿼크 모형은 강입자의 올바른 전하를 예상하는 것뿐만 아니라 다른 성질들을 잘 예상하였다. 그러나 1974년 새로운 입자인 J/Ψ 중간자가 발견되어 기존의 3종류의 쿼크로 설명이 어렵게 되면서 새로운 쿼크-반쿼크의 짝에 대한 필요성이 제기되었다. 이어 점점 더 많은 입자가 발견되면서 더 많은 쿼크가 필요하게 되어 현재는 6개의 쿼크와 6개의 반쿼크가 존재하는 것으로 정립되었다. 알려져 있는 수백 개의 강입자는 이 6개의 쿼크와 반쿼크로 설명이 가능하다. 현재는 6개의 쿼크로 강입자를 잘 소개할 수 있게 되었으며, 이 이론을 **최근의 쿼크 모형**이라고 한다.

쿼크의 종류

최근의 쿼크 모형에 의하면 6개의 쿼크로 강입자들의 하부 구조와 성질을 잘 설명할 수 있다. 임의로 만들어진 6개 쿼크의 이름은 다음과 같다.

위(up), **아래**(down), **기묘**(strange), **맵시**(charmed), **바닥**(bottom), **꼭대기**(top)이며 이를 기호로 표기하면 각각 u, d, s, c, b, t이다.

쿼크는 ±1/3, ±2/3 등과 같은 분수 꼴의 전하를 지니며, 각각의 쿼크에 대해 반대 전하를 갖는 반쿼크는 바리온수와 기묘도가 쿼크와 서로 반대이다. 중입자는 3개의 쿼크로 구성되어 있는 반면, 중간자는 1개의 쿼크와 1개의 반쿼크로 구성되어 있다. 표 30-5는 6개 쿼크의 특성을 나타낸 것이다.

표 30-5 쿼크와 반쿼크의 성질

쿼크								
이름	기호	스핀	전하	바리온수	기묘도	맵시도	바닥도	꼭대기도
위	u	$\frac{1}{2}$	$+\frac{2}{3}e$	$\frac{1}{3}$	0	0	0	0
아래	d	$\frac{1}{2}$	$-\frac{1}{3}e$	$\frac{1}{3}$	0	0	0	0
기묘	s	$\frac{1}{2}$	$-\frac{1}{3}e$	$\frac{1}{3}$	−1	0	0	0
맵시	c	$\frac{1}{2}$	$+\frac{2}{3}e$	$\frac{1}{3}$	0	+1	0	0
바닥	b	$\frac{1}{2}$	$-\frac{1}{3}e$	$\frac{1}{3}$	0	0	+1	0
꼭대기	t	$\frac{1}{2}$	$+\frac{2}{3}e$	$\frac{1}{3}$	0	0	0	+1
반쿼크								
이름	기호	스핀	전하	바리온수	기묘도	맵시도	바닥도	꼭대기도
반위	$\bar{u}$	$\frac{1}{2}$	$-\frac{2}{3}e$	$-\frac{1}{3}$	0	0	0	0
반아래	$\bar{d}$	$\frac{1}{2}$	$+\frac{1}{3}e$	$-\frac{1}{3}$	0	0	0	0
반기묘	$\bar{s}$	$\frac{1}{2}$	$+\frac{1}{3}e$	$-\frac{1}{3}$	+1	0	0	0
반맵시	$\bar{c}$	$\frac{1}{2}$	$-\frac{2}{3}e$	$-\frac{1}{3}$	0	−1	0	0
반바닥	$\bar{b}$	$\frac{1}{2}$	$+\frac{1}{3}e$	$-\frac{1}{3}$	0	0	−1	0
반꼭대기	$\bar{t}$	$\frac{1}{2}$	$-\frac{2}{3}e$	$-\frac{1}{3}$	0	0	0	−1

표 30-6 강입자(하드론)의 쿼크 구성 성분

강입자(하드론)		쿼크 성분
중간자 (메존)	π^+	$\bar{d}u$
	π^-	$\bar{u}d$
	K^+	$\bar{s}u$
	K^-	$\bar{u}s$
	K^0	$\bar{s}d$
중입자 (바리온)	p	uud
	n	udd
	Λ^0	uds
	Σ^+	uus
	Σ^0	uds
	Σ^-	dds
	Ξ^0	uss
	Ξ^-	dss
	Ω^-	sss

표 30-6은 쿼크로 구성된 중간자와 중입자를 열거한 것이다. 이 표를 보면 양성자나 중성자와 같이 보통의 물질 속에 있는 모든 강입자에 u와 d라는 쿼크가 포함되어 있다는 것을 알 수 있다. 세 번째 쿼크인 s는 기묘도가 +1 아니면 −1인 기묘 입자를 구성하는 데만 쓰인다.

그림 30-6은 2개의 쿼크를 가지는 중간자(메존)를 나타낸 것으로 파이온중간자(π^+)는 $\bar{d}u$이고, 케이온 중간자(K^-)는 $\bar{u}s$로 구성됨을 알 수 있다. 그림 30-7은 3개의 쿼크를 가지는 중입자(바리온)을 나타낸 것으로 양성자의 쿼크 구조는 uud이고, 중성자는 udd로 구성됨을 나타낸다.

맵시, 바닥, 꼭대기 쿼크는 다른 쿼크에 비해 더 무겁고 더 높은 에너지의 상호작용에서 만들어진다. 각각의 쿼크는 자신만의 양자수를 갖는다. 이러한 쿼크로 구성된 강입자 중의 하나가 J/Ψ 입자이다. 이 입자는 맵시 쿼크와 반맵시 쿼크, $c\bar{c}$로 만들어지며 차모니움(charmonium)이라 한다.

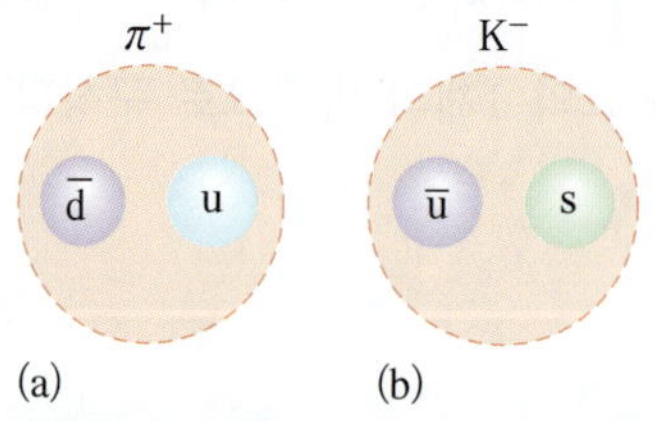

그림 30-6 파이온(π^+)과 케이온(K^-) 입자와 같은 중간자는 2개의 쿼크로 구성되어 있다. 여기서 쿼크의 색은 우리가 보는 시각적인 색과는 전혀 상관이 없다.

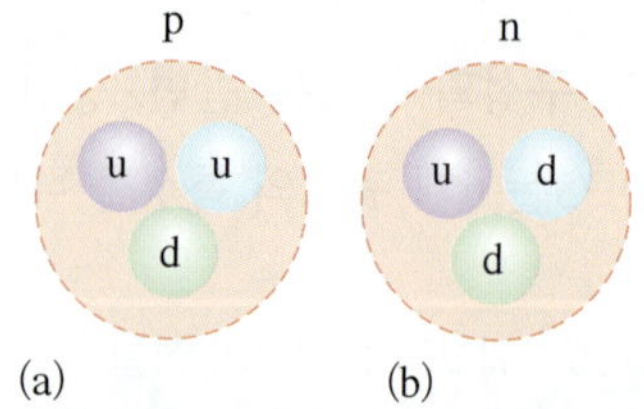

그림 30-7 양성자나 중성자와 같은 중입자(바리온)는 3개의 쿼크로 구성되어 있다.

다색 쿼크: 쿼크 모형의 수정

쿼크의 개념이 제안된 후 과학자들은 어떤 입자는 파울리의 배타원리에 위배되는 쿼크 구성을 갖는다는 것을 알았다. 이러한 문제점을 해결하기 위해 일본의 물리학자 요이치로 난부(Yoichiro Nambu, 南部陽郎一郎) 등은 **색**(color)또는 **색전하**(color charge)라는 특성을 지닌 쿼크로 쿼크 모형을 수정하였다. 이때 색은 실제 눈으로 보이는 것은 아니고 전기적인 전하와 유사한 것으로 생각하였다. 이 수정 모형에서 쿼크 및 반쿼크의 색전하는 다음과 같다.

쿼크는 빨강, 초록, 파랑의 색을, **반쿼크**는 반빨강, 반초록, 반파랑의 색을 갖는다.

예를 들어 3개의 기묘 쿼크인 sss로 구성된 오메가-마이너스 입자(Ω^-)의 경우 스핀 양자수가 3/2스핀이고 모두 나란한 스핀을 갖는다(화살표로 나타낼 때는 위 상태를 갖는다고 한다). 이때 기묘 쿼크가 다른 색을 지녀야만 구분된 양자상태를 갖고 배타원리를 만족하게 된다.

일반적으로 **쿼크에 의한 조합은 색이 없어야 한다.** 중간자는 색을 가진 쿼크와 반색을 가진 반쿼크로 구성된다. 중입자는 빨강, 초록, 파랑으로 구성되든지 아니면 그것과 정반대 색을 지닌 쿼크로 구성되어야 한다.

쿼크 사이의 힘을 **색힘**(색력 color force)이라고 부르며, 이 색힘 사이에 작용하는 방법에 관한 이론을 **양자색역학**(QCD; quantum chromodynamics 量子色力學)이라고 한다. 색힘은 질량이 없는 입자인 글루온에 의해 힘이 전달된다. 양자색역학에 따르면 8개의 글루온이 있는데, 모든 색전하에서처럼 각각의 반글루온이 있다. 어느 쿼크가 글루온을 방출하거나 흡수하는 것은 색전하를 흡수, 방출하는 것과 같다. 예를 들어 글루온을 방출하는 파랑 쿼크는 빨강 쿼크가 될 수 있고, 글루온을 흡수하는 빨강 쿼크는 파랑 쿼크가 될 수 있다. 쿼크 사이에 작용하는 핵력은 색에 따라 다음과 같다.

TIP 쿼크 및 반쿼크의 색은 우리가 보는 색인가?

쿼크의 색은 우리가 보는 시각적인 색과는 전혀 상관이 없다. 단순히 다른 구성을 표현하기 위해 붙인 일종의 약속일 뿐이다.

쿼크 사이의 핵력은 전하 사이의 전기력과 비슷하여, 같은 색끼리는 서로 **밀어내고** 다른 색끼리는 **끌어당긴다.**

이 같은 성질에 따라 2개의 빨강 쿼크 사이에는 서로 밀어내는 힘이 작용하고, 빨강 쿼크와 반빨강 쿼크와는 서로 끌어당기는 힘이 작용한다. 그림 30-8(a)는 서로 반대색을 가진 초록 쿼크와, 반초록 쿼크가 서로 끌어당겨 쿼크 구성이 ($q\bar{q}$)인 중간자를 형성하는 것을 보여준다.

다른 색을 가진 쿼크 사이에도 인력이 작용하지만, 반대색을 가진 쿼크 사이에 작용하는 힘에 비해서는 세기가 좀 약하다. 그림 30-8(b)는 빨강, 파랑, 초록의 서로 다른 색을 가진 쿼크 사이의 서로 당기는 힘에 의해 만들어진 중입자가 좋은 예가 된다. 모든 중입자는 색깔이 서로 다른 3개의 쿼크로 구성되어 있다.

두 색—예를 들어 중성 강입자(양성자와 중성자 같은)—사이에 작용하는 색력은 거리가 멀리 떨어져 있으면 무시해도 될 만큼 약하다. 그러나 1 fm의 거리와 같이 짧은 거리에서는 구성하는 쿼크 사이에 작용하는 강한 색력은 무시할 수 없다. 이처럼 설명할 수 없을 만큼 짧은 거리에서의 강한 힘은 사실 양성자와 중성자 사이를 묶어 핵을 형성하는 핵력을 말한다. 이것은 중성 원자 사이를 묶어 분자를 형성하는 계산할 수 없는 전자기력과 같다.

이제까지 여러 입자들의 성질과 상호작용에 대해 알아보았다. 많은 입자들 중에서

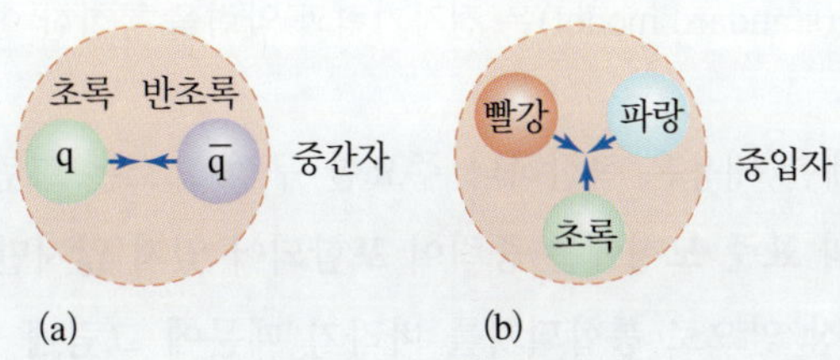

그림 30-8 (a) 서로 반대색을 가진 초록 쿼크와 반초록 쿼크가 서로 끌어당겨 쿼크 구성이 ($q\bar{q}$)인 중간자를 형성한다. 그림에 표현된 색은 우리가 보는 색과는 전혀 무관하다. (b) 중입자는 빨강, 파랑, 초록의 서로 다른 색을 가진 쿼크 사이에 작용하는 인력으로 형성된다. 모든 중입자는 색깔이 서로 다른 3개의 쿼크로 구성되어 있다.

진짜 기본입자는 몇 개나 될까? **과학자들은 진짜 기본입자로 6개의 쿼크, 6개의 경입자, 그리고 기본력들을 전달하는 장입자들로 생각하고 있다.** 표 30-7은 이 내용을 정리한 것이다.

표 30-7 현재까지 알려진 기본입자들의 목록

기본입자	이름 및 기호		
쿼크	위(u), 아래(d)	기묘(s), 맵시(c)	바닥(b), 꼭대기(t)
경입자(렙톤)	전자(e) 전자-중성미자(ν_e)	뮤온(μ) 뮤온-중성미자(ν_μ)	타우(τ) 타우-중성미자(ν_τ)
장입자(게이지 보존)	광자(γ)	W^+, W^-, Z^0	글루온

예제 30-3 쿼크 결합의 이해

문제 다음과 같은 결합들의 바리온수, 전하, 기묘도를 구하고, 이러한 쿼크 결합으로 이루어진 입자를 찾으라(표 30-2 및 표 30-5 참조). (a) udd (b) $u\bar{u}$

생각하기 표 30-5에서 쿼크의 기존 성질을 알아낸 다음, 표 30-2를 보고 그러한 성질을 가지고 있는 입자를 찾으면 된다.

풀이 (a) 쿼크 구성이 udd인 경우: 전하수 Q, 바리온수 B, 기묘도 S, 맵시, 바닥도, 꼭대기도를 찾아보면 다음과 같다.

즉 $Q = +\frac{2}{3}e - \frac{1}{3}e - \frac{1}{3}e = 0$, $B = \frac{1}{3} + \frac{1}{3} + \frac{1}{3} = 1$, $S = 0$, $c = 0$, $b = 0$, $t = 0$이다. 이러한 성질을 가지는 입자를 표 30-2에서 찾아보면 중성자임을 알 수 있다.

(b) 쿼크 구성이 $u\bar{u}$인 경우: 전하는 $Q = \frac{2}{3}e - \frac{2}{3}e = 0$이고, 바리온수는 $B = 0$이다. 그리고 나머지 양자수는 모두 0이다. 이러한 성질을 가지는 입자는 파이(π^+) 입자이다.

30-6 표준 모형

표준 모형이란?

1979년 글래쇼(S. Glashow, 1932~), 살람(A. Salam, 1926~1996), 와인버그(S. Weinberg, 1933~)는 전자기력과 약한 핵력에 대한 상호작용을 통합하는 이론을 발전시킨 공로로 노벨물리학상을 받았다. 이 **전자기 약작용 이론**(electroweak theory)은 약력과 전자기력은 대단히 높은 입자 에너지에서는 세기가 같다고 가정하였다. 즉 두 상호작용을 하나로 통합된 전자기 약작용의 2가지 다른 표현으로 보는 것이다.

표준 모형(standard model)은 전자기력과 약력을 통합한 이론이다.

표준 모형의 자세한 내용은 복잡하나 주요한 구성 요소는 그림 30-9와 같이 요약할 수 있다. **현재의 표준 모형에는 중력이 포함되어 있지 않지만, 물리학자들은 언젠가는 중력이 통일장 안으로 통합되기를 바라기 때문에 그림에 중력을 포함시키고 있다.** 이 도형을 보면 쿼크는 모든 기본적인 힘에 관여하고, 경입자는 강력을 제외한 나머지 모두에 관여한다.

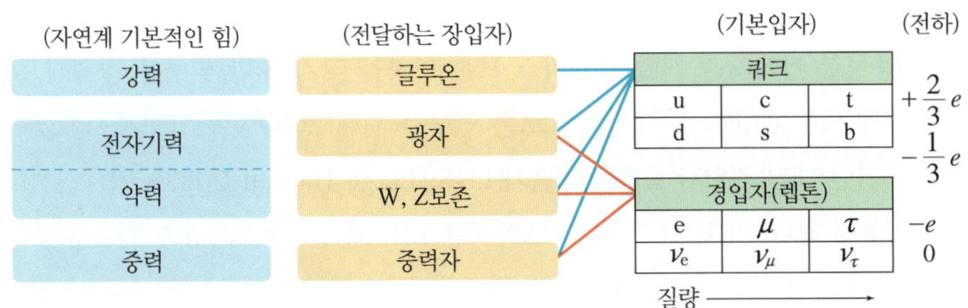

그림 30-9 입자물리학 분야에서 표준 모형을 구성하는 주요한 요소들

힉스 보존 입자를 찾아서

표준 모형으로 모든 문제점을 해결할 수는 없다. 아직도 해결되지 않은 중요한 문제점은 전자기 약작용에서는 매개자들이 둘인 것과, 광자는 질량이 없는데 W 및 Z보존은 질량을 가지는 이유를 모르는 것이다. 이와 같이 질량의 차이 때문에 전자기력과 약력이 낮은 에너지에서는 확실하게 구별되지만, 전체 에너지에 비해 정지에너지를 무시할 수 있는 대단히 높은 에너지에서는 두 힘이 비슷하다. 이와 같이 높은 에너지에서는 힘이 비슷하거나 대칭이지만, 낮은 에너지에서는 매우 달라지는 현상을 **대칭성 깨짐**(symmetry breaking)이라 한다.

이러한 문제점을 해결하기 위해 1964년 영국의 이론물리학자인 피터 웨어 힉스(Peter Ware Higgs, 1929~)는 입자에 질량이 부여되는 과정에 대한 가설인 힉스 메커니즘을 발표하면서 **힉스 보존**(Higgs boson)이라는 가설 입자를 제안하였다. 이러한 가설 입자를 통해 전자기 약작용의 대칭성을 파괴하는 메커니즘을 제시했으며, 다른 입자에 대해 각기 다른 질량이 주어진다는 사실을 설명하였다. 힉스의 메커니즘을 포함한 표준 모형은 논리적으로 W 및 Z보존이 갖는 질량의 특성을 일관성 있게 설명하고 있다. 당시 힉스 보존 입자는 실험적으로 발견되지 않았지만 물리학자들은 질량이 아마 1 TeV/c^2(10^{12} eV)보다는 다소 적을 것으로 예상한 바 있다.

TIP 힉스 보존(Higgs boson) 입자

경입자와 쿼크에 대한 표준 모형이 수학적으로 이치에 맞으려면 어떤 장(field)이 공간 전체에 존재해야 한다. 이 장이 존재하려면 힉스 보존 입자가 존재해야 한다. 힉스 보존은 2013년 CERN의 가속기 실험 결과에서 발견되었다.

그림 30-10 유럽 입자물리학연구소(CERN)에서 2009년부터 운영 중인 거대 강입자 충돌기에 장착된 검출기 중 하나

과학자들은 고정된 표적을 사용하는 전통적인 입자가속기의 여러 한계점을 극복하기 위해 **충돌형 가속기**를 개발하여 힉스 보존 입자를 찾기 위한 연구를 계속해 왔다. 특히 유럽에 있는 CERN에서는 힉스 보존 연구를 위해 2009년에 양성자-양성자 충돌형 가속기인 **대형 강입자 충돌형 가속기**(LHC; Large Hadron Collider)를 건설하여 실험에 이용해 왔다. 2012년 7월 CERN에서는 LHC에 설치된 두 검출기의 분석 결과를 토대로 힉스 입자일 가능성이 많다고 발표했다. 그 후 2013년 10월 6일 이 입자가 힉스 입자임을 확정 발표했다.

대통일 이론

자연의 기본 힘들을 하나로 통합하는 것은 Einstein이 말년에 관심을 기울인 연구로 최근까지 많은 연구의 초점이 되고 있다. 약력과 전자기력은 성공적으로 통합되어 전기약력이라는 한 힘의 서로 다른 양상으로 볼 수 있다는 것이 밝혀졌다. 이 이론에 강력을 더하려는 연구가 바로 **대통일 이론**(GUT; grand unified theory 大統一理論)이다.

대통일 이론보다 더 야심적인 이론은 중력까지도 포함시켜서 자연계의 4가지 힘을 모두 하나의 이론으로 통합하려는 노력이다. 이 같은 새로운 이론을 **초끈이론**(superstring theory) 또는 **궁극 이론**(TOE; theory of everything)이라고 한다. 이 이론에서는 기본입자들이 점입자가 아니라, 10^{-35} m 길이의 1차원 끈들이라고 가정한다. 그러나 이 이론은 실험적으로 검증하기 매우 어렵다. 앞으로 과학자들의 연구 결과가 주목된다.

단원과 관련된 주제 노벨상 이야기

노벨상의 권위

노벨상은 지적 업적에 수여되는 상들 가운데 세계에서 가장 권위 있는 상이다. 노벨상은 과학자들뿐만 아니라 일반인들에게까지 그 이름이 알려진 몇 안 되는 상들 중 하나이며, 노벨상 수상은 개인뿐 아니라 수상자가 태어난 국가의 영광이기도 하다.

그림 30-11 알프레드 노벨 **그림 30-12** 노벨상 기념 메달 모형

노벨상은 스웨덴의 발명가이자 실업가인 알프레드 노벨(Alfred Bernhard Nobel, 1833. 10. 21～1896. 12. 10)이 기증한 기금에서 출발했다. 그는 1895년 자신이 헌납한 재산으로 5개 부문의 상을 정해 '지난해 인류에 가장 큰 공헌을 한 사람들에게 매년 수여하라'는 내용을 유언으로 남겼다. 그의 유언에 따라 노벨물리학상, 화학상, 생리의학상, 문학상, 평화상이 제정되어 노벨이 사망한 지 5년째인 1901년 12월 10일 첫 번째로 수여하였다. 이어 1969년부터 경제학상이 추가되어 현재는 총 6개 부문에서 매년 연말 수상자를 내고 있다.

우리 과학자들에 대한 기대

한국인으로는 2000년 김대중 전 대통령이 평화상을 2024년에는 한강 작가가 문학상을 수상한 바 있다. 이제 우리나라도 자연과학 분야에서 노벨상을 배출해야 할 시기이다. 과학적 업적은 단시간이 아닌 오랜 기간에 걸친 반복적인 실험과 검증의 결과물이기에 연구자들이 한 분야에 몰입할 수 있도록 안정적인 연구 시스템을 마련해야 한다.

앞으로 기초과학에 대한 과학자들의 노력과 과학분야에 대한 과감한 투자와 국민들의 성원을 모아 과학분야 노벨상 수상을 이루어야 할 것이다.

기초 과학이 튼튼한 일본

일본은 최근 거의 매년 수상자를 배출할 정도로 자연과학 분야의 저력을 발휘하고 있다. 일본 국적 또는 일본 출신 과학자의 노벨상 수상은 총 28명이다. 분야별로 물리학상 12명, 화학상 8명, 생리의학상 5명, 문학상 2명, 평화상 1명 순이다. 수상자 규모는 미국, 영국, 독일, 프랑스에 이어 세계 5위이다. 최근에는 2021년 일본계 미국인으로 (미)프린스턴 대학의 상급연구원인 슈구로 마나베(Syukuro Manabe)가 CO_2농도의 상승이 지구온난화에 미치는 영향을 예측한 연구로 물리학상을 수상하였다. 일본의 저력은 자연과학 분야에 대한 탄탄한 연구 기반과 지속적인 지원, 두터운 연구 인력과 산학 중심의 협동 연구 등에서 출발하였다.

수상에 관련된 몇 가지 이색 통계

- 부부 수상
  - Marie Curie and Pierre Curie (1903년 물리학상)
  - Frédéric Joliot and Iréne Joliot-Curie (1935년 화학상)
  - Carl Cori and Gety Cori (1947년 생리의학상)
  - Gunnar Myrdal (1974년 경제학상) and Alva Reimer Myrdal (1982년 평화상)
- 부자 수상
  - Niels Borh (1922년 물리학상), Aage Borh (1975년 물리학상)
  - Joseph John Thomson (1906년 물리학상), George Paget Thomson (1937년 물리학상)
  - Hans von Euler-Chelpin (1929년 화학상), Ulf von Euler (1970년 의학상)
  - William Henry Bragg and William Lawrence Bragg (1915년 물리학상)
- 형제 수상
  - Jan Tinbergen (1969년 경제학상), Nikolaas Tinbergen (1973년 생리의학상)
- 수상 거부
  - Richard Kuhn (1938년 화학상)
  - Adolf Fridrich Johann butenandt (1939년 화학상)
  - Gerhard Johannes Paul Domagk (1939년 생리의학상)
  - Boris Leonidocich Pasternak (1958년 문학상)
  - Jean-Paul Sartre (1964년 문학상)
  - Le Duc Tho (1973년 평화상)

  ※ 수상 거부는 정치적, 사상적, 전쟁 등의 사유로 인함
- 최고령 수상(97세)
  - John B. Goodenough (2019년 화학상)
- 최연소 물리학상 수상(25세)
  - William Lawrence Bragg (1915년 영국)
- 최연소 생리의학상 수상(32세)
  - Frederick Grant Banting (1923년 캐나다)
- 최연소 평화상 수상(17세)
  - Malala Yousafzai (2014년 파키스탄)
- 중국 국적 최초 여성 과학자
  - Tu Youyou (2015년 생리의학상)

최근 입자물리 분야 물리학상 수상 내역

- 2008년: 자연계에서 쿼크의 존재를 보여주는 대칭성 깨짐의 기원 발견
  - Makoto Kobayashi and Toshihide Maskawa(일본)
  - Yoichiro Nambu(일본 출생 미국인)
- 2012년: 개별 양자 미립자의 파괴하지 않은 채 관찰하는 기법 발견
  - Serge Haroche(프랑스) and David J. Wineland(미국)
- 2013년: 힉스 입자 존재 예견
  - François Englert(벨기에) and Peter W. Higgs(영국)
- 2015년: 중성미자 질량 존재 입증
  - Arthur B. McDonald(캐나다) and Takaaki Kajita(일본)
- 2017년: 중력파존재 실험적 입증
  - Rainer Weiss, Kip S. Thome and Barry C. Barish(미국)

연습문제

30-1 입자물리학의 출발

1. 기호가 $\overline{\nu}_\tau$인 중성미자가 있다.
(a) 이 입자는 쿼크, 경입자, 중간자, 중입자 중 어느 것에 해당하는가?
(b) 입자인가 반입자인가?
(c) 보존인가 페르미온인가?
(d) 자발적으로 붕괴하는가?

2. 전자와 양전자가 결합하여 2개의 광자 γ가 생성되는 전자쌍 소멸 반응식이 다음과 같다.

$$e^- + e^+ \rightarrow 2\gamma$$

(a) 광자(γ) 1개의 에너지는 몇 J인가?
(b) 이 γ입자의 파장은 얼마인가? 전자와 양전자의 질량은 모두 $m = 9.1 \times 10^{-31}$ kg이고, 플랑크상수는 $h = 6.6 \times 10^{-34}$ J s이다.

3. 정지해 있던 중성자가 붕괴하여 양성자와 전자로 되어 멀리 튀어 나갔다. 이 경우 양성자와 전자의 운동에너지의 합은 얼마인가? 중성자의 질량은 $m_{중} = 1.6749 \times 10^{-27}$ kg, 양성자의 질량 $m_{양} = 1.6729 \times 10^{-27}$ kg, 전자의 질량 $m_{전} = 9.1 \times 10^{-31}$ kg, 광속 $c = 3 \times 10^8$ m/s이며, 중성미자는 발생하지 않는다.

4. 어느 원자로에서 에너지가 2.0 MeV인 중성자가 방출되었다. 만일 이 중성자가 원자로 내의 감속재 원자와 충돌한 후 에너지의 반이 소실되었다면, 이 에너지로 상온 20.0 °C의 한 기체에 해당하는 에너지에 도달하기 위해서는 몇 번의 충돌이 있어야 하는가?

30-2 소립자의 분류

5. 정지한 중성 파이온이 $\pi^0 \rightarrow \gamma + \gamma$와 같이 2개의 광자로 붕괴된다. 이 반응에서 각 광자에 대한 에너지, 운동량, 진동수를 구하라.

6. 중간자로 알려진 B입자의 질량은 양성자의 약 5.5배이다. 질량이 9.41×10^{-27} kg인 중성상태인 B^0는 입자-반입자 쌍의 하나로서 생성된다. $B^0 - \overline{B}^0$ 쌍을 생성하기 위해 필요한 최소 에너지를 구하라.

7. 전자와 양전자가 정지상태에서 다가와서 소멸한다. 이 과정에서 2개의 광자가 방출된다. 광자의 방향과 에너지는 어떻게 되는가?

8. 수명이 짧은 입자들의 정지에너지는 직접 측정될 수 없고, 붕괴생성물들의 운동량 측정값과 알려진 정지에너지 값들로부터 추정된다. ρ^0중간자의 붕괴반응 $\rho^0 \rightarrow \pi^0 + \pi^-$와 같다. 생성된 파이온들이 크기 358.3 MeV/c의 운동량을 갖고 반대방향으로 움직일 때 ρ^0중간자의 정지에너지를 계산하라. 파이온의 정지에너지는 139.6 MeV/c^2이다.

30-3 입자의 상호작용과 보존법칙

9. 정지한 양성자가 다음과 같이 붕괴한다고 하자.

$$p \rightarrow \pi^0 + \pi^+$$

이 반응에서 (a) 전하, (b) 경입자수, (c) 운동량, (d) 에너지, (e) 중입자수가 어떻게 되는지 설명하라.

10. 아래의 각 반응들은 실제 일어날 수 없다. 보존의 법칙에 맞도록 반응의 틀린 곳을 찾으라.
(a) $p + \overline{p} \rightarrow \mu^+ + e^-$
(b) $\pi^- + p \rightarrow p + \pi^+$
(c) $p + p \rightarrow p + \pi^+$
(d) $p + p \rightarrow p + p + n$
(e) $\gamma + p \rightarrow n + \pi^0$

11. 다음 붕괴식과 핵반응 식에서 기묘도 보존 여부를 확인하라.
(a) $\Lambda^0 \rightarrow p + \pi^-$
(b) $\pi^- + p \rightarrow \Lambda^0 + K^0$
(c) $\overline{p} + p \rightarrow \overline{\Lambda}^0 + \Lambda^0$
(d) $\Xi^- \rightarrow \Lambda^0 + \pi^-$
(e) $\Xi^0 \rightarrow p + \pi^-$

12. 중입자수 보존법칙을 이용하여 다음 반응이 일어날 수 있는지 결정하라.

$$p + n \rightarrow p + p + n + \overline{p}$$

30-4 팔정도

13. $\Xi \rightarrow \pi^- + n + K^- + p$의 붕괴 과정에서 다음 각 항들의 보존 여부를 구하라.
(a) 전하
(b) 중입자수
(c) 스핀 각운동량
(d) 기묘도

30-5 쿼크

14. $\overline{K}^0$을 구성하는 쿼크는 무엇인가?

15. 다음 쿼크의 상태에 따른 입자를 종류별로 구하라.
(a) suu (b) $\overline{u}$d (c) $\overline{s}$d (d) ssd

16. 쿼크 성분이 (a) ssu, (b) dds에 해당하는 강입자는 각각 무엇인가?

17. 반중성자의 쿼크 구성 요소는 무엇인가?

18. 반양성자의 쿼크 구성 요소는 무엇인가?

19. 시그마(Σ^0) 입자가 양성자와 반응한 후, Σ^+, γ선 그리고 알 수 없는 제3의 입자로 바뀐다. 모형을 이용하여 제3의 입자가 무엇인지를 결정하라.

20. 전하양자수 $q = +1$, 기묘도 $S = -1$ 또는 전하양자수 $q = -1$, 기묘도 $S = +1$의 양자수를 갖는 중간자는 발견되지 않았다. 쿼크 모형을 이용하여 이유를 설명하라.

30-6 표준 모형

부록 A 국제단위계

B 물리상수

C 그리스 문자 및 동양의 수에 대한 호칭

D 간단한 수학공식

E 원소의 전자배열

F 원소의 주기율표

참고서적

연습문제 해답

찾아보기

부록 A 국제단위계

표 A-1 특별한 명칭과 기호를 가진 일관성 있는 SI 유도단위

유도량	일관성 있는 SI 유도단위			
	명칭	기호	다른 SI 단위로 표시	SI 기본 단위로 표시
평면각	라디안	rad	1	m/m
입체각	스테라디안	sr	1	m^2/m^2
주파수, 진동수	헤르츠	Hz		s^{-1}
힘	뉴턴	N		$m\ kg\ s^{-2}$
압력, 응력	파스칼	Pa	N/m^2	$m^{-1}\ kg\ s^{-2}$
에너지, 일, 열량	줄	J	N m	$m^{-2}\ kg\ s^{-2}$
일률, 전력, 복사선속	와트	W	J/s	$m^2\ kg\ s^{-3}$
전하량, 전기량	쿨롬	C		s A
전위차, 기전력	볼트	V	W/A	$m^2\ kg\ s^{-3}\ A^{-1}$
전기용량	패럿	F	C/V	$m^{-2}\ kg^{-1}\ s^4\ A^2$
전기저항	옴	Ω	V/A	$m^2\ kg\ s^{-3}\ A^{-2}$
전기전도도	지멘스	S	A/V	$m^{-2}\ kg^{-1}\ s^3\ A^2$
자기선속	웨버	Wb	V s	$m^2\ kg\ s^{-2}\ A^{-1}$
자기선속밀도	테슬라	T	Wb/m^2	$kg\ s^{-2}\ A^{-1}$
인덕턴스	헨리	H	Wb/A	$m^2\ kg\ s^{-2}\ A^{-2}$
섭씨온도	섭씨도	℃		K
광선속	루멘	lm	cd sr	cd
조명도	럭스	lx	lm/m^2	$m^{-2}\ cd$
(방사성 핵종의) 활성도	베크렐	Bq		s^{-1}
흡수선량	그레이	Gy	J/kg	$m^2\ s^{-2}$
선량당량, 개인선량	시버트	Sv	J/kg	$m^2\ s^{-2}$
촉매활성도	카탈	kat		$s^{-1}\ mol$

표 A-2 특별한 명칭과 기호를 가진 일관성 있는 SI 유도단위를 포함하는 일관성 있는 SI 유도단위

유도량	일관성 있는 SI 유도단위		
	명칭	기호	SI 기본단위로 표시
점성도	파스칼 초	Pa s	$m^{-1}\ kg\ s^{-1}$
힘의 모멘트	뉴턴미터	N m	$m^2\ kg\ s^{-2}$
표면장력	뉴턴 매 미터	N/m	$kg\ s^{-2}$
각속도	라디안 매 초	rad/s	$m\ m^{-1}\ s^{-1} = s^{-1}$
각가속도	라디안 매 제곱초	rad/s^2	$m\ m^{-1}\ s^{-2} = s^{-2}$
열속밀도, 복사조도	와트 매 제곱미터	W/m^2	$kg\ s^{-3}$
열용량, 엔트로피	줄 매 켈빈	J/K	$m^2\ kg\ s^{-2}\ K^{-1}$
비열용량, 비엔트로피	줄 매 킬로그램 켈빈	J/(kg K)	$m^2\ s^{-2}\ K^{-1}$

표 A-2 특별한 명칭과 기호를 가진 일관성 있는 SI 유도단위를 포함하는 일관성 있는 SI 유도단위(계속)

유도량	일관성 있는 SI 유도단위		
	명칭	기호	SI 기본단위로 표시
비에너지	줄 매 킬로그램	J/kg	$m^2\ s^{-2}$
열전도도	와트 매 미터 켈빈	W/(m K)	$m\ kg\ s^{-3}\ K^{-1}$
에너지밀도	줄 매 세제곱미터	J/m^3	$m^{-1}\ kg\ s^{-2}$
전기장의 세기	볼트 매 미터	V/m	$m\ kg\ s^{-3}\ A^{-1}$
전하밀도	쿨롬 매 세제곱미터	C/m^3	$m^{-3}\ s\ A$
표면 전하밀도	쿨롬 매 제곱미터	C/m^2	$m^{-2}\ s\ A$
전기선속밀도, 전기변위	쿨롬 매 제곱미터	C/m^2	$m^{-2}\ s\ A$
유전율	패럿 매 미터	F/m	$m^{-3}\ kg^{-1}\ s^4\ A^2$
투자율	헨리 매 미터	H/m	$m\ kg\ s^{-2}\ A^{-2}$
몰에너지	줄 매 몰	J/mol	$m^2\ kg\ s^{-2}\ mol^{-1}$
몰엔트로피, 몰열용량	줄 매 몰 켈빈	J/(mol K)	$m^2\ kg\ s^{-2}\ K^{-1}\ mol^{-1}$
(X선 및 γ선의) 조사선량	쿨롬 매 킬로그램	C/kg	$kg^{-1}\ s\ A$
흡수선량률	그레이 매 초	Gy/s	$m^2\ s^{-3}$
복사도	와트 매 스테라디안	W/sr	$m^4\ m^{-2}\ kg\ s^{-3} = m^2\ kg\ s^{-3}$
복사휘도	와트 매 제곱미터 스테라디안	$W/(m^2\ sr)$	$m^2\ m^{-2}\ kg\ s^{-3} = kg\ s^{-3}$
촉매활성도 농도	카탈 매 세제곱미터	kat/m^3	$m^{-3}\ s^{-1}\ mol$

* 표 A-1 및 표 A-2는 한국표준과학연구원에서 펴낸 〈국제단위계〉에서 가져온 것이다.

표 A-3 바꿈인수

길이

	m	cm	km	in.	ft	mi
1 m	1	10^2	10^{-3}	39.37	3.281	6.214×10^{-4}
1 cm	10^{-2}	1	10^{-5}	0.393 7	3.281×10^{-2}	6.214×10^{-6}
1 km	10^3	10^5	1	3.937×10^4	3.281×10^3	0.6214
1 in	2.540×10^{-2}	2.540	2.540×10^{-5}	1	8.333×10^{-2}	1.578×10^{-5}
1 ft	0.304 8	30.48	3.048×10^{-4}	12	1	1.894×10^{-4}
1 mi	1 609	1.609×10^5	1.609	6.336×10^4	5 280	1

질량

	kg	g	slug	u
1 kg	1	10^3	6.852×10^{-2}	6.024×10^{26}
1 g	10^{-3}	1	6.852×10^{-5}	6.024×10^{23}
1 slug	14.59	1.459×10^4	1	8.789×10^{27}
1 atomic mass unit	1.660×10^{-27}	1.660×10^{-24}	1.137×10^{-28}	1

시간

	s	min	h	day	yr
1 s	1	1.667×10^{-2}	2.778×10^{-4}	1.157×10^{-5}	3.169×10^{-8}
1 min	60	1	1.667×10^{-2}	6.994×10^{-4}	1.901×10^{-6}
1 h	3 600	60	1	4.167×10^{-2}	1.141×10^{-4}
1 d	8.640×10^4	1 440	24	1	2.738×10^{-5}
1 yr	3.156×10^7	5.259×10^5	8.766×10^3	365.2	1

속 력

	m/s	cm/s	ft/s	mi/h
1 m/s	1	10^{2}	3.281	2.237
1 cm/s	10^{-2}	1	3.281×10^{-2}	2.237×10^{-2}
1 ft/s	0.304 8	30.48	1	0.681 8
1 mi/h	0.447 0	44.70	1.467	1

힘

	N	lb
1 newton	1	0.224 8
1 pound	4.448	1

에너지

	J	ft · lb	eV
1 J	1	0.737 6	6.242×10^{18}
1 ft · lb	1.356	1	8.464×10^{18}
1 eV	1.602×10^{-19}	1.182×10^{-19}	1
1 cal	4.186	3.087	2.613×10^{19}
1 Btu	1.055×10^{3}	7.779×10^{2}	6.585×10^{21}
1 kWh	3.600×10^{6}	2.655×10^{6}	2.247×10^{25}

	cal	Btu	KWh
1 J	0.238 9	9.481×10^{-4}	2.778×10^{-7}
1 ft · lb	0.323 9	1.285×10^{-3}	3.766×10^{-7}
1 eV	3.827×10^{-20}	1.519×10^{-22}	4.450×10^{-26}
1 cal	1	3.968×10^{-3}	1.163×10^{-6}
1 Btu	2.520×10^{2}	1	2.930×10^{-4}
1 kWh	8.601×10^{5}	3.413×10^{2}	1

압 력

	Pa	atm
1 Pa	1	9.869×10^{-6}
1 atm	1.013×10^{5}	1
1 cm 수은주	1.333×10^{3}	1.316×10^{-2}
1 lb/in^{2}	6.895×10^{3}	6.805×10^{-2}
1 lb/ft^{2}	47.88	4.725×10^{-4}

	cmHg	lb/in^{2}	lb/ft^{2}
1 Pa	7.501×10^{-4}	1.450×10^{-4}	2.089×10^{-2}
1 atm	76	14.70	2.116×10^{3}
1 cm 수은주	1	0.1943	27.85
1 lb/in^{2}	5.171	1	144
1 lb/ft^{2}	3.591×10^{-2}	6.944×10^{-3}	1

* 0°C, 자유 낙하 가속도가 '표준값' 9.806 65 m/s^{2}인 지역에서 환산된 값임.

물리상수

부록 B

표 B-1 기본물리상수

물리량	기호	값	단위 SI	단위 CGS
만유인력상수	G	6.674 28(67)	$\times 10^{-11}$ N m^2 kg^{-2}	$\times 10^{-8}$ dyn cm^{2}g^{-2}
진공 중의 광속도	c	2.997 924 58	$\times 10^{8}$ m · s^{-1}	$\times 10^{10}$ cm s^{-1}
기본전하	e	1.602 177 33(49)	$\times 10^{-19}$ C	$\times 10^{-20}$ emu
플랑크상수	h	6.626 075 5(40)	$\times 10^{-34}$ J s	$\times 10^{-27}$ erg s
환산 플랑크상수($h/2\pi$)	$\hbar$	1.054 572 66(63)	$\times 10^{-34}$ J s	$\times 10^{-27}$ erg s
아보가드로수	N_A	6.022 136 7(36)	$\times 10^{-23}$ mol^{-1}	
볼츠만상수(R/N_A)	k_B	1.380 658(12)	$\times 10^{-23}$ J K^{-1}	$\times 10^{-16}$ erg K^{-1}
몰기체상수	R	8.314 510(70)	J mol^{-1} K^{-1}	$\times 10^{7}$ erg mol^{-1} K^{-1}
뤼드베리상수	R_H	1.097 373 153 4(13)	$\times 10^{7}$ m^{-1}	$\times 10^{5}$ cm^{-1}
슈테판–볼츠만상수	σ	5.670 51(19)	$\times 10^{-8}$ W m^{-2} K^{-4}	$\times 10^{-5}$ erg cm^{-2} s^{-1} K^{-4}
미세구조상수($\mu_0 ce^2/2h$)	α	7.297 353 08(33)	$\times 10^{-3}$	
보어 반지름	a_0	5.291 772 085 9(36)	$\times 10^{-11}$ m	$\times 10^{-9}$ cm
원자질량단위	u	1.660 538 782	$\times 10^{-27}$ kg	$\times 10^{-24}$ g
전자의 질량	m_e	9.109 389 7(54)	$\times 10^{-31}$ kg	$\times 10^{-28}$ g
전자의 비전하	e/m_e	1.758 819 62(53)	$\times 10^{11}$ C kg^{-1}	$\times 10^{8}$ C g^{-1}
전자의 자기 모멘트	μ_c	928.477 01(31)	$\times 10^{-26}$ J T^{-1}	$\times 10^{-23}$ erg G^{-1}
전자의 콤프턴 파장	λ_c	2.426 310 58(22)	$\times 10^{-12}$ m	$\times 10^{-10}$ cm
양성자의 질량	m_p	1.672 621 637	$\times 10^{-27}$ kg	$\times 10^{-24}$ g
양성자의 콤프턴 파장	λ_{cp}	1.321 410 02(12)	$\times 10^{-15}$ m	$\times 10^{-13}$ cm
중성자의 질량	m_n	1.674 927 211	$\times 10^{-27}$ kg	$\times 10^{-24}$ g
중성자의 콤프턴 파장	λ_{cn}	1.319 591 10(12)	$\times 10^{-15}$ m	$\times 10^{-13}$ cm

* 각 값들의 끝부분 ( )는 마지막 2자릿수에서의 표준편차이다.

표 B-2 고체상수

물질	밀도 (20°C) (g/cm^3)	영률 (10^{10} N/m^2)	선팽창계수 (10^{-5} K^{-1})	비열 (kJ/kg K)	비열 (cal/g K)	녹는점 (°C)	열전도도(20°C) (10^2 W/m K)	열전도도(20°C) (cal/cm s K)	저항률(20°C) (10^{-2} Ω mm^2/m)
아연(Zn)	7.14	9.3	2.62	0.39	0.092	419.5	1.1	0.26	5.8
알루미늄(Al)	2.70	7.0	2.4	0.90	0.21	658	2.2	0.52	2.7
금(Au)	19.3	8.0	1.4	0.13	0.031	1 063	3.0	0.72	2.21
은(Ag)	10.50	7.9	1.9	0.23	0.056	961	4.2	1.01	1.59
철(Fe)	7.86	22	1.2	0.45	0.107	1 540	0.75	0.18	10.5
구리(Cu)	8.93	12	1.6	0.39	0.092	1 083	3.9	0.93	1.72
니켈(Ni)	8.9	20	1.3	0.45	0.108	1 450	0.70	0.17	7.8
주석(Sn)	7.31	5.5	2.7	0.23	0.054	232	0.65	0.16	11.5
납(Pb)	11.34	1.5	2.9	0.13	0.031	327	0.34	0.083	20.7

표 B-2 고체상수(계속)

물질	밀도 (20°C) (g/cm^3)	영률 (10^{10} N/m^2)	선팽창계수 (10^{-5} K^{-1})	비열		녹는점 (°C)	열전도도(20°C)		저항률(20°C) (10^{-2} Ω mm^2/m)
				(kJ/kg K)	(cal/g K)		(10^2 W/m K)	(cal/cm s K)	
백금(Pt)	21.37	16.5	0.90	0.13	0.032	1 773	0.71	0.17	10.8
텅스텐(W)	19.3	36	0.43	0.13	0.032	3 370	1.7	0.41	5.51
안티모니(Sb)	6.67	7.8	1.1	0.21	0.050	630	0.18	0.042	41.7
카드뮴(Cd)	8.64	7.1	3.2	0.23	0.055	321	0.92	0.22	7.46
코발트(Co)	8.8	21	1.3	0.42	0.10	1 490	0.70	0.17	6.8
마그네슘(Mg)	1.74	4.4	2.6	1.02	0.25	651	1.7	0.41	4.6
비스무트(Bi)	9.8	3.2	1.3	0.12	0.029	271	0.09	0.021	119
운모	2.8	16~21	0.3	0.88	0.210	–	0.35~0.60	0.083	–
화강암	2.7	5	0.83	0.80	0.191	–	3.5	0.84	–
대리석	2.7	3~5	1.2	0.88	0.210	–	2.1~3.5	0.50~0.84	–
에보나이트	1.15	–	8.5	1.67	0.399	–	0.17	0.040	–
유리(창유리류)	2.5	4.5~10	0.8	0.84	0.201	(1 400)	0.9	0.20	–
사기	2.3~2.5	7~8	0.2~0.5	0.8	0.191	–	0.08~0.18	0.019	–
참나무	0.65	(1.3)	–	–	–	–	0.17	0.040	–

* ( ) 안은 개략치이다.

표 B-3 액체상수

물질	밀도 (20°C) (g/cm^3)	점성계수 (20°C) (10^{-3} N s/m^2)	표면장력 (20°C) (10^{-3}N/m)	부피팽창계수 (20~100°C) (10^{-3} K^{-1})	비열 (20~100°C)		열전도도(20°C)		녹는점 (°C)	끓는점 (°C)
					(kJ/kg K)	(cal/g K)	(W/m K)	(10^{-4} cal/cm s K)		
물[H_2O]	0.999	1.06	73	0.18	4.18	0.999	0.560	13.4	0	100
수은[Hg]	13.55	1.57	500	0.181	0.147	0.035	10.5	250	−39	357
에틸알코올 [C_2H_5OH]	0.791	1.25	22	1.10	2.43	0.58	0.181	4.33	−115	78
메틸알코올 [CH_3OH]	0.793	0.60	23	1.20	2.48	0.58	0.21	5.0	−98	65
에틸에테 [$(C_2H_5)_2O$]	0.716	0.238	17	1.62	2.30	0.55	0.138	3.30	−116	35
아세톤 [$(CH_3)_2CO$]	0.791	0.337	23.3	1.43	2.17	0.52	0.180	4.31	−96	–
벤젠[C_5H_6]	0.881	0.673	29	1.15	1.71	0.41	0.139	3.33	5.5	80
아닐린 [$C_6H_5NH_2$]	1.030	4.6	43	0.85	2.05	0.49	0.17	4.1	−6	184
글리세린 [$C_3H_5(OH)_3$]	1.270	1 500	63	0.505	2.43	0.58	0.285	6.81	18	290
니트로벤젠 [$C_6H_5NO_2$]	1.210	–	23	0.83	1.47	0.35	0.163	3.90	5.7	210
클로로포름 [$CHCl_3$]	1.498	0.58	27	1.27	0.96	0.23	0.121	2.89	−64	61
초산에틸 [$CH_3COOC_2H_5$]	0.900	0.424	23	1.35	2.01	0.48	0.15	3.6	−84	77

표 B-3 액체상수(계속)

물질	밀도 (20°C) (g/cm^3)	점성계수 (20°C) (10^{-3} N s/m^2)	표면장력 (20°C) (10^{-3}N/m)	부피팽창 계수 (20~100°C) (10^{-3} K^{-1})	비열 (20~100°C) (kJ/kg K)		열전도도(20°C) (W/m K)		녹는점 (°C)	끓는점 (°C)
					(kJ/kg K)	(cal/g K)	(W/m K)	(10^{-4} cal/cm s K)		
클리콜 [$(CH_2OH)_2$]	1.116	–	48	–	2.43	0.58	–	–	17	197
황산[H_2SO_4]	1.85	28	–	0.56	1.38	0.33	–	–	–	326
사염화탄소 [CCl_4]	1.596	1.01	26	1.22	0.84	0.20	0.10	2.5	−23	77

표 B-4 기체상수

물질	밀도(0°C) (101.3 kPa)	점성계수 (0°C) (10^{-6}N s/m^2)	비열			열전도도		임계온도 (°C)	임계압 (100 kPa)
			C_p (kJ/kg k)	C_v (cal/g k)	$\frac{C_p}{C_v}$	(W/m K)	(10^{-3} cal/cm s K)		
공기	1.293	17.1	1.00	0.241	1.40	0.024	1.01	−141	38
산소[O_2]	1.429	19.4	0.92	0.219	1.40	0.025	1.03	−119	51
수소[H_2]	0.089 9	8.5	14.3	3.41	1.41	0.474	7.30	−230	20
질소[N_2]	1.250	16.7	1.04	0.249	1.40	0.024	1.02	−147	33
아르곤[Ar]	1.784	21.2	0.52	0.125	1.66	0.016	0.67	−122	49
일산화탄소[CO]	1.250	16.4	1.05	0.250	1.40	0.023	0.96	−139	36
일산화질소[NO]	1.340	18.0	1.00	0.239	1.40	0.024	1.00	−93	65
이산화탄소[CO_2]	1.977	13.9	0.82	0.196	1.31	0.014	0.59	31	73
이산화질소[NO_2]	1.978	14.0	0.89	0.212	1.28	0.015	0.64	39	73
네온[Ne]	0.900	29.8	1.03	0.246	1.64	0.046	1.92	−229	27
헬륨[He]	0.178	18.6	5.1	1.25	1.66	0.144	6.10	−267.9	2.3
불소[F_2]	1.695	–	0.75	0.179	–	–	–	−129	57
염소[Cl_2]	3.214	12.3	0.49	0.117	1.36	0.007 6	0.32	144	84
아세틸렌[C_2H_2]	1.171	10.2	1.68	0.402	1.26	0.019	0.80	36	63
암모니아[NH_3]	0.771	9.3	2.06	0.492	1.32	0.022	0.92	132	119
에탄[C_2H_6]	1.356	8.6	1.72	0.411	1.22	0.018	0.75	32	49
에틸렌[C_2H_4]	1.260	9.6	1.50	0.36	1.24	0.017	0.71	10	51
황화수소[H_2S]	1.539	11.6	1.05	0.250	1.32	0.013	0.54	100	89

부록 C 그리스 문자 및 동양의 수에 대한 호칭

표 C-1 그리스 문자

명칭	한글명칭	대문자	소문자	명칭	한글명칭	대문자	소문자
Alpha	알파	A	α	Nu	뉴	N	ν
Beta	베타	B	β	Xi	크시	Ξ	ξ
Gamma	감마	Γ	γ	Omicron	오미크론	O	o
Delta	델타	Δ	δ	Pi	파이	Π	π
Epsilon	엡실론	E	ε	Rho	로우	P	ρ
Zeta	제타	Z	ζ	Sigma	시그마	Σ	σ
Eta	에타	H	η	Tau	타우	T	τ
Theta	세타	Θ	θ	Upsilon	윕실론	Y	υ
Iota	이오타	I	ι	Phi	파이	Φ	ϕ
Kappa	카파	K	$\varkappa$	Chi	카이	X	χ
Lambda	람다	Λ	λ	Psi	프사이	Ψ	φ
Mu	뮤	M	μ	Omega	오메가	Ω	ω

표 C-2 동양의 수에 대한 호칭

명칭	수	명칭	수	명칭	수	명칭	수
淨(정)	10^{-22}	膜(막)	10^{-11}	一(일)	1	溝(구)	10^{32}
淸(청)	10^{-21}	渺(묘)	10^{-10}	十(십)	10	澗(간)	10^{36}
空(공)	10^{-20}	埃(애)	10^{-9}	百(백)	10^{2}	正(정)	10^{40}
虛(허)	10^{-19}	塵(진)	10^{-8}	千(천)	10^{3}	載(재)	10^{44}
六德(육덕)	10^{-18}	沙(사)	10^{-7}	萬(만)	10^{4}	極(극)	10^{48}
刹那(찰나)	10^{-17}	纖(섬)	10^{-6}	億(억)	10^{8}	恒何沙(항하사)	10^{52}
彈指(탄지)	10^{-16}	忽(홀)	10^{-5}	兆(조)	10^{12}	阿曹(아조)	10^{56}
瞬息(순식)	10^{-15}	糸(사)	10^{-4}	京(경)	10^{16}	那由地(나유지)	10^{60}
須臾(수유)	10^{-14}	毛(모), 毫(호)	10^{-3}	垓(해)	10^{20}	不可思議(불가사의)	10^{64}
逡巡(준순)	10^{-13}	厘(리)	10^{-2}	秭(자)	10^{24}	無量(무량)	10^{68}
模糊(모호)	10^{-12}	分(분)	10^{-1}	穰(양)	10^{28}	大數(대수)	10^{72}

간단한 수학공식

부록 D

D-1 삼각법 공식

$\sin(-\theta) = -\sin\theta$

$\cos(-\theta) = \cos\theta$

$\tan(-\theta) = -\tan\theta$

$\sin^2\theta + \cos^2\theta = 1$

$\sec^2\theta - \tan^2\theta = 1$

$\csc^2\theta - \cot^2\theta = 1$

$\sin 2\alpha = 2\sin\alpha\cos\alpha$

$\cos 2\alpha = 1 - 2\sin^2\alpha = 2\cos^2\alpha - 1 = \cos^2\alpha - \sin^2\alpha$

$\tan 2\theta = \dfrac{2\tan\theta}{1-\tan^2\theta}$

$\sin(\alpha \pm \beta) = \sin\alpha\cos\beta \pm \cos\alpha\sin\beta$

$\cos(\alpha \pm \beta) = \cos\alpha\cos\beta \mp \sin\alpha\sin\beta$

$\tan(\alpha \pm \beta) = \dfrac{\tan\alpha \pm \tan\beta}{1 \mp \tan\alpha\tan\beta}$

$\sin\alpha\cos\beta = \dfrac{1}{2}\{\sin(\alpha-\beta) + \sin(\alpha+\beta)\}$

$\sin\alpha\sin\beta = \dfrac{1}{2}\{\cos(\alpha-\beta) - \cos(\alpha+\beta)\}$

$\cos\alpha\cos\beta = \dfrac{1}{2}\{\cos(\alpha-\beta) + \cos(\alpha+\beta)\}$

$\sin\alpha + \sin\beta = 2\cos\dfrac{1}{2}(\alpha-\beta)\sin\dfrac{1}{2}(\alpha+\beta)$

$\sin\alpha - \sin\beta = 2\cos\dfrac{1}{2}(\alpha+\beta)\sin\dfrac{1}{2}(\alpha-\beta)$

$\cos\alpha + \cos\beta = 2\cos\dfrac{1}{2}(\alpha+\beta)\cos\dfrac{1}{2}(\alpha-\beta)$

$\cos\alpha - \cos\beta = 2\sin\dfrac{1}{2}(\alpha+\beta)\sin\dfrac{1}{2}(\beta-\alpha)$

$\sin^2\dfrac{\alpha}{2} = \dfrac{1-\cos\alpha}{2}$

$\cos^2\dfrac{\alpha}{2} = \dfrac{1}{2}(1+\cos\alpha)$

$\mathrm{SIN}\,\theta = \dfrac{e^{i\theta} - e^{-i\theta}}{2i}$

$e^{\pm i\theta} = \cos\theta \pm i\sin\theta$

$\sin\theta = \cos(90^\circ - \theta)$

$\cos\theta = \sin(90^\circ - \theta)$

$\cot\theta = \tan(90^\circ - \theta)$

$\tan\theta = \dfrac{\sin\theta}{\cos\theta}$

$\tan\dfrac{\theta}{2} = \sqrt{\dfrac{1-\cos\theta}{1+\cos\theta}}$

$\cos\theta = \dfrac{e^{i\theta} + e^{-i\theta}}{2}$

D-2 급수 전개

① 이항 급수

$$(1+x)^n = 1 + nx + \frac{n(n-1)}{1\cdot 2}x^2 + \cdots + (-1)^k{}_nC_k\,x^k$$

② 멱급수

$$e^x = 1 + \frac{x}{1} + \frac{x^2}{1\cdot 2} + \frac{x^3}{1\cdot 2\cdot 3} + \cdots + \frac{x^k}{k!}$$

$$\sin x = x - \frac{x^3}{3!} + \frac{x^5}{5!} - \frac{x^7}{7!} + \cdots \qquad |x| < \infty$$

$$\cos x = 1 - \frac{x^2}{2!} + \frac{x^4}{4!} - \frac{x^6}{6!} + \cdots$$

$$\tan x = x + \frac{x^3}{3} + \frac{2x^5}{15} + \frac{17x^7}{315} + \cdots \qquad |x| < \frac{\pi}{2}$$

$$\arctan x = x - \frac{x^3}{3} + \frac{x^5}{5} - \frac{x^7}{7} + \frac{x^9}{9} - \cdots \qquad |x| < 1$$

$$\arcsin x = x + \frac{1}{3}\cdot\frac{1}{2}x^3 + \frac{1}{5}\cdot\frac{1\cdot 3}{2\cdot 4}x^5 + \frac{1}{7}\cdot\frac{1\cdot 3\cdot 5}{2\cdot 4\cdot 6}x^7 + \cdots \qquad |x| < 1$$

$$\ln(1+x) = \frac{x}{1} - \frac{x^2}{2} + \frac{x^3}{3} - \frac{x^4}{4} + \cdots \qquad -1 < x \le +1$$

D-3 π, e와 관련된 값

$\pi = 3.141\,592\,653\,6$	$\log \pi = 0.497\,149\,872\,7$
$2\pi = 6.283\,185\,3$	$\frac{\pi}{2} = 1.570\,796\,3$
$\frac{4}{3}\pi = 4.188\,790\,2$	$\frac{1}{\pi} = 0.318\,309\,89$
$\pi^2 = 9.869\,604\,4$	$\sqrt{\pi} = 1.772\,453\,9$
$\frac{180}{\pi} = 57.295\,780$	$\frac{\pi}{180} = 0.017\,453\,293$
$e = 2.718\,281\,828$	$\frac{1}{e} = 0.367\,879\,441\,2$
$e^0 = 1$	

D-4 미분 공식

$y = x^n$	$dy/dx = nx^{n-1}$	$y = \ln x$	$dy/dx = \frac{1}{x}$
$y = e^x$	$dy/dx = e^x$	$y = \log_a x = \frac{\ln x}{\ln a}$	$dy/dx = \frac{1}{x \ln a}$
$y = a^x = e^{x \ln a}$	$dy/dx = a^x \ln a$		
$y = \sin x$	$dy/dx = \cos x = \sin(x + \pi/2)$	$y = \tan x$	$dy/dx = \frac{1}{\cos^2 x}$
$y = \cos x$	$dy/dx = -\sin x = \cos(x + \pi/2)$	$y = \cot x$	$dy/dx = -\frac{1}{\sin^2 x}$
$y = \arcsin x$	$dy/dx = \frac{1}{\sqrt{1-x^2}}$,	$d = \arctan x$	$dy/dx = \frac{1}{1+x^2}$

D-5 적분 공식

$\int x^n dx = \frac{x^{n+1}}{n+1} + C\ (n \neq -1)$

$\int a^n dx = \frac{a^n}{\ln a} + C$ 단, C는 적분상수

$\int e^x dx = e^x + C$

$\int \frac{dx}{x} = \ln x + C$

$\int \cos x\, dx = \sin x = \cos(x - \pi/2) + C$

$\int \sin x\, dx = -\cos x = \sin(x - \pi/2) + C$

$\int \frac{dx}{\cos^2 x} = \tan x + C$

$\int \frac{dx}{\sqrt{1-x^2}} = \arcsin x + C$

D-6 삼각함수표

각의 크기					각의 크기				
도	radian	sine	cosine	tangent	도	radian	sine	cosine	tangent
0°	.000	0.000	1.000	0.000					
1°	.017	.018	1.000	.018	46°	.803	.719	.695	1.036
2°	.035	.035	0.999	.035	47°	.820	.731	.682	1.072
3°	.052	.052	.999	.052	48°	.838	.743	.669	1.111
4°	.070	.070	.998	.070	49°	.855	.755	.656	1.150
5°	.087	.087	.996	.088	50°	.873	.766	.643	1.192
6°	.105	.105	.995	.105	51°	.890	.777	.629	1.235
7°	.122	.122	.993	.123	52°	.908	.788	.616	1.280
8°	.140	.139	.990	.141	53°	.925	.799	.602	1.327
9°	.157	.156	.988	.158	54°	.942	.809	.588	1.376
10°	.175	.174	.985	.176	55°	.960	.819	.574	1.428
11°	.192	.191	.982	.194	56°	.977	.829	.559	1.483
12°	.209	.208	.978	.213	57°	.995	.839	.545	1.540
13°	.227	.225	.974	.231	58°	1.012	.848	.530	1.600
14°	.244	.242	.970	.249	59°	1.030	.857	.515	1.664
15°	.262	.259	.966	.268	60°	1.047	.866	.500	1.732
16°	.279	.276	.961	.287	61°	1.065	.875	.485	1.804
17°	.297	.292	.956	.306	62°	1.082	.883	.470	1.881
18°	.314	.309	.951	.325	63°	1.100	.891	.454	1.963
19°	.332	.326	.946	.344	64°	1.117	.899	.438	2.050
20°	.349	.342	.940	.364	65°	1.134	.906	.423	2.145
21°	.367	.358	.934	.384	66°	1.152	.914	.407	2.246
22°	.384	.375	.927	.404	67°	1.169	.921	.391	2.356
23°	.401	.391	.921	.425	68°	1.187	.927	.375	2.475
24°	.419	.407	.914	.445	69°	1.204	.934	.358	2.605
25°	.436	.423	.906	.466	70°	1.222	.940	.342	2.747

(계속)

각의 크기					각의 크기				
도	radian	sine	cosine	tangent	도	radian	sine	cosine	tangent
26°	.454	.438	.899	.488	71 °	1.239	.946	.326	2.904
27°	.471	.454	.891	.510	72 °	1.257	.951	.309	3.078
28°	.489	.470	.883	.532	73 °	1.274	.956	.292	3.271
29°	.506	.485	.875	.554	74 °	1.292	.961	.276	3.487
30°	.524	.500	.866	.577	75 °	1.309	.966	.259	3.732
31°	.541	.515	.857	.601	76 °	1.326	.970	.242	4.011
32°	.559	.530	.848	.625	77 °	1.344	.974	.225	4.331
33°	.576	.545	.839	.649	78 °	1.361	.978	.208	4.705
34°	.593	.559	.829	.675	79 °	1.379	.982	.191	5.145
35°	.611	.574	.819	.700	80°	1.396	.985	.174	5.671
36°	.628	.588	.809	.727	81°	1.414	.988	.156	6.314
37°	.646	.602	.799	.754	82°	1.431	.990	.139	7.115
38°	.663	.616	.788	.781	83°	1.449	.993	.122	8.144
39°	.681	.629	.777	.810	84°	1.466	.995	.105	9.514
40°	.698	.643	.766	.839	85°	1.484	.996	.087	11.43
41°	.716	.658	.755	.869	86°	1.501	.998	.070	14.30
42°	.733	.669	.743	.900	87°	1.518	.999	.052	19.08
43°	.751	.682	.731	.933	88°	1.536	.999	.035	28.64
44°	.768	.695	.719	.966	89°	1.553	1.000	.018	57.29
45°	.785	.707	.707	1.000	90°	1.571	1.000	.000	∞

원소의 전자배열

부록 E

원소	기호	원자번호	원자질량(u)	전자배열														
				1*s*	2*s*	2*p*	3*s*	3*p*	3*d*	4*s*	4*p*	4*d*	4*f*	5*s*	5*p*	5*d*	5*f*	5*g*
수소(Hydrogen)	H	1	1.008	1														
헬륨(Helium)	He	2	4.003	2														
리튬(Lithium)	Li	3	6.941	2	1													
베릴륨(Beryllium)	Be	4	9.012	2	2													
붕소(Boron)	B	5	10.811	2	2	1												
탄소(Carbon)	C	6	12.011	2	2	2												
질소(Nitrogen)	N	7	14.007	2	2	3												
산소(Oxygen)	O	8	15.999	2	2	4												
플루오린(Fluorine)	F	9	18.998	2	2	5												
네온(Neon)	Ne	10	20.180	2	2	6												
소듐/나트륨(Sodium)	Na	11	22.990	2	2	6	1											
마그네슘(Magnesium)	Mg	12	24.305	2	2	6	2											
알루미늄(Aluminum)	Al	13	26.982	2	2	6	2	1										
규소(Silicon)	Si	14	28.086	2	2	6	2	2										
인(Phosphorus)	P	15	30.974	2	2	6	2	3										
황(Sulfur)	S	16	32.065	2	2	6	2	4										
염소(Chlorine)	Cl	17	35.453	2	2	6	2	5										
아르곤(Argon)	Ar	18	39.948	2	2	6	2	6										
칼륨(Potassium)	K	19	39.098	2	2	6	2	6		1								
칼슘(Calcium)	Ca	20	40.078	2	2	6	2	6		2								
스칸듐(Scandium)	Sc	21	44.956	2	2	6	2	6	1	2								
타이타늄/티타늄(Titanium)	Ti	22	47.867	2	2	6	2	6	2	2								
바나듐(Vanadium)	V	23	50.942	2	2	6	2	6	3	2								
크로뮴(Chromium)	Cr	24	51.996	2	2	6	2	6	5	1								
망가니즈(Manganese)	Mn	25	54.938	2	2	6	2	6	5	2								
철(Iron)	Fe	26	55.845	2	2	6	2	6	6	2								
코발트(Cobalt)	Co	27	58.933	2	2	6	2	6	7	2								
니켈(Nickel)	Ni	28	58.693	2	2	6	2	6	8	2								
구리(Copper)	Cu	29	63.546	2	2	6	2	6	10	1								
아연(Zinc)	Zn	30	65.409	2	2	6	2	6	10	2								
갈륨(Gallium)	Ga	31	69.723	2	2	6	2	6	10	2	1							
저마늄/게르마늄(Germanium)	Ge	32	72.64	2	2	6	2	6	10	2	2							
비소(Arsenic)	As	33	74.922	2	2	6	2	6	10	2	3							
셀레늄(Selenium)	Se	34	78.96	2	2	6	2	6	10	2	4							
브로민(Bromine)	Br	35	79.904	2	2	6	2	6	10	2	5							
크립톤(Krypton)	Kr	36	83.798	2	2	6	2	6	10	2	6							

(계속)

원소	기호	원자번호	원자질량(u)	전자배열														
				1*s*	2*s*	2*p*	3*s*	3*p*	3*d*	4*s*	4*p*	4*d*	4*f*	5*s*	5*p*	5*d*	5*f*	5*g*
루비듐(Rubidium)	Rb	37	85.468	2	2	6	2	6	10	2	6			1				
스트론튬(Strontium)	Sr	38	87.62	2	2	6	2	6	10	2	6			2				
이트륨(Yttrium)	Y	39	88.906	2	2	6	2	6	10	2	6	1		2				
지르코늄(Zirconium)	Zr	40	91.224	2	2	6	2	6	10	2	6	2		2				
나이오븀(Niobium)	Nb	41	92.906	2	2	6	2	6	10	2	6	4		1				
몰리브덴(Molybdenum)	Mo	42	95.94	2	2	6	2	6	10	2	6	5		1				
테크네튬(Technetium)	Tc	43	(97.907)	2	2	6	2	6	10	2	6	6		1				
루테늄(Ruthenium)	Ru	44	101.07	2	2	6	2	6	10	2	6	7		1				
로듐(Rhodium)	Rh	45	102.906	2	2	6	2	6	10	2	6	8		1				
팔라듐(Palladium)	Pd	46	106.42	2	2	6	2	6	10	2	6	10						
은(Silver)	Ag	47	107.868	2	2	6	2	6	10	2	6	10		1				
카드뮴(Cadmium)	Cd	48	112.411	2	2	6	2	6	10	2	6	10		2				
인듐(Indium)	In	49	114.818	2	2	6	2	6	10	2	6	10		2	1			
주석(Tin)	Sn	50	118.710	2	2	6	2	6	10	2	6	10		2	2			
안티모니(Antimony)	Sb	51	121.760	2	2	6	2	6	10	2	6	10		2	3			
텔루륨(Tellurium)	Te	52	127.60	2	2	6	2	6	10	2	6	10		2	4			
아이오딘(Iodine)	I	53	126.904	2	2	6	2	6	10	2	6	10		2	5			
제논/크세논(Xenon)	Xe	54	131.293	2	2	6	2	6	10	2	6	10		2	6			

원소	기호	원자번호	원자질량(u)	전자배열																
				K	L	M	4*s*	4*p*	4*d*	4*f*	5*s*	5*p*	5*d*	5*f*	5*g*	6*s*	6*p*	6*d*	7*s*
세슘(Cesium)	Cs	55	132.905	2	8	18	2	6	10		2	6				1			
바륨(Barium)	Ba	56	137.327	2	8	18	2	6	10		2	6				2			
란타넘(Lanthanum)	La	57	138.905	2	8	18	2	6	10		2	6	1			2			
세륨(Cerium)	Ce	58	140.116	2	8	18	2	6	10	2	2	6				2			
프라세오디뮴(Praseodymium)	Pr	59	140.908	2	8	18	2	6	10	3	2	6				2			
네오디뮴(Neodymium)	Nd	60	144.242	2	8	18	2	6	10	4	2	6				2			
프로메튬(Promethium)	Pm	61	(145)	2	8	18	2	6	10	5	2	6				2			
사마륨(Samarium)	Sm	62	150.36	2	8	18	2	6	10	6	2	6				2			
유로퓸(Europium)	Eu	63	151.964	2	8	18	2	6	10	7	2	6				2			
가돌리늄(Gadolinium)	Gd	64	157.25	2	8	18	2	6	10	7	2	6	1			2			
터븀(Terbium)	Tb	65	158.925	2	8	18	2	6	10	9	2	6				2			
디스프로슘(Dysprosium)	Dy	66	162.500	2	8	18	2	6	10	10	2	6				2			
홀뮴(Holmium)	Ho	67	164.930	2	8	18	2	6	10	11	2	6				2			
어븀(Erbium)	Er	68	167.259	2	8	18	2	6	10	12	2	6				2			
툴륨(Thulium)	Tm	69	168.934	2	8	18	2	6	10	13	2	6				2			
이터븀(Ytterbium)	Yb	70	173.04	2	8	18	2	6	10	14	2	6				2			
루테튬(Lutetium)	Lu	71	174.967	2	8	18	2	6	10	14	2	6	1			2			
하프늄(Hafnium)	Hf	72	178.49	2	8	18	2	6	10	14	2	6	2			2			
탄탈럼(Tantalum)	Ta	73	180.948	2	8	18	2	6	10	14	2	6	3			2			
텅스텐(Tungsten)	W	74	183.84	2	8	18	2	6	10	14	2	6	4			2			

(계속)

원소	기호	원자번호	원자질량(u)	전자배열															
				K	L	M	4*s*	4*p*	4*d*	4*f*	5*s*	5*p*	5*d*	5*f*	5*g*	6*s*	6*p*	6*d*	7*s*
레늄(Rhenium)	Re	75	186.207	2	8	18	2	6	10	14	2	6	5			2			
오스뮴(Osmium)	Os	76	190.23	2	8	18	2	6	10	14	2	6	6			2			
이리듐(Iridium)	Ir	77	192.217	2	8	18	2	6	10	14	2	6	7			2			
백금(Platinum)	Pt	78	195.084	2	8	18	2	6	10	14	2	6	9			1			
금(Gold)	Au	79	196.967	2	8	18	2	6	10	14	2	6	10			1			
수은(Mercury)	Hg	80	200.59	2	8	18	2	6	10	14	2	6	10			2			
탈륨(Thallium)	TI	81	204.383	2	8	18	2	6	10	14	2	6	10			2	1		
납(Lead)	Pb	82	207.2	2	8	18	2	6	10	14	2	6	10			2	2		
비스무트(Bismuth)	Bi	83	208.980	2	8	18	2	6	10	14	2	6	10			2	3		
폴로늄(Polonium)	Po	84	(208.98)	2	8	18	2	6	10	14	2	6	10			2	4		
아스타틴(Astatine)	At	85	(209.99)	2	8	18	2	6	10	14	2	6	10			2	5		
라돈(Radon)	Rn	86	(222.02)	2	8	18	2	6	10	14	2	6	10			2	6		
프랑슘(Francium)	Fr	87	(223)	2	8	18	2	6	10	14	2	6	10			2	6		1
라듐(Radium)	Ra	88	(226)	2	8	18	2	6	10	14	2	6	10			2	6		2
악티늄(Actinium)	Ac	89	(227)	2	8	18	2	6	10	14	2	6	10			2	6	1	2
토륨(Thorium)	Th	90	232.038	2	8	18	2	6	10	14	2	6	10			2	6	2	2
프로탁티늄(Protactinium)	Pa	91	231.036	2	8	18	2	6	10	14	2	6	10	2		2	6	1	2
우라늄(Uranium)	U	92	238.029	2	8	18	2	6	10	14	2	6	10	3		2	6	1	2
넵투늄(Neptunium)	Np	93	(237)	2	8	18	2	6	10	14	2	6	10	4		2	6	1	2
플루토늄(Plutonium)	Pu	94	(244)	2	8	18	2	6	10	14	2	6	10	5		2	6	1	2
아메리슘(Americium)	Am	95	(243)	2	8	18	2	6	10	14	2	6	10	6		2	6	1	2
퀴륨(Curium)	Cm	96	(247)	2	8	18	2	6	10	14	2	6	10	7		2	6	1	2
버클륨 (Berkelium)	Bk	97	(247)	2	8	18	2	6	10	14	2	6	10	9		2	6		2
캘리포늄(Californium)	Cf	98	(251)	2	8	18	2	6	10	14	2	6	10	10		2	6		2
아인슈타이늄(Einsteinium)	Es	99	(252)	2	8	18	2	6	10	14	2	6	10	11		2	6		2
페르뮴(Fermium)	Fm	100	(257)	2	8	18	2	6	10	14	2	6	10	12		2	6		2
멘델레븀(Mendelevium)	Md	101	(258)	2	8	18	2	6	10	14	2	6	10	13		2	6		2
노벨륨(Nobelium)	No	102	(259)	2	8	18	2	6	10	14	2	6	10	14		2	6		2
로렌슘(Lawrencium)	Lr	103	(262)	2	8	18	2	6	10	14	2	6	10	14		2	6	1	2
러더포듐(Rutherfordium)	Rf	104	(261)	2	8	18	2	6	10	14	2	6	10	14		2	6	2	2
더브늄(Dubnium)	Db	105	(262)	2	8	18	2	6	10	14	2	6	10	14		2	6	3	2
시보귬(Seaborgium)	Sg	106	(266)	2	8	18	2	6	10	14	2	6	10	14		2	6	4	2
보륨(Bohrium)	Bh	107	(264)	2	8	18	2	6	10	14	2	6	10	14		2	6	5	2
하슘(Hassium)	Hs	108	(277)	2	8	18	2	6	10	14	2	6	10	14		2	6	6	2
마이트너륨(Meitnerium)	Mt	109	(268)	2	8	18	2	6	10	14	2	6	10	14		2	6	7	2
다름스타튬(Darmstadtium)	Ds	110	(271)	2	8	18	2	6	10	14	2	6	10	14		2	6	9	1
렌트게늄(Roentgenium)	Rg	111	(272)	2	8	18	2	6	10	14	2	6	10	14		2	6	10	1

* 안정한 동위원소들이 없는 원소들은 가장 긴 반감기를 갖는 동위원소의 질량수를 괄호 안에 나타내었다.

부록 F 원소의 주기율표

기호	원자번호
Ca	20
원자질량†	40.078
전자배열	$4s^2$

I족	II족	전이원소						
H 1 1.007 9 $1s$								
Li 3 6.941 $2s^1$	Be 4 9.012 2 $2s^2$							
Na 11 22.990 $3s^1$	Mg 12 24.305 $3s^2$							
K 19 39.098 $4s^1$	Ca 20 40.078 $4s^2$	Sc 21 44.956 $3d^14s^2$	Ti 22 47.867 $3d^24s^2$	V 23 50.942 $3d^34s^2$	Cr 24 51.996 $3d^54s^1$	Mn 25 54.938 $3d^54s^2$	Fe 26 55.845 $3d^64s^2$	Co 27 58.933 $3d^74s^2$
Rb 37 85.468 $5s^1$	Sr 38 87.62 $5s^2$	Y 39 88.906 $4d^15s^2$	Zr 40 91.224 $4d^25s^2$	Nb 41 92.906 $4d^45s^1$	Mo 42 95.94 $4d^55s^1$	Tc 43 (98) $4d^55s^2$	Ru 44 101.07 $4d^75s^1$	Rh 45 102.91 $4d^85s^1$
Cs 55 132.91 $6s^1$	Ba 56 137.33 $6s^2$	57–71*	Hf 72 178.49 $5d^26s^2$	Ta 73 180.95 $5d^36s^2$	W 74 183.84 $5d^46s^2$	Re 75 186.21 $5d^56s^2$	Os 76 190.23 $5d^66s^2$	Ir 77 192.2 $5d^76s^2$
Fr 87 (223) $7s^1$	Ra 88 (226) $7s^2$	89–103**	Rf 104 (261) $6d^27s^2$	Db 105 (262) $6d^37s^2$	Sg 106 (266)	Bh 107 (264)	Hs 108 (277)	Mt 109 (268)

*Lanthanide 계열	La 57 138.91 $5d^16s^2$	Ce 58 140.12 $5d^14f^16s^2$	Pr 59 140.91 $4f^36s^2$	Nd 60 144.24 $4f^46s^2$	Pm 61 (145) $4f^56s^2$	Sm 62 150.36 $4f^66s^2$
*Actinide 계열	Ac 89 (227) $6d^17s^2$	Th 90 232.04 $6d^27s^2$	Pa 91 231.04 $5f^26d^17s^2$	U 92 238.03 $5f^36d^17s^2$	Np 93 (237) $5f^46d^17s^2$	Pu 94 (244) $5f^67s^2$

Note: 주어진 원자량값은 자연에 존재하는 동위원소의 비율을 고려해서 평균한 값이다.

† 불안정한 원소에 대해서는 가장 안정된 동위원소의 원자량을 괄호 안에 표시했다.

			III 족	IV 족	V 족	VI 족	VII 족	0 족
							H 1 1.007 9 $1s^1$	**He** 2 4.002 6 $1s^2$
			B 5 10.811 $2p^1$	**C** 6 12.011 $2p^2$	**N** 7 14.007 $2p^3$	**O** 8 15.999 $2p^4$	**F** 9 18.998 $2p^5$	**Ne** 10 20.180 $2p^6$
			Al 13 26.982 $3p^1$	**Si** 14 28.086 $3p^2$	**P** 15 30.974 $3p^3$	**S** 16 32.066 $3p^4$	**Cl** 17 35.453 $3p^5$	**Ar** 18 39.948 $3p^6$
Ni 28 58.693 $3d^84s^2$	**Cu** 29 63.546 $3d^{10}4s^1$	**Zn** 30 65.41 $3d^{10}4s^2$	**Ga** 31 69.723 $4p^1$	**Ge** 32 72.64 $4p^2$	**As** 33 74.922 $4p^3$	**Se** 34 78.96 $4p^4$	**Br** 35 79.904 $4p^5$	**Kr** 36 83.80 $4p^6$
Pd 46 106.42 $4d^{10}$	**Ag** 47 107.87 $4d^{10}5s^1$	**Cd** 48 112.41 $4d^{10}5s^2$	**In** 49 114.82 $5p^1$	**Sn** 50 118.71 $5p^2$	**Sb** 51 121.76 $5p^3$	**Te** 52 127.60 $5p^4$	**I** 53 126.90 $5p^5$	**Xe** 54 131.29 $5p^6$
Pt 78 195.08 $5d^96s^1$	**Au** 79 196.97 $5d^{10}6s^1$	**Hg** 80 200.59 $5d^{10}6s^2$	**Tl** 81 204.38 $6p^1$	**Pb** 82 207.2 $6p^2$	**Bi** 83 208.98 $6p^3$	**Po** 84 (209) $6p^4$	**At** 85 (210) $6p^5$	**Rn** 86 (222) $6p^6$
Ds 110 (271)	**Rg** 111 (272)	112 (285)		114 (289)		116 (292)		

Eu 63 151.96 $4f^76s^2$	**Gd** 64 157.25 $4f^75d^16s^2$	**Tb** 65 158.93 $4f^85d^16s^2$	**Dy** 66 162.50 $4f^{10}6s^2$	**Ho** 67 164.93 $4f^{11}6s^2$	**Er** 68 167.26 $4f^{12}6s^2$	**Tm** 69 168.93 $4f^{13}6s^2$	**Yb** 70 173.04 $4f^{14}6s^2$	**Lu** 71 174.97 $4f^{14}5d^16s^2$
Am 95 (243) $5f^77s^2$	**Cm** 96 (247) $5f^76d^17s^2$	**Bk** 97 (247) $5f^86d^17s^2$	**Cf** 98 (251) $5f^{10}7s^2$	**Es** 99 (252) $5f^{11}7s^2$	**Fm** 100 (257) $5f^{12}7s^2$	**Md** 101 (258) $5f^{13}7s^2$	**No** 102 (259) $5f^{14}7s^2$	**Lr** 103 (262) $5f^{14}6d^17s^2$

참고서적

대학교재

1. 경상대학교 외 7대학 물리학과 교수 공역, ≪일반물리학≫, 개정9판 제1권, 범한서적주식회사, 2011.

2. 경상대학교 외 7대학 물리학과 교수 공역, ≪일반물리학≫, 개정9판 제2권, 범한서적주식회사, 2011.

3. 이춘우 외 3명 공저, ≪공대생을 위한 물리학≫, 도서출판 성안당, 2008

4. 김영유 외 4명 공저, ≪일반물리학 실험≫, 성안당, 2008.

5. 김인묵 외 1명 공역, ≪수학없는 물리≫, 홍릉과학출판사, 2003.

6. 대학물리학교재편찬위원회 역, ≪대학물리학 Ⅰ(Physics for Scientists and Engineers with Modern Physics 8th Edition)≫, (주)북스힐, 2013.

7. 대학물리학교재편찬위원회 역, ≪대학물리학 Ⅱ(Physics for Scientists and Engineers with Modern Physics 8th Edition)≫, (주)북스힐, 2013.

8. 대학물리학교재편찬위원회 역, ≪최신대학물리학 Ⅰ(Principle of Physics 5th edition, a calculus-based text)≫, (주)북스힐, 2014.

9. 대학물리학교재편찬위원회 역, ≪최신대학물리학 Ⅱ(Principle of Physics 5th edition, a calculus-based text)≫, (주)북스힐, 2014.

10. 물리학교재편찬위원회 역, ≪쉽게 배우는 물리학≫, (주)북스힐, 2012.

11. 물리학교재편찬위원회 역, ≪핵심물리학연습(College Physics 9th Edition)≫, (주)북스힐, 2001.

12. 박영목 저, ≪현대과학의 이해≫, 북스힐, 2006.

13. 일반물리학 교재편찬위원회 역, ≪일반물리학(Essentials of Physics)≫, (주)북스힐, 2007.

14. 이일수, ≪첨단물리의 응용≫, 경북대학교출판부, 2003.

15. 이춘우 외 25명 공역, ≪대학물리학≫, 탐구당, 1998.

16. 일반물리학교재편찬위원회 역, ≪대학 일반물리학(Contemporary College Physics)≫, (주)북스힐, 2004.

17. 일반물리학교재편찬위원회 역, ≪일반물리학(Physics)≫, 광림사, 2002.

18. 일반물리학교재편찬위원회 역, ≪일반물리학(College Physics 9th edition)≫, (주)북스힐, 2013.

19. 장보현 외 2명 공역, ≪응용물성론≫, 교문사, 1992.

20. 황정남 외 5인 공역, ≪현대물리학≫, 교보문고, 1996.

단행본

1. 강석태 옮김, ≪사진으로 보는 양자의 세계≫, 도서출판 대영사, 1993.
2. 강찬형 외 4명 저, ≪재미있는 나노과학기술여행≫, (주)양문, 2006.
3. 노승정 외 5명 저, ≪나노의 세계≫, (주)북스힐, 2006.
4. 손영운 저, ≪아인슈타인≫, 도서출판 이치, 2005.
5. 송진웅 옮김, ≪물리학의 역사와 철학≫, (주)북스힐, 2006.
6. 안세희 저, ≪물리학의 현대적 이해≫, 청문각, 1993.
7. 한국표준과학연구원 편, ≪국제단위계≫, KRISS, 2007.
8. 한국표준과학연구원 편, ≪단위를 알면 세상이 보인다≫, KRISS, 2009.
9. 박성래 저, ≪인물과학사 1≫, 북스힐, 2011.
10. 박성래 저, ≪인물과학사 2≫, 북스힐, 2011.

교과서

1. 권숙일 외 2명 저, ≪고등학교 물리≫, 동아출판사, 1989.
2. 송인명 외 2명 저, ≪고등학교 물리 Ⅱ≫, 교학사, 1995.
3. 곽성일 외 7명 저, ≪고등학교 물리 Ⅱ≫, 천재교육, 2011.

외국서적

1. A. Beiser, *Physics*, *4th edition*, Addison-Wesley Publishing Co., 1992.
2. David Halliday, Robert Resnick, *Fundamentals of Physics*, *2nd edition*, John Wiley & Sons, 1982.
3. H. D. Young, *University Physics*, *8th edition*, Addison-Wesley Publishing Co., 1992.
4. Paul G. Hewitt, *Conceptual Physics*, *8th edition*, Addison-Wesley, 1997.
5. P. M. Fishbane, S. Gasiorowitz and S. T. Thornton, *Physics for Scientists and Engineers*, Prentice-Hall International Inc., 1993.
6. Richard Wolfson, Jay M. Pasachoff, *Physics*, *3rd edition*, Addison-Wesley, 1999.
7. W. Edward Gettys, Frederick J. Keller, Malcolm J. Skove, *Physics*, McGraw-Hill Inc., 1989.
8. W. Thomas Griffith, *The Physics of Everyday Phenomena*, *3rd edition*, McGraw-Hill Inc., 2000.
9. S. M. Lindsay, Introduction to nanoscience, Oxford univ. Pyess., 2008.

연습문제 해답

1장

1. 갈릴레이(1564~1642)는 이성과 논리성에 의해서만 이루어지는 것이 아니고, 탐구적 실험 활동이 필수적이라고 생각하였다. 당시에는 과학적 탐구방법이라는 표현을 사용하지 않았지만, 갈릴레이는 복잡한 자연 현상의 관찰 결과로부터 가설을 세우고 그 가설로부터 예측할 수 있는 현상을 찾아 그것을 실험으로 증명하였다.

2. • 대학이나 기업의 연구소 등 연구 분야에 종사하는 과학자
• 행정기관이나 정부기관 등에서 과학기술 정책의 입안 및 집행을 하는 과학자
• 대학교수, 중등학교 교사로 교육 분야에 종사하는 과학자

3. (e) − (b) − (d) − (a) − (c) − (f)

4. • 역학분야: 오일러(Leonhard Euler, 1707~1783), 유체역학의 기초를 확립
• 전기와 자기분야: 쿨롱(C. A. de Coulomb, 1736~1806, 프), 정전기력 · 자기력의 법칙
• 열 분야: 줄(Joule, 영), 열의 일당량 측정
• 빛 분야: 영(Thomas Young, 1773~1829, 영), 빛의 간섭 현상으로 빛의 파동성 주장

5. 상대성이론, 양자역학, 고체물리학, 응집물질물리학, 원자핵물리학, 소립자물리학

6. 주기, 길이 중력가속도의 식은 $T = 2\pi\sqrt{\frac{l}{g}}$ 이다. 따라서 차원은 $T = \sqrt{\frac{[L]}{L/T^2}} = \sqrt{T^2} = T$ 가 되어 양변의 차원은 같다.

7. $\frac{m^3}{kg\,s^2}$

8. (a) 세 자리 (b) 네 자리 (c) 세 자리 (d) 두 자리

9. 73 s

10. 40 m^2

11. 3.4×10^3 cm^3

12. (a) 킬로 (b) k (c) 메가 (d) M (e) 기가 (f) G (g) 페타 (h) P (i) 엑사 (j) E (k) 밀리 (l) m (m) 마이크로 (n) μ (o) 나노 (p) n (q) 펨토 (r) f (s) 아토 (t) a

13. (a) 5.51 cm (b) 3.81×10^2 cm^2 (c) 7.00 cm^3

14. $6.71 \times 10^8 \frac{mi}{h}$

15. 이 승용차는 41 km/h로 과속하고 있다.

16. (a) kg, mm, cm, km, m/s, kV (b) kg, km, km, cm
(c) 35 mm, 70 kg, 27°C, 23°35′27″ (d) 1 nm, 1 pV

17. (a) 10^{-6} m^3 (b) 2.8×10^4 mm^2 (c) $11.3 \times 10^3 \frac{kg}{m^3}$

18. (d) − (a) − (c) − (b)

19. 67 m

20. (a) 사인의 역함수: $\theta = \sin^{-1}\left(\frac{h_0}{h}\right)$

코사인의 역함수: $\theta = \cos^{-1}\left(\frac{h_0}{h}\right)$

탄젠트의 역함수: $\theta = \tan^{-1}\left(\frac{h_0}{h_a}\right)$

(b) 예를 들어 사인의 역함수라는 말은 'θ는 사인값이 h_0/h인 각이다' 라는 의미를 갖는다.

(c) arcsin, arccos, arctan

21. 7.37 m

2장

1. 287.2 km

2. 18.8 s

3. 43.3 m/s

4. (a) 10 m/s (b) 15 m/s

5. (a) 55 km/h (b) 0

6. (a) 8.0 m/s (b) 0 m/s

7. (a) $t = 0$ s에서 $t = 2.0$ s까지: 물체는 정지해 있다.
(b) $t = 2.0$ s에서 물체는 $+x$방향을 등속도로 움직이기 시작한다.
(c) $t = 2.0$ s에서 $t = 4.0$ s까지: 평균속도는 $+x$방향으로 $v = 1.5$ m/s로 등속도 운동을 한다.
(d) $t = 4.0$ s에서 $t = 6.0$ s까지: 물체는 정지해 있다.
(e) $t = 6.0$ s에서 $t = 10.0$ s까지 그리고 그 이상 동안: 평균속도는 $-x$방향으로 $v = 1.3$ m/s로 등속도 운동을 한다.

8. (b)

9. (a) 3.92 m/s^2 (b) 2.48 m/s^2

10. 3.3 s

11. −6.3 m/s^2

12. 1.1 × 10^2 m

13. (a)

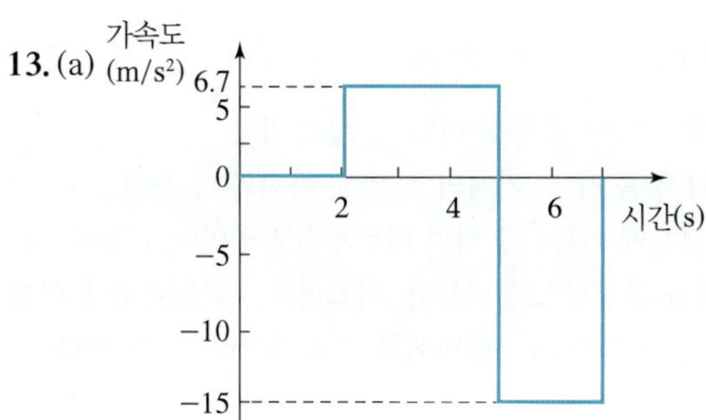

(b) 110 m (c) $\overline{v}$ = 16 m/s, $\overline{a}$ = 4 m/s^2

14. 1.5 × 10^2 m

15. (a) 2.31 m/s^2 (b) 14.4 s

16. 3.1 s

17. (a) −10.0 m/s (b) −1.0 m/s^2, 서쪽 (c) 6.0 s (d) 18 m (e) 변위: 10 m, 이동거리: 26 m

18. (a) 1.2 × 10^2 m (b) 22 s (c) 처음 이동거리: 11 m, 나중 이동거리: 8.9 m

19. 24.0 s, 240 km/h

20. (a) $a_A = -6$ m/s^2, $a_B = -4$ m/s^2 (b) 2 s (c) 자동차 B가 자동차 A보다 2 m 더 멀리 갔다. (d) 3.3 s

21. (a) 8.81 s (b) 86.3 m/s

22. (a) 29.6 m/s (b) 39.6 m

23. 1.8 m

24. (a) 2.8 s (b) 14 m

25. 5.11 s

26. (a) 13.78 m/s (b) 0.838 s 또는 3.65 s (c) 돌이 같은 높이를 두 번 지나가기 때문이다. 한 번은 올라갈 때(3.65 s)고, 다른 한 번은 내려갈 때(0.838 s)이다.

27. (a) 5.32 s (b) −40.1 m/s (c) 89.7 m

28. (a) 122.5 m (b) 10 s

29. ④

30. 15.8 s

31. 22.5 s

3장

1. (a) 스칼라 (b) 벡터 (c) 벡터 (d) 스칼라 (e) 스칼라 (f) 스칼라 (g) 벡터

2. (b)

3. x성분: −26.0 m, y성분: −15.0 m

4.

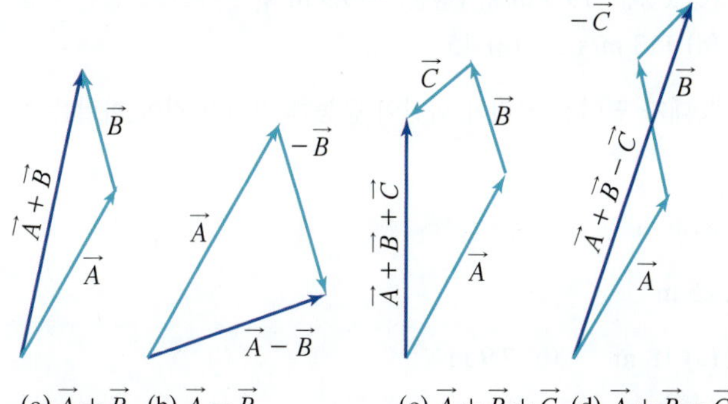

(a) $\vec{A}+\vec{B}$ (b) $\vec{A}-\vec{B}$ (c) $\vec{A}+\vec{B}+\vec{C}$ (d) $\vec{A}+\vec{B}-\vec{C}$

5. 32 cm, 36°

6. x성분: 28.7단위, y성분: −20.1단위

7. 47.2단위, x축으로부터 반시계방향으로 122°

8. (a)
$$\vec{A}\times\vec{B} = (3\hat{\imath}+2\hat{\jmath})\times(-2\hat{\imath}+\hat{\jmath})$$
$$= 3\hat{\imath}\times(-2\hat{\imath}) + 3\hat{\imath}\times\hat{\jmath} + 3\hat{\jmath}\times(-2\hat{\imath}) + 2\hat{\jmath}\times\hat{\jmath}$$
$$= 0 + 3\hat{k} + 4\hat{k} = 7\hat{k}$$

(b) $\vec{B}\times\vec{A}$를 구해 $\vec{A}\times\vec{B} = -\vec{B}\times\vec{A}$임을 증명하자.
$$\vec{B}\times\vec{A} = (-2\hat{\imath}+\hat{\jmath})\times(3\hat{\imath}+2\hat{\jmath})$$
$$= (-2\hat{\imath})\times 3\hat{\imath} + (-2\hat{\imath})\times 2\hat{\jmath} + \hat{\jmath}\times 3\hat{\imath} + \hat{\jmath}\times 2\hat{\jmath}$$
$$= -4\hat{k} - 3\hat{k} = -7\hat{k}$$
그러므로 $\vec{A}\times\vec{B} = -\vec{B}\times\vec{A}$이다.

9. 태풍은 제주도에서 157 km인 곳에 있다.

10. 12 m/s

11. (a) 1.90 m/s^2 (b) 16.2 s

12. 68.8 km/h

13. (a) 4 s (b) 78.4 m

14. 30.4 m

15. (a) 10 s (b) 10 m/s

16. (a) 0.5 s (b) 1.2 m (c) 2.5 m

17. (a) 2.7 s (b) 1.9 m/s (c) 다이빙 선수는 최대 수평거리를 확보하기 위해서 수평으로 뛰어내린다.

18. (a) 45.9 m (b) 318 m

19. (a) 19.6 m (b) 20 m/s

20. (a) 40 m (b) 14.7 m

21. 22 m

22. (a) 9.39 m/s (b) 0.8 m

23. (a) 14.3 s (b) 1.14 km
(c) x성분: 79.9 m/s, y성분: −79.9 m/s
(d) 113 m/s (e) 45°

24. 늑대가 떨어진 거리와 화살이 운동한 거리가 같아 화살은 늑대를 명중시킨다.

25. 81.6 m

26. 25 m

27. (a) 18 m (b) 7.9 m

28. 8.66 km/h

29. 60°

4장

1. (a) 물체를 직접 끌거나 미는 경우, 볼링과 같은 충돌 현상, 물체를 기중기와 같은 기계로 끌어올리는 경우, 라켓으로 공을 치거나, 야구 방망이로 야구공을 치는 경우
(b) 대전체 사이에 작용하는 전기력, 자석끼리 잡아당기거나 미는 힘, 지표면 상의 물체와 지구 사이의 중력, 별들 사이의 만유인력, 핵자들 사이의 핵력 등

2. ③

3. ①

4. 쇠공

5. (a) 정지 상태를 유지하려는 경우: 정지하고 있던 버스가 갑자기 출발하면 승객은 뒤쪽으로 넘어진다. 옷을 흔들어 먼지를 털어낸다.
(b) 운동 상태를 유지하려는 경우: 달리던 버스가 갑자기 정지하면 승객이 앞쪽으로 넘어진다. 운동하는 물체는 질량이 클수록 정지시키기 어렵다.

6. ⑤

7. 6.0 m/s^2

8. (a) $\frac{1}{6}$ m/s^2 (b) $\frac{1}{4}$ m/s^2
(c) 마찰력이 물체의 운동방향과 반대방향으로 작용하였기 때문에 마찰력은 $\frac{2}{3}$ N이다.

9. (a) 5.9×10^2 N (b) 1.0×10^2 N
(c) 2.2×10^2 N (d) $F_g = 0$

10. (a) 0.25 m/s^2 (b) 5.0 N

11. $m \geq 7.0$ kg

12. (a) 1.176 m/s^2 (b) 2.35 m

13. (a) 자동차 타이어, 운동화 바닥, 층계의 바닥
(b) 창문과 창틀 사이, 기계의 회전부, 바퀴와 축 사이
(c) 접촉 부분에 기름칠을 하여 마찰계수를 줄인다. 자동차, 배, 비행기 등을 유선형으로 만든다. 미끄러지는 마찰력보다 회전마찰력이 훨씬 작기 때문에 바퀴를 달고 베어링을 장치한다.

14. −300 N

15. (a) 19.6 N (b) 11.8 N (c) 0.51 m/s^2

16. (a) 59 N (b) 0

17. 39°

18. (a) $\dfrac{v_0^2}{2\mu_s g}$ (b) 38 m (c) 2.3×10^2 m

19. • 사람이 걷는 것은 발로 지면을 밀면 지면이 크기가 같고 방향이 반대인 힘을 사람에게 미치는 반작용 때문이다.
• 로켓이나 제트기는 뒤로 분출하는 가스의 반작용으로 전진한다.
• 그네를 타고 옆의 그네를 잡아당기면 자신도 옆으로 끌려간다.

20.

작용력	힘의 내용	반작용력	힘의 내용
$\vec{F}_1$	지면이 사람에게 작용하는 힘	$-\vec{F}_1$	사람이 지면에 작용하는 힘
$\vec{F}_2$	수레가 사람에게 작용하는 힘	$-\vec{F}_2$	사람이 수레에 작용하는 힘
$\vec{F}_3$	지면이 수레에 작용하는 힘	$-\vec{F}_3$	수레가 지면에 작용하는 힘

21. 두 힘의 평형은 한 물체에 작용하는 두 힘의 관계로 그 합력이 0이며 작용점이 하나이다. 그러나 작용과 반작용은 두 물체 사이의 관계이며 작용점이 반드시 각각의 물체에 있다.

22. (a) 개가 가하는 힘은 눈썰매에 작용하고, 눈썰매가 가하는 힘은 개에 작용한다. 이 힘들은 서로 다른 물체에 작용하므로 서로 상쇄되지 않는다.
(b) 눈썰매에 작용하는 개가 끄는 힘이 눈썰매와 바닥 사이의 마찰력보다 크면 +x방향으로 가속된다.
(c) 개와 바닥 사이의 마찰력이 개가 뒤로 향하는 힘보다 클

때 $+x$방향으로 가속된다.

23. (a) 796 N
(b) 기존의 수평 케이블의 왼쪽 끝이 벽의 더 높은 지점에 연결되었다면, 케이블의 장력 $\vec{T}_1$은 커진다. 위쪽으로 연결하면 이 사람의 체중의 일부를 지원하게 된다. 따라서 오른쪽 케이블의 장력 $\vec{T}_2$는 감소한다.

24. $\vec{T}_1 = 75$ N, $\vec{T}_2 = 130$ N, $\vec{T}_3 = 150$ N

25. (a) T α α T, $mg = 9.80$ N (b) 613 N

26. 64 N

27. (a) $T_1 = 3mg \sin\theta$ (b) $T_2 = 2mg \sin\theta$

28. (a) 7.0 m/s^2 (b) 21 N (c) 14 N

29. (a) 3.7×10^2 (N) (b) 1.0 m/s^2

30. (a) 4.90 kN (b) 607 N

5장

1. 가속도의 크기는 일정하지만 방향이 순간마다 변하므로 등가속도 운동이 아니다.

2. 2.71×10^{-3} m/s^2

3. (a) 0.5 s (b) 2 Hz (c) 12.6 m/s

4. 10 m/s

5. $a_c = 2.72 \times 10^{-3}$ m/s^2, $\dfrac{a_c}{g} = \dfrac{1}{3\,600}$

6. (a) 5.96×10^{-3} m/s^2 (b) 3.57×10^{22} N
(c) 태양이 구심력을 작용한다.

7. (a) 6.53 m/s (b) $a_c = 0.285$ m/s^2, 서북쪽으로 35°

8. 22.6 m/s

9. (a) 0.80 N (b) 0.99 N

10. (a) $F_c = mr\left(\dfrac{2\pi}{T}\right)^2$ (b) $F_c = G\dfrac{mM}{r^2}$
(c) $T^2 = \dfrac{4\pi^2}{GM}r^3$ (d) 케플러의 제3법칙

11. (a) 1.3×10^{-8} N (b) 3.6×10^{-6} N

12. 5.48×10^3 kg/m^3

13. 321 N

14. 1.5배

15. 4 900 N

16. 움직이고 있는 인공위성에서 낙하시켰기 때문에 인공위성과 같은 속도로 운동하게 된다.

17. 6.3×10^3 m/s

18. (a) ② (b) ①

19. (a) 7.7 m/s^2 (b) $v = 7.5 \times 10^3$ m/s, $T = 6.0 \times 10^3$ s

20. 640 N

21. (a) 568 N (b) 568 N (c) 756 N
(d) 381 N (e) 0

22. (a) 24 N (b) -1.8×10^2 N

23. (a) 54 N (b) 54 N

24. (a) $m(g - v_t^2/r)$ (b) 17.1 m/s

26. 262.25일

27. 5.2배

28. 1.84

29. 6.3×10^{23} kg

30. 2.28×10^{11} m

6장

1. 200 J

2. (a) 100 N (b) 500 J

3. 2.6×10^3 J

4. (a) 4.9 J (b) 0 J (c) −1.7 J

5. (a) 31 J (b) 140 N

6. 10 J

7. −2 500 N

8. 4.10 J

9. ④

10. (a) 40 m (b) 160 m

11. 18 J

12. 200 m

13. $\dfrac{3}{2}$배

14. 속력이 20 km/h에서 60 km/h로 증가될 때 8배의 에너지가 더 소모된다.

15. 3×10^{-8}갤런

16. (a) 196 J (b) 98 J

17. (a) 2.94×10^{10} J (b) 24.5 min

18. 245 J

19. ④

20. 1.5 J

21. (a) 48.2 J (b) 6.94 m/s

22. (a) $v_B = \sqrt{gl}$
(b) 역학적 에너지가 보존되므로 점 A와 같은 높이, 즉 60° 되는 지점까지 올라갈 수 있다.

23. 0.25 J

24. 1 m/s

25. $v = 2v_0$

26. (a) 6 m/s (b) 4 J

27. $\frac{3}{8}kA^2$

28. ②

29. (a) $\frac{1}{2}$ m/s^2 (b) 8 kg

30. 10 kg

31. $t = \frac{mv^2}{2P}$

7장

1. ④

2. (a) 운동량의 수평성분은 모두 같다. (b) 점 C

3. 9.8 kg m/s

4. (a) 32.0 m/s
(b) $KE_{총알} = 3.84 \times 10^3$ J, $KE_{야구공} = 76.8$ J, 즉 총알이 50배 더 큰 운동에너지를 가지고 있다.

5. 1 200 N

6. (a) 600 kg m/s (b) 120 N

7. (a) 40 N s (b) 40 N s (c) $40\sqrt{2}$ N s

8. (a) 351 N s (b) 413 N

9. 16 N

10. (e)

11. 29 m/s

12. $v_1' = 0,\ v_2' = v$

13. 20 m/s^2

14. 76.5 m/s

15. 980 m/s

16. −0.40 m/s

17. −0.20 m/s

18. (a) 구 B는 오른쪽으로 $\frac{1}{2}v_0$의 속력으로 운동하다가 구 C와 완전탄성충돌 한 후 그 자리에 정지하고, 구 C는 $\frac{1}{2}v_0$의 속력으로 오른쪽으로 운동한다.
(b) 1 m/s

19. 충돌 전 차량들의 총운동량 p_i는 충돌 후 차량들의 총운동량 p_f는 같다.
(a) +5.00 m/s (b) $\Delta v_1 = -10.0$ m/s, $\Delta v_2 = 20.0$ m/s
(c) 충돌과정에서 계는 운동에너지의 거의 90 %를 잃는다.

20. (a) 1.80 m/s (b) 2.16×10^4 J

21. 57 m

22. 2.4 m

23. $v_A' = 8.2$ m/s, $v_B' = 11.2$ m/s

24. $M = \frac{1}{3}m$

25. $V = \frac{2}{\sqrt{3}}v$

26. $\vec{v}_A = 5$ m/s, $\vec{v}_B = 5.77$ m/s

27. (a) 3 m/s (b) 1 m/s

28. $v_2' = 6.4$ m/s, $\theta_2 = 50°$

29. 5.59 m/s

30. $x_{CM} = \frac{2}{3}$L

31. (a) 0.75 m (b) 0.92 m

32. 질량중심$\left(\frac{b}{2}, \frac{a}{2}\right)$는 중앙에 위치한다.

8장

1. (a) 1.99×10^{-7} rad/s (b) 7.27×10^{-5} rad/s

2. -1.8×10^{-3} rad/s^2

3. 271 m/s

4. (a) 262 rad/s (b) $v = 33$ m/s, $a_t = 0$

5. (a) 3.65 rad/s^2

(b) $a_c = 2.0 \times 10^2$ m/s^2, a_t =1.3 m/s^2

6. 38 m

7. (a) 35 N (b) 2.2×10^3 N

8. (a) 35.2 rad/s^2 (b) 14.0 rad (c) 1.40 m/s
(d) 1.57 m/s^2

9. (a) 65 rad/s, 23 rad/s (b) 0.094 m/s, 0.26 m/s
(c) 4 700 m

10. 225 N

11. (a) 95.6 N m (b) 24.2 N m

12. 1.1 N m

13. 2.4 kg

14. 520 N

15. (a) +30 N m (b) +36 N m

16. 2.17 kg m^2

17. 62 N m

18. (a) 99.0 kg m^2 (b) 44.0 kg m^2 (c) 143 kg m^2

19. $a = \dfrac{mg}{m + \dfrac{I}{R^2}} = \left(\dfrac{1}{1 + \dfrac{I}{mR^2}}\right)g$

20. 0.524

21. $v = \sqrt{\dfrac{10}{7}gh}$

22. (a) 500 J (b) 250 J (c) 750 J

23. 5.29 m/s

24. $v_{원판} = \sqrt{\dfrac{4gh}{3}}$, $v_{굴렁쇠} = \sqrt{gh}$ 이다. 원판의 속력이 더 빠르므로 원판이 굴렁쇠보다 먼저 바닥에 닿는다.

25. 7.88×10^{-3} J

26. 1.43 m/s

27. 3.52×10^{33} J

28. 4π rad/s

29. (a) 2.7×10^{40} kg m^2/s (b) 7.1×10^{33} kg m^2/s

30. 2 rad/s

31. 17.5 J s

9장

1. 플라즈마는 자유로이 운동하는 하전입자가 중성 기체와 섞여 있는 상태를 말하며 전기적으로 중성이다. 원자는 핵융합(nuclear fusion)에 필요한 온도에서 이온화되면서 핵과 전자로 나누어지고 이 상태를 플라즈마라고 부른다.

2. 190 kg

3. (a) 약 4×10^{17} kg/m^3 (b) 생략

4. (a) 2.55×10^3 N (b) 3.00×10^4 Pa (c) 바뀐다.

5. (a) 1.01×10^6 N (b) 3.88×10^5 N (c) 1.11×10^5 Pa

6. $4.74\rho_0$

7. 0.01 m

8. (a) 1.2×10^5 N/m^2 (b) 2.4×10^{-6}

9. (a) 1.5×10^{-4} m (b) 4.0×10^6 N

10. 9.58×10^6 N/m^2

11. (a) 1.3×10^5 N/m^2 (b) 6.6×10^{-7}
(c) 6.2×10^{-6} m

12. 4.90 mm

13. 3.5×10^8 Pa

14. 2.94×10^{-4} m

15. $\frac{1}{2}SP$

16. 2×10^{-5} m

17. 5.2 kg

18. 2.2 %

19. 곡예사의 손가락뼈는 안전하다.

20. $P_{머}$ =1.9×10^8 Pa, 머리카락의 극한 강도는 알루미늄의 극한 강도보다 작으므로 안전하다.

21. 1.8 mm

22. 2.0×10^{-5} m

23. 1.05×10^7 Pa

24. 9.2×10^{10} N/m^2

25. 3.02 mm

26. 3 333.3 N/m^2

27. 0.0091 m

28. −1.739 cm^3

29. 4.4 mm

30. (a) 8.8×10^8 N/m^2 (b) 1.6×10^8 N/m^2

10장

1. (a) 120 torr (b) 15 960 N/m^2 (c) 0.158 atm

2. 구리

3. 2.9×10^5 N/m^2

4. 1 기압 = 76 cmHg [수은 기둥의 높이]
   = 76 × 13.6 = 1 033.6(g중/cm^2) [중력 단위]
   = 1 033.6 cmH_2O [물기둥의 높이]

5. 2.527×10^5 N/m^2

6. 4.3×10^9 N

7. 5.05×10^{-1} N

8. 1.05×10^5 Pa

9. 0.133 m

10. (a) 3.71×10^5 Pa (b) 3.57×10^4 N

11. (a) 33.3 kg (b) 95.5 cm

12. 9.41 kN

13. −0.77 N

14. (a) 1.46×10^{-2} m^3 (b) 2.10×10^3 kg/m^3

15. 400 N

16. 아니다

17. 5.3 km

18. 720 m^3

19. 10.5 %

20. (a) 730 g중 (b) 11.4

21. (a) 80 g/s (b) 0.27 mm/s

22. 0.5 mm/s

23. 5.9 cm

24. 8.7일

25. 1.84 atm

26. $9v_1$

27. 1.47 cm

28. (a) 3.13 m/s (b) 2.45 m

29. 57°

30. 혈액의 흐름은 난류이다.

11장

1. (a) $A = 0.45$ m (b) $f = 1.34$ Hz
   (c) $E = 5.0$ J (d) $v_0 = 2.8$ J

2. (a) 5.21 N (b) 8.91 N

3.

위치(m)	힘(N)	가속도(m/s^2)
0.10	−13.5	−33.8
0.05	−6.50	−16.9
0	0	0
−0.05	+6.50	+16.9
−0.10	+13.5	+33.8

4. 0.89 Hz

5. 0.283 s

6. 0.124 kg

7. 4.90×10^3 N/m

8. (a) 60 J (b) 49 m/s

9. (a)0.68 J (b) 0.95 m/s (c) 0.83 m/s

10. 4.00 kg

11. (a) 5.07 m/s (b) 221 N/m (c) 0.202 m

12. 0.60 s

13. 4.26×10^3 N

14. (a) $\omega = 9.78$ rad/s, $f = 1.56$ Hz, $T = 0.64$ s
   (b) 11 cm (c) 1.1 m/s (d) 11 m/s^2

15. (a) 1.46 s (b) 9.63 m/s^2

16. 9.760 m/s^2

17. $2\pi\sqrt{\dfrac{2L}{3g}}$

18 (a) $x = 2.00\cos(6.00\,t - 0.723)$
   (b) $v_x = -12.0\sin(6.00\,t - 0.723)$
   $v_a = -72\cos(6.00\,t - 0.723)$

19 (a) 전파되는 파동: 전자기파인 빛, 전파, X 선, γ(감마)선 등이 있다.
   (b) 전파되지 않는 파동: 매질이 진동하여 파동이 발생하고 전파하는 파동으로 음파(소리), 수면파, 줄의 진동, 현의 진동, 지진파 등이 있다.

20. 진동수는 $f = \dfrac{2}{\pi}\ s^{-1}$, 파장은 $\lambda = 10\pi$ m, 파동의 속력은 $v = 20$ m/s이다.

21. $A\sin\left(60\,t + \dfrac{4}{3}x\right)$

22. (a) $y = 2\sin\pi(100\,t - 4x_0)$
(b) $y = 2\sin\pi\,(100\,t_0 - 4x)$
(c) 진폭: 2 cm, 주기: $T = 0.02$ s, 파장: $\lambda = 0.5$ cm이다.

23 (a) $A = 3.42$ cm (b) $\lambda = 9.6$ cm
(c) $T = 5.56 \times 10^{-2}$ s (d) $v = 1.73$ m/s

24. $F = 110$ N

25. $v = 5.49 \times 10^2$ m/s

26. (a) $\mu = 1.20 \times 10^{-2}$ kg/m, $F = 30.0$ N
(b) $v = 25.8$ m/s

27. (a) $A = 5$ cm (b) $\lambda = 24$ cm
(c) $v = 30$ cm/s (d) $T = 0.8$ s

28. (a) $v = 54.2$ m/s (b) $t = 0.0738$ s

29. $v = 50$ m/s

30. $\lambda = 1$ m, $v = 5$ m/s

31. $\lambda = 31.9$ cm

32. (a) $F = 679$ N
(b) 제2조화모드, 제3조화모드, 제4조화모드의 진동수는 각각 기본진동수의 2, 3, 4배인 262, 393, 524 Hz이다.

12장

1. 고대인들의 경험에서 얻은 자료를 우리가 알고 있는 음속으로 계산해보면 다음과 같다.
$L = v_{음속}\,t = 343$ m/s $\times$ 5 s $= 1.7$ km $\approx$ 1 mile
그들은 오랜 경험으로 알고 있는 음속과 거의 비슷한 값을 알아냈다.

2. 3.4×10^2 m

3. 1.2 km

4. (a) $1.7 \times 10^{-2} \sim 17$ m (b) 3.4×10^{-5} m

5. 3.4 s

6. 0.54 km

7. 200 m

8. (a) 5.56 km
(b) 없다. 주어진 시간은 천둥소리를 듣기까지의 시간이므로 사용할 필요가 없다. 실제로 $v_{빛} \gg v_{소리}$이므로 번개가 번쩍한 후 관측자가 보기까지 걸리는 시간은 천둥소리를 듣기까지 걸리는 시간에 비해 지극히 짧다.

9. (a) 쇠막대를 따라 진행하는 파동 (b) 2.32×10^{-2} s

10. 파장이 짧아진다.

11. 19.6 m

12. 3.16×10^6

13. 6.3×10^{-5} W/m^2

14. (a) 1.3×10^2 W (b) 96 dB

15. (a) 1.00×10^{-2} W/m^2 (b) 105 dB

16. (a) $f_{2C} = 524$ Hz, $f_{3C} = 786$ Hz; $f_{2A} = 880$ Hz, $f_{3A} = 1\,320$ Hz (b) 2.82

17. 750 cm

18. (a) 공명현상이 일어난다. (b) 공명이 없다.

19. (a) 0.552 m (b) 316 Hz

20. 3.1 kHz

21. (a) 953 Hz (b) 0.270 m, 0.450 m

22. 378 Hz

23. (a) 마디의 위치: $\lambda/4 = 1.33$ m, $3\lambda/4 = 4.00$ m, $5\lambda/4 = 6.66$ m. 배의 위치: 0, $\lambda/2 = 2.67$ m, $\lambda = 5.33$ m, $3\lambda/2 = 8.00$ m. (b) 18.6 Hz

24. 1.3 kHz

25. 0.089 m, 0.303 m, 0.518 m, 0.732 m, 0.947 m, 1.16 m인 지점

26. 400 m

27. (a) 1.99 Hz (b) 3.38 m/s

28. 260 Hz

29. (a) 75 Hz (b) 0.948 m

30. 596 Hz

31. 마하수 1.49

13장

1. (a) -460 °F (b) 37 °C (c) -280 °F

2. 두 개의 다른 섭씨온도를 $T_F = \dfrac{9}{5}T_C + 32$에 적용한 두 온도가 $(T_F)_1 = \dfrac{9}{5}(T_C)_1 + 32$, $(T_F)_2 = \dfrac{9}{5}(T_C)_2 + 32$일 때, 식 (2)에서 식 (1)을 빼면 $\Delta T_F = (9/5)\Delta T_C$가 된다.

3. $2.9 \times 10^{-5}/°C$

4. 86 °C

5. (a) 27.5 °C (b) 5.2×10^3 N

6. 1.6 L

7. (a) 2×10^{-4} (b) 0.3 m

8. 55.0 °C

9. 1.71 m

10. 1.09 L

11. 0.46 L

12. 4.6×10^6 N

13. 1.2°C

14. 0.625 kcal/kg °C

15. 79 s

16. $c_A : c_B = 6 : 1$

17. 15.82 °C

18. (a) 6.24×10^{18} J (b) 197.7년

19. 9.6 g

20. 453 J/kg °C

21. 80 g

22. 5.56×10^6 J

23. (a) 0°C (b) 1.89 kg

24. 65 °C

25. 2.3 km

26. (a) 1.67×10^5 J (b) 2.09×10^6 J

27. (a) 1.01×10^4 J (b) 1.51×10^4 J

28. 6.7 kJ

29. (a) 6.1×10^5 J (b) 4.6×10^5 J

30. (a) 355 °C (b) 8.5×10^{-3} m
(c) 8.5×10^8 Pa

31. (a) 4.5×10^3 J (b) 910 W (c) 0.87 cal/s
(d) 과도한 열에너지는 전도와 대류 등으로 피부 표면으로 이동되어 땀의 증발을 통해 폐기된다.

14장

1. 14.3 kg

2. 0.0215 %

3. ④

4. 927 °C

5. 1.5×10^{23}개

6. 4.26 g

7. (a) 2.5×10^{19}분자
(b) 4.1×10^{-21} mol

8. 7.1 m

9. (a) 1.24×10^5 Pa (b) 5.29 N

10. 1.07배

11. 6.21×10^{-21} J

12. (a) 7.30×10^3 J (b) 6.07×10^{-21} J
(c) 2.19×10^4 J

13. (a) 7.30×10^3 J (b) 6.07×10^{-21} J

14. ⑤

15. ①

16. 분자당 평균운동에너지는 $\overline{KE}$ 분자 $= \frac{3}{2}k_BT = \frac{3}{2}\left(\frac{R}{N_A}\right)T$ 이고 N분자를 포함하는 단원자의 이상기체에 대해 임의의 분자운동과 관련된 총에너지는 $U = N\ \overline{KE}$ 분자 $= \frac{3}{2}\left(\frac{N}{N_A}\right)RT= \frac{3}{2}nRT$이다. 이상기체에서 $PV = nRT$이므로 이상기체의내부에너지는 $U = \frac{3}{2}PV$이다.

17. 517 m/s

18. (a) 43.8 (b) 118.9

19. (a) 480 m/s (b) = 510 m/s

20. 96.3 mg

21. (a) 3.00×10^2 J (b) 4.50×10^2 J
(c) 7.50×10^2 J (d) 7.50×10^2 J

22. (a) $W_{액체} = 2.0 \times 10^{-3}$ J, $\Delta U_{액체} = 130$ J
(b) $W_{기체} = 14$ J, $\Delta U_{기체} = 49$ J

23. (a) 3.19×10^4 Pa
(b) 색칠된 부분의 네모 칸의 수는 약 17개이다. 한 칸의 넓이는 $5.00 = 10^3$ J이다. 따라서 한 일은 $W = -(5.00 \times 10^3\ \text{J}) \times 17 = -8.5 \times 10^4$ J, 즉 기체의 내부에너지는 감소한다.

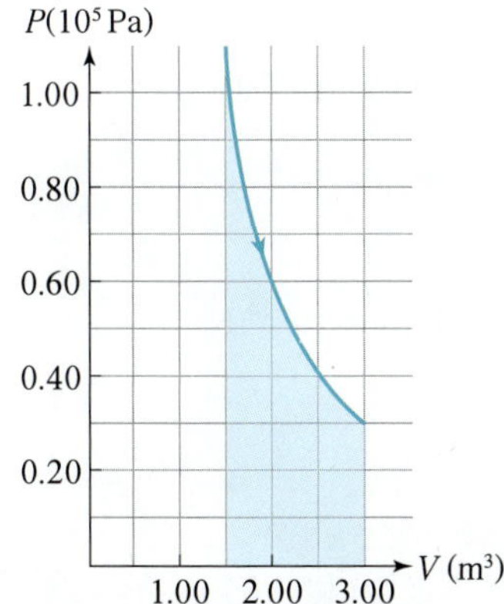

15장

1. 물에 떨어진 잉크 방울, 향수 분자의 확산, 바닥에 쏟아진 물, 더운물과 찬물의 혼합, 석유나 가스의 연소, 깨진 그릇, 화재, 열의 이동, 강물의 흐름

2. 3.03 kJ/K

3. 0.1 J/K

4. 143 J/K

5. +3.27 J/K

6. (a) −1.2 kJ/K (b) +1.2 kJ/K

7. 57.2 J/K

8. 643 J/K

9. 열역학 제1법칙은 에너지 보존법칙을 의미하며, 열역학 제2법칙은 에너지 전환의 방향성을 나타내며 비가역성 에너지 전환의 존재를 확인하는 법칙이다.

10. 열효율이 100 %인 열기관은 만들 수 없다. 이 기관은 받은 열을 모두 일로 전환시킬 수 있어서 열역학 제1법칙에 모순되지는 않는다. 그러나 마찰이나 저항이 작용하고 있는 곳에서는 열을 완전히 일로 바꿀 수가 없다. 이것은 자연의 비가역성에 기인한 것이다. 따라서 열효율이 100 %인 열기관은 열역학 제2법칙에 위배되므로 만들 수 없다.

11. 405 kJ

12. 54 %

13. (a) 0.308 (b) 0.190

14. (a) 0.672 (즉 67.2 %) (b) 58.8 kW

15. (a) 25 % (b) $\frac{3}{4}$

16. (a) 29.4 % (b) 5.00×10^2 J (c) 1.67 kW

17. 9 200 W

18. 1.2×10^6 J

19. 14

20. 39 °C

21. $\frac{1}{3}$

22. (a) 26 J (b) 9 J

23. (a) 9.8 (b) 2.0 kW

24. −86 °C

25. (a) 40 % (b) 1.40×10^3 J

26. (a) 0.502 (b) 0.424

27. (a) 25 % (b) 210 J

28. 저장고의 온도를 111 K 올려야 한다.

29. 450 K

30. (a) 동전을 던졌을 때 앞면과 뒷면이 나올 확률이 가장 높은 결과는 2H와 2T이다.
(b) 가장 질서 있는 상태는 가장 적은 확률일 경우로 모두 앞면(H)이나 모두 뒷면(T)이다.
(c) 가장 무질서한 상태는 가장 높은 확률일 경우로 2H와 2T이다.

16장

1. 크기가 같은 2개의 금속 구를 준비하고, 한 구를 대전시킨 다음, 대전시키지 않은 다른 구와 접촉시킨다.

2. 2.0×10^{-2} m

3. (a) $F_{23x} = -5.62 \times 10^{-9}$ N, $F_{23y} = 0$
(b) $F_{13x} = 8.64 \times 10^{-9}$ N, $F_{13y} = 6.48 \times 10^{-9}$ N
(c) $|\vec{F}| = \sqrt{F_x^2 + F_y^2} = 7.15 \times 10^{-9}$ N, $\theta = 65.0°$

4. (a) -7.2×10^{-6} N (b) 9×10^{-7} N

5. 4.2 nC

6. 1.8×10^2 N, x축 방향 0°

7. 5 m

8. (a) −320 N (b) +40 N

9. $\left(\sqrt{2} + \frac{1}{2}\right)k_e \frac{q^2}{L^2}$

10. (a) 7.7 N, 힘은 외부로 작용한다.
(b) 가운데 있는 전하는 2개의 양 끝에 있는 전하와 크기는 같고 방향은 반대이므로 이 전하에 작용하는 힘은 0이다.

11. (a) 0.294 J (b) 8.573×10^3 m/s

12. (a) 8.74×10^{-8} N (b) 척력

13. (a) 2.2×10^{-5} N (b) 9.0×10^{-7} N

14. 49.3 N/m

15. (a) 36.8 N (b) 5.54×10^{27} m/s^2

16. $\vec{F}_R = 1.38 \times 10^{-5}$ N, 방향은 $-x$축 아래 77.5°로 힘이 작용한다.

17. 1 cm 떨어진 점의 전기장의 크기가 1 m 떨어진 점의 전기장보다 10 000배 더 강하다.

18. 40 N/C, 왼쪽 방향

19. 24 N/C

20. 3.13×10^4 N/C

21. 7.50×10^{-3} N, 36.9°

22. $1.3\ k_e \dfrac{q}{a^2}$

23. 1.3×10^{-3} C

24. (a) 6.13×10^{10} m/s^2 (b) 19.6 μs (c) 11.8 m (d) 1.20×10^{-15} J

25. 2.07×10^3 N/C, 아래 방향

26. $E_x = (-1)\dfrac{k_eQ}{d^2},\ E_y = \sqrt{2}\dfrac{k_eQ}{d^2}$

27. 0

28. 전기장의 세기는 단위넓이를 지나는 전기력선의 수이다. 그런데 만일 2개의 전기력선이 한 점에서 교차한다면 그 점은 서로 다른 두 전기장의 세기를 동시에 나타내야 한다. 이것은 사실과 모순된다.

29. (a) (b)

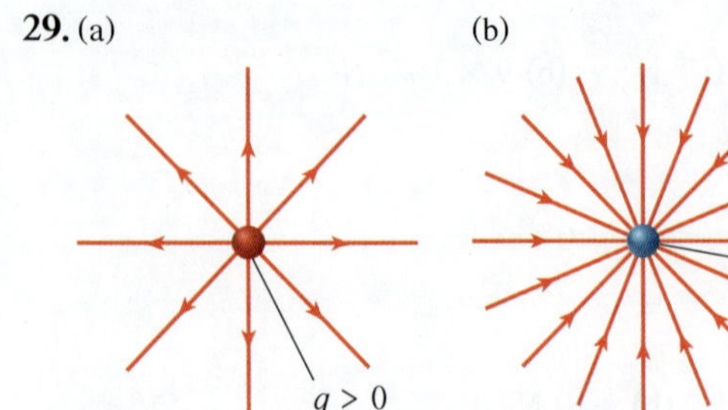

30. (a) 0 (b) $-\dfrac{Q}{4\pi\varepsilon_0 r^2}$ (c) $-\dfrac{Q}{4\pi\varepsilon_0 r^2}$ (d) $-Q$

17장

1. (a) 1.92×10^{-18} J (b) -1.92×10^{-18} J (c) 2.05×10^6 m/s

2. 7.58×10^6 m/s

3. (a) 1.13×10^5 N/C (b) 1.80×10^{-14} N (c) 4.37×10^{-17} J

4. 1.4×10^{-20} J

5. 2×10^3 V

6. (a) 2×10^2 V/m (b) 4.0×10^{-5} N (c) 8.0×10^{-6} J

7. 36 V

8. (a) 4 V (b) 2×10^4 m/s

9. (a) 103 V (b) -3.85×10^{-7} J

10. (a) -5.75×10^{-7} V (b) $V_B = -1.92 \times 10^{-7}$ V, $\Delta V = +3.83 \times 10^{-7}$ V

11. 1 626 V

12. 60 V

13. (a) $2\pi k_e\sigma\{(R^2+x^2)^{1/2} - x\}$ (b) $2\pi k_e\sigma\left(\dfrac{x}{\sqrt{R^2+x^2}} - 1\right)$

14. 1.5×10^{-3} m

15. 0.869 μC

16. $9C$

17. (a) 11.1 kV/m (b) 3.74 pF (c) Q = 74.8 pC이다. 이때 다른 판의 전하는 부호가 다른 −74.8 pC이다.

18. (a) 1.36 pF (b) 16.3 pC (c) 8.00×10^3 N/C

19. (a) 1.1×10^{-8} F (b) 27 C

20. 0.192 N

21. 2.8×10^{-3} m^2

22. 0.83 nF

23. (a) 0.16 μF (b) 0.36 μF

24. (a) $V_1 = 40$ V, $V_2 = 10$ V (b) $V = 62.5$ V, $Q = 1 \times 10^{-4}$ C

25. 축전기가 직렬로 연결되어 있기 때문에, 축전기의 전기용량은

$$\frac{1}{C_{등가}} = \frac{1}{C_1} + \frac{2}{C_2} + \frac{3}{C_3} = \frac{d_1}{\varepsilon_0 A} + \frac{d_2}{\varepsilon_0 A} + \frac{d_3}{\varepsilon_0 A} = \frac{d_1 + d_2 + d_3}{\varepsilon_0 A}$$

이므로 $C_{등가} = \frac{\varepsilon_0 A}{d}$ 이다.

26. $Q_1 = 16.0\ \mu C$, $Q_2 = 80.0\ \mu C$, $Q_3 = 64.0\ \mu C$, $Q_4 = 32.0\ \mu C$

27. (a) $Q = 10.7\ \mu C$
(b) C_1에 저장되는 전하량은 $Q_1 = 15.0\ \mu C$이다. C_2에 저장되는 전하량은 $Q_2 = 37.5\ \mu C$이다.

28. (a) 6.0 μF (b) $Q = 24\ \mu C$, $\Delta V = 6.0$ V

29. (a) 8.1 nF (b) 2 400 V

30. (a) 2.1×10^{-4} J (b) 1.3×10^{-3} J

18장

1. (a) 0.50 C (b) 30 C

2. 2×10^{21}개, 5.3 A

3. (a) 7.0 Ω (b) 5.0 A

4. 9.8×10^{-8} Ω m, 철

5. (a) 1 Ω, (b) 3 V

6. 0.45 A, 1.4 V

7. (a) 200 Ω (b) 50 Ω

8. (a) 17.1 Ω
(b) 4 Ω → 1.99 A, 7 Ω → 1.17 A, 10 Ω → 0.82 A, 9 Ω → 1.99 A,

9. (a) 왼쪽 저항: 0.090 A, 오른쪽: 0 A
(b) 전압은 각 저항을 통과할 때 같으므로(두 저항값이 같으므로) 각 저항기에서의 전류는 0.090 A이다.

10. (a) 58 mA (b) 0.87 V

11. 220 Ω, 470 Ω

12. (a) 5.67 V (b) 0.227 A

13. 55 Ω

14. (a) 4.00 V (b) 점 c의 전위가 점 d의 전위보다 높다.

15. (a) 6.25 A (b) 750 W

16. 45개

17. 직렬의 소비전력은 $P_{직렬} = \frac{V^2}{nR}$ 이고, 병렬의 소비전력은 $P_{병렬} = \frac{nV^2}{R}$ 이므로 두 소비전력의 비는 $\frac{1}{n^2}$ 이다.

18. (a) 25 Ω (b) 4 A, 4 A
(c) 5 Ω에서 소모되는 전력: 80 W, 20 Ω에서 소모되는 전력: 320 W (d) 400 W

19. (a)

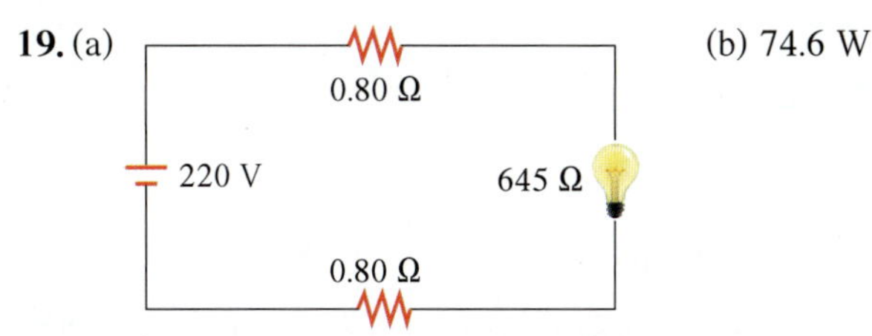

(b) 74.6 W

20. 2.8 Ω

21. 3.662 Ω

22. $I_1 = 0.714$ A, $I_2 = 1.29$ A, $\mathcal{E} = 12.6$ V

23. $I = 50$ mA, 전류의 방향은 점 a에서 e로 향한다.

24. (a) 회로는 더 이상 축소할 수 없다. 왜냐하면 직렬로 연결된 저항 2.0 Ω과 4.0 Ω의 합은 6.0 Ω이고, 1.0 Ω과 5.0 Ω의 합도 6.0 Ω이다. 이 외에는 더 이상을 저항의 합을 구할 수 없는 상태가 된다.
(b) $I_1 = 3.5$ A, $I_2 = 2.5$ A, $I_3 = 1.0$ A

25. (a) 0.05 A (b) −0.1 A (c) $V_{ab} = 9$ V

26. (a) 48 Ω (b) 2.5 A

27. (a) 1.88 s (b) 1.90×10^{-4} C

28. (a) 5.00 s (b) 150 μC (c) 4.06 μA

29. (a) 4.00 s (b) 60.0 μC (c) 46.6 μC
(d) 2.68 V (e) 3.35×10^{-6}A

19장

1. (a) 종이 안으로 들어가는 방향 (b) 오른쪽으로 진행하는 방향
(c) 아래쪽으로 진행하는 방향

2. (a) 8.93×10^{-30} N, 아랫쪽 (b) 1.60×10^{-17} N, 윗쪽
(c) 4.80×10^{-17} N, 아랫쪽

3. 2.83×10^7 m/s

4. (a) $\frac{1}{B}\sqrt{\frac{2\,mV}{q}}$
(b) 주기는 속도에 무관하고, 가속 전압에도 관계가 없다.

5. (a) 속도의 크기는 변하지 않고 방향은 반대가 되어 왼쪽을 향한다. (b) 반지름은 2배로 되고, 주기는 변하지 않는다.

6. 1.41×10^{13} m/s^2

7. (a) 5.2 m (b) 약 1.9×10^6 s^{-1} (c) 3.3×10^{-6} s

8. (a) 8.51×10^5 m/s (b) 20.6 μm

9. 입자들이 휘어지지 않고 통과하려면, 입자에 작용하는 힘은

반드시 0이 되어야 한다. 따라서 자기력과 전기력은 방향은 반대이고, 같은 크기를 갖고 있어야만 한다. 즉 $qvB = qE$이므로 $v = E/B$이다.

10. 1.77 cm

11. 등속원운동을 한다.

12. (a) 4.79×10^5 m/s (b) 1.92×10^{-16} J

13. 사이클로트론 내에서 대전입자의 속력은 $v = \frac{rqB}{m}$이다. 따라서 $mv = qBr$이므로 운동에너지는 $KE = \frac{1}{2}mv^2 = \frac{(mv)^2}{2m} = \frac{q^2B^2r^2}{2m}$ 이다.

14. 0.131 T, 아래 방향

15. 8.0×10^{-3} T, $+z$축 방향

16. 20 A

17. (a) 2×10^{-4} T (b) 3.2×10^{-16} N

18. (a) 1 N (b) 0

19. 9.05×10^{-4} N m

20. (a) 0.56 A (b) 0.064 N m

21. 북서쪽으로 45°

22. (a) 12.5 A (b) 2.5×10^{-5} T

23. $\pi \times 10^{-5}$ T, $4\pi \times 10^{-4}$ T

24. 20.0 μT

25. (a) $B = \frac{\mu_0 I}{2a}$ (b) $B_x = \frac{\mu_0 I a^2}{2x^3}$

26. 20 A

27. (a) 5.24 μT (b) 종이 안으로 들어가는 방향
(c) 7.20 cm

28. (a) 3.50×10^{-5} N/m (b) 척력

29. 4.5 mm

30. (a) 4.6×10^{-5} T, 위쪽 방향
(b) 4.8×10^{-4} N, 도선 1에서 멀어지는 방향

20장

1. 4.8×10^{-3} T m^2

2. 1.11×10^{-4} T m^2

3. (a) 0.177 T (b) 0

4. (a) −19.6 V (b) 98 A

5. (a) Blv (V) (b) $\frac{Blv}{R}$ (A) (c) $\frac{B^2l^2v}{R}$ (N)
(d) $\frac{B^2l^2v^2}{R}$ (W)

6. 5.9×10^{-3} s

7. (a) −30 V (b) −90 V

8. (a) 4.8 V (b) 0.96 A

9. 94 mV

10. (a) 전류는 ②에서 ①로 흐른다.
(b) 전류는 ①에서 ②로 흐른다.

11. 0.11 V

12. 약 0.56 mV

13. 0.18 T

14. 0.17 mV

15. 0.16 mV

16. (a) 유도전류가 없다. (b) 종이 밖으로 나오는 방향
(c) 종이 안으로 들어가는 방향

17. 13.1 mV

18. 0.53 mV

19. 약 −0.26 mV, 기전력의 극성은 전류와 반대방향이다.

20. 10 A/s

21. (a) 2.0 mH (b) 38 A/s

22. 4.0 mH

23. N번 감긴 코일의 자체유도계수는 $L = \frac{N\phi}{I}$이며, $\phi = BA$이다. 앙페르의 법칙에 의해 토로이드에서의 자기장은 $B = \mu_0 NI/l$이다. 여기서 l은 원의 길이이다. 따라서 자체유도계수는 다음과 같다.

$$L = \frac{N}{I} = \frac{\mu_0 NIA}{l} = \frac{\mu_0 N^2 A}{l}$$

24. 0.30 A

25. $\frac{\text{H}}{\Omega} = \frac{\text{T m}^2}{\text{A}\,\Omega} = \frac{\frac{\text{N}}{\text{A m}}\text{m}^2}{\text{A}\,\Omega} = \frac{\text{N m}}{\text{A}^2\,\Omega} = \frac{\text{J}}{\text{A}^2(\text{V/A})} = \frac{\text{J s}}{\text{C V}} = \text{s}$

26. (a) 30 H (b) 3 A

27. (a) 5.33 A (b) 2.67 s (c) 8.00 s

28. 1.1 ms

29. 12 μs

30. (a) 18 J (b) 7.2 J

31. (a) 0.208 mH (b) 0.936 mJ

32. (a) 약 0.11 J (b) 약 0.24 W

21장

1. (a) 50.0 Hz
(b) 우리나라에서 생산되는 교류 전기의 진동수는 60.0 Hz이므로 주기는 16.7 ms이다.

2. (a) 81.9 mV (b) 105 mA

3. (a) 60 V (b) 57 V (c) 0.13 s

4. 1.9×10^{-2} V

5. 0.075 A

6. 0.18 %

7. 3.6

8. 14.1 A

9. (a) 193 Ω (b) 145 Ω

10. 14.6 Hz

11. 212.3 Ω, 0.53 Ω

12. 1.6 A

13. (a) 약 160 Ω (b) 0.56 A

14. (a) 약 42 mA (b) 60 mA

15. 4.0×10^2 Hz

16. (a) $f > 41.3$ Hz (b) $X_C < 87.5\ \Omega$

17. (a) 20 Ω (b) 15 Ω

18. (a) 0.27 A (b) 42° (c) 24 W

19. (a) 42.4 mH (b) 942 rad/s

20. 0.96 A

21. (a) 183.6 Ω (b) 1.2 A (c) 144 W (d) 7 μF

22. (a) 0.361 A (b) 18.1 V (c) 23.9 V (d) 53.0°

23. (a) 104 V (b) 150 V (c) 127 V (d) 23.6 V

24. (a) 695 Hz (b) 1 500 Ω

25. $I = (0.24\ \text{A})\cos(10\,000\ t)$

26. 1.82 pF

27. (a) 500 Hz (b) 0.5 A (c) 500 V

28. (a) 1.6×10^5 Hz (b) 3 A

29. (a) 16 Ω (b) 8×10^3 V

30. (a) 208 Ω (b) 40.0 Ω (c) 0.541 H

22장

1. ①

2. ④

3. ②

4. 158 Hz

5. (a) 6.30×10^{-6} Pa
(b) 복사압력보다 정상 대기압이 10배 더 크다.

6. (a) 6.7×10^{-16} T (b) $5.3 \times 10^{-17}\ \text{W/m}^2$
(c) 1.7×10^{-14} W

7. $E_0 = 55$ V/m, $B_0 = 1.8 \times 10^{-7}$ T

8. $E_{max} = 1.0$ kV/m, $B_{max} = 3.4 \times 10^{-6}$ T

9. $B_{max} = 3.39 \times 10^{-6}$ T, $E_{max} = 1.02 \times 10^3$ V/m

10. 3.4×10^{-5} Pa

11. 책상 전등의 자기장의 크기는 지구 자기장보다 100배 정도 작은 크기이다.

12. (a) $5.4 \times 10^{-6}\ \text{N/m}^2$
(b) 레이저 포인터의 레이저 빔은 퍼짐이 비교적 큰 편이어서 레이저가 스크린에서 더 멀어지면 스크린 위의 상의 크기도 증가하고 그래서 세기가 감소한다. 연이어 이것은 복사압을 감소시킨다. 그뿐만 아니라 스크린으로부터의 거리가 두 배가 되면, 빔이 레이저에서 스크린으로 가는 중에 공기 분자와 먼지 알갱이에 의한 산란 때문에 더 많은 에너지를 잃게 된다. 이 에너지 손실은 스크린에 작용하는 복사압을 더욱 감소시킨다.

13. (a) 0.536 N (b) $7.65 \times 10^{-5}\ \text{m/s}^2$ (c) 36.1 d

14. 6장

15. $E_0 = 1.01 \times 10^3$ V/m, $B_0 = 3.37 \times 10^{-6}$ T

16. $\dfrac{\text{C}^2}{\text{N m}^2} \times \dfrac{\text{m}}{\text{s}} \times \dfrac{\text{N}^2}{\text{C}^2} = \dfrac{(\text{N m})}{\text{m}^2\,\text{s}} = \dfrac{\text{J/s}}{\text{m}^2} = \dfrac{\text{W}}{\text{m}^2}$

17. (a) $\lambda_{min} = 188$ m, $\lambda_{max} = 556$ m
(b) $\lambda_{min} = 2.78$ m, $\lambda_{max} = 3.4$ m

18. (a) 600 nm (b) 300 m

19. (a) 6.00 pm (b) 7.50 cm

20. (a) 1.0×10^9 Hz (b) 30 cm (c) 극초단파 영역

21. $f = 4.74 \times 10^{14}$ Hz, 자기장의 방향이 z축일 때 자기장의 진폭은 $B_p = 2.0 \times 10^{-5}$ T

22. $f_0 = 4.299\,299\,84 \times 10^{14}$ Hz, 앞지르기 한 차의 미등의 진동수와 내가 감지하는 진동수는 비슷하다.

23장

1. (a) 2.07 keV (b) 4.14 eV

2. (a) 1.94×10^8 m/s (b) 408 nm

3. (a) 180 nm (b) 319 nm

4. 파장은 매질의 굴절률에 역비례 한다$\left(\lambda_n = \dfrac{\lambda_0}{n}\right)$. 그러나 진동수는 변하지 않는다. 진동수는 오로지 광원의 특성에 의해 결정된다. 속도는 식 $v = \dfrac{c}{n}$와 같이 굴절률이 증가함에 따라 감소한다.

5. (a) 29° (b) 25.7°

6. (a) 2.06×10^8 m/s (b) 404 nm (c) 5.1×10^{14} Hz

7. (a) 5×10^{-5} cm (b) 1.8×10^{10} cm/s (c) 1.67

8. 윗면에 대해 스넬의 법칙을 적용하면 $\sin\theta_2 = \dfrac{n_1}{n_2}\sin\theta_1$, 아랫면에 스넬의 법칙을 적용하면 $\sin\theta_3 = \dfrac{n_2}{n_1}\sin\theta_2$이다. 윗면의 식을 아랫면의 식에 대입하면 $\sin\theta_3 = \dfrac{n_2}{n_1}\left(\dfrac{n_1}{n_2}\sin\theta_1\right) = \sin\theta_1$이 된다. 즉 $\theta_1 = \theta_3$이므로 판은 광선의 방향을 바꾸지 못한다는 것을 알 수 있다. 그러나 광선의 위치는 변한다.

9. (a) 35° (b) 26°

10. (a) 1.56×10^8 m/s (b) 329.1 nm
(c) 4.74×10^{14} Hz

11. 태양이 떠 있는 위치는 수평면을 기준으로 할 때 $\alpha = 19.5°$ 지점에 있다.

12. 거울 1면으로부터 총 6번 반사가 일어난다.

13. $\theta_1 = \tan^{-1}(n_2)$

14. 1.53

15. 굴절 때문에 물고기는 실제 깊이보다 떠 보인다. 따라서 이 사람은 작살로 잡으려는 물고기의 상 아래쪽을 겨냥해야 한다.

16. 신기루는 온도에 따라 공기의 밀도가 달라지기 때문에 빛이 다른 굴절률을 갖는 공기 영역을 통과할 때 광선의 진행 방향이 달라지기 때문에 일어난다. 아스팔트의 포장길은 햇볕에 의해 뜨거워졌을 때 맑은 하늘로부터 오는 빛이 굴절하기 때문에 젖어 있는 것처럼 보인다. 지평선 약간 위에서 온 빛이 노면 가까이 있는 뜨겁고 밀도가 낮아서 작은 굴절률을 갖는 공기층을 통과할 때 위로 휘어진다.

17. (a) 47.79° (b) 48.22°

18. (a)

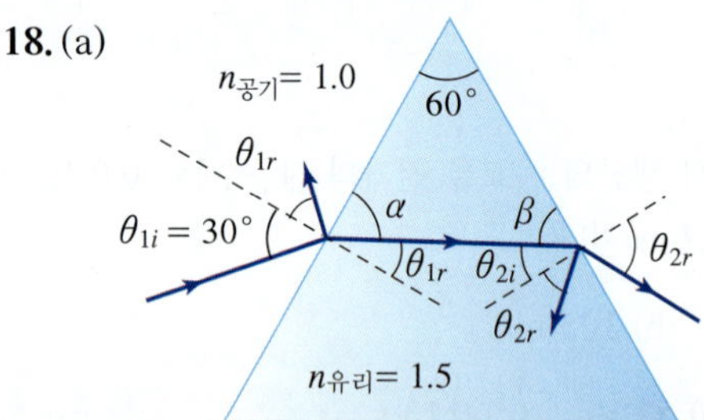

$\theta_{1i} = 30°$, $\theta_{1r} = 19°$; $\theta_{2i} = 41°$, $\theta_{2r} = 80°$
(b) $(\theta_1)_r = \theta_{1i} = 30°$, $(\theta_2)_r = \theta_{2i} = 41°$

19. (a) 30° (b) 1.5×10^8 m/s

20. 42.2°

21. $\sqrt{2}$

22. (a) 40.8° (b) 60.6°

23. (a) 66.1° (b) 63.5° (c) 59.7°

24. 임계각 θ_c를 계산하기 위해 유리의 굴절률 $n_1 = 1.52$와 공기의 굴절률 $n_2 = 1.00$을 이용하면 임계각은 $\theta_c = \sin^{-1}\left(\dfrac{n_2}{n_1}\right) = \sin^{-1}\left(\dfrac{1.00}{1.52}\right) = 41.1°$이다. 경계면 A에 수직으로 입사한 광선은 휘어지지 않고 통과하여 45°의 각도로 경계면 B로 입사한다. 이때 입사각 45°는 임계각보다 크기 때문에 경계면 B에서는 전반사가 일어난다. 이 빛은 세 번째 경계면 C에 수직으로 지나게 되어, 결국 최초의 방향과 90°을 이루게 된다.

25. 32.7°

24장

1. (a) 상은 무수하게 생긴다. (b) 5개

2. (a) ③ (b) ① (c) ④

3. (a) 60 cm (b) −6 cm

4. (a) 60 cm, 상은 실상이고 도립이다.
(b) −15 cm, 상은 허상이고 정립이다.

5. 5.00 cm

6. (a) 오목거울을 사용해야 한다. (b) 1.0 m

7. 1.0 m

8. 상은 거울에서 4.0 cm 뒤에 위치하며, 똑바로 선다.

9. 80.0 cm

10. 상은 거울 안쪽 1.9 cm에 위치한다.

11. (a) 거울 앞 30.0 cm (b) 물체의 0.333배

12. 8.05 cm

13. (a) $m = 1 + \dfrac{25}{f}$ (b) 5 cm

14. ②

15. (a) 9.63 cm 또는 3.27 cm (b) 2.10 cm

16. 2.00

17. (a) $b = -13.3$ cm, $m = +0.333$, 정립허상
(b) $b = -10.0$ cm, $m = +0.500$, 정립허상
(c) $b = -6.67$ cm, $m = +0.667$, 정립허상

18. 최종 상의 위치는 두 번째 렌즈의 7.47 cm 앞에 있고 크기는 1.07 cm이다. $m > 0$일 경우 최종 상은 정립이고, $b_2 < 0$일 경우 상은 허상이다.

19. 물체의 최종 상은 두 번째 렌즈 뒤 30.0 cm 되는 곳에 위치해 있고 이 계의 전체 배율은 −3.00이다.

20. 40.0 cm

21. 최종 상은 렌즈의 왼쪽 160 cm에 위치해 있다. 이 계의 전체 배율은 −0.800이고, 최종 상은 도립상이다.

22. (a) 상은 물체의 5.5 cm 뒤에 위치해 있고 정립허상이며 배율은 1.4이다.
(b)

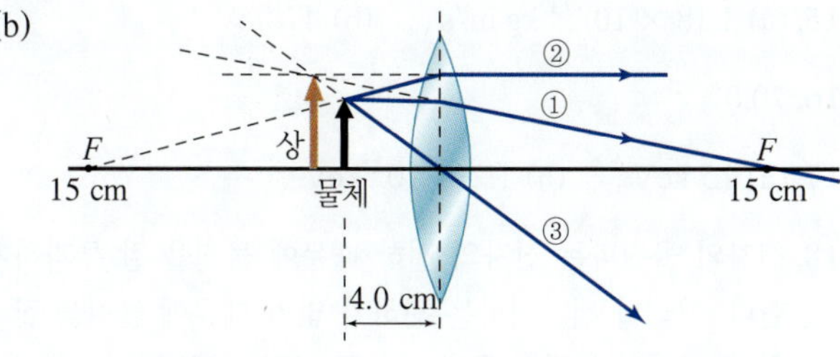

23. 두 렌즈에 대한 얇은 렌즈의 방정식이 $\dfrac{1}{a_1} + \dfrac{1}{b_1} = \dfrac{1}{f_1}, \dfrac{1}{a_2} + \dfrac{1}{b_2} = \dfrac{1}{f_2}$일 때, 두 렌즈가 완전히 접해 있다면 첫 번째 렌즈의 상은 두 번째 렌즈의 가상 물체가 되므로 $a_2 = -b_1$로 근사할 수 있다. 이 관계식을 첫 번째 렌즈에 대한 방정식에 대입하여 정리하면 $\dfrac{1}{f} = \dfrac{1}{f_1} + \dfrac{1}{f_2}$임을 알 수 있다. 이 결과로부터 두 개의 볼록렌즈를 가까이 붙이면 각각의 렌즈 자체에 의한 초점거리보다 더 짧은 초점거리를 가진 새로운 하나의 볼록렌즈로 작용함을 알 수 있다.

24. 오목렌즈, −0.50디옵터

25. 2.5디옵터

26. −0.40 m

27. 5디옵터

28. 조리개의 구경을 $f/8$로 맞춘다.

29. 대물렌즈로부터 2.03 mm의 위치

30. (a) 7.5 (b) 약 4°

25장

1. 무늬 사이의 간격이 좁아진다.

2. 백색 광원에는 여러 파장의 빛이 혼합되어 있으므로 각각 고유의 간섭무늬가 중첩되어 보인다. 중앙 극대는 흰색이고 안쪽으로는 보라색과 바깥쪽으로는 빨간색으로 완전한 빛띠의 무늬가 생긴다. 2차극대도 역시 3차극대의 보라색과 2차극대의 빨간색이 중첩된 스펙트럼의 빛띠가 나타난다.

3. 6.0×10^{-7} m

4. (a) 3.33×10^{-3} m (b) 2.5×10^{-3} m

5. (a) 7.447×10^{-3} rad (b) 4.654×10^{-2} m

6. (a) 2.18×10^{-3} m (b) 2.18×10^{-3} m

7. 140 m

8. (a) 143 nm (b) 71 nm

9. 250 nm

10. 96 nm

11. 633 nm

12. 0.51 mm

13. 5.00×10^{-7} m

14. 5.95×10^{-7} m

15. 네 번째 회절 차수까지 볼 수 있다.

16. 6°

17. 3.36×10^{-4} rad

18. 1.9×10^{-5} rad

19. 두 개의 편광판을 통과한 후의 빛은 처음 세기의 $\dfrac{1}{8}$이 된다.

20. 처음 세기의 약 37.5 %로 감소한다.

21. 53.1°

22. 56.7°

23. 48.8°

24. 53.3단위

25. (a) $\lambda_{n1} = 424$ nm, $\lambda_{n2} = 420$ nm (b) 0.02주기

26장

1. 7.81년

2. (a) 1.3×10^{-7} s (b) 38 m (c) 7.6 m

3. 10.5년

4. $0.94c$

5. 70 μs

6. (a) 우주선에 탄 사람이 본 그림의 크기는 1.5 m × 1.0 m이다.
(b) 지구의 관측자가 본 그림의 크기는 1.00 m × 0.65 m이다.

7. (a) 3.91×10^4 (b) 7.67 cm

8. 52 m

9. $0.80c$

10. $0.917c$

11. 양성자는 $0.54c$의 속력으로 오른쪽으로 향하고 있다.

12. 로켓은 지구 방향으로 $0.34c$의 속력으로 다가오고 있다.

13. $0.75c$

14. $0.8c$

15. 7.09

16. (a) $0.141c$ (b) $0.436c$

17. (a) $0.943c$
(b) 입자의 질량은 속력과 무관하므로 전자와 동일하다.

18. $0.285c$

19. 1.03×10^{-18} kg m/s

20. $0.786c$

21. 이론적 총에너지는 $E = \gamma E_R = \gamma mc^2$ 이고 운동량은 $p = \gamma mv$이며 $\gamma = 1/\sqrt{1 - v^2/c^2}$ 이다. 따라서 $E^2/c^2 = \gamma^2 m^2 c^2$과 $p^2 = \gamma^2 m^2 v^2$으로 계산하면 $\frac{E^2}{c^2} - p^2 = \gamma^2 m^2 (c^2 - v^2)$ $\equiv \gamma^2 m^2 c^2 (1 - v^2/c^2) = \left(\frac{1}{1 - v^2/c^2}\right) m^2 c^2 (1 - v^2/c^2)$ $= m^2c^2$이다. 이 식을 정리하면 $\frac{E^2}{c^2} = p^2 + m^2c^2$이다. 따라서 $E^2 = p^2c^2 + m^2c^4$을 증명할 수 있다.

22. 4.50×10^{-20} kg m/s

23. $v = 0.332c$

27장

1. (a) 3.31×10^{-19} J (b) 1.1×10^{-27} kg m/s

2. 3.03×10^{19}개/s

3. 7.6×10^{18}개/s

4. (a) 2.49×10^{-5} eV (b) 2.49 eV
(c) 249 eV

5. 9.47 μm

6. 2.5 eV

7. 5.4×10^5 m/s

8. 6.33 eV

9. (a) 2.24 eV (b) 555 nm (c) 5.41×10^{14} Hz

10. (a) 6.5×10^{-34} J s (b) 2.6×10^{-19} J

11. 약 1.4 V

12. 4.95×10^3 V

13. (a) 파장의 변화는 없다. (b) 0.142 4 nm
(c) 0.145 nm

14. (a) 9.768×10^{18} s^{-1} (b) 6.48×10^{-15} J

15. (a) 1.18×10^{-23} kg m/s (b) 478 eV

16. 70.0°

17. (a) 15 keV (b) 1.2×10^2 keV

18. 전자의 물질파는 전자의 전하 때문에 물질을 잘 투과하지 못한다. 그러나 전자기파는 전하가 없기 때문에 물질을 잘 투과한다. 따라서 물질의 통과 여부를 가지고 구별할 수 있다.

19. (a) 3.2×10^7 m/s (b) 0.23 Å

20. (a) 9.8×10^{-35} m (b) 7.3×10^{-9} m

21. $\frac{1}{\sqrt{2}}$배

22. 3.58×10^{-13} m

23. (a) 1.46 km/s (b) 7.28×10^{-11} m

24. 7.7×10^{-13} J

25. (a) $2d \sin\theta = m\lambda$ (b) $d = 2.46$ Å

26. 약 10^6 m/s

27. 3×10^{-29} J

28. (a) 2.12×10^{-35} kg m/s
(b) 4.7×10^{-34} m/s
(c) 2.3×10^{-5} m/s

28장

1. 4.29×10^{-14} m

2. (a) 2.3×10^{-8} N (b) -14 eV

3. (a) 1.1×10^{6} m/s
(b) 5.8×10^{21} m/s^2

4. (a) $\lambda_1 = 1.215 \times 10^{-7}$ m, $\lambda_2 = 1.025 \times 10^{-7}$ m, $\lambda_3 = 9.720 \times 10^{-8}$ m
(b) 이러한 파장은 스펙트럼의 원자외선 영역에 있다.

5. 120 nm

6. 122 nm

7. (a) 1.1×10^{6} m/s (b) 6.623×10^{-10} m

8. 4.10×10^{-7} m

9. 6.64 Å

10. (a) 2.86 eV (b) 0.472 eV

11. $\lambda = 1.22 \times 10^{-7}$ m, 이 파장은 자외선(UV) 영역에 속한다.

12. (a) 12.1 eV (b) 6.54×10^{-7} m

13. (a) 488 nm (b) 0.814 m/s

14. $n = 3$ 궤도에서 $n = 2$ 궤도로 전이하였다.

15. (a) 0.026 5 nm (b) 0.017 6 nm
(c) 0.013 2 nm

16. (a) $E_n = -\dfrac{13.6}{n^2}$ eV (b) 4.88×10^{-7} m

17. (a) 0.476 nm (b) 0.997 nm

18. (a) 7.3×10^{5} m/s (b) 12.07 eV
(c) 관측될 수 있는 전이들은 3→2, 3→1, 2→1의 준위들이다.

19. (a) $F = k\dfrac{e^2}{r^2}$ (b) $\omega = \sqrt{\dfrac{ke^2}{mr^3}}$

(c) $E_{총} = -\dfrac{\pi^2 k^2 me^4}{2h^2}$

20. $3d$ 버금껍질에서 $n = 3$이고 $l = 2$이다. 10가지 가능한 전자의 상태는 다음과 같다.

주양자수	궤도 양자수	자기 양자수	스핀 양자수
$n = 3$	$l = 2$	$m_l = +2$	$m_s = +\frac{1}{2}$
$n = 3$	$l = 2$	$m_l = +2$	$m_s = -\frac{1}{2}$
$n = 3$	$l = 2$	$m_l = +1$	$m_s = +\frac{1}{2}$
$n = 3$	$l = 2$	$m_l = +1$	$m_s = -\frac{1}{2}$
$n = 3$	$l = 2$	$m_l = +0$	$m_s = +\frac{1}{2}$
$n = 3$	$l = 2$	$m_l = +0$	$m_s = -\frac{1}{2}$
$n = 3$	$l = 2$	$m_l = -1$	$m_s = +\frac{1}{2}$
$n = 3$	$l = 2$	$m_l = -1$	$m_s = -\frac{1}{2}$
$n = 3$	$l = 2$	$m_l = -2$	$m_s = +\frac{1}{2}$
$n = 3$	$l = 2$	$m_l = -2$	$m_s = -\frac{1}{2}$

21. $1s^2 2s^2 2p^6 3s^2 3p^6 3d^6 4s^2$

22. $E_M - E_K = 66\,116$ eV, $\lambda = 1.88 \times 10^{-11}$ m

23. L껍질: 11.7 keV, M껍질:10.0 keV, N껍질: 2.30 keV

24. (a) 10.2 eV (b) 7.88×10^{4} K

25.
$$f = \frac{E_n - E_{n-1}}{h} = \frac{1}{h}\left\{\frac{-m_e k_e^2 e^4}{2h^2}\left(\frac{1}{n^2} - \frac{1}{(n-1)^2}\right)\right\}$$
$$= \frac{4\pi^2 m_e k_e^2 e^4}{2h^3}\left\{\frac{1}{(n-1)^2} - \frac{1}{n^2}\right\}$$
$$= \frac{2\pi^2 m_e k_e^2 e^4}{h^3}\left\{\frac{2n-1}{(n-1)^2 n^2}\right\}$$

29장

1. 1.65

2. 1.8×10^{2} m

3. (a) 1.5 fm (b) 4.7 fm (c) 7.0 fm (d) 7.4 fm

4. (a) 1.9×10^{7} m/s (b) 7.1 MeV

5. (a) 8.26 MeV/핵자 (b) 8.70 MeV/핵자

6. 2.2×10^{-13} m

7. ${}^{1}_{0}\mathrm{n}$ (중성자)

8. 원자번호 60번의 네오디뮴(Nd)이다.

9. 붕괴생성물의 전체질량이 폴로늄의 질량보다 적으므로 붕괴에너지가 발생한다. 붕괴 시 방출되는 운동에너지는 5.45 MeV이다.

10. 9.23×10^{-13} J, 1.67×10^{7} m/s

11. 크세논($^{131}_{54}$Xe)

12. 18.6 keV

13. 0.779 MeV

14. (a) $^{208}_{81}$Tl (b) $^{95}_{37}$Rb (c) $^{144}_{60}$Nd

15. 9.97일

16. 2.29 g

17. (a) 원자번호는 87이고, 질량수는 221이다.
(b) 1.1×10^{-29} kg (c) 4분 48초

18. 126 MeV

19. 1.1×10^{16}

20. (a) $^{4}_{2}\text{He} + ^{4}_{2}\text{He} \rightarrow ^{8}_{4}\text{Be} + \gamma$
(b) $^{8}_{4}\text{Be} + ^{4}_{2}\text{He} \rightarrow ^{12}_{6}\text{C} + \gamma$
(c) 7.27 MeV

21. 4.03 MeV

22. 46.5일

30장

1. (a) 경입자 (b) 반입자 (c) 페르미온 (d) 붕괴한다.

2. (a) 8.2×10^{-14} J (b) 2.4×10^{-12} m

3. $1.509\,01 \times 10^{-10}$ J

4. 26

5. $E_{\text{광자}} = 67.5$ MeV, $P = 67.5$ MeV/c, $f = 1.63 \times 10^{22}$ Hz

6. 10.6 GeV

7. 각각의 광자는 0.511 MeV만큼의 에너지를 가지고 서로 반대 방향으로 방출된다.

8. 769 MeV

9. (a) 전하는 보존된다.
(b) 경입자수도 보존된다.
(c) 선운동량도 보존된다.
(d) 양성자가 정지해 있으므로 양성자의 질량에너지가 파이온들의 질량에너지와 운동에너지를 만들어낸다. 붕괴에너지는 663.7 eV이며 처음 질량에너지가 나중 질량에너지보다 크다. 따라서 양성자는 두 파이온을 만들어내기에 충분한 질량에너지를 가지고 있다.
(e) 이 붕괴는 중입자수가 보존되지 않는다.

10.

문제	주어진 반응	보존법칙에 따라 반응이 잘못된 부분
(a)	$p + \bar{p} \rightarrow \mu^{+} + e^{-}$	반응 전후 경입자수가 다르다. L_e: $(0 + 0 \rightarrow 0 + 1)$, L_μ: $(0 + 0 \rightarrow -1 + 0)$
(b)	$\pi^{-} + p \rightarrow p + \pi^{+}$	반응 전후 전하량이 다르다. Q: $(-1 + 1 \rightarrow +1 + 1)$
(c)	$p + p \rightarrow p + \pi^{+}$	반응 전후 바리온수가 다르다. B: $(1 + 1 \rightarrow 1 + 0)$
(d)	$p + p \rightarrow p + p + n$	반응 전후 바리온수가 다르다. B: $(1 + 1 \rightarrow 1 + 1 + 1)$
(e)	$\gamma + p \rightarrow n + \pi^{0}$	반응 전후 전하가 다르다. Q: $(0 + 1 \rightarrow 0 + 0)$

11. (a) 기묘도는 보존되지 않는다.
(b) 기묘도는 보존된다.
(c) 기묘도는 보존된다.
(d) 기묘도는 보존되지 않는다.
(e) 기묘도는 보존되지 않는다.

12. 중입자수는 보존되고, 이 반응은 일어날 수 있다.

13. 보존되는 양은 (a)이고, 보존되지 않는 양은 (b), (c), (d)이다.

14. $s\bar{d}$

15. (a) $ssu = \Sigma^{+}$ (b) $\bar{u}d = \pi^{-}$ (c) $s\bar{d} = K^{0}$
(d) $ssd = \Xi^{-}$

16. (a) Ξ^{0} (b) Σ^{-}

17. $\bar{u}\bar{d}\bar{d}$

18. $\bar{u}\bar{u}\bar{d}$

19. X입자의 쿼크상태는 udd이어야 하므로 X입자는 중성자이다.

20. (a) $S = -1$이므로 중간자는 전하 양자수가 $-1/3$인 s쿼크를 반드시 포함해야 한다. 전자 양자수가 +1인 중간자를 얻기 위해서는 s쿼크가 기묘도 0이고 전하 양자수가 +4/3인 반쿼크와 결합해야 한다. 그렇지만 그런 종류의 쿼크는 없다.
(b) 마찬가지로 어떤 쿼크도 $q = -\frac{4}{3}$가 아니므로 $S = +1$, $q = -1$인 중간자 또한 없다.

찾아보기

ㅈ

ㅊ

ㅋ

ㅌ

일반물리학 3판

인쇄 2025년 3월 2일
발행 2025년 3월 5일

지은이 김영유 · 김대욱 · 김태호 · 안승준 · 유평렬
이기원 · 이정화 · 이훈표 · 홍사용
지은이 최종근
펴낸이 조승식
펴낸곳 도서출판 북스힐
등록 1998년 7월 28일 제22-457호
주소 서울시 강북구 한천로 153길 17
전화 02-994-0071
팩스 02-994-0073
홈페이지 www.bookshill.com
이메일 bookshill@bookshill.com

값 39,000원
ISBN 979-11-5971-663-8